2024

최신출제경향에 맞춘

최고의 수험서

ENGINEER

CONSTRUCTION SAFETY

건설안전 기사 필기

신우균 · 김재권 · 김용원 · 서기수 지음

예문사

건설안전기사필기

머리말

지금 우리사회는 모든 분야에서 선진사회로 도약을 하고 있습니다. 그러나 산업현장에서는 아직도 끼임(협착) · 떨어짐(추락) · 넘어짐(전도) 등 반복형 재해와 화재 · 폭발 등 중대산업사고, 유해화학물질로 인한 직업병 문제 등으로 하루에 약 6명, 일 년에 2,200여 명의 근로자가 귀중한 목숨을 잃고 있으며 연간 약 9만여명의 산업재해자와 연간 17조원의 경제적 손실이 발생하고 있습니다.

그 중에서 건설공사로 인한 재해자는 전체 산업재해자의 약 25%를 차지하고, 특히 건설공사로 인한 산재사망자는 사고성 사망자의 40%에 달하는 등 매년 지속적으로 높은 산업재해 발생율을 보이고 있습니다.

건설업 재해는 근로자 본인과 가족에게 상처를 가져다 줄 뿐 아니라 기업 이미지에도 부정적인 영향을 미쳐 경영상의 큰 손실을 초래하고 있습니다. 그러므로 각 건설업체에서 안전관리자의 역할은 커질 수밖에 없는 상황이고 안전의 중요성은 더욱 강조되고 있습니다.

현재, 저자들은 안전관련 업무를 담당하는 전문가로서, 이 책으로 인해 재해 감소와 앞으로 안전관련 업무에 조금이나마 보탬이 되기를 희망하는 마음으로 집필하였습니다.

건설안전기사는 산업안전관리론, 산업심리 및 교육, 인간공학 및 시스템안전공학, 건설시공학, 건설재료학, 건설안전기술 6파트로 구성되어 있어 수험생들이 배우지 못한 과목이 있어서 공부하기 힘든 과목입니다. 그래서 다른 자격시험과 똑같은 방법으로 공부하면 시험에 합격하기 어려운 시험입니다.

이런 배경을 가지고 기획된 이 책은 이론정리를 이해 및 시험 위주로 강화하였고, 시험과목을 체계적으로 정리하여 처음 자격시험을 준비하는 수험생들도 어려움 없이 접근할 수 있도록 책 내용을 구성하였습니다.

건설안전기사 자격시험을 준비하기 위한 수험서로서 본서의 특징은 다음과 같습니다.

1. 각 과목의 이론내용을 충실히 하여 시험에 나오는 거의 모든 문제가 이론내용에 포함되도록 하였고, 시험에 출제된 이론은 별색으로 표시하여 수험생들의 집중도를 높였습니다.
2. 이론에서 시험에 출제된 문제는 이론에 Point 문제로 표시하여 수험생들이 이해하는 데 도움을 주도록 하였습니다.
3. 자격시험의 특성상 기존에 출제되었던 문제가 반복해서 나올 수밖에 없는 관계로 기출문제 풀이에 대한 설명을 상세히 하였습니다.
4. 수험생들의 이해도를 높이기 위하여 최대한 그림 및 삽화를 넣어서 책의 이해도를 높였습니다.
5. 안전분야의 오랜 현장경험을 가지고 있는 최고의 전문가가 집필하여 책의 완성도를 높였습니다.

오랫동안 정리한 자료를 다듬어 출간하였지만, 그럼에도 미흡한 부분이 많을 것입니다. 이에 대해서는 독자 여러분의 애정 어린 충고를 겸허히 수용해 계속 보완해나갈 것을 약속드립니다.

끝으로 본서가 완성되는데 많은 도움을 준 우리나라 최고의 실력을 가진 예문에듀 편집부, 장충상 전무님, 이 책의 완성도를 높이기 위해 마지막까지 검토해 주신 많은 분과 집필하는 데 많은 시간을 인내해 준 아내에게 감사의 뜻을 전합니다.

저 자 일동

건설안전기사 시험에서 각 과목별 특징

산업안전관리론

안전관리론은 출제기준에 맞추어 총 6장으로 구성하였습니다. 산업안전 분야에 입문하는 수험생이 기초적으로 알아야 할 이론을 출제경향에 맞추어 정리하였습니다. 산업안전관리론은 현장 실무에서도 많이 활용되는 이론으로 정확한 이해와 암기가 필요합니다.

산업심리 및 교육

산업심리의 이론, 인간의 특성과 관련된 이론, 안전보건과 관련된 이론 등을 출제경향에 맞게 정리하였습니다. 산업심리 및 교육 파트는 심리학과 교육학을 총망라해서 그 범위가 매우 넓은 분야이기 때문에 까다로운 분야이기도 합니다. 출제경향에 맞추어 정리된 본 교재의 이론을 정확히 이해하고 암기하여 주시기 바랍니다.

인간공학 및 시스템안전공학

인간공학 및 시스템안전과 관련한 이론을 기출 문제를 분석하여 정리해놓았습니다. 인간공학 파트는 인간과 기계의 특성에 대해 전반적인 내용을 이해할 수 있도록 정리하였으며 시스템안전공학은 출제경향에 맞게 핵심이론을 정리하였습니다.

건설시공학

시험에 빈번하게 출제되는 핵심문제들을 바탕으로 이론을 정리하였으며, 단순히 수험서로서 뿐 아니라 실무에서도 참고하고 활용할 수 있도록 건설시공의 각 분야들을 체계적으로 정리하였습니다. 또한 실제 접하기 어려운 공법들은 사진과 그림을 첨부하여 이해를 도울 수 있도록 하였습니다.

건설재료학

건설공사에서 있어 설계기술이 발달하고, 건축 마감재, 자재 등이 고급화됨에 따라 건설재료가 새롭게 개발되고 보다 더 다양해지는 추세이므로 최근 시험에 자주 출제되는 새로운 내용과 경향들을 적극 수용하여 이론에 반영하였고, 건설재료가 일상생활에서 어떻게 활용되었는지 예를 들어 알기 쉽게 풀이해 놓았습니다.

건설안전기술

건설안전기술은 산업안전보건법(산업안전보건기준에 관한 규칙)을 근간으로 실제 시공과정에서 발생할 수 있는 여러 가지 유해 · 위험요인에 대한 예방을 목적으로 하고 있으며, 이론으로만 끝나는 것이 아니라 실무에서도 꼭 준수하여야 할 내용으로서 이 책에서는 수험생들이 이해하기 쉽게 빈출되는 기출문제를 중심으로 삽화 및 그림을 첨부하였습니다.

효과적으로 건설안전기사 책을 보는 방법

■ 출제기준을 전체적으로 한번 살펴봅니다. 자격증 시험은 출제기준을 벗어나지 못합니다. 출제기준을 보면 어떻게 공부를 해야 되는지 전체적인 윤곽을 잡을 수 있습니다.

■ 안전관리론부터 건설위험방지기술까지 차례대로 책을 보시면 됩니다. 이때 처음 책을 보실 때는 최대한 빨리 한번 다 보는 것이 중요합니다. 이해가 잘 되지 않는 부분이 있어도 그냥 넘어 가시면 됩니다.

■ 실제로 건설안전기사 시험은 전공별로 기출문제에서 기사보다 난이도가 높은 문제들이 많이 출제되고 있습니다. 이렇게 어려운 부분은 단순암기하거나 계산문제 같은 경우는 답만 보고 넘어가시면 됩니다.

■ 이론 내용을 보실 때 별색으로 표시해 놓은 부분은 집중해서 보시면 되겠습니다. 최근 10년 동안 시험에 출제된 문제는 모두 별색으로 해 놓았습니다. 즉 별색으로 표시되지 않은 부분은 시험에 출제될 가능성이 적습니다.

■ 각 과목 뒤쪽에 예상문제를 배치해 놓았습니다. 가장 중요한 부분입니다. 과거에 출제된 문제는 현재의 법 또는 기준으로 풀이를 해 놓았습니다. 그래서 현재의 법으로 볼 때 답이 없는 것은 "정답 없음"으로 표시해 놓았습니다. 실제로 이 문제는 출제되지 않으므로 보지 않아도 무관합니다.

■ 빠르게 한번 보고 그 다음 보실 때는 정독하여 보시면 되겠습니다.

■ 조금 더 완벽하게 준비하고 싶으면 "건설안전기사 과년도문제해설집"을 보시면 되겠습니다.

■ 어느 정도 책을 다 보았거나 시험일자가 임박해 오면 마지막으로 부록에 있는 기출문제를 실전 시험처럼 한번보시면 되겠습니다.

건설안전기사 자격시험은 과락(40점 미만)없이 평균 60점 이상이면 합격입니다. 그래서 자격증 시험을 준비할 때 70점 정도로 목표로 해서 공부하시면 무난히 합격하리라 생각됩니다. 너무 어려운 문제에 집착하여 시간을 낭비하면 오히려 역효과가 발생할 수 있습니다.

이 책으로 공부하시는 모든 분이 합격하기를 기원합니다.

저 자 일동

출제기준

• 직무분야 : 안전관리	• 중직무분야 : 안전관리	• 자격종목 : 건설안전기사	• 적용기간 : 2021. 1. 1. ~ 2025. 12. 31.
• 직무내용 : 건설현장의 생산성 향상과 인적물적 손실을 최소화하기 위한 안전계획을 수립하고, 그에 따른 작업환경의 점검 및 개선, 현장 근로자의 교육계획 수립 및 실시, 작업환경 순회감독 등 안전관리 업무를 통해 인명과 재산을 보호하고, 사고 발생시 효과적이며 신속한 처리 및 재발 방지를 위한 대책 안을 수립, 이행하는 등 안전에 관한 기술적인 관리 업무를 수행하는 직무이다.			
• 필기검정방법 : 객관식(120문제)			• 시험시간 : 3시간

필기과목명	주요항목	세부항목
산업안전관리론	안전보건관리 개요	• 기업경영과 안전관리 및 안전의 중요성 • 산업재해 발생 메커니즘 • 사고예방 원리 • 안전보건에 관한 제반이론 및 용어해설 • 무재해운동 등 안전활동 기법
	안전보건관리 체제 및 운영	• 안전보건관리조직 형태 • 안전업무 분담 및 안전보건관리규정과 기준 • 안전보건관리 계획수립 및 운영 • 안전보건 개선계획
	재해 조사 및 분석	• 재해조사 요령 • 원인분석 • 재해 통계 및 재해 코스트
	안전점검 및 검사	• 안전점검 • 안전검사인증
	보호구 및 안전보건표지	• 보호구 • 안전보건표지
	안전 관계 법규	• 산업안전보건법령 • 건설기술진흥법령 • 시설물의 안전 및 유지관리에 관한 특별법령 • 관련 지침
산업심리 및 교육	산업심리이론	• 산업심리 개념 및 요소 • 인간관계와 활동 • 직업적성과 인사심리 • 인간행동 성향 및 행동과학
	인간의 특성과 안전	• 동작특성 • 노동과 피로 • 집단관리와 리더십 • 착오와 실수

필기과목명	주요항목	세부항목
	안전보건교육	• 교육의 필요성 • 교육의 지도 • 교육의 분류 • 교육심리학
	교육방법	• 교육의 실시방법 • 교육대상 • 안전보건교육
인간공학 및 시스템안전공학	안전과 인간공학	• 인간공학의 정의 • 인간–기계체계 • 체계설계와 인간 요소
	정보입력표시	• 시각적 표시 장치 • 청각적 표시장치 • 촉각 및 후각적 표시장치 • 인간요소와 휴먼에러
	인간계측 및 작업 공간	• 인체계측 및 인간의 체계제어 • 신체활동의 생리학적 측정법 • 작업 공간 및 작업자세 • 인간의 특성과 안전
	작업환경관리	• 작업조건과 환경조건 • 작업환경과 인간공학
	시스템위험분석	• 시스템 위험분석 및 관리 • 시스템 위험 분석 기법
	결함수 분석법	• 결함수 분석 • 정성적, 정량적 분석
	위험성평가	• 위험성 평가의 개요 • 신뢰도 계산
	각종 설비의 유지 관리	• 설비관리의 개요 • 설비의 운전 및 유지관리 • 보전성 공학

출제기준

필기과목명	주요항목	세부항목
건설재료학	건설재료 일반	• 건설재료의 발달 • 건설재료의 분류와 요구 성능 • 새로운 재료 및 재료 설계 • 난연재료의 분류와 요구 성능
	각종 건설재료의 특성, 용도, 규격에 관한 사항	• 목재 • 점토재 • 시멘트 및 콘크리트 • 금속재 • 미장재 • 합성수지 • 도료 및 접착제 • 석재 • 기타재료 • 방수
건설시공학	시공일반	• 공사시공방식 • 공사계획 • 공사현장관리
	토공사	• 흙막이 가시설 • 토공 및 기계 • 흙파기 • 기타 토공사
	기초공사	• 지정 및 기초
	철근콘크리트공사	• 콘크리트공사 • 철근공사 • 거푸집공사
	철골공사	• 철골작업공작 • 철골세우기
	조적공사	• 벽돌공사 • 블록공사 • 석공사

필기과목명	주요항목	세부항목
건설안전기술	건설공사 안전개요	• 공정계획 및 안전성 심사 • 지반의 안정성 • 건설업 산업안전보건관리비 • 사전안전성검토(유해위험방지 계획서)
	건설공구 및 장비	• 건설공구 • 건설장비 • 안전수칙
	양중 및 해체공사의 안전	• 해체용 기구의 종류 및 취급안전 • 양중기의 종류 및 안전 수칙
	건설재해 및 대책	• 떨어짐(추락)재해 및 대책 • 무너짐(붕괴)재해 및 대책 • 떨어짐(낙하), 날아옴(비래)재해대책 • 화재 및 대책
	건설 가시설물 설치 기준	• 비계 • 작업통로 및 발판 • 거푸집 및 동바리 • 흙막이
	건설 구조물공사 안전	• 콘크리트 구조물공사 안전 • 철골 공사 안전 • PC(Precast Concrete)공사안전
	운반, 하역작업	• 운반작업 • 하역작업

국가기술자격시험 안내

1. 자격검정절차안내

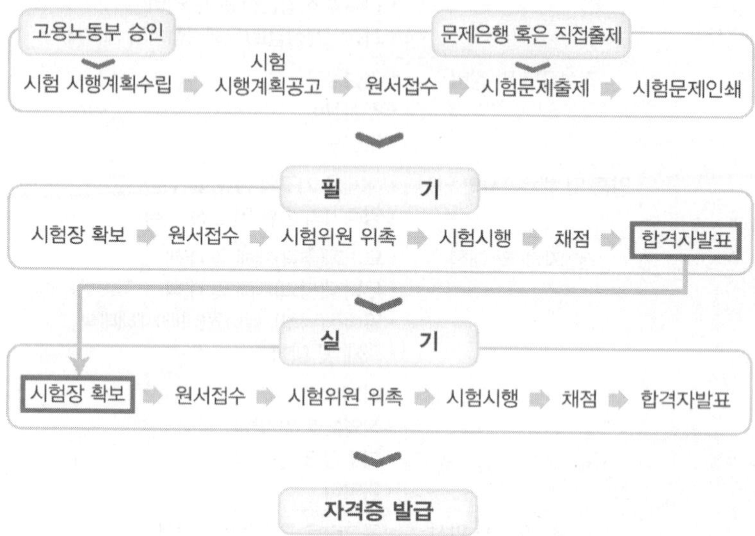

1	필기원서접수	Q-net을 통한 인터넷 원서접수
		필기접수 기간 내 수험원서 인터넷 제출
		사진(6개월 이내에 촬영한 3.5cm*4.5cm, 120*160픽셀 사진파일 JPG), 수수료 전자결제
		시험장소 본인 선택(선착순)
2	필기시험	수험표, 신분증, 필기구(흑색 싸인펜 등) 지참
3	합격자 발표	Q-net을 통한 합격확인(마이페이지 등)
		응시자격 제한종목(기술사, 기능장, 기사, 산업기사, 서비스 분야 일부종목)은 사전에 공지한 시행계획 내 응시자격 서류제출 기간 이내에 반드시 응시자격 서류를 제출하여야 함
4	실기원서접수	실기접수 기간 내 수험원서 인터넷(www.Q-net.or.kr) 제출
		사진(6개월 이내에 촬영한 3.5cm*4.5cm픽셀 사진파일 JPG), 수수료(정액)
		시험일시, 장소 본인 선택(선착순)
5	실기시험	수험표, 신분증, 필기구 지참
6	최종합격자발표	Q-net을 통한 합격확인(마이페이지 등)
7	자격증 발급	(인터넷)공인인증 등을 통한 발급, 택배가능 (방문수령)사진(6개월 이내에 촬영한 3.5cm*4.5cm 사진) 및 신분확인서류

2. 응시자격 조건체계

기술사

- 기사 취득 후+실무능력 4년
- 산업기사 취득 후+실무능력 5년
- 4년제 대졸(관련학과)후+실무경력 6년
- 동일 및 유사직무분야의 다른 종목 기술사 등급 취득자

기능장

- 산업기사(기능사)취득 후+기능대
- 기능장 과정 이수
- 산업기사등급이상 취득 후+실무능력 5년
- 기능사 취득 후+실무능력 7년
- 실무능력 9년 등
- 동일 및 유사직무분야의 다른 종목 기능장 등급 취득자

기사

- 산업기사 취득 후+실무능력 1년
- 기능사 취득 후+실무경력 3년
- 대졸(관련학과)
- 2년제 전문대졸(관련학과)후+실무경력 2년
- 3년제 전문대졸(관련학과)+실무경력 1년
- 실무경력 4년 등
- 동일 및 유사직무분야의 다른 종목 기사 등급 이상 취득자

산업기사

- 기능사 취득 후+실무능력 1년
- 대졸(관련학과)
- 전문대졸(관련학과)
- 실무능력 2년 등
- 동일 및 유사직무분야의 다른 종목 산업기사 등급 이상 취득자

기능사

- 자격제한 없음

3. 검정기준 및 방법

(1) 검정기준

자격등급	검정기준
기술사	응시하고자 하는 종목에 관한 고도의 전문지식과 실무경험에 입각한 계획, 연구, 설계, 분석, 조사, 시험, 시공, 감리, 평가, 진단, 사업관리, 기술관리 등의 기술업무를 수행할 수 있는 능력의 유무
기능장	응시하고자 하는 종목에 관한 최상급 숙련기능을 가지고 산업현장에서 작업 관리, 소속기능인력의 지도 및 감독, 현장훈련, 경영계층과 생산계층을 유기적으로 연계시켜 주는 현장관리 등의 업무를 수행할 수 있는 능력의 유무
기 사	응시하고자 하는 종목에 관한 공학적 기술이론 지식을 가지고 설계, 시공, 분석 등의 기술업무를 수행할 수 있는 능력의 유무
산업기사	응시하고자 하는 종목에 관한 기술기초이론지식 또는 숙련기능을 바탕으로 복합적인 기능업무를 수행할 수 있는 능력의 유무
기능사	응시하고자 하는 종목에 관한 숙련기능을 가지고 제작, 제조, 조작, 운전, 보수, 정비, 채취, 검사 또는 직업관리 및 이에 관련되는 업무를 수행할 수 있는 능력의 유무

(2) 검정방법

자격등급	검정방법	
	필기시험	면접시험 또는 실기시험
기술사	단답형 또는 주관식 논문형 (100점 만점에 60점 이상)	구술형 면접시험 (100점 만점에 60점 이상)
기능장	객관식 4지 택일형(60문항) (100점 만점에 60점 이상)	주관식 필기시험 또는 작업형 (100점 만점에 60점 이상)
기 사	객관식 4지 택일형 • 과목당 20문항(100점 만점에 60점 이상) • 과목당 40점 이상(전과목 평균 60점 이상)	주관식 필기시험 또는 작업형 (100점 만점에 60점 이상)
산업기사	객관식 4지 택일형 • 과목당 20문항(100점 만점에 60점 이상) • 과목당 40점 이상(전과목 평균 60점 이상)	주관식 필기시험 또는 작업형 (100점 만점에 60점 이상)
기능사	객관식 4지 택일형(60문항) (100점 만점에 60점 이상)	주관식 필기시험 또는 작업형 (100점 만점에 60점 이상)

4. 국가자격종목별 상세정보

(1) 진로 및 전망

- 기계, 금속, 전기, 화학, 목재 등 모든 제조업체, 안전관리 대행업체, 산업안전관리 정부기관, 한국산업안전공단 등이 진출할 수 있다.
- 선진국의 척도는 안전수준으로 말할 수 있다. 한국은 현재 재해율이 후진국 수준에 머물러 있이 이에 대한 계속적 투자의 사회적 인식이 높아져 가고, 안전인증 대상을 확대하고 있다. 이에 따라 각종 기계 · 기구 및 기계 · 기구 방호장치까지 안전인증을 취득하도록 산업안전보건법 시행규칙이 개정되었고 이에 따라 고용창출 효과를 기대하고 있다. 최근 경제회복국면과 안전보건조직 축소가 맞물림에 따라 산업 재해의 증가가 우려되고 있어 정부는 적극적인 재해 예방정책 등으로 산업안전 자격증 취득자에 대한 수요가 증가할 것으로 예측된다.

(2) 종목별 검정현황

종목명	연도	필기			실기		
		응시	합격	합격률(%)	응시	합격	합격률(%)
건설안전기사	2022	26,556	12,837	35.8	14,674	10,321	70.3%
	2021	17,526	8,044	45.9%	10,653	5,539	52%
	2020	12,389	6,607	53.3%	8,995	4,694	52.2%
	2019	13,212	6,388	48.3%	7,584	4,607	60.7%
	2018	10,421	3,806	36.5%	5,384	3,244	60.3%
	2017	9,335	4,026	43.1%	5,869	3,077	52.4%
	2016	8,931	3,956	44.3%	4,941	2,692	54.5%
	2015	9,315	3,723	40%	4,809	2,380	49.5%
	2014	8,023	3,000	37.4%	4,939	2,498	50.6%
	2013	7,513	2,982	39.7%	4,823	1,630	33.8%
	2012	8,075	2,206	27.3%	3,967	1,081	27.2%
	2011	9,243	2,677	29%	5,380	1,328	24.7%
	2010	11,266	4,561	40.5%	7,477	2,984	39.9%
	2009	12,772	4,106	32.1%	7,079	1,718	24.3%
	2008	13,435	5,299	39.4%	8,604	2,654	30.8%
	2007	12,888	5,545	43%	7,980	4,261	53.4%
	2006	13,148	7,507	57.1%	8,362	4,365	52.2%
	2005	8,661	3,795	43.8%	4,312	2,382	55.2%
	2004	6,503	2,318	35.6%	3,621	1,689	46.6%
	2003	5,053	2,220	43.9%	2,628	744	28.3%
	2002	4,412	1,673	37.9%	2,120	734	34.6%
	2001	4,571	1,277	27.9%	2,245	1,017	45.3%
	1977~2000	70,806	24,657	34.8%	31,401	11,200	35.6%
소계		304,054	123,210	40.5%	167,927	76,839	45.8%

이책의 차례

1과목 산업안전관리론

2과목

산업심리 및 교육

CHAPTER. 01 산업심리이론

CHAPTER. 02 인간의 특성과 안전

CHAPTER. 03 안전보건교육

CHAPTER. 04 교육방법

이책의 차례

3과목

인간공학 및 시스템안전공학

CHAPTER. 01 안전과 인간공학

CHAPTER. 02 정보입력 표시

CHAPTER. 03 인간계측 및 작업공간

CHAPTER. 04 작업환경관리

CHAPTER. 05 시스템 위험분석

CHAPTER. 06 결함수 분석법

CHAPTER. 07 안전성 평가

CHAPTER. 08 각종 설비의 유지관리

4과목 건설시공학

이책의 차례

5과목 건설재료학

6과목 건설안전기술

이책의 차례

부록 과년도 기출복원문제

PART 01

산업안전 관리론

CHAPTER. 01 안전보건관리 개요
CHAPTER. 02 안전보건관리 체제 및 운영
CHAPTER. 03 재해 조사 및 분석
CHAPTER. 04 안전점검 및 검사
CHAPTER. 05 보호구 및 안전보건표지
CHAPTER. 06 안전 관계 법규
●●●●●● 예상문제

ENGINEER CONSTRUCTION SAFETY

CHAPTER 01 안전보건관리 개요

SECTION 1 기업경영과 안전관리 및 안전의 중요성

1 안전과 위험의 개요

1) 안전(Safety)이란

상해, 손해 또는 위험에 노출되지 않는 상태

2) 위험(Hazard)이란

직·간접적으로 인적, 물적, 환경적 피해를 입히는 원인이 될 수 있는 상태

2 안전의 가치

인간존중의 이념을 바탕으로 사고를 예방함으로써 근로자의 의욕에 큰 영향을 미치게 되며 생산능력의 향상을 가져오게 된다. 즉, 안전한 작업방법을 시행함으로써 근로자를 보호함은 물론 기업을 효율적으로 운영할 수 있다.

1) 인간존중(안전제일 이념)
2) 사회복지
3) 생산성 향상 및 품질향상(안전태도 개선과 안전동기 부여)
4) 기업의 경제적 손실예방(재해로 인한 재산 및 인적 손실예방)

3 안전의 목적

안전관리(Safety Management)는 기업의 지속가능한 경영과 생산성 향상을 위하여 재해로부터의 손실(Loss)을 최소화하기 위한 활동으로 사고(Accident)를 사전에 예방하기 위한 예방대책의 추진, 재해의 원인규명 및 재발방지 대책수립 등 인간의 생명과 재산을 보호하기 위한 계획적이고 체계적인 관리를 말한다. 안전관리의 성패는 사업주와 최고 경영자의 안전의식에 좌우된다.

4 생산성 및 경제적 안전도

안전관리란 생산성의 향상과 손실(Loss)의 최소화를 위하여 행하는 것으로 비능률적 요소인사고가 발생하지 않는 상태를 유지하기 위한 활동으로 생산성 측면에서는 다음과 같은 효과를 가져온다.

1) 근로자의 사기진작
2) 생산성 향상
3) 사회적 신뢰성 유지 및 확보
4) 비용절감(손실감소)
5) 이윤증대

5 제조물 책임과 안전

1) 제조물 책임(Product Liability)의 정의

제조물 책임(PL)이란 제조, 유통, 판매된 제품의 결함으로 인해 발생한 사고에 의해 소비자나 사용자 또는 제3자에게 신체장애나 재산상의 피해를 줄 경우 그 제품을 제조·판매한 자가 법률상 손해배상책임을 지도록 하는 것을 말한다.

단순한 산업구조에서는 제조자와 소비자 사이의 계약관계만을 가지고 책임관계가 성립되었지만, 복잡한 산업구조와 대량생산/대량소비시대에 이르러 판매, 유통단계까지의 책임을 요구하게 되었다. 또한, 소비자의 입증부담을 덜어주기 위해 과실에서 결함으로 입증대상이 변경되게 되었으며, 결함만으로도 손해배상의 책임을 지게 하는 단계까지 발전했다.

2) 제조물 책임법(PL법)의 3가지 기본 법리

(1) 과실책임(Negligence)

주의의무 위반과 같이 소비자에 대한 보호의무를 불이행한 경우 재해자에게 손해배상을 해야 할 의무

(2) 보증책임(Breach of Warranty)

제조자가 제품의 품질에 대하여 명시적, 묵시적 보증을 한 후에 제품의 내용이 사실과 명백히 다른 경우 소비자에게 책임을 짐

(3) 엄격책임(Strict Liability)

제조자가 자사제품이 더 이상 점검되어지지 않고 사용될 것을 알면서 제품을 시장에 유통시킬 때 그 제품이 인체에 상해를 줄 수 있는 결함이 있는 것으로 입증되는 경우 제조자는 과실유무에 상관없이 불법행위법상의 엄격책임이 있음

3) 결함

"결함"이란 제품의 안전성이 결여된 것을 의미하는데, "제품의 특성", "예견되는 사용형태", "인도된 시기" 등을 고려하여 결함의 유무를 결정한다.

(1) 설계상의 결함

제조업자가 합리적인 대체설계를 채용하였더라면 피해나 위험을 줄이거나 피할 수 있었음에도 대체 설계를 채용하지 아니하여 해당 제조물이 안전하지 못하게 된 경우

(2) 제조상의 결함

제조업자가 제조물에 대한 제조, 가공상의 주의 의무 이행 여부에 불구하고 제조물이 의도한 설계와 다르게 제조, 가공됨으로써 안전하지 못하게 된 경우

(3) 경고 표시상의 결함

제조업자가 합리적인 설명, 지시, 경고, 기타의 표시를 하였더라면 해당 제조물에 의하여 발생될 수 있는 피해나 위험을 줄이거나 피할 수 있었음에도 이를 하지 아니한 경우

PART 01
PART 02
PART 03
PART 04
PART 05
PART 06
부록

SECTION 2 산업재해 발생 메커니즘

1 재해발생의 형태

추락(떨어짐)	사람이 인력(중력)에 의하여 건축물, 구조물, 가설물, 수목, 사다리 등의 높은 장소에서 떨어지는 것
전도(넘어짐) · 전복	사람이 거의 평면 또는 경사면, 층계 등에서 구르거나 넘어짐 또는 미끄러진 경우와 물체가 전도 · 전복된 경우
붕괴 · 무너짐	토사, 적재물, 구조물, 건축물, 가설물 등이 전체적으로 허물어져 내리거나 또는 주요 부분이 꺾어져 무너지는 경우
충돌(부딪힘) · 접촉	재해자 자신의 움직임 · 동작으로 인하여 기인물에 접촉 또는 부딪히거나, 물체가 고정부에서 이탈하지 않은 상태로 움직임(규칙, 불규칙) 등에 의하여 접촉 · 충돌한 경우
낙하(떨어짐) · 비래	구조물, 기계 등에 고정되어 있던 물체가 중력, 원심력, 관성력 등에 의하여 고정부에서 이탈하거나 또는 설비 등으로부터 물질이 분출되어 사람을 가해하는 경우
협착(끼임) · 감김	두 물체 사이의 움직임에 의하여 일어난 것으로 직선 운동하는 물체 사이의 협착, 회전부와 고정체 사이의 끼임, 롤러 등 회전체 사이에 물리거나 또는 회전체 · 돌기부 등에 감긴 경우

압박 · 진동	재해자가 물체의 취급과정에서 신체 특정부위에 과도한 힘이 편중 · 집중 · 눌려진 경우나 마찰접촉 또는 진동 등으로 신체에 부담을 주는 경우
신체 반작용	물체의 취급과 관련 없이 일시적이고 급격한 행위 · 동작, 균형 상실에 따른 반사적 행위 또는 놀람, 정신적 충격, 스트레스 등
부자연스런 자세	물체의 취급과 관련 없이 작업환경 또는 설비의 부적절한 설계 또는 배치로 작업자가 특정한 자세 · 동작을 장시간 취하여 신체의 일부에 부담을 주는 경우
과도한 힘 · 동작	물체의 취급과 관련하여 근육의 힘을 많이 사용하는 경우로서 밀기, 당기기, 지탱하기, 들어올리기, 돌리기, 잡기, 운반하기 등과 같은 행위 · 동작
반복적 동작	물체의 취급과 관련하여 근육의 힘을 많이 사용하지 않는 경우로서 지속적 또는 반복적인 업무 수행으로 신체의 일부에 부담을 주는 행위 · 동작
이상온도 노출 · 접촉	고 · 저온 환경 또는 물체에 노출 · 접촉된 경우
이상기압 노출	고 · 저기압 등의 환경에 노출된 경우
소음 노출	폭발음을 제외한 일시적 · 장기적인 소음에 노출된 경우
유해 · 위험물질 노출 · 접촉	유해 · 위험물질에 노출 · 접촉 또는 흡입하였거나 독성 동물에 쏘이거나 물린 경우
유해광선 노출	전리 또는 비전리 방사선에 노출된 경우
산소결핍 · 질식	유해물질과 관련 없이 산소가 부족한 상태 · 환경에 노출되었거나 이물질 등에 의하여 기도가 막혀 호흡기능이 불충분한 경우
화재	가연물에 점화원이 가해져 의도적으로 불이 일어난 경우(방화 포함)
폭발	건축물, 용기 내 또는 대기 중에서 물질의 화학적, 물리적 변화가 급격히 진행되어 열, 폭음, 폭발압이 동반하여 발생하는 경우
전류 접촉	전기 설비의 충전부 등에 신체의 일부가 직접 접촉하거나 유도 전류의 통전으로 근육의 수축, 호흡곤란, 심실세동 등이 발생한 경우 또는 특별고압 등에 접근함에 따라 발생한 섬락 접촉, 합선 · 혼촉 등으로 인하여 발생한 아크에 접촉된 경우
폭력 행위	의도적인 또는 의도가 불분명한 위험행위(마약, 정신질환 등)로 자신 또는 타인에게 상해를 입힌 폭력 · 폭행을 말하며, 협박 · 언어 · 성폭력 및 동물에 의한 상해 등도 포함

2 재해발생의 연쇄이론

1) 하인리히(H. W. Heinrich)의 도미노 이론(사고발생의 연쇄성)

- 1단계 : 사회적 환경 및 유전적 요소(기초원인)
- 2단계 : 개인적 결함(간접원인)
- 3단계 : 불안전한 행동 및 불안전한 상태(직접원인) ⇒ 제거(효과적임)
- 4단계 : 사고
- 5단계 : 재해

사회환경 유전적요소 → 개인적결함 → 불안전행동 불안전상태 → 사고 → 재해

제3의 요인인 불안전한 행동과 불안전한 상태의 중추적 요인을 제거하면 사고와 재해로 이어지지 않는다.

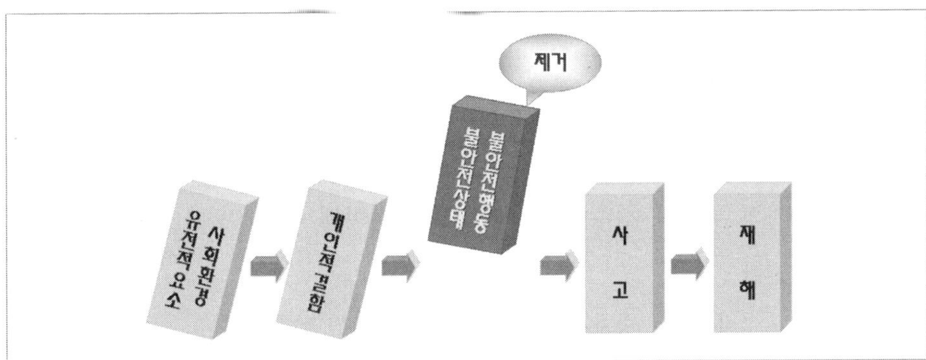

2) 버드(Frank Bird)의 신도미노이론

- 1단계 : 통제의 부족(관리소홀), 재해발생의 근원적 요인
- 2단계 : 기본원인(기원), 개인적 또는 과업과 관련된 요인
- 3단계 : 직접원인(징후), 불안전한 행동 및 불안전한 상태
- 4단계 : 사고(접촉)
- 5단계 : 상해(손해)

다음 중 버드의 사고발생에 관한 도미노 이론을 올바르게 나열한 것은?

✓ 통제의 부족 → 기본원인 → 직접원인 → 사고 → 상해
② 기본원인 → 직접원인 → 통제의 부족 → 사고 → 상해
③ 관리구조 → 작전적 에러 → 전술적 에러 → 사고 → 상해 또는 손해
④ 관리구조 → 전술적 에러 → 작전적 에러 → 사고 → 상해 또는 손해

3) 산업재해 발생모델

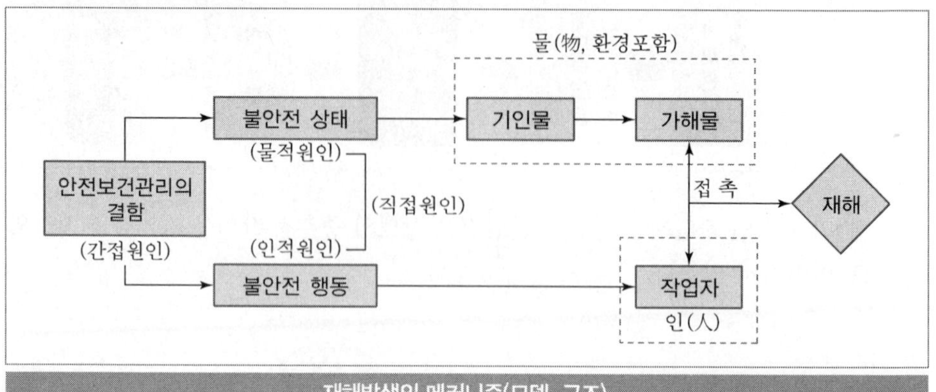

재해발생의 메커니즘(모델, 구조)

(1) 불안전한 행동

작업자의 부주의, 실수, 착오, 안전조치 미이행 등

(2) 불안전한 상태

기계 · 설비 결함, 방호장치 결함, 작업환경 결함 등

CheckPoint

다음 중 불안전한 행동으로 볼 수 없는 것은?

① 위험한 장소에 접근한다. ② 불안전한 조작을 한다.
③ 방호장치의 기능을 제거한다. ④ 생산 공정에 결함이 존재한다.

SECTION 3 사고예방 원리

1 산업안전의 원리

1) 재해예방의 4원칙

하인리히는 재해를 예방하기 위한 "재해예방 4원칙"이란 예방이론을 제시하였다. 사고는 손실우연의 법칙에 의하여 반복적으로 발생할 수 있으므로 사고발생 자체를 예방해야 한다고 주장하였다.

(1) 손실우연의 원칙

재해손실은 사고발생시 사고대상의 조건에 따라 달라지므로, 한 사고의 결과로서 생긴 재해손실은 우연성에 의해서 결정된다.

(2) 원인계기의 원칙

재해발생은 반드시 원인이 있음

(3) 예방가능의 원칙

재해는 원칙적으로 원인만 제거하면 예방이 가능하다.

(4) 대책선정의 원칙

재해예방을 위한 가능한 안전대책은 반드시 존재한다.

산업재해 예방의 4대 기본원칙이 아닌 것은?

① 손실우연의 원칙 ✔ 분석방법 선정의 원칙
③ 예방가능의 원칙 ④ 원인연계의 원칙

2 사고예방의 원리

1) 사고예방대책의 기본원리 5단계(사고예방원리 : 하인리히)

(1) 1단계 : 조직(안전관리조직, Organization)

① 경영층의 안전목표 설정
② 안전관리 조직(안전관리자 신임 등)
③ 안전활동 계획수립
④ 전원 참여 활동전개

(2) 2단계 : 사실의 발견(현상파악, Fact Finding)

① 사고 및 안전활동의 기록 검토 ② 작업분석
③ 안전점검 ④ 사고조사
⑤ 각종 안전회의 및 토의 ⑥ 근로자의 건의 및 애로 조사

(3) 3단계 : 분석 · 평가(원인규명, Analysis)

① 사고조사 결과의 분석 ② 불안전상태, 불안전행동 분석
③ 작업공정, 작업형태 분석 ④ 교육 및 훈련의 분석
⑤ 안전수칙 및 안전기준 분석

(4) 4단계 : 시정책의 선정(Selection of Remedy)

① 기술의 개선 ② 인사조정
③ 교육 및 훈련 개선 ④ 안전규정 및 수칙의 개선
⑤ 이행의 감독과 제재강화

(5) 5단계 : 시정책의 적용(Adaption of Remedy)

① 목표 설정
② 3E(기술, 교육, 관리)의 적용

2) 재해(사고) 발생 시의 유형(모델)

(1) 단순자극형(집중형)

상호자극에 의하여 순간적으로 재해가 발생하는 유형으로 재해가 일어난 장소나 그 시점에 일시적으로 요인이 집중

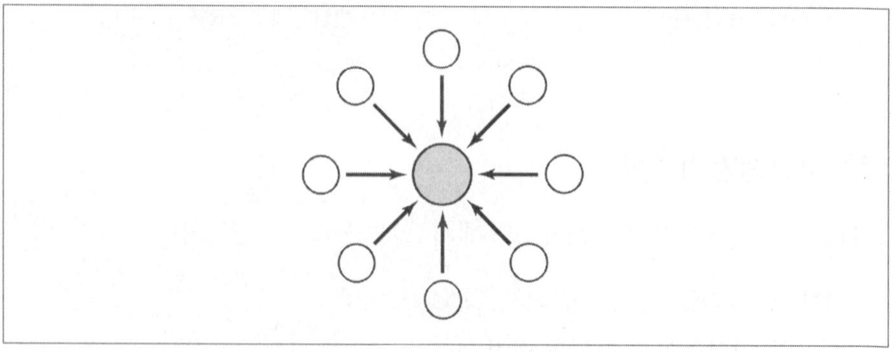

(2) 연쇄형(사슬형)

하나의 사고요인이 또 다른 요인을 발생시키면서 재해를 발생시키는 유형이다. 단순 연쇄형과 복합 연쇄형이 있다.

(3) 복합형

단순 자극형과 연쇄형의 복합적인 발생유형이다. 일반적으로 대부분의 산업재해는 재해원인들이 복잡하게 결합되어 있는 복합형이다. 연쇄형의 경우에는 원인들 중에 하나를 제거하면 재해가 일어나지 않는다. 그러나 단순 자극형이나 복합형은 하나를 제거하더라도 재해가 일어나지 않는다는 보장이 없으므로, 도미노 이론은 적용되지 않는다. 이런 요인들은 부속적인 요인들에 불과하다. 따라서 재해조사에 있어서는 가능한 한 모든 요인들을 파악하도록 해야 한다.

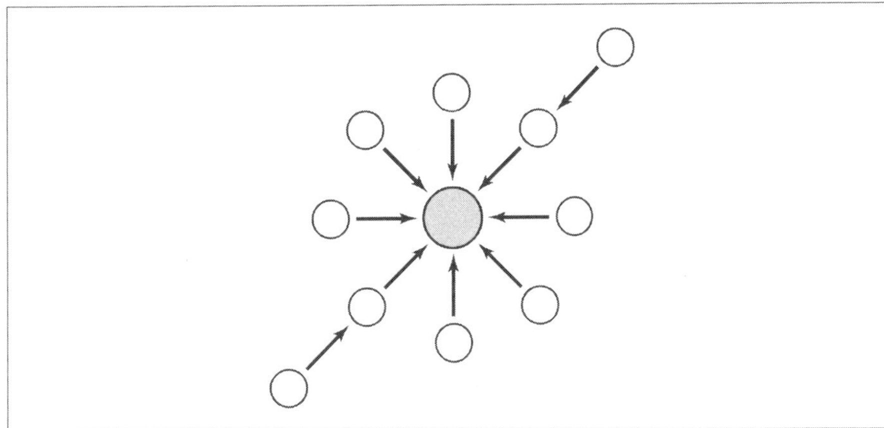

SECTION 4 안전보건에 관한 제반이론 및 용어해설

1 안전보건관리 제반이론

1) 하인리히의 법칙

1 : 29 : 300

(1) 1 : 중상 또는 사망

(2) 29 : 경상

(3) 300 : 무상해사고

330회의 사고 가운데 중상 또는 사망

1회, 경상 29회, 무상해사고 300회의 비율로 사고가 발생

• 미국의 안전기사 하인리히가 50,000여 건의 사고조사 기록을 분석하여 발표한 것으로 사망사고가 발생하기 전에 이미 수많은 경상과 무상해 사고가 존재하고 있다는 이론임(사고는 결코 우연에 의해 발생하지 않는다는 것을 설명하는 안전관리의 가장 대표적인 이론)

2) 버드의 법칙

1 : 10 : 30 : 600

(1) 1 : 중상 또는 폐질

(2) 10 : 경상(인적 상해)

(3) 30 : 무상해사고(물적 손실 발생)

(4) 600 : 무상해, 무사고 고장(위험순간)

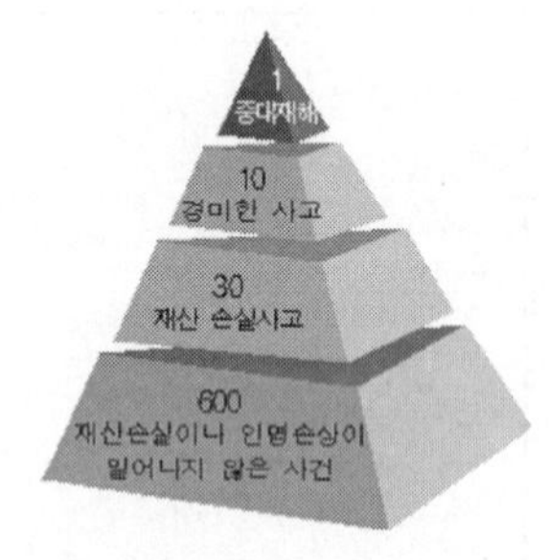

CheckPoint

Bird의 재해구성비율 "1 : 10 : 30 : 600"에서 "30"이 나타내는 내용은?

① 상해도 손해도 없는 사고 ☑ 물적 손해만 발생한 사고

③ 물적, 인적 손해가 발생한 사고 ④ 인적 상해만 발생한 사고

3) 아담스의 이론

(1) 관리구조

(2) 작전적 에러

(3) 전술적 에러(불안전행동, 불안전동작)

(4) 사고

(5) 상해, 손해

4) 웨버의 이론

(1) 유전과 환경
(2) 인간의 실수
(3) 불안전한 행동+불안전한 상태
(4) 사고
(5) 상해

2 안전보건 관련 용어

1) 사건(Incident)

위험요인이 사고로 발전되었거나 사고로 이어질 뻔했던 원하지 않는 사상(Event)으로서 인적·물적 손실인 상해·질병 및 재산적 손실뿐만 아니라 인적·물적 손실이 발생되지 않는 아차사고를 포함하여 말한다.

2) 사고(Accident)

불안전한 행동과 불안전한 상태가 원인이 되어 재산상의 손실을 가져오는 사건

3) 산업재해

노무를 제고하는 사람이 업무에 관계되는 건설물·설비·원재료·가스·증기·분진 등에 의하거나 작업 또는 그 밖의 업무로 인하여 사망 또는 부상하거나 질병에 걸리는 것을 말한다.

4) 위험(Hazard)

직·간접적으로 인적, 물적, 환경적 피해를 입히는 원인이 될 수 있는 실제 또는 잠재된 상태

5) 위험성(Risk)

유해·위험요인이 부상 또는 질병으로 이어질 수 있는 가능성(빈도)과 중대성(강도)을 조합한 것을 의미한다.

(위험성=발생빈도×발생강도)

6) 위험성평가(Risk Assessment)

유해·위험요인을 파악하고 해당 유해·위험요인에 의한 부상 또는 질병의 발생 가능성(빈도)과 중대성(강도)을 추정·결정하고 감소대책을 수립하여 실행하는 일련의 과정을 말한다.

위험성 평가

7) 아차사고(Near Miss)

무(無) 인명상해(인적 피해)·무 재산손실(물적 피해) 사고

8) 업무상 질병(산업재해보상보험법 시행령 제34조)

(1) 근로자가 업무수행 과정에서 유해·위험요인을 취급하거나 유해·위험요인에 노출된 경력이 있을 것
(2) 유해·위험요인을 취급하거나 유해·위험요인에 노출되는 업무시간, 그 업무에 종사한 기간 및 업무환경 등에 비추어 볼 때 근로자의 질병을 유발할 수 있다고 인정될 것
(3) 근로자가 유해·위험요인에 노출되거나 유해·위험요인을 취급한 것이 원인이 되어 그 질병이 발생하였다고 의학적으로 인정될 것

9) 중대재해

산업재해 중 사망 등 재해의 정도가 심한 것으로서 다음에 정하는 재해 중 하나 이상에 해당되는 재해를 말한다.

(1) 사망자가 1명 이상 발생한 재해
(2) 3개월 이상의 요양이 필요한 부상자가 동시에 2명 이상 발생한 재해
(3) 부상자 또는 직업성 질병자가 동시에 10명 이상 발생한 재해

10) 안전 · 보건진단

산업재해를 예방하기 위하여 잠재적 위험성을 발견하고 그 개선대책을 수립할 목적으로 고용노동부장관이 지정하는 자가 실시하는 조사 · 평가를 말한다.

11) 작업환경측정

작업환경 실태를 파악하기 위하여 해당 근로자 또는 작업장에 대하여 사업주가 측정계획을 수립한 후 시료(試料)를 채취하고 분석 · 평가하는 것을 말한다.

12) 근로자

작업의 종류와 관계없이 임금을 목적으로 사업이나 사업장에 근로를 제공하는 자를 말한다.

13) 사업주

근로자를 사용하여 사업을 하는 자를 말한다.

14) 근로자 대표

근로자의 과반수로 조직된 노동조합이 있는 경우에는 그 노동조합을, 근로자의 과반수로 조직된 노동조합이 없는 경우에는 근로자의 과반수를 대표하는 자를 말한다.

SECTION 5 무재해 운동 등 안전활동 기법

1 무재해의 정의

"무재해"란 산업재해로 사망자가 발생하거나 3일 이상의 휴업이 필요한 부상을 입거나 질병에 걸린 사람이 발생되지 않는 것을 말한다.

2 무재해 운동의 목적

1) 무재해 운동의 목적

(1) 회사의 손실방지와 생산성 향상으로 기업에 경제적 이익발생
(2) 자율적인 문제해결 능력으로서의 생산, 품질의 향상 능력을 제고
(3) 전원참가 운동으로 밝고 명랑한 직장 풍토를 조성
(4) 노사 간 화합분위기 조성으로 노사 신뢰도가 향상

2) 무재해 운동 관련 규정에 따라 무재해로 분류되는 경우(사업장무재해 운동시행규정, 고용노동부 고시 제2003-16호)

(1) 작업시간 중 천재지변 또는 돌발적인 사고로 인한 구조행위 또는 긴급피난 중 발생한 사고
(2) 작업시간 외에 천재지변 또는 돌발적인 사고 우려가 많은 장소에서 사회통념상 인정되는 업무수행 중 발생한 사고
(3) 출·퇴근 도중에 발생한 재해
(4) 운동경기 등 각종 행사 중 발생한 사고
(5) 제3자의 행위에 의한 업무상 재해
(6) 업무시간 외에 발생한 재해(다만, 사업주가 제공한 사업장 내의 시설물에서 발생한 재해 또는 작업개시 전의 작업준비 및 작업종료 후의 정리정돈 과정에서 발생한 재해는 제외한다)

3 무재해 운동 이론

1) 무재해 운동의 3원칙

(1) 무의 원칙 : 모든 잠재위험요인을 사전에 발견·파악·해결함으로써 근원적으로 산업재해를 없앤다.
(2) 참여의 원칙(참가의 원칙) : 작업에 따르는 잠재적인 위험요인을 발견·해결하기 위하여 전원이 협력하여 문제해결 운동을 실천한다.
(3) 안전제일의 원칙(선취의 원칙) : 직장의 위험요인을 행동하기 전에 발견·파악·해결하여 재해를 예방한다.

2) 무재해 운동의 3기둥(3요소)

(1) 직장의 자율활동의 활성화

일하는 한 사람 한 사람이 안전보건을 자신의 문제이며 동시에 동료의 문제로 진지하게 받아들여 직장의 팀 멤버와의 협동노력으로 자주적으로 추진해 가는 것이 필요하다.

(2) 라인(관리감독자)화의 철저

안전보건을 추진하는 데는 관리감독자(Line)들이 생산활동 속에 안전보건을 접목시켜 실천하는 것이 꼭 필요하다.

(3) 최고경영자의 안전경영철학

안전보건은 최고경영자의 "무재해, 무질병"에 대한 확고한 경영자세로부터 시작된다.

"일하는 한사람 한사람이 중요하다"라는 최고 경영자의 인간존중 결의로부터 무재해 운동은 출발한다.

3) 무재해 운동 실천의 3원칙

(1) 팀미팅기법
(2) 선취기법
(3) 문제해결기법

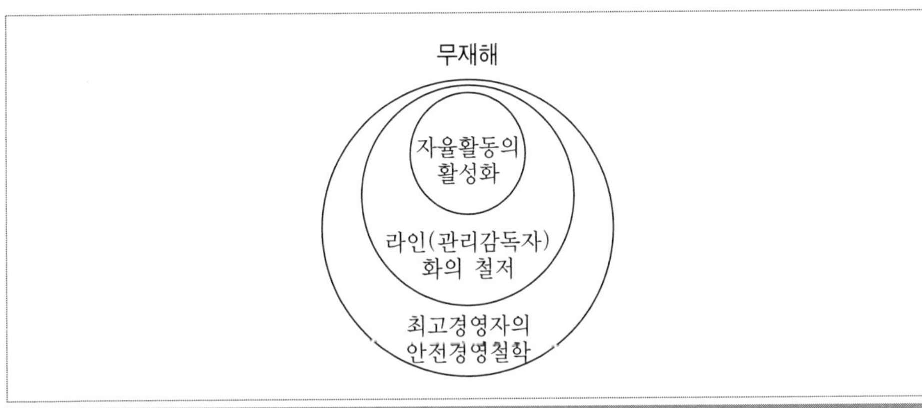

무재해 운동 추진의 3기둥

4 무재해 소집단 활동

1) 지적확인

작업의 정확성이나 안전을 확인하기 위해 눈, 손, 입 그리고 귀를 이용하여 작업시작 전에 뇌를 자극시켜 안전을 확보하기 위한 기법으로 작업을 안전하게 오조작 없이 작업공정의 요소요소에서 자신의 행동을 「…, 좋아!」하고 대상을 지적하여 큰소리로 확인하는 것

2) 터치앤콜(Touch and Call)

피부를 맞대고 같이 소리치는 것으로 전원이 스킨십(Skinship)을 느끼도록 하는 것.

팀의 일체감, 연대감을 조성할 수 있고 동시에 대뇌 구피질에 좋은 이미지를 불어넣어 안전행동을 하도록 하는 것

터치앤콜

3) 원포인트 위험예지훈련

위험예지훈련 4라운드 중 2R, 3R, 4R를 모두 원포인트로 요약하여 실시하는 기법으로 2~3분이면 실시가 가능한 현장 활동용 기법

4) 브레인스토밍(Brain Storming)

소집단 활동의 하나로서 수명의 멤버가 마음을 터놓고 편안한 분위기 속에서 공상, 연상의 연쇄반응을 일으키면서 자유분방하게 아이디어를 대량으로 발언하여 나가는 발상법(오스본에 의해 창안)

① 비판금지 : "좋다, 나쁘다" 등의 비평을 하지 않는다.
② 자유분방 : 자유로운 분위기에서 발표한다.
③ 대량발언 : 무엇이든지 좋으니 많이 발언한다.
④ 수정발언 : 자유자재로 변하는 아이디어를 개발한다.(타인 의견의 수정발언)

브레인스토밍

5) TBM(Tool Box Meeting) 위험예지훈련

같은 작업원 5~6명이 리더를 중심으로 둘러앉아(또는 서서) 3~5분에 걸쳐 작업 중 발생할 수 있는 위험을 예측하고 사전에 점검하여 대책을 수립하는 등 단시간 내에 의논하는 문제해결 기법. 작업현장에서 그때 그 장소의 상황에 즉시 응하여 실시하는 위험예지활동으로서 즉시즉응법이라고도 한다.

(1) TBM 실시요령

① 작업시작 전, 중식 후, 작업종료 후 짧은 시간을 활용하여 실시한다.

② 때와 장소에 구애받지 않고 같은 작업자 5~7인 정도가 모여서 공구나 기계 앞에서 행한다.

③ 일방적인 명령이나 지시가 아니라 잠재위험에 대해 같이 생각하고 해결

④ TBM의 특징은 모두가 "이렇게 하자", "이렇게 한다"라고 합의하고 실행

(2) TBM의 내용

① 작업시작 전(실시순서 5단계)

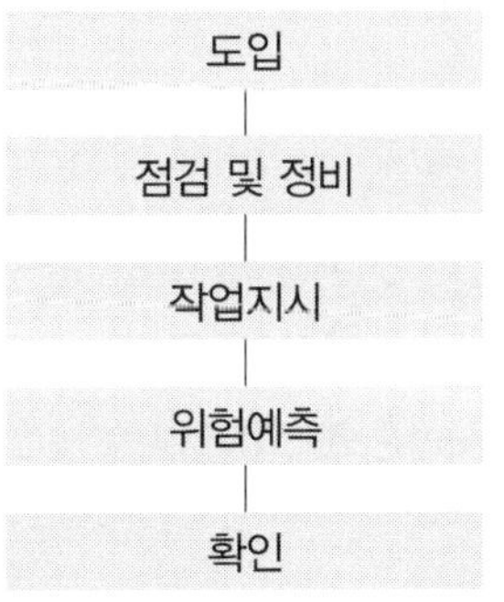

- 직장체조, 무재해기 게양, 목표제안
- 건강상태, 복장 및 보호구 점검, 자재 및 공구확인
- 작업내용 및 안전사항 전달
- 당일 작업에 대한 위험예측, 위험예시훈련
- 위험에 대한 대책과 팀목표 확인

② 작업종료시

㉠ 실시사항의 적절성 확인 : 작업 시작 전 TBM에서 결정된 사항의 적절성 확인

㉡ 검토 및 보고 : 그날 작업의 위험요인 도출, 대책 등 검토 및 보고

㉢ 문제 제기 : 그날의 작업에 대한 문제 제기

다음 설명에 해당하는 위험예지훈련은?

> "작업현장에서 그때 그 장소의 상황에 즉시 응하여 실시하는 위험예지활동으로서 즉시즉응법이라고도 한다."

① TBM(Tool Box Meeting)　　② 원포인트위험예지훈련
③ 삼각위험예지훈련　　④ 터치앤콜(Touch and Call)

6) 롤플레잉(Role Playing)

작업 전 5분간 미팅의 시나리오를 작성하여 그 시나리오를 보고 멤버들이 연기함으로써 체험학습을 시키는 것

7) 5C 운동(안전행동 실천운동)

(1) 복장단정(Correctness)
(2) 정리정돈(Clearance)
(3) 청소청결(Cleaning)
(4) 점검・확인(Checking)
(5) 전심전력(Concentration)

5 위험예지훈련 및 진행방법

1) 위험예지훈련의 종류

(1) 감수성 훈련 : 위험요인을 발견하는 훈련
(2) 단시간 미팅훈련 : 단시간 미팅을 통해 대책을 수립하는 훈련
(3) 문제해결 훈련 : 작업시작 전 문제를 제거하는 훈련

2) 위험예지훈련의 추진을 위한 문제해결 4단계(4라운드)

(1) 1라운드 : 현상파악(사실의 파악) – 어떤 위험이 잠재하고 있는가?
(2) 2라운드 : 본질추구(원인조사) – 이것이 위험의 포인트다.(지적확인)
(3) 3라운드 : 대책수립(대책을 세운다) – 당신이라면 어떻게 하겠는가?
(4) 4라운드 : 목표설정(행동계획 작성) – 우리들은 이렇게 하자!

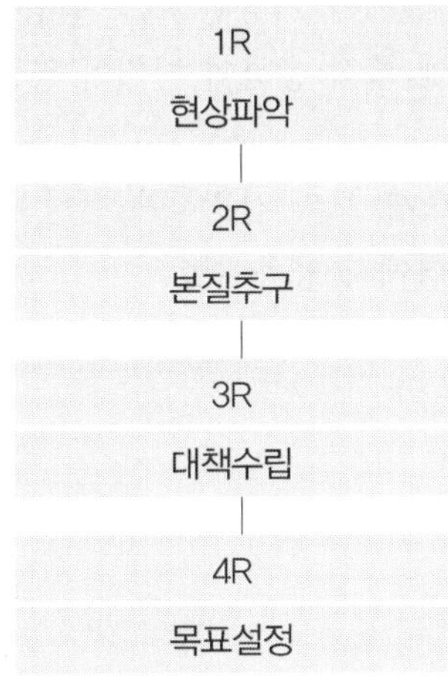

- 사실의 파악 – 어떤 위험이 잠재하고 있는가?
- 원인조사 – 이것이 위험의 포인트다.
- 대책수립 – 당신이라면 어떻게 하겠는가?
- 행동계획 작성 – 우리는 이렇게 하자!

문제해결 4라운드

3) 위험예지훈련의 3가지 효용

(1) 위험에 대한 감수성 향상
(2) 작업행동의 요소요소에서 집중력 증대
(3) 문제(위험)해결의 의욕(하고자 하는 생각)증대

4) 위험예지훈련 응용기법

(1) TBM 위험예지훈련 : 작업 개시 전, 종료 후 같은 작업원 5~6명이 리더를 중심으로 둘러앉아(또는 서서) 3~5분에 걸쳐 작업 중 발생할 수 있는 위험을 예측하고 사전에 점검하여 대책을 수립하는 등 단시간 내에 의논하는 문제해결 기법

(2) 원포인트 위험예지훈련 : 위험예지훈련 4라운드 중 2R, 3R, 4R를 모두 원포인트로 요약하여 실시하는 기법으로 2~3분이면 실시가 가능한 현장 활동용 기법

(3) 단시간 미팅 즉시 즉응 훈련 : 그 때 그 장소에 즉시 응하여 전원이 역할 연습하여 체험 학습하는 것

(4) 삼각위험예지훈련 : 위험예지훈련을 보다 빠르게, 보다 간편하게 전원 참여로 말하거나 쓰는 것이 미숙한 작업자를 위한 위험예지 응용기법

6 작업위험분석 및 표준화

1) 작업위험 분석방법

(1) 면접법
(2) 관찰법
(3) 설문방법
(4) 혼합방법

2) 작업표준의 목적

(1) 작업의 효율화
(2) 위험요인의 제거
(3) 손실요인의 제거

3) 작업표준의 작성절차

(1) 작업의 분류정리(대상작업의 선정)
(2) 작업분해
(3) 작업분석 및 연구토의(동작순서와 급소를 정함)
(4) 작업표준안 작성
(5) 작업표준의 제정

4) 작업표준의 구비조건

(1) 작업의 실정에 적합할 것
(2) 표현은 구체적으로 나타낼 것

(3) 이상시의 조치기준에 대해 정해둘 것
(4) 좋은 작업의 표준일 것
(5) 생산성과 품질의 특성에 적합할 것
(6) 다른 규정 등에 위배되지 않을 것

5) 작업표준 개정시의 검토사항

(1) 작업목적이 충분히 달성되고 있는가
(2) 생산흐름에 애로가 없는가
(3) 직장의 정리정돈 상태는 좋은가
(4) 작업속도는 적당한가
(5) 위험물 등의 취급장소는 일정한가

6) 작업개선의 4단계(표준작업을 작성하기 위한 TWI 과정의 개선 4단계)

(1) 제1단계 : 작업분해
(2) 제2단계 : 요소작업의 세부내용 검토
(3) 제3단계 : 작업분석
(4) 제4단계 : 새로운 방법 적용

7) 작업분석(새로운 작업방법의 개발원칙) E. C. R. S

(1) 제거(Eliminate)
(2) 결합(Combine)
(3) 재조정(Rearrange)
(4) 단순화(Simplify)

CHAPTER 02 안전보건관리 체제 및 운영

SECTION 1 안전보건관리 조직형태

1 안전보건관리조직의 종류

1) 안전보건조직의 목적

기업 내에서 안전관리조직을 구성하는 목적은 근로자의 안전과 설비의 안전을 확보하여 생산합리화를 기하는 데 있다.

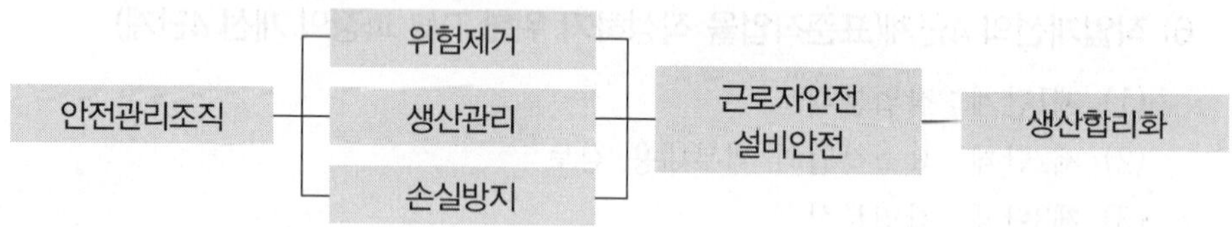

(1) 안전관리조직의 3대 기능

① 위험제거기능　　② 생산관리기능　　③ 손실방지기능

2) 안전보건관리조직의 종류

(1) 라인(LINE)형 조직

(2) 스탭(STAFF)형 조직

(3) 라인 · 스탭(LINE－STAFF)형 조직(직계참모조직)

2 안전보건관리조직의 특징

1) 라인(LINE)형 조직

소규모기업에 적합한 조직으로서 안전관리에 관한 계획에서부터 실시에 이르기까지 모든 안전업무를 생산라인을 통하여 수직적으로 이루어지도록 편성된 조직

(1) 규모

소규모(100명 이하)

(2) 장점

① 안전에 관한 지시 및 명령계통이 철저함
② 안전대책의 실시가 신속
③ 명령과 보고가 상하관계뿐으로 간단명료함

(3) 단점

① 안전에 대한 지식 및 기술축적이 어려움
② 안전에 대한 정보수집 및 신기술 개발이 미흡
③ 라인에 과중한 책임을 지우기 쉽다

(4) 구성도

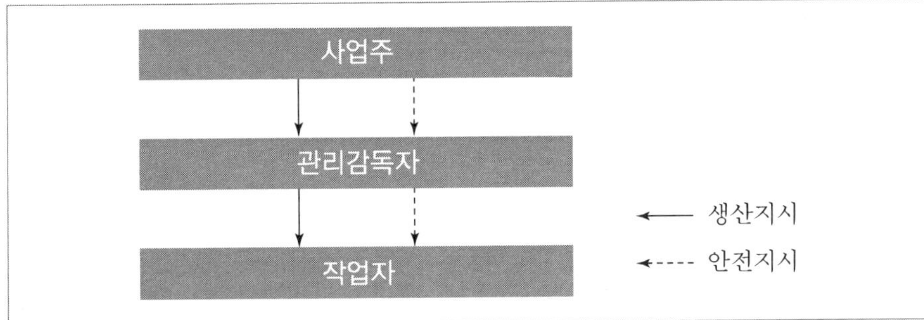

2) 스탭(STAFF)형 조직

중소규모 사업장에 적합한 조직으로서 안전업무를 관장하는 참모(STAFF)를 두고 안전관리에 관한 계획 조정·조사·검토·보고 등의 업무와 현장에 대한 기술지원을 담당하도록 편성된 조직

(1) 규모

중규모(100명 이상~1,000명 이하)

(2) 장점

① 사업장 특성에 맞는 전문적인 기술연구가 가능함
② 경영자에게 조언과 자문역할을 할 수 있다.
③ 안전정보 수집이 빠르다.

(3) 단점

① 안전지시나 명령이 작업자에게까지 신속 정확하게 전달되지 못함
② 생산부분은 안전에 대한 책임과 권한이 없음
③ 권한다툼이나 조정 때문에 시간과 노력이 소모됨

(4) 구성도

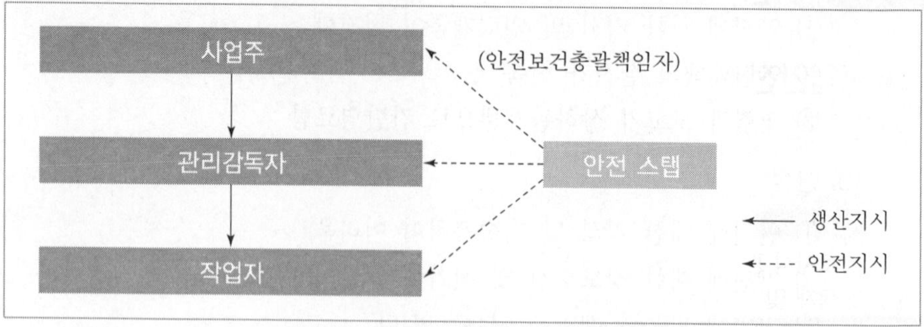

3) 라인 · 스탭(LINE-STAFF)형 조직(직계참모조직)

대규모 사업장에 적합한 조직으로서 라인형과 스탭형의 장점만을 채택한 형태이며 안전업무를 전담하는 스탭을 두고 생산라인의 각 계층에서도 각 부서장으로 하여금 안전업무를 수행하도록 하여 스탭에서 안전에 관한사항이 결정되면 라인을 통하여 실천하도록 편성된 조직

(1) 규모

대규모(1,000명 이상)

(2) 장점

① 안전에 대한 기술 및 경험축적이 용이하다.
② 사업장에 맞는 독자적인 안전개선책을 강구할 수 있다.
③ 안전지시나 안전대책이 신속하고 정확하게 하달될 수 있다.

(3) 단점

명령계통과 조언의 권고적 참여가 혼동되기 쉽다.

(4) 구성도

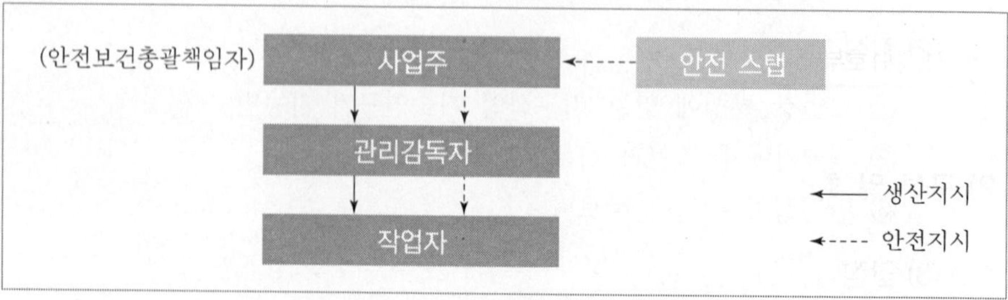

라인-스탭형은 라인과 스탭형의 장점을 절충 조정한 유형으로 라인과 스탭이 협조를 이루어 나갈 수 있고 라인에게는 생산과 안전보건에 관한 책임을 동시에 지우므로 안전보건업무와 생산업무가 균형을 유지할 수 있는 이상적인 조직

SECTION 2 안전업무 분담 및 안전보건관리규정과 기준

1 산업안전보건위원회(노사협의체) 등의 법적 체제

1) 설치대상

사업의 종류	규모
1. 토사석 광업 2. 목재 및 나무제품 제조업 ; 가구 제외 3. 화학물질 및 화학제품 제조업 ; 의약품 제외(세제, 화장품 및 광택제 제조업과 화학섬유 제조업은 제외한다) 4. 비금속 광물제품 제조업 5. 1차 금속 제조업 6. 금속가공제품 제조업 ; 기계 및 가구 제외 7. 자동차 및 트레일러 제조업 8. 기타 기계 및 장비 제조업(사무용 기계 및 장비 제조업은 제외한다) 9. 기타 운송장비 제조업(전투용 차량 제조업은 제외한다)	상시 근로자 50명 이상
10. 농업 11. 어업 12. 소프트웨어 개발 및 공급업 13. 컴퓨터 프로그래밍, 시스템 통합 및 관리업 14. 정보서비스업 15. 금융 및 보험업 16. 임대업 ; 부동산 제외 17. 정문, 과학 및 기술 서비스업(연구개발업은 제외한다) 18. 사업지원 서비스업 19. 사회복지 서비스업	상시 근로자 300명 이상
20. 건설업	공사금액 120억 원 이상(「건설산업기본법 시행령」 별표 1에 따른 토목공사업에 해당하는 공사의 경우에는 150억 원 이상)
21. 제1호부터 제20호까지의 사업을 제외한 사업	상시 근로자 100명 이상

2) 구성 및 회의

(1) 근로자 위원

① 근로자대표

② 근로자대표가 지명하는 1명 이상의 명예산업안전감독관

③ 근로자대표가 지명하는 9명 이내의 해당 사업장의 근로자

(2) 사용자 위원

① 해당 사업의 대표자
② 안전관리자
③ 보건관리자
④ 산업보건의
⑤ 해당 사업의 대표자가 지명하는 9명 이내의 해당 사업장 부서의 장

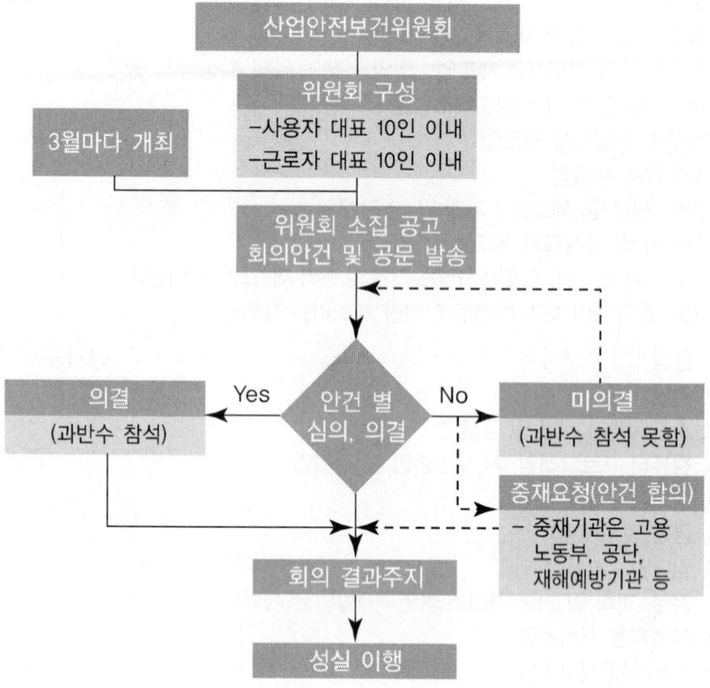

(3) 회의소집

① 산업안전보건위원회의 회의는 정기회의와 임시회의로 구분하되, 정기회의는 분기마다 위원장이 소집하며, 임시회의는 위원장이 필요하다고 인정할 때에 소집한다.
② 회의는 근로자위원 및 사용자위원 각 과반수의 출석으로 시작하고 출석위원 과반수의 찬성으로 의결한다.
③ 근로자대표, 명예산업안전감독관, 해당 사업의 대표자, 안전관리자 또는 보건관리자는 회의에 출석할 수 없는 경우에는 해당 사업에 종사하는 사람 중에서 1명을 지정하여 위원으로서의 직무를 대리하게 할 수 있다.

④ 산업안전보건위원회는 다음 각 호의 사항을 기록한 회의록을 작성하여 갖춰 두어야 한다.
가. 개최 일시 및 장소
나. 출석위원
다. 심의 내용 및 의결 · 결정 사항
라. 그 밖의 토의사항

3) 명예산업안전감독관

(1) 위촉방법

① 산업안전보건위원회 구성 대상 사업의 근로자 또는 노사협의체 구성 · 운영 대상 건설공사의 근로자 중에서 근로자대표(해당 사업장에 단위 노동조합의 산하 노동단체가 그 사업장 근로자의 과반수로 조직되어 있는 경우에는 지부 · 분회 등 명칭이 무엇이든 관계없이 해당 노동단체의 대표자를 말한다. 이하 같다)가 사업주의 의견을 들어 추천하는 사람
② 노동조합 또는 그 지역 대표기구에 소속된 임직원 중에서 해당 연합단체인 노동조합 또는 그 지역 대표기구가 추천하는 사람
③ 전국 규모의 사업주단체 또는 그 산하조직에 소속된 임직원 중에서 해당 단체 또는 그 산하조직이 추천하는 사람
④ 산업재해 예방 관련 업무를 하는 단체 또는 그 산하조직에 소속된 임직원 중에서 해당 단체 또는 그 산하조직이 추천하는 사람

(2) 명예감독관의 업무

① 사업장에서 하는 자체점검 참여 및 근로감독관이 하는 사업장 감독 참여
② 사업장 산업재해 예방계획 수립 참여 및 사업장에서 하는 기계 · 기구 자체검사 입회
③ 법령을 위반한 사실이 있는 경우 사업주에 대한 개선 요청 및 감독기관에의 신고
④ 산업재해 발생의 급박한 위험이 있는 경우 사업주에 대한 작업중지 요청
⑤ 작업환경측정, 근로자 건강진단 시의 입회 및 그 결과에 대한 설명회 참여
⑥ 직업성 질환의 증상이 있거나 질병에 걸린 근로자가 여럿 발생한 경우 사업주에 대한 임시건강진단 실시 요청
⑦ 근로자에 대한 안전수칙 준수 지도
⑧ 법령 및 산업재해 예방정책 개선 건의
⑨ 안전 · 보건 의식을 북돋우기 위한 활동과 무재해 운동 등에 대한 참여와 지원

⑩ 그 밖에 산업재해 예방에 대한 홍보 · 계몽 등 산업재해 예방업무와 관련하여 고용노동부장관이 정하는 업무

4) 산업안전보건위원회의 심의 · 의결 사항

(1) 산업재해 예방계획의 수립에 관한 사항
(2) 안전보건관리규정의 작성 및 변경에 관한 사항
(3) 근로자의 안전 · 보건교육에 관한 사항
(4) 작업환경측정 등 작업환경의 점검 및 개선에 관한 사항
(5) 근로자의 건강진단 등 건강관리에 관한 사항
(6) 중대재해의 원인 조사 및 재발 방지대책 수립에 관한 사항
(7) 유해하거나 위험한 기계 · 기구와 그 밖의 설비를 도입한 경우 안전 · 보건조치에 관한 사항

 **CheckPoint**

다음 중 산업안전보건위원회의 심의 또는 의결사항이 아닌 것은?
① 산업재해예방계획의 수립에 관한 사항
② 근로자의 건강진단 등 건강관리에 관한 사항
✓③ 산업재해에 관한 통계의 기록 · 유지에 관한 사항
④ 중대재해의 원인조사 및 재발방지대책의 수립에 관한 사항

5) 회의결과 등의 주지

(1) 사내방송이나 사내보
(2) 게시 또는 자체 정례조회
(3) 그 밖의 적절한 방법

2 안전보건관리규정

1) 작성내용

(1) 안전 · 보건관리조직과 그 직무에 관한 사항
(2) 안전 · 보건교육에 관한 사항
(3) 작업장 안전관리에 관한 사항
(4) 작업장 보건관리에 관한 사항

(5) 사고조사 및 대책수립에 관한 사항
(6) 그 밖에 안전·보건에 관한 사항

2) 작성 시의 유의사항

(1) 규정된 기준은 법정기준을 상회하도록 할 것
(2) 관리자층의 직무와 권한, 근로자에게 강제 또는 요청한 부분을 명확히 할 것
(3) 관계법령의 제·개정에 따라 즉시 개정되도록 라인 활용이 쉬운 규정이 되도록 할 것
(4) 작성 또는 개정 시에는 현장의 의견을 충분히 반영할 것
(5) 규정의 내용은 정상시는 물론 이상시, 사고시, 재해발생시의 조치와 기준에 관해서도 규정할 것

3) 안전보건관리규정의 작성

① 법 제25조제3항에 따라 안전보건관리규정을 작성해야 할 사업의 종류 및 상시근로자 수는 별표 2와 같다.
② 제1항에 따른 사업의 사업주는 안전보건관리규정을 작성해야 할 사유가 발생한 날부터 30일 이내에 별표 3의 내용을 포함한 안전보건관리규정을 작성해야 한다. 이를 변경할 사유가 발생한 경우에도 또한 같다.
③ 사업주가 제2항에 따라 안전보건관리규정을 작성할 때에는 소방·가스·전기·교통 분야 등의 다른 법령에서 정하는 안전관리에 관한 규정과 통합하여 작성할 수 있다.

CheckPoint

산업안전보건법상 안전보건관리규정을 작성하여야 할 사업장은 몇 명 이상의 상시근로자를 사용하는 사업으로 하며, 작성 사유가 발생한 날부터 며칠 이내에 작성하여야 하는가?

① 50명, 15일 ② 50명, 30일 ③ 100명, 15일 ✔ 100명, 30일

SECTION 3 안전보건관리 계획수립 및 운영

1 운용요령

1) 안전보건관리 추진계획 작성절차

(1) 현장과 관계된 자료를 수집한다.
(2) 해당부서장이 초안을 작성하고 안전관리부서장이 취합한다.
(3) 팀장회의 및 안전보건위원회 심의를 거친다.
(4) 최고 경영자의 승인을 받는다.

2) 계획 수립시의 유의사항

(1) 사업장의 실태에 맞도록 독자적으로 수립하되 실현 가능성이 있어야 한다.
(2) 목표는 구체적이어야 한다.

3) 산업안전보건관리비의 계상

건설공사발주자가 도급계약을 체결하거나 건설공사의 시공을 주도하여 총괄 · 관리하는 자(건설공사발주자로부터 건설공사를 최초로 도급받은 수급인은 제외한다)가 건설공사 사업 계획을 수립할 때에는 고용노동부장관이 정하여 고시하는 바에 따라 산업재해 예방을 위하여 사용하는 비용을 도급금액 또는 사업비에 계상(計上)하여야 한다.

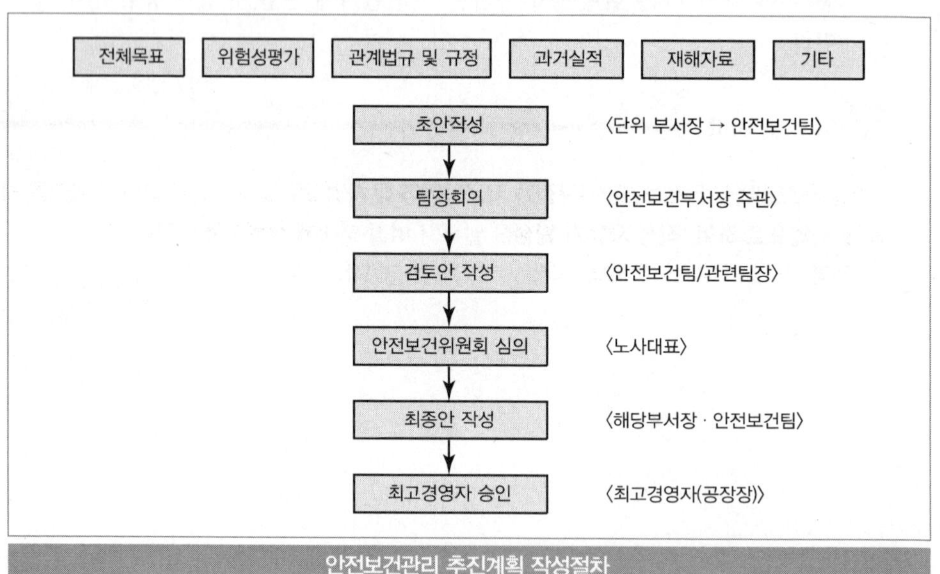

안전보건관리 추진계획 작성절차

산업안전보건관리비 사용계획서

(앞 쪽)

1. 일반사항

발주자		공사금액	계	
공사종류 (해당란에 ✔표)	[ ]일반건설(갑) [ ]일반건설(을) [ ]중건설 [ ]철도 또는 궤도신설 [ ]특수 및 기타건설		① 재료비(관급별도)	
			② 관급재료비	
			③ 직접노무비	
			④ 그 밖의 사항	
산업안전보건관리비		산업안전보건관리비 계상 대상금액 [공사금액 중 ①+②+③]		

2. 항목별 실행계획

항목	금액	비율(%)
안전관리자 등의 인건비 및 각종 업무수당 등		%
안전시설비 등		%
개인보호구 및 안전장구 구입비 등		%
안전진단비 등		%
안전 · 보건교육비 및 행사비 등		%
근로자 건강관리비 등		%
건설재해 예방 기술지도비		%
본사 사용비		%
총계		100%

210mm×297mm[일반용지 60g/m²(재활용품)]

(뒤쪽)

3. 세부 사용계획

항목	세부항목	단위	수량	금액	산출 명세	사용시기
안전관리자 등의 인건비 및 각종 업무수당 등						
안전시설비 등						
개인보호구 및 안전장구 구입비 등						
안전진단비 등						
안전 · 보건교육비 및 행사비 등						
근로자 건강관리비 등						
건설재해 예방 기술 지도비						
본사 사용비						

2 안전보건경영시스템

안전보건경영시스템이란 사업주가 자율적으로 자사의 산업재해 예방을 위해 안전보건체제를 구축하고 정기적으로 유해·위험 정도를 평가하여 잠재 유해·위험 요인을 지속적으로 개선하는 등 산업재해예방을 위한 조치사항을 체계적으로 관리하는 제반활동을 말한다.

SECTION 4 안전보건관리체제

1 안전보건관리체제

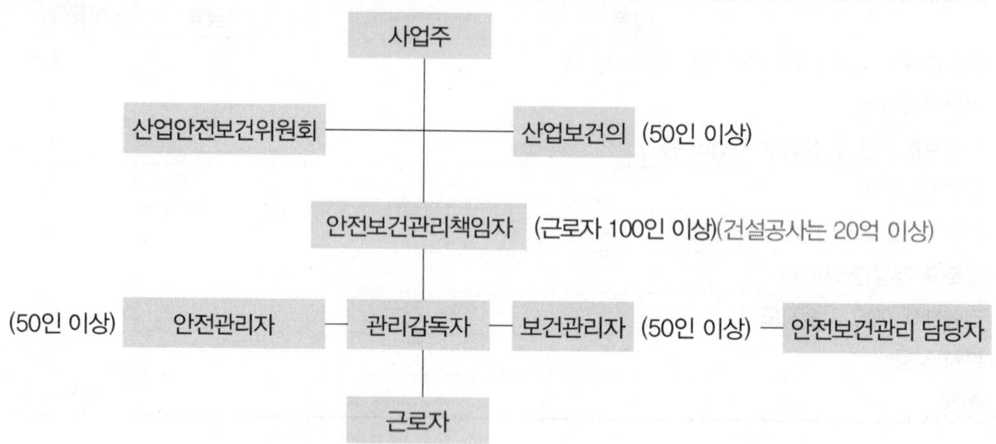

※ 안전(보건)관리자 전담자 선임
– 300인 이상(건설업 120억 이상, 토목공사업 150억 이상)

1) 안전보건관리계획 수립 시 유의사항

(1) 실현가능성이 있도록 사업장 실태에 맞게 독자적으로 수립한다.
(2) 직장단위로 구체적 계획을 작성한다.
(3) 현재의 문제점을 검토하기 위해 자료를 조사·수집한다.
(4) 적극적 선취안전을 취해 새로운 착상과 정보를 활용한다.
(5) 계획안이 효과적으로 실시될 수 있도록 라인·스탭 관계자에게 충분히 납득시킨다.

2) 안전관리조직의 구성요건

(1) 생산관리조직의 관리감독자를 안전관리조직에 포함
(2) 사업주 및 안전관리책임자의 자문에 필요한 스탭 기능 수행

(3) 안전관리활동을 심의, 의견청취 수렴하기 위한 안전관리위원회를 둠
(4) 안전관계자에 대한 권한 부여 및 시설, 장비, 예산 지원

3) 안전관리자의 직무

사업주는 안전관리자를 선임하거나 안전관리자의 업무를 안전관리대행기관에 위탁한 경우에는 고용노동부령으로 정하는 바에 따라 선임하거나 위탁한 날부터 14일 이내에 고용노동부장관에게 증명할 수 있는 서류를 제출하여야 한다.

(1) 안전관리자의 업무 등

① 산업안전보건위원회 또는 안전·보건에 관한 노사협의체에서 심의·의결한 업무와 해당 사업장의 안전보건관리규정 및 취업규칙에서 정한 업무
② 위험성평가에 관한 보좌 및 조언·지도
③ 안전인증대상 기계·기구 등과 자율안전확인대상 기계·기구 등 구입 시 적격품의 선정에 관한 보좌 및 조언·지도
④ 해당 사업장 안전교육계획의 수립 및 안전교육 실시에 관한 보좌 및 조언·지도
⑤ 사업장 순회점검·지도 및 조치의 건의
⑥ 산업재해 발생의 원인 조사·분석 및 재발 방지를 위한 기술적 보좌 및 조언·지도
⑦ 산업재해에 관한 통계의 유지·관리·분석을 위한 보좌 및 조언·지도
⑧ 법 또는 법에 따른 명령으로 정한 안전에 관한 사항의 이행에 관한 보좌 및 조언·지도
⑨ 업무수행 내용의 기록·유지
⑩ 그 밖에 안전에 관한 사항으로서 고용노동부장관이 정하는 사항

□ 안전관리자 등의 증원·교체임명 명령

지방고용노동관서의 장은 다음 각 호의 어느 하나에 해당하는 사유가 발생한 경우에는 사업주에게 안전관리자·보건관리자 또는 안전보건관리담당자를 정수 이상으로 증원하게 하거나 교체하여 임명할 것을 명할 수 있다. 다만, 제4호에 해당하는 경우로서 직업성질병자 발생 당시 사업장에서 해당 화학적 인자를 사용하지 아니하는 경우에는 그러하지 아니하다.

1. 해당 사업장의 연간재해율이 같은 업종의 평균재해율의 2배 이상인 경우
2. 중대재해가 연간 2건 이상 발생한 경우. 다만, 해당 사업장의 전년도 사망만인율이 같은 업종의 평균 사망만인율 이하인 경우는 제외한다.
3. 관리자가 질병이나 그 밖의 사유로 3개월 이상 직무를 수행할 수 없게 된 경우
4. 화학적 인자로 인한 직업성질병자가 연간 3명 이상 발생한 경우. 이 경우 직업성질병자 발생일은 요양급여의 결정일로 한다.

(2) 보건관리자의 업무 등

① 산업안전보건위원회에서 심의 · 의결한 업무와 안전보건관리규정 및 취업규칙에서 정한 업무

② 안전인증대상 기계 · 기구등과 자율안전확인대상 기계 · 기구등 중 보건과 관련된 보호구(保護具) 구입 시 적격품 선정에 관한 보좌 및 조언 · 지도

③ 물질안전보건자료의 게시 또는 비치에 관한 보좌 및 조언 · 지도

④ 위험성평가에 관한 보좌 및 조언 · 지도

⑤ 산업보건의의 직무

⑥ 해당 사업장 보건교육계획의 수립 및 보건교육 실시에 관한 보좌 및 조언 · 지도

⑦ 해당 사업장의 근로자를 보호하기 위한 다음 각 목의 조치에 해당하는 의료행위(보건관리자가 별표 6 제1호 또는 제2호에 해당하는 경우로 한정한다)

가. 외상 등 흔히 볼 수 있는 환자의 치료

나. 응급처치가 필요한 사람에 대한 처치

다. 부상 · 질병의 악화를 방지하기 위한 처치

라. 건강진단 결과 발견된 질병자의 요양 지도 및 관리

마. 가목부터 라목까지의 의료행위에 따르는 의약품의 투여

⑧ 작업장 내에서 사용되는 전체 환기장치 및 국소배기장치 등에 관한 설비의 점검과 작업방법의 공학적 개선에 관한 보좌 및 조언 · 지도

⑨ 사업장 순회점검·지도 및 조치의 건의

⑩ 산업재해 발생의 원인 조사 · 분석 및 재발 방지를 위한 기술적 보좌 및 조언 · 지도

⑪ 산업재해에 관한 통계의 유지·관리·분석을 위한 보좌 및 조언 · 지도

⑫ 법 또는 법에 따른 명령으로 정한 보건에 관한 사항의 이행에 관한 보좌 및 조언 · 지도

⑬ 업무수행 내용의 기록 · 유지

⑭ 그 밖에 작업관리 및 작업환경관리에 관한 사항

(3) 안전보건관리책임자의 직무

① 산업재해예방계획의 수립에 관한 사항

② 안전보건관리규정의 작성 및 그 변경에 관한 사항

③ 근로자의 안전 · 보건교육에 관한 사항

④ 작업환경의 측정 등 작업환경의 점검 및 개선에 관한 사항

⑤ 근로자의 건강진단 등 건강관리에 관한 사항

⑥ 산업재해의 원인조사 및 재발 방지대책 수립에 관한 사항

⑦ 산업재해에 관한 통계의 기록 및 유지에 관한 사항
⑧ 안전 · 보건과 관련된 안전장치 및 보호구 구입 시의 적격품 여부 확인에 관한 사항
⑨ 근로자의 유해 · 위험예방조치에 관한 사항으로서 고용노동부령으로 정하는 사항

(4) 관리감독자의 업무 내용

① 사업장 내 관리감독자가 지휘 · 감독하는 작업과 관련된 기계 · 기구 또는 설비의 안전 · 보건 점검 및 이상 유무의 확인
② 관리감독자에게 소속된 근로자의 작업복 · 보호구 및 방호장치의 점검과 그 착용 · 사용에 관한 교육 · 지도
③ 해당 작업에서 발생한 산업재해에 관한 보고 및 이에 대한 응급조치
④ 해당 작업의 작업장 정리 · 정돈 및 통로확보에 대한 확인 · 감독
⑤ 안전관리자, 보건관리자, 안전보건담당자 및 산업보건의의 지도 · 조언에 대한 협조
⑥ 위험성평가에 관한 유해 · 위험요인의 파악에 대한 참여 및 개선조치의 시행에 대한 참여
⑦ 그 밖에 해당 작업의 안전 · 보건에 관한 사항으로서 고용노동부령으로 정하는 사항

(5) 산업보건의의 직무

① 건강진단 실시결과의 검토 및 그 결과에 따른 작업배치, 작업전환 또는 근로시간의 단축 등 근로자의 건강보호 조치
② 근로자의 건강장해의 원인조사와 재발방지를 위한 의학적 조치
③ 그밖에 근로자의 건강 유지 및 증진을 위하여 필요한 의학적 조치에 관하여 고용노동부장관이 정하는 사항

(6) 안전보건관리담당자의 업무

① 안전보건교육 실시에 관한 보좌 및 지도 · 조언
② 위험성평가에 관한 보좌 및 지도 · 조언
③ 작업환경측정 및 개선에 관한 보좌 및 지도 · 조언
④ 규정에 따른 각종 건강진단에 관한 보좌 및 지도 · 조언
⑤ 산업재해 발생의 원인 조사, 산업재해 통계의 기록 및 유지를 위한 보좌 및 지도 · 조언
⑥ 산업 안전·보건과 관련된 안전장치 및 보호구 구입 시 적격품 선정에 관한 보좌 및 지도 · 조언

(7) 선임대상 및 교육

구 분	선임신고	신규교육	보수교육
대 상	• 안전관리자 • 보건관리자 • 산업보건의	• 안전보건관리책임자 • 안전관리자 • 보건관리자 • 건설재해예방 전문기관 종사자 • 석면조사기관의 종사자 • 안전검사기관, 자율안전검사기관의 종사자	• 안전보건관리책임자 • 안전관리자 • 보건관리자 • 건설재해예방 전문기관 종사자 • 석면조사기관의 종사자 • 안전보건관리담당자 • 안전검사기관, 자율안전검사기관의 종사자
기 간	선임일로부터 14일 이내	선임일로부터 3개월 이내 (단, 보건관리자가 의사인 경우는 1년)	신규교육을 이수한 후 매 2년이 되는 날을 기준으로 전후 3개월 사이
기 관	해당 지방고용노동관서	한국산업안전보건공단, 민간지정교육기관	

4) 도급과 관련된 사항

도급이란 명칭에 관계없이 물건의 제조 · 건설 · 수리 또는 서비스의 제공, 그 밖의 업무를 타인에게 맡기는 계약을 말하며, 도급인이란 물건의 제조 · 건설 · 수리 또는 서비스의 제공, 그 밖의 업무를 도급하는 사업주를 말한다. 다만, 건설공사발주자는 제외한다.

(1) 도급에 따른 산업재해 예방조치

① 도급인은 관계수급인 근로자가 도급인의 사업장에서 작업을 하는 경우 다음 각 호의 사항을 이행하여야 한다.

1. 도급인과 수급인을 구성원으로 하는 안전 및 보건에 관한 협의체의 구성 및 운영
2. 작업장 순회점검
3. 관계수급인이 근로자에게 하는 안전보건교육을 위한 장소 및 자료의 제공 등 지원
4. 관계수급인이 근로자에게 하는 안전보건교육의 실시 확인
5. 다음 각 목의 어느 하나의 경우에 대비한 경보체계 운영과 대피방법 등 훈련
   가. 작업 장소에서 발파작업을 하는 경우
   나. 작업 장소에서 화재 · 폭발, 토사 · 구축물 등의 붕괴 또는 지진 등이 발생한 경우
6. 위생시설 등 고용노동부령으로 정하는 시설의 설치 등을 위하여 필요한 장소의 제공 또는 도급인이 설치한 위생시설 이용의 협조

7. 같은 장소에서 이루어지는 도급인과 관계수급인 등의 작업에 있어서 관계수급인 등의 작업시기 · 내용, 안전조치 및 보건조치 등의 확인
8. 제7호에 따른 확인 결과 관계수급인 등의 작업 혼재로 인하여 화재 · 폭발 등 대통령령으로 정하는 위험이 발생할 우려가 있는 경우 관계수급인 등의 작업시기 · 내용 등의 조정
   - 화재 · 폭발이 발생할 우려가 있는 경우
   - 동력으로 작동하는 기계 · 설비 등에 끼일 우려가 있는 경우
   - 차량계 하역운반기계, 건설기계, 양중기(揚重機) 등 동력으로 작동하는 기계와 충돌할 우려가 있는 경우
   - 근로자가 추락할 우려가 있는 경우
   - 물체가 떨어지거나 날아올 우려가 있는 경우
   - 기계 · 기구 등이 넘어지거나 무너질 우려가 있는 경우
   - 토사 · 구축물 · 인공구조물 등이 붕괴될 우려가 있는 경우
   - 산소 결핍이나 유해가스로 질식이나 중독의 우려가 있는 경우

② 도급인은 고용노동부령으로 정하는 바에 따라 자신의 근로자 및 관계수급인 근로자와 함께 정기적으로 또는 수시로 작업장의 안전 및 보건에 관한 점검을 하여야 한다.

③ 안전 및 보건에 관한 협의체 구성 및 운영, 작업장 순회점검, 안전보건교육 지원, 그 밖에 필요한 사항은 고용노동부령으로 정한다.

(2) 도급인의 안전 및 보건에 관한 정보 제공 등

① 다음 각 호의 작업을 도급하는 자는 그 작업을 수행하는 수급인 근로자의 산업재해를 예방하기 위하여 고용노동부령으로 정하는 바에 따라 해당 작업 시작 전에 수급인에게 안전 및 보건에 관한 정보를 문서로 제공하여야 한다.

1. 폭발성 · 발화성 · 인화성 · 독성 등의 유해성 · 위험성이 있는 화학물질 중 화학물질 또는 그 화학물질을 포함한 혼합물을 제조 · 사용 · 운반 또는 저장하는 반응기 · 증류탑 · 배관 또는 저장탱크로서 설비를 개조 · 분해 · 해체 또는 철거하는 작업
2. 제1호에 따른 설비의 내부에서 이루어지는 작업
3. 질식 또는 붕괴의 위험이 있는 작업으로서 대통령령으로 정하는 작업

② 도급인이 제1항에 따라 안전 및 보건에 관한 정보를 해당 작업 시작 전까지 제공하지 아니한 경우에는 수급인이 정보 제공을 요청할 수 있다.

③ 도급인은 수급인이 제1항에 따라 제공받은 안전 및 보건에 관한 정보에 따라 필요한 안전조치 및 보건조치를 하였는지를 확인하여야 한다.

④ 수급인은 제2항에 따른 요청에도 불구하고 도급인이 정보를 제공하지 아니하는 경우에는 해당 도급 작업을 하지 아니할 수 있다. 이 경우 수급인은 계약의 이행 지체에 따른 책임을 지지 아니한다.

(3) 안전보건총괄책임자 지정대상 사업

안전보건총괄책임자를 지정해야 하는 사업의 종류 및 사업장의 상시근로자 수는 관계수급인에게 고용된 근로자를 포함한 상시근로자가 100명(선박 및 보트 건조업, 1차 금속 제조업 및 토사석 광업의 경우에는 50명) 이상인 사업이나 관계수급인의 공사금액을 포함한 해당 공사의 총공사금액이 20억 원 이상인 건설업으로 한다.

산업안전보건법상 상시근로자가 50명인 도급사업에 있어서 안전보건 총괄책임자를 선임하여야 할 사업이 아닌 것은?

① 선박 및 보트건조업
② 제1차 금속산업
③ 토사석 광업
④ 화합물 및 화학제품 제조업 (✔)

(4) 안전보건총괄책임자의 직무

① 위험성평가의 실시에 관한 사항
② 작업의 중지
③ 도급 시 산업재해 예방조치
④ 산업안전보건관리비의 관계수급인 간의 사용에 관한 협의 · 조정 및 그 집행의 감독
⑤ 안전인증대상기계등과 자율안전확인대상기계등의 사용 여부 확인

(5) 도급사업 시의 안전 · 보건조치 등

① 도급인인 사업주는 작업장을 다음 각 호의 구분에 따라 순회점검하여야 한다.
  ㉠ 다음 각 목의 사업의 경우 : 2일에 1회 이상
    • 건설업
    • 제조업
    • 토사석 광업
    • 서적, 잡지 및 기타 인쇄물 출판업
    • 음악 및 기타 오디오물 출판업
    • 금속 및 비금속 원료 재생업
  ㉡ 제1호 각 목의 사업을 제외한 사업의 경우 : 1주일에 1회 이상
② 수급인인 사업주는 제1항에 따라 도급인인 사업주가 실시하는 순회점검을 거부 · 방해 또는 기피하여서는 아니 되며 점검 결과 도급인인 사업주의 시정요구가 있으면 이에 따라야 한다.

③ 도급인인 사업주는 수급인인 사업주가 실시하는 근로자의 해당 안전·보건교육에 필요한 장소 및 자료의 제공 등 필요한 조치를 하여야 한다.

2 안전보건개선계획

1) 안전보건 개선계획서 수립 대상 사업장

① 산업재해율이 같은 업종의 규모별 평균 산업재해율보다 높은 사업장
② 사업주가 필요한 안전조치 또는 보건조치를 이행하지 아니하여 중대재해가 발생한 사업장
③ 대통령령으로 정하는 수 이상의 직업성 질병자가 발생한 사업장
④ 유해인자의 노출기준을 초과한 사업장

2) 안전보건 개선계획서에 포함되어야 할 내용

(1) 시설
(2) 안전보건관리 체제
(3) 안전보건교육
(4) 산업재해예방 및 작업환경의 개선을 위하여 필요한 사항

3) 안전·보건진단을 받아 안전보건개선계획을 수립·제출하도록 명할 수 있는 사업장

① 산업재해율이 같은 업종 평균 산업재해율의 2배 이상인 사업장
② 사업주가 필요한 안전조치 또는 보건조치를 이행하지 아니하여 중대재해가 발생한 사업장
③ 직업성 질병자가 연간 2명 이상(상시근로자 1천명 이상 사업장의 경우 3명 이상) 발생한 사업장
④ 그 밖에 작업환경 불량, 화재·폭발 또는 누출 사고 등으로 사업장 주변까지 피해가 확산된 사업장으로서 고용노동부령으로 정하는 사업장

4) 안전보건개선계획서를 제출해야 하는 사업주는 법 제49조제1항에 따른 안전보건개선계획서 수립·시행 명령을 받은 날부터 60일 이내에 관할 지방고용노동관서의 장에게 해당 계획서를 제출(전자문서로 제출하는 것을 포함한다)해야 한다.

3 유해위험방지계획서 제출대상 사업

전기 계약용량이 300킬로와트(kW) 이상인 다음의 업종으로서 제품생산 공정과 직접적으로 관련된 건설물 · 기계 · 기구 및 설비 등 일체를 설치 · 이전 · 변경하는 경우

① 금속가공제품(기계 및 가구는 제외) 제조업
② 비금속 광물제품 제조업
③ 기타 기계 및 장비제조업
④ 자동차 및 트레일러 제조업
⑤ 식료품 제조업
⑥ 고무제품 및 플라스틱제품 제조업
⑦ 목재 및 나무제품 제조업
⑧ 기타 제품 제조업
⑨ 1차 금속 제조업
⑩ 가구 제조업
⑪ 화학물질 및 화학제품 제조업
⑫ 반도체 제조업
⑬ 전자부품 제조업

1) 기계 · 기구 및 설비

① 금속이나 그 밖의 광물의 용해로
② 화학설비
③ 건조설비
④ 가스집합용접장치
⑤ 근로자의 건강에 상당한 장해를 일으킬 우려가 있는 물질로서 고용노동부령으로 정하는 물질의 밀폐 · 환기 · 배기를 위한 설비

- 제출처 및 제출수량 : 한국산업안전보건공단에 2부 제출
- 제출시기 : 작업시작 15일 전
- 제출서류 : 설치장소의 개요를 나타내는 서류, 설비의 도면, 그 밖에 고용노동부장관이 정하는 도면 및 서류

2) 건설공사

(1) 지상높이가 31미터 이상인 건축물 또는 인공구조물, 연면적 3만제곱미터 이상인 건축물 또는 연면적 5천제곱미터 이상의 문화 및 집회시설(전시장 및 동물원 · 식물원은 제외한다), 판매시설, 운수시설(고속철도의 역사 및 집배송시설은 제외

한다), 종교시설, 의료시설 중 종합병원, 숙박시설 중 관광숙박시설, 지하도상가 또는 냉동 · 냉장창고시설의 건설 · 개조 또는 해체(이하 "건설 등"이라 한다)

(2) 연면적 5천제곱미터 이상의 냉동 · 냉장창고시설의 설비공사 및 단열공사

(3) 최대 지간길이가 50미터 이상인 교량건설 등 공사

(4) 터널 건설 등의 공사

(5) 다목적 댐, 발전용 댐 및 저수용량 2천만톤 이상의 용수 전용 댐, 지방상수도 전용 댐 건설 등의 공사

(6) 깊이 10미터 이상인 굴착공사

※ 제출시기 : 공사 착공 전

※ 제출서류 : 산업안전보건법 시행규칙 별표 15(유해 · 위험방지계획서 첨부서류)

CHAPTER 03 재해 조사 및 분석

SECTION 1 재해조사 요령

1 재해조사의 목적

1) 목적

(1) 동종재해의 재발방지
(2) 유사재해의 재발방지
(3) 재해원인의 규명 및 예방자료 수집

2 재해조사시 유의사항

1) 사실을 수집한다.
2) 객관적인 입장에서 공정하게 조사하며 조사는 2인 이상이 한다.
3) 책임추궁보다는 재발방지를 우선으로 한다.
4) 조사는 신속하게 행하고 긴급 조치하여 2차 재해의 방지를 도모한다.
5) 재해자에 대한 구급조치를 우선한다.
6) 사람, 기계 설비 등의 재해요인을 모두 도출한다.

3 재해발생시 조치사항

1) 긴급처리

(1) 재해발생기계의 정지 및 피해확산 방지
(2) 피재자의 구조 및 응급조치(가장 먼저 해야 할 일)
(3) 관계자에게 통보
(4) 2차 재해방지
(5) 현장보존

2) 재해조사

누가, 언제, 어디서, 어떤 작업을 하고 있을 때, 어떤 환경에서, 어떤 불안전 행동이나 상태는 없었는지 등에 대한 조사 실시

3) 원인강구(4M)

인간(Man), 기계(Machine), 작업매체(Media), 관리(Management) 측면에서의 원인분석

4) 대책수립

유사한 재해를 예방하기 위한 3E 대책수립

- 3E : 기술적(Engineering), 교육적(Education), 관리적(Enforcement)

5) 대책실시계획

6) 실시

7) 평가

4 산업재해가 발생한 때에 사업주가 기록 보존하여야 하는 사항

1) 사업장의 개요 및 근로자의 인적사항
2) 재해 발생의 일시 및 장소
3) 재해 발생의 원인 및 과정
4) 재해 재발방지 계획

5 고용노동부 장관이 산업재해 발생건수, 재해율 또는 그 순위 등을 공표하여야 하는 사업장

1) 중대재해가 발생한 사업장으로서 해당 중대재해 발생연도의 연간 산업재해율이 규모별 같은 업종의 평균 재해율 이상인 사업장
2) 산업재해로 인한 사망자가 연간 2명 이상 발생한 사업장
2)의2 사망만인율(사망재해자 수를 연간 상시근로자 1만명당 발생하는 사망재해자 수로 환산한 것을 말한다)이 규모별 같은 업종의 평균 사망만인율 이상인 사업장
2)의3 산업재해 발생 사실을 은폐한 사업장

3) 산업재해의 발생에 관한 보고를 최근 3년 이내 2회 이상 하지 않은 사업장
4) 중대산업사고가 발생한 사업장

SECTION 2 원인분석

1 재해의 원인분석

1) 기술적 원인

(1) 건물, 기계장치의 설계불량
(2) 구조, 재료의 부적합
(3) 생산방법의 부적합
(4) 점검, 정비, 보존불량

2) 교육적 원인

(1) 안전지식의 부족
(2) 안전수칙의 오해
(3) 경험, 훈련의 미숙
(4) 작업방법의 교육 불충분
(5) 유해 · 위험작업의 교육 불충분

3) 관리적 원인

(1) 안전관리조직의 결함
(2) 안전수칙 미제정
(3) 작업준비 불충분
(4) 인원배치 부적당
(5) 작업지시 부적당

4) 정신적 원인

(1) 안전의식의 부족
(2) 주의력의 부족
(3) 방심 및 공상
(4) 개성적 결함 요소 : 도전적인 마음, 과도한 집착, 다혈질 및 인내심 부족
(5) 판단력 부족 또는 그릇된 판단

5) 신체적 원인

(1) 피로
(2) 시력 및 청각기능의 이상
(3) 근육운동의 부적합
(4) 육체적 능력 초과

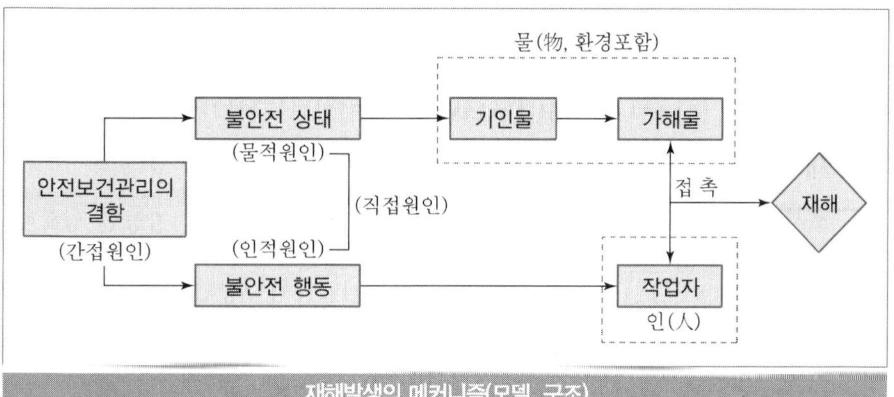

재해발생의 메커니즘(모델, 구조)

2 재해 조사기법

1) 재해현장 관리

(1) 부상자를 치료한다.

(2) 잔존 위험요소를 제거한다.

(3) 사람들을 보호하고 증거를 보존하기 위해 재해현장을 격리시킨다.

2) 재해조사 수행

사고현장에 사람들과 장비에 대한 모든 잔존 위험이 제거되거나 제어되면, 조사자는 사고조사를 실시한다.

(1) 사고에 관한 가능한 한 많은 정보를 모은다.

(2) 무엇이 사고의 원인이었는지 규명하기 위한 요인들을 분석한다.

(3) 미래에 사고를 근절하기 위한 적합한 개선책을 강구한다.

3) 정보수집

(1) 하나의 불안전한 행동 또는 상황만으로는 거의 사고가 발생하지 않기 때문에 다각적인 요인으로부터 정보를 모아야 한다.

① 목격자

② 사고현장에 있는 물리적 증거

③ 남아 있는 기록

(2) 목격자 진술

목격자는 재해자와 사고와 관련된 다른 사람들 그리고 사고를 실제로 목격한 사람들을 포함한다.

사고조사는 누군가를 비난하기 위한 것이 아니라 정보를 모으고 다른 사고를 예방하기 위한 것임을 설명한다.

4) 재해조사 보고서 작성

조사자는 보고서를 깔끔하고 알아보기 쉽게 작성하는 것과 가능한 명확하고 자세한 보고서를 위해 모든 정보를 사용하는 것이 좋다.

사고조사 보고서의 형태는 일반적으로 기본적인 4가지 정보를 필요로 한다.

(1) 일반적인 정보 : 누가 관련되었고, 언제 어디서 발생했는가와 같은 기본적 요인

(2) 정리요약 : 어떤 사고가 발생했는가에 대한 간단한 서술적 묘사

(3) 분석 : 무엇이 사고의 원인이었고 왜 발생했는가에 대한 서술적 묘사

(4) 권고사항 : 사고에 직접적인 영향을 미치는 행동과 상황을 제거하거나 제어할 수 있는 것에 대한 제안

(5) 조치계획수립 : 조치계획수립은 요구되는 문제를 해결하기 위한 것이다.

5) 재해의 통계적 원인분석 방법

(1) 파레토도 : 분류 항목을 큰 순서대로 도표화한 분석법

(2) 특성요인도 : 특성과 요인관계를 도표로 하여 어골상으로 세분화한 분석법(원인과 결과를 연계하여 상호관계를 파악)

(3) 클로즈(Close) 분석도 : 데이터(Data)를 집계하고 표로 표시하여 요인별 결과 내역을 교차한 클로즈 그림을 작성하여 분석하는 방법

(4) 관리도 : 재해발생 건수 등의 추이를 파악하여 목표관리를 행하는 데 필요한 월별 재해발생수를 그래프화하여 관리선을 설정 관리하는 방법

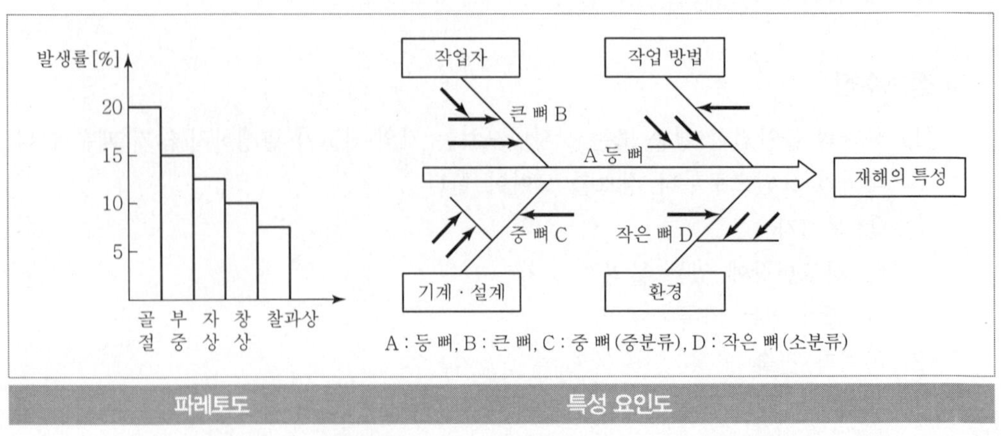

파레토도 특성 요인도

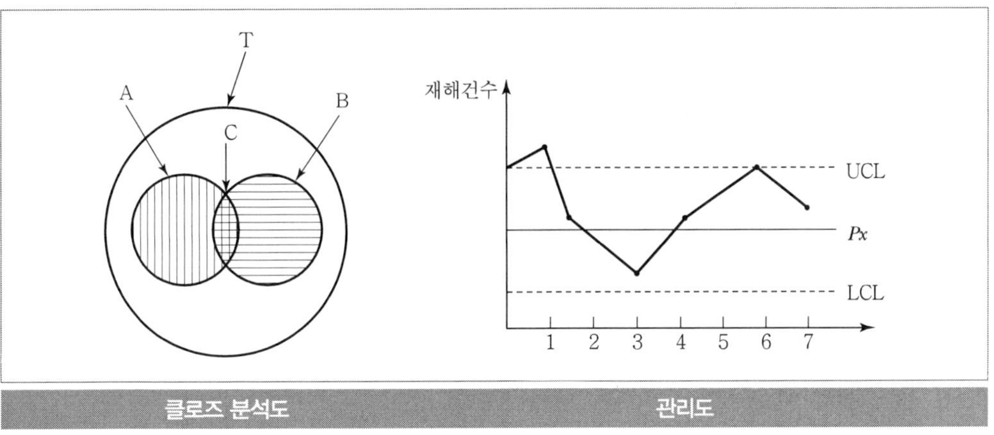

클로즈 분석도 관리도

3 재해사례 분석절차

1) 재해사례 연구 목적

(1) 재해요인을 체계적으로 규명하여 이에 대한 대책을 세우기 위해
(2) 재해 방지의 원칙을 습득해서 이것을 일상 안전 보건 활동에 실천하기 위해
(3) 참가자의 안전보건활동에 관한 견해나 생각을 깊게 하고, 태도를 바꾸게 하기 위해

2) 재해조사에서 방지대책까지의 순서(재해사례 연구순서)

(1) 전제조건 : 재해상황의 파악

(2) 1단계 : 사실의 확인(① 사람 ② 물건 ③ 관리 ④ 재해발생까지의 경과)

(3) 2단계 : 직접원인과 문제점의 확인
파악된 사실로부터 판단하여 각종 기준에서 차이의 문제점을 발견하는 것

(4) 3단계 : 근본 문제점의 결정

(5) 4단계 : 대책의 수립
① 동종재해의 재발방지
② 유사재해의 재발방지
③ 재해원인의 규명 및 예방자료 수집

재해사례연구의 진행단계 중 파악된 사실로부터 판단하여 각종 기준에서 차이의 문제점을 발견하는 것은 몇 단계인가?

① 1단계 : 사실의 확인
② 2단계 : 직접원인과 문제점의 확인 (정답)
③ 3단계 : 기본원인과 근본적 문제의 결정
④ 4단계 : 대책의 수립

3) 사례연구 시 파악하여야 할 상해의 종류

(1) 상해의 부위 (2) 상해의 종류 (3) 상해의 성질

4) 안전대책의 우선순위를 결정할 때 고려하여야 하는 4가지의 기본사항

(1) 대책의 난이성
(2) 대책의 긴급성
(3) 목표 달성에 대한 기여도
(4) 문제의 확대 가능성 여부

SECTION 3 재해통계 및 재해 코스트

1 재해율의 종류 및 계산

1) 재해율

임금근로자수 100명당 발생하는 재해자수의 비율

$$재해율 = \frac{재해자수}{임금근로자수} \times 100$$

※ 임금근로자수란 통계청의 경제활동인구조사상 임금근로자수를 말한다. 다만, 건설업 근로자수는 통계청 건설업조사 피고용자수의 경제활동인구조사 건설업 근로자수에 대한 최근 5년 평균 배수를 산출하여 경제활동인구조사 건설업 임금근로자수에 곱하여 산출한다.

2) 연천인율(年千人率)

임금근로자 1,000명당 1년간 발생하는 재해자 수

$$연천인율=\frac{재해자수}{연평균근로자수}\times 1,000$$

$$연천인율=도수율(빈도율)\times 2.4$$

근로자 200명이 근무하는 사업장에 연천인율이 26이었으며 휴업일수가 160일이었다. 도수율은?(단, 1일 8시간, 월 25일 근무함)

➡ $도수율=\frac{연천인율}{2.4}=\frac{26}{2.4}=10.83$

3) 도수율(빈도율)(F.R ; Frequency Rate of Injury)

- 근로자 100만 명이 1시간 작업시 발생하는 재해건수
- 근로자 1명이 100만 시간 작업시 발생하는 재해건수

$$도수율=\frac{재해발생건수}{연근로시간수}\times 1,000,000$$

연근로시간수=실근로자수×근로자 1인당 연간 근로시간수

여기서, 1년 : 300일, 2,400시간
1월 : 25일, 200시간
1일 : 8시간

근로자 150명이 작업하는 공장에서 5건의 재해가 발생 했다면 도수율은 얼마인가?(단, 하루 8시간 300일 근무인 경우임)

➡ $도수율=\frac{재해발생건수}{연근로시간수}\times 1,000,000=\frac{5}{150\times 8\times 300}\times 1,000,000=13.89$

4) 강도율(S.R ; Severity Rate of Injury)

연근로시간 1,000시간당 재해로 인해서 잃어버린 근로손실일수

$$\text{강도율}=\frac{\text{근로손실일수}}{\text{연근로시간수}}\times 1,000$$

- 근로손실일수
  ① 사망 및 영구 전노동 불능(장애등급 1~3급) : 7,500일
  ② 영구 일부노동 불능(4~14등급)

등급	4	5	6	7	8	9	10	11	12	13	14
일수	5,500	4,000	3,000	2,200	1,500	1,000	600	400	200	100	50

  ③ 일시 전노동 불능(의사의 진단에 따라 일정기간 노동에 종사할 수 없는 상해)

$$\text{휴직일수}\times\frac{300}{365}$$

CheckPoint

상시 근로자 100명인 사업장에서 1년간 6건의 부상자를 내고 그 휴업일수가 총 219일이라면 강도율은?(단, 1일 8시간씩, 300일 근무함)

➡ $$\text{강도율}=\frac{\text{근로손실일수}}{\text{연근로시간 수}}\times 1,000=\frac{219\times\frac{300}{365}}{100\times 8\times 300}\times 1,000=0.75$$

5) 평균강도율

재해 1건당 평균 근로손실일수

$$\text{평균강도율}=\frac{\text{강도율}}{\text{도수율}}\times 1,000$$

6) 환산강도율

근로자가 입사하여 퇴직할 때까지 잃을 수 있는 근로손실일수를 말함

$$\text{환산강도율}=\text{강도율}\times 100$$

7) 환산도수율

근로자가 입사하여 퇴직할 때까지(40년=10만 시간) 당할 수 있는 재해건수를 말함

$$\text{환산도수율} = \frac{\text{도수율}}{10}$$

Z건설의 2000년도 도수율이 10.05이고 강도율이 2.21일 때 이 건설회사에 근무하는 근로자는 입사부터 정년까지 재해는 몇 건이며, 근로손실 일수는 얼마인가?(단, 소수점 3자리에서 반올림할 것)

- 환산도수율$= \frac{\text{도수율}}{10} = \frac{10.05}{10} = 1.005 \fallingdotseq 1$(건)
- 환산강도율$=$강도율$\times 100 = 2.21 \times 100 = 221$(일)

8) 종합재해지수(F.S.I ; Frequency Severity Indicator)

재해 빈도의 다수와 상해 정도의 강약을 종합

$$\text{종합재해지수(FSI)} = \sqrt{\text{도수율(FR)} \times \text{강도율(SR)}}$$

9) 세이프 티 스코어(Safe T. Score)

(1) 의미

과거와 현재의 안전성적을 비교, 평가하는 방법으로 단위가 없으며 계산결과가 (+)이면 나쁜 기록이, (−)이면 과거에 비해 좋은 기록으로 봄

(2) 공식

$$\text{Safe T. Score} = \frac{\text{도수율(현재)} - \text{도수율(과거)}}{\sqrt{\frac{\text{도수율(과거)}}{\text{총 근로시간수}} \times 1{,}000{,}000}}$$

(3) 평가방법

① +2.0 이상인 경우 : 과거보다 심각하게 나쁘다.

② +2.0∼−2.0인 경우 : 심각한 차이가 없다.

③ −2.0 이하 : 과거보다 좋다.

10) 건설업 환산재해율

건설업체의 산업재해발생률은 다음의 계산식에 따른 환산재해율로 산출하되, 소수점 셋째 자리에서 반올림한다.

$$환산재해율 = \frac{환산재해자수}{상시근로자수} \times 100$$

계산식에서 환산재해자수는 다음과 같은 기준과 방법에 따라 산출한다.

(1) 환산재해자수는 환산재해율 산정 대상 연도의 1월 1일부터 12월 31일까지의 기간 동안 해당 업체가 시공하는 국내의 건설 현장(자체사업의 건설 현장은 포함한다. 이하 같다)에서 산업재해를 입은 근로자 수를 합산하여 산출한다.

(2) 재해자 중 사망자에 대해서는 다음과 같이 가중치를 부여할 수 있다.

① 가중치는 부상 재해자의 5배로 한다.

② 재해 발생 시기와 사망 시기의 연도가 다른 경우에는 재해 발생 연도의 다음 연도 3월 31일 이전에 사망한 경우에만 부상 재해자의 5배의 가중치를 부여한다.

③ 산업재해 발생 보고를 게을리 하여 고용노동부장관이 사망재해 발생연도 이후에 그 사실을 알게 된 경우에는 알게 된 연도의 사망재해자 수로 산정하며 부상 재해자의 5배에 따른 가중치를 부여한다.

④ 산업재해의 사망재해자 중 다음의 어느 하나에 해당하는 경우로 해당 사고발생의 직접적인 원인이 사업주의 법 위반으로 인한 것이 아니라고 인정되는 재해자에 대해서는 가중치를 부여하지 않는다.

- 「도로교통법」에 따라 도로에서 발생한 사고를 제외한 교통사고의 경우
- 고혈압 등 개인지병에 의한 경우

(3) 산업재해자 중 다음의 어느 하나에 해당하는 경우로서 사업주의 법 위반으로 인한 것이 아닌 재해에 의한 재해자는 재해자 수 산정에서 제외한다.

① 방화, 근로자간 또는 타인간의 폭행에 의한 경우

② 「도로교통법」 에 따라 도로에서 발생한 교통사고에 의한 경우(해당 공사의 공사용 차량 · 장비에 의한 사고는 제외한다)

③ 태풍 · 홍수 · 지진 · 눈사태 등 천재지변에 의한 불가항력적인 재해의 경우

④ 작업과 관련이 없는 제3자의 과실에 의한 경우(해당 목적물 완성을 위한 작업자간의 과실은 제외한다)

⑤ 진폐증에 의한 경우

⑥ 그 밖에 야유회, 체육행사, 취침 · 휴식 중의 사고 등 건설작업과 직접 관련이 없는 경우

계산식에서 상시 근로자 수는 다음과 같이 산출한다.

$$상시근로자수 = \frac{연간\ 국내공사\ 실적액 \times 노무비율}{건설업\ 월평균임금 \times 12월}$$

(1) '연간 국내공사 실적액'은 「건설산업기본법」에 따라 설립된 건설업자의 단체, 「전기공사업법」에 따라 설립된 공사업자단체, 「정보통신공사업법」에 따라 설립된 정보통신공사협회에서 산정한 업체별 실적액을 합산하여 산정한다.

(2) '노무비율'은 「고용보험 및 산업재해보상보험의 보험료징수 등에 관한 법률 시행령」 제11조 제1항에 따라 고용노동부장관이 고시하는 일반 건설공사의 노무비율(하도급 노무비율은 제외한다)을 적용한다.

(3) '건설업 월평균임금'은 「고용보험 및 산업재해보상보험의 보험료징수 등에 관한 법률 시행령」 제2조 제1항 제3호 가목에 따라 고용노동부장관이 고시하는 건설업 월평균임금을 적용한다.

'2023년도 어느 건설회사의 연간 국내공사 실적액이 300억 원이고, 이 해의 노무비율은 0.28이며 이 회사의 1일 평균임금은 70,000원으로 평가되었다. 이 회사의 환산재해율을 산정하기 위한 상시근로자수는 얼마인가?(단, 월 평균 근로일수는 25일로 한다)

▶ $$상시근로자수 = \frac{연간국내공사실적액 \times 노무비율}{건설업\ 월평균임금 \times 12월} = \frac{30,000,000,000 \times 0.28}{70,000 \times 25 \times 12} = 400$$

2 재해손실비의 종류 및 계산

업무상 재해로서 인적재해를 수반하는 재해에 의해 생기는 비용으로 재해가 발생하지 않았다면 발생하지 않아도 되는 직·간접 비용

1) 하인리히 방식

총 재해코스트＝직접비＋간접비

(1) 직접비

법령으로 정한 재해자에게 지급되는 산재보험비

① 휴업보상비, ② 장해보상비, ③ 요양보상비, ④ 유족보상비, ⑤ 장의비, 간병비

(2) 간접비

재산손실, 생산중단 등으로 기업이 입은 손실

① 인적손실 : 본인 및 제3자에 관한 것을 포함한 시간손실

② 물적손실 : 기계, 공구, 재료, 시설의 복구에 소비된 시간손실 및 재산손실

③ 생산손실 : 생산감소, 생산중단, 판매감소 등에 의한 손실

④ 특수손실

⑤ 기타 손실

 CheckPoint

다음 중 하인리히의 재해비용 산출 방법에 있어서 간접 손실비에 속하지 않는 것은?

✅ 장제비(장의비)　② 입원중의 잡비

③ 작업대기로 인한 손실시간임금　④ 동력, 연료류의 손실

(3) 직접비 : 간접비 = 1 : 4

※ 우리나라의 재해손실비용은 「경제적 손실 추정액」이라 칭하며 하인리히 방식으로 산정한다.

 CheckPoint

하인리히에 의한 재해손실비의 평가방식에서 재해손실비 1 : 4의 원칙은 무엇을 의미하는가?

✅ 직접손실비와 간접손실비　② 직접손실비와 보험료

③ 보험료와 비보험료　④ 간접손실비와 비보험료

2) 시몬즈 방식

하인리히 이론을 검토 수정하여 산업재해에서 제외되는 무상해까지 대상에 포함

총 재해비용 = 산재보험비용 + 비보험비용

여기서, 비보험비용 = 휴업상해건수 × A + 통원상해건수 × B + 응급조치건수 × C + 무상해사고건수 × D

A, B, C, D는 장해정도별에 의한 비보험비용의 평균치

3) 버드의 방식

총 재해비용＝보험비(1)＋비보험비(5~50)＋비보험 기타비용(1~3)

(1) 보험비 : 의료, 보상금
(2) 비보험 재산비용 : 건물손실, 기구 및 장비손실, 조업중단 및 지연
(3) 비보험 기타 비용 : 조사시간, 교육 등

재해손실비의 산정방식 중 버드(Frank Bird) 방식의 구성비율로 옳은 것은?(단, 구성은 보험비 : 비보험 재산비용 : 기타 재산비용이다)

① 1 : 1~3 : 7~15
② 1 : 1~10 : 1~10 : 1~5
③ 1 : 2~10 : 5~50
✔ 1 : 5~50 : 1~3

4) 콤패스 방식

총 재해비용＝공동비용비＋개별비용비

(1) 공동비용 : 보험료, 안전보건팀 유지비용
(2) 개별비용 : 작업손실비용, 수리비, 치료비 등

3 재해통계 분류방법

1) 상해정도별 구분

(1) 사망
(2) 영구 전노동 불능 상해(신체장애 등급 1~3등급)
(3) 영구 일부노동 불능 상해(신체장애 등급 4~14등급)
(4) 일시 전노동 불능 상해 : 장해가 남지 않는 휴업상해
(5) 일시 일부노동 불능 상해 : 일시 근무 중에 업무를 떠나 치료를 받는 정도의 상해
(6) 구급처치상해 : 응급처치 후 정상작업을 할 수 있는 정도의 상해

산업재해의 정도를 부상의 결과로 생긴 노동기능 저하의 정도에 따라 구분하는 방법으로 신체장해등급 제4등급에서 제14등급에 해당하는 재해는?

① 영구 전노동 불능 재해
② 일시 전노동 불능 재해
③ 영구 일부노동 불능 재해 (정답)
④ 일시 일부노동 불능 재해

2) 통계적 분류

(1) 사망 : 노동손실일수 7,500일
(2) 중상해 : 부상으로 8일 이상 노동손실을 가져온 상해
(3) 경상해 : 부상으로 1일 이상 7일 이하의 노동손실을 가져온 상해
(4) 경미상해 : 8시간 이하의 휴무 또는 작업에 종사하면서 치료를 받는 상해(통원치료)

3) 상해의 종류

(1) 골절 : 뼈에 금이 가거나 부러진 상해
(2) 동상 : 저온물 접촉으로 생긴 동상상해
(3) 부종 : 국부의 혈액순환 이상으로 몸이 퉁퉁 부어오르는 상해
(4) 중독 · 질식 : 음식 약물, 가스 등에 의해 중독이나 질식된 상태
(5) 찰과상 : 스치거나 문질러서 벗겨진 상태
(6) 창상 : 창, 칼 등에 베인 상처
(7) 청력장해 : 청력이 감퇴 또는 난청이 된 상태
(8) 시력장해 : 시력이 감퇴 또는 실명이 된 상태
(9) 화상 : 화재 또는 고온물 접촉으로 인한 상해
(10) 좌상(타박상) : 타박, 충돌, 추락 등으로 피부표면보다는 피하조직 또는 근육부를 다친 상해

CHAPTER 04 안전점검 및 검사

SECTION 1 안전점검

1 안전점검의 정의, 목적, 종류

1) 정의

안전점검은 설비의 불안전상태나 인간의 불안전행동으로부터 일어나는 결함을 발견하여 안전대책을 세우기 위한 활동을 말한다.

2) 안전점검의 목적

(1) 기기 및 설비의 결함이나 불안전한 상태의 제거로 사전에 안전성을 확보하기 위함이다.

(2) 기기 및 설비의 안전상태 유지 및 본래의 성능을 유지하기 위함이다.

(3) 재해 방지를 위하여 그 재해 요인의 대책과 실시를 계획적으로 하기 위함이다.

3) 종류

(1) 일상점검(수시점검) : 작업 전 · 중 · 후 수시로 실시하는 점검

(2) 정기점검 : 정해진 기간에 정기적으로 실시하는 점검

(3) 특별점검 : 기계 기구의 신설 및 변경 시 고장, 수리 등에 의해 부정기적으로 실시하는 점검, 안전강조기간 등에 실시하는 점검 등

(4) 임시점검 : 이상 발견 시 또는 재해발생시 임시로 실시하는 점검

2 안전점검기준(안전점검표, 체크리스트)의 작성

1) 안전점검표(체크리스트)에 포함되어야 할 사항

(1) 점검대상

① 안전관리 조직체제 및 운영실태

② 안전교육계획 및 실시상황

③ 작업환경 및 유해 · 위험관리에 관한 사항

④ 정리정돈 및 위험물 방화관리에 관한 사항
⑤ 운반설비 및 관련 시설물의 상태

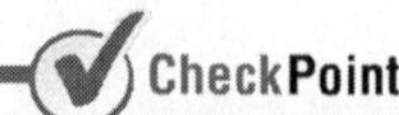

다음 중 안전점검의 대상으로 부적절한 것은?
① 안전조직 및 운영 실태
② 안전교육계획 및 실시 상황
③ 인력의 배치 실태
④ 운반설비

(2) 점검부분(점검개소)
(3) 점검항목(점검내용 : 마모, 균열, 부식, 파손, 변형 등)
(4) 점검주기 또는 기간(점검시기)
(5) 점검방법(육안점검, 기능점검, 기기점검, 정밀점검)
① 육안점검 : 시각, 촉각 등으로 검사하는 방법
② 기능점검 : 간단한 조작에 의해 결함 유무를 판단하는 방법
③ 기기점검 : 안전장치, 누전차단기 등을 정해진 순서로 작동하여 양·부를 판단하는 방법
④ 정밀점검 : 규정에 의해 측정, 검사 및 설비를 종합적으로 점검하는 방법이다.
(6) 판정기준(법령에 의한 기준 등)
(7) 조치사항(점검결과에 따른 결과의 시정)

대상 기기를 정하여진 절차에 의해 작동시켜 보고, 결함 유무를 확인하는 검사 방법은?
① 육안검사
② 기능검사
③ 조작검사
④ 시험에 의한 검사

2) 안전점검표(체크리스트) 작성시 유의사항

(1) 위험성이 높은 순이나 긴급을 요하는 순으로 작성할 것
(2) 정기적으로 검토하여 재해예방에 실효성이 있는 내용일 것
(3) 내용은 이해하기 쉽고 표현이 구체적일 것

3) 작업시작 전 점검사항(산업안전보건기준에 관한 규칙 [별표 3])

작업의 종류	점검내용
1. 프레스 등을 사용하여 작업을 할 때(제2편 제1장 제3절)	가. 클러치 및 브레이크의 기능 나. 크랭크축 · 플라이휠 · 슬라이드 · 연결봉 및 연결 나사의 풀림 여부 다. 1행정 1정지기구 · 급정지장치 및 비상정지장치의 기능 라. 슬라이드 또는 칼날에 의한 위험방지기구의 기능 마. 프레스의 금형 및 고정볼트 상태 바. 방호장치의 기능 사. 전단기(剪斷機)의 칼날 및 테이블의 상태
2. 로봇의 작동 범위에서 그 로봇에 관하여 교시 등(로봇의 동력원을 차단하고 하는 것은 제외한다)의 작업을 할 때(제2편 제1장 제13절)	가. 외부 전선의 피복 또는 외장의 손상 유무 나. 매니퓰레이터(Manipulator) 작동의 이상 유무 다. 제동장치 및 비상정지장치의 기능
3. 공기압축기를 가동할 때(제2편 제1장 제7절)	가. 공기저장 압력용기의 외관 상태 나. 드레인밸브(Drain valve)의 조작 및 배수 다. 압력방출장치의 기능 라. 언로드밸브(Unload valve)의 기능 마. 윤활유의 상태 바. 회전부의 덮개 또는 울 사. 그 밖의 연결 부위의 이상 유무
4. 크레인을 사용하여 작업을 할 때(제2편 제1장 제9절 제2관)	가. 권과방지장치 · 브레이크 · 클러치 및 운전장치의 기능 나. 주행로의 상측 및 트롤리(Trolley)가 횡행하는 레일의 상태 다. 와이어로프가 통하고 있는 곳의 상태
5. 이동식 크레인을 사용하여 작업을 할 때(제2편 제1장 제9절 제3관)	가. 권과방지장치나 그 밖의 경보장치의 기능 나. 브레이크 · 클러치 및 조정장치의 기능 다. 와이어로프가 통하고 있는 곳 및 작업장소의 지반상태
6. 리프트(간이리프트를 포함한다)를 사용하여 작업을 할 때(제2편 제1장 제9절 제4관)	가. 방호장치 · 브레이크 및 클러치의 기능 나. 와이어로프가 통하고 있는 곳의 상태
7. 곤돌라를 사용하여 작업을 할 때(제2편 제1장 제9절 제5관)	가. 방호장치 · 브레이크의 기능 나. 와이어로프 · 슬링와이어(sling wire) 등의 상태
8. 양중기의 와이어로프 · 달기체인 · 섬유로프 · 섬유벨트 또는 훅 · 섀클 · 링 등의 철구(이하 "와이어로프등"이라 한다)를 사용하여 고리걸이작업을 할 때(제2편 제1장 제9절 제7관)	와이어로프 등의 이상 유무

9. 지게차를 사용하여 작업을 하는 때 (제2편 제1장 제10절 제2관)	가. 제동장치 및 조종장치 기능의 이상 유무 나. 하역장치 및 유압장치 기능의 이상 유무 다. 바퀴의 이상 유무 라. 전조등 · 후미등 · 방향지시기 및 경보장치 기능의 이상 유무
10. 구내운반차를 사용하여 작업을 할 때(제2편 제1장 제10절 제3관)	가. 제동장치 및 조종장치 기능의 이상 유무 나. 하역장치 및 유압장치 기능의 이상 유무 다. 바퀴의 이상 유무 라. 전조등 · 후미등 · 방향지시기 및 경음기 기능의 이상 유무 마. 충전장치를 포함한 홀더 등의 결합상태의 이상 유무
11. 고소작업대를 사용하여 작업을 할 때(제2편 제1장 제10절 제4관)	가. 비상정지장치 및 비상하강방지장치 기능의 이상 유무 나. 과부하방지장치의 작동 유무(와이어로프 또는 체인구동방식의 경우) 다. 아웃트리거 또는 바퀴의 이상 유무 라. 작업면의 기울기 또는 요철 유무 마. 활선작업용 장치의 경우 홈 · 균열 · 파손 등 그 밖의 손상 유무
12. 화물자동차를 사용하는 작업을 하게 할 때(제2편 제1장 제10절 제5관)	가. 제동장치 및 조종장치의 기능 나. 하역장치 및 유압장치의 기능 다. 바퀴의 이상 유무
13. 컨베이어 등을 사용하여 작업을 할 때(제2편 제1장 제11절)	가. 원동기 및 풀리(Pulley) 기능의 이상 유무 나. 이탈 등의 방지장치 기능의 이상 유무 다. 비상정지장치 기능의 이상 유무 라. 원동기 · 회전축 · 기어 및 풀리 등의 덮개 또는 울 등의 이상 유무
14. 차량계 건설기계를 사용하여 작업을 할 때(제2편 제1장 제12절 제1관)	브레이크 및 클러치 등의 기능
15. 이동식 방폭구조(防爆構造) 전기기계 · 기구를 사용할 때(제2편 제3장 제1절)	전선 및 접속부 상태
16. 근로자가 반복하여 계속적으로 중량물을 취급하는 작업을 할 때(제2편 제5장)	가. 중량물 취급의 올바른 자세 및 복장 나. 위험물이 날아 흩어짐에 따른 보호구의 착용 다. 카바이드 · 생석회(산화칼슘) 등과 같이 온도상승이나 습기에 의하여 위험성이 존재하는 중량물의 취급방법 라. 그 밖에 하역운반기계 등의 적절한 사용방법
17. 양화장치를 사용하여 화물을 싣고 내리는 작업을 할 때(제2편 제6장 제2절)	가. 양화장치(揚貨裝置)의 작동상태 나. 양화장치에 제한하중을 초과하는 하중을 실었는지 여부
18. 슬링 등을 사용하여 작업을 할 때 (제2편 제6장 제2절)	가. 훅이 붙어 있는 슬링 · 와이어슬링 등이 매달린 상태 나. 슬링 · 와이어슬링 등의 상태(작업시작 전 및 작업 중 수시로 점검)

3 안전 · 보건진단

1) 종류

(1) 안전진단
(2) 보건진단
(3) 종합진단(안전진단과 보건진단을 동시에 진행하는 것)

2) 대상사업장

(1) 중대재해(사업주가 안전 · 보건조치의무를 이행하지 아니하여 발생한 중대재해만 해당한다)발생 사업장. 다만, 그 사업장의 연간 산업재해율이 같은 업종의 규모별 평균산업재해율을 2년간 초과하지 아니한 사업장은 제외한다.
(2) 안전보건개선계획 수립 · 시행명령을 받은 사업장
(3) 추락 · 폭발 · 붕괴 등 재해발생 위험이 현저히 높은 사업장으로서 지방고용노동관서의 장이 안전 · 보건진단이 필요하다고 인정하는 사업장

SECTION 2 안전검사 및 안전인증

1 안전검사

유해하거나 위험한 기계 · 기구 · 설비로서 대통령령으로 정하는 것을 사용하는 사업주는 유해 · 위험기계 등의 안전에 관한 성능이 고용노동부장관이 정하여 고시하는 검사기준에 맞는지에 대하여 고용노동부장관이 실시하는 안전검사를 받아야 하며 안전검사에 합격한 유해 · 위험기계 등을 사용하는 사업주는 그 유해 · 위험기계 등이 안전검사에 합격한 것임을 나타내는 표시를 하여야 한다.

1) 안전검사 대상 유해 · 위험기계 등

(1) 프레스
(2) 전단기
(3) 크레인[정격하중이 2톤 미만인 것은 제외한다]
(4) 리프트
(5) 압력용기
(6) 곤돌라
(7) 국소배기장치(이동식은 제외한다)

(8) 원심기(산업용만 해당한다)
(9) 롤러기(밀폐형 구조는 제외한다)
(10) 사출성형기[형 체결력(型 締結力) 294킬로뉴턴(kN) 미만은 제외한다]
(11) 고소작업대(화물자동차 또는 특수자동차에 탑재한 고소작업대로 한정한다)
(12) 컨베이어
(13) 산업용 로봇

2) 안전검사의 주기 및 합격표시

안전검사대상 유해·위험기계 등의 검사 주기는 다음과 같다.

① 크레인, 리프트 및 곤돌라 : 사업장에 설치가 끝난 날부터 3년 이내에 최초 안전검사를 실시하되, 그 이후부터 2년마다(건설현장에서 사용하는 것은 최초로 설치한 날부터 6개월마다)

② 이동식 크레인, 이삿짐운반용 리프트 및 고소작업대 : 「자동차관리법」 제8조에 따른 신규등록 이후 3년 이내에 최초 안전검사를 실시하되, 그 이후부터 2년마다

③ 프레스, 전단기, 압력용기, 국소배기장치, 원심기, 롤러기, 사출성형기, 컨베이어 및 산업용 로봇 : 사업장에 설치가 끝난 날부터 3년 이내에 최초 안전검사를 실시하되, 그 이후부터 2년마다(공정안전보고서를 제출하여 확인을 받은 압력용기는 4년마다)

3) 안전검사의 신청

(1) 안전검사를 받아야 하는 자는 안전검사 신청서를 검사 주기 만료일 30일 전에 안전검사 업무를 위탁받은 기관(이하 "안전검사기관"이라 한다)에 제출(전자문서에 의한 제출을 포함한다)하여야 한다.

(2) 안전검사 신청을 받은 안전검사기관은 30일 이내에 해당 기계·기구 및 설비별로 안전검사를 하여야 한다.

(3) 안전검사기관은 안전검사 결과 검사기준에 적합한 경우에는 해당 사업주에게 유해하거나 위험한 기계·기구·설비로서 대통령령으로 정하는 것에 직접 부착 가능한 안전검사 합격표시를 발급하고, 부적합한 경우에는 해당 사업주에게 안전검사 불합격통지서에 그 사유를 밝혀 발급하여야 한다.

2 안전인증

고용노동부장관은 유해하거나 위험한 기계·기구·설비 및 방호장치·보호구의 안전성을 평가하기 위하여 그 안전에 관한 성능과 제조자의 기술 능력 및 생산 체계 등에 관한 안전인증기준을 정하여 고시할 수 있다. 이 경우 안전인증기준은 안전인증대상 기계·기구 등의 종류별, 규격 및 형식별로 정할 수 있다.

1) 안전인증대상 기계 · 기구

(1) 안전인증대상기계 · 기구

① 프레스
② 전단기 및 절곡기
③ 크레인
④ 리프트
⑤ 압력용기
⑥ 롤러기
⑦ 사출성형기(射出成形機)
⑧ 고소(高所) 작업대
⑨ 곤돌라

(2) 안전인증대상 방호장치

① 프레스 및 전단기 방호장치
② 양중기용(揚重機用) 과부하방지장치
양중기의 종류 : 크레인(호이스트 포함), 이동식크레인, 리프트(이삿짐운반용 리프트의 경우에는 적재하중이 0.1톤 이상인 것으로 한정), 곤돌라, 승강기(최대하중이 0.25톤 이상인 것으로 한정)
③ 보일러 압력방출용 안전밸브
④ 압력용기 압력방출용 안전밸브
⑤ 압력용기 압력방출용 파열판
⑥ 절연용 방호구 및 활선작업용(活線作業用) 기구
⑦ 방폭구조(防爆構造) 전기기계 · 기구 및 부품
⑧ 추락 · 낙하 및 붕괴 등의 위험 방지 및 보호에 필요한 가설기자재로서 고용노동부장관이 정하여 고시하는 것
⑨ 충돌 · 협착 등의 위험 방지에 필요한 산업용 로봇 방호장치로서 고용노동부장관이 정하여 고시하는 것

CheckPoint

다음 중 산업안전보건법상 안전인증대상 방호장치에 해당하는 것은?

① 교류 아크용접기용 자동전격방지기
② 동력식 수동대패용 칼날 접촉 방지장치
③ 절연용 방호구 및 활선작업용(活線作業用) 기구 (정답)
④ 아세틸렌 용접장치용 또는 가스집합 용접장치용 안전

(3) 안전인증대상 보호구

① 추락 및 감전 위험방지용 안전모 ② 안전화
③ 안전장갑 ④ 방진마스크
⑤ 방독마스크 ⑥ 송기마스크
⑦ 전동식 호흡보호구
⑧ 보호복
⑨ 안전대
⑩ 차광(遮光) 및 비산물(飛散物) 위험방지용 보안경
⑪ 용접용 보안면
⑫ 방음용 귀마개 또는 귀덮개

(4) 자율안전확인대상 보호구

① 안전모(추락 및 감전 위험방지용 안전모 제외)
② 보안경(차광 및 비산물 위험방지용 보안경 제외)
③ 보안면(용접용 보안면 제외)

2) 자율안전확인대상 기계 · 기구

(1) 연삭기 또는 연마기(휴대용은 제외한다)
(2) 산업용 로봇
(3) 혼합기
(4) 파쇄기 또는 분쇄기
(5) 식품가공용 기계(파쇄 · 절단 · 혼합 · 제면기만 해당한다)
(6) 컨베이어
(7) 자동차 정비용 리프트
(8) 공작기계(선반, 드릴기, 평삭 · 형삭기, 밀링만 해당한다)
(9) 고정형 목재가공용 기계(둥근톱, 대패, 루타기, 띠톱, 모떼기 기계만 해당한다)
(10) 인쇄기

3) 자율안전확인대상 기계 · 기구의 방호장치

(1) 아세틸렌 용접장치용 또는 가스집합 용접장치용 안전기
(2) 교류 아크용접기용 자동전격방지기
(3) 롤러기 급정지장치
(4) 연삭기(研削機) 덮개
(5) 목재 가공용 둥근톱 반발 예방장치와 날 접촉 예방장치

(6) 동력식 수동대패용 칼날 접촉 방지장치
(7) 추락·낙하 및 붕괴 등의 위험 방지 및 보호에 필요한 가설기자재

4) 안전인증심사의 종류 및 기간

(1) 안전인증심사의 종류

① 예비심사 : 기계·기구 및 방호장치·보호구가 유해·위험한 기계·기구 등인지를 확인하는 심사(법 제34조 제4항에 따라 안전인증을 신청한 경우만 해당한다)

② 서면심사 : 유해·위험한 기계·기구·설비 등의 종류별 또는 형식별로 설계도면 등 유해·위험한 기계·기구·설비 등의 제품기술과 관련된 문서가 안전인증기준에 적합한지에 대한 심사

③ 기술능력 및 생산체계 심사 : 유해·위험한 기계·기구·설비 등의 안전성능을 지속적으로 유지·보증하기 위하여 사업장에서 갖추어야 할 기술능력과 생산체계가 안전인증기준에 적합한지에 대한 심사. 다만, 다음 각 목의 어느 하나에 해당하는 경우에는 기술능력 및 생산체계 심사를 생략한다.

㉠ 방호장치 및 보호구를 고용노동부장관이 정하여 고시하는 수량 이하로 수입하는 경우

㉡ 제4호가목의 개별 제품심사를 하는 경우

㉢ 안전인증을 받은 후 같은 공정에서 제조되는 같은 종류의 안전인증대상 기계·기구등에 대하여 안전인증을 하는 경우

④ 제품심사 : 유해·위험한 기계·기구·설비 등이 서면심사 내용과 일치하는지 여부와 유해·위험한 기계·기구·설비 등의 안전에 관한 성능이 안전인증기준에 적합한지 여부에 대한 심사(다음 각 목의 심사는 유해·위험한 기계·기구·설비 등 별로 고용노동부장관이 정하여 고시하는 기준에 따라 어느 하나만을 받는다)

㉠ 개별 제품심사 : 서면심사 결과가 안전인증기준에 적합할 경우에 유해·위험한 기계·기구·설비 등 모두에 대하여 하는 심사(안전인증을 받으려는 자가 서면심사와 개별 제품심사를 동시에 할 것을 요청하는 경우 병행하여 할 수 있다)

㉡ 형식별 제품심사 : 서면심사와 기술능력 및 생산체계 심사 결과가 안전인증기준에 적합할 경우에 유해·위험한 기계·기구·설비 등의 형식별로 표본을 추출하여 하는 심사(안전인증을 받으려는 자가 서면심사, 기술능력 및 생산체계 심사와 형식별 제품심사를 동시에 할 것을 요청하는 경우 병행하여 할 수 있다)

(2) 안전인증 심사기간

① 예비심사 : 7일
② 서면심사 : 15일(외국에서 제조한 경우는 30일)
③ 기술능력 및 생산체계 심사 : 30일(외국에서 제조한 경우는 45일)
④ 제품심사
　㉠ 개별 제품심사 : 15일
　㉡ 형식별 제품심사 : 30일

5) 안전인증대상 기계 · 기구 등이 아닌 유해 · 위험한 기계 · 기구 · 설비 등의 안전인증 표시 및 표시방법

(1) 표시

(2) 표시방법

① 표시의 크기는 대상기계 · 기구 등의 크기에 따라 조정할 수 있다.
② 표시의 표상을 명백히 하기 위하여 필요한 경우에는 표시 주위에 한글 · 영문 등의 글자로 필요한 사항을 덧붙여 적을 수 있다.
③ 표시는 대상 기계 · 기구 등이나 이를 담은 용기 또는 포장지의 적당한 곳에 붙이거나 인쇄하거나 새기는 등의 방법으로 해야 한다.
④ 표시는 테두리와 문자를 파란색, 그 밖의 부분을 흰색으로 표현하는 것을 원칙으로 하되, 안전인증표시의 바탕색 등을 고려하여 테두리와 문자를 흰색, 그 밖의 부분을 파란색으로 표현할 수 있다. 이 경우 파란색의 색도는 2.5PB 4/10으로, 흰색의 색도는 N9.5로 한다[색도기준은 한국산업규격(KS)에 따른 색의 3속성에 의한 표시방법(KSA 0062 기술표준원 고시 제2008-0759)에 따른다].
⑤ 표시를 하는 경우에 인체에 상해를 입힐 우려가 있는 재질이나 표면이 거친 재질을 사용해서는 안 된다.

CHAPTER 05 보호구 및 안전보건표지

SECTION 1 보호구

1 보호구의 개요

산업재해 예방을 위해 작업자 개인이 착용하고 작업하는 것으로서 유해·위험상황에 따라 발생할 수 있는 재해를 예방하거나 그 유해·위험의 영향이나 재해의 정도를 감소시키기 위한 것

보호구에 완전히 의존하여 기계·기구 설비의 보완이나 작업환경 개선을 소홀히 해서는 안 되며, 보호구는 어디까지나 보조수단으로 사용함을 원칙으로 해야 한다.

1) 보호구가 갖추어야 할 구비요건

(1) 착용이 간편할 것
(2) 작업에 방해를 주지 않을 것
(3) 유해·위험요소에 대한 방호가 확실할 것
(4) 재료의 품질이 우수할 것
(5) 외관상 보기가 좋을 것
(6) 구조 및 표면가공이 우수할 것

2) 보호구 선정시 유의사항

(1) 사용목적에 적합할 것
(2) 안전인증(자율안전확인신고)을 받고 성능이 보장될 것
(3) 작업에 방해가 되지 않을 것
(4) 착용이 쉽고 크기 등이 사용자에게 편리할 것

2 보호구의 종류

1) 안전인증 대상 보호구

(1) 추락 및 감전 위험방지용 안전모
(2) 안전화
(3) 안전장갑
(4) 방진마스크
(5) 방독마스크
(6) 송기마스크
(7) 전동식 호흡보호구
(8) 보호복
(9) 안전대
(10) 차광(遮光) 및 비산물(飛散物) 위험방지용 보안경
(11) 용접용 보안면
(12) 방음용 귀마개 또는 귀덮개

2) 자율 안전확인 대상 보호구

(1) 안전모(추락 및 감전 위험방지용 안전모 제외)
(2) 보안경(차광 및 비산물 위험방지용 보안경 제외)
(3) 보안면(용접용 보안면 제외)

3) 안전인증의 표시

안전인증, 자율안전확인신고 표시	임의인증 표시
KCs	S

안전인증제품에는 상기 표시 외에 다음의 사항을 표시한다.

(1) 형식 또는 모델명
(2) 규격 또는 등급 등
(3) 제조자명
(4) 제조번호 및 제조연월
(5) 안전인증 번호

3 보호구의 성능기준 및 시험방법

1) 안전모

(1) 안전모의 구조

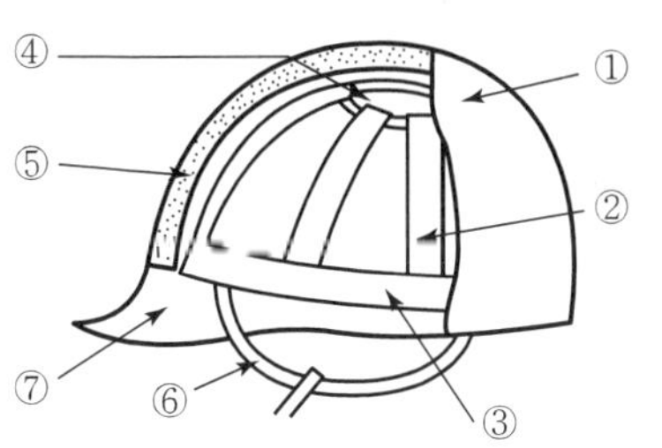

번호	명칭	
①	모체	
②	착장체	머리받침끈
③		머리고정대
④		머리받침고리
⑤	충격흡수재	
⑥	턱끈	
⑦	챙(차양)	

(2) 안전인증대상 안전모의 종류 및 사용구분

종류(기호)	사용구분	비고
AB	물체의 낙하 또는 비래 및 추락에 의한 위험을 방지 또는 경감시키기 위한 것	
AE	물체의 낙하 또는 비래에 의한 위험을 방지 또는 경감하고, 머리부위 감전에 의한 위험을 방지하기 위한 것	내전압성(주1)
ABE	물체의 낙하 또는 비래 및 추락에 의한 위험을 방지 또는 경감하고, 머리부위 감전에 의한 위험을 방지하기 위한 것	내전압성

(주1) 내전압성이란 7,000V 이하의 전압에 견디는 것을 말한다.

(3) 안전모의 구비조건

① 일반구조

㉠ 안전모는 모체, 착장체(머리고정대, 머리받침고리, 머리받침끈) 및 턱끈을 가질 것

㉡ 착장체의 머리고정대는 착용자의 머리부위에 적합하도록 조절할 수 있을 것

㉢ 착장체의 구조는 착용자의 머리에 균등한 힘이 분배되도록 할 것

㉣ 모체, 착장체 등 안전모의 부품은 착용자에게 상해를 줄 수 있는 날카로운 모서리 등이 없을 것

㉤ 턱끈은 사용 중 탈락되지 않도록 확실히 고정되는 구조일 것

㉥ 안전모의 착용높이는 85mm 이상이고 외부수직거리는 80mm 미만일 것

㉦ 안전모의 내부수직거리는 25mm 이상 50mm 미만일 것

㉧ 안전모의 수평간격은 5mm 이상일 것

㉨ 머리받침끈이 섬유인 경우에는 각각의 폭은 15mm 이상이어야 하며, 교차되는 끈의 폭의 합은 72mm 이상일 것

㉩ 턱끈의 폭은 10mm 이상일 것

㉪ 안전모의 모체, 착장체를 포함한 질량은 440g을 초과하지 않을 것

② AB종 안전모는 일반구조 조건에 적합해야 하고 충격흡수재를 가져야 하며, 리벳(Rivet) 등 기타 돌출부가 모체의 표면에서 5mm 이상 돌출되지 않아야 한다.

③ AE종 안전모는 일반구조 조건에 적합해야 하고 금속제의 부품을 사용하지 않고, 착장체는 모체의 내외면을 관통하는 구멍을 뚫지 않고 붙일 수 있는 구조로서 모체의 내외면을 관통하는 구멍 핀홀 등이 없어야 한다.

④ ABE종 안전모는 상기 ②, ③의 조건에 적합해야 한다.

(4) 안전인증 대상 안전모 성능시험방법

항목	시험성능기준
내관통성	AE, ABE종 안전모는 관통거리가 9.5mm 이하이고, AB종 안전모는 관통거리가 11.1mm 이하이어야 한다.
충격흡수성	최고전달충격력이 4,450N을 초과해서는 안 되며, 모체와 착장체의 기능이 상실되지 않아야 한다.
내전압성	AE, ABE종 안전모는 교류 20kV에서 1분간 절연파괴 없이 견뎌야 하고, 이때 누설되는 충전전류는 10mA 이하이어야 한다.
내 수 성	AE, ABE종 안전모는 질량증가율이 1% 미만이어야 한다.
난 연 성	모체가 불꽃을 내며 5초 이상 연소되지 않아야 한다.
턱끈 풀림	150N 이상 250N 이하에서 턱끈이 풀려야 한다.

(5) 자율안전인증 대상 안전모(A) 성능시험방법

① 내관통성시험　② 충격흡수성
③ 난연성　④ 턱끈풀림

항목	시험성능기준
내관통성	안전모는 관통거리가 11.1mm 이하이어야 한다.
충격흡수성	최고전달충격력이 4,450N을 초과해서는 안 되며, 모체와 착장체의 기능이 상실되지 않아야 한다.
난 연 성	모체가 불꽃을 내며 5초 이상 연소되지 않아야 한다.
턱끈 풀림	150N 이상 250N 이하에서 턱끈이 풀려야 한다.

2) 안전화

(1) 안전화의 명칭

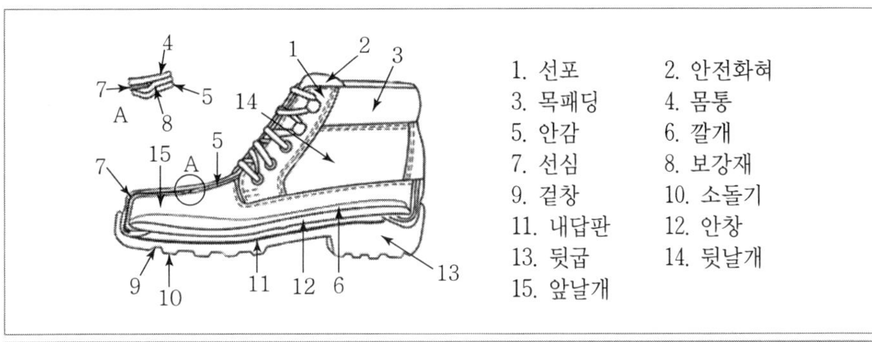

가죽제 안전화 각 부분의 명칭

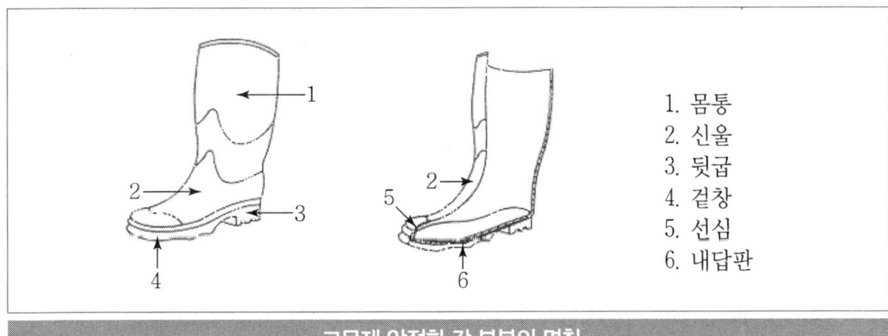

고무제 안전화 각 부분의 명칭

(2) 안전화의 종류

종류	성능구분
가죽제 안전화	물체의 낙하, 충격 또는 날카로운 물체에 의한 찔림 위험으로부터 발을 보호하기 위한 것 • 성능시험 : 내답발성, 내압박, 충격, 박리
고무제 안전화	물체의 낙하, 충격 또는 날카로운 물체에 의한 찔림 위험으로부터 발을 보호하고 내수성 또는 내화학성을 겸한 것 • 성능시험 : 압박, 충격, 침수
정전기 안전화	물체의 낙하, 충격 또는 날카로운 물체에 의한 찔림 위험으로부터 발을 보호하고 정전기의 인체대전을 방지하기 위한 것
발등 안전화	물체의 낙하, 충격 또는 날카로운 물체에 의한 찔림 위험으로부터 발 및 발등을 보호하기 위한 것
절 연 화	물체의 낙하, 충격 또는 날카로운 물체에 의한 찔림 위험으로부터 발을 보호하고 저압의 전기에 의한 감전을 방지하기 위한 것
절연장화	고압에 의한 감전을 방지 및 방수를 겸한 것
화학물질용 안전화	물체의 낙하, 충격 또는 날카로운 물체에 의한 찔림 위험으로부터 발을 보호하고 화학물질로부터 유해위험을 방지하기 위한 것

(3) 안전화의 등급

등급	사용장소
중작업용	광업, 건설업 및 철광업 등에서 원료취급, 가공, 강재취급 및 강재 운반, 건설업 등에서 중량물 운반작업, 가공대상물의 중량이 큰 물체를 취급하는 작업장으로서 날카로운 물체에 의해 찔릴 우려가 있는 장소
보통 작업용	기계공업, 금속가공업, 운반, 건축업 등 공구 가공품을 손으로 취급하는 작업 및 차량 사업장, 기계 등을 운전조작하는 일반작업장으로서 날카로운 물체에 의해 찔릴 우려가 있는 장소
경작업용	금속 선별, 전기제품 조립, 화학제품 선별, 반응장치 운전, 식품 가공업 등 비교적 경량의 물체를 취급하는 작업장으로서 날카로운 물체에 의해 찔릴 우려가 있는 장소

(4) 안전화의 몸통 높이에 따른 구분

(단위 : mm)

몸통 높이(h)		
단화	중단화	장화
113 미만	113 이상	178 이상

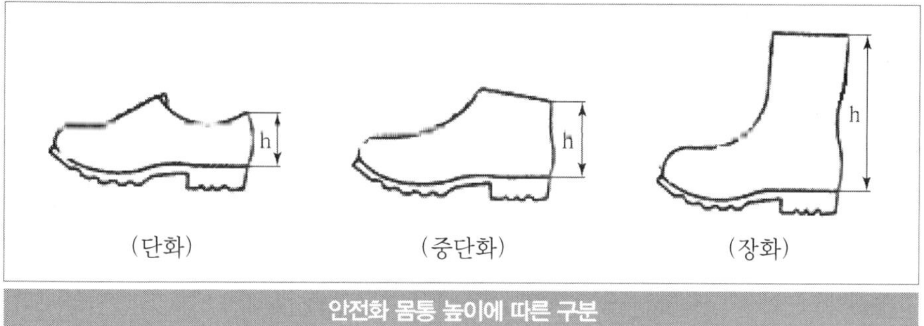

안전화 몸통 높이에 따른 구분

(5) 가죽제 발보호안전화의 일반구조

① 착용감이 좋고 작업에 편리할 것

② 견고하며 마무리가 확실하고 형상은 균형이 있을 것

③ 선심의 내측은 헝겊등으로 싸고 후단부의 내측은 보강할 것

④ 발가락 끝부분에 선심을 넣어 압박 및 충격으로부터 발가락을 보호할 것

3) 내전압용 절연장갑

(1) 일반구조

① 절연장갑은 고무로 제조하여야 하며 핀 홀(Pin Hole), 균열, 기포 등의 물리적인 변형이 없어야 한다.

② 여러 색상의 층들로 제조된 합성 절연장갑이 마모되는 경우에는 그 아래의 다른 색상의 층이 나타나야 한다.

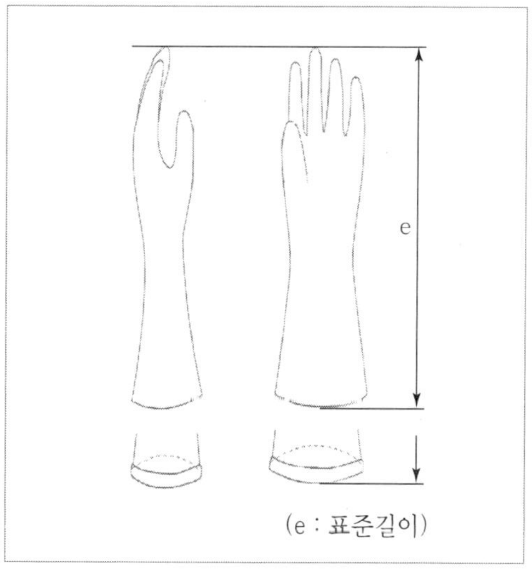

(2) 절연장갑의 등급 및 색상

등급	최대사용전압		비고
	교류(V, 실효값)	직류(V)	
00	500	750	갈색
0	1,000	1,500	빨간색
1	7,500	11,250	흰색
2	17,000	25,500	노랑색
3	26,500	39,750	녹색
4	36,000	54,000	등색

(3) 고무의 최대 두께

등급	두께(mm)	비고
00	0.50 이하	
0	1.00 이하	
1	1.50 이하	
2	2.30 이하	
3	2.90 이하	
4	3.60 이하	

(4) 절연내력

<table>
<tr><td rowspan="8">절연내력</td><td colspan="3" rowspan="2">최소내전압 시험
(실효치, kV)</td><td>00 등급</td><td>0 등급</td><td>1 등급</td><td>2 등급</td><td>3 등급</td><td>4 등급</td></tr>
<tr><td>5</td><td>10</td><td>20</td><td>30</td><td>30</td><td>40</td></tr>
<tr><td rowspan="6">누설전류
시험
(실효값
mA)</td><td colspan="2">시험전압
(실효치, kV)</td><td>2.5</td><td>5</td><td>10</td><td>20</td><td>30</td><td>40</td></tr>
<tr><td rowspan="4">표준
길이
mm</td><td>460</td><td>미적용</td><td>18 이하</td><td>18 이하</td><td>18 이하</td><td>18 이하</td><td>18 이하</td></tr>
<tr><td>410</td><td>미적용</td><td>16 이하</td><td>16 이하</td><td>16 이하</td><td>16 이하</td><td>16 이하</td></tr>
<tr><td>360</td><td>14 이하</td><td>14 이하</td><td>14 이하</td><td>14 이하</td><td>14 이하</td><td>미적용</td></tr>
<tr><td>270</td><td>12 이하</td><td>12 이하</td><td>미적용</td><td>미적용</td><td>미적용</td><td>미적용</td></tr>
</table>

4) 화학물질용 안전장갑

(1) 일반구조 및 재료

① 안전장갑에 사용되는 재료와 부품은 착용자에게 해로운 영향을 주지 않아야 한다.

② 안전장갑은 착용 및 조작이 용이하고, 착용상태에서 작업을 행하는 데 지장이 없어야 한다.

③ 안전장갑은 육안을 통해 확인한 결과 찢어진 곳, 터진 곳, 구멍 난 곳이 없어야 한다.

(2) 안전인증 유기화합물용 안전장갑에는 안전인증의 표시에 따른 표시 외에 다음 내용을 추가로 표시해야 한다.

① 안전장갑의 치수
② 보관 · 사용 및 세척상의 주의사항
③ 안전장갑을 표시하는 화학물질 보호성능표시 및 제품 사용에 대한 설명

화학물질 보호성능 표시

5) 방진마스크

(1) 방진마스크의 등급 및 사용장소

등급	특급	1급	2급
사용장소	• 베릴륨 등과 같이 독성이 강한 물질들을 함유한 분진 등 발생장소 • 석면 취급장소	• 특급마스크 착용장소를 제외한 분진 등 발생장소 • 금속흄 등과 같이 열적으로 생기는 분진 등 발생장소 • 기계적으로 생기는 분진 등 발생장소(규소 등과 같이 2급 방진마스크를 착용하여도 무방한 경우는 제외한다)	• 특급 및 1급 마스크 착용장소를 제외한 분진 등 발생장소
	배기밸브가 없는 안면부 여과식 마스크는 특급 및 1급 장소에 사용해서는 안 된다.		

① 여과재 분진 등 포집효율

형태 및 등급		염화나트륨(NaCl) 및 파라핀 오일(Paraffin oil) 시험(%)
분리식	특 급	99.95 이상
	1 급	94.0 이상
	2 급	80.0 이상
안면부 여과식	특 급	99.0 이상
	1 급	94.0 이상
	2 급	80.0 이상

방진마스크의 항목별 성능기준 중 분리식 2급의 경우 여과재의 분진의 효율은 얼마 이상인가? (단, NaCl 및 파라핀오일 시험)

① 99.95% ② 94% ③ 85% ✔ 80%

(2) 안면부 누설률

형태 및 등급		누설률(%)
분리식	전면형	0.05 이하
	반면형	5 이하
안면부 여과식	특 급	5 이하
	1 급	11 이하
	2 급	25 이하

(3) 전면형 방진마스크의 항목별 유효시야

형태		시야(%)	
		유효시야	겹침시야
전동식	1 안식	70 이상	80 이상
	2 안식	70 이상	20 이상

전면형 방진마스크의 항목별 성능기준에서 유효시야는 몇 % 이상이어야 하는가?

➡ 70%

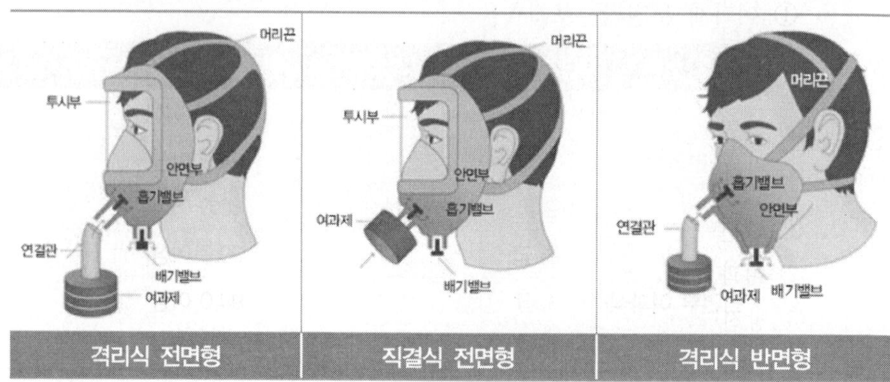

격리식 전면형 | 직결식 전면형 | 격리식 반면형

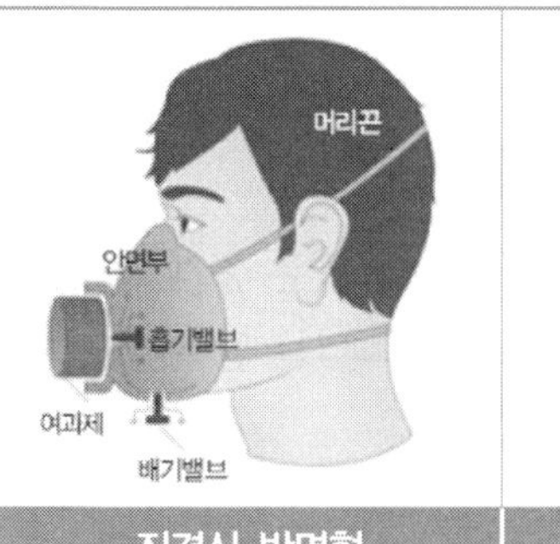

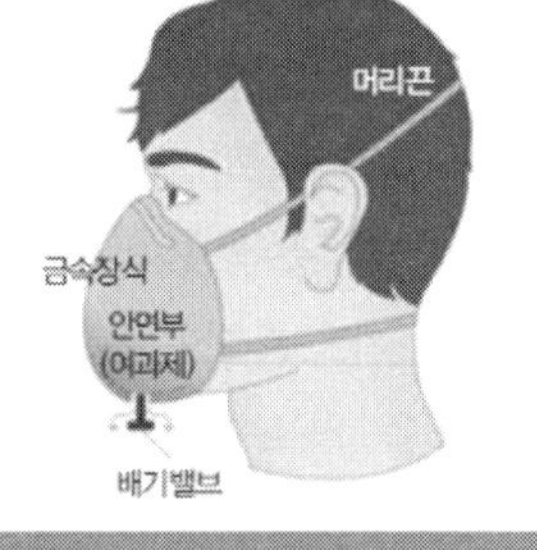

직결식 반면형	안면부여과식

(4) 방진마스크의 형태별 구조분류

형태	분리식		안면부 여과식
	격리식	직결식	
구조분류	안면부, 여과재, 연결관, 흡기밸브, 배기밸브 및 머리끈으로 구성되며 여과재에 의해 분진 등이 제거된 깨끗한 공기를 연결관으로 통하여 흡기밸브로 흡입되고 체내의 공기는 배기밸브를 통하여 외기 중으로 배출하게 되는 것으로 부품을 자유롭게 교환할 수 있는 것을 말한다.	안면부, 여과재, 흡기밸브, 배기밸브 및 머리끈으로 구성되며 여과재에 의해 분진 등이 제거된 깨끗한 공기가 흡기밸브를 통하여 흡입되고 체내의 공기는 배기밸브를 통하여 외기 중으로 배출하게 되는 것으로 부품을 자유롭게 교환할 수 있는 것을 말한다.	여과재로 된 안면부와 머리끈으로 구성되며 여과재인 안면부에 의해 분진 등을 여과한 깨끗한 공기가 흡입되고 체내의 공기는 여과재인 안면부를 통해 외기 중으로 배기되는 것으로(배기밸브가 있는 것은 배기밸브를 통하여 배출) 부품이 교환될 수 없는 것을 말한다.

(5) 방진마스크의 일반구조 조건

① 착용 시 이상한 압박감이나 고통을 주지 않을 것

② 전면형은 호흡 시에 투시부가 흐려지지 않을 것

③ 분리식 마스크에 있어서는 여과재, 흡기밸브, 배기밸브 및 머리끈을 쉽게 교환할 수 있고 착용자 자신이 안면과 분리식 마스크의 안면부와의 밀착성 여부를 수시로 확인할 수 있어야 할 것

④ 안면부 여과식 마스크는 여과재로 된 안면부가 사용기간 중 심하게 변형되지 않을 것

⑤ 안면부 여과식 마스크는 여과재를 안면에 밀착시킬 수 있어야 할 것

(6) 방진마스크의 재료 조건

① 안면에 밀착하는 부분은 피부에 장해를 주지 않을 것

② 여과재는 여과성능이 우수하고 인체에 장해를 주지 않을 것

③ 방진마스크에 사용하는 금속부품은 내식성을 갖거나 부식방지를 위한 조치가 되어 있을 것

④ 전면형의 경우 사용할 때 충격을 받을 수 있는 부품은 충격 시에 마찰 스파크가 발생되어 가연성의 가스혼합물을 점화시킬 수 있는 알루미늄, 마그네슘, 티타늄 또는 이의 합금을 사용하지 않을 것

⑤ 반면형의 경우 사용할 때 충격을 받을 수 있는 부품은 충격 시에 마찰 스파크가 발생되어 가연성의 가스혼합물을 점화시킬 수 있는 알루미늄, 마그네슘, 티타늄 또는 이의 합금을 최소한 사용할 것

(7) 방진마스크 선정기준(구비조건)

① 분진포집효율(여과효율)이 좋을 것
② 흡기, 배기저항이 낮을 것
③ 사용 후 손질이 간단할 것
④ 중량이 가벼울 것
⑤ 시야가 넓을 것
⑥ 안면밀착성이 좋을 것

6) 방독마스크

(1) 방독마스크의 종류

종류	시험가스
유기화합물용	시클로헥산(C_6H_{12})
할로겐용	염소가스 또는 증기(Cl_2)
황화수소용	황화수소가스(H_2S)
시안화수소용	시안화수소가스(HCN)
아황산용	아황산가스(SO_2)
암모니아용	암모니아가스(NH_3)

다음 중 산업안전보건법상 방독마스크의 종류와 시험 가스의 연결이 잘못된 것은?

✔ 할로겐용 : 시클로헥산(C_6H_{12}) ② 시안화수소용 : 시안화수소가스(HCN)
③ 아황산용 : 아황산가스(SO_2) ④ 암모니아용 : 암모니아가스(NH_3)

(2) 방독마스크의 등급

등급	사용 장소
고농도	가스 또는 증기의 농도가 100분의 2(암모니아에 있어서는 100분의 3) 이하의 대기 중에서 사용하는 것
중농도	가스 또는 증기의 농도가 100분의 1(암모니아에 있어서는 100분의 1.5)이하의 대기 중에서 사용하는 것
저농도 및 최저농도	가스 또는 증기의 농도가 100분의 0.1 이하의 대기 중에서 사용하는 것으로서 긴급용이 아닌 것

비고 : 방독마스크는 산소농도가 18% 이상인 장소에서 사용하여야 하고, 고농도와 중농도에서 사용하는 방독마스크는 전면형(격리식, 직결식)을 사용해야 한다.

CheckPoint

방독마스크의 사용 조건에 있어 산소농도 몇 % 이상인 장소에서 사용하여야 하는가?

① 16% ✔ 18% ③ 21% ④ 23%

(3) 방독마스크의 형태 및 구조

형태		구조
격리식	전면형	정화통, 연결관, 흡기밸브, 안면부, 배기밸브 및 머리끈으로 구성되고, 정화통에 의해 가스 또는 증기를 여과한 청정공기를 연결관을 통하여 흡입하고 배기는 배기밸브를 통하여 외기 중으로 배출하는 것으로 안면부 전체를 덮는 구조
	반면형	정화통, 연결관, 흡기밸브, 안면부, 배기밸브 및 머리끈으로 구성되고, 정화통에 의해 가스 또는 증기를 여과한 청정공기를 연결관을 통하여 흡입하고 배기는 배기밸브를 통하여 외기 중으로 배출하는 것으로 코 및 입부분을 덮는 구조
직결식	전면형	정화통, 흡기밸브, 안면부, 배기밸브 및 머리끈으로 구성되고, 정화통에 의해 가스 또는 증기를 여과한 청정공기를 흡기밸브를 통하여 흡입하고 배기는 배기밸브를 통하여 외기 중으로 배출하는 것으로 정화통이 직접 연결된 상태로 안면부 전체를 덮는 구조
	반면형	정화통, 흡기밸브, 안면부, 배기밸브 및 머리끈으로 구성되고, 정화통에 의해 가스 또는 증기를 여과한 청정공기를 흡기밸브를 통하여 흡입하고 배기는 배기밸브를 통하여 외기 중으로 배출하는 것으로 안면부와 정화통이 직접 연결된 상태로 코 및 입 부분을 덮는 구조

(4) 방독마스크의 일반구조 조건

① 착용 시 이상한 압박감이나 고통을 주지 않을 것
② 착용자의 얼굴과 방독마스크의 내면 사이의 공간이 너무 크지 않을 것
③ 전면형은 호흡 시에 투시부가 흐려지지 않을 것
④ 격리식 및 직결식 방독마스크에 있어서는 정화통·흡기밸브·배기밸브 및 머리끈을 쉽게 교환할 수 있고, 착용자 자신이 스스로 안면과 방독마스크 안면부와의 밀착성 여부를 수시로 확인할 수 있을 것

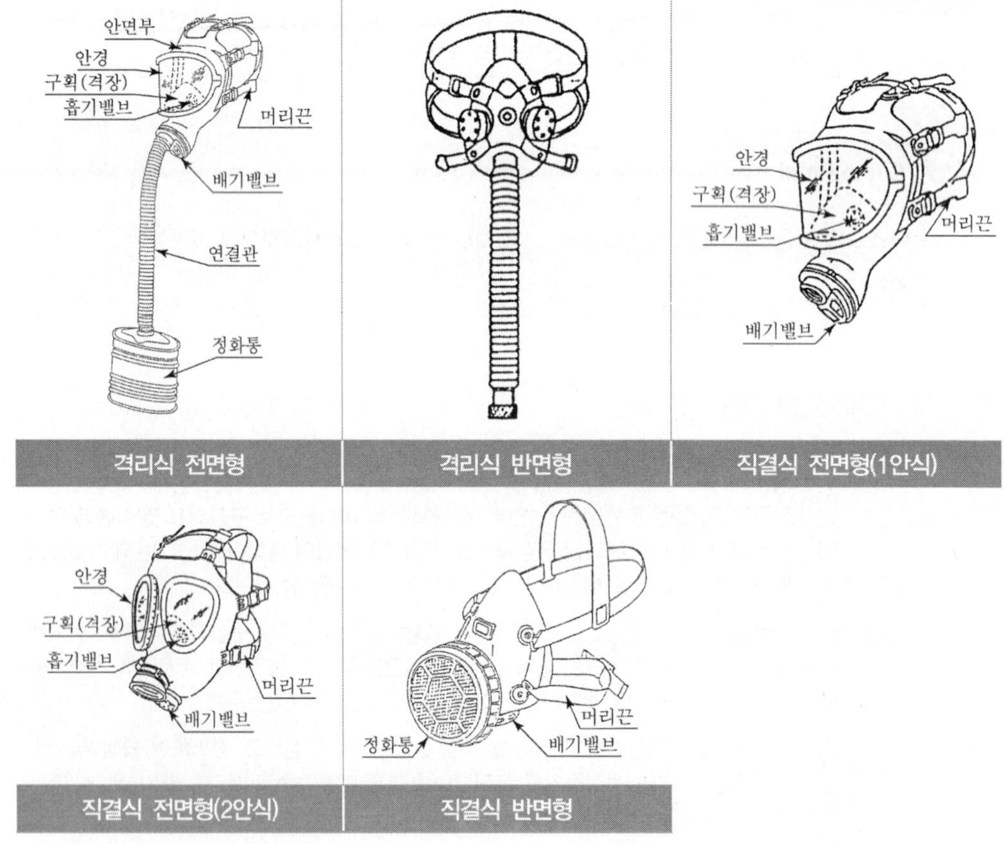

(5) 방독마스크의 재료조건

① 안면에 밀착하는 부분은 피부에 장해를 주지 않을 것
② 흡착제는 흡착성능이 우수하고 인체에 장해를 주지 않을 것
③ 방독마스크에 사용하는 금속부품은 부식되지 않을 것
④ 방독마스크를 사용할 때 충격을 받을 수 있는 부품은 충격 시에 마찰 스파크가 발생되어 가연성의 가스혼합물을 점화시킬 수 있는 알루미늄, 마그네슘, 티타늄 또는 이의 합금으로 만들지 말 것

(6) 방독마스크 표시사항

안전인증 방독마스크에는 다음 각목의 내용을 표시해야 한다.

① 파과곡선도

② 사용시간 기록카드

③ 정화통의 외부 측면의 표시 색

종류	표시 색
유기화합물용 정화통	갈색
할로겐용 정화통	회색
황화수소용 정화통	
시안화수소용 정화통	
아황산용 정화통	노랑색
암모니아용(유기가스) 정화통	녹색
복합용 및 겸용의 정화통	• 복합용의 경우 : 해당가스 모두 표시(2층 분리) • 겸용의 경우 : 백색과 해당가스 모두 표시(2층 분리)

④ 사용상의 주의사항

(7) 방독마스크 성능시험 방법

① 기밀시험

② 안면부 흡기저항시험

형태 및 등급		유량(ℓ/min)	차압(Pa)
격리식 및 직결식	전면형	160	250 이하
		30	50 이하
		95	150 이하
	반면형	160	200 이하
		30	50 이하
		95	130 이하

③ 안면부 배기저항시험

형 태	유량(ℓ/min)	차압(Pa)
격리식 및 직결식	160	300 이하

7) 송기마스크

(1) 송기마스크의 종류 및 등급

종류	등급		구분
호스 마스크	폐력흡인형		안면부
	송풍기형	전 동	안면부, 페이스실드, 후드
		수 동	안면부
에어라인마스크	일정유량형		안면부, 페이스실드, 후드
	디맨드형		안면부
	압력디맨드형		안면부
복합식 에어라인마스크	디맨드형		안면부
	압력디맨드형		안면부

(2) 송기마스크의 종류에 따른 형상 및 사용범위

종류	등급	형상 및 사용범위
호스 마스크	폐력 흡인형	호스의 끝을 신선한 공기 중에 고정시키고 호스, 안면부를 통하여 착용자가 자신의 폐력으로 공기를 흡입하는 구조로서, 호스는 원칙적으로 안지름 19mm 이상, 길이 10m 이하이어야 한다.
	송풍기형	전동 또는 수동의 송풍기를 신선한 공기 중에 고정시키고 호스, 안면부 등을 통하여 송기하는 구조로서, 송기풍량의 조절을 위한 유량조절 장치(수동 송풍기를 사용하는 경우는 공기조절 주머니도 가능) 및 송풍기에는 교환이 가능한 필터를 구비하여야 하며, 안면부를 통해 송기하는 것은 송풍기가 사고로 정지된 경우에도 착용자가 자기 폐력으로 호흡할 수 있는 것이어야 한다.
에어 라인 마스크	일정 유량형	압축 공기관, 고압 공기용기 및 공기압축기 등으로부터 중압호스, 안면부 등을 통하여 압축공기를 착용자에게 송기하는 구조로서, 중간에 송기 풍량을 조절하기 위한 유량조절장치를 갖추고 압축공기 중의 분진, 기름미스트 등을 여과하기 위한 여과장치를 구비한 것이어야 한다.
	디맨드형 및 압력디맨드형	일정 유량형과 같은 구조로서 공급밸브를 갖추고 착용자의 호흡량에 따라 안면부 내로 송기하는 것이어야 한다.
복합식 에어 라인 마스크	디맨드형 및 압력디맨드형	보통의 상태에서는 디맨드형 또는 압력디맨드형으로 사용할 수 있으며, 급기의 중단 등 긴급 시 또는 작업상 필요시에는 보유한 고압공기 용기에서 급기를 받아 공기호흡기로서 사용할 수 있는 구조로서, 고압공기 용기 및 폐지밸브는 KS P 8155(공기 호흡기)의 규정에 의한 것이어야 한다.

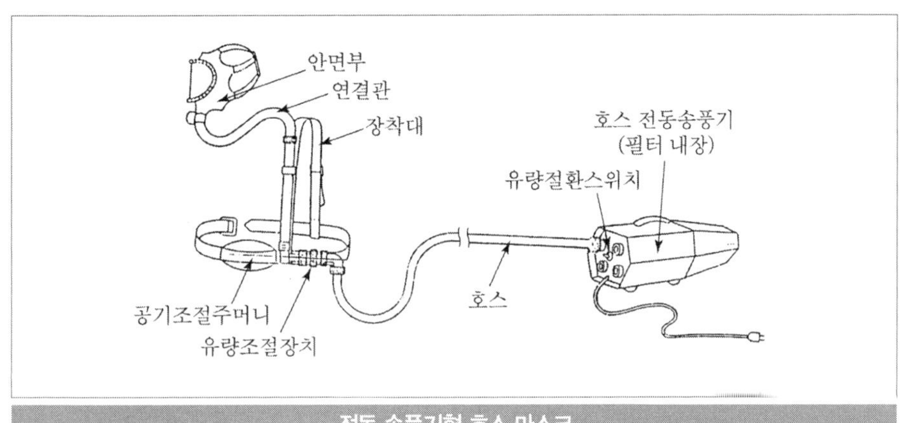

전동 송풍기형 호스 마스크

8) 전동식 호흡보호구

(1) 전동식 호흡보호구의 분류

분류	사용구분
전동식 방진마스크	분진 등이 호흡기를 통하여 체내에 유입되는 것을 방지하기 위하여 고효율 여과재를 전동장치에 부착하여 사용하는 것
전동식 방독마스크	유해물질 및 분진 등이 호흡기를 통하여 체내에 유입되는 것을 방지하기 위하여 고효율 정화통 및 여과재를 전동장치에 부착하여 사용하는 것
전동식 후드 및 전동식 보안면	유해물질 및 분진 등이 호흡기를 통하여 체내에 유입되는 것을 방지하기 위하여 고효율 정화통 및 여과재를 전동장치에 부착하여 사용함과 동시에 머리, 안면부, 목, 어깨부분까지 보호하기 위해 사용하는 것

(2) 전동식 방진마스크의 형태 및 구조

형태	구조
전동식 전면형	전동기, 여과재, 호흡호스, 안면부, 흡기밸브, 배기밸브 및 머리끈으로 구성되며 허리 또는 어깨에 부착한 전동기의 구동에 의해 분진 등이 여과된 깨끗한 공기가 호흡호스를 통하여 흡기밸브로 공급하고 호흡에 의한 공기 및 여분의 공기는 배기밸브를 통하여 외기 중으로 배출하게 되는 것으로 안면부 전체를 덮는 구조
전동식 반면형	전동기, 여과재, 호흡호스, 안면부, 흡기밸브, 배기밸브 및 머리끈으로 구성되며 허리 또는 어깨에 부착한 전동기의 구동에 의해 분진 등이 여과된 깨끗한 공기가 호흡호스를 통하여 흡기밸브로 공급하고 호흡에 의한 공기 및 여분의 공기는 배기밸브를 통하여 외기 중으로 배출하게 되는 것으로 코 및 입 부분을 덮는 구조
사용조건	산소농도 18% 이상인 장소에서 사용해야 한다.

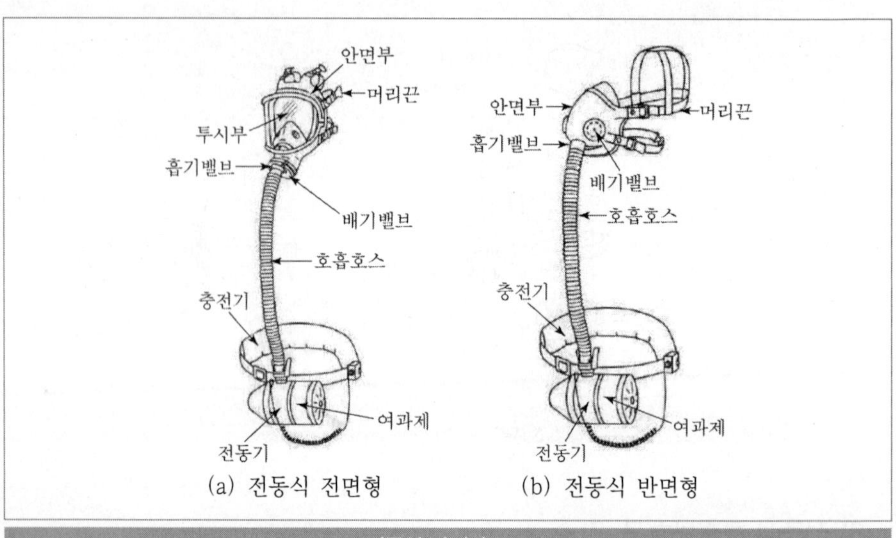

전동식 방진마스크

9) 보호복

(1) 방열복의 종류 및 질량

종류	착용 부위	질량(kg)
방열상의	상체	3.0 이하
방열하의	하체	2.0 이하
방열일체복	몸체(상 · 하체)	4.3 이하
방열장갑	손	0.5 이하
방열두건	머리	2.0 이하

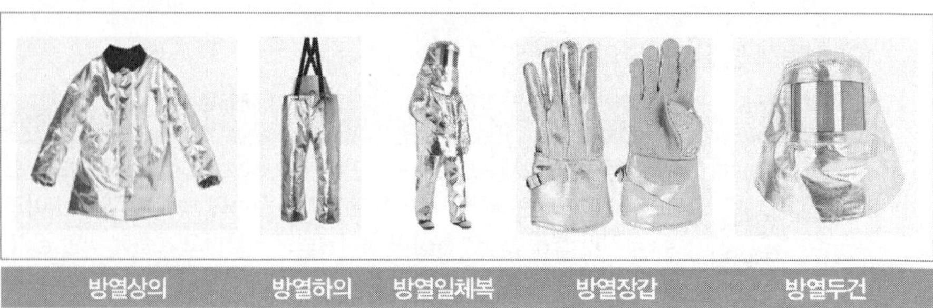

방열상의 방열하의 방열일체복 방열장갑 방열두건

(2) 부품별 용도 및 성능기준

부품별	용도	성능 기준	적용대상
내열 원단	겉감용 및 방열장갑의 등감용	• 질량 : 500g/㎡ 이하 • 두께 : 0.70mm 이하	방열상의 · 방열하의 · 방열일체복 · 방열장갑 · 방열두건
	안감	• 질량 : 330g/㎡ 이하	〃

내열 펠트	누빔 중간층용	• 두께 : 0.1mm 이하 • 질량 : 300g/㎡ 이하	〃
면포	안감용	• 고급면	〃
안면 렌즈	안면 보호용	• 재질 : 폴리카보네이트 또는 이와 동등 이상의 성능이 있는 것에 산화동이나 알루미늄 또는 이와 동등 이상의 것을 증착하거나 도금필름을 접착한 것 • 두께 : 3.0mm 이상	방열두건

10) 안전대

(1) 안전대의 종류

종류	사용구분
벨트식 안전그네식	U자 걸이용
	1개 걸이용
	안전블록
	추락방지대

추락방지대 및 안전블록은 안전그네식에만 적용함

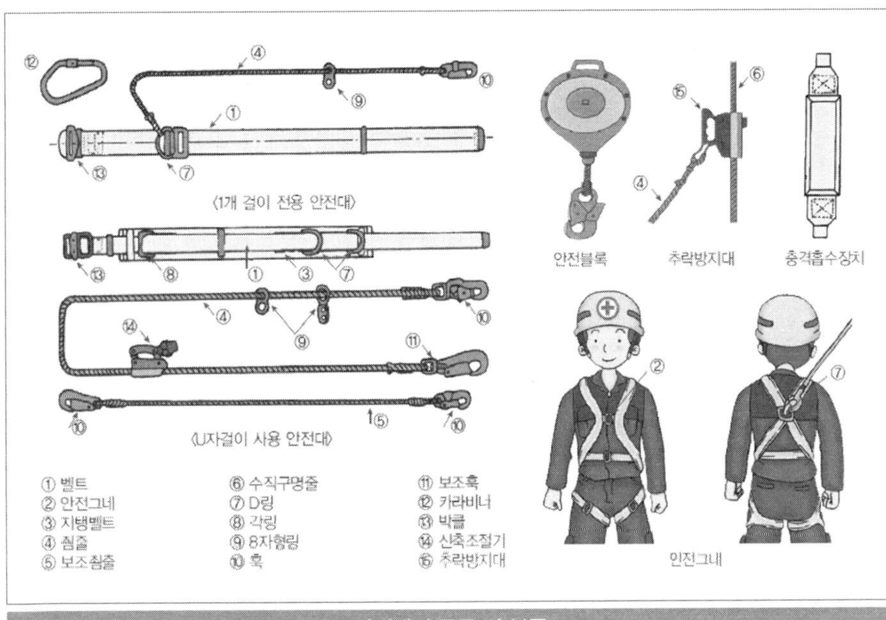

안전대의 종류 및 부품

(2) 안전대의 일반구조

① 벨트 또는 지탱벨트에 D링 또는 각 링과의 부착은 벨트 또는 지탱벨트와 같은 재료를 사용하여 견고하게 봉합할 것(U자걸이 안전대에 한함)

② 벨트 또는 안전그네에 버클과의 부착은 벨트 또는 안전그네의 한쪽 끝을 꺾어 돌려 버클을 꺾어 돌린 부분을 봉합사로 견고하게 봉합할 것

③ 죔줄 또는 보조죔줄 및 수직구명줄에 D링과 훅 또는 카라비너(이하 "D링 등"이라 한다)와의 부착은 죔줄 또는 보조죔줄 및 수직구명줄을 D링 등에 통과시켜 꺾어 돌린 후 그 끝을 3회 이상 얽어매는 방법(풀림방지장치의 일종) 또는 이와 동등 이상의 확실한 방법으로 할 것

④ 지탱벨트 및 죔줄, 수직구명줄 또는 보조죔줄에 씸블(Thimble) 등의 마모방지장치가 되어 있을 것

⑤ 죔줄의 모든 금속 구성품은 내식성을 갖거나 부식방지 처리를 할 것

⑥ 벨트의 조임 및 조절 부품은 저절로 풀리거나 열리지 않을 것

⑦ 안전그네는 골반 부분과 어깨에 위치하는 띠를 가져야 하고, 사용자에게 잘 맞게 조절할 수 있을 것

⑧ 안전대에 사용하는 죔줄은 충격흡수장치가 부착될 것. 다만 U자걸이, 추락방지대 및 안전블록에는 해당하지 않는다.

(3) 안전대 부품의 재료

부품	재료
벨트, 안전그네, 지탱벨트	나일론, 폴리에스테르 및 비닐론 등의 합성섬유
죔줄, 보조죔줄, 수직구명줄 및 D링 등 부착부분의 봉합사	합성섬유(로프, 웨빙 등) 및 스틸(와이어로프 등)
링류(D링, 각링, 8자형링)	KS D 3503(일반구조용 압연강재)에 규정한 SS400 또는 이와 동등 이상의 재료
훅 및 카라비너	KS D 3503(일반구조용 압연강재)에 규정한 SS400 또는 KS D 6763(알루미늄 및 알루미늄합금봉 및 선)에 규정하는 A2017BE-T4 또는 이와 동등 이상의 재료
버클, 신축조절기, 추락방지대 및 안전블록	KS D 3512(냉간 압연강판 및 강재)에 규정하는 SCP1 또는 이와 동등 이상의 재료
신축조절기 및 추락방지대의 누름금속	KS D 3503(일반구조용 압연강재)에 규정한 SS400 또는 KS D 6759(알루미늄 및 알루미늄합금 압출형재)에 규정하는 A2014-T6 또는 이와 동등 이상의 재료
훅, 신축조절기의 스프링	KS D 3509에 규정한 스프링용 스테인리스강선 또는 이와 동등 이상의 재료

11) 차광 및 비산물 위험방지용 보안경

(1) 사용구분에 따른 차광보안경의 종류

종류	사용구분
자외선용	자외선이 발생하는 장소
적외선용	적외선이 발생하는 장소
복합용	자외선 및 적외선이 발생하는 장소
용접용	산소용접작업 등과 같이 자외선, 적외선 및 강렬한 가시광선이 발생하는 장소

(2) 보안경의 종류

① 차광안경 : 고글형, 스펙터클형, 프론트형
② 유리보호안경
③ 플라스틱 보호안경
④ 도수렌즈 보호안경

12) 용접용 보안면

(1) 용접용 보안면의 형태

형태	구조
헬멧형	안전모나 착용자의 머리에 지지대나 헤드밴드 등을 이용하여 적정위치에 고정, 사용하는 형태(자동용접필터형, 일반용접필터형)
핸드실드형	손에 들고 이용하는 보안면으로 적절한 필터를 장착하여 눈 및 안면을 보호하는 형태

13) 방음용 귀마개 또는 귀덮개

(1) 방음용 귀마개 또는 귀덮개의 종류 · 등급

종류	등급	기호	성능	비고
귀마개	1종	EP-1	저음부터 고음까지 차음하는 것	귀마개의 경우 재사용 여부를 제조특성으로 표기
	2종	EP-2	주로 고음을 차음하고 저음(회화음영역)은 차음하지 않는 것	
귀덮개	–	EM		

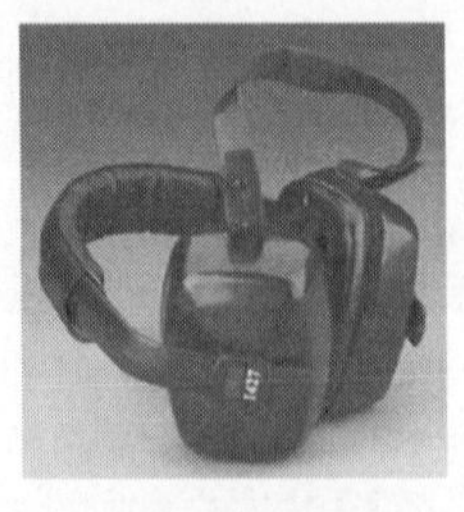

귀덮개의 종류

(2) 귀마개 또는 귀덮개의 차음성능기준

	중심주파수(Hz)	차 음 치(dB)		
		EP-1	EP-2	EM
차음성능	125	10 이상	10 미만	5 이상
	250	15 이상	10 미만	10 이상
	500	15 이상	10 미만	20 이상
	1,000	20 이상	20 미만	25 이상
	2,000	25 이상	20 이상	30 이상
	4,000	25 이상	25 이상	35 이상
	8,000	20 이상	20 이상	20 이상

※ 귀덮개의 충격성능(저온포함)시험 시 깨지거나 분리되지 않을 것(다만, 탈부착 가능한 쿠션부분은 제외한다)

Check Point

안전인증 대상 방음용 귀마개의 종류 중 성능에 있어 저음부터 고음까지 차음하는 것의 기호로 옳은 것은?

✓ EP-1 ② EP-2 ③ EP-3 ④ EM

(3) 소음의 특징

① A-특성(A-Weighting) : 소음레벨

소음레벨은 $20\log_{10}$(음압의 실효치/기준음압)로 정의되는 값을 말하며 단위는 dB로 표시한다. 단, 기준음압은 정현파 1KHz에서 최소가청음

② C-특성(C-Weighting) : 음압레벨

음압레벨은 $20\log_{10}$(대상이 되는 음압/기준음압)로 정의되는 값을 말함

SECTION 2 안전보건표지

1 안전보건표지의 종류 · 용도 및 적용

1) 안전보건표지의 종류와 형태

(1) 종류 및 색채

① 금지표지 : 위험한 행동을 금지하는 데 사용되며 8개 종류가 있다.(바탕은 흰색, 기본모형은 빨간색, 관련 부호 및 그림은 검은색)

② 경고표지 : 직접 위험한 것 및 장소 또는 상태에 대한 경고로서 사용되며 15개 종류가 있다.(바탕은 노랑색, 기본모형, 관련 부호 및 그림은 검은색)

- 다만, 인화성 물질 경고 · 산화성 물질 경고, 폭발성물질 경고, 급성독성 물질 경고 부식성 물질 경고 및 발암성 · 변이원성 · 생식독성 · 전신독성 · 호흡기 과민성 물질 경고의 경우 바탕은 무색, 기본모형은 빨간색(검은색도 가능)

③ 지시표지 : 작업에 관한 지시 즉, 안전 · 보건 보호구의 착용에 사용되며 9개 종류가 있다.(바탕은 파란색, 관련 그림은 흰색)

④ 안내표지 : 구명, 구호, 피난의 방향 등을 분명히 하는 데 사용되며 7개 종류가 있다. 바탕은 흰색, 기본모형 및 관련 부호는 녹색, 바탕은 녹색, 관련 부호 및 그림은 흰색)

(2) 종류와 형태

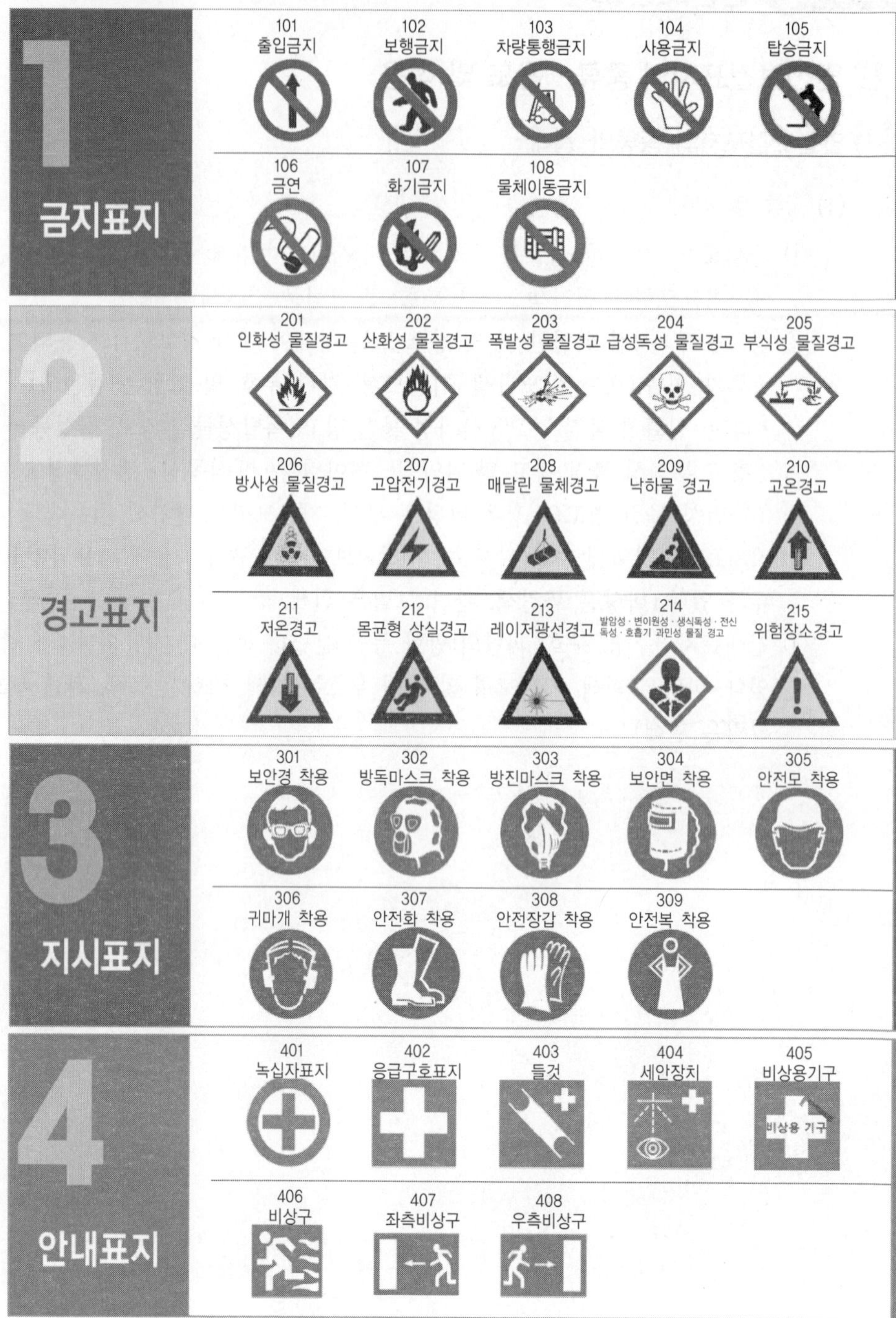
1
금지표지
101
출입금지
102
보행금지
103
차량통행금지
104
사용금지
105
탑승금지
106
금연
107
화기금지
108
물체이동금지
2
경고표지
201
인화성 물질경고
202
산화성 물질경고
203
폭발성 물질경고
204
급성독성 물질경고
205
부식성 물질경고
206
방사성 물질경고
207
고압전기경고
208
매달린 물체경고
209
낙하물 경고
210
고온경고
211
저온경고
212
몸균형 상실경고
213
레이저광선경고
214
발암성 · 변이원성 · 생식독성 · 전신
독성 · 호흡기 과민성 물질 경고
215
위험장소경고
3
지시표지
301
보안경 착용
302
방독마스크 착용
303
방진마스크 착용
304
보안면 착용
305
안전모 착용
306
귀마개 착용
307
안전화 착용
308
안전장갑 착용
309
안전복 착용
4
안내표지
401
녹십자표지
402
응급구호표지
403
들것
404
세안장치
405
비상용기구
비상용 기구
406
비상구
407
좌측비상구
408
우측비상구

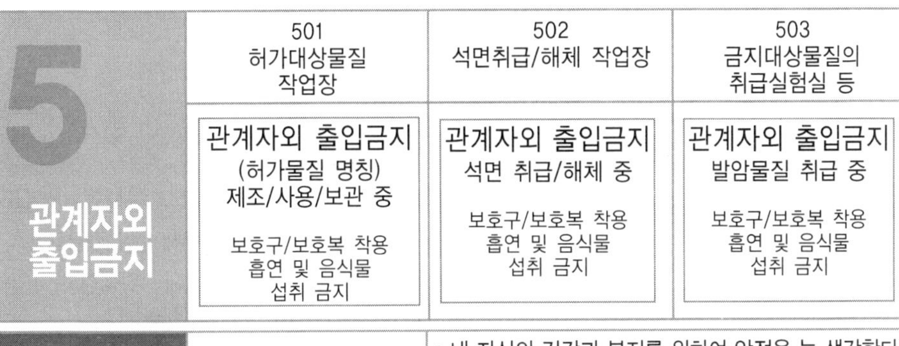

5 관계자외 출입금지	501 허가대상물질 작업장	502 석면취급/해체 작업장	503 금지대상물질의 취급실험실 등
	관계자외 출입금지 (허가물질 명칭) 제조/사용/보관 중 보호구/보호복 착용 흡연 및 음식물 섭취 금지	관계자외 출입금지 석면 취급/해체 중 보호구/보호복 착용 흡연 및 음식물 섭취 금지	관계자외 출입금지 발암물질 취급 중 보호구/보호복 착용 흡연 및 음식물 섭취 금지

 6 문자추가시 예시문		• 내 자신의 건강과 복지를 위하여 안전을 늘 생각한다. • 내 가정의 행복과 화목을 위하여 안전을 늘 생각한다. • 내 자신의 실수로써 동료를 해치지 않도록 안전을 늘 생각한다. • 내 자신이 일으킨 사고로 인한 회사의 재산과 손실을 방지하기 위하여 안전을 늘 생각한다. • 내 자신의 방심과 불안전한 행동이 조국의 번영에 장애가 되지 않도록 하기 위하여 안전을 늘 생각한다.

2) 안전 · 보건표지의 설치

(1) 근로자가 쉽게 알아볼 수 있는 장소 · 시설 또는 물체에 설치
(2) 흔들리거나 쉽게 파손되지 아니하도록 견고하게 설치하거나 부착
(3) 설치하거나 부착하는것이 곤란한 경우에는 해당 물체에 직접 도장

3) 제작 및 재료

(1) 표시내용을 근로자가 빠르고 쉽게 알아 볼 수 있는 크기로 제작
(2) 표지 속의 그림 또는 부호의 크기는 안전 · 보건표지의 크기와 비례하여야 하며, 안전 · 보건표지 전체 규격의 30퍼센트 이상이 되어야 함
(3) 야간에 필요한 안전 · 보건 표지는 야광물질을 사용하는 등 쉽게 식별 가능하도록 제작
(4) 표지의 재료는 쉽게 파손되거나 변질되지 아니하는 것으로 제작

2 안전 · 보건표지의 색채 및 색도기준

1) 안전 · 보건표지의 색채, 색도기준 및 용도

색 채	색도기준	용도	사용 예
빨간색	7.5R 4/14	금지	정지신호, 소화설비 및 그 장소, 유해행위의 금지
		경고	화학물질 취급장소에서의 유해 · 위험 경고
노랑색	5Y 8.5/12	경고	화학물질 취급장소에서의 유해 · 위험경고 이외의 위험경고, 주의표지 또는 기계방호물
파란색	2.5PB 4/10	지시	특정 행위의 지시 및 사실의 고지
녹색	2.5G 4/10	안내	비상구 및 피난소, 사람 또는 차량의 통행표지
흰색	N9.5		파란색 또는 녹색에 대한 보조색
검은색	N0.5		문자 및 빨간색 또는 노랑색에 대한 보조색

2) 기본모형

번호	기본모형	규격비율	표시사항
1	45°, d_3, d_2, d_1, d	$d \geqq 0.025L$ $d_1 = 0.8d$ $0.7d < d_2 < 0.8d$ $d_3 = 0.1d$	금지
2	60°, 60°, a_2, a_1, a	$a \geqq 0.034L$ $a_1 = 0.8a$ $0.7a < a_2 < 0.8a$	경고
3	45°, 45°, Q, a_2, a_1, a	$a \geqq 0.025L$ $a_1 = 0.8a$ $0.7a < a_2 < 0.8a$	경고
4	d_1, d	$d \geqq 0.025L$ $d_1 = 0.8d$	지시

5	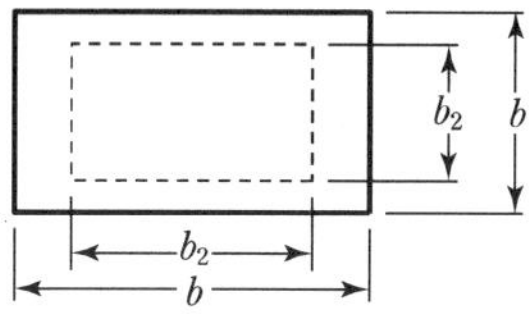	$b \geqq 0.0224L$ $b_2 = 0.8b$	안내
6	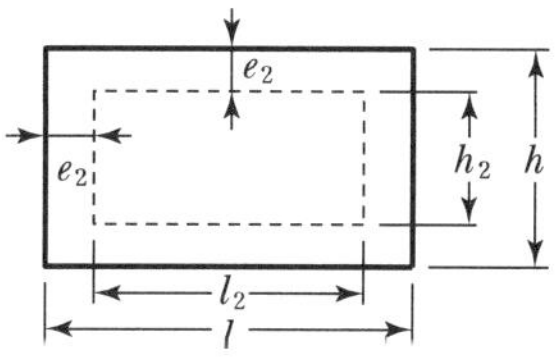	$h < l$ $h_2 = 0.8h$ $l \times h \geqq 0.0005L^2$ $h - h_2 = l - l_2 = 2e_2$ $l/h = 1, 2, 4, 8$ (4종류)	안내
7	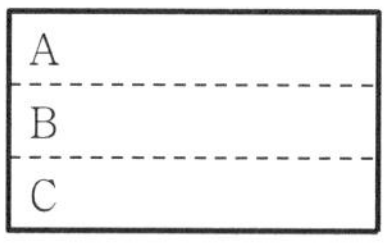 모형 안쪽에는 A, B, C로 3가지 구역으로 구분하여 글씨를 기재한다.	1. 모형크기(가로 40cm, 세로 25cm 이상) 2. 글자크기(A : 가로 4cm, 세로 5cm 이상, B : 가로 2.5cm, 세로 3cm 이상, C : 가로 3cm, 세로 3.5cm 이상)	관계자외 출입금지
8	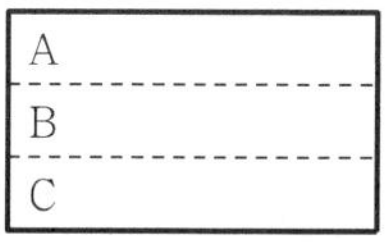 모형 안쪽에는 A, B, C로 3가지 구역으로 구분하여 글씨를 기재한다.	1. 모형크기(가로 70cm, 세로 50cm 이상) 2. 글자크기(A : 가로 8cm, 세로 10cm 이상, B, C : 가로 6cm, 세로 6cm 이상)	관계자외 출입금지

※ 1. L은 안전 · 보건표지를 인식할 수 있거나 인식하여야 할 거리를 말한다.(L과 a, b, d, e, h, l은 같은 단위로 계산해야 한다)

2. 점선 안쪽에는 표시사항과 관련된 부호 또는 그림을 그린다.

CHAPTER 06 안전 관계 법규

SECTION 1 산업안전보건법령

1 산업안전보건법의 체계

산업안전보건법령은 1개의 법률과 1개의 시행령 및 3개의 시행규칙으로 이루어져 있으며, 하위규정으로서 60여 개의 고시, 17개의 예규. 3개의 훈령 및 각종 기술상의 지침 및 작업환경 표준 등이 있다.

일반적으로 다른 행정법령의 시행규칙은 1개로 구성되어 있으나 산업안전 보건법 시행규칙이 3개로 구성된 것은 그 내용이 1개의 규칙에 담기에는 지나치게 복잡하고 기술적인 사항으로 이루어져 있기 때문이다.

1) 산업안전보건법

산업재해예방을 위한 각종 제도를 설정하고 그 시행근거를 확보하며 정부의 산업재해예방정책 및 사업수행의 근거를 설정한 것으로써 80여 개 조문과 부칙으로 구성되어 있다.

2) 산업안전보건법 시행령

산업안전보건법 시행령은 법에서 위임된 사항, 즉 제도의 대상 · 범위 · 절차 등을 설정한 것이다.

3) 산업안전보건법 시행규칙

산업안전보건법 시행규칙은 크게 법에 부속된 시행규칙과 산업안전보건기준에 관한 규칙, 유해 · 위험작업 취업제한 규칙 등의 규칙으로 구분되며 법률과 시행령에서 위임된 사항을 규정하고 있다.

4) 유해 · 위험작업 취업제한에 관한 규칙

유해 또는 위험한 작업에 필요한 자격 · 면허 · 경험에 관한 사항을 규정하고 있다.

5) 산업안전보건에 관한 고시 · 예규 · 훈령

일반사항분야, 검사 · 인증분야, 기계 · 전기분야, 화학분야, 건설분야, 보건 · 위생분야 및 교육 분야별로 70여 개가 있다.

고시는 각종 검사 · 검정 등에 필요한 일반적이고 객관적인 사항을 널리 알려 활용할 수 있는 수치적 · 표준적 내용이고 예규는 정부와 실시기관 및 의무대상자 간에 일상적 · 반복적으로 이루어지는 업무절차 등을 모델화하여 조문형식으로 규정화한 내용이다. 훈령은 상급기관, 즉 고용노동부장관이 하급기관 즉 지방고용노동관서의 장에게 어떤 업무 수행을 위한 훈시 · 지침 등을 시달할 때 조문의 형식으로 알리는 내용이다.

기술상의 지침 및 작업환경표준은 안전작업을 위한 기술적인 지침을 규범형식으로 작성한 기술상의 지침과 작업장 내의 유해(불량한) 환경요소 제거를 위한 모델을 규정한 작업환경표준이 마련되어 있으며 이는 고시의 범주에 포함되는 것으로 볼 수 있으나 법률적 위임근거에 따라 마련된 규정이 아니므로 강제적 효력은 없고 지도 · 권고적 성격을 띤다.

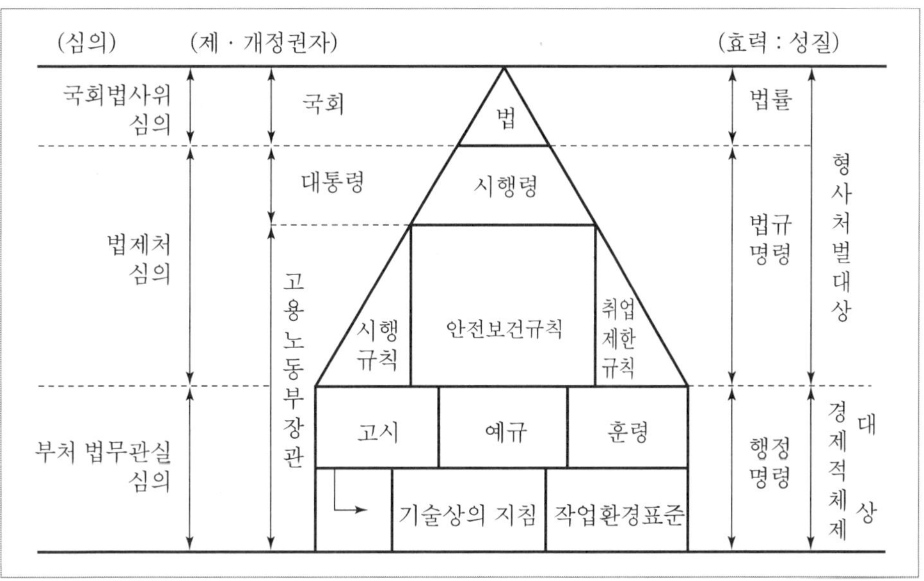

산업안전보건법령의 체계

SECTION 2 건설기술관련법령

1 건설기술 진흥법

이 법은 건설기술의 연구 · 개발을 촉진하여 건설기술 수준을 향상시키고 이를 바탕으로 관련 산업을 진흥하여 건설공사가 적정하게 시행되도록 함과 아울러 건설공사의 품질을 높이고 안전을 확보함으로써 공공복리의 증진과 국민경제의 발전에 이바지함을 목적으로 한다.

2 건설기술 진흥법 시행령

이 영은 「건설기술 진흥법」에서 위임된 사항과 그 시행에 필요한 사항을 규정함을 목적으로 한다.

3 건설기술 진흥법 시행규칙

이 규칙은 「건설기술 진흥법」 및 같은 법 시행령에서 위임된 사항과 그 시행에 필요한 사항을 규정함을 목적으로 한다.

1) 건설사고조사위원회 구성 · 운영 등

(1) 건설사고조사위원회는 위원장 1명을 포함한 12명 이내의 위원으로 구성한다.

(2) 건설사고조사위원회의 위원은 다음 각 호의 어느 하나에 해당하는 사람 중에서 해당 건설사고조사위원회를 구성 · 운영하는 국토교통부장관, 발주청 또는 인 · 허가기관의 장이 임명하거나 위촉한다.

① 건설공사 업무와 관련된 공무원

② 건설공사 업무와 관련된 단체 및 연구기관 등의 임직원

③ 건설공사 업무에 관한 학식과 경험이 풍부한 사람

(3) 건설사고조사위원회의 권고 또는 건의를 받은 국토교통부장관, 발주청 또는 인 · 허가기관의 장, 그 밖의 관계 행정기관의 장은 그 조치 결과를 국토교통부장관 및 건설사고조사위원회에 통보하여야 한다.

(4) 건설사고조사위원회의 회의에 출석하는 위원에게는 예산의 범위에서 수당과 여비 등을 지급할 수 있다. 다만, 공무원인 위원이 그 소관 업무와 직접적으로 관련되어 출석하는 경우에는 그러하지 아니하다.

SECTION 3 시설물의 안전 및 유지관리에 관한 특별법령

1 시설물의 안전 및 유지관리에 관한 특별법

이 법은 시설물의 안전점검과 적정한 유지관리를 통하여 재해와 재난을 예방하고 시설물의 효용을 증진시킴으로써 공중(公衆)의 안전을 확보하고 나아가 국민의 복리증진에 기여함을 목적으로 한다.

2 시설물의 안전 및 유지관리에 관한 특별법 시행령

이 영은 「시설물의 안전 및 유지관리에 관한 특별법」에서 위임된 사항과 그 시행에 필요한 사항을 규정함을 목적으로 한다.

3 시설물의 안전 및 유지관리에 관한 특별법 시행규칙

이 규칙은 「시설물의 안전 및 유지관리에 관한 특별법」 및 「시설물의 안전 및 유지관리에 관한 특별법 시행령」에서 위임된 사항과 그 시행에 필요한 사항을 규정함을 목적으로 한다.

1) 안전점검, 정밀안전진단 및 성능평가의 실시시기

(1) 정기점검

가. A·B·C 등급의 경우 : 반기에 1회 이상

나. D·E 등급의 경우 : 1년에 3회 이상

(2) 긴급안전점검 : 관리주체가 시설물의 붕괴·넘어짐 등이 발생할 위험이 있다고 판단하는 경우 또는 국토교통부장관 및 관계 행정기관의 장이 시설물의 구조상 공중의 안전한 이용에 중대한 영향을 미칠 우려가 있다고 판단되는 경우

(3) 정밀안전점검, 정밀안전진단 및 성능평가의 실시 주기

안전등급	정밀안전점검		정밀안전진단	성능평가
	건축물	건축물 외 시설물		
A등급	4년에 1회 이상	3년에 1회 이상	6년에 1회 이상	5년에 1회 이상
B·C등급	3년에 1회 이상	2년에 1회 이상	5년에 1회 이상	
D·E등급	2년에 1회 이상	1년에 1회 이상	4년에 1회 이상	

① 제1종 및 제2종 시설물 중 D·E등급 시설물의 정기안전점검은 해빙기·우기·동절기 전 각각 1회 이상 실시한다. 이 경우 해빙기 전 점검시기는 2월·3월로, 우기 전 점검시기는 5월·6월로, 동절기 전 점검시기는 11월·12월로 한다.

② 공동주택의 정기안전점검은 「공동주택관리법」 제33조에 따른 안전점검(지방자치단체의 장이 의무관리대상이 아닌 공동주택에 대하여 같은 법 제34조에 따라 안전점검을 실시한 경우에는 이를 포함한다)으로 갈음한다.

③ 최초로 실시하는 정밀안전점검은 시설물의 준공일 또는 사용승인일(구조형태의 변경으로 시설물로 된 경우에는 구조형태의 변경에 따른 준공일 또는 사용승인일을 말한다)을 기준으로 3년 이내(건축물은 4년 이내)에 실시한다. 다만, 임시 사용승인을 받은 경우에는 임시 사용승인일을 기준으로 한다.

④ 최초로 실시하는 정밀안전진단은 준공일 또는 사용승인일(준공 또는 사용승인 후에 구조형태의 변경으로 제1종시설물로 된 경우에는 최초 준공일 또는 사용승인일을 말한다) 후 10년이 지난 때부터 1년 이내에 실시한다. 다만, 준공 및 사용승인 후 10년이 지난 후에 구조형태의 변경으로 인하여 제1종시설물로 된 경우에는 구조형태의 변경에 따른 준공일 또는 사용승인일부터 1년 이내에 실시한다.

⑤ 최초로 실시하는 성능평가는 성능평가대상시설물 중 제1종시설물의 경우에는 최초로 정밀안전진단을 실시하는 때, 제2종시설물의 경우에는 법 제11조 제2항에 따른 하자담보책임기간이 끝나기 전에 마지막으로 실시하는 정밀안전점검을 실시하는 때에 실시한다. 다만, 준공 및 사용승인 후 구조형태의 변경으로 인하여 성능평가대상시설물로 된 경우에는 제5호 및 제6호에 따라 정밀안전점검 또는 정밀안전진단을 실시하는 때에 실시한다.

⑥ 정밀안전점검 및 정밀안전진단의 실시 주기는 이전 정밀안전점검 및 정밀안전진단을 완료한 날을 기준으로 한다. 다만, 정밀안전점검 실시 주기에 따라 정밀안전점검을 실시한 경우에도 법 제12조에 따라 정밀안전진단을 실시한 경우에는 그 정밀안전진단을 완료한 날을 기준으로 정밀안전점검의 실시 주기를 정한다.

⑦ 정밀안전점검, 긴급안전점검 및 정밀안전진단의 실시 완료일이 속한 반기에 실시하여야 하는 정기안전점검은 생략할 수 있다.

⑧ 정밀안전진단의 실시 완료일부터 6개월 전 이내에 그 실시 주기의 마지막 날이 속하는 정밀안전점검은 생략할 수 있다.

⑨ 성능평가 실시 주기는 이전 성능평가를 완료한 날을 기준으로 한다.

⑩ 증축, 개축 및 리모델링 등을 위하여 공사 중이거나 철거예정인 시설물로서, 사용되지 않는 시설물에 대해서는 국토교통부장관과 협의하여 안전점검, 정밀안전진단 및 성능평가의 실시를 생략하거나 그 시기를 조정할 수 있다.

SECTION 4 관련 지침

1 가설공사 표준안전작업지침

이 지침은 「산업안전보건법」 제27조의 규정에 의하여 가설공사 재해방지를 위한 비계작업, 가설통로, 가설도로의 설치·관리에 있어서 재료와 작업상의 안전에 관하여 사업주에게 지도·권고할 기술상의 지침을 규정함을 목적으로 한다.

PART 01 산업안전관리론

제1회 예상문제

ENGINEER CONSTRUCTION SAFETY

01 다음 중 하인리히(H. W. Heinrich)의 재해코스트 산정방법에서 직접손실비와 간접손실비의 비율로 옳은 것은?(단, 비율은 : "직접손실비 : 간접손실비"로 표현한다)

① 1 : 2 ② 1 : 4
③ 1 : 8 ④ 1 : 10

해설 하인리히 방식 『총 재해코스트 = 직접비 + 간접비』
직접비 : 간접비 = 1 : 4이다.

02 산업재해 발생원인은 여러 가지 요소가 복잡하게 얽혀 발생하는데, 다음 중 재해의 발생형태에 있어 연쇄형에 해당하는 것은?(단, ○는 재해발생의 각종요소를 나타낸 것이다)

① 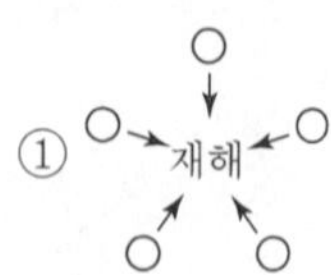

② ○→○→○→○→재해

③ ○→○→○→○↘ 재해
○→○→○→○↗

④ ○↘ ○→○→○→○→재해 ○↗

연쇄형(사슬형) : 하나의 사고요인이 또 다른 요인을 발생시키면서 재해를 발생시키는 유형이다. 단순 연쇄형과 복합 연쇄형이 있다.

03 다음 중 위험예지훈련의 4라운드에서 실시하는 브레인스토밍(Brain-Storming) 기법의 특징으로 볼 수 없는 것은?

① 타인의 의견에 대하여 비평하지 않는다.
② 타인의 의견을 수정하여 발언하지 않는다.
③ 한 사람이 많은 발언을 할 수 있다.
④ 의견에 대한 발언은 자유롭게 한다.

브레인스토밍

1. 비판금지 2. 자유분방
3. 대량발언 4. 수정발언

04 다음 중 아담스(Adams)의 재해연쇄이론에서 작전적 에러(Operational Error)로 정의한 것은?

① 선천적 결함
② 불안전한 상태
③ 불안전한 행동
④ 경영자나 감독자의 행동

Adams의 재해연쇄이론에서 작전적 에러란 경영자나 감독자의 행동을 뜻하고 전술적 에러란 불안전한 행동 및 동작을 뜻한다.

정답 01 ② 02 ② 03 ② 04 ④

05 **다음 중 무재해 운동 추진시 무재해 시간의 산정기준에 있어 건설현장 근로자의 실근로시간의 산정이 곤란한 경우 1일 몇 시간을 근로한 것으로 하는가?**

① 8시간 ② 9시간
③ 10시간 ④ 12시간

해설 무재해 시간은 실근무자와 실근로시간을 곱하여 산정하며 실근로시간의 관리가 어려운 경우에 건설업 이외의 업종은 1일 8시간, 건설업은 1일 10시간을 근로한 것으로 본다(사업장 무재해 운동 추진 및 운영에 관한 규칙)

06 **다음 중 산업안전보건법상 안전관리자가 수행하여야 할 직무가 아닌 것은?(단, 기타 안전에 관한 사항으로 고용노동부장관이 정하는 사항은 제외한다)**

① 산업안전보건위원회에서 심의 · 의결한 직무
② 해당 사업장 안전교육계획의 수립 및 실시
③ 직업성 질환 발생의 원인 조사 및 대책 수립
④ 안전보건관리규정 및 취업규칙 중 안전에 관한 사항을 위반한 근로자에 대한 조치의 건의

해설 직업성 질환 발생의 원인 조사 및 대책 수립은 보건관리자의 직무이다.

07 **다음 중 산업안전보건법에 따라 안전 · 보건진단을 받아 안전보건개선계획을 수립 · 제출하도록 명할 수 있는 사업장이 아닌 것은?**

① 작업환경이 불량한 사업장
② 직업병에 걸린 사람이 연간 3명 발생한 사업장
③ 산업재해율이 같은 업종의 규모별 평균 산업재해율보다 높은 사업장 중 중대재해 발생 사업장
④ 산업재해발생률이 같은 업종 평균 산업재해발생률의 2배인 사업장

해설 안전 · 보건진단을 받아 안전보건개선계획을 수립 · 제출하도록 명할 수 있는 사업장

1. 중대재해(사업주가 안전 · 보건조치의무를 이행하지 아니하여 발생한 중대재해만 해당한다) 발생 사업장
2. 산업재해발생률이 같은 업종 평균 산업재해발생률의 2배 이상인 사업장
3. 직업병에 걸린 사람이 연간 2명 이상(상시근로자 1천명 이상 사업장의 경우 3명 이상) 발생한 사업장
4. 작업환경 불량, 화재 · 폭발 또는 누출사고 등으로 사회적 물의를 일으킨 사업장

08 **500명의 상시 근로자가 있는 사업장에서 1년간 발생한 근로손실일수가 1,200일이고, 이 사업장의 도수율이 9일 때, 종합재해지수(FSI)는 얼마인가?(단, 근로자는 1일 8시간씩 연간 300일을 근무하였다)**

① 2.0 ② 2.5
③ 2.7 ④ 3.0

정답 05 ③ 06 ③ 07 ① 08 ④

해설 강도율

$= \frac{\text{근로손실일수}}{\text{연근로시간 수}} \times 1,000$

$= \frac{1,200}{500 \times 8 \times 300} \times 1,000$

$=1$

종합재해지수(FSI)

$= \sqrt{\text{도수율(FR)} \times \text{강도율(SR)}}$

$= \sqrt{9 \times 1} = 3$

09 다음 중 산업안전보건법상 안전 · 보건표지의 종류에 있어 인화성 물질 경고에 사용되는 표지의 색채기준으로 옳은 것은?

① 바탕은 무색, 기본모형은 빨간색
② 바탕은 흰색, 기본모형 및 관련 부호는 녹색
③ 바탕은 노랑색, 기본모형, 관련 부호 및 그림은 검은색
④ 바탕은 흰색, 기본모형은 노랑색, 관련 부호 및 그림은 검은색

인화성 물질 경고 · 산화성 물질 경고, 폭발성 물질 경고, 급성독성 물질 경고, 부식성 물질 경고 및 발암성 · 변이원성 · 생식독성 · 전신독성 · 호흡기과민성 물질 경고의 경우 바탕은 무색, 기본모형은 빨간색

10 다음 중 하베이(Harvey)가 제시한 "안전의 3E"에 해당하지 않는 것은?

① Education
② Enforcement
③ Economy
④ Engineering

3E

기술적(Engineering), 교육적(Education), 관리적(Enforcement)

11 다음 중 산업안전보건법상 건설업의 경우 공사 금액이 얼마 이상인 사업장에 산업안전보건위원회를 설치 · 운영하여야 하는가?

① 80억 원
② 120억 원
③ 150억 원
④ 700억 원

산업안전보건위원회 설치대상(산업안전보건법 시행령 제25조)

(1) 상시 근로자 100명 이상을 사용하는 사업장. 다만, 건설업의 경우에는 공사금액이 120억 원 이상인 사업장

12 다음 중 안전점검기준의 작성시 유의사항으로 적절하지 않은 것은?

① 점검대상물의 위험도를 고려한다.
② 점검대상물의 과거 재해사고 경력을 참작한다.
③ 점검대상물의 기능적 특성을 충분히 감안한다.
④ 점검자의 기능수준보다 최고의 기술적 수준을 우선으로 하여 원칙적인 기준조항에 준수하도록 한다.

해설 안전점검표(체크리스트) 작성시 유의사항

1. 위험성이 높은 순이나 긴급을 요하는 순으로 작성할 것
2. 정기적으로 검토하여 재해예방에 실효성이 있는 내용일 것
3. 내용은 이해하기 쉽고 표현이 구체적일 것

정답 09 ① 10 ③ 11 ② 12 ④

13 **재해 예방을 위한 대책 중 기술적 대책(Enginnering)에 해당되지 않는 것은?**

① 안전설계
② 점검보존의 확립
③ 환경설비의 개선
④ 안전수칙의 준수

해설 **기술적 대책**

1. 건물, 기계장치의 안전설계
2. 구조, 재료의 적합
3. 생산방법의 적합
4. 점검, 정비 확립

14 **다음 중 시설물의 안전 및 유지관리에 관한 특별법 상 안전점검의 종류가 아닌 것은?**

① 정기점검 ② 정밀안전점검
③ 임시점검 ④ 긴급안전점검

 시설물의 안전 및 유지관리에 관한 특별법상 안전점검의 종류 : 정기점검, 정밀안전점검, 긴급안전점검

15 **다음 중 재해조사의 목적 및 방법에 관한 설명으로 적절하지 않은 것은?**

① 재해조사의 목적은 동종재해 및 유사재해의 발생을 방지하기 위함이다.
② 재해조사의 1차적 목표는 재해로 인한 손실금액을 추정하는 데 있다.
③ 재해조사는 현장보존에 유의하면서 재해발생 직후에 행한다.
④ 재해자 및 목격자 등 많은 사람으로부터 사고 시의 상황을 수집한다.

 **재해조사의 목적**

1. 동종재해의 재발방지
2. 유사재해의 재발방지
3. 재해원인의 규명 및 예방자료 수집

16 **다음 중 40명이 근무하는 사출성형제품의 생산 공장에 가장 적합한 안전조직의 형태는?**

① 라인(Line)형 조직
② 스탭(Staff)형 조직
③ 라운드(Round)형 조직
④ 라인－스탭(Line－Staff) 혼합형 조직

 라인(LINE)형 조직 : 소규모기업에 적합한 조직으로서 안전관리에 관한 계획에서부터 실시에 이르기까지 모든 안전업무가 생산라인을 통하여 직선적으로 이루어지도록 편성된 조직(소규모, 100명 이하)

17 **다음 중 산업안전보건법에 따라 해당 공사를 위하여 계상된 산업안전보건관리비의 사용명세서는 공사종료 후 얼마동안 보존하여야 하는가?**

① 6개월 ② 1년
③ 2년 ④ 3년

 산업안전보건법에 따라 해당 공사를 위하여 계상된 산업안전보건관리비의 사용명세서는 공사종료 후 1년간 보존하여야 한다.

18 **안전인증 대상 보호구 중 내수성 시험을 실시하는 안전모의 질량증가율은 얼마이어야 하는가?**

① 1% 미만 ② 2% 미만
③ 1% 이상 ④ 2% 이상

해설 **안전모 성능시험방법**

항목	시험성능기준
내수성	AE, ABE종 안전모는 질량증가율이 1% 미만이어야 한다.

정답 13 ④ 14 ③ 15 ② 16 ① 17 ② 18 ①

19 **산업안전보건법상 건설현장에서 사용하는 리프트 및 곤돌라는 최초로 설치한 날부터 몇 개월마다 안전검사를 실시하여야 하는가?**

① 6개월 ② 1년
③ 2년 ④ 3년

해설 크레인, 리프트 및 곤돌라 : 사업장에 설치가 끝난 날부터 3년 이내에 최초 안전검사를 실시하되, 그 이후부터 2년마다(건설현장에서 사용하는 것은 최초로 설치한 날부터 6개월마다)

20 **다음과 같은 재해사례의 분석 내용으로 옳은 것은?**

> "작업자가 벽돌을 손으로 운반하던 중 떨어뜨려 벽돌이 발등에 부딪쳐 발을 다쳤다."

① 사고유형 : 낙하, 기인물 : 벽돌, 가해물 : 벽돌
② 사고유형 : 충돌, 기인물 : 손, 가해물 : 벽돌
③ 사고유형 : 비래, 기인물 : 사람, 가해물 : 벽돌
④ 사고유형 : 추락, 기인물 : 손, 가해물 : 벽돌

해설 사고의 유형은 낙하, 기인물은 벽돌, 가해물은 벽돌이 된다.

21 **다음 중 재해방지를 위한 대책 선정시 안전대책에 해당하지 않는 것은?**

① 기술적 대책 ② 교육적 대책
③ 경제적 대책 ④ 관리적 대책

해설 유사한 재해를 예방하기 위한 대책수립(3E) : 기술적(Engineering), 교육적(Education), 관리적(Enforcement)

22 **산업안전보건법에 따라 사업주가 안전보건개선계획을 수립할 때에 심의를 거쳐야 하는 조직은?**

① 산업안전보건위원회
② 인사위원회
③ 근로감독위원회
④ 노동조합

해설 안전보건개선계획을 수립할 때 심의를 거쳐야 하는 조직은 산업안전보건위원회이다.

23 **다음 중 하인리히의 재해비용 산출방법에 있어서 간접 손실비용에 속하지 않는 것은?**

① 사망시 장의비용
② 신규직원 섭외비용
③ 재해로 인한 본인의 시간손실비용
④ 시설복구로 소비된 재산손실비용

해설 사망시 장의비용은 직접 손실비용이다.

24 **다음 중 재해조사시 유의사항과 가장 거리가 먼 것은?**

① 사실을 수집한다.
② 증언하는 사실 이외의 추측의 말은 참고로만 한다.
③ 타인의 의견은 혼란을 초래하므로 조사는 1인으로 한다.
④ 조사는 신속하게 행하고, 긴급 조치하여 2차 재해의 방지를 도모한다.

정답 19 ① 20 ① 21 ③ 22 ① 23 ① 24 ③

해설 재해조사시 객관적인 입장에서 공정하게 조사하며 조사는 2인 이상이 한다.

25 **다음 중 산업안전보건법상 안전 · 보건표지의 분류에 있어 출입금지표지의 종류에 해당하지 않는 것은?**

① 차량통행금지
② 금지유해물질 취급
③ 허가대상유해물질 취급
④ 석면취급 및 해체 · 제거

해설 출입금지표지에는 허가대상물질 작업장, 석면 취급/해체 작업장, 금지대상물질의 취급실험실 등이 있다.

26 **건설업 산업안전보건관리비 계상에 관한 규정은 총 공사금액이 얼마 이상인 공사에 적용하는가?(단, 고압 또는 특별고압 작업으로 이루어지는 공사와 또는 정보통신 설비공사는 제외한다)**

① 2,000만 원　　② 1억 원
③ 120억 원　　④ 150억 원

산업안전보건관리비는 「산업재해보상보험법」의 적용을 받는 공사 중 총공사금액 2천만 원 이상인 공사에 적용한다.(단, 특별고압 작업으로 이루어지는 공사 또는 정보통신 설비공사는 제외한다)

27 **다음 중 안전모의 일반구조에 관한 설명으로 틀린 것은?(단, 안전모는 안전인증 대상이다)**

① 턱끈의 폭은 10mm 이상일 것
② 안전모의 수평간격은 1mm 이내일 것
③ 안전모의 모체, 착장체 및 턱끈을 가질 것
④ 착장체의 구조는 착용자의 머리에 균등한 힘이 분배되도록 할 것

안전모의 일반구조에서 안전모의 수평간격은 5mm 이상이어야 한다.

28 **강도율이 1.25, 도수율이 10인 사업장의 평균강도율은 얼마인가?**

① 8일　　② 10일
③ 12.5일　　④ 125일

평균강도율(재해 1건당 평균 근로손실일수)
= 강도율/도수율 × 1,000
= 1.25/10 × 1,000 = 125일

29 **다음 중 산업안전보건법에 따라 사업주는 산업재해가 발생하였을 때 고용노동부령으로 정하는 바에 따라 관련 사항을 기록 · 보존하여야 하는데 이러한 산업재해 중 고용노동부령으로 정하는 산업재해에 대하여 고용노동부장관에게 보고하여야 할 사항과 가장 거리가 먼 것은?**

① 산업재해 발생개요
② 원인 및 보고 시기
③ 실업급여 지급사항
④ 재발방지 계획

산업재해가 발생한 때에 사업주가 기록 보존하여야 하는 사항에는 사업장의 개요 및 근로자의 인적 사항, 재해발생의 일시 및 장소, 재해발생의 원인 및 과정, 재해 재발방지 계획이 있다.

정답 25 ① 26 ① 27 ② 28 ④ 29 ③

30 다음 중 안전점검시 담당자의 자세로 가장 적절하지 않은 것은?

① 안전점검을 할 때에는 주관적인 마음가짐으로 정확히 점검해야 된다.
② 안전점검 시에는 체크리스트 항목을 충분히 이해하고 점검에 임하도록 한다.
③ 안전점검 시에는 과학적인 방법으로 사고의 예방차원에서 점검에 임해야 한다.
④ 안전점검 실시 후 체크리스트의 수정사항이 발생할 경우 현장의 의견을 반영하여 개정 · 보완하도록 한다.

해설 안전점검을 할 때에는 객관적인 마음가짐으로 정확히 점검해야 된다.

31 산업안전보건법상 건설업 중 냉동 · 냉장창고시설의 설치공사 및 단열공사를 착공할 때 연면적이 얼마일 경우 유해 · 위험방지계획서를 작성하여야 하는가?

① 3천 제곱미터 이상
② 5천 제곱미터 이상
③ 7천 제곱미터 이상
④ 1만 제곱미터 이상

해설 연면적 5천 제곱미터 이상의 냉동 · 냉장창고시설의 건설 · 개조 또는 해체시 건설공사 유해위험방지계획서 제출하여야 한다.

32 안전관리의 수준을 평가하는 데 사고가 일어나는 시점을 전후하여 평가를 한다. 다음 중 사고가 일어나기 전의 수준을 평가하는 사전평가활동은?

① 재해율 통계
② 안전활동률 관리
③ 재해손실 비용 산정
④ Safe－T－Score 산정

해설 안전활동률이란 미국의 블래이크(R.P. Blake)가 제안한 것으로 기업의 안전관리 활동의 결과를 정량적으로 판단하기 위하여 안전지적 건수, 각종 조치 건수 등 각종 안전활동 실적을 기준으로 정량화한 것이다.

33 다음 중 무재해 이념의 기본 3원칙이 아닌 것은?

① 무의 원칙
② 참가의 원칙
③ 선취 해결의 원칙
④ 통제의 원칙

해설 무재해 운동의 3원칙

1. 무의 원칙
2. 참여의 원칙(참가의 원칙)
3. 안전제일의 원칙(선취의 원칙)

34 다음 중 재해라고 하는 결과에 미치게 하는 원인요소와의 관계를 상호의 인과관계만으로 결부시켜 작성된 것은?

① 파레토(Pareto)도
② 특성요인도
③ Close도
④ 관리도

해설 특성요인도 : 특성과 요인관계를 도표로 하여 어골상으로 세분화한 분석법(원인과 결과를 연계하여 상호관계를 파악)

정답 30 ① 31 ② 32 ② 33 ④ 34 ②

35 다음 중 회사의 안전활동을 원활하게 수행하기 위한 안전관리조직의 목적으로 볼 수 없는 것은?

① 조직적 사고 예방활동
② 기업 손실을 근본적으로 방지
③ 산업안전보건관리비의 절감
④ 조직 계층 간 신속한 정보처리

 산업안전보건관리비의 절감은 안전관리조직의 목적과 거리가 멀다.

[안전관리조직의 3대 기능]

1. 위험제거기능
2. 생산관리기능
3. 손실방지기능

36 사고 유형 중에서 사람의 동작에 의한 유형이 아닌 것은?

① 추락 ② 넘어짐
③ 비래 ④ 충돌

 비래는 구조물, 기계 등에 고정되어 있던 물체가 중력, 원심력, 관성력 등에 의하여 고정부에서 이탈하거나 또는 설비 등으로부터 물질이 분출되어 사람을 가해하는 경우로 사람의 동작에 의한 사고가 아니다.

37 다음 중 산업안전보건법상 사업주의 의무와 가장 거리가 먼 것은?

① 관련법과 법에 따른 명령에서 정하는 산업재해 예방을 위한 기준을 지켜야 한다.
② 해당 사업장의 안전 · 보건에 관한 정보를 근로자에게 제공하여야 한다.
③ 근로조건을 개선하여 적절한 작업환경을 조성하여야 한다.
④ 산업안전 · 보건정책의 수립 · 집행 · 조정 및 통제하여야 한다.

 산업안전 · 보건정책의 수립 · 집행 · 조정 및 통제는 정부의 책무이다.

38 무재해 운동추진기법 중 팀의 일체감, 연대감을 조성할 수 있고 동시에 대뇌구피질에 좋은 이미지를 불어넣어 안전활동을 하도록 하는 방법은?

① 역할연기(Role Playing)
② 터치 앤 콜(Touch and Call)
③ 브레인스토밍(Brain Storming)
④ TBM(Tool Box Meeting)

 터치앤드콜(Touch and Call) : 피부를 맞대고 같이 소리치는 것으로 전원이 스킨십(Skinship)을 느끼도록 하는 것. 팀의 일체감, 연대감을 조성할 수 있고 동시에 대뇌 구피질에 좋은 이미지를 불어넣어 안전행동을 하도록 하는 것

39 다음 중 안전사고와 생산공정과의 관계를 가장 적절히 표현한 것은?

① 안전사고란 생산공정과는 별개의 사건이다.
② 안전사고란 생산공정에 별 영향을 주지 않는다.
③ 안전사고란 생산공정의 잘못을 입증하는 근거가 된다.
④ 안전사고란 생산공정이 잘못되었다는 것을 암시하는 잠재적 정보지표이다.

해설 안전사고란 생산공정이 잘못되었다는 것을 암시하는 잠재적 정보지표이다.

정답 35 ③ 36 ③ 37 ④ 38 ② 39 ④

40 **다음 중 산업안전보건법령상 안전인증심사에 관한 설명으로 옳은 것은?**

① 서면심사 : 기계 · 기구 및 방호장치 · 보호구가 안전인증대상 기계 · 기구 등인지를 확인하는 심사
② 개별제품심사 : 서면심사와 기술능력 및 생산체계심사 결과가 안전인증기준에 적합할 경우에 안전인증대상 기계 · 기구 등의 형식별로 표본을 추출하여 하는 심사
③ 예비심사 : 안전인증대상 기계 · 기구 등의 종류별 또는 형식별로 설계도면 등 안전인증대상 기계 · 기구 등의 제품기술과 관련된 문서가 관련법에 따른 안전인증기준에 적합한지에 대한 심사
④ 기술능력 및 생산체계 심사 : 안전인증대상 기계 · 기구 등의 안전성능을 지속적으로 유지 · 보증하기 위하여 사업장에서 갖추어야 할 기술능력과 생산체계가 안전인증기준에 적합한지에 대한 심사

해설 기술능력 및 생산체계 심사 : 안전인증대상 기계 · 기구 등의 안전성능을 지속적으로 유지 · 보증하기 위하여 사업장에서 갖추어야 할 기술능력과 생산체계가 안전인증기준에 적합한지에 대한 심사.

41 **다음 중 안전과 경영에서 나오는 용어인 리스크(Risk)에 대하여 가장 옳게 설명한 것은?**

① 리스크는 위급을 나타내는 용어로서 잠재적인 위험의 표출을 의미한다.
② 리스크는 위험발생의 급박한 상태가 어떤 조건이 갖춰졌을 때를 의미한다.
③ 리스크는 위험상황이 재해 상황으로 변하는 과정상의 위험분석을 의미한다.
④ 리스크는 재해 발생가능성과 재해 발생시 그 결과의 크기의 조합(Combination)으로 위험의 크기나 정도를 의미한다.

위험도(Risk) : 특정한 위험요인이 위험한 상태로 노출되어 특정한 사건으로 이어질 수 있는 사고의 빈도(가능성)와 사고의 강도(중대성) 조합으로서 위험의 크기 또는 위험의 정도를 말한다.

42 **듀퐁사에서 실시하여 실효를 거둔 기법으로 각 계층에 관리감독자들이 숙련된 안전관찰을 행할 수 있도록 훈련을 실시함으로써 사고의 발생을 미연에 방지하여 안전을 확보하는 안전관찰훈련기법은?**

① THP 기법 ② STOP 기법
③ TBM 기법 ④ TO－BU 기법

STOP(Safety Training Observation Program) 기법

듀퐁사에서 실시하여 실효를 거둔 기법으로 각 계층에 관리감독자들이 숙련된 안전 관찰을 행할 수 있도록 훈련을 실시함으로써 사고의 발생을 미연에 방지하여 안전을 확보하는 안전관찰훈련기법

43 **다음 중 재해의 손실비용 산정에 있어 간접손실비에 해당하는 것은?**

① 장의비
② 직업재활급여
③ 상병(傷病)보상연금
④ 신규인력 채용부담금

정답 40 ④ 41 ④ 42 ② 43 ④

해설 장의비, 직업재활급여, 상병보상연금은 직접손실비에 해당되고, 신규인력 채용부담금은 간접손실비에 해당한다.

44 다음 중 안전점검 시 고려하여야 할 사항으로 적절하지 않은 것은?

① 점검자 능력을 감안하여 구체적인 계획 수립 후 점검을 실시한다.
② 과거의 재해 발생장소는 대책이 수립되어 원인이 해소되었으므로 대상에서 제외한다.
③ 점검사항, 점검방법 등에 대한 지속적인 교육을 통하여 정확한 점검이 이루어지도록 한다.
④ 점검 시 특이한 사항 등을 기록, 보존하여 향후 점검 및 이상 발생 시 대비할 수 있도록 한다.

해설 과거의 재해 발생장소는 추가로 재해가 발생될 수 있으므로 안전점검 대상에 포함시켜야 한다.

45 다음 중 산업안전보건법령상 안전·보건표시에 있어 금지표지의 색채기준으로 옳은 것은?

① 바탕은 검정색, 기본모형은 빨간색, 관련부호 및 그림은 흰색
② 바탕은 흰색, 기본모형은 빨간색, 관련부호 및 그림은 검정색
③ 바탕은 노랑색, 기본모형은 검정색, 관련부호 및 그림은 빨간색
④ 바탕은 흰색, 기본모형은 노랑색, 관련부호 및 그림은 검정색

해설 금지표지 : 위험한 행동을 금지하는 데 사용되며 8개 종류가 있다.(바탕은 흰색, 기본모형은 빨간색, 관련 부호 및 그림은 검은색)

46 다음 중 산업안전보건위원회의 심의 또는 의결사항이 아닌 것은?

① 산업재해예방계획의 수립에 관한 사항
② 근로자의 건강진단 등 건강관리에 관한 사항
③ 안전장치 및 보호구 구입시의 적격품 여부 확인에 관한 사항
④ 중대재해의 원인조사 및 재발방지대책의 수립에 관한 사항

해설 안전장치 및 보호구 구입시의 적격품 여부 확인에 관한 사항은 산업안전보건위원회 심의, 의결사항이 아니며 안전보건관리책임자의 직무이다.

47 다음 중 재해발생의 주요 원인에 있어 불안전한 행동으로 볼 수 없는 것은?

① 불안전한 속도조작
② 안전장치 기능제거
③ 보호구 미착용 후 작업
④ 결함 있는 기계설비 및 장비

해설 결함있는 기계설비 및 장비는 불안전한 상태로 볼 수 있다.

정답 44 ② 45 ② 46 ③ 47 ④

48 **다음 중 산업안전보건법령상 지방고용노동관서의 장이 사업주에게 안전관리자 또는 보건관리자를 정수 이상으로 증원하게 하거나 교체하여 임명할 것을 명할 수 있는 경우가 아닌 것은?**

① 중대재해가 연간 4건 이상 발생한 경우
② 해당 사업장의 연간 재해율이 동종업종 평균재해율의 2.5배 이상인 때
③ 관리자가 질병이나 그 밖의 사유로 4개월 이상 직무를 수행할 수 없게 된 경우
④ 발암성 물질을 취급하는 작업장 중 측정치가 노출기준을 상회하여 작업환경 측정을 연속 3회 이상 명령받은 사업장

해설 안전관리자 등의 증원 · 교체임명 명령

1. 해당 사업장의 연간재해율이 같은 업종의 평균재해율의 2배 이상인 경우
2. 중대재해가 연간 2건 이상 발생한 경우
3. 관리자가 질병이나 그 밖의 사유로 3개월 이상 직무를 수행할 수 없게 된 경우
4. 별표 12의 2 제1호에 따른 화학적 인자로 인한 직업성질병자가 연간 3명 이상 발생한 경우. 이 경우 직업성질병자 발생일은 「산업안전보건법 시행규칙」 제21조 제1항에 따른 요양급여의 결정일로 한다.

49 **다음 중 안전관리조직의 특성에 관한 설명으로 옳은 것은?**

① 라인형 조직은 중, 대규모 사업장에 적합하다.
② 스탭형 조직은 권한 다툼의 해소나 조정이 용이하여 시간과 노력이 감소된다.
③ 라인형 조직은 안전에 대한 정보가 불충분하지만 안전지시나 조치에 대한 실시가 신속하다.
④ 라인 · 스탭형 조직은 대규모 사업장에 적합하나 조직원 전원의 자율적 참여가 어려운 단점이 있다.

해설 라인(LINE)형 조직 : 소규모기업에 적합한 조직으로서 안전관리에 관한 계획에서부터 실시에 이르기까지 모든 안전업무가 생산라인을 통하여 직선적으로 이루어지도록 편성된 조직(소규모, 100명 이하)

50 **다음 중 무재해 운동 추진에 있어 특정 목표배수를 달성하여 그 다음 배수 달성을 위한 새로운 목표를 재설정하는 경우의 무재해 목표 설정기준으로 적절하지 않은 것은?**

① 업종은 무재해 목표를 달성한 시점에서의 업종을 적용한다.
② 건설업의 규모는 재개시 시점에 해당하는 총공사 금액의 4분의 3을 적용한다.
③ 무재해 목표를 달성한 시점 이후부터 즉시 다음 배수를 기산하며 업종과 규모에 따라 새로운 무재해 목표시간을 재설정한다.
④ 창업하거나 통합 · 분리한지 12개월 미만인 사업장은 창업일이나 통합 · 분리일부터 산정일까지의 매월 말일의 상시 근로자수를 합하여 해당 월수로 나눈 값을 적용한다.

해설 건설업의 규모는 재개시 시점에 해당하는 총공사 금액을 적용한다.

정답 48 ④ 49 ③ 50 ②

51 다음 중 산업재해 발생시 조치순서에 있어 긴급처리의 내용으로 볼 수 없는 것은?

① 관련 기계의 정지
② 잠재위험요인 적출
③ 현장 보존
④ 재해자의 응급조치

해설 재해발생시 조치사항 중 긴급처리 내용

1. 피재기계의 정지 및 피해확산 방지
2. 피재자의 구조 및 응급조치
3. 관계자에게 통보
4. 2차 재해방지 및 현장보존

52 다음 중 산업안전보건법상 사업주의 책무에 해당하는 것은?

① 산업재해에 관한 조사 및 통계의 유지 · 관리
② 재해 다발 사업장에 대한 재해 예방 지원 및 지도
③ 안전 · 보건을 위한 기술의 연구 · 개발 및 시설의 설치 · 운영
④ 산업재해 예방을 위한 기준 준수 및 해당 사업장의 안전 · 보건에 관한 정보 제공

해설 산업안전보건법 제 5조 사업주의 의무

1. 관련법과 법에 따른 명령에서 정하는 산업재해 예방을 위한 기준을 지키며,
2. 해당 사업장의 안전 · 보건에 관한 정보를 근로자에게 제공하고,
3. 근로조건을 개선하여 적절한 작업환경을 조성하여야 함

53 재해의 분석에 있어 사고의 유형, 기인물, 불안전 상태, 불안전 행동을 하나의 축으로 하고 그것을 구성하고 있는 몇 개의 분류항목을 큰 순서로 나열하여 비교하기 쉽게 도시한 통계양식의 도표는?

① 특성요인도　② 크로스도
③ 파레토도　④ 직선도

해설 분류 항목을 큰 순서대로 도표화한 분석법은 파레토도이다.

54 다음 중 버드(Frank Bird)의 새로운 도미노 이론으로 올바르게 나열된 것은?

① 제어의 부족 → 기본원인 → 직접원인 → 사고 → 상해
② 관리구조 → 작전적 에러 → 전술적 에러 → 사고 → 상해
③ 유전과 환경 → 인간의 결함 → 불안전한 행동 및 상태 → 재해 → 상해
④ 유전적 요인 및 사회적환경 → 개인적 결함 → 불안전한 행동 및 상태 → 재해 → 상해

해설 버드(Frank Bird)의 신도미노이론 : 통제의 부족 – 기본원인 – 직접원인 – 사고 – 상해

55 강도율이 1.98인 사업장에서 한 근로자가 평생 근무한다면 이 근로자는 재해로 인해 며칠의 근로손실일수가 발생하겠는가? (단, 근로자의 평생근무시간은 100,000 시간으로 한다)

① 198일　② 216일
③ 254일　④ 300일

정답 51 ② 52 ④ 53 ③ 54 ① 55 ①

해설 환산강도율

= 강도율 × 100 = 1.98 × 100 = 198(일)

- 환산강도율 : 근로자가 입사하여 퇴직할 때까지 잃을 수 있는 근로손실일수를 말함

56 다음 중 건설기술 진흥법에 따라 안전관리계획을 수립하여야 하는 건설공사에 해당하지 않는 것은?

① 원자력시설공사
② 지하 10m 이상을 굴착하는 건설공사
③ 10층 이상인 건축물의 리모델링 또는 해체공사
④ 시설물의 안전 및 유지관리에 관한 특별법에 따른 1종시설물의 건설공사

해설 원자력시설공사는 건설기술 진흥법에 따라 안전관리계획을 수립하여야 할 대상이 아니다.

57 다음 중 재해예방의 4원칙에 해당되지 않는 것은?

① 손실우연의 원칙
② 예방가능의 원칙
③ 사고 연쇄의 원칙
④ 원인 계기의 원칙

해설 재해예방의 4원칙

1. 손실우연의 원칙
2. 원인연계(계기)의 원칙
3. 예방가능의 원칙
4. 대책선정의 원칙

58 다음 중 내전압용절연장갑의 성능기준에 있어 절연장갑의 등급과 최대사용전압이 올바르게 연결된 것은?

① 00등급 : 500V
② 0등급 : 2500V
③ 1등급 : 10,000V
④ 2등급 : 20,000V

해설 절연장갑의 등급 및 색상

등급	최대사용전압		비고
	교류(V, 실효값)	직류(V)	
00	500	750	갈색
0	1,000	1,500	빨간색
1	7,500	11,250	흰색
2	17,000	25,500	노랑색
3	26,500	39,750	녹색
4	36,000	54,000	등색

59 산업안전보건법에 따라 사업장의 안전 · 보건을 유지하기 위하여 작성하는 안전보건관리규정에 포함될 사항과 가장 거리가 먼 것은?

① 안전 · 보건교육에 관한 사항
② 사고조사 및 대책수립에 관한 사항
③ 산업재해손실비용 분석방법에 관한 사항
④ 안전 · 보건 관리조직과 그 직무에 관한 사항

해설 안전보건관리규정 작성내용

1. 안전 · 보건관리조직과 그 직무에 관한 사항
2. 안전 · 보건교육에 관한 사항
3. 작업장 안전관리에 관한 사항
4. 작업장 보건관리에 관한 사항
5. 사고조사 및 대책수립에 관한 사항

정답 56 ① 57 ③ 58 ① 59 ③

PART 01 산업안전관리론

제2회 예상문제

ENGINEER CONSTRUCTION SAFETY

01 사업장의 연간근로시간수가 950,000시간이고 이 기간 중에 발생한 재해건수가 12건, 근로손실일수가 203일이었을 때 이 사업장의 도수율은 약 얼마인가?

① 0.21　　② 12.63
③ 59.11　　④ 213.68

해설

$$도수율 = \frac{재해발생건수}{연근로시간수} \times 1{,}000{,}000 = \frac{12}{950{,}000} \times 1{,}000{,}000 = 12.63$$

02 다음 중 실내에서 석재를 가공하는 산소결핍장소에서 작업하고자 할 때 가장 적합한 마스크의 종류는?

① 방진마스크　　② 방독마스크
③ 송기마스크　　④ 위생마스크

송기마스크란 작업자가 가스, 증기, 공기 중에 부유하는 미립자상 물질 또는 산소결핍 공기를 흡입함으로 발생할 수 있는 건강장해 예방을 위해 사용하는 마스크다.

03 고용노동부장관은 산업안전보건법에 따라 산업재해를 예방하기 위하여 필요하다고 인정할 때에 대통령으로 정하는 사업장의 산업재해발생건수, 재해율 또는 그 순위 등을 공표할 수 있다. 다음 중 이에 해당되지 않는 사업장은?

① 중대산업사고가 발생한 사업장
② 산업재해의 발생에 관한 보고를 최근 3년 이내에 1회 이상 하지 않은 사업장
③ 연간 산업재해율이 규모별 같은 업종의 평균재해율 이상인 사업장 중 상위 10% 이내에 해당되는 사업장
④ 산업재해로 연간 사망재해자가 2명 이상 발생한 사업장으로서 사망만인율이 규모별 같은 업종의 평균사망만인율 이상인 사업장

해설 **고용노동부장관이 산업재해 발생건수, 재해율 또는 그 순위 등을 공표할 수 있는 사업장**

1. 연간 산업재해율이 규모별 같은 업종의 평균재해율 이상인 사업장 중 상위 10퍼센트 이내에 해당되는 사업장
2. 산업재해로 연간 사망재해자가 2명 이상 발생한 사업장으로서 사망만인율(연간 상시 근로자 1만명당 발생하는 사망자 수로 환산한 것을 말한다)이 규모별 같은 업종의 평균 사망만인율 이상인 사업장
3. 산업재해의 발생에 관한 보고를 최근 3년 이내 2회 이상 하지 않은 사업장
4. 중대산업사고가 발생한 사업장

04 다음 중 산업안전보건법상 안전검사대상 유해 · 위험기계 기구 · 설비에 해당하지 않는 것은?

① 리프트　　② 곤돌라
③ 산업용 원심　　④ 밀폐형 롤러기

정답 01 ② 02 ③ 03 ② 04 ④

해설 안전검사 대상 유해위험기계

1. 프레스
2. 전단기
3. 크레인(정격 하중이 2톤 미만인 것은 제외한다)
4. 리프트
5. 압력용기
6. 곤돌라
7. 국소배기장치(이동식은 제외한다)
8. 원심기(산업용만 해당한다)
9. 롤러기(밀폐형 구조는 제외한다)
10. 사출성형기
11. 고소작업대
12. 컨베이어
13. 산업용 로봇

05 다음 중 안전보건관리계획의 개요에 관한 설명으로 틀린 것은?

① 다 관리계획과 균형이 되어야 한다.
② 안전보건의 저해요인을 확실히 파악해야 한다.
③ 계획의 목표는 점진적으로 낮은 수준의 것으로 한다.
④ 경영층의 기본방향을 명확하게 근로자에게 나타내야 한다.

해설 안전보건관리계획의 목표는 점진적으로 높은 수준의 것으로 해야 한다.

[안전보건관리계획 수립 시 유의사항]

- 실현가능성이 있도록 사업장 실태에 맞게 독자적으로 수립한다.
- 직장단위로 구체적 계획을 작성한다.
- 현재의 문제점을 검토하기 위해 자료를 조사 · 수집한다.
- 적극적 선취안전을 취해 새로운 착상과 정보를 활용한다.
- 계획안이 효과적으로 실시될 수 있도록 라인 · 스태프 관계자에게 충분히 납득시킨다.

06 다음 중 산업안전보건법령상 [그림]에 해당하는 안전 · 보건표지의 명칭으로 옳은 것은?

① 보행금지 ② 출입금지
③ 접근금지 ④ 이동금지

해설 그림에 해당하는 안전보건표지의 명칭은 보행금지이다.

07 다음 중 위험예지훈련에 대한 설명으로 적절하지 않은 것은?

① 직장이나 작업의 상황 속 잠재 위험요인을 도출한다.
② 직장 내에서 최대 인원의 단위로 토의하고 생각하며 이해한다.
③ 행동하기에 앞서 해결하는 것을 습관화하는 훈련이다.
④ 전원이 참가하는 교육훈련기법이다.

해설 위험예지훈련은 직장 내에서 소집단 단위로 토의하고 생각하며 이해한다.

08 다음 중 재해 사례 연구의 진행단계에 있어 제3단계인 근본적 문제점의 결정에 관한 사항으로 가장 적합한 것은?

① 사례 연구의 전제조건으로서 발생일시 및 장소 등 재해 상황의 주된 항목에 관해서 파악한다.
② 파악된 사실로부터 판단하여 관계법규, 사내규정 등을 적용하여 문제점을 발견한다.

정답 05 ③ 06 ① 07 ② 08 ④

③ 재해가 발생할 때까지의 경과 중 재해와 관계가 있는 사실 및 재해요인으로 알려진 사실을 객관적으로 확인한다.
④ 재해의 중심이 된 문제점에 관하여 어떤 관리적 책임의 결함이 있는지를 여러 가지 안전보건의 키(key)에 대하여 분석한다.

해설 **재해사례 연구순서**

- 1단계 : 사실의 확인(① 사람, ② 물건, ③ 관리, ④ 재해발생까지의 경과)
- 2단계 : 직접원인과 문제점의 확인(파악된 사실로부터 판단하여 각종 기준에서 차이의 문제점을 발견하는 것)
- 3단계 : 근본 문제점의 결정(재해의 중심이 된 문제점에 관하여 대하여 분석한다)
- 4단계 : 대책의 수립

09 다음 중 시설물의 안전 및 유지관리에 관한 특별법에 따라 관련 부처의 장관은 시설물이 안전하게 유지관리될 수 있도록 하기 위하여 몇 년마다 시설물의 안전과 유지관리에 관한 기본계획을 수립 · 시행하여야 하는가?

① 1년 ② 2년
③ 3년 ④ 5년

 국토교통부장관은 시설물이 안전하게 유지관리될 수 있도록 하기 위하여 5년마다 시설물의 안전 및 유지관리에 관한 기본계획을 수립 · 시행하여야 한다. 기본계획에는 다음 각 호의 사항이 포함되어야 한다.

1. 시설물의 안전 및 유지관리에 관한 기본목표 및 추진방향에 관한 사항
2. 시설물의 안전 및 유지관리체계의 개발, 구축 및 운영에 관한 사항
3. 시설물의 안전 및 유지관리에 관한 정보체계의 구축 · 운영에 관한 사항
4. 시설물의 안전 및 유지관리에 필요한 기술의 연구 · 개발에 관한 사항
5. 시설물의 안전 및 유지관리에 필요한 인력의 양성에 관한 사항
6. 그 밖에 시설물의 안전 및 유지관리에 관하여 대통령령으로 정하는 사항

10 다음 중 점검시기에 의한 구분에 있어 안전점검의 종류에 해당되지 않는 것은?

① 집중 점검
② 수시 점검
③ 특별 점검
④ 계획 점검

해설 **안전점검의 종류**

- 일상점검(수시점검) : 작업 전 · 중 · 후 수시로 실시하는 점검
- 정기점검(계획점검) : 정해진 기간에 정기적으로 실시하는 점검
- 특별점검 : 기계 · 기구의 신설 및 변경 시 고장, 수리 등에 의해 부정기적으로 실시하는 점검으로 안전강조기간 등에 실시하는 점검
- 임시점검 : 이상 발견 시 또는 재해발생 시 임시로 실시하는 점검

11 다음 중 아담스(Edward Adams)의 사고연쇄이론을 올바르게 나열한 것은?

① 통제의 부족 → 기본요인 → 직접원인 → 사고 → 상해
② 사회적인 환경 및 유전적인 요소 → 개인적인 결함 → 불안전한 행동 및 상태 → 사고 → 상해
③ 관리구조의 결함 → 작전적 에러 → 전술적 에러 → 사고 → 상해
④ 안전정책과 결정 → 불안전한 행동 및 상태 → 물질에너지 기준 이탈 → 사고 → 상해

정답 09 ④ 10 ① 11 ③

해설 아담스의 사고 연쇄반응이론

- 관리구조
- 작전적 에러
- 전술적 에러(불안전 행동, 불안전 동작)
- 사고
- 상해, 손해

12 **재해의 발생형태 중 재해자 자신의 움직임 · 동작으로 인하여 기인물에 부딪히거나, 물체가 고정부를 이탈하지 않은 상태로 움직임 등에 의하여 발생한 경우를 무엇이라 하는가?**

① 비래 ② 넘어짐
③ 충돌 ④ 협착

해설 충돌(부딪힘) · 접촉

재해자 자신의 움직임 · 동작으로 인하여 기인물에 접촉 또는 부딪히거나, 물체가 고정부에서 이탈하지 않은 상태로 움직임(규칙, 불규칙) 등에 의하여 접촉 · 충돌한 경우

13 **다음 중 재해손실비에 있어 간접비에 해당되지 않는 것은?**

① 시설복구비용 ② 교육훈련비용
③ 장의비용 ④ 생산손실비용

해설 ③ 장의비용은 직접비에 해당한다.

[간접비]
재산손실, 생산중단 등으로 기업이 입은 손실

- 인적 손실 : 본인 및 제3자에 관한 것을 포함한 시간손실
- 물적 손실 : 기계, 공구, 재료, 시설의 복구에 소비된 시간손실 및 재산손실
- 생산손실 : 생산감소, 생산중단, 판매감소 등에 의한 손실
- 특수손실
- 기타 손실

14 **다음 중 재해조사시 유의사항으로 적절하지 않은 것은?**

① 인적 · 물적 양면의 재해요인을 모두 도출한다.
② 2차 재해예방을 위하여 보호구를 반드시 착용한다.
③ 책임추궁보다 재발방지를 우선하는 기본 태도를 갖는다.
④ 목격자의 기억보존을 위하여 조사는 담당자 개인이 신속하게 실시한다.

해설 재해조사시 유의사항

- 사실을 수집한다.
- 객관적인 입장에서 공정하게 조사하며 조사는 2인 이상이 한다.
- 책임추궁보다는 재발방지를 우선으로 한다.
- 조사는 신속하게 행하고 긴급 조치하여 2차 재해의 방지를 도모한다.
- 재해자에 대한 구급조치를 우선한다.
- 사람, 기계 설비 등의 재해요인을 모두 도출한다.

15 **다음 중 안전관리조직에 있어 100명 미만의 조직에 적합하며, 안전에 관한 지시나 조치가 철저하고 빠르게 전달되나 전문적인 지식과 기술이 부족하여 직장의 실태에 즉각 대응하는 대책수립이 어려운 조직은?**

① 라인형(Line)
② 스태프형(Staff)
③ 관리형(Manage)
④ 라인스태프형(Line−staff)

해설 라인형(Line) 조직

소규모기업에 적합한 조직으로서 안전관리에 관한 계획에서부터 실시에 이르기까지 모든 안전업무를 생산라인을 통하여 직선적으로 이루어지도록 편성된 조직

정답 12 ③ 13 ③ 14 ④ 15 ①

(1) 규모
소규모(100명 이하)
(2) 장점
① 안전에 관한 지시 및 명령계통이 철저함
② 안전대책의 실시가 신속
③ 명령과 보고가 상하관계뿐으로 간단명료함
(3) 단점
① 안전에 대한 지식 및 기술축적이 어려움
② 안전에 대한 정보수집 및 신기술 개발이 미흡
③ 라인에 과중한 책임을 지우기 쉽다.

16 다음 중 산업안전보건법상 사업주의 의무에 해당하지 않는 것은?

① 근로조건을 개선하여 적절한 작업환경 조성
② 사업장의 안전 · 보건에 관한 정보를 근로자에게 제공
③ 사업장 유해 · 위험요인에 대한 실태를 파악하고, 이를 평가하여 관리 · 개선
④ 유해위험 기계 · 기구 · 설비 및 방호장치 · 보호구 등의 안전성 평가 및 개선

해설 사업주의 의무

사업주는
① 이 법과 이 법에 따른 명령에서 정하는 산업재해 예방을 위한 기준을 지키며,
② 해당 사업장의 안전 · 보건에 관한 정보를 근로자에게 제공하고,
③ 근로조건을 개선하여 적절한 작업환경을 조성함으로써 신체적 피로와 정신적 스트레스 등으로 인한 건강장해를 예방함과 동시에
④ 근로자의 생명을 지키고 안전 및 보건을 유지 · 증진시켜야 하며, 국가의 산업재해 예방시책에 따라야 한다.
⑤ 이 경우 사업주는 이를 준수하기 위하여 지속적으로 사업장 유해 · 위험요인에 대한 실태를 파악하고 이를 평가하여 관리 · 개선하는 등 필요한 조치를 하여야 한다.

17 다음 중 산업재해조사표의 작성방법에 관한 설명으로 적합하지 않은 것은?

① 근로 손실은 재해 당일을 포함하고 작업장에 복귀 또는 작업 제한을 받은 전날까지 산정하여 적는다.
② 같은 종류의 업무 근속기간은 현 직장에서의 경력(동일 · 유사 업무 근무경력)으로만 적는다.
③ 고용형태는 근로자가 사업장 또는 타인과 명시적, 내재적으로 체결한 고용계약 형태로 상용, 임시, 일용, 시간제 등이 있다.
④ 근로자 수는 정규직, 일용직 · 임시직 근로자, 가족근로자, 훈련생 등 급여를 받은 전년도 모든 근로자 수의 월평균을 적는다.

해설 산업재해조사표 작성방법

㉠ 근로자 수 : 정규직, 일용직 · 임시직 근로자, 가족근로자, 훈련생 등 급여를 받은 전년도 모든 근로자 수의 월평균을 적는다.
㉡ 같은 종류 업무 근속기간 : 과거 다른 회사의 경력부터 현직 경력(동일 · 유사 업무 근무경력)까지 합하여 적는다.(질병의 경우 관련 작업 근무기간)
㉢ 고용 형태 : 근로자가 사업장 또는 타인과 명시적 · 내재적으로 체결한 고용계약 형태로 그 의미는 다음과 같다.
- 상용 : 고용계약기간을 정하지 않았거나 고용계약기간이 1년 이상인 사람
- 임시 : 고용계약기간을 정하여 고용된 사람으로서 고용계약기간이 1개월 이상 1년 미만인 사람(계절제 등 단기계약직)
- 일용 : 임금 또는 봉급을 받고 고용되어 있으나 고용계약기간이 1개월 미만인 사람 또는 일정한 사업장 없이 떠돌아다니면서 일을 하고 대가를 받는 사람
- 시간제 : 일당이 아닌 시간제로 급여를 받는 사람
- 가족 : 사업주의 가족으로 임금을 받지 않는 사람

정답 16 ④ 17 ②

- 파견직 : 파견근로에 관한 법의 파견사업주를 통해 고용되나 사용자의 사업장에서 근로하는 사람
- 자영업자 : 혼자 혹은 그 동업자로서 근로자를 고용하지 않은 사람
- 그 밖의 사항 : 교육 · 훈련생, 파견근로자 등

㉣ 근로 손실 : 재해 당일을 포함하고 작업장에 복귀 또는 작업 제한을 받은 전날까지 산정하여 적고, 만약, 조사 당일까지 복귀되지 않았거나 작업제한을 받은 경우에는 복귀 예정일 등을 추정하여 적는다.(추정 시 의사의 진단 소견을 참조)

18 **산업안전보건법령상 지방고용노동관서의 장이 안전보건 개선계획의 수립 · 시행을 명할 수 있는 사업장에 해당하지 않는 것은?(단, 시설의 개선이 필요한 경우로 고용노동부장관이 정하여 고시한 사업장을 말한다)**

① 작업환경이 현저히 불량한 사업장
② 직업성 질환자가 동시에 10명 발생한 사업장
③ 산업재해율이 같은 업종의 규모별 평균 산업재해율보다 높은 사업장
④ 사업주가 안전 · 보건조치의무를 이행하지 아니하여 발생한 중대재해가 연간 2건 이상 발생한 사업장

해설 **안전보건 개선계획서 수립 대상 사업장**

- 산업재해율이 같은 업종의 규모별 평균 산업재해율보다 높은 사업장
- 작업환경이 현저히 불량한 사업장
- 중대재해(사업주가 안전 · 보건조치의무를 이행하지 아니하여 발생한 중대재해만 해당한다)가 연간 2건 이상 발생한 사업장

19 **다음 중 사업장 무재해 운동 적용 업종의 분류에 해당하지 않는 것은?**

① 식료품관리업
② 건설기계관리사업
③ 기계장치공사
④ 철도 · 궤도운수업

해설 식료품관리업이 아니라 식료품제조업이다.

20 **다음 중 산업재해 발생 시 업무상의 재해로 인정할 수 없는 경우는?**

① 업무상 부상이 원인이 되어 발생한 질병
② 근로자의 고의 · 자해 행위 또는 그것이 원인이 되어 발생한 부상
③ 근로자가 근로계약에 따른 업무나 그에 따르는 행위를 하던 중 발생한 사고
④ 사업주가 제공한 시설물 등을 이용하던 중 그 시설물 등의 결함이나 관리소홀로 발생한 사고

해설 ㉮ 업무상 사고
- 근로자가 근로계약에 따른 업무나 그에 따르는 행위를 하던 중 발생한 사고
- 사업주가 제공한 시설물 등을 이용하던 중 그 시설물 등의 결함이나 관리소홀로 발생한 사고
- 사업주가 제공한 교통수단이나 그에 준하는 교통수단을 이용하는 등 사업주의 지배관리하에서 출퇴근 중 발생한 사고
- 사업주가 주관하거나 사업주의 지시에 따라 참여한 행사나 행사준비 중에 발생한 사고
- 휴게시간 중 사업주의 지배관리하에 있다고 볼 수 있는 행위로 발생한 사고
- 그 밖에 업무와 관련하여 발생한 사고

㉯ 업무상 질병
- 업무수행 과정에서 물리적 인자(因子), 화학물질, 분진, 병원체, 신체에 부담을

정답 18 ② 19 ① 20 ②

주는 업무 등 근로자의 건강에 장해를 일으킬 수 있는 요인을 취급하거나 그에 노출되어 발생한 질병
- 업무상 부상이 원인이 되어 발생한 질병
- 그 밖에 업무와 관련하여 발생한 질병

21 다음 중 재해사례연구의 진행단계에 있어 파악된 사실로부터 판단하여 각종 기준과의 차이 또는 문제점을 발견하는 것에 해당하는 것은?

① 1단계 : 사실의 확인
② 2단계 : 직접원인과 문제점의 확인
③ 3단계 : 기본원인과 근본적 문제점의 결정
④ 4단계 : 대책의 수립

해설 **재해사례 연구순서 2단계**

직접원인과 문제점의 확인(파악된 사실로부터 판단하여 각종 기준에서 차이의 문제점을 발견하는 것)

22 다음 중 1,000명 이상의 대기업에서 가장 적합한 안전관리 조직은?

① 경영형 안전조직
② 라인형 안전조직
③ 스태프형 안전조직
④ 라인－스태프형 안전조직

해설 **라인－스태프(LINE－STAFF)형 조직(직계 참모조직)**

대규모 사업장에 적합한 조직으로서 라인형과 스태프형의 장점만을 채택한 형태이며 안전업무를 전담하는 스태프를 두고 생산라인의 각 계층에서도 각 부서장으로 하여금 안전업무를 수행케 하여 스태프에서 안전에 관한 사항이 결정되면 라인을 통하여 실천하도록 편성된 조직(내규모, 1,000명 이상)

23 다음 중 한 사람, 한 사람이 스스로 위험요인을 발견, 파악하여 단시간에 행동목표를 정하여 지적확인을 하며, 특히 비정상적인 작업의 안전을 확보하기 위한 위험예지훈련은?

① 삼각위험예지훈련
② 1인 위험예지훈련
③ 원포인트위험예지훈련
④ 자문자답카드 위험예지훈련

해설 **자문자답카드 위험예지훈련**

한 사람 한 사람이 '자문자답카드'의 체크항목을 큰 소리로 자문자답하면서 위험요인을 발견, 파악하여 단시간에 행동목표를 정하여 지적 · 확인한다. 이는 특히 비정상 작업에 있어서 안전을 확보하기 위한 훈련이다.

24 재해예방을 위한 대책을 기술적 대책, 교육적 대책, 관리적 대책으로 구분할 때 다음 중 관리적 대책에 속하는 것은?

① 적합한 기준 설정
② 작업공정의 개선
③ 안전설계
④ 안전교육 실시

해설 적합한 기준 설정은 관리적 대책에 속한다.

25 다음 중 산업안전보건법령상 안전 · 보건표지에 관한 설명으로 틀린 것은?

① 금지표지의 종류에는 출입금지, 금연, 화기금지 등이 있다.
② 검은색은 문자 및 빨간색 또는 노랑색에 대한 보조색으로 사용한다.

정답 21 ② 22 ④ 23 ④ 24 ① 25 ③

③ 화학물질 취급장소에서의 유해 · 위험 경고에 사용되는 색채는 노랑색이다.
④ 특정 행위의 지시 및 사실의 고지에 사용되는 표지의 바탕은 파란색, 관련 그림은 흰색으로 한다.

해설 안전보건표지의 색도기준 및 용도

색채	색도기준	용도	사용례
빨간색	7.5R 4/14	금지	정지신호, 소화설비 및 그 장소, 유해행위의 금지
		경고	화학물질 취급장소에서의 유해 · 위험 경고

26 보행 중 작업자가 바닥에 미끄러지면서 주변의 상자와 머리를 부딪침으로써 머리에 상처를 입었다면 다음 중 이 사고에서 기인물에 해당하는 것은?

① 바닥 ② 상자
③ 머리 ④ 바닥과 상자

해설 재해원인분석

- 사고의 유형 : 추락, 넘어짐, 충돌, 낙하 및 비래, 협착, 감전, 폭발, 붕괴 및 도피, 파열, 화재, 이상온도접촉, 유해물 접촉, 무리한 동작 등
- 기인물 : 불안전한 상태에 있는 물체(환경 포함)
- 가해물 : 사람에게 직접 접촉되어 위해를 가한 물체(환경 포함)

27 어느 사업장에서 해당 연도에 600건의 무상해 사고가 발생하였다. 하인리히의 재해발생비율 법칙에 의한다면 경상해의 발생건수는 몇 건이 되겠는가?

① 29건 ② 58건
③ 300건 ④ 330건

해설 하인리히의 재해구성비율

사망 및 중상 : 경상 : 무상해사고
=1 : 29 : 300

28 산업안전보건법령상 산업안전보건위원회의 구성에 있어 사용자 위원에 해당하지 않는 것은?

① 안전관리자
② 명예산업안전감독관
③ 해당 사업의 대표자가 지명한 9인 이내 해당 사업장 부서의 장
④ 보건관리자의 업무를 위탁한 경우 대행기관의 해당 사업장 담당자

해설 산업안전보건위원회의 사용자 위원

- 해당 사업의 대표자
- 안전관리자
- 보건관리자
- 산업보건의
- 해당 사업의 대표자가 지명하는 9명 이내의 해당 사업장 부서의 장

29 다음 중 "Near Accident"의 설명으로 가장 적절한 것은?

① 사고와 연관된 재해
② 사고가 발생한 지점에서 계속 발생하는 재해
③ 사고라고 할 수 있는 정도의 손실을 수반하는 재해
④ 사고가 일어나더라도 손실을 전혀 수반하지 않는 재해

아차사고(Near Miss 또는 Near Accident)

무 인명상해(인적 피해) · 무 재산손실(물적 피해) 사고

정답 26 ① 27 ② 28 ② 29 ④

30 **재해손실비 평가방식 중 시몬즈(Simonds)의 방식에서 재해의 종류에 관한 설명으로 틀린 것은?**

① 무상해사고는 의료조치를 필요로 하지 않은 상해사고를 말한다.
② 휴업상해는 영구 일부 노동불능 및 일시 전노동 불능상해를 말한다.
③ 응급조치상해는 응급조치 또는 8시간 이상의 휴업의료 조치 상해를 말한다.
④ 통원상해는 일시 일부 노동불능 및 의사의 통원 조치를 요하는 상해를 말한다.

해설 **재해의 종류(시몬즈 방식)**

- 휴업상해 : 영구 일부 노동불능 및 일시 전노동 불능상해
- 통원상해 : 일시 일부 노동불능 및 의사의 통원조치를 필요로 한 상해
- 응급조치상해 : 응급조치 또는 8시간 미만 휴업의료조치 상해
- 무상해사고 : 의료조치를 필요로 하지 않은 상해사고 및 20달러 이상 재산손실. 단, 사망 또는 영구노동불능 상해재해 구분에서 제외된다.

31 **무재해 운동 기본 이념의 3원칙 중 선취원칙을 가장 잘 설명한 것은?**

① 작업의 잠재 위험요인을 전원이 발견하자
② 직장 일체의 위험잠재요인을 적극적으로 발견하여 무재해 직장을 만들자
③ 과거 재해가 발생하였던 것을 참고로 하여 다시는 재해가 발생하지 않도록 운동하자
④ 무재해, 무질병의 직장을 실현하기 위하여 위험요인을 행동하기 전에 발견하여 예방하자

해설 **무재해 운동 안전제일의 원칙(선취의 원칙)**

직장의 위험요인을 행동하기 전에 발견 · 파악 · 해결하여 재해를 예방한다.

32 **다음 중 방독마스크의 시험성능기준 항목이 아닌 것은?**

① 시야
② 불연성
③ 정화통 호흡저항
④ 안면부내의 압력

해설 **방독마스크의 성능시험 방법**

1. 안면부 흡기저항 시험
2. 정화통의 제독능력 시험
3. 안면부 배기저항 시험
4. 안면부 누설율 시험
5. 배기밸브 작동시험
6. 시야시험
7. 강도, 신장율 및 영구 변형율 시험
8. 불연성시험
9. 음성전달판 시험
10. 투시부의 내충격성 시험
11. 정화통 질량시험
12. 정화통 호흡저항 시험
13. 안면부 내부의 이산화탄소 농도 시험

33 **고용노동부장관은 산업안전보건법에 따라 산업재해를 예방하기 위하여 필요하다고 인정할 때 사업장의 산업재해 발생건수, 재해율 등을 공표할 수 있는데 다음 중 공표 대상 사업장이 아닌 것은?**

① 중대산업사고가 발생한 사업장
② 산업재해의 발생에 관한 보고를 최근 3년 이내 2회 이상 하지 않은 사업장
③ 연간 산업재해율이 규모별 같은 업종의 평균재해율 이상인 사업장 중 상위 20퍼센트 이내에 해당되는 사업장

정답 30 ③ 31 ④ 32 ④ 33 ③

④ 산업재해로 연간 사망재해자가 2명 이상 발생한 사업장으로서 사망만인율이 규모별 같은 업종의 평균 사망만인율 이상인 사업장

 연간 산업재해율이 규모별 같은 업종의 평균 재해율 이상인 사업장 중 상위 10퍼센트 이내에 해당되는 사업장이 공표 대상 사업장에 포함된다.

34 **다음 중 검사의 분류에 있어 검사방법에 의한 분류에 속하지 않는 것은?**

① 규격검사
② 시험에 의한 검사
③ 육안검사
④ 기기에 의한 검사

 **점검방법**

- 육안점검
- 기능점검
- 기기점검
- 정밀점검

35 **다음 중 산업안전보건법령상 안전보건총괄책임자의 직무에 해당되지 않는 것은?**

① 중대재해 발생 시 작업의 중지
② 도급사업 시의 안전 · 보건 조치
③ 해당 사업장 안전교육계획의 수립 및 실시
④ 수급인의 산업안전보건관리비의 집행 감독 및 그 사용에 관한 수급인 간의 협의 · 조정

 해당 사업장 안전교육계획의 수립 및 실시는 안전관리자의 직무이다.

36 **다음 중 산업안전보건법령상 안전인증대상의 기계 · 기구 및 설비, 방호장치에 해당하지 않는 것은?**

① 곤돌라
② 고소(高所) 작업대
③ 활선작업용(活線作業用) 기구
④ 교류 아크용접기용 자동전격방지기

 교류 아크용접기용 자동전격방지기는 자율안전확인대상 기계 · 기구의 방호장치에 해당된다.

37 **다음 중 산업안전보건법령에 따라 건설업 중 유해 · 위험 방지 계획서를 작성하여 고용노동부장관에게 제출하여야 하는 공사에 해당하지 않는 것은?**

① 터널 건설 등의 공사
② 길이 10미터 이상인 굴착공사
③ 최대지간 길이가 31미터 이상인 교량 건설 등 공사
④ 다목적댐, 발전용댐 및 저수용량 2천만 톤 이상의 용수 전용 댐, 지방상수도 전용 댐 건설 등의 공사

 건설업 유해 · 위험방지계획서를 작성해야 하는 사업장에는 최대 지간길이가 50미터 이상인 교량건설 등이 포함된다.

38 **산업안전보건법령상 안전보건관리규정을 작성 후 변경할 사유가 발생한 경우 그 날로부터 며칠 이내에 작성하여야 하는가?**

① 15일 ② 30일
③ 60일 ④ 90일

정답 34 ① 35 ③ 36 ④ 37 ③ 38 ②

해설 사업주는 안전보건관리규정을 작성하여야 할 사유가 발생한 날부터 30일 이내에 안전보건관리규정을 작성하여야 한다. 이를 변경할 사유가 발생한 경우에도 또한 같다.

39 **다음과 같은 재해에 대한 원인 분석 시 "사고유형 – 기인물 – 가해물"을 올바르게 나열한 것은?**

> "공구와 자재가 바닥에 어지럽게 널려있는 작업통로를 작업자가 보행 중 공구에 걸려 넘어져 통로바닥에 머리를 다쳤다."

① 넘어짐 – 바닥 – 공구
② 낙하 – 통로 – 바닥
③ 넘어짐 – 공구 – 바닥
④ 충돌 – 바닥 – 공구

해설 재해원인분석

- 사고의 유형 : 추락, 넘어짐, 충돌, 낙하 및 비래, 협착, 감전, 폭발, 붕괴 및 도피, 파열, 화재, 이상온도접촉, 유해물 접촉, 무리한 동작 등
- 기인물 : 불안전한 상태에 있는 물체(환경 포함)
- 가해물 : 사람에게 직접 접촉되어 위해를 가한 물체(환경 포함)

40 **다음 중 산업안전보건법상 안전보건개선계획의 수립 · 시행에 관한 사항으로 틀린 것은?**

① 대상사업장으로는 작업환경이 현저히 불량한 사업장이 해당된다.
② 산업재해율이 같은 업종의 규모별 평균 산업재해율보다 높은 사업장이 해당된다.
③ 수립 · 시행명령을 받은 사업주는 안전보건개선계획서를 작성하여 그 명령을 받은 날부터 90일 이내에 관할 지방고용노동관서의 장에게 제출하여야 한다.
④ 사업주가 안전 · 보건조치의무를 이행하지 아니하여 잘생한 중대재해가 연간 2건 이상 발생한 사업장이 해당된다.

해설 안전보건개선계획의 수립 · 시행명령을 받은 사업주는 고용노동부장관이 정하는 바에 따라 안전보건개선계획서를 작성하여 그 명령을 받은 날부터 60일 이내에 관할 지방고용노동관서의 장에게 제출하여야 한다.

41 **다음 중 재해사례 연구 시 파악해야 할 내용과 거리가 먼 것은?**

① 상해의 종류
② 손실금액
③ 재해의 발생형태
④ 재해자의 동료 수

해설 재해사례 연구 시 재해자의 동료 수는 파악할 필요가 없다.

42 **다음 중 산업안전보건법령상 안전관리자의 직무에 해당하지 않는 것은?**

① 해당 사업장 안전교육계획의 수립 및 실시
② 안전분야의 산업재해에 관한 통계의 유지 · 관리를 위한 지도 · 조언
③ 도급 사업에 있어 수급인의 산업안전보건관리비의 집행 감독 및 그 사용에 관한 수급인 간의 협의 · 조정
④ 안전보건관리규정 및 취업규칙 중 안전에 관한 사항을 위반한 근로자에 대한 조치의 건의

정답 39 ③ 40 ③ 41 ④ 42 ③

 도급 사업에 있어 수급인의 산업안전보건관리비의 집행 감독 및 그 사용에 관한 수급인 간의 협의 · 조정은 안전관리자의 직무가 아닌 안전보건총괄책임자의 직무에 해당된다.

43 다음 중 산업안전보건법령상 안전 · 보건표지에 있어 표지의 종류와 색도기준이 올바르게 연결된 것은?(단, 표기의 순서는 "색상 명도/채도"의 순서이다)

① 금지표지 : 5G 4/10
② 경고표지 : 5Y 8.5/12
③ 안내표지 : 5R 5.5/6
④ 지시표지 : 5N 2.5/7.5

해설 안전보건표지의 색도기준 및 용도

색채	색도기준	용도	사용례
노랑색	5Y 8.5/12	경고	화학물질 취급장소에서의 유해 · 위험경고 이외의 위험경고, 주의표지 또는 기계방호물

44 재해예방의 4원칙 중 대책선정의 원칙에 있어 3E에 해당하지 않는 것은?

① Education
② Engineering
③ Environment
④ Enforcement

 3E

- 기술적(Engineering)
- 교육적(Education)
- 관리적(Enforcement)

45 다음 중 산업안전보건법령상 안전보건관리규정을 작성하여야 할 사업의 규모로 옳은 것은?

① 상시 근로자 5명 이상을 사용하는 사업
② 상시 근로자 10명 이상을 사용하는 사업
③ 상시 근로자 50명 이상을 사용하는 사업
④ 상시 근로자 100명 이상을 사용하는 사업

 안전보건관리규정을 작성하여야 할 사업은 상시 근로자 100명 이상을 사용하는 사업으로 한다.

46 다음 중 버드(Frank Bird)의 도미노이론에서 재해발생과정에 있어 가장 먼저 수반되는 것은?

① 관리의 부족
② 전술 및 전략적 에러
③ 불안전한 행동 및 상태
④ 사회적 환경과 유전적 요소

 버드(Frank Bird)의 신도미노이론 1단계

- 통제의 부족(관리소홀)
- 재해발생의 근원적 요인

47 다음 중 위험예지훈련 4라운드 기법에서 2R(라운드)에 해당하는 것은?

① 목표설정 ② 현상파악
③ 대책수립 ④ 본질추구

 위험예지훈련의 추진을 위한 문제해결 4단계(4라운드)

- 1라운드 : 현상파악(사실의 파악)
- 2라운드 : 본질추구(원인조사)
- 3라운드 : 대책수립(대책을 세운다)
- 4라운드 : 목표설정(행동계획 작성)

정답 43 ② 44 ③ 45 ④ 46 ① 47 ④

48 연평균 상시근로자 수가 500명인 사업장에서 36건의 재해가 발생한 경우 근로자 한 사람이 이 사업장에서 평생 근무할 때 근로자에게 발생할 수 있는 재해는 몇 건으로 추정되는가?(단, 근로자는 평생 40년을 근무하며, 평생잔업시간은 4,000시간이고, 1일 8시간씩 연간 300일을 근무한다)

① 2건 ② 3건
③ 4건 ④ 5건

해설 $도수율=\frac{재해발생건수}{연근로시간수}\times 1,000,000$

$=\frac{36}{500\times 8\times 300}\times 1,000,000=30$

- 환산도수율 : 근로자가 입사하여 퇴직할 때까지(40년=10만 시간) 당할 수 있는 재해건수를 말함

$환산도수율=\frac{도수율}{10}$

1인당 평생근로시간 $=8\times 300\times 40+4,000$
$=100,000$시간

$\therefore 환산도수율=\frac{30}{10}\times\frac{100,000}{100,000}=3$건

49 다음 중 방진마스크의 선정기준으로 적절하지 않은 것은?

① 분진 포집효율은 높을 것
② 흡·배기 저항은 높을 것
③ 중량은 가벼울 것
④ 시야는 넓을 것

해설 방진마스크 선정기준(구비조건)

- 분진포집효율(여과효율)이 좋을 것
- 흡기, 배기저항이 낮을 것
- 사용 후 손질이 간단할 것
- 중량이 가벼울 것
- 시야가 넓을 것
- 안면밀착성이 좋을 것

50 다음 중 안전관리에 있어 5C 운동(안전행동 실천운동)에 해당하지 않는 것은?

① 정리정돈(Clearance)
② 통제관리(Control)
③ 청소청결(Cleaning)
④ 전심·전력(Concentration)

해설 5C 운동(안전행동 실천운동)

- 복장단정(Correctness)
- 정리정돈(Clearance)
- 청소청결(Cleaning)
- 점검·확인(Checking)
- 전심·전력(Concentration)

51 다음 설명에 가장 적합한 조직의 형태는?

- 과제별로 조직을 구성
- 플랜트, 도시개발 등 특정한 건설 과제를 처리
- 시간적 유한성을 가진 일시적이고 잠정적인 조직

① 스태프(Staff)형 조직
② 라인(Line)식 조직
③ 기능(Functional)식 조직
④ 프로젝트(Project) 조직

해설 프로젝트 조직

특정한 사업 목표를 달성하기 위해 임시적으로 조직 내의 인적·물적 자원을 결합하는 조직 형태를 말한다. 프로젝트 자체가 시간적 유한성을 지니므로 프로젝트 조직도 임시적·잠정적이다. 즉, 프로젝트 조직은 해산을 전제로 하여 임시로 편성된 일시적 조직이며, 혁신적·비일상적인 과제의 해결을 위해 형성되는 동태적 조직이다.

정답 48 ② 49 ② 50 ② 51 ④

52 다음 중 무재해 운동의 기본 이념에 관한 설명과 거리가 먼 것은?

① 무재해 운동의 추진과 정착을 위해서는 최고경영자를 제외한 현장 직원과 관리감독자의 실천이 우선되어야 한다.
② 위험을 발견 · 제거하기 위하여 전원이 참가 협력하여 각자의 처지에서 의욕적으로 문제해결을 실천하는 것이다.
③ 무재해 운동에 있어 선취란 직장의 위험요인을 행동하기 전에 예지하여 발견 · 파악 · 해결함으로써 재해발생을 예방하거나 방지하는 것을 말한다.
④ 무재해란 불휴재해는 물론 직장의 일체 잠재위험 요인을 적극적으로 사전에 발견하여, 파악 · 해결함으로써 뿌리에서부터 산업재해를 없앤다는 것이다.

해설 **무재해 운동의 3원칙**

무재해 운동의 추진과 정착을 위해서는 최고경영자의 "무재해, 무질병"에 대한 확고한 경영자세로부터 시작된다.

53 다음 중 안전점검에 관한 설명으로 틀린 것은?

① 안전점검은 점검자의 주관적 판단에 의하여 점검하거나 판단한다.
② 잘못된 사항은 수정이 될 수 있도록 점검결과에 대하여 통보한다.
③ 점검 중 사고가 발생하지 않도록 위험요소를 제거한 후 실시한다.
④ 사전에 점검대상 부서의 협조를 구하고, 관련 작업자의 의견을 청취한다.

안전점검은 점검자의 객관적 판단에 의하여 점검하거나 판단한다.

54 다음 중 재해사례연구의 진행단계를 올바르게 나열한 것은?

① 재해상황 파악 → 사실 확인 → 문제점 발견 → 문제점 결정 → 대책수립
② 사실 확인 → 재해 상황 파악 → 문제점 발견 → 문제점 결정 → 대책수립
③ 문제점 발견 → 사실 확인 → 재해 상황 파악 → 문제점 결정 → 대책수립
④ 문제점 발견 → 재해 상황 파악 → 사실 확인 → 문제점 결정 → 대책수립

해설 **재해사례 연구순서**

- 1단계 : 사실 확인
- 2단계 : 직접원인과 문제점의 확인
- 3단계 : 근본 문제점의 결정
- 4단계 : 대책의 수립

55 산업안전보건법령상 공정안전보고서의 작성 및 제출에 관한 다음 설명 중 ( ) 안에 들어갈 내용을 올바르게 나열한 것은?

> "산업안전보건법에 따라 사업주는 유해 · 위험설비의 설치 · 이전 또는 주요 구조부분의 변경공사의 착공일 (㉠)일 전까지 공정안전보고서를 (㉡)부 작성하여 해당 기관에 제출하여야 한다."

① ㉠ : 1일, ㉡ : 2부
② ㉠ : 15일, ㉡ : 1부
③ ㉠ : 15일, ㉡ : 2부
④ ㉠ : 30일, ㉡ : 2부

해설 **공정안전보고서의 제출시기**

유해 · 위험설비의 설치 · 이전 또는 주요 구조부분의 변경공사의 착공일 30일 전까지 공정안전보고서를 2부 작성하여 공단에 제출하여야 한다.

정답 52 ① 53 ① 54 ① 55 ④

제3회 예상문제

ENGINEER CONSTRUCTION SAFETY

01 다음 중 산업안전보건위원회의 심의 · 의결된 내용 등 회의결과를 근로자에게 알리는 방법으로 가장 적절하지 않은 것은?

① 사보에 게재
② 일간신문에 게재
③ 사업장 게시판에 게재
④ 자체 정례조회를 통한 전달

해설 **산업안전보건위원회의 회의 결과 등의 주지(산업안전보건법 시행령 제25조의 6)**

산업안전보건위원회의 위원장은 산업안전보건위원회에서 심의 · 의결된 내용 등 회의 결과와 중재 결정된 내용 등을 사내방송이나 사내보, 게시 또는 자체 정례조회, 그 밖의 적절한 방법으로 근로자에게 신속히 알려야 한다.

02 위험예지훈련 4라운드 진행방법을 4단계로 구분할 때 "본질추구"는 제 몇 라운드에 해당하는가?

① 제1라운드 ② 제2라운드
③ 제3라운드 ④ 제4라운드

해설 **위험예지훈련의 추진을 위한 문제해결 4라운드**

1라운드 : 현상파악 → 2라운드 : 본질추구(이것이 위험의 포인트다) → 3라운드 : 대책수립 → 4라운드 : 목표설정

03 1900년대 초 미국의 한 기업 회장으로서 "안전제일(Safety First)"이란 구호를 내걸고 사고예방활동을 전개한 후 안전의 투자가 결국 경영상 유리한 결과를 가져온다는 사실을 알게 하는 데 공헌한 사람은?

① 게리(Gary)
② 하인리히(Heinrich)
③ 버드(Bird)
④ 피렌체(Firenze)

해설 안전제일이라는 말이 유래한 곳은 미국의 세계적 철강회사인 U.S. Steel이다. 이곳의 게리(Gary) 회장은 "생산제일, 품질제이, 안전제삼(生産第一, 品質第二, 安全第三)"을 경영방침으로 정했으나 이 경영방침은 재해가 다발하는 결과를 초래하였다. 게리 회장은 종전의 경영방침이 잘못된 것을 인식하고, 경영방침의 순서를 완전히 바꾸어 버렸다. "안전제일, 품질제이, 생산제삼(安全第一, 品質第二, 生産第三)" 방침이 나오고 나서 산업재해가 크게 감소하고 작업장이 정비되어 품질도 향상되었다. 나아가 '세 번째'였던 생산이 비약적으로 향상되었다.

04 다음 중 산업안전보건법에 따른 무재해 운동의 추진에 있어 무재해 1배수 목표시간의 계산방법으로 적절하지 않은 것은?

① $\dfrac{\text{연간 총 근로시간}}{\text{연간 총 재해자수}}$

② $\dfrac{\text{1인당 연평균 근로시간} \times 100}{\text{재해율}}$

③ $\dfrac{\text{1인당 근로손실일수} \times 1{,}000}{\text{연간 총 근로시간수}}$

④ $\dfrac{\text{연평균 근로자수} \times \text{1인당 연평균 근로시간}}{\text{연간 총 재해자수}}$

정답 01 ② 02 ② 03 ① 04 ③

해설 무재해 1배수 목표시간 계산(재해율 기준)

$$\text{무재해 목표시간(1배수)} = \frac{\text{연간 총 근로시간}}{\text{연간 총 재해자수}}$$

$$= \frac{\text{연평균 근로자수} \times \text{1인당 연평균 근로시간}}{\text{연간 총 재해자수}}$$

$$= \frac{\text{1인당 연평균 근로시간} \times 100}{\text{재해율}}$$

※ 연평균 근로시간은 고용노동부 사업체 임금근로시간 조사자료를, 재해율은 최근 5년간 평균 재해율을 적용

05 어떤 작업장에서 목재가공용 둥근톱 기계가 작업 중 갑작스런 고장을 일으켰다. 이때 실시하는 안전점검을 무엇이라 하는가?

① 임시점검 ② 특별점검
③ 사후점검 ④ 정기점검

해설 안전점검의 종류

(1) 일상점검(수시점검)
작업 전 · 중 · 후 수시로 점검하는 점검
(2) 정기점검
정해진 기간에 정기적으로 실시하는 점검
(3) 특별점검
기계기구의 신설 및 변경 시 고장, 수리 등에 의해 부정기적으로 실시하는 점검으로 안전강조기간 등에 실시하는 점검
(4) 임시점검
이상 발견 시 또는 재해발생 시 임시로 실시하는 점검

06 사고의 본질적 특성을 설명한 것 중 잘못된 것은?

① 사고의 공간성
② 우연성 중의 법칙성
③ 필연성 중의 우연성
④ 사고의 재현 불가능성

해설 사고의 본질적 특성

(1) 사고의 시간성
(2) 우연성 중의 법칙성
(3) 필연성 중의 우연성
(4) 사고의 재현 불가능성

07 다음 그림은 안전 · 보건표지 중 어떠한 표지의 기본도형인가?(단, 색도기준은 2.5PB 4/10 이고 L은 안전 · 보건표지를 인식할 수 있거나 인식해야 할 안전거리를 말한다.)

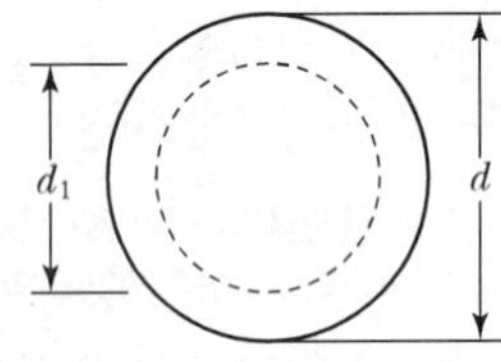

$d > 0.025L$

$d_2 = 0.8d$

① 금지표지 ② 경고표지
③ 지시표지 ④ 안내표지

해설 안전 · 보건표지의 색채, 색도기준 및 용도

색채	색도기준	용도	사용 예
빨간색	7.5R 4/14	금지	정지신호, 소화설비 및 그 장소, 유해행위의 금지
		경고	화학물질 취급장소에서의 유해 · 위험 경고
노랑색	5Y 8.5/12	경고	화학물질 취급장소에서의 유해 · 위험 경고, 이외의 위험 경고, 주의표지 또는 기계방호물
파란색	2.5PB 4/10	지시	특정 행위의 지시 및 사실의 고지

정답 05 ① 06 ① 07 ③

08 상해의 종류 중 염좌, 충돌, 추락 등으로 인하여 외부의 상처없이 피하조직 또는 근육부 등 내부조직이나 장기가 손상받은 상해를 무엇이라 하는가?

① 부종　　② 화상
③ 창상　　④ 좌상

해설 좌상(타박상)

타박, 충돌, 추락 등으로 피부표면보다는 피하조직 또는 근육부를 다친 상해

09 K사업장에서 재해로 인해 경제적 손실이 발생하였다. 이에 따른 재해코스트를 시몬즈(Simonds)의 방식으로 구하고자 할 때 다음 중 재해사고의 세부 내용 연결이 올바른 것은?

① 무상해사고 – 응급조치
② 휴업상해 – 영구 전노동 불능
③ 응급조치상해 – 일시 전노동 불능
④ 통원상해 – 일시 부분노동 불능

해설 재해의 종류(시몬즈 방식)

- 휴업상해 : 영구 일부 노동 불능 및 일시 전노동 불능상해
- 통원상해 : 일시 일부 노동 불능 및 의사의 통원조치를 필요로 한 상해
- 응급조치상해 : 응급조치 또는 8시간 미만 휴업의료조치 상해
- 무상해사고 : 의료조치를 필요로 하지 않은 상해사고 및 20달러 이상 재산손실. 단, 사망 또는 영구노동불능 상해재해 구분에서 제외된다.

10 다음 중 재해사례연구에 대한 내용으로 적절하지 않은 것은?

① 신뢰성 있는 자료수집이 있어야 한다.
② 현장 사실을 분석하여 논리적이어야 한다.
③ 재해사례연구의 기준으로는 법규, 사내규정, 작업표준 등이 있다.
④ 안전관리자의 주관적 판단을 기반으로 현장조사 및 대책을 설정한다.

해설 안전관리자는 객관적 판단을 기반으로 현장조사 및 대책을 설정한다.

11 산업안전보건법에 의한 안전보건총괄책임자의 직무에 해당되지 않는 것은?

① 도급사업 시의 안전 · 보건 조치
② 근로자의 건강관리, 보건교육 및 건강증진 지도
③ 안전인증대상 기계 · 기구 등과 자율안전확인대상 기계 · 기구 등의 사용 여부 확인
④ 수급인의 산업안전보건관리비의 집행감독 및 그 사용에 관한 수급인 간의 협의 · 조정

해설 안전보건총괄책임자의 직무

1. 작업의 중지 및 재개
2. 도급사업 시의 안전보건 조치
3. 수급인의 산업안전보건관리비의 집행감독 및 그 사용에 관한 수급인 간의 협의 · 조정
4. 안전인증대상 기계 · 기구 등과 자율안전확인대상 기계 · 기구 등의 사용 여부 확인

정답 08 ④ 09 ④ 10 ④ 11 ②

12 연평균 200명의 근로자가 작업하는 사업장에서 연간 2건의 재해가 발생하여 사망이 2명, 50일의 휴업일수가 발생하였다면 이때의 강도율은 얼마인가?(단, 1인당 연간근로시간은 2,400시간으로 한다.)

① 15.71　② 31.35
③ 65.51　④ 74.35

해설 강도율

$$=\frac{근로손실일수}{연근로시간수}\times 1,000$$

$$=\frac{7,500\times 2+(50\times \frac{300}{365})}{200\times 2,400}\times 1,000$$

$$=31.35$$

[연근로시간 1,000시간당 재해로 인해서 잃어버린 근로손실일수]

13 안전블록이 부착된 안전대의 구조에 있어 안전블록의 줄은 와이어로프의 경우 최소 지름은 얼마 이상이어야 하는가?

① 2mm　② 4mm
③ 6mm　④ 8mm

안전블록이 부착된 안전대의 구조는 다음과 같이 한다.

(1) 안전블록을 부착하여 사용하는 안전대는 신체지지의 방법으로 안전그네만을 사용할 것
(2) 안전블록은 정격 사용 길이가 명시될 것
(3) 안전블록의 줄은 합성섬유로프, 웨빙(webbing), 와이어로프이어야 하며, 와이어로프인 경우 최소지름이 4mm 이상일 것

14 재해의 직접원인 중 물적 원인이 아닌 것은?

① 방호장치의 결함
② 주변 환경의 미정리
③ 보호구 미착용
④ 조명 및 환기불량

해설 보호구의 미착용은 인적 원인에 해당된다.

15 안전조직 형태 중 직계(라인)형의 특징은?

① 독립된 안전참모조직을 보유하고 있다.
② 대규모의 사업장에 적합하다.
③ 안전지시나 명령이 신속히 수행된다.
④ 안전지식이나 기술축적이 용이하다.

해설 라인형(Line) 조직

소규모 기업에 적합한 조직으로서 안전관리에 관한 계획부터 실시에 이르기까지 모든 안전업무를 생산라인을 통하여 직선적으로 이루어지도록 편성된 조직

(1) 규모
소규모(100명 이하)
(2) 장점
① 안전에 관한 지시 및 명령계통이 철저함
② 안전대책의 실시가 신속함
③ 명령과 보고가 상하관계뿐으로 간단명료함
(3) 단점
① 안전에 대한 지식 및 기술축적이 어려움
② 안전에 대한 정보수집 및 신기술 개발이 미흡함
③ 라인에 과중한 책임을 지우기 쉽다.

16 다음 중 산업안전보건법에 따라 안전보건개선계획을 수립·시행하여야 하는 사업장에서 안전보건계획서를 작성할 때에 반드시 포함되어야 하는 사항과 가장 거리가 먼 것은?

① 시설의 개선을 위하여 필요한 사항
② 안전·보건교육의 개선을 위하여 필요한 사항

정답 12 ② 13 ② 14 ③ 15 ③ 16 ③

③ 복지정책의 개선을 위하여 필요한 사항
④ 작업환경의 개선을 위하여 필요한 사항

해설 안전보건개선계획서에는 시설, 안전 · 보건관리체제, 안전 · 보건교육, 산업재해 예방 및 작업환경의 개선을 위하여 필요한 사항이 포함되어야 한다.

17 다음 중 시설물의 안전 및 유지관리에 관한 특별법 상 안전점검 및 정밀안전진단의 실시 시기에 관한 내용으로 옳은 것은?

① 정기점검은 반기에 1회 이상 실시한다.
② 안전등급이 A등급인 건축물의 경우 정밀안전진단은 10년에 1회 이상 실시한다.
③ 안전등급이 B등급인 건축물의 경우 정밀안전진단은 7년에 1회 이상 실시한다.
④ 안전등급이 D등급인 건축물의 경우 정밀안전진단은 5년에 1회 이상 실시한다.

해설 **안전점검, 정밀안전진단 및 성능평가의 실시시기**

(1) 정기점검
가. A · B · C 등급의 경우 : 반기에 1회 이상
나. D · E 등급의 경우 : 1년에 3회 이상
(2) 긴급안전점검
관리주체가 시설물의 붕괴 · 넘어짐 등이 발생할 위험이 있다고 판단하는 경우 또는 국토교통부장관 및 관계 행정기관의 장이 시설물의 구조상 공중의 안전한 이용에 중대한 영향을 미칠 우려가 있다고 판단되는 경우
(3) 정밀안전점검, 정밀안전진단 및 성능평가의 실시주기

안전등급	정밀안전점검		정밀안전진단	성능평가
	건축물	건축물 외 시설물		
A등급	4년에 1회 이상	3년에 1회 이상	6년에 1회 이상	5년에 1회 이상
B · C등급	3년에 1회 이상	2년에 1회 이상	5년에 1회 이상	
D · E등급	2년에 1회 이상	1년에 1회 이상	4년에 1회 이상	

18 다음 중 산업안전보건법령상 크레인, 이동식 크레인, 리프트 등을 사용하여 작업하는 때 작업시작 전에 공통적으로 점검하여야 하는 사항은?

① 바퀴의 이상 유무
② 전선 및 접속부 상태
③ 브레이크 및 클러치의 기능
④ 작업면의 기울기 또는 요철 유무

크레인, 이동식 크레인, 리프트의 작업시작 전 점검사항(공통 점검내용)

1. 브레이크 및 클러치의 기능
2. 와이어로프가 통하고 있는 곳의 상태

19 다음 중 방음용 귀마개 또는 귀덮개의 종류 및 등급과 기호가 잘못 연결된 것은?

① 귀덮개 : EM
② 귀마개 1종 : EP－1
③ 귀마개 2종 : EP－2
④ 귀마개 3종 : EP－3

해설 **방음용 귀마개 또는 귀덮개의 종류 · 등급**

종류	등급	기호	성능	비고
귀마개	1종	EP－1	저음부터 고음까지 차음하는 것	귀마개의 경우 재사용 여부를 제조특성으로 표기
	2종	EP－2	주로 고음을 차음하고 저음(회화음 영역)은 차음하지 않는 것	
귀덮개	－	EM		

정답 17 ① 18 ③ 19 ④

20 다음 중 재해의 발생형태에 있어 일어난 장소나 그 시점에 일시적으로 요인이 집중하여 재해가 발생하는 경우를 무엇이라 하는가?

① 연쇄형 ② 복합형
③ 결합형 ④ 단순자극형

해설 1. 단순자극형(집중형) : 상호자극에 의하여 순간적으로 재해가 발생하는 유형으로 재해가 일어난 장소나 그 시점에 일시적으로 요인이 집중
2. 연쇄형(사슬형) : 하나의 사고요인이 또 다른 요인을 발생시키면서 재해를 발생시키는 유형이다. 단순연쇄형과 복합연쇄형이 있다.
3. 복합형 : 단순 자극형과 연쇄형의 복합적인 발생유형이다. 일반적으로 대부분의 산업재해는 재해원인들이 복잡하게 결합되어 있는 복합형이다.

21 다음 중 TBM(Tool Box Meeting) 위험예지훈련의 진행방법으로 적절하지 않은 것은?

① 인원은 10명 이하로 구성한다.
② 소요시간은 10분 정도가 바람직하다.
③ 리더는 주제의 주안점에 대하여 연구해 둔다.
④ 오전작업 시작 전과 오후작업 종료시 하루 2회 실시한다.

해설 TBM(Tool Box Meeting) 위험예지훈련

작업원 5~6명이 리더를 중심으로 둘러앉아(또는 서서) 3~5분에 걸쳐 작업 중 발생할 수 있는 위험을 예측하고 사전에 점검하여 대책을 수립하는 등 단시간 내에 의논하는 문제해결기법. 작업현장에서 그때 그 장소의 상황에 즉시 응하여 실시하는 위험예지활동으로서 즉시즉응법이라고 한다.

TBM 실시요령

① 작업시작 전, 중식 후, 작업종료 후 짧은 시간을 활용하여 실시한다.
② 때와 장소에 구애받지 않고 같은 작업자 5~7인 정도가 모여서 공구나 기계 앞에서 행한다.
③ 일방적인 명령이나 지시가 아니라 잠재위험에 대해 같이 생각하고 해결한다.
④ TBM의 특징은 모두가 "이렇게 하자", "이렇게 한다"라고 합의하고 실행한다.

22 다음 중 재해사례연구의 진행단계를 올바르게 나열한 것은?

① 전제조건 → 사실의 확인 → 문제점 발견 → 근본적 문제점 결정 → 대책수립
② 사실의 확인 → 전제조건 → 근본적 문제점 결정 → 문제점 발견→ 대책수립
③ 문제점 발견 → 사실의 확인 → 전제조건 → 근본적 문제점 결정 → 대책수립
④ 전제조건→ 문제점 결정 → 근본적 문제점 결정 → 대책수립 → 사실의 확인

해설 재해사례 연구순서

1단계 : 사실의 확인(① 사람 ② 물건 ③ 관리 ④ 재해발생까지의 경과)
2단계 : 직접원인과 문제점의 확인(파악된 사실로부터 판단하여 각종 기준에서 차이의 문제점을 발견하는 것)
3단계 : 근본 문제점의 결정
4단계 : 대책의 수립

23 산업안전보건법상 안전보건관리규정을 작성해야 할 사업의 사업주는 안전보건관리규정을 작성하여야 할 사유가 발생한 날부터 며칠 이내에 작성하여야 하는가?

① 15 ② 30
③ 60 ④ 90

정답 20 ④ 21 ④ 22 ① 23 ②

해설 안전보건관리규정의 작성 · 변경 절차

1. 안전보건관리규정을 작성하여야 할 사업은 상시 근로자 100명 이상을 사용하는 사업으로 한다.
2. 사업주는 안전보건관리규정을 작성하여야 할 사유가 발생한 날부터 30일 이내에 안전보건관리규정을 작성하여야 한다. 이를 변경할 사유가 발생한 경우에도 또한 같다.

24 다음 중 1,000명 이상 되는 대규모 현장의 안전조직을 구성할 때, 가장 중점적으로 고려하여야 할 사항은?

① 안전에 관한 전담부서를 중심으로 조직한다.
② 소요되는 비용의 절감을 우선적으로 고려하여야 한다.
③ 현장에 직접적인 안전업무의 권한을 부여하도록 한다.
④ 조직을 구성하는 관리자의 권한과 책임을 명확히 한다.

해설 라인－스태프(LINE－STAFF)형 조직(직계 참모조직)

대규모 사업장에 적합한 조직으로서 라인형과 스태프형의 장점만을 채택한 형태이며 안전업무를 전담하는 스태프를 두고 생산라인의 각 계층에서도 각 부서장으로 하여금 안전업무를 수행케 하여 스태프에서 안전에 관한 사항이 결정되면 라인을 통하여 실천하도록 편성된 조직(대규모, 1,000명 이상)

25 다음 중 산업안전보건법령상 자율안전확인대상 기계 · 기구 및 설비에 해당하지 않는 것은?

① 곤돌라
② 연삭기
③ 컨베이어
④ 자동차정비용 리프트

해설 자율안전확인대상 기계 · 기구 등

1. 연삭기 또는 연마기(휴대형은 제외한다.)
2. 산업용 로봇
3. 혼합기
4. 파쇄기 또는 분쇄기
5. 식품가공용 기계(파쇄 · 절단 · 혼합 · 제면기만 해당한다.)
6. 컨베이어
7. 자동차정비용 리프트
8. 공작기계(선반, 드릴기, 평삭 · 형삭기, 밀링만 해당한다.)
9. 고정형 목재가공용기계(둥근톱, 대패, 루타기, 띠톱, 모떼기 기계만 해당한다.)
10. 인쇄기

26 다음 중 작업자의 오조작 등 조작하는 순서의 잘못에 대응하여 사고나 재해를 방지하는 기능을 무엇이라 하는가?

① Back up 기능
② Fool proof 기능
③ Fail safe 기능
④ 다중계화 기능

해설 풀 프루프(Fool proof)

기계장치 설계단계에서 안전화를 도모하는 것으로 근로자가 기계 등의 취급을 잘못해도 사고로 연결되는 일이 없도록 하는 안전기구 즉, 인간과오(Human Error)를 방지하기 위한 것

정답 24 ④ 25 ① 26 ②

27 **다음 무재해 운동의 추진 운영에 있어 특정 목표배수를 달성하여 그 다음 배수 달성을 위한 새로운 목표를 재설정하는 경우의 무재해 목표 설정기준으로 틀린 것은?**

① 건설업의 규모는 재개시 시점에 해당하는 총공사 금액을 적용한다.
② 규모는 재개시 시점에 해당하는 달로부터 최근 일년간의 평균 상시 근로자수를 적용한다.
③ 무재해 목표를 달성한 시점 이후부터 즉시 다음 배수를 기산하며 업종과 규모에 따라 새로운 무재해 목표시간을 재설정한다.
④ 창업하거나 통합 · 분리한 지 6개월 미만인 사업장은 창업일이나 통합 · 분리일부터 산정일까지의 매월 말일의 상시 근로자수를 합하여 해당 월수로 나눈 값을 적용한다.

해설 창업하거나 통합 · 분리한 지 12개월 미만인 사업장은 창업일이나 통합 · 분리일부터 산정일까지의 매월 말일의 상시 근로자수를 합하여 해당 월수로 나눈 값을 적용한다.

28 **연간 국내 공사실적액이 50억 원이고, 건설업평균임금이 250만 원이며, 노무비율은 0.06인 사업장에서 산출한 상시근로자수는 얼마인가?**

① 5명　　② 10명
③ 20명　　④ 30명

 상시근로자수

$$= \frac{\text{연간 국내 공사실적액} \times \text{노무비율}}{\text{건설업월평균임금} \times 12\text{월}}$$

$$= \frac{5,000,000,000 \times 0.06}{2,500,000 \times 12} = 10$$

29 **버드(Bird)가 발표한 새로운 사고연쇄예방이론에서 사건을 방지하기 위해 제기한 직전의 사상은?**

① 기준 이하의 행동(Substandard Acts) 및 기준 이하의 조건(Substandard Conditions)
② 기준 이하의 행동(Substandard Acts) 및 작업 요소(Jobfactor)
③ 사람 관련 요소(Personal Factor) 및 작업 관련 요소(Jobfactor)
④ 사람 관련 요소(Personal Factor) 및 기준 이하의 조건(Substandard Conditions)

해설 기준 이하의 행동(Substandard Acts) 및 기준 이하의 조건(Substandard Conditions)은 사고연쇄예방이론에서 사건을 방지하기 위해 제기한 직전의 사상이다.

30 **다음 중 산업안전보건법에 따라 같은 장소에서 행하여지는 도급사업에 있어 구성되는 노사협의체의 구성에 관한 설명으로 틀린 것은?**

① 근로자대표가 지명하는 명예산업안전감독관은 근로자위원에 해당한다.
② 명예산업안전감독관이 위촉되어 있지 아니한 경우에는 근로자대표가 지명하는 안전관리자를 근로자 위원으로 구성할 수 있다.
③ 공사금액이 20억 원 이상인 도급 또는 하도급 사업의 사업주는 사용자 위원으로 구성된다.

정답 27 ④ 28 ② 29 ① 30 ②

④ 노사협의체의 근로자위원과의 사용자위원은 합의를 통해 노사협의체에 공사금액이 20억 원 미만인 도급 또는 하도급 사업의 사업주 및 근로자 대표를 위원으로 위촉할 수 있다.

해설 안전관리자는 사용자 위원으로 구성할 수 있다.

31 **산업안전보건법에 따라 사업주는 유해·위험작업에서 유해·위험예방조치 외에 작업과 휴식의 적정한 배분, 그 밖에 근로시간과 관련된 근로조건의 개선을 통하여 근로자의 건강보호를 위한 조치를 하여야 하는데 다음 중 이에 해당하는 작업이 아닌 것은?**

① 인력으로 중량물을 취급하는 작업
② 안전관리자가 임의로 판단하여 지시되는 작업
③ 다량의 고열 또는 저온 물체를 취급하는 작업
④ 유리·흙·돌·광물의 먼지가 심하게 날리는 장소에서 하는 작업

해설 **유해·위험작업에 대한 근로시간 제한 등**

사업주는 다음 각 호의 어느 하나에 해당하는 유해·위험작업에서 유해·위험 예방조치 외에 작업과 휴식의 적정한 배분, 그 밖에 근로시간과 관련된 근로조건의 개선을 통하여 근로자의 건강 보호를 위한 조치를 하여야 한다.

1. 갱(坑) 내에서 하는 작업
2. 다량의 고열물체를 취급하는 작업과 현저히 덥고 뜨거운 장소에서 하는 작업
3. 다량의 저온물체를 취급하는 작업과 현저히 춥고 차가운 장소에서 하는 작업
4. 라듐방사선이나 엑스선, 그 밖의 유해 방사선을 취급하는 작업
5. 유리·흙·돌·광물의 먼지가 심하게 날리는 장소에서 하는 작업
6. 강렬한 소음이 발생하는 장소에서 하는 작업
7. 착암기 등에 의하여 신체에 강렬한 진동을 주는 작업
8. 인력으로 중량물을 취급하는 작업
9. 납·수은·크롬·망간·카드뮴 등의 중금속 또는 이황화탄소·유기용제, 그 밖에 고용노동부령으로 정하는 특정 화학물질의 먼지·증기 또는 가스가 많이 발생하는 장소에서 하는 작업

32 **산업안전보건법령상 공사금액이 1,500억 원인 건설현장에서 두어야 할 안전관리자는 몇 명 이상인가?**

① 1명 ② 2명
③ 3명 ④ 4명

해설 **안전관리자의 수**

사업의 종류	규모	안전관리자의 수
건설업	공사금액 800억 원 이상 또는 상시 근로자 600명 이상	2명 이상 (공사금액 800억 원을 기준으로 700억 원이 증가할 때마다 또는 상시 근로자 600명을 기준으로 300명이 추가될 때마다 1명씩 추가한다.)

33 **안전관리에 있어 PDCA 사이클의 관련된 내용이 틀린 것은?**

① P : Plan ② D : Do
③ C : Control ④ A : Action

해설 P-D-C-A 사이클은 P(Plan, 계획) → D(Do, 실시) → C(Check, 검토) → A(Action, 조치)이다.

정답 31 ② 32 ③ 33 ③

PART 01 PART 02 PART 03 PART 04 PART 05 PART 06 부록

34 A사업장에서 지난 해 2건의 사고가 발생하여 1건(재해자 수 : 5명)은 재해조사표를 작성, 보고하였지만, 1건은 재해자가 1명뿐이어서 재해조사표를 작성하지 않았으며, 보고하지도 않았다. 동일 사업장에서 올해 1건(재해자 수 : 3명)의 재해로 인하여 재해조사 중 지난해 보고하지 않은 재해를 인지하게 된다면 이 경우 지난해와 올해의 재해자 수는 어떻게 기록되는가?

① 지난해 : 5명, 올해 : 3명
② 지난해 : 6명, 올해 : 3명
③ 지난해 : 5명, 올해 : 4명
④ 지난해 : 6명, 올해 : 3명

해설 지난해 재해자 수는 재해조사표를 작성한 1건에 대한 재해자 수 5명이며 지난해 누락자 1명은 올해 재해자 수에 포함되어 올해 재해자 수는 4명이 된다.

35 다음 중 산업안전보건법령상 안전 · 보건표지의 색채기준에 있어 사용례와 해당 색채의 연결이 잘못된 것은?

① 파란색 또는 녹색에 대한 보조색 : 흰색
② 특정 행위의 지시 및 사실의 고지 : 파란색
③ 화학물질 취급장소에서의 유해 · 위험 경고 : 노랑색
④ 문자 및 빨간색 또는 노랑색에 대한 보조색 : 검은색

해설 안전보건표지의 색도기준 및 용도

색채	색도기준	용도	사용 예
빨간색	7.5R 4/14	금지	정지신호, 소화설비 및 그 장소, 유해행위의 금지
		경고	화학물질 취급장소에서의 유해 · 위험 경고
노랑색	5Y 8.5/12	경고	화학물질 취급장소에서의 유해 · 위험 경고, 이외의 위험 경고, 주의표지 또는 기계방호물
파란색	2.5PB 4/10	지시	특정 행위의 지시 및 사실의 고지
녹색	2.5G 4/10	안내	비상구 및 피난소, 사람 또는 차량의 동행표지
흰색	N9.5		파란색 또는 녹색에 대한 보조색
검은색	N0.5		문자 및 빨간색 또는 노랑색에 대한 보조색

36 다음 중 시설물의 안전 및 유지관리에 관한 특별법상 용어의 설명으로 옳은 것은?

① "시설물"이란 건설공사를 통하여 만들어진 구조물과 그 부대시설로서 1종 시설물, 2종 시설물만으로 구분된다.
② "정밀안전진단"이란 시설물의 붕괴 · 넘어짐 등으로 인한 재난 또는 재해가 발생할 우려가 있는 경우에 시설물의 물리적 · 기능적 결함을 신속하게 발견하기 위하여 실시하는 점검을 말한다.
③ "안전점검"이란 경험과 기술을 갖춘 자가 육안이나 점검기구 등으로 검사

정답 34 ③ 35 ③ 36 ③

하여 시설물에 내재(內在)되어 있는 위험요인을 조사하는 행위를 말한다.

④ "관리주체"란 관계 법령에 따라 해당 시설물의 관리자로 규정된 자나 해당 시설물의 소유자로 민간관리주체(民間管理主體)와 비민간관리주체(非民間管理主體)로 구분한다.

해설 **시설물의 안전 및 유지관리에 관한 특별법(용어의 정의)**

1. "시설물"이란 건설공사를 통하여 만들어진 교량 · 터널 · 항만 · 댐 · 건축물 등 구조물과 그 부대시설로서 제7조 각 호에 따른 제1종시설물, 제2종시설물 및 제3종시설물을 말한다.
2. "관리주체"란 관계 법령에 따라 해당 시설물의 관리자로 규정된 자나 해당 시설물의 소유자를 말한다. 이 경우 해당 시설물의 소유자와의 관리계약 등에 따라 시설물의 관리책임을 진 자는 관리주체로 보며, 관리주체는 공공관리주체(公共管理主體)와 민간관리주체(民間管理主體)로 구분한다.
3. "안전점검"이란 경험과 기술을 갖춘 자가 육안이나 점검기구 등으로 검사하여 시설물에 내재(內在)되어 있는 위험요인을 조사하는 행위를 말하며, 점검목적 및 점검수준을 고려하여 국토교통부령으로 정하는 바에 따라 정기안전점검 및 정밀안전점검으로 구분한다.
4. "정밀안전진단"이란 시설물의 물리적 · 기능적 결함을 발견하고 그에 대한 신속하고 적절한 조치를 하기 위하여 구조적 안전성과 결함의 원인 등을 조사 · 측정 · 평가하여 보수 · 보강 등의 방법을 제시하는 행위를 말한다.
5. "긴급안전점검"이란 시설물의 붕괴 · 넘어짐 등으로 인한 재난 또는 재해가 발생할 우려가 있는 경우에 시설물의 물리적 · 기능적 결함을 신속하게 발견하기 위하여 실시하는 점검을 말한다.
6. "성능평가"란 시설물의 기능을 유지하기 위하여 요구되는 시설물의 구조적 안전성, 내구성, 사용성 등의 성능을 종합적으로 평가하는 것을 말한다.

37 다음 중 위험예지훈련에서 활용하는 기법으로 가장 적합한 것은?

① 심포지엄(Symposium)
② 예비사고분석(PHA)
③ O.J.T(On the Job Training)
④ 브레인스토밍(Brainstorming)

해설 **브레인스토밍(Brain Storming)**

소집단 활동의 하나로서 수명의 멤버가 마음을 터놓고 편안한 분위기 속에서 공상, 연상의 연쇄반응을 일으키면서 자유분방하게 아이디어를 대량으로 발언하여 나가는 발상법(오스본에 의해 창안)

38 산업안전보건법령에 따라 안전보건관리규정을 작성하여야 할 사업의 사업주는 안전보건관리규정을 작성하여야 할 사유가 발생한 날부터 며칠 이내에 작성하여야 하는가?

① 7일 ② 14일
③ 30일 ④ 60일

해설 **안전보건관리규정의 작성 · 변경 절차**

1. 안전보건관리규정을 작성하여야 할 사업은 상시 근로자 100명 이상을 사용하는 사업으로 한다.
2. 사업주는 안전보건관리규정을 작성하여야 할 사유가 발생한 날부터 30일 이내에 안전보건관리규정을 작성하여야 한다. 이를 변경할 사유가 발생한 경우에도 또한 같다.

39 다음 중 산업재해의 기본원인으로 볼 수 있는 4M에 해당되는 것으로만 나열한 것은?

① Man, Management, Machine, Media

정답 37 ④ 38 ③ 39 ①

② Man, Management, Machine, Material
③ Man, Machine, Maker, Management
④ Man, Machine, Maker, Media

해설 **4M 분석기법**

1. 인간(Man) : 잘못 사용, 오조작, 착오, 실수, 불안심리
2. 기계(Machine) : 설계 · 제작 착오, 재료피로 · 열화, 고장, 배치 · 공사 착오
3. 작업매체(Media) : 작업정보 부족 · 부적절, 협조 미흡, 작업환경 불량, 불안전한 접촉
4. 관리(Management) : 안전조직 미비, 교육 · 훈련 부족, 오 판단, 계획 불량, 잘못된 지시

40 A 사업장의 연간 도수율이 4일 때 연천인율은 얼마인가?(단, 근로자 1인당 연간 근로시간은 2,400시간으로 한다.)

① 1.7 ② 9.6
③ 15 ④ 20

 연천인율 = 도수율(빈도율) × 2.4
= 4 × 2.4 = 9.6

41 재해손실비의 평가방식 중 시몬즈(Simonds) 방식에서 비보험코스트의 산정 항목에 해당하지 않는 것은?

① 사망사고건수
② 무상해사고건수
③ 통원상해건수
④ 응급조치건수

 **시몬즈 방식**

총 재해비용 = 산재보험비용 + 비보험비용

여기서,
비보험비용 = 휴업상해건수 × A + 통원상해건수 × B + 응급조치건수 × C + 무상해사고건수 × D
A, B, C, D는 장해정도별에 의한 비보험비용의 평균치

42 다음 중 산업안전보건법에 따라 구성 · 운영되는 산업안전보건위원회의 심의 · 의결사항이 아닌 것은?

① 안전보건관리규정의 작성 및 변경에 관한 사항
② 작업환경측정 등 작업환경의 점검 및 개선에 관한 사항
③ 사업장 경영체계 구성 및 운영에 관한 사항
④ 산업재해 예방계획의 수립에 관한 사항

해설 **산업안전보건위원회의 심의 · 의결사항**

1. 산업재해 예방계획의 수립에 관한 사항
2. 안전보건관리규정의 작성 및 변경에 관한 사항
3. 근로자의 안전 · 보건교육에 관한 사항
4. 작업환경측정 등 작업환경의 점검 및 개선에 관한 사항
5. 근로자의 건강진단 등 건강관리에 관한 사항
6. 중대재해의 원인조사 및 재발방지대책 수립에 관한 사항
7. 산업재해에 관한 통계의 기록 및 유지에 관한 사항
8. 안전 · 보건과 관련된 안전장치 및 보호구 구입시의 적격품 여부 확인에 관한 사항

43 다음 중 일반적인 보호구의 관리방법으로 가장 적절하지 않은 것은?

① 정기적으로 점검하고 관리한다.
② 청결하고 습기가 없는 곳에 보관한다.
③ 세척한 후에는 햇볕에 완전히 건조시

정답 40 ② 41 ① 42 ③ 43 ③

켜 보관한다.

④ 항상 깨끗이 보관하고 사용 후 건조시켜 보관한다.

해설 개인보호구는 세척한 후에는 그늘에 완전히 건조시켜 보관한다.

44 산업안전보건법령상 고소작업대를 사용하여 작업을 하는 때의 작업시작 전 점검사항에 해당하지 않는 것은?

① 작업면의 기울기 또는 요철 유무
② 아웃트리거 또는 바퀴의 이상 유무
③ 충전장치를 포함한 홀더 등의 결합상태의 이상 유무
④ 비상정지장치 및 비상하강 방지장치 기능의 이상 유무

해설 고소작업대를 사용하여 작업을 할 때 작업시작 전 점검사항

1. 비상정지장치 및 비상하강 방지장치 기능의 이상 유무
2. 과부하 방지장치의 작동 유무(와이어로프 또는 체인구동방식의 경우)
3. 아웃트리거 또는 바퀴의 이상 유무
4. 작업면의 기울기 또는 요철 유무
5. 활선작업용 장치의 경우 홈 · 균열 · 파손 등 그 밖의 손상 유무

45 다음 설명에 해당하는 재해의 통계적 원인 분석 방법은?

> 2개 이상의 문제 관계를 분석하는 데 사용하는 것으로 데이터를 집계하고, 표로 표시하여 요인별 결과내역을 교차한 그림을 작성, 분석하는 방법

① 파레토도 ② 특성요인도
③ 관리도 ④ 클로즈 분석도

해설 재해의 통계적 원인분석방법

1. 관리도(Control Chart) : 재해발생 건수 등의 추이를 파악하여 목표관리를 행하는 데 필요한 월별 재해발생 수를 그래프화하여 관리선을 설정 관리하는 방법
2. 파레토도 : 분류 항목을 큰 순서대로 도표화한 분석법
3. 특성요인도 : 특성과 요인관계를 도표로 하여 어골상으로 세분화한 분석법(원인과 결과를 연계하여 상호관계를 파악)
4. 클로즈(Close) 분석도 : 데이터(Data)를 집계하고 표로 표시하여 요인별 결과 내역을 교차한 클로즈 그림을 작성하여 분석하는 방법

46 다음 중 재해의 원인에 있어 기술적 원인에 해당되지 않는 것은?

① 경험 및 훈련의 미숙
② 구조, 재료의 부적합
③ 점검, 정비, 보존 불량
④ 건물, 기계장치 설계 불량

해설 기술적 원인

㉠ 건물, 기계장치의 설계불량
㉡ 구조, 재료의 부적합
㉢ 생산방법의 부적합
㉣ 점검, 정비, 보존 불량

47 다음 중 산업안전보건법령상 안전인증기관이 하는 안전인증 심사의 종류에 해당되지 않는 것은?

① 서면심사 ② 예비심사
③ 제품심사 ④ 완성심사

정답 44 ③ 45 ④ 46 ① 47 ④

해설 안전인증심사의 종류

1. 예비심사 : 기계 · 기구 및 방호장치 · 보호구가 안전인증대상 기계 · 기구 등 인지를 확인하는 심사(법 제34조 제4항에 따라 안전인증을 신청한 경우만 해당한다)
2. 서면심사 : 안전인증대상 기계 · 기구 등의 종류별 또는 형식별로 설계도면 등 안전인증대상 기계 · 기구 등의 제품기술과 관련된 문서가 법 제34조 제1항에 따른 안전인증기준에 적합한지에 대한 심사
3. 기술능력 및 생산체계 심사 : 안전인증대상 기계 · 기구 등의 안전성능을 지속적으로 유지 · 보증하기 위하여 사업장에서 갖추어야 할 기술능력과 생산체계가 안전인증기준에 적합한지에 대한 심사. 다만, 법 제34조 제2항 단서에 따라 수입자가 안전인증을 받거나 제4호가목의 개별 제품심사를 하는 경우에는 기술능력 및 생산체계 심사를 생략한다.
4. 제품심사 : 안전인증대상 기계 · 기구 등의 안전에 관한 성능이 안전인증기준에 적합한지에 대한 심사(다음 각 목의 심사는 안전인증대상 기계 · 기구 등 별로 고용노동부장관이 정하여 고시하는 기준에 따라 어느 하나만을 받는다)
   1) 개별 제품심사 : 서면심사 결과가 안전인증기준에 적합할 경우에 하는 안전인증대상 기계 · 기구 등 모두에 대하여 하는 심사(안전인증을 받으려는 자가 서면심사와 개별 제품심사를 동시에 할 것을 요청하는 경우 병행하여 할 수 있다)
   2) 형식별 제품심사 : 서면심사와 기술능력 및 생산체계 심사 결과가 안전인증기준에 적합할 경우에 하는 안전인증대상 기계 · 기구 등의 형식별로 표본을 추출하여 하는 심사(안전인증을 받으려는 자가 서면심사, 기술능력 및 생산체계 심사와 형식별 제품심사를 동시에 할 것을 요청하는 경우 병행하여 할 수 있다)

48 다음 중 하인리히가 제시한 재해발생의 연쇄성 이론인 도미노 이론에서 3단계에 해당하는 요소로서 사고나 재해 예방에 가장 핵심이 되는 요소는?

① 사고
② 개인적 결함
③ 사회적 환경 및 유전적 요소
④ 불안전한 행동 및 불안전한 상태

해설 하인리히(H.W. Heinrich)의 도미노 이론(사고발생의 연쇄성)

- 1단계 : 사회적 환경 및 유전적 요소(기초원인)
- 2단계 : 개인의 결함(간접원인)
- 3단계 : 불안전한 행동 및 불안전한 상태(직접원인) ⇒ 제거(효과적임)
- 4단계 : 사고
- 5단계 : 재해

49 다음 중 산업안전보건법령상 안전관리자를 2인 이상 선임하여야 하는 사업에 해당하지 않는 것은?

① 공사금액이 1,000억 원인 건설업
② 상시 근로자가 500명인 통신업
③ 상시 근로자가 1,500명인 운수업
④ 상시 근로자가 600명인 식료품 제조업

해설 안전관리자를 2인 이상 선임하여야 하는 사업은 상시 근로자가 1,000명 이상인 통신업이다.

50 다음 중 재해조사시 유의사항으로 가장 적절한 것은?

① 재발 방지 목적보다 책임 소재 파악을 우선으로 하는 기본적 태도를 갖는다.

정답 48 ④ 49 ② 50 ③

② 사람, 기계설비 재해요인 중 물적 재해요인을 먼저 도출한다.
③ 2차 재해예방과 위험성에 대한 보호구를 착용한다.
④ 조사자의 전문성을 고려하여 단독으로 조사하며, 사고 정황을 추정한다.

해설 재해조사 시 유의사항

1. 사실을 수집한다.
2. 객관적인 입장에서 공정하게 조사하며 조사는 2인 이상이 한다.
3. 책임추궁보다는 재발 방지를 우선으로 한다.
4. 조사는 신속하게 행하고 긴급조치하여 2차 재해의 방지를 도모한다.
5. 재해자에 대한 구급조치를 우선한다.
6. 사람, 기계 설비 등의 재해요인을 모두 도출한다.

51 다음 중 재해방지를 위한 안전관리 조직의 목적과 가장 거리가 먼 것은?

① 위험요소의 제거
② 기업의 재무제표 안정화
③ 재해방지기술의 수준 향상
④ 재해 예방률의 향상 및 단위당 예방비용의 절감

해설 기업의 재무제표 안정화는 재해방지를 위한 안전관리 조직의 목적과 거리가 멀다.

[안전관리조직의 주요 기능]

1. 위험제거기능
2. 생산관리 기능
3. 손실방지기능

52 산업안전보건법령상 화학물질 취급장소에서의 유해 · 위험경고 이외의 위험경고, 주의표지 또는 기계방호물에 사용되는 안전 · 보건표지 색채의 색도기준은?

① 5Y 8.5/12　② 2.5PB 4/10
③ 2.5G 4/10　④ N9.5

해설 안전보건표지의 색도기준 및 용도

색채	색도기준	용도	사용 예
빨간색	7.5R 4/14	금지	정지신호, 소화설비 및 그 장소, 유해행위의 금지
		경고	화학물질 취급장소에서의 유해 · 위험 경고
노랑색	5Y 8.5/12	경고	화학물질 취급장소에서의 유해 · 위험 경고, 이외의 위험 경고, 주의표지 또는 기계방호물
파란색	2.5PB 4/10	지시	특정 행위의 지시 및 사실의 고지
녹색	2.5G 4/10	안내	비상구 및 피난소, 사람 또는 차량의 통행표지
흰색	N9.5		파란색 또는 녹색에 대한 보조색
검은색	N0.5		문자 및 빨간색 또는 노랑색에 대한 보조색

53 다음 중 재해예방의 5단계에서 제5단계의 시정책 적용에 관한 3E에 해당하지 않는 것은?

① Education　② Engineering
③ Enforcement　④ Eliminate

해설 3E

- 기술적(Engineering)
- 교육적(Education)
- 관리적(Enforcement)

정답 51 ② 52 ① 53 ④

PART 02

산업심리 및 교육

ENGINEER CONSTRUCTION SAFETY

CHAPTER 01 산업심리이론

SECTION 1 산업심리 개념 및 요소

1 산업심리의 개요

산업심리란 산업활동에 종사하는 인간의 문제 특히, 산업현장 근로자들의 심리적 특성 그리고 이와 연관된 조직의 특성 등을 연구, 고찰, 해결하려는 응용심리학의 한 분야로 산업 및 조직심리학(Industrial and Organizational Psychology)이라 불리기도 한다.
산업심리의 주요한 영역으로는 선발과 배치, 인간공학, 노동과학, 안전관리학, 교육과 개발 등이 있다.

2 심리검사의 종류

1) 직업적성

(1) 기계적 적성 : 기계작업에 성공하기 쉬운 특성
① 손과 팔의 솜씨
② 공간 시각화
③ 기계적 이해
④ 사무적 적성

2) 적성검사의 종류

(1) 계산에 의한 검사 : 계산검사, 기록검사, 수학응용검사
(2) 시각적 판단검사 : 형태비교검사, 입체도 판단검사, 언어식별검사, 평면도판단검사, 명칭판단검사, 공구판단검사
(3) 운동능력검사(Motor Ability Test)
① 추적(Tracing) : 아주 작은 통로에 선을 그리는 것
② 두드리기(Tapping) : 가능한 빨리 점을 찍는 것
③ 점찍기(Dotting) : 원 속에 점을 빨리 찍는 것
④ 복사(Copying) : 간단한 모양을 베끼는 것
⑤ 위치(Location) : 일정한 점들을 이어 크거나 작게 변형
⑥ 블록(Blocks) : 그림의 블록 개수 세기
⑦ 추적(Pursuit) : 미로 속의 선을 따라가기

(4) 정밀도검사(정확성 및 기민성) : 교환검사, 회전검사, 조립검사, 분해검사
(5) 안전검사 : 건강진단, 실시시험, 학과시험, 감각기능검사, 전직조사 및 면접
(6) 창조성검사(상상력을 발동시켜 창조성 개발능력을 점검하는 검사)
(7) 직무적성도 판단검사 : 설문지법, 색채법, 설문지에 의한 컴퓨터 방식

3 산업안전 심리의 요소(심리검사의 구비 요건, 학습평가의 기본적인 기준)

1) 표준화

검사의 관리를 위한 조건, 절차의 일관성과 통일성에 대한 심리검사의 표준화가 마련되어야 한다. 검사의 재료, 검사받는 시간, 피검자에게 주어지는 지시, 피검자의 질문에 대한 검사자의 처리, 검사 장소 및 분위기까지도 모두 통일되어 있어야 한다.

2) 타당도

측정하고자 하는 것을 실제로 잘 측정하는지의 여부를 판별하는 것. 특정한 시기에 모든 근로자를 검사하고, 그 검사 점수와 근로자의 직무평정 척도를 상호 연관시키는 예측 타당성을 갖추어야 한다.

(1) 구인 타당도(Construct Validity) : 검사도구가 측정하고자 하는 개념이나 이론을 제대로 측정하고 있는지에 대한 타당도이다.
(2) 내용 타당도(Content Validity) : 검사가 다루고 있는 주제를 그 검사 내용의 측면에서 상세히 분석하여 타당도를 얻는 것. 밝혀진 각 내용 영역에서 대표적인 질문들을 뽑고, 그 질문들을 검사해서 얼마나 적합한지를 살피고 측정하는 과정을 거쳐서 본 검사 내용이 어느 정도 타당한지 그 정도를 나타내는 말이다.

심리검사의 특징 중 측정하고자 하는 것을 실제로 잘 측정하는지의 여부를 판별하는 것을 무엇이라 하는가?
① 표준화 ② 객관성 ③ 신뢰성 ✔ 타당성

3) 신뢰도

한 집단에 대한 검사응답의 일관성을 말하는 신뢰도를 갖추어야 한다. 검사를 동일한 사람에게 실시했을 때 '검사조건이나 시기에 관계없이 얼마나 점수들이 일관성이 있는가, 비슷한 것을 측정하는 검사점수와 얼마나 일관성이 있는가' 하는 것 등

4) 객관도

채점이 객관적인 것을 의미

5) 실용도

실시가 쉬운 검사

학습평가의 기본적인 기준이 아닌 것은?

① 실용도(實用度) ② 타당도(妥當度) ③ 습숙도(習熟度) ④ 신뢰도(信賴度)

SECTION 2 인간관계와 활동

1 인간관계

1) 인간관계 관리방식

(1) 종업원의 경영참여기회 제공 및 자율적인 협력체계 형성

(2) 종업원의 윤리경영의식 함양 및 동기부여

2) 테일러(Taylor) 방식

(1) 시간과 동작연구(Motion Time Study)를 통해 인간의 노동력을 과학적으로 분석하여 생산성 향상에 기여

(2) 부정적인 측면

① 개인차 무시 및 인간의 기계화

② 단순하고 반복적인 직무에 한해서만 적정

3) 호손(Hawthorne)의 실험

(1) 미국 호손공장에서 실시된 실험으로 종업원의 인간성을 과학적으로 연구한 실험

(2) 물리적인 조건(조명, 휴식시간, 근로시간 단축, 임금 등)이 생산성에 영향을 주는 것이 아니라 인간관계가 절대적인 요소로 작용함을 강조

호손(Hawthorne) 실험에서 작업자의 작업능률에 영향을 미치는 주요한 요인은 무엇인가?
① 작업 조건 ② 생산 기술 ③ 임금 수준 ✔ 인간관계

4) 집단에서 개인이 나타낼 수 있는 사회행동의 형태

(1) 협력 : 협조나 조력, 분업 등을 통하여 힘을 하나로 모으는 것
(2) 대립관계에서의 공격 : 상대방을 가해하거나 압도하여 어떤 목적을 달성하려고 하는 것
(3) 대립관계에서의 경쟁 : 같은 목적에 관하여 서로 겨루어 상대방보다 빨리 도달하고자 하는 것
(4) 융합 : 상반되는 목표가 강제, 타협, 통합에 의하여 하나가 되는 것
(5) 도피와 고립 : 자기가 소속된 인간관계에서 이탈하는 것

다음 중 인간의 사회행동에 대한 기본 형태로 볼 수 없는 것은?
① 도피 ② 협력 ③ 대립 ✔ 습관

5) 집단의 효과

(1) 동조효과 : 집단의 압력에 의해, 다수의 의견을 따르게 되는 현상
(2) 시너지 효과(상승효과)
(3) 견물(見物)효과 : 자랑스럽게 생각하는 것

6) 직장에서의 인간관계 유형

(1) 화합응집형 : 구성원들이 서로 긍정적 감정과 친밀감을 지니는 동시에 직장에 대한 소속감과 단결력이 높은 경우로 이런 유형의 직장에는 구성원들의 정서적 관계를 중시하는 지도력 있는 상사가 있는 경우가 대부분이다.
(2) 대립분리형 : 구성원들이 서로 적대시하는 두 개 이상의 하위집단으로 분리되어 있는 경우. 하위집단 간에는 서로 반목하지만 하위집단 내에서는 서로 친밀감을 지니며 응집력도 높다.

(3) 화합분산형 : 직장구성원 간에는 비교적 호의적인 관계가 유지되지만 직장에 대한 응집력이 미약한 경우

(4) 대립분산형 : 직장구성원 간의 감정적 갈등이 심하며 직장의 인간관계에 구심점이 없는 경우

2 인간관계 메커니즘

1) 동일화(Identification)

다른 사람의 행동양식이나 태도를 투입시키거나 다른 사람 가운데서 자기와 비슷한 점을 발견하는 것

2) 투사(Projection)

자기 속의 억압된 것을 다른 사람의 것으로 생각하는 것

3) 커뮤니케이션(Communication)

갖가지 행동양식이나 기호를 매개로 하여 어떤 사람으로부터 다른 사람에게 전달하는 과정

- 커뮤니케이션 개선 방안 : 제안제도, 고충처리제도, 인사상단 제도

4) 모방(Imitation)

남의 행동이나 판단을 표본으로 하여 그것과 같거나 또는 그것에 가까운 행동 또는 판단을 취하려는 것

5) 암시(Suggestion)

다른 사람으로부터의 판단이나 행동을 무비판적으로 논리적, 사실적 근거 없이 받아들이는 것

다른 사람으로부터의 판단이나 행동을 무비판적으로 받아들이는 것을 무엇이라 하는가?

① 모방 ✓ 암시 ③ 투사 ④ 동일화

3 집단행동

1) 통제가 있는 집단행동(규칙이나 규율이 존재한다)

(1) 관습 : 풍습(Folkways), 예의(Ritual), 금기(Taboo) 등으로 나누어짐
(2) 제도적 행동(Institutional Behavior) : 합리적으로 성원의 행동을 통제하고 표준화함으로써 집단의 안정을 유지하려는 것
(3) 유행(Fashion) : 공통적인 행동양식이나 태도 등을 말함

2) 통제가 없는 집단행동(성원의 감정, 정서에 의해 좌우되고 연속성이 희박하다)

(1) 군중(Crowd) : 성원 사이에 지위나 역할의 분화가 없고 성원 각자는 책임감을 가지지 않으며 비판력도 가지지 않는다.
(2) 모브(Mob) : 폭동과 같은 것을 말하며 군중보다 합의성이 없고 감정에 의해 행동하는 것
(3) 패닉(Panic) : 모브가 공격적인 데 반해 패닉은 방어적인 특징이 있음
(4) 심리적 전염(Mental Epidemic) : 어떤 사상이 상당 기간에 걸쳐 광범위하게 논리적 근거 없이 무비판적으로 받아들여지는 것

3) 집단 간 갈등

집단 간 갈등의 원인으로는 집단 간 목표 차이, 집단 간 의견 차이, 한정된 자원 등이 있을 수 있다. 집단 간 갈등을 해소하기 위해서는 집단 간의 갈등 문제보다 상위의 목표를 제시함으로써 갈등을 협동관계로 바꿀 수 있다. 또한 직무순환 등의 방법은 상대 집단에서 문제를 바라보게 함으로써 집단 간 견해 차이를 줄일 수 있다. 한정된 자원의 문제는 자원을 늘리는 방법으로 갈등을 줄일 수 있다.

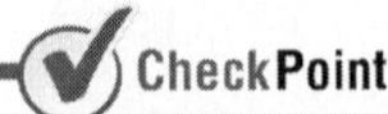

다음 중 집단 간의 갈등 요인으로 거리가 먼 것은?

① 제한된 자원
② 욕구 좌절 (✓)
③ 집단 간의 목표 차이
④ 동일한 사안을 바라보는 집단 간의 인식 차이

SECTION 3 직업적성과 인사심리

1 직업적성의 분류

1) 기계적 적성 : 기계작업에 성공하기 쉬운 특성

(1) 손과 팔의 솜씨

신속하고 정확한 능력

(2) 공간 시각화

형상, 크기의 판단능력

(3) 기계적 이해

공간시각능력, 지각속도, 경험, 기술적 지식 등 복합적 인자가 합쳐져 만들어진 적성

2) 사무적 적성

(1) 지능 (2) 지각속도 (3) 정확성

2 적성검사의 종류

1) 시각적 판단검사
2) 정확도 및 기민성 검사(정밀성 검사)
3) 계산에 의한 검사
4) 속도에 의한 검사

3 적성발견 방법

1) 자기 이해 : 자신의 것으로 인지하고 이해하는 방법

2) 개발적 경험 : 직장경험, 교육 등을 통한 자신의 능력발견 방법

3) 적성검사

(1) 특수 직업 적성검사

특수 직무에서 요구되는 능력 유무 검사

(2) 일반 직업 적성검사

어느 직업분야의 적성을 알기 위한 검사

4 인사관리의 중요한 기능

1) 조직과 리더십(Leadership)

2) 선발(적성검사 및 시험)

3) 배치

4) 작업분석과 업무평가

5) 상담 및 노사 간의 이해

6) **직무분석** : 조직에서 특정 직무에 적합한 사람을 선발하기 위해 어떤 특성이 필요한지를 파악하기 위해 직무를 조사하는 활동

(1) 직무분석 방법

① 면접법　② 관찰법　③ 설문지법

(2) 직무분석을 통해 얻은 정보의 활용

① 인사선발　② 교육 및 훈련　③ 배치 및 경력개발

7) **직무평가** : 조직 내에서 각 직무마다 임금수준을 결정하기 위해 직무들의 상대적 가치를 조사하는 것

CheckPoint

일반적으로 직무분석을 통해 얻은 정보의 활용으로 보기 어려운 것은?

① 인사선발　② 교육 및 훈련
③ 배치 및 경력개발　④ 팀빌딩

5 적성배치의 효과

1) 근로의욕 고취
2) 재해의 예방
3) 근로자 자신의 자아실현
4) 생산성 및 능률 향상

6 적성배치에 있어서 고려되어야 할 기본사항

1) 적성검사를 실시하여 개인의 능력을 파악한다.
2) 직무평가를 통하여 자격수준을 정한다.
3) 객관적인 감정 요소에 따른다.
4) 인사관리의 기준원칙을 고수한다.

SECTION 4 인간행동 성향 및 행동과학

1 인간의 일반적인 행동특성

1) 레빈(Lewin · K)의 법칙

레빈은 인간의 행동(B)은 그 사람이 가진 자질 즉, 개체(P)와 심리적 환경(E)과의 상호함수관계에 있다고 하였다.

$$B = f(P \cdot E)$$

여기서, B : Behavior(인간의 행동)
f : function(함수관계)
P : Person(개체 : 연령, 경험, 심신상태, 성격, 지능 등)
E : Environment(심리적 환경 : 인간관계, 작업환경 등)

레빈(Lewin, K)은 인간의 행동은 환경의 자극에 의해서 야기된다고 하여 B=f(P · E)라는 식으로 표시하였다. 다음 중 E에 해당하지 않는 것은?

① 조명 ② 소음 ③ 온도 ④ 경험 (✔)

2) 인간의 심리

(1) 간결성의 원리 : 최소에너지로 빨리 가려고 함(생략행위)
(2) 주의의 일점집중현상 : 어떤 돌발사태에 직면했을 때 멍한 상태
(3) 억측판단(Risk Taking) : 위험을 부담하고 행동으로 옮김(예 신호등이 녹색에서 적색으로 바뀌어도 차가 움직이기까지 아직 시간이 있다고 생각하여 건널목을 건넜을 경우)

3) 억측판단이 발생하는 배경

(1) 희망적인 관측 : '그때도 그랬으니까 괜찮겠지' 하는 관측
(2) 정보나 지식의 불확실 : 위험에 대한 정보의 불확실 및 지식의 부족
(3) 과거의 선입관 : 과거에 그 행위로 성공한 경험의 선입관
(4) 초조한 심정 : 일을 빨리 끝내고 싶은 초조한 심정

4) 작업자가 작업 중 실수나 과오로 사고를 유발시키는 원인

(1) 능력부족

① 부적당한 개성　② 지식의 결여　③ 인간관계의 결함

(2) 주의부족

① 개성　② 감정의 불안정　③ 습관성

(3) 환경조건 부적합

① 각종의 표준불량　② 작업조건 부적당
③ 계획불충분　④ 연락 및 의사소통 불충분
⑤ 불안과 동요

2 사회행동의 기초

1) 적응의 개념

적응이란 개인의 심리적 요인과 환경적 요인이 작용하여 조화를 이룬 상태. 일반적으로 유기체가 장애를 극복하고 욕구를 충족하기 위해 변화시키는 활동뿐만 아니라 신체적·사회적 환경과 조화로운 관계를 수립하는 것

2) 부적응

사람들은 누구나 자기의 행동이나 욕구, 감정, 사상 등이 사회의 요구·규범·질서에 비추어 용납되지 않을 때는 긴장, 스트레스, 압박, 갈등이 일어나는데 대인관계나 사회생활에 조화를 잘 이루지 못하는 행동이나 상태를 부적응 또는 부적응 상태라 이른다.

(1) 부적응의 현상

능률저하, 사고, 불만 등

(2) 부적응의 원인

① 신체 장애 : 감각기관 장애, 지체부자유, 허약, 언어 장애, 기타 신체상의 장애

② 정신적 결함 : 지적 우수, 지적 지체, 정신이상, 성격 결함 등

③ 가정 · 사회 환경의 결함 : 가정환경 결함, 사회 · 경제적 · 정치적 조건의 혼란과 불안정 등

3) 인간의 의식 Level의 단계별 신뢰성

단계	의식의 상태	신뢰성	의식의 작용
Phase 0	무의식, 실신	0	없음
Phase I	의식의 둔화	0.9 이하	부주의
Phase II	이완상태	0.99~0.99999	마음이 안쪽으로 향함(Passive)
Phase III	명료한 상태	0.99999 이상	전향적(Active)
Phase IV	과긴장 상태	0.9 이하	한점에 집중, 판단 정지

PART 01 PART 02 PART 03 PART 04 PART 05 PART 06 부록

다음 중 몹시 피로하거나 단조로운 작업으로 인하여 의식이 뚜렷하지 않은 상태의 의식 수준은?

✓ phase I ② phase II ③ phase III ④ phase IV

3 동기부여

동기부여란 동기를 불러일으키게 하고 일어난 행동을 유지시켜 일정한 목표로 이끌어 가는 과정을 말한다.

1) 매슬로우(Maslow)의 욕구단계이론

(1) 생리적 욕구(제1단계) : 기아, 갈증, 호흡, 배설, 성욕 등

(2) 안전의 욕구(제2단계) : 안전을 기하려는 욕구

(3) 사회적 욕구(제3단계) : 소속 및 애정에 대한 욕구(친화 욕구)

(4) 자기존경의 욕구(제4단계) : 자기존경의 욕구로 자존심, 명예, 성취, 지위에 대한 욕구(승인의 욕구)

(5) 자아실현의 욕구(제5단계) : 잠재적인 능력을 실현하고자 하는 욕구(성취욕구)

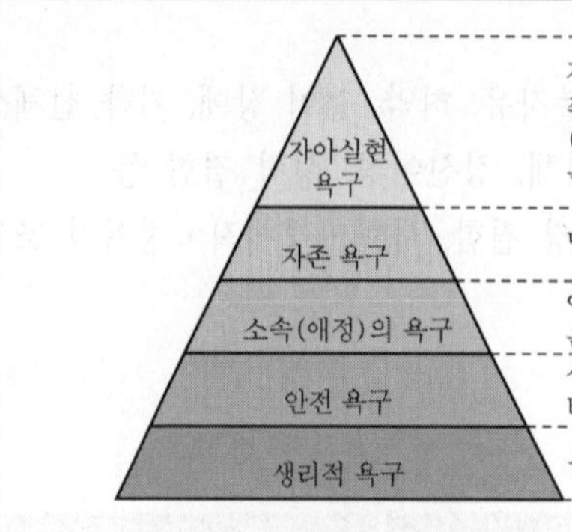

CheckPoint

매슬로(Maslow)의 욕구 5단계 중 인간의 가장 기본적인 욕구는?

✔ 생리적 욕구　　② 애정 및 사회적 욕구

③ 자아실현의 욕구　　④ 안전에 대한 욕구

2) 알더퍼(Alderfer)의 ERG 이론

(1) E(Existence) : 존재의 욕구

생리적 욕구나 안전욕구와 같이 인간이 자신의 존재를 확보하는 데 필요한 욕구이다. 또한 여기에는 급여, 성과급, 육체적 작업에 대한 욕구 그리고 물질적 욕구가 포함된다.

(2) R(Relation) : 관계욕구

개인이 주변사람들(가족, 감독자, 동료작업자, 하위자, 친구 등)과 상호작용을 통하여 만족을 추구하고 싶어하는 욕구로서 매슬로 욕구단계 중 사회적 욕구에 속한다.

(3) G(Growth) : 성장욕구

매슬로의 자존의 욕구와 자아실현의 욕구를 포함하는 것으로서, 개인의 잠재력 개발과 관련되는 욕구이다.

ERG 이론에 따르면 경영자가 종업원의 고차원 욕구를 충족시켜야 하는 것은 동기부여를 위해서만이 아니라 발생할 수 있는 직·간접비용을 절감한다는 차원에서도 중요하다.

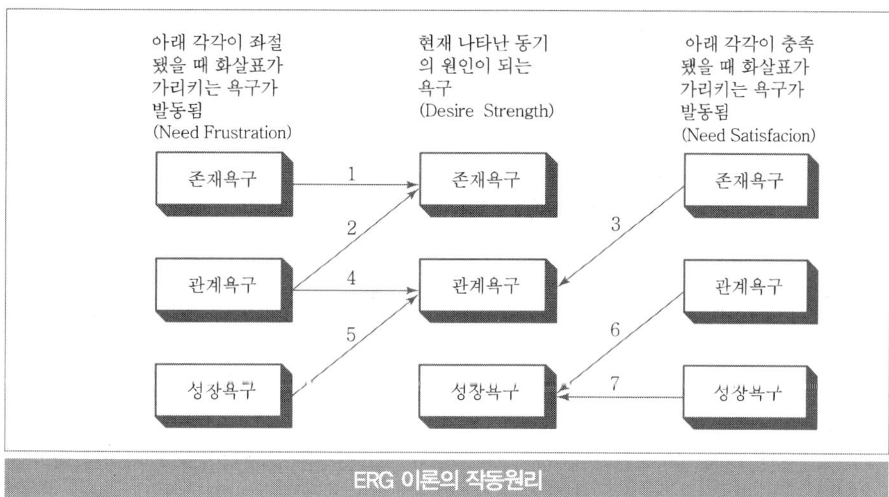

ERG 이론의 작동원리

3) 맥그리거(Mcgregor)의 X이론과 Y이론

(1) X이론에 대한 가정

① 원래 종업원들은 일하기 싫어하며 가능하면 일하는 것을 피하려고 한다.

② 종업원들은 일하는 것을 싫어하므로 바람직한 목표를 달성하기 위해서는 그들을 통제하고 위협하여야 한다.

③ 종업원들은 책임을 회피하고 가능하면 공식적인 지시를 바란다.

④ 인간은 명령되는 쪽을 좋아하며 무엇보다 안전을 바라고 있다는 인간관

⇒ X이론에 대한 관리 처방

㉠ 경제적 보상체계의 강화

㉡ 권위주의적 리더십의 확립

㉢ 면밀한 감독과 엄격한 통제

㉣ 상부책임제도의 강화

㉤ 통제에 의한 관리

(2) Y이론에 대한 가정

① 종업원들은 일하는 것을 놀이나 휴식과 동일한 것으로 볼 수 있다.

② 종업원들은 조직의 목표에 관여하는 경우에 자기지향과 자기통제를 행한다.

③ 보통 인간들은 책임을 수용하고 심지어는 구하는 것을 배울 수 있다.

④ 작업에서 몸과 마음을 구사하는 것은 인간의 본성이라는 인간관

⑤ 인간은 조건에 따라 자발적으로 책임을 지려고 한다는 인간관

⑥ 매슬로의 욕구체계 중 자아실현의 욕구에 해당한다.

⇒ Y이론에 대한 관리 처방

㉠ 민주적 리더십의 확립

㉡ 분권화와 권한의 위임

㉢ 직무확장

㉣ 자율적인 통제

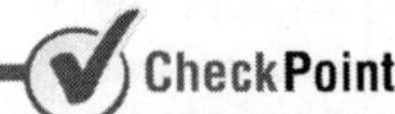

인간의 동기부여에 관한 맥그리거의 Y이론을 가장 가깝게 표현한 것은?

① 인간은 게으르다.
② 인간은 일을 즐긴다. (정답)
③ 인간은 남을 잘 속인다.
④ 인간은 보수적이고 자기 방위적이다.

4) 허즈버그(Herzberg)의 2요인 이론(위생요인, 동기요인)

(1) 위생요인(Hygiene)

작업조건, 급여, 직무환경, 감독 등 일의 조건, 보상에서 오는 욕구(충족되지 않을 경우 조직의 성과가 떨어지나, 충족되었다고 성과가 향상되지 않음)

(2) 동기요인(Motivation)

책임감, 성취 인정, 개인발전 등 일 자체에서 오는 심리적 욕구(충족될 경우 조직의 성과가 향상되며 충족되지 않아도 성과가 떨어지지 않음)

허즈버그(Herzberg)의 2요인 이론에서 동기요인에 해당되지 않는 것은?

① 책임감
② 성취감
③ 임금수준 (정답)
④ 자기발전

(3) 허즈버그(Herzberg)의 일을 통한 동기부여 원칙

① 직무에 따라 자유와 권한 부여

② 개인적 책임이나 책무를 증가시킴

③ 더욱 새롭고 어려운 업무수행을 하도록 과업 부여

④ 완전하고 자연스러운 작업단위를 제공

⑤ 특정의 직무에 전문가가 될 수 있도록 전문화된 임무를 배당

(4) 허즈버그(Herzberg)가 제시한 직무충실(Job enrichment)의 원리

① 자신의 일에 대해서 책임을 더 지도록 한다.
② 직무에서 자유를 제공하기 위하여 부가적 권위를 부여한다.
③ 전문가가 될 수 있도록 전문화된 과제들을 부과한다.
④ 완전하고 자연스러운 작업 단위를 제공한다.
⑤ 여러 가지 규제를 제거하여 개인적 책임감을 증대시킨다.

| 동기부여에 관한 이론들의 비교 |

매슬로(MASLOW)의 욕구단계이론	알더퍼(Alderfer)의 ERG 이론	허즈버그(Herzberg)의 2요인 이론	맥그리거(Mcgreger)의 X, Y이론
자아실현의 욕구(제5단계)	G(Growth) : 성장욕구	동기요인(Motivation)	Y이론
자기존경의 욕구(제4단계)			
사회적 욕구(제3단계)	R(Relation) : 관계욕구	위생요인(Hygiene)	X이론
안전의 욕구(제2단계)			
생리적 욕구(제1단계)	E(Existence) : 존재의 욕구		

CheckPoint

다음 중 허즈버그의 위생–동기이론, 매슬로의 욕구 5단계 이론, 맥그리거의 X–Y이론의 상호관계를 올바르게 나열한 것은?(단, 나열된 순서는 "위생–동기이론", "욕구 5 단계 이론", "x–y 이론" 순이다)

① 위생요인－안전욕구－Y이론
② 위생요인－생리적 욕구－Y이론
③ 동기부여요인－존경의 욕구－X이론
④ 동기부여요인－자아실현의 욕구－Y이론 ✔

5) 데이비스(K. Davis)의 동기부여 이론

(1) 지식(Knowledge)×기능(Skill)＝능력(Ability)
(2) 상황(Situation)×태도(Attitude)＝동기유발(Motivation)
(3) 능력(Ability)×동기유발(Motivation)＝인간의 성과(Human Performance)
(4) 인간의 성과×물질적 성과＝경영의 성과

6) 작업동기와 직무수행과의 관계 및 수행과정에서 느끼는 직무 만족의 내용을 중심으로 하는 이론

(1) 콜만의 일관성 이론 : 자기존중을 높이는 사람은 더 높은 성과를 올리며 일관성을 유지하여 사회적으로 존경받는 직업을 선택

(2) 브롬의 기대이론 : 기대(Expectancy), 도구성(Instrumentality), 유인도(Valence)의 3가지 요소의 값이 각각 최대값이 되면 최대의 동기부여가 된다는 이론

(3) 록크의 목표설정 이론 : 인간은 이성적이며 의식적으로 행동한다는 가정에 근거한 동기이론

[종업원의 동기부여와 관련된 목표설정이론]

① 구체적인 목표를 주는 것이 좋다.
② 피드백이 중요하다.
③ 목표설정과정에서 종업원의 참여가 중요하다.

[효과적인 목표의 특징]

① 목표는 측정 가능해야 한다.
② 목표는 구체적이어야 한다.
③ 목표는 그 달성에 필요한 시간의 제한을 명시해야 한다.

7) 아담스(Adams)의 공정성 이론

인간은 자신과 타인의 투입된 노력과 산출을 비교하여 그 비가 서로 공정해지는 방향으로 동기부여가 되고 행동한다는 것이다. 즉, 작업동기는 입력대비 산출결과가 적을 때 나타난다.

$$\text{자신}\left(\frac{\text{산출 (Output)}}{\text{입력 (Input)}}\right)=\text{타인}\left(\frac{\text{산출 (Output)}}{\text{입력 (Input)}}\right)$$

(1) 입력(Input) : 일반적인 자격, 교육수준, 노력 등을 의미한다.

(2) 산출(Output) : 봉급, 지위, 기타 부가 급부 등을 의미한다.

(3) 공정성이나 불공정성은 자신이 일에 투자하는 투입과 그로부터 얻어내는 결과의 비율을 타인이나 타집단의 투입에 대한 결과의 비율과 비교하면서 발생하는 개념이다.

8) 안전에 대한 동기 유발방법

(1) 안전의 근본이념을 인식시킨다.
(2) 상과 벌을 준다.
(3) 동기유발의 최적수준을 유지한다.
(4) 목표를 설정한다.
(5) 결과를 알려준다.
(6) 경쟁과 협동을 유발시킨다.

4 주의와 부주의

1) 주의의 특성

(1) 선택성(소수의 특정한 것에 한한다)

인간은 어떤 사물을 기억하는 데에 3단계의 과정을 거친다. 첫째 단계는 감각보관(Sensory Storage)으로 시각적인 잔상(殘像)과 같이 자극이 사라진 후에도 감각기관에 그 자극감각이 잠시 지속되는 것을 말한다. 둘째 단계는 단기기억(Short-Term Memory)으로 누구에게 전해야 할 메시지를 잠시 기억하는 것처럼 관련 정보를 잠시 기억하는 것인데, 감각보관으로부터 정보를 암호화하여 단기기억으로 이전하기 위해서는 인간이 그 과정에 주의를 집중해야 한다. 셋째 단계인 장기기억(Long-Term Memory)은 단기기억 내의 정보를 의미론적으로 암호화하여 보관하는 것이다.

인간의 정보처리능력은 한계가 있으므로 모든 정보가 단기기억으로 입력될 수는 없다. 따라서 입력정보들 중 필요한 것만을 골라내는 기능을 담당하는 선택여과기(Selective Filter)가 있는 셈인데, 브로드벤트(Broadbent)는 이러한 주의의 특성을 선택적 주의(Selective Attention)라 하였다.

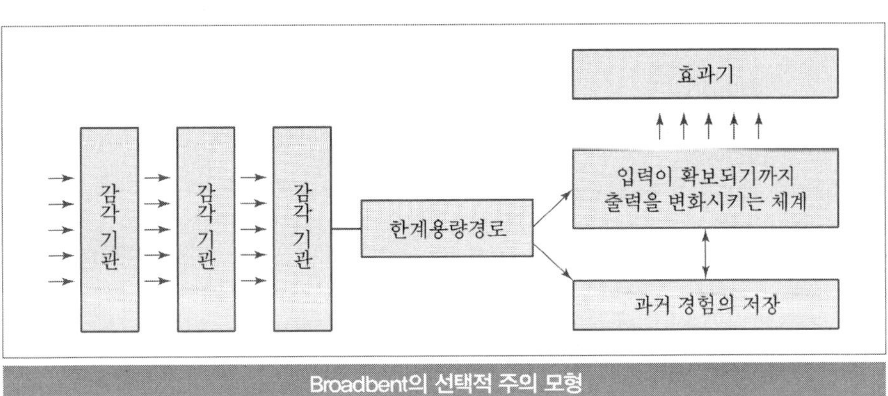

Broadbent의 선택적 주의 모형

(2) 방향성(시선의 초점이 맞았을 때 쉽게 인지된다)

주의의 초점에 합치된 것은 쉽게 인식되지만 초점으로부터 벗어난 부분은 무시되는 성질을 말하는데, 얼마나 집중하였느냐에 따라 무시되는 정도도 달라진다. 정보를 입수할 때에 중요한 정보의 발생방향을 선택하여 그곳으로부터 중점적인 정보를 입수하고 그 이외의 것을 무시하는 이러한 주의의 특성을 집중적 주의(Focused Attention)라고 하기도 한다.

(3) 변동성(인간은 한 점에 계속하여 주의를 집중할 수는 없다)

주의를 계속하는 사이에 언제인가 자신도 모르게 다른 일을 생각하게 된다. 이것을 다른 말로 '의식의 우회'라고 표현하기도 한다.

대체적으로 변화가 없는 한 가지 자극에 명료하게 의식을 집중할 수 있는 시간은 불과 수초에 지나지 않고, 주의집중 작업 혹은 각성을 요하는 작업(Vigilance Task)은 30분을 넘어서면 작업성능이 50% 이하로 현저하게 저하한다.

그림에서 주의가 외향(外向) 혹은 전향(前向)이라는 것은 인간의 의식이 외부사물을 관찰하는 등 외부정보에 주의를 기울이고 있을 때이고, 내향(內向)이라는 것은 자신의 사고(思考)나 사색에 잠기는 등 내부의 정보처리에 주의집중하고 있는 상태를 말한다.

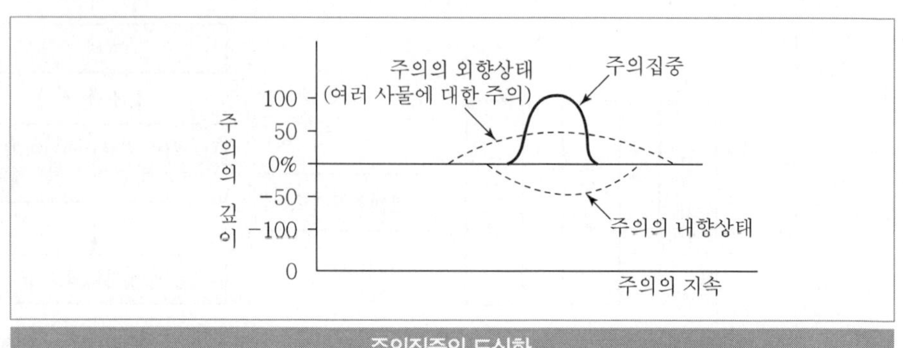

주의집중의 도식화

2) 부주의의 원인

(1) 의식의 우회

의식의 흐름이 옆으로 빗나가 발생하는 것(걱정, 고민, 욕구불만 등에 의하여 정신을 빼앗기는 것)

(2) 의식수준의 저하

혼미한 정신상태에서 심신이 피로할 경우나 단조로운 반복작업 등의 경우에 일어나기 쉬움

(3) 의식의 단절

지속적인 의식의 흐름에 단절이 생기고 공백의 상태가 나타나는 것. 주로 질병의 경우에 나타남

(4) 의식의 과잉

지나친 의욕에 의해서 생기는 부주의 현상(일점 집중현상)

(5) 부주의 발생원인 및 대책

① 내적 원인 및 대책

㉠ 소질적 조건 : 적성배치　㉡ 경험 및 미경험 : 교육

㉢ 의식의 우회 : 상담

② 외적 원인 및 대책

㉠ 작업환경조건 불량 : 환경정비　㉡ 작업순서의 부적당 : 작업순서정비

의식의 우회에서 오는 부주의를 극소화하기 위한 최적의 방법은?

① 적성배치　② 작업순서 정비　③ 카운슬링　④ 안전교육훈련

3) ECR(Error Cause Removal) 제안제도

작업자 스스로가 자기의 부주의 또는 제반 오류의 원인을 생각함으로써 개선을 하도록 하는 제도

(1) ECR(Error Cause Removal) 제안제도에서 실수 및 과오의 3대 원인

① 능력부족 : 적성의 부적합, 지식의 부족, 기능의 미숙

② 주의부족 : 개성, 감정의 불안정, 습관성

③ 환경조건 : 표준불량, 계획불충분, 작업조건 불량

CHAPTER 02 인간의 특성과 안전

SECTION 1 동작특성

1 사고경향

1) 사고 경향설(Greenwood)

사고의 대부분은 소수에 의해 발생되고 있으며 사고를 낸 사람이 또다시 사고를 발생시키는 경향이 있다.(사고경향성이 있는 사람 → 소심한 사람)

2) 성격의 유형(재해누발자 유형)

(1) 미숙성 누발자 : 환경에 익숙하지 못하거나 기능 미숙으로 인한 재해 누발자
(2) 상황성 누발자 : 작업이 어렵거나 기계설비의 결함, 주의력의 집중이 혼란된 경우, 심신의 근심으로 사고 경향자가 되는 경우(상황이 변하면 안전한 성향으로 바뀜)
(3) 습관성 누발자 : 재해의 경험으로 신경과민이 되거나 슬럼프에 빠지기 때문에 사고경향자가 되는 경우
(4) 소질성 누발자 : 지능, 성격, 감각운동 등에 의한 소질적 요소에 의해서 결정되는 특수성격 소유자

CheckPoint

다음 중 작업의 어려움, 기계설비의 결함, 환경에 대한 주의력의 집중혼란, 심신의 근심 등으로 인하여 재해가 자주 발생하는 사람을 무엇이라 하는가?

① 미숙성 다발자 ✔ 상황성 다발자
③ 습관성 다발자 ④ 소질성 다발자

3) 재해빈발설

(1) 기회설 : 개인의 문제가 아니라 작업 자체에 문제가 있어 재해가 빈발
(2) 암시설 : 재해를 한번 경험한 사람은 심리적 압박을 받게 되어 대처능력이 떨어져 재해가 빈발
(3) 빈발경향자설 : 재해를 자주 일으키는 소질을 가진 근로자가 있다는 설

2 안전사고 요인

1) 정신적 요소

(1) 안전의식의 부족
(2) 주의력의 부족
(3) 방심, 공상
(4) 판단력 부족

2) 생리적 요소

(1) 극도의 피로
(2) 시력 및 청각기능의 이상
(3) 근육운동의 부적합
(4) 생리 및 신경계통의 이상

3) 불안전행동

(1) 직접적인 원인

지식의 부족, 기능 미숙, 태도불량, 인간에러, 안전장치의 기능제거 등

(2) 간접적인 원인

① 망각 : 학습된 행동이 지속되지 않고 소멸되는 것, 기억된 내용의 망각은 시간의 경과에 비례하여 급격히 이루어진다.
② 의식의 우회 : 공상, 회상 등
③ 생략행위 : 정해진 순서를 빠뜨리는 것
④ 억측판단 : 자기 멋대로 하는 주관적인 판단(위험을 부담하고 행동으로 옮김)
⑤ 4M 요인 : 인간관계(Man), 기계(Machine), 작업환경(Media), 관리(Management)

PART 01 PART 02 PART 03 PART 04 PART 05 PART 06 부록

SECTION 2 노동과 피로

1 피로의 증상 및 대책

1) 피로의 정의

신체적 또는 정신적으로 지치거나 약해진 상태로서 작업능률의 저하, 신체기능의 저하 등의 증상이 나타나는 상태

2) 피로의 종류

(1) 정신적(심리적) 피로 : 계속되는 작업에서 수행감소를 주관적으로 지각하는 것
(2) 생리적 피로 : 근육조직의 산소고갈로 발생하는 신체능력 감소 및 생리적 손상

3) 피로의 발생원인

(1) 피로의 요인

① 작업조건 : 작업강도, 작업속도, 작업시간 등
② 환경조건 : 온도, 습도, 소음, 조명 등
③ 생활조건 : 수면, 식사, 취미활동 등
④ 사회적 조건 : 대인관계, 생활수준 등
⑤ 신체적, 정신적 조건

(2) 기계적 요인과 인간적 요인

① 기계적 요인 : 기계의 종류, 조작부분의 배치, 색채, 조작부분의 감촉 등
② 인간적 요인 : 신체상태, 정신상태, 작업내용, 작업시간, 사회환경, 작업환경 등

4) 피로의 예방과 회복대책

(1) 단조감에 의한 피로 : 휴식을 적절하게 부여할 것
(2) 신체적 긴장에 의한 피로 : 운동에 의해 긴장을 풀 것
(3) 정신적 긴장에 의한 피로 : 불필요한 마찰을 배제할 것
(4) 정신적 노력에 의한 피로 : 휴식, 양성훈련을 실시할 것
(5) 작업에 수반된 피로 : 충분한 영양을 섭취할 것, 목욕이나 가벼운 체조를 할 것, 휴식과 수면을 취할 것

2 피로의 측정법

1) 신체활동의 생리학적 측정분류

작업을 할 때 인체가 받는 부담은 작업의 성질에 따라 상당한 차이가 있다. 이 차이를 연구하기 위한 방법이 생리적 변화를 측정하는 것이다. 즉, 산소소비량, 근전도, 플리커치 등으로 인체의 생리적 변화를 측정한다.

(1) 근전도(EMG) : 근육활동의 전위차를 기록하여 측정

(2) 심전도(ECG) : 심장의 근육활동의 전위차를 기록하여 측정

(3) 산소소비량

(4) 정신적 작업부하에 관한 생리적 측정치

① 점멸융합주파수(플리커법) : 사이가 벌어져 회전하는 원판으로 들어오는 광원의 빛을 단속시켜 연속광으로 보이는지 단속광으로 보이는지 경계에서의 빛의 단속주기를 플리커치라 함. 정신적으로 피로한 경우에는 주파수 값이 내려가는 것으로 알려져 있다.

② 기타 정신부하에 관한 생리적 측정치 : 눈꺼풀의 깜박임률(Blink rate), 동공지름(Pupil diameter), 뇌의 활동전위를 측정하는 뇌파도(EEG ; ElecroEncephalo Gram)

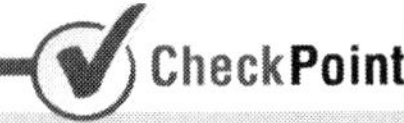

피로의 측정분류 중 감각기능검사(정신 · 신경기능검사)의 측정대상항목에 해당하는 것은?

✓ 플리커 ② 심박수 ③ 혈액 ④ 에너지대사

2) 피로의 측정방법

(1) 생리학적 측정 : 근력 및 근활동(EMG), 대뇌활동(EEG), 호흡(산소소비량), 순환기(ECG)

(2) 생화학적 측정 : 혈액농도 측정, 혈액수분 측정, 요전해질, 요단백질 측정

(3) 심리학적 측정 : 피부저항, 동작분석, 연속반응시간, 집중력

3 작업강도와 피로

1) 작업강도(RMR ; Relative Metabolic Rate) : 에너지 대사율

$$\text{RMR} = \frac{(\text{작업 시 소비에너지} - \text{안정 시 소비에너지})}{\text{기초대사 시 소비에너지}} = \frac{\text{작업대사량}}{\text{기초대사량}}$$

① 작업 시 소비에너지 : 작업 중 소비한 산소량
② 안정 시 소비에너지 : 의자에 앉아서 호흡하는 동안 소비한 산소량
③ 기초대사량 : 체표면적 산출식과 기초대사량 표에 의해 산출

$$A = H^{0.725} \times W^{0.425} \times 72.46$$

여기서, A : 몸의 표면적(cm^2)
H : 신장(cm)
W : 체중(kg)

2) 에너지 대사율(RMR)에 의한 작업강도

(1) 경작업(0~2RMR) : 사무실 작업, 정신작업 등
(2) 중(中)작업(2~4RMR) : 힘이나 동작, 속도가 작은 하체작업 등
(3) 중(重)작업(4~7RMR) : 동작, 속도가 큰 전신작업 등
(4) 초중(超重)작업(7RMR 이상) : 과격한 전신작업

3) NIOSH의 직무스트레스 모델

미국 산업안전보건연구원(NIOSH)에서는 기존의 스트레스 연구 결과들을 종합한 하나의 모델을 제시하였다. 이 모델에서 직무스트레스 요인으로는 크게 환경요인, 직무요인, 조직요인이 있다. 직무요인은 작업의 특성인 부하, 속도, 교대 형태 등이 스트레스의 요인이 된다. 조직요인으로는 역할 갈등, 관리 유형, 의사결정 참여, 고용 문제 등이 원인이 된다. 환경요인으로는 조명, 소음 등이 있다.

4 생체리듬

1) 생체리듬(Biorhythm, Biological Rhythm)

인간의 생리적인 주기 또는 리듬에 관한 이론

2) 생체리듬(바이오리듬)의 종류

(1) 육체적(신체적) 리듬(P, Physical Cycle) : 신체의 물리적인 상태를 나타내는 리듬, 청색 실선으로 표시하며 23일의 주기이다.

(2) 감성적 리듬(S, Sensitivity) : 기분이나 신경계통의 상태를 나타내는 리듬, 적색 점선으로 표시하며 28일의 주기이다.

(3) 지성적 리듬(I, Intellectual) : 기억력, 인지력, 판단력 등을 나타내는 리듬, 녹색 일점쇄선으로 표시하며 33일의 주기이다.

CheckPoint

다음 중 생체리듬에 관한 설명으로 틀린 것은?

① 육체적 리듬은 "P"로 나타내며, 23일을 주기로 반복된다.
② 감성적 리듬은 "S"로 나타내며, 26일을 주기로 반복된다.
③ 지성적 리듬은 "I"로 나타내며, 33일을 주기로 반복된다.
④ 각각의 리듬이 (+)에서 (−)로 변화하는 점이 위험한 일이다.

3) 위험일

3가지 생체리듬은 안정기(+)와 불안정기(−)를 반복하면서 사인(sine) 곡선을 그리며 반복되는데 (+) → (−) 또는 (−) → (+)로 변하는 지점을 영(zero) 또는 위험일이라 한다. 위험일에는 평소보다 뇌졸중이 5.4배, 심장질환이 5.1배, 자살이 6.8배나 높게 나타난다고 한다.

(1) 사고발생률이 가장 높은 시간대

① 24시간 중 : 03 - 05시 시이
② 주간업무 중 : 오전 10~11시, 오후 15~16시

4) 생체리듬(바이오리듬)의 변화

(1) 야간에는 체중이 감소한다.

(2) 야간에는 말초운동 기능이 저하, 피로의 자각증상 증대

(3) 혈액의 수분, 염분량은 주간에 감소하고 야간에 증가한다.
(4) 체온, 혈압, 맥박은 주간에 상승하고 야간에 감소한다.

SECTION 3 집단관리와 리더십

1 리더십의 유형

1) 리더십의 정의

(1) 집단목표를 위해 스스로 노력하도록 사람에게 영향력을 행사한 활동
(2) 어떤 특정한 목표달성을 지향하고 있는 상황에서 행사되는 대인 간의 영향력
(3) 공통된 목표달성을 지향하도록 사람에게 영향을 미치는 것

2) 리더십의 유형

(1) 선출방식에 의한 분류

① 헤드십(Headship) : 집단 구성원이 아닌 외부에 의해 선출(임명)된 지도자로 권한을 행사한다.
② 리더십(Leadership) : 집단 구성원에 의해 내부적으로 선출된 지도자로 권한을 대행한다.

(2) 업무추진 방식에 의한 분류

① 독재형(권위형, 권력형, 맥그리거의 X이론 중심) : 지도자가 모든 권한행사를 독단적으로 처리(개인중심)
② 민주형(맥그리거의 Y이론 중심) : 집단의 토론, 회의 등을 통해 정책을 결정(집단중심), 리더와 부하직원 간의 협동과 의사소통
③ 자유방임형(개방적) : 리더는 명목상 리더의 자리만을 지킴(종업원 중심)

업무추진 방법에 의한 리더십의 분류 중 가장 거리가 먼 것은?
① 독재형 ② 민주형 ③ 자유방임형 ④ 솔직형 (✔)

3) 리더의 중요한 기능

(1) 집단 구성원에 대한 배려 : 조직의 단결과 통일성을 위해 요구되는 기능

(2) 조직구조의 주도 : 외부환경에 대한 올바른 판단, 미래에 대한 비전의 제시, 새로운 기술 등에 대한 정보 제공 등 조직 주도 업무를 수행

(3) 생산활동의 강조

(4) 민감한 태도

4) 리더의 구비요건

(1) 화합성
(2) 통찰력
(3) 정서적 안정성 및 활발성
(4) 판단력

5) 경로목표이론

리더가 하위자들을 어떻게 동기유발시켜 설정된 목표를 달성하도록 할 것인가에 관한 이론. 리더는 작업 상황에서 하위자들이 목표달성을 위해 필요하다고 생각되는 요소를 제공함으로써 목표달성의 수준을 높이려고 노력한다.

(1) 지시적 리더 : 하위자들에게 과업수행을 지시하고 기대되고 있는 것이 무엇이고 그 과업이 어떻게 수행되어야 하는지에 대해 말해준다.
① 외적 통제성향인 부하는 지시적 리더행동을 좋아한다.
② 부하의 능력이 우수하면 지시적 리더행동은 효율적이지 못하다.

(2) 지원적 리더 : 하위자의 복지와 욕구에 유의하며 인격적으로 존중한다.

(3) 참여적 리더 : 하위자들을 의사결정과정에 참여시켜 그 제안을 의사결정에 반영한다(리더가 결정하지 않는다)
① 내적 통제 성향인 부하는 참여적 리더행동을 좋아한다.

(4) 성취지향적 리더 : 일에 대한 도전적인 자세를 요구하며 가능한 한 최고의 수준으로 업적을 완수하도록 돕는다.
경로목표이론은 리더를 어느 한 가지 리더십에 한정시키는 것이 아니라, 리더는 자신의 행동을 상황이나 하위자의 동기유발을 위한 요구에 적응시켜야 한다고 주장한다.

6) 상황적 리더십

허시(Hersey)와 브랜치드(Blanchard)가 주장한 상황적 리더십(Situational Leadership Theory) 이론은 리더가 이끌 멤버들의 자발적 참여의지(부하의 성숙도)가 어느 정도냐에 리더십 스타일을 맞춰가야 좋은 성과를 얻는다는 이론이다.

2 리더십의 기법

1) Hare, M.의 방법론

(1) 지식의 부여

종업원에게 직장 내의 정보와 직무에 필요한 지식을 부여한다.

(2) 관대한 분위기

종업원이 안심하고 존재하도록 직무상 관대한 분위기를 유지한다.

(3) 일관된 규율

종업원에게 직장 내의 정보와 직무에 필요한 일관된 규율을 유지한다.

(4) 향상의 기회

성장의 기회와 사회적 욕구 및 이기적 욕구의 충족을 확대할 기회를 준다.

(5) 참가의 기회

직무의 모든 과정에서 참가를 보장한다.

(6) 호소하는 권리

종업원에게 참다운 의미의 호소권을 부여한다.

2) 리더십에 있어서의 권한

(1) 조직이 지도자에게 부여한 권한

① 합법적 권한 : 군대, 교사, 정부기관 등 법적으로 부여된 권한
② 보상적 권한 : 부하에게 노력에 대한 보상을 할 수 있는 권한
③ 강압적 권한 : 부하에게 명령할 수 있는 권한

(2) 지도자 자신이 자신에게 부여한 권한

① 전문성의 권한 : 지도자가 전문지식을 가지고 있는가와 관련된 권한
② 위임된 권한 : 부하직원이 지도자의 생각과 목표를 얼마나 잘 따르는지와 관련된 권한

지도자가 부하의 능력에 대하여 차별적 성과급을 지급하고자 하는 것은 리더십의 권한 중 무엇에 해당하는가?

① 전문성 권한　② 보상적 권한　③ 합법적 권한　④ 위임된 권한

3) 행동변화 4단계

(1) 1단계 : 지식의 변화
(2) 2단계 : 태도의 변화
(3) 3단계 : 개인(행동)의 변화
(4) 4단계 : 집단 또는 조직의 변화

4) 리더십의 특성

(1) 대인적 숙련 (2) 혁신적 능력 (3) 기술적 능력
(4) 협상적 능력 (5) 표현 능력 (6) 교육훈련 능력

5) 리더십의 기법

(1) 독재형(권위형)

① 부하직원을 강압적으로 통제
② 의사결정권은 경영자가 가지고 있음

(2) 민주형

① 발생 가능한 갈등은 의사소통을 통해 조정
② 부하직원의 고충을 해결할 수 있도록 지원

(3) 자유방임형(개방적)

① 의사결정의 책임을 부하직원에게 전가
② 업무회피 현상

6) 카리스마적 리더십

베버는 카리스마적 리더에 대해 위기의 상황에서 사람들을 구할 수 있는 해결책을 가지고 나타나는 신비스럽고 자아도취적이며 사람들을 끌어들이는 흡입력을 지닌 사람이라고 보았다.

• 카리스마적 리더의 주요한 특성 : 비전제시 능력, 개인적 매력, 수사학적 능력

7) 변혁적 리더십

인본주의, 평등, 평화, 정의, 자유와 같은 포괄적이고 높은 수준의 도덕적 가치와 이상에 호소하여 부하들의 의식을 더 높은 단계로 끌어올리려고 한다.

• 변혁적 리더십의 구성요인 : 개인적 배려, 비전 제시, 카리스마

3 헤드십

1) 외부로부터 임명된 헤드(Head)가 조직 체계나 직위를 이용, 권한을 행사하는 것. 지도자와 집단 구성원 사이에 공통의 감정이 생기기 어려우며 항상 일정한 거리가 있다.

2) 권한

(1) 부하직원의 활동을 감독한다.
(2) 상사와 부하와의 관계가 종속적이다.
(3) 부하와의 사회적 간격이 넓다.
(4) 지휘형태가 권위적이다.

4 사기와 집단역학

1) 집단의 적응

(1) 집단의 기능

① 행동규범 : 집단을 유지, 통제하고 목표를 달성하기 위한 것
② 응집성 : 집단 구성원들이 그 집단에 남아 있기를 원하는 정도
③ 집단의 목표 : 집단의 역할을 위해 목표가 있어야 함

(2) 슈퍼(Super)의 역할이론

① 역할 갈등(Role Conflict) : 작업 중에 상반된 역할이 기대되는 경우가 있으며, 그럴 때 갈등이 생긴다.
[역할 갈등의 원인]
㉠ 역할 모호성 : 집단 내에서 개인이 수행해야 할 임무와 책임 등이 명확하지 않을 때 역할 갈등이 발생한다.
㉡ 역할 부적합 : 집단 내 개인에게 부여된 역할에 대해서 개인의 능력이나 성격 등이 적합하지 않을 때 역할 갈등이 발생한다.
㉢ 역할 마찰 : 역할 간 마찰, 역할 내 마찰

② 역할 기대(Role Expectation) : 자기의 역할을 기대하고 감수하는 수단이다.
③ 역할 조성(Role Shaping) : 개인에게 여러 개의 역할 기대가 있을 경우 그 중의 어떤 역할 기대는 불응, 거부할 수도 있으며 혹은 다른 역할을 해내기 위해 다른 일을 구할 때도 있다.
④ 역할 연기(Role Playing) : 관찰 및 피드백에 의한 학습 원칙을 가지며 자아탐색인 동시에 자아실현의 수단이다.

[역할 연기의 장점]

㉠ 흥미를 갖고, 문제에 적극적으로 참가한다.

㉡ 문제의 배경에 대하여 통찰하는 능력을 높임으로써 감수성이 향상된다.

㉢ 자기 태도의 반성과 창조성이 생기고, 발표력이 향상된다.

슈퍼(Super, D, E)의 역할이론 중 자아탐색의 수단인 동시에 자아실현의 수단이기도 한 것은?

✔ 역할 연기 ② 역할 수정 ③ 역할 행동 ④ 역할 갈등

(3) 슈퍼(Super. D.E.)에 의한 직업생활의 단계

① 탐색(Exploration) ② 확립(Establishment)

③ 유지(Maintenance) ④ 하강(Decline)

(4) 집단에서의 인간관계

① 경쟁 : 상대보다 목표에 빨리 도달하려고 하는 것

② 도피, 고립 : 열등감에서 소속된 집단에서 이탈하는 것

③ 공격 : 상대방을 압도하여 목표를 달성하려고 하는 것

(5) 개인 목표 갈등

집단 내에서 두 개 이상의 양립할 수 없는 목표가 개인에게 주어지면 어느 것을 선택해야 할지 몰라 갈등을 겪을 수 있다.

① 접근-접근형 : 두 개 이상의 동등한 가치를 지닌 대안들 중 선택을 해야 할 경우에 겪는 갈등

② 접근-회피형 : 두 개 이상의 부정적 결과를 초래하는 일들 중 어느 하나를 선택해야 할 경우 겪는 갈등

③ 회피-회피형 : 주어진 목표가 긍정적인 속성과 부정적인 속성을 모두 지니고 있는 경우 발생하는 갈등

2) 욕구저지

(1) 욕구저지의 상황적 요인

① 외적 결여 : 욕구만족의 대상이 존재하지 않음

② 외적 상실 : 욕구를 만족해오던 대상이 사라짐

③ 외적 갈등 : 외부조건으로 인해 심리적 갈등이 발생
④ 내적 결여 : 개체에 욕구만족의 능력과 자질이 부족
⑤ 내적 상실 : 개체의 능력 상실
⑥ 내적 갈등 : 개체 내 압력으로 인해 심리적 갈등 발생

3) 모랄 서베이(Morale Survey)

근로의욕조사라고도 하는데, 근로자의 감정과 기분을 과학적으로 고려하고 이에 따른 경영의 관리활동을 개선하려는 데 목적이 있다.

(1) 실시방법

① 통계에 의한 방법 : 사고 상해율, 생산성, 지각, 조퇴, 이직 등을 분석하여 파악하는 방법
② 사례연구(Case Study)법 : 관리상의 여러 가지 제도에 나타나는 사례에 대해 연구함으로써 현상을 파악하는 방법
③ 관찰법 : 종업원의 근무 실태를 계속 관찰함으로써 문제점을 찾아내는 방법
④ 실험연구법 : 실험그룹과 통제그룹으로 나누고 정황, 자극을 주어 태도 변화를 조사하는 방법
⑤ 태도조사 : 질문지법, 면접법, 집단토의법, 투사법 등에 의해 의견을 조사하는 방법

(2) 모랄 서베이의 효용

① 근로자의 심리 요구를 파악하여 불만을 해소하고 노동 의욕을 높인다.
② 경영관리를 개선하는 데 필요한 자료를 얻는다.
③ 종업원의 정화작용을 촉진시킨다.
㉠ 소셜 스킬즈(Social Skills) : 모랄을 향상시키는 능력
㉡ 테크니컬 스킬즈 : 사물을 인간에 유익하도록 처리하는 능력

4) 관리 그리드(Managerial Grid)

(1) 무관심형(1,1)

생산과 인간에 대한 관심이 모두 낮은 무관심한 유형으로서, 리더 자신의 직분을 유지하는 데 필요한 최소의 노력만을 투입하는 리더 유형

(2) 인기형(1,9)

인간에 대한 관심은 매우 높고 생산에 대한 관심은 매우 낮아서 부서원들과의 만족스런 관계와 친밀한 분위기를 조성하는 데 역점을 기울이는 리더 유형

(3) 과업형(9,1)

생산에 대한 관심은 매우 높지만 인간에 대한 관심은 매우 낮아서, 인간적인 요소보다도 과업수행에 대한 능력을 중요시하는 리더유형

(4) 타협형(5,5)

중간형으로 과업의 생산성과 인간적 요소를 절충하여 적당한 수준의 성과를 지향하는 유형

(5) 이상형(9,9)

팀형으로 인간에 대한 관심과 생산에 대한 관심이 모두 높으며, 구성원들에게 공동목표 및 상호의존관계를 강조하고, 상호신뢰적이고 상호존중관계 속에서 구성원들의 몰입을 통하여 과업을 달성하는 리더유형

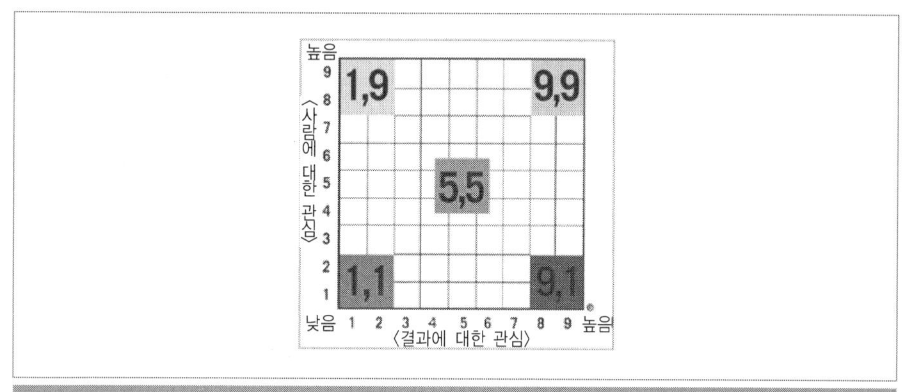

관리 그리드

SECTION 4 착오와 실수

1 산업안전심리의 5대 요소

1) 동기(Motive)

능동력은 감각에 의한 자극에서 일어나는 사고의 결과로서 사람의 마음을 움직이는 원동력

2) 기질(Temper)

인간의 성격, 능력 등 개인적인 특성을 말하는 것으로 생활환경에 영향을 받는다.

3) 감정(Emotion)

희로애락의 의식

4) 습성(Habits)

동기, 기질, 감정 등이 밀접한 관계를 형성하여 인간의 행동에 영향을 미칠 수 있도록 하는 것

5) 습관(Custom)

자신도 모르게 습관화된 현상을 말하며 습관에 영향을 미치는 요소는 동기, 기질, 감정, 습성이다.

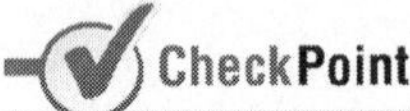

안전사고와 관련 있는 인간의 심리적인 5대 요소가 아닌 것은?

✔ 지능 ② 동기 ③ 감정 ④ 습성

2 착오

1) 착오의 종류

(1) 위치착오
(2) 순서착오
(3) 패턴의 착오
(4) 기억의 착오
(5) 형(모양)의 착오

2) 착오의 원인

(1) 심리적 능력한계
(2) 감각차단현상
(3) 정보량의 저장한계

3 착시

물체의 물리적인 구조가 인간의 감각기관인 시각을 통해 인지한 구조와 일치되지 않게 보이는 현상

학설	그림	현상
Zoller의 착시	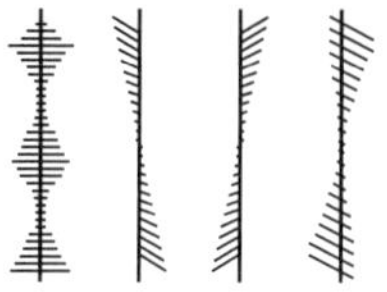	세로의 선이 굽어 보인다.
Orbigon의 착시	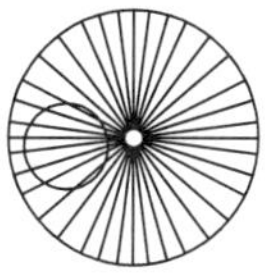	안쪽 원이 찌그러져 보인다.
Sander의 착시	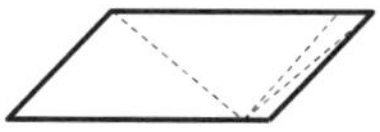	두 점선의 길이가 다르게 보인다.
Ponzo의 착시		두 수평선부의 길이가 다르게 보인다.
Müler－Lyer의 착시	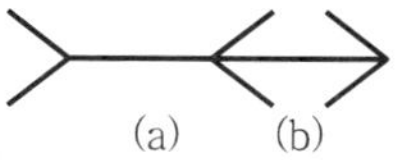 (a) (b)	a가 b보다 길게 보인다. 실제는 a＝b이다.
Helmholz의 착시	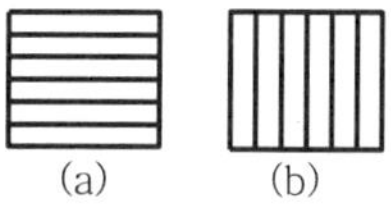 (a) (b)	a는 세로로 길어 보이고, b는 가로로 길어보인다.
Hering의 착시	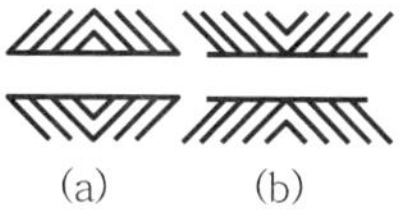 (a) (b)	a는 양단이 벌어져 보이고, b는 중앙이 벌어져 보인다.
Köhler의 착시 (윤곽착오)	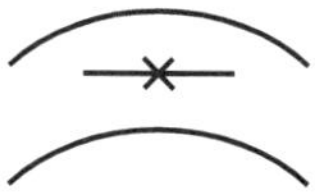	우선 평형의 호를 본 후 즉시 직선을 본 경우에 직선은 호의 반대방향으로 굽어 보인다.
Poggendorf의 착시	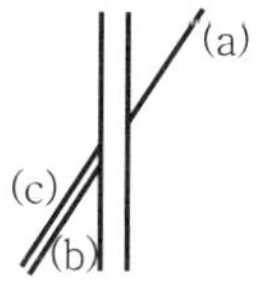 (a) (c) (b)	a와 c가 일직선으로 보인다. 실제는 a와 b가 일직선이다.

그림은 착시현상을 나타낸 것으로서 수직 평행인 세로의 손이 굽어 보인다. 이와 같은 착시현상과 관계있는 것은?

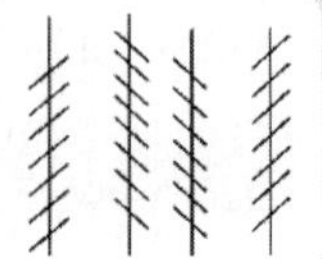

✔ 죌러의 착시 ② 쾰러의 착시
③ 헤링의 착시 ④ 포겐도르프의 착시

4 착각현상

착각은 물리현상을 왜곡하는 지각현상을 말함(인간의 노력으로 고칠 수 있는 것이 아님)

1) 자동운동 : 암실 내에서 정지된 작은 광점을 응시하면 움직이는 것처럼 보이는 현상
2) 유도운동 : 실제로는 정지한 물체가 어느 기준물체의 이동에 따라 움직이는 것처럼 보이는 현상
3) 가현운동 : 영화처럼 물체가 빨리 나타나거나 사라짐으로 인해 운동하는 것처럼 보이는 현상

인간의 착각현상 중에서 실제로 움직이지 않는 것이 어느 기준의 이동에 의하여 움직이는 것처럼 느껴지는 것을 무엇이라 하는가?

✔ 유도운동 ② 자동운동 ③ 가현현상 ④ 착시현상

CHAPTER 03 안전보건교육

SECTION 1 교육의 필요성

1 교육의 개념(효과)

1) 신입직원은 기업의 내용 그 방침과 규정을 파악함으로써 친근과 안정감을 준다.
2) 직무에 대한 지도를 받아 질과 양이 모두 표준에 도달하고 임금의 증가를 도모한다.
3) 재해, 기계설비의 소모 등의 감소에 유효하며 산업재해를 예방한다.
4) 직원의 불만과 결근, 이동을 방지한다.
5) 내부 이동에 대비하여 능력의 다양화, 승진에 대비한 능력 향상을 도모한다.
6) 새로 도입된 신기술에 종업원의 적응을 원활하게 한다.

2 교육의 목적

피교육자의 발달을 효과적으로 도와줌으로써 이상적인 상태가 되도록 하는 것을 말함

3 학습지도 이론

1) 자발성의 원리 : 학습자 스스로 학습에 참여해야 한다는 원리
2) 개별화의 원리 : 학습자가 가지고 있는 각각의 요구 및 능력에 맞게 지도해야 한다는 원리
3) 사회화의 원리 : 공동학습을 통해 협력과 사회화를 도와준다는 원리
4) 통합의 원리 : 학습을 종합적으로 지도하는 것으로 학습자의 능력을 조화있게 발달시키는 원리
5) 직관의 원리 : 구체적인 사물을 제시하거나 경험 등을 통해 학습효과를 거둘 수 있다는 원리
6) 학습의 전이(Transference) : 어떤 내용을 학습한 결과가 다른 학습이나 반응에 영향을 미치는 현상을 의미하는 것으로 학습효과의 전이라고도 한다. 훈련 상황이 실제 작업 장면과 유사할 때 학습전이가 일어나기 쉽다.

(1) 학습의 전이 조건

① 학습의 정도　② 시간의 간격　③ 학습자의 태도
④ 학습자의 지능　⑤ 유의성

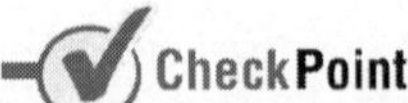

다음 중 학습전이의 조건으로 가장 거리가 먼 것은?

① 유의성　② 시간적 간격　③ 학습 분위기 (✓)　④ 학습자의 지능

4 학습목적의 3요소

1) 주제(Subject) : 목표달성을 위한 테마(Theme)를 의미한다.
2) 학습정도(Level of Learning) : 주제를 학습시킬 범위와 내용의 정도를 말한다.
3) 목표(Goal) : 학습목적의 핵심으로 학습을 통해 달성하려는 지표를 말한다.

다음 중 학습목적의 3요소에 속하지 않는 것은?

① 목표　② 주제　③ 학습정도　④ 학습방법 (✓)

SECTION 2 교육의 지도

1 교육지도의 원칙

1) 상대방의 입장고려(상대중심교육 : 자발창조의 원칙, 흥미의 원칙, 개성화의 원칙)
2) 동기부여를 한다.
3) 쉬운 것에서 어려운 것으로 실시한다.
4) 반복한다.
5) 한 번에 하나씩 교육을 실시한다.
6) 인상의 강화를 한다.
7) 오감을 활용한다
8) 기능적인 이해

2 교육지도의 단계

1) 안전보건교육의 3단계

(1) 지식교육(1단계) : 지식의 전달과 이해

(2) 기능교육(2단계) : 실습, 시범을 통한 이해

① 준비 철저 ② 위험작업의 규제 ③ 안전작업의 표준화

(3) 태도교육(3단계) : 안전의 습관화(가치관 형성)

① 청취(들어본다) → ② 이해, 납득(이해시킨다) → ③ 모범(시범을 보인다) → ④ 권장(평가한다)

직장규율과 안전규율 등을 몸에 익히기에 적합한 교육의 종류는?

① 지능교육 ② 문제해결교육 ③ 기능교육 ✔ 태도교육

2) 교육법의 4단계

(1) 도입(1단계) : 학습할 준비를 시킨다.(배우고자 하는 마음가짐을 일으키는 단계)

(2) 제시(2단계) : 작업을 설명한다.(내용을 확실하게 이해시키고 납득시키는 단계)

(3) 적용(3단계) : 작업을 지휘한다.(이해시킨 내용을 활용시키거나 응용시키는 단계)

(4) 확인(4단계) : 가르친 뒤 살펴본다.(교육내용을 정확하게 이해하였는가를 테스트하는 단계)

| 교육방법에 따른 교육시간 |

교육법의 4단계	강의식	토의식
제1단계 – 도입(준비)	5분	5분
제2단계 – 제시(설명)	40분	10분
제3단계 – 적용(응용)	10분	40분
제4단계 – 확인(총괄)	5분	5분

교육훈련 지도방법의 4단계의 순서로 옳은 것은?

✔ 도입-제시-적용-확인 ② 제시-도입-적용-확인

③ 적용-제시-도입-확인 ④ 도입-적용-확인-제시

3 교육훈련의 평가방법

1) 학습평가의 기본적인 기준

(1) 타당성 (2) 신뢰성 (3) 객관성 (4) 실용성

2) 교육훈련평가의 4단계

(1) 반응 → (2) 학습 → (3) 행동 → (4) 결과

3) 교육훈련의 평가방법

(1) 관찰 (2) 면접 (3) 자료분석법 (4) 과제
(5) 설문 (6) 감상문 (7) 실험평가 (8) 시험

SECTION 3 교육의 분류

1 교육훈련기법에 따른 분류

1) 강의법(Lecture method)

안전지식을 강의식으로 전달하는 방법(초보적인 단계에서 효과적)

① 강사의 입장에서 시간의 조정이 가능하다.
② 전체적인 교육내용을 제시하는 데 유리하다.
③ 비교적 많은 인원을 대상으로 단시간에 지식을 부여할 수 있다.

CheckPoint

교육훈련 방법 중 강의법의 장점은?

① 흥미를 갖고 적극적으로 참가한다.
✔ 시간에 대한 계획과 통제가 용이하다.
③ 민주적 · 협력적이다.
④ 현실적인 문제의 학습이 가능하다.

2) 토의법(Discussion method)

10~20인 정도가 모여서 토의하는 방법(안전지식을 가진 사람에게 효과적)으로 태도교육의 효과를 높이기 위한 교육방법. 집단을 대상으로 한 안전보건교육 중 가장 효율적인 교육방법

알고 있는 지식을 심화시키거나 어떠한 자료에 대해 보다 명료한 생각을 갖도록 하기 위하여 실시하는 교육방법

3) 시범

필요한 내용을 직접 제시하는 방법

4) 모의법 : 실제 상황을 만들어 두고 학습하는 방법

(1) 제약조건

① 단위 교육비가 비싸고 시간의 소비가 많다.
② 시설의 유지비가 높다.
③ 다른 방법에 비하여 학생 대 교사의 비가 높다.

(2) 모의법 적용의 경우

① 수업의 모든 단계
② 학교수업 및 직업훈련 등
③ 실제사태는 위험성이 따른 경우
④ 직접 조작을 중요시하는 경우

5) 시청각 교육법 : 시청각 교육자료를 가지고 학습하는 방법

6) 실연법

학습자가 이미 설명을 듣거나 시범을 보고 알게 된 지식이나 기능을 강사의 감독 아래 직접적으로 연습해 적용해 보게 하는 교육방법. 다른 방법보다 교사 대 학습자수의 비율이 높다.
수업의 중간이나 마지막 단계에 행하는 것으로서 언어학습이나 문제해결 학습에 효과적인 학습법이다.

7) 프로그램 학습법(Programmed Self-instruction Method)

학습자가 프로그램을 통해 단독으로 학습하는 방법으로 개발된 프로그램은 변경이 어렵다.
(1) Skinner의 조작적 조건형성 원리에 의해 개발된 것으로 자율적 학습이 특징이다.
(2) 학습내용 습득 여부를 즉각적으로 피드백 받을 수 있다.
(3) 교재개발에 많은 시간과 노력이 드는 것이 단점이다.

8) **집중학습** : 학습할 자료를 한꺼번에 묶어서 일괄적으로 연습하는 방법

9) **배분학습** : 학습할 자료를 나누어서 연습하는 방법

새로운 기술을 학습하는 경우에는 배분학습이 집중학습보다 효과적이다.

10) **초과학습** : 충분한 연습으로 완전학습 후에도 일정량 연습을 계속하는 것

일반적으로 기술과 학습에서는 연습이 매우 중요하다. 연습방법과 관련된 진술 중에서 잘못된 것은?

① 교육 훈련 과정에서는 학습 자료를 한꺼번에 묶어서 일괄적으로 연습하는 방법을 집중연습이라고 한다.
② 새로운 기술을 학습하는 경우에는 배분연습보다 집중연습이 더 효과적이다.
③ 기술을 배울 때는 적극적 연습과 피드백이 있어야 부적절하고 비효과적인 반응을 제거할 수 있다.
④ 충분한 연습으로 완전학습한 후에도 일정량 연습을 계속하는 것을 초과학습이라고 한다.

2 교육방법에 따른 분류

1) 하버드 학파의 5단계 교수법(사례연구 중심)

(1) 1단계 : 준비시킨다.(Preparation)
(2) 2단계 : 교시한다.(Presentation)
(3) 3단계 : 연합한다.(Association)
(4) 4단계 : 총괄한다.(Generalization)
(5) 5단계 : 응용시킨다.(Application)

다음 중 하버드 학파의 학습지도법에 속하지 않는 것은?

① 지시 ② 준비 ③ 교시 ④ 총괄

2) 수업단계별 최적의 수업방법

(1) 도입단계 : 강의법, 시범
(2) 전개단계 : 토의법, 실연법
(3) 정리단계 : 자율학습법
(4) 도입 · 전개 · 정리단계 : 프로그램 학습법, 모의법

3) 존 듀이(Jone Dewey)의 5단계 사고과정

(1) 제1단계 : 시사(Suggestion)를 받는다.
(2) 제2단계 : 지식화(Intellectualization)한다.
(3) 제3단계 : 가설(Hypothesis)을 설정한다.
(4) 제4단계 : 추론(Reasoning)한다.
(5) 제5단계 : 행동에 의하여 가설을 검토한다.

4) TWI(관리감독자 훈련)

(1) TWI(Training Within Industry)

주로 관리감독자를 대상으로 하며 전체 교육시간은 10시간(1일 2시간씩 5일 교육)으로 실시한다. 한 그룹에 10명 내외로 토의법과 실연법 중심으로 강의가 실시되며 훈련의 종류는 다음과 같다.

① 작업지도훈련(JIT ; Job Instruction Training)
② 작업방법훈련(JMT ; Job Method Training)
③ 인간관계훈련(JRT ; Job Relations Training)
④ 작업안전훈련(JST ; Job Safety Training)

다음 중 관리감독자 훈련(TWI)에 관한 내용이 아닌 것은?

✓ Job Synergy ② Job Method ③ Job Relation ④ Job Instruction

(2) TWI 개선 4단계

① 작업분해 ② 세부내용 검토
③ 작업분석 ④ 새로운 방법의 적용

(3) MTP(Management Training Program)

한 그룹에 10~15명 내외로 전체 교육시간은 40시간(1일 2시간씩 20일 교육)으로 실시한다.

다음 중 MTP(Management Training Program) 안전교육 방법에서의 총교육시간으로 가장 적당한 것은?

① 10시간 ② 40시간 ③ 80시간 ④ 120시간

(4) ATT(American Telephone & Telegraph Company)

대상층이 한정되어 있지 않고 토의식으로 진행되며 교육시간은 1차 훈련은 1일 8시간씩 2주간, 2차 과정은 문제 발생시 하도록 되어 있다.

(5) CCS(Civil Communication Section)

상의식에 토의식이 가미된 형태로 진행되며 매주 4일, 4시간씩 8주간(총 128시간) 실시토록 되어 있다. 당초 일부 회사의 톱 매니지먼트(top management)에 대하여만 행하여졌으나 그 후 널리 보급되었으며, 교육 내용은 정책의 수립, 조작, 통제 및 운영 등이다.

5) O. J. T(On the Job Training) 및 OFF J. T(Off the Job Training)

(1) O. J. T(직장 내 교육훈련)

직속상사가 직장 내에서 작업표준을 가지고 업무상의 개별교육이나 지도훈련을 하는 것(개별교육에 적합)

① 개인 개인에게 적절한 지도훈련이 가능
② 직장의 실정에 맞게 실제적 훈련이 가능
③ 효과가 곧 업무에 나타나며 훈련의 좋고 나쁨에 따라 개선이 쉬움

다음 중 O. J. T(On the Job Training)와 관계가 가장 먼 것은?

① 효과가 곧 업무에 나타난다.
② 직장의 실정에 맞는 실체적 훈련이다.
③ 다수의 근로자에게 조직적 훈련이 가능하다.
④ 교육을 통한 훈련 효과에 의해 상호 신뢰이해도가 높아진다.

(2) OFF J. T(직장 외 교육훈련)

계층별 직능별로 공통된 교육대상자를 현장 이외의 한 장소에 모아 집합교육을 실시하는 교육형태(집단교육에 적합)

① 다수의 근로자에게 조직적 훈련을 행하는 것이 가능
② 훈련에만 전념
③ 각각 전문가를 강사로 초청하는 것이 가능
④ OFF J. T. 안전교육 4단계
- 1단계 : 학습할 준비를 시킨다.
- 2단계 : 작업을 설명한다.
- 3단계 : 작업을 시켜본다.
- 4단계 : 가르친 뒤를 살펴본다.

CheckPoint

다음 중 Off. J. T의 특징이 아닌 것은?

① 다수의 대상자를 일괄적·체계적으로 교육을 시킬 수 있다.
✔ 개개인의 능력 및 적성에 적합한 세부교육이 가능하다.
③ 우수한 강사를 확보할 수 있다.
④ 교재, 시설 등을 효과적으로 이용할 수 있다.

6) 학습목적의 3요소

(1) 교육의 3요소

① 주체 : 강사　　② 객체 : 수강자(학생)　　③ 매개체 : 교재(교육내용)

CheckPoint

다음 중 교육의 3요소를 바르게 나열한 것은?

✔ 교사-학생-교육재료　　② 교사-학생-부모
③ 학생-환경-교육재료　　④ 학생-부모-사회 지식인

(2) 학습의 구성 3요소

① 목표 : 학습의 목적, 지표
② 주제 : 목표 달성을 위한 주제
③ 학습정도 : 주제를 학습시킬 범위와 내용의 정도

(3) 학습정도의 4단계

① 인지(to aquaint) : ~을 인지하여야 한다.
② 지각(to understand) : ~을 알아야 한다.
③ 이해(to recall) : ~을 이해하여야 한다.
④ 적용(to apply) : ~을 ~에 적용할 줄 알아야 한다.

CheckPoint

학습의 정도란 주제를 학습시킬 범위와 내용의 정도를 뜻한다. 다음 중 학습의 정도 4단계에 포함되지 않는 것은?

① 인지 ② 이해 ③ 회상 (정답) ④ 적용

7) 교육훈련평가

(1) 학습평가의 기본적인 기준

① 타당성 ② 신뢰성 ③ 객관성 ④ 실용성

(2) 교육훈련평가의 4단계

① 반응 → ② 학습 → ③ 행동 → ④ 결과

(3) 교육훈련의 평가방법

① 관찰 ② 면접 ③ 자료분석법 ④ 과제
⑤ 설문 ⑥ 감상문 ⑦ 실험평가 ⑧ 시험

8) 5관의 효과치

(1) 시각효과 60% (2) 청각효과 20% (3) 촉각효과 15%
(4) 미각효과 3% (5) 후각효과 2%

CheckPoint

안전 교육의 효과를 충분히 얻기 위해서는 인간의 감각기관을 이용해야 한다. 교육효과 면에서 이해도가 가장 낮은 것은?

① 시각적 효과 ② 청각적 효과 ③ 촉각적 효과 ④ 미각적 효과 (정답)

SECTION 4 교육심리학

1 교육심리학의 정의

교육의 과정에서 일어나는 여러 문제를 심리학적 측면에서 연구하여 원리를 정립하고 방법을 제시함으로써 교육의 효과를 극대화하려는 교육학의 한 분야

1) 교육심리학에서 심리학적 측면을 강조하는 경우에는 학습자의 발달과정이나 학습방법과 관련된 법칙정립이 그 핵심이 되어 가치중립적인 과학적 연구가 된다.
2) 바람직한 방향으로 학습자를 성장하도록 도와준다는 교육적 측면이 중요시되는 경우에는 교육적인 측면에 가치가 개입된다.

2 교육심리학의 연구방법

1) 관찰법 : 현재의 상태를 있는 그대로 관찰하는 방법
2) 실험법 : 관찰대상을 교육목적에 맞게 계획하고 조작하여 나타나는 결과를 관찰하는 방법
3) 면접법 : 관찰자가 관찰대상을 직접 면접을 통해서 심리상태를 파악하는 방법
4) 질문지(설문지)법 : 관찰대상에게 질문지를 나누어주고 이에 대한 답을 작성하게 해서 알아보는 방법
5) 투사법 : 인간의 내면에서 일어나고 있는 심리적 사고에 대하여 사물을 이용하여 인간의 성격을 알아보는 방법
6) 사례연구법 : 여러 가지 사례를 조사하여 결과를 도출하는 방법. 원칙과 규정의 체계적 습득이 어렵다.

(1) 사례연구법의 장점

① 강의법에 비해 실제 업무현장에의 전이를 촉진한다.
② 사례 속의 문제를 다양한 관점에서 바라보게 된다.
③ 커뮤니케이션 스킬이 향상된다.

교육심리학의 연구방법으로 적당하지 않은 것은?

① 관찰법 ② 실험법 ③ 반복법 ④ 투사법

(정답: ③)

7) 카운슬링(Counseling) : 심리학적 교양과 기술을 익힌 전문가인 카운슬러가 적응상(適應上)의 문제를 가진 내담자(來談者)와 면접하여 대화를 거듭하고, 이를 통하여 내담자가 자신의 문제를 해결해 나가는 인격적 발달을 도울 수 있도록 하는 것(의식의 우회에서 오는 부주의를 최소화하기 위한 방법)

(1) 카운슬링의 방법 : 직접적인 충고, 설득적 방법, 설명적 방법

(2) 카운슬링의 순서

장면 구성 → 내담자와의 대화 → 의견 재분석 → 감정 표출 → 감정의 명확화

3 성장과 발달

1) 성인학습자의 특성

(1) 지능상의 특성

① 유동적 지능 : 개인이 속하여 살고 있는 특정사회의 문화내용이나 체계적인 학교교육 또는 학습활동과 무관하게 사회 속에 우연한 학습과정을 통하여 나타나는 개개인의 독특한 사고력의 정도이다. 유동적 지능은 유아기 때 가장 높으며 연령이 높아짐에 따라 점차 감퇴하는 경향이 있다.

② 결정체적 지능 : 형식화, 체계화된 의도적 학습을 통해 발달된다. 의도적 학습의 경험이 많고 지식이나 경험의 폭이 넓을수록 결정체적 지능이 높아진다.

(2) 학습자로서의 성인의 특징(엔드라고지 모델에 기초)

① 성인들은 무엇인가를 왜 배워야 하는지에 대해 알고자 하는 욕구를 가지고 있다.

② 성인들은 자기주도적으로 학습하고자 한다.

③ 성인들은 많은 다양한 경험들을 가지고 있다.

④ 성인들은 과제중심적(문제중심적)으로 학습하고자 한다.

⑤ 성인들은 학습을 하려는 강한 내·외적 동기를 가지고 있다.

2) 교육의 유형적 개념

(1) 형식적 교육 : 일반적으로 정규학교 교육을 의미한다. 형식적 교육은 의도적 교육 또는 좁은 의미의 교육이라고도 한다. 형식적 교육의 특징은 폐쇄적, 규정적, 선발적, 경쟁적 이며 가르치는 교과 형태가 구조화 되어 있으므로 활용과 효과 또한 장기적인 목표에 두고 있다.

(2) 비형식적 교육 : 비형식적 교육은 가정 · 직장 · 독서 · 라디오 · 비디오 · 영화 · 여행들의 일상적인 경험이나 환경의 접촉에 의한 체계나 조직 없이 지식, 기술, 태도 등을 습득하는 과정을 의미하며 또한 공동 관심사를 지닌 사람들이 자발적으로 활동한다.

(3) 무형식적 교육 : 무형식적 교육은 형식적과 비형식적 교육의 중간단계이다. 학교제도 밖에서 아동이나 성인들의 특정집단에게 그들의 학습요구에 응하여 제공되는 조직적이고 체계적인 교육활동을 의미하며 형식적 교육에 비해 덜 구조화 되어 있지만 규정적인 교육내용으로 사람들에게 영향을 주고 전파되는 경우도 있다.

4 학습이론

1) 자극과 반응(S-R, Stimulus & Response) 이론

(1) 손다이크(Thorndike)의 시행착오설

인간과 동물은 차이가 없다고 보고 동물연구를 통해 인간심리를 발견하고자 했으며 동물의 행동이 자극 S와 반응 R의 연합에 의해 결정된다고 하는 것(학습 또한 지식의 습득이 아니라 새로운 환경에 적응하는 행동의 변화이다)

① 준비성의 법칙 : 학습이 이루어지기 전의 학습자의 상태에 따라 그것이 만족스러운가 불만족스러운가에 관한 것

② 연습의 법칙 : 일정한 목적을 가지고 있는 작업을 반복하는 과정 및 효과를 포함한 전체과정

③ 효과의 법칙 : 목표에 도달했을 때 만족스러운 보상을 주면 반응과 결합이 강해져 조건화가 잘 이루어짐

(2) 파블로프(Pavlov)의 조건반사설

훈련을 통해 반응이나 새로운 행동에 적응할 수 있다.(종소리를 통해 개의 소화작용에 대한 실험을 실시)

① 계속성의 원리(The Continuity Principle) : 자극과 반응의 관계는 횟수가 거듭될 수록 강화가 잘됨

② 일관성의 원리(The Consistency Principle) : 일관된 자극을 사용하여야 함

③ 강도의 원리(The Intensity Principle) : 먼저 준 자극보다 같거나 강한 자극을 주어야 강화가 잘됨

④ 시간의 원리(The Time Principle) : 조건자극을 무조건자극보다 조금 앞서거나 동시에 주어야 강화가 잘됨

(3) 파블로프의 계속성 원리와 손다이크의 연습의 원리 비교

① 파블로프의 계속성 원리 : 같은 행동을 단순히 반복함, 행동의 양적 측면에 관심
② 손다이크의 연습의 원리 : 단순동일행동의 반복이 아님, 최종행동의 형성을 위해 점차적인 변화를 꾀하는 목적 있는 진보의 의미

(4) 스키너(Skinner)의 조작적 조건형성 이론

특정 반응에 대해 체계적이고 선택적인 강화를 통해 그 반응이 반복해서 일어날 확률을 증가시키는 이론(쥐를 상자에 넣고 쥐의 행동에 따라 음식을 떨어뜨리는 실험을 실시)

① 강화(Reinforcement)의 원리 : 어떤 행동의 강도와 발생빈도를 증가시키는 것 (예 안전퀴즈대회를 열어 우승자에게 상을 줌)
  ㉠ 부적강화란 반응 후 처벌이나 비난 등 해로운 자극이 주어져서 반응 발생률이 감소하는 것이다.
  ㉡ 정적강화란 반응 후 음식이나 칭찬 등 이로운 자극을 주었을 때 반응 발생률이 높아지는 것이다.
  ㉢ 처벌은 더 강한 처벌에 의해서만 효과가 지속되는 부작용이 있다.
  ㉣ 부분강화에 의하면 학습이 빠르게 진행되고 학습효과가 서서히 사라진다.

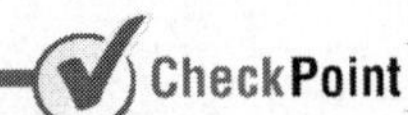

다음 중 '종업원들의 수행을 높이기 위해서는 보상이 필요하다'는 주장과 관련된 동기이론은?
✓ 강화이론 ② 기대이론 ③ 형평이론 ④ 목표설정이론

② 소거의 원리
③ 조형의 원리
④ 변별의 원리
⑤ 자발적 회복의 원리

2) 인지이론

(1) 톨만(Tolman)의 기호형태설 : 학습자의 머릿속에 인지적 지도 같은 인지구조를 바탕으로 학습하려는 것이다.
(2) 쾰러(Köhler)의 통찰설
(3) 레빈(Lewin)의 장이론(Field Theory)

5 학습조건

1) 파지(Retention)

과거의 학습경험이 현재와 미래의 행동에 영향을 주는 작용

2) 망각

경험한 내용이나 학습된 행동을 다시 생각하여 작업에 적용하지 아니하고 방치함으로써 경험의 내용이나 인상이 약해지거나 소멸되는 현상

3) 기억의 과정

(1) 기명(Memorizing) : 사물의 인상을 마음에 간직하는 것
(2) 파지(Retention) : 인상이 보존되는 것
(3) 재생(Recall) : 보존된 인상을 다시 떠올리는 것
(4) 재인(Recognition) : 과거의 경험과 비슷한 상황에 부딪혔을 때 떠오르는 것

다음 중 교육심리학에 있어 일반적으로 기억 과정의 순서를 올바르게 나열한 것은?

① 파지－재생－재인－기명　　② 파지－재생－기명－재인
✔ 기명－파지－재생－재인　　④ 기명－파지－재인－재생

4) 피교육자에게 해주어야 할 일

(1) 긴장감을 제거해 줄 것
(2) 피교육자의 입장에서 가르칠 것
(3) 안심감을 줄 것
(4) 믿을 수 있는 내용으로 쉽게 할 것

6 적응기제

욕구 불만에서 합리적인 반응을 하기가 곤란할 때 일어나는 여러 가지의 비합리적인 행동으로 자신을 보호하려고 하는 것. 문제의 직접적인 해결을 시도하지 않고, 현실을 왜곡시켜 자기를 보호함으로써 심리적 균형을 유지하려는 '행동 기제'

1) 방어적 기제(Defense Mechanism)

자신의 약점을 위장하여 유리하게 보임으로써 자기를 보호하려는 것

(1) 보상 : 계획한 일을 성공하는 데서 오는 자존감

(2) 합리화(변명) : 너무 고통스럽기 때문에 인정할 수 없는 실제 이유 대신에 자기 행동에 그럴듯한 이유를 붙이는 방법

(3) 승화 : 억압당한 욕구가 사회적 · 문화적으로 가치 있게 목적으로 향하도록 노력함으로써 욕구를 충족하는 방법

(4) 동일시 : 자기가 되고자 하는 인물을 찾아내어 동일시하여 만족을 얻는 행동

다음의 적응기제 중에서 방어적 기제에 속하는 것은?

① 고립(Isolation)
② 억압(Repression)
③ 백일몽(Day-dream)
④ 동일시(Identification) ✔

2) 도피적 기제(Escape Mechanism)

욕구불만이나 압박으로부터 벗어나기 위해 현실을 벗어나 마음의 안정을 찾으려는 것

(1) 고립 : 자기의 열등감을 의식하여 다른 사람과의 접촉을 피해 자기의 내적 세계로 들어가 현실의 억압에서 피하려는 기제

(2) 퇴행 : 신체적으로나 정신적으로 정상 발달되어 있으면서도 위협이나 불안을 일으키는 상황에는 생애 초기에 만족했던 시절을 생각하는 것

(3) 억압 : 나쁜 무엇을 잊고 더 이상 행하지 않겠다는 해결 방어기제

(4) 백일몽 : 현실에서 만족할 수 없는 욕구를 상상의 세계에서 얻으려는 행동

3) 공격적 기제(Aggressive Mechanism)

욕구불만이나 압박에 대해 반항하여 적대시하는 감정이나 태도를 취하는 것

(1) 직접적 공격기제 : 폭행, 싸움, 기물파손

(2) 간접적 공격기제 : 욕설, 비난, 조소 등

4) 적응기제의 전형적인 형태

스트레스	일반적인 방어기제
실패	합리화, 부상
죄책감	합리화
적대감	백일몽, 억압
열등감	동일시, 보상, 백일몽
실연	합리화, 백일몽, 고립
개인의 능력한계	백일몽, 고립

CHAPTER 04 교육방법

SECTION 1 교육의 실시방법

1 교육법의 4단계

1) 도입(1단계) : 학습할 준비를 시킨다.(배우고자 하는 마음가짐을 일으키는 단계)
2) 제시(2단계) : 작업을 설명한다.(내용을 확실하게 이해시키고 납득시키는 단계)
3) 적용(3단계) : 작업을 지휘한다.(이해시킨 내용을 활용 또는 응용시키는 단계)
4) 확인(4단계) : 가르친 뒤 살펴본다.(교육 내용을 정확하게 이해하였는가를 테스트하는 단계)

| 교육방법에 따른 교육시간 |

교육법의 4단계	강의식	토의식
제1단계 – 도입(준비)	5분	5분
제2단계 – 제시(설명)	40분	10분
제3단계 – 적용(응용)	10분	40분
제4단계 – 확인(총괄)	5분	5분

Check Point

"위험물의 성질"에 관한 안전교육과 지도안을 작성하려고 한다. "제시"에 해당되는 것은?

① 위험 정도를 말한다.
② 위험물 취급물질을 설명한다. (✔)
③ 문제에 대하여 질문을 받는다.
④ 취급상 제규정을 준수, 확인한다.

2 강의법

안전지식을 강의식으로 전달하는 방법(초보적인 단계에서 효과적)

1) 강사의 입장에서 시간의 조정이 가능하다.
2) 전체적인 교육내용을 제시하는 데 유리하다.
3) 비교적 많은 인원을 대상으로 단시간에 지식을 부여할 수 있다.
4) 개인의 학습속도에 맞추기 어려운 단점이 있다.

3 토의법

10~20인 정도가 모여서 토의하는 방법(안전지식을 가진 사람에게 효과적)으로 태도교육의 효과를 높이기 위한 교육방법. 집단을 대상으로 한 안전보건교육 중 가장 효율적인 교육방법

1) 토의 운영방식에 따른 유형

(1) 일제문답식 토의

교수가 학습자 전원을 대상으로 문답을 통하여 전개해 나가는 방식

(2) 공개식 토의

1~2명의 발표자가 규정된 시간(5~10분) 내에 발표하고 발표내용을 중심으로 질의, 응답으로 진행

(3) 원탁식 토의

10명 내외 인원이 원탁에 둘러앉아 자유롭게 토론하는 방식

(4) 워크숍(Workshop)

학습자를 몇 개의 그룹으로 나눠 자주적으로 토론하는 전개 방식

(5) 버즈법(Buzz Session Discussion)

참가자가 다수인 경우에 전원을 토의에 참가시키기 위한 방법으로 소집단을 구성하여 회의를 진행시키며 일명 6-6회의라고도 한다.

⇒ 진행방법

① 먼저 사회자와 기록계를 선출한다.

② 나머지 사람은 6명씩 소집단을 구성한다.

③ 소집단별로 각각 사회자를 선발하여 각각 6분씩 자유토의를 행하여 의견을 종합한다.

(6) 자유토의

학습자 전체가 관심있는 주제를 가지고 자유롭게 토의하는 형태

(7) 롤 플레잉(Role Playing)

참가자에게 일정한 역할을 주어서 실제적으로 연기를 시켜봄으로써 자기의 역할을 보다 확실히 인식시키는 방법

2) 집단 크기에 따른 유형

(1) 대집단 토의

① 패널토의(Panel Discussion) : 사회자의 진행에 의해 특정 주제에 대해 구성원 3~6명이 대립된 견해를 가지고 청중 앞에서 논쟁을 벌이는 것

② 포럼(The Forum) : 1~2명의 전문가가 10~20분 동안 공개 연설을 한 다음 사회자의 진행하에 질의응답의 과정을 통해 토론하는 형식

③ 심포지엄(The Symposium) : 몇 사람의 전문가에 의하여 과제에 관한 견해를 발표한 뒤에 참가자로 하여금 의견이나 질문을 하게 하여 토의하는 방법

다음 중 새로운 자료나 교재를 제시하고, 거기에서의 문제점을 피교육자로 하여금 제기하게 하거나 의견을 여러 가지 방법으로 발표하게 하고, 다시 깊게 파고들어서 토의를 행하는 방법은?

✔ 포럼(Forum)　　② 심포지엄(Symposium)
③ 버즈세션(Buzz Session)　　④ 패널 디스커션(Panel Discussion)

(2) 소집단 토의

① 브레인스토밍　　② 개별지도 토의

4 실연법

학습자가 이미 설명을 듣거나 시범을 보고 알게 된 지식이나 기능을 강사의 감독 아래 직접적으로 연습해 적용해 보게 하는 교육방법. 다른 방법보다 교사 대 학습자수의 비율이 높다.

5 기타 교육 실시방법

1) 구안법(Project method)

학생이 마음속에 생각하고 있는 것을 외부에 구체적으로 실현하고 형상화하기 위해서 자기 스스로가 계획을 세워 수행하는 학습 활동으로 이루어지는 형태 Collings는 구안법을 탐험(Exploration), 구성(Construction), 의사소통(Communication), 유희(Play), 기술(Skill)의 5가지로 지적하고 산업시찰, 견학, 현장실습 등도 이에 해당된다고 했다.

(1) 구안법의 단계 : 목적 → 계획 → 수행 → 평가

(2) 구안법의 특징 : 동기부여가 충분하다. 현실적인 학습방법이다. 작업에 대해 창조력이 생긴다. 시간과 에너지가 많이 소비된다.

다음 중 Project Method의 장점으로 볼 수 없는 것은?

① 동기부여가 충분하다. ② 현실적인 학습방법이다.
③ 창조력이 생긴다. ④ 시간과 에너지가 적게 소비된다.

SECTION 2 교육대상

1 교육대상별 교육방법

1) 근로자 안전 · 보건교육(산업안전보건법 시행규칙)

(1) 정기교육

교육내용	
• 산업안전 및 사고 예방에 관한 사항 • 산업보건 및 직업병 예방에 관한 사항 • 위험성 평가에 관한 사항 • 건강증진 및 질병 예방에 관한 사항 • 유해 · 위험 작업환경 관리에 관한 사항	• 산업안전보건법령 및 산업재해보상보험 제도에 관한 사항 • 직무스트레스 예방 및 관리에 관한 사항 • 직장 내 괴롭힘, 고객의 폭언 등으로 인한 건강장해 예방 및 관리에 관한 사항

(2) 채용 시 교육 및 작업내용 변경 시 교육

교육내용	
• 산업안전 및 사고 예방에 관한 사항 • 산업보건 및 직업병 예방에 관한 사항 • 위험성 평가에 관한 사항 • 산업안전보건법령 및 산업재해보상보험 제도에 관한 사항 • 직무스트레스 예방 및 관리에 관한 사항 • 직장 내 괴롭힘, 고객의 폭언 등으로 인한 건강장해 예방 및 관리에 관한 사항	• 기계 · 기구의 위험성과 작업의 순서 및 동선에 관한 사항 • 작업 개시 전 점검에 관한 사항 • 정리정돈 및 청소에 관한 사항 • 사고 발생 시 긴급조치에 관한 사항 • 물질안전보건자료에 관한 사항

2) 관리감독자 안전보건교육

(1) 정기교육

교육내용
• 산업안전 및 사고 예방에 관한 사항 • 산업보건 및 직업병 예방에 관한 사항 • 위험성평가에 관한 사항 • 유해 · 위험 작업환경 관리에 관한 사항 • 산업안전보건법령 및 산업재해보상보험 제도에 관한 사항 • 직무스트레스 예방 및 관리에 관한 사항 • 직장 내 괴롭힘, 고객의 폭언 등으로 인한 건강장해 예방 및 관리에 관한 사항 • 작업공정의 유해 · 위험과 재해 예방대책에 관한 사항 • 사업장 내 안전보건관리체제 및 안전 · 보건조치 현황에 관한 사항 • 표준안전 작업방법 결정 및 지도 · 감독 요령에 관한 사항 • 현장근로자와의 의사소통능력 및 강의능력 등 안전보건교육 능력 배양에 관한 사항 • 비상시 또는 재해 발생 시 긴급조치에 관한 사항 • 그 밖의 관리감독자의 직무에 관한 사항

(2) 채용 시 교육 및 작업내용 변경 시 교육

교육내용
• 산업안전 및 사고 예방에 관한 사항 • 산업보건 및 직업병 예방에 관한 사항 • 위험성평가에 관한 사항 • 산업안전보건법령 및 산업재해보상보험 제도에 관한 사항 • 직무스트레스 예방 및 관리에 관한 사항 • 직장 내 괴롭힘, 고객의 폭언 등으로 인한 건강장해 예방 및 관리에 관한 사항 • 기계 · 기구의 위험성과 작업의 순서 및 동선에 관한 사항 • 작업 개시 전 점검에 관한 사항 • 물질안전보건자료에 관한 사항 • 사업장 내 안전보건관리체제 및 안전 · 보건조치 현황에 관한 사항 • 표준안전 작업방법 결정 및 지도 · 감독 요령에 관한 사항 • 비상시 또는 재해 발생 시 긴급조치에 관한 사항 • 그 밖의 관리감독자의 직무에 관한 사항

3) 특별교육 대상 작업의 종류

작업명
1. 고압실 내 작업(잠함공법이나 그 밖의 압기공법으로 대기압을 넘는 기압인 작업실 또는 수갱 내부에서 하는 작업만 해당한다)
2. 아세틸렌 용접장치 또는 가스집합 용접장치를 사용하는 금속의 용접 · 용단 또는 가열작업(발생기 · 도관 등에 의하여 구성되는 용접장치만 해당한다)
3. 밀폐된 장소(탱크 내 또는 환기가 극히 불량한 좁은 장소를 말한다)에서 하는 용접작업 또는 습한 장소에서 하는 전기용접장치

4. 폭발성 · 물반응성 · 자기반응성 · 자기발열성 물질, 자연발화성 액체 · 고체 및 인화성 액체의 제조 또는 취급작업(시험연구를 위한 취급작업은 제외한다)
5. 액화석유가스 · 수소가스 등 인화성 가스 또는 폭발성 물질 중 가스의 발생장치 취급작업
6. 화학설비 중 반응기, 교반기 · 추출기의 사용 및 세척작업
7. 화학설비의 탱크 내 작업
8. 분말 · 원재료 등을 담은 호퍼 · 저장창고 등 저장탱크의 내부작업
11. 동력에 의하여 작동되는 프레스기계를 5대 이상 보유한 사업장에서 해당 기계로 하는 작업
12. 목재가공용 기계(둥근톱기계, 띠톱기계, 대패기계, 모떼기기계 및 라우터만 해당하며, 휴대용은 제외한다)를 5대 이상 보유한 사업장에서 해당 기계로 하는 작업
13. 운반용 등 하역기계를 5대 이상 보유한 사업장에서의 해당 기계로 하는 작업
14. 1톤 이상의 크레인을 사용하는 작업 또는 1톤 미만의 크레인 또는 호이스트를 5대 이상 보유한 사업장에서 해당 기계로 하는 작업(제40호의 작업은 제외한다)
15. 건설용 리프트 · 곤돌라를 이용한 작업
16. 주물 및 단조작업
17. 전압이 75볼트 이상인 정전 및 활선작업
18. 콘크리트 파쇄기를 사용하여 하는 파쇄작업(2미터 이상인 구축물의 파쇄작업만 해당한다)
19. 굴착면의 높이가 2미터 이상이 되는 지반 굴착(터널 및 수직갱 외의 갱 굴착은 제외한다)작업
20. 흙막이 지보공의 보강 또는 동바리를 설치하거나 해체하는 작업
21. 터널 안에서의 굴착작업(굴착용 기계를 사용하여 하는 굴착작업 중 근로자가 칼날 밑에 접근하지 않고 하는 작업은 제외한다) 또는 같은 작업에서의 터널 거푸집 지보공의 조립 또는 콘크리트 작업
22. 굴착면의 높이가 2미터 이상이 되는 암석의 굴착작업
23. 높이가 2미터 이상인 물건을 쌓거나 무너뜨리는 작업(하역기계로만 하는 작업은 제외한다)
24. 선박에 짐을 쌓거나 부리거나 이동시키는 작업
25. 거푸집 동바리의 조립 또는 해체작업
26. 비계의 조립 · 해체 또는 변경작업
27. 건축물의 골조, 다리의 상부구조 또는 탑의 금속제의 부재로 구성되는 것(5미터 이상인 것만 해당한다)의 조립 · 해체 또는 변경작업
28. 처마 높이가 5미터 이상인 목조건축물의 구조 부재의 조립이나 건축물의 지붕 또는 외벽 밑에서의 설치작업
29. 콘크리트 인공구조물(그 높이가 2미터 이상인 것만 해당한다)의 해체 또는 파괴작업
30. 타워크레인을 설치(상승작업을 포함한다) · 해체하는 작업

31. 보일러(소형 보일러 및 다음 각 목에서 정하는 보일러는 제외한다)의 설치 및 취급 작업 가. 몸통 반지름이 750밀리미터 이하이고 그 길이가 1,300밀리미터 이하인 증기보일러 나. 전열면적이 3제곱미터 이하인 증기보일러 다. 전열면적이 14제곱미터 이하인 온수보일러 라. 전열면적이 30제곱미터 이하인 관류보일러
32. 게이지 압력을 제곱센티미터당 1킬로그램 이상으로 사용하는 압력용기의 설치 및 취급작업
33. 방사선 업무에 관계되는 작업(의료 및 실험용은 제외한다)
34. 밀폐공간에서의 작업
35. 허가 및 관리 대상 유해물질의 제조 또는 취급작업
36. 로봇작업
37. 석면해체 · 제거작업
38. 가연물이 있는 장소에서 하는 화재위험작업
39. 타워크레인을 사용하는 작업 시 신호업무를 하는 작업

4) 건설업 기초안전 · 보건교육에 대한 내용 및 시간

교육 내용	시간
가. 건설공사의 종류(건축 · 토목 등) 및 시공 절차	1시간
나. 산업재해 유형별 위험요인 및 안전보건조치	2시간
다. 안전보건관리체제 현황 및 산업안전보건 관련 근로자 권리 · 의무	1시간

SECTION 3 안전보건교육

1 안전보건교육의 기본방향

1) 안전보건교육의 기본방향

(1) 사고 사례 중심의 안전교육

(2) 안전작업(표준작업)을 위한 안전교육

(3) 안전의식 향상을 위한 안전교육

2) 안전보건교육의 직접적 필요성

(1) 누적된 지식의 활용을 통한 사업장 안전추구
(2) 생산기술 및 안전시책의 변화에 대한 보완
(3) 반복교육으로 정착화

2 안전보건교육 계획

1) 안전보건교육 계획 수립 시 고려사항

(1) 필요한 정보를 수집
(2) 현장의 의견을 충분히 반영
(3) 안전보건교육 시행체계와의 관련을 고려
(4) 법 규정에 의한 교육에만 그치지 않는다.

2) 안전보건교육의 내용(안전보건교육계획 수립시 포함되어야 할 사항)

(1) 교육대상(가장 먼저 고려)
(2) 교육의 종류
(3) 교육과목 및 교육내용
(4) 교육기간 및 시간
(5) 교육장소
(6) 교육방법
(7) 교육담당자 및 강사

3) 교육준비계획에 포함되어야 할 사항

(1) 교육목표 설정(교육 및 훈련의 범위, 교육훈련의 의무와 책임한계 명시, 교육 보조자료 준비 및 사용지침)
(2) 교육대상자 범위 결정
(3) 교육과정의 결정
(4) 교육방법 및 형태의 결정
(5) 강사, 조교 편성
(6) 교육보조자료의 선정
(7) 교육진행상황
(8) 필요예산의 산정

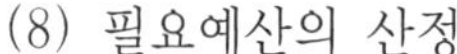

CheckPoint

다음 중 안전교육 준비계획에 포함되어야 할 사항이 아닌 것은?

✔ 교육평가 ② 교육대상 ③ 교육방법 ④ 교육과성

4) 작성순서

(1) 교육의 필요점 발견
(2) 교육대상을 결정하고 그것에 따라 교육내용 및 방법 결정
(3) 교육준비
(4) 교육실시
(5) 평가

3 안전보건교육의 단계별 교육과정

1) 근로자 안전보건교육

교육과정	교육대상		교육시간
가. 정기교육	1) 사무직 종사 근로자		매반기 6시간 이상
	2) 그 밖의 근로자	가) 판매업무에 직접 종사하는 근로자	매반기 6시간 이상
		나) 판매업무에 직접 종사하는 근로자 외의 근로자	매반기 12시간 이상
나. 채용 시 교육	1) 일용근로자 및 근로계약기간이 1주일 이하인 기간제근로자		1시간 이상
	2) 근로계약기간이 1주일 초과 1개월 이하인 기간제근로자		4시간 이상
	3) 그 밖의 근로자		8시간 이상
다. 작업내용 변경 시 교육	1) 일용근로자 및 근로계약기간이 1주일 이하인 기간제근로자		1시간 이상
	2) 그 밖의 근로자		2시간 이상
라. 특별교육	1) 일용근로자 및 근로계약기간이 1주일 이하인 기간제근로자: 별표 5 제1호라목(제39호는 제외한다)에 해당하는 작업에 종사하는 근로자에 한정한다.		2시간 이상
	2) 일용근로자 및 근로계약기간이 1주일 이하인 기간제근로자: 별표 5 제1호라목제39호에 해당하는 작업에 종사하는 근로자에 한정한다.		8시간 이상
	3) 일용근로자 및 근로계약기간이 1주일 이하인 기간제근로자를 제외한 근로자: 별표 5 제1호라목에 해당하는 작업에 종사하는 근로자에 한정한다.		가) 16시간 이상(최초 작업에 종사하기 전 4시간 이상 실시하고 12시간은 3개월 이내에서 분할하여 실시 가능) 나) 단기간 작업 또는 간헐적 작업인 경우에는 2시간 이상

마. 건설업 기초안전 · 보건교육	건설 일용근로자	4시간 이상

2) 관리감독자의 안전보건교육

교육과정	교육시간
가. 정기교육	연간 16시간 이상
나. 채용 시 교육	8시간 이상
다. 작업내용 변경 시 교육	2시간 이상
라. 특별교육	16시간 이상(최초 작업에 종사하기 전 4시간 이상 실시하고, 12시간은 3개월 이내에서 분할하여 실시 가능)
	단기간 작업 또는 간헐적 작업인 경우에는 2시간 이상

산업안전보건법상 사업 내 안전 · 보건교육 중 해당 근로자로서 건설업 종사근로자의 작업내용 변경 시 최소 교육시간으로 옳은 것은?

✔ 1시간 ② 2시간 ③ 4시간 ④ 8시간

3) 안전보건관리책임자 등에 대한 교육

교육대상	교육시간	
	신규교육	보수교육
가. 안전보건관리책임자	6시간 이상	6시간 이상
나. 안전관리자, 안전관리전문기관의 종사자	34시간 이상	24시간 이상
다. 보건관리자, 보건관리전문기관의 종사자	34시간 이상	24시간 이상
라. 재해예방 전문지도기관의 종사자	34시간 이상	24시간 이상
마. 석면조사기관의 종사자	34시간 이상	24시간 이상
바. 안전보건관리담당자	–	8시간 이상
사. 안전검사기관, 자율안전검사기관의 종사자	34시간 이상	24시간 이상

4) 검사원 성능검사 교육

교육과정	교육대상	교육시간
양성 교육	–	28시간 이상

PART 02 산업심리 및 교육

제1회 예상문제

ENGINEER CONSTRUCTION SAFETY

01 다음 중 착각에 관한 설명으로 틀린 것은?

① 착각은 인간의 노력으로 고칠 수 있다.
② 정보의 결함이 있으면 착각이 일어난다.
③ 착각은 인간 측의 결함에 의해서 발생한다.
④ 환경조건이 나쁘면 착각은 쉽게 일어난다.

해설 착각은 물리현상을 왜곡하는 지각현상을 말하는 것으로 인간의 노력으로 고칠 수 있는 것이 아니다.

02 허츠버그(Herzberg)의 동기 · 위생이론 중 동기요인의 측면에서 직무동기를 높이는 방법으로 거리가 먼 것은?

① 급여의 인상
② 상사로부터의 인정
③ 자율성 부여와 권한 위임
④ 직무에 대한 개인적 성취감

해설 급여의 인상은 위생요인(Hygiene)에 해당된다.

03 산업안전보건법상 산업안전 · 보건 관련 교육과정 중 사업 내 안전 · 보건교육에 있어 교육대상별 교육시간이 올바르게 연결된 것은?

① 일용근로자의 채용 시 교육 : 2시간 이상
② 일용근로자의 작업내용 변경 시 교육 : 1시간 이상
③ 사무직 종사 근로자의 정기교육 : 매분기 4시간 이상
④ 관리감독자의 지위에 있는 사람의 정기교육 : 연간 8시간 이상

해설 사업 내 안전 · 보건교육

교육과정	교육대상	교육시간
가. 정기교육	사무직 종사 근로자	매반기 6시간 이상
	관리감독자	연간 16시간 이상
나. 채용 시의 교육	일용근로자 및 근로계약기간이 1주일 이하인 기간제근로자	1시간 이상
다. 작업내용 변경 시의 교육	일용근로자 및 근로계약기간이 1주일 이하인 기간제근로자	1시간 이상

정답 01 ① 02 ① 03 ②

04 다음 중 몸시 피로하거나 단조로운 작업으로 인하여 의식이 뚜렷하지 않은 상태의 의식 수준은?

① Phase Ⅰ ② Phase Ⅱ
③ Phase Ⅲ ④ Phase Ⅳ

해설 의식수준의 저하 : 혼미한 정신상태에서 심신이 피로할 경우나 단조로운 반복작업 등의 경우에 일어나기 쉬움

[인간의 의식 Level의 단계별 신뢰성]

단계	의식의 상태	신뢰성	의식의 작용
Phase Ⅰ	의식의 둔화	0.9 이하	부주의

05 학습정도(Level of Learning)란 주제를 학습시킬 범위와 내용의 정도를 뜻한다. 다음 중 학습정도의 4단계에 포함되지 않는 것은?

① 인지(to recognize)
② 이해(to understand)
③ 회상(to recall)
④ 적용(to apply)

해설 학습정도의 4단계

1. 인지 : ~을 인지하여야 한다.
2. 지각 : ~을 알아야 한다.
3. 이해 : ~을 이해하여야 한다.
4. 적용 : ~을 ~에 적용할 줄 알아야 한다.

06 다음 중 강의법에 관한 설명으로 틀린 것은?

① 교육의 집중도나 흥미의 정도가 높다.
② 적은 시간에 많은 내용을 교육시킬 수 있다.
③ 많은 대상을 상대로 교육할 수 있다.
④ 수업의 도입이나 초기단계에 유리하다.

해설 강의법은 교육의 집중도나 흥미의 정도가 낮다.

07 다음 중 O. J. T(On the Job Training)의 특징에 관한 설명으로 틀린 것은?

① 개개인에게 적절한 지도훈련이 가능하다.
② 훈련에만 전념할 수 있다.
③ 상호 신뢰 및 이해도가 높아진다.
④ 직장의 실정에 맞게 실제적 훈련이 가능하다.

해설 훈련에만 전념할 수 있는 것은 Off. J.T의 특징이다.

08 집단의 효과 중 집단의 압력에 의해 다수의 의견을 따르게 되는 현상을 무엇이라고 하는가?

① 동조 효과 ② 시너지 효과
③ 견물(見物) 효과 ④ 암시 효과

해설 동조 효과 : 집단의 압력에 의해 다수의 의견을 따르게 되는 현상

09 다음 중 교육훈련평가의 4단계를 올바르게 나열한 것은?

① 학습단계 → 반응단계 → 행동단계 → 결과단계
② 반응단계 → 학습단계 → 행동단계 → 결과단계
③ 학습단계 → 행동단계 → 반응단계 → 결과단계
④ 행동단계 → 학습단계 → 결과단계 → 반응단계

정답 04 ① 05 ③ 06 ① 07 ② 08 ① 09 ②

 교육훈련평가의 4단계

1. 반응 → 2. 학습 → 3. 행동 → 4. 결과

10 직무에서 수행하는 과업과 직무를 수행하는 데 요구되는 인적 자질에 의해 직무의 내용을 정의하는 공식적 절차를 무엇이라 하는가?

① 직무분석(Job Analysis)
② 직무평가(Job Evaluation)
③ 직무확충(Job Enrichment)
④ 직무만족(Job Satisfaction)

 직무분석은 조직에서 특정 직무에 적합한 사람을 선발하기 위해 어떤 특성이 필요한지를 파악하기 위해 직무를 조사하는 활동이다.

11 다음 중 심포지엄(Symposium)에 관한 설명으로 가장 적절한 것은?

① 먼저 사례를 발표하고 문제적 사실들과 그의 상호관계에 대하여 검토하고 대책을 토의하는 방법
② 몇 사람의 전문가에 의하여 과제에 관한 견해를 발표한 뒤에 참가자로 하여금 의견이나 질문을 하게 하여 토의하는 방법
③ 새로운 교재를 제시하고 거기에서의 문제점을 피교육자로 하여금 제기하게 하거나, 의견을 여러 가지 방법으로 발표하게 하고 다시 깊이 파고들어서 토의하는 방법
④ 패널 멤버가 피교육자 앞에서 자유로이 토의하고, 뒤에 피교육자 전원이 참가하여 사회자의 사회에 따라 토의하는 방법

 심포지엄(The Symposium) : 몇 사람의 전문가에 의하여 과제에 관한 견해를 발표한 뒤에 참가자로 하여금 의견이나 질문을 하게 하여 토의하는 방법

12 다음 중 시행착오설에 의한 학습법칙에 해당하는 것은?

① 준비성의 법칙
② 일관성의 법칙
③ 시간의 법칙
④ 계속성의 법칙

 손다이크(Thorndike)의 시행착오설

1. 준비성의 법칙
2. 연습의 법칙
3. 효과의 법칙

13 다음 중 작업에 수반되는 피로의 예방대책과 가장 거리가 먼 것은?

① 작업부하를 크게 할 것
② 불필요한 마찰을 배제할 것
③ 작업속도를 적절하게 조정할 것
④ 근로시간과 휴식을 적절하게 취할 것

 피로를 예방하려면 작업부하를 크게 하지 않아야 한다.

14 다음 중 호손(Hawthorne) 실험의 결과 생산성 향상에 영향을 준 가장 큰 요인은?

① 생산기술
② 임금 및 근로시간
③ 조명 등 작업환경
④ 인간관계

정답 10 ① 11 ② 12 ① 13 ① 14 ④

해설 호손(Hawthorne)의 실험 : 물리적인 조건(조명, 휴식시간, 근로시간 단축, 임금 등)이 생산성에 영향을 주는 것이 아니라 인간관계가 절대적인 요소로 작용함을 강조

15 **산업안전보건법상 사업 내 안전 · 보건교육 중 채용 시의 교육 및 작업내용 변경 시의 교육의 내용에 해당하지 않는 것은? (단, 산업안전보건법 및 일반관리에 관한 사항은 제외한다)**

① 작업 개시 전 점검에 관한 사항
② 사고 발생 시 긴급조치에 관한 사항
③ 물질안전보건자료에 관한 사항
④ 건강증진 및 질병 예방에 관한 사항

해설 건강증진 및 질병 예방에 관한 사항은 근로자 정기안전 · 보건교육의 내용에 해당된다.

16 **리더십 이론 중 경로목표이론에 대한 설명으로 틀린 것은?**

① 부하의 능력이 우수하면 지시적 리더 행동은 효율적이지 못하다.
② 내적 통제성향을 갖는 부하는 참여적 리더행동을 좋아한다.
③ 과업이 구조화되어 있으면 지시적 행동이 효율적이다.
④ 외적 통제성향인 부하는 지시적 리더 행동을 좋아한다.

해설 과업이 구조화되어 있으면 지시적 리더가 효율적이지 못하다.

17 **다음 중 사고 경향성이론에 관한 설명으로 틀린 것은?**

① 어떤 특정한 환경에서 훨씬 더 사고를 일으키기 쉽다.
② 어떠한 사람이 다른 사람보다 사고를 더 잘 일으킨다는 이론이다.
③ 사고를 많이 내는 여러 명의 특성을 측정하여 사고를 예방하는 것이다.
④ 검증하기 위한 효과적인 방법은 다른 두 시기 동안에 같은 사람의 사고기록을 비교하는 것이다.

해설 **사고경향설(Greenwood)**

사고의 대부분은 소수에 의해 발생되고 있으며 사고를 낸 사람이 또다시 사고를 발생시키는 경향이 있다.(사고경향성이 있는 사람 → 소심한 사람)

18 **다음 중 인사선발에 사용되는 심리검사의 신뢰도에 대한 설명으로 옳은 것은?**

① 검사가 측정하고자 하는 본래의 개념을 올바로 측정하는 것을 말한다.
② 동일한 심리적 개념을 독특하게 측정하는 정도를 말한다.
③ 측정하고자 하는 심리적 개념을 일관성 있게 측정하는 정도를 말한다.
④ 검사 결과에서 측정오차를 제거할 수 있는 정도를 말한다.

해설 신뢰도란 측정하고자 하는 심리적 개념을 일관성 있게 측정하는 정도를 말한다. 검사를 동일한 사람에게 실시했을 때 '검사소건이나 시기에 관계없이 얼마나 점수들이 일관성이 있는가, 비슷한 것을 측정하는 검사점수와 얼마나 일관성이 있는가'하는 것 등을 말한다.

정답 15 ④ 16 ③ 17 ① 18 ③

PART 01 PART 02 PART 03 PART 04 PART 05 PART 06 부록

19 반복적인 재해발생자를 상황성누발자와 소질성누발자로 나눌 때 다음 중 상황성누발자의 재해유발 원인에 해당하는 것은?

① 저지능인 경우
② 도덕성이 결여된 경우
③ 소심한 성격인 경우
④ 심신에 근심이 있는 경우

 **상황성 누발자**

작업이 어렵거나, 기계설비의 결함, 주의력의 집중이 혼란된 경우, 심신의 근심으로 사고 경향자가 되는 경우(상황이 변하면 안전한 성향으로 바뀜)

20 리더십의 권한에 있어 조직이 리더에게 부여하는 권한이 아닌 것은?

① 위임된 권한
② 강압적 권한
③ 보상적 권한
④ 합법적 권한

 **조직이 지도자에게 부여한 권한**

1. 합법적 권한
2. 보상적 권한
3. 강압적 권한

21 다음 중 생활하고 있는 현실적인 장면에서 해결방법을 찾아내는 것으로 지식, 기능, 태도, 기술 등을 종합적으로 획득하도록 하는 학습방법은?

① 문제법(Problem Method)
② 롤 플레잉(Role Playing)
③ 버즈 세션(Buzz Session)
④ 케이슨 메소드(Caisson Method)

 **문제법(Problem Method)**

생활하고 있는 현실적인 장면에서 해결방법을 찾아내는 것으로 지식, 기능, 태도, 기술 등을 종합적으로 획득하도록 하는 학습방법

22 다음 중 피로의 현상으로 볼 수 없는 것은?

① 주관적 피로
② 중추신경계 피로
③ 반사운동신경 피로
④ 근육 피로

 중추신경계의 피로, 반사운동신경 피로, 근육 피로 등은 피로의 현상이지만 주관적 피로는 피로의 현상이 아니다.

23 다음 중 안전 · 보건교육계획에 포함하여야 할 사항과 가장 거리가 먼 것은?

① 교육방법 ② 교육장소
③ 교육생 의견 ④ 교육목표

 안전보건교육계획 수립에 포함하여야 할 사항에는 교육대상, 교육의 종류, 교육과목 및 교육내용, 교육기간 및 시간, 교육장소, 교육방법, 교육담당자 및 강사가 있다.

24 다음 중 착시현상 중에서 실제로는 움직이지 않는데도 움직이는 것처럼 느껴지는 심리적인 현상을 무엇이라 하는가?

① 잔상
② 원근 착시
③ 가현운동
④ 기하학적 착시

 가현운동 : 영화처럼 물체가 빨리 나타나거나 사라짐으로 인해 운동하는 것처럼 보이는 현상

정답 19 ④ 20 ① 21 ① 22 ① 23 ③ 24 ③

25 다음 중 측정된 행동에 의한 심리검사로 미네소타 사무직 검사, 개정된 미네소타필기형검사, 벤니트기계이해검사가 측정하려고 하는 심리검사의 유형으로 옳은 것은?

① 정신능력검사
② 흥미검사
③ 적성검사
④ 운동능력검사

해설 적성검사의 종류에는 미네소타 사무직 검사, 개정된 미네소타필기형 검사, 벤니트기계이해 검사 등이 있다.

26 학습평가 도구의 기준 중 "측정의 결과에 대해 누가 보아도 일치되는 의견이 나올 수 있는 성질"은 다음 중 어떠한 특성을 설명한 것인가?

① 타당성 ② 신뢰성
③ 객관성 ④ 실용성

해설 객관성 : 측정의 결과에 대해 누가 보아도 일치되는 의견이 나올 수 있는 성질

27 다음 중 주의의 특성에 대한 설명으로 틀린 것은?

① 주의력을 강화하면 그 기능은 저하한다.
② 주의는 동시에 두 개의 방향으로 집중하지 못한다.
③ 한 지점에 주의를 집중하면 다른 지점의 주의력은 약해진다.
④ 고도의 주의는 오랜 시간 동안을 지속시킬 수 있다.

해설 주의력을 강화하면 기능은 높아진다.

28 다음 중 지도자 자신이 자신에게 부여한 권한은?

① 강압적 권한
② 보상적 권한
③ 합법적 권한
④ 위임된 권한

해설 **지도자 자신이 자신에게 부여한 권한**

1. 전문성의 권한 : 지도자가 전문지식을 가지고 있는가와 관련된 권한
2. 위임된 권한 : 부하직원이 지도자의 생각과 목표를 얼마나 잘 따르는지와 관련된 권한

29 다음 중 안전교육 목표에 포함시켜야 할 사항으로 가장 적절한 것은?

① 강의 순서
② 과정 소개
③ 강의 개요
④ 교육 및 훈련의 범위

해설 **교육목표에 포함되어야 할 사항**

1. 교육 및 훈련의 범위
2. 교육훈련의 의무와 책임한계 명시
3. 교육 보조자료 준비 및 사용지침

30 다음 중 산업심리의 5대 요소에 해당하지 않는 것은?

① 지능 ② 동기
③ 감정 ④ 습성

해설 **산업안전심리의 5대 요소**

동기(Motive), 기질(Temper), 감정(Emotion), 습성(Habits), 습관(Custom)

정답 25 ③ 26 ③ 27 ① 28 ④ 29 ④ 30 ①

31 산업안전보건법상 사업 내 안전 · 보건교육에 있어 건설일용근로자의 건설업 기초안전 · 보건교육시간으로 옳은 것은?

① 1시간
② 2시간
③ 3시간
④ 4시간

교육과정	교육대상	교육시간
건설업 기초안전 · 보건교육	건설 일용근로자	4시간

32 안전교육방법 중 Off-J.T(Off the Job Training) 교육의 특징이 아닌 것은?

① 훈련에만 전념하게 된다.
② 개개인에게 적절한 지도훈련이 가능하다.
③ 전문가를 강사로 활용할 수 있다.
④ 다수의 근로자에게 조직적 훈련이 가능하다.

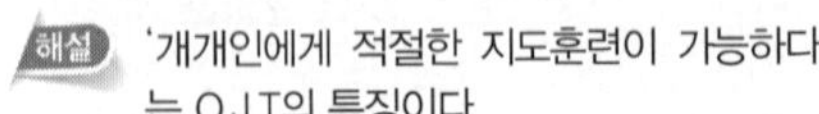

해설 '개개인에게 적절한 지도훈련이 가능하다'는 O.J.T의 특징이다

33 다음 중 작업동기에 있어 행동의 3가지 결정요인으로 볼 수 없는 것은?

① 능력
② 수행
③ 동기
④ 상황적 제약조건

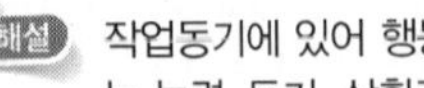

해설 작업동기에 있어 행동의 3가지 결정요인에는 능력, 동기, 상황적 제약조건이 있다.

34 다음 중 비공식 집단에 관한 설명으로 가장 거리가 먼 것은?

① 비공식 집단은 조직구성원의 태도, 행동 및 생산성에 지대한 영향력을 행사한다.
② 가장 응집력이 강하고 우세한 비공식 집단은 수직적 동료집단이다.
③ 혼합적 혹은 우선적 동료집단은 각기 상이한 부서에 근무하는 직위가 다른 성원들로 구성된다.
④ 비공식 집단은 관리영역 밖에 존재하고 조직표에 나타나지 않는다.

해설 비공식집단(Informal Group)

공식조직내에서 자생적으로 형성된 집단으로 관리자의 통제를 받지 않으며 공식적 조식구조도에도 나타나지 않지만, 공식집단의 효율성과 성과에 지대한 영향을 미친다.

35 인간의 동작에 영향을 주는 요인을 외적 조건과 내적 조건으로 분류할 때 다음 중 외적 조건에 해당하지 않는 것은?

① 대상물의 동적 성질에 따른 조건
② 높이, 폭, 길이, 크기 등의 조건
③ 기온, 습도, 조명, 소음 등의 조건
④ 근무경력, 적성, 개성 등의 조건

해설 기온, 대상물의 크기, 대상물의 동적 성질은 외적 조건에 해당되며 경력은 내적 조건에 해당된다.

정답 31 ④ 32 ② 33 ② 34 ② 35 ④

36 다음 중 일반적으로 5관의 활용에 있어 교육의 효과 정도가 가장 적절하게 연결된 것은?

① 후각 – 50% 정도
② 시각 – 15% 정도
③ 촉각 – 60% 정도
④ 청각 – 25% 정도

해설 5관의 효과치

1. 시각효과 60%
2. 청각효과 20%
3. 촉각효과 15%
4. 미각효과 3%
5. 후각효과 2%

37 다음 중 수퍼(Super D.E)의 역할이론에 해당하지 않는 것은?

① 역할 연기(Role Playing)
② 역할 기대(Role Expectation)
③ 역할 적응(Role Adaptation)
④ 역할 갈등(Role Conflict)

해설 슈퍼(Super)의 역할이론

1. 역할 갈등(Role Conflict)
2. 역할 기대(Role Expectation)
3. 역할 조성(Role Shaping)
4. 역할 연기(Role Playing)

38 다음 중 인간의 행동특성에 있어 태도에 관한 설명으로 옳은 것은?

① 태도가 결정되면 단시간 동안만 유지된다.
② 태도의 기능에는 작업적응, 자아방어, 자기표현 등이 있다.
③ 행동결정을 판단하고 지시하는 외적 행동체계라고 할 수 있다.
④ 집단의 심적 태도교정보다 개인의 심적 태도교정이 용이하다.

해설 태도의 기능에는 작업적응, 자아방어, 자기표현 등이 있다.

39 다음 중 토의식 교육지도에서 시간이 가장 많이 소용되는 단계는?

① 도입 ② 제시
③ 적용 ④ 확인

해설 교육방법에 따른 교육시간

교육법의 4단계	토의식
제1단계 – 도입(준비)	5분
제2단계 – 제시(설명)	10분
제3단계 – 적용(응용)	40분
제4단계 – 확인(총괄)	5분

40 스트레스(Stress)에 영향을 주는 요인 가운데 환경이나, 외부를 통해서 일어나는 자극 요인에 해당되는 것은?

① 자존심의 손상
② 현실에의 부적응
③ 도전의 좌절과 자만심의 상충
④ 직장에서의 대인관계 갈등과 대립

해설 직장에서의 대인관계 갈등과 대립이 환경이나 외부를 통해서 일어나는 자극요인에 해당된다.

정답 36 ④ 37 ③ 38 ② 39 ③ 40 ④

41 다음 중 인간이 충족시키고자 추구하는 욕구에 있어 가장 강력한 욕구는?

① 안전의 욕구
② 생리적 욕구
③ 자아실현의 욕구
④ 애정 및 귀속의 욕구

해설 **매슬로(Maslow)의 욕구단계이론**

1. 생리적 욕구(제1단계)
2. 안전의 욕구(제2단계)
3. 사회적 욕구(제3단계)
4. 자기존경의 욕구(제4단계)
5. 자아실현의 욕구(성취욕구)(제5단계)

42 자아실현의 기회 부여로 근무의욕 고취와 재해사고의 예방에 기여하는 효과를 높이기 위해 적성배치가 필요하다. 다음 중 이러한 적성배치시 기본적으로 고려할 사항으로 틀린 것은?

① 객관적인 감정요소 배제
② 인사관리의 기준에 원칙을 준수
③ 직무평가를 통하여 자격수준 결정
④ 적성검사를 실시하여 개인의 능력파악

 객관적인 감정 요소에 따라 적성배치를 해야 한다.

43 다음 중 O.J.T(On the Job Training)와 관계가 가장 먼 것은?

① 효과가 곧 업무에 나타난다.
② 직장의 실정에 맞는 실체적 훈련이다.
③ 다수의 근로자에게 조직적 훈련이 가능하다.
④ 교육을 통한 훈련 효과에 의해 상호 신뢰이해도가 높아진다.

 다수의 근로자에게 조직적 훈련이 가능한 것은 Off. J. T의 특징이다.

44 다음 중 의식수준이 정상적 상태이지만 생리적 상태가 안전을 취하거나 휴식할 때에 해당하는 것은?

① Phase Ⅰ ② Phase Ⅱ
③ Phase Ⅲ ④ Phase Ⅳ

해설 **인간의 의식 Level의 단계별 신뢰성**

단계	의식의 상태	신뢰성	의식의 작용
Phase Ⅱ	이완상태	0.99~0.99999	마음이 안쪽으로 향함(Passive)

45 다음 중 피로의 증상과 가장 거리가 먼 것은?

① 식욕의 증대
② 흥미의 상실
③ 불쾌감의 증가
④ 작업능률의 감퇴

해설 식욕의 증대는 피로의 증상이 아니다.

46 다음 중 운동의 시지각이 아닌 것은?

① 자동운동(自動運動)
② 항상운동(恒常運動)
③ 유도운동(誘導運動)
④ 가현운동(假現運動)

 착각현상 : 착각은 물리현상을 왜곡하는 지각현상을 말함

1. 자동운동
2. 유도운동
3. 가현운동

정답 41 ② 42 ① 43 ③ 44 ② 45 ① 46 ②

47 다음 중 안전교육의 목표로 가장 적절한 것은?

① 작업동작의 숙련화
② 인간의 동작특성 학습
③ 설비에 대한 지식 획득
④ 작업에 의한 안전행동의 습관화

해설 안전교육의 목표로 작업에 의한 안전행동의 습관화가 가장 적절하다.

48 교육심리학의 연구방법 중 의식적으로 의견을 발표하도록 하여 인간의 내면에서 일어나고 있는 심리적 상태를 사물과 연관시켜 인간의 성격을 알아보는 방법을 무엇이라 하는가?

① 면접법　② 집단토의법
③ 투사법　④ 질문지법

투사법 : 인간의 내면에서 일어나고 있는 심리적 사고에 대하여 사물을 이용하여 인간의 성격을 알아보는 방법

49 다음 중 시청각적 교육방법의 특징과 가장 거리가 먼 것은?

① 교재의 구조화를 기할 수 있다.
② 대규모 수업체제의 구성이 어렵다.
③ 학습의 다양성과 능률화를 기할 수 있다.
④ 학습자에게 공통의 경험을 형성시켜 줄 수 있다.

해설 시청각교육 : 시청각 교육자료를 가지고 학습하는 방법
1. 학습자들에게 공통의 경험을 형성시켜줄 수 있다.
2. 학습의 다양성과 능률화를 기할 수 있다.
3. 학습동기를 유발시켜 자발적인 학습활동이 되게 자극한다.
4. 개별 진로 수업이 가능하다.

50 리더십의 권한 역할 중 "부하를 처벌할 수 있는 권한"은 어떠한 권한에 해당하는가?

① 위임된 권한　② 합법적 권한
③ 강압적 권한　④ 보상적 권한

해설 강압적 권한 : 부하에게 명령할 수 있는 권한

51 다음 중 산업안전보건법상 사업 내 안전·보건교육에 있어 건설업 일용근로자에 대한 건설업 기초안전·보건교육의 교육시간으로 옳은 것은?

① 1시간　② 2시간
③ 3시간　④ 4시간

교육과정	교육대상	교육시간
건설업 기초안전·보건교육	건설 일용근로자	4시간

52 다음 설명에 해당하는 주의의 특성은?

"공간적으로 보면 시선의 주시점만 인지하는 기능으로 한 지점에 주의를 집중하면 다른 곳의 주의는 약해진다."

① 선택성　② 방향성
③ 변동성　④ 일점집중

해설 방향성 : 주의의 초점에 합치된 것은 쉽게 인식되지만 초점으로부터 벗어난 부분은 무시되는 성질

정답 47 ④ 48 ③ 49 ② 50 ③ 51 ④ 52 ②

53 **다음 중 소시오메트리(Sociometry)에 대하여 가장 옳게 설명한 것은?**

① 구성원 상호 간의 선호도를 기초로 집단 내부의 동태적 상호관계를 분석하는 기법이다.
② 구성원들이 서로에 매력적으로 끌리어 목표를 효율적으로 달성하는 정도를 도식화 하는 것이다.
③ 리더십을 인간 중심과 과업 중심으로 나누어 이를 계량화하고, 리더의 행동 경향을 표현, 분류하는 기법이다.
④ 리더의 유형을 분류하는데 있어 리더들이 자기가 싫어하는 동료에 대한 평가를 점수로 환산하여 비교, 분석하는 기법이다.

해설 **소시오메트리(Sociometry)**

인간관계나 집단의 구조 및 동태(動態)를 경험적으로 기술(記述)·측정하는 이론과 방법의 총칭. 좁은 의미로는, 특히 J.모레노와 그 학파가 체계화한 방법을 가리킨다. 모레노에 의하면, 집단 성원(成員) 사이에 끊임없이 변화하는 견인(牽引 : Attraction)과 반발(Repulsion)의 역학적 긴장 체계이며, 이는 개인의 자발성의 성질과 문화적 역할에 대한 학습 정도에 따라 상대적으로 안정된 구조를 만들어낸다는 것이다. 모레노는 ① 면식(面識)테스트(Acquaintance Test), ② 소시오메트릭테스트(Sociomatric Test), ③ 자발성테스트(Spontaneity Test), ④ 상황테스트(Situational Test), ⑤ 역할연기 테스트(Role-Playing Test) 등의 5가지를 제안하였다.

54 **직무에 적합한 근로자를 위한 심리검사는 합리적 타당성을 갖추어야 한다. 이러한 합리적 타당성을 얻는 방법으로만 나열된 것은?**

① 구인 타당도, 내용 타당도
② 예언적 타당도, 공인 타당도
③ 구인 타당도, 공인 타당도
④ 예언적 타당도, 안면 타당도

해설 1. 구인 타당도(Construct Validity) : 검사도구가 측정하고자 하는 개념이나 이론을 제대로 측정하고 있는지에 대한 타당도이다.
2. 내용 타당도(Content Validity) : 검사가 다루고 있는 주제를 그 검사내용의 측면에서 상세히 분석하여 타당도를 얻는 것

55 **다음 중 Tiffin의 동기유발요인에 있어 공식적 자극에 해당되지 않는 것은?**

① 특권박탈 ② 승진
③ 작업계획의 선택 ④ 칭찬

Tiffin의 동기유발요인에 있어 공식적인 자극에는 특권박탈, 승진, 작업계획의 선택 등이 있다.

56 **다음 중 안전교육 계획수립 및 추진에 있어 진행순서를 가장 올바르게 나열한 것은?**

① 교육대상결정 → 교육의 필요점 발견 → 교육 준비 → 교육 실시 → 교육의 성과를 평가
② 교육의 필요점 발견 → 교육 준비 → 교육대상결정 → 교육 실시 → 교육의 성과를 평가
③ 교육대상결정 → 교육 준비 → 교육의 필요점 발견 → 교육 실시 → 교육의 성과를 평가
④ 교육의 필요점 발견 → 교육대상결정 → 교육 준비 → 교육 실시 → 교육의 성과를 평가

정답 53 ① 54 ① 55 ④ 56 ④

해설 **안전보건교육계획 작성순서**

교육의 필요점 발견 – 교육대상을 결정하고 그것에 따라 교육내용 및 방법 결정 – 교육준비 – 교육실시 – 평가

57 다음 중 산업안전보건법령상 사업 내 안전 · 보건교육에 있어 특별교육 대상 작업에 해당하지 않는 것은?

① 굴착면의 높이가 5m 되는 암석의 굴착작업
② 흙막이 지보공의 보강 또는 동바리를 설치하거나 해체하는 작업
③ 휴대용 목재가공기계를 3대 보유한 사업장에서 해당 기계로 하는 작업
④ 5m인 구축물을 대상으로 콘크리트 파쇄기를 사용하여 하는 파쇄작업

해설 **특별교육 대상 작업별 교육내용(제1호부터 제38호까지 중 일부)**

작업명
12. 목재가공용 기계(둥근톱기계, 띠톱기계, 대패기계, 모떼기기계 및 라우터만 해당하며, 휴대용은 제외한다)를 5대 이상 보유한 사업장에서 해당 기계로 하는 작업
18. 콘크리트 파쇄기를 사용하여 하는 파쇄작업(2미터 이상인 구축물의 파쇄작업만 해당한다)
19. 굴착면의 높이가 2미터 이상이 되는 지반 굴착(터널 및 수직갱 외의 갱 굴착은 제외한다)작업
20. 흙막이 지보공의 보강 또는 동바리를 설치하거나 해체하는 작업

정답 57 ③

PART 02 산업심리 및 교육

제2회 예상문제

ENGINEER CONSTRUCTION SAFETY

01 인간의 안전심리의 5요소 중 습관에 직접 영향을 미치는 요소와 거리가 먼 것은?

① 동기 ② 피로
③ 감정 ④ 습성

해설 산업안전심리의 5대 요소

1. 동기(Motive) : 능동력은 감각에 의한 자극에서 일어나는 사고의 결과로서 사람의 마음을 움직이는 원동력
2. 기질(Temper) : 인간의 성격, 능력 등 개인적인 특성을 말하는 것으로 생활환경에 영향을 받는다.
3. 감정(Emotion) : 희로애락의 의식
4. 습성(Habits) : 동기, 기질, 감정 등이 밀접한 관계를 형성하여 인간의 행동에 영향을 미칠 수 있도록 하는 것
5. 습관(Custom) : 자신도 모르게 습관화된 현상을 말한다.

02 다음 중 안전교육의 필요성과 거리가 먼 것은?

① 재해현상은 무상해사고를 제외하고, 대부분이 물건과 사람의 접촉점에서 일어난다.
② 재해는 물건의 불안전한 상태에 의해서 일어날 뿐만 아니라 사람의 불안전한 행동에 의해서도 일어날 수 있다.
③ 현실적으로 생긴 재해는 그 원인 관련 요소가 매우 많아 반복적 실험을 통하여 재해환경을 복원하는 것이 가능하다.
④ 재해의 발생을 보다 많이 방지하기 위해서는 인간의 지식이나 행동을 변화시킬 필요가 있다.

해설 재해환경을 복원하는 것은 안전교육의 필요성이라기보다는 재해의 원인분석에 가깝다.

03 레윈이 제시한 인간의 행동특성에 관한 법칙에서 인간의 행동(B)은 개체(P)와 환경(E)의 함수관계를 가진다고 하였다. 다음 중 개체(P)에 해당하는 요소가 아닌 것은?

① 연령 ② 지능
③ 경험 ④ 인간관계

해설 레빈(Lewin · K)의 법칙

$B=f(P \cdot E)$

레빈은 인간의 행동(B)은 그 사람이 가진 자질 즉, 개체(P)와 심리적 환경(E)과의 상호함수관계에 있다고 하였다.

여기서,
B : Behavior(인간의 행동)
f : function(함수관계)
P : Person(개체 : 연령, 경험, 심신상태, 성격, 지능 등)
E : Environment(심리적 환경 : 인간관계, 작업환경 등)

04 다음 중 학습평가의 기본적인 기준으로 합당하지 않은 것은?

① 타당성 ② 주관도
③ 실용성 ④ 신뢰도

정답 01 ② 02 ③ 03 ④ 04 ②

해설 학습평가의 기본적인 기준

- 타당성
- 신뢰성
- 객관성
- 실용성

05 다음 중 O.J.T(On the Job Training)의 장점이 아닌 것은?

① 개개인에게 적절한 지도훈련이 가능하다.
② 직장의 실정에 맞게 실제적 훈련이 가능하다.
③ 훈련에 필요한 업무의 계속성이 끊어지지 않는다.
④ 각 직장의 근로자가 지식이나 경험을 교류할 수 있다.

해설 O. J. T(직장 내 교육훈련)

직속상사가 직장 내에서 작업표준을 가지고 업무상의 개별교육이나 지도훈련을 하는 것(개별교육에 적합)

- 개개인에게 적절한 지도훈련이 가능
- 직장의 실정에 맞게 실제적 훈련이 가능
- 효과가 곧 업무에 나타나며 훈련의 좋고 나쁨에 따라 개선이 쉬움

06 다음 중 이상적인 상황하에서 방어적인 행동 특징을 보이는 집단행동은?

① 군중　　② 모브
③ 패닉　　④ 심리적 전염

해설 통제가 없는 집단행동(성원의 감정, 정서에 의해 좌우되고 연속성이 희박하다)

㉠ 군중(Crowd) : 성원 사이에 지위나 역할의 분화가 없고 성원 각자는 책임감을 가지지 않으며 비판력도 가지지 않는다.
㉡ 모브(Mob) : 폭동과 같은 것을 말하며 군중보다 합의성이 없고 감정에 의해 행동하는 것
㉢ 패닉(Panic) : 모브가 공격적인 데 반해 패닉은 방어적인 특징이 있음
㉣ 심리적 전염(Mental Epidemic) : 어떤 사상이 상당 기간에 걸쳐 광범위하게 논리적 근거 없이 무비판적으로 받아들여지는 것

07 다음 중 데이비스의 동기부여이론에서 동기유발(Motivation)을 나타내는 식으로 옳은 것은?

① 지식(Knowledge)×기능(Skill)
② 상황(Situation)×태도(Attitude)
③ 지식(Knowledge)×태도(Attitude)
④ 능력(Ability)×인간의 성과(Human Performance)

해설 데이비스(K. Davis)의 동기부여이론

- 지식(Knowledge)×기능(Skill)=능력(Ability)
- 상황(Situation)×태도(Attitude)=동기유발(Motivation)
- 능력(Ability)×동기유발(Motivation)=인간의 성과(Human Performance)
- 인간의 성과×물질적 성과=경영의 성과

08 안전교육의 종류 중 태도교육의 내용과 거리가 먼 것은?

① 작업에 대한 의욕을 갖도록 한다.
② 직장규율, 안전규율 등을 몸에 익힌다.
③ 안전작업에 대한 몸가짐에 관하여 교육한다.
④ 기계장치 · 계기류의 조작방법을 몸에 익힌다.

정답 05 ④ 06 ③ 07 ② 08 ④

PART 01 PART 02 PART 03 PART 04 PART 05 PART 06 부록

 ④ 기계장치 · 계기류의 조작방법을 몸에 익히는 것은 기능교육의 내용이다.

[안전보건교육의 3단계]

(1) 지식교육(1단계) : 지식의 전달과 이해
(2) 기능교육(2단계) : 실습, 시범을 통한 이해
(3) 태도교육(3단계) : 안전의 습관화(가치관 형성)
㉠ 청취(들어본다) → ㉡ 이해, 납득(이해시킨다) → ㉢ 모범(시범을 보인다) → ㉣ 권장(평가한다)

09 다른 사람의 행동 양식이나 태도를 자기에게 투입시키거나 그와 반대로 다른 사람 가운데서 자기의 행동 양식이나 태도와 비슷한 것을 발견하는 것을 무엇이라 하는가?

① Suggestion ② Imitation
③ Projection ④ Identification

해설 방어적 기제(Defense Mechanism)

자신의 약점을 위장하여 유리하게 보임으로써 자기를 보호하려는 것
㉠ 보상 : 계획한 일을 성공하는 데서 오는 자존감
㉡ 합리화(변명) : 너무 고통스럽기 때문에 인정할 수 없는 실제 이유 대신에 자기 행동에 그럴듯한 이유를 붙이는 방법
㉢ 승화 : 억압당한 욕구가 사회적 · 문화적으로 가치 있게 목적으로 향하도록 노력함으로써 욕구를 충족하는 방법
㉣ 동일시(Identification) : 자기가 되고자 하는 인물을 찾아내어 동일시하여 만족을 얻는 행동

10 다음 중 피로의 측정법이 아닌 것은?

① 심리학적 방법
② 물리학적 방법
③ 생화학적 방법
④ 자각적 방법과 타각적 방법

해설 피로의 측정방법

㉠ 생리학적 측정 : 근력 및 근활동(EMG), 대뇌활동(EEG), 호흡(산소소비량), 순환기(ECG)
㉡ 생화학적 측정 : 혈액농도 측정, 혈액수분 측정, 요 전해질, 요 단백질 측정
㉢ 심리학적 측정 : 피부저항, 동작분석, 연속반응시간, 정신작업, 집중력

11 다음 중 산업안전보건법령상 사업 내 안전 · 보건교육에 있어 건설업 일용근로자의 작업내용 변경시 최소 교육시간으로 옳은 것은?

① 1시간 ② 2시간
③ 3시간 ④ 4시간

해설 근로자 안전보건교육

교육과정	교육대상	교육시간
다. 작업내용 변경 시의 교육	일용근로자 및 근로계약기간이 1주일 이하인 기간제근로자	1시간 이상
	그 밖의 근로자	2시간 이상

12 다음 중 강의법에 관한 설명으로 옳은 것은?

① 학생들의 참여가 제약된다.
② 일부의 교과에만 적용이 가능하다.
③ 학급 인원수의 크기에 제약을 받는다.
④ 수업의 중간이나 마지막 단계에 적용한다.

정답 09 ④ 10 ② 11 ① 12 ①

해설 강의법

안전지식을 강의식으로 전달하는 방법(초보적인 단계에서 효과적)

- 강사의 입장에서 시간의 조정이 가능하다.
- 전체적인 교육내용을 제시하는 데 유리하다.
- 비교적 많은 인원을 대상으로 단시간에 지식을 부여할 수 있다.
- 학생들의 참여가 제약된다.

13 **다음 중 교육지도의 효율성을 높이는 원리인 훈련전이(Transfer of Training)에 관한 설명으로 틀린 것은?**

① 훈련생은 훈련 과정에 대해서 사전정보가 없을수록 왜곡된 반응을 보이지 않을 것이다.

② 훈련상황이 실제 상황과 유사할수록 전이효과는 높아진다.

③ 실제 직무수행에서 훈련된 행동이 나타날 때 보상이 따르면 전이효과는 더 높아진다.

④ 훈련전이란 훈련기간에 학습된 내용이 실무상황으로 옮겨져서 사용되는 정도이다.

해설 훈련전이란 훈련기간에 학습된 내용이 실무상황으로 옮겨져서 사용되는 정도로 훈련과정에 대해서 사전정보가 없을수록 왜곡된 반응을 보인다.

14 **다음 중 의식의 우회에서 오는 부주의를 최소화하기 위한 방법으로 가장 적절한 것은?**

① 적정 배치 ② 작업순서 정비
③ 카운슬링 ④ 안전교육훈련

해설 부주의 발생원인 및 대책

㉠ 내적 원인 및 대책
- 소질적 조건 : 적정 배치
- 경험 및 미경험 : 교육
- 의식의 우회 : 상담(카운슬링)

㉡ 외적 원인 및 대책
- 작업환경조건 불량 : 환경 정비
- 작업순서의 부적당 : 작업순서 정비

15 **다음 중 성실하며 성공적인 지도자(Leader)의 공통적인 소유 속성과 거리가 먼 것은?**

① 강력한 조작능력
② 실패에 대한 자신감
③ 뛰어난 업무수행능력
④ 자신 및 상사에 대한 긍정적인 태도

성실한 지도자(Leader)가 공통적으로 가지는 속성

- 상사에 대한 긍정적인 태도
- 강한 출세욕구
- 조직의 목표에 대한 충성심
- 자신에 대한 긍정적인 태도
- 원만한 사교성
- 활동적이며 공격적인 도전
- 실패에 대한 자신감
- 뛰어난 업무수행능력

16 **암실 내에서 정지된 소광점을 응시하고 있으면 그 광점이 움직이는 것처럼 보이는데 다음 중 이러한 현상이 생기기 쉬운 조건으로 옳은 것은?**

① 광점이 클 것
② 대상이 복잡할 것
③ 광의 강도가 적을 것
④ 시야의 다른 부분이 환할 것

정답 13 ① 14 ③ 15 ② 16 ③

해설 **착각현상**

착각은 물리현상을 왜곡하는 지각현상을 말함

㉠ 자동운동 : 암실 내에서 정지된 작은 광점을 응시하면 움직이는 것처럼 보이는 현상
  - 생기기 쉬운 조건 : 광점이 작을 것, 대상이 단순할 것, 시야의 다른 부분이 어두울 것

㉡ 유도운동 : 실제로는 정지한 물체가 어느 기준 물체의 이동에 따라 움직이는 것처럼 보이는 현상

㉢ 가현운동 : 영화처럼 물체가 빨리 나타나거나 사라짐으로 인해 운동하는 것처럼 보이는 현상

17 다음 중 스트레스에 대하여 반응하는 데 있어서 개인 차이의 이유로 적합하지 않은 것은?

① 자기 존중감의 차이
② 성(性)의 차이
③ 작업시간의 차이
④ 강인성의 차이

작업시간의 차이는 스트레스에 대해 반응하는 데 개인 차이에 해당되지 않고 개인 차이의 이유로 적합한 것은 자기 존중감의 차이, 성별의 차이, 강인성의 차이 등이다.

18 수퍼(Super, D. E)의 역할이론 중 자아탐구의 수단인 동시에 자아실현의 수단이라 할 수 있는 것은?

① 역할 연기(Role Playing)
② 역할 기대(Role Expectation)
③ 역할 형성(Role Shaping)
④ 역할 갈등(Role Conflict)

해설 **슈퍼(Super)의 역할이론**

- 역할 갈등(Role Conflict) : 작업 중에 상반된 역할이 기대되는 경우가 있으며, 그럴 때 갈등이 생긴다.
- 역할 기대(Role Expectation) : 자기의 역할을 기대하고 감수하는 수단이다.
- 역할 조성(Role Shaping) : 개인에게 여러 개의 역할 기대가 있을 경우 그중의 어떤 역할 기대는 불응, 거부할 수도 있으며 혹은 다른 역할을 해내기 위해 다른 일을 구할 때도 있다.
- 역할 연기(Role Playing) : 관찰 및 피드백에 의한 학습 원칙을 가지며 자아탐색인 동시에 자아실현의 수단이다.

19 다음 중 프로그램 학습법(Programmed self-instruction method)의 장점이 아닌 것은?

① 학습자의 사회성을 높이는 데 유리하다.
② 한 강사가 많은 수의 학습자를 지도할 수 있다.
③ 지능, 학습적성, 학습속도 등 개인차를 충분히 고려할 수 있다.
④ 매 반응마다 피드백이 주어지기 때문에 학습자가 흥미를 갖는다.

프로그램 학습법(Programmed Self-instruction Method)

학습자가 프로그램을 통해 단독으로 학습하는 방법으로 개발된 프로그램은 변경이 어렵다.

- Skinner의 조작적 조건형성 원리에 의해 개발된 것으로 자율적 학습이 특징이다.
- 학습내용 습득 여부를 즉각적으로 피드백 받을 수 있다.
- 교재개발에 많은 시간과 노력이 드는 것이 단점이다.

정답 17 ③ 18 ① 19 ①

20 다음 중 직무분석을 위한 자료수집 방법에 대한 설명으로 틀린 것은?

① 관찰법은 직무의 시작에서 종료까지 많은 시간이 소요되는 직무에는 적용이 곤란하다.
② 면접법은 자료의 수집에 많은 시간과 노력이 들고, 정량화된 정보를 얻기가 힘들다.
③ 설문지법은 많은 사람들로부터 짧은 시간 내에 정보를 얻을 수 있고, 관찰법이나 면접법과는 달리 양적인 정보를 얻을 수 있다.
④ 중요사건법은 일상적인 수행에 관한 정보를 수집하므로 해당 직무에 대한 포괄적인 정보를 얻을 수 있다.

해설 **교육심리학의 연구방법**

관찰법, 실험법, 면접법, 질문지법, 투사법, 사례연구법

- 관찰법 : 현재의 상태를 있는 그대로 관찰하는 방법
- 실험법 : 관찰대상을 교육목적에 맞게 계획하고 조작하여 나타나는 결과를 관찰하는 방법
- 면접법 : 관찰자가 직접 면접을 통해서 관찰대상의 심리상태를 파악하는 방법
- 질문지(설문지)법 : 관찰대상에게 질문지를 나누어주고 이에 대한 답을 작성하게 해서 알아보는 방법
- 투사법 : 인간의 내면에서 일어나고 있는 심리적 사고에 대하여 사물을 이용하여 인간의 성격을 알아보는 방법
- 사례연구법 : 여러 가지 사례를 조사하여 결과를 도출하는 방법. 원칙과 규정의 체계적 습득이 어렵다.

21 산업안전보건법령상 사업 내 안전 · 보건교육에 있어 건설 일용근로자의 건설업 기초안전 · 보건교육의 교육시간으로 옳은 것은?

① 1시간 ② 2시간
③ 4시간 ④ 8시간

해설

교육과정	교육대상	교육시간
건설업 기초안전 · 보건교육	건설 일용근로자	4시간

22 다음 중 직무수행 준거가 갖추어야 할 바람직한 3가지 일반적인 특성으로 볼 수 없는 것은?

① 적절성 ② 안정성
③ 실용성 ④ 특이성

해설 **직무수행 준거가 갖추어야 할 3가지 특성**

㉠ 적절성, ㉡ 안정성, ㉢ 실용성

23 다음 중 작업스트레스에 대한 연구 결과로 옳지 않은 것은?

① 조직에서 스트레스를 일으키는 대부분의 원인들은 역할 속성과 관련되어 있다.
② 스트레스는 분노, 좌절, 적대, 흥분 등과 같은 보다 강렬하고 격앙된 정서 상태를 일으킨다.
③ A유형이 종업원들이 B유형이 종업원들보다 스트레스를 덜 받는다.
④ 내적통제형의 종업원들이 외적통제형의 종업원들보다 스트레스를 덜 받는다.

정답 20 ④ 21 ③ 22 ④ 23 ③

 SI를 이용하여 35세에서 59세에 이르는 3,154명을 대상으로 1960~1961년 사이에 측정하였다. 이 중 257명에 한하여 8년 반 후에 다시 측정한 결과, Type A성격(분노적 성격) 소유자가 Type B성격(온순한 성격) 소유자에 비해 2.37배 높게 관상성 심장병을 나타내었다.

24 **다음 중 부주의가 발생하는 경우에 있어 자동차를 운전할 때 신호가 바뀌기 전에 신호가 바뀔 것을 예상하고 자동차를 출발시키는 행동과 관련된 것은?**

① 억측판단
② 근도반응
③ 의식의 우회
④ 착시현상

 억측판단(Risk Taking)

위험을 부담하고 행동으로 옮김(예 신호등이 녹색에서 적색으로 바뀌어도 차가 움직이기까지 아직 시간이 있다고 생각하여 건널목을 건넜을 경우)

25 **다음 중 부주의에 의한 사고방지대책에 있어 기능 및 작업 측면의 대책에 해당하는 것은?**

① 주의력 집중 훈련
② 표준작업제도 도입
③ 적성 배치
④ 안전의식의 제고

 적성 배치만이 기능 및 작업 측면의 대책에 해당한다.

26 **집단 심리요법의 하나로서 자기 해방과 타인 체험을 목적으로 하는 체험활동을 통해 대인관계에 있어서의 태도변용이나 통찰력, 자기이해를 목표로 개발된 교육기법은?**

① ST(Sensitivity Training) 훈련
② 롤 플레잉(Role Playing)
③ OJT(On the Job Training)
④ TA(Transactional Analysis) 훈련

 롤 플레잉(Role Playing)

자기 해방과 타인 체험을 목적으로 하는 체험활동을 통해 대인관계에 있어서의 태도변용이나 통찰력, 자기이해를 목표로 개발된 교육기법

27 **다음 중 자유방임형 리더십에 따른 집단구성원의 반응으로 볼 수 없는 것은?**

① 낭비 및 파손품이 많다.
② 업무의 양과 질이 우수하다.
③ 리더를 타인으로 간주하기 쉽다.
④ 개성이 강하고, 연대감이 없어진다.

 명목상 리더의 자리만을 지키는(종업원 중심) 자유방임형 리더의 구성원은 업무의 양과 질이 우수하지 못하다.

28 **조직에 있어 구성원들의 역할에 대한 기대와 행동은 항상 일치하지는 않는다. 역할 기대와 실제 역할 행동 간에 차이가 생기면 역할 갈등이 발생하는데, 다음 중에서 역할갈등의 원인으로 거리가 먼 것은?**

① 역할 민첩성　② 역할 부적합
③ 역할 마찰　④ 역할 모호성

정답 24 ① 25 ③ 26 ② 27 ② 28 ①

해설 역할 갈등의 원인

㉠ 역할 모호성 : 집단 내에서 개인이 수행해야 할 임무와 책임 등이 명확하지 않을 때 역할 갈등이 발생한다.
㉡ 역할 부적합 : 집단 내 개인에게 부여된 역할에 대해서 개인의 능력이나 성격 등이 적합하지 않을 때 역할 갈등이 발생한다.
㉢ 역할 마찰 : 역할 간 마찰, 역할 내 마찰

29 다음 중 작업장의 정리정돈 태만 등 생략 행위를 유발하는 심리적 요인에 해당하는 것은?

① 폐합의 요인
② 간결성의 원리
③ Risk taking 원리
④ 주의의 일점집중 현상

해설 간결성의 원리에 기인한 사고의 심리적 원인

- 착각
- 착오
- 생략
- 단락

30 다음 중 인간관계를 효과적으로 맺기 위한 원칙과 거리가 먼 것은?

① 상대방을 있는 그대로 인정한다.
② 상대방에게 지속적인 관심을 보인다.
③ 취미나 오락 등 같거나 유사한 활동에 참여한다.
④ 상대방으로 하여금 당신이 그를 좋아한다는 것을 숨긴다.

해설 상대방으로 하여금 당신이 그를 좋아한다는 것을 알리는 것이 인간관계에 도움이 된다.

31 다음 중 학습목적의 3요소에 해당하는 것은?

① 학습정도 ② 학습방법
③ 학습성과 ④ 학습자료

해설 학습목적의 3요소

- 주제
- 학습정도
- 목표

32 다음 중 시행착오설에 의한 학습법칙에 해당하지 않는 것은?

① 효과의 법칙 ② 일관성의 법칙
③ 준비성의 법칙 ④ 연습의 법식

해설 손다이크(Thorndike)의 시행착오설

㉠ 준비성의 법칙
㉡ 연습의 법칙
㉢ 효과의 법칙

33 다음 중 생체리듬에 관한 설명으로 틀린 것은?

① 각각의 리듬이 (−)로 최대인 점이 위험일이다.
② 감성적 리듬은 "S"로 나타내며, 28일을 주기로 반복된다.
③ 지성적 리듬은 "I"로 나타내며, 33일을 주기로 반복된다.
④ 육체적 리듬은 "P"로 나타내며, 23일을 주기로 반복된다.

해설 생체리듬(바이오리듬)의 종류

- 육체적(신체적) 리듬(P ; Physical Cycle) : 신체의 물리적인 상태를 나타내는 리듬, 청색 실선으로 표시하며 23일의 주기이다.
- 감성적 리듬(S ; Sensitivity) : 기분이나 신경계통의 상태를 나타내는 리듬, 적색 점선으로 표시하며 28일의 주기이다.
- 지성적 리듬(I ; Intellectual) : 기억력, 인지력, 판단력 등을 나타내는 리듬, 녹색 일점쇄선으로 표시하며 33일의 주기이다.

정답 29 ② 30 ④ 31 ① 32 ② 33 ①

34 다음 중 교육방법에 있어 강의식의 단점으로 볼 수 없는 것은?

① 학습내용에 대한 집중이 어렵다.
② 학습자의 참여가 제한적일 수 있다.
③ 인원대비 교육에 필요한 비용이 많이 든다.
④ 학습자 개개인의 이해도를 파악하기 어렵다.

해설 강의법 단점

- 학습자의 참여가 제한된다.
- 교수자 개인의 능력 및 기준에 전적으로 의존한다.
- 학습자의 이해도를 파악하거나 오류를 수정하기 어렵다.
- 학습자가 계속적으로 강의에 집중하기가 쉽지 않다.

35 어떤 과업을 성취할 수 있는 자신의 능력에 대한 스스로의 믿음을 무엇이라 하는가?

① 자아존중감(Self－esteem)
② 통제소재(Locus of control)
③ 자기통제(Self－control)
④ 자기효능감(Self－efficacy)

④ 자기효능감 : 어떤 과업을 성취할 수 있는 자신의 능력에 대한 스스로의 믿음

36 다음 중 강의법으로 교육시 도입단계의 내용으로 적절하지 않은 것은?

① 동기를 유발한다.
② 주제의 단원을 알려준다.
③ 수강생의 주의를 집중시킨다.
④ 핵심이 되는 점을 가르쳐 준다.

해설 강의법 도입단계 내용

- 동기를 유발한다.
- 주제의 단원을 알려준다.
- 수강생의 주의를 집중시킨다.

37 다음 중 안전보건교육의 종류별 교육요점으로 옳지 않은 것은?

① 태도교육은 의욕을 갖게 하고 가치관 형성교육을 한다.
② 기능교육은 표준작업 방법대로 시범을 보이고 실습을 시킨다.
③ 추후지도교육은 재해발생원리 및 잠재위험을 이해시킨다.
④ 지식교육은 작업에 관련된 취약점과 이에 대응되는 작업방법을 알도록 한다.

해설 안전보건교육의 3단계

(1) 지식교육(1단계) : 지식의 전달과 이해
(2) 기능교육(2단계) : 실습, 시범을 통한 이해
(3) 태도교육(3단계) : 안전의 습관화(가치관 형성)
㉠ 청취(들어본다) → ㉡ 이해, 납득(이해시킨다) → ㉢ 모범(시범을 보인다) → ㉣ 권장(평가한다)

38 의사소통의 심리구조를 4영역으로 나누어 설명한 조하리의 창(Johari's window)에서 "나는 모르지만 다른 사람은 알고 있는 영역"을 무엇이라 하는가?

① Open Area　　② Blind Area
③ Unknown Area　　④ Hidden Area

해설 조하리의 창(Johari's window)의 4영역

㉠ 공개영역(Open Area) : 나와 다른 사람의 자유롭고 개방된 정보가 교환되는 창문으로 상호 신뢰성 및 많은 정보가 적절하게 상호 분배될 때 확장된다.

정답 34 ③　35 ④　36 ④　37 ③　38 ②

ⓛ 맹인영역(Blind Area) : 자신은 모르나 남은 아는 나에 대한 창문으로 본인은 자각하지 못하는 사이 자신에 대한 정보를 주게 된다.
ⓒ 비밀영역(Hidden Area) : 자신만 알고 타인은 알지 못하는 정보의 창으로 보통 그러한 정보가 공개되면 부정적으로 판단될 것이라고 보고 공개하지 않는다.
ⓔ 미지영역(Unknown Area) : 본인도 모르고 집단도 모르는 영역으로 모든 것을 다 아는 것은 불가능하므로 누구에게나 항상 존재한다.

39 다음 중 피로의 분류에 있어 만성피로에 가장 가까운 것은?

① 정상 피로
② 건강 피로
③ 축적 피로
④ 중추신경계 피로

해설 축적 피로

피로가 매일의 수면으로 완전히 회복되지 않기 때문에 축적되는 피로. 피로가 쌓이면 자기의 기록이 저하되고 기술적으로도 뜻대로 잘 안 되며 체중도 감소하고 수면도 부족한데, 이와 같은 상태를 축적 피로라고 하며, 만성 피로라고도 한다.

40 다음 중 수업의 중간이나 마지막 단계에 행하는 것으로서 언어학습이나 문제해결 학습에 효과적인 학습법은?

① 강의법 ② 실연법
③ 토의법 ④ 프로그램법

해설 실연법

학습자가 이미 설명을 듣거나 시범을 보고 알게 된 지식이나 기능을 강사의 감독 아래 직접적으로 연습해 적용 해 보게 하는 교육방법. 다른 방법보다 교사 대 학습자수의 비율이 높다. 수업의 중간이나 마지막 단계에 행하는 것으로서 언어학습이나 문제해결 학습에 효과적인 학습법이다.

41 다음 중 안전교육의 목적과 거리가 먼 것은?

① 생산성이나 품질의 향상에 기여한다.
② 작업자를 산업재해로부터 미연에 방지한다.
③ 재해의 발생으로 인한 직접적 및 간접적 경제적 손실을 방지한다.
④ 작업자에게 작업의 안전에 대한 안심감을 부여하고 기업에 대한 신뢰감을 감소시킨다.

해설 안전교육의 목적

- 근로자를 재해로부터 미연에 보호
- 직 · 간접 경제적 손실 방지
- 지식, 기능, 태도 향상 – 생산방법 개선
- 안심감, 기업에 대한 신뢰감 부여
- 생산성, 품질 향상

42 다음 중 의식수준이 정상적 상태이지만 생리적 상태가 휴식할 때에 해당하는 것은?

① Phase Ⅰ
② Phase Ⅱ
③ Phase Ⅲ
④ Phase Ⅳ

해설 인간의 의식 Level의 단계별 신뢰성

단계	의식의 상태	신뢰성	의식의 작용
Phase II	이완상태	0.99~0.99999	마음이 안쪽으로 향함(Passive)

정답 39 ③ 40 ② 41 ④ 42 ②

43 다음 중 안전심리의 5대 요소에 관한 설명으로 틀린 것은?

① 동기는 능동적인 감각에 의한 자극에서 일어난 사고의 결과로서 사람의 마음을 움직이는 원동력이 되는 것이다.
② 기질이란 감정적인 경향이나 반응에 관계되는 성격의 한 측면이다.
③ 감정은 생활체가 어떤 행동을 할 때 생기는 객관적인 동요를 뜻한다.
④ 습성은 한 종에 속하는 개체의 대부분에서 볼 수 있는 일정한 생활양식으로 본능, 학습, 조건반사 등에 따라 형성된다.

해설 산업안전심리의 5대 요소

- 동기(Motive) : 능동력은 감각에 의한 자극에서 일어나는 사고의 결과로서 사람의 마음을 움직이는 원동력
- 기질(Temper) : 인간의 성격, 능력 등 개인적인 특성을 말하는 것으로 생활환경에 영향을 받는다.
- 감정(Emotion) : 희로애락의 의식
- 습성(Habits) : 동기, 기질, 감정 등이 밀접한 관계를 형성하여 인간의 행동에 영향을 미칠 수 있도록 하는 것
- 습관(Custom) : 자신도 모르게 습관화된 현상을 말한다.

44 인간 부주의의 발생원인 중 외적 조건에 해당하지 않는 것은?

① 기상 조건
② 경험 부족 및 미숙력
③ 작업순서 부적당
④ 작업 및 환경조건 불량

해설 부주의 발생의 외적 원인 및 대책

㉠ 작업환경조건 불량 : 환경정비
㉡ 작업순서의 부적당 : 작업순서정비
㉢ 기상 조건

45 다음 중 매슬로우의 "욕구의 위계이론"에 관한 설명으로 가장 적절한 것은?

① 어렵고 구체적인 목표가 더 높은 수행을 가져온다.
② 개인의 동기는 다른 사람과의 비교를 통해 결정된다.
③ 인간은 먼저 자아실현의 욕구를 충족시키려고 한다.
④ 하위 단계의 욕구가 충족되어야 더 높은 단계의 욕구가 발생한다.

해설 욕구단계이론의 본질

인간은 다섯 단계의 욕구를 가지고 있으며, 이들 욕구는 계층을 형성하고 있으므로 하위의 욕구가 어느 정도 충족되지 않으면 그 상위 욕구는 일어나지 않는다는 이론

46 다음 중 "예측변인이 준거와 얼마나 관련되어 있느냐"를 나타낸 타당도를 무엇이라 하는가?

① 준거 관련 타당도
② 내용타당도
③ 구성개념타당도
④ 수렴타당도

해설 준거 관련 타당도(Criterion－related Validity)

검사가 준거를 예측하거나 준거와 통계적으로 관련되어 있는 정도를 말한다. 즉, 예측변인이 준거와 얼마나 관련되어 있느냐를 나타낸다.

정답 43 ③ 44 ② 45 ④ 46 ①

47 다음 중 인간이 기억하는 과정을 올바르게 나열한 것은?

① 파지 → 재생 → 기명 → 재인
② 재생 → 파지 → 재인 → 기명
③ 기명 → 파지 → 재생 → 재인
④ 재인 → 재생 → 파지 → 기명

해설 기억의 과정

기명(Memorizing) → 파지(Retention) → 재생(Recall) → 재인(Recognition)

48 다음 중 파악하고자 하는 연구과제에 대해 언어를 매개로 구조화된 질의응답을 통하여 교육하는 기법은?

① 면접(Interview)
② 카운슬링(Counseling)
③ CCS(Civil Communication Section)
④ ATP(American Telephone & Tele-gram Co.)

해설 면접(Interview)

파악하고자 하는 연구과제에 대해 언어를 매개로 구조화된 질의응답을 통하여 교육하는 기법

49 안전사고가 발생하는 요인 중 심리적인 요인에 해당하는 것은?

① 감정의 불안정
② 신경계통의 이상
③ 극도의 피로감
④ 육체적 능력의 초과

해설 감정의 불안정은 심리적 요인에 해당한다.

50 다음 중 인간의 착상심리를 설명한 내용과 거리가 먼 것은?

① 얼굴을 보면 지능 정도를 알 수 있다.
② 아래턱이 마른 사람은 의지가 약하다.
③ 인간의 능력은 태어날 때부터 동일하다.
④ 민첩한 사람은 느린 사람보다 착오가 적다.

해설 민첩한 사람은 느린 사람보다 착오가 많다.

51 다음 중 민주적 리더십의 리더에 대한 설명으로 가장 올바른 것은?

① 대외적인 상징적 존재에 불가하다.
② 소극적으로 조직 활동에 참가한다.
③ 자신의 신념과 판단을 최상으로 믿는다.
④ 조직구성원들의 의사를 종합하여 결정한다.

민주적 리더십의 리더는 조직구성원들을 참여시켜 그들과의 합의에 의하여 의사결정을 하고 지도해 나가는 리더이다.

52 다음 중 MTP(Management Training Progran) 안전교육방법에서의 총 교육시간으로 가장 적당한 것은?

① 10시간 ② 40시간
③ 80시간 ④ 120시간

해설 MTP(Management Training Program)

한 그룹에 10~15명 내외로, 전체 교육시간은 40시간(1일 2시간씩 20일 교육)으로 실시한다.

정답 47 ③ 48 ① 49 ① 50 ④ 51 ④ 52 ②

53 다음 중 강의법 교육에 비교할 때 모의법(Simulation Method) 교육의 특징으로 옳은 것은?

① 시간의 소비가 거의 없다.
② 시설의 유지비가 저렴하다.
③ 학생 대 교사의 비율이 높다.
④ 단위시간당 교육비가 적게 든다.

해설 **모의법 제약조건**

- 단위 교육비가 비싸고 시간의 소비가 많다.
- 시설의 유지비가 높다.
- 다른 방법에 비하여 학생 대 교사의 비가 높다.

54 기술교육의 진행방법 중 듀이(John Dewey)의 5단계 사고과정에 속하지 않는 것은?

① 응용시킨다.(Application)
② 시사를 받는다.(Suggestion)
③ 가설을 설정한다.(Hypothesis)
④ 머리로 생각한다.(Intellectualization)

해설 **존 듀이(Jone Dewey)의 5단계 사고과정**

- 제1단계 : 시사(Suggestion)를 받는다.
- 제2단계 : 지식화(Intellectualization)한다.
- 제3단계 : 가설(Hypothesis)을 설정한다.
- 제4단계 : 추론(Reasoning)한다.
- 제5단계 : 행동에 의하여 가설을 검토한다.

55 다음 중 사회행동의 기본 형태에 해당하지 않는 것은?

① 협력 ② 대립
③ 암시 ④ 도피

집단에서 개인이 나타낼 수 있는 사회행동의 형태는 협력, 대립관계에서의 공격, 대립관계에서의 경쟁, 융합, 도피와 고립이다.

56 다음 중 태도교육을 통한 안전태도교육의 원칙으로 적절하지 않은 것은?

① 청취한다.
② 모범을 보인다.
③ 권장, 평가한다.
④ 벌은 주지 않고 칭찬만 한다.

해설 **안전보건교육의 3단계**

(1) 지식교육(1단계) : 지식의 전달과 이해
(2) 기능교육(2단계) : 실습, 시범을 통한 이해
(3) 태도교육(3단계) : 안전의 습관화(가치관 형성)
㉠ 청취(들어본다) → ㉡ 이해, 납득(이해시킨다) → ㉢ 모범(시범을 보인다) → ㉣ 권장(평가한다)

57 다음 중 O.J.T(On the Job Training)의 장점이 아닌 것은?

① 직장의 실정에 맞게 실제적 훈련이 가능하다.
② 교육을 통한 훈련효과에 의해 상호 신뢰이해도가 높아진다.
③ 대상자의 개인별 능력에 따라 훈련의 진도를 조정하기가 쉽다.
④ 교육훈련 대상자가 교육훈련에만 몰두할 수 있어 학습효과가 높다.

해설 **O. J. T(직장 내 교육훈련)**

직속상사가 직장 내에서 작업표준을 가지고 업무상의 개별교육이나 지도훈련을 하는 것(개별교육에 적합)

- 개인 개인에게 적절한 지도훈련이 가능
- 직장의 실정에 맞게 실제적 훈련이 가능
- 효과가 곧 업무에 나타나며 훈련의 좋고 나쁨에 따라 개선이 쉬움

정답 53 ③ 54 ① 55 ③ 56 ④ 57 ④

58 다음 중 집단(Group)의 특성에 대하여 올바르게 설명한 것은?

① 1차 집단(Primary Group) – 사교집단과 같이 일상생활에서 임시적으로 접촉하는 집단
② 공식집단(Formal Group) – 회사나 군대처럼 의도적으로 설립되어 능률성과 과학적 합리성을 강조하는 집단
③ 성원집단(Membership Group) – 특정 개인이 어떤 상태의 지위나 조직 내 신분을 원하는데 아직 그 위치에 있지 않은 사람들의 집단
④ 세력집단 – 혈연이나 지연과 같이 장기간 육체적, 정서적으로 매우 밀접한 집단

해설 집단(Group)의 분류

㉠ 1차 집단(Primary Group) : 가족과 같이 혈연으로 구성되어 있는 집단으로 규모가 작으면서 이익을 추구하지 않는다.
㉡ 공식집단(Formal Group) : 회사나 군대처럼 의도적으로 설립되어 능률성과 과학적 합리성을 강조하는 집단으로 규모가 크며 이익을 목적으로 이루어진 집단이다.

정답 58 ②

제3회 예상문제

ENGINEER CONSTRUCTION SAFETY

01 다음 중 주의의 특성에 대한 설명으로 틀린 것은?

① 변동성이란 주의집중 시 주기적으로 부주의의 리듬이 존재함을 말한다.
② 선택성이란 인간은 한번에 여러 종류의 자극을 자각 · 수용하지 못함을 말한다.
③ 선택성이란 소수의 특정 자극에 한정하여 선택적으로 주의를 기울이는 기능을 말한다.
④ 방향성이란 주의는 항상 일정하나 수준을 유지할 수 있으므로 장시간 고도의 주의집중이 가능함을 말한다.

해설 주의의 특성

- 선택성 : 한번에 많은 종류의 자극을 지각 · 수용하기 곤란하다.
- 방향성 : 시선의 초점에 맞았을 때는 쉽게 인지되지만 시선에서 벗어난 부분은 무시되기 쉽다.
- 변동성 : 주의는 리듬이 있어 언제나 일정한 수순을 지키지는 못한다.

02 다음 중 직업 적성과 관련된 설명으로 틀린 것은?

① 사업선발용 적성검사는 작업행동을 예언하는 것을 목적으로 사용한다.
② 직업적성검사는 직무수행에 필요한 잠재적인 특수능력을 측정하는 도구이다.
③ 직업적성검사를 이용하여 훈련 및 승진 대상자를 평가하는 데 사용할 수 있다.
④ 직업적성은 단기적 집중 직업훈련을 통해서 개발이 가능하므로 신중하게 사용해야 한다.

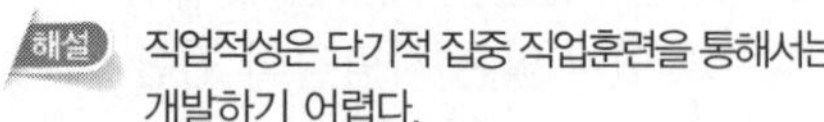
해설 직업적성은 단기적 집중 직업훈련을 통해서는 개발하기 어렵다.

03 사고 요인이 되는 정신적 요소 중 개성적 결함요인에 해당하는 것은?

① 극도의 피로
② 과도한 자존심
③ 근육운동의 부적합
④ 육체적 능력의 초과

해설 사고 요인이 되는 정신적 원인

1. 안전의식의 부족
2. 주의력의 부족
3. 방심 및 공상
4. 개성적 결함 요소 : 도전적인 마음, 과도한 자존심, 다혈질 및 인내심 부족
5. 판단력 부족 또는 그릇된 판단

04 다음 중 부주의의 발생에 대한 대책으로 상담이 필요한 것은?

① 의식의 우회
② 경험의 부족
③ 작업순서의 부적당
④ 작업환경조건 불량

정답 01 ④ 02 ④ 03 ② 04 ①

해설 부주의 발생원인 및 대책

㉠ 소질적 조건 : 적성배치
㉡ 경험 및 미경험 : 교육
㉢ 의식의 우회 : 상담
㉣ 작업환경조건 불량 : 환경 정비
㉤ 작업순서의 부적당 : 작업순서 정비

05 다음 중 현장의 관리감독자 교육을 위하여 가장 바람직한 교육방식은?

① 강의식(Lecture Method)
② 토의식(Discussion Method)
③ 시범(Demonstration Method)
④ 자율식(Self－instruction Method)

해설 교육훈련기법

1. 강의법 : 안전지식을 강의식으로 전달하는 방법(초보적인 단계에서 효과적)
2. 토의법 : 10~20인 정도가 모여서 토의하는 방법(안전지식을 가진 사람에게 효과적)
3. 시범 : 필요한 내용을 직접 제시하는 방법(기능교육의 효과를 높이기 위해 바람직)
4. 모의법 : 실제 상황을 만들어 두고 학습하는 방법
5. 시청각 교육 : 시청각 교육자료를 가지고 학습하는 방법
6. 실연법 : 학습자가 이미 설명을 듣거나 시범을 보고 알게 된 지식이나 기능을 강사의 감독 아래 직접적으로 연습해 적용해 보도록 하는 교육방법
7. 프로그램 학습법 : 학습자가 프로그램을 통해 단독으로 학습하는 방법, 개발된 프로그램은 변경이 어렵다.

06 다음 중 고립, 정신병, 자살 등이 속하는 사회행동의 기본 형태는?

① 협력 ② 융합
③ 대립 ④ 도피

해설 도피적 기제(Escape Mechanism)

욕구불만이나 압박으로부터 벗어나기 위해 현실을 벗어나 마음의 안정을 찾으려는 것
(1) 고립 (2) 퇴행
(3) 억압 (4) 백일몽

07 다음 설명에 해당하는 교육방법은?

> FEAF(Far East Air Forces)라고도 하며, 10~15명을 한 반으로 2시간씩 20회에 걸쳐 훈련하고, 관리의 기능, 조직의 원칙, 조직의 운영, 시간관리, 훈련의 관리 등을 교육내용으로 한다.

① MTP(Management Training Program)
② CCS(Civil Communication Section)
③ TWI(Training Within Industry)
④ ATT(American Telephone & Telegram Co)

해설 MTP(Management Training Program)

한 그룹에 10~15명 내외로 전체 교육시간은 40시간(1일 2시간씩 20일 교육)으로 실시한다.

08 다음 그림은 지각집단화의 원리 중 한 예이다. 이러한 원리를 무엇이라 하는가?

① 단순성의 원리
② 폐쇄성의 원리
③ 유사성의 원리
④ 연속성의 원리

정답 05 ② 06 ④ 07 ① 08 ③

 게스탈트 법칙(Gestalt Laws) (지각의 집단화 원리) : 게스탈트 법칙(Gestalt Laws)이란 게스탈트 심리학자들이 제안한 대표적인 지각집단화의 원리들이다. 한 물체에 속한 정보들을 낱개로 보는 것이 아니라 하나의 덩어리로 묶어서 지각한다는 것이다. 위 그림은 유사한 자극들은 군집해 보인다는 유사성의 원리의 예이다.

09 다음 중 조직이 리더에게 부여하는 권한으로 볼 수 없는 것은?

① 합법적 권한
② 전문성의 권한
③ 강압적 권한
④ 보상적 권한

해설 **리더십에 있어서의 권한**

합법적 권한, 강압적 권한, 보상적 권한은 조직이 리더에게 부여하는 권한이며, 전문성의 권한은 조건이 부여하는 권한이 아니라 리더가 전문지식을 가지고 있는가에 대한 권한이다.

1. 합법적 권한 : 군대, 교사, 정부기관 등 법적으로 부여된 권한
2. 보상적 권한 : 부하에게 노력에 대한 보상을 할 수 있는 권한
3. 강압적 권한 : 부하에게 명령할 수 있는 권한
4. 전문성의 권한 : 지도자가 전문지식을 가지고 있는가와 관련된 권한
5. 위임된 권한 : 부하직원이 지도자의 생각과 목표를 얼마나 잘 따르는지와 관련된 권한

10 다음 중 호손(Hawthorne) 연구에 대한 설명으로 옳은 것은?

① 시간－동작연구를 통해서 작업도구와 기계를 설계했다.
② 물리적 작업환경 이외에 심리적 요인이 생산성에 영향을 미친다는 것을 알아냈다.
③ 소비자들에게 효과적으로 영향을 미치는 광고전략을 개발했다.
④ 채용과정에서 발생하는 차별요인을 밝히고 이를 시정하는 법적 조치의 기초를 마련했다.

해설 **호돈(Hawthorne)의 실험**

1. 미국 호돈공장에서 실시된 실험으로 종업원의 인간성을 과학적으로 연구한 실험
2. 물리적인 조건(조명, 휴식시간, 근로시간 단축, 임금 등)이 생산성에 영향을 주는 것이 아니라 인간관계가 절대적인 요소로 작용함을 강조

11 다음 중 강의식 교육에 대한 설명으로 틀린 것은?

① 짧은 시간 동안 많은 내용을 전달할 경우에 적합하다.
② 수강자의 주의집중도나 흥미의 정도가 낮다.
③ 참가자 개개인에게 동기를 부여하기 쉽다.
④ 기능적, 태도적인 내용의 교육이 어렵다.

해설 **강의법**

안전지식을 강의식으로 전달하는 방법(초보적인 단계에서 효과적)

① 강사의 입장에서 시간의 조정이 가능하다.
② 전체적인 교육내용을 제시하는 데 유리하다.
③ 비교적 많은 인원을 대상으로 단시간에 지식을 부여할 수 있다.

정답 09 ② 10 ② 11 ③

12 인간의 동기에 대한 이론 중 자극, 반응, 보상의 세 가지 핵심변인을 가지고 있으며, 표출된 행동에 따라 보상을 주는 방식에 기초한 동기이론은?

① 형평이론 ② 기대이론
③ 강화이론 ④ 목표설정이론

해설 강화(Reinforcement)의 원리 : 어떤 행동의 강도와 발생빈도를 증가시키는 것(예 : 안전퀴즈대회를 열어 우승자에게 상을 줌)

㉠ 부적 강화란 반응 후 처벌이나 비난 등 해로운 자극이 주어져서 반응 발생률이 감소하는 것이다.
㉡ 정적 강화란 반응 후 음식이나 칭찬 등 이로운 자극을 주었을 때 반응 발생률이 높아지는 것이다.
㉢ 처벌은 더 강한 처벌에 의해서만 효과가 지속되는 부작용이 있다.
㉣ 부분강화에 의하면 학습이 빠르게 진행되고 학습효과가 서서히 사라진다.

13 적성검사의 종류 중 시각적 판단검사의 세부검사내용에 해당하지 않는 것은?

① 회전검사 ② 형태비교검사
③ 공구판단검사 ④ 명칭판단검사

해설 심리검사의 종류

(1) 계산에 의한 검사 : 계산검사, 기록검사, 수학응용검사
(2) 시각적 판단검사 : 형태비교검사, 입체도 판단검사, 언어식별검사, 평면도 판단검사, 명칭판단검사, 공구판단검사

14 다음 중 산업안전보건법상 사업 내 안전 · 보건교육 중 관리감독자 정기안전 · 보건교육의 내용에 해당하는 것은?

① 정리정돈 및 청소에 관한 사항
② 작업 개시 전 점검에 관한 사항
③ 표준안전작업방법 및 지도 요령에 관한 사항
④ 기계 · 기구의 위험성과 작업의 순서 및 동선에 관한 사항

해설 관리감독자 정기 안전보건교육

교육내용
• 산업안전 및 사고 예방에 관한 사항 • 산업보건 및 직업병 예방에 관한 사항 • 위험성평가에 관한 사항 • 유해 · 위험 작업환경 관리에 관한 사항 • 산업안전보건법령 및 산업재해보상보험 제도에 관한 사항 • 직무스트레스 예방 및 관리에 관한 사항 • 직장 내 괴롭힘, 고객의 폭언 등으로 인한 건강장해 예방 및 관리에 관한 사항 • 작업공정의 유해 · 위험과 재해 예방대책에 관한 사항 • 사업장 내 안전보건관리체제 및 안전 · 보건조치 현황에 관한 사항 • 표준안전 작업방법 결정 및 지도 · 감독 요령에 관한 사항 • 현장근로자와의 의사소통능력 및 강의능력 등 안전보건교육 능력 배양에 관한 사항 • 비상시 또는 재해 발생 시 긴급조치에 관한 사항 • 그 밖의 관리감독자의 직무에 관한 사항

15 다음 중 적응기제(Adjustment Mechanism)에 있어 방어적 기제에 해당되지 않는 것은?

① 투사 ② 보상
③ 승화 ④ 고립

해설 1) 방어적 기제(Defense Mechanism) : 자신의 약점을 위장하여 유리하게 보임으로써 자기를 보호하려는 것

① 보상 : 계획한 일이 성공하는 데서 오는 자존감
② 합리화(변명) : 너무 고통스럽기 때문에 인정할 수 없는 실제 이유 대신에 자기 행동에 그럴듯한 이유를 붙이는 방법

정답 12 ③ 13 ① 14 ③ 15 ④

③ 승화 : 억압당한 욕구가 사회적 · 문화적으로 가치 있게 목적으로 향하도록 노력함으로써 욕구를 충족하는 방법
④ 동일시 : 자기가 되고자 하는 인물을 찾아내어 동일시하여 만족을 얻는 행동

2) 도피적 기제(Escape Mechanism) : 욕구불만이나 압박으로부터 벗어나기 위해 현실을 벗어나 마음의 안정을 찾으려는 것
① 고립 : 자기의 열등감을 의식하여 다른 사람과의 접촉을 피해 자기의 내적 세계로 들어가 현실의 억압에서 피하려는 기제
② 퇴행 : 신체적으로나 정신적으로 정상 발달되어 있으면서도 위협이나 불안을 일으키는 상황에는 생애 초기에 만족했던 시절을 생각는 것
③ 억압 : 나쁜 무엇을 잊고 더 이상 행하지 않겠다는 해결 방어기제
④ 백일몽 : 현실에서 만족할 수 없는 욕구를 상상의 세계에서 얻으려는 행동

16 다음 중 Fiedler의 상황 연계성 리더십 이론에서 중요시하는 상황적 요인에 해당하지 않는 것은?

① 과제의 구조화
② 리더와 부화와의 관계
③ 부하의 성숙도
④ 리더의 직위상 권한

해설 피들러(F. Fiedler)에 의해 개발된 상황적합성 이론(Contingency Theory)에 의하면 리더십의 효과는 리더십의 유형과 상호작용에 의하여 결정된다고 한다.

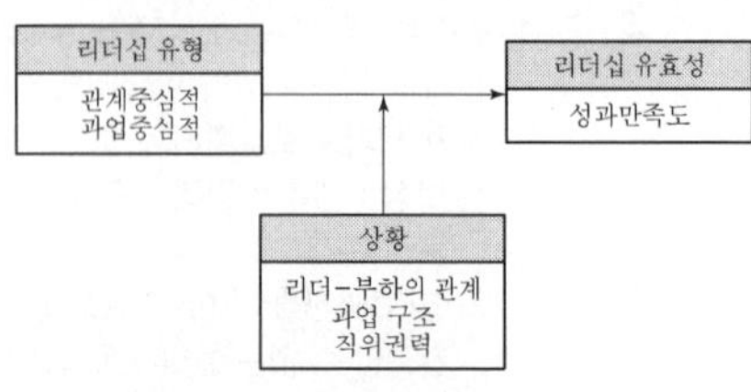

[상황적합성 이론]

17 다음 중 교재의 선택기준으로 가장 적합하지 않은 것은?

① 정적이며 보수적이어야 한다.
② 사회성과 시대성에 걸맞은 것이어야 한다.
③ 설정된 교육목적을 달성할 수 있는 것이어야 한다.
④ 교육대상에 따라 흥미, 필요, 능력 등에 적합해야 한다.

해설 안전보건교육교재의 선택기준으로 정적이며 보수적인 선택기준은 적합하지 않다.

18 다음 증 기술교육(교시법)의 4단계를 올바르게 나열한 것은?

① Preparation → Presentation → Performance → Follow Up
② Presentation → Preparation → Performance → Follow Up
③ Performance → Follow Up → Presentation → Preparation
④ Performance → Preparation → Follow Up → Presentation

해설 교육진행의 4단계

(1) 도입(Preparation) : 학습할 준비를 시킨다.(배우고자 하는 마음가짐을 일으키는 단계)
(2) 제시(Presentation) : 작업을 설명한다.(내용을 확실하게 이해시키고 납득시키는 단계)
(3) 적용(Performance) : 작업을 지휘한다.(이해시킨 내용을 활용시키거나 응용시키는 단계)
(4) 확인(Follow Up) : 가르친 뒤 살펴본다.(교육내용을 정확하게 이해하였는가를 테스트하는 단계)

정답 16 ③ 17 ① 18 ①

19 **다음은 인간의 비절런스(Vigilance) 현상에 영향을 미치는 조건이다. 관계없는 것은?**

① 작업시작 직후에는 검출률이 낮다.
② 오래 지속되는 신호는 검출률이 높다.
③ 발생빈도가 높은 신호는 검출률이 높다.
④ 불규칙적인 신호에 대한 검출률이 낮다.

해설 비절런스(Vigilance)는 어떤 자극(정보)의 출현을 지속적으로 감시하는 것으로 작업시작 직후부터 빠르게 저하된다.

20 **다음 중 인간이 환경을 지각(Perception)할 때 가장 먼저 일어나는 요인은?**

① 해석 ② 기대
③ 선택 ④ 조직화

해설 인간이 환경을 지각(perception)할 때 가장 먼저 일어나는 요인은 선택이다.

21 **다음 중 피로의 측정분류에 있어 감각기능검사(정신 · 신경기능검사)의 측정대상 항목으로 가장 적합한 것은?**

① 혈압
② 심박수
③ 에너지대사율
④ CFF(Critical Flicker Fusion) 값

해설 신체활동의 생리학적 측정분류 : 작업을 할 때 인체가 받는 부담은 작업의 성질에 따라 상당한 차이가 있다. 이 차이를 연구하기 위한 방법이 생리적 변화를 측정하는 것이다. 즉, 산소소비량, 근전도, 플리커치 등으로 인체의 생리적 변화를 측정한다.
1. 근전도(EMG) : 근육활동의 전위차를 기록하여 측정
2. 심전도(ECG) : 심장의 근육활동의 전위차를 기록하여 측정
3. 산소소비량
4. 정신적 작업부하에 관한 생리적 측정치
① 점멸융합주파수(플리커법) : 사이가 벌어져 회전하는 원판으로 들어오는 광원의 빛을 단속시켜 연속광으로 보이는지 단속광으로 보이는지 경계에서의 빛의 단속주기를 플리커치라 한다. 정신적으로 피로한 경우에는 주파수 값이 내려가는 것으로 알려져 있다.
② 기타 정신부하에 관한 생리적 측정치 : 눈꺼풀의 깜박임률(Blink rate), 동공지름(Pupil diameter), 뇌의 활동전위를 측정하는 뇌파도(EEG ; Elecroencephalogram)

22 **다음 중 교육 프로그램의 타당도를 평가하는 항목이 아닌 것은?**

① 전이 타당도 ② 효과 타당도
③ 조직 내 타당도 ④ 조직 간 타당도

해설 **타당도**

측정하고자 하는 것을 실제로 잘 측정하는지의 여부를 판별하는 것
(1) 훈련타당도
(2) 전이타당도
(3) 조직 내 타당도
(4) 조직 간 타당도

23 **다음 중 존 듀이(Jone Dewey)의 5단계 사고과정을 올바른 순서대로 나열한 것은?**

㉠ 행동에 의하여 가설을 검토한다. ㉡ 가설(Hypothesis)을 설정한다. ㉢ 지식화(Intellectualization)한다. ㉣ 시사(Suggestion)를 받는다. ㉤ 추론(Reasoning)한다.

① ㉣ → ㉠ → ㉡ → ㉢ → ㉤
② ㉤ → ㉡ → ㉣ → ㉠ → ㉢
③ ㉣ → ㉢ → ㉡ → ㉤ → ㉠
④ ㉤ → ㉢ → ㉡ → ㉣ → ㉠

정답 19 ① 20 ③ 21 ④ 22 ② 23 ③

해설 존 듀이(Jone Dewey)의 5단계 사고과정
- 제1단계 : 시사(Suggestion)를 받는다.
- 제2단계 : 지식화(Intellectualization)한다.
- 제3단계 : 가설(Hypothesis)을 설정한다.
- 제4단계 : 추론(Reasoning)한다.
- 제5단계 : 행동에 의하여 가설을 검토한다.

24 **다음 중 안전교육 시 강의안의 작성원칙과 가장 거리가 먼 것은?**

① 구체적　② 논리적
③ 실용적　④ 추상적

해설 강의안은 추상적으로 작성하면 안 된다.

25 **다음 중 작업의 어려움, 기계설비의 결함 및 환경에 대한 주의력의 집중혼란, 심신의 근심 등으로 인하여 재해가 자주 발생하는 사람을 무엇이라 하는가?**

① 미숙성 다발자
② 상황적 다발자
③ 습관성 다발자
④ 소질성 다발자

해설 사고경향성자(재해누발자)의 유형
1. 미숙성 누발자(다발자) : 환경에 익숙하지 못하거나 기능 미숙으로 인한 재해누발자
2. 상황성 누발자(다발자) : 작업이 어렵거나, 기계설비의 결함, 주의력의 집중이 혼란된 경우, 심신의 근심으로 사고 경향자가 되는 경우(상황이 변하면 안전한 성향으로 바뀜)
3. 습관성 누발자(다발자) : 재해의 경험으로 신경과민이 되거나 슬럼프에 빠지기 때문에 사고경향성자가 되는 경우
4. 소질성 누발자(다발자) : 지능, 성격, 감각운동 등에 의한 소질적 요소에 의해서 결정되는 특수성격 소유자

26 **다음 중 성공한 지도자들의 특성과 가장 거리가 먼 것은?**

① 높은 성취 욕구를 가지고 있다.
② 실패에 대한 강한 예견과 두려움을 가지고 있다.
③ 상사에 대한 강한 부정적 의식과 부하직원에 대한 관심이 크다.
④ 부모로부터의 정서적 독립과 현실 지향적이다.

상사에 대한 강한 부정적 의식이 큰 것은 성공한 지도자(Leader)가 가지는 속성이 아니다.

27 **다음 중 인간의 집단행동 가운데 통제적 집단행동으로 볼 수 없는 것은?**

① 관습　② 패닉
③ 유행　④ 제도적 행동

해설 통제가 있는 집단행동
㉠ 관습 : 풍습(Folkways), 의례(Ritual), 금기(Taboo) 등으로 나누어짐
㉡ 제도적 행동(Institutional Behavior) : 합리적으로 성원의 행동을 통제하고 표준화함으로써 집단의 안정을 유지하려는 것
㉢ 유행(Fashion) : 공통적인 행동양식이나 태도 등을 말함

28 **다음 중 안전교육을 위한 시청각교육법에 대한 설명으로 가장 적절한 것은?**

① 학습자들에게 공통의 경험을 형성시켜줄 수 있다.
② 지능, 적성, 학습속도 등 개인차를 충분히 고려할 수 있다.
③ 학습의 다양성과 능률화를 기할 수 없다.
④ 학습자료를 시간과 장소에 제한 없이 제시할 수 있다.

정답 24 ④ 25 ② 26 ③ 27 ② 28 ①

해설 시청각교육

시청각 교육자료를 가지고 학습하는 방법
1. 학습자들에게 공통의 경험을 형성시켜줄 수 있다.
2. 학습의 다양성과 능률화를 기할 수 있다.
3. 학습동기를 유발시켜 자발적인 학습활동이 되게 자극한다.
4. 개별 진로수업이 가능하다.

29 학습이론 중 S-R 이론으로 볼 수 없는 것은?

① 톨만(Tolman)의 기호형태설
② 파블로프(Pavlov)의 조건반사설
③ 스키너(Skinner)의 조작적 조건화설
④ 손다이크(Thorndike)의 시행착오설

해설 S-R 이론

손다이크(Thorndike)의 시행착오설, 파블로프(Pavlov)의 조건반사설, 스키너(Skinner)의 조작적 조건형성 이론

30 다음 중 레빈(Lewin)이 인간의 행동을 표현한 [식]으로 옳은 것은?

(단, B(Behavior)는 인간의 행동,
P(person)는 개체,
E(Environment)는 환경이다.)

① $B = f\left(\frac{P}{E}\right)$
② $B = f\left(\frac{E}{P}\right)$
③ $B = f(P + E)$
④ $B = f(P \cdot E)$

해설 레빈(Lewin. K)의 법칙 : B = f(P · E)

레빈은 인간의 행동(B)은 그 사람이 가진 자질, 즉 개체(P)와 심리적 환경(E)과의 상호함수관계에 있다고 하였다.

여기서, B : Behavior(인간의 행동)
f : function(함수관계)
P : Person(개체 : 연령, 경험, 심신 상태, 성격, 지능 등)
E : Environment(심리적 환경 : 인간관계, 작업환경 등)

31 다음 중 엔드라고지 모델에 기초한 학습자로서의 성인의 특징과 가장 거리가 먼 것은?

① 성인들은 주제 중심적으로 학습하고자 한다.
② 성인들은 자기 주도적으로 학습하고자 한다.
③ 성인들은 많은 다양한 경험을 가지고 학습에 참여한다.
④ 성인들은 왜 배워야 하는지에 대해 알고자 하는 욕구를 가지고 있다.

해설 학습자로서의 성인의 특징(엔드라고지 모델에 기초)

- 성인들은 무엇인가를 왜 배워야 하는지에 대해 알고자 하는 욕구를 가지고 있다.
- 성인들은 자기주도적으로 학습하고자 한다.
- 성인들은 많은 다양한 경험들을 가지고 있다.
- 성인들은 과제중심적(문제중심적)으로 학습하고자 한다.
- 성인들은 학습을 하려는 강한 내 · 외적 동기를 가지고 있다.

32 다음 중 직무만족감을 생성하는 요인과 가장 관계가 깊은 것은?

① 작업 조건 ② 일의 내용
③ 인간 관계 ④ 복지 혜택

직무만족감을 생성하는 요인과 가장 관계가 깊은 것은 일의 내용이다.

정답 29 ① 30 ④ 31 ① 32 ②

33 다음 중 주의(Attention)에 대한 설명으로 틀린 것은?

① 의식작용이 있는 일에 집중하거나 행동의 목적에 맞추어 의식수준이 집중되는 심리상태를 말한다.
② 주의력에 특성은 선택성, 변동성, 방향성으로 표현된다.
③ 여러 종류의 자극을 지각할 때 소수의 특정한 것을 선택하여 집중하는 특성을 갖는다.
④ 한 자극에 주의를 집중하여도 다른 자극에 대한 주의력은 약해지지 않는다.

해설 주의의 특성

- 선택성 : 소수의 특정한 것에 한한다.
- 방향성 : 시선의 초점이 맞았을 때 쉽게 인지된다.
- 변동성 : 인간은 한 점에 계속하여 주의를 집중할 수는 없다.

34 직장규율과 안전규율 등을 몸에 익히기에 적합한 교육의 종류는?

① 지능교육
② 문제해결교육
③ 기능교육
④ 태도교육

해설 안전보건교육의 3단계

1. 지식교육(1단계) : 지식의 전달과 이해
2. 기능교육(2단계) : 실습, 시범을 통한 이해
3. 태도교육(3단계) : 안전의 습관화(가치관 형성)
   ① 청취(들어본다.) → ② 이해, 납득(이해시킨다.) → ③ 모범(시범을 보인다.) → ④ 권장(평가한다.)

35 다음 중 착오의 원인에 있어 인지과정의 착오에 속하는 것은?

① 합리화의 부족
② 환경조건 불비
③ 작업자의 기능 미숙
④ 생리적 · 심리적 능력의 부족

생리적 · 심리적 능력의 부족은 인지과정의 착오의 원인이 된다.
착오(Mistake) : 상황해석을 잘못하거나 목표를 잘못 이해하고 착각하여 행하는 경우로 원인으로는 자신 과신, 능력부족, 정보부족 등이 있다.

36 다음 중 집단 간의 갈등 요인으로 거리가 먼 것은?

① 욕구 좌절
② 제한된 자원
③ 집단 간의 목표 차이
④ 동일한 사안을 바라보는 집단 간의 인식 차이

집단 간의 갈등의 원인으로는 집단 간 목표 차이, 집단 간 의견 차이, 한정된 자원 등이 있을 수 있다. 집단 간 갈등을 해소하기 위해서는 집단 간의 갈등 문제보다 상위의 목표를 제시함으로써 갈등을 협동관계로 바꿀 수 있다. 또한 직무순환 등의 방법은 상대 집단에서 문제를 바라보게 함으로써 집단 간 견해 차이를 줄일 수 있다. 한정된 자원의 문제는 자원을 늘리는 방법으로 갈등을 줄일 수 있다.

37 인간의 착각현상 중에서 실제로 움직이지 않는 것이 어느 기준의 이동에 의하여 움직이는 것처럼 느껴지는 것을 무엇이라 하는가?

① 자동운동 ② 유도운동
③ 잔상현상 ④ 착시현상

정답 33 ④ 34 ④ 35 ④ 36 ① 37 ②

해설 **착각현상**

착각은 물리현상을 왜곡하는 지각현상을 말함
1. 자동운동 : 암실 내에서 정지된 작은 광점을 응시하면 움직이는 것처럼 보이는 현상
2. 유도운동 : 실제로는 정지한 물체가 어느 기준물체의 이동에 따라 움직이는 것처럼 보이는 현상
3. 가현운동 : 영화처럼 물체가 빨리 나타나거나 사라짐으로 인해 운동하는 것처럼 보이는 현상

38 다음 중 맥그리거(Mcgregor)의 X이론에 해당되는 것은?

① 상호 신뢰감
② 고차적인 욕구
③ 규제 관리
④ 자기통제

해설 **맥그리거의 X이론에 대한 가정**

- 원래 종업원들은 일하기 싫어하며 가능하면 일하는 것을 피하려고 한다.
- 종업원들은 일하는 것을 싫어하므로 바람직한 목표를 달성하기 위해서는 그들을 통제하고 위협하여야 한다.
- 종업원들은 책임을 회피하고 가능하면 공식적인 지시를 바란다.
- 인간은 명령되는 쪽을 좋아하며 무엇보다 안전을 바라고 있다는 인간관

39 다음 설명에 해당하는 안전교육 방법은?

ATP라고도 하며, 당초 일부 회사의 톱 매니지먼트(Top management)에 대하여만 행하여졌으나, 그 후 널리 보급되었으며, 정책의 수립·조직·통제 및 운영 등의 교육내용을 다룬다.

① TWI(Training Within Industry)
② MTP(Management Training Program)
③ CCS(Civil Communication Section)
④ ATT(American Telephone & Telegram Co.)

해설 **CCS(Civil Communication Section)**

강의식에 토의식이 가미된 형태로 진행되며 매주 4일, 4시간씩 8주간(총 128시간) 실시토록 되어 있다. 당초 일부 회사의 톱 매니지먼트(Top management)에 대하여만 행하여졌으나 그 후 널리 보급되었으며, 교육 내용은 정책의 수립 · 조작 · 통제 및 운영 등이다.

40 다음 중 돌발사태의 발생으로 인하여 주의의 일점 집중현상이 일어나는 경우 인간의 의식수준으로 옳은 것은?

① Phase Ⅰ
② Phase Ⅱ
③ Phase Ⅲ
④ Phase Ⅳ

해설 **인간의 의식 Level의 단계별 신뢰성**

단계	의식의 상태	신뢰성	의식의 작용
Phase 0	무의식, 실신	0	없음
Phase Ⅰ	의식의 둔화	0.9 이하	부주의
Phase Ⅱ	이완상태	0.99 ~0.99999	마음이 안쪽으로 향함(Passive)
Phase Ⅲ	명료한 상태	0.99999 이상	전향적(Active)
Phase Ⅳ	과긴장 상태	0.9 이하	한 점에 집중, 판단 정지

정답 38 ③ 39 ③ 40 ④

41 다음 중 집단 간 갈등의 해소방안으로 적절하지 못한 것은?

① 공동의 문제 설정
② 상위 목표의 설정
③ 집단 간 접촉 기회의 증대
④ 사회적 범주화 편향의 최대화

 집단 간의 갈등의 원인으로는 집단 간 목표 차이, 집단 간 의견 차이, 한정된 자원 등이 있을 수 있다. 집단 간 갈등을 해소하기 위해서는 집단 간의 갈등 문제보다 상위의 목표를 제시함으로써 갈등을 협동관계로 바꿀 수 있다. 또한 직무순환 등의 방법은 상대 집단에서 문제를 바라보게 함으로써 집단 간 견해 차이를 줄일 수 있다. 한정된 자원의 문제는 자원을 늘리는 방법으로 갈등을 줄일 수 있다.

42 산업안전보건법령상 사업장의 안전보건관리책임자 및 안전관리자에 대한 신규 및 보수교육시간으로 옳은 것은?

① 안전관리자의 신규교육 : 30시간 이상
② 안전관리자의 보수교육 : 16시간 이상
③ 안전보건관리책임자의 신규교육 : 6시간 이상
④ 안전보건관리책임자의 보수교육 : 4시간 이상

해설 **안전보건관리책임자 등에 대한 교육**

교육대상	교육시간	
	신규교육	보수교육
가. 안전보건관리책임자	6시간 이상	6시간 이상
나. 안전관리자	34시간 이상	24시간 이상
다. 보건관리자	34시간 이상	24시간 이상
라. 재해예방 전문지도기관 종사자	–	24시간 이상
마. 석면조사기관 종사자	34시간 이상	24시간 이상
바. 안전보건관리담당자	–	8시간 이상
사. 안전검사기관 종사자	34시간 이상	24시간 이상

43 다음 중 집단역학(Group Dynamics)에서 의미하는 집단의 기능과 관계가 가장 먼 것은?

① 응집력 발생
② 집단의 목표 설정
③ 권한의 위임
④ 행동의 규범 존재

해설 **집단의 기능**

- 행동규범 : 집단을 유지, 통제하고 목표를 달성하기 위한 것
- 응집성 : 집단 구성원들이 그 집단에 남아있기를 원하는 정도
- 집단의 목표 : 집단의 역할을 위해 목표가 있어야 함

44 다음 설명에 해당하는 적응기제는?

> 자신의 결함과 무능에 의하여 생긴 열등감이나 긴장을 해소시키기 위하여 장점과 같은 것으로 그 결함을 보충하려는 행동

① 보상 ② 합리화
③ 승화 ④ 치환

 방어적 기제(Defense Mechanism) : 자신의 약점을 위장하여 유리하게 보임으로써 자기를 보호하려는 것

- 보상 : 계획한 일이 성공하는 데서 오는 자존감(실패나 결함을 다른 측면에서 충족시키는 기제)
- 합리화(변명) : 너무 고통스럽기 때문에 인정할 수 없는 실제 이유 대신에 자기 행동에 그럴듯한 이유를 붙이는 방법
- 승화 : 억압당한 욕구가 사회적 · 문화적으로 가치 있게 목적으로 향하도록 노력함으로써 욕구를 충족하는 방법
- 동일시 : 자기가 되고자 하는 인물을 찾아내어 동일시하여 만족을 얻는 행동

정답 41 ④ 42 ③ 43 ③ 44 ①

45 미국 국립산업안전보건연구원(NIOSH)이 제시한 직무스트레스 모형에서 직무스트레스 요인을 작업요인, 조직요인, 환경요인으로 구분할 때 다음 중 조직요인에 해당하는 것은?

① 작업 속도　② 관리 유형
③ 교대 근무　④ 조명 및 소음

해설 NIOSH의 직무스트레스 모델

미국 국립산업안전보건연구원(NIOSH)에서는 기존의 스트레스 연구 결과들을 종합한 하나의 모델을 제시하였다. 이 모델에서 직무스트레스 요인으로는 크게 환경요인, 직무요인, 조직요인이 있다. 직무요인은 작업의 특성인 부하, 속도, 교대 형태 등이 스트레스의 요인이 된다. 조직요인으로는 역할 갈등, 관리 유형, 의사결정 참여, 고용 문제 등이 원인이 된다. 환경요인으로는 조명, 소음 등이 있다.

46 교육방법 중 토의법이 효과적으로 활용되는 경우가 아닌 것은?

① 피교육생들의 태도를 변화시키고자 할 때
② 인원이 토의를 할 수 있는 적정 수준일 때
③ 피교육생들 간에 학습능력의 차이가 클 때
④ 피교육생들이 토의 주제를 어느 정도 인지하고 있을 때

해설 토의법(Discussion method)

- 10~20인 정도가 모여서 토의하는 방법(안전지식을 가진 사람에게 효과적)으로 태도교육의 효과를 높이기 위한 교육방법
- 집단을 대상으로 한 안전보건교육 중 가장 효율적인 교육방법
- 알고 있는 지식을 심화시키거나 어떠한 자료에 대해 보다 명료한 생각을 갖도록 하기 위하여 실시하는 교육방법

47 교육지도의 5단계가 다음과 같을 때 올바르게 나열한 것은?

㉠ 가설의 설정 ㉡ 결론 ㉢ 원리의 제시 ㉣ 관련된 개념의 분석 ㉤ 자료의 평가

① ㉢ → ㉣ → ㉠ → ㉤ → ㉡
② ㉠ → ㉢ → ㉣ → ㉤ → ㉡
③ ㉢ → ㉠ → ㉤ → ㉣ → ㉡
④ ㉠ → ㉢ → ㉤ → ㉣ → ㉡

해설 교육지도의 5단계

원리의 제시 → 관련된 개념의 분석 → 가설의 설정 → 자료의 평가 → 결론

48 다음 중 심리검사의 구비 요건이 아닌 것은?

① 표준화　② 신뢰성
③ 규격화　④ 타당성

해설 심리검사의 구비요건

표준화, 타당도, 신뢰도, 객관도, 실용도

49 매슬로(Maslow)의 욕구 5단계 중 인간의 가장 기초적인 욕구는?

① 생리적 욕구
② 애정 및 사회적 욕구
③ 자아실현의 욕구
④ 안전에 대한 욕구

정답 45 ② 46 ③ 47 ① 48 ③ 49 ①

해설 매슬로(Maslow)의 욕구단계이론

1. 생리적 욕구(제1단계) : 기아, 갈증, 호흡, 배설, 성욕 등
2. 안전의 욕구(제2단계) : 안전을 기하려는 욕구
3. 사회적 욕구(제3단계) : 소속 및 애정에 대한 욕구(친화 욕구)
4. 자기존경의 욕구(제4단계) : 자기존경의 욕구로 자존심, 명예, 성취, 지위에 대한 욕구(승인의 욕구)
5. 자아실현의 욕구(성취욕구)(제5단계) : 잠재적인 능력을 실현하고자 하는 욕구(성취욕구)

50 다음 중 인간의 적성을 발견하는 방법으로 가장 적당하지 않은 것은?

① 작업 분석 ② 계발적 경험
③ 자기 이해 ④ 적성검사

해설 적성 발견방법

(1) 자기 이해 : 자신의 것으로 인지하고 이해하는 방법
(2) 계발적 경험 : 직장경험, 교육 등을 통한 자신의 능력발견 방법
(3) 적성검사

51 다음 중 관계지향적 리더가 나타내는 대표적인 행동 특징으로 볼 수 없는 것은?

① 우호적이며 가까이 하기 쉽다.
② 집단구성원들의 활동을 조정한다.
③ 집단구성원들을 동등하게 대한다.
④ 어떤 결정에 대해 자세히 설명해준다.

해설 리더십의 유형

- 독재형(권위형, 권력형, 맥그리거의 X이론 중심) : 지도자가 모든 권한행사를 독단적으로 처리(개인중심)
- 민주형(맥그리거의 Y이론 중심) : 집단의 토론, 회의 등을 통해 정책을 결정(집단중심), 리더와 부하직원 간의 협동과 의사소통
- 자유방임형(개방적) : 리더는 명목상 리더의 자리만을 지킴(종업원 중심)

52 인간본성을 파악하여 동기유발로 인한 산업재해를 방지하기 위한 맥그리거의 XY 이론에서 다음 중 Y이론의 가정으로 틀린 것은?

① 현대 산업사회와 같은 여건하에서 일반 사람의 지적 잠재력은 무한히 활용한다.
② 대부분 사람들은 조건만 적당하면 책임뿐만 아니라 그것을 추구할 능력이 있다.
③ 목적에 투신하는 것은 성취와 관련된 보상과 함수관계에 있다.
④ 근로에 육체적 · 정신적 노력을 쏟는 것은 놀이나 휴식만큼 자연스럽다.

해설 Y이론에 대한 가정

- 종업원들은 일하는 것을 놀이나 휴식과 동일한 것으로 볼 수 있다.
- 종업원들은 조직의 목표에 관여하는 경우에 자기지향과 자기통제를 행한다.
- 보통 인간들은 책임을 수용하고 심지어는 구하는 것을 배울 수 있다.
- 작업에서 몸과 마음을 구사하는 것은 인간의 본성이라는 인간관
- 인간은 조건에 따라 자발적으로 책임을 지려고 한다는 인간관
- 매슬로의 욕구체계 중 자기실현의 욕구에 해당한다.

⇒ Y이론에 대한 관리처방
㉠ 민주적 리더십의 확립
㉡ 분권화와 권한의 위임
㉢ 직무 확장

정답 50 ① 51 ② 52 ①

53 다음 중 학습지도 방법의 분류에 있어 Project Method의 4단계를 올바르게 나열한 것은?

① 목적 → 평가 → 계획 → 수행
② 목적 → 계획 → 수행 → 평가
③ 계획 → 목적 → 평가 → 수행
④ 계획 → 목적 → 수행 → 평가

해설 **구안법(Project Method)의 특징**

동기부여가 충분한 현실적인 학습방법이다. 작업에 대해 창조력이 생기며 시간과 에너지가 많이 소비된다.(구안법의 단계 : 목적 → 계획 → 수행 → 평가)

54 다음 중 교육목적에 관한 설명으로 적절하지 않은 것은?

① 교육목적은 교육이념에 근거한다.
② 교육목적은 개념상 이념이나 목표보다 광범위하고 포괄적이다.
③ 교육목적의 기능으로는 방향의 지시, 교육 활동의 통제 등이 있다.
④ 교육목적은 교육목표의 하위개념으로 학습경험을 통한 피교육자들의 행동변화를 지칭하는 것이다.

해설 **교육의 목적**

피교육자의 발달을 효과적으로 도와줌으로써 이상적인 상태가 되도록 하는 것을 말함

55 부주의에 의한 사고방지대책 중 정신적 대책과 가장 거리가 먼 것은?

① 적성 배치
② 스트레스 해소 대책
③ 주의력 집중훈련
④ 표준작업의 습관화

해설 ④ 표준작업의 습관화는 정신적 대책과 거리가 멀다.

부주의 발생원인 및 대책

(1) 내적 원인 및 대책
- 소질적 조건 : 적정 배치
- 경험 및 미경험 : 교육
- 의식의 우회 : 상담(카운슬링)

㉡ 외적 원인 및 대책
- 작업환경조건 불량 : 환경 정비
- 작업순서의 부적당 : 작업순서 정비

56 다음 중 운동의 시지각(착각현상)이 아닌 것은?

① 자동운동(自動運動)
② 항상운동(恒常運動)
③ 유도운동(誘導運動)
④ 가현운동(假現運動)

해설 **착각현상**

착각은 물리현상을 왜곡하는 지각현상을 말함
1. 자동운동 : 암실 내에서 정지된 작은 광점을 응시하면 움직이는 것처럼 보이는 현상
2. 유도운동 : 실제로는 정지한 물체가 어느 기준물체의 이동에 따라 움직이는 것처럼 보이는 현상
3. 가현운동 : 영화처럼 물체가 빨리 나타나거나 사라짐으로 인해 운동하는 것처럼 보이는 현상

57 다음 중 안전사고와 관련하여 소질적 사고 요인과 가장 관계가 먼 것은?

① 지능　② 작업자세
③ 성격　④ 시각기능

해설 ② 작업자세는 소질적 사고요인이라 보기 어렵다.

정답 53 ② 54 ④ 55 ④ 56 ② 57 ②

인간공학 및 시스템안전공학

ENGINEER CONSTRUCTION SAFETY

CHAPTER 01 안전과 인간공학

SECTION 1 인간공학의 정의

1 정의 및 목적

1) 정의

(1) 인간의 신체적, 정신적 능력 한계를 고려해 인간에게 적절한 형태로 작업을 맞추는 것. 인간공학의 목표는 설비, 환경, 직무, 도구, 장비, 공정 그리고 훈련방법을 평가하고 디자인하여 특정한 작업자의 능력에 접합시킴으로써, 직업성 장해를 예방하고 피로, 실수, 불안전한 행동의 가능성을 감소시키는 것이다.

(2) 자스트러제보스키(Jastrzebowski)의 정의

Ergon(일 또는 작업)과 Nomos(자연의 원리 또는 법칙)로부터 인간공학(Ergonomics)의 용어를 얻었다.

(3) 미국산업안전보건청(OSHA)의 정의

① 인간공학은 사람들에게 알맞도록 작업을 맞추어 주는 과학(지식)이다.

② 인간공학은 작업 디자인과 관련된 다른 인간특징뿐만 아니라 신체적인 능력이나 한계에 대한 학문의 체계를 포함한다.

(4) ISO(International Organization for Standardization)의 정의

인간공학은 건강, 안전, 작업성과 등의 개선을 요구하는 작업, 시스템, 제품, 환경을 인간의 신체적 · 정신적 능력과 한계에 부합시키는 것이다.

(5) 차파니스(A. Chapanis)의 정의

기계와 환경조건을 인간의 특성, 능력 및 한계에 잘 조화되도록 설계하기 위한 수법을 연구하는 학문

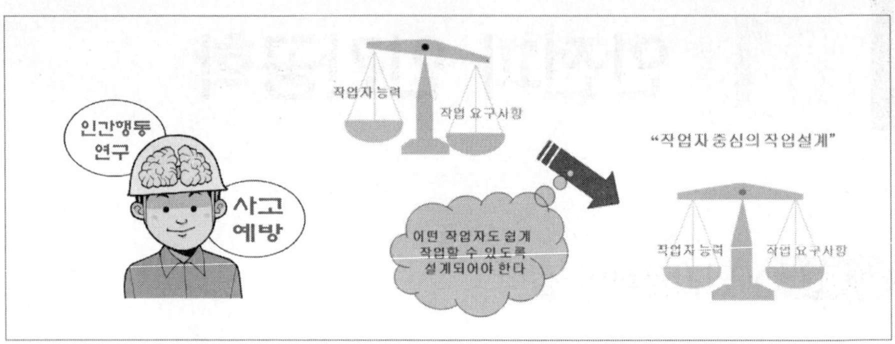

2) 목적

(1) 작업장의 배치, 작업방법, 기계설비, 전반적인 작업환경 등에서 작업자의 신체적인 특성이나 행동하는 데 받는 제약조건 등이 고려된 시스템을 디자인하는 것
(2) 건강, 안전, 만족 등과 같은 특정한 인생의 가치기준(Human Values)을 유지하거나 높임
(3) 인간과 기계 및 작업환경과의 조화가 잘 이루어질 수 있도록 하여 작업자의 안전, 작업능률, 편리성, 쾌적성(만족도)을 향상시키고자 함에 있다.

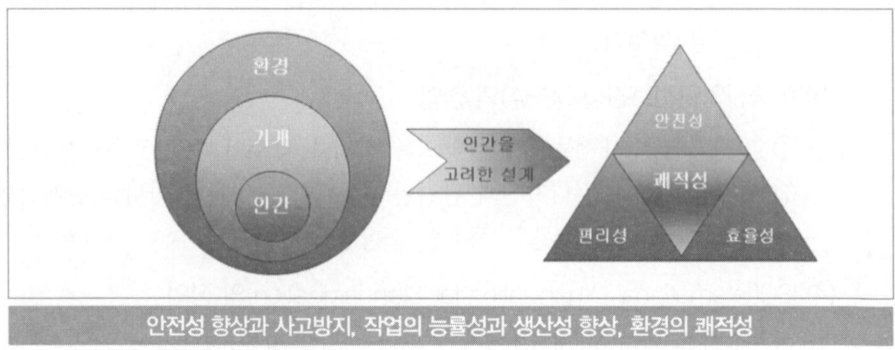

안전성 향상과 사고방지, 작업의 능률성과 생산성 향상, 환경의 쾌적성

2 배경 및 필요성

1) 인간공학의 배경

(1) 초기(1940년 이전)

기계 위주의 설계 철학
① 길브레스(Gilbreth) : 벽돌쌓기 작업의 동작연구(Motion Study)
② 테일러(Tailor) : 시간연구

(2) 체계수립과정(1945~1960년)

기계에 맞는 인간선발 또는 훈련을 통해 기계에 적합하도록 유도

(3) 급성장기(1960~1980년)

우주경쟁과 더불어 군사, 산업분야에서 주요분야로 위치, 산업현장의 작업장 및 제품설계에 있어서 인간공학의 중요성 및 기여도 인식

(4) 성숙의 시기(1980년 이후)

인간요소를 고려한 기계 시스템의 중요성 부각 및 인간공학분야의 지속적 성장

2) 필요성

(1) 산업재해의 감소
(2) 생산원가의 절감
(3) 재해로 인한 손실 감소
(4) 직무만족도의 향상
(5) 기업의 이미지와 상품선호도 향상
(6) 노사 간의 신뢰구축

3 작업관리와 인간공학

1) 작업관리의 목적

(1) 생산작업을 합리적, 효율적으로 개선한다.
(2) 작업을 표준화하고 표준을 유지, 통제한다.
(3) 안전한 작업장을 유지한다.

2) 작업의 개선

(1) 작업개선의 기본원칙

① 제거를 생각한다(E : Eliminate) : 불필요한 일은 하지 않는다.
② 결합과 분리를 생각한다(C : Combine) : 가능한 한 간단한 방법으로 재편성한다.
③ 교환과 대체를 생각한다(R : Rearrange) : 어떤 순서로 할 것인지 결정한다.
④ 간소화를 생각한다(S : Simplify) : 작업별로 간단하게, 이동거리를 짧게, 중량을 가볍게 하는 것 등의 개선을 생각한다.

(2) 작업 개선 원리

① 자연스러운 자세를 취한다.
② 작업 시 과도한 힘을 줄인다.
③ 작업물이나 공구는 손이 닿기 쉬운 곳에 둔다.

PART 01 PART 02 PART 03 PART 04 PART 05 PART 06 부록

④ 적절한 높이의 작업대를 사용한다.
⑤ 반복동작을 줄인다.
⑥ 피로와 정적인 부하를 줄인다.
⑦ 신체부위가 압박을 받지 않도록 한다.
⑧ 충분한 여유공간을 확보한다.

3) 동작경제의 원칙

(1) 신체 사용에 관한 원칙

① 두 손의 동작은 같이 시작하고 같이 끝나도록 한다.
② 휴식시간을 제외하고는 양손이 동시에 쉬지 않도록 한다.
③ 두 팔의 동작은 동시에 서로 반대방향으로 대칭적으로 움직이도록 한다.
④ 손과 신체의 동작은 작업을 원만하게 처리할 수 있는 범위 내에서 가장 낮은 동작등급을 사용하도록 한다.
⑤ 가능한 한 관성(Momentum)을 이용하여 작업을 하도록 하되 작업자가 관성을 억제하여야 하는 경우에는 발생되는 관성을 최소한으로 줄인다.
⑥ 손의 동작은 부드럽고 연속적인 동작이 되도록 하며 방향이 갑작스럽게 크게 바뀌는 모양의 직선동작은 피하도록 한다.
⑦ 탄도동작(Ballistic Movement)은 제한되거나 통제된 동작보다 더 신속하고 용이하며 정확하다.(탄도동작의 예로 숙련된 목수가 망치로 못을 박을 때 망치 괘적이 수평선 상의 직선이 아니고 포물선을 그리면서 작업을 하는 동작을 들 수 있다)
⑧ 가능하면 쉽고 자연스러운 리듬이 작업동작에 생기도록 작업을 배치한다.
⑨ 눈의 초점을 모아야 작업을 할 수 있는 경우는 가능하면 없애고 이것이 불가피할 경우에는 눈의 초점이 모아지는 서로 다른 두 작업지침 간의 거리를 짧게 한다.

(2) 작업장 배치에 관한 원칙

① 모든 공구나 재료는 정해진 위치에 있도록 한다.
② 공구, 재료 및 제어장치는 사용위치에 가까이 두도록 한다.(정상작업영역, 최대작업영역)
③ 중력이송원리를 이용한 부품상자(Gravity feed Bath)나 용기를 이용하여 부품을 부품사용장소에 가까이 보낼 수 있도록 한다.
④ 가능하다면 낙하식 운반(Rop Delivery)방법을 사용한다.
⑤ 공구나 재료는 작업동작이 원활하게 수행되도록 그 위치를 정해준다.
⑥ 작업자가 잘 보면서 작업을 할 수 있도록 적절한 조명을 비추어 준다.

⑦ 작업자가 작업 중 자세의 변경, 즉 앉거나 서는 것을 임의로 할 수 있도록 작업대와 의자높이가 조정되도록 한다.

⑧ 작업자가 좋은 자세를 취할 수 있도록 높이가 조절되는 좋은 디자인의 의자를 제공한다.

(3) 공구 및 설비 설계(디자인)에 관한 원칙

① 치구나 족답장치(Foot-operated Device)를 효과적으로 사용할 수 있는 작업에서는 이러한 장치를 사용하도록 하여 양손이 다른 일을 할 수 있도록 한다.

② 가능하면 공구 기능을 결합하여 사용하도록 한다.

③ 공구와 자세는 가능한 한 사용하기 쉽도록 미리 위치를 잡아준다(Pre-position)

④ (타자 칠 때와 같이) 각 손가락이 서로 다른 작업을 할 때에는 작업량을 각 손가락의 능력에 맞게 분배해야 한다.

⑤ 레버(Lever), 핸들 그리고 제어장치는 작업자가 몸의 자세를 크게 바꾸지 않더라도 조작하기 쉽도록 배열한다.

4 사업장에서의 인간공학 적용분야

1) 작업관련성 유해 · 위험 작업 분석
2) 제품설계에 있어 인간에 대한 안전성 평가
3) 작업공간의 설계
4) 인간-기계 인터페이스 디자인

PART 01 PART 02 PART 03 PART 04 PART 05 PART 06 부록

SECTION 2 인간－기계 체계

1 인간－기계 시스템의 정의 및 유형

1) 인간－기계 통합체계는 인간과 기계의 상호작용으로 인간의 역할에 중점을 두고 시스템을 설계하는 것이 바람직함

2) 인간－기계 체계의 기본기능

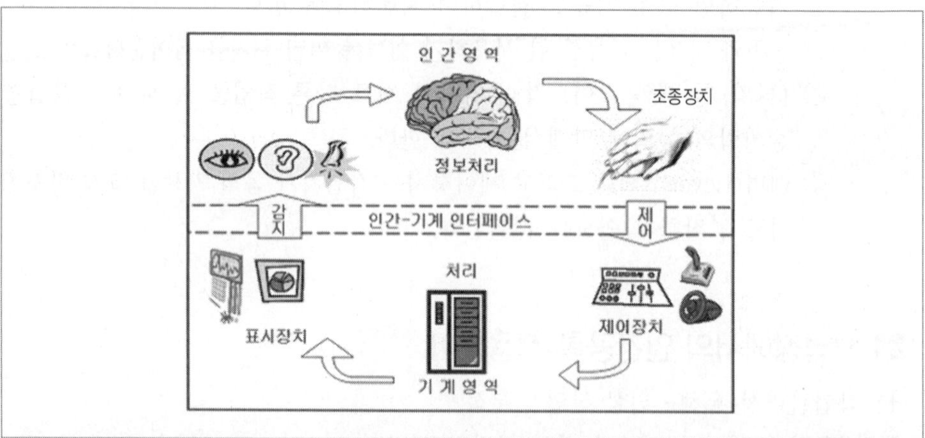

인간－기계 체계에서 체계의 인터페이스 설계

(1) 감지기능

① 인간 : 시각, 청각, 촉각 등의 감각기관

② 기계 : 전자, 사진, 음파탐지기 등 기계적인 감지장치

(2) 정보저장기능

① 인간 : 기억된 학습 내용

② 기계 : 펀치카드(Punch Card), 자기테이프, 형판(Template), 기록, 자료표 등 물리적 기구

(3) 정보처리 및 의사결정기능

① 인간 : 행동을 한다는 결심

② 기계 : 모든 입력된 정보에 대해서 미리 정해진 방식으로 반응하게 하는 프로그램(Program)

(4) 행동기능

① 물리적인 조정행위 : 조종장치 작동, 물체나 물건을 취급, 이동, 변경, 개조 등

② 통신행위 : 음성(사람의 경우), 신호, 기록 등

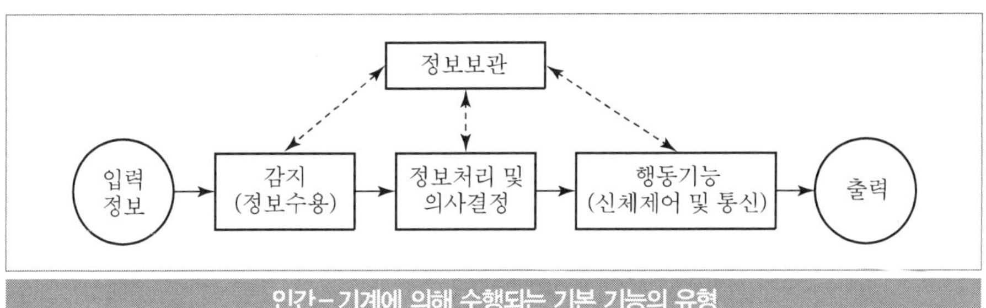

인간-기계에 의해 수행되는 기본 기능의 유형

인간과 기계는 상호 보완적인 기능을 담당하며 하나의 체계로서 임무를 수행한다. 다음 중 인간-기계 체계에 의해서 수행되는 기본기능에 해당되지 않는 것은?

① 의사결정 ② 감지 ③ 행동 ④ 감시

(5) 인간의 정보처리능력

인간이 신뢰성 있게 정보 전달을 할 수 있는 기억은 5가지 미만이며 감각에 따라 정보를 신뢰성 있게 전달할 수 있는 한계 개수가 5~9가지이다. 밀러(Miller)는 감각에 대한 경로용량을 조사한 결과 '신비의 수(Magical Number) 7±2(5~9)'를 발표했다. 인간의 절대적 판단에 의한 단일자극의 판별범위는 보통 5~9 가지라는 것이다.

정보량 $H = \log_2 n = \log_2 \frac{1}{p}$, $p = \frac{1}{n}$

여기서, 정보량의 단위는 bit(binary digit)임

2 시스템의 특성

1) 수동체계 : 자신의 신체적인 힘을 동력원으로 사용(수공구 사용)
2) 기계화 또는 반자동체계 : 운전자의 조종장치를 사용하여 통제하며 동력은 전형적으로 기계가 제공
3) 자동체계 : 기계가 감지, 정보처리, 의사결정 등 행동을 포함한 모든 임무를 수행하고 인간은 감시, 프로그래밍, 정비유지 등의 기능을 수행하는 체계
   (1) 입력정보의 코드화(Chunking)

   (2) 암호(코드)체계 사용상의 일반적 지침
      ① 암호의 검출성 : 타 신호가 존재하더라도 검출이 가능해야 한다.
      ② 암호의 변별성 : 다른 암호표시와 구분이 되어야 한다.
      ③ 암호의 표준화 : 표준화되어야 한다.
      ④ 부호의 양립성 : 인간의 기대와 모순되지 않아야 한다.
      ⑤ 부호의 의미 : 사용자가 부호의 의미를 알 수 있어야 한다.
      ⑥ 다차원 암호의 사용 : 2가지 이상의 암호를 조합해서 사용하면 정보전달이 촉진된다.

SECTION 3 체계설계와 인간 요소

1 목표 및 성능명세의 결정

시스템 설계 전 그 목적이나 존재이유가 있어야 함

1) 체계설계 시 고려사항

인간 요소적인 면, 신체의 역학적 특성 및 인체측정학적 요소 고려

2) 인간기준(Human Criteria)의 유형

(1) 인간성능(Human Performance) 척도 : 감각활동, 정신활동, 근육활동 등
(2) 생리학적(Physiological) 지표 : 혈압, 뇌파, 혈액성분, 심박수, 근전도(EMG), 뇌전도(EEG), 산소소비량, 에너지소비량 등
(3) 주관적 반응(Subjective Response) : 피실험자의 개인적 의견, 평가, 판단 등
(4) 사고빈도(Accident Frequency) : 재해발생의 빈도

2 기본설계

시스템의 형태를 갖추기 시작하는 단계(직무분석, 작업설계, 기능할당)

1) 체계기준의 구비조건(연구조사의 기준척도)

(1) 실제적 요건 : 객관적이고, 정량적이며, 강요적이 아니고, 수집이 쉬우며, 특수한 자료 수집기법이나 기기가 필요 없고, 돈이나 실험자의 수고가 적게 드는 것이어야 한다.

(2) 신뢰성(반복성) : 시간이나 대표적 표본의 선정에 관계없이, 변수 측정의 일관성이나 안정성을 말한다.

(3) 타당성(적절성) : 어느 것이나 공통적으로 변수가 실제로 의도하는 바를 어느 정도 측정하는가를 결정하는 것이다.(시스템의 목표를 잘 반영하는가를 나타내는 척도)

(4) 순수성(무오염성) : 측정하는 구조 외적인 변수의 영향은 받지 않는 것을 말한다.

(5) 민감도 : 피검자 사이에서 볼 수 있는 예상 차이점에 비례하는 단위로 측정해야 함을 말한다.

3 계면(界面) 설계(Interface Design)

기본설계가 정의되고 인간에게 할당된 기능과 직무가 윤곽이 잡히면 인간－기계 계면과 인간－소프트웨어 계면의 특성에 신경을 쓸 수 있다. 여기에는 작업공간, 표시장치, 조종장치, 제어(Console), 컴퓨터 대화(Dialog) 등이 포함된다.

1) 인간－기계 시스템 설계 시 인간공학적 설계의 일반적인 원칙

(1) 인간의 특성을 고려한다.

(2) 시스템을 인간의 예상과 양립시킨다.

(3) 표시장치나 제어장치의 중요성, 사용빈도, 사용 순서, 기능에 따라 배치하도록 한다.

(4) 작업의 흐름에 따라 배치한다.

2) 인간이 현존하는 기계를 능가하는 기능

(1) 매우 낮은 수준의 시각, 청각, 촉각, 후각, 미각적인 자극 감지

(2) 주위의 이상하거나 예기치 못한 사건 감지

(3) 다양한 경험을 토대로 의사결정(상황에 따라 적절한 결정을 함)

(4) 관찰을 통해 일반적으로 귀납적(Inductive)으로 추진
(5) 주관적으로 추산하고 평가한다.

3) 현존하는 기계가 인간을 능가하는 기능

(1) 인간의 정상적인 감지범위 밖에 있는 자극을 감지
(2) 자극을 연역적(Deductive)으로 추리
(3) 암호화(Coded)된 정보를 신속하게, 대량으로 보관
(4) 반복적인 작업을 신뢰성 있게 추진
(5) 과부하 시에도 효율적으로 작동

4) 인간－기계 시스템에서 유의하여야 할 사항

(1) 인간과 기계의 비교가 항상 적용되지는 않는다. 컴퓨터는 단순반복 처리가 우수하나 일이 적은 양일 때는 사람의 암산 이용이 더 용이하다.
(2) 과학기술의 발달로 인하여 현재 기계가 열세한 점이 극복될 수 있다.
(3) 인간은 감성을 지닌 존재이다.
(4) 인간이 기능적으로 기계보다 못하다고 해서 항상 기계가 선택되지는 않는다.

4 촉진물 설계

인간의 성능을 증진시킬 보조물 설계

5 시험 및 평가

시스템 개발과 관련된 평가와 인간적인 요소 평가 실시

6 감성공학

인간의 감성을 정량적으로 측정하여 평가하고 공학적으로 분석하여 이것을 제품 개발이나 환경 설계에 적용함으로써 더욱 편리하고 쾌적하며 안전한 인간의 삶을 도모하려는 기술이다.

CHAPTER 02 정보입력 표시

SECTION 1 시각적 표시장치

1 시각과정

1) 눈의 구조

(1) 각막 : 빛이 통과하는 곳
(2) 홍채 : 눈으로 들어가는 빛의 양을 조절(카메라 조리개 역할)
(3) 모양체 : 수정체의 두께를 조절하는 근육
(4) 수정체 : 빛을 굴절시켜 망막에 상이 맺히는 역할(카메라 렌즈 역할)
(5) 망막 : 상이 맺히는 곳, 감광세포가 존재(상이 상하좌우 전환되어 맺힘), 인간의 눈의 부위 중에서 실제로 빛을 수용하여 두뇌로 전달하는 역할을 하는 부분
(6) 시신경 : 망막으로부터 정보를 전달
(7) 맥락막 : 망막을 둘러싼 검은 막, 어둠상자 역할

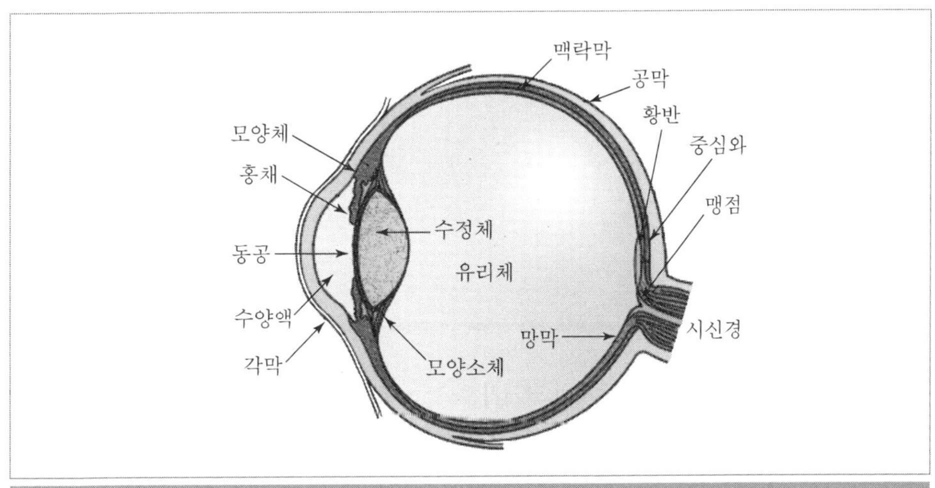

눈의 구조

2) 시력과 눈의 이상

(1) 디옵터(Diopter)

수정체의 초점조절 능력, 초점거리를 m으로 표시했을 때의 굴절률(단위 : D)

$$\text{렌즈의 굴절률 diopter(D)} = \frac{1}{\text{m 단위의 초점거리}}$$

$$\text{사람의 굴절률} = \frac{1}{0.017} = 59\text{D}$$

사람 눈은 물체를 수정체의 1.7cm(0.017m) 뒤쪽에 있는 망막에 초점을 맺히도록 함

(2) 시각과 시력

① 시각(Visual Angle) : 보는 물체에 대한 눈의 대각

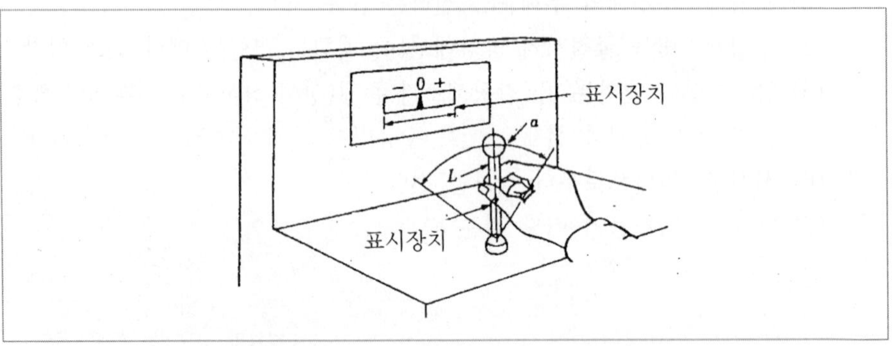

$$\text{시각[분]} = 60 \times \tan^{-1}\frac{\text{L}}{\text{D}} = \text{L} \times 57.3 \times \frac{60}{\text{D}}$$

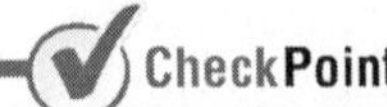

눈과 글자의 거리가 28cm, 글자의 크기가 0.2cm, 획폭은 0.03cm일 때 시각은 얼마인가?

시각(Visual Angle) : 보는 물체에 대한 눈의 대각

$$\text{시각[분]} = 60 \times \tan^{-1}\frac{\text{L}}{\text{D}} = \text{L} \times 57.3 \times \frac{60}{\text{D}} = 0.03 \times 57.3 \times \frac{60}{28} = 3.68$$

여기서, L : 시선과 직각으로 측정한 물체의 크기(획폭)

D : 물체와 눈 사이의 거리

② 시력 $= \dfrac{1}{\text{시각}}$

3) 눈의 이상

(1) 원시 : 가까운 물체의 상이 망막 뒤에 맺힘. 멀리 있는 물체는 잘 볼 수 있으나 가까운 물체는 보기 어려움

(2) 근시 : 먼 물체의 상이 망막 앞에 맺힘. 가까운 물체는 잘 볼 수 있으나 멀리 있는 물체는 보기 어려움

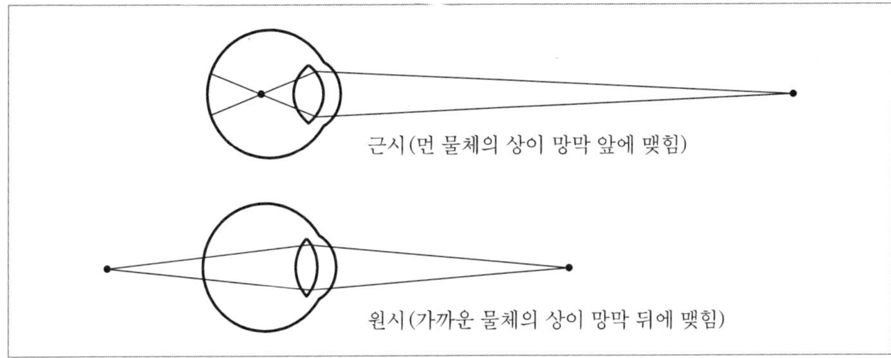

4) 순응(조응)

갑자기 어두운 곳에 들어가면 보이지 않거나 밝은 곳에 갑자기 노출되면 눈이 부셔 보기 힘들다. 그러나 시간이 지나면 점차 사물의 형상을 알 수 있는데, 이러한 광도수준에 대한 적응을 순응(Adaption) 또는 조응이라고 한다.

(1) 암순응(암조응) : 우선 약 5분 정도 원추세포의 순응단계를 거쳐 약 30~35분 정도 걸리는 간상세포의 순응단계(완전 암순응)로 이어진다.

(2) 명순응(명조응) : 어두운 곳에 있는 동안 빛에 민감하게 된 시각계통을 강한 광선이 압도하기 때문에 일시적으로 안 보이게 되나 명순응에는 길게 잡아 1~2분이면 충분하다.

Check Point

일반적으로 완전 암조응에 걸리는 시간은?

① 5~10분　② 10~20분　③ 30~40분　④ 50~60분

5) 시성능

인간의 정상적인 시계는 200°이고 그 중에서도 색채를 식별할 수 있는 범위는 70°이다. 또한 시성능은 연령에 따라 감퇴되는 특성을 갖고 있기 때문에 젊은이에게 충분한 조명수준이라도 노인에게는 부족할 수 있다. 20세의 시성능을 1.0이라 할 때 40세는 1.17배, 50세는 1.58배, 65세는 2.66배의 조명이 필요하다.

2 시식별에 영향을 주는 조건

1) 조도 : 물체의 표면에 도달하는 빛의 밀도

(1) foot-candle(fc)

1촉광(촛불 1개)의 점광원으로부터 1foot 떨어진 구면에 비추는 빛의 밀도

(2) lux

1촉광의 광원으로부터 1m 떨어진 구면에 비추는 빛의 밀도

$$조도(lux) = \frac{광속(lumen)}{(거리(m))^2}$$

2) 광도(Luminance)

단위면적당 표면에서 반사(방출)되는 빛의 양
(단위 : Lambert(L), foot-Lambert, nit(cd/m^2))

3) 휘도

빛이 어떤 물체에서 반사되어 나오는 양

4) 명도 대비(Contrast)

표적의 광도와 배경의 광도 차

$$대비 = \frac{L_b - L_t}{L_b} \times 100$$

여기서, L_t : 표적의 광도, L_b : 배경의 광도

5) 휘광(Glare)

휘도가 높거나 휘도 대비가 클 경우 생기는 눈부심

6) 푸르키네 현상(Purkinje Effect)

조명수준이 감소하면 장파장에 대한 시감도가 감소하는 현상. 즉 밤에는 같은 밝기를 가진 장파장의 적색보다 단파장인 청색이 더 잘 보인다.

3 정량적 표시장치

1) 정량적 표시장치

온도나 속도 같은 동적으로 변하는 변수나 자로 재는 길이 같은 계량치에 관한 정보를 제공하는 데 사용한다. 정량적 표시장치는 기계식과 전자식으로 구분되며 기계식 표시장치는 원형, 수평형, 수직형 등의 아날로그 표지장치(Analog Display)와 디지털 카운터(Digital Display)로 구분된다. 일반적으로 표시값을 정확하게 읽을 수 있는 경우에는 디지털 표시장치가 우수하고 표시값이 변하는 경우나 변화방향이나 속도를 관찰할 필요가 있을 경우에는 아날로그 표시장치가 유리하다.

아날로그 표시장치에서 눈금 간의 간격인 눈금단위(Scale Unit)의 길이는 정상 가시거리(Viewing Distance)인 71cm(28inch)를 기준으로 정상조명에서는 1.3mm, 낮은 조명에서는 1.8mm 이상이 권장된다.

2) 정량적 동적 표시장치의 기본형

(1) 동침형(Moving Pointer)

고정된 눈금상에서 지침이 움직이면서 값을 나타내는 방법으로 지침의 위치가 일종의 인식상의 단서로 작용하는 이점이 있다.

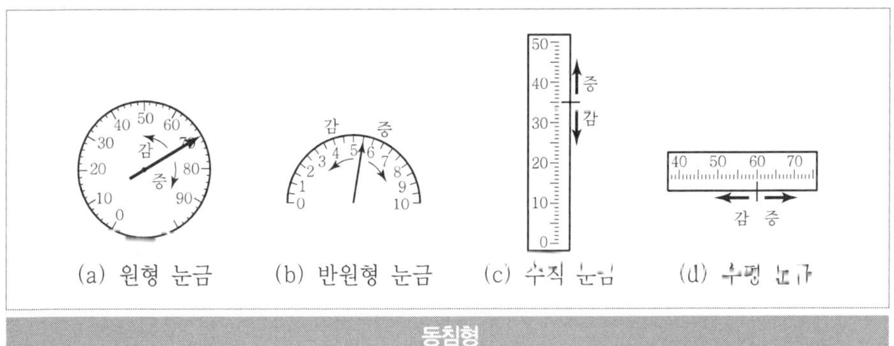

(a) 원형 눈금 (b) 반원형 눈금 (c) 수직 눈금 (d) 수평 눈금

동침형

(2) 동목형(Moving Scale)

값의 범위가 클 경우 작은 계기판에 모두 나타낼 수 없는 동침형의 단점을 보완한 것으로 표시장치의 공간을 적게 차지하는 이점이 있다.

하지만, 동목형의 경우에는 "이동부분의 원칙(Principle of Moving Part)"과 "동작방향의 양립성(Compatibility of Orientation Operate)"을 동시에 만족시킬 수가 없으므로 공간상의 이점에도 불구하고 빠른 인식을 요구하는 작업장에서는 사용을 피하는 것이 좋다.

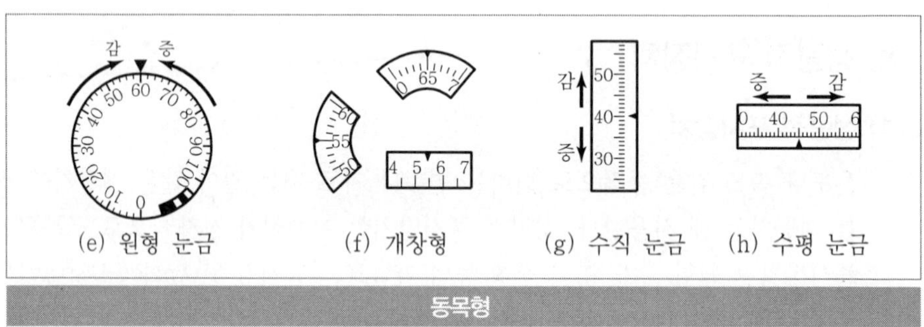

동목형

(3) 계수형(Digital Display)

수치를 정확히 읽어야 할 경우 인접 눈금에 대한 지침의 위치를 추정할 필요가 없기 때문에 Analog Type(동침형, 동목형)보다 더욱 적합, 계수형의 경우 값이 빨리 변하는 경우 읽기가 곤란할 뿐만 아니라 시각 피로를 많이 유발하므로 피해야 한다.

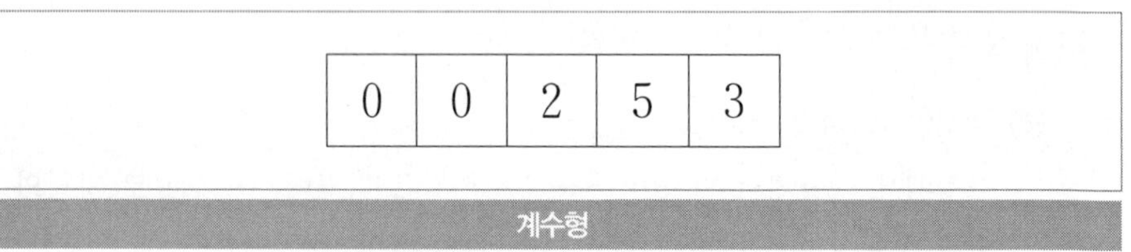

계수형

4 정성적 표시장치

1) 온도, 압력, 속도와 같은 연속적으로 변하는 변수의 대략적인 값이나 변화추세 등을 알고자 할 때 사용
2) 나타내는 값이 정상인지 여부를 판정하는 등 상태점검을 하는 데 사용

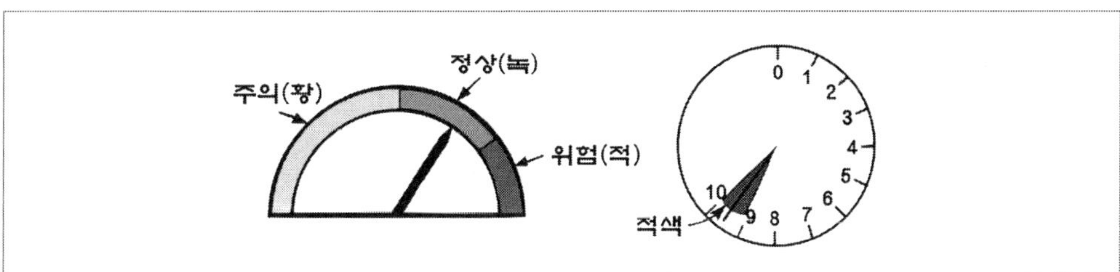

> □ 시각 표시장치의 목적
> 1. 정량적 판독 : 눈금을 사용하는 경우와 같이 정확한 정량적 값을 얻으려는 경우
> 2. 정성적 판독 : 기계가 작동되는 상태나 조건 등을 결정하기 위한 것으로, 보통 허용범위 이상, 이내, 미만 등과 같이 세 가지 조건에 대하여 사용
> 3. 이분적 판독 On－Off와 같이 작업을 확인하거나 상태를 규정하기 위해 사용

5 상태표시기

정성적 정보는 시스템이나 부품의 상태가 정상 상태인가를 판정하기 위해 상태점검용 표시장치를 사용하여 대략적으로 나타낸 것이다. 그러나 엄밀하게 따지자면 상태지시계(Status Indicator)는 켬－끔(On－Off) 또는 교통 신호등의 멈춤－주행과 같이 별개의 독립된 상태를 나타낸다. 정성적 계기를 다른 목적으로 사용하지 않고 상태점검용이나 확인용으로만 사용할 경우 이를 상태지시계라 한다. 가장 대표적인 예가 신호등인데 대개 적색, 황색, 녹색 등으로 코드화한다.

1) 정적(Static) 표시장치 : 간판, 도표, 그래프, 인쇄물, 필기물 같이 시간에 따라 변하지 않는 것
2) 동적(Dynamic) 표시장치 : 온도계, 기압계, 속도계, 고도계, 레이더, sonar, 전축, TV, 영화 등 어떤 변수를 조정하거나 맞추는 것을 돕기 위한 것

다음 표시장치 중 동적 표시장치는?

① 도로표지판　② 도표　③ 지도　✔ 고도계

6 신호 및 경보등

1) 광원의 크기, 광도 및 노출시간

(1) 광원의 크기가 작으면 시각이 작아짐
(2) 광원의 크기가 작을수록 광속발산도가 커야 함

2) 색광

(1) 색에 따라 사람의 주위를 끄는 정도가 다르며 반응시간이 빠른 순서는 ① 적색 ② 녹색, ③ 황색, ④ 백색 순이다.
명도가 높은 색채는 빠르고 경쾌하게 느껴지고, 명도가 낮은 색채는 둔하고 느리게 느껴진다. 가볍고 경쾌한 색에서 느리고 둔한 색의 순서를 나타내면 백색>황색>녹색>등색>자색>청색>흑색이다.
(2) 신호대 배경의 명도 대비(Contrast)가 낮을 경우에는 적색 신호가 효과적이다.
(3) 배경이 어두운 색(흑색)일 경우 명도대비가 좋거나 신호의 절대명도가 크면 신호의 색은 주위를 끄는 데 별로 중요하지 않다.

3) 점멸속도

(1) 점멸 융합주파수(약 30Hz)보다 작아야 함
(2) 주의를 끌기 위해서는 초당 3~10회의 점멸속도에 지속시간은 0.05초 이상이 적당함

4) 배경 광(불빛)

(1) 배경의 불빛이 신호등과 비슷할 경우 신호광 식별이 곤란함
(2) 배경 잡음의 광이 점멸일 경우 점멸신호등의 기능을 상실
(3) 신호등이 네온사인이나 크리스마스트리 등이 있는 지역에 설치되는 경우에는 식별이 쉽지 않음

7 묘사적 표시장치

1) 항공기의 이동표시

배경이 변화하는 상황을 중첩하여 나타내는 표시장치로 효과적인 상황판단을 위해 사용한다.

(1) 항공기 이동형(외견형) : 지평선이 고정되고 항공기가 움직이는 형태
(2) 지평선 이동형(내견형) : 항공기가 고정되고 지평선이 이동되는 형태(대부분의 항공기의 표시장치가 이에 속함)
(3) 빈도 분리형 : 외견형과 내견형의 혼합형

항공기 이동형	지평선 이동형
지평선 고정, 항공기가 움직이는 형태, outside – in(외견형), bird's eye	항공기 고정, 지평선이 움직이는 형태, inside – out(내견형), pilot's eye, 대부분의 항공기 표시장치

2) 항공기 위치 표시장치 설계 원칙

항공기 위치 표시장치 설계와 관련 로스코, 콜, 젠슨(Roscoe, Corl, Jensen)(1981)은 다음과 같이 원칙을 제시했다.

(1) 표시의 현실성(Principle of Pictorial Realism)

표시장치에 묘사되는 이미지는 기준틀에 상대적인 위치(상하, 좌우), 깊이 등이 현실 세계의 공간과 어느 정도 일치하여 표시가 나타내는 것을 쉽게 알 수 있어야 함

(2) 통합(Principle of Integration)

관련된 모든 정보를 통합하여 상호관계를 바로 인식할 수 있도록 함

(3) 양립적 이동(Principle of Compatibility Motion)

항공기의 경우, 일반적으로 이동 부분의 영상은 고정된 눈금이나 좌표계에 나타내는 것이 바람직함

(4) 추종표시(Principle of Pursuit Presentation)

원하는 목표(Target)와 실제 지표가 공통 눈금이나 좌표계에서 이동함

8 문자－숫자 표시장치

문자－숫자 체계에서 인간공학적 판단기준은 가시성(Visibility), 식별성(Legibility), 판독성(Readability)이다.

1) 획폭비

문자나 숫자의 높이에 대한 획 굵기의 비율

(1) 검은 바탕에 흰 숫자의 최적 획폭비는 1 : 13.3 정도

(2) 흰 바탕에 검은 숫자의 최적 획폭비는 1 : 8 정도

• **광삼(Irradiation) 현상**

검은 바탕의 흰 글씨가 주위의 검은 배경으로 번져 보이는 현상

A B C D 검은 바탕의 흰 글씨(음각)

A B C D 흰 바탕에 검은 글씨(양각)

따라서, 검은 바탕의 흰 글씨가 더 가늘어야 한다.

2) 종횡비

문자나 숫자의 폭에 대한 높이의 비율

(1) 문자의 경우 최적 종횡비는 1 : 1 정도

(2) 숫자의 경우 최적 종횡비는 3 : 5 정도

3) 문자－숫자의 크기

일반적인 글자의 크기는 포인트(Point, pt)로 나타내며 $\frac{1}{72}$in(0.35mm)을 1pt로 한다.

9 시각적 암호, 부호 및 기호

1) 묘사적 부호

사물이나 행동을 단순하고 정확하게 묘사한 것(도로표지판의 보행신호, 유해물질의 해골과 뼈 등)

2) 추상적 부호

메시지(傳言)의 기본요소를 도식적으로 압축한 부호로 원래의 개념과는 약간의 유사성이 있음

3) 임의적 부호

부호가 이미 고안되어 있으므로 이를 배워야 하는 것(산업안전표지의 원형 → 금지표지, 사각형 → 안내표지 등)

산업안전표지로서 경고표지는 삼각형, 안내표지는 사각형 지시표지는 원형 등으로 부호가 고안되어 있다. 이처럼 부호가 이미 고안되어 있으므로 이를 배워야 하는 부호는?

① 사적 부호 ② 추상적 부호 ✔ 임의적 부호 ④ 사실적 부호

10 작업장 내부 및 외부색의 선택

작업장 색채조절은 사람에 대한 감정적 효과, 피로방지 등을 통하여 생산능률 향상에 도움을 주려는 목적과 사고방지를 위한 표식의 명확화 등을 위해 사용한다.

1) 내부

(1) 윗벽의 색은 기계공장의 경우 8 이상의 명도를 가진 회색 또는 엷은 녹색
(2) 천장은 75% 이상의 반사율을 가진 백색
(3) 정밀작업은 명도 7.5~8, 색상은 회색, 녹색 사용
(4) 바닥 색은 광선의 반사를 피해 명도 4~5 정도 유지

2) 외부

(1) 벽면은 주변 명도의 2배 이상
(2) 창틀은 명도나 채도를 벽보다 1~2배 높게

3) 기계에 대한 배색

전체 기계 : 녹색(10G 6/2)과 회색을 혼합해서 사용 또는 청록색(7.5BG6/15) 사용

4) 바닥의 추천 반사율은 20~40%

5) 색의 심리적 작용

(1) 크기 : 명도 높으면 크게 보임
(2) 원근감 : 명도 높으면 가깝게 보임

(3) 온도감 : 적색 hot, 청색 cold → 실제 느끼는 온도는 색과 무관

(4) 안정감 : 윗부분의 명도가 높고, 아랫부분의 명도가 낮을 경우 안정감

(5) 경중감 : 명도 높으면 가볍게 느낌

(6) 속도감 : 명도 높으면 빠르고 경쾌

(7) 맑기 : 명도 높으면 맑은 느낌

(8) 진정효과 : 녹색, 청색 → 한색계 : 침착함
주황, 빨강 → 난색계 : 강한 자극

(9) 연상작용 : 적색 → 피, 청색 → 바다, 하늘

6) 인간행동의 색채조절 효과

작업환경 개선, 생산증진, 피로감소, 작업능력 향상

SECTION 2 청각적 표시장치

1 청각과정

1) 귀의 구조

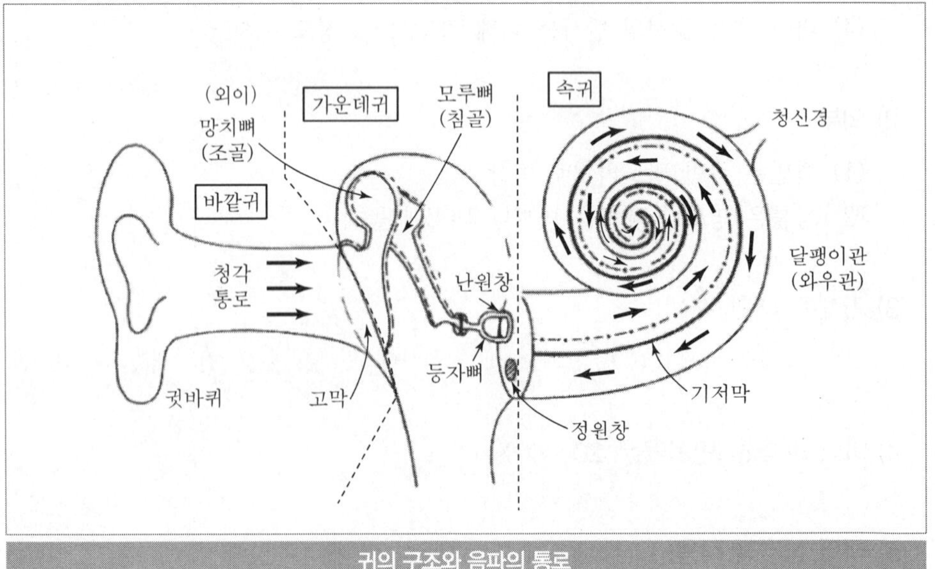

귀의 구조와 음파의 통로

(1) 바깥귀(외이) : 소리를 모으는 역할
(2) 가운데귀(중이) : 고막의 진동을 속귀로 전달하는 역할
(3) 속귀(내이) : 달팽이관에 청세포가 분포되어 있어 소리자극을 청신경으로 전달

2) 음의 특성 및 측정

(1) 음파의 진동수(Frequency of Sound Wave) : 인간이 감지하는 음의 높낮이

소리굽쇠를 두드리면 고유진동수로 진동하게 되는데 소리굽쇠가 진동함에 따라 공기의 입자가 전후방으로 움직이며 이에 따라 공기의 압력은 증가 또는 감소한다. 소리굽쇠와 같은 간단한 음원의 진동은 정현파(사인파)를 만들며 사인파는 계속 반복되는데 1초당 사이클 수를 음의 진동수(주파수)라 하며 Hz(herz) 또는 CPS(cycle/s)로 표시한다.

(2) 음의 강도(Sound intensity)

음의 강도는 단위면적당 동력(Watt/m^2)으로 정의되는데 그 범위가 매우 넓기 때문에 로그(log)를 사용한다. Bell(B ; 두음의 강도비의 로그값)을 기본측정 단위로 사용하고 보통은 dB(Decibel)을 사용한다.(1dB=0.1B)
음은 정상기압에서 상하로 변하는 압력파(Pressure Wave)이기 때문에 음의 진폭 또는 강도의 측정은 기압의 변화를 이용하여 직접 측정할 수 있다. 하지만 음에 대한 기압치는 그 범위가 너무 넓어 음압수준(SPL ; Sound Pressure Level)을 사용하는 것이 일반적이다.

$$\mathrm{SPL(dB)} = 10\log\left(\frac{P_1^{\ 2}}{P_0^{\ 2}}\right)$$

P_1은 측정하고자 하는 음압이고 P_0는 기준음압(20μN/m^2)이다.

이 식을 정리하면

$\mathrm{SPL(dB)} = 20\log\left(\frac{P_1}{P_0}\right)$이다.

또한, 두 음압 P_1, P_2를 갖는 누 음의 강도자는

$\mathrm{SPL_2} - \mathrm{SPL_1} = 20\log\left(\frac{P_2}{P_0}\right) - 20\log\left(\frac{P_1}{P_0}\right) = 20\log\left(\frac{P_2}{P_1}\right)$이다.

거리에 따른 음의 변화는 d_1은 d_1거리에서 단위면적당 음이고 d_2는 d_2거리에서 단위면적당 음이라면 음압은 거리에 비례하므로 식으로 나타내면

$P_2 = \left(\frac{d_1}{d_2}\right) P_1$ 이다.

$SPL_2(dB) - SPL_1(dB) = 20\log\left(\frac{P_2}{P_1}\right)$ 에 위의 식을 대입하면

$$= 20\log\left(\frac{\frac{d_1\,P_1}{P_2}}{P_1}\right) = 20\log\left(\frac{d_1}{d_2}\right) = -20\log\left(\frac{d_2}{d_1}\right)$$

따라서 $dB_2 = dB_1 - 20\log\left(\frac{d_1}{d_2}\right)$ 이다.

(3) 음력레벨(PWL ; Sound Power Level)

$$PWL = 10\log\left(\frac{P}{P_0}\right) dB$$

여기서, P : 음력(Watt)
P_0 : 기준의 음력 10^{-12}Watt

CheckPoint

소음원으로부터의 거리와 음압수준은 역비례한다. 동일한 소음원에서 거리가 2배 증가하면 음압수준은 몇 dB 정도 감소하는가?

음압수준은 $SPL(dB) = 10\log\left(\frac{P_1^2}{P_0^2}\right) = 10\log\left(\frac{\left(\frac{1}{2}\right)^2}{1^2}\right) = -6(dB)$

음의 크기는 소음원에서 거리가 2배 될 때마다 6dB씩 낮아지게 된다.

3) 음량(Loudness)

(1) phon과 sone

① phon 음량수준 : 정량적 평가를 위한 음량 수준 척도, phon으로 표시한 음량수준은 이 음과 같은 크기로 들리는 1,000Hz 순음의 음압수준(dB)

② sone 음량수준 : 다른 음의 상대적인 주관적 크기 비교, 40dB의 1,000Hz 순음 크기(=40phon)를 1sone으로 정의, 기준음보다 10배 크게 들리는 음이 있다면 이 음의 음량은 10sone이다.

$$\text{sone치} = 2^{(\text{phon치} - 40)/10}$$

CheckPoint

50phon의 기준음을 들려준 후 70phon의 소리를 듣는다면 작업자는 주관적으로 몇 배의 소리로 인식하는가?

sone치 $= 2^{(\text{Phon치} - 40)/10}$

1. 50phon의 sone치 $= 2^{(50-40)/10} = 2$
2. 70phon의 sone치 $= 2^{(70-40)/10} = 8$

따라서 70phon에서는 50phon의 4배의 소리로 인식한다.

(2) 인식소음 수준

① PNdb(perceived noise level)의 척도는 910~1,090Hz대의 소음 음압수준

② PLdb(perceived level of noise)의 척도는 3,150Hz에 중심을 둔 1/3 옥타브대 음을 기준으로 사용

CheckPoint

음량수준을 측정할 수 있는 세 가지 척도에 해당되지 않는 것은?

① Phone에 의한 음량수준
② 지수에 의한 수준 (✔)
③ 인식소음 수준
④ Sone에 의한 음량수준

4) 은폐(Masking) 효과

음의 한 성분이 다른 성분에 대한 귀의 감수성을 감소시키는 상황으로 피은폐된 한 음의 가청 역치가 다른 은폐된 음 때문에 높아지는 현상을 말한다. 예로 사무실의 자판소리 때문에 말 소리가 묻히는 경우이다.

2 청각적 표시장치

1) 시각장치와 청각장치의 비교

시각장치 사용	청각장치 사용
① 경고나 메시지가 복잡하다. ② 경고나 메시지가 길다. ③ 경고나 메시지가 후에 재참조된다. ④ 경고나 메시지가 공간적인 위치를 다룬다. ⑤ 경고나 메시지가 즉각적인 행동을 요구하지 않는다. ⑥ 수신자의 청각 계통이 과부하 상태일 때 ⑦ 수신 장소가 너무 시끄러울 때 ⑧ 직무상 수신자가 한곳에 머무르는 경우	① 경고나 메시지가 간단하다. ② 경고나 메시지가 짧다. ③ 경고나 메시지가 후에 재참조되지 않는다. ④ 경고나 메시지가 시간적인 사상을 다룬다. ⑤ 경고나 메시지가 즉각적인 행동을 요구한다. ⑥ 수신자의 시각 계통이 과부하 상태일 때 ⑦ 수신장소가 너무 밝거나 암조응 유지가 필요할 때 ⑧ 직무상 수신자가 자주 움직이는 경우

다음 중 정보의 전달에 있어서 청각장치보다 시각장치를 사용해야 하는 경우로 옳은 것은?

① 메시지가 간단할 때
② 메시지가 즉각적인 행동을 요구하지 않을 때
③ 메시지가 후에 재참조되지 않을 때
④ 메시지가 시간적인 사상을 다룰 때

2) 청각적 표시장치가 시각적 표시장치보다 유리한 경우

(1) 신호음 자체가 음일 때
(2) 무선거리 신호, 항로정보 등과 같이 연속적으로 변하는 정보를 제시할 때
(3) 음성통신(전화 등) 경로가 전부 사용되고 있을 때
(4) 정보가 즉각적인 행동을 요구하는 경우
(5) 조명으로 인해 시각을 이용하기 어려운 경우

3) 경계 및 경보신호 선택 시 지침

(1) 귀는 중음역에 가장 민감하므로 500~3,000Hz가 좋다.
(2) 300m 이상 장거리용 신호에는 1,000Hz 이하의 진동수를 사용
(3) 칸막이를 돌아가는 신호는 500Hz 이하의 진동수를 사용한다.
(4) 배경소음과 다른 진동수를 갖는 신호를 사용하고 신호는 최소 0.5~1초 지속
(5) 주의를 끌기 위해서는 변조된 신호를 사용
(6) 경보효과를 높이기 위해서는 개시시간이 짧은 고강도의 신호 사용

3 음성통신

1) 음성의 인간공학적 측면

음성은 청각적 표시장치의 한 형태이다. 출력의 기능을 갖기도 하고 입력의 기능을 갖기도 한다. 음성의 정보원과 수용자는 인간일 수도 기계일 수도 있다.

2) 음성의 특성

(1) 인간의 음성

① 발성 : 인간이 말을 하는 것은 호흡과정과 관련된다. 숨을 내쉴 때 기류에 의해 만들어지는 음파가 발성기관을 거쳐 음성이 발생하는 것이다.

② 음소 : 음성(말)의 최소 단위로 각 언어는 모음 및 자음을 망라한 고유한 음소를 가지고 있다.

(2) 음성의 묘사

음성은 여러 가지 방법으로 그래프화 할 수 있다. 파형, 주사수별, 음스펙트럼을 표현하는 방법들이 있는데 파형은 시간에 따른 기압(강도) 변동이다.

(3) 음성의 강도

일반적으로 여성의 음성출력은 조용히 말할 때는 약 45dB 정도, 크게 말할 때에는 85dB 정도 되지만 보통 대화 시에는 60~70dB 정도이다.

3) 통화 이해도

음성 메시지를 수화자가 얼마나 정확하게 인지할 수 있는가 하는 것이다.

(1) 통화 이해도(Speech intelligibility) 시험

실제로 말을 들려주고 이를 복창하게 하거나 물어보는 것(시험)이다.

(2) 명료도 지수(Articulation index)

각 옥타브(Octave)대의 음성과 잡음의 dB 값에 가중치를 주어 그 합계를 구하는 것이다.

(3) 이해도 점수(Intelligibility score)

수화자가 통화내용을 얼마나 알아들었는가의 비율(%)이다.

(4) 통화 간섭 수준(Speech Interference level)

통화 간섭 수준(SIL)이란 잡음이 통화 이해도(Speech intelligibility)에 미치는 영향을 추정하는 하나의 지수이다. 잡음의 주파수 분포가 평평할 경우 유용한 지표로서 500, 1,000, 2,000Hz에 중심을 둔 3 옥타브대의 잡음 dB 수준의 평균치이다.

4 합성음성

1) 음성합성의 유형

(1) 디지털 기록(Digital recording)

기존의 아날로그 신호를 직접 기록 · 재생(테이프나 레코드)하는 방법에서 한 단계 진보되어 음성을 디지털화(digitize)하여 컴퓨터의 기억장치에 보관한다.

(2) 분석에 의한 합성(Synthesis by analysis)

디지털화된 음성을 보다 압축된 형식으로 변환한다. 선형 예측 코드화 등의 방법으로 음성을 저장하는 데 필요한 정보의 양을 최소화한다.

(3) 규칙에 의한 합성(Synthesis by rule)

기본 음성의 생성규칙, 단어와 문장의 조합규칙, 운율의 생성규칙에 기초하여 발음 모형의 적절한 모수들을 발음할 때 결정한다. 이 합성방법은 많은 어휘를 비교적 적은 컴퓨터 용량으로 구사할 수 있지만 음성의 질은 떨어진다.

2) 합성 음성의 활용

합성 음성은 자동차, 카메라, 주방기기, 시계, 완구 등 제품에 많이 이용되었고 항공분야, 전화회사, 장애인용 보조기구 등에 활용되었다. 그 성능과 사용에 관해 인간공학적 고려가 부각되었는데 자연음성과 비교해서 합성음성이 얼마나 잘 기억되는가 또는 선호도와 관련된 문제가 중요한다.

SECTION 3 촉각 및 후각적 표시장치

1 피부감각

1) 통각 : 아픔을 느끼는 감각
2) 압각 : 압박이나 충격이 피부에 주어질 때 느끼는 감각
3) 감각점의 분포량 순서 : ① 통점 → ② 압점 → ③ 냉점 → ④ 온점

2 조종장치의 촉각적 암호화

1) 표면촉감을 사용하는 경우
2) 형상을 구별하는 경우
3) 크기를 구별하는 경우

3 동적인 촉각적 표시장치

1) 기계적 진동(Mechanical Vibration) : 진동기를 사용하여 피부에 전달, 진동장치의 위치, 주파수, 세기, 지속시간 등 물리적 매개변수
2) 전기적 임펄스(Electrical Impulse) : 전류자극을 사용하여 피부에 전달, 전극위치, 펄스속도, 지속시간, 강도 등

4 후각적 표시장치

후각은 사람의 감각기관 중 가장 예민하고 빨리 피로해지기 쉬운 기관으로 사람마다 개인차가 심하다. 사람은 냄새에 빨리 익숙해져서 노출 후에는 냄새의 존재를 느끼지 못하고, 코가 막히면 감도가 떨어진다.

5 웨버(Weber)의 법칙

특정 감각의 변화감지역(ΔI)은 사용되는 표준자극(I)에 비례한다.

$$\text{웨버 비} = \frac{\Delta I}{I}$$

여기서, I : 기준자극크기
ΔI : 변화감지역

1) 감각기관의 웨버(Weber) 비

감각	시각	청각	무게	후각	미각
Weber 비	1/60	1/10	1/50	1/4	1/3

웨버(Weber)비가 작을수록 인간의 분별력이 좋아짐

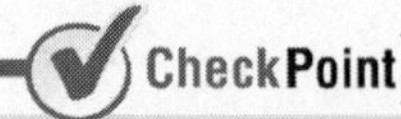

주어진 자극에 대해 인간이 갖는 변화감지역을 표현하는 데에는 Weber의 법칙을 이용한다. 이 때 Weber비와 인간의 분별력의 관계를 설명한 것은?

① Weber비가 클수록 분별력이 좋다.
✅ Weber비가 작을수록 분별력이 좋다.
③ Weber비와 분별력과는 관계가 없다.
④ Weber비는 모든 사람에 대해 일정하다.

2) 인간의 감각기관의 자극에 대한 반응속도

청각(0.17초) > 촉각(0.18초) > 시각(0.20초) > 미각(0.29초) > 통각(0.70초)

SECTION 4 인간요소와 휴먼에러

1 인간실수의 분류

1) 심리적(행위에 의한) 분류(Swain)

(1) 생략에러(Omission Error) : 작업 내지 필요한 절차를 수행하지 않는 데서 기인하는 에러
(2) 실행(작위적) 에러(Commission Error) : 작업 내지 절차를 수행했으나 잘못한 실수 - 선택착오, 순서착오, 시간착오
(3) 과잉행동에러(Extraneous Error) : 불필요한 작업 내지 절차를 수행함으로써 기인한 에러
(4) 순서에러(Sequential Error) : 작업수행의 순서를 잘못한 실수
(5) 시간에러(Timing Error) : 소정의 기간에 수행하지 못한 실수(너무 빨리 혹은 늦게)

가스밸브를 잠그는 것을 잊어 사고가 났다면 작업자는 어떤 인적오류를 범한 것인가?

✅ 누락(Omission)오류
② 작위(Commission)오류
③ 지연(Time lag)오류
④ 순서(Sequence)오류

2) 원인 레벨(level)적 분류

(1) Primary Error : 작업자 자신으로부터 발생한 에러(안전교육을 통하여 제거)
(2) Secondary Error : 작업형태나 작업조건 중에서 다른 문제가 생겨 그 때문에 필요한 사항을 실행할 수 없는 오류나 어떤 결함으로부터 파생하여 발생하는 에러
(3) Command Error : 요구되는 것을 실행하고자 하여도 필요한 정보, 에너지 등이 공급되지 않아 작업자가 움직이려 해도 움직이지 않는 에러

3) 정보처리 과정에 의한 분류

(1) 인지확인 오류 : 외부의 정보를 받아들여 대뇌의 감각중추에서 인지할 때까지의 과정에서 일어나는 실수
(2) 판단, 기억오류 : 상황을 판단하고 수행하기 위한 행동을 의사결정하여 운동중추로부터 명령을 내릴 때까지 대뇌과정에서 일어나는 실수
(3) 동작 및 조작오류 : 운동중추에서 명령을 내렸으나 조작을 잘못하는 실수

4) 인간의 행동과정에 따른 분류

(1) 입력 에러 : 감각 또는 지각의 착오
(2) 정보처리 에러 : 정보처리 절차 착오
(3) 의사결정 에러 : 주어진 의사결정에서의 착오
(4) 출력 에러 : 신체반응의 착오
(5) 피드백 에러 : 인간제어의 착오

2 인간의 오류모형

1) 착오(Mistake) : 상황해석을 잘못하거나 목표를 잘못 이해하고 착각하여 행하는 경우
2) 실수(Slip) : 상황이나 목표의 해석을 제대로 했으나 의도와는 다른 행동을 하는 경우
3) 건망증(Lapse) : 여러 과정이 연계적으로 일어나는 행동 중에서 일부를 잊어버리고 하지 않거나 또는 기억의 실패에 의하여 발생하는 오류
4) 위반(Violation) : 정해진 규칙을 알고 있음에도 고의로 따르지 않거나 무시하는 행위

3 인간실수 확률에 대한 추정기법

인간의 잘못은 피할 수 없다. 하지만 인간오류의 가능성이나 부정적 결과는 인력선정, 훈련절차, 환경설계 등을 통해 줄일 수 있다.

1) 인간실수 확률(HEP ; Human Error Probability)

특정 직무에서 하나의 착오가 발생할 확률

$$\text{HEP}=\frac{\text{인간실수의 수}}{\text{실수발생의 전체 기회수}}$$

인간의 신뢰도(R) = (1 − HEP) = 1 − P

2) THERP(Technique for Human Error Rate Prediction)

인간실수확률(HEP)에 대한 정량적 예측기법으로 분석하고자 하는 작업을 기본행위로 하여 각 행위의 성공, 실패확률을 계산하는 방법

3) 결함수분석(FTA ; Fault Tree Analysis)

복잡 대형화된 시스템의 신뢰성 분석에 이용되는 기법으로 시스템의 각 단위 부품의 고장을 기본 고장(primary failure or basic event)이라 하고, 시스템의 결함상태를 시스템 고장(top event or system failure)이라 하여 이들의 관계를 정량적으로 평가하는 방법

4 인간실수 예방기법

1) 작업공정 내 잠재하고 있는 위험요인을 Man(인간), Machine(기계), Media(작업매체), Management(관리) 등 4가지 분야로 위험성을 파악하여 위험제거대책을 제시하는 방법
   (1) Man(인간) : 작업자의 불안전 행동을 유발시키는 인적 위험 평가
   (2) Machine(기계) : 생산설비의 불안전 상태를 유발시키는 설계 · 제작 · 안전장치 등을 포함한 기계 자체 및 기계 주변의 위험 평가
   (3) Media(작업매체) : 소음, 분진, 유해물질 등 작업환경 평가
   (4) Management(관리) : 안전의식 해이로 사고를 유발시키는 관리적인 사항 평가

| 4M의 항목별 위험요인(예시) |

항 목	위 험 요 인
Man (인간)	• 미숙련자 등 작업자 특성에 의한 불안전 행동 • 작업자세, 작업동작의 결함 • 작업방법의 부적절 등 • 휴먼에러(Human error) • 개인 보호구 미착용
Machine (기계)	• 기계 · 설비 구조상의 결함 • 위험 방호장치의 불량 • 위험기계의 본질안전 설계의 부족 • 비상시 또는 비정상 작업 시 안전연동장치 및 경고장치의 결함 • 사용 유틸리티(전기, 압축공기 및 물)의 결함 • 설비를 이용한 운반수단의 결함 등
Media (작업매체)	• 작업공간(작업장 상태 및 구조)의 불량 • 가스, 증기, 분진, 흄 및 미스트 발생 • 산소결핍, 병원체, 방사선, 유해광선, 고온, 저온, 초음파, 소음, 진동, 이상기압 등 • 취급 화학물질에 대한 중독 등 • 작업에 대한 안전보건 정보의 부적절
Management (관리)	• 관리조직의 결함 • 규정, 매뉴얼의 미작성 • 안전관리계획의 미흡 • 교육 · 훈련의 부족 • 부하에 대한 감독 · 지도의 결여 • 안전수칙 및 각종 표지판 미게시 • 건강검진 및 사후관리 미흡 • 고혈압 예방 등 건강관리 프로그램 운영 미흡

2) 휴먼에러 대책

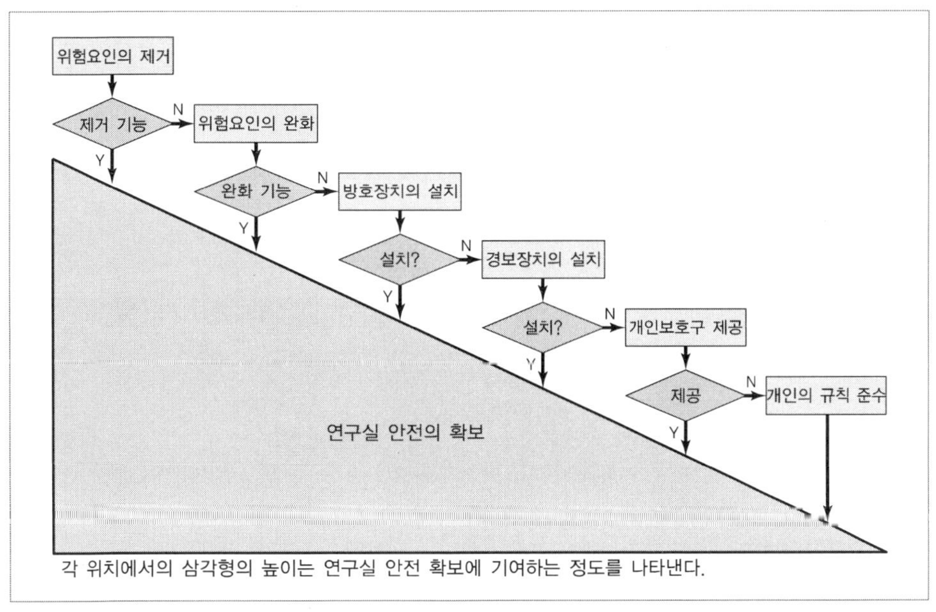

각 위치에서의 삼각형의 높이는 연구실 안전 확보에 기여하는 정도를 나타낸다.

(1) 배타설계(Exclusion design)

설계 단계에서 사용하는 재료나 기계 작동 메커니즘 등 모든 면에서 휴먼에러 요소를 근원적으로 제거하도록 하는 디자인 원칙이다. 예를 들어, 유아용 완구의 표면을 칠하는 도료는 위험한 화학물질일 수 있다. 이런 경우 도료를 먹어도 무해한 재료로 바꾸어 설계하였다면 이는 에러제거 디자인의 원칙을 지킨 것이 된다.

(2) 보호설계(Preventive design)

근원적으로 에러를 100% 막는다는 것은 실제로 매우 힘들 수 있고, 경제성 때문에 그렇게 할 수 없는 경우가 많다. 이런 경우에는 가능한 에러 발생 확률을 최대한 낮추어 주는 설계를 한다. 즉, 신체적 조건이나 정신적 능력이 낮은 사용자라 하더라도 사고를 낼 확률을 낮게 설계해 주는 것을 에러 예방 디자인, 혹은 풀-푸르프(Fool proof)디자인이라고 한다. 예를 들어, 세제나 약병의 뚜껑을 열기 위해서는 힘을 아래 방향으로 가해 돌려야 하는데 이것은 위험성을 모르는 아이들이 마실 확률을 낮춘 디자인이다.

① Fool proof

사용자가 조작 실수를 하더라도 사용자에게 피해를 주지 않도록 설계하는 개념 [예 자동차 시동장치(D에서는 시동 걸리지 않음)]

(3) 안전설계(Fail-safe design)

사용자가 휴먼에러 등을 범하더라도 그것이 부상 등 재해로 이어지지 않도록 안전장치의 장착을 통해 사고를 예방할 수 있다. 이렇듯 안전장치 등의 부착을 통한 디자인 원칙을 페일-세이프(Fail safe) 디자인이라고 한다. Fail-safe 설계를 위해서는 보통 시스템 설계 시 부품의 병렬체계설계나 대기체계설계와 같은 중복설계를 해준다.

병렬체계설계의 특징은 다음과 같다.

① 요소의 중복도가 증가할수록 계의 수명은 길어진다.
② 요소의 수가 많을수록 고장의 기회는 줄어든다.
③ 요소의 어느 하나가 정상적이면 계는 정상이다.
④ 시스템의 수명은 요소 중 수명이 가장 긴 것으로 정할 수 있다.

CHAPTER 03 인간계측 및 작업공간

SECTION 1 인체계측 및 인간의 체계제어

1 인체계측

1) 인체 측정 방법

(1) 구조적 인체 치수

① 표준 자세에서 움직이지 않는 피측정자를 인체 측정기로 측정
② 설계의 표준이 되는 기초적인 치수를 결정
③ 마틴측정기, 실루엣 사진기

(2) 기능적 인체 치수

① 움직이는 몸의 자세로부터 측정
② 사람은 일상생활 중에 항상 몸을 움직이기 때문에 어떤 설계 문제에는 기능적 치수가 더 널리 사용됨
③ 사이클그래프, 마르티스트로브, 시네필름, VTR

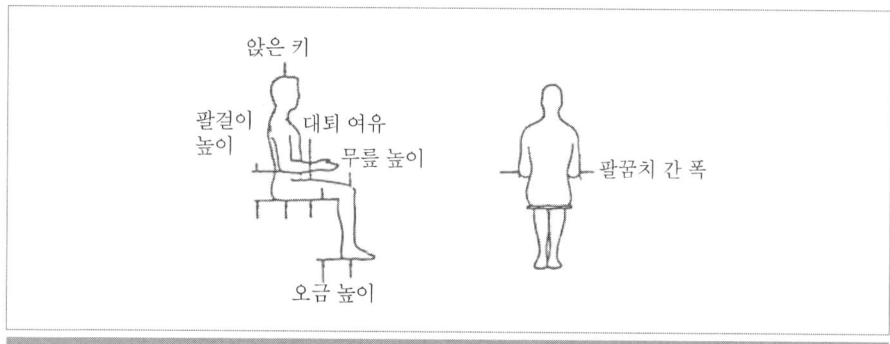

구조적 인체치수의 예

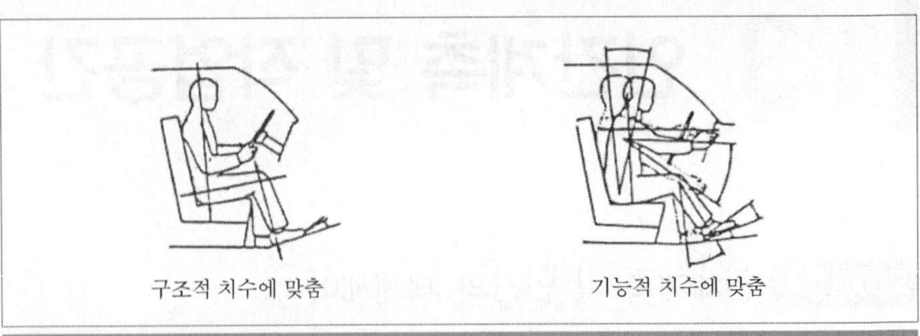

자동차의 설계 시 구조적 치수와 기능적 치수의 차이

2 인체계측 자료의 응용원칙

1) 최대치수와 최소치수

특정한 설비를 설계할 때, 거의 모든 사람을 수용할 수 있는 경우(최대치수)가 필요하다. 문, 통로, 탈출구 등을 예로 들 수 있다. 최소치수의 예로는 선반의 높이, 조종장치까지의 거리 등이 있다.

(1) 최소치수 : 하위 백분위 수(퍼센타일, Percentile) 기준 1, 5, 10%

(2) 최대치수 : 상위 백분위 수(퍼센타일, Percentile) 기준 90, 95, 99%

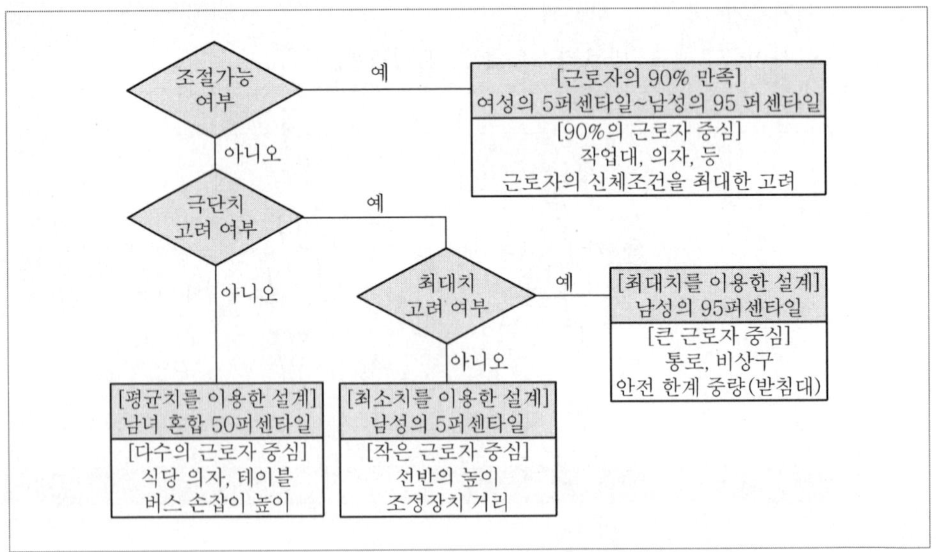

2) 조절 범위(5~95%)

체격이 다른 여러 사람에 맞도록 조절식으로 만드는 것이 바람직하다. 그 예로는 자동차 좌석의 전후 조절, 사무실 의자의 상하 조절 등이 있다.

3) 평균치를 기준으로 한 설계

최대치수나 최소치수를 기준으로 설계하기도 부적절하고 조절식으로 하기도 불가능할 때, 평균치를 기준으로 설계를 한다. 예를 들면, 손님의 평균 신장을 기준으로 만든 은행의 계산대 등이 있다.

장비나 설비의 설계에 응용하기 위한 인체측정 대상자료를 선택하는 세 가지 원칙이 아닌 것은?

✓ 기능적 인체치수 ② 최대치수와 최소치수
③ 조절범위 ④ 평균치를 기준으로 한 설계

3 신체반응의 측정

1) 작업의 종류에 따른 측정

(1) 정적 근력작업 : 에너지 대사량과 심박수의 상관관계와 시간적 경과, 근전도 등
(2) 동적 근력작업 : 에너지 대사량과 산소소비량, CO_2 배출량, 호흡량, 심박수 등
(3) 신경적 작업 : 매회 평균호흡진폭, 맥박수, 피부전기반사(GSR) 등을 측정
(4) 심적 작업 : 플리커 값 등을 측정

2) 심장활동의 측정

(1) 심장주기 : 수축기(약 0.3초), 확장기(약 0.5초)의 주기 측정
(2) 심박수 : 분당 심장 주기수 측정(분당 75회)
(3) 심전도(ECG) : 심장근 수축에 따른 전기적 변화를 피부에 부착한 전극으로 측정

3) 산소 소비량 측정

(1) 더글러스 백(Douglas Bag)을 사용하여 배기가스 수집
(2) 배기가스의 성분을 분석하고 부피를 측정한다.

4 표시장치 및 제어장치

제어장치란 인간의 출력을 기계의 입력으로 전환하는 기계장치이다. 따라서 제어장치는 기계와 사용자 사이의 중간매개 역할을 한다. 제어장치의 인간공학적 설계는 오류를 최소화하면서 효과적인 사용을 가능하게 한다.

기계가 표시장치를 통하여 인간에게 의사를 전달하는 것처럼 인간은 제어장치를 통해 의사를 전달한다. 각각의 제어장치는 사용자에 의해 쉽게 운용될 수 있도록 설계되어야 한다. 대중의 고정관념뿐만 아니라 생체역학적(거리, 중량, 각도), 인체측정학적 요소들이 제어장치의 크기, 모양 등을 결정하는 근거로 사용되어야 한다.

5 제어장치의 기능과 유형

1) 개폐에 의한 제어(On－Off 제어)

$\frac{C}{D}$ 비로 동작을 제어하는 제어장치

(1) 누름단추(Push Button)

(2) 발(Foot) 푸시

(3) 토글 스위치(Toggle Switch)

(4) 로터리 스위치(Rotary Switch)

토글스위치(Toggle Switch), 누름단추(Push Botton)를 작동할 때에는 중심으로부터 30° 이하를 원칙으로 하며 25°쯤 되는 위치에 있을 때가 작동시간이 가장 짧다.

2) 양의 조절에 의한 통제

연료량, 전기량 등으로 양을 조절하는 통제장치

(1) 노브(Knob)
(2) 핸들(Hand Wheel)
(3) 페달(Pedal)
(4) 크랭크

3) 반응에 의한 통제

계기, 신호, 감각에 의하여 통제 또는 자동경보 시스템

6 제어장치의 식별(코드화)

시스템이 운영되는 상황에 따라 빠른 식별(Identification)이 아주 중요하다. 만약 잘못된 제어장치가 작동하면 적절한 제어행동이 수행되지 않으며 시스템이 고장날 수도 있다. 제어장치의 식별은 식별의 혼동을 최소화하기 위해 구별이 쉽도록 코드화되어야 한다. 제어장치의 코드화는 조작자의 요구, 이미 사용하고 있는 코드화 방법, 조도, 제어장치의 식별속도와 정확성, 가능한 공간, 제어의 수 등에 영향을 받는다. 일차적으로 코드화하는 방법으로 형상, 촉감, 크기, 위치, 조작법, 색깔, 라벨 등이 있다.

1) 제어장치의 위치 코드화(Location coding)

제어장치의 위치 코드화는 수평면을 따라 배치되는 것보다는 수직면을 따라 배치될 경우가 더 정확하다. 수직배열의 경우 간격이 6.3cm(2.5in) 이상, 수평배열일 때는 간격이 10.2cm(4in) 이상일 때 오류가 적다.

2) 제어장치의 레벨 코드화(Label coding)

제어장치 확인에 라벨(label)이 있는데 라벨을 사용하면 많은 수의 제어장치를 코드화할 수 있는데 적절하게 사용할 경우 이를 이해하기 위해 특별한 학습과정이 필요없다.

3) 제어장치의 색깔 코드화(Color coding)

대부분의 상황에 대해 5가지 이상의 색은 사용하지 말아야 한다. 조명이 나쁘거나 쉽게 때를 타는 곳에서는 사용하기 곤란하다.

4) 제어장치의 형상코드화(Shape coding)

제어장치의 식별은 주로 촉각에 의존한다.

5) 제어장치의 크기 코드화(Size coding)

6) 제어장치의 촉감 코드화(Texture coding)

7) 제어장치의 조작방법의 코드화(Operational method of coding)

7 통제 표시 비율

1) 통제표시비(선형조정장치)

$$\frac{X}{Y}=\frac{C}{D}=\frac{\text{통제기기의 변위량}}{\text{표시계기지침의 변위량}}$$

2) 조종구의 통제비

$$\frac{C}{D}\text{비}=\frac{\left(\frac{a}{360}\right)\times 2\pi L}{\text{표시계기지침의 이동거리}}$$

여기서, a : 조종장치가 움직인 각도
L : 반경(지레의 길이)

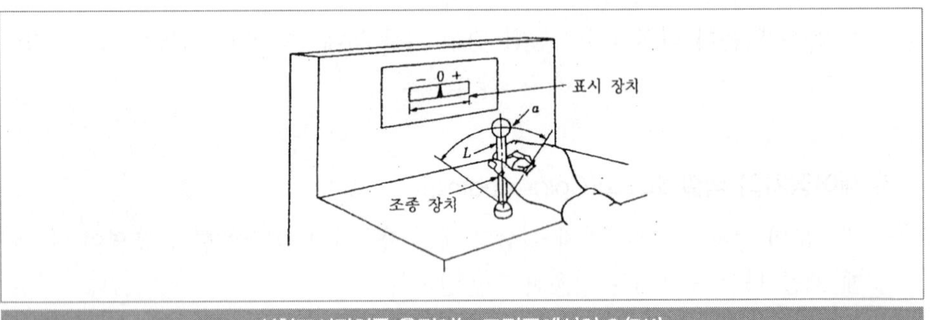

선형표시장치를 움직이는 조정구에서의 C/D비

3) 통제 표시비의 설계 시 고려해야 할 요소

(1) 계기의 크기 : 조절시간이 짧게 소요되는 사이즈를 선택하되 너무 작으면 오차가 클 수 있음
(2) 공차 : 짧은 주행시간 내에 공차의 인정범위를 초과하지 않은 계기를 마련
(3) 목시거리 : 목시거리(눈과 계기표 시간과의 거리)가 길수록 조절의 정확도는 적어지고 시간이 걸림
(4) 조작시간 : 조작시간이 지연되면 통제비가 크게 작용함
(5) 방향성 : 계기의 방향성은 안전과 능률에 영향을 미침

4) 통제비의 3요소

(1) 시각감지시간
(2) 조절시간
(3) 통제기기의 주행시간

5) 최적 C/D비

C/D비가 증가함에 따라 조정시간은 급격히 감소하다가 안정되며 이동시간은 이와 반대가 된다.(최적통제비 : 1.18~2.42)
C/D비가 적을수록 이동시간이 짧고 조정이 어려워 조정장치가 민감하다.

6) 사정효과(Range effect)

인간의 위치 동작에 있어 눈으로 보지 않고 손을 수평면 상에서 움직이는 경우 짧은 거리는 지나치고 긴 거리는 못 미치는 경향을 말한다. 조작자는 작은 오차에는 과잉반응, 큰 오차에는 과소반응을 하는 것

8 특수 제어장치

제어장치의 조작은 주로 손과 발이었으나 컴퓨터 기술의 발달로 손, 발동작을 필요로 하지 않는 장치가 개발되고 있고 이미 사용 중에 있다.

1) 음성제어장치

음성제어장치(음성인식시스템)는 다른 활동을 하면서 자료를 입력할 수 있다.

2) 원격제어장치

원격제어장치와의 링크를 통해 실시간으로 원격제어를 한다. 위험물질(방사성, 폭발성, 독성 물질) 취급이나 위험환경 등에서 많이 사용한다.

3) 눈과 머리 농삭 제어장치

9 양립성

안전을 근원적으로 확보하기 위한 전략으로서 외부의 자극과 인간의 기대가 서로 모순되지 않아야 하는 것. 제어장치와 표시장치 사이의 연관성이 인간의 예상과 어느 정도 일치하는가 여부

1) 공간적 양립성

어떤 사물들, 특히 표시장치나 조정장치의 물리적 형태나 공간적인 배치의 양립성을 말한다.

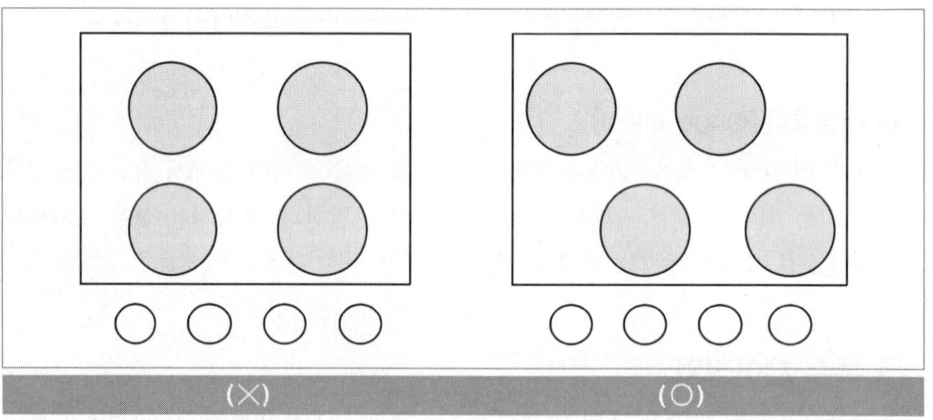

(×) (○)

2) 운동적 양립성

표시장치, 조정장치, 체계반응 등의 운동방향의 양립성을 말하는데, 예를 들어 그림에서는 오른 나사의 전진방향에 대한 기대가 해당된다.

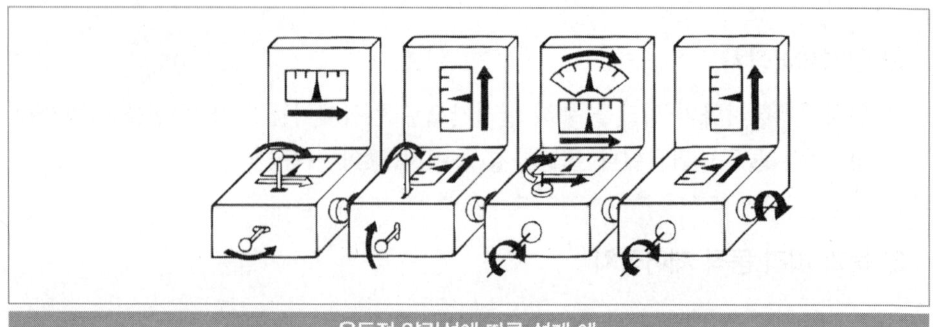

운동적 양립성에 따른 설계 예

3) 개념적 양립성

외부로부터의 자극에 대해 인간이 가지고 있는 개념적 연상의 일관성을 말하는데, 예를 들어 파란색 수도꼭지와 빨간색 수도꼭지가 있는 경우 빨간색 수도꼭지를 보고 따뜻한 물이라고 연상하는 것을 말한다.

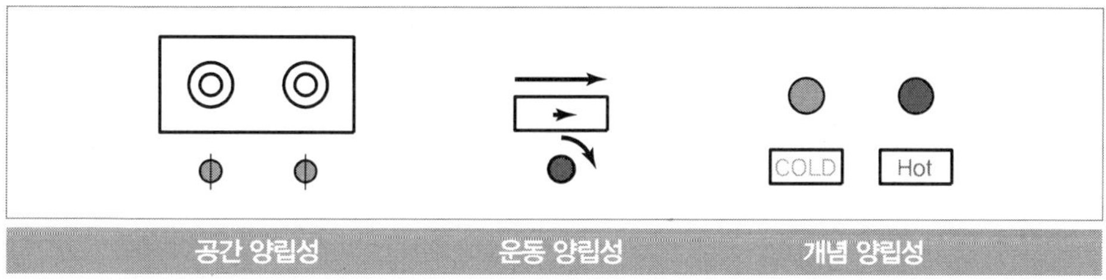

조작장치와 표시장치의 위치가 상호 연관되게 한다는 인간 공학적 설계원칙은?

① 개념양립성 ✔ 공간양립성 ③ 운동양립성 ④ 문화양립성

10 수공구와 장치 설계의 원리

1) 손목을 곧게 유지
2) 조직의 압축응력을 피함
3) 반복적인 손가락 움직임을 피함(모든 손가락 사용)
4) 안전작동을 고려하여 설계
5) 손잡이는 손바닥의 접촉면적이 크게 설계

SECTION 2 신체활동의 생리학적 측정법

1 신체반응의 측정

1) 작업의 종류에 따른 측정

(1) 정적 근력작업 : 에너지 대사량과 심박수의 상관관계와 시간적 경과, 근전도 등
(2) 동적 근력작업 : 에너지 대사량과 산소소비량, CO_2 배출량, 호흡량, 심박수 등
(3) 신경적 작업 : 매회 평균호흡진폭, 맥박수, 전기피부반사 등을 측정
(4) 심적작업 : 플리커 값 등을 측정

2) 심장활동의 측정

(1) 심장주기 : 수축기(약 0.3초), 확장기(약 0.5초)의 주기 측정
(2) 심박수 : 분당 심장 주기수 측정(분당 75회)
(3) 심전도(ECG) : 심장근 수축에 따른 전기적 변화를 피부에 부착한 전극으로 측정

3) 산소 소비량 측정

(1) 더글러스 백(Douglas Bag)을 사용하여 배기가스 수집
(2) 배기가스의 성분을 분석하고 부피를 측정한다.

2 신체역학

인간은 근육, 뼈, 신경, 에너지 대사 등을 바탕으로 물리적인 활동을 수행하게 되는데 이러한 활동에 대하여 생리적 조건과 역학적 특성을 고려한 접근방법

1) 신체부위의 운동

(1) 팔, 다리

① 외전(Abduction) : 몸의 중심선으로부터 멀리 떨어지게 하는 동작(예 팔을 옆으로 들기)
② 내전(Adduction) : 몸의 중심선으로의 이동(예 팔을 수평으로 편 상태에서 수직위치로 내리는 것)

(2) 팔꿈치

① 굴곡(Flexion) : 관절이 만드는 각도가 감소하는 동작(예 팔꿈치 굽히기)
② 신전(Extension) : 관절이 만드는 각도가 증가하는 동작(예 굽힌 팔꿈치 펴기)

(3) 손

① 하향(Pronation) : 손바닥을 아래로 향하도록 하는 회전
② 상향(Supination) : 손바닥을 위로 향하도록 하는 회전

(4) 발

① 외선(Lateral Rotation) : 몸의 중심선으로부터의 회전
② 내선(Medial Rotation) : 몸의 중심선으로 회전

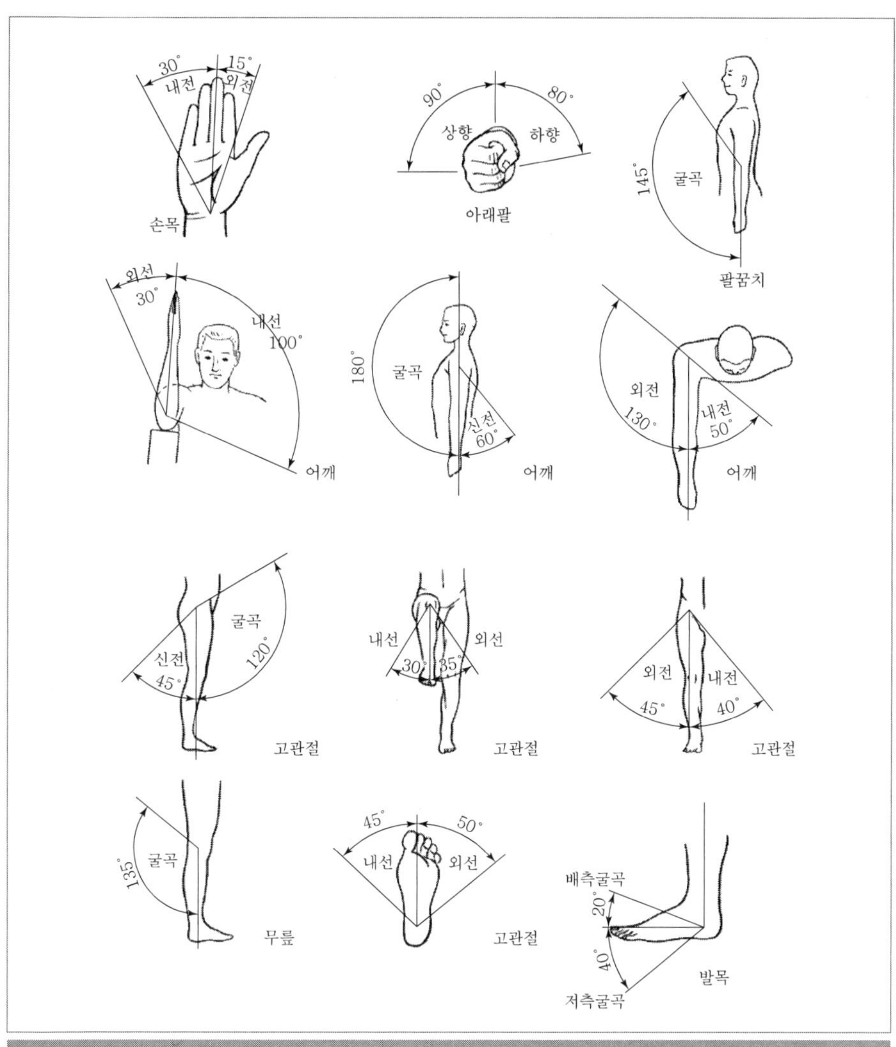

신체부위의 운동

2) 근력 및 지구력

(1) 근력 : 근육이 낼 수 있는 최대 힘으로 정적 조건에서 힘을 낼 수 있는 근육의 능력

(2) 지구력 : 근육을 사용하여 특정한 힘을 유지할 수 있는 시간

3) 동작의 합리화를 위한 물리적 조건

(1) 마찰력을 감소시킨다.

(2) 고유진동을 이용한다.

(3) 인체표면에 가해지는 힘을 적게 한다.

(4) 접촉면적을 적게 한다.

3 신체활동의 에너지 소비

1) 에너지 대사율(RMR ; Relative Metabolic Rate)

$$\text{RMR} = \frac{\text{운동 대사량}}{\text{기초 대사량}} = \frac{\text{운동시 산소 소모량} - \text{안정시 산소 소모량}}{\text{기초 대사량(산소 소비량)}}$$

2) 에너지 대사율(RMR)에 따른 작업의 분류

(1) 초경작업(初經作業) : 0~1
(2) 경작업(經作業) : 1~2
(3) 보통 작업(中作業) : 2~4
(4) 무거운 작업(重作業) : 4~7
(5) 초중작업(初重作業) : 7 이상

작업강도는 에너지 대사율(RMR)로서 측정될 수 있다. 사무작업이나 감시작업 등의 중(中)작업의 에너지 대사율은?

① 0~1 RMR ② 2~4 RMR ③ 4~7 RMR ④ 7~9 RMR

3) 휴식시간 산정

$$R(\text{분}) = \frac{60(E-5)}{E-1.5} \text{(60분 기준)}$$

여기서, E : 작업의 평균에너지(kcal/min)
에너지 값의 상한 : 5(kcal/min)

4) 에너지 소비량에 영향을 미치는 인자

(1) 작업방법 : 특정 작업에서의 에너지 소비는 작업의 수행방법에 따라 달라짐
(2) 작업자세 : 손과 무릎을 바닥에 댄 자세와 쪼그려 앉는 자세가 다른 자세에 비해 에너지 소비량이 적은 등 에너지 소비량은 자세에 따라 달라짐
(3) 작업속도 : 적절한 작업속도에서는 별다른 생리적 부담이 없으나 작업속도가 빠른 경우 작업부하가 증가하기 때문에 생리적 스트레스도 증가함
(4) 도구설계 : 도구가 얼마나 작업에 적절하게 설계되었느냐가 작업의 효율을 결정

4 동작의 속도와 정확성

1) 반응시간(Reaction time)

(1) 단순반응시간(Simple reaction time) : 하나의 특정 자극에 대해 반응을 시작하는 시간으로 항상 같은 반응을 요구한다.

(2) 선택반응시간(Choice reaction time) : 여러 개의 자극을 제시하고 각각에 대한 서로 다른 반응을 요구하는 경우의 반응시간이다. 일반적으로 정확한 반응을 결정해야 하는 중앙처리시간 때문에 자극과 반응의 수가 증가할수록 반응시간이 길어진다.

2) 동작시간

자극이 요구하는 반응을 행하는 데 걸리는 시간으로 동작을 시작할 때부터 끝날 때까지의 시간이다.

3) 동작의 정확도

동작의 정확도는 반응의 속도 못지않게 중요하다. 자동차를 운전할 때 브레이크 페달을 밟아야 하는 상황에서 잘못하여 가속 페달을 밟는 경우가 있다. 이는 기계의 고장 또는 사고로 직결될 수 있다. 이러한 부주의 가속사고는 근육의 힘을 내는 과정 중에 발의 궤적과 그 동작의 시간조절 사이의 불일치 때문이다.

SECTION 3 작업공간 및 작업자세

1 부품배치의 원칙

1) 중요성의 원칙

부품의 작동성능이 목표달성에 긴요한 정도에 따라 우선순위를 결정한다.

2) 사용빈도의 원칙

부품이 사용되는 빈도에 따른 우선순위를 결정한다.

3) 기능별 배치의 원칙

기능적으로 관련된 부품을 모아서 배치한다.

4) 사용순서의 원칙

사용순서에 맞게 순차적으로 부품들을 배치한다.

CheckPoint

부품배치의 원칙 중 부품의 일반적인 위치 내에서의 구체적인 배치를 결정하기 위한 기준이 되는 것은?

① 중요성의 원칙과 사용빈도의 원칙
② 사용빈도 원칙과 기능별 배치의 원칙
③ 기능별 배치의 원칙과 사용순서의 원칙 (정답)
④ 사용빈도의 원칙과 사용순서의 원칙

2 활동분석

구성요소 배치에서 중요한 자료는 작업활동자료이며 빈도, 순서, 상호관계, 중요도, 시간, 안락, 편의성, 선호도 등이 기준으로 사용된다. 작업공간에서 구성요소를 배치할 때 이용되는 자료는 다음과 같은 것이 있다.

1) 인간에 대한 자료 : 구성요소 배치를 위해 이용되는 인간에 대한 기초자료로는 인체측정 및 생체역학적 자료, 인지 등 인간의 특성과 관련된 자료가 있다.
2) 작업활동 자료 : 어떤 시스템에 참여하는 사람의 작업활동에 관한 자료이다.
3) 작업환경 자료 : 작업환경과 관련된 소음, 진동, 열, 혼잡도 등에 관한 자료이다.

3 부품의 위치 및 배치

1) 구성요소의 배치 원칙 : 같은 영역 안에서 배치할 때는 순서 또는 기능에 따라 요소의 집단을 배치한다. 구성요소 간에 공통적인 순서나 빈번한 관계가 있다면 손동작, 눈동작 등의 순서적 과정이 용이하도록 배치한다.
2) 제어장치의 간격 : 제어장치를 조작할 때에는 다른 제어장치를 건드리지 않기 위해 물리적 공간이 필요하다. 이때의 거리는 최저한계 이하여서는 안 된다.

4 개별 작업공간 설계지침

1) 설계지침

(1) 주된 시각적 임무
(2) 주 시각임무와 상호 교환되는 주 조정장치
(3) 조정장치와 표시장치 간의 관계

(4) 사용순서에 따른 부품의 배치(사용순서의 원칙)
(5) 자주 사용되는 부품의 편리한 위치에 배치(사용빈도의 원칙)
(6) 체계 내 또는 다른 체계와의 배치를 일관성 있게 배치
(7) 팔꿈치 높이에 따라 작업면의 높이를 결정
(8) 과업수행에 따라 작업면의 높이를 조정
(9) 높이 조절이 가능한 의자를 제공
(10) 서 있는 작업자를 위해 바닥에 피로예방 매트를 사용
(11) 정상 작업영역 안에 공구 및 재료를 배치

2) 작업공간

(1) 작업공간 포락면(Envelope) : 한 장소에 앉아서 수행하는 작업활동에서 사람이 작업하는 데 사용하는 공간
(2) 파악한계(Grasping Reach) : 앉은 작업자가 특정한 수작업을 편히 수행할 수 있는 공간의 외곽한계
(3) 특수작업역 : 특정 공간에서 작업하는 구역

작업공간 포락면이란 사람이 작업하는 데 사용하는 공간을 말하는데 다음의 어떤 경우인가?
① 한 장소에 엎드려서 수행하는 작업활동
② 한 장소에 누워서 수행하는 작업활동
③ 한 장소에 앉아서 수행하는 작업활동
④ 한 장소에 서서 수행하는 작업활동

3) 수평작업대의 정상 작업역과 최대 작업역

(1) 정상 작업영역 : 윗팔(상완)을 자연스럽게 수직으로 늘어뜨린 채, 아랫팔(전완)만으로 편하게 뻗어 파악할 수 있는 구역(34~45cm)
(2) 최대 작업영역 : 윗팔(상완)과 아랫팔(전완)을 곧게 펴서 파악할 수 있는 구역(55~65cm)
(3) 파악한계 : 앉은 작업자가 특정한 수작업을 편히 수행할 수 있는 공간의 외곽한계를 말한다

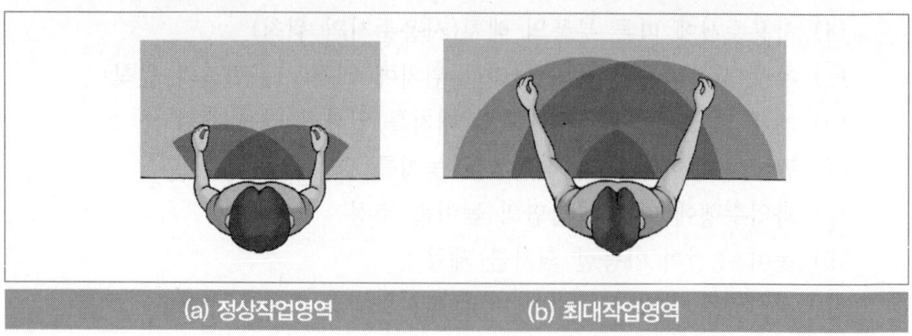

4) 작업대 높이

(1) 최적높이 설계지침

작업대의 높이는 상완을 자연스럽게 수직으로 늘어뜨리고 전완은 수평 또는 약간 아래로 편안하게 유지할 수 있는 수준

(2) 착석식(의자식) 작업대 높이

① 의자의 높이를 조절할 수 있도록 설계하는 것이 바람직
② 섬세한 작업은 작업대를 약간 높게, 거친 작업은 작업대를 약간 낮게 설계
③ 작업면 하부 여유공간이 대퇴부가 가장 큰 사람이 자유롭게 움직일 수 있을 정도로 설계

(3) 입식 작업대 높이

① 정밀작업 : 팔꿈치 높이보다 5~10cm 높게 설계
② 일반작업 : 팔꿈치 높이보다 5~10cm 낮게 설계
③ 힘든작업(重작업) : 팔꿈치 높이보다 10~20cm 낮게 설계

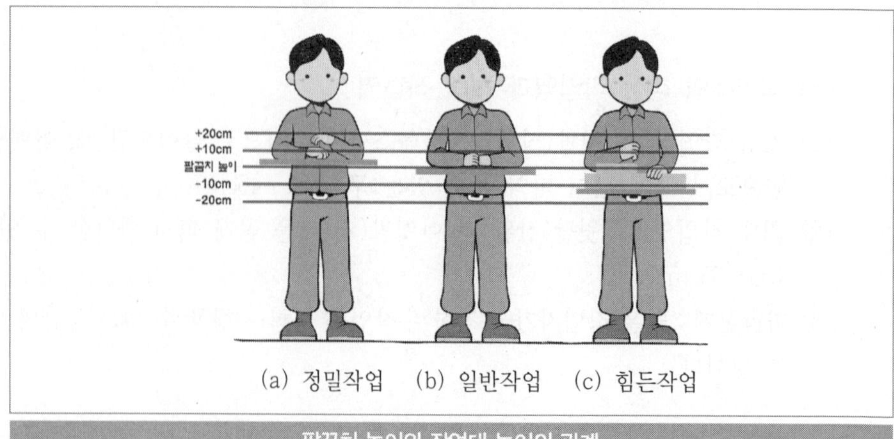

팔꿈치 높이와 작업대 높이의 관계

5 계단

일반적으로 계단 발판의 깊이는 최소한 28cm, 높이는 10~18cm이고 손잡이는 적절한 곳에 마련하고 발판 표면은 안 미끄러지는 표면으로 하는 것 등이 추천되고 있다. 발판 높이에서 중요한 사항은 정확한 균일성이다.

6 의자설계 원칙

1) 체중분포 : 의자에 앉았을 때 대부분의 체중이 골반뼈에 실려야 편안하다.
2) 의자 좌판의 높이 : 좌판 앞부분 오금 높이보다 높지 않게 설계(치수는 5% 되는 사람까지 수용할 수 있게 설계)
3) 의자 좌판의 깊이와 폭 : 폭은 큰 사람에게 맞도록, 깊이는 대퇴를 압박하지 않도록 작은 사람에게 맞도록 설계
4) 몸통의 안정 : 체중이 골반뼈에 실려야 몸통안정이 쉬워진다.

신체치수와 작업대 및 의자높이의 관계 인간공학적 좌식작업환경

CheckPoint

여러 사람이 사용하는 의자의 좌면높이는 어떤 기준으로 설계해야 하는가?

✔ 5% 오금높이 ② 50% 오금높이
③ 75% 오금높이 ④ 95% 오금높이

SECTION 4 인간의 특성과 안전

1 인간 성능

1) 인간성능(Human Performance) 연구에 사용되는 변수

(1) 독립변수 : 관찰하고자 하는 현상에 대한 변수
(2) 종속변수 : 평가척도나 기준이 되는 변수
(3) 통제변수 : 종속변수에 영향을 미칠 수 있지만 독립변수에 포함되지 않은 변수

2) 체계 개발에 유용한 직무정보의 유형

신뢰도, 시간, 직무 위급도

2 성능 신뢰도

1) 인간의 신뢰성 요인

(1) 주의력수준
(2) 의식수준(경험, 지식, 기술)
(3) 긴장수준(에너지대사율)

□ 긴장수준을 측정하는 방법

1. 인체 에너지대사율	2. 체내수분손실량
3. 흡기량의 억제도	4. 뇌파계

2) 기계의 신뢰성 요인

재질, 기능, 작동방법

3) 신뢰도

(1) 인간과 기계의 직·병렬 작업

① 직렬 : $R_s = r_1 \times r_2$

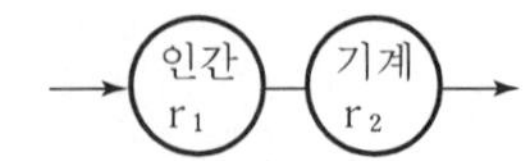

② 병렬 : $R_p = r_1 + r_2(1-r_1) = 1-(1-r_1)(1-r_2)$

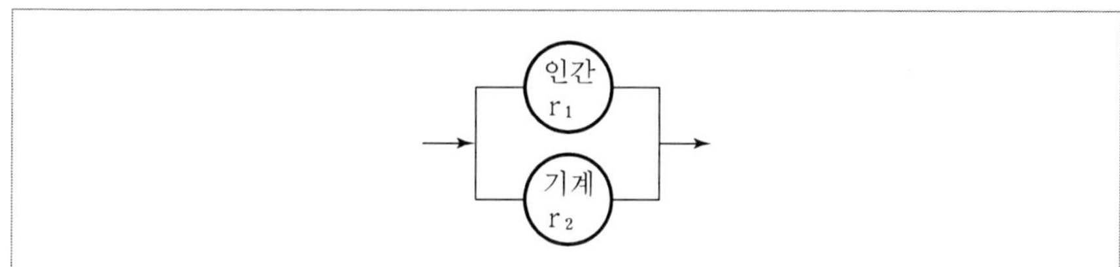

(2) 설비의 신뢰도

① 직렬(Series System)

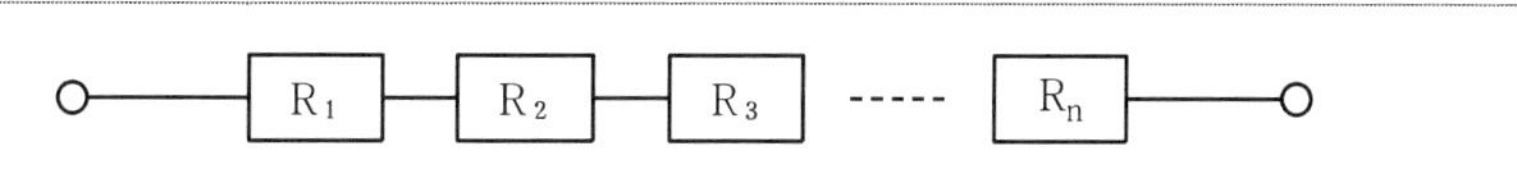

$$R = R_1 \cdot R_2 \cdot R_3 \cdots\cdots R_n = \prod_{i=1}^{n} R_i$$

② 병렬(페일세이프티 : fail safety)

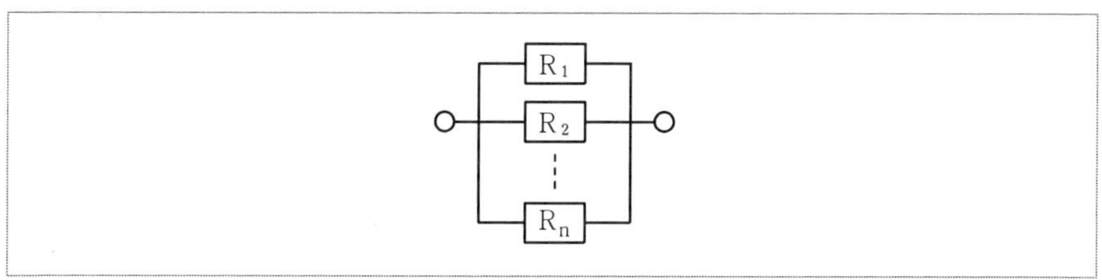

$$R = 1-(1-R_1)(1-R_2)\cdots\cdots(1-R_n) = 1-\prod_{i=1}^{n}(1-R_i)$$

③ 요소의 병렬구조

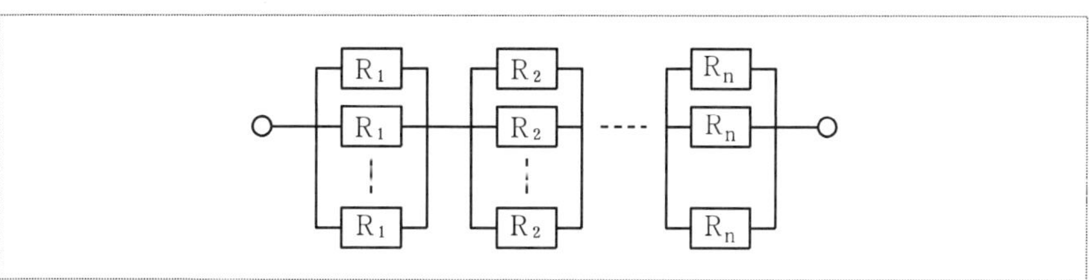

$$R = \prod_{i=1}^{n}(1-(1-R_i)^m)$$

④ 시스템의 병렬구조

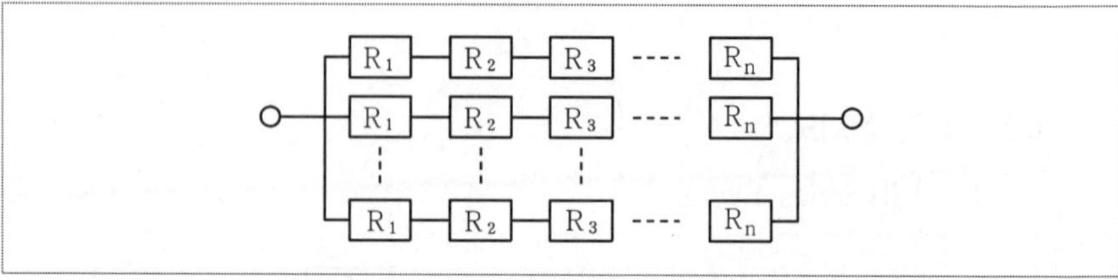

$$R = 1-(1-\prod_{i=1}^{n}R_i)^m$$

3 인간의 정보처리

인간이 신뢰성 있게 정보 전달을 할 수 있는 기억은 5가지 미만이며 감각에 따라 정보를 신뢰성 있게 전달할 수 있는 한계 개수가 5~9가지이다. 밀러(Miller)는 감각에 대한 경로용량을 조사한 결과 '신비의 수(Magical Number) 7±2(5~9)'를 발표했다. 인간의 절대적 판단에 의한 단일자극의 판별범위는 보통 5~9 가지라는 것이다.

정보량 $H = \log_2 n = \log_2 \frac{1}{p}, \ p = \frac{1}{n}$

여기서, 정보량의 단위는 bit(binary digit)임

4 산업재해와 산업인간공학

1) 산업인간공학

인간의 능력과 관련된 특성이나 한계점을 체계적으로 응용하여 작업체계의 개선에 활용하는 연구분야

2) 산업인간공학의 가치

(1) 인력 이용률의 향상
(2) 훈련비용의 절감
(3) 사고 및 오용으로부터의 손실 감소
(4) 생산성의 향상
(5) 사용자의 수용도 향상
(6) 생산 및 정비유지의 경제성 증대

CheckPoint

체계 설계에서 인간공학의 가치와 관계가 가장 먼 것은?

① 인력 이용률의 향상
② 훈련비용의 절감
③ 체계제작비의 절감
④ 사고 및 오용으로부터의 손실 감소

5 근골격계 질환

1) 정의(안전보건규칙 제656조)

반복적인 동작, 부적절한 작업자세, 무리한 힘의 사용, 날카로운 면과의 신체접촉, 진동 및 온도 등의 요인에 의하여 발생하는 건강장해로서 목, 어깨, 허리, 팔·다리의 신경·근육 및 그 주변 신체조직 등에 나타나는 질환을 말한다.

2) 유해요인조사(안전보건규칙 제657조)

사업주는 근로자가 근골격계부담작업을 하는 경우에 3년마다 다음 각 호의 사항에 대한 유해요인조사를 하여야 한다. 다만, 신설되는 사업장의 경우에는 신설일부터 1년 이내에 최초의 유해요인 조사를 하여야 한다. ① 설비·작업공정·작업량·작업속도 등 작업장 상황 ② 작업시간·작업자세·작업방법 등 작업조건 ③ 작업과 관련된 근골격계질환 징후와 증상 유무 등

(1) 부적절한 작업자세

무릎을 굽히거나 쪼그리는 자세의 작업

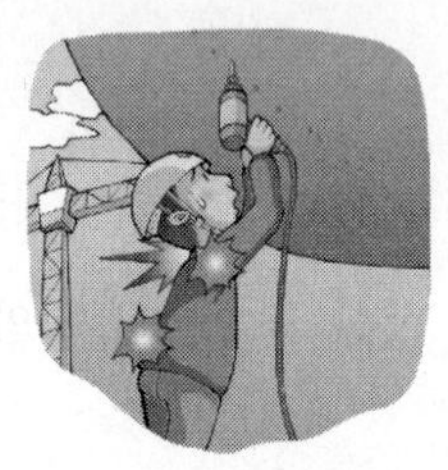

팔꿈치를 반복적으로 머리 위 또는 어깨 위로 들어올리는 작업

목, 허리, 손목 등을 과도하게 구부리거나 비트는 작업

(2) 과도한 힘이 필요한 작업(중량물 취급)

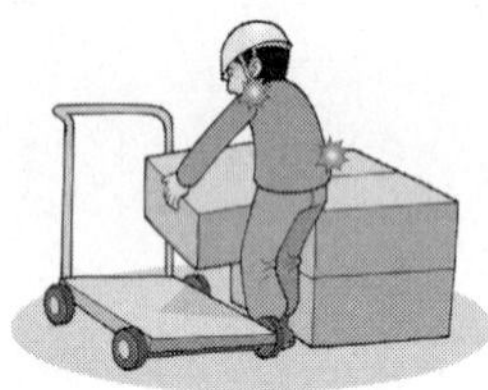

반복적인 중량물 취급

어깨 위에서 중량물 취급

허리를 구부린 상태에서 중량물 취급

(3) 과도한 힘이 필요한 작업(수공구 취급)

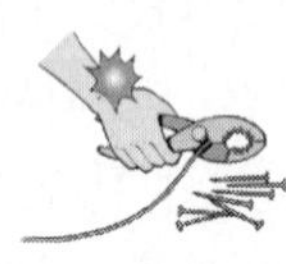

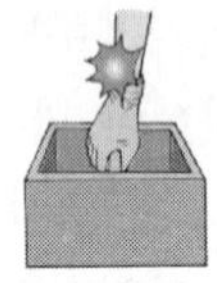

강한 힘으로 공구를 작동하거나 물건을 집는 작업

(4) 접촉 스트레스 발생작업

손이나 무릎을 망치처럼 때리거나 치는 작업

(5) 진동공구 취급작업

착암기, 연삭기 등 진동이 발생하는 공구 취급작업

(6) 반복적인 작업

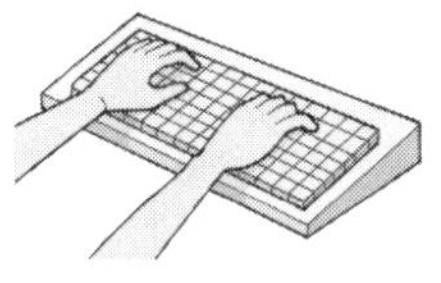

목, 어깨, 팔, 팔꿈치, 손가락 등을 반복하는 작업

3) 유해성의 주지

사업주는 근로자가 근골격계부담작업을 하는 경우에 다음 각 호의 사항을 근로자에게 알려야 한다.

(1) 근골격계 부담작업의 유해요인
(2) 근골격계 질환의 징후와 증상
(3) 근골격계 질환 발생 시의 대처요령
(4) 올바른 작업자세와 작업도구, 작업시설의 올바른 사용방법
(5) 그 밖에 근골격계질환 예방에 필요한 사항

4) 작업유해요인 분석평가법

(1) OWAS(Ovako Working－posture Analysis System)

Karhu 등(1977)이 철강업에서 작업자들의 부적절한 작업자세를 정의하고 평가하기 위해 개발한 대표적인 작업자세 평가기법. 이 방법은 대표적인 작업을 비디오로 촬영하여, 신체부위별로 정의된 자세기준에 따라 자세를 기록해 코드화하여 분석하며 분석시 특별한 기구 없이 관찰만으로 작업자세를 분석(관찰적 작업자세 평가기법)함. OWAS는 배우기 쉽고, 현장에 적용하기 쉬운 장점 때문에 많이 이

용되고 있으나 작업자세를 너무 단순화했기 때문에 세밀한 분석에 어려움이 있으며, 분석 결과도 작업자세 특성에 대한 정성적인 분석만 가능하다.

신체부위	작업자세형태						
허리	① 똑바로 폄	② 20도 이상 구부림	③ 20도 이상 비틂	④ 20도 이상 비틀어 구부림			
상지	① 양팔 어깨 아래	② 한팔 어깨 위	③ 양팔 어깨 위				
하지	① 앉음	② 양발 똑바로	③ 한발 똑바로	④ 양무릎 굽힘	⑤ 한 무릎 굽힘	⑥ 무릎 바닥	⑦ 걸음
무게	① 10kg 미만	② 10~20kg	③ 20kg 이상				

(2) RULA(Rapid Upper Limb Assessment)

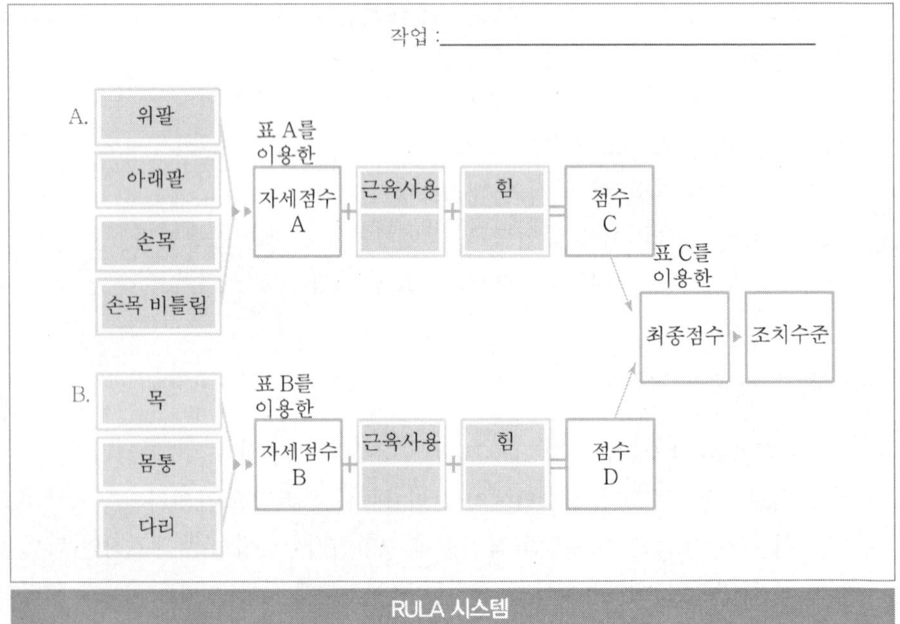

RULA 시스템

1993년에 McAtamney와 Corlett에 의해 근골격계 질환과 관련된 위험인자에 대한 개인 작업자의 노출정도를 평가하기 위한 목적으로 개발되었다. RULA는 어깨, 팔목, 손목, 목 등 상지(Upper Limb)에 초점을 맞추어서 작업자세로 인한 작업부하를 쉽고 빠르게 평가하기 위하여 만들어진 기법으로 EU의 VDU 작업장의 최소안전 및 건강에 관한 요구 기준과 영국(UK)의 직업성 상지질환의 예방지침의 기준을 만족하는 보조도구로 사용되고 있다. RULA는 근육의 피로에 영향을 주는 인자들인 작업자세나 정적 또는 반복적인 작업 여부, 작업을 수행하는 데 필요한 힘의 크기 등 작업으로 인한 근육 부하를 평가할 수 있다.

RULA Employee Assessment Worksheet *based on RULA: a survey method for the investigation of work-related upper limb disorders. McAtamney & Corlett, Applied Ergonomics 1993, 24(2) 91-99*

A. Arm and Wrist Analysis

Step 1: Locate Upper Arm Position:
+1 +2 +2 +3 +4

Step 1a: Adjust...
If shoulder is raised: +1
If upper arm is abducted: +1
If arm is supported or person is leaning: -1

Upper Arm Score

Step 2: Locate Lower Arm Position:
+1 +2 Add +1

Lower Arm Score

Step 2a: Adjust...
If either arm is working across midline or out to side of body: Add +1

Step 3: Locate Wrist Position:
+1 +2 +3 Add +1

Step 3a: Adjust...
If wrist is bent from midline: Add +1

Wrist Score

Step 4: Wrist Twist:
If wrist is twisted in mid-range: +1
If wrist is at or near end of range: +2

Wrist Twist Score

Step 5: Look-up Posture Score in Table A:
Using values from steps 1-4 above, locate score in Table A

Posture Score A
+

Step 6: Add Muscle Use Score
If posture mainly static (i.e. held>10 minutes),
Or if action repeated occurs 4X per minute: +1

Muscle Use Score
+

Step 7: Add Force/Load Score
If load < 4.4 lbs (intermittent): +0
If load 4.4 to 22 lbs (intermittent): +1
If load 4.4 to 22 lbs (static or repeated): +2
If more than 22 lbs or repeated or shocks: +3

Force/Load Score
=

Step 8: Find Row in Table C
Add values from steps 5-7 to obtain
Wrist and Arm Score. Find row in Table C.

Wrist & Arm Score

SCORES

Table A: Wrist Posture Score

Upper Arm	Lower Arm	1 Wrist Twist 1	1 Wrist Twist 2	2 Wrist Twist 1	2 Wrist Twist 2	3 Wrist Twist 1	3 Wrist Twist 2	4 Wrist Twist 1	4 Wrist Twist 2
1	1	1	2	2	2	2	3	3	3
	2	2	2	2	2	3	3	3	3
	3	2	3	3	3	3	3	4	4
2	1	2	3	3	3	3	4	4	4
	2	3	3	3	3	3	4	4	4
	3	3	4	4	4	4	4	5	5
3	1	3	3	4	4	4	4	5	5
	2	3	4	4	4	4	4	5	5
	3	4	4	4	4	4	5	5	5
4	1	4	4	4	4	4	5	5	5
	2	4	4	4	4	4	5	5	5
	3	4	4	4	5	5	5	6	6
5	1	5	5	5	5	5	6	6	7
	2	5	6	6	6	6	7	7	7
	3	6	6	6	7	7	7	7	8
6	1	7	7	7	7	7	8	8	9
	2	8	8	8	8	8	9	9	9
	3	9	9	9	9	9	9	9	9

Table C: Neck, trunk and leg score

Wrist and Arm Score	1	2	3	4	5	6	7+
1	1	2	3	3	4	5	5
2	2	2	3	4	4	5	5
3	3	3	3	4	4	5	6
4	3	3	3	4	5	6	6
5	4	4	4	5	6	7	7
6	4	4	5	6	6	7	7
7	5	5	6	6	7	7	7
8+	5	5	6	7	7	7	7

Scoring: (final score from Table C)
1 or 2 = acceptable posture
3 or 4 = further investigation, change may be needed
5 or 6 = further investigation, change soon
7 = investigate and implement change

Final Score

B. Neck, Trunk and Leg Analysis

Step 9: Locate Neck Position:
+1 +2 +3 +4

Step 9a: Adjust...
If neck is twisted: +1
If neck is side bending: +1

Neck Score

Step 10: Locate Trunk Position:
+1 +2 +3 +4

Step 10a: Adjust...
If trunk is twisted: +1
If trunk is side bending: +1

Trunk Score

Step 11: Legs:
If legs and feet are supported: +1
If not: +2

Leg Score

Table B: Trunk Posture Score

Neck Posture Score	1 Legs 1	1 Legs 2	2 Legs 1	2 Legs 2	3 Legs 1	3 Legs 2	4 Legs 1	4 Legs 2	5 Legs 1	5 Legs 2	6 Legs 1	6 Legs 2
1	1	3	2	3	3	4	5	5	6	6	7	7
2	2	3	2	3	4	5	5	5	6	7	7	7
3	3	3	3	4	4	5	5	6	6	7	7	7
4	5	5	5	6	6	7	7	7	7	7	8	8
5	7	7	7	7	7	8	8	8	8	8	8	8
6	8	8	8	8	8	8	8	9	9	9	9	9

Step 12: Look-up Posture Score in Table B:
Using values from steps 9-11 above,
locate score in Table B

Posture Score B
+

Step 13: Add Muscle Use Score
If posture mainly static (i.e. held>10 minutes),
Or if action repeated occurs 4X per minute: +1

Muscle Use Score
+

Step 14: Add Force/Load Score
If load < 4.4 lbs (intermittent): +0
If load 4.4 to 22 lbs (intermittent): +1
If load 4.4 to 22 lbs (static or repeated): +2
If more than 22 lbs or repeated or shocks: +3

Force/Load Score
=

Step 15: Find Column in Table C
Add values from steps 12-14 to obtain
Neck, Trunk and Leg Score. Find Column in Table C.

Neck, Trunk & Leg Score

RULA 실습 예제

CHAPTER 04 작업환경관리

SECTION 1 작업조건과 환경조건

1 소요 조명

$$소요\ 조명(fc) = \frac{소요\ 광속발산도(fL)}{반사율(\%)} \times 100$$

CheckPoint

반사율이 60%인 작업 대상물에 대하여 근로자가 검사작업을 수행할 때 휘도(luminance)가 90fL이라면 이 작업에서의 소요조명(f_c)은 얼마인가?

▶ $소요조명(fc) = \frac{소요광속발산도(fL)}{반사율(\%)} \times 100 = \frac{90}{60} \times 100 = 150$

2 반사율과 휘광

1) 반사율(%)

단위면적당 표면에서 반사 또는 방출되는 빛의 양

$$반사율(\%) = \frac{휘도(fL)}{조도(fC)} \times 100 = \frac{cd/m^2 \times \pi}{lux} = \frac{광속발산도}{소요조명} \times 100$$

□ 옥내 추천 반사율

1. 천장 : 80~90%
2. 벽 : 40~60%
3. 가구 : 25~45%
4. 바닥 : 20~40%

CheckPoint

다음과 같은 실내공간에서 반사율이 낮은 면에서 높은 순으로 올바르게 나열된 것은?

① 바닥－창문－가구－벽
✔ 바닥－가구－벽－천장
③ 창문－바닥－가구－벽
④ 벽－천장－가구－바닥

2) 휘광(Glare, 눈부심)

휘도가 높거나 휘도대비가 클 경우 생기는 눈부심

(1) 휘광의 발생원인

① 눈에 들어오는 광속이 너무 많을 때
② 광원을 너무 오래 바라볼 때
③ 광원과 배경 사이의 휘도 대비가 클 때
④ 순응이 잘 안 될 때

(2) 광원으로부터의 휘광(Glare) 처리방법

① 광원의 휘도를 줄이고 광원의 수를 늘인다.
② 광원을 시선에서 멀리 위치시킨다.
③ 휘광원 주위를 밝게 하여 광도비를 줄인다.
④ 가리개(Shield), 갓(Hood) 혹은 차양(Visor)을 사용한다.

CheckPoint

광원 혹은 반사광이 시계 내에 있으면 성가신 느낌과 불편감을 주어 시성능을 저하시킨다. 이러한 광원으로부터의 직사휘광을 처리하는 방법으로 틀린 것은?

① 광원을 시선에서 멀리 위치시킨다.
② 차양 혹은 갓 등을 사용한다.
③ 광원의 휘도를 줄이고 광원의 수를 늘린다.
✔ 휘광원의 주위를 밝게 하여 광속발산(휘도)비를 늘린다.

(3) 창문으로부터의 직사휘광 처리

① 창문을 높이 단다.
② 창 위에 드리우개(Overhang)를 설치한다.

③ 창문에 수직날개를 달아 직시선을 제한한다.
④ 차양 혹은 발(Blind)을 사용한다.

(4) 반사휘광의 처리

① 일반(간접) 조명 수준을 높인다.
② 산란광, 간접광, 조절판(Baffle), 창문에 차양(Shade) 등을 사용한다.
③ 반사광이 눈에 비치지 않게 광원을 위치시킨다.
④ 무광택 도료, 빛을 산란시키는 표면색을 한 사무용 기기 등을 사용한다.

3 조도와 광도

1) 조도

어떤 물체나 표면에 도달하는 빛의 밀도로서 단위는 fc와 lux가 있다.

$$\text{조도}(\text{lux}) = \frac{\text{광속}(\text{lumen})}{(\text{거리}(\text{m}))^2}$$

2) 광도

단위면적당 표면에서 반사 또는 방출되는 광량

3) 대비

표적의 광속 발산도와 배경의 광속 발산도의 차이

$$\text{대비} = 100 \times \frac{L_b - L_t}{L_b}$$

여기서, L_b : 배경의 광속 발산도
L_t : 표적의 광속 발산도

4) 광속발산도

단위 면적당 표면에서 반사 또는 방출되는 빛의 양. 단위에는 lambert(L), milli lambert(mL), foot-lambert(fL)가 있다.

4 소음과 청력손실

1) 소음(Noise)

인간이 감각적으로 원하지 않는 소리, 불쾌감을 주거나 주의력을 상실케 하여 작업에 방해를 주며 청력손실을 가져온다.

(1) 가청주파수 : 20~20,000Hz/유해주파수 : 4,000Hz

(2) 소리은폐현상(Sound Masking) : 한쪽 음의 강도가 약할 때는 강한 음에 묻혀 들리지 않게 되는 현상

2) 소음의 영향

(1) 일반적인 영향

불쾌감을 주거나 대화, 마음의 집중, 수면, 휴식을 방해하며 피로를 가중시킨다.

(2) 청력손실

진동수가 높아짐에 따라 청력손실이 증가한다. 청력손실은 4,000Hz(C5-dip 현상)에서 크게 나타난다.

① 청력손실의 정도는 노출 소음수준에 따라 증가한다.
② 약한 소음에 대해서는 노출기간과 청력손실의 관계가 없다.
③ 강한 소음에 대해서는 노출기간에 따라 청력손실도 증가한다.

CheckPoint

소음노출로 인한 청력손실에 관한 내용 중 관계가 먼 것은?

✔ 초기의 청력손실은 1,000Hz에서 크게 나타난다.
② 청력손실의 정도와 노출된 소음수준은 비례관계가 있다.
③ 약한 소음에 대해서는 노출기간과 청력손실 간에 관계가 없다.
④ 강한 소음에 대해서는 노출시간에 따라 청력손실도 증가한다.

3) 소음을 통제하는 방법(소음대책)

(1) 소음원의 통제
(2) 소음의 격리
(3) 차폐장치 및 흡음재료 사용
(4) 음향처리제 사용
(5) 적절한 배치

5 소음노출한계

강렬한 음에 대한 노출시간은 가능한 한 짧아야 한다. 인간의 귀는 강렬한 음에 수초 동안밖에 견디지 못하며 90dB 정도에 오랫동안 노출되면 청력장애를 일으킨다.

1) 초저주파 소음(Infrasonic noise) : 초저주파 소음은 가청영역 밑의 주파수를 갖는 소음으로 전형적으로 20Hz 이하이다. 청각 계통을 보호하기 위해서는 1Hz에서 136dB로부터 20Hz에서 123dB에 이르는 8시간 노출한계가 추천되고 있다. 소음이 3dB 증가하면 허용기간은 반감되어야 한다.
2) 초음파 소음(Ultrasonic noise) : 초음파 소음은 가청영역 위의 주파수를 갖는 소음으로 전형적으로 20,000Hz 이상이다.

6 열교환과정과 열압박

1) 열교환과정

인체는 대사활동의 결과로 계속 열을 발생하고 있다. 휴식상태에서 성인 남자는 1kcal/분(약 70watt)가 조금 넘는 열을 내며 앉아서 하는 활동에서는 1.5~2.0kcal/분, 보통 신체활동에서는 5.0kcal/분 (약 350watt), 중노동의 경우에는 10~20kcal/분의 열을 낸다. 대사활동은 멈추는 것이 아니므로 인체는 항상 주위와의 열평형(Thermal Equilibrium)을 유지하려는 과정 하에 있다.

2) 열압박

(1) 생리적 영향

열압박의 가장 직접적 영향은 체온이다.

(2) 열압박과 성능

① 육체작업 : 실효온도가 증가할수록 성능(한 일의 양)은 저하한다.
② 정신활동 : 열압박이 정신활동 성능에 끼치는 영향은 환경조건이나 작업기간과도 관계가 있다.
③ 추적(Tracking) 및 경계(Vigilance) 임무 : 체심 온도만이 성능저하와 상관이 있다.

3) 열압박의 감축

열압박을 감축하는 방법은 습도저감, 공기순환 증가, 작업부하 감소, 휴식기간 도입 등이 있다.

7 추위

1) 추위의 생리적 영향

적절한 보호조치를 취하지 않은 채 추위(Cold)에 노출되면 체심 및 피부온도가 저하하며 장시간 노출되면 동상 내지 심한 경우에는 죽음을 초래한다.

2) 추위와 성능

추위가 성능에 끼치는 영향 중 중요한 것은 수작업에 관한 것으로 성능은 손피부 온도와 밀접한 관계가 있다. 손가락 기민성(Dexterity)이 추위에 가장 민감하며 한계온도는 13~18℃이다.

8 기압과 고도

1) 대기

지구상의 대기는 주로 21%(부피)의 산소와 78%의 질소로 이루어져 있다. 해면에서의 기압은 760mmHg이다.

2) 기압과 산소공급

호흡 순환 계통의 주 기능은 폐로부터 신체조직으로 산소를 운반하고 탄산가스를 회수하는 것이다. 정상상황에서 혈액은 적혈구 산소용량의 95%까지 운반한다. 그러나 기압이 저하하면 폐의 환기율, CO_2 장력 등의 많은 인자가 관계하여 혈액이 흡수하는 산소량이 감소한다.

기관 내의 흡기는 체내수준이 증발한 37℃ 수증기로 포화된 상태(증기압 47mmHg)이므로 산소분압은 다음과 같이 나타낸다.

$$\text{기관 } O_2 \text{ 분압} = 0.21(Pn - 47)$$

3) 감압

기체의 부피는 보일의 법칙에 의해 압력에 따라 팽창 또는 수축한다.

(1) 잠수병(감압병)

① 외부 기압의 감소로 질소기포 형성
호흡곤란, 가슴통증, 피부가려움 및 심하면 혼수상태 및 사망

② 잠수병 예방대책

공기중 질소를 불활성기체인 헬륨으로 대치, 급상승을 피하고 서서히 감압

4) 이상기압

(1) 고압작업실의 공기체적 : 근로자 1인당 $4m^3$ 이상

(2) 이상기압 : 압력이 매 m^2 당 1kg 이상인 기압

(3) 공기조 안의 공기압력은 항상 최고 잠수심도 압력의 1.5배 이상

5) 가압의 작업방법 및 조치

(1) 가압의 속도 : 1분에 매 m^2 당 0.8kg 이하의 속도

(2) 감압시 조치사항

① 기압조절실의 바닥면의 조도를 20럭스 이상이 되도록 할 것

② 기압조절실 내의 온도가 섭씨 10도 이하로 될 때에는 고압작업자에게 모포 등 적절한 보온용구를 사용하도록 할 것

③ 감압에 필요한 시간이 1시간을 초과하는 경우에는 고압작업자에게 의자 그밖의 필요한 휴식용구를 지급하여 사용하도록 할 것

9 운동과 방향감각

감각기관들은 신체의 방향 및 평형을 유지하거나 운동과 자세를 감지하는 데 있어 피부감각, 시각 등과 더불어 중요한 역할을 한다.

1) 체성감관(體性感官, Proprioceptor)

체성감관(Proprioceptor)은 근육, 건(Tendon), 뼈의 표면, 내장을 둘러싼 근육조직 등 피하조직에 퍼져있는 감각 수용기(Receptor)이다. 이들 감관은 주로 신체 자체의 작용에 의해서 자극된다. 체성 감관 중에서는 관절 주위에 집중되어 있는 근육운동은 다리운동의 식별에 관여한다.

2) 삼반(三半)고리관

반지모양의 고리로 고리 안의 액은 가속 및 감속에 반응하여 움직이며 말초신경을 자극하여 신경충동이 뇌로 전달된다.

3) 전정낭(前庭囊)

귀의 안뜰 내부에 있는 둥근주머니와 타원주머니를 통틀어 이르는 말로 자세가 변하면 아교질이 중력의 영향을 받아 모상(毛狀)세포를 자극하여 신경 충동을 일으킨다. 이들의 주 기능은 수직으로부터의 자세를 감지하는 것이지만 가속 및 감속에도 감수성이 있어서 삼반고리반을 보조한다.

10 진동과 가속도

1) 진동의 생리적 영향

(1) 단시간 노출 시 : 과도호흡, 혈액이나 내분비 성분은 불변

(2) 장기간 노출 시 : 근육긴장의 증가

2) 국소진동

착암기, 임펙트, 그라인더 등의 사용으로 손에 영향을 주어 백색수지증을 유발함

3) 전신 진동이 인간성능에 끼치는 영향

(1) 시성능 : 진동은 진폭에 비례하여 시력을 손상하며, 10~25Hz의 경우에 가장 심하다.

(2) 운동성능 : 진동은 진폭에 비례하여 추적능력을 손상하며, 5Hz 이하의 낮은 진동수에서 가장 심하다.

(3) 신경계 : 반응시간, 감시, 형태식별 등 주로 중앙신경처리에 달린 임무는 진동의 영향을 덜 받는다.

(4) 안정되고, 정확한 근육조절을 요하는 작업은 진동에 의해서 저하된다.

다음 중 진동의 영향을 가장 많이 받는 인간성능은?

① 감시(Monitoring) ② 반응시간(Reaction Time)

③ 추저(Tracking)능력 ④ 형태식별(Pattern Recognition)

4) 가속도

물체의 운동변화율(변화속도)로서 기본단위는 g로 사용하며 중력에 의해 자유낙하하는 물체의 가속도인 $9.8m/s^2$을 1g이라 한다.

11 기동 중의 착각

1) 감각 착오로부터의 방향감각 혼란

통상 시각에 의해 제공되는 완벽한 감각정보를 뇌가 오해하거나 오분류하기 때문에 일어난다. 비행 중 일어나는 착각은 주로 시각적인 것이다. 그중 하나가 자동운동(Autokinesis)으로 밤에 불빛을 혼동하여 고정된 불빛이 움직이는 것같이 보인다.

2) 착각에 대한 대책

(1) 여러 종류의 착각의 성질과 발생상황을 이해한다.
(2) 계기 혹은 시계(視界) 비행을 한다.
(3) 야간 곡예 비행을 피한다.
(4) 주위의 다른 물체에 주의한다.
(5) 야간에는 급가속이나 급감속을 피한다.

SECTION 2 작업환경과 인간공학

1 작업별 조도기준 및 소음기준

1) 작업별 조도기준(산업안전보건에 관한 규칙 제8조)

(1) 초정밀작업 : 750lux 이상
(2) 정밀작업 : 300lux 이상
(3) 보통작업 : 150lux 이상
(4) 기타 작업 : 75lux 이상

2) 조명의 적절성을 결정하는 요소

(1) 과업의 형태
(2) 작업시간
(3) 작업을 진행하는 속도 및 정확도
(4) 작업조건의 변동
(5) 작업에 내포된 위험정도

3) 인공조명 설계 시 고려사항

(1) 조도는 작업상 충분할 것
(2) 광색은 주광색에 가까울 것
(3) 유해가스를 발생하지 않을 것
(4) 폭발과 발화성이 없을 것
(5) 취급이 간단하고 경제적일 것
(6) 작업장의 경우 공간 전체에 빛이 골고루 퍼지게 할 것(전반조명방식)

4) 영상표시단말기(VDT)를 위한 조명

(1) 조명수준 : VDT 조명은 화면에서 반사하여 화면상의 정보를 더 어렵게 할 수 있으므로 대부분 300~500lux를 지정한다.

(2) 광도비 : 화면과 극 인접 주변 간에는 1 : 3의 광도비가, 화면과 화면에서 먼 주위 간에는 1 : 10의 광도비가 추천된다.

(3) 화면반사 : 화면반사는 화면으로부터 정보를 읽기 어렵게 하므로 화면반사를 줄이는 방법에는 ① 창문을 가리고 ② 반사원의 위치를 바꾸고 ③ 광도를 줄이고 ④ 산란된 간접조명을 사용하는 것 등이 있다.

(4) 화면을 바라보는 시간이 많은 작업일수록 화면 밝기와 작업대 주변 밝기의 차를 줄이도록 한다.

CheckPoint

영상표시단말기(VDT)를 사용하는 작업에 있어 일반적으로 화면과 그 인접 주변과의 광도비로 가장 적절한 것은?

① 1 : 1 ② 1 : 3 (✔) ③ 1 : 7 ④ 1 : 10

5) 소음기준(안전보건규칙 제512조)

(1) 소음작업

1일 8시간 작업기준으로 85데시벨(dB) 이상의 소음이 발생하는 작업

(2) 강렬한 소음작업

① 90dB 이상의 소음이 1일 8시간 이상 발생하는 작업
② 95dB 이상의 소음이 1일 4시간 이상 발생하는 작업
③ 100dB 이상의 소음이 1일 2시간 이상 발생하는 작업
④ 105dB 이상의 소음이 1일 1시간 이상 발생하는 작업
⑤ 110dB 이상의 소음이 1일 30분 이상 발생하는 작업
⑥ 115dB 이상의 소음이 1일 15분 이상 발생하는 작업

(3) 충격 소음작업

① 120dB을 초과하는 소음이 1일 1만 회 이상 발생하는 작업
② 130dB을 초과하는 소음이 1일 1천 회 이상 발생하는 작업
③ 140dB을 초과하는 소음이 1일 1백 회 이상 발생하는 작업

2 소음의 처리

1) 소음(Noise)

인간이 감각적으로 원하지 않는 소리, 불쾌감을 주거나 주의력을 상실케 하여 작업에 방해를 주며 청력손실을 가져온다.

(1) 가청주파수 : 20~20,000Hz/유해주파수 : 4,000Hz

(2) 소리은폐현상(Sound Masking) : 한쪽 음의 강도가 약할 때는 강한 음에 묻혀 들리지 않게 되는 현상

2) 소음의 영향

(1) 일반적인 영향

불쾌감을 주거나 대화, 마음의 집중, 수면, 휴식을 방해하며 피로를 가중시킨다.

(2) 청력손실

진동수가 높아짐에 따라 청력손실이 증가한다. 청력손실은 4,000Hz(C5－dip 현상)에서 크게 나타난다.

① 청력손실의 정도는 노출 소음수준에 따라 증가한다.

② 약한 소음에 대해서는 노출기간과 청력손실의 관계가 없다.

③ 강한 소음에 대해서는 노출기간에 따라 청력손실도 증가한다.

3) 소음을 통제하는 방법(소음대책)

(1) 소음원의 통제

(2) 소음의 격리

(3) 차폐장치 및 흡음재료 사용

(4) 음향처리제 사용

(5) 적절한 배치

3 열교환과 열압박

1) 열균형 방정식

S(열축적)＝M(대사율)－E(증발)±R(복사)±C(대류)－W(한일)

2) 열압박 지수(HSI)

$$\text{HSI} = \frac{E_{req}(\text{요구되는 증발량})}{E_{\max}(\text{최대증발량})} \times 100$$

3) 열손실률(R)

37℃ 물 1g 증발시 필요에너지 2,410J/g(575.5cal/g)

$$R = \frac{Q}{t}$$

여기서, R : 열손실률, Q : 증발에너지, t : 증발시간(sec)

4 실효온도와 Oxford 지수

실효온도 : 온도, 습도, 기류 등의 조건에 따라 인간의 감각을 통해 느껴지는 온도로 상대습도 100%일 때의 건구온도에서 느끼는 것과 동일한 온도감

- 열교환에 영향을 주는 요소 : 기온, 습도, 복사온도, 공기의 유동

1) 옥스퍼드(Oxford) 지수(습건지수)

$$W_D = 0.85\text{W}(\text{습구온도}) + 0.15\text{d}(\text{건구온도})$$

2) 불쾌지수

(1) 불쾌지수 = 섭씨(건구온도 + 습구온도) × 0.72 ± 40.6[℃]

(2) 불쾌지수 = 화씨(건구온도 + 습구온도) × 0.4 + 15[°F]

불쾌지수가 80 이상일 때는 모든 사람이 불쾌감을 가지기 시작하고 75의 경우에는 절반 정도가 불쾌감을 가지며 70~75에서는 불쾌감을 느끼기 시작한다. 70 이하에서는 모두가 쾌적하다.

3) 추정 4시간 발한율(P4SR)

주어진 일을 수행하는 순환된 젊은 남자의 4시간 동안의 발한량을 건습구온도, 공기 유동속도, 에너지 소비, 피복을 고려하여 추정한 지수이다.

4) 감각온도의 허용한계

(1) 사무작업 : 15.6~18.3℃
(2) 경작업 : 12.8~15.6℃
(3) 중작업 : 10~12.8℃

사무실 또는 연구실의 감각온도는 얼마 정도가 좋은가?

① 40~45[ET] ✔ 60~65[ET] ③ 66~75[ET] ④ 76~85[ET]

5) 작업환경의 온열요소 : 온도, 습도, 기류(공기유동), 복사열

- 습도 25~50%는 대부분의 사람들이 쾌적하게 느끼는 이상적인 습도이다.

5 이상환경 노출에 따른 사고와 부상

1) 온도(Temperature)

(1) 적절한 온도에서 고온 환경으로 변할 때의 신체의 조절작용
① 많은 양의 혈액이 피부를 경유하게 되며 온도가 올라간다.
② 직장(直腸) 온도가 내려간다.
③ 발한(發汗)이 시작된다.

(2) 적절한 온도에서 한랭 환경으로 변할 때의 신체의 조절작용
① 피부온도가 내려간다.
② 혈액은 피부를 경유하는 순환량이 감소하고 많은 양의 혈액이 몸의 중심부를 순환한다.
③ 소름이 돋고 몸이 떨린다.
④ 직장(直腸) 온도가 약간 올라간다.

2) 온도의 영향

(1) 안전활동에 알맞은 최적온도 : 18~21℃

(2) 갱내 작업장의 기온상황 : 37℃ 이하

(3) 체온의 안전한계와 최고한계온도 : 38℃와 41℃

(4) 손가락에 영향을 주는 환경온도 : 13~15.5℃

CHAPTER 05 시스템 위험분석

SECTION 1 시스템 위험분석 및 관리

1 시스템 안전공학

과학적 · 공학적 원리를 적용해서 시스템 내 위험성을 적시에 찾아서 그 예방과 제어에 필요한 조치를 도모하기 위한 시스템 공학의 한 분야이다. 시스템 안전공학은 시스템의 안전성을 명시, 예측 또는 평가하기 위한 공학적 설계와 안전해석의 원리와 수법을 기초로 하면서 동시에 수학, 물리학 등 관련 과학분야의 전문적 지식과 특수기술을 기초로 하여 성립되었다.

2 위험분석과 위험관리

시스템 안전을 달성하기 위한 시스템 안전설계는 원칙적으로 다음 단계에 따라 해야 한다.

1) 위험상태의 존재를 최소로 함 : 페일세이프나 용장성(冗長性) 등을 도입한다.
2) 안전장치의 채용 : 안전장치는 가급적 기계 속에 내장시켜 일체화하는 것이 바람직하다.
3) 경보장치의 채용 : 이상상태를 검출해서 경보를 발생하는 장치를 설치한다. 경보장치는 작업자에게 잘못된 반응을 시킬 우려가 적은 것이어야 한다.
4) 특수한 수단 : 위험성 저감을 도모할 수 없는 경우 특수한 수단을 개발한다. 즉 표식 등을 규격화한다.

SECTION 2 시스템 위험 분석기법

1 PHA(예비위험 분석, Preliminary Hazards Analysis)

시스템 내의 위험요소가 얼마나 위험상태에 있는가를 평가하는 시스템안전프로그램의 최초단계의 분석 방식(정성적)

□ PHA에 의한 위험등급

Class－1 : 파국　　Class－2 : 중대　　Class－3 : 한계　　Class－4 : 무시가능

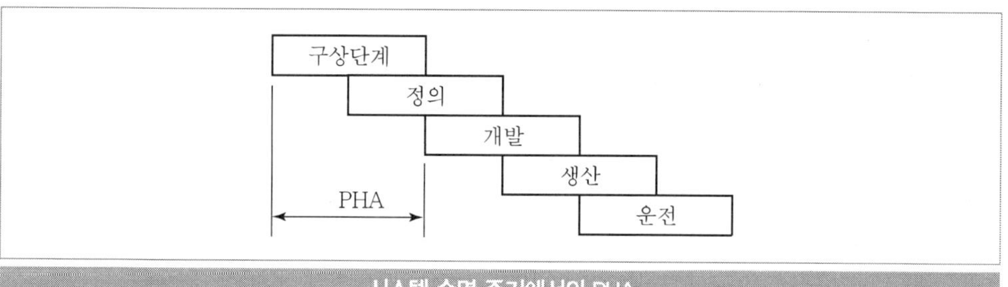

시스템 수명 주기에서의 PHA

2 FHA(결함위험분석, Fault Hazards Analysis)

분업에 의해 여럿이 분담 설계한 서브시스템 간의 인터페이스를 조정하여 각각의 서브시스템 및 전체 시스템에 악영향을 미치지 않게 하기 위한 분석방법

1) FHA의 기재사항

(1) 구성요소 명칭
(2) 구성요소 위험방식
(3) 시스템 작동방식
(4) 서브시스템에서의 위험영향
(5) 서브시스템, 대표적 시스템 위험영향
(6) 환경적 요인
(7) 위험영향을 받을 수 있는 2차 요인
(8) 위험수준
(9) 위험관리

프로그램 :　　　　　　　　시스템 :

#1 구성요소 명칭	#2 구성요소 위험방식	#3 시스템 작동방식	#4 서브시스템에서 위험영향	#5 서브시스템, 대표적 시스템 위험영향	#6 환경적 요인	#7 위험영향을 받을 수 있는 2차 요인	#8 위험수준	#9 위험관리

3 FMEA(고장형태와 영향분석법, Failure Mode and Effect Analysis)

시스템에 영향을 미치는 모든 요소의 고장을 형별로 분석하고 그 고장이 미치는 영향을 분석하는 방법으로 치명도 해석(CA)을 추가할 수 있음(귀납적, 정성적)

1) 특징

(1) FTA보다 서식이 간단하고 적은 노력으로 분석이 가능

(2) 논리성이 부족하고, 특히 각 요소 간의 영향을 분석하기 어렵기 때문에 동시에 두 가지 이상의 요소가 고장 날 경우에 분석이 곤란함

(3) 요소가 물체로 한정되어 있기 때문에 인적 원인을 분석하는 데는 곤란함

2) 시스템에 영향을 미치는 고장형태

(1) 폐로 또는 폐쇄된 고장

(2) 개로 또는 개방된 고장

(3) 기동 및 정지의 고장

(4) 운전계속의 고장

(5) 오동작

3) 순서

(1) 1단계 : 대상시스템의 분석

① 기본방침의 결정

② 시스템의 구성 및 기능의 확인

③ 분석레벨의 결정

④ 기능별 블록도와 신뢰성 블록도 작성

(2) 2단계 : 고장형태와 그 영향의 해석

① 고장형태의 예측과 설정

② 고장형에 대한 추정원인 열거

③ 상위 아이템의 고장영향의 검토

④ 고장등급의 평가

(3) 3단계 : 치명도 해석과 그 개선책의 검토

① 치명도 해석

② 해석결과의 정리 및 설계개선으로 제안

FMEA의 실시 순서 중 1단계인 대상 시스템의 분석 내용과 관계가 없는 것은?

① 기본방침 결정
② 고장 형태의 예측과 설정 (✓)
③ 기능 block과 신뢰성 block의 작성
④ 기기 시스템의 구성 및 기능의 전반적 파악

4) 고장등급의 결정

(1) 고장 평점법

$$C = (C_1 \times C_2 \times C_3 \times C_4 \times C_5)^{\frac{1}{5}}$$

여기서, C_1 : 기능적 고장의 영향의 중요도
C_2 : 영향을 미치는 시스템의 범위
C_3 : 고장발생의 빈도
C_4 : 고장방지의 가능성
C_5 : 신규 설계의 정도

(2) 고장등급의 결정

① 고장등급 Ⅰ(치명고장) : 임무수행 불능, 인명손실(설계변경 필요)
② 고장등급 Ⅱ(중대고장) : 임무의 중대부분 미달성(설계의 재검토 필요)
③ 고장등급 Ⅲ(경미고장) : 임무의 일부 미달성(설계변경 불필요)
④ 고장등급 Ⅳ(미소고장) : 영향없음(설계변경 불필요)

4 ETA(Event Tree Analysis)

정량적, 귀납적 기법으로 DT에서 변천해 온 것으로 설비의 설계, 심사, 제작, 검사, 보전, 운전, 안전대책의 과정에서 그 대응조치가 성공인가 실패인가를 확인해 가는 과정을 검토

5 CA(위험성 분석법, Criticality Analysis)

고장이 직접 시스템의 손해와 인원의 사상에 연결되는 높은 위험도를 가지는 경우에 위험도를 가져오는 요소 또는 고장의 형태에 따른 분석(정량적 분석)하는 것. 항공기의 안전성 평가에 널리 사용되는 기법으로서 각 중요 부품의 고장률, 운용형태, 보정계수, 사용시간비율 등을 고려하여 정량적, 귀납적으로 부품의 위험도를 평가하는 분석기법

6 THERP(인간과오율 추정법, Technique of Human Error Rate Prediction)

확률론적 안전기법으로서 인간의 과오에 기인된 사고원인을 분석하기 위하여 100만 운전시간당 과오도수를 기본 과오율로 하여 인간의 기본 과오율을 평가하는 기법

1) 인간 실수율(HEP) 예측 기법
2) 사건들을 일련의 Binary 의사결정 분기들로 모형화해서 예측
3) 나무를 통한 각 경로의 확률 계산

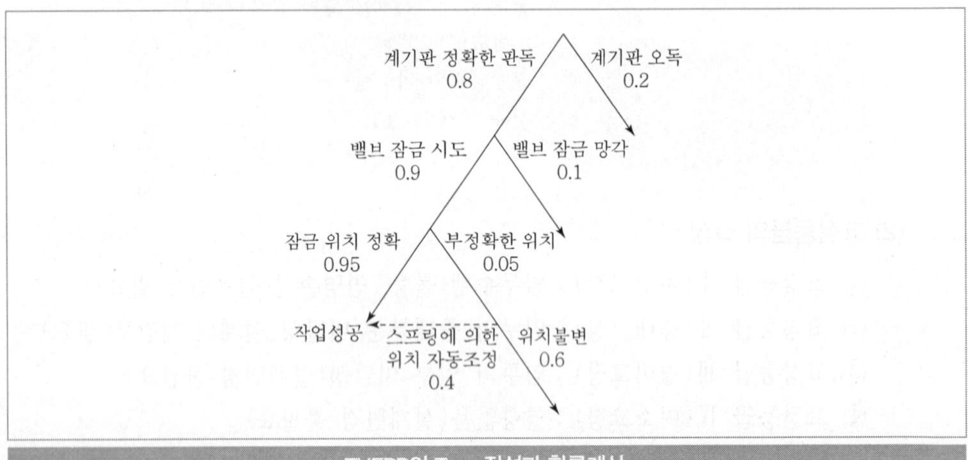

THERP의 Tree 작성과 확률계산

7 MORT(Management Oversight and Risk Tree)

FTA와 같은 논리기법을 이용하여 관리, 설계, 생산, 보전 등에 대해서 광범위하게 안전성을 확보하기 위한 기법(원자력 산업에 이용, 미국의 W. G. Johnson에 의해 개발)

8 O&SHA(Operation and Support Hazard Analysis)

시스템의 모든 사용단계에서 생산, 보전, 시험, 저장, 구조 훈련 및 폐기 등에 사용되는 인원, 순서, 설비에 대한 위험을 평가하고 안전요건을 결정하기 위한 해석방법(운영 및 지원 위험해석)

CheckPoint

생산, 보전, 시험, 운반, 저장, 비상탈출 등에 사용되는 인원, 설비에 관하여 위험을 동정하고 제어하며, 그들의 안전요건을 결정하기 위하여 실시하는 분석기법은?

✓ 운용 및 지원 위험분석(O&SHA)　　② 사상수 분석(ETA)

③ 결함사고 분석(FHA)　　④ 고장형태 및 영향분석(FMEA)

9 DT(Decision Tree)

요소의 신뢰도를 이용하여 시스템의 신뢰도를 나타내는 시스템 모델의 하나로 귀납적이고 정량적인 분석방법

10 위험성 및 운전성 검토(Hazard and Operability Study)

1) 위험 및 운전성 검토(HAZOP)

각각의 장비에 대해 잠재된 위험이나 기능저하, 운전, 잘못 등과 전체로서의 시설에 결과적으로 미칠 수 있는 영향 등을 평가하기 위해서 공정이나 설계도 등에 체계적이고 비판적인 검토를 행하는 것을 말한다.

2) 위험 및 운전성 검토의 성패를 좌우하는 요인

(1) 팀의 기술능력과 통찰력

(2) 사용된 도면, 자료 등의 정확성

(3) 발견된 위험의 심각성을 평가할 때 팀의 균형감각 유지 능력

(4) 이상(Deviation), 원인(Cause), 결과(Consequence)들을 발견하기 위해 상상력을 동원하는 데 보조수단으로 사용할 수 있는 팀의 능력

3) 위험 및 운전성 검토 절차

(1) 1단계 : 목적의 범위 결정
(2) 2단계 : 검토팀의 선정
(3) 3단계 : 검토 준비
(4) 4단계 : 검토 실시
(5) 5단계 : 후속 조치 후 결과 기록

4) 위험 및 운전성 검토 목적

(1) 기존 시설(기계설비 등)의 안전도 향상
(2) 설비 구입 여부 결정
(3) 설계의 검사
(4) 작업수칙의 검토
(5) 공장 건설 여부와 건설장소의 결정

5) 위험 및 운전성 검토 시 고려해야 할 위험의 형태

(1) 공장 및 기계설비에 대한 위험
(2) 작업 중인 인원 및 일반대중에 대한 위험
(3) 제품 품질에 대한 위험
(4) 환경에 대한 위험

6) 위험을 억제하기 위한 일반적인 조치사항

(1) 공정의 변경(원료, 방법 등)
(2) 공정 조건의 변경(압력, 온도 등)
(3) 설계 외형의 변경
(4) 작업방법의 변경

위험 및 운전성 검토를 수행하기 가장 좋은 시점은 설계완료 단계로서 설계가 상당히 구체화된 시점이다.

7) 유인어(Guide Words)

간단한 용어로서 창조적 사고를 유도하고 자극하여 이상을 발견하고 의도를 한정하기 위하여 사용되는 것

(1) NO 또는 NOT : 설계의도의 완전한 부정
(2) MORE 또는 LESS : 양(압력, 반응, 온도 등)의 증가 또는 감소
(3) AS WELL AS : 성질상의 증가(설계의도와 운전조건의 어떤 부가적인 행위)와 함께 일어남
(4) PART OF : 일부 변경, 성질상의 감소(어떤 의도는 성취되나 어떤 의도는 성취되지 않음)
(5) REVERSE : 설계의도의 논리적인 역
(6) OTHER THAN : 완전한 대체(통상 운전과 다르게 되는 상태)

11 시스템 안전 프로그램 계획(SSPP ; System Safety Program Plan)

시스템안전요건에 일치하기 위해 필요한 계획된 안전업무를 조직상의 책임, 완성하는 방법, 일정, 노력의 정도 및 다른 프로그램 기술이나 관리활동 및 관련 시스템과의 조정을 포함해서 완전히 기재하는 것을 말한다.

[시스템 안전 프로그램 계획에 포함되어야 할 사항]

① 계획의 개요 ② 안전조직 ③ 계약조건 ④ 관련부문과의 조정
⑤ 안전기준 ⑥ 안전해석 ⑦ 안전성 평가
⑧ 안전데이터의 수집 및 분석 ⑨ 경과 및 결과의 분석

CHAPTER 06

결함수 분석법

SECTION 1 결함수 분석

1 FTA의 정의 및 특징

1) FTA(Fault Tree Analysis) 정의

시스템의 고장을 논리게이트로 찾아가는 연역적, 정성적, 정량적 분석기법

(1) 1962년 미국 벨 연구소의 H. A. Watson에 의해 개발된 기법으로 최초에는 미사일 발사사고를 예측하는 데 활용해오다 점차 우주선, 원자력산업, 산업안전 분야에 소개

(2) 시스템의 고장을 발생시키는 사상(Event)과 그 원인과의 관계를 논리기호(AND 게이트, OR 게이트 등)를 활용하여 나뭇가지 모양(Tree)의 고장 계통도를 작성하고 이를 기초로 시스템의 고장확률을 구한다.

2) FTA의 특징

(1) Top down 형식(연역적)
(2) 정량적 해석기법(컴퓨터 처리가 가능)
(3) 논리기호를 사용한 특정사상에 대한 해석
(4) 서식이 간단해서 비전문가도 짧은 훈련으로 사용할 수 있다.
(5) Human Error의 검출이 어렵다.

CheckPoint

다음 중 결함수분석법(FTA)의 특징이 아닌 것은?

✔ Bottom up 형식 ② Top Down 형식
③ 특정사상에 대한 해석 ④ 논리기호를 사용한 해석

3) FTA의 기본적인 가정

(1) 중복사상은 없어야 한다.
(2) 기본사상들의 발생은 독립적이다.
(3) 모든 기본사상은 정상사상과 관련되어 있다.

4) FTA의 기대효과

(1) 사고원인 규명의 간편화
(2) 사고원인 분석의 일반화
(3) 사고원인 분석의 정량화
(4) 노력, 시간의 절감
(5) 시스템의 결함진단
(6) 안전점검 체크리스트 작성

FTA의 활용에 따른 기대효과가 아닌 것은?

① 사고원인 규명의 간편화
② 사고원인 분석의 정성화 (✓)
③ 사고원인 분석의 일반화
④ 노력과 시간의 절감

2 논리기호 및 사상기호

번호	기호	명칭	설명
1	(직사각형)	결함사상(사상기호)	개별적인 결함사상
2	(원)	기본사상(사상기호)	더 이상 전개되지 않는 기본사상
3	(점선 원)	기본사상(사상기호)	인간의 실수
4	(마름모)	생략사상(최후사상)	정보부족, 해석기술 불충분으로 더 이상 전개할 수 없는 사상
5	(집 모양)	통상사상(사상기호)	통상발생이 예상되는 사상
6	(삼각형) (IN)	전이기호	FT도 상에서 부분에의 이행 또는 연결을 나타낸다. 삼각형 정상의 선은 정보의 전입을 뜻한다.

7	(OUT)	전이기호	FT도 상에서 다른 부분에의 이행 또는 연결을 나타낸다. 삼각형 옆의 선은 정보의 전출을 뜻한다.
8	출력 입력	AND 게이트 (논리기호)	모든 입력사상이 공존할 때 출력사상이 발생한다.
9	출력 입력	OR 게이트(논리기호)	입력사상 중 어느 하나가 존재할 때 출력사상이 발생한다.
10	입력 출력	수정게이트	입력사상에 대하여 게이트로 나타내는 조건을 만족하는 경우에만 출력사상이 발생
11	Ai Aj Ak 순으로	우선적 AND 게이트	입력사상 중 어떤 현상이 다른 현상보다 먼저 일어날 경우에만 출력사상이 발생
12	Ai, Aj, Ak / Ai Aj Ak	조합 AND 게이트	3개 이상의 입력현상 중 2개가 일어나면 출력현상이 발생
13	동시발생 안한다	배타적 OR 게이트	OR 게이트로 2개 이상의 입력이 동시에 존재할 때는 출력사상이 생기지 않는다.
14	위험 지속 시간	위험지속 AND 게이트	입력현상이 생겨서 어떤 일정한 기간이 지속될 때에 출력이 생긴다.
15	$\bar{A}$	부정 게이트 (Not 게이트)	부정 모디파이어(Not modifier)라고도 하며 입력현상의 반대현상이 출력된다.
16	출력 조건 입력	억제 게이트 (논리기호)	입력사상 중 어느 것이나 이 게이트로 나타내는 조건이 만족하는 경우에만 출력사상이 발생한다. 조건부 확률

3 FTA의 순서 및 작성방법

1) FTA의 실시순서

(1) 대상으로 한 시스템의 파악

(2) 정상사상의 선정

(3) FT도의 작성과 단순화

(4) 정량적 평가

① 재해발생확률 목표치 설정
② 실패 대수 표시
③ 고장발생확률과 인간에러확률
④ 재해발생 확률계산
⑤ 재검토

(5) 종결(평가 및 개선권고)

2) FTA에 의한 재해사례 연구순서(D. R. Cheriton)

(1) Top 사상의 선정
(2) 사상마다의 재해원인 규명
(3) FT도의 작성
(4) 개선계획의 작성

4 Cut Set & Path Set

1) 컷셋(Cut Set) : 정상사상을 발생시키는 기본사상의 집합으로 그 안에 포함되는 모든 기본사상이 발생할 때 정상사상을 발생시키는 기본사상의 집합
2) 패스셋(Path Set) : 포함되어 있는 모든 기본사상이 일어나지 않을 때 처음으로 정상사상이 일어나지 않는 기본사상의 집합

SECTION 2 정성적, 정량적 분석

1 확률사상의 계산

1) 논리곱의 확률(독립사상)

$A(x_1 \cdot x_2 \cdot x_3) = Ax_1 \cdot Ax_2 \cdot Ax_3$

$G_1 = ① \times ② = 0.2 \times 0.1 = 0.02$

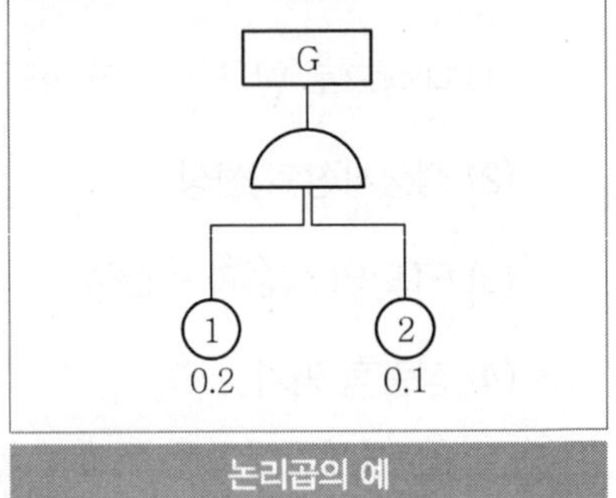

논리곱의 예

2) 논리합의 확률(독립사상)

$A(x_1 + x_2 + x_3) = 1 - (1 - Ax_1)(1 - Ax_2)(1 - Ax_3)$

3) 불 대수의 법칙

(1) 동정법칙 : $A + A = A$, $AA = A$

(2) 교환법칙 : $AB = BA$, $A + B = B + A$

(3) 흡수법칙 : $A(AB) = (AA)B = AB$

$A + AB = A \cup (A \cap B) = (A \cup A) \cap (A \cup B) = A \cap (A \cup B) = A$

$\overline{A \cdot B} = \overline{A} + \overline{B}$

(4) 분배법칙 : $A(B + C) = AB + AC$, $A + (BC) = (A + B) \cdot (A + C)$

(5) 결합법칙 : $A(BC) = (AB)C$, $A + (B + C) = (A + B) + C$

(6) 기타 : $A \cdot 0 = 0$, $A + 1 = 1$, $A \cdot 1 = A$, $A + \overline{A} = 1$, $A \cdot \overline{A} = 0$

4) 드 모르간의 법칙

(1) $\overline{A + B} = \overline{A} \cdot \overline{B}$

(2) $A + \overline{A} \cdot B = A + B$

①의 발생확률은 0.3

②의 발생확률은 0.4

③의 발생확률은 0.3

④의 발생확률은 0.5

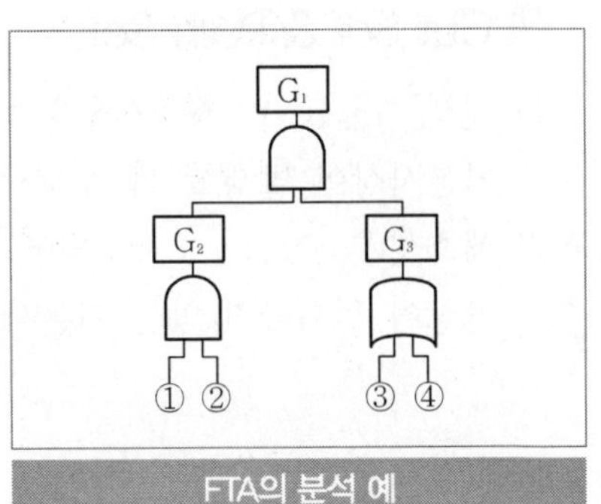

FTA의 분석 예

$G_1 = G_2 \times G_3$

$= ① \times ② \times [1 - (1 - ③)(1 - ④)]$

$= 0.3 \times 0.4 \times [1 - (1 - 0.3)(1 - 0.5)] = 0.078$

2 Minimal Cut Set & Path Set

1) 컷셋과 미니멀 컷셋 : 컷이란 그 속에 포함되어 있는 모든 기본사상이 일어났을 때 정상사상을 일으키는 기본사상의 집합을 말하며 미니멀 컷셋은 정상사상을 일으키기 위한 필요 최소한의 컷을 말한다. 즉 미니멀 컷셋은 컷셋 중에 타 컷셋을 포함하고 있는 것을 배제하고 남은 컷셋들을 의미한다.(시스템이 고장나는 데 필요한 최소한 요인의 집합)
2) 패스셋과 미니멀 패스셋 : 패스란 그 속에 포함되어 있는 기본사상이 일어나지 않을 때 처음으로 정상사상이 일어나지 않는 기본사상의 집합으로서 미니멀 패스셋은 그 필요한 최소한의 컷을 말한다.(시스템을 살리는 데 필요한 최소한 요인의 집합)

3 미니멀 컷셋 구하는 법

1) 정상사상에서 차례로 하단의 사상으로 치환하면서 AND 게이트는 가로로 OR 게이트는 세로로 나열한다.
2) 중복사상이나 컷을 제거하면 미니멀 컷셋이 된다.

$$T = A_1 \cdot A_2 = (X_1 \cdot X_2) \cdot A_2 = \begin{matrix} X_1\,X_2\,X_3 \\ X_1\,X_2\,X_4 \end{matrix}$$

즉, 컷셋은 $(X_1\,X_2\,X_3)$, $(X_1\,X_2\,X_4)$, 미니멀 컷셋은 $(X_1\,X_2\,X_3)$ 또는 $(X_1\,X_2\,X_4)$ 중 1개이다.

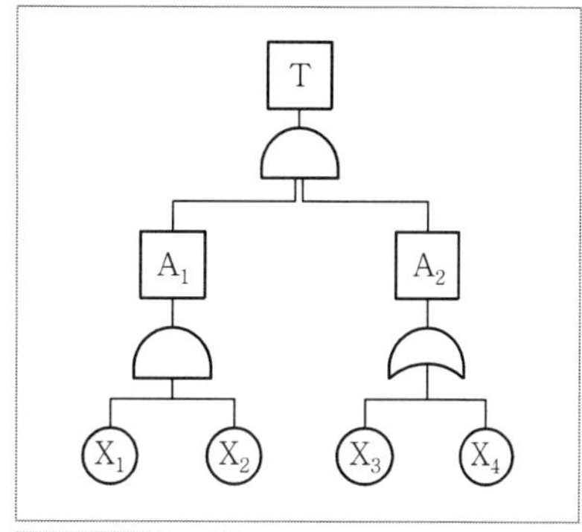

미니멀 컷셋의 예

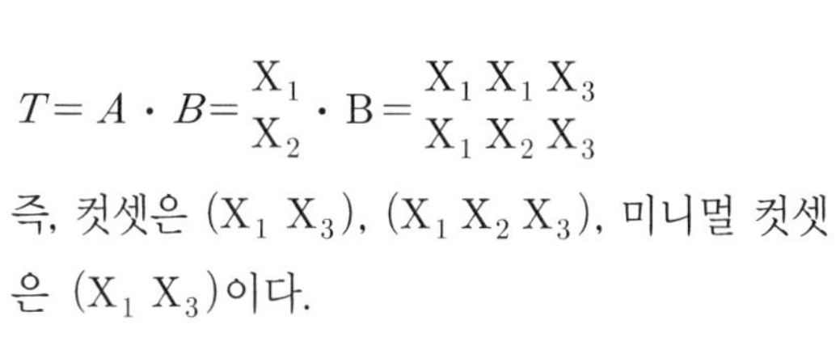

$$T = A \cdot B = \begin{matrix} X_1 \\ X_2 \end{matrix} \cdot B = \begin{matrix} X_1\,X_1\,X_3 \\ X_1\,X_2\,X_3 \end{matrix}$$

즉, 컷셋은 $(X_1\,X_3)$, $(X_1\,X_2\,X_3)$, 미니멀 컷셋은 $(X_1\,X_3)$이다.

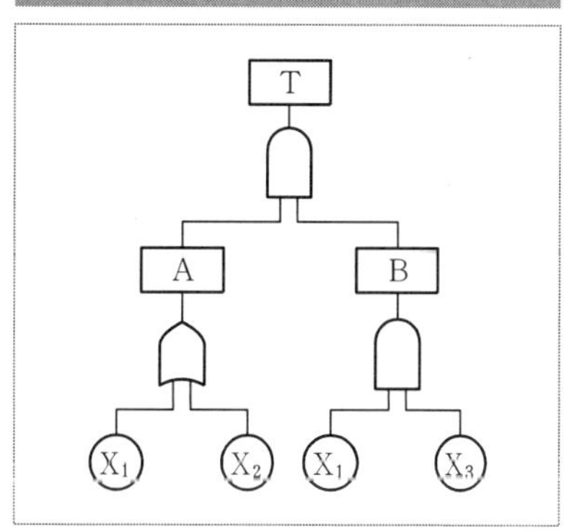

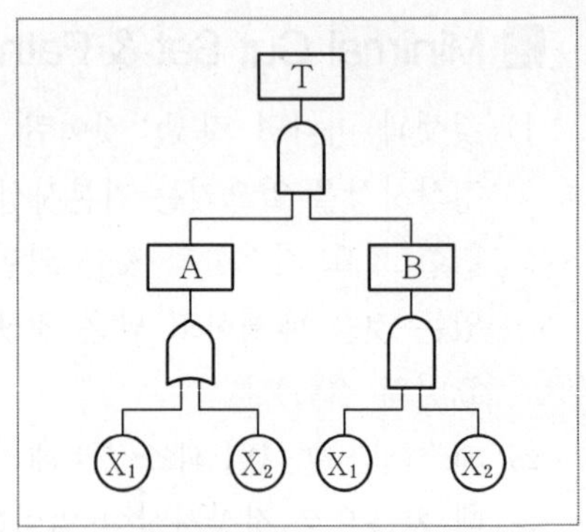

$$T = A \cdot B = \begin{matrix} X_1 \\ X_2 \end{matrix} \cdot B = \begin{matrix} X_1\,X_1\,X_2 \\ X_2\,X_1\,X_2 \end{matrix}$$

즉, 컷셋이 미니멀 컷셋과 동일하며 ($X_1\ X_2$)이다.

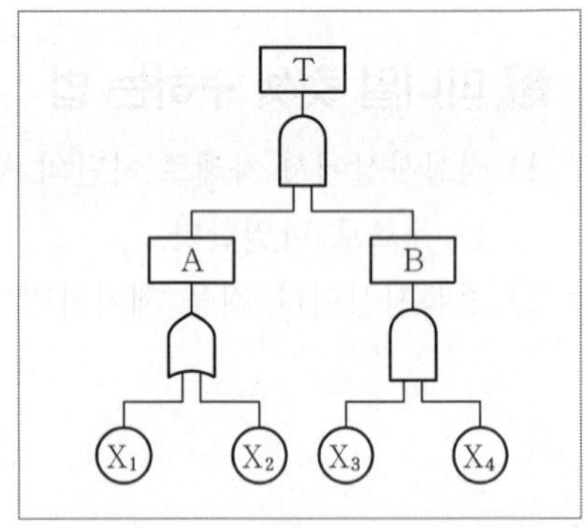

$$T = A \cdot B = \begin{matrix} X_1 \\ X_2 \end{matrix} \cdot B = \begin{matrix} X_1\,X_3\,X_4 \\ X_2\,X_3\,X_4 \end{matrix}$$

즉, 컷셋은 ($X_1\ X_3\ X_4$), ($X_2\ X_3\ X_4$), 미니멀 컷셋은 ($X_1\ X_3\ X_4$) 또는 ($X_2\ X_3\ X_4$) 중 1개이다.

CHAPTER 07

안전성 평가

SECTION 1 안전성 평가의 개요

1 정의

1) 정의

설비나 제품의 제조, 사용 등에 있어 안전성을 사전에 평가하고 적절한 대책을 강구하기 위한 평가행위

2) 안전성 평가의 종류

(1) 테크놀로지 어세스먼트(Technology Assessment) : 기술 개발과정에서의 효율성과 위험성을 종합적으로 분석, 판단하는 프로세스

(2) 세이프티 어세스먼트(Safety Assessment) : 인적, 물적 손실을 방지하기 위한 설비 전 공정에 걸친 안전성 평가

(3) 리스크 어세스먼트(Risk Assessment) : 생산활동에 지장을 줄 수 있는 리스크(Risk)를 파악하고 제거하는 활동

(4) 휴먼 어세스먼트(Human Assessment)

2 안전성 평가의 단계

1) 제1단계 : 관계자료의 정비검토

(1) 입지조건

(2) 화학설비 배치도

(3) 제조공정 개요

(4) 공정 계통도

(5) 안전설비의 종류와 설치장소

2) 제2단계 : 정성적 평가(안전확보를 위한 기본적인 자료의 검토)

(1) 설계관계 : 공장 내 배치, 소방설비 등

(2) 운전관계 : 원재료, 운송, 저장 등

3) 제3단계 : 정량적 평가(재해중복 또는 가능성이 높은 것에 대한 위험도 평가)

(1) 평가항목(5가지 항목)

① 물질　② 온도　③ 압력　④ 용량　⑤ 조작

(2) 화학설비 정량평가 등급

① 위험등급Ⅰ : 합산점수 16점 이상
② 위험등급Ⅱ : 합산점수 11~15점
③ 위험등급Ⅲ : 합산점수 10점 이하

4) 제4단계 : 안전대책

(1) 설비대책 : 10종류의 안전장치 및 방재 장치에 관해서 대책을 세운다.
(2) 관리적 대책 : 인원배치, 교육훈련 등에 관해서 대책을 세운다.

5) 제5단계 : 재해정보에 의한 재평가

6) 제6단계 : FTA에 의한 재평가

위험등급Ⅰ(16점 이상)에 해당하는 화학설비에 대해 FTA에 의한 재평가 실시

다음 중 안전성 평가의 기본원칙 6단계에 해당되지 않는 것은?

① 관계 자료의 정비검토　② 정성적 평가
③ 작업 조건의 평가 (정답)　④ 안전대책

3 안전성 평가 4가지 기법

1) 위험의 예측평가(Layout의 검토)
2) 체크리스트(Check-list)에 의한 방법
3) 고장형태와 영향분석법(FMEA법)
4) 결함수분석법(FTA법)

4 기계, 설비의 레이아웃(Lay Out)의 원칙

1) 이동거리를 단축하고 기계배치를 집중화한다.
2) 인력활동이나 운반작업을 기계화한다.
3) 중복부분을 제거한다.
4) 인간과 기계의 흐름을 라인화한다.

5 화학설비의 안전성 평가

1) 화학설비 정량평가 위험등급 I 일 때의 인원배치

(1) 긴급 시 동시에 다른 장소에서 작업을 행할 수 있는 충분한 인원을 배치
(2) 법정 자격자를 복수로 배치하고 관리 밀도가 높은 인원배치

2) 화학설비 안전성 평가에서 제2단계 정성적 평가 시 입지 조건에 대한 주요 진단항목

(1) 지평은 적절한가, 지반은 연약하지 않은가, 배수는 적당한가?
(2) 지진, 태풍 등에 대한 준비는 충분한가?
(3) 물, 전기, 가스 등의 사용설비는 충분히 확보되어 있는가?
(4) 철도, 공항, 시가지, 공공시설에 관한 안전을 고려하고 있는가?
(5) 긴급 시에 소방서, 병원 등의 방제 구급기관의 지원체제는 확보되어 있는가?

SECTION 2 신뢰도 계산

1 신뢰도

체계 혹은 부품이 주어진 운용조건하에서 의도되는 사용기간 중에 의도한 목적에 만족스럽게 작동할 확률

2 기계의 신뢰도

$$R = e^{-\lambda t} = e^{-t/t_0}$$

여기서, λ : 고장률, t : 가동시간, t_0 : 평균수명

[1시간 가동시 고장발생확률이 0.004일 경우]

1) 평균고장간격(MTBF) = $1/\lambda = 1/0.004 = 250$(hr)

2) 10시간 가동시 신뢰도 : $R(t) = e^{-\lambda t} = e^{-0.004 \times 10} = e^{-0.04}$

3) 고장 발생확률 : $F(t) = 1 - R(t)$

어떤 전자기기의 수명은 지수분포를 따르며, 그 평균 수명은 10,000시간이라고 한다. 이 기기를 연속적으로 사용할 경우 10,000시간 동안 고장없이 작동할 확률은?

➡ $R = e^{-\lambda t} = e^{-t/t_0} = e^{-10.000/10.000} = e^{-1}$ (여기서, λ : 고장률, t : 가동시간, t_0 : 평균수명)

3 고장률의 유형

1) 초기고장(감소형)

제조가 불량하거나 생산과정에서 품질관리가 안 돼 생기는 고장

(1) 디버깅(Debugging) 기간 : 결함을 찾아내어 고장률을 안정시키는 기간

(2) 번인(Burn-in) 기간 : 장시간 움직여보고 그동안에 고장난 것을 제거시키는 기간

2) 우발고장(일정형)

실제 사용하는 상태에서 발생하는 고장으로 예측할 수 없는 랜덤의 간격으로 생기는 고장

> 신뢰도 : $R(t) = e^{-\lambda t}$
>
> (평균고장시간 t_0인 요소가 t 시간 동안 고장을 일으키지 않을 확률)

3) 마모고장(증가형)

설비 또는 장치가 수명을 다하여 생기는 고장

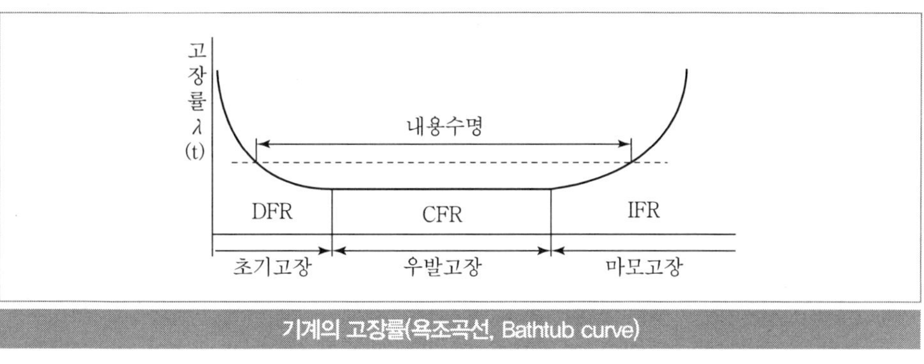

기계의 고장률(욕조곡선, Bathtub curve)

고장형태 중 증가형은 어떤 고장기간에서 나타나는가?

① 우발고장 기간 ② 피로고장 기간 ③ 마모고장 기간 ④ 초기고장 기간

4 인간–기계 통제 시스템의 유형 4가지

1) Fail Safe
2) Lock System
3) 작업자 제어장치
4) 비상 제어장치

5 Lock System의 종류

1) Interlock System : 인간과 기계 사이에 두는 안전장치 또는 기계에 두는 안전장치(기계 설계 시 불안전한 요소에 대하여 통제를 가한다)
2) Intralock System : 인간의 내면에 존재하는 통제장치(인간의 불안전한 요소에 대하여 통제를 가한다)
3) Translock System : Interlock과 Intralock 사이에 두어 불안전한 요소에 대하여 통제를 가한다.

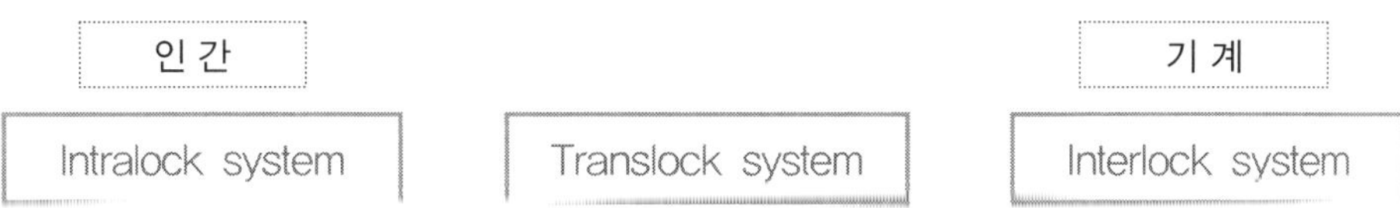

6 백업 시스템

1) 인간이 작업하고 있을 때에 발생하는 위험 등에 대해서 경고를 발하여 지원하는 시스템을 말한다.
2) 구체적으로 경보장치, 감시장치, 감시인 등을 말한다.
3) 공동작업의 경우나 작업자가 언제나 위치를 이동하면서 작업을 하는 경우에도 백업의 필요유무를 검토하면 된다.
4) 비정상 작업의 작업지휘자는 백업을 겸하고 있다고 생각할 수 있지만 외부로부터 침입해 오는 위험 및 기타 감지하기 어려운 위험이 존재할 우려가 있는 경우는 특히 백업시스템을 구비할 필요가 있다.
5) 백업에 의한 경고는 청각에 의한 호소가 좋으며, 필요에 따라서 점멸 램프 등 시각에 호소하는 것을 병용하면 좋다.

7 시스템 안전관리업무를 수행하기 위한 내용

1) 다른 시스템 프로그램 영역과의 조정
2) 시스템 안전에 필요한 사람의 동일성의 식별
3) 시스템 안전에 대한 목표를 유효하게 실현하기 위한 프로그램의 해석검토
4) 안전활동의 계획 조직 및 관리

8 인간에 대한 Monitoring 방식

1) 셀프 모니터링(Self Monitoring) 방법(자기감지) : 자극, 고통, 피로, 권태, 이상감각 등의 지각에 의해서 자신의 상태를 알고 행동하는 감시방법이다. 이것은 그 결과를 동작자 자신이나 또는 모니터링 센터(Monitoring Center)에 전달하는 두 가지 경우가 있다.
2) 생리학적 모니터링(Monitoring) 방법 : 맥박수, 체온, 호흡 속도, 혈압, 뇌파 등으로 인간 자체의 상태를 생리적으로 모니터링하는 방법이다.
3) 비주얼 모니터링(Visual Monitoring) 방법(시각적 감지) : 작업자의 태도를 보고 작업자의 상태를 파악하는 방법이다.(졸리는 상태는 생리학적으로 분석하는 것보다 태도를 보고 상태를 파악하는 것이 쉽고 정확하다)
4) 반응에 의한 모니터링(Monitoring) 방법 : 자극(청각 또는 시각에 의한 자극)을 가하여 이에 대한 반응을 보고 정상 또는 비정상을 판단하는 방법이다.
5) 환경의 모니터링(Monitoring) 방법 : 간접적인 감시방법으로서 환경조건의 개선으로 인체의 안락과 기분을 좋게 하여 장상작업을 할 수 있도록 만드는 방법이다.

9 페일세이프(Fail safe) 정의 및 기능면 3단계

1) 페일세이프(Fail safe)의 정의

(1) 기계나 그 부품에 고장이나 기능불량이 생겨도 항상 안전을 유지하는 구조와 기능
(2) 인간 또는 기계의 과오나 오작동이 있어도 사고 및 재해가 발생하지 않도록 2중, 3중으로 안전장치를 한 시스템(System)

2) 페일세이프(Fail safe)의 종류

(1) 다경로 하중구조
(2) 하중경감구조
(3) 교대구조
(4) 중복구조

3) 페일세이프(Fail safe)의 기능분류

(1) Fail passive(자동감지) : 부품이 고장나면 통상 정지하는 방향으로 이동
(2) Fail active(자동제어) : 부품이 고장나면 기계는 경보를 울리면 짧은 시간 동안 운전이 가능
(3) Fail operational(차단 및 조정) : 부품에 고장이 있더라도 추후 보수가 있을 때까지 안전한 기능을 유지

4) 페일세이프(Fail safe)의 예

(1) 승강기 정전시 마그네틱 브레이크가 작동하여 운전을 정지시키는 경우와 정격속도 이상의 주행시 조속기가 작동하여 긴급정지시키는 것
(2) 석유난로가 일정각도 이상 기울어지면 자동적으로 불이 꺼지도록 소화기구를 내장시킨 것
(3) 한쪽 밸브 고장시 다른 쪽 브레이크의 압축공기를 배출시켜 급정지시키도록 한 것

10 풀 프루프(Fool proof)

1) 정의

기계장치 설계단계에서 안전화를 도모하는 것으로 근로자가 기계 등의 취급을 잘못해도 사고로 연결되는 일이 없도록 하는 안전기구 즉, 인간과오(Human Error)를 방지하기 위한 것

2) Fool proof의 예

(1) 가드
(2) 록(Lock, 시건) 장치
(3) 오버런 기구

11 템퍼 프루프(Temper－proof)

1) 정의

사용자가 고의로 안전장치(예시 : 휴즈 등)를 제거할 경우 작동하지 않는 시스템이다.

12 리던던시(Redundancy)의 정의 및 종류

1) 정의

시스템 일부에 고장이 나더라도 전체가 고장이 나지 않도록 기능적인 부분을 부가해서 신뢰도를 향상시키는 중복설계

2) 종류

(1) 병렬 리던던시(Redundancy)
(2) 대기 리던던시
(3) M out of N 리던던시
(4) 스페어에 의한 교환
(5) Fail Safe

SECTION 3 유해 · 위험방지계획서

1 유해 · 위험방지계획서 제출 대상

1) 대통령령으로 정하는 업종 및 규모에 해당하는 사업의 사업주는 해당 제품생산 공정과 직접적으로 관련된 건설물 · 기계 · 기구 및 설비 등 일체를 설치 · 이전하거나 그 주요 구조부분을 변경할 때에는 이 법 또는 이 법에 따른 명령에서 정하는 유해 · 위험 방지 사항에 관한 계획서(이하 "유해 · 위험방지계획서"라 한다)를 작성하여 고용노동부령으로 정하는 바에 따라 고용노동부장관에게 제출하여야 한다.
"대통령령으로 정하는 업종 및 규모에 해당하는 사업"이란 다음의 어느 하나에 해당하는 사업으로서 전기계약용량이 300킬로와트 이상인 사업을 말한다.(시행령 제33조의 2)

(1) 금속가공제품(기계 및 가구는 제외한다) 제조업
(2) 비금속 광물제품 제조업
(3) 기타 기계 및 장비 제조업
(4) 자동차 및 트레일러 제조업
(5) 식료품 제조업
(6) 고무제품 및 플라스틱제품 제조업
(7) 목재 및 나무제품 제조업
(8) 기타 제품 제조업
(9) 1차 금속 제조업
(10) 가구 제조업

2) 기계 · 기구 및 설비 등으로서 다음 각 호의 어느 하나에 해당하는 것으로서 고용노동부령으로 정하는 것을 설치 · 이전하거나 그 주요 구조부분을 변경하려는 사업주
(1) 유해하거나 위험한 작업을 필요로 하는 것
(2) 유해하거나 위험한 장소에서 사용하는 것
(3) 건강장해를 방지하기 위하여 사용하는 것
"고용노동부령으로 정하는 것"이란 다음 어느 하나에 해당하는 기계 · 기구 및 설비를 말한다. 이 경우 기계 · 기구 및 설비의 구체적인 대상 범위는 고용노동부장관이 정하여 고시한다.

1. 금속이나 그 밖의 광물의 용해로
2. 화학설비
3. 건조설비
4. 가스집합 용접장치
5. 근로자의 건강에 상당한 장해를 일으킬 우려가 있는 물질로서 고용노동부령으로 정하는 물질의 밀폐 · 환기 · 배기를 위한 설비

3) 건설업 중 고용노동부령으로 정하는 공사를 착공하려는 사업주는 고용노동부령으로 정하는 자격을 갖춘 자의 의견을 들은 후 유해 · 위험방지계획서를 작성하여 고용노동부령으로 정하는 바에 따라 고용노동부장관에게 제출하여야 한다.
"고용노동부령으로 정하는 공사"란 다음 각 호의 어느 하나에 해당하는 공사를 말한다.
(1) 지상높이가 31미터 이상인 건축물 또는 인공구조물, 연면적 3만제곱미터 이상인 건축물 또는 연면적 5천제곱미터 이상의 문화 및 집회시설(전시장 및 동물원 · 식물원을 제외한다), 판매시설, 운수시설(고속철도의 역사 및 집배송시설은 제외한다), 종교시설, 의료시설 중 종합병원, 숙박시설 중 관광숙박시설, 지하도상가 또는 냉동 · 냉장창고시설의 건설 · 개조 또는 해체(이하 "건설등"이라 한다)
(2) 연면적 5천제곱미터 이상의 냉동 · 냉장창고시설의 설비공사 및 단열공사
(3) 최대 지간길이가 50미터 이상인 교량 건설 등 공사

(4) 터널 건설 등의 공사
(5) 다목적댐, 발전용댐 및 저수용량 2천만톤 이상의 용수 전용 댐, 지방상수도 전용 댐 건설 등의 공사
(6) 깊이 10미터 이상인 굴착공사

2 유해 · 위험방지계획서 제출 서류

사업주가 유해 · 위험방지계획서를 제출하려면 사업장별로 제조업 등 유해 · 위험방지계획서에 다음 각 호의 서류를 첨부하여 해당 작업시작 15일 전까지 공단에 2부를 제출하여야 한다. 이 경우 유해위험방지계획서의 작성기준, 작성자, 심사기준, 그 밖에 심사에 필요한 사항은 고용노동부장관이 정하여 고시한다.

1) 건축물 각 층의 평면도
2) 기계 · 설비의 개요를 나타내는 서류
3) 기계 · 설비의 배치도면
4) 원자재 및 제품의 취급, 제조 등의 작업방법의 개요
5) 그 밖에 고용노동부장관이 정하는 도면 및 서류

3 유해 · 위험방지계획서 확인사항

유해 · 위험방지계획서를 제출한 사업주는 해당 건설물 · 기계 · 기구 및 설비의 시운전단계에서, 사업주는 건설공사 중 6개월 이내마다 다음 각 호의 사항에 관하여 공단의 확인을 받아야 한다.

1) 유해 · 위험방지계획서의 내용과 실제공사 내용이 부합하는지 여부
2) 유해 · 위험방지계획서 변경내용의 적정성
3) 추가적인 유해 · 위험요인의 존재 여부

4 유해 · 위험방지계획서 판정기준

1) 건설업 유해 · 위험방지계획서 심사결과 판정기준

(1) 적정

근로자의 안전과 보건을 위하여 필요한 조치가 구체적으로 확보되었다고 인정되는 경우

(2) 조건부 적정

근로자의 안전과 보건을 확보하기 위하여 일부 개선이 필요하다고 인정되는 경우

(3) 부적정

기계 · 설비 또는 건설물이 심사기준에 위반되어 공사착공시 중대한 위험 발생우려가 있거나 계획에 근본적 결함이 있다고 인정되는 경우

CHAPTER 08 각종 설비의 유지관리

SECTION 1 설비관리의 개요

1 중요 설비의 분류

1) 설비란 유형고정자산을 총칭하는 것으로 기업 전체의 효율성을 높이기 위해서는 설비를 유효하게 사용하는 것이 중요하다.
2) 설비의 예 : 토지, 건물, 기계, 공구, 비품 등

2 설비의 점검 및 보수의 이력관리

1) 보전(Maintenance)

설비의 신뢰성은 사용시간이나 사용횟수에 따른 피로, 마모, 노화, 부식, 열화현상 등에 의해 저하된다. 수리가능한 부품이나 시스템을 사용가능한 상태로 유지시키고 고장이나 결함을 회복시키기 위한 제반조치 및 활동을 보전(Maintenance)라고 한다. 보전을 위한 작업에는 다음과 같은 것이 있다.

(1) 서비스 : 청소, 급유, 유효 수명부품(바킹 등)의 교체
(2) 점검 및 검사 : 규모에 따라 점검, 검사 또는 분해 세부검사로 나뉜다.
(3) 시정조치 : 조정, 수리, 교환

2) 보전성 설계

(1) 고장이나 결함이 발생한 부분에의 접근성이 좋을 것
(2) 고장이 결함의 징조를 용이하게 검출할 수 있을 것
(3) 고장, 결함부품 및 재료의 교환이 신속 · 용이할 것
(4) 수리와 회복이 신속 · 용이할 것

3 보수자재관리

1) 수리용 공구와 공작기계 등의 정비
2) 측정용 기기의 정도(定度)관리와 시험 및 검사설비의 정비
3) 예비품 또는 보조부품, 재료 및 소모품 등의 보급
4) 작업환경의 정비

SECTION 2 설비의 운전 및 유지관리

1 교체주기

1) 수명교체 : 부품 고장 시 즉시 교체하고 고장이 발생하지 않을 경우에도 교체주기(수명)에 맞추어 교체하는 방법
2) 일괄교체 : 부품이 고장나지 않아도 관련부품을 일괄적으로 교체하는 방법. 교체비용을 줄이기 위해 사용

2 청소 및 청결

1) 청소 : 쓸데없는 것을 버리고 더러워진 것을 깨끗하게 하는 것
2) 청결 : 청소 후 깨끗한 상태를 유지하는 것

3 평균고장간격(MTBF ; Mean Time Between Failure)

시스템, 부품 등의 고장 간의 동작시간 평균치

1) $MTBF=\frac{1}{\lambda}$, λ(평균고장률)$=\frac{\text{고장건수}}{\text{총가동시간}}$
2) MTBF = MTTF + MTTR = 평균고장시간 + 평균수리시간
3) 고장률이 λ인 n개의 구성부품이 병렬로 연결된 시스템의 평균수명 $MTBF_s$

$$MTBF_s = \frac{1}{\lambda}+\frac{1}{2\lambda}+\cdots+\frac{1}{n\lambda}$$

4 평균고장시간(MTTF ; Mean Time To Failure)

시스템, 부품 등이 고장 나기까지 동작시간의 평균치. 평균수명이라고도 한다.

1) 직렬계의 경우

$$\text{System의 수명} = \frac{\text{MTTF}}{\text{n}} = \frac{1}{\lambda}$$

2) 병렬계의 경우

$$\text{System의 수명} = \text{MTTF}\left(1 + \frac{1}{2} + \frac{1}{3} + \dots + \frac{1}{\text{n}}\right)$$

여기서, n : 직렬 또는 병렬계의 요소

5 평균수리시간(MTTR ; Mean Time To Repair)

총 수리시간을 그 기간의 수리 횟수로 나눈 시간. 즉 사후보전에 필요한 수리시간의 평균치를 나타낸다.

6 가용도(Availability, 이용률)

일정 기간에 시스템이 고장없이 가동될 확률

1) $\text{가용도(A)} = \frac{\text{MTTF}}{\text{MTTF} + \text{MTTR}} = \frac{\text{MTBF}}{\text{MTBF} + \text{MTTR}} = \frac{\text{MTTF}}{\text{MTBF}}$

2) $\text{가용도(A)} = \frac{\mu}{\lambda + \mu}$

여기서, λ : 평균고장률, μ : 평균수리율

A공장의 한 설비는 평균수리율이 0.5/시간이고, 평균고장률은 0.001/시간이다. 이 설비의 가동성은 얼마인가?(단, 평균수리율과 평균고장률은 지수분포를 따른다)

▶ 가용도(Availability, 이용률) : 일정 기간에 시스템이 고장없이 가동될 확률

$\text{가용도(A)} = \frac{\mu}{\lambda + \mu} = \frac{0.5}{0.001 + 0.5} = 0.998$($\lambda$: 평균고장율, μ : 평균수리율)

SECTION 3 보전성 공학

보전이란 수리가능한 부품이나 시스템을 사용가능한 상태로 유지시키고 고장이나 결함을 회복시키기 위한 제반조치 및 활동을 뜻한다.

1 예방보전

설비를 항상 정상, 양호한 상태로 유지하기 위한 정기적인 검사와 초기의 단계에서 성능의 저하나 고장을 제거하든가 조정하기 위한 설비의 보수 활동을 의미

1) 시간계획보전 : 예정된 시간계획에 의한 보전
2) 상태감시보전 : 설비의 이상상태를 미리 검출하여 설비의 상태에 따라 보전
3) 수명보전(Age-based Maintenance) : 부품 등이 예정된 동작시간(수명)에 달하였을 때 행하는 보전

2 사후보전

고장이 발생한 이후에 시스템을 원래 상태로 되돌리는 것

3 보전예방

유지보수가 필요없는 설비를 만들기 위해 설계단계부터 개선사항 등을 반영하는 관리체계. 즉, 설계부터 근원적으로 고장이 나지 않도록 '보전이 불필요한 설비'를 만드는 것

4 개량보전

설비가 고장난 후에 설계변경, 부품의 개선 등으로 수명을 연장하거나 수리검사가 용이하도록 설비 자체의 체질개선을 꾀하는 보전방식

5 일상보전

설비보전방법 중 설비의 열화를 방지시키고 그 진행을 지연시켜 수명을 연장하기 위한 점검, 청소, 주유 및 교체 등의 활동

PART 03 인간공학 및 시스템안전공학

제1회 예상문제

ENGINEER CONSTRUCTION SAFETY

01 인간의 반응시간을 조사하는 실험에서 0.1, 0.2, 0.3, 0.4의 점등확률을 갖는 4개의 전등이 있다. 이 자극전등이 전달하는 정보량은 약 얼마인가?

① 2.42bit ② 2.16bit
③ 1.85bit ④ 1.53bit

4개의 전등의 각각의 확률은 $P_1=0.1$, $P_2=0.2$, $P_3=0.3$, $P_4=0.4$이다.

또한, 정보량은 $H=\log_2\frac{1}{p}$로 구할 수 있으므로 각각의 정보량은

$H_1=\log_2\frac{1}{0.1}=3.32$bit, $H_2=\log_2\frac{1}{0.2}=2.32$bit,

$H_3=\log_2\frac{1}{0.3}=1.74$bit, $H_4=\log_2\frac{1}{0.4}=1.32$bit

이다.

가능한 모든 대안으로부터 얻을 수 있는 총 정보량 H를 추산하기 위해서는 각 대안으로부터 얻는 정보량에 각각의 실현 확률을 곱하여 가중치를 구한다.

즉, 총 정보량(H)

$=P_1\times H_1+P_2\times H_2+P_3\times H_3+P_4\times H_4$

$=0.1\times3.32+0.2\times2.32+0.3\times1.74+0.4\times1.32$

$\fallingdotseq 1.85$

02 각 부품의 신뢰도가 R인 다음과 같은 시스템의 전체 신뢰도는?

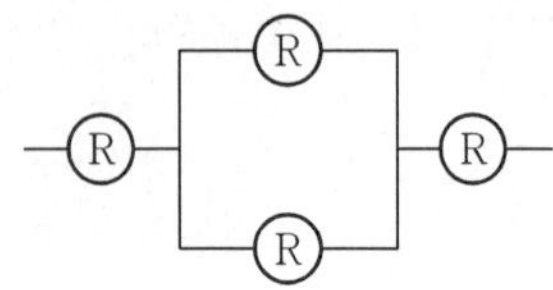

① R^4 ② $2R-R^2$
③ $2R^2-R^3$ ④ $2R^3-R^4$

신뢰도 $=R\times[1-(1-R)(1-R)]\times R$
$=R\times[1-(1-2R+R^2)]\times R$
$=R\times[2R-R^2)]\times R$
$=2R^3-R^4$

03 다음 중 고장형태와 영향분석(FMEA)에 관한 설명으로 틀린 것은?

① 각 요소가 영향의 해석이 가능하기 때문에 동시에 2가지 이상의 요소가 고장나는 경우에 적합하다.
② 해석영역이 물체에 한정되기 때문에 인적원인 해석이 곤란하다.
③ 양식이 간단하여 특별한 훈련 없이 해석이 가능하다.
④ 시스템 해석의 기법은 정성적, 귀납적 분석법 등에 사용한다.

FMEA는 논리성이 부족하고, 특히 각 요소 간의 영향을 분석하기 어렵기 때문에 동시에 두 가지 이상의 요소가 고장 날 경우에 분석이 곤란하다.

04 다음 중 서서하는 작업에서 정밀한 작업, 경작업, 중작업 등을 위한 작업대의 높이에 기준이 되는 신체 부위는?

① 어깨 ② 팔꿈치
③ 손목 ④ 허리

정답 01 ③ 02 ④ 03 ① 04 ②

해설 입식 작업대 높이

팔꿈치의 높이를 기준으로 정밀작업, 일반 작업, 힘든 작업에 따라 5~10cm 높게 또는 낮게 설계한다.

05 다음 중 인간의 귀에 대한 구조를 설명한 것으로 틀린 것은?

① 외이(External Ear)는 귓바퀴와 외이도로 구성된다.
② 중이(Middle Ear)에는 인두와 교통하여 고실 내압을 조절하는 유스타키오관이 존재한다.
③ 내이(Inner Ear)는 신체의 평형감각 수용기인 반규관과 청각을 담당하는 전정기관 및 와우로 구성되어 있다.
④ 고막은 중이와 내이의 경계부위에 위치해 있으며 음파를 진동으로 바꾼다.

해설 고막

외이와 중이의 경계에 위치하는 얇고 투명한 두께 0.1mm의 막으로서 전달된 음파를 진동시키는 역할을 한다. 고막은 피부층, 중간층, 점막층의 세 겹으로 되어 있는데, 이 막을 통해 청소골로 전달된 음파가 내이의 달팽이관으로 전달되게 된다.

06 국내 규정상 최대 음압수준이 몇 dB(A)를 초과하는 충격소음에 노출되어서는 아니 되는가?

① 110　② 120
③ 130　④ 140

해설 충격소음의 노출기준(화학물질 및 물리적 인자의 노출기준, 고용노동부고시 제2011－13호)

1일 노출회수	충격소음의 강도 dB(A)
100	140
1,000	130
10,000	120

주 : 1. 최대 음압수준이 140dB(A)를 초과하는 충격소음에 노출되어서는 안 됨
2. 충격소음이라 함은 최대음압수준에 120dB(A) 이상인 소음이 1초 이상의 간격으로 발생하는 것을 말함

07 다음 설명에 해당하는 설비보전방식의 유형은?

"설비보전 정보와 신기술을 기초로 신뢰성, 조작성, 보전성, 안전성, 경제성 등이 우수한 설비의 선정, 조달 또는 설계를 통하여 궁극적으로 설비의 설계, 제작 단계에서 보전활동이 불필요한 체제를 목표로 한 설비보전방법을 말한다."

① 개량 보전
② 사후 보전
③ 일상 보전
④ 보전 예방

해설 보전예방(Maintenance Preventive)

설비를 새로이 계획 · 설계하는 단계에서 보전 정보나 새로운 기술을 채용해서 신뢰성, 보전성, 경제성, 조작성, 안전성 등을 고려하여 보전비나 열화 손실을 적게 하는 활동을 말하며, 구체적으로는 계획 · 설계단계에서 하는 것이 필요하며, 이 활동의 궁극적인 목적은 보전 불필요의 설비를 목표로 하는 것이다.

정답 05 ④ 06 ④ 07 ④

08 다음 중 인체측정과 작업공간의 설계에 관한 설명으로 옳은 것은?

① 구조적 인체 치수는 움직이는 몸의 자세로부터 측정한 것이다.
② 선반의 높이, 조작에 필요한 힘 등을 정할 때에는 인체측정치의 최대집단치를 적용한다.
③ 수평 작업대에서의 정상작업영역은 상완을 자연스럽게 늘어뜨린 상태에서 전완을 뻗어 파악할 수 있는 영역을 말한다.
④ 수평 작업대에서의 최대작업영역은 다리를 고정시킨 후 최대한으로 파악할 수 있는 영역을 말한다.

해설 **수평작업대의 정상 작업영역**

상완을 자연스럽게 수직으로 늘어뜨린 채, 전완만으로 편하게 뻗어 파악할 수 있는 구역(34~45cm)

09 체계 설계 과정의 주요 단계가 다음과 같을 때 인간 · 하드웨어 · 소프트웨어의 기능 할당, 인간성능 요건 명세, 직무분석, 작업설계 등의 활동을 하는 단계는?

- 목표 및 성능 형세 결정
- 체계의 정의
- 기본 설계
- 계면 설계
- 촉진물 설계
- 시험 및 평가

① 체계의 정의 ② 기본 설계
③ 계면 설계 ④ 촉진물 설계

해설 기본 설계 : 인간 · 하드웨어 · 소프트웨어의 기능 할당, 인간성능 요건 명세, 직무분석, 작업설계 등을 한다.

10 다음 중 결함위험분석(FHA ; Fault Hazard Analysis)의 적용 단계로 가장 적절한 것은?

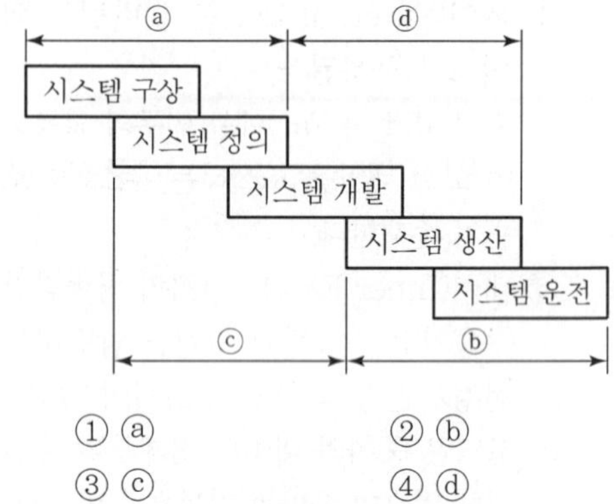

① ⓐ ② ⓑ
③ ⓒ ④ ⓓ

해설 FHA(결함위험분석, Fault Hazards Analysis)

분업에 의해 여럿이 분담 설계한 서브시스템 간의 인터페이스를 조정하여 각각의 서브시스템 및 전체 시스템에 악영향을 미치지 않게 하기 위한 분석방법으로 시스템 정의단계와 시스템 개발단계에서 적용한다.

11 다음 중 Path Set에 관한 설명으로 옳은 것은?

① 시스템의 약점을 표현한 것이다.
② Top 사상을 발생시키는 조합이다.
③ 시스템이 고장나지 않도록 하는 사상의 조합이다.
④ 일반적으로 Fussell Algorithm을 이용한다.

정답 08 ③ 09 ② 10 ③ 11 ③

해설 패스셋(Path Set)

포함되어 있는 모든 기본사상이 일어나지 않을 때 처음으로 정상사상이 일어나지 않는 기본사상의 집합. 즉, 시스템이 고장나지 않도록 하는 사상의 조합이다.

12 다음 중 휴먼에러(Human Error)의 심리적 요인으로 옳은 것은?

① 일이 너무 복잡한 경우
② 일의 생산성이 너무 강조될 경우
③ 동일 형상의 것이 나란히 있을 경우
④ 서두르거나 절박한 상황에 놓여있을 경우

해설 서두르거나 절박한 상황에 놓여 있을 경우 심리적으로 불안해지므로 휴먼에러를 일으키기 쉽다.

13 다음 중 정량적 자료를 정성적 판독의 근거로 사용하는 경우로 볼 수 없는 것은?

① 미리 정해 놓은 몇 개의 한계범위에 기초하여 변수의 상태나 조건을 판정할 때
② 목표로 하는 어떤 범위의 값을 유지할 때
③ 변화 경향이나 변화율을 조사하고자 할 때
④ 세부 형태를 확대하여 동일한 시각을 유지해 주어야 할 때

해설 정량적 자료를 정성적 판독의 근거로 사용하는 경우

1. 변수의 상태나 조건이 미리 정해 놓은 몇 개의 범위 중 어디에 속하는 가를 판정할 때
2. 바람직한 어떤 범위의 값을 대략 유지하고자 할 때
3. 변화 추세나 율을 관찰하고자 할 때

14 화학설비의 안전성 평가단계 중 "관계 자료의 작성준비"에 있어 관계 자료의 조사항목과 가장 관계가 먼 것은?

① 입지에 관한 도표
② 온도, 압력
③ 공정기기 목록
④ 화학설비 배치도

해설 안전성 평가 제1단계 : 관계자료의 정비검토(작성준비)

1. 입지조건
2. 화학설비 배치도
3. 제조공정 개요
4. 공정 계통도
5. 안전설비의 종류와 설치장소

※ 온도와 압력은 안전성 평가 3단계(정량적 평가)에서 검토한다.

15 다음 중 인간공학을 나타내는 용어로 적절하지 않은 것은?

① Human Factors
② Ergonomics
③ Human Engineering
④ Customize Engineering

해설 인간공학을 나타내는 용어로는 Human-factors, Ergonomics, Human Engineering이 있다.

16 다음 중 실효온도(Effective Temperature)에 대한 설명으로 틀린 것은?

① 체온계로 입안의 온도를 측정하여 기준으로 한다.
② 실제로 감각되는 온도로서 실감온도라고 한다.

정답 12 ④ 13 ④ 14 ② 15 ④ 16 ①

③ 온도, 습도 및 공기 유동이 인체에 미치는 열효과를 나타낸 것이다.
④ 상대습도 100%일 때의 건구온도에서 느끼는 것과 동일한 온감이다.

체온계로 입안의 온도를 측정하는 것은 실효온도가 아닌 건구온도를 측정하기 위한 방법이다.

17 다음 중 인간이 현존하는 기계보다 우월한 기능이 아닌 것은?

① 귀납적으로 추리한다.
② 원칙을 적용하여 다양한 문제를 해결한다.
③ 다양한 경험을 토대로 하여 의사결정을 한다.
④ 명시된 절차에 따라 신속하고, 정량적인 정보처리를 한다.

명시된 절차에 따라 신속하고, 정량적인 정보처리를 하는 것은 기계가 인간을 능가하는 기능이다.

18 FT도에 사용되는 다음 기호의 명칭으로 옳은 것은?

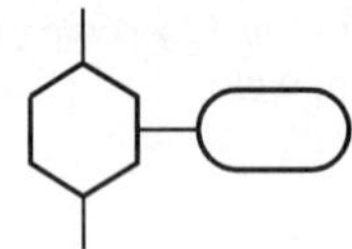

① 억제 게이트
② 부정 게이트
③ 생략사상
④ 전이기호

해설 논리기호 및 사상기호

기호	명칭	설명
출력 / 조건 / 입력	억제 게이트 (논리기호)	입력사상 중 어느 것이나 이 게이트로 나타내는 조건이 만족하는 경우에만 출력사상이 발생한다. 조건부 확률

19 발생확률이 각각 0.05, 0.08인 두 결함사상이 AND 조합으로 연결된 시스템을 FTA로 분석하였을 때 이 시스템의 신뢰도는 약 얼마인가?

① 0.004　② 0.126
③ 0.874　④ 0.996

AND gate는 직렬연결이므로 FTA에서의 고장확률은 0.05×0.08=0.004이다.
따라서 시스템의 신뢰도는 1−0.004=0.996이다.

20 다음 중 시스템 안전관리의 주요 업무와 가장 거리가 먼 것은?

① 시스템 안전에 필요한 사항의 식별
② 안전활동의 계획, 조직 및 관리
③ 시스템 안전활동 결과의 평가
④ 생산시스템의 비용과 효과 분석

생산시스템의 비용과 효과 분석은 시스템 안전관리업무와 거리가 멀다

정답 17 ④ 18 ① 19 ④ 20 ④

21 다음 중 시스템이나 기기의 개발 설계단계에서 FMEA의 표준적인 실시 절차에 해당되지 않는 것은?

① 비용효과 절충 분석
② 시스템 구성의 기본적 파악
③ 상위체계에의 고장영향 분석
④ 신뢰도 블록 다이어그램 작성

해설 FMEA의 순서

1. 1단계 : 대상 시스템의 분석(기능별 블록도와 신뢰성 블록도 작성 포함)
2. 2단계 : 고장형태와 그 영향의 해석
3. 3단계 : 치명도 해석과 그 개선책의 검토

22 동작경제의 원칙 중 작업장 배치에 관한 원칙에 해당하는 것은?

① 공구의 기능을 결합하여 사용하도록 한다.
② 두 팔의 동작은 동시에 서로 반대방향으로 대칭적으로 움직이도록 한다.
③ 가능하다면 쉽고도 자연스러운 리듬이 작업동작에 생기도록 작업을 배치한다.
④ 공구나 재료는 작업동작이 원활하게 수행하도록 그 위치를 정해준다.

해설 동작경제의 원칙

1. 신체 사용에 관한 원칙(동작개선, 동작량 절약, 동작능력 활용)
2. 작업장 배치에 관한 원칙
   1) 모든 공구나 재료는 정해진 위치에 있도록 한다.
   2) 공구, 재료 및 제어장치는 사용위치에 가까이 두도록 한다.(정상작업영역, 최대작업영역)
   3) 중력이송원리를 이용한 부품상자(Gravity Feed Bath)나 용기를 이용하여 부품을 부품사용장소에 가까이 보낼 수 있도록 한다.
3. 공구 및 설비 설계(디자인)에 관한 원칙

23 다음 중 NIOSH Lifting Guideline에서 권장무게한계(RWL) 산출에 사용되는 평가요소가 아닌 것은?

① 수평거리
② 수직거리
③ 휴식시간
④ 비대칭각도

해설 권장무게한계(RWL)= 23×HM×VM×DM×AM×FM×CM
HM : 수평계수, VM : 수직계수, DM : 거리계수, AM : 비대칭계수, FM : 빈도계수, CM : 커플링계수

24 산업안전보건법에 따라 유해 · 위험방지계획서에 관련 서류를 첨부하여 해당 작업 시작 며칠 전까지 제출하여야 하는가?

① 7일 ② 15일
③ 30일 ④ 60일

해설 유해 · 위험방지계획서 제출 서류

사업주가 유해 · 위험방지계획서를 제출하려면 사업장별로 제조업 등 유해 · 위험방지계획서에 다음 각 호의 서류를 첨부하여 해당 공사 착공 15일 전까지 한국산업안전보건공단에 2부를 제출하여야 한다. 이 경우 유해위험방지계획서의 작성기준, 작성자, 심사기준, 그 밖에 심사에 필요한 사항은 고용노동부장관이 정하여 고시한다.

정답 21 ① 22 ④ 23 ③ 24 ②

25 다음 중 FT도에서 사용하는 논리기호에 있어 주어진 시스템의 기본사상을 나타내는 것은?

① 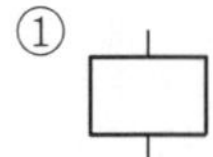
② 
③ 
④ 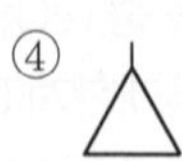

해설 FTA에 사용되는 논리기호 및 사상기호

번호	기호	명칭	설명
1		결함사상 (사상기호)	개별적인 결함사상
2		생략사상 (최후사상)	정보부족, 해석기술 불충분으로 더 이상 전개할 수 없는 사상
3		기본사상 (사상기호)	더 이상 전개되지 않는 기본사상
4	(IN)	전이기호	FT도 상에서 부분에의 이행 또는 연결을 나타낸다. 삼각형 정상의 선은 정보의 전입을 뜻한다.

26 어떤 결함수를 분석하여 Minimal Cut Set을 구한 결과 다음과 같았다. 각 기본사상의 발생확률을 q_i, i = 1, 2, 3이라 할 때 정상사상의 발생확률함수로 옳은 것은?

$$k_1 = [1,2],\ k_2 = [1,3],\ k_3 = [2,3]$$

① $q_1 q_2 + q_1 q_2 - q_2 q_3$
② $q_1 q_2 + q_1 q_3 - q_2 q_3$
③ $q_1 q_2 + q_1 q_2 + q_2 q_3 - q_1 q_2 q_3$
④ $q_1 q_2 + q_1 q_3 + q_2 q_3 - 2q_1 q_2 q_3$

27 불안전한 행동을 유발하는 요인 중 인간의 생리적 요인이 아닌 것은?

① 근력 ② 반응시간
③ 감지능력 ④ 주의력

해설 불안전한 행동을 유발하는 인간의 생리적 요인에는 근력, 반응시간, 감지능력이 있다.

28 다음 중 시스템 신뢰도에 관한 설명으로 옳지 않은 것은?

① 시스템의 성공적 퍼포먼스를 확률로 나타낸 것이다.
② 각 부품이 동일한 신뢰도를 가질 경우 직렬 구조의 신뢰도는 병렬 구조에 비해 낮다.
③ 시스템의 병렬구조는 시스템의 어느 한 부품이 고장 나면 시스템이 고장 나는 구조이다.
④ n중 k구조는 n개의 부품으로 구성된 시스템에서 k개 이상의 부품이 작동하면 시스템이 정상적으로 가동되는 구조이다.

해설 직렬구조는 시스템을 구성하는 어느 한 개소에서 고장이 생기면 즉시 시스템이 정지상태가 되는 구조이므로 정비 및 보수 등의 작업은 직렬구조에서 시스템의 신뢰도를 향상시키는 데 크게 영향을 주는 요인들이다.

정답 25 ③ 26 ④ 27 ④ 28 ③

29 다음 FT도에서 정상사상(Top Event)이 발생하는 최소 컷셋의 P(T)는 약 얼마인가?(단, 원 안의 수치는 각 사상의 발생확률이다)

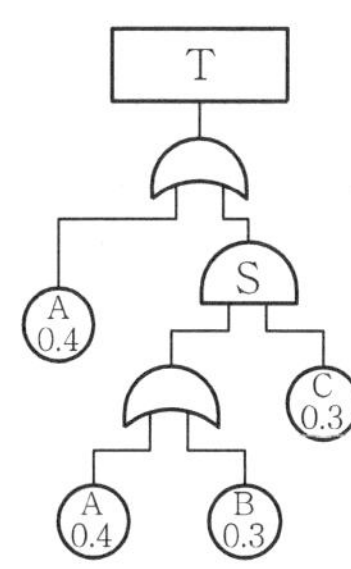

① 0.311 ② 0.454
③ 0.204 ④ 0.928

해설 최소컷셋 = $\{A, A, C\}$, 또는 $\{A, B, C\}$

1. A, A, C일 경우
$T = 1-(1-A)(1-S)$
$= 1-(1-0.4)(1-0.12) = 0.472$
여기서, $S = A \times C = 0.4 \times 0.3 = 0.12$

2. A, B, C일 경우
$T = 1-(1-A)(1-S)$
$= 1-(1-0.4)(1-0.09)$
$= 0.454$
여기서, $S = B \times C = 0.3 \times 0.3 = 0.09$

30 다음 중 개선의 ECRS의 원칙에 해당하지 않는 것은?

① 제거(Eliminate)
② 결합(Combine)
③ 재조정(Rearrange)
④ 안전(Safety)

해설 작업방법이 개선원칙 – E.C.R.S

1. 제거(Eliminate)
2. 결합(Combine)
3. 재조정(Rearrange)
4. 단순화(Simplify)

31 건습구온도에서 건구온도가 24℃이고, 습구온도가 20℃일 때 Oxford 지수는 얼마인가?

① 20.6℃ ② 21.0℃
③ 23.0℃ ④ 23.4℃

해설 옥스퍼드 지수(습건지수)

W_D = 0.85W(습구온도) + 0.15d(건구온도)
= 0.85 × 20 + 0.15 × 24
= 17 + 3.6
= 20.6

32 경보사이렌으로부터 10m 떨어진 곳에서 음압수준이 140dB이면 100m 떨어진 곳에서 음의 강도는 얼마인가?

① 100dB ② 110dB
③ 120dB ④ 140dB

해설
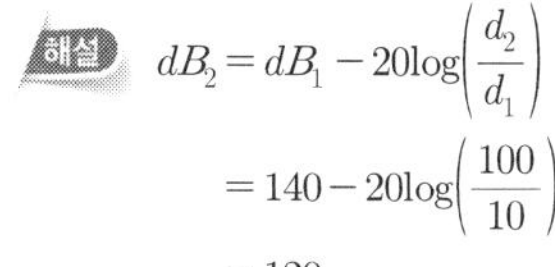
$$dB_2 = dB_1 - 20\log\left(\frac{d_2}{d_1}\right) = 140 - 20\log\left(\frac{100}{10}\right) = 120$$

33 다음 중 설비의 고장과 같이 특정시간 또는 구간에 어떤 사건의 발생확률이 적은 경우 그 사건의 발생횟수를 측정하는 데 가장 적합한 확률분포는?

① 와이블 분포(Weibull Distribution)
② 푸아송 분포(Poisson Distribution)
③ 지수 분포(Exponential Distribution)
④ 이항분포(Binomial Distribution)

해설 확률 분포에는 정규분포, 2항분포, 푸아송분포, 지수분포가 있다.

정답 29 ② 30 ④ 31 ① 32 ③ 33 ②

푸아송 분포 : $x=0, 1, 2, \cdots$의 각 수치가 발생하는 확률이 $p_x = e^{\mu}\frac{\mu^x}{x!}\ (x=0,\ 1,\ 2,\ \cdots)$로 주어지는 분포. 평균치 μ에 의해 정해지는데, 일정한 크기의 시료 중 결점 수의 분포가 안정되어 있다면 푸아송 분포에 따르며, 고장 건수 또는 단위 시간 중의 전화의 호수는 푸아송 분포를 한다고 알려져 있다.

34 다음 중 신체동작의 유형에 관한 설명으로 틀린 것은?

① 내선(Medial Rotation) : 몸의 중심선으로의 회전
② 외전(Abduction) : 몸의 중심으로의 회전
③ 굴곡(Flexion) : 신체 부위 간의 각도가 감소
④ 신전(Extension) : 신체 부위 간의 각도가 증가

해설 신체부위의 운동

1. 팔, 다리
   1) 외전(Abduction) : 몸의 중심선으로부터 멀리 떨어지게 하는 동작(예 팔을 옆으로 들기)
   2) 내전(Adduction) : 몸의 중심선으로의 이동(예 팔을 수평으로 편 상태에서 수직위치로 내리는 것
2. 팔꿈치
   1) 굴곡(Flexion) : 관절이 만드는 각도가 감소하는 동작(예 팔꿈치 굽히기)
   2) 신전(Extension) : 관절이 만드는 각도가 증가하는 동작(예 굽힌 팔꿈치 펴기)
3. 손
   1) 하향(Pronation) : 손바닥을 아래로 향하도록 하는 회전
   2) 상향(Supination) : 손바닥을 위로 향하도록 하는 회전
4. 발
   1) 외선(Lateral Rotation) : 몸의 중심선으로부터의 회전
   2) 내선(Medial Rotation) : 몸의 중심선으로 회전

35 다음 중 특정한 목적을 위해 시각적 암호, 부호 및 기호를 의도적으로 사용할 때에 반드시 고려하여야 할 사항과 가장 거리가 먼 것은?

① 검출성
② 판별성
③ 심각성
④ 양립성

해설 암호(코드)체계 사용상의 일반적 지침

1. 암호의 검출성
2. 암호의 변별성
3. 암호의 표준화
4. 부호의 양립성
5. 부호의 의미
6. 다차원 암호의 사용

36 다음 중 수공구 설계의 기본원리로 가장 적절하지 않은 것은?

① 손잡이의 단면이 원형을 이루어야 한다.
② 정밀작업을 요하는 손잡이의 직경은 2.5~4cm로 한다.
③ 일반적으로 손잡이의 길이는 95퍼센타일 남성의 손 폭을 기준으로 한다.
④ 동력공구의 손잡이는 두 손가락 이상으로 작동하도록 한다.

해설 수공구와 장치 설계의 원리

수공구의 설계에서 정밀작업을 요하는 손잡이의 직경은 0.7~1.3cm이다.
※ 권장직경은 1.1cm이다.

정답 34 ② 35 ③ 36 ②

37 금속세정작업장에서 실시하는 안전성 평가단계를 다음과 같이 5가지로 구분할 때 다음 중 4단계에 해당하는 것은?

- 재평가
- 안전대책
- 정량적 평가
- 정성적 평가
- 관계 자료의 작성준비

① 안전대책　　② 정성적 평가
③ 정량적 평가　　④ 재평가

해설 안전성 평가 6단계

1. 제1단계 : 관계자료의 정비검토
2. 제2단계 : 정성적 평가
3. 제3단계 : 정량적 평가
4. 제4단계 : 안전대책
5. 제5단계 : 재해정보에 의한 재평가
6. 제6단계 : FTA에 의한 재평가

38 다음 중 위험관리에 있어 위험 조정기술로 가장 적절하지 않은 것은?

① 책임(Responsibility)
② 위험 감축(Reduction)
③ 보류(Retention)
④ 위험 회피(Avoidance)

해설 위험관리 기법

위험의 회피, 위험의 제거, 위험의 전가, 위험의 경감 및 감축, 위험의 보류

39 다음 중 신체의 열교환 과정을 나타내는 공식으로 올바른 것은?(단, ΔS는 신체열 함량 변화, M은 대사열 발생량, W는 수행한 일, R은 복사열 교환량, C는 대류열 교환량, E는 증발열 발산량을 의미한다)

① $\Delta S=(M-W)+R+C-E$
② $\Delta S=(M+W)\pm R+C+E$
③ $\Delta S=(M-W)+R+C\pm E$
④ $\Delta S=(M-W)-R-C\pm E$

열균형 방정식 S(열축적)=M(대사율)−E(증발)±R(복사)±C(대류)−W(한 일)

40 다음 중 기계 또는 설비에 이상이나 오동작이 발생하여도 안전사고를 발생시키지 않도록 2중 또는 3중으로 통제를 가하도록 한 체계에 속하지 않는 것은?

① 다경로하중구조
② 하중경감구조
③ 교대구조
④ 격리구조

Fail safe의 종류

1. 다경로 하중구조
2. 하중경감구조
3. 교대구조
4. 중복구조

41 다음 [보기]의 각 단계를 결함수분석법(FTA)에 의한 재해사례의 연구 순서대로 올바르게 나열한 것은?

[보기]
㉠ 정상사상의 선정
㉡ FT도 작성 및 분석
㉢ 개선계획 작성
㉣ 각 사상의 재해원인 규명

① ㉠－㉡－㉢－㉣
② ㉠－㉣－㉢－㉡
③ ㉠－㉢－㉡－㉣
④ ㉠－㉣－㉡－㉢

정답 37 ① 38 ① 39 ① 40 ④ 41 ④

 FTA에 의한 재해사례 연구순서(D.R.Cheriton)

1. Top 사상의 선정
2. 사상마다의 재해원인 규명
3. FT도의 작성
4. 개선계획의 작성

42 인간이 청각으로 느끼는 소리의 크기를 측정하는 두 가지 척도는 Sone과 Phon이다. 50Phon은 몇 Sone에 해당하는가?

① 0.5　　② 1
③ 2　　④ 2.5

 Phon과 Sone

1. Phon 음량수준 : 정량적 평가를 위한 음량수준 척도, Phon으로 표시한 음량수준은 이 음과 같은 크기로 들리는 1,000Hz 순음의 음압수준(dB)
2. Sone 음량수준 : 다른 음의 상대적인 주관적 크기 비교, 40dB의 1,000Hz 순음 크기(=40Phon)를 1sone으로 정의, 기준음보다 10배 크게 들리는 음이 있다면 이 음의 음량은 10sone이다
   sone치 $= 2^{(\text{Phon치}-40)/10}$이므로, 50phon의 sone치 $= 2^{(50-40)/10} = 2$

43 작업만족도(Job Satisfaction)는 작업설계(Job Design)를 함에 있어 철학적으로 고려해야 할 사항이다. 다음 중 작업만족도를 얻기 위한 수단으로 볼 수 없는 것은?

① 작업확대(Job Enlargement)
② 작업윤택화(Job Enrichment)
③ 작업감소(Job Reduce)
④ 작업순환(Job Rotation)

 작업 설계 고려할 사항

1. 작업확대(Job Enlargement)
2. 작업윤택화(Job Enrichment)
3. 작업만족도(Job Satisfaction)
4. 작업순환(Job Rotation)

44 다음 중 보전에 관한 설명으로 옳은 것은?

① 피로고장은 작업자의 조작실수제거로 예방할 수 없다.
② 초기고장은 Burn－In 기간을 통해서도 예방이 불가능 하다.
③ 설계한계를 변경하더라도 우발고장은 예방할 수 없다.
④ 고장율이 일정한 패턴을 유지하면 예방보전이 효과적이다.

 피로고장(마모고장)은 설비 또는 장치가 수명을 다하여 생기는 고장이므로 작업자의 조작실수 제거로는 예방할 수 없다.

45 다음 중 위험분석기법에 관한 설명으로 틀린 것은?

① 결함수분석(FTA)은 잠재위험을 체계적으로 파악하고 분석하며, 연역적 사고방식을 사용한
② 결함위험분석(FHA)은 기능적 위험을 분석하고 파악하며, 연역적 방식을 사용한다.
③ 예비위험분석(PHA)은 초기 위험분석을 위해 사용되며, 설계상의 안전에 대해 결론을 내릴 때 예비서식으로 사용한다.
④ 운용위험분석(OHA)은 시스템이 저장, 이동, 실험됨에 따라 발생하는 작동시스템의 기능이나 과업, 활동으로부터 발생되는 위험분석에 사용한다.

정답 42 ③ 43 ③ 44 ① 45 ②

해설 FHA(결함위험분석, Fault Hazards Analysis)

분업에 의해 여럿이 분담 설계한 서브시스템 간의 인터페이스를 조정하여 각각의 서브시스템 및 전체 시스템에 악영향을 미치지 않게 하기 위한 분석방법

46 다음 그림의 FT도에서 최소 컷셋을 올바르게 구한 것은?

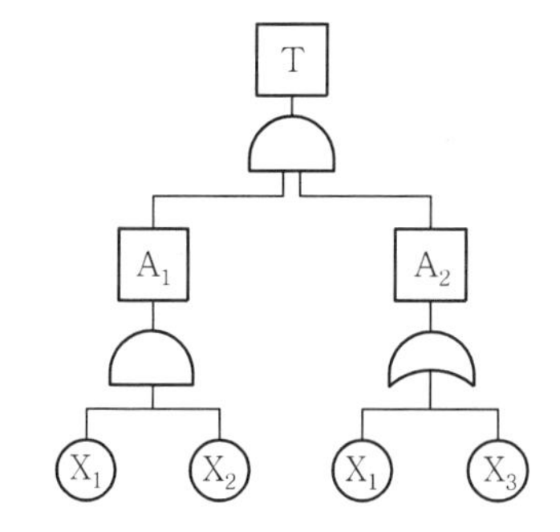

① (X_1, X_2) ② (X_1, X_2, X_3)
③ (X_1, X_3) ④ (X_2, X_3)

해설 $T \rightarrow A_1 A_2 \rightarrow X_1 X_2 A_2 \rightarrow \begin{matrix} X_1 X_2 \\ X_1 X_2 X_3 \end{matrix}$ 이 된다.

따라서 최소 컷셋은 (X_1, X_2)가 된다.

47 부품배치의 원칙 중 부품의 일반적인 위치 내에서의 구체적인 배치를 결정하기 위한 기준이 되는 것은?

① 중요성의 원칙과 사용빈도의 원칙
② 사용빈도의 원칙과 사용순서의 원칙
③ 사용빈도 원칙과 기능별 배치의 원칙
④ 기능별 배치의 원칙과 사용 순서의 원칙

해설 부품배치의 원칙

1. 중요성의 원칙 : 부품의 작동성능이 목표 달성에 긴요한 정도에 따라 우선순위를 결정한다.
2. 사용빈도의 원칙 : 부품이 사용되는 빈도에 따른 우선순위를 결정한다.
3. 기능별 배치의 원칙 : 기능적으로 관련된 부품을 모아서 배치한다.
4. 사용순서의 원칙 : 사용순서에 맞게 순차적으로 부품들을 배치한다.

48 청각적 표시장치와 시각적 표시장치 중 시각적 표시장치를 사용하는 것이 더 유리한 경우는?

① 정보가 간단할 때
② 직무상 수신자가 자주 움직일 때
③ 정보가 일정기간 경과 후 재참조될 때
④ 정보전달이 즉각적인 행동을 요구할 때

해설 정보가 간단할 때, 직무상 수신자가 자주 움직일 때, 정보전달이 즉각적인 행동을 요구할 때에는 청각적 표시장치가 유리하고, 정보가 일정기간 경과 후 재참조될 때에는 시각적 표시장치가 유리하다.

49 영상표시단말기(VDT) 취급 근로자를 위한 조명과 채광에 대한 설명으로 옳은 것은?

① 화면을 바라보는 시간이 많은 작업일수록 화면 밝기와 작업대 주변 밝기의 차를 줄이도록 한다.
② 작업장 주변의 환경의 조도를 화면의 바탕 색상이 흰색 계통일 때에는 300Lux 이하로 유지하도록 한다.
③ 작업장 주변 환경의 조도를 화면의 바탕 색상이 검은색 계통일 때에는 500Lux 이상을 유지하도록 한다.
④ 작업실 내의 창 · 벽면 등은 반사되는 재질로 하여야 하며, 조명은 화면과 명암의 대조가 심하지 않도록 하여야 한다.

정답 46 ① 47 ④ 48 ③ 49 ①

 영상표시단말기(VDT)를 위한 조명 선택시 화면을 바라보는 시간이 많은 작업일수록 화면 밝기와 작업대 주변 밝기의 차를 줄여야 한다.

50 **다음 중 작업관련 근골격계 질환 관련 유해요인조사에 대한 설명으로 옳은 것은?**

① 근로자 5인 미만의 사업장은 근골격계부담작업 유해요인조사를 실시하지 않아도 된다.
② 유해요인조사는 근골격계 질환자가 발생할 경우에 3년마다 정기적으로 실시해야 한다.
③ 유해요인 조사는 사업장내 근골격계 부담작업 중 50%를 샘플링으로 선정하여 조사한다.
④ 근골격계부담작업 유해요인조사에는 유해요인기본조사와 근골격계질환증상조사가 포함된다.

해설 **유해요인조사(안전보건규칙 제657조)**

사업주는 근로자가 근골격계부담작업을 하는 경우에 3년마다 다음 각 호의 사항에 대한 유해요인조사를 하여야 한다. 다만, 신설되는 사업장의 경우에는 신설일부터 1년 이내에 최초의 유해요인 조사를 하여야 한다. ① 설비 · 작업공정 · 작업량 · 작업속도 등 작업장 상황 ② 작업시간 · 작업자세 · 작업방법 등 작업조건 ③ 작업과 관련된 근골격계 질환 징후와 증상 유무 등

51 **FT도에 사용되는 다음 [기호]의 명칭으로 옳은 것은?**

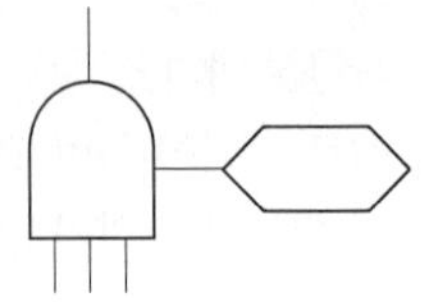

① 억제게이트
② 조합AND게이트
③ 부정게이트
④ 배타적OR게이트

해설 **논리기호 및 사상기호**

기호	명칭	설명
Ai, Aj, Ak / Ai Aj Ak	조합 AND 게이트	3개 이상의 입력현상 중 2개가 일어나면 출력현상이 발생

52 **다음 중 산업안전보건법령상 유해위험방지계획서의 제출처로 옳은 것은?**

① 지방고용노동관서
② 대한산업안전협회
③ 안전관리대행기관
④ 한국산업안전보건공단

 사업주가 유해 · 위험방지계획서를 제출하려면 사업장별로 제조업 등 유해 · 위험방지계획서에 해당 서류를 첨부하여 해당 공사 착공 15일 전까지 한국산업안전보건공단에 2부를 제출하여야 한다.

53 **근로자가 작업 중에 소모하는 에너지의 량을 측정하는 방법 중 가장 먼저 측정하는 것은?**

① 작업 중에 소비한 칼로리로 측정한다.
② 작업 중에 소비한 산소소모량으로 측정한다.
③ 작업 중에 소비한 에너지대사율로 측정한다.
④ 기초에너지를 작업시간으로 곱하여 측정한다.

정답 50 ④ 51 ② 52 ④ 53 ②

해설 에너지 대사율(RMR, Relative Metabolic Rate) : 산소 소모량을 측정하여 에너지 소모량을 결정하는 방식

$$\text{RMR} = \frac{\text{운동 대사량}}{\text{기초 대사량}} = \frac{\text{운동시 산소 소모량} - \text{안정시 산소 소모량}}{\text{기초 대사량(산소 소비량)}}$$

54 다음 중 구조적 인체치수의 측정에 대한 설명으로 가장 적절한 것은?

① 신장계와 줄자를 이용하여 인체를 측정하는 것이다.
② 전체 치수는 각 부위별 측정치수를 합하여 산정한다.
③ 표준자세에서 움직이는 피측정자를 인체측정기로 측정한 것이다.
④ 표준자세에서 움직이지 않는 피측정자를 인체측정기로 측정한 것이다.

해설 구조적 인체치수

1. 표준 자세에서 움직이지 않는 피측정자를 인체측정기로 측정
2. 설계의 표준이 되는 기초적인 치수를 결정

55 다음 중 인간－기계 통합체계의 인간 또는 기계에 의하여 수행되는 기본 기능이 아닌 것은?

① 사용 분석기능
② 정보 보관기능
③ 의사 결정기능
④ 입력 및 출력기능

해설 인간－기계 체계의 기본기능 : 감지기능, 정보저장기능, 정보처리 및 의사결정기능, 행동기능

56 각각 1.2×10^4의 수명을 가진 요소 4개가 병렬계를 이룰 때 이 계의 수명은 얼마인가?

① 3.0×10^3시간
② 1.2×10^4시간
③ 2.5×10^4시간
④ 4.8×10^4시간

해설 평균고장시간(MTTF ; Mean Time To Failure)

시스템, 부품 등이 고장나기까지 동작시간의 평균치. 평균수명이라고도 한다. 병렬계의 경우 System의 수명은

$$= \text{MTTF}\left(1+\frac{1}{2}+\frac{1}{3}+\ldots+\frac{1}{n}\right)$$

$$1.2\times10^4\left(1+\frac{1}{2}+\frac{1}{3}+\frac{1}{4}\right)=$$

$= 25{,}000$시간

$= 2.5\times10^4$시간

57 염산을 취급하는 A업체에서는 신설 설비에 관한 안전성 평가를 실시해야 한다. 다음 중 정성적 평가 단계에 있어 설계와 관련된 주요 진단 항목에 해당하는 것은?

① 공장 내의 배치
② 제조공정의 개요
③ 재평가 방법 및 계획
④ 안전 · 보건교육 훈련계획

해설 안전성 평가 제2단계 : 정성적 평가(안전확보를 위한 기본적인 자료의 검토)

1. 설계관계 : 공장 내 배치, 소방설비 등
2. 운전관계 : 원재료, 운송, 저장 등

정답 54 ④ 55 ① 56 ③ 57 ①

PART 01 PART 02 PART 03 PART 04 PART 05 PART 06 부록

58 다음 중 4m 또는 그보다 먼 물체에만 잘 볼 수 있는 원시안경은 몇 D인가?(단, 명시거리는 25cm로 한다)

① 1.750 ② 2.750
③ 3.750 ④ 4.750

 디옵터(Diopter) : 수정체의 초점조절 능력, 초점거리를 m으로 표시했을 때의 굴절률

[렌즈의 굴절률]

$$\text{diopter(D)} = \frac{1}{\text{m 단위의 초점거리}}$$

$$(\text{단위 : D}) = \frac{1}{4} = 0.25(\text{D})$$

$$\text{명시거리 D} = \frac{1}{0.25} = 4(\text{D})$$

4m 거리에서의 디옵터는 0.25D이므로 4D − 0.25D = 3.75D 즉, 3.75D의 안경이면 글자 식별이 가능하다.

59 다음 중 시스템 수명주기 단계에 있어서 예비설계와 생산기술을 확인하는 단계는?

① 구상단계
② 정의단계
③ 개발단계
④ 생산단계

 시스템의 수명주기 단계에 있어서 예비설계와 생산기술을 확인하는 단계는 정의단계이다.

60 다음 중 사고 인과관계 이론에 있어 특정 상황에서는 사람들이 다소간에 사고를 일으키는 경향이 있고 이 성향은 영구적인 것이 아니라 시간에 따라 달라진다는 이론은?

① Accdent − Time Theory
② Accdent − Liability Theory
③ Accdent − Proneness Theory
④ Accdent Knowledge Theory

 사고 인과관계 이론에 있어 특정상황에서는 사람들이 다소간에 사고를 일으키는 경향이 있고 이 성향은 영구적인 것이 아니라 시간에 따라 달라진다는 이론은 Accdent − Liability Theory이론이다.

정답 58 ③ 59 ② 60 ②

제2회 예상문제

ENGINEER CONSTRUCTION SAFETY

01 다음 중 흐름공정도(Flow Process Chart)에서 기호와 의미가 잘못 연결된 것은?

① ◇ : 검사 ② ▽ : 저장
③ ⇨ : 운반 ④ ○ : 가공

미국 기계공학회인 ASME가 정의한 5개의 흐름공정도 기호

- 작업은 ○로 표시하며, 작업 대상물의 특성이 변화되는 것을 의미한다.
- 검사는 □로 표시하며, 작업 대상물의 품질 확인 또는 수량의 조사에 해당한다.
- 운반은 ⇨로 표시하며, 작업 대상물을 다른 장소로 옮기는 것이다.
- 정체는 D로 표시하며, 작업 등을 마친 뒤에 다음의 계획된 요소가 즉시 시작되지 않을 때 발생하는 지연이다.
- 저장은 ▽로 표시하며, 허가가 있어야만 반출될 수 있는 정체 상태를 의미한다.

02 다음 중 강한 음영 때문에 근로자의 눈 피로도가 큰 조명방법은?

① 간접조명
② 반간접조명
③ 직접조명
④ 전반조명

강한 음영 때문에 근로자의 눈 피로도가 큰 조명방법은 직접조명 방식이다.

[인공조명 설계 시 고려사항]

- 조도는 작업상 충분할 것
- 광색은 주광색에 가까울 것
- 유해가스를 발생하지 않을 것
- 폭발과 발화성이 없을 것
- 취급이 간단하고 경제적일 것
- 작업장의 경우 공간 전체에 빛이 골고루 퍼지게 할 것(전반조명 방식)

03 다음 중 인간의 눈이 일반적으로 완전암순응에 걸리는 데 소요되는 시간은?

① 5~10분
② 10~20분
③ 30~40분
④ 50~60분

㉠ 암순응(암조응) : 우선 약 5분 정도 원추세포의 순응단계를 거쳐, 약 30~35분 정도 걸리는 간상세포의 순응단계(완전 암순응)로 이어진다.
㉡ 명순응(명조응) : 어두운 곳에 있는 동안 빛에 민감하게 된 시각계통을 강한 광선이 압도하기 때문에 일시적으로 안 보이게 되나 명순응에는 길게 잡아 1~2분이면 충분하다.

04 시스템 안전 프로그램에 있어 시스템의 수명 주기를 일반적으로 5단계로 구분할 수 있는데 다음 중 시스템 수명주기의 단계에 해당하지 않는 것은?

① 구상단계 ② 생산단계
③ 운전단계 ④ 분석단계

해설 **시스템 수명주기**

구상단계 → 정의 → 개발 → 생산 → 운전

정답 01 ① 02 ③ 03 ③ 04 ④

05 다음 중 청각적 표시장치보다 시각적 표시장치를 이용하는 경우가 더 유리한 경우는?

① 메시지가 간단한 경우
② 메시지가 추후에 재참조되지 않는 경우
③ 직무상 수신자가 자주 움직이는 경우
④ 메시지가 즉각적인 행동을 요구하지 않는 경우

해설 시각장치와 청각장치의 비교

시각장치 사용	청각장치 사용
• 경고나 메시지가 복잡하다. • 경고나 메시지가 길다. • 경고나 메시지가 후에 재참조된다. • 경고나 메시지가 공간적인 위치를 다룬다. • 경고나 메시지가 즉각적인 행동을 요구하지 않는다. • 수신자의 청각 계통이 과부하 상태일 때 • 수신장소가 너무 시끄러울 때 • 직무상 수신자가 한곳에 머무르는 경우	• 경고나 메시지가 간단하다. • 경고나 메시지가 짧다. • 경고나 메시지가 후에 재참조되지 않는다. • 경고나 메시지가 시간적인 사상을 다룬다. • 경고나 메시지가 즉각적인 행동을 요구한다. • 수신자의 시각 계통이 과부하 상태일 때 • 수신장소가 너무 밝거나 암조응 유지가 필요할 때 • 직무상 수신자가 자주 움직이는 경우

06 다음 중 인체계측자료의 응용원칙에 있어 조절 범위에서 수용하는 통상의 범위는 몇 %tile 정도인가?

① 5~95%tile ② 20~80%tile
③ 30~70%tile ④ 40~60%tile

해설 인체계측 자료의 응용원칙

㉠ 최대치수와 최소치수 : 특정한 설비를 설계할 때, 거의 모든 사람을 수용할 수 있는 경우(최대치수)가 필요한데 문, 통로, 탈출구 등을 예로 들 수 있다. 최소치수의 예로는 선반의 높이, 조종장치까지의 거리 등이 있다.
- 최소치수 : 하위 백분위 수(퍼센타일, Percentile) 기준 1, 5, 10%.
- 최대치수 : 상위 백분위 수(퍼센타일, Percentile) 기준 90, 95, 99%

㉡ 조절 범위(5~95%) : 체격이 다른 여러 사람에게 맞도록 조절식으로 만드는 것이 바람직하다. 그 예로는 자동차 좌석의 전후 조절, 사무실 의자의 상하 조절 등이 있다.

㉢ 평균치를 기준으로 한 설계 : 최대치수나 최소치수를 기준으로 설계하기도 부적절하고 조절식으로 하기도 불가능할 때, 평균치를 기준으로 설계를 한다. 예를 들면, 손님의 평균 신장을 기준으로 만든 은행의 계산대 등이 있다.

07 설비관리 책임자 A는 동종 업종의 TPM 추진사례를 벤치마킹하여 설비관리 효율화를 꾀하고자 한다. 그중 작업자 본인이 직접 운전하는 설비의 마모율 저하를 위하여 설비의 윤활관리를 일상에서 직접 행하는 활동과 가장 관계가 깊은 TPM 추진단계는?

① 개별개선활동단계
② 자주보전활동단계
③ 계획보전활동단계
④ 개량보전활동단계

해설 자주보전활동

작업자 개개인의 자신의 설비에 대한 보전을 목적으로 일상점검 · 급유 · 부품교환 · 수리 등을 통해 설비의 이상을 조기에 발견하고 정밀도 등을 검사하는 활동

정답 05 ④ 06 ① 07 ②

08 어떠한 신호가 전달하려는 내용과 연관성이 있어야 하는 것으로 정의되며, 예로서 위험신호는 빨간색, 주의신호는 노랑색, 안전신호는 파란색으로 표시하는 것은 다음 중 어떠한 양립성(Compatibility)에 해당하는가?

① 공간양립성 ② 개념양립성
③ 동작양립성 ④ 형식양립성

해설 양립성

안전을 근원적으로 확보하기 위한 전략으로서 외부의 자극과 인간의 기대가 서로 모순되지 않아야 하는 것이다. 제어장치와 표시장치 사이의 연관성이 인간의 예상과 어느 정도 일치하는가 여부이다.

㉠ 공간적 양립성 : 어떤 사물들, 특히 표시장치나 조정장치의 물리적 형태나 공간적인 배치의 양립성을 말한다.
㉡ 운동적 양립성 : 표시장치, 조정장치, 체계반응 등 운동방향의 양립성을 말한다.
㉢ 개념적 양립성 : 외부로부터의 자극에 대해 인간이 가지고 있는 개념적 연상의 일관성을 말하는데, 예를 들어 파란색 수도꼭지와 빨간색 수도꼭지가 있는 경우 빨간색 수도꼭지를 보고 따뜻한 물이라고 연상하는 것을 말한다.

09 다음 [그림]과 시스템의 신뢰도는 얼마인가?(단, 숫자는 해당 부품의 신뢰도이다)

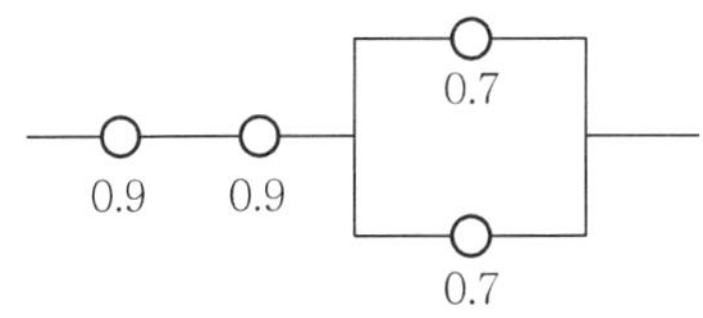

① 0.5670 ② 0.6422
③ 0.7371 ④ 0.8582

해설 신뢰도

$R=0.9\times0.9\times\{1-(1-0.7)\times(1-0.7)\}=0.7371$

10 다음 중 FTA에서 특정 조합의 기본사상들이 동시에 결함을 발생하였을 때 정상사상을 일으키는 기본사상의 집합을 무엇이라 하는가?

① Cut set ② Error set
③ Path set ④ Success set

컷셋과 미니멀 컷셋

컷이란 그 속에 포함되어 있는 모든 기본사상이 일어났을 때 정상사상을 일으키는 기본사상의 집합을 말하며 미니멀 컷셋은 정상사상을 일으키기 위해 필요한 최소한의 컷을 말한다. 즉 미니멀 컷셋은 컷셋 중에 타 컷셋을 포함하고 있는 것을 배제하고 남은 컷셋들을 의미한다.(시스템이 고장나는 데 필요한 최소한 요인의 집합)

11 다음 중 소음의 1일 노출시간과 소음강도의 기준이 잘못 연결된 것은?

① 8hr – 90dB(A)
② 2hr – 100dB(A)
③ 1/2hr – 110dB(A)
④ 1/4hr – 120dB(A)

해설 소음기준(산업안전보건에 관한 규칙 제512조)

(1) 소음작업
1일 8시간 작업기준으로 85dB 이상의 소음이 발생하는 작업
(2) 강렬한 소음작업
① 90dB 이상의 소음이 1일 8시간 이상 발생되는 작업
② 95dB 이상의 소음이 1일 4시간 이상 발생되는 작업
③ 100dB 이상의 소음이 1일 2시간 이상 발생되는 작업
④ 105dB 이상의 소음이 1일 1시간 이상 발생되는 작업
⑤ 110dB 이상의 소음이 1일 30분 이상 발생되는 작업
⑥ 115dB 이상의 소음이 1일 15분 이상 발생되는 작업

정답 08 ② 09 ③ 10 ① 11 ④

12 FTA에서 사용하는 수정게이트의 종류에서 3개의 입력현상 중 2개가 발생할 경우 출력이 생기는 것은?

① 우선적 AND 게이트
② 조합 AND 게이트
③ 위험지속기호
④ 배타적 OR 게이트

해설 **논리기호 및 사상기호**

기호	명칭	설명
Ai, Aj, Ak / Ai Aj Ak	조합 AND 게이트	3개 이상의 입력현상 중 2개가 일어나면 출력현상이 발생

13 다음 중 안전성 평가의 기본원칙 6단계에 해당되지 않는 것은?

① 정성적 평가
② 관계 자료의 정비검토
③ 안전대책
④ 작업조건의 평가

해설 **안전성 평가의 단계**

- 제1단계 : 관계자료의 정비검토
- 제2단계 : 정성적 평가(안전확보를 위한 기본적인 자료의 검토)
- 제3단계 : 정량적 평가(재해중복 또는 가능성이 높은 것에 대한 위험도 평가)
- 제4단계 : 안전대책
- 제5단계 : 재해정보에 의한 재평가
- 제6단계 : FTA에 의한 재평가

14 중량물 들기 작업을 수행하는데, 5분간의 산소소비량을 측정한 결과, 90L의 배기량 중에 산소가 16%, 이산화탄소가 4%로 분석되었다. 해당 작업에 대한 분당 산소소비량은 얼마인가?(단, 공기 중 질소는 79vol%, 산소는 21vol%이다)

① 0.948 ② 1.948
③ 4.74 ④ 5.74

해설 공기 중에서 산소는 21%, 질소가 79%를 차지하지만 호흡을 거쳐 나온 배기량에는 산소가 소비되고 에너지가 발생되면서 이산화탄소가 포함된다.

분당 배기량 = 90/5 = 18L
흡기량 = {(100 − 16 − 4) × 18}/79
= 18.228(L/min)
산소소비량 = 0.21 × 18.228 − 0.16 × 18
= 0.948(L/min)

15 다음 중 근골격계부담작업에 속하지 않는 것은?

① 하루에 10회 이상 25kg 이상의 물체를 드는 작업
② 하루에 총 2시간 이상 목, 어깨, 팔꿈치, 손목 또는 손을 사용하여 같은 동작을 반복하는 작업
③ 하루에 총 2시간 이상 쪼그리고 앉거나 무릎을 굽힌 자세에서 이루어지는 작업
④ 하루에 총 2시간 이상 시간당 5회 이상 손 또는 무릎을 사용하여 반복적으로 충격을 가하는 작업

해설 **근골격계부담작업의 범위(고용노동부 고시 제2020 − 12호)**

"근골격계부담작업"이라 함은 다음에 해당하는 작업을 말한다. 다만, 단기간작업 또는 간헐적인 작업은 제외한다.

정답 12 ② 13 ④ 14 ① 15 ④

1. 하루에 4시간 이상 집중적으로 자료입력 등을 위해 키보드 또는 마우스를 조작하는 작업
2. 하루에 총 2시간 이상 목, 어깨, 팔꿈치, 손목 또는 손을 사용하여 같은 동작을 반복하는 작업
3. 하루에 총 2시간 이상 머리 위에 손이 있거나, 팔꿈치가 어깨 위에 있거나, 팔꿈치를 몸통으로부터 들거나, 팔꿈치를 몸통 뒤쪽에 위치하도록 하는 상태에서 이루어지는 작업
4. 지지되지 않은 상태이거나 임의로 자세를 바꿀 수 없는 조건에서, 하루에 총 2시간 이상 목이나 허리를 구부리거나 트는 상태에서 이루어지는 작업
5. 하루에 총 2시간 이상 쪼그리고 앉거나 무릎을 굽힌 자세에서 이루어지는 작업
6. 하루에 총 2시간 이상 지지되지 않은 상태에서 1kg 이상의 물건을 한손의 손가락으로 집어 옮기거나, 2kg 이상에 상응하는 힘을 가하여 한손의 손가락으로 물건을 쥐는 작업
7. 하루에 총 2시간 이상 지지되지 않은 상태에서 4.5kg 이상의 물건을 한 손으로 들거나 동일한 힘으로 쥐는 작업
8. 하루에 10회 이상 25kg 이상의 물체를 드는 작업
9. 하루에 25회 이상 10kg 이상의 물체를 무릎 아래에서 들거나, 어깨 위에서 들거나, 팔을 뻗은 상태에서 드는 작업
10. 하루에 총 2시간 이상, 분당 2회 이상 4.5kg 이상의 물체를 드는 작업
11. 하루에 총 2시간 이상 시간당 10회 이상 손 또는 무릎을 사용하여 반복적으로 충격을 가하는 작업

16 **다음 중 항공기나 우주선 비행 등에서 허위감각으로부터 생긴 방향감각의 혼란과 착각 등의 오판을 해결하는 방법으로 가장 적절하지 않은 것은?**

① 주위의 다른 물체에 주의를 한다.
② 정상비행 훈련을 반복하여 오판을 줄인다.
③ 여러 가지의 착각의 성질과 발생상황을 이해한다.
④ 정확한 방향 감각 암시신호를 의존하는 것을 익힌다.

해설 **착각에 대한 대책**

- 여러 종류의 착각의 성질과 발생상황을 이해한다.
- 계기 혹은 시계(視界) 비행을 한다.
- 야간 곡예 비행을 피한다.
- 주위의 다른 물체에 주의한다.
- 야간에는 급가속이나 급감속을 피한다.

17 **다음 중 FMEA(Failure Mode and Effect Analysis)가 가장 유효한 경우는?**

① 일정 고장률을 달성하고자 하는 경우
② 고장 발생을 최소로 하고자 하는 경우
③ 마멸 고장만 발생하도록 하고 싶은 경우
④ 시험 시간을 단축하고자 하는 경우

해설 **FMEA(고장형태와 영향분석법)**
(Failure Mode and Effect Analysis)

시스템에 영향을 미치는 모든 요소의 고장을 형별로 분석하고 그 고장이 미치는 영향을 분석하는 방법(귀납적, 정성적)

[고장 평점법]

$$C=(C_1 \times C_2 \times C_3 \times C_4 \times C_5)^{\frac{1}{5}}$$

여기서, C_1 : 기능적 고장의 영향의 중요도
C_2 : 영향을 미치는 시스템의 범위
C_3 : 고장 발생의 빈도
C_4 : 고장 방지의 가능성
C_5 : 신규 설계의 정도

정답 16 ② 17 ②

18 다음 중 자동화시스템에서 인간의 기능으로 적절하지 않은 것은?

① 설비 보전
② 작업계획 수립
③ 조정장치로 기계를 통제
④ 모니터로 작업상황 감시

해설 **시스템의 특성**

- 수동체계 : 자신의 신체적인 힘을 동력원으로 사용(수공구 사용)
- 기계화 또는 반자동체계 : 운전자의 조종장치를 사용하여 통제하며 동력은 전형적으로 기계가 제공
- 자동체계 : 기계가 감지, 정보처리, 의사결정 등 행동을 포함한 모든 임무를 수행하고 인간은 감시, 프로그래밍, 정비유지 등의 기능을 수행하는 체계

19 다음 중 제조업의 유해 · 위험방지계획서 제출 대상 사업장에서 제출하여야 하는 유해 · 위험방지계획서의 첨부서류와 가장 거리가 먼 것은?

① 공사개요서
② 건축물 각 층의 평면도
③ 기계 · 설비의 배치도면
④ 원재료 및 제품의 취급, 제조 등의 작업방법의 개요

해설 **유해 · 위험방지계획서 제출 서류**

사업주가 유해 · 위험방지계획서를 제출하려면 사업장별로 제조업 등 유해 · 위험방지계획서에 다음 각 호의 서류를 첨부하여 해당 공사 착공 15일 전까지 한국산업안전보건공단에 2부를 제출하여야 한다. 이 경우 유해위험방지계획서의 작성기준, 작성자, 심사기준, 그 밖에 심사에 필요한 사항은 고용노동부장관이 정하여 고시한다.

1. 건축물 각 층의 평면도
2. 기계 · 설비의 개요를 나타내는 서류
3. 기계 · 설비의 배치도면
4. 원자재 및 제품의 취급, 제조 등의 작업방법의 개요
5. 그 밖에 고용노동부장관이 정하는 도면 및 서류

20 다음의 결함수분석(FTA) 절차에서 가장 먼저 수행해야 하는 것은?

① Cut set을 구한다.
② Top 사상을 정의한다.
③ Minimal cut set을 구한다.
④ FT(Fault Tree)도를 작성한다.

해설 **FTA에 의한 재해사례연구순서**

1. Top 사상의 선정
2. 사상마다의 재해원인 규명
3. FT도의 작성
4. 개선계획의 작성
5. 개선안 실시계획

21 화학설비에 대한 안전성 평가방법 중 공장의 입지조건이나 공장 내 배치에 관한 사항은 어느 단계에서 하는가?

① 제1단계 : 관계자료의 작성 준비
② 제2단계 : 정성적 평가
③ 제3단계 : 정량적 평가
④ 제4단계 : 안전대책

해설 **제2단계**

정성적 평가(안전확보를 위한 기본적인 자료의 검토)

- 설계관계 : 공장 내 배치, 소방설비, 공장의 입지조건 등
- 운전관계 : 원재료, 운송, 저장 등

정답 18 ③ 19 ① 20 ② 21 ②

22 **평균고장시간이 4×10^8시간인 요소 4개가 직렬체계를 이루었을 때 이 체계의 수명은 몇 시간인가?**

① 1×10^8 ② 4×10^8
③ 8×10^8 ④ 16×10^8

직렬계의 수명

$=\frac{MTTF}{n}=\frac{4\times10^8}{4}$

$=1\times10^8$ 시간

23 **다음 중 LayOut의 원칙으로 가장 올바른 것은?**

① 운반작업을 수작업화한다.
② 중간 중간에 중복 부분을 만든다.
③ 인간이나 기계의 흐름을 라인화한다.
④ 사람이나 물건의 이동거리를 단축하기 위해 기계배치를 분산화한다.

해설 **기계 · 설비의 레이아웃(LayOut) 원칙**

- 이동거리를 단축하고 기계배치를 집중화한다.
- 인력활동이나 운반작업을 기계화한다.
- 중복부분을 제거한다.
- 인간과 기계의 흐름을 라인화한다.

24 **다음 중 의자 설계의 일반적인 원리로 적절하지 않은 것은?**

① 등 근육의 정적 부하를 줄인다.
② 디스크가 받는 압력을 줄인다.
③ 요부전만(腰部前灣)을 유지한다.
④ 일정한 자세를 계속 유지하도록 한다.

해설 일정한 자세를 계속 유지하면 신체에 더욱 무리가 온다.

25 **다음 중 가속도에 관한 설명으로 틀린 것은?**

① 가속도란 물체의 운동 변화율이다.
② 1G는 자유 낙하하는 물체의 가속도인 $9.8m/s^2$에 해당한다.
③ 선형가속도는 운동속도가 일정한 물체의 방향 변화율이다.
④ 운동방향이 전후방인 선형가속의 영향은 수직방향보다 덜하다.

선형가속도(Linear Acceleration)는 미소 구간에서의 가속도 변화를 직선이라 가정한 것이다.

26 **다음 중 사람이 음원의 방향을 결정하는 주된 암시신호(Cue)로 가장 적합하게 조합된 것은?**

① 소리의 강도차와 진동수차
② 소리의 진동수차와 위상차
③ 음원의 거리차와 시간차
④ 소리의 강도차와 위상차

해설 인간이 음원의 방향을 결정할 때의 기본 실마리(Cue)는 소리의 강도와 위상차이다.

27 **다음 중 제한된 실내 공간에서의 소음문제에 대한 대책으로 적절하지 않은 것은?**

① 진동부분의 표면을 줄인다.
② 소음에 적응된 인원으로 배치한다.
③ 소음의 전달 경로를 차단한다.
④ 벽, 천정, 바닥에 흡음재를 부착한다.

정답 22 ① 23 ③ 24 ④ 25 ③ 26 ④ 27 ②

해설 소음을 통제하는 방법(소음대책)

- 소음원의 통제
- 소음의 격리
- 차폐장치 및 흡음재료 사용
- 음향처리제 사용
- 적절한 배치

28 다음 중 시스템 내에 존재하는 위험을 파악하기 위한 목적으로 시스템 설계 초기 단계에 수행되는 위험분석 기법은?

① SHA　② FMEA
③ PHA　④ MORT

해설 PHA(예비사고 분석)

시스템 내의 위험요소가 얼마나 위험상태에 있는가를 평가하는 시스템안전프로그램의 최초단계의 분석방식(정성적)

29 다음 중 산업안전보건법령에 따라 기계·기구 및 설비의 설치·이전 등으로 인해 유해·위험방지계획서를 제출하여야 하는 대상에 해당하지 않는 것은?

① 공기압축기
② 건조설비
③ 화학설비
④ 가스집합 용접장치

해설 유해위험방지계획서 제출대상 사업(산업안전보건법 시행령 제42조)

1. 금속이나 그 밖의 광물의 용해로
2. 화학설비
3. 건조설비
4. 가스집합용접장치
5. 근로자의 건강에 상당한 장해를 일으킬 우려가 있는 물질로서 고용노동부령으로 정하는 물질의 밀폐·환기·배기를 위한 설비

30 다음 FT도에서 최소 컷셋(Minimal cut set)으로만 올바르게 나열한 것은?

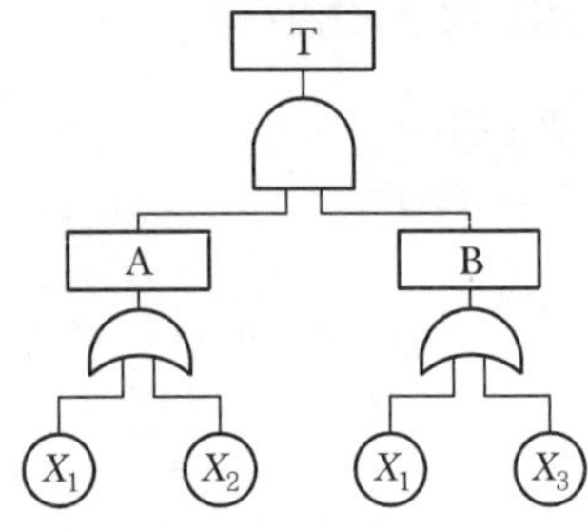

① $[X_1]$, $[X_2]$
② $[X_1,\ X_2]$, $[X_1,\ X_3]$
③ $[X_1]$, $[X_2,\ X_3]$
④ $[X_1,\ X_2,\ X_3]$

해설 정상사상에서 차례로 하단의 사상으로 치환하면서 AND 게이트는 가로로, OR 게이트는 세로로 나열한 후 중복사상을 제거한다.

$T = A \cdot B = \frac{X_1}{X_2} \cdot \frac{X_1}{X_3}$

즉, 미니멀 컷셋은 $[X_1]$ 또는 $[X_2\ X_3]$ 중 1개이다.

31 한 화학공장에는 24개의 공정제어회로가 있으며, 4,000시간의 공정 가동 중 이 회로에는 14번의 고장이 발생하였고, 고장이 발생하였을 때마다 회로는 즉시 교체 되었다. 이회로의 평균고장시간($MTTF$)은 약 얼마인가?

① 6,857시간　② 7,571시간
③ 8,240시간　④ 9,800시간

해설 평균고장시간(MTTF ; Mean Time To Failure)

시스템, 부품 등이 고장 나기까지 동작시간의 평균치. 평균수명이라고도 한다.

$MTTF = \frac{24 \times 4,000}{14} = 6,857$시간

정답 28 ③　29 ①　30 ③　31 ①

32 다음 중 인간공학 연구조사에 사용하는 기준의 구비조건과 거리가 먼 것은?

① 적절성
② 무오염성
③ 다양성
④ 기준 척도의 신뢰성

해설 체계기준의 구비조건

- 적절성
- 무오염성
- 기준척도의 신뢰성

33 다음 중 시스템 안전(System safety)에 대한 설명으로 적절하지 않은 것은?

① 주로 시행착오에 의해 위험을 파악한다.
② 위험을 파악, 분석, 통제하는 접근방법이다.
③ 수명주기 전반에 걸쳐 안전을 보장하는 것을 목표로 한다.
④ 처음에는 국방과 우주항공 분야에서 필요성이 제기되었다.

해설 시스템 안전관리업무를 수행하기 위한 내용

- 다른 시스템 프로그램 영역과의 조정
- 시스템 안전에 필요한 사항의 동일성의 식별
- 시스템 안전에 대한 목표를 유효하게 적시에 실현하기 위한 프로그램의 해석 검토
- 안전활동의 계획, 조직 및 관리시스템 안전은 어떤 시스템에 있어서 기능, 시간, 코스트 등의 제약조건하에서 인원이나 설비가 입는 손해를 가장 적게 하는 것이다.

34 다음 중 4지선다형 문제의 정보량은 얼마인가?

① 1bit ② 2bit
③ 3bit ④ 4bit

해설 정보량 $H = \log_2 n = \log_2 4 = 2\text{bit}$

35 Swain에 의해 분류된 휴먼에러 중 독립행동에 관한 분류에 해당하지 않는 것은?

① Omission Error
② Commission Error
③ Extraneous Error
④ Command Error

해설 독립행동에 관한 분류

- 생략에러(Omission Error)
- 실행(작위적) 에러(Commission Error)
- 과잉행동에러(Extraneous Error)
- 순서에러(Sequential Error)
- 시간에러(Timing Error)

36 다음 중 인체의 피부감각에 있어 민감한 순서대로 나열된 것은?

① 압각 – 온각 – 냉각 – 통각
② 냉각 – 통각 – 온각 – 압각
③ 온각 – 냉각 – 통각 – 압각
④ 통각 – 압각 – 냉각 – 온각

해설 감각점의 분포량은 통점 → 압점 → 냉점 → 온점 순으로 분포되어있다.

37 FT에 사용되는 기호 중 더 이상의 세부적인 분류가 필요 없는 사상을 의미하는 기호는?

① ②
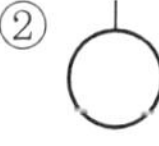

③ ④
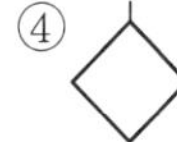

정답 32 ③ 33 ① 34 ② 35 ④ 36 ④ 37 ②

해설 논리기호 및 사상기호

번호	기호	명칭	설명
2	○	기본사상 (사상기호)	더 이상 전개되지 않는 기본사상

38 다음 중 조종－반응비율(C/R비)에 관한 설명으로 틀린 것은?

① C/R비가 클수록 민감한 제어장치이다.
② "X"가 조종장치의 변위량, "Y"가 표시장치의 변위량일 때 XY로 표현된다.
③ Knob C/R비는 손잡이 1회전 시 움직이는 표시장치 이동거리의 역수로 나타낸다.
④ 최적의 C/R비는 제어장치의 종류나 표시장치의 크기, 허용오차 등에 의해 달라진다.

해설 통제표시비(선형조정장치)

$$\frac{X}{Y}=\frac{C}{D}=\frac{\text{통제기기의 변위량}}{\text{표시계기지침의 변위량}}$$

1. C/D비가 증가함에 따라 조정시간은 급격히 감소하다가 안정되며 이동시간은 이와 반대가 된다.(최적통제비 : 1.18~2.42)
2. C/D비가 적을수록 이동시간이 짧고 조정이 어려워 조정장치가 민감하다.

39 다음 중 정량적 표시장치에 관한 설명으로 옳은 것은?

① 연속적으로 변화하는 양을 나타내는 데에는 일반적으로 아날로그보다 디지털 표시장치가 유리하다.
② 정확한 값을 읽어야 하는 경우 일반적으로 디지털보다 아날로그 표시장치가 유리하다.
③ 동침(Moving Pointer)형 아날로그 표시장치는 바늘의 진행 방향과 증감 속도에 대한 인식적인 암시 신호를 얻는 것이 불가능한 단점이 있다.
④ 동목(Moving Scale)형 아날로그 표시장치는 표시장치의 면적을 최소화할 수 있는 장점이 있다.

해설 동목형(Moving Scale)

값의 범위가 클 경우 작은 계기판에 모두 나타낼 수 없는 동침형의 단점을 보완한 것으로 표시장치의 공간을 적게 차지하는 이점이 있다.

40 결함수분석(FTA)에 의한 재해사례의 연구 순서가 다음과 같을 때 올바른 순서대로 나열한 것은?

㉠ FT(Fault Tree)도 작성
㉡ 개선안 실시계획
㉢ 톱사상의 선정
㉣ 사상마다 재해원인 및 요인규명
㉤ 개선계획 작성

① ㉣ → ㉤ → ㉢ → ㉠ → ㉡
② ㉡ → ㉣ → ㉢ → ㉤ → ㉠
③ ㉢ → ㉣ → ㉠ → ㉤ → ㉡
④ ㉤ → ㉢ → ㉡ → ㉠ → ㉣

해설 FTA에 의한 재해사례연구순서

㉠ Top 사상의 선정
㉡ 사상마다의 재해원인 규명
㉢ FT도의 작성
㉣ 개선계획의 작성
㉤ 개선안 실시계획

정답 38 ① 39 ④ 40 ③

41 다음 시스템에 대하여 톱사상(Top Event)에 도달할 수 있는 최소 컷셋(Minimal Cut Sets)을 구할 때 다음 중 올바른 집합은? (단, ①, ②, ③, ④는 각 부품의 고장확률을 의미하며 집합 {1, 2}는 ①번 부품과 ②번 부품이 동시에 고장나는 경우를 의미한다)

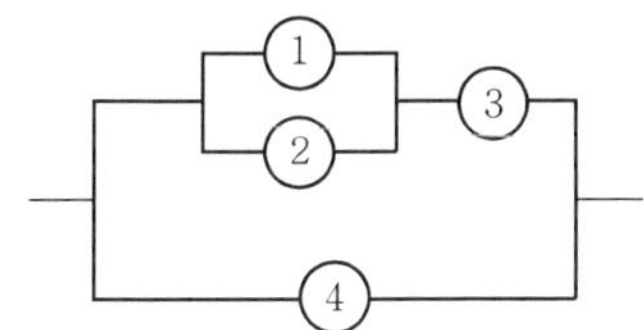

① {1, 2}, {3, 4}
② {1, 3}, {2, 4}
③ {1, 3, 4}, {2, 3, 4}
④ {1, 2, 4}, {3, 4}

해설 FT도를 작성하면

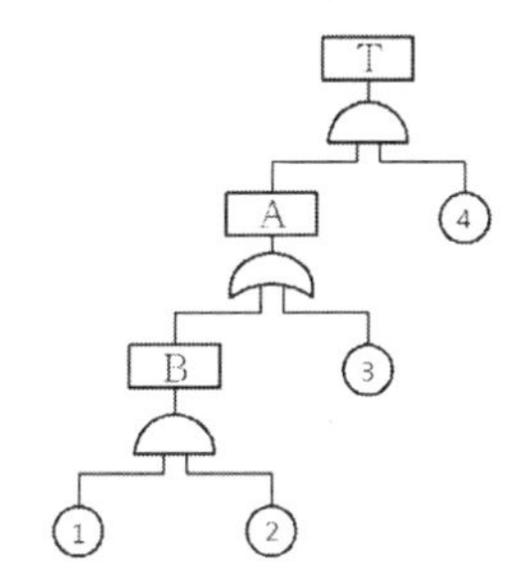

논리곱은 행으로 나열하고 논리합은 종으로 표시하면
T → A④ → B④ → ①②④
　　　　　③④　　③④
따라서 최소컷셋(미니멀컷셋, Minimal Cut Sets)은 {1, 2, 4} 또는 {3, 4}가 된다.

42 다음 중 인간공학적 의자 설계의 원칙에 관한 설명으로 틀린 것은?

① 좌판 앞부분은 오금보다 높지 않아야 한다.
② 의자에 앉아 있을 때 몸통에 안정을 주어야 한다.
③ 일반적으로 좌판의 깊이는 몸이 큰사람을 기준으로 결정한다.
④ 사람이 의자에 앉았을 때 엉덩이의 좌골융기(Ischial Tuberosity)에 일차적인 체중 집중이 이루어지도록 한다.

해설 의자설계 원칙

㉠ 체중분포 : 의자에 앉았을 때 대부분의 체중이 골반뼈에 실려야 편안하다.
㉡ 의자 좌판의 높이 : 좌판 앞부분 오금 높이보다 높지 않게 설계(치수는 5% 되는 사람까지 수용할 수 있게 설계)
㉢ 의자 좌판의 깊이와 폭 : 폭은 큰 사람에게 맞도록, 깊이는 대퇴를 압박하지 않도록 작은 사람에게 맞도록 설계
㉣ 몸통의 안정 : 체중이 골반뼈에 실려야 몸통 안정이 쉬워진다.

43 반경이 15cm인 조종구(Ball control)를 50° 움직일 때 커서(Cursor)는 2cm 이동한다. 이러한 선형표시장치와 회전형 제어장치의 C/R비는 약 얼마인가?

① 5.14　② 6.54
③ 7.64　④ 9.65

해설 통제표시비(선형조정장치)

$$\frac{X}{Y}=\frac{C}{D}=\frac{\text{통제기기의 변위량}}{\text{표시계기지침의 변위량}}$$
$$=\frac{\left(\frac{a}{360}\right)\times 2\pi L}{\text{표시계기지침의 이동거리}}$$
$$=\frac{\left(\frac{50}{360}\right)\times 2\times\pi\times 15\text{cm}}{2\text{cm}}$$
$$=6.54$$

정답 41 ④　42 ③　43 ②

44 다음 중 소음 방지대책에 있어 가장 효과적인 방법은?

① 음원에 대한 대책
② 수음자에 대한 대책
③ 전파경로에 대한 대책
④ 거리감쇠와 지향성에 대한 대책

해설 소음 방지대책 중 소음원의 통제, 격리, 차폐 및 흡음재료 사용 등 소음원에 대한 대책이 가장 효과적이다.

45 전동 공구와 같은 진동이 발생하는 수공구를 장시간 사용하여 손과 손가락 통제 능력의 훼손, 동통, 마비증상 등을 유발하는 근골격계 질환은?

① 결절종
② 방아쇠수지병
③ 수근관 증후군
④ 레이노드 증후군

해설 레이노드 증후군
손목을 구부리는 타이핑 같은 작업이나 진동 기구를 다루는 경우 생기는 말초동맥의 혈액 순환장애 현상

46 A 제지회사의 유아용 화장지 생산 공정에서 작업자의 불안전한 행동을 유발하는 상황이 자주 발생하고 있다. 다음 중 이를 해결하기 위한 개선의 ECRS에 해당하지 않는 것은?

① Eliminate
② Combine
③ Rearrange
④ Standard

해설 작업방법의 개선원칙 – E.C.R.S
- 제거(Eliminate)
- 결합(Combine)
- 재조정(Rearrange)
- 단순화(Simplify)

47 다음은 Z(주)에서 냉동저장소 건설 중 건물내 바닥 방수 도포 작업시 발생된 가연성 가스가 폭발하여 작업자 2명이 사망한 재해보고서를 토대로 가연성 가스를 누출한 설비의 안전성에 대한 정량적 평가표이다. 다음 중 위험등급 II에 해당하는 항목으로만 나열한 것은?

항목분류	A급	B급	C급	D급
취급물질	○			○
화학설비의 용량	○	○	○	
온도		○	○	○
조작	○		○	○
압력	○	○		○

① 압력, 조작
② 취급물질, 압력
③ 온도, 조작
④ 화학설비의 용량, 온도

해설 위험도 등급

위험등급	점수	분류
위험등급 I	16점 이상	A급은 10점, B급은 5점 C급은 2점, D급은 0점
위험등급 II	11~15점	
위험등급 III	10점 이하	

- 취급물질 : 10점
- 화학설비의 용량 : 17점
- 온도 : 7점
- 조작 : 12점
- 압력 : 15점

정답 44 ① 45 ④ 46 ④ 47 ①

48 다음 중 불 대수 관계식으로 틀린 것은?

① $A+\overline{A}\cdot B=A+B$
② $\overline{A\cdot B}=\overline{A}+\overline{B}$
③ $A+B=\overline{A}\cdot\overline{B}$
④ $A(A+B)=A$

해설 $A+B=B+A$이다.

49 다음 중 HAZOP의 전제조건으로 적합하지 않은 것은?

① 이상 발생 시 안전장치는 동작하지 않는 것으로 간주한다.
② 두 개 이상의 기기고장이나 사고는 일어나지 않는 것으로 간주한다.
③ 장치 자체는 설계 및 제작 사양에 맞게 제작된 것으로 간주한다.
④ 조작자는 위험상황이 일어났을 때 그것을 인식할 수 있고, 충분한 시간이 있는 경우 필요한 조치사항을 취하는 것으로 간주한다.

해설 HAZOP Study의 전제조건

- 동일 기능의 2가지 이상 기기고장 및 사고는 발생치 않는다. 즉, Stand－by System에 Double Failure는 발생치 않는 것으로 한다.
- 안전장치는 필요시 정상작동하는 것으로 한다.
- 장치와 설비는 설계 및 제작사양에 적합하게 제작된 것으로 한다.
- 작업자는 위험상황 시 필요한 조치를 취하는 것으로 한다.
- 위험이 확률이 낮으나 고가설비를 요구할 때는 운전원 안전교육 및 직무교육으로 대체한다.
- 사소한 사항이라도 간과하지 않는다.

50 인간의 오류모형에서 "상황해석을 잘못하거나 목표를 잘못 이해하고 착각하여 행하는 경우"를 무엇이라 하는가?

① 실수(Slip)
② 착오(Mistake)
③ 건망증(Lapse)
④ 위반(Violation)

해설 착오(Mistake)

상황해석을 잘못하거나 목표를 잘못 이해하고 착각하여 행하는 경우

51 작업이나 운동이 격렬해져서 근육에 생성되는 젖산의 제거속도가 생성속도에 미치지 못하면, 활동이 끝난 후에도 남아있는 젖산을 제거하기 위하여 산소가 더 필요하게 되는데 이를 무엇이라 하는가?

① 호기산소
② 산소부채
③ 산소잉여
④ 혐기산소

해설 산소부채

작업이나 운동이 격렬해져서 근육에 생성되는 젖산의 제거속도가 생성속도에 미치지 못하면, 활동이 끝난 후에도 남아 있는 젖산을 제거하기 위하여 산소가 더 필요하게 되는 것

정답 48 ③ 49 ① 50 ② 51 ②

52 다음 설명 중 ( ) 안에 알맞은 용어가 올바르게 짝지어진 것은?

> (㉠) : FTA와 동일의 논리적 방법을 사용하여 관리, 설계, 생산, 보전 등에 대한 넓은 범위에 걸쳐 안전성을 확보하려는 시스템안전 프로그램
> (㉡) : 사고 시나리오에서 연속된 사건들의 발생경로를 바악하고 평가하기 위한 귀납적이고 정량적인 시스템 안전 프로그램

① ㉠ : ETA, ㉡ : MORT
② ㉠ : MORT, ㉡ : ETA
③ ㉠ : MORT, ㉡ : PHA
④ ㉠ : PHA, ㉡ : ETA

해설
- MORT(Management Oversight and Risk Tree) : FTA와 같은 논리기법을 이용하여 관리, 설계, 생산, 보전 등에 대해서 광범위하게 안전성을 확보하기 위한 기법
- ETA(Event Tree Analysis) : 정량적, 귀납적 기법으로 DT에서 변천해 온 것으로 설비의 설계, 심사, 제작, 검사, 보전, 운전, 안전대책의 과정에서 그 대응조치가 성공인가 실패인가를 확인해 가는 과정을 검토

53 다음 중 점멸융합주파수(Flicker – Fusion Freequency)에 관한 설명으로 틀린 것은?

① 중추신경계의 정신적 피로도의 척도로 사용된다.
② 빛의 검출성에 영향을 주는 인자 중의 하나이다.
③ 점멸속도는 점멸융합주파수보다 일반적으로 커야 한다.
④ 점멸속도가 약 30Hz 이상이면 불이 계속 켜진 것처럼 보인다.

해설 **점멸융합주파수(플리커법)**

사이가 벌어져 회전하는 원판으로 들어오는 광원의 빛을 단속시켜 연속광으로 보이는지 단속광으로 보이는지 경계에서의 빛의 단속주기를 플리커 치라 함. 정신적으로 피로한 경우에는 주파수값이 내려가는 것으로 알려져 있다.

54 다음 중 소음에 관한 설명으로 틀린 것은?

① 강한 소음에 노출되면 부신 피질의 기능이 저하된다.
② 소음이란 주어진 작업의 존재나 완수와 정보적인 관련이 없는 청각적 자극이다.
③ 가청범위에서의 청력손실은 15,000Hz 근처의 높은 영역에서 가장 크게 나타난다.
④ 90dB(A) 정도의 소음에서 오랜 시간 노출되면 청력장애를 일으키게 된다.

해설 **청력손실**

진동수가 높아짐에 따라 청력손실이 증가한다. 청력손실은 4,000Hz에서 크게 나타난다.

55 다음 중 인간공학에 있어 인간 – 기계시스템(Man – Machine System)에서의 기계가 의미하는 것으로 가장 적합한 것은?

① 인간이 만든 모든 것을 말한다.
② 제조현장에서 사용하는 치공구 및 설비를 말한다.
③ 자동차, 선박, 비행기 등 주로 인간이 타고 다닐 수 있는 운송기기류를 말한다.
④ 침대, 의자 등 주로 가정에서 사용하는 가구나 물품을 말한다.

정답 52 ② 53 ③ 54 ③ 55 ①

해설 인간－기계시스템에서의 기계는 인간이 만든 모든 것을 말한다.

56 다음 중 기계설비가 설계 사양대로 성능을 발휘하기 위한 적정 윤활의 원칙이 아닌 것은?

① 적량의 규정
② 윤활기간의 올바른 준수
③ 올바른 윤활법의 채용
④ 주유방법의 통일화

해설 윤활의 4원칙

- 기계가 참으로 필요로 하는 윤활유를 선정한다.
- 그 양을 규정한다.
- 윤활시기를 정확하게 지킨다.
- 바른 윤활법을 채택하고, 그것에 따른다.

57 어느 공장에서는 작업자 1인과 불량탐지기 1대가 동시에 완제품을 검사하는 방식으로 품질 검사를 수행하고 있다. 오랜 시간 관찰한 결과, 불량품에 대한 작업자의 발견 확률이 0.9이고, 불량 탐지기의 발견 확률이 0.8이라면, 불량품이 품질 검사에서 발견되지 않고 통과될 확률은?(단, 작업자와 불량탐지기의 불량 발견 확률은 서로 독립이다.)

① 0.2%　　② 2.0%
③ 98.0%　　④ 99.8%

해설 정상사상 T = 1 − (1 A)(1 − ③)
= 1 − (1 − ①②)(1 − ③)
불량품발견확률(T) = 1 − (1 − 0.9)(1 − 0.8)
= 0.98 × 100 = 98%
문제에서는 불량품이 발견되지 않고 통과될 확률이라고 하였으므로 정답은 2%

58 산업안전보건법상 유해 · 위험방지계획서를 제출한 사업주는 건설공사 중 얼마 이내마다 관련법에 따라 유해 · 위험방지계획서의 내용과 실제공사 내용이 부합하는지의 여부 등을 확인받아야 하는가?

① 1개월　　② 3개월
③ 6개월　　④ 12개월

해설 유해 · 위험방지계획서를 제출한 사업주는 해당 건설물 · 기계 · 기구 및 설비의 시운전단계에서, 건설공사 중 6개월 이내마다 다음 각 호의 사항에 관하여 공단의 확인을 받아야 한다.

59 다음 중 수술실 내 작업면에서의 조도로 가장 적당한 것은?

① 500~1,000럭스
② 1,000~2,000럭스
③ 5,000~10,000럭스
④ 10,000~20,000럭스

해설 수술시의 조도는 수술대 위의 지름 30cm 범위에서 무영등에 의하여 20,000Lux 이상으로 한다.(한국산업규격(조도기준 KSA 3011 : 1998))

정답 56 ④ 57 ② 58 ③ 59 ④

제3회 예상문제

ENGINEER CONSTRUCTION SAFETY

01 **다음 중 화학설비의 안전성 평가에서 정량적 평가의 항목에 해당되지 않는 것은?**

① 조작　② 취급물질
③ 훈련　④ 설비용량

 정량적 평가항목(5가지 항목)

① 물질 ② 온도 ③ 압력 ④ 용량 ⑤ 조작

02 **다음 중 의자 설계의 일반 원리로 가장 적합하지 않은 것은?**

① 디스크 압력을 줄인다.
② 등근육의 정적 부하를 줄인다.
③ 자세고정을 줄인다.
④ 요부측만을 촉진한다.

 요부측만(휜 허리)을 촉진하는 것은 의자설계의 원리로 적합하지 않다.

03 **3개 공정의 소음수준 측정결과 1공정은 100dB에서 1시간, 2공정은 95dB에서 1시간, 3공정은 90dB에서 1시간이 소요될 때 총 소음량(TND)과 소음설계의 적합성을 올바르게 나열한 것은?(단, 90dB에 8시간 노출될 때를 허용기준으로 하며, 5dB 증가할 때 허용시간은 1/2로 감소되는 법칙을 적용한다.)**

① TND=0.78, 적합
② TND=0.88, 적합
③ TND=0.98, 적합
④ TND=1.08, 부적합

해설 소음정도에 따른 허용기준(90dB에 8시간 노출될 때를 허용기준으로 하며, 5dB 증가할 때 허용시간은 1/2로 감소)

소음 음압(dB)	노출시간(시간)
90	8
95	4
100	2
105	1

소음량 $= \dfrac{\text{실제노출시간}}{\text{최대허용시간}}$ 이므로

총 소음량 $= \dfrac{1}{2} + \dfrac{1}{4} + \dfrac{1}{8} = 0.88$으로 1보다 작아 적합하다.

04 **다음 중 열중독증(Heat illness)의 강도를 올바르게 나열한 것은?**

ⓐ 열소모(Heat exhaustion)
ⓑ 열발진(Heat rash)
ⓒ 열경련(Heat cramp)
ⓓ 열사병(Heat stroke)

① ⓒ<ⓑ<ⓐ<ⓓ
② ⓒ<ⓑ<ⓓ<ⓐ
③ ⓑ<ⓒ<ⓐ<ⓓ
④ ⓑ<ⓓ<ⓐ<ⓒ

 열중독증 강도는 열발진(Heat rash)<열경련(Heat cramp)<열소모(Heat exhaustion)<열사병(Heat stroke) 순이다.

정답 01 ③ 02 ④ 03 ② 04 ③

05 인간－기계시스템 설계의 주요단계 중 기본설계단계에서 인간의 성능 특성(Human Performance Requirements)과 거리가 먼 것은?

① 속도
② 정확성
③ 보조물 설계
④ 사용자 만족

해설 보조물 설계는 기본설계단계에서 인간의 성능 특성과 거리가 멀다.

인간－기계시스템 설계과정 6가지 단계

① 목표 및 성능명세 결정 : 시스템 설계 전 그 목적이나 존재 이유가 있어야 함
② 시스템 정의 : 목적을 달성하기 위한 특정한 기본기능들이 수행되어야 함
③ 기본설계 : 시스템의 형태를 갖추기 시작하는 단계
④ 인터페이스 설계 : 사용자 편의와 시스템 성능에 관여
⑤ 촉진물 설계 : 인간의 성능을 증진시킬 보조물 설계
⑥ 시험 및 평가 : 시스템 개발과 관련된 평가와 인간적인 요소 평가 실시

06 다음 중 FTA에서 사용되는 Minimal Cut Set에 대한 설명으로 틀린 것은?

① 사고에 대한 시스템의 약점을 표현한다.
② 정상사상(Top)을 일으키는 최소한의 집합이다.
③ 시스템에 고장이 발생하지 않도록 하는 사상의 집합이다.
④ 일반적으로 Fussell Algorithm을 이용한다.

해설 **컷셋과 미니멀 컷셋**

컷이란 그 속에 포함되어 있는 모든 기본사상이 일어났을 때 정상사상을 일으키는 기본사상의 집합을 말하며 미니멀 컷셋은 정상사상을 일으키기 위한 필요 최소한의 컷을 말한다. 즉 미니멀 컷셋은 컷셋 중에 타 컷셋을 포함하고 있는 것을 배제하고 남은 컷셋들을 의미한다.(시스템이 고장 나는 데 필요한 최소한 요인의 집합)

07 다음 중 반응시간이 가장 느린 감각은?

① 청각 ② 시각
③ 미각 ④ 통각

해설 감각기관의 자극에 대한 반응시간(Reaction Time)
청각(0.17초)>촉각(0.18초)>시각(0.20초)>미각(0.29초)>통각(0.70초)

08 FT도에서 ①~⑤ 사상의 발생확률이 모두 0.06 일 경우 T 사상의 발생확률은 약 얼마인가?

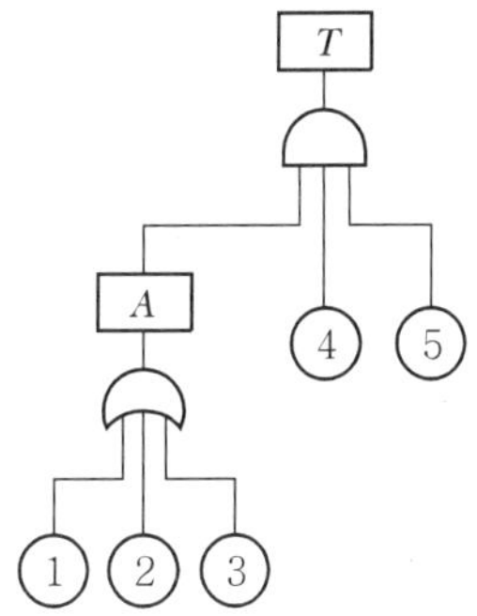

① 0.00036 ② 0.00061
③ 0.142625 ④ 0.2262

$T = A \times ④ \times ⑤$
$= \{1-(1-①)(1-②)(1-③)\} \times ④ \times ⑤$
$= 1-(1-0.06)(1-0.06)(1-0.06) \times 0.06 \times 0.06$
$= 0.00061$

정답 05 ③ 06 ③ 07 ④ 08 ②

09 **다음 중 연구기준의 요건에 대한 설명으로 옳은 것은?**

① 적절성 : 반복 실험시 재현성이 있어야 한다.
② 신뢰성 : 측정하고자 하는 변수 이외의 다른 변수의 영향을 받아서는 안 된다.
③ 무오염성 : 의도된 목적에 부합하여야 한다.
④ 민감도 : 피실험자 사이에서 볼 수 있는 예상 차이점에 비례하는 단위로 측정해야 한다.

해설 **체계기준의 구비조건(연구조사의 기준척도)**

(1) 실제적 요건 : 객관적이고, 정량적이며, 강요적이 아니고, 수집이 쉬우며, 특수한 자료 수집기법이나 기기가 필요 없고, 돈이나 실험자의 수고가 적게 드는 것이어야 한다.
(2) 신뢰성(반복성) : 시간이나 대표적 표본의 선정에 관계없이, 변수 측정의 일관성이나 안정성을 말한다.
(3) 타당성(적절성) : 어느 것이나 공통적으로 변수가 실제로 의도하는 바를 어느 정도 측정하는가를 결정하는 것이다.(시스템의 목표를 잘 반영하는가를 나타내는 척도)
(4) 순수성(무오염성) : 측정하는 구조 외적인 변수의 영향은 받지 않는 것을 말한다.
(5) 민감도 : 피검자 사이에서 볼 수 있는 예상 차이점에 비례하는 단위로 측정해야 함을 말한다.

10 **한 대의 기계를 120시간 동안 연속 사용한 경우 9회의 고장이 발생하였고, 이때의 총 고장수리시간이 18시간이었다. 이 기계의 MTBF(Mean Time Between Failure)는 약 몇 시간인가?**

① 10.22 ② 11.33
③ 14.27 ④ 18.54

해설 평균고장간격(MTBF ; Mean Time Between Failure) : 시스템, 부품 등 고장 간의 동작시간 평균치

$$MTBF = \frac{1}{\lambda} = \frac{총가동시간}{고장건수} = \frac{120-18}{9}$$
$$= 11.33시간$$

11 **다음 중 아날로그 표시장치를 선택하는 일반적인 요구사항으로 틀린 것은?**

① 일반적으로 동침형보다는 동목형을 선호한다.
② 일반적으로 동침과 동목은 혼용하여 사용하지 않는다.
③ 움직이는 요소에 대한 수동 조절을 설계할 때는 바늘(pointer)을 조정하는 것이 눈금을 조정하는 것보다 좋다.
④ 중요한 미세한 움직임이나 변화에 대한 정보를 표시할 때는 동침형을 사용한다.

해설 **동목형(Moving Scale)**
값의 범위가 클 경우 작은 계기판에 모두 나타낼 수 없는 동침형의 단점을 보완한 것으로 표시장치의 공간을 적게 차지하는 이점이 있다.

12 **인간공학의 연구를 위한 수집자료 중 동공확장 등과 같은 것은 어느 유형으로 분류되는 자료라 할 수 있는가?**

① 생리지표 ② 주관적 자료
③ 강도 척도 ④ 성능자료

해설 동공확장은 생리지표로 분류할 수 있다.

정답 09 ④ 10 ② 11 ① 12 ①

13 어떤 설비의 시간당 고장률이 일정하다고 할 때 이 설비의 고장간격은 다음 중 어떠한 확률분포를 따르는가?

① t분포 ② 와이블분포
③ 지수분포 ④ Erlang 분포

 λ(평균고장률) = $\frac{\text{고장건수}}{\text{총가동시간}}$ 즉, 어떤 사건이 발생하고 다음 사건이 일어날 때까지 걸리는 시간의 분포로 지수형 분포를 따르고 있음

14 인간 신뢰도 분석기법 중 조작자 행동 나무(Operator Action Tree) 접근방법이 환경적 사건에 대한 인간의 반응을 위해 인정하는 활동 3가지가 아닌 것은?

① 감지 ② 추정
③ 진단 ④ 반응

 조작자 행동 나무(Operator Action Tree) 접근방법이 환경적 사건에 대한 인간의 반응을 위해 인정하는 활동 3가지는 감지, 진단, 반응이다.

15 다음 중 음성통신에 있어 소음환경과 관련하여 성격이 다른 지수는?

① AI(Articulation Index)
② MAMA(Minimum Audible Movement Angle)
③ PNC(Preferred Noise Criteria Curves)
④ PSIL(Preferred－Octave Speech Interference Level)

해설 MAMA는 운동방향에 따른 최소가청각도를 나타내는 것으로 소음환경에 대한 고려가 없는 지수이다.

1. 명료도 지수(Articulation Index) : 통화 이해도를 추정할 수 있는 근거로 명료도 지수를 사용하는데, 이는 각 옥타브 대의 음성과 소음의 dB 값에 가중치를 곱하여 합계를 구한다.
2. PNC 곡선(Preferred Noise Criteria Curves) : 실내의 광대역 소음을 평가하기 위한 도표의 하나로 음질에 의한 불쾌감 등의 평가를 도입하고 있다.
3. 선호옥타브 음성간섭수준(Preferred－Octave Speech Interference Level) : 음성 전송에 있어서 소음의 영향을 추정하는 척도

16 다음 중 FT의 작성방법에 관한 설명으로 틀린 것은?

① 정성 · 정량적으로 해석 · 평가하기 전에는 FT를 간소화해야 한다.
② 정상(Top)사상과 기본사상과의 관계는 논리게이트를 이용해 도해한다.
③ FT를 작성하려면 먼저 분석대상 시스템을 완전히 이해하여야 한다.
④ FT 작성을 쉽게 하기 위해서는 정상(Top)사상을 최대한 광범위하게 정의한다.

 FT 작성을 쉽게 하기 위해서는 정상(Top) 사상을 최대한 광범위하게 정의하면 안 된다.

17 다음 중 인간의 과오(Human error)를 정량적으로 평가하고 분석하는 데 사용하는 기법으로 가장 적절한 것은?

① THERP ② FTA
③ CA ④ FMECA

해설 THERP(인간과오율 추정법)

확률론적 안전기법으로서 인간의 과오에 기인된 사고원인을 분석하기 위하여 100만 운

정답 13 ③ 14 ② 15 ② 16 ④ 17 ①

전시간당 과오도수를 기본 과오율로 하여 인간의 기본과오율을 평가하는 기법
1) 인간 실수율(HEP) 예측기법
2) 사건들을 일련의 Binary 의사결정 분기들로 모형화해서 예측
3) 나무를 통한 각 경로의 확률 계산

18 다음 중 위험 조정을 위해 필요한 방법(위험조정기술)과 가장 거리가 먼 것은?

① 위험 회피(Avoidance)
② 위험 감축(Reduction)
③ 보류(Retention)
④ 위험 확인(Confirmation)

해설 **리스크(Risk) 통제방법(조정기술)**
1. 회피(Avoidance)
2. 경감, 감축(Reduction)
3. 보류(Retention)
4. 전가(Transfer)

19 다음 중 산업안전보건법상 유해 · 위험방지계획서의 심사결과에 따른 구분 · 판정의 종류에 해당하지 않는 것은?

① 보류 ② 부적정
③ 적정 ④ 조건부 적정

심사결과의 구분 : 공단은 유해 · 위험방지계획서의 심사결과에 따라 다음 각 호와 같이 구분 · 판정한다.
1. 적정 : 근로자의 안전과 보건을 위하여 필요한 조치가 구체적으로 확보되었다고 인정되는 경우
2. 조건부 적정 : 근로자의 안전과 보건을 확보하기 위하여 일부 개선이 필요하다고 인정되는 경우
3. 부적정 : 기계 · 설비 또는 건설물이 심사기준에 위반되어 공사착공 시 중대한 위험발생의 우려가 있거나 계획에 근본적 결함이 있다고 인정되는 경우

20 다음 중 은행 창구나 슈퍼마켓의 계산대에 적용하기에 가장 적합한 인체 측정 자료의 응용원칙은?

① 평균치 설계
② 최대 집단치 설계
③ 극단치 설계
④ 최소 집단치 설계

해설 (1) 최대치수와 최소치수
특정한 설비를 설계할 때, 거의 모든 사람을 수용할 수 있는 경우(최대치수)가 필요하다. 문, 통로, 탈출구 등을 예로 들 수 있다. 최소치수의 예로는 선반의 높이, 조종장치까지의 거리 등이 있다.
1) 최대치수 : 인체측정 변수 측정기준 1, 5, 10%
2) 최소치수 : 상위백분율(퍼센타일, Percentile) 기준 90, 95, 99%

(2) 조절범위(5~95%)
체격이 다른 여러 사람에 맞도록 조절식으로 만드는 것이 바람직하다. 그 예로는 자동차 좌석의 전후 조절, 사무실 의자의 상하 조절 등이 있다.

(3) 평균치를 기준으로 한 설계
최대치수나 최소치수를 기준으로 설계하기도 부적절하고 조절식으로 하기도 불가능할 때, 평균치를 기준으로 설계를 한다. 예를 들면, 손님의 평균신장을 기준으로 만든 은행의 계산대 등이 있다.

21 다음 중 시성능기준함수(VLs)의 일반적인 수준 설정으로 틀린 것은?

① 현실상황에 적합한 조명수준이다.
② 표적 탐지 확률은 50%에서 99%로 한다.
③ 표적(target)은 정적인 과녁에서 동적인 과녁으로 한다.
④ 언제, 시계 내의 어디에 과녁이 나타날지 아는 경우이다.

정답 18 ④ 19 ① 20 ① 21 ④

해설 **시성능 기준함수(Visual Performance Criterion Function)**

조명수준의 판단기준으로 현실상황에서 적합한 조명수준을 설정하기 위해서 다음과 같이 보정을 한다.

1. 정적인 과녁에서 동적인 과적으로(시작업 대상)
2. 언제, 시계 내의 어디에 과녁이 나타날지 모를 때(시작업 대상)로
3. 표적 탐지 확률을 50%에서 99%로

22 다음 중 정보를 전송하기 위해 청각적 표시장치보다 시각적 표시장치를 이용하는 것이 더 효과적인 경우는?

① 정보의 내용이 간단한 경우
② 정보가 후에 재참조되는 경우
③ 정보가 즉각적인 행동을 요구하는 경우
④ 정보의 내용이 시간적인 사건을 다루는 경우

해설 **시각장치와 청각장치의 비교**

1) 시각장치 사용
- 경고나 메시지가 복잡하다.
- 경고나 메시지가 길다.
- 경고나 메시지가 후에 재참조된다.
- 경고나 메시지가 공간적인 위치를 다룬다.
- 경고나 메시지가 즉각적인 행동을 요구하지 않는다.
- 수신자의 청각 계통이 과부하 상태일 때
- 수신장소가 너무 시끄러울 때
- 직무상 수신자가 한곳에 머무르는 경우

2) 청각장치 사용
- 경고나 메시지가 간단하다.
- 경고나 메시지가 짧다.
- 경고나 메시지가 후에 재참조되지 않는다.
- 경고나 메시지가 시간적인 사상을 다룬다.
- 경고나 메시지가 즉각적인 행동을 요구한다.
- 수신자의 시각 계통이 과부하 상태일 때
- 수신장소가 너무 밝거나 암조응 유지가 필요할 때
- 직무상 수신자가 자주 움직이는 경우

23 중이소골(Ossicle)이 고막의 진동을 내이의 난원창(Oval Window)에 전달하는 과정에서 음파의 압력은 어느 정도 증폭되는가?

① 2배 ② 12배
③ 22배 ④ 220배

해설 고막의 진동을 내이의 난원창에 전달하는 과정에서의 음파의 압력은 22배 정도 증폭된다.

1. 바깥귀(외이) : 소리를 모으는 역할
2. 가운데귀(중이) : 고막의 진동을 속귀로 전달하는 역할
3. 속귀(내이) : 달팽이관에 청세포가 분포되어 있어 소리자극을 청신경으로 전달
4. 고막 : 외이와 중이의 경계에 위치하는 얇고 투명한 두께 0.1mm의 막으로서 전달된 음파를 진동시키는 역할을 한다. 고막은 피부층, 중간층, 점막층의 세 겹으로 되어 있는데, 이 막을 통해 청소골로 전달된 음파가 내이의 달팽이관으로 전달되게 된다.

24 다음 중 일반적으로 대부분의 임무에서 시각적 암호의 효능에 대한 결과에서 가장 성능이 우수한 암호는?

① 구성 암호
② 영자와 형상 암호
③ 숫자 및 색 암호
④ 영자 및 구성 암호

해설 시각적 암호의 효능에 대한 결과에서 가장 성능이 우수한 암호는 숫자 및 색 암호이다.

정답 22 ② 23 ③ 24 ③

25 다음 설명 중 ㉠과 ㉡에 해당하는 내용이 올바르게 연결된 것은?

> 예비위험분석(PHA)의 식별된 4가지 사고 카테고리 중 작업자의 부상 및 시스템의 중대한 손해를 초래하거나 작업자의 생존 및 시스템의 유지를 위하여 즉시 수정조치를 필요로 하는 상태를 (㉠), 작업자의 부상 및 시스템의 중대한 손해를 초래하지 않고 대처 또는 제어할 수 있는 상태를 (㉡)(이)라 한다.

① ㉠-파국적 ㉡-중대
② ㉠-중대 ㉡-파국적
③ ㉠-한계적 ㉡-중대
④ ㉠-중대 ㉡-한계적

해설 **시스템 위험성의 분류**

1) 범주(Category) Ⅰ, 무시(Negligible) : 인원의 손상이나 시스템의 손상에 이르지 않음
2) 범주(Category) Ⅱ, 한계(Marginal) : 인원이 상해 또는 중대한 시스템의 손상없이 배제 또는 제거 가능
3) 범주(Category) Ⅲ, 위험(Critical) : 인원의 상해 또는 주요 시스템의 생존을 위해 즉시 시정조치 필요
4) 범주(Category) Ⅳ, 파국(Catastrophic) : 인원의 사망 또는 중상, 완전한 시스템의 손상을 일으킴

26 [보기]는 화학설비의 안전성 평가단계를 간략히 나열한 것이다. 다음 중 평가단계 순서를 올바르게 나타낸 것은?

> [보기]
> ㉠ 관계자료의 작성준비
> ㉡ 정량적 평가
> ㉢ 정성적 평가
> ㉣ 안전대책

① ㉠→㉢→㉡→㉣
② ㉠→㉡→㉣→㉢
③ ㉠→㉢→㉣→㉡
④ ㉠→㉡→㉢→㉣

해설 **안전성 평가 6단계**

- 제1단계 : 관계자료의 정비검토
- 제2단계 : 정성적 평가
- 제3단계 : 정량적 평가
- 제4단계 : 안전대책
- 제5단계 : 재해정보에 의한 재평가
- 제6단계 : FTA에 의한 재평가

27 다음 중 인간오류에 관한 설계기법에 있어 전적으로 오류를 범하지 않게는 할 수 없으므로 오류를 범하기 어렵도록 사물을 설계하는 방법은?

① 배타설계(Exclusive Design)
② 예방설계(Prevention Design)
③ 최소설계(Minimum Design)
④ 감소설계(Reduction Design)

인간이 오류를 범하지 어렵도록 사물을 설계하는 방법은 예방설계(Prevention Design)이다.

정답 25 ④ 26 ① 27 ②

28 다음 중 불(Bool) 대수의 정리를 나타낸 관계식으로 틀린 것은?

① $A \cdot 0 = 0$
② $A + 1 = 1$
③ $A \cdot \overline{A} = 1$
④ $A(A+B) = A$

해설 $A \cdot \overline{A} = 0$ 이다.

불 대수의 법칙

(1) 동정법칙 : $A + A = A$, $AA = A$
(2) 교환법칙 : $AB = BA$, $A + B = B + A$
(3) 흡수법칙 : $A(AB) = (AA)B = AB$

29 다음 중 Weber의 법칙에 관한 설명으로 틀린 것은?

① Weber 비는 분별의 질을 나타낸다.
② Weber 비가 작을수록 분별력은 낮아진다.
③ 변화감지역(JND)이 작을수록 그 자극차원의 변화를 쉽게 검출할 수 있다.
④ 변화감지역(JND)은 사람이 50%를 검출할 수 있는 자극차원의 최소변화이다.

해설 웨버(Weber)의 법칙

특정 감관의 변화감지역(ΔL)은 사용되는 표준자극(I)에 비례한다.

웨버 비$=\dfrac{\Delta I}{I}$

여기서, I : 기준자극크기
ΔL : 변화감지역

감각기관의 웨버(Weber) 비

감각	시각	청각	무게	후각	미각
Weber 비	1/60	1/10	1/50	1/4	1/3

※ 웨버(Weber)비가 작을수록 인간의 분별력이 좋아짐

30 조사연구자가 특정한 연구를 수행하기 위해서는 어떤 상황에서 실시할 것인가를 선택하여야 한다. 즉, 실험실 환경에서도 가능하고 실제 현장 연구도 가능한데 다음 중 현장연구를 수행했을 경우 장점으로 가장 적절한 것은?

① 비용절감
② 정확한 자료수집 가능
③ 일반화가 가능
④ 실험조건의 조절 용이

해설 실험실 및 현장연구 환경의 선택

1. 실험실환경 : 비용절감, 자료의 정확성, 실험조건 용이, 모의실험(Simulation)
2. 현장환경 : 사실성, 현실적인 작업변수 설정 가능

31 다음 중 간헐적으로 페달을 조작할 때 다리에 걸리는 부하를 평가하기에 가장 적당한 측정변수는?

① 근전도　② 산소소비량
③ 심장박동수　④ 에너지소비량

해설 근전도(EMG ; Electromyogram)

근육활동의 전위차를 기록한 것으로 심장근의 근전도를 특히 심전도(ECG ; Electrocardiogram)라 한다.

32 다음 중 소음 발생에 있어 음원에 대한 대책으로 볼 수 없는 것은?

① 설비의 격리
② 적절한 재배치
③ 저소음 설비 사용
④ 귀마개 및 귀덮개 사용

정답 28 ③ 29 ② 30 ③ 31 ① 32 ④

 **소음을 통제하는 방법(소음대책)**

1. 소음원의 통제
2. 소음의 격리
3. 차폐장치 및 흡음재료 사용
4. 음향처리제 사용
5. 적절한 배치

33 다음 중 시스템 안전 프로그램 개발단계에서 이루어져야 할 사항의 내용과 가장 거리가 먼 것은?

① 교육훈련을 시작한다.
② 위험분석으로 주로 FMEA가 적용된다.
③ 설계의 수용가능성을 위해 보다 완벽한 검토를 한다.
④ 이 단계의 모형분석과 검사결과는 OHA의 입력자료로 사용된다.

 **시스템 안전 프로그램 계획(SSPP ; System Safety Program Plan)**

시스템 안전요건에 일치하기 위해 필요한 계획된 안전업무를 조직상의 책임, 완성하는 방법, 일정, 노력의 정도 및 다른 프로그램 기술이나 관리활동 및 관련 시스템과의 조정을 포함해서 완전히 기재하는 것을 말한다.

시스템 안전 프로그램 계획에 포함되어야 할 사항

① 계획의 개요
② 안전조직
③ 계약조건
④ 관련부문과의 조정
⑤ 안전기준
⑥ 안전해석
⑦ 안전성 평가
⑧ 안전데이터의 수집 및 분석
⑨ 경과 및 결과의 분석

34 다음 중 어느 부품 1,000개를 100,000시간 동안 가동 중에 5개의 불량품이 발생하였을 때 평균동작시간(MTTF)은?

① 1×10^6 시간
② 2×10^7 시간
③ 1×10^8 시간
④ 2×10^9 시간

 직렬계의 경우 $\text{MTTF} = \frac{1}{\lambda}$

$$\lambda(\text{평균고장률}) = \frac{\text{고장건수}}{\text{총가동시간}}$$

$$\therefore \text{MTTF} = \frac{\text{총가동시간}}{\text{고장건수}}$$

$$= \frac{1{,}000\times100{,}000}{5} = 2\times10^7$$

35 FT도 작성에서 사용되는 사상 중 시스템의 정상적인 가동상태에서 일어날 것이 기대되는 사상은?

① 통상사상 ② 기본사상
③ 생략사상 ④ 결함사상

해설 **FTA에 사용되는 논리기호 및 사상기호**

번호	기호	명칭	설명
1		결함사상 (사상기호)	개별적인 결함사상
2		기본사상 (사상기호)	인간의 실수
3		생략사상 (최후사상)	정보 부족, 해석기술 불충분으로 더 이상 전개할 수 없는 사상
4		통상사상 (사상기호)	통상발생이 예상되는 사상

정답 33 ① 34 ② 35 ①

36 다음 중 인간 – 기계시스템을 3가지로 분류한 설명으로 틀린 것은?

① 자동시스템에서는 인간요소를 고려하여야 한다.
② 자동시스템에서 인간은 감시, 정비유지, 프로그램 등의 작업을 담당한다.
③ 수동시스템에서 기계는 동력원을 제공하고 인간의 통제하에서 제품을 생산한다.
④ 기계시스템에서는 동력기계화 체계와 고도로 통합된 부품으로 구성된다.

해설 수동 시스템에서는 인간이 스스로 동력원을 제공한다.

37 다음 중 동작의 효율을 높이기 위한 동작경제의 원칙으로 볼 수 없는 것은?

① 신체 사용에 관한 원칙
② 작업장 배치에 관한 원칙
③ 복수작업자 활용에 관한 원칙
④ 공구 및 설비 디자인에 관한 원칙

해설 **동작경제의 원칙**

(1) 신체 사용에 관한 원칙(동작능력 활용, 작업량 절약, 동작개선)
① 양손은 동시에 동작을 시작하여 동시에 끝맺는다.
② 양손은 휴식을 제외하고는 동시에 쉬어서는 안 된다.
③ 팔의 동작은 서로 반대의 대칭적인 방향으로 행하며 동시에 행해야 한다.
④ 팔, 손, 손가락 그리고 신체의 동작은 일을 만족하게 할 수 있는 최소의 동작으로 한정해야 한다.
⑤ 작업에 도움이 되도록 가급적 물체의 관성을 이용하여야 하며 관성을 극복하여야 하는 경우에는 관성을 최소화하여야 한다.

(2) 작업장 배치에 관한 원칙
① 모든 공구나 재료는 정해진 위치에 놓도록 한다.
② 공구, 재료 및 제어 기구들은 사용 장소에 가깝게 배치해야 한다.
③ 가급적이면 낙하시켜 전달하는 방법을 따른다.

(3) 공구 및 설비 디자인에 관한 원칙
① 물체 고정장치나 발을 사용함으로써 손의 작업을 보조하고 손은 다른 동작을 담당하도록 한다.
② 될 수 있으면 두 개 이상의 공구를 결합하도록 해야 한다.
③ 공구나 재료는 미리 배치한다.

38 각 기본사상의 발생확률이 증감하는 경우 정상사상의 발생확률에 어느 정도 영향을 미치는가를 반영하는 지표로서 수리적으로는 편미분계수와 같은 의미를 갖는 FTA의 중요도 지수는?

① 구조 중요도
② 확률 중요도
③ 치명 중요도
④ Barlows 중요도

해설 **중요도**

어떤 기본사항의 발생이 정상사상의 발생에 어느 정도의 영향을 미치는가에 대해 정량적으로 나타낸 것
1. 구조 중요도 : 결함수의 구조상, 각 기본사상이 갖는 치명성을 말함
2. 확률 중요도 : 정상사상의 발생확률의 증감에 각 기본사상의 발생확률이 어느 정도 영향을 미치는가를 나타내는 척도
3. 치명 중요도 : 기본사상 발생확률의 변화율에 대한 정상사상 발생확률의 변화의 비

정답 36 ③ 37 ③ 38 ②

39 **다음 중 산업안전보건법에 따라 제조업의 유해 · 위험방지계획서를 작성하고자 할 때 관련 규정에 따라 1명 이상 포함시켜야 하는 사람의 자격으로 적합하지 않은 것은?**

① 안전관리분야 기술사 자격을 취득한 사람
② 기계안전, 전기안전, 화공안전 분야의 산업안전지도사 자격을 취득한 사람
③ 기사 자격을 취득한 사람으로서 해당 분야에서 5년 근무한 경력이 있는 사람
④ 한국산업안전보건공단이 실시하는 관련 교육을 8시간 이수한 사람

해설 **제조업 등 유해 · 위험방지계획서 제출 · 심사 · 확인[고용노동부고시 제2012-10호] 제6조(작성자)**

① 사업주는 계획서를 작성할 때에 다음 각 호의 어느 하나에 해당하는 자격을 갖춘 사람 또는 공단이 실시하는 관련교육을 20시간 이상 이수한 사람 중 1명 이상을 포함시켜야 한다.
1. 기계, 금속, 화공, 전기, 안전관리, 산업보건관리, 산업위생 또는 환경분야 기술사 자격을 취득한 사람
2. 기계안전 · 전기안전 · 화공안전분야의 산업안전지도사 또는 산업위생지도사 자격을 취득한 사람
3. 제1호 관련분야 기사 자격을 취득한 사람으로서 해당 분야에서 3년 이상 근무한 경력이 있는 사람
4. 제1호 관련분야 산업기사 자격을 취득한 사람으로서 해당 분야에서 5년 이상 근무한 경력이 있는 사람

40 **다음 중 고열에 의한 건강장해 예방대책으로 작업조건 및 환경개선 두 가지 모두와 관계되는 요소는?**

① 착의상태
② 휴식처에서의 온열조건
③ 열에 노출되는 횟수 및 노출시간
④ 온열환경에서 작업할 때의 체열교환

"고열"이란 열에 의하여 근로자에게 열경련 · 열탈진 또는 열사병 등의 건강장해를 유발할 수 있는 더운 온도를 말한다. 고열작업이 실내인 경우에는 냉방 또는 통풍 등을 위하여 적절한 온 · 습도 조절장치를 설치한다. 냉방장치를 설치하는 때에는 외부의 대기온도보다 현저히 낮게 하지 않는다. 다만, 작업의 성질상 냉방장치를 하여 일정한 온도를 유지하여야 하는 장소로서 근로자에게 보온을 위하여 필요한 조치를 하는 때에는 예외로 한다.(환경관리)
근로자를 새로이 배치할 경우에는 고열에 순응할 때까지 고열작업시간을 매일 단계적으로 증가시키는 등 필요한 조치를 하여야 하는데 이때 고려해야 하는 사항이 착용복장에 따른 WBGT 노출기준이다.(작업관리)
[KOSHA GUIDE W-12-2012]

41 **다음 중 결함수분석법(FTA)의 특징으로 볼 수 없는 것은?**

① Top Down 형식
② 특정사상에 대한 해석
③ 정성적 해석의 불가능
④ 논리기호를 사용한 해석

FTA의 특징

1. Top down 형식(연역적)
2. 정량적 해석기법(컴퓨터 처리가 가능)
3. 논리기호를 사용한 특정사상에 대한 해석
4. 서식이 간단하여 비전문가도 짧은 훈련으로 사용 가능
5. Human Error 검출의 어려움

정답 39 ④ 40 ① 41 ③

42 다음 중 신호 및 경보등을 설계할 때 초당 3~10회의 점멸속도로 얼마의 지속시간이 가장 적합한가?

① 0.01초 이상
② 0.02초 이상
③ 0.03초 이상
④ 0.05초 이상

해설 신호 및 경보등

(1) 광원의 크기, 광도 및 노출시간
 1) 광원의 크기가 작으면 시각이 작아짐
 2) 광원의 크기가 작을수록 광속발산도가 커야 함
(2) 색광
 1) 색에 따라 사람의 주위를 끄는 정도가 다르며 반응시간이 빠른 순서는 ① 적색, ② 녹색, ③ 황색, ④ 백색 순임
 2) 명도가 높은 색채는 빠르고 경쾌하게 느껴지고, 명도가 낮은 색채는 둔하고 느리게 느껴짐
 3) 신호 대 배경의 명도대비(Contrast)가 낮을 경우에는 적색 신호가 효과적임
 4) 배경이 어두운 색(흑색)일 경우 명도대비가 좋거나 신호의 절대명도가 크면 신호의 색은 주위를 끄는 데 별로 중요하지 않음
(3) 점멸속도
 1) 점멸 융합주파수(약 30Hz)보다 작아야 함
 2) 주의를 끌기 위해서는 초당 3~10회의 점멸속도에 지속시간은 0.05초 이상이 적당함
(4) 배경 광(불빛)
 1) 배경의 불빛이 신호등과 비슷할 경우 신호광 식별이 곤란함
 2) 배경 잡음의 광이 점멸일 경우 점멸신호등의 기능을 상실
 3) 신호등이 네온사인이나 크리스마스트리 등이 있는 지역에 설치되는 경우에는 식별이 쉽지 않음

43 다음 중 스트레인의 주요 척도에서 생리적 긴장의 화학적 척도에 해당하는 것은?

① 혈압 ② 호흡수
③ 심전도 ④ 혈액 성분

해설 피로의 측정방법

(1) 생리학적 측정 : 근력 및 근활동(EMG), 대뇌활동(EEG), 호흡(산소소비량), 순환기(ECG)
(2) 생화학적 측정 : 혈액농도 측정, 혈액수분 측정, 요전해질, 요단백질 측정
(3) 심리학적 측정 : 피부저항, 동작분석, 연속반응시간, 집중력

44 [그림]과 같이 신뢰도 95%인 펌프 A가 각각 신뢰도 90%인 밸브 B와 밸브 C의 병렬 밸브계와 직렬계를 이룬 시스템의 실패 확률은 약 얼마인가?

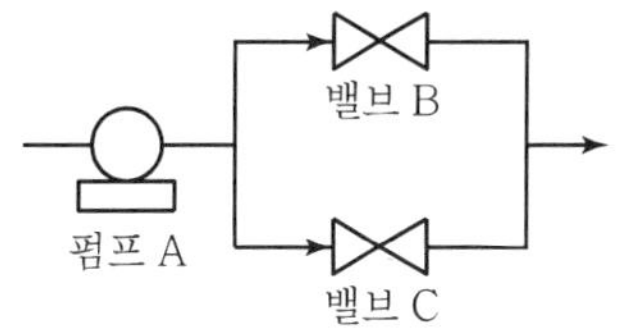

① 0.0091 ② 0.0595
③ 0.9405 ④ 0.9811

해설 시스템의 신뢰도
$=1-\{0.95\times(1-0.1\times0.1)\}=0.0595$

45 조종장치를 촉각적으로 식별하기 위하여 사용되는 촉각적 코드화의 방법으로 가장 적합하지 않는 것은?

① 크기를 이용한 코드화
② 조종장치의 형상 코드화
③ 표면 촉감을 이용한 코드화
④ 피부 자극을 활용한 코드화

정답 42 ④ 43 ④ 44 ② 45 ④

해설 시스템이 운영되는 상황에 따라 빠른 식별(Identification)이 아주 중요하다. 만약 잘못된 제어장치가 작동하면 적절한 제어행동이 수행되지 않으며 시스템이 고장날 수도 있다. 제어장치의 식별은 식별의 혼동을 최소화하기 위해 구별이 쉽도록 코드화되어야 한다. 제어장치의 코드화는 조작자의 요구, 이미 사용하고 있는 코드화 방법, 조도, 제어장치의 식별속도와 정확성, 가능한 공간, 제어의 수 등에 영향을 받는다. 일차적으로 코드화하는 방법으로 형상, 촉감, 크기, 위치, 조작법, 색깔, 라벨 등이 있다.

46 자동차 운전대를 시계 방향으로 돌리면 자동차가 오른쪽으로 회전하도록 설계한 것은 어떠한 양립성을 구현한 것인가?

① 개념 양립성
② 운동 양립성
③ 공간 양립성
④ 양식 양립성

해설 **양립성**

안전을 근원적으로 확보하기 위한 전략으로서 외부의 자극과 인간의 기대가 서로 모순되지 않아야 하는 것이다. 제어장치와 표시장치 사이의 연관성이 인간의 예상과 어느 정도 일치하는가 여부이다.

1. 공간적 양립성 : 어떤 사물들, 특히 표시장치나 조정장치의 물리적 형태나 공간적인 배치의 양립성을 말한다.
2. 운동적 양립성 : 표시장치, 조정장치, 체계반응 등 운동방향의 양립성을 말하는데, 예를 들어 그림에서는 오른 나사의 전진방향에 대한 기대가 해당된다.
3. 개념적 양립성 : 외부로부터의 자극에 대해 인간이 가지고 있는 개념적 연상의 일관성을 말하는데, 예를 들어 파란색 수도꼭지와 빨간색 수도꼭지가 있는 경우 빨간색 수도꼭지를 보고 따뜻한 물이라고 연상하는 것을 말한다.

47 손목을 반복적이고 지속적으로 사용하면 손목관증후군(CTS)에 걸릴 수 있는데, 이 증후군은 어떤 신경에 가장 큰 손상이 일어나는 것인가?

① 감각신경(Sensor Nerve)
② 정중신경(Median Nerve)
③ 중추신경(Central Nerve)
④ 자율신경(Autonomic Nerve)

해설 **수근 터널증후군(Carpal Tunnel Syndrome)**

손의 손목뼈 부분의 중심신경(Median Nerve)의 압박에 의한 결과로 나타난다. 이 증상은 매우 다양하게 일어날 수 있으나 대부분은 수근관 구조의 정상이 아닌 이상변화에 의해 발생하여 정중신경에 압박을 주게 되어 결과적으로 통증을 유발시킨다.

48 다음 중 착석식 작업대의 높이 설계를 할 경우 고려해야 할 사항과 가장 관계가 먼 것은?

① 의자의 높이
② 작업의 성질
③ 대퇴 여유
④ 작업대의 형태

해설 **착석식(의자식) 작업대의 높이**

1. 의자의 높이를 조절할 수 있도록 설계하는 것이 바람직
2. 섬세한 작업은 작업대를 약간 높게, 거친 작업은 작업대를 약간 낮게 설계
3. 작업면 하부 여유공간은 대퇴부가 큰 사람이 자유롭게 움직일 수 있을 정도로 설계

정답 46 ② 47 ② 48 ④

49 인간-기계 시스템의 설계 과정을 [보기]와 같이 분류할 때 다음 중 기능을 할당하는 단계는?

- 1단계 : 시스템의 목표와 성능명세 결정
- 2단계 : 시스템의 정의
- 3단계 : 기본 설계
- 4단계 : 인터페이스 설계
- 5단계 : 보조물 설계 혹은 편의수단 설계
- 6단계 : 평가

① 기본 설계
② 인터페이스 설계
③ 시스템의 목표와 성능명세 결정
④ 보조물 설계 혹은 편의수단 설계

해설 **인간-기계시스템 설계과정 6가지 단계**

1. 목표 및 성능명세 결정 : 시스템 설계 전 그 목적이나 존재이유가 있어야 함
2. 시스템 정의 : 목적 달성하기 위한 특정한 기본기능들이 수행되어야 함
3. 기본설계 : 시스템의 형태를 갖추기 시작하는 단계(직무분석, 작업설계, 기능할당)
4. 인터페이스 설계 : 사용자 편의와 시스템 성능에 관여
5. 촉진물 설계 : 인간의 성능을 증진시킬 보도물을 설계
6. 시험 및 평가 : 시스템 개발과 관련된 평가와 인간적인 요소 평가 실시

50 다음 중 인간공학의 정의로 가장 적합한 것은?

① 인간의 과오가 시스템에 미치는 영향을 최대화하기 위한 연구분야
② 인간, 기계, 물자, 환경으로 구성된 복잡한 체계의 효율을 최대로 활용하기 위하여 인간의 한계 능력을 최대화하는 학문분야
③ 인간, 기계, 물자, 환경으로 구성된 복잡한 체계의 효율을 최대로 활용하기 위하여 인간의 생리적 · 심리적 조건을 시스템에 맞추는 학문분야
④ 인간의 특성과 한계 능력을 공학적으로 분석, 평가하여 이를 복잡한 체계의 설계에 응용함으로써 효율을 최대로 활용할 수 있도록 하는 학문분야

해설 **인간공학**

인간의 신체적 · 정신적 능력 한계를 고려해 인간에게 적절한 형태로 작업을 맞추는 것. 인간공학의 목표는 설비, 환경, 직무, 도구, 장비, 공정 그리고 훈련방법을 평가하고 디자인하여 특정한 작업자의 능력에 접합시킴으로써, 직업성 장해를 예방하고 피로, 실수, 불안전한 행동의 가능성을 감소시키는 것이다. 인간공학을 나타내는 용어로는 Human Factors, Ergonomics, Human Engineering이 있다.

51 다음의 위험분석 기법 중 시스템 수명주기 관점에서 적용시점이 가장 빠른 것은?

① PHA ② FHA
③ OHA ④ SHA

해설 **시스템 위험 분석기법**

1. PHA(예비위험분석, Preliminary Hazards Analysis) : 시스템 내의 위험요소가 얼마나 위험상태에 있는가를 평가하는 시스템 안전 프로그램 최초단계의 분석방식(정성적)
2. FHA(결함위험분석, Fault Hazards Analysis) : 분업에 의해 여럿이 분담 설계한 서브시스템 간의 인터페이스를 조정하여 각각의 서브시스템 및 전체 시스템에 악영향을 미치지 않게 하기 위한 분석방법

정답 49 ① 50 ④ 51 ①

3. FTA(결함수분석, Fault Tree Analysis) : 복잡 대형화된 시스템의 신뢰성 분석에 이용되는 기법으로 시스템의 각 단위 부품의 고장을 기본 고장(Primary Failure or Basic Event)이라 하고, 시스템의 결함상태를 시스템 고장(Top Event or System Failure)이라 하여 이들의 관계를 정량적으로 평가하는 방법
4. OHA(운용위험분석, Operating Hazard Analysis) : 다양한 업무활동에서 제품의 사용과 함께 발생할 수 있는 위험성을 분석하는 방법이다.

52 결함수분석(FTA) 결과 다음과 같은 패스셋을 구하였다. X_4가 중복사상인 경우 다음 중 최소 패스셋(Minimal Path Sets)으로 옳은 것은?

$$\{X_2,\ X_3,\ X_4\}$$
$$\{X_1,\ X_3,\ X_4\}$$
$$\{X_3,\ X_4\}$$

① $\{X_3,\ X_4\}$
② $\{X_1,\ X_3,\ X_4\}$
③ $\{X_2,\ X_3,\ X_4\}$
④ $\{X_2,\ X_3,\ X_4\}$와 $\{X_3,\ X_4\}$

해설 **패스셋**

(1) 정의 : 패스셋은 시스템을 살리는 데 필요한 최소 요인의 집합이므로 $\{X_3,\ X_4\}$이 된다.
(2) 패스셋과 미니멀 패스셋 :
패스셋이란 그 속에 포함되어 있는 기본사상이 일어나지 않을 때 처음으로 정상사상이 일어나지 않는 기본사상의 집합으로서 미니멀 패스셋은 그 필요한 최소한의 컷을 말한다.(시스템을 살리는 데 필요한 최소한 요인의 집합)

53 다음 중 불(Bool) 대수의 정리를 나타낸 관계식으로 틀린 것은?

① $A \cdot A = A$
② $A + \overline{A} = 0$
③ $A + AB = A$
④ $A + A = A$

② $A + \overline{A} = 1$ 이다.

불 대수의 법칙

(1) 동정법칙 : $A + A = A$, $AA = A$
(2) 교환법칙 : $AB = BA$, $A + B = B + A$
(3) 흡수법칙 : $A(AB) = (AA)B = AB$

54 다음 중 산업안전보건법령에 따라 유해하거나 위험한 장소에서 사용하는 기계 · 기구 및 설비를 설치 · 이전하는 경우 유해 · 위험방지계획서를 작성, 제출하여야 하는 대상이 아닌 것은?

① 화학설비
② 건조설비
③ 전기용접장치
④ 금속 용해로

해설 **유해위험방지계획서 제출대상 사업(산업안전보건법 시행령 제42조)**

1. 금속이나 그 밖의 광물의 용해로
2. 화학설비
3. 건조설비
4. 가스집합용접장치
5. 근로자의 건강에 상당한 장해를 일으킬 우려가 있는 물질로서 고용노동부령으로 정하는 물질의 밀폐 · 환기 · 배기를 위한 설비

정답 52 ① 53 ② 54 ③

55 **인간에러 원인 중 작업특성 및 환경조건의 상태 악화로 인한 원인과 가장 거리가 먼 것은?**

① 낮은 자율성
② 혼동되는 신호의 탐색 및 검출
③ 매뉴얼과 체크리스트 등의 부족
④ 판단과 행동에 복잡한 조건이 관련된 작업

해설 매뉴얼과 체크리스트 등의 부족은 작업특성 및 환경조건의 상태 악화로 인한 원인과 거리가 멀다.

56 **어떤 사람이 자동차를 생산하는 공장에서 95dB(A)의 소음수준에서 하루 8시간 작업하며 매 시간 조용한 휴게실에서 20분씩 휴식을 취한다고 가정하였을 때 8시간 시간가중평균(TWA)은 약 얼마인가?(단, 소음은 누적소음노출량측정기로 측정하였으며, OSHA에서 정한 95dB(A)의 허용시간은 4시간이다.)**

① 91dB(A) ② 91.5dB(A)
③ 92dB(A) ④ 92.5dB(A)

단위작업장소에서 소음의 강도가 불규칙적으로 변동하는 소음 등을 누적소음 노출량측정기로 측정하여 노출량으로 산출되었을 경우에는 시간가중평균소음은 다음 계산식을 기준으로 평가할 수 있다.

$$TWA = 16.61\log\left(\frac{D}{100}\right) + 90$$

여기서,
TWA : 시간가중평균소음수준[dB(A)]
D : 누적소음노출량(%)

즉, D는 95dB에 4시간 노출될 때 100%이므로 8시간 기준으로는 8시간$\times\left(\frac{40}{60}\right)$= 5.33시간이 된다.

따라서, 4시간 : 100%=5.33시간 : D% 이므로

노출량 $D=\left(\frac{100\times 5.333}{4}\right)=133.33\%$

$$\therefore\ TWA = 16.61\log\left(\frac{D}{100}\right)+90 = 16.61\log\left(\frac{133.33}{100}\right)+90 = 92(\text{dB})$$

57 **Chapanis는 위험분석을 확률과 영향 두 가지 요소를 고려하여 확률수준과 그에 따른 위험발생률을 객관화하였는데 "가끔 발생하는(Occasional)" 발생빈도의 확률로 옳은 것은?**

① 발생빈도$>10^{-2}$/day
② 발생빈도$>10^{-3}$/day
③ 발생빈도$>10^{-4}$/day
④ 발생빈도$>10^{-5}$/day

해설 Chapanis가 제안한 평점척도

빈도	평점	확률 및 내용
자주	6	$>10^{-2}$/day, 때때로 일어남
보통	5	$>10^{-3}$/day, 한 항목의 수명 중 수회 일어남
가끔	4	$>10^{-4}$/day, 한 항목의 수명 중 드물게 일어남
거의 발생하지 않는	3	$>10^{-5}$/day, 그리 일어날 것 같지 않은
극히 발생할 것 같지 않은	2	$>10^{-6}$/day, 발생확률이 0에 가까움
전혀 발생하지 않는	1	$>10^{-8}$/day, 물리적으로 발생 불가능

정답 55 ③ 56 ③ 57 ③

58 **다음 설명에 해당하는 설비보전방식의 유형은?**

> 설비보전 정보와 신기술을 기초로 신뢰성·조작성·보전성·안전성·경제성 등이 우수한 설비의 선정, 조달 또는 설계를 통하여 궁극적으로 설비의 설계·제작 단계에서 보전활동이 불필요한 체제를 목표로 한 설비보전 방법을 말한다.

① 개량 보전 ② 사후 보전
③ 일상 보전 ④ 보전 예방

보전 예방(Maintenance Preventive)

설비를 새로이 계획·설계하는 단계에서 보전 정보나 새로운 기술을 채용해서 신뢰성·보전성·경제성·조작성·안전성 등을 고려하여 보전비나 열화 손실을 적게 하는 활동을 말하며, 구체적으로는 계획·설계단계에서 하는 것이 필요하며, 이 활동의 궁극적인 목적은 보전 불필요의 설비를 목표로 하는 것이다.

59 **다음 중 VE(Value Engineering) 활동으로 각 분석항목에 대한 안전성과의 관계를 잘못 연결한 것은?**

① 재료－불량률
② 검사포장－육체피로
③ 설비－사고재해 건수
④ 운반 Layout－작업피로

재료－불량률은 안전성과의 관계를 나타낸 것이 아니다. VE는 Value Engineering의 약자로서 영어단어의 Initial 만 따서 흔히 VE라고 부르고 있으며 "가치공학"이라고 명명된다. 가치공학으로서의 VE 개념은 수요자가 요구하는 품질, 소정의 성능, 신뢰성, 안전을 유지하면서 적용공법, 설비나 자재, Service, 절차 등으로부터 불필요한 Cost를 찾아내고 제거하는 것이다.

정답 58 ④ 59 ①

건설시공학

ENGINEER CONSTRUCTION SAFETY

CHAPTER 01

시공일반

SECTION 1 공사시공방식

1 직영공사

1) 정의 및 특징

(1) 건축주가 직접 재료구입, 건설장비 및 인력확보 등 건설공사와 관련된 전반적인 실무를 시행하는 방식이다.

(2) 주로 공사 내용이 단순하고 시공과정이 용이한 소규모 공사에 적합하며, 단가 산출이 어렵거나 연구 실험 등이 필요한 경우 시행한다.

2) 장단점

(1) 장점

① 발주, 계약 등의 번거로운 수속 절감

② 임기응변으로 처리가 가능

(2) 단점

① 공사비 증대, 공기연장의 가능성

② 시공 및 안전관리 능력 부족

직영공사

2 도급의 종류

1) 원도급 : 발주자(건축주)와 직접 도급계약을 체결하는 것
2) 재도급 : 발주자에게서 원도급을 받은 건설업자가 도급받은 공사 전부를 다른 공사업자에게 도급을 주어 시행하는 것을 말함
3) 하도급 : 발주자에게서 원도급을 받은 건설업자가 도급받은 공사를 부분적으로 분할하여 다시 도급을 주어 시행하는 것을 말함

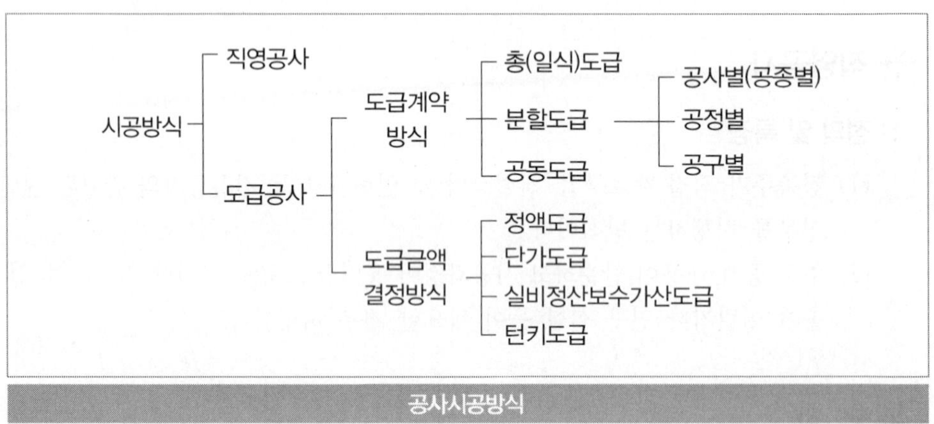

공사시공방식

3 도급방식

1) 공사시공방식에 따른 분류

(1) 일식도급

① 공사 전체를 한 도급자에게 주어서 시공하는 방식

② 장단점

장 점	단 점
• 계약 및 감독이 간단함 • 전체공사의 진척이 원활 • 하도급의 선택이 용이하고 공사비 절약	• 공사가 조잡해질 우려 • 도급자 이윤에 따른 공사비 증대 • 건축주의 의도가 미반영

(2) 분할도급

① 공사를 구분하여 유형별로 각각의 전문업자에게 분할하여 도급함

② 종류

㉠ 전문공종별 분할도급 : 전기, 설비공사를 주체공사에서 분리하여 도급을 줌

㉡ 공정별 분할도급 : 공사 과정별로 나누어서 도급을 줌, 후속업자 교체 곤란

㉢ 공구별 분할도급 : 아파트 등 대규모 공사에서 지역별로 분리하여 도급을 줌

㉣ 직종별, 공종별 분할도급 : 전문직종 또는 각 공종별로 분할하여 도급을 줌

③ 장단점

장 점	단 점
• 전문업자의 시공으로 우량시공 기대 • 업체 간 경쟁을 통한 공사원가 감소 • 건축주의 의도가 잘 반영됨	• 관리 및 감독의 업무 증대 • 공사의 종합관리가 어려움 • 경비 가산

대규모 공사에서 지역별로 공사를 분리하여 발주하는 방식이고 각 공구마다 총괄도급으로 하는 것이 보통이며, 중소업자에게 균등기회를 주고 또 업자 상호 간의 경쟁으로 공사기일단축, 시공기술 향상 및 공사의 높은 성과를 기대할 수 있어 유리한 도급방법은?

① 전문공사별 분할도급 ② 공정별 분할도급

✔ 공구별 분할도급 ④ 직종별 공종별 분할도급

(3) 공동도급

① 2개 이상의 도급자가 결합하여 공동으로 공사를 수행함

② 장단점

장 점	단 점
• 공사 이행의 확실성 보장, 위험분산 • 자본력(융자력)과 신용도 증대 • 기술 및 경험의 확충	• 단일회사 도급보다 경비 증대 • 도급자 간 충돌, 이해문제 발생 • 책임소재 불명확 및 책임회피 우려

2) 공사금액 결정 방법에 따른 분류

(1) 정액도급

① 도급금액을 일정액으로 결정하여 계약하는 방식

② 장단점

장 점	단 점
• 공사관리 업무가 간편 • 도급자의 원가 절감노력 • 입찰시 경쟁으로 총 공사비 감소	• 설계변경시 공사비 증액 곤란 • 설계도서의 확정 후 공사진행 가능 • 건축주와의 의견조절이 어려움

(2) 단가도급

① 단위공사의 단가만으로 계약하고 공사완료시 확정액을 차후 정산하는 방식

② 장단점

장 점	단 점
• 공사 착공이 가장 신속함 • 설계변경으로 인한 수량계산 용이 • 시급한 공사의 간단계약 가능	• 총 공사비 예측이 어려움 • 시장가격 변동시 불합리 • 공사비 절감 의욕감소

(3) 실비정산 보수 가산도급(Cost Plus Fee Contract)

① 공사의 실비를 건축주와 도급자가 확인・정산하고, 건축주는 미리 정한 보수율에 따라 도급자에게 공사비를 지급하는 방식

② 장단점

장 점	단 점
• 설계와 시공의 중첩 등 긴급공사 가능 • 설계변경, 돌발상황에 적절한 대처가능	• 발주자의 위험성 증가 • 공사비 절감 노력감소

(4) 턴키(Turn－Key)도급

① 모든 요소를 포괄한 일괄 수주방식으로 건설업자가 금융, 토지, 설계, 시공, 시운전 등 모든 것을 조달하여 주문자에게 인도하는 방식

② 장단점

장 점	단 점
• 설계와 시공 등 공사전반의 책임관리 • 공법의 창의성, 기술수준 향상 • 공기단축, 공사비 절감 노력 강화	• 건축주의 의도 반영이 어려움 • 대형 건설회사에 유리 • 입찰시 과다경쟁 및 비용 증가

대규모 도급 건설공사

4 입찰진행

1) 경쟁입찰방식

(1) 공개경쟁입찰

① 입찰조건, 자격 등을 신문, 게시판에 공고하여 일정 자격을 갖춘자에게 공개 경쟁을 통한 입찰에 참여할 수 있는 기회를 주는 방식

② 장단점

장 점	단 점
• 담합의 우려 차단 • 입찰자 선정이 공개적이고 공정함 • 입찰시 경쟁으로 공사비 절감	• 입찰절차 복잡 및 행정사무 증가 • 부적격업자의 낙찰 우려 • 공사의 조잡 우려

(2) 지명경쟁입찰

① 발주자의 재량과 판단기준에 따라 공사에 적격하다고 인정하는 3~7개의 시공자를 미리 선정한 후 입찰에 참여하도록 하는 방식

② 장단점

장 점	단 점
• 부적격자를 사전에 제거 • 시공상의 신뢰도 확보	• 참여자의 담합 우려 • 공개경쟁입찰보다 공사비 상승

(3) 제한경쟁입찰

① 일정한 자격 이외의 특수한 공법 및 기술 등을 가진 시공자를 참여시키는 방식으로 입찰 경쟁에 제한을 둠

② 장단점

장 점	단 점
• 불성실, 능력부족한 시공자 배제 • 특수한 기술, 공법 적용 확대	• 입찰 참여에 제한적

2) 특명입찰방식

(1) 시공회사의 신용, 자산, 공사경력, 보유기술 등을 고려하여 해당공사에 가장 적합하다고 인정되는 특정의 도급자만 선정하여 도급계약을 체결하는 방식으로 수의계약이라고도 함

(2) 장점

① 공사의 기밀유지

② 입찰시 소요되는 행정사항 등 수속이 간단함

③ 우량시공 기대

(3) 단점

① 공사비가 증가됨

② 공사금액의 결정이 불명확함

③ 발주자와 시공자의 유착 발생 우려

3) 부대입찰제도

(1) 하도급의 계열화를 촉진하고 불공정 하도급 거래를 예방하기 위한 제도

(2) 발주자가 입찰자로 하여금 입찰 내역서상에 입찰금액을 구성하는 공사 중 하도급할 공종, 하도급 금액 등 하도급에 관한 사항을 기재하여 입찰서와 함께 제출하도록 함

건설업계의 하도급 계열화를 촉진하고 불공정 하도급 거래를 예방하고자 운영되는 제도는?

① PQ(Pre-Qualification) 제도 ② Turn-Key 제도

③ 부대입찰제도 ④ 대안입찰제도

4) 입찰의 순서

(1) 입찰통지 → 현장설명 → 입찰 → 개찰 → 낙찰 → 계약

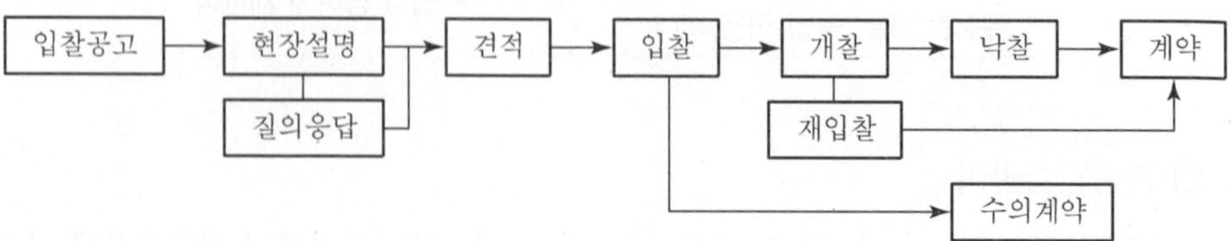

5 공사계약

1) 도급계약서에 첨부되는 서류

(1) 필요서류

① 계약서류 : 계약서, 공사도급 규정
② 설계도서 : 설계도, 시방서(공통시방서, 특기시방서)

(2) 참고서류

① 공사비 내역서 ② 현장설명서, 질의 응답서 ③ 공정표 등

2) 공사계약 방식

(1) 건설사업관리 방식(C.M ; Construction Management)

① 건설사업에 대한 기획, 타당성 조사, 설계, 계약, 시공, 감리, 유지관리에 걸친 프로젝트 전반에 걸쳐 효율적으로 진행시키는 관리 시스템
② 발주자를 대신해서 발주자, 시공자, 설계자를 상호 조정하며 공기단축, 원가절감, 품질확보 등 전반적인 공사관리를 담당함

장 점	단 점
• 공기단축, 원가절감, 품질확보 • 설계자와 시공자, 발주자의 마찰감소	• 시공자 의견의 충분한 반영 미흡 • C.M 전문인력 및 기술부족

다음 중 공사관리계약(Construction Management Contract) 방식의 장점이 아닌 것은?
① 시공시 단계별 시공법을 적용할 수 있어 설계 및 시공기간을 단축시킬 수 있다.
② 설계과정에서 설계가 시공에 미치는 영향을 예측할 수 있어 설계도서의 현실성을 향상시킬 수 있다.
③ 기획 및 설계과정에서 발주자와 설계자간의 의견대립 없이 설계대안 및 특수공법의 적용이 가능하다.
④(✓) 시공자의 의견이 설계 전과정에 걸쳐 충분히 반영될 수 있다.

(2) BOT 방식(Build Operate Transfer)

① 도급자가 자금을 조달하고 설계, 엔지니어링, 시공의 전부를 도급받아 시설물을 완성하고 그 시설물을 일정기간 운영하는 것으로 운영 수입을 인도하는 방식

② 사회간접자본(SOC : Social Overhead Capital)의 민간투자 유치에 많이 이용됨
③ 유료도로, 도시철도 등 수입을 수반한 공공 혹은 공익 프로젝트에 많이 이용됨

(3) 파트너링 방식

발주자와 수급자의 상호신뢰를 바탕으로 팀을 구성하여 프로젝트의 성공과 상호이익 확보를 위하여 공동으로 프로젝트를 집행관리하는 계약방식

3) EC(Engineering Construction)

건설사업이 종래의 단순 시공에서 벗어나 대규모화, 고도화, 다양화, 전문화되어 고부가가치를 추구하기 위하여 업무영역을 확대하는 것

6 시방서

1) 정의

(1) 공사에 대한 설명과 설계도면만으로는 나타낼 수 없는 부분에 대하여 건축설계자가 기재한 문서로 각 공사의 항목별 내용을 명확히 하는 문서이다.
(2) 공사 전반에 대한 지침을 주고, 설계자의 의도를 시공자에게 정확하게 전달할 수 있다.

2) 시방서의 종류

(1) 표준시방서 : 각종 공사에 쓰이는 표준적인 공법에 대해서 작성된 공통의 시방서
(2) 특기시방서 : 표준시방서에 기재되지 않은 특수공법, 재료 등에 대한 설계자의 상세한 기준 정리 및 해설(공사시방서)

3) 시방서의 기재내용

(1) 재료의 품질
(2) 공법내용 및 시공방법
(3) 일반사항, 유의사항
(4) 시험, 검사
(5) 보충사항, 특기사항
(6) 시공기계, 장비

건축공사를 수행하기 위하여 필요한 서류 중 시방서에 기재하지 않아도 되는 사항은?
① 사용재료의 품질시험방법
② 건물의 인도시기 (정답)
③ 각 부위별 시공방법
④ 각 부위별 사용재료의 품질

4) 시방서 기재시 유의사항

(1) 시방서 작성순서는 공사 진행순서와 일치하도록 한다.
(2) 간결하고 명료하게 빠짐없이 기재한다.
(3) 공법의 정밀도와 마무리 정도를 명확하게 규정한다.
(4) 재료, 공법은 정확하게 지시한다.
(5) 누락되거나 중복되지 않게 한다.
(6) 도면과 시방이 상이하지 않게 기재한다.
(7) 공사의 범위를 명시한다.

5) 시방서와 설계도면의 관계

(1) 시방서와 설계도면에 기재된 내용이 다를 때나 시공상 부적당하다고 판단될 경우 현장책임자는 공사 감리자와 협의한다.
(2) 시방서와 설계도면의 우선순위
특기시방서 > 표준시방서 > 설계도면 > 내역명세서

SECTION 2 공사계획

1 제반확인절차

1) 공사 계획 전 조사할 사항

(1) 동력 이용의 편리 여부
(2) 시공재료의 공급
(3) 기후
(4) 불의의 재해
(5) 교통
(6) 급수 및 배수
(7) 현장과의 주변관계
(8) 지형 및 토질상태

2 공사기간의 결정

1) 공기를 지배하는 3요소

(1) 1차적 요소 : 구조물의 구조, 규모, 용도
(2) 2차적 요소 : 청부자의 능력, 자금사정, 기후
(3) 3차적 요소 : 발주자의 요구, 설계변경, 설계의 적부, 감사 능력

3 공사계획

1) 개요

공사계획은 착공과 동시에 공사가 진행될 수 있도록 최대한 빨리 수립하고 공사기일의 범위 내에서 최소의 원가투입과 노력으로 최대의 효과를 거둘 수 있도록 엄밀하게 조사하고 수립해야 한다.

2) 공사계획 내용

(1) 현장원 편성 : 공사계획 중 가장 우선
(2) 공정표의 작성 : 공사 착수 전 단계에서 작성
(3) 실행예산의 편성 : 재료비, 노무비, 경비
(4) 하도급 업체의 선정
(5) 가설 준비물 결정
(6) 재료, 설비 반입계획
(7) 재해방지계획
(8) 노무 동원계획

 CheckPoint

다음 중 시공계획시 우선 고려하지 않아도 되는 것은?

① 상세공정표의 작성
② 노무, 기계재료 등의 조달, 사용계획에 따른 수송계획 수립
③ 현장관리 조직계획 수립
✓ 시공도의 작성

3) 시공순서

(1) 공사 착공준비
(2) 가설공사
(3) 토공사
(4) 지정 및 기초공사
(5) 구조체 공사(철근콘크리트, 철골공사 등)
(6) 방수 및 방습공사
(7) 지붕 및 홈통공사
(8) 외벽 및 마무리 공사
(9) 창호공사
(10) 내부 마무리 공사

4) 공사비의 구성

(1) 총공사비

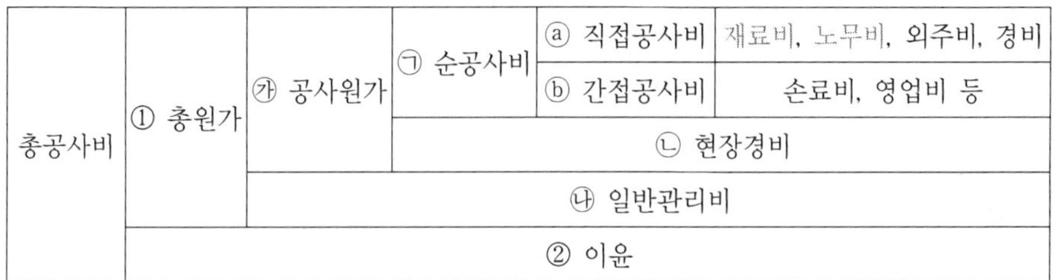

<table>
<tr><td rowspan="5">총공사비</td><td rowspan="4">① 총원가</td><td rowspan="3">㉮ 공사원가</td><td rowspan="2">㉠ 순공사비</td><td>ⓐ 직접공사비</td><td>재료비, 노무비, 외주비, 경비</td></tr>
<tr><td>ⓑ 간접공사비</td><td>손료비, 영업비 등</td></tr>
<tr><td colspan="3">㉡ 현장경비</td></tr>
<tr><td colspan="4">㉯ 일반관리비</td></tr>
<tr><td colspan="5">② 이윤</td></tr>
</table>

(2) 재료비 : 공사목적물의 실체를 형성하는 것

① 직접재료비　　② 간접재료비

③ 운임 · 보험료 · 보관비　　④ 부산물, 작업설

(3) 노무비

① 직접노무비　　② 간접노무비

(4) 경비 : 전력비, 기계경비, 운반비, 산재보험료 등

5) 견적의 종류

(1) 개산견적(Approximate Estimate)

① 개략적으로 공사비를 산출하는 것

② 설계가 시작되기 전에 프로젝트의 실행가능성 판단이나 여러 설계대안의 경제성 평가에 수행됨

(2) 명세견적(Detailed Estimate)

① 설계도서 등을 면밀하게 분석하여 공사비를 산출하는 것으로 견적방법 중 가장 정확한 공사비의 산출이 가능

② 최종견적, 상세견적, 입찰견적

4 재료계획

1) 재료사용 계획서 작성　　2) 구입관리

3) 자재 창고관리　　4) 재고관리

5 노무계획

1) 작업량에 따른 노무 투입계획 작성
2) 노무 투입현황 작성
3) 불필요한 인원투입 통제
4) 안전 및 위생관리

SECTION 3 공사현장 관리

1 공사 및 공정관리

1) 공사관리

(1) 공무적 현장관리

① 공정관리 ② 자재관리 ③ 노무관리 ④ 안전관리

공사 현장에서 실시하는 공무적 현장관리가 아닌 것은?

① 자재관리 ② 노무관리 ③ 안전관리 ✔ 일지관리

(2) 공사관리자 및 감리자의 업무

① 공정 및 기성고 산정
② 설계변경사항 검토
③ 시공계획서 검토 및 승인
④ 공정표의 검토 및 승인

2) 공정표의 종류

(1) 횡선식 공정표(Bar Chart)

① 가로란에 날짜, 세로란에 각 공종을 기입하여 막대 그래프(횡선)로 표시
② 각 공종별 공사와 전체 공정시기가 일목요연하며 판단이 용이함
③ 각 공종별 상호관계, 순서 등이 시간과 관련이 없고, 공사 진척도를 횡선의 길이를 보고 개괄적으로 판단해야 함

(2) 사선식 공정표

① 가로란에 날짜, 세로란에 공사량을 기입하여 사선으로 표시

② 작업의 관련성을 나타낼 수 없으나 공사의 기성고를 표시하는 데 편리하고, 공사 지연시 조속한 대처가 가능함

(3) 열기식 공정표

① 공사착수 및 완료기일, 인부수 등을 글자로 나열하는 방법으로 가장 간단한 방식

② 인부 및 재료 준비에 있어서 적당하나 각 부분 공사와 관련한 진도의 차질을 파악할 수 없음

(4) 일순 공정표

① 1주일이나 10일 단위로 상세히 작성한 공정표

② 세부 단위작업의 구체적인 작업일정 관리에 용이함

(5) 네트워크(Net Work) 공정표

① 공정별 작업단위를 망형도(○과 →)로 표시하고 각 공사의 순서관계, 일정관계를 도해식으로 표기한 것

② 종류 : CPM(Critical Path Method) 기법, PERT(Program Evaluation & Review Technigue) 기법

③ 장단점

장 점	단 점
• 공사계획의 전체내용 파악 용이 • 각 공정별 작업의 흐름과 상호관계 명확	• 작성 및 검사에 특별한 기능요구 • 작성시간이 많이 소요됨

3) 네트워크 공정표의 기호 및 용어

용 어	기 호	내 용
Event	○	작업의 결합점, 개시점 또는 종료점
Activity	──▶	작업, 프로젝트를 구성하는 작업단위
Dummy	- - -▶	작업 상호관계를 표시하는 화살표로서, 작업 및 시간의 요소는 포함하지 않는다.
Earliest Starting Time	EST	작업을 시작하는 가장 빠른 시각
Earliest Finishing Time	EFT	작업을 끝낼 수 있는 가장 빠른 시각
Latest Starting Time	LST	작업을 가장 늦게 시작하여도 좋은 시각
Latest Finishing Time	LFT	작업을 가장 늦게 종료하여도 좋은 시각
Path		네트워크 중 둘 이상의 작업이 이어짐
Longest Path	LP	소요시간이 가장 긴 패스

용 어	기 호	내 용
Critical Path	CP	전체 공기를 지배하는 작업경로
Float		작업의 여유시간
Slack	SL	결합점이 가지는 여유시간
Total Float	TF	[T.F = 그 작업의 LFT – 그 작업의 EFT]
Free Float	FF	[F.F = 후속작업의 EST – 그 작업의 EFT]
Dependent Float	DF	[D.F = T.F – F.F]
Duration	D	작업을 완수하는 데 필요한 시간

4) 주 공정선(C.P ; Critical Path)

(1) 네트워크 공정표 상에서 소요시간이 가장 긴 일련의 작업 경로
(2) 총 작업의 여유시간(Total Float)이 Zero가 되는 경로
(3) C.P 경로 이상의 작업시간이 소요되면 총 공사기간이 늘어나고 공기가 지연됨

2 품질관리

1) 품질관리(TQC)의 7가지 도구

히스토그램	공사 또는 제품의 품질상태가 만족한 상태에 있는가 여부 등 데이터가 어떤 분포를 하고 있는지 알아보기 위해 작성(분포도)
파레토도	불량 등의 발생건수를 분류항목별로 나누어 크게 순서대로 나열(영향도, 하자도)
특성요인도	결과에 원인이 어떻게 관계하고 있는가를 한눈에 알 수 있도록 작성(원인결과도)
체크시트	불량수, 결점수 등 계수치의 데이터가 분류항목의 어디에 집중되어 있는가를 알아보기 쉽게 나타냄(집중도)
산점도	대응되는 두개의 짝으로 된 데이터를 그래프 용지 위에 점으로 나타냄(상관도, 산포도)
층별	집단을 구성하고 있는 데이터를 특징에 따라 몇 개의 부분집단으로 나누는 것(부분집단도)
관리도	한눈에 파악되도록 막대나 꺾은선 그래프를 이용하여 표시

2) 품질관리의 목적

(1) 시공능률의 향상
(2) 품질 및 신뢰성의 향상
(3) 설계의 합리화
(4) 작업의 표준화

CheckPoint

QC의 도구 중에서 층별 요인이나 특성에 대한 불량 점유율을 나타낸 그림으로서 가로축에는 층별요인이나 특성을, 세로축에는 불량건수나 불량손실 금액 등을 표시한 것은?

① 산포도 ✅ 파레토도 ③ 관리도 ④ 히스토그램

3 안전 및 환경관리

1) 안전관리의 정의

모든 과정에 내포되어 있는 위험한 요소의 조기발견 및 예측으로 재해를 예방하려는 안전활동을 말하며 안전관리의 근본이념은 인명존중에 있다.

2) 안전관리 조직의 3가지 형태

(1) 직계식 조직

① 안전의 모든 것을 생산조직을 통하여 행하는 방식

② 근로자수 100명 이하의 소규모 사업장에 적합함

(2) 참모식 조직

① 안전관리를 담당하는 Staff(안전관리자)을 둠

② 근로자수 100명 이상 500명 이하의 중규모 사업장에 적합함

(3) 직계 · 참모식 조직

① 직계식과 참모식의 복합형

② 근로자수 1,000명 이상의 대규모 사업장에 적합

3) 안전사고 예방대책

(1) 기술적 대책 : 기계, 설비 및 작업환경 개선

(2) 교육적 대책 : 안전교육과 안선훈련 실시

(3) 관리적 대책 : 안전관리 조직의 정비

CHAPTER 02 토공사

SECTION 1 흙막이 가시설

1 공법의 종류 및 특징

1) 버팀대 공법

(1) 굴착면에 설치한 흙막이벽을 버팀대(Strut)와 띠장(Wale)에 의해서 지지하고 굴착하는 공법으로 흙막이 가시설의 가장 일반적이고 보편적인 공법이다.

(2) 특징

① 공법이 간단하고, 굴착 깊이의 제한을 받지 않음

② 굴착기계의 활동이 버팀대에 의해 제한을 받아 불편함

③ 지반의 고저차가 있을 경우 편토압 발생 우려

④ 좁은 면적에서 깊은 기초파기를 할 경우 활용됨

(3) 버팀대의 설치위치

① 터파기면 밑바닥에서 그 깊이의 1/3 위치에 설치

② 띠장이음 위치는 버팀대 간격의 1/4 위치에 설치

버팀대 공법

2) 어스앵커(Earth Anchor) 공법

(1) 굴착하는 흙막이 벽체에 어스앵커를 설치하여 흙막이벽에 작용하는 토압을 지지하는 공법

(2) 특징

① 버팀대가 없어 굴착 작업시 넓은 작업공간의 확보가 용이함

② 굴착구간의 평면 형태 및 굴착 깊이가 불규칙한 경우 적용 유리

③ 연약한 지반이나 지하수가 발생하는 지반에 시공이 어려움

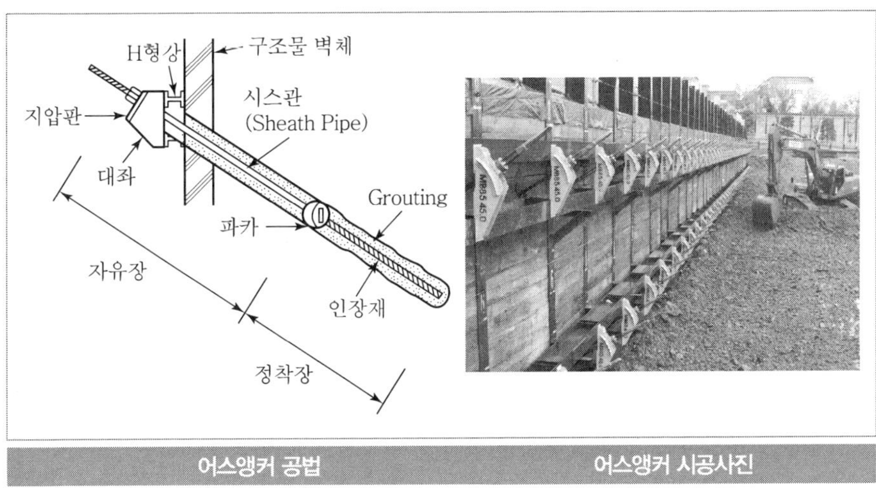

어스앵커 공법 어스앵커 시공사진

3) C.I.P(Cast In-Place Pile) 공법

(1) 흙막이 벽체를 만들기 위해 굴착기계(Earth Auger)로 지반을 천공하고 그 속에 철근망과 주입관을 삽입한 다음 자갈을 넣고 주입관을 통해 Prepacked Mortar를 주입하여 현장타설 콘크리트 말뚝을 형성하는 공법

(2) 특징

① 흙막이 벽체의 강성이 우수함

② 자갈, 암반층을 제외한 대부분의 지반에 적용 가능

③ 장비가 소형이므로 좁은 장소에서 시공 가능

4) S.C.W(Soil Cement Wall) 공법

(1) 3축 오거로 지반을 천공하면서 시멘트 페이스트와 벤토나이트의 경화제를 굴착 토사와 혼합한 후 H-Pile 등의 보강재를 삽입하여 지중에 벽체를 만드는 공법

(2) 특징

① 소음, 진동이 적음

② 차수성이 우수함

③ 흙막이벽 토류판이 필요 없고, 시공속도가 빠름

5) 지하연속벽(Slurry Wall) 공법

(1) 구조물의 벽체 부분을 먼저 굴착한 후 그 속에 철근망을 삽입하고, 콘크리트를 타설하여 지하벽체를 형성하는 공법

(2) 특징

① 강성 및 차수성이 높은 구조체로 가장 안정적인 흙막이 구조

② 흙막이 벽체가 영구적인 구조물로 흙막이 가시설의 해체가 필요 없음

③ 장비가 크고 이동이 느리며, 수평방향의 연속성이 적음

④ 소음, 진동이 적음

⑤ 균질의 구조체 시공

6) 역타(Top Down) 공법

(1) 흙막이벽으로 설치한 지하연속벽(Slurry Wall)을 본 구조체의 벽체로 이용하여 기둥과 보를 구축하고 바닥을 설치한 후 지하터파기를 진행하면서 동시에 지상 구조물도 축조해 가는 방식

(2) 특징

① 지하와 지상층 병행 작업으로 공사기간 단축

② 토질조건에 상관없이 시공 가능함

③ 소음, 진동이 적어 도심지 공사에 적합함

④ 공사비가 고가임

7) 널말뚝(Sheet Pile) 공법

(1) 널말뚝을 연속으로 연결하여 흙막이 벽체를 형성한 후 버팀보 등으로 지지하는 공법

(2) 공법 특징 및 유의사항

① 차수성이 높고 연약지반에 적합함

② 시공에 따른 여러 단면 선택이 가능함

③ 널말뚝 시공시 적당한 항타기를 이용하여 한 장 혹은 두 장씩 수직으로 항타

④ 널말뚝의 끝부분은 기초파기 바닥면보다 깊이 박아야 함
⑤ 널말뚝의 끝부분에서 용수에 의한 토사의 유출이 발생할 수 있음
⑥ 인발작업시 배면지반 침하 우려

(3) 종류

목재 널말뚝	철재 널말뚝
• 접합부는 반턱, 오늬, 제혀쪽매 • 높이 4m까지 사용 • 낙엽송, 소나무 등 생나무를 사용	• 기초의 깊이가 깊고, 토압이 큰 경우 • 공사 규모가 큰 경우 • 히빙 파괴현상을 고려하여 밑둥넣기 • 용수가 많은 곳에 물막이로도 사용

철재 널말뚝(Sheet Pile)

CheckPoint

널말뚝 시공상 주의해야 할 내용으로 옳지 않은 것은?

① 널말뚝은 수직방향으로 똑바로 박는다.
② 널말뚝에 적합한 항타기를 사용하여 되도록 여러 장씩 박도록 한다. (정답)
③ 널말뚝의 끝부분은 기초파기 바닥면보다 깊이 박도록 한다.
④ 널말뚝의 끝부분에서 용수에 의한 토사의 유출이 발생할 수 있다.

2 흙막이 지보공

1) 흙막이 벽체에 작용하는 토압

(1) 주동토압(P_a) : 벽체의 앞쪽으로 변위를 발생시키는 토압

(2) 정지토압(P_0) : 벽체에 변위가 없을 때의 토압

(3) 수동토압(P_p) : 벽체의 뒤쪽으로 변위를 발생시키는 토압

(4) 토압의 크기 : 수동토압(P_p) > 정지토압(P_0) > 주동토압(P_a)

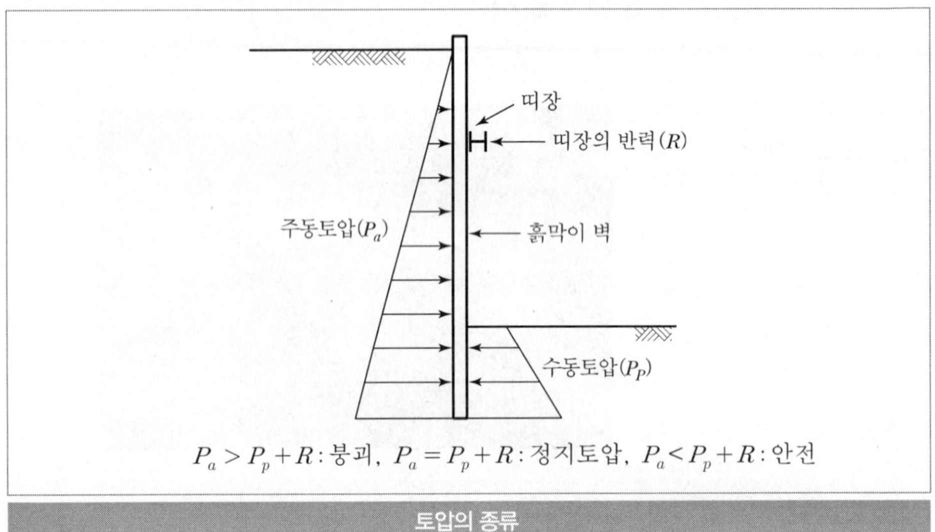

토압의 종류

2) 지보공의 종류

(1) 띠장(Wale) : 널말뚝, 버팀대 등을 지지하기 위하여 벽면에 수평으로 부착하는 부재

(2) 수평버팀대(Strut) : 띠장에 직각 또는 경사방향으로 연결되어 토압을 지지하는 부재

(3) 지주(Post) : 수직으로 설치되어 버팀대를 받쳐주며 지지하는 부재

(4) 어스앵커(Earth Anchor) : 흙막이 벽체 배면지반에 Anchor체를 삽입하여 인장력으로 지지

(5) 레이커(Raker) : 지면에서 수직경사 방향으로 설치되어 토압을 지지하는 부재

(6) 기타 : 브래킷(Bracket), 스티프너(Stiffener) 등

3) 흙막이 지보공 설치 · 해체시 유의사항

(1) 지주, 버팀대 등의 밑둥은 침하되지 않도록 함
(2) 모든 부재는 구조적으로 안전하고, 구축하기 쉬운 형식을 선택
(3) 흙막이 벽체에 가해지는 측압이 충분히 버팀보에 전달될 수 있도록 시공
(4) 버팀보와 접하는 부분은 좌굴 및 구부러짐에 안전해야 함
(5) 지보공의 철거는 되메우기전 안전을 확인한 후 실시
(6) 지주는 버팀보의 교차부에서도 불필요한 곳은 피해서 설치
(7) 수평버팀대는 경사 1/100~1/200 정도 중앙이 약간 처지게 설치
(8) 접합부는 형상을 간단히 하고 철물을 충분히 보강
(9) 띠장, 버팀대는 정착물을 써서 이음을 적게 함

다음 중 흙막이의 주의사항 중 틀린 것은?

① 지주, 버팀대 등의 밑둥은 침하되지 않도록 한다.
Ⓥ 수평버팀대는 떠오르지 않게 하중을 설치하고 약간 중앙이 불룩하게 한다.
③ 접합부는 형상을 간단히 하고 철물을 충분히 보강한다.
④ 띠장, 버팀재는 정착물을 써서 이음을 적게 한다.

4) 히빙(Heaving) 현상

(1) 정의

연약한 점토지반을 굴착할 때 흙막이 벽체 배면에 있는 흙의 중량이 굴착 바닥면의 흙의 중량보다 클 때 그 중량 차이로 인해 흙막이 벽체 배면의 흙이 안으로 밀려 들어와 굴착 바닥면이 부풀어 오르는 현상

(2) 원인

① 흙막이 벽체의 근입장 깊이 부족
② 흙막이 벽체 내 · 외의 흙의 중량 차이
③ 굴착저면 하부의 피압 지하수

(3) 대책

① 흙막이 벽체의 근입장 깊이를 깊게 실시
② 지반개량으로 흙의 전단강도 증대
③ 굴착저면 하부 지하수위 저하

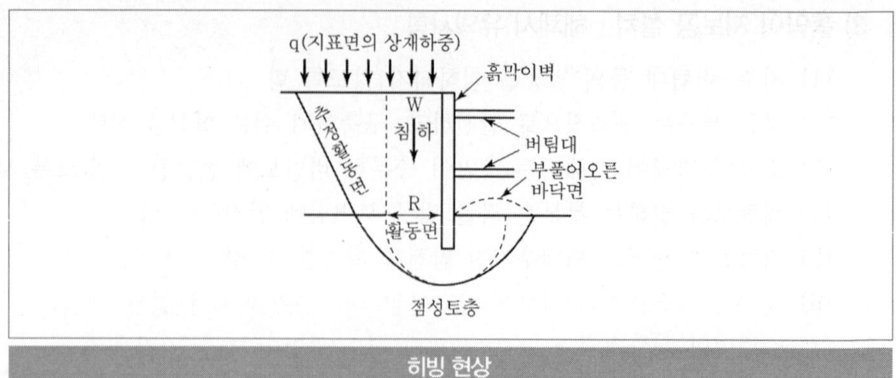

히빙 현상

5) 보일링(Boiling) 현상

(1) 정의

투수성이 좋은 사질토 지반을 굴착할 때 흙막이 벽체 배면의 지하수위가 굴착 바닥면의 지하수위보다 높을 때 지하수위의 차이로 인해 굴착 바닥면의 모래와 지하수가 솟아올라 모래지반의 지지력이 약해지는 현상

(2) 원인

① 모래지반은 점착력이 없고, 투수계수가 크기 때문
② 흙막이 벽체 내·외의 지하수위 차이
③ 굴착저면 하부의 피압 지하수

(3) 대책

① 흙막이 벽체의 근입장 깊이를 깊게 설치
② 차수성이 높은 흙막이(Sheet Pile) 설치
③ 굴착저면 하부 지하수위 저하

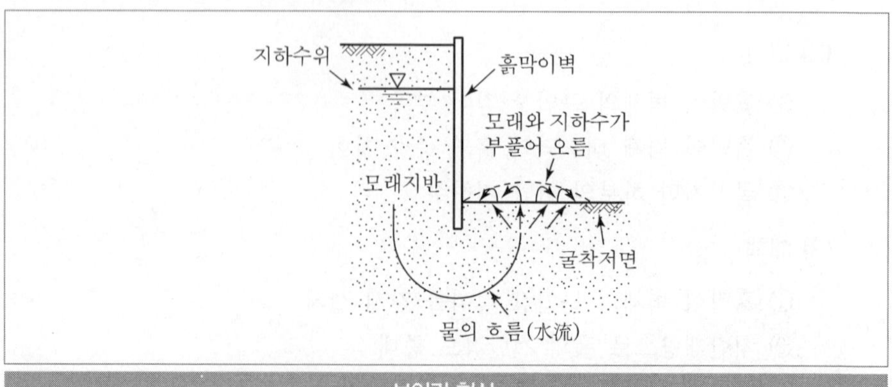

보일링 현상

6) 동상 현상

(1) 흙 속의 공극수가 동결하여 체적이 커져서 지반이 부풀어 오르는 현상

(2) 동결깊이 : 지하 동결층까지의 깊이

① 중부 이북 : 최대 1.5m, 평균 1.2m

② 중부 지방 : 최대 1m, 평균 0.75m

③ 중부 이남 : 최대 0.8m, 평균 0.6m

SECTION 2 토공 및 기계

1 토공기계의 종류 및 선정

1) 굴삭장비

(1) 파워쇼벨(Power Shovel)

① 굴삭기가 위치한 지면보다 높은 곳을 굴삭하는 데 적합

② 굴삭높이 : 1.5~3m, 버킷용량 : 0.6~1.0m^3

③ 굴삭깊이 : 지면에서 2m 아래, 선회각 : 90°

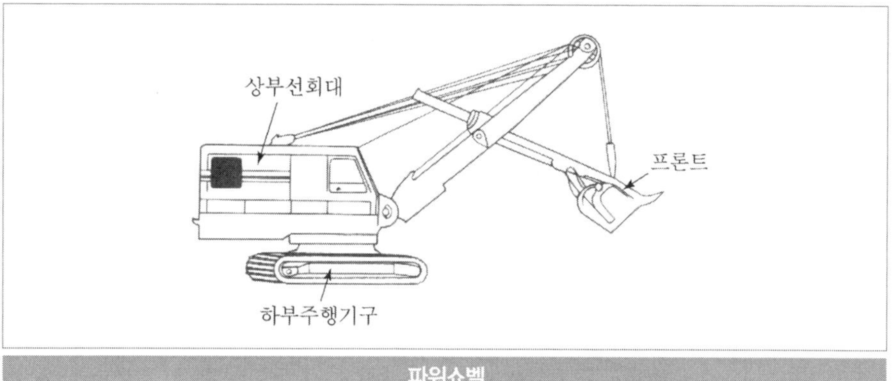

파워쇼벨

(2) 드래그 라인(Drag line)

① 굴삭기가 위치한 지면보다 낮은 장소를 굴삭하는 데 사용

② 작업 반경이 커서 넓은 지역의 굴삭작업에 용이하나 힘이 강력하지 못해 연질 지반에 이용

③ 굴삭깊이 : 8m, 굴삭폭 : 14m, 선회각 : 110°

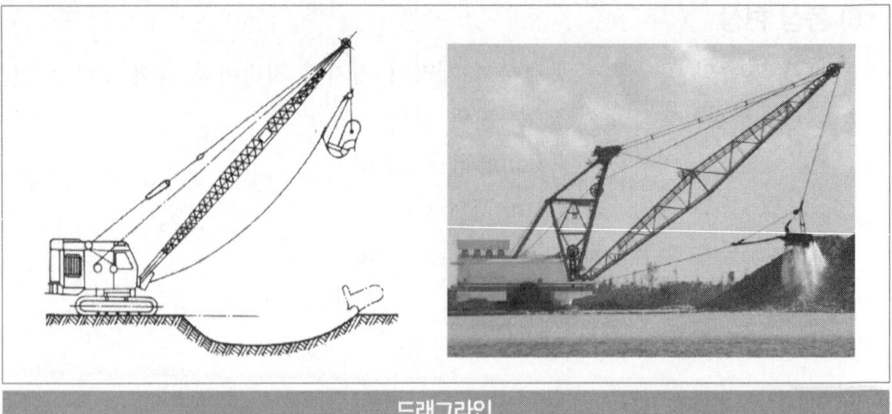

드래그라인

(3) 백호우(Back Hoe, Drag Shovel)

① 굴삭기가 위치한 지면보다 낮은 장소를 굴삭하는 데 사용

② 굴삭하는 힘이 강력하여 경질지반에 유리

③ 도로의 측구 굴착이나 경사측면 굴착에 사용

④ 굴삭깊이 : 5~8m, 버킷용량 : 0.3~1.9m^3

(4) 클램쉘(Clamshell)

① 사질지반의 굴삭에 적당함

② 좁은 곳의 수직굴착에 유리하여 케이슨 내 굴삭, 우물통 기초 등 유리

③ 굴삭깊이 : 최대 18m, 보통 8m 정도, 버킷용량 : 2.45m^3

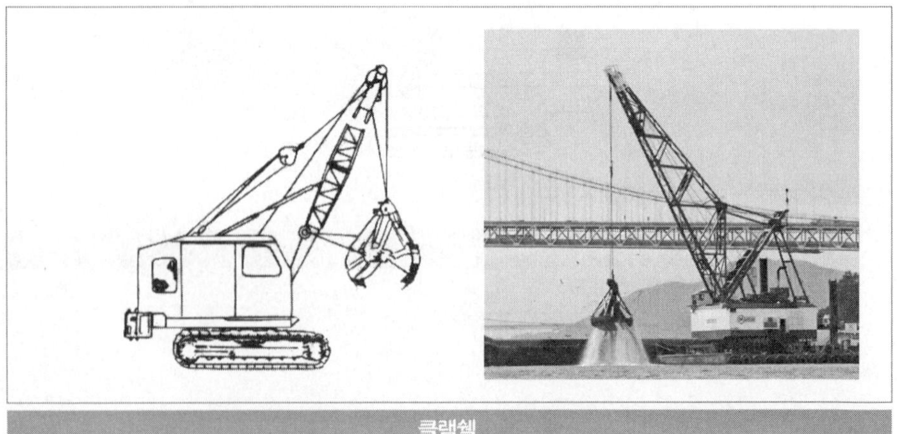

클램쉘

CheckPoint

토사를 파내는 형식으로 깊은 흙파기용 흙막이의 버팀대가 있어 좁은 곳, 케이슨(Cassion)내의 굴착 등에 적합한 기계는?

✓ 클램쉘　② 드래그 쇼벨　③ 드래그 라인　④ 앵글 도저

2) 지반 정지장비

(1) 불도저(Bull Dozer) : 크롤러 트랙터를 주체로 하고 배토판을 전면에 부착

(2) 스크레이퍼(Scraper) : 굴삭, 싣기, 운반, 부설 등 4가지 작업을 연속할 수 있는 대량 토공작업 기계로 잔토반출이 중거리인 경우 사용

(3) 그레이더(Grader) : 땅 고르기, 정지작업, 도로정리

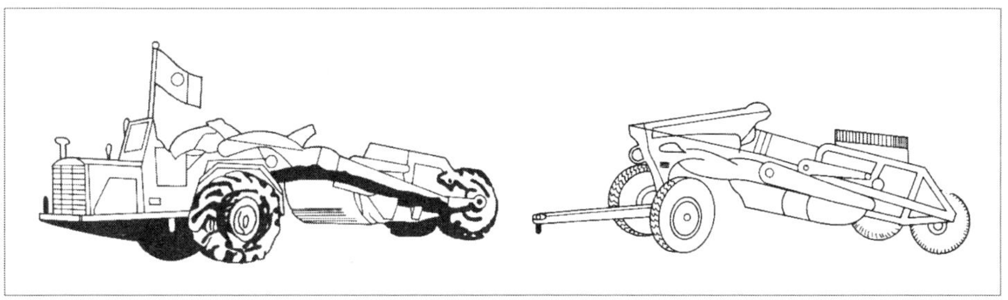

자주식 모터 스크레이퍼　피견인식 스크이퍼

3) 기타 토공기계

(1) 운반장비

① 로더(Loader) : 절토된 토사를 덤프트럭 등에 적재

② 덤프트럭(Dump Truck)

(2) 다짐장비

① 롤러(Roller)

② 컴팩터(Compactor)

③ 래머(Rammer)

2 토공기계의 운용계획

1) 굴착토량의 산출

(1) 단위작업 시간당 시공량

$$\text{굴착토량 } V = Q \times \frac{3{,}600}{Cm} \times E \times K \times f$$

여기서, Q : 버킷용량(m^3), Cm : 사이클 타임(sec), E : 작업효율, K : 굴삭계수, f : 굴삭토의 용적변화 계수

SECTION 3 흙파기

1 기초터파기

1) 흙파기의 일반사항

(1) 흙막이를 설치하지 않은 경우
  ① 흙파기의 경사 : 휴식각(안식각)의 2배
  ② 기초파기의 윗면너비 : 밑면너비+0.6H(H : 깊이)

(2) 기초파기시 여유길이 : 좌우 15cm

(3) 보통 1인 1일 흙파기량 : 2.8~5.0m^3

(4) 삽으로 던질 수 있는 거리
  ① 수평 : 2.5~3m
  ② 수직 : 1.5~2m

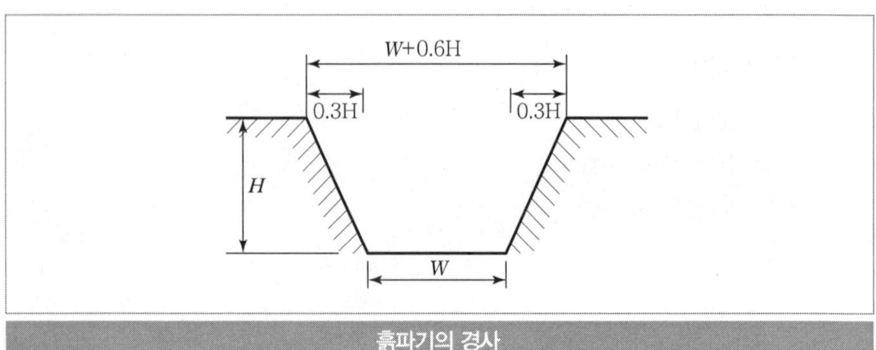

흙파기의 경사

2) 흙파기의 분류

(1) 오픈 컷(Open Cut) 공법

① 지반상태가 양호하고 부지의 여유가 있을 때 경사면과 소단을 형성하면서 굴착

② 얕은 터파기에는 경사면 Open Cut, 깊은 터파기에는 흙막이 Open Cut 적용

(2) 아일랜드 컷(Island Cut) 공법

① 중앙 부분을 먼저 굴착하여 기초를 시공하고, 기초에 경사지게 버팀대를 설치하여 지지한 상태에서 주변부를 굴착하는 방식

② 면적이 넓을수록 유리함

(3) 트렌치 컷(Trench Cut) 공법

① 아일랜드 컷 공법과 대조적인 공법으로 구조물 주변 부분을 먼저 줄기초 형태로 굴착하여 주변 구조물을 시공하여 외부 토압을 지탱한 후 중앙 부분을 굴착하는 방식

② 2중 널말뚝 시공으로 주변 토압변위를 최소화함

③ 지반이 연약할 경우 적용

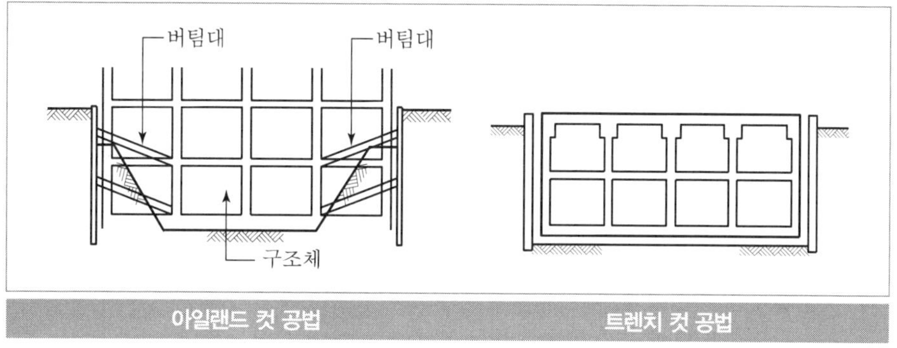

아일랜드 컷 공법 | 트렌치 컷 공법

2 배수

1) 중력 배수공법

(1) 집수정 공법 : 터파기의 한 구석에 깊은 집수성을 설치하여 펌프를 이용한 배수

(2) Deep Well 공법 : 깊은 우물(Deep Well)을 파고 케이싱을 삽입한 후 수중펌프로 양수하여 지하수위 저하

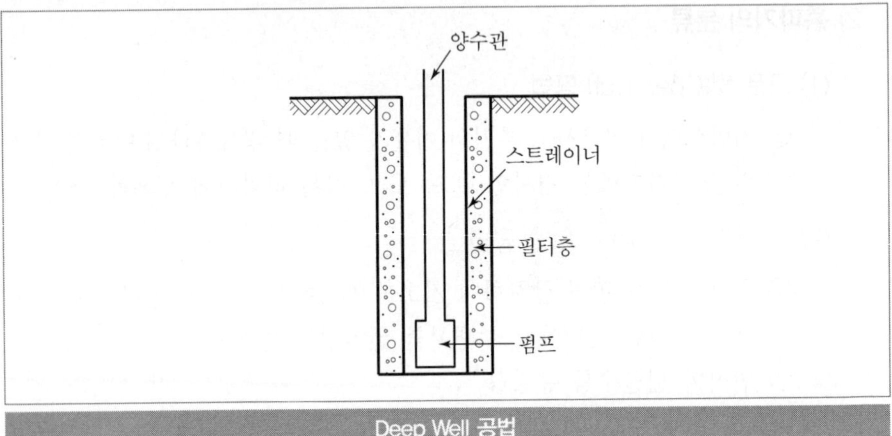

Deep Well 공법

2) 강제 배수공법

(1) 웰 포인트(Well Point) 공법

① 라이저 파이프를 1~2m 간격으로 박아 6m 이내의 지하수를 펌프로 배수
② 지하수위 저하로 지반의 압밀을 촉진하여 흙의 전단저항이 커짐
③ 주로 사질토 지반에서 시공하며, 점토질 지반에서는 적용할 수 없음
④ 인접한 주변 지반의 침하 유발
⑤ 수압 및 토압 감소로 흙막이 벽체의 응력이 감소함

(2) 진공 Deep Well 공법

기초공법 중 투수성이 나쁜 점토질 연약지반에 적당하지 않은 것은?

① 샌드 드레인(Sand Drain) 공법
② 콘크리트 파일(Concrete Pile) 공법
③ 페이퍼 드레인(Paper Drain) 공법
✔ 웰 포인트(Well Point) 공법

3) 전기 침투공법

(1) 지중에 전기를 흐르게 하여 물을 전류 이동과 함께 배수
(2) 점토지반의 간극수를 탈수시킴
(3) 배수와 동시에 지반개량 효과

Well Point 공법

3 되메우기 및 잔토처리

1) 흙의 부피 증가율

토 질		부피 증가율(%)
모 래		15~20
자 갈		5~15
진 흙		20~45
모래, 점토, 자갈혼합물		30
암 반	연 암	25~60
	경 암	70~90

2) 되메우기 작업

(1) 되메우기 높이는 30cm 이내

(2) 물을 뿌린 후 다져가며 작업

3) 잔토처리량 계산

(1) 잔토처리량 = 굴착토량 + (굴착토량 × 부피증가율)

CheckPoint

모래의 부피증가율이 15%이고, 굴토량이 261m³라면 잔토처리량은?

✓ 300m³ ② 250m³ ③ 231m³ ④ 200m³

➡ $261 + (261 \times 0.15) = 300.15$

4) 흙 돋우기

(1) 흙 돋우기에 사용하는 흙은 양질의 것으로 담당원의 승인을 받아야 함
(2) 경사가 급한 경우 층파기를 하여 흙 돋우기와 원지반을 밀착시킬 것
(3) 지하수위가 높은 지반 위에 흙 돋우기를 할 때에는 미리 배수처리 실시
(4) 쓰레기, 잡물 등이 나타나면 제거할 것

SECTION 4 기타 토공사

1 흙의 성질

1) 예민비(Sensitive Ratio)

$$예민비 = \frac{자연시료(흐트러지지\ 않은\ 시료)의\ 강도}{이긴시료(흐트러진시료)의\ 강도}$$

(1) 모래의 예민비는 1에 가까움
(2) 점토의 예민비는 4~10 정도
(3) 예민비가 4 이상일 경우 예민비가 크다고 함

2) 간극비(Void Ratio)

(1) $간극비 = \frac{간극의\ 용적}{토립자의\ 용적}$

(2) $간극률 = \frac{간극의\ 용적}{(토립자 + 물의\ 용적)} \times 100\%$

3) 함수비(Moisture Content)

(1) $함수비 = \frac{물의\ 중량}{토립자의\ 중량} \times 100\%$

(2) $함수율 = \frac{물의\ 중량}{(토립자 + 물의\ 중량)} \times 100\%$

4) 포화도(Degree of Saturation) : $\frac{물의\ 용적}{간극의\ 용적} \times 100\%$

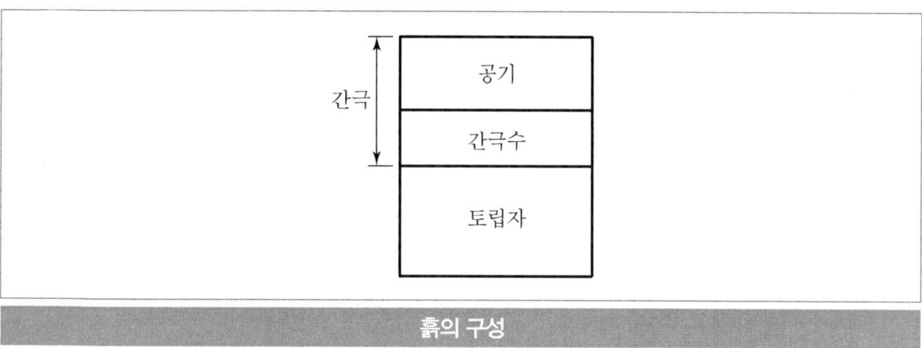

흙의 구성

5) 점성토 및 사질토 지반의 비교

특 성	점성토	사질토
투수성	작다	크다
점착성	크다	없다
압밀침하량	크다	작다
압밀속도	느리다	빠르다
내부마찰력	없다	크다
전단강도	작다	크다
불교란 시료	채취가 쉽다	채취가 어렵다

CheckPoint

다음 이용되는 각 식 중 설명이 틀린 것은?

① 간극비 $= \dfrac{\text{간극의 용적}}{\text{토립자의 용적}}$

② 함수비 $= \dfrac{\text{물의 중량}}{\text{토립자의 중량}} \times 100\%$

③ 포화율 $= \dfrac{\text{물의 용적}}{\text{간극부분의 용적}} \times 100\%$

④ 예민비 $= \dfrac{\text{이긴시료의 강도}}{\text{자연시료의 강도}}$

2 지반조사

1) 지하탐사법

(1) 터파보기(Test Pit) : 삽으로 구멍을 내어 육안으로 확인

(2) 짚어보기(Sounding Rod) : 지름 9mm 정도의 철봉을 땅 속에 삽입하여 조사

(3) 물리적 탐사방법 : 탄성파, 음파, 전기저항 등을 이용

2) 보링(Boring)

(1) 종류

① 회전식 보링 : 지중에 케이싱을 박고 드릴 로드의 날을 회전시켜 천공

② 충격식 보링 : 와이어로프 끝에 부착된 충격날을 낙하시켜 암석이나 토사를 분쇄하여 천공

③ 수세식 보링 : 지중에 이중관을 박고 압력수를 비트에서 분사시켜 흙과 물을 같이 배출하여 시료를 침전시킴

(2) 특징

① 보링의 깊이는 경미한 건물에서는 기초폭의 1.5~2.0배

② 보링 간격은 30m 정도로 함

③ 보링구멍은 수직으로 파는 것이 중요

④ 보링의 부지 내에 최소 3개소 이상 실시

보링(Boring)

3) 표준관입시험(Standard Penetration Test)

(1) 무게 63.5kg의 해머를 높이 75cm에서 낙하시켜 샘플러(Sampler)를 30cm 관입시키는 데 필요한 해머의 타격횟수(N치)를 구하는 시험

(2) 특징

① 주로 모래지반의 밀실도 측정

② N값이 클수록 밀실한 토질임

③ 모래의 불교란 시료 채취가 곤란하므로 현지 지반에서 직접 밀도측정

(3) 타격횟수와 지반의 상태 비교

N값	모래지반 상대밀도	N값	점토지반 점착력
0~4	몹시 느슨	0~2	아주 연약
4~10	느슨	2~4	연약
10~30	보통	4~8	보통
30~50	조밀	8~15	강한 점착력
50 이상	대단히 조밀	15~30	매우 강한 점착력
		30 이상	견고(경질)

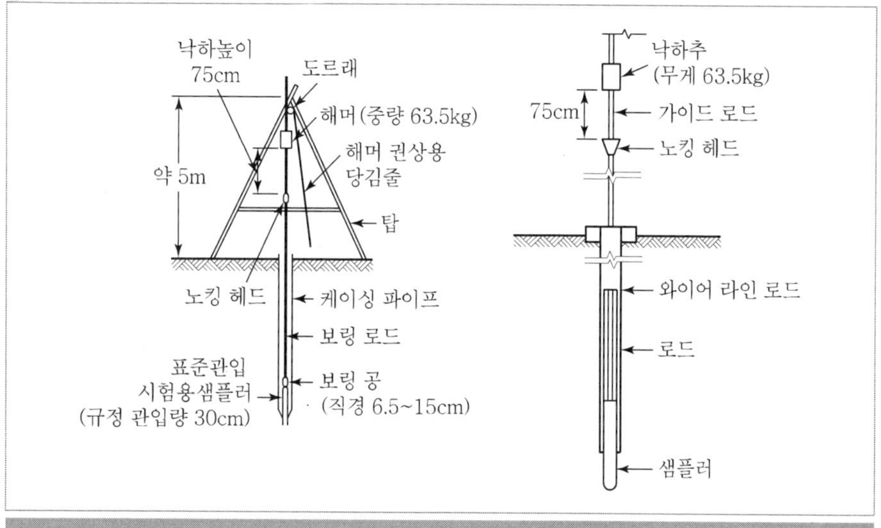

표준관입시험

4) 베인 테스트(Vane Test)

(1) 보링의 구멍을 이용하여 십자형(+) 날개를 가진 베인(Vane)을 지반에 때려 박고 회전시켜서 회전력에 의하여 진흙의 점착력을 판별하는 시험

(2) 주로 연약한 점토지반의 정밀한 점착력 측정

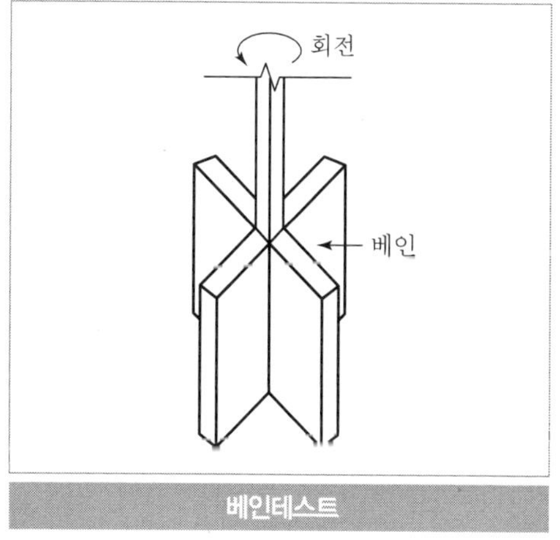

베인테스트

5) 지내력 시험

(1) 재하판에 하중을 가하여 침하량이 2cm가 될 때까지의 하중을 구하여 지내력도 계산

(2) 시험방법

① 재하판 면적 : $0.2m^2$를 표준

② 재하하중 : 매 회 1Ton 이하 또는 예정파괴하중의 1/5 이하

③ 하중 재하방법 : 침하의 증가가 2시간에 0.1mm 비율 이하가 될 때 침하가 정지된 것으로 보고 재하중을 가함

④ 총 침하량 : 24시간 경과 후 침하의 증가가 0.1mm 이하로 될 때까지의 침하량

⑤ 단기하중 허용지내력도

㉠ 총 침하량이 2cm에 도달할 때까지의 하중

㉡ 총 침하량이 2cm 이하지만 지반이 항복상태를 보인 때까지의 하중

⑥ 장기하중에 대한 허용 내력 : 단기하중 지내력의 1/2로 봄

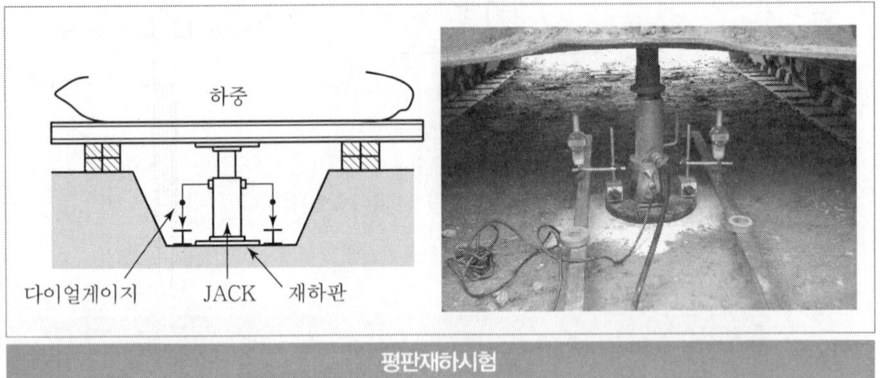

평판재하시험

3 토질시험

1) 물리적 시험

(1) 비중시험 : 흙입자의 비중 측정

(2) 함수량시험 : 흙에 포함된 수분의 양

(3) 입도시험 : 흙입자의 혼합상태

(4) 액성, 소성, 수축한계 시험

① 액성한계(W_L) : 외력에 전단저항이 0이 되는 최대함수비

② 소성한계(W_P) : 파괴없이 변형이 일어날 수 있는 최대함수비

③ 수축한계(W_S) : 함수비가 감소해도 부피의 감소가 없는 최대함수비

④ 강도의 크기 : 수축한계(W_S) > 소성한계(W_P) > 액성한계(W_L)

(5) 밀도시험 : 지반의 다짐도

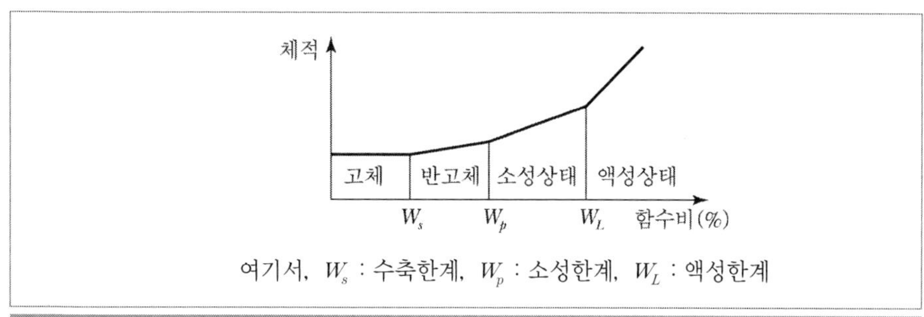

아터버그 한계

2) 역학적 시험

(1) 투수시험 : 지하수위, 투수계수 측정

(2) 압밀시험 : 점성토의 침하량 및 침하속도

(3) 전단시험 : 흙의 전단저항

(4) 압축시험 : 일축압축시험, 삼축압축시험

4 지반개량공법

1) 연약지반 개량

(1) 연약지반이란 상부구조물을 지지할 수 없는 상태의 연약한 점토, 실트(Silt), 느슨한 사질토 등의 지반을 말함

- 실트(Silt) : 모래와 진흙 사이의 크기에 해당하는 세립입자의 퇴적물

(2) 연약지반 개량의 목적

① 지반의 지지력 증대 및 구조물, 기초의 부등침하 방지

② 지반 굴착작업시 안전성 확보

2) 사질토 지반의 개량공법

(1) 진동다짐 공법(Vibro Floatation)

(2) 다짐모래말뚝 공법(Vibro Composer)

(3) 동나심(농압밀)공법

3) 점성토 지반의 개량공법

(1) 치환공법 : 굴착치환, 활동치환, 폭파치환

(2) 재하공법 : 연약지반 위에 성토 등으로 하중을 재하하여 압밀을 유도

(3) 탈수공법

① 샌드드레인(Sand Drain) 공법 : 연약한 점토층에 모래말뚝을 설치하여 지중의 물 배출

② 페이퍼드레인(Paper Drain) 공법 : 모래말뚝 대신 흡수지를 사용

③ 팩드레인(Pack Drain) 공법 : 모래말뚝이 절단되는 단점을 보완하여 Pack에 모래 채움

(4) 고결공법

① 생석회말뚝 공법 : 지반 내에 생석회(CaO) 말뚝을 설치하여 지반을 고결

② 동결공법 : 지반에 액체질소, 프레온가스를 주입하여 차수하고 지반을 동결시킴

③ 주입공법(그라우팅) : 지반의 공극에 시멘트 페이스트, 벤토나이트 등을 주입하여 지반 강화

CHAPTER 03 기초공사

SECTION 1 지정 및 기초

1 지정

1) 개요

(1) 기초구조는 푸팅(Footing)과 지정으로 구성되고 상부구조의 하중을 지반에 직접 전달시키는 부분을 말한다.

(2) 지정(Foundation)은 푸팅(Footing)을 보강하거나 지반의 내력을 보강한 부분을 말한다.

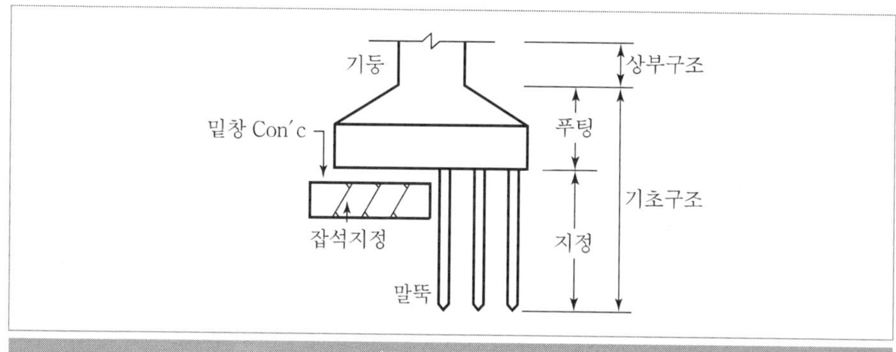

기초 및 지정의 구조

2) 얕은 기초의 지정

(1) 잡석지정

① 지름 10~25cm 정도의 호박돌을 옆세워 깖
② 그 사이에 사춘 자갈을 넣고 가장사리에서 중앙부로 다짐
③ 잡석지정의 폭은 구조물 기초의 폭보다 넓게 시공
④ 견고한 자갈층에는 잡석지정을 하지 않음
⑤ 사춤 자갈량 : 30% 정도
⑥ 잡석의 크기 : 12~20cm

(2) 모래지정

① 지반이 연약하고 2m 이내에 굳은 층이 있고 건물이 경량인 경우

② 굳은 층까지의 흙을 파내어 모래 채움

③ 두께 30cm마다 충분한 물다짐 실시

(3) 자갈지정

① 잡석대신 45mm 정도 크기의 자갈을 사용하여 굳은 지층에 시공

② 6~10cm 정도로 자갈을 깐 다음 사춤 자갈을 채움

③ 25kg 내외의 달구로 자갈을 충분히 다짐

(4) 밑창 콘크리트 지정

① 잡석이나 자갈 다짐 위에 두께 5~6cm 정도의 콘크리트 시공

② 콘크리트 배합비 : 1 : 3 : 6

③ 사용목적

㉠ 먹매김 용이

㉡ 거푸집 설치가 용이

㉢ 철근 배근이 용이

㉣ 바깥 방수의 바탕이음

3) 깊은 기초의 지정

구 분	나무말뚝	기성콘크리트말뚝	강재말뚝	제자리 콘크리트말뚝
간 격	2.5d 이상 60cm이상	2.5d 이상 75cm이상	2.5d 이상 75cm이상	2.0d 이상 D+1m 이상
길 이	최대 7m	최대 15m	최대 70m	보통 30m
지지력	보통 5ton 내외 최대 10ton	보통 50ton 내외 최대 50ton	보통 50ton 내외 최대 100ton	최대 50ton

(1) 나무말뚝

① 부식을 방지하기 위해 상수면 이하에 타입

② 경량건물에 적당함

(2) 기성콘크리트 말뚝

① 상수면이 깊고 중량건물에 적당

② 주근은 6개 이상

③ 말뚝 단면의 0.85% 이상 말뚝지름 이상을 지지층에 관입

(3) 강재말뚝

① 깊은 연약층에 지지
② 중량건물에 적당함
③ 수평방향 빗나감은 설계위치에서 10cm 이내

강재말뚝

(4) 제자리 콘크리트말뚝

① 연약 점토층이 깊을 때 적당함
② 주근은 6개 이상
③ 설계단면적의 0.4% 이상

CheckPoint

말뚝박기 시공상 주의사항으로 옳지 않은 것은?
① 말뚝위치는 정확히 수직으로 하여 똑바로 박는다.
② 말뚝은 가장자리를 먼저 박고 점차 중앙으로 박는다.
③ 말뚝박기는 중단하지 않고 최종까지 계속해서 박는다.
④ 나무말뚝은 부식될 수 있으므로 지하 상수면 이상에 둔다.

4) 말뚝박기

(1) 말뚝박기 시험

① 말뚝공이의 중량은 말뚝 무게의 1~3배로 함

② 시험용 말뚝은 실제 말뚝과 같은 조건에서 시험
③ 시험용 말뚝은 3본 이상 박고, 무리한 타정 금지
④ 정확한 위치에 수직으로 박고, 휴식시간 없이 연속으로 박아야 함
⑤ 최종 관입량은 5회 또는 10회 타격한 값의 평균값으로 함
⑥ 타격횟수 5회에 총 관입량이 6mm 이하인 경우는 거부현상으로 판단
⑦ 떨이공의 낙하고는 낙하시키는 높이가 가벼운 공일 때는 2~3m, 무거운 공일 때는 1~2m로 함
⑧ 말뚝은 가장자리를 먼저 박고 점차 중앙으로 박는다.

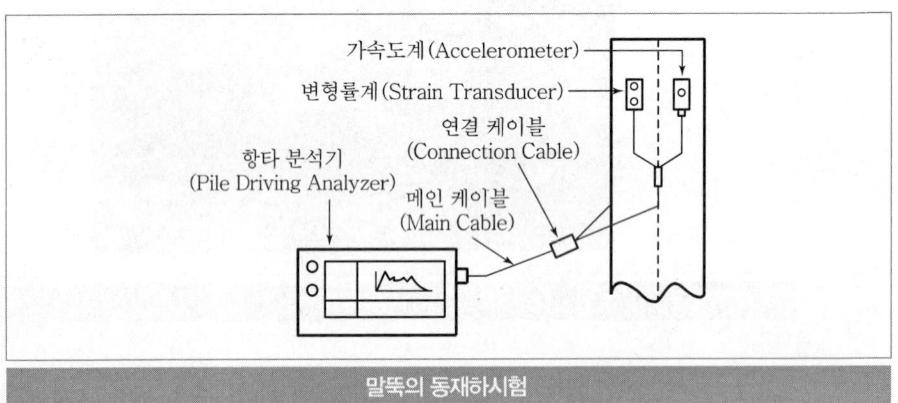

말뚝의 동재하시험

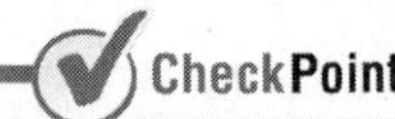

간접 지내력 시험인 말뚝박기 시험에서 주의해야 할 사항으로 옳지 않은 것은?

① 말뚝은 연속적으로 타격하되 휴지시간을 두지 않는다.
② 5회 타격 총 관입량이 5mm 이하일 때를 거부현상으로 판단한다.
③ 소정의 침하량에 도달하면 그 이상 무리하게 박지 않는다.
④ 최종관입량은 5회 또는 10회 타격한 평균값을 적용한다.

(2) 기성말뚝의 시공법

① 타입공법
㉠ 타격공법 : 드롭해머, 스팀해머, 디젤해머, 유압해머
㉡ 진동공법 : Vibro Hammer로 상하진동을 주어 타입, 강널말뚝에 적용

② 매입공법
㉠ 선행굴착 공법(Pre-Boring) : Earth Auger로 천공 후 기성말뚝 삽입, 소음 · 진동 최소

㉡ 워터제트 공법 : 고압으로 물을 분사하여 마찰력을 감소시키며 말뚝 매입
㉢ 압입공법 : 유압 압입장치의 반력을 이용하여 말뚝 매입
㉣ 중공굴착 공법 : 말뚝의 내부를 스파이럴 오거로 굴착하면서 말뚝 매입

선행굴착 공법(Pre－Boring)

③ 드롭해머(Drop Hammer)
㉠ 해머의 무게는 말뚝무게의 2~3배(2.5배)가 적당
㉡ 해머의 낙하높이는 3m 정도

④ 디젤해머(Diesel Hammer)
㉠ 타격 에너지가 크고, 박는 속도가 빨라 시공능률이 좋음
㉡ 연약한 지반에서는 발화되지 않는다.
㉢ 말뚝머리의 타격파손이 커서 쇠가락지를 끼움
㉣ 디젤 연료의 폭발로 인한 피스톤의 연속운동으로 말뚝 타입
㉤ 해머의 운전이 간단함

5) 말뚝의 취급시 유의사항

(1) 운반이나 항타 중 손상된 것은 장외로 반출
(2) 성능 및 규격이 확인 안된 것은 현장에 반입할 수 없음
(3) 콘크리트 말뚝은 제작 후 14일 이내에 이동금지
(4) 말뚝은 2단 이하로 하여 종류별로 나누어 저장함
(5) 콘크리트 말뚝은 재령 28일 이상의 강도가 나오는 것을 사용함

6) 언더피닝(Under Pinning) 공법

(1) 정의

기존 구조물에 근접 시공시 기존 구조물의 기초 저면보다 깊은 구조물을 시공하거나 기존 구조물의 증축 또는 지하실 등을 축조시 기존 구조물을 보호하기 위하여 실시하는 공법

(2) 공법의 종류

① 이중 널말뚝 공법
② 차단벽 설치공사
③ 현장콘크리트말뚝 공법

기존 건축물의 기초지정을 보강하거나 또는 거기에 새로운 기초를 삽입하거나 지지면을 더 깊이 옮기는 공사의 공통명칭은?

✓ 언더피닝 공법(Under Pinning Method)　② 소일 콘크리트 공법(Soil Concrete Method)
③ 웰 포인트 공법(Well Point Method)　④ 아일랜드 공법(Island Method)

2 기초

1) 개요

(1) 기초구조는 상부구조물을 지지하는 중요한 부분으로 지내력의 저하 시에는 구조물의 내구성이 저하되므로 지반의 강성을 증대시킬 수 있는 기초공법을 선정해야 한다.
(2) 기초(Footing)는 하중을 지반 또는 지정에 직접 전달하는 부분이다.

2) 얕은기초 공법

(1) 독립기초(Independent Footing) : 단일기둥을 기초판이 받침
(2) 복합기초(Combination Footing) : 2개 이상의 기둥을 한 기초판이 받침
(3) 연속기초(Strip Footing) : 연속된 기초판이 벽체, 기둥을 지지함
(4) 온통기초(Mat Foundation) : 건물의 하부 전체를 기초판으로 한 것

3) 깊은기초 공법

(1) 나무말뚝

① 소나무, 낙엽송 등으로 곧고 긴 생나무를 반드시 껍질을 벗겨 사용
② 부식을 방지하기 위해 상수면 이하에 타입

(2) 강재말뚝

① 강성이 크다.
② 지지층 깊이 박을 수 있고, 휨모멘트에 대한 저항이 큼
③ 부식에 취약하므로 별도의 부식방지 대책 필요

(3) 기성 철근콘크리트 말뚝

① 원심력 철근콘크리트 말뚝
㉠ 재질이 균일하고, 말뚝재료의 입수가 용이함
㉡ 강도가 크므로 지지말뚝에 적합
㉢ 말뚝의 길이 및 크기가 규격화 되어 있음
② Pre-Stressed 콘크리트 말뚝
㉠ 프리텐션 방식 : 고강도 말뚝, 소형부재에 적합
㉡ 포스트텐션 방식 : 대형부재에 적합
㉢ 강도가 크고 파손되는 일이 적으며, 휨강도도 큼

Pre-Stressed 콘크리트 말뚝

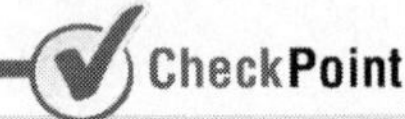

다음은 철근콘크리트 말뚝 중 큰 내력을 발휘할 수 있는 것은?

① 현장제작 철근콘크리트 말뚝
② 원심성형 철근콘크리트 말뚝
✔ 프리텐션 방식의 철근콘크리트 말뚝
④ 프리텐션 및 원심성형 방식의 철근콘크리트 말뚝

(4) 현장타설 콘크리트 말뚝

① 페데스탈 파일(Pedestal Pile)

㉠ 내관과 외관을 소정의 깊이까지 박은 후 내관을 빼내고, 외관 내에 콘크리트를 투입하여 내관으로 다지면서 외관도 뽑아올려 지중에 콘크리트말뚝을 형성

㉡ 구근지름 : 70~80cm, 샤프트부분 지름 : 45cm

② 레이몬드 파일(Raymond Pile)

외관은 얇은 철판을 사용하고 여기에 잘 맞는 강재 내관을 끼워넣고 내·외관을 동시에 박아 소정의 깊이에 도달하면 내관을 빼어서 외관 속에 콘크리트를 다져 넣는 공법

제자리 콘크리트 말뚝 공법 가운데 외관은 얇은 철판을 사용하고 여기에 잘 맞는 강재 내관을 끼워넣고 내외관을 동시에 쳐박아 소정의 깊이에 도달하면 내관을 빼어서 외관 속에 콘크리트를 다져넣는 기법은?

① Pedestal Pile ② Franky Pile ✔ Raymond Pile ④ Sheet Pile

③ 리버스 서큘레이션 드릴(Reverse Circulation Drill) 공법

㉠ 비트에 의해 파쇄된 토사를 역류 순환식의 액류에 의해서 배출하는 공법

㉡ 점토, 실트층 등에 적용

㉢ 시공심도 30~70m, 시공직경 0.9~3.0m

④ 베노토(Benoto) 공법

㉠ 제자리 콘크리트 말뚝을 시공할 때 목표지점까지 케이싱 튜브로 공벽을 보호하면서 굴착하는 공법

㉡ All Casing 공법

⑤ 이코스 파일(ICOS) 공법

㉠ 지수벽을 만드는 공법

㉡ 도심지 소음방지

㉢ 인접건물의 침하 우려가 있을 경우 효과적임

지하 흙막이벽을 시공할 때 말뚝구멍 하나 걸름으로 뚫고 콘크리트를 부어 흙막이 말뚝을 만들고, 말뚝과 말뚝 사이에 다음 말뚝 구멍을 뚫어 말뚝을 만드는 공법명은?

① 베노토 공법 ② 어스드릴 공법 ③ 칼웰드 공법 ✔ 이코스파일 공법

(5) 케이슨 기초

① 개방잠함(Open Caisson) 공법

㉠ 지하구조체 바깥벽 밑에 끝날(Shoe)을 붙이고, 지상에서 구축하여 중앙하부 흙을 파내어 구조체 자중으로 침하시키는 공법

㉡ 우물통 기초

㉢ 소요의 지지층까지 도달이 가능하고, 작업중 지층의 상태 확인 가능

우물통 기초

② 용기잠함(Pneumatic Caisson) 공법
   ㉠ 압축공기로 지하수 유입을 막고 고기압 내에서 굴착작업 실시
   ㉡ 작업자의 잠함병(케이슨병) 발생 우려

③ 박스케이슨(Box Caisson) 공법
   ㉠ 지상 제작장에서 케이슨을 제작하여 해상으로 운반 후 소정의 위치에 침하
   ㉡ 시공 중 기울어짐 발생 우려

박스케이슨 공법

철근콘크리트공사

SECTION 1 콘크리트공사

1 시멘트

1) 시멘트의 종류

종 류		특 징
포틀랜드 시멘트	보통 시멘트	① 비중 : 3.05 이상 ② 단위용적중량 : 1,500kg/m³ ③ 분말도 : 클수록 조기강도가 크지만 풍화되기 쉽다. ④ 응결 : 초결은 1시간 후, 종결은 10시간 이내
	조강 시멘트	① 7일만에 28일 압축강도 도달 ② 발열량이 크고 단기강도가 큼 ③ 균열의 위험성 주의
	중용열 시멘트	① Mass Concrete용으로 많이 사용됨 ② 화학저항성이 크고 내산성이 우수 ③ 방사선 차폐용으로 적합
고로 시멘트		① 비중이 2.9로 낮음 ② 응결시간이 길며 단기강도가 작고 장기강도가 우수 ③ 해안공사, 지중구조물 등에 사용 ④ 내화성, 급결성이 가장 강함
알루미나 시멘트		① 단기강도는 크나 장기강도는 작다. ② 해수, 화학약품에 대한 저항력이 크다. ③ 긴급공사, 해안공사, 동기공사에 사용 ④ 조기강도는 24시간에 보통 포틀랜드의 28일 강도를 발현
백색 포틀랜드		① 흰색의 석회석을 사용한 시멘트 ② 미장재, 인조석 원료

2) 시멘트의 강도

시멘트의 종류	시멘트 강도 최대값(MPa)
조강 포틀랜드 시멘트	40
보통 포틀랜드 시멘트	37
중용열 포틀랜드 시멘트	35
고로 시멘트, 실리카 시멘트	35

2 골재

1) 골재의 함수상태

(1) 절대건조상태(절건상태) : 골재입자 내부의 공극에 포함된 물 전부 제거

(2) 공기 중 건조상태(기건상태) : 자연건조로 골재입자의 표면과 내부의 일부가 건조

(3) 표면건조 포화상태(표건상태) : 골재입자의 표면에 물이 없으나 내부의 공극에는 물이 가득 차 있는 상태

(4) 습윤상태 : 골재입자의 내부에 물이 채워져 있고 표면에도 물이 부착되어 있는 상태

2) 골재의 함수량

(1) 기건함수량 : 절건상태에서 기건상태가 될 때까지 골재가 흡수한 수량

(2) 유효흡수량 : 기건상태에서 표건상태가 될 때까지 골재가 흡수한 수량

(3) 흡수량 : 절건상태에서 표건상태가 될 때까지 골재가 흡수한 수량

(4) 표면수량 : 표건상태에서 습윤상태가 될 때까지 골재가 흡수한 수량

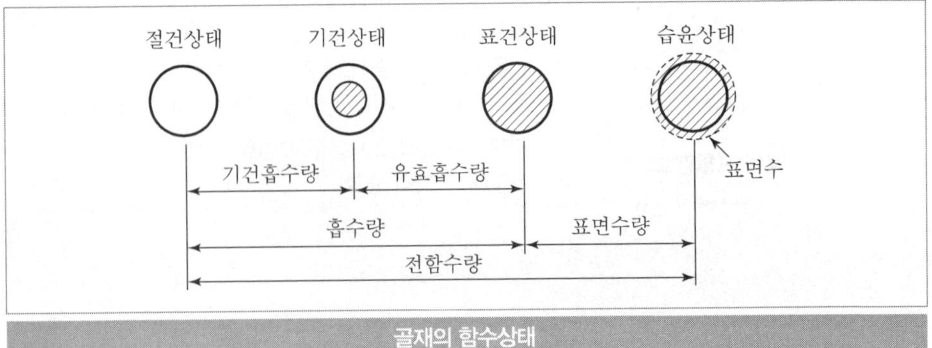

골재의 함수상태

3) 골재의 시험

(1) 비중시험 (2) 체가름시험 (3) 유기불순물시험
(4) 마모시험 (5) 흡수율시험 (6) 입도시험
(7) 단위중량시험

4) 콘크리트용 쇄석

(1) 원석으로는 경질 현무암이 가장 적당함
(2) 경질이나 내화도가 떨어지는 암석은 부적당함
(3) 소골재의 크기는 강자갈의 경우보다 약간 적은 것이 좋음
(4) 세골재는 특히 미립분이 부족하지 않도록 주의
(5) 모래는 강자갈 콘크리트의 경우보다 많이 사용
(6) 깬자갈을 사용할 경우 강자갈보다 콘크리트 강도가 10~20% 증가
(7) 되도록 AE제를 혼합사용할 것

3 물

1) 콘크리트의 용수

(1) 청정수를 사용할 것
(2) 기름, 산, 알칼리, 유기불순물을 포함하지 않아야 함
(3) 해수를 사용할 경우 철근의 부식 우려

4 혼화재료

1) 혼화재료(Admixture)의 분류

(1) 혼화재

① 시멘트 중량의 5% 이상 사용으로 콘크리트의 물성 개선
② 콘크리트 배합계산시 고려
③ 플라이애시, 규조토, 고로슬래그 미분말 등

(2) 혼화제

① 시멘트 중량의 5% 이하 사용으로 콘크리트의 성질 개선
② 콘크리트 배합계산시 무시
③ AE제, AE감수제, 유동화제, 고성능감수제 등

2) AE제(Air Entrained Agent)

(1) 특징

① 공기량 증가로 콘크리트의 시공연도, 워커빌리티 향상
② 단위수량 감소로 물시멘트비(W/C) 감소
③ 콘크리트 내구성 향상 및 동결에 대한 저항성 증대

(2) 공기량의 변화

① AE제를 넣을수록 공기량 3~6% 증가
② 온도가 10℃ 증가시 공기량 20~30% 감소
③ 잔골재가 많을 경우 공기량 증가
④ 공기량 1% 증가시 슬럼프치 2cm 증가
⑤ 공기량 1% 증가시 압축강도 4~6% 감소
⑥ 기계비빔이 손비빔보다 증가
⑦ 비빔시간이 길어질수록 감소

3) 응결 · 경화촉진제

(1) 종류 : 염화칼슘, 염화마그네슘, 탄산나트륨, 규산소다
(2) 마모에 대한 저항성 증대
(3) 콘크리트 건조수축 증가
(4) 황산염에 대한 저항성
(5) 알칼리-골재 반응 촉진 우려

4) 발포제(기포제)

(1) 종류 : 알루미늄, 아연분말
(2) 부재의 경량화, 단열화, 내구성 향상
(3) 부착력 증대

5 콘크리트

1) 콘크리트의 특징

(1) 장점

① 철근과 콘크리트의 부착력은 어느 정도 큼
② 철근과 콘크리트의 열팽창 계수가 거의 같아서 일체화됨

③ 콘크리트는 알칼리성이므로 철근을 녹슬지 않게 하는 등 내화적임
④ 유지 및 수선비가 거의 안들고 외관이 장중함
⑤ 콘크리트는 압축력을, 철근은 인장력을 부담함
⑥ 부재의 형상과 치수가 자유로움

(2) 단점

① 형태의 변경이나 파괴가 어려움
② 부재의 단면과 중량이 큼

2) 콘크리트 강도에 영향을 주는 요인

(1) 사용재료의 품질 : 시멘트, 골재, 물, 혼화재료
(2) 콘크리트 배합의 영향 : 물시멘트비(W/C), 슬럼프 등
(3) 시공방법
(4) 재령
(5) 시험방법

3) 배합설계

(1) 배합설계 순서

① 소요강도(설계기준강도 f_{ck}) 결정
② 배합강도(f_{cr}) 결정
③ 시멘트 강도(K) 결정
④ 물시멘트비(W/C) 결정
⑤ 슬럼프값 결정
⑥ 굵은골재 최대치수 결정
⑦ 잔골재율(S/a) 결정
⑧ 단위수량(W) 결정
⑨ 시방배합의 산출 및 조정
⑩ 현장배합의 결정

(2) 배합에 영향을 주는 요소

① 물시멘트비(W/C)
㉠ W/C는 소요강도, 내구성, 수밀성을 고려하여 결정
㉡ 다짐이 충분할 경우 W/C가 낮을수록 강도 증가

② 슬럼프(Slump)

㉠ 슬럼프가 클 경우 블리딩이 많아지고 굵은골재 분리현상 발생

㉡ 슬럼프값이 커질수록 단위 시멘트량이 많아짐

③ 굵은골재 최대치수

㉠ 부재의 최소치수의 1/5, 피복두께 및 철근의 최소 수평·수직 순간격의 3/4 초과 금지

㉡ 굵은골재의 최대치수가 커질수록 단위수량, 공기량, 잔골재율 감소

④ 잔골재율

㉠ 물시멘트비가 작을수록 잔골재율은 작아짐

㉡ 잔골재율이 커지면 단위시멘트량, 단위수량 증가로 시공성이 향상되나 블리딩, 재료분리 현상 등이 발생함

4) 콘크리트 시험

(1) 워커빌리티(Workability) 및 컨시스턴시(Consistency) 측정시험

① 슬럼프 시험(Slump Test)

② 흐름 시험(Flow Test)

③ 다짐계수 시험(Compacting Factor Test)

④ 리몰딩 시험(Remolding Test)

⑤ 비비 시험(Vee-Bee Test)

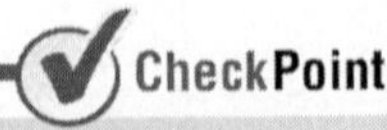

다음 중 콘크리트의 시공성과 관계 없는 것은?

✓ 반발도값 ② 슬럼프값 ③ 플로값 ④ 다짐계수값

(2) 슬럼프 시험(Slump Test)

① 정의

콘크리트 콘을 탈형시 내려앉은 콘크리트 하강량을 측정하는 것으로 콘크리트의 시공연도를 측정하는 시험

② 시험방법

㉠ 수평밀판을 수평으로 설치하고 슬럼프 콘을 중앙에 설치

㉡ 슬럼프 콘 내부에 콘크리트를 1/3씩 3층으로 나누어 채움

㉢ 각 층을 25회식 골고루 다짐

㉣ 콘을 조심스럽게 들어올려 콘크리트가 무너져 내린 높이 측정

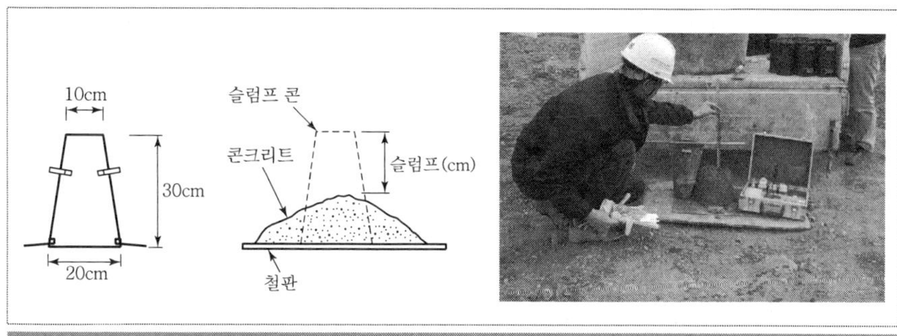

슬럼프 시험

③ 슬럼프의 허용오차

지정슬럼프	허용오차
2.5cm	±1.0cm
5~6.5cm	±1.5cm
8~18cm	±2.5cm
21cm 이상	±3.0cm

5) 콘크리트 치기와 다짐

(1) 콘크리트 타설

① 운반거리가 먼 곳에서 가까운 곳으로 타설

② 타설할 위치와 가까운 곳에서 낙하하고, 자유낙하 높이를 1m 이내로 작게 함

③ 콘크리트를 수직으로 낙하시킴

④ VH 분리(동시)타설 : 수직부재와 수평부재를 분리(동시) 타설함

(2) 콘크리트 이어치기

① 이음은 짧게 하며, 전단력이 최소인 지점에서 실시

② 보, 바닥판은 중앙에서 수직으로 이어붓기 하는 것이 전단력을 작게 할 수 있음

③ 아치의 이음은 아치축에 직각으로 설치

④ 기둥은 기초판, 연결보 또는 바닥판 위에서 수평으로 이어붓기 실시

⑤ 캔틸레버는 이어붓지 않음을 원칙으로 함

PART 01 PART 02 PART 03 PART 04 PART 05 PART 06 부록

| 이어치기 허용시간 |

구 분	이어치기 시간간격	비빔에서 부어넣기 종료까지
기온이 25℃ 이상	2시간 이내	1.5시간 이내
기온이 25℃ 미만	2.5시간 이내	2시간 이내

CheckPoint

콘크리트 이어붓기 위치에 관한 설명으로 옳지 않은 것은?

① 보, 바닥판의 이음은 그 간사이의 중앙부에 수직으로 한다.
② 캔틸레버 내민보나 바닥판은 지점부분에서 수직으로 한다.
③ 기둥은 기초판, 연결보 또는 바닥판 위에서 수평으로 한다.
④ 아치의 이음은 아치축에 직각으로 설치한다.

(3) 콘크리트 다짐

① 콘크리트를 거푸집 구석구석까지 밀실하게 충진시켜 품질 확보
② 내부진동기는 수직으로 사용하는 것이 좋고, 진동기의 간격은 50cm 이내
③ 내부진동기는 단시간에 각 부분을 균등하게 하고, 빼낼 때 천천히 빼냄
④ 철근 및 거푸집에 직접 닿지 않도록 함
⑤ 이미 타설한 부분과 10cm 정도 중첩되도록 찔러넣기 함
⑥ 빈배합 저슬럼프 콘크리트가 진동기 효과가 가장 좋음

6) 콘크리트의 내구성 저하 방지대책

(1) 재료분리(곰보현상)

① 될 수 있는 대로 낮은 곳에서 부어넣어 재료분리 방지
② 진동기나 다짐막대 사용
③ 콘크리트 반죽질기를 시공성이 허용하는 한도에서 작게 함
④ 골재의 비중 차이를 적게 하고, 잔골재와 굵은골재가 균등하게 섞이도록 함

콘크리트 재료분리(곰보현상)

(2) 중성화

① 공기 중 탄산가스의 영향으로 콘크리트가 알칼리성을 상실하는 것

② 수산화칼슘이 탄산칼슘으로 바뀜

③ 중성화 반응식 : $Ca(OH)_2 + CO_2 \rightarrow CaCO_3 + H_2O$

④ 부동태 피막의 파괴로 철근의 부식, 녹 발생

⑤ 중성화 방지대책

㉠ 경량골재, 혼합시멘트 사용금지

㉡ 조강포틀랜드 시멘트 사용

㉢ 물시멘트비(W/C)를 작게

⑥ 중성화 시험법(페놀프탈레인 용액)

㉠ 적색(pH 10 이상) : 알칼리성, 중성화 없음

㉡ 무색(pH 9 이하) : 중성화

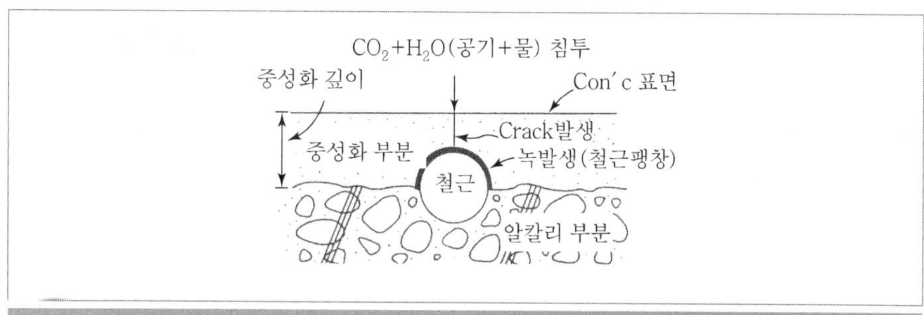

콘크리트의 중성화

(3) 균열

① 경화 전 균열 : 거푸집 변형, 진동, 충격, 소성수축, 침하

② 경화 후 균열 : 건조수축, 수화열

(4) 건조수축

① 콘크리트가 건조됨에 따라 발생하는 수축현상

② 초기에 급격히 진행되고 시간이 경과함에 따라 완만해짐

③ 시멘트의 화학성분이나 분말도에 따라 변화

④ 단위수량, 단위시멘트량이 많을 경우 커짐

⑤ 단위수량이 동일할 경우 단위시멘트량을 증가시켜도 수축량의 변화는 적음

⑥ 물시멘트비가 크면 건조수축도 커짐

⑦ AE제, AE감수제 사용시 건조수축 감소

(5) Pop Out

① 콘크리트 속의 골재가 동결융해, 알칼리 골재 반응 등으로 인한 팽창압력으로 깨짐

② 콘크리트의 내구성 저하

(6) 블리딩(Bleeding)

① 콘크리트 타설 후 물이나 미세한 물질이 분리 상승하여 콘크리트 표면에 떠오르는 현상

② 콘크리트의 강도 및 수밀성 저하

(7) 염해

① 콘크리트 속의 염화물로 인하여 철근을 부식시키는 현상

② 염화물의 종류 : 염화나트륨, 염화칼륨, 염화칼슘, 염화마그네슘

③ 콘크리트에 포함된 염화물량은 염소 이온량(cl^-)으로 $0.3kg/m^3$ 이하로 한다.(초과 시 철근 방청조치하며 이 경우에도 $0.6kg/m^3$를 초과할 수 없다.)

④ 잔골재 염화물 이온량 0.02%이하(Nacl은 0.04%)로 하며 절건중량 기준이며, 바다모래 사용 시 염화물 허용한도 초과 시 물로 세척해서 사용한다.

(8) 콜드 조인트(Cold Joint)

① 먼저 타설한 콘크리트와 나중에 타설한 콘크리트의 시공 이음부

② 콘크리트를 이어칠 때 생기는 시공상의 문제로 인한 줄눈

③ 불연속면 발생으로 일체화 저해, 강도취약, 누수우려

콘크리트 공사의 여러 줄눈 중 가장 일체화가 잘 되도록 시공해야 하는 것은?

① 익스팬션 조인트(Expansion Joint) ② 컨트롤 조인트(Control Joint)
③ 컨스트럭션 조인트(Construction Joint) ④ 콜드 조인트(Cold Joint)

7) 콘크리트의 양생방법

종 류	특 징
습윤양생	① 수중 또는 살수 보양 ② 충분하게 살수하고 방수지를 덮어서 보양함
피막양생	① 피막 양생제 살포로 방수막 형성, 수분증발을 방지 ② 포장콘크리트에 적합
증기양생	① 단기간의 강도를 얻기 위해 고온고압 양생 ② 한중콘크리트에 적합
전기양생	① 전류가 콘크리트에서 철근으로 흐르면 콘크리트 연화 ② 철근부식 및 부착강도 저하의 우려
고주파 양생	① 거푸집과 콘크리트 윗면에 철판을 놓고 고주파를 흘려 양생
오토클레이브 양생	① 대기압이 넘는 압력용기 Autoclave에서 양생 ② 동결융해에 대한 저항성이 크고, 내약품성 증대 ③ 용적변화 및 백화발생이 적음 ④ 양생시간이 적게 걸림

교량 구조물 증기양생

8) 콘크리트의 종류

(1) 한중 콘크리트

① 일평균 기온 4℃ 이하일 때 타설하는 콘크리트
② 물의 온도를 올리거나 골재를 가열해서 사용
③ AE제 또는 감수제 사용
④ 물시멘트비(W/C) : 60% 이하, 가급적 작게 함
⑤ 재료 투입순서 : 모래－자갈－물－시멘트 순

(2) 서중 콘크리트

① 일 평균기온 25℃ 초과 또는 일 최고기온이 30℃를 초과하는 기온에서 타설하는 콘크리트
② 콘크리트의 단위수량이 증가
③ 콘크리트의 응결 촉진
④ 콘크리트의 공기량 감소

(3) 수밀 콘크리트

① 콘크리트의 밀도가 높고, 방수성이 우수
② 산, 알칼리 및 동결융해에 대한 저항성이 큼
③ 물시멘트 비(W/C) : 50% 이하
④ 슬럼프 : 18cm 이하
⑤ 다짐은 진동다짐을 원칙으로 함

(4) 제치장 콘크리트

① 외장을 하지 않고 노출면 자체가 마감이 되는 노출콘크리트
② 최대 자갈지름 : 25mm 이하
③ 철근 피복두께는 구조 내력상 1cm 정도 두껍게 시공
④ 혼합을 충분히 균등하게 하고 벽, 기둥은 한번에 타설
⑤ 콘크리트를 부어 넣을 때 비빔판에 받아서 삽으로 떠 넣음

(5) 프리플레이스트 콘크리트(Preplaced Concrete)

① 굵은골재를 거푸집에 미리 채워넣고 주입관을 통해 모르타르를 압입하는 콘크리트
② 재료분리 및 건조수축이 적음
③ 수중시공에 적당
④ 염류에 대한 내구성이 큼

⑤ 조기강도는 작으나 장기강도는 보통 콘크리트와 동일함
⑥ 모르타르 주입관 간격은 수직간격 2m 이하

(6) 진공 콘크리트(Vacuum Concrete)

① 콘크리트 경화 전 진공매트로 수분과 공기를 흡수하고 6~8t/m^2의 압력으로 콘크리트 다짐
② 콘크리트의 초기 압축강도 및 내구성 증대
③ 콘크리트 타설 후 진공 압출에 의해 물시멘트비 감소

(7) 프리캐스트 콘크리트(Precast Concrete)

① 콘크리트 슬럼프 : 15cm 이하
② 단위 시멘트량 최소값 : 300kg/m^3
③ 물시멘트비 : 60% 이하

(8) 경량 콘크리트

① 천연, 경량골재를 일부 혹은 전부 사용하는 콘크리트로 건조수축이 큼
② 비중 : 1.4~2.0, 단위중량 : 1,700kg/m^3
③ 철근의 이음길이를 보통콘크리트보다 길게 함
④ 골재는 사용 전 살수하여 표면건조포화상태로 사용해야 함
⑤ 직접 흙 또는 물에 접하는 부분에는 시공금지
⑥ 서머콘(Thermo－con) : 자갈, 모래 등의 골재를 사용하지 않고 시멘트와 물, 발포제를 배합

CheckPoint

다음 중 경량 콘크리트의 특징이 아닌 것은?
① 자중이 작고 건물중량이 경감된다.
② 강도가 작다.
③ 건조수축이 작다. (정답)
④ 내화성이 크고 열 전도율이 작으며 방음효과가 크다.

(9) 기포 콘크리트

① 알루미늄 분말 등 발포제를 사용하는 콘크리트
② 보통콘크리트보다 가볍고, 단열성이 우수
③ 건조수축이 큼

(10) ALC(Autoclaved Lightweight Concrete)

① 규사, 생석회, 시멘트 등에 발포제인 알루미늄 분말과 기포 안정제 등을 혼합하여 고온, 고압으로 증기양생한 콘크리트

② 흡수율 : 10~20% 정도

③ 중성화의 우려가 높음

(11) 숏크리트(Shotcrete)

① 모르타르를 압축공기로 시공면에 뿜는 콘크리트

② 종류 : 건식공법, 습식공법

SECTION 2 철근공사

1 재료시험

1) 철근의 종류

(1) 원형철근 : 철근 표면에 돌기가 없는 매끈한 표면으로 된 철근

(2) 이형철근 : 철근 표면에 리브(Rib)와 마디 등 돌기가 있는 철근

(3) 피아노선 : 프리스트레스 콘크리트에 사용

(4) 스터드(Stud) : 철골보와 콘크리트 슬라브를 연결하는 Shear Connector 역할

2) 철근재료 시험항목

(1) 인장강도 시험

(2) 연신율 시험

(3) 휨 시험

2 가공도

1) 철근가공 계획시 검토사항

(1) 재료의 저장 및 가공 장소

(2) 가공 및 저장 설비

(3) 가공 공장

3 철근의 가공

1) 철근가공

(1) 철근 구부리기
① 상온가공(냉간가공) : 25mm 이하 철근
② 열간가공 : 원형 28mm 이상, 이형 29mm 이상

(2) 철근은 상온에서 지상 가공하는 것을 원칙으로 함

(3) 원형철근의 말단부는 원칙적으로 훅(Hook)을 둠

(4) 이형철근은 부착력이 크므로 기둥 또는 굴뚝을 제외한 부분은 훅(Hook)을 생략할 수 있음

(5) 훅(Hook)을 반드시 두어야 하는 위치
① 원형철근의 말단부
② 캔틸레버근
③ 단순보의 지지단
④ 굴뚝 철근
⑤ 보, 기둥 철근

4 철근의 이음, 정착길이 및 배근간격, 피복두께

1) 철근의 이음 및 정착

(1) 철근의 이음 및 정착길이

위 치	보통콘크리트	경량콘크리트
압축력 또는 작은 인장력	25d	30d
기타 부분	40d	50d

여기서, d : 철근의 지름(mm)

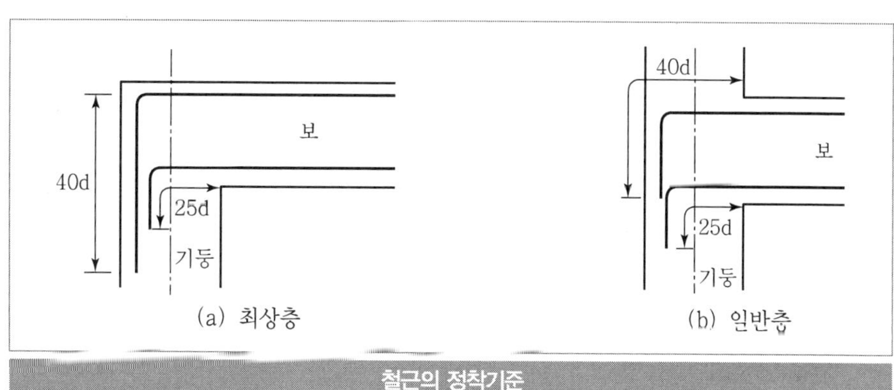

철근의 정착기준

(2) 철근 이음시 유의점

① D29 이상의 철근은 겹침이음을 하지 않음
② 이음길이에 갈고리의 길이를 포함하지 않음
③ 이음길이의 산정은 갈고리 중심 간 거리로 함
④ 이음에서 철근지름이 다를 때 철근의 겹침이음은 가는 철근을 기준으로 함
⑤ 보 철근은 기둥 중심선 밖에서 구부림을 둠

(3) 철근의 이음위치

① 큰 응력을 받는 곳을 피함
② 이음의 1/2 이상을 한 곳에 집중시켜서는 안 되고 서로 엇갈려 이음
③ 기둥, 벽 철근의 이음은 층 높이의 2/3 하부에서 엇갈리게 설치
④ 보에서는 중앙에서 하부근을, 단부에서 상부근을 이음하지 않음

(4) 철근의 정착 시 유의점

① 이형철근의 말단부에 훅을 만들면 정착길이는 짧게 됨
② 이형철근은 원형철근에 비해서 강도가 같으면 정착길이는 짧게 됨
③ 정착길이는 철근의 강도와 무관함
④ 콘크리트의 강도가 작으면 정착길이가 길어짐

(5) 철근의 정착위치

① 기둥의 주근 : 기초 또는 바닥판　② 큰 보의 주근 : 기둥
③ 작은 보의 주근 : 큰 보　④ 지중보의 주근 : 기초 또는 기둥
⑤ 벽철근 : 기둥, 보, 바닥판　⑥ 바닥판 철근 : 보 또는 벽체
⑦ 보 밑에 기둥이 없을 때 : 보 상호간

철근의 이음　철근의 정착

철근의 정착위치로 부적당한 것은?
✅ 기둥철근의 주근은 큰보에 정착한다.
② 큰보의 주근은 기둥에 정착한다.
③ 벽 철근은 기둥과 보 또는 바닥판에 정착한다.
④ 바닥철근은 보 또는 벽체에 정착한다.

2) 철근의 배근간격

(1) 철근의 순간격

① 철근 공칭지름의 1.5배 이상
② 지름 2.5cm 이상
③ 굵은골재 지름의 1.25배 이상

(2) 바닥철근의 배근간격

① 주근 : 20cm 이하
② 배력근 : 30cm 이하 또는 바닥판 두께의 3배 이내
③ 바닥판의 두께 : 8cm 이상 또는 그 단변길이의 1/40 이상으로 함

철근콘크리트 조에 사용된 굵은 골재의 최대치수가 25mm일 때, D22 철근의 간격으로 적당한 것은?
① 22.2mm ② 25mm ③ 31.25mm ✅ 33.3mm
➡ a. 1.25×25mm=31.25mm, b. D22×1.5배=33.3mm, c. 2.5cm=25mm 중에서 큰 값

3) 피복두께

(1) 목적

① 내화성능 유지
② 내구성능 유지
③ 소요의 강도 및 내구력 확보
④ 콘크리트와 철근의 부착력 증대
⑤ 콘크리트 치기 시공시 유동성 유지

(2) 부위별 피복두께

<table>
<tr><th colspan="4">부위</th><th>피복두께(mm)</th></tr>
<tr><td rowspan="7">흙에 접하지 않음</td><td rowspan="2">바닥슬라브, 지붕슬라브, 비내력벽</td><td colspan="2">마무리 있을 때</td><td>20</td></tr>
<tr><td colspan="2">마무리 없을 때</td><td>30</td></tr>
<tr><td rowspan="4">기둥, 보, 내력벽</td><td rowspan="2">실내</td><td>마무리 있을 때</td><td>30</td></tr>
<tr><td>마무리 없을 때</td><td>30</td></tr>
<tr><td rowspan="2">실외</td><td>마무리 있을 때</td><td>30</td></tr>
<tr><td>마무리 없을 때</td><td>40</td></tr>
<tr><td colspan="3">옹벽</td><td>40</td></tr>
<tr><td rowspan="2">흙에 접함</td><td colspan="3">기둥, 보, 바닥슬라브, 내력벽</td><td>40(50)</td></tr>
<tr><td colspan="3">기초, 옹벽</td><td>60(70)</td></tr>
</table>

여기서, ( ) 안의 수치는 경량콘크리트 1종 및 2종에 적용함

철근의 콘크리트 피복두께 측정

5 철근의 조립

1) 조립순서

(1) 철근콘크리트 구조물(RC조)

① 기초 → ② 기둥 → ③ 벽 → ④ 보 → ⑤ 바닥판 → ⑥ 계단

(2) 철골-철근콘크리트 구조물(SRC조)

① 기초 → ② 기둥 → ③ 보 → ④ 벽 → ⑤ 바닥판 → ⑥ 계단

2) 결속선

(1) #18～#20 이상의 달구어 구운 철선으로 결속

(2) 겹침이음인 경우 2개소 이상을 결속

6 철근의 이음방법

1) 가스압접

(1) 정의

철근의 양쪽에서 압력을 주어 가스용접을 하면서 압력 접합하는 방식

(2) 특징

① 철근 조립부가 단순하게 정리되어 콘크리트 타설이 용이함

② 잔토막도 유용하게 사용되어 경제적임

③ 1개 부의 시공시간이 짧고 충분한 강도가 보장됨

④ 불량부분에 대한 검사가 어려움

⑤ 화재의 우려가 있음

철근의 압접

2) 기타 이음방법

(1) 기계식 이음

(2) 겹침이음

(3) 용접이음

SECTION 3 거푸집공사

1 거푸집, 동바리

1) 거푸집의 역할

(1) 구조물을 일정한 형상과 치수로 유지시킴
(2) 수분과 시멘트풀의 누출을 방지
(3) 양생을 위한 외기의 영향을 방지

2) 거푸집 시공시 유의사항

(1) 외력에 대해 충분히 안전하게 설치
(2) 설치, 해체작업시 파손, 손상되지 않도록 함
(3) 거푸집널의 쪽매를 수밀하게 하여 세지 않도록 함
(4) 작업의 이동성, 연속성을 고려하여 사용할 것

3) 발전방향

(1) 부재의 대형화, 경량화, 강재화
(2) 설치의 단순화, 기계화
(3) 높은 전용횟수
(4) 이동의 용이성

4) 거푸집 및 동바리 설계시 고려하중

(1) 보, 슬라브 밑면

① 콘크리트 중량 ② 작업하중 ③ 충격하중

(2) 벽체, 기둥, 보 측면

① 콘크리트 중량 ② 콘크리트 측압

5) 콘크리트 측압

(1) 정의

콘크리트 타설시 기둥, 벽체 거푸집에 가해지는 콘크리트의 수평방향의 압력

(2) 영향요인(측압이 커지는 경우)

① 거푸집의 부재단면이 클수록
② 거푸집의 수밀성이 클수록
③ 거푸집의 강성이 클수록
④ 거푸집의 표면이 평활할수록
⑤ 시공연도(Workability)가 좋을수록
⑥ 철골 또는 철근량이 적을수록
⑦ 외기의 온도, 습도가 낮을수록
⑧ 콘크리트의 타설속도가 빠를수록
⑨ 콘크리트의 다짐(진동기 사용)이 좋을수록
⑩ 콘크리트의 슬럼프(Slump)가 클수록
⑪ 콘크리트의 비중이 클수록
⑫ 응결시간이 느릴수록

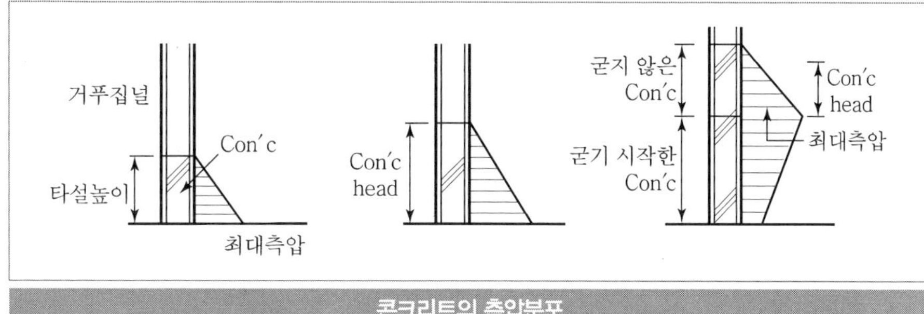

콘크리트의 측압분포

콘크리트 측압을 기술한 것 중 옳지 않은 것은?

① 슬럼프가 클수록 측압이 크다.
② 온도가 높을수록 측압이 크다. (✓)
③ 부어넣는 속도가 빠를수록 측압이 크다.
④ 콘크리트의 다지기가 강할수록 측압이 크다.

2 긴결재, 격리재, 박리재, 전용횟수

1) 긴결재(긴장재)

(1) 콘크리트를 부어 넣을 때 거푸집이 벌어지거나 우그러들지 않게 연결 고정
(2) 폼타이(Form-Tie), 플랫타이, 컬럼밴드 등

2) 격리재(Separator)

철판재, 철근재, 파이프제 또는 모르타르제를 사용하여 거푸집 상호 간의 간격을 유지

3) 간격재(Spacer)

철근과 거푸집 간격 유지

4) 박리재

(1) 중유, 식유, 동식물유, 파라핀, 합성수지 등을 사용하며 거푸집과 콘크리트를 원활하게 박리시키는 역할
(2) 거푸집의 재질을 손상시키지 않거나 콘크리트의 성질을 변화시키지 않는 것을 사용해야 함

5) 전용횟수

(1) 합판, 패널 : 5회　(2) 쪽널 : 3회　(3) 철재 : 100회

3 거푸집의 종류

1) 유로폼(Euro Form)

(1) 내수코팅합판과 경량 프레임으로 제작
(2) 가장 초보적인 단계의 시스템 거푸집
(3) 건물의 평면형상이 규격화 되어 표준 형태의 거푸집을 변형시키지 않고 조립함
(4) 현장제작에 소요되는 인력을 줄여 생산성 향상
(5) 자재의 전용횟수 증대

2) 갱폼(Gang Form)

(1) 거푸집판과 보강재가 일체로 된 기본패널, 작업을 위한 작업 발판대 및 수직도 조정과 횡력을 지지하는 빗버팀대로 구성되는 벽체 거푸집
(2) 경제적인 전용횟수는 30~40회 정도
(3) 타워크레인, 모빌크레인 같은 장비가 필요
(4) 현장제작 및 현장조립을 하는 경우도 있음

갱폼(Gang Form)

3) 슬립폼(Slip Form)

(1) 거푸집을 연속적으로 이동시키면서 콘크리트 타설
(2) 수평적 또는 수직적으로 반복된 구조물 시공에 유리
(3) 시공이음이 없이 균일한 형상으로 시공
(4) 사일로(Silo), 전단벽 건물, 유틸리티 코어 등 시공

슬립폼(Slip Form)

4) 클라이밍폼(Climbing Form)

(1) 벽체용 거푸집으로 거푸집과 벽체 마감공사를 위한 비계틀을 일체로 제작
(2) 거푸집과 비계틀을 한꺼번에 인양시켜 설치

5) 슬라이딩폼(Sliding Form)

(1) 요크(Yoke)로 거푸집을 수직으로 연속 이동시키면서 콘크리트 타설
(2) 돌출물 등 단면 형상의 변화가 없는 곳에 적용
(3) 공기단축 및 거푸집 제거 등 소요인력 절약
(4) 일체성 확보

6) 워플폼(Waffle Form)

(1) 무량판구조, 평판구조에서 특수 상자모양의 기성재 거푸집
(2) 제물치장 용도로 사용됨

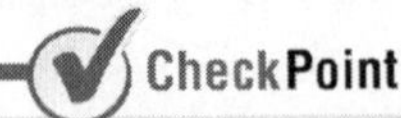

다음의 특수 거푸집 가운데 무량판 구조 또는 평판구조와 관계가 깊은 거푸집은?
① 슬라이딩폼 ✔ 워플폼 ③ 메탈폼 ④ 갱폼

7) 플라잉폼(Flying Form)

(1) 바닥전용 거푸집으로 거푸집판, 장선, 멍에, 서포트 등을 일체로 제작
(2) 시공정밀도, 전용성이 우수

8) 터널폼(Tunnel Form)

(1) 슬라브와 벽체의 콘크리트 타설을 일체화하기 위한 철재 거푸집
(2) 전용횟수는 200회 정도로 경제성이 있음
(3) 인건비 절약, 공기단축 가능
(4) 2개의 틀로 구성되어 연결부 처리가 번거로움

4 거푸집의 설치

1) 거푸집의 조립순서

(1) 기초 → (2) 기둥 → (3) 내력벽 → (4) 큰보 → (5) 작은보 → (6) 바닥판 → (7) 계단 → (8) 외벽

2) 지주 바꾸어 세우기 순서

(1) 큰보 → (2) 작은보 → (3) 바닥판

5 거푸집의 해체

1) 거푸집 및 동바리 존치기간

(1) 거푸집 존치기간

① 콘크리트 압축강도를 시험할 경우(콘크리트표준시방서)

부재	콘크리트의 압축강도(fcu)
확대기초, 보 옆, 기둥, 벽 등의 측벽	5MPa 이상
슬라브 및 보의 밑면, 아치 내면	설계기준강도$\times \frac{2}{3}(f_{ck} \geq \frac{2}{3} f_{ck})$ 다만, 14MPa 이상

② 콘크리트 압축강도를 시험하지 않을 경우(기초, 보 옆, 기둥 및 보의 측벽)

시멘트의 종류 / 평균 기온	조강 포틀랜드 시멘트	보통포틀랜드시멘트 고로슬래그시멘트(특급) 포틀랜드포졸란시멘트(A종) 플라이애시시멘트(A종)	고로슬래그시멘트 포틀랜드포졸란 시멘트(B종) 플라이애시시멘트(B종)
20℃ 이상	2일	4일	5일
20℃ 미만 10℃ 이상	3일	6일	8일

(2) 동바리 존치기간

Slab 밑, 보 밑 모두 설계기준강도(f_{ck})의 100% 이상의 콘크리트 압축강도가 얻어질 때까지 존치

2) 존치기간에 영향을 미치는 요인

(1) 시멘트의 성질
(2) 콘크리트의 배합
(3) 부재의 종류와 크기
(4) 부재가 받는 하중
(5) 콘크리트 내·외부의 온도차

3) 거푸집 제거시 유의사항

(1) 작업시 진동, 충격을 가하지 않아야 함
(2) 높은 곳의 작업시는 추락 및 낙하사고에 유의
(3) 크레인에 연결시켜 충분히 지지한 후 제거
(4) 슬라브 및 보 밑은 맨 나중에 제거
(5) 제거한 거푸집은 재사용할 수 있도록 적당한 장소에 정리
(6) 지주를 바꾸어 세울 동안 상부의 작업을 제한하여 적재하중을 적게 함
(7) 집중하중을 받는 부분의 지주는 그대로 둠

CHAPTER 05 철골공사

SECTION 1 철골작업공작

1 공장작업

1) 철골공사의 특징

(1) 재료의 강성 및 인성이 크고 단일재료
(2) 가설속도가 빠르고 사전 조립이 가능
(3) 내구성이 우수하며 구조물 해체 후 재사용이 가능
(4) 고소작업이 많으므로 별도의 안전시설 설치 필요
(5) 공사기간이 짧음

2) 철골의 공장가공 순서

(1) 원척도 작성 → (2) 본뜨기 → (3) 변형 바로잡기 → (4) 금매김 → (5) 절단 및 가공 → (6) 구멍뚫기 → (7) 가조립 → (8) 리벳치기 → (9) 검사 → (10) 녹막이칠 → (11) 운반

CheckPoint

철골의 공장가공 공정순서가 바른 것은?
✓ 원척도작성－형판뜨기－금긋기－절단－가조립－리벳치기
② 원척도작성－금긋기－형판뜨기－절단－가조립－리벳치기
③ 원척도작성－형판뜨기－절단－금긋기－구멍뚫기－리벳치기
④ 원척도작성－금긋기－형판뜨기－절단－구멍뚫기－리벳치기

3) 철골공사의 계획수립 사항

(1) 사전준비
(2) 공장작업계획
(3) 수송계획
(4) 현장작업계획
(5) 장비계획
(6) 안전계획

2 원척도 및 본뜨기

1) 원척도

(1) 강재 및 길이 등의 실측도면(1 : 1)으로 설계도에 의해 공장의 원척장에서 작성
(2) 총 길이, 간사이, 강재규격, 게이지 라인, 클리어런스 등을 표시

2) 본뜨기

원척도에 따라 얇은 강판을 이용하여 본뜨기

3) 변형 바로잡기

(1) 검사에 합격한 재료의 비틀림 등의 변형을 고침
(2) 소형 강철재 : 달구기, 망치로 변형 바로잡기
(3) 대형 강철재 : 기계로 변형 바로잡기

4) 금매김

(1) 본뜨기 형판과 자를 이용하여 강재 위에 절단, 구멍뚫기 위치 표시
(2) 리벳 위치는 중심에서 펀치로 쳐서 표시

3 절단 및 가공

1) 절단 및 가공

(1) 강재의 절단, 구부림, 깎기 등을 실시
(2) 부재의 절단 방법
① 전단절단 : 판두께 13mm 이하일 경우 절단방법으로 그라인더로 수정함
② 톱절단 : 판두께 13mm를 초과하는 형강이나 절단면 상태가 양호한 정밀 절단시
③ 가스절단 : 주변 3mm 정도 변질현상이 생기므로 여유 치수를 고려

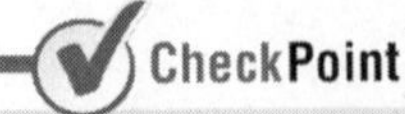

철골 부재가공시 절단면의 상태가 가장 양호하게 되는 절단 방법은?
① 전기 절단 ② 자동가스 절단 ③ 전기 아크 절단 ④ 톱 절단 (정답)

2) 구멍뚫기

(1) 철골부재에 볼트구멍, 리벳구멍 등을 뚫음

(2) 구멍뚫기 방법

① 펀칭(Punching) : 판두께 13mm 이하, 리벳지름 9mm 이하

② 송곳뚫기(Drilling) : 판두께 13mm를 이상, 주철재료나 기밀성이 요구되는 곳

③ 구멍가심(Reaming) : 조립시 리벳구멍 위치와 차이가 있을 때는 리머로 구멍 가시기를 함

4 공장조립법

1) 리벳수와 가조립 볼트수

현장치기 리벳수	전 리벳수의 1/3(35%)
가조립 볼트수	전 리벳수의 2/3(65%)
철골세우기용 가볼트수	전 리벳수의 20~30%
	현장 리벳수의 1/5 이상

철골세우기 공사에 있어서 가죄임 볼트수는 현장치기 리벳수의 얼마를 표준으로 하는가?

① 1/3 이상 ② 1/4 이상 ③ 1/5 이상 ④ 1/6 이상

2) 가조립 볼트의 죔 방법

(1) 임팩트 렌치(Impact Wrench)

(2) 토크 렌치(Torque Wrench)

5 볼트접합

1) 철골부재의 접합방법

(1) 리벳(Rivet) 접합

(2) 볼트(Bolt) 접합

(3) 고력볼트(High Tension Bolt) 접합

(4) 용접(Welding) 접합

2) 리벳(Rivet) 접합

(1) 리벳 가열온도 : 600~1,100℃

① 800℃가 적당함
② 1,100℃ 초과시 강재의 변질발생

(2) 리벳 간격(Pitch)

최소값	리벳지름의 2.5d 이상	
표준값	리벳지름의 4d 이상	
최대값	압축재	8d 또는 15t 이하
	인장재	12d 또는 30t 이하

여기서, d : 리벳지름, t : 철판두께

 CheckPoint

철골공사에 관한 기술 중 옳지 않은 것은?

① 리벳의 가열온도에서 1,100℃를 초과하면 강재의 변질이 생긴다.
② 구멍뚫기에서 판두께 13mm 이하일 때는 마무리 치수로 펀칭뚫기를 한다.
③ 리벳은 일반적으로 둥근머리 리벳을 많이 사용한다.
④ 리벳 또는 볼트의 상호간 중심거리는 그 지름의 2.15배 이상으로 한다.

(3) 리벳구멍 크기

리벳지름	구멍크기(지름)
ϕ16 이하	+1.0mm
ϕ19~28	+1.5mm
ϕ32 이상	+2.0mm

(4) 리벳 관련용어

① 게이지 라인(Gauge Line) : 리벳의 중심선을 연결하는 선
② 게이지(Gauge) : 게이지 라인과 게이지 라인과의 거리
③ 연단거리 : 리벳 구멍에서 부재 끝단까지 거리
  ㉠ 최소 연단거리 : 2.5d 이상
  ㉡ 최대 연단거리 : 12t 또는 15cm 이하
④ 그립(Grip) : 리벳으로 접하는 재의 총두께(그립크기 : 5d 이하)
⑤ 클리어런스(Clearance) : 리벳과 수직재면과의 거리

(5) 시공시 특징 및 유의사항

① 구멍의 차이가 있는 개소는 리머(Reamer)로 가심을 함
② 본체결 볼트 이외의 구멍에서부터 치기를 함
③ 리벳은 다시 굽지 않고 적열 상태의 것을 사용함
④ 리벳의 배치는 정열배치와 엇모배치가 있으나 일반적으로 엇모배치가 많이 쓰임
⑤ 리벳과 재단까지의 거리는 옆납기 1.5d 이상, 끝납기 2.0d 이상으로 함
⑥ 리벳은 일반적으로 둥근머리 리벳을 많이 사용함
⑦ 구조상 중요한 리벳 접합부는 최소 2개 이상 설치
⑧ 끼움판(Filler)을 사용할 때는 6mm 이상의 것 사용
⑨ 리벳과 볼트를 병용할 경우 리벳이 전외력을 부담
⑩ 리벳과 용접을 병용할 경우 용접이 전응력을 부담

3) 볼트(Bolt) 및 고력볼트(High Tension Bolt) 접합

(1) 고력볼트의 특징

① 접합부의 강성이 큼
② 마찰접합, 소음이 없다.
③ 피로강도가 높음
④ 불량부분의 수정이 용이
⑤ 화재, 재해의 위험이 적음
⑥ 현장 시공설비가 간단하며 노동력 절감

(2) 고력볼트의 접합방식

① 마찰접합(Friction Type)
② 인장접합(Tension Type)
③ 지압접합(Bearing Type)

(3) 볼트구멍 지름크기

구 분		지름크기
고력	16 이하	+1.0 mm
	20 이상 24 이하	+1.5 mm
일반	각종	+0.5 mm
앵커	각종	+5.0 mm

철골 볼트접합

6 녹막이칠

1) 녹막이칠을 하지 않는 부분

(1) 콘크리트에 매입되는 부분
(2) 조립에 의하여 맞닿는 부분
(3) 현장 용접하는 부분
(4) 고력 볼트 마찰 접합부의 마찰면
(5) 폐쇄형 단면을 한 부재의 밀폐되는 면
(6) 용접부에서 100mm 이내의 부분

7 운반

1) 철골의 운반시 유의사항

(1) 현장 세우기 순서에 따라 현장으로 운반
(2) 운반로의 도로폭, 중량제한, 높이제한, 교통통제 등을 검토
(3) 차량 통행시 인근가옥, 전주, 가로수 등 지장물 및 지하매설물 조사
(4) 자재 적치장의 소요면적 검토 후 자재운반 · 반입

SECTION 2 철골세우기

1 현장세우기 준비

1) 작업장의 정비
2) 수목의 제거 및 이설
3) 인근 지장물에 대한 방호조치 및 안전조치
4) 기계기구 정비 및 보수 철저
5) 철골제작 공장과 협의사항
   (1) 반입시간
   (2) 반입부재수
   (3) 부재 반입의 순서

2 세우기용 기계설비

1) 타워 크레인(Tower Crane)

(1) 양정이 커서 광범위한 작업에 적합함
(2) 종류
   ① 설치방식 : 고정식, 주행식
   ② Jib 형식 : 경사 Jib, 수평 Jib.
   ③ Climbing 방식 : Crane Climbing, Mast Climbing

2) 이동식 크레인

(1) 크롤러 크레인(Crawler Crane) : 무한궤도 위에 크레인 본체를 설치, 연약지반 작업
(2) 트럭 크레인(Truck Crane) : 타이어 트럭 위에 크레인 본체를 설치
(3) 유압식 크레인(Hydraulic Crane) : 유압 조작방식으로 안전성 우수, 최대양정 50Ton

3) 트럭 크레인(Truck Crane)

(1) 트럭 위에 크레인 본체를 설치한 이동시 크레인
(2) 자주, 자립이 가능하여 기동력이 좋음
(3) 대규모 공장건물에 적합

4) 가이데릭(Guy Derrick)

(1) 가장 일반적으로 사용하는 기중기의 일종
(2) 주로 5~10 Ton의 것을 많이 사용함
(2) Guy의 수 : 6~8개
(3) 붐(Boom)의 회전범위 : 360°
(4) 붐(Boom)의 길이 : 주축으로 마스트보다 3~5m 짧게 함
(5) 당김줄은 지면과 45° 이하가 되도록 함

가이데릭(Guy Derrick)

5) 진폴(Gin Pole)

(1) 1개의 기둥을 세워 철골을 메달아 세우는 가장 간단한 설비
(2) 철골 최대무게 3Ton 이하인 소규모 철골공사에 사용
(3) 옥탑 등의 돌출부에 쓰이고 중량재료를 달아 올리기 편함

6) 삼각데릭(Stiff Leg Derrick)

(1) 3각형의 토대 위에 철골재 3각을 놓고 붐을 조작함
(2) 가이데릭에 비해 수평이동이 가능하므로 층수가 낮은 긴 평면에 유리
(3) 당김줄을 마음대로 맬 수 없을 때 사용
(4) 회전범위 : 270°(작업범위 180°)
(5) 붐의 길이는 마스트보다 길다.

CheckPoint

철골조립 및 설치에 있어서 사용되는 기계와 관계가 없는 것은?

① 진 폴(Gin Pole)
② 윈치(Winch)
③ 타워 크레인(Tower Crane)
✔ 리버스 서큘레이션 드릴(Reverse Circulation Drill)

3 세우기

1) 철골 세우기 작업순서

(1) 기둥중심선 먹매김 → (2) 앵커볼트(Anchor Bolt) 매입 → (3) 기초상부 고름질 → (4) 세우기 → (5) 가조립 → (6) 변형 바로잡기 → (7) 본조립 → (8) 현장 리벳 접합 → (9) 접합부 검사 → (10) 도장 → (11) 완성

2) 앵커볼트 매입방법

(1) 고정매입법

① Anchor Bolt를 기초 상부에 정확히 묻고 고정 후 콘크리트 타설
② 시공의 정밀도가 요구되는 중요한 공사에 적용
③ 앵커볼트의 지름이 클 경우
④ Anchor Bolt 매입 불량시 보수 곤란

고정매입법

(2) 가동매입법

① Anchor Bolt 상부부분을 위치조정할 수 있도록 얇은 함석판을 Anchor Bolt 상부에 대고 콘크리트 타설 후 제거하는 공법
② 시공오차의 수정이 가능하며 경미한 공사에 적용
③ 앵커볼트의 지름이 작은 경우

(3) 나중매입법

① 앵커볼트 자리를 비워두고 나중에 매입하여 고정
② 기계 기초공사에 적합
③ 앵커볼트의 지름이 작은 경우

3) 기초상부 고름질 방법

(1) 전면바름공법
(2) 나중채워넣기 중심바름법
(3) 나중채워넣기 십(+)자바름법
(4) 나중채워넣기

철골 기초상부 고름질

4) 철골 파이프 구조

(1) 장점

① 경량이며 외관이 경쾌
② 휨강성 및 비틀림 강성이 큼
③ 좌굴응력에 강함
④ 조립, 세우기가 안전함

(2) 단점

① 접합이음이 복잡함
② 접합부의 절단 가공이 어려움
③ 리벳접합이 불가능
④ 이음, 맞춤부의 정밀도 저하

CheckPoint

다음 중 파이프 구조의 장점으로 부적당한 것은?

① 경량이며 외관이 경쾌하다.
② 휨강성 및 비틀림강성이 크다.
③ 접합부의 절단 가공이 간단하다.
④ 좌굴응력이 강하다.

4 용접접합

1) 용접접합 시공의 특징

(1) 장점

① 소음, 진동이 적음
② 접합부의 강성이 크고, 응력전달이 확실함
③ 볼트 접합에 비해 강재의 양을 줄일 수 있다.
④ 일체성, 수밀성 확보

(2) 단점

① 용접부 결함발생 우려
② 용접결함 검사가 어렵고, 비용 · 시간이 많이 소요됨
③ 작업자의 숙련도가 필요함
④ 용접 모재의 재질상태에 따라 응력 집중현상 발생

2) 용접의 종류

(1) 이음형식에 의한 분류

① 모살용접(Fillet Welding)
㉠ 목두께의 방향이 모체의 면과 45° 각을 이루는 용접
㉡ 단속용접(Spot Welding)의 길이는 유효치수보다 모살크기를 2배 이상으로 함
㉢ 용접단면각의 길이는 용접치수보다 크게 하고 목두께는 다리길이의 0.7배
㉣ 보조 살붙임 두께는 0.1S+1mm(S : 유효길이) 이하로 한다.
㉤ 응력을 전달하는 유효길이는 필렛(Fillet) 크기의 10배 이상 또는 40mm 이상으로 함

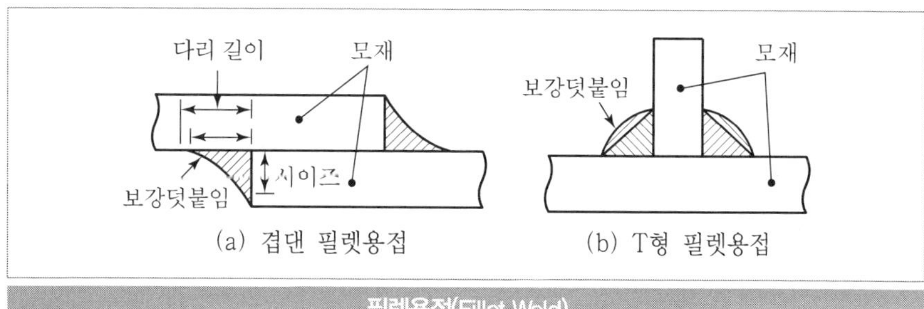

필렛용접(Fillet Weld)

그림과 같은 용접의 명칭은?

① 홈 용접(Groove Weld)
② 필렛 용접(Fillet Weld)
③ 부분녹임 용접(Partial Penetrating Weld)
④ 슬롯 용접(Slot Weld)

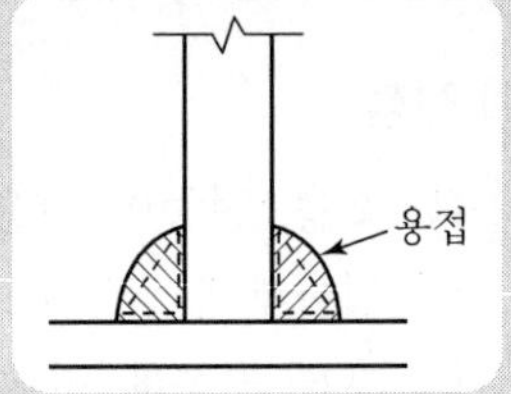

② 맞댄용접(Butt Welding)

㉠ 모재의 마구리와 마구리를 맞대어서 행하는 용접
㉡ 판두께가 다를 때는 낮은 면에서 높은 면으로 진행함
㉢ T형 이음을 이루는 각도 : 60° 이하, 120° 이상
㉣ 단속용접(Spot Welding)을 하지 않음
㉤ 앞벌림 모양 : H자형, I자형, J자형, K자형, X자형, U자형, V자형

(2) 용접방법에 의한 분류

① 가스용접 : 충분한 강도 기대는 어려우나 절단용으로 중요
② 전기저항용접 : 기밀을 요하는 공작기 등의 제작에 사용
③ 아크용접 : 모재와 용접봉 사이에 3,500℃의 고열 발생
④ 금속 전기 아크용접 : 철골의 용접에 주로 사용

3) 용접결함

(1) 크랙(Crack)

용접 후 냉각 시에 생기는 갈라짐

(2) 블로홀(Blow Hole)

금속이 녹아들 때 생기는 기포나 작은 틈을 말함

(3) 슬래그(Slag) 섞임

용접봉의 피복재 심선과 모재가 변하여 생긴 화분이 용착금속 내에 혼입됨

(4) 크레이터(Crater)

아크(Arc) 용접시 끝부분이 항아리 모양으로 파임

(5) 언더컷(Under Cut)

과대전류로 인해 모재가 녹아 용착금속이 채워지지 않고 홈이 생김

(6) 피트(Pit)

용접부의 표면에 생기는 홈

(7) 오버랩(Over Lap)

용접금속과 모재가 융합되지 않고 겹쳐짐

(8) Fish Eye(은점)

Blow Hole 및 Slag가 모여 반점이 발생하는 현상

(9) 용입불량

용착금속의 융합불량으로 완전히 용입되지 않은 상태

(10) 목두께 불량

응력을 유효하게 전달하는 용착금속의 두께가 부족한 현상

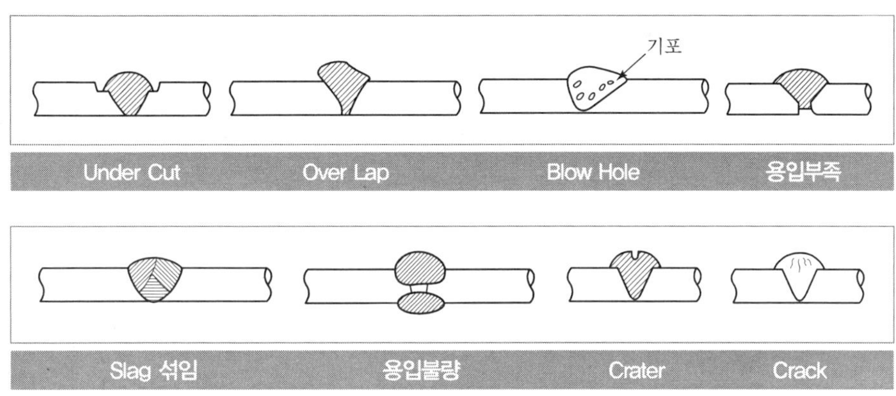

CheckPoint

철골공사에서 용접을 할 때 불량용접과 직접 관계가 없는 것은?

① Crack ② Under Cut ③ Crater ④ Weeping

4) 용접부 비파괴 검사

(1) 방사선 투과시험(Radiographic Test)

① 가장 일반적으로 사용하는 방법

② X선, γ선을 투과하여 용접부 내부결함 검사

③ 100회 이상 검사 가능, 검사 기록을 남길 수 있다.

(2) 초음파 탐상시험(Ultrasonic Test)

① 용접 부위에 초음파(20Hz~20KHz보다 높은 주파수)를 투입하여 용접부 내부 결함 검사

② 검사속도가 빠르나 복잡한 부위 및 5mm 이상 두꺼운 부재 검사 불가능

(3) 자기분말 탐상시험(Magnetic Particle Test)

① 용접부에 자력선을 동과하여 결함에서 생기는 자장에 의해 표면결함 검출

② 미세부분 측정이 가능하고, 15mm 정도까지 검사 가능

(4) 침투 탐상시험(Penetration Particle Test)

① 용접부위에 침투액을 도포하여 닦은 후 검사액을 도포하여 표면결함 검출

② 검사가 간단하고 넓은 범위를 검사하나 내부결함 검출 불가능

(5) 와류 탐상시험(Eddy Current Test)

① 용접부위에 전기장을 교란시켜 결함을 검출함

② 시험속도가 빠르고, 고온 시험체의 탐상 가능

초음파 탐상시험

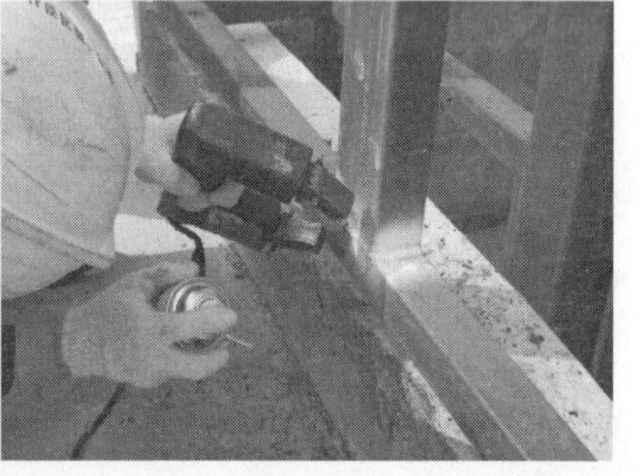

자기분말 탐상시험

5) 용접시 특징 및 유의사항

(1) 용접할 소재의 표면에 있는 녹, 페인트, 유분 등을 제거

(2) 기온이 0℃ 이하로 될 때에는 용접하지 않도록 함

(3) 용접할 소재는 치수에 여유분을 두어야 함

(4) 용접시 발생하는 가스 등으로 인한 질식, 중독 방지

(5) 용접부의 심선은 4mm 정도의 것을 사용

(6) 현장용접은 하향자세를 원칙으로 함

6) 용접 관련용어

(1) 플럭스(Flux) : 자동용접의 경우 용접봉의 피복재 역할로 쓰이는 분말상의 재료

① 함유원소를 이온화하여 아크를 안정시킴

② 용착금속에 합금원소를 가함

③ 용착금속의 산화를 방지, 탈산, 정련

(2) 스패터(Spatter) : 철골 용접 중 튀어나오는 슬래그 및 금속입자

(3) 가스가우징(Gas Gouging) : 산소아세틸렌 불꽃을 이용하여 녹여 깎은 재의 뒷부분을 깨끗이 깎는 것

(4) 위빙(Weaving) : 용접봉을 용접방향에 대해 서로 엇갈리게 움직여 용가금속을 용착시키는 운봉법

(5) 위핑(Weeping) : 용접부 과열로 인한 언더컷을 예방하기 위해 위핑 운봉의 끝에서 위쪽으로 아크를 빼는 운봉법

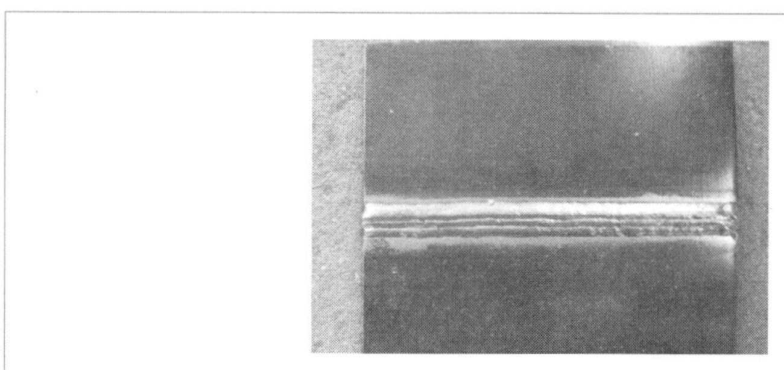

스패터(Spatter)

5 현장도장

1) 방청 페인트의 도장면적(철골 1Ton당)

큰 부재(간단한 것)	25~30m²
보통 부재(보통인 것)	30~45m²
작은 부재(복잡한 것)	45~60m²

2) 내화피복공법

(1) 습식 내화피복공법

① 타설공법 : 경량콘크리트, 보통콘크리트 등을 철골 둘레에 타설

② 뿜칠공법 : 강재에 석면, 질석, 암면 등 혼합재료를 뿜칠함

③ 조적공법 : 벽돌, 블록, 석재 등으로 강재 둘레에 조적하는 공법

④ 미장공법 : 내화 단열성 모르타르로 미장함

(2) 건식 내화피복공법(성형판 붙임공법)

① PC판, ALC판, 석면규산칼슘판, 석면성형판 등 사용

② 주로 기둥과 보의 내화피복에 사용

철골 뿜칠공법

CHAPTER 06 조적공사

SECTION 1 벽돌공사

1 벽돌쌓기

1) 벽돌의 종류

(1) 보통벽돌

붉은벽돌, 시멘트벽돌

(2) 경량벽돌

① 공동벽돌(Hollow Brick)
② 건물의 경량화

(3) 내화벽돌

산성 내화벽돌, 염기성 내화벽돌, 중성 내화벽돌

(4) 괄벽돌

① 높은 온도로 구워진 벽돌
② 강도가 우수하고, 흡수율이 적음
③ 치장재, 기초쌓기 용도

2) 벽돌의 규격

(1) 온장

종 류	길 이(mm)	너 비(mm)	두 께(mm)
표준형	190	90	57
재래형	210	100	60
내화벽돌	230	114	65
허용오차	±5	±3	±2.5

(2) 마름질 토막

종 류	길 이(mm)	너 비(mm)	두 께(mm)
온장	190	90	57
반절	190	45	57
반격지	190	90	28.5
반토막	95	90	57
이오토막	47.5	90	57
반반절	95	45	57

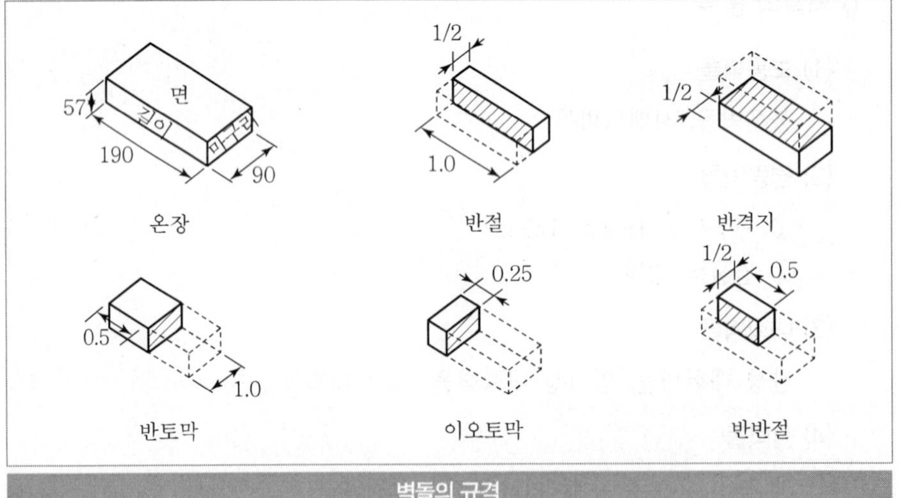

벽돌의 규격

3) 벽돌쌓기 분류

(1) 영식 쌓기(English Bond)

① 한 켜는 길이, 한 켜는 마구리 쌓기

② 벽모서리의 끝벽, 마구리에 반절이나 이오토막 사용

③ 가장 강도가 높아 내력벽에 사용됨

(2) 화란식 쌓기(Duch Bond)

① 길이켜의 모서리와 끝벽에 칠오토막 사용

② 일하기 쉽고 견고하여 가장 많이 사용됨

(3) 불식 쌓기(Flemish Bond)

① 입면상 매 켜의 길이와 마구리가 번갈아 나옴

② 마구리에 이오토막 사용
③ 치장용 이오토막과 반토막 벽돌을 많이 사용함
④ 구조적으로 튼튼하지 못함

(4) 미식 쌓기(American Bond)

① 5켜는 치장벽돌로 길이쌓기. 다음 한 켜는 마구리 쌓기로 본 벽돌에 물리고 뒷면은 영식 쌓기함
② 외부에 붉은벽돌, 내부에 시멘트벽돌을 쌓는 경우에 적용됨

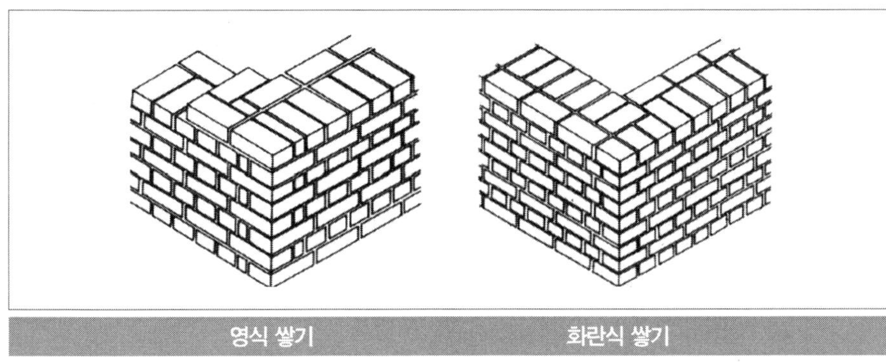

영식 쌓기 화란식 쌓기

4) 벽돌쌓기 방법

(1) 일반 사항

① 벽돌벽은 건물 전체를 균일한 높이로 쌓아 올리는 것이 이상적임
② 모르타르의 강도는 벽돌 이상의 강도로 함
③ 1일 쌓기 높이는 1.2~1.5m(18~22켜)를 표준으로 함
④ 벽돌은 충분히 물에 축여 표면의 물기가 빠진 뒤에 사용함
⑤ 세로 규준틀은 건물의 모서리나 구석에 설치함
⑥ 벽돌쌓기는 모서리, 구석 및 중간요소에 먼저 기준쌓기를 하고 나머지 부분을 쌓음
⑦ 가로, 세로줄눈의 너비는 10mm가 표준
⑧ 세로줄눈에 통줄눈이 생기지 않도록 함
⑨ 중간에 쌓기를 중단할 경우 층단 들여쌓기와 켜걸름 들여쌓기로 시공함
⑩ 지정이 없을 때에는 영식 또는 화란식 쌓기로 함

(2) 교차부 및 모서리 쌓기

① 가능한 내부에 통줄눈이 생기지 않도록 함
② 모서리선은 정확하게 수직선이 되게 함

③ 벽돌 나누기를 잘하고 깔모르타르 및 사춤모르타르를 충분히 넣는다.
④ 켜걸름 들여쌓기는 교차벽에 벽돌물림자리를 내어 벽돌 한켜걸름으로 1/4B 들여쌓는 것이다.

 CheckPoint

벽돌쌓기에서 교차부 및 모서리 쌓기에 관한 기술 중 옳지 않은 것은?
① 벽돌벽은 건물 전체를 균일한 높이로 쌓아 올라가는 것이 이상적이다.
✔ 모서리 쌓기는 될 수 있는대로 내부에 통줄눈이 생기도록 쌓는 것이 미관상 좋다.
③ 켜걸름 들여쌓기는 교차벽에 벽돌물림자리를 내어 벽돌 한켜걸름으로 1/4B 들여쌓는 것이다.
④ 벽돌 나누기를 잘하고 깔모르타르 및 사춤모르타르를 충분히 넣는다.

(3) 아치(Arch) 쌓기

① 본아치 : 아치벽돌을 사다리꼴 모양으로 제작하여 쓴 것
② 막만든 아치 : 보통벽돌을 쐐기모양으로 다듬어 쓴 것
③ 거친 아치 : 보통벽돌을 사용하고 줄눈을 쐐기모양으로 한 것
④ 층두리 아치 : 아치너비가 넓을 때 여러 겹으로 쌓은 아치
⑤ 결원 아치 : 줄눈이 원호의 중심에 모이게 만든 아치
⑥ 반원 아치 : 줄눈이 양 지점 간의 1/2에 모이게 만든 아치

 CheckPoint

벽돌 결원아치 쌓기에 관한 기술에서 가장 적당한 것은?
✔ 아치의 줄눈방향은 원호의 중심에 모이도록 한다.
② 아치의 줄눈방향은 양 지점 간의 1/2 지점에 모이도록 한다.
③ 아치의 줄눈방향은 대칭축상에 모이도록 한다.
④ 아치의 줄눈방향은 적당한 각도가 되게 한다.

(4) 내 쌓기

① 한 켜씩 1/8B 또는 두 켜씩 1/4B로 내쌓음
② 내미는 한도를 최대 2.0B로 함
③ 내쌓기는 모두 마구리쌓기로 하는 것이 강도상, 시공상 유리함

(5) 마구리 쌓기

① 벽두께 1.0B 이상을 쌓을 경우 사용

② 원형굴뚝, 사일로 등

(6) 길이 쌓기

① 0.5B 두께로 길이 방향으로 쌓음

② 칸막이 벽체 등

(7) 내력벽

① 최상층 내력벽 높이는 4m 이하로 함

② 벽의 길이는 10m 이하로 함

③ 조적조의 내력벽으로 둘러싸인 부분의 면적은 $80m^2$ 이하로 함

④ 건축물 높이에 따른 내력벽 두께

건축물 높이	벽의 길이	내력벽 두께(mm)	
		1층	2층
5m 미만	8m 미만	150	–
	8m 이상	190	–
5~11m	8m 미만	190	190
	8m 이상	190	190
11m 이상	8m 미만	190	190
	8m 이상	290	190

5) 기타 시공방법 및 유의사항

(1) 물축이기

① 붉은벽돌 : 사전에 축이기

② 시멘트벽돌 : 쌓기 바로 전에 축이기

③ 내화벽돌 : 기건성이므로 물축이기를 하지 않음

(2) 모르타르(Mortar) 배합

① 일반 쌓기용 : 1 : 3 ② 아치 쌓기용 : 1 : 2 ③ 치장줄눈 : 1 : 1

(3) 모르타르(Mortar) 강도

① 1시간 이내에 사용하고, 경화시간을 1~10시간으로 함

② 동절기 공사의 경우 내한제를 혼합

③ 내화벽돌의 경우 내화 모르타르 사용

(4) 모르타르(Mortar)의 모래

① 경질, 깨끗한 것 사용
② 5mm체에 100% 통과한 것 사용

(5) 줄눈

① 10mm가 표준이며, 막힌줄눈을 원칙으로 함
② 내화벽돌의 경우 6mm로 시공함

(6) 치장줄눈

① 벽돌주위에 밀착되어 수밀하고 줄 바르게 하며, 표면은 일매지게 함
② 치장줄눈은 줄눈 모르타르가 경화되기 전 깊이 6mm로 함
③ 치장줄눈은 줄눈누름, 줄눈파기, 치장줄눈의 순서로 시공
④ 평줄눈과 민줄눈을 가장 많이 사용하며 평줄눈이 우선 적용됨

(7) 보양

① 12시간 내 등분포하중 재하 금지
② 3일동안 집중하중 재하 금지
③ 재료의 표면온도 영하 7℃ 이하 금지

(8) 품질

벽돌의 등급 구분 중요기준은 흡수율 및 압축강도이다.

줄눈 넣기

치장줄눈 넣기

벽돌, 블록 등 조적공사에서 가장 많이 이용되는 치장줄눈 형태는?

✓ 평줄눈 ② 볼록줄눈 ③ 오목줄눈 ④ 민줄눈

6) 벽돌벽의 균열원인

(1) 설계상 문제

① 건물 기초의 부등침하
② 불균형 하중
③ 불리한 개구부의 크기 및 배치 불균형
④ 벽돌벽 두께, 높이에 대한 벽체강도 부족

(2) 시공상 문제

① 벽돌 및 모르타르 강도부족
② 재료의 신축성
③ 이질재와의 접합부
④ 모르타르 다져넣기 부족

7) 벽돌벽의 백화 방지대책

(1) 줄눈 모르타르에 방수제를 혼합
(2) 흡수율이 작고, 질이 좋은 벽돌 및 모르타르를 사용하여 줄눈을 치밀하게 함
(3) 벽돌면에 실리콘 뿜칠
(4) 소성이 잘된 벽돌사용
(5) 분말도가 큰 시멘트 사용
(6) 재료 배합시 물시멘트비(W/C)를 감소시키고, 조립률이 큰 모래 사용

벽돌벽의 백화

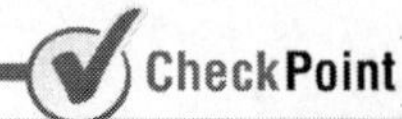

조적벽에 생기는 백화의 방지대책에 대한 조치로서 부적당한 것은?

① 줄눈 모르타르에 방수제를 넣는다.
✅ 줄눈 모르타르에 석회를 혼합한다.
③ 흡수율이 작고, 질이 좋은 벽돌 및 모르타르를 사용하여 줄눈을 치밀하게 한다.
④ 벽돌면에 실리콘을 뿜칠한다.

SECTION 2 블록공사

1 블록쌓기

1) 치수 및 강도

(1) 치수

구 분	치 수(mm)		
	길 이	높 이	두 께
기본블록	390	190	190 150 100
허용값	±2	±3	±2
이형블록	최소 90mm 이상	최소 90mm 이상	최소 90mm 이상

(2) 강도

종 류	압축강도	비 고
1급 블록	$80kg/cm^2$	강모래, 자갈
2급 블록	$60kg/cm^2$	강자갈

2) 시공방법 및 유의사항

(1) 일반사항

① 정착물, 설치물 등을 제때에 정확히 설치함
② 모르타르 강도는 블록 강도의 1.3~1.5배이고 슬럼프는 18cm이다.

(2) 살두께

① 두꺼운 쪽이 위로 가게 쌓음

② 전면살 두께 : 25mm, 중간살 두께 : 20mm

(3) 줄눈

① 줄눈의 두께는 10mm를 표준으로 함

② 6mm 이하는 하지 않음

(4) 치장줄눈

① 블록주위에 밀착되어 수밀하고 줄 바르게 하며, 표면은 일매지게 함

② 치장줄눈은 줄눈 모르타르가 경화되기 전 깊이 6mm로 함

③ 치장줄눈은 줄눈누름, 줄눈파기, 치장줄눈의 순서로 시공

④ 평줄눈과 민줄눈을 가장 많이 사용하며 평줄눈이 우선 적용됨

(5) 쌓기

① 1일 쌓기 높이는 1.2m(6켜)를 표준으로 하고 1.5m(7켜)를 넘지 않는다.

② 쌓기의 최대 높이는 3m 이하로 한다.

③ 블록과 모르타르의 접촉면을 물축임

(6) 사춤

① 3~4켜마다 충전함

② 블록윗면에서 5cm만큼 띄움

(7) 와이어 메시(Wire Mesh)

① 블록벽의 균열방지를 위해 #8~#10 철선 사용

② 횡력방지 및 교차부 보강 역할

③ 수직하중을 경감시키는 효과는 없음

블록벽 쌓기에 있어서 와이어 매시(Wire Mesh)를 줄눈에 묻어 쌓는 효과로 틀린 것은?

✓ 블록벽의 수직하중을 경감하는 효과가 있다.

② 블록벽의 교차부의 균열을 보강하는 효과가 있다.

③ 블록벽에 가해지는 횡력에 효과가 있다.

④ 블록벽의 균열을 방지하는 효과가 있다.

3) 방수 및 방습처리

(1) 방습층은 지면에 접하는 블록에 습기를 흡수하거나 투수를 막기 위한 층이다.
(2) 방습층은 마루 밑이나 콘크리트 바닥판 밑에 접근되는 가로줄눈의 위치에 둔다.
(3) 방습층은 10~20mm 두께로 시멘트 액체방수로 바르는 것이 가장 효과적이다.
(4) 물빼기 구멍은 콘크리트 윗면에 두거나 물끊기, 방습층 등의 바로 위에 둔다.
(5) 물빼기 구멍의 지름은 10mm 이내, 120cm 간격으로 한다.

2 철근콘크리트 보강블록

1) 일반 사항

(1) 블록의 빈 부분을 철근콘크리트로 보강한 내력벽 구조
(2) 원칙적으로 통줄눈 쌓기로 함
(3) 살두께가 두꺼운 쪽을 위로 가게 쌓음
(4) 1일 쌓기 높이는 1.2~1.5m(6~7켜) 이하로 함
(5) 블록쌓기는 벽의 모서리, 벽의 교차부, 신축줄눈이 있는 곳에서부터 중앙으로 함

보강블록 쌓기

철근콘크리트 보강블록에 대한 기술 중 옳지 않은 것은?

① 블록은 살두께가 두꺼운 쪽을 위로 가게 쌓는다.
✔ 보강블록은 모르타르, 콘크리트 사춤이 용이하도록 원칙적으로 막힌줄눈 쌓기로 한다.
③ 블록 1일 쌓기 높이는 6~7켜 이하로 한다.
④ 2층 건축물인 경우 세로근을 원칙으로 기초, 테두리보에서 위층의 테두리보까지 잇지 않고 배근한다.

2) 세로근

(1) 기초, 테두리보 위에서 위층 테두리보까지 이음없이 배근함
(2) 벽, 모서리 : D13 이상 철근 사용
(3) 기타 : D10 이상 철근 사용
(4) 상단부에 180° 갈고리를 두고, 벽 상부 보강근에 걸침
(5) 피복두께 : 2cm 이상

3) 가로근

(1) 세로근을 갈고리로 감고, 모서리는 서로 깊이 물려 40d 이상 정착함
(2) 가로근의 이음은 엇갈리게 함
(3) 가로근 배근용 블록 사용

4) 사춤

(1) 콘크리트 또는 모르타르 사춤
(2) 블록 3켜 이내마다 블록 윗면에서 5cm 정도 밑까지 채움

5) 줄눈

(1) 줄눈의 모르타르는 1 : 3으로 함
(2) 가로, 세로 10mm

3 거푸집 블록공사

1) 인방보(Lintel Beam)

(1) 개구부 폭이 1.8m 이상인 경우 철근콘크리트 인방 설치
(2) 인방보 설치시 좌우 지지벽에 20cm 이상 걸침
(3) 철근은 40d 이상 정착시킴

2) 테두리보(Wall Girder)

(1) 내력벽을 일체화시켜 건축물의 강도를 증가시키기 위하여 사용
(2) 분산된 벽체를 일체화하여 수축균열을 최소화 함
(3) 집중하중을 균등하게 분산시킴

3) ALC 블록공사

(1) 쌓기 모르타르는 배합 후 1시간 이내에 사용
(2) 줄눈의 두께는 1~3mm 정도로 함
(3) 하루 쌓기 높이는 1.8m를 표준으로 하고, 최대 2.4m 이내로 함
(4) 연속되는 벽면의 일부를 트이게 하여 나중쌓기로 할 경우 층단떼어쌓기로 함

SECTION 3 석공사

1 돌쌓기

1) 종류

(1) 바른층 쌓기

① 돌쌓기의 1켜 높이는 모두 동일하게 쌓음
② 수평줄눈이 일직선으로 연결됨

(2) 허튼층 쌓기

① 면이 네모진 돌을 수평줄눈이 부분적으로만 연속되게 쌓음
② 일부 상하 세로줄눈이 통하게 된 것

(3) 층지어 쌓기

① 막돌, 둥근돌 등을 중간 켜에서는 돌의 모양대로 수직, 수평줄눈에 관계없이 흐트려 쌓음
② 2~3켜마다 수평줄눈이 일직선으로 연속되게 쌓음

(4) 허튼 쌓기

막돌, 잡석, 둥근돌, 야산석 등을 수평, 수직줄눈에 관계없이 돌의 생김새대로 흐트려 놓아 쌓는 것

2) 석재 사용시 유의사항

(1) 석재는 일반적으로 열을 가하면 균열이 발생하고 약해짐
(2) 석재의 최대치수는 운반성, 가공성 등의 제반조건을 고려하여 선정
(3) 압축력을 받는 곳에 사용
(4) 석질이 균질한 것을 사용하도록 함

(5) 돌표면 오염물을 염산을 이용하여 제거할 때 염산 사용 후 물씻기 실시
(6) 실런트 시공시 시공의 정밀도 확보

3) 석공사 시공방법

(1) 돌쌓기용 모르타르의 용접 배합비 : 1 : 1
(2) 석공사용 연결철물 : 꺾쇠, 은장
(3) 석공사용 접착제 : 시멘트, 아교, 합성수지
(4) 사춤 모르타르는 1 : 2로 하고 줄눈은 헝겊 등으로 막는다.
(5) 호분, 한지, 널 등으로 양생
(6) 모서리 돌은 면이 고르고 큰 것을 사용하여야 쌓기도 용이하고 외관도 좋음
(7) 표면가공 마무리 순서
① 혹두기(메다듬) → ② 정다듬 → ③ 도드락다듬 → ④ 잔다듬 → ⑤ 물갈기 → ⑥ 광내기

2 대리석 공사

1) 시공방법

(1) 철물은 보통 #10~20의 놋쇠선 사용
(2) 모르타르는 시멘트 : 석고를 1 : 1로 배합함
(3) 판과 판이 맞닿는 곳에 꽂임촉 설치
(4) 줄눈은 10mm 이하로 하여 시공
(5) 최하단은 충격방지를 위해 충진재 시공

건물외벽 대리석 붙이기

3 인조석(테라조) 공사

1) 특징 및 시공방법

(1) 대리석 쇄석을 사용한 것

(2) 현장 바르기와 공장제품 2가지가 있다.

(3) 테라조판은 제작 후 충분히 습윤양생, 수중양생을 함

(4) 경화 후에는 대리석에 준하여 표면 갈기를 함

바닥 테라조 붙이기

제1회 예상문제

ENGINEER CONSTRUCTION SAFETY

01 위치한 지면보다 낮은 우물통과 같은 협소한 장소의 흙을 퍼올리는 장비로 가장 적합한 것은?

① 스크레이퍼 ② 클램셸
③ 모터그레이더 ④ 파워쇼벨

해설 클램셸(Clam Shell)은 좁은 곳의 수직굴착에 유리하여 케이슨내 굴삭, 우물통 기초 등 적합하며, 굴삭깊이가 최대 18m(보통 8m 정도), 버킷용량은 2.45 m^3이다

02 철골공사의 기초상부 고름질방법에 해당되지 않는 것은?

① 전면바름 마무리법
② 나중채워넣기 중심바름법
③ 나중매입공법
④ 나중채워넣기법

해설 나중매입공법은 철골 앵커볼트 매입방법으로 앵커볼트 자리를 비워두고 나중에 매입하여 고정한다.

03 석공사의 건식 석재공사에 대한 설명 중 옳지 않은 것은?

① 석재의 건식 붙임에 사용되는 모든 구조재 또는 긴결철물은 녹막이 처리를 한다.
② 석재의 색상, 석질, 가공형상, 마감 정도, 물리적 성질 등이 동일한 것으로 한다.
③ 건식 석재 붙임에 사용되는 앵커볼트, 너트, 와셔 등은 주철제를 사용한다.
④ 화강석 특유의 무늬를 제외한 눈에 띄는 반점 등을 제거한다.

해설 건식 석재 붙임에 사용되는 앵커볼트, 너트, 와셔 등은 알루미늄이나 스테인레스 또는 청동합금을 사용한다.

04 제자리콘크리트 말뚝 중 내·외관을 소정의 깊이까지 박은 후에 내관을 빼낸 후, 외관에 콘크리트를 부어 넣어 지중에 콘크리트말뚝을 형성하는 것은?

① 심플렉스파일
② 콤프레솔파일
③ 페데스탈파일
④ 레이몬드파일

해설 레이몬드파일(Raymond Pile)은 외관은 얇은 철판을 사용하고 여기에 잘 맞는 강재 내관을 끼워넣고 내·외관을 동시에 박아 소정의 깊이에 도달하면 내관을 빼어서 외관 속에 콘크리트를 다져 넣는 공법이다.

05 내화벽돌 줄눈의 표준 너비로 옳은 것은?

① 6mm ② 8mm
③ 10mm ④ 12mm

해설 내화벽돌의 경우 줄눈은 6mm로 시공한다.

정답 01 ② 02 ③ 03 ③ 04 ④ 05 ①

06 대규모공사에서 지역별로 공사를 분리하여 발주하는 방식이며 중소업자에게 균등 기회를 주고 또 업자 상호 간의 경쟁으로 공사기일단축, 시공기술향상 및 공사의 높은 성과를 기대할 수 있어 유리한 도급 방법은?

① 전문공종별 분할도급
② 공정별 분할도급
③ 공구별 분할도급
④ 직종별 공종별 분할도급

해설 공구별 분할도급은 아파트 등 대규모 공사에서 지역별로 분리하여 도급을 주는 방식이다.

07 콘크리트 타설 시의 일반적인 주의사항으로 옳지 않은 것은?

① 자유낙하 높이를 작게 한다.
② 콘크리트를 수직으로 낙하시킨다.
③ 운반거리가 가까운 곳부터 타설을 시작한다.
④ 콜드조인트가 생기지 않도록 한다.

해설 콘크리트 타설시 운반거리가 먼 곳에서 가까운 곳으로 타설한다.

08 석재붙임을 위한 앵커긴결공법에서 일반적으로 사용하지 않는 재료는?

① 앵커
② 볼트
③ 연결철물
④ 모르타르

해설 모르타르(Mortar)는 시멘트, 모래, 물이 혼합된 것으로 천정, 벽 등의 바탕 바름에 사용되는 재료이다.

09 네모돌을 수평줄눈이 부분적으로만 연속되게 쌓고, 일부 상하 세로줄눈이 통하게 쌓는 돌쌓기 방식을 무엇이라 하는가?

① 완자쌓기
② 마름돌쌓기
③ 막돌쌓기
④ 바른층쌓기

해설 바른층쌓기는 네모돌을 수평줄눈이 부분적으로만 연속되게 쌓고, 일부 상하 세로줄눈이 통하게 쌓는 돌쌓기 방식이다.

10 강관구조에 대한 설명으로 옳지 않은 것은?

① 일반형강에 비하여 국부좌굴에 불리하여 강도가 약하다.
② 콘크리트 충전 시 내부의 콘크리트와 외부 강관의 역적 거동에서 합성구조라 볼 수 있다.
③ 콘크리트 충전 시 별도의 거푸집이 필요 없다.
④ 접합부 용접기술이 발달한 일본 등에서 활성화되어 있다.

해설 강재 파이프 구조는 좌굴응력에 강하고 강도가 세다.

정답 06 ③ 07 ③ 08 ④ 09 ① 10 ①

11 지중연속벽공법의 시공순서로 옳은 것은?

> ㉠ 가이드월 설치
> ㉡ 인터로킹파이프 설치
> ㉢ 인터로킹파이프 제거
> ㉣ 굴착
> ㉤ 슬라이임 제거
> ㉥ 지상조립 철근 삽입
> ㉦ 콘크리트 타설

① ㉠－㉡－㉢－㉣－㉤－㉥－㉦
② ㉠－㉣－㉤－㉡－㉥－㉦－㉢
③ ㉠－㉣－㉢－㉤－㉥－㉦－㉡
④ ㉠－㉡－㉣－㉤－㉢－㉥－㉦

해설 지중연속벽(Slurry Wall) 공법의 시공순서
㉠ 가이드월 설치 → ㉣ 굴착 → ㉤ 슬라임 제거 → ㉡ 인터로킹파이프 설치 → ㉥ 지상 조립 철근 삽입 → ㉦ 콘크리트 타설 → ㉢ 인터로킹파이프 제거

12 치장벽돌을 사용하여 벽체의 앞면 5~6켜 까지는 길이쌓기로 하고 그 위 한 켜는 마구리쌓기로 하여 본 벽돌벽에 물려 쌓는 벽돌쌓기 방식은?

① 미식쌓기
② 불식쌓기
③ 화란식쌓기
④ 영식쌓기

해설 미식 쌓기(American Bond)는 5~6켜까지는 치장벽돌로 길이쌓기, 다음 한 켜는 마구리 쌓기로 본 벽돌에 물리고 뒷면은 영식 쌓기 하는 방식이다.

13 콘크리트용 골재에 대한 설명 중 옳지 않은 것은?

① 골재는 청정, 견경, 내구성 및 내화성이 있어야 한다.
② 골재에 포함된 부식토, 석탄 등의 유기물은 콘크리트의 경화를 촉진하여 혼화재 대용으로 사용할 수 있다.
③ 골재의 입형은 편평, 세장하지 않은 구형의 입상이 좋다.
④ 골재의 강도는 콘크리트 중에 경화한 모르타르의 강도 이상이 요구된다.

해설 부식토 등 골재의 불순물은 골재의 부착력과 시멘트의 수화반응에 나쁜 영향을 미친다.

14 특수한 거푸집 가운데 무량판구조 또는 평판구조와 가장 관계가 깊은 거푸집은?

① 슬라이딩폼
② 워플폼
③ 메탈폼
④ 갱폼

해설 워플폼(Waffle Form)은 제물치장 용도로 사용되는 무량판구조, 평판구조에서 특수 상자모양의 기성재 거푸집을 말한다.

15 다음 중 철근의 이음방법에 해당되지 않는 것은?

① 겹침이음
② 기계식이음
③ 병렬이음
④ 용접이음

해설 철근의 이음 방법에는 겹침이음, 기계식이음, 용접이음 등이 있다.

정답 11 ② 12 ① 13 ② 14 ② 15 ③

16 벽돌, 블록 등 조적공사에서 일반적으로 가장 많이 이용되는 치장줄눈 형태는?

① 평줄눈 ② 볼록줄눈
③ 오목줄눈 ④ 민줄눈

 벽돌, 블록 등 조적공사에서 치장줄눈은 평줄눈과 민줄눈을 가장 많이 사용하며 평줄눈이 우선 적용되어 가장 많이 이용된다.

17 다음은 벽돌쌓기 공사에 대한 설명이다. ( ) 안에 적당한 용어는?

> 벽돌쌓기 공사에 있어 내력벽 쌓기의 경우 세워쌓기나 (㉠)는 피하는 것이 좋으며 세로줄눈은 (㉡)이 되지 않도록 하고 한 켜 걸름으로 수직일직선상에 오도록 배치한다.

① ㉠ 마구리쌓기 ㉡ 막힌줄눈
② ㉠ 옆쌓기 ㉡ 통줄눈
③ ㉠ 길이쌓기 ㉡ 통줄눈
④ ㉠ 영롱쌓기 ㉡ 막힌줄눈

 벽돌쌓기 공사에 있어 내력벽 쌓기의 경우 세워쌓기나 옆쌓기는 피하는 것이 좋으며 세로줄눈은 통줄눈이 되지 않도록 하고 한 켜 걸름으로 수직일직선상에 오도록 배치한다.

18 레디믹스트콘크리트(Ready Mixed Concrete)의 슬럼프가 80mm 이상일 때의 슬럼프허용오차기준으로 옳은 것은?

① ±10mm
② ±15mm
③ ±20mm
④ ±25mm

해설 지정슬럼프의 허용오차는 다음과 같다.

지정슬럼프	허용오차
2.5cm	±1.0cm
5cm~6.5cm	±1.5cm
8cm~18cm	±2.5cm
21cm 이상	±3.0cm

19 어스앵커공법에 관한 설명 중 옳지 않은 것은?

① 인근 구조물이나 지중매설물에 관계없이 시공이 가능하다.
② 앵커체가 각각의 구조체이므로 적용성이 좋다.
③ 앵커에 프리스트레스를 주기 때문에 흙막이벽의 변형을 방지하고 주변 지반의 침하를 최소한으로 억제할 수 있다.
④ 본 구조물의 바닥과 기둥의 위치에 관계없이 앵커를 설치할 수도 있다.

 어스앵커(Earth Anchor) 공법은 인근 구조물 기초나 지하 매설물 등이 있을 경우 설치가 어렵다.

20 고층건축물 시공 시 사용하는 재료와 인력의 수직이동을 위해 설치하는 장비는?

① 리프트카 ② 크레인
③ 윈치 ④ 데릭

 리프트카는 동력을 사용하여 사람이나 화물을 운반하는 것을 목적으로 하는 장비로서 화물용 리프트, 인화공용 리프트가 있다.

정답 16 ① 17 ② 18 ④ 19 ① 20 ①

21 말뚝지정 중 강재말뚝에 대한 설명으로 옳지 않은 것은?

① 자재의 이음 부위가 안전하여 소요길이의 조정이 자유롭다.
② 기성콘크리트말뚝에 비해 중량으로 운반이 쉽지 않다.
③ 지중에서의 부식 우려가 높다.
④ 상부구조물과의 결합이 용이하다.

해설 강재말뚝은 기성콘크리트말뚝에 비해 가벼우며, 강성이 크고 지지층 깊이 박을 수 있다.

22 네트워크공정표에서 후속작업의 가장 빠른 개시시간(ETS)에 영향을 주지 않는 범위 내에서 작업이 가질 수 있는 여유시간을 의미하는 것은?

① 전체여유(TF)
② 자유여유(FF)
③ 간섭여유(IF)
④ 종속여유(DF)

해설 자유여유(FF)는 후속작업의 가장 빠른 개시시간(EST)에 영향을 주지 않는 범위 내에서 한 작업이 가질 수 있는 여유시간을 의미하는 것이다.

23 흙에 접하는 내력벽에 쓰이는 D16 이하 철근의 최소피복두께는?

① 30mm ② 40mm
③ 50mm ④ 60mm

해설 흙에 접하는 내력벽의 최소피복두께는 40mm 이다.

24 ALC 블록공사의 비내력벽 쌓기에 대한 기준으로 옳지 않은 것은?

① 슬래브나 방습턱 위에 고름 모르타르를 10~20mm 두께로 깐 후 첫 단 블록을 올려놓고 고무망치 등을 이용하여 수평을 잡는다.
② 쌓기모르타르는 교반기를 사용하여 배합하며 2시간 이내에 사용해야 한다.
③ 줄눈의 두께는 1~3mm 정도로 한다.
④ 블록 상 · 하단의 겹침길이는 블록길이의 1/3~1/2을 원칙으로 하고 100mm 이상으로 한다.

해설 ALC 블록공사에서 쌓기 모르타르는 배합 후 1시간 이내에 사용하고 줄눈의 두께는 1~3mm 정도로 한다.

25 건축시공의 현대화 방안 중 3S System과 관계가 없는 사항은?

① 작업의 표준화
② 작업의 기계화
③ 작업의 단순화
④ 작업의 전문화

해설 3S System은 작업의 표준화(Standardization), 작업의 단순화(Simplification), 작업의 전문화(Specialization)를 말한다.

26 벽식 철근콘크리트 구조를 시공할 경우, 벽과 바닥의 콘크리트 타설을 한번에 가능하게 하기 위하여 벽체용 거푸집과 슬래브 거푸집을 일체로 제작하여 한번에 설치하고 해체할 수 있도록 한 시스템 거푸집은?

① 갱폼 ② 클라이밍폼
③ 슬립폼 ④ 터널폼

정답 21 ② 22 ② 23 ② 24 ② 25 ② 26 ④

PART 01 PART 02 PART 03 PART 04 PART 05 PART 06 부록

해설 터널폼(Tunnel Form)은 슬래브와 벽체의 콘크리트 타설을 일체화하기 위한 철재 거푸집이다. 전용횟수는 200회 정도로 경제성이 있고 인건비 절약, 공기단축이 가능하다.

27 벽돌쌓기에 대한 설명 중 옳지 않은 것은?

① 벽돌쌓기 전에 벽돌은 완전히 건조시켜야 한다.
② 하루 벽돌의 쌓는 높이는 1.2m를 표준으로 하고 최대 1.5m 이내로 한다.
③ 벽돌벽이 블록벽과 서로 직각으로 만날 때는 연결철물을 만들어 블록 3단마다 보강하며 쌓는다.
④ 사춤모르타르는 일반적으로 3~5켜마다 한다.

해설 벽돌은 쌓기전 충분히 물에 축인 후 표면의 물기가 빠진 뒤에 사용해야 한다.

28 흙막이 지지공법 중 수평버팀대공법에 대한 장단점으로 옳지 않은 것은?

① 토질에 대해 영향을 적게 받는다.
② 가설구조물이 적어 중장비작업이나 토량제거작업의 능률이 좋다.
③ 인근 대지로 공사범위가 넘어가지 않는다.
④ 강재를 전용함에 따라 재료비가 비교적 적게 든다.

해설 수평버팀대공법은 어스앵커 공법 등에 비해 강재의 사용이 많고 작업성이 떨어진다.

29 석공사에 사용하는 석재 중에서 수성암계에 해당하지 않는 것은?

① 사암
② 석회암
③ 안산암
④ 응회암

해설 수성암은 지표면의 암석이 풍화, 침식, 운반, 퇴적작용 등에 의하여 생긴 암석으로 석회암, 사암, 점판암, 응회암 등이 있다. 안산암은 화성암에 속한다.

30 용접결함 중 용접금속과 모재가 융합되지 않고 단순히 겹쳐지는 것을 무엇이라 하는가?

① 언더컷(Under Cut)
② 크레이터(Crater)
③ 크랙(Crack)
④ 오버랩(Overlap)

해설 오버랩(Overlap)은 용접금속과 모재가 융합되지 않고 겹쳐지는 것을 말한다.

31 다음과 같은 조건의 굴삭기로 2시간 작업할 경우의 작업량은 얼마인가?(단, 버켓용량 0.8m^3, 사이클타임 40초, 작업효율 0.8, 굴삭계수 0.7, 굴삭토의 용적변화계수 1.1)

① 128.5m^3
② 107.7m^3
③ 88.7m^3
④ 66.5m^3

정답 27 ① 28 ② 29 ③ 30 ④ 31 ③

해설 굴착토량의 산출방법은 다음과 같다.

굴착토량 $V = Q \times \frac{3,600}{Cm} \times E \times K \times f$

여기서, Q : 버킷용량(m^3)
Cm : 싸이클 타임(Sec)
E : 작업효율
K : 굴삭계수
f : 굴삭토의 용적변화 계수

따라서, 1시간 작업시 굴착토량은

$0.8 \times \frac{3,600}{40} \times 0.8 \times 0.7 \times 1.1 = 44.35m^3$

이므로 2시간 작업시 굴착토량은

$44.35m^3 \times 2$시간$= 88.7m^3$이다.

32 철골보와 콘크리트 슬래브를 연결하는 시어 커넥터(Shear Connector)의 역할을 하는 부재의 명칭은?

① 리인포싱 바(Reinforcing Bar)
② 가이데릭(Guy Derrick)
③ 메탈 서포트(Metal Support)
④ 스터드(Stud)

해설 스터드(Stud)는 철골보와 콘크리트 슬래브를 연결하는 쉬어 커넥터(Shear Connector)의 역할을 하는 부재이다.

33 다음 중 탑다운공법(Top – Down)에 관한 설명으로 옳지 않은 것은?

① 역타공법이라고도 한다.
② 굴토작업이 슬래브 하부에서 진행되므로 작업능률 및 작업환경 조건이 저하된다.
③ 건물의 지하구조체에 시공이음이 적어 선불방수에 대한 우려가 적다.
④ 지상과 지하를 동시에 시공할 수 있으므로 공기를 절감할 수 있다.

해설 역타(Top Down) 공법은 지하구조체를 시공 단계별로 이음하므로 조인트 부분에 대한 방수문제가 우려된다.

34 콘크리트 공사에서 현장에 반입된 콘크리트는 일정 간격으로 강도시험을 실시하여야 하는데 KS F 4009에서의 규정을 따를 때 콘크리트 체적 얼마 당 강도시험 1회를 실시하는가?

① $100m^3$ ② $150m^3$
③ $200m^3$ ④ $250m^3$

해설 콘크리트의 강도시험 기준은 콘크리트 체적 $150m^3$ 당 강도시험 1회를 실시한다.

35 다음 중 공사계약방식에서 공사실시방식에 의한 계약제도가 아닌 것은?

① 일식도급
② 분할도급
③ 실비정산보수가산도급
④ 공동도급

해설 실비정산보수가산도급 계약제도는 공사금액 결정 방법에 따른 분류이다.

36 철골공사에서 부재의 용접접합에 관한 설명으로 옳지 않은 것은?

① 불량용접 검사가 매우 쉽다.
② 기후나 기온에 따라 영향을 받는다.
③ 단면결손이 없어 이음효율이 높다.
④ 무소음, 무진동 방법이다.

해설 철골공사에서 철골부재의 용접접합은 용접결함 검사가 어렵고, 비용 · 시간이 많이 소요된다.

정답 32 ④ 33 ③ 34 ② 35 ③ 36 ①

37 슬래브에서 4변 고정인 경우 철근배근을 가장 많이 하여야 하는 부분은?

① 단변방향의 주간대
② 단변방향의 주열대
③ 장변방향의 주간대
④ 장변방향의 주열대

해설 슬래브에서 4변 고정인 경우 휨 모멘트가 가장 큰 부분인 짧은 방향의 주열대에서 철근 배근을 많이 해야 한다.

38 다음 중 철근의 정착 위치로 옳지 않은 것은?

① 기둥의 주근은 기초에 정착한다.
② 작은 보의 주근은 기둥에 정착한다.
③ 지중보의 주근은 기초에 정착한다.
④ 벽체의 주근은 기둥 또는 큰보에 정착한다.

해설 작은 보의 주근은 큰보에 정착한다.

39 굴착용 기계 중 드래그라인에 대한 설명으로 옳지 않은 것은?

① 모래 채취에 많이 사용된다.
② 긴 붐(Boom)과 로프를 이용해 굴착반경이 크다.
③ 토질이 매우 단단한 경우에는 부적합하다.
④ 기계의 설치 지반보다 높은 곳을 파는 데 유리하다.

해설 드래그라인(Drag Line)은 굴삭기가 위치한 지면보다 낮은 장소를 굴삭하는 데 사용하는 기계이다.

40 거푸집의 구조계산에서 거푸집의 강도 및 강성의 계산 시 고려할 사항으로 가장 거리가 먼 것은?

① 동바리 자중
② 콘크리트 시공시의 수직하중
③ 콘크리트 시공시의 수평하중
④ 콘크리트 측압

해설 거푸집의 강도 및 강성 계산 시 거푸집 동바리의 자중은 고려되지 않는다.

41 보강 블록조에 대한 설명으로 옳지 않은 것은?

① 블록의 모르타르 접착면은 적당히 물축이기를 하여 경화에 지장이 없도록 한다.
② 줄눈은 통줄눈이 되게 하는 것이 보통이다.
③ 세로 보강철근은 2~3개를 이어서 테두리 보와 기초에 정착시킨다.
④ 1일 쌓기 높이는 1.5m 이내가 되도록 한다.

해설 세로 보강철근은 기초, 테두리 보 위에서 윗층 테두리 보까지 이음 없이 배근한다.

42 결함부위로 균열의 집중을 유도하기 위해 균열이 생길만한 구조물의 부재에 미리 결함부위를 만들어 두는 것을 무엇이라 하는가?

① 신축줄눈 ② 침하줄눈
③ 시공줄눈 ④ 조절줄눈

조절줄눈은 균열의 집중을 유도하기 위해 균열이 생길만한 구조물의 부재에 미리 결함부위를 만들어 두는 것이다.

정답 37 ② 38 ② 39 ④ 40 ① 41 ③ 42 ④

43 건축공사 견적방법 중 가장 정확한 공사비의 산출이 가능한 견적방법은?

① 단위면적당 견적
② 단위설비별 견적
③ 부분별 견적
④ 명세 견적

해설 명세견적(Detailed Estimate)은 설계도서 등을 면밀하게 분석하여 공사비를 산출하는 것으로 견적방법 중 가장 정확한 공사비의 산출이 가능하다.

44 철골공사에서 철골부재의 용접과 관련된 용어가 아닌 것은?

① 위핑(Weeping) ② 토크(Torque)
③ 루트(Root) ④ 크랙(Crack)

해설 토크(Torque)는 철골의 볼트 접합과 관련된 용어이다.

45 철골 공사 중 현장에서 보수도장이 필요한 부위로 옳지 않는 것은?

① 현장 용접 부위
② 현장접합 재료의 손상부위
③ 현장에서 깎기 마무리가 필요한 부위
④ 운반 또는 양중 시 생긴 손상부위

해설 현장에서 철골의 보수 도장이 필요한 부분은 현장 용접부위, 접합 재료의 손상부위, 운반이나 양중 등으로 인해 생긴 손상부위 등이다.

46 벽돌공사에서 직교하는 벽돌벽의 한편을 나중쌓기로 할 때에는 그 부분에 벽돌물림자리를 벽돌 한켜걸름으로 어느 정도 들여 쌓는가?

① 1/8B ② 1/4B
③ 1/2B ④ 1B

해설 벽돌공사의 교차부 및 모서리 쌓기에서 켜걸름 들여쌓기는 교차벽에 벽돌물림자리를 내어 벽돌 한켜걸름으로 1/4B로 들여쌓는 것이다.

47 일반 콘크리트의 슬럼프 시험 결과 중 균등한 슬럼프를 나타내는 가장 좋은 상태는?

①

②

③

④

해설 슬럼프 시험결과 ①과 같이 무너져 내린 모양이 균등한 슬럼프를 나타낸다.

48 하부 지반이 연약한 경우 흙파기 저면선에 대하여 흙막이 바깥에 있는 흙의 중량과 지표 적재하중을 이기지 못하고 흙이 붕괴되어서 흙막이 바깥 흙이 안으로 밀려들어와 불룩하게 되는 현상은?

① 히빙(Heaving)
② 보일링(Boiling)
③ 퀵샌드(Quick Sand)
④ 오픈컷(Open Cut)

해설 히빙(Heaving)은 연약한 점토지반을 굴착할 때 흙막이 벽체 배면에 있는 흙의 중량이 굴착 바닥면의 흙의 중량보다 클 때 그 중량 차이로 인해 흙막이 벽체 배면의 흙이 안으로 밀려 들어와 굴착 바닥면이 부풀어 오르는 현상을 말한다.

정답 43 ④ 44 ② 45 ③ 46 ② 47 ① 48 ①

49 **철근 가스압접 이음 시 외관 검사 결과 불합격된 압접부의 조치 내용 중 옳지 않은 것은?**

① 압접면의 엇갈림이 규정값을 초과했을 때는 재가열하여 수정한다.
② 철근중심축의 편심량이 규정값을 초과했을 때는 압접부를 떼어내고 재압접한다.
③ 형태가 심하게 불량하거나 또는 압접부에 유해하다고 인정되는 결함이 생긴 경우는 압접부를 잘라내고 재압접한다.
④ 심하게 구부러졌을 때는 재가열하여 수정한다.

해설 압접면의 엇갈림이 규정값을 초과했을 때는 압접부를 잘라내고 재압접한다.

50 **시공의 품질관리를 위하여 사용하는 통계적 도구가 아닌 것은?**

① 작업표준
② 파레토도
③ 관리도
④ 산포도

해설 작업표준의 목적은 작업의 효율화, 위험요인의 제거, 손실요인의 제거에 있다.

51 **석재 사용상의 주의사항 중 옳지 않은 것은?**

① 동일건축물에는 동일석재로 시공하도록 한다.
② 석재를 다듬어 사용할 때는 그 질이 균질한 것을 사용하여야 한다.
③ 인장 및 휨모멘트를 받는 곳에 보강용으로 사용한다.
④ 외벽, 도로포장용 석재는 연석 사용을 피한다.

해설 석재는 압축력을 받는 곳에 사용한다.

52 **콘크리트 공사의 일정계획에 영향을 주는 주요 요인이 아닌 것은?**

① 건축물의 규모
② 거푸집의 존치기간 및 전용횟수
③ 시공도(Shop Drawing) 작성 기간
④ 강우, 강설, 바람 등의 기후 조건

해설 시공도(Shop Drawing)의 작성은 공사기간 중 수시로 이루어지는 작업이며, 공사의 일정계획에는 영향을 미치지 않는다.

53 **기초공사에 있어 지정에 관한 설명 중 옳지 않은 것은?**

① 긴주춧돌 지정 – 지름 30cm 정도의 토관을 기초 저면에 설치하고, 한옥건축에서는 주춧돌로 화강석을 사용한다.
② 밑창콘크리트 지정 – 콘크리트 설계기준강도는 15MPa 이상의 것을 두께 5~6cm 정도로 설계한다.
③ 잡석지정 – 수직지지력이나 수평지지력에 대한 효과가 매우 크다.
④ 모래지정 – 모래는 장기 허용압축강도가 20~40t/m^2 정도로 큰 편이어서 잘다져 지정으로 쓸 경우 효과적이다.

해설 잡석지정은 푸팅(Footing)을 보강하거나 지반의 내력을 보강하기 위해서 설치한다.

정답 49 ① 50 ① 51 ③ 52 ③ 53 ③

54 **고층 건축물 시공 시 적용되는 거푸집에 대한 설명으로 옳지 않은 것은?**

① ACS(Automatic Climbing System) 거푸집은 거푸집에 부착된 유압장치 시스템을 이용하여 상승한다.
② ACS(Automatic Climbing System) 거푸집은 초고층 건축물 시공 시 코어 선행 시공에 유리하다.
③ 알루미늄거푸집의 주요 시공 부위는 내부벽체, 슬래브, 계단실 벽체이며, 슬래브 필러 시스템에 있어서 해체가 간편하다.
④ 알루미늄 거푸집은 녹이 슬지 않는 장점이 있으나 전용횟수가 적다.

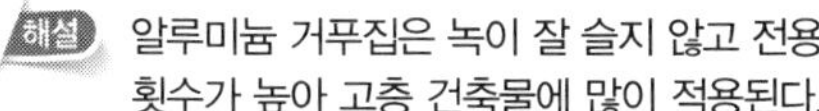
해설 알루미늄 거푸집은 녹이 잘 슬지 않고 전용횟수가 높아 고층 건축물에 많이 적용된다.

55 **경량형강공사에 사용되는 부재 중 지붕에서 지붕내력을 받는 경사진 구조부재로서 트러스와 달리 하현재가 없는 것은?**

① 스터드
② 헤더
③ 브레이싱
④ 래프터

경량형강공사에서 래프터는 지붕의 내력을 받는 경사부재이다.

56 **다음 중 기성콘크리트 말뚝의 장단점에 대한 설명으로 옳지 않은 것은?**

① 말뚝이음 부위에 대한 신뢰성이 높다.
② 재료의 균질성이 우수하다.
③ 자재하중이 크므로 운반과 시공에 각별한 주의가 필요하다.
④ 시공과정상의 항타로 인하여 자재균열의 우려가 높다.

기성콘크리트 말뚝은 현장타설 콘크리트 말뚝에 비하여 말뚝이음 부위에 대한 신뢰성이 낮아 엄격한 품질관리가 필요하다.

정답 54 ④ 55 ④ 56 ①

PART 04 건설시공학

제2회 예상문제

ENGINEER CONSTRUCTION SAFETY

01 불량품, 결점, 고장 등의 발생건수를 현상과 원인별로 분류하고, 여러 가지 데이터를 항목별로 분류해서 문제의 크기 순서로 나열하여, 그 크기를 막대그래프로 표기한 품질관리 도구는?

① 파레토그램 ② 특성요인도
③ 히스토그램 ④ 체크시트

 파레토 그램(영향도, 하자도)은 불량 등의 발생건수를 분류항목별로 나누어 크게 순서대로 나열한 것이다.

품질관리(TQC)의 7가지 도구는 다음과 같다.

히스토그램	공사 또는 제품의 품질상태가 만족한 상태에 있는가 여부 등 데이터가 어떤 분포를 하고 있는지 알아보기 위해 작성(분포도)
파레토도	불량 등의 발생건수를 분류항목별로 나누어 크게 순서대로 나열(영향도, 하자도)
특성요인도	결과에 원인이 어떻게 관계하고 있는가를 한눈에 알 수 있도록 작성(원인결과도)
체크시트	불량 수, 결점 수 등 계수치의 데이터가 분류항목의 어디에 집중되어 있는가를 알아보기 쉽게 나타냄(집중도)
산점도	대응되는 두 개의 짝으로 된 데이터를 그래프 용지 위에 점으로 나타냄(상관도, 산포도)
층별	집단을 구성하고 있는 데이터를 특징에 따라 몇 개의 부분집단으로 나누는 것(부분집단도)
관리도	한눈에 파악되도록 막대나 꺾은선 그래프를 이용하여 표시

02 벽돌의 품질을 결정하는 데 가장 중요한 사항은?

① 흡수율 및 인장강도
② 흡수율 및 전단강도
③ 흡수율 및 휨강도
④ 흡수율 및 압축강도

 벽돌의 품질에 따른 등급을 구분하는 기준으로는 압축강도, 흡수율, 소성, 형상 등이 있으며 이 중에서 가장 중요한 사항은 흡수율 및 압축강도이다.

03 콘크리트 공사의 시공과정 중 휴식시간 등으로 응결하기 시작한 콘크리트에 새로운 콘크리트를 이어칠 때 일체화가 저해되어 생기는 줄눈은?

① 익스팬션 조인트(Expansion Joint)
② 컨트롤 조인트(Control Joint)
③ 컨트랙션 조인트(Contraction Joint)
④ 콜드 조인트(Cold Joint)

 콜드조인트(Cold Joint)는 먼저 타설한 콘크리트와 나중에 타설한 콘크리트의 시공 이음부를 말하며 콘크리트를 이어칠 때 생기는 시공상의 문제로 인한 줄눈이다.

정답 01 ① 02 ④ 03 ④

04 강관 파이프 구조공사에 대한 설명으로 옳지 않은 것은?

① 경량이며 외관이 경쾌하다.
② 휨 강성 및 비틀림 강성이 크다.
③ 접합부 및 관 끝의 절단가공이 간단하다.
④ 국부좌굴에 유리하다.

해설 강재 파이프 구조는 접합부의 절단가공이 어렵다.

장점	단점
• 경량이며 외관이 경쾌 • 휨강성 및 비틀림 강성이 큼 • 좌굴응력에 강함 • 조립, 세우기가 안전함	• 접합이음이 복잡함 • 접합부의 절단 가공이 어려움 • 리벳접합이 불가능 • 이음, 맞춤부의 정밀도 저하

05 철근을 피복하는 이유와 거리가 먼 것은?

① 철근의 순간격 유지
② 철근의 좌굴방지
③ 철근과 콘크리트의 부착응력 확보
④ 화재, 중성화 등으로부터 철근 보호

해설 철근을 피복하는 이유는 철근과 콘크리트의 부착응력을 확보하고, 화재 등으로부터 철근을 보호하기 위해서다.

06 시방서의 작성원칙으로 옳지 않은 것은?

① 시공자가 정확하게 시공하도록 설계자의 의도를 상세히 기술
② 공사 전반에 대한 지침을 세밀하고 간단명료하게 서술
③ 공종을 세밀하게 나누고, 단위 시방의 수를 최대한 늘려 상세히 기술
④ 재료의 성능, 성질, 품질의 허용 범위 등을 명확하게 규명

해설 시방서는 간결하고 명료하게 빠짐없이 기재해야 한다. 시방서 기재시 유의사항은 다음과 같다.
• 시방서 작성순서는 공사 진행순서와 일치하도록 한다.
• 간결하고 명료하게 빠짐없이 기재한다.
• 공법의 정밀도와 마무리 정도를 명확하게 규정한다.
• 재료, 공법은 정확하게 지시한다.
• 누락되거나, 중복되지 않게 한다.
• 도면과 시방이 상이하지 않게 기재한다.
• 공사의 범위를 명시한다.

07 콘크리트 공사에서 사용되는 혼화재료 중 혼화제에 속하지 않는 것은?

① 공기연행제
② 감수제
③ 방청제
④ 팽창재

해설 팽창재는 혼화재에 속한다.

08 흙의 함수율을 구하기 위한 식으로 옳은 것은?

① $\dfrac{\text{물의 용적}}{\text{토립자의 용적}} \times 100(\%)$
② $\dfrac{\text{물의 중량}}{\text{토립자의 중량}} \times 100(\%)$
③ $\dfrac{\text{물의 용적}}{\text{토립자} + \text{물의 용적}} \times 100(\%)$
④ $\dfrac{\text{물의 중량}}{\text{토립자} + \text{물의 중량}} \times 100(\%)$

해설 함수율 $= \dfrac{\text{물의중량}}{\text{토립자} + \text{물의중량}} \times 100\%$이다.

정답 04 ③ 05 ① 06 ③ 07 ④ 08 ④

09 **지반조사방법 중 로드에 붙인 저항체를 지중에 넣고, 관입, 회전, 빼올리기 등의 저항력으로 토층의 성상을 탐사, 판별하는 방법이 아닌 것은?**

① 표준관입시험
② 화란식 관입시험
③ 지내력 시험
④ 베인 테스트

 지반조사방법 중 사운딩(Sounding) 시험은 로드 선단에 붙인 저항체를 지중에 넣고 관입, 회전, 인발 등의 저항력으로 지층의 성상을 탐사 판별하는 방법으로 ㉠ 표준관입시험, ㉡ 화란식 관입시험, ㉢ 베인 테스트 등이 있다.

10 **철골공사에서 용접 시 튀어나온 슬래그가 굳은 현상을 의미하는 것은?**

① 슬래그(Slag) 감싸기
② 오버랩(Overlap)
③ 피트(Pit)
④ 스패터(Spatter)

 스패터(Spatter)는 철골 용접 중 튀어나오는 슬래그 및 금속입자를 말한다.

11 **석재 사용상 주의사항으로 옳지 않은 것은?**

① $1m^3$ 이상 되는 석재는 높은 곳에 사용하지 않는다.
② 압축 및 인장응력을 크게 받는 곳에 사용한다.
③ 되도록 흡수율이 낮은 석재를 사용한다.
④ 가공 시 예각은 피한다.

 $1m^3$ 이상 석재는 낮은 곳에 사용한다. 석재의 최대치수는 운반성 · 가공성 등의 제반조건을 고려하여 선정하며, 압축력을 받는 곳에 사용한다.

12 **지하수를 처리하는 데 사용되는 배수공법이 아닌 것은?**

① 집수정 공법 ② 웰포인트 공법
③ 전기침투 공법 ④ 동결 공법

 동결공법은 지반에 액체질소, 프레온가스를 주입하여 차수하고 지반을 동결시키는 지반 개량공법이다.

13 **콘크리트 타설시 거푸집에 작용하는 측압에 대한 설명으로 옳지 않은 것은?**

① 기온이 낮을수록 측압은 작아진다.
② 거푸집의 강성이 클수록 측압은 커진다.
③ 진동기를 사용하여 다질수록 측압은 커진다.
④ 조강시멘트 등을 활용하면 측압은 작아진다.

 기온이 높을수록 측압은 작아진다. 콘크리트의 측압이 커지는 요인은 다음과 같다.
- 거푸집의 부재단면이 클수록
- 거푸집의 수밀성이 클수록
- 거푸집의 강성이 클수록
- 거푸집의 표면이 평활할수록
- 시공연도(Workability)가 좋을수록
- 외기의 온도, 습도가 낮을수록
- 콘크리트의 타설속도가 빠를수록
- 콘크리트의 다짐(진동기 사용)이 좋을수록
- 콘크리트의 슬럼프(Slump)가 클수록
- 콘크리트의 비중이 클수록
- 응결시간이 느릴수록
- 철골 또는 철근량이 적을수록

정답 09 ③ 10 ④ 11 ② 12 ④ 13 ①

14 화강암의 표면에 묻은 시멘트 모르타르를 제거하기 위하여 사용되는 것은?

① 염산
② 소금물
③ 황산
④ 질산

 화강암의 표면에 묻은 시멘트 모르타르를 제거하기 위해서는 염산 세척을 한다.

15 설계가 시작되기 전에 프로젝트의 실행 가능성을 알아보거나 설계의 초기단계 또는 진행단계에서 여러 설계대안의 경제성을 평가하기 위하여 수행되는 것은?

① 입찰견적
② 명세견적
③ 상세견적
④ 개산견적

 개산견적(Approximate Estimate)은 개략적으로 공사비를 산출하는 것으로 설계가 시작되기 전에 프로젝트의 실행 가능성 판단이나 여러 설계대안의 경제성 평가에 수행된다.

16 철골부재 공장제작에서 강재의 절단방법으로 옳지 않은 것은?

① 기계 절단법
② 가스 절단법
③ 로터리 베니어 절단법
④ 프라즈마 절단법

해설 로터리 베니어 절단은 목재의 절단방법이다.

17 점토 벽돌벽을 쌓은 후 외부에 흰가루가 돋는 백화현상을 방지하기 위한 대책이 아닌 것은?

① 10% 이하의 흡수율을 가진 양질의 벽돌을 사용한다.
② 벽돌면 상부에 빗물막이를 설치한다.
③ 쌓기 후 전용발수제를 발라 벽면에 수분흡수를 방지한다.
④ 염분을 함유한 모래나 석회질이 섞인 모래를 사용한다.

 ④ 석회를 첨가할 경우 백화현상이 증가한다.

[벽돌벽의 백화 방지대책]
- 줄눈 모르타르에 방수제를 혼합
- 흡수율이 작고, 질이 좋은 벽돌 및 모르타르를 사용하여 줄눈을 치밀하게 함
- 벽돌면에 실리콘 뿜칠
- 소성이 잘된 벽돌 사용
- 분말도가 큰 시멘트 사용
- 재료 배합시 물-시멘트비(W/C)를 감소시키고, 조립률이 큰 모래 사용

18 콘크리트 구조물의 품질관리에서 활용되는 비파괴검사방법과 거리가 먼 것은?

① 슈미트해머법
② 방사선 투과법
③ 초음파법
④ 자기분말 탐상법

 ④ 자기분말 탐상법은 철골 용접부의 비파괴검사 시험법이다.

[철골용접부의 내부결함을 검사하는 방법]
- 방사선 투과시험(Radiographic Test)
- 초음파 탐상시험(Ultrasonic Test)
- 자기분말 탐상시험(Magnetic Particle Test)
- 침투 탐상시험(Penetration Particle Test)
- 와류 탐상시험(Eddy Current Test)

정답 14 ① 15 ④ 16 ③ 17 ④ 18 ④

19 일명 테이블 폼(Table Form)으로 불리는 것으로 거푸집널에 장선, 멍에, 서포트 등을 기계적인 요소로 부재화한 대형 바닥판 거푸집은?

① 갱 폼(Gang Form)
② 플라잉 폼(Flying Form)
③ 슬라이딩 폼(Sliding Form)
④ 트래블링 폼(Traveling Form)

해설 플라잉 폼(Flying Form)은 바닥 전용 거푸집으로 거푸집판, 장선, 멍에, 서포트 등을 일체로 제작하였다. 슬라이딩 폼은 요크(York)로 벽거푸집을 상향 이동하는 수직용 거푸집이며, 갱폼(Gang Form)은 거푸집판과 보강재가 일체로 된 기본패널, 작업을 위한 작업 발판대 및 수직도 조정과 횡력을 지지하는 빗버팀대로 구성되는 벽체 거푸집으로 주로 콘도미니엄, 병원, 사무소 같은 벽식구조 건물에 사용된다.

20 벽돌벽면에 구멍을 내어 쌓는 방식으로 장식적인 효과를 내는 벽돌쌓기는?

① 영롱쌓기 ② 엇모쌓기
③ 세워쌓기 ④ 옆세워쌓기

해설 영롱쌓기는 벽돌벽체에 구멍(개구부)을 내어 쌓는 방법이다.

21 웰 포인트(Well-Point) 공법에 대한 설명으로 옳지 않은 것은?

① 점토질지반보다는 사질지반에 유효한 공법이다.
② 지반내의 기압이 대기압 보다 높아져서 토층은 대기압에 의해 다져진다.
③ 지하수위를 낮추는 공법이다.
④ 인접지반의 침하를 일으키는 경우가 있다.

해설 웰포인트(Well Point) 공법은 라이저 파이프를 1~2m 간격으로 박아 6m 이내의 지하수를 펌프로 배수하여 지하수위를 낮추고 지하수위의 저하에 따른 부력 감소로 인해 지반을 다지는 공법이며 점토지반보다는 사질지반에 유효한 공법이다.

22 철골 도장작업 중 보수도장이 필요한 부위가 아닌 것은?

① 현장용접 부위
② 현장접합 재료의 손상부위
③ 조립상 표면접합이 되는 부위
④ 현장접합에 의한 볼트류의 두부, 너트, 와셔

해설 철골 도장작업 중 보수도장이 필요한 부분은 현장 용접부위, 현장접합 재료의 손상부위, 볼트류의 두부, 너트, 와셔 등이다.

23 콘크리트 골재의 비중에 따른 분류로서 초경량골재에 해당하는 것은?

① 중정석 ② 펄라이트
③ 강모래 ④ 부순 자갈

해설 펄라이트는 콘크리트 골재 중 초경량골재에 해당한다.

24 거푸집 구조설계 시 고려해야 하는 연직하중에서 무시해도 되는 요소는?

① 작업하중 ② 거푸집 중량
③ 콘크리트 자중 ④ 타설 충격하중

해설 거푸집 동바리 구조설계시 고려해야 하는 연직방향하중은 타설 콘크리트 중량 및 거푸집 중량, 활하중(충격하중, 작업하중)으로 구성되며 이 중에서 거푸집 중량은 40kg/m²으로 콘크리트 자중이나 활화중에 비해 상대적으로 크기가 작아 무시해도 된다.

정답 19 ② 20 ① 21 ② 22 ③ 23 ② 24 ②

25 철골공사의 용접작업 시 유의사항으로 옳지 않은 것은?

① 용접할 소재는 수축변형 및 마무리에 대한 고려로서 치수에 여분을 두어야 한다.
② 용접으로 인하여 모재에 균열이 생긴 때에는 원칙적으로 모재를 교환한다.
③ 용접자세는 부재의 위치를 조절하여 될 수 있는 대로 아래보기로 한다.
④ 수축량이 가장 작은 부분부터 최초로 용접하고 수축량이 큰 부분은 최후에 용접한다.

해설 철골의 용접 작업 시 수축이 큰 이음을 가능한 가장 먼저 용접하며, 수축이 작은 이음은 후에 용접을 한다.

26 지반의 성질에 대한 설명으로 옳지 않은 것은?

① 점착력이 강한 점토층은 투수성이 적고 또한 압밀되기도 한다.
② 흙에서 토립자 이외의 물과 공기가 점유하고 있는 부분을 간극이라 한다.
③ 모래층은 점착력이 비교적 적거나 무시할 수 있는 정도이며 투수가 잘 된다.
④ 흙의 예민비는 보통 그 흙의 함수비로 표현된다.

해설 흙의 예민비(Sensitive Ratio)는 시료의 강도에 의해 다음과 같이 표현된다.

$$예민비 = \frac{자연시료(흐트러지지\ 않은\ 시료)의\ 강도}{이긴시료(흐트러진\ 시료)의\ 강도}$$

27 기성콘크리트 말뚝에 표기된 PHC－A · 450－12의 각 기호에 대한 설명으로 옳지 않은 것은?

① PHC－원심력 고강도 프리스트레스트 콘크리트말뚝
② A－A종
③ 450－말뚝 바깥지름
④ 12－말뚝 삽입간격

해설 12는 말뚝의 길이를 의미한다. 말뚝의 표시법은 다음과 같다.

[PHC－A · 450－12]
- PHC－A : 프리텐션 방식의 고강도 콘크리트 말뚝
- 말뚝의 지름 : 450mm
- 말뚝의 길이 : 12m

28 철골공사에서 용접작업 종료 후 용접부의 안전성을 확인하기 위해 비파괴 검사를 실시하는데 이 비파괴 검사의 종류에 해당되지 않는 것은?

① 방사선 검사
② 침투 탐상 검사
③ 반발 경도 검사
④ 초음파 탐상 검사

해설 반발 경도 검사는 콘크리트의 비파괴 검사 방법이다. 용접부 비파괴 검사의 종류는 다음과 같다.
- 방사선 투과시험(Radiographic Test)
- 초음파 탐상시험(Ultrasonic Test)
- 자기분말 탐상시험(Magnetic Particle Test)
- 침투 탐상시험(Penetration Particle Test)
- 와류 탐상시험(Eddy Current Test)

정답 25 ④ 26 ④ 27 ④ 28 ③

29 널말뚝 후면부를 천공하고 인장재를 삽입하여 경질지반에 정착시킴으로써 흙막이 널을 지지시키는 공법은?

① 버팀대식 흙막이공법
② 아일랜드 공법
③ 어미말뚝식 흙막이공법
④ 어스앵커 공법

 어스앵커(Earth Anchor) 공법은 굴착하는 흙막이 벽체에 어스앵커를 설치하여 흙막이 벽에 작용하는 토압을 지지하는 공법으로 버팀대가 없어 굴착작업 시 넓은 작업공간의 확보가 용이하고 굴착구간의 평면 형태 및 굴착 깊이가 불규칙한 경우 적용이 유리하다.

30 서머콘(Thermo－Con)에 대한 설명으로 옳은 것은?

① 제물치장 콘크리트이며 주로 바닥공사 마무리를 하는 것으로 콘크리트를 부어 넣은 후 그 콘크리트가 경화하지 않은 시간에 흙손으로 마감하는 것이다.
② 콘크리트가 경화하기 전에 진공 매트(Vacuum Mat)로 수분과 공기를 흡수하여 내구성을 향상시킨 것이다.
③ 자갈, 모래 등의 골재를 사용하지 않고 시멘트와 물 그리고 발포제를 배합하여 만드는 일종의 경량콘크리트이다.
④ 건나이트(Gunite)라고도 하며 모르타르를 압축공기로 분사하여 바르는 것이다.

 서머콘(Thermo－con)은 경량콘크리트의 일종으로 자갈, 모래 등의 골재를 사용하지 않고 시멘트와 물, 발포제를 배합하여 사용한 콘크리트를 말한다.

31 품질관리(TQC)를 위한 7가지 도구 중에서 불량 수, 결점 수 등 셀 수 있는 데이터를 분류하여 항목별로 나누었을 때 어디에 집중되어 있는가를 알기 쉽도록 한 그림 또는 표를 무엇이라 하는가?

① 히스토그램　② 파레토도
③ 체크시트　④ 산포도

 체크 시트는 불량 수, 결점 수 등 계수치의 데이터가 분류항목의 어디에 집중되어 있는가를 알아보기 쉽게 나타낸다.

구분	내용
히스토그램	공사 또는 제품의 품질상태가 만족한 상태가 있는가 여부 등 데이터가 어떤 분포를 하고 있는지 알아보기 위해 작성(분포도)
파레토도	불량 등의 발생건수를 분류항목별로 나누어 크게 순서대로 나열(영향도, 하자도)
특성요인도	결과에 원인이 어떻게 관계하고 있는가를 한눈에 알 수 있도록 작성(원인결과도)
체크시트	불량 수, 결점 수 등 계수치의 데이터가 분류항목의 어디에 집중되어 있는가를 알아보기 쉽게 나타냄(집중도)
산점도	대응되는 두개의 짝으로 된 데이터를 그래프 용지위에 점으로 나타냄(상관도, 산포도)
층별	집단을 구성하고 있는 데이터를 특징에 따라 몇 개의 부분집단으로 나누는 것(부분집단도)
관리도	한눈에 파악되도록 막대나 꺾은선 그래프를 이용하여 표시

정답 29 ④ 30 ③ 31 ③

32 Earth Anchor 시공에서 정착부 Grout 밀봉을 목적으로 설치하는 것은?

① Angle Bracket
② Sheath
③ Packer
④ Anchor Head

 Packer는 어스앵커(Earth Anchor) 시공에서 정착장 부위의 구근을 형성하기 위해 사용하며, 그라우트의 유실방지 및 미찰력 증대의 효과가 있다.

33 콘크리트의 측압력을 부담하지 않고 거푸집 상호 간의 간격을 유지시켜 주는 것은?

① 세퍼레이터(Separator)
② 플랫타이(Flat Tie)
③ 폼타이(Form Tie)
④ 스페이서(Spacer)

 세퍼레이터(Separator)는 철판재, 철근재, 파이프제 또는 모르타르제를 사용하여 거푸집 상호 간의 간격을 유지시키는 데 사용되는 격리재이다. 클램프는 비계 부재의 연결철물이다.

34 콘크리트표준시방서에 따른 거푸집널의 해체시기로 옳은 것은?(단, 콘크리트의 압축강도를 시험하지 않을 경우, 기둥으로서 평균기온이 20℃ 이상이며 조강 포틀랜드시멘트를 사용)

① 1일　　② 2일
③ 3일　　④ 4일

해설 거푸집 존치기간은 다음과 같다.

㉠ 콘크리트 압축강도를 시험할 경우(콘크리트표준시방서)

부재	콘크리트의 압축강도(fcu)
확대기초, 보 옆, 기둥, 벽 등의 측벽	5Mp 이상
슬래브 및 보의 밑면, 아치 내면	설계기준강도$\times\frac{2}{3}(f_{ck} \geq \frac{2}{3}f_{ck})$ 다만, 14Mpa 이상

㉡ 콘크리트 압축강도를 시험하지 않을 경우(기초, 보 옆, 기둥 및 보의 측벽)

시멘트의 종류 / 평균 기온	조강포틀랜드시멘트	보통포틀랜드시멘트 고로슬래그시멘트(특급) 포틀랜드포졸란시멘트(A종) 플라이애시시멘트(A종)	고로슬래그시멘트 포틀랜드포졸란시멘트(B종) 플라이애시시멘트(B종)
20℃ 이상	2일	4일	5일
20℃ 미만 10℃ 이상	3일	6일	8일

35 철근콘크리트 공사 시 철근의 최소 피복두께가 가장 큰 것은?

① 수중에서 치는 콘크리트
② 흙에 접하여 콘크리트를 친 후 영구히 흙에 묻혀 있는 콘크리트
③ 옥외의 공기나 흙에 직접 접하지 않는 콘크리트 중 슬래브
④ 옥외의 공기나 흙에 직접 접하지 않는 콘크리트 중 벽체

해설 철근콘크리트 구조물의 부위별 피복두께는 다음과 같다.

<table>
<tr><th colspan="4">부위</th><th>피복두께(mm)</th></tr>
<tr><td rowspan="7">흙에 접하지 않음</td><td rowspan="2">바닥슬래브, 지붕슬래브, 비내력벽</td><td colspan="2">마무리 있을 때</td><td>20</td></tr>
<tr><td colspan="2">마무리 없을 때</td><td>30</td></tr>
<tr><td rowspan="4">기둥, 보, 내력벽</td><td rowspan="2">실내</td><td>마무리 있을 때</td><td>30</td></tr>
<tr><td>마무리 없을 때</td><td>30</td></tr>
<tr><td rowspan="2">실외</td><td>마무리 있을 때</td><td>30</td></tr>
<tr><td>마무리 없을 때</td><td>40</td></tr>
<tr><td colspan="3">옹벽</td><td>40</td></tr>
</table>

정답 32 ③　33 ①　34 ②　35 ①

부위		피복두께(mm)
흙에 접함	기둥, 보, 바닥슬래브, 내력벽	40(50)
	기초, 옹벽	60(70)

※ 여기서, ( ) 안의 수치는 경량콘크리트 1종 및 2종에 적용함

36 **건축시공계획수립에 있어 우선순위에 따른 고려사항으로 거리가 먼 것은?**

① 공종별 재료량 및 품셈
② 재해방지 대책
③ 공정표 작성
④ 원척도(原尺圖)의 제작

해설 공사계획 단계에서 사전에 검토할 내용은 다음과 같다.
- 현장원 편성 : 공사계획 중 가장 우선
- 공정표의 작성 : 공사 착수 전 단계에서 작성함
- 실행예산의 편성 : 재료비, 노무비, 경비
- 하도급 업체의 선정
- 가설 준비물 결정
- 재료, 설비 반입계획
- 재해방지계획
- 노무 동원계획

37 **공동도급방식의 장점에 대한 설명으로 옳지 않은 것은?**

① 각 회사의 상호신뢰와 협조로써 긍정적인 효과를 거둘 수 있다.
② 공사의 진행이 수월하며 위험부담이 분산된다.
③ 기술의 확충, 강화 및 경험의 증대 효과를 얻을 수 있다.
④ 시공이 우수하고 공사비를 절약할 수 있다.

해설 공동도급은 2개 이상의 도급자가 결합하여 공동으로 공사를 수행하는 방식으로 공사비가 증대된다.

장점	단점
• 공사 이행의 확실성 보장, 위험분산 • 자본력(융자력)과 신용도 증대 • 기술 및 경험의 확충	• 단일회사 도급보다 경비 증대 • 도급자 간 충돌, 이해문제 발생 • 책임소재 불명확 및 책임회피 우려

38 **수직응력 $\sigma=0.2$MPa, 점착력 $c=0.05$MPa, 내부마찰각 $\phi=20°$의 흙으로 구성된 사면의 전단강도는?**

① 0.08MPa
② 0.12MPa
③ 0.16MPa
④ 0.2MPa

해설 전단강도 $\tau=c+\delta\tan\phi$이므로,
$\tau=0.05+0.2\tan20°=0.12$Mpa이다.

39 **지하굴착공사 중 깊은 구멍 속이나 수중에서 콘크리트 타설 시 재료가 분리되지 않게 타설할 수 있는 기구는?**

① 케이싱(Casing)
② 트레미(Tremi)관
③ 슈트(Chute)
④ 콘크리트 펌프카(Pump Car)

해설 트레미(Tremie)관은 지하굴착공사 중 깊은 구멍 속이나 수중에서 콘크리트 타설 시 재료가 분리되지 않게 타설 할 수 있게 하는 관이다. 케이싱(Casing)은 굴착면의 공벽 유지를 위해 사용하는 관을 말한다.

정답 36 ④ 37 ④ 38 ② 39 ②

40 다음 중 네트워크공정표의 단점이 아닌 것은?

① 다른 공정표에 비하여 작성시간이 많이 필요하다.
② 작성 및 검사에 특별한 기능이 요구된다.
③ 진척관리에 있어서 특별한 연구가 필요하다.
④ 개개의 관련작업이 도시되어 있지 않아 내용을 알기 어렵다.

해설 **네트워크 공정표**

네트워크 공정표(Net Work)는 공정별 작업단위를 망형도(○과 →)로 표시하고 각 공사의 순서관계, 일정관계를 도해식으로 표기한 것이다.

장점	단점
• 공사계획의 전체내용 파악용이 • 각 공정별 작업의 흐름과 상호관계 명확	• 작성 및 검사에 특별한 기능요구 • 작성시간이 많이 소요됨

41 특수콘크리트에 관한 설명 중 옳지 않은 것은?

① 한중콘크리트는 동해를 받지 않도록 시멘트를 가열하여 사용한다.
② 경량콘크리트는 자중이 적고, 단열효과가 우수하다.
③ 중량콘크리트는 방사선 차폐용으로 사용된다.
④ 매스콘크리트는 수화열이 적은 시멘트를 사용한다.

해설 한중콘크리트는 일평균 기온 4℃ 이하일 때 타설하는 콘크리트로 물-시멘트비(W/C)를 60% 이하로 가급적 작게 한다. 콘크리트 배합 시 물의 온도를 올리거나 골재를 가열해서 사용하고, AE제를 혼합하여 사용한다.

42 건설사업이 대규모화, 고도화, 다양화, 전문화되어감에 따라 종래의 단순 기술에 의한 시공만이 아닌 고부가가치를 추구하기 위하여 업무영역의 확대를 의미하는 것은?

① BTL ② EC
③ BOT ④ SOC

EC(Engineering Construction)는 건설 사업이 종래의 단순 시공에서 벗어나 대규모화, 고도화, 다양화, 전문화되어 고부가가치를 추구하기 위하여 업무영역을 확대하는 것이다.

43 철골부재 절단 방법 중 가장 정밀한 절단 방법으로 앵글커터(Angle Cutter), 프릭션 소(Friction Saw) 등으로 작업하는 것은?

① 가스절단 ② 전단절단
③ 톱절단 ④ 전기절단

해설 철골부재의 절단 방법 중 톱 절단은 판두께 13mm를 초과하는 형강이나 절단면 상태가 양호한 정밀 절단 시 적용된다.

44 ALC의 특징 및 장단점에 대한 설명으로 옳지 않은 것은?

① 흡수율이 낮은 편이며, 동해에 대해 방수·방습처리가 불필요하다.
② 열전도율은 보통콘크리트의 약 1/10로서 단열성이 우수하다.
③ 불연재인 동시에 내화재료이다.
④ 경량으로 인력에 의한 취급이 가능하고, 필요에 따라 현장에서 절단 및 가공이 용이하다.

정답 40 ④ 41 ① 42 ② 43 ③ 44 ①

 ALC(Autoclaved Lightweight Concrete)는 규사, 생석회, 시멘트 등에 발포제인 알루미늄 분말과 기포 안정제 등을 혼합하여 고온, 고압으로 증기양생한 콘크리트로 흡수율 이 10~20% 정도이고 동해에 약하다.

45 **포화된 느슨한 모래가 진동과 같은 동화중을 받으면 부피가 감소되어 간극수압이 상승하여 유효응력이 감소하는 것을 무엇이라 하는가?**

① 액상화 현상
② 원형 Slip
③ 부동침하 현상
④ Negative Friction

 액상화 현상은 포화된 모래지반이 진동을 받을 경우 간극수압이 상승하면서 유효응력이 감소하여 지반이 액상화되는 현상이다.

46 **벽돌치장면의 청소방법 중 옳지 않은 것은?**

① 벽돌 치장면에 부착된 모르타르 등의 오염은 물과 솔을 사용하여 제거하며 필요에 따라 온수를 사용하는 것이 좋다.
② 세제 세척은 물 또는 온수에 중성세제를 사용하여 세정한다.
③ 산 세척은 다른 방법으로 오염물을 제거하기 곤란한 장소에 적용하고, 그 범위는 가능한 작게 한다.
④ 산 세척은 오염물을 제거한 후 물 세척을 하지 않는 것이 좋다.

해설 산 세척 후에는 부식 방지를 위해 반드시 물 세척을 해야 한다.

47 **폼타이, 컬럼밴드 등을 의미하며, 거푸집을 고정하여 작업 중의 콘크리트 측압을 최종적으로 부담하는 것은?**

① 박리제 ② 간격재
③ 격리재 ④ 긴결재

 폼타이, 플랫타이, 컬럼밴드는 긴결재(긴장재)로 콘크리트를 부어 넣을 때 거푸집이 벌어지거나 우그러들지 않게 연결 고정시키는 역할을 한다.

48 **원심력 고강도 프리스트레스트 콘크리트 말뚝(PHC말뚝)에 대한 설명 중 옳지 않은 것은?**

① 고강도콘크리트에 프리스트레스를 도입하여 제조한 말뚝이다.
② 설계기준강도 30~40MPa 정도의 것을 말한다.
③ 강재는 특수 PC강선을 사용한다.
④ 견고한 지반까지 항타가 가능하며 지지력 증강에 효과적이다.

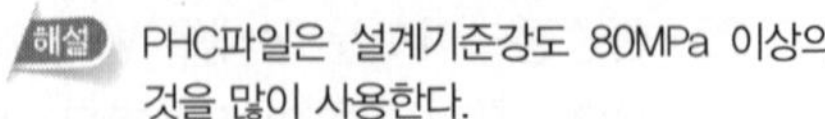
해설 PHC파일은 설계기준강도 80MPa 이상의 것을 많이 사용한다.

49 **개방잠함공법(Open Caisson Method)에 대한 설명으로 옳은 것은?**

① 건물 외부 작업이므로 기후의 영향을 많이 받는다.
② 지하수가 많은 지반에서는 침하가 잘 되지 않는다.
③ 소음발생이 크다.
④ 실의 내부 갓 둘레부분을 중앙 부분보다 먼저 판다.

정답 45 ① 46 ④ 47 ④ 48 ② 49 ②

해설 개방잠함 공법(Open Caisson)은 지하구조체 바깥벽 밑에 끝날(Shoe)을 붙이고, 지상에서 구축하여 중앙하부 흙을 파내어 구조체 자중으로 침하시키는 공법으로 소요의 지지층까지 도달이 가능하고, 작업 중 지층의 상태 확인이 가능하다.

50 철골부재 용접 시 주의사항으로 옳지 않은 것은?

① 용접할 모재의 표면에 있는 녹, 페인트, 유분 등은 제거하고 작업한다.

② 기온이 0℃ 이하로 될 때에는 용접하지 않도록 한다.

③ 용접 시 발생하는 가스 등으로 질식 또는 중식되지 않도록 환기 또는 기타 필요한 조치를 해야 한다.

④ 용접할 소재는 정확한 시공과 정밀도를 위하여 치수에 여분을 두지 말아야 한다.

해설 용접할 소재는 치수에 여유분을 두어야 한다.

51 철근의 공작도(Shop Drawing) 작성요령에 관한 설명 중 옳지 않은 것은?

① 공작도란 철근구조도에 의거하여 현장에서 실제 철근작업을 편리하게 시공하기 위하여 작성된 것이다.

② 기초상세도는 다른 부위와 접속되는 철근의 정착 및 다른 부재와의 관계를 명확히 기입한다.

③ 기둥상세도는 층높이에 맞추어 적당한 이음위치를 정하고 띠철근의 지름, 길이 등을 기입한다.

④ 바닥판상세도는 바닥판끝선을 기준으로 보, 벽, 계단, 개구부 등의 위치를 명시한다.

철골의 공작도(Shop Drawing)에 포함사항은 다음과 같다.
㉠ 외부비계 및 화물승강설비용 브래킷
㉡ 기둥 승강용 트랩
㉢ 구명줄 설치용 고리
㉣ 건립에 필요한 와이어로프 걸이용 고리
㉤ 안전난간 설치용 부재
㉥ 기둥 및 보 중앙의 안전대 설치용 고리
㉦ 방망 설치용 부재
㉧ 비계 연결용 부재
㉨ 방호선반 설치용 부재
㉩ 양중기 설치용 보강재

52 콘크리트의 재료로 사용되는 골재에 관한 설명 중 옳지 않은 것은?

① 골재는 견고하고, 밀도가 크고, 내구성이 커서 풍화가 잘 되지 않아야 한다.

② 콘크리트나 모르타르를 만들 때에 물, 시멘트와 함께 혼합되는 모래, 자갈 및 부순돌 기타 유사한 재료를 골재라고 한다.

③ 콘크리트 중 골재가 차지하는 용적은 절대용적으로 50%를 넘지 않도록 한다.

④ 일반적으로 골재의 강도는 시멘트 페이스트 강도 이상이 되어야 한다.

골재는 콘크리트 속에서 차지하는 용적비율이 65~80% 정도로서 용적의 대부분을 차지한다.

53 다음 설명에 해당하는 공사낙찰자 선정방식은?

예정가격 대비 85% 이상 입찰자 중 가장 낮은 금액으로 입찰한 자를 선정하는 방식으로, 최저가 낙찰자를 통한 덤핑의 우려를 방지할 목적을 지니고 있다.

정답 50 ④ 51 ④ 52 ③ 53 ③

① 부찰제
② 최저가 낙찰제
③ 제한적 최저가 낙찰제
④ 최적격 낙찰제

해설 제한적 최저가 낙찰제는 예정가격 대비 85% 이상 입찰한 입찰자 중에서 최저가 낙찰자를 선정하는 방식이다.

54 건설공사에서 발생하는 클레임 유형과 가장 거리가 먼 것은?

① 계약문서의 결함에 따른 클레임
② 작업인원 축소에 관한 클레임
③ 현장조건 변경에 따른 클레임
④ 공사지연에 의한 클레임

해설 건설공사에서 주로 발생하는 클레임의 유형에는 공기지연, 현장조건 변경, 계약관련 클레임 등이 있다.

55 토질시험에 관한 사항 중 옳지 않은 것은?

① 표준관입시험에서는 N값이 클수록 밀실한 토질을 의미한다.
② 베인테스트는 진흙의 점착력을 판별하는 데 쓰인다.
③ 지내력시험은 재하를 지반선에서 실시한다.
④ 3축압축시험은 흙의 전단강도를 알아보기 위한 시험이다.

해설 지내력 시험은 재하판에 하중을 가하여 침하량이 2cm가 될 때까지의 하중을 구하여 지내력도 계산하는 것으로 재하하중은 매회 1Ton 이하 또는 예정파괴하중의 1/5 이하로 한다. 단기하중 허용지내력도는 총 침하량이 2cm에 도달할 때까지의 하중 또는 총 침하량이 2cm 이하지만 지반이 항복상태를 보인 때까지의 하중을 말하고, 장기하중에 대한 허용 내력은 단기하중지내력의 1/2로 본다.

56 제자리 콘크리트 말뚝지정 중 베노토 파일의 특징에 관한 설명으로 옳지 않은 것은?

① 기계가 저가이고 굴착속도가 비교적 빠르다.
② 케이싱을 지반에 압입해 가면서 관 내부 토사를 특수한 버킷으로 굴착 배토한다.
③ 말뚝구멍의 굴착 후에는 철근콘크리트 말뚝을 제자리치기 한다.
④ 여러 지질에 안전하고 정확하게 시공할 수 있다.

해설 베노토(Benoto) 공법은 제자리 콘크리트 말뚝을 시공할 때 목표지점까지 케이싱 튜브로 공벽을 보호하면서 굴착하는 공법으로 All Casing 공법이라고도 하며, 지중 굴착 시 공벽유지가 되므로 긴 말뚝의 시공이 가능하나 기계가 고가이고 굴착속도가 느리다.

57 해체 및 이동에 편리하도록 제작한 시스템화된 이동식 거푸집으로서 건축분야에서 쉘, 아치, 돔 같은 건축물에서도 적용되는 거푸집은?

① 유로 폼(Euro Form)
② 트래블링 폼(Travelling Form)
③ 워플 폼(Waffle Form)
④ 터널 폼(Tunnel Form)

해설 트래블링 폼(Travelling Form)은 수평 활동 거푸집으로서 거푸집 전체를 그대로 떼어 다음 장소로 이동시켜 가면서 작업하는 거푸집이다.

정답 54 ② 55 ③ 56 ① 57 ②

PART 04 건설시공학

제3회 예상문제

ENGINEER CONSTRUCTION SAFETY

01 다음의 터파기용 토공기계 중 작업면보다 상부의 흙을 굴삭하는 장비는?

① 불도저(Bulldozer)
② 클램셀(Clamshell)
③ 캐리올 스크레이퍼(Carryall Scraper)
④ 파워쇼벨(Power Shovel)

해설 파워쇼벨(Power Shovel)은 굴삭기가 위치한 지면보다 높은 곳을 굴삭하는 데 적합하며, 굴삭높이 1.5~3m, 버킷용량 : 0.6~1.0m^{3}이고 굴삭깊이는 지면에서 2m 아래, 선회각 90°이다.

02 보기의 항목을 시공계획 순서에 맞게 옳게 나열한 것은?

[보기]
A. 계약조건 확인
B. 시공계획 입안
C. 현지조사
D. 설계도서 파악
E. 주요수량 파악

① A－D－C－E－B
② A－B－C－D－E
③ C－A－D－E－B
④ C－A－B－D－E

해설 시공계획의 순서는 계약조건 확인 → 설계도서 파악 → 현지조사 → 주요수량 파악 → 시공계획 입안의 순이다.

03 철골공사 현장에 자재반입 시 치수검사 항목이 아닌 것은?

① 기둥 폭 및 층 높이 검사
② 휨 정도 및 뒤틀림 검사
③ 브래킷의 길이 및 폭, 각도 검사
④ 고력볼트 접합부 검사

해설 고력볼트의 접합부 검사는 부재 조립 후 검사항목이다.

04 철골공사의 내화피복공법에 해당하지 않는 것은?

① 표면탄화법
② 뿜칠공법
③ 타설공법
④ 조적공법

해설 표면탄화법은 목재의 내수성을 증가시키기 위해서 목재의 표면을 태워서 탄화하는 방법으로 철골의 내화피복공법이 아니다. 철골공사의 내화피복공법의 종류 및 특징은 다음과 같다.
① 타설공법 : 경량콘크리트, 보통콘크리트 등을 철골 둘레에 타설
② 뿜칠공법 : 강재에 석면, 질석, 암면 등 혼합재료를 뿜칠함
③ 조적공법 : 벽돌, 블록, 석재 등으로 강재 둘레에 조적하는 공법
④ 미장공법 : 내화 단열성 모르타르로 미장함
⑤ 건식 내화피복공법(성형판 붙임공법)

정답 01 ④ 02 ① 03 ④ 04 ①

05 피어기초공사에 대한 설명으로 옳지 않은 것은?

① 중량구조물을 설치하는 데 있어서 지반이 연약하거나 말뚝으로도 수직지지력이 부족하고 그 시공이 불가능한 경우와 기초지반의 교란을 최소화해야 할 경우에 채용한다.
② 굴착된 흙을 직접 탐사할 수 있고 지지층의 상태를 확인할 수 있다.
③ 무진동, 무소음공법이며, 여타 기초형식에 비하여 공기 및 비용이 적게 소요된다.
④ 피어기초를 채용한 국내의 초고층 건물에는 63빌딩이 있다.

해설 피어기초는 구조물의 중량이 클 경우에 있어서 지반이 연약하거나 말뚝으로도 수직지지력이 부족하고 시공이 어려운 경우 기초지반의 교란을 최소화하기 위해 적용하며, 기후조건이 좋지 않을 경우 공사기간이 길어질 수 있다.

06 철근콘크리트 보강블록쌓기에 대한 설명 중 틀린 것은?

① 가로근은 배근 상세도에 따라 가공하되, 그 단부는 180°의 갈구리로 구부려 배근한다.
② 블록의 공동에 보강근을 배치하고 콘크리트를 다져넣기 때문에 세로줄눈은 막힌줄눈으로 하는 것이 좋다.
③ 세로근의 기초 및 테두리보에서 위층의 테두리보까지 이음없이 배근하여 그 정착길이가 철근 직경의 40배 이상으로 한다.
④ 철근은 굵은 것보다 가는 철근을 많이 넣는 것이 좋다.

해설 보강철근콘크리트 블록조는 블록의 빈 부분을 철근콘크리트로 보강한 내력벽 구조이며 원칙적으로 통줄눈 쌓기로 한다. 블록 1일 쌓기 높이는 1.5m(블록 7켜 정도) 이내로 하고, 벽의 세로근은 원칙적으로 이음을 만들지 않으며, 가로근의 모서리는 서로 깊이 물려 40d(d : 철근지름) 이상으로 정착시킨다.

07 다음 중 벽돌 벽체에 발생하는 백화의 방지책으로 적당하지 않은 것은?

① 물-시멘트비를 증가시킨다.
② 벽면에 빗물이 스며들지 못하도록 실리콘계의 도료를 바른다.
③ 줄눈 모르타르에 방수제를 넣는다.
④ 흡수율이 작은 소성이 잘된 양질의 벽돌을 사용한다.

해설 벽돌벽의 백화 방지대책
① 줄눈 모르타르에 방수제를 혼합
② 흡수율이 작고, 질이 좋은 벽돌 및 모르타르를 사용하여 줄눈을 치밀하게 함
③ 벽돌면에 실리콘 뿜칠
④ 소성이 잘된 벽돌 사용
⑤ 분말도가 큰 시멘트 사용
⑥ 재료 배합시 물-시멘트비(W/C)를 감소시키고, 조립률이 큰 모래 사용

08 지질조사를 하는 지역의 지층순서를 결정하는 데 이용하는 토질주상도에 나타내지 않아도 되는 항목은?

① 보링방법
② 지하수위
③ N값
④ 지내력

해설 토질주상도란 기초저면의 토질단면상태와 구성상태의 입체적인 파악을 위해 축척으로 도해한 것이다.

정답 05 ③ 06 ② 07 ① 08 ④

09 **다음 중 현장타설 콘크리트 말뚝공법이 아닌 것은?**

① 어스드릴(Earth Drill) 공법
② 베노토(Benoto) 공법
③ 마이크로 파일(Micro Pile) 공법
④ 프리보링(Pre−boring) 공법

해설 선행굴착 공법(Pre−Boring)은 Earth Auger로 천공 후 기성말뚝을 삽입하는 공법으로, 소음 · 진동을 최소화할 수 있다.

10 **유동화 콘크리트를 제조할 때 유동화제를 첨가하기 전 기본 배합 콘크리트인 베이스 콘크리트의 슬럼프 기준은?(단, 일반콘크리트의 경우)**

① 150mm 이하
② 180mm 이하
③ 210mm 이하
④ 240mm 이하

해설 유동화 콘크리트의 슬럼프

콘크리트의 종류	베이스 콘크리트	유동화 콘크리트
보통 콘크리트	150 이하	210 이하
경량골재 콘크리트	180 이하	210 이하

11 **시험말뚝에 변형률계와 가속도계를 부착하여 말뚝항타에 의한 파형으로부터 지지력을 구하는 시험은?**

① 정적재하시험
② 동적재하시험
③ 정 · 동적재하시험
④ 인발시험

해설 동적재하시험은 시험말뚝에 변형률계와 가속도계를 부착하여 말뚝항타에 의한 파형으로부터 지지력을 구하는 시험이다.

12 **철근콘크리트 타설에서 외기온이 25℃ 미만일 경우 이어붓기 시간간격의 한도로 옳은 것은?**

① 120분
② 150분
③ 180분
④ 210분

해설 철근콘크리트에서 외기온이 25℃ 미만일 경우 이어붓기 시간간격은 150분, 25℃ 이상일 경우 120분 이내로 해야 한다.

13 **철골공사의 용접부 검사에 관한 사항 중 용접완료 후의 검사방법이 아닌 것은?**

① 초음파 탐상법
② X선 투과법
③ 개선 정도 검사
④ 와류탐상법

해설 용접 개선부(Groove) 검사는 용접불량을 방지하기 위해 개선부의 정밀도를 확보하고 개선부의 유류, 먼지, 수분 등 불순물을 제거하기 위해 작업 전 실시하는 검사이다.
용접부 비파괴 검사의 종류는 다음과 같다.
① 방사선 투과시험(Radiographic Test)
② 초음파 탐상시험(Ultrasonic Test)
③ 자기분말 탐상시험(Magnetic Particle Test)
④ 침투 탐상시험(Penetration Particle Test)
⑤ 와류 탐상시험(Eddy Current Test)

정답 09 ④ 10 ① 11 ② 12 ② 13 ③

14 석공사에서 건식공법 시공 시 유의사항으로 옳지 않은 것은?

① 하지철물의 길이, 두께 등 부식문제와 내부 단열재 설치문제 등, 풍하중, 지진하중에 대한 구조계산을 충분히 검토하여 작업한다.
② 긴결철물과 채움 모르타르로 붙여대는 것으로 외벽공사 시 빗물이 스며들어 들뜸, 백화현상 등 발생하지 않도록 한다.
③ 실런트 유성분에 의한 석재면의 오염문제는 비오염성 실런트로 대체하거나, Open Joint 공법으로 대체하기도 한다.
④ 강재트러스, 트러스지지공법 등 건식공법은 시공정밀도가 우수하고, 작업능률이 개선되며, 공기단축이 가능하다.

해설 건식공법은 물과 모르타르를 사용하지 않는다.

15 콘크리트 타설과 관련하여 거푸집 붕괴사고 방지를 위하여 우선적으로 검토·확인하여야 할 사항 중 가장 거리가 먼 것은?

① 콘크리트의 측압 파악
② 조임철물의 배치간격 검토
③ 콘크리트의 단기 집중타설 여부 검토
④ 콘크리트의 강도 측정

해설 콘크리트의 강도 측정은 경화된 콘크리트 시험방법이다.

16 1개 회사가 단독으로 도급을 수행하기에는 규모가 큰 공사일 경우 2개 이상의 회사가 임시로 결합하여 연대책임으로 공사를 하고 공사 완성 후 해산하는 방식은?

① 단가도급
② 분할도급
③ 공동도급
④ 일식도급

해설 공동도급(Joint Venture)은 2개 이상의 도급자가 결합하여 공동으로 공사를 수행하는 방식이다.

장 점	단 점
• 공사 이행의 확실성 보장, 위험분산 • 자본력(융자력)과 신용도 증대 • 기술 및 경험의 확충	• 단일회사 도급보다 경비 증대 • 도급자 간 충돌, 이해문제 발생 • 책임소재 불명확 및 책임회피 우려

17 깊이 7m 정도의 우물을 파고 이곳에 수중 모터펌프를 설치하여 지하수를 양수하는 배수공법으로 지하용수량이 많고 투수성이 큰 사질지반에 적합한 것은?

① 집수통(Sump Pit) 공법
② 깊은 우물(Deep Well) 공법
③ 웰 포인트 (Well Point) 공법
④ 샌드 드레인(Sand Drain) 공법

해설 깊은 우물(Deep Well) 공법은 깊은 우물을 파고 케이싱을 삽입한 후 수중펌프로 양수하여 지하수위를 저하시키는 공법이다. Well Point 공법은 라이저 파이프를 1~2m 간격으로 박아 6m 이내의 지하수를 펌프로 배수하는 공법이다.

정답 14 ② 15 ④ 16 ③ 17 ②

18 건축공사의 각종 분할도급의 장점에 관한 설명 중 옳지 않은 것은?

① 전문공종별 분할도급은 설비업자의 자본, 기술이 강화되어 능률이 향상된다.
② 공정별 분할도급은 후속공사를 다른 업자로 바꾸거나 후속공사 금액의 결정이 용이하다.
③ 공구별 분할도급은 중소업자에게 균등기회를 주고 업자 상호 간 경쟁으로 공사기일 단축, 시공기술 향상에 유리하다.
④ 직종별, 공종별 분할도급은 전문직종으로 분할하여 도급을 주는 것으로 건축주의 의도를 철저하게 반영시킬 수 있다.

해설 공정별 분할도급은 공사 과정별로 나누어서 도급을 주는 것으로 후속업자의 교체가 곤란하다.

19 총공사 금액을 부기(附記)한 뒤 해당 연도 예산범위 내에서 차수별로 계약을 체결하여 수년에 걸쳐서 공사를 이행하는 계약방식은?

① 단년도 계약방식
② 계속비 계약방식
③ 주계약자 관리방식
④ 장기계속 계약방식

해설 장기계속 계약방식은 해당 연도 예산범위 내에서 차수별로 계약을 체결하여 공사를 이행하는 계약방식이다.

20 착공을 위한 공사계획에 필요한 것이 아닌 것은?

① 설계 여건 숙지
② 설계도면, 공사시방서 숙지
③ 현장 여건 조사
④ 공사의 특성과 공종별 공사 수량 파악

해설 설계여건 숙지는 설계단계에 대한 사항이다.

21 다음 보기에서 일반적인 철근의 조립순서로 옳은 것은?

[보기]
㉠ 계단철근 ㉡ 기둥철근
㉢ 벽철근 ㉣ 보철근
㉤ 바닥철근

① ㉠-㉡-㉢-㉣-㉤
② ㉡-㉢-㉣-㉤-㉠
③ ㉠-㉡-㉢-㉤-㉣
④ ㉡-㉢-㉠-㉣-㉤

해설 철근콘크리트 구조물(RC조)에서 철근의 조립순서

① 기초 → ② 기둥 → ③ 벽 → ④ 보 → ⑤ 바닥판 → ⑥ 계단의 순이다.

22 지반보다 6m 정도 깊은 경질지반의 기초파기에 가장 적합한 굴착기계는?

① Drag line
② Tractor shovel
③ Back hoe
④ Power shovel

정답 18 ② 19 ④ 20 ① 21 ② 22 ③

 백호(Backhoe)는 굴삭기가 위치한 지면보다 낮은 장소를 굴삭하는 데 사용되며, 경질 지반의 기초파기에 적당한 기계이다.

23 **고층구조물의 내부코어시스템에 가장 적당한 시스템거푸집은?**

① 갱폼(Gang Form)
② 클라이밍폼(Climbing Form)
③ 플라잉폼(Flying Form)
④ 터널폼(Tunnel Form)

 클라이밍폼(Climbing Form)은 벽체용 거푸집으로 거푸집과 벽체 마감공사를 위한 비계틀을 일체로 제작하여 거푸집과 비계틀을 한꺼번에 인양시켜 설치한다.

24 **철골조 내화피복공사 중 피복된 철골의 형상에 대해 제약이 적고 큰 면적의 내화피복을 소수인으로 단시간에 시공할 수 있는 공법은?**

① 성형판붙임공법
② 맴브레인공법
③ 조적공법
④ 뿜칠공법

 뿜칠공법은 강재에 석면, 질석, 암면 등 혼합재료를 뿜칠하는 것으로 소수인으로 단시간 시공이 가능하다.
습식 내화피복공법의 종류 및 특징은 다음과 같다.
① 타설공법 : 경량콘크리트, 보통콘크리트 등을 철골 둘레에 타설
② 뿜칠공법 : 강재에 석면, 질석, 암면 등 혼합재료를 뿜칠함
③ 조적공법 : 벽돌, 블록, 석재 등으로 강재 둘레에 조적하는 공법
④ 미장공법 : 내화 단열성 모르타르로 미장함

25 **거푸집공사(Form Work)에 대한 설명 중 옳지 않은 것은?**

① 거푸집은 일반적으로 콘크리트를 부어넣어 콘크리트 구조체를 형성하는 거푸집널과 이것을 정확한 위치로 유지하는 동바리, 즉 지지들의 총칭이다.
② 콘크리트 표면에 모르타르, 플라스터 또는 타일붙임 등의 마감을 할 경우에는 평활하고 광택이 있는 면이 얻어질 수 있도록 철재 거푸집(Metal Form)을 사용하는 것이 좋다.
③ 거푸집공사비는 건축공사비에서의 비중이 높으므로, 설계단계부터 거푸집공사의 개선과 합리화 방안을 연구하는 것이 바람직하다.
④ 폼타이(Form Tie)는 콘크리트를 부어넣을 때 거푸집이 벌어지니까 우그러들지 않게 연결, 고정하는 긴결재이다.

 철재 거푸집(Metal Form)은 콘크리트 표면이 너무 평활하여 모르타르의 접착이 나쁘고 녹이 콘크리트 표면에 묻게 되어 타일붙임 등의 마감에 어려움이 있다.

26 **흙막이공법에 사용하는 지지공법이라 할 수 없는 공법은?**

① 경사 오픈 컷 공법
② 탑다운 공법
③ 어스앵커 공법
④ 스트러트 공법

 경사 오픈컷 공법은 흙막이 벽이나 가설구조물 없이 굴착하는 공법이다.

정답 23 ② 24 ④ 25 ② 26 ①

27 **내화피복의 공법과 재료와의 연결이 옳지 않은 것은?**

① 타설공법－콘크리트, 경량콘크리트
② 조적공법－콘크리트, 경량콘크리트 블록, 돌, 벽돌
③ 미장공법－뿜칠 플라스터, 알루미나 계열 모르타르
④ 뿜질공법－뿜칠 암면, 습식 뿜칠 암면, 뿜칠 모르타르

해설 철골공사에서 습식 내화피복공법은 다음과 같다.
① 타설공법 : 경량콘크리트, 보통콘크리트 등을 철골 둘레에 타설
② 뿜칠공법 : 강재에 석면, 질석, 암면 등 혼합재료를 뿜칠함
③ 조적공법 : 벽돌, 블록, 석재 등으로 강재 둘레에 조적하는 공법
④ 미장공법 : 내화단열성 모르타르로 미장함

28 **지반개량 지정공사 중 응결공법이 아닌 것은?**

① 플라스틱 드레인공법
② 시멘트 처리공법
③ 석회 처리공법
④ 심층혼합 처리공법

해설 플라스틱 드레인공법은 지반개량을 위한 탈수공법이다.

29 **단순조적블록쌓기에 대한 설명으로 옳지 않은 것은?**

① 세로줄눈은 통상적으로 막힌줄눈으로 한다.
② 살두께가 큰 편을 위로 하여 쌓는다.
③ 하루의 쌓기 높이는 1.5m(블록 7켜 정도) 이내를 표준으로 한다.
④ 치장줄눈을 할 때에는 줄눈이 완전히 굳은 후에 줄눈파기를 한다.

해설 치장줄눈은 줄눈 모르타르가 경화되기 전 깊이 6mm로 바르고 벽돌 주위에 밀착되어 수밀하고 줄 바르게 하며, 표면은 일매지게 한다.

30 **철골공사의 용접접합에서 플럭스(Flux)를 옳게 설명한 것은?**

① 용접 시 용접봉의 피복제 역할을 하는 분말상의 재료
② 압연강판의 층 사이에 균열이 생기는 현상
③ 둥근 경량 형강 등 부재 간 흠이 벌어진 상태에서 용접하는 방법
④ 용접부에 생기는 미세한 구멍

해설 플럭스(Flux)는 자동용접의 경우 용접봉의 피복재 역할로 쓰이는 분말상의 재료이다. 플럭스는 함유원소를 이온화하여 아크를 안정시키고 용착금속의 산화를 방지, 탈산, 정련하는 역할을 한다.

31 **건축물의 지하공사에서 계측관리에 대한 설명 중 옳지 않은 것은?**

① 계측관리의 목적은 위험의 징후를 발견하는 것이다.
② 계측관리의 중점관리사항으로는 흙막이 변위에 따른 배면지반의 침하가 있다.
③ 계측관리는 인적이 뜸하고 위험이 적은 안전한 곳에 설치하여 주기적으로 실시한다.
④ 일일점검항목으로는 흙막이벽체, 주변지반, 지하수위 및 배수량이 있다.

정답 27 ③ 28 ① 29 ④ 30 ① 31 ③

해설 계측기기는 사면이나 흙막이 붕괴의 위험성이 높은 곳에 설치하여 위험의 징후를 사전에 예측하여 대처한다.

32 **철근의 피복두께 확보 목적과 가장 거리가 먼 것은?**

① 내화성 확보
② 내구성 확보
③ 구조내력 확보
④ 블리딩 현상 방지

해설 블리딩(Bleeding)은 콘크리트 타설 후 물이나 미세한 물질이 분리 상승하여 콘크리트 표면에 떠오르는 현상으로 콘크리트의 강도 및 수밀성 저하의 원인이 된다.

33 **콘크리트 배합 시 시멘트 15포대(600kg)가 소요되고 물시멘트비가 60%일 때 필요한 물의 중량(kg)은?**

① 360kg ② 480kg
③ 520kg ④ 640kg

(물의 중량)/(시멘트 중량) = 60% 이므로,
물의 중량 = 0.6×600kg = 360kg이다.

34 **제자리 콘크리트 말뚝시공법 중 Earth Drill 공법의 장단점에 대한 설명으로 옳지 않은 것은?**

① 진동소음이 적은편이다.
② 좁은 장소에서는 작업이 어렵고 지하수가 없는 점성토에 부적합하다.
③ 기계가 비교적 소형으로 굴착속도가 빠르다.
④ Slime 처리가 불확실하여 말뚝의 초기 침하 우려가 있다.

해설 어스드릴(Earth Drill) 공법은 굴착공에 철근망을 삽입하고 콘크리트 타설하여 말뚝을 형성하는 공법으로 안정액으로 벤토나이트 용액을 사용하고 표층부에서만 케이싱을 사용하는 것으로 지하수가 없는 점성토 지반에 사용한다.

35 **흙이 소성상태에서 반고체상태로 바뀔 때의 함수비를 의미하는 용어는?**

① 예민비 ② 액성한계
③ 소성한계 ④ 소성지수

해설 소성한계는 파괴없이 변형이 일어날 수 있는 최대함수비로 흙이 소성상태에서 반고체 상태로 바뀔 때의 함수비를 의미한다.

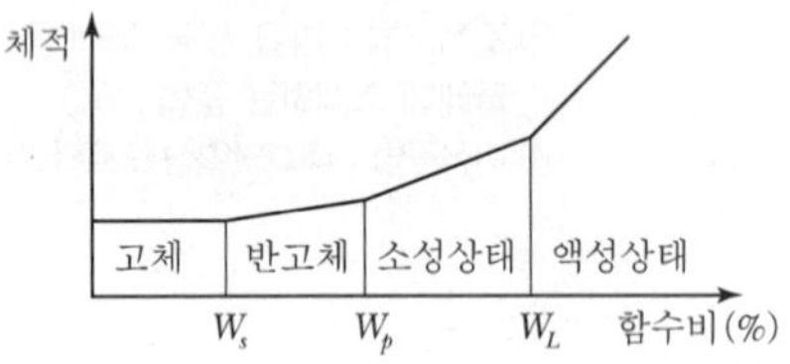

여기서, W_s : 수축한계
W_p : 소성한계
W_L : 액성한계

[애터버그 한계]

36 **벽돌을 내쌓기 할 때 일반적으로 이용되는 벽돌쌓기 방법은?**

① 길이 쌓기
② 마구리 쌓기
③ 옆세워 쌓기
④ 길이세워 쌓기

내 쌓기는 1켜씩 1/8B 또는 2켜씩 1/4B로 내쌓는다. 내 쌓기의 내미는 한도는 최대 2.0B로 하고 모두 마구리 쌓기로 하는 것이 강도상, 시공상 유리하다.

정답 32 ④ 33 ① 34 ② 35 ③ 36 ②

37 **건축공사를 수행하기 위하여 필요한 서류 중 시방서에 기재하지 않아도 되는 사항은?**

① 사용재료의 품질시험방법
② 건물의 인도시기
③ 각 부위별 시공방법
④ 각 부위별 사용재료의 품질

해설 시방서의 기재내용에는 ㉠ 재료의 품질, ㉡ 공법내용 및 시공방법, ㉢ 일반사항, 유의사항, ㉣ 시험, 검사, ㉤ 보충사항, 특기사항, ㉥ 시공기계, 장비 등이 있다.

38 **거푸집공사에서 사용되는 격리재(Separator)에 대한 설명으로 옳은 것은?**

① 철근과 거푸집의 간격을 유지한다.
② 철근과 철근의 간격을 유지한다.
③ 골재와 거푸집과의 간격 유지재이다.
④ 거푸집 상호 간의 간격을 유지한다.

해설 격리재(Separator)는 철판재, 철근재, 파이프제 또는 모르타르제를 사용하여 거푸집 상호 간의 간격을 유지시키는 데 사용되는 재료이다. 간격재(Spacer)는 철근과 거푸집 간격을 유지시키는 역할을 하며, 긴결재(긴장재)는 콘크리트를 부어 넣을 때 거푸집이 벌어지거나 우그러들지 않게 연결·고정시킨다.

39 **다음 중 경량 콘크리트의 범주에 들지 않는 것은?**

① 신더콘크리트
② 톱밥콘크리트
③ AE콘크리트
④ 경량기포콘크리트

해설 AE콘크리트(Air Entrained Agent concrete)는 AE제를 혼합하여 공기량 증가로 콘크리트의 시공연도, 워커빌리티를 향상시킨 콘크리트이다. AE제를 사용하면 단위수량 감소로 물시멘트비(W/C)가 감소되고 콘크리트 내구성 향상 및 동결에 대한 저항성이 증대된다.

40 **지반조사 시 시추주상도 보고서에서 확인 사항과 거리가 먼 것은?**

① 지층의 확인
② Slime의 두께
③ 지하수위 확인
④ N값의 확인

해설 시추주상도는 지반, 지층의 상태를 나타낸 것으로 지하수위, N값 등이 표기되어 있다.

41 **기초공사 중 언더피닝(Under Pinning) 공법에 해당하지 않는 것은?**

① 2중 널말뚝 공법
② 전기침투 공법
③ 강재말뚝 공법
④ 약액주입법

해설 언더피닝(Under Pinning) 공법은 기존 구조물에 근접 시공시 기존 구조물의 기초 저면보다 깊은 구조물을 시공하거나 기존 구조물의 증축 또는 지하실 등을 축조시 기존 구조물을 보호하기 위하여 기초나 지정을 보강하는 공법이다. 공법의 종류에는 ㉠ 이중 널말뚝 공법, ㉡ 차단벽 설치공사, ㉢ 현장콘크리트 말뚝공법 등이 있다.

PART 01 PART 02 PART 03 PART 04 PART 05 PART 06 부록

정답 37 ② 38 ④ 39 ③ 40 ② 41 ②

42 **토공사와 관련하여 신뢰성이 높은 현장시험에 해당되지 않는 것은?**

① 흙의 투수시험
② 베인테스트
③ 표준관입시험
④ 평판재하시험

해설 흙의 투수시험은 현장시험이 아닌 실내시험에 해당된다.

43 **벽돌공사에서 치장줄눈용 모르타르 용적배합비(잔골재/결합재)로 가장 적정한 것은?**

① 0.5~1.5
② 1.5~2.5
③ 2.5~3.5
④ 3.5~4.5

해설 치장줄눈용 모르타르의 용접배합비는 0.5~1.5이다.

44 **지반개량 공법 중 동다짐(Dynamic Compaction)공법의 장단점으로 틀린 것은?**

① 시공 시 지반진동에 의한 공해문제가 발생하기도 한다.
② 지반 내에 암괴 등의 장애물이 있으면 적용이 불가능하다.
③ 특별한 약품이나 자재를 필요로 하지 않는다.
④ 깊은 심도의 지반개량에 대해서는 초대형 장비가 필요하다.

해설 동다짐은 지반 내 토질, 암질의 영향을 크게 받는 않는다.

45 **원심력 고강도 프리스트레스트 콘크리트 말뚝의 이음방법 중 가장 강성이 우수하고 안전하여 많이 사용하는 이음방법은?**

① 충전식 이음
② 볼트식 이음
③ 용접식 이음
④ 강관말뚝의 이음

해설 PHC 말뚝의 이음방법 중 가장 많이 사용하는 방법은 용접식 이음방법이며 아크(Arc) 용접으로 한다.

46 **지층의 변화 심도(深度)를 측정하는 데 가장 적합한 지반조사방법은?**

① 전기 저항식 지하탐사
② 베인테스트
③ 표준관입시험
④ 딘월 샘플링

해설 전기 저항식 지하탐사법은 천공 구멍 내 전극을 삽입하여 지표와의 사이에 전류를 흘려 전기 저항을 측정하고, 지층의 변화 상태를 탐지한다.

47 **콘크리트 타설 후 진동다짐에 대한 설명으로 틀린 것은?**

① 진동기는 하층 콘크리트에 10cm 정도 삽입하여 상하층 콘크리트를 일체화시킨다.
② 진동기는 가능한 연직방향으로 찔러 넣는다.
③ 진동기를 빼낼 때는 서서히 뽑아 구멍이 남지 않도록 한다.
④ 된비빔 콘크리트의 경우 구조체의 철근에 진동을 주어 진동효과를 좋게 한다.

정답 42 ① 43 ① 44 ② 45 ③ 46 ① 47 ④

진동기는 철근 및 거푸집에 직접 닿지 않도록 하고 콘크리트를 거푸집 구석구석까지 밀실하게 충진시켜 품질을 확보한다. 또한 단시간에 각 부분을 균등하게 하고, 빼낼 때 천천히 빼내는 것이 좋다.

48 일정한 폭의 구덩이를 연속으로 파며, 좁고 깊은 도랑파기에 가장 적당한 토공장비는?

① 트렌처(Trencher)
② 로더(Loader)
③ 백호우(Backhoe)
④ 파워쇼벨(Power shovel)

트렌처(Trencher)는 일정한 폭의 구덩이를 연속으로 파며, 좁고 깊은 도랑파기에 가장 적당한 기계이다.

정답 48 ①

PART 05

건설재료학

ENGINEER CONSTRUCTION SAFETY

CHAPTER 01 건설재료 일반

SECTION 1 건설재료의 발달

1 건설재료

1) 개요

건설공사에 있어서 각 구조물의 용도, 특성에 따라 건설재료의 적절한 선택을 통해 구조물의 목적에 따른 성능을 발휘할 수 있다.

2) 건설재료

(1) 정의 : 건설공사에 직접 또는 간접으로 사용하는 모든 재료를 총칭

(2) 재료의 선택은 구조물의 기능, 형태, 목적에 따라 달라지며 건설재료에 대한 지식은 구조물의 설계 및 시공에 매우 중요하다.

(3) 이들 재료의 대부분은 KS(한국산업규격)에 의하여 그 품질, 형상, 치수, 시험방법 등이 규정되어 있다.

건설재료의 발달과정

2 건설재료의 발달과정

1) 선사 시대

나무, 돌, 흙 등의 자연재료를 그대로 사용

2) 석기 · 청동기 · 철기 시대

도구를 사용하여 구조재료를 가공, 조적재료의 등장

3) 산업혁명 이후(18, 19세기)

천연시멘트의 발명, 철근콘크리트의 개발 · 사용, 강재 및 유리 등 신소재 사용으로 건설재료의 다양화, 구조물의 혁신 가능

4) 현재

석유화학계 합성수지 등의 사용, 첨가제를 이용한 고성능화, 재활용 소재를 활용한 친환경 소재 사용 등으로 다양화

SECTION 2 건설재료의 분류 및 성질

1 건설재료의 분류

1) 용도

(1) 구조재료 : 구조물의 주체를 이루며 높은 강도와 내구성이 필요한 것으로 석재, 목재, 콘크리트, 금속 재료 등

(2) 비구조재료 : 구조재료에 첨가 또는 부가되어 성질의 개량, 보호, 완충 및 장식 등을 목적으로 사용하는 것으로 혼화재료, 도료, 고무, 합성수지 등

구조재료

비구조재료

2) 생산 방법

(1) 천연재료 : 자연에서 천연적으로 생산되는 것으로서 흙, 목재, 석재, 모래, 자갈, 천연수지 등

(2) 인공재료 : 재료를 가공하여 생산하는 것으로서 점토, 콘크리트, 금속재료, 석유 아스팔트, 합성수지 등

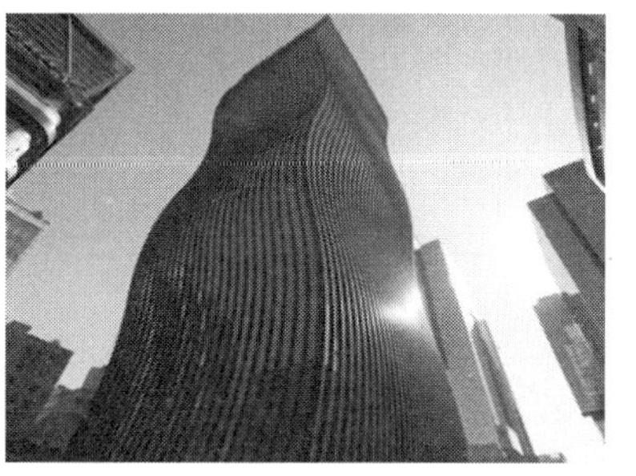

천연재료 인공재료

3) 구성 물질

(1) 유기재료 : 목재, 아스팔트, 타르, 합성수지, 합성섬유, 고무 등

(2) 무기재료 : 강, 주철, 구리, 니켈 등 금속재료 및 석재, 골재, 점토, 시멘트 등 비금속재료

2 건설재료의 성질

1) 재료의 일반적 성질

(1) 역학적 성질

① 응력(應力, Stress)과 변형률(變形率, Strain)

㉠ 응력 : 재료에 외력이 작용했을 때 재료 내부에 생기는 저항력의 크기로 단위는 MPa 또는 N/mm²를 사용

㉡ 변형률 : 재료에 외력을 가할 때 단위 길이에 대한 변형

② 탄성(彈性, Elasticity)과 소성(塑性, Plasticity)

㉠ 탄성 : 재료에 외력을 주어 변형이 생겼을 때, 외력을 제거하면 원래대로 되돌아가는 성질

㉡ 소성 : 외력에 의해 변형된 재료가 외력을 상실했을 때, 원형으로 되돌아가지 않고 변형된 그대로 있는 성질

③ 응력-변형률 곡선

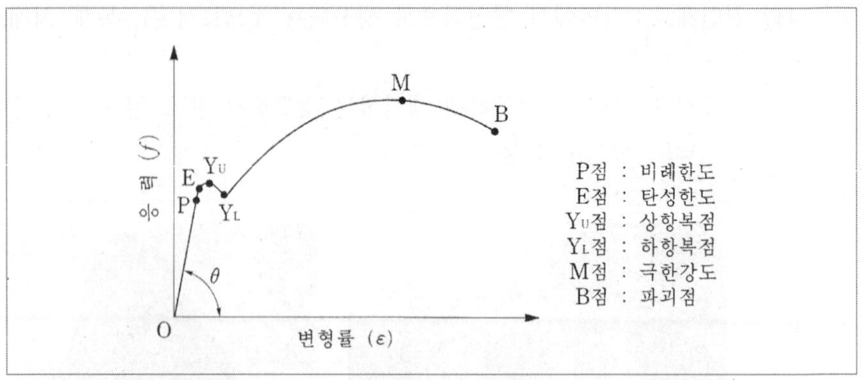

④ 탄성계수와 푸아송 비

㉠ 종단탄성계수 $E=\dfrac{\sigma}{\varepsilon}$, $E=\dfrac{P \cdot l}{A \cdot \Delta l}$

㉡ 푸아송 비(Poisson Ratio, v) : $v=\dfrac{\text{가로방향변형률}}{\text{세로방향변형률}}$, 푸아송 수($\dfrac{1}{v}$)

⑤ 재료의 강도

㉠ 정적강도(靜的强度, Static Strength) : 재료에 비교적 느린 속도로 하중을 가해서 파괴될 때, 파괴 시의 응력

㉡ 충격강도(衝擊强度, Impact Value) : 재료에 충격하중이 작용할 때 이것에 대한 저항성

㉢ 피로한도(疲勞限度, Fatigue Limit) : 재료에 하중이 반복해서 작용하면 재료가 정적 강도보다도 낮은 응력에서 파괴되는데 이러한 피로파괴를 일으키지 않는 응력의 한계

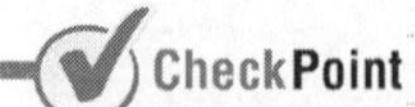

재료에 하중이 반복하여 작용할 때 정적 강도보다 낮은 강도에서 파괴되는 것을 무엇이라고 하는가?

① 충격 파괴 ② 전단 파괴 ③ 크리프 파괴 ✔ 피로 파괴

㉣ 크리프 한도 : 크리프 현상에 의해 변형이 일시적으로 증가해도 일정 한계의 응력 이하에서는 변형이 증가하지 않는 것

㉤ 릴랙세이션(Relaxation) : 재료에 응력을 가한 상태에서 변형을 일정하게 유지하면 응력은 시간이 지남에 따라 감소하는 현상

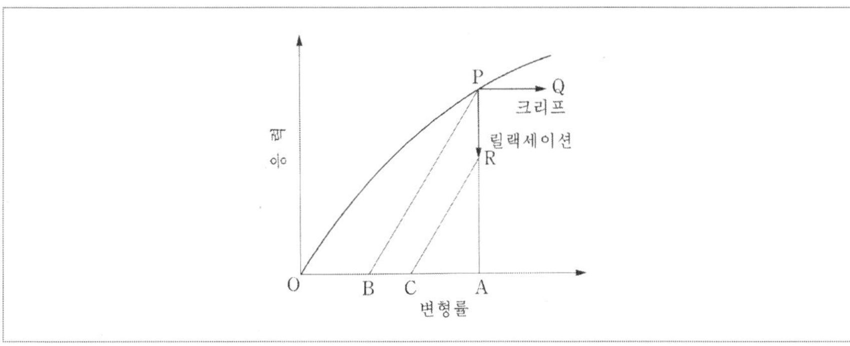

⑥ 그 밖의 역학적 성질

㉠ 경도(硬度, Hardness) : 재료가 단단하고 무른 정도

㉡ 강성(强性, Rigidity) : 외력이 작용할 때 변형에 저항하는 성질

㉢ 인성(靭性, Toughness) : 외력을 받아 파괴될 때까지 에너지 흡수능력

㉣ 취성(脆性, Brittleness) : 재료가 적은 변형이 생기더라도 파괴되는 성질

㉤ 연성(延性, Ductility) : 재료가 탄성한계 이상의 힘을 받아도 파괴되지 않고 늘어나는 성질

㉥ 전성(展性, Malleability) : 재료를 두들길 때 엷게 퍼지는 현상

(2) 물리적 성질

① 밀도 : 물질의 조밀한 정도를 표시하는 지표, 단위체적당 질량(kg/ℓ, kg/m^3)

② 함수율 : 재료 속에 포함된 수분의 중량을 건조시 중량으로 나눈 값

③ 비열 : 단위질량 1g(1kg)의 물체의 온도를 1℃ 높이는 데 필요한 열량

④ 열전도율 : 단위 두께를 가진 재료의 두 면에 단위 온도차를 줄 때, 단위 시간에 전도하는 열량

⑤ 열확산율 : 단위 두께를 가진 재료의 상대하는 두 면의 단위 열량차를 줄 때, 단위 시간에 상승하는 온도

⑥ 열팽창 계수 : 재료의 온도 상승, 하강에 따르는 팽창 수축의 비

⑦ 전기 저항률 : 단위 길이와 단위 면적을 가진 재료의 저항비

⑧ 전기 전도율 : 전기 저항률의 역수

(3) 재료의 내구성

① 내후성(耐候性) : 재료가 건습, 동결융해 등의 작용에 대해 견디는 성질

② 내마모성(耐磨耗性) : 재료가 유수, 유사, 기계적 마모 작용에 대해 견디는 성질

③ 내식성(耐蝕性) : 철강의 녹, 목재의 부식 등의 작용에 대해 견디는 성질

④ 내화학 약품성 : 재료가 산, 알칼리, 염류, 기름 등의 작용에 대해 견디는 성질

⑤ 내생물성 : 재료가 충류, 균류 등의 작용에 대해 견디는 성질

SECTION 3 난연재료의 분류와 요구성능

1 방화재료

1) 방화재료

(1) 개요

방화재료는 목조건축물이나 건축물의 내장재 등이 화재 시에 그 이웃으로 번져 연소되는 것을 지연시키거나 방지하는 성능이 있는 재료 또는 일반적 가연재료에 비해 화재가 발생하기 어려운 성능을 가진 재료를 말한다.

(2) 방화재료의 종류

① 불연재료 : 콘크리트 및 모르타르, 석재, 점토기와, 유리, 암면 등
② 준불연재료 : 목모 시멘트판, 목편 시멘트판, 펄프 시멘트판, 복합재료 등
③ 난연재료 : 난연합판, 난연 플라스틱판, 난연 섬유판 등

2) 난연재료

(1) 개요

난연재료는 통상의 화재시 6분간의 화열(재료 내부의 최고온도 500℃)에 대하여 방화성능의 유해한 변형 · 파손 · 연소성의 발염이 없어야 하며, 10분간 가열 후 잔염시간이 30초를 초과하지 않는 것을 말한다.

(2) 난연재료의 종류

① 난연합판 : 합판을 인산염 · 붕산염 등의 난연제로 처리한 것으로 내장재로 사용된다. 난연합판에 멜라민 수지를 적층한 합판도 있다.
② 난연 플라스틱판 : 플라스틱판의 제조 공정중에 난연제를 혼합하여 난연성을 갖도록 한 것으로 내 · 외장재로 사용한다.
③ 난연 섬유판 : 섬유판의 제조 공정 중에 난연제나 무기질 재료를 혼합하여 난연성을 갖도록 한 것으로 내장재로 사용한다. 난연 경질섬유판과 난연 연질섬유판, 난연 파티클 보드 등이 있다.

2 요구성능

1) 방화재료의 시험법

(1) 방화성능 시험방법

① 기재시험 : 재료로부터 발열 유무를 조사하는 것으로 불연재료의 시험에 적용된다.

② 표면시험 : 재료를 표면에서 가열했을 때의 발열량·발연성 등을 측정하는 것으로 모든 방화재료의 시험에 적용된다.

③ 부가시험 : 표면시험과 동일하나 재료의 줄눈부분을 상정하여 줄눈 대신에 시험체 표면에 3개의 구멍을 뚫은 시료로 하는 것으로 준불연재료의 시험에 적용한다.

④ 가스유해성 시험 : 재료가 연소할 때 발생하는 가스의 유해성을 조사하는 것으로 준불연재료 및 난연재료의 시험에 적용한다.

(2) 모형상자시험

최근에는 초기 화재의 성장에 크게 영향을 미치는 내장재료의 화재성상을 파악하기 위하여 모형상자시험을 적용하고 있다.

2) 방화재료의 성능에 따른 시험

(1) 불연재료 : 가재시험, 표면시험

(2) 준불연재료 : 표면시험, 부가시험, 가스유해성 시험

(3) 난연재료 : 표면시험, 가스유해성 시험

CHAPTER 02 각종 건설재료

SECTION 1 목재

1 목재

1) 목재의 구조

(1) 특징

장점	단점
① 비중에 비하여 강도가 크다.(비강도가 큼) ② 가볍고 가공이 용이하다. ③ 수종이 다양하며 외관이 아름답고 부드럽다. ④ 열, 소리의 전도율이 적다. ⑤ 산, 알칼리에 대한 저항성이 크다.	① 함수량에 따른 수축, 팽창이 크다. ② 재질 및 섬유방향에 따른 강도차이가 크다. ③ 불붙기 쉽고 썩기 쉽다. ④ 재질이 균일하지 못하다. ⑤ 재료 자체에 자연상태의 흠이 존재한다.

(2) 구조

① 나이테(Annual Ring) : 춘재와 추재가 줄기의 횡단면상에 나타나는 동심원형의 조직
   ㉠ 춘재 : 봄, 여름철에 왕성하게 성장하여 세포막이 얇고 유연한 목질부
   ㉡ 추재 : 가을, 겨울철에 성장하여 견고하고 두꺼운 세포층

② 심재와 변재
   ㉠ 심재 : 수심의 주위에 둘러져 있는 생활기능이 줄어든 세포의 집합으로 수분이 적고 단단하다. 변형이 적고 내구성이 있어 이용가치가 큰 부분이며 변재보다 색깔이 짙다.
   ㉡ 변재 : 심재에서 껍질에 가까운 부분으로 부피가 크고 심재보다 무르다. 또한 심재보다 비중이 적고 강도가 약하며 내구성도 떨어진다.

구분	심재	변재
비중	크다.	작다.
신축성	작다.	크다.
내구성, 강도	크다.	작다.
흡수성	작다.	크다.

③ 수심 : 나무줄기의 중심부로 무른 부분이며 목재로서 이용가치가 없다.

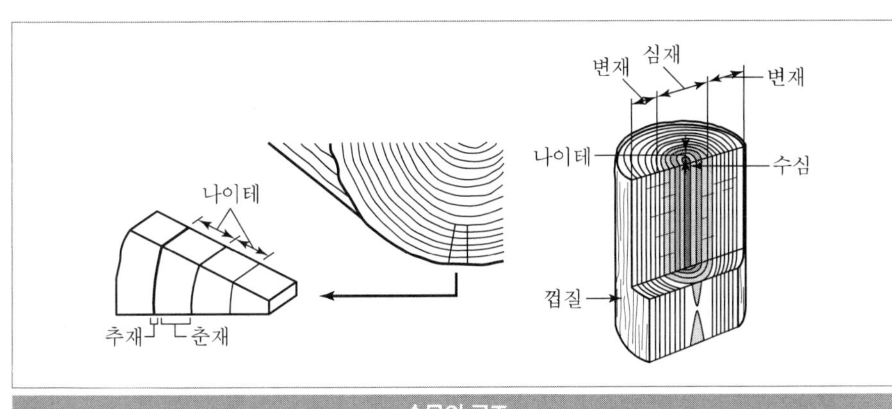

수목의 구조

2) 목재의 성질과 강도

(1) 물리적 성질

① 색깔, 광택, 향 : 수종에 따라 다양하며 그에 따른 독특한 색깔, 광택, 향을 갖는다.

- 광택 : 곧은결면 > 널결면 > 마구리면

② 비중

㉠ 기건비중 : 목재의 수분을 공기 중에서 제거한 상태의 비중

㉡ 절대건조비중(절건비중) : 목재를 100~110℃ 정도에서 완전히 건조시킨 상태의 비중

㉢ 진비중(실비중) : 목재가 공극을 포함하지 않은 실제 섬유질만의 비중
종류에 관계없이 1.54 정도의 일정한 값

㉣ 목재의 공극률(v) : $(1-\frac{\gamma}{1.54})\times 100(\%)$

여기서, γ : 절대건조비중

③ 함수율(μ) : 목재 속에 함유된 수분의 목재 자신에 대한 중량비를 말한다.

$$\mu=\frac{W_1-W_2}{W_2}\times 100(\%)$$

여기서, W_1 : 전 시료 중량, W_2 : 절대건조시 시료 중량

㉠ 포화함수상태 : 함수율이 30% 이상이며 세포내강에는 자유수가 충만되고 세포막에는 결합수가 충만된 상태

㉡ 섬유포화점 : 함수율이 30%이고, 세포 속에는 수분이 없고 세포막에는 수분이 찬 상태

㉢ 기건상태 : 함수율이 12~18% 정도이고 세포막의 수분이 대기 속에서 건조하지 않고 수분이 남아있는 상태

㉣ 전건상태 : 함수율이 0%인 상태

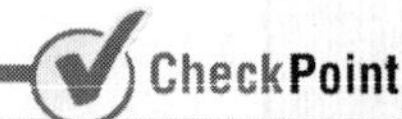

목재의 섬유포화점에서의 함수율은 평균 얼마 정도인가?

① 10%　② 15%　③ 20%　④ 30%

④ 수축과 팽창

㉠ 함수율이 섬유 포화점 이상에서는 체적 변화가 일어나지 않지만, 섬유 포화점 이하가 되면 거의 함수율에 비례하여 신축한다.

㉡ 변재부는 심재부보다 수축 · 팽창에 따른 변형이 크다.

㉢ 널결 > 곧은결 > 섬유방향 순으로 변형이 크다.

㉣ 비중이 큰 목재가 변형이 크다.

(2) 역학적 성질(강도)

① 기건 비중이 큰 목재일수록 각종 강도가 크다.

② 섬유포화점 이하로 건조된 목재에서는 함수율이 낮을수록 강도가 크며 섬유포화점 이상에서는 강도의 변화가 없다.

③ 목재의 경도는 면 중에서 마구리면이 약간 크고 곧은결면과 널결면은 별로 차이가 없다.

④ 목재의 압축 및 인장강도는 섬유방향에 평행한 방향이 직각인 방향보다 크다.

⑤ 섬유방향에 평행인 압축강도를 100으로 했을 때, 각종 강도의 크기순서는 다음과 같다.

- 인장강도(200) > 휨강도(150) > 압축강도(100) > 전단강도(16~19)

⑥ 목재의 허용강도는 최고 강도(파괴 강도)의 1/7~1/8 정도로 한다.

⑦ 목재의 심재부가 변재부보다 강도가 크다.

⑧ 갈라짐, 옹이, 혹, 썩정이 등의 흠이 있을 경우 강도가 떨어진다.

(3) 열 및 화학적 특성

① 인화점 : 180~240℃ 정도에서 열분해가 시작되어 가연성 가스가 발생한다.

② 착화점 : 화재 위험온도로서 250~270℃되면 불꽃에 의해 목재에 불이 붙는다.

③ 발화점 : 400~450℃ 정도가 되면 화기 없이 자연발화가 된다.

3) 목재의 내구성과 건조법

(1) 목재의 내구성

① 부패 : 균류의 침입 및 번식으로 내구성을 떨어뜨린다.

② 충해 : 흰개미, 굼벵이 등의 곤충류가 목재의 내부로 침입하여 춘재부를 갉아먹어 구멍을 만드는 경우가 많다.

③ 풍화 : 오랜 세월 햇볕, 비바람, 기온변화 등을 받아 광택이 없어지고 표면이 변색, 변질되는 현상을 말한다.

(2) 목재 건조의 목적

① 중량 감소

② 균류에 의한 부식 방지

③ 수축, 팽창 등으로 인한 균열, 뒤틀림 방지

④ 도장, 약재처리 용이

⑤ 강도 증가

(3) 목재의 건조법

① 수액제거법 : 원목을 현지에 1년 이상 그대로 놓아두거나 강물에 장기간 담가두는 방식, 뜨거운 물에 삶는 방식 등으로 수액을 제거한다.

② 자연건조법

㉠ 대기건조법 : 목재를 옥외에 엇갈리게 수직으로 쌓거나, 일광이나 비에 직접 닿지 않도록 옥내에서 건조

㉡ 침수건조법 : 생목을 수중에 약 3~4주 정도 침수시켜 수액을 뺀 후 대기에 건조

③ 인공건조법

㉠ 증기(蒸氣)법 : 건조실에서 증기로 가열하여 건조

㉡ 훈연(燻煙)법 : 짚이나 톱밥 등을 태운 연기를 건조실에 도입하여 건조

㉢ 열기(熱氣)법 : 건조실 내의 공기를 가열하거나 가열공기를 넣어 건조

㉣ 진공(眞空)법 : 원통형 탱크 속에 목재를 넣고 밀폐하여 고온, 저압상태에서 수분 제거

㉤ 고주파(高周波) 건조법 : 고주파 에너지를 목재에 투사하여 생기는 발열을 이용하여 건조

㉥ 자비(煮沸)법 : 열탕에 넣고 찐 후 공기로 건조

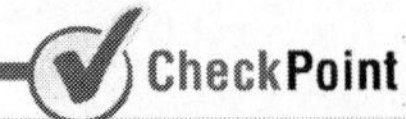

다음 중 목재의 방부법으로 옳지 않은 것은?
① 침지법 ② 표면탄화법 ③ 가압주입법 ④ 훈연법

4) 목재의 보존법

(1) 방부(防腐) 및 방충(防蟲)법

① 직사일광법 : 목재를 30시간 이상 햇볕에 직접 쬐어 자외선의 살균력에 의해 균을 죽이는 방법
② 침지법 : 완전히 물속에 잠기게 하여 공기와 차단시키는 방법
③ 표면탄화법 : 목재 표면을 약간 태워서 탄화시키는 방법으로 수분이 없어져 방부 및 방충 가능
④ 표면피복법 : 일반적으로 많이 쓰이는 방법으로 금속판, 옻, 니스 등의 도료로 표면을 피복하여 공기 차단, 방습, 방수가 되게 함

(2) 방부제 처리법

① 방부제 처리법의 종류

종류	내용
도포법	크레오소트 등을 솔 등을 이용하여 바르는 것
침지법	방부제 용액에 일정시간 및 일정 기간동안 담금질 하는 것
상압주입법	보통 압력하에서 방부제를 주입하는 것
가압주입법	압력용기 속에 목재를 넣어서 처리하는 방법으로 가장 신속하고 효과적임
생리적주입법	벌목 전 생목의 뿌리에 방부제를 주입하여 목질부 내에 침투시키는 것

② 방부제의 종류
㉠ 유성 방부제 : 크레오소트, 콜타르, 유성페인트
㉡ 수용성 방부제 : 황산동 1%, 염화아연 4%, 불화소다 2%, PF 방부제, CCA 방부제
㉢ 유용성 방부제 : PCP(Penta－Chloro－Phenol)

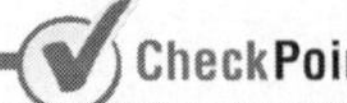

목재의 방부 처리법 중 압력용기 속에 목재를 넣어서 처리하는 방법으로 가장 신속하고 효과적인 것은?
① 침지법 ② 표면탄화법 ③ 가압주입법 ④ 생리적 주입법

5) 목재의 방화 · 방염법

(1) 방법

① 목재 표면에 불연성 도료를 칠하여 불꽃의 접촉 및 가연성 가스의 발산을 막는다.
② 목재에 방화제를 도포 또는 주입시켜 인화점을 높인다.
③ 목재의 표면을 시멘트 모르타르 등으로 피복하여 불꽃 접촉을 막고 공기를 차단한다.

(2) 방화, 방염제의 종류

① 인산암모늄 ② 황산암모늄
③ 규산나트륨(물유리) ④ 탄산나트륨
⑤ 몰리브덴 ⑥ 붕사 등

PART 01 PART 02 PART 03 PART 04 PART 05 PART 06 부록

6) 목재의 흠

(1) 개요

목재의 흠은 기후, 곤충 및 균 등에 의해 발생하는 자연적 손상과 벌채 및 운반과정에서 생기는 인위적 손상이 있다.

(2) 흠의 종류

① 갈라짐(Crack) : 불균일한 건조 및 수축에 의해 발생되는 것
② 옹이(Knot) : 가지가 줄기의 조직에 말려들어간 것
③ 혹(Gall, Burl) : 목질 섬유가 집중하여 볼록하게 된 부분
④ 껍질박이(Bark Pocket) : 수목 성장 도중 세로방향의 외상으로 수피(樹皮)가 말려들어간 것
⑤ 썩정이 : 부패균이 목재의 내부에 침입하여 목질 섬유를 파괴시켜 갈색이나 흰색으로 변색되고 부패된 것
⑥ 송진구멍(Resin Pocket) : 소나무 등 목질부의 틈에 송진이 모인 것

수목이 성장도중 세로방향의 외상으로 수피가 말려들어 간 것을 뜻하는 목재의 흠의 종류는?

① 옹이 ② 송진구멍 ③ 혹 ✔ 껍질박이

2 목재의 가공품

1) 합판(Veneer)

합판은 건조된 얇은 단판을 섬유방향이 서로 직교하게 3, 5, 7매 등 홀수 겹으로 하여 접착제로 겹쳐 붙여 일정한 치수로 절단한 것으로 베니어판 또는 베니어합판이라고도 한다.

(1) 특성

① 판재에 비해 균질한 재료를 많이 얻을 수 있다.
② 단판을 서로 직교하여 붙여 잘 갈라지지 않고 방향에 따른 강도차가 적다.
③ 단판이 얇아서 건조가 빠르고 뒤틀림이 적다.
④ 저렴하면서도 아름다운 각종 무늬합판을 얻을 수 있다.
⑤ 너비가 큰 판을 얻을 수 있으며, 곡면판을 만들 수 있다.

(2) 종류

① 보통합판
② 치장합판
③ 특수합판

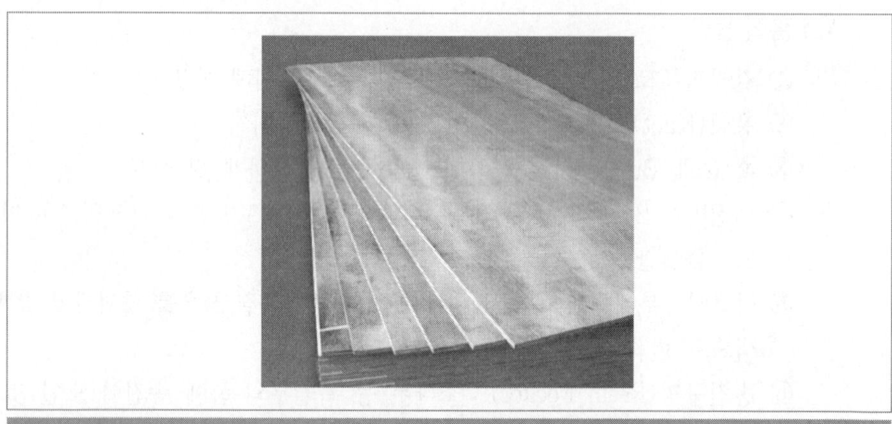

합판

2) 마루판

(1) 마루널(Flooring Board)

마루널은 나뭇결이 고운 단풍, 벚, 참나무, 미송, 티크 등의 판재를 이용하여 옆면과 마구리면에 제혀쪽매와 홈을 파서 현장에서 접합에 편리하도록 만든 것으로 플로어링 보드라고 부른다.

(2) 쪽매판(Flooring Block, Parquetry Board)

① 마루널 길이를 그 너비의 정수배로 하여 3장 또는 5장씩 붙여서 길이와 너비가 같게 정사각형으로 하고 옆면에 제혀쪽매와 홈을 낸 것이다.

② 파키트리 보드 : 두께 12~18mm, 길이 및 너비 300mm×300mm

3) 코펜하겐 리브(Copenhagen Rib)

강당, 집회장 등의 음향조절용으로 쓰이거나 일반건물의 벽 수장 재료로 사용하여 음향효과를 거둘 수 있는 목재 가공품

코펜하겐 리브

다음 중 강당, 집회장 등의 음향조절용으로 쓰이거나 일반건물의 벽 수장 재료로 사용하여 음향효과를 거둘 수 있는 목재 가공품은?

① 파키트 블록 ✔ 코펜하겐 리브 ③ 플로링 보드 ④ 파키트 패널

4) 섬유판(Fiber Board)

펄프, 톱밥, 볏집 등 식물섬유를 주원료로 하여 만든 판재의 총칭으로 텍스(Tex) 또는 파이버보드(Fiber Board)로 불린다.

(1) 연질 섬유판 : 비중 0.4 미만

(2) 반경질 섬유판 : 비중 0.4~0.8

(3) 경질 섬유판 : 비중이 0.8 이상으로 강도 및 경도가 큰 보드로 하드 텍스라 불린다.

섬유판

5) 파티클 보드(Particle Board, Chip Board)

목재 또는 기타 식물질을 작은 조각으로 만들어 충분히 건조시킨 후 유기질 접착제로 성형, 열압하여 제판한 판(Board)을 말하며 칩보드라고도 한다.

(1) 강도에 방향성이 없고 면적이 큰 제품을 만들 수 있다.
(2) 외관이 거칠고 조면하다.
(3) 비중은 0.4~0.8 정도이다.
(4) 수장재, 가구재 등으로 이용된다.
(5) 못, 나사 등을 지지하는 힘은 일반 목재와 거의 같다.

목재 또는 기타 식물질을 작은 조각으로 하여 충분히 건조시킨 후 합성수지 접착제와 같은 유기질 접착제를 첨가하여 열압 제조한 목재 제품은?

✓ 파티클보드　　② 집성목재　　③ 코펜하겐리브　　④ 코르크보드

6) MDF(Medium Density Fibre－board)

톱밥 등에 접착제를 투입한 후 압축 가공해서 합판 모양의 판재로 만든 제품이다.

(1) 습기에 약하고 무게가 많이 나가지만 가공이 용이하고 마감이 깔끔한 인조 목재판
(2) 사무실 등의 칸막이 재료, 싱크대, 가구 등에 주로사용

파티클보드 / MDF

7) 집성 목재(Glue-laminated Timber)

두께 15~50mm의 판재를 여러 장 겹쳐서 접착시켜 만든 것으로 판재를 모두 섬유방향에 평행하게 붙이되, 붙이는 매수는 홀수가 아니므로 판재보다는 각재 형태로 많이 제작된다.

(1) 보나 기둥에 사용할 수 있는 큰 단면으로 만드는 것이 가능
(2) 인공적으로 강도를 자유롭게 조절가능
(3) 아치형이나 특수한 형태의 부재를 만들 수 있고 구조적인 변형이 쉬움

집성목재

SECTION 2 시멘트 및 콘크리트

1 시멘트 및 관련제품

1) 시멘트

(1) 종류

구분	종류
포틀랜드 시멘트	보통 포틀랜드 시멘트, 중용열 포틀랜드 시멘트, 조강 포틀랜드 시멘트, 초조강 포틀랜드 시멘트, 저열 포틀랜드 시멘트, 내황산염 포틀랜드 시멘트
혼합시멘트	고로 슬래그 시멘트, 실리카 시멘트, 플라이애시 시멘트
특수시멘트	백색 시멘트, 초속경 시멘트, 알루미나 시멘트, 팽창 시멘트, 폴리머 시멘트, 메이슨리 시멘트

(2) 제조 및 화학성분

① 제조

석회질 및 점토질을 주원료로 하여 충분히 혼합한 후 소성로로 보내 1,400~1,500℃ 정도로 소성한 후 급속히 냉각시킴으로써 얻어지는 클링커(Clinker)에 응결지연을 위해 적당량(3~5%)의 석고를 가하고 분쇄하여 만듬

② 수경률(手硬率, HM)

원료의 배합비를 결정하는 방법으로 염기 성분과 산성 성분과의 비율

$$수경률(HM) = \frac{CaO}{SiO_2 + Al_2O_3 + Fe_2O_3} \times 100(\%)$$

• 포틀랜드 시멘트의 수경률은 대개 1.7~2.4 정도이다.

③ 화학성분

㉠ 포틀랜드 시멘트의 화학성분

단위(%)

시멘트의 종류	화학성분						강열감량	불용해잔분
	SiO_2	Al_2O_3	Fe_2O_3	CaO	MgO	SO_3	(ig.loss)	(insol.)
보통 포틀랜드 시멘트	21.0~22.5	4.5~6.0	2.5~3.5	63.0~66.0	0.9~3.3	1.0~2.0	0.5~1.3	0.2~0.9
조강 포틀랜드 시멘트	20.5~21.5	4.5~5.5	2.5~3.0	64.5~66.5	1.0~2.0	1.7~2.5	0.7~1.6	0.2~1.0
중용열 포틀랜드 시멘트	22.5~24.0	4.0~4.5	4.0~4.5	63.0~64.5	1.0~1.6	1.2~2.0	1.2~2.0	0.1~0.9
초조강 포틀랜드 시멘트	20.0	4.8	2.7	64.9	1.5	3.3	0.9	0.5
백색 포틀랜드 시멘트	23.4	4.7	0.2	65.8	1.8	2.4	1.7	0.1

㉡ 화합조성물

명칭	화학식	약호	특성				
			수화반응 속도	수화열	강도	수축	화학 저항성
규산3석회 (Alite)	$3CaO \cdot SiO_2$	C_3S	빠르다.	중	재령 28일 이내 조기강도에 기여	중	중
규산2석회 (Belite)	$2CaO \cdot SiO_2$	C_2S	느리다.	소	재령 28일 이내 장기강도에 기여	소	중
알루민산 3석회	$3CaO \cdot Al_2O_3$	C_3A	상당히 빠르다.	대	재령 1일 이내 조기강도에 기여	대	소
철알루민산 4석회(Celite)	$4CaO \cdot Al_2O_3Fe_2O_3$	C_4AF	상당히 느리다.	소	강도에 거의 기여하지 않음	소	대

(3) 수화반응

① 응결(凝結, Setting)

시멘트와 물을 섞은 후 1시간 이후에서 10시간 정도가 되면 시멘트 풀의 점성이 늘어남에 따라 유동성이 없어져 굳어지는 현상

㉠ 응결속도 영향인자 : 온도, 시멘트 분말도, 알루미네이트 비율이 높으면 응결 속도가 빠르며, 습도가 높고 풍화되거나 혼합용수가 많으면 응결 속도가 늦어진다.

㉡ 응결시간 시험 : 비카트 침(Vicat Needle) 방법, 길모어 침(Gill More Needle) 방법

다음 중 수치가 높을수록 시멘트의 응결 속도가 빨라지는 인자에 해당하지 않는 것은?

① 온도 ✔ 습도 ③ 분말도 ④ 알루미네이트 비율

② 경화(硬化, Hardening)

응결된 시멘트 고체가 시간이 지남에 따라 더욱 굳어져 강도가 커지게 되는 상태

③ 수화열

시멘트 풀(Cement Paste)은 수화작용에 따라 열을 발생하여 40~60℃까지 올라가고 수화열은 응결, 경화 등의 화학반응을 촉진시키는 데 유효한 역할을 한다.

(4) 시멘트의 성질 및 시험법

① 비중(比重) 및 단위용적 중량(重量)

㉠ 시멘트 비중은 그 종류와 화학적 조성에 따라 다르지만 보통 포틀랜드 시멘트의 경우 3.05(KS) 이상으로 규정

㉡ 풍화할수록 비중, 강도가 감소하므로 비중은 풍화의 척도이다.

㉢ 단위용적중량 : 1,500kg/m^3

㉣ 시험법 : 르 샤틀리에(Le Chatlier) 비중병(플라스크)

② 분말도(粉末度, Fitness)

㉠ 시멘트의 분말도는 시멘트 입자의 굵고 가늠을 나타내는 것

㉡ 분말도가 높으면 물과 접촉면이 많으므로 수화작용이 빠르고, 초기강도의 발현이 빠르다.

㉢ 분말도가 높은 시멘트는 풍화되기 쉽다.

㉣ 수화작용으로 인한 건조수축이 커서 균열이 발생하기 쉽다.

㉤ 시험법 : 블레인(Blaine) 공기투과장치

③ 강도

㉠ 영향요인 : 배합수량, 시멘트-모래비, 모래의 종류와 입도, 혼합과 시험체의 제작방법, 양생조건, 시험체의 모양과 크기, 재령, 재하속도

㉡ 시험법 : 시멘트 모르타르의 강도시험

④ 풍화(風化, Aeration)

㉠ 시멘트는 저장 중에 공기와 닿으면 공기 중 수분(H_2O)을 흡수하여 수화작용을 일으키며 이때 생긴 수산화칼슘이 공기 중의 이산화탄소와 작용하여 탄산칼슘과 물이 생기게 되는데, 이러한 작용을 풍화라고 한다.
($Ca(OH)_2 + CO_2 \rightarrow CaCO_3 + H_2O$)

㉡ 풍화된 시멘트의 성질 : 밀도가 작아짐, 응결이 늦어짐, 강도가 늦게 발현됨, 강열감량(强熱減量)이 커짐

㉢ 강열감량 : 시멘트의 풍화 정도를 나타내는 척도로 KS에서 3% 이하로 규정하고 있다.(KS L 5120)

시멘트에 대한 각 특성과 관련된 시험이 옳게 짝지어지지 않은 것은?

① 비중-르샤틀리에 비중병
② 분말도-블레인 공기투과장치
③ 안정성-오토클레이브 팽창도시험
④ 수화열-제게르 · 케겔 온도표 (✔)

(5) 저장 및 사용시 주의점(콘크리트 표준시방서)

① 시멘트는 방습적인 구조로 된 사일로 또는 창고에 품종별로 구분하여 저장해야 한다.

② 시멘트를 저장하는 사일로는 시멘트가 바닥에 쌓여서 나오지 않는 부분이 생기지 않도록 해야 한다.

③ 포대시멘트의 경우는 지상 30cm 이상 되는 마루에 쌓아 올려서 검사나 방출에 편리하도록 배치하여 저장하며, 시멘트를 쌓아올리는 높이는 13포대 이하로 하고 저장 기간이 길어질 경우 7포대 이상 올리지 않는 것이 좋다.

④ 저장 중에 약간이라도 굳은 시멘트는 공사에 사용해서는 안 된다. 장기간 저장한 시멘트는 사용 전 시험하여 그 품질을 확인해야 한다.

⑤ 시멘트의 온도가 너무 높을 때는 그 온도를 낮추어서 사용해야 한다.

2) 각종 시멘트의 종류 및 특징

(1) 보통 포틀랜드시멘트

① 시멘트 중 가장 많이 사용되는 시멘트로 우리나라 시멘트 생산량의 약 90% 정도를 차지한다.

② 시멘트의 비중은 3.05~3.15 정도이며 단위용적 중량은 1,500kg/m^{3}를 표준으로 한다.

(2) 중용열 포틀랜드시멘트

① 시멘트의 발열량을 적게 하기 위하여 화합조성물 중 규산3석회(C_3S)와 알루민산3석회(C_3A)의 양을 적게 하고 장기강도의 발현을 위하여 규산2석회(C_2S)의 양을 많게 한 시멘트이다.

② 수화반응이 늦으므로 수화열이 적고, 건조 수축균열이 적다.

③ 조기강도는 낮으나 장기강도는 우수한 편이다.

④ 벽체가 두꺼운 댐이나 부재단면의 치수가 큰 토목이나 건축공사 등의 매스콘크리트(Mass Concrete)에 사용한다.

CheckPoint

시멘트의 발열량을 저감시킬 목적으로 제조한 시멘트로 매스콘크리트용으로 사용되며, 건조수축이 적고 화학저항성이 일반적으로 큰 것은?

① 조강 포틀랜드시멘트 ✔ 중용열 포틀랜드시멘트
③ 실리카 시멘트 ④ 알루미나 시멘트

(3) 조강 포틀랜드시멘트

① 보통 포틀랜드시멘트보다 규산3석회(C_3S)나 석고량을 많게 하고 분말도를 크게 하여 조기에 강도를 나타내도록 만든 시멘트이다.

② 보통 포틀랜드시멘트의 재령 28일 강도를 7일 정도에 나타내지만 장기 강도는 보통 포틀랜드시멘트와 큰 차이가 없다.

③ 수화열이 크며 이에 따른 균열발생의 우려가 있다.

④ 긴급공사, 한중 콘크리트 공사, 콘크리트 제품, 수중 콘크리트 공사 등에 이용된다.

(4) 초조강 포틀랜드시멘트

① 조강 포틀랜드시멘트보다 규산3석회(C_3S)나 석고량을 좀 더 많게 하고 분말도를 더욱 개선하여 초기에 강도를 나타내도록 만든 시멘트이다.

② 조강 포틀랜드시멘트의 3일 강도를 1일 정도에 나타낼 수 있으므로 "One Day Cement"라고 부르기도 한다.

③ 수화열이 크며 이에 따른 균열발생의 우려가 있다.

④ 긴급공사, 한중 콘크리트 공사, 콘크리트 제품, 그라우트(Grout) 공사 등에 이용된다.

(5) 저열 포틀랜드시멘트

① 중용열 포틀랜드시멘트보다 시멘트의 수화열을 적게 하기 위하여 화합조성물 중 규산3석회(C_3S)와 알루민산3석회(C_3A)의 양을 더욱 적게 하여 만든 시멘트이다.

② 수화반응이 늦으므로 수화열이 적고, 건조 수축균열이 적다.

③ 지하구조물의 콘크리트공사에 사용한다.

(6) 내황산염 포틀랜드시멘트

① 황산염에 대한 저항성이 약한 알루민산3석회(C_3A)의 양을 적게 하고 저항성이 큰 철알루민산4석회(C_4AF)의 양을 증가시켜 만든 시멘트이다.

② 황산염을 함유한 지하수, 공장폐수, 해수와 접하는 공사 등에 사용하기 적합하다.

(7) 고로 시멘트

① 포틀랜드시멘트 클링커에 급랭한 고로슬래그(철강제조 과정에서 나오는 부산물)를 적당량 혼합한 후 적당량의 석고를 가해 미분쇄해서 만든 시멘트이다.

② 장기간 습윤보양이 필요하다.

③ 초기강도는 낮으나 장기강도는 우수하여 해수에 대한 저항성이 크다.

④ 건조수축은 보통 포틀랜드시멘트보다 크나 수화열이 적어서 매스 콘크리트에 적합하다.
⑤ 내화학성, 내열성, 수밀성이 크다.
⑥ 해수, 공장폐수, 하수 등에 접하는 콘크리트 구조물 공사 등에 사용한다.

포틀랜드시멘트 클링커에 저용광로로부터 나온 슬래그를 혼합한 후 응결시간 조정용 석고를 혼합하여 분쇄한 것으로, 수화열량이 적어 매스콘크리트용으로 사용할 수 있는 시멘트는?

① 알루미나시멘트　② 보통포틀랜드시멘트
③ 조강시멘트　✓④ 고로시멘트

(8) 실리카 시멘트

① 포틀랜드시멘트 클링커에 포졸란(Pozzolan)을 혼합한 후 적당량의 석고를 가해 만든 시멘트로서 포틀랜드 포졸란 시멘트라고도 한다.
② 포졸란(Pozzolan)은 천연산이나 인공산의 실리카질 혼화재료로 수경성을 갖지 않으나 상온에서 물과 수산화칼슘이 화합하여 불용성 염을 형성하며 경화한다.
③ 실리카 시멘트는 포졸란 반응으로 수밀성이 증가하며, 장기강도도 증가하여 구조용 또는 미장용 모르타르로도 사용된다.

(9) 플라이애시 시멘트

① 플라이애시 시멘트의 플라이애시는 고운 석탄재의 일종으로 화력 발전소 등에서 얻을 수 있는 것으로 플라이애시 시멘트는 플라이애시를 포틀랜드시멘트에 혼합하여 만든 시멘트이다.
② 수밀성이 좋으며 수화열과 건조 수축이 적고 화학적 저항성이 크다.
③ 조기강도는 낮으나 장기강도는 우수하다.

(10) 백색 포틀랜드시멘트

① 보통 포틀랜드시멘트의 제조 원료인 석회석을 흰색의 석회석으로 사용하고 시멘트의 성분 중에 마그네시아(MgO)의 양을 극히 적게 한 것으로 소량의 안료를 첨가하면 여러 가지 색깔을 낼 수 있는 시멘트이다.
② 사용되는 점토는 산화철(Fe_2O_3)이 가능한 포함되지 않은 것을 사용한다.
③ 미장용, 인조 대리석 제조용 등으로 사용되며 보통 백색시멘트라고 부른다.
④ 내구성, 내마모성이 우수하며 강도가 보통 포틀랜드시멘트보다 크다.

(11) 초속경 시멘트

① 초조강 포틀랜드시멘트보다 더욱 빠르게 강도를 나타내도록 만든 시멘트로 제트 시멘트(Jet Cement)라고도 한다.

② 가수 후 2~3시간 안에 압축강도가 10MPa 정도에 이르므로 "One Hour Cement"라고도 한다.

③ 긴급공사, 시멘트 2차 제품, 그라우트(Grout)용 등으로 사용한다.

(12) 알루미나 시멘트

① 보크사이트(Bauxit)와 석회석을 원료로 하여 만든 시멘트로서 조기에 강도가 나타난다. 보통 포틀랜드 시멘트 28일 압축강도를 1일에 내기도 한다.

② 산, 염류, 해수, 화학적 저항성이 크며 발열량이 크다.

③ 알루미나 시멘트는 알칼리에 약하고, 철근을 부식시키기 쉽다.

④ 긴급공사, 동기공사, 해안공사 등에 사용

(13) 팽창 시멘트

① 보크사이트, 석회석, 석고의 혼합물을 소성한 칼슘 클링커를 미분쇄한 후 포틀랜드시멘트에 혼합하여 만든 시멘트이다.

② 이 시멘트는 팽창성이 있어 수화반응시 건조수축에 의한 균열발생을 감소시킨다.

③ 방수성을 요구하는 지붕슬라브, 저수탱크, 지하 외벽 등의 구조물 공사 등에 이용된다.

(14) 폴리머 시멘트

① 폴리머(Polymer)는 중합반응에 의해서 만들어진 합성수지로 이 수지를 시멘트와 혼합하여 만든 시멘트이다.

② 콘크리트의 방수성, 내약품성, 변형성, 접착성 등을 개선하기 위해서 이용된다.

콘크리트의 방수성, 내약품성, 변형성능의 향상을 목적으로 다량의 고분자재료를 혼입시킨 시멘트는?

① 내황산염포틀랜드 시멘트 ② 초속경시멘트
③ 폴리머시멘트 ④ 고로시멘트

(15) 메이슨리 시멘트

① 포틀랜드시멘트에 소석회, 석고, AE제(공기연행제)를 혼합하여 만든 시멘트로서 접착성, 성형성, 보수성이 크다.

② 미장공사, 조적공사 등에 사용한다.

3) 시멘트 관련제품

(1) 시멘트 벽돌(Cement Brick)

① 시멘트 벽돌은 시멘트와 골재(모래, 잔자갈 또는 쇄사, 쇄석)를 배합하여 가압·성형한 후 양생한 벽돌을 말한다.

② 시멘트 벽돌은 눈에 띄는 균열 및 흠이 없는 것으로 흡수율이 20% 이하, 압축강도가 8MPa 이상이어야 한다.

(2) 시멘트 블록(Cement Block)

① 시멘트 블록은 시멘트와 골재를 배합하여 가압·성형한 후 양생한 것으로 콘크리트 블록(Concrete Block) 또는 속 빈 시멘트 블록(Hollow Cement Block)이라고도 한다.

② 시멘트 블록은 형상과 치수에 따라 기본블록·이형블록·특수블록으로 구분하며, 중량에 따라 일반블록·중량블록·경량블록 등으로 구분한다.

(3) 시멘트판

① 목모 시멘트판(Wood-Wool Cement Board)

㉠ 목모 시멘트판은 좁고 길게 오려낸 대팻밥인 목모를 포틀랜드 시멘트 또는 백색 포틀랜드 시멘트에 혼합·압축하여 판상의 제품으로 만든 것이다.

㉡ 흡음 및 단열의 효과가 있으므로 내벽 및 천장의 마감재, 지붕의 단열재, 치장의 목적 등으로 사용한다.

② 목편 시멘트판(Wood Chip Cement Board)

목편 시멘트판은 짧은 목편을 포틀랜드 시멘트 또는 조강포틀랜드 시멘트에 혼합·압축하여 판상의 제품으로 만든 것으로서 수장재로 사용한다.

③ 펄라이트 시멘트판(Pulp Cement Perlite Board)

펄라이트 시멘트판은 시멘트·펄프·펄라이트 및 무기질 혼합재를 주원료로 하여 혼합·압축해서 판상의 제품으로 만든 것으로 주로 천장재료로 사용한다.

2 콘크리트 및 관련제품

1) 콘크리트

(1) 장단점

장점	단점
① 압축강도가 크다. ② 내화, 내구, 내수적이다. ③ 철근과의 접착이 잘 되고, 알칼리성으로 방청력이 좋다. ④ 거푸집 등으로 원하는 형태를 만들기가 용이하다.	① 자중이 비교적 크다. ② 인장강도, 전단강도 및 휨강도가 작다. ③ 경화할 때 수축에 의한 균열이 발생하기 쉽다. ④ 중량에 비해 강도가 작다. ⑤ 습식공사로 겨울철 공사가 어렵다.

(2) 배합설계

① 배합이란 시멘트, 골재, 물 및 혼화재료의 혼합비율 또는 그 사용량을 결정하여 콘크리트가 원하는 강도를 얻을 수 있도록 하는 것을 말한다.

② 배합의 종류

㉠ 시방배합(Specific Mix) : 시방서 또는 책임 기술자의 지시에 따라 실시되는 배합

㉡ 현장배합(Job Mix) : 실제 현장에서 사용되는 골재의 흡수량, 골재의 입도 상태 등을 고려하여 시방배합을 현장상태에 맞게 보정하는 배합

㉢ 중량배합(Weight Mix) : 콘크리트 $1m^3$를 비벼내는 데 소요되는 각 재료의 양을 중량(kg)으로 표시한 배합

㉣ 용적배합(Volume Mix) : 콘크리트 $1m^3$를 비벼내는 데 소요되는 각 재료의 양을 용적(ℓ)으로 표시한 배합

③ 배합설계 순서

① 소요강도(설계기준강도 f_{ck})의 결정 → ② 배합강도(f_{cr})의 결정 → ③ 시멘트 강도(K)의 결정 → ④ 물·시멘트비(W/C) 결정 → ⑤ 슬럼프값 결정 → ⑥ 굵은골재 최대치수 결정 → ⑦ 잔골재율(S/a) 결정 → ⑧ 단위수량(W) 결정 → ⑨ 시방배합의 산출 및 조정 → ⑩ 현장배합의 결정

(3) 배합에 영향을 주는 요소

① 물시멘트비(W/C)

㉠ W/C=물의 중량 / 시멘트의 중량×100(%)

㉡ 다짐이 충분할 경우 W/C가 낮을수록 강도 증가

콘크리트 배합시 시멘트 1m³, 물 2,000L인 경우 물시멘트비는?(단, 시멘트의 비중은 3.15이다)

① 약 15.7% ② 약 20.5% ③ 약 50.4% ④ 약 63.5%

W/C = 물의 중량/시멘트의 중량 = 2,000/3,150×100(%) = 63.492% = 약 63.5%

여기서, 시멘트의 중량 : 시멘트 비중×체적 = 3.15×1,000 = 3,150kg

물의 중량 : 물 비중 × 체적 = 1×2,000 = 2,000kg

② 슬럼프(Slump)

㉠ 슬럼프가 클 경우 블리딩이 많아지고 굵은골재 분리현상 발생

㉡ 슬럼프값이 커질수록 단위 시멘트량이 많아짐

③ 굵은골재 최대치수

㉠ 부재의 최소치수의 1/5, 피복두께 및 철근의 최소 수평·수직 순간격의 3/4 초과 금지

㉡ 굵은골재의 최대치수가 커질수록 단위수량, 공기량, 잔골재율 감소

④ 잔골재율(S/a)

㉠ 물－시멘트비가 작을수록 잔골재율은 작아짐

㉡ 잔골재율이 커지면 단위시멘트량, 단위수량 증가로 시공성이 향상되나 블리딩, 재료분리 현상 등이 발생함

(4) 성질

① 굳지 않은 콘크리트(Fresh Concrete)의 성질

용어	특성	내용
Consistency	반죽질기	반죽이 되거나 묽은 정도
Workability	시공연도	작업의 용이성, 재료분리에 대한 저항성
Plasticity	성형성	거푸집에 용이하게 충전하고 분리가 일어나지 않는 정도
Finishability	마감성	콘크리트 표면의 평활도의 정도
Pumpabilty	압송성	펌프를 이용하여 압송하는 경우의 난이도

㉠ 반죽질기(Consistency)

주로 콘크리트 수량의 다소에 따른 반죽이 되고 진 정도를 나타내는 성질로 슬럼프 시험(Slump Test)에 의한 슬럼프 값으로 표시

㉡ 시공연도(Workability)

워커빌리티란 반죽질기 여하에 따른 작업의 난이도 및 재료분리에 저항하는 정도

• 워커빌리티 측정방법 : 슬럼프 시험, 구관입 시험, 반죽질기 시험, 유동성 시험, 다짐계수 시험

㉢ 성형성(Plasticity)

거푸집 등의 형상에 순응하여 채우기 쉽고 분리가 일어나지 않는 성질

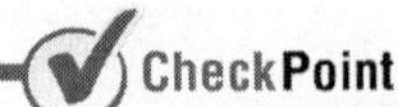

굳지 않은 콘크리트의 성질을 표시하는 용어 중 거푸집 등의 형상에 순응하여 채우기 쉽고 분리가 일어나지 않는 성질을 말하는 것은?

① 워커빌리티(Workability)
② 컨시스턴시(Consistency)
✔ 플라스티시티(Plasticity)
④ 피니셔빌리티(Finishability)

㉣ 피니셔빌리티(Finishability)

콘크리트 표면의 평활도, 마감작업의 용이성, 난이도를 표시하는 성질

㉤ 재료분리

• 굵은골재 최대치수가 큰 경우
• 잔골재량 또는 단위수량이 많은 경우
• 배합이 적절치 못한 경우
• 재료의 타설 높이가 적절치 않은 경우
• 지나친 진동다짐 등

㉥ 블리딩(Bleeding)

콘크리트 타설 후 물이나 미세한 물질이 분리 상승하여 콘크리트 표면에 떠오르는 현상

• 블리딩 현상 감소대책
  - 콘크리트 단위수량을 적게
  - 골재의 입도를 적절하게
  - AE제 또는 감수제 등 적절한 혼화재료 사용

㉦ 레이턴스(Laitance)

블리딩 현상의 결과 콘크리트 표면으로 떠오른 미세한 물질이 표면에 얇은 피막을 형성하여 굳은 것

② 굳은 콘크리트의 성질

㉠ 압축강도 : 콘크리트의 강도 및 품질을 나타내는 기준으로 재령 28일의 압축강도가 기준

ⓛ 탄성과 소성 : 응력 – 변형률 곡선, 탄성계수와 푸아송 비

ⓒ 건조수축

- 콘크리트가 건조됨에 따라 발생하는 수축현상
- 초기에 급격히 진행되고 시간이 경과함에 따라 완만해짐
- 시멘트의 화학성분이나 분말도에 따라 변화
- 단위수량, 단위시멘트량이 많을 경우 커짐
- 단위수량이 동일할 경우 단위시멘트량을 증가시켜도 수축량 변화는 적음
- 물시멘트비가 크면 건조수축도 커짐
- AE제, AE감수제 사용시 건조수축 감소

ⓔ 크리프 : 하중을 계속 재하하면 응력의 변화 없이 변형은 재령과 함께 증가

(5) 시공

① 재료계량 ② 비비기 ③ 운반 ④ 치기(타설) ⑤ 다지기 ⑥ 양생

(6) 내구성 저하

① 중성화 ② 열화 ③ 동결융해(수축균열/온도균열)

2) 골재

(1) 골재의 종류

① 잔골재(모래) : 5mm 체를 90% 이상 통과하는 골재

② 굵은골재(자갈) : 5mm 체에 90% 이상 남는 골재

(2) 골재에 요구되는 품질

① 깨끗하고 불순물이 섞이지 않은 것

② 소요의 내구성 및 내화성을 가진 것

③ 입자의 모양이 납작하거나 길쭉하지 않은 구형으로 표면이 다소 거친 것

④ 입도(粒度, 굵고 잔 알이 섞인 정도)가 적당할 것

⑤ 실적률(實積率=100 – 공극률)이 클 것

⑥ 모래의 염분은 0.04% 이하, 당분은 0.1% 이하일 것

⑦ 강도는 콘크리트 중의 경화 시멘트 페이스트의 강도 이상일 것

⑧ 마모에 대한 저항성이 크고 화학적으로 안정할 것

(3) 골재의 일반적 성질

① 골재의 함수상태

㉠ 절대건조상태(절건상태) : 골재입자 내부의 공극에 포함된 물 전부 제거

ⓛ 공기 중 건조상태(기건상태) : 자연건조로 골재 표면과 내부의 일부가 건조

㉢ 표면건조 포화상태(표건상태) : 골재 표면에 물이 없으나 내부 공극에는 물이 가득 차 있는 상태

㉣ 습윤상태 : 골재 내부에 물이 채워져 있고 표면에도 물이 부착되어 있는 상태

② 골재의 함수량

㉠ 기건함수량 : 절건상태에서 기건상태가 될 때까지 골재가 흡수한 수량

㉡ 유효흡수량 : 기건상태에서 표건상태가 될 때까지 골재가 흡수한 수량

㉢ 흡수량 : 절건상태에서 표건상태가 될 때까지 골재가 흡수한 수량

㉣ 표면수량 : 표건상태에서 습윤상태가 될 때까지 골재가 흡수한 수량

㉤ 흡수율 : (흡수량/절건상태 골재 중량)×100(%)

㉥ 표면수율 : (표면수량/표건상태 골재 중량)×100(%)

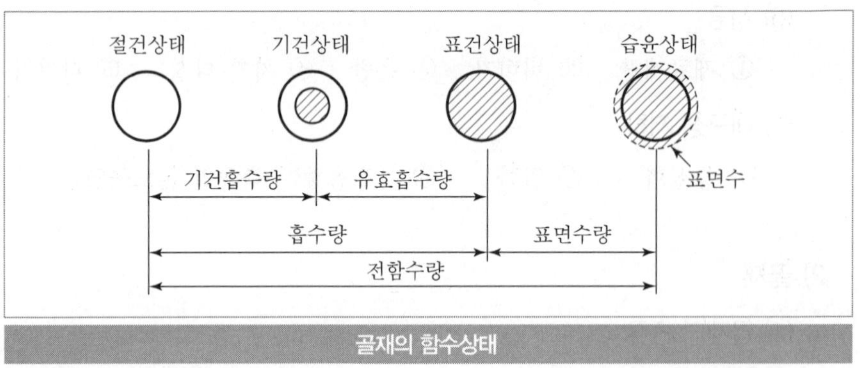

골재의 함수상태

CheckPoint

자갈의 절대 건조상태 중량이 400g, 습윤상태 중량이 413g, 표면건조 내부포화상태 중량이 410g일 때 흡수율은 몇 %인가?

✓ 2.5% ② 1.5% ③ 1.25% ④ 0.75%

➡ (410－400)/400×100(%)＝2.5%

③ 골재의 공극률 $=\left(1-\dfrac{\text{단위용적중량}}{\text{비중}}\right)\times 100$

(4) 각종 골재

① 강모래 · 강자갈 : 모양과 입도가 좋고 강도가 우수하여 가장 적당한 골재로 취급

② 산모래 · 산자갈 : 점토, 부식토 등의 유기불순물이 포함되어 있어 사용시 주의

③ 바닷모래 · 바닷자갈 : 해수의 염분이 철근 부식을 촉진하므로 충분히 세척 사용

④ 부순모래(쇄사(碎沙))·깬자갈(쇄석(碎石)) : 최근 강모래, 강자갈 부족으로 많이 사용되나 모양이 각지고 표면이 거칠어 워커빌리티가 떨어진다.

⑤ 경량(輕量)골재 : 보통골재보다 비중이 작은 골재로 콘크리트의 중량 경감이나 단열성·방음성을 요구하는 콘크리트에 사용된다.

㉠ 구조용 경량골재 : 팽창혈암, 팽창성 점토, Fly Ash 등

㉡ 비구조용 경량골재 : 소성 규조토, 팽창 진주석(펄라이트) 등

⑥ 중량(重量)골재 : 보통골재보다 비중이 큰 골재로 방사선 차폐용 특수 콘크리트에 사용되며 자철광, 적철광, 중정석 등이 많이 쓰인다.

3) 혼화재료

(1) 혼화제(混和劑) : 시멘트 중량의 5% 이하 사용

① 사용량이 미소하여 콘크리트 부피에 거의 영향을 주지 않는다.

② AE제, 감수제, 방수제, 유동화제, 지연제 등

③ AE제

㉠ 공기량 증가로 콘크리트의 시공연도, 워커빌리티 향상

㉡ 단위수량 감소로 물시멘트비(W/C) 감소

㉢ 콘크리트 내구성 향상 및 동결에 대한 저항성 증대

(2) 혼화재(混和材) : 시멘트 중량의 5% 이상 사용

① 사용량이 다소 많아 콘크리트의 부피에 영향을 준다.

② 플라이 애시(Fly Ash)

㉠ 고운 석탄재의 일종으로 화력발전소 등에서 얻을 수 있고 매끄럽고 미세한 구형입자로 되어 있으며 비중은 1.9~2.4 정도이다.

㉡ 콘크리트의 유동성을 개선하고 장기강도가 증대되며 수화열과 건조수축이 적음

③ 포졸란(Pozzolan)

㉠ 천연산이나 인공산의 실리카질 혼화재료로 수경성이 없으나 상온에서 물과 수산화칼슘이 화합하여 불용성 염을 형성하며 경화한다.

㉡ 콘크리트의 수밀성 증내, 상기강도 증가 효과

㉢ 시멘트의 사용량을 줄일 수 있고 해수 등에 화학적 저항성이 큼

④ 고로 슬래그(Blast Furnace Slag)

㉠ 제철소의 용광로에서 선철을 제조할 때 용광로에 넣은 석회석이 철광석의 불순물과 화합하여 슬래그(Slag) 형성

PART 01 PART 02 PART 03 PART 04 PART 05 PART 06 부록

ⓛ 콘크리트의 수화반응 속도를 감소시켜 균열 방지, 수밀성 증대, 장기강도의 증진 등의 효과

ⓒ 황산염 등에 대한 화학적 저항성, 하수나 해수 등에 대한 내식성이 증대

⑤ 실리카 흄(Silica Fume)

㉠ 제강용 탈산제로 사용되는 페로실리콘 합금이나 규소합금을 전기로에서 제조할 때 생기는 폐기가스를 집진하여 얻어지는 부산물로 구형의 미립자

ⓛ 수밀성 향상, 강도 증진 효과

ⓒ 고성능 감수제와 함께 사용하면 단위수량의 감소가 가능하고, 최근에는 고강도 콘크리트 제조에 많이 사용됨

4) 콘크리트의 종류 및 특징

(1) 철근콘크리트

① 콘크리트는 압축력을 부담하고 인장력은 철근이 부담하도록 양 재료의 특성을 살린 이상적인 구조물을 만들기 위해 사용한다.

② 철근콘크리트는 내화・내구・내후성이 좋고 압축과 인장 등에 강하여 많은 건축물 등에 사용된다.

(2) A.E콘크리트(Air Entrained Concrete)

① 콘크리트에 표면활성제인 A.E제를 사용하여 콘크리트 중에 미세한 기포를 발생하여 단위수량을 적게 하고 워커빌리티를 개선시킨 콘크리트이다.

② A.E콘크리트의 주요특징

㉠ 워커빌리티가 좋아진다.

ⓛ 단위수량이 감소된다.

ⓒ 동결・융해에 대한 저항성이 증대된다.

㉣ 내구성, 수밀성이 향상된다.

㉤ 재료분리, 블리딩 현상이 감소된다.

㉥ 철근의 부착강도는 저하된다.

③ 콘크리트에 연행되는 공기량은 콘크리트 용적의 3~6% 정도가 적당하다. 공기량 1% 증가에 강도는 4~6% 감소한다.

(3) 경량콘크리트(Light Weight Concrete)

① 구조물의 경량화를 목적으로 경량골재를 사용하여 만든 기건비중 2.0 이하의 콘크리트이다.

② 장단점

장점	단점
① 건물의 중량이 경감된다. ② 단열성이 우수하다. ③ 내화, 흡음, 차음효과가 좋다.	① 강도가 작다. ② 건조 수축이 크다. ③ 흡수성이 크고, 동해에 약하다.

③ 종류

㉠ 경량골재콘크리트 : 비중이 작은 다공질의 경량골재를 사용한 것

㉡ 경량기포콘크리트 : 콘크리트의 시멘트페이스트 속에 A.E제 · 알루미늄 분말 등 발포제를 넣어 무수한 기포를 골고루 형성시킨 것

(4) 중량콘크리트(Heavy Concrete)

① 중량콘크리트란 중량골재를 사용하여 비중을 크게 하고, 치밀하게 한 콘크리트로 기건 비중이 2.6 이상인 콘크리트를 말한다.

② 주로 방사선을 차단할 목적으로 이용되는 콘크리트로 차폐용 콘크리트(Shielding Concrete)라고도 하며 보통 비중을 3.5 이상이 되게 한다.

㉠ 주재료

- 시멘트 : 보통 포틀랜드시멘트, 중용열 시멘트포틀랜드 사용
- 골재 : 자철광, 갈철광, 중정석 등
- 혼화재료 : 감수제 등

㉡ 슬럼프 값은 15cm 이하, 물시멘트비는 55% 이하로 한다.

㉢ 콘크리트 1회 타설 높이는 30cm 이내로 한다.

중량 콘크리트

PART 01
PART 02
PART 03
PART 04
PART 05
PART 06
부록

(5) 한중 콘크리트(Cold-Weather Concrete, Winter Concrete)

① 1일 평균 기온이 4℃ 이하의 낮은 외부온도에서 시공되는 콘크리트
② 초기동해 방지에 필요한 콘크리트 압축강도 5MPa
③ W/C의 60% 이하가 되도록 단위수량을 적게 사용하고 AE제 또는 AE감수제를 사용
④ 필요시에는 골재나 물을 가열하여 배합하고 시공, 양생시 적절한 보온조치

(6) 서중 콘크리트(Hot-Weather Concrete)

① 1일 평균 기온이 25℃를 넘는 높은 외부온도에서 시공되는 콘크리트
② 단위수량의 급속한 증발, 슬럼프 값의 저하, 급속한 응결, 강도저하의 문제점
③ 혼화제로 AE감수제 지연형을 사용하고, 단위수량 및 단위시멘트량을 가능한 적게 사용함

(7) 고강도 콘크리트(High Strength Concrete)

① 콘크리트의 강도를 높여 대형화·고층화 건물의 시공이 가능하도록 설계기준강도를 기준 값 이상이 되도록 한 콘크리트
② 설계기준강도는 현재 다음 값 이상으로 규정하고 있으나 콘크리트의 제조기술 등의 발달로 인하여 그 값이 상향 조정될 수도 있다.
   ㉠ 보통 콘크리트 : 40MPa 이상
   ㉡ 경량 콘크리트 : 27MPa 이상
③ 슬럼프 값은 15cm 이하, 물시멘트비는 55% 이하로 한다.
④ 단위수량은 185kg/m^3 이하로 하고 소요의 워커빌리티를 얻을 수 있는 한도 내에서 작게 한다.
⑤ 고급시멘트와 골재를 사용
   ㉠ 골재의 최대크기는 40mm 이하, 가능한 25mm 이하를 사용
   ㉡ 굵은골재의 최대치수는 철근 최소 수평 순간격의 3/4 이내의 것을 사용
   ㉢ 굵은골재의 최대치수는 부재 최소치수의 1/5 이내의 것을 사용
   ㉣ 고강도 콘크리트에 포함된 염화물량은 염소이온의 양으로서 0.3kg/m^3 이하

(8) 수밀 콘크리트(Water Tight Concrete)

① 콘크리트의 수밀성을 높여 지하실의 외벽 등 물의 침투를 방지하기 위한 공사에 적합
② 고급 골재를 사용, 굵은골재는 되도록 큰 입경(40mm 정도)의 것을 사용, 실적률을 크게 하여 빈틈을 적게 함
③ 되도록 된비빔으로 하여 슬럼프 값은 15cm 이하, W/C는 50% 이하

④ AE제, 방수제 등 혼화재료를 사용, 배합에 유의하여 밀실한 콘크리트가 되게 함
⑤ 가급적 이어치기 지양

(9) 매스 콘크리트(Mass Concrete)

① 부재단면의 최소치수가 80cm 이상, 수화열에 의한 콘크리트의 내부온도와 외부온도의 차이가 25℃ 이상으로 예상되는 콘크리트
② 내 · 외부의 수화반응시 온도차이로 인한 균열아 발생하므로 내외부의 온도 차이를 적게 할 필요가 있음
③ 댐, 고층건물의 온통기초, 옹벽, 방파제 등에 시공

(10) 유동화 콘크리트(Super Plasticizer Concrete)

① 미리 비벼놓은 콘크리트에 유동화제를 첨가하여 재비빔한 콘크리트로 유동성 개선
② 유동화제 사용은 콘크리트의 품질 개선이 아니라 부어넣기, 다짐 등의 시공성을 개선하기 위함
③ 유동화제 사용은 단위수량 및 단위시멘트 사용량을 줄임으로써 건조수축으로 인한 균열방지 및 콘크리트의 고품질화에도 기여
④ 높은 강도, 내구성, 수밀성을 갖는 콘크리트를 얻을 수 있다.
⑤ 건조수축이 통상의 묽은 비빔콘크리트보다 적세 된다.
⑥ 초기강도 증대, 콘크리트 고품질화에 기여

(11) 섬유보강 콘크리트(Fiber Reinforced Concrete)

① 콘크리트의 인장강도를 개선하고 균열에 대한 저항성 증대를 위해 콘크리트 중에 섬유를 보강
② 보강되는 섬유의 종류에 따라 유리섬유보강 콘크리트, 강섬유보강 콘크리트로 분류

(12) 프리플레이스트 콘크리트(Preplaced Concrete)

① 굵은 골재를 거푸집 등에 넣고 그 사이에 시멘트 페이스트를 펌프로 주입
② 주입관의 작업간격 : 벽식 구조인 경우 1.5~2m 정도의 간격으로 배치
③ 주입은 하부로부터 순차적으로 히되 시멘드 페이스트 윗먼이 서의 수평면으로 유지되도록 천천히 진행
④ 특성

㉠ 부착강도 및 수밀성이 크다. ㉡ 건조수축이 적다.
㉢ 재료분리가 적다. ㉣ 조기강도는 적으나 장기강도는 크다.

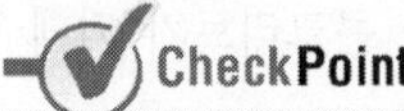

특정한 입도를 가진 굵은 골재를 거푸집에 채워넣고 그 굵은 골재 사이의 공극에 특수한 모르타르를 적당한 압력으로 주입하여 만드는 콘크리트는?

① 수밀 콘크리트
② 프리플레이스트 콘크리트 (✔)
③ 유동화 콘크리트
④ 프리스트레스트 콘크리트

(13) 프리스트레스트 콘크리트(Prestressed Concrete)

① 고강도 강선을 사용하여 인장응력을 미리 부여함으로써 단면을 적게 하면서 큰 응력을 받을 수 있도록 한 콘크리트

② 장스팬의 보나 외력이 큰 보 등의 구조물을 만드는 데 사용된다.

③ 종류

㉠ 프리텐션 방식 : 인장력을 준 강재 주위에 콘크리트를 타설하고, 경화 후 강재의 정착부를 풀어 콘크리트에 압축력을 주는 방식이다.

㉡ 포스트텐션 방식 : 콘크리트를 타설하고, 경화 후 미리 묻어둔 시스(Sheath) 내에 강재를 삽입하여 긴장시킨 후 정착하고 그라우트(Grout)하는 방법이다.

(14) 진공 콘크리트(Vacuum Concrete)

① 콘크리트를 타설한 직후 진공 매트를 씌워 수분과 공기를 제거하고 압력을 가함으로써 조기강도를 크게 한 콘크리트이다.

② 강도가 상당히 높아지고 내구성이 개선된다.

③ 조기강도가 크다.

5) 콘크리트 관련제품

(1) 콘크리트 말뚝(Concrete Pile)

콘크리트 말뚝은 말뚝박기 기초공사용 철근콘크리트 제품으로서 기성콘크리트 말뚝(Precast Concrete Pile)과 제자리 콘크리트 말뚝(Cast-in Place Concrete Pile)으로 대별할 수 있다.

(2) 프리캐스트 콘크리트(Precast Concrete) 부재

프리캐스트 콘크리트 부재는 공장에서 철제거푸집에 의해 소요의 형상 및 치수로 제작하고 증기양생을 실시하여 고품질 및 고강도로 제품화한 것으로 PC부재 또는 조립식 부재라고도 한다.

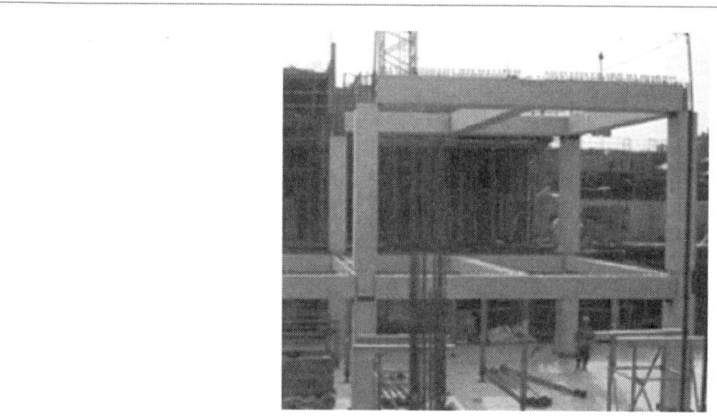

프리캐스트 콘크리트 부재

(3) ALC(Autoclaved Light－weight Concrete)

① ALC 제품은 오토클레이브(Autoclave)라는 고압증기 양생기를 이용하여 만든 경량기포 콘크리트 제품

② 원료로는 생석회, 규사(규석), 시멘트, 플라이애시(Fly－Ash), 고로슬래그, 알루미늄 분말 등

③ 건조 수축률이 작은 편이고, 균열 발생이 적다.

④ 장단점

장점	단점
• 경량성 : 기건 비중은 콘크리트의 1/4 정도이다. • 단열성 : 열전도율은 콘크리트의 1/10 정도이다. • 흡음 및 차음성이 우수하다. • 불연성 및 내화구조 재료이다. • 시공성 : 경량으로 취급이 용이하며 현장에서 절단 및 가공이 용이하다.	• 압축강도가 4～8MPa 정도로 보통 콘크리트에 비해 강도가 비교적 약하다. • 다공성 제품으로 흡수성이 크며 동해에 대한 방수 · 방습처리가 필요하다.

SECTION 3 석재, 점토 및 타일

1 석재 및 관련제품

1) 석재

(1) 석재의 장단점

장점	단점
• 압축강도가 크고 불연재료에 해당됨 • 내구성, 내수성, 내마모성이 우수하고 내화학성이 양호함 • 외관이 장중하고 다수의 석재는 갈면 광택이 있음 • 구입이 용이하고 종류가 다양하여 여러 가지 외관 및 색조를 표현함	• 인장강도는 압축강도의 1/10~1/20로 약함 • 비중이 커서 가공, 운반이 용이하지 않음 • 장대재를 얻기 어려워 가구재로는 적당하지 않음 • 일부 석재는 화열이나 산 또는 염기에 약하므로 사용에 주의가 필요하다. • 취도계수가 큰 취성재료이다.

(2) 암석의 분류

① 성인에 의한 분류

㉠ 화성암

규산염을 주성분으로 한 화산의 마그마 용융체가 고결하여 광물의 집합체로 된 것

• 화강암, 안산암, 현무암, 감람석, 부석 등

㉡ 수성암

표면 암석의 풍화, 침식, 운반, 퇴적작용 등에 의하여 생긴 암석

• 석회석, 사암, 점판암, 응회암 등

㉢ 변성암

화성암 또는 수성암이 지각의 큰 기계적 에너지나 지열 등의 작용에 의해 그 성분에 변화를 일으켜 생긴 암석

• 대리석, 사문암, 편암, 석면 등

석재를 성인에 의해 분류하면 크게 화성암, 수성암, 변성암으로 대별되는데, 다음 중 수성암에 속하는 것은?

① 사문암　② 대리암　③ 현무암　✔ 응회암

② 강도에 의한 분류

분류	압축강도(MPa)	흡수율(%)	비중(g/cm³)	석재 종류
경석	50 이상	5	2.5~2.7	화강암, 안산암, 대리석
준경석	10~50	5~15	2.0~2.5	경질 사암, 경질 응회암
연석	10 이하	15 이상	2.0 이하	연질 사암, 연질 응회암

(3) 암석의 성질

① 강도

㉠ 압축강도 > 휨 및 전단강도 > 인장강도(압축강도의 1/10~1/20)

㉡ 석재를 구조용 부재로 사용할 경우 압축력을 받는 부분에 사용

㉢ 압축강도 비교 : 화강암 > 대리석 > 안산암 > 사문석

② 내구성

㉠ 조암광물의 성분, 입자 등의 상태에 따라 차이가 있으며, 석영이 많이 포함되어 있으면 석재의 내구성이 커지고, 운모가 많이 포함되어 있으면 내구성이 작아진다.

㉡ 조암광물의 입자가 등립자, 미립자의 경우 내구성이 커진다.

㉢ 내구성 확인 시험 : 퇴색시험, 팽창계수시험, 동결시험, 내산시험, 내알칼리시험, 내화시험

③ 내화성

㉠ 화강암 및 대리석은 500~600℃ 정도에서 변색, 강도저하가 크므로 내화성이 약한 석재에 속한다.

㉡ 안산암, 사암, 응회암 등은 1,000℃ 정도의 고온에서도 약간의 변색을 나타내지만 강도저하를 일으키지 않으므로 내화성이 큰 석재에 속한다.

㉢ 내화성 비교 : 응회석 > 안산암 > 대리석 > 화강암

④ 비중, 흡수율 등

㉠ 비중이 큰 석재는 강도 및 내구성이 좋은 석재에 속한다.

㉡ 흡수율 및 공극이 큰 석재는 강도 및 내구성이 약한 석재에 속한다.

㉢ 흡수율 비교 : 응회암 > 안산암 > 사문석 > 화강암 > 점판암 > 대리석

다음 중 흡수율(%)이 가장 작은 석재는?

✔ 대리석 ② 안산암 ③ 응회암 ④ 사암

2) 석재의 종류 및 특징

(1) 화성암(火成巖)

① 화강암(花崗巖, Granite)

㉠ 장석(65%), 석영(30%), 운모(3%), 휘석, 각섬석을 함유한 광물질로 형성되어 있고 압축강도가 크며, 광택이 양호하다.

㉡ 내수성, 내마모성, 내구성이 크다.

㉢ 가공성이 우수하며 대형재의 생산이 가능하여 바닥재, 내·외장재로 많이 사용된다.

㉣ 내열온도는 570℃ 정도로 내화도가 낮다.

㉤ 국내에 매장량이 풍부하여 생산량이 많아 가장 많이 사용된다.

② 안산암(安山巖, Andesite)

㉠ 화성암 중 가장 흔하며 종류가 다양하고 그에 따른 성질도 다양하다.

㉡ 강도, 경도, 비중이 큰 편이다.

㉢ 내화적이고 석질이 치밀하여 주로 구조용재로 이용된다.

㉣ 콘크리트용 쇄석 등의 주원료로 많이 이용된다.

③ 현무암(玄武巖, Basalt)

㉠ 암석에 다공을 내포한 것이 많으며 광택은 떨어진다.

㉡ 석질이 단단한 것은 토대석, 석축 등에 사용되며 최근에는 암면의 원료, 외부 마감재로도 쓰인다.

㉢ 색상 및 외관은 흑색, 암회색 계통이 많다.

④ 부석(浮石)

부석은 화산석이라고 하며 화산에서 분출된 마그마가 급속히 냉각하여 응고된 다공질 암석으로 경량 골재나 내화재로 사용되는 석재이다.

(2) 수성암(水性巖)

① 석회암(石灰巖, Lime Stone)

㉠ 화성암 중에 포함된 석회분이나 동·식물의 잔해 중에 포함된 석회성분이 물에 녹아 있다가 오랜기간 침전되어 쌓여 굳어진 암석이다.

㉡ 색상 및 외관은 백색 또는 회백색이고 석질은 치밀한 편이다.

㉢ 내산성, 내화성, 내후성이 떨어진다.

㉣ 주로 석회나 시멘트의 원료로 사용된다.

② 사암(砂巖, Sand Stone)

㉠ 모래, 자갈이 물에 침전, 퇴적되어 점토 등의 고결재에 의하여 경화된 암석이다.

㉡ 일반적으로 흡수율이 크고 강도가 낮은 편이나 내화성은 우수하다.

㉢ 외관이 양호한 것은 실내장식재로 사용한다.

㉣ 규산질 사암이 가장 강하고 내구성이 크나 가공이 어렵다.

③ 점판암(粘板巖, Clay Slate)

㉠ 진흙이 오랫동안 침전, 퇴적하여 큰 압력을 받아 생성된다.

㉡ 대기 중에서 변색, 변질되지 않고 석질이 치밀하다.

㉢ 색상은 청회색 또는 흑색계통이다.

㉣ 얇은 판으로 채취하기 용이하여 천연슬레이트로 지붕이나 외벽 재료 등에 사용된다.

④ 응회암(凝灰巖, Tuff)

㉠ 화산에서 분출되는 다량의 화산회, 화산사 등이 퇴적되어 굳은 것으로 물 속에서 침전에 의한 암석 생성은 아님

㉡ 가공이 용이하며 내화성은 좋으나 흡수성이 크고 강도가 떨어진다.

㉢ 색상은 회색, 담녹색 계통이다.

㉣ 강도를 요하지 않는 토목재료로 사용된다.

CheckPoint

수성암의 성인 중, 유기물의 침전에 의해 생기는 암석이 아닌 것은?

✔ 응회암 ② 석회암 ③ 백운암 ④ 규조토

(3) 변성암(變成巖)

① 대리석(大理石, Marble)

㉠ 석회암이 변성작용에 의해 결정질이 뚜렷하게 된 변성암의 일종이다.

㉡ 압축강도는 크나 산과 열에 약하고 내구성이 떨어져 외장재로는 부적당하다.

㉢ 광택과 빛깔, 무늬가 아름다워 실내장식용, 조각용으로 많이 이용된다.

㉣ 대리석 붙이기 공사에는 석고 모르타르가 적당하다.

② 사문암(蛇紋巖, Serpentine)

㉠ 주로 감람석, 섬록암이 변성되어 생긴 암석이다.

㉡ 흑백색 등의 바탕에 암녹색 줄이 있어 뱀의 문양 같다고 붙여진 명칭이다.

㉢ 경질이나 산과 열에 약하고 내구성이 떨어져 실내장식재 등으로 사용된다.

③ 트래버틴(Travertine)

㉠ 대리석의 일종으로 다공질이고 황갈색의 반문이 있어 특이한 느낌을 주는 석재이다.

㉡ 특수한 부위의 실내 장식용으로 사용된다.

④ 석면(石綿, Asbestos)

주로 사문암, 각섬암이 열과 압력을 받아 변질되어 섬유모양의 결정질이 된 것으로 종래에는 단열재, 보온재 등으로 사용되었으나 최근에는 인체에 해로운 발암물질로 알려져 그 사용을 규제하고 있다.

3) 석재 관련제품

(1) 인조석(人造石, Artificial Stone)

① 인조석은 화강암, 대리석, 사문암 등의 쇄석을 종석으로 하여 백색 포틀랜드시멘트에 광물질 안료를 넣고 혼합, 반죽하여 진동기로 다져 경화한 것으로 자연석과 유사하게 인위적으로 제조된 석재로 모조석 또는 의석이라고도 한다.

② 인조석은 제조기술의 발달과 천연석에 비해 가격이 저렴한 편이여서 최근에는 바닥, 벽 등의 마감재로 그 사용이 증대되고 있다.

(2) 암면(巖綿, Rock Wool)

안산암・현무암・사문암 등을 고온으로 녹인 것을 고압의 증기를 이용하여 작은 구멍의 틈새로 분출시켜 섬유화시킨 것으로 방화성능이 요구되는 단열재・흡음재 등으로 사용된다.

(3) 질석(蛭石, Vermiculite)

운모계・사문암계의 광석을 높은 온도(800~1,000℃)로 가열시켜 부피가 5~6배로 팽창된 비중이 0.2~0.4인 다공질 암석이다. 색깔은 회백색 또는 갈색이며 내열, 방음재로 쓰이며 시멘트와 배합하여 콘크리트 블록, 벽돌 등을 제조하는 데도 사용된다.

운모계 광석을 800~1,000℃ 정도로 가열 팽창시켜 체적이 5~6배로 된 다공질의 경석으로 각종 형상 및 공동품의 경량, 보온, 방음, 결로방지의 목적으로 시멘트와 배합하여 제조, 사용되는 석재는?

① 암면(Rock wool) ✔ 질석(Vermiculite)
③ 트래버틴(Travertin) ④ 석면(Asbestos)

(4) 펄라이트

진주암, 흑요암 등을 분쇄하여 소성, 팽창시켜 제조한 백색의 다공질 암석이다.

(5) 테라조

인조석의 종석대신 대리석 조각을 사용하여 만든 모조석이다.

4) 석재 가공 순서

(1) 혹두기 : 쇠메로 치거나 손잡이 있는 날메로 거칠게 가공하는 단계
(2) 정다듬 : 섬세하게 튀어나온 부분을 정으로 가공하는 단계
(3) 도드락다듬 : 정다듬하고 난 약간 거친면을 고기 다지듯이 도드락망치로 두드리는 것
(4) 잔다듬 : 정다듬한 면을 양날망치로 쪼아 표면을 더욱 평탄하게 다듬는 것
(5) 물갈기 : 잔다듬한 면을 숫돌 등으로 간 다음, 광택을 내는 것

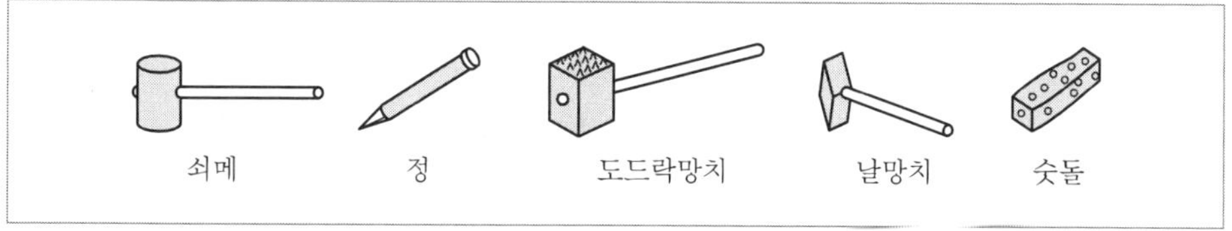

5) 석재 사용시 주의사항

(1) 외벽 특히 콘크리트 표면 첨부용 석재는 경석을 사용하여야 한다.
(2) 동일 건축물에는 동일 석재로 시공하도록 한다.
(3) 석재를 구조재로 사용할 경우 직압력재로 사용하여야 한다.(휨, 인장강도 약함)
(4) 중량이 큰 것은 높은 곳에 사용하지 않도록 한다.
(5) 석재의 예각부는 풍화방지에 해롭다.
(6) 외장, 바닥 시공시 내수성 및 산에 강한 종류를 사용해야 한다.
(7) 취급상 치수는 $1m^3$ 이내로 한다.

2 점토 및 관련제품

1) 점토(粘土)

(1) 점토의 성질

① 가소성(可塑性)

㉠ 점토에 적당량의 물을 가하면 일정한 형태의 모양을 만들기가 쉬워지는 성질

㉡ 점토입자가 미세할수록 좋고, 미세분은 콜로이드로서의 특성을 가지고 있다.

② 소성(燒成) : 적당한 온도로 가열하면 용적, 비중, 색조 등의 변화가 일어나며 상호 밀착되어 냉각과 더불어 내수성 및 강도 등이 크게 증가하는 성질을 말한다.

③ 점성(粘性) : 점토가 건조하면 입자가 서로 분리되나 적당량의 물이 가해지면 물을 매개로 하여 서로 밀착되려는 성질이다.

④ 색상 : 철산화물(적색) 또는 석회물질(황색)에 의해 나타난다.

⑤ 강도 : 불순물이 많을수록 강도는 떨어지고, 점토의 압축강도는 인장강도의 5배 정도이다.

(2) 분류 및 제조

① 분류

종류	원료	소성온도 (℃)	소지			시유여부	제품
			흡수율(%)	색	강도		
토기	일반 점토	790~1,000	20 이상	유색	약함	무유 혹은 식염유	벽돌, 기와, 토관
도기	도토	1,100~1,230	10	백색 유색	견고	시유	기와, 토관, 타일, 테라코타
석기	양질 점토	1,160~1,350	3~10	유색	치밀, 견고	무유 혹은 식염유	벽돌, 타일, 테라코타
자기	양질 점토	1,230~1,460	0~1	백색	치밀, 견고	시유	타일, 위생도기

② 점토 제품의 제조

원료배합 → 반죽 → 숙성 → 성형 → 건조 → 소성 → 시유

2) 점토 관련 제품

(1) 점토 벽돌

품질	종류		
	1종	2종	3종
흡수율(%)	10 이하	13 이하	15 이하
압축강도(N/mm²)	24.50 이상	20.59 이상	10.78 이상

① 붉은 벽돌 : 점토를 빚어 완전 연소하여 구운 벽돌을 말한다.

② 검정 벽돌 : 점토를 불완전 연소하여 구운 벽돌로 주로 외장용으로 사용한다.

③ 이형(異形) 벽돌 : 아치(Arch) 등 특수한 용도에 사용하기 위해 다른 모양으로 만듦

④ 포도(鋪道) 벽돌 : 내마모성 및 강도가 우수하여 도로 바닥 포장용 등으로 사용

(2) 특수 벽돌

① 유공벽돌

㉠ 모르타르와의 접착력을 개선하기 위해 작은 원통형의 구멍을 3, 5개 뚫어 제작

㉡ 외부 치장벽돌로 많이 사용됨

유공벽돌

② 공동벽돌

㉠ 시멘트 블록과 비슷하게 속을 비세 하여 만는 벽돌로 구멍 벽돌이라고 함

㉡ 구멍이 1, 2, 3, 4개인 것이 있음

㉢ 구멍으로 인해 경량벽돌로 분류되며 단열 및 방음, 칸막이 벽 등으로 사용

③ 경량벽돌

㉠ 원료인 점토에 탄가루와 톱밥, 겨 등의 유기질 가루를 혼합하여 성형 후 소성

㉡ 비중은 1.2~1.5 정도이며 톱질과 못 박기가 용이함

CheckPoint

저급점토, 목탄가루, 톱밥 등을 혼합하여 성형 후 소성한 것으로 단열과 방음성이 우수한 벽돌은?

① 내화벽돌 ② 보통벽돌 ③ 중량벽돌 ✓ 경량벽돌

④ 내화벽돌(Fire Brick)

㉠ 원료광물로 납석이 가장 적절하며 용광로, 시멘트 소성가마, 굴뚝 등 높은 온도를 필요로 하는 장소에 사용된다.

㉡ 소성온도 측정법인 세게르 콘(Seger Cone, S.K) 26 이상의 내화도(1,500~2,000℃)를 가진 것이다.

점토제품에서 SK번호란 무엇을 뜻하는가?

✓ 소성온도를 표시
② 점토원료를 표시
③ 점토제품의 종류를 표시
④ 점토제품 제법 순서를 표시

3 타일 및 관련 제품

1) 타일

(1) 타일의 정의

① 타일은 점토 또는 암석의 분말을 성형, 소성하여 만든 박판 형태의 제품을 말한다.

② 타일의 성형법 : 건식법, 습식법(복잡한 형상)

(2) 타일 종류

① 타일은 내장, 외장, 바닥, 모자이크 타일 등으로 구분하여 사용하며, 소지의 질에 따라 도기질, 석기질, 자기질로도 구분한다.

② 스크래치 타일(Scratch Tile) : 표면에 거친 무늬를 넣은 것으로 긁힌 모양의 외장용으로 주로 사용

③ 보더 타일(Boarder Tile) : 가늘고 긴 띠 모양의 시유 타일로 걸레받이, 징두리 벽 등에 사용

④ 클링커 타일(Clinker Tile) : 식염유를 바른 진한 다갈색 타일로서 다른 타일에 비해 두께가 두껍고 홈줄을 넣은 외부 바닥용으로 사용

⑤ 타일의 흡수율은 자기질 타일의 경우 흡수율이 낮다.

⑥ 내부 벽체용 타일은 흡수성이 다소 있으나 청소가 용이한 것이 유리하다.

CheckPoint

식염유를 바른 진한 다갈색 타일로서 다른 타일에 비해 두께가 두껍고 홈줄을 넣은 외부 바닥용 특수 타일은?

① 스크래치 타일 ② 보더 타일 ③ 아란덤 타일 ✔ 클링커 타일

2) 타일 관련 제품

(1) 테라코타(Terra – Cotta)

① 이탈리아어로 "구운 흙"이라는 뜻으로 도토나 고급 점토 등을 사용하여 일정한 형태로 제작되는 점토 소성제품을 말한다.

② 특징

㉠ 원하는 형태로 속을 비어 있게 제작하여 일반 석재보다 가볍다.

㉡ 압축강도는 화강암의 약 1/2 정도로 우수한 편이다.

㉢ 화강암보다 내화성이 강하고 대리석보다 풍화에 강해 외장재료로 적당하다.

③ 용도

칸막이 벽, 바닥 등의 구조용도 있으나 석재 조각물 대신 사용되는 장식용 제품으로 많이 사용된다. 최근에는 패널형상으로 제작되어 내·외벽에도 사용될 수 있도록 제조된 제품도 있다.

(2) 위생도기, 토관, 도관

① 위생도기(Sanitary Wares)

㉠ 위생도기는 각종 위생설비에 사용되는 점토 소성 제품으로 대변기, 소변기, 세면기, 욕조 등을 말한다.

㉡ 위생도기는 점토에 철분의 성분이 적은 도자기질의 고급점토인 고령토를 사용하여 제작하고 유약으로 시유하는 것이 일반적이다.

② 토관(土管, Clay Pipe)

㉠ 토관은 점토를 성형, 소성하여 만든 관으로 강도는 좋지 않으나 가격이 저렴하며, 흡수율은 20% 이하가 요구된다.

㉡ 도관 중 고급제품으로 유약칠을 한 것을 오지토관이라고 한다.

㉢ 주로 배수관, 굴뚝, 환기통 등으로 사용된다.

③ 도관(陶管, Ceramic Pipe)

㉠ 도관은 토관의 일종이지만 소지로 도기질을 사용하고, 소성온도를 높게 하여 강도를 증가시키고 식염유를 사용하여 흡수율을 낮춘 제품이다.

㉡ 주로 상수관, 배수관, 배선관 등으로 사용된다.

SECTION 4 금속재료

1 철강 및 관련제품

1) 개요

(1) 금속재료는 광석으로부터 필요 물질을 제련(製錬)－추출(抽出)－정련(精錬)하여 얻어진 물질로 철금속과 비철금속으로 나누며, 비중 5를 기준으로 가벼운 것을 경금속, 무거운 것을 중금속이라고 한다.

(2) 성질
① 수은을 제외한 금속은 상온에서 고체이다.
② 전성과 연성이 풍부하여 변형과 가공이 용이하다.
③ 전기와 열의 양도체이다.
④ 비중이 비교적 크다.
⑤ 특유의 금속광택을 가지고 있다.

2) 철 금속

(1) 철의 분류

① 철은 탄소(C)량의 구분에 따라 탄소가 1.7% 이상 함유된 것을 주철(鑄鐵), 선철(銑鐵), 그 미만인 것을 철강(鐵鋼) 또는 강(鋼)이라고 한다.
② 탄소량이 적으면 적을수록 연성이 커지며, 탄소 함유량이 많아지면 강도 및 경도가 높아지는 반면 부서지기 쉬운 성질이 있다.

(2) 철강(鐵鋼, Steel)

① 철강은 주재료인 철(Fe) 이외에 탄소(C), 규소(Si), 망간(Mn) 및 소량의 인(P), 황(S) 등을 함유하고 있는 금속재료의 대표적인 물질이다.
② 철강은 탄소량에 따라 순철, 탄소강, 주철 등으로 나눈다.
(주조성 : 주철 > 탄소강 > 순철)

명칭	탄소량	성질
순철(연철)	0.04% 이하	800~1,000℃ 내외에서 가단성이 크고 연질이다.
탄소강	0.04~1.7% 이하	가단성, 주조성, 담금질 등의 효과가 크다.
주철	1.7% 이상	주조성이 크고 취성이 크다.

③ 탄소강은 탄소 함유량에 따라 극연강, 연강, 반연강 등으로 나뉘며 연강이 건설재료로 많이 사용된다.

구분		탄소량(%)	주용도
탄소강	극연강	0.08~0.12	리벳, 못, 새시바, 용접관 등
	연강	0.12~0.20	철근, 형강, 강판, 강관 등
	반연강	0.2~0.3	레일, 차량, 기계용 형강
	반경강	0.3~0.4	볼트, 강널말뚝 등
	경강	0.4~0.5	공구, 스프링, 피아노 선 등
	최경강	0.5~0.6	스프링, 칼날, 공구 등

(3) 철강의 제조공정

① 제강공정

㉠ 제선

제철의 원료인 철광석을 석회석, 코크스, 망간 광석 등과 함께 용광로에 넣고 녹여 선철(銑鐵)을 만드는 과정

㉡ 제강

선철에서 탄소량을 줄이고 불순물을 제거하여 구조용 재료로 사용 가능한 강으로 만드는 과정으로 평로법, 전로법, 전기로법, 도가니법이 있다.

㉢ 조괴

용융된 강을 꺼내서 주형에 주입하여 강괴로 만드는 과정

㉣ 가공

구분	내용
압연(Rolling)	강괴를 다시 두 개의 롤러 사이를 통과시켜 여러 가지 형태로 가공하는 과정
단조(Forging)	해머나 프레스 기계로 눌러 원하는 형상으로 만드는 것
인발 · 압출	못, 철사 등 지름 5mm 이하의 철선을 만들 때 디아스(Dias)를 통하여 뽑아내거나 고압으로 밀어내어 가공하는 방법

② 강의 열처리

구분 / 종류	열처리 방법	특 징
불림(소준) Normalizing	강을 800~1,000℃로 가열한 후 공기 중에 천천히 냉각	① 강철의 결정 입자가 미세화 ② 변형이 제거 ③ 조직이 균일화
풀림(소둔) Annealing	강을 800~1,000℃로 가열한 후 노 속에서 천천히 냉각	① 강철의 결정이 미세화 ② 결정이 연화된다.

담금질(소입) Quenching	강을 800~1,000℃로 가열한 후 물 또는 기름 속에서 급냉	① 강도와 경도가 증가한다. ② 탄소함유량이 클수록 담금질 효과가 크다.
뜨임(소려) Tempering	담금질한 후 다시 200~600℃로 가열한 다음 공기 중에서 천천히 냉각	① 강의 변형이 없어진다. ② 강에 인성을 부여하여 강인한 강이 된다.

(4) 강의 일반적 성질

① 물리적 성질

구분	비중	용융점	열전도율	선팽창계수
강	7.85	1,425~1,530	45.32	10.4×10^{-6}~11.5×10^{-6}
알루미늄	2.70	659	209.2	23.1×10^{-6}

② 역학적 성질(응력-변형률 곡선(Stress-strain Curve))

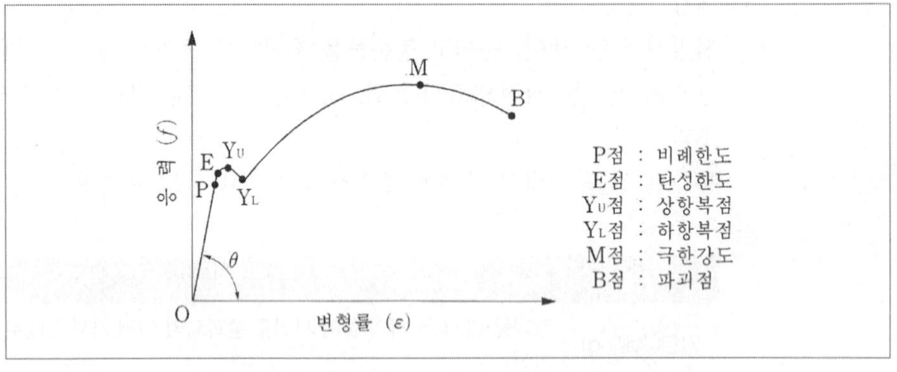

㉠ 비례한도(比例限度, Proportional Limit) : 응력이 작을 때에는 변형이 응력에 비례하여 커지며, 이 비례관계가 성립되는 최대 한계

㉡ 탄성한도(彈性限度) : 재료에 가해진 외력을 제거한 후에도 영구변형하지 않고 원형으로 되돌아 올 수 있는 한계

㉢ 상·하 항복(降伏)점 : 응력은 증가하지 않는 데 변형률이 급격히 증가하는 현상을 항복이라 하며 Y_U를 상항복점, Y_L을 하항복점이라 함

㉣ 극한강도 : 항복이 끝나고 응력이 다시 증가하기 시작하여 최대 응력에 도달하게 될 때의 강도

㉤ 파괴점 : 응력이 증가하지 않아도 변형이 커져서 파괴되는 점

CheckPoint

재료에 가해진 외력을 제거한 후에도 영구변형하지 않고 원형으로 되돌아 올 수 있는 한계를 의미하는 것은?

① 극한강도　② 상위항복점　③ 하위항복점　✔ 탄성한계

③ 강의 온도에 의한 영향

강은 온도에 따라 강도가 변하는데 100℃ 이상 되면 강도가 증가하여 250~300℃에서 최대가 된다.

온도	강도의 영향
500℃	0℃일 때의 1/2로 감소
600℃	0℃일 때의 1/3로 감소
900℃	0℃일 때의 1/10로 감소

CheckPoint

강재의 인장강도는 온도에 따라 다른데 인장강도가 최대로 되는 경우의 온도는?

① 20~30℃　② 100~150℃　✔ 250~300℃　④ 500~550℃

(5) 주철(鑄鐵)과 주강(鑄鋼)

① 주철(鑄鐵, Cast Iron)

㉠ 주철은 탄소(C) 함유량이 1.7% 이상에서 6.67%까지의 것

㉡ 강보다 내식성이 우수하고 용융점이 낮아서 복잡한 형태의 것도 주조하기 쉽지만 취성으로 인하여 압연, 단조 등의 기계적 가공을 할 수 없다.

㉢ 창호철물, 장식철물, 맨홀 뚜껑, 급수 주관 등으로 사용된다.

CheckPoint

92~96%의 철을 함유하고 나머지는 크롬 · 규소 · 망간 · 유황 · 인 등으로 구성되어 있으며 창호철물, 자물쇠, 맨홀 뚜껑 등의 재료로 사용되는 것은?

① 선철　✔ 주철　③ 강철　④ 순철

② 주강(鑄鋼, Steel Casting)

㉠ 탄소량이 0.5% 정도 용융 강을 필요한 모양, 치수에 따라 주형에 주입하여 만든 것

㉡ 주조성이 있고, 성질은 탄소강과 비슷하지만 인성이 떨어진다.

(6) 특수강

① 구조용 특수강

㉠ 탄소강에 니켈(Ni), 크롬(Cr), 망간(Mn), 몰리브덴(Mo), 텅스텐(W) 등 한 가지 이상을 혼합하고 담금질 등의 열처리를 하여 강도, 인성을 높인 것이다.

㉡ PC 강선, 특수레일 등에 사용

② 스테인리스 강(Stainless Steel)

㉠ 스테인리스 강은 크롬(Cr), 니켈(Ni)을 함유한 저탄소강으로 내식성 및 광택이 우수한 특수강이다.

㉡ 전기저항이 크고 열전도율이 낮으며 용접도 가능하다.

㉢ 식기, 가구, 건축물의 내·외장재, 설비 기구, 급수 배관용 등에 사용된다.

③ 동강(Copper Steel)

㉠ 강에 구리(Cu)를 적당량 첨가시켜 내식성을 증대시킨 연강(軟鋼)이다.

㉡ 스테인리스 강보다는 작으나 상당한 내식성이 있고 강도도 일반 동보다는 우수하여 동강을 내후성 강이라고 한다.

㉢ 스테인리스 강에 비해 값이 저렴하고 염수에도 내식성이 있어 강판 널말뚝재, 창 새시 등으로 사용한다.

3) 철강 관련제품

(1) 구조용 강재(Structural Steel)

① 형강(形鋼, Shape Steel)

열간 압연하여 특수한 단면의 형상으로 제조된 강재로, 철골 구조물로 많이 사용되고 대형 차량, 선박 등의 구조물 등에서도 사용된다.

② 경량형강(輕量形鋼, Light Weight Shape Steel)

구조재의 무게 경감과 경제적 목적으로 단면이 얇은 강판 등을 냉간 압연하여 유효한 단면형상으로 만든 제품이다.

철골 구조

경량 철골

③ 철근(鐵筋, Steel Bar)

㉠ 원형철근(Round Steel Bar) : 단면이 원형으로 콘크리트에 대한 부착력이 약하다.

㉡ 이형철근(Deformed Steel Bar) : 콘크리트와의 부착력을 높이기 위하여 철근의 표면에 마디와 리브(Rib) 등 돌기를 붙인 것이다.

㉢ 고강도 철근(High Tensile Bar) : 인장력이 크고, 항복점 강도가 350MPa 이상인 철근이다.

(2) 선재(線材, Wire Materials)

① 철선(鐵線) : 콘크리트 보강용, 비계 결속용, 철망 등에 사용

② PS 강선 및 PS 강연선 : 프리스트레스트 콘크리트의 긴장재로 사용

③ 와이어 로프(Wire Rope)

가는 철선을 몇 가닥 꼬아서 만든 기본 로프를 다시 여러 개 꼬아서 만든 것

④ 와이어 라스(Wire Lath)

지름 0.9~1.2mm의 철선 또는 아연도금 철선을 둥근형, 마름모형, 육각형 등으로 가공, 제작하여 울타리, 시멘트 모르타르 바름의 바탕 등에 사용

⑤ 와이어 메시(Wire Math)

연강 철선을 전기 용접하여 정방형 또는 장방형으로 만든 것으로 블록을 쌓을 때나 보호 콘크리트를 타설할 때 사용하며 균열을 방지하고 교자 부분을 보강하기 위해 사용하는 금속제품

와이어 라스 / 와이어 메시

(3) 강재말뚝

① 강관(鋼管) 말뚝 : 구조물 등의 기초에 사용하는 말뚝으로, 소관으로 된 단관 또는 단관을 용접이음한 것이다.

② H형강 말뚝 : 구조물의 기초에 사용하는 말뚝으로서, 단부재 또는 단부재를 조합한 것이다.

③ 강널말뚝 : 기초 공사의 흙막이, 수중 공사의 가물막이 등에 사용한다.

2 금속 및 관련제품

1) 비철금속 재료

(1) 구리(동)

① 제법

동(銅, Copper)은 황동광($CuFeS_2$), 적동광(Cu_2O) 등의 원광석을 용광로에 가열하여 조동(粗銅)을 얻은 후 이것을 전기분해로 정련하여 만든다.

② 성질

㉠ 연성과 전성이 풍부하며 열 · 전기의 양도체이다. 밀도가 8.7~9.0g/cm³, 용융점은 1,080℃, 비열은 400J/kg · ℃(0~100℃), 열전도율은 330W/m · ℃로 보통 금속 중 가장 높다.

㉡ 알칼리성, 암모니아 용액에 침식되고 산성용액에는 융해된다. 따라서 콘크리트, 시멘트 모르타르에 직접 접하거나 암모니아 가스 발생 장소(화장실 등)에 사용 지양

㉢ 염수, 해수에 빨리 침식됨

③ 용도

동은 건설 용재로서 동판, 전선, 관, 봉 등의 제품으로 사용

④ 동 합금

㉠ 황동(黃銅, Brass) : 구리+아연의 합금(놋쇠)으로 구리에 아연(Zn)을 10~45% 혼합. 구리보다 단단하고 주조가 잘 되며 가공하기 쉽다. 내식성이 크고 외관이 아름다워 논슬립, 줄눈대, 코너비드, 난간, 정첩 등 창호 철물에 이용

㉡ 청동(青銅, Bronze) : 구리+주석(Sn : 4~12%)의 합금으로 황동보다 주조성, 내식성이 크고 기계적 성질이 우수하며 내마모성이 높아 기계용품, 베어링, 밸브 등에 많이 사용

(2) 알루미늄(Aluminum)

① 제법

원광석인 보크사이트(Bauxite)에서 알루미나(Al_2O_3)를 분리하여 이것을 전기분해하여 만듦

② 성질

㉠ 비중이 2.7로서 경금속, 비중에 비해 강도도 커 구조용 재료로 유리

㉡ 연성, 전성이 커서 가공이 쉽고, 전기 및 열전도율이 높고 열팽창계수는 강보다 2배 정도 큼

㉢ 내부식성이 좋으나, 해수 및 산, 알칼리에 약하여 인공적으로 내식성의 산화 피막을 입히는데, 이것을 알루마이트(Alumite)라 함

㉣ 강도, 탄성계수는 강의 1/2~1/3 정도이다.

㉤ 용접성이 좋지 않다.

㉥ 용융점이 640~660℃로 낮다.

알루미늄 제품　　알루미늄 거푸집

(3) 티타늄(Titanium)

① 제법

티타늄(Titanium)은 티탄광석(TiO_2)을 원료로 하여 만든다.

② 성질

밀도가 4.5g/cm³ 정도로 가볍고, 인장강도 270~410N/mm², 종탄성계수 106GPa이다.

③ 티탄 합금

티탄 합금은 가볍고 강하며, 내부식성이 좋아 항공기 재료 등에 사용

(4) 납(Lead)

① 제법

방연광(PbS), 백연광($PbCO_3$), 황산연광($PbSO_4$) 등 천연적으로 산출되는 광석에서 조연(粗鉛)을 얻어 정제한다.

② 성질

밀도(비중)가 11.4g/cm³ 정도로 가장 무겁고, 연성·전성이 크며 인장강도가 12N/mm²로 작다.

③ 용도

주로 수도관, 가스관, 케이블 피복 등에 사용되며 동 및 아연 합금, 도장재료, 방사선 실의 방사선 차폐용 등으로 사용

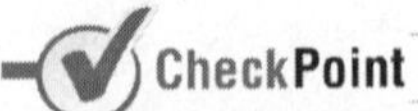

비중이 크고 연성이 크며, 방사선실의 방사선 차폐용으로 사용되는 금속재료는?

① 주석 ✔② 납 ③ 철 ④ 크롬

(5) 아연(Zinc)

① 제법

아연은 아연광(ZnS, $ZnCO_3$)을 원료로 하여 전해법에 의해 정제하여 만든다.

② 성질

밀도가 7.04~7.16g/cm³, 인장강도 23~135N/mm², 탄성계수 76GPa이다.

③ 용도

철사, 철판 등을 피복할 때 많이 사용되며, 아연 도금 철판 제조에 사용

(6) 주석(Tin)

① 제법

보통 주석(Tin)은 백색주석이라 하며, SnO_2로 천연 산출되는 주석으로부터 환원, 정제한다.

② 성질

밀도가 $7.3g/cm^3$ 정도로 가볍고, 인장강도 $23\sim39N/mm^2$, 탄성계수 39~54GPa이다.

③ 용도

단독 사용은 적고, 철판 도금용, 구리 합금인 청동, 습기를 막는 피복재료로 사용

2) 금속재료의 부식과 방식법

(1) 금속재료의 부식

재료의 종류와 그 재료가 접하는 환경상태에 따라 차이가 나며 전기분해 작용에 의한 부식 등이 있다.

(2) 일반적 부식 방지법

① 다른 종류의 금속을 서로 잇대어 쓰지 않음
② 균질한 재료를 씀
③ 가공 중에 생긴 변형은 뜨임질, 풀림 등에 의해서 제거
④ 표면은 깨끗하게 하고, 물기나 습기가 없도록 함
⑤ 도료나 내식성이 큰 금속으로 표면에 피막을 하여 보호 또는 도금함
⑥ 도료, 특히 방청도료를 칠함
⑦ 적절한 합금재료를 사용하여 내식, 내구성 있는 금속 개발, 사용

(3) 금속의 이온화 경향 크기

K > Ca > Na > Mg > Al > Cr > Mn > Zn > Fe > Ni > Sn > Pb > Cu > Hg > Ag > Pt > Au

CheckPoint

다음 중 이온화 경향이 가장 큰 금속은?

✔ Mg　② Al　③ Fe　④ Cu

(4) 방식법

① 비금속도포법

㉠ 방청 도료 도포

㉡ 아스팔트 도포

㉢ 모르타르 도포

② 금속 피막법

㉠ 도금(鍍金)법 : 금속 표면을 도금처리하여 방식성 금속 피막을 만드는 방법

㉡ 확산침투법 : 강재를 내식성 분말과 산화물의 혼합물 속에 묻고 밀폐한 다음 300~400℃로 가열하여 합금 피막을 만드는 방법

㉢ 가공법 : 금속 표면을 가공하여 내식성이 강한 산화 피막을 만드는 방법

3) 금속 관련제품

(1) 메탈라스, 익스팬디드 메탈, 펀칭 메탈, 그릴

① 메탈라스(Metal Lath)

㉠ 두께 0.4~0.8mm의 연강판에 일정한 간격으로 자르는 마름모꼴 자국을 내어 이것을 옆으로 잡아당겨 그물 모양으로 만든 것

㉡ 종류 : 편평라스, 파형라스, 리브라스 등

㉢ 활용 : 천장, 벽 등의 미장 바탕

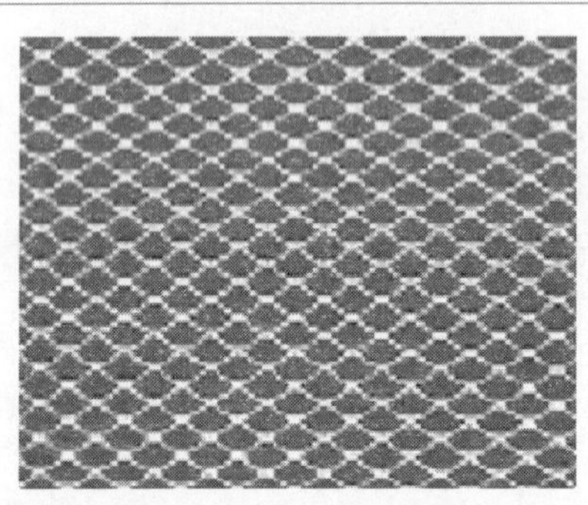

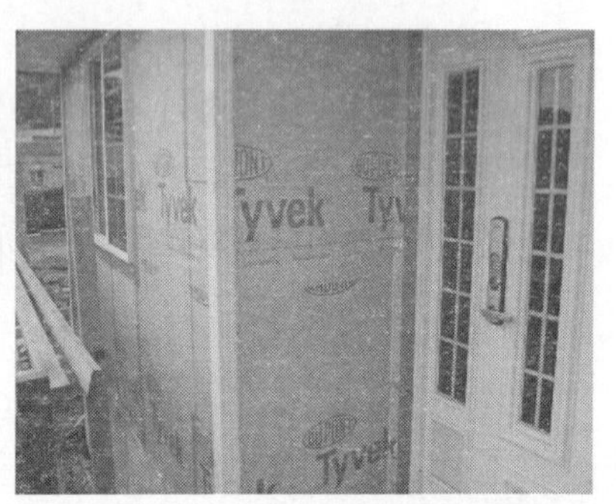

메탈라스 및 시공사진

② 익스펜디드 메탈(Expended Metal)

㉠ 두께 6~13mm의 연강판을 망상으로 만든 것

㉡ 활용 : 콘크리트 보강용

③ 펀칭 메탈(Punching Metal)

㉠ 두께 1.2mm 이하의 연강판에 여러 가지 무늬로 구멍을 뚫어 만든 것

㉡ 활용 : 환기 구멍, 라디에이터 커버 등

④ 그릴(Grille)

펀칭 메탈과 비슷한 것으로 창문 등의 도난 방지용, 하수구 및 배수구 등의 상부에 설치

(2) 데크플레이트 및 키스톤 플레이트

① 데크플레이트(Deck Plate)

얇은 연강판에 골모양을 만든 성형품으로 철근콘크리트 슬라브의 거푸집 패널(Form Panel) 또는 바닥판 및 지붕판 등으로 사용

데크플레이트

② 키스톤 플레이트(Key Stone Plate)

다수의 규칙적인 골이 되도록 만든 강판으로 데크플레이트에 비하여 춤이 작아 강성이 작음

(3) 긴결 및 고정철물

① 드라이브 핀(Drive Pin)

드라이비트(Drivit)라는 일종의 못 박기 총을 사용하여 콘크리트나 강재 등에 박는 특수강의 못을 말한다.

② 인서트

콘크리트 표면 등에 어떤 구조물을 달아매기 위해 콘크리트 타설 전에 미리 묻어두는 고정철물로 안쪽에 암나사가 있어 천장 달대볼트 등을 돌려 넣을 수 있다.

③ 목조 이음용 철물

㉠ 꺾쇠 : 봉강 토막의 양 끝을 뾰족하게 하고 ㄷ자형으로 구부려 2개의 목조 부재를 연결 또는 보강할 때 사용

㉡ 띠쇠 : 띠형으로 된 철판에 못이나 볼트 구멍을 뚫은 철물로 목구조의 2개 부재에서 이음, 맞춤 부분이 벌어지지 않도록 사용

㉢ 듀벨 : 목재와 목재 사이에 끼워 볼트와 같이 사용하여 볼트는 인장력을, 듀벨은 전단력을 부담하기 위해 사용하는 철물

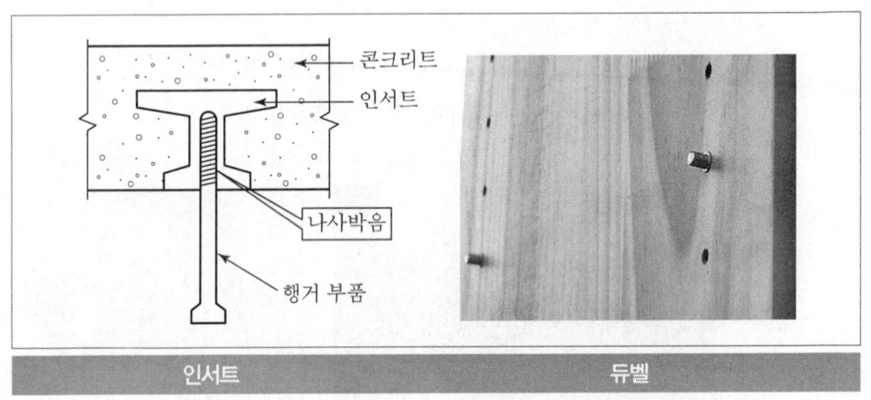

인서트 듀벨

CheckPoint

2개의 목재를 접합할 때 두 부재 사이에 끼워 볼트와 병용하여 전단력에 저항하도록 한 철물은?

① 띠쇠 ② 감잡이쇠 ③ 꺾쇠 ✔ 듀벨

(4) 장식 철물

① 줄눈대(Metalic Joiner)

인조석 갈기, 테라죠 갈기 바닥 등의 신축균열 방지 및 외장효과를 주기 위해 사용하는 철물로 철제, 알루미늄제, 황동제 중 황동제가 많이 쓰임

② 조이너(Joiner)

천장이나 내벽판류의 접합부 처리를 위한 덮개로 사용하는 것

③ 코너비드

기둥, 벽 등의 모서리를 보호하기 위하여 미장 바름질할 때 붙이는 보호용 철물

④ 계단 논슬립(Non－Slip)

계단 디딤판 끝에 설치하여 미끄러지지 않도록 하기 위한 철물로 미끄럼막이라고도 함

코너비드　　　　계단 논슬립

천장이나 내벽판류의 접합부 처리를 위한 덮개로 사용하는 것은?

✓ 조이너　　② 논슬립　　③ 줄눈대　　④ 루프 드레인

(5) 창호철물

① 경첩 등
  ㉠ 경첩 : 문틀에 여닫이 창호를 달 때 여닫이의 지도리(축)가 되는 철물
  ㉡ 돌쩌귀 : 여닫이문 정첩 대신 축으로 돌게 된 철물
  ㉢ 지도리 : 장부가 구멍에 끼워져 돌게 되는 철물로 회전창에 사용

② 도어 클로저, 도어 스톱, 도어 홀더, 창개폐조정기

③ 자물쇠, 걸쇠, 꽂이쇠

④ 손잡이 · 손걸이

⑤ 문바퀴, 레일, 도르래

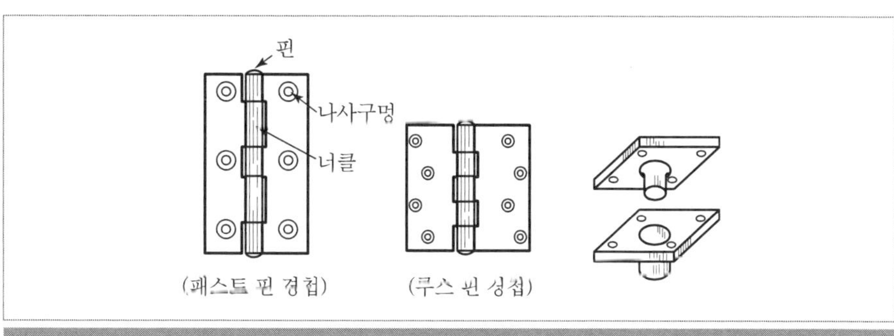

경첩　　　　지도리

SECTION 5 미장 및 방수재료

1 미장 재료

1) 개요

(1) 미장재료(Plastering Materials)란 건축물의 바닥·벽·천장 등의 미화·보호·내마멸·방습·방수·방음·보온·내화 등을 목적으로 적당한 두께로 바르거나 뿜칠 등을 실시하여 마무리하는 재료를 말한다.

(2) 미장재료의 시공과정

① 바탕정리 및 청소 → ② 초벌바름 → ③ 재벌바름 → ④ 정벌바름

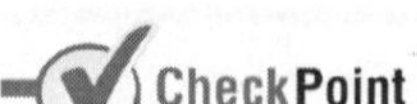

접착을 주목적으로 하며, 바탕의 요철을 완화시키는 바름공정에 해당되는 것은?

① 바탕조정 ✔ 초벌 ③ 재벌 ④ 정벌

2) 미장재료의 분류

(1) 구성재료

① 결합재(結合材, Binder)

물리적·화학적으로 고화(固化)하여 미장바름의 주체가 되는 재료를 말하는 것으로 시멘트, 석고 플라스터, 합성수지, 아스팔트 등을 말한다.

② 골재(骨材, Aggregate)

결합재의 결점인 수축균열 방지, 점성 및 보수성의 부족 보완 또는 치장의 목적으로 사용되는 재료로 모래, 종석, 경량골재 등을 말한다.

③ 혼화재료(混和材料, Admixture addictive)

착색, 방수, 경화시간 조정 등을 목적으로 사용되는 재료로 착색제, 방수제, 급결제(염화칼슘, 염화마그네슘 등) 등을 말한다.

④ 보강재(補强材, Reinforcement)

균열방지 등의 목적으로 사용되는 재료로서 여물, 풀, 수염, 와이어라스(Wire-lath), 메탈라스(Metal-lath) 등을 말한다.

CheckPoint

무정형의 미장재료를 경화시키는 결합재와 거리가 먼 것은?

① 석고플라스터 ② 합성수지 ☑ 여물재 ④ 아스팔트

(2) 경화(硬化)반응

① 기경성(氣硬性) 미장재료 : 공기 중 탄산가스(CO_2)와 작용하여 경화되며 미장면이 수축성을 나타냄
- 흙바름, 회반죽, 돌로마이트 Plaster, 아스팔트 Mortar

② 수경성(水硬性) 미장재료 : 물과 수화반응에 의해 경화되며 미장면이 팽창성을 나타냄
- 석고 Plaster, 시멘트 Mortar, 인조석 바름

3) 미장재료의 종류 및 특징

(1) 흙바름

① 진흙 · 모래 · 여물 등을 물반죽하여 외바탕, 산시바탕 등에 바르는 것을 말한다.
② 잔돌 · 불순물 혼입되지 않은 것 사용
③ 근래에는 황토(黃土, 고운 황토색의 점토)를 온돌바닥이나 벽에 바르는 경우가 많음
④ 여물은 볏짚을 일정한 크기로 잘라 진흙반죽에 혼입하는데 균열방지 목적으로 쓰임
⑤ 공기 중의 탄산가스(CO_2)와 작용하여 경화하는 기경성(氣硬性) 미장재료에 해당함

(2) 회반죽(Lime Plaster)

① 재료 : 소석회, 모래, 여물, 해초풀
② 다른 미장재료에 비해 건조에 시일이 걸린다.
③ 초벌과 재벌에서는 건조 경화시 균열 방지를 위해 여물을 사용한다.
④ 해초풀은 회반죽에 일정한 점성을 주기 위해 사용한다.
⑤ 공기 중의 탄산가스(CO_2)와 작용하여 경화하는 기경성(氣硬性) 미장재료에 해당함
⑥ 회반죽에 석고를 약간 혼합하면 수축균열 방지 효과가 있다.

PART 01 PART 02 PART 03 PART 04 PART 05 PART 06 부록

(3) 돌로마이트 플라스터(Dolomite Plaster)

① 돌로마이트, 모래, 여물을 물 반죽하여 일정한 두께로 바르는 것을 말한다.
② 점성 및 가소성이 커서 재료반죽시 풀이 필요 없다.
③ 냄새, 곰팡이가 없고 변색될 염려가 적다.
④ 비중이 크고 굳으면 강도가 큰 편이다.
⑤ 응결시간이 길어 시공이 용이하며, 보수성이 커 바름, 고름작업이 용이하다.
⑥ 건조 수축이 커 균열이 쉽고, 습기 및 물에 약해 환기가 잘 안되는 지하실 등에는 사용 지양한다.
⑦ 공기 중의 탄산가스(CO_2)와 작용하여 경화하는 기경성(氣硬性) 미장재료에 해당한다.

미장재료 중 공기 중의 탄산가스와 반응하여 화학변화를 일으켜 경화하는 것은?

① 순석고 플라스터　　② 돌로마이트 플라스터
③ 시멘트 모르타르　　④ 보드용 석고 플라스터

(4) 석고 플라스터(Gypsum Plaster)

① 석고를 주원료로 혼합재(돌로마이트), 응결지연제, 경화촉진제 등을 적절히 물과 혼합하여 일정두께로 바르는 것이다.
② 원칙적으로 여물이나 풀을 필요치 않는다.
③ 경화가 빠르고 무수축성(팽창성)이다.
④ 물에 용해되는 성질이 있어 물을 사용하는 장소에는 부적합하다.
⑤ 내화성을 갖는다.
⑥ 경화, 건조시 치수 안정성을 갖는다.
⑦ 물과 수화반응에 의해 경화하는 수경성 미장재료에 해당한다.
⑧ 종류 : 순석고, 혼합석고, 보드용 석고, 경석고(킨스시멘트) 플라스터가 있다.

(5) 시멘트 모르타르(Cement Mortar)

① 시멘트를 결합재로 하고 모래를 골재로 하여 이를 혼합하여 물 반죽하여 사용하는 미장재료이다.
② 시공이 용이하고 내구성 및 강도가 크므로 미장재료 중 가장 많이 사용되고 있다.

③ 시멘트와 모래의 용적 배합비는 1 : 3 정도가 일반적이다.

④ 외벽용 타일 붙임재료로 가장 많이 쓰인다.

⑤ 통풍이 안되는 지하실에 사용함

⑥ 물과 수화반응에 의해 경화하는 수경성 미장재료에 해당한다.

CheckPoint

통풍이 좋지 않은 지하실에 사용하는 데 적합한 미장재료는?

① 회사벽 ✓② 시멘트 모르타르
③ 회반죽 ④ 돌로마이트 플라스터

(6) 인조석 바름(Artificial Stone Finish)

① 시멘트, 종석, 안료 등을 물로 배합·반죽하여 일정두께로 바르고 경화 후 잔다듬 또는 갈기 등으로 표면을 마무리하여 천연 석재와 유사하게 현장에서 마무리하는 것

② 종석(種石, Chip Stone)은 화강석, 석회석, 대리석의 작은 돌 알갱이로 백색의 석회석이 가장 많이 사용됨

③ 시멘트와 종석의 용적 배합비는 1 : 1.5 정도로 한다.

④ 안료는 무수용성(無水溶性)이고 내식성(耐蝕性)이 있는 것을 사용

⑤ 물과 수화반응에 의해 경화하는 수경성 미장재료

(7) 테라조 바름(Terrazzo Finish)

① 대리석, 화강석 등을 종석으로 하여 시멘트와 혼합하여 시공하고 경화 후 가공 연마하여 미려한 광택을 갖도록 마감한 것

② 인조석 바름보다 더 고급스런 바름

③ 물과 수화반응에 의해 경화하는 수경성 미장재료

테라조 바름

대리석, 화강석 등을 종석으로 하여 시멘트와 혼합하여 시공하고 경화 후 가공 연마하여 미려한 광택을 갖도록 마감한 것은?

① 트래버틴 ② 테라조 ③ 래신바름 ④ 암면

(8) 특수 모르타르 바름

① 톱밥 모르타르 ② 질석 모르타르
③ 펄라이트 모르타르(Perlite Mortar) ④ 바라이트 모르타르(Barite Mortar)
⑤ 아스팔트 모르타르(Asphalt Mortar) ⑥ 러프 코트(Rough Coat)
⑦ 리신 바름(Lithin Coat)

2 방수재료

1) 개요

(1) 방수재료(WaterProofing Materials)란 방수층을 형성하여 건축물의 구성부분을 불투수성의 상태로 만들어 건축물의 방수 및 방습효과를 증진시켜주는 재료를 말한다.

(2) 방수방법

① 멤브레인 방수(Membrane Water-Proof)
구조물 외부에 아스팔트 · 합성수지 시트 · 합성수지 도막을 이용하여 얇은 피막을 형성

② 시멘트 액체방수
시멘트 모르타르의 공극을 메우는 방법

③ 발수 방수
발수제를 모르타르나 벽면 등에 바름

④ 실링 방수
실링재를 건축물의 틈새나 알루미늄 새시 주변부에 충전하여 빗물 등을 방지

2) 아스팔트 방수재료

(1) 아스팔트(Asphalt)의 종류 및 성질

① 천연아스팔트

㉠ 지표상에서 자연적으로 산출된 아스팔트

㉡ 종류 : 아스팔타이트(Asphaltite), 록(Rock) 아스팔트, 레이크(Lake) 아스팔트 등

② 석유 아스팔트
천연으로 산출된 원유에서 인공적으로 만든 아스팔트

CheckPoint

천연석유가 지층의 갈라진 틈과 암석의 깨진 틈에 침입한 후 지열이나 공기 등의 작용으로 장기간 그 내부에서 중합반응 또는 축합반응을 일으켜 탄력성이 풍부한 화합물로 된 것은?

✔ 아스팔타이트　② 스트레이트아스팔트
③ 아스팔트컴파운드　④ 아스팔트프라이머

③ 아스팔트의 일반적 성질

항목	스트레이트 아스팔트	블로운 아스팔트
연화도(℃)	41	98
침입도(mm)	9	2
신율(cm/min)	150	3.2
밀도(g/cm^3)	1.03	1.05

④ 침입도 시험
㉠ 아스팔트의 견고성을 판정하는 시험으로 점성물의 굳기를 표시
㉡ 25℃ 상온에서 바늘에 100g의 무게를 5초간 실어 점성물이 콘크리트에 관입되는 수치를 측정하며, 이 때 관입깊이 0.1mm를 침입도 1이라 함

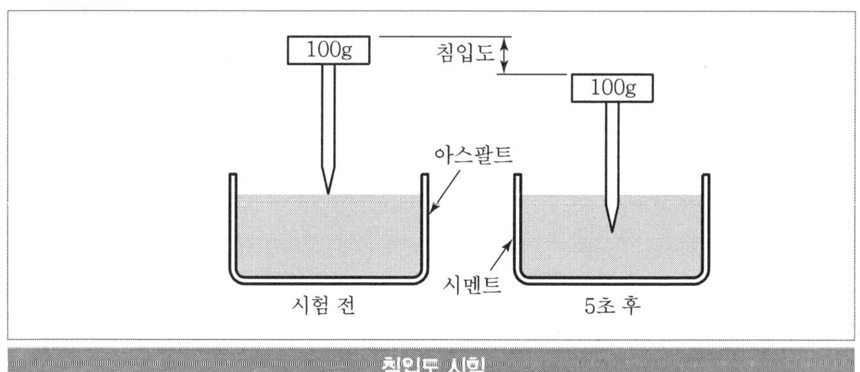

침입도 시험

(2) 석유 아스팔트

① 스트레이트 아스팔트(Straight Asphalt)

스트레이트 아스팔트는 원유를 증류한 잔류유(찌꺼기)를 정제한 것으로 점착성 · 방수성 · 신장성은 풍부하지만 연화점이 비교적 낮고 내후성이 약하며 온도에 의한 결점이 있어 지하실 방수공사 외에는 잘 사용하지 않는다.

② 블로운 아스팔트(Blown Asphalt)

㉠ 잔류유를 공기나 수증기에 분출시키면서 저온에서 장시간 증류한 것으로 내구성이 크고 연화도가 비교적 높아 온도에 대한 감수성이 작다.

㉡ 점착성 · 방수성 · 신장성은 스트레이트 아스팔트에 비해 약하다.

아스팔트 프라이머

아스팔트 루핑 시공

(3) 아스팔트 제품

① 아스팔트 유제(Asphalt Emulsion)

아스팔트에 유화제를 혼합하여 수중에 분산시킨 자갈색의 액체로 방수층 또는 도로의 포장 등에 사용된다.

② 아스팔트 프라이머(Asphalt Primer)

아스팔트를 휘발성 용제에 녹인 흑갈색의 액체로 바탕재에 도포하여 아스팔트 등의 접착력을 증대시키는 액상재료로서 방수재의 접착제로 사용되는 것이다.

③ 아스팔트 컴파운드(Asphalt Compound)

블로운 아스팔트의 점착성 · 내후성 · 내열성 · 내한성 등을 개량하기 위해 아스팔트에 동물섬유나 식물섬유를 혼합하고 유동성을 부여한 것으로 방수층에 사용된다.

④ 아스팔트 펠트(Asphalt Felt)

㉠ 목면이나 양모 등에 연질의 스트레이트 아스팔트를 도포한 후 가열 · 용융하여 흡수시킨 것을 회전로에서 두께를 조절하여 롤(Roll)형으로 만든 것이다.

㉡ 주로 아스팔트 방수 중간층 재료로 사용되고 내외벽 모르타르 바탕의 방수 방습 재료로 사용된다.

목면, 마사, 양모, 폐지 등을 혼합하여 만든 원지에 스트레이트 아스팔트를 침투시킨 두루마리 제품으로 흡수성이 크기 때문에 단독으로 사용하는 경우 방수효과가 적어 주로 아스팔트 방수의 중간층 재료로 이용되는 것은?

✔ 아스팔트 펠트　② 아스팔트 루핑　③ 아스팔트 싱글　④ 아스팔트 블록

⑤ 아스팔트 루핑(Asphalt Roofing)

㉠ 질긴 섬유에 연질의 스트레이트 아스팔트를 침투시키고, 앞뒤면에 블로운 아스팔트를 주재료로 한 컴파운드(Compound)를 피복하고 그 위에 활석 또는 운모 등의 돌가루를 부착시켜 규정된 치수로 절단하여 롤(Roll) 형의 제품으로 만든 것

㉡ 평지붕의 방수층 및 슬레이트 평판, 금속판 등 임시건물의 간단한 지붕깔기 바탕재료　등으로 쓰인다.

⑥ 아스팔트 싱글(Asphalt Single)

㉠ 두께 3cm 정도의 아스팔트 루핑을 4각형 또는 6각형 모양으로 절단하여 만든 것을 지붕재료로 사용

㉡ 아스팔트 싱글은 경량으로 내후성 · 방수성 · 내변색성이 우수하고 다양한 색상으로 지붕의 외관을 미려하게 할 수 있으며, 녹인 아스팔트 또는 합성수지 접착제 등으로 손쉽게 시공할 수 있어 최근 지붕재료로 많이 사용된다.

아스팔트 펠트

아스팔트 싱글 시공 사진

3) 시멘트 방수재료

시멘트 방수제는 모르타르 또는 콘크리트에 혼합하면 물리적·화학적으로 모체의 공극을 메워서 수밀하게 하여 방수작용을 하는 재료이다.

(1) 액체 방수제(Liquid Water-proofing Agent)

모체에 방수액을 침투시키거나 방수제를 혼합한 시멘트 풀(Cement Paste) 방수 모르타르를 여러 번 반복해서 발라 방수층을 형성하는 것이다.

(2) 분말 방수제(Powder Water-proofing Agent)

분말상태로 된 방수제를 시멘트에 소정의 비율로 혼합하여 균일하게 건비빔한 후에 물을 첨가하여 반죽상태로 된 것을 여러 번 발라 방수층을 형성하는 것이다.

(3) 교질 방수제(Colloidal Water-proofing Agent)

방수제를 시멘트에 소정의 비율로 혼합하여 반죽상태로 만들어 용기에 담아 운반과 저장 등이 간편하게 만든 것으로, 물을 적당한 농도로 풀어서 사용하도록 만든 것이다.

4) 시트 방수재료

(1) 일반사항

시트방수(Sheet Water-proof)는 합성수지 또는 개량 아스팔트 펠트 등을 주원료로 접착제나 토치(Torch)를 사용하여 모체에 접착시켜 방수층을 형성하는 것이다.

(2) 종류 및 접착법

① 종류 : 합성고분자계 시트, 개량 아스팔트 시트

② 접착법 : 온통(전면) 접착, 점 접착, 선 접착, 갓 접착 등

5) 도막 방수재료

(1) 일반사항

도막방수(Coating Water-proof)는 방수하려는 바탕면에 합성수지나 합성고무의 용제(溶劑, Solvent) 또는 유제(乳劑, Emulsion)를 도포하여 소요 두께의 방수 피막을 형성시켜 방수층을 만드는 것이다.

(2) 종류

① 유제형 도막방수 : 아크릴 수지, 초산비닐 수지 등

② 용제형 도막방수 : 클로로프렌 고무, 우레탄, 에폭시, 아크릴, 고무 아스팔트 등

(3) 장단점

① 굴곡 등 복잡한 부위나 수직부와 같은 곳에서도 시공이 가능하며 공기(工期)도 단축할 수 있다.

② 접착성 · 내약품성 등이 우수하고 신축성이 있기 때문에 바탕면의 미세한 균열에도 견디며, 누수시 결함 발견도 용이하고 국부적 보수가 가능한 방수재료이다.

③ 용제형 도막방수는 용제가 휘발성 인화물질이 많으므로 화재에 대한 주의를 해야 한다.

도료상태의 방수제를 바탕 면에 여러 번 칠하여 상당한 살두께의 방수막을 만드는 방수법은?

㉠ 도막방수 ② 아스팔트방수 ③ 시멘트방수 ④ 시트방수

SECTION 6 합성수지

1 합성수지 및 관련제품

1) 합성수지

(1) 종류

① 열가소성 수지 : 고형체에 열을 가하면 연화(軟化) 또는 용융(熔融)하여 가소성 및 점성이 생기며, 냉각하면 다시 고형체로 되는 합성수지

② 열경화성 수지 : 고형체에 열을 가하면 잘 연화하지 않는 합성수지

③ 섬유소계 수지 : 합성섬유

구분	종류
열가소성 수지	염화비닐 수지, 초산비닐수지, 폴리에틸렌 수지, 폴리프로필렌, 폴리스티렌, 메타크릴, 아크릴, ABS, 폴리카보네이트, 폴리아미드, 불소수지
열경화성 수지	페놀 수지, 요소 수지, 멜라민 수지, 폴리에스테르 수지, 실리콘 수지, 에폭시 수지, 폴리우레탄 수지, 프란수지
섬유소계 수지 (합성 섬유)	셀룰로오스, 아세트산 섬유소 수지

(2) 합성수지 재료 시공시 일반적 주의 사항

① 열가소성 수지 재료들은 열팽창계수가 크므로 팽창 및 수축의 여유를 고려한다.
② 열가소성 수지 재료들은 온도 변화가 크므로 사용장소 및 시공시 온도가 50℃ 이상 초과하지 않도록 한다.
③ 마감부분에 사용하는 경우 표면에 흠, 얼룩, 변형 등이 생기지 않도록 하고, 필요에 따라 종이, 천 등으로 적절히 보양(保養)한다.
④ 양생 후 물, 비눗물, 휘발유 등을 적셔 깨끗이 청소한다.

다음 합성수지 중 열경화성 수지에 해당하는 것은?
① 초산비닐수지　② 폴리아미드수지　✔ 프란수지　④ 셀룰로이드

(3) 합성수지의 장단점

장점	단점
가공성이 좋아 성형이 쉽다.	열에 의한 수축, 팽창이 크다.
경량이고 착색이 용이하며 비강도값이 크다.	내열성, 내후성이 약하다.
내구, 내수, 내식, 내충격성이 강하다.	압축강도 외의 강도, 탄성계수가 작다.
전·연성 및 접착성이 크다.	흡수팽창 및 건조수축이 크다.
전기 절연성이 양호하다.	

2) 열가소성 수지

(1) 염화비닐 수지(PVC ; Polyvinyl Chloride)

① 성질
　㉠ 비중 1.4, 사용온도는 10~60℃ 정도로 열에 약하다.
　㉡ 강도, 전기절연성, 내약품성이 양호
② 용도 : 필름(Film), 시트(Sheet), 파이프(Pipe) 등의 제품이 있으며 스펀지(Sponge), 바닥용 타일, 도료, 접착제 등의 원료로 사용

(2) 폴리에틸렌 수지(PE ; Polyethylene Resin)

① 성질
　㉠ 비중 0.94인 유백색의 불투명수지이다.

㉡ 상온에서 유연성이 크고 취약온도는 −60℃ 이하

㉢ 충격에 강하고 내약품성, 전기절연성, 내수성 등이 우수

② 용도 : 방수, 방습 시트, 포장용 필름, 전선피복, 일용잡화 등에 사용

(3) 폴리프로필렌 수지(PP ; Polypropylene Resin)

① 성질

㉠ 비중이 0.9로 가볍다.

㉡ 인장강도가 뛰어나고 내열성, 전기적 성능, 내약품성, 광택, 투명도 등이 우수

② 용도 : 섬유제품, 필름, 시트, 기계공업, 정밀부분품, 의료기구, 가정용품 등에 사용

(4) 폴리스티렌 수지(PS ; Polystyrene Resin)

① 성질

㉠ 용융점이 145.2℃이고 무색투명하며 스티롤 수지라고도 한다.

㉡ 내수, 내약품성, 전기절연성, 가공성이 우수하다.

② 용도

발포 보온판(스티로폼)의 주원료, 벽타일, 천장재, 블라인드, 도료, 전기용품 등에 사용된다.

(5) 아크릴 수지(Acrylate Resin)

① 성질

㉠ 투명성, 유연성, 내후성, 내약품성이 우수하다.

㉡ 착색이 자유롭고 열팽창성이 크며 유기유리, 메타크릴 수지라고도 한다.

② 용도

㉠ 내충격 강도가 우수하여 의치(醫齒), 유리 대용품, 항공기 등의 방풍유리에 사용된다.

㉡ 섬유재료, 도료, 시멘트 혼화재료로도 사용된다.

아크릴 수지 사용제품

(6) ABS 수지

① 아크릴로니트릴(Acrylonitrile), 부타디엔(Butadiene), 스티렌(Styrene)의 3가지 성분을 적절히 조합하여 만든 합성수지이다.

② 아크릴로니트릴이 갖는 강성·내약품성, 뛰어난 기계적 성질과 부타디엔이 갖는 내충격성, 스티렌이 갖는 광택과 성형성의 장점을 부여시킨 종합 수지이다.

(7) 폴리카보네이트(Polycarbonate Resin)

① 성질

㉠ 비중은 1.2 정도이다.

㉡ 투명성, 전기절연성, 내충격성 및 내후성이 우수하다.

㉢ 판유리의 250배, 강화유리의 90배, 아크릴의 30배 정도 강력한 내충격성이 있다.

② 용도 : 유리 대용품으로 아케이드(Arcade), 천장(Skylight), 캐노피(Canopy) 등에 사용된다.

3) 열경화성 수지

(1) 페놀 수지(Phenol Formaldehyde Resin)

① 성질

㉠ 전기절연성, 내수성, 내후성, 접착성이 양호하다.

㉡ 내열성이 뛰어나며 고체상으로 만든 것을 베이클라이트라고 한다.

㉢ 알코올, 아세톤 등에 녹는다.

② 용도

㉠ 1급 내수합판 접착제로 사용, 목재, 금속, 플라스틱 및 이종재 간의 접착제로 이용

㉡ 전기, 통신선의 절연재, 피복재, 도료의 접착제 등에 사용

(2) 요소 수지(Urea Formaldehyde Resin)

① 성질

㉠ 무색으로 착색이 자유롭고, 내열성은 페놀, 멜라민보다 약간 떨어지나 100℃ 이하에서 사용 가능하다.

㉡ 약산, 약알칼리에 견디고 여러 가지 유류에는 거의 침식되지 않는다.

㉢ 강도, 전기적 성질은 페놀수지보다 약간 떨어진다.

② 용도

㉠ 내수합판 접착제로 이용된다.

㉡ 완구, 장식품 등의 일용잡화 등에 사용된다.

(3) 멜라민 수지(Melamine Formaldehyde Resin)

① 성질

㉠ 무색투명하고 착색이 자유롭다.

㉡ 표면경도가 높고, 무독성이다.

㉢ 내수성, 내약품성, 내열성이 우수한 편이다.

㉣ 기계적 강도, 전기적 성질 및 내구성이 우수하다.

㉤ 강산, 강알칼리 외에는 침식되지 않는다.

② 용도

㉠ 치장합판으로 벽판, 천장판, 카운터(Counter) 등 마감재에 사용된다.

㉡ 전기기구, 배선기구, 각종 식기 등에 사용된다.

(4) 폴리에스테르 수지(Polyester Resin)

① 포화 폴리에스테르 수지(알키드 수지)

㉠ 조성되는 수지의 종류 및 양에 따라 성질의 범위가 다양하다.

㉡ 내후성, 밀착성, 가소성이 우수하나 내수성, 내알칼리성은 약하다.

㉢ 용도 : 주로 도료의 원료로 사용된다.

② 불포화 폴리에스테르 수지

㉠ 강도가 우수하고 사용온도의 폭은 90~150℃ 정도이다.

㉡ 용도 : FRP 재료, 차량, 항공기 등의 구조재료나 아케이드 천장, 루버, 칸막이 등에 사용된다.

 CheckPoint

유리섬유를 불규칙하게 상온가압하여 성형한 판으로 알칼리 이외의 화학약품에 대한 저항성이 있고 설비재, 내외 수장재로 쓰이는 것은?

✔ 폴리에스테르강화판 ② 멜라민치장판
③ 페놀수지판 ④ 염화비닐판

FRP재료 제품

(5) 실리콘 수지(Silicon Resin)

① 성질

㉠ 내열성(－80～250℃)이 우수하고 내수성, 발수성이 좋다.

㉡ 전기절연성이 좋다.

② 용도

㉠ 액체 : 윤활유, 펌프유, 절연유, 방수제 등으로 사용

㉡ 고무와 합성된 수지 : 고온, 저온에서 탄성이 있으므로 개스킷, 패킹 등에 사용

㉢ 수지 : 성형 폼(기포성 보온재), 방수시트, 접착제, 전기 절연재료 등에 사용

(6) 에폭시 수지(Epoxy Resin)

① 성질

㉠ 경화시 휘발물의 발생이 없다.

㉡ 금속 · 유리 등과의 접착성이 우수하다.

㉢ 내약품성, 내열성이 뛰어나고 산 · 알칼리에 강하다.

② 용도

㉠ 금속, 유리, 플라스틱, 도자기, 목재, 고무 등의 접착제와 도료의 원료로 사용

㉡ 최근에는 FRP 재료, 방수재료, 바닥, 벽, 천장 등의 내 · 외장재료로 널리 사용

(7) 폴리우레탄 수지(Poly－urethane Resin)

① 성질

㉠ 내구성, 내약품성이 좋으며 연질은 탄성재, 경질은 단열재 등으로 사용

㉡ 공기 중의 수분과 작용하는 경우 저온과 저습에서 경화가 늦으므로 5℃ 이하에서는 촉진제 사용

② 용도 : 도막 방수재, 보온재, 줄눈재, 단열, 방음재, 실링제 등으로 사용

(8) 불소수지(Fluorine Resin)

① 성질

㉠ 만능수지라 불리며 250℃의 고온에서도 사용 가능하고 -100℃ 에서도 그 성질의 변화가 없는 내열성이 강한 합성수지이다.

㉡ 내약품성, 전기절연성, 내마찰성이 우수하나 다른 물질과의 접착성이 없는 비접착성 합성수지이다.

② 용도 : 패킹(Packing)재, 튜브(Tube), 파이프(Pipe) 등의 원료로 사용

4) 섬유소계 수지

(1) 셀룰로오스

① 성질

㉠ 비중은 1.3 정도이며 무색투명하고 투광률은 80~85%

㉡ 자외선을 투과하나 적외선은 차단한다.

㉢ 착색이 쉽고 가공성이 우수하다.

㉣ 내광성과 내화학성은 부족

② 용도 : 도료, 금속, 가죽, 목재 등의 접착제

(2) 아세트산 섬유소 수지

① 성질 : 셀룰로오스와 비슷하나 더 우수하다.

② 용도 : 판, 파이프, 시트, 도료, 사진, 필름 등의 제조에 사용

5) 합성수지 관련 제품

(1) 바닥 재료

① 염화비닐 시트(Polyvinyl Chloride Sheet)

㉠ 원료인 염화비닐과 초산비닐에 석분, 펄프 등 충전제, 안료를 혼합하여 열압·성형한 시트로서 부드럽고 보행감이 좋다.

㉡ 복원력이 좋고 마모도 적어 바닥마감재로 많이 쓰인다.

② 염화비닐 타일(Polyvinyl Tile)

㉠ 아스팔트·합성수지·광물질 분말·안료 등을 혼합·가열하여 두께 2~3mm 시트형으로 만들어 30cm 정도로 절단한 판을 말한다.

㉡ 촉감·미삼·탄력이 좋고 내화학성이 있으나, 나빌성이 적고 복원력이 있어 바닥 마감재로 많이 쓰인다.

PART 01 PART 02 PART 03 PART 04 PART 05 PART 06 부록

③ 리놀륨(Linoleum)

㉠ 아마인유 산화물인 리녹신(Linoxin)에 송진 · 수지 · 코르크 분말 · 광물질 분말 · 안료 등을 섞어 마포(麻布)같은 질긴 천에 발라 두꺼운 종이 모양으로 압연 · 성형한 것

㉡ 유지관리가 수월하며, 부드럽고 탄력성이 있어 바닥재로 사용

(2) 파이프(Pipe) 재료

① 경질 염화비닐 관(Polyvinyl Pipe, PVC Pipe)

② 폴리에틸렌수지 관(Polyethylene Resin Pipe)

③ 염화비닐 홈통(Polyvinyl Gutter)

④ 염화비닐 튜브(Polyvinyl Tube)

(3) 판상 재료

① 염화비닐 평판 및 골판(Polyvinyl Chloride Board & Corrugate Board)
입상 염화비닐 원료를 가열하여 투명판, 착색골판, 불투명판, 무늬판 등으로 만든 것

② 폴리스티렌 투명판(Polystyrene Transparent Board)
주로 채광판으로 사용하며 착색판은 내장재 및 장식재로 사용

③ 폴리에스테르 강화판(Polyester Hard Board)
유리섬유를 불규칙하게 상온가압하여 성형한 판으로서 가성소다나 알칼리에는 약하나 내구성 및 저항성이 좋아 수장재 및 설비재료로 사용

④ 폴리에스테르 치장판(Polyester Decorated Board)
경도는 크지만 열이나 습기에 약해 외장재로는 부적당

⑤ 아크릴 평판 및 골판(Acrylate Board & Corrugate Board)
휨강도가 크고 투명도가 좋아 지붕재, 천장재, 내 · 외부 장식재로 사용

⑥ 멜라민 치장판(Melamine Board)
경도가 크나 내열, 내수성이 부족하여 외장재료는 부적당하며 내장재, 가구재로 사용

합성수지 제품 중 경도가 크나 내열, 내수성이 부족하여 외장재료는 부적당하며 내장재, 가구재로 사용되는 것은?

① 폴리에스테르 강화판
② 멜라민 치장판 (✓)
③ 페놀 수지판
④ 아크릴 평판

(4) 필름, 가죽

① 염화비닐 필름(Polyvinyl Film)

② 비닐 가죽(Vinyl Leather)

2 실런트 및 관련제품

1) 개요

실런트란 수밀성 및 기밀성을 확보하기 위하여 줄눈 등의 시공 접합부에 충전하는 재료

2) 실링재

실링재(Sealing Materials)는 각 접합부의 틈이나 줄눈을 충전하여 기밀성 및 수밀성을 높이는 재료를 말한다. 실(Seal)이란 틈을 밀봉하는 것을 뜻하는 것으로 실재란 퍼티 · 코킹 · 실링재를 총칭하여 사용하기도 한다.

(1) 실링재

① 사용 시에는 페이스트(Paste) 상태로 유동성이 있으나, 공기 중에서 시간이 경과함에 따라 탄성이 풍부한 단단한 고무상태로 된다.

② 본드 브레이커(Bond Breaker) : 실링부분을 실링하기 전에 틈새 등에 들어가는 깊이를 제한하여 실링재의 과도한 낭비를 막을 목적으로 사용하는 것

③ 마스킹 테이프 : 실링재의 충진 부위 이외를 오염시키는 것을 방지하면서 실링한 줄눈의 선을 유지하여 미관을 좋게 할 목적으로 사용하는 것

(2) 퍼티(Putty)

① 유리 퍼티 : 창틀에 유리를 끼우는 데 사용

② 도장 퍼티 : 주로 목부 유성페인트 도장 시 바탕 건조 후 구멍 · 옹이 · 균열부 등에 밀어 넣어서 땜질용으로 사용

③ 붉은 퍼티 : 광명단 · 주토 등을 아마인유 등으로 반죽한 것으로 현장에서 적당히 혼합하여 사용

(3) 코킹재(Caulking Materials)

① 부재의 접합부 등에 충전하여 기밀, 수밀하게 하는 재료

② 종류

㉠ 유성코킹재 : 창호 새시 주위 빗물막이, 접합부 밑 줄눈 등의 틈새를 메우는 데 사용

㉡ 합성수지 코킹재 : 접착성, 탄성이 유성 코킹재보다 우수하다.
㉢ 아스팔트 코킹재 : 전색재(Vehicle)로서 유지나 수지 대신에 블로운 아스팔트를 사용한 것으로 가격은 저렴하나 흑색이고, 고온에서 녹아내리기 쉬워 주로 평지붕의 비막이 공사 등에 사용

SECTION 7 도료 및 접착제

1 도료

1) 도료(塗料, Painting Materials, Coating Materials)

(1) 개요

도장(塗裝, Painting, Coating)이란 물체의 표면에 도료(Paint & Vanish)를 사용하여 도막을 형성시켜 일정한 목적을 달성하려는 일련의 작업공정을 말하며, 이때 사용되는 재료를 도료라고 한다.

(2) 도장의 주요 목적

① 색채, 무늬, 광택 등 미관 향상
② 대상물의 식별, 인지성능 향상
③ 방습, 방충, 방청, 내마모성 등으로 인한 내구성 향상
④ 방수성, 내열성, 전기 절연성, 방사선 차단성 등의 특수 목적 달성

2) 도료의 구성요소 및 원료

(1) 도료 구성요소

① 도막형성 요소
㉠ 주요소 : 유류와 수지 성분
㉡ 부요소 : 건조제, 가소제, 분산제 등
㉢ 안료 : 도료에 색·은폐력을 주는 불용성 미분말
② 도막형성 조요소
도막의 형성을 도와주기 위해 사용하는 용제 또는 희석제

(2) 도료의 원료

① 유류(油類, Oil)

㉠ 건성유(Drying Oil) : 아마인유(Linessed Oil), 대두유(Soybean), 동유(桐油), 어유(魚油, Fish Oil)

㉡ 보일드 유(Boiled Oil) : 건성유에 건조제를 넣어 공기를 흡입하여 100℃ 정도로 가열한 것

㉢ 스탠드 유(Stand Oil) : 아마인유에 공기를 차단시켜 300℃로 가열한 것

② 수지(樹脂, Resin) : 천연수지, 합성수지

③ 안료(顔料, Pigment)

도료에 색채를 주고 도막은 불투명하게 하여 표면을 은폐하며 때로는 도막에 두께를 더해주며 철재의 방청용이나 발광재로 쓰인다.

④ 건조제(乾燥劑, Dryer)

건성유의 건조를 촉진시키는 것으로 코발트, 납, 마그네시아 등의 금속산화물과 붕산염, 초산염 등이 쓰인다.

상온에서 기름에 용해되는 건조제	가열하여 기름에 용해되는 건조제
리사지, 연단, 초산염, 이산화망간, 붕산망간, 수산망간	연, 망간, 코발트의 수지산 또는 지방산의 염류

⑤ 가소제(可塑劑, Plasticizer)

건조된 도막에 탄성·교착성·가소성 등을 줌으로써 도료의 내구력을 증가시키는 것으로 프틸산부틸, 인산트리크레실, 피마자유 등이 있다.

⑥ 희석제(稀釋劑, Thinner)

도막을 형성하는 데 필요한 유동성을 얻거나, 점도를 낮춰 솔질이 잘 되게 하기 위해 사용하는 것으로 휘발성·중독성 물질이 많아 화재 및 환기에 각별히 주의해야 한다.

도료의 건조제(Dryer) 중 상온에서 기름에 용해되는 건조제가 아닌 것은?

① 붕산망간　② 이산화망간(MnO2)　③ 초산염　✔ 연(Pb)

3) 도료 관련제품

(1) 도료의 종류

① 유성페인트(Oil Paint)

㉠ 주재료는 안료, 보일드유(건성유+건조제), 희석제(Thinner)이다.

㉡ 광택과 내구력이 좋으나 건조가 늦다.

㉢ 목재나 철재 면 도장에 널리 쓰인다.

㉣ 알칼리에 약해 콘크리트, 모르타르, 플라스터 면에는 사용할 수 없다.

② 수성페인트(Water Paint)

㉠ 주재료는 안료, 교착제(膠着劑), 물이다.

㉡ 희석제로 물을 사용하므로 독성 및 화재 위험이 없다.

㉢ 알칼리성에 침해되지 않아 콘크리트, 모르타르, 플라스터 면에 사용한다.

㉣ 무광택으로 내수성이 없어 실내용으로 쓰인다.

㉤ 최근에는 내구성, 내수성, 교착성 개선을 위해 수성 페인트에 합성수지와 유화제를 첨가한 에멀션 페인트(Emulsion Paint)를 많이 사용한다.

③ 유성 바니시(Oil Varnish : 니스)

㉠ 주재료는 유용성 수지, 건성유, 희석제이다.

㉡ 수지를 지방유와 가열융합하고, 건조제를 첨가한 후 용제를 사용하여 희석한 것

㉢ 유성 페인트보다 건조가 빠르고, 광택이 있으며 투명하고 단단한 도막을 만드나 내후성이 약한 단점이 있다.

㉣ 투명한 유성바니시를 니스라고 하는데 실내의 목재면 도장에 많이 사용된다.

④ 휘발성 바니시

㉠ 래크(Lack)

휘발성 용제에 천연수지를 녹인 것으로 건조가 빠르고 내장 목재 또는 가구재에 사용

㉡ 클리어 래커(Clear Lacquer)

휘발성 용제에 합성수지를 녹인 것으로 유성 바니시에 비해 도막이 얇고 견고하고 속건성이므로 스프레이를 사용하여 뿜칠 시공함

㉢ 애나멜 래커(Enamel Lacquer)

클리어 래커에 안료를 첨가한 것으로 단시간에 도막이 형성된다.

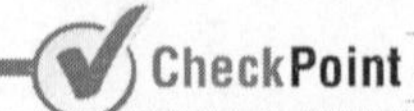

뉴트로셀룰로오스 등의 천연수지를 이용한 자연건조형으로 단시간에 도막이 형성되는 것은?

① 세락니스 ② 에나멜 래커 (✓)

③ 캐슈수지도료 ④ 유성에나멜페인트

⑤ 스테인(Stain)

목재면에 니스, 래커를 칠하기 전에 목재면의 농담을 조절하고 나뭇결을 그대로 나타내기 위해 사용하는 도장재료이다.

⑥ 에나멜 페인트(Enamel Paint)

㉠ 안료에 유성 바니시를 혼합한 액상재료이다.

㉡ 광택 증가를 위해 보일드 유보다 스탠드 유를 사용하며 건조시간이 빠르고 내수성, 내열성, 내약품성, 내유성과 광택이 있고, 경도가 큰 고급도료에 해당한다.

⑦ 합성수지도료(Synthetic Resin Paint)

㉠ 합성수지의 장점을 이용하여 여러 종류의 사용 목적에 맞게 만든다.

㉡ 건조시간이 빠르고 도막이 단단한 편이다.

㉢ 내산성, 내알칼리성이 있어 콘크리트, 모르타르, 플라스터 면에 바를 수 있다.

㉣ 종류 : 페놀수지, 비닐계수지, 에폭시수지, 폴리에스테르수지 도료 등

⑧ 옻칠

㉠ 옻나무 껍질에 상처를 내어 나온 분비액인 생 옻과 불순물을 제거한 정제 옻이 있다.

㉡ 천연수지도료로 전통적인 칠 방법이고, 경화된 옻은 보통의 페인트나 바니시에 비해 우수하다.

㉢ 고급 목기구나 가구재 등에 이용된다.

(2) 기타 특수도료

① 방청도료(Rust Proof Paint)

광명단 시공사진

㉠ 금속이 부식을 막기 위해 사용되는 도료로 녹막이 도료 또는 녹막이 페인트라 한다.

ⓛ 종류 : 광명단 도료, 산화철 녹막이 도료, 알루미늄 도료, 징크로메이트 도료, 워시프라이머 등
ⓒ 징크로메이트 도료 : 크롬산 아연을 안료로 하고 알키드 수지를 전색제로 한 것으로서 알루미늄 녹막이 초벌용으로 사용된다.
ⓔ 광명단(光明丹) : 일산화연을 400~450℃로 장시간 가열하여 만든 황적색의 분말로 철제의 방청제로 널리 쓰이며 일명 연단이라고 한다.

② 방화 및 내화도료(Fire Retardant Paint)
ⓐ 가연성 물질에 도장하여 인화·연소를 방지 또는 지연시킬 목적으로 사용된다.
ⓛ 원료에 인산염·붕산염 등이 사용된다.

③ 바탕용 도로 : 오일 퍼티(Oil Putty), 오일 프라이머(Oil Primer)

④ 다채무늬 도료(Multi-Color Spray Paint)
ⓐ 콘크리트 및 모르타르 바름 면 등에 일반적으로 뿜칠 시공한다.
ⓛ 무늬코트, 큐비코트 등으로 불린다.

⑤ 본타일
ⓐ 합성수지와 체질안료를 혼합하여 뿜칠시공하는 도료로 표면이 작은 요철무늬를 형성하는 것이 특징이다.
ⓛ 콘크리트 및 모르타르 바름면 등에 뿜칠 시공한다.

2 접착제

1) 개요

접착제(接着劑, Adhesive Agent)란 재료를 서로 견고하게 접합시킬 수 있는 능력을 가진 물질로서 교착제(膠着劑, Sticking Agent)라고도 한다.

2) 접착제 일반사항

(1) 기본적 요구 성능

① 경화시 체적 수축·팽창 등의 변형을 일으키지 않을 것
② 취급이 용이하고 독성이 없으며 사용시 적당한 유동성이 있을 것
③ 장기하중에 의한 변형이 없을 것
④ 진동, 충격의 반복에 잘 견딜 것
⑤ 내수성·내후성·내열성·내약품성 등이 있고 가격이 저렴할 것

(2) 사용시 주의사항

① 피착제의 표면은 가능한 습기가 없는 건조상태로 한다.
② 용제, 희석제를 사용할 경우 과도한 희석은 피한다.
③ 용제성의 접착제는 도포 후 용제가 휘발한 적당한 시간 경과 후에 접착시킨다.
④ 접착 처리 후 일정시간 동안 접착면을 압축해 접착이 잘 되도록 한다.

3) 접착제 종류

(1) 동물질 접착제

① 아교(阿膠, Animal Glue)
짐승가죽·뼈 등을 삶아 석회수로 처리한 후 그 용액을 말린 것으로 접착력은 양호하지만 내수성이 약하다.
② 알부민(Albumin)
혈액을 혈장과 혈액 피브린(Fibrin)으로 나누어, 혈장을 70℃ 이하에서 건조하여 만든다.
③ 카세인(Casein)
우유에 함유된 단백질의 일종을 처리하여 만든 것으로 목재, 리놀륨의 접착, 수성페인트의 원료가 된다.

(2) 식물질 접착제

① 콩풀
㉠ 콩에서 기름 추출 후 잔류물을 가열하여 분말화한 것이다.
㉡ 내수성은 좋지만 접착력이 떨어지고 값이 싸서 카세인이나 요소수지 대체용 접착제로 사용된다.
② 녹말풀
㉠ 성분이 녹말인 밀, 감자, 고구마, 옥수수 등에 있는 전분을 이용하여 만든다.
㉡ 가정용으로 쓰이지만 내수성이 없어 공업용으로 사용되지 않는다.
③ 해초풀
㉠ 바닷말청각 등을 말렸다가 물을 가하여 끓인 것이다.
㉡ 제지·직물의 마무리에 사용되었으며, 회반죽 비상재에 첨가하여 접착력을 증가시키기 위한 용도로 사용된다.

(3) 합성수지계 접착제

① 비닐수지 접착제
㉠ 초산비닐을 주성분으로 만든 접착제로 용액형, 에멀션(Emulsion)형으로 나눈다.

㉡ 값이 싸고 작업성이 좋아 다양한 종류의 접착에 사용된다.

㉢ 목재가구 및 창호, 종이나 천의 도배에 사용된다.

㉣ 내열성 및 내수성은 적다.

② 요소수지 접착제

㉠ 요소와 포름알데히드가 주성분으로 경화시간(15~24시간)이 길고 내수성이 부족하나 가격이 저렴하다.

㉡ 합판, 파티클보드, 목재가구 등에 사용된다.

③ 페놀수지 접착제

가장 오래된 합성수지 접착제로 페놀과 포르말린을 반응시켜 얻어진 것으로 1급 내수 합판 접착제로 사용되며 목재, 금속, 플라스틱 및 이들 이종재 간의 접착제로 사용된다.

④ 멜라민수지 접착제

투명 또는 흰색의 액상 접착제로 값이 비싸 단독 사용은 드물고 주로 목재에 사용된다.

⑤ 에폭시수지 접착제

접착력이 가장 우수하고 특히 금속접착에 적당하다.

⑥ 실리콘수지 접착제

실리콘수지를 알코올, 벤졸 등에 녹여 만들며 내수성 및 신축성이 우수하여 유리섬유판, 텍스, 가죽 등의 접착제로 사용된다.

SECTION 8 기타 재료

1 유리

1) 유리의 주성분 및 제조

(1) 주성분

① 규산(SiO_2), 소다(Na_2O), 석회(CaCO)이고 기타 붕산, 인산, 산화마그네슘, 산화아연, 알루미나 등을 소량 함유하고 있다.

② 특수한 성질을 주기 위해 산화제(질산나트륨, 질산칼슘), 환원제(산화칼슘, 산화마그네슘), 착색제(금속산화물) 등의 부원료를 소량 첨가한다.

(2) 제조

① 제조 공정 : 원료 분쇄 → 계량 및 혼합 → 용융(1,400~1,600℃) → 성형 → 서냉 → 가공 및 절단 → 건조 → 검사 → 제품 출하

② 제조 방법에는 플로트 방식(Float Method)과 롤러 방식(Roller Method)이 주로 쓰인다.

2) 유리의 성질

(1) 역학적 성질

① 비중 : 성분에 따라 2.2~6.3

② 경도 : 모스경도 6도 정도이며, 경도는 알칼리 성분이 많으면 감소하고 금속류가 많으면 증가한다.

③ 팽창률 : 보통유리의 선팽창계수는 20~400℃에서 $8 \sim 10 \times 10^{6}$/℃ 정도로 작다.

④ 강도 : 압축강도 500~1,200MPa, 인장강도 30~80MPa, 휨강도 25~75MPa이다.

(2) 물리적 성질

① 열전도율 : 보통 유리의 열전도율은 0.93(W/m · ℃)로 타일, 대리석보다 작고 콘크리트의 1/2 정도이다.

② 굴절률 : 유리의 굴절률은 1.5~1.9 정도이고 납(Pb) 성분이 많을수록 커지고, 광선의 파장이 길수록 커진다.

③ 반사율 : 굴절률이 클수록 크고 광선의 투사각이 클수록 크다.

④ 투과율 : 광선의 파장이 짧으면 투과율이 떨어진다.

⑤ 광선에 대한 성질은 유리 성분, 두께, 표면 평활도 등에 따라 다르다.

(3) 화학적 성질

① 약산에는 침식되지 않지만 염산 · 황산 · 질산 등의 강산에는 서서히 침식된다.

② 가성소다, 가성알칼리 등에 침식되어 유리성분 중 규산분을 잃게 된다.

3) 유리의 종류 및 특징

(1) 열선흡수유리

보통의 판 유리 성분에 작은 양의 철 · 니켈 · 코발트 · 셀렌 등을 가한 것으로, 태양광선의 복사에너지의 약 50%만을 흡수하도록 열투과성을 감소시킨 것이다.

(2) 스테인드 글라스

금속산화물을 녹여 붙이거나, 표면에 안료를 구워서 붙인 색판 유리조각을 접합시키는 방법으로 채색한 유리판으로 단열성과 차단성이 떨어진다.

(3) 망입유리

두꺼운 판유리에 철망을 넣은 것으로 투명, 반투명, 형판 유리가 있으며 또 와이어의 형상도 있다. 유리액을 로울러로 제판하며 그 내부에 금속망을 삽입하고 압착성형한 것으로 주로 방화 및 방재용으로 사용된다.

(4) 소다석회 유리

탄산나트륨(소다회)을 원료로 사용한 유리로서, 판유리・병유리 등으로 가장 많이 보급되는 유리로서 용・융해가 쉽고, 산에는 강하나 알칼리에 약한 특성이 있다.

(5) 프리즘 글라스

유리의 한면이 프리즘이 되어있어 빛을 흩어지게 하거나 빛의 방향을 변화시킬 수 있다.

(6) 에칭유리

유리 표면을 화학적인 방법으로 깎아내어 모양을 만들거나 입체감을 준 유리로 조각유리라고도 한다. 유리에 새겨진 문양이 빛을 분산시켜 시선을 차단하고, 반투명의 채광 효과가 있다.

2 단열재료 및 제품

1) 단열재료(斷熱材料)

열을 차단할 수 있는 재료를 총칭하며 필요한 열의 유출과 불필요한 열의 유입을 방지하여 쾌적한 실내환경을 확보하는 것을 목적으로 사용하는 재료

2) 단열재 특성

(1) 열전도율

① 두께 D의 재료 $1m^2$를 통과하는 시간당 열량

② 계산식

$$Q_L = \lambda \cdot \Delta T \cdot \frac{1}{D}$$

여기서, Q_L : 열이동량(W/m), λ : 열전도율(W/m・K)
ΔT : 양쪽 표면 온도차(K), D : 재료두께(m))

③ 단열재의 열전도율 : 0.2~0.02(W/m・K)

(2) 단열재 선택

① 열전도율 및 흡수율이 낮고 비중이 작은 것
② 불연성, 유독가스가 발생하지 않는 것
③ 내부식성이 좋고, 내구성이 좋은 것
④ 재료의 구입 및 시공성이 좋을 것
⑤ 어느 정도의 기계적인 강도가 있을 것

3) 단열재 분류

(1) 재질에 따른 분류

① 무기질 단열재 : 유리면, 암면, 규산칼슘 보온재, 규조토 보온재, 펄라이트 보온재, 질석, 광재면, 다포유리, 세라믹 파이버 등
② 유기질 단열재 : 셀룰로오스 보온재, 코르크판, 발포폴리스티렌 보온재(스티로폼), 발포폴리에틸렌 보온재, 폴리우레탄 폼, 발포페놀 보온재, 우레아 폼 등

(2) 단열 메커니즘에 따른 분류

① 저항형　② 반사형　③ 용량형

CheckPoint

다음 중 유기질 단열재료가 아닌 것은?

① 연질 섬유판　② 세라믹 파이버
③ 폴리스티렌 폼　④ 셀룰로오스 섬유판

4) 단열재 종류 및 제품

(1) 유리섬유(Glass Fiber)

① 유리 원료를 녹여 압축공기로 분사시켜 가는 섬유 모양으로 만든 것
② 인장강도는 작으나 내하성·단열성·흡음성·내식성·내수성 등이 우수
③ 유리섬유를 이용한 제품으로는 유리면, 유리면 보온판, 유리면 블랭킷 등이 있다.
④ 용도 : 유리면(송풍 덕트 등의 단열재)

무기질 단열 재료 중 송풍 덕트 등에 감아서 열손실을 막는 용도로 쓰이는 것은?
① 셀룰로오즈 섬유판 ② 연질 섬유판
✔ 유리면 ④ 경질 우레탄 폼

(2) 암면(Rock Wool)

① 석회·규사를 주성분으로 하는 현무암·안산암·돌로마이트 등을 용융, 압축 공기로 분사시켜 섬유 모양으로 만든 것

② 단열성·보온성·흡음성·내화성 우수하여 단열재·흡음재로 사용

(3) 발포폴리스티렌 보온재

① 폴리스티렌 수지에 발포제를 넣어 다공질의 기포 형성(기포 플라스틱의 일종)

② 일명 스티로폴, 스티로폼

③ 체적의 97%가 공기이므로 열과 냉기를 침입 차단하는 우수한 단열재, 가격 저렴

④ 내화성이 약하고, 유독성 가스를 발생하여 제조시 난연제를 첨가 사용

(4) 폴리우레탄 폼

① 우레탄 수지에 발포제를 사용하여 만든 것으로 단열성, 내화학성 우수

② 경질과 연질 중 단열재로는 경질 제품 사용

③ 스티로폼에 비해 가격이 비싸 냉동·냉장창고 설비재로 사용된다.

3 벽지 및 휘장류

1) 벽지

(1) 합지벽지

① 100% 종이로 만들어진 벽지이며 종이 두장을 배접한 벽지이고 벽에 바로 시공을 한다.

② 천연종이를 사용하여 인체에 무해하고 가격이 저렴하며 초보자가 붙이기에도 쉬움

③ 색상이 쉽게 변하고 오염이 되며 습기에도 약한 단점이 있다.

(2) 실크벽지

① 종이 위에 PVC 소재를 발포한 벽지

② 초배지를 먼저 시공하고 그 위에 끝과 끝만 붙여서 가운데는 띄우고 시공함
③ 재시공이 용이하고 표면이 오염된 경우에도 세척이 쉽다
④ 내구성이 좋아 오래도록 본 모습이 유지되나 수분조절이 되지 않는 단점이 있다.

(3) 천연벽지

① 광물이나 식물에서 추출한 천연소재로 제작된다.
② 초배지를 시공한 후 양 끝만 붙여서 가운데를 띄우고 시공한다.
③ 유해물질이 함유되지 않아 영유아나 노약자 등 실내공기에 예민한 사용자를 위해 시공되는 경우가 많다
④ 탈취 및 항균 작용의 기능도 있다.

(4) 뮤럴벽지

① 수입종이나 그림벽화 벽지를 말하며 흔히 포인트 벽지라고도 한다.
② 아트월 효과가 있고 수입종이가 사용되어 고급스러움이 있다.

2) 휘장류

(1) 커튼

① 장식이나 암막・방한효과를 위해 거실, 안방 등에 사용하는 천으로 된 휘장막이다.
② 여러층의 커튼으로 장식효과를 내기도 한다.
③ 장식덮개, 덧휘장, 주름휘장, 걸이장치, 봉 등으로 이루어진다.

(2) 블라인드

① 유리면의 창, 출입구에 주로 차광이나 통풍의 목적으로 두는 것이다.
② 커튼보다 가볍고 세련된 느낌의 실내 분위기를 조성해 준다.
③ 외부 시선을 차단해주어 사생활 보호 효과가 있으나 보온효과는 다소 떨어진다.

PART 05 건설재료학

제1회 예상문제

ENGINEER CONSTRUCTION SAFETY

01 다음 중 석재의 용도가 잘못 연결된 것은?

① 화산암 – 경량골재
② 화강암 – 콘크리트용 골재
③ 대리석 – 조각재
④ 응회암 – 건축용 구조재

응회암은 화산에서 분출되는 다량의 화산회, 화산사 등이 퇴적되어 굳은 것으로 흡수성이 크고 강도가 떨어져 강도를 요하지 않는 토목재료로 사용된다.

02 다음 중 도막방수에 사용되지 않는 재료는?

① 우레탄고무 도막재
② 아크릴고무 도막재
③ 고무아스팔트 도막재
④ 염화비닐 도막재

유제형 도막방수의 주재료는 아크릴 수지, 초산비닐 수지 등이 있으며, 용제형 도막방수의 주재료는 클로로프렌 고무, 우레탄, 에폭시, 아크릴 고무, 고무 아스팔트 등이 있다.

03 얇은 강판에 마름모꼴의 구멍을 연속적으로 뚫어 그물처럼 만든 것으로 천장 · 벽 등의 미장 바탕에 사용되는 것은?

① 메탈라스
② 펀칭메탈
③ 코너비드
④ 논슬립

메탈라스(Metal Lath)는 두께 0.4~0.8mm의 연강판에 일정한 간격으로 자르는 마름모꼴 자국을 내어 이것을 옆으로 잡아당겨 그물 모양으로 만든 것으로 천정, 벽 등의 미장 바탕에 쓰인다.

04 시멘트의 경화시간을 지연시키는 용도로 일반적으로 사용하고 있는 지연제와 거리가 먼 것은?

① 리그닌설폰산염　② 옥시카르본산
③ 알루민산소다　④ 인산염

지연제의 종류로는 당분, 리그닌설폰산염, 옥시카본산염, 마그네시아염, 인산염 등이 있다.

05 콜타르에 대한 설명으로 옳지 않은 것은?

① 건유에 의하여 얻어진 것은 경유를 가하여 증류하고, 수분을 제거하여 정제한다.
② 인화점은 60~160℃이며, 흑색 또는 흑갈색을 띤다.
③ 방부제로도 이용되나, 크레오소트유에 비하여 효과가 떨어진다.
④ 일광에 의한 산화나 중합은 아스팔트보다 약하고 휘발분의 증발로 인해 연성이 크게 된다.

콜타르는 일광에 의해 경화되어 단단해진다.

정답 01 ④　02 ④　03 ①　04 ③　05 ④

06 **다음 중 변성암이 아닌 석재는?**

① 대리석　② 석면
③ 석회석　④ 트래버틴

 석회석은 수성암에 해당한다. 변성암에는 대리석, 사문암, 트래버틴, 석면 등이 있다.

07 **일반적으로 설계에 있어서 콘크리트의 열팽창계수로 옳은 것은?**

① $1\times10^{-4}/℃$　② $1\times10^{-5}/℃$
③ $1\times10^{-6}/℃$　④ $1\times10^{-7}/℃$

 콘크리트의 열팽창계수는 $1\times10^{-5}/℃$이다.

08 **다음 중 알루미늄의 특성으로 옳지 않은 것은?**

① 순도가 높을수록 내식성이 좋지 않다.
② 알칼리나 해수에 침식되기 쉽다.
③ 콘크리트에 접하거나 흙 중에 매몰된 경우 부식되기 쉽다.
④ 내화성이 부족하다.

해설 순도가 높은 알루미늄일수록 내식성과 전성, 연성이 커진다.

09 **표면건조 포화상태의 잔골재 500g을 건조시켜 기건상태에서 측정한 결과 460g, 절대건조상태에서 측정한 결과 440g이었다. 흡수율(%)은?**

① 8%　② 8.7%
③ 12%　④ 13.6%

해설 흡수율
= 흡수량/절건상태 골재 중량 × 100(%)
= (500 − 440)/440 × 100 = 13.6%
여기서, 흡수량은 절건상태에서 표건상태가 될 때까지 골재가 흡수한 수량이다.

10 **목재의 역학적 특성상 응력방향이 섬유방향의 평행인 경우 가장 높은 강도는?**

① 압축강도
② 인장강도
③ 휨강도
④ 전단강도

 섬유방향에 평행인 압축강도를 100으로 했을 때, 각종 강도의 크기순서는 다음과 같다.
인장강도(200) > 휨강도(150) > 압축강도(100) > 전단강도(16~19)

11 **건축용으로는 글라스 섬유로 강화된 평판 또는 판상제품으로 주로 사용되는 열경화성 수지는?**

① 폴리에틸렌수지
② 아크릴수지
③ 폴리에스테르수지
④ 염화비닐수지

 폴리에스테르 수지(Polyester Resin)에는 주로 도료의 원료로 사용되는 포화 폴리에스테르 수지(알키드 수지)와 FRP 재료 및 차량, 항공기 등의 구조재료나 아케이드 천장, 루버, 칸막이 등에 사용되는 불포화 폴리에스테르 수지가 있다.

정답 06 ③ 07 ② 08 ① 09 ④ 10 ② 11 ③

12 수화열의 감소와 황산염 저항성을 높이려면 시멘트에 다음 중 어느 화합물을 감소시켜야 하는가?

① 규산 3칼슘
② 알루미산 3칼슘
③ 규산 2칼슘
④ 알루미산 철4칼슘

 알루미산3칼슘(C_3A)의 양을 적게 하면 시멘트의 발열량이 감소되고 황산염 저항성이 증대된다.

13 강재는 탄소 함유량에 따라 각종 성질이 변한다. 인장강도가 최대일 경우의 탄소 함유량은?

① 0.2~0.3% ② 0.5~0.7%
③ 0.8~1.0% ④ 1.3~1.5%

 강재는 탄소 함유량이 0.8~1.0%의 범위에서 인장강도가 최대이다. 일반적으로 강재의 경도와 인장강도는 탄소 함유량이 증가하면 좋아지나 연성과 용접성이 떨어진다.

14 도료상태의 방수재를 바탕면에 여러 번 칠하여 얇은 수지피막을 만들어 방수효과를 얻는 것으로 에멀션형, 용제형, 에폭시계 형태의 방수공법은?

① 시트방수
② 도막방수
③ 침투성 도포방수
④ 시멘트 모르타르 방수

해설 도막방수(Coating Water－Proof)는 방수하려는 바탕면에 합성수지나 합성고무의 용제 또는 유제를 도포하여 소요 두께의 방수 피막을 형성시켜 방수층을 만드는 것이다.

15 목재의 비중에 대한 설명 중 옳은 것은?

① 공극을 함유하지 않는 비중을 통상비중이라 하고, 공극을 함유한 용적중량을 진비중이라 한다.
② 진비중은 실질용량/실질중량을 말하고 수종에 관계없이 1.54로 하여 통용되고 있다.
③ 일반적으로 목재의 비중은 절건상태의 겉보기 비중으로 나타내며, 0.1~0.3 정도의 것이 많다.
④ 목재의 영계수는 비중에 비례하고, 무거운 것일수록 단단하다고 할 수 있다.

 목재의 영계수는 비중에 비례하고, 무게가 무거운 것일수록 단단하다.

16 계면활성 효과를 이용하는 콘크리트용 혼화제의 계면활성 작용이 아닌 것은?

① 경화작용 ② 기포작용
③ 분산작용 ④ 습윤작용

 콘크리트용 혼화제의 계면활성 작용에는 기포작용, 분산작용, 습윤작용 등이 있다.

17 플레인 콘크리트와 비교한 AE콘크리트의 성질에 관한 설명 중 옳지 않은 것은?

① 콘크리트의 워커빌리티가 양호하다.
② 동일 물시멘트비인 경우 압축강도가 높다.
③ 동결 융해에 대한 저항성이 크다.
④ 블리딩 등의 재료분리가 적다.

 AE 콘크리트는 단위수량 감소로 인해 물－시멘트비(W/C)가 감소하므로 동일한 물－시멘트비인 경우 강도가 낮아진다.

정답 12 ② 13 ③ 14 ② 15 ④ 16 ① 17 ②

18 조강포틀랜드 시멘트를 보통포틀랜드 시멘트와 비교 설명한 것 중 옳지 않은 것은?

① 분말도가 크다.
② 규산3석회 성분과 석고 성분이 많다.
③ 콘크리트 제조시 수밀성과 내화학성이 낮아진다.
④ 수축이 커진다.

해설 조강 포틀랜드시멘트는 보통 포틀랜드시멘트보다 규산3석회(C_3S)나 석고량을 많게 하고 분말도를 크게 하여 조기에 강도를 나타내도록 만든 시멘트로 수밀성과 내화학성이 크다.

19 경량기포콘크리트(Autoclaved Light weight Concrete)에 대한 설명 중 옳지 않은 것은?

① 단열성이 낮아 결로가 발생한다.
② 강도가 낮아 주로 비내력용으로 사용된다.
③ 내화구조로 사용 가능하다.
④ 다공질이기 때문에 흡수성이 높다.

해설 ALC제품은 열전도율이 보통콘크리트의 1/10 정도로 단열성이 우수하다.

20 다음 중 건축용 단열재와 거리가 먼 것은?

① 유리면(Glass Wool)
② 암면(Rock Wool)
③ 펄라이트판
④ 테라코타

해설 테라코타는 단열재가 아니라 건축물의 외장재료로 적합하다.

21 수화열량이 많으며 초기의 강도 발현이 가능하므로 긴급공사, 동절기 공사에 주로 사용되는 시멘트는?

① 보통포틀랜드시멘트
② 조강포틀랜드시멘트
③ 중용열포틀랜드시멘트
④ 내황산염포틀랜드시멘트

해설 조강 포틀랜드시멘트는 보통 포틀랜드시멘트보다 규산3석회(C_3S)나 석고량을 많게 하고 분말도를 크게 하여 조기에 강도를 나타내도록 만든 시멘트이다.

22 콘크리트 보강용으로 사용되고 있는 유리섬유에 대한 설명으로 옳지 않은 것은?

① 고온에 견디며, 불에 타지 않는다.
② 화학적 내구성이 있기 때문에 부식하지 않는다.
③ 전기절연성이 크다.
④ 내마모성이 크고, 잘 부서지거나 부러지지 않는다.

해설 유리섬유는 내화성, 단열성 등이 우수하나 인장강도가 작아 잘 부서진다.

23 비중이 크고 연성이 크며, 방사선실의 방사선 차폐용으로 사용되는 금속재료는?

① 주석　② 납
③ 철　④ 크롬

해설 납(Lead)은 주로 수도관, 가스관, 케이블 피복 등에 사용되며 동 및 아연 합금, 도장재료, 방사선 차폐용 등으로 사용한다.

정답 18 ③　19 ①　20 ④　21 ②　22 ④　23 ②

PART 01 PART 02 PART 03 PART 04 PART 05 PART 06 부록

24 **건축용 석재의 장점으로 옳지 않은 것은?**

① 내화성이 뛰어나다.
② 내구성 및 내마모성이 우수하다.
③ 외관이 장중 미려하다.
④ 압축강도가 크다.

 일부 석재는 화열이나 산 또는 염기에 약하므로 사용에 주의가 필요하다.

25 **목재의 방부제에 해당하지 않는 것은?**

① 황산구리 1%의 수용액
② 불화소다
③ 테레핀유
④ 염화아연

 목재의 방부제의 종류는 다음과 같다.
㉠ 유성 방부제 : 크레오소트, 콜타르, 유성페인트
㉡ 수용성 방부제 : 황산동 1%, 염화아연 4%, 불화소다 2%, PF 방부제, CCA 방부제
㉢ 유용성 방부제 : PCP(Penta－Chloro－Phenol)

26 **내구성 및 강도가 크고 외관이 수려하나 함유 광물의 열팽창계수가 달라 내화성이 약한 석재로 외장, 내장, 구조재, 도로포장재, 콘크리트 골재 등에 사용되는 것은?**

① 응회암　　② 화강암
③ 화산암　　④ 대리석

해설 화강암(花崗巖, Granite)은 내수성, 내마모성, 내구성이 크나 함유한 광물질의 열팽창계수가 달라 내열온도는 570℃ 정도로 내화도가 낮다.

27 **스트레이트 아스팔트에 대한 설명 중 옳지 않은 것은?**

① 연화점이 비교적 낮고 온도에 의한 변화가 크다.
② 주로 지하실 방수공사에 사용되며, 아스팔트 루핑이 제작에 사용된다.
③ 신장성, 점착성, 방수성이 풍부하다.
④ 아스팔트에 동식물유지나 광물성 분말 등을 혼합하여 만든 것이다.

 스트레이트 아스팔트(Straight Asphalt)는 원유를 증류한 잔류유를 정제한 것으로 점착성 · 방수성 · 신장성은 풍부하지만 연화점이 비교적 낮아서 내후성이 약하고 온도에 의한 결점이 있어 지하실 방수공사 외에는 잘 사용하지 않는다.

28 **목재 건조시 생재를 수중에 일정기간 침수시키는 주된 이유는?**

① 연해져서 가공하기 쉽게 하기 위하여
② 목재의 내화도를 높이기 위하여
③ 강도를 크게 하기 위하여
④ 건조기간을 단축시키기 위하여

 목재 건조시 생재를 수중에 침수하는 침수건조법은 목재를 물에 침수하여 수액을 뺀 후 대기에서 건조하는 것으로 건조기간을 단축한다.

29 **유용성 수지를 건조성 기름에 가열 · 용해하여 이것을 휘발성 용제로 희석한 것으로 광택이 있고 강인하며 내구 · 내수성이 큰 도장재료는?**

① 유성페인트　　② 유성바니시
③ 에나멜페인트　　④ 스테인

정답 24 ① 25 ③ 26 ② 27 ④ 28 ④ 29 ②

해설 유성바니시는 유용성 수지를 건조성 기름에 가열 · 용해하여 이것을 휘발성 용제로 희석한 것으로 광택이 있고 강인하며 내구 · 내수성이 큰 도장재료이다.

30 스팬드럴 유리에 대한 설명으로 옳지 않은 것은?

① 건축물의 외벽 층간이나 내 · 외부 장식용 유리로 사용한다.
② 판유리 한쪽 면에 세라믹질의 도료를 도장한 후 고온에서 융착, 반강화한 것으로 내구성이 뛰어나다.
③ 색상이 다양하고 중후한 질감을 갖고 있으며 건축물의 모양에 따라 선택의 폭이 넓다.
④ 열깨짐의 위험이 있으므로 유리표면에 페인트 도장을 하거나 종이, 테이프 등을 부착하지 않는다.

해설 스팬드럴 유리는 일종의 반강화유리로 열충격에 대한 저항이 크다.

31 U자형 줄눈에 충전하는 실링재를 밑면에 접착시키지 않기 위해 붙이는 테이프로 3면 접착에 의한 파단을 방지하기 위한 것은?

① FRP(Fiber Reinforced Plastics)
② 아스팔트 프라이머(Asphalt Primer)
③ 본드 브레이커(Bond Breaker)
④ 블로운 아스팔트(Blown Asphalt)

해설 본드 브레이커(Bond Breaker)는 U자형 줄눈에 충전하는 실링재를 밑면에 접착시키지 않기 위해 붙이는 테이프로 3면 접착에 의한 파단을 방지하기 위한 것이다.

32 경질이며 흡습성이 적은 특성이 있으며 도료나 마룻바닥에 까는 두꺼운 벽돌로서 원료로 연와토 등을 쓰고 식염유로 시유 소성한 벽돌은?

① 검정벽돌
② 광재벽돌
③ 날벽돌
④ 포도벽돌

 포도(鋪道) 벽돌은 내마모성 및 강도가 우수하여 도로 바닥 포장용 등으로 사용되는 두터운 벽돌로 경질이다.

33 조이너(Joiner)의 설치목적으로 옳은 것은?

① 벽, 기둥 등의 모서리에 미장바름의 보호
② 인조석깔기에서의 신축균열방지나 의장효과
③ 천장에 보드를 붙인 후 그 이음새를 감추기 위한 목적
④ 환기구멍이나 라디에이터의 덮개역할

 조이너(Joiner)는 천장이나 내벽판류의 접합부처리를 위한 덮개로 사용하는 것이다.

34 포틀랜드시멘트의 주원료로 쓰이는 것은?

① 응회암과 석고
② 마그네시아와 트래버틴
③ 코크스와 화강암
④ 석회석과 점토

해설 포틀랜드시멘트는 석회질 및 점토질을 주원료로 한다.

정답 30 ④ 31 ③ 32 ④ 33 ③ 34 ④

35 다음 중 시멘트 풍화의 척도로 사용되는 것은?

① 강열 감량
② 불용해 잔분
③ 수경률
④ 규산율

 시멘트의 풍화 정도는 강열감량으로 나타내며 KS에서 3% 이하로 규정하고 있다.

36 AE제를 사용하는 콘크리트의 특성에 대한 설명 중 옳지 않은 것은?

① 강도가 증가된다.
② 동결융해에 대한 저항성이 커진다.
③ 워커빌리티가 좋아지고 재료의 분리가 감소된다.
④ 단위수량이 저감된다.

 AE제는 공기량 증가로 콘크리트의 시공연도, 워커빌리티를 향상시키고, 단위수량 감소로 물-시멘트비(W/C)를 감소시키며, 콘크리트 내구성 향상 및 동결에 대한 저항성을 증대시킨다.

37 한국산업표준에 따른 포틀랜드시멘트가 물과 혼합한 후 응결이 시작되는 시간은 얼마 이후부터인가?

① 30분 후
② 1시간 후
③ 1시간 30분 후
④ 2시간 후

 시멘트와 물을 섞은 후 1시간 이후에서 10시간 정도가 되면 시멘트 풀이 점성이 늘어남에 따라 유동성이 없어져 굳어지게 되는 데 이것을 응결이라 한다.

38 시멘트의 수화반응에서 발생하는 수화열이 가장 낮은 시멘트는?

① 보통포틀랜드시멘트
② 조강포틀랜드시멘트
③ 중용열포틀랜드시멘트
④ 백색포틀랜드시멘트

 중용열 포틀랜드 시멘트는 시멘트의 수화반응에서 발생하는 수화열을 낮추어 매스콘크리트용으로 많이 사용된다.

39 활엽수의 조직에 관한 설명 중 옳지 않은 것은?

① 수선은 활엽수에서는 가늘어 잘 보이지 않으나 침엽수에는 잘 나타난다.
② 도관은 활엽수에만 있는 관으로 변재에서 수액을 운반하는 역할을 한다.
③ 변재는 심재보다 수피쪽에 가까이 위치한다.
④ 목세포는 가늘고 긴 모양으로 침엽수에서는 가도관 역할을 한다.

 수선은 참나무과 등 활엽수에서 가장 크게 나타난다.

40 섬유포화점에서의 목재의 함수량으로 가장 알맞은 것은?

① 10% ② 20%
③ 30% ④ 50%

 섬유포화점은 함수율이 30%이고, 세포 속에는 수분이 없고 세포막에는 수분이 찬 상태이다.

정답 35 ① 36 ① 37 ② 38 ③ 39 ① 40 ③

41 **건축 구조재료의 요구성능에는 역학적 성능, 화학적 성능, 방내화 성능 등이 있는데 그 중 역학적 성능에 해당되지 않는 것은?**

① 내열성 ② 강도
③ 강성 ④ 내피로성

해설 건축 구조재료의 역학적 성능에는 강도, 강성, 내피로성 등이 있다.

42 **다음 중 내수성(耐水性)이 가장 부족한 접착제는?**

① 에폭시수지 ② 멜라민수지
③ 페놀수지 ④ 요소수지

해설 요소수지는 무색으로 착색이 자유롭고 주로 도료, 마감재, 장식재로 쓰인다.

43 **다음 석재 중 구조용으로 가장 적합하지 않은 것은?**

① 사문암 ② 화강암
③ 안산암 ④ 시암

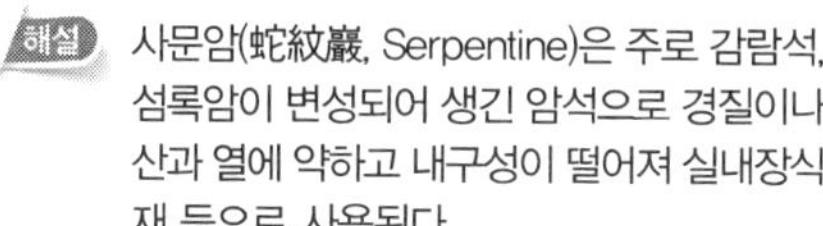
해설 사문암(蛇紋巖, Serpentine)은 주로 감람석, 섬록암이 변성되어 생긴 암석으로 경질이나 산과 열에 약하고 내구성이 떨어져 실내장식재 등으로 사용된다.

44 **다음 중 멤브레인(Membrane)방수에 속하지 않는 것은?**

① 규산질 침투성 도포방수
② 아스팔트 방수
③ 합성고분자 시트 방수
④ 도막 방수

해설 멤브레인 방수(Membrane Water-Proof)는 구조물 외부에 아스팔트, 합성수지 시트, 합성수지 도막, 우레탄 등을 이용하여 얇은 피막을 형성하는 방법이다.

45 **다음 중 비강도가 가장 큰 재료는?**

① 비닐 ② 소나무
③ 연강 ④ 콘크리트

해설 목재는 비중에 비하여 강도가 크다.

46 **상온에서 유백색의 탄성이 있는 열가소성 수지로서 얇은 시트로 이용되는 것은?**

① 폴리에틸렌 수지
② 요소 수지
③ 실리콘 수지
④ 폴리우레탄 수지

해설 폴리에틸렌 수지(Polyethylene Resin : PE)는 비중 0.94인 유백색의 불투명수지이며 두께가 얇은 시트를 만들어 건축용 방수재료로 이용된다.

47 **어떤 재료의 초기 탄성 변형량이 2.0cm이고 크리프(Creep) 변형량이 4.0cm라면 이 재료의 크리프 계수는 얼마인가?**

① 0.5 ② 1.0
③ 2.0 ④ 4.0

해설 $$\text{크리프계수} = \frac{\text{크리프변형률}}{\text{탄성변형률}} = \frac{4.0\text{cm}}{2.0\text{cm}} = 2.0$$

정답 41 ① 42 ④ 43 ① 44 ① 45 ② 46 ① 47 ③

48 **다음 점토제품 중 소성온도가 가장 높고 소지의 흡수성이 가장 작은 것은?**

① 토기 ② 도기
③ 자기 ④ 석기

 자기의 소성온도는 가장 높고, 소지의 흡수성은 가장 적다.

49 **다음 중 유용성(油溶性) 방부제에 해당되는 것은?**

① 크레오소트유(Ceeosote oil)
② 불화소다2%용액
③ PCP(Penta－Chloro Phenol)
④ 황산동1%용액

 목재의 방부제의 종류는 다음과 같다.
㉠ 유성 방부제 : 크레오소트, 콜타르, 유성페인트
㉡ 수용성 방부제 : 황산동 1%, 염화아연 4%, 불화소다 2%, PF 방부제, CCA 방부제
㉢ 유용성 방부제 : PCP(Penta－Chloro－Phenol)

50 **목재를 작은 조각으로 하여 충분히 건조시킨 후 합성수지와 같은 유기질의 접착제를 첨가하여 열압 제판한 목재 가공품은?**

① 섬유판(Fiber Board)
② 파티클 보드(Particle Board)
③ 코르크판(Cork Board)
④ 집성목재(Glulam)

 파티클 보드(Particle Board)는 목재 또는 기타 식물질을 작은 조각으로 하여 충분히 건조시킨 후 유기질 접착제로 성형, 열압하여 제판한 판을 말하며 칩보드라고도 한다.

51 **다음 중 골재의 함수상태에 관한 설명으로 옳지 않은 것은?**

① 함수량이란 습윤상태의 골재의 내외에 함유하는 전체수량을 말한다.
② 흡수량이란 표면건조 내부포수상태의 골재중에 포함하는 수량을 말한다.
③ 유효흡수량이란 절건상태와 기건상태의 골재내에 함유된 수량과의 차를 말한다.
④ 표면수량이란 함수량과 흡수량의 차를 말한다.

 유효흡수량은 기건상태에서 표건상태가 될 때까지 골재가 흡수한 수량이다.

52 **보통포틀랜드시멘트와 비교한 플라이애시시멘트의 특성에 관한 설명으로 옳지 않은 것은?**

① 워커빌리티가 좋다.
② 장기강도가 낮다.
③ 수밀성이 크다.
④ 수화열이 낮다.

 플라이애시 시멘트는 콘크리트의 유동성을 개선하고 장기강도가 증대되며 수화열과 건조수축이 적어지므로 매스콘크리트에 적당하다.

53 **강재의 열처리 방법이 아닌 것은?**

① 단조 ② 불림
③ 담금질 ④ 뜨임질

해설 강의 열처리에는 불림, 풀림, 담금질, 뜨임질이 있다.

정답 48 ③ 49 ③ 50 ② 51 ③ 52 ② 53 ①

54 **블로운 아스팔트를 용제에 녹인 것으로 액상을 하고 있으며, 아스팔트 방수의 바탕 처리재로 이용되는 것은?**

① 아스팔트 프라이머
② 아스팔트 펠트
③ 아스팔트 유제
④ 피치

 아스팔트 프라이머(Asphalt Primer)는 블로운 아스팔트를 휘발성 용제에 녹인 흑갈색의 액체로 바탕재에 도포하여 아스팔트 등의 접착력을 증대시키는 액상재료로서 방수재의 접착제(바탕처리재)로 사용되는 것이다.

55 **콘크리트의 수밀성에 미치는 요인에 대한 설명 중 옳은 것은?**

① 물－시멘트비 : 물－시멘트비를 크게 할수록 수밀성이 커진다.
② 굵은골재 최대치수 : 굵은골재의 최대치수가 클수록 수밀성은 커진다.
③ 양생방법 : 초기재령에서 건조하면 수밀성은 작아진다.
④ 혼화재료 : AE제를 사용하면 수밀성이 작아진다.

해설 초기재령에서 건조하면 수밀성은 작아진다.

56 **코너비드(Corner Bead)의 용도와 가장 관계가 깊은 것은?**

① 벽의 모서리 ② 천장 달대
③ 거푸집 ④ 계단 손잡이

 코너비드는 기둥, 벽 등의 모서리를 보호하기 위하여 미장 바름질 할 때 붙이는 보호용 철물이다.

정답 54 ① 55 ③ 56 ①

건설재료학

제2회 예상문제

ENGINEER CONSTRUCTION SAFETY

01 바닥마감재로 적당한 탄성이 있고, 내마모성, 흡습성이 있어 아파트, 학교, 병원 복도 등에 사용되는 것은?

① 탄성우레탄수지 바름바닥
② 에폭시수지 바름바닥
③ 폴리에스테르수지 바름바닥
④ 인조석 깔기바닥

해설 탄성우레탄수지 바름바닥은 내마모성, 흡습성이 있어 아파트, 학교, 병원 복도 등에 사용된다.

02 표준형 벽돌의 벽돌치수로서 옳은 것은? (단, 단위는 mm)

① 190×90×57
② 210×90×57
③ 210×100×60
④ 230×100×70

해설 표준형 벽돌의 기본치수는 190×90×57mm 이다.

구분	길이	너비	두께
일반형	210	100	60
표준형	190	90	57
허용값	±5mm	±3mm	±2.5mm

03 목재 조직에 관한 설명으로 옳지 않은 것은?

① 추재의 세포막은 춘재의 세포막보다 두껍고 조직이 치밀하다.
② 변재는 심재보다 수축이 크다.
③ 변재는 수심의 주위에 둘러져 있는 생활기능이 줄어든 세포의 집합이다.
④ 침엽수의 수지구는 수지의 분비, 이동, 저장의 역할을 한다.

해설 수심의 주위에 둘러져 있는 생활기능이 줄어든 세포의 집합을 심재라고 하며 수분이 적고 단단하다. 변형이 적고 내구성이 있어 이용가치가 큰 부분이며 변재보다 색깔이 짙다.

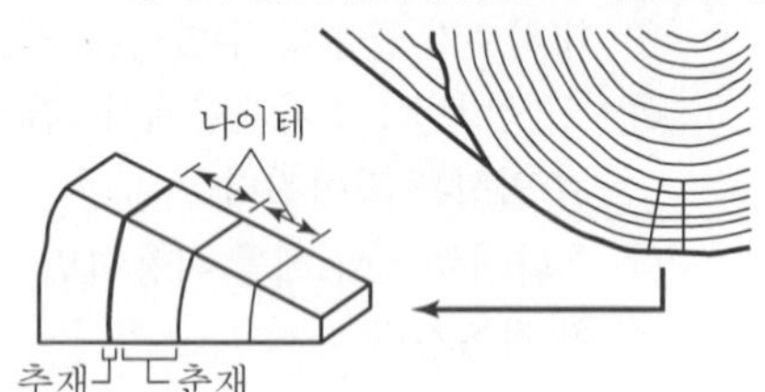

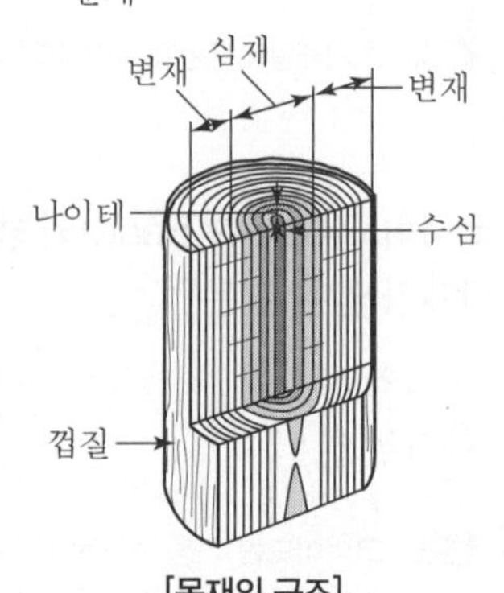

[목재의 구조]

정답 01 ① 02 ① 03 ③

04 방사선 차단용 벽체 등에 사용하는 콘크리트는?

① 중량 콘크리트
② 경량 콘크리트
③ 프리플레이스트 콘크리트
④ 프리스트레스트 콘크리트

해설 중량콘크리트(Heavy Concrete)는 중량골재를 사용하여 비중을 크게 하고, 치밀하게 한 콘크리트로 주로 방사선을 차단할 목적으로 이용되는 콘크리트로 차폐용 콘크리트(Shielding Concrete)라고도 하며 보통 비중을 3.5 이상이 되게 한다.

05 제재판재 또는 소각재 등의 부재를 섬유평행방향으로 접착시킨 것은?

① 파티클 보드　② 코펜하겐 리브
③ 합판　④ 집성목재

해설 집성목재는 두께 15~50mm의 판재를 섬유평행방향으로 여러 장 겹쳐서 접착시켜 만든 것으로, 보나 기둥에 사용할 수 있는 큰 단면으로 만드는 것이 가능하며 인공적으로 강도를 자유롭게 조절할 수 있고, 굽은 형태(아치형)나 특수한 형태의 부재를 만들 수 있으며 구조적인 변형도 쉽다.

06 콘크리트 내구성에 영향을 주는 아래 화학반응식의 현상은?

$$Ca(OH)_2 + CO_2 \rightarrow CaCO_3 + H_2O\uparrow$$

① 콘크리트 염해
② 동결융해현상
③ 콘크리트 중성화
④ 알칼리 골재반응

해설 중성화는 콘크리트의 수산화석회가 시간의 경과와 함께 표면으로부터 공기 중의 이산화탄소의 영향을 받아 서서히 탄산석회로 변하여 알칼리성을 상실하게 되는 현상을 말한다. 탄산가스의 농도가 짙을수록, 산성비가 산성에 가까울수록, 온도가 높을수록, 습도가 낮을수록 중성화 속도가 빠르다.

07 아래 그림은 일반 구조용 강재의 응력－변형률 곡선이다. 이에 대한 설명으로 옳지 않은 것은?

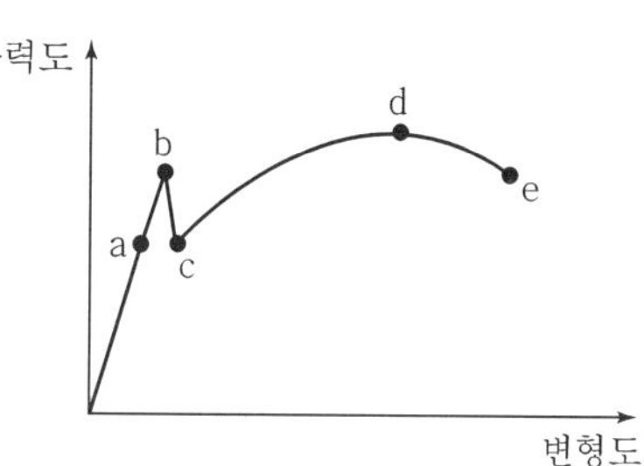

① a는 비례한계이다.
② b는 탄성한계이다.
③ c는 하항복점이다.
④ d는 인장강도이다.

해설 ② b점은 상항복점이다.

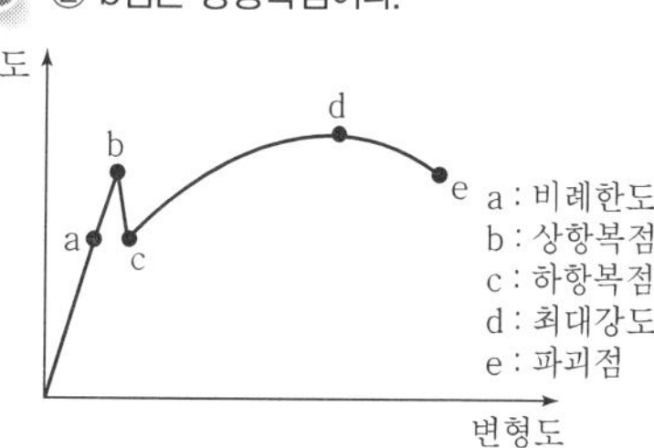

[강재의 응력변형선도]

정답 04 ① 05 ④ 06 ③ 07 ②

08 폴리머시멘트란 시멘트에 폴리머를 혼합하여 콘크리트의 성능을 개선시키기 위하여 만들어진 것인데, 다음 중 개선되는 성능이 아닌 것은?

① 방수성
② 내약품성
③ 변형성
④ 내열성

 폴리머(Polymer)는 중합반응에 의해서 만들어진 합성수지로 이 수지를 시멘트와 혼합하여 만든 시멘트가 폴리머 시멘트이다. 콘크리트의 방수성, 내약품성, 변형성, 접착성 등을 개선하기 위해서 이용된다.

09 다음 시멘트의 분류 중 혼합시멘트가 아닌 것은?

① 고로시멘트
② 팽창시멘트
③ 실리카시멘트
④ 플라이애시 시멘트

 팽창 시멘트는 특수시멘트에 속하며, 혼합시멘트에는 고로 슬래그 시멘트, 실리카 시멘트, 플라이애시 시멘트 등이 있다. 시멘트의 종류는 다음과 같다.

구분	내용
포틀랜드 시멘트	보통 포틀랜드 시멘트, 중용열 포틀랜드 시멘트, 조강 포틀랜드 시멘트, 초조강 포틀랜드 시멘트, 저열 포틀랜드 시멘트, 내황산염 포틀랜드 시멘트
혼합 시멘트	고로 슬래그 시멘트, 실리카 시멘트, 플라이애시 시멘트
특수 시멘트	백색 시멘트, 초속경 시멘트, 알루미나 시멘트, 팽창 시멘트, 폴리머 시멘트, 메이슨리 시멘트

10 사문암 또는 각섬암이 열과 압력을 받아 변질하여 섬유 모양의 결정질이 된 것으로 단열재 · 보온재 등으로 사용되었으나, 인체 유해성으로 사용이 규제되고 있는 것은?

① 암면(Rock wool)
② 석면(Asbestos)
③ 질석(Vermiculite)
④ 샌드스톤(Sand Stone)

 석면(Asbestos)은 과거 단열재 · 보온재 등으로 사용되었으나, 인체 유해성으로 현재 사용이 규제되고 있다.

11 다음 미장재료 중 건조 시 무수축성의 성질을 가진 재료는?

① 시멘트 모르타르
② 돌로마이트 플라스터
③ 회반죽
④ 석고 플라스터

 석고 플라스터(Gypsum Plaster)는 경화가 빠르고 무수축성(팽창성)이며, 물에 용해되는 성질이 있어 물을 사용하는 장소에는 부적합하다. 내화성, 경화, 건조시 치수 안정성을 가지며, 물과 수화반응에 의해 경화하는 수경성 미장재료에 해당한다.

12 건물의 외장용 도료로 적합하지 않은 것은?

① 유성페인트
② 수성페인트
③ 합성수지 에멀션페인트
④ 유성바니시

 유성 바니시는 광택이 있고 투명하며 단단한 도막을 만드나 내후성이 약한 단점이 있다. 투명한 유성바니시를 니스라고 하는데 목재면 도장에 많이 사용된다.

정답 08 ④ 09 ② 10 ② 11 ④ 12 ④

13 석재의 화학적 성질에 대한 설명 중 옳지 않은 것은?

① 규산분을 많이 함유한 석재는 내산성이 약하므로 산을 접하는 바닥은 피한다.
② 대리석, 사문암 등은 내장재로 사용하는 것이 바람직하다.
③ 조암광물 중 장석, 방해석 등은 산류의 침식을 쉽게 받는다.
④ 산류를 취급하는 곳의 바닥재는 황철광, 갈철광 등을 포함하지 않아야 한다.

해설 일반적으로 규산분을 함유하는 석재는 내산성이 크며, 석회분을 함유하는 것은 내산성이 적다.

14 재료의 기계적 성질 중 작은 변형에도 파괴되는 성질을 무엇이라 하는가?

① 강성　② 소성
③ 탄성　④ 취성

해설 취성은 작은 변형에도 파괴되는 성질이다.

[재료의 성질을 나타낸 용어]
- 강성 : 외력을 받았을 때 변형에 저항하는 성질
- 전성 : 재료를 두들길 때 얇게 펴지는 현상
- 연성 : 재료가 탄성한계 이상의 힘을 받아도 파괴되지 않고 늘어나는 성질
- 취성 : 작은 변형에도 파괴되는 성질
- 소성 : 힘을 제거해도 본래 상태로 돌아가지 않고 영구 변형이 남는 성질

15 목재의 방화제 종류에 해당되지 않는 것은?

① 방화페인트
② 규산나트륨
③ 불화소다 2% 용액
④ 제2인산암모늄

해설 불화소다 2% 용액은 목재의 방부재에 해당된다. 목재의 방화, 방염제에는 인산암모늄, 황산암모늄, 규산나트륨(물유리), 탄산나트륨, 몰리브덴, 붕사 등이 있으며 목재의 방염을 위한 방법은 다음과 같다.
- 목재 표면에 불연성 도료를 칠하여 불꽃의 접촉 및 가연성 가스의 발산을 막는다.
- 목재에 방화제를 도포 또는 주입시켜 인화점을 높인다.
- 목재의 표면을 시멘트 모르타르 등으로 피복하여 불꽃 접촉을 막고 공기를 차단한다.

16 깬 자갈을 사용한 콘크리트가 동일한 시공연도의 보통 콘크리트보다 유리한 점은?

① 시멘트 페이스트와의 부착력 증가
② 수밀성 증가
③ 내구성 증가
④ 단위수량 감소

해설 깬 자갈은 최근 강모래, 강자갈 부족으로 많이 사용되며 모양이 각지고 표면이 거칠어 시멘트 페이스트와의 부착력은 증가되나 워커빌리티가 떨어진다.

17 다음 미장재료 중 기경성이 아닌 것은?

① 소석회
② 시멘트 모르타르
③ 회반죽
④ 돌로마이트 플라스터

해설 시멘트 모르타르는 수경성 미장재료에 속한다. 기경성(氣硬性) 미장재료에는 흙바름, 회반죽, 소석회, 돌로마이트 플라스터, 아스팔트 모르타르가 있으며 수경성(水硬性) 미장재료에는 석고 플라스터, 시멘트 모르타르, 인조석 바름이 있다.

정답 13 ① 14 ④ 15 ③ 16 ① 17 ②

PART 01 PART 02 PART 03 PART 04 PART 05 PART 06 부록

18 **콘크리트용 혼화제의 사용용도와 혼화제 종류를 연결한 것으로 옳지 않은 것은?**

① AE 감수제 – 작업성능이나 동결융해 저항성능의 향상
② 유동화제 – 강력한 감수효과와 강도의 대폭적인 증가
③ 방청제 – 염화물에 의한 강재의 부식 억제
④ 증점제 – 점성, 응집작용 등을 향상시켜 재료분리를 억제

 유동화제는 분산성능이 높은 혼화제로 워커빌리티를 증가시킨다.

19 **암녹색 바탕에 흑백색의 아름다운 무늬가 있고, 경질이나 풍화성이 있어 외장재보다는 내장 마감용 석재로 이용되는 것은?**

① 사문암　② 안산암
③ 화강암　④ 점판암

 사문암(蛇紋巖, Serpentine)은 주로 감람석, 섬록암이 변성되어 생긴 암석으로 경질이나 산과 열에 약하고 내구성이 떨어져 실내장식재 등으로 사용된다.

20 **콘크리트의 강도 및 내구성 증가에 가장 큰 영향을 주는 것은?**

① 물과 시멘트의 배합비
② 모래와 자갈의 배합비
③ 시멘트와 자갈의 배합비
④ 시멘트와 모래의 배합비

해설 물 – 시멘트 비는 콘크리트의 강도와 내구성에 가장 큰 영향을 미친다.

21 **내열성이 크고 발수성을 나타내어 방수제로 쓰이며 저온에서도 탄성이 있어 Gasket, Packing의 원료로 쓰이는 합성수지는?**

① 페놀 수지
② 실리콘 수지
③ 폴리에스테르 수지
④ 에폭시 수지

 실리콘 수지(Silicon Resin)는 내열성(–80~250℃)이 우수하고, 내수성 · 발수성이 좋으며 전기절연성이 좋다. 액체는 윤활유, 펌프유, 절연유, 방수제 등으로 사용되고 고무와 합성된 수지는 고온, 저온에서 탄성이 있으므로 개스킷, 패킹 등에 사용된다.

22 **강의 기계적 성질과 관련된 설명으로 옳지 않은 것은?**

① 구조용 강재에 인장력을 가하게 되면 응력 – 변형도(Stress – Strain Curve) 선도를 얻을 수 있다.
② 탄성구간의 기울기를 탄성계수라 한다.
③ 강재를 압축할 경우 압축강도는 항복점 부근까지는 인장인 경우와 같으나, 그 이후는 압축이 진행됨에 따라 최대 하중은 인장인 경우보다 높아진다.
④ 강은 250℃ 부근에서 인장강도가 최대로 되나 반대로 연신율, 단면수축률은 극소로 된다.

 강의 압축 항복점과 극한 압축강도는 각각 인장 항복점과 극한 인장강도와 같다고 가정한다.

정답 18 ② 19 ① 20 ① 21 ② 22 ③

23 강의 가공과 처리에 대한 설명 중 옳지 않은 것은?

① 소정의 성질을 얻기 위해 가열과 냉각을 조합반복하여 행한 조작을 열처리라고 한다.
② 열처리에는 단조, 불림, 풀림 등의 처리방식이 있다.
③ 압연은 구조용 강재의 가공에 주로 쓰인다.
④ 압출가공은 재료의 움직이는 방향에 따라 전방압출과 후방압출로 분류할 수 있다.

해설 강의 가공방법 중의 하나인 단조는 해머나 프레스 기계로 눌러 원하는 형상으로 만드는 것으로 열처리와는 무관하다.

24 매스콘크리트에 발생하는 균열의 제어방법이 아닌 것은?

① 고발열성 시멘트를 사용한다.
② 파이프 쿨링을 실시한다.
③ 포졸란계 혼화재를 사용한다.
④ 온도균열지수에 의한 균열발생을 검토한다.

해설 고발열 시멘트는 매스콘크리트의 온도를 상승시켜 균열을 증대시킨다.

25 목재에 관한 설명 중 옳지 않은 것은?

① 섬유포화점 이하에서는 함수율이 감소할수록 강도는 증대하며 인성은 감소한다.
② 기건상태에서 목재의 함수율은 15% 정도이다.
③ 섬유포화점 이상의 함수상태에서는 함수율의 증감에 비례하여 신축을 일으킨다.
④ 열전도도가 낮아 여러 가지 보온재료로 사용된다.

해설 목재는 함수율의 증감에 따라 수축, 팽창 등의 체적변화가 생긴다. 함수율이 섬유 포화점 이상에서는 체적 변화가 일어나지 않지만, 섬유 포화점 이하가 되면 거의 함수율에 비례하여 신축한다.

26 각종 금속의 성질 또는 용도에 관한 설명 중 옳지 않은 것은?

① 동은 전연성이 풍부하므로 가공하기 쉽다.
② 납은 산이나 알칼리에 강하므로 콘크리트에 침식되지 않는다.
③ 아연은 이온화경향이 크고 철에 의해 침식된다.
④ 대부분의 구조용 특수강에는 니켈을 함유한다.

해설 납(Lead)은 약한 산에는 내산성이 있으나 강산에는 녹고, 알칼리에는 강하나 습기가 있는 곳에서는 콘크리트 중에 침식된다.

27 KS L 9007에서 규정하는 미장재료로 사용되는 소석회의 주요 품질평가항목이 아닌 것은?

① 분말도 잔량 ② 점도계수
③ 경도계수 ④ 응결시간

해설 소석회의 품질평가 항목에는 분말도 잔량, 점도계수, 경도계수 등이 있다.

정답 23 ② 24 ① 25 ③ 26 ② 27 ④

28 콘크리트 다짐바닥, 콘크리트 도로포장의 전열 방지를 위해 사용되는 것은?

① 코너비드(Corner Bead)
② PC 강선
③ 와이어메시(Wire Mesh)
④ 펀칭메탈(Punching Metal)

 와이어 메시는 연강 철선을 전기 용접하여 정방형 또는 장방형으로 만든 것으로 콘크리트의 균열을 방지하고 교차 부분을 보강하기 위해 사용하는 금속제품이다.

29 비철금속 중 알루미늄 재료에 대한 설명으로 옳은 것은?

① 알루미늄은 독특한 흰 광택을 지닌 중금속으로 광선 및 열 반사율이 크다.
② 산이나 알칼리 및 해수에 침식되기 쉬우므로 해안가 공사 시 특히 주의해야 한다.
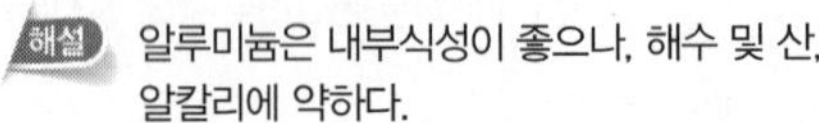
③ 순도가 높은 것은 표면에 산화피막이 생겨 잘 부식된다.
④ 연성, 전성이 나빠서 가공하기 어렵고 얇은 부재로 만들기도 어렵다.

해설 알루미늄은 내부식성이 좋으나, 해수 및 산, 알칼리에 약하다.

30 다음 바닥마감재 중 유지계 바닥재료는?

① 리놀륨 타일
② 아스팔트 타일
③ 비닐 바닥타일
④ 고무 타일

 리놀륨(Linoleum)은 리녹신에 고무와 코르크가루를 넣어서 만든 타일형 바닥재로, 흡수신장과 내유성이 큰 편이다.

31 팽창균열이 없고 화학저항성이 높아 해수 · 공장폐수 · 하수 등에 접하는 콘크리트에 적합하고 수화열이 적어 매스콘크리트에 적합한 시멘트는?

① 고로시멘트
② 폴리머시멘트
③ 알루미나시멘트
④ 조강포틀랜드시멘트

 고로시멘트는 포틀랜드시멘트 클링커에 급랭한 고로슬래그(철강제조 과정에서 나오는 부산물)를 적당량 혼합한 후 적당량의 석고를 가해 미분쇄해서 만든 시멘트로 건조수축은 보통 포틀랜드시멘트보다 크나 수화열이 적어서 매스콘크리트에 적합하다.

32 일반적으로 단열재에 습기나 물기가 침투하면 어떤 현상이 발생하는가?

① 열전도율이 높아져 단열성능이 좋아진다.
② 열전도율이 높아져 단열성능이 나빠진다.
③ 열전도율이 낮아져 단열성능이 좋아진다.
④ 열전도율이 낮아져 단열성능이 나빠진다.

 단열재에 습기나 물이 침투하면 열전도율이 높아져 단열 성능이 떨어진다.

정답 28 ③ 29 ② 30 ① 31 ① 32 ②

33 **미장재료 중 회반죽에 대한 설명으로 옳지 않은 것은?**

① 소석회에 모래, 해초풀, 여물 등을 혼합하여 바르는 미장재료이다.
② 경화건조에 의한 수축률은 미장바름 중 큰 편이다.
③ 발생하는 균열은 여물로 분산 · 경감시킨다.
④ 다른 미장재료에 비해 건조에 걸리는 시일이 상당히 짧다.

해설 회반죽은 소석회, 모래, 여물, 해초풀 등을 혼합하여 바르는 미장재료로서, 다른 미장재료에 비해 건조에 시일이 걸린다. 다소 연질이지만 외관이 온유하고 시공을 잘하면 균열, 박락 우려가 적으며, 초벌과 재벌에서는 건조 경화 시 균열 방지를 위해 여물을 사용한다.

34 **점토제품에 발생하는 백화 방지대책으로 옳지 않은 것은?**

① 흡수율이 작은 벽돌이나 타일을 사용한다.
② 벽돌이나 줄눈에 빗물이 들어가지 않는 구조로 한다.
③ 줄눈 모르타르의 단위시멘트량을 높게 한다.
④ 수용성 염류가 적은 소재를 사용한다.

해설 백화현상은 시멘트의 수산화석회와 공기 중 탄산가스의 반응으로 나타나는 것으로 줄눈의 단위 시멘트량을 높일 경우 백화현상이 증가할 수 있다.

35 **블로운 아스팔트의 내열성, 내한성 등을 개량하기 위해 동물섬유나 식물섬유를 혼합하여 유동성을 증대시킨 것은?**

① 아스팔트 펠트(Asphalt Felt)
② 아스팔트 루핑(Asphalt Roofing)
③ 아스팔트 프라이머(Asphalt Primer)
④ 아스팔트 컴파운드(Asphalt Compound)

해설 아스팔트 컴파운드(Asphalt Compound)는 아스팔트에 동 · 식물유지나 광물성 분말 등을 혼합하여 만든 것이다.

36 **석재의 일반적 강도에 관한 설명으로 옳지 않은 것은?**

① 석재의 강도는 중량에 비례한다.
② 석재의 함수율이 클수록 강도는 저하된다.
③ 석재의 강도의 크기는 휨강도 > 압축강도 > 인장강도 순이다.
④ 석재의 구성입자가 작을수록 압축강도가 크다.

해설 석재의 강도는 압축강도가 가장 크고, 인장, 휨 및 전단강도는 압축강도에 비하여 매우 작다.

37 **시멘트 제품 중 테라조판의 정의에 대해 옳게 설명한 것은?**

① 목재의 단열성과 경량의 특성에 시멘트의 난연성이 조합된 제품
② 시멘트, 펄라이트를 주원료로 하고 섬유 등으로 오토클레이브 양생 및 상압 양생하여 판재료로 만든 제품
③ 대리석, 화강암 등의 부순 골재, 안료, 시멘트 등을 혼합한 콘크리트로 성형하고 경화한 후 표면을 연마하고 광택을 내어 마무리한 제품
④ 시멘트와 모래를 주원료로 하여 가압성형한 시멘트판 이외의 제품

정답 33 ④ 34 ③ 35 ④ 36 ③ 37 ③

 테라조(Terrazzo)는 대리석, 화강석 등을 종석으로 하여 시멘트와 혼합하여 시공하고 경화 후 가공 연마하여 미려한 광택을 갖도록 마감한 것이다.

38 목재가 대기의 온도와 습도에 맞게 평형에 도달한 상태를 의미하는 기건상태의 함수율은 약 얼마인가?

① 약 5%
② 약 15%
③ 약 25%
④ 약 35%

 기건상태란 목재가 통상 대기의 온도, 습도와 평형된 수분을 함유한 상태를 말하며, 이 때의 함수율은 15% 정도이다.

39 다음 중 열경화성 수지에 속하는 것은?

① 불소수지
② 알키드수지
③ 폴리에틸렌수지
④ 염화비닐수지

해설 알키드수지(포화 폴리에스테르 수지)는 열경화성 수지에 속한다.

구분	종류
열가소성 수지	염화비닐 수지, 초산비닐수지, 폴리에틸렌 수지, 폴리프로필렌, 폴리스티렌, 메타크릴, 아크릴, ABS, 폴리카보네이트, 폴리아미드, 불소수지
열경화성 수지	페놀 수지, 요소 수지, 멜라민 수지, 폴리에스테르 수지, 실리콘 수지, 에폭시 수지, 폴리우레탄 수지, 프란수지
섬유소계 수지 (합성 섬유)	셀룰로오스, 아세트산 섬유소 수지

40 비닐 레더(Vinyl Leather)에 대한 설명 중 옳지 않은 것은?

① 색채, 모양, 무늬 등을 자유롭게 할 수 있다.
② 면포로 된 것은 찢어지지 않고 튼튼하다.
③ 두께는 0.5~1mm이고, 길이는 10m 두루마리로 만든다.
④ 커튼, 테이블크로스, 방수막으로 사용된다.

 비닐 가죽(Vinyl Leather)은 색채, 모양,무늬 등을 자유롭게 할 수 있고, 잘 찢어지지 않고 튼튼하여 소파의 커버 등에 사용된다.

41 유성 목재방부제로 철류의 부식이 적고 처리재의 강도가 감소하지 않는 조건을 구비하고 있으나 악취가 나고, 흑갈색으로 외관이 불미하므로 눈에 보이지 않는 토대, 기둥 등에 이용되는 것은?

① 크레오소트 오일
② 황산동 1% 용액
③ 염화아연 4% 용액
④ 불화소다 2% 용액

 크레오소트 오일은 부식이 적고 처리재의 강도가 감소하지 않아 목재의 방부제로 사용된다. 목재에 사용되는 방부재의 종류는 다음과 같다.

㉠ 유성 방부제 : 크레오소트, 콜타르, 유성 페인트
㉡ 수용성 방부제 : 황산동 1%, 염화아연 4%, 불화소다 2%, PF 방부제, CCA 방부제
㉢ 유용성 방부제 : PCP(Penta Chloro Phenol)

정답 38 ② 39 ② 40 ④ 41 ①

42 다음 중 점토의 성분 및 성질에 대한 설명으로 옳지 않은 것은?

① Fe_2O_3 등의 부성분이 많으면 제품의 건조 수축이 크다.
② 점토의 주성분은 실리카, 알루미나이다.
③ 소성 색상은 석회물질이 많을수록 짙은 적색이 된다.
④ 가소성은 점토입자가 미세할수록 좋다.

해설 점토의 색상은 철산화물 또는 석회물질에 의해 나타나며 철산화물이 많을수록 짙은 적색이 된다.

43 골재의 선팽창계수에 의해 영향을 받을 수 있는 콘크리트의 성질은?

① 마모에 대한 저항성
② 습윤건조에 대한 저항성
③ 동결융해에 대한 저항성
④ 온도변화에 대한 저항성

해설 골재의 선팽창계수는 콘크리트의 온도변화에 대한 저항성에 영향을 줄 수 있다.

44 비철금속 중 아연에 대한 설명으로 옳지 않은 것은?

① 건조한 공기 중에서는 거의 산화되지 않는다.
② 묽은 산류에 쉽게 용해된다.
③ 주용도는 철판의 아연도금이다.
④ 불순물인 철(Fe) · 카드뮴(cd) · 주석(Sn) 등을 소량 함유하게 되면 광택이 매우 우수해진다.

해설 아연(Zinc)은 아연광(ZnS, $ZnCO_3$)의 광석으로 증류법이나 전해법에 의해 정제하여 만든 것으로 불순물이 없을 경우 광택이 우수해진다.

45 목재의 천연건조의 특성에 해당하지 않는 것은?

① 넓은 잔적(Piling)장소가 필요하지 않다.
② 비교적 균일한 건조가 가능하다.
③ 기후와 입지의 영향을 많이 받는다.
④ 열기건조의 예비건조로서 효과가 크다.

해설 목재의 건조는 목재 전체면의 균일한 건조를 위해 넓은 잔적 장소가 필요하다.

46 시멘트에 약간의 물을 첨가하여 혼합시키면 가소성 있는 페이스트가 얻어지나 시간이 지나면 유동성을 잃고 응고하는데 이러한 현상을 무엇이라 하는가?

① 응결
② 풍화
③ 알칼리 골재 반응
④ 백화

해설 시멘트와 물을 섞은 후 1시간 이후에서 10시간 정도가 되면 시멘트 풀이 섬성이 늘어남에 따라 유동성이 없어져 굳어지게 되는데 이것을 응결이라 한다.

47 콘크리트의 중성화에 대한 저감대책으로 옳지 않은 것은?

① 물－시멘트비(W/C)를 낮춘다.
② 단위시멘트량을 증대시킨다.
③ 혼합시멘트를 사용한다.
④ AE감수제나 고성능감수제를 사용한다.

해설 중성화는 알칼리성인 콘크리트의 수산화석회가 시간의 경과와 함께 표면으로부터 공기 중의 이산화탄소의 영향을 받아 서서히 탄산석회로 변하여 알칼리성을 상실하게 되는 현상으로 혼합시멘트의 경우 중성화 우려가 높아진다.

정답 42 ③ 43 ④ 44 ④ 45 ① 46 ① 47 ③

PART 01 PART 02 PART 03 PART 04 PART 05 PART 06 부록

48 **각종 접착제에 관한 설명으로 옳지 않은 것은?**

① 요소수지 접차제는 목공용에 적당하며 내수합판의 제조에 사용된다.
② 에폭시수지 접착제는 금속, 플라스틱, 도자기, 유리, 콘크리트 등의 접합에 사용된다.
③ 실리콘수지 접착제는 내수성은 작으나 열에는 매우 강하다.
④ 멜라민수지 접착제는 내수성 등이 좋고 목재의 접합에 사용된다.

해설 실리콘 수지(Silicon Resin)는 내열성(−80~250℃)이 가장 우수하고, 내수성, 발수성이 좋다.

49 **발포제로서 보드상으로 성형하여 단열재로 널리 사용되며 건축벽 타일, 천장재, 전기용품 등에 쓰이는 열가소성 수지는?**

① 폴리에스테르수지
② 폴리스티렌수지
③ 실리콘수지
④ 아크릴수지

폴리스티렌 수지는 용융점이 145.2℃인 무색투명하고 내수, 내약품성, 전기절연성, 가공성이 우수하며 스티롤 수지라고도 한다. 발포 보온판(스티로폼)의 주원료, 벽타일, 천장재, 블라인드, 도료, 전기용품 등에 사용된다.

50 **슬럼프 시험에 대한 설명으로 옳지 않은 것은?**

① 콘크리트의 시공연도를 측정하기 위하여 행한다.
② 슬럼프 값이 높을 경우 콘크리트는 묽은 비빔이다.
③ 슬럼프콘에 콘크리트를 3층으로 분할하여 채운다.
④ 슬럼프 시험 시 각 층을 50회 다진다.

슬럼프 시험 시 각 층은 25회씩 3번에 걸쳐 골고루 다진다.

51 **다음 중 지하실과 같이 공기의 유통이 나쁜 장소의 미장공사에 적당한 재료는?**

① 시멘트 모르타르
② 회반죽
③ 돌로마이트 플라스터
④ 회사벽

시멘트 모르타르(Cement Mortar)는 시멘트를 결합재로 하고 모래를 골재로 하여 이를 혼합하여 물 반죽하여 사용하는 미장재료로 지하실의 미장재료로 많이 쓰인다.

52 **다음 중 도료의 도막을 형성하는 데 필요한 유동성을 얻기 위하여 첨가하는 것은?**

① 안료 ② 가소제
③ 수지 ④ 용제

해설 용제는 도료의 도막을 형성하기 위한 유동성을 증진시키기 위하여 첨가하는 재료이다.

53 **콘크리트 슬래브의 거푸집 패널 또는 바닥판 및 지붕판으로 사용하는 것은?**

① 코너 비드 ② 데크 플레이트
③ 익스펜디드 메탈 ④ 메탈 폼

데크 플레이트(Deck Plate)는 얇은 연강판에 골모양을 만든 성형품으로 철근콘크리트 슬래브의 거푸집 패널(Form Panel) 또는 바닥판 및 지붕판 등으로 사용한다.

정답 48 ③ 49 ② 50 ④ 51 ① 52 ④ 53 ②

54 **보통포틀랜드시멘트에 비하여 초기 수화열이 낮고, 장기 강도 증진이 크며, 화학저항성이 큰 시멘트로 매스콘크리트용에 적합한 것은?**

① 백색포틀랜드시멘트
② 조강포틀랜드시멘트
③ 알루미나시멘트
④ 플라이애시시멘트

해설 플라이애시시멘트는 조기강도는 낮으나 장기강도는 우수하고, 수화열이 낮아 매스콘크리트에 사용한다. 플라이애시로 인하여 수밀성이 좋아지며 건조 수축이 적고 화학적 저항성이 크다.

55 **기성 배합 모르타르 바름에 대한 설명으로 옳지 않은 것은?**

① 현장에서의 시공이 간편하다.
② 공장에서 미리 배합하므로 재료가 균질하다.
③ 접착력 강화제가 혼입되기도 한다.
④ 주로 바름 두께가 두꺼운 경우에 많이 쓰인다.

해설 기성 배합 모르타르 바름은 바름 두께가 얇은 경우에 많이 쓰인다.

56 **미장재료 중 석고에 관한 설명으로 옳지 않은 것은?**

① 석고의 화학성분은 황산칼슘이다.
② 회반죽에 석고를 약간 혼합하면 수축균열을 방지할 수 있다.
③ 무수석고에 경화 촉진제로서 화학처리한 것을 경석고 플라스터라 한다.
④ 공기 중의 탄산가스에 의해 경화하는 기경성 재료이다.

 석고는 수경성(水硬性) 미장재료로 물과 수화반응에 의해 경화되고, 미장면이 팽창성을 나타낸다.

57 **다음 각종 금속재료에 대한 설명 중 옳지 않은 것은?**

① 동(銅)은 박판으로 제작하여 지붕재료로 이용된다.
② 납은 방사선 투과도가 낮아서 차폐용 벽체에 이용된다.
③ 주석은 주조성, 단조성이 나쁘기 때문에 각종 금속과 합금화가 어렵다.
④ 티탄은 산성에 강하므로 지붕재에 이용된다.

해설 주석은 주로 단독 사용은 적고 철판 도금용이나 구리와의 합금인 청동으로 만들어 사용한다.

58 **다음 중 이온화 경향이 가장 큰 금속은?**

① Al ② Mg
③ Zn ④ NI

 금속의 이온화 경향 크기는 K>Ca>Na>Mg>Al>Cr>Mn>Zn>Fe>Ni>Sn>Pb>Cu>Hg>Ag>Pt>Au의 순이다.

정답 54 ④ 55 ④ 56 ④ 57 ③ 58 ②

PART 05 건설재료학

제3회 예상문제

ENGINEER CONSTRUCTION SAFETY

01 **도료를 건조과정에 의해 분류할 때 가열건조형에 속하는 것은?**

① 바니시
② 비닐수지 도료
③ 아미노알키드수지 도료
④ 에멀션 도료

 가열건조형 도료는 도료를 도장한 후 열을 가해서 가교반응이 진행되어 도막이 형성되는 도료이다. 아미노알키드수지 도료는 가열건조형 도료이다.

02 **건축용 세라믹 제품에 대한 설명 중 옳지 않은 것은?**

① 다공벽돌은 내부의 무수히 많은 구멍으로 인해 절단, 못치기 등의 가공성이 우수하다.
② 테라코타는 건축물의 패러핏, 주두 등의 장식에 사용되는 공동의 대형 점토 제품이다.
③ 위생도기는 철분이 많은 장석점토를 주원료로 사용한다.
④ 일반적으로 모자이크 타일 및 내장타일은 건식법, 외장타일은 습식법에 의해 제조된다.

 위생도기는 점토에 철분의 성분이 적은 도자기질의 고급점토(고령토)를 사용하여 제작된다.

03 **목재의 방부제에 대한 설명 중 옳지 않은 것은?**

① 유성 및 유용성 방부제는 물에 의해 용출하는 경우가 많으므로 습윤의 장소에는 사용하지 않는다.
② 유성페인트를 목재에 도포하면 방습 · 방부효과가 있고 착색이 자유로우므로 외관을 미화하는 데 효과적이다.
③ 황산동 1% 용액은 방부성은 좋으나 철재를 부식시키며 인체에 유해하다.
④ 크레오소트 오일은 방부성은 우수하나 악취가 있고 흑갈색이므로 외관이 미려하지 않아 토대, 기둥 등에 주로 사용된다.

 유성 및 유용성 방부제는 물에 용해되지 않는다.

04 **다음 중 강을 제조할 때 사용하는 제강법의 종류가 아닌 것은?**

① 평로 제강법
② 전기로 제강법
③ 반사로 제강법
④ 도가니 제강법

 제강은 선철에서 탄소량을 줄이고 불순물을 제거하여 구조용 재료로 사용 가능한 성질을 가진 강으로 만드는 과정을 말하며, 제강법에는 평로법, 전로법, 전기로법, 도가니법이 있다.

정답 01 ③ 02 ③ 03 ① 04 ③

05 콘크리트의 블리딩 현상에 의한 성능저하와 가장 거리가 먼 것은?

① 골재와 페이스트의 부착력저하
② 철근과 페이스트의 부착력 저하
③ 콘크리트의 수밀성 저하
④ 콘크리트의 응결성 저하

해설 블리딩(Bleeding)이란 콘크리트 타설 후 물이나 미세한 물질이 분리 상승하여 콘크리트 표면에 떠오르는 현상으로 콘크리트의 수밀성을 저하시키고 부착력을 감소시킨다.

06 도료의 저장 중 또는 용기 내 방치 시 도료의 표면에 피막이 형성되는 현상의 발생 원인과 가장 관계가 먼 것은?

① 피막방지제의 부족이나 건조제가 과잉일 경우
② 용기 내에 공간이 커서 산소의 양이 많은 경우
③ 부적당한 시너로 희석하였을 경우
④ 사용 잔량을 뚜껑을 열어둔 채 방치하였을 경우

해설 도료의 저장이나 용기 내 방치 시 도료 표면에 피막이 형성되는 경우는 피막 방지제가 부족하거나 용기 내 산소의 함량이 많은 경우 등이다.

07 목부의 옹이땜, 송진막이, 스밈막이 등에 사용되나 내후성이 약한 도장재는?

① 캐슈　② 워셔프라이머
③ 셀락니스　④ 페인트 시너

해설 셀락니스는 목부의 옹이땜, 송진막이 스밈막이 등에 사용된다.

08 보통포틀랜드 시멘트의 주성분 중 함유량이 가장 많은 것은?

① CaO　② SiO_2
③ Al_2O_3　④ Fe_2O_3

해설 보통포틀랜드 시멘트의 화학성분(%)
- SiO_2 : 21.0~22.5
- Al_2O_3 : 4.5~6.0
- Fe_2O_3 : 2.5~3.5
- CaO : 63.0~66.0
- MgO : 0.9~3.3
- SO_3 : 1.0~2.0

09 목재의 가공제품에 대한 설명으로 옳지 않은 것은?

① 코르크판(Cork board)은 유공판으로 단열성 · 흡음성 등이 있어 천장 등에 흡음재로 사용된다.
② 연질섬유판은 밀도가 0.8g/cm^3 이상으로 강도 및 경도가 비교적 큰 보드(Board)로 수장판으로 사용된다.
③ 무늬목(Wood veneer)은 아름다운 원목을 종이처럼 얇게 벗겨내 합판 등이 표면에 부착시켜 장식재로 사용된다.
④ 집성재란 제재판재 또는 소각재 등의 각판재를 서로 섬유방향을 평행하게 길이 · 너비 및 두께방향으로 겹쳐 접착재로 붙여서 만든 것을 말한다.

해설 연질섬유판은 비중이 0.4 미만이다.

정답 05 ④　06 ③　07 ③　08 ①　09 ②

10 시멘트의 분말도에 대한 설명 중 옳지 않은 것은?

① 분말도가 클수록 수화반응이 촉진된다.
② 분말도가 클수록 초기강도는 작으나 장기강도는 크다.
③ 분말도가 클수록 시멘트 분말이 미세하다.
④ 분말도가 너무 크면 풍화되기 쉽다.

해설 시멘트의 분말도는 시멘트 입자의 굵고 가는 것을 나타내는 것으로 분말도가 높다는 것은 일정 중량 속에 시멘트 입자가 많다는 것이다. 분말도가 높으면 물과 접촉면이 많으므로 수화작용이 빠르고, 초기강도의 발현이 빠르며 풍화되기 쉽다. 수화작용으로 인한 건조수축이 커서 균열이 발생하기 쉽다.

11 다음 각 플라스틱 재료의 용도를 표기한 것으로 옳지 않은 것은?

① 멜라민수지 : 치장판
② 염화비닐 수지 : 판매, 파이프 등의 각종 성형품
③ 에폭시수지 : 접착제
④ 폴리에스테르수지 : 흡음발포제

해설 폴리에스테르 수지는 FRP 재료, 차량, 항공기 등의 구조재료나 아케이드 천장, 루버, 칸막이 등에 사용된다.

12 목재의 신축에 대한 설명 중 옳은 것은?

① 동일 나뭇결에서 심재는 변재보다 신축이 크다.
② 섬유포화점 이상에서는 함수율에 따른 신축 변화가 크다.
③ 신축의 정도는 수종과는 상관 없이 일정하다.
④ 일반적으로 곧은결 폭보다 널결 폭이 신축의 정도가 크다.

해설 신축의 정도는 널결>곧은결>섬유방향 순으로 변형이 크다.

13 건조 전 중량 5kg인 목재를 건조시켜 전건 중량이 4kg이 되었다면 이 목재의 함수율은 몇 %인가?

① 20% ② 25%
③ 30% ④ 40%

해설

$$\text{함수율}(\mu) = \frac{W_1 - W_2}{W_2} \times 100(\%)$$
$$= \frac{(5-4)}{4} \times 100(\%) = 25\%$$

여기서, W_1 : 건조 전 시료 중량
W_2 : 절대건조시 시료 중량

14 일반 콘크리트 대비 ALC의 물리적 성질로서 옳지 않은 것은?

① 경량성
② 높은 단열성
③ 높은 흡음 차음성
④ 높은 방수성

해설 ALC 제품은 다공성 제품으로 흡수성이 크다.
1) 장점
- 경량성 : 기건 비중은 콘크리트의 1/4 정도이다.
- 단열성 : 열전도율은 콘크리트의 1/10 정도이다.
- 흡음 및 차음성이 우수하다.
- 불연성 및 내화구조 재료이다.
- 시공성 : 경량으로 취급이 용이하며 현장에서 절단 및 가공이 용이하다.

정답 10 ② 11 ④ 12 ④ 13 ② 14 ④

2) 단점
- 압축강도가 4~8MPa 정도로 보통 콘크리트에 비해 강도가 비교적 약하다.
- 다공성 제품으로 흡수성이 크며 동해에 대한 방수 · 방습처리가 필요하다.
- 압축강도에 비해서 휨강도나 인장강도는 상당히 약한 수준이다.

15 각종 시멘트에 관한 설명 중 옳지 않은 것은?

① 중용열시멘트 – 겨울철 공사나 긴급공사에 사용된다.
② 조강시멘트 – C_3S가 다량 혼입되어 있다.
③ 백색시멘트 – 건물 내 · 외면의 마감, 각종 인조석 제조에 사용된다.
④ 플라이애시시멘트 – 건조수축이 보통 포틀랜드시멘트에 비하여 적다.

해설 중용열 포틀랜드시멘트는 시멘트의 발열량을 적게 하기 위하여 화합조성물 중 규산3석회(C_3S)와 알루민산3석회(C_3A)의 양을 적게 하고 장기강도의 발현을 위하여 규산2석회(C_2S)의 양을 많게 한 시멘트이며, 벽체가 두꺼운 댐이나 부재단면의 치수가 큰 토목이나 건축공사 등의 매스콘크리트(Mass Concrete)에 사용한다.

16 트래버틴(Travertine)에 대한 설명으로 옳지 않은 것은?

① 석질이 불균일하고 다공질이다.
② 특수 외장용 장식재로 주로 사용된다.
③ 변성암으로 황갈색의 반문이 있다.
④ 탄산석회를 포함한 물에서 침전, 생성된 것이다.

해설 트래버틴(Travertine)은 대리석의 일종으로 다공질이고 황갈색의 반문이 있어 특이한 느낌을 주는 석재이므로 특수한 부위의 실내장식용으로 사용된다.

17 건축재료 중 점토의 성질과 관련된 설명으로 옳지 않은 것은?

① 입도는 보통 2μ 이하의 미립자나 모래알 정도의 조립을 포함한 것도 있다.
② 가소성은 점토입자가 클수록 좋다.
③ 가소성이 너무 큰 경우에는 모래 또는 샤모트 등을 혼합하여 조절한다.
④ 색상은 철산화물 또는 석회물질에 의해 나타내며, 철산화물이 많으면 적색이 되고, 석회물질이 많으면 황색을 띠게 된다.

해설 점토의 성질 중 가소성(可塑性)은 점토에 적당량의 물을 가하면 일정한 형태의 모양을 만들기가 용이해지는 성질을 말한다. 점토입자가 미세할수록 좋고 또한 미세부분은 콜로이드로서의 특성을 가지고 있다.

18 콘크리트에 사용하는 혼화재와 그 효과가 잘못 열결된 것은?

① 플라이애시 – 워커빌리티, 펌퍼빌리티 개선
② 고로슬래그 미분말 – 수화열 억제, 알칼리 골재반응 억제
③ 실리카흄 – 화학적 저항성 증대, 블리딩 저감
④ 가용성 규산 미분말 – 수화열 억제, 알칼리골재반응 억제

해설 가용성 규산 미분말은 수화반응을 활성화시키는 역할을 한다.

정답 15 ① 16 ② 17 ② 18 ④

19 **다음 중 목재의 방부법으로 옳지 않은 것은?**

① 침지법 ② 표면탄화법
③ 가압주입법 ④ 훈연법

해설 훈연법은 목재의 인공건조법 중 하나이다.

20 **다음 중 접착을 주목적으로 하며, 바탕의 요철을 완화시키는 바름공정에 해당되는 것은?**

① 바탕조정 ② 초벌바름
③ 재벌바름 ④ 정벌바름

해설 미장재료의 시공과정은 바탕정리 및 청소 → 초벌바름 → 재벌바름 → 정벌바름의 순으로 이루어지며 초벌은 바탕의 요철을 완화시키며 접착이 주목적이다.

21 **실적률이 큰 골재로 이루어진 콘크리트의 특성이 아닌 것은?**

① 시멘트 페이스트의 양이 커져 콘크리트 제조 시 경제성이 낮다.
② 내구성이 증대된다.
③ 투수성, 흡습성의 감소를 기대할 수 있다.
④ 건조수축 및 수화열이 감소된다.

해설 골재의 실적률은 일정한 용적의 용기 안에 일정한 입도의 골재를 일정한 방법으로 채웠을 때 골재가 실제로 차지하는 용적의 비율을 말하며 실적률이 큰 골재로 이루어진 콘크리트는 내구성, 수밀성이 증대되고 건조수축이 감소한다.

22 **알키드수지 · 아크릴수지 · 에폭시수지 · 초산비닐수지를 용제에 높여서 착색제를 혼입하여 만든 재료로 내화학성, 내후성, 내식성 및 치장효과가 있는 내 · 외장 도장재료는?**

① 비닐모르타르
② 플라스틱라이닝
③ 플라스틱 스펀지
④ 합성수지 스프레이 코팅재

합성수지 스프레이 코팅재는 알키드 수지, 아크릴 수지, 에폭시 수지, 초산비닐 수지를 용제에 녹여 착색제를 혼합하여 만든 도장재료이다.

23 **화강암에 대한 설명 중 옳지 않은 것은?**

① 바탕색과 반점이 미려하므로 내 · 외장재로 쓰인다.
② 결정체의 크고 작음에 따라 외관과 강도가 다르다.
③ 경도가 크기 때문에 세밀한 조각 등에 적당하지 않다.
④ 내화도가 커서 고열을 받는 곳에 적당하다.

화강암(花崗巖, Granite)의 내열온도는 570℃ 정도로 내화도가 낮다.

24 **석유계 아스팔트로 점착성, 방수성은 우수하지만 연화점이 비교적 낮고 내후성 및 온도에 의한 변화정도가 커 지하실 방수공사 이외에 사용하지 않는 것은?**

① 락 아스팔트(Rock Asphalt)
② 블로운 아스팔트(Blown Asphalt)
③ 아스팔트 컴파운드(Asphalt Compound)
④ 스트레이트 아스팔트(Straight Asphalt)

정답 19 ④ 20 ② 21 ① 22 ④ 23 ④ 24 ④

해설 스트레이트 아스팔트(Straight Asphalt)는 원유를 증류한 잔류유를 정제한 것으로 점착성 · 방수성 · 신장성은 풍부하지만 연화점이 비교적 낮아서 내후성이 약하고 온도에 의한 결점이 있어 지하실 방수공사 외에는 잘 사용하지 않는다.

25 경질섬유판(Hard Fiber Board)에 대한 설명으로 옳은 것은?

① 밀도가 0.3g/cm^3 정도이다.
② 소프트 텍스라고도 불리며 수장판으로 사용된다.
③ 소판이나 소각재의 부산물 등을 이용하여 접착, 접합에 의해 소요 형상의 인공목재를 제조할 수 있다.
④ 펄프를 접착제로 제판하여 양면을 열압 건조시킨 것이다.

해설 경질 섬유판은 펄프를 접착제로 제판하여 양면을 열압 건조시킨 것이다.

26 다음의 집성목재에 관한 설명 중 옳지 않은 것은?

① 요구된 치수, 형태의 재료를 비교적 용이하게 제조할 수 있다.
② 충분히 건조된 건조재를 사용하므로 비틀림, 변형 등이 생기지 않는다.
③ 목재의 강도를 인공적으로 자유롭게 조정할 수 있다.
④ 하드 텍스라고도 불리며 목재의 결정이 분산되어 높은 강도를 얻을 수 있다.

해설 하드 텍스는 섬유보드 중 경질 섬유판을 일컫는 말이다. 집성 목재(Glue – laminated Timber)는 두께 15~50mm 의 판재를 여러 장 겹쳐서 접착시켜 만든 것으로 인공적으로 강도를 자유롭게 조절할 수 있고 굽은 형태(아치형)나 특수한 형태의 부재를 만들 수 있으며 구조적인 변형도 쉽다.

27 목재의 유용성 방부제로서 자극적인 냄새 등으로 인체에 피해를 주기도 하여 사용이 규제되고 있는 것은?

① 크레오소트유
② PCP 방부제
③ 아스팔트
④ 불화소다 2% 용액

해설 PCP(Penta – Chloro – Phenol)는 목재의 유용성 방부제이고 유해성으로 인해 최근 사용이 규제되고 있다.

28 화재 시 가열에 대하여 연소되지 않고 방화상 유해한 변형, 균열 등 기타 손상을 일으키지 않으며, 유해한 연기나 가스를 발생하지 않는 불연재료에 해당되지 않는 것은?

① 콘크리트　② 석재
③ 알루미늄　④ 목모시멘트판

해설 목모 시멘트판은 목모(좁고 길게 오려낸 대팻밥)를 포틀랜드 시멘트 또는 백색 포틀랜드 시멘트에 혼합 · 압축하여 판상의 제품으로 만든 것으로서 흡음 및 단열의 효과가 있으므로 내벽 및 천장의 마감재, 지붕의 단열재, 차장의 목적 등으로 사용한다.

정답 25 ④ 26 ④ 27 ② 28 ④

29 벤토나이트 방수재료에 대한 설명으로 옳지 않은 것은?

① 팽윤특성을 지닌 가소성이 높은 광물이다.
② 염분을 포함한 해수에서는 벤토나이트의 팽창반응이 강화되어 차수력이 강해진다.
③ 콘크리트 시공조인트용 수팽창 지수재로 사용된다.
④ 콘크리트 믹서를 이용하여 혼합한 벤토나이트와 토사를 롤러로 전압하여 연약한 지반을 개량한다.

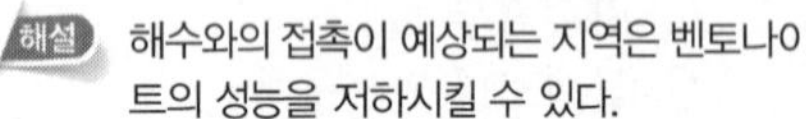
해설 해수와의 접촉이 예상되는 지역은 벤토나이트의 성능을 저하시킬 수 있다.

30 골재의 실적률에 관한 설명으로 옳지 않은 것은?

① 실적률은 골재입형(粒形)의 양부(良否)를 평가하는 지표이다.
② 부순자갈의 실적률은 그 입형 때문에 강자갈의 실적률보다 적다.
③ 실적률 산정시 골재의 밀도는 절대건조상태의 밀도를 말한다.
④ 골재의 단위용적질량이 동일하면 골재의 밀도가 클수록 실적률도 크다.

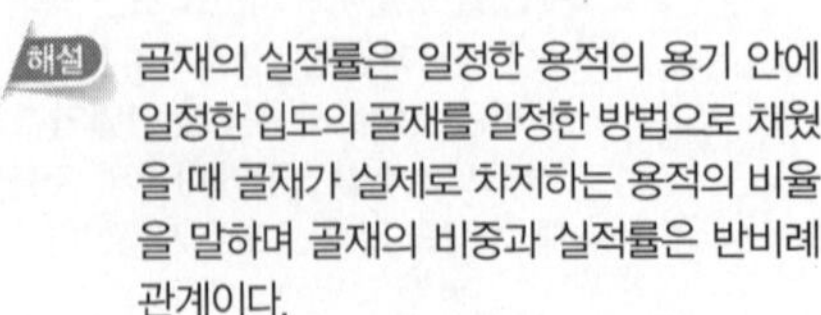
해설 골재의 실적률은 일정한 용적의 용기 안에 일정한 입도의 골재를 일정한 방법으로 채웠을 때 골재가 실제로 차지하는 용적의 비율을 말하며 골재의 비중과 실적률은 반비례 관계이다.

31 콘크리트의 재료분리에 대한 설명 중 옳지 않은 것은?

① 잔골재율이 클수록 분리경향은 감소한다.
② 잔골재의 조립률이 커질수록 분리경향은 적어진다.
③ 굵은 골재와 모르타르의 비중차가 적을수록 분리경향은 적어진다.
④ 모르타르의 점도가 커질수록 분리경향은 적어진다.

해설 잔골재의 조립률이 커질수록 재료분리가 잘 된다.

32 경석고 플라스터에 대한 설명으로 옳지 않은 것은?

① 소석고보다 응결속도가 빠르다.
② 표면 강도가 크고 광택이 있다.
③ 습윤 시 팽창이 크다.
④ 다른 석고계의 플라스터와 혼합을 피해야 한다.

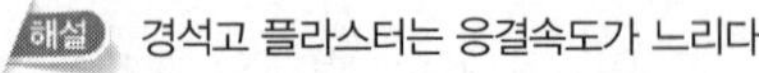
해설 경석고 플라스터는 응결속도가 느리다.

33 에폭시수지 접착제에 대한 설명 중 옳지 않은 것은?

① 금속제 접착에 적당한 재료이다.
② 접착할 때 압력을 가할 필요가 없다.
③ 경화제가 불필요하다.
④ 내산, 내알칼리, 내수성이 우수하다.

정답 29 ② 30 ④ 31 ② 32 ① 33 ③

해설 에폭시 수지(Epoxy Resin)는 경화 시 휘발물의 발생이 없고 금속 · 유리 등과의 접착성이 우수하다. 내약품성, 내열성이 뛰어나고 산 · 알칼리에 강하여 금속, 유리, 플라스틱, 도자기, 목재, 고무 등의 접착제와 도료의 원료로 사용한다.

34 철근콘크리트의 골재로서 불가피하게 해사를 사용할 경우, 중점을 두어 반드시 취해야 할 조치는?

① 충분히 물에 씻어 사용한다.
② 잔골재의 혼합비를 높게 한다.
③ 구조내력상 중요한 부분에 보강근을 넣는다.
④ 충분히 건조시킨 후 사용한다.

해설 해사를 골재로 사용할 경우 충분히 물에 씻어 염해로 인한 피해가 발생하지 않도록 해야 한다.

35 콘크리트의 워커빌리티(Workability)에 관한 설명 중 틀린 것은?

① 과도하게 비빔시간이 길면 시멘트의 수화를 촉진하여 워커빌리티가 나빠진다.
② 단위수량을 너무 증가시키면 재료분리가 생기기 쉽기 때문에 워커빌리티가 좋아진다고 볼 수 없다.
③ AE제를 혼입하면 워커빌리티가 좋게 된다.
④ 깬 자갈이나 깬 모래를 사용할 경우, 산골새율을 작게 하고 단위수량을 감소시키면 워커빌리티가 좋아진다.

해설 굳지 않은 콘크리트(Fresh Concrete)의 성질

용어	특성	내용
Consistency	반죽 질기	반죽이 되거나 묽은 정도
Workability	시공연도	작업의 용이성, 재료분리에 대한 저항성
Plasticity	성형성	거푸집에 용이하게 충전하고 분리가 일어나지 않는 정도
Finishability	마감성	콘크리트 표면의 평활도의 정도
Pumpabilty	압송성	펌프를 이용하여 압송하는 경우의 난이도

36 목재의 방부재 중 독성이 적고 자극적인 냄새가 나며, 처리재는 갈색으로 가격이 저렴하여 많이 사용되는 것은?

① 크레오소트유(Creosote Oil)
② 페놀류 · 무기플루오르화물계(PF)
③ 크롬 · 구리 · 비소화합물계(CCA)
④ 펜타클로르페놀(PCP)

해설 목재용 방부제의 종류는 다음과 같다.

㉠ 유성 방부제 : 크레오소트, 콜타르, 유성페인트
㉡ 수용성 방부제 : 황산동 1%, 염화아연 4%, 불화소다 2%, PF 방부제, CCA 방부제
㉢ 유용성 방부제 : PCP(Penta – Chloro – Phenol)

37 다음 석재 중 변성암에 속하지 않는 석재는?

① 트래버틴 ② 대리석
③ 펄라이트 ④ 사문석

정답 34 ① 35 ④ 36 ① 37 ③

 변성암의 종류에는 ㉠ 대리석, ㉡ 트래버틴, ㉢ 사문암이 있다.

38 바니시에 대한 설명으로 틀린 것은?

① 바니시는 합성수지, 아스팔트, 안료 등에 건성유나 용제를 첨가한 것이다.
② 휘발성 바니시에는 락(lock), 래커(lacquer) 등이 있다.
③ 휘발성 바니시는 건조가 빠르나 도막이 얇고 부착력이 약하다.
④ 유성 바니시는 불투명도료로 내후성이 커서 외장용으로 사용된다.

 유성 바니시(Oil Varnish, 니스)는 유성 페인트보다 건조가 빠르고, 광택이 있으며, 투명하고 단단한 도막을 만드나 내후성이 약한 단점이 있어 외장용 도료로 적합하지 않다.

39 콘크리트용 골재에 대한 설명 중 틀린 것은?

① 입형과 입도가 좋은 골재는 실적률이 작고 동일 슬럼프를 얻기 위한 단위수량이 크다.
② 골재의 입도를 수치적으로 나타내는 지표로서는 조립률이 이용된다.
③ 실적률이 큰 골재를 사용하면 시멘트 페이스트양이 적게 든다.
④ 콘크리트용 골재의 입형은 편평, 세장하지 않은 것이 좋다.

 콘크리트용 골재에 요구되는 품질은 다음과 같다.

- 깨끗하고 불순물이 섞이지 않으며, 소요의 내구성 및 내화성을 가진 것
- 입자의 모양이 납작하거나 길쭉하지 않은 구형으로 표면이 다소 거친 것
- 모래의 염분은 0.04% 이하, 당분은 0.1% 이하일 것
- 강도는 콘크리트 중의 경화시멘트 페이스트의 강도 이상일 것

40 금속부식에 대한 대책으로 틀린 것은?

① 가능한 한 이종 금속은 이를 인접, 접속시켜 사용하지 않을 것
② 균질한 것을 선택하고 사용할 때 큰 변형을 주지 않도록 할 것
③ 큰 변형을 준 것은 가능한 한 풀림하여 사용할 것
④ 표면을 거칠게 하고 가능한 한 습윤상태로 유지할 것

 금속은 부식을 방지하기 위해 가능한 건조한 상태를 유지해야 한다.

41 미장바탕의 일반적인 성능조건과 가장 관계가 먼 것은?

① 미장층보다 강도가 클 것
② 미장층과 유효한 접착강도를 얻을 수 있을 것
③ 미장층보다 강성이 작을 것
④ 미장층의 경화, 건조에 지장을 주지 않을 것

 미장바탕이 미장층보다 강도와 강성이 크지 않으면, 내구성이 떨어지며 박락된다.

42 건축재료의 화학조성에 의한 분류 중 무기재료에 포함되지 않는 것은?

① 콘크리트　② 철강
③ 목재　④ 석재

정답 38 ④ 39 ① 40 ④ 41 ③ 42 ③

해설 무기재료에는 금속재료로 강, 주철, 구리, 니켈 등이 있고, 비금속재료로는 석재, 골재, 점토, 시멘트 등이 있다.

43 점토소성제품 중 흡수성이 극히 작고 경도와 강도가 가장 크며, 소성온도는 1,250~1,460℃로써 고급타일이나 위생도기를 만드는 데 사용되는 것은?

① 토기 ② 석기
③ 도기 ④ 자기

해설

종류	원료	소성온도(℃)	소지 흡수율(%)	소지 색	소지 강도	시유 여부	제품
토기	일반점토	790~1,000	20 이상	유색	약함	무유 혹은 식염유	벽돌, 기와, 토관
도기	도토	1,100~1,230	10	백색 유색	견고	시유	기와, 토관, 타일, 테라코타
석기	양질점토	1,160~1,350	3~10	유색	치밀, 견고	무유 혹은 식염유	벽돌, 타일, 테라코타
자기	양질점토	1,230~1,460	0~1	백색	치밀, 견고	시유	타일, 위생도기

44 돌로마이트에 화강석 부스러기, 색모래, 안료 등을 섞어 정벌 바름하고 충분히 굳지 않은 때에 표면에 거친솔, 얼레빗 같은 것으로 긁어 거친 면으로 마무리한 것은?

① 리신바름
② 라프코드
③ 섬유벽바름
④ 회반죽바름

해설 리신바름(Lithin Coat)에 대한 설명이다.

45 입자가 잘거나 치밀하여 색은 검은색, 암회색이고 석질이 견고하여 토대석 · 석축으로 쓰이는 석재는?

① 안산암 ② 현무암
③ 점판암 ④ 사문암

해설 현무암은 검은색 또는 암회색을 띠며 건축물의 토대나 석축으로 사용된다.

46 목재의 수분 · 습기의 변화에 따라 팽창 · 수축을 감소시키는 방법으로 옳지 않은 것은?

① 사용하기 전에 충분히 건조시켜 균일한 함수율이 된 것을 사용할 것
② 가능한 곧은결 목재를 사용할 것
③ 가능한 저온 처리된 목재를 사용할 것
④ 파라핀 · 크레오소트 등을 침투시켜 사용할 것

해설 목재의 건조는 증기(蒸氣)법, 훈연(燻煙)법, 열기(熱氣)법 등으로 고온 처리한다. 목재의 건조는 중량을 가볍게 하고, 부패를 방지하며, 수축 · 팽창 등으로 인한 균열, 뒤틀림을 방지하고, 도장, 약재처리를 용이하게 하며, 강도를 증가시킨다.

47 목재의 성질 및 용도에 대한 설명으로 틀린 것은?

① 함수율 변화에 따른 신축변형이 크다.
② 활엽수가 침엽수보다 재질이 강하다.
③ 구조용 재료로 침엽수가 주로 쓰인다.
④ 화재나 충해에 취약하다.

해설 침엽수가 활엽수보다 재질이 강하여 구조용 재료로 사용된다.

정답 43 ④ 44 ① 45 ② 46 ③ 47 ②

48 **다음의 아스팔트계 방수재료에 대한 설명 중 틀린 것은?**

① 아스팔트 프라이머는 블로운 아스팔트를 용제에 녹인 것으로 액상을 하고 있다.
② 아스팔트 펠트는 유기천연섬유 또는 석면섬유를 결합한 원지에 연질의 블로운 아스팔트를 침투시킨 것이다.
③ 아스팔트 루핑은 아스팔트 펠트의 양면에 블로운 아스팔트를 가열 · 용융시켜 피복한 것이다.
④ 아스팔트 컴파운드는 블로운 아스팔트의 성능을 개량하기 위해 동식물성 유지와 광물질 분말을 혼입한 것이다.

아스팔트 펠트(Asphalt Felt)는 목면이나 양모 등에 연질의 스트레이트 아스팔트를 도포한 후 가열 · 용융하여 흡수시킨 것을 회전로에서 건조와 함께 두께를 조절하여 롤(Roll)형으로 만든 것이다. 주로 아스팔트 방수 중간층 재료로 사용되고 내외벽 모르타르 바탕의 방수 · 방습 재료로 사용된다.

정답 48 ②

PART 06

건설안전기술

ENGINEER CONSTRUCTION SAFETY

CHAPTER 01 건설공사 안전개요

SECTION 1 지반의 안정성

1 건설공사 재해분석

1) 개요

(1) 건설공사는 아파트, 빌딩, 주택 등 건축구조물 공사와 터널, 교량, 댐 등 토목구조물을 시공하는 것으로 대부분의 공사가 옥외공사이며 고소작업, 동시 복합적인 작업의 형태로 이루어지므로 건설재해가 지속적으로 발생하고 있다.

(2) 또한 최근에는 구조물이 고층화, 대형화, 복잡화됨에 따라 새로운 유형의 건설재해가 발생하고 있으므로 사전에 충분한 유해위험요인에 대한 평가 및 대책이 이루어져야 한다.

2) 재해발생 형태

(1) 추락 : 작업발판, 비계, 개구부 등 단부에서 떨어짐

(2) 넘어짐 : 사다리, 말비계, 건설기계 등의 넘어짐으로 인한 재해

(3) 협착 : 건설 장비(차량) 작업 중 근로자와 장비의 충돌·협착으로 인한 재해

(4) 낙하·비래 : 건설용 자재, 공구, 콘크리트 비산물 등의 낙하·비래

(5) 붕괴(무너짐) : 거푸집 동바리, 토사의 붕괴 또는 비계 무너짐에 의한 재해

(6) 감전 : 전기기계 · 기구의 누전, 가공전로 접촉에 의한 감전
(7) 화재(폭발) : 용접작업 중 불티비산 등에 의한 화재 · 폭발
(8) 기타 : 산소결핍에 의한 질식, 유해물질에 의한 중독, 뇌심혈관계 질환 등

2 지반의 조사

1) 정의

지반조사란 지질 및 지층에 관한 조사를 실시하여 토층분포상태, 지하수위, 투수계수, 지반의 지지력을 확인하여 구조물의 설계 · 시공에 필요한 자료를 구하는 것이다.

2) 지반조사의 종류

(1) 지하탐사법

① 터파보기(Test Pit) : 굴착 깊이=1.5~3m, 삽으로 지반의 구멍을 거리간격 5~10m로 실제 굴착, 얕고 경미한 건물에 이용
② 탐사간(짚어보기) : ϕ9mm의 철봉을 지중에 관입하여 지반의 단단한 상태를 판단
③ 물리적 탐사 : 탄성파, 음파, 전기저항 등을 이용하여 지반의 구성층 판단

(2) Sounding 시험(원위치 시험)

로드(Rod) 선단에 콘, 샘플러, 저항날개 등의 저항체를 지중에 삽입하여 관입, 회전, 인발하여 저항력에 의해 흙의 성질을 판단하는 원위치 시험법

① 표준관입시험(Standard Penetration Test)
현 위치에서 직접 흙(주로 사질지반)의 다짐상태를 판단하는 시험으로 무게 63.5kg의 추를 76cm 높이에서 자유 낙하시켜 샘플러를 30cm 관입시키는 데 필요한 타격 횟수 N을 구하는 시험, N치가 클수록 토질이 밀실

N값	모래지반 상대밀도	N값	점토지반 점착력
0~4	몹시 느슨	0~2	아주 연약
4~10	느슨	2~4	연약
10~30	보통	4~8	보통
30~50	조밀	8~15	강한 점착력
50 이상	대단히 조밀	15~30	매우 강한 점착력
		30 이상	견고(경질)

② 콘관입시험(Cone Penetration Test)

로드 선단에 부착된 Cone(콘)을 지중 관입하여 지반 경연 정도로 지반상태를 판단, 주로 연약한 점성토 지반에 적용

③ 베인시험(Vane Test)

회전 Rod가 부착된 Vane(구형)을 지중에 관입하고 회전시켜 흙의 전단강도, 흙 Moment를 측정하는 시험으로 깊이 10m 미만의 연약한 점토질 지반의 시험에 주로 적용

④ 스웨덴식 사운딩시험(Swedish Sounding Test)

로드 선단에 Screw Point를 부착하여 침하와 회전시켰을 때의 관입량을 측정하는 시험으로 거의 모든 토질에 적용 가능하며 굴착 깊이 H=30m까지 가능

표준관입시험에서 N값이 50 이상일 때 모래의 상대밀도는 어떤 상태인가?

➡ 대단히 조밀하다.

토질시험 중 연약한 점질토 지반의 점착력을 판별하기 위하여 실시하는 현장시험은?

➡ 베인테스트(Vane Test)

(3) 보링(Boring)

보링이란 굴착용 기계를 이용하여 지반을 천공하여 토사를 채취하고 지반의 토층 분포, 층상, 구성 상태를 판단하는 것으로 종류에는 ① 오거보링(Auger Boring), ② 수세식 보링(Wash Boring), ③ 충격식 보링(Percussion Boring), ④ 회전식 보링(Rotary Boring)이 있다.

(4) Sampling(시료채취)

샘플링이란 흙이 가지고 있는 물리적·역학적 특성을 규명하기 위해 시료를 채취하는 것으로 교란 정도에 따라 교란시료 채취와 불교란 시료 채취로 나눌 수 있다.

① 불교란시료 : 토질이 자연상태로 흩어지지 않게 채취

② 교란시료 : 토질이 흐트러진 상태로 채취

3 토질시험방법

1) 정의

토질시험이란 흙의 물리적 성질과 역학적 성질을 알기 위하여 주로 실내에서 행하는 시험으로 크게 물리적 시험과 역학적 시험으로 나눌 수 있다.

2) 물리적 시험

(1) 비중시험 : 흙입자의 비중 측정
(2) 함수량시험 : 흙에 포함되어 있는 수분의 양을 측정
(3) 입도시험 : 흙입자의 혼합상태를 파악
(4) 액성 · 소성 · 수축 한계시험 : 함수비 변화에 따른 흙의 공학적 성질을 측정
(5) 밀도시험 : 지반의 다짐도 판정

3) 역학적 시험

(1) 투수시험 : 지하수위, 투수계수 측정
(2) 압밀시험 : 점성토의 침하량 및 침하속도 계산
(3) 전단시험 : 직접전단시험, 간접전단시험, 흙의 전단저항 측정
(4) 표준관입시험 : 흙의 지내력 판단, 사질토 적용
(5) 다짐시험 : 공학적 목적으로 흙의 성질을 개선하는 방법(흙의 단위중량, 전단강도 증가)
(6) 지반 지지력(지내력)시험 : 평판재하시험, 말뚝박기시험, 말뚝재하시험

흙에 관한 전단시험의 종류가 아닌 것은?
① 일면전단시험 ② 베인테스트 ③ 일축압축시험 ④ 투수시험 (정답 ✔)

4 토공계획

1) 토공사 사전조사

계획 및 설계 시 충분한 지반조사와 지하매설물 및 인접 구조물에 대한 사전조사를 실시하여 안전성을 확보

2) 사전 조사해야 할 사항

(1) 토질 및 지반조사

① 주변에 기 절토된 경사면의 실태조사
② 토질구성(표토, 토질, 암질) 및 토질구조(지층의 경사, 지층, 파쇄대의 분포)
③ 사운딩(Sounding) : 표준관입시험, 콘관입시험, 베인테스트
④ 시추(Boring) : 오거, 수세식, 회전식, 충격식 보링, N치 및 K치
⑤ 물리적 탐사(Geophysical Exploration)

(2) 지하 매설물 조사

① 매설물의 종류 : Gas관, 상수도관, 통신, 전력케이블 등
② 매설깊이
③ 지지방법 등에 대한 조사

(3) 기존 구조물 인접작업 시

① 기존 구조물의 기초상태 조사
② 지질조건 및 구조형태 등에 대한 조사

5 지반의 이상현상 및 안전대책

1) 히빙(Heaving)

(1) 정의

히빙이란 연약한 점토지반을 굴착할 때 흙막이벽 배면 흙의 중량이 굴착저면 이하의 흙보다 중량이 클 경우 굴착저면 이하의 지지력보다 크게 되어 흙막이 배면에 있는 흙이 안으로 밀려들어 굴착저면이 솟아오르는 현상

(2) 지반조건

연약한 점토지반, 굴착저면 하부의 피압수

(3) 피해

① 흙막이의 전면적 파괴
② 흙막이 주변 지반침하로 인한 지하매설물 파괴

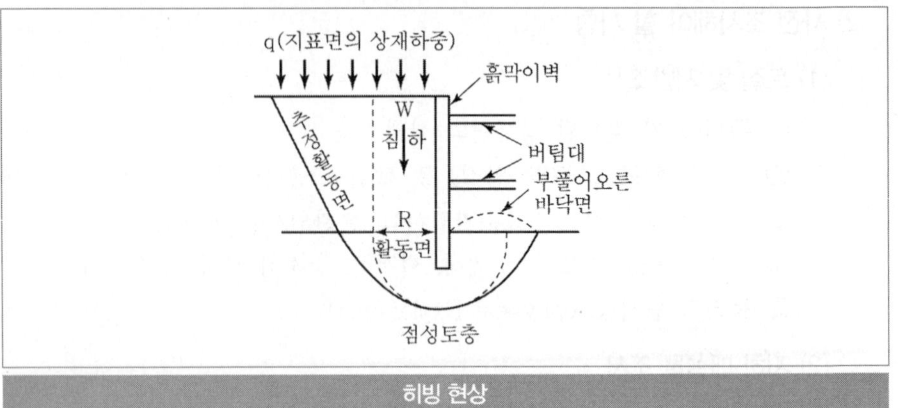

히빙 현상

(4) 안전대책

① 흙막이벽의 근입장 깊이를 경질지반까지 연장

② 굴착주변의 상재하중을 제거

③ 시멘트, 약액주입공법 등으로 Grouting 실시

④ Well Point, Deep Well 공법으로 지하수위 저하

⑤ 굴착방식을 개선(Island Cut, Caisson 공법 등)

Check Point

히빙에 대한 대책으로 올바르지 않은 것은?

① 굴착배면의 상재하중 등 토압을 경감시킨다.

② 시트파일 등의 근입심도를 검토한다.

③ 굴착저면에 토사 등 인공중력을 감소시킨다.

④ 굴착주변을 웰 포인트 공법과 병행한다.

2) 보일링(Boiling)

(1) 정의

투수성이 좋은 사질토 지반을 굴착할 때 흙막이벽 배면의 지하수위가 굴착저면보다 높을 때 굴착저면 위로 모래와 지하수가 솟아오르는 현상

(2) 지반조건

투수성이 좋은 사질지반, 굴착저면 하부의 피압수

(3) 피해

① 흙막이의 전면적 파괴

② 흙막이 주변 지반침하로 인한 지하매설물 파괴

③ 굴착저면의 지지력 감소

(4) 안전대책

① 흙막이벽의 근입장 깊이를 경질지반까지 연장

② 차수성이 높은 흙막이 설치(지하연속벽, Sheet Pile 등)

③ 시멘트, 약액주입공법 등으로 Grouting 실시

④ Well Point, Deep Well 공법으로 지하수위 저하

⑤ 굴착토를 즉시 원상태로 매립

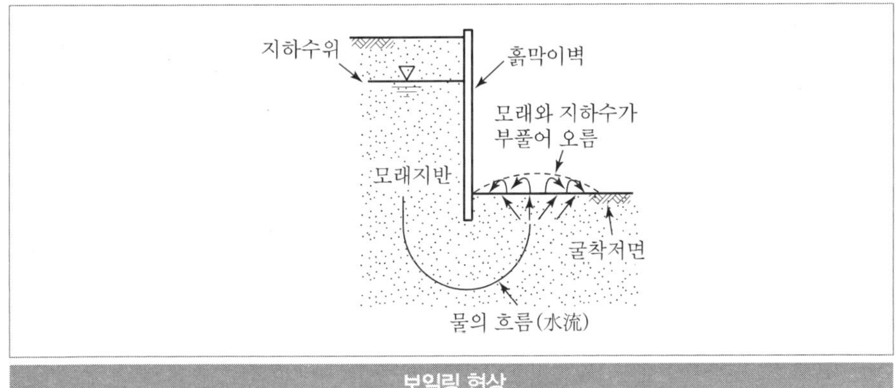

보일링 현상

지반의 보일링 현상의 직접적인 원인은 어느 것인가?

✓ 굴착부와 배면부의 지하수위의 수두차
② 굴착부와 배면부의 흙의 중량차
③ 굴착부와 배면부의 흙의 함수비차
④ 굴착부와 배면부의 흙의 토압차

3) 연약지반의 개량공법

(1) 연약지반의 정의

① 연약지반이란 점토나 실트와 같은 미세한 입자의 흙이나 간극이 큰 유기질토 또는 이탄토, 느슨한 모래 등으로 이루어진 토층으로 구성

② 지하수위가 높고 제체 및 구조물의 안정과 침하문제를 발생시키는 지반

(2) 점성토 연약지반 개량공법

① 치환공법 : 연약지반을 양질의 흙으로 치환하는 공법으로 굴착, 활동, 폭파 치환

② 재하공법(압밀공법)

㉠ 프리로딩공법(Pre-Loading) : 사전에 성토를 미리하여 흙의 전단강도를 증가

㉡ 압성토공법(Surcharge) : 측방에 압성토하여 압밀에 의해 강도증가

㉢ 사면선단 재하공법 : 성토한 비탈면 옆부분을 덧붙임하여 비탈면 끝의 전단강도를 증가

③ 탈수공법 : 연약지반에 모래말뚝, 페이퍼드레인, 팩을 설치하여 물을 배제시켜 압밀을 촉진하는 것으로 샌드드레인, 페이퍼드레인, 팩드레인공법

④ 배수공법 : 중력배수(집수정, Deep Well), 강제배수(Well Point, 진공 Deep Well)

⑤ 고결공법 : 생석회 말뚝공법, 동결공법, 소결공법

CheckPoint

연약지반 처리공법 중 재하공법에 속하지 않는 것은?

① 여성토(Pre-Loading) 공법
② 서차지(Sur-Charge) 공법
③ 사면선단재하공법
④ 폭파치환공법 (정답)

(3) 사질토 연약지반 개량공법

① 진동다짐공법(Vibro Floatation) : 봉상진동기를 이용, 진동과 물다짐을 병용

② 동다짐(압밀)공법 : 무거운 추를 자유낙하시켜 지반충격으로 다짐효과

③ 약액주입공법 : 지반 내 화학약액(LW, Bentonite, Hydro)을 주입하여 지반고결

④ 폭파다짐공법 : 인공지진을 발생시켜 모래지반을 다짐

⑤ 전기충격공법 : 지반 속에서 고압방전을 일으켜 발생하는 충격력으로 지반 다짐

⑥ 모래다짐말뚝공법 : 충격, 진동 타입에 의해 모래를 압입시켜 모래 말뚝을 형성하여 다짐에 의한 지지력을 향상

다음 중 연약지반 처리공법이 아닌 것은?

① 폭파치환공법
② 샌드드레인공법
③ 우물통공법 (정답)
④ 모래다짐말뚝공법

SECTION 2 공정계획 및 안전성 심사

1 안전관리계획

1) 안전관리계획 작성 내용

(1) 입지 및 환경조건 : 주변교통, 부지상황, 매설물 등의 현황

(2) 안전관리 중점 목표 : 착공에서 준공까지 각 단계의 중점목표를 결정

(3) 공정, 공종별 위험요소 판단 : 공정, 공종별 유해위험요소를 판단하여 대책수립

(4) 안전관리조직 : 원활한 안전활동, 안전관리의 확립을 위해 필요한 조직

(5) 안전행사계획 : 일일, 주간, 월간계획

(6) 긴급연락망 : 긴급사태 발생시 연락할 경찰서, 소방서, 발주처, 병원 등의 연락처 게시

2 건설재해 예방대책

1) 안전을 고려한 설계
2) 무리가 없는 공정계획
3) 안전관리 체제 확립
4) 작업지시 단계에서 안전사항 철저 지시
5) 작업원의 안전의식 강화
6) 안전보호구 착용
7) 작업자 이외 출입금지
8) 악천후 시 작업중지
9) 고소작업 시 방호조치
10) 건설기계의 충돌·협착 방지
11) 거푸집 동바리 및 비계 등 가설구조물의 붕괴·무너짐 방지
12) 낙하·비래에 의한 위험방지
13) 전기기계·기구의 감전예방 조치

3 건설공사의 안전관리

1) 지반굴착 시 위험방지

(1) 시전조사 내용(안전보건규칙 제38조)

① 형상·지질 및 지층의 상태
② 균열·함수(含水)·용수 및 동결의 유무 또는 상태
③ 매설물 등의 유무 또는 상태
④ 지반의 지하수위 상태

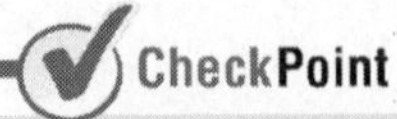

지반굴착작업에 있어서 미리 작업장소 및 그 주변의 지반에 대하여 조사하여야 할 사항이 아닌 것은?

① 형상, 지질 및 지층의 상태
② 균열, 함수, 용수의 유무 및 동결의 유무 또는 상태
③ 지반의 지하수위 상태
④ 버팀대의 긴압의 상태

(2) 굴착면의 기울기 기준(안전보건규칙 제339조 별표11)

지반의 종류	기울기
모래	1 : 1.8
연암 및 풍화암	1 : 1.0
경암	1 : 0.5
그 밖의 흙	1 : 1.2

※ 굴착면의 기울기 기준에 관한 문제는 거의 매회 출제되므로 기울기 기준은 반드시 암기

2) 발파 작업 시 위험방지

(1) 발파의 작업기준(안전보건규칙 제348조)

① 얼어붙은 다이너마이트는 화기에 접근시키거나 그 밖의 고열물에 직접 접촉시키는 등 위험한 방법으로 융해되지 않도록 할 것
② 화약 또는 폭약을 장전하는 경우에는 그 부근에서 화기의 사용 또는 흡연을 하지 않도록 할 것
③ 장전구는 마찰 · 충격 · 정전기 등에 의한 폭발이 발생할 위험이 없는 안전한 것을 사용할 것
④ 발파공의 충진재료는 점토 · 모래 등 발화성 또는 인화성의 위험이 없는 재료를 사용할 것
⑤ 점화 후 장전된 화약류가 폭발하지 아니한 경우 또는 장전된 화약류의 폭발 여부를 확인하기 곤란한 경우에는 다음 각 목의 정하는 사항을 따를 것
㉠ 전기뇌관에 의한 경우에는 발파모선을 점화기에서 떼어 그 끝을 단락시켜 놓는 등 재점화되지 않도록 조치하고 그때부터 5분 이상 경과한 후가 아니면 화약류의 장전장소에 접근시키지 않도록 할 것

㉡ 전기뇌관 외의 것에 의한 경우에는 점화한 때부터 15분 이상 경과한 후가 아니면 화약류의 장전장소에 접근시키지 않도록 할 것

⑥ 전기뇌관에 의한 발파의 경우에는 점화하기 전에 화약류를 장전한 장소로부터 30m 이상 떨어진 안전한 장소에서 전선에 대하여 저항측정 및 도통시험을 실시할 것

⑦ 발파모선은 적당한 치수 및 용량의 절연된 도전선을 사용하여야 한다.

⑧ 점화는 충분한 용량을 갖는 발파기를 사용하고 규정된 스위치를 반드시 사용하여야 한다.

⑨ 발파 후 즉시 발파모선을 발파기로부터 분리하고 그 단부를 절연시킨 후 새점화가 되지 않도록 하여야 한다.

다음 중 터널공사의 전기발파작업에 대한 설명 중 옳지 않은 것은?

① 점화는 충분한 허용량을 갖는 발파기를 사용한다.
② 발파 후 즉시 발파모선을 발파기로부터 분리하고 그 단부를 절연시킨다.
③ 전선의 도통시험은 화약장전 장소로부터 최소 30m 이상 떨어진 장소에서 행한다.
✔ 발파모선은 고무 등으로 절연된 전선 20m 이상의 것을 사용한다.

PART 01 PART 02 PART 03 PART 04 PART 05 PART 06 부록

3) 특별고압 활선작업의 감전 위험방지

(1) 전압의 구분

① 저압 : 1,500V 이하 직류전압 또는 1,000V 이하의 교류전압

② 고압 : 1,500V 초과 7,000V 이하의 직류전압 또는 1,000V 초과 7,000V 이하의 교류전압

③ 특별고압 : 7,000V를 초과하는 직 · 교류전압

(2) 충전전로에서의 전기작업(안전보건규칙 제321조)

① 유자격자가 충전전로 인근에서 작업하는 경우에는 다음 각 목의 경우를 제외하고는 노출 충전부에 다음 표에 제시된 접근한계거리 이내로 접근하거나 또는 절연 손잡이가 없는 도전체에 접근할 수 없도록 할 것

㉠ 근로자가 노출 충전부로부터 절연이 된 경우 또는 해당 전압에 적합한 절연장갑을 착용한 경우

㉡ 노출 충전부가 다른 전위를 갖는 도전체 또는 근로자와 절연이 된 경우

㉢ 근로자가 다른 전위를 갖는 모든 도전체로부터 절연이 된 경우

충전전로의 선간전압(단위 : kV)	충전전로에 대한 접근 한계거리(단위 : cm)
0.3 이하	접촉금지
0.3 초과 0.75 이하	30
0.75 초과 2 이하	45
2 초과 15 이하	60
15 초과 37 이하	90
37 초과 88 이하	110
88 초과 121 이하	130
121 초과 145 이하	150
145 초과 169 이하	170
169 초과 242 이하	230
242 초과 362 이하	380
362 초과 550 이하	550
550 초과 800 이하	790

4) 잠함 내 굴착작업 위험방지

(1) 잠함 또는 우물통의 급격한 침하로 인한 위험방지(안전보건규칙 제376조)

① 침하관계도에 따라 굴착방법 및 재하량 등을 정할 것

② 바닥으로부터 천장 또는 보까지의 높이는 1.8m 이상으로 할 것

(2) 잠함 · 우물통 · 수직갱 등 내부에서의 작업기준(안전보건규칙 제377조)

① 산소결핍의 우려가 있는 경우에는 산소의 농도를 측정하는 사람을 지명하여 측정하도록 할 것

② 근로자가 안전하게 승강하기 위한 설비를 설치할 것

③ 굴착 깊이가 20m를 초과하는 경우에는 해당 작업장소와 외부와의 연락을 위한 통신설비 등을 설치할 것

④ 산소농도 측정결과 산소의 결핍이 인정되거나 굴착 깊이가 20m를 초과하는 경우에는 송기를 위한 설비를 설치하여 필요한 양의 공기를 공급

SECTION 3 건설업 산업안전보건관리비

1 건설업 산업안전보건관리비의 계상 및 사용

1) 정의(고용노동부고시)

건설사업장과 건설업체 본사 안전전담부서에서 산업재해의 예방을 위하여 법령에 규정된 사항의 이행에 필요한 비용으로, 안전관리비 대상액은 공사원가계산서 구성항목 중 직접재료비, 간접재료비와 직접노무비를 합한 금액(발주자가 재료를 제공할 경우에는 해당 재료비를 포함한 금액)

2) 적용범위

총공사금액 2천만 원 이상인 공사에 적용한다. 다만, 다음 각 호의 어느 하나에 해당되는 공사 중 단가계약에 의하여 행하는 공사에 대하여는 총계약금액을 기준으로 적용

(1) 「전기공사업법」 제2조에 따른 전기공사로서 고압 또는 특별고압 작업으로 이루어지는 공사

(2) 「정보통신공사업법」 제2조에 따른 정보통신공사로서 지하맨홀, 관로 또는 통신주에서 작업이 이루어지는 정보통신 설비공사

3) 계상기준

(1) 대상액이 5억 원 미만 또는 50억 원 이상일 경우

대상액×계상기준표의 비율(%)

(2) 대상액이 5억 원 이상 50억 원 미만일 경우

대상액×계상기준표의 비율(X)+기초액(C)

(3) 대상액이 구분되어 있지 않은 경우

도급계약 또는 자체사업계획상의 총 공사금액의 70%를 대상액으로 하여 안전관리비를 계상

(4) 발주자가 재료를 제공하거나 물품이 완제품의 형태로 제작 또는 납품되어 설치되는 경우

① 해당 금액을 대상액에 포함시킬 때의 안전관리비는 ② 해당 금액을 포함시키지 않은 대상액을 기준으로 계상한 안전관리비의 1.2배를 초과할 수 없다. 즉, ①과 ②를 비교하여 적은 값으로 계상

| 공사종류별 안전관리비 계상기준표 |

구분 공사종류	대상액 5억 원 미만인 경우 적용 비율(%)	대상액 5억 원 이상 50억 원 미만인 경우		대상액 50억 원 이상인 경우 적용비율(%)	영 별표5에 따른 보건관리자 선임 대상 건설공사의 적용비율(%)
		적용비율(%)	기초액		
건축공사	2.93%	1.86%	5,349,000원	1.97%	2.15%
토목공사	3.09%	1.99%	5,499,000원	2.10%	2.29%
중건설공사	3.43%	2.35%	5,400,000원	2.44%	2.66%
특수건설공사	1.85%	1.20%	3,250,000원	1.27%	1.38%

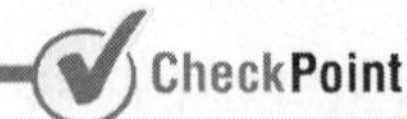

대상액이 50억 원 이상일 때 계상기준에 맞지 않은 것은?

① 건축공사 : 1.97%
② 토목공사 : 2.10%
③ 중건설공사 : 2.44%
④ 특수건설공사 : 1.38% (정답)

2 건설업 산업안전보건관리비의 사용기준

1) 사용기준

(1) 수급인 또는 자기공사자는 안전관리비의 항목별 사용내역에 따라 안전관리비를 건설사업장에서 근무하는 근로자의 산업재해 및 건강장해 예방을 위한 목적으로만 사용하여야 한다.

| 항목별 안전관리비 사용기준 |

항목	사용기준
1. 안전관리자 · 보건관리자의 임금 등	가. 전담 안전 · 보건관리자의 인건비, 업무수행 출장비(지방고용노동관서에 선임 보고한 날 이후 발생한 비용에 한정한다) 및 건설용리프트의 운전자 인건비. 다만, 유해·위험방지계획서 대상으로 공사금액이 50억 원 이상 120억 원 미만(「건설산업기본법 시행령」 별표 1에 따른 토목공사업에 속하는 공사의 경우 150억 원 미만)인 공사현장에 선임된 안전관리자가 겸직하는 경우 해당 안전관리자 인건비의 50퍼센트를 초과하지 않는 범위 내에서 사용 가능

항목	사용기준
1. 안전관리자 · 보건관리자의 임금 등	나. 공사장 내에서 양중기 · 건설기계 등의 움직임으로 인한 위험으로부터 주변 작업자를 보호하기 위한 유도자 또는 신호자의 인건비나 비계 설치 또는 해체, 고소작업대 작업 시 낙하물 위험예방을 위한 하부통제, 화기작업 시 화재감시 등 공사현장의 특성에 따라 근로자 보호만을 목적으로 배치된 유도자 및 신호자 또는 감시자의 인건비
2. 안전시설비 등	가. 산업재해 예방을 위한 안전난간, 추락방호망, 안전대 부착설비, 방호장치(기계 · 기구와 방호장치가 일체로 제작된 경우, 방호장치 부분의 가액에 한함) 등 안전시설의 구입 · 임대 및 설치를 위해 소요되는 비용 나. 「산업재해예방시설자금 융자금 지원사업 및 보조금 지급사업 운영규정」(고용노동부고시) 제2조제12호에 따른 "스마트안전장비 지원사업" 및 「건설기술진흥법」 제62조의3에 따른 스마트 안전장비 구입 · 임대 비용의 5분의 2에 해당하는 비용. 다만, 제4조에 따라 계상된 산업안전보건관리비 총액의 10분의 1을 초과할 수 없다. 다. 용접 작업 등 화재 위험작업 시 사용하는 소화기의 구입 · 임대비용
3. 보호구 등	가. 보호구의 구입 · 수리 · 관리 등에 소요되는 비용 나. 근로자가 가목에 따른 보호구를 직접 구매 · 사용하여 합리적인 범위 내에서 보전하는 비용 다. 안전관리자 등의 업무용 피복, 기기 등을 구입하기 위한 비용 라. 안전관리자 및 보건관리자가 안전보건 점검 등을 목적으로 건설공사 현장에서 사용하는 차량의 유류비 · 수리비 · 보험료
4. 안전보건진단비 등	가. 유해위험방지계획서의 작성 등에 소요되는 비용 나. 안전보건진단에 소요되는 비용 다. 작업환경 측정에 소요되는 비용 라. 그 밖에 산업재해예방을 위해 법에서 지정한 전문기관 등에서 실시하는 진단, 검사, 지도 등에 소요되는 비용
5. 안전보건교육비 등	가. 법령에 따른 의무교육이나 이에 준하여 실시하는 교육을 위해 건설공사 현장의 교육 장소 설치 · 운영 등에 소요되는 비용 나. 산업재해 예방 목적을 가진 다른 법령상 의무교육을 실시하기 위해 소요되는 비용 다. 안전보건교육 대상자 등에게 구조 및 응급처치에 관한 교육을 실시하기 위해 소요되는 비용

항목	사용기준
5. 안전보건교육비 등	라. 안전보건관리책임자, 안전관리자, 보건관리자가 업무수행을 위해 필요한 정보를 취득하기 위한 목적으로 도서, 정기간행물을 구입하는 데 소요되는 비용 마. 건설공사 현장에서 안전기원제 등 산업재해 예방을 기원하는 행사를 개최하기 위해 소요되는 비용. 다만, 행사의 방법, 소요된 비용 등을 고려하여 사회통념에 적합한 행사에 한한다. 바. 건설공사 현장의 유해 · 위험요인을 제보하거나 개선방안을 제안한 근로자를 격려하기 위해 지급하는 비용
6. 근로자 건강장해 예방비 등	가. 각종 근로자의 건강장해 예방에 필요한 비용 나. 중대재해 목격으로 발생한 정신질환을 치료하기 위해 소요되는 비용 다. 감염병의 확산 방지를 위한 마스크, 손소독제, 체온계 구입비용 및 감염병병원체 검사를 위해 소요되는 비용 라. 휴게시설을 갖춘 경우 온도, 조명 설치 · 관리기준을 준수하기 위해 소요되는 비용 마. 건설공사 현장에서 근로자 심폐소생을 위해 사용되는 자동심장충격기(AED) 구입에 소요되는 비용
7. 건설재해예방전문지도기관의 지도에 대한 대가로 자기공사자가 지급하는 비용	
8. 건설사업자가 아닌 자가 운영하는 사업에서 안전보건 업무를 총괄 · 관리하는 3명 이상으로 구성된 본사 전담조직에 소속된 근로자의 임금 및 업무수행 출장비 전액. 다만, 계상된 산업안전보건관리비 총액의 20분의 1을 초과할 수 없다.	
9. 위험성평가 또는 「중대재해 처벌 등에 관한 법률 시행령」에 따라 유해 · 위험요인 개선을 위해 필요하다고 판단하여 산업안전보건위원회 또는 노사협의체에서 사용하기로 결정한 사항을 이행하기 위한 비용. 다만, 계상된 산업안전보건관리비 총액의 10분의 1을 초과할 수 없다.	

(2) 사용내역에 해당한다 할지라도 안전관리비로 사용할 수 없는 경우

① 「(계약예규)예정가격작성기준」 제19조 제3항 중 각호(단, 제14호는 제외한다)에 해당되는 비용

② 다른 법령에서 의무사항으로 규정한 사항을 이행하는 데 필요한 비용

③ 근로자 재해예방 외의 목적이 있는 시설 · 장비나 물건 등을 사용하기 위해 소요되는 비용

④ 환경관리, 민원 또는 수방대비 등 다른 목적이 포함된 경우

2) 목적 외 사용금액에 대한 감액

발주자는 수급인이 안전관리비를 다른 목적으로 사용하거나 사용하지 않은 금액에 대하여는 이를 계약금액에서 감액조정하거나 반환을 요구할 수 있다.

3) 확인

(1) 수급인 또는 자기공사자는 안전관리비 사용내역에 대하여 공사 시작 후 6개월마다 1회 이상 발주자 또는 감리원의 확인을 받아야 한다. 다만, 6개월 이내에 공사가 종료되는 경우에는 종료 시 확인을 받아야 한다.

(2) 발주자 또는 고용노동부 관계공무원은 안전관리비 사용내역을 수시 확인할 수 있으며, 수급인 또는 자기공사자는 이에 따라야 한다.

| 공사진척에 따른 안전관리비 사용기준 |

공정률	50% 이상 70% 미만	70% 이상 90% 미만	90% 이상
사용기준	50% 이상	70% 이상	90% 이상

4) 재해예방전문지도기관의 지도를 받아 안전관리비를 사용해야 하는 사업

(1) 공사금액 1억 원 이상 120억 원(토목공사는 150억 원) 미만인 공사를 행하는 자는 산업안전보건관리비를 사용하고자 하는 경우에는 미리 그 사용방법 · 재해예방조치 등에 관하여 재해예방전문지도기관의 기술지도를 받아야 한다.

(2) 기술지도에서 제외되는 공사

① 공사기간이 1개월 미만인 공사

② 육지와 연결되지 아니한 섬지역(제주특별자치도는 제외)에서 이루어지는 공사

③ 안전관리자 자격을 가진 자를 선임하여 안전관리자의 업무만을 전담하도록 하는 공사

④ 유해 · 위험방지계획서를 제출하여야 하는 공사

SECTION 4 사전안전성 검토(유해 · 위험방지계획서)

1 위험성 평가

1) 개요

(1) 정의

위험성평가란 건설현장의 유해 · 위험요인을 파악하고 유해 · 위험요인에 의한 부상 또는 질병의 발생 가능성(빈도)와 중대성(강도)을 추정 · 결정하고 감소 대책을 수립하여 실행하는 일련의 과정

(2) 관련법령(산업안전보건법 제41조의 2)

① 사업주는 건설물, 기계 · 기구, 설비, 원재료, 가스, 증기, 분진 등에 의하거나 작업행동, 그 밖에 업무에 기인하는 유해 · 위험요인을 찾아내어 위험성을 결정하고, 그 결과에 따라 이 법과 이 법에 따른 명령에 의한 조치를 하여야 하며, 근로자의 위험 또는 건강장해를 방지하기 위하여 필요한 경우에는 추가적인 조치를 하여야 한다.

② 사업주는 제1항에 따른 위험성평가를 실시한 경우에는 고용노동부령으로 정하는 바에 따라 실시내용 및 결과를 기록 · 보존하여야 한다.

③ 제1항에 따라 유해 · 위험요인을 찾아내어 위험성을 결정하고 조치하는 방법, 절차, 시기, 그 밖에 필요한 사항은 고용노동부장관이 정하여 고시한다.

2) 실시주체

위험성평가는 사업주가 주체가 되어 안전보건관리책임자, 관리감독자, 안전관리자, 보건관리자, 해당 작업의 근로자가 참여하여 역할을 분담하여 실시

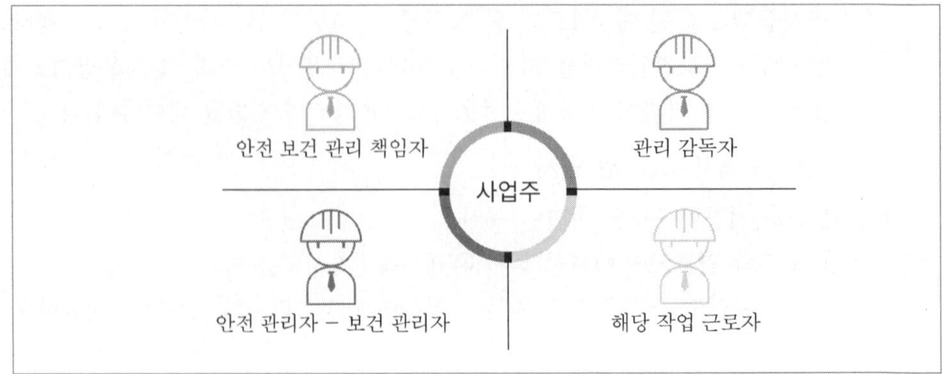

3) 실시 절차

① 사전준비 : 위험성평가 실시계획서의 작성, 평가대상 선정, 평가에 필요한 각종자료 수집

② 유해위험요인 파악 : 사업장 순회점검 및 안전보건 체크리스트 등을 활용하여 사업장 내 유해 · 위험요인 파악

③ 위험성 결정 : 유해 · 위험요인별 위험성추정 결과와 사업장에서 설정한 허용가능한 위험성의 기준을 비교하여 추정된 위험성의 크기가 허용가능한지 여부를 판단

④ 위험성 감소대책 수립 및 실행 : 위험성 결정 결과 허용 불가능한 위험성을 합리적으로 실천 가능한 범위에서 가능한 한 낮은 수준으로 감소시키기 위한 대책을 수립하고 실행

2 유해 · 위험방지계획서 제출대상 건설공사

1) 목적

건설공사 시공 중에 나타날 수 있는 추락, 낙하, 감전 등 재해위험에 대해 공사 착공 전에 설계도, 안전조치계획 등을 검토하여 유해 · 위험요소에 대한 안전 보건상의 조치를 강구하여 근로자의 안전 · 보건을 확보하기 위함

2) 제출대상 공사

(1) 지상높이가 31m 이상인 건축물 또는 인공구조물, 연면적 30,000m^2 이상인 건축물 또는 연면적 5,000m^2 이상의 문화 및 집회시설(전시장 및 동물원 · 식물원은 제외한다), 판매시설, 운수시설(고속철도의 역사 및 집배송시설은 제외한다), 종교시설, 의료시설 중 종합병원, 숙박시설 중 관광숙박시설, 지하도상가 또는 냉동 · 냉장창고시설의 건설 · 개조 또는 해체(이하 "건설 등"이라 한다)

(2) 연면적 5,000m^2 이상의 냉동 · 냉장창고시설의 설비공사 및 단열공사

(3) 최대지간 길이가 50m 이상인 교량건설 등 공사

(4) 터널건설 등의 공사

(5) 다목적 댐, 발전용 댐 및 저수용량 2천만톤 이상의 용수전용 댐, 지방상수도 전용 댐 건설 등의 공사

(6) 깊이가 10m 이상인 굴착공사

다음 중 유해 · 위험방지계획서 제출대상이 아닌 것은?
✓ 지상높이가 30m인 건축물 건설공사
② 최대지간 길이가 50m인 교량 건설 공사
③ 터널건설 공사
④ 깊이가 11m인 굴착공사

3) 작성 및 제출

(1) 제출시기

유해 · 위험방지계획서 작성 대상공사를 착공하려고 하는 사업주는 일정한 자격을 갖춘 자의 의견을 들은 후 동 계획서를 작성하여 공사착공 전일까지 한국산업안전보건공단 관할 지역본부 및 지사에 2부를 제출

(2) 검토의견 자격 요건

① 건설안전분야 산업안전지도사
② 건설안전기술사 또는 토목 · 건축분야 기술사
③ 건설안전산업기사 이상으로서 건설안전관련 실무경력 7년(기사는 5년) 이상인 사람

3 유해 · 위험방지계획서의 확인사항

1) 확인시기

(1) 건설공사 중 6개월 이내마다 공단의 확인을 받아야 함
(2) 자체심사 및 확인업체의 사업주는 해당 공사 준공 시까지 6개월 이내마다 자체확인을 실시

2) 확인사항

(1) 유해 · 위험방지계획서의 내용과 실제공사 내용이 부합하는지 여부
(2) 유해 · 위험방지계획서 변경내용의 적정성
(3) 추가적인 유해 · 위험요인의 존재 여부

4 제출 시 첨부서류

1) 공사개요 및 안전보건관리계획

(1) 공사 개요서(별지 제45호서식)
(2) 공사현장의 주변 현황 및 주변과의 관계를 나타내는 도면(매설물 현황을 포함한다)
(3) 건설물, 사용 기계설비 등의 배치를 나타내는 도면
(4) 전체 공정표
(5) 산업안전보건관리비 사용계획(별지 제46호서식)
(6) 안전관리 조직표
(7) 재해 발생 위험 시 연락 및 대피방법

CheckPoint

유해 · 위험방지계획서 제출 시 첨부서류가 아닌 것은?
① 공사현장의 주변상황 및 주변과의 관계를 나타내는 도면
② 공사개요서
③ 전체공정표
④ 작업인부의 배치를 나타내는 도면 및 서류

2) 작업 공사 종류별 유해 · 위험방지계획

대상 공사	작업 공사 종류	주요 작성대상	첨부 서류
제120조 제2항 제1호에 따른 건축물, 인공 구조물 건설 등의 공사	1. 가설공사 2. 구조물공사 3. 마감공사 4. 기계 설비공사 5. 해체공사	가. 비계 조립 및 해체 작업(외부비계 및 높이 3미터 이상 내부비계만 해당한다) 나. 높이 4미터를 초과하는 거푸집 동바리[동바리가 없는 공법(무지주 공법으로 데크플레이트, 호리빔 등)과 옹벽 등 벽체를 포함한다] 조립 및 해체작업 또는 비탈면 슬라브의 거푸집 동바리 조립 및 해체 작업 다. 작업발판 일체형 거푸집 조립 및 해체 작업	1. 해당 작업공사 종류별 작업개요 및 재해예방 계획 2. 위험물질의 종류별 사용량과 저장 · 보관 및 사용 시의 안전작업계획 비고 1. 바목의 작업에 대한 유해 · 위험방지계획에는 질식 · 화재 및 폭발 예방 계획이 포함되어야 한다.

대상 공사	작업 공사 종류	주요 작성대상	첨부 서류
		라. 철골 및 PC(Precast Concrete) 조립 작업 마. 양중기 설치 · 연장 · 해체 작업 및 천공 · 항타 작업 바. 밀폐공간내 작업 사. 해체 작업 아. 우레탄폼 등 단열재 작업[(취급장소와 인접한 장소에서 이루어지는 화기(火器) 작업을 포함한다] 자. 같은 장소(출입구를 공동으로 이용하는 장소를 말한다)에서 둘 이상의 공정이 동시에 진행되는 작업	2. 각 목의 작업과정에서 통풍이나 환기가 충분하지 않거나 가연성 물질이 있는 건축물 내부나 설비 내부에서 단열재 취급 · 용접 · 용단 등과 같은 화기 작업이 포함되어 있는 경우에는 세부계획이 포함되어야 한다.
제120조 제2항 제2호에 따른 냉동 · 냉장창고 시설의 설비공사 및 단열공사	1. 가설공사 2. 단열공사 3. 기계 설비공사	가. 밀폐공간내 작업 나. 우레탄폼 등 단열재 작업(취급장소와 인접한 곳에서 이루어지는 화기 작업을 포함한다) 다. 설비 작업 라. 같은 장소(출입구를 공동으로 이용하는 장소를 말한다)에서 둘 이상의 공정이 동시에 진행되는 작업	1. 해당 작업공사 종류별 작업개요 및 재해예방 계획 2. 위험물질의 종류별 사용량과 저장 · 보관 및 사용 시의 안전작업계획 비고 1. 가목의 작업에 대한 유해 · 위험방지계획에는 질식 · 화재 및 폭발 예방계획이 포함되어야 한다. 2. 각 목의 작업과정에서 통풍이나 환기가 충분하지 않거나 가연성 물질이 있는 건축물 내부나 설비 내부에서 단열재 취급 · 용접 · 용단 등과 같은 화기작업이 포함되어 있는 경우에는 세부계획이 포함되어야 한다.
제120조 제2항 제3호에 따른 교량 건설 등의 공사	1. 가설공사 2. 하부공 공사 3. 상부공 공사	가. 하부공 작업 1) 작업발판 일체형 거푸집 조립 및 해체 작업 2) 양중기 설치 · 연장 · 해체 작업 및 천공 · 항타 작업	1. 해당 작업공사 종류별 작업개요 및 재해예방 계획 2. 위험물질의 종류별 사용량과 저장 · 보관 및 사용 시의 안전작업계획

대상 공사	작업 공사 종류	주요 작성대상	첨부 서류
		3) 교대 · 교각 기초 및 벽체 철근 조립 작업 4) 해상 · 하상 굴착 및 기초 작업 나. 상부공 작업 가) 상부공 가설작업[압출공법(ILM), 캔틸레버공법(FCM), 동바리설치공법(FSM), 이동지보공법(MSS), 프리캐스트세그먼트 가설공법(PSM) 등을 포함한다] 나) 양중기 설치 · 연장 · 해체 작업 다) 상부슬라브 거푸집 동바리 조립 및 해체(특수작업대를 포함한다) 작업	
제120조 제2항 제4호에 따른 터널 건설 등의 공사	1. 가설공사 2. 굴착 및 발파 공사 3. 구조물공사	가. 터널굴진공법(NATM) 1) 굴진(갱구부, 본선, 수직갱, 수직구 등을 말한다) 및 막장내 붕괴 · 낙석방지 계획 2) 화약 취급 및 발파 작업 3) 환기 작업 4) 작업대(굴진, 방수, 철근, 콘크리트 타설을 포함한다) 사용 작업 나. 기타 터널공법[(TBM)공법, 쉴드(Shield)공법, 추진(Front Jacking)공법, 침매공법 등을 포함한다] 1) 환기 작업 2) 막장내 기계 · 설비 유지 · 보수 작업	1. 해당 작업공사 종류별 작업개요 및 재해예방 계획 2. 위험물질의 종류별 사용량과 저장 · 보관 및 사용 시의 안전작업계획 비고 1. 나목의 작업에 대한 유해 · 위험방지계획에는 굴진(갱구부, 본선, 수직갱, 수직구 등을 말한다) 및 막장 내 붕괴 · 낙석 방지 계획이 포함되어야 한다.
제120조 제2항 제5호에 따른 댐 건설 등의 공사	1. 가설공사 2. 굴착 및 발파 공사 3. 댐 축조공사	가. 굴착 및 발파 작업 나. 댐 축조[가(假)체절 작업을 포함한다] 작업 1) 기초처리 작업 2) 둑 비탈면 처리 작업 3) 본체 축조 관련 장비 작업(흙쌓기 및 다짐만 해당한다) 4) 작업발판 일체형 거푸집 조립 및 해체 작업(콘크리트 댐만 해당한다)	1. 해당 작업공사 종류별 작업개요 및 재해예방 계획 2. 위험물질의 종류별 사용량과 저장 · 보관 및 사용 시의 안전작업계획

대상 공사	작업 공사 종류	주요 작성대상	첨부 서류
제120조 제2항 제6호에 따른 굴착공사	1. 가설공사 2. 굴착 및 발파 공사 3. 흙막이 지보공(支保工) 공사	가. 흙막이 가시설 조립 및 해체 작업(복공작업을 포함한다) 나. 굴착 및 발파 작업 다. 양중기 설치 · 연장 · 해체 작업 및 천공 · 항타 작업	1. 해당 작업공사 종류별 작업개요 및 재해예방 계획 2. 위험물질의 종류별 사용량과 저장 · 보관 및 사용 시의 안전작업계획

비고: 작업 공사 종류란의 공사에서 이루어지는 작업으로서 주요 작성대상란에 포함되지 않은 작업에 대해서도 유해 · 위험방지계획를 작성하고, 첨부서류란의 해당 서류를 첨부하여야 한다.

CHAPTER 02 건설공구 및 장비

SECTION 1 건설공구

1 석재가공 공구

1) 석재가공

석재가공이란 채취된 원석의 규격화 가공을 비롯하여 이를 판재로 할석하는 작업 그리고 표면가공까지를 포함한 것을 말한다.

2) 석재가공 순서

(1) 혹두기 : 쇠메로 치거나 손잡이 있는 날메로 거칠게 가공하는 단계
(2) 정다듬 : 섬세하게 튀어나온 부분을 정으로 가공하는 단계
(3) 도드락다듬 : 정다듬하고 난 약간 거친 면을 고기 다지듯이 도드락망치로 두드리는 것
(4) 잔다듬 : 정다듬한 면을 양날망치로 쪼아 표면을 더욱 평탄하게 다듬는 것
(5) 물갈기 : 잔다듬한 면을 숫돌 등으로 간 다음, 광택을 내는 것

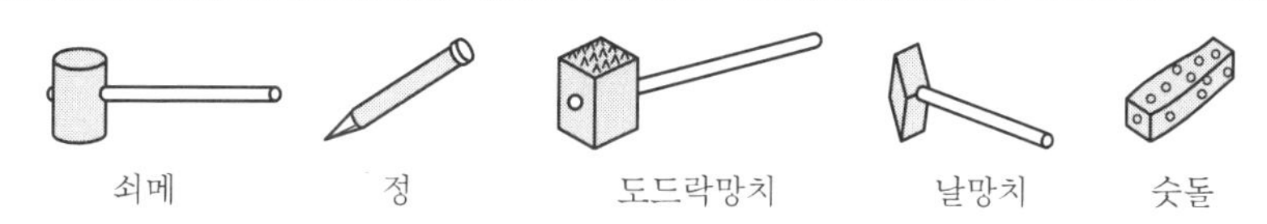

다듬순서 : 혹두기(쇠메나 망치) – 정다듬(정) – 도드락다듬(도드락망치) – 잔다듬(날망치(양날망치)) – 물갈기

3) 수공구의 종류

(1) 원석할석기
(2) 다이아몬드 원형 절단기
(3) 전동톱
(4) 망치
(5) 정
(6) 양날망치
(7) 도드락망치

2 철근가공 공구 등

1) 철선작두 : 철선을 필요로 하는 길이나 크기로 사용하기 위해 철선을 끊는 기구
2) 철선가위 : 철선을 필요한 치수로 절단하는 것으로 철선을 자르는 기구
3) 철근절단기 : 철근을 필요한 치수로 절단하는 기계로 핸드형, 이동형 등이 있다.

핸드형 철근절단기　　이동형 철근절단기　　철근밴기

4) 철근굽히기 : 철근을 필요한 치수 또는 형태로 굽힐 때 사용하는 기계

SECTION 2 건설장비

1 굴삭장비

1) 파워쇼벨(Power Shovel)

(1) 개요

파워쇼벨은 쇼벨계 굴삭기의 기본 장치로서 버킷의 작동이 삽을 사용하는 방법과 같이 굴삭한다.

(2) 특성

① 굴삭기가 위치한 지면보다 높은 곳을 굴삭하는 데 적합
② 비교적 단단한 토질의 굴삭도 가능하며 적재, 석산 작업에 편리
③ 크기는 버킷과 디퍼의 크기에 따라 결정한다.

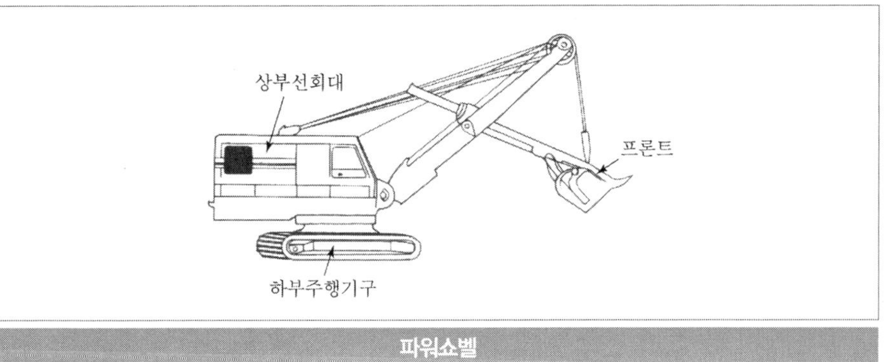

파워쇼벨

2) 드래그 쇼벨(Drag Shovel)(백호우 : Back Hoe)

(1) 개요

굴삭기가 위치한 지면보다 낮은 곳을 굴삭하는 데 적합하고 단단한 토질의 굴삭이 가능하다. Trench, Ditch, 배관작업, 사면절취, 끝손질 등에 편리하다.

(2) 특성

① 동력 전달이 유압 배관으로 되어 있어 구조가 간단하고 정비가 쉽다.
② 비교적 경량, 이동과 운반이 편리하고, 협소한 장소에서 선취와 작업이 가능
③ 우선 조작이 부드럽고 사이클 타임이 짧아서 작업능률이 좋음
④ 주행 또는 굴삭기에 충격을 받아도 흡수가 되어서 과부하로 인한 기계의 손상이 최소화

CheckPoint

기계가 위치한 지면보다 낮은 장소를 굴착하는 데 적합하고 비교적 굳은 지반의 토질에서도 사용 가능한 장비는?

▶ 백호우(Back hoe)

3) 드래그라인(Drag Line)

(1) 개요

와이어로프에 의하여 고정된 버킷을 지면에 따라 끌어당기면서 굴삭하는 방식으로서 높은 붐을 이용하므로 작업 반경이 크고 지반이 불량하여 기계 자체가 들어갈 수 없는 장소에서 굴삭작업이 가능하나 단단하게 다져진 토질에는 적합하지 않다.

(2) 특성

① 굴삭기가 위치한 지면보다 낮은 장소를 굴삭하는 데 사용
② 작업 반경이 커서 넓은 지역의 굴삭작업에 용이
③ 정확한 굴삭작업을 기대할 수는 없지만 수중굴삭 및 모래 채취 등에 많이 이용

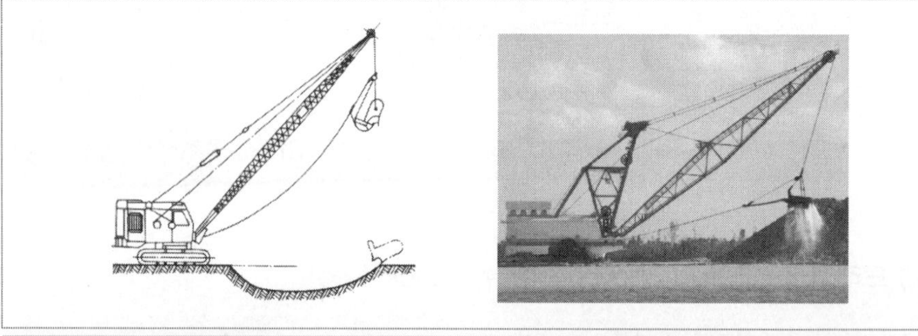

드래그 라인

4) 클램쉘(Clamshell)

(1) 개요

굴삭기가 위치한 지면보다 낮은 곳을 굴삭하는 데 적합하고 좁은 장소의 깊은 굴삭에 효과적이다. 정확한 굴삭과 단단한 지반작업은 어렵지만 수중굴삭, 교량기초, 건축물 지하실 공사 등에 쓰인다. 그래브 버킷(Grab Bucket)은 양개식의 구조로서 와이어로프를 달아서 조작한다.

(2) 특성

① 기계 위치와 굴삭 지반의 높이 등에 관계없이 고저에 대하여 작업이 가능
② 정확한 굴삭이 불가능
③ 능력은 크레인의 기울기 각도의 한계각 중량의 75%가 일반적인 한계
④ 사이클 타임이 길어 작업능률이 떨어짐

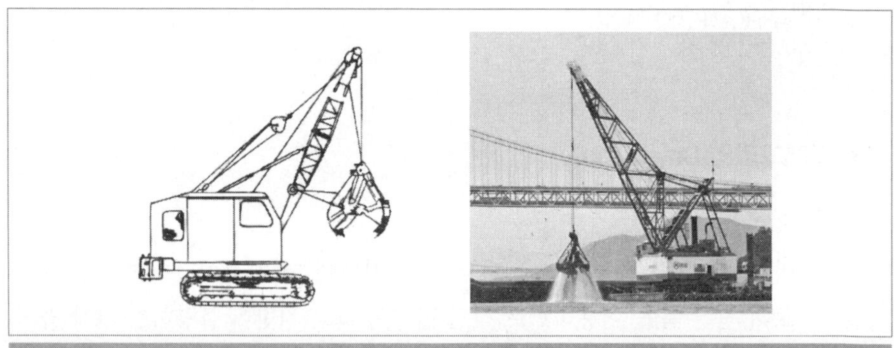

클램쉘

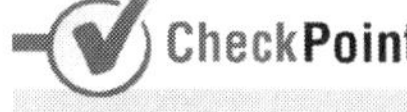

다음 중 수중굴착 공사에 가장 적합한 건설기계는?

① 파워쇼벨 ② 스크레이퍼 ③ 불도저 ④ 클램쉘

2 운반장비

1) 스크레이퍼

(1) 개요

대량 토공작업을 위한 기계로서 굴삭, 싣기, 운반, 부설(敷設) 등 4가지 작업을 일관하여 연속작업을 할 수 있을 뿐만 아니라 대단위 대량 운반이 용이하고 운반 속도가 빠르며 비교적 운반 거리가 장거리에도 적합하다. 따라서 댐, 도로 등 대단위 공사에 적합하다.

(2) 분류

① 자주식 : Motor Scraper

② 피견인식 : Towed Scraper(트랙터 또는 불도저에 의하여 견인)

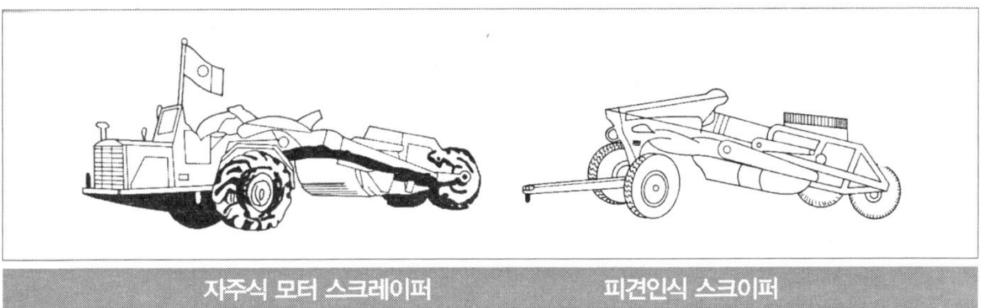

자주식 모터 스크레이퍼　　피견인식 스크이퍼

(3) 용도 : 굴착(Digging), 싣기(Loading), 운반(Hauling), 하역(Dumping)

3 다짐장비

1) 롤러(Roller)

(1) 개요

다짐기계는 공극이 있는 토사나 쇄석 등에 진동이나 충격 등으로 힘을 가하여 지지력을 높이기 위한 기계로 도로의 기초나 구조물의 기초 다짐에 사용한다.

(2) 분류

① 탠덤 롤러(Tandem Roller)

2축 탠덤 롤러는 앞쪽에 단일 큰 직경 구동 롤과 뒤쪽에 단일 틸러 롤을 가지고 있다. 3축 탠덤 롤러는 앞쪽에 단일 큰 직경 구동 롤과 뒤쪽에 2개의 작은 직경 틸러 롤을 가지고 있으며 두꺼운 흙을 다지는 데 적합하나 단단한 각재를 다지는 데는 부적당하다.

2축 탠덤 롤러 3축 탠덤 롤러

② 머캐덤 롤러(Macadam Roller)

앞쪽 1개의 조향륜과 뒤쪽 2개의 구동을 가진 자주식이며 아스팔트 포장의 초기 다짐, 함수량이 적은 토사를 얇게 다질 때 유효하다.

머캐덤 롤러

③ 타이어 롤러(Tire Roller)

전륜에 3~5개 후륜에 4~6개의 고무 타이어를 달고 자중(15~25톤)으로 자주식 또는 피견인식으로 주행하며 Rockfill Dam, 도로, 비행장 등 대규모의 토공에 적합하다.

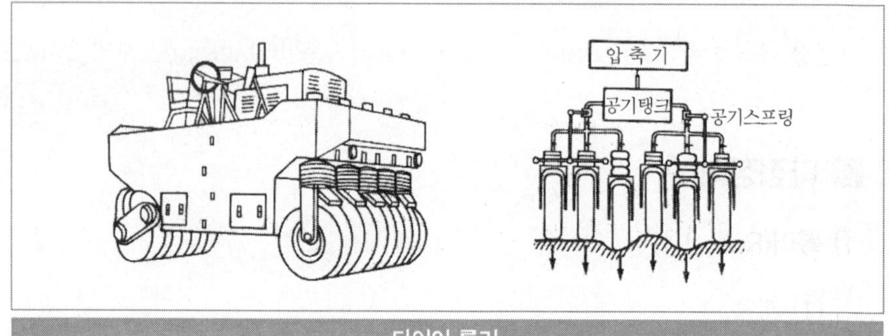

타이어 롤러

④ 진동 롤러(Vibration Roller)

자기 추진 진동 롤러는 도로 경사지 기초와 모서리의 건설에 사용하는 진흙, 바위, 부서진 돌 알맹이 등의 다지기 또는 안정된 흙, 자갈, 흙 시멘트와 아스팔트 콘크리트 등의 다지기에 가장 효과적이고 경제적으로 사용할 수 있다.

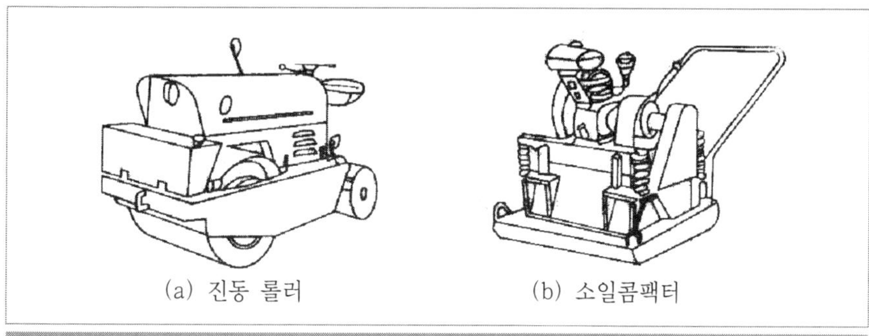

(a) 진동 롤러 (b) 소일콤팩터

진동 롤러

⑤ 탬핑 롤러(Tamping Roller)

롤러 드럼의 표면에 양의 발굽과 같은 형의 돌기물이 붙어 있어 Sheep Foot Roller라고도 하며 흙속의 과잉 수압은 돌기물의 바깥쪽에 압축, 제거되어 성토 다짐질에 좋다. 종류로는 자주식과 피견인식이 있으며 탬핑 롤러에는 Sheep Foot Roller, Grid Roller가 있다.

탬핑 롤러

CheckPoint

철륜 표면에 다수의 돌기를 붙어 접지면적을 작게 하여 접지압을 증가시킨 롤러로서 깊은 다짐이나 고함수비 지반의 다짐에 이용되는 롤러는?

① 탠덤 롤러 ② 로드 롤러 ③ 타이어 롤러 ④ 탬핑 롤러

SECTION 3 안전수칙

1 차량계 건설기계의 안전수칙

1) 차량계 건설기계의 종류(안전보건규칙 제196조)

(1) 정의

차량계 건설기계란 동력원을 사용하여 특정되지 아니한 장소로 스스로 이동할 수 있는 건설기계

(2) 종류(별표6)

① 도저형 건설기계(불도저, 스트레이트도저, 틸트도저, 앵글도저, 버킷도저 등)
② 모터그레이더
③ 로더(포크 등 부착물 종류에 따른 용도 변경 형식을 포함한다)
④ 스크레이퍼
⑤ 크레인형 굴착기계(클램쉘, 드래그라인 등)
⑥ 굴삭기(브레이커, 크러셔, 드릴 등 부착물 종류에 따른 용도 변경형식을 포함한다)
⑦ 항타기 및 항발기
⑧ 천공용 건설기계(어스드릴, 어스오거, 크롤러드릴, 점보드릴 등)
⑨ 지반압밀침하용 건설기계(샌드드레인머신, 페이퍼드레인머신, 팩드레인머신 등)
⑩ 지반다짐용 건설기계(타이어롤러, 매커덤 롤러, 탠덤 롤러 등)
⑪ 준설용 건설기계(버킷준설선, 그래브준설선, 펌프준설선 등)
⑫ 콘크리트 펌프카
⑬ 덤프트럭
⑭ 콘크리트 믹서 트럭
⑮ 도로포장용 건설기계(아스팔트 살포기, 콘크리트 살포기, 아스팔트 피니셔, 콘크리트 피니셔 등)
⑯ 제1호부터 제15호까지와 유사한 구조 또는 기능을 갖는 건설기계로서 건설작업에 사용하는 것

2) 차량계 건설기계의 작업계획서 내용(안전보건규칙 별표 4)

(1) 사용하는 차량계 건설기계의 종류 및 성능
(2) 차량계 건설기계의 운행경로
(3) 차량계 건설기계에 의한 작업방법

차량계 건설기계의 작업계획서에 포함되어야 할 사항으로 적합하지 않은 것은?

① 차량계 건설기계의 운행경로 ② 차량계 건설기계의 종류 및 능력
③ 차량계 건설기계의 작업방법 ✔ 차량계 건설기계 사용시 유도자 배치 위치

3) 차량계 건설기계의 안전수칙

(1) 미리 작업장소의 지형 및 지반상태 등에 적합한 제한속도를 정하고(최고속도가 10km/h 이하인 것을 제외) 운전자로 하여금 이를 준수하도록 하여야 한다.

(2) 차량계 건설기계가 넘어지거나 굴러 떨어짐으로써 근로자에게 위험을 미칠 우려가 있는 경우에는 유도하는 자를 배치하고 지반의 부동침하방지, 갓길의 붕괴방지 및 도로 폭의 유지 등 필요한 조치를 하여야 한다.

(3) 운전 중인 해당 차량계 건설기계에 접촉되어 근로자에게 위험을 미칠 우려가 있는 장소에 근로자를 출입시켜서는 아니 된다.

(4) 유도자를 배치한 경우에는 일정한 신호방법을 정하여 신호하도록 하여야 하며, 차량계 건설기계의 운전자는 그 신호에 따라야 한다.

(5) 운전자가 운전위치를 이탈하는 경우에 해당 운전자로 하여금 버킷·디퍼 등 작업장치를 지면에 내려두고 원동기를 정지시키고 브레이크를 거는 등 이탈을 방지하기 위한 조치를 하여야 한다.

(6) 차량계 건설기계가 넘어지거나 붕괴될 위험 또는 붐(Boom)·암 등 작업장치가 파괴될 위험을 방지하기 위하여 해당 기계에 대한 구조 및 사용상의 안전도 및 최대사용하중을 준수하여야 한다.

(7) 차량계 건설기계의 붐·암 등을 올리고 그 밑에서 수리·점검작업 등을 하는 경우에는 붐·암 등이 갑자기 하강함으로써 발생하는 위험을 방지하기 위하여 해당 작업에 종사하는 근로자에게 안전지지대 또는 안전블록 등을 사용하도록 하여야 한다.

4) 헤드가드

(1) 헤드가드 구비 작업장소

암석의 낙하 등에 의하여 근로자가 위험에 처할 우려가 있는 장소

(2) 헤드가드를 갖추어야 하는 차량계 건설기계(안전보건규칙 제198조)

① 불도저
② 트랙터
③ 쇼벨(Shovel)
④ 로더(Loader)
⑤ 파워 쇼벨(Power Shovel)
⑥ 드래그 쇼벨(Darg Shovel)

2 항타기 · 항발기의 안전수칙

1) 무너짐 등의 방지준수사항(안전보건규칙 제209조)

(1) 연약한 지반에 설치하는 경우에는 각부 또는 가대의 침하를 방지하기 위하여 깔판·깔목 등을 사용할 것
(2) 시설 또는 가설물 등에 설치하는 경우에는 그 내력을 확인하고 내력이 부족한 경우에는 그 내력을 보강할 것
(3) 각부 또는 가대가 미끄러질 우려가 있는 경우에는 말뚝 또는 쐐기 등을 사용하여 각부 또는 가대를 고정시킬 것
(4) 궤도 또는 차로 이동하는 항타기 또는 항발기에 대하여는 불시에 이동하는 것을 방지하기 위하여 레일 클램프 및 쐐기 등으로 고정시킬 것
(5) 버팀대만으로 상단부분을 안정시키는 경우에는 버팀대는 3개 이상으로 하고 그 하단부분은 견고한 버팀·말뚝 또는 철골 등으로 고정시킬 것
(6) 버팀줄만으로 상단부분을 안정시키는 경우에는 버팀줄을 3개 이상으로 하고 같은 간격으로 배치할 것
(7) 평형추를 사용하여 안정시키는 경우에는 평형추의 이동을 방지하기 위하여 가대에 견고하게 부착시킬 것

2) 권상용 와이어로프의 준수사항

(1) 사용금지조건(안전보건규칙 제210조)

① 이음매가 있는 것
② 와이어로프의 한 꼬임(스트랜드)에서 끊어진 소선(素線, 필러(Pillar)선은 제외한다)의 수가 10% 이상(비자전로프의 경우에는 끊어진 소선의 수가 와이어로프 호칭지름의 6배 길이 이내에서 4개 이상이거나 호칭지름 30배 길이 이내에서 8개 이상)인 것
③ 지름의 감소가 공칭지름의 7%를 초과하는 것
④ 꼬인 것

⑤ 심하게 변형 또는 부식된 것

⑥ 열과 전기충격에 의해 손상된 것

양중기 와이어로프의 부적격한 와이어로프의 사용금지 기준이 아닌 것은?

① 이음매가 있는 것

② 지름의 감소가 공칭지름의 7%를 초과하는 것

③ 심하게 변형 또는 부식된 것

✔ 길이의 증가가 제조 길이의 10%를 초과하는 것

(2) 안전계수 조건(안전보건규칙 제211조)

와이어로프의 안전계수가 5 이상이 아니면 이를 사용하여서는 아니 된다.

(3) 사용 시 준수사항(안전보건규칙 제212조)

① 권상용 와이어로프는 추 또는 해머가 최저의 위치에 있는 경우 또는 널말뚝을 빼어내기 시작한 경우를 기준으로 하여 권상장치의 드럼에 적어도 2회 감기고 남을 수 있는 충분한 길이일 것

② 권상용 와이어로프는 권상장치의 드럼에 클램프·클립 등을 사용하여 견고하게 고정할 것

③ 항타기의 권상용 와이어로프에 있어서 추·해머 등과의 연결은 클램프·클립 등을 사용하여 견고하게 할 것

(4) 도르래의 부착 등(안전보건규칙 제216조)

① 사업주는 항타기나 항발기에 도르래나 도르래 뭉치를 부착하는 경우에는 부착부가 받는 하중에 의하여 파괴될 우려가 없는 브래킷·섀클 및 와이어로프 등으로 견고하게 부착하여야 한다.

② 사업주는 항타기 또는 항발기의 권상장치의 드럼축과 권상장치로부터 첫번째 도르래의 축과의 거리를 권상장치의 드럼폭의 15배 이상으로 하여야 한다.

③ 제2항의 도르래는 권상장치의 드럼의 중심을 지나야 하며 축과 수직면상에 있어야 한다.

④ 항타기나 항발기의 구조상 권상용 와이어로프가 꼬일 우려가 없는 경우에는 제2항과 제3항을 적용하지 아니한다.

CHAPTER 03 양중기 및 해체공사의 안전

SECTION 1 해체용 기구의 종류 및 취급안전

1 해체용 기구의 종류

1) 압쇄기

(1) 콘크리트 구조물 파쇄 시 굴삭기에 장착하여 유압의 힘으로 압축하여 콘크리트 및 벽돌을 깨거나 절단할 때 사용

(2) 해체 시공 시 소음, 진동 등 공해를 발생시키지 않아 도심 내에서의 시공에 적합

2) 대형 브레이커

(1) 쇼벨에 설치하여 사용하는 것으로 대형 브레이커는 소음이 많은 결점이 있지만 파쇄력이 커서 해체대상 범위가 넓으며 응용범위도 넓다.

(2) 일반적으로 방음시설을 하고 브레이커를 상층으로 올려 위층으로부터 순차적으로 아래층으로 해체

3) 철제 해머

(1) 크롤러 크레인에 설치하여 구조물에 충격을 주어 파쇄하는 것

(2) 소규모 건물에 적합, 소음과 진동이 큼

4) 핸드브레이커

(1) 압축공기, 유압의 급속한 충격력에 의거 콘크리트 등을 해체할 때 사용

(2) 작은 부재에 유리, 소음, 진동 및 분진 발생

5) 팽창제

(1) 광물의 수화반응에 의한 팽창압을 이용하여 파쇄하는 공법

(2) 무소음, 무진동공법으로 팽창재료가 고가

6) 절단기(톱)

(1) 절단톱을 전동기, 가솔린 엔진 등으로 고속회전시켜 절단하는 것
(2) 진동, 분진이 거의 없다.

해체 작업용 기구와 관계가 없는 것은?
① 압쇄기 ② 핸드 브레이커 ③ 철해머 ✔ 진동롤러

2 해체용 기구의 취급안전

1) 기구사용 시 준수사항

(1) 압쇄기

① 중기의 안전성을 확인하고 지반침하 방지를 위한 지반다짐 확인
② 해체물이 비산, 낙하할 위험이 있으므로 수평 낙하물 방호책을 설치
③ 파쇄작업순서는 슬라브, 보, 벽체, 기둥의 순서로 해체

(2) 대형 브레이커

① 소음, 진동기준은 관계법에 의거 처리
② 장비 간 안전거리 확보

(3) 핸드 브레이커

① 소음, 진동 및 분진이 발생하므로 보호구 착용
② 작업원의 작업시간을 제한하여야 함
③ 작업자세는 하향 수직방향(끌의 부러짐을 방지)

(4) 절단기(톱)

① 회전날에는 접촉방지 Cover 부착
② 절단 중 회전날의 냉각수 점검 및 과열 시 일시 중단

(5) 팽창제

① 팽창제와 물과의 혼합비율을 확인할 것
② 천공간격은 콘크리트 강도에 의해 결정되나 30~70cm 정도가 적당
③ 개봉된 팽창제는 사용금지, 쓰다 남은 팽창제는 처리 시 유의할 것

압쇄기를 사용하여 건물해체 시의 순서가 가장 바르게 된 것은?
➡ 슬라브 → 보 → 벽체 → 기둥

2) 해체작업의 안전

(1) 건축물, 구축물 및 그 밖의 시설물 등(이하 "구축물등"이라 한다)의 해체 작업계획서 내용(「안전보건규칙」 제38조)

① 해체의 방법 및 해체순서 도면
② 가설설비 · 방호설비 · 환기설비 및 살수 · 방화설비 등의 방법
③ 사업장 내 연락방법
④ 해체물의 처분계획
⑤ 해체작업용 기계 · 기구 등의 작업계획서
⑥ 해체작업용 화약류 등의 사용계획서
⑦ 그 밖에 안전 · 보건에 관련된 사항

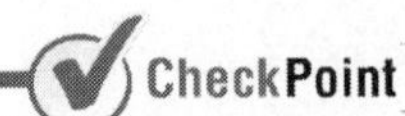

구조물 해체작업 시 해체계획에 포함되지 않는 것은?
① 사업장 내 연락방법
✅ 악천후 시 작업계획
③ 해체방법 및 해체순서 도면
④ 가설설비, 방호설비, 환기설비 등의 방법

(2) 해체공사 시 안전대책

① 작업구역 내에는 관계자 외 출입금지
② 강풍, 폭우, 폭설 등 악천후 시 작업중지
③ 사용기계, 기구 등을 인양하거나 내릴 때 그물망 또는 그물포 등을 사용
④ 전도작업 시 작업자 이외의 다른 작업자 대피상태 확인 후 전도

SECTION 2 양중기의 종류 및 안전수칙

1 양중기의 종류

1) 정의

양중기란 동력을 사용하여 화물, 사람 등을 운반하는 기계 · 설비

2) 종류(안전보건규칙 제132조)

(1) 크레인(호이스트 포함)
(2) 이동식 크레인
(3) 리프트(이삿짐운반용 리프트의 경우에는 적재하중이 0.1톤 이상인 것)
(4) 곤돌라
(5) 승강기(최대하중이 0.25톤 이상인 것에 한한다)

양중기의 종류가 아닌 것은?

① 크레인 ② 리프트
③ 곤돌라 ✓ 최대하중 0.1톤인 승강기

3) 양중기

(1) 크레인

① 정의 : 동력을 사용하여 중량물을 매달아 상하 및 좌우(수평 또는 선회를 말한다)로 운반하는 것을 목적으로 하는 기계 또는 기계장치

② 크레인의 종류

㉠ 고정식 크레인

ⓐ 타워크레인 : 높이 들어올리는 것이 가능, 작업범위 넓음
ⓑ 지브크레인 : 주행식, 고정식이 있으며 조립 해체가 용이
ⓒ 호이스트 크레인 : 건물의 길이방향으로 2개의 주행레일을 설치하여 화물운반

㉡ 이동식 크레인

ⓐ 트럭크레인 : 기동성이 우수, 안정확보를 위해 아웃트리거 설치

ⓑ 크롤러크레인 : 연약지반 위에서 주행성능이 좋으나 기동성은 저조

ⓒ 유압크레인 : 이동속도가 빠르고 안정을 확보하기 위해 아웃트리거 설치

(2) 리프트

동력을 사용하여 사람이나 화물을 운반하는 것을 목적으로 하는 기계설비

① 건설용 리프트(건설현장에서 사용)

② 산업용 리프트(건설현장 외의 장소에서 사용)

③ 간이리프트(소형화물 운반이 주목적, 바닥면적이 $1m^2$ 이하이거나 천장높이가 1.2m 이하인 것)

④ 이삿짐운반용 리프트(연장 및 축소가 가능하고 끝단을 건축물 등에 지지하는 구조의 사다리형 붐에 따라 동력을 사용하여 움직이는 운반구를 매달아 화물을 운반하는 설비로서 화물자동차 등 차량 위에 탑재하여 이삿짐운반 등에 사용하는 것을 말한다)

CheckPoint

사람이나 화물을 운반하는 것을 목적으로 하는 기계설비인 리프트의 종류를 쓰시오.

➡ 건설용 리프트, 산업용 리프트, 간이리프트, 이삿짐운반용 리프트

(3) 곤돌라

달기발판 또는 운반구 · 승강장치 그 밖의 장치 및 이들에 부속된 기계부품에 의하여 구성되고, 와이어로프 또는 달기강선에 의하여 달기발판 또는 운반구가 전용의 승강장치에 의하여 상승 또는 하강하는 설비

(4) 승강기

동력을 사용하여 운반하는 것으로서 가이드레일을 따라 상승 또는 하강하는 운반구에 사람이나 화물을 상 · 하 또는 좌 · 우로 이동 · 운반하는 기계 · 설비로서 탑승장을 가진 것

① 승용승강기(사람의 수직 수송을 주목적)

② 인화공용 승강기(사람과 화물의 수직 수송을 주목적)

③ 화물용 승강기(화물의 수송을 주목적)

④ 에스컬레이터(동력에 의하여 운전되는 것, 사람을 운반하는 연속계단이나 보도상태의 승강기)

⑤ 승강기의 안전장치
㉠ 과부하 방지장치
㉡ 파이널 리밋 스위치(Final Limit Switch)
㉢ 비상정지장치
㉣ 조속기
㉤ 출입문 인터록

4) 안전검사

(1) 주기

크레인, 리프트 및 곤돌라는 사업장에 설치가 끝난 날부터 3년 이내에 최초 안전검사를 실시하되, 그 이후부터 매 2년마다(건설현장에서 사용하는 것은 최초로 설치한 날부터 매 6개월마다)

(2) 안전검사내용

① 과부하방지장치, 권과방지장치, 그 밖의 안전장치의 이상 유무
② 브레이크와 클러치의 이상 유무
③ 와이어로프와 달기체인의 이상 유무
④ 훅 등 달기기구의 손상 유무
⑤ 배선, 집진장치, 배전반, 개폐기, 컨트롤러의 이상 유무

2 양중기의 안전 수칙

1) 정격하중 등의 표시

2) 신호(안전보건규칙 제40조)

3) 운전위치의 이탈금지(안전보건규칙 제41조)

4) 폭풍에 의한 이탈방지(안전보건규칙 제140조)

순간풍속 30m/sec를 초과하는 바람이 불어올 우려가 있는 경우에는 옥외에 설치되어 있는 주행크레인에 대하여 이탈방지장치를 작동시키는 등 그 이탈을 방지하기 위한 조치를 하여야 한다.

CheckPoint

폭풍 시 옥외에 설치되어 있는 주행크레인에 대하여 이탈방지를 위한 조치가 필요한 풍속 기준은?
➡ 순간풍속이 30m/sec 초과할 때

5) 크레인의 설치 · 조립 · 수리 · 점검 또는 해체작업 시 조치사항(안전보건규칙 제141조)

(1) 작업순서를 정하고 그 순서에 따라 작업을 할 것
(2) 작업을 할 구역에 관계 근로자가 아닌 사람의 출입을 금지하고 그 취지를 보기 쉬운 곳에 표시할 것
(3) 비 · 눈, 그 밖에 기상상태의 불안정으로 날씨가 몹시 나쁠 경우에는 그 작업을 중지시킬 것
(4) 작업장소는 안전한 작업이 이루어질 수 있도록 충분한 공간을 확보하고 장애물이 없도록 할 것
(5) 들어올리거나 내리는 기자재는 균형을 유지하면서 작업을 하도록 할 것
(6) 크레인의 성능, 사용조건 등에 따라 충분한 응력을 갖는 구조로 기초를 설치하고 침하 등이 일어나지 않도록 할 것
(7) 규격품인 조립용 볼트를 사용하고 대칭되는 곳을 차례로 결합하고 분해할 것

6) 타워크레인의 조립 · 해체 · 사용 시 준수사항

(1) 작업계획서의 내용(안전보건규칙 제38조)

① 타워크레인의 종류 및 형식
② 설치 · 조립 및 해체순서
③ 작업도구 · 장비 · 가설설비 및 방호설비
④ 작업인원의 구성 및 작업근로자의 역할범위
⑤ 타워크레인의 지지방법

(2) 타워크레인의 지지 시 준수사항(안전보건규칙 제142조)

① 벽체에 지지하는 경우 준수사항

㉠ 「산업안전보건법」 시행규칙 제58조의 4 제1항 제2호에 따른 서면심사에 관한 서류(「건설기계관리법」 제18조에 따른 형식승인서류를 포함한다) 또는 제조사의 설치작업설명서 등에 따라 설치할 것
㉡ 제1호의 서면심사 서류 등이 없거나 명확하지 아니한 경우에는 「국가기술자격법」에 의한 건축구조 · 건설기계 · 기계안전 · 건설안전기술사 또는 건설안전분야 산업안전지도사의 확인을 받아 설치하거나 기종별 · 모델별 공인된 표준방법으로 설치할 것
㉢ 콘크리트구조물에 고정시키는 경우에는 매립이나 관통 또는 이와 동등 이상의 방법으로 충분히 지지되도록 할 것
㉣ 건축 중인 시설물에 지지하는 경우에는 그 시설물의 구조적 안정성에 영향이 없도록 할 것

② 와이어로프로 지지하는 경우 준수사항

㉠ 벽체에 지지하는 경우의 제㉠호 또는 제㉡호의 조치를 취할 것

㉡ 와이어로프를 고정하기 위한 전용 지지프레임을 사용할 것

㉢ 와이어로프 설치각도는 수평면에서 60도 이내로 하되 지지점은 4개소 이상으로 하고 같은 각도로 설치할 것

㉣ 와이어로프의 고정부위는 충분한 강도와 장력을 갖도록 설치하고, 와이어로프를 클립·샤클 등의 고정기구를 사용하여 견고하게 고정시켜 풀리지 않도록 할 것

㉤ 와이어로프가 가공전선(架空電線)에 근접하지 않도록 할 것

(3) 강풍 시 타워크레인의 작업중지(안전보건규칙 제37조)

순간풍속이 초당 10미터를 초과하는 경우에는 타워크레인의 설치·수리·점검 또는 해체작업을 중지하여야 하며, 순간풍속이 초당 15미터를 초과하는 경우에는 타워크레인의 운전작업을 중지하여야 한다.

(4) 충돌방지 조치 및 영상 기록관리

타워크레인 사용 중 충돌방지를 위한 조치를 취하도록 하고, 타워크레인을 사용한 작업 시 타워크레인 설치·상승·해체 작업과정 전반을 영상으로 기록하여 대여기간 동안 보관하여야 한다.

(5) 타워크레인 전담 신호수 배치(안전보건규칙 제146조)

타워크레인을 사용하여 작업을 하는 경우 타워크레인마다 근로자와 조종 작업을 하는 사람 간에 신호업무를 담당하는 사람을 각각 두어야 한다.

 CheckPoint

타워크레인의 설치·조립·해체작업을 하는 때에 작성하는 작업계획서에 포함시켜야 할 사항이 아닌 것은?

① 타워크레인의 종류 및 형식
② 중량물의 운반 경로
③ 작업인원의 구성 및 작업근로자의 역할범위
④ 작업도구·장비·가설설비 및 방호설비

7) 이동식 크레인 작업의 안전기준

(1) 방호장치의 조정(안전보건규칙 제134조)
(2) 안전밸브의 조정(안전보건규칙 제148조)
(3) 해지장치의 사용(안전보건규칙 제149조)
(4) 과부하의 제한(안전보건규칙 제135조)
(5) 출입의 금지(안전보건규칙 제20조)

8) 크레인의 방호장치

(1) 권과방지장치 : 권과를 방지하기 위하여 자동적으로 동력을 차단하고 작동을 제동하는 장치
(2) 과부하방지장치 : 크레인에 있어서 정격하중 이상의 하중이 부하되었을 때 자동적으로 상승이 정지되면서 경보음 발생
(3) 비상정지장치 : 이동 중 이상상태 발생시 급정지시킬 수 있는 장치
(4) 브레이크 장치 : 운동체를 감속하거나 정지상태로 유지하는 기능을 가진 장치
(5) 훅 해지장치 : 훅에서 와이어로프가 이탈하는 것을 방지하는 장치

9) 양중기의 와이어로프

(1) 정의 : 와이어로프란 양질의 고탄소강에서 인발한 소선(Wire)을 꼬아서 가닥(Strand)으로 만들고 이 가닥을 심(Core) 주위에 일정한 피치(Pitch)로 감아서 제작한 로프

(2) 안전계수 $= \frac{\text{절단하중}}{\text{최대사용하중}}$

(3) 안전계수의 구분

구분	안전계수
근로자가 탑승하는 운반구를 지지하는 경우(달기와이어로프 또는 달기체인)	10 이상
화물의 하중을 직접 지지하는 경우(달기와이어로프 또는 달기체인)	5 이상
훅, 샤클, 클램프, 리프팅 빔의 경우	3 이상
그 밖의 경우	4 이상

CheckPoint

양중기에 사용되는 와이어로프 중 근로자가 탑승하는 운반구를 지지하는 경우의 안전계수 기준으로 옳은 것은?

① 3 이상 ② 5 이상 ③ 8 이상 ④ 10 이상 (정답 체크)

(4) 부적격한 와이어로프의 사용금지(안전보건규칙 제166조)

① 이음매가 있는 것

② 와이어로프의 한 꼬임(스트랜드)에서 끊어진 소선(素線, 필러(Pillar)선을 제외한다)의 수가 10% 이상(비자전로프의 경우에는 끊어진 소선의 수가 와이어로프 호칭지름의 6배 길이 이내에서 4개 이상이거나 호칭지름 30배 길이 이내에서 8개 이상인 것)인 것

③ 지름의 감소가 공칭지름의 7%를 초과하는 것

④ 꼬인 것

⑤ 심하게 변형 또는 부식된 것

⑥ 열과 전기충격에 의해 손상된 것

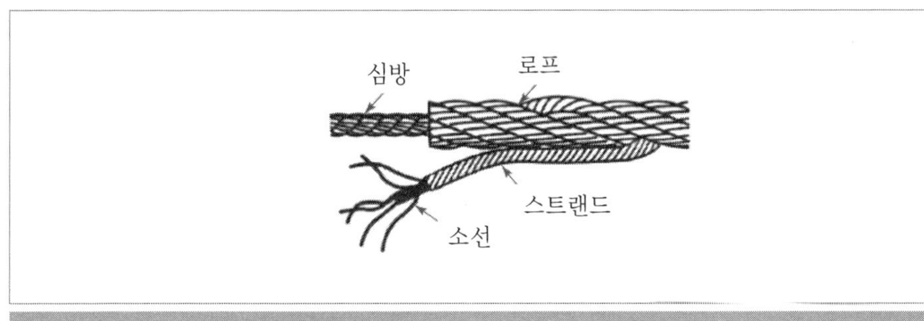

와이어로프의 구성

10) 작업시작 전 점검사항(안전보건규칙 제35조의 2)

(1) 개요

① 크레인, 리프트, 곤돌라 등을 사용하는 작업시작 전에 필요한 사항을 점검

② 점검결과 이상이 발견된 경우에는 즉시 보수 그 밖에 필요한 조치 실시

(2) 작업시작 전 점검사항

① 크레인

㉠ 권과방지장치 · 브레이크 · 클러치 및 운전장치의 기능

㉡ 주행로의 상측 및 트롤리가 횡행(橫行)하는 레일의 상태

㉢ 와이어로프가 통하고 있는 곳의 상태

② 이동식 크레인

㉠ 권과방지장치 그 밖의 경보장치의 기능

㉡ 브레이크 · 클러치 및 조정장치의 기능

㉢ 와이어로프가 통하고 있는 곳 및 작업장소의 지반상태

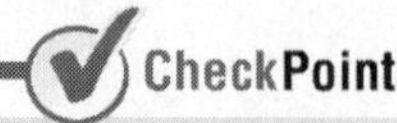

이동식 크레인을 사용하여 작업을 할 때 작업시작 전 점검사항이 아닌 것은?

✓ 트롤리가 횡행하는 레일의 상태
② 권과방지장치 그 밖의 경보장치의 기능
③ 브레이크·클러치 및 조정장치의 기능
④ 와이어로프가 통하고 있는 곳 및 작업장소의 지반상태

③ 리프트(간이리프트 포함)
㉠ 방호장치·브레이크 및 클러치의 기능
㉡ 와이어로프가 통하고 있는 곳의 상태
④ 곤돌라
㉠ 방호장치·브레이크의 기능
㉡ 와이어로프·슬링와이어 등의 상태
⑤ 양중기의 와이어로프·달기체인·섬유로프·섬유벨트 또는 훅·샤클·링 등의 철구(이하 "와이어로프 등"이라 한다)를 사용하여 고리걸이작업을 할 때
㉠ 와이어로프 등의 이상 유무

CHAPTER 04 건설재해 및 대책

SECTION 1 떨어짐(추락) 재해 및 대책

1 발생원인

1) 개요

(1) 추락은 사람이 건축물이나 비계, 기계, 사다리, 계단, 경사면, 나무 등 높은 곳에서 떨어지는 것을 말하며 추락재해는 건설재해의 발생형태 중 가장 많이 발생되는 재해형태이고 중대재해로 이어지는 경우가 많으므로 추락방지시설이 반드시 필요하다.

(2) 따라서, 추락재해를 예방하기 위한 기본적인 대책은 고소의 작업을 되도록 줄이는 동시에 울, 난간 등의 방호조치로 안전한 작업발판 위에서 작업하는 것이다.

(3) 이와 같은 취지에서 안전보건규칙에서는 근로자가 추락하거나 넘어질 위험이 있는 장소에서 작업을 할 때는 비계를 조립하는 방법으로 작업발판을 설치하거나, 작업발판을 설치하기 곤란한 경우 안전방망을 설치, 안전방망을 설치하기 곤란한 경우에는 근로자에게 안전대를 착용하도록 하는 등 추락위험을 방지하기 위한 조치를 규정하고 있다.

2) 추락재해의 종류

(1) 비계로부터의 추락
(2) 사다리로부터의 추락
(3) 경사지붕 및 철골작업 시 추락
(4) 경사로, 계단에서의 추락
(5) 개구부(바닥, 엘리베이터 Pit, 파이프 샤프트 등)에서의 추락
(6) 철골, 비계 등 조립작업 중 추락

PART 01 PART 02 PART 03 PART 04 PART 05 PART 06 부록

2 방호 및 방지설비

1) 추락방호망

(1) 정의

추락방호망이란 고소작업 시 추락방지를 위해 추락의 위험이 있는 장소에 설치하는 방망을 말하며 방망은 낙하높이에 따른 충격을 견딜 수 있어야 한다.

(2) 추락방호망의 구조

① 방망 : 그물코가 다수 연결된 것
② 그물코 : 사각 또는 마름모로서 크기는 10cm 이하
③ 테두리로프 : 방망 주변을 형성하는 로프
④ 달기로프 : 방망을 지지점에 부착하기 위한 로프
⑤ 재봉사 : 테두리로프와 방망을 일체화하기 위한 실
⑥ 시험용사 : 방망 폐기 시 방망사의 강도 점검을 위한 것

(3) 추락방호망 설치기준(안전보건규칙 제42조)

① 추락방호망은 방망, 테두리망, 재봉사, 지지로프로 구성된다.
② 가능하면 작업면으로부터 가까운 지점에 설치하여야 한다.
③ 그물코 간격은 10cm 이하인 것을 사용한다.
④ 작업면으로부터 망의 설치지점까지의 수직거리는 10m를 초과하지 않도록 한다.
⑤ 용접, 용단 등으로 파손된 방망은 즉시 교체한다.
⑥ 추락방호망은 수평으로 설치하고, 망의 처짐은 짧은 변 길이의 12% 이상이 되도록 한다.
⑦ 건축물 등의 바깥쪽으로 설치하는 경우 망의 내민 길이는 벽면으로부터 3m 이상이 되도록 할 것

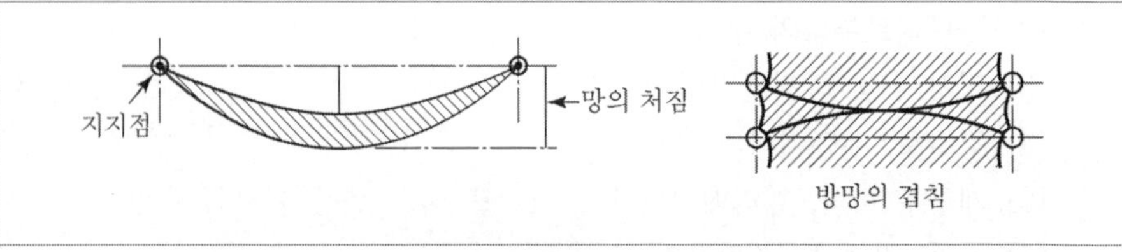

(4) 방망사의 강도

① 추락방호망의 인장강도

( ) : 폐기기준 인장강도

그물코의 크기 (단위 : cm)	방망의 종류(단위 : kgf)	
	매듭 없는 방망	매듭방망
10	240(150)	200(135)
5	–	110(60)

② 지지점의 강도 : 600kg의 외력에 견딜 수 있는 강도로 한다.

③ 테두리로프, 달기로프 인장강도는 1,500kg 이상이어야 한다.

추락안전방망 중 5cm 그물코로서 매듭방망일 경우 인장강도는 최소 얼마 이상이어야 하는가?

① 50kgf ② 100kgf ✔③ 110kgf ④ 150kgf

(5) 허용낙하고

종류 / 조건	낙하높이(H)		바닥면에서 방망까지 높이(H2)		방망의 처짐길이 (S)
	단일방망	복합방망	10cm 그물코	5cm 그물코	
$L<A$	$\frac{1}{4}(L+2A)$	$\frac{1}{5}(L+2A)$	$\frac{0.85}{4}(L+3A)$	$\frac{0.95}{4}(L+3A)$	$\frac{1}{4}(L+2A)\times\frac{1}{3}$
$L\geq A$	$\frac{3}{4}L$ 이하	$\frac{3}{5}L$ 이하	$0.85L$ 이상	$0.95L$ 이상	$\frac{3}{4}L\times\frac{1}{3}$ 이하

여기서, L : 망의 단변길이(단위 : m), A : 장변방향 방망의 지지간격(단위 : m)
S : 망의 처짐 최하부와 망 지지면의 거리(망의 처짐), H_2 : 망과 바닥까지의 높이(망하부 공간)

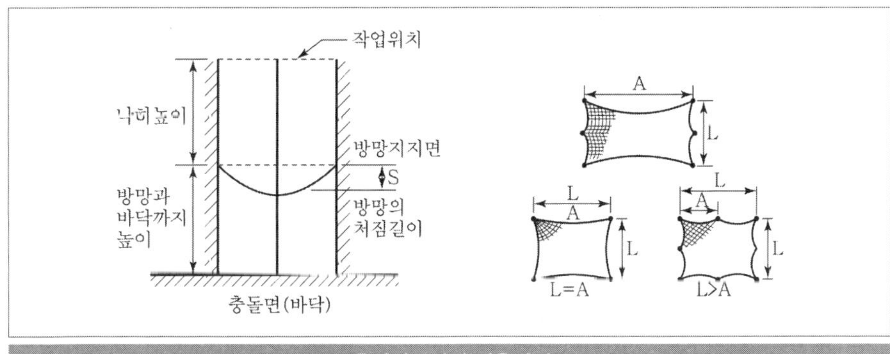

추락방호망의 사용방법

(6) 방망의 정기시험

① 정기시험기간 : 사용 개시 후 1년 이내로 하고 그 후 6개월마다 정기적으로 실시

② 시험방법 : 시험용사에 대한 등속인장시험으로 10m 높이에서 80kg의 무게로 낙하시험

③ 규정인장강도

㉠ 방망의 지지점 강도 : 600kg 이상, 다만 연속적인 구조물이 방망 지지점인 경우의 외력이 다음 식에 계산한 값에 견딜 수 있는 것은 제외한다.

$$F = 200B$$

여기서, F : 외력(kgf), B : 지지점 간격(m)

㉡ 테두리로프, 달기로프는 강도 : 1,500kg 이상

CheckPoint

추락방호용 방망을 설치할 때 일반적으로 방망 지지점은 몇 킬로그램의 외력에 견딜 수 있는 강도를 보유하여야 하는가?

➡ 600kg

2) 안전난간

(1) 정의

안전난간이란 개구부, 작업발판, 가설계단의 통로 등에서의 추락사고를 방지하기 위해 설치하는 것으로 상부난간, 중간난간, 난간기둥 및 발끝막이판으로 구성된다.

(2) 안전난간의 구성요소(안전보건규칙 제13조)

① 상부난간대 · 중간난간대 · 발끝막이판 및 난간기둥으로 구성할 것

② 상부 난간대는 바닥면 · 발판 또는 경사로의 표면(이하 "바닥면 등"이라 한다)으로부터 90cm 이상 지점에 설치하고, 상부 난간대를 120cm 이하에 설치하는 경우에는 중간 난간대는 상부 난간대와 바닥면 등의 중간에 설치하여야 하며, 120cm 이상 지점에 설치하는 경우에는 중간 난간대를 2단 이상으로 균등하게 설치하고 난간의 상하 간격은 60cm 이하가 되도록 할 것

③ 발끝막이판은 바닥면 등으로부터 10cm 이상의 높이를 유지할 것

④ 난간기둥은 상부난간대와 중간난간대를 견고하게 떠받칠 수 있도록 적정한 간격을 유지할 것

⑤ 상부난간대와 중간난간대는 난간길이 전체에 걸쳐 바닥면 등과 평행을 유지할 것
⑥ 난간대는 지름 2.7cm 이상의 금속제 파이프나 그 이상의 강도를 가진 재료일 것
⑦ 안전난간은 구조적으로 가장 취약한 지점에서 가장 취약한 방향으로 작용하는 100kg 이상의 하중에 견딜 수 있는 튼튼한 구조일 것

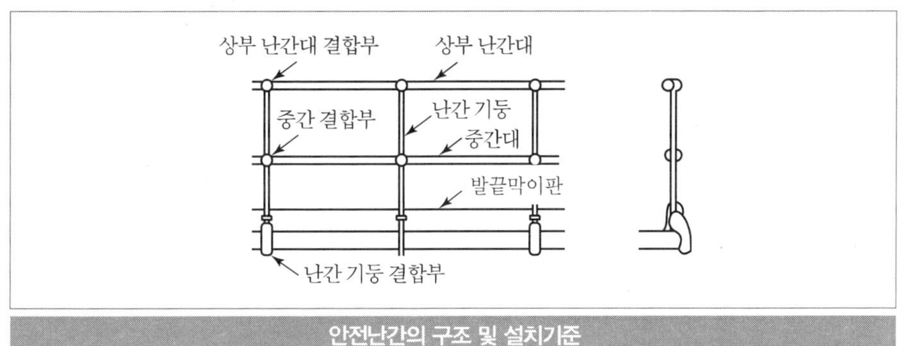

안전난간의 구조 및 설치기준

3) 작업발판

(1) 설치기준(안전보건규칙 제56조)

높이가 2m 이상인 작업장소에는 다음 각 호의 기준에 적합한 작업발판을 설치하여야 한다.

① 발판재료는 작업할 때의 하중을 견딜 수 있도록 견고한 것으로 할 것
② 작업발판의 폭은 40cm 이상으로 하고, 발판재료간의 틈은 3cm 이하로 할 것. 다만, 외줄비계의 경우에는 고용노동부장관이 별도로 정하는 기준에 따른다.
③ 추락의 위험성이 있는 장소에는 안전난간을 설치할 것
④ 작업발판의 지지물은 하중에 의하여 파괴될 우려가 없는 것을 사용할 것
⑤ 작업발판재료는 뒤집히거나 떨어지지 않도록 둘 이상의 지지물에 연결하거나 고정시킬 것
⑥ 작업발판을 작업에 따라 이동시킬 경우에는 위험방지에 필요한 조치를 할 것

작업발판의 설치기준으로 틀린 것은?

① 발판의 폭이 40cm 이상이 되도록 한다.
② 발판재료 간의 틈은 3cm 이하로 한다.
③ 작업발판을 작업에 따라 이동시킬 때에는 위험방지에 필요한 조치를 한다.
✔ 작업발판재료는 전위나 탈락이 없도록 1 이상의 지지물에 연결하거나 고정시킨다.

(2) 작업발판의 최대적재하중(안전보건규칙 제55조)

① 비계의 구조 및 재료에 따라 작업발판의 최대적재하중을 정하고, 이를 초과하여 실어서는 아니 된다.

② 달비계(곤돌라의 달비계를 제외)의 최대 적재하중을 정함에 있어 그 안전계수

구분	안전계수
달기와이어로프 및 달기강선	10 이상
달기체인 및 달기훅	5 이상
달기강대와 달비계의 하부 및 상부지점의 안전계수(강재)	2.5 이상
달기강대와 달비계의 하부 및 상부지점의 안전계수(목재)	5 이상

달비계 작업발판의 최대적재하중을 정함에 있어서 안전계수로 옳은 것은?

① 달기 와이어로프(Wire rope) : 5 이상
② 달기강선 : 5 이상
③ 달기 체인(Chain) : 3 이상
④ 달기 훅(Hook) : 5 이상 ✔

4) 개구부 등의 방호조치

(1) 개요

건설현장에는 추락위험이 있는 중·소형 개구부가 많이 발생되므로 개구부로 근로자가 추락하지 않도록 안전난간, 수직방망, 덮개 등으로 방호조치를 하여야 한다.

(2) 개구부의 분류 및 방호조치

① 바닥 개구부

㉠ 소형 바닥 개구부 : 안전한 구조의 덮개 설치 및 표면에는 개구부임을 표시, 덮개의 재료는 손상·변형·부식이 없는 것, 덮개의 크기는 개구부보다 10cm 정도 여유 있게 설치하고 유동이 없도록 스토퍼를 설치

㉡ 대형 바닥 개구부 : 안전난간 설치, 하부에는 발끝막이판 설치

② 벽면 개구부

㉠ 슬라브 단부 개구부 : 안전난간은 강관파이프를 설치하고 수평력 100kg 이상 확보

㉡ 엘리베이터 개구부 : 기성제품의 안전난간을 사용하여 설치, 엘리베이터 시공 시 방호막 설치

㉢ 발코니 개구부 : 기성제품 난간기둥을 발코니 턱에 체결, 난간은 강관파이프 사용
㉣ 계단실 개구부 : 안전난간은 기성 조립식 제품 사용
㉤ 흙막이(굴착선단) 단부 개구부 : 안전난간 2단 설치 및 추락방호망을 수직으로 설치, 난간 하부에 발끝막이판 설치

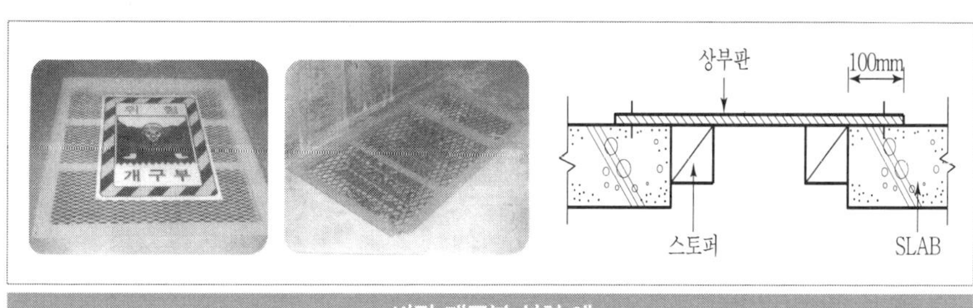

바닥 개구부 설치 예

3 개인보호구

1) 안전대

(1) 정의

안전대란 고소작업구간에서 추락에 의한 위험을 방지하기 위해 사용하는 보호구로서 작업용도에 적합한 안전대를 선정하여 사용하여야 한다.

(2) 안전대의 종류 및 등급

종류	사용구분
벨트식 안전그네식	U자걸이용
	1개걸이용
안전그네식	안전블록
	추락방지대

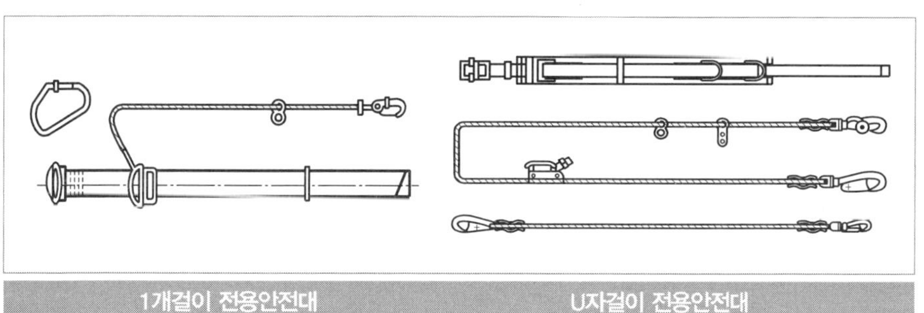
1개걸이 전용안전대　　U자걸이 전용안전대

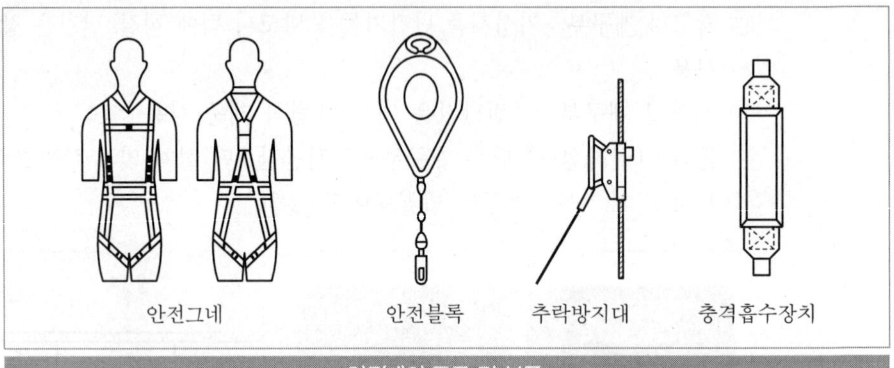

안전대의 종류 및 부품

안전대의 종류는 벨트식과 그네식으로 구분되는데 이 중 안전그네식에만 적용하는 것은?

① 1개걸이용, U자걸이용
② 1개걸이용, 추락방지대
③ U자걸이용, 안전블록
④ 추락방지대, 안전블록 (정답)

2) 안전모

(1) 안전모의 종류(안전인증대상)

종류(기호)	사용 구분	비고
AB	물체의 낙하 또는 비래 및 추락에 의한 위험을 방지 또는 경감시키기 위한 것	
AE	물체의 낙하 또는 비래에 의한 위험을 방지 또는 경감하고, 머리부위 감전에 의한 위험을 방지하기 위한 것	내전압성[1)]
ABE	물체의 낙하 또는 비래 및 추락에 의한 위험을 방지 또는 경감하고, 머리부위 감전에 의한 위험을 방지하기 위한 것	내전압성

주1) 내전압성이란 7,000V 이하의 전압에 견디는 것을 말한다.

SECTION 2 무너짐(붕괴) 재해 및 대책

1 토석 및 토사 붕괴 위험성

1) 굴착작업 사전조사 등(「안전보건규칙」 제338조)

사업주는 굴착작업을 할 때에 토사등의 붕괴 또는 낙하에 의한 위험을 미리 방지하기 위하여 다음 각 호의 사항을 점검해야 한다.

(1) 작업장소 및 그 주변의 부석 · 균열의 유무

(2) 함수(含水) · 용수(湧水) 및 동결의 유무 또는 상태의 변화

2) 사면의 붕괴형태

(1) 사면 선단 파괴(Toe Failure)

(2) 사면 내 파괴(Slope Failure)

(3) 사면 저부 파괴(Base Failure)

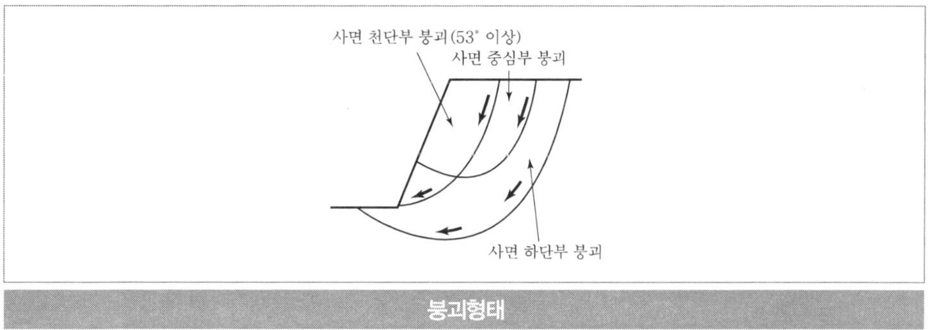

붕괴형태

3) 토석 붕괴의 원인

(1) 외적 원인

① 사면, 법면의 경사 및 기울기의 증가

② 절토 및 성토 높이의 증가

③ 공사에 의한 진동 및 반복하중의 증가

④ 지표수 및 지하수의 침투에 의한 토사 중량의 증가

⑤ 시진, 차량, 구조물의 하중작용

⑥ 토사 및 암석의 혼합층 두께

(2) 내적 원인

① 절토 사면의 토질, 암질
② 성토 사면의 토질구성 및 분포
③ 토석의 강도 저하

토석붕괴의 원인이 아닌 것은?

① 사면, 법면의 경사 및 기울기의 증가
② 절토 및 성토의 높이 증가
③ 토석의 강도 상승 (정답)
④ 지표수 지하수의 침투에 의한 토사중량의 증가

2 토석 및 토사 붕괴 시 조치사항

1) 붕괴 조치사항

(1) 동시작업의 금지 : 붕괴 토석의 최대 도달거리 내 굴착공사, Con'c 타설 등
(2) 대피공간 확보 : 작업장 좌우에 피난통로 확보
(3) 2차 재해 방지 : 붕괴면의 주변 상황을 충분히 확인하고 2중 안전조치를 강구

2) 붕괴 예방조치

(1) 적절한 경사면의 기울기 계획(굴착면 기울기 기준 준수)
(2) 경사면의 기울기가 당초 계획과 차이 발생 시 즉시 재검토하여 계획변경
(3) 활동할 가능성이 있는 토석은 제거
(4) 경사면의 하단부에 압성토 등 보강공법으로 활동에 대한 저항대책 강구
(5) 말뚝(강관, H형강, 철근콘크리트)을 타입하여 지반 강화
(6) 지표수와 지하수의 침투를 방지

토사붕괴의 예방대책으로 옳지 않은 것은?

① 적절한 경사면의 기울기 계획
② 절토 및 성토 높이의 증가 (정답)
③ 활동할 가능성이 있는 토석 제거
④ 말뚝(강관, H형강, 철근콘크리트)을 타입하여 지반강화

3 붕괴의 예측과 점검

1) 흙의 전단방정식

(1) 정의

흙의 내부마찰각(ϕ)와 점착력(C)을 흙의 전단저항(τ)이라 한다.

(2) Coulomb의 전단방정식

$$\tau = C + \sigma\tan\phi$$

$$\tau' = C + \sigma'\tan\phi = C + (\sigma - \mu)\tan\phi$$

$$\sigma(\text{전응력}) = \sigma'(\text{유효응력}) + \mu(\text{간극수압})$$

여기서, τ : 흙의 전단강도(kg/cm²)
C : 흙의 점착력(kg/cm²)
σ : 수직응력(kg/cm²)
ϕ : 흙의 내부마찰각
τ' : 유효 전단강도(kg/cm²)
σ' : 유효 수직응력(kg/cm²)
μ : 간극수압(kg/cm²)

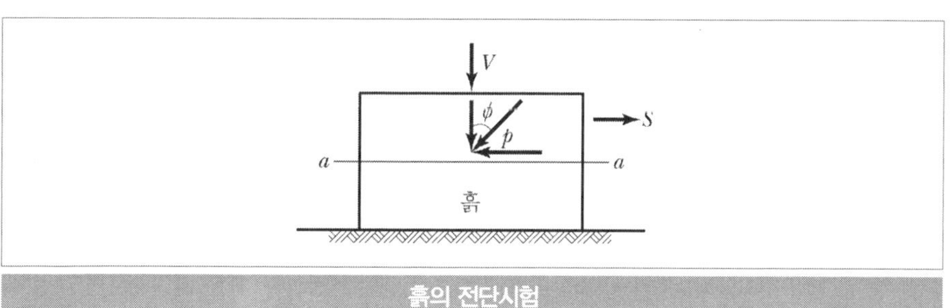

흙의 전단시험

토사붕괴의 예측에 사용하는 Coulomb 법칙의 식으로 옳은 것은?

➡ $\tau = C + \sigma\tan\phi$

2) 흙의 안식각(자연경사각)

흙은 쌓아올려 자연상태로 방치하면 급한 경사면은 차츰 붕괴되어 안정된 비탈을 형성하는데, 이 안정된 비탈면과 원지면이 이루는 각을 흙의 안식각이라 한다. 일반적으로 안식각은 30~35°이다.

4 비탈면 보호공법

1) 정의

비탈면 보호공법이란 비탈면파괴를 발생시키는 붕괴의 원인을 제거하여 비탈면을 보호하는 억제공을 말하며 비탈면 보강공법은 구조물에 의하여 활동이나 붕괴에 직접 저항시키고자 하는 억지공을 말한다.

2) 비탈면 보호공법(억제공)

(1) 식생공 : 떼붙임공, 식생공, 식수공, 파종공
(2) 뿜어붙이기공 : Con'c 또는 Cement Mortar를 뿜어 붙임
(3) 블록공 : Block을 덮어서 비탈면 보호
(4) 돌쌓기공 : 견치석 또는 Con'c Block을 쌓아 보호
(5) 배수공 : 지반의 강도를 저하시키는 물을 배제
(6) 표층안정공 : 약액 또는 Cement를 지반에 그라우팅

3) 비탈면 보강공법(억지공)

(1) 말뚝공 : 안정지반까지 말뚝을 일렬로 박아 활동 억제
(2) 앵커공 : 고강도 강재를 앵커재로 하여 비탈면에 삽입
(3) 옹벽공 : 비탈면의 활동 토괴를 관통하여 부동지반까지 말뚝을 박는 공법
(4) 절토공 : 활동하려는 토사를 제거하여 활동하중 경감
(5) 압성토공 : 자연사면의 선단부에 압성토하여 활동에 대한 저항력을 증가
(6) Soil Nailing 공법 : 강철봉을 타입 또는 천공 후 삽입시켜 지반안정 도모

5 흙막이 공법

1) 공법의 종류

(1) 흙막이 지지방식에 따른 분류

① 경사 Open Cut 공법 : 토질이 양호하고 부지에 여유가 있을 때 지반의 자립성에 의존하는 공법
② 자립공법 : 흙막이벽 벽체의 근입깊이에 의해 흙막이벽을 지지
③ 타이로드공법(Tie Rod Method) : 흙막이벽의 상부를 당김줄로 당겨 흙막이벽의 이동을 방지

④ 버팀대식 공법 : 띠장, 버팀대, 지지말뚝을 설치하여 토압, 수압에 저항

⑤ 어스앵커공법(Earth Anchor) : 흙막이벽을 천공 후 앵커체를 삽입하여 인장력을 가하여 흙막이벽을 잡아매는 공법, 버팀대가 없어 작업공간의 확보가 용이하나 인접한 구조물이 있을 경우 부적합

(2) 흙막이 구조방식에 의한 분류

① H-Pile 공법 : H-Pile을 1~2m 간격으로 박고 굴착과 동시에 토류판을 끼워 흙막이벽을 설치하는 공법

② 널말뚝공법 : 강재널말뚝 또는 강관널말뚝을 연속으로 연결하여 흙막이벽을 설치하여 버팀대로 지지하는 공법

③ 벽식 지하연속벽 공법 : 지중에 연속된 철근콘크리트 벽체를 형성하는 공법으로 진동과 소음이 적어 도심지 공사에 적합, 높은 차수성 및 벽체의 강성이 크다.

④ 주열식 지하연속벽 공법 : 현장타설 콘크리트말뚝을 연속으로 연결하여 주열식으로 흙막이벽을 축조

⑤ 탑다운공법(Top Down Method) : 지하연속벽과 기둥을 시공한 후 영구구조물 슬라브를 시공하여 벽체를 지지하면서 위에서 아래로 굴착하면서 동시에 지상층도 시공하는 공법으로 주변지반의 침하가 적고 진동과 소음이 적어 도심지 대심도 굴착에 유리

2) 흙막이 지보공 붕괴위험방지(안전보건규칙 제347조)

(1) 정기적 점검사항

흙막이 지보공을 설치한 경우에는 정기적으로 다음 사항을 점검하고 이상을 발견한 경우에는 즉시 보수하여야 한다.

① 부재의 손상・변형・부식・변위 및 탈락의 유무와 상태

② 버팀대의 긴압의 정도

③ 부재의 접속부・부착부 및 교차부의 상태

④ 침하의 정도

⑤ 흙막이 공사의 계측관리

흙막이 지보공을 설치하였을 때 정기적으로 점검하여 이상 발견 시 즉시 보수하여야 할 사항이 아닌 것은?

✔ 굴착 깊이의 정도
② 버팀대의 긴압의 정도
③ 부재의 접속부 · 부착부 및 교차부의 상태
④ 부재의 손상 · 변형 · 부식 · 변위 및 탈락의 유무와 상태

(2) 흙막이에 작용하는 토압의 종류

① 주동토압(P_a) : 벽체의 앞쪽으로 변위를 발생시키는 토압
② 정지토압(P_0) : 벽체에 변위가 없을 때의 토압
③ 수동토압(P_p) : 벽체의 뒤쪽으로 변위를 발생시키는 토압
④ 토압의 크기 : 수동토압(P_p) > 정지토압(P_0) > 주동토압(P_a)

(3) 붕괴예방 조치사항

① 사전조사 : 지하매설물 종류, 위치, 지반, 지하수 상태 등
② 토압 검토 : 토질에 따른 토압분포를 이용하여 흙막이 지보공의 설계
③ 히빙(Heaving)현상 예방 : 흙막이의 근입깊이를 경질지반까지, 지반개량
④ 보일링(Boiling)현상 예방 : 흙막이의 근입깊이를 경질지반까지, 지하수위 저하
⑤ 지반조사 시 피압수층을 파악하여 배수공법으로 피압수위의 저하
⑥ 차수 배수대책 수립 : Slurry Wall, Sheet Pile 등의 차수성이 우수한 공법 선택
⑦ 구조상 안전한 흙막이공법 선정
⑧ 계측관리계획을 수립하여 흙막이의 변형 사전예측 및 보강

6 콘크리트구조물 붕괴안전 대책, 터널굴착

1) 토사등에 의한 위험 방지(「안전보건규칙」 제50조)

사업주는 토사등 또는 구축물의 붕괴 또는 낙하 등에 의하여 근로자가 위험해질 우려가 있는 경우 그 위험을 방지하기 위하여 다음 각 호의 조치를 해야 한다.

① 지반은 안전한 경사로 하고 낙하의 위험이 있는 토석을 제거하거나 옹벽, 흙막이 지보공 등을 설치할 것
② 토사등의 붕괴 또는 낙하 원인이 되는 빗물이나 지하수 등을 배제할 것
③ 갱내의 낙반 · 측벽(側壁) 붕괴의 위험이 있는 경우에는 지보공을 설치하고 부석을 제거하는 등 필요한 조치를 할 것

2) 구축물등의 안전 유지(「안전보건규칙」 제51조)

사업주는 구축물등이 고정하중, 적재하중, 시공 · 해체 작업 중 발생하는 하중, 적설, 풍압(風壓), 지진이나 진동 및 충격 등에 의하여 전도 · 폭발하거나 무너지는 등의 위험을 예방하기 위하여 설계도면, 시방서(示方書), 「건축물의 구조기준 등에 관한 규칙」 제2조제15호에 따른 구조설계도서, 해체계획서 등 설계도서를 준수하여 필요한 조치를 해야 한다.

3) 콘크리트 구조물의 비파괴 검사

(1) 정의

비파괴시험이란 콘크리트를 파괴하지 않고 콘크리트의 강도, 결함의 유무 등을 검사하는 방법으로 강도 · 결함 · 균열 및 철근의 피복두께 · 위치 · 직경 등을 검사하는 것이다.

(2) 비파괴 검사의 종류

① 강도법(슈미트해머법) : 콘크리트 표면을 타격하여 반발경도로 강도 추정
② 초음파법 : 초음파를 콘크리트에 발사한 후 초음파속도를 측정하여 강도, 결함 검사
③ 복합법 : 강도법과 초음파법을 병용
④ 자기법 : 전자장을 이용하여 검사
⑤ 음파법 : 공시체에 진동을 주어 결함 조사
⑥ 레이더법 : 레이더를 침투시켜 탐사
⑦ 방사선법 : 콘크리트에 X선, γ선을 투과하고 필름에 촬영하여 결함 조사
⑧ 탄성파법 : 초음파 또는 충격파의 전파 속도와 반사파의 파형을 분석함으로써 구조물의 결함 및 균열상태를 파악

CheckPoint

콘크리트의 비파괴검사 방법이 아닌 것은?

① 슈미트해머법 ② 초음파속도법
③ 염색침투 탐상법 ④ 인발법

4) 옹벽의 안정성 조건

(1) 정의

옹벽이란 토사가 무너지는 것을 방지하기 위해 설치하는 토압에 저항하는 구조물로 자연사면의 절취 및 성토사면의 흙막이를 하여 부지의 활용도를 높이고 붕괴의 방지를 위해 설치한다.

(2) 옹벽의 종류

① 중력식 옹벽 : 옹벽 자체의 무게로 토압에 대항
② 반중력식 옹벽 : 중력식 옹벽과 철근 Con'c 옹벽의 중간 것
③ 역T형 옹벽 : 옹벽배면에 기초슬라브가 돌출한 모양의 옹벽
④ 부벽식 옹벽 : 벽의 전면 또는 후면에 격벽을 붙여 보강한 옹벽

(3) 옹벽의 안정조건

① 활동에 대한 안정

$$F_s = \frac{\text{활동에 저항하려는 힘}}{\text{활동하려는 힘}} \geq 1.5$$

② 전도에 대한 안정

$$F_s = \frac{\text{저항 모멘트}}{\text{전도 모멘트}} \geq 2.0$$

③ 기초지반의 지지력(침하)에 대한 안정

$$F_s = \frac{\text{지반의 극한지지력}}{\text{지반의 최대반력}} \geq 3.0$$

CheckPoint

옹벽 구조물의 외부 안정조건이 아닌 것은?

① 활동에 대한 안정 ② 전도에 대한 안정
③ 지반지지력에 대한 안정 ④ 강도에 대한 안정 (✓)

5) 터널 굴착공사

(1) 터널 굴착공법의 종류

① 재래공법(ASSM : American Steel Supported Method)
광산 목재나 Steel Rib로 하중을 지지하는 공법

② NATM공법(New Austrian Tunneling Method) : 산악터널
원지반을 주지보재로 하고 숏크리트, 와이어메시, 스틸리브, 락볼트 등의 지보재를 사용, 이완된 지반의 하중을 지반자체에 전달하여 시공하는 공법

③ TBM공법(Tunnel Boring Machine) : 암반터널
폭약을 사용하지 않고 터널보링머신의 회전에 의해 터널 전단면을 굴착하는 공법

④ Shield공법 : 토사구간 터널
지반 내에 Shield라는 강제 원통 굴삭기를 추진시켜 터널을 구축하는 공법

⑤ 개착식 공법 : 지하철 터널
지표면 개착한 후 터널 본체를 완성하고 매몰하여 터널을 구축하는 공법

⑥ 침매공법(Immersed Method) : 하저터널
해저 또는 지하수면 아래에 터널을 굴착하는 공법으로 지상에서 터널본체(침매함)를 제작하여 물에 띄워 현장에 운반 후 침하시켜 터널을 구축하는 공법

(2) 터널굴착작업 작업계획서 포함내용(안전보건규칙 제38조)

① 굴착방법
② 터널지보공 및 복공의 시공방법과 용수의 처리방법
③ 환기 또는 조명시설을 하는 경우에는 그 방법

CheckPoint

터널굴착 작업 시 시공계획에 포함해야 할 사항과 가장 거리가 먼 것은?

① 굴착방법
② 터널지보공 및 복공의 시공방법
③ 환기 및 조명시설 설치방법
✔ 긴급 통신설비 설치방법

(3) 자동경보장치의 작업시작 전 점검사항(안전보건규칙 제350조)

① 계기의 이상 유무
② 검지부의 이상 유무
③ 경보장치의 작동상태

터널공사 시 가연성 가스가 농도 이상으로 상승하는 것을 조기에 파악하기 위해 자동경보장치를 설치하여야 하는데 작업시작 전 점검해야 할 사항이 아닌 것은?

① 계기의 이상 유무
② 검지부의 이상 유무
③ 경보장치의 작동 상태
④ 환기 또는 조명시설의 이상 유무

(4) 터널지보공 수시 점검사항(안전보건규칙 제366조)

① 부재의 손상・변형・부식・변위 탈락의 유무 및 상태
② 부재의 긴압의 정도
③ 부재의 접속부 및 교차부의 상태
④ 기둥침하의 유무 및 상태

CheckPoint

터널지보공을 설치한 때 수시로 점검하고 이상 시 즉시 보강하거나 보수해야 할 사항이 아닌 것은?

① 부재 간의 긴압 정도
② 기둥침하의 유무 및 상태
③ 부재의 접속부 및 교차부 상태
④ 경보장치의 작동상태

(5) 터널의 뿜어 붙이기 콘크리트 효과(Shotcrete)

① 원지반의 이완방지
② 굴착면의 요철을 줄이고 응력집중방지
③ Rock Bolt의 힘을 지반에 분산시켜 전달
④ 암반의 이동 및 크랙방지
⑤ 아치를 형성 전단저항력 증대
⑥ 굴착면을 덮음으로써 지반의 침식을 방지

SECTION 3 떨어짐(낙하), 날아옴(비래) 재해 및 대책

1 발생원인

1) 정의

낙하 · 비래에 의한 재해란 물체가 위에서 떨어지거나, 다른 곳으로부터 날아와 작업자가 맞음으로써 발생하는 재해를 말한다.

2) 발생원인

(1) 높은 위치에 놓아둔 자재의 정리 상태가 불량
(2) 외부 비계 위에 불안전하게 자재를 적재
(3) 구조물 단부 개구부에서 낙하가 우려되는 위험작업 실시
(4) 작업바닥의 폭, 간격 등 구조가 불량
(5) 자재를 반출할 때 투하설비 미설치
(6) 크레인 자재 인양작업 시 와이어로프가 불량해 절단
(7) 매달기 작업 시 결속방법이 불량

2 예방대책

1) 낙하물 방지망

(1) 개요

고소작업 시 재료나 공구 등의 낙하로 인한 피해를 방지하기 위해 벽체 및 비계 외부에 설치하는 망

(2) 설치기준

① 첫 단은 가능한 한 낮게 설치하고, 설치간격은 높이 10m 이내
② 내민 길이는 벽면으로부터 2m 이상으로 할 것
③ 수평면과의 각도는 20° 이상 30° 이하를 유지할 것
④ 방지망의 가장자리는 테두리 로프를 그물코마다 엮어 긴결하며, 긴결재의 강도는 100kgf 이상
⑤ 방지망과 방지망 사이의 틈이 없도록 방지망의 겹침폭은 30cm 이상
⑥ 최하단의 방지망은 크기가 작은 못 · 볼트 · 콘크리트 덩어리 등의 낙하물이 떨어지지 못하도록 방지망 위에 그물코 크기가 0.3cm 이하인 망을 추가로 설치

2) 낙하물 방호선반

고소작업 시 재료나 공구 등의 낙하로 인한 피해를 방지하기 위해 합판 또는 철판 등의 재료를 사용하여 비계 내측 및 비계 외측에 설치하는 설비로서 외부 비계용 방호선반, 출입구 방호선반, Lift 주변 방호선반, 가설통로 방호선반 등이 있다.

3) 수직보호망

수직보호망이란 비계 등 가설구조물의 외측면에 수직으로 설치하여 작업장소에서 낙하물 및 비래 등에 의한 재해를 방지할 목적으로 설치하는 보호망이다.

4) 투하설비

투하설비란 높이 3m 이상인 장소에서 자재 투하 시 재해를 예방하기 위하여 설치하는 설비를 말한다.

CheckPoint

사업주는 높이가 (　)m 이상인 장소로부터 물체를 투하하는 때에는 적당한 투하설비를 설치하거나 감시인을 배치하는 등 위험방지를 위하여 필요한 조치를 하여야 한다.

▶ 3m

CHAPTER 05 건설 가시설물 설치기준

SECTION 1 비계

1 비계의 종류 및 기준

1) 비계의 정의

비계란 고소 구간에 부재를 설치하거나 해체・도장・미장 등의 작업을 위해 설치하는 가설구조물이다.

2) 가설재의 3요소(비계의 구비요건)

(1) 안전성 (2) 작업성 (3) 경제성

3) 가설구조물의 특성

(1) 연결재가 적은 구조로 되기 쉽다.
(2) 부재의 결합이 간단하나 불완전 결합이 많다.
(3) 구조물이라는 통상의 개념이 확고하지 않아 조립의 정밀도가 낮다.
(4) 부재는 과소단면이거나 결함이 있는 재료를 사용하기 쉽다.
(5) 전체구조에 대한 구조계산 기준이 부족하다.

4) 비계에 의한 재해발생 원인

(1) 비계의 무너짐 및 파괴

① 비계, 발판 또는 지지대의 파괴
② 비계, 발판의 탈락 또는 그 지지대의 변위, 변형
③ 풍압
④ 지주의 좌굴(Buckling) : 기둥의 길이가 그 횡단면의 치수에 비해 클 때, 기둥의 양단에 압축하중이 가해졌을 경우 하중방향과 직각방향으로 변위가 생기는 현상

• 오일러의 좌굴하중(P_{cr})

$$P_{cr} = \frac{n\pi^2 EI}{l^2} = \frac{\pi^2 EI}{(kl)^2}$$

여기서, n : 지지상태에 따른 좌굴계수, E : 탄성계수,
I : 단면 2차모멘트, l : 기둥길이, kl : 유효길이

기둥 상태				
kl	$0.5l$	$0.7l$	l	$2l$

(2) 비계에서의 추락 및 낙하물

5) 비계의 종류

(1) 통나무비계
(2) 강관비계
(3) 강관틀비계
(4) 달비계
(5) 달대비계
(6) 말비계
(7) 이동식 비계
(8) 시스템 비계

말비계에서 추락

달비계에서 추락

6) 비계 설치기준

(1) 통나무비계

① 정의 : 철선으로 통나무를 결속하여 비계로 조립한 것

② 조립 시 준수사항(안전보건규칙 제71조)

㉠ 비계기둥의 간격은 2.5m 이하로 하고 지상으로부터 첫 번째 띠장은 3m 이하의 위치에 설치할 것. 다만, 작업의 성질상 이를 준수하기 곤란하여 쌍기둥 등에 의하여 해당 부분을 보강한 경우에는 그러하지 아니하다.

㉡ 비계기둥이 미끄러지거나 침하하는 것을 방지하기 위하여 비계기둥의 하단부를 묻고, 밑둥잡이를 설치하거나 깔판을 사용하는 등의 조치를 할 것

㉢ 비계기둥의 이음이 겹침이음인 경우에는 이음부분에서 1m 이상을 서로 겹쳐서 2개소 이상을 묶고, 비계기둥의 이음이 맞댄이음인 경우에는 비계기둥을 쌍기둥틀로 하거나 1.8m 이상의 덧댐목을 사용하여 네군데(4개소) 이상을 묶을 것

㉣ 비계기둥 · 띠장 · 장선 등의 접속부 및 교차부는 철선 그 밖의 튼튼한 재료로 견고하게 묶을 것

㉤ 교차가새로 보강할 것

㉥ 외줄비계 · 쌍줄비계 또는 돌출비계에 대하여는 다음 각목에 따른 벽이음 및 버팀을 설치할 것

ⓐ 간격은 수직방향에서 5.5m 이하, 수평방향에서는 7.5m 이하로 할 것

ⓑ 강관 · 통나무 등의 재료를 사용하여 견고한 것으로 할 것

ⓒ 인장재와 압축재로 구성되어 있는 경우에 인장재와 압축재의 간격은 1m 이내로 할 것

③ 사용기준

통나무 비계는 지상높이 4층 이하 또는 12m 이하인 건축물 · 공작물 등의 건조 · 해체 및 조립 등 작업에서만 사용할 수 있다.

CheckPoint

통나무 비계기둥의 이음에서 맞댄이음을 할 때는 비계기둥을 쌍기둥틀로 하거나 (①)m 이상의 덧댐목을 사용하여 (②)개소 이상을 묶을 것

① ① : 1.0, ② : 2
② ① : 1.8, ② : 4 ✔
③ ① : 1.8, ② : 2
④ ① : 1.0, ② : 4

(2) 강관비계 및 강관틀비계

① 정의 : 고소작업을 위해 구조물의 외벽을 따라 설치한 가설물로 강관(ϕ48.6mm)을 현장에서 연결철물이나 이음철물을 이용하여 조립한 비계이다.

② 강관비계의 분류
㉠ 단관비계 : 비계용 강관과 전용 부속철물을 이용하여 조립
㉡ 강관틀비계 : 비계의 구성부재를 미리 공장에서 생산하여 현장에서 조립

③ 조립 시 준수사항(안전보건규칙 제59조)
㉠ 비계기둥에는 미끄러지거나 침하하는 것을 방지하기 위하여 밑받침철물을 사용하거나 깔판·깔목 등을 사용하여 밑둥잡이를 설치하는 등의 조치를 할 것
㉡ 강관의 접속부 또는 교차부는 적합한 부속철물을 사용하여 접속하거나 단단히 묶을 것
㉢ 교차가새로 보강할 것
㉣ 외줄비계·쌍줄비계 또는 돌출비계에 대하여는 다음 각목의 정하는 바에 따라 벽이음 및 버팀을 설치할 것
ⓐ 강관비계의 조립간격은 아래의 기준에 적합하도록 할 것

강관비계의 종류	조립간격(단위 : m)	
	수직방향	수평방향
단관비계	5	5
틀비계(높이가 5m 미만의 것을 제외한다)	6	8

ⓑ 강관·통나무 등의 재료를 사용하여 견고한 것으로 할 것
ⓒ 인장재와 압축재로 구성되어 있는 경우에는 인장재와 압축재의 간격을 1m 이내로 할 것
㉤ 가공전로에 근접하여 비계를 설치하는 경우에는 가공전로를 이설하거나 가공전로에 절연용 방호구를 장착하는 등 가공전로와의 접촉을 방지하기 위한 조치를 할 것

④ 강관비계의 구조(안전보건규칙 제60조)(가설공사 표준안전작업지침)

구분	준수사항
비계기둥의 간격	① 띠장 방향에서 1.85m 이하 ② 장선 방향에서는 1.5m 이하
띠장간격	2m 이하로 설치
강관보강	비계기둥의 제일 윗부분으로부터 31m 되는 지점 밑부분의 비계기둥은 2본의 강관으로 묶어 세울 것
적재하중	비계 기둥 간 적재하중 : 400kg 초과하지 않도록 할 것
벽연결	① 수직 방향에서 5m 이하 ② 수평 방향에서 5m 이하

비계기둥 이음	① 겹침이음하는 경우 1m 이상 겹쳐대고 2개소 이상 결속 ② 맞댄이음을 하는 경우 쌍기둥틀로 하거나 1.8m 이상의 덧댐목을 대고 4개소 이상 결속
장선간격	1.5m 이하
가새	① 기둥간격 10m 이내마다 45° 각도의 처마방향으로 비계기둥 및 띠장에 결속 ② 모든 비계기둥은 가새에 결속
작업대	작업대에는 안전난간을 설치
작업대 위의 공구, 재료 등	낙하물 방지조치

강관비계 조립 시 준수사항으로 잘못된 것은?

✓ 띠장간격은 1.8m 이하로 설치할 것
② 강관비계 기둥의 간격은 띠장방향에서 1.85m 이하로 할 것
③ 비계기둥의 최고부로부터 31m 되는 지점 밑부분의 비계기둥의 2본의 강관으로 묶어 세울 것
④ 비계기둥 간의 적재하중은 400kg을 초과하지 아니하도록 할 것

강관비계의 종류 중 단관비계를 설치할 때 조립간격은(수직, 수평방향)?

➡ 5m, 5m

⑤ 강관틀비계의 구조(안전보건규칙 제62조)(가설공사 표준안전작업지침)

구분	준수사항
비계기둥의 밑둥	① 밑받침 철물을 사용 ② 고저차가 있는 경우에는 조절형 밑받침 철물을 사용하여 수평 및 수직 유지
주틀 간 간격	높이가 20m를 초과하거나 중량물의 적재를 수반하는 작업을 할 경우에는 주틀 간의 간격 1.8m 이하
가새 및 수평재	주틀 간에 교차가새를 설치하고 최상층 및 5층 이내마다 수평재를 설치할 것
벽이음	① 수직방향에서 6m 이내 ② 수평방향에서 8m 이내
버팀기둥	길이가 띠장방향에서 4m 이하이고 높이가 10m를 초과하는 경우에는 10m 이내마다 띠장방향으로 버팀기둥을 설치할 것
적재하중	비계 기둥 간 적재하중 : 400kg을 초과하지 않도록 할 것
높이 제한	40m 이하

(3) 달비계

① 정의 : 달비계란 와이어로프, 체인, 강재, 철선 등의 재료로 상부지점에서 작업용 널판을 매다는 형식의 비계이다.

② 곤돌라형 달비계 사용금지 조건

구분	사용금지 조건
달비계의 와이어로프	㉠ 이음매가 있는 것 ㉡ 와이어로프의 한 꼬임(스트랜드)에서 끊어진 소선의 수가 10% 이상(비자전로프의 경우에는 끊어진 소선의 수가 와이어로프 호칭지름의 6배 길이 이내에서 4개 이상이거나 호칭지름 30배 길이 이내에서 8개 이상)인 것 ㉢ 지름의 감소가 공칭지름의 7%를 초과하는 것 ㉣ 꼬인 것 ㉤ 심하게 변형 또는 부식된 것 ㉥ 열과 전기충격에 의한 손상된 것
달비계의 달기체인	㉠ 달기체인의 길이의 증가가 그 달기체인이 제조된 때의 길이의 5%를 초과한 것 ㉡ 링의 단면지름의 감소가 그 달기체인이 제조된 때의 해당 링의 지름의 10%를 초과한 것 ㉢ 균열이 있거나 심하게 변형된 것
달기강선 및 달기강대	심하게 손상 · 변형 또는 부식된 것을 사용하지 아니하도록 할 것

CheckPoint

달비계의 달기체인의 사용금지규정이 아닌 것은?

① 늘어난 체인길이의 증가가 제조된 때의 길이의 5%를 초과한 것
② 링의 단면지름의 감소가 제조된 때의 지름의 10%를 초과한 것
③ 균열이 있는 것
④ 이음매가 있는 것

③ 곤돌라형 달비계의 구조(안전보건규칙 제63조)

㉠ 달기 와이어로프, 달기 체인, 달기 강선, 달기 강대는 한쪽 끝을 비계의 보 등에, 다른 쪽 끝을 내민 보, 앵커볼트 또는 건축물의 보 등에 각각 풀리지 않도록 설치할 것

㉡ 작업발판은 폭을 40cm 이상으로 하고 틈새가 없도록 할 것

㉢ 작업발판의 재료는 뒤집히거나 떨어지지 않도록 비계의 보 등에 연결하거나 고정시킬 것

㉣ 비계가 흔들리거나 뒤집히는 것을 방지하기 위하여 비계의 보·작업발판 등에 버팀을 설치하는 등 필요한 조치를 할 것
㉤ 선반비계에 있어서는 보의 접속부 및 교차부를 철선·이음철물 등을 사용하여 확실하게 접속시키거나 단단하게 연결시킬 것
㉥ 근로자의 추락 위험을 방지하기 위하여 다음 각 목의 조치를 할 것
- 달비계에 구명줄을 설치할 것
- 근로자에게 안전대를 착용하도록 하고 근로자가 착용한 안전줄을 달비계의 구명줄에 체결(締結)하도록 할 것
- 달비계에 안전난간을 설치할 수 있는 구조인 경우에는 달비계에 안전난간을 설치할 것

④ 작업의자형 달비계의 구조(안전보건규칙 제63조)
㉠ 달비계의 작업대는 나무 등 근로자의 하중을 견딜 수 있는 강도의 재료를 사용하여 견고한 구조로 제작할 것
㉡ 작업대의 4개 모서리에 로프를 매달아 작업대가 뒤집히거나 떨어지지 않도록 연결할 것
㉢ 작업용 섬유로프는 콘크리트에 매립된 고리, 건축물의 콘크리트 또는 철재 구조물 등 2개 이상의 견고한 고정점에 풀리지 않도록 결속(結束)할 것
㉣ 작업용 섬유로프와 구명줄은 다른 고정점에 결속되도록 할 것
㉤ 작업하는 근로자의 하중을 견딜 수 있을 정도의 강도를 가진 작업용 섬유로프, 구명줄 및 고정점을 사용할 것
㉥ 근로자가 작업용 섬유로프에 작업대를 연결하여 하강하는 방법으로 작업을 하는 경우 근로자의 조종 없이는 작업대가 하강하지 않도록 할 것
㉦ 작업용 섬유로프 또는 구명줄이 결속된 고정점의 로프는 다른 사람이 풀지 못하게 하고 작업 중임을 알리는 경고표지를 부착할 것
㉧ 작업용 섬유로프와 구명줄이 건물이나 구조물의 끝부분, 날카로운 물체 등에 의하여 절단되거나 마모(磨耗)될 우려가 있는 경우에는 로프에 이를 방지할 수 있는 보호 덮개를 씌우는 등의 조치를 할 것
㉨ 달비계에 다음 각 목의 작업용 섬유로프 또는 안전대의 섬유벨트를 사용하지 않을 것
- 꼬임이 끊어진 것
- 심하게 손상되거나 부식된 것
- 2개 이상의 작업용 섬유로프 또는 섬유벨트를 연결한 것
- 작업높이보다 길이가 짧은 것

㉕ 근로자의 추락 위험을 방지하기 위하여 다음 각 목의 조치를 할 것
  - 달비계에 구명줄을 설치할 것
  - 근로자에게 안전대를 착용하도록 하고 근로자가 착용한 안전줄을 달비계의 구명줄에 체결(締結)하도록 할 것

(4) 달대비계

① 정의 : 달대비계란 철골에 달아매어 작업발판을 만드는 형태의 비계로 상하로 이동시킬 수 없으며 철골공사에서 많이 사용된다.

② 종류 : 전면형, 통로형, 상자형 달대비계

③ 사용 시 준수사항(가설공사 표준안전작업지침)

㉠ 달대비계를 매다는 철선은 #8 소성철선을 사용하며 4가닥 정도로 꼬아서 하중에 대한 안전계수가 8 이상 확보되어야 한다.

㉡ 철근을 사용할 경우에는 19mm 이상을 쓰며 근로자는 반드시 안전모와 안전대를 착용하여야 한다.

(5) 말비계

① 정의 : 비교적 천장높이가 낮은 실내에서 보통 마무리 작업에 사용되는 것으로 종류에는 각립비계와 안장비계가 있다.

② 조립 시 준수사항(안전보건규칙 제67조)

㉠ 지주부재의 하단에는 미끄럼 방지장치를 하고, 근로자가 양측 끝부분에 올라서서 작업하지 않도록 할 것

㉡ 지주부재와 수평면과의 기울기를 75° 이하로 하고, 지주부재와 지주부재 사이를 고정시키는 보조부재를 설치할 것

㉢ 말비계의 높이가 2m를 초과할 경우에는 작업발판의 폭을 40cm 이상으로 할 것

말비계를 설치하고자 할 때 작업면의 높이가 2m 이상인 경우는 작업발판의 폭을 최소 몇cm 이상으로 하여야 하는가?

① 30cm ✔ 40cm ③ 50cm ④ 60cm

(6) 이동식 비계

① 정의 : 옥외의 낮은 장소 또는 실내의 부분적인 장소에서 작업할 때 이용하며 탑 형식의 비계를 조립하여 기둥 밑에 바퀴를 부착하여 이동하면서 작업할 수 있는 비계이다.

② 조립 시 준수사항(안전보건규칙 제68조)

㉠ 이동식 비계의 바퀴에는 뜻밖의 갑작스러운 이동 또는 넘어짐을 방지하기 위하여 브레이크·쐐기 등으로 바퀴를 고정시킨 다음 비계의 일부를 견고한 시설물에 고정하거나 아웃트리거(Outrigger)를 설치하는 등 필요한 조치를 할 것

㉡ 승강용 사다리는 견고하게 설치할 것

㉢ 비계의 최상부에서 작업을 할 경우에는 안전난간을 설치할 것

㉣ 작업발판은 항상 수평을 유지하고 작업발판 위에서 안전난간을 딛고 작업을 하거나 받침대 또는 사다리를 사용하여 작업하지 않도록 할 것

㉤ 작업발판의 최대 적재하중은 250kg을 초과하지 않도록 할 것

③ 사용 시 준수사항(가설공사 표준안전작업지침)

㉠ 관리감독자의 지휘하에 작업을 실시

㉡ 비계의 최대높이는 밑변 최소폭의 4배 이하

㉢ 작업대의 발판은 전면에 걸쳐 빈틈없이 깔 것

㉣ 비계의 일부를 선물에 체결하여 이동, 넘어짐 등을 방지

㉤ 승강용 사다리는 견고하게 부착

㉥ 최대적재하중을 표시

㉦ 부재의 접속부, 교차부는 확실하게 연결

㉧ 작업대에는 안전난간을 설치하여야 하며 낙하물 방지조치를 설치

㉨ 불의의 이동을 방지하기 위한 제동장치를 반드시 갖출 것

㉩ 이동할 경우에는 작업원이 없는 상태

㉪ 비계의 이동에는 충분한 인원 배치

㉫ 안전모를 착용하여야 하며 지지로프를 설치

㉬ 재료, 공구의 오르내리기에는 포대, 로프 등을 이용

㉭ 작업장 부근에 고압선 등이 있는가를 확인하고 적절한 방호조치

④ 이동식 비계의 적재하중

㉠ 작업장의 바닥면적 $A(m^2) \geq 2$인 경우 적재하중 $W=250(kgf)$ 이하

㉡ 작업장의 바닥면적 $A(m^2) < 2$인 경우 적재하중 $W=50+100A(kgf)$ 이하

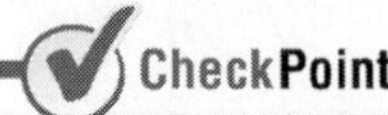

이동식 비계의 안전에 대한 설명 중 부적당한 것은?
① 승강용 사다리는 견고하게 설치한다.
② 비계의 최상부에서 작업을 할 때에는 안전난간을 설치한다.
③ 조립시 비계의 최대높이는 밑변 최소폭의 6배 이하여야 한다.
④ 최대 적재하중을 명확하게 표시한다.

(7) 시스템비계

① 정의 : 수직재, 수평재, 가새재 등 각각의 부재를 공장에서 제작하고 현장에서 조립하여 사용하는 조립형 비계로 고소구간에서 작업할 수 있도록 설치한 가설구조물

② 시스템비계의 구조(안전보건규칙 제69조)
㉠ 수직재 · 수평재 · 가새재를 견고하게 연결하는 구조가 되도록 할 것
㉡ 비계 밑단의 수직재와 받침철물은 밀착되도록 설치하고 수직재와 받침철물의 연결부의 겹침길이는 받침철물 전체 길이의 1/3 이상이 되도록 할 것
㉢ 수평재는 수직재와 직각으로 설치하여야 하며, 체결 후 흔들림이 없도록 견고하게 설치할 것
㉣ 수직재와 수직재의 연결철물은 이탈되지 않도록 견고한 구조로 할 것
㉤ 벽 연결재의 설치간격은 제조사가 정한 기준에 따라 설치할 것

③ 조립 작업 시 준수사항(안전보건규칙 제70조)
㉠ 비계기둥의 밑둥에는 밑받침철물을 사용하여야 하며, 밑받침에 고저차가 있는 경우에는 조절형 밑받침철물을 사용하여 시스템비계가 항상 수평 및 수직을 유지하도록 할 것
㉡ 경사진 바닥에 설치하는 경우에는 피벗형 받침철물 또는 쐐기 등을 사용하여 밑받침철물의 바닥면이 수평을 유지하도록 할 것
㉢ 가공전로에 근접하여 비계를 설치하는 경우에는 가공전로를 이설하거나 가공전로에 절연용 방호구를 설치하는 등 가공전로와의 접촉을 방지하기 위하여 필요한 조치를 할 것
㉣ 비계 내에서 근로자가 상하 또는 좌우로 이동하는 경우에는 반드시 지정된 통로를 이용하도록 주지시킬 것
㉤ 비계 작업 근로자는 같은 수직면상의 위와 아래 동시 작업을 금지할 것
㉥ 작업발판에는 제조사가 정한 최대 적재하중을 초과하여 적재하여서는 아니되며, 최대 적재하중이 표기된 표지판을 부착하고 근로자에게 주지시키도록 할 것

2 비계 작업 시 안전조치 사항

1) 강관비계 또는 통나무비계 조립 시 조치사항(안전보건규칙 제57조)

강관비계 또는 통나무비계를 조립하는 경우 쌍줄로 하여야 한다. 다만, 별도의 작업발판을 설치할 수 있는 시설을 갖춘 경우에는 외줄로 할 수 있다.

SECTION 2 작업통로 및 발판

1 작업통로의 종류 및 설치기준

1) 정의(안전보건규칙 제22조)

(1) 작업통로란 작업장으로 통하는 장소 또는 작업장 내에 근로자가 사용하기 위한 통로

(2) 작업통로는 항상 사용 가능한 상태로 유지하여야 하며, 통로의 주요한 부분에는 통로표시를 하고, 근로자가 안전하게 통행할 수 있도록 하여야 한다.

(3) 통로에 대하여는 통로면으로부터 높이 2m 이내에는 장애물이 없도록 하여야 한다.

2) 조명의 유지(안전보건규칙 제21조)

(1) 안전하게 통행할 수 있도록 통로에 75럭스 이상의 채광 또는 조명시설을 하여야 한다. 다만, 갱도 또는 상시통행을 하지 아니하는 지하실 등을 통행하는 근로자에게 휴대용 조명기구를 사용하도록 한 경우에는 그러하지 아니한다.

(2) 높이 2m 이상에서 작업을 하는 경우 그 작업을 안전하게 하는데 필요한 조명을 유지하여야 한다.

3) 통로의 종류 및 설치기준

(1) 가설통로의 구조(안전보건규칙 제23조)

① 견고한 구조로 할 것

② 경사는 30° 이하로 할 것. 계단을 설치하거나 높이 2m 미만의 가설통로로서 튼튼한 손잡이를 설치한 경우에는 그러하지 아니하다.

③ 경사가 15°를 초과하는 경우에는 미끄러지지 아니하는 구조로 할 것

④ 추락의 위험이 있는 장소에는 안전난간을 설치할 것. 다만 작업상 부득이한 경우에는 필요한 부분만 임시로 해체할 수 있다.

⑤ 수직갱에 가설된 통로의 길이가 15m 이상인 경우에는 10m 이내마다 계단참을 설치할 것
⑥ 건설공사에 사용하는 높이 8m 이상인 비계다리에는 7m 이내마다 계단참을 설치할 것

CheckPoint

다음 중 가설통로의 설치기준 및 구조의 기준으로 알맞지 않은 것은?
① 경사는 30° 이하로 할 것
② 경사가 15°를 초과하는 때에는 미끄러지지 않는 구조로 한다.
③ 추락의 위험이 있는 곳에 안전난간을 설치한다.
④ 수직갱에 가설된 통로의 길이가 15m 이상인 때에는 12m 이내마다 계단참을 설치한다.

(2) 사다리식 통로의 구조(안전보건규칙 제24조)

① 견고한 구조로 할 것
② 재료는 심한 손상 · 부식 등이 없을 것
③ 발판의 간격은 동일하게 할 것
④ 발판과 벽과의 사이는 15cm 이상의 간격을 유지할 것
⑤ 폭은 30cm 이상으로 할 것
⑥ 사다리가 넘어지거나 미끄러지는 것을 방지하기 위한 조치를 할 것
⑦ 사다리의 상단은 걸쳐놓은 지점으로부터 60cm 이상 올라가도록 할 것
⑧ 사다리식 통로의 길이가 10m 이상인 경우에는 5m 이내마다 계단참을 설치할 것
⑨ 사다리식 통로의 기울기는 75° 이하로 할 것. 다만, 고정식 사다리식 통로의 기울기는 90° 이하로 하고, 그 높이가 7m 이상인 경우 바닥으로부터 높이가 2.5m 되는 지점부터 등받이울을 설치할 것
⑩ 접이식 사다리 기둥은 사용 시 접히거나 펼쳐지지 않도록 철물 등을 사용하여 견고하게 조치할 것

CheckPoint

사다리식 통로 설치 시 길이가 10m 이상인 경우에는 몇 m 이내마다 계단참을 설치해야 하는가?
① 3m ② 4m ③ 5m ④ 6m

4) 가설통로의 종류 및 설치기준

(1) 경사로

① 정의 : 경사로란 건설현장에서 상부 또는 하부로 재료운반이나 작업원이 이동할 수 있도록 설치된 통로로 경사가 30° 이내일 때 사용한다.

② 사용 시 준수사항(가설공사 표준안전작업지침)

㉠ 시공하중 또는 폭풍, 진동 등 외력에 대하여 안전하도록 설계하여야 한다.

㉡ 경사로는 항상 정비하고 안전통로를 확보하여야 한다.

㉢ 비탈면의 경사각은 30° 이내로 하고 미끄럼막이 간격은 다음 표에 의한다.

경사각	미끄럼막이 간격	경사각	미끄럼막이 간격
30° 이내	30cm	22°	40cm
29°	33cm	19° 20′	43cm
27°	35cm	17°	45cm
24° 15′	37cm	14° 초과	47cm

㉣ 경사로의 폭은 최소 90cm 이상이어야 한다.

㉤ 높이 7m 이내마다 계단참을 설치하여야 한다.

㉥ 추락방호용 안전난간을 설치하여야 한다.

㉦ 목재는 미송, 육송 또는 그 이상의 재질을 가진 것이어야 한다.

㉧ 경사로 지지기둥은 3m 이내마다 설치하여야 한다.

㉨ 발판은 폭 40cm 이상으로 하고, 틈은 3cm 이내로 설치하여야 한다.

㉩ 발판이 이탈하거나 한쪽 끝을 밟으면 다른 쪽이 들리지 않게 장선에 결속하여야 한다.

㉪ 결속용 못이나 철선이 발에 걸리지 않아야 한다.

CheckPoint

30° 경사각의 가설통로에서 미끄럼막이 간격으로 알맞은 것은?

✔ 30cm　② 40cm　③ 50cm　④ 60cm

PART 01 PART 02 PART 03 PART 04 PART 05 PART 06 부록

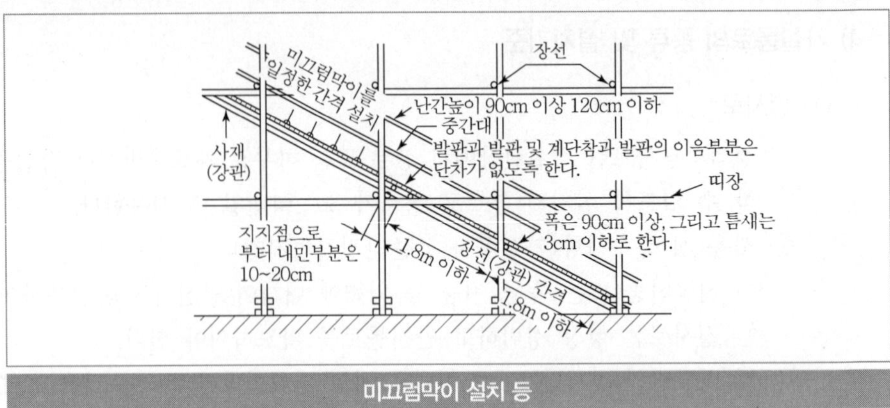

미끄럼막이 설치 등

(2) 가설계단

① 정의 : 작업장에서 근로자가 사용하기 위한 계단식 통로로 경사는 35°가 적정

② 설치기준(안전보건규칙 제26조~30조)

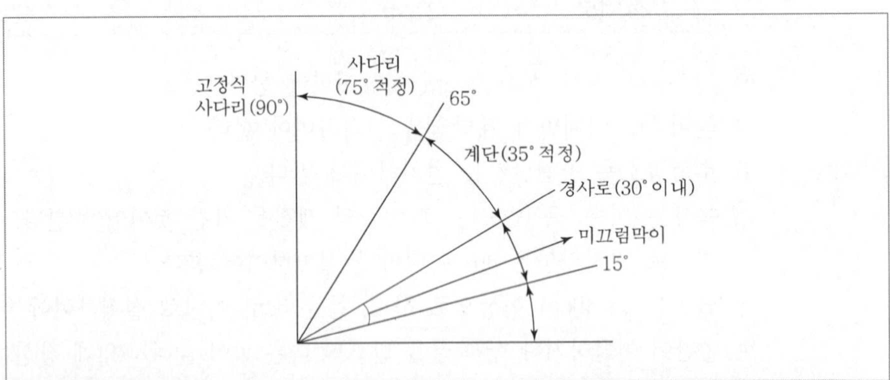

가설통로의 형태

구분	설치기준
강도	㉠ 계단 및 계단참을 설치하는 경우에는 500kg/m² 이상의 하중에 견딜 수 있는 강도를 가진 구조 ㉡ 안전율 4 이상(안전율 $= \dfrac{\text{재료의 파괴응력도}}{\text{재료의 허용응력도}} \geq 4$) ㉢ 계단 및 승강구바닥을 구멍이 있는 재료로 만들 경우에는 렌치 그 밖에 공구 등이 낙하할 위험이 없는 구조
폭	㉠ 계단설치 시 폭은 1m 이상 ㉡ 계단에는 손잡이 외의 다른 물건 등을 설치 또는 적재금지

구분	설치기준
계단참의 높이	높이가 3m를 초과하는 계단에는 높이 3m 이내마다 너비 1.2m 이상의 계단참을 설치
천장의 높이	바닥면으로부터 높이 2m 이내의 공간에 장애물이 없도록 할 것
계단의 난간	높이 1m 이상인 계단의 개방된 측면에 안전난간을 설치

계단 및 계단참을 설치하는 때의 강도는 얼마 이상이어야 하는가?

① 200kg/m² ② 300kg/m² ③ 400kg/m² ✓ 500kg/m²

(3) 작업발판

작업발판 설치기준 참조

(4) 사다리

사다리식 통로 참조

(5) 승강트랩

수직방향으로 이동하기 위해 설치하는 가설통로로 주로 철골부재에 설치

5) 사다리식 통로의 종류 및 설치기준

(1) 정의

사다리통로란 경사도 60° 이상의 통로 형태를 말하며, 75°가 가장 적정하며 움직임이 없이 견고하게 설치하여 사용해야 한다.

(2) 종류 및 설치기준(가설공사 표준안전작업지침)

고정, 옥외용, 목재, 철재, 기계, 연장, 이동식 사다리가 있다.

(3) 이동식 사다리의 구조기준(안전보건규칙 제24조)

① 견고한 구조로 할 것
② 재료는 심한 손상·부식 등이 없는 것으로 할 것
③ 폭은 30cm 이상으로 할 것
④ 다리부분에는 미끄럼방지장치를 설치하는 등 미끄러지거나 넘어지는 것을 방지하기 위해 필요한 조치를 할 것
⑤ 발판의 간격은 동일하게 할 것

(4) 사다리기둥의 구조기준(안전보건규칙 제 24조)

① 견고한 구조로 할 것
② 재료는 심한 손상·부식 등이 없는 것으로 할 것
③ 기둥과 수평면과의 각도는 75° 이하로 하고, 접는식 사다리기둥은 철물 등을 사용하여 기둥과 수평면과의 각도가 충분히 유지되도록 할 것
④ 바닥면적은 작업을 안전하게 하기 위하여 필요한 면적이 유지되도록 할 것

6) 가설도로 설치기준(가설공사 표준안전작업지침)

(1) 도로는 장비 및 차량이 안전하게 운행할 수 있도록 견고하게 설치
(2) 부득이한 경우를 제외하는 경우 최고 허용 경사도는 10%
(3) 도로와 작업장이 접해 있을 경우에는 울타리 등을 설치
(4) 도로는 배수를 위해 경사지게 설치하거나 배수시설을 설치
(5) 도로와 작업장 높이에 차가 있을 때는 바리케이트 또는 연석 등을 설치하여 차량의 위험 및 사고를 방지
(6) 커브 구간에서는 차량이 가시거리의 절반 이내에서 정지할 수 있도록 차량의 속도를 제한

3 작업발판 설치기준 및 준수사항

1) 작업발판의 최대적재하중(안전보건규칙 제55조)

(1) 비계의 구조 및 재료에 따라 작업발판의 최대적재하중을 정하고 이를 초과하여 싣지 않을 것
(2) 달비계의 안전계수

구분		안전계수
달기와이어로프 및 달기강선		10 이상
달기체인 및 달기훅		5 이상
달기강대와 달비계의 하부 및 상부지점	강재	2.5 이상
	목재	5 이상

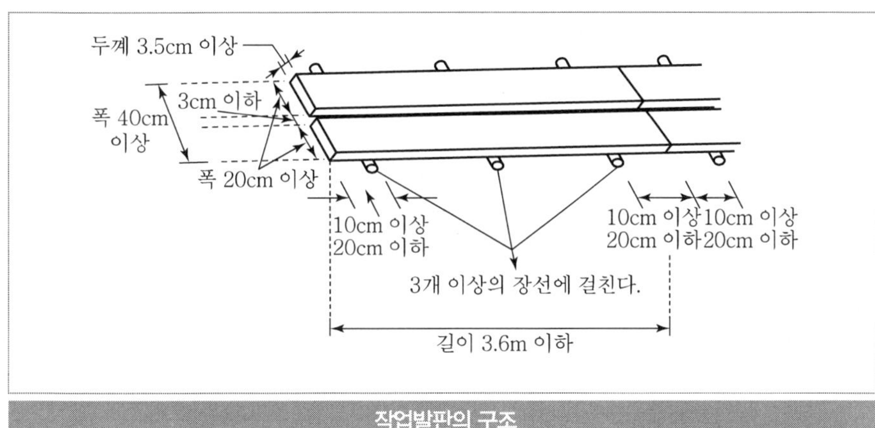

작업발판의 구조

PART 01
PART 02
PART 03
PART 04
PART 05
PART 06
부록

2) 작업발판의 구조(안전보건규칙 제56조)

(1) 발판재료는 작업할 때의 하중을 견딜 수 있도록 견고한 것으로 할 것

(2) 작업발판의 폭은 40cm 이상으로 하고, 발판재료간의 틈은 3cm 이하로 할 것. 다만, 외줄비계의 경우에는 고용노동부장관이 별도로 정하는 기준에 따른다.

(3) 추락의 위험성이 있는 장소에는 안전난간을 설치할 것(작업의 성질상 안전난간을 설치하는 것이 곤란한 때 및 작업의 필요상 임시로 안전난간을 해체함에 있어서 안전방망을 치거나 근로자로 하여금 안전대를 사용하도록 하는 등 추락에 의한 위험방지조치를 한 경우에는 제외)

(4) 작업발판의 지지물은 하중에 의하여 파괴될 우려가 없는 것을 사용할 것

(5) 작업발판재료는 뒤집히거나 떨어지지 않도록 둘 이상의 지지물에 연결하거나 고정시킬 것

(6) 작업발판을 작업에 따라 이동시킬 경우에는 위험방지에 필요한 조치를 할 것

CheckPoint

비계의 높이가 2m 이상인 작업장소에 발판을 설치할 경우 준수하여야 할 사항으로 틀린 것은?

✔ 발판의 폭은 20cm 이상으로 할 것
② 발판재료 간의 틈은 3cm 이하로 할 것
③ 추락의 위험이 있는 장소에는 안전난간을 설치할 것
④ 발판재료는 뒤집히거나 떨어지지 아니하도록 2 이상의 지지물에 부착시킬 것

4 가설발판의 지지력 계산

1) 휨응력의 정의

수평의 부재에 연직방향의 하중(P)이 작용하면 휨 모멘트에 의해 부재의 중심축이 줄어들려는 압축력을 받고 하부에는 늘어나려는 인장력을 받는데, 이러한 힘에 저항하기 위해 생기는 응력을 휨응력이라 한다.

2) 휨응력의 산정

$$\sigma = \pm \frac{M}{I} \cdot y$$

여기서, M : 휨모멘트(kg · cm), I : 단면2차 모멘트(cm^4)
y : 중립축으로부터 거리(cm), σ : 휨응력(kg/cm^2)

3) 최대 휨응력(σ_{max}) : 단순보

$$\sigma_{max} = \frac{M_{max}}{Z}, \quad Z = \frac{bh^2}{6}$$

여기서, b : 폭, Z : 단면계수, h : 높이

등분포하중 $M_{max} = \frac{wl^2}{8}$, 집중하중 $M_{max} = \frac{pl}{4}$

SECTION 3 거푸집 및 동바리

1 거푸집의 필요조건

1) 용어의 정의

(1) 거푸집이란 부어넣는 콘크리트가 소정의 형상, 치수를 유지하며 콘크리트가 적합한 강도에 도달하기까지 지지하는 가설구조물의 총칭을 말한다.

(2) 동바리란 타설된 콘크리트가 소정의 강도를 얻을 때까지 거푸집 및 장선, 멍에를 적정한 위치에 유지시키고 상부하중을 지지하기 위하여 설치하는 부재를 말한다.

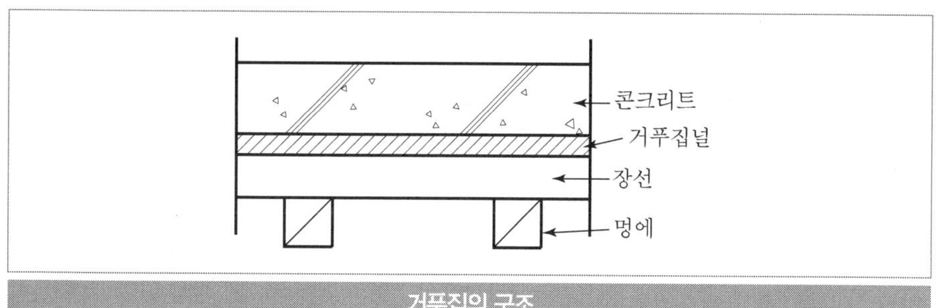

거푸집의 구조

2) 필요조건

(1) 각종 외력(콘크리트 하중과 작업하중)에 견디는 충분한 강도 및 변형이 없을 것
(2) 형상과 치수가 정확히 유지될 수 있는 정밀성과 수용성을 갖출 것
(3) 재료비가 싸고 반복 사용으로 경제성이 있을 것
(4) 가공·조립·해체가 용이할 것
(5) 운반취급·적치에 용이하도록 가벼울 것
(6) 청소와 보수가 용이할 것

2 거푸집의 재료 선정방법

1) 목재 거푸집

(1) 목재 거푸집은 흠집 및 옹이가 많거나 합판의 접착부분이 떨어져 구조적으로 약한 것은 사용금지
(2) 목재 거푸집의 띠장은 부러지거나 균열이 있는 것은 사용금지

2) 강재 거푸집

(1) 형상이 찌그러지거나, 비틀림 등 변형이 있는 것은 교정한 다음 사용
(2) 강재 거푸집 표면의 녹은 쇠솔(Wire Brush) 또는 샌드페이퍼(Sandpaper) 등으로 닦아내고 박리제(Form Oil)를 엷게 도포

3) 거푸집 동바리

(1) 현저한 손상, 변형, 부식이 있는 것과 옹이가 있는 것은 사용금지
(2) 각재 또는 동바리는 양끝을 일직선으로 그은 중심선이 부재의 단면 안에 있어야 하고 굽어져 있는 것은 사용금지
(3) 강관동바리지주, 보 등을 조합한 구조는 최대허용하중 범위 내에서 사용

3 거푸집 동바리 조립 시 안전조치사항

1) 거푸집 동바리의 조립도(안전보건규칙 제331조)

(1) 거푸집 동바리 등을 조립하는 경우에는 그 구조를 검토한 후 조립도를 작성하고 그 조립도에 따라 조립

(2) 조립도에는 동바리 · 멍에 등 부재의 재질 · 단면규격 · 설치간격 및 이음방법 등을 명시

2) 구조검토 시 고려하여야 할 하중

(1) 종류

① 연직방향 하중 : 타설 콘크리트 고정하중, 타설 시 충격하중 및 작업원 등의 작업하중

② 횡방향 하중 : 작업 시 진동, 충격, 풍압, 유수압, 지진 등

③ 콘크리트 측압 : 콘크리트가 거푸집을 안쪽에서 밀어내는 압력

④ 특수하중 : 시공 중 예상되는 특수한 하중(콘크리트 편심하중 등)

(2) 거푸집 동바리의 연직방향 하중

① 계산식

W = 고정하중 + 활하중
= (콘크리트 + 거푸집)중량 + (충격 + 작업)하중
= $\gamma \cdot t + 40\text{kg/m}^2 + 250\text{kg/m}^2$

여기서, γ : 철근콘크리트 단위중량(kg/m3), t : 슬라브 두께(m)

② 고정하중 : 철근콘크리트와 거푸집의 중량을 합한 하중이며 거푸집 하중은 최소 40kg/m^2 이상 적용, 특수 거푸집의 경우 실제 중량 적용

③ 활하중 : 작업원, 경량의 장비하중, 기타 콘크리트에 필요한 자재 및 공구 등의 시공하중 및 충격하중을 포함하며 구조물의 수평투영면적(연직방향으로 투영시킨 수평면적) 당 최소 250kg/m^2 이상 적용

④ 상기 고정하중과 활하중을 합한 수직하중은 슬래브 두께에 관계없이 500kg/m^2 이상으로 적용

CheckPoint

콘크리트 거푸집 설계 시 고려하여야 할 연직하중과 관련이 없는 것은?

① 콘크리트 하중 ② 풍하중 ③ 충격하중 ④ 작업하중

3) 거푸집 동바리 조립 시 안전조치(「안전보건규칙」 제332조)

사업주는 동바리를 조립하는 경우에는 하중의 지지상태를 유지할 수 있도록 다음 각 호의 사항을 준수해야 한다.

(1) 받침목이나 깔판의 사용, 콘크리트 타설, 말뚝박기 등 동바리의 침하를 방지하기 위한 조치를 할 것
(2) 동바리의 상하 고정 및 미끄러짐 방지 조치를 할 것
(3) 상부 · 하부의 동바리가 동일 수직선상에 위치하도록 하여 깔판 · 받침목에 고정시킬 것
(4) 개구부 상부에 동바리를 설치하는 경우에는 상부하중을 견딜 수 있는 견고한 받침대를 설치할 것
(5) U헤드 등의 단판이 없는 동바리의 상단에 멍에 등을 올릴 경우에는 해당 상단에 U헤드 등의 단판을 설치하고, 멍에 등이 전도되거나 이탈되지 않도록 고정시킬 것
(6) 동바리의 이음은 같은 품질의 재료를 사용할 것
(7) 강재의 접속부 및 교차부는 볼트 · 클램프 등 전용철물을 사용하여 단단히 연결할 것
(8) 거푸집의 형상에 따른 부득이한 경우를 제외하고는 깔판이나 받침목은 2단 이상 끼우지 않도록 할 것
(9) 깔판이나 받침목을 이어서 사용하는 경우에는 그 깔판 · 받침목을 단단히 연결할 것

4) 동바리 유형에 따른 동바리 조립 시의 안전조치(「안전보건규칙」 제332조의2)

사업주는 동바리를 조립할 때 동바리의 유형별로 다음 각 호의 구분에 따른 각 목의 사항을 준수해야 한다.

(1) 동바리로 사용하는 파이프 서포트의 경우
① 파이프 서포트를 3개 이상 이어서 사용하지 않도록 할 것
② 파이프 서포트를 이어서 사용하는 경우에는 4개 이상의 볼트 또는 전용철물을 사용하여 이을 것
③ 높이가 3.5미터를 초과하는 경우에는 높이 2미터 이내마다 수평연결재를 2개 방향으로 만들고 수평연결재의 변위를 방지할 것

(2) 동바리로 사용하는 강관틀의 경우
① 강관틀과 강관틀 사이에 교차가새를 설치할 것
② 최상단 및 5단 이내마다 동바리의 측면과 틀면의 방향 및 교차가새의 방향에서 5개 이내마다 수평연결재를 설치하고 수평연결재의 변위를 방지할 것
③ 최상단 및 5단 이내마다 동바리의 틀면의 방향에서 양단 및 5개틀 이내마다 교차가새의 방향으로 띠장틀을 설치할 것

(3) 동바리로 사용하는 조립강주의 경우: 조립강주의 높이가 4미터를 초과하는 경우에는 높이 4미터 이내마다 수평연결재를 2개 방향으로 설치하고 수평연결재의 변위를 방지할 것

(4) 시스템 동바리(규격화 · 부품화된 수직재, 수평재 및 가새재 등의 부재를 현장에서 조립하여 거푸집을 지지하는 지주 형식의 동바리를 말한다)의 경우
① 수평재는 수직재와 직각으로 설치해야 하며, 흔들리지 않도록 견고하게 설치할 것
② 연결철물을 사용하여 수직재를 견고하게 연결하고, 연결부위가 탈락 또는 꺾어지지 않도록 할 것
③ 수직 및 수평하중에 대해 동바리의 구조적 안정성이 확보되도록 조립도에 따라 수직재 및 수평재에는 가새재를 견고하게 설치할 것
④ 동바리 최상단과 최하단의 수직재와 받침철물은 서로 밀착되도록 설치하고 수직재와 받침철물의 연결부의 겹침길이는 받침철물 전체길이의 3분의 1 이상 되도록 할 것

(5) 보 형식의 동바리[강제 갑판(steel deck), 철재트러스 조립 보 등 수평으로 설치하여 거푸집을 지지하는 동바리를 말한다]의 경우
① 접합부는 충분한 걸침 길이를 확보하고 못, 용접 등으로 양끝을 지지물에 고정시켜 미끄러짐 및 탈락을 방지할 것
② 양끝에 설치된 보 거푸집을 지지하는 동바리 사이에는 수평연결재를 설치하거나 동바리를 추가로 설치하는 등 보 거푸집이 옆으로 넘어지지 않도록 견고하게 할 것
③ 설계도면, 시방서 등 설계도서를 준수하여 설치할 것

5) 조립 · 해체 등 작업 시의 준수사항(「안전보건규칙」 제333조)

(1) 사업주는 기둥 · 보 · 벽체 · 슬래브 등의 거푸집 및 동바리를 조립하거나 해체하는 작업을 하는 경우에는 다음 각 호의 사항을 준수해야 한다.
① 해당 작업을 하는 구역에는 관계 근로자가 아닌 사람의 출입을 금지할 것

② 비, 눈, 그 밖의 기상상태의 불안정으로 날씨가 몹시 나쁜 경우에는 그 작업을 중지할 것
③ 재료, 기구 또는 공구 등을 올리거나 내리는 경우에는 근로자로 하여금 달줄·달포대 등을 사용하도록 할 것
④ 낙하·충격에 의한 돌발적 재해를 방지하기 위하여 버팀목을 설치하고 거푸집 및 동바리를 인양장비에 매단 후에 작업을 하도록 하는 등 필요한 조치를 할 것

(2) 사업주는 철근조립 등의 작업을 하는 경우에는 다음 각 호의 사항을 준수하여야 한다.
① 양중기로 철근을 운반할 경우에는 두 군데 이상 묶어서 수평으로 운반할 것
② 작업위치의 높이가 2미터 이상일 경우에는 작업발판을 설치하거나 안전대를 착용하게 하는 등 위험 방지를 위하여 필요한 조치를 할 것

4 거푸집 존치기간

1) 개요

거푸집과 동바리는 콘크리트가 자중 및 시공 중에 가해지는 하중에 충분히 견딜 만한 강도를 가질 때까지 존치기간을 준수하여야 한다.

2) 콘크리트 압축강도를 시험할 경우(콘크리트표준시방서)

부재	콘크리트의 압축강도(fcu)
확대기초, 보 옆, 기둥, 벽 등의 측벽	5MPa 이상
슬라브 및 보의 밑면, 아치 내면	설계기준강도× $\frac{2}{3}(f_{ck} \geq \frac{2}{3}f_{ck})$ 다만, 14MPa 이상

3) 콘크리트 압축강도를 시험하지 않을 경우(기초, 보 옆, 기둥 및 보의 측벽)

시멘트의 종류 / 평균 기온	조강포틀랜드시멘트	보통포틀랜드시멘트 고로슬래그시멘트(특급) 포틀랜드포졸란시멘트(A종) 플라이애시시멘트(A종)	고로슬래그시멘트 포틀랜드포졸란 시멘트(B종) 플라이애시시멘트(B종)
20℃ 이상	2일	4일	5일
20℃ 미만 10℃ 이상	3일	6일	8일

4) 동바리의 존치기간

Slab 밑, 보 밑 모두 설계기준강도(f_{ck})의 100% 이상의 콘크리트 압축강도가 얻어질 때까지 존치

슬라브 및 보의 밑면, 아치 내면의 거푸집을 해체 가능한 기준은 압축강도를 시험하는 경우 콘크리트의 압축강도가 얼마 이상이어야 하는가?(단, 이때 압축강도는 14MPa 이상)

① 설계기준강도의 1/2 이상일 때
② 설계기준강도의 2/3 이상일 때 (✓)
③ 설계기준강도의 3/4 이상일 때
④ 설계기준강도의 4/5 이상일 때

SECTION 4 흙막이

1 흙막이 설치기준

1) 흙막이 지보공의 재료(안전보건규칙 제345조)

흙막이 지보공의 재료로 변형·부식되거나 심하게 손상된 것을 사용금지

2) 흙막이 지보공의 조립도(안전보건규칙 제346조)

(1) 흙막이지보공을 조립하는 경우에 미리 조립도를 작성하여 그 조립도에 따라 조립
(2) 조립도는 흙막이판·말뚝·버팀대 및 띠장 등 부재의 배치·치수·재질 및 설치 방법과 순서가 명시

2 계측기의 종류 및 사용목적

1) 계측의 목적

(1) 지반의 거동을 사전에 파악
(2) 각종 지보재의 지보효과 확인
(3) 구조물의 안전성 확인
(4) 공사의 경제성 도모
(5) 장래 공사에 대한 자료 축적
(6) 주변 구조물의 안전 확보

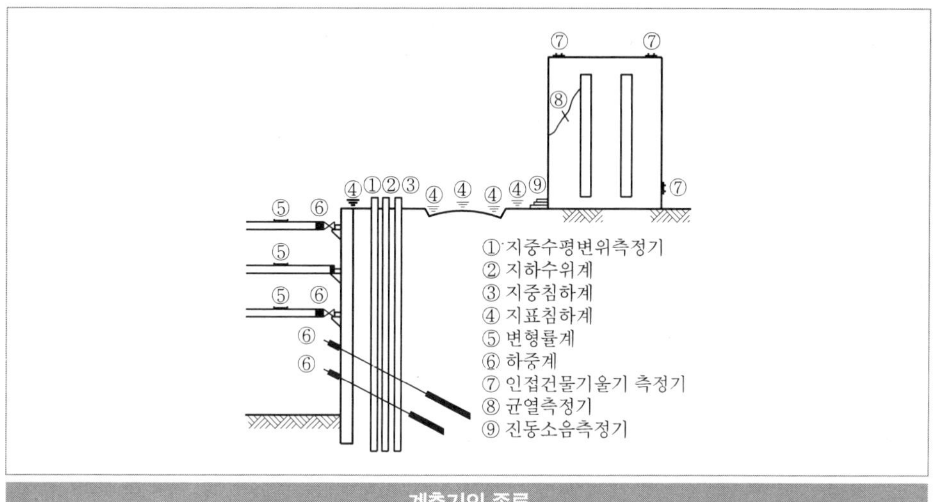

계측기의 종류

2) 계측기의 종류 및 사용목적

(1) 지표침하계 : 흙막이벽 배면에 동결심도보다 깊게 설치하여 지표면 침하량 측정

(2) 지중경사계 : 흙막이벽 배면에 설치하여 토류벽의 기울어짐 측정

(3) 하중계 : Strut, Earth Anchor에 설치하여 축하중 측정으로 부재의 안정성 여부 판단

(4) 간극수압계 : 굴착, 성토에 의한 간극수압의 변화 측정

(5) 균열측정기 : 인접구조물, 지반 등의 균열부위에 설치하여 균열크기와 변화측정

(6) 변형계 : Strut, 띠장 등에 부착하여 굴착작업 시 구조물의 변형을 측정

(7) 지하수위계 : 굴착에 따른 지하수위 변동을 측정

계측기의 설치 목적에 맞지 않는 것은?

① 지표침하계－지표면의 침하량 변화 측정

② 간극수압계－지반 내 지하수위 변화 측정

③ 변위계－토류 구조물의 각 부재와 콘크리트 등의 응력변화 측정

④ 하중계－버팀보 어스앵커(Earth anchor) 등의 실제 축하중 변화 측정

CHAPTER 06 건설 구조물공사 안전

SECTION 1 콘크리트 구조물공사 안전

1 콘크리트 타설작업의 안전

1) 콘크리트의 타설작업(「안전보건규칙」 제334조)

사업주는 콘크리트 타설작업을 하는 경우에는 다음 각 호의 사항을 준수해야 한다.

(1) 당일의 작업을 시작하기 전에 해당 작업에 관한 거푸집 및 동바리의 변형 · 변위 및 지반의 침하 유무 등을 점검하고 이상이 있으면 보수할 것

(2) 작업 중에는 감시자를 배치하는 등의 방법으로 거푸집 및 동바리의 변형 · 변위 및 침하 유무 등을 확인해야 하며, 이상이 있으면 작업을 중지하고 근로자를 대피시킬 것

(3) 콘크리트 타설작업 시 거푸집 붕괴의 위험이 발생할 우려가 있으면 충분한 보강조치를 할 것

(4) 설계도서상의 콘크리트 양생기간을 준수하여 거푸집 및 동바리를 해체할 것

(5) 콘크리트를 타설하는 경우에는 편심이 발생하지 않도록 골고루 분산하여 타설할 것

2) 콘크리트 타설장비 사용 시의 준수사항(「안전보건규칙」 제335조)

사업주는 콘크리트 타설작업을 하기 위하여 콘크리트 플레이싱 붐(placing boom), 콘크리트 분배기, 콘크리트 펌프카 등(이하 이 조에서 "콘크리트타설장비"라 한다)을 사용하는 경우에는 다음 각 호의 사항을 준수해야 한다.

(1) 작업을 시작하기 전에 콘크리트타설장비를 점검하고 이상을 발견하였으면 즉시 보수할 것

(2) 건축물의 난간 등에서 작업하는 근로자가 호스의 요동 · 선회로 인하여 추락하는 위험을 방지하기 위하여 안전난간 설치 등 필요한 조치를 할 것

(3) 콘크리트타설장비의 붐을 조정하는 경우에는 주변의 전선 등에 의한 위험을 예방하기 위한 적절한 조치를 할 것

(4) 작업 중에 지반의 침하나 아웃트리거 등 콘크리트타설장비 지지구조물의 손상 등에 의하여 콘크리트타설장비가 넘어질 우려가 있는 경우에는 이를 방지하기 위한 적절한 조치를 할 것

3) 콘크리트 타설 시 유의사항

(1) 슈트, 펌프배관, 버킷 등으로 타설 시에는 배출구와 치기면까지의 가능한 높이를 낮게
(2) 비비기로부터 타설 시까지 시간은 25℃ 이상에서는 1.5시간 이하
(3) 타설 시 콘크리트의 재료분리는 가능한 적게 일어나도록 해야 한다.
(4) 최상부의 슬라브는 이어붓기를 되도록 피하고, 일시에 전체를 타설한다.
(5) 슬라브는 먼 곳에서 가까운 곳으로 부어넣기 시작
(6) 보는 양단에서 중앙으로 부어넣기

콘크리트 타설 시의 유의사항 중 옳지 않은 것은?

① 콘크리트 타설 도중 표면에 떠올라 고인 블리딩수가 있을 경우에는 콘크리트 표면에 홈을 만들어 흐르게 하는 등 적당한 조치를 취해야 한다. (✔)
② 비비기로부터 타설시까지 시간은 25℃ 이상에서는 1.5시간을 넘어서는 안 된다.
③ 타설시 콘크리트의 재료분리는 가능한 적게 일어나도록 해야 한다.
④ 타설한 콘크리트를 거푸집 안에서 횡방향으로 이동시켜서는 안 된다.

2 콘크리트 타설

1) 콘크리트의 배합설계

(1) 정의

배합설계란 콘크리트의 소요강도 · 워커빌리티 · 균일성 · 수밀성 · 내구성 등을 가장 경제적으로 얻도록 시멘트, 골재, 물 및 혼화재료의 혼합비율을 결정하는 것

(2) 설계기준강도(f_{ck})

① 구조계산의 기준이 되는 콘크리트의 재령 28일 압축강도를 기준
② 일반적으로 f_{ck}는 보통콘크리트 및 경량콘크리트 1종, 2종에서는 180kg/cm^2, 210kg/cm^2, 240kg/cm^2 정도의 것이 가장 많이 채용

2) 콘크리트 타설 후의 재료분리현상

(1) 블리딩(Bleeding)

① 정의 : 블리딩이란 콘크리트 타설 시 비교적 무거운 골재나 시멘트는 침하하고 가벼운 물이나 미세한 물질이 분리 상승하여 콘크리트 표면에 떠오르는 현상

② 대책

㉠ 단위 수량을 적게

㉡ 분말도가 높은 시멘트를 사용

㉢ 골재 중 먼지와 같은 유해물질의 함량 감소

㉣ AE제, AE감수제, 고성능 감수제 사용

㉤ 1회 타설 높이를 낮게 하고, 과도한 다짐금지

3 콘크리트 양생

1) 양생의 정의

양생(Curing)이란 타설 후의 콘크리트가 저온, 건조, 급격한 기온변화에 의한 유해한 영향을 받지 않도록 하고, 경화 중에 진동, 충격, 무리한 하중 등을 받지 않도록 보호하는 것

2) 양생방법의 종류

습윤, 고압증기, 피막, 전열, 온도제어양생 등이 있다.

3) 콘크리트 구조물의 성능저하

(1) 콘크리트 중성화(Neutralization)

① 콘크리트가 공기 중의 탄산가스의 작용으로 서서히 알칼리성을 잃어가는 현상

② 시멘트의 수화반응에서 생성되는 수산화칼슘은 pH 12~13 정도의 알칼리성을 나타내며, 이 수산화칼슘은 대기 중에 있는 약산성의 이산화탄소와 접촉, 반응하여 pH 8~10 정도의 탄산칼슘과 물로 변화하는 현상

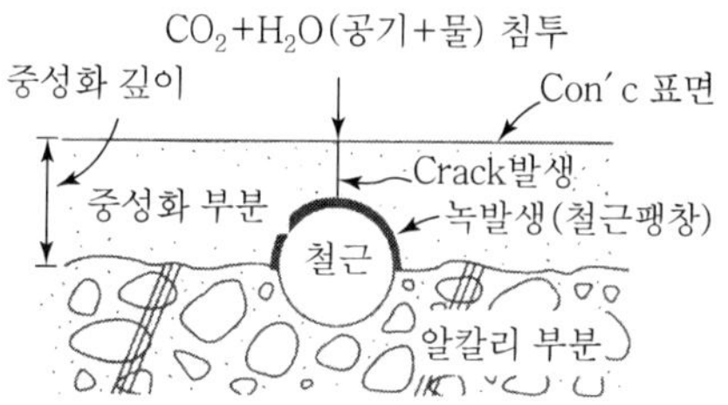

CO_2+H_2O(공기+물) 침투
중성화 깊이
Con' c 표면
Crack발생
중성화 부분
녹발생(철근팽창)
철근
알칼리 부분

콘크리트의 중성화

(2) 알칼리 골재반응(AAR ; Alkali Aggregate Reaction)

골재 중의 반응성 광물과 시멘트의 수화반응 중에 생기는 알칼리성분과 결합하여 일으키는 화학반응으로 콘크리트가 팽창하는 현상

(3) 콘크리트의 균열

① 굳지 않은 콘크리트의 균열 : 소성수축균열, 침하균열, 온도균열
② 굳은 콘크리트의 균열 : 건조수축, 알칼리 골재반응, 동결융해, 염해에 의한 균열

4) 콘크리트 크리프(Creep)

(1) 정의

크리프(Creep)란 일정한 크기의 하중이 지속적으로 작용할 때 하중의 증가가 없어도 시간이 경과함에 따라 콘크리트의 변형이 증가하는 현상

(2) 크리프의 증가요인

① 물시멘트비가 클수록
② 재령이 짧을수록
③ 온도가 높고, 습도가 낮을수록
④ 구조부재의 치수가 작을수록
⑤ 작용응력이 클수록

4 슬럼프 테스트

1) 정의

슬럼프 시험이란 슬럼프 콘에 의한 콘크리트의 유동성 측정시험을 말하며 컨시스턴시(반죽질기)를 측정하는 방법으로 가장 일반적으로 사용

2) 워커빌리티(시공연도) 측정방법

(1) 정의

워커빌리티(Workability)란 재료분리를 일으키지 않고 부어넣기 · 다짐 · 마감 등의 작업이 용이할 수 있는 정도를 나타내는 굳지 않은 콘크리트의 성질

(2) 측정방법

① 슬럼프시험(Slump Test)
② 비비시험(Vee-Bee Test)
③ 흐름시험(Flow Test)
④ 다짐계수시험(Compacting Factor Test)
⑤ 리몰딩시험(Remolding Test)
⑥ 케리의 구관입시험(Ball Penetration Test)

 **CheckPoint**

콘크리트의 워커빌리티(Workability)를 측정하는 시험방법과 관계가 없는 것은?

① 슬럼프시험(Slump Test)
✓ 베인시험(Vane Test)
③ 흐름시험(Flow Test)
④ 캐리볼관입시험(Kelly Ball Penetration Test)

5 콘크리트 측압

1) 정의

(1) 측압(Lateral Pressure)이란 콘크리트 타설 시 기둥 · 벽체의 거푸집에 가해지는 콘크리트의 수평방향의 압력이다.

(2) 콘크리트의 타설높이가 증가함에 따라 측압은 증가하나, 일정높이 이상이 되면 측압은 감소한다.

2) 콘크리트 헤드(Concrete Head)

측압이 최대가 되는 콘크리트의 타설높이

3) 측압이 커지는 조건

(1) 거푸집 부재단면이 클수록
(2) 거푸집 수밀성이 클수록
(3) 거푸집의 강성이 클수록
(4) 거푸집 표면이 평활할수록
(5) 시공연도(Workability)가 좋을수록
(6) 철골 또는 철근량이 적을수록
(7) 외기온도가 낮을수록 습도가 높을수록
(8) 콘크리트의 타설속도가 빠를수록
(9) 콘크리트의 다짐이 좋을수록
(10) 콘크리트의 Slump가 클수록
(11) 콘크리트의 비중이 클수록

CheckPoint

콘크리트 타설 시 거푸집이 받는 측압에 대한 설명으로 틀린 것은?
✓ 슬럼프가 클수록 작다.
② 타설 속도가 빠를수록 크다.
③ 거푸집 속의 콘크리트 온도가 낮을수록 크다.
④ 콘크리트의 높이가 높을수록 크다.

콘크리트 측압 산정 시 그 영향을 고려하지 않아도 되는 요소는?
① 타설 높이　✓ 작업하중　③ 타설 속도　④ 철근량

SECTION 2 철골공사 안전

1 철골공사 작업의 안전

1) 공사 전 검토사항

(1) 설계도 및 공작도의 확인 및 검토사항

① 부재의 형상 및 치수, 접합부의 위치, 브래킷의 내민치수, 건물의 높이
② 철골의 건립형식, 건립상의 문제점, 관련 가설설비
③ 건립기계의 종류선정, 건립공정 검토, 건립기계 대수 결정 등

(2) 공작도(Shop Drawing)에 포함사항

① 외부비계 및 화물승강설비용 브래킷 ② 기둥 승강용 트랩
③ 구명줄 설치용 고리 ④ 건립에 필요한 와이어로프 걸이용 고리
⑤ 안전난간 설치용 부재 ⑥ 기둥 및 보 중앙의 안전대 설치용 고리
⑦ 방망 설치용 부재 ⑧ 비계 연결용 부재
⑨ 방호선반 설치용 부재 ⑩ 양중기 설치용 보강재

CheckPoint

철골공사 시 사전안전성 확보를 위해 공작도에 반영하여야 할 사항이 아닌 것은?

✔ 주변 고압전주 ② 외부 비계받이
③ 기둥승강용 트랩 ④ 방망 설치용 부재

(3) 철골의 자립도를 위한 대상 건물(강풍 시 철골의 자립도 검토대상 구조물)

① 높이 20m 이상의 구조물
② 구조물의 폭과 높이의 비가 1 : 4 이상인 구조물
③ 단면구조에 현저한 차이가 있는 구조물
④ 연면적당 철골량이 50kg/m² 이하인 구조물
⑤ 기둥이 타이플레이트(Tie Plate)형인 구조물
⑥ 이음부가 현장용접인 구조물

CheckPoint

철골구조물 중 건립 중 강풍에 의한 풍압 등 외압에 대한 내력이 설계에 고려되었는지 확인하여야 할 구조물이 아닌 것은?

✔ 높이 10m 이상의 구조물 ② 폭과 높이비가 1 : 4 이상인 구조물
③ 이음부가 현장용접인 구조물 ④ 단면구조에 현저한 차이가 있는 구조물

2) 건립순서 계획 시 검토사항(철골공사 표준안전작업지침)

(1) 철골건립에 있어서는 현장 건립순서와 공장 제작순서가 일치되도록 계획하고 제작검사의 사전 실시, 현장 운반계획 등을 확인하여야 한다.

(2) 어느 한 면만을 2절점 이상 동시에 세우는 것은 피해야 하며 1경간(Span) 이상 수평방향으로도 조립이 진행되도록 계획하여 좌굴, 탈락에 의한 무너짐을 방지하여야 한다.

(3) 건립 중 무너짐을 방지하기 위하여 가볼트 체결기간을 단축시킬 수 있도록 후속 공사를 계획하여야 한다.

3) 작업중지 악천후 기준

(1) 작업의 제한 기준(안전보건규칙 제383조)

구분	내용
강풍	풍속이 초당 10m 이상인 경우
강우	강우량이 시간당 1mm 이상인 경우
강설	강설량이 시간당 1cm 이상인 경우

"산업안전기준에 관한 규칙"에 규정된 사항으로 철골작업을 중지하여야 할 경우에 해당되지 않는 것은?

① 풍속이 초당 10m 이상인 경우
② 지진의 진도가 0.1 이상인 경우 (정답)
③ 강우량이 시간당 1mm 이상인 경우
④ 강설량이 시간당 1cm 이상인 경우

4) 재해방지설비(철골공사 표준안전작업지침)

(1) 재해방지설비
① 작업발판 설치가 어렵거나 개구부 주위로 난간설치가 어려운 곳 : 추락방호망
② 안전한 작업발판이나 난간설치가 곤란한 경우 : 안전대부착설비, 안전대

(2) 고소작업에 따른 추락방호용 방망설치

(3) 낙하 · 비래 및 비산방지시설(낙하물방지망, 낙하물방호선반)

(4) 승강설비 설치 : 기둥승강용 트랩은 16mm 철근으로 30cm 이내, 간격 30cm 이상

추락 재해방지설비 중 추락자를 보호할 수 있는 설비로 작업대 설치가 어렵거나 개구부 주위에 난간설치가 어려울 때 사용되는 설비는?

➡ 추락방호용 방망(안전방망)

5) 철골세우기용 기계의 종류

(1) 고정식 크레인

① 고정식 타워크레인 : 설치가 용이, 작업범위가 넓으며 철골구조물 공사에 적합

② 이동식 타워크레인 : 이동하면서 작업할 수 있으므로 작업반경을 최소화할 수 있음

(2) 이동식 크레인

① 트럭 크레인 : 타이어 트럭 위에 크레인 본체를 설치한 크레인, 기동성이 우수하고 안전을 확보하가 위해 아웃트리거 장치 설치. 크롤러 크레인보다 흔들림이 적다.

② 크롤러 크레인 : 무한궤도 위에 크레인 본체 설치, 안전성이 우수하고 연약지반에서의 주행성능이 좋으나 기동성 저조

③ 유압 크레인 : 유압식 조작방식으로 안정성 우수, 이동속도가 빠르고 아웃트리거 장치 설치

(3) 데릭(Derrick)

① 가이데릭(Guy Derrick) : 360° 회전 가능, 인양하중 능력이 크나 타워크레인에 비해 선회성 및 안전성이 떨어짐

② 삼각데릭(Stiff Leg Derrick) : 주기둥을 지탱하는 지선 대신에 2본의 다리에 의해 고정, 회전반경은 270°로 가이데릭과 비슷하며 높이가 낮은 건물에 유리

③ 진폴(Gin Pole) : 철파이프, 철골 등으로 기둥을 세우고 윈치를 이용하여 철골부재를 인상, 경미한 철골건물에 사용

6) 철골접합방법의 종류

(1) 리벳(Rivet) 접합
(2) 볼트(Bolt) 접합
(3) 고장력볼트(High Tension Bolt) 접합
(4) 용접(Welding) 접합

SECTION 3 PC(Precast Concrete) 공사 안전

1 PC 운반 · 조립 · 설치의 안전

1) 정의

PC(Precast Concrete) 공법이란 공장에서 제작된 PC 부재(기둥, 보, 슬라브, 벽 등)를 현장으로 운반한 후 조립 · 접합하여 구조체를 만드는 공법이다.

2) PC 부재의 설치 시 안전

(1) PC 부재가 파손되지 않도록 주의
(2) PC 부재의 하부가 오염되지 않도록 받침목을 받치고 설치
(3) PC 부재는 되도록 수직으로 설치

3) PC 부재의 조립 시 안전

(1) 신호수를 지정하여 신호에 따라 인양작업
(2) 작업자는 안전모, 안전대 등 보호구 착용
(3) 조립작업 전 기계 · 기구 공구의 이상 유무 확인
(4) PC 부재 인양작업 시 적재하중을 초과하는 하중의 사용금지
(5) 작업현장 인근의 고압전로에는 방호선관을 사전 설치
(6) PC 부재의 인양작업 시 크레인의 침하방지 조치 철저

CHAPTER 07 운반, 하역작업

SECTION 1 운반작업

1 운반작업의 안전수칙

1) 박스형 화물 운반 시 준수사항

(1) 앞발과 뒷발 사이를 적절히 벌려 운반 대상물이 그 사이에 놓이게 하여 몸의 무게중심과 대상물의 무게중심이 가능한 일치

(2) 시선을 대상물의 무게중심에 두고 허리를 지면에 직각이 되게 하면서 천천히 다리를 굽혀서 대퇴부와 정강이 사이의 각도를 90°로 유지

(3) 대상물의 무게중심을 고려하여 대칭이 되도록 두 손 전체로 꽉 움켜쥐고 들 수 있는지 일단 5~10cm 정도 들어본다.

2) 길이가 긴 장척물 운반 시 준수사항

(1) 전체 장척물 길이의 1/2 되는 지점에 얇은 각목을 받쳐 놓고 감싸 잡는다.

(2) 허리를 편 상태에서 정강이와 대퇴부 사이의 각도를 90° 이상 유지하면서 다리의 힘으로 일어선다.

(3) 대상물의 중심에 대칭을 잡고 다리 힘으로 선다.

CheckPoint

운반작업 시 주의사항으로 옳지 않은 것은?

① 단독으로 긴 물건을 어깨에 메고 운반할 때에는 뒤쪽을 위로 올린 상태로 운반한다.
② 운반시의 시선은 진행방향을 향하고 뒷걸음 운반을 하여서는 안 된다.
③ 무거운 물건을 운반할 때 무게 중심이 높은 하물은 인력으로 운반하지 않는다.
④ 물건을 들고 일어날 때는 허리보다 무릎의 힘으로 일어선다.

2 취급운반의 원칙

1) 취급, 운반의 3조건

(1) 운반거리를 단축시킬 것
(2) 운반을 기계화할 것
(3) 손이 닿지 않는 운반방식으로 할 것

2) 취급, 운반의 5원칙

(1) 직선운반을 할 것
(2) 연속운반을 할 것
(3) 운반작업을 집중화시킬 것
(4) 생산을 최고로 하는 운반을 생각할 것
(5) 최대한 시간과 경비를 절약할 수 있는 운반방법을 고려할 것

3 인력운반

1) 정의

인력운반이란 동력을 이용하지 않고 순수하게 사람의 힘으로 화물을 밀거나 당기거나 들고 있거나, 들어 옮기거나 또는 내려놓는 일체의 동작

2) 인력운반작업 준수사항

(1) 작업공정을 개선하여 운반의 필요성을 제거
(2) 운반작업을 최소화
(3) 운반횟수(빈도) 및 거리를 최소화, 최단거리화
(4) 중량물의 경우는 2~3인(공동작업)이 운반
(5) 운반보조 기구 및 기계를 이용
(6) 물건을 들어 올릴 때는 팔과 무릎을 이용하며 척추는 곧게 한다.
(7) 긴 물건은 앞부분을 약간 높여 모서리 등에 충돌하지 않게 하고 굴려서 운반은 금지

CheckPoint

인력운반작업에 대한 안전사항으로 가장 거리가 먼 내용은?

① 보조기구를 효과적으로 사용한다.
② 긴 물건은 뒤쪽을 높이고 원통인 물건은 굴려서 운반한다.
③ 물건을 들어 올릴 때는 팔과 무릎을 이용하며 척추는 곧게 한다.
④ 무거운 물건은 공동작업으로 실시한다.

4 중량물 취급운반

1) 작업계획서 내용(안전보건규칙 제38조)

(1) 추락위험을 예방할 수 있는 안전대책
(2) 낙하위험을 예방할 수 있는 안전대책
(3) 넘어짐위험을 예방할 수 있는 안전대책
(4) 협착위험을 예방할 수 있는 안전대책
(5) 붕괴위험을 예방할 수 있는 안전대책

2) 중량물 취급 안전기준

(1) 하역운반기계·운반용구 사용(안전보건규칙 제385조)
(2) 단위화물의 무게가 100kg 이상인 화물을 싣는 작업 또는 내리는 작업의 경우 작업지휘자를 지정하여 다음 각 사항을 준수(안전보건규칙 제177조)
  ① 작업순서 및 그 순서마다의 작업방법을 정하고 작업을 지휘할 것
  ② 기구와 공구를 점검하고 불량품을 제거할 것
  ③ 해당 작업을 행하는 장소에 관계근로자가 아닌 사람의 출입을 금지시킬 것
  ④ 로프 풀기 작업 또는 덮개 벗기기 작업은 적재함의 화물이 떨어질 위험이 없음을 확인한 후에 하도록 할 것
(3) 중량물을 2명 이상의 근로자가 취급 또는 운반하는 경우에는 일정한 신호방법을 정하고 신호에 따라 작업(안전보건규칙 제40조)

CheckPoint

하역운반기계에 화물을 적재하거나 내리는 작업을 할 때 작업지휘자를 지정해야 하는 경우는 단위화물의 무게가 몇 kg 이상일 때인가?

✓ 100kg ② 150kg ③ 200kg ④ 250kg

5 요통 방지대책

1) 정의

척추뼈, 추간판(디스크), 관절, 근육, 인대, 신경, 혈관 등의 기능 이상 및 상호조정이 어려워짐으로써 발생하는 허리의 통증

2) 요통을 일으키게 하는 인자

(1) 물건의 중량
(2) 작업자세
(3) 작업시간

3) 요통의 대책

(1) 작업량 조절 : 근로자의 체력과 능력을 고려하여 작업량을 조절하거나 분배
(2) 자동화 : 중량물 취급작업에 대해서는 적절한 자동화장치를 사용
(3) 취급시간 : 중량물 취급작업의 연속금지
(4) 교육, 훈련 : 중량물 올리는 방법, 내리는 방법, 옮기는 방법 등에 대한 교육
(5) 작업장 바닥 : 청결유지, 평평하고 미끄러지지 않도록 유지
(6) 작업공간 : 충분한 공간 확보, 작업자 전면에 발이 걸리지 않도록 유의

SECTION 2 하역공사

1 하역작업의 안전수칙

1) 하역작업장의 조치기준(안전보건규칙 제390조)

(1) 작업장 및 통로의 위험한 부분에는 안전하게 작업할 수 있는 조명을 유지할 것
(2) 부두 또는 안벽의 선을 따라 통로를 설치하는 경우에는 폭을 90cm 이상으로 할 것
(3) 육상에서의 통로 및 작업장소로서 다리 또는 선거(船渠)의 갑문을 넘는 보도 등의 위험한 부분에는 안전난간 또는 울타리 등을 설치할 것

CheckPoint

부두 등의 하역작업장에서 부두 또는 안벽의 선에 따라 통로를 설치할 때의 폭은?

✔ 90cm 이상　② 75cm 이상　③ 60cm 이상　④ 45cm 이상

2) 항만하역작업 시 안전수칙

(1) 통행설비의 설치(안전보건규칙 제394조)

갑판의 윗면에서 선창 밑바닥까지의 깊이가 1.5m를 초과하는 선창의 내부에서 화

물취급작업을 하는 경우에 그 작업에 종사하는 근로자가 안전하게 통행할 수 있는 설비를 설치

(2) 선박 승강설비의 설치(안전보건규칙 제397조)

① 300톤급 이상의 선박에서 하역작업을 하는 경우에는 근로자들이 안전하게 오르내릴 수 있는 현문사다리를 설치하여야 하며, 이 사다리 밑에 안전망을 설치

② 현문사다리는 견고한 재료로 제작된 것으로 너비는 55cm 이상이어야 하고, 양측에 82cm 이상의 높이로 울타리를 설치하여야 하며, 바닥은 미끄러지지 않도록 적합한 재질로 처리

③ 현문사다리는 근로자의 통행에만 사용하여야 하며 화물용 발판 또는 화물용 보판으로 사용금지

선창의 내부에서 화물취급작업을 하는 경우에는 갑판의 윗면에서 선창 밑바닥까지 깊이가 몇 m를 초과하는 경우에 해당 작업 근로자가 안전하게 통행할 수 있는 설비를 설치하여야 하는가?

① 1.0m ② 1.2m ③ 1.3m ✔ 1.5m

항만하역 작업시 근로자 승강용 현문(舷門)사다리 및 안전망을 설치하여야 하는 선박은 최소 몇 톤 이상일 때인가?

① 500톤 ✔ 300톤 ③ 200톤 ④ 100톤

2 기계화해야 될 인력작업

(1) 3~4인이 오랜 시간 계속하여야 하는 운반작업
(2) 발 밑에서 머리 위까지 들어올려야 되는 작업
(3) 발 밑에서 어깨까지 25kg 이상의 물건을 들어올려야 되는 작업
(4) 발 밑에서 허리까지 50kg 이상의 물건을 들어올려야 되는 작업
(5) 발 밑에서 무릎까지 75kg 이상의 물건을 들어올려야 되는 작업
(6) 두 걸음 이상 가로로 운반하는 작업이 연속되는 경우

3 화물취급작업 안전수칙

1) 꼬임이 끊어진 섬유로프 등의 사용금지(안전보건규칙 제387조)

(1) 꼬임이 끊어진 것

(2) 심하게 손상 또는 부식된 것

2) 화물의 적재 시 준수사항(안전보건규칙 제393조)

(1) 침하의 우려가 없는 튼튼한 기반 위에 적재할 것

(2) 건물의 칸막이나 벽 등이 화물의 압력에 견딜 만큼의 강도를 지니지 아니한 경우에는 칸막이나 벽에 기대어 적재하지 않도록 할 것

(3) 불안정할 정도로 높이 쌓아 올리지 말 것

(4) 하중이 한쪽으로 치우치지 않도록 쌓을 것

4 고소작업 안전수칙

1) 고소작업대 설치 시 준수사항(안전보건규칙 제186조)

(1) 바닥과 고소작업대는 가능한 한 수평을 유지하도록 할 것

(2) 갑작스러운 이동을 방지하기 위하여 아웃트리거(Outrigger) 또는 브레이크 등을 확실히 사용할 것

(3) 사업주가 고소작업대를 이동하는 경우 준수사항

① 작업대를 가장 낮게 하강시킬 것

② 작업대를 상승시킨 상태에서 작업자를 태우고 이동하지 말 것(다만, 이동 중 넘어짐 등의 위험예방을 위하여 유도하는 사람을 배치하고 짧은 구간을 이동하는 경우에는 예외)

③ 이동통로의 요철상태 또는 장애물의 유무 등을 확인할 것

5 차량계 하역운반기계의 안전수칙

1) 종류

동력원에 의하여 특정되지 아니한 장소로 스스로 이동할 수 있는 지게차 · 구내운반차 · 화물자동차 등의 차량계 하역운반기계 및 고소작업대

2) 넘어짐 등의 방지(안전보건규칙 제171조)

(1) 기계가 넘어지거나 굴러떨어짐으로써 근로자에게 위험을 미칠 우려가 있는 경우에는 그 기계를 유도하는 유도자를 배치

(2) 지반의 부동침하 방지 조치

(3) 갓길의 붕괴를 방지 조치

CheckPoint

차량계 하역운반기계를 사용하여 작업을 할 때 기계의 넘어짐, 굴러 떨어짐에 의해 근로자가 위해를 입을 우려가 있을 때 사업주가 조치하여야 할 사항 중 적당하지 않은 것은?

✓ 근로자의 출입금지 조치
② 하역운반기계를 유도하는 자의 배치
③ 지반의 부동침하방지 조치
④ 갓길의 붕괴를 방지하기 위한 조치

3) 운전위치 이탈 시의 조치(안전보건규칙 제99조)

4) 단위화물의 무게가 100kg 이상인 화물을 싣는 작업 또는 내리는 작업 시 작업지휘자 준수사항(안전보건규칙 제177조)

(1) 작업순서 및 그 순서마다의 작업방법을 정하고 작업을 지휘할 것

(2) 기구 및 공구를 점검하고 불량품을 제거할 것

(3) 해당 작업을 행하는 장소에 관계근로자가 아닌 사람의 출입을 금지시킬 것

(4) 로프 풀기 작업 또는 덮개 벗기기 작업은 적재함의 화물이 떨어질 위험이 없음을 확인한 후에 하도록 할 것

CheckPoint

화물을 차량계 하역운반기계에 싣는 작업 또는 내리는 작업을 할 때 해당 작업의 지휘자를 지정하여야 하는 기준이 되는 것은?

✓ 단위화물의 무게가 100kg 이상일 때
② 헤드가드의 강도가 최대하중의 2배 이하일 때
③ 최대적재량을 초과하여 적재한 때
④ 차량의 무게가 1,000kg 이상일 때

5) 종류별 안전기준

(1) 지게차

① 지게차의 안전기준

② 헤드가드의 구비조건(안전보건규칙 제180조)

㉠ 강도는 지게차 최대하중의 2배의 값(4톤을 넘는 값에 대해서는 4톤으로 한다)의 등분포정하중에 견딜 수 있을 것

㉡ 상부틀의 각 개구의 폭 또는 길이가 16cm 미만일 것

㉢ 운전자가 앉아서 조작하는 방식의 지게차의 경우에는 운전자 좌석의 윗면에서 헤드가드의 상부틀 아랫면까지의 높이가 0.903m 이상일 것

㉣ 운전자가 서서 조작하는 방식의 지게차에 있어서는 운전석의 바닥면에서 헤드가드의 상부틀의 하면까지의 높이가 1.88m 이상일 것

CheckPoint

지게차 사용 시 적합한 헤드가드로서의 요건으로 옳은 것은?

① 강도는 지게차 최대하중의 1.5배 값의 등분포하중에 견딜 수 있을 것
② 상부들의 각 개구의 폭 또는 길이가 20cm 미만일 것
③ 운전자가 앉아서 조작하는 방식의 지게차에 있어서는 운전자 좌석의 상면에서 헤드가드의 상부틀의 하면까지의 높이가 0.903m 이상일 것
④ 운진자가 시시 조작히는 방식의 지게차에 있어서는 운전석의 바닥면에서 헤드가드의 상부틀의 하면까지의 높이가 1m 이상일 것

③ 지게차 작업시작 전 점검사항(안전보건규칙 별표 3)

㉠ 제동장치 및 조종장치 기능의 이상 유무

㉡ 하역장치 및 유압장치 기능의 이상 유무

㉢ 바퀴의 이상 유무

㉣ 전조등·후미등·방향지시기 및 경보장치 기능의 이상 유무

CheckPoint

지게차의 작업시작 전 점검사항이 아닌 것은?

① 권과방지장치, 브레이크, 클러치 및 운전장치 기능의 이상 유무
② 하역장치 및 유압장치 기능의 이상 유무
③ 제동장치 및 조정장치 기능의 이상 유무
④ 전조등·후미등·방향지시기 및 경보장치 기능의 이상 유무

제1회 예상문제

ENGINEER CONSTRUCTION SAFETY

01 강관틀비계의 수직방향 벽이음 조립간격(m)으로 옳은 것은?(단, 높이는 10m이다)

① 2m ② 4m
③ 6m ④ 9m

 강관틀비계의 벽이음은 ① 수직방향에서 6m 이내 ② 수평방향에서 8m 이내로 설치하여야 한다.

02 안전계수가 4이고 2,000kg/cm^{2}의 인장강도를 갖는 강선의 최대허용응력은?

① 500kg/cm^2
② 1,000kg/cm^2
③ 1,500kg/cm^2
④ 2,000kg/cm^2

$$허용응력 = \frac{인장강도}{안전율} = \frac{2,000}{4} = 500\text{kg/cm}^2$$

03 다음 중 철골공사 시의 안전작업방법 및 준수사항으로 옳지 않은 것은?

① 10분간의 평균 풍속이 초당 10m 이상인 경우는 작업을 중지한다.
② 철골부재 반입 시 시공순서가 빠른 부재는 상단부에 위치하도록 한다.
③ 구명줄 설치 시 마닐라 로프 직경 10mm를 기준하여 설치하고 작업방법을 충분히 검토하여야 한다.
④ 철골보의 두 곳을 매어 인양시킬 때 와이어로프의 내각은 60° 이하이어야 한다.

 구명줄을 설치할 경우에는 한 가닥의 구명줄을 여러 명이 동시에 사용하지 않도록 하여야 하며 구명줄은 마닐라 로프 직경 16mm 이상을 기준하여 설치하고 작업방법을 충분히 검토하여야 한다.

04 차량계 하역운반기계의 안전조치사항 중 옳지 않은 것은?

① 최대제한속도가 시속 10km를 초과하는 차량계 건설기계를 사용하여 작업하는 경우 미리 작업장소의 지형 및 지반상태 등에 적합한 제한속도를 정하고, 운전자로 하여금 준수하도록 할 것
② 차량계 건설기계의 운전자가 운전위치를 이탈하는 경우 해당 운전자로 하여금 포크 및 버킷 등의 하역장치를 가장 높은 위치에 둘 것
③ 차량계 하역운반기계 등에 화물을 적재하는 경우 하중이 한쪽으로 치우치지 않도록 적재할 것
④ 차량계 건설기계를 사용하여 작업을 하는 경우 승차석이 아닌 위치에 근로자를 탑승시키지 말 것

정답 01 ③ 02 ① 03 ③ 04 ②

해설 차량계 건설기계의 운전자가 운전위치를 이탈하는 경우에 해당 운전자로 하여금 버킷, 및 디퍼 등 작업장치를 지면에 내려두고 원동기를 정지시키고 브레이크를 거는 등 이탈을 방지하기 위한 조치를 하여야 한다.

05 추락방호용 방망의 그물코의 크기가 10cm인 신품 매듭 방망사의 인장강도는 몇 킬로그램 이상이어야 하는가?

① 80 ② 110
③ 150 ④ 200

해설 그물코 10cm, 매듭방망의 인장강도는 200 kgf 이상이어야 한다.

06 콘크리트 타설작업을 하는 경우에 준수해야 할 사항으로 옳지 않은 것은?

① 당일의 작업을 시작하기 전에 해당작업에 관한 거푸집 동바리 등의 변형 · 변위 및 지반의 침하유무 등을 점검하고 이상이 있으면 보수할 것
② 작업 중에는 거푸집 동바리 등의 변형 · 변위 및 침하 유무 등을 감시할 수 있는 감시자를 배치하여 이상이 있으면 작업을 중지하고 근로자를 대피시킬 것
③ 설계도서상의 콘크리트 양생기간을 준수하여 거푸집 동바리 등을 해체할 것
④ 거푸집 붕괴의 위험이 발생할 우려가 있는 때에는 보강조치 없이 즉시 해체할 것

해설 거푸집 붕괴의 위험이 발생할 우려가 있는 경우에는 충분한 보강조치를 하여야 한다.

07 터널공사시 인화성 가스가 농도 이상으로 상승하는 것을 조기에 파악하기 위하여 설치하는 자동경보장치의 작업시작 전 점검해야 할 사항이 아닌 것은?

① 계기의 이상 유무
② 발열 여부
③ 검지부의 이상 유무
④ 경보장치의 작동상태

해설 자동경보장치의 작업시작 전 점검사항

1. 계기의 이상 유무
2. 검지부의 이상 유무
3. 경보장치의 작동상태

08 다음은 말비계 조립 시 준수사항이다. ( )에 알맞은 수치는?

- 지주부재와 수평면의 기울기를 (㉠)° 이하로 하고 지주부재와 지주부재 사이를 고정시키는 보조부재를 설치할 것
- 말비계의 높이가 2m를 초과하는 경우에는 작업발판의 폭을 (㉡)cm 이상으로 할 것

① ㉠ 55, ㉡ 20
② ㉠ 65, ㉡ 30
③ ㉠ 75, ㉡ 40
④ ㉠ 85, ㉡ 50

해설 말비계 조립 시 준수사항으로 지주부재와 수평면과의 기울기를 75° 이하로 하고, 지주부재와 지주부재 사이를 고정시키는 보조부재를 설치하여야 하며, 말비계의 높이가 2m 를 초과할 경우에는 작업발판의 폭을 40cm 이상으로 하여야 한다.

정답 05 ④ 06 ④ 07 ② 08 ③

09 터널 지보공을 조립하거나 변경하는 경우에 조치하여야 하는 사항으로 옳지 않은 것은?

① 주재(主材)를 구성하는 1세트의 부재는 동일 평면 내에 배치할 것
② 목재의 터널 지보공은 그 터널 지보공의 각 부재의 긴압정도가 위치에 따라 차이나도록 할 것
③ 기둥에는 침하를 방지하기 위하여 받침목을 사용하는 등의 조치를 할 것
④ 강(鋼)아치 지보공의 조립은 연결볼트 및 띠장 등을 사용하여 주재 상호간을 튼튼하게 연결할 것

 목재의 터널 지보공은 그 터널 지보공의 각 부재의 긴압 정도가 균등하게 되도록 하여야 한다.

10 다음 중 터널공사에서 발파작업 시 안전대책으로 옳지 않은 것은?

① 발파용 점화회선은 타동력선 및 조명회선과 한곳으로 통합하여 관리
② 동력선은 발원점으로부터 최소한 15m 이상 후방으로 옮길 것
③ 지질, 암의 절리 등에 따라 화약량 검토 및 시방기준과 대비하여 안전조치 실시
④ 발파 전 도화선 연결상태, 저항치 조사 등의 목적으로 도통시험 실시 및 발파기의 작동상태를 사전에 점검

 발파용 점화회선은 타동력선 및 조명회선으로부터 분리되어야 한다.

11 토질시험 중 연약한 점토지반의 점착력을 판별하기 위하여 실시하는 현장시험은?

① 베인테스트(Vane Test)
② 표준관입시험(SPT)
③ 하중재하시험
④ 삼축압축시험

 베인테스트는 연약한 점토질 지반의 시험에 주로 적용하는 지반조사 방법이다.

12 화물을 차량계 하역 운반기계 등에 단위화물의 무게가 100킬로그램 이상인 화물을 싣는 작업 또는 내리는 작업을 하는 경우에 해당 작업의 지휘자가 준수하여야 하는 사항에 해당하지 않는 것은?

① 작업순서 및 그 순서마다의 작업방법을 정하고 작업을 지휘할 것
② 기구와 공구를 점검하고 불량품을 제거할 것
③ 가설대 등을 사용하는 경우에는 충분한 폭 및 강도와 적당한 경사를 확보할 것
④ 로프 풀기 작업 또는 덮개 벗기기 작업은 적재함의 화물이 떨어질 위험이 없음을 확인한 후에 하도록 할 것

 단위화물의 무게가 100킬로그램 이상인 화물을 싣는 작업 또는 내리는 작업을 하는 때에는 해당 작업의 지휘자가 준수하여야 하는 사항은 다음과 같다.

1. 작업순서 및 그 순서마다의 작업방법을 정하고 작업을 지휘할 것
2. 기구 및 공구를 점검하고 불량품을 제거할 것
3. 해당 작업을 하는 장소에 관계 근로자가 아닌 사람이 출입하는 것을 금지할 것
4. 로프 풀기작업 또는 덮개 벗기기 작업은 적재함의 화물이 떨어질 위험이 없음을 확인한 후에 하도록 할 것

정답 09 ② 10 ① 11 ① 12 ③

13 항타기 또는 항발기의 권상장치 드럼축과 권상장치로부터 첫 번째 도르래의 축 간의 거리는 권상장치 드럼폭의 몇 배 이상으로 하여야 하는가?

① 5배
② 8배
③ 10배
④ 15배

 항타기 또는 항발기의 권상장치의 드럼축과 권상장치로부터 첫 번째 도르래의 축과의 거리를 권상장치의 드럼폭의 15배 이상으로 하여야 한다.

14 다음은 달비계 또는 높이 5미터 이상의 비계를 조립 · 해체하거나 변경하는 작업을 하는 경우에 대한 내용이다. ( )에 알맞은 숫자는?

비계재료의 연결·해체작업을 하는 경우에는 폭 ( )센티미터 이상의 발판을 설치하고 근로자로 하여금 안전대를 사용하도록 하는 등 추락을 방지하기 위한 조치를 할 것

① 15 ② 20
③ 25 ④ 30

 달비계 또는 높이 5m 이상의 비계를 조립 · 해체하거나 변경하는 작업을 하는 경우에 비계재료의 연결 · 해체작업을 하는 경우에는 폭 20cm 이상의 발판을 설치하고 근로자로 하여금 안전대를 사용하도록 하는 등 추락을 방지하기 위한 조치를 하여야 한다.

15 크레인을 사용하는 작업을 할 때 작업시작 전 점검사항이 아닌 것은?

① 권과방지장치 · 브레이크 · 클러치 및 운전장치의 기능
② 방호장치의 이상 유무
③ 와이어로프가 통하고 있는 곳의 상태
④ 주행로의 상측 및 트롤리가 횡행하는 레일의 상태

 크레인의 작업시작 전 점검사항

1. 권과방지장치 · 브레이크 · 클러치 및 운전장치의 기능
2. 주행로의 상측 및 트롤리가 횡행(橫行)하는 레일의 상태
3. 와이어로프가 통하고 있는 곳의 상태

16 높이 또는 깊이 2m 이상의 추락할 위험이 있는 장소에서의 작업에 필수적으로 지급되어야 하는 보호구는?

① 안전대 ② 보안경
③ 보안면 ④ 방열복

 높이 또는 깊이 2m 이상의 추락할 위험이 있는 장소에서 하는 작업을 하는 근로자에게는 안전대를 지급하여야 한다.

17 굴착작업 시 굴착깊이가 최소 몇 m 이상인 경우 사다리, 계단 등 승강설비를 설치하여야 하는가?

① 1.5m ② 2.5m
③ 3.5m ④ 4.5m

 굴착 깊이가 1.5m 이상인 경우 적어도 30m 간격 이내로 사다리, 계단 등 승강설비를 설치하여야 한다.

정답 13 ④ 14 ② 15 ② 16 ① 17 ①

18 발파구간 인접 구조물에 대한 피해 및 손상을 예방하기 위한 건물기초에서의 허용 진동치로 옳은 것은?(단, 아파트일 경우임)

① 0.2cm/sec ② 0.3cm/sec
③ 0.4cm/sec ④ 0.5cm/sec

주택 · 아파트의 건물기초에서의 허용 진동치는 0.5cm/sec이다.

19 다음의 토사붕괴 원인 중 외부의 힘이 작용하여 토사붕괴가 발생되는 외적 요인이 아닌 것은?

① 사면, 법면의 경사 및 기울기의 증가
② 공사에 의한 진동 및 반복하중의 증가
③ 지표수 및 지하수의 침투에 의한 토사 중량의 증가
④ 함수비 증가로 인한 점착력 증가

해설 함수비 증가로 인한 점착력의 감소가 외적 원인이다.

20 안전난간의 구조 및 설치요건에 대한 기준으로 옳지 않은 것은?

① 상부난간대는 바닥면 · 발판 또는 경사로의 표면으로부터 90m 이상 지점에 설치할 것
② 발끝막이판은 바닥면 등으로부터 10 cm 이상의 높이를 유지할 것
③ 난간대는 지름 1.5cm 이상의 금속제파이프나 그 이상의 강도를 가진 재료일 것
④ 안전난간은 구조적으로 가장 취약한 지점에서 가장 취약한 방향으로 작용하는 100kg 이상의 하중에 견딜 수 있는 튼튼한 구조일 것

안전난간의 난간대는 지름 2.7cm 이상의 금속제파이프나 그 이상의 강도를 가진 재료이어야 한다.

21 항만하역 작업시 근로자 승강용 현문사다리 및 안전망을 설치하여야 하는 선박은 최소 몇 톤 이상일 경우인가?

① 500톤 ② 300톤
③ 200톤 ④ 100톤

선박승강설비의 설치의 기준에 관한 내용으로 300톤급 이상의 선박에서 하역작업을 하는 때에는 근로자들이 안전하게 승강할 수 있는 현문사다리를 설치하여야 하며, 이 사다리 밑에 안전망을 설치하여야 한다.

22 다음 중 토사붕괴의 내적 원인인 것은?

① 토석의 강도저하
② 사면법면의 기울기 증가
③ 절토 및 성토 높이 증가
④ 공사에 의한 진동 및 반복하중 증가

해설 토석의 강도 저하가 토석붕괴의 내적 원인이다.

23 굴착기계의 운행 시 안전대책으로 옳지 않은 것은?

① 버킷에 사람의 탑승을 허용해서는 안된다.
② 운전반경 내에 사람이 있을 때는 회전을 10rpm 이하의 느린 속도로 하여야 한다.
③ 장비의 주차 시 경사지나 굴착작업장으로부터 충분히 이격시켜 주차한다.
④ 전선 밑에서는 주의하여 작업하여야 하며, 전선과 안전장치의 안전간격을 유지하여야 한다.

정답 18 ④ 19 ④ 20 ③ 21 ② 22 ① 23 ②

해설 운전반경 내 사람이 있어서는 안 된다.

24 건설용 시공기계에 관한 기술 중 옳지 않은 것은?

① 타워크레인(Tower Crane)은 고층건물의 건설용으로 많이 쓰인다.
② 백호우(Back Hoe)는 기계가 위치한 지면보다 높은 곳의 땅을 파는 데 적합하다.
③ 가이데릭(Guy Derrick)은 철골세우기 공사에 사용된다.
④ 진동 롤러(Vibration Roller)는 아스팔트콘크리트 등의 다지기에 효과적으로 사용된다.

해설 백호우는 기계가 위치한 지면보다 낮은 곳의 땅을 파는 데 적합하다.

25 토질시험 중 사질토 시험에서 얻을 수 있는 값이 아닌 것은?

① 체적압축계수 ② 내부마찰각
③ 액상화 평가 ④ 탄성계수

해설 체적압축계수는 흙의 압밀시험으로 얻을 수 있는 압밀정수의 하나로 점성토 시험에서 얻을 수 있는 값이다.

26 물체가 떨어지거나 날아올 위험을 방지하기 위한 낙하물방지망 또는 방호선반을 설치할 때 수평면과의 적정한 각도는?

① 10°~20° ② 20°~30°
③ 30°~40° ④ 40°~45°

해설 낙하물방지망은 10m 이내마다 설치하고 설치각도는 20~30°를 유지한다.

27 비계의 높이가 2m 이상인 작업장소에 작업발판을 설치할 경우 준수하여야 할 기준으로 옳지 않은 것은?

① 발판의 폭은 30cm 이상으로 할 것
② 발판재료 간의 틈은 3cm 이하로 할 것
③ 추락의 위험이 있는 장소에는 안전난간을 설치할 것
④ 발판재료는 뒤집히거나 떨어지지 아니하도록 2 이상의 지지물에 연결하거나 고정시킬 것

해설 발판의 폭은 40cm 이상으로 하여야 한다.

28 악천후 및 강풍 시 타워크레인의 운전작업을 중지해야 할 순간풍속기준으로 옳은 것은?

① 초당 5m를 초과
② 초당 10m를 초과
③ 초당 15m를 초과
④ 초당 30m를 초과

해설 순간풍속이 매 초당 10미터를 초과하는 경우에는 타워크레인의 설치 · 수리 · 점검 또는 해체작업을 중지하여야 하며, 순간풍속이 매 초당 15미터를 초과하는 경우에는 타워크레인의 운전작업을 중지하여야 한다.

29 다음 중 추락재해를 방지하기 위한 고소작업 감소대책으로 옳은 것은?

① 방망 설치
② 철골기둥과 빔을 구조화
③ 안전대 사용
④ 비계 등에 의한 작업대 설치

정답 24 ② 25 ① 26 ② 27 ① 28 ③ 29 ②

PART 01 PART 02 PART 03 PART 04 PART 05 PART 06 부록

해설 방망의 설치나 안전대 사용은 추락재해를 방지하기 위한 방법이며 기둥과 빔을 일체화하여 고소작업 자체를 줄일 수 있다.

30 **지름이 15cm이고 높이가 30cm인 원기둥 콘크리트공시체에 대해 압축강도시험을 한 결과 480kN에 파괴되었다. 이때 콘크리트 압축강도는?**

① 16.2MPa ② 21.5MPa
③ 26MPa ④ 31.2MPa

해설 $압축강도 = \frac{P}{A} = \frac{\frac{460 \times 1,000}{9.8}}{\pi \times 7.5^2}$

$= 265.6 kgf/cm^2$
$= 26.0 MPa$이다.

31 **차량계 건설기계를 사용하여 작업을 하는 때에 작업계획에 포함되지 않아도 되는 사항은?**

① 사용하는 차량계 건설기계의 종류 및 성능
② 차량계 건설기계의 운행경로
③ 차량계 건설기계에 의한 작업방법
④ 차량계 건설기계 사용 시 유도자 배치 위치

해설 차량계건설기계의 작업계획 포함내용(안전보건규칙 제38조 별표4)은 다음과 같다.
1. 사용하는 차량계 건설기계의 종류 및 능력
2. 차량계 건설기계의 운행경로
3. 차량계 건설기계에 의한 작업방법

32 **작업장으로 통하는 장소 또는 작업장 내에 근로자가 사용할 통로설치에 대한 준수사항 중 다음 ( ) 안에 알맞은 숫자는?**

- 통로의 주요 부분에는 통로표시를 하고, 근로자가 안전하게 통행할 수 있도록 하여야 한다.
- 통로면으로부터 높이 ( )m 이내에는 장애물이 없도록 하여야 한다.

① 2 ② 3
③ 4 ④ 5

해설 통로면으로부터 높이 2m 이내에는 장애물이 없도록 하여야 한다.

33 **이동식 비계를 조립하여 작업을 하는 경우에 작업발판의 최대적재하중은 몇 kg을 초과하지 않도록 해야 하는가?**

① 150kg ② 200kg
③ 250kg ④ 300kg

해설 이동식 비계 작업발판의 최대적재하중은 250kg이다.

34 **다음 중 그물코의 크기가 5cm인 매듭방망의 폐기기준 인장강도는?**

① 200kg ② 100kg
③ 60kg ④ 30kg

해설 그물코 5cm, 매듭방망의 폐기기준 인장강도는 60kg이다.

정답 30 ③ 31 ④ 32 ① 33 ③ 34 ③

35 **강관을 사용하여 비계를 구성하는 경우 준수하여야 하는 사항으로 옳지 않은 것은?**

① 비계기둥의 간격은 띠장방향에서는 1.85m 이하로 할 것
② 비계기둥 간의 적재하중은 300kg을 초과하지 않도록 할 것
③ 비계기둥의 제일 윗부분으로부터 31m 되는 지점 밑부분의 비계기둥은 2개의 강관으로 묶어 세울 것
④ 띠장간격은 2m 이하로 설치할 것

해설 비계기둥 간의 적재하중은 400kg을 초과하지 않도록 하여야 한다.

36 **철골공사 시 사전안전성 확보를 위해 공작도에 반영하여야 할 사항이 아닌 것은?**

① 주변 고압전주
② 외부비계받이
③ 기둥승강용 트랩
④ 방망 설치용 부재

해설 주변 고압전주는 공작도(Shop Drawing)에 포함사항이 아니다.

37 **다음 중 터널공사의 전기발파작업에 대한 설명 중 옳지 않은 것은?**

① 점화는 충분한 허용량을 갖는 발파기를 사용한다.
② 발파 후 즉시 발파모선을 발파기로부터 분리하고 그 단부를 절연시킨다.
③ 전선의 도통시험은 화약장전 장소로부터 최소 30m 이상 떨어진 장소에서 행한다.
④ 발파모선은 고무 등으로 절연된 전선 20m 이상의 것을 사용한다.

해설 발파의 작업기준에 관한 내용으로 발파모선은 발파에 의한 파손이 없도록 10m 정도의 것을 사용한다.

38 **다음 중 흙막이 지보공을 조립하는 경우 작성하는 조립도에 명시되어야 하는 사항과 가장 거리가 먼 것은?**

① 부재의 치수
② 버팀대의 긴압의 정도
③ 부재의 재질
④ 설치방법과 순서

해설 흙막이 지보공의 조립도에는 흙막이판 · 말뚝 · 버팀대 및 띠장 등 부재의 배치 · 치수 · 재질 및 설치방법과 순서가 명시되어야 한다.

39 **선창의 내부에서 화물취급작업을 하는 근로자가 안전하게 통행할 수 있는 설비를 설치하여야 하는 기준은 갑판의 윗면에서 선창 밑바닥까지의 깊이가 최소 얼마를 초과할 때인가?**

① 1.3m ② 1.5m
③ 1.8m ④ 2.0m

해설 갑판의 윗면에서 선창 밑바닥까지의 깊이가 1.5미터를 초과하는 선창의 내부에서 화물취급작업을 하는 때에는 해당 작업에 종사하는 근로자가 안전하게 통행할 수 있는 설비를 설치하여야 한다. 다만, 안전하게 통행할 수 있는 설비가 선박에 설치되어 있는 때에는 그러하지 아니한다.

정답 35 ② 36 ① 37 ④ 38 ② 39 ②

40 **크레인을 사용하여 작업을 하는 경우 준수하여야 하는 사항으로 옳지 않은 것은?**

① 인양할 하물을 바닥에서 끌어당기거나 밀어내는 작업을 할 것
② 고정된 물체를 직접분리·제거하는 작업을 하지 아니할 것
③ 미리 근로자의 출입을 통제하여 인양 중인 하물이 작업자의 머리 위로 통과하지 않도록 할 것
④ 인양할 하물이 보이지 아니하는 경우에는 어떠한 동작도 하지 아니할 것

해설 인양할 화물을 바닥에서 끌어당기거나 밀어내는 작업을 하지 아니하여야 한다.

41 **다음 중 굴착기계가 아닌 것은?**

① 탬퍼 ② 파워셔블
③ 드래그라인 ④ 클램쉘

해설 탬퍼는 굴착기계가 아니라 다짐용 기계이다.

42 **암반 중 풍화암 굴착 시 굴착면의 기울기 기준으로 옳은 것은?**

① 1 : 1.8 ② 1 : 1.0
③ 1 : 0.5 ④ 1 : 1.2

해설 풍화암의 경우 기울기 기준은 1 : 1.0이다.

43 **작업장으로 통하는 장소 또는 작업장 내에 근로자가 사용하기 위한 안전한 통로를 설치할 때 그 설치기준으로 옳지 않은 것은?**

① 통로에는 75럭스(Lux)이상의 조명시설을 하여야 한다.
② 통로의 주요한 부분에는 통로표시를 하여야 한다.
③ 수직갱에 가설된 통로의 길이가 10m 이상인 때에는 7m 이내마다 계단참을 설치하여야 한다.
④ 경사가 15°를 초과하는 경우에는 미끄러지지 아니하는 구조로 하여야 한다.

해설 수직갱에 가설된 통로의 길이가 15m 이상인 경우에는 10m 이내마다 계단참을 설치하여야 한다.

44 **굴착공사에서 비탈면 또는 비탈면 하단을 성토하여 붕괴를 방지하는 공법은?**

① 배수공
② 배토공
③ 공작물에 의한 방지공
④ 압성토공

해설 압성토공은 자연사면의 선단부에 압성토하여 활동에 대한 저항력을 증가시켜 붕괴를 방지하는 비탈면 보강공법이다.

45 **구축하고자 하는 지하구조물이 인접구조물보다 깊은 위치에 근접하여 건설할 경우에 주변지반과 인접건축물 기초의 침하에 대한 우려 때문에 실시하는 기초보강공법은?**

① H－말뚝 토류판공법
② S.C.W공법
③ 지하연속벽공법
④ 언더피닝공법

언더피닝공법이란 기존구조물에 근접하여 시공할 때 기존구조물의 기초 저면보다 깊은 구조물을 시공하거나 기존 구조물의 증축 시 기존구조물을 보호하기 위해 기초하부에 설치하는 기초보강공법

정답 40 ① 41 ① 42 ② 43 ③ 44 ④ 45 ④

46 가설다리에서 이동식 크레인으로 작업 시 주의사항에 해당되지 않는 것은?

① 다리강도에 대해 담당자와 함께 확인한다.
② 작업하중이 과하중으로 되지 않는가 확인한다.
③ 아웃트리거가 지지기둥 바로 위에 있을 때 충분히 보강한다.
④ 가설다리를 이동하는 경우는 진동을 크게 발생하지 않도록 하여 운전한다.

해설 아웃트리거가 지지기둥 바로 위에 있을 때보다 가설다리 지지기둥 사이에 있을 때 충분히 보강하여야 한다.

47 온도가 하강함에 따라 토중수가 얼어 부피가 약 9% 정도 증대하게 됨으로써 지표면이 부풀어오르는 현상은?

① 동상현상　② 연화현상
③ 리칭현상　④ 액상화현상

해설 동상이란 대기의 온도가 0℃ 이하로 내려가면 흙 속의 공극수가 동결하여 얼음층이 형성되어 체적이 약 9% 증가하여 지표면이 위로 부풀어 오르는 현상이다.

48 터널 지보공을 설치한 경우에 수시로 점검을 하고 이상을 발견한 경우에 즉시 보강하거나 보수해야 할 사항과 가장 거리가 먼 것은?

① 부재의 손상 · 변형 · 부식 · 변위 · 탈락의 유무 및 상태
② 부재의 접속부 및 교차부의 상태
③ 경보장치의 작동상태
④ 기둥침하의 유무 및 상태

해설 터널지보공 수시 점검사항

1. 부재의 손상 · 변형 · 부식 · 변위 탈락의 유무 및 상태
2. 부재의 긴압 정도
3. 부재의 접속부 및 교차부의 상태
4. 기둥침하의 유무 및 상태

49 다음 중 운반작업 시 주의사항으로 옳지 않은 것은?

① 단독으로 긴 물건을 어깨에 메고 운반할 때에는 뒤쪽을 위로 올린 상태로 운반한다.
② 운반시의 시선은 진행방향을 향하고 뒷걸음 운반을 하여서는 안 된다.
③ 무거운 물건을 운반할 때 무게 중심이 높은 하물은 인력으로 운반하지 않는다.
④ 어깨높이보다 높은 위치에서 하물을 들고 운반하여서는 안 된다.

 긴 물건은 앞쪽을 약간 높이고 모서리 등에 충돌하지 않게 하여야 한다.

50 차량계 건설기계의 전도방지 조치에 해당되지 않는 것은?

① 운행 경로 변경
② 갓길의 붕괴방지
③ 지반의 부동침하방지
④ 도로 폭의 유지

 차량계 건설기계의 안전수칙 중 차량계 건설기계가 넘어지거나 굴러떨어짐으로써 근로자에게 위험을 미칠 우려가 있는 경우에는 유도하는 자를 배치하고 지반의 부동침하방지, 갓길의 붕괴방지 및 도로의 폭 유지 등 필요한 조치를 하여야 한다.

정답 46 ③　47 ①　48 ③　49 ①　50 ①

51 **최고 51m 높이의 강관비계를 세우려고 한다. 지상에서 몇 m 까지의 비계기둥을 2본으로 묶어 세워야 하는가?**

① 10m ② 20m
③ 31m ④ 51m

 비계기둥의 최고부로부터 31m 되는 지점 밑부분의 비계기둥은 2본의 강관으로 묶어야 하므로 51 − 31 = 20m이다.

52 **벽체 콘크리트 타설시 거푸집이 터져서 콘크리트가 쏟아지는 사고가 발생하였다. 이 사고의 발생원인으로 가장 타당한 것은?**

① 콘크리트를 부어 넣는 속도가 빨랐다.
② 진동기를 사용하지 않았다.
③ 철근 사용량이 많았다.
④ 시멘트 사용량이 많았다.

 콘크리트의 타설속도가 빠를수록 콘크리트 측압은 커지므로 거푸집이 터지는 원인이 될 수 있다.

53 **다음 중 개착식 굴착방법과 거리가 먼 것은?**

① 타이로드 공법
② 어스앵커 공법
③ 버팀대 공법
④ TBM 공법

 TBM(Tunnel Boring Machine)공법은 폭약을 사용하지 않고 터널보링머신의 회전에 의해 터널 전단면을 굴착하는 공법으로 개착식 굴착방법이 아니다.

54 **건설업 산업안전보건관리비 중 계상비용에 해당되지 않는 것은?**

① 외부비계, 작업발판 등의 가설구조물 설치 소요비
② 근로자 건강관리비
③ 건설재해예방 기술지도비
④ 개인보호구 및 안전장구 구입비

 외부비계, 작업발판 등의 가설구조물 설치비용은 산업안전보건관리비로 사용할 수 없다.

55 **흙막이 지보공의 안전조치로 옳지 않은 것은?**

① 굴착배면에 배수로 설치 없이 콘크리트를 타설
② 지하매설물에 대한 조사 실시
③ 조립도의 작성 및 점검 철저
④ 흙막이 지보공에 대한 조사 및 점검 철저

 굴착배면에 배수로 없이 콘크리트를 타설하면 우수 등 지표수가 굴착저면으로 침투하여 흙막이 지보공의 안전을 저하시킨다.

56 **철골작업 시 철골부재에서 근로자가 수직방향으로 이동하는 경우에 설치하여야 하는 고정된 승강로의 최소 답단 간격은 얼마 이내인가?**

① 20cm ② 25cm
③ 30cm ④ 40cm

 산업안전보건기준에 관한 규칙 제381조(승강로의 설치) : 사업주는 근로자가 수직방향으로 이동하는 철골부재(鐵骨部材)에는 답단(踏段) 간격이 30센티미터 이내인 고정된 승강로를 설치하여야 하며, 수평방향 철골과 수직방향 철골이 연결되는 부분에는 연결작업을 위하여 작업발판 등을 설치하여야 한다.

정답 51 ② 52 ① 53 ④ 54 ① 55 ① 56 ③

57 건설업 산업안전보건관리비의 사용내역에 대하여 수급인 또는 자기 공사자는 공사 시작 후 몇 개월마다 1회 이상 발주자 또는 감리원의 확인을 받아야 하는가?

① 3개월　　② 4개월
③ 5개월　　④ 6개월

해설 수급인 또는 자기공사자는 안전관리비 사용내역에 대하여 공사 시작 후 6개월마다 1회 이상 발주자 또는 감리원의 확인을 받아야 한다. 다만, 6개월 이내에 공사가 종료되는 경우에는 종료시 확인을 받아야 한다.

58 철골 작업을 할 때 악천후에는 작업을 중지토록 하여야 하는데 그 기준으로 옳은 것은?

① 강설량이 분당 1cm 이상인 경우
② 강우량이 시간당 1cm 이상인 경우
③ 풍속이 초당 10m 이상인 경우
④ 기온이 35℃ 이상인 경우

해설 강설량이 시간당 1cm 이상인 경우, 강우량이 시간당 1mm 이상인 경우, 풍속이 초당 10m 이상인 경우가 작업의 제한 기준이다.

59 해체공사에 대한 설명으로 옳지 않은 것은?

① 압쇄기와 대형 브레이커(Breaker)는 파워쇼벨 등에 설치하여 사용한다.
② 철제 햄머(Hammer)는 크레인 등에 설치하여 사용한다.
③ 핸드 브레이커(Hand Breaker) 사용 시 수직보다는 경사를 주어 파쇄하는 것이 좋다.
④ 절단톱의 회전날에는 접촉방지 커버를 설치하여야 한다.

해설 핸드 브레이커는 끌의 부러짐을 방지하기 위하여 작업자세는 하향 수직방향으로 하여야 한다.

60 건설공사 시공단계에 있어서 안전관리의 문제점에 해당되는 것은?

① 발주자의 조사, 설계 발주 미흡 및 감독 소홀
② 용역자의 조사, 설계 부실
③ 발주자의 감독 소홀
④ 사용자의 시설 운영관리 능력 부족

해설 건설공사 진행 중 발주자의 감독 소홀은 시공사의 안전관리부실을 초래할 수 있다.

정답 57 ④　58 ③　59 ③　60 ③

P A R T 06 건설안전기술

제2회 예상문제

ENGINEER CONSTRUCTION SAFETY

01 안전방망 설치 시 작업면으로부터 망의 설치지점까지의 수직거리 기준은?

① 5m를 초과하지 아니할 것
② 10m를 초과하지 아니할 것
③ 15m를 초과하지 아니할 것
④ 17m를 초과하지 아니할 것

해설 안전방망 설치 시 작업면으로부터 망의 설치지점까지의 수직거리는 10m를 초과하지 않도록 하여야 한다.

02 시스템 동바리를 조립하는 경우 수직재와 받침철물 연결부의 겹침길이 기준으로 옳은 것은?

① 받침철물 전체길이 1/2 이상
② 받침철물 전체길이 1/3 이상
③ 받침철물 전체길이 1/4 이상
④ 받침철물 전체길이 1/5 이상

해설 시스템비계 밑단의 수직재와 받침철물은 밀착되도록 설치하고 수직재와 받침철물의 연결부의 겹침길이는 받침철물 전체 길이의 1/3 이상이 되도록 하여야 한다.

03 굴착, 싣기, 운반, 흙깔기 등의 작업을 하나의 기계로서 연속적으로 행할 수 있으며 비행장과 같이 대규모 정지작업에 적합하고 피견인식과 자주식으로 구분할 수 있는 차량계 건설기계는?

① 클램셸(Clamshell)
② 로우더(Loader)
③ 불도저(Bulldozer)
④ 스크레이퍼(Scraper)

해설 스크레이퍼는 대량 토공 작업을 위한 기계로서 굴삭, 운반, 부설(敷設), 다짐 등 4가지 작업을 일관하여 연속 작업을 할 수 있다.

04 부두 등의 하역작업장에서 부두 또는 안벽의 선에 따라 통로를 설치할 때의 최소 폭 기준은?

① 90cm 이상 ② 75cm 이상
③ 60cm 이상 ④ 45cm 이상

해설 부두 또는 안벽의 선을 따라 통로를 설치할 때는 폭을 90cm 이상으로 하여야 한다.

05 안전의 정도를 표시하는 것으로서 재료의 파괴응력도와 허용응력도의 비율을 의미하는 것은?

① 설계하중 ② 안전율
③ 인장강도 ④ 세장비

안전율$=\dfrac{\text{파단하중}}{\text{허용하중}}$으로 파단응력도와 허용응력도의 비율을 의미한다.

정답 01 ② 02 ② 03 ④ 04 ① 05 ②

06 **가설통로의 설치기준으로 옳지 않은 것은?**

① 추락할 위험이 있는 장소에는 안전난간을 설치할 것
② 경사가 10°를 초과하는 경우에는 미끄러지지 않는 구조로 할 것
③ 경사는 30° 이하로 할 것
④ 건설공사에 사용하는 높이 8m 이상인 비계다리에는 7m 이내마다 계단참을 설치할 것

해설 경사가 15°를 초과하는 경우에는 미끄러지지 않는 구조로 하여야 한다. 가설통로의 설치기준은 다음과 같다.
- 견고한 구조로 할 것
- 경사는 30° 이하로 할 것(계단을 설치하거나 높이 2m 미만의 가설통로로서 튼튼한 손잡이를 설치한 경우에는 그러하지 아니하다)
- 경사가 15°를 초과하는 경우에는 미끄러지지 아니하는 구조로 할 것
- 추락의 위험이 있는 장소에는 안전난간을 설치할 것(작업상 부득이한 경우에는 필요한 부문에 한하여 임시로 이를 해체할 수 있다)
- 수직갱에 가설된 통로의 길이가 15m 이상인 경우에는 10m 이내마다 계단참을 설치할 것
- 건설공사에 사용하는 높이 8m 이상인 비계다리에는 7m 이내마다 계단참을 설치할 것

07 **다음 중 토석붕괴의 원인이 아닌 것은?**

① 절토 및 성토의 높이 증가
② 시면 법면의 경사 및 기울기의 증가
③ 토석의 강도 상승
④ 지표수 · 지하수의 침투에 의한 토사 중량의 증가

해설 토석의 강도 저하가 토석붕괴의 원인이다. 토석붕괴의 외적 원인에는 ㉠ 사면, 법면의 경사 및 기울기의 증가 ㉡ 절토 및 성토 높이의 증가 ㉢ 공사에 의한 진동 및 반복하중의 증가 ㉣ 지표수 및 지하수의 침투에 의한 토사 중량의 증가 ㉤ 지진, 차량 구조물의 하중작용 ㉥ 토사 및 암석의 혼합층 두께가 있으며 내적 원인에는 ㉠ 절토 사면의 토질, 암질 ㉡ 성토 사면의 토질구성 및 분포 ㉢ 토석의 강도 저하가 있다.

08 **점토지반의 토공사에서 흙막이 밖에 있는 흙이 안으로 밀려들어와 내측 흙이 부풀어 오르는 현상은?**

① 보일링(Boiling)
② 히빙(Heaving)
③ 파이핑(Piping)
④ 액상화

해설 히빙이란 연약한 점토지반을 굴착할 때 흙막이벽 배면 흙의 중량이 굴착저면 이하의 흙보다 중량이 클 경우 굴착저면 이하의 지지력보다 크게 되어 흙막이 배면에 있는 흙이 안으로 밀려들어 굴착저면이 솟아오르는 현상이다.

09 **공사진척에 따른 안전관리비 사용기준은 얼마 이상인가?(단, 공정률이 70% 이상 ~90% 미만일 경우)**

① 50% ② 60%
③ 70% ④ 90%

해설 공사 진척에 따른 안전관리비 사용기준은 다음과 같다.

[공사 진척에 따른 안전관리비 사용기준]

공정률	50% 이상 70% 미만	70% 이상 90% 미만	90% 이상
사용기준	50% 이상	70% 이상	90% 이상

정답 06 ② 07 ③ 08 ② 09 ③

10 차량계 하역운반기계에 화물을 적재 할 때의 준수사항으로 옳지 않은 것은?

① 하중이 한쪽으로 치우치지 않도록 적재할 것
② 구내운반차 또는 화물자동차의 경우 화물의 붕괴 또는 낙하에 의한 위험을 방지하기 위하여 화물에 로프를 거는 등 필요한 조치를 할 것
③ 운전자의 시야를 가리지 않도록 화물을 적재할 것
④ 차륜의 이상 유무를 점검할 것

해설 차륜의 이상 유무는 지게차의 작업시작 전 점검사항이다.

11 잠함 또는 우물통의 내부에서 굴착작업을 하는 경우에 잠함 또는 우물통의 급격한 침하에 의한 위험방지를 위해 바닥으로부터 천장 또는 보까지의 높이는 최소 얼마 이상으로 하여야 하는가?

① 1.8m
② 2m
③ 2.5m
④ 3m

 잠함 또는 우물통의 급격한 침하로 인한 위험방지의 기준은 다음과 같다.
- 침하관계도에 따라 굴착방법 및 재하량 등을 정할 것
- 바닥으로부터 천장 또는 보까지의 높이는 1.8m 이상으로 할 것

12 유해 · 위험방지계획서의 첨부서류에서 안전보건관리계획에 해당되지 않는 항목은?

① 산업안전보건관리비 사용계획
② 안전관리 조직표
③ 재해발생 위험시 연락 및 대피방법
④ 근로자 건강진단 실시계획

 유해 · 위험방지계획서 제출 시 첨부서류는 (1) 공사 개요 및 안전보건관리계획, (2) 작업 공사 종류별 유해 · 위험방지계획이며, 안전보건관리계획에는 ㉠ 산업안전보건관리비 사용계획 ㉡ 안전관리 조직표 ㉢ 재해 발생 위험 시 연락 및 대피방법이다.

13 굴착공사에 있어서 비탈면 붕괴를 방지하기 위하여 행하는 대책이 아닌 것은?

① 지표수의 침투를 막기 위해 표면배수공을 한다.
② 지하수위를 내리기 위해 수평배수공을 한다.
③ 비탈면 하단을 성토한다.
④ 비탈면 상부에 토사를 적재한다.

 비탈면 상부에 토사를 적재하는 등 하중을 재하하면 붕괴의 위험성은 높아진다.

14 이동식 비계를 조립하여 사용할 때 밑변 최소폭의 길이가 2m라면 이 비계의 사용 가능한 최대높이는?

① 4m ② 8m
③ 10m ④ 14m

 이동식 비계 조립 시 비계의 최대높이는 밑면 최소폭의 4배 이하여야 하므로 최소폭의 길이가 2m 라면 최대높이는 $2m \times 4 = 8m$이다.

정답 10 ④ 11 ① 12 ④ 13 ④ 14 ②

15 **거푸집 동바리 등을 조립하는 경우에 준수하여야 할 안전조치기준으로 옳지 않은 것은?**

① 동바리로 사용하는 강관은 높이 2m 이내마다 수평연결재를 2개 방향으로 만들고 수평연결재의 변위를 방지할 것
② 동바리로 사용하는 파이프 서포트는 3개 이상 이어서 사용하지 않도록 할 것
③ 동바리로 사용하는 파이프 서포트를 이어서 사용하는 경우에는 5개 이상의 볼트 또는 전용철물을 사용하여 이을 것
④ 동바리로 사용하는 강관틀과 강관틀 사이에는 교차가새를 설치할 것

해설 파이프 서포트를 이어서 사용할 경우에는 4개 이상의 볼트 또는 전용철물을 사용하여 이어야 한다.

16 **해체용 장비로서 작은 부재의 파쇄에 유리하고 소음, 진동 및 분진이 발생되므로 작업원은 보호구를 착용하여야 하고 특히 작업원의 작업시간을 제한하여야 하는 장비는?**

① 천공기 ② 쇄석기
③ 철재해머 ④ 핸드 브레이커

해설 핸드 브레이커는 작은 부재의 파쇄에 유리하고 소음, 진동 및 분진이 발생한다.

17 **흙막이 지보공을 설치하였을 때 정기점검 사항에 해당되지 않는 것은?**

① 검지부의 이상 유무
② 버팀대의 긴압의 정도
③ 침하의 정도
④ 부재의 손상, 변형, 부식, 변위 및 탈락의 유무와 상태

 검지부의 이상 유무는 터널공사 시 자동경보장치의 작업시작 전 점검사항이다. 흙막이 지보공을 설치한 때 정기적 점검사항은 다음과 같다.

- 부재의 손상 · 변형 · 부식 · 변위 및 탈락의 유무와 상태
- 버팀대 긴압의 정도
- 부재의 접속부 · 부착부 및 교차부의 상태
- 침하의 정도
- 흙막이 공사의 계측관리

18 **흙막이 붕괴원인 중 보일링(Boiling) 현상이 발생하는 원인에 관한 설명으로 옳지 않은 것은?**

① 지반 굴착 시 굴착부와 지하수위 차가 있을 때 주로 발생한다.
② 연약 사질토 지반의 경우 주로 발생한다.
③ 굴착저면에서 액상화 현상에 기인하여 발생한다.
④ 연약 점토질 지반에서 배면토의 중량이 굴착구 바닥의 지지력 이상이 되었을 때 주로 발생한다.

 연약 점토지반에서 배면 흙의 중량이 굴착저면 이하의 흙보다 중량이 클 경우 굴착저면 이하의 지지력보다 크게 되어 흙막이 배면에 있는 흙이 안으로 밀려들어 굴착저면이 솟아오르는 현상은 히빙이다.

19 **중량물 운반 시 크레인에 매달아 올릴 수 있는 최대하중으로부터 달아올리기 기구의 중량에 상당하는 하중을 제외한 하중은?**

① 정격 하중
② 적재 하중
③ 임계 하중
④ 작업 하중

정답 15 ③ 16 ④ 17 ① 18 ④ 19 ①

PART 01 PART 02 PART 03 PART 04 PART 05 PART 06 부록

 정격하중이란 크레인의 권상하중에서 훅, 그래브 또는 버킷 등 달기기구의 중량에 상당하는 하중을 뺀 하중을 말하며, 권상하중이란 크레인이 들어올릴 수 있는 최대의 하중을 말한다.

20 다음은 강관을 사용하여 비계를 구성하는 경우에 대한 내용이다. 빈칸에 들어갈 내용으로 옳은 것은?

비계기둥 간격은 띠장방향에서는 ( ), 장선방향에서는 1.5m 이하로 할 것

① 1.5m 이하
② 1.8m 이하
③ 1.85m 이하
④ 2.0m 이하

해설 비계기둥의 간격은 띠장방향에서 1.85m, 장선방향에서는 1.5m 이하로 하여야 한다.

21 투하설비 설치와 관련된 내용의 ( ) 안에 적합한 것은?

사업주는 높이가 ( )미터 이상인 장소로부터 물체를 투하하는 때에는 적당한 투하설비를 설치하거나 감시인을 배치하는 등 위험방지를 위하여 필요한 조치를 하여야 한다.

① 1 ② 2
③ 3 ④ 4

 투하설비는 높이 3m 이상인 곳에서 물체를 투하할 때 설치하여야 한다.

22 단관비계를 조립하는 경우 벽이음 및 버팀을 설치할 때의 수평방향 조립간격 기준으로 옳은 것은?

① 3m ② 5m
③ 6m ④ 8m

 강관비계 중 단관비계의 벽이음은 수직, 수평 5m 이내마다 조립하여야 한다.

23 콘크리트 타설작업 시 안전에 대한 유의사항으로 옳지 않은 것은?

① 콘크리트 치는 도중에는 지보공 · 거푸집 등의 이상 유무를 확인한다.
② 높은 곳으로부터 콘크리트를 타설할 때는 호퍼로 받아 거푸집 내에 꽂아 넣는 슈트를 통해서 부어넣어야 한다.
③ 진동기를 가능한 한 많이 사용할수록 거푸집에 작용하는 측압상 안전하다.
④ 콘크리트를 한곳에만 치우쳐서 타설하지 않도록 주의한다.

 진동기를 넣고 나서 뺄 때까지 시간은 보통 5~15초가 적당하며, 진동기를 많이 사용하면 거푸집 측압이 상승한다.

24 취급 · 운반의 원칙으로 옳지 않은 것은?

① 운반작업을 집중하여 시킬 것
② 곡선운반을 할 것
③ 생산을 최고로 하는 운반을 생각할 것
④ 연속운반을 할 것

 ② 곡선운반이 아니라 직선운반을 하여야 한다.

[취급, 운반의 5원칙]
- 직선운반을 할 것
- 연속운반을 할 것
- 운반작업을 집중화시킬 것

정답 20 ③ 21 ③ 22 ② 23 ③ 24 ②

- 생산을 최고로 하는 운반을 생각할 것
- 최대한 시간과 경비를 절약할 수 있는 운반방법을 고려할 것

25 물체가 떨어지거나 날아올 위험이 있을 때의 재해예방대책과 거리가 먼 것은?

① 낙하물방지망 설치
② 출입금지구역 설정
③ 안전대 착용
④ 안전모 착용

해설 안전대는 추락재해 방지설비이다.

26 터널 굴착공사에서 뿜어붙이기 콘크리트의 효과를 설명한 것으로 옳지 않은 것은?

① 암반의 크랙(Crack)을 보강한다.
② 굴착면의 요철을 줄이고 응력집중을 최대한 증대시킨다.
③ Rock bolt의 힘을 지반에 분산시켜 전달한다.
④ 굴착면을 덮음으로써 지반의 침식을 방지한다.

해설 응력집중을 증대시키는 것이 아니라 방지하는 것이 뿜어붙이기 콘크리트의 효과이다.

27 지반조건에 따른 지반개량공법 중 점성토 개량공법과 거리가 먼 것은?

① 바이브로 플로테이션공법
② 치환공법
③ 압밀공법
④ 생석회 말뚝 공법

해설 진동나짐공법(Vibro Floatation)은 사질지반 개량공법이다. 점성토 연약지반 개량공법에는 ㉠ 치환공법, ㉡ 재하공법(프리로딩공법(Pre-Loading), 압성토공법(Surcharge), 사면선단 재하공법), ㉢ 탈수공법(샌드드레인, 페이퍼드레인, 팩드레인 공법), ㉣ 배수공법(중력배수, 강제배수), ㉤ 고결공법 등이 있다.

28 건축공사로서 대상액이 5억 원 이상 50억 원 미만인 경우에 산업안전보건관리비의 비율(가) 및 기초액(나)으로 옳은 것은?

① (가)비　율 : 1.86%
　(나)기초액 : 5,349,000원
② (가)비　율 : 1.99%
　(나)기초액 : 5,499,000원
③ (가)비　율 : 2.35%
　(나)기초액 : 5,400,000원
④ (가)비　율 : 1.57%
　(나)기초액 : 4,411,000원

해설 산업안전보건관리비 계상기준은 다음과 같다.

[공사 종류 및 규모별 안전관리비 계상기준]

구분 / 공사 종류	대상액 5억 원 미만인 경우 적용 비율(%)	대상액 5억 원 이상 50억 원 미만인 경우		대상액 50억 원 이상인 경우 적용 비율(%)	영 별표5에 따른 보건관리자 선임 대상 건설공사의 적용 비율(%)
		적용 비율(%)	기초액		
건축 공사	2.93%	1.86%	5,349,000원	1.97%	2.15%
토목 공사	3.09%	1.99%	5,499,000원	2.10%	2.29%
중건설 공사	3.43%	2.35%	5,400,000원	2.44%	2.66%
특수건설 공사	1.85%	1.20%	3,250,000원	1.27%	1.38%

정답 25 ③　26 ②　27 ①　28 ①

29 백호우(Backhoe)의 운행방법에 대한 설명으로 옳지 않은 것은?

① 경사로나 연약지반에서는 무한궤도식보다는 타이어식이 안전하다.
② 작업계획서를 작성하고 계획에 따라 작업을 실시하여야 한다.
③ 작업장소의 지형 및 지반상태 등에 적합한 제한속도를 정하고 운전자로 하여금 이를 준수하도록 하여야 하다.
④ 작업 중 승차석 외의 위치에 근로자를 탑승시켜서는 안 된다.

 주행방식에 따라 무한궤도식과 타이어식으로 분류하는데 무한궤도식 백호우는 작업 시 안전성이 더 높고 타이어식은 기동성이 더 높다.

30 건물 해체용 기구가 아닌 것은?

① 압쇄기 ② 스크레이퍼
③ 잭 ④ 철해머

 스크레이퍼는 대량 토공 작업을 위한 토공기계로서 굴삭, 운반, 부설(敷設), 다짐 등 4가지 작업을 일관하여 연속 작업을 할 수 있다.

31 해체공사에 따른 직접적인 공해방지대책을 수립해야 되는 대상과 가장 거리가 먼 것은?

① 소음 및 분진 ② 폐기물
③ 지반침하 ④ 수질오염

 수질오염은 해체공사에 따른 직접적인 공해와는 거리가 멀다.

32 유해 · 위험방지계획서 제출 시 첨부서류에 해당하지 않는 것은?

① 작업환경 조성계획
② 안전보건관리 계획
③ 공사개요
④ 전체 공정표

 유해 · 위험방지계획서 제출 시 첨부서류는 (1) 공사 개요 및 안전보건관리계획, (2) 작업공사 종류별 유해 · 위험방지계획이다.

33 추락재해방지 설비 중 추락자를 보호할 수 있는 설비로 작업대 설치가 어렵거나 개구부 주위에 난간설치가 어려울 때 사용되는 설비는?

① 안전방망 ② 경사로
③ 고정사다리 ④ 달비계

 작업발판 설치가 어렵거나 개구부 주위로 난간설치가 어려운 곳에는 추락방호망을 설치하여 방호조치를 하여야 한다.

34 구축물에 안전진단 등 안전성 평가를 실시하여 근로자에게 미칠 위험성을 미리 제거하여야 하는 경우가 아닌 것은?

① 구축물 또는 이와 유사한 시설물의 인근에서 굴착 · 항타작업 등으로 침하 · 균열 등이 발생하여 붕괴의 위험이 예상된 경우
② 구조물, 건축물, 그 밖의 시설물이 그 자체의 무게 · 적설 · 풍압 또는 그 밖에 부가되는 하중 등으로 붕괴 등의 위험이 있을 경우
③ 화재 등으로 구축물 또는 이와 유사한 시설물의 내력이 심하게 저하되었을 경우
④ 구축물의 구조체가 과도한 안전 측으로 설계가 되었을 경우

정답 29 ① 30 ② 31 ④ 32 ① 33 ① 34 ④

해설 구축물의 구조체가 과도한 안전 측으로 설계가 되었을 경우는 안전진단 등 안전성 평가를 실시할 경우가 아니다. 보기 이외 오랜 기간 사용하지 아니하던 구축물 또는 이와 유사한 시설물을 재사용하게 되어 안전성을 검토하여야 하는 경우 등이 있다.

35 **거푸집 동바리 구조에서 높이가 l = 3.5m인 파이프서포트의 좌굴하중은?(단, 상부받이판과 하부받이판은 힌지로 가정하고, 단면 2차 모멘트 I = 8.31cm^4, 탄성계수 E = 2.1×10^{5}MPa)**

① 14,060N　② 15,060N
③ 16,060N　④ 17,060N

해설 오일러의 좌굴하중 $P_{cr} = \dfrac{n\pi^2 EI}{l^2} = \dfrac{\pi^2 EI}{(kl)^2}$,
상하부가 힌지인 경우 $kl = l$이고,
$1\text{N/m}^2 = 1\text{pa}$이므로

$$P_{cr} = \frac{\pi^2 \times 2.1 \times 10^5 \text{Mpa} \times 8.31\text{cm}^4}{3.5\text{m}^2}$$
$$= 140.6\text{Mpa} \cdot \text{cm}^2 = 14{,}060\text{N}$$

36 **옥외에 설치되어 있는 주행크레인은 순간풍속이 얼마 이상일 때 이탈방지장치를 작동시키는 등 이탈을 방지하기 위한 조치를 해야 하는가?**

① 순간풍속이 매초당 5m를 초과할 때
② 순간풍속이 매초당 10m를 초과할 때
③ 순간풍속이 매초당 20m를 초과할 때
④ 순간풍속이 매초당 30m를 초과할 때

해설 순간풍속이 30m/sec를 초과하는 바람이 불어올 우려가 있는 경우에는 옥외에 설치되어 있는 주행크레인에 대하여 이탈방지장치를 작동시키는 등 그 이탈을 방지하기 위한 조치를 하여야 한다.

37 **사다리식 통로 설치 시 사다리식 통로의 길이가 10m 이상인 경우에는 몇 m 이내마다 계단참을 설치해야 하는가?**

① 5m　② 7m
③ 9m　④ 10m

사다리식 통로의 설치기준은 다음과 같다.

1. 견고한 구조로 할 것
2. 심한 손상 · 부식 등이 없는 재료를 사용할 것
3. 발판의 간격은 일정하게 할 것
4. 발판과 벽 사이는 15cm 이상의 간격을 유지할 것
5. 폭은 30cm 이상으로 할 것
6. 사다리가 넘어지거나 미끄러지는 것을 방지하기 위한 조치를 할 것
7. 사다리의 상단은 걸쳐놓은 지점으로부터 60cm 이상 올라가도록 할 것
8. 사다리식 통로의 길이가 10m 이상인 경우에는 5m 이내마다 계단참을 설치할 것
9. 사다리식 통로의 기울기는 75° 이하로 할 것. 다만, 고정식 사다리식 통로의 기울기는 90° 이하로 하고, 그 높이가 7m 이상인 경우에는 바닥으로부터 높이가 2.5m 되는 지점부터 등받이울을 설치할 것
10. 접이식 사다리 기둥은 사용 시 접혀지거나 펼쳐지지 않도록 철물 등을 사용하여 견고하게 조치할 것

38 **이동식 비계의 안전에 대한 설명 중 옳지 않은 것은?**

① 승강용 사다리는 견고하게 설치한다.
② 작업대에는 안전난간을 설치한다.
③ 비계의 최대 높이는 밑변 최소폭의 6배 이하여야 한다.
④ 이동할 때에는 작업원이 없는 상태이어야 한다.

해설 이동식 비계 조립 시 비계의 최대높이는 밑면 최소폭의 4배 이하여야 한다.

정답 35 ① 36 ④ 37 ① 38 ③

39 관리감독자의 유해 · 위험 방지 업무에서 달비계 또는 높이 5m 이상의 비계를 조립 · 해체하거나 변경하는 작업과 관련된 직무수행 내용과 가장 거리가 먼 것은?

① 재료의 결함 유무를 점검하고 불량품을 제거하는 일
② 기구 · 공구 · 안전대 및 안전모 등의 기능을 점검하고 불량품을 제거하는 일
③ 작업방법 및 근로자 배치를 결정하고 작업 진행상태를 감시하는 일
④ 작업에 종사하는 근로자의 보안경 및 안전장갑의 착용 상황을 감시하는 일

해설 보기의 ①, ②, ③ 이외 '안전대와 안전모 등의 착용 상황을 감시하는 일'이 달비계 또는 높이 5m 이상의 비계를 조립 · 해체하거나 변경하는 작업에서 관리감독자의 유해 · 위험방지업무이다.

40 지면보다 낮은 땅을 파는 데 적합하고 수중굴착도 가능한 굴착기계는?

① 파워쇼벨
② 백호우
③ 가이데릭
④ 파일드라이버

백호우는 굴삭기가 위치한 지면보다 낮은 곳을 굴삭하는 데 적합하고 단단한 토질의 굴삭이 가능하다.

41 흙의 연경도 변화 한계를 애터버그(Atterberg) 한계라 한다. 체적변화에 따른 함수변화가 그림과 같을 때 PL과 LL사이는 어떤 상태인가?

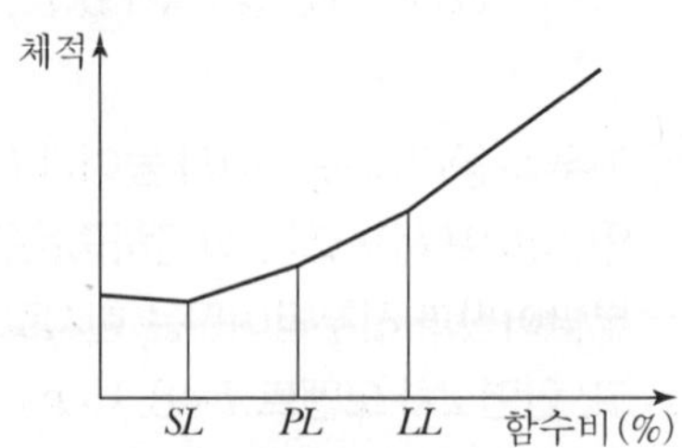

① 반고체 ② 고체
③ 액성 ④ 소성

애터버그한계(Atterberg Limits)

흙의 성질을 나타내기 위한 지수를 일컫는다. 흙은 함수비에 따라서 고체, 반고체, 소성, 액체 등의 네 가지 상태로 존재한다.

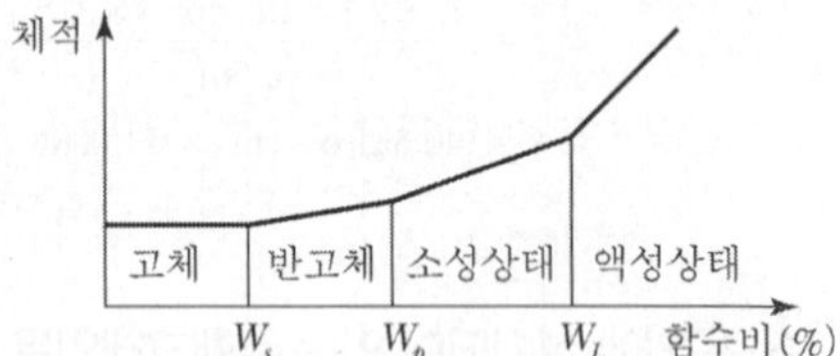

42 다음 중 직접기초의 터파기 공법이 아닌 것은?

① 개착 공법
② 시트파일 공법
③ 트렌치 컷 공법
④ 아일랜드 컷 공법

시트파일 공법은 흙막이 공법의 하나로 강판으로 된 말뚝을 박아 흙막이벽을 설치하는 공법이다.

정답 39 ④ 40 ② 41 ④ 42 ②

43 강변근처 흙막이 공사 중 굴착 바닥에서 물과 모래가 솟아올라 흙막이가 붕괴되었다. 이런 현상을 무엇이라 하는가?

① 동상
② 보일링
③ 파이핑
④ 틱스트로피

 보일링(Boiling)이란 투수성이 좋은 사질토 지반을 굴착할 때 흙막이벽 배면의 지하수위가 굴착저면보다 높을 때 굴착저면 위로 모래와 지하수가 솟아오르는 현상이다.

44 정격하중이 10톤인 크레인의 화물용 와이어로프에 대한 절단하중은 얼마인가?(단, 화물용 와이어로프의 안전계수는 5이다)

① 2톤 ② 5톤
③ 15톤 ④ 50톤

 와이어로프의 안전계수

$= \frac{\text{절단하중}}{\text{최대사용하중}}$ 이므로,

절단하중 = 안전계수 × 최대사용하중

= 5 × 10 = 50ton

45 굴착공사에서 경사면의 안정성을 확인하기 위한 검토사항에 해당되지 않는 것은?

① 지질조사
② 토질시험
③ 풍화의 정도
④ 경보장치 작동상태

 경보장치 작동상태는 경사면의 안정성을 확인하기 위한 검토사항과 거리가 멀다.

46 크레인 등 건설장비의 가공전선로 접근 시 안전대책이 아닌 것은?

① 안전 이격 거리를 유지하고 작업한다.
② 장비의 조립, 준비 시부터 가공전선로에 대한 감전 방지 수단을 강구한다.
③ 장비 사용 현장의 장애물, 위험물 등을 점검 후 작업계획을 수립한다.
④ 장비를 가공전선로 밑에 보관한다.

 장비를 가공전선로 밑에 보관하면 감전의 위험이 있다.

47 사면의 보호공법이 아닌 것은?

① 식생 공법
② 피복 공법
③ 낙석 방호 공법
④ 주입 공법

해설 사면 보호공법이란 비탈면파괴를 발생시키는 붕괴의 원인을 제거하여 비탈면을 보호하는 억제공을 말한다. 주입공법(그라우팅 공법)은 지반의 누수방지 및 개량을 위하여 지반의 공극에 시멘트페이스트, 규산나트륨, 벤토나이트액을 주입하여 흙의 투수성을 저하시키는 공법이다.

정답 43 ② 44 ④ 45 ④ 46 ④ 47 ④

PART 06 건설안전기술

제3회 예상문제

ENGINEER CONSTRUCTION SAFETY

01 다음 중 철골구조의 앵커볼트 매립과 관련된 사항 중 옳지 않은 것은?

① 기둥 중심은 기준선 및 인접기둥의 중심에서 3mm 이상 벗어나지 않을 것
② 앵커볼트는 매립 후에 수정하지 않도록 설치할 것
③ 베이스플레이트의 하단은 기준 높이 및 인접기둥의 높이에서 3mm 이상 벗어나지 않을 것
④ 앵커볼트는 기둥 중심에서 2mm 이상 벗어나지 않을 것

앵커볼트를 매립하는 정밀도는 다음의 범위 이내이어야 한다.
① 기둥 중심은 기준선 및 인접기둥의 중심에서 5mm 이상 벗어나지 않을 것
② 인접기둥 간 중심거리의 오차는 3mm 이하일 것
③ 앵커볼트는 정위치에서 2mm 이상 벗어나지 않을 것
④ 베이스 플레이트의 하단은 기준 높이 및 인접기둥의 높이에서 3mm 이상 벗어나지 않을 것

02 히빙(Heaving)현상의 방지대책으로 옳지 않은 것은?

① 흙막이 벽체의 근입깊이를 깊게 한다.
② 흙막이 벽체 배면의 지반을 개량하여 흙의 전단강도를 높인다.
③ 흙막이 배면의 토사를 제거하여 토압을 경감시킨다.
④ 주변 수위를 높인다.

주변 수위를 높이는 것은 옳은 방법이 아니다. 히빙에 대한 안전대책은 다음과 같다.
1. 흙막이벽의 근입장 깊이를 경질지반까지 연장
2. 굴착 주변의 상재하중을 제거
3. 시멘트, 약액주입공법 등으로 Grouting 실시
4. Well Point, Deep Well 공법으로 지하수위 저하
5. 굴착방식을 개선(Island Cut, Caisson 공법 등)

03 콘크리트의 타설을 위한 거푸집 동바리의 구조검토 시 가장 선행되어야 할 작업은?

① 각 부재에 생기는 응력에 대하여 안전한 단면을 산정한다.
② 하중 · 외력에 의하여 각 부재에 생기는 응력을 구한다.
③ 가설물에 작용하는 하중 및 외력의 종류, 크기를 산정한다.
④ 사용할 거푸집 동바리의 설치간격을 결정한다.

거푸집 동바리의 구조 검토 시 가설물에 작용하는 하중 및 외력의 종류, 크기를 우선적으로 산정한다.

정답 01 ① 02 ④ 03 ③

04 **클램쉘의 용도로 옳지 않은 것은?**

① 잠함 안의 굴착에 사용된다.
② 수면 아래의 자갈, 모래를 굴착하고 준설선에 많이 사용된다.
③ 건축구조물의 기초 등 정해진 범위의 깊은 굴착에 적합하다.
④ 단단한 지반의 작업도 가능하며, 굴착속도가 빠르고 특히 암반굴착에 적합하다.

해설 클램쉘은 좁은 장소의 깊은 굴삭에 효과적이다. 정확한 굴삭과 단단한 지반작업은 어렵지만 수중굴삭, 교량기초, 건축물 지하실 공사 등에 쓰인다.

05 **표준관입시험에 대한 내용으로 옳지 않은 것은?**

① N치는 지반을 30cm 굴진하는 데 필요한 타격횟수이다.
② 50/3의 표기에서 50은 굴진수치, 3은 타격횟수를 의미한다.
③ 63.5kg 무게의 추를 76cm 높이에서 자유낙하하여 타격하는 시험이다.
④ 사질지반에 적용하며, 점토지반에서는 편차가 커서 신뢰성이 떨어진다.

해설 50/3에서 50은 타격횟수, 3은 굴진수치를 의미한다.

06 **지반조사 보고서의 내용에 해당되지 않는 항목은?**

① 지반공학적 조건
② 표준관입시험치, 콘관입저항치 결과분석
③ 시공 예정인 흙막이 공법
④ 건설할 구조물에 대한 지반특성

지반조사 보고서에는 구조물을 시공할 위치의 지반의 성질, 공학적 특성 및 시험결과 등이 수록되어 있다.

07 **다음 중 계측기의 설치목적에 맞지 않은 것은?**

① 지표침하계 – 지표면의 침하량 변화 측정
② 지하수위계 – 지반 내 지하수위 변화 측정
③ 하중계 – 상부 적재하중의 변화 측정
④ 지중경사계 – 지중의 수평변위 측정

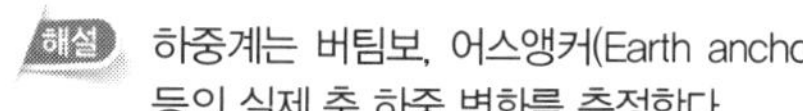
해설 하중계는 버팀보, 어스앵커(Earth anchor) 등의 실제 축 하중 변화를 측정한다.

08 **옥외에 설치되어 있는 주행 크레인은 순간풍속이 얼마 이상일 때 이탈방지장치를 작동시키는 등 이탈을 방지하기 위한 조치를 해야 하는가?**

① 순간풍속이 매 초당 20m 초과시
② 순간풍속이 매 초당 25m 초과시
③ 순간풍속이 매 초당 30m 초과시
④ 순간풍속이 매 초당 35m 초과시

해설 (안전보건규칙 제140조) 순간풍속이 30m/sec를 초과하는 바람이 불어올 우려가 있는 경우에는 옥외에 설치되어 있는 주행크레인에 대하여 이탈방지장치를 작동시키는 등 그 이탈을 방지하기 위한 조치를 하여야 한다.

정답 04 ④ 05 ② 06 ③ 07 ③ 08 ③

09 **철골조립작업에서 안전한 작업발판과 안전난간을 설치하기가 곤란한 경우 작업원에 대한 안전대책으로 가장 올바른 것은?**

① 안전대 및 구명로프 사용
② 안전모 및 안전화 착용
③ 출입금지 조치
④ 작업중지 조치

 작업발판과 안전난간을 설치하기 곤란한 경우 안전대 및 구명로프를 사용해야 한다.

10 **철근콘크리트 구조물의 해체를 위한 장비가 아닌 것은?**

① 철제 래머(Rammer)
② 압쇄기
③ 철제 해머
④ 핸드 브레이커(Hand Breaker)

 래머(Rammer)는 다짐기계이다. 철근콘크리트 구조물의 해체 종류에는 압쇄기, 철제 해머, 대형 브레이커, 핸드 브레이커, 팽창제, 절단톱 등이 있다.

11 **다음 중 철근 인력운반에 대한 설명으로 옳지 않은 것은?**

① 운반할 때에는 중앙부를 묶어 운반한다.
② 긴 철근은 두 사람이 한 조가 되어 어깨메기로 운반하는 것이 좋다.
③ 운반 시 1인당 무게는 25kg 정도가 적당하다.
④ 긴 철근을 한 사람이 운반할 때는 한쪽을 어깨에 메고 한쪽 끝을 땅에 끌면서 운반한다.

 콘크리트공사의 표준안전 작업지침의 내용으로 철근을 인력으로 운반할 경우 준수사항은 다음과 같다.

① 1인당 무게는 25kg 이하로 제한하여 무리한 운반을 피하여야 한다.
② 2인 이상이 1조가 되어 어깨메기로 운반하여 안전을 도모하여야 한다.
③ 긴 철근을 부득이 한 사람이 운반할 경우에는 한쪽을 어깨에 메고 한쪽 끝을 끌면서 운반하여야 한다.
④ 운반할 경우에는 양끝을 묶어 운반하여야 한다.
⑤ 내려놓을 경우에는 천천히 내려놓고 던지지 않아야 한다.
⑥ 공동작업을 할 경우에는 신호에 따라 작업을 하여야 한다.

12 **지반조사의 간격 및 깊이에 대한 내용으로 옳지 않은 것은?**

① 조사간격은 지층상태, 구조물의 규모에 따라 결정한다.
② 지층이 복잡한 경우에는 기 조사한 간격 사이에 보완조사를 실시한다.
③ 절토, 개착, 터널구간은 기반암의 심도 5~6m까지 확인한다.
④ 조사 깊이는 액상화 문제가 있는 경우에는 모래층 하단에 있는 단단한 지지층까지 조사한다.

 절토, 개착, 터널구간에서 기반암이 확인이 안 된 경우 기반암의 심도 2m까지 확인한다.

13 **앵글도저보다 큰 각으로 움직일 수 있어 흙을 깎아 옆으로 밀어내면서 전진하므로 제설, 제토작업 및 다량의 흙을 전방으로 밀고 가는 데 적합한 불도저는?**

① 스트레이트도저 ② 틸트도저
③ 레이크도저 ④ 힌지도저

정답 09 ① 10 ① 11 ① 12 ③ 13 ④

해설 도저는 트랙터의 전면에 블레이드(blade)를 설치하고 후면에 윈치, 리퍼(곡괭이) 등 부수 장치를 가진 토공기계로 흙 밀기(송토), 흙 파기(굴토), 흙 넓히기(확토) 작업에 쓰인다. 스트레이트 도저는 굴토 및 송토작업, 틸트 도저는 V형 배수로 구축, 제방경사작업, 나무 뿌리 제거작업, 앵글도저는 송토작업, 레이크 도저는 호박돌 채취나 뿌리제거에 유리하다. 힌지도저는 배토판 중앙에 힌지를 붙여 안팎으로 V자형으로 꺾을 수 있는 도저로 다량의 흙을 전방으로 밀고 가는 데 적합하다.

14 흙의 특징으로 옳지 않은 것은?

① 흙은 선형재료이며, 응력－변형률 관계가 일정하게 정의된다.
② 흙의 성질은 본질적으로 비균질, 비등방성이다.
③ 흙의 거동은 연약지반에 하중이 작용하면 시간의 변화에 따라 압밀침하가 발생한다.
④ 점토 대상이 되는 흙은 지표면 밑에 있기 때문에 지반의 구성과 공학적 성질은 시추를 통해서 자세히 판명된다.

해설 흙은 비선형 재료이며, 응력－변형률 관계가 일정하게 정의되지 않는다.

15 산업안전보건기준에 관한 규칙에서 규정하고 있는 거푸집 동바리 구조의 안전조치 사항으로 잘못된 것은?

① 동바리의 상하고정 및 미끄러짐 방지 조치를 하고, 하중의 지지상태를 유지한다.
② 파이프 서포트를 제외한 동바리로 사용하는 강관은 높이 2m마다 수평연결재를 2개 방향으로 만들고 수평연결재의 변위를 방지한다.
③ 강재와 접속부 및 교차부는 철선을 사용하여 단단히 연결한다.
④ 동바리로 사용하는 파이프서포트는 3본 이상이어서 사용하지 아니한다.

해설 강재와 접속부 및 교차부는 볼트 · 클램프 등 전용 철물을 사용하여 단단히 연결한다.

16 토석붕괴의 위험이 있는 사면에서 작업할 경우의 행동으로 옳지 않은 것은?

① 동시작업의 금지
② 대피공간의 확보
③ 2차재해의 예방
④ 급격한 경사면 계획

해설 급격한 경사면은 토석붕괴를 야기할 수 있다.

17 흙막이 벽을 설치하여 기초굴착작업 중 굴착부 바닥이 솟아올랐다. 이에 대한 대책으로 옳지 않은 것은?

① 굴착주변의 상재하중을 증가시킨다.
② 흙막이 벽의 근입 깊이를 깊게 한다.
③ 지하수 유입을 막는다.
④ 토류벽의 배면토압을 경감시킨다.

해설 연약 점토지반에서 기초굴착작업 중 굴착부 바닥이 솟아오르는 현상은 히빙현상으로 이에 대한 대책은 다음과 같다.
1. 흙막이벽의 근입장 깊이를 경질지반까지 연장
2. 굴착 주변의 상재하중을 제거
3. 시멘트, 약액주입공법 등으로 Grouting 실시
4. Well Point, Deep Well 공법으로 지하수위 저하
5. 굴착방식을 개선(Island Cut, Caisson 공법 등)

정답 14 ① 15 ③ 16 ④ 17 ①

18 다음 중 압쇄기를 사용하여 건물해체 시의 순서가 가장 바르게 된 것은?

A : 보	B : 기둥
C : 슬래브	D : 벽체

① A－B－C－D
② A－C－B－D
③ C－A－D－B
④ D－C－B－A

해설 압쇄기의 파쇄작업순서는 슬래브, 보, 벽체, 기둥의 순서이다.

19 다음의 철골작업에서의 승강로 설치기준 중 ( ) 안에 알맞은 숫자는?

> 사업주는 근로자가 수직방향으로 이동하는 철골부재에는 답단 간격이 ( ) 센티미터 이내인 고정된 승강로를 설치하여야 한다.

① 20　② 30
③ 40　④ 50

산업안전보건기준에 관한 규칙 제381조(승강로의 설치) 사업주는 근로자가 수직방향으로 이동하는 철골부재(鐵骨部材)에는 답단(踏段) 간격이 30센티미터 이내인 고정된 승강로를 설치하여야 하며, 수평방향 철골과 수직방향 철골이 연결되는 부분에는 연결작업을 위하여 작업발판 등을 설치하여야 한다.

20 말뚝을 절단할 때 내부응력에 가장 큰 영향을 받는 말뚝은?

① 나무말뚝　② PC말뚝
③ 강말뚝　④ RC말뚝

해설 PC말뚝은 프리스트레스로 인해 내부응력에 가장 큰 영향을 받는다.

21 가설계단 및 계단참을 설치하는 때에는 매 m^2당 몇 kg 이상의 하중에 견딜 수 있는 강도를 가진 구조로 설치하여야 하는가?

① 200kg　② 300kg
③ 400kg　④ 500kg

해설 계단 및 계단참을 설치하는 경우에는 500 kg/m^2 이상의 하중에 견딜 수 있는 강도를 가진 구조이어야 한다.

22 다음 중 작업발판 일체형 거푸집이 아닌 것은?

① 갱폼　② 슬립폼
③ 유로폼　④ 슬라이딩폼

해설 유로폼은 작업발판 일체형 거푸집이 아니다.

23 콘크리트 측압에 관한 설명으로 옳은 것은?

① 거푸집의 수밀성이 크면 측압은 작아진다.
② 철근의 양이 적으면 측압은 작아진다.
③ 부어 넣기 속도가 빠르면 측압은 작아진다.
④ 외기의 온도가 낮을수록 측압은 커진다.

해설 측압이 커지는 조건

- 거푸집 부재단면이 클수록
- 거푸집 수밀성이 클수록
- 거푸집의 강성이 클수록
- 거푸집 표면이 평활할수록
- 시공연도(Workability)가 좋을수록
- 철골 또는 철근량이 적을수록

정답 18 ③ 19 ② 20 ② 21 ④ 22 ③ 23 ④

- 외기온도가 낮을수록, 습도가 높을수록
- 콘크리트의 타설속도가 빠를수록
- 콘크리트의 다짐이 좋을수록
- 콘크리트의 Slump가 클수록
- 콘크리트의 비중이 클수록 등

24 달비계 설치 시 와이어로프를 사용할 경우 사용가능한 와이어로프의 조건은?

① 지름의 감소가 공칭지름의 8% 이상인 것
② 이음매가 없는 것
③ 심하게 변형 또는 부식된 것
④ 한 꼬임에서 끊어진 소선의 수가 10% 이상인 것

해설 와이어로프의 사용금지기준(안전보건규칙 제63조)

1. 이음매가 있는 것
2. 와이어로프의 한 꼬임에서 끊어진 소선의 수가 10퍼센트 이상인 것
3. 지름의 감소가 공칭지름의 7퍼센트를 초과하는 것
4. 꼬인 것
5. 심하게 변형되거나 부식된 것
6. 열과 전기충격에 의해 손상된 것

25 흙의 투수계수에 영향을 주는 인자에 관한 설명 중 틀린 것은?

① 공극비 : 공극비가 클수록 투수계수는 작다.
② 포화도 : 포화도가 클수록 투수계수도 크다.
③ 유체의 점성계수 : 점성계수가 클수록 투수계수는 작다.
④ 유체의 밀도 : 유체의 밀도가 클수록 투수계수는 크다.

해설 공극비가 클수록 투수계수는 크다.

$$K = D_s^2 \cdot \frac{\gamma_w}{\eta} \cdot \frac{e^3}{(1+2)} \cdot C$$

여기서, K : 투수계수
D_s : 유효입경
γ_w : 물의 단위중량
η : 물의 점성계수
e : 공극비
C : 형상계수

26 다음 중 장비 자체보다 높은 장소의 땅을 굴착하는 데 적합한 장비는?

① 파워쇼벨(Power Shovel)
② 불도저(Bulldozer)
③ 드래그라인(Drag Line)
④ 클램셸(Clam Shell)

해설 파워쇼벨은 굴삭기가 위치한 지면보다 높은 곳을 굴삭하는 데 적합하다.

27 작업장 출입구 설치 시 준수해야 할 사항으로 옳지 않은 것은?

① 주목적이 하역운반기계용인 출입구에는 보행자용 출입구를 따로 설치하지 않을 것
② 출입구의 위치 · 수 및 크기가 작업장의 용도와 특성에 적합하도록 할 것
③ 출입구에 문을 설치하는 경우에는 근로자가 쉽게 열고 닫을 수 있도록 할 것
④ 계단이 출입구와 바로 연결된 경우에는 작업자의 안전한 통행을 위하여 그 사이에 1.2m 이상 거리를 두거나 안내표지 또는 비상벨 등을 설치할 것

해설 하역운반기계용인 출입구에는 보행자용 출입구를 따로 설치하여 하역운반기계와 근로자(보행자)가 충돌하는 것을 방지하여야 한다.

정답 24 ② 25 ① 26 ① 27 ①

28 다음 중 수중굴착 공사에 가장 적합한 건설기계는?

① 스크레이퍼 ② 불도저
③ 파워쇼벨 ④ 클램쉘

 클램쉘은 정확한 굴삭과 단단한 지반작업은 어렵지만 수중굴삭, 교량기초, 건축물 지하실 공사 등에 쓰인다.

29 산업안전보건기준에 관한 규칙에 따른 굴착면의 기울기 기준으로 틀린 것은?

① 모래 1 : 1.8
② 연암 및 풍화암 1 : 1.0
③ 경암 1 : 0.8
④ 그 밖의 흙 1 : 1.2

해설 굴착면의 기울기 기준

지반의 종류	굴착면의 기울기
모래	1 : 1.8
연암 및 풍화암	1 : 1.0
경암	1 : 0.5
그 밖의 흙	1 : 1.2

30 말비계를 조립하여 사용할 때에 준수하여야 할 기준으로 틀린 것은?

① 말비계의 높이가 2m를 초과할 경우에는 작업발판의 폭을 30cm 이상으로 할 것
② 지주부재와 수평면의 기울기는 75° 이하로 할 것
③ 지주부재의 하단에는 미끄럼 방지장치를 할 것
④ 지주부재와 지주부재 사이를 고정시키는 보조부재를 설치할 것

해설 말비계 조립 시 준수사항은 다음과 같다.
㉠ 지주부재의 하단에는 미끄럼 방지장치를 하고, 근로자가 양측 끝부분에 올라서서 작업하지 않도록 할 것
㉡ 지주부재와 수평면의 기울기를 75° 이하로 하고, 지주부재와 지주부재 사이를 고정시키는 보조부재를 설치할 것
㉢ 말비계의 높이가 2m를 초과할 경우에는 작업발판의 폭을 40cm 이상으로 할 것

31 항만 하역작업 시 근로자 승강용 현문사다리 및 안전망을 설치하여야 하는 선박은 최소 몇 톤 이상일 경우인가?

① 500톤
② 300톤
③ 200톤
④ 100톤

 선박승강설비의 설치의 기준에 관한 내용으로 300톤급 이상의 선박에서 하역작업을 하는 때에는 근로자들이 안전하게 승강할 수 있는 현문사다리를 설치하여야 하며, 이 사다리 밑에 안전망을 설치하여야 한다.

32 낙하 · 비래재해의 발생 원인으로 틀린 것은?

① 매달기 작업 시 결속방법 불량
② 자재 투하 시 투하설비 미설치
③ 작업바닥의 폭, 간격 등 구조불량
④ 낙하물 방지망의 과다 설치

해설 낙하물 방지망은 낙하 · 비래재해 예방 설비이다.

정답 28 ④ 29 ③ 30 ① 31 ② 32 ④

33 **다음 중 사면지반 개량공법에 속하지 않는 것은?**

① 전기화학적 공법
② 석회 안정처리공법
③ 이온교환공법
④ 옹벽공법

해설 옹벽공법은 비탈면 보강공법의 하나로 구조물에 의하여 활동이나 붕괴에 직접 저항시키고자 하는 억지공을 말한다.

34 **철골용접부의 내부결함을 검사하는 방법으로 틀린 것은?**

① 알칼리 반응시험
② 방사선 투과시험
③ 자기분말 탐상시험
④ 침투 탐상시험

해설 철골용접부의 내부결함을 검사하는 방법은 다음과 같다.
㉠ 방사선 투과시험(Radiographic Test)
㉡ 초음파 탐상시험(Ultrasonic Test)
㉢ 자기분말 탐상시험(Magnetic Particle Test)
㉣ 침투 탐상시험(Penetration Particle Test)
㉤ 와류 탐상시험(Eddy Current Test)

35 **건설기계에 관한 다음 설명 중 옳은 것은?**

① 가이데릭은 철골세우기 공사에 사용된다.
② 백호는 중기가 지면보다 높은 곳의 땅을 파는 데 적합하다.
③ 항타기 및 항발기에서 버팀대만으로 상단부분을 안정시키는 경우에는 버팀대를 2개 이상 사용해야 한다.
④ 불도저의 규격은 블레이드의 길이로 표시한다.

 가이데릭(Guy Derrick)은 철골부재 세우기용 기중기이다.

36 **다음은 강관틀비계를 조립하여 사용할 때 준수해야 하는 기준이다. ( ) 안에 알맞은 숫자를 나열한 것은?**

길이가 띠장방향으로 (A)미터 이하이고 높이가 (B)미터를 초과하는 경우에는 (C)미터 이내마다 띠장방향으로 버팀기둥을 설치할 것

① (A) : 4, (B) : 10, (C) : 5
② (A) : 4, (B) : 10, (C) : 10
③ (A) : 5, (B) : 10, (C) : 5
④ (A) : 5, (B) : 10, (C) : 10

 강관틀비계의 구조는 길이가 띠장방향에서 4m 이하이고 높이가 10m를 초과하는 경우에는 10m 이내마다 띠장방향으로 버팀기둥을 설치해야 한다.

37 **롤러의 표면에 돌기를 만들어 부착한 것으로 풍화암을 파쇄하고 흙 속의 간극수압을 제거하는 작업에 적합한 장비는?**

① Tandem roller
② Macadam roller
③ Tamping roller
④ Tire roller

해설 탬핑롤러는 철륜 표면에 다수의 돌기를 붙여 접지면적을 작게 하여 접지압을 증가시킨 롤러이다.

정답 33 ④ 34 ① 35 ① 36 ② 37 ③

38 연약지반 처리공법 중 점성토 지반의 개량공법이 아닌 것은?

① 여성토공법
② 샌드 드레인 공법
③ 페이퍼 드레인 공법
④ 다짐모래말뚝공법

해설 **점성토 연약지반 개량공법**

㉠ 치환공법
㉡ 재하공법(프리로딩공법(Pre-Loading), 압성토공법(Surcharge), 사면선단 재하공법)
㉢ 탈수공법(샌드드레인, 페이퍼드레인, 팩드레인 공법)
㉣ 배수공법(중력배수, 강제배수)
㉤ 고결공법 등이 있으며 사질지반 개량공법
- 진동다짐공법(Vibro Floatation)
- 동다짐(압밀)공법
- 약액주입공법
- 폭파다짐공법
- 전기충격공법
- 모래다짐말뚝공법

39 거푸집 해체에 관한 설명 중 틀린 것은?

① 일반적으로 수평부재의 거푸집은 연직부재의 거푸집보다 빨리 떼어낸다.
② 응력을 거의 받지 않는 거푸집은 24시간이 경과하면 떼어내도 좋다.
③ 라멘, 아치 등의 구조물은 콘크리트의 크리프로 인한 균열을 적게 하기 위하여 가능한 한 거푸집을 오래 두어야 한다.
④ 거푸집을 떼어내는 시기는 시멘트의 성질, 콘크리트의 배합, 구조물 종류와 중요성, 부재가 받는 하중, 기온 등을 고려하여 신중하게 정해야 한다.

해설 일반적으로 연직부재의 거푸집을 수평부재 거푸집보다 빨리 떼어낸다.

40 흙막이 말뚝에 대한 지하수 재해 방지상 유의하여야 할 점으로 틀린 것은?

① 토압, 수압, 적재하중 등에 대하여 계획과 시공 중 관찰 측정한 결과를 비교 검토한다.
② 흙막이 말뚝의 근입깊이를 짧게 하여 히빙 현상을 방지한다.
③ 지하수, 복류수 등의 상황을 고려하여 충분한 지수효과를 갖도록 조치한다.
④ 누수, 출수 등을 조기 발견할 수 있도록 해야 하며, 누수, 출수의 우려가 있을 경우에는 적절한 조치를 취한다.

해설 히빙과 보일링을 방지하려면 흙막이 말뚝의 근입깊이를 깊게 하여야 한다.

41 비계 설치 시 벽 이음을 하는 가장 중요한 이유는?

① 비계 설치의 작업성을 높이기 위하여
② 비계 점검 및 보수의 편의를 위하여
③ 비계의 무너짐 방지와 좌굴을 방지하기 위하여
④ 비계 작업발판의 설치를 위하여

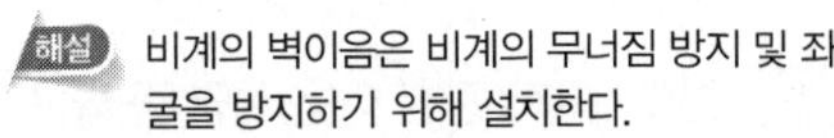
해설 비계의 벽이음은 비계의 무너짐 방지 및 좌굴을 방지하기 위해 설치한다.

42 토사붕괴의 예방대책으로 틀린 것은?

① 적절한 경사면의 기울기를 계획한다.
② 활동할 가능성이 있는 토석은 제거하여야 한다.
③ 지하수위를 높인다.
④ 말뚝(강관, H형강, 철근콘크리트)을 타입하여 지반을 강화시킨다.

정답 38 ④ 39 ① 40 ② 41 ③ 42 ③

해설 토사붕괴 예방조치에는 다음과 같은 것이 있다.
- 적절한 경사면의 기울기 계획(굴착면 기울기 기준 준수)
- 경사면의 기울기가 당초 계획과 차이 발생 시 즉시 재검토하여 계획 변경
- 활동할 가능성이 있는 토석은 제거
- 경사면의 하단부에 압성토 등 보강공법으로 활동에 대한 저항대책 강구
- 말뚝(강관, H형강, 철근콘크리트)을 타입하여 지반 강화
- 지표수와 지하수의 침투를 방지

43 크레인을 사용하여 작업을 하는 경우 준수하여야 하는 사항으로 옳지 않은 것은?

① 인양할 화물을 바닥에서 끌어당기거나 밀어내는 작업을 할 것
② 고정된 물체를 직접 분리 · 제거하는 작업을 하지 아니할 것
③ 미리 근로자의 출입을 통제하여 인양 중인 화물이 작업자의 머리 위로 통과하지 않도록 할 것
④ 인양할 화물이 보이지 아니하는 경우에는 어떠한 동작도 하지 아니할 것

인양할 화물을 바닥에서 끌어당기거나 밀어내는 작업을 하지 아니하여야 한다.

정답 43 ①

과년도 기출복원문제

2017년 1회	2017년 3월 5일 시행	2021년 1회	2021년 3월 7일 시행
2017년 2회	2017년 5월 7일 시행	2021년 2회	2021년 5월 15일 시행
2017년 4회	2017년 9월 23일 시행	2021년 4회	2021년 9월 12일 시행
2018년 1회	2018년 3월 4일 시행	2022년 1회	2022년 3월 5일 시행
2018년 2회	2018년 4월 28일 시행	2022년 2회	2022년 4월 24일 시행
2018년 4회	2018년 9월 15일 시행	2022년 4회	2022년 9월 14일 시행
2019년 1회	2019년 3월 3일 시행	2023년 1회	2023년 2월 13일 시행
2019년 2회	2019년 4월 27일 시행	2023년 2회	2023년 5월 13일 시행
2019년 4회	2019년 9월 21일 시행	2023년 4회	2023년 9월 2일 시행
2020년 1,2회	2020년 6월 6일 시행		
2020년 3회	2020년 8월 22일 시행		
2020년 4회	2020년 9월 26일 시행		

ENGINEER CONSTRUCTION SAFETY

2017년 3월 5일 시행

ENGINEER CONSTRUCTION SAFETY

제1과목 산업안전관리론

01 산업안전보건법령상 안전 · 보건표지 중 색채와 색도기준의 연결이 옳은 것은?

① 흰색 : N0.5
② 녹색 : 5G 5.5/6
③ 빨간색 : 5R 4/12
④ 파란색 : 2.5PB 4/10

해설

색채	색도 기준	용도	사용 예
빨간색	7.5R 4/14	금지	정지신호, 소화설비 및 그 장소, 유해행위의 금지
		경고	화학물질 취급장소에서의 유해 · 위험 경고
노란색	5Y 8.5/12	경고	화학물질 취급장소에서의 유해 · 위험 경고 이외의 위험 경고, 주의표지 또는 기계 방호물
파란색	2.5PB 4/10	지시	특정 행위의 지시 및 사실의 고지
녹색	2.5G 4/10	안내	비상구 및 피난소, 사람 또는 차량의 통행표지
흰색	N9.5		파란색 또는 녹색에 대한 보조색
검은색	N0.5		문자 및 빨간색 또는 노란색에 대한 보조색

02 위험예지훈련 4R 방식 중 위험 포인트를 결정하여 지적 확인하는 단계로 옳은 것은?

① 1단계(현상파악)
② 2단계(본질추구)
③ 3단계(대책수립)
④ 4단계(목표설정)

해설 위험예지훈련의 추진을 위한 문제해결 4단계(4라운드)

- 1라운드 : 현상파악(사실의 파악) – 어떤 위험이 잠재하고 있는가?
- 2라운드 : 본질추구(원인조사) – 이것이 위험의 포인트다.(지적 확인)
- 3라운드 : 대책수립(대책을 세운다) – 당신이라면 어떻게 하겠는가?
- 4라운드 : 목표설정(행동계획 작성) – 우리들은 이렇게 하자!

03 버드(Frank Bird)의 새로운 도미노 이론으로 연결이 옳은 것은?

① 제어의 부족 → 기본 원인 → 직접 원인 → 사고 → 상해
② 관리구조 → 작전적 에러 → 전술적 에러 → 사고 → 상해
③ 유전과 환경 → 인간의 결함 → 불안전한 행동 및 상태 → 재해 → 상해
④ 유전적 요인 및 사회적 환경 → 개인적 결함 → 불안전한 행동 및 상태 → 사고 → 상해

정답 01 ④ 02 ② 03 ①

 **버드(Frank Bird)의 신도미노이론**

- 1단계 : 통제의 부족(관리 소홀), 재해 발생의 근원적 요인
- 2단계 : 기본 원인(기원), 개인적 또는 과업과 관련된 요인
- 3단계 : 직접 원인(징후), 불안전한 행동 및 불안전한 상태
- 4단계 : 사고(접촉)
- 5단계 : 상해(손해)

04 산업안전보건기준에 관한 규칙에 따른 고소작업대를 사용하여 작업을 할 때 작업 시작 전 점검사항에 해당하지 않는 것은?

① 작업면의 기울기 또는 요철 유무
② 아우트리거 또는 바퀴의 이상 유무
③ 충전장치를 포함한 홀더 등의 결합상태의 이상 유무
④ 비상정지장치 및 비상하강 방지장치 기능의 이상 유무

 **고소작업대를 사용하여 작업을 할 때 작업 시작 전 점검사항**

- 비상정지장치 및 비상하강 방지장치 기능의 이상 유무
- 과부하 방지장치의 작동 유무(와이어로프 또는 체인구동방식의 경우)
- 아우트리거 또는 바퀴의 이상 유무
- 작업면의 기울기 또는 요철 유무
- 활선작업용 장치의 경우 홈 · 균열 · 파손 등 그 밖의 손상 유무

05 산업재해의 발생빈도를 나타내는 것으로 연간 총 근로시간 합계 100만 시간당 재해발생건수에 해당되는 것은?

① 도수율 ② 강도율
③ 연천인율 ④ 종합재해지수

 **도수율**

근로자가 입사하여 퇴직할 때까지(40년 = 100만 시간) 당할 수 있는 재해건수를 말함

06 산업안전보건법령상 안전보건관리규정을 작성해야 하는 사업의 사업주는 안전보건관리규정을 작성해야 할 사유가 발생한 날부터 며칠 이내에 작성해야 하는가?

① 15일 ② 30일
③ 60일 ④ 90일

해설 **안전보건관리규정의 작성 · 변경 절차**

1. 안전보건관리규정을 작성하여야 할 사업은 상시 근로자 100명 이상을 사용하는 사업으로 한다.
2. 사업주는 안전보건관리규정을 작성하여야 할 사유가 발생한 날부터 30일 이내에 안전보건관리규정을 작성하여야 한다. 이를 변경할 사유가 발생한 경우에도 또한 같다.

07 산업재해의 발생형태에 따른 분류 중 단순연쇄형에 해당하는 것은?(단, O는 재해발생의 각종 요소를 나타낸다.)

① O, O, O, O, O → 재해 (각 요소가 재해로 집중)
② O → O → O → O → 재해
③ O → O → O ↘ 재해 / O → O → O ↗ 재해
④ O, O, O → O → O → 재해

정답 04 ③ 05 ① 06 ② 07 ②

해설 연쇄형(사슬형)

하나의 사고요인이 또 다른 요인을 발생시키면서 재해를 발생시키는 유형이다. 단순연쇄형과 복합연쇄형이 있다.

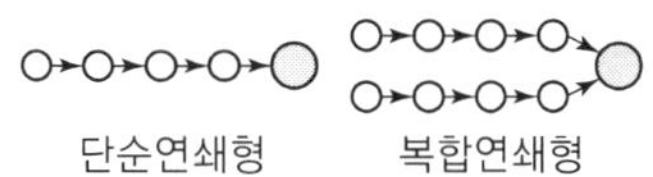

08 연평균 근로자 수가 500명인 사업장에 1년간 3명의 사상자가 발생한 경우 이 작업장의 연천인율은?

① 4　② 5
③ 6　④ 7

해설

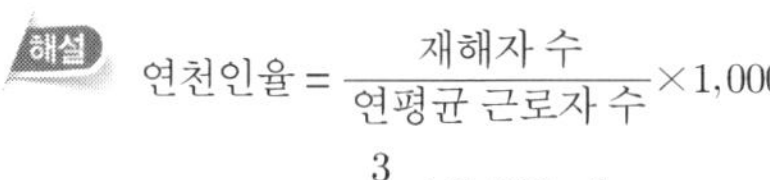

$$\text{연천인율} = \frac{\text{재해자 수}}{\text{연평균 근로자 수}} \times 1{,}000 = \frac{3}{500} \times 1{,}000 = 6$$

09 산업안전보건법령상 해당 사업장의 연간재해율이 같은 업종의 평균재해율의 2배 이상인 경우 사업주에게 관리자를 정수 이상으로 증원하게 하거나 교체하여 임명할 것을 명할 수 있는 자는?

① 시 · 도지사
② 고용노동부장관
③ 국토교통부장관
④ 지방고용노동관서의 장

해설 안전관리자 등의 증원 · 교체임명 명령

지방고용노동관서의 장은 다음 각 호의 어느 하나에 해당하는 사유가 발생한 경우에는 법 제15조 제3항과 법 제16조 제3항에 따라 사업주에게 안전관리자나 보건관리자(이하 "관리자"라 한다)를 정수 이상으로 증원하게 하거나 교체하여 임명할 것을 명할 수 있다.

10 중대재해 발생 사실을 알게 된 경우 지체없이 관할 지방고용노동관서의 장에게 보고해야 하는 사항이 아닌 것은?(단, 천재지변 등 부득이한 사유가 발생한 경우는 제외한다.)

① 발생개요　② 피해 상황
③ 조치 및 전망　④ 재해손실비용

해설 산업재해 발생 시 보고사항

- 발생개요 및 피해 상황
- 조치 및 전망
- 그 밖의 중요한 사항

11 사고예방대책의 기본원리 5단계 중 제2단계는?

① 안전조직　② 사실의 발견
③ 분석 평가　④ 시정책 적용

해설 사고방지의 기본원리 5단계

조직 → 사실의 발견(안전점검 및 사고조사) → 분석 → 시정책의 선정 → 시정책의 적용

12 산업안전보건법령상 안전인증대상 기계 · 기구 등에 해당하지 않는 것은?

① 크레인　② 곤돌라
③ 컨베이어　④ 사출성형기

해설 안전인증대상기계 · 기구

1. 프레스　2. 전단기 및 절곡기
3. 크레인　4. 리프트
5. 압력용기　6. 롤러기
7. 사출성형기(射出成形機)
8. 고소(高所) 작업대
9. 곤돌라

정답 08 ③　09 ④　10 ④　11 ②　12 ③

13 매슬로의 욕구 5단계 이론 중 2단계에 해당하는 것은?

① 생리적 욕구
② 사회적(애정적) 욕구
③ 안전에 대한 욕구
④ 존경과 긍지에 대한 욕구

해설 **매슬로(Maslow)의 욕구단계이론**

- 생리적 욕구(제1단계)
  기아, 갈증, 호흡, 배설, 성욕 등
- 안전의 욕구(제2단계)
  안전을 기하려는 욕구
- 사회적 욕구(제3단계)
  소속 및 애정에 대한 욕구(친화 욕구)
- 자기존경의 욕구(제4단계)
  자기존경의 욕구로 자존심, 명예, 성취, 지위에 대한 욕구(승인의 욕구)
- 자아실현의 욕구(제5단계)
  잠재적인 능력을 실현하고자 하는 욕구(성취욕구)

14 무재해 운동 기본이념의 3원칙이 아닌 것은?

① 무의 원칙
② 상황의 원칙
③ 참가의 원칙
④ 선취의 원칙

해설 **무재해 운동의 3원칙**

1. 무의 원칙 : 모든 잠재위험요인을 사전에 발견 · 파악 · 해결함으로써 근원적으로 산업재해를 없앤다.
2. 참여의 원칙(참가의 원칙) : 작업에 따르는 잠재적인 위험요인을 발견 · 해결하기 위하여 전원이 협력하여 문제해결 운동을 실천한다.
3. 안전제일의 원칙(선취의 원칙) : 직장의 위험요인을 행동하기 전에 발견 · 파악 · 해결하여 재해를 예방한다.

15 산업안전보건기준에 관한 규칙에 따른 근로자가 상시 작업하는 장소의 작업면의 최소조도기준으로 옳은 것은?(단, 갱내 작업장과 감광재료를 취급하는 작업장은 제외한다.)

① 초정밀작업 : 1,000럭스 이상
② 정밀작업 : 500럭스 이상
③ 보통작업 : 150럭스 이상
④ 그 밖의 작업 : 50럭스 이상

해설 **작업별 조도기준(산업안전보건에 관한 규칙 제8조)**

(1) 초정밀작업 : 750lux 이상
(2) 정밀작업 : 300lux 이상
(3) 보통작업 : 150lux 이상
(4) 기타 작업 : 75lux 이상

16 안전관리조직의 형태 중 라인 · 스태프형에 대한 설명으로 옳은 것은?

① 1,000명 이상의 대규모 사업장에 적합하다.
② 명령과 보고가 상하관계로 간단명료하다.
③ 안전에 대한 전문적인 지식이나 정보가 불충분하다.
④ 생산부분은 안전에 대한 책임과 권한이 없다.

해설 **안전관리조직**

1. 라인(Line)형 조직 : 소규모기업에 적합한 조직으로서 안전관리에 관한 계획에서부터 실시에 이르기까지 모든 안전업무가 생산라인을 통하여 직선적으로 이루어지도록 편성된 조직(소규모, 100명 이하)
2. 스탭(Staff)형 조직 : 중소규모사업장에 적합한 조직으로서 안전업무를 관장하는 참모(Staff)를 두고 안전관리에 관한 계획 · 조정 · 조사 · 검토 · 보고 등의 업무와 현

정답 13 ③ 14 ② 15 ③ 16 ①

장에 대한 기술지원을 담당하도록 편성된 조직(중규모, 100~1,000명 이하)

3. 라인 · 스태프(Line – Staff)형 조직(직계 참모조직) : 대규모 사업장에 적합한 조직으로서 라인형과 스태프형의 장점만을 채택한 형태이며 안전업무를 전담하는 스태프을 두고 생산라인의 각 계층에서도 각 부서장으로 하여금 안전업무를 수행케 하여 스태프에서 안전에 관한 사항이 결정되면 라인을 통하여 실천하도록 편성된 조직(대규모, 1,000명 이상)

17 재해손실비 중 직접비가 아닌 것은?

① 휴업보상비 ② 요양보상비
③ 장의비 ④ 영업손실비

해설 **직접비**

법령으로 정한 피해자에게 지급되는 산재보험비

- 휴업보상비
- 장해보상비
- 요양보상비
- 유족보상비
- 장의비

18 방독마스크 정화통의 종류와 외부 측면 색상의 연결이 옳은 것은?

① 유기화합물용 – 노란색
② 할로겐용 – 회색
③ 아황산용 – 녹색
④ 암모니아용 – 갈색

해설

종류	표시 색
유기화합물용 정화통	갈색
할로겐용 정화통	회색
황화수소용 정화통	
시안화수소용 정화통	
아황산용 정화통	노란색
암모니아용(유기가스) 정화통	녹색

19 재해발생의 주요 원인 중 불안전한 행동에 해당하지 않는 것은?

① 불안전한 속도 조작
② 안전장치 기능 제거
③ 보호구 미착용 후 작업
④ 결함 있는 기계설비 및 장비

해설 결함 있는 기계설비 및 장비는 불안전한 상태이다.

20 산업안전보건법령상 시스템 통합 및 관리업의 경우 안전보건관리규정을 작성해야 할 사업의 규모로 옳은 것은?

① 상시 근로자 10명 이상을 사용하는 사업장
② 상시 근로자 50명 이상을 사용하는 사업장
③ 상시 근로자 100명 이상을 사용하는 사업장
④ 상시 근로자 300명 이상을 사용하는 사업장

해설 안전보건관리규정을 작성하여야 할 사업의 종류 및 규모

사업의 종류	규모
1. 농업 2. 어업 3. 소프트웨어 개발 및 공급업 4. 컴퓨터 프로그래밍, 시스템 통합 및 관리업 5. 정보서비스업 6. 금융 및 보험업 7. 임대업(부동산 제외) 8. 전문, 과학 및 기술 서비스업(연구개발업은 제외한다) 9. 사업지원 서비스업 10. 사회복지 서비스업	상시 근로자 300명 이상을 사용하는 사업장
11. 제1호부터 제10호까지의 사업을 제외한 사업	상시 근로자 100명 이상을 사용하는 사업장

정답 17 ④ 18 ② 19 ④ 20 ④

제2과목 산업심리 및 교육

21 집중발상법(Brainstorming)의 기본 규칙들 중 틀린 것은?

① 아이디어는 많을수록 좋다.
② 떠오르는 아이디어는 어떤 것이든 관계없이 표현토록 한다.
③ 아이디어 산출과정에서, 모든 아이디어는 어떤 방식으로든 평가해야 한다.
④ 구성원들은 가능한 한 다른 사람의 아이디어를 수정하고 확장하려고 노력해야 한다.

해설 **브레인스토밍**

- 비판금지
  "좋다", "나쁘다" 등의 비평을 하지 않는다.
- 자유분방
  자유로운 분위기에서 발표한다.
- 대량발언
  무엇이든지 좋으니 많이 발언한다.
- 수정발언
  자유자재로 변하는 아이디어를 개발한다.
  (타인 의견의 수정발언)

22 판단과정에서의 착오 원인이 아닌 것은?

① 능력부족 ② 정보부족
③ 감각차단 ④ 자기합리화

해설 **착오(Mistake)**

상황해석을 잘못하거나 목표를 잘못 이해하고 착각하여 행하는 경우로 원인으로는 자신과신, 능력부족, 정보부족 등이 있다.

23 피로 단계 중 이상발한, 구갈, 두통, 탈력감이 있고, 특히 관절이나 근육통이 수반되어 신체를 움직이기 귀찮아지는 단계는?

① 잠재기 ② 현재기
③ 진행기 ④ 축적피로기

해설 **피로의 현재기**

피로 단계 중 이상발한, 구갈, 두통, 탈력감이 있고, 특히 관절이나 근육통이 수반되어 신체를 움직이기 귀찮아지는 단계

24 산업안전보건법상 일용직 근로자를 제외한 근로자 신규 채용 시 실시해야 하는 안전 · 보건교육 시간으로 맞는 것은?

① 8시간 이상 ② 매 분기 3시간
③ 16시간 이상 ④ 매 분기 6시간

해설 **근로자 안전보건교육**

교육과정	교육대상	교육시간
나. 채용 시 교육	1) 일용근로자 및 근로계약기간이 1주일 이하인 기간제근로자	1시간 이상
	2) 근로계약기간이 1주일 초과 1개월 이하인 기간제근로자	4시간 이상
	3) 그 밖의 근로자	8시간 이상

25 생체리듬에 관한 설명으로 틀린 것은?

① 각각의 리듬이 (−)로 최대인 점이 위험일이다.
② 육체적 리듬은 "P"로 나타내며, 23일을 주기로 반복된다.
③ 감성적 리듬은 "S"로 나타내며, 28일을 주기로 반복된다.
④ 지성적 리듬은 "I"로 나타내며, 33일을 주기로 반복된다.

정답 21 ③ 22 ③ 23 ② 24 ① 25 ①

해설 생체리듬(바이오리듬)의 종류

1. 육체적(신체적) 리듬(P, Physical Cycle) : 신체의 물리적인 상태를 나타내는 리듬, 청색 실선으로 표시하며 23일 주기이다.
2. 감성적 리듬(S, Sensitivity) : 기분이나 신경계통의 상태를 나타내는 리듬, 적색 점선으로 표시하며 28일 주기이다.
3. 지성적 리듬(I, Intellectual) : 기억력, 인지력, 판단력 등을 나타내는 리듬, 녹색 일점 쇄선으로 표시하며 33일 주기이다.

26 직무에 적합한 근로자를 위한 심리검사는 합리적 타당성을 갖추어야 한다. 이러한 합리적 타당성을 얻는 방법으로만 나열된 것은?

① 구인 타당도, 공인 타당도
② 구인 타당도, 내용 타당도
③ 예언적 타당도, 공인 타당도
④ 예언적 타당도, 안면 타당도

해설
- 구인 타당도(Construct validity)
  검사도구가 측정하고자 하는 개념이나 이론을 제대로 측정하고 있는지에 대한 타당도이다.
- 내용 타당도(Content validity)
  검사가 다루고 있는 주제를 그 검사내용의 측면에서 상세히 분석하여 타당도를 얻는 것

27 성공적인 리더가 가지는 중요한 관리기술이 아닌 것은?

① 매 순간 신속하게 의사결정을 한다.
② 집단의 목표를 구성원과 함께 정한다.
③ 구성원이 집단과 어울리도록 협조한다.
④ 자신이 아니라 집단에 대해 많은 관심을 가진다.

해설 성공적인 리더의 관리기술

- 결정은 늘 신중하게 한다.
- 집단의 목표를 구성원과 함께 정한다.
- 구성원이 집단과 어울리도록 협조한다.
- 자신이 아니라 집단에 대해 많은 관심을 가진다.

28 인간은 지각 과정에서 자극의 정보를 조직화하는 과정을 거치게 된다. 시각 정보의 조직화를 의미하는 용어는?

① 유추(Analogy)
② 게스탈트(Gestalt)
③ 인지(Cognition)
④ 근접성(Proximity)

해설 군화(게스탈트)의 법칙

1. 게스탈트는 '모양', '형태'라는 뜻으로 독일의 심리학자 M. 베르트하이머가 처음으로 제기한 원리
2. 사물을 볼 때 무리를 지어서 보려는 시각적 심리를 뜻하며 관련이 있는 요소끼리 통합된 것으로 지각된다는 점에서 '군하의 법칙'이라고도 한다.

29 부주의 발생의 외적 조건에 해당되지 않는 것은?

① 의식의 우회
② 높은 작업강도
③ 작업순서의 부적당
④ 주위 환경조건의 불량

해설 부주의 발생원인 및 대책

㉠ 내적 원인 및 대책
- 소질적 조건 : 적정 배치
- 경험 및 미경험 : 교육
- 의식의 우회 : 상담(카운슬링)

정답 26 ② 27 ① 28 ② 29 ①

㉡ 외적 원인 및 대책
- 작업환경조건 불량 : 환경 정비
- 작업순서의 부적당 : 작업순서 정비

30 안전교육 지도방법 중 OJT(On the Job Training)의 장점이 아닌 것은?

① 동기부여가 쉽다.
② 교육효과가 업무에 신속히 반영된다.
③ 다수의 대상자를 일괄적으로 조직적으로 교육할 수 있다.
④ 직장의 실태에 맞춘 구체적이고 실제적인 교육이 가능하다.

해설 **OJT(직장 내 교육훈련)**

직속상사가 직장 내에서 작업표준을 가지고 업무상의 개별교육이나 지도훈련을 하는 것(개별교육에 적합)
1. 개개인에게 적절한 지도훈련이 가능
2. 직장의 실정에 맞게 실제적 훈련이 가능
3. 효과가 곧 업무에 나타나며 훈련의 좋고 나쁨에 따라 개선이 쉬움

31 인간의 행동에 대하여 심리학자 레빈(K. Lewin)은 다음과 같은 식으로 표현했다. 이때 각 요소에 대한 내용으로 틀린 것은?

$$B=f(P \cdot E)$$

① B : Behavior(행동)
② f : Function(함수관계)
③ P : Person(개체)
④ E : Engineering(기술)

$B=f(P \cdot E)$
레빈은 인간의 행동(B)은 그 사람이 가진 자질, 즉 개체(P)와 심리적 환경(E)과의 상호 함수관계에 있다고 하였다.

여기서, B : Behavior(인간의 행동)
f : function(함수관계)
P : Person(개체 : 연령, 경험, 심신상태, 성격, 지능 등)
E : Environment(심리적 환경 : 인간관계, 작업환경 등)

32 동기유발(motivation)방법이 아닌 것은?

① 결과의 지식을 알려준다.
② 안전의 참 가치를 인식시킨다.
③ 상벌제도를 효과적으로 활용한다.
④ 동기유발의 수준을 최대로 높인다.

해설 **데이비스(K. Davis)의 동기부여이론**

- 지식(Knowledge)×기능(Skill) =능력(Ability)
- 상황(Situation)×태도(Attitude) =동기유발(Motivation)
- 능력(Ability)×동기유발(Motivation) =인간의 성과(Human Performance)
- 인간의 성과×물질적 성과 =경영의 성과

33 프로그램 학습법의 장점이 아닌 것은?

① 학습자의 사회성을 높이는 데 유리하다.
② 한 강사가 많은 수의 학습자를 지도할 수 있다.
③ 지능, 학습적성, 학습속도 등 개인차를 충분히 고려할 수 있다.
④ 매 반응마다 피드백이 주어지기 때문에 학습자가 흥미를 갖는다.

프로그램 학습법(Programmed Self-instruction Method)

학습자가 프로그램을 통해 단독으로 학습하는 방법으로 개발된 프로그램은 변경이 어렵다.

정답 30 ③ 31 ④ 32 ④ 33 ①

- Skinner의 조작적 조건형성 원리에 의해 개발된 것으로 자율적 학습이 특징이다.
- 학습내용 습득 여부를 즉각적으로 피드백 받을 수 있다.
- 교재개발에 많은 시간과 노력이 드는 것이 단점이다.

34 시행착오설에 의한 학습법칙에 해당하는 것은?

① 시간의 법칙
② 계속성의 법칙
③ 일관성의 법칙
④ 준비성의 법칙

해설 손다이크(Thorndike)의 시행착오설

- 준비성의 법칙
- 연습의 법칙
- 효과의 법칙

35 산업안전보건법령상 사업 내 안전 · 보건교육에 있어 건설 일용근로자의 건설업 기초안전 · 보건교육의 교육시간으로 맞는 것은?

① 1시간 ② 2시간
③ 4시간 ④ 8시간

해설

교육과정	교육대상	교육시간
건설업 기초안전 · 보건교육	건설 일용근로자	4시간

36 스트레스의 개인적 원인 중 한 직무의 역할수행이 다른 역할과 모순되는 현상을 무엇이라고 하는가?

① 역할연기 ② 역할기대
③ 역할소성 ④ 역할갈등

해설 슈퍼(Super)의 역할이론

- 역할갈등(Role Conflict)
  작업 중에 상반된 역할이 기대되는 경우가 있으며, 그럴 때 갈등이 생긴다.
- 역할기대(Role Expectation)
  자기의 역할을 기대하고 감수하는 수단이다.
- 역할조성(Role Shaping)
  개인에게 여러 개의 역할기대가 있을 경우 그중의 어떤 역할기대는 불응, 거부할 수도 있으며 혹은 다른 역할을 해내기 위해 다른 일을 구할 때도 있다.
- 역할연기(Role Playing)
  관찰 및 피드백에 의한 학습 원칙을 가지며 자아탐색인 동시에 자아실현의 수단이다.

37 강의법에 관한 설명으로 맞는 것은?

① 학생들의 참여가 제약된다.
② 일부의 교과에만 적용이 가능하다.
③ 학급 인원수의 크기에 제약을 받는다.
④ 수업의 중간이나 마지막 단계에 적용한다.

해설 강의법

안전지식을 강의식으로 전달하는 방법(초보적인 단계에서 효과적)

1. 강사의 입장에서 시간의 조정이 가능하다.
2. 전체적인 교육내용을 제시하는 데 유리하다.
3. 비교적 많은 인원을 대상으로 단시간에 지식을 부여할 수 있다.

38 이상적인 상황하에서 방어적인 행동 특징을 보이는 집단행동은?

① 군중 ② 패닉
③ 모브 ④ 심리적 전염

정답 34 ④ 35 ③ 36 ④ 37 ① 38 ②

 통제가 없는 집단행동(성원의 감정, 정서에 의해 좌우되고 연속성이 희박하다)

- 군중(Crowd)
  성원 사이에 지위나 역할의 분화가 없고 성원 각자는 책임감을 가지지 않으며 비판력도 가지지 않는다.
- 모브(Mob)
  폭동과 같은 것을 말하며 군중보다 합의성이 없고 감정에 의해 행동하는 것
- 패닉(Panic)
  모브가 공격적인 데 반해 패닉은 방어적인 특징이 있음
- 심리적 전염(Mental Epidemic)
  어떤 사상이 상당 기간에 걸쳐 광범위하게 논리적 근거 없이 무비판적으로 받아들여지는 것

39 교육의 본질적 면에서 본 교육의 기능과 관련이 없는 것은?

① 사회적 기능
② 보수적 기능
③ 개인 완성으로서의 기능
④ 문화전달과 창조적 기능

 교육의 본질적 기능 4가지

1. 인간형성(개인 완성) 작용으로서의 기능
2. 가치형성 작용으로서의 기능
3. 문화전달 및 문화형성 작용으로서의 기능
4. 사회화 과정으로서의 기능

40 교육에 있어서 학습평가의 기본 기준에 해당되지 않는 것은?

① 타당도 ② 신뢰도
③ 주관도 ④ 실용도

 학습평가의 기본적인 기준

- 타당성(확실성) • 신뢰성
- 객관성 • 실용성(경제성)

제3과목 인간공학 및 시스템안전공학

41 반사형 없이 모든 방향으로 빛을 발하는 점광원에서 5m 떨어진 곳의 조도가 120Lux라면 2m 떨어진 곳의 조도는?

① 150lux
② 192.2lux
③ 750lux
④ 3,000lux

 조도

물체의 표면에 도달하는 빛의 밀도

$조도 = \frac{광도}{(거리)^2}$ 에서 광도 = 조도 × 거리^2

$= 120 \times 5^2 = 3{,}000$럭스

따라서 $\frac{3{,}000}{2^2} = 750\text{lux}$

42 설비보전에서 평균수리시간의 의미로 맞는 것은?

① MTTR ② MTBF
③ MTTF ④ MTBP

 MTTR

평균수리시간

43 화학설비의 안전성 평가의 5단계 중 제2단계에 속하는 것은?

① 작성준비
② 정량적 평가
③ 안전대책
④ 정성적 평가

정답 39 ② 40 ③ 41 ③ 42 ① 43 ④

해설 안전성 평가의 단계

1) 제1단계 : 관계자료의 정비검토
2) 제2단계 : 정성적 평가(안전 확보를 위한 기본적인 자료의 검토)
3) 제3단계 : 정량적 평가(재해중복 또는 가능성이 높은 것에 대한 위험도 평가)
 (1) 평가항목(5가지 항목)
  • 물질 • 온도 • 압력
  • 용량 • 조작
 (2) 화학설비 정량평가 등급
  • 위험등급 Ⅰ : 합산점수 16점 이상
  • 위험등급 Ⅱ : 합산점수 11～15점
  • 위험등급 Ⅲ : 합산점수 10점 이하
4) 제4단계 : 안전대책
5) 제5단계 : 재해정보에 의한 재평가
6) 제6단계 : FTA에 의한 재평가

44 산업안전보건법령상 유해 · 위험방지계획서 제출대상 사업은 기계 및 기구를 제외한 금속가공제품 제조업으로서 전기 계약용량이 얼마 이상인 사업을 말하는가?

① 50kW
② 100kW
③ 200kW
④ 300kW

해설 유해 · 위험방지계획서 제출 대상 사업장 (산업안전보건법 시행령 제33조의2)

다음 각 호의 어느 하나에 해당하는 사업으로서 전기 계약용량이 300킬로와트 이상인 사업을 말한다.
1. 금속가공제품(기계 및 가구는 제외한다) 제조업
2. 비금속 광물제품 제조업
3. 기타 기계 및 장비 제조업
4. 자동차 및 트레일러 제조업
5. 식료품 제조업
6. 고무제품 및 플라스틱제품 제조업
7. 목재 및 나무제품 제조업
8. 기타 제품 제조업
9. 1차 금속 제조업
10. 가구 제조업

45 다음 FT도에서 최소 컷셋을 올바르게 구한 것은?

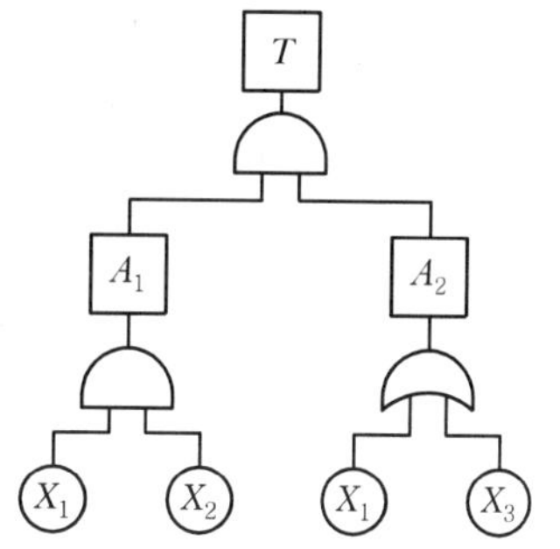

① $(X_1,\ X_2)$
② $(X_1,\ X_3)$
③ $(X_2,\ X_3)$
④ $(X_1, X_2,\ X_3)$

해설

$$T \rightarrow A_1 A_2 \rightarrow X_1 X_2 A_2 \rightarrow \begin{matrix} X_1 X_2 \\ X_1 X_2 X_3 \end{matrix}$$

이 된다.
따라서 최소 컷셋은 $(X_1,\ X_2)$가 된다.

46 시스템이 저장되어 이동되고 실행됨에 따라 발생하는 작동시스템의 기능이나 과업, 활동으로부터 발생되는 위험에 초점을 맞춘 위험분석 차트는?

① 결함수분석(FTA : Fault Tree Analysis)
② 사상수분석(ETA : Event Tree Analysis)
③ 결함위험분석(FHA : Fault Hazard Analysis)
④ 운용위험분석(OHA : Operating Hazard Analysis)

정답 44 ④ 45 ① 46 ④

해설 시스템 위험 분석기법

1. PHA(예비위험분석, Preliminary Hazards Analysis) : 시스템 내의 위험요소가 얼마나 위험상태에 있는가를 평가하는 시스템안전 프로그램 최초단계의 분석방식(정성적)
2. FHA(결함위험분석, Fault Hazards Analysis) : 분업에 의해 여럿이 분담 설계한 서브시스템 간의 인터페이스를 조정하여 각각의 서브시스템 및 전체 시스템에 악영향을 미치지 않게 하기 위한 분석방법
3. FTA(결함수분석, Fault Tree Analysis) : 복잡 대형화된 시스템의 신뢰성 분석에 이용되는 기법으로 시스템의 각 단위 부품의 고장을 기본 고장(Primary Failure or Basic Event)이라 하고, 시스템의 결함상태를 시스템 고장(Top Event or System Failure)이라 하여 이들의 관계를 정량적으로 평가하는 방법
4. OHA(운용위험분석, Operating Hazard Analysis) : 다양한 업무활동에서 제품의 사용과 함께 발생할 수 있는 위험성을 분석하는 방법

47 자동화시스템에서 인간의 기능으로 적절하지 않은 것은?

① 설비보전
② 작업계획 수립
③ 조정장치로 기계를 통제
④ 모니터로 작업 상황 감시

해설 시스템의 특성

- 수동체계 : 자신의 신체적인 힘을 동력원으로 사용(수공구 사용)
- 기계화 또는 반자동체계 : 운전자의 조종장치를 사용하여 통제하며 동력은 전형적으로 기계가 제공
- 자동체계 : 기계가 감지, 정보처리, 의사결정 등 행동을 포함한 모든 임무를 수행하고 인간은 감시, 프로그래밍, 정비유지 등의 기능을 수행하는 체계

48 조종장치의 우발작동을 방지하는 방법 중 틀린 것은?

① 오목한 곳에 둔다.
② 조종장치를 덮거나 방호해서는 안 된다.
③ 작동을 위해서 힘이 요구되는 조종장치에는 저항을 제공한다.
④ 순서적 작동이 요구되는 작업일 때 순서를 지나치지 않도록 잠김 장치를 설치한다.

해설 조종장치의 우발작동 방지 대책

1. 오목한 곳에 둔다.
2. 조종장치는 덮개 등으로 방호한다.
3. 작동을 위해서 힘이 요구되는 조종장치에는 저항을 제공한다.
4. 순서적 작동이 요구되는 작업일 때 순서를 지나치지 않도록 잠김 장치를 설치한다.

49 시스템 분석 및 설계에 있어서 인간공학의 가치와 가장 거리가 먼 것은?

① 훈련비용의 절감
② 인력 이용률의 향상
③ 생산 및 보전의 경제성 감소
④ 사고 및 오용으로부터의 손실 감소

해설 체계 설계과정에서의 인간공학의 기여도

1. 성능의 향상
2. 인력의 이용률 향상
3. 사용자의 수용도 향상
4. 생산 및 정비유지의 경제성 증대
5. 훈련비용의 절감
6. 사고 및 오용(誤用)으로부터의 손실감소

정답 47 ③ 48 ② 49 ③

50 FT도에 사용되는 다음 기호의 명칭으로 옳은 것은?

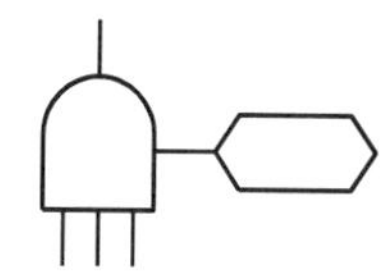

① 억제게이트
② 조합 AND 게이트
③ 부정게이트
④ 배타적 OR 게이트

해설 논리기호 및 사상기호

기호	명칭	설명
Ai, Aj, Ak / Ai Aj Ak	조합 AND 게이트	3개 이상의 입력현상 중 2개가 일어나면 출력현상이 발생

51 의자 설계에 대한 조건 중 틀린 것은?

① 좌판의 깊이는 작업자의 등이 등받이에 닿을 수 있도록 설계한다.
② 좌판은 엉덩이가 앞으로 미끄러지지 않는 재질과 구조로 설계한다.
③ 좌판의 넓이는 작업은 사람에게 적합하도록, 깊이는 큰 사람에게 적합하도록 설계한다.
④ 등받이는 충분한 넓이를 가지고 요추부위부터 어깨부위까지 편안하게 지지하도록 설계한다.

해설 의자 설계 원칙

㉠ 체중분포 : 의자에 앉았을 때 대부분의 체중이 골반뼈에 실려야 편안하다.
㉡ 의자 좌판의 높이 : 좌판 앞부분 오금 높이보다 높지 않게 설계(치수는 5% 되는 사람까지 수용할 수 있게 설계)
㉢ 의자 좌판의 깊이와 폭 : 폭은 큰 사람에게 맞도록, 깊이는 대퇴를 압박하지 않도록 작은 사람에게 맞도록 설계
㉣ 몸통의 안정 : 체중이 골반뼈에 실려야 몸통 안정이 쉬워진다.

52 일반적으로 위험(Risk)은 3가지 기본요소로 표현되며 3요소(Triplets)로 정의된다. 3요소에 해당되지 않는 것은?

① 사고 시나리오
② 사고 발생 확률
③ 시스템 불이용도
④ 파급효과 또는 손실

해설 Risk의 3가지 기본요소

- 사고 시나리오
- 사고 발생 확률
- 파급효과 또는 손실

53 건구온도 30℃, 습구온도 35℃일 때의 옥스퍼드(Oxford) 지수는 얼마인가?

① 20.75℃
② 24.58℃
③ 32.78℃
④ 34.25℃

해설 옥스퍼드(Oxford) 지수(습건지수)

$W_D = 0.85W(\text{습구온도}) + 0.15d(\text{건구온도})$
$= 0.85 \times 35 + 0.15 \times 30$
$= 34.25$

정답 50 ② 51 ③ 52 ③ 53 ④

54 통화이해도를 측정하는 지표로서, 각 옥타브(Octave)대의 음성과 잡음의 데시벨(dB)값에 가중치를 곱하여 합계를 구하는 것을 무엇이라 하는가?

① 명료도 지수 ② 통화 간섭 수준
③ 이해도 점수 ④ 소음 기준 곡선

해설 **명료도 지수**

통화 이해도를 측정하는 명료도 지수는 각 옥타브 대의 음성과 소음의 dB값에 가중치를 곱하여 합계를 구한 것이다. 음성통신계통의 명료도 지수가 약 0.3 이하이면 이러한 음성통신계통은 음성통신자료를 전송하기에는 부적당한 것으로 본다.

55 일반적으로 보통 작업자의 정상적인 시선으로 가장 적합한 것은?

① 수평선을 기준으로 위쪽 5° 정도
② 수평선을 기준으로 위쪽 15° 정도
③ 수평선을 기준으로 아래쪽 5° 정도
④ 수평선을 기준으로 아래쪽 15° 정도

display가 형성하는 목시각(目視角)

수평작업조건	수직작업조건
1. 최적조건 : 15° 좌우 및 아래쪽 2. 제한조건 : 95° 좌우	1. 최적조건 : 0~30° 하한 2. 제한조건 : 75° 상한, 85° 하한

56 프레스에 설치된 안전장치의 수명은 지수분포를 따르며 평균수명시간은 100시간이다. 새로 구입한 안전장치가 50시간 동안 고장 없이 작동할 확률(A)과 이미 100시간을 이용한 안전장치가 앞으로 100시간 이상 견딜 확률(B)은 약 얼마인가?

① A : 0.368, B : 0.368
② A : 0.607, B : 0.368
③ A : 0.368, B : 0.607
④ A : 0.607, B : 0.607

해설

• A : $R = e^{-\lambda t} = e^{-\frac{t}{t_o}} = e^{-\frac{50}{100}} = e^{-0.5}$
$= 0.606$

• B : $R = e^{-\lambda t} = e^{-\frac{t}{t_o}} = e^{-\frac{100}{100}} = e^{-1}$
$= 0.368$

(λ : 고장률, t : 가동시간, t_0 : 평균수명)

57 작업자가 용이하게 기계 · 기구를 식별하도록 암호화(Coding)를 한다. 암호화 방법이 아닌 것은?

① 강도 ② 형상
③ 크기 ④ 색채

해설 **암호화 방법**

• 형상 • 크기 • 색채

58 손이나 특정 신체부위에 발생하는 누적손상장애(CTDs)의 발생인자와 가장 거리가 먼 것은?

① 무리한 힘
② 다습한 환경
③ 장시간의 진동
④ 반복도가 높은 작업

해설 **근골격계 질환**

반복적인 동작, 부적절한 작업자세, 무리한 힘의 사용, 날카로운 면과의 신체접촉, 진동 및 온도 등의 요인에 의하여 발생하는 건강장해로서 목, 어깨, 허리, 팔 · 다리의 신경 · 근육 및 그 주변 신체조직 등에 나타나는 질환

정답 54 ① 55 ④ 56 ② 57 ① 58 ②

59 그림과 같이 FTA로 분석된 시스템에서 현재 모든 기본사상에 대한 부품이 고장 난 상태이다. 부품 X_1부터 부품 X_5까지 순서대로 복구한다면 어느 부품을 수리 완료하는 순간부터 시스템은 정상가동이 되겠는가?

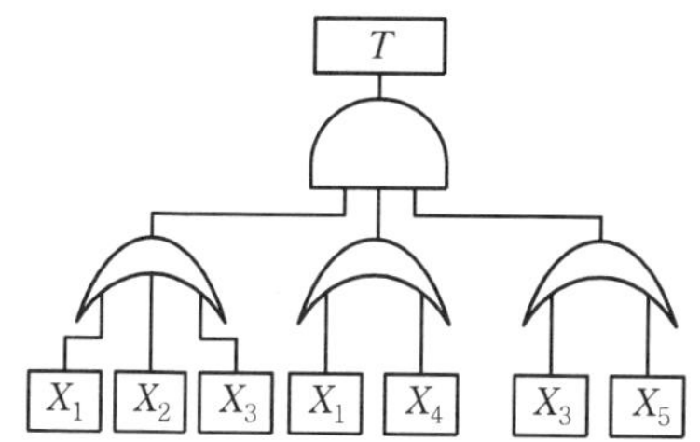

① 부품 X_2　② 부품 X_3
③ 부품 X_4　④ 부품 X_5

OR게이트는 입력사상 중 어느 것이나 존재할 때 출력사상이 발생하므로 X_1과 X_3가 복구된다면 TOP사상이 정상 가동된다.

60 육체작업의 생리학적 부하측정 척도가 아닌 것은?

① 맥박수
② 산소소비량
③ 근전도
④ 점멸융합주파수

해설 **신체활동의 생리학적 측정 분류**

작업을 할 때 인체가 받는 부담은 작업의 성질에 따라 상당한 차이가 있다. 이 차이를 연구하기 위한 방법이 생리적 변화를 측정하는 것이다. 즉, 산소소비량, 근전도, 플리커치 등으로 인체의 생리적 변화를 측정한다.

(1) 근전도(EMG) : 근육활동의 전위차를 기록하여 측정
(2) 심전도(ECG) : 심장의 근육활동의 전위차를 기록하여 측정
(3) 산소소비량
(4) 정신적 작업부하에 관한 생리적 측정치
- 점멸융합주파수(플리커법) : 사이가 벌어져 회전하는 원판으로 들어오는 광원의 빛을 단속시켜 연속광으로 보이는지 단속광으로 보이는지 경계에서의 빛의 단속주기를 플리커치라 함. 정신적으로 피로한 경우에는 주파수 값이 내려가는 것으로 알려져 있다.

제4과목 건설시공학

61 ALC 블록공사에 관한 내용으로 옳지 않은 것은?

① 쌓기 모르타르는 교반기를 사용하여 배합하며, 1시간 이내에 사용해야 한다.
② 줄눈의 두께는 3~5mm 정도로 한다.
③ 하루 쌓기 높이는 1.8m를 표준으로 하며, 최대 2.4m 이내로 한다.
④ 연속되는 벽면의 일부를 트이게 하여 나중쌓기로 할 경우 그 부분을 층단 떼어쌓기로 한다.

해설 ALC 블록공사에서 연속되는 벽면의 일부를 트이게 하여 나중쌓기로 할 경우 층단떼어쌓기로 한다. ALC 블록공사에서 쌓기 모르타르는 배합 후 1시간 이내에 사용하고 줄눈의 두께는 1~3mm 정도로 하며, 하루 쌓기 높이는 1.8m를 표준으로 하고, 최대 2.4m 이내로 한다.

62 네트워크공정표에서 후속작업의 가장 빠른 개시시간(EST)에 영향을 주지 않는 범위 내에서 한 작업이 가질 수 있는 여유시간을 의미하는 것은?

정답 59 ② 60 ④ 61 ② 62 ②

① 전체여유(TF)
② 자유여유(FF)
③ 간섭여유(IF)
④ 종속여유(DF)

해설 자유여유(FF)는 후속작업의 가장 빠른 개시시간(EST)에 영향을 주지 않는 범위 내에서 한 작업이 가질 수 있는 여유시간을 의미하는 것으로, 자유여유(FF) = 후속작업의 EST − 그 작업의 EFT이다.

63 철근을 피복하는 이유와 가장 거리가 먼 것은?

① 철근의 순간격 유지
② 철근의 좌굴방지
③ 철근과 콘크리트의 부착응력 확보
④ 화재, 중성화 등으로부터 철근 보호

해설 철근을 피복하는 이유는 철근과 콘크리트의 부착응력을 확보하고, 화재 등으로부터 철근을 보호하기 위해서다.

64 일반적인 공사의 시공속도에 관한 설명으로 옳지 않은 것은?

① 시공속도를 느리게 할수록 직접비는 증가된다.
② 급속공사를 강행할수록 품질은 나빠진다.
③ 시공속도는 간접비와 직접비의 합이 최소가 되도록 함이 가장 적절하다.
④ 시공속도를 빠르게 할수록 간접비는 감소된다.

해설 시공속도를 느리게 할수록 간접비가 증가된다.

65 석재 사용상 주의사항으로 옳지 않은 것은?

① 압축 및 인장응력을 크게 받는 곳에 사용한다.
② 석재는 중량이 크고 운반에 제한이 따르므로 최대치수를 정한다.
③ 되도록 흡수율이 낮은 석재를 사용한다.
④ 가공 시 예각은 피한다.

해설 석재는 압축력을 받는 곳에 사용한다.

66 철골부재 절단 방법 중 가장 정밀한 절단 방법으로 앵글커터(angle cutter) 등으로 작업하는 것은?

① 가스절단 ② 전단절단
③ 톱절단 ④ 전기절단

철골부재의 절단 방법 중 톱절단은 판두께 13mm를 초과하는 형강이나 절단면 상태가 양호한 정밀 절단 시 적용된다.

67 철근콘크리트 공사에 있어서 철근의 순간격의 최소값은?(단, 철근은 D19, 사용자갈의 최대치수는 25mm이다)

① 37.5mm 이상
② 31.25mm 이상
③ 28.65mm 이상
④ 25mm 이상

철근의 순간격은 다음 중 가장 큰 값으로 한다.
1. 철근 공칭지름의 1.5배 이상
   = 19 × 1.5 = 28.5mm
2. 지름 2.5cm 이상
   = 25mm
3. 굵은골재 지름의 1.25배 이상
   = 25 × 1.25 = 31.25mm

따라서 가장 큰 값인 31.25mm이다.

정답 63 ① 64 ① 65 ① 66 ③ 67 ②

68 지정공사 시 사용되는 모래의 장기허용 압축강도의 범위로 옳은 것은?

① 장기 허용압축강도 10~20t/m^2
② 장기 허용압축강도 20~40t/m^2
③ 장기 허용압축강도 40~60t/m^2
④ 장기 허용압축강도 60~80t/m^2

해설 지정공사 시 모래의 장기 허용압축강도 20~40t/m^{2}이다.

69 조적공사 시 점토벽돌 외부에 발생하는 백화현상을 방지하기 위한 대책이 아닌 것은?

① 10% 이하의 흡수율을 가진 양질의 벽돌을 사용한다.
② 벽돌면 상부에 빗물막이를 설치한다.
③ 쌓기 후 전용발수제를 발라 벽면에 수분흡수를 방지한다.
④ 염분을 함유한 모래나 석회질이 섞인 모래를 사용한다.

해설 석회를 첨가할 경우 백화현상이 증가한다.

70 특수 거푸집 가운데 무량판구조 또는 평판구조와 가장 관계가 깊은 거푸집은?

① 워플폼
② 슬라이딩폼
③ 메탈폼
④ 갱폼

해설 **워플폼(Waffle Form)**

제물치장 용도로 사용되는 무량판구조, 평판구조에서 특수 상자모양의 기성재 거푸집을 말한다.

71 지하 흙막이벽을 시공할 때 말뚝구멍을 하나 걸러 뚫고 콘크리트를 부어넣은 후 다시 그 사이를 뚫어 콘크리트를 부어넣어 말뚝을 만드는 공법은?

① 베노토 공법
② 어스드릴 공법
③ 칼웰드 공법
④ 이코스 파일 공법

해설 **이코스 파일 공법**

말뚝구멍을 하나 걸러 뚫고 콘크리트를 부어 흙막이 말뚝을 만들고, 말뚝과 말뚝 사이에 다음 말뚝 구멍을 뚫어 말뚝을 만드는 공법으로 도심지 소음방지와 인접건물의 침하 우려가 있을 경우 효과적이다.

72 다음 모살용접(Fillet Welding)의 단면상 이론 목두께에 해당하는 것은?

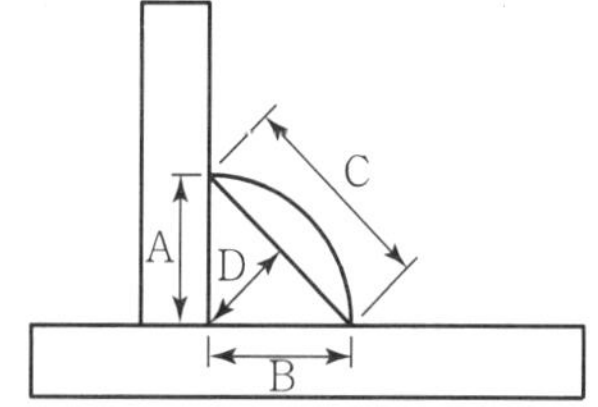

① A　② B
③ C　④ D

해설 모살용접(Fillet Welding)은 목두께의 방향이 모체의 면과 45° 각을 이루는 용접으로 용접단면각의 길이는 용접치수보다 크게 하고 목두께는 다리길이의 0.7배로 한다. 단속용접(Spot Welding)의 길이는 유효치수보다 모살크기를 2배 이상으로 하고 보조 살붙임 두께는 0.1S+1mm(S : 유효길이) 이하로 한다.

정답 68 ② 69 ④ 70 ① 71 ④ 72 ④

73 건설공사 현장의 철근재료 실험항목에 속하지 않는 것은?

① 압축강도시험 ② 인장강도시험
③ 휨시험 ④ 연신율시험

해설 압축강도시험은 콘크리트 시험방법이다.

74 직영공사에 관한 설명으로 옳은 것은?

① 직영으로 운영하므로 공사비가 감소된다.
② 의사소통이 원활하므로 공사기간이 단축된다.
③ 특수한 상황에 비교적 신속하게 대처할 수 있다.
④ 입찰이나 계약 등 복잡한 수속이 필요하다.

해설 직영공사의 장점은 발주, 계약 등의 번거로운 수속이 절감되고, 임기응변으로 처리가 가능하다는 것이나 공사비 증대, 공기연장의 가능성 및 시공, 안전관리 능력 부족이 단점이다.

75 철골공사에서 베이스 플레이트 설치 기준에 관한 설명으로 옳지 않은 것은?

① 이동 시 공법에 사용하는 모르타르는 무수축 모르타르로 한다.
② 앵커볼트 설치 시 베이스 플레이트 위치의 콘크리트는 설계도면 레벨보다 30~50mm 낮게 타설한다.
③ 베이스 플레이트 설치 후 그라우팅 처리한다.
④ 베이스 모르타르의 양생은 철골 설치 전 1일 정도면 충분하다.

해설 베이스 모르타르는 철골 설치 전 3일 이상 양생하여야 한다.

76 콘크리트 공사용 재료의 취급 및 저장에 관한 설명으로 옳지 않은 것은?

① 시멘트는 종류별로 구분하여 풍화되지 않도록 저장한다.
② 골재는 잔골재, 굵은 골재 및 각 종류별로 저장하고, 먼지, 흙 등의 유해물의 혼입을 막도록 한다.
③ 골재는 잔, 굵은 입자가 잘 분리되도록 취급하고, 물빠짐이 좋은 장소에 저장한다.
④ 혼화재료는 품질의 변화가 일어나지 않도록 저장하고 또한 종류별로 저장한다.

해설 콘크리트 공사용 골재는 재료분리가 잘 일어나지 않는 것이 좋다.

77 다음 조건에 따른 백호의 단위시간당 추정 굴삭량으로 옳은 것은?

- 버킷용량 : 0.5m^3
- 사이클타임 : 20초
- 작업효율 : 0.9
- 굴삭계수 : 0.7
- 굴삭토의 용적변화계수 : 1.25

① 94.5m^3 ② 80.5m^3
③ 76.3m^3 ④ 70.9m^3

해설 굴착토량의 산출방법은 다음과 같다.

굴착토량 $V = Q \times \frac{3,600}{C_m} \times E \times K \times f$

여기서, Q : 버킷용량(m^3)
C_m : 사이클 타임(sec)
E : 작업효율
K : 굴삭계수
f : 굴삭토의 용적변화 계수

따라서, $0.5 \times \frac{3,600}{20} \times 0.9 \times 0.7 \times 1.25$
$= 70.9m^3$이다.

정답 73 ① 74 ③ 75 ④ 76 ③ 77 ④

78 **탑다운공법(Top – Down)에 관한 설명으로 옳지 않은 것은?**

① 역타공법이라고도 한다.
② 굴토작업이 슬래브 하부에서 진행되므로 작업능률 및 작업환경 조건이 개선되며, 공사비가 절감된다.
③ 건물의 지하구조체에 시공이음이 많아 건물방수에 대한 우려가 크다.
④ 지상과 지하를 동시에 시공할 수 있으므로 공기를 절감할 수 있다.

해설 탑다운(Top Down)공법은 흙막이벽으로 설치한 지하연속벽(Slurry Wall)을 본 구조체의 벽체로 이용하여 기둥과 보를 구축하고 바닥을 설치한 후 지하터파기를 진행하면서 동시에 지상 구조물도 축조해 가는 방식으로 지하와 지상층 병행 작업으로 공사기간이 단축되고 소음, 진동이 적어 도심지 공사에 적합하나 지하 작업장의 작업환경이 열악하다.

79 **기초의 종류에 관한 설명으로 옳은 것은?**

① 온통기초 : 기둥 하나에 기초판이 하나인 기초
② 복합기초 : 2개 이상의 기둥을 1개의 기초판으로 받치게 한 기초
③ 독립기초 : 조적조의 벽기초, 철근콘크리트의 연결기초
④ 연속기초 : 건물 하부 전체 또는 지하실 전체를 기초판으로 구성한 기초

해설 직접기초는 기초의 지지방식에 따른 분류이다. 기초 슬래브 형식에 따른 분류는 다음과 같다.

- 독립기초(Independent Footing)
  단일기둥을 기초판이 받침
- 복합기초(Combination Footing)
  2개 이상의 기둥을 한 기초판이 받침
- 연속기초(Strip Footing)
  연속된 기초판이 벽체, 기둥을 지지함
- 온통기초(Mat Foundation)
  건물의 하부 전체를 기초판으로 한 것

80 **지하 합벽거푸집에서 측압에 대비하여 버팀대를 삼각형으로 일체화한 공법은?**

① 1회용 리브라스 거푸집
② 와플 거푸집
③ 무폼타이 거푸집
④ 단열 거푸집

해설 무폼타이 거푸집은 벽체 거푸집의 설치 시 벽체 양면에 거푸집의 설치가 곤란할 경우 한쪽에만 거푸집을 설치하고 폼타이 없이 브레이스 프레임을 사용하여 거푸집에 작용하는 측압을 지지하도록 하는 거푸집이다.

제5과목 건설재료학

81 **각종 혼화 재료에 관한 설명으로 옳지 않은 것은?**

① 플라이애시는 콘크리트의 장기강도를 증진하는 효과는 있으나 수밀성은 감소된다.
② 감수제를 이용하여 시멘트의 분산작용의 효과를 얻을 수 있다.
③ 염화칼슘은 경화촉진을 목적으로 이용되는 혼화제이다.
④ 발포제는 시멘트에 혼입시켜 화학반응에 의해 발생하는 가스를 이용하여 기포를 발생시키는 혼화제이다.

정답 78 ② 79 ② 80 ③ 81 ①

PART 01 PART 02 PART 03 PART 04 PART 05 PART 06 부록

해설 플라이애시시멘트는 조기강도는 낮으나 장기강도는 우수하고, 수화열이 낮아 매스콘크리트에 사용한다. 플라이애시로 인하여 수밀성이 좋아지며 건조 수축이 적고 화학적 저항성이 크다.

82 석재의 일반적인 성질에 관한 설명으로 옳지 않은 것은?

① 화강암의 내구연한은 75~200년 정도로서 다른 석재에 비하여 비교적 수명이 길다.
② 흡수율은 동결과 융해에 대한 내구성의 지표가 된다.
③ 인장강도는 압축강도의 1/10~1/30 정도이다.
④ 비중이 클수록 강도가 크며, 공극률이 클수록 내화성이 작다.

해설 석재의 일반적인 성질은 다음과 같다.

장점	단점
1. 압축강도가 크고 불연재료에 해당됨 2. 내구성, 내수성, 내마모성이 우수하고 내화학성이 양호함 3. 외관이 장중하고 다수의 석재는 갈면 광택 있음 4. 구입이 용이하고 종류가 다양하여 여러 가지 외관 및 색조를 표현함	1. 인장강도는 압축강도의 1/10~1/20로 약함 2. 비중이 커서 가공, 운반이 용이하지 않음 3. 장대재를 얻기 어려워 가구재로는 적당하지 않음 4. 일부 석재는 화열이나 산 또는 염기에 약하므로 사용에 주의가 필요함 5. 취도계수가 큰 취성재료임

83 어떤 재료의 초기 탄성변형량이 2.0cm이고 크리프(Creep) 변형량이 4.0cm라면 이 재료의 크리프 계수는 얼마인가?

① 0.5 ② 1.0
③ 2.0 ④ 4.0

해설 $\text{크리프 계수} = \dfrac{\text{크리프 변형률}}{\text{탄성변형률}} = \dfrac{4.0\text{cm}}{2.0\text{cm}} = 2.0$

84 한중콘크리트에 관한 설명으로 옳지 않은 것은?(단, 콘크리트표준시방서 기준)

① 한중콘크리트에는 공기연행 콘크리트를 사용하는 것을 원칙으로 한다.
② 단위수량은 초기동해를 적게 하기 위하여 소요의 워커빌리티를 유지할 수 있는 범위 내에서 되도록 적게 정하여야 한다.
③ 물－결합재비는 원칙적으로 50% 이하로 하여야 한다.
④ 배합강도 및 물－결합재비는 적산온도 방식에 의해 결정할 수 있다.

해설 한중콘크리트는 일평균 기온 4℃ 이하일 때 타설하는 콘크리트로 물－결합재비를 60% 이하로 한다.

85 목재의 성질에 관한 설명으로 옳지 않은 것은?

① 물속에 담가 둔 목재, 땅속 깊이 묻은 목재 등을 산소부족으로 균의 생육이 정지되고 썩지 않는다.
② 목재의 함유수분 중 자유수는 목재의 물리적 또는 기계적 성질에 많은 영향을 끼친다.
③ 목재는 열전도도가 아주 낮아 여러 가지 보온재료로 사용된다.
④ 목재는 섬유포화점 이상의 함수상태에서는 함수율의 증감에도 불구하고 신축을 일으키지 않는다.

정답 82 ④ 83 ③ 84 ③ 85 ②

해설 목재의 일반적인 성질은 다음과 같다.

장점	단점
1. 비중에 비하여 강도가 크다.(비강도가 큼) 2. 가볍고 가공이 용이하다. 3. 수종이 다양하며 외관이 아름답고, 부드럽다. 4. 열, 소리의 전도율이 적다. 5. 산, 알칼리에 대한 저항성이 크다.	1. 함수량에 따른 수축, 팽창이 크다. 2. 재질 및 섬유방향에 따른 강도 차이가 크다. 3. 불 붙기 쉽고, 썩기 쉽다. 4. 재질이 균일하지 못하다. 5. 재료 자체에 자연상태의 흠이 존재한다.

86 점토의 공학적 특성에 관한 설명으로 옳지 않은 것은?

① 인장강도는 점토의 조직에 관계하며 입자의 크기가 큰 영향을 준다.
② 점토제품의 색상은 철산화물 또는 석회질물질에 의해 나타난다.
③ 점토를 가공 소성하여 냉각하면 금속성의 강성을 나타낸다.
④ 사질점토는 적갈색으로 내화성이 높은 특성이 있다.

해설 사질점토는 적갈색이며 용해되기 쉬우며 내화성이 낮다.

87 포틀랜드시멘트 클링커에 철용광로에서 나온 슬래그를 급랭하여 혼합하고 이에 응결시간 조절용 석고를 첨가하여 분쇄한 것으로, 수화열량이 적어 매스콘크리트용으로도 사용할 수 있는 시멘트는?

① 알루미나시멘트
② 보통포틀랜드시멘트
③ 주강시멘트
④ 고로시멘트

해설 고로시멘트는 고로의 수쇄 슬래그(slag)와 시멘트의 클링커를 주체로 하여 만들어진 시멘트로 응결시간이 길며 단기강도가 작고 장기강도가 우수하다.

88 서중콘크리트에 대한 설명으로 옳지 않은 것은?

① 시멘트는 고온의 것을 사용하지 않아야 하고 골재 및 물은 가능한 한 낮은 온도의 것을 사용한다.
② 표면활성제는 공사시방서에 정한 바가 없을 때에는 AE감수제 지연형 등을 사용한다.
③ 콘크리트를 부어 넣은 후 수분의 급격한 증발이나 직사광선에 의한 온도 상승을 막고 습윤상태가 유지되도록 양생한다.
④ 거푸집 해체시기 검토를 위하여 적산온도를 활용한다.

해설 한중콘크리트의 거푸집 해체시기 결정 시 적산온도를 활용한다.

89 주제와 경화제로 이루어진 2성분형이 대부분으로 금속, 플라스틱, 도자기, 콘크리트의 접합에 이용되고 내구력, 내수성, 내약품성이 매우 우수하여 만능형 접착제로 불리는 것은?

① 에폭시수지 접착제
② 페놀수지 접착제
③ 아크릴수지 접착제
④ 폴리에스테르수지 접착제

정답 86 ④ 87 ④ 88 ④ 89 ①

 에폭시수지(Epoxy Resin)는 경화 시 휘발물의 발생이 없고 금속 · 유리 등과의 접착성이 우수하다. 내약품성, 내열성이 뛰어나고 산 · 알칼리에 강하여 금속, 유리, 플라스틱, 도자기, 목재, 고무 등의 접착제와 도료의 원료로 사용하며 최근 FRP 재료, 방수재료, 바닥, 벽, 천장 등의 내 · 외장 재료로도 널리 사용된다.

90 목재의 역학적 성질에서 가력방향이 섬유와 평행할 경우, 목재의 강도 중 크기가 가장 작은 것은?

① 압축강도
② 휨강도
③ 인장강도
④ 전단강도

 섬유방향에 평행인 압축강도를 100으로 했을 때, 각종 강도의 크기순서는 다음과 같다.
인장강도(200) > 휨강도(150) > 압축강도(100) > 전단강도(16~19)

91 미장공사의 바탕조건으로 옳지 않은 것은?

① 미장층보다 강도는 크지만 강성은 작을것
② 미장층과 유해한 화학반응을 하지 않을것
③ 미장층의 경화, 건조에 지장을 주지 않을 것
④ 미장층의 시공에 적합한 흡수성을 가질 것

 미장바탕이 미장층보다 강도와 강성이 크지 않으면, 내구성이 떨어지며 박락된다.

92 비철금속의 성질 또는 용도에 관한 설명 중 옳지 않은 것은?

① 동은 전연성이 풍부하므로 가공하기 쉽다.
② 납은 산이나 알칼리에 강하므로 콘크리트에 침식되지 않는다.
③ 아연은 이온화 경향이 크고 철에 의해 침식된다.
④ 대부분의 구조용 특수강은 니켈을 함유한다.

 납(Lead)은 밀도(비중)가 11.4g/cm^3 정도로 가장 무겁고, 연하면서 연성 · 전성이 크며 인장강도가 12N/mm^2로 작다. 주로 수도관, 가스관, 케이블 피복 등에 사용되며 동 및 아연 합금, 도장재료, 방사선 실의 방사선 차폐용 등으로 사용된다.

93 건축용 뿜칠마감재의 조성에 관한 설명 중 옳지 않은 것은?

① 안료 : 내알칼리성, 내후성, 착색력, 색조의 안정
② 유동화재 : 재료를 유동화시키는 재료(물이나 유기용제 등)
③ 골재 : 치수안정성을 향상시키고 흡음성, 단열성 등의 성능개선(모래, 석분, 펄프입자, 질석 등)
④ 결합재 : 바탕재의 강도를 유지하기 위한 재료(골재, 시멘트 등)

 결합재(結合材, Binder)는 그 자신이 물리적 · 화학적으로 고화(固化)하여 미장바름의 주체가 되는 재료를 말하는 것으로 시멘트, 석회, 돌로마이트, 아스팔트 등을 말한다.

정답 90 ④ 91 ① 92 ② 93 ④

94 **합성수지계 접착제 중 내수성이 가장 좋지 않은 접착제는?**

① 에폭시 수지 접착제
② 초산비닐수지 접착제
③ 멜라민 수지 접착제
④ 요소수지 접착제

해설 초산비닐수지는 열가소성 수지로 접착제와 도료로 쓰이며, 내수성이 떨어진다.

95 **발포제로서 보드상으로 성형하여 단열재로 널리 사용되며 건축물의 천장재, 블라인드 등에 널리 쓰이는 열가소성 수지는?**

① 알키드 수지
② 요소 수지
③ 폴리스티렌 수지
④ 실리콘 수지

해설 폴리스티렌 수지는 용융점이 145.2℃인 무색투명하고 내수, 내약품성, 전기절연성, 가공성이 우수하며 스티롤 수지라고도 한다. 발포 보온판(스티로폼)의 주원료, 벽타일, 천장재, 블라인드, 도료, 전기용품 등에 사용된다.

96 **재료의 기계적 성질 중 작은 변형에도 파괴되는 성질을 무엇이라 하는가?**

① 강성　② 소성
③ 탄성　④ 취성

해설 취성은 작은 변형에도 파괴되는 성질이다.

[재료의 성질을 나타낸 용어]
- 강성 : 외력을 받았을 때 변형에 저항하는 성질
- 전성 : 재료를 두들길 때 얇게 펴지는 현상
- 연성 : 재료가 탄성한계 이상의 힘을 받아도 파괴되지 않고 늘어나는 성질
- 취성 : 작은 변형에도 파괴되는 성질
- 소성 : 힘을 제거해도 본래 상태로 돌아가지 않고 영구 변형이 남는 성질

97 **은백색의 굳은 금속원소로서 불순물이 포함되면 강해지는 경향이 있으며, 스테인리스강보다 우수한 내식성을 갖는 합금은?**

① 티타늄과 그 합금
② 연과 그 합금
③ 주석과 그 합금
④ 니켈과 그 합금

해설 티타늄(Titanium)은 티탄광석(TiO_2)으로 공업적 제법에 의해 만든다. 가볍고 강하며, 내부식성이 좋아 항공기 재료 등에 사용된다.

98 **다음 미장재료 중 여물(Hair)이 필요 없는 것은?**

① 돌로마이트 플라스터
② 경석고 플라스터
③ 회반죽
④ 회사벽

해설 무수석고에 경화 촉진제로서 화학처리한 것을 경석고 플라스터라 한다.

99 **시멘트의 성질에 관한 설명 중 옳지 않은 것은?**

① 포틀랜드시멘트의 3가지 주요 성분은 실리카(SiO_2), 알루미나(Al_2O_3), 석회(Cao)이다.
② 시멘트는 응결경화 시 수축성 균열이 생겨 변형이 일어난다.

정답 94 ② 95 ③ 96 ④ 97 ① 98 ② 99 ③

③ 슬래그의 함유량이 많은 고로시멘트는 수화열의 발생량이 많다.
④ 시멘트의 응결 및 강도 증진은 분말도가 클수록 빨라진다.

 고로시멘트는 초기강도는 낮으나 장기강도는 우수하여 해수에 대한 저항성이 크다. 건조수축은 보통포틀랜드시멘트보다 크나 수화열이 적어서 매스콘크리트에 적합하고, 내화학성, 내열성, 수밀성이 크다. 해수, 공장폐수, 하수 등에 접하는 콘크리트 구조물 공사 등에 사용한다.

100 유성 목재방부제로서 악취가 나고, 흑갈색으로 외관이 미려하지 않아 토대, 기둥 등에 이용되는 것은?

① 크레오소트 오일
② 황산동 1% 용액
③ 염화아연 4% 용액
④ 불화소다 2% 용액

 크레오소트는 목재의 방부재로 사용된다. 목재의 방화를 위해서는 표면에 불연성 도료를 칠하여 불꽃의 접촉 및 가연성 가스의 발산을 막는다.

제6과목 건설안전기술

101 건설공사 시공단계에 있어서 안전관리의 문제점에 해당되는 것은?

① 발주자의 조사, 설계 발주능력 미흡
② 용역자의 조사, 설계능력 부실
③ 발주자의 감독 소홀
④ 사용자의 시설 운영관리 능력 부족

 건설공사 진행 중 발주자의 감독 소홀은 시공사의 안전관리 부실을 초래할 수 있다.

102 크레인을 사용하여 작업을 할 때 작업 시작 전에 점검하여야 하는 사항에 해당하지 않는 것은?

① 권과방지장치 · 브레이크 · 클러치 및 운전장치의 기능
② 주행로의 상측 및 트롤리가 횡행하는 레일의 상태
③ 와이어로프가 통하고 있는 곳의 상태
④ 압력방출장치의 기능

 압력방출장치의 기능은 공기압축기를 가동할 때 작업 시작 전 점검사항이다.

103 다음 중 차량계 건설기계에 속하지 않는 것은?

① 불도저
② 스크레이퍼
③ 타워크레인
④ 항타기

 타워크레인은 양중기에 해당된다.

정답 100 ① 101 ③ 102 ④ 103 ③

104 산소결핍이라 함은 공기 중 산소농도가 몇 퍼센트(%) 미만일 때를 의미하는가?

① 20% ② 18%
③ 15% ④ 10%

 산소결핍은 공기 중 산소농도가 18% 미만일 때를 의미한다.

105 흙막이 지보공을 설치하였을 때 정기적으로 점검하여 이상 발견 시 즉시 보수하여야 할 사항이 아닌 것은?

① 굴착 깊이의 정도
② 버팀대의 긴압 정도
③ 부재의 접속부 · 부착부 및 교차부의 상태
④ 부재의 손상 · 변형 · 부식 · 변위 및 탈락의 유무와 상태

 흙막이 지보공을 설치한 때 정기적 점검사항은 다음과 같다.

- 부재의 손상 · 변형 · 부식 · 변위 및 탈락의 유무와 상태
- 버팀대 긴압의 정도
- 부재의 접속부 · 부착부 및 교차부의 상태
- 침하의 정도
- 흙막이 공사의 계측관리

106 그물코의 크기가 10cm인 매듭 없는 방망사 신품의 인장강도는 최소 얼마 이상이어야 하는가?

① 240kgf ② 320kgf
③ 400kgf ④ 500kgf

 그물코 10cm, 매듭 없는 방망의 인장강도는 240kgf이다.

[추락방호망의 인장강도]

그물코의 크기 (단위 : cm)	방망의 종류(단위 : kgf)	
	매듭 없는 방망	매듭방망
10	240	200
5	–	110

107 콘크리트 타설 시 거푸집의 측압에 영향을 미치는 인자들에 관한 설명으로 옳지 않은 것은?

① 슬럼프가 클수록 작다.
② 타설속도가 빠를수록 크다.
③ 거푸집 속의 콘크리트 온도가 낮을수록 크다.
④ 콘크리트의 타설높이가 높을수록 크다.

 측압이 커지는 조건은 다음과 같다.

1. 거푸집 부재단면이 클수록
2. 거푸집 수밀성이 클수록
3. 거푸집의 강성이 클수록
4. 거푸집 표면이 평활할수록
5. 시공연도(Workability)가 좋을수록
6. 철골 또는 철근량이 적을수록
7. 외기온도가 낮을수록, 습도가 높을수록
8. 콘크리트의 타설속도가 빠를수록
9. 콘크리트의 다짐이 좋을수록
10. 콘크리트의 Slump가 클수록
11. 콘크리트의 비중이 클수록 등

108 흙막이 공법을 흙막이 지지방식에 의한 분류와 구조방식에 의한 분류로 나눌 때 다음 중 지지방식에 의한 분류에 해당하는 것은?

① 수평 버팀대식 흙막이 공법
② H-Pile 공법
③ 지하연속벽 공법
④ Top down method 공법

 수평 버팀대식 흙막이 공법은 지지방식의 분류에 해당한다.

정답 104 ② 105 ① 106 ① 107 ① 108 ①

109 유해위험방지 계획서를 제출하려고 할 때 그 첨부서류와 가장 거리가 먼 것은?

① 공사개요서
② 산업안전보건관리비 작성요령
③ 전체공정표
④ 재해 발생 위험 시 연락 및 대피방법

해설 유해 · 위험방지계획서 제출 시 첨부서류는 다음과 같다.
1. 공사개요
2. 안전보건관리계획
 - 산업안전보건관리비 사용계획
 - 안전관리조직표, 안전 · 보건교육계획
 - 개인보호구 지급계획
 - 재해 발생 위험 시 연락 및 대피방법
3. 작업공종별 유해 · 위험방지계획

110 항타기 및 항발기에 관한 설명으로 옳지 않은 것은?

① 도괴방지를 위해 시설 또는 가설물 등에 설치하는 때에는 그 내력을 확인하고 내력이 부족하면 그 내력을 보강해야 한다.
② 와이어로프의 한 꼬임에서 끊어진 소선(필러선을 제외한다)의 수가 10% 이상인 것은 권상용 와이어로프로 사용을 금한다.
③ 지름 감소가 공칭지름의 7%를 초과하는 것은 권상용 와이어로프로 사용을 금한다.
④ 권상용 와이어로프의 안전계수가 4 이상이 아니면 이를 사용하여서는 아니 된다.

해설 권상용 와이어로프의 안전계수가 5 이상 아니면 이를 사용하여서는 안 된다.

111 크레인의 운전실 또는 운전대를 통하는 통로의 끝과 건설물 등의 벽체의 간격은 최대 얼마 이하로 하여야 하는가?

① 0.2m ② 0.3m
③ 0.4m ④ 0.5m

해설 안전보건규칙 제145조(건설물 등의 벽체와 통로의 간격 등)의 내용으로 크레인의 운전실 또는 운전대를 통하는 통로의 끝과 건설물 등 벽체의 간격은 0.3m 이하로 하여야 한다.

112 산업안전보건관리비 계상 및 사용기준에 따른 공사 종류별 계상기준으로 옳은 것은?(단, 토목공사이고, 대상액이 5억 원 미만인 경우)

① 1.85% ② 2.45%
③ 3.09% ④ 3.43%

해설 산업안전보건관리비 계상기준은 다음과 같다.

[공사 종류 및 규모별 안전관리비 계상기준]

구분 / 공사 종류	대상액 5억 원 미만인 경우 적용 비율(%)	대상액 5억 원 이상 50억 원 미만인 경우		대상액 50억 원 이상인 경우 적용 비율(%)	영 별표5에 따른 보건관리자 선임 대상 건설공사의 적용 비율(%)
		적용 비율(%)	기초액		
건축공사	2.93%	1.86%	5,349,000원	1.97%	2.15%
토목공사	3.09%	1.99%	5,499,000원	2.10%	2.29%
중건설공사	3.43%	2.35%	5,400,000원	2.44%	2.66%
특수건설공사	1.85%	1.20%	3,250,000원	1.27%	1.38%

정답 109 ② 110 ④ 111 ② 112 ②

113 흙의 투수계수에 영향을 주는 인자에 관한 설명으로 옳지 않은 것은?

① 공극비 : 공극비가 클수록 투수계수는 작다.
② 포화도 : 포화도가 클수록 투수계수도 크다.
③ 유체의 점성계수 : 점성계수가 클수록 투수계수는 작다.
④ 유체의 밀도 : 유체의 밀도가 클수록 투수계수는 크다.

해설 공극비가 클수록 투수계수는 크다.

$$K = D_s^2 \cdot \frac{\gamma_w}{\eta} \cdot \frac{e^3}{(1+2)} \cdot C$$

여기서, K = 투수계수
D_s = 유효입경
γ_w = 물의 단위중량
η = 물의 점성계수
e = 공극비
C = 형상계수

114 풍화암의 굴착면 붕괴에 따른 재해를 예방하기 위한 굴착면의 적정한 기울기 기준은?

① 1 : 1.0
② 1 : 0.8
③ 1 : 0.5
④ 1 : 0.3

해설 굴착면의 기울기 기준

지반의 종류	굴착면의 기울기
모래	1 : 1.8
연암 및 풍화암	1 : 1.0
경암	1 : 0.5
그 밖의 흙	1 : 1.2

115 크레인 등 건설장비의 가공전선로 접근 시 안전대책으로 거리가 먼 것은?

① 안전 이격거리를 유지하고 작업한다.
② 장비의 조립, 준비 시부터 가공전선로에 대한 감전 방지 수단을 강구한다.
③ 장비 사용 현장의 장애물, 위험물 등을 점검 후 작업계획을 수립한다.
④ 장비를 가공전선로 밑에 보관한다.

해설 장비를 가공전선로 밑에 보관하면 감전의 위험이 있다.

116 다음은 강관을 사용하여 비계를 구성하는 경우에 대한 내용이다. 다음 ( ) 안에 들어갈 내용으로 옳은 것은?

> 비계기둥의 간격은 띠장 방향에서는 ( ), 장선방향에서는 1.5m 이하로 할 것

① 1.2m 이상 1.5m 이하
② 1.2m 이상 2.0m 이하
③ 1.5m 이상 1.8m 이하
④ 1.5m 이상 2.0m 이하

해설 비계기둥의 간격은 띠장방향에서는 1.5~1.8m 장선방향에서는 1.5m 이하로 한다.

117 달비계를 설치할 때 작업발판의 폭은 최소 얼마 이상으로 하여야 하는가?

① 30cm ② 40cm
③ 50cm ④ 60cm

해설 달비계를 설치할 때 작업발판 최소 폭은 40cm 이상이다.

정답 113 ① 114 ① 115 ④ 116 ③ 117 ②

118 굴착과 싣기를 동시에 할 수 있는 토공기계가 아닌 것은?

① Power shovel
② Tractor shovel
③ Back hoe
④ Motor grader

 모터 그레이더는 정지 및 배토기계이다.

119 지반조사의 목적에 해당되지 않는 것은?

① 토질의 성질 파악
② 지층의 분포 파악
③ 지하수위 및 피압수 파악
④ 구조물의 편심에 의한 적절한 침하 유도

 지반조사의 목적은 토질의 성질, 지층의 분포, 지하수위 및 피압수의 파악에 있다.

120 작업발판 및 통로의 끝이나 개구부로서 근로자가 추락할 위험이 있는 장소에서 난간 등의 설치가 매우 곤란하거나 작업의 필요상 임시로 난간 등을 해체하여야 하는 경우에 설치하여야 하는 것은?

① 구명구　　② 수직보호망
③ 안전방망　　④ 석면포

 추락재해방지 설비 중 작업대 설치가 어렵거나 개구부 주위에 난간설치가 어려울 때 안전방망을 설치한다.

정답 118 ④　119 ④　120 ③

2017년 5월 7일 시행

ENGINEER CONSTRUCTION SAFETY

제1과목 산업안전관리론

01 산업안전보건법령상 안전 · 보건표지의 종류 중 금지표지에 해당하지 않는 것은?

① 탑승금지　② 금연
③ 사용금지　④ 접촉금지

 안전 · 보건표지 중 안내표지의 종류

02 산업안전보건법령상 안전검사 대상 유해 · 위험기계 등의 기준 중 틀린 것은?

① 롤러기(밀폐형 구조는 제외)
② 국소배기장치(이동식은 제외)
③ 사출성형기(형 체결력 294kN 미만은 제외)
④ 크레인(정격하중이 2톤 이상인 것은 제외)

해설 검사 대상 유해 · 위험기계 등(시행령 제78조)

1. 프레스
2. 전단기
3. 크레인(정격하중이 2톤 미만인 것은 제외한다)
4. 리프트
5. 압력용기
6. 곤돌라
7. 국소배기장치(이동식은 제외한다)
8. 원심기(산업용만 해당한다)
9. 롤러기(밀폐형 구조는 제외한다)
10. 사출성형기[형 체결력(型 締結力) 294킬로뉴턴(kN) 미만은 제외한다]
11. 고소작업대(화물자동차 또는 특수자동차에 탑재한 고소작업대로 한정한다)
12. 산업용 로봇
13. 컨베이어

03 산업안전보건법상 산업안전보건위원회의 심의 · 의결사항이 아닌 것은?

① 산업재해 예방계획의 수립에 관한 사항
② 근로자의 건강진단 등 건강관리에 관한 사항
③ 재해자에 관한 치료 및 재해보상에 관한 사항
④ 안전보건관리규정의 작성 및 변경에 관한 사항

해설 산업안전보건위원회 심의 · 의결사항

1. 산업재해 예방계획의 수립에 관한 사항
2. 안전보건관리규정의 작성 및 변경에 관한 사항
3. 근로자의 안전 · 보건교육에 관한 사항
4. 작업환경의 측정 등 작업환경의 점검 및 개선에 관한 사항
5. 근로자의 건강진단 등 건강 관리에 관한 사항

정답 01 ④ 02 ④ 03 ③

6. 중대재해에 관한 사항
7. 산업재해에 관한 통계의 기록 및 유지에 관한 사항
8. 유해하거나 위험한 기계 · 기구와 그 밖의 설비를 도입한 경우 안전 · 보건조치에 관한 사항

04 시설물의 안전관리에 관한 특별법상 안전점검 실시의 구분에 해당하지 않는 것은?

① 정기점검　② 정밀점검
③ 긴급점검　④ 임시점검

 **시설물의 안전관리에 관한 특별법 제6조(안전점검의 실시) 제2항**

안전점검은 정기점검 · 정밀점검 및 긴급점검으로 구분하여 실시한다.

05 무재해 운동을 추진하기 위한 중요한 세 개의 기둥에 해당하지 않는 것은?

① 본질추구
② 소집단 자주활동의 활성화
③ 최고경영자의 경영자세
④ 관리감독자(Line)의 적극적 추진

해설 **무재해 운동의 3기둥(3요소)**

- 직장의 자율활동의 활성화
- 라인(관리감독자)화의 철저
- 최고경영자의 안전경영철학

06 객관적인 위험을 작업자 나름대로 판정하여 위험을 수용하고 행동에 옮기는 것은?

① Risk Assessment
② Risk Taking
③ Risk Control
④ Risk Playing

해설 **억측판단(Risk Taking)**

위험을 부담하고 행동으로 옮김

07 산업안전보건법상 사업주의 의무에 해당하는 것은?

① 산업안전 · 보건정책의 수립 · 집행 · 조정 및 통제
② 사업장에 대한 재해 예방 지원 및 지도
③ 산업재해에 관한 조사 및 통계의 유지 · 관리
④ 해당 사업장의 안전 · 보건에 관한 정보를 근로자에게 제공

해설 **사업주의 의무**

1. 사업주는 다음 각 호의 사항을 이행함으로써 근로자의 안전과 건강을 유지 · 증진시키는 한편, 국가의 산업재해 예방시책에 따라야 한다.
   - 이 법과 이 법에 따른 명령으로 정하는 산업재해예방을 위한 기준을 지킬 것
   - 근로자의 신체적 피로와 정신적 스트레스 등을 줄일 수 있는 쾌적한 작업환경을 조성하고 근로조건을 개선할 것
   - 해당 사업장의 안전 · 보건에 관한 정보를 근로자에게 제공할 것
2. 다음 각 호의 어느 하나에 해당하는 자는 설계 · 제조 · 수입 또는 건설을 할 때 이 법과 이 법에 따른 명령으로 정하는 기준을 지켜야 하고, 그 물건을 사용함으로써 발생하는 산업재해를 방지하기 위하여 필요한 조치를 하여야 한다.
   - 기계 · 기구와 그 밖의 설비를 설계 · 제조 또는 수입하는 자
   - 원재료 등을 제조 · 수입하는 자
   - 건설물을 설계 · 건설하는 자

정답 04 ④　05 ①　06 ②　07 ④

08 A사업장에서 무상해, 무사고 위험순간이 300건 발생하였다면 버드(Frank Bird)의 재해구성비율에 따르면 경상은 몇 건이 발생하겠는가?

① 5　　② 10
③ 15　　④ 20

해설 버드의 법칙 1 : 10 : 30 : 600

- 1 : 중상 또는 폐질
- 10 : 경상(인적, 물적 상해)
- 30 : 무상해사고(물적 손실 발생)
- 600 : 무상해, 무사고 고장(위험순간)

09 산업안전보건법령상 안전관리자의 업무가 아닌 것은?

① 해당 사업장 안전교육계획의 수립 및 안전교육 실시에 관한 보좌 및 조언 · 지도
② 사업장 순회점검 · 지도 및 조치의 건의
③ 법 또는 법에 따른 명령으로 정한 안전에 관한 사항의 이행에 관한 보좌 및 조언 · 지도
④ 작업장 내에서 사용되는 전체 환기장치 및 국소배기장치 등에 관한 설비의 점검과 작업방법의 공학적 개선에 관한 보좌 및 조언 · 지도

해설 안전관리자의 업무

1. 산업안전보건위원회 또는 안전 · 보건에 관한 노사협의체에서 심의 · 의결한 업무와 해당 사업장의 안전보건관리규정(이하 "안전보건관리 규정"이라 한다) 및 취업규칙에서 정한 업무
2. 안전인증대상 기계 · 기구 등(이하 "안전인증대상 기계 · 기구 등"이라 한다)과 자율안전확인대상 기계 · 기구 등(이하 "자율안전확인대상 기계 · 기구 등"이라 한다) 구입 시 적격품의 선정에 관한 보좌 및 조언 · 지도
3. 위험성평가에 관한 보좌 및 조언 · 지도
4. 해당 사업장 안전교육계획의 수립 및 안전교육 실시에 관한 보좌 및 조언 · 지도
5. 사업장 순회점검 · 지도 및 조치의 건의
6. 산업재해 발생의 원인 조사 · 분석 및 재발 방지를 위한 기술적 보좌 및 조언 · 지도
7. 산업재해에 관한 통계의 유지 · 관리 · 분석을 위한 보좌 및 조언 · 지도
8. 법 또는 법에 따른 명령으로 정한 안전에 관한 사항의 이행에 관한 보좌 및 조언 · 지도
9. 업무수행 내용의 기록 · 유지
10. 그 밖에 안전에 관한 사항으로서 고용노동부장관이 정하는 사항

10 보행 중 작업자가 바닥에 미끄러지면서 주변의 상자와 머리를 부딪침으로써 머리에 상처를 입은 경우 이 사고의 기인물은?

① 바닥
② 상자
③ 머리
④ 바닥과 상자

해설 기인물

재해발생의 주원인이며 재해를 가져오게 한 근원이 되는 기계, 장치, 물건 또는 환경을 의미한다. 따라서, 미끄러짐의 원인인 '바닥'이 기인물에 해당된다.

11 산업안전보건법령상 사업주가 산업재해가 발생하였을 때에 기록 · 보전하여야 하는 사항이 아닌 것은?

① 피해 상황
② 재해 발생의 일시 및 장소
③ 재해 발생의 원인 및 과정
④ 재해 재발방지 계획

정답 08 ① 09 ④ 10 ① 11 ①

해설 산업재해 발생 시 기록 · 보존(3년간 보관) 해야 할 사항

- 사업장의 개요 및 근로자의 인적사항
- 재해 발생의 일시 및 장소
- 재해 발생의 원인 및 과정
- 재해 재발방지 계획

12 추락 및 감전 위험방지용 안전모의 성능기준 중 일반구조 기준으로 틀린 것은?

① 턱끈의 폭은 10mm 이상일 것
② 안전모의 수평간격은 1mm 이내일 것
③ 안전모는 모체, 착장체 및 턱끈을 가질 것
④ 안전모의 착용높이는 85mm 이상이고 외부 수직거리는 80mm 미만일 것

해설 안전모(추락 및 감전위험 방지용) 일반구조

1. 안전모는 모체, 착장체 및 턱끈을 가질 것
2. 착장체의 머리고정대는 착용자의 머리부위에 적합하도록 조절할 수 있을 것
3. 착장체의 구조는 착용자의 머리에 균등한 힘이 분배되도록 할 것
4. 모체, 착장체 등 안전모의 부품은 착용자에게 상해를 줄 수 있는 날카로운 모서리 등이 없을 것
5. 모체에 구멍이 없을 것(착장체 및 턱끈의 설치 또는 안전등, 보안면 등을 붙이기 위한 구멍은 제외한다)
6. 턱끈은 사용 중 탈락되지 않도록 확실히 고정되는 구조일 것
7. 안전모의 착용높이는 8mm 이상이고 외부수직거리는 80mm 미만일 것
8. 안전모의 내부수직거리는 25mm 이상 50mm 미만일 것
9. 안전모의 수평간격은 5mm 이상일 것
10. 머리받침끈이 섬유인 경우에는 각각의 폭이 15mm 이상이어야 하며, 교차지점 중심으로부터 방사되는 끈폭의 총합은 72mm 이상일 것
11. 턱끈의 폭은 10mm 이상일 것

13 재해 발생의 원인 중 간접원인에 해당되지 않는 것은?

① 기술적 원인
② 불안전한 상태
③ 관리적 원인
④ 교육적 원인

해설 산업재해의 간접원인

- 기술적 원인
- 관리적 원인
- 교육적 원인
- 정신적 원인
- 신체적 원인

14 산업안전보건법령상 산업안전보건위원회 사용자위원의 구성기준으로 틀린 것은?(단, 상시 근로자 100명 이상을 사용하는 사업장이다.)

① 안전관리자 1명
② 명예산업안전감독관 1명
③ 해당 사업의 대표자
④ 해당 사업의 대표자가 지명하는 9명 이내의 해당 사업장 부서의 장

해설 사용자 위원

- 해당 사업의 대표자
- 안전관리자
- 보건관리자
- 산업보건의

15 재해 손실비 평가방식 중 하인리히 방식에 있어 간접비에 해당되지 않는 것은?

① 시설복구비용
② 교육훈련비용
③ 장외비용
④ 생산손실비용

정답 12 ② 13 ② 14 ② 15 ③

해설 간접비

재산손실, 생산중단 등으로 기업이 입은 손실
1. 인적 손실 : 본인 및 제 3자에 관한 것을 포함한 시간손실
2. 물적 손실 : 기계, 공구, 재료, 시설의 복구에 소비된 시간손실 및 재산손실
3. 생산손실 : 생산감소, 생산중단, 판매감소 등에 의한 손실
4. 특수손실
5. 기타 손실

16 위험예지훈련 4라운드 기법 진행방법 중 본질추구는 몇 라운드에 해당되는가?

① 제1라운드　② 제2라운드
③ 제3라운드　④ 제4라운드

해설 위험예지훈련의 추진을 위한 문제해결 4단계(4라운드)

- 1라운드 : 현상파악(사실의 파악) – 어떤 위험이 잠재하고 있는가?
- 2라운드 : 본질추구(원인조사) – 이것이 위험의 포인트다.
- 3라운드 : 대책수립(대책을 세운다) – 당신이라면 어떻게 하겠는가?
- 4라운드 : 목표설정(행동계획 작성) – 우리들은 이렇게 하자!

17 연평균 근로자 수가 1,100명인 사업장에서 한 해 동안에 17명의 사상자가 발생하였을 경우 연천인율은 약 얼마인가?(단, 근로자는 1일 8시간, 연간 250일을 근무하였다.)

① 7.73　② 13.24
③ 15.45　④ 18.55

$$\text{연천인율} = \frac{\text{재해자 수}}{\text{연평균 근로자 수}} \times 1{,}000$$
$$= \frac{17}{1{,}100} \times 1{,}000 = 15.45$$

18 산업안전보건법령상 안전 · 보건표지 속에 그림 또는 부호의 크기는 안전 · 보건표지의 크기와 비례하여야 하며, 안전 · 보건표지 전체 규격의 최소 몇 % 이상 되어야 하는가?

① 10　② 20
③ 30　④ 40

해설 안전보건표지의 규격

산업안전 · 보건표지 속의 그림 또는 부호의 크기는 안전 · 보건표지의 크기와 비례하여야 하며, 안전 · 보건표지 전체규격의 30[%] 이상이어야 한다.

19 테일러(F.W. Taylor)가 제창한 기능형 조직(functional organization)에서 발전된 조직의 형태로 중규모(100~500인) 사업장에 적합한 안전관리 조직의 유형은?

① 라인형
② 스태프형
③ 라인 – 스태프 혼합형
④ 프로젝트형

해설 스태프(Staff)형 조직

중소규모사업장에 적합한 조직으로서 안전업무를 관장하는 참모(Staff)를 두고 안전관리에 관한 계획 · 조정 · 조사 · 검토 · 보고 등의 업무와 현장에 대한 기술지원을 담당하도록 편성된 조직(중규모, 100~500명 이하)

정답 16 ② 17 ③ 18 ③ 19 ②

20 **재해의 통계적 원인분석 방법 중 다음에서 설명하는 것은?**

> 2개 이상의 문제 관계를 분석하는 데 사용하는 것으로 데이터를 집계하고, 표로 표시하여 요인별 결과 내역을 교차한 그림을 작성, 분석하는 방법

① 파레토도(Pareto diagram)
② 특성 요인도(Cause and effect diagram)
③ 관리도(Control diagram)
④ 크로스도(Cross diagram)

해설 **재해의 통계적 원인분석방법**

1. 관리도(Control Chart) : 재해발생 건수 등의 추이를 파악하여 목표관리를 행하는 데 필요한 월별 재해발생 수를 그래프화하여 관리선을 설정 관리하는 방법
2. 파레토도 : 분류 항목을 큰 순서대로 도표화한 분석법
3. 특성요인도 : 특성과 요인관계를 도표로 하여 어골상으로 세분화한 분석법(원인과 결과를 연계하여 상호관계를 파악)
4. 클로즈(Close) 분석도 : 데이터(Data)를 집계하고 표로 표시하여 요인별 결과 내역을 교차한 클로즈 그림을 작성하여 분석하는 방법

제2과목 산업심리 및 교육

21 **생리적 피로와 심리적 피로에 대한 설명으로 틀린 것은?**

① 심리적 피로와 생리적 피로는 항상 동반해서 발생한다.
② 심리적 피로는 계속되는 작업에서 수행감소를 주관적으로 지각하는 것을 의미한다.
③ 생리적 피로는 근육조직의 산소고갈로 발생하는 신체능력 감소 및 생리적 손상이다.
④ 작업 수행이 감소하더라도 피로를 느끼지 않을 수 있고, 수행이 잘 되더라도 피로를 느낄 수 있다.

해설 **신체적 증상(생리적 현상)**

1. 작업에 대한 몸자세가 흐트러지고 지치게 된다.
2. 작업에 대한 무감각, 무표정, 경련 등이 일어난다.
3. 작업 효과나 작업량이 감퇴 및 저하된다.

22 **인간의 생리적 욕구에 대한 의식적 통제가 어려운 것부터 차례대로 나열한 것 중 맞는 것은?**

① 안전의 욕구 → 해갈의 욕구 → 배설의 욕구 → 호흡의 욕구
② 호흡의 욕구 → 안전의 욕구 → 해갈의 욕구 → 배설의 욕구
③ 배설의 욕구 → 호흡의 욕구 → 안전의 욕구 → 해갈의 욕구
④ 해갈의 욕구 → 배설의 욕구 → 호흡의 욕구 → 안전의 욕구

해설 **매슬로(Maslow)의 욕구단계이론**

- 생리적 욕구 : 기아, 갈증, 호흡, 배설, 성욕 등
- 안전의 욕구 : 안전을 기하려는 욕구
- 사회적 욕구 : 소속 및 애정에 대한 욕구(친화 욕구)
- 자기존경의 욕구 : 자기존경의 욕구로 자존심, 명예, 성취, 지위에 대한 욕구(승인의 욕구)
- 자아실현의 욕구 : 잠재적인 능력을 실현하고자 하는 욕구(성취욕구)

정답 20 ④ 21 ① 22 ②

23 정신상태 불량으로 일어나는 안전사고요인 중 개성적 결함 요소에 해당하는 것은?

① 극도의 피로
② 과도한 자존심
③ 근육운동의 부적합
④ 육체적 능력의 초과

해설 개성적 결함 요소

도전적인 마음, 과도한 자존심, 다혈질 및 인내심 부족

24 안전 · 보건교육의 목적이 아닌 것은?

① 행동의 안전화
② 작업환경의 안전화
③ 의식의 안전화
④ 노무관리의 적정화

해설 안전 · 보건교육의 목적

1. 근로자의 산업재해를 예방한다.
2. 안전과 보건에 대한 지식, 기능, 태도(행동)의 향상을 기한다.
3. 설비, 환경의 안전화를 기한다.

25 안전교육의 형태와 방법 중 Off JT(Off the Job Training)의 특징이 아닌 것은?

① 외부의 전문가를 강사로 초청할 수 있다.
② 다수의 근로자에게 조직적 훈련이 가능하다.
③ 공통된 대상자를 대상으로 일괄적으로 교육할 수 있다.
④ 업무 및 사내의 특성에 맞춘 구체적이고 실제적인 지도교육이 가능하다.

해설 OFF JT(직장 외 교육훈련)

계층별 · 직능별로 공통된 교육대상자를 현장 이외의 한 장소에 모아 집합교육을 실시하는 교육형태(집단교육에 적합)

(1) 다수의 근로자에게 조직적 훈련을 행하는 것이 가능
(2) 훈련에만 전념
(3) 각각 전문가를 강사로 초청하는 것이 가능

26 리더십의 권한에 있어 조직이 리더에게 부여하는 권한이 아닌 것은?

① 위임된 권한 ② 강압적 권한
③ 보상적 권한 ④ 합법적 권한

해설 조직이 지도자에게 부여하는 권한

- 보상적 권한
- 강압적 권한
- 합법적 권한

27 통제적 집단행동과 관련성이 없는 것은?

① 관습 ② 유행
③ 패닉 ④ 제도적 행동

해설 통제 있는 집단행동

- 관습
- 제도적 행동
- 유행

28 강의법에 대한 장점으로 볼 수 없는 것은?

① 피교육자의 참여도가 높다.
② 전체적인 교육내용을 제시하는 데 적합하다.
③ 짧은 시간 내에 많은 양의 교육이 가능하다.

정답 23 ② 24 ④ 25 ④ 26 ① 27 ③ 28 ①

④ 새로운 과업 및 작업단위의 도입단계에 유효하다.

해설 강의법

안전지식을 강의식으로 전달하는 방법(초보적인 단계에서 효과적)
(1) 강사의 입장에서 시간의 조정이 가능하다.
(2) 전체적인 교육내용을 제시하는 데 유리하다.
(3) 비교적 많은 인원을 대상으로 단시간에 지식을 부여할 수 있다.

29 의사소통 과정의 4가지 구성요소에 해당하지 않는 것은?

① 채널 ② 효과
③ 메시지 ④ 수신자

해설 의사소통 과정의 4가지 구성요소

- 채널
- 메시지
- 발신자
- 수신자

30 허즈버그(Herzberg)의 욕구이론 중 위생요인이 아닌 것은?

① 임금 ② 승진
③ 존경 ④ 지위

해설 위생요인(Hygiene)

작업조건, 급여, 직무환경, 감독 등 일의 조건, 보상에서 오는 욕구(충족되지 않을 경우 조직의 성과가 떨어지나, 충족되었다고 성과가 향상되지 않음)

31 안전교육의 내용을 지식교육, 기능교육 및 태도교육 순서로 구분하여 맞게 나열한 것은?

① 시청각 교육－안전작업 동작지도－현장실습교육
② 현장실습교육－안전작업 동작지도－시청각 교육
③ 안전작업 동작지도－시청각 교육－현장실습교육
④ 시청각 교육－현장실습교육－안전작업 동작지도

해설 안전교육의 3단계

(1) 지식교육(1단계) : 지식의 전달과 이해
(2) 기능교육(2단계) : 실습, 시범을 통한 이해
- 준비 철저
- 위험작업의 규제
- 안전작업의 표준화

(3) 태도교육(3단계) : 안전의 습관화(가치관 형성)
청취(들어본다) → 이해, 납득(이해시킨다) → 모범(시범을 보인다) → 권장(평가한다)

32 교육지도의 효율성을 높이는 원리인 훈련전이(Transfer of training)에 관한 설명으로 틀린 것은?

① 훈련 상황이 가급적 실제 상황과 유사할수록 전이효과는 높아진다.
② 훈련 전이란 훈련 기간에 학습된 내용이 실무 상황으로 옮겨져서 사용되는 정도이다.
③ 실제 직무수행에서 훈련된 행동이 나타날 때 보상이 따르면 전이효과는 더 높아진다.
④ 훈련생은 훈련 과정에 대해서 사전정보가 없을수록 왜곡된 반응을 보이지 않는다.

해설 전이의 의미

전이란 어떤 내용을 학습한 결과가 다른 학습이나 반응에 영향을 주는 현상을 의미하는 것으로 학습효과를 전이라고도 한다.

정답 29 ② 30 ③ 31 ④ 32 ④

- 적극적 전이효과 : 선행학습이 다음의 학습에 촉진적, 진취적 효과를 주는 것을 말한다.
- 소극적 전이효과 : 선행학습이 제2의 학습에 방해가 된다든지 학습능률을 감퇴시키는 것을 말한다.

33 강의법 교육과 비교하여 모의법(Simulation Method) 교육의 특징으로 맞는 것은?

① 시간의 소비가 거의 없다.
② 시설의 유지비가 저렴하다.
③ 학생 대비 교사의 비율이 적다.
④ 단위시간당 교육비가 많이 든다.

해설 모의법

실제 상황을 만들어 두고 학습하는 방법
(1) 제약조건
- 단위 교육비가 비싸고 시간의 소비가 많다.
- 시설의 유지비가 높다.
- 다른 방법에 비하여 학생 대 교사의 비가 높다.

(2) 모의법 적용의 경우
- 수업의 모든 단계
- 학교수업 및 직업훈련 등
- 실제사태는 위험성이 따른 경우
- 직접 조작을 중요시하는 경우

34 의식수준이 정상적 상태이지만 생리적 상태가 안정을 취하거나 휴식할 때에 해당하는 것은?

① Phase I　② Phase II
③ Phase III　④ Phase VI

해설 의식수준 레벨의 단계

단계	의식의 상태	신뢰성	의식의 작용
Phase 0	무의식, 실신	0	없음
Phase I	의식의 둔화	0.9 이하	부주의
Phase II	이완상태	0.99~0.99999	마음이 안쪽으로 향함(Passive)
Phase III	명료한 상태	0.99999 이상	전향적(Active)
Phase IV	과긴장 상태	0.9 이하	한 점에 집중, 판단 정지

35 라스무센의 정보처리모형은 원인 차원의 휴먼에러 분류에 적용되고 있다. 이 모형에서 정의하고 있는 인간의 행동 단계 중 다음의 특징을 갖는 것은?

- 생소하거나 특수한 상황에서 발생하는 행동이다.
- 부적절한 추론이나 의사결정에 의해 오류가 발생한다.

① 규칙기반행동
② 인지기반행동
③ 지식기반행동
④ 숙련기반행동

해설 지식기반행동

생소하거나 특수한 상황에서 발생하는 행동. 부적절한 추론이나 의사결정에 의해 오류가 발생한다.

정답 33 ④ 34 ② 35 ③

36 교육의 3요소 중에서 "교육의 매개체"에 해당하는 것은?

① 강사　② 선배
③ 교재　④ 수강생

해설 교육의 3요소
- 주체 : 강사
- 객체 : 수강자(학생)
- 매개체 : 교재(교육내용)

37 교육지도의 5단계가 다음과 같을 때 맞게 나열한 것은?

㉠ 가설의 설정 ㉡ 결론 ㉢ 원리의 제시 ㉣ 관련된 개념의 분석 ㉤ 자료의 평가

① ㉢ → ㉣ → ㉠ → ㉤ → ㉡
② ㉠ → ㉢ → ㉣ → ㉤ → ㉡
③ ㉢ → ㉠ → ㉤ → ㉣ → ㉡
④ ㉠ → ㉢ → ㉤ → ㉣ → ㉡

해설 교육지도의 5단계
- 제1단계 : 원리의 제시
- 제2단계 : 관련 개념의 분석
- 제3단계 : 가설의 설정
- 제4단계 : 자료의 평가
- 제5단계 : 결론

38 부주의에 의한 사고방지대책에 있어 기능 및 작업 측면의 대책에 해당하는 것은?

① 적성 배치
② 안전의식의 제고
③ 주의력 집중 훈련
④ 작업환경과 설비의 안전화

해설 기능 및 작업적 측면에 대한 대책
- 적성 배치
- 안전작업 방법 습득
- 표준작업 동작의 습관화

39 직업의 적성 가운데 사무적 적성에 해당하는 것은?

① 기계적 이해　② 공간의 시각화
③ 손과 팔의 솜씨　④ 지각의 정확도

해설 직업의 적성(기계적 적성)
- 손과 팔의 솜씨
- 공간의 시각화
- 기계적 이해

40 집단구성원에 의해 선출된 지도자의 지위 · 임무는?

① 헤드십(Headship)
② 리더십(Leadership)
③ 멤버십(Membership)
④ 매니저십(Managership)

해설 선출방식에 따른 리더 분류
- Leadership : 선출된 자의 권한 대행(예 : 대통령)
- Headship : 임명된 자의 권한 행사(예 : 장관)

정답 36 ③　37 ①　38 ①　39 ④　40 ②

제3과목 인간공학 및 시스템안전공학

41 다음 설명 중 ( ) 안에 알맞은 용어가 올바르게 짝지어진 것은?

> (㉠) : FTA와 동일의 논리적 방법을 사용하여 관리, 설계, 생산, 보전 등에 대한 넓은 범위에 걸쳐 안전성을 확보하려는 시스템 안전 프로그램
> (㉡) : 사고 시나리오에서 연속된 사건들의 발생경로를 파악하고 평가하기 위한 귀납적이고 정량적인 시스템 안전 프로그램

① ㉠ : PHA ㉡ : ETA
② ㉠ : ETA ㉡ : MORT
③ ㉠ : MORT ㉡ : ETA
④ ㉠ : MORT ㉡ : PHA

- MORT(Management Oversight and Risk Tree)
  FTA와 같은 논리기법을 이용하여 관리, 설계, 생산, 보전 등에 대해서 광범위하게 안전성을 확보하기 위한 기법(원자력 산업에 이용, 미국의 W.G. Johnson에 의해 개발)
- ETA(Event Tree Analysis)
  정량적, 귀납적 기법으로 DT에서 변천해 온 것으로 설비의 설계, 심사, 제작, 검사, 보전, 운전, 안전대책의 과정에서 그 대응조치가 성공인가 실패인가를 확인해 가는 과정을 검토

42 고령자의 정보처리 과업을 설계할 경우 지켜야 할 지침으로 틀린 것은?

① 표시 신호를 더 크게 하거나 밝게 한다.
② 개념, 공간, 운동 양립성을 높은 수준으로 유지한다.
③ 정보처리 능력에 한계가 있으므로 시분할 요구량을 늘린다.
④ 제어표시장치를 설계할 때 불필요한 세부내용을 줄인다.

해설 고령자의 정보처리 과업 설계원칙

1. 표시 신호를 더 크게 하거나 밝게 한다.
2. 개념, 공간, 운동 양립성을 높은 수준으로 유지한다.
3. 고령자는 정보처리능력 한계가 있으므로 시분할 요구량을 줄인다.
4. 제어표시장치를 설계할 때 불필요한 세부내용을 줄인다.

43 신호검출이론에 대한 설명으로 틀린 것은?

① 신호와 소음을 쉽게 식별할 수 없는 상황에 적용된다.
② 일반적인 상황에서 신호 검출을 간섭하는 소음이 있다.
③ 통제된 실험실에서 얻은 결과를 현장에 그대로 적용 가능하다.
④ 긍정(Hit), 허위(False alarm), 누락(Miss), 부정(Correct rejection)의 네 가지 결과로 나눌 수 있다.

해설 신호검출이론

1. 신호와 소음을 쉽게 식별할 수 없는 상황에 적용된다.
2. 일반적인 상황에서 신호 검출을 간섭하는 소음이 있다.
3. 긍정(Hit), 허위(False alarm), 누락(Miss), 부정(Correct rejection)의 네 가지 결과로 나눌 수 있다.

정답 41 ③ 42 ③ 43 ③

44 결함수분석법에서 Path set에 관한 설명으로 맞는 것은?

① 시스템의 약점을 표현한 것이다.
② TOP사상을 발생시키는 조합이다.
③ 시스템이 고장 나지 않도록 하는 사상의 조합이다.
④ 시스템고장을 유발시키는 필요불가결한 기본사상들의 집합이다.

해설 **패스셋(Path set)**

포함되어 있는 모든 기본사상이 일어나지 않을 때 처음으로 정상사상이 일어나지 않는 기본사상의 집합

45 산업안전보건법상 유해 · 위험방지계획서를 제출한 사업주는 건설공사 중 얼마 이내마다 관련법에 따라 유해 · 위험방지계획서의 내용과 실제공사 내용이 부합하는지의 여부 등을 확인받아야 하는가?

① 1개월 ② 3개월
③ 6개월 ④ 12개월

유해 · 위험방지계획서의 확인사항

1) 확인시기
- 건설공사 중 6개월 이내마다 공단의 확인을 받아야 함
- 자체심사 및 확인업체의 사업주는 해당 공사 준공 시까지 6개월 이내마다 자체 확인을 실시

2) 확인사항
- 유해 · 위험방지계획서의 내용과 실제공사 내용이 부합하는지 여부
- 유해 · 위험방지계획서 변경내용의 적정성
- 추가적인 유해 · 위험요인의 존재 여부

46 다음 설명에 해당하는 설비보전방식의 유형은?

> 설비보전 정보와 신기술을 기초로 신뢰성, 조작성, 보전성, 안전성, 경제성 등이 우수한 설비의 선정, 조달 또는 설계를 통하여 궁극적으로 설비의 설계, 제작단계에서 보전활동이 불필요한 체제를 목표로 한 설비보전 방법을 말한다.

① 개량보전 ② 보전예방
③ 사후보전 ④ 일상보전

보전예방

설비 또는 제품의 고장이나 결함을 회복시키기 위한 수리, 교체 등을 통해 시스템을 사용 가능한 상태로 유지시키는 것

47 그림과 같은 시스템의 전체 신뢰도는 약 얼마인가?(단, 네모 안의 수치는 각 구성요소의 신뢰도이다.)

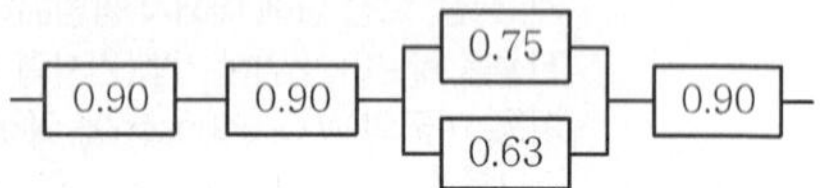

① 0.5275 ② 0.6616
③ 0.7575 ④ 0.8516

해설 **신뢰도**

$R=0.9\times0.9\times\{1-(1-0.75)\times(1-0.63)\}\times0.9$
$=0.6615675$

정답 44 ③ 45 ③ 46 ② 47 ②

48 근섬유의 직경이 작아서 큰 힘을 발휘하지 못하지만 장시간 지속시키고 피로가 쉽게 발생하지 않는 골격근의 근섬유는 무엇인가?

① Type S 근섬유
② Type Ⅱ 근섬유
③ Type F 근섬유
④ Type Ⅲ 근섬유

해설 지근섬유(Slow-twitch fiber ; Type S ; Type Ⅰ) 특성

1. 모세혈관밀도 및 마이오글로빈 함유량이 높아 적색을 띠어 적근
2. 지구성 운동 특성
3. 에너지 효율이 높고 피로에 대한 저항이 강함
4. 많은 수의 미토콘드리아와 산화효소를 포함

49 결함수분석법(FTA)에서의 미니멀 컷셋과 미니멀 패스셋에 관한 설명으로 맞는 것은?

① 미니멀 컷셋은 시스템의 신뢰성을 표시하는 것이다.
② 미니멀 패스셋은 시스템의 위험성을 표시하는 것이다.
③ 미니멀 패스셋은 시스템의 고장을 발생시키는 최소의 패스셋이다.
④ 미니멀 컷셋은 정상사상(top event)을 일으키기 위한 최소한의 컷셋이다.

해설
- 컷셋과 미니멀 컷셋
컷셋이란 그 속에 포함되어 있는 모든 기본사상이 일어났을 때 정상사상을 일으키는 기본사상의 집합을 말하며, 미니멀 컷셋은 정상사상을 일으키기 위해 필요한 최소한의 컷을 말한다. 즉 미니멀 컷셋은 컷셋 중에 타 컷셋을 포함하고 있는 것을 배제하고 남은 컷셋들을 의미한다.(시스템이 고장나는 데 필요한 최소 요인의 집합)
- 패스셋과 미니멀 패스셋
패스셋이란 그 속에 포함되어 있는 기본사상이 일어나지 않을 때 처음으로 정상사상이 일어나지 않는 기본사상의 집합으로서 미니멀 패스셋은 그 필요한 최소한의 컷을 말한다.(시스템이 살리는 데 필요한 최소 요인의 집합)

50 인간-기계시스템에 관한 내용으로 틀린 것은?

① 인간 성능의 고려는 개발의 첫 단계에서부터 시작되어야 한다.
② 기능 할당 시에 인간 기능에 대한 초기의 주의가 필요하다.
③ 평가 초점은 인간 성능의 수용 가능한 수준이 되도록 시스템을 개선하는 것이다.
④ 인간-컴퓨터 인터페이스 설계는 인간보다 기계의 효율이 우선적으로 고려되어야 한다.

해설 인간-기계시스템

1. 인간 성능의 고려는 개발의 첫 단계에서부터 시작되어야 한다.
2. 기능 할당 시에 인간 기능에 대한 초기의 주의가 필요하다.
3. 평가 초점은 인간 성능의 수용 가능한 수준이 되도록 시스템을 개선하는 것이다.
4. 인간-컴퓨터 인터페이스 설계는 인간의 효율을 우선적으로 고려한다.

정답 48 ① 49 ④ 50 ④

51 반사율이 85%, 글자의 밝기가 400cd/m^{2}인 VDT화면에 350lx의 조명이 있다면 대비는 약 얼마인가?

① −2.8　　② −4.2
③ −5.0　　④ −6.0

1. 대비 : 표적의 광속 발산도와 배경의 광속 발산도의 차

• 대비 $= 100 \times \dfrac{L_b - L_t}{L_b}$

2. 반사율(%) $= \dfrac{\text{휘도}(fL)}{\text{조도}(fC)} \times 100$

$= \dfrac{\text{cd/m}^2 \times \pi}{\text{lux}}$

• $L_b = (0.85 \times 350)/3.14 = 94.75$

• $L_t = 400 + 94.75 = 494.75$

따라서 대비 $= \dfrac{L_b - L_t}{L_b} \times 100[\%]$

$= \dfrac{94.75 - 494.75}{94.75} \times 100$

$= -4.22[\%]$

52 자극과 반응의 실험에서 자극 A가 나타날 경우 1로 반응하고 자극 B가 나타날 경우 2로 반응하는 것으로 하고, 100회 반복하여 표와 같은 결과를 얻었다. 제대로 전달된 정보량을 계산하면 약 얼마인가?

자극 \ 반응	1	2
A	50	−
B	10	40

① 0.610　　② 0.871
③ 1.000　　④ 1.361

해설

자극 \ 반응	1	2	계
A	50		50
B	10	40	50
계	60	40	

1) 자극정보량

$H(x) = 0.5 \times \dfrac{1}{0.5} + 0.5\log_2 \dfrac{1}{0.5} = 1.0$

2) 반응정보량

• $H(y) = 0.6\log_2 \dfrac{1}{0.6} + 0.4\log_2 \dfrac{1}{0.4} = 0.9709$

• $H(x,\ y) = 0.5\log_2 \dfrac{1}{0.5} + 0.1\log_2 \dfrac{1}{0.1} + 0.4\log_2 \dfrac{1}{0.4}$

$= 1.3609$

• $T(x,\ y) = H(x) + H(y) - H(x,\ y)$

$= 0.610$

53 의자 설계의 인간공학적 원리로 틀린 것은?

① 쉽게 조절할 수 있도록 한다.
② 추간판의 압력을 줄일 수 있도록 한다.
③ 등근육의 정적 부하를 줄일 수 있도록 한다.
④ 고정된 자세로 장시간 유지할 수 있도록 한다.

해설 **의자 설계 원칙**

1) 요부전만(腰部前灣)을 유지한다.
2) 디스크가 받는 압력을 줄인다.
3) 등근육의 정적 부하를 줄인다.
4) 자세고정을 줄인다.
5) 쉽고 간편하게 조절할 수 있도록 설계한다.

정답 51 ② 52 ① 53 ④

54 A제지회사의 유아용 화장지 생산 공정에서 작업자의 불안전한 행동을 유발하는 상황이 자주 발생하고 있다. 이를 해결하기 위한 개선의 ECRS에 해당하지 않는 것은?

① Combine ② Standard
③ Eliminate ④ Rearrange

해설 작업방법의 개선원칙 : ECRS

1. 제거(Eliminate)
2. 결합(Combine)
3. 재조정(Rearrange)
4. 단순화(Simplify)

55 병렬 시스템에 대한 특성이 아닌 것은?

① 요소의 수가 많을수록 고장의 기회는 줄어든다.
② 요소의 중복도가 늘어날수록 시스템의 수명은 길어진다.
③ 요소의 어느 하나라도 정상이면 시스템은 정상이다.
④ 시스템의 수명은 요소 중에서 수명이 가장 짧은 것으로 정해진다.

해설 병렬체계 설계의 특징

1. 요소의 중복도가 증가할수록 계의 수명은 길어진다.
2. 요소의 수가 많을수록 고장의 기회는 줄어든다.
3. 요소의 어느 하나가 정상적이면 계는 정상이다.
4. 시스템의 수명은 요소 중 수명이 가장 긴 것으로 정할 수 있다.

56 부품에 고장이 있더라도 플레이너 공작기계를 가장 안전하게 운전할 수 있는 방법은?

① Fail－soft
② Fail－active
③ Fail－passive
④ Fail－operational

해설 Fail－safe의 기능 분류

(1) Fail－passive(자동감지) : 부품이 고장 나면 통상 정지하는 방향으로 이동
(2) Fail－active(자동제어) : 부품이 고장 나면 기계는 경보를 울리며 짧은 시간 동안 운전이 가능
(3) Fail－operational(차단 및 조정) : 부품에 고장이 있더라도 추후 보수가 있을 때까지 안전한 기능을 유지

57 FTA에서 사용하는 다음 사상기호에 대한 설명으로 맞는 것은?

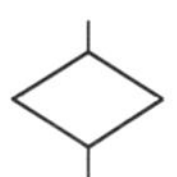

① 시스템 분석에서 좀 더 발전시켜야 하는 사상
② 시스템의 정상적인 가동상태에서 일어날 것이 기대되는 사상
③ 불충분한 자료로 결론을 내릴 수 없어 더 이상 전개할 수 없는 사상
④ 주어진 시스템의 기본사상으로 고장원인이 분석되었기 때문에 더 이상 분석할 필요가 없는 사상

해설

번호	기호	명칭	설명
1		생략사상 (최후사상)	정보부족, 해석기술 불충분으로 더 이상 전개할 수 없는 사상

정답 54 ② 55 ④ 56 ④ 57 ③

58 자극–반응 조합의 관계에서 인간의 기대와 모순되지 않는 성질을 무엇이라 하는가?

① 양립성　　② 적응성
③ 변별성　　④ 신뢰성

해설 **암호(코드)체계 사용상의 일반적 지침**

1. 암호의 검출성 : 타 신호가 존재하더라도 검출이 가능해야 한다.
2. 암호의 변별성 : 다른 암호표시와 구분이 되어야 한다.
3. 암호의 표준화 : 표준화되어야 한다.
4. 부호의 양립성 : 인간의 기대와 모순되지 않아야 한다.
5. 부호의 의미 : 사용자가 부호의 의미를 알 수 있어야 한다.
6. 다차원 암호의 사용 : 2가지 이상의 암호를 조합해서 사용하면 정보전달이 촉진된다.

59 적절한 온도의 작업환경에서 추운 환경으로 변할 때, 우리의 신체가 수행하는 조절작용이 아닌 것은?

① 발한이 시작된다.
② 피부의 온도가 내려간다.
③ 직장온도가 약간 올라간다.
④ 혈액의 많은 양이 몸의 중심부를 순환한다.

 **추운 환경으로 변할 때 신체 조절작용(저온 스트레스)**

1. 피부온도가 내려간다.
2. 피부를 경유하는 혈액순환량이 감소하고, 많은 양의 혈액이 몸의 중심부를 순환하다.
3. 직장온도가 약간 올라간다.
4. 소름이 돋고 몸이 떨린다.

60 시각적 부호의 유형과 내용으로 틀린 것은?

① 임의적 부호 : 주의를 나타내는 삼각형
② 명시적 부호 : 위험표지판의 해골과 뼈
③ 묘사적 부호 : 보도 표지판의 걷는 사람
④ 추상적 부호 : 별자리를 나타내는 12궁도

해설 **시각적 암호, 부호, 기호**

1) 묘사적 부호
사물이나 행동을 단순하고 정확하게 묘사한 것(도로표지판의 보행신호, 유해물질의 해골과 뼈 등)
2) 추상적 부호
메시지(傳言)의 기본요소를 도식적으로 압축한 부호로 원래의 개념과는 약간의 유사성이 있음
3) 임의적 부호
부호가 이미 고안되어 있으므로 이를 배워야 하는 것(산업안전표지의 원형 → 금지표지, 사각형 → 안내표지 등)

제4과목 건설시공학

61 토공사용 장비에 해당되지 않는 것은?

① 로더(Loader)
② 파워셔블(Power shovel)
③ 가이데릭(Guy derrick)
④ 클램셸(Clamshell)

 **가이데릭(Guy derrick)**

철골부재 세우기용 기중기이다.

정답 58 ① 59 ① 60 ② 61 ③

62 **갱폼(Gang Form)에 관한 설명으로 옳지 않은 것은?**

① 타워크레인, 이동식 크레인 같은 양중 장비가 필요하다.
② 벽과 바닥의 콘크리트 타설을 한번에 가능하게 하기 위하여 벽체 및 슬래브 거푸집을 일체로 제작한다.
③ 공사 초기 제작기간이 길고 투자비가 큰 편이다.
④ 경제적인 전용횟수는 30~40회 정도이다.

해설 터널폼(Tunnel Form)

슬래브와 벽체의 콘크리트 타설을 일체화하기 위한 철재 거푸집이다.

63 **주문받은 건설업자가 대상 계획의 기업, 금융, 토지조달, 설계, 시공 등을 포괄하는 도급계약방식을 무엇이라 하는가?**

① 실비청산 보수가산도급
② 정액도급
③ 공동도급
④ 턴키도급

해설 턴키(Turn-Key)도급은 모든 요소를 포괄한 일괄 수주방식으로 건설업자가 금융, 토지, 설계, 시공, 시운전 등 모든 것을 조달하여 주문자에게 인도하는 방식이다.

64 **시공의 품질관리를 위한 7가지 도구에 해당되지 않는 것은?**

① 파레토그램
② LOB기법
③ 특성요인도
④ 체크시트

해설 품질관리(TQC)의 7가지 도구는 다음과 같다.

히스토그램	공사 또는 제품의 품질상태가 만족할 상태에 있는가의 여부 등 데이터가 어떤 분포를 하고 있는지 알아보기 위해 작성(분포도)
파레토도	불량 등의 발생건수를 분류항목별로 나누어 크기 순서대로 나열(영향도, 하자도)
특성요인도	결과에 원인이 어떻게 관계하고 있는가를 한눈에 알 수 있도록 작성(원인결과도)
체크시트	불량 수, 결점 수 등 계수치의 데이터가 분류항목의 어디에 집중되어 있는가를 알아보기 쉽게 나타냄(집중도)
산점도	대응되는 두 개의 짝으로 된 데이터를 그래프 용지 위에 점으로 나타냄(상관도, 산포도)
층별	집단을 구성하고 있는 데이터를 특징에 따라 몇 개의 부분집단으로 나누는 것(부분집단도)
관리도	한눈에 파악되도록 막대나 꺾은선 그래프를 이용하여 표시

65 **건설공사의 입찰 및 계약의 순서로 옳은 것은?**

① 입찰통지 → 입찰 → 개찰 → 낙찰 → 현장설명 → 계약
② 입찰통지 → 현장설명 → 입찰 → 개찰 → 낙찰 → 계약
③ 입찰통지 → 입찰 → 현장설명 → 개찰 → 낙찰 → 계약
④ 현장설명 → 입찰통지 → 입찰 → 개찰 → 낙찰 → 계약

해설 입찰의 순서는 입찰통지 → 설계도서 배부 → 현장설명 및 질의응답 → 적산 및 견적기간 → 입찰등록 → 입찰 → 개찰 → 낙찰 → 계약의 순으로 한다.

정답 62 ② 63 ④ 64 ② 65 ②

66 거푸집의 강도 및 강성에 대한 구조계산 시 고려할 사항과 가장 거리가 먼 것은?

① 동바리 자중
② 작업 하중
③ 콘크리트 측압
④ 콘크리트 자중

해설 거푸집의 강도 및 강성 계산 시 거푸집 동바리의 자중은 고려되지 않는다.

67 다음 중 철골구조의 내화피복공법이 아닌 것은?

① 락울(Rockwool)뿜칠 공법
② 성형판 붙임공법
③ 콘크리트 타설공법
④ 메탈라스(Metal lath)공법

해설 메탈라스(Metal lath)는 두께 0.4~0.8mm의 연강판에 일정한 간격으로 자르는 마름모꼴 자국을 내어 이것을 옆으로 잡아당겨 그물 모양으로 만든 것으로 천장, 벽 등의 미장 바탕에 쓰인다.

68 리버스 서큘레이션 드릴(RCD)공법의 특징으로 옳지 않은 것은?

① 드릴 로드 끝에서 물을 빨아올리면서 말뚝구멍을 굴착하는 공법이다.
② 지름 0.9~3.0m, 심도 60m 이상의 말뚝을 형성한다.
③ 시공 시 소량의 물로 가능하며, 해상 작업이 불가능하다.
④ 세사층 굴착이 가능하나 드릴파이프 직경보다 큰 호박돌이 존재할 경우 굴착이 곤란하다.

해설 리버스 서큘레이션 드릴(Reverse Circulation Drill) 공법은 비트에 의해 파쇄된 토사를 역류 순환식의 액류에 의해서 배출하는 공법으로 점토, 실트층 등에 적용하며 시공심도 30~70m, 시공직경 0.9~3.0m이다.

69 토류구조물의 각 부재와 인근 구조물의 각 지점 등의 응력 변화를 측정하여 이상변형을 파악하는 계측기는?

① 경사계(Inclino meter)
② 변형률계(Strain gauge)
③ 간극수압계(Piezometer)
④ 진동측정계(Vibro meter)

해설 변형률계는 흙막이벽 버팀대의 응력 변화를 측정하는 데 사용되는 계측기기이다.

70 지정에 관한 설명으로 옳지 않은 것은?

① 잡석지정 : 기초 콘크리트 타설 시 흙의 혼입을 방지하기 위해 사용한다.
② 모래지정 : 지반이 단단하며 건물이 경량일 때 사용한다.
③ 자갈지정 : 굳은 바닥에 사용되는 지정이다.
④ 밑창 콘크리트 지정 : 잡석이나 자갈 위 기초부분의 먹매김을 위해 사용한다.

해설 모래지정은 장기 허용압축강도가 20~40t/m^2 정도로 큰 편이어서 잘 다져 지정으로 쓸 경우 효과적이다.

정답 66 ① 67 ④ 68 ③ 69 ② 70 ②

71 아래 부재를 대상으로 콘크리트 압축강도를 시험할 경우 거푸집널의 해체가 가능한 콘크리트 압축강도의 기준으로 옳은 것은?(단, 콘크리트 표준시방서 기준)

슬래브 및 보의 밑면

① 설계기준 압축강도의 3/4배 이상, 다만 최소 5MPa 이상
② 설계기준 압축강도의 2/3배 이상, 다만 최소 5MPa 이상
③ 설계기준 압축강도의 3/4배 이상, 다만 최소 14MPa 이상
④ 설계기준 압축강도의 2/3배 이상, 다만 최소 14MPa 이상

해설 거푸집 존치기간은 다음과 같다.
㉠ 콘크리트 압축강도를 시험할 경우(콘크리트표준시방서)

부재	콘크리트의 압축강도(fcu)
확대기초, 보 옆, 기둥, 벽 등의 측벽	5Mp 이상
슬래브 및 보의 밑면, 아치 내면	설계기준강도× $\frac{2}{3}(f_{ck} \geq \frac{2}{3}f_{ck})$ 다만, 14Mpa 이상

㉡ 콘크리트 압축강도를 시험하지 않을 경우(기초, 보 옆, 기둥 및 보의 측벽)

시멘트의 종류 / 평균기온	조강 포틀랜드 시멘트	보통포틀랜드 시멘트 · 고로슬래그 시멘트(특급) · 포틀랜드 포졸란 시멘트(A종) · 플라이애시 시멘트(A종)	고로슬래그 시멘트 · 포틀랜드 포졸란 시멘트(B종) · 플라이애시 시멘트(B종)
20℃ 이상	2일	4일	5일
20℃ 미만 10℃ 이상	3일	6일	8일

72 벽돌공사에 관한 설명으로 옳은 것은?

① 연속되는 벽면의 일부를 트이게 하여 나중쌓기로 할 때에는 그 부분을 충단 들여쌓기로 한다.
② 모르타르는 벽돌강도 이하의 것을 사용한다.
③ 1일 쌓기 높이는 1.5~3.0m를 표준으로 한다.
④ 세로줄눈은 통줄눈이 구조적으로 우수하다.

해설 연속되는 벽면의 일부를 트이게 하여 나중쌓기로 할 경우 층단떼어쌓기로 한다.

73 ALC의 특징에 관한 설명으로 옳지 않은 것은?

① 흡수율이 낮은 편이며, 동해에 대해 방수·방습처리가 불필요하다.
② 열전도율은 보통콘크리트의 약 1/10 정도로 단열성이 우수하다.
③ 건조수축률이 작으므로 균열 발생이 적다.
④ 경량으로 인력에 의한 취급이 가능하고, 필요에 따라 현장에서 절단 및 가공이 용이하다.

해설 ALC 제품은 다공성 제품으로 흡수성이 크다.

장점	단점
• 경량성 : 기건 비중은 콘크리트의 1/4 정도이다. • 단열성 : 열전도율은 콘크리트의 1/10 정도이다. • 흡음 및 차음성이 우수하다. • 불연성 및 내화구조 재료이다. • 시공성 : 경량으로 취급이 용이하며 현장에서 절단 및 가공이 용이하다.	• 압축강도가 4~8MPa 정도로 보통 콘크리트에 비해 강도가 비교적 약하다. • 다공성 제품으로 흡수성이 크며 동해에 대한 방수·방습처리가 필요하다. • 압축강도에 비해서 휨강도나 인장강도는 상당히 약한 수준이다.

정답 71 ④ 72 ① 73 ①

74 콘크리트 충전강관구조(CFT)에 관한 설명으로 옳지 않은 것은?

① 일반형강에 비하여 국부좌굴에 불리하다.
② 콘크리트 충전 시 내부의 콘크리트와 외부 강관의 역학적 거동에서 합성구조라 볼 수 있다.
③ 콘크리트 충전 시 별도의 거푸집이 필요하지 않다.
④ 접합부 용접기술이 발달한 일본 등에서 활성화되어 있다.

해설 일반형강에 비하여 국부좌굴에 유리하다.

75 돌붙임 앵커 긴결공법 중 파스너 설치방식이 아닌 것은?

① 논 그라우팅 싱글 파스너 방식
② 논 그라우팅 더블 파스너 방식
③ 그라우팅 더블 파스너 방식
④ 그라우팅 트리플 파스너 방식

해설 파스너는 고정용 철물의 총칭으로 장막벽을 건물의 구조체에 설치하기 위한 철물이다. 파스너 방식에는 논 그라우팅 싱글 파스너, 논 그라우팅 더블 파스너, 그라우팅 더블 파스너 방식 등이 있다.

76 철골공사에서 용접 결함을 뜻하지 않는 용어는?

① 피트(Pit)
② 블로 홀(Blow hole)
③ 오버 랩(Over lap)
④ 가우징(Gouging)

해설 가스가우징(Gas Gouging)
산소아세틸렌 불꽃을 이용하여 녹여 깎은 재의 뒷부분을 깨끗이 깎는 것을 말한다.

77 다음 [보기]의 블록쌓기 시공순서로 옳은 것은?

A. 접착면 청소 B. 세로규준틀 설치 C. 규준 쌓기 D. 중간부 쌓기 E. 줄눈누르기 및 파기 F. 치장줄눈

① A－D－B－C－F－E
② A－B－D－C－F－E
③ A－C－B－D－E－F
④ A－B－C－D－E－F

블록쌓기의 시공순서는 → 접착면 청소 → 세로규준틀 설치 → 규준 쌓기 → 중간부 쌓기 → 줄눈누르기 및 파기 → 치장줄눈의 순으로 한다.

78 흙에 접하거나 옥외공기에 직접 노출되는 기둥, 보 콘크리트 구조물로서 D16 이하 철근을 배근할 경우 최소피복두께는?

① 20mm ② 40mm
③ 60mm ④ 80mm

철근콘크리트 구조물의 부위별 피복두께는 다음과 같다.

정답 74 ① 75 ④ 76 ④ 77 ④ 78 ②

<table>
<tr><th colspan="4">부위</th><th>피복두께 (mm)</th></tr>
<tr><td rowspan="7">흙에 접하지 않음</td><td rowspan="2">바닥슬래브, 지붕슬래브, 비내력벽</td><td colspan="2">마무리 있을 때</td><td>20</td></tr>
<tr><td colspan="2">마무리 없을 때</td><td>30</td></tr>
<tr><td rowspan="4">기둥, 보, 내력벽</td><td rowspan="2">실내</td><td>마무리 있을 때</td><td>30</td></tr>
<tr><td>마무리 없을 때</td><td>30</td></tr>
<tr><td rowspan="2">실외</td><td>마무리 있을 때</td><td>30</td></tr>
<tr><td>마무리 없을 때</td><td>40</td></tr>
<tr><td colspan="3">옹벽</td><td>40</td></tr>
<tr><td rowspan="2">흙에 접함</td><td colspan="3">기둥, 보, 바닥슬래브, 내력벽</td><td>40(50)</td></tr>
<tr><td colspan="3">기초, 옹벽</td><td>60(70)</td></tr>
</table>

※ 여기서, ( ) 안의 수치는 경량콘크리트 1종 및 2종에 적용함

79 지반조사의 방법에 해당되지 않는 것은?

① 보링(Boring)
② 사운딩(Sounding)
③ 언더피닝(Under pinning)
④ 샘플링(Sampling)

해설 언더피닝공법이란 기존 구조물에 근접하여 시공할 때 기존 구조물의 기초 저면보다 깊은 구조물을 시공하거나 기존 구조물의 증축 시 기존 구조물을 보호하기 위해 기초 하부에 설치하는 기초보강공법이다.

80 철골용접 부위의 비파괴검사에 관한 설명으로 옳지 않은 것은?

① 방사선검사는 필름의 밀착성이 좋지 않은 건축물에서도 검출이 우수하다.
② 침투탐상검사는 액체의 모세관현상을 이용한다.
③ 초음파탐상검사는 인간의 귀로 들을 수 없는 주파수를 갖는 초음파를 사용하여 결함을 검출하는 방법이다.
④ 외관검사는 용접을 한 용접공이나 용접관리 기술자가 하는 것이 원칙이다.

해설 방사선검사는 필름의 밀착성이 좋지 않은 건축물에서는 검출이 어렵다.

제5과목 건설재료학

81 다음 중 내열성이 좋아서 내열식기에 사용하기에 가장 적합한 유리는?

① 소다석회유리
② 칼륨연 유리
③ 붕규산 유리
④ 물유리

해설 규산 대신에 붕산을 주체로 하는 유리로 붕산을 적어도 5% 이상 함유하며, 붕소를 첨가함으로써 팽창계수가 저하하여 화학적 내성, 특히 내산성 · 내후성이 증대하고, 내열충격성이 풍부한 점이 특징이다.

82 철재의 표면 부식방지 처리법으로 옳지 않은 것은?

① 유성페인트, 광명단을 도포
② 시멘트 모르타르로 피복
③ 마그네시아 시멘트 모르타르로 피복
④ 아스팔트, 콜타르를 도포

해설 마그네시아는 용결지연제로 주로 사용된다.

정답 79 ③ 80 ① 81 ③ 82 ③

83 내화벽돌의 내화도 범위로 가장 적절한 것은?

① 500~1,000℃
② 1,500~2,000℃
③ 2,500~3,000℃
④ 3,500~4,000℃

해설 내화벽돌은 내화점토를 원료로 하여 소성한 벽돌로서 내화도는 1,500~2,000℃의 범위이다.

84 굳지 않는 콘크리트의 성질을 표시한 용어가 아닌 것은?

① 워커빌리티(Workability)
② 펌퍼빌리티(Pumpability)
③ 플라스티시티(Plasticity)
④ 크리프(Creep)

해설 크리프(Creep)

일정한 크기의 하중이 지속적으로 작용할 때 하중의 증가가 없어도 시간이 경과함에 따라 콘크리트의 변형이 증가하는 현상을 말한다.

85 목재를 작은 조각으로 하여 충분히 건조시킨 후 합성수지와 같은 유기질의 접착제를 첨가하여 열압 제판한 목재 가공품은?

① 섬유판(Fiber board)
② 파티클 보드(Particle board)
③ 코르크판(Cork board)
④ 집성목재(Glulam)

해설 파티클 보드(Particle board)는 목재 또는 기타 식물질을 작은 조각으로 하여 충분히 건조시킨 후 유기질 접착제로 성형, 열압하여 제판한 판을 말하며 칩보드라고도 한다. 강도에 방향성이 없고 면적이 큰 제품을 만들 수 있으며, 못 · 나사 등을 지지하는 힘은 일반 목재와 거의 같아 수장재, 가구재 등으로 이용된다.

86 자갈의 절대건조상태 질량이 400g, 습윤상태 질량이 413g, 표면건조내부포수상태 질량이 410g일 때 흡수율은 몇 %인가?

① 2.5%　　② 1.5%
③ 1.25%　　④ 0.75%

흡수율 = 흡수량 / 절건상태 골재 중량 × 100(%) = (410 − 400) / 400 × 100 = 2.5%

여기서, 흡수량은 절건상태에서 표건상태가 될 때까지 골재가 흡수한 수량이다.

87 건축재료의 요구성능 중 마감재료에서 필요성이 가장 적은 항목은?

① 화학적 성능
② 역학적 성능
③ 내구성능
④ 방화 · 내화 성능

건축재료의 역학적 성능은 주로 구조재료에 필요한 항목이다.

88 시멘트의 분말도에 관한 설명으로 옳지 않은 것은?

① 시멘트 분말도의 측정은 블레인 시험으로 행한다.
② 비표면적이 클수록 초기강도의 발현이 빠르다.
③ 분말도가 지나치게 크면 풍화되기 쉽다.
④ 분말도가 큰 시멘트일수록 수화열이 낮다.

정답 83 ② 84 ④ 85 ② 86 ① 87 ② 88 ④

해설 분말도가 큰 시멘트일수록 수화열이 높다.

89 **골재의 단위용적질량을 계산할 때 골재는 어느 상태를 기준으로 하는가?(단, 굵은 골재가 아닌 경우)**

① 습윤상태
② 기건상태
③ 절대건조상태
④ 표면건조내부포수상태

해설 골재의 단위용적질량을 계산할 때 골재는 절대건조상태를 기준으로 한다.

90 **급경성으로 내알칼리성 등의 내화학성이나 접착력이 크고 내수성이 우수한 합성수지 접착제로 금속, 석재, 도자기, 유리, 콘크리트, 플라스틱재 등의 접착에 사용되는 것은?**

① 에폭시수지 접착제
② 멜라민수지 접착제
③ 요소수지 접착제
④ 폴리에스테르수지 접착제

해설 에폭시수지(Epoxy Resin)는 경화 시 휘발물의 발생이 없고 금속 · 유리 등과의 접착성이 우수하다. 내약품성, 내열성이 뛰어나고 산 · 알칼리에 강하여 금속, 유리, 플라스틱, 도자기, 목재, 고무 등의 접착제와 도료의 원료로 사용한다.

91 **목재의 일반적 성질에 관한 설명으로 틀린 것은?**

① 섬유포화점 이상의 함수상태에서는 함수율의 증감에도 신축을 일으키지 않는다.
② 섬유포화점 이상의 함수상태에서는 함수율이 증가할수록 강도는 감소한다.
③ 기건상태란 통상 대기의 온도 · 습도와 평형한 목재의 수분 함유 상태를 말한다.
④ 섬유방향에 따라서 전기전도율은 다르다.

섬유포화점 이하로 건조된 목재에서는 함수율이 낮을수록 강도가 크며 섬유포화점 이상에서는 강도의 변화가 없다.

92 **다음 각 접착제에 관한 설명으로 옳지 않은 것은?**

① 페놀수지 접착제는 용제형과 에멀션형이 있고 멜라민, 초산비닐 등과 공중합시킨 것도 있다.
② 요소수지 접착제는 내열성이 200℃이고 내수성이 매우 크며 전기절연성도 우수하다.
③ 멜라민수지 접착제는 열경화성 수지 접착제로 내수성이 우수하여 내수합판용으로 사용된다.
④ 비닐수지 접착제는 값이 저렴하고 작업성이 좋으며, 에멀션형은 카세인의 대용품으로 사용된다.

요소수지 접착제는 목재접합, 합판제조 등에 사용되며, 다른 접착제와 비교하여 내수성(耐水性)이 가장 부족하고 값이 싼 접착제이다.

정답 89 ③ 90 ① 91 ② 92 ②

93 콘크리트의 워커빌리티에 영향을 주는 인자에 관한 설명으로 옳지 않은 것은?

① 골재의 입도가 적당하면 워커빌리티가 좋다.
② 시멘트의 성질에 따라 워커빌리티가 달라진다.
③ 단위수량이 증가할수록 재료분리를 예방할 수 있다.
④ AE제를 혼입하면 워커빌리티가 좋게 된다.

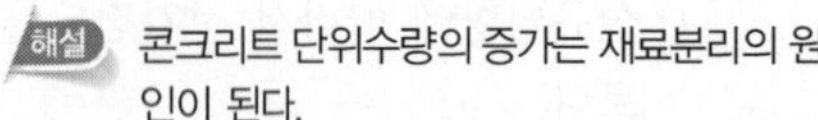
해설 콘크리트 단위수량의 증가는 재료분리의 원인이 된다.

94 강의 가공과 처리에 관한 설명으로 옳지 않은 것은?

① 소정의 성질을 얻기 위해 가열과 냉각을 조합반복하여 행한 조작을 열처리라고 한다.
② 열처리에는 단조, 불림, 풀림 등의 처리방식이 있다.
③ 압연은 구조용 강재의 가공에 주로 쓰인다.
④ 압출가공은 재료의 움직이는 방향에 따라 전방압출과 후방압출로 분류할 수 있다.

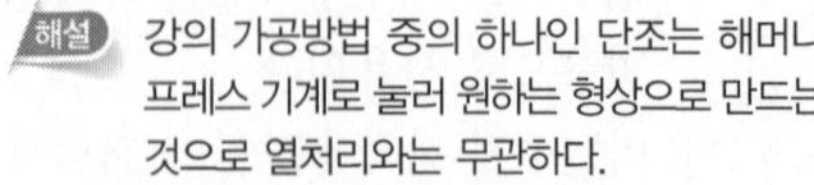
해설 강의 가공방법 중의 하나인 단조는 해머나 프레스 기계로 눌러 원하는 형상으로 만드는 것으로 열처리와는 무관하다.

95 구조용 집성재의 품질기준에 따른 구조용 집성재의 접착강도 시험에 해당되지 않는 것은?

① 침지박리시험 ② 블록전단시험
③ 삶음박리시험 ④ 할렬인장시험

해설 집성재의 접착강도 시험에는 침지박리시험, 블록전단시험, 삶음박리시험 등이 있다.

96 매스콘크리트의 균열을 방지 또는 감소시키기 위한 대책으로 옳은 것은?

① 중용열 포틀랜드시멘트를 사용한다.
② 수밀하게 타설하기 위해 슬럼프값은 될 수 있는 한 크게 한다.
③ 혼화제로서 조기 강도발현을 위해 응결경화촉진제를 사용한다.
④ 골재치수를 작게 함으로써 시멘트량을 증가시켜 고강도화를 꾀한다.

해설 중용열 포틀랜드시멘트는 시멘트의 발열량을 적게 하기 위하여 화합조성물 중규산3석회(C_3S)와 알루민산3석회(C_3A)의 양을 적게 하고 장기강도의 발현을 위하여 규산2석회(C_2S)의 양을 많게 한 시멘트이며 벽체가 두꺼운 댐이나 부재 단면의 치수가 큰 토목이나 건축공사 등의 매스콘크리트(Mass Concrete)에 사용한다.

97 KS L 4201에 따른 점토벽돌 1종의 압축강도는 최소 얼마 이상인가?

① 15.62MPa
② 18.55MPa
③ 20.59MPa
④ 24.5MPa

정답 93 ③ 94 ② 95 ④ 96 ① 97 ④

해설 점토벽돌의 흡수율과 압축강도는 다음과 같다.

품질	종류		
	1종	2종	3종
흡수율(%)	10 이하	13 이하	15 이하
압축강도 (N/mm²)	24.5 이상	20.59 이상	10.78 이상

98 풀 또는 여물을 사용하지 않고 물로 연화하여 사용하는 것으로 공기 중의 탄산가스와 결합하여 경화하는 미장재료는?

① 회반죽
② 돌로마이트 플라스터
③ 혼합 석고플라스터
④ 보드용 석고플라스터

해설 돌로마이트 플라스터(Dolomite Plaster)(KS F 3508)는 점성 및 가소성이 커서 재료반죽 시 풀이 필요 없다.

99 목재의 심재와 변재를 비교한 설명 중 옳지 않은 것은?

① 심재가 변재보다 다량의 수액을 포함하고 있어 비중이 작다.
② 심재가 변재보다 신축이 적다.
③ 심재가 변재보다 내후성, 내구성이 크다.
④ 일반적으로 심재가 변재보다 강도가 크다.

해설 심재는 수심의 주위에 둘러져 있는 생활기능이 줄어든 세포의 집합으로 수분이 적고 단단하다.

100 다음 벽지에 관한 설명으로 옳은 것은?

① 종이벽지는 자연적 감각 및 방음효과가 우수하다.
② 비닐벽지는 물청소가 가능하고 시공이 용이하며, 색상과 디자인이 다양하다.
③ 직물벽지는 벽지 표면을 코팅 처리함으로써 내오염, 내수, 내마찰성이 우수하다.
④ 초경벽지는 먼지를 많이 흡수하고 퇴색하기 쉽지만 단열 효과 및 통기성이 우수하다.

해설 비닐벽지는 염화 비닐을 주재료로 한 벽장재(壁裝材)로 염화 비닐의 시트를 바탕으로 하고 뒤에 종이를 붙인 것이다.

제6과목 건설안전기술

101 로드(Rod), 유압잭(Jack) 등을 이용하여 거푸집을 연속적으로 이동시키면서 콘크리트를 타설할 때 사용되는 것으로 silo 공사 등에 적합한 거푸집은?

① 메탈폼 ② 슬라이딩폼
③ 워플폼 ④ 페코빔

해설 슬라이딩폼(Sliding Form)

요크(Yoke)로 거푸집을 수직으로 연속 이동시키면서 콘크리트 타설하는 거푸집이다.

정답 98 ② 99 ① 100 ② 101 ②

102 **가설통로의 구조에 관한 기준으로 옳지 않은 것은?**

① 경사가 15°를 초과하는 경우에는 미끄러지지 아니하는 구조로 할 것
② 경사는 20° 이하로 할 것
③ 추락의 위험이 있는 장소에는 안전난간을 설치할 것
④ 수직갱에 가설된 통로의 길이가 15m 이상인 경우에는 10m 이내마다 계단참을 설치할 것

해설 가설통로의 설치기준은 다음과 같다.
1. 견고한 구조로 할 것
2. 경사는 30° 이하로 할 것(계단을 설치하거나 높이 2m 미만의 가설통로로서 튼튼한 손잡이를 설치한 경우에는 그러하지 아니하다)
3. 경사가 15°를 초과하는 경우에는 미끄러지지 아니하는 구조로 할 것
4. 추락의 위험이 있는 장소에는 안전난간을 설치할 것(작업상 부득이한 경우에는 필요한 부분에 한하여 임시로 이를 해체할 수 있다)
5. 수직갱에 가설된 통로의 길이가 15m 이상인 경우에는 10m 이내마다 계단참을 설치할 것
6. 건설공사에 사용하는 높이 8m 이상인 비계다리에는 7m 이내마다 계단참을 설치할 것

103 **타워크레인을 자립고 이상의 높이로 설치할 때 지지벽체가 없어 와이어로프로 지지하는 경우의 준수사항으로 옳지 않은 것은?**

① 와이어로프를 고정하기 위한 전용 지지프레임을 사용할 것
② 와이어로프 설치각도는 수평면에서 60° 이내로 하되, 지지점은 4개소 이상으로 하고, 같은 각도로 설치할 것
③ 와이어로프와 그 고정부위는 충분한 강도와 장력을 갖도록 설치하되, 와이어로프를 클립, 샤클 등의 기구를 사용하여 고정하지 않도록 유의할 것
④ 와이어로프가 가공전선에 근접하지 않도록 할 것

해설 타워크레인을 와이어로프로 지지하는 경우 준수사항은 다음과 같다.
- 와이어로프를 고정하기 위한 전용 지지프레임을 사용할 것
- 와이어로프 설치각도는 수평면에서 60° 이내로 할 것
- 와이어로프의 고정부위는 충분한 강도와 장력을 갖도록 설치하고, 와이어로프를 클립 · 샤클 등의 고정기구를 사용하여 견고하게 고정시켜 풀리지 아니 하도록 할 것

104 **동바리로 사용하는 파이프 서포트는 최대 몇 개 이상 이어서 사용하지 않아야 하는가?**

① 2개 ② 3개
③ 4개 ④ 5개

해설 동바리로 사용하는 파이프 서포트는 3개 이상 이어서 사용하지 않도록 해야 한다.

105 **다음 설명에 해당하는 안전대와 관련된 용어로 옳은 것은?(단, 보호구 안전인증 고시 기준)**

신체지지의 목적으로 전신에 착용하는 띠 모양의 것으로서 상체 등 신체 일부분만 지지하는 것은 제외한다.

① 안전그네 ② 벨트
③ 죔줄 ④ 버클

정답 102 ② 103 ③ 104 ② 105 ①

해설 안전그네는 골반 부분과 어깨에 위치하는 띠를 가져야 하고, 사용자에게 잘 맞게 조절할 수 있어야 한다.

106 말비계를 조립하여 사용할 때의 준수사항으로 옳지 않은 것은?

① 지주부재의 하단에는 미끄럼 방지장치를 한다.
② 지주부재와 수평면과의 기울기는 75° 이하로 한다.
③ 말비계의 높이가 2m를 초과할 경우에는 작업발판의 폭을 30cm 이상으로 한다.
④ 지주부재와 지주부재 사이를 고정시키는 보조부재를 설치한다.

해설 말비계 조립 시 준수사항은 다음과 같다.
- 지주부재의 하단에는 미끄럼 방지장치를 하고, 근로자가 양측 끝부분에 올라서서 작업하지 않도록 할 것
- 지주부재와 수평면과의 기울기를 75° 이하로 하고, 지주부재와 지주부재 사이를 고정시키는 보조부재를 설치할 것
- 말비계의 높이가 2m를 초과할 경우에는 작업발판의 폭을 40cm 이상으로 할 것

107 양중기에 사용하는 와이어로프에서 화물의 하중을 직접 지지하는 달기와이어로프 또는 달기체인의 안전계수 기준은?

① 3 이상　② 4 이상
③ 5 이상　④ 10 이상

해설 와이어로프의 안전계수 $= \frac{\text{절단하중}}{\text{최대사용하중}}$ 이며, 와이어로프의 안전계수 구분은 다음과 같다.

[양중기 와이어로프의 안전계수 구분]

구분	안전계수
근로자가 탑승하는 운반구를 지지하는 경우	10 이상
화물의 하중을 직접 지지하는 경우	5 이상
훅, 샤클, 클램프, 리프팅 빔의 경우	3 이상
상기 조건 이외의 경우	4 이상

108 흙막이 지보공의 안전조치로 옳지 않은 것은?

① 굴착배면에 배수로 설치 없이 콘크리트를 타설
② 지하매설물에 대한 조사 실시
③ 조립도의 작성 및 점검 철저
④ 흙막이 지보공에 대한 조사 및 점검 철저

해설 굴착배면에 배수로 없이 콘크리트를 타설하면 우수 등 지표수가 굴착저면으로 침투하여 흙막이 지보공의 안전을 저하시킨다.

109 흙막이 계측기의 종류 중 주변 지반의 변형을 측정하는 기계는?

① Tilt meter　② Inclino meter
③ Strain gauge　④ Load cell

해설 Inclino meter(지중경사계)는 흙막이벽 배면에 설치하여 토류벽의 기울어짐을 측정하는 계측기이다.

110 화물취급작업과 관련한 위험방지를 위해 조치하여야 할 사항으로 옳지 않은 것은?

① 작업장 및 통로의 위험한 부분에는 안전하게 작업할 수 있는 조명을 유지할 것

정답 106 ③　107 ③　108 ①　109 ②　110 ④

② 차량 등에서 화물을 내리는 작업을 하는 경우에 해당 작업에 종사하는 근로자에게 쌓여 있는 화물 중간에서 화물을 빼내도록 하지 말 것
③ 육상에서의 통로 및 작업장소로서 다리 또는 선거 갑문을 넘는 보도 등의 위험한 부분에는 안전난간 또는 울타리 등을 설치할 것
④ 부두 또는 안벽의 선을 따라 통로를 설치하는 경우에는 폭을 50cm 이상으로 할 것

해설 부두 또는 안벽의 선을 따라 통로를 설치할 때는 폭을 90cm 이상으로 하여야 한다.

111 건설현장에서 설치하는 사다리식 통로의 설치기준으로 옳지 않은 것은?

① 발판과 벽과의 사이는 15cm 이상의 간격을 유지할 것
② 발판의 간격은 일정하게 할 것
③ 사다리의 상단은 걸쳐놓은 지점으로부터 60cm 이상 올라가도록 할 것
④ 사다리식 통로의 길이가 10m 이상인 경우에는 3m 이내마다 계단참을 설치할 것

해설 사다리식 통로의 설치기준은 다음과 같다.

1. 견고한 구조로 할 것
2. 심한 손상 · 부식 등이 없는 재료를 사용할 것
3. 발판의 간격은 일정하게 할 것
4. 발판과 벽 사이는 15cm 이상의 간격을 유지할 것
5. 폭은 30cm 이상으로 할 것
6. 사다리가 넘어지거나 미끄러지는 것을 방지하기 위한 조치를 할 것
7. 사다리의 상단은 걸쳐놓은 지점으로부터 60cm 이상 올라가도록 할 것
8. 사다리식 통로의 길이가 10m 이상인 경우에는 5m 이내마다 계단참을 설치할 것
9. 사다리식 통로의 기울기는 75° 이하로 할 것. 다만, 고정식 사다리식 통로의 기울기는 90° 이하로 하고, 그 높이가 7m 이상인 경우에는 바닥으로부터 높이가 2.5m 되는 지점부터 등받이울을 설치할 것
10. 접이식 사다리 기둥은 사용 시 접혀지거나 펼쳐지지 않도록 철물 등을 사용하여 견고하게 조치할 것

112 철골작업 시 기상조건에 따라 안전상 작업을 중지하여야 하는 경우에 해당되는 기준으로 옳은 것은?

① 강우량이 시간당 5mm 이상인 경우
② 강우량이 시간당 10mm 이상인 경우
③ 풍속이 초당 10m 이상인 경우
④ 강설량이 시간당 20mm 이상인 경우

풍속이 초당 10m 이상인 경우 작업중지 대상이다.

[철골작업 시 작업의 제한기준]

구분	내용
강풍	풍속이 초당 10m 이상인 경우
강우	강우량이 시간당 1mm 이상인 경우
강설	강설량이 시간당 1cm 이상인 경우

113 공정률이 65%인 건설현장의 경우 공사 진척에 따른 산업안전보건관리비의 최소 사용기준으로 옳은 것은?

① 40% 이상 ② 50% 이상
③ 60% 이상 ④ 70% 이상

공사 진척에 따른 안전관리비 사용기준은 다음과 같다.

정답 111 ④ 112 ③ 113 ②

[공사 진척에 따른 안전관리비 사용기준]

공정률	50% 이상 70% 미만	70% 이상 90% 미만	90% 이상
사용기준	50% 이상	70% 이상	90% 이상

114 항타기 또는 항발기의 권상용 와이어로프의 사용금지기준에 해당하지 않는 것은?

① 이음매가 없는 것
② 지름의 감소가 공칭지름의 7%를 초과하는 것
③ 꼬인 것
④ 열과 전기충격에 의해 손상된 것

해설 이음매가 있는 것이 사용금지 기준에 해당된다.

115 설치 · 이전하는 경우 안전인증을 받아야 하는 기계 · 기구에 해당되지 않는 것은?

① 크레인 ② 리프트
③ 곤돌라 ④ 고소작업대

해설 고소작업대의 경우 설치 · 이전하는 경우 안전인증을 받아야 한다.

116 터널공사의 전기발파작업에 관한 설명으로 옳지 않은 것은?

① 전선은 점화하기 전에 화약류를 충전한 장소로부터 30m 이상 떨어진 안전한 장소에서 도통시험 및 저항시험을 하여야 한다.
② 점화는 충분한 허용량을 갖는 발파기를 사용하고 규정된 스위치를 반드시 사용하여야 한다.
③ 발파 후 발파기와 발파모선의 연결을 유지한 채 그 단부를 절연시킨다.
④ 점화는 선임된 발파 책임자가 행하고 발파기의 핸들을 점화할 때 이외는 시건장치를 하거나 모선을 분리하여야 하며 발파책임자의 엄중한 관리하에 두어야 한다.

해설 발파 후 즉시 발파모선을 발파기로부터 분리하고 그 단부를 절연시킨다.

117 건설업의 산업안전보건관리비 사용항목에 해당되지 않는 것은?

① 안전시설비
② 근로자 건강관리비
③ 운반기계 수리비
④ 안전진단비

해설 운반기계 수리비는 산업안전보건관리비 사용불가 항목에 해당된다.

118 거푸집 동바리 등을 조립 또는 해체하는 작업을 하는 경우의 준수사항으로 옳지 않은 것은?

① 재료 · 기구 또는 공구 등을 올리거나 내리는 경우에는 근로자로 하여금 달줄 · 달포대 등의 사용을 금하도록 할 것
② 낙하 · 충격에 의한 돌발적 재해를 방지하기 위하여 버팀목을 설치하고 거푸집 동바리 등을 인양장비에 매단 후에 작업을 하도록 하는 등 필요한 조치를 할 것
③ 비, 눈, 그 밖의 기상상태의 불안정으로 날씨가 몹시 나쁜 경우에는 그 작업을 중지할 것

정답 114 ① 115 ④ 116 ③ 117 ③ 118 ①

④ 해당 작업을 하는 구역에는 관계 근로자가 아닌 사람의 출입을 금지할 것

 재료 · 기구 또는 공구 등을 올리거나 내리는 경우에는 근로자가 달줄 또는 달포대 등을 사용하게 하는 것은 달비계 또는 높이 5m 이상의 비계를 조립 · 해체하거나 변경하는 작업을 하는 경우 준수하여야 할 사항이다.

119 **차량계 하역운반기계 등에 화물을 적재하는 경우에 준수해야 할 사항으로 옳지 않은 것은?**

① 하중이 한쪽으로 치우치도록 하여 공간상 효율적으로 적재할 것
② 구내운반차 또는 화물자동차의 경우 화물의 붕괴 또는 낙하에 의한 위험을 방지하기 위하여 화물에 로프를 거는 등 필요한 조치를 할 것
③ 운전자의 시야를 가리지 않도록 화물을 적재할 것
④ 화물을 적재하는 경우 최대적재량을 초과하지 않을 것

 하중이 한쪽으로 치우치지 않도록 적재해야 한다.

120 **유해 · 위험방지계획서 첨부서류에 해당되지 않는 것은?**

① 안전관리를 위한 교육자료
② 안전관리 조직표
③ 건설물, 사용 기계설비 등의 배치를 나타내는 도면
④ 재해 발생 위험 시 연락 및 대피방법

 유해 · 위험방지계획서 제출 시 첨부서류는 다음과 같다.

1. 공사개요
2. 안전보건관리계획
   - 산업안전보건관리비 사용계획
   - 안전관리조직표, 안전 · 보건교육계획
   - 개인보호구 지급계획
   - 재해 발생 위험 시 연락 및 대피방법
3. 작업공종별 유해 · 위험방지계획

정답 119 ① 120 ①

2017년 9월 23일 시행

ENGINEER CONSTRUCTION SAFETY

제1과목 산업안전관리론

01 100인 이하의 소규모 사업장에 적합한 안전보건관리조직의 형태는?

① 라인(Line)형
② 스태프(Staff)형
③ 라운드(Round)형
④ 라인－스태프(Line－Staff)의 복합형

해설 라인(Line)형 조직

소규모기업에 적합한 조직으로서 안전관리에 관한 계획에서부터 실시에 이르기까지 모든 안전업무가 생산라인을 통하여 직선적으로 이루어지도록 편성된 조직(소규모, 100명 이하)

02 물체의 낙하 또는 비래에 의한 위험을 방지 또는 경감하고, 머리부위 감전에 의한 위험을 방지하기 위한 안전모의 종류(기호)로 옳은 것은?

① A　② AE
③ AB　④ ABE

해설 안전인증대상 안전모의 종류 및 사용 구분

종류(기호)	사용 구분	비고
AB	물체의 낙하 또는 비래 및 추락에 의한 위험을 방지 또는 경감시키기 위한 것	
AE	물체의 낙하 또는 비래에 의한 위험을 방지 또는 경감하고, 머리부위 감전에 의한 위험을 방지하기 위한 것	내전압성
ABE	물체의 낙하 또는 비래 및 추락에 의한 위험을 방지 또는 경감하고, 머리부위 감전에 의한 위험을 방지하기 위한 것	내전압성

03 산업안전보건법령상 안전보건관리규정의 작성대상 사업의 사업주는 안전보건관리규정을 작성하여야 할 사유가 발생한 날부터 며칠 이내에 안전보건관리규정의 세부 내용을 포함한 안전보건관리규정을 작성하여야 하는가?

① 10　② 15
③ 20　④ 30

해설 사업주는 안전보건관리규정을 작성하여야 할 사유가 발생한 날부터 30일 이내에 안전보건관리규정을 작성하여야 한다. 이를 변경할 사유가 발생한 경우에도 또한 같다.

04 재해사례연구의 진행단계로 옳은 것은?

① 재해상황의 파악 → 사실의 확인 → 문제점의 발견 → 근본적 문제점의 결정 → 대책 수립
② 재해상황의 파악 → 문제점의 발견 → 근본적 문제점의 결정 → 사실의 확인 → 대책 수립

정답 01 ① 02 ② 03 ④ 04 ①

③ 문제점의 발견 → 재해상황의 파악 → 근본적 문제점의 결정 → 사실의 확인 → 대책 수립
④ 문제점의 발견 → 재해상황의 파악 → 사실의 확인 → 근본적 문제점의 결정 → 대책 수립

해설 **재해사례 연구순서**

- 1단계 : 사실의 확인(㉠ 사람, ㉡ 물건, ㉢ 관리, ㉣ 재해 발생까지의 경과)
- 2단계 : 직접원인과 문제점의 확인(파악된 사실로부터 판단하여 각종 기준에서 차이의 문제점을 발견하는 것)
- 3단계 : 근본 문제점의 결정
- 4단계 : 대책의 수립

05 재해예방의 4원칙에 대한 설명으로 틀린 것은?

① 재해 발생에는 반드시 손실을 수반한다.
② 재해의 발생은 반드시 그 원인이 존재한다.
③ 재해예방을 위한 가능한 안전대책은 반드시 존재한다.
④ 재해는 원칙적으로 원인만 제거되면 예방이 가능하다.

해설 **재해예방의 4원칙**

- 손실우연의 원칙
- 원인연계(계기)의 원칙
- 예방가능의 원칙
- 대책선정의 원칙

06 산업안전보건법상 산업안전보건위원회의 심의 · 의결사항이 아닌 것은?

① 안전보건관리규정의 작성 및 변경에 관한 사항
② 작업환경측정 등 작업환경의 점검 및 개선에 관한 사항
③ 사업장 경영체계 구성 및 운영에 관한 사항
④ 유해하거나 위험한 기계 · 기구와 그 밖의 설비를 도입한 경우 안전 · 보건조치에 관한 사항

해설 **산업안전보건위원회의 심의 · 의결사항(산업안전보건법 제19조 산업안전보건위원회)**

1. 산업재해 예방계획의 수립에 관한 사항
2. 안전보건관리규정의 작성 및 변경에 관한 사항
3. 근로자의 안전 · 보건교육에 관한 사항
4. 작업환경측정 등 작업환경의 점검 및 개선에 관한 사항
5. 근로자의 건강진단 등 건강관리에 관한 사항
6. 중대재해의 원인조사 및 재발방지대책 수립에 관한 사항
7. 산업재해에 관한 통계의 기록 및 유지에 관한 사항
8. 안전 · 보건과 관련된 안전장치 및 보호구 구입 시의 적격품 여부 확인에 관한 사항

07 산업안전보건법령상 고용노동부장관이 사업주에게 안전 · 보건진단을 받아 안전보건개선계획을 수립 · 제출하도록 명할 수 있는 사업장의 기준 중 틀린 것은?

① 작업환경 불량, 화재 · 폭발 또는 누출사고 등으로 사회적 물의를 일으킨 사업장
② 산업재해율이 같은 업종 평균 산업재해율의 2배 이상인 사업장
③ 유해인자의 노출기준을 초과한 사업장 중 중대재해(사업주가 안전 · 보건조치의무를 이행하지 아니하여 발생한 중대재해만 해당) 발생 사업장
④ 상시 근로자 1천 명 이상 사업장의 경우 직업병에 걸린 사람이 연간 2명 이상 발생한 사업장

정답 05 ① 06 ③ 07 ④

해설 안전 · 보건진단을 받아 안전보건개선계획을 수립 · 제출하도록 명할 수 있는 사업장

(1) 중대재해(사업주가 안전 · 보건조치의무를 이행하지 아니하여 발생한 중대재해만 해당한다) 발생 사업장
(2) 산업재해율이 같은 업종 평균 산업재해율의 2배 이상인 사업장
(3) 직업병에 걸린 사람이 연간 2명 이상(상시근로자 1천 명 이상 사업장의 경우 3명 이상) 발생한 사업장
(4) 작업환경 불량, 화재 · 폭발 또는 누출사고 등으로 사회적 물의를 일으킨 사업장
(5) 제1호부터 제4호까지의 규정에 준하는 사업장으로서 고용노동부장관이 정하는 사업장

08 산업안전보건법령상 안전검사 대상 유해 · 위험 기계 등이 아닌 것은?

① 압력용기
② 원심기(산업용)
③ 국소배기장치(이동식)
④ 크레인(정격하중이 2톤 이상인 것)

안전검사 대상 유해 · 위험 기계 등

7. 국소배기장치(이동식은 제외한다)

09 산업안전보건법령상 다음 그림에 해당하는 안전 · 보건표지의 명칭으로 옳은 것은?

① 접근금지 ② 이동금지
③ 보행금지 ④ 출입금지

그림에 해당하는 안전보건표지의 명칭은 보행금지이다.

10 점검시기에 따른 안전점검의 종류가 아닌 것은?

① 정기점검 ② 수시점검
③ 임시점검 ④ 특수점검

안전점검의 종류

- 일상점검(수시점검) : 작업 전 · 중 · 후 수시로 실시하는 점검
- 정기점검(계획점검) : 정해진 기간에 정기적으로 실시하는 점검
- 특별점검 : 기계 · 기구의 신설 및 변경 시 고장, 수리 등에 의해 부정기적으로 실시하는 점검으로 안전강조기간 등에 실시하는 점검
- 임시점검 : 이상 발견 시 또는 재해 발생 시 임시로 실시하는 점검

11 버드의 재해구성 비율 이론에 따라 중상이 5건 발생한 경우 경상이 발생할 건수는?

① 150 ② 145
③ 100 ④ 50

해설 버드의 법칙

1 : 10 : 30 : 600

- 1 : 중상 또는 폐질
- 10 : 경상(인적 상해)
- 30 : 무상해사고(물적 손실 발생)
- 600 : 무상해, 무사고 고장(위험순간)

12 연평균 200명의 근로자가 작업하는 사업장에서 연간 2건의 재해가 발생하여 사망이 1명, 50일의 요양이 필요한 인원이 1명 있었다면 이때의 강도율은?(단, 1인당 연간근로시간은 2,400시간으로 한다.)

① 13.61 ② 15.71
③ 17.61 ④ 19.71

정답 08 ③ 09 ③ 10 ④ 11 ④ 12 ②

해설

$$\text{강도율} = \frac{\text{근로손실일수}}{\text{연근로시간수}} \times 1,000$$
$$= \frac{7,500 + 50 \times \frac{300}{365}}{200 \times 2400} \times 1,000$$
$$= 15.71$$

13 **하인리히의 재해손실비의 평가방식에 있어서 간접비에 해당하지 않는 것은?**

① 사망 시 장의비용
② 신규직원 섭외비용
③ 재해로 인한 본인의 시간손실비용
④ 시설복구로 소비된 재산손실비용

 **간접비**

재산손실, 생산중단 등으로 기업이 입은 손실
- 인적 손실 : 본인 및 제3자에 관한 것을 포함한 시간손실
- 물적 손실 : 기계, 공구, 재료, 시설의 복구에 소비된 시간손실 및 재산손실
- 생산손실 : 생산감소, 생산중단, 판매감소 등에 의한 손실
- 특수손실
- 기타 손실

14 **산업안전보건법령상 안전관리자가 수행하여야 할 업무가 아닌 것은?**

① 안전 · 보건에 관한 노사협의체에서 심의 · 의결한 업무
② 해당 사업장 안전교육계획의 수립 및 안전교육 실시에 관한 보좌 및 조언 · 지도
③ 산업재해에 관한 통계의 유지 · 관리 · 분석을 위한 보좌 및 조언 · 지도
④ 지휘 · 감독하는 작업과 관련된 기계 · 기구 또는 설비의 안전 · 보건 점검 및 이상 유무의 확인

해설 **안전관리자의 업무 등(산업안전보건법 시행령 제13조)**

1. 법 제19조 제1항에 따른 산업안전보건위원회 또는 법 제29조의2 제1항에 따른 안전 · 보건에 관한 노사협의체에서 심의 · 의결한 업무와 법 제20조 제1항에 따른 해당 사업장의 안전보건관리규정 및 취업규칙에서 정한 업무
2. 법 제34조 제2항에 따른 안전인증대상 기계 · 기구 등과 법 제35조 제1항 각 호 외의 부분 본문에 따른 자율안전확인대상 기계 · 기구 등 구입 시 적격품의 선정에 관한 보좌 및 조언 · 지도

2의2. 법 제41조의2에 따른 위험성평가에 관한 보좌 및 조언 · 지도

3. 해당 사업장 안전교육계획의 수립 및 안전교육 실시에 관한 보좌 및 조언 · 지도
4. 사업장 순회점검 · 지도 및 조치의 건의
5. 산업재해 발생의 원인 조사 · 분석 및 재발 방지를 위한 기술적 보좌 및 조언 · 지도
6. 산업재해에 관한 통계의 유지 · 관리 · 분석을 위한 보좌 및 조언 · 지도
7. 법 또는 법에 따른 명령으로 정한 안전에 관한 사항의 이행에 관한 보좌 및 조언 · 지도
8. 업무수행 내용의 기록 · 유지
9. 그 밖에 안전에 관한 사항으로서 고용노동부장관이 정하는 사항

15 **위험예지훈련의 4라운드 기법에서 문제점을 발견하고 중요 문제를 결정하는 단계는?**

① 현상파악 ② 본질추구
③ 목표설정 ④ 대책수립

해설 **위험예지훈련의 추진을 위한 문제해결 4단계(4라운드)**

- 1라운드 : 현상파악(사실의 파악) – 어떤 위험이 잠재하고 있는가?
- 2라운드 : 본질추구(원인조사) – 이것이 위험의 포인트다.(지적확인)
- 3라운드 : 대책수립(대책을 세운다) – 당신이라면 어떻게 하겠는가?
- 4라운드 : 목표설정(행동계획 작성) – 우리들은 이렇게 하자!

정답 13 ① 14 ④ 15 ②

16 **산업안전보건법령상 사업장의 산업재해 발생건수, 재해율 또는 그 순위를 공표할 수 있는 공표대상 사업장의 기준 중 틀린 것은?(단, 고용노동부장관이 산업재해를 예방하기 위하여 필요하다고 인정할 때이다.)**

① 중대산업사고가 발생한 사업장
② 산업재해의 발생에 관한 보고를 최근 3년 이내 2회 이상 하지 않은 사업장
③ 중대재해가 발생한 사업장으로서 해당 중대재해 발생연도의 연간 산업재해율이 규모별 같은 업종의 평균재해율 이상인 사업장 중 상위 20% 이내에 해당되는 사업장
④ 산업재해로 연간 사망재해자가 2명 이상 발생한 사업장으로서 사망만인율이 규모별 같은 업종의 평균 사망만인율 이상인 사업장

해설 **고용노동부장관이 산업재해 발생건수, 재해율 또는 그 순위 등을 공표할 수 있는 사업장**

1) 연간 산업재해율이 규모별 같은 업종의 평균재해율 이상인 사업장 중 상위 10퍼센트 이내에 해당되는 사업장
2) 산업재해로 연간 사망재해자가 2명 이상 발생한 사업장으로서 사망만인율(연간 상시 근로자 1만 명당 발생하는 사망자 수로 환산한 것을 말한다)이 규모별 같은 업종의 평균 사망만인율 이상인 사업장
3) 산업재해의 발생에 관한 보고를 최근 3년 이내 2회 이상 하지 않은 사업장
4) 중대산업사고가 발생한 사업장

17 **재해사례 연구의 주된 목적 중 틀린 것은?**

① 재해요인을 체계적으로 규명하여 이에 대한 대책을 세우기 위함
② 재해요인을 조사하여 책임 소재를 명확히 하기 위함
③ 재해 방지의 원칙을 습득해서 이것을 일상 안전보건활동에 실천하기 위함
④ 참가자의 안전보건활동에 관한 견해나 생각을 깊게 하고, 태도를 바꾸게 하기 위함

해설 **재해사례 연구 목적**

- 재해요인을 체계적으로 규명하여 이에 대한 대책을 세우기 위해
- 재해 방지의 원칙을 습득해서 이것을 일상 안전보건활동에 실천하기 위해
- 참가자의 안전보건활동에 관한 견해나 생각을 깊게 하고, 태도를 바꾸게 하기 위해

18 **사고의 용어 중 Near Accident에 대한 설명으로 옳은 것은?**

① 사고가 일어나더라도 손실을 수반하지 않는 경우
② 사고가 일어날 경우 인적 재해가 발생하는 경우
③ 사고가 일어날 경우 물적 재해가 발생하는 경우
④ 사고가 일어나더라도 일정 비용 이하의 손실만 수반하는 경우

해설 **아차사고(Near Miss 또는 Near Accident)**

무 인명상해(인적 피해) · 무 재산손실(물적 피해) 사고

정답 16 ③ 17 ② 18 ①

19 **작업자가 불안전한 작업대에서 작업 중 추락하여 지면에 머리가 부딪혀 다친 경우의 기인물과 가해물로 옳은 것은?**

① 기인물 – 지면, 가해물 – 작업대
② 기인물 – 지면, 가해물 – 지면
③ 기인물 – 작업대, 가해물 – 작업대
④ 기인물 – 작업대, 가해물 – 지면

해설 기인물은 작업대이며 가해물은 지면이다.

20 **무재해운동의 기본이념 3원칙이 아닌 것은?**

① 무의 원칙
② 관리의 원칙
③ 참가의 원칙
④ 선취의 원칙

해설 무재해운동의 3원칙

- 무의 원칙
- 참여의 원칙(참가의 원칙)
- 안전제일의 원칙(선취의 원칙)

제2과목 산업심리 및 교육

21 **생체리듬과 피로에 관한 설명 중 틀린 것은?**

① 생체상의 변화는 하루 중에 일정한 시간간격을 두고 교환된다.
② 인간의 생체리듬은 낮에는 체온, 혈압, 맥박수 등이 상승하고 밤에는 저하된다.
③ 생체리듬에서 중요한 점은 낮에는 신체활동이 유리하며, 밤에는 휴식이 더욱 효율적이라는 것이다.
④ 몸이 흥분한 상태일 때는 부교감신경이 우세하고 수면을 취하거나 휴식을 할 때는 교감신경이 우세하다.

해설 몸이 흥분한 상태일 때는 교감신경이 우세하고 수면을 취하거나 휴식을 할 때는 부교감신경이 우세하다.

22 **맥그리거(Douglas McGregor)의 X · Y 이론에서 Y이론에 관한 설명으로 틀린 것은?**

① 인간은 서로 신뢰하는 관계를 가지고 있다.
② 인간은 문제해결에 많은 상상력과 재능이 있다.
③ 인간은 스스로의 일을 책임하에 자주적으로 행한다.
④ 인간은 원래부터 강제 통제하고 방향을 제시할 때 적절한 노력을 한다.

해설 Y이론에 대한 가정

1. 종업원들은 일하는 것을 놀이나 휴식과 동일한 것으로 볼 수 있다.
2. 종업원들은 조직의 목표에 관여하는 경우에 자기지향과 자기통제를 행한다.
3. 보통 인간들은 책임을 수용하고 심지어는 구하는 것을 배울 수 있다.
4. 작업에서 몸과 마음을 구사하는 것은 인간의 본성이라는 인간관
5. 인간은 조건에 따라 자발적으로 책임을 지려고 한다는 인간관
6. 매슬로의 욕구체계 중 자기실현의 욕구에 해당한다.

정답 19 ④ 20 ② 21 ④ 22 ④

23 다음 설명에 해당하는 안전교육방법은?

> ATP라고도 하며, 당초 일부 회사의 톱 매니지먼트(Top management)에 대하여만 행하여졌으나, 그 후 널리 보급되었으며, 정책의 수립, 조직, 통제 및 운영 등의 교육내용을 다룬다.

① TWI(Training Within Industry)
② CCS(Civil Communication Section)
③ MTP(Management Training Program)
④ ATT(American Telephone & Telegram Co.)

해설 CCS(Civil Communication Section)

강의식에 토의식이 가미된 형태로 진행되며 매주 4일, 4시간씩 8주간(총 128시간) 실시토록 되어 있다. 당초 일부 회사의 톱 매니지먼트(Top management)에 대하여만 행하여졌으나 그 후 널리 보급되었으며, 교육 내용은 정책의 수립, 조작, 통제 및 운영 등이다.

24 참가자 앞에서 소수의 전문가들이 과제에 관한 견해를 발표하고 토론한 뒤 참가자 전원이 참가하여 사회자의 사회에 따라 토의하는 방법은?

① 포럼
② 심포지엄
③ 패널 디스커션
④ 버즈 세션

해설 패널토의(Panel Discussion)

사회자의 진행에 의해 특정 주제에 대해 구성원 3~6명이 대립된 견해를 가지고 청중 앞에서 논쟁을 벌이는 것

25 시간 연구를 통해서 근로자들에게 차별성 과급제를 적용하면 효율적이라고 주장한 과학적 관리법의 창시자는?

① 게젤(A.L. Gesell)
② 테일러(F. Taylor)
③ 웨슬러(D. Wechsler)
④ 샤인(Edgar H. Schein)

해설 테일러(Taylor) 방식

(1) 시간과 동작연구(Motion Time Study)를 통해 인간의 노동력을 과학적으로 분석하여 생산성 향상에 기여
(2) 부정적인 측면
- 개인차 무시 및 인간의 기계화
- 단순하고 반복적인 직무에 한해서만 적정

26 상황성 누발자의 재해유발원인으로 가장 적절한 것은?

① 소심한 성격
② 주의력 산만
③ 기계설비의 결함
④ 침착성 및 도덕성의 결여

해설 상황성 누발자

직업이 어렵거나 기계설비의 결함, 주의력의 집중이 혼란된 경우, 심신의 근심으로 사고 경향자가 되는 경우(상황이 변하면 안전한 성향으로 바뀜)

정답 23 ② 24 ③ 25 ② 26 ③

27 직무동기 이론 중 기대이론에서 성과를 나타냈을 때 보상이 있을 것이라는 수단성을 높이려면 유의해야 할 점이 있는데, 이에 해당되지 않는 것은?

① 보상의 약속을 철저히 지킨다.
② 신뢰할 만한 성과의 측정방법을 사용한다.
③ 보상에 대한 객관적인 기준을 사전에 명확히 제시한다.
④ 직무수행을 위한 충분한 정보와 자원을 공급받는다.

기대(Expectancy), 도구성(Instrumentality), 유인도(Valence)의 3가지 요소의 값이 각각 최댓값이 되면 최대의 동기부여가 된다는 이론

28 지도자(Leader)의 권한 중 지도자 자신에 의해 생성되는 권한은?

① 보상적 권한
② 합법적 권한
③ 강압적 권한
④ 전문성의 권한

조직이 지도자에게 부여하는 권한

- 보상적 권한
- 강압적 권한
- 합법적 권한

29 안전보건교육을 향상시키기 위한 학습지도의 원리에 해당되지 않는 것은?

① 통합의 원리
② 동기유발의 원리
③ 개별화의 원리
④ 자기활동의 원리

해설 학습지도 이론

1) 자발성의 원리 : 학습자 스스로 학습에 참여해야 한다는 원리
2) 개별화의 원리 : 학습자가 가지고 있는 각각의 요구 및 능력에 맞에 지도해야 한다는 원리
3) 사회화의 원리 : 공동학습을 통해 협력과 사회화를 도와준다는 원리
4) 통합의 원리 : 학습을 종합적으로 지도하는 것으로 학습자의 능력을 조화있게 발달시키는 원리
5) 직관의 원리 : 구체적인 사물을 제시하거나 경험 등을 통해 학습효과를 거둘 수 있다는 원리
6) 학습의 전이(Transference) : 어떤 내용을 학습한 결과가 다른 학습이나 반응에 영향을 미치는 현상을 의미하는 것으로 학습효과의 전이라고도 한다. 훈련 상황이 실제 작업 장면과 유사할 때 학습전이가 일어나기 쉽다.

30 교육훈련 지도방법의 4단계 순서로 맞는 것은?

① 도입 → 제시 → 적용 → 확인
② 제시 → 도입 → 적용 → 확인
③ 적용 → 제시 → 도입 → 확인
④ 도입 → 적용 → 확인 → 제시

해설 교육법의 4단계

- 도입(1단계) : 학습할 준비를 시킨다.(배우고자 하는 마음가짐을 일으키는 단계)
- 제시(2단계) : 작업을 설명한다.(내용을 확실하게 이해시키고 납득시키는 단계)
- 적용(3단계) : 작업을 지휘한다.(이해시킨 내용을 활용시키거나 응용시키는 단계)
- 확인(4단계) : 가르친 뒤 살펴본다.(교육내용을 정확하게 이해하였는가를 테스트하는 단계)

정답 27 ④ 28 ④ 29 ② 30 ①

31 새로운 자료나 교재를 제시하고 문제점을 피교육자로 하여금 제기하게 하거나 그것에 관한 피교육자의 의견을 여러 가지 방법으로 발표하게 하고, 청중과 토론자 간에 활발한 의견 개진과 충돌로 바람직한 합의를 도출해내는 교육 실시방법은?

① 포럼(Forum)
② 심포지엄(Symposium)
③ 패널 디스커션(Panel Discussion)
④ 자유토의법(Free Discussion Method)

해설 포럼(The Forum)

1~2명의 전문가가 10~20분 동안 공개 연설을 한 다음 사회자의 진행하에 질의응답의 과정을 통해 토론하는 형식

32 조직에 있어 구성원들의 역할에 대한 기대와 행동은 항상 일치하지 않는다. 역할 기대와 실제 역할 행동 간에 차이가 생기면 역할 갈등이 발생하는데, 역할 갈등의 원인으로 가장 거리가 먼 것은?

① 역할 마찰
② 역할 민첩성
③ 역할 부적합
④ 역할 모호성

역할 갈등(Role Conflict) : 작업 중에 상반된 역할이 기대되는 경우가 있으며, 그럴 때 갈등이 생긴다.

[역할 갈등의 원인]

- 역할 모호성 : 집단 내에서 개인이 수행해야 할 임무와 책임 등이 명확하지 않을 때 역할 갈등이 발생한다.
- 역할 부적합 : 집단 내 개인에게 부여된 역할에 대해서 개인의 능력이나 성격 등이 적합하지 않을 때 역할 갈등이 발생한다.
- 역할 마찰 : 역할 간 마찰, 역할 내 마찰

33 허즈버그(Herzberg)의 2요인 이론 중 동기요인(Motivator)에 해당하지 않는 것은?

① 성취 ② 작업 조건
③ 인정 ④ 작업 자체

해설 동기요인(Motivation)

책임감, 성취, 인정, 개인 발전 등 일 자체에서 오는 심리적 욕구(충족될 경우 조직의 성과가 향상되며 충족되지 않아도 성과가 떨어지지 않음)

34 OJT(On the Job Training)의 장점이 아닌 것은?

① 직장의 실정에 맞게 실제적 훈련이 가능하다.
② 대상자의 개인별 능력에 따라 훈련의 진도를 조정하기가 쉽다.
③ 교육훈련 대상자가 교육훈련에만 몰두할 수 있어 학습효과가 높다.
④ 교육을 통한 훈련효과에 의해 상호 신뢰 이해도가 높아진다.

해설 OJT(직장 내 교육훈련)

직속상사가 직장 내에서 작업표준을 가지고 업무상의 개별교육이나 지도훈련을 하는 것(개별교육에 적합)

- 개개인에게 적절한 지도훈련이 가능
- 직장의 실정에 맞게 실제적 훈련이 가능
- 효과가 곧 업무에 나타나며 훈련의 좋고 나쁨에 따라 개선이 쉬움

35 교육 전용 시설 또는 그 밖에 교육을 실시하기에 적합한 시설에서 실시하는 교육방법은?

① 집합교육 ② 통신교육
③ 현장교육 ④ On-line 교육

정답 31 ① 32 ② 33 ② 34 ③ 35 ①

 교육 전용 시설 또는 그 밖에 교육을 실시하기에 적합한 시설에서 실시하는 교육은 집합교육이다.

36 인간의 심리 중에는 안전수단이 생략되어 불안전 행위를 나타내는 경우가 있다. 안전수단이 생략되는 경우가 아닌 것은?

① 작업규율이 엄할 때
② 의식과잉이 있을 때
③ 주변의 영향이 있을 때
④ 피로하거나 과로했을 때

 작업규율이 엄할 경우 안전수단이 생략되지 않는다.

37 인간이 환경을 지각(Perception)할 때 가장 먼저 일어나는 요인은?

① 해석
② 기대
③ 선택
④ 조직화

 인간이 환경을 지각(Perception)할 때 가장 먼저 일어나는 요인은 선택이다.

38 부주의에 의한 사고방지대책 중 정신적 대책과 가장 거리가 먼 것은?

① 적성 배치
② 주의력 집중훈련
③ 표준작업의 습관화
④ 스트레스 해소 대책

 표준작업의 습관화는 정신적 대책과 거리가 멀다.

[부주의 발생원인 및 대책]

(1) 내적 원인 및 대책
- 소질적 조건 : 적정 배치
- 경험 및 미경험 : 교육
- 의식의 우회 : 상담(카운슬링)

(2) 외적 원인 및 대책
- 작업환경조건 불량 : 환경 정비
- 작업순서의 부적당 : 작업순서 정비

39 Skinner의 학습이론은 강화이론이라고 한다. 강화에 대한 설명으로 틀린 것은?

① 처벌은 더 강한 처벌에 의해서만 그 효과가 지속되는 부작용이 있다.
② 부분강화에 의하면 학습은 서서히 진행되지만, 빠른 속도로 학습효과가 사라진다.
③ 부적 강화란 반응 후 처벌이나 비난 등의 해로운 자극이 주어져서 반응 발생률이 감소하는 것이다.
④ 정적강화란 반응 후 음식이나 칭찬 등의 이로운 자극을 주었을 때 반응 발생률이 높아지는 것이다.

해설 **강화(Reinforcement)의 원리**

어떤 행동의 강도와 발생빈도를 증가시키는 것(안전퀴즈대회를 열어 우승자에게 상을 줌)
- 부적 강화란 반응 후 처벌이나 비난 등 해로운 자극이 주어져서 반응 발생률이 감소하는 것이다.
- 정적 강화란 반응 후 음식이나 칭찬 등 이로운 자극을 주었을 때 반응 발생률이 높아지는 것이다.
- 처벌은 더 강한 처벌에 의해서만 효과가 지속되는 부작용이 있다.
- 부분강화에 의하면 학습이 빠르게 진행되고 학습효과가 서서히 사라진다.

정답 36 ① 37 ③ 38 ③ 39 ②

40 착오의 원인에 있어 인지과정의 착오에 속하는 것은?

① 합리화의 부족
② 환경조건 불비
③ 작업자의 기능 미숙
④ 생리적 · 심리적 능력의 부족

해설 생리적 · 심리적 능력의 부족은 인지과정의 착오의 원인이 된다.

[착오(Mistake)]

상황해석을 잘못하거나 목표를 잘못 이해하고 착각하여 행하는 경우로 원인으로는 자신과신, 능력부족, 정보부족 등이 있다.

제3과목 인간공학 및 시스템안전공학

41 컷셋과 패스셋에 관한 설명으로 맞는 것은?

① 동일한 시스템에서 패스셋의 개수와 컷셋의 개수는 같다.
② 패스셋은 동시에 발생했을 때 정상사상을 유발하는 사상들의 집합이다.
③ 일반적으로 시스템에서 최소 컷셋의 개수가 늘어나면 위험수준이 높아진다.
④ 최소 컷셋은 어떤 고장이나 실수를 일으키지 않으면 재해는 일어나지 않는다고 하는 것이다.

해설 컷셋

정상사상을 발생시키는 기본사상의 집합으로 그 안에 포함되는 모든 기본사상이 발생할 때 정상사상을 발생시키는 기본사상의 집합을 의미한다. 따라서, 컷셋이 늘어나면 위험수준도 함께 높아진다.

42 그림과 같은 압력탱크 용기에 연결된 두 개의 안전밸브의 신뢰도를 구하고자 한다. 2개의 밸브 중 하나만 작동되어도 안전하다고 하고, 안전밸브 하나의 신뢰도를 r이라 할 때 안전밸브 전체의 신뢰도는?

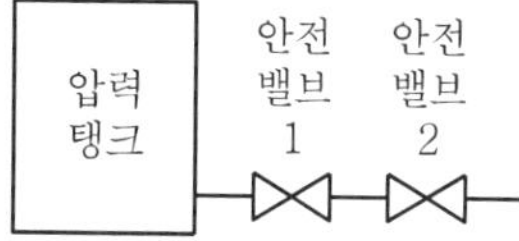

① r^2
② $2r-r^2$
③ $r(1-r)$
④ $(1-r)^2$

해설
$$\begin{aligned}\text{신뢰도} &= 1-(1-r)(1-r)\\ &= 1-(1-r-r+r^2)\\ &= 2r-r^2\end{aligned}$$

43 위험관리 단계에서 발생빈도보다는 손실에 중점을 두며, 기업 간 의존도, 한 가지 사고가 여러 가지 손실을 수반하는 것에 대해 유의하여 안전에 미치는 영향의 강도를 평가하는 단계는?

① 위험의 파악 단계
② 위험의 처리 단계
③ 위험의 분석 및 평가 단계
④ 위험의 발견, 확인, 측정방법 단계

해설 안전성 평가단계 중 위험의 분석 및 평가 단계에서 발생빈도보다는 손실에 중점을 두며, 기업 간 의존도, 한 가지 사고가 여러 가지 손실을 수반하는가하는 안전에 미치는 영향의 강도를 평가한다.

정답 40 ④ 41 ③ 42 ② 43 ③

44 **위험상황을 해결하기 위한 위험처리기술에 해당하는 것은?**

① Combine(결합)
② Reduction(위험감축)
③ Simplify(작업의 단순화)
④ Rearrange(작업순서의 변경 및 재배열)

해설 작업방법의 개선원칙 – ECRS

- 제거(Eliminate)
- 결합(Combine)
- 재조정(Rearrange)
- 단순화(Simplify)

45 **PCB납땜작업을 하는 작업자가 8시간 근무시간을 기준으로 수행하고 있고, 대사량을 측정한 결과 분당 산소소비량이 1.3L/min으로 측정되었다. Murrell 방식을 적용하여 이 작업자의 노동활동에 대한 설명으로 틀린 것은?**

① 납땜 작업의 분당 에너지 소비량은 6.5kcal/min이다.
② 작업자는 NIOSH가 권장하는 평균에너지소비량을 따른다.
③ 작업자는 8시간의 작업시간 중 이론적으로 144분의 휴식시간이 필요하다.
④ 납땜작업을 시작할 때 발생한 작업자의 산소결핍은 작업이 끝나야 해소된다.

 납땜작업을 하는 작업자의 분당 에너지 소비량은 6.5kcal/min으로 NIOSH 권장 에너지 소비량인 5kcal/min(여자는 3.5kcal/min)을 초과하였음

- 특정작업의 분당 에너지 소비량
  =산소소비량×권장에너지소비량
  =1.3l/min×5kcal/min(여자는 3.5 kcal/min)
  =6.5kcal/min
- 휴식시간

$$=\text{작업시간(분)}\frac{\text{작업 중 에너지소비량}-\text{권장 에너지 소비량}}{\text{작업 중 에너지소비량}-\text{휴식 중 에너지소비량}}$$

$$=(60\times 8)\frac{6.5-5}{6.5-1.5}$$

$$=144(\text{분})$$

46 **인체측정에 대한 설명으로 맞는 것은?**

① 신체측정에는 동적 측정과 정적 측정이 있다.
② 인체측정학은 신체의 생화학적 특징을 다룬다.
③ 자세에 따른 신체치수의 변화는 없다고 가정한다.
④ 측정항목에는 주로 무게, 직경, 두께, 길이 등이 포함된다.

해설 인체계측의 방법

인체측정학과 또 이와 밀접한 관계를 가지고 있는 신체 역학(biomechanics)에서는 신체 부위의 길이, 무게, 부피, 운동 범위 등을 포함하여 신체 모양이나 기능을 측정하는 것을 다루며 일반적으로 몸의 치수 측정을 정적 측정과 동적 측정으로 나눈다.

47 **A자동차에서 근무하는 K씨는 지게차로 철강판을 하역하는 업무를 한다. 지게차 운전으로 K씨에게 노출된 직업성 질환의 위험요인과 동일한 위험 진동에 노출된 작업자는?**

① 연마기 작업자
② 착암기 작업자
③ 진동 수공구 작업자
④ 대형운송차량 운전자

정답 44 ② 45 ② 46 ① 47 ④

해설 지게차는 대형운송차량에 적재되어 있는 철강판을 운반하므로 지게차 운전자와 동일한 위험요인에 노출되는 작업자는 대형운송차량 운전자가 된다.

48 건습구온도계에서 건구온도가 24℃이고, 습구온도가 20℃일 때, Oxford 지수는 얼마인가?

① 20.6℃ ② 21.0℃
③ 23.0℃ ④ 23.4℃

해설 옥스퍼드(Oxford) 지수(습건지수)

$$W_D = 0.85W(\text{습구온도}) + 0.15d(\text{건구온도})$$
$$= 0.85 \times 20 + 0.15 \times 24$$
$$= 20.6℃$$

49 사무실 의자나 책상에 적용할 인체 측정 자료의 설계 원칙으로 가장 적합한 것은?

① 평균치 설계 ② 조절식 설계
③ 최대치 설계 ④ 최소치 설계

(1) 최대치수와 최소치수
특정한 설비를 설계할 때, 거의 모든 사람을 수용할 수 있는 경우(최대치수)가 필요하다. 문, 통로, 탈출구 등을 예로 들 수 있다. 최소치수의 예로는 선반의 높이, 조종장치까지의 거리 등이 있다.
- 최대치수 : 인체측정 변수 측정기준 1, 5, 10%
- 최소치수 : 상위백분율(퍼센타일, Per-centile) 기준 90, 95, 99%

(2) 조절 범위(5~95%)
체격이 다른 여러 사람에 맞도록 조절식으로 만드는 것이 바람직하다. 그 예로는 자동차 좌석의 전후 조절, 사무실 의자의 상하 조절 등이 있다.

(3) 평균치를 기준으로 한 설계
최대치수나 최소치수를 기준으로 설계하기도 부적절하고 조절식으로 하기도 불가능할 때, 평균치를 기준으로 설계를 한다. 예를 들면, 손님의 평균 신장을 기준으로 만든 은행의 계산대 등이 있다.

50 인간공학의 정의로 가장 적합한 것은?

① 인간의 과오가 시스템에 미치는 영향을 최대화하기 위한 학문분야
② 인간, 기계, 물자, 환경으로 구성된 복잡한 체계의 효율을 최대로 활용하기 위하여 인간의 한계 능력을 최대화하는 학문분야
③ 인간의 특성과 한계 능력을 분석, 평가하여 이를 복잡한 체계의 설계에 응용하여 효율을 최대로 활용할 수 있도록 하는 학문분야
④ 인간, 기계, 물자, 환경으로 구성된 복잡한 체계의 효율을 최대로 활용하기 위하여 인간의 생리적, 심리적 조건을 시스템에 맞추는 학문분야

해설 인간공학의 정의

인간공학은 인간의 육체적 · 생리적 · 심리적 특성과 한계를 연구하고, 이를 도구, 기계, 장비, 제품, 직무, 작업환경 그리고 시스템 등의 설계에 응용함으로써, 인간이 이를 보다 편리하고, 안전하며, 쾌적하게, 그리고 효율적으로 이용할 수 있도록 연구하는 학문이다.

51 기계를 10,000시간 작동시키는 동안 부품에서 3번의 고장이 발생하였다. 3번의 수리를 하는 동안 6시간의 시간이 소요되었다면 가용도는 약 얼마인가?

① 0.9994 ② 0.9995
③ 0.9996 ④ 0.9997

정답 48 ① 49 ② 50 ③ 51 ①

해설 $가용도 = \frac{작동가능시간}{작동가능시간 + 작동불능시간}$

$= \frac{10,000}{10,000+6} = 0.9994$

52 **중복사상이 있는 FT(Fault Tree)에서 모든 컷셋(Cut set)을 구한 경우에 최소 컷셋(Minimal cut set)의 설명으로 맞는 것은?**

① 모든 컷셋이 바로 최소 컷셋이다.
② 모든 컷셋에서 중복되는 컷셋만이 최소 컷셋이다.
③ 최소 컷셋은 시스템의 고장을 방지하는 기본 고장들의 집합이다.
④ 중복되는 사상의 컷셋 중 다른 컷셋에 포함되는 셋을 제거한 컷셋과 중복되지 않는 사상의 컷셋을 합한 것이 최소 컷셋이다.

해설 **컷셋과 미니멀 컷셋**

컷이란 그 속에 포함되어 있는 모든 기본사상이 일어났을 때 정상사상을 일으키는 기본사상의 집합을 말하며 미니멀 컷셋은 정상사상을 일으키기 위한 필요 최소한의 컷을 말한다. 즉, 미니멀 컷셋은 컷셋 중에 타 컷셋을 포함하고 있는 것을 배제하고 남은 컷셋들을 의미한다.(시스템의 위험성 또는 안전성을 말함)

53 **위험도분석(CA ; Criticality Analysis)에서 설비고장에 따른 위험도를 4가지로 분류하고 있다. 이 중 생명의 상실로 이어질 염려가 있는 고장의 분류에 해당하는 것은?**

① Category Ⅰ ② Category Ⅱ
③ Category Ⅲ ④ Category Ⅳ

해설 **시스템 위험성의 분류**

- 범주(Category) Ⅰ, 무시(Negligible) : 인원의 손상이나 시스템의 손상에 이르지 않음
- 범주(Category) Ⅱ, 한계(Marginal) : 인원이 상해 또는 중대한 시스템의 손상 없이 배제 또는 제거 가능
- 범주(Category) Ⅲ, 위험(Critical) : 인원의 상해 또는 주요 시스템의 생존을 위해 즉시 시정조치 필요
- 범주(Category) Ⅳ, 파국(Catastrophic) : 인원의 사망 또는 중상, 완전한 시스템의 손상을 일으킴

54 **"원래의 신호 정보를 새로운 형태로 변화시켜 표시하는 것"은 어떤 것의 정의인가?**

① 차원 ② 표시양식
③ 코딩 ④ 묘사정보

코딩

자료 처리를 자동화하기 위해 일정한 규칙에 따라 품목별로 대상번호 또는 문자를 부여하는 것을 말한다. 즉, 기계가 알 수 있는 언어를 일정한 명령문에 따라 문자 또는 숫자를 사용해 기호화하는 것을 말한다.

55 **인간-기계 시스템을 3가지로 분류한 설명으로 틀린 것은?**

① 자동 시스템에서는 인간요소를 고려하여야 한다.
② 기계 시스템에서는 동력기계화 체계와 고도로 통합된 부품으로 구성된다.
③ 자동 시스템에서 인간은 감시, 정비유지, 프로그램 등의 작업을 담당한다.
④ 수동 시스템에서 기계는 동력원을 제공하고 인간의 통제하에서 제품을 생산한다.

정답 52 ④ 53 ① 54 ③ 55 ④

해설 수동 시스템에서는 인간이 스스로 동력원을 제공한다.

56 인간의 과오를 정량적으로 평가하기 위한 기법으로서 인간의 과오율 추정법 등 5개의 스텝으로 되어 있는 기법은?

① FTA
② FMEA
③ THERP
④ MORT

해설 THERP(인간과오율 추정법, Techanique of Human Error Rate Prediction)

확률론적 안전기법으로서 인간의 과오에 기인된 사고원인을 분석하기 위하여 100만 운전시간당 과오도수를 기본 과오율로 하여 인간의 기본 과오율을 평가하는 기법
1) 인간 실수율(HEP) 예측 기법
2) 사건들을 일련의 Binary 의사결정 분기들로 모형화해서 예측
3) 나무를 통한 각 경로의 확률 계산

57 산업안전보건법령상 유해 · 위험방지계획서를 제출할 때에는 사업장별로 관련 서류를 첨부하여 해당 작업 시작 며칠 전까지 해당 기관에 제출하여야 하는가?

① 7일 ② 15일
③ 30일 ④ 60일

해설 유해 · 위험방지계획서 제출 서류

사업주가 유해 · 위험방지계획서를 제출하려면 사업장별로 제조업 등 유해 · 위험방지계획서에 다음 각 호의 서류를 첨부하여 해당 작업 시작 15일 전까지 공단에 2부를 제출하여야 한다.

58 FTA에 사용되는 논리 게이트 중 여러 개의 입력 사상이 정해진 순서에 따라 순차적으로 발생해야만 결과가 출력되는 것은?

① 억제 게이트
② 조합－AND 게이트
③ 배타적－OR 게이트
④ 우선적 AND 게이트

해설 논리기호 및 사상기호

기호	명칭	설명
Ai Aj Ak 순으로	우선적 AND 게이트	입력사상 중 어떤 현상이 다른 현상보다 먼저 일어날 경우에만 출력사상이 발생

59 좋은 코딩 시스템의 요건에 해당하지 않는 것은?

① 코드의 검출성
② 코드의 식별성
③ 코드의 표준화
④ 단순차원 코드의 사용

해설 암호(코드)체계 사용상의 일반적 지침

- 암호의 검출성 : 타 신호가 존재하더라도 검출이 가능해야 한다.
- 암호의 변별성 : 다른 암호표시와 구분이 되어야 한다.
- 암호의 표준화 : 표준화되어야 한다.
- 부호의 양립성 : 인간의 기대와 모순되지 않아야 한다.
- 부호의 의미 : 사용자가 부호의 의미를 알 수 있어야 한다.

정답 56 ③ 57 ② 58 ④ 59 ④

60 **화학물 취급회사의 안전담당자 최OO은 화재 발생 시 대피안내방송을 음성 합성기로 전달하고자 한다. 최OO가 활용할 수 있는 음성 합성 체계유형에 대한 설명으로 맞는 것은?**

① 최OO는 경고안내문을 낭독하는 본인의 실제 음성 파형을 모형화하는 음성 정수화 방법을 활용할 수 있다.

② 최OO는 경고안내문은 낭독할 때, 본인 음성의 질을 가장 우수하게 합성할 수 있는 불규칙에 의한 합성법을 활용할 수 있다.

③ 최OO는 발음모형의 적절한 모수들을 경고안내문을 낭독 시 본인이 실제 발음할 때에 결정하는 분석－합성에 의한 합성법을 적용할 수 있다.

④ 최OO는 규칙에 의한 합성법을 사용하여 경고안내문을 낭독하는 본인의 실제 음성으로부터 발음모형 모수들의 변화를 암호화할 수 있다.

 **아날로그 신호에서 디지털 신호로의 변경 과정**

1) 표본화

표본화는 아날로그 신호를 디지털 신호로 바꿔주는 첫 번째 단계로 일정 시간 간격으로 아날로그 신호의 순간적인 값을 취하는 것을 의미한다. 즉, 선형으로 이루어진 아날로그 신호를 일정 시간 간격으로 미세하게 나누어 각각의 점에 해당하는 부분을 수로 표현하는 것이라고 할 수 있다. 따라서 표본화를 시간 축의 디지털화라고 하며 말 그대로 아날로그 파형을 디지털 형태로 변환하기 위해 표본을 취하는 것이다.

2) 양자화(정수화)

표본화를 통해 쪼개진 값은 연속적인 값을 갖는데 이 값을 진폭(크기)에 따라 연속적이지 않은 각각의 대푯값으로 변환하는 과정이다. 이렇게 정수화하여 구해진 값은 단계화되며 이 값은 정확한 값이 아니기 때문에 오차가 발생하게 된다. 이때 발생하는 오차를 양자화 오차(Quantization error)라고 한다.

3) 부호화

표본화와 양자화를 거친 디지털 정보를 0과 1의 이진수로 표현하는 과정이다. 양자화 과정을 거친 정보들은 전송 시 잡음에 매우 민감하므로 전송 및 처리에 적합하도록 이진수로 부호화된다.

제4과목 건설시공학

61 **철골공사의 모살용접에 관한 설명으로 옳지 않은 것은?**

① 모살용접의 유효면적은 유효길이에 유효목두께를 곱한 것으로 한다.

② 모살용접의 유효길이는 모살용접의 총길이에서 2배의 모살사이즈를 공제한 값으로 해야 한다.

③ 모살용접의 유효목두께는 모살 사이즈의 0.3배로 한다.

④ 구멍모살과 슬롯 모살용접의 유효길이는 목두께의 중심을 잇는 용접 중심선의 길이로 한다.

 모살용접(Fillet Welding)은 목두께의 방향이 모체의 면과 45° 각을 이루는 용접으로 용접 단면각의 길이는 용접치수보다 크게 하고 목두께는 다리길이의 0.7배로 한다. 단속용접(Spot Welding)의 길이는 유효치수보다 모살 크기를 2배 이상으로 하고 보조 살붙임 두께는 0.1S＋1mm(S : 유효길이) 이하로 한다.

정답 60 ① 61 ③

62 네트워크 공정표에 사용되는 용어에 관한 설명으로 옳지 않은 것은?

① 크리티컬 패스(Critical path) : 개시 결합점에서 종료 결합점에 이르는 가장 긴 경로
② 더미(Dummy) : 결합점이 가지는 여유시간
③ 플로트(Float) : 작업의 여유시간
④ 디펜던트 플로트(Dependent float) : 후속작업의 토탈 플로트에 영향을 주는 플로트

해설 더미는 작업 상호관계를 표시하는 화살표로서 작업 및 시간의 요소는 포함하지 않는다.

63 철골공사에서 강재의 기계적 성질, 화학성분, 외관 및 치수공차 등 재원과 제조회사 확인으로 제품의 품질 확보를 위해 발행하는 검사증명서는?

① Mill sheet
② Full size drawing
③ 표준시방서
④ Shop drawing

해설 밀시트는 재료 메이커가 발행하는 금속 재료의 시험 성적 증명서로 강재의 경우 그 화학성분, 열처리, 규격, 종류, 기호, 제조 방법, 기계적 성질 시험 등을 상세하게 표시한 것이다.

64 철근이음에 관한 설명으로 옳지 않은 것은?

① 철근의 이음부는 구조내력상 취약점이 되는 곳이다.
② 이음위치는 되도록 응력이 큰 곳을 피하도록 한다.
③ 이음이 한곳에 집중되지 않도록 엇갈리게 교대로 분산시켜야 한다.
④ 응력 전달이 원활하도록 한곳에서 철근 수의 반 이상을 이어야 한다.

해설 철근의 이음은 한곳에 집중되지 않도록 해야 한다.

65 벽돌 치장면의 청소방법 중 옳지 않은 것은?

① 벽돌 치장면에 부착된 모르타르 등의 오염은 물과 솔을 사용하여 제거하며 필요에 따라 온수를 사용하는 것이 좋다.
② 세제세척은 물 또는 온수에 중성세제를 사용하여 세정한다.
③ 산세척은 다른 방법으로 오염물을 제거하기 곤란한 장소에 적용하고, 그 범위는 가능한 한 작게 한다.
④ 산세척은 오염물을 제거한 후 물세척을 하지 않는 것이 좋다.

해설 산세척 후에는 부식 방지를 위해 반드시 물세척을 해야 한다.

66 공동도급방식의 장점에 해당하지 않는 것은?

① 위험의 분산
② 시공의 확실성
③ 기술자본의 증대
④ 이윤 증대

해설 공동도급은 2개 이상의 도급자가 결합하여 공동으로 공사를 수행하는 방식이다.

정답 62 ② 63 ① 64 ④ 65 ④ 66 ④

장점	단점
• 경공사 이행의 확실성 보장, 위험분산 • 자본력(융자력)과 신용도 증대 • 기술 및 경험의 확충	• 입단일회사 도급보다 경비 증대 • 도급자 간 충돌, 이해문제 발생 • 책임소재 불명확 및 책임회피 우려

67 지내력시험을 한 결과 침하곡선이 그림과 같이 항복 상황을 나타냈을 때 이 지반의 단기하중에 대한 허용 지내력은 얼마인가?(단, 허용지내력은 m^2당 하중의 단위를 기준으로 함)

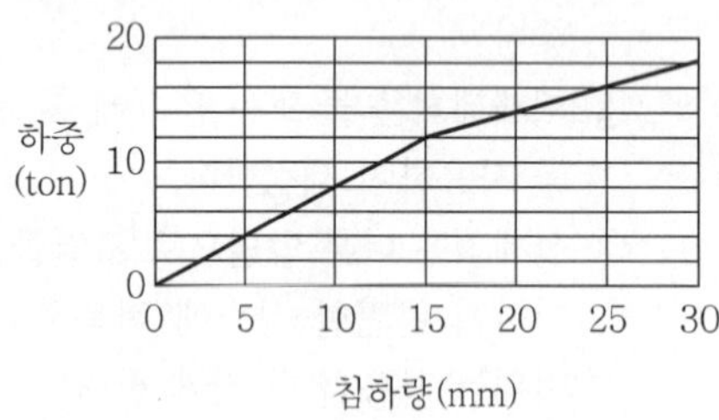

① $6ton/m^2$
② $7ton/m^2$
③ $12ton/m^2$
④ $14ton/m^2$

해설 지내력 시험은 재하판에 하중을 가하여 침하량이 2cm가 될 때까지의 하중을 구하여 지내력도를 계산하는 것으로 재하하중은 매회 1Ton 이하 또는 예정파괴하중의 1/5 이하로 한다. 단기하중 허용지내력도는 총 침하량이 2cm에 도달할 때까지의 하중 또는 총 침하량이 2cm 이하지만 지반이 항복상태를 보인 때까지의 하중을 말하고, 장기하중에 대한 허용 내력은 단기하중지내력의 1/2로 본다.

68 CIP(Cast In Place prepacked pile) 공법에 관한 설명으로 옳지 않은 것은?

① 주열식 강성체로서 토류벽 역할을 한다.
② 소음 및 진동이 적다.
③ 협소한 장소에는 시공이 불가능하다.
④ 굴착을 깊게 하면 수직도가 떨어진다.

 CIP(Cast In Place Pile) 공법은 흙막이 벽체를 만들기 위해 굴착기계(Earth Auger)로 지반을 천공하고 그 속에 철근망과 주입관을 삽입한 다음 자갈을 넣고 주입관을 통해 Prepacked Mortar를 주입하여 현장타설 콘크리트 말뚝을 형성하는 공법이다. CIP 공법은 흙막이 벽체의 강성이 우수하고 자갈, 암반층을 제외한 대부분의 지반에 적용이 가능하며, 장비가 소형이므로 좁은 장소에서도 시공이 가능하다.

69 기성콘크리트 말뚝에 표기된 PHC－A · 450－12의 각 기호에 관한 설명으로 옳지 않은 것은?

① PHC－원심력 고강도 프리스트레스트 콘크리트말뚝
② A－A종
③ 450－말뚝바깥지름
④ 12－말뚝삽입 간격

 12는 말뚝의 길이를 의미한다. 말뚝의 표시법은 다음과 같다.

[PHC－A · 450－12]

• PHC－A : 프리텐션 방식의 고강도 콘크리트 말뚝
• 말뚝의 지름 : 450mm
• 말뚝의 길이 : 12m

정답 67 ③ 68 ③ 69 ④

70 기계를 설치한 지반보다 낮은 장소, 넓은 범위의 굴착이 가능하며 주로 수로, 골재 채취용으로 많이 사용되는 토공사용 굴착 기계는?

① 모터 그레이더 ② 파워셔블
③ 클램셸 ④ 드래그 라인

해설 드래그 라인(Drag Line)은 굴삭기가 위치한 지면보다 낮은 장소를 굴삭하는 데 사용하는 기계로 굴삭깊이 8m, 굴삭폭 14m, 선회각 110°로서 작업 반경이 커서 넓은 지역의 굴삭작업에 용이하나 힘이 강력하지 못해 연질 지반에 이용한다.

71 거푸집 구조설계 시 고려해야 하는 연직하중에서 무시해도 되는 요소는?

① 작업 하중 ② 거푸집 중량
③ 콘크리트 하중 ④ 충격하중

해설 거푸집 동바리 구소설계 시 고려해야 하는 연직방향하중은 타설 콘크리트 중량 및 거푸집 중량, 활하중(충격하중, 작업하중)으로 구성되며 이 중에서 거푸집 중량은 40kg/m^{2}으로 콘크리트 자중이나 활하중에 비해 상대적으로 크기가 작아 무시해도 된다.

72 건식 석재공사에 관한 설명으로 옳지 않은 것은?

① 촉구멍 깊이는 기준보다 3mm 이상 더 깊이 천공한다.
② 석재는 두께 30mm 이상을 사용한다.
③ 석재의 하부는 고정용으로, 석재의 상부는 지지용으로 설치한다.
④ 모든 구조재 또는 트러스 철물은 반드시 녹막이 처리한다.

해설 석재의 상부는 고정용으로 하고 하부는 지지용으로 한다.

73 슬라이딩 폼(Sliding Form)에 관한 설명으로 옳지 않은 것은?

① 1일 5~10m 정도 수직시공이 가능하므로 시공속도가 빠르다.
② 타설작업과 마감작업을 병행할 수 없어 공정이 복잡하다.
③ 구조물 형태에 따른 사용 제약이 있다.
④ 형상 및 치수가 정확하며 시공오차가 적다.

해설 슬라이딩폼(Sliding Form)은 요크(Yoke)로 거푸집을 수직으로 연속 이동시키면서 콘크리트 타설을 하는 거푸집으로 돌출물 등 단면 형상의 변화가 없는 곳에 적용하며 타설작업과 마감작업을 병행할 수 있다.

74 콘크리트의 배합설계 있어 구조물의 종류가 무근콘크리트인 경우 굵은 골재의 최대치수로 옳은 것은?

① 30mm, 부재 최소 치수의 1/4을 초과해서는 안 됨
② 35mm, 부재 최소 치수의 1/4을 초과해서는 안 됨
③ 40mm, 부재 최소 치수의 1/4을 초과해서는 안 됨
④ 50mm, 부재 최소 치수의 1/4을 초과해서는 안 됨

해설 무근콘크리트의 경우 굵은 골재의 최대치수는 40mm, 부재치수의 1/4을 초과해서는 안 된다.

정답 70 ④ 71 ② 72 ③ 73 ② 74 ③

75 **철근의 이음방법에 해당되지 않는 것은?**

① 겹침이음
② 병렬이음
③ 기계식 이음
④ 용접이음

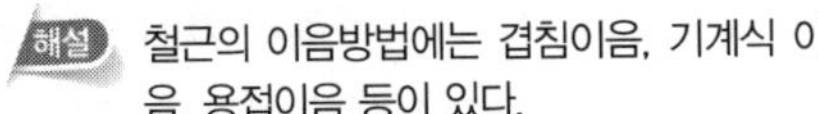
해설 철근의 이음방법에는 겹침이음, 기계식 이음, 용접이음 등이 있다.

76 **콘크리트 블록에서 A종 블록의 압축강도 기준은?**

① $2N/mm^2$ 이상
② $4N/mm^2$ 이상
③ $6N/mm^2$ 이상
④ $8N/mm^2$ 이상

A종 블록의 압축강도는 $4N/mm^2$ 이상이고, B종 블록의 압축강도는 $6N/mm^2$, C종 블록의 압축강도는 $8N/mm^2$ 이상이다.

77 **철골작업 중 녹막이칠을 피해야 할 부위에 해당되지 않는 것은?**

① 콘크리트에 매립되는 부분
② 현장에서 깎기 마무리가 필요한 부분
③ 현장용접 예정부위에 인접하는 양측 50cm 이내
④ 고력볼트 마찰접합부의 마찰면

녹막이칠을 하지 않는 부분은 다음과 같다.

- 콘크리트에 매입되는 부분
- 조립에 의하여 맞닿는 부분
- 현장 용접하는 부분
- 고장력 볼트 마찰 접합부의 마찰면
- 폐쇄형 단면을 한 부재의 밀폐되는 면
- 용접부에서 100mm 이내의 부분

78 **다음 각 도급공사에 관한 설명으로 옳지 않은 것은?**

① 분할도급은 전문공종별, 공정별, 공구별 분할도급으로 나눌 수 있으며 이 경우 재료는 건축주가 직접 조달하여 지급하고 노무만을 도급하는 것이다.
② 공동도급이란 대규모 공사에 대하여 여러 개의 건설회사가 공동출자 기업체를 조직하여 도급하는 방식이다.
③ 공구별 분할도급은 대규모 공사에서 지역별로 분리하여 발주하는 방식이다.
④ 일식도급은 한 공사 전부를 도급자에게 맡겨 재료, 노무, 현장시공업무 일체를 일괄하여 시행시키는 방법이다.

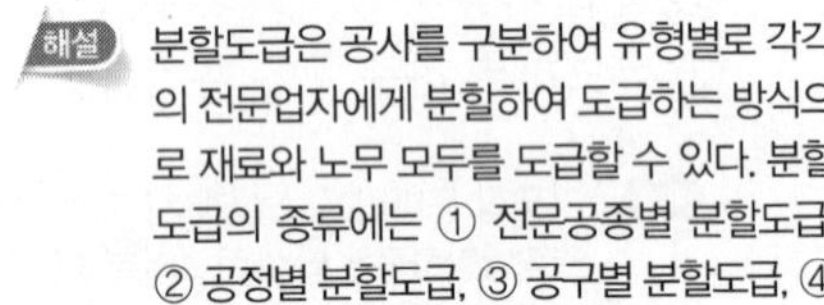
해설 분할도급은 공사를 구분하여 유형별로 각각의 전문업자에게 분할하여 도급하는 방식으로 재료와 노무 모두를 도급할 수 있다. 분할도급의 종류에는 ① 전문공종별 분할도급, ② 공정별 분할도급, ③ 공구별 분할도급, ④ 직종별 · 공종별 분할도급이 있다.

79 **레디믹스트 콘크리트 운반 차량에 특수보온시설을 하여야 할 외기온도 기준으로 옳은 것은?**

① 30℃ 이상 또는 0℃ 이하
② 30℃ 이상 또는 −2℃ 이하
③ 25℃ 이상 또는 0℃ 이하
④ 25℃ 이상 또는 −2℃ 이하

레미콘 차량에 특수보온시설을 할 외기온도는 30℃ 이상 또는 0℃ 이하입니다.

정답 75 ② 76 ② 77 ③ 78 ① 79 ①

80 다음 기초의 종류 중 기초슬래브의 형식에 따른 분류가 아닌 것은?

① 줄기초 ② 복합기초
③ 독립기초 ④ 직접기초

 직접기초는 기초의 지지방식에 따른 분류이다. 기초 슬래브 형식에 따른 분류는 다음과 같다.
- 독립기초(Independent Footing) : 단일기둥을 기초판이 받침
- 복합기초(Combination Footing) : 2개 이상의 기둥을 한 기초판이 받침
- 연속기초(Strip Footing) : 연속된 기초판이 벽체, 기둥을 지지함
- 온통기초(Mat Foundation) : 건물의 하부 전체를 기초판으로 한 것

제5과목 건설재료학

81 콘크리트의 열적 성질 및 내구성에 관한 설명으로 옳지 않은 것은?

① 콘크리트의 열팽창계수는 상온의 범위에서 1×10^{-5}/℃ 전후이며 500℃에 이르면 가열전에 비하여 약 40%의 강도발현을 나타낸다.
② 콘크리트의 내동해성을 확보하기 위해서는 흡수율이 적은 골재를 이용하는 것이 좋다.
③ 콘크리트에 염화물이온이 일정량 이상 존재하면 철근 표면의 부동태피막이 파괴되어 철근부식을 유발하기 쉽다.
④ 공기량이 동일한 경우 경화콘크리트의 기포간극계수가 작을수록 내동해성은 저하된다.

 콘크리트의 동결융해에 대한 저항성을 향상시키기 위해 AE제 등을 사용하고 있으며 콘크리트의 기포간극계수를 250μm 이하로 권장하고 있다.

82 콘크리트의 유동성 증대를 목적으로 사용하는 유동화재의 주성분이 아닌 것은?

① 나프탈렌설폰산염계 축합물
② 폴리알킬아릴설폰산계 축합물
③ 멜라민설폰산염계 축합물
④ 변성 리그닌설폰산염계 축합물

 콘크리트 유동화재에는 나프탈렌설폰산염계, 멜라민설폰산염계, 변성 리그닌설폰산염계 축합물이 있다.

83 콘크리트의 중성화에 관한 설명으로 옳지 않은 것은?

① 콘크리트 중의 수산화석회가 탄산가스에 의해서 중화되는 현상이다.
② 물시멘트비가 크면 클수록 중성화의 진행속도가 빠르다.
③ 중성화되면 콘크리트는 알칼리성이 된다.
④ 중성화되면 콘크리트 내 철근은 녹이 슬기 쉽다.

해설 중성화되면 콘크리트 내부의 알칼리성이 감소된다.

정답 80 ① 81 ④ 82 ② 83 ③

PART 01 PART 02 PART 03 PART 04 PART 05 PART 06 부록

84 **열가소성수지 제품으로 전기절연성, 가공성이 우수하며 발포제품은 저온 단열재로서 널리 쓰이는 것은?**

① 폴리스티렌수지
② 폴리프로필렌수지
③ 폴리에틸렌수지
④ ABS수지

 폴리스티렌수지는 용융점이 145.2℃인 무색 투명하고 내수, 내약품성, 전기절연성, 가공성이 우수하며 스티롤 수지라고도 한다. 발포 보온판(스티로폼)의 주원료, 벽타일, 천장재, 블라인드, 도료, 전기용품 등에 사용된다.

85 **플라스틱 제품 중 비닐레더(Vinyl leather)에 관한 설명으로 옳지 않은 것은?**

① 색채, 모양, 무늬 등을 자유롭게 할 수 있다.
② 면포로 된 것은 찢어지지 않고 튼튼하다.
③ 두께는 0.5~1mm이고, 길이는 10m 두루마리로 만든다.
④ 커튼, 테이블크로스, 방수막으로 사용된다.

 염화비닐 수지를 사용해서 만든 인조 피혁. 면포(綿布), 마포(麻布)를 바탕천으로 하여 염화비닐을 도장한 것으로 내열성이 낮고 뜨거워 연화수축되는 성질이 있다.

86 **목재용 유성 방부재의 대표적인 것으로 방부성이 우수하나, 악취가 나고 흑갈색으로 외관이 불미하여 눈에 보이지 않는 토대, 기둥, 도리 등에 이용되는 것은?**

① 유성페인트
② 크레오소트 오일
③ 염화아연 4% 용액
④ 불화소다 2% 용액

 크레오소트 오일은 부식이 적고 처리재의 강도가 감소하지 않아 목재의 방부제로 사용된다.

87 **미장공사에서 사용되는 바름재료 중 여물에 관한 설명으로 옳지 않은 것은?**

① 바름에 있어서 재료에 끈기를 주어 흘러내림을 방지한다.
② 흙손질을 용이하게 하는 효과가 있다.
③ 바름 중에는 보수성을 향상시키고, 바름 후에는 건조에 따라 생기는 균열을 방지한다.
④ 여물의 섬유는 질기고 굵으며 색이 짙고 빳빳한 것일수록 양질의 제품이다.

 여물(Hair)

흙, 회반죽 등에 균열방지를 위하여 섞는 잔 섬유질 물질로, 섬유는 질기며 가늘고 길어야 좋고 부드럽고 흰색이면 최상품이다. 각종 섬유질로 만들고 상 · 중 · 하로 구분하며, 종류에는 초벌용, 재벌용, 정벌용이 있고 삼여물, 흰털 여물, 종이 여물, 빈사, 석면 여물, 털종려 등이 있다.

88 **도장공사에 사용되는 유성도료에 관한 설명으로 옳지 않은 것은?**

① 아마인유 등의 건조성 지방유를 가열 연화시켜 건조제를 첨가한 것을 보일유라 한다.
② 보일유와 안료를 혼합한 것이 유성페인트이다.
③ 유성페인트는 내알칼리성이 우수하다.
④ 유성페인트는 내후성이 우수하다.

 유성페인트는 내알칼리성이 좋지 않다.

정답 84 ① 85 ④ 86 ② 87 ④ 88 ③

89 **목재의 강도에 관한 설명으로 옳지 않은 것은?**

① 목재의 건조는 중량을 경감시키지만 강도에는 영향을 끼치지 않는다.
② 벌목의 계절은 목재의 강도에 영향을 미친다.
③ 일반적으로 응력의 방향이 섬유방향에 평행인 경우 압축강도가 인장강도보다 작다.
④ 섬유포화점 이하에서는 함수율 감소에 따라 강도가 증대한다.

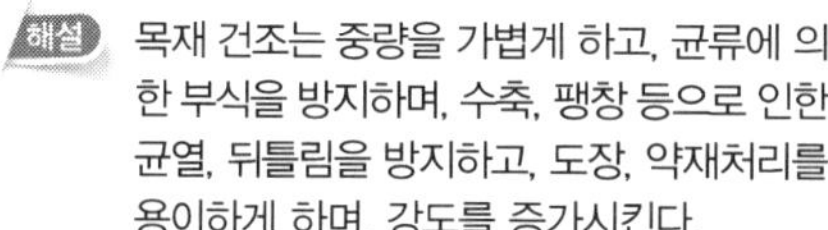
해설 목재 건조는 중량을 가볍게 하고, 균류에 의한 부식을 방지하며, 수축, 팽창 등으로 인한 균열, 뒤틀림을 방지하고, 도장, 약재처리를 용이하게 하며, 강도를 증가시킨다.

90 **목재의 치수표시로 제재치수(Dressed size)와 마무리 치수(Finishing size)에 관한 설명으로 옳은 것은?**

① 창호재와 가구재 치수는 제재치수로 한다.
② 구조재는 단면을 표시한 지정치수에 특기가 없으면 마무리 치수로 한다.
③ 제재치수는 제재된 목재의 실제 치수를 말한다.
④ 수장재는 단면을 표시한 지정치수에 특기가 없으면 마무리 치수로 한다.

해설 제재치수는 제재소에서 톱켜기로 한 치수를 말한다.

91 **재료배합 시 간수($MgCl_2$)를 사용하여 백화현상이 많이 발생되는 재료는?**

① 돌로마이트 플라스터
② 무수석고
③ 마그네시아 시멘트
④ 실리카 시멘트

해설 마그네시아 시멘트는 백화현상에 약하다.

92 **중용열 포틀랜드 시멘트에 관한 설명으로 옳지 않은 것은?**

① C3S나 C3A가 적고, 장기강도를 지배하는 C2S를 많이 함유한 시멘트이다.
② 내황산염성이 작기 때문에 댐공사에는 사용이 불가능하다.
③ 수화속도를 지연시켜 수화열을 작게 한 시멘트이다.
④ 건조수축이 작고 건축용 매스콘크리트에 사용된다.

해설 중용열 포틀랜드 시멘트는 시멘트의 수화반응에서 발생하는 수화열을 낮추어 매스콘크리트용으로 많이 사용된다.

93 **다음 중 도장공사에 사용되는 투명도료는?**

① 오일바니시
② 에나멜페인트
③ 래커에나멜
④ 합성수지페인트

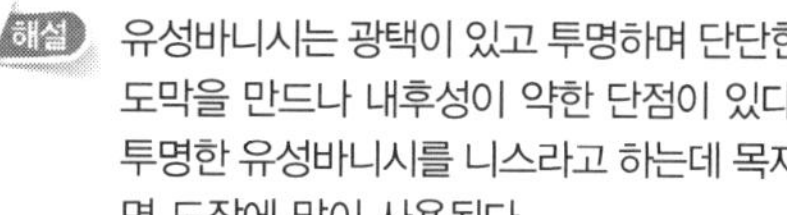
해설 유성바니시는 광택이 있고 투명하며 단단한 도막을 만드나 내후성이 약한 단점이 있다. 투명한 유성바니시를 니스라고 하는데 목재면 도장에 많이 사용된다.

정답 89 ① 90 ③ 91 ③ 92 ② 93 ①

94 알루미늄 창호의 특징으로 가장 거리가 먼 것은?

① 공작이 자유롭고 기밀성이 우수하다.
② 도장 등 색상의 자유도가 있다.
③ 이종금속과 접촉하면 부식되고 알칼리에 약하다.
④ 내화성이 높아 방화문으로 주로 사용된다.

 알루미늄(Aluminum)은 용융점이 낮아(640~660℃) 방화문으로 사용할 수 없다. 비중이 2.7(강의 1/3)로서 경금속이며, 비중에 비해 강도도 크므로 구조용 재료로 유리하다.

95 굵은 골재의 단위용적중량이 1.7kg/L, 절건밀도가 2.65g/cm³일 때, 이 골재의 공극률은?

① 25%　　② 28%
③ 36%　　④ 42%

$$공극률 = (1 - \frac{단위용적중량}{비중}) \times 100(\%)$$
$$= (1 - \frac{1.7}{2.65}) \times 100 = 36(\%)$$

96 금속재의 방식 방법으로 옳지 않은 것은?

① 상이한 금속은 두 금속을 인접 또는 접촉시켜 사용한다.
② 균질의 것을 선택하고 사용할 때 큰 변형을 주지 않는다.
③ 표면을 평활, 청결하게 하고 가능한 한 건조상태로 유지한다.
④ 큰 변형을 준 것은 가능한 한 풀림하여 사용한다.

해설 금속은 종류에 따라 이온화 경향이 다르므로 이질금속의 상호접촉 등은 피하는 것이 좋다.

97 미장재료 중 고온소성의 무수석고를 특별한 화학처리를 한 것으로 킨즈시멘트라고도 불리는 것은?

① 경석고 플라스터
② 혼합석고 플라스터
③ 보드용 플라스터
④ 돌로마이트 플라스터

해설 무수석고에 경화 촉진제로서 화학처리한 것을 경석고 플라스터라 한다.

98 합성수지에 관한 설명으로 옳지 않은 것은?

① 투광률이 비교적 큰 것이 있어 유리대용의 효과를 가진 것이 있다.
② 착색이 자유로우며 형태와 표면이 매끈하고 미관이 좋다.
③ 흡수율, 투수율이 작으므로 방수효과가 좋다.
④ 경도가 높아서 마멸되기 쉬운 곳에 사용하면 효과적이다.

해설 합성수지는 경도가 낮아서 가공이 용이하다.

99 목재의 용적 변화, 팽창수축에 관한 설명으로 옳지 않은 것은?

① 변재는 일반적으로 심재보다 용적변화가 크다.
② 비중이 큰 목재일수록 팽창 수축이 적다.
③ 연륜에 접선 방향(널결)이 연륜에 직각방향(곧은결)보다 수축이 크다.
④ 급속하게 건조된 목재는 완만히 건조된 목재보다 수축이 크다.

정답 94 ④　95 ③　96 ①　97 ①　98 ④　99 ②

해설 목재는 함수율의 증감에 따라 수축, 팽창 등의 체적 변화가 생긴다. 함수율이 섬유 포화점 이상에서는 체적 변화가 일어나지 않지만, 섬유 포화점 이하가 되면 거의 함수율에 비례하여 신축한다. 또한 변재부는 심재부보다 수축 · 팽창에 따른 변형이 크고 비중이 큰 목재가 변형이 크다.

100 다음 미장재료 중 시공 후 강재의 초기 부식을 유발하는 재료와 가장 거리가 먼 것은?

① 마그네시아 시멘트
② 시멘트 모르타르
③ 경석고 플라스터
④ 보드용 석고 플라스터

해설 시멘트 모르타르는 부식에 강해 지하실 미장재료로 적합하다.

제6과목 건설안전기술

101 강관비계 조립 시 준수사항으로 옳지 않은 것은?

① 비계기둥에는 미끄러지거나 침하하는 것을 방지하기 위하여 밑받침철물을 사용하거나 깔판 · 깔목 등을 사용하여 밑둥잡이를 설치하는 등의 조치를 할 것
② 강관의 접속부 또는 교차부는 적합한 부속철물을 사용하여 접속하거나 단단히 묶을 것
③ 교차가새의 설치를 금하고 한방향 가새로 설치할 것
④ 가공전로에 근접하여 비계를 설치하는 경우에는 가공전로를 이설하거나 가공전로에 절연용 방호구를 장착하는 등 가공전로와의 접촉을 방지하기 위한 조치를 할 것

해설 강관비계의 교차가새 설치기준은 다음과 같다.
- 기둥간격 10m 이내마다 45° 각도의 처마 방향으로 비계기둥 및 띠장에 결속
- 모든 비계기둥은 가새에 결속

102 철골공사 시 구조물의 건립 후에 가설부재나 부품을 부착하는 것은 고소 작업 등 위험한 작업이 수반됨에 따라 사전안전성 확보를 위해 미리 공작도에 반영하여야 하는 항목이 있는데 이에 해당되지 않는 것은?

① 주변 고압전주
② 외부비계받이
③ 기둥 승강용 트랩
④ 방망 설치용 부재

해설 공작도(Shop Drawing)에 포함사항은 다음과 같다.
- 외부비계 및 화물승강설비용 브래킷
- 기둥승강용 트랩
- 구명줄 설치용 고리
- 건립에 필요한 와이어로프 걸이용 고리
- 안전난간 설치용 부재
- 기둥 및 보 중앙의 안전대 설치용 고리
- 방망설치용 부재
- 비계연결용 부재
- 방호선반 설치용 부재
- 양중기 설치용 보강재

정답 100 ② 101 ③ 102 ①

103 **유해 · 위험방지계획서 제출 시 첨부서류가 아닌 것은?**

① 공사현장의 주변 현황 및 주변과의 관계를 나타내는 도면
② 공사개요서
③ 전체공정표
④ 작업인부의 배치를 나타내는 도면 및 서류

 유해 · 위험방지계획서 제출 시 첨부서류는 (1) 공사개요, (2) 안전보건관리계획, (3) 작업공종별 유해 · 위험방지계획으로 공사개요에는 ① 공사개요서, ② 공사현장의 주변 현황 및 주변과의 관계를 나타내는 도면(매설물 현황 포함), ③ 건설물, 사용 기계설비 등의 배치를 나타내는 도면 및 서류, ④ 전체 공정표를 첨부하여야 한다.

104 **표준안전난간의 설치 장소가 아닌 것은?**

① 흙막이 지보공의 상부
② 중량물 취급 개구부
③ 작업대
④ 리프트 입구

 흙막이 지보공 개구부, 대형 개구부, 작업대 등에는 안전난간을 설치하여 추락방호조치를 하여야 한다.

105 **토공 작업 시 굴착과 싣기를 동시에 할 수 있는 토공장비가 아닌 것은?**

① 모터 그레이더(Motor grader)
② 파워 셔블(Power shovel)
③ 백호(Back hoe)
④ 트랙터 셔블(Tractor shovel)

 모터 그레이더는 굴착기계가 아니라 정지용 기계이다.

106 **건설현장에서 사용되는 작업발판 일체형 거푸집의 종류에 해당되지 않는 것은?**

① 갱폼(Gang form)
② 슬립폼(Slip form)
③ 클라이밍폼(Climbing form)
④ 테이블폼(Table form)

 테이블폼은 작업발판 일체형 거푸집이 아니다.

107 **차량계 하역운반기계, 차량계 건설기계의 안전조치사항 중 옳지 않은 것은?**

① 최대제한속도가 시속 10km를 초과하는 차량계 건설기계를 사용하여 작업을 하는 경우 미리 작업장소의 지형 및 지반상태 등에 적합한 제한속도를 정하고, 운전자로 하여금 준수하도록 할 것
② 차량계 건설기계의 운전자가 운전위치를 이탈하는 경우 해당 운전자로 하여금 포크 및 버킷 등의 하역장치를 가장 높은 위치에 두도록 할 것
③ 차량계 하역운반기계 등에 화물을 적재하는 경우 하중이 한쪽으로 치우치지 않도록 적재할 것
④ 차량계 건설기계를 사용하여 작업을 하는 경우 승차석이 아닌 위치에 근로자를 탑승시키지 말 것

 차량계 건설기계의 운전자가 운전위치를 이탈하는 경우 해당 운전자로 하여금 포크 및 버킷 등의 하역장치를 가장 낮은 위치에 두도록 해야 한다.

정답 103 ④ 104 ④ 105 ① 106 ④ 107 ②

108 **항만하역작업에서의 선박승강설비 설치 기준으로 옳지 않은 것은?**

① 200톤급 이상의 선박에서 하역작업을 하는 경우에 근로자들이 안전하게 오르내릴 수 있는 현문사다리를 설치하여야 하며, 이 사다리 밑에 안전망을 설치하여야 한다.
② 현문사다리는 견고한 재료로 제작된 것으로 너비는 55cm 이상이어야 한다.
③ 현문사다리의 양측에는 82cm 이상의 높이로 방책을 설치하여야 한다.
④ 현문사다리는 근로자의 통행에만 사용하여야 하며, 화물용 발판 또는 화물용 보판으로 사용하도록 해서는 아니 된다.

해설 선박승강설비의 설치 기준에 관한 내용으로 300톤급 이상의 선박에서 하역작업을 하는 때에는 근로자들이 안전하게 승강할 수 있는 현문사다리를 설치하여야 하며, 이 사다리 밑에 안전망을 설치하여야 한다.

109 **흙막이 지보공을 설치하였을 때에 정기적으로 점검하고 이상을 발견하면 즉시 보수하여야 하는 사항과 거리가 먼 것은?**

① 부재의 손상 · 변형 · 부식 · 변위 및 탈락의 유무와 상태
② 부재의 접속부 · 부착부 및 교차부의 상태
③ 침하의 정도
④ 설계상 부재의 경제성 검토

해설 흙막이 지보공을 설치한 때에는 정기적으로 다음 사항을 점검하고 이상을 발견한 때에는 즉시 보수하여야 한다.

- 부재의 손상 · 변형 · 부식 · 변위 및 탈락의 유무와 상태
- 버팀대의 긴압 정도
- 부재의 접속부 · 부착부 및 교차부의 상태
- 침하의 정도
- 흙막이 공사의 계측관리

110 **공사진척에 따른 공정률이 다음과 같을 때 안전관리비 사용기준으로 옳은 것은?(단, 공정률은 기성공정률을 기준으로 함)**

공정률 : 70% 이상, 90% 미만

① 50% 이상　　② 60% 이상
③ 70% 이상　　④ 80% 이상

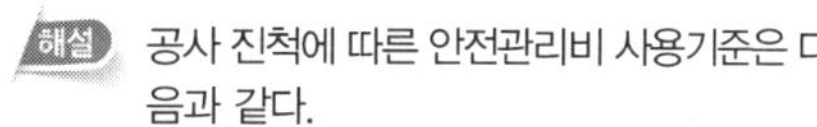
해설 공사 진척에 따른 안전관리비 사용기준은 다음과 같다.

[공사 진척에 따른 안전관리비 사용기준]

공정률	50% 이상 70% 미만	70% 이상 90% 미만	90% 이상
사용기준	50% 이상	70% 이상	90% 이상

111 **부두 · 안벽 등 하역작업을 하는 장소에서 부두 또는 안벽의 선을 따라 통로를 설치하는 경우에 그 폭을 최소 얼마 이상으로 하여야 하는가?**

① 90cm　　② 100cm
③ 120cm　　④ 150cm

해설 부두 또는 안벽의 선을 따라 통로를 설치할 때는 폭을 90cm 이상으로 하여야 한다.

정답 108 ① 109 ④ 110 ③ 111 ①

112 토사 붕괴의 외적 원인으로 볼 수 없는 것은?

① 사면, 법면의 경사 증가
② 절토 및 성토 높이의 증가
③ 토사의 강도 저하
④ 공사에 의한 진동 및 반복하중의 증가

해설 토사(토석) 붕괴의 외적 원인
- 사면, 법면의 경사 및 기울기의 증가
- 절토 및 성토 높이의 증가
- 공사에 의한 진동 및 반복하중의 증가
- 지표수 및 지하수의 침투에 의한 토사 중량의 증가
- 지진, 차량 구조물의 하중작용
- 토사 및 암석의 혼합층 두께

113 다음은 말비계를 조립하여 사용하는 경우에 관한 준수사항이다. ( ) 안에 들어갈 내용으로 옳은 것은?

> - 지주부재와 수평면의 기울기를 (A)° 이하로 하고 지주부재와 지주부재 사이를 고정시키는 보조부재를 설치할 것
> - 말비계의 높이가 2m를 초과하는 경우에는 작업발판의 폭을 (B)cm 이상으로 할 것

① A : 75, B : 30 ② A : 75, B : 40
③ A : 85, B : 30 ④ A : 85, B : 40

해설 말비계 조립 시 준수사항은 다음과 같다.
- 지주부재의 하단에는 미끄럼 방지장치를 하고, 양측 끝부분에 올라서서 작업하지 아니하도록 할 것
- 지주부재와 수평면과의 기울기를 75° 이하로 하고, 지주부재와 지주부재 사이를 고정시키는 보조부재를 설치할 것
- 말비계의 높이가 2m를 초과할 경우에는 작업발판의 폭을 40cm 이상으로 할 것

114 지반의 종류가 다음과 같을 때 굴착면의 기울기 기준으로 옳은 것은?

> 그 밖의 흙

① 1 : 1.0 ② 1 : 1.2
③ 1 : 0.8 ④ 1 : 0.5

해설 굴착면의 기울기 기준

지반의 종류	굴착면의 기울기
모래	1 : 1.8
연암 및 풍화암	1 : 1.0
경암	1 : 0.5
그 밖의 흙	1 : 1.2

115 시스템 비계를 사용하여 비계를 구성하는 경우의 준수사항으로 옳지 않은 것은?

① 수직재 · 수평재 · 가새재를 견고하게 연결하는 구조가 되도록 할 것
② 비계 밑단의 수직재와 받침철물은 밀착되도록 설치하고, 수직재와 받침철물의 연결부의 겹침길이는 받침철물 전체길이의 4분의 1 이상이 되도록 할 것
③ 수평재는 수직재와 직각으로 설치하여야 하며, 체결 후 흔들림이 없도록 견고하게 설치할 것
④ 수직재와 수직재의 연결철물은 이탈되지 않도록 견고한 구조로 할 것

수직재와 받침철물 연결부의 겹침길이는 받침철물 전체길이의 3분의 1 이상 되도록 해야 한다.

정답 112 ③ 113 ② 114 ② 115 ②

116 **발파작업 시 폭발, 붕괴재해예방을 위해 준수하여야 할 사항으로 옳지 않은 것은?**

① 발파공의 장전구는 마찰, 충격에 강한 강봉을 사용한다.
② 화약이나 폭약을 장전하는 경우에는 화기를 사용하거나 흡연을 하지 않도록 한다.
③ 발파공의 충진재료는 점토, 모래 등 발화성 또는 인화성의 위험이 없는 재료를 사용한다.
④ 얼어붙은 다이너마이트를 화기에 접근시키지 않는다.

해설 장전구는 마찰 · 충격 · 정전기 등에 의한 폭발이 발생할 위험이 없는 안전한 것을 사용해야 한다.

117 **가설통로를 설치하는 경우 준수해야 할 시 준으로 옳지 않은 것은?**

① 경사는 30° 이하로 할 것
② 경사가 25°를 초과하는 경우에는 미끄러지지 아니하는 구조로 할 것
③ 건설공사에 사용하는 높이 8m 이상인 비계다리에는 7m 이내마다 계단참을 설치할 것
④ 수직갱에 가설된 통로의 길이가 15m 이상인 때에는 10m 이내마다 계단참을 설치할 것

해설 가설통로의 설치기준은 다음과 같다.
- 견고한 구조로 할 것
- 경사는 30° 이하로 할 것(계단을 설치하거나 높이 2m 미만의 가설통로로서 튼튼한 손잡이를 설치한 경우에는 그러하지 아니하다)
- 경사가 15°를 초과하는 경우에는 미끄러지지 아니하는 구조로 할 것
- 추락의 위험이 있는 장소에는 안전난간을 설치할 것(작업상 부득이한 경우에는 필요한 부분에 한하여 임시로 이를 해체할 수 있다)
- 수직갱에 가설된 통로의 길이가 15m 이상인 경우에는 10m 이내마다 계단참을 설치할 것
- 건설공사에 사용하는 높이 8m 이상인 비계다리에는 7m 이내마다 계단참을 설치할 것

118 **구축하고자 하는 지하구조물이 인접구조물보다 깊은 위치에 근접하여 건설할 경우에 주변 지반과 인접건축물 기초의 침하에 대한 우려 때문에 실시하는 기초보강공법은?**

① H－말뚝 토류판공법
② SCW공법
③ 지하연속벽공법
④ 언더피닝공법

해설 언더피닝공법

기존구조물에 근접하여 시공할 때 기존구조물의 기조 저면보다 깊은 구조물을 시공하거나 기존 구조물의 증축 시 기존구조물을 보호하기 위해 기초하부에 설치하는 기초보강공법이다.

119 **화물의 하중을 직접 지지하는 경우 양중기의 와이어로프에 대한 최대허용하중은? (단, 1줄걸이 기준)**

① 최대허용하중 $= \frac{절단하중}{2}$
② 최대허용하중 $= \frac{절단하중}{3}$
③ 최대허용하중 $= \frac{절단하중}{4}$
④ 최대허용하중 $= \frac{절단하중}{5}$

정답 116 ① 117 ② 118 ④ 119 ④

해설 와이어로프의 안전계수 = $\frac{절단하중}{최대허용하중}$ ·
화물의 하중을 직접 지지하는 경우 와이어로프의 안전계수는 5이므로 최대허용하중 = $\frac{절단하중}{5}$ 이다.

120 건립 중 강풍에 의한 풍압 등 외압에 대한 내력이 설계에 고려되었는지 확인하여야 할 철골구조물이 아닌 것은?

① 구조물의 폭과 높이의 비가 1 : 4 이상인 구조물
② 이음부가 현장용접인 구조물
③ 높이 10m 이상의 구조물
④ 단면구조에 현저한 차이가 있는 구조물

철골의 자립도를 위한 대상 건물(강풍 시 철골의 자립도 검토대상 구조물)은 다음과 같다.

- 높이 20m 이상의 구조물
- 구조물의 폭과 높이의 비가 1 : 4 이상인 구조물
- 단면구조에 현저한 차이가 있는 구조물
- 연면적당 철골량이 50kg/m^2 이하인 구조물
- 기둥이 타이플레이트(Tie Plate)형인 구조물
- 이음부가 현장용접인 구조물

정답 120 ③

2018년 3월 4일 시행

ENGINEER CONSTRUCTION SAFETY

제1과목 산업안전관리론

01 재해예방의 4원칙이 아닌 것은?

① 손실필연의 원칙
② 원인계기의 원칙
③ 예방가능의 원칙
④ 대책선정의 원칙

해설 재해예방의 4원칙

1. 손실우연의 원칙 : 재해손실은 사고 발생 시 사고 대상의 조건에 따라 달라지므로 한 사고의 결과로서 생긴 재해손실은 우연성에 의해서 결정
2. 원인계기의 원칙 : 재해발생에는 반드시 원인이 있음
3. 예방가능의 원칙 : 재해는 원칙적으로 원인만 제거하면 예방 가능
4. 대책선정의 원칙 : 재해예방을 위한 안전대책은 반드시 존재

02 안전대의 완성품 및 각 부품의 동하중 시험 성능기준 중 충격흡수장치의 최대 전달 충격력은 몇 kN 이하이어야 하는가?

① 6 ② 7.84
③ 11.28 ④ 5

해설 안전대의 동하중 시험 성능기준 중 충격흡수장치의 최대 전달 충격력은 6.0kN 이하이어야 한다.

03 재해발생의 주요 원인 중 불안전한 행동이 아닌 것은?

① 권한 없이 행한 조작
② 보호구 미착용
③ 안전장치의 기능제거
④ 숙련도 부족

해설 불안전한 행동

작업자의 부주의, 실수, 착오, 안전조치 미이행 등

04 산업안전보건법령상 안전 · 보건표지의 종류 중 지시표지의 종류가 아닌 것은?

① 보안경 착용 ② 안전장갑 착용
③ 방진마스크 착용 ④ 방열복 착용

해설 안전보건표지의 종류와 형태

〈지시표지〉

301 보안경 착용 / 302 방독마스크 착용 / 303 방진마스크 착용

304 보안면 착용 / 305 안전모 착용 / 306 귀마개 착용

307 안전화 착용 / 308 안전장갑 착용 / 309 안전복 착용

정답 01 ① 02 ① 03 ④ 04 ④

05 산업안전보건법령상 안전인증대상 기계 · 기구 등에 해당하지 않는 것은?

① 곤돌라
② 고소작업대
③ 활선작업용 기구
④ 교류 아크용접기용 자동전격방지기

해설 안전인증대상 기계 · 기구 및 설비

• 프레스
• 크레인
• 압력용기
• 사출성형기
• 곤돌라
• 전단기
• 리프트
• 롤러기
• 고소작업대

06 안전보건관리조직 중 라인 · 스태프(Line · Staff) 복합형 조직의 특징으로 옳은 것은?

① 명령계통과 조언 · 권고적 참여가 혼동되기 쉽다.
② 생산부분은 안전에 대한 책임과 권한이 없다.
③ 안전에 대한 정보가 불충분하다.
④ 안전과 생산을 별도로 취급하기 쉽다.

해설 라인 · 스태프(Line · staff)형 조직(직계참모조직)

대규모 사업장에 적합한 조직으로서 라인형과 스태프형의 장점만을 채택한 형태이다. 안전업무를 전담하는 스태프를 두고 생산라인의 각 계층에서도 부서장에게 안전업무를 수행케 하여 스태프에서 안전에 관한 사항이 결정되면 라인을 통하여 실천하도록 편성된 조직(대규모, 1,000명 이상)

07 산업안전보건법령상 건설현장에서 사용하는 크레인의 안전검사의 주기로 옳은 것은?

① 최초로 설치한 날부터 1개월마다 실시
② 최초로 설치한 날부터 3개월마다 실시
③ 최초로 설치한 날부터 6개월마다 실시
④ 최초로 설치한 날부터 1년마다 실시

해설 크레인, 리프트 및 곤돌라의 검사주기

사업장에 설치가 끝난 날부터 3년 이내에 최초 안전검사를 실시하되, 그 이후부터 2년마다 실시(건설현장에서 사용하 는 것은 최초로 설치한 날부터 6개월마다)

08 재해손실비의 평가방식 중 시몬즈(Simonds) 방식에서 비보험 코스트의 산정항목에 해당하지 않는 것은?

① 사망사고 건수 ② 무상해사고 건수
③ 통원 상해 건수 ④ 응급조치 건수

해설 시몬즈방식에 의한 재해코스트 산출방식

총재해비용 = 산재보험비용 + 비보험비용
여기서, 비보험비용
= 휴업 상해 건수 × A
\+ 통원 상해 건수 × B
\+ 응급조치 건수 × C
\+ 무상해사고 건수 × D
(여기서, A, B, C, D는 장해 정도별 비보험비용의 평균치이다.)

정답 05 ④ 06 ① 07 ③ 08 ①

09 아담스(Adams)의 재해 발생과정 이론의 단계별 순서로 옳은 것은?

① 관리구조 결함 → 전술적 에러 → 작전적 에러 → 사고 → 재해
② 관리구조 결함 → 작전적 에러 → 전술적 에러 → 사고 → 재해
③ 전술적 에러 → 관리구조 결함 → 작전적 에러 → 사고 → 재해
④ 작전적 에러 → 관리구조 결함 → 전술적 에러 → 사고 → 재해

해설 아담스의 이론

- 관리구조
- 작전적 에러
- 전술적 에러
- 사고
- 상해

10 사고예방대책의 기본원리 5단계 중 제2단계의 조치사항이 아닌 것은?

① 자료 수집
② 제도적인 개선안
③ 점검, 검사 및 조사 실시
④ 작업 분석, 위험 확인

해설 사고예방의 5단계 중 제2단계(사실의 발견)

- 사고 및 안전활동의 기록 · 검토
- 작업 분석
- 안전점검, 안전진단
- 사고 조사
- 안전평가
- 각종 안전회의 및 토의
- 근로자의 건의 및 애로 조사

11 산업안전보건법령상 건설업 중 고용노동부령으로 정하는 자격을 갖춘 자의 의견을 들은 후 유해 · 위험방지계획서를 작성하여 고용노동부장관에게 제출하여야 하는 대상 사업장의 기준 중 다음 (　　) 안에 들어갈 말로 알맞은 것은?

> 연면적 (　　)m^2 이상의 냉동·냉장창고 시설의 설비공사 및 단열공사

① 3,000　　② 5,000
③ 7,000　　④ 10,000

해설 깊이가 10m 이상인 굴착공사가 제출대상이며, 제출대상 공사는 다음과 같다.

1. 지상높이가 31m 이상인 건축물 또는 인공구조물, 연면적 30,000m^2 이상인 건축물 또는 연면적 5,000m^2 이상의 문화 및 집회시설(전시장 및 동물원 · 식물원은 제외한다), 판매시설, 운수시설(고속철도의 역사 및 집배송시설은 제외한다), 종교시설, 의료시설 중 종합병원, 숙박시설 중 관광숙박시설, 지하도상가 또는 냉동 · 냉장창고시설의 건설 · 개조 또는 해체(이하"건설 등"이라 한다.)
2. 연면적 5,000m^2 이상의 냉동 · 냉장창고시설의 설비공사 및 단열공사
3. 최대지간 길이가 50m 이상인 교량건설 등 공사
4. 터널건설 등의 공사
5. 다목적 댐, 발전용 댐 및 저수용량 2천만 톤 이상의 용수전용 댐, 지방상수도 전용 댐 건설 등의 공사
6. 깊이가 10m 이상인 굴착공사

12 시설물의 안전관리에 관한 특별법상 국토교통부장관은 시설물이 안전하게 유지 관리될 수 있도록 하기 위하여 몇 년마다 시설물의 안전 및 유지 관리에 관한 기본계획을 수립 · 시행하여야 하는가?

정답 09 ② 10 ② 11 ② 12 ④

① 1년 ② 2년
③ 3년 ④ 5년

해설 국토교통부장관은 시설물이 안전하게 유지관리될 수 있도록 하기 위하여 5년마다 시설물의 안전과 유지 관리에 관한 기본계획을 수립 · 시행하고, 이를 관보에 고시하여야 한다.

13 산업안전보건법상 산업안전보건위원회의 심의 · 의결사항이 아닌 것은?

① 산업재해 예방계획의 수립에 관한 사항
② 근로자의 건강진단 등 건강관리에 관한 사항
③ 중대재해로 분류되는 산업재해의 원인 조사 및 재발 방지대책의 수립에 관한 사항
④ 안전장치 및 보호구 구입 시의 적격품 여부 확인에 관한 사항

해설 **산업안전보건위원회의 심의 · 의결사항(산업안전보건법 제19조 산업안전보건위원회)**

1. 산업재해 예방계획의 수립에 관한 사항
2. 안전보건관리규정의 작성 및 변경에 관한 사항
3. 근로자의 안전 · 보건교육에 관한 사항
4. 작업환경측정 등 작업환경의 점검 및 개선에 관한 사항
5. 근로자의 건강진단 등 건강관리에 관한 사항
6. 중대재해의 원인조사 및 재발방지대책 수립에 관한 사항
7. 산업재해에 관한 통계의 기록 및 유지에 관한 사항
8. 안전 · 보건과 관련된 안전장치 및 보호구 구입 시의 적격품 여부 확인에 관한 사항

14 재해의 원인분석방법 중 통계적 원인분석방법으로 사고의 유형, 기인물 등 분류 항목을 큰 순서대로 도표화하는 것은?

① 특성요인도 ② 크로스도
③ 파레토도 ④ 관리도

해설 **파레토도**

분류 항목을 큰 순서대로 도표화한 분석법

15 재해발생의 간접원인 중 2차 원인이 아닌 것은?

① 안전 교육적 원인 ② 신체적 원인
③ 학교 교육적 원인 ④ 정신적 원인

해설 **재해발생**

- 직접원인 : 불안전한 행동 및 불안전한 상태
- 간접원인 : 기술적 원인, 관리적 원인, 안전 교육적 원인, 정신적 원인, 신체적 원인 등

16 안전관리에 있어 5C 운동(안전행동 실천운동)이 아닌 것은?

① 정리정돈 ② 통제관리
③ 청소청결 ④ 전심전력

해설 **5C 운동(안전행동 실천운동)**

1. 복장단정(Correctness)
2. 정리정돈(Clearance)
3. 청소청결(Cleaning)
4. 점검 · 확인(Checking)
5. 전심전력(Concentration)

정답 13 ④ 14 ③ 15 ③ 16 ②

17 산업안전보건법령상 안전보건관리규정을 작성하여야 할 사업의 사업주는 안전보건관리 규정을 작성하여야 할 사유가 발생한 날부터 며칠 이내에 안전보건관리규정의 세부 내용을 포함한 안전보건관리규정을 작성하여야 하는가?

① 7일 ② 14일
③ 30일 ④ 60일

해설 안전보건관리규정의 작성 · 변경 절차

1. 안전보건관리규정을 작성하여야 할 사업은 상시 근로자 100명 이상을 사용하는 사업으로 한다.
2. 사업주는 안전보건관리규정을 작성하여야 할 사유가 발생한 날부터 30일 이내에 안전보건관리규정을 작성하여야 한다. 이를 변경할 사유가 발생한 경우에도 또한 같다.

18 강도율 1.25, 도수율 10인 사업장의 평균 강도율은?

① 8 ② 10
③ 12.5 ④ 125

$$\text{평균 강도율} = \frac{\text{강도율}}{\text{도수율}} \times 100$$

$$= \frac{1.25}{10} \times 100 = 12.5$$

19 산업안전보건법상 안전 · 보건표지의 종류와 형태 기준 중 안내표지의 종류가 아닌 것은?

① 금연 ② 들것
③ 비상용 기구 ④ 세안장치

해설 안전보건표지의 종류와 형태

〈안내표지〉

401 녹십자표지	402 응급구호표지	403 들것	404 세안장치	405 비상용기구
			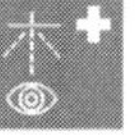	
406 비상구	407 좌측비상구	408 우측비상구		

20 산업안전보건법령상 안전관리자가 수행하여야 할 업무가 아닌 것은?(단, 그 밖에 안전에 관한 사항으로서 고용노동부장관이 정하는 사항은 제외한다.)

① 사업장 순회점검 · 지도 및 조치의 건의
② 해당 사업장 안전교육계획의 수립 및 안전교육 실시에 관한 보좌 및 조언 · 지도
③ 산업재해 발생의 원인 조사 · 분석 및 재발방지를 위한 기술적 보좌 및 조언 · 지도
④ 해당 작업의 작업장의 정리 · 정돈 및 통로 확보에 대한 확인 · 감독

해설 안전관리자의 업무 등

1. 법 제19조 제1항에 따른 산업안전보건위원회 또는 법 제29조의2 제1항에 따른 안전 · 보건에 관한 노사협의체에서 심의 · 의결한 업무와 법 제20조 제1항에 따른 해당 사업장의 안전보건관리규정(이하 "안전보건관리규정"이라 한다) 및 취업규칙에서 정한 업무
2. 법 제34조 제2항에 따른 안전인증대상 기계 · 기구 등(이하 "안전인증 대상 기계 · 기구 등"이라 한다)과 법 제35조 제1항 각 호 외의 부분 본문에 따른 자율안전확인대상 기계 · 기구 등(이하 "자율안전확인대상

정답 17 ③ 18 ④ 19 ① 20 ④

기계 · 기구 등"이라 한다) 구입 시 적격품의 선정에 관한 보좌 및 조언 · 지도
2의2. 법 제41조의2에 따른 위험성평가에 관한 보좌 및 조언 · 지도
3. 해당 사업장 안전교육계획의 수립 및 안전교육 실시에 관한 보좌 및 조언 · 지도
4. 사업장 순회점검 · 지도 및 조치의 건의
5. 산업재해 발생의 원인 조사 · 분석 및 재발 방지를 위한 기술적 보좌 및 조언 · 지도
6. 산업재해에 관한 통계의 유지 · 관리 · 분석을 위한 보좌 및 조언 · 지도
7. 법 또는 법에 따른 명령으로 정한 안전에 관한 사항의 이행에 관한 보좌 및 조언 · 지도
8. 업무수행 내용의 기록 · 유지
9. 그 밖에 안전에 관한 사항으로서 고용노동부장관이 정하는 사항

제2과목 산업심리 및 교육

21 맥그리거(McGregor)의 XY이론 중 X이론에 해당하는 것은?

① 성선설
② 상호 신뢰감
③ 고차원적 욕구
④ 명령 통제에 의한 관리

해설 **맥그리거(McGregor)의 XY이론의 관리처방**

1. X이론의 관리처방
   - 경제적 보상체제 강화
   - 권위주의적 리더십 확보
   - 면밀한 감독과 엄격한 통제
   - 상부책임제도 강화
2. Y이론의 관리처방
   - 민주적 리더십 확립
   - 분권화의 권한과 위임
   - 목표에 의한 관리
   - 직무 확장
   - 비공식적 조직 활용
   - 자체 평가제도 활성화

22 교육훈련 평가의 4단계를 맞게 나열한 것은?

① 반응단계 → 학습단계 → 행동단계 → 결과단계
② 반응단계 → 행동단계 → 학습단계 → 결과단계
③ 학습단계 → 반응단계 → 행동단계 → 결과단계
④ 학습단계 → 행동단계 → 반응단계 → 결과단계

교육훈련 평가의 4단계

반응 → 학습 → 행동 → 결과

23 호손 실험(Hawthorne experiment)의 결과 작업자의 작업능률에 영향을 미치는 주요 원인으로 밝혀진 것은?

① 인간관계 ② 작업조건
③ 작업환경 ④ 생산기술

해설 **호손(Hawthorne) 실험**

- 미국 호손공장에서 실시된 실험으로 종업원의 인간성을 과학적으로 연구한 실험
- 물리적인 조건(조명, 휴식시간, 근로시간 단축, 임금 등)이 생산성에 영향을 주는 것이 아니라 인간관계가 절대적인 요소로 작용함을 강조

24 인간의 오류 모형에서 착오(mistake)의 발생원인 및 특성에 해당하는 것은?

① 목표와 결과의 불일치로 쉽게 발견된다.
② 주의 산만이나 주의 결핍에 의해 발생할 수 있다.

정답 21 ④ 22 ① 23 ① 24 ③

③ 상황을 잘못 해석하거나 목표에 대한 이해가 부족한 경우 발생한다.
④ 목표 해석은 제대로 하였으나 의도와 다른 행동을 하는 경우 발생한다.

해설 착오의 원인

1. 인지과정 착오의 요인
   - 심리적 능력의 한계
   - 감각차단현상
   - 정보량의 한계
   - 정서 불안정
2. 판단과정 착오의 요인
   - 합리화
   - 작업조건 불량
   - 정보 부족

25 안전교육의 방법 중 전개단계에서 가장 효과적인 수업방법은?

① 토의법　② 시범
③ 강의법　④ 자율학습법

해설 수업단계별 최적의 수업방법

- 도입단계 : 강의법, 시범
- 전개단계 : 토의법, 실연법
- 정리단계 : 자율학습법
- 도입 · 전개 · 정리단계 : 프로그램 학습법, 모의법

26 부주의의 현상 중 의식의 우회에 대한 원인으로 가장 적절한 것은?

① 특수한 질병
② 단조로운 작업
③ 작업 도중의 걱정, 고뇌, 욕구불만
④ 자극이 너무 약하거나 너무 강할 때

해설 부주의의 원인

- 의식의 우회 : 의식의 흐름이 옆으로 빗나가 발생하는 것(걱정, 고민, 욕구불만 등에 의하여 정신을 빼앗기는 것)
- 의식수준의 저하 : 혼미한 정신상태에서 심신이 피로할 경우나 단조로운 반복작업 등의 경우에 일어나기 쉬움
- 의식의 단절(중단) : 지속적인 의식 흐름에 단절이 생기고 공백 상태가 나타나는 것으로 주로 질병에 걸렸을 때 나타남
- 의식의 과잉 : 지나친 의욕에 의해서 생기는 부주의 현상(일점 집중현상)

27 학습지도의 형태 중 토의법의 유형에 해당되지 않는 것은?

① 포럼　② 구안법
③ 버즈 세션　④ 패널 디스커션

해설 토의법(대집단 토의)

- 패널토의(Panel Discussion) : 사회자의 진행에 따라 특정 주제에 대해 구성원 3~6명이 대립된 견해를 가지고 청중 앞에서 논쟁을 벌이는 것
- 포럼(Forum) : 1~2명의 전문가가 10~20분 동안 공개 연설을 한 다음 사회자의 진행하에 질의응답 과정을 통해 토론하는 형식
- 심포지엄(Symposium) : 몇 사람의 전문가가 과제에 관한 견해를 발표한 뒤에 참가자에게 하여금 의견이나 질문을 하게 하여 토의하는 방법
- 버즈법(Buzz Session Discussion) : 참가자가 다수인 경우에 전원을 토의에 참가시키기 위한 방법으로 소집단을 구성하여 회의를 진행시키며 일명 6-6회의라고도 한다.

28 이용 가능한 정보나 기술에 관한 정보원으로서의 역할을 수행하는 리더의 유형에 해당하는 것은?

① 집행자로서의 리더
② 전문가로서의 리더
③ 집단대표로서의 리더
④ 개개인의 책임대행자로서의 리더

정답 25 ① 26 ③ 27 ② 28 ②

해설 전문가로서의 리더

이용 가능한 정보나 기술에 관한 정보원으로서의 역할 수행

29 학습목적의 3요소가 아닌 것은?

① 목표 ② 학습성과
③ 주제 ④ 학습정도

해설 학습목적의 3요소는 주제, 학습정도, 목표이다.

30 산업안전보건법상 사업 내 산업안전 · 보건 관련 교육에 있어 건설 일용근로자의 건설업 기초안전 · 보건교육 시간으로 맞는 것은?

① 1시간 ② 2시간
③ 3시간 ④ 4시간

해설 건설업 기초안전 · 보건교육 시간은 4시간 이상이다.

31 안전사고와 관련하여 소질적 사고요인이 아닌 것은?

① 지능 ② 작업자세
③ 성격 ④ 시각기능

해설 작업자세는 소질적 사고요인이라 보기 어렵다.

32 안전교육방법 중 Off-JT(Off the Job Training)교육의 특징이 아닌 것은?

① 훈련에만 전념하게 된다.
② 전문가를 강사로 활용할 수 있다.
③ 개개인에게 적절한 지도훈련이 가능하다.
④ 다수의 근로자에게 조직적 훈련이 가능하다.

해설 OFF-JT(직장 외 교육훈련)

계층별 · 직능별로 공통된 교육 대상자를 현장 이외의 한 장소에 모아 집합교육을 실시하는 교육형태(집단교육에 적합)

- 다수의 근로자에게 조직적 훈련을 행하는 것이 가능
- 훈련에만 전념
- 각각 전문가를 강사로 초청하는 것이 가능

33 다른 사람의 행동 양식이나 태도를 자기에게 투입하거나 그와 반대로 다른 사람 가운데서 자기의 행동 양식이나 태도와 비슷한 것을 발견하는 것을 무엇이라 하는가?

① 모방(Imitation)
② 투사(Projection)
③ 암시(Suggestion)
④ 동일시(Identification)

해설 동일시

자기가 되고자 하는 인물을 찾아내어 동일시하여 만족을 얻는 행동

34 시행착오설에 의한 학습법칙에 해당하지 않는 것은?

① 효과의 법칙 ② 일관성의 법칙
③ 연습의 법칙 ④ 준비성의 법칙

해설 손다이크(Thorndike)의 시행착오설

- 준비성의 법칙 : 학습이 이루어지기 전 학습자의 상태에 따라 그것이 만족스러운가 불만족스러운가에 관한 것
- 연습의 법칙 : 일정한 목적을 가지고 있는

정답 29 ② 30 ④ 31 ② 32 ③ 33 ④ 34 ②

작업을 반복하는 과정 및 효과를 포함한 전체 과정
- 효과의 법칙 : 목표에 도달했을 때 만족스러운 보상을 주면 반응과 결합이 강해져 조건화가 잘 이루어짐

35 **적성검사의 종류 중 시각적 판단검사의 세부검사 내용에 해당하지 않는 것은?**

① 회전검사 ② 형태비교검사
③ 공구판단검사 ④ 명칭판단검사

해설 **심리검사의 종류**
- 계산에 의한 검사 : 계산검사, 기록검사, 수학응용검사
- 시각적 판단검사 : 형태비교검사, 입체도판단검사, 언어식별검사, 평면도판단검사, 명칭판단검사, 공구판단검사

36 **피로의 증상과 가장 거리가 먼 것은?**

① 식욕의 증대 ② 불쾌감의 증가
③ 흥미의 상실 ④ 작업 능률의 감퇴

해설 식욕의 증대는 피로의 증상이 아니다.

37 **직업 적성검사에 대한 설명으로 틀린 것은?**

① 직업 적성검사는 작업행동을 예언하는 것을 목적으로도 사용한다.
② 직업 적성검사는 직무 수행에 필요한 잠재적인 특수능력을 측정하는 도구이다.
③ 직업 적성검사를 이용하여 훈련 및 승진 대상자를 평가하는 데 사용할 수 있다.
④ 직업 적성은 단기적 집중 직업훈련을 통해서 개발이 가능하므로 신중하게 사용해야 한다.

해설 직업적성은 단기적 집중 직업훈련을 통해서는 개발하기 어렵다.

38 **인간 행동에는 내적 요인과 외적 요인이 있다. 지각선택에 영향을 미치는 외적 요인이 아닌 것은?**

① 대비(Contrast)
② 재현(Repetition)
③ 강조(Intensity)
④ 개성(Personality)

해설 **지각선택에 영향을 미치는 외적 요인**
- 대비 • 재현 • 강조

39 **헤드십의 특성에 관한 설명 중 맞는 것은?**

① 민주적 리더십을 발휘하기 쉽다.
② 책임귀속이 상사와 부하 모두에게 있다.
③ 권한 근거가 공식적인 법과 규정에 의한 것이다.
④ 구성원의 동의를 통하여 발휘하는 리더십이다.

해설 **헤드십(Headship)**

1. 외부에서 임명된 헤드(head)가 조직 체계나 직위를 이용하여 권한을 행사하는 것으로 지도자와 집단 구성원 사이에 공통의 감정이 생기기 어려우며 항상 일정한 거리가 있다.
2. 권한
   - 부하직원의 활동을 감독한다.
   - 상사와 부하의 관계가 종속적이다.
   - 부하와 사회적 간격이 넓다.
   - 지위형태가 권위적이다.

정답 35 ① 36 ① 37 ④ 38 ④ 39 ③

40 집단 안전교육과 개별 안전교육 및 안전교육을 위한 카운슬링 등 3가지 안전교육 방법 중 개별안전 교육방법에 해당되는 것이 아닌 것은?

① 일을 통한 안전교육
② 상급자에 의한 안전교육
③ 문답 방식에 의한 안전교육
④ 안전기능 교육의 추가지도

해설 상급자에 의한 안전교육, 일을 통한 안전교육, 안전기능 교육의 추가지도는 개별 안전교육이며 문답 방식에 의한 안전교육은 카운슬링 방법이다.

제3과목 인간공학 및 시스템안전공학

41 동작경제의 원칙에 해당하지 않는 것은?

① 공구의 기능을 각각 분리하여 사용하도록 한다.
② 두 팔의 동작은 동시에 서로 반대 방향으로 대칭적으로 움직이도록 한다.
③ 공구나 재료는 작업동작이 원활하게 수행되도록 그 위치를 정해준다.
④ 가능하다면 쉽고도 자연스러운 리듬이 작업동작에 생기도록 작업을 배치한다.

해설 1. 신체 사용에 관한 원칙(동작 개선, 동작량 절약, 동작능력 활용)
2. 작업장 배치에 관한 원칙
- 모든 공구나 재료는 정해진 위치에 있도록 한다.
- 공구, 재료 및 제어장치는 사용위치에 가까이 두도록 한다.(정상작업영역, 최대작업영역)
- 중력이송원리를 이용한 부품상자나 용기를 이용하여 부품을 부품 사용 장소에 가까이 보낼 수 있도록 한다.

3. 공구 및 설비 설계(디자인)에 관한 원칙

42 다음 시스템의 신뢰도는 얼마인가?(단, 각 요소의 신뢰도는 a, b가 각 0.8, c, d가 각 0.6이다.)

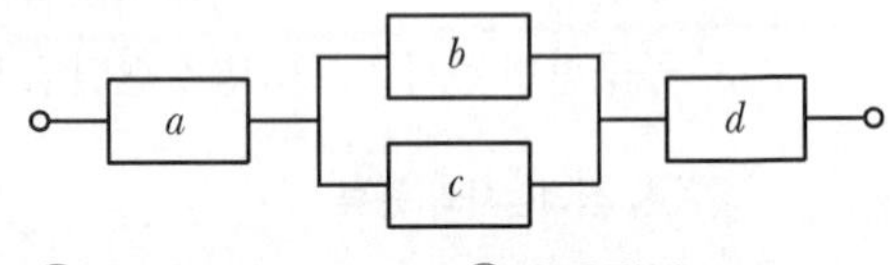

① 0.2245 ② 0.3754
③ 0.4416 ④ 0.5756

신뢰도 $= a \times \{1-(1-b)(1-c)\} \times d$
$= 0.8 \times \{1-(1-0.8)(1-0.6)\} \times 0.6$
$= 0.4416$

43 FMEA의 특징에 대한 설명으로 틀린 것은?

① 세부 시스템 분석 시 FTA보다 효과적이다.
② 시스템 해석기법은 정성적 · 귀납적 분석법 등에 사용된다.
③ 각 요소 간 영향 해석이 어려워 2가지 이상 동시 고장은 해석이 곤란하다.
④ 양식이 비교적 간단하고 적은 노력으로 특별한 훈련 없이 해석이 가능하다.

해설 세부 시스템 분석에는 FTA가 더욱 효과적이다.

정답 40 ③ 41 ① 42 ③ 43 ①

44 기계설비 고장 유형 중 기계의 초기결함을 찾아내 고장률을 안정시키는 기간은?

① 마모고장 기간
② 우발고장 기간
③ 에이징(aging) 기간
④ 디버깅(debugging) 기간

해설 디버깅(Debugging) 기간

기계의 초기결함을 찾아내 고장률을 안정시키는 기간

45 동작의 합리화를 위한 물리적 조건으로 적절하지 않은 것은?

① 고유 진동을 이용한다.
② 접촉 면적을 크게 한다.
③ 대체로 마찰력을 감소시킨다.
④ 인체 표면에 가해지는 힘을 적게 한다.

해설 동작의 합리화를 위한 물리적 조건

- 마찰력을 감소시킨다.
- 부하를 최소화한다.
- 접촉면을 작게 한다.

46 경계 및 경보신호의 설계지침으로 틀린 것은?

① 주의를 환기시키기 위하여 변조된 신호를 사용한다.
② 배경소음의 진동수와 다른 진동수의 신호를 사용한다.
③ 귀는 중음역에 민감하므로 500 ~ 3,000Hz의 진동수를 사용한다.
④ 300m 이상의 장거리용으로는 1,000 Hz를 초과하는 진동수를 사용한다.

해설 경계 및 경보신호 선택 시 지침

- 귀는 중음역에 가장 민감하므로 500~3,000Hz가 좋다.
- 300m 이상 장거리용 신호에는 1,000Hz 이하의 진동수를 사용한다.
- 칸막이를 돌아가는 신호는 500Hz 이하의 진동수를 사용한다.
- 배경소음과 다른 진동수를 갖는 신호를 사용하고 신호는 최소 0.5~1초 지속한다.
- 주의를 끌기 위해서는 변조된 신호를 사용한다.
- 경보효과를 높이기 위해서는 개시 시간이 짧은 고강도 신호를 사용한다.

47 휴먼 에러 예방 대책 중 인적 요인에 대한 대책이 아닌 것은?

① 설비 및 환경 개선
② 소집단 활동의 활성화
③ 작업에 대한 교육 및 훈련
④ 전문인력의 적재적소 배치

설비 및 환경개선은 인적 요인의 대책에 해당되지 않는다.

48 운동관계의 양립성을 고려하여 동목(moving scale)형 표시장치를 바람직하게 설계한 것은?

① 눈금과 손잡이가 같은 방향으로 회전하도록 설계한다.
② 눈금의 숫자는 우측으로 감소하도록 설계한다.
③ 꼭지의 시계 방향 회전이 지시치를 감소시키도록 설계한다.
④ 위의 세 가지 요건을 동시에 만족시키도록 설계한다.

정답 44 ④ 45 ② 46 ④ 47 ① 48 ①

PART 01 PART 02 PART 03 PART 04 PART 05 PART 06 부록

해설 동목형 표시장치는 눈금과 손잡이가 같은 방향으로 회전하도록 설계하는 것이 바람직하다.

49 에너지대사율(RMR)에 대한 설명으로 틀린 것은?

① RMR= 운동대사량/기초대사량
② 보통 작업 시 RMR은 4~7임
③ 가벼운 작업 시 RMR은 0~2임
④ RMR=(운동 시 산소소모량－안정 시 산소소모량)/기초대사 시(산소소비량)

해설 **에너지대사율(RMR)에 따른 작업의 분류**

- 초경작업(初經作業) : 0~1
- 경작업(經作業) : 1~2
- 보통 작업(中作業) : 2~4
- 무거운 작업(重作業) : 4~7
- 초중작업(初重作業) : 7 이상

50 일반적으로 작업장에서 구성요소를 배치할 때, 공간의 배치 원칙에 속하지 않는 것은?

① 사용빈도의 원칙
② 중요도의 원칙
③ 공정개선의 원칙
④ 기능성의 원칙

해설 **부품배치의 원칙**

- 중요성의 원칙 : 부품의 작동성능이 목표달성에 긴요한 정도에 따라 우선순위를 결정한다.
- 사용빈도의 원칙 : 부품이 사용되는 빈도에 따른 우선순위를 결정한다.
- 기능별 배치의 원칙 : 기능적으로 관련된 부품을 모아서 배치한다.
- 사용순서의 원칙 : 사용순서에 맞게 순차적으로 부품들을 배치한다.

51 산업안전보건법령상 유해하거나 위험한 장소에서 사용하는 기계·기구 및 설비를 설치·이전하는 경우 유해·위험방지계획서를 작성, 제출하여야 하는 대상이 아닌 것은?

① 화학설비 ② 금속 용해로
③ 건조설비 ④ 전기용접장치

해설 **유해·위험방지계획서 제출 대상 사업**

1. 금속이나 그 밖의 광물의 용해로
2. 화학설비
3. 건조설비
4. 가스집합용접장치
5. 근로자의 건강에 상당한 장해를 일으킬 우려가 있는 물질로서 고용노동부령으로 정하는 물질의 밀폐·환기·배기를 위한 설비

52 정량적 표시장치에 관한 설명으로 맞는 것은?

① 정확한 값을 읽어야 하는 경우 일반적으로 디지털보다 아날로그 표시장치가 유리하다.
② 동목(moving scale)형 아날로그 표시장치는 표시장치의 면적을 최소화할 수 있는 장점이 있다.
③ 연속적으로 변화하는 양을 나타내는 데에는 일반적으로 아날로그보다 디지털 표시장치가 유리하다.
④ 동침(moving pointer)형 아날로그 표시장치는 바늘의 진행 방향과 증감 속도에 대한 인식적인 암시 신호를 얻는 것이 불가능한 단점이 있다.

해설 **정량적 표시장치**

- 동침형(Moving Pointer) : 고정된 눈금상에서 지침이 움직이면서 값을 나타내는 방

정답 49 ② 50 ③ 51 ④ 52 ②

법으로 지침의 위치가 일종의 인식상의 단서로 작용하는 이점이 있다.

- 동목형(Moving Scale) : 값의 범위가 클 경우 작은 계기판에 모두 나타낼 수 없는 동침형의 단점을 보완한 것으로 표시장치의 공간을 적게 차지하는 이점이 있다. 하지만, 동목형의 경우에는 "이동부분의 원칙(Principle of Moving Part)"과 "동작방향의 양립성(Compatibility of Orientation Operate)"을 동시에 만족시킬 수 없으므로 공간상의 이점에도 불구하고 빠른 인식을 요구하는 작업장에서는 사용을 피하는 것이 좋다.
- 계수형(Digital Display) : 수치를 정확히 읽어야 할 경우 인접 눈금에 대한 지침의 위치를 추정할 필요가 없기 때문에 Analog Type(동침형, 동목형)보다 더욱 적합하다. 계수형 값이 빨리 변하는 경우 읽기 곤란할 뿐만 아니라 시각 피로를 많이 유발하므로 피해야 한다.

53 신뢰성과 보전성 개선을 목적으로 한 효과적인 보전기록자료에 해당하는 것은?

① 자재관리표 ② 주유지시서
③ 재고관리표 ④ MTBF 분석표

해설 설비의 신뢰성은 사용시간이나 사용횟수에 따른 피로, 마모, 노화, 부식, 열화현상 등에 의해 저하된다. 수리 가능한 부품이나 시스템을 사용 가능한 상태로 유지시키고 고장이나 결함을 회복시키기 위한 제반조치 및 활동을 보전(Mainten ance)이라고 하며 신뢰성과 보전성 개선을 목적으로 한 효과적인 보전기록 자료에는 설비이력카드, MTBF 분석표, 고장원인대책표 등이 있다.

54 FTA(Fault Tree Analysis)에 사용되는 논리기호와 명칭이 올바르게 연결된 것은?

① : 전이기호

② : 기본사상

③ 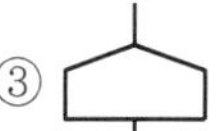 : 통상사상

④ : 결함사상

해설 ① 생략사상, ② 결함사상, ④ 기본사상

55 들기 작업 시 요통재해 예방을 위하여 고려할 요소와 가장 거리가 먼 것은?

① 들기 빈도
② 작업자 신장
③ 손잡이 형상
④ 허리 비대칭 각도

해설 작업자의 신장은 요통재해 예방과는 무관하다.

56 다음 시스템에 대하여 톱사상(top event)에 도달할 수 있는 최소 컷셋(minimal cut sets)을 구할 때 올바른 집합은?(단, a, b, c, d는 각 부품의 고장확률을 의미하며 집합 $\{a, b\}$는 a부품과 b부품이 동시에 고장 나는 경우를 의미한다.)

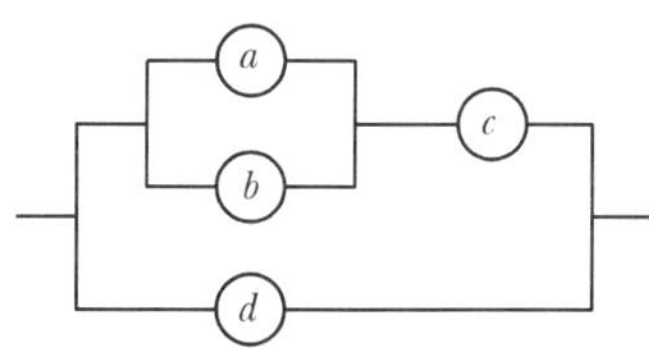

① $\{a, b\}$, $\{c, d\}$
② $\{a, c\}$, $\{b, d\}$
③ $\{a, b, d\}$, $\{c, d\}$
④ $\{a, c, d\}$, $\{b, c, d\}$

정답 53 ④ 54 ③ 55 ② 56 ③

해설 그림에서 a와 b를 B로 표시하고 c와 B를 A로 표시하여 FT도를 작성하면

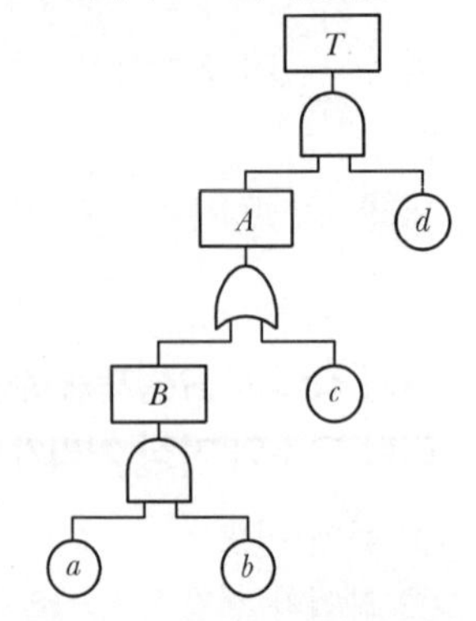

논리곱은 행으로 나열하고 논리합은 종으로 표시하면

$$T \to Ad \to \begin{matrix} Bd \\ cd \end{matrix} \to \begin{matrix} abd \\ cd \end{matrix}$$

따라서, 최소 컷셋(미니멀 컷셋, Minimal Cut Sets)는 $\{a, b, d\}$ 또는 $\{c, d\}$가 된다.

57 보기의 실내면에서 빛의 반사율이 낮은 곳에서부터 높은 순서대로 나열한 것은?

A : 바닥	B : 천장
C : 가구	D : 벽

① A<B<C<D ② A<C<B<D
③ A<C<D<B ④ A<D<C<B

해설 옥내 추천 반사율

- 천장 : 80~90%
- 벽 : 40~60%
- 가구 : 25~45%
- 바닥 : 20~40%

58 HAZOP기법에서 사용하는 가이드워드와 그 의미가 잘못 연결된 것은?

① Other than : 기타 환경적인 요인
② No/Not : 디자인 의도의 완전한 부정
③ Reverse : 디자인 의도의 논리적 반대
④ More/Less : 정량적인 증가 또는 감소

해설 유인어(Guide Words)

간단한 용어로서 창조적 사고를 유도하고 자극하여 이상을 발견하고 의도를 한정하기 위하여 사용되는 것

- NO 또는 NOT : 설계의도의 완전한 부정
- MORE 또는 LESS : 양(압력, 반응, 온도 등)의 증가 또는 감소
- AS WELL AS : 성질상의 증가(설계의도와 운전조건이 어떤 부가적인 행위와 함께 일어남)
- PART OF : 일부 변경, 성질상의 감소(어떤 의도는 성취되나 어떤 의도는 성취되지 않음)
- REVERSE : 설계의도의 논리적인 역
- OTHER THAN : 완전한 대체(통상 운전과 다르게 되는 상태)

59 A사의 안전관리자는 자사 화학설비의 안전성 평가를 위해 제2단계인 정성적 평가를 진행하기 위하여 평가항목 대상을 분류하였다. 주요 평가항목 중에서 설계관계 항목이 아닌 것은?

① 건조물
② 공장 내 배치
③ 입지조건
④ 원재료, 중간제품

해설 안전성 평가 6단계

1. 제1단계 : 관계자료의 정비 검토
   ㉠ 입지조건
   ㉡ 화학설비 배치도
   ㉢ 제조공정 개요

정답 57 ③ 58 ① 59 ④

ⓔ 공정 계통도
ⓜ 안전설비의 종류와 설치장소
2. 제2단계 : 정성적 평가(안전확보를 위한 기본적인 자료의 검토)
㉠ 설계관계 : 공장 내 배치, 소방설비, 공장의 입지조건 등
㉡ 운전관계 : 원재료, 운송, 저장 등
3. 제3단계 : 정량적 평가(재해중복 또는 가능성이 높은 것에 대한 위험도 평가)
㉠ 평가항목(5가지 항목)
- 물질
- 온도
- 압력
- 용량
- 조작

㉡ 화학설비 정량평가 등급
- 위험등급 Ⅰ : 합산점수 16점 이상
- 위험등급 Ⅱ : 합산점수 11~15점
- 위험등급 Ⅲ : 합산점수 10점 이하

4. 제4단계 : 안전대책
5. 제5단계 : 재해정보에 의한 재평가
6. 제6단계 : FTA에 의한 재평가

60 반사율이 60%인 작업 대상물에 대하여 근로자가 검사작업을 수행할 때 휘도(luminance)가 90fL이라면 이 작업에서의 소요조명(fc)은 얼마인가?

① 75　　② 150
③ 200　　④ 300

 소요조명(fc)

$$= \frac{\text{소요광속발산도(fL)}}{\text{반사율(\%)}} \times 100$$

$$= \frac{90}{60} \times 100 = 150$$

제4과목 건설시공학

61 건설공사의 시공계획 수립 시 작성할 필요가 없는 것은?

① 현치도
② 공정표
③ 실행예산의 편성 및 조정
④ 재해방지계획

 현치도는 실물과 같은 치수로 그리는 도면으로 시공계획 수립 시 작성대상이 아니다.

62 콘크리트 구조물의 품질관리에서 활용되는 비파괴검사 방법과 가장 거리가 먼 것은?

① 슈미트해머법　　② 방사선 투과법
③ 초음파법　　④ 자기분말 탐상법

 자기분말 탐상법은 철골용접부의 내부결함을 검사하는 방법이다

63 시트파일(sheet pile) 공법의 주된 이점이 아닌 것은?

① 타입 시 지반의 체적 변형이 커서 항타가 어렵다.
② 용접접합 등에 의해 파일의 길이 연장이 가능하다.
③ 몇 회씩 재사용이 가능하다.
④ 적당한 보호처리를 하면 물 위나 아래에서 수명이 길다.

해설 널말뚝(Sheet Pile) 공법은 널말뚝을 연속으로 연결하여 흙막이 벽체를 형성한 후 버팀보 등으로 지지하는 공법으로 항타 시 지반의 체적변형이 적다.

정답 60 ② 61 ① 62 ④ 63 ①

64 흙의 함수율을 구하기 위한 식으로 옳은 것은?

① (물의 용적/토립자의 용적)×100(%)
② (물의 중량/토립자의 중량)×100(%)
③ (물의 용적/흙 전체의 용적)×100(%)
④ (물의 중량/흙 전체의 중량)×100(%)

해설 함수율

$$= \frac{\text{물의 중량}}{\text{토립자} + \text{물의 중량}} \times 100\%$$

65 블록의 하루 쌓기 높이는 최대 얼마를 표준으로 하는가?

① 1.5m 이내 ② 1.7m 이내
③ 1.9m 이내 ④ 2.1m 이내

해설 하루 동안 벽돌 쌓는 높이는 1.2m를 표준으로 하고 최대 1.5m 이내로 한다.

66 경량형강공사에 사용되는 부재 중 지붕에서 지붕내력을 받는 경사진 구조부재로서 트러스와 달리 하현재가 없는 것은?

① 스터드 ② 윈드 칼럼
③ 아우트리거 ④ 래프터

해설 래프터는 지붕에서 지붕내력을 받는 경사진 구조부재로서 하현재가 없다.

67 벽돌쌓기 시 일반사항에 관한 설명으로 옳지 않는 것은?

① 가로 및 세로줄눈의 너비는 도면 또는 공사시방서에서 정한 바가 없을 때에는 10mm를 표준으로 한다.
② 벽돌쌓기는 도면 또는 공사시방서에서 정한 바가 없을 때에는 영식 쌓기 또는 화란식 쌓기로 한다.
③ 세로줄눈은 통줄눈이 되도록 유도하여, 미관을 향상시키도록 한다.
④ 벽돌벽이 블록벽과 서로 직각으로 만날 때에는 연결철물을 만들어 블록 3단마다 보강하여 쌓는다.

해설 세로줄눈은 통상적으로 막힌줄눈으로 한다.

68 비산먼지 발생사업 신고 적용대상 규모기준으로 옳은 것은?

① 건축물 축조공사로 연면적 1,000m^2 이상
② 굴정공사로 총 연장 300m 이상 또는 굴착토사량 300m^3 이상
③ 토공사/정지공사로 공사면적 합계 1,500m^2 이상
④ 토목공사로 구조물 용적합계 2,000m^3 이상

해설 비산먼지 발생 사업 신고대상

- 부지 조성을 위한 공사면적이 1,000m^2 이상
- 건축 연면적이 1,000m^2 이상
- 굴정공사 총 연장이 200m 이상
- 굴착토사량이 200m^3 이상

69 말뚝박기 기계 중 디젤해머(Diesel hammer)에 관한 설명으로 옳지 않은 것은?

① 타격정밀도가 높다.
② 타격 시의 압축 · 폭발 타격력을 이용하는 공법이다.
③ 타격 시의 소음이 작아 도심지 공사에 적용된다.

정답 64 ④ 65 ① 66 ④ 67 ③ 68 ① 69 ③

④ 램의 낙하 높이 조정이 곤란하다.

해설 디젤해머(Diesel hammer)는 타격 시 소음이 크다.

70 상하기복형으로 협소한 공간에서 작업이 용이하고 장애물이 있을 때 효과적인 장비로서 초고층 건축물 공사에 많이 사용되는 장비는?

① 호이스트카　② 타워크레인
③ 러핑크레인　④ 데릭

해설 러핑크레인은 상하기복형으로 도심지 초고층 건축물 공사에 많이 사용된다.

71 해체 및 이동에 편리하도록 제작된 수평활동 시스템 거푸집으로서 터널, 교량, 지하철 등에 주로 적용되는 거푸집은?

① 유로 폼(Euro Form)
② 트래블링 폼(Traveling Form)
③ 워플 폼(Waffle Form)
④ 갱 폼(Gang Form)

해설 트래블링 폼(Traveling Form)은 해체 및 이동에 편리하도록 제작한 시스템화된 이동식 거푸집공법이다.

72 외관 검사 결과 불합격된 철근 가스압접 이음부의 조치 내용으로 옳지 않은 것은?

① 심하게 구부러졌을 때는 재가열하여 수정한다.
② 압접면의 엇갈림이 규정값을 초과했을 때는 재가열하여 수정한다.
③ 형태가 심하게 불량하거나 또는 압접부에 유해하다고 인정되는 결함이 생긴 경우는 압접부를 잘라내고 재압접한다.
④ 철근중심축의 편심량이 규정값을 초과했을 때는 압접부를 떼어내고 재압접한다.

해설 압접면의 엇갈림이 규정값을 초과했을 때는 압접부를 잘라내고 재압접한다.

73 보링방법 중 연속적으로 시료를 채취할 수 있어 지층의 변화를 비교적 정확히 알 수 있는 것은?

① 수세식 보링　② 충격식 보링
③ 회전식 보링　④ 압입식 보링

해설 보링(Boring)의 방법 중에서 회전식 보링은 지중에 케이싱을 박고 드릴 로드의 날을 회전시켜 천공하는 것으로 지층의 변화를 비교적 정확히 알 수 있다.
보링의 종류별 특징은 다음과 같다.
- 회전식 보링 : 지중에 케이싱을 박고 드릴 로드의 날을 회전시켜 천공
- 충격식 보링 : 와이어로프 끝에 부착된 충격날을 낙하시켜 암석이나 토사를 분쇄하여 천공
- 수세식 보링 : 지중에 이중관을 박고 압력수를 비트에서 분사시켜 흙과 물을 같이 배출하여 시료를 침전시킴

74 철골보와 콘크리트 슬래브를 연결하는 전단연결재(shear connector)의 역할을 하는 부재의 명칭은?

① 리인포싱 바(reinforcing bar)
② 턴버클(turnbuckle)
③ 메탈 서포트(metal support)
④ 스터드(stud)

정답 70 ③　71 ②　72 ②　73 ③　74 ④

해설 스터드(Stud)는 철골보와 콘크리트 슬래브를 연결하는 쉬어 커넥터(Shear Connector)의 역할을 하는 부재이다.

75 **다음은 표준시방서에 따른 철근의 이음에 관한 내용이다. 빈칸에 공통으로 들어갈 내용으로 옳은 것은?**

( )를 초과하는 철근은 겹침이음을 할 수 없다. 다만, 서로 다른 크기의 철근을 압축부에서 겹침이음하는 경우 ( ) 이하의 철근과 ( )를 초과하는 철근은 겹침이음을 할 수 있다.

① D25 ② D29
③ D32 ④ D35

해설 D35를 초과하는 철근은 겹침이음을 할 수 없다. 다만 서로 다른 크기의 철근을 압축부에서 겹침이음하는 경우 D35 이하의 철근과 D35를 초과하는 철근은 겹침이음을 할 수 있다.

76 **건축주가 시공회사의 신용, 자산, 공사경력, 보유기술 등을 고려하여 그 공사에 가장 적격한 단일 업체에 입찰시키는 방법은?**

① 일반공개입찰 ② 특명입찰
③ 지명경쟁입찰 ④ 대안입찰

해설 특명입찰 방식은 시공회사의 신용, 자산, 공사경력, 보유기술 등을 고려하여 해당 공사에 가장 적합하다고 인정되는 특정의 도급자만 선정하여 도급계약을 체결하는 방식으로 수의계약이라고도 한다.

77 **프리팩트말뚝공사 중 CIP(Cast In Place pile)말뚝의 강성을 확보하기 위한 방법이 아닌 것은?**

① 구멍에 삽입하는 철근의 조립은 원형철근조립으로 당초 설계치수보다 작게 하여 콘크리트 타설을 쉽게 하여야 한다.
② 공벽붕괴방지를 위한 케이싱을 설치하고 구멍을 뚫어야 하며, 콘크리트 타설 후에 양생되기 전에 인발한다.
③ 구멍 깊이는 풍화암 이하까지 뚫어 말뚝선단이 충분한 지지력이 나오도록 시공한다.
④ 콘크리트 타설 시 재료분리가 발생하지 않도록 한다.

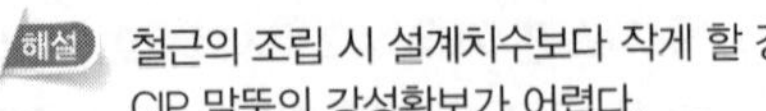
해설 철근의 조립 시 설계치수보다 작게 할 경우 CIP 말뚝의 강성확보가 어렵다.

78 **수평이동이 가능하여 건물의 층수가 적은 긴 평면에 사용되며 회전범위가 270°인 특징을 갖고 있는 철골 세우기용 장비는?**

① 가이데릭(guy derrick)
② 스티플레그 데릭(stiff-leg derrick)
③ 트럭 크레인(truck crane)
④ 플레이트 스트레이닝 롤(plate straining roll)

해설 삼각데릭(Stiff Leg Derrick)은 3각형의 토대 위에 철골재 3각을 놓고 붐을 조작하는 것으로 회전범위는 270°(작업범위 : 180°)이다. 가이데릭에 비해 수평이동이 가능하므로 층수가 낮은 긴 평면에 유리하고 당김줄을 마음대로 맬 수 없을 때 사용한다.

정답 75 ④ 76 ② 77 ① 78 ②

79 콘크리트의 재료로 사용되는 골재에 관한 설명으로 옳지 않은 것은?

① 골재는 밀도가 크고, 내구성이 커서 풍화가 잘 되지 않아야 한다.
② 콘크리트나 모르타르를 만들 때 물, 시멘트와 함께 혼합하는 모래, 자갈 및 부순돌 기타 유사한 재료를 골재라고 한다.
③ 콘크리트 중 골재가 차지하는 용적은 절대용적으로 50%를 넘지 않도록 한다.
④ 일반적으로 골재의 강도는 시멘트 페이스트 강도 이상이 되어야 한다.

해설 콘크리트 중 골재가 차지하는 용적은 절대용적으로 70~80% 정도를 차지한다.

80 석재붙임을 위한 앵커긴결공법에서 일반적으로 사용하지 않는 재료는?

① 앵커
② 볼트
③ 연결철물
④ 모르타르

모르타르(Mortar)는 시멘트, 모래, 물이 혼합된 것으로 천장, 벽 등의 바탕 바름에 사용되는 재료이다.

제5과목 건설재료학

81 다음과 같은 특성을 가진 플라스틱의 종류는?

> • 가열하면 연화 또는 융해하여 가소성이 되고, 냉각하면 경화하는 재료이다.
> • 분자구조가 쇄상구조로 이루어져 있다.

① 멜라민수지 ② 아크릴수지
③ 요소수지 ④ 페놀수지

아크릴수지(Acrylate Resin)는 열팽창성이 크며 유기유리, 메타크릴수지라고도 한다. 유연성 · 내후성 · 내약품성이 우수하며, 섬유재료, 도료, 시멘트 혼화재료로도 사용된다.

82 경질이며 흡습성이 적은 특성이 있으며 도로나 마룻바닥에 까는 두꺼운 벽돌로서 원료를 연와토 등을 쓰고 식염유로 시유소성한 벽돌은?

① 검정벽돌 ② 광재벽돌
③ 날벽돌 ④ 포도벽돌

해설 포도(鋪道)벽돌은 내마모성 및 강도가 우수하여 도로 바닥 포장용 등으로 사용된다.

83 건물 바닥용 제품에 해당되지 않는 것은?

① 염화비닐 타일
② 아스팔트 타일
③ 시멘트 사이딩 보드
④ 리놀륨

정답 79 ③ 80 ④ 81 ② 82 ④ 83 ③

해설 시멘트 사이딩 보드는 시멘트를 주 소재로 섬유 보강재를 첨가하여 고압으로 성형, 나뭇결을 표현한 사이딩재로 전원주택의 외장재로 가장 많이 사용되고 있는 외장 마감재 중 하나이다.

84 **ALC(Autoclaved Lightweight Concrete)에 관한 설명으로 옳지 않은 것은?**

① 규산질, 석회질 원료를 주원료로 하여 기포제와 발포제를 첨가하여 만든다.
② 경량이며 내화성이 상대적으로 우수하다.
③ 별도의 마감 없이도 수분이 차단되어 주로 외벽에 사용된다.
④ 동일 용도의 건축자재 중 상대적으로 우수한 단열성능을 가지고 있다.

해설 ALC(Autoclaved Lightweight Concrete)는 다공성 제품으로 흡수성이 크며 동해에 대한 방수 · 방습처리가 필요하다.

85 **도막방수재 및 실링재로서 이용이 증가하고 있는 합성수지로 기포성 보온재로도 사용되는 것은?**

① 실리콘수지 ② 폴리우레탄수지
③ 폴리에틸렌수지 ④ 멜라민수지

해설 폴리우레탄수지는 내마모성이 있어 우레탄 고무, 도료, 접착제로 사용된다.

86 **건설용 강재(철근 등)의 재료시험 항목에서 일반적으로 제외되는 것은?**

① 압축강도 시험 ② 인장강도 시험
③ 굽힘 시험 ④ 연신율 시험

해설 일반적으로 강재는 압축강도 시험을 하지 않는다.

87 **알루미늄의 특성으로 옳지 않은 것은?**

① 순도가 높을수록 내식성이 좋지 않다.
② 알칼리나 해수에 침식되기 쉽다.
③ 콘크리트에 접하거나 흙 중에 매몰된 경우에 부식되기 쉽다.
④ 내화성이 부족하다.

순도가 높은 알루미늄일수록 내식성과 전성, 연성이 커진다. 알루미늄은 내부식성이 좋으나, 해수 및 산, 알칼리에 약하여 인공적으로 내식성의 산화 피막을 입히는데, 이것을 알루마이트(Alumite)라 한다.

88 **콘크리트용 골재의 요구품질에 관한 조건으로 옳지 않은 것은?**

① 시멘트 페이스트 이상의 강도를 가진 단단하고 강한 것
② 운모가 함유된 것
③ 연속적인 입도분포를 가진 것
④ 표면이 거칠고 구형에 가까운 것

해설 **콘크리트용 골재에 요구되는 품질**

- 깨끗하고 불순물이 섞이지 않으며, 소요의 내구성 및 내화성을 가진 것
- 입자의 모양이 납작하거나 길쭉하지 않은 구형으로 표면이 다소 거친 것
- 모래의 염분은 0.04% 이하, 당분은 0.1% 이하일 것
- 강도는 콘크리트 중의 경화시멘트 페이스트의 강도 이상일 것

정답 84 ③ 85 ② 86 ① 87 ① 88 ②

89 아스팔트 루핑의 생산에 사용되는 아스팔트는?

① 록 아스팔트 ② 유제 아스팔트
③ 컷백 아스팔트 ④ 블로운 아스팔트

해설 아스팔트 루핑은 아스팔트 펠트의 양면에 블로운 아스팔트를 가열 · 용융시켜 피복한 것이다.

90 1종 점토벽돌의 흡수율 기준으로 옳은 것은?

① 5% 이하 ② 10% 이하
③ 12% 이하 ④ 15% 이하

해설 1종 점토벽돌의 흡수율은 10% 이하여야 한다.

구분	종류		
	1종	2종	3종
흡수율(%)	10 이하	13 이하	15 이하
압축강도 (N/mm^2)	24.5 이상	20.59 이상	10.78 이상

91 골재의 함수상태에서 유효흡수량의 정의로 옳은 것은?

① 습윤상태와 절대건조상태의 수량의 차이
② 표면건조포화상태와 기건상태의 수량의 차이
③ 기건상태와 절대건조상태의 수량의 차이
④ 습윤상태와 표면건조포화상태의 수량의 차이

해설 유효흡수량은 기건상태에서 표건상태가 될 때까지 골재가 흡수한 수량이다.

92 콘크리트의 블리딩 현상에 의한 성능 저하와 가장 거리가 먼 것은?

① 골재와 시멘트 페이스트의 부착력 저하
② 철근과 시멘트 페이스트의 부착력 저하
③ 콘크리트의 수밀성 저하
④ 콘크리트의 응결성 저하

해설 블리딩(Bleeding)이란 콘크리트 타설 후 물이나 미세한 물질이 분리 상승하여 콘크리트 표면에 떠오르는 현상이며 블리딩 현상을 적게 하려면 콘크리트 단위수량을 적게 하고, 골재의 입도가 적절하도록 하며, AE제 또는 감수제 등 적절한 혼화재료를 사용한다.

93 목재 및 기타 식물의 섬유질 소편에 합성수지접착제를 도포하여 가열압착 성형한 판상제품은?

① 합판 ② 시멘트 목질판
③ 집성목재 ④ 파티클보드

해설 파티클보드(Particle board, Chip board)는 목재 또는 기타 식물질을 작은 조각[소편(小片)]으로 하여 충분히 건조시킨 후 유기질 접착제로 성형, 열압하여 제판한 판(Board)을 말하며 칩보드라고도 한다.

94 강재의 탄소의 함유량이 0%에서 0.8%로 증가함에 따른 제반 물성 변화에 대한 설명으로 옳지 않은 것은?

① 인장강도는 증가한다.
② 항복점은 커진다.
③ 신율은 증가한다.
④ 경도는 증가한다.

해설 신율은 감소한다.

정답 89 ④ 90 ② 91 ② 92 ④ 93 ④ 94 ③

95 **에너지 절약, 유해물질 저감, 자원의 절약 등을 유도하기 위한 목적으로 건설자재의 환경성에 대한 일정기준을 정하여 제품에 부여하는 인증제도로 옳은 것은?**

① 환경표지 ② NEP 인증
③ GD 마크 ④ KS 마크

환경표지는 건설자재의 환경성에 대한 일정 기준을 정하여 에너지 절약, 유해물질 저감, 자원의 절약 등을 유도하기 위하여 제품에 부여하는 인증제도이다.

96 **석재 시공 시 유의하여야 할 사항으로 옳지 않은 것은?**

① 외벽 특히 콘크리트 표면 첨부용 석재는 연석을 사용하여야 한다.
② 동일 건축물에는 동일 석재로 시공하도록 한다.
③ 석재를 구조재로 사용할 경우 직압력재로 사용하여야 한다.
④ 중량이 큰 것은 높은 곳에 사용하지 않도록 한다.

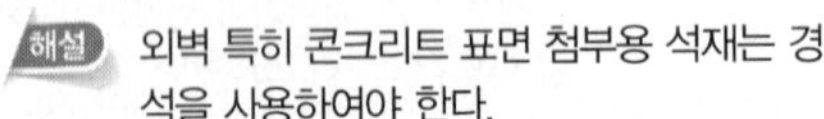
해설 외벽 특히 콘크리트 표면 첨부용 석재는 경석을 사용하여야 한다.

97 **수직면으로 도장하였을 경우 도장 직후에 도막이 흘러 내리는 현상의 발생 원인과 가장 거리가 먼 것은?**

① 얇게 도장하였을 때
② 지나친 희석으로 점도가 낮을 때
③ 저온으로 건조시간이 길 때
④ airless 도장 시 팁이 크거나 2차압이 낮아 분무가 잘 안 되었을 때

도장 직후에 도막이 흘러 내리는 현상은 두껍게 도장하였을 경우에 해당된다.

98 **콘크리트의 워커빌리티(workability)에 관한 설명으로 옳지 않은 것은?**

① 과도하게 비빔시간이 길면 시멘트의 수화를 촉진하여 워커빌리티가 나빠진다.
② 단위수량을 너무 증가시키면 재료분리가 생기기 쉽기 때문에 워커빌리티가 좋아진다고 볼 수 없다.
③ AE제를 혼입하면 워커빌리티가 좋아진다.
④ 깬자갈이나 깬모래를 사용할 경우, 잔골재율을 작게 하고 단위수량을 감소시키면 워커빌리티가 좋아진다.

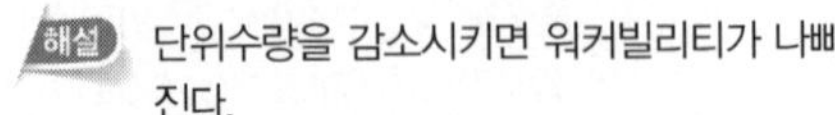
해설 단위수량을 감소시키면 워커빌리티가 나빠진다.

99 **에폭시수지 접착제에 관한 설명으로 옳지 않은 것은?**

① 비스페놀과 에피클로로하이드린의 반응에 의해 얻을 수 있다.
② 내수성, 내습성, 전기절연성이 우수하다.
③ 접착제의 성능을 지배하는 것은 경화제라고 할 수 있다.
④ 피막이 단단하지 못하나 유연성이 매우 우수하다.

에폭시수지(Epoxy Resin)는 경화 시 휘발물의 발생이 없고 금속 · 유리 등과의 접착성이 우수하다. 내약품성, 내열성이 뛰어나고 산 · 알칼리에 강하여 금속, 유리, 플라스틱,

정답 95 ① 96 ① 97 ① 98 ④ 99 ④

도자기, 목재, 고무 등의 접착제와 도료의 원료로 사용하며 최근 FRP 재료, 방수재료, 바닥, 벽, 천장 등의 내 · 외장 재료로도 널리 사용된다.

100 **목재에서 흡착수만이 최대한도로 존재하고 있는 상태인 섬유포화점의 함수율은 중량비로 몇 % 정도인가?**

① 15% 정도 ② 20% 정도
③ 30% 정도 ④ 40% 정도

 섬유포화점은 함수율이 30%이고, 세포 속에는 수분이 없고 세포막에는 수분이 찬 상태이다.

제6과목 건설안전기술

101 **강관을 사용하여 비계를 구성하는 경우 준수해야 할 사항으로 옳지 않은 것은?**

① 비계기둥의 간격은 띠장 방향에서는 1.5m 이상 1.8m 이하, 장선(長線) 방향에서는 1.5m 이하로 할 것
② 띠장 간격은 2m 이하로 설치할 것
③ 비계기둥의 제일 윗부분으로부터 31m 되는 지점 밑부분의 비계기둥은 3개의 강관으로 묶어 세울 것
④ 비계기둥 간의 적재하중은 400kg을 초과하지 않도록 할 것

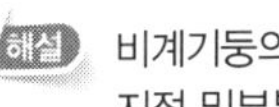 비계기둥의 제일 윗부분으로부터 31m 되는 지점 밑부분의 비계기둥은 2개의 강관으로 묶어 세워야 한다.

102 **이동식 비계 조립 및 사용 시 준수사항으로 옳지 않은 것은?**

① 비계의 최상부에서 작업을 하는 경우에는 안전난간을 설치할 것
② 승강용 사다리는 견고하게 설치할 것
③ 작업발판은 항상 수평을 유지하고 작업발판 위에서 작업을 위한 거리가 부족할 경우 사다리를 사용할 것
④ 작업발판의 최대적재하중은 250kg을 초과하지 않도록 할 것

 작업발판은 항상 수평을 유지하고 작업발판 위에서 안전난간을 딛고 작업을 하거나 받침대 또는 사다리를 사용하여 작업하지 않도록 해야 한다.

103 **미리 작업장소의 지형 및 지반상태 등에 적합한 제한속도를 정하지 않아도 되는 차량계 건설기계의 속도 기준은?**

① 최대 제한속도가 10km/h 이하
② 최대 제한속도가 20km/h 이하
③ 최대 제한속도가 30km/h 이하
④ 최대 제한속도가 40km/h 이하

 차량계 건설기계의 안전수칙으로 미리 작업장소의 지형 및 지반상태 등에 적합한 제한속도를 정하고(최고속도가 10km/h 이하인 것을 제외) 운전자로 하여금 이를 준수하도록 하여야 한다.

104 **터널공사에서 발파작업 시 안전대책으로 옳지 않은 것은?**

① 발파 전 도화선 연결상태, 저항치 조사 등의 목적으로 도통시험 실시 및 발파기의 작동상태에 대한 사전점검 실시

정답 100 ③ 101 ③ 102 ③ 103 ① 104 ④

② 모든 동력선은 발원점으로부터 최소한 15m 이상 후방으로 옮길 것
③ 지질, 암의 절리 등에 따라 화약량에 대한 검토 및 시방기준과 대비하여 안전조치 실시
④ 발파용 점화회선은 타동력선 및 조명회선과 한곳으로 통합하여 관리

해설 발파용 점화회선은 타동력선 및 조명회선으로부터 분리되어야 한다.

105 건립 중 강풍에 의한 풍압 등 외압에 대한 내력이 설계에 고려되었는지 확인하여야 하는 철골 구조물이 아닌 것은?

① 단면이 일정한 구조물
② 기둥이 타이플레이트형인 구조물
③ 이음부가 현장용접인 구조물
④ 구조물의 폭과 높이의 비가 1:4 이상인 구조물

해설 철골의 자립도를 위한 대상 건물(강풍 시 철골의 자립도 검토 대상 구조물)은 다음과 같다.

- 높이 20m 이상의 구조물
- 구조물의 폭과 높이의 비가 1 : 4 이상인 구조물
- 단면구조에 현저한 차이가 있는 구조물
- 연면적당 철골량이 50kg/m^2 이하인 구조물
- 기둥이 타이플레이트(Tie Plate)형인 구조물
- 이음부가 현장용접인 구조물

106 화물운반하역 작업 중 걸이작업에 관한 설명으로 옳지 않은 것은?

① 와이어로프 등은 크레인의 후크 중심에 걸어야 한다.
② 인양 물체의 안정을 위하여 2줄 걸이 이상을 사용하여야 한다.
③ 매다는 각도는 60° 이상으로 하여야 한다.
④ 근로자를 매달린 물체 위에 탑승시키지 않아야 한다.

해설 매다는 각도는 60° 이내로 해야 한다.

107 타워크레인을 와이어로프로 지지하는 경우에 준수해야 할 사항으로 옳지 않은 것은?

① 와이어로프를 고정하기 위한 전용 지지프레임을 사용할 것
② 와이어로프 설치각도는 수평면에서 60° 이상으로 하되, 지지점은 4개소 미만으로 할 것
③ 와이어로프와 그 고정부위는 충분한 강도와 장력을 갖도록 설치할 것
④ 와이어로프가 가공전선에 근접하지 않도록 할 것

해설 타워크레인을 와이어로프로 지지하는 경우 와이어로프 설치각도는 수평면과 60도 이내로 하되, 지지점은 4개소 이상으로 하고, 같은 각도로 설치하여야 한다.

정답 105 ① 106 ③ 107 ②

108 작업 중이던 미장공이 상부에서 떨어지는 공구에 의해 상해를 입었다면 어느 부분에 대한 결함이 있었겠는가?

① 작업대 설치
② 작업방법
③ 낙하물 방지시설 설치
④ 비계설치

해설 떨어지는 공구에 의한 상해는 낙하재해 예방 시설물의 결함이 원인이다.

109 유해 · 위험 방지를 위한 방호조치를 하지 아니하고는 양도, 대여, 설치 또는 사용에 제공하거나, 양도 · 대여를 목적으로 진열해서는 아니 되는 기계 · 기구에 해당하지 않는 것은?

① 지게차　　② 공기압축기
③ 원심기　　④ 덤프트럭

유해 · 위험 방지를 위하여 방호장치가 필요한 기계 · 기구 등

1. 예초기
2. 원심기
3. 공기압축기
4. 금속절단기
5. 지게차
6. 포장기계(진공포장기, 랩핑기로 한정한다.)

110 달비계의 최대 적재하중을 정함에 있어서 활용하는 안전계수의 기준으로 옳은 것은?(단, 곤돌라의 달비계를 제외한다.)

① 달기 와이어로프 : 5 이상
② 달기 강선 : 5 이상
③ 달기 체인 : 3 이상
④ 달기 훅 : 5 이상

달비계의 안전계수는 다음과 같다.

구분		안전계수
달기와이어로프 및 달기강선		10 이상
달기체인 및 달기훅		5 이상
달기강대와 달비계의 하부 및 상부지점	강재	2.5 이상
	목재	5 이상

111 사업의 종류가 건설업이고, 공사금액이 850억 원일 경우 산업안전보건법령에 따른 안전관리자를 최소 몇 명 이상 두어야 하는가?(단, 상시근로자는 600명으로 가정)

① 1명 이상　　② 2명 이상
③ 3명 이상　　④ 4명 이상

해설 공사금액 800억 원 이상일 경우 안전관리자를 최소 2명 이상 두어야 한다.

112 이동식 크레인을 사용하여 작업을 할 때 작업시작 전 점검사항이 아닌 것은?

① 주행로의 상측 및 트롤리(trolley)가 횡행하는 레일의 상태
② 권과방지장치, 그 밖의 경보장치의 기능
③ 브레이크 · 클러치 및 조정장치의 기능
④ 와이어로프가 통하고 있는 곳 및 작업장소의 지반상태

해설 이동식 크레인 작업 전 점검사항(산업안전보건기준에 관한 규칙 제35조 제2항 관련)

1. 권과방지장치 · 브레이크 · 클러치 및 운전장치의 기능
2. 주행로의 상측 및 트롤리(trolley)가 횡행하는 레일의 상태
3. 와이어로프가 통하고 있는 곳의 상태

정답 108 ③　109 ④　110 ④　111 ②　112 ①

113 **선박에서 하역작업 시 근로자들이 안전하게 오르내릴 수 있는 현문 사다리 및 안전망을 설치하여야 하는 것은 선박이 최소 몇 톤급 이상일 경우인가?**

① 500톤급　② 300톤급
③ 200톤급　④ 100톤급

선박승강설비 설치의 기준에 관한 내용으로 300톤급 이상의 선박에서 하역작업을 하는 때에는 근로자들이 안전하게 승강할 수 있는 현문사다리를 설치하여야 하며, 이 사다리 밑에 안전망을 설치하여야 한다.

114 **건설업 산업안전보건관리비 중 안전시설비로 사용할 수 없는 것은?**

① 안전통로
② 비계에 추가 설치하는 추락 방지용 안전난간
③ 사다리 전도 방지장치
④ 통로의 낙하물 방호선반

안전통로는 산업안전보건관리비의 안전시설비 항목에서 제외하므로 사용할 수 없다.

115 **흙막이 지보공을 조립하는 경우 미리 조립도를 작성하여야 하는데 이 조립도에 명시되어야 할 사항과 가장 거리가 먼 것은?**

① 부재의 배치　② 부재의 치수
③ 부재의 긴압정도　④ 설치방법과 순서

흙막이 지보공의 조립도에는 흙막이판 · 말뚝 · 버팀대 및 띠장 등 부재의 배치 · 치수 · 재질 및 설치방법과 순서가 명시되어야 한다.

116 **다음 보기의 (　) 안에 알맞은 내용은?**

> 동바리로 사용하는 파이프 서포트의 높이가 (　)m를 초과하는 경우에는 높이 2m 이내마다 수평연결재를 2개 방향으로 만들고 수평연결재의 변위를 방지할 것

① 3　② 3.5
③ 4　④ 4.5

파이프 서포트의 높이가 3.5미터를 초과할 때에는 높이 2미터 이내마다 수평연결재를 2개 방향으로 만들고 수평연결재의 변위를 방지하여야 한다.

117 **경암을 다음 그림과 같이 굴착하고자 한다. 굴착면의 기울기를 1:0.5로 하고자 할 경우 L의 길이로 옳은 것은?**

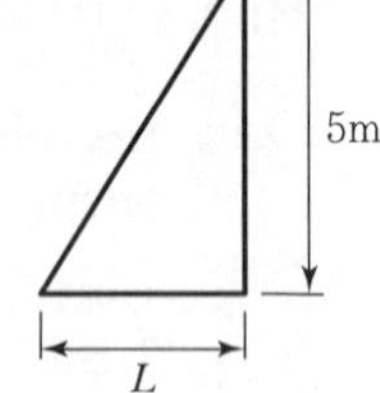

① 2m
② 2.5m
③ 5m
④ 10m

해설 1:0.5 = 5 : L 이므로 L = 2.5이다.

118 **거푸집 동바리 등을 조립하는 경우에 준수하여야 할 사항으로 옳지 않은 것은?**

① 깔목의 사용, 콘크리트 타설, 말뚝박기 등 동바리의 침하를 방지하기 위한 조치를 할 것
② 개구부 상부에 동바리를 설치하는 경우에는 상부하중을 견딜 수 있는 견고한 받침대를 설치할 것

정답 113 ② 114 ① 115 ③ 116 ② 117 ② 118 ④

③ 거푸집이 곡면인 경우에는 버팀대의 부착 등 그 거푸집의 부상(浮上)을 방지하기 위한 조치를 할 것
④ 동바리의 이음은 맞댄이음이나 장부이음을 피할 것

해설 법이 개정되어 앞으로 출제되지 않음

119 **터널붕괴를 방지하기 위한 지보공에 대한 점검사항과 가장 거리가 먼 것은?**

① 부재의 긴압 정도
② 부재의 손상 · 변형 · 부식 · 변위 탈락의 유무 및 상태
③ 기둥침하의 유무 및 상태
④ 경보장치의 작동상태

해설 터널지보공 수시 점검사항

- 부재의 손상 · 변형 · 부식 · 변위 탈락의 유무 및 상대
- 부재의 긴압 정도
- 부재의 접속부 및 교차부의 상태
- 기둥침하의 유무 및 상태

120 **터널 등의 건설작업을 하는 경우에 낙반 등에 의하여 근로자가 위험해질 우려가 있는 경우에 필요한 조치와 가장 거리가 먼 것은?**

① 터널 지보공을 설치한다.
② 록볼트를 설치한다.
③ 환기, 조명시설을 설치한다.
④ 부석을 제거한다.

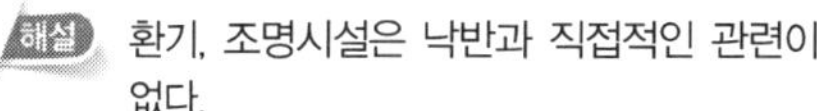

해설 환기, 조명시설은 낙반과 직접적인 관련이 없다.

정답 119 ④ 120 ③

2018년 4월 28일 시행

ENGINEER CONSTRUCTION SAFETY

제1과목 산업안전관리론

01 산업안전보건법령상 안전 · 보건에 관한 노사협의체 구성의 근로자위원으로 구성기준 중 틀린 것은?

① 근로자대표가 지명하는 안전관리자 1명
② 근로자대표가 지명하는 명예감독관 1명
③ 도급 또는 하도급 사업을 포함한 전체 사업의 근로자대표
④ 공사금액이 20억 원 이상인 도급 또는 하도급 사업의 근로자대표

해설 **근로자 위원**

- 근로자대표
- 근로자대표가 지명하는 1명 이상의 명예산업안전감독관
- 근로자대표가 지명하는 9명 이내의 해당 사업장의 근로자

02 산업안전보건법령상 산업안전보건관리비 사용명세서의 공사종료 후 보존기간은?

① 6개월간 ② 1년간
③ 2년간 ④ 3년간

해설 **산업안전보건관리비의 사용**

사업주는 고용노동부장관이 정하는 바에 따라 해당 공사를 위하여 계상된 산업안전보건관리비를 그가 사용하는 근로자와 그의 수급인이 사용하는 근로자의 산업재해 및 건강장해 예방에 사용하고 그 사용명세서를 매월(공사가 1개월 이내에 종료되는 사업의 경우에는 해당 공사 종료 시) 작성하고 공사 종료 후 1년간 보존하여야 한다.

03 산업안전보건법령상 안전보건총관책임자의 직무가 아닌 것은?

① 위험성평가의 실시에 관한 사항
② 수급인의 산업안전보건관리비의 집행 감독
③ 자율안전확인대상 기계 · 기구등의 사용 여부 확인
④ 해당 사업장 안전교육계획의 수립

안전보건총괄책임자의 직무 등(산업안전보건법 시행령 제24조)

1. 작업의 중지 및 재개
2. 도급사업 시의 안전 · 보건 조치
3. 수급인의 산업안전보건관리비의 집행 감독 및 그 사용에 관한 수급인 간의 협의 · 조정
4. 안전인증대상 기계 · 기구등과 자율안전확인대상 기계 · 기구등의 사용 여부 확인
5. 위험성평가의 실시에 관한 사항

정답 01 ① 02 ② 03 ④

04 재해예방의 4원칙이 아닌 것은?

① 손실우연의 법칙
② 예방교육의 원칙
③ 원인계기의 원칙
④ 예방가능의 원칙

해설 재해예방의 4원칙

1. 손실우연의 원칙 : 재해손실은 사고발생 시 사고대상의 조건에 따라 달라지므로 한 사고의 결과로서 생긴 재해손실은 우연성에 의해서 결정
2. 원인계기의 원칙 : 재해발생에는 반드시 원인이 있음
3. 예방가능의 원칙 : 재해는 원칙적으로 원인만 제거하면 예방이 가능
4. 대책선정의 원칙 : 재해예방을 위한 안전대책은 반드시 존재

05 강도율의 근로손실일수 산정기준에 대한 설명으로 옳은 것은?

① 사망, 영구 전노동 불능의 근로손실일수는 7,500일이다.
② 사망, 영구 전노동 불능상태 신체장해등급은 1~2등급이다.
③ 영구 일부 노동불능 신체장해등급은 3~14등급이다.
④ 일시 전노동 불능은 휴업일수에 280/365을 곱한다.

해설 근로손실일수

1. 사망 및 영구 전노동 불능(장애등급 1~3급) : 7,500일
2. 영구 일부노동 불능(4~14등급)

등급	4	5	6	7	8	9
일수	5,500	4,000	3,000	2,200	1,500	1,000
등급	10	11	12	13	14	–
일수	600	400	200	100	50	–

3. 일시 전노동 불능(의사의 진단에 따라 일정기간 노동에 종사할 수 없는 상해)

$$휴직일수 \times \frac{300}{365}$$

06 버드(Bird)의 신연쇄성 이론의 재해발생과정 중 직접원인의 징후로 불안전한 행동과 불안전한 상태는 몇 단계인가?

① 1단계 ② 2단계
③ 3단계 ④ 4단계

해설 버드(Frank Bird)의 신도미노이론

- 1단계 : 통제의 부족(관리소홀), 재해발생의 근원적 요인
- 2단계 : 기본원인(기원), 개인적 또는 과업과 관련된 요인
- 3단계 : 직접원인(징후), 불안전한 행동 및 불안전한 상태
- 4단계 : 사고(접촉)
- 5단계 : 상해(손해)

07 산업안전보건법령상 안전검사 대상 유해 · 위험기계등이 아닌 것은?

① 리프트
② 전단기
③ 압력용기
④ 밀폐형 구조 롤러기

해설 안전검사 대상 유해 · 위험기계 등(산업안전보건법 시행령 제28조의6)

1. 프레스
2. 전단기
3. 크레인(정격하중이 2톤 미만인 것은 제외한다)
4. 리프트
5. 압력용기
6. 곤돌라
7. 국소배기장치(이동식은 제외한다)
8. 원심기(산업용만 해당한다)

정답 04 ② 05 ① 06 ③ 07 ④

9. 롤러기(밀폐형 구조는 제외한다)
10. 사출성형기[형 체결력(型 締結力) 294 킬로뉴턴(kN) 미만은 제외한다]
11. 고소작업대(화물자동차 또는 특수자동차에 탑재한 고소작업대로 한정한다)
12. 컨베이어
13. 산업용 로봇

08 건설기술 진흥법령상 건설사고조사위원회는 위원장 1명을 포함한 몇 명 이내의 위원으로 구성하는가?

① 12명 ② 11명
③ 10명 ④ 9명

해설 건설사고조사위원회는 위원장 1명을 포함한 12명 이내의 위원으로 구성한다.

09 맥그리거의 X, Y이론 중 X이론의 관리처방에 해당되는 것은?

① 자체평가제도의 활성화
② 분권화와 권한의 위임
③ 권위주의적 리더십의 확립
④ 조직구조의 평면화

해설 X이론에 대한 관리 처방

- 경제적 보상체계 강화
- 권위주의적 리더십 확립
- 면밀한 감독과 엄격한 통제
- 상부책임제도 강화
- 통제에 의한 관리

10 산업안전보건법령상 재해발생 원인 중 설비적 요인이 아닌 것은?

① 기계 · 설비의 설계상 결함
② 방호장치의 불량
③ 작업표준화의 부족
④ 작업환경 조건의 불량

해설 작업환경 조건의 불량은 설비적 요인에 해당하지 않는다.

11 산소가 결핍되어 있는 장소에서 사용하는 마스크는?

① 방진 마스크
② 송기 마스크
③ 방독 마스크
④ 특급 방진 마스크

산소결핍 장소에서는 송기 마스크(호스 마스크, 에어라인 마스크)를 착용하여야 한다. (방독마스크 착용금지)

12 산업안전보건법령상 안전 · 보건진단을 받아 안전보건개선계획을 수립 · 제출하도록 명할 수 있는 사업장이 아닌 것은?

① 근로자가 안전수칙을 준수하지 않아 중대재해가 발생한 사업장
② 산업재해율이 같은 업종 평균 산업재해율의 2배 이상인 사업장
③ 작업환경 불량, 화재 · 폭발 또는 누출사고 등으로 사회적 물의를 일으킨 사업장
④ 직업병에 걸린 사람이 연간 2명 이상(상시 근로자 1천명 이상 사업장의 경우 3명 이상) 발생한 사업장

정답 08 ① 09 ③ 10 ④ 11 ② 12 ①

해설 안전 · 보건진단을 받아 안전보건개선계획을 수립 · 제출하도록 명할 수 있는 사업장

1. 산업재해율이 같은 업종의 규모별 평균 산업재해율보다 높은 사업장 중 중대재해(사업주가 안전 · 보건조치의무를 이행하지 아니하여 발생한 중대재해만 해당한다)발생 사업장
2. 산업재해율이 같은 업종 평균 산업재해발생률의 2배 이상인 사업장
3. 직업병에 걸린 사람이 연간 2명 이상(상시근로자 1천명 이상 사업장의 경우 3명 이상) 발생한 사업장
4. 작업환경 불량, 화재 · 폭발 또는 누출사고 등으로 사회적 물의를 일으킨 사업장

13 안전보건관리조직에 있어 100명 미만인 조직에 적합하며, 안전에 관한 지시나 조치가 철저하고 빠르게 전달되나 전문적인 지식과 기술이 부족한 조직의 형태는?

① 라인 · 스태프형 ② 스태프형
③ 라인형 ④ 관리형

Line(직계)형 조직은 안전에 관한 지시나 조치가 신속하고, 철저하며 100명 미만인 소규모 기업에 적합하다.

14 재해발생의 간접원인 중 교육적 원인이 아닌 것은?

① 안전수칙의 오해
② 경험훈련의 미숙
③ 안전지식의 부족
④ 작업지시 부적당

해설 교육적 원인

- 안전지식의 부족
- 안전수칙의 오해
- 경험, 훈련의 미숙
- 작업방법의 교육 불충분
- 유해 · 위험작업의 교육 불충분

15 산업안전보건법령상 안전인증대상 방호장치에 해당하는 것은?

① 교류 아크용접기용 자동전격방지기
② 동력식 수동대패용 칼날 접촉 방지장치
③ 절연용 방호구 및 활선작업용 기구
④ 아세틸렌 용접장치용 또는 가스집합 용접장치용 안전기

안전인증대상 방호장치(산업안전보건법 시행령 제28조)

- 프레스 및 전단기 방호장치
- 양중기용(揚重機用) 과부하방지장치
- 보일러 압력방출용 안전밸브
- 압력용기 압력방출용 안전밸브
- 압력용기 압력방출용 파열판
- 절연용 방호구 및 활선작업용(活線作業用) 기구
- 방폭구조(防爆構造) 전기기계 · 기구 및 부품
- 추락 · 낙하 및 붕괴 등의 위험 방지 및 보호에 필요한 가설기자재로서 고용노동부장관이 정하여 고시하는 것

16 산업안전보건기준에 관한 기준에 따른 크레인, 이동식 크레인, 리프트(간이리프트 포함)를 사용하여 작업을 할 때 작업시작 전에 공통적으로 점검해야 하는 사항은?

① 바퀴의 이상 유무
② 전선 및 접속부 상태
③ 브레이크 및 클러치의 기능
④ 작업면의 기울기 또는 요철 유무

정답 13 ③ 14 ④ 15 ③ 16 ③

해설 작업 시작 전 점검사항(산업안전보건에 관한 규칙 별표3)

작업의 종류	점검내용
크레인을 사용하여 작업을 하는 때	• 권과방지장치 · 브레이크 · 클러치 및 운전장치의 기능 • 주행로의 상측 및 트롤리(Trolley)가 횡행하는 레일의 상태 • 와이어로프가 통하고 있는 곳의 상태
이동식 크레인을 사용하여 작업을 할 때	• 권과방지장치나 그 밖의 경보장치의 기능 • 브레이크 · 클러치 및 조정장치의 기능 • 와이어로프가 통하고 있는 곳 및 작업장소의 지반 상태
리프트(간이 리프트를 포함한다)를 사용하여 작업을 할 때	• 방호장치 · 브레이크 및 클러치의 기능 • 와이어로프가 통하고 있는 곳의 상태

17 안전 · 보건표지의 종류 중 응급구호 표지의 분류로 옳은 것은?

① 경고표지 ② 지시표지
③ 금지표지 ④ 안내표지

해설 안전 · 보건표지의 종류와 형태

401 녹십자표지 / 402 응급구호표지 / 403 들것 / 404 세안장치 / 405 비상용기구

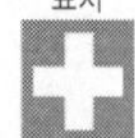

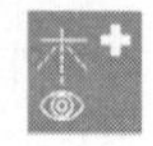

406 비상구 / 407 좌측비상구 / 408 우측비상구

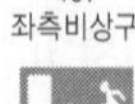

18 재해손실비의 산정방식 중 버드(Frank Bird) 방식의 구성비율로 옳은 것은?(단, 구성은 보험비 : 비보험 재산비용 : 기타 재산비용이다.)

① 1 : 5~50 : 1~3
② 1 : 1~3 : 7~ 15
③ 1 : 1~10 : 1~5
④ 1 : 2~10 : 5~50

해설 버드의 재해손실비 계산 방식

총재해비용 = 보험비(1) + 비보험비(5~50) + 비보험 기타비용(1~3)

1. 보험비 : 의료, 보상금
2. 비보험 재산비용 : 건물손실, 기구 및 장비손실, 조업중단 및 지연
3. 비보험 기타비용 : 조사시간, 교육 등

19 위험예지훈련에 대한 설명으로 틀린 것은?

① 직장이나 작업의 상황 속 잠재 위험요인을 도출한다.
② 직장 내에서 최대 인원의 단위로 토의하고 생각하며 이해한다.
③ 행동하기에 앞서 해결하는 것을 습관화하는 훈련이다.
④ 위험의 포인트나 중점실시 사항을 지적 확인한다.

해설 위험예지훈련(전원 참가 기법)

1. 직장이나 작업의 상황 속에서 잠재하는 위험요인 도출
2. 직장 소집단에서 토의하고 연구, 이해
3. 행동하기 앞서 해결하는 것을 습관화

정답 17 ④ 18 ① 19 ②

20 재해조사 시 유의사항으로 틀린 것은?

① 조사는 현장이 변경되기 전에 실시한다.
② 목격자 증언 이외의 추측의 말은 참고로만 한다.
③ 사람과 설비 양면의 재해요인을 모두 도출한다.
④ 조사는 혼란을 방지하기 위하여 단독으로 실시한다.

해설 재해조사는 2인 이상이 실시하는 것을 원칙으로 한다.

제2과목 산업심리 및 교육

21 안전태도 교육의 기본과정으로 볼 수 없는 것은?

① 강요한다.
② 모범을 보인다.
③ 평가를 한다.
④ 이해 · 납득시킨다.

해설 태도교육(4단계) : 안전의 습관화(가치관 형성)

1단계 청취(들어본다) → 2단계 이해, 납득(이해시킨다) → 3단계 모범(시범을 보인다) → 4단계 권장(평가한다)

22 안전교육 중 지식교육의 교육내용이 아닌 것은?

① 안전규정 숙지를 위한 교육
② 안전장치(방호장치) 관리기능에 관한 교육
③ 기능 · 태도교육에 필요한 기초지식 주입을 위한 교육
④ 안전의식의 향상 및 안전에 대한 책임감 주입을 위한 교육

해설 지식교육 내용

1. 안전의식 향상
2. 안전의 책임감 주입
3. 기능, 태도 교육에 필요한 기초지식 주입
4. 안전규정 숙지

23 강의식 교육에 있어 일반적으로 가장 많은 시간이 소요되는 단계는?

① 도입 ② 제시
③ 적용 ④ 확인

해설 교육방법에 따른 교육시간

교육법의 4단계	강의식	토의식
제1단계 – 도입(준비)	5분	5분
제2단계 – 제시(설명)	40분	10분
제3단계 – 적용(응용)	10분	40분
제4단계 – 확인(총괄)	5분	5분

24 안전교육의 목적과 가장 거리가 먼 것은?

① 환경의 안전화
② 경험의 안전화
③ 인간정신의 안전화
④ 설비와 물자의 안전화

해설 경험의 안전화는 안전교육의 목적이 아니다.

1. 안전보건교육의 기본방향
   - 사고 사례 중심의 안전교육
   - 안전작업(표준작업)을 위한 안전교육
   - 안전의식 향상을 위한 안전교육
2. 안전보건교육의 지접저 필요성
   - 누적된 지식의 활용을 통한 사업장 안전추구
   - 생산기술 및 안전시책의 변화에 대한 보완
   - 반복교육으로 정착화

정답 20 ④ 21 ① 22 ② 23 ② 24 ②

25 스트레스에 대한 설명으로 틀린 것은?

① 사람이 스트레스를 받게 되면 감각기관과 신경이 예민해진다.
② 스트레스 수준이 증가할수록 수행성과는 일정하게 감소한다.
③ 스트레스는 환경의 요구가 지나쳐 개인의 능력한계를 벗어날 때 발생한다.
④ 스트레스 요인에는 소음, 진동, 열 등과 같은 환경영향뿐만 아니라 개인적인 심리적 요인들도 포함된다.

해설 스트레스 수준이 증가하면 수행성과는 빠르게 감소한다.

26 인간의 주의력은 다양한 특성을 지니고 있는 것으로 알려져 있다. 주의력의 특성과 그에 대한 설명으로 맞는 것은?

① 지속성 : 인간의 주의력은 2시간 이상 지속된다.
② 변동성 : 인간의 주의 집중은 내향과 외향의 변동이 반복된다.
③ 방향성 : 인간의 주의력을 집중하는 방향은 상하 좌우에 따라 영향을 받는다.
④ 선택성 : 인간의 주의력은 한계가 있어 여러 작업에 대해 선택적으로 배분된다.

해설 **주의의 특성**

- 선택성(소수의 특정한 것에 한한다.)
- 방향성(시선의 초점이 맞았을 때 쉽게 인지된다.)
- 변동성(인간은 한 점에 계속하여 주의를 집중할 수는 없다.)

27 교육 및 훈련 방법 중 다음의 특징이 갖는 방법은?

• 다른 방법에 비해 경제적이다. • 교육 대상 집단 내 수준차로 인해 교육의 효과가 감소할 가능성이 있다. • 상대적으로 피드백이 부족하다.

① 강의법　② 사례연구법
③ 세미나법　④ 감수성 훈련

해설 **강의법의 특징**

1. 다른 방법에 비해 경제적이다.
2. 교육 대상 집단 내 수준차로 인해 교육의 효과가 감소할 가능성이 있다.
3. 상대적으로 피드백이 부족하다.
4. 강사의 입장에서 시간의 조정이 가능하다.
5. 전체적인 교육내용을 제시하는 데 유리하다.
6. 비교적 많은 인원을 대상으로 단시간에 지식을 부여할 수 있다.

28 생체리듬(Biorhythm)에 대한 설명으로 맞는 것은?

① 각각의 리듬이 (−)에서의 최저점에 이르렀을 때를 위험일이라 한다.
② 감성적 리듬은 영문으로 S라 표시하며, 23일을 주기로 반복된다.
③ 육체적 리듬은 영문으로 P라 표시하며, 28일을 주기로 반복된다.
④ 지성적 리듬은 영문으로 I라 표시하며, 33일을 주기로 반복된다.

해설 **생체리듬(바이오리듬)의 종류**

1. 육체적(신체적) 리듬(P, Physical Cycle) : 신체의 물리적인 상태를 나타내는 리듬으로 청색 실선으로 표시하며 주기는 23일이다.

정답 25 ② 26 ④ 27 ① 28 ④

2. 감성적 리듬(S, Sensitivity) : 기분이나 신경계통의 상태를 나타내는 리듬으로 적색 점선으로 표시하며 주기는 28일이다.
3. 지성적 리듬(I, Intellectual) : 기억력, 인지력, 판단력 등을 나타내는 리듬으로 녹색 일점쇄선으로 표시하며 주기는 33일이다.

29 어떤 과업을 성취할 수 있는 자신의 능력에 대한 스스로의 믿음을 무엇이라 하는가?

① 자기통제(self－control)
② 자아존중감(self－esteem)
③ 자기효능감(self－efficacy)
④ 통제소재(locus of control)

해설 **자기효능감**

어떤 과업을 성취할 수 있는 자신의 능력에 대한 믿음

30 인간본성을 파악하여 동기유발로 산업재해를 방지하기 위한 맥그리거의 XY이론에서 Y이론의 가정으로 틀린 것은?

① 목적에 투신하는 것은 성취와 관련된 보상과 함수관계에 있다.
② 근로에 육체적, 정신적 노력을 쏟는 것은 놀이나 휴식만큼 자연스럽다.
③ 대부분 사람들은 조건만 적당하면 책임뿐만 아니라 그것을 추구할 능력이 있다.
④ 현대 산업사회에서 인간은 게으르고 태만하며, 수동적이고 남의 지배받기를 즐긴다.

해설 현대 산업사회에서 인간은 게으르고 태만하며, 수동적이고 남의 지배받기를 즐기는 이론은 X이론의 가정에 해당한다.

Y이론에 대한 가정

- 종업원들은 일하는 것을 놀이나 휴식과 동일한 것으로 볼 수 있다.
- 종업원들은 조직의 목표에 관여하는 경우에 자기지향과 자기통제를 행한다.
- 보통 인간들은 책임을 수용하고 심지어는 구하는 것을 배울 수 있다.
- 작업에서 몸과 마음을 구사하는 것은 인간의 본성이라는 인간관이다.
- 인간은 조건에 따라 자발적으로 책임을 지려고 한다는 인간관이다.
- 매슬로의 욕구체계 중 자기실현의 욕구에 해당한다.

31 리더십에 대한 연구 방법 중 통솔력이 리더 개인의 특별한 성격과 자질에 의존한다고 설명하는 이론은?

① 특질접근법
② 상황접근법
③ 행동접근법
④ 제한된 특질접근법

해설 **특질접근법**

1. 통솔력이 리더의 특별한 성격과 자질에 의존
2. 양극적차원(Bipolar)
3. 가산적, 독립적

32 심리검사의 구비요건이 아닌 것은?

① 표준화 ② 신뢰성
③ 규격화 ④ 타당성

해설 **심리검사의 구비요건**

표준화, 타당도, 신뢰도, 객관도, 실용도

정답 29 ③ 30 ④ 31 ① 32 ③

33 교육심리학에 있어 일반적으로 기억 과정의 순서를 나열한 것으로 맞는 것은?

① 파지 → 재생 → 재인 → 기명
② 파지 → 재생 → 기명 → 재인
③ 기명 → 파지 → 재생 → 재인
④ 기명 → 파지 → 재인 → 재생

해설 **기억의 과정**

1. 기명(Memorizing) : 사물의 인상을 마음에 간직하는 것
2. 파지(Retention) : 인상이 보존되는 것
3. 재생(Recall) : 보존된 인상을 다시 떠올리는 것
4. 재인(Recognition) : 과거의 경험과 비슷한 상황에 부딪혔을 때 떠오르는 것

34 엔드라고지 모델에 기초한 학습자로서의 성인의 특징과 가장 거리가 먼 것은?

① 성인들은 타인 주도적 학습을 선호한다.
② 성인들은 과제중심적으로 학습하고자 한다.
③ 성인들은 다양한 경험을 가지고 학습에 참여한다.
④ 성인들은 왜 배워야 하는지에 대해 알고자 하는 욕구를 가지고 있다.

해설 성인들은 자기주도적으로 학습하고자 한다.

학습자로서의 성인의 특징(엔드라고지 모델에 기초)

1. 성인들은 무엇인가를 왜 배워야 하는지에 대해 알고자 하는 욕구를 가지고 있다.
2. 성인들은 자기주도적으로 학습하고자 한다.
3. 성인들은 많은 다양한 경험들을 가지고 있다.
4. 성인들은 과제중심적(문제중심적)으로 학습하고자 한다.
5. 성인들은 학습을 하려는 강한 내·외적 동기를 가지고 있다.

35 스트레스(Stress)에 영향을 주는 요인 중 환경이나 외적 요인에 해당하는 것은?

① 자존심의 손상
② 현실에의 부적응
③ 도전의 좌절과 자만심의 상충
④ 직장에서의 대인관계 갈등과 대립

직장에서의 대인관계 갈등과 대립은 환경이나 외부를 통해서 일어나는 자극요인에 해당된다.

36 하버드 학파의 학습지도법에 해당하지 않는 것은?

① 지시(Order)
② 준비(Preparation)
③ 교시(Presentation)
④ 총괄(Generalization)

해설 **하버드 학파의 5단계 교수법(사례연구 중심)**

1단계 : 준비시킨다.(Preparation)
2단계 : 교시한다.(Presentation)
3단계 : 연합한다.(Association)
4단계 : 총괄한다.(Generalization)
5단계 : 응용시킨다.(Application)

37 대상물에 대해 지름길을 사용하여 판단할 때 발생하는 지각의 오류가 아닌 것은?

① 후광효과 ② 최근효과
③ 결론효과 ④ 초두효과

해설 **지각의 오류(Perceptual Error)**

1. Halo effects(후광효과 : 해석 과정에서 발생)
지각 대상의 어느 한 특성을 중심으로 그 대상 전체를 평가하는 것으로 본질적 측면을 여러 측면에서 파악하지 못하는 것을 말한다.

정답 33 ③ 34 ① 35 ④ 36 ① 37 ③

2. Leniency effects(관대화 경향 : 관찰단계에서 발생)
   인간의 행복추구 본능 때문에 타인을 다소 긍정적으로 평가하는 경향을 말한다.
3. Central effects=Central tendency(중심화 경향 : 관찰단계에서 발생)
   타인을 평가할 때 어느 극단에 치우쳐 오류를 발생시키는 대신 적당히 평가하여 오류를 줄이려는 성향을 말한다.
4. Contrast effects(대조효과 : 관찰단계에서 발생)

38 피로의 측정법이 아닌 것은?

① 생리적 방법　② 심리학적 방법
③ 물리학적 방법　④ 생화학적 방법

해설 피로의 측정방법

1. 생리학적 측정 : 근력 및 근활동(EMG) 대뇌활동(EEG), 호흡(산소소비량), 순환기(ECG)
2. 생화학적 측정 : 혈액농도 측정, 혈액수분 측정, 요전해질, 요단백질 측정
3. 심리학적 측정 : 피부저항, 동작분석, 연속반응시간, 정신작업, 집중력

39 NIOSH의 직무 스트레스 모형에서 각 요인의 세부 항목으로 연결이 틀린 것은?

① 작업요인 – 작업속도
② 조직요인 – 교대근무
③ 환경요인 – 조명, 소음
④ 완충작용요인 – 대응능력

해설 NIOSH의 직무스트레스 모델

미국 국립산업안전보건연구원(NIOSH)에서는 기존의 스트레스 연구 결과들을 종합한 하나의 모델을 제시하였다. 이 모델에서 직무스트레스 요인으로는 크게 환경요인, 직무요인, 조직요인이 있다. 직무요인은 작업의 특성인 부하, 속도, 교대 형태 등이 스트레스의 요인이 된다. 조직요인으로는 역할 갈등, 관리 유형, 의사결정 참여, 고용 문제 등이 원인이 된다. 환경요인으로는 조명, 소음 등이 있다.

40 조직이 리더에게 부여하는 권한으로 볼 수 없는 것은?

① 합법적 권한　② 강압적 권한
③ 보상적 권한　④ 전문성의 권한

해설 조직이 지도자에게 부여한 권한

1. 합법적 권한 : 군대, 교사, 정부기관 등 법적으로 부여된 권한
2. 보상적 권한 : 부하에게 노력에 대한 보상을 할 수 있는 권한
3. 강압적 권한 : 부하에게 명령할 수 있는 권한

제3과목 인간공학 및 시스템안전공학

41 음향기기 부품 생산공장에서 안전업무를 담당하는 OOO 대리는 공장 내부에 경보등을 설치하는 과정에서 도움이 될 만한 몇 가지 지식을 적용하고자 한다. 적용 지식 중 맞는 것은?

① 신호 대 배경의 휘도대비가 작을 때는 백색신호가 효과적이다.
② 광원의 노출시간이 1초보다 작으면 광속발산도는 작아야 한다.
③ 표적의 크기가 커짐에 따라 광도의 역치가 안정되는 노출시간은 증가한다.
④ 배경광 중 점멸 잡음광의 비율이 10% 이상이면 점멸등은 사용하지 않는 것이 좋다.

정답 38 ③ 39 ② 40 ④ 41 ④

해설 **배경광**

1. 배경 불빛이 신호등과 비슷하면 신호광의 식별이 힘들어진다.
2. 만약 점멸 잡음광의 비율이 $\frac{1}{10}$(10%) 이상이면 상점등을 신호로 사용하는 것이 더 효과적이다.

42 제한된 실내 공간에서 소음문제의 음원에 관한 대책이 아닌 것은?

① 저소음 기계로 대체한다.
② 소음 발생원을 밀폐한다.
③ 방음 보호구를 착용한다.
④ 소음 발생원을 제거한다.

해설 **소음을 통제하는 방법(소음대책)**

1. 소음원의 통제
2. 소음의 격리
3. 차폐장치 및 흡음재료 사용
4. 음향처리제 사용
5. 적절한 배치

43 FMEA에서 고장 평점을 결정하는 5가지 평가요소에 해당하지 않는 것은?

① 생산능력의 범위
② 고장발생의 빈도
③ 고장방지의 가능성
④ 영향을 미치는 시스템의 범위

해설 **고장평점법**

$$C=(C_1\times C_2\times C_3\times C_4\times C_5)^{\frac{1}{5}}$$

여기서, C_1 : 기능적 고장의 영향의 중요도
C_2 : 영향을 미치는 시스템의 범위
C_3 : 고장발생의 빈도
C_4 : 고장방지의 가능성
C_5 : 신규 설계의 정도

44 다음 그림과 같은 직 · 병렬 시스템의 신뢰도는?(단, 병렬 각 구성요소의 신뢰도는 R이고, 직렬 구성요소의 신뢰도는 M이다.)

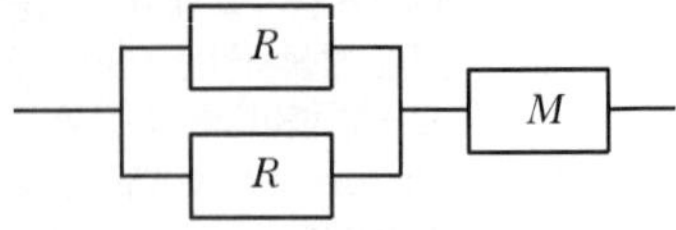

① MR^3
② $R^2(1-MR)$
③ $M(R^2+R)-1$
④ $M(2R-R^2)$

해설 신뢰도 $=\{1-(1-R)(1-R)\}\times M$
$=M(2R-R^2)$

45 시스템의 수명 및 신뢰성에 관한 설명으로 틀린 것은?

① 병렬설계 및 디레이팅 기술로 시스템의 신뢰성을 증가시킬 수 있다.
② 직렬시스템에서는 부품들 중 최소 수명을 갖는 부품에 의해 시스템 수명이 정해진다.
③ 수리가 가능한 시스템의 평균 수명(MTBF)은 평균 고장률(λ)과 정비례 관계가 성립한다.
④ 수리가 불가능한 구성요소로 병렬구조를 갖는 설비는 중복도가 늘어날수록 시스템 수명이 길어진다.

해설 MTBF는 평균 고장률과 반비례한다.
평균 고장간격(MTBF) : $\frac{1}{\lambda}$

정답 42 ③ 43 ① 44 ④ 45 ③

46 A회사에서는 새로운 기계를 설계하면서 레버를 위로 올리면 압력이 올라가도록 하고, 오른쪽 스위치를 눌렀을 때 오른쪽 전등이 켜지도록 하였다면, 이것은 각각 어떤 유형의 양립성을 고려한 것인가?

① 레버－공간양립성, 스위치－개념양립성
② 레버－운동양립성, 스위치－개념양립성
③ 레버－개념양립성, 스위치－운동양립성
④ 레버－운동양립성, 스위치－공간양립성

해설 양립성(Compatibility)

1. 공간적 양립성 : 어떤 사물들, 특히 표시장치나 조정장치의 물리적 형태나 공간적인 배치의 양립성을 말한다.
2. 운동적 양립성 : 표시장치, 조정장치, 체계반응 등의 운동방향의 양립성을 말하는데, 예를 들어 그림에서는 오른 나사의 전진방향에 대한 기디기 헤당된다.
3. 개념적 양립성 : 외부의 자극에 대해 인간이 가지고 있는 개념적 연상의 일관성을 말하는데, 예를 들어 파란색 수도꼭지와 빨간색 수도꼭지가 있는 경우 빨간색 수도꼭지를 보고 따뜻한 물이라고 연상하는 것을 말한다.

47 현재 시험문제와 같이 4지택일형 문제의 정보량은 얼마인가?

① 2bit ② 4bit
③ 2byte ④ 4byte

정보량 $= \log_2 n = \log_2 4 = \frac{\log 4}{\log 2} = 2$ bit

48 사업장에서 인간공학의 적용분야로 가장 거리가 먼 것은?

① 제품설계
② 설비의 고장률
③ 재해 · 질병 예방
④ 장비 · 공구 · 설비의 배치

해설 사업장에서의 인간공학 적용분야

1. 작업관련성 유해 · 위험 작업 분석
2. 제품설계 시 인간에 대한 안전성평가
3. 작업공간의 설계
4. 인간－기계 인터페이스 디자인
5. 재해 · 질병 예방

49 음성통신에 있어 소음환경과 관련하여 성격이 다른 지수는?

① AI(Articulation Index) : 명료도 지수
② MAA(Minimum Audible Angle) : 최소 가청 각도
③ PSIL(Preferred－Octave Speech Interference Level) : 음성간섭수준
④ PNC(Preferred Noise Criteria Curves) : 선호 소음판단 기준곡선

해설 MAMA(Minimum Audible Movement Angle)

동적 음향 이벤트를 측정하는 데 사용되는인덱스로 소리의 방위각이 증가함에 따라 MAMA는 증가한다. MAMA는 신호의 스펙트럼 내용 및 음향의 속도에 의해 영향을 받으며 소음환경 보다는 소리의 방위각과 관련이 있다.

1. 명료도 지수(Articulation Index) : 통화 이해도를 추정할 수 있는 근거로 명료도 지수를 사용하는데, 이는 각 옥타브 대의 음성과 소음의 dB값에 가중치를 곱하여 합계를 구한다.
2. PNC곡선(Preferred Noise Criteria Curves) : 실내의 광대역 소음을 평가하

정답 46 ④ 47 ① 48 ② 49 ②

기 위한 도표의 하나로 음질에 의한 불쾌감 등의 평가를 도입하고 있다.
3. 선호옥타브 음성간섭수준(Preferred－Octave Speech Interference Level) : 음성전송 시 소음의 영향을 추정하는 척도

50 안전교육을 받지 못한 신입직원이 작업 중 전극을 반대로 끼우려고 시도했으나, 플러그의 모양이 반대로는 끼울 수 없도로고 설계되어 있어서 사고를 예방할 수 있었다. 작업자가 범한 오류와 이와 같은 사고 예방을 위해 적용된 안전설계 원칙으로 가장 적합한 것은?

① 누락(omission) 오류, fail safe 설계원칙
② 누락(omission) 오류, fool safe 설계원칙
③ 작위(commission) 오류, fail safe 설계원칙
④ 작위(commission) 오류, fool safe 설계원칙

- 실행(작위적) 에러(Commission Error) : 작업 내지 절차를 수행했으나 잘못한 실수 – 선택착오, 순서착오, 시간착오
- 풀 프루프(Fool proof) : 기계장치 설계단계에서 안전화를 도모하는 것으로 근로자가 기계 등의 취급을 잘못해도 사고로 연결되는 일이 없도록 하는 안전기구, 즉 인간과오(Human Error)를 방지하기 위한 것

51 결함수분석법(FTA)의 특징으로 볼 수 없는 것은?

① Top Down 형식
② 특정사상에 대한 해석
③ 정성적 해석의 불가능
④ 논리기호를 사용한 해석

해설 FTA의 특징
1. Top down 형식(연역적)
2. 정량적 해석기법(컴퓨터 처리 가능)
3. 논리기호를 사용한 특정사상에 대한 해석
4. 서식이 간단해서 비전문가도 짧은 훈련으로 사용 가능
5. Human Error의 검출이 어려움

52 작업장 배치 시 유의사항으로 적절하지 않은 것은?

① 작업의 흐름에 따라 기계를 배치한다.
② 생산효율 증대를 위해 기계설비 주위에 재료나 반제품을 충분히 놓아둔다.
③ 공장 내외는 안전한 통로를 두어야 하며, 통로는 선을 그어 작업장과 명확히 구별하도록 한다.
④ 비상시에 쉽게 대비할 수 있는 통로를 마련하고 사고 진압을 위한 활동통로가 반드시 마련되어야 한다.

해설 기계설비(작업장)의 Layout 시 검토사항
1. 작업의 흐름에 따라 기계를 배치할 것
2. 기계설비의 주위에는 충분한 공간을 둘 것
3. 공장 내외에는 안전한 통로를 설치하고 항상 이것을 유효하게 확보할 것
4. 원재료나 제품을 두는 장소를 충분히 넓게 할 것
5. 기계설비의 설치 시 사용 과정에서의 보수, 점검이 용이하도록 배려할 것
6. 압력용기, 고속회전체, 고압전기설비, 폭발성 물품을 취급하는 기계, 설비 등의 설치 시 작업자의 관계위치, 원격거리 등을 고려할 것
7. 장래의 확장을 고려하여 설치할 것

정답 50 ④ 51 ③ 52 ②

53 산업안전보건법령에 따라 제조업 등 유해 · 위험 방지계획서를 작성하고자 할 때 관련 규정에 따라 1명 이상 포함시켜야 하는 사람의 자격으로 적합하지 않은 것은?

① 한국산업안전보건공단이 실시하는 관련 교육을 8시간 이수한 사람
② 기계, 재료, 화학, 전기, 전자, 안전관리 또는 환경분야 기술사 자격을 취득한 사람
③ 관련분야 기사 자격을 취득한 사람으로서 해당 분야에서 3년 이상 근무한 경력이 있는 사람
④ 기계안전, 전기안전, 화공안전분야의 산업안전지도사 또는 산업보건지도사 자격을 취득한 사람

해설 **제조업 등 유해 · 위험방지계획서 제출 · 심사 · 확인에 대한 고시[고용노동부고시 제2017-60호] 제7조(작성자)**

사업주는 계획서를 작성할 때에 다음 각 호의 어느 하나에 해당하는 자격을 갖춘 사람 또는 공단이 실시하는 관련 교육을 20시간 이상 이수한 사람 중 1명 이상을 포함시켜야 한다.

1. 기계, 금속, 화공, 전기, 안전관리, 산업보건관리, 산업위생 또는 환경분야 기술사 자격을 취득한 사람
2. 기계안전 · 전기안전 · 화공안전분야의 산업안전지도사 또는 산업위생지도사 자격을 취득한 사람
3. 제1호 관련분야 기사 자격을 취득한 사람으로서 해당 분야에서 3년 이상 근무한 경력이 있는 사람
4. 제1호 관련분야 산업기사 자격을 취득한 사람으로서 해당 분야에서 5년 이상 근무한 경력이 있는 사람
5. 「고등교육법」에 따른 대학 및 산업대학(이공계 학과에 한정한다)을 졸업한 후 해당 분야에서 5년 이상 근무한 경력이 있는 사람 또는 「고등교육법」에 따른 전문대학(이공계 학과에 한정한다)을 졸업한 후 해당 분야에서 7년 이상 근무한 경력이 있는 사람
6. 「초 · 중등교육법」에 따른 전문계 고등학교 또는 이와 같은 수준 이상의 학교를 졸업하고 해당 분야에서 9년 이상 근무한 경력이 있는 사람

54 인간이 기계와 비교하여 정보처리 및 결정의 측면에서 상대적으로 우수한 것은? (단, 인공지능은 제외한다.)

① 연역적 추리
② 정량적 정보처리
③ 관찰을 통한 일반화
④ 정보의 신속한 보관

해설 **인간과 기계의 기능 비교**

구분	인간이 기계보다 우수한 기능	기계가 인간보다 우수한 기능
감지 기능	• 저에너지 자극 감지 • 복잡 다양한 자극 형태 식별 • 예기치 못한 사건 감지	• 인간의 정상적 감지 범위 밖의 자극 감시 • 인간 및 기계에 대한 모니터 기능
정보 처리 및 결정	• 많은 양의 정보를 장시간 보관 • 관찰을 통한 일반화 • 귀납적 추리 • 원칙 적용 • 다양한 문제 해결 (정서적)	• 암호화된 정보를 신속하게 대량 보관 • 연역적 추리 • 정량적 정보처리
행동 기능	과부하 상태에서는 중요한 일에만 전념	• 과부하 상태에서도 효율적 작동 • 장시간 중량작업 • 반복작업, 동시에 여러 가지 작업 가능

정답 53 ① 54 ③

55 스트레스에 반응하는 신체의 변화로 맞는 것은?

① 혈소판이나 혈액응고 인자가 증가한다.
② 더 많은 산소를 얻기 위해 호흡이 느려진다.
③ 중요한 장기인 뇌 · 심장 · 근육으로 가는 혈류가 감소한다.
④ 상황 판단과 빠른 행동 대응을 위해 감각기관은 매우 둔감해진다.

해설 **스트레스에 반응하는 신체의 변화**

1. 더 많은 산소를 얻기 위해 호흡 빨라짐
2. 뇌, 심장, 근육으로 가는 혈류 증가
3. 모든 감각기관이 빨라짐
4. 혈소판, 혈액응고인자 감소

56 다음의 FT도에서 사상 A의 발생 확률 값은?

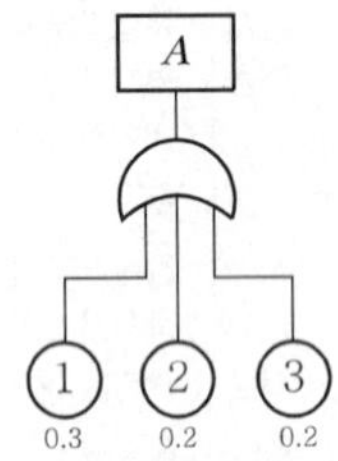

① 게이트 기호가 OR이므로 0.012
② 게이트 기호가 AND이므로 0.012
③ 게이트 기호가 OR이므로 0.552
④ 게이트 기호가 AND이므로 0.552

해설 $T = 1-(1-0.3)(1-0.2)(1-0.2) = 0.552$

57 작업공간의 포락면(包絡面)에 대한 설명으로 맞는 것은?

① 개인이 그 안에서 일하는 일차원 공간이다.
② 작업복 등은 포락면에 영향을 미치지 않는다.
③ 가장 작은 포락면은 몸통을 움직이는 공간이다.
④ 작업의 성질에 따라 포락면의 경계가 달라진다.

해설 작업의 성질에 따라 포락면 경계가 달라진다.

작업공간 포락면(Envelope)

한 장소에 앉아서 수행하는 작업활동에서 사람이 작업하는 데 사용하는 공간

58 인간실수확률에 대한 추정기법으로 가장 적절하지 않은 것은?

① CIT(Critical Incident Technique) : 위급사건 기법
② FMEA(Failure Mode and Effect Analysis) : 고장형태 영향분석
③ TCRAM(Task Criticality Rating Analysis) : 직무위급도 분석법
④ THERP(Technique for Human Error Rate Prediction) : 인간 실수율 예측기법

해설 **FMEA(고장형태와 영향분석법)**

시스템에 영향을 미치는 모든 요소의 고장을 형별로 분석하고 그 고장이 미치는 영향을 분석하는 방법으로 인간실수확률과는 무관하다.

정답 55 ① 56 ③ 57 ④ 58 ②

59 입력 B_1과 B_2의 어느 한쪽이 일어나면 출력 A가 생기는 경우를 논리합의 관계라 한다. 이때 입력과 출력 사이에는 무슨 게이트로 연결되는가?

① OR 게이트　　② 억제 게이트
③ AND 게이트　　④ 부정 게이트

해설 OR 게이트

2개 중 1개라도 입력이 된다면 출력사상을 발생시키는 게이트

60 어떤 소리가 1,000Hz, 60dB인 음과 같은 높이임에도 4배 더 크게 들린다면, 이 소리의 음압수준은 얼마인가?

① 70dB　　② 80dB
③ 90dB　　④ 100dB

 음압수준

1. 10dB 증가 시 소음은 2배 증가
2. 20dB 증가 시 소음은 4배 증가

제4과목 건설시공학

61 수평, 수직적으로 반복된 구조물을 시공 이음 없이 균일한 형상으로 시공하기 위하여 요크(yoke), 로드(rod), 유압잭(jack)을 이용하여 거푸집을 연속적으로 이동시키면서 콘크리트를 타설할 수 있는 시스템 거푸집은?

① 슬라이딩폼　　② 갱폼
③ 터널폼　　④ 트레블링폼

해설 슬라이딩폼(Sliding Form)

요크(Yoke)로 거푸집을 수직으로 연속 이동시키면서 콘크리트 타설하는 거푸집으로 돌출물 등 단면 형상의 변화가 없는 곳에 적용한다.

62 다음 중 철골세우기용 기계가 아닌 것은?

① Stiff leg derrick
② Guy derrick
③ Penumatic hammer
④ Truck crane

 뉴매틱 해머는 압축공기를 사용한 해머로 지반공사용 기계이다.

63 콘크리트의 수화작용 및 워커빌리티에 영향을 미치는 요소에 관한 설명으로 옳지 않은 것은?

① 시멘트의 분말도가 클수록 수화작용이 빠르다.
② 단위수량을 증가시킬수록 재료분리가 감소하여 워커빌리티가 좋아진다.
③ 비빔시간이 길어질수록 수화작용을 촉진시켜 워커빌리티가 저하된다.
④ 쇄석의 사용은 워커빌리티를 저하시킨다.

 단위수량을 과도하게 증가시키면 재료분리를 일으키기 쉬워 워커빌리티가 좋아진다고 볼 수 없다.

정답 59 ① 60 ② 61 ① 62 ③ 63 ②

64 철골구조의 녹막이 칠 작업을 실시하는 곳은?

① 콘크리트에 매입되지 않는 부분
② 고력볼트 마찰 접합부의 마찰면
③ 폐쇄형 단면을 한 부재의 밀폐된 면
④ 조립상 표면접합이 되는 면

해설 녹막이칠을 하지 않는 부분
- 콘크리트에 매입되는 부분
- 조립에 의하여 맞닿는 부분
- 현장 용접하는 부분
- 고력 볼트 마찰 접합부의 마찰면
- 폐쇄형 단면을 한 부재의 밀폐되는 면
- 용접부에서 100mm 이내의 부분

65 조적조의 벽체 상부에 철근 콘크리트 테두리보를 설치하는 가장 중요한 이유는?

① 벽체에 개구부를 설치하기 위하여
② 조적조의 벽체와 일체가 되어 건물의 강도를 높이고 하중을 균등하게 전달하기 위하여
③ 조적조의 벽체의 수직하중을 특정부위에 집중시키고 벽돌 수량을 절감하기 위하여
④ 상층부 조적조 시공을 편리하게 하기 위하여

해설 조적벽체 상부에 철근콘크리트 테두리보를 설치하는 것은 조적조의 벽체를 일체화하고 건물의 강도를 높이고 하중을 균등하게 전달하기 위해서이다.

66 LOB(Line Of Balance) 기법을 옳게 설명한 것은?

① 세로축에 작업명을 순서에 따라 배열하고 가로축에 날짜를 표기한 다음, 각 작업의 시작과 끝을 연결한 횡선의 길이로 작업 길이를 표시한 기법
② 종래의 건축공사에 있어서 낭비요인을 배제하고, 작업의 고밀도화와 인원, 기계, 자재의 효율화를 꾀함으로써 공기의 단축과 원가절감을 이루는 기법
③ 반복작업에서 각 작업조의 생산성을 유지시키면서 그 생산성을 기울기로 하는 직선으로 각 반복작업의 진행을 표시하여 전체공사를 도식화하는 기법
④ 공구별로 직렬 연결된 작업을 다수 반복하여 사용하는 기법

해설 반복 작업이 빈번한 곳에서 생산성을 기울기 혹은 막대로 표시하며 LOB 도표의 가로축은 시간, 세로축은 단위 작업의 수를 나타낸다.

67 건축시공계획수립에 있어 우선순위에 따른 고려사항으로 가장 거리가 먼 것은?

① 공종별 재료량 및 품셈
② 재해방지대책
③ 공정표 작성
④ 원척도(原尺圖)의 제작

해설 공사계획 단계에서 사전에 검토할 내용
- 현장원 편성 : 공사계획 중 가장 우선
- 공정표의 작성 : 공사 착수 전 단계에서 작성
- 실행예산의 편성 : 재료비, 노무비, 경비
- 하도급 업체의 선정
- 가설 준비물 결정
- 재료, 설비 반입계획
- 재해방지계획
- 노무 동원계획

정답 64 ① 65 ② 66 ③ 67 ④

68 철근의 피복두께 확보 목적과 가장 거리가 먼 것은?

① 내화성 확보
② 내구성 확보
③ 구조내력의 확보
④ 블리딩 현상 방지

해설 블리딩(Bleeding)

콘크리트 타설 후 물이나 미세한 물질이 분리 상승하여 콘크리트 표면에 떠오르는 현상으로 콘크리트의 수밀성을 저하시키고 부착력을 감소시킨다.

69 지반개량 지정공사 중 응결공법이 아닌 것은?

① 플라스틱 드레인공법
② 시멘트 처리공법
③ 석회 처리공법
④ 심층혼합 처리공법

해설 플라스틱 드레인공법은 지하수 배출을 통한 강제압밀공법이다.

70 피어기초공사에 관한 설명으로 옳지 않은 것은?

① 중량구조물을 설치하는 데 있어서 지반이 연약하거나 말뚝으로도 수직지지력이 부족하고 그 시공이 불가능한 경우와 기초지반의 교란을 최소화해야 할 경우에 채용한다.
② 굴착된 흙을 직접 탐사할 수 있고 지지층의 상태를 확인할 수 있다.
③ 무진동, 무소음공법이며, 여타 기초 형식에 비하여 공기 및 비용이 적게 소요된다.
④ 피어기초를 채용한 국내의 초고층 건축물에는 63빌딩이 있다.

해설 피어기초

구조물의 중량이 클 경우 지반이 연약하거나 말뚝으로도 수직지지력이 부족하고 시공이 어려울 때 경우 기초지반의 교란을 최소화하기 위해 적용하며, 기후조건이 좋지 않을 경우 공사기간이 길어질 수 있다.

71 벽돌쌓기에 관한 설명으로 옳지 않은 것은?

① 붉은 벽돌은 쌓기 전 벽돌을 완전히 건조해야 한다.
② 하루 벽돌의 쌓는 높이는 1.2m를 표준으로 하고 최대 1.5m 이내로 한다.
③ 벽돌벽이 블록벽과 서로 직각으로 만날 때는 연결철물을 만들어 블록 3단마다 보강하며 쌓는다.
④ 연속되는 벽면의 일부를 트이게 하여 나중쌓기로 할 때에는 그 부분을 층단 들여쌓기로 한다.

해설 붉은벽돌은 사전에 물축이기를 해야 한다.

72 거푸집 해체 시 확인해야 할 사항이 아닌 것은?

① 거푸집의 내공 치수
② 수직, 수평부재의 존치기간 준수여부
③ 소요강도 확보 이전에 지주의 교환 여부
④ 거푸집해체용 압축강도 확인시험 실시 여부

정답 68 ④ 69 ① 70 ③ 71 ① 72 ①

 거푸집의 내공 치수는 거푸집 설치단계의 확인사항이다.

73 KS L 5201에 정의된 포틀랜드시멘트의 종류가 아닌 것은?

① 고로 포틀랜드시멘트
② 조강 포틀랜드시멘트
③ 저열 포틀랜드시멘트
④ 중용열 포틀랜드시멘트

 포틀랜드시멘트에는 보통 포틀랜드시멘트, 조강 포틀랜드시멘트, 저열 포틀랜드시멘트, 중용열 포틀랜드시멘트가 있다.

74 자수 흙막이 벽으로 말뚝구멍을 하나 걸름으로 뚫고 콘크리트를 타설하여 만든 후, 말뚝과 말뚝 사이에 다음 말뚝구멍을 뚫어 흙막이 벽을 완성하는 공법은?

① 어스 드릴공법(Eaarth drill method)
② CIP 말뚝공법(Cast－in－place pile method)
③ 콤프레솔 파일공법(Compressol pile method)
④ 이코스 파일공법(Icos pile method)

해설 이코스(ICOS) 공법

지하 흙막이 벽을 시공할 때 말뚝을 만드는 공법이다. 이코스 공법은 말뚝구멍을 하나 걸러 뚫고 콘크리트를 부어 흙막이 말뚝을 만들고, 말뚝과 말뚝 사이에 다음 말뚝 구멍을 뚫어 말뚝을 만드는 공법으로 도심지 소음방지와 인접건물의 침하 우려가 있을 경우 효과적이다.

75 다음 중 공기량 측정기에 해당하는 것은?

① 리바운드 기록지(Rebound check sheet)
② 디스펜서(Dispenser)
③ 워싱턴 미터(Washington meter)
④ 이넌데이터(Inundator)

 워싱턴 미터는 공기량 측정기이다.

76 보통콘크리트와 비교한 경량콘크리트의 특징이 아닌 것은?

① 자중이 작고 건물중량이 경감된다.
② 강도가 작은 편이다.
③ 건조수축이 작다.
④ 내화성이 크고 열전도율이 작으며 방음효과가 크다.

해설 경량콘크리트는 천연, 경량골재를 일부 혹은 전부 사용하는 콘크리트로서 자중과 강도가 작으며 건조수축이 크다.

77 주변 건물이나 옹벽, 철탑 등 터파기 주위의 주요 구조물에 설치하여 구조물의 경사 변형상태를 측정하는 장비는?

① Piezo meter ② Tilt meter
③ Load cell ④ Strain gauge

 기울기계(Tilt Meter)

건물의 기울기 정도를 측정하는 계측장비로 터파기 주변 구조물의 경사, 변형상태를 측정하는 장비이다.

정답 73 ① 74 ④ 75 ③ 76 ③ 77 ②

78 대규모 공사 시 한 현장 안에서 여러 지역별로 공사를 분리하여 공사를 발주하는 방식은?

① 공정별 분할도급
② 공구별 분할도급
③ 전문공정별 분할도급
④ 직종별, 공정별 분할도급

해설 **공구별 분할도급**

아파트 등 대규모 공사에서 지역별로 분리하여 도급을 주는 방식이다.

79 기존에 구축된 건축물 가까이에서 건축공사를 실시할 경우 기존 건축물의 지반과 기초를 보강하는 공법은?

① 리버스 서큘레이션 공법
② 슬러리 월 공법
③ 언더피닝 공법
④ 톱다운 공법

해설 **언더피닝 공법**

기존구조물에 근접하여 시공할 때 기존구조물의 기초 저면보다 깊은 구조물을 시공하거나 기존 구조물의 증축 시 기존구조물을 보호하기 위해 기초하부에 설치하는 기초보강공법이다.

80 공동도급방식의 장점에 관한 설명으로 옳지 않은 것은?

① 각 회사의 상호신뢰와 협조로써 긍정적인 효과를 거둘 수 있다.
② 공사의 진행이 수월하며 위험부담이 분산된다.
③ 기술의 확충, 강화 및 경험의 증대 효과를 얻을 수 있다.
④ 시공이 우수하고 공사비를 절약할 수 있다.

해설 공동도급은 2개 이상의 도급자가 결합하여 공동으로 공사를 수행하는 방식이다.

장점	단점
• 공사 이행의 확실성 보장, 위험분산 • 자본력(융자력)과 신용도 증대 • 기술 및 경험 확충	• 단일회사 도급보다 경비 증대 • 도급자 간 충돌, 이해문제 발생 • 책임소재 불명확 및 책임회피 우려

제5과목 건설재료학

81 다음 각 미장재료에 관한 설명으로 옳지 않은 것은?

① 생석회에 물을 첨가하면 소석회가 된다.
② 돌로마이트 플라스터는 응결기간이 짧으므로 지연제를 첨가한다.
③ 회반죽은 소석회에서 모래, 해초풀, 여물 등을 혼합한 것이다.
④ 반수석고는 가수 후 20~30분에 급속 경화한다.

해설 **돌로마이트 플라스터(Dolomite Plaster)(KS F 3508)**

건조수축이 커 균열이 쉽고, 습기 및 물에 약해 환기가 잘 안 되는 지하실 등에는 사용을 지양한다. 또한 점성 및 가소성이 커서 재료 반죽 시 풀이 필요 없고 응결시간이 길어 시공이 용이하며, 보수성이 커서 바른, 고름작업이 용이하다.

정답 78 ② 79 ③ 80 ④ 81 ②

82 아스팔트 접착제에 관한 설명으로 옳지 않은 것은?

① 아스팔트 접착제는 아스팔트를 주체로 하여 이에 용제를 가하고 광물질 분말을 첨가한 풀 모양의 접착제이다.
② 아스팔트 타일, 시트, 루핑 등의 접착용으로 사용한다.
③ 화학약품에 대한 내성이 크다.
④ 접착성은 양호하지만 습기를 방지하지 못한다.

해설 **아스팔트 접착제**

아스팔트를 주체로 하여 이에 용제를 가하고 광물질 분말을 첨가한 풀모양의 접착제로 접착성이 좋고 방습에 효과적이다.

83 다음 각 비철금속에 관한 설명으로 옳지 않은 것은?

① 알루미늄 : 융점이 낮기 때문에 용해주조도는 좋으나 내화성이 부족하다.
② 납 : 비중이 11.4로 아주 크고 연질이며 전·연성이 크다.
③ 구리 : 건조한 공기 중에서는 산화하지 않으나, 습기가 있거나 탄산가스가 있으면 녹이 발생한다.
④ 주석 : 주조성·단조성은 좋지 않으나 인장강도가 커서 선재(線材)로 주로 사용된다.

해설 **주석(Tin)**

융점이 낮고 주조성, 단조성이 좋아 각종 금속과 합금에 유리하며 인장강도가 매우 작아서 단독 사용은 적고, 철판 도금용, 구리 합금인 청동, 습기를 막는 피복재료 등으로 사용된다.

84 건축용 코킹재의 일반적인 특징에 관한 설명으로 옳지 않은 것은?

① 수축률이 크다.
② 내부의 점성이 지속된다.
③ 내산·내알칼리성이 있다.
④ 각종 재료에 접착이 잘 된다.

해설 **코킹재**

실링재(Sealing Materials)로 각 접합부의 틈이나 줄눈을 충전하여 기밀성 및 수밀성을 높이는 재료이며, 수축률이 작다.

85 고로슬래그 분말을 혼화재로 사용한 콘크리트의 성질에 관한 설명으로 옳지 않은 것은?

① 초기강도는 낮지만 슬래그의 잠재 수경성 때문에 장기강도는 크다.
② 해수, 하수 등의 화학적 침식에 대한 저항성이 크다.
③ 슬래그 수화에 의한 포졸란반응으로 공극 충전효과 및 알칼리 골재반응 억제효과가 크다.
④ 슬래그를 함유하고 있어 건조수축에 대한 저항성이 크다.

해설 **고로 시멘트**

포틀랜드시멘트 클링커에 급랭한 고로슬래그를 혼합한 후 적당량의 석고를 가해 미분쇄해서 만든 시멘트로 내화학성, 내열성, 수밀성이 크며 해수에 대한 내식성이 크다. 또한 수화열이 적어 매스콘크리트에 적합하다.

정답 82 ④ 83 ④ 84 ① 85 ④

86 목재 조직에 관한 설명으로 옳지 않은 것은?

① 추재의 세포막은 춘재의 세포막보다 두껍고 조직이 치밀하다.
② 변재는 심재보다 수축이 크다.
③ 변재는 수심의 주위에 둘러져 있는, 생활기능이 줄어든 세포의 집합이다.
④ 침엽수의 수지구는 수지의 분비, 이동, 저장의 역할을 한다.

해설 상재

수심의 주위에 둘러져 있는 생활기능이 줄어든 세포의 집합을 말 하며 수분이 적고 단단하다. 변형이 적고 내구성이 있어 이용가치가 큰 부분이며 변재보다 색깔이 짙다.

87 다음 중 도료의 건조제로 사용되지 않는 것은?

① 리사지 ② 나프타
③ 연단 ④ 이산화망간

해설 나프타

플라스틱 등 석유화학의 원료가 되는 조제 휘발유로 석유화학의 기초유분인 에틸렌과 프로필렌의 주원료이다.

88 미장바탕이 갖추어야 할 조건에 관한 설명으로 옳지 않은 것은?

① 미장층보다 강도, 강성이 작을 것
② 미장층과 유효한 접착강도를 얻을 수 있을 것
③ 미장층의 경화, 건조에 지장을 주지 않을 것
④ 미장층과 유해한 화학반응을 하지 않을 것

해설 미장바탕이 미장층보다 강도와 강성이 크지 않으면, 내구성이 떨어지며 박락된다.

89 다음 중 점토로 만든 제품이 아닌 것은?

① 경량벽돌 ② 테라코타
③ 위생도기 ④ 파키트리 패널

해설 파키트리 패널은 목재의 가공품이다.

90 비중이 크고 연성이 크며, 방사선실의 방사선 차폐용으로 사용되는 금속재료는?

① 주석 ② 납
③ 철 ④ 크롬

해설 납(Lead)

밀도(비중)가 11.4g/cm^3 정도로 가장 무겁고, 연하면서 연성 · 전성이 크며 인장강도가 12N/mm^{2}로 작다. 주로 수도관, 가스관, 케이블 피복 등에 사용되며 동 및 아연 합금, 도장재료, 방사선 실의 방사선 차폐용 등으로 사용된다.

91 목재의 화재 시 온도별 대략적인 상태변화에 관한 설명으로 옳지 않은 것은?

① 100℃ 이상 : 분자 수준에서 분해
② 100~150℃ : 열 발생률이 커지고 불이 잘 꺼지지 않게 됨
③ 200℃ 이상 : 빠른 열분해
④ 260~350℃ : 열분해 가속화

해설 목재는 100~150℃에서 서서히 열분해가 시작된다.

정답 86 ③ 87 ② 88 ① 89 ④ 90 ② 91 ②

92 자갈 시료의 표면수를 포함한 중량이 2,100g이고 표면건조내부포화상태의 중량이 2,090g이며 절대건조상태의 중량이 2,070g이라면 흡수율과 표면수율은 약 몇 %인가?

① 흡수율 : 0.48%, 표면수율 : 0.48%
② 흡수율 : 0.48%, 표면수율 : 1.45%
③ 흡수율 : 0.97%, 표면수율 : 0.48%
④ 흡수율 : 0.97%, 표면수율 : 1.45%

해설
• 흡수율

$$= \frac{\text{흡수량}}{\text{절건상태 골재중량}} \times 100(\%)$$

$$= \frac{2,090\text{g} - 2,070\text{g}}{2,070\text{g}} \times 100 = 0.97(\%)$$

• 표면수율

$$= \frac{\text{습윤중량} - \text{표건중량}}{\text{표건상태 골재중량}} \times 100(\%)$$

$$= \frac{2,100\text{g} - 2,090\text{g}}{2,090\text{g}} \times 100(\%)$$

$$= 0.48(\%)$$

93 다음 중 콘크리트의 비파괴 시험에 해당되지 않는 것은?

① 방사선 투과 시험
② 초음파 시험
③ 침투탐상 시험
④ 표면경도 시험

침투탐상법

육안으로는 알 수 없는 재료 표면의 홈 · 갈라짐 등의 결함을 침투액을 발라 검사하는 방법으로 콘크리트와 목재 등 흡수성이 있는 재료의 비파괴 검사로는 적당하지 않다.

94 플라이애시 시멘트에 관한 설명으로 옳은 것은?

① 수화할 때 불용성 규산칼슘 수화물을 생성한다.
② 화력발전소 등에서 완전 연소한 미분탄의 회분과 포틀랜드시멘트를 혼합한 것이다.
③ 재령 1~2시간 안에 콘크리트 압축강도가 20MPa에 도달할 수 있다.
④ 용광로의 선철제작 부산물을 급랭시키고 파쇄하여 시멘트와 혼합한 것이다.

플라이애시 시멘트는 완전 연소한 미분탄의 회분과 포틀랜드시멘트를 혼합한 것이다.

95 지붕 및 일반바닥에 가장 일반적으로 사용되는 것으로 주제와 경화제를 일정 비율 혼합하여 사용하는 2성분형과 주제와 경화제가 이미 혼합된 1성분형으로 나누어지는 도막방수재는?

① 우레탄고무계 도막재
② FRP 도막재
③ 고무아스팔트계 도막재
④ 클로로프렌고무계 도막재

• 유제형 도막방수의 주재료 : 아크릴 수지, 초산비닐 수지 등
• 용제형 도막방수의 주재료 : 클로로프렌 고무, 우레탄, 에폭시, 아크릴 고무, 고무아스팔트 등

정답 92 ③ 93 ③ 94 ② 95 ①

96 방수공사에서 쓰이는 아스팔트의 양부(良否)를 판별하는 주요 성질과 거리가 먼 것은?

① 마모도 ② 침입도
③ 신도(伸度) ④ 연화점

해설 아스팔트의 양부를 판별하는 성질에는 연화도, 침입도, 신율, 밀도, 연화점 등이 있다.

항목	스트레이트 아스팔트	블로운 아스팔트
연화도(℃)	41	98
침입도(mm)	9	2
신율(cm/min)	150	3.2
밀도(g/cm^3)	1.03	1.05

97 목재의 방부 처리법 중 압력용기 속에 목재를 넣어서 처리하는 방법으로 가장 신속하고 효과적인 것은?

① 침지법 ② 표면탄화법
③ 가압주입법 ④ 생리적 주입법

해설 가압주입법

압력용기 속에 목재를 넣어서 처리하는 방법으로 가장 신속하고 효과적이다.

98 다음 중 특수유리와 사용장소의 조합이 적절하지 않은 것은?

① 진열용 창 – 무늬유리
② 병원의 일광욕실 – 자외선투과유리
③ 채광용 지붕 – 프리즘유리
④ 형틀 없는 문 – 강화유리

해설 진열용 창에 사용되는 유리는 진열용 상품 등을 선명하게 보여줘야 하므로 무늬유리는 진열용 창에 적합하지 않다.

99 양질의 도토 또는 장석분을 원료로 하며, 흡수율이 1% 이하로 거의 없고 소성온도가 약 1,230~1,460℃인 점토 제품은?

① 토기 ② 석기
③ 자기 ④ 도기

해설 자기는 흡수율이 0~1%로 거의 없으며, 소성온도가 가장 높다.

종류	원료	소성 온도(℃)	소지			시유 여부	제품
			흡수율(%)	색	강도		
토기	일반 점토	790~1,000	20 이상	유색	약함	무유 혹은 식염유	벽돌, 기와, 토관
도기	도토	1,100~1,230	10	백색 유색	견고	시유	기와, 토관, 타일, 테라코타
석기	양질 점토	1,160~1,350	3~10	유색	치밀, 견고	무유 혹은 식염유	벽돌, 타일, 테라코타
자기	양질 점토	1,230~1,460	0~1	백색	치밀, 견고	시유	타일, 위생도기

제6과목 건설안전기술

100 콘크리트의 종류 중 방사선 차폐용으로 주로 사용되는 것은?

① 경량콘크리트 ② 한중콘크리트
③ 매스콘크리트 ④ 중량콘크리트

해설 중량콘크리트(Heavy Concrete)

중량골재를 사용하여 비중을 크게 하고, 치밀하게 한 콘크리트로 기건 비중이 2.6 이상인 콘크리트를 말한다.

정답 96 ① 97 ③ 98 ① 99 ③ 100 ④

101 다음은 산업안전보건법령에 따른 달비계를 설치하는 경우에 준수해야 할 사항이다. (　)에 들어갈 내용으로 옳은 것은?

작업발판은 폭을 (　　) 이상으로 하고 틈새가 없도록 할 것

① 15cm　　② 20cm
③ 40cm　　④ 60cm

 달비계를 설치하는 경우 작업발판의 폭은 40cm 이상으로 해야 한다.

102 개착식 흙막이벽의 계측 내용에 해당되지 않는 것은?

① 경사측정　　② 지하수위 측정
③ 변형률 측정　　④ 내공변위 측정

해설 내공변위 측정은 터널의 계측 내용에 해당된다.

103 추락의 위험이 있는 개구부에 대하나 방호조치와 거리가 먼 것은?

① 안전난간, 울타리, 수직형 추락방망 등으로 방호조치를 한다.
② 충분한 강도를 가진 구조의 덮개를 뒤집히거나 떨어지지 않도록 설치한다.
③ 어두운 장소에서도 식별이 가능한 개구부 주의 표지를 부착한다.
④ 폭 30cm 이상의 발판을 설치한다.

해설 폭 30cm 이상의 발판은 개구부의 방호조치에 해당되지 않는다.

104 로프길이 2m의 안전대를 착용한 근로자가 추락으로 인한 부상을 당하지 않기 위한 지면으로부터 안전대 고정점까지의 높이(H)의 기준으로 옳은 것은?(단, 로프의 신율 : 30%, 근로자의 신장 : 180cm)

① H>1.5m　　② H>2.5m
③ H>3.5m　　④ H>4.5m

해설 지면에서 안전대 고정점까지의 높이 H > 3.5m이어야 한다.

105 사면 보호 공법 중 구조물에 의한 보호공법에 해당되지 않는 것은?

① 식생구멍공
② 블럭공
③ 돌쌓기공
④ 현장타설 콘크리트 격자공

해설 식생공은 구조물에 의한 보호공법이 아니다.

사면보호공법의 종류

1. 식생공 : 떼붙임공, 식생공, 식수공, 파종공
2. 뿜어붙이기공 : Con'c 또는 Cement Mortar를 뿜어 붙임
3. 블록공 : Block을 덮어서 비탈면 보호
4. 돌쌓기공 : 견치석 또는 Con'c Block을 쌓아 보호
5. 배수공 : 지반의 강도를 저하시키는 물을 배제
6. 표층안정공 : 약액 또는 Cement를 지반에 그라우팅

106 터널 지보공을 조립하거나 변경하는 경우에 조치하여야 하는 사항으로 옳지 않은 것은?

① 목재의 터널 지보공은 그 터널 지보공의 각 부재에 작용하는 긴압정도를 체

정답 101 ③　102 ④　103 ④　104 ③　105 ①　106 ①

크하여 그 정도가 최대한 차이나도록 한다.
② 강(鋼)아치 지보공의 조립은 연결볼트 및 띠장 등을 사용하여 주재 상호간을 튼튼하게 연결할 것
③ 기둥에는 침하를 방지하기 위하여 받침목을 사용하는 등의 조치를 할 것
④ 주재(主材)를 구성하는 1세트의 부재는 동일 평면 내에 배치할 것

해설 목재의 터널 지보공은 그 터널 지보공 각 부재의 긴압 정도가 균등하게 되도록 하여야 한다.

107 압쇄기를 사용하여 건물해체 시 그 순서로 가장 타당한 것은?

A : 보	B : 기둥
C : 슬래브	D : 벽체

① A → B → C → D
② A → C → B → D
③ C → A → D → B
④ D → C → B → A

해설 압쇄기의 파쇄작업순서는 슬래브, 보, 벽체, 기둥 순이다.

108 유해위험방지계획서 제출 대상 공사로 볼 수 없는 것은?

① 지상 높이가 31m 이상인 건축물의 건설공사
② 터널건설공사
③ 깊이 10m 이상인 굴착공사
④ 교량의 전체길이가 40m 이상인 교량공사

해설 **계획서 제출대상 공사(산업안전보건법 시행규칙 제120조 제2항)**

1. 지상높이가 31m 이상인 건축물 또는 인공구조물, 연면적 30,000m^2 이상인 건축물 또는 연면적 5,000m^2 이상의 문화 및 집회시설(전시장 및 동물원 · 식물원은 제외한다), 판매시설, 운수시설(고속철도의 역사 및 집배송시설은 제외한다), 종교시설, 의료시설 중 종합병원, 숙박시설 중 관광숙박시설, 지하도상가 또는 냉동 · 냉장창고시설의 건설 · 개조 또는 해체(이하 "건설 등"이라 한다)
2. 연면적 5,000m^2 이상의 냉동 · 냉장창고시설의 설비공사 및 단열공사
3. 최대 지간길이가 50m 이상인 교량건설 등 공사
4. 터널건설 등의 공사
5. 다목적 댐, 발전용 댐 및 저수용량 2천만톤 이상의 용수전용 댐, 지방상수도 전용 댐 건설 등의 공사
6. 깊이가 10m 이상인 굴착공사

109 건설업 산업안전보건관리비 계상 및 사용기준에 따른 안전관리비의 개인보호구 및 안전장구 구입비 항목에서 안전관리비로 사용이 가능한 경우는?

① 안전 · 보건관리자가 선임되지 않은 현장에서 안전 · 보건업무를 담당하는 현장관계자용 무전기, 카메라, 컴퓨터, 프린터 등 업무용 기기
② 혹한 · 혹서에 장기간 노출로 인해 건강장해를 일으킬 우려가 있는 경우 특정 근로자에게 지급되는 기능성 보호장구
③ 근로자에게 일률적으로 지급하는 보냉 · 보온장구
④ 감리원이나 외부에서 방문하는 인사에게 지급하는 보호구

정답 107 ③ 108 ④ 109 ②

 혹한 · 혹서에 장기간 노출로 인해 건강장해를 일으킬 우려가 있는 경우 특정 근로자에게 지급되는 기능성 보호 장구는 안전관리비로 사용이 가능하다.

110 철골기둥, 빔 및 트러스 등의 철골구조물을 일체화 또는 지상에서 조립하는 이유로 가장 타당한 것은?

① 고소작업의 감소
② 화기사용의 감소
③ 구조체 강성 증가
④ 운반물량의 감소

 철골을 일체화 하거나 지상에서 조립하여 거치하는 이유는 고소작업을 최소화하기 위해서다.

111 강관틀비계를 조립하여 사용하는 경우 준수해야 하는 사항으로 옳지 않은 것은?

① 길이가 띠장 방향으로 4m 이하이고 높이가 10m를 초과하는 경우에는 10m 이내마다 띠장 방향으로 버팀기둥을 설치할 것
② 높이가 20m를 초과하거나 중량물의 적재를 수반하는 작업을 할 경우에는 주틀 간의 간격을 1.8m 이하로 할 것
③ 주틀 간에 교차가새를 설치하고 최상층 및 10층 이내마다 수평재를 설치할 것
④ 수직방향으로 6m, 수평방향으로 8m 이내마다 벽이음을 할 것

해설 주틀 간에 교차 가새를 설치하고 최상층 및 5층 이내마다 수평재를 설치해야 한다.

112 말비계를 조립하여 사용하는 경우에 지주부재와 수평면의 기울기는 최대 몇 도 이하로 하여야 하는가?

① 30° ② 45°
③ 60° ④ 75°

 말비계를 조립하여 사용하는 경우 지주부재와 수평면과의 기울기를 75° 이하로 하고, 지주부재와 지주부재 사이를 고정하는 보조부재를 설치해야 한다.

113 가설통로의 설치 기준으로 옳지 않은 것은?

① 추락할 위험이 있는 장소에는 안전난간을 설치할 것
② 경사가 10°를 초과하는 경우에는 미끄러지지 아니하는 구조로 할 것
③ 경사는 30° 이하로 할 것
④ 건설공사에 사용하는 높이 8m 이상인 비계다리에는 7m 이내마다 계단참을 설치할 것

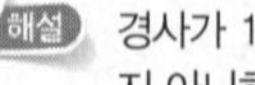 경사가 15°를 초과하는 경우에는 미끄러지지 아니하는 구조로 해야 한다.

114 강풍이 불어올 때 타워크레인의 운전작업을 중지하여야 하는 순간풍속의 기준으로 옳은 것은?

① 순간풍속이 초당 10m 초과
② 순간풍속이 초당 20m 초과
③ 순간풍속이 초당 25m 초과
④ 순간풍속이 초당 30m 초과

 순간풍속이 매 초당 10미터를 초과하는 경우에는 타워크레인의 설치 · 수리 · 점검 또는 해체작업을 중지하여야 하며, 순간풍속

정답 110 ① 111 ③ 112 ④ 113 ② 114 ②

이 매 초당 20미터를 초과하는 경우에는 타워크레인의 운전작업을 중지하여야 한다.

115 차량계 건설기계를 사용하여 작업할 때에 그 기계가 넘어지거나 굴러떨어짐으로써 근로자가 위험해질 우려가 있는 경우에 조치하여야 할 사항과 거리가 먼 것은?

① 갓길의 붕괴 방지
② 작업반경 유지
③ 지반의 부동침하 방지
④ 도로 폭의 유지

해설 차량계 건설기계의 안전수칙 중 차량계 건설기계가 넘어지거나 굴러떨어짐으로써 근로자에게 위험을 미칠 우려가 있는 경우에는 유도하는 자를 배치하고 지반의 부동침하방지, 갓길의 붕괴방지 및 도로의 폭 유지 등 필요한 조치를 하여야 한다.

116 지반에서 나타나는 보일링(boiling) 현상의 직접적인 원인으로 볼 수 있는 것은?

① 굴착부와 배면부의 지하수위의 수두차
② 굴착부와 배면부의 흙의 중량차
③ 굴착부와 배면부의 흙의 함수비차
④ 굴착부와 배면부의 흙의 토압차

해설 보일링(Boiling)

투수성이 좋은 사질토 지반을 굴착할 때 흙막이벽 배면의 지하수위가 굴착저면보다 높을 때 굴착저면 위로 모래와 지하수가 솟아오르는 현상이다.

117 부두 · 안벽 등 하역작업을 하는 장소에서 부두 또는 안벽의 선을 따라 통로를 설치하는 경우에는 그 폭을 최소 얼마 이상으로 하여야 하는가?

① 80cm　　② 90cm
③ 100cm　　④ 120cm

해설 부두 또는 안벽의 선을 따라 통로를 설치하는 경우에는 폭을 90cm 이상으로 해야 한다.

118 흙의 간극비를 나타낸 식으로 옳은 것은?

① $\frac{\text{공기}+\text{물의 체적}}{\text{흙}+\text{물의 체적}}$

② $\frac{\text{공기}+\text{물의 체적}}{\text{흙의 체적}}$

③ $\frac{\text{물의 체적}}{\text{물}+\text{흙의 체적}}$

④ $\frac{\text{공기}+\text{물의 체적}}{\text{공기}+\text{흙}+\text{물의 체적}}$

해설 간극비 = $\frac{(\text{공기}+\text{물의 체적})}{\text{흙의 체적}}$

119 취급 · 운반의 원칙으로 옳지 않은 것은?

① 곡선 운반을 할 것
② 운반 작업을 집중하여 시킬 것
③ 생산을 최고로 하는 운반을 생각할 것
④ 연속 운반을 할 것

해설 취급, 운반의 5원칙

1. 직선 운반을 할 것
2. 연속 운반을 할 것
3. 운반 작업을 집중화시킬 것
4. 생산을 최고로 하는 운반을 생각할 것
5. 최대한 시간과 경비를 절약할 수 있는 운반방법을 고려할 것

정답 115 ② 116 ① 117 ② 118 ② 119 ①

120 **콘크리트 타설작업 시 안전에 대한 유의사항으로 옳지 않은 것은?**

① 콘크리트를 치는 도중에는 지보공 · 거푸집 등의 이상 유무를 확인한다.
② 높은 곳으로부터 콘크리트를 타설할 때는 호퍼로 받아 거푸집 내에 꽂아 넣는 슈트를 통해서 부어 넣어야 한다.
③ 진동기를 가능한 한 많이 사용할수록 거푸집에 작용하는 측압상 안전하다.
④ 콘크리트를 한곳에만 치우쳐서 타설하지 않도록 주의한다.

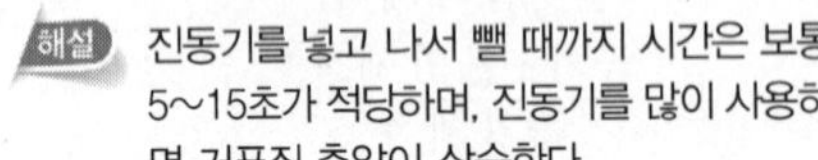

해설 진동기를 넣고 나서 뺄 때까지 시간은 보통 5~15초가 적당하며, 진동기를 많이 사용하면 거푸집 측압이 상승한다.

정답 120 ③

2018년 9월 15일 시행

ENGINEER CONSTRUCTION SAFETY

제1과목 산업안전관리론

01 재해 발생 건수 등의 추이를 파악하여 목표관리를 행하는 데 필요한 월별 재해 발생건수를 그래프화하여 관리선을 설정 관리하는 통계분석방법은?

① 파레토도 ② 특성요인도
③ 크로스도 ④ 관리도

해설 관리도(control chart)

재해발생 건수 등의 추이를 파악하여 목표관리를 행하는 데 필요한 월별 재해발생수를 그래프화하여 관리선을 설정 관리하는 방법

02 산업안전보건법령에 따른 안전 · 보건표지의 종류별 해당 색채기준 중 틀린 것은?

① 금연 : 바탕은 흰색, 기본모형은 검은색, 관련부호 및 그림은 빨간색
② 인화성물질경고 : 바탕은 무색, 기본모형은 빨간색(검은색도 가능)
③ 보안경착용 : 바탕은 파란색, 관련 그림은 흰색
④ 고압전기경고 : 바탕은 노란색, 기본모형 관련부호 및 그림은 검은색

해설 금연표지는 금지표지에 해당된다.

금지표지
위험한 행동을 금지하는 데 사용되며 8개 종류가 있다.(바탕은 흰색, 기본모형은 빨간색 관련 부호 및 그림은 검은색)

03 A 사업장에서는 산업재해로 인한 인적 · 물적 손실을 줄이기 위하여 안전행동 실천운동(5C 운동)을 실시하고자 한다. 5C 운동에 해당하지 않는 것은?

① Control ② Correctness
③ Cleaning ④ Checking

해설 5C 운동(안전행동 실천운동)

- 복장단정(Correctness)
- 정리정돈(Clearance)
- 청소청결(Cleaning)
- 점검 · 확인(Checking)
- 전심전력(Concentration)

04 산업안전보건법령에 따른 안전 · 보건표지 중 금지표지의 종류에 해당하지 않는 것은?

① 접근금지 ② 차량통행금지
③ 사용금지 ④ 탑승금지

해설 안전 · 보건표지 중 안내표지의 종류

정답 01 ④ 02 ① 03 ① 04 ①

05 건설기술 진흥법령에 따른 건설사고조사위원회의 구성 기준 중 다음 ( ) 안에 들어갈 말로 알맞은 것은?

> 건설사고조사위원회는 위원장 1명을 포함한 ( )명 이내의 위원으로 구성한다.

① 12　② 11
③ 10　④ 9

해설 건설사고조사위원회는 위원장 1명을 포함한 12명 이내의 위원으로 구성한다.

06 산업안전보건법령에 따른 건설업 중 유해·위험방지계획서를 작성하여 고용노동부장관에게 제출하여야 하는 공사의 기준 중 틀린 것은?

① 연면적 5,000m² 이상의 냉동·냉장창고 시설의 설비공사 및 단열공사
② 깊이 10m 이상인 굴착공사
③ 저수용량 2,000만 톤 이상의 용수 전용 댐 공사
④ 최대 지간길이가 31m 이상인 교량 건설 공사

해설 최대 지간길이가 50m 이상인 교량건설 등 공사가 유해·위험방지계획서 작성 대상에 해당된다.

07 재해의 간접원인 중 기초원인에 해당하는 것은?

① 불안전한 상태　② 관리적 원인
③ 신체적 원인　④ 불안전한 행동

해설 하인리히(H.W. Heinrich)의 도미노 이론(사고발생의 연쇄성)

- 1단계 : 사회적 환경 및 유전적 요소(관리적 원인), (기초원인)
- 2단계 : 개인의 결함(간접원인)
- 3단계 : 불안전한 행동 및 불안전한 상태(직접원인) → 제거(효과적임)
- 4단계 : 사고
- 5단계 : 재해

08 T.B.M 활동의 5단계 추진법의 진행순서로 옳은 것은?

① 도입 → 위험예지훈련 → 작업지시 → 점검정비 → 확인
② 도입 → 점검정비 → 작업지시 → 위험예지훈련 → 확인
③ 도입 → 확인 → 위험예지훈련 → 작업지시 → 점검정비
④ 도입 → 작업지시 → 위험예지훈련 → 점검정비 → 확인

해설 작업시작 전(실시순서 5단계)

단계	내용
도입	직장체조, 무재해기 게양, 목표제안
점검 및 정비	건강상태, 복장 및 보호구 점검, 자재 및 공구확인
작업지시	작업내용 및 안전사항 전달
위험예측	당일 작업에 대한 위험예측, 위험예지훈련
확인	위험에 대한 대책과 팀목표 확인

정답 05 ① 06 ④ 07 ② 08 ②

09 산업안전보건법령에 따른 안전보건총괄책임지정 대상사업 기준 중 다음 ( ) 안에 들어갈 말로 알맞은 것은?(단, 선박 및 보트 건조업, 1차 금속 제조업 및 토사석 광업의 경우이다.)

> 수급인에게 고용된 근로자를 포함한 상시 근로자가 (㉠)명 이상인 사업 및 수급인의 공사금액을 포함한 해당 공사의 총공사금액이 (㉡)억 원 이상인 건설업

① ㉠ 50, ㉡ 10 ② ㉠ 50, ㉡ 20
③ ㉠ 100, ㉡ 10 ④ ㉠ 100, ㉡ 20

해설 안전보건총괄책임자 지정 대상사업(산업안전보건법 시행령 제23조)

수급인에게 고용된 근로자를 포함한 상시 근로자가 100명(선박 및 보트 건조업, 1차 금속 제조업 및 토사석 광업의 경우에는 50명) 이상인 사업 및 수급인의 공사금액을 포함한 해당 공사의 총공사금액이 20억 원 이상인 건설업

10 연평균 상시근로자수가 500명인 사업장에서 36건의 재해가 발생한 경우 근로자 한 사람이 이 사업장에서 평생 근무할 경우 근로자에게 발생할 수 있는 재해는 몇 건으로 추정되는가?(단, 근로자는 평생 40년을 근무하며, 평생잔업시간은 4,000시간이고, 1일 8시간씩 연간 300일을 근무한다.)

① 2건 ② 3건
③ 4건 ④ 5건

- 도수율

$$= \frac{\text{재해발생건수}}{\text{연근로시간수}} \times 1,000,000$$

$$= \frac{36}{500 \times 8 \times 300} \times 1,000,000 = 30$$

- 환산도수율 : 근로자가 입사하여 퇴직할 때까지(40년 = 10만 시간) 당할 수 있는 재해건수

$$\text{환산도수율} = \frac{\text{도수율}}{10}$$

1인당 평생근로시간

$= 8 \times 300 \times 40 + 4,000 = 100,000$시간

$\therefore$ 환산도수율 $= \frac{30}{10} \times \frac{100,000}{100,000} = 3$건

11 산업안전보건법령에 따른 안전 · 보건에 관한 노사협의체의 사용자위원 구성기준 중 틀린 것은?

① 해당 사업의 대표자
② 안전관리자 1명
③ 공사금액이 20억 원 이상인 도급 또는 하도급 사업의 사업주
④ 근로자대표가 지명하는 명예감독관 1명

사용자 위원

1. 해당 사업의 대표자
2. 안전관리자
3. 보건관리자
4. 산업보건의
5. 해당 사업의 대표자가 지명하는 9명 이내의 해당 사업장 부서의 장

12 산업안전보건법령에 따른 안전 · 보건표지의 기본모형 중 다음 기본모형의 표시사항으로 옳은 것은?(단, 색도기준은 2.5PB 4/10이다.)

정답 09 ② 10 ② 11 ④ 12 ③

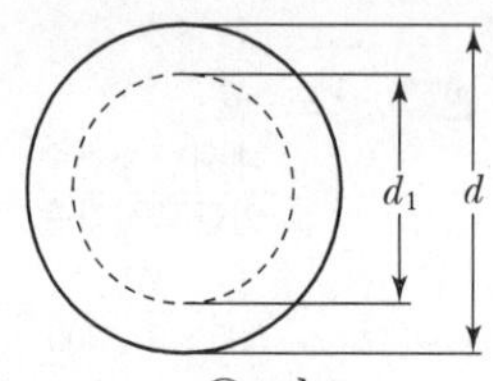

① 금지 ② 경고
③ 지시 ④ 안내

해설 기본모형

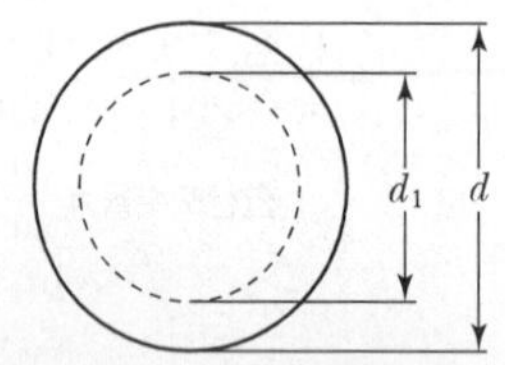

규격비율	표시사항
$d \geq 0.025L$ $d_1 = 0.8d$	지시

13 보호구 안전인증 고시에 따른 안전블록이 부착된 안전대의 구조기준 중 안전블록의 줄은 와이어로프인 경우 최소지름은 몇 mm 이상이어야 하는가?

① 2 ② 4
③ 8 ④ 10

해설 안전블록이 부착된 안전대의 구조

1. 안전블록을 부착하여 사용하는 안전대는 신체지지의 방법으로 안전그네만을 사용할 것
2. 안전블록은 정격 사용 길이가 명시될 것
3. 안전블록의 줄은 합성섬유로프, 웨빙(webbing), 와이어로프이어야 하며, 와이어로프인 경우 최소지름이 4mm 이상일 것

14 아담스(Edward Adams)의 사고 연쇄이론의 단계로 옳은 것은?

① 사회적 환경 및 유전적 요소 → 개인적 결함→불안전 행동 및 상태 → 사고 → 상해
② 통제의 부족 → 기본원인 → 직접원인 → 사고 →상해
③ 관리구조 결함 → 작전적 에러 → 전술적 에러 → 사고 → 상해
④ 안전정책과 결정 → 불안전행동 및 상태 → 물질에너지 기준이탈 → 사고 → 상해

해설 아담스의 사고 연쇄반응이론

- 관리구조
- 작전적 에러
- 전술적 에러(불안전행동, 불안전동작)
- 사고
- 상해, 손해

15 산업안전보건기준에 관한 규칙에 따른 이동식크레인을 사용하여 작업을 할 때 작업시작 전 점검사항이 아닌 것은?

① 권과방지장치나 그 밖의 경보장치의 기능
② 브레이크 · 클러치 및 조정장치의 기능
③ 주행로의 상측 및 트롤리가 횡행하는 레일의 상태
④ 와이어로프가 통하고 있는 곳 및 작업장소의 지반상태

해설 이동식 크레인 작업 전 점검사항(산업안전보건기준에 관한 규칙 별표3)

1. 권과방지장치 · 브레이크 · 클러치 및 운전장치의 기능

정답 13 ② 14 ③ 15 ③

2. 주행로의 상측 및 트롤리(trolley)가 횡행하는 레일의 상태
3. 와이어로프가 통하고 있는 곳의 상태

16 산업안전보건법령에 따른 안전보건관리규정을 작성하여야 할 사업의 사업주는 안전보건관리규정을 작성하여야 할 사유가 발생한 날부터 며칠 이내에 작성하여야 하는가?

① 15일　② 30일
③ 50일　④ 60일

해설 안전보건관리규정의 작성 등

1. 안전보건관리규정을 작성하여야 할 사업은 상시 근로자 100명 이상을 사용하는 사업으로 한다.
2. 사업주는 안전보건관리규정을 작성하여야 할 사유가 발생한 날부터 30일 이내에 안전보건관리규정을 작성하여야 한다. 이를 변경할 사유가 발생한 경우에도 또한 같다.

17 시설물의 안전 및 유지관리에 관한 특별법령에 따른 안전등급별 정기안전점검 및 정밀안전진다의 실시시기 기준 중 다음 ( ) 안에 들어갈 말로 알맞은 것은?

안전등급	정기안전점검	정밀안전진단
A등급	(㉠) 이상	(㉡)년에 1회 이상

① ㉠ 반기에 1회, ㉡ 6
② ㉠ 반기에 1회, ㉡ 4
③ ㉠ 1년에 3회, ㉡ 6
④ ㉠ 1년에 3회, ㉡ 4

해설 안전점검 및 정밀안전진단의 실시 시기

1. 정기점검 : 반기에 1회 이상
2. 긴급점검 : 관리주체가 필요하다고 판단한 때 또는 관계 행정기관의 장이 필요하다고 판단하여 관리주체에게 긴급점검을 요청한 때

안전등급	정밀점검		정밀안전진단
	건축물	그 외 시설물	
A 등급	4년에 1회 이상	3년에 1회 이상	6년에 1회 이상
B · C 등급	3년에 1회 이상	2년에 1회 이상	5년에 1회 이상
D · E 등급	2년에 1회 이상	1년에 1회 이상	4년에 1회 이상

18 재해사례연구의 진행단계로 옳은 것은?

① 사실의 확인 → 재해 상황의 파악 → 문제점의 발견 → 문제점의 결정 → 대책의 수립
② 문제점의 발견 → 재해 상황의 파악 → 사실의 확인 → 문제점의 결정 → 대책의 수립
③ 재해 상황의 파악 → 사실의 확인 → 문제점의 발견 → 문제점의 결정 → 대책의 수립
④ 문제점의 발견 → 문제점의 결정 → 재해 상황의 파악 → 사실의 확인 → 대책의 수립

해설 재해사례 연구순서

- 1단계 : 사실 확인
- 2단계 : 직접원인과 문제점의 확인
- 3단계 : 근본 문제점의 결정
- 4단계 : 대책의 수립

정답 16 ② 17 ① 18 ③

19 산업안전보건법령에 따른 지방고용노동관서의 장이 사업주에게 안전관리자 · 보건관리자 또는 안전보건관리담당자를 정수 이상으로 증원하게 하거나 교체하여 임명할 것을 명할 수 있는 기준 중 다음 ( ) 안에 들어갈 말로 알맞은 것은?

> • 해당 사업장의 연간재해율이 같은 업종의 평균재해율의 (㉠)배 이상이 경우
> • 중대재해가 연간 (㉡)건 이상 발생한 경우
> • 관리자가 질병이나 그 밖의 사유로 (㉢)개월 이상 직무를 수행할 수 없게 된 경우

① ㉠ 3, ㉡ 3, ㉢ 2
② ㉠ 3, ㉡ 3, ㉢ 3
③ ㉠ 2, ㉡ 3, ㉢ 2
④ ㉠ 2, ㉡ 3, ㉢ 3

 **안전관리자 등의 증원 · 교체임명 명령(산업안전보건법 시행규칙 제15조)**

지방고용노동관서의 장은 다음 각 호의 어느 하나에 해당하는 사유가 발생한 경우에는 법 제15조 제3항 · 제16조 제3항 또는 제16조의3 제3항에 따라 사업주에게 안전관리자 · 보건관리자 또는 안전보건관리담당자(이하 이 조에서 "관리자"라 한다)를 정수 이상으로 증원하게 하거나 교체하여 임명할 것을 명할 수 있다. 다만, 제4호에 해당하는 경우로서 직업성질병자 발생 당시 사업장에서 해당 화학적 인자를 사용하지 아니하는 경우에는 그러하지 아니하다.

1. 해당 사업장의 연간재해율이 같은 업종의 평균재해율의 2배 이상인 경우
2. 중대재해가 연간 2건 이상 발생한 경우
3. 관리자가 질병이나 그 밖의 사유로 3개월 이상 직무를 수행할 수 없게 된 경우
4. 별표12의2 제1호에 따른 화학적 인자로 인한 직업성질병자가 연간 3명 이상 발생한 경우. 이 경우 직업성질병자 발생일은 「산업재해보상보험법 시행규칙」 제21조 제1항에 따른 요양급여의 결정일로 한다.

20 산업안전보건법령에 따른 안전인증기준에 적합한지를 확인하기 위하여 안전인증기관이 하는 심사의 종류가 아닌 것은?

① 서면심사 ② 예비심사
③ 제품심사 ④ 완성심사

 **안전인증심사의 종류(산업안전보건법 시행규칙 제58조의4)**

1. 예비심사
2. 서면심사
3. 기술능력 및 생산체계 심사
4. 제품심사

제2과목 산업심리 및 교육

21 학습의 전이란 학습한 결과가 다른 학습이나 반응에 영향을 주는 것을 의미한다. 이 전이의 이론에 해당되지 않는 것은?

① 일반화설 ② 동일요소설
③ 형태이조설 ④ 태도요인설

 **전이이론**

- 형식도야설(Formal discipline theory)
- 동일요소설(Identical elements theory)
- 일반화설(Generalization theory)
- 형태이조설(Transposition theory)
- 전문가 – 초보자 이론

정답 19 ④ 20 ④ 21 ④

22 Off Job Training의 특징으로 맞는 것은?

① 개개인에게 적절한 지도훈련이 가능하다.
② 전문가를 강사로 초빙하는 것이 가능하다.
③ 직장의 실정에 맞게 실제적 훈련이 가능하다.
④ 훈련에 필요한 업무의 계속성이 끊어지지 않는다.

해설 OFF JT(직장 외 교육훈련)

계층별 직능별로 공통된 교육대상자를 현장 이외의 한 장소에 모아 집합교육을 실시하는 교육형태(집단교육에 적합)
- 다수의 근로자에게 조직적 훈련을 행하는 것이 가능
- 훈련에만 전념
- 각각 전문가를 강사로 초청하는 것이 가능

23 단조로운 업무가 장시간 지속될 때 작업자의 감각기능 및 판단능력이 둔화 또는 마비되는 현상은?

① 착각현상 ② 망각현상
③ 피로현상 ④ 감각차단현상

해설 감각차단현상

단조로운 업무가 장시간 지속될 때 작업자의 감각기능 및 판단기능이 둔화 또는 마비되는 현상

24 개인적 차원에서의 스트레스 관리 대책으로 관계가 먼 것은?

① 긴장 이완법 ② 직무 재설계
③ 적절한 운동 ④ 적절한 시간관리

해설 개인적 차원에서의 스트레스 관리 대책 : 긴장 이완법, 적절한 시간관리, 적절한 운동

25 운동에 대한 착각현상이 아닌 것은?

① 자동운동(自動運動)
② 항상운동(恒常運動)
③ 유도운동(誘導運動)
④ 가현운동(假現運動)

해설 착각현상

착각은 물리현상을 왜곡하는 지각현상을 말함
1. 자동운동 : 암실 내에서 정지된 작은 광점을 응시하면 움직이는 것처럼 보이는 현상
2. 유도운동 : 실제로는 정지한 물체가 어느 기준물체의 이동에 따라 움직이는 것처럼 보이는 현상
3. 가현운동 : 영화처럼 물체가 빨리 나타나거나 사라짐으로 인해 운동하는 것처럼 보이는 현상

26 산업심리의 5대 요소에 해당하지 않는 것은?

① 습관 ② 규범
③ 기질 ④ 동기

해설 산업안전심리의 5대 요소

1. 동기(Motive) : 능동력은 감각에 의한 자극에서 일어나는 사고의 결과로서 사람의 마음을 움직이는 원동력
2. 기질(Temper) : 인간의 성격, 능력 등 개인적인 특성을 말하는 것으로 생활환경에 영향을 받음
3. 감정(Emotion) : 희로애락의 의식
4. 습성(Habits) : 동기, 기질, 감정 등이 밀접한 관계를 형성하여 인간의 행동에 영향을 미칠 수 있도록 하는 것
5. 습관(Custom) : 자신도 모르게 습관화된 현상

정답 22 ② 23 ④ 24 ② 25 ② 26 ②

27 교육방법 중 토의법이 효과적으로 활용되는 경우가 아닌 것은?

① 피교육생들의 태도를 변화시키고자 할 때
② 인원이 토의를 할 수 있는 적정 수준일 때
③ 피교육생들 간에 학습능력의 차이가 클 때
④ 피교육생들이 토의 주제를 어느 정도 인지하고 있을 때

해설 피교육생들 간에 학습능력의 차이가 클 때 토의법은 적절하지 못하다.

28 산업안전보건법령상 사업 내 안전 · 보건교육 중 건설업 일용근로자에 대한 건설업 기초안전 · 보건교육의 교육시간으로 맞는 것은?

① 1시간 ② 2시간
③ 3시간 ④ 4시간

교육과정	교육대상	교육시간
건설업 기초안전 · 보건교육	건설 일용근로자	4시간

29 일반적인 교육지도의 원칙 중 가장 거리가 먼 것은?

① 반복적으로 교육할 것
② 학습자 중심으로 교육할 것
③ 어려운 것에서 시작하여 쉬운 것으로 유도할 것
④ 강조하고 싶은 사항에 대해 강한 인상을 심어줄 것

해설 **교육지도의 원칙**

1. 상대방의 입장을 고려한다.(상대중심교육 : 자발창조의 원칙, 흥미의 원칙, 개성화의 원칙)
2. 동기부여를 한다.
3. 쉬운 것에서 어려운 것으로 실시한다.
4. 반복한다.
5. 한 번에 하나씩 교육을 실시한다.
6. 인상의 강화를 한다.
7. 오감을 활용한다.
8. 기능적인 이해가 가능하도록 한다.

30 새로운 자료나 교재를 제시하고, 거기에서의 문제점을 피교육자로 하여금 제기하게 하거나, 의견을 여러 가지 방법으로 발표하게 하고, 다시 깊게 파고들어서 토의하는 방법은?

① 포럼(Forum)
② 심포지엄(Symposium)
③ 버즈세션(Buzz Session)
④ 패널 디스커션(Panel Discussion)

해설 **포럼(Forum)**

1~2명의 전문가가 10~20분 동안 공개 연설을 한 다음 사회자의 진행하에 질의 · 응답 과정을 통해 토론하는 형식

31 레빈(Lewin)의 행동법칙 $B=f(P \cdot E)$에서 E가 의미하는 것은?(단, B는 인간의 행동, P는 개체를 의미한다.)

① Energy ② Education
③ Environment ④ Engineering

해설 **레빈(Lewin.K)의 법칙**

레빈은 인간의 행동(B)은 그 사람이 가진 자질, 즉 개체(P)와 심리적 환경(E)과의 상호 함수관계에 있다고 하였다.

정답 27 ③ 28 ④ 29 ③ 30 ① 31 ③

$B=f(P\cdot E)$

여기서, B : Behavior(인간의 행동)
f : function(함수관계)
P : Person(개체 : 연령, 경험, 심신상태, 성격, 지능 등)
E : Environment(심리적 환경 : 인간관계, 작업 환경 등)

6. 실연법 : 학습자가 이미 설명을 듣거나 시범을 보고 알게 된 지식이나 기능을 강사의 감독 아래 직접적으로 연습해 적용해보도록 하는 교육방법
7. 프로그램 학습법 : 학습자가 프로그램을 통해 단독으로 학습하는 방법이며 개발된 프로그램은 변경이 어렵다.

32 직무평가의 방법에 해당되지 않는 것은?

① 서열법 ② 분류법
③ 투사법 ④ 요소비교법

해설 직무평가의 방법

1. 서열법
2. 직무분류법
3. 요인비교법
4. 점수법

33 현장의 관리감독자 교육을 위하여 가장 바람직한 교육방식은?

① 강의식(Lecture Method)
② 토의식(Discussion Method)
③ 시범(Demonstraion Method)
④ 자율식(Self－instruction Method)

해설 교육훈련기법

1. 강의법 : 안전지식을 강의식으로 전달하는 방법(초보적인 단계에서 효과적)
2. 토의법 : 10~20인 정도가 모여서 토의하는 방법(안전지식을 가진 사람에게 효과적)
3. 시범 : 필요한 내용을 직접 제시하는 방법(기능교육의 효과를 높이기 위해 바람직)
4. 모의법 : 실제 상황을 만들어 두고 학습하는 방법
5. 시청각 교육 : 시청각 교육자료를 가지고 학습하는 방법

34 호손(Hawthorne) 실험에서 작업자의 작업능률에 영향을 미치는 주요한 요인은 무엇인가?

① 작업조건 ② 생산기술
③ 임금수준 ④ 인간관계

해설 호손(Hawthorne) 실험

1. 미국 호손공장에서 실시된 실험으로 종업원의 인간성을 과학적으로 연구한 실험
2. 물리적인 조건(조명, 휴식시간, 근로시간 단축, 임금 등)이 생산성에 영향을 주는 것이 아니라 인간관계가 절대적인 요소로 작용함을 강조

35 기술교육의 진행방법 중 듀이(John Dewey)의 5단계 사고 과정에 속하지 않는 것은?

① 응용시킨다.(Application)
② 시사를 받는다.(Suggestion)
③ 가설을 설정한다.(Hypothesis)
④ 머리로 생각한다.(Intellectualization)

해설 존 듀이(John Dewey)의 5단계 사고과정

- 제1단계 : 시사(Suggestion)를 받는다.
- 제2단계 : 지식화(Intellectualization)한다.
- 제3단계 : 가설(Hypothesis)을 설정한다.
- 제4단계 : 추론(Reasoning)한다.
- 제5단계 : 행동에 의하여 가설을 검토한다.

정답 32 ③ 33 ③ 34 ④ 35 ①

36 작업 시의 정보 회로를 나열한 것으로 맞는 것은?

① 표시 → 감각 → 지각 → 판단 → 응답 → 출력 → 조작
② 응답 → 판단 → 표시 → 감각 → 지각 → 출력 → 조작
③ 감각 → 지각 → 판단 → 응답 → 표시 → 조작 → 출력
④ 지각 → 표시 → 감각 → 판단 → 조작 → 응답 → 출력

해설 작업 시의 정보회로

1. 표시
2. 감각
3. 지각
4. 판단
5. 응답
6. 출력
7. 조작

37 스트레스에 대하여 반응하는 데 있어서 개인 차이의 이유로 적합하지 않은 것은?

① 성(性)의 차이
② 강인성의 차이
③ 작업시간의 차이
④ 자기 존중감의 차이

작업시간의 차이는 스트레스에 반응하는 개인 차이에 해당되지 않고 개인 차이의 이유로 적합한 것은 자기 존중감의 차이, 성별의 차이, 강인성의 차이 등이다.

38 리더십의 유형을 지휘 형태에 따라 구분할 때 이에 해당하지 않는 것은?

① 권위적 리더십 ② 민주적 리더십
③ 방임적 리더십 ④ 경쟁적 리더십

해설 리더십의 유형

- 독재형(권위형, 권력형, 맥그리거의 X이론 중심) : 지도자가 모든 권한행사를 독단적으로 처리(개인 중심)
- 민주형(맥그리거의 Y이론 중심) : 집단의 토론, 회의 등을 통해 정책 결정(집단 중심), 리더와 부하직원 간의 협동과 의사소통
- 자유방임형(개방적) : 리더는 명목상 리더의 자리만을 지킴(종업원 중심)

39 맥그리거(McGregor)의 X, Y이론에 있어 X 이론의 관리 처방으로 적절하지 않은 것은?

① 자체평가제도의 활성화
② 경제적 보상체제의 강화
③ 권위주의적 리더십의 확립
④ 면밀한 감독과 엄격한 통제

해설 X이론에 대한 가정

1. 원래 종업원들은 일하기 싫어하며 가능하면 일하는 것을 피하려고 한다.
2. 종업원들은 일하는 것을 싫어하므로 바람직한 목표를 달성하기 위해서는 그들을 통제하고 위협하여야 한다.
3. 종업원들은 책임을 회피하고 가능하면 공식적인 지시를 바란다.
4. 인간은 명령받는 쪽을 좋아하며 무엇보다 안전을 바라고 있다는 인간관이다.

X이론에 대한 관리 처방
• 경제적 보상체계 강화 • 권위주의적 리더십 확립 • 면밀한 감독과 엄격한 통제 • 상부책임제도 강화 • 통제에 의한 관리

정답 36 ① 37 ③ 38 ④ 39 ①

40 파악하고자 하는 연구과제에 대해 언어를 매개로 구조화된 질의응답을 통하여 교육하는 기법은?

① 면접(Interview)
② 카운슬링(Counseling)
③ CCS(Civil Communication Section)
④ ATP(American Telephone & Telegram Co.)

해설 면접(Interview)

파악하려는 연구과제를 언어를 매개로 구조화된 질의응답을 통하여 교육하는 기법

제3과목 인간공학 및 시스템안전공학

41 인체의 관절 중 경첩관절에 해당하는 것은?

① 손목관절 ② 엉덩관절
③ 어깨관절 ④ 팔꿉관절

해설 경첩관절(hinge joint)

볼록한 면이 오목한 면과 마주하는 구조로, 집의 방 문에 달려 있는 경첩과 같은 모양이다. 또한 경첩관절은 하나의 축을 중심으로 회전 운동하는 관절로 굴곡(Flexion)과 신전(Extension) 이렇게 한 종류의 회전운동만 가능하며, 대표적인 경첩관절에는 팔꿈치(주관절)와 무릎관절(슬관절), 손가락의 지절간관절이 있다.

42 시스템 수명주기에 있어서 예비위험분석(PHA)이 이루어지는 단계에 해당하는 것은?

① 구상단계 ② 점검단계
③ 운전단계 ④ 생산단계

해설 PHA(예비위험분석 : Preliminary Hazards Analysis)

시스템 내의 위험요소가 얼마나 위험상태에 있는지 평가하는 시스템안전프로그램의 최초단계의 분석방식(정성적)

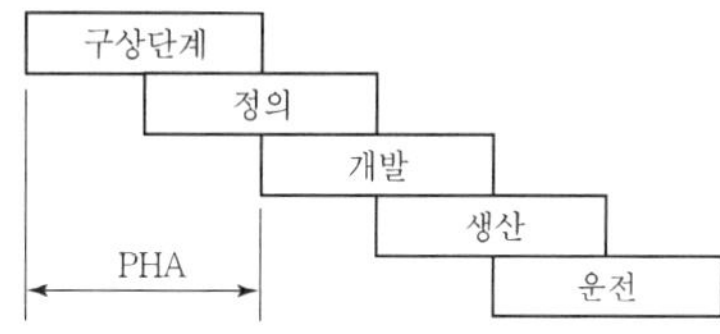

[시스템 수명 주기에서의 PHA]

43 100분 동안 8kcal/min으로 수행되는 삽질 작업을 하는 40세의 남성 근로자에게 제공되어야 할 적합한 휴식시간은 얼마인가?(단, Murrel의 공식 적용)

① 10.00분 ② 46.15분
③ 51.77분 ④ 85.71분

해설 휴식시간 산정

$$R(\text{분}) = \frac{100(E-5)}{E-1.5} = \frac{100(8-5)}{8-5}$$
$$= 46.15(\text{분})$$

여기서, E : 작업의 평균에너지 (kcal/min)

44 결함위험분석(FHA, Fault Hazard Analysis)의 적용 단계로 가장 적절한 것은?

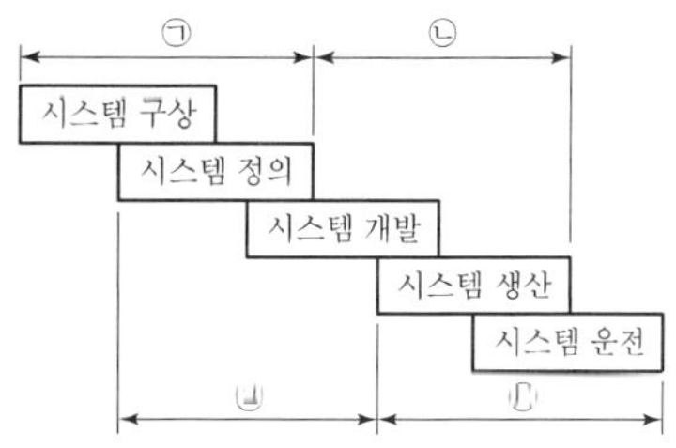

정답 40 ① 41 ④ 42 ① 43 ② 44 ④

① ㉠ ② ㉡
③ ㉢ ④ ㉣

해설 FHA(결함위험분석, Fault Hazards Analysis)
여럿이 분담 설계한 서브시스템 간의 인터페이스를 조정하여 각각의 서브시스템 및 전체 시스템에 악영향을 미치지 않게 하기 위한 분석방법으로 시스템 정의단계와 시스템 개발단계에서 적용한다.

45 FTA에 의한 재해사례 연구 순서에서 가장 먼저 실시하여야 하는 상황은?

① FT도의 작성
② 개선 계획의 작성
③ 톱(TOP) 사상의 선정
④ 사상의 재해 원인의 규명

해설 FTA에 의한 재해사례 연구순서(D.R.Cherit on)

1. Top 사상 선정
2. 사상마다의 재해원인 규명
3. FT도 작성
4. 개선계획 작성

46 FTA에서 활용하는 최소 컷셋(Minimal cut sets)에 관한 설명으로 맞는 것은?

① 해당 시스템에 대한 신뢰도를 나타낸다.
② 컷셋 중에 타 컷셋을 포함하고 있는 것을 배제하고 남은 커셋들을 의미한다.
③ 어느 고장이나 에러를 일으키지 않으면 재해가 일어나지 않는 시스템의 신뢰성이다.
④ 기본사상이 일어나지 않을 때 정상사상(Top event)이 일어나지 않는 기본사상의 집합이다.

해설 컷셋과 미니멀 컷셋
컷이란 그 속에 포함되어 있는 모든 기본사상이 일어났을 때 정상사상을 일으키는 기본사상의 집합을 말하며 미니멀 컷셋은 정상사상을 일으키기 위한 필요 최소한의 컷을 말한다. 즉, 미니멀 컷셋은 컷셋 중에 다른 컷셋을 포함하고 있는 것을 배제하고 남은 컷셋들을 의미한다.

47 조도에 관련된 척도 및 용어 정의로 틀린 것은?

① 조도는 거리가 증가할 때 거리의 제곱에 반비례한다.
② candela는 단위 시간당 한 발광점으로부터 투광되는 빛의 에너지양이다.
③ lux는 1cd의 점광원으로부터 1m 떨어진 구면에 비추는 광의 밀도이다.
④ lambert는 완전 발산 및 반사하는 표면에 표준 촛불로 1m 거리에서 조명될 때 조도와 같은 광도이다.

해설 램버트(lambert)

휘도(측광상의 밝기)의 단위로, 1cm^{2}당 1루멘의 비율로 빛을 방사 또는 반사하는 임의 표면의 평균 휘도이다. 일반적으로 평균을 취할 때에는 관찰 각도의 차이에 따른 휘도의 변동이나 표면 장소에 의한 변동 등을 감안해야 한다.

48 예비위험분석(PHA)에서 식별된 사고의 범주로 부적절한 것은?

① 중대(Critical)
② 한계적(Marginal)
③ 파국적(Catastrophic)
④ 수용가능(Acceptable)

정답 45 ③ 46 ② 47 ④ 48 ④

해설 시스템 위험성의 분류

1. 범주(Category) Ⅰ, 무시(Negligible) : 인원의 손상이나 시스템의 손상에 이르지 않음
2. 범주(Category) Ⅱ, 한계(Marginal) : 인원이 상해 또는 중대한 시스템의 손상 없이 배제 또는 제거 가능
3. 범주(Category) Ⅲ, 위험(Critical) : 인원의 상해 또는 주요 시스템의 생존을 위해 즉시 시정조치 필요
4. 범주(Category) Ⅳ, 파국(Catastrophic) : 인원의 사망 또는 중상, 완전한 시스템의 손상을 일으킴

49 다음 중 불대수 관계식으로 틀린 것은?

① $A(A+B)=A$
② $\overline{A \cdot B}=\overline{A}+\overline{B}$
③ $A+\overline{A} \cdot B=A+B$
④ $A+B=\overline{A} \cdot \overline{B}$

해설 불대수의 기본공식

1. 교환법칙 : A+B=B+A, A×B=B×A
2. 결합법칙 : A+(B+C)=(A+B)+C
A×(B×C)=(A×B)×C
3. 분배법칙 : A×(B+C)=A×B+A×C
A+(B×C)=A+B×A+C

50 산업안전보건법령에 따라 유해 · 위험방지계획서 제출 대상 사업장에 해당하는 1차 금속 제조업의 유해 · 위험방지계획서에 첨부되어야 하는 서류에 해당하지 않는 것은?(단, 그 밖에 고용노동부장관이 정하는 도면 및 서류는 제외한다.)

① 기계 · 설비의 배치도면
② 건축물 각 층의 평면도
③ 위생시설물 설치 및 관리대책
④ 기계 · 설비의 개요를 나타내는 서류

해설 유해 · 위험방지계획서 제출 서류

사업주가 유해 · 위험방지계획서를 제출하려면 사업장별로 제조업 등 유해 · 위험방지계획서에 다음 각 호의 서류를 첨부하여 해당 공사 착공 15일 전까지 한국산업안전보건공단에 2부를 제출하여야 한다. 이 경우 유해위험방지계획서의 작성기준, 작성자, 심사기준, 그 밖에 심사에 필요한 사항은 고용노동부장관이 정하여 고시한다.

1. 건축물 각 층의 평면도
2. 기계 · 설비의 개요를 나타내는 서류
3. 기계 · 설비의 배치도면
4. 원자재 및 제품의 취급, 제조 등의 작업방법의 개요
5. 그 밖에 고용노동부장관이 정하는 도면 및 서류

51 부품성능이 시스템 목표달성의 긴요도에 따라 우선순위를 설정하는 부품배치 원칙에 해당하는 것은?

① 중요성의 원칙
② 사용 빈도의 원칙
③ 사용 순서의 원칙
④ 기능별 배치의 원칙

해설 부품배치의 원칙

1. 중요성의 원칙
2. 사용빈도의 원칙
3. 기능별 배치의 원칙
4. 사용순서의 원칙

52 일반적인 화학설비에 대한 안전성 평가(Safety assessment) 절차에 있어 안전대책 단계에 해당되지 않는 것은?

① 위험도 평가 ② 보전
③ 관리적 대책 ④ 설비 대책

정답 49 ④ 50 ③ 51 ① 52 ①

해설 안전대책(안전성 평가 제4단계)

1. 설비대책 : 10종류의 안전장치 및 방재 장치에 관해서 대책을 세운다.
2. 관리적 대책 : 인원배치, 교육훈련 등에 관해서 대책을 세운다.
3. 보전

53 수공구 설계의 기본 원리로 틀린 것은?

① 양손잡이 모두 고려하여 설계한다.
② 손바닥 부위에 압박을 주는 손잡이 형태로 설계한다.
③ 손잡이의 길이는 95% 남성의 손 폭을 기준으로 한다.
④ 동력공구 손잡이는 최소 두 손가락 이상으로 작동하도록 설계한다.

해설 손잡이는 손바닥과 접촉면적을 크게 하여 손바닥 부위에 압박을 분산시키도록 설계해야 한다.

수공구와 장치 설계의 원리

1. 손목을 곧게 유지
2. 조직의 압축응력을 피함
3. 반복적인 손가락 움직임을 피함(모든 손가락 사용)
4. 안전작동을 고려하여 설계
5. 손잡이는 손바닥의 접촉면적을 크게 설계

54 습구온도가 23℃이며, 건구온도가 31℃일 때의 Oxford 지수(건습지수)는 얼마인가?

① 2.42℃　　② 2.98℃
③ 24.2℃　　④ 29.8℃

해설 옥스퍼드(Oxford) 지수(습건지수)

$$W_D = 0.85\,W(\text{습구온도}) + 0.15d(\text{건구온도})$$
$$= 0.85 \times 23 + 0.15 \times 31 = 24.2$$

55 인간이 현존하는 기계를 능가하는 기능이 아닌 것은?(단, 인공지능은 제외한다.)

① 원칙을 적용하여 다양한 문제를 해결한다.
② 관찰을 통해서 특수화하고 연역적으로 추리한다.
③ 주위의 이상하거나 예기치 못한 사건들을 감지한다.
④ 어떤 운용방법이 실패할 경우 새로운 다른 방법을 선택할 수 있다.

해설 인간은 관찰을 통해서 특수화하고 귀납적으로 추리한다.

인간과 기계의 기능 비교

구분	인간이 기계보다 우수한 기능	기계가 인간보다 우수한 기능
감지 기능	• 저에너지 자극 감지 • 복잡 다양한 자극 형태 식별 • 예기치 못한 사건 감지	• 인간의 정상적 감지 범위 밖의 자극 감지 • 인간 및 기계에 대한 모니터 기능
정보 처리 및 결정	• 많은 양의 정보를 장시간 보관 • 관찰을 통한 일반화 • 귀납적 추리 • 원칙 적용 • 다양한 문제 해결(정서적)	• 암호화된 정보를 신속하게 대량 보관 • 연역적 추리 • 정량적 정보처리
행동 기능	과부하 상태에서는 중요한 일에만 전념	• 과부하 상태에서도 효율적 작동 • 장시간 중량작업 • 반복작업, 동시에 여러 가지 작업 가능

정답 53 ② 54 ③ 55 ②

56 **작업설계(Job design) 시 철학적으로 고려해야 할 사항 중 작업만족도(Job satisfaction)를 얻기 위한 수단으로 볼 수 없는 것은?**

① 작업감소(Job reduce)
② 작업순환(Job rotation)
③ 작업확대(Job enlargement)
④ 작업윤택화(Job enrichment)

해설 **작업 설계 시 고려사항**

1. 작업확대(Job Enlargement) : 현재의 직무에 유사한 과업을 추가하여 단순 반복성을 없앰으로써 능률 향상
2. 작업윤택화(Job Enrichment)
3. 작업만족도(Job Satisfaction)
4. 작업순환(Job Rotation)

57 **중이소골(Ossicle)이 고막의 진동을 내이의 난원창(Oval window)에 전달하는 과정에서 음파의 압력은 어느 정도 증폭되는가?**

① 2배 ② 12배
③ 22배 ④ 220배

해설 고막의 진동을 내이의 난원창에 전달하는 과정에서 음파의 압력은 22배 정도 증폭된다.

58 **양립성의 종류에 해당하지 않는 것은?**

① 기능 양립성 ② 운동 양립성
③ 공간 양립성 ④ 개념 양립성

해설 **양립성**

안전을 근원적으로 확보하기 위한 전략으로서 외부의 자극과 인간의 기대가 서로 모순되지 않아야 하는 것이다. 제어장치와 표시장치 사이의 연관성이 인간의 예상과 어느 정도 일치하는가 여부이다.

1. 공간적 양립성 : 어떤 사물들, 특히 표시장치나 조정장치의 물리적 형태나 공간적인 배치의 양립성을 말한다.
2. 운동적 양립성 : 표시장치, 조정장치, 체계반응 등의 운동방향의 양립성을 말하는데, 예를 들어 그림에서는 오른 나사의 전진방향에 대한 기대가 해당된다.
3. 개념적 양립성 : 외부의 자극에 대해 인간이 가지고 있는 개념적 연상의 일관성을 말하는데, 예를 들어 파란색 수도꼭지와 빨간색 수도꼭지가 있는 경우 빨간색 수도꼭지를 보고 따뜻한 물이라고 연상하는 것을 말한다.

59 **원자력 발전소 운전에서 발생 가능한 응급조치 중 성격이 다른 것은?**

① 조작자가 표지(Label)를 잘못 읽어 틀린 스위치를 선택하였다.
② 조작자가 극도로 높은 압력 발생 이후 처음 60초 이내에 올바르게 행동하지 못하였다.
③ 조작자는 절차서 단계 중 마지막 점검 목록인 수동 점검 밸브를 적절한 형태로 복귀시키지 않았다.
④ 조작자가 하나의 절차적 단계에서 2개의 긴밀하게 결부된 밸브 중에서 하나를 올바르게 조작하지 못하였다.

해설 ③은 생략에러(Omission Error)에 해당되며, ①, ②, ④번은 실행에러(Commission Error)에 해당된다.

1. 생략에러(Omission Error) : 작업 내지 필요한 절차를 수행하지 않아서 발생하는 에러
2. 실행(작위적) 에러(Commission Error) : 작업 내지 절차를 수행했으나 살못한 실수－선택착오, 순서착오, 시간착오

정답 56 ① 57 ③ 58 ① 59 ③

60 형광등과 물체의 거리가 50cm이고, 광도가 30fL일 때, 반사율은 얼마인가?

① 12% ② 25%
③ 35% ④ 42%

해설
- 반사율 $= \dfrac{\text{휘도(fL)}}{\text{조도(fC)}} \times 100$
$= \dfrac{30}{120} \times 100 = 25\%$
- 조도 $= \dfrac{\text{광도}}{(\text{거리})^2} = \dfrac{30\text{fL}}{0.5^2} = 120\text{fC}$

제4과목 건설시공학

61 콘크리트 타설 후 진동다짐에 관한 설명으로 옳지 않은 것은?

① 진동기는 하층 콘크리트에 10cm 정도 삽입하여 상하층 콘크리트를 일체화 시킨다.
② 진동기는 가능한 한 연직방향으로 찔러 넣는다.
③ 진동기를 빼낼 때는 서서히 뽑아 구멍이 남지 않도록 한다.
④ 된비빔 콘크리트의 경우 구조체의 철근에 진동을 주어 진동효과를 좋게 한다.

해설 진동기는 철근 및 거푸집에 직접 닿지 않도록 하고 콘크리트를 거푸집 구석구석까지 밀실하게 충진시켜 품질을 확보한다. 또한 단시간에 각 부분을 균등하게 하고, 빼낼 때 천천히 빼내는 것이 좋다.

62 속 빈 콘크리트블록의 규격 중 기본블록치수가 아닌 것은?(단, 단위 : mm)

① 390×190×190
② 390×190×150
③ 390×190×100
④ 390×190×80

해설 블록의 치수

구분	치수(mm)		
	길이	높이	두께
기본 블록	390	190	190 150 100
허용값	±2	±3	±2
이형 블록	최소 90mm 이상		

63 철골공사의 용접접합에서 플럭스(Flux)를 옳게 설명한 것은?

① 용접 시 용접봉의 피복제 역할을 하는 분말상의 재료
② 압연강판의 층 사이에 균열이 생기는 현상
③ 용접작업의 종단부에 임시로 붙이는 보조판
④ 용접부에 생기는 미세한 구멍

해설 플럭스(Flux)

자동용접 시 용접봉의 피복제로 쓰는 분말상의 재료이다. 플럭스는 함유원소를 이온화하여 아크를 안정시키고 용착금속의 산화 방지, 탈산, 정련하는 역할을 한다.

정답 60 ② 61 ④ 62 ④ 63 ①

64 **콘크리트 측압에 관한 설명으로 옳지 않은 것은?**

① 콘크리트의 비중이 클수록 측압이 크다.
② 외기의 온도가 낮을수록 측압은 크다.
③ 거푸집의 강성이 낮을수록 측압이 크다.
④ 진동다짐의 정도가 클수록 측압이 크다.

해설 **콘크리트의 측압이 커지는 요인**

1. 거푸집의 부재단면이 클수록
2. 거푸집의 수밀성이 클수록
3. 거푸집의 강성이 클수록
4. 거푸집의 표면이 평활할수록
5. 시공연도(Workability)가 좋을수록
6. 외기의 온도, 습도가 낮을수록
7. 콘크리트의 타설속도가 빠를수록
8. 콘크리트의 다짐(진동기 사용)이 좋을수록
9. 콘크리트의 슬럼프(Slump)가 클수록
10. 콘크리트의 비중이 클수록
11. 응결시간이 느릴수록
12. 철골 또는 철근량이 적을수록

65 **철근콘크리트 보강 블록공사에 관한 설명으로 옳지 않은 것은?**

① 보강 블록조 쌓기에서 세로줄눈은 막힌줄눈으로 하는 것이 좋다.
② 블록을 쌓을 때 지나치게 물축이기하면 팽창수축으로 벽체에 균열이 생기기 쉬우므로, 접착면에 적당히 물축여 모르타르 경화강도에 지장이 없도록 한다.
③ 보강블록공사 시 철근은 굵은 것보다 가는 철근을 많이 넣는 것이 좋다.
④ 벽체를 일체화시키기 위한 철근콘크리트조의 테두리 보의 춤은 내력벽 두께의 1.5배 이상으로 한다.

해설 보강철근콘크리트 블록조는 블록의 빈 부분을 철근콘크리트로 보강한 내력벽 구조이며 원칙적으로 통줄눈 쌓기로 한다. 블록 1일 쌓기 높이는 1.5m(블록 7켜 정도) 이내로 하고, 벽의 세로근은 원칙적으로 이음을 만들지 않으며, 가로근의 모서리는 서로 깊이 물려 40d(d : 철근지름) 이상으로 정착시킨다.

66 **공사관리계약(Construction Management Contract) 방식의 장점이 아닌 것은?**

① 시공 시 단계별 시공법을 적용할 수 있어 설계 및 시공기간을 단축시킬 수 있다.
② 설계과정에서 설계가 시공에 미치는 영향을 예측할 수 있어 설계도서의 현실성을 향상시킬 수 있다.
③ 기획 및 설계과정에서 발주자와 설계자간의 의견대립 없이 설계대안 및 특수공법의 적용이 가능하다.
④ 내리인형 CM(CM for fee) 방식은 공사비와 품질에 직접적인 책임을 지는 공사관리계약 방식이다.

해설 **공사관리계약(Construction Management Contract) 방식**

CM(Construction Manager)이 발주자를 대신해서 발주자, 시공자, 설계자를 상호 조정하며 공사기간 단축, 원가절감, 품질확보 등 전반적인 공사관리를 담당하므로 시공자의 의견이 설계 전과정에 걸쳐 충분히 반영되기 어렵다. 대리인형 CM 방식은 프로젝트 전반에 걸쳐 발주자의 컨설턴트 역할을 수행한다.

장점	• 공기단축, 원가절감, 품질확보 • 설계자와 시공자, 발주자의 마찰 감소 • 설계도서의 현실성 향상
단점	• 시공자 의견의 충분한 반영 미흡 • CM 전문인력 및 기술부족

정답 64 ③ 65 ① 66 ④

67 다음 중 깊은 기초지정에 해당되는 것은?

① 잡석지정
② 피어기초지정
③ 밑창콘크리트지정
④ 긴주춧돌지정

해설 **피어기초**

구조물의 중량이 클 경우지반이 연약하거나 말뚝으로도 수직지지력이 부족하고 시공이 어려울 때 기초지반의 교란을 최소화하기 위해 적용하며, 기후조건이 좋지 않을 경우 공사기간이 길어질 수 있다.

68 당해 공사의 특수한 조건에 따라 표준시방서에 대하여 추가, 변경, 삭제를 규정한 시방서는?

① 안내시방서　② 특기시방서
③ 자료시방서　④ 공사시방서

해설 **특기시방서**

표준시방서에 기재되지 않은 특수공법, 재료 등에 대한 설계자의 상세한 기준 정리 및 해설을 해 놓은 시방서를 말한다.

69 흙막이공사의 공법에 관한 설명으로 옳은 것은?

① 지하연속벽(Slurry wall) 공법은 인접 건물의 근접시공은 어려우나 수평방향의 연속성이 확보된다.
② 어스앵커 공법은 지하 매설물 등으로 시공이 어려울 수 있으나 넓은 작업장 확보가 가능하다.
③ 버팀대(Strut) 공법은 가설구조물을 설치하지만 토량제거 작업의 능률이 향상된다.
④ 강재 널말뚝(Steel sheet pile) 공법은 철재판재를 사용하므로 수밀성이 부족하다.

해설 **어스앵커(Earth Anchor) 공법**

굴착하는 흙막이 벽체에 어스앵커를 설치하여 흙막이벽에 작용하는 토압을 지지하는 공법으로 버팀대가 없어 굴착 작업 시 넓은 작업공간의 확보가 용이하고 굴착구간의 평면형태 및 굴착 깊이가 불규칙한 경우 적용이 유리하다.

70 콘크리트 골재의 비중에 따른 분류로서 초경량골재에 해당하는 것은?

① 중정석　② 펄라이트
③ 강모래　④ 부순자갈

펄라이트는 콘크리트 골재 중 초경량골재에 해당한다.

71 자연상태로서의 흙의 강도가 1MPa이고, 이긴상태로의 강도는 0.2MPa이라면 이 흙의 예민비는?

① 0.2　② 2
③ 5　④ 10

흙의 예민비(Sensitive Ratio)는 시료의 강도에 의해 다음과 같이 표현된다.

$$\text{예민비} = \frac{\text{자연시료(흐트러지지 않은 시료)의 강도}}{\text{이긴시료(흐트러진 시료)의 강도}} = \frac{1}{0.2} = 5$$

정답 67 ② 68 ② 69 ② 70 ② 71 ③

72 **철근 용접이음 방식 중 Cad Welding 이음의 장점이 아닌 것은?**

① 실시간 육안검사가 가능하다.
② 기후의 영향이 적고 화재위험이 감소된다.
③ 각종 이형철근에 대한 적용범위가 넓다.
④ 예열 및 냉각이 불필요하고 용접시간이 짧다.

해설 Cad Welding

이음할 두 부재 표면에 일정한 틈을 둔 sleeve를 설치하고 그 틈에 화약과 합금 혼합물을 넣고 폭발시켜 녹은 합금에 의해 이음하는 방법으로 기후의 영향이 적고 화재위험이 감소하며, 예열 및 냉각이 필요 없고 용접시간이 짧다.

73 **공사계약 중 재계약 조건이 아닌 것은?**

① 설계도면 및 시방서(Specification)의 중대결함 및 오류에 기인한 경우
② 계약상 현장조건 및 시공조건이 상이(Difference) 한 경우
③ 계약사항에 중대한 변경이 있는 경우
④ 정당한 이유 없이 공사를 착수하지 않은 경우

해설 정당한 이유 없이 공사를 착수하지 않은 경우는 계약해지 조건에 해당된다.

74 **발주자가 수급자에게 위탁하지 않고 직영공사로 공사를 수행하기에 가장 부적합한 공사는?**

① 공사 중 설계변경이 빈번한 공사
② 아주 중요한 시설물 공사
③ 군비밀상 부득이 한 공사
④ 공사현장 관리가 비교적 복잡한 공사

해설 직영공사는 수속이 줄어들고 임기응변 처리가 가능한 이점이 있으나 시공 및 안전관리 능력 부족으로 관리가 복잡한 공사에는 부적합하다.

75 **강재 중 SN 355 B에서 각 기호의 의미를 잘못 나타낸 것은?**

① S : Steel
② N : 일반 구조용 압연강재
③ 355 : 최저 항복강도 355N/mm^2
④ B : 용접성에 있어 중간 정도의 품질

해설 N은 건축 구조용 압연강재를 의미한다.

76 **지반개량 공법 중 동다짐(Dynamic Compaction)공법의 특징으로 옳지 않은 것은?**

① 시공 시 지반진동에 의한 공해문제가 발생하기도 한다.
② 지반 내에 암괴 등의 장애물이 있으면 적용이 불가능하다.
③ 특별한 약품이나 자재를 필요로 하지 않는다.
④ 깊은 심도의 지반개량에 대해서는 초대형 장비가 필요하다.

해설 동다짐은 지반 내 토질, 암질의 영향을 크게 받지 않는다.

정답 72 ① 73 ④ 74 ④ 75 ② 76 ②

77 철근콘크리트 구조물(5~6층)을 대상으로 한 벽, 지하외벽의 철근 고임재 및 간격재의 배치 표준으로 옳은 것은?

① 상단은 보 밑에서 0.5m
② 중단은 상단에서 2.0m 이내
③ 횡간격은 0.5m 정도
④ 단부는 2.0m 이내

해설 철근 고임재 및 간격재의 배치 표준

부위	종류	최소 수량 또는 최대 배치간격
기초	강재, 플라스틱, 콘크리트	• 8개/4m² • 20개/16m²
지중보	강재, 플라스틱, 콘크리트	• 간격 : 1.5m • 단부 : 1.5m 이내
벽 지하 외벽	강재, 플라스틱, 콘크리트	• 상단 : 보 밑에서 0.5m • 중단 : 상단에서 1.5m 이내 • 횡간격 : 1.5m • 단부 : 1.5m 이내
기둥	강재, 플라스틱, 콘크리트	• 상단 : 보 밑에서 0.5m 이내 • 중단 : 주각과 상단의 중간 • 기둥 폭방향 : 1m 미만 2개, 1m 이상 3개
보	강재, 플라스틱, 콘크리트	• 간격 : 1.5m • 단부 : 1.5m 이내
슬래브	강재, 플라스틱, 콘크리트	간격 : 상 · 하부 철근 각각 가로 세로 1.3m

78 철골부재 공장제작에서 강재의 절단 방법으로 옳지 않은 것은?

① 기계절단법
② 가스절단법
③ 로터리 베니어 절단법
④ 플라스마 절단법

해설 로터리 베니어 절단은 목재 절단방법이다.

79 벽돌쌓기법 중에서 마구리를 세워 쌓는 방식으로 옳은 것은?

① 옆세워쌓기 ② 허튼쌓기
③ 영롱쌓기 ④ 길이쌓기

해설 마구리를 세워 쌓는 것을 옆세워쌓기, 길이를 세워 쌓는 것을 세워쌓기라고 한다.

80 연약한 점토지반에서 지반의 강도가 굴착 규모에 비해 부족할 경우에 흙이 돌아나오거나 굴착바닥면이 융기하는 현상은?

① 히빙 ② 보일링
③ 파이핑 ④ 틱소트로피

해설 히빙

연약한 점토지반을 굴착할 때 흙막이벽 배면 흙의 중량이 굴착저면 이하의 흙보다 중량이 클 경우 굴착저면 이하의 지지력보다 크게 되어 흙막이 배면에 있는 흙이 안으로 밀려 들어 굴착저면이 솟아오르는 현상이다.

제5과목 건설재료학

81 평판 성형되어 유리대체재로서 사용되는 것으로 유기질 유리라고 불리는 것은?

① 아크릴수지 ② 페놀수지
③ 폴리에틸렌수지 ④ 요소수지

해설 아크릴수지

아크릴산, 메타크릴산 등의 에스터로부터의 중합체를 말하며 무색 투명하여 빛, 특히 자

정답 77 ① 78 ③ 79 ① 80 ① 81 ①

외선이 보통유리보다도 잘 투과하므로 유리 대체재로서 사용된다.

82 콘크리트에 사용되는 신축이음(Expansion Joint)재료에 요구되는 성능 조건이 아닌 것은?

① 콘크리트의 수축에 순응할 수 있는 탄성
② 콘크리트의 팽창에 대한 저항성
③ 우수한 내구성 및 내부식성
④ 콘크리트 이음 사이의 충분한 수밀성

해설 신축이음(Expansion Joint)

장대형 콘크리트 구조물의 수축, 팽창에 의한 파괴를 방지하기 위해 구조체 사이에 설치하는 줄눈의 일종으로 재료의 성능이 수축, 팽창 시 충분한 연성 및 탄성을 가져야 본 구조물의 손상을 막을 수 있다.

83 다음 제품의 품질시험으로 옳지 않은 것은?

① 기와 : 흡수율과 인장강도
② 타일 : 흡수율
③ 벽돌 : 흡수율과 압축강도
④ 내화벽돌 : 내화도

해설 기와의 품질시험은 흡수율과 압축강도 시험이다.

84 점토에 관한 설명으로 옳지 않은 것은?

① 가소성은 점토입자가 클수록 좋다.
② 소성된 점토제품의 색상은 철화합물, 망간화합물, 소성온도 등에 의해 나타난다.
③ 저온으로 소성된 제품은 화학변화를 일으키기 쉽다.
④ Fe_2O_3 등의 성분이 많으면 건조수축이 커서 고급 도자기 원료로 부적합하다.

해설 가소성은 점토입자가 미세할수록 좋고 또한 미세부분은 콜로이드로서의 특성을 가지고 있다.

85 다음 중 이온화 경향이 가장 큰 금속은?

① Mg ② Al
③ Fe ④ Cu

해설 금속의 이온화 경향 크기 순서

K>Ca>Na>Mg>Al>Cr>Mn>Zn>Fe>Ni>Sn>Pb>Cu>Hg>Ag>Pt>Au

86 내화벽돌의 주원료 광물에 해당되는 것은?

① 형석 ② 방해석
③ 활석 ④ 납석

해설 내화벽돌의 주원료는 납석이다.

87 바닥용으로 사용되는 모자이크 타일의 재질로서 가장 적당한 것은?

① 도기질 ② 자기질
③ 석기질 ④ 토기질

해설 자기는 소성온도가 가장 높고 흡수성이 매우 작으며 모자이크 타일, 위생도기 등에 주로 쓰인다.

정답 82 ② 83 ① 84 ① 85 ① 86 ④ 87 ②

88 콘크리트 공기량에 관한 설명으로 옳지 않은 것은?

① AE콘크리트의 공기량은 보통 3~6%를 표준으로 한다.
② 콘크리트를 진동시키면 공기량이 감소한다.
③ 콘크리트의 온도가 높으면 공기량이 줄어든다.
④ 비빔시간이 길면 길수록 공기량은 증가한다.

해설 공기량은 비빔시간이 길어질수록 감소한다.

89 목재의 심재와 변재에 관한 설명으로 옳지 않은 것은?

① 변재는 심재 외측과 수피 내측 사이에 있는 생활세포의 집합이다.
② 심재는 수액의 통로이며 양분의 저장소이다.
③ 심재는 변재보다 단단하여 강도가 크고 신축 등 변형이 적다.
④ 심재의 색깔은 짙으며 변재의 색깔은 비교적 엷다.

해설 목재에서 수액의 통로 역할을 하는 부분은 변재이다.

90 금속재료의 녹막이를 위하여 사용하는 바탕칠 도료는?

① 알루미늄페인트 ② 광명단
③ 에나멜페인트 ④ 실리콘페인트

해설 **광명단(光明丹)**

일산화연을 400~450℃로 장시간 가열하여 만든 황적색의 분말로 금속재료의 방청제로 널리 쓰이고 있다.

91 콘크리트의 성질을 개선하기 위해 사용하는 각종 혼화제의 작용에 포함되지 않는 것은?

① 기포작용 ② 분산작용
③ 건조작용 ④ 습윤작용

해설 **혼화제**

시멘트 중량의 5% 이하 사용으로 기포작용, 분산작용, 습윤작용 등을 통해 콘크리트의 성질을 개선하는 혼화재료로 AE제, AE감수제, 유동화제, 고성능감수제 등이 있다.

92 돌로마이트 플라스터에 관한 설명으로 옳지 않은 것은?

① 건조수축에 대한 저항성이 크다.
② 소석회에 비해 점성이 높고 작업성이 좋다.
③ 변색, 냄새, 곰팡이가 없으며 보수성이 크다.
④ 회반죽에 비해 조기강도 및 최종강도가 크다.

해설 **돌로마이트 플라스터(Dolomite Plaster)(KSF 3508)**

점성 및 가소성이 커서 재료반죽 시 풀이 필요 없고, 건조 수축이 커 균열이 쉬우며, 습기 및 물에 약해 환기가 잘 안 되는 지하실 등에서는 사용을 지양한다.

93 자연에서 용제가 증발해서 표면에 피막이 형성되어 굳는 도료는?

① 유성조합페인트
② 에폭시수지도료
③ 알키드수지
④ 염화비닐수지에나멜

정답 88 ④ 89 ② 90 ② 91 ③ 92 ① 93 ④

해설 **염화비닐수지에나멜**

자연상태에서 용제가 증발하여 표면에 피막이 형성된 도료이다.

94 **절대건조밀도가 2.6g/cm³이고, 단위용적질량이 1,750kg/m³인 굵은 골재의 공극률은?**

① 30.5% ② 32.7%
③ 34.7% ④ 36.2%

해설

$$공극률 = \left(1 - \frac{단위용적중량}{비중}\right) \times 100(\%)$$
$$= \left(1 - \frac{1.75}{2.6}\right) \times 100 = 32.7(\%)$$

95 **시멘트의 분말도가 높을수록 나타나는 성질변화에 관한 설명으로 옳은 것은?**

① 시멘트 입자 표면적의 증대로 수화반응이 늦다.
② 풍화작용에 대하여 내구적이다.
③ 건조수축이 적다.
④ 초기강도 발현이 빠르다.

시멘트의 분말도가 클수록 물과의 접촉 면적이 증가하므로 수화작용이 빨라지고 조기강도가 커지나 풍화되기 쉽다.

96 **아스팔트 방수시공을 할 때 바탕재와의 밀착용으로 사용하는 것은?**

① 아스팔트 컴파운드
② 아스팔트 모르타르
③ 아스팔트 프라이머
④ 아스팔트 루핑

해설 **아스팔트 프라이머(Asphalt Primer)**

블로운 아스팔트를 휘발성 용제에 녹인 흑갈색 액체로 바탕재에 도포하여 아스팔트 등의 접착력을 증대시키는 액상재료로서 방수재의 접착제(바탕처리제)로 사용되는 것이다.

97 **유리섬유를 폴리에스테르수지에 혼입하여 가압 · 성형한 판으로 내구성이 좋아 내 · 외수장재로 사용하는 것은?**

① 아크릴평판
② 멜라민치장판
③ 폴리스티렌투명판
④ 폴리에스테르강화판

폴리에스테르강화판(FRP : Fiber Reinforced Plastics)

유리섬유 등을 혼합하여 상온에서 가압 · 성형한 판으로 강도가 우수하여 설비재, 내 · 외 수장재, 차량, 항공기 등의 구조재료나 아케이드 천장, 루버, 칸막이 등에 사용된다.

98 **석재에 관한 설명으로 옳지 않은 것은?**

① 석회암은 석질이 치밀하나 내화성이 부족하다.
② 현무암은 석질이 치밀하여 토대석, 석축에 쓰인다.
③ 테라조는 대리석을 종석으로한 인조석의 일종이다.
④ 화강암은 석회, 시멘트의 원료로 사용된다.

화강암은 건축 내 · 외장재로 많이 쓰이며 견고하고 대형재가 생산되므로 구조재로 사용된다.

정답 94 ② 95 ④ 96 ③ 97 ④ 98 ④

99 **목재의 강도 중에서 가장 작은 것은?**

① 섬유방향의 인장강도
② 섬유방향의 압축강도
③ 섬유 직각방향의 인장강도
④ 섬유방향의 휨강도

해설 목재의 강도 중 섬유 직각방향의 인장강도가 가장 작다.

100 **강재의 인장강도가 최대로 될 경우 탄소 함유량의 범위로 가장 가까운 것은?**

① 0.04~0.2% ② 0.2~0.5%
③ 0.8~1.0% ④ 1.2~ 1.5%

해설 강재의 인장강도는 탄소 함유량이 0.8~1.0% 범위에서 최대이다. 일반적으로 강재의 경도와 인장강도는 탄소 함유량이 증가하면 좋아지나 연성과 용접성이 떨어진다.

제6과목 건설안전기술

101 **가설통로를 설치하는 경우 준수해야 할 기준으로 옳지 않은 것은?**

① 견고한 구조로 할 것
② 경사는 30° 이하로 할 것
③ 추락할 위험이 있는 장소에는 안전난간을 설치할 것
④ 건설공사에 사용하는 높이 8m 이상인 비계다리에는 4m 이내마다 계단참을 설치할 것

해설 건설공사에 사용하는 높이 8m 이상인 비계다리에는 7m 이내마다 계단참을 설치해야 한다.

102 **버팀보, 앵커 등의 축하중 변화상태를 측정하여 이들 부재의 지지효과 및 그 변화추이를 파악하는 데 사용되는 계측기기는?**

① Water level meter
② Load cell
③ Piezo meter
④ Strain gauge

해설 응력계(Load Cell)에 대한 설명이다.

103 **건설업 산업안전보건관리비 계상에 관한 설명으로 옳지 않은 것은?**

① 재료비와 직접노무비의 합계액을 계상 대상으로 한다.
② 안전관리비 계상기준은 산업재해보상보험법의 적용을 받는 공사 중 총공사금액 2천만 원 이상인 공사에 적용한다.
③ 발주자 또는 자기공사자는 설계변경 등으로 대상액의 변동이 있는 경우라도 특별한 경우를 제외하고는 안전관리비를 조정 · 계상하지 않는다.
④ 「전기공사업법」 제2조에 따른 전기공사로서 저압 · 고압 또는 특별고압 작업으로 이루어지는 공사로서 단가계약에 의하여 행하는 공사에 대하여는 총계약금액을 기준으로 적용한다.

해설 대상액의 변동이 발생하면 안전관리비를 조정 · 계상해야 한다.

정답 99 ③ 100 ③ 101 ④ 102 ② 103 ③

104 거푸집 동바리의 침하를 방지하기 위한 직접적인 조치와 가장 거리가 먼 것은?

① 깔목의 사용
② 수평연결재 사용
③ 콘크리트의 타설
④ 말뚝박기

해설 수평연결재 설치는 동바리의 침하방지와 무관하다.

105 강관비계를 사용하여 비계를 구성하는 경우 준수해야 할 기준으로 옳지 않은 것은?

① 비계기둥의 간격은 띠장 방향에서는 1.85m 이하, 장선(長線) 방향에서는 1.5m 이하로 할 것
② 띠장 간격은 2m 이하로 설치할 것
③ 비계기둥의 제일 윗부분으로부터 31m 되는 지점 밑부분의 비계기둥은 2개의 강관으로 묶어 세울 것
④ 비계기둥 간의 적재하중은 600kg을 초과하지 않도록 할 것

해설 강관비계를 사용할 때 비계기둥 간의 적재하중은 400kg을 초과하지 않도록 해야 한다.

106 굴착공사에서 경사면의 안정성을 확인하기 위한 검토사항에 해당되지 않는 것은?

① 지질조사
② 토질시험
③ 풍화의 정도
④ 경보장치 작동상태

해설 경보장치

터널공사 시 인화성 가스가 농도 이상으로 상승하는 것을 조기에 파악하기 위하여 설치하는 기기이다.

107 차량계 하역운반기계를 사용하여 작업을 할 때 기계의 전도, 전락에 의해 근로자에게 위험을 미칠 우려가 있는 경우에 사업주가 조치하여야 할 사항 중 옳지 않은 것은?

① 운전자의 시야를 살짝 가리는 정도로 화물을 적재
② 하역운반기계를 유도하는 사람을 배치
③ 지반의 부동침하방지 조치
④ 갓길의 붕괴를 방지하기 위한 조치

해설 운전자의 시야를 살짝 가리는 정도로 화물을 적재할 경우 시야 미확보로 인해 사고가 발생할 수 있다.

108 옥외에 설치되어 있는 주행크레인에 대하여 이탈방지장치를 작동시키는 등 그 이탈을 방지하기 위한 조치를 하여야 하는 순간풍속에 대한 기준으로 옳은 것은?

① 순간풍속이 초당 10m를 초과하는 바람이 불어올 우려가 있는 경우
② 순간풍속이 초당 20m를 초과하는 바람이 불어올 우려가 있는 경우
③ 순간풍속이 초당 30m를 초과하는 바람이 불어올 우려가 있는 경우
④ 순간풍속이 초당 40m를 초과하는 바람이 불어올 우려가 있는 경우

정답 104 ② 105 ④ 106 ④ 107 ① 108 ③

 순간풍속이 30m/sec를 초과하는 바람이 불어올 우려가 있는 경우에는 옥외에 설치되어 있는 주행크레인이 이탈하지 않도록 이탈방지장치를 작동해야 한다.

109 **동력을 사용하는 항타기 또는 항발기의 도괴를 방지하기 위하여 준수하여야 할 기준으로 옳지 않은 것은?**

① 연약한 지반에 설치할 경우에는 각부나 가대의 침하를 방지하기 위하여 깔판 · 깔목 등을 사용한다.
② 평형추를 사용하여 안정시키는 경우에는 평형추의 이동을 방지하기 위하여 가대에 견고하게 부착시킨다.
③ 버팀대만으로 상단부분을 안정시키는 경우에는 버팀대는 3개 이상으로 한다.
④ 버팀줄만으로 상단부분을 안정시키는 경우에는 버팀줄을 2개 이상으로 한다.

해설 항타기 및 항발기에서 버팀대만으로 상단부분을 안정시키는 경우에는 버팀대를 2개 이상 사용해야 한다.

110 **철골작업 시 철골부재에서 근로자가 수직방향으로 이동하는 경우에 설치하여야 하는 고정된 승강로의 최대 답단 간격은 얼마 이내인가?**

① 20cm ② 25cm
③ 30cm ④ 40cm

해설 고정된 승강로의 최대 답단 간격은 30cm 이상으로 한다.

111 **터널굴착작업 작업계획서에 포함해야 할 사항으로 가장 거리가 먼 것은?**

① 암석의 분할방법
② 터널지보공 및 복공(覆工)의 시공방법
③ 용수(湧水)의 처리방법
④ 환기 또는 조명시설을 설치할 때에는 그 방법

 터널 작업계획의 내용

1. 굴착방법
2. 터널지보공 및 복공의 시공방법과 용수의 처리방법
3. 환기 또는 조명시설을 하는 경우에는 그 방법

112 **유해 · 위험방지계획서를 제출해야 할 대상 공사의 조건으로 옳지 않은 것은?**

① 터널 건설 등의 공사
② 최대 지간길이가 50m 이상인 교량건설 등의 공사
③ 다목적댐, 발전용댐 및 저수용량 2천만 톤 이상인 용수전용댐, 지방상수도 전용 댐 건설 등의 공사
④ 깊이가 5m 이상인 굴착공사

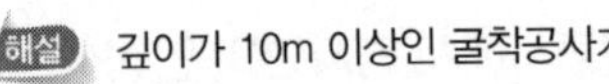 해설 깊이가 10m 이상인 굴착공사가 해당된다.

113 **철골보 인양 시 준수해야 할 사항으로 옳지 않은 것은?**

① 인양 와이어로프의 매달기 각도는 양변 60°를 기준으로 한다.
② 클램프로 부재를 체결할 때는 클램프의 정격용량 이상 매달지 않아야 한다.

정답 109 ④ 110 ③ 111 ① 112 ④ 113 ③

③ 클램프는 부재를 수평으로 하는 한 곳의 위치에만 사용하여야 한다.
④ 인양 와이어로프는 후크의 중심에 걸어야 한다.

해설 클램프는 부재를 수평으로 하는 두 곳의 위치에 사용하여야 하며, 부재 양단 방향은 등간격이어야 한다.

114 구조물의 해체작업 시 해체 작업계획서에 포함하여야 할 사항으로 옳지 않은 것은?

① 해체의 방법 및 해체순서 도면
② 해체물의 처분계획
③ 주변 민원 처리계획
④ 사업장 내 연락방법

해설 **해체 작업계획서에 포함해야 할 사항**

1. 해체의 방법 및 해체순서 도면
2. 가설설비, 방호설비, 환기설비 및 살수·방화설비 등의 방법
3. 사업장 내 연락방법
4. 해체물의 처분계획
5. 해체 작업용 기계·기구 등의 작업계획서
6. 해체작업용 화약류 등의 사용계획서
7. 기타 안전·보건에 관련된 사항

115 콘크리트 타설 시 거푸집이 받는 측압에 관한 설명으로 옳지 않은 것은?

① 대기의 온도가 높을수록 크다.
② 슬럼프(Slump)가 클수록 크다.
③ 타설속도가 빠를수록 크다.
④ 거푸집의 강성이 클수록 크다.

해설 **콘크리트의 측압이 커지는 요인**

1. 거푸집의 부재단면이 클수록
2. 거푸집의 수밀성이 클수록
3. 거푸집의 강성이 클수록
4. 거푸집의 표면이 평활할수록
5. 시공연도(Workability)가 좋을수록
6. 외기의 온도, 습도가 낮을수록
7. 콘크리트의 타설속도가 빠를수록
8. 콘크리트의 다짐(진동기 사용)이 좋을수록
9. 콘크리트의 슬럼프(Slump)가 클수록
10. 콘크리트의 비중이 클수록
11. 응결시간이 느릴수록
12. 철골 또는 철근량이 적을수록

116 근로자의 위험방지를 위해 철골작업을 중지하여야 하는 기준으로 옳은 것은?

① 풍속이 초당 1m 이상인 경우
② 강우량이 시간당 1cm 이상인 경우
③ 강설량이 시간당 1cm 이상인 경우
④ 10분간 평균 풍속이 초당 5m 이상인 경우

해설 **철골작업 시 작업의 제한 기준**

구분	내용
강풍	풍속이 초당 10m 이상인 경우
강우	강우량이 시간당 1mm 이상인 경우
강설	강설량이 시간당 1cm 이상인 경우

117 깊이 10m 이내에 있는 연약점토의 전단강도를 구하기 위한 가장 적당한 시험은?

① 베인시험 ② 표준관입시험
③ 평판재하시험 ④ 블레인시험

해설 베인테스트는 연약한 점토질 지반의 시험에 주로 적용하는 지반조사 방법이다.

정답 114 ③ 115 ① 116 ③ 117 ①

118 **건설현장 토사붕괴의 원인으로 옳지 않은 것은?**

① 지하수위의 증가
② 지반 내부마찰각의 증가
③ 지반 점착력의 감소
④ 차량에 의한 진동하중 증가

해설 **토석붕괴의 원인**

1. 외적 원인
   - 사면, 법면의 경사 및 기울기 증가
   - 절토 및 성토 높이 증가
   - 공사에 의한 진동 및 반복하중의 증가
   - 지표수 및 지하수의 침투에 의한 토사의 중량 증가
   - 지진, 차량 구조물의 하중작용
   - 토사 및 암석의 혼합층 두께
2. 내적 원인
   - 절토 사면의 토질, 암질
   - 성토 사면의 토질구성 및 분포
   - 토석의 강도 저하

119 **사다리식 통로 설치 시 사다리식 통로의 길이가 10m 이상인 경우에는 몇 m 이내마다 계단참을 설치해야 하는가?**

① 5m ② 7m
③ 9m ④ 10m

사다리식 통로의 길이가 10m 이상인 경우에는 5m 이내마다 계단참을 설치해야 한다.

120 **추락재해 방지를 위한 방망의 그물코 규격 기준으로 옳은 것은?**

① 사각 또는 마름모로서 크기가 5cm 이하
② 사각 또는 마름모로서 크기가 10cm 이하
③ 사각 또는 마름모로서 크기가 15cm 이하
④ 사각 또는 마름모로서 크기가 20cm 이하

그물코는 사각 또는 마름모로서 가로, 세로가 10cm 이하여야 한다.

정답 118 ② 119 ① 120 ②

2019년 3월 3일 시행

ENGINEER CONSTRUCTION SAFETY

제1과목 산업안전관리론

01 건설기술 진흥법상 안전관리계획을 수립해야 하는 건설공사에 해당하지 않는 것은?

① 15층 건축물의 리모델링
② 지하 15m를 굴착하는 건설공사
③ 항타 및 항발기가 사용되는 건설공사
④ 높이가 21m인 비계를 사용하는 건설공사

해설 안전관리계획 수립 대상 건설공사(건설기술 진흥법 시행령 제98조)

1. 「시설물의 안전 및 유지관리에 관한 특별법」 제7조 제1호 및 제2호에 따른 1종시설물 및 2종시설물의 건설공사(같은 법 제2조 제11호에 따른 유지관리를 위한 건설공사는 제외한다)
2. 지하 10미터 이상을 굴착하는 건설공사. 이 경우 굴착 깊이 산정 시 집수정(集水井), 엘리베이터 피트 및 정화조 등의 굴착 부분은 제외하며, 토지에 높낮이 차가 있는 경우 굴착 깊이의 산정방법은 「건축법 시행령」 제119조 제2항을 따른다.
3. 폭발물을 사용하는 건설공사로서 20미터 안에 시설물이 있거나 100미터 안에 사육하는 가축이 있어 해당 건설공사로 인한 영향을 받을 것이 예상되는 건설공사
4. 10층 이상 16층 미만인 건축물의 건설공사
4의2. 다음 각 목의 리모델링 또는 해체공사
   가. 10층 이상인 건축물의 리모델링 또는 해체공사
   나. 「주택법」 제2조 제25호 다목에 따른 수직증축형 리모델링
5. 「건설기계관리법」 제3조에 따라 등록된 다음 각 목의 어느 하나에 해당하는 건설기계가 사용되는 건설공사
   가. 천공기(높이가 10미터 이상인 것만 해당한다)
   나. 항타 및 항발기
   다. 타워크레인
5의2. 제101조의2 제1항 각 호의 가설구조물을 사용하는 건설공사
6. 제1호부터 제4호까지, 제4호의2, 제5호 및 제5호의2의 건설공사 외의 건설공사로서 다음 각 목의 어느 하나에 해당하는 공사
   가. 발주자가 안전관리가 특히 필요하다고 인정하는 건설공사
   나. 해당 지방자치단체의 조례로 정하는 건설공사 중에서 인·허가기관의 장이 안전관리가 특히 필요하다고 인정하는 건설공사

02 무재해운동 추진의 3대 기둥으로 볼 수 없는 것은?

① 최고경영자의 경영자세
② 노동조합의 협의체 구성
③ 직장 소집단 자주활동의 활성화
④ 관리감독자에 의한 안전보건의 추진

해설 무재해운동의 3기둥(3요소)

1. 직장의 자율활동의 활성화
   일하는 한 사람 한 사람이 안전보건을 자신의 문제이며 동시에 같은 동료의 문제로 진지하게 받아들여 직장의 팀 멤버와의 협동노력으로 자주적으로 추진해 가는 것이 필요하다.
2. 라인(관리감독자)화의 철저
   안전보건을 추진하는 데는 관리감독자(Line)들이 생산활동 속에 안전보건을 접목시켜 실천하는 것이 꼭 필요하다.
3. 최고경영자의 안전경영철학

정답 01 ④ 02 ②

03 산업안전보건법상 지방고용노동관서의 장이 사업주에게 안전관리자나 보건관리자를 정수 이상으로 증원하게 하거나 교체하여 임명할 것을 명령할 수 있는 경우는?

① 사망재해가 연간 1건 발생한 경우
② 중대재해가 연간 2건 발생한 경우
③ 관리자가 질병의 사유로 3개월 이상 해당 직무를 수행할 수 없게 된 경우
④ 해당 사업장의 연간재해율이 같은 업종의 평균재해율의 1.5배 이상인 경우

해설 **안전관리자 등의 증원 · 교체임명 명령(산업안전보건법 시행규칙 제15조)**

지방고용노동관서의 장은 다음 각 호의 어느 하나에 해당하는 사유가 발생한 경우에는 법 제15조 제3항과 법 제16조 제3항에 따라 사업주에게 안전관리자나 보건관리자(이하 "관리자"라 한다)를 정수 이상으로 증원하게 하거나 교체하여 임명할 것을 명할 수 있다.

1. 해당 사업장의 연간재해율이 같은 업종의 평균재해율의 2배 이상인 경우
2. 중대재해가 연간 2건 이상 발생한 경우
3. 관리자가 질병이나 그 밖의 사유로 3개월 이상 직무를 수행할 수 없게 된 경우
4. 별표 12의2 제1호에 따른 화학적 인자로 인한 직업성 질병자가 연간 3명 이상 발생한 경우. 이 경우 직업성 질병자 발생일은 「산업안전보건법 시행규칙」 제21조 제1항에 따른 요양급여의 결정일로 한다.

04 안전표지 종류 중 금지표지에 대한 설명으로 옳은 것은?

① 바탕은 노랑색, 기본모양은 흰색, 관련부호 및 그림은 파랑색
② 바탕은 노랑색, 기본모양은 흰색, 관련부호 및 그림은 검정색
③ 바탕은 흰색, 기본모양은 빨강색, 관련부호 및 그림은 파랑색
④ 바탕은 흰색, 기본모양은 빨강색, 관련부호 및 그림은 검정색

금지표지

위험한 행동을 금지하는 데 사용되며 8개 종류가 있다.(바탕은 흰색, 기본모형은 빨간색, 관련 부호 및 그림은 검은색)

05 하베이(Harvey)가 제시한 '안전의 3E'에 해당하지 않는 것은?

① Education ② Enforcement
③ Economy ④ Engineering

3E

- 기술적(Engineering)
- 교육적(Education)
- 관리적(Enforcement)

06 사고예방대책의 기본원리 5단계 중 3단계의 분석평가에 대한 내용으로 옳은 것은?

① 위험 확인
② 현장 조사
③ 사고 및 활동 기록 검토
④ 기술의 개선 및 인사조정

1. 사고방지의 기본원리 5단계
   조직 – 사실의 발견(안전점검 및 사고조사) – 분석 – 시정책의 선정 – 시정책의 적용
2. 3단계 : 분석 · 평가(원인규명)
   - 사고조사 결과의 분석
   - 불안전 상태, 불안전 행동 분석
   - 작업공정, 작업형태 분석
   - 교육 및 훈련의 분석
   - 안전수칙 및 안전기준 분석

정답 03 ③ 04 ④ 05 ③ 06 ②

07 재해사례연구를 할 때 유의해야 될 사항으로 틀린 것은?

① 과학적이어야 한다.
② 논리적인 분석이 가능해야 한다.
③ 주관적이고 정확성이 있어야 한다.
④ 신뢰성이 있는 자료수집이 있어야 한다.

해설 재해사례연구는 주관적이 아니라 객관적이며 정확성이 있어야 한다.

08 천재지변 발생 직후 기계설비의 수리 등을 할 경우 또는 중대재해 발생 직후 등에 행하는 안전점검을 무엇이라 하는가?

① 임시점검 ② 자체점검
③ 수시점검 ④ 특별점검

해설 **안전점검의 종류**

- 일상점검(수시점검) : 작업 전 · 중 · 후 수시로 실시하는 점검
- 정기점검 : 정해진 기간에 정기적으로 실시하는 점검
- 특별점검 : 기계 기구의 신설 및 변경 시 고장, 수리 등에 의해 부정기적으로 실시하는 점검으로 안전강조기간 등에 실시하는 점검
- 임시점검 : 이상 발견 시 또는 재해발생 시 임시로 실시하는 점검

09 아담스(Adams)의 재해연쇄이론에서 작전적 에러(Operational Error)로 정의한 것은?

① 선천적 결함
② 불안전한 상태
③ 불안전한 행동
④ 경영자나 감독자의 행동

해설 **애드워드 애덤스의 사고연쇄반응 이론**

- 관리구조
- 작전적 에러 : 관리자의 의사결정이 그릇되거나 행동을 안 함
- 전술적 에러 : 불안전 행동, 불안전 동작
- 사고 : 상해의 발생, 아차사고(Near Miss), 비상해사고
- 상해, 손해 : 대인, 대물

10 다음과 같은 재해가 발생하였을 경우 재해의 원인분석으로 옳은 것은?

> 건설현장에서 근로자가 비계에서 마감작업을 하던 중 바닥으로 떨어져 머리가 바닥에 부딪혀 사망하였다.

① 기인물 : 비계, 가해물 : 마감작업, 사고유형 : 낙하
② 기인물 : 바닥, 가해물 : 비계, 사고유형 : 추락
③ 기인물 : 비계, 가해물 : 바닥, 사고유형 : 낙하
④ 기인물 : 비계, 가해물 : 바닥, 사고유형 : 추락

해설 사고의 유형은 추락, 기인물은 비계, 가해물은 바닥이 된다.

재해원인분석

- 사고의 유형 : 추락, 전도, 충돌, 낙하 및 비래, 협착, 감전, 폭발, 붕괴 및 도피, 파열, 화재, 이상온도접촉, 유해물 접촉, 무리한 동작 등
- 기인물 : 불안전한 상태에 있는 물체(환경 포함)
- 가해물 : 사람에게 직접 접촉되어 위해를 가한 물체(환경 포함)

정답 07 ③ 08 ④ 09 ④ 10 ④

11 안전보건관리계획의 개요에 관한 설명으로 틀린 것은?

① 타 관리계획과 균형이 되어야 한다.
② 안전보건의 재해요인을 확실히 파악해야 한다.
③ 계획의 목표는 점진적으로 낮은 수준의 것으로 한다.
④ 경영층의 기본방침을 명확하게 근로자에게 나타내야 한다.

안전보건관리계획의 목표는 점진적으로 높은 수준의 것으로 해야 한다.

안전보건관리계획 수립 시 유의사항

- 실현가능성이 있도록 사업장 실태에 맞게 독자적으로 수립한다.
- 직장단위로 구체적 계획을 작성한다.
- 현재의 문제점을 검토하기 위해 자료를 조사 · 수집한다.
- 적극적 선취안전을 취해 새로운 착상과 정보를 활용한다.
- 계획안이 효과적으로 실시될 수 있도록 라인 · 스태프 관계자에게 충분히 납득시킨다.

12 재해손실비용에 있어 직접손실비용이 아닌 것은?

① 요양급여
② 장해급여
③ 상병보상연금
④ 생산중단손실비용

직접비 : 법령으로 정한 산재 보상비

- 휴업 보상비
- 장해 보상비
- 요양 보상비
- 장의비
- 유족 보상비
- 상병보상연금 등

13 재해발생원인의 연쇄관계상 재해의 발생원인을 관리적인 면에서 분류한 것과 가장 거리가 먼 것은?

① 인적 원인 ② 기술적 원인
③ 교육적 원인 ④ 작업관리상 원인

해설 재해원인

- 직접원인 : 인적 원인(불안전한 행동), 물리적 원인(불안전한 상태)
- 간접원인 : 신체적 원인, 정신적 원인, 교육적 원인, 기계적 원인, 작업관리상 원인

14 위험예지훈련 4라운드(Round) 중 목표설정 단계의 내용으로 가장 적절한 것은?

① 위험요인을 찾아내고, 가장 위험한 것을 합의하여 결정한다.
② 가장 우수한 대책에 대하여 합의하고, 행동계획을 결정한다.
③ 브레인스토밍을 실시하여 어떤 위험이 존재하는가를 파악한다.
④ 가장 위험한 요인에 대하여 브레인스토밍을 통하여 대책을 세운다.

해설 위험예지훈련의 추진을 위한 문제해결 4단계(4라운드)

- 1라운드 : 현상파악(사실의 파악)
  – 어떤 위험이 잠재하고 있는가?
- 2라운드 : 본질추구(원인조사)
  – 이것이 위험의 포인트다.(지적확인)
- 3라운드 : 대책수립(대책을 세운다)
  – 당신이라면 어떻게 하겠는가?
- 4라운드 : 목표설정(행동계획 작성)
  – 우리들은 이렇게 하자!

정답 11 ③ 12 ④ 13 ① 14 ②

15 다음 중 소규모 사업장에 가장 적합한 안전관리 조직의 형태는?

① 라인형 조직
② 스태프형 조직
③ 라인-스태프 혼합형 조직
④ 복합형 조직

해설 라인(Line)형 조직

소규모 기업에 적합한 조직으로서 안전관리에 관한 계획에서부터 실시에 이르기까지 모든 안전업무를 생산라인을 통하여 직선적으로 이루어지도록 편성된 조직

16 크레인(이동식은 제외한다)은 사업장에 설치한 날로부터 몇 년 이내에 최초 안전검사를 실시하여야 하는가?

① 1년 ② 2년
③ 3년 ④ 5년

 크레인, 리프트 및 곤돌라의 안정검사

사업장에 설치가 끝난 날부터 3년 이내에 최초 안전검사를 실시하되, 그 이후부터 2년마다(건설현장에서 사용하는 것은 최초로 설치한 날부터 6개월마다) 실시

17 상시 근로자수가 100명인 사업장에서 1년간 6건의 재해로 인하여 10명의 부상자가 발생하였고, 이로 인한 근로손실일수는 120일, 휴업일수는 68일이었다. 이 사업장의 강도율은 약 얼마인가?(단, 1일 9시간씩 연간 290일 근무하였다.)

① 0.58 ② 0.67
③ 22.99 ④ 100

해설

$$강도율 = \frac{근로손실일수}{연근로시간수} \times 1,000$$

$$= \frac{120 + 68 \times \frac{300}{365}}{100 \times 9 \times 290} \times 1,000 = 0.67$$

18 보호구 안전인증 고시에 따른 안전화 종류에 해당하지 않는 것은?

① 경화안전화 ② 발등안전화
③ 정전기안전화 ④ 고무제안전화

해설 안전화의 종류

종류	성능구분
가죽제 안전화	물체의 낙하, 충격 또는 날카로운 물체에 의한 찔림 위험으로부터 발을 보호하기 위한 것
고무제 안전화	물체의 낙하, 충격 또는 날카로운 물체에 의한 찔림 위험으로부터 발을 보호하고 내수성 또는 내화학성을 겸한 것
정전기 안전화	물체의 낙하, 충격 또는 날카로운 물체에 의한 찔림 위험으로부터 발을 보호하고 정전기의 인체대전을 방지하기 위한 것
발등 안전화	물체의 낙하, 충격 또는 날카로운 물체에 의한 찔림 위험으로부터 발 및 발등을 보호하기 위한 것
절연화	물체의 낙하, 충격 또는 날카로운 물체에 의한 찔림 위험으로부터 발을 보호하고 저압의 전기에 의한 감전을 방지하기 위한 것

19 산업안전보건법령에 따른 산업안전보건위원회의 구성에 있어 사용자 위원에 해당하지 않는 자는?

① 안전관리자
② 명예산업안전감독관

정답 15 ① 16 ③ 17 ② 18 ① 19 ②

③ 해당 사업의 대표자가 지명한 9인 이내 해당 사업장 부서의 장

④ 보건관리자의 업무를 위탁한 경우 대행기관의 해당 사업장 담당자

해설 산업안전보건위원회의 사용자 위원

- 해당 사업의 대표자
- 안전관리자
- 보건관리자
- 산업보건의
- 해당 사업의 대표자가 지명하는 9명 이내의 해당 사업장 부서의 장

20 산업안전보건법령상 안전관리자를 2인 이상 선임하여야 하는 사업에 해당하지 않는 것은?

① 공사금액이 1,000억 원인 건설업

② 상시근로자가 500명인 통신업

③ 상시근로자가 1,500명인 운수업

④ 상시근로자가 600명인 식료품 제조업

해설 안전관리자를 2인 이상 선임하여야 하는 사업은 상시근로자가 1,000명 이상인 통신업이다.

제2과목 산업심리 및 교육

21 주의(Attention)에 대한 특성으로 가장 거리가 먼 것은?

① 고도의 주의는 장시간 지속할 수 없다.

② 주의와 반응의 목적은 대부분의 경우 서로 독립적이다.

③ 동시에 두 가지 일에 중복하여 집중하기 어렵다.

④ 여러 종류의 자극을 지각할 때 소수의 특정한 것을 선택하여 집중한다.

해설 주의의 특성

- 선택성 : 소수의 특정한 것을 선택하여 집중한다.
- 방향성 : 동시에 두 가지 일에 중복하여 집중하기 어렵다.
- 변동성 : 고도의 주의는 장시간 지속할 수 없다.

22 OJT(On the Job Training)의 특징에 관한 설명으로 틀린 것은?

① 다수의 근로자에게 조직적 훈련이 가능하다.

② 상호 신뢰 및 이해도가 높아진다.

③ 개개인에게 적절한 지도훈련이 가능하다.

④ 직장의 실정에 맞게 실제적 훈련이 가능하다.

해설 OJT는 개별교육에 적합하다.

OJT(직장 내 교육훈련)

직속상사가 직장 내에서 작업표준을 가지고 업무상의 개별교육이나 지도훈련을 하는 것(개별교육에 적합)

- 개개인에게 적절한 지도훈련이 가능
- 직장의 실정에 맞게 실제적 훈련이 가능
- 효과가 곧 업무에 나타나며 훈련의 좋고 나쁨에 따라 개선이 쉬움

23 목표를 설정하고 그에 따르는 보상을 약속함으로써 부하를 동기화하려는 리더십은?

① 교환적 리더십

② 변혁적 리더십

③ 참여적 리더십

④ 지시적 리더십

정답 20 ② 21 ② 22 ① 23 ①

해설 교환적 리더십

지도자와 부하 간에 비용–효과의 거래관계로 수행되는 리더십

24 적응기제(Adjustment Mechanism) 중 도피기제에 해당하지 않는 것은?

① 투사　② 보상
③ 승화　④ 고립

해설 도피적 기제(Escape Mechanism)

욕구불만이나 압박으로부터 벗어나기 위해 현실을 벗어나 마음의 안정을 찾으려는 것

- 고립 : 자기의 열등감을 의식하여 다른 사람과의 접촉을 피해 자기의 내적 세계로 들어가 현실의 억압에서 피하려는 기제
- 퇴행 : 신체적으로나 정신적으로 정상 발달되어 있으면서도 위협이나 불안을 일으키는 상황에는 생애 초기에 만족했던 시절을 생각하는 것
- 억압 : 나쁜 무엇을 잊고 더 이상 행하지 않겠다는 해결 방어기제
- 백일몽 : 현실에서 만족할 수 없는 욕구를 싱싱의 세계에서 얻으려는 행동

25 현대 조직이론에서 작업자의 수직적 직무권한을 확대하는 방안에 해당하는 것은?

① 직무순환(Job Rotation)
② 직무분석(Job Analysis)
③ 직무확충(Job Enrichment)
④ 직무평가(Job Evaluation)

해설 직무확충

직무의 수직적 확장(Vertical Loading)을 일컫는 용어로서, 근로자가 직무를 계획, 조직, 실행, 평가하는 정도를 확장시키는 직무설계 방법을 말한다.

26 다음은 각기 다른 조직 형태의 특성을 설명한 것이다. 각 특징에 해당하는 조직형태를 연결한 것으로 맞는 것은?

a. 중규모 형태의 기업에서 시장 상황에 따라 인적 자원을 효과적으로 활용하기 위한 형태이다.
b. 목적 지향적이고 목적 달성을 위해 기존의 조직에 비해 효율적이며 유연하게 운영될 수 있다.

① a : 위원회 조직, b : 프로젝트 조직
② a : 사업부제 조직, b : 위원회 조직
③ a : 매트릭스형 조직, b : 사업부제 조직
④ a : 매트릭스형 조직, b : 프로젝트 조직

- 매트릭스형 조직 : 기존의 기능부서 상태를 유지하면서 특정한 프로젝트를 위해 서로 다른 부서의 인력이 함께 일하는 현대적인 조직설계방식
- 프로젝트 조직 : 특정한 사업목표를 달성하기 위하여 일시적으로 조직 내의 인적 물적 자원을 결합하는 조직형태

27 토의식 교육지도에서 시간이 가장 많이 소요되는 단계는?

① 도입　② 제시
③ 적용　④ 확인

해설 교육방법에 따른 교육시간

교육법의 4단계	시간
제1단계 – 도입(준비)	5분
제2단계 – 제시(설명)	10분
제3단계 – 적용(응용)	40분
제4단계 – 확인(총괄)	5분

정답 24 ④　25 ③　26 ④　27 ③

28 맥그리거(Douglas McGregor)의 Y이론에 해당되는 것은?

① 인간은 게으르다.
② 인간은 남을 잘 속인다.
③ 인간은 남에게 지배받기를 즐긴다.
④ 인간은 부지런하고 근면하며, 적극적이고 자주적이다.

해설 Y이론에 대한 가정
- 종업원들은 일하는 것을 놀이나 휴식과 동일한 것으로 볼 수 있다.
- 종업원들은 조직의 목표에 관여하는 경우에 자기지향과 자기통제를 행한다.
- 보통 인간들은 책임을 수용하고 심지어는 구하는 것을 배울 수 있다.
- 작업에서 몸과 마음을 구사하는 것은 인간의 본성이라는 인간관
- 인간은 조건에 따라 자발적으로 책임을 지려고 한다는 인간관
- 매슬로의 욕구체계 중 자기실현의 욕구에 해당한다.

29 학습경험조직의 원리와 가장 거리가 먼 것은?

① 가능성의 원리 ② 계속성의 원리
③ 계열성의 원리 ④ 통합성의 원리

해설 학습경험의 조직 원리
- 계속성의 원리 : 어떤 교육내용이든 그것이 학습자의 경험 속에 정착되기 위해서는 일정기간 동안 계속적인 반복학습이 이루어져야 한다는 원리이다.
- 계열성의 원리 : 선행경험(내용)에 기초하여 다음의 교육내용이 전개되어 점차적으로 깊이와 넓이를 더해가도록 조직하는 것을 말한다.
- 통합성의 원리 : 여러 영역에서 학습하는 내용들이 학습과정에서 서로 연결되고 통합되어 의미있는 학습이 되도록 해야 한다는 원칙이다.
- 균형성의 원리 : 여러 가지 학습경험들 사이에 균형이 유지되어야 한다.
- 다양성의 원리 : 학생의 특수한 요구, 흥미, 능력이 충분히 반영될 수 있는 다양하고 융통성 있는 학습활동을 할 수 있도록 학습경험이 조직되어야 한다.
- 건전성의 원리(보편성의 원리) : 건전한 민주시민으로서 가져야 할 가치관, 이해, 태도, 기능을 기를 수 있는 학습경험을 조직해야 한다.

30 사고경향성 이론에 관한 설명으로 틀린 것은?

① 개인의 성격보다는 특정 환경에 의해 훨씬 더 사고가 일어나기 쉽다.
② 어떠한 사람이 다른 사람보다 사고를 더 잘 일으킨다는 이론이다.
③ 사고를 많이 내는 여러 명의 특성을 측정하여 사고를 예방하는 것이다.
④ 검증하기 위한 효과적인 방법은 다른 두 시기 동안에 같은 사람의 사고기록을 비교하는 것이다.

사고경향성(Greenwood) : 사고의 대부분은 소수에 의해 발생되고 있으며 사고를 낸 사람이 또다시 사고를 발생시키는 경향이 있다.(사고경향성이 있는 사람 → 소심한 사람)

31 반복적인 재해발생자를 상황성 누발자와 소질성 누발자로 나눌 때, 상황성 누발자의 재해유발 원인에 해당하는 것은?

① 저지능인 경우
② 소심한 성격인 경우
③ 도덕성이 결여된 경우
④ 심신에 근심이 있는 경우

상황성 누발자 : 작업이 어렵거나, 기계설비의 결함, 주의력의 집중이 혼란된 경우, 심신의 근심으로 사고 경향자가 되는 경우(상황이 변하면 안전한 성향으로 바뀜)

정답 28 ④ 29 ① 30 ④ 31 ④

32 사회행동의 기본형태와 내용이 잘못 연결된 것은?

① 대립－공격, 경쟁
② 조직－경쟁, 통합
③ 협력－조력, 분업
④ 도피－정신병, 자살

해설 사회행동의 기본형태

- 협력(Cooperation) : 조력, 분업
- 대립(Opposition) : 공격, 경쟁
- 도피(Escape) : 고립, 정신병, 자살
- 융합(Accomodation) : 강제, 타협, 통합

33 관리감독자 훈련(TWI)에 관한 내용이 아닌 것은?

① Job Relation ② Job Method
③ Job Synergy ④ Job Instruction

해설 TWI(Training Within Industry)

주로 관리감독자를 대상으로 하며 전체 교육시간은 10시간(1일 2시간씩 5일 교육)으로 실시한다. 한 그룹에 10명 내외로 토의법과 실연법 중심으로 강의가 실시되며 훈련의 종류는 다음과 같다.

- 작업지도훈련 (JIT ; Job Instruction Training)
- 작업방법훈련 (JMT ; Job Method Training)
- 인간관계훈련 (JRT ; Job Relations Training)
- 작업안전훈련 (JST ; Job Safety Training)

34 어느 철강회상의 고로작업라인에 근무하는 A시의 작업강도가 힘든 중작업으로 평가되었다면 해당되는 에너지대사율(RMR)의 범위로 가장 적절한 것은?

① 0~1 ② 2~4
③ 4~7 ④ 7~10

해설 에너지대사율(RMR)에 따른 작업의 분류

- 초경작업(初經作業) : 0~1
- 경작업(經作業) : 1~2
- 보통 작업(中作業) : 2~4
- 중작업(重作業) : 4~7
- 초중작업(初重作業) : 7 이상

35 수업의 중간이나 마지막 단계에 행하는 것으로서 언어학습이나 문제해결 학습에 효과적인 학습법은?

① 강의법 ② 실연법
③ 토의법 ④ 프로그램법

해설 실연법

- 학습자가 이미 설명을 듣거나 시범을 보고 알게 된 지식이나 기능을 강사의 감독 아래 직접적으로 연습해 적용해 보게 하는 교육방법으로 다른 방법보다 교사 대 학습자수의 비율이 높다.
- 수업의 중간이나 마지막 단계에 행하는 것으로서 언어학습이나 문제해결 학습에 효과적인 학습법이다.

36 안전보건교육의 종류별 교육요점으로 틀린 것은?

① 태도교육은 의욕을 갖게 하고 가치관 형성교육을 한다.
② 기능교육은 표준작업 방법대로 시범을 보이고 실습을 시킨다.
③ 추후 지도교육은 재해발생원리 및 잠재위험을 이해시킨다.
④ 지식교육은 작업에 관련된 취약점과 이에 대응되는 작업방법을 알도록 한다.

정답 32 ② 33 ③ 34 ③ 35 ② 36 ③

 추후 지도교육은 안전보건교육의 3단계에 해당되지 않는다.

안전보건교육의 3단계

- 지식교육(1단계) : 지식의 전달과 이해
- 기능교육(2단계) : 실습, 시범을 통한 이해
- 태도교육(3단계) : 안전의 습관화(가치관 형성)

37 매슬로우(Maslow)의 욕구위계를 바르게 나열한 것은?

① 안전의 욕구－생리적 욕구－사회적 욕구－자아실현의 욕구－인정받으려는 욕구
② 안전의 욕구－생리적 욕구－사회적 욕구－인정받으려는 욕구－자아실현의 욕구
③ 생리적 욕구－사회적 욕구－안전의 욕구－인정받으려는 욕구－자아실현의 욕구
④ 생리적 욕구－안전의 욕구－사회적 욕구－인정받으려는 욕구－자아실현의 욕구

해설 매슬로(Maslow)의 욕구단계이론

- 생리적 욕구 : 기아, 갈증, 호흡, 배설, 성욕 등
- 안전의 욕구 : 안전을 기하려는 욕구
- 사회적 욕구 : 소속 및 애정에 대한 욕구(친화 욕구)
- 자기존경의 욕구 : 자존심, 명예, 성취, 지위에 대한 욕구(승인의 욕구)
- 자아실현의 욕구 : 잠재적인 능력을 실현하고자 하는 욕구(성취욕구)

38 부주의가 발생하는 경우에 있어 자동차를 운전할 때 신호가 바뀌기 전에 신호가 바뀔 것을 예상하고 자동차를 출발시키는 행동과 관련된 것은?

① 억측판단 ② 근도반응
③ 착시현상 ④ 의식의 우회

해설 억측판단(Risk Taking)

위험을 부담하고 행동으로 옮김(신호등이 녹색에서 적색으로 바뀌어도 차가 움직이기까지 아직 시간이 있다고 생각하여 건널목을 건넜을 경우)

39 평가도구의 기본적인 수준이 아닌 것은?

① 실용도(實用度) ② 타당도(妥當度)
③ 신뢰도(信賴度) ④ 습숙도(習熟度)

해설 학습평가의 기본적인 기준

- 실용도
- 타당도
- 신뢰도

40 어느 부서의 직원 6명의 선호 관계를 분석한 결과 다음과 같은 소시오그램이 작성되었다. 이 부서의 집단응집성 지수는 얼마인가?(단, 그림에서 실선은 선호관계, 점선은 거부관계를 나타낸다)

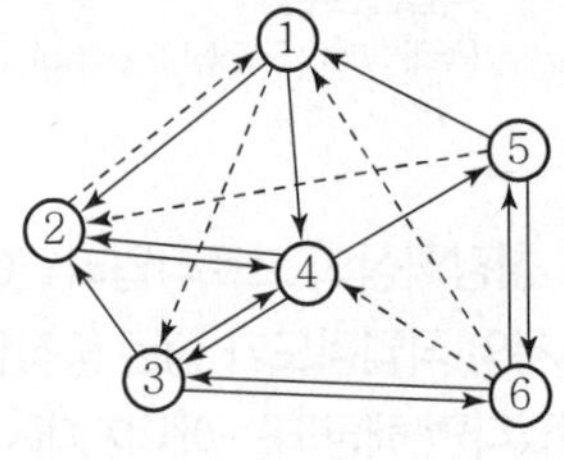

① 0.13 ② 0.27
③ 0.33 ④ 0.47

정답 37 ④ 38 ① 39 ④ 40 ②

해설 6명으로 구성된 집단의 소시오메트리에서 긍정적인 상호작용 수는 4쌍이므로, 응집성 지수는 다음과 같다.

- 응집성 지수 $= \dfrac{\text{실제 상호작용의 수}}{\text{가능한 상호작용의 수}}$

$= \dfrac{4}{15} = 0.27$

- 가능한 상호작용의 수 $= {}_6C_2 = \dfrac{6 \times 5}{2} = 15$

제3과목 인간공학 및 시스템안전공학

41 음량수준을 측정할 수 있는 3가지 척도에 해당되지 않는 것은?

① sone ② 럭스
③ phon ④ 인식소음 수준

해설 럭스(lux)는 어떤 물체나 표면에 도달하는 빛의 밀도를 의미한다.

42 FTA에서 시스템의 기능을 살리는 데 필요한 최소 요인의 집합을 무엇이라 하는가?

① Rritical Set
② Minimal Gate
③ Minimal Path
④ Boolean Indicated Cut Set

해설 **패스셋과 미니멀 패스셋**

패스셋이란 그 속에 포함되어 있는 기본사상이 일어나지 않을 때 처음으로 정상사상이 일어나지 않는 기본사상의 집합으로서 미니멀 패스셋은 그 필요한 최소한의 컷을 말한다.(시스템을 살리는 데 필요한 최소한 요인의 집합)

43 시스템의 수명주기 단계 중 마지막 단계인 것은?

① 구상단계 ② 개발단계
③ 운전단계 ④ 생산단계

해설 **시스템 수명주기**

구상단계 → 정의단계 → 개발단계 → 생산단계 → 운전단계

44 생명유지에 필요한 단위시간당 에너지양을 무엇이라 하는가?

① 기초 대사량 ② 산소 소비율
③ 작업 대사량 ④ 에너지 소비율

해설 **기초 대사량**

생명 유지에 필요한 최소의 열량을 말한다.

45 인간-기계시스템의 설계를 6단계로 구분할 때, 첫 번째 단계에서 시행하는 것은?

① 기본설계
② 시스템의 정의
③ 인터페이스 설계
④ 시스템의 목표와 성능명세 결정

해설 **인간-기계시스템 설계과정 6가지 단계**

1. 목표 및 성능명세 결정 : 시스템 설계 전 그 목적이나 존재 이유가 있어야 함
2. 시스템 정의 : 목적을 달성하기 위한 특정한 기본기능들이 수행되어야 함
3. 기본설계 : 시스템의 형태를 갖추기 시작하는 단계
4. 인터페이스 설계 : 사용자 편의와 시스템 성능에 관여
5. 촉진물 설계 : 인간의 성능을 증진시킬 보조물 설계
6. 시험 및 평가 : 시스템 개발과 관련된 평가와 인간적인 요소 평가 실시

정답 41 ② 42 ③ 43 ③ 44 ① 45 ④

46 염산을 취급하는 A 업체에서는 신설 설비에 관한 안전성 평가를 실시해야 한다. 정성적 평가단계의 주요 진단 항목에 해당하는 것은?

① 공장 내의 배치
② 제조공정의 개요
③ 재평가 방법 및 계획
④ 안전 · 보건교육 훈련계획

 안전성 평가 제2단계 : 정성적 평가(안전확보를 위한 기본적인 자료의 검토)

- 설계관계 : 공장 내 배치, 소방설비 등
- 운전관계 : 원재료, 운송, 저장 등

47 실린더 블록에 사용하는 가스켓의 수명은 평균 10,000시간이며, 표준편차는 200시간으로 정규분포를 따른다. 사용시간이 9,600시간일 경우에 신뢰도는 약 얼마인가?(단, 표준정규분포표에서 $u_{0.8413}=1$, $u_{0.9772}=2$이다.)

① 84.13% ② 88.73%
③ 92.72% ④ 97.72%

 정규분포 표준화 공식에 따라

$$P_r(X \le 9600)$$
$$= P_r\left(Z \le \frac{9,600-10,000}{200}\right)$$
$$= P_r(Z \le -2) = 0.9772 = 97.72\%$$

48 FMEA 의 장점이라 할 수 있는 것은?

① 분석방법에 대한 논리적 배경이 강하다.
② 물적, 인적요소 모두가 분석대상이 된다.
③ 서식이 간단하고 비교적 적은 노력으로 분석이 가능하다.
④ 두 가지 이상의 요소가 동시에 고장 나는 경우에도 분석이 용이하다.

 FTA의 특징

- Top down 형식(연역적)
- 정량적 해석기법(컴퓨터 처리가 가능)
- 논리기호를 사용한 특정사상에 대한 해석
- 서식이 간단하여 비전문가도 짧은 훈련으로 사용 가능
- Human Error 검출의 어려움

49 의도는 올바른 것이었지만, 행동이 의도한 것과는 다르게 나타나는 오류를 무엇이라 하는가?

① Slip ② Mistake
③ Lapse ④ Violation

해설 실수(Slip)

상황이나 목표의 해석을 제대로 했으나 의도와는 다른 행동을 하는 경우

50 동작 경제 원칙에 해당되지 않는 것은?

① 신체사용에 관한 원칙
② 작업장 배치에 관한 원칙
③ 사용자 요구 조건에 관한 원칙
④ 공구 및 설비 디자인에 관한 원칙

해설 동작경제의 3원칙

- 신체 사용에 관한 원칙
- 작업장 배치에 관한 원칙
- 공구 및 설비 설계(디자인)에 관한 원칙

정답 46 ① 47 ④ 48 ③ 49 ① 50 ③

51 음압수준이 70dB인 경우, 1000Hz에서 순음의 phon치는?

① 50phon ② 70phon
③ 90phon ④ 100phon

해설 **Phon 음량수준**

- 정량적 평가를 위한 음량수준 척도, Phon으로 표시한 음량수준은 이 음과 같은 크기로 들리는 1,000Hz 순음의 음압수준(dB)
- 70dB의 1,000Hz 순음크기 = 70phon

52 인체계측자료의 응용원칙 중 조절 범위에서 수용하는 통상의 범위는 얼마인가?

① 5~95%tile ② 20~80%tile
③ 30~70%tile ④ 40~60%tile

해설 **조절 범위(5~95%tile)**

체격이 다른 여러 사람에게 맞도록 조절식으로 만드는 것이 바람직하다. 그 예로는 자동차 좌석의 전후 조절, 사무실 의자의 상하 조절 등이 있다.

53 산업안전보건법령에 따라 제조업 중 유해 · 위험방지계획서 제출대상 사업의 사업주가 유해 · 위험방지계획서를 제출하고자 할 때 첨부하여야 하는 서류에 해당하지 않는 것은?(단, 기타 고용노동부장관이 정하는 도면 및 서류 등은 제외한다.)

① 공사개요서
② 기계 · 설비의 배치도면
③ 기계 · 설비의 개요를 나타내는 서류
④ 원재료 및 제품의 취급, 제조 등의 작업방법의 개요

해설 **제출서류**

건축물 각 층의 평면도, 기계 · 설비의 배치도면, 기계 · 설비의 개요를 나타내는 서류, 원재료 및 제품의 취급, 제조 등의 작업방법의 개요

54 수리가 가능한 어떤 기계의 가용도(availability)는 0.9이고, 평균수리시간(MTTR)이 2시간일 때, 이 기계의 평균수명(MTBF)은?

① 15시간 ② 16시간
③ 17시간 ④ 18시간

가용도(일정 기간에 시스템이 고장 없이 가동될 확률)가 90%일 경우 시스템을 20시간 운영한다고 가정하면 수리시간이 2시간 발생한다. 따라서, 평균수명(MTBF) = 20시간 − 2시간 = 18시간이다.

55 다음의 각 단계를 결함수분석법(FTA)에 의한 재해사례의 연구 순서대로 나열한 것은?

> ㉠ 정상사상의 선정
> ㉡ FT도 작성 및 분석
> ㉢ 개선 계획의 작성
> ㉣ 각 사상의 재해원인 규명

① ㉠ → ㉡ → ㉢ → ㉣
② ㉠ → ㉣ → ㉢ → ㉡
③ ㉠ → ㉢ → ㉡ → ㉣
④ ㉠ → ㉣ → ㉡ → ㉢

해설 **FTA에 의한 재해사례 연구순서 (D.R. Cheriton)**

1. Top 사상의 선정
2. 사상마다의 재해원인 규명
3. FT도의 작성
4. 개선계획의 작성

정답 51 ② 52 ① 53 ① 54 ④ 55 ④

56 점광원으로부터 0.3m 떨어진 구면에 비추는 광량이 5lumen일 때, 조도는 약 몇 럭스인가?

① 0.06 ② 16.7
③ 55.6 ④ 83.4

해설

$$조도(lux) = \frac{광도(lumen)}{거리(m)^2} = \frac{5}{0.3^2} = 55.6lux$$

57 쾌적환경에서 추운환경으로 변화 시 신체의 조절작용이 아닌 것은?

① 피부온도가 내려간다.
② 직장온도가 약간 내려간다.
③ 몸이 떨리고 소름이 돋는다.
④ 피부를 경유하는 혈액 순환량이 감소한다.

 **적절한 온도에서 한랭 환경으로 변할 때의 신체의 조절작용**

- 피부온도가 내려간다.
- 혈액은 피부를 경유하는 순환량이 감소하고 많은 양의 혈액이 몸의 중심부를 순환한다.
- 소름이 돋고 몸이 떨린다.
- 직장(直腸)온도가 약간 올라간다.

58 FT도에 사용되는 다음 게이트의 명칭은?

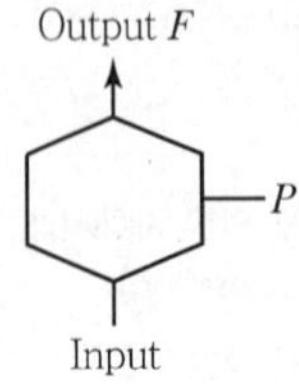

① 부정 게이트
② 억제 게이트
③ 배타적 OR 게이트
④ 우선적 AND 게이트

 **억제 게이트**

하나 또는 하나 이상의 입력이 참값이면 출력되는 게이트

59 정신적 작업 부하에 관한 생리적 척도에 해당하지 않는 것은?

① 부정맥 지수 ② 근전도
③ 점멸융합주파수 ④ 뇌파도

 **정신적 작업부하에 관한 생리적 측정치**

- 점멸융합주파수(플리커법) : 사이가 벌어져 회전하는 원판으로 들어오는 광원의 빛을 단속시켜 연속광으로 보이는지 단속광으로 보이는지 경계에서의 빛의 단속주기를 플리커치라 한다. 정신적으로 피로한 경우에는 주파수 값이 내려가는 것으로 알려져 있다.
- 기타 정신부하에 관한 생리적 측정치 : 눈꺼풀의 깜박임률(Bnk Rate), 부정맥, 동공지름(Pupil Ciameter), 뇌의 활동전위를 측정하는 뇌파도(EEG ; ElecroEncephaloGram)

60 인간－기계시스템의 연구 목적으로 가장 적절한 것은?

① 정보 저장의 극대화
② 운전 시 피로의 평준화
③ 시스템의 신뢰성 극대화
④ 안전의 극대화 및 생산능률의 향상

 인간－기계체제의 연구목적은 안전성 제고와 능률의 극대화이다.

정답 56 ③ 57 ② 58 ② 59 ② 60 ④

제4과목 건설시공학

61 철근콘크리트 부재의 피복두께를 확보하는 목적과 거리가 먼 것은?

① 철근이음 시 편의성
② 내화성 확보
③ 철근의 방청
④ 콘크리트의 유동성 확보

해설 철근의 피복두께 확보는 콘크리트의 내구성 및 내화성 확보, 구조내력 확보 등을 목적으로 한다.

62 철골공사에서 철골 세우기 순서가 옳게 연결된 것은?

A. 기초 볼트위치 재점검 B. 기둥 중심선 먹이감 C. 기둥 세우기 D. 주각부 모르타르 채움 E. Base plate의 높이 조정용 plate 고정

① A → B → C → D → E
② B → A → E → C → D
③ B → A → C → D → E
④ E → D → B → A → C

해설 철골세우기 순서

기둥 중심선 먹매김 → 기초 볼트위치 재점검 → 베이스 플레이트의 높이 조정용 플레이트 고정 → 기둥 세우기 → 주각부 모르타르 채움

63 지반개량공법 중 강제압밀 또는 강제압밀 탈수공법에 해당하지 않는 것은?

① 프리로딩공법
② 페이퍼드레인공법
③ 고결공법
④ 샌드드레인공법

강제압밀공법에는 수위저하법, 샌드드레인(Sand Drain)공법, 성토공법 등이 있다.

64 거푸집이 콘크리트 구조체의 품질에 미치는 영향과 역할이 아닌 것은?

① 콘크리트가 응결하기까지의 형상, 치수의 확보
② 콘크리트 수화반응의 원활한 진행을 보조
③ 철근의 피복두께 확보
④ 건설 폐기물의 감소

건설 폐기물의 감소는 거푸집이 콘크리트 구조체의 품질에 미치는 영향과 역할에 해당되지 않는다.

65 다음 중 철근공사의 배근순서로 옳은 것은?

① 벽 → 기둥 → 슬래브 → 보
② 슬래브 → 보 → 벽 → 기둥
③ 벽 → 기둥 → 보 → 슬래브
④ 기둥 → 벽 → 보 → 슬래브

해설 철근콘크리트 구조물(RC조)에서 철근의 조립순서

기초 → 기둥 → 벽 → 보 → 바닥판 → 계단

66 철근콘크리트에서 염해로 인한 철근부식 방지대책으로 옳지 않은 것은?

① 콘크리트중의 염소 이온량을 적게 한다.
② 에폭시 수지 도장 철근을 사용한다.

정답 61 ① 62 ② 63 ③ 64 ④ 65 ④ 66 ④

③ 방청제 투입을 고려한다.
④ 물－시멘트비를 크게 한다.

해설 물－시멘트비를 크게 할 경우 철근 부식방지에 도움이 되지 않는다.

67 **공사 중 시방서 및 설계도서가 서로 상이할 때의 우선순위에 관한 설명으로 옳지 않은 것은?**

① 설계도면과 공사시방서가 상이할 때는 설계도면을 우선한다.
② 설계도면과 내역서가 상이할 때는 설계도면을 우선한다.
③ 일반시방서와 전문시방서가 상이할 때는 전문시방서를 우선한다.
④ 설계도면과 상세도면이 상이할 때는 상세도면을 우선한다.

해설 설계도면과 공사시방서가 상이할 때는 공사시방서를 우선한다. 시방서와 설계도면에 기재된 내용이 다를 때나 시공상 부적당하다고 판단될 경우 현장책임자는 공사 감리자와 협의하며 시방서와 설계도면의 우선순위는 특기시방서>표준시방서>설계도면>내역명세서 순으로 한다.

68 **건축시공의 현대화 방안 중 3S System과 거리가 먼 것은?**

① 작업의 표준화 ② 작업의 단순화
③ 작업의 전문화 ④ 작업의 기계화

해설 3S System은 작업의 표준화(Standardization), 작업의 단순화(Simplification), 작업의 전문화(Specialization)를 말한다.

69 **개방잠함공법(Open Caisson Method)에 관한 설명으로 옳은 것은?**

① 건물외부 작업이므로 기후의 영향을 많이 받는다.
② 지하수가 많은 지반에서는 침하가 잘 되지 않는다.
③ 소음발생이 크다.
④ 실의 내부 갓 둘레부분을 중앙 부분보다 먼저 판다.

해설 **개방잠함 공법(Open Caisson)**

지하구조체 바깥벽 밑에 끝날(Shoe)을 붙이고, 지상에서 구축하여 중앙하부 흙을 파내어 구조체 자중으로 침하시키는 공법으로 소요의 지지층까지 도달이 가능하고, 작업 중 지층의 상태 확인이 가능하나 지하수가 많은 지반에서는 침하가 잘 되지 않는다.

70 **분할도급 발주 방식 중 지하철공사, 고속도로공사 및 대규모 아파트단지 등의 공사에 채용하면 가장 효과적인 것은?**

① 직종별 공종별 분할도급
② 공정별 분할도급
③ 공구별 분할도급
④ 전문공종별 분할도급

해설 **공구별 분할도급**

아파트 등 대규모 공사에서 지역별로 분리하여 도급을 주는 방식이다.

장점	단점
• 전문업자의 시공으로 우량시공 기대 • 업체 간 경쟁을 통한 공사원가 감소 • 건축주의 의도가 잘 반영됨	• 관리 및 감독의 업무 증대 • 공사의 종합관리가 어려움 • 경비 가산

정답 67 ① 68 ④ 69 ② 70 ③

71 **연질의 점토지반에서 흙막이 바깥에 있는 흙의 중량과 지표 위에 적재하중의 중량에 못 견디어 저면 흙이 붕괴되고 흙막이 바깥에 있는 흙이 안으로 밀려 불룩하게 되는 현상을 무엇이라고 하는가?**

① 보일링 파괴 ② 히빙 파괴
③ 파이핑 파괴 ④ 언더 피닝

해설 히빙(Heaving) 파괴

연약한 점토지반을 굴착할 때 흙막이 벽체 배면에 있는 흙의 중량이 굴착 바닥면의 흙의 중량보다 클 때 그 중량 차이로 인해 흙막이 벽체 배면의 흙이 안으로 밀려 들어와 굴착 바닥면이 부풀어 오르는 현상을 말한다.

72 **프리플레이스트 콘크리트의 서중 시공 시 유의사항으로 옳지 않은 것은?**

① 애지데이터 안의 모르타르 저류시간을 짧게 한다.
② 수송관 주변의 온도를 높여 준다.
③ 응결을 지연시키며 유동성을 크게 한다.
④ 비빈 후 즉시 주입한다.

해설 서중 시공 시에는 수송관 주변의 온도를 낮춰줘야 한다.

73 **잡석지정의 다짐량이 5m³일 때 틈막이로 넣는 자갈의 양으로 가장 적당한 것은?**

① $0.5m^3$ ② $1.5m^3$
③ $3.0m^3$ ④ $5.0m^3$

해설 잡석지정의 경우 사춤 자갈량은 다짐량의 30%로 한다.

74 **석공사에서 건식공법에서 관한 설명으로 옳지 않은 것은?**

① 하지철물의 부식문제와 내부단열재 설치문제 등이 나타날 수 있다.
② 긴결 철물과 채움 모르타르로 붙여 대는 것으로 외벽공사 시 빗물이 스며들어 들뜸, 백화현상 등이 발생하지 않도록 한다.
③ 실런트(Sealant) 유성분에 의한 석재면의 오염문제는 비오염성 실런트로 대체하거나, Open Joint 공법으로 대체하기도 한다.
④ 강재트러스, 트러스지지공법 등 건식공법은 시공정밀도가 우수하고, 작업능률이 개선되며, 공기단축이 가능하다.

해설 건식공법은 물을 사용하지 않는 부착식 공법이다.

75 **PERT/CPM의 장점이 아닌 것은?**

① 변화에 대한 신속한 대책수립이 가능하다.
② 비용과 관련된 최적안 선택이 가능하다.
③ 작업선후 관계가 명확하고 책임소재 파악이 용이하다.
④ 주공정(Critical Path)에 의해서만 공기관리가 가능하다.

해설 주공정이 아닌 것도 공기관리가 필요하다.

정답 71 ② 72 ② 73 ② 74 ② 75 ④

76 콘크리트 타설 시 거푸집에 작용하는 측압에 관한 설명으로 옳지 않은 것은?

① 기온이 낮을수록 측압은 작아진다.
② 거푸집의 강성이 클수록 측압은 커진다.
③ 진동기를 사용하여 다질수록 측압은 커진다.
④ 조강시멘트 등을 활용하면 측압은 작아진다.

해설 외기온도가 낮을수록, 습도가 높을수록 콘크리트 측압이 커진다.

77 내화피복의 공법과 재료와의 연결이 옳지 않은 것은?

① 타설공법 – 콘크리트, 경량콘크리트
② 조적공법 – 콘크리트, 경량콘크리트 블록, 돌, 벽돌
③ 미장공법 – 뿜칠 플라스터, 알루미나 계열 모르타르
④ 뿜칠공법 – 뿜칠 암면, 습식 뿜칠 암면, 뿜칠 모르타르

해설 철골공사에서 습식 내화피복공법의 종류

- 타설공법 : 경량콘크리트, 보통콘크리트 등을 철골 둘레에 타설하는 공법
- 뿜칠공법 : 강재에 석면, 질석, 암면 등 혼합재료를 뿜칠하는 공법
- 조적공법 : 벽돌, 블록, 석재 등으로 강재 둘레에 조적하는 공법
- 미장공법 : 내화단열성 모르타르로 미장하는 공법

78 철골공사의 기초상부 고름질 방법에 해당되지 않는 것은?

① 전면바름 마무리법
② 나중 채워넣기 중심바름법
③ 나중 매입공법
④ 나중 채워넣기법

해설 철골세우기의 기초상부 고름질법

- 전면바름공법,
- 나중 채워넣기 중심바름법
- 나중 채워넣기 십(+)자 바름법
- 나중 채워넣기

79 보강 콘크리트 블록조 공사에서 원칙적으로 기초 및 테두리보에서 위층의 테두리보까지 잇지 않고 배근하는 것은?

① 세로근 ② 가로근
③ 철선 ④ 수평횡근

철근콘크리트 보강블록 공사에서 세로근은 기초, 테두리보 위에서 위층 테두리보까지 이음 없이 배근한다. 가로근은 세로근을 갈고리로 감고, 모서리는 서로 깊이 물려 $40d$ 이상 정착하며, 가로근의 이음은 엇갈리게 한다.

80 말뚝재하시험의 주요 목적과 거리가 먼 것은?

① 말뚝길이의 결정
② 말뚝 관입량 결정
③ 지하수위 추정
④ 지지력 추정

말뚝재하시험의 주요 목적은 말뚝길이의 결정, 관입량 결정, 지지력 추정 등이다.

정답 76 ① 77 ③ 78 ③ 79 ① 80 ③

제5과목 건설재료학

81 합성수지 재료에 관한 설명으로 옳지 않은 것은?

① 에폭시 수지는 접착성은 우수하나 경화 시 휘발성이 있어 용적의 감소가 매우 크다.
② 요소 수지는 무색이어서 착색이 자유롭고 내수성이 크며 내수합판의 접착제로 사용된다.
③ 폴리에스테르 수지는 전기절연성, 내열성이 우수하고 특히 내약품성이 뛰어나다.
④ 실리콘 수지는 내약품성, 내후성이 좋으며 방수피막 등에 사용된다.

해설 에폭시 수지(Epoxy Resin)

경화 시 휘발물의 발생이 없고 금속 · 유리 등과의 접착성이 우수하다. 내약품성, 내열성이 뛰어나고 산 · 알칼리에 강하여 금속, 유리, 플라스틱, 도자기, 목재, 고무 등의 접착제와 도료의 원료로 사용한다.

82 목재의 건조특성에 관한 설명으로 옳지 않은 것은?

① 온도가 높을수록 건조속도는 빠르다.
② 풍속이 빠를수록 건조속도는 빠르다.
③ 목재의 비중이 클수록 건조속도는 빠르다.
④ 목재의 두께가 두꺼울수록 건조시간이 길어진다.

해설 목재의 비중이 클수록 건조속도가 느려진다.

83 부재 혹은 구조물의 치수가 커서 시멘트의 수화열에 의한 온도상승 및 강하를 고려하여 설계 · 시공해야 하는 콘크리트를 무엇이라 하는가?

① 매스콘크리트 ② 한중콘크리트
③ 고강도콘크리트 ④ 수밀콘크리트

해설 매스콘크리트는 부재 혹은 구조물의 치수가 커서 시멘트의 수화열에 의한 온도상승 및 강하를 고려하여 설계 · 시공해야 하는 콘크리트이다.

84 목재의 내연성 및 방화에 관한 설명으로 옳지 않은 것은?

① 목재의 방화는 목재 표면에 불연소성 피막을 도포 또는 형성시켜 화염의 접근을 방지하는 조치를 한다.
② 방화제로는 방화페인트, 규산나트륨 등이 있다.
③ 목재에 열이 닿으면 먼저 수분이 증발하고 160℃ 이상이 되면 소량의 가연성 가스가 유출된다.
④ 목재는 450℃에서 장시간 가열하면 자연발화하게 되는데, 이 온도를 화재위험온도라고 한다.

해설 목재는 400~450℃ 정도가 되면 화기 없이 자연발화가 되며, 이를 발화점이라고 한다.

85 점토제품에서 SK번호가 의미하는 바로 옳은 것은?

① 점토원료를 표시
② 소성온도를 표시
③ 점도제품의 종류를 표시
④ 점토제품 제법 순서를 표시

정답 81 ① 82 ③ 83 ① 84 ④ 85 ②

해설 소성온도 측정법인 세게르콘(Seger(Keger) Cone ; S.K)을 말하며 특수한 점토를 원료로 하여 만든 삼각추형(Cone)의 물체로 연화되어 휘어지는 때의 온도를 소성온도로 한다.

86 다음 중 역청재료의 침입도 값과 비례하는 것은?

① 역청재의 중량 ② 역청재의 온도
③ 대기압 ④ 역청재의 비중

해설 역청재의 온도는 침입도 값과 비례한다.

87 표면을 연마하여 고광택을 유지하도록 만든 시유타일로 대형 타일에 많이 사용되며, 천연화강석의 색깔과 무늬가 표면에 나타나게 만들 수 있는 것은?

① 모자이크 타일 ② 징크판넬
③ 논슬립 타일 ④ 폴리싱 타일

해설 폴리싱 타일에 대한 설명이다.

88 투명도가 높으므로 유기유리라고도 불리며 무색 투명하여 착색이 자유롭고 상온에서도 절단 · 가공이 용이한 합성수지는?

① 폴리에틸렌 수지
② 스티롤 수지
③ 멜라민 수지
④ 아크릴 수지

해설 아크릴 수지는 투명도가 높아 유기유리로 불린다.

89 다음 중 원유에서 인위적으로 만든 아스팔트에 해당하는 것은?

① 블로운 아스팔트
② 로크 아스팔트
③ 레이크 아스팔트
④ 아스팔타이트

해설 블로운 아스팔트는 원유에서 인위적으로 만든 아스팔트에 해당된다.

90 강재 시편의 인장시험 시 나타나는 응력-변형률 곡선에 관한 설명으로 옳지 않은 것은?

① 하위항복점까지 가력한 후 외력을 제거하면 변형은 원상으로 회복된다.
② 인장강도점에서 응력값이 가장 크게 나타난다.
③ 냉간성형한 강재는 항복점이 명확하지 않다.
④ 상위항복점 이후에 하위항복점이 나타난다.

해설 하위항복점까지 가력한 후 외력을 제거해도 변형은 원상복구되지 않는다.

91 유리가 불화수소에 부식하는 성질을 이용하여 5mm 이상 판유리면에 그림, 문자 등을 새긴 유리는?

① 스테인드유리 ② 망입유리
③ 에칭유리 ④ 내열수리

해설 에칭유리는 판유리면에 그림, 문자 등을 새긴 유리이다.

정답 86 ② 87 ④ 88 ④ 89 ① 90 ① 91 ③

92 회반죽에 여물을 넣는 가장 주된 이유는?

① 균열을 방지하기 위하여
② 점성을 높이기 위하여
③ 경화를 촉진하기 위하여
④ 내수성을 높이기 위하여

해설 회반죽의 초벌과 재벌에서는 건조 경화 시 균열 방지를 위해 여물을 사용한다.

93 기성 배합 모르타르 바름에 관한 설명으로 옳지 않은 것은?

① 현장에서의 시공이 간편하다.
② 공장에서 미리 배합하므로 재료가 균질하다.
③ 접착력 강화제가 혼입되기도 한다.
④ 주로 바름 두께가 두꺼운 경우에 많이 쓰인다.

해설 기성 배합 모르타르 바름은 바름 두께가 얇은 경우에 많이 쓰인다.

94 골재의 입도분포를 측정하기 위한 시험으로 옳은 것은?

① 플로우 시험 ② 블레인 시험
③ 체가름 시험 ④ 비카트침 시험

해설 체가름 시험은 골재의 입도분포를 측정하기 위한 시험방법에 해당된다.

95 다음 미장재료 중 기경성(氣硬性)이 아닌 것은?

① 회반죽
② 경석고 플라스터
③ 회사벽
④ 돌로마이트 플라스터

해설 경석고 플라스터는 수경성(水硬性) 미장재료에 해당된다.

96 도료 중 주로 목재면의 투명도장에 쓰이고 오일 니스에 비하여 도막이 얇으나 견고하며, 담색으로서 우아한 광택이 있고 내부용으로 쓰이는 것은?

① 클리어 래커(Clear Lacquer)
② 에나멜 래커(Enamel Lacquer)
③ 에나멜 페인트(Enamel Paint)
④ 하이 솔리드 래커(High Solid Lacquer)

해설 클리어 래커(Clear Lacquer)는 목재면의 투명도장에 주로 사용된다.

97 강화유리의 검사항목과 거리가 먼 것은?

① 파쇄시험 ② 쇼트백시험
③ 내충격성시험 ④ 촉진노출시험

해설 강화유리의 검사항목에는 쇼트백시험, 파쇄시험, 내충격성시험 등이 있다.

98 목재의 신축에 관한 설명으로 옳은 것은?

① 동일 나뭇결에서 심재는 변재보다 신축이 크다.
② 섬유포화점 이상에서는 함수율의 변화에 따른 신축 변동이 크다.
③ 일반적으로 고은결폭보다 널결폭이 신축의 정도가 크다.
④ 신축의 정도는 수종과는 상관없이 일정하다.

해설 일반적으로 고은결폭보다 널결폭이 신축의 정도가 크다.

정답 92 ① 93 ④ 94 ③ 95 ② 96 ① 97 ④ 98 ③

99 창호용 철물 중 경첩으로 유지할 수 없는 무거운 자재 여닫이문에 쓰이는 철물은?

① 도어 스톱　② 래버터리 힌지
③ 도어 체크　④ 플로어 힌지

해설 플로어 힌지는 경첩으로 유지할 수 없는 무거운 자재 여닫이문에 사용된다.

100 오토클레이브(Autoclave)에 포화증기 양생한 경량기포콘크리트의 특징으로 옳은 것은?

① 열전도율은 보통 콘크리트와 비슷하며 단열성은 약한 편이다.
② 경량이고 다공질이어서 가공 시 톱을 사용할 수 있다.
③ 불연성 재료로 내화성이 매우 우수하다.
④ 흡음성과 차음성은 비교적 약한 편이다.

해설 오토클레이브(Autoclave)에 양생한 경량기포콘크리트 제품은 경량이며 다공질이다.

제6과목 건설안전기술

101 산업안전보건법령에 따른 거푸집 동바리를 조립하는 경우의 준수사항으로 옳지 않은 것은?

① 개구부 상부에 동바리를 설치하는 경우에는 상부하중을 견딜 수 있는 견고한 받침대를 설치할 것
② 동바리의 이음은 맞댄이음이나 장부이음으로 하고 같은 품질의 제품을 사용할 것
③ 강재와 강재의 접속부 및 교차부는 철선을 사용하여 단단히 연결할 것
④ 거푸집이 곡면인 경우에는 버팀대의 부착 등 그 거푸집의 부상(浮上)을 방지하기 위한 조치를 할 것

해설 법이 개정되어 앞으로 출제되지 않음

102 타워크레인(Tower Crane)을 선정하기 위한 사전 검토사항으로서 가장 거리가 먼 것은?

① 붐의 모양　② 인양능력
③ 작업반경　④ 붐의 높이

해설 붐의 모양은 타워크레인을 선정하기 위한 사전 검토사항에 해당하지 않는다.

103 건설현장에서 근로자의 추락재해를 예방하기 위한 안전난간을 설치하는 경우 그 구성요소와 거리가 먼 것은?

① 상부 난간대　② 중간 난간대
③ 사다리　④ 발끝막이판

해설 안전난간의 구조는 상부 난간대, 중간 난간대, 발끝막이판 및 난간기둥으로 구성된다.

104 달비계(곤돌라의 달비계는 제외)의 최대 적재하중을 정하는 경우에 사용하는 안전계수의 기준으로 옳은 것은?

① 달기체인의 안전계수 : 10 이상
② 달기강대와 달비계의 하부 및 상부지점의 안전계수(목재의 경우) : 2.5 이상
③ 달기와이어로프의 안전계수 : 5 이상

정답 99 ④　100 ②　101 ③　102 ①　103 ③　104 ④

④ 달기강선의 안전계수 : 10 이상

 달비계(곤돌라의 달비계는 제외)의 최대적재하중을 정하는 경우에 달기체인 : 5, 달기강선 : 10, 달기와이어로프 : 10, 달기강대와 달비계의 하부 및 상부지점 : 목재는 5, 강재는 2.5 이상이어야 한다.

105 **달비계의 구조에서 달비계 작업발판의 폭은 최소 얼마 이상이어야 하는가?**

① 30cm ② 40cm
③ 50cm ④ 60cm

 달비계의 구조에서 작업발판의 최소 폭은 40센티미터 이상으로 하고 틈새가 없도록 해야 한다.

106 **건설업 중 교량건설 공사의 유해위험방지계획서를 제출하여야 하는 기준으로 옳은 것은?**

① 최대 지간길이가 40m 이상인 교량건설 등 공사
② 최대 지간길이가 50m 이상인 교량건설 등 공사
③ 최대 지간길이가 60m 이상인 교량건설 등 공사
④ 최대 지간길이가 70m 이상인 교량건설 등 공사

해설 최대 지간길이가 50m 이상인 교량공사가 제출대상에 해당된다.

107 **구축물이 풍압 · 지진 등에 의하여 붕괴 또는 전도하는 위험을 예방하기 위한 조치와 가장 거리가 먼 것은?**

① 설계도서에 따라 시공했는지 확인
② 건설공사 시방서에 따라 시공했는지 확인
③ 「건축물의 구조기준 등에 관한 규칙」에 따른 구조기준을 준수했는지 확인
④ 보호구 및 방호장치의 성능검정 합격품을 사용했는지 확인

해설 구축물 또는 이와 유사한 시설물에 대하여 자중(自重), 적재하중, 적설, 풍압(風壓), 지진이나 진동 및 충격 등에 의하여 전도 · 폭발하거나 무너지는 등의 위험을 예방하기 위하여 다음의 조치를 해야 한다.
- 설계도서에 따라 시공했는지 확인
- 건설공사 시방서(示方書)에 따라 시공했는지 확인
- 「건축물의 구조기준 등에 관한 규칙」에 따른 구조기준을 준수했는지 확인

108 **철골 건립준비를 할 때 준수하여야 할 사항과 가장 거리가 먼 것은?**

① 지상 작업장에서 건립준비 및 기계기구를 배치할 경우에는 낙하물의 위험이 없는 평탄한 장소를 선정하여 정비하고 경사지에는 작업대나 임시발판 등을 설치하는 등 안전조치를 한 후 작업하여야 한다.
② 건립작업에 다소 지장이 있다 하더라도 수목은 제거하여서는 안 된다.
③ 사용 전에 기계기구에 대한 정비 및 보수를 철저히 실시하여야 한다.
④ 기계에 부착된 앵커 등 고정장치와 기초구조 등을 확인하여야 한다.

해설 철골 건립작업에 지장을 주는 수목을 제거하여 안전한 작업을 실시하여야 한다.

정답 105 ② 106 ② 107 ④ 108 ②

109 **건설현장에서 높이 5m 이상인 콘크리트 교량의 설치작업을 하는 경우 재해예방을 위해 준수해야 할 사항으로 옳지 않은 것은?**

① 작업을 하는 구역에는 관계 근로자가 아닌 사람의 출입을 금지할 것
② 재료, 기구 또는 공구 등을 올리거나 내릴 경우에는 근로자로 하여금 크레인을 이용하도록 하고, 달줄, 달포대 등의 사용을 금하도록 할 것
③ 중량물 부재를 크레인 등으로 인양하는 경우에는 부재에 인양용 고리를 견고하게 설치하고, 인양용 로프는 부재에 두 군데 이상 결속하여 인양하여야 하며, 중량물이 안전하게 거치되기 전까지는 걸이로프를 해체시키지 아니할 것
④ 자재나 부재의 낙하 · 전도 또는 붕괴 등에 의하여 근로자에게 위험을 미칠 우려가 있을 경우에는 출입금지구역의 설정, 자재 또는 가설시설의 좌굴(挫屈) 또는 변형 방지를 위한 보강재 부착 등의 조치를 할 것

해설 재료 · 기구 또는 공구 등을 올리거나 내리는 경우에는 근로자가 달줄 또는 달포대 등을 사용하게 해야 한다.

110 **일반건설공사(갑)로 대상액이 5억 원 이상 50억 원 미만인 경우에 산업안전보건관리비의 비율(가) 및 기초액(나)으로 옳은 것은?**

① (가) 1.86%, (나) 5,349,000원
② (가) 1.99%, (나) 5,499,000원
③ (가) 2.35%, (나) 5,400,000원
④ (가) 1.57%, (나) 4,411,000원

일반건설공사(갑) 대상액이 5억 원 이상 50억 원 미만일 경우 산업안전보건관리비의 계상기준은 비율 1.86%, 기초액 5,349,000원이다.

111 **중량물을 운반할 때의 바른 자세로 옳은 것은?**

① 허리를 구부리고 양손으로 들어올린다.
② 중량은 보통 체중의 60%가 적당하다.
③ 물건은 최대한 몸에서 멀리 떼어서 들어올린다.
④ 길이가 긴 물건은 앞쪽을 높게 하여 운반한다.

중량물을 운반할 때에는 길이가 긴 물건은 앞쪽을 높게 하여 운반한다.

112 **추락방호용 방망의 그물코의 크기가 10cm인 신품 매듭방망사의 인장강도는 몇 킬로그램 이상이어야 하는가?**

① 80 ② 110
③ 150 ④ 200

그물코 10cm인 매듭 있는 방망의 인장강도는 200kgf이다.

113 **다음 중 방망에 표시해야 할 사항이 아닌 것은?**

① 방망의 신축성
② 제조자명
③ 제조년월
④ 재봉 치수

정답 109 ② 110 ① 111 ④ 112 ④ 113 ①

해설 방망에 표시하여야 할 사항

- 제조회사
- 제조년월
- 방망규격
- 그물코의 크기
- 방망사의 강도(신품)

114 강관비계 조립 시의 준수사항으로 옳지 않은 것은?

① 비계기둥에는 미끄러지거나 침하하는 것을 방지하기 위하여 밑받침철물을 사용한다.
② 지상높이 4층 이하 또는 12m 이하인 건축물의 해체 및 조립 등의 작업에서만 사용한다.
③ 교차가새로 보강한다.
④ 외줄비계 · 쌍줄비계 또는 돌출비계에 대해서는 벽이음 및 버팀을 설치한다.

해설 통나무 비계의 경우 지상높이 4층 이하 또는 12m 이하인 건축물의 해체 및 조립 등의 작업에서만 사용해야 한다.

115 사다리식 통로 등을 설치하는 경우 고정식 사다리식 통로의 기울기는 최대 몇 도 이하로 하여야 하는가?

① 60도 ② 75도
③ 80도 ④ 90도

해설 고정식 사다리식 통로의 기울기는 최대 90도 이하로 해야 한다

116 부두 · 안벽 등 하역작업을 하는 장소에서 부두 또는 안벽의 선을 따라 통로를 설치하는 경우에는 폭을 최소 얼마 이상으로 해야 하는가?

① 70cm ② 80cm
③ 90cm ④ 100cm

 부두 · 안벽 등 하역작업을 하는 장소에서 부두 또는 안벽의 선을 따라 통로를 설치하는 경우에는 폭을 최소 90cm 이상으로 해야 한다.

117 건설작업장에서 근로자가 상시 작업하는 장소의 작업면 조도기준으로 옳지 않은 것은?(단, 갱내 작업장과 감광재료를 취급하는 작업장의 경우는 제외)

① 초정밀 작업 : 600럭스(lux) 이상
② 정밀작업 : 300럭스(lux) 이상
③ 보통작업 : 150럭스(lux) 이상
④ 초정밀, 정밀, 보통작업을 제외한 기타 작업 : 75럭스(lux) 이상

해설 작업별 조도기준

- 초정밀작업 : 750lux 이상
- 정밀작업 : 300lux 이상
- 보통작업 : 150lux 이상
- 기타작업 : 75lux 이상

118 승강기 강선의 과다감기를 방지하는 장치는?

① 비상정지장치 ② 권과방지장치
③ 해지장치 ④ 과부하방지장치

 권과방지장치는 와이어로프가 일정한도 이상으로 감기는 것을 방지하는 장치이다.

정답 114 ② 115 ④ 116 ③ 117 ① 118 ②

119 **흙막이 지보공을 설치하였을 때 정기적으로 점검하여야 할 사항과 거리가 먼 것은?**

① 경보장치의 작동상태
② 부재의 손상 · 변형 · 부식 · 변위 및 탈락의 유무와 상태
③ 버팀대의 긴압(緊壓)의 정도
④ 부재의 접속부 · 부착부 및 교차부의 상태

흙막이 지보공을 설치한 경우에는 정기적으로 다음 사항을 점검하고 이상을 발견한 경우에는 즉시 보수하여야 한다.

- 부재의 손상 · 변형 · 부식 · 변위 및 탈락의 유무와 상태
- 버팀대의 긴압의 정도
- 부재의 접속부 · 부착부 및 교차부의 상태
- 침하의 정도
- 흙막이 공사의 계측관리

120 **사질지반 굴착 시, 굴착부와 지하수위차가 있을 때 수두차에 의하여 삼투압이 생겨 흙막이벽 근입부분을 침식하는 동시에 모래가 액상화되어 솟아오르는 현상은?**

① 동상현상 ② 연화현상
③ 보일링 현상 ④ 히빙 현상

보일링 현상은 흙막이 배면지반과 굴착저면의 지하수위차로 인해 모래가 부풀어 솟아오르는 현상이다.

정답 119 ① 120 ③

2019년 4월 27일 시행

ENGINEER CONSTRUCTION SAFETY

제1과목 산업안전관리론

01 산업안전보건법령상 담배를 피워서는 안 될 장소에 사용되는 금연 표지에 해당하는 것은?

① 지시표지
② 경고표지
③ 금지표지
④ 안내표지

해설 금연표지는 금지 표지 중 하나이다.

02 시설물의 안전관리에 관한 특별법령에 제시된 등급별 정기안전점검의 실시 시기로 옳지 않은 것은?

① A등급인 경우 반기에 1회 이상이다.
② B등급인 경우 반기에 1회 이상이다.
③ C등급인 경우 1년에 3회 이상이다.
④ D등급인 경우 1년에 3회 이상이다.

해설 안전점검, 정밀안전진단 및 성능평가의 실시시기

<table>
<tr><th rowspan="2">안전등급</th><th rowspan="2">정기안전점검</th><th colspan="2">정밀안전점검</th><th rowspan="2">정밀안전진단</th><th rowspan="2">성능평가</th></tr>
<tr><th>건축물</th><th>건축물 외 시설물</th></tr>
<tr><td>A등급</td><td rowspan="2">반기에 1회 이상</td><td>4년에 1회 이상</td><td>3년에 1회 이상</td><td>6년에 1회 이상</td><td rowspan="3">5년에 1회 이상</td></tr>
<tr><td>B·C등급</td><td>3년에 1회 이상</td><td>2년에 1회 이상</td><td>5년에 1회 이상</td></tr>
<tr><td>D·E등급</td><td>1년에 3회 이상</td><td>2년에 1회 이상</td><td>1년에 1회 이상</td><td>4년에 1회 이상</td></tr>
</table>

03 산업안전보건법령상 내전압용 절연장갑의 성능기준에 있어 절연장갑의 등급과 최대사용전압이 옳게 연결된 것은?(단, 전압은 교류로 실효값을 의미한다.)

① 00등급 : 500V
② 0등급 : 1,500V
③ 1등급 : 11,250V
④ 2등급 : 25,500V

해설 절연장갑의 등급 및 색상

<table>
<tr><th rowspan="2">등급</th><th colspan="2">최대사용전압</th><th rowspan="2">비고</th></tr>
<tr><th>교류(V, 실효값)</th><th>직류(V)</th></tr>
<tr><td>00</td><td>500</td><td>750</td><td>갈색</td></tr>
<tr><td>0</td><td>1,000</td><td>1,500</td><td>빨간색</td></tr>
<tr><td>1</td><td>7,500</td><td>11,250</td><td>흰색</td></tr>
<tr><td>2</td><td>17,000</td><td>25,500</td><td>노란색</td></tr>
<tr><td>3</td><td>26,500</td><td>39,750</td><td>녹색</td></tr>
<tr><td>4</td><td>36,000</td><td>54,000</td><td>등색</td></tr>
</table>

정답 01 ③ 02 ③ 03 ①

04 다음 중 안전관리의 근본이념에 있어 그 목적으로 볼 수 없는 것은?

① 사용자의 수용도 향상
② 기업의 경제적 손실예방
③ 생산성 향상 및 품질 향상
④ 사회복지의 증진

 안전관리란 생산성의 향상과 손실(Loss)의 최소화를 위하여 행하는 것으로 비능률적 요소인 사고가 발생하지 않는 상태를 유지하기 위한 활동으로 생산성 측면에서는 다음과 같은 효과를 가져온다.
- 근로자의 사기진작
- 생산성 향상
- 사회적 신뢰성 유지 및 확보
- 비용절감(손실감소)
- 이윤증대
- 사회복지의 증진

05 다음 설명에 가장 적합한 조직의 형태는?

- 과제중심의 조직
- 특정과제를 수행하기 위해 필요한 자원과 재능을 여러 부서로부터 임시로 집중시켜 문제를 해결하고, 완료 후 다시 본래의 부서로 복귀하는 형태
- 시간적 유한성을 가진 일시적이고 잠정적인 조직

① 스태프(Staff)형 조직
② 라인(Line)식 조직
③ 기능(Function)식 조직
④ 프로젝트(Project) 조직

해설 **프로젝트 조직**

특정한 사업목표를 달성하기 위하여 일시적으로 조직 내의 인적 물적 자원을 결합하는 조직형태

06 통계적 재해원인분석방법 중 특성과 요인관계를 도표로 하여 어골상으로 세분화한 것으로 옳은 것은?

① 관리도 ② cross도
③ 특성요인도 ④ 파레토(Pareto)도

해설 **특성요인도**

특성과 요인관계를 도표로 하여 어골상으로 세분화한 분석법

07 근로자수가 400명, 주당 45시간씩 연간 50주를 근무하였고, 연간재해건수는 210건으로 근로손실일수가 800일이었다. 이 사업장의 강도율은 약 얼마인가?(단, 근로자의 출근율은 95%로 계산한다.)

① 0.42 ② 0.52
③ 0.88 ④ 0.94

 강도율

$$= \frac{\text{근로손실일수}}{\text{연근로시간수}} \times 1{,}000$$
$$= \frac{800}{400 \times 45 \times 50 \times 0.95} \times 1{,}000$$
$$= 0.94$$

08 다음 중 재해조사를 할 때의 유의사항으로 가장 적절한 것은?

① 재발방지 목적보다 책임소재 파악을 우선으로 하는 기본적 태도를 갖는다.
② 목격자 등이 증언하는 사실 이외의 추측하는 말도 신뢰성 있게 받아들인다.
③ 2차 재해예방과 위험성에 대한 보호구를 착용한다.
④ 조사자의 전문성을 고려하여 단독으로 조사하며, 사고 정황을 주관적으로 추정한다.

정답 04 ① 05 ④ 06 ③ 07 ④ 08 ③

해설 재해조사 시 유의사항

- 사실을 수집한다.
- 목격자 등이 증언하는 사실 이외의 추측의 말은 참고로만 한다.
- 조사는 신속하게 행하고 긴급조치를 하여 2차 재해의 방지를 도모한다.
- 사람, 기계설비, 환경의 측면에서 재해요인을 모두 도출한다.
- 객관적인 입장에서 공정하게 조사하며, 조사는 2인 이상이 한다.
- 책임추궁보다 재발방지를 우선하는 기본 태도를 갖는다.

09 **산업안전보건법령상 사업주가 안전관리자를 선임한 경우, 선임한 날부터 며칠 이내에 고용노동부장관에게 증명할 수 있는 서류를 제출하여야 하는가?**

① 7일 ② 14일
③ 30일 ④ 60일

해설 사업주는 안전관리자를 선임하거나 안전관리자의 업무를 안전관리전문기관에 위탁한 경우에는 고용노동부령으로 정하는 바에 따라 선임하거나 위탁한 날부터 14일 이내에 고용노동부장관에게 증명할 수 있는 서류를 제출하여야 한다.

10 **재해손실비 평가방식 중 시몬즈(Simonds) 방식에서 재해의 종류에 관한 설명으로 옳지 않은 것은?**

① 무상해사고는 의료조치를 필요로 하지 않은 상해사고를 말한다.
② 휴업상해는 영구 일부 노동불능 및 일시 전 노동 불능 상해를 말한다.
③ 응급조치상해는 응급조치 또는 8시간 이상의 휴업의료 조치 상해를 말한다.
④ 통원상해는 일시 일부 노동불능 및 의사의 통원 조치를 요하는 상해를 말한다.

해설 응급조치상해 : 응급조치 또는 8시간 미만 휴업의료조치 상해

11 **위험예지훈련에 대한 설명으로 옳지 않은 것은?**

① 직장이나 작업의 상황 속 잠재 위험요인을 도출한다.
② 행동하기에 앞서 위험요소를 예측하는 것을 습관화하는 훈련이다.
③ 위험의 포인트나 중점실시 사항을 지적 확인한다.
④ 직장 내에서 최대 인원의 단위로 토의하고 생각하며 이해한다.

해설 위험예지훈련은 직장 내에서 최소 인원의 단위로 토의하고 생각하며 이해해야 한다.

12 **산업안전보건법령상 건설업의 도급인 사업주가 작업장을 순회 점검하여야 하는 주기로 올바른 것은?**

① 1일에 1회 이상 ② 2일에 1회 이상
③ 3일에 1회 이상 ④ 7일에 1회 이상

해설 도급인인 사업주는 작업장을 다음 구분에 따라 순회점검하여야 한다.(2일에 1회 이상)
- 건설업
- 제조업
- 토사석 광업
- 서적, 잡지 및 기타 인쇄물 출판업
- 음악 및 기타 오디오물 출판업
- 금속 및 비금속 원료 재생업

정답 09 ② 10 ③ 11 ④ 12 ②

13 산업안전보건법령상 안전보건관리규정에 포함해야할 내용이 아닌 것은?

① 안전보건교육에 관한 사항
② 사고조사 및 대책수립에 관한 사항
③ 안전보건관리 조직과 그 직무에 관한 사항
④ 산업재해보상보험에 관한 사항

해설 **안전보건관리규정 작성내용**

- 안전 · 보건관리조직과 그 직무에 관한 사항
- 안전 · 보건교육에 관한 사항
- 작업장 안전관리에 관한 사항
- 작업장 보건관리에 관한 사항
- 사고조사 및 대책수립에 관한 사항

14 다음에서 설명하는 무재해운동 추진기법으로 옳은 것은?

작업현장에서 그때 그 장소의 상황에 즉응하며 실시하는 위험예지활동으로서 즉시즉응법이라고도 한다.

① TBM(Tool Box Meeting)
② 삼각 위험예지훈련
③ 자문자답카드 위험예지훈련
④ 터치 앤드 콜(Touch and Call)

해설 **TBM(Tool Box Meeting) 위험예지훈련**

작업원 5~6명이 리더를 중심으로 둘러앉아(또는 서서) 3~5분에 걸쳐 작업 중 발생할 수 있는 위험을 예측하고 사전에 점검하여 대책을 수립하는 등 단시간 내에 의논하는 문제해결기법. 작업현장에서 그때 그 장소의 상황에 즉시 응하여 실시하는 위험예지활동으로서 즉시즉응법이라고 한다.

15 재해의 원인 중 물적 원인(불안전한 상태)에 해당하지 않는 것은?

① 보호구 미착용
② 방호장치의 결함
③ 조명 및 환기불량
④ 불량한 정리 정돈

해설 보호구 미착용은 불안전한 행동이다.

16 산업안전보건법령상 양중기의 종류에 포함되지 않는 것은?

① 곤돌라　② 호이스트
③ 컨베이어　④ 이동식 크레인

해설 **양중기의 종류**

- 크레인[호이스트(hoist)를 포함한다]
- 이동식 크레인
- 리프트(이삿짐 운반용 리프트의 경우에는 적재하중이 0.1톤 이상인 것으로 한정한다)
- 곤돌라
- 승강기

17 산업안전보건법령상 공사 금액이 얼마 이상인 건설업 사업장에서 산업안전보건위원회를 설치 · 운영하여야 하는가?

① 80억 원　② 120억 원
③ 250억 원　④ 700억 원

건설업의 경우 공사금액 120억 원 이상(「건설산업기본법 시행령」 별표 1에 따른 토목공사업에 해당하는 공사의 경우에는 150억 원 이상)일 경우 산업안전보건위원회를 설치 · 운영하여야 한다.

정답 13 ④　14 ①　15 ①　16 ③　17 ②

18 산업안전보건법령상 자율안전확인대상 기계 · 기구 등에 포함되지 않은 것은?

① 곤돌라
② 연삭기
③ 컨베이어
④ 자동차정비용 리프트

해설 곤돌라는 안전인증 대상에 해당된다.

자율안전확인신고대상 기계 · 기구

- 연삭기 또는 연마기(휴대형은 제외한다)
- 산업용 로봇
- 혼합기
- 파쇄기 또는 분쇄기
- 식품가공용 기계(파쇄 · 절단 · 혼합 · 제면기만 해당한다)
- 컨베이어
- 자동차정비용 리프트
- 공작기계(선반, 드릴기, 평삭 · 형삭기, 밀링만 해당한다)
- 고정형 목재가공용 기계(둥근톱, 대패, 루타기, 띠톱, 모떼기 기계만 해당한다)
- 인쇄기

19 사고예방대책의 기본원리 5단계 중 제2단계의 사실의 발견에 관한 사항에 해당되지 않는 것은?

① 사고조사
② 안전회의 및 토의
③ 교육과 훈련의 분석
④ 사고 및 안전활동기록의 검토

해설 **사고예방의 5단계 중 제2단계(사실의 발견)**

- 사고 및 안전활동의 기록 · 검토
- 작업 분석
- 안전점검, 안전진단
- 사고 조사
- 안전평가
- 각종 안전회의 및 토의
- 근로자의 건의 및 애로 조사

20 산업안전보건법령상 안전검사 대상 유해 · 위험기계 등에 포함되지 않는 것은?

① 리프트
② 전단기
③ 압력용기
④ 밀폐형 구조 롤러기

해설 **안전검사 대상 유해 · 위험기계**

- 프레스
- 전단기
- 크레인(정격 하중이 2톤 미만인 것은 제외한다)
- 리프트
- 압력용기
- 곤돌라
- 국소배기장치(이동식은 제외한다)
- 원심기(산업용만 해당한다)
- 롤러기(밀폐형 구조는 제외한다)
- 사출성형기[형 체결력(型 締結力) 294킬로뉴턴(KN) 미만은 제외한다]
- 고소작업대
- 컨베이어
- 산업용 로봇

제2과목 산업심리 및 교육

21 리더의 기능수행과 리더로서의 지위 획득 및 유지가 리더 개인의 성격이나 자질에 의존한다는 리더십 이론은?

① 행동이론 ② 상황이론
③ 관리이론 ④ 특성이론

특성이론(Trait theory)

리더십 연구에 있어 가장 오랜 역사를 가지고 있는 이론으로서 성공적인 리더들은 어떤 공통된 특성을 가지고 있다는 전제하에서 이를 개념화한 이론이다.

정답 18 ① 19 ③ 20 ④ 21 ④

PART 01 PART 02 PART 03 PART 04 PART 05 PART 06 부록

22 **다음 중 직무분석을 위한 자료수집 방법에 관한 설명으로 옳은 것은?**

① 관찰법은 직무의 시작에서 종료까지 많은 시간이 소요되는 직무에 적용하기 쉽다.
② 면접법은 자료의 수집에 많은 시간과 노력이 들고, 수량화된 정보를 얻기가 힘들다.
③ 중요사건법은 일상적인 수행에 관한 정보를 수집하므로 해당 직무에 대한 포괄적인 정보를 얻을 수 있다.
④ 설문지법은 많은 사람들로부터 짧은 시간 내에 정보를 얻을 수 있으며, 양적인 자료보다 질적인 자료를 얻을 수 있다.

해설 직무분석은 조직에서 특정 직무에 적합한 사람을 선발하기 위해 어떤 특성이 필요한지를 파악하기 위해 직무를 조사하는 활동이며 면접법은 자료의 수집에 많은 시간과 노력이 들고 수량화된 정보를 얻기가 힘들다.

23 **생활하고 있는 현실적인 장면에서 당면하는 여러 문제들에 대한 해결방안을 찾아내는 것으로 지식, 기능, 태도, 기술 등을 종합적으로 획득하도록 하는 학습방법으로 옳은 것은?**

① 롤 플레잉(Role Playing)
② 문제법(Problem Method)
③ 버즈 세션(Buzz Session)
④ 케이스 메소드(Case Method)

 문제법(Problem Method)

생활하고 있는 현실적인 장면에서 해결방법을 찾아내는 것으로 지식, 기능, 태도, 기술 등을 종합적으로 획득하도록 하는 학습방법

24 **교재의 선택기준으로 옳지 않은 것은?**

① 정적이며 보수적이어야 한다.
② 사회성과 시대성에 걸맞은 것이어야 한다.
③ 설정된 교육목적을 달성할 수 있는 것이어야 한다.
④ 교육대상에 따라 흥미, 필요, 능력 등에 적합해야 한다.

 안전보건교육 교재의 선택기준으로 정적이며 보수적인 선택기준은 적합하지 않다.

25 **안전교육방법 중 수업의 도입이나 초기단계에 적용하며, 많은 인원에 대하여 단시간에 많은 내용을 동시 교육하는 경우에 사용되는 방법으로 가장 적절한 것은?**

① 시범 ② 반복법
③ 토의법 ④ 강의법

 강의법

안전지식을 강의식으로 전달하는 방법(초보적인 단계에서 효과적)
- 강사의 입장에서 시간의 조정이 가능하다.
- 전체적인 교육내용을 제시하는 데 유리하다.
- 비교적 많은 인원을 대상으로 단시간에 지식을 부여할 수 있다.

26 **인간 부주의의 발생원인 중 외적 조건에 해당하지 않는 것은?**

① 작업조건 불량
② 작업순서 부적당
③ 경험 부족 및 미숙련
④ 환경조건 불량

해설 부주의 발생의 외적 원인 및 대책
- 작업환경조건 불량 : 환경정비
- 작업순서의 부적당 : 작업순서정비
- 작업조건 불량

정답 22 ② 23 ② 24 ① 25 ④ 26 ③

27 **합리화의 유형 중 자기의 실패나 결함을 다른 대상에게 책임을 전가시키는 유형으로, 자신의 잘못에 대해 조상 탓을 하거나 축구 선수가 공을 잘못 찬 후 신발 탓을 하는 등에 해당하는 것은?**

① 망상형　　② 신 포도형
③ 투사형　　④ 달콤한 레몬형

해설 투사형 : 자기의 실패나 결함을 다른 대상에게 책임을 전가시키는 유형으로 자기 속의 억압된 것을 다른 사람의 것으로 생각하는 것

28 **인간의 경계(Vigilance)현상에 영향을 미치는 조건의 설명으로 가장 거리가 먼 것은?**

① 작업시작 직후에는 검출률이 가장 낮다.
② 오래 지속되는 신호는 검출률이 높다.
③ 발생빈도가 높은 신호는 검출률이 높다.
④ 불규칙적인 신호에 대한 검출률이 낮다.

해설 비질런스(Vigilance)는 어떤 자극(정보)의 출현을 지속적으로 감시하는 것으로 작업시작 직후부터 빠르게 저하된다.

29 **아담스(Adams)의 형평이론(공평성)에 대한 설명으로 틀린 것은?**

① 성과(Outcome)란 급여, 지위, 인정 및 기타 부가 보상 등을 의미한다.
② 투입(Input)이란 일반적인 자격, 교육수준, 노력 등을 의미한다.
③ 작업동기는 자신의 투입대비 성과 결과만으로 비교한다.
④ 지각에 기초한 이론이므로 자기 자신을 지각하고 있는 사람을 개인(Person)이라 한다.

해설 Adams의 형평(공정성)이론

인간이 불공정성을 인식하면 공정성을 유지하는 쪽으로 동기부여 된다는 이론이다. 즉 작업동기는 입력대비 산출결과가 적을 때 나타난다.

- 입력(Input) : 일반적인 자격, 교육수준, 노력 등을 의미한다.
- 산출(Output) : 봉급, 지위, 기타 부가 급부 등을 의미한다.
- 공정성이나 불공정성은 자신이 일에 투자하는 투입과 그로부터 얻어내는 결과의 비율을 타인이나 타 집단의 투입에 대한 결과의 비율과 비교하면서 발생하는 개념이다.

30 **교육훈련을 통하여 기업의 차원에서 기대할 수 있는 효과로 옳지 않은 것은?**

① 리더십과 의사소통기술이 향상된다.
② 작업시간이 단축되어 노동비용이 감소된다.
③ 인적자원의 관리비용이 증대되는 경향이 있다.
④ 직무만족과 직무충실화로 인하여 직무태도가 개선된다.

해설 교육훈련은 업무의 효율화를 위한 방법으로 기업의 차원에서는 인적자원의 관리비용이 감소되는 경향이 있다.

31 **집단 간의 갈등 요인으로 옳지 않은 것은?**

① 욕구좌절
② 제한된 자원
③ 집단 간의 목표 차이
④ 동일한 사안을 바라보는 집단 간의 인식 차이

집단 간 갈등의 원인으로는 집단 간 목표 차이, 집단 간 이견 차이, 한정된 지원 등이 있다.

정답 27 ③ 28 ① 29 ③ 30 ③ 31 ①

32 스텝 테스트, 슈나이더 테스트는 어떠한 방법의 피로 판정 검사인가?

① 타액검사 ② 반사검사
③ 전신적 관찰 ④ 심폐검사

해설 스텝 테스트는 일정한 높이의 발판을 오르내린 후 맥박을 측정하는 테스트이고, 슈나이더 테스트는 안정시의 맥박과 운동 후의 맥박을 측정하여 다시 정상으로 회복될 때까지의 맥박을 활용하는 체력측정 테스트이다. 이 두 가지의 테스트는 모두 심폐검사를 위한 테스트이다.

33 안전 교육 시 강의안의 작성 원칙에 해당되지 않는 것은?

① 구체적 ② 논리적
③ 실용적 ④ 추상적

해설 강의안은 누구나 알기 쉽도록 객관적이고 간단명료하게 작성되어야 하며, 추상적으로 작성해서는 안 된다.

34 S-R 이론 중에서 긍정적 강화, 부정적 강화, 처벌 등이 이론의 원리에 속하며, 사람들이 바람직한 결과를 이끌어 내기 위해 단지 어떤 자극에 대해 수동적으로 반응하는 것이 아니라 환경상의 어떤 능동적인 행위를 한다는 이론으로 옳은 것은?

① 파블로프(Pavlov)의 조건반사설
② 손다이크(Thorndike)의 시행착오설
③ 스키너(Skinner)의 조작적 조건화설
④ 거쓰리(Guthrie)의 접근적 조건화설

해설 스키너(Skinner)의 조작적 조건형성 이론
특정 반응에 대해 체계적이고 선택적인 강화를 통해 그 반응이 반복해서 일어날 확률을 증가시키는 이론(쥐를 상자에 넣고 쥐의 행동에 따라 음식을 떨어뜨리는 실험을 실시)

35 산업안전보건법령상 근로자 안전 · 보건교육 기준 중 다음 ( ) 안에 알맞은 것은?

교육과정	교육대상	교육시간
나. 채용 시 교육	1) 일용근로자 및 근로계약기간이 1주일 이하인 기간제근로자	(㉠)시간 이상
	2) 근로계약기간이 1주일 초과 1개월 이하인 기간제근로자	4시간 이상
	3) 그 밖의 근로자	(㉡)시간 이상

① ㉠ 1, ㉡ 8 ② ㉠ 2, ㉡ 8
③ ㉠ 1, ㉡ 2 ④ ㉠ 3, ㉡ 6

해설 근로자 안전보건교육

교육과정	교육대상	교육시간
나. 채용 시 교육	1) 일용근로자 및 근로계약기간이 1주일 이하인 기간제근로자	1시간 이상
	2) 근로계약기간이 1주일 초과 1개월 이하인 기간제근로자	4시간 이상
	3) 그 밖의 근로자	8시간 이상

36 안전교육의 3단계 중, 현장실습을 통한 경험체득과 이해를 목적으로 하는 단계는?

① 안전지식교육 ② 안전기능교육
③ 안전태도교육 ④ 안전의식교육

정답 32 ④ 33 ④ 34 ③ 35 ① 36 ②

해설 기능교육

- 교육대상자가 그것을 스스로 행함으로써 얻어진다.
- 개인의 반복적 시행착오에 의해서만 얻어진다.
- 시험, 견학, 실습, 현장실습 교육을 통한 경험 체득과 이해가 이루어진다.

37 실제로는 움직임이 없으나 시각적으로 움직임이 있는 것처럼 느끼는 심리적인 현상으로 옳은 것은?

① 잔상효과 ② 가현운동
③ 후광효과 ④ 기하학적 착시

해설 가현운동

영화처럼 물체가 빨리 나타나거나 사라짐으로 인해 운동하는 것처럼 보이는 현상

38 조직 구성원의 태도는 조직성과와 밀접한 관계가 있다. 태도(attitude)의 3가지 구성요소에 포함되지 않는 것은?

① 인지적 요소 ② 정서적 요소
③ 행동경향 요소 ④ 성격적 요소

해설 태도의 구성요소

- 인지적 요소
- 정서적 요소
- 행동경향 요소

39 작업 환경에서 물리적인 작업조건보다는 근로자의 심리적인 태도 및 감정이 직무수행에 큰 영향을 미친다는 결과를 밝혀낸 대표적인 연구로 옳은 것은?

① 호손 연구 ② 플래시보 연구
③ 스키너 연구 ④ 시간-동작연구

해설 호손(Hawthorne)의 실험

- 미국 호손공장에서 실시된 실험으로 종업원의 인간성을 과학적으로 연구한 실험
- 물리적인 조건(조명, 휴식시간, 근로시간 단축, 임금 등)이 생산성에 영향을 주는 것이 아니라 인간관계가 절대적인 요소로 작용함을 강조

40 심리검사 종류에 관한 설명으로 맞는 것은?

① 성격 검사 : 인지능력이 직무수행을 얼마나 예측하는지 측정한다.
② 신체능력 검사 : 근력, 순발력, 전반적인 신체 조정 능력, 체력 등을 측정한다.
③ 기계적성 검사 : 기계를 다루는 데 있어 예민성, 색채, 시각, 청각적 예민성을 측정한다.
④ 지능 검사 : 제시된 진술문에 대하여 어느 정도 동의하는지에 관해 응답하고, 이를 척도점수로 측정한다.

해설 심리검사의 종류

- 기계적 적성 검사 : 기계작업에 성공하기 쉬운 특성 · 손과 팔의 솜씨 · 공간 시각화 · 기계적 이해 · 사무적 적성
- 성격 검사 : 성격 특징 또는 성격 유형을 진단하기 위한 검사
- 지능 검사 : 훈련이나 학습 등의 영향을 받지 않고 성숙에 따라 일반적 경험의 소산으로 형성되는 소질적인 지적 능력을 측정하기 위하여 만들어진 검사
- 신체능력 검사 : 근력, 순발력, 전반적인 신체 조정능력, 체력 등을 측정하기 위한 검사

정답 37 ② 38 ④ 39 ① 40 ②

제3과목 인간공학 및 시스템안전공학

41 **FT도에 사용하는 기호에서 3개의 입력 현상 중 임의의 시간에 2개가 발생하면 출력이 생기는 기호의 명칭은?**

① 억제 게이트
② 조합 AND 게이트
③ 배타적 OR 게이트
④ 우선적 AND 게이트

해설 **논리기호 및 사상기호**

기호	명칭	설명
Ai, Aj, Ak Ai Aj Ak	조합 AND 게이트	3개 이상의 입력현상 중 2개가 일어나면 출력현상이 발생

42 **고장형태와 영향분석(FMEA)에서 평가요소로 틀린 것은?**

① 고장발생의 빈도
② 고장의 영향 크기
③ 고장방지의 가능성
④ 기능적 고장 영향의 중요도

 FMEA(Failure Mode and Effect Analysis, 고장형태와 영향분석법)

시스템에 영향을 미치는 모든 요소의 고장을 형별로 분석하고 그 고장이 미치는 영향을 분석하는 방법(귀납적, 정성적)으로 고장 평점법

$$C=(C_1 \times C_2 \times C_3 \times C_4 \times C_5)^{\frac{1}{5}}$$

여기서, C_1 : 기능적 고장의 영향의 중요도
C_2 : 영향을 미치는 시스템의 범위
C_3 : 고장발생의 빈도
C_4 : 고장방지의 가능성
C_5 : 신규 설계의 정도

43 **소음방지 대책에 있어 가장 효과적인 방법은?**

① 음원에 대한 대책
② 수음자에 대한 대책
③ 전파경로에 대한 대책
④ 거리감쇠와 지향성에 대한 대책

 소음을 통제하는 가장 효과적인 방법은 소음원에 대한 대책(통제, 격리, 저소음 설비대체 등)이다.

44 **다음 그림과 같이 7개의 기기로 구성된 시스템의 신뢰도는 약 얼마인가?(단, 네모 안의 숫자는 각 부품의 신뢰도이다.)**

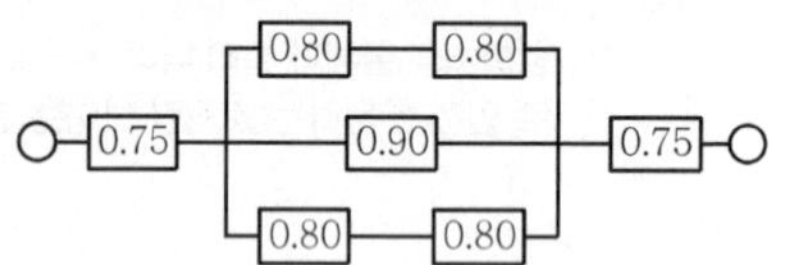

① 0.5552 ② 0.5427
③ 0.6234 ④ 0.9740

 $R=0.75\times[1-(1-0.8\times0.8)(1-0.9)(1-0.8\times0.8)]\times0.75=0.5552$

45 **산업안전보건법에 따라 유해위험방지계획서의 제출대상 사업은 해당 사업으로서 전기 계약용량이 얼마 이상인 사업을 말하는가?**

① 150kW ② 200kW
③ 300kW ④ 500kW

 금속가공제품 제조업 등 10개 업종에 해당하는 사업장으로서 전기사용설비의 정격용량의 합이 300킬로와트(kW) 이상인 사업의 사업주는 해당 제품생산 공정과 직접적으로 관련된 건설물 · 기계 · 기구 및 설비 등 일

정답 41 ② 42 ② 43 ① 44 ① 45 ③

체를 설치 · 이전하거나 그 주요 구조부분을 변경할 때는 유해 · 위험방지계획서를 제출하여야 한다.

46 화학설비에 대한 안전성 평가(Safety Assessment)에서 정량적 평가 항목이 아닌 것은?

① 습도 ② 온도
③ 압력 ④ 용량

해설
- 안전성 평가 6단계 중 3단계 : 정량적 평가
- 평가항목 : ① 물질 ② 온도 ③ 입력 ④ 용량 ⑤ 조작

47 인간의 오류모형에서 "알고 있음에도 의도적으로 따르지 않거나 무시한 경우"를 무엇이라 하는가?

① 실수(Slip) ② 착오(Mistake)
③ 건망증(Lapse) ④ 위반(Violation)

해설 인간의 오류모형
- 착오(Mistake) : 상황해석을 잘못하거나 목표를 잘못 이해하고 착각하여 행하는 경우
- 실수(Slip) : 상황이나 목표의 해석을 제대로 했으나 의도와는 다른 행동을 하는 경우
- 건망증(Lapse) : 여러 과정이 연계적으로 일어나는 행동 중에서 일부를 잊어버리고 안 하거나 또는 기억의 실패에 의하여 발생하는 오류
- 위반(Violation) : 정해진 규칙을 알고 있음에도 고의로 따르지 않거나 무시하는 행위

48 아령을 사용하여 30분간 훈련한 후, 이두근의 근육 수축작용에 대한 전기적인 신호 데이터를 모았다. 이 데이터들을 이용하여 분석할 수 있는 것은 무엇인가?

① 근육의 질량과 밀도
② 근육의 활성도와 밀도
③ 근육의 피로도와 크기
④ 근육의 피로도와 활성도

해설 생리학적 측정방법 중 근육 수축작용에 대한 전기적인 데이터를 수집하는 근전도(EMG)는 근육 수축정도(근 활성도) 및 피로도를 분석할 수 있다.

49 신체 부위의 운동에 대한 설명으로 틀린 것은?

① 굴곡(Flexion)은 부위 간의 각도가 증가하는 신체의 움직임을 의미한다.
② 외전(Abduction)은 신체 중심선으로부터 이동하는 신체의 움직임을 의미한다.
③ 내선(Adduction)은 신체의 외부에서 중심선으로 이동하는 신체의 움직임을 의미한다.
④ 외선(Lateral Rotation)은 신체의 중심선으로부터 회전하는 신체의 움직임을 의미한다.

해설 굴곡(굽힘, Flexion)은 부위 간의 각도가 감소하는 신체의 움직임이며, 부위간의 각도가 증가하는 신체의 움직임은 신전(폄, Extension)이다.

정답 46 ① 47 ④ 48 ④ 49 ①

50 공정안전관리(PSM ; Process Safety Management)의 적용대상 사업장이 아닌 것은?

① 복합비료 제조업
② 농약 원제 제조업
③ 차량 등의 운송 설비업
④ 합성수지 및 기타 플라스틱물질 제조업

해설 공정안전보고서의 제출 대상(산업안전보건법 시행령)

- 원유 정제처리업
- 기타 석유정제물 재처리업
- 석유화학계 기초화학물질 제조업 또는 합성수지 및 기타 플라스틱물질 제조업.
- 질소질 화학비료 제조업
- 복합비료 제조업
- 화학 살균 · 살충제 및 농업용 약제 제조업 (농약 원제 제조만 해당한다)
- 화약 및 불꽃제품 제조업

51 어떤 결함수를 분석하여 Minimal Cut Set을 구한 결과 다음과 같았다. 각 기본사상의 발생확률을 q_i, i = 1,2,3 이라 할 때 정상사상의 발생확률함수로 맞는 것은?

$$k_1 = [1,\ 2]\ \ k_2 = [1,\ 3]\ \ k_3 = [2,\ 3]$$

① $q_1q_2 + q_1q_2 - q_2q_3$
② $q_1q_2 + q_1q_3 - q_2q_3$
③ $q_1q_2 + q_1q_3 + q_2q_3 - q_1q_2q_3$
④ $q_1q_2 + q_1q_3 + q_2q_3 - 2q_1q_2q_3$

$$\begin{aligned} T &= 1-(1-q_1q_2)(1-q_1q_3)(1-q_2q_3) \\ &= 1-(1-q_1q_2-q_2q_3+q_1q_2q_3)(1-q_1q_3) \\ &= 1-(1-q_1q_2-q_1q_3+q_1q_2q_3-q_2q_3 \\ &\quad +q_1q_2q_3+q_1q_2q_3-q_1q_2q_3) \\ &= q_1q_2+q_1q_3+q_2q_3-2q_1q_2q_3 \end{aligned}$$

52 n개의 요소를 가진 병렬 시스템에 있어 요소의 수명(MTTF)이 지수 분포를 따를 경우, 이 시스템의 수명을 구하는 식으로 맞는 것은?

① $MTTF \times n$
② $MTTF \times \frac{1}{n}$
③ $MTTF \times (1 + \frac{1}{2} + \cdots + \frac{1}{n})$
④ $MTTF \times (1 \times \frac{1}{2} \times \cdots \times \frac{1}{n})$

해설 평균고장시간 (MTTF ; Mean Time To Failure)

시스템, 부품 등이 고장 나기까지 동작시간의 평균치로 평균수명이라고도 한다.

- 직렬계의 경우 System의 수명
$$= \frac{MTTF}{n} = \frac{1}{\lambda}$$
- 병렬계의 경우 System의 수명
$$= MTTF\left(1 + \frac{1}{2} + \frac{1}{3} + \cdots + \frac{1}{n}\right)$$

여기서, n : 직렬 또는 병렬계의 요소

53 결함수분석의 기대효과와 가장 관계가 먼 것은?

① 시스템의 결함 진단
② 시간에 따른 원인 분석
③ 사고원인 규명의 간편화
④ 사고원인 분석의 정량화

해설 결함수분석의 기대효과

- 사고원인 규명의 간편화
- 사고원인 분석의 일반화
- 사고원인 분석의 정량화
- 노력, 시간의 절감
- 시스템의 결함진단
- 안전점검 체크리스트 작성

정답 50 ③ 51 ④ 52 ③ 53 ②

54 인간 전달 함수(Human Transfer Func-tion)의 결점이 아닌 것은?

① 입력의 협소성
② 시점적 제약성
③ 정신운동의 묘사성
④ 불충분한 직무 묘사

해설 인간전달함수의 결점

- 입력의 협소성
- 불충분한 직무 묘사
- 시점적 제약성

55 다음과 같은 실내 표면에서 일반적으로 추천반사율의 크기를 맞게 나열한 것은?

㉠ 바닥	㉡ 천정
㉢ 가구	㉣ 벽

① ㉠<㉣<㉢<㉡
② ㉣<㉠<㉡<㉢
③ ㉠<㉢<㉣<㉡
④ ㉣<㉡<㉠<㉢

해설 옥내 추천 반사율

- 천장 : 80~90%
- 벽 : 40~60%
- 가구 : 25~45%
- 바닥 : 20~40%

56 인간공학에 대한 설명으로 틀린 것은?

① 인간이 사용하는 물건, 설비, 환경의 설계에 적용된다.
② 인간을 작업과 기계에 맞추는 설계 철학이 바탕이 된다.
③ 인간-기계 시스템이 안전성과 편리성, 효율성을 높인다.
④ 인간의 생리적, 심리적인 면에서 특성이나 한계점을 고려한다.

해설 인간공학의 정의

인간의 신체적 · 심리적 능력 한계를 고려하여 인간에게 적절한 형태로 작업을 맞추는 것이다. 인간의 특성과 능력을 공학적으로 분석, 평가하여 이를 복잡한 체계의 설계에 응용함으로써 효율을 최대로 활용할 수 있도록 하는 학문분야이다.

57 정성적 표시장치의 설명으로 틀린 것은?

① 정성적 표시장치의 근본 자료 자체는 정량적인 것이다.
② 전력계에서와 같이 기계적 혹은 전자적으로 숫자가 표시된다.
③ 색채 부호가 부적합한 경우에는 계기판 표시 구간을 형상 부호화하여 나타낸다.
④ 연속적으로 변하는 변수의 대략적인 값이나 변화추세, 변화율 등을 알고자 할 때 사용된다.

해설 정성적 표시장치

온도, 압력, 속도와 같은 연속적으로 변하는 변수의 대략적인 값이나 변화추세 등을 나타낼 때 사용한다. 기계적 혹은 전자적으로 숫자가 표시되는 것은 계수형 표시장치이다.

58 착석식 작업대의 높이 설계를 할 경우 고려해야 할 사항과 가장 관계가 먼 것은?

① 의자의 높이 ② 작업의 성질
③ 대퇴 여유 ④ 작업대의 형태

해설 작업대의 높이 설계 시 의자의 높이, 대퇴 여유, 작업의 성질(정밀 · 경 · 중작업 등)은 고려하나 작업대의 형태가 고려대상은 아니다.

정답 54 ③ 55 ③ 56 ② 57 ② 58 ④

59 음량수준을 평가하는 척도와 관계없는 것은?

① HSI ② phon
③ dB ④ sone

- HSI는 열압박지수이다. 열압박지수에서 고려할 항목에는 공기속도, 습도, 온도가 있다.
- sone 음량수준 : 다른 음의 상대적인 주관적 크기 비교, 40dB의 1,000Hz 순음 크기(=40phon)를 1sone으로 정의, 기준음보다 10배 크게 들리는 음이 있다면 이 음의 음량은 10sone이다.

60 빨강, 노랑, 파랑의 3가지 색으로 구성된 교통신호등이 있다. 신호등은 항상 3가지 색 중 하나가 켜지도록 되어 있다. 1시간 동안 조사한 결과, 파란 등은 총 30분 동안, 빨간 등과 노란 등은 각각 총 15분 동안 켜진 것으로 나타났다. 이 신호등의 총 정보량은 몇 bit인가?

① 0.5 ② 0.75
③ 1.0 ④ 1.5

신호등이 빨강, 노랑, 파랑의 3가지 색으로 구성되어 있으며 1시간 동안 파란 등이 30분, 빨간 등이 15분, 노란 등이 15분 켜지는 경우 각각의 확률은 $P_{파란\ 등}=0.5$, $P_{빨간\ 등}=0.25$, $P_{노란\ 등}=0.25$이다.

또한, 정보량은 $H=\log_2\frac{1}{p}$로 구할 수 있으므로 각각의 정보량은 $H_{파란\ 등}=\log_2\frac{1}{0.5}=1\text{bit}$, $H_{빨간\ 등}=\log_2\frac{1}{0.25}=2\text{bit}$, $H_{노란\ 등}=\log_2\frac{1}{0.25}=2\text{bit}$이다.

가능한 모든 대안으로부터 얻을 수 있는 총 정보량 H를 추산하기 위해서는 각 대안으로부터 얻는 정보량에 각각의 실현 확률을 곱하여 가중치를 구한다.

즉, 총정보량 $H=P_{파란\ 등}\times H_{파란\ 등}+P_{빨간\ 등}\times H_{빨간\ 등}+P_{노란\ 등}\times H_{노란\ 등}=0.5\times1+0.25\times2+0.25\times2=1.5$이다.

제4과목 건설시공학

61 강말뚝의 특징에 관한 설명으로 옳지 않은 것은?

① 휨강성이 크고 자중이 철근콘크리트말뚝보다 가벼워 운반취급이 용이하다.
② 강재이기 때문에 균질한 재료로서 대량생산이 가능하고 재질에 대한 신뢰성이 크다.
③ 표준관입시험 N값 50 정도의 경질지반에도 사용이 가능하다.
④ 지중에서 부식되지 않으며 타 말뚝에 비하여 재료비가 저렴한 편이다.

해설 강말뚝의 경우 지중에서의 부식 우려가 높다.

62 바닥판 거푸집의 구조계산 시 고려해야 하는 연직하중에 해당하지 않는 것은?

① 굳지 않은 콘크리트 중량
② 작업하중
③ 충격하중
④ 굳지 않은 콘크리트 측압

해설 거푸집 동바리 구조설계 시 고려해야 하는 연직방향하중은 타설 콘크리트 중량 및 거푸집 중량, 활하중(충격하중, 작업하중)으로 구성된다.

63 원가절감에 이용되는 기법 중 VE(Value Engineering)에서 가치를 정의하는 공식은?

① 품질/비용 ② 비용/기능
③ 기능/비용 ④ 비용/품질

정답 59 ① 60 ④ 61 ④ 62 ④ 63 ③

해설 VE(Value Engineering)에서 가치는 기능/비용으로 정의된다.

64 실비에 제한을 붙이고 시공자에게 제한된 금액 이내에 공사를 완성할 책임을 주는 공사방식은?

① 실비 비율 보수가산식
② 실비 정액 보수가산식
③ 실비 한정비율 보수가산식
④ 실비 준동률 보수가산식

해설 실비 한정비율 보수가산식은 실비에 제한을 붙이고 시공자에게 제한된 금액 이내에 공사를 완성할 책임을 주는 공사방식이다.

65 그림과 같이 H－400×400×30×50인 형강재의 길이가 10M일 때 이 형강의 개산 중량으로 가장 가까운 값은?(단, 철의 비중은 7.85ton/m³이다.)

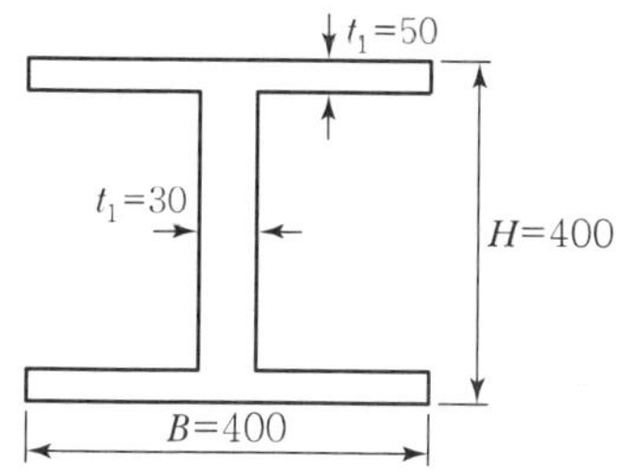

① 1ton ② 4ton
③ 8ton ④ 12ton

해설
- 형강재 단면적(A)
  $=(50\times400\times2EA)+30\times300$
  $=49{,}000mm^2=0.049m^2$
- 형강재 체적(V)
  $=0.049m^2\times10m=0.49m^3$
- 중량 $=0.49m^3\times7.85ton/m^3=3.85ton$

66 다음 보기에서 일반적인 철근의 조립순서로 옳은 것은?

A. 계단철근	B. 기둥철근
C. 벽철근	D. 보철근
E. 바닥철근	

① A－B－C－D－E
② B－C－D－E－A
③ A－B－C－E－D
④ B－C－A－D－E

해설 철근콘크리트 구조물(RC조)에서 철근의 조립순서

기초 → 기둥 → 벽 → 보 → 바닥판 → 계단

67 깊이 7m 정도의 우물을 파고 이곳에 수중모터펌프를 설치하여 지하수를 양수하는 배수공법으로 지하용수량이 많고 투수성이 큰 사질지반에 적합한 것은?

① 집수정(Sump Pit)공법
② 깊은 우물(Deep Well)공법
③ 웰 포인트(Well Point)공법
④ 샌드 드레인(Sand Drain)공법

해설
- 깊은 우물(Deep Well) 공법은 깊은 우물을 파고 케이싱을 삽입한 후 수중펌프로 양수하여 지하수위를 저하시키는 공법이다.
- 웰 포인트(Well Point) 공법은 라이저 파이프를 1～2m 간격으로 박아 6m 이내의 지하수를 펌프로 배수하는 공법이다.

68 벽돌, 블록 등 조적공사에서 일반적으로 가장 많이 이용되는 치장줄눈 형태는?

① 평줄눈 ② 볼록줄눈
③ 오목줄눈 ④ 빗줄눈

정답 64 ③ 65 ② 66 ② 67 ② 68 ①

PART 01 PART 02 PART 03 PART 04 PART 05 PART 06 부록

 벽돌, 블록 등 조적공사에서 치장줄눈은 평줄눈과 민줄눈을 가장 많이 사용하며 평줄눈이 우선 적용되어 가장 많이 이용된다.

69 철골작업용 장비 중 절단용 장비로 옳은 것은?

① 프릭션 프레스(Friction Press)
② 플레이트 스트레이닝 롤(Plate Straining Roll)
③ 파워 프레스(Power Press)
④ 핵 소우(Hack Saw)

 핵 소우(Hack Saw)는 활톱이라 하며 금속재료를 절단하는 데 주로 사용된다.

70 어스앵커 공법에 관한 설명 중 옳지 않은 것은?

① 인근구조물이나 지중매설물에 관계없이 시공이 가능하다.
② 앵커체가 각각의 구조체이므로 적용성이 좋다.
③ 앵커에 프리스트레스를 주기 때문에 흙막이벽의 변형을 방지하고 주변 지반의 침하를 최소한으로 억제할 수 있다.
④ 본 구조물의 바닥과 기둥의 위치에 관계없이 앵커를 설치할 수도 있다.

해설 인근구조물이나 지중매설물이 있는 경우 어스앵커 공법을 적용하기 어렵다.

71 건설현장에서 시멘트벽돌쌓기 시공 중에 붕괴사고가 가장 많이 일어날 것으로 예상할 수 있는 경우는?

① 0.5B쌓기를 1.0B쌓기로 변경하여 쌓을 경우
② 1일 벽돌쌓기 기준높이를 초과하여 높게 쌓을 경우
③ 습기가 있는 시멘트벽돌을 사용할 경우
④ 신축줄눈을 설치하지 않고 시공할 경우

 1일 벽돌쌓기 기준높이를 초과하여 높게 쌓을 경우 붕괴사고가 일어날 수 있다.

72 시간이 경과함에 따라 콘크리트에 발생되는 크리프(Creep)의 증가원인으로 옳지 않은 것은?

① 단위 시멘트량이 적을 경우
② 단면의 치수가 작을 경우
③ 재하시기가 빠를 경우
④ 재령이 짧을 경우

해설 크리프의 증가요인

- 초기 재령 시
- 하중이 클수록
- W/C가 클수록
- 부재의 단면치수가 작을수록
- 부재의 건조 정도가 높을수록
- 온도가 높을수록
- 양생, 보양이 나쁠수록
- 단위 시멘트량이 많을수록

73 콘크리트 타설과 관련하여 거푸집 붕괴사고 방지를 위하여 우선적으로 검토·확인하여야 할 사항 중 가장 거리가 먼 것은?

① 콘크리트 측압 확인
② 조임철물 배치간격 검토
③ 콘크리트의 단기 집중타설 여부 검토
④ 콘크리트의 강도 측정

정답 69 ④ 70 ① 71 ② 72 ① 73 ④

해설 콘크리트의 강도 측정은 굳은 콘크리트에 대한 시험방법이다.

74 터파기용 기계장비 가운데 장비의 작업면보다 상부의 흙을 굴삭하는 장비는?

① 불도저(Bull Dozer)
② 모터 그레이더(Motor Grader)
③ 클램쉘(Clam Shell)
④ 파워쇼벨(Power Shovel)

해설 파워쇼벨(Power Shovel)은 굴삭기가 위치한 지면보다 높은 곳을 굴삭하는 데 적합하며, 굴삭높이는 1.5~3m, 버킷용량은0.6~1.0m^3, 굴삭깊이는 지면에서 2m 아래, 선회각은 90°이다.

75 다음 중 콘크리트에 AE제를 넣어주는 가장 큰 목적은?

① 압축강도 증진
② 부착강도 증진
③ 워커빌리티 증진
④ 내화성 증진

해설 AE제를 혼입하면 워커빌리티가 좋게 된다.

76 다음 설명에 해당하는 공사낙찰자 선정방식은?

> 예정가격 대비 85% 이상 입찰자 중 가장 낮은 금액으로 입찰한 자를 선정하는 방식으로, 최저가 낙찰자를 통한 덤핑의 우려를 방지할 목적을 지니고 있다.

① 부찰제
② 최저가 낙찰제
③ 제한적 최저가 낙찰제
④ 최적격 낙찰제

해설 **제한적 최저가 낙찰제**

예정가격 대비 85% 이상 입찰한 입찰자 중에서 최저가 낙찰자를 선정하는 방식

77 철근콘크리트 구조의 철근 선조립 공법의 순서로 옳은 것은?

① 시공도 작성－공장절단－가공－이음·조립－운반－현장부재양중－이음·설치
② 공장절단－시공도 작성－가공－이음·조립－이음·설치－운반－현장부재양중
③ 시공도 작성－가공－공장절단－운반－현장부재양중－이음·조립 －이음·설치
④ 시공도 작성－공장절단－운반－가공－이음·조립－현장부재양중－이음·설치

해설 **철근 선조립 순서**

시공도 작성 → 공장절단 → 가공 → 이음·조립 → 운반 → 현장부재양중 → 이음·설치

78 용접불량의 일종으로 용접의 끝부분에서 용착금속이 채워지지 않고 홈처럼 우묵하게 남아 있는 부분을 무엇이라 하는가?

① 언더컷 ② 오버랩
③ 크레이터 ④ 크랙

해설 언더컷(Under Cut)은 과대전류로 인해 모재가 녹아 용착금속이 채워지지 않고 흠이 생기는 용접불량 현상이다.

정답 74 ④ 75 ③ 76 ③ 77 ① 78 ①

79 기초공사 중 언더피닝(Under Pinning) 공법에 해당하지 않는 것은?

① 2중 널말뚝 공법
② 전기침투 공법
③ 강재말뚝 공법
④ 약액주입법

해설 언더피닝 공법의 종류

- 2중 널말뚝 공법
- 차단벽 설치공사
- 현장콘크리트 말뚝공법

80 네트워크 공정표의 주공정(Critical Path)에 관한 설명으로 옳지 않은 것은?

① TF가 0(Zero)인 작업을 주공정작업이라 한다.
② 총 공기는 공사착수에서부터 공사완공까지의 소요시간의 합계이며, 최장시간이 소요되는 경로이다.
③ 주공정은 고정적이거나 절대적인 것이 아니고 가변적이다.
④ 주공정에 대한 공기단축은 불가능하다.

해설 주공정은 공기단축이 가능하다.

제5과목 건설재료학

81 콘크리트의 건조수축에 관한 설명으로 옳지 않은 것은?

① 시멘트의 조성분에 따라 수축량이 다르다.
② 시멘트량의 다소에 따라 일반적으로 수축량이 다르다.
③ 된 비빔일수록 수축량이 크다.
④ 골재의 탄성계수가 크고 경질인 만큼 작아진다.

해설 된 비빔일수록 수축량이 적어진다.

82 플라스틱 건설재료의 현장적용 시 고려사항에 관한 설명으로 옳지 않은 것은?

① 열가소성 플라스틱 재료들은 열팽창계수가 작으므로 경질판의 정착에 있어서 열에 의한 팽창 및 수축 여유는 고려하지 않아도 좋다.
② 마감부분에 사용하는 경우 표면의 흠, 얼룩변형이 생기지 않도록 하고 필요에 따라 종이, 천 등으로 보호하여 양생한다.
③ 열경화성 접착제에 경화제 및 촉진제 등을 혼입하여 사용할 경우, 심한 발열이 생기지 않도록 적정량의 배합을 한다.
④ 두께 2mm 이상의 열경화성 평판을 현장에서 가공할 경우, 가열가공하지 않도록 한다.

해설 열가소성 플라스틱 재료들은 열팽창계수가 크다.

정답 79 ② 80 ④ 81 ③ 82 ①

83 내열성이 크고 발수성을 나타내어 방수제로 쓰이며 저온에서도 탄성이 있어 gasket, packing의 원료로 쓰이는 합성수지는?

① 페놀 수지
② 폴리에스테르 수지
③ 실리콘 수지
④ 멜라민 수지

해설 실리콘 수지(Silicon Resin)

내열성(−80~250℃)이 우수하고, 내수성, 발수성이 좋으며 전기절연성이 좋다. 액체는 윤활유, 펌프유, 절연유, 방수제 등으로 사용되고 고무와 합성된 수지는 고온, 저온에서 탄성이 있으므로 개스킷, 패킹 등에 사용된다.

84 ALC 제품에 관한 설명으로 옳지 않은 것은?

① 보통콘크리트에 비하여 중성화의 우려가 높다.
② 열전도율은 보통콘크리트의 1/10 정도이다.
③ 압축강도에 비해서 휨강도나 인장강도는 상당히 약하다.
④ 흡수율이 낮고 동해에 대한 저항성이 높다.

해설 ALC 제품은 다공성 제품으로 흡수성이 크며, 동해에 대한 저항성이 약하다.

85 시멘트의 경화시간을 지연시키는 용도로 일반적으로 사용하고 있는 지연제와 거리가 먼 것은?

① 리그닌설폰산염 ② 옥시카르본산
③ 알루민산소다 ④ 인산염

해설 지연제의 종류로는 당분, 리그닌설폰산염, 옥시카본산염, 마그네시아염, 인산염 등이 있다. 응결 지연제라고 하며 열대지방이나 기온이 높은 여름철에는 시멘트의 응결이 빨라 굳지 않은 콘크리트의 운송시간 단축, 균열 발생, 적절한 양생시간 확보 등을 위해 사용한다.

86 부순 굵은 골재에 대한 품질규정치가 KS에 정해져 있지 않은 항목은?

① 압축강도 ② 절대건조밀도
③ 흡수율 ④ 안정성

해설 콘크리트용 부순 골재(KS F 2527)의 품질 시험항목

시험항목	부순 굵은 골재	부순 잔골재
절대 건조 밀도(g/cm³)	2.50 이상	2.50 이상
흡수율(%)	3.0 이하	3.0 이하
안정성*(%)	12 이하	10 이하
마모율(%)	40 이하	–
0.08mm체 통과량(%)	1.0 이하	7.0 이하

* 안정성 시험은 황산나트륨으로 5회 시험한다.

87 다음 목재가공품 중 주요 용도가 나머지 셋과 다른 것은?

① 플로어링 블록(Flooring Block)
② 연질섬유판(Soft Fiber Insulation Board)
③ 코르크판(Cork Board)
④ 코펜하겐 리브판(Copenhagen Rib Board)

해설 플로어링 블록은 콘크리트 기초 바닥에 시멘트 모르타르 밀착접착 시공되어 내구력이 반영구적이고, 방음력, 보온력이 우수하며, 자연목질을 원형 그대로 유지하여 적용범위가 매우 양호하여 주로 바닥재료로 사용된다.

정답 83 ③ 84 ④ 85 ③ 86 ① 87 ①

88 특수도료의 목적상 방청도료에 속하지 않는 것은?

① 알루미늄 도료
② 징크로메이트 도료
③ 형광도료
④ 에칭프라이머

해설 **방청도료(Rust Proof Paint)**
금속의 부식을 막기 위해 사용되는 도료로 광명단 도료, 산화철 녹막이 도료, 알루미늄 도료, 징크로메이트 도료, 워시프라이머 등이 있다.

89 건축용으로 판재지붕에 많이 사용되는 금속재료는?

① 철　② 동
③ 주석　④ 니켈

해설 동은 건축물의 판재지붕에 주로 사용되는 금속재료이다.

90 대규모 지하구조물, 댐 등 매스콘크리트의 수화열에 의한 균열발생을 억제하기 위해 벨라이트의 비율을 높인 시멘트는?

① 보통 포틀랜드 시멘트
② 저열 포틀랜드 시멘트
③ 실리카퓸 시멘트
④ 팽창 시멘트

해설 저열 포틀랜드 시멘트는 매스콘크리트의 수화열에 의한 균열발생을 억제하기 위해 벨라이트의 비율을 높인 시멘트이다.

91 콘크리트의 강도 및 내구성 증가에 가장 큰 영향을 주는 것은?

① 물과 시멘트의 배합비
② 모래와 자갈의 배합비
③ 시멘트와 자갈의 배합비
④ 시멘트와 모래의 배합비

해설 물과 시멘트의 배합비가 콘크리트의 강도 및 내구성 증가에 가장 큰 영향을 준다.

92 금속 중 연(鉛)에 관한 설명으로 옳지 않은 것은?

① X선 차단효과가 큰 금속이다.
② 산, 알칼리에 침식되지 않는다.
③ 공기 중에서 탄산연($PbCO_3$) 등이 표면에 생겨 내부를 보호한다.
④ 인장강도가 극히 작은 금속이다.

해설 연(鉛, 납(Lead))은 청백색의 광택이 있고, 밀도(비중)가 11.4g/cm^3 정도로 무겁다. 약한 산에는 내산성이 있으나 강산에는 녹고, 알칼리에는 강하나 습기가 있는 곳에서는 콘크리트 중에 침식된다.

93 비닐수지 접착제에 관한 설명으로 옳지 않은 것은?

① 용제형과 에멀션(Emulsion)형이 있다.
② 작업성이 좋다.
③ 내열성 및 내수성이 우수하다.
④ 목재 접착에 사용가능하다.

해설 비닐수지 접착제는 초산비닐을 주성분으로 만든 접착제로 용액형, 에멀션(Emulsion)형으로 나눈다. 비닐수지 접착제의 내열성 및 내수성은 낮으며 값이 싸고 작업성이 좋아 다양한 종류의 접착에 사용된다.

94 기건상태에서의 목재의 함수율은 약 얼마인가?

① 5% 정도　② 15% 정도
③ 30% 정도　④ 45% 정도

해설 기건상태에서 목재의 함수율은 15% 정도이다.

정답 88 ③ 89 ② 90 ② 91 ① 92 ② 93 ③ 94 ②

95 **진주석 등을 800~1,200℃로 가열 팽창시킨 구상입자 제품으로 단열, 흡음, 보온 목적으로 사용되는 것은?**

① 암면 보온판　　② 유리면 보온판
③ 카세인　　④ 펄라이트 보온재

해설 펄라이트 보온재에 대한 설명이다.

96 **아스팔트 제품에 관한 설명으로 옳지 않은 것은?**

① 아스팔트 프라이머 – 블로운 아스팔트를 용제에 녹인 것으로 아스팔트 방수, 아스팔트 타일의 바탕처리재로 사용된다.
② 아스팔트 유제 – 블로운 아스팔트를 용제에 녹여 석면, 광물질 분말, 안정제를 가하여 혼합한 것으로 점도가 높다.
③ 아스팔트 블록 – 아스팔트 모르타르를 벽돌형으로 만든 것으로 화학공장의 내약품 바닥마감재로 이용된다.
④ 아스팔트 펠드 – 유기천연섬유 또는 석면섬유를 결합한 원지에 연질의 스트레이트 아스팔트를 침투시킨 것이다.

해설 아스팔트 유제는 아스팔트를 미립자로 하여 수중 또는 수용액 중에 분산시킨 것이다.

97 **목재의 강도에 관한 설명으로 옳지 않은 것은?**

① 섬유포화점 이상에서는 함수율이 증가하더라도 강도는 일정하다.
② 섬유포화점 이하에서는 함수율이 감소할수록 강도가 증가한다.
③ 목재의 비중과 강도는 대체로 비례한다.
④ 전단강도의 크기가 인장강도 등 다른 강도에 비하여 크다.

 목재의 강도 크기순서는 인장강도(200) > 휨강도(150) > 압축강도(100) > 전단강도(16~19)의 순이다.

98 **코너비드(Corner Bead)의 설치위치로 옳은 것은?**

① 벽의 모서리　　② 천장 달대
③ 거푸집　　④ 계단 손잡이

 코너비드는 기둥, 벽 등의 모서리를 보호하기 위하여 미장 바름질할 때 붙이는 보호용 철물이다.

99 **공시체(천연산 석재)를 (105±2)℃로 24시간 건조한 상태의 질량이 100g, 표면건조포화상태의 질량이 110g, 물속에서 구한 질량이 60g일 때 이 공시체의 표면건조포화상태의 비중은?**

① 2.2　　② 2
③ 1.8　　④ 1.7

해설 **표면건조포화상태 비중**

$$= \frac{\text{건조상태 질량}}{(\text{표면건조포화상태 질량} - \text{물속 질량})}$$

$$= \frac{100}{110-60} = 2$$

100 **AE콘크리트에 관한 설명으로 옳지 않은 것은?**

① 시공연도가 좋고 재료분리가 적다.
② 단위수량을 줄일 수 있다.
③ 제물치장 콘크리트 시공에 적당하다.
④ 철근에 대한 부착강도가 증가한다.

해설 AE콘크리트는 철근에 대한 부착강도가 감소한다.

정답 95 ④　96 ②　97 ④　98 ①　99 ②　100 ④

제6과목 건설안전기술

101 건설현장의 가설계단 및 계단참을 설치하는 경우 얼마 이상의 하중에 견딜 수 있는 강도를 가진 구조로 설치하여야 하는가?

① $200kg/m^2$ ② $300kg/m^2$
③ $400kg/m^2$ ④ $500kg/m^2$

해설 계단 및 계단참을 설치하는 경우 매제곱미터당 500킬로그램 이상의 하중에 견딜 수 있는 강도를 가진 구조로 설치하여야 한다.

102 차량계 하역운반기계 등에 화물을 적재하는 경우에 준수해야 할 사항으로 옳지 않은 것은?

① 하중이 한쪽으로 치우치도록 하여 공간상 효율적으로 적재할 것
② 구내운반차 또는 화물자동차의 경우 화물의 붕괴 또는 낙하에 의한 위험을 방지하기 위하여 화물에 로프를 거는 등 필요한 조치를 할 것
③ 운전자의 시야를 가리지 않도록 화물을 적재할 것
④ 화물을 적재하는 경우 최대적재량을 초과하지 않을 것

해설 차량계 하역운반기계 등에 화물을 적재하는 경우 하중이 한쪽으로 치우치지 않도록 적재해야 한다.

103 안전대의 종류는 사용구분에 따라 벨트식과 안전그네식으로 구분되는데 이 중 안전그네식에만 적용하는 것으로 나열한 것은?

① 추락방지대, 안전블록
② 1개걸이용, U자걸이용
③ 1개걸이용, 추락방지대
④ U자걸이용, 안전블록

해설 안전대의 안전인증기준에서 추락방지대와 안전블록은 안전그네식에만 적용한다.

104 그물코의 크기가 5cm인 매듭방망일 경우 방망사의 인장강도는 최소 얼마 이상이어야 하는가?(단, 방망사는 신품인 경우이다.)

① 50kg ② 100kg
③ 110kg ④ 150kg

해설 그물코 5cm인 매듭방망의 인장강도는 110kgf 이상이어야 한다.

105 강관을 사용하여 비계를 구성하는 경우 준수해야 할 기준으로 옳지 않은 것은?

① 비계기둥의 간격은 띠장 방향에서는 1.85m 이하, 장선 방향에서는 1.5m 이하로 할 것
② 띠장 간격은 1.8m 이하로 설치하되, 첫 번째 띠장은 지상으로부터 2m 이하의 위치에 설치할 것
③ 비계기둥의 제일 윗부분으로부터 31m 되는 지점 밑부분의 비계기둥은 2개의 강관으로 묶어 세울 것
④ 비계기둥 간의 적재하중은 400kg을 초과하지 않도록 할 것

해설 강관을 사용하여 비계를 구성하는 경우 띠장 간격은 2m 이하로 설치하여야 한다.

정답 101 ④ 102 ① 103 ① 104 ③ 105 ②

106 크레인 또는 데릭에서 붐 각도 및 작업반경별로 작용시킬 수 있는 최대하중에서 후크, 와이어로프 등 달기구의 중량을 공제한 하중은?

① 작업하중　② 정격하중
③ 이동하중　④ 적재하중

해설 정격하중이란 크레인의 권상하중에서 훅, 그래브 또는 버킷 등 달기기구의 중량에 상당하는 하중을 뺀 하중을 말한다.

107 흙막이 가시설 공사 시 사용되는 각 계측기 설치 목적으로 옳지 않은 것은?

① 지표침하계－지표면 침하량 측정
② 수위계－지반 내 지하수위의 변화 측정
③ 하중계－상부 적재하중 변화 측정
④ 지중경사계－지붕의 수평 변위량 측정

해설 하중계는 버팀보, 어스앵커 등의 실제 축하중 변화를 측정하는 계측기기이다.

108 근로자에게 작업 중 통행 시 전락으로 인하여 위험에 처할 우려가 있는 케틀, 호퍼, 피트 등이 있는 경우에 위험을 방지하기 위해 최소 높이 얼마 이상의 울타리를 설치해야 하는가?

① 80cm 이상　② 85cm 이상
③ 90cm 이상　④ 95cm 이상

해설 근로자에게 작업 중 또는 통행 시 전락으로 인하여 근로자가 화상·질식 등의 위험에 처할 우려가 있는 케틀(Kettle), 호퍼(Hopper), 피트(Pit) 등이 있는 경우에 그 위험을 방지하기 위하여 필요한 장소에 높이 90센티미터 이상의 울타리를 설치하여야 한다.

109 모래의 굴착면 붕괴에 따른 재해를 예방하기 위한 굴착면의 적정한 기울기 기준은?

① 1 : 1.8　② 1 : 1.0
③ 1 : 0.5　④ 1 : 1.2

해설 굴착면의 기울기 기준

지반의 종류	굴착면의 기울기
모래	1 : 1.8
연암 및 풍화암	1 : 1.0
경암	1 : 0.5
그 밖의 흙	1 : 1.2

110 건립 중 강풍에 의한 풍압 등 외압에 대한 내력이 설계에 고려되었는지 확인하여야 하는 철골 구조물이 아닌 것은?

① 연면적당 철골량이 50kg/m^2 이하인 구조물
② 기둥이 타이플레이트형인 구조물
③ 이음부가 공장제작인 구조물
④ 구조물의 폭과 높이의 비가 1 : 4 이상인 구조물

해설 철골의 자립도를 위한 대상 건물(강풍 시 철골의 자립도 검토대상 구조물)

- 높이 20m 이상의 구조물
- 구조물의 폭과 높이의 비가 1 : 4 이상인 구조물
- 단면구조에 현저한 차이가 있는 구조물
- 연면적당 철골량이 50kg/m^2 이하인 구조물
- 기둥이 타이플레이트(Tie Plate)형인 구조물
- 이음부가 현장용접인 구조물

정답 106 ② 107 ③ 108 ③ 109 ① 110 ③

111 거푸집 해체작업 시 유의사항으로 옳지 않은 것은?

① 일반적으로 수평부재의 거푸집은 연직부재의 거푸집보다 빨리 떼어낸다.
② 해체된 거푸집이나 각목 등에 박혀 있는 못 또는 날카로운 돌출물은 즉시 제거하여야 한다.
③ 상하 동시작업은 원칙적으로 금지하며 부득이한 경우에는 긴밀히 연락을 하며 작업을 하여야 한다.
④ 거푸집 해체 작업장 주위에는 관계자를 제외하고는 출입을 금지시켜야 한다.

해설 일반적으로 연직부재의 거푸집은 수평부재의 거푸집보다 빨리 떼어낼 수 있다.

112 다음은 달비계 또는 높이 5m 이상의 비계를 조립 · 해체하거나 변경하는 작업을 하는 경우의 준수사항이다. 빈칸에 알맞은 숫자는?

> 비계재료의 연결 · 해체 작업을 하는 경우에는 폭 (   )cm 이상의 발판을 설치하고 근로자로 하여금 안전대를 사용하도록 하는 등 추락을 방지하기 위한 조치를 할 것

① 15 ② 20
③ 25 ④ 30

해설 비계재료의 연결 · 해체작업을 하는 경우에는 폭 20센티미터 이상의 발판을 설치하고 근로자로 하여금 안전대를 사용하도록 하는 등 추락을 방지하기 위한 조치를 해야 한다.

113 다음은 가설통로를 설치하는 경우의 준수사항이다. 빈칸에 알맞은 수치를 고르면?

> 건설공사에 사용하는 높이 8미터 이상인 비계다리에는 (   )미터 이내마다 계단참을 설치할 것

① 7 ② 6
③ 5 ④ 4

해설 건설공사에 사용하는 높이 8m 이상인 비계다리에는 7m 이내마다 계단참을 설치해야 한다.

114 비계(달비계, 다대비계 및 말비계는 제외)의 높이가 2m 이상인 작업장소에 설치하는 작업발판의 구조 및 설비에 관한 기준으로 옳지 않은 것은?

① 작업발판의 폭이 40cm 이상이 되도록 한다.
② 발판재료 간의 틈은 3cm 이하로 한다.
③ 작업발판을 작업에 따라 이동시킬 경우에는 위험 방지에 필요한 조치를 한다.
④ 작업발판재료는 뒤집히거나 떨어지지 않도록 하나 이상의 지지물에 연결하거나 고정시킨다.

해설 작업발판은 둘 이상의 지지물에 연결하거나 고정시킨다.

115 다음은 사다리식 통로 등을 설치하는 경우의 준수 사항이다. (   )에 들어갈 숫자로 옳은 것은?

> 사다리의 상단은 걸쳐놓은 지점으로부터 (   )cm 이상 올라가도록 할 것

정답 111 ① 112 ② 113 ① 114 ④ 115 ④

① 30 ② 40
③ 50 ④ 60

 사다리의 상단은 걸쳐놓은 지점으로부터 60센티미터 이상 올라가도록 해야 한다.

116 **차량계 하역운반기계를 사용하여 작업할 때에 그 기계가 넘어지거나 굴러 떨어짐으로써 근로자가 위험해질 우려가 있는 경우에 조치하여야 할 사항과 거리가 먼 것은?**

① 해당기계에 대한 유도자 배치
② 경보장치 설치
③ 지반의 부동침하 방지
④ 갓길의 붕괴 방지조치

 차량계 하역운반기계 등을 사용하는 작업을 할 때에 그 기계가 넘어지거나 굴러떨어짐으로써 근로자에게 위험을 미칠 우려가 있는 경우에는 그 기계를 유도하는 사람을 배치하고 지반의 부동침하와 방지 및 갓길 붕괴 방지를 위한 조치를 하여야 한다.

117 **건설업 산업안전보건관리비의 사용내역에 대하여 수급인 또는 자기공사자는 공사 시작 후 몇 개월마다 1회 이상 발주자 또는 감리원의 확인을 받아야 하는가?**

① 3개월 ② 4개월
③ 5개월 ④ 6개월

해설 공사 시작 후 6개월마다 1회 이상 발주자 또는 감리원의 확인을 받아야 한다.

118 **터널지보공을 설치한 경우에 수시로 점검하고, 이상을 발견한 경우에는 즉시 보강하거나 보수해야 할 사항이 아닌 것은?**

① 부재의 긴압 정도
② 기둥침하의 유무 및 상태
③ 부재의 접속부 및 교차부 상태
④ 계측기 설치상태

 터널 지보공을 설치한 경우에 다음의 사항을 수시로 점검하여야 한다.
- 부재의 손상 · 변형 · 부식 · 변위 탈락의 유무 및 상태
- 부재의 긴압 정도
- 부재의 접속부 및 교차부의 상태
- 기둥침하의 유무 및 상태

119 **유해위험방지계획서를 제출해야 할 건설공사 대상 사업장 기준으로 옳지 않은 것은?**

① 최대 지간길이가 50m 이상인 교량건설 등의 공사
② 지상높이가 31m 이상인 건축물
③ 터널 건설 등의 공사
④ 깊이 9m인 굴착공사

해설 깊이 10미터 이상인 굴착공사가 해당된다.

120 **터널굴착 작업을 하는 때 미리 작성하여야 하는 작업계획서에 포함되어야 할 사항이 아닌 것은?**

① 굴착의 방법
② 암석의 분할방법
③ 환기 또는 조명시설을 설치할 때에는 그 방법
④ 터널지보공 및 복공의 시공방법과 용수의 처리방법

 암석의 분할 방법은 채석작업의 작업계획서에 해당된다.

정답 116 ② 117 ④ 118 ④ 119 ④ 120 ②

2019년 9월 21일 시행

ENGINEER CONSTRUCTION SAFETY

제1과목 산업안전관리론

01 산업안전보건법상 안전보건개선계획서에 포함되어야 하는 사항이 아닌 것은?

① 시설의 개선을 위하여 필요한 사항
② 작업환경의 개선을 위하여 필요한 사항
③ 작업절차의 개선을 위하여 필요한 사항
④ 안전 · 보건교육의 개선을 위하여 필요한 사항

안전보건 개선계획서에 포함되어야 할 내용
- 시설
- 안전보건관리 체제
- 안전보건교육
- 산업재해예방 및 작업환경의 개선을 위하여 필요한 사항

02 상해의 종류 중, 스치거나 긁히는 등의 마찰력에 의하여 피부표면이 벗겨진 상해는?

① 자상 ② 타박상
③ 창상 ④ 찰과상

찰과상 : 스치거나 문질러서 벗겨진 상태

03 다음 재해사례의 분석 내용으로 옳은 것은?

작업자가 벽돌을 손으로 운반하던 중, 벽돌을 떨어뜨려 발등을 다쳤다.

① 사고유형 : 낙하, 기인물 : 벽돌, 가해물 : 벽돌
② 사고유형 : 충돌, 기인물 : 손, 가해물 : 벽돌
③ 사고유형 : 비래, 기인물 : 사람, 가해물 : 손
④ 사고유형 : 추락, 기인물 : 손, 가해물 : 벽돌

- 해당 사고의 원인은 벽돌을 떨어뜨린 것이므로 기인물은 벽돌이 되며 발등을 가격한 물체 또한 벽돌이므로 가해물도 역시 벽돌이다.
- 낙하(떨어짐) · 비래 : 구조물, 기계 등에 고정되어 있던 물체가 중력, 원심력, 관성력 등에 의하여 고정부에서 이탈하거나 또는 설비 등으로부터 물질이 분출되어 사람을 가해하는 경우

04 근로자 150명이 작업하는 공장에서 50건의 재해가 발생했고, 총 근로손실일수가 120일일 때의 도수율은 약 얼마인가?(단, 하루 8시간씩 연간 300일을 근무한다.)

① 0.01 ② 0.3
③ 138.9 ④ 333.3

도수율

$$= \frac{\text{재해발생건수}}{\text{연근로시간수}} \times 1,000,000$$

$$= \frac{50}{150 \times 8 \times 300} \times 1,000,000 = 138.9$$

정답 01 ③ 02 ④ 03 ① 04 ③

05 산업안전보건법령상 안전관리자의 업무와 거리가 먼 것은?

① 물질안전보건자료의 게시 또는 비치에 관한 보좌 및 조언 · 지도
② 해당사업장의 안전교육계획의 수립 및 안전교육 실시에 관한 보좌 및 조언 · 지도
③ 사업장 순회점검 · 지도 및 조치의 건의
④ 산업재해 발생의 원인 조사 · 분석 및 재발 방지를 위한 기술적 보좌 및 조언 · 지도

해설 물질안전보건자료의 게시 또는 비치에 관한 보좌 및 조언 · 지도는 보건관리자의 업무이다.

06 시몬즈 방식으로 재해코스트를 산정할 때, 재해의 분류와 설명의 연결로 옳은 것은?

① 무상해사고 – 20달러 미만의 재산손실이 발생한 사고
② 휴업상해 – 영구 전노동 불능
③ 응급조치상해 – 일시 전노동 불능
④ 통원상해 – 일시 일부노동 불능

해설 상해의 종류

- 휴업상해 : 영구 부분노동 불능 및 일시 전노동 불능
- 통원상해 : 일시 부분노동 불능 및 의사의 통원조치를 필요로 한 상태
- 응급조치상해 : 응급조치상해 또는 8시간 미만 휴업 의류조치 상해
- 무상해사고 : 의료조치를 필요로 하지 않은 상해사고

07 안전 · 보건에 관한 노사협의체의 구성 · 운영에 대한 설명으로 틀린 것은?

① 노사협의체는 근로자와 사용자가 같은 수로 구성되어야 한다.
② 노사협의체의 회의 결과는 회의록으로 작성하여 보존하여 한다.
③ 노사협의체의 회의는 정기회의와 임시회의로 구분하되, 정기회의는 3개월마다 소집한다.
④ 노사협의체는 산업재해 예방 및 산업재해가 발생한 경우의 대피방법 등에 대하여 협의하여야 한다.

해설 산업안전보건위원회(노사협의체)의 회의는 정기회의와 임시회의로 구분하되, 정기회의는 분기마다 위원장이 소집하며, 임시회의는 위원장이 필요하다고 인정할 때에 소집한다.

08 시설물안전법령에 명시된 안전점검의 종류에 해당하는 것은?

① 일반안전점검　② 특별안전점검
③ 정밀안전점검　④ 임시안전점검

해설 안전점검의 종류

- 정기안전점검
- 정밀안전점검

09 산업안전보건법령상 사업주의 책무와 가장 거리가 먼 것은?

① 쾌적한 작업환경을 조성하고 근로조건을 개선할 것
② 해당 사업장의 안전 · 보건에 관한 정보를 근로자에게 제공할 것

정답 05 ① 06 ④ 07 ③ 08 ③ 09 ③

③ 안전 · 보건의식을 북돋우기 위한 홍보 · 교육 및 무재해운동 등 안전문화를 추진할 것
④ 관련법과 법에 따른 명령에서 정하는 산업재해 예방을 위한 기준을 지킬 것

해설 산업안전보건법에 따른 사업주의 의무

- 이 법과 이 법에 따른 명령으로 정하는 산업재해 예방을 위한 기준을 지킬 것
- 근로자의 신체적 피로와 정신적 스트레스 등을 줄일 수 있는 쾌적한 작업환경을 조성하고 근로조건을 개선할 것
- 해당 사업장의 안전 · 보건에 관한 정보를 근로자에게 제공할 것

10 각 계층의 관리감독자들이 숙련된 안전관찰을 행할 수 있도록 훈련을 실시함으로써 사고를 미연에 방지하여 안전을 확보하는 안전관찰훈련기법은?

① THP 기법　② TBM 기법
③ STOP 기법　④ TD−BU 기법

 STOP(Safety Training Observation Program) 기법

- 듀퐁사에서 실시하여 실효를 거둔 기법으로 각 계층의 관리감독자들이 숙련된 안전관찰을 행할 수 있도록 훈련을 실시함으로써 사고의 발생을 미연에 방지하여 안전을 확보하는 안전관찰훈련기법
- 결심(Decide) · 정지(Stop) · 관찰(Observe) · 조치(Act) · 보고(Report)

11 산업안전보건법령상 AB형 안전모에 관한 설명으로 옳은 것은?

① 물체의 낙하 또는 비래에 의한 위험을 방지 또는 경감하기 위한 것
② 물체의 낙하 또는 비래 및 추락에 의한 위험을 방지 또는 경감시키기 위한 것
③ 물체의 낙하 또는 비래에 의한 위험을 방지 또는 경감하고, 머리부위 감전에 의한 위험을 방지하기 위한 것
④ 물체의 낙하 또는 비래 및 추락에 의한 위험을 방지 또는 경감하고, 머리부위 감전에 의한 위험을 방지하기 위한 것

해설 안전인증대상 안전모의 종류 및 사용구분

종류(기호)	사용구분	비고
AB	물체의 낙하 또는 비래 및 추락에 의한 위험을 방지 또는 경감시키기 위한 것	
AE	물체의 낙하 또는 비래에 의한 위험을 방지 또는 경감하고, 머리부위 감전에 의한 위험을 방지하기 위한 것	내전압성
ABE	물체의 낙하 또는 비래 및 추락에 의한 위험을 방지 또는 경감하고, 머리부위 감전에 의한 위험을 방지하기 위한 것	내전압성

12 재해예방의 4원칙이 아닌 것은?

① 손실 우연의 원칙
② 예방 가능의 원칙
③ 사고 연쇄의 원칙
④ 원인 계기의 원칙

해설 재해예방의 4원칙

- 손실우연의 원칙
- 원인계기의 원칙
- 예방가능의 원칙
- 대책선정의 원칙

정답 10 ③ 11 ② 12 ③

13 산업안전보건법령상 안전 · 보건표지의 색채와 사용사례의 연결이 틀린 것은?

① 빨간색(7.5R 4/14) – 탑승금지
② 파란색(2.5PB 4/10) – 방진마스크 착용
③ 녹색(2.5G 4/10) – 비상구
④ 노란색(5Y 6.5/12) – 인화성물질 경고

해설 인화성물질 경고의 색채는 빨간색을 사용한다.(화학물질 취급장소에서의 유해 · 위험 경고)

안전 · 보건표지의 색채, 색도기준 및 용도

색채	색도기준	용도	사용 예
빨간색	7.5R 4/14	금지	정지신호, 소화설비 및 그 장소, 유해행위의 금지
		경고	화학물질 취급장소에서의 유해 · 위험 경고
노란색	5Y 8.5/12	경고	화학물질 취급장소에서의 유해 · 위험 경고, 이외의 위험 경고, 주의표지 또는 기계방호물
파란색	2.5PB 4/10	지시	특정 행위의 지시 및 사실의 고지

14 일상점검 내용을 작업 전, 작업 중, 작업종료로 구분할 때, 작업 중 점검 내용으로 거리가 먼 것은?

① 품질의 이상 유무
② 안전수칙의 준수여부
③ 이상소음 발생 여부
④ 방호장치의 작동 여부

해설 방호장치의 작동 여부는 작업 전에 실시하여야 한다.

15 참모식 안전조직의 특징으로 옳은 것은?

① 100명 미만의 소규모 사업장에 적합하다.
② 생산부분은 안전에 대한 책임과 권한이 없다.
③ 명령과 보고가 상하관계 뿐이므로 간단명료하다.
④ 조직원 전원을 자율적으로 안전 활동에 참여시킬 수 있다.

해설 **스태프(참모)형 조직**

1. 규모
   중규모(100~1,000명 이하)
2. 장점
   - 사업장 특성에 맞는 전문적인 기술연구가 가능하다.
   - 경영자에게 조언과 자문 역할을 할 수 있다.
3. 단점
   - 안전지시나 명령이 작업자에게까지 신속 정확하게 전달되지 못한다.
   - 생산부문은 안전에 대한 책임과 권한이 없다.
   - 권한다툼이나 조정 때문에 시간과 노력이 소모된다.

16 무재해운동 기본이념의 3대 원칙이 아닌 것은?

① 무의 원칙　② 선취의 원칙
③ 합의의 원칙　④ 참가의 원칙

해설 **무재해 운동의 3원칙**

- 무의 원칙
- 참여의 원칙(참가의 원칙)
- 안전제일의 원칙(선취의 원칙)

정답 13 ④ 14 ④ 15 ② 16 ③

17 다음에 해당하는 법칙은?

> 어떤 공장에서 330회의 전도 사고가 일어났을 때, 이 가운데 300회는 무상해사고, 29회는 경상, 중상 또는 사망은 1회의 비율로 사고가 발생한다.

① 버드 법칙
② 하인리히 법칙
③ 더글라스 법칙
④ 자베타키스 법칙

해설 하인리히의 법칙

1 : 29 : 300
- 1 : 중상 또는 사망
- 29 : 경상
- 300 : 무상해사고
- 330회의 사고 가운데 중상 또는 사망 1회, 경상 29회, 무상해사고 300회의 비율로 사고가 발생

18 재해원인분석에 사용되는 통계적 원인분석 기법의 하나로, 사고의 유형이나 기인물 등의 분류항목을 큰 순서대로 도표화하는 기법은?

① 관리도 ② 파레토도
③ 특성요인도 ④ 크로스분석도

해설 파레토도

분류 항목을 큰 순서대로 도표화한 분석법

19 신규 채용 시의 근로자 안전 · 보건교육은 몇 시간 이상 실시해야 하는가?(단, 일용근로자를 제외한 근로자인 경우이다.)

① 3시간 ② 8시간
③ 16시간 ④ 24시간

해설 근로자 안전보건교육

교육과정	교육대상	교육시간
나. 채용 시 교육	1) 일용근로자 및 근로계약기간이 1주일 이하인 기간제근로자	1시간 이상
	2) 근로계약기간이 1주일 초과 1개월 이하인 기간제근로자	4시간 이상
	3) 그 밖의 근로자	8시간 이상

20 산업안전보건법상 산업안전보건위원회의 정기회의 개최 주기로 올바른 것은?

① 1개월마다 ② 분기마다
③ 반년마다 ④ 1년마다

해설 산업안전보건위원회의 회의는 정기회의와 임시회의로 구분하되, 정기회의는 분기마다 위원장이 소집하며, 임시회의는 위원장이 필요하다고 인정할 때에 소집한다.

제2과목 산업심리 및 교육

21 굴착면의 높이가 2m 이상인 암석의 굴착 작업에 대한 특별교육 내용에 포함되지 않는 것은?(단, 그 밖의 안전 · 보건 관리에 필요한 사항은 제외한다.)

① 지반의 붕괴재해 예방에 관한 사항
② 보호구 및 신호방법 등에 관한 사항
③ 안전거리 및 안전기준에 관한 사항
④ 폭발물 취급 요령과 대피 요령에 관한 사항

정답 17 ② 18 ② 19 ② 20 ② 21 ①

해설 특별교육 대상 작업별 교육내용

작업명	교육내용
굴착면의 높이가 2미터 이상이 되는 지반 굴착(터널 및 수직갱 외의 갱 굴착은 제외한다) 작업	• 지반의 형태 · 구조 및 굴착 요령에 관한 사항 • 지반의 붕괴재해 예방에 관한 사항 • 붕괴 방지용 구조물 설치 및 작업방법에 관한 사항 • 보호구의 종류 및 사용에 관한 사항 • 그 밖에 안전 · 보건관리에 필요한 사항

22 인간의 착각현상 중 실제로 움직이지 않지만 어느 기준의 이동에 의하여 움직이는 것처럼 느껴지는 착각현상의 명칭으로 적합한 것은?

① 자동운동 ② 잔상현상
③ 유도운동 ④ 착시현상

해설 유도운동

실제로 움직이지 않는 것이 어느 기준의 이동에 유도되어 움직이는 것처럼 느껴지는 현상을 말한다.

23 피로의 측정분류 시 감각기능검사(정신 · 신경기능검사)의 측정대상 항목으로 가장 적합한 것은?

① 혈압 ② 심박수
③ 에너지대사율 ④ 플리커

해설 정신적 작업부하에 관한 생리적 측정치

• 점멸융합주파수(플리커법) : 사이가 벌어져 회전하는 원판으로 들어오는 광원의 빛을 단속시켜 연속광으로 보이는지 단속광으로 보이는지 경계에서의 빛의 단속주기를 플리커치라 한다. 정신적으로 피로한 경우에는 주파수 값이 내려가는 것으로 알려져 있다.

• 기타 정신부하에 관한 생리적 측정치 : 눈꺼풀의 깜박임률(Blink Rate), 동공지름(Pupil Diameter), 뇌의 활동전위를 측정하는 뇌파도(EEG ; ElectroEncephaloGram)

24 동일 부서 직원 6명의 선호 관계를 분석한 결과 다음과 같은 소시오그램이 작성되었다. 이 소시오그램에서 실선은 선호관계, 점선은 거부관계를 나타낼 때, 4번 직원의 선호신분 지수는 얼마인가?

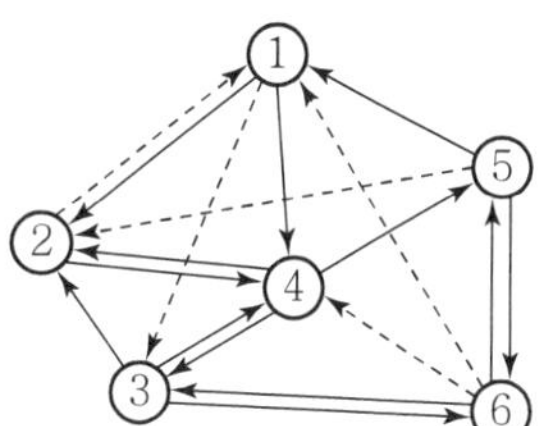

① 0.2 ② 0.33
③ 0.27 ④ 0.6

해설 6명으로 구성된 집단의 소시오메트리에서 긍정적인 상호작용 수는 4쌍이므로, 응집성 지수는 다음과 같다.

• 응집성지수

$$= \frac{\text{실제 상호작용의 수}}{\text{가능한 상호작용의 수}} = \frac{4}{15} = 0.27$$

• 가능한 상호작용의 수 $= {}_6C_2 = \frac{6 \times 5}{2} = 15$

25 강의식 교육에 대한 설명으로 틀린 것은?

① 기능적, 태도적인 내용의 교육이 어렵다.
② 사례를 제시하고, 그 문제점에 대해서 검토하고 대책을 토의한다.
③ 수강자의 집중도나 흥미의 정도가 낮다.
④ 짧은 시간 동안 많은 내용을 전달해야 하는 경우에 적합하다.

해설 사례제시 후 문제점에 대한 토의는 토의법의 방법이다.

정답 22 ③ 23 ④ 24 ③ 25 ②

26 상호신뢰 및 성선설에 기초하여 인간을 긍정적 측면으로 보는 이론에 해당하는 것은?

① T－이론 ② X－이론
③ Y－이론 ④ Z－이론

해설 X, Y 이론의 비교

X 이론 (인간을 부정적 측면으로 봄)	Y 이론 (인간을 긍정적 측면으로 봄)
인간불신	상호신뢰
성악설	성선설
인간은 본래 게으르고 태만하여 수동적이고 남의 지배 받기를 즐긴다.	인간은 본래 부지런하고 적극적이며 스스로의 일을 자기 책임하에 자주적으로 행한다.
저차원적 욕구(물질 욕구)	고차원적 욕구(정신적 욕구)
명령통제에 의한 관리(권위적)	목표 통합과 자기통제에 의한 관리
저개발국형	선진국형

27 직장규율, 안전규율 등을 몸에 익히기에 적합한 교육의 종류에 해당하는 것은?

① 지능 교육 ② 기능 교육
③ 태도 교육 ④ 문제해결 교육

태도교육(3단계) : 생활지도, 작업 동작 지도, 적성배치 등을 통한 안전의 습관화

① 청취(들어본다) → ② 이해, 납득(이해시킨다) → ③ 모범(시범을 보인다) → ④ 권장(평가한다) → ⑤ 칭찬한다 or 벌을 준다

28 MTP(Management Training Program) 안전교육 방법의 총 교육시간으로 가장 적합한 것은?

① 10시간 ② 40시간
③ 80시간 ④ 120시간

해설 MTP(Management Training Program)

한 그룹에 10~15명 내외로 전체 교육시간은 40시간(1일 2시간씩 20일 교육)으로 실시한다.

29 레빈(Lewin)의 행동방정식 $B=f(P \cdot E)$에서 P의 의미로 맞는 것은?

① 주어진 환경 ② 인간의 행동
③ 주어진 직무 ④ 개인적 특성

레빈(Lewin. K)의 법칙

레빈은 인간의 행동(B)은 그 사람이 가진 자질 즉, 개체(P)와 심리적 환경(E)의 상호함수관계에 있다고 하였다.

$B=f(P \cdot E)$

여기서, B : Behavior(인간의 행동)
f : Function(함수관계)
P : Person(개체 : 연령, 경험, 심신 상태, 성격, 지능 등)
E : Environment(심리적 환경 : 인간관계, 작업환경 등)

30 리더십의 권한 역할 중 "부하를 처벌할 수 있는 권한"에 해당하는 것은?

① 위임된 권한 ② 합법적 권한
③ 강압적 권한 ④ 보상적 권한

해설 조직이 지도자에게 부여한 권한

- 합법적 권한 : 군대, 교사, 정부기관 등 법적으로 부여된 권한
- 보상적 권한 : 부하에게 노력에 대한 보상을 할 수 있는 권한
- 강압적 권한 : 부하에게 명령할 수 있는 권한

정답 26 ③ 27 ③ 28 ② 29 ④ 30 ③

31 그림과 같이 수직 평행인 세로의 선들이 평행하지 않는 것으로 보이는 착시현상에 해당하는 것은?

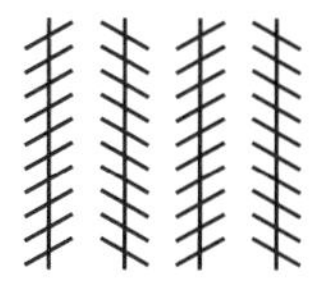

① 죌러(Zöller)의 착시
② 쾰러(Köhler)의 착시
③ 헤링(Hering)의 착시
④ 포겐도르프(Poggendorf)의 착시

해설 착시

학설	그림	현상
Zöller의 착시		세로의 선이 굽어보인다.

32 과업과 직무를 수행하는 데 요구되는 인적 자질에 의해 직무의 내용을 정의하는 절차에 해당하는 것은?

① 직무분석(Job Analysis)
② 직무평가(Job Evaluation)
③ 직무확충(Job Enrichment)
④ 직무만족(Job Satisfaction)

해설 직무분석은 조직에서 특정 직무에 적합한 사람을 선발하기 위해 어떤 특성이 필요한지를 파악하기 위해 직무를 조사하는 활동이다.

직무분석을 통해 얻은 정보의 활용

- 인사선발
- 교육 및 훈련
- 배치 및 경력개발

33 동기부여에 관한 이론 중 동기부여 요인을 중요시하는 내용이론에 해당하지 않는 것은?

① 브룸의 기대이론
② 알더퍼의 ERG이론
③ 매슬로의 욕구위계설
④ 허츠버그의 2요인 이론(이원론)

 동기부여에 관한 이론

- 매슬로의 욕구위계설
- 알더퍼(Alderfer)의 ERG 이론
- 맥그리거(Mcgregor)의 X이론과 Y이론
- 허즈버그(Herzberg)의 2요인 이론(위생요인, 동기요인)
- 데이비스(K. Davis)의 동기부여 이론

34 남의 행동이나 판단을 표본으로 하여 그것과 같거나 혹은 그것에 가까운 행동 또는 판단을 취하려는 인간관계 메커니즘으로 맞는 것은?

① Projection ② Imitation
③ Suggestion ④ Identification

해설 모방(Imitation)

남의 행동이나 판단을 표본으로 하여 그것과 같거나 또는 그것에 가까운 행동 또는 판단을 취하려는 것

35 집단 심리요법의 하나로 자기 해방과 타인 체험을 목적으로 하는 체험활동을 통해 대인관계에서의 태도 변용이나 통찰력, 자기이해를 목표로 개발된 교육 기법에 해당하는 것은?

① 롤플레잉(Role Playing)
② OJT(On The Job Training)

정답 31 ① 32 ① 33 ① 34 ② 35 ①

③ ST(Sensitivity Training) 훈련
④ TA(Transactional Analysis) 훈련

해설 롤플레잉(Role Playing)

작업 전 5분간 미팅의 시나리오를 작성하여 그 시나리오를 보고 멤버들이 연기함으로써 체험학습을 시키는 것

36 비통제의 집단행동에 해당하는 것은?

① 관습 ② 유행
③ 모브 ④ 제도적 행동

해설 통제가 없는 집단행동

- 군중(Crowd) : 성원 사이에 지위나 역할의 분화가 없고 성원 각자는 책임감을 가지지 않으며 비판력도 가지지 않는다.
- 모브(Mob) : 폭동과 같은 것을 말하며 군중보다 합의성이 없고 감정에 의해 행동하는 것
- 패닉(Panic) : 모브가 공격적인 데 반해 패닉은 방어적인 특징이 있다.
- 심리적 전염(Mental Epidemic) : 어떤 사상이 상당 기간에 걸쳐 광범위하게 논리적 근거 없이 무비판적으로 받아들여지는 것

37 작업지도 기법의 4단계 중 그 작업을 배우고 싶은 의욕을 갖도록 하는 단계로 맞는 것은?

① 제1단계 : 학습할 준비를 시킨다.
② 제2단계 : 작업을 설명한다.
③ 제3단계 : 작업을 시켜 본다.
④ 제4단계 : 작업에 대해 가르친 뒤 살펴본다.

해설 교육법의 4단계

- 도입(1단계) : 학습할 준비를 시킨다.(배우고자 하는 마음가짐을 일으키는 단계)
- 제시(2단계) : 작업을 설명한다.(내용을 확실하게 이해시키고 납득시키는 단계)
- 적용(3단계) : 작업을 지휘한다.(이해시킨 내용을 활용시키거나 응용시키는 단계)
- 확인(4단계) : 가르친 뒤 살펴본다.(교육 내용을 정확하게 이해하였는가를 테스트하는 단계)

38 동작실패의 원인이 되는 조건 중 작업강도와 관련이 가장 적은 것은?

① 작업량 ② 작업속도
③ 작업시간 ④ 작업환경

해설 작업강도는 작업량, 작업속도, 작업시간과 관련이 있다.

39 작업장에서의 사고예방을 위한 조치로 틀린 것은?

① 감독자와 근로자는 특수한 기술뿐 아니라 안전에 대한 태도도 교육받아야 한다.
② 모든 사고는 사고 자료가 연구될 수 있도록 철저히 조사되고 자세히 보고되어야 한다.
③ 안전의식고취 운동에서 포스터는 긍정적인 문구보다 부정적인 문구를 사용하는 것이 더 효과적이다.
④ 안전장치는 생산을 방해해서는 안 되고, 그것이 제 위치에 있지 않으면 기계가 작동되지 않도록 설계되어야 한다.

해설 안전의식고취 운동에서의 포스터는 처참한 장면을 피하고 긍정적인 문구를 사용하는 것이 효과적이다.

정답 36 ③ 37 ① 38 ④ 39 ③

40 에빙하우스(Ebbinghaus)의 연구결과에 따른 망각률이 50%를 초과하게 되는 최초의 경과시간은 얼마인가?

① 30분　　② 1시간
③ 1일　　④ 2일

해설 에빙하우스(Hermann Ebbinghaus)의 망각곡선

독일의 과학자 에빙하우스의 연구에 의하면 학습 후 바로 망각이 시작되어 20분이 지나면 58%를 기억하고 1시간이 지나면 44%, 하루가 지나면 33%, 한 달이 지나면 21%만 기억된다고 한다.

제3과목 인간공학 및 시스템안전공학

41 다음 FT도에서 각 요소의 발생확률이 요소 ①과 요소 ②는 0.2, 요소 ③은 0.25, 요소 ④는 0.3일 때, A사상의 발생확률은 얼마인가?

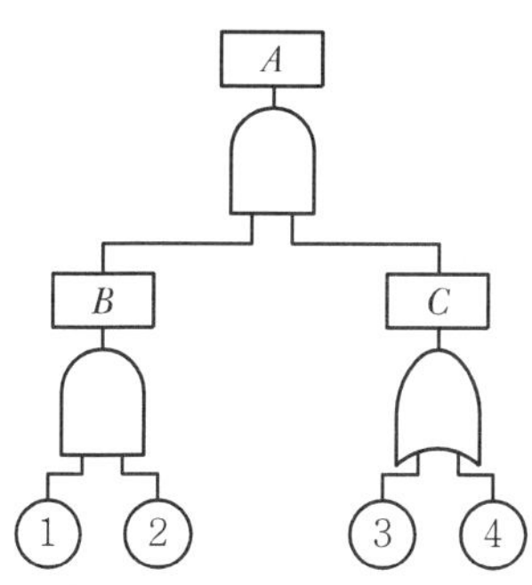

① 0.007　　② 0.014
③ 0.019　　④ 0.071

해설 A＝B×C＝(①×②)×(1－(1－③)(1－④))
＝(0.2×0.2)×(1－(1－0.25)(1－0.3))
＝0.019

42 정성적 시각 표시장치에 관한 사항 중 다음에서 설명하는 특성은?

> 복잡한 구조 그 자체를 완전한 실체로 자각하는 경향이 있기 때문에, 이 구조와 어긋나는 특성은 즉시 눈에 띈다.

① 양립성　　② 암호화
③ 형태성　　④ 코드화

해설 구조 자체를 실체로 자각하며 구조의 차이를 인지하는 특성은 형태성이다.

43 산업안전보건법령에 따라 기계 · 기구 및 설비의 설치 · 이전 등으로 인해 유해 · 위험방지계획서를 제출하여야 하는 대상에 해당하지 않는 것은?

① 건조설비
② 공기압축기
③ 화학설비
④ 가스집합용접장치

해설 유해위험방지계획서 제출대상 사업

- 금속이나 그 밖의 광물의 용해로
- 화학설비
- 건조설비
- 가스집합용접장치
- 근로자의 건강에 상당한 장해를 일으킬 우려가 있는 물질로서 고용노동부령으로 정하는 물질의 밀폐 · 환기 · 배기를 위한 설비

44 인체측정자료에서 극단치를 적용하여야 하는 설계에 해당하지 않는 것은?

① 계산대
② 문 높이
③ 통로 폭
④ 조종장치까지의 거리

정답 40 ② 41 ③ 42 ③ 43 ② 44 ①

해설
- 최대치수와 최소치수
  특정한 설비를 설계할 때, 거의 모든 사람을 수용할 수 있는 경우(최대치수)가 필요하다. 문, 통로, 탈출구 등을 예로 들 수 있다. 최소치수의 예로는 선반의 높이, 조종 장치까지의 거리 등이 있다.
- 평균치를 기준으로 한 설계
  최대치수나 최소치수를 기준으로 설계하기도 부적절하고 조절식으로 하기도 불가능할 때, 평균치를 기준으로 설계를 한다. 예를 들면, 손님의 평균 신장을 기준으로 만든 은행의 계산대 등이 있다.

45 작위실수(Commission Error)의 유형이 아닌 것은?

① 선택착오 ② 순서착오
③ 시간착오 ④ 직무누락착오

해설 에러의 심리적인 분류(Swain)

- 생략에러(직무누락착오)(Omission Error) : 작업 내지 필요한 절차를 수행하지 않는 데서 기인하는 에러
- 수행에러(Commission Error) : 작업 내지 절차를 수행했으나 잘못한 실수
  – 선택착오, 순서착오, 시간착오
- 과잉행동 에러(Extraneous Error) : 불필요한 작업 내지 절차를 수행함으로써 기인한 에러
- 순서에러(Sequential Error) : 작업수행의 순서가 잘못된 실수
- 시간에러(Timing Error) : 소정의 기간에 수행하지 못한 실수(너무 빨리 혹은 늦게)

46 인간-기계 통합체계의 유형에서 수동체계에 해당하는 것은?

① 자동차 ② 공작기계
③ 컴퓨터 ④ 장인과 공구

해설 인간-기계 통합체계의 특성

- 수동체계 : 자신의 신체적인 힘을 동력원으로 사용(수공구 사용)
- 기계화 또는 반자동체계 : 운전자가 조종 장치를 사용하여 통제하며 동력은 전형적으로 기계가 제공
- 자동체계 : 감지, 정보처리, 의사결정 등 행동을 포함한 모든 임무를 수행하고 인간은 감시, 프로그램, 정비유지 등의 기능을 수행하는 체계

47 각 기본사상의 발생확률이 증감하는 경우 정상사상의 발생확률에 어느 정도 영향을 미치는가를 반영하는 지표로서 수리적으로는 편미분계수와 같은 의미를 갖는 FTA의 중요도 지수는?

① 확률 중요도 ② 구조 중요도
③ 치명 중요도 ④ 비구조 중요도

해설 중요도

어떤 기본사항의 발생이 정상사상의 발생에 어느 정도의 영향을 미치는가에 대해 정량적으로 나타낸 것
- 구조 중요도 : 결함수의 구조상, 각 기본사상이 갖는 치명성을 말함
- 확률 중요도 : 정상사상의 발생확률의 증감에 각 기본사상의 발생확률이 어느 정도 영향을 미치는가를 나타내는 척도
- 치명 중요도 : 기본사상 발생확률의 변화율에 대한 정상사상 발생확률의 변화의 비

48 동작경제의 원칙 중 신체사용에 관한 원칙에 해당하지 않는 것은?

① 손의 동작은 유연하고 연속적인 동작이어야 한다.
② 두 손의 동작은 같이 시작해서 동시에 끝나도록 한다.

정답 45 ④ 46 ④ 47 ① 48 ④

③ 동작이 급작스럽게 크게 바뀌는 직선 동작은 피해야 한다.
④ 공구, 재료 및 제어장치는 사용하기 용이하도록 가까운 곳에 배치한다.

해설 **동작경제의 원칙**

신체 사용에 관한 원칙(동작능력 활용, 작업량 절약, 동작개선)

- 양손은 동시에 동작을 시작하여 동시에 끝맺는다.
- 양손은 휴식을 제외하고는 동시에 쉬어서는 안 된다.
- 팔의 동작은 서로 반대의 대칭적인 방향으로 행하며 동시에 행해야 한다.
- 팔, 손, 손가락 그리고 신체의 동작은 일을 만족하게 할 수 있는 최소의 동작으로 한정해야 한다.
- 작업에 도움이 되도록 가급적 물체의 관성을 이용하여야 하며 관성을 극복하여야 하는 경우에는 관성을 최소화하여야 한다.

49 **일반적으로 재해 발생 간격은 지수분포를 따르며, 일정기간 내에 발생하는 재해발생 건수는 푸아송 분포를 따른다고 알려져 있다. 이러한 확률변수들의 발생과정을 무엇이라고 하는가?**

① Poisson 과정 ② Bernoulli 과정
③ Wiener 과정 ④ Binomial 과정

푸아송 과정은 고장 · 재해의 발생, 매장에서 손님 전화 수신, 택시 대기 시간 등의 모델을 분석할 때 활용된다.

50 **한 화학공장에 24개의 공정제어회로가 있다. 4,000시간의 공정 가동 중 이 회로에서 14건의 고장이 발생하였고, 고장이 발생하였을 때마다 회로는 즉시 교체되었다. 이 회로의 평균고장시간은 약 얼마인가?**

① 6,857시간 ② 7,571시간
③ 8,240시간 ④ 9,800시간

평균고장시간(MTTF ; Mean Time To Failure)

시스템, 부품 등이 고장 나기까지 동작시간의 평균치로, 평균수명이라고도 한다.

$$\text{MTTF} = \frac{24 \times 4{,}000}{14} = 6{,}857\text{시간}$$

51 **압박이나 긴장에 대한 척도 중 생리적 긴장의 화학적 척도에 해당하는 것은?**

① 혈압 ② 호흡수
③ 혈액 성분 ④ 심전도

과도한 압박이나 긴장은 작업자에게 스트레스를 유발하며, 이는 작업자의 혈액순환 및 혈액 내 구성성분(호르몬, 이온물질 등)에 변화를 주어 생리적 긴장의 화학적 척도로 활용할 수 있다.

52 **사용조건을 정상사용 조건보다 강화하여 적용함으로써 고장발생시간을 단축하고, 검사비용의 절감효과를 얻고자 하는 수명시험은?**

① 중도중단시험 ② 가속수명시험
③ 감속수명시험 ④ 정시중단시험

해설 **가속수명시험(Accelerated Life Test)**

제품의 실사용 조건보다 가혹한 조건(가속조건)에서 시험하여 고장을 촉진시키고, 가속조건에서 관측된 데이터로부터 수명과 스트레스와의 관계를 추정하고, 이를 사용조건으로 외삽(Extra Polation)하여 사용조건에서의 수명을 빨리 추정하기 위한 시험

정답 49 ① 50 ① 51 ③ 52 ②

53 **다음 중 안전성 평가 단계가 순서대로 올바르게 나열된 것으로 옳은 것은?**

① 정성적 평가 – 정량적 평가 – FTA에 의한 재평가 – 재해정보로부터 재평가 – 안전대책
② 정량적 평가 – 재해정보로부터의 재평가 – 관계 자료의 작성준비 – 안전대책 – FTA에 의한 재평가
③ 관계 자료의 작성준비 – 정성적 평가 – 정량적 평가 – 안전대책 – 재해정보로부터의 재평가 – FTA에 의한 재평가
④ 정량적 평가 – 재해정보로부터의 재평가 – FTA에 의한 재평가 – 관계자료의 작성준비 – 안전대책

해설 **안전성 평가 6단계**

1. 제1단계 : 관계자료의 정비검토
2. 제2단계 : 정성적 평가
3. 제3단계 : 정량적 평가
4. 제4단계 : 안전대책
5. 제5단계 : 재해정보에 의한 재평가
6. 제6단계 : FTA에 의한 재평가

54 **A 작업장에서 1시간 동안에 480Btu의 일을 하는 근로자의 대사량은 900Btu이고, 증발 열손실이 2,250Btu, 복사 및 대류로부터 열이득이 각각 1,900Btu 및 80Btu라 할 때, 열축적은 얼마인가?**

① 100　　② 150
③ 200　　④ 250

해설 **열균형 방정식**

S(열축적) = M(대사율) – E(증발) ± R(복사) ± C(대류) – W(한 일)
= 900 – 2,250 + 1,900 + 80 – 480
= 150(Btu)

55 **국제표준화기구(ISO)의 수직전동에 대한 피로–저감숙달경계(Fatigue–Decreased Proficiency Boundary)표준 중 내구수준이 가장 낮은 범위로 옳은 것은?**

① 1~3Hz　　② 4~8Hz
③ 9~13Hz　　④ 14~18Hz

수직전동에 대한 피로–저감숙달경계표준 중 내구수준이 가장 낮은 범위는 4~8Hz 구간이다.

56 **산업 현장에서는 생산설비에 부착된 안전장치를 생산성을 위해 제거하고 사용하는 경우가 있다. 이와 같이 고의로 안전장치를 제거하는 경우에 대비한 예방 설계 개념으로 옳은 것은?**

① Fail Safe　　② Fool Proof
③ Lock Out　　④ Tamper Proof

- Fool Proof : 풀프루프는 위험성을 모르는 아이들이 세제나 약병의 마개를 열지 못하도록 안전마개를 부착하는 것처럼, 신체적 조건이나 정신적 능력이 낮은 사용자라 하더라도 사고를 낼 확률을 낮게 설계해 주는 것이다. 예로서, 회전하는 모터의 덮개를 벗기면 모터가 정지하는 방식이 해당된다.
- Fail Safe : 페일세이프는 기계가 고장이 나더라도 안전사고를 발생시키지 않도록 2중 또는 3중으로 통제를 가하는 것을 말한다.
- Tamper Proof : 사용자 또는 조작자가 임의로 장비의 안전장치를 제거할 경우, 장비가 작동되지 않도록 하는 안전설계 원리이다.

정답 53 ③ 54 ② 55 ② 56 ④

57 FT도에서 사용되는 다음 기호의 명칭으로 맞는 것은?

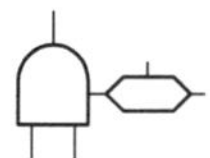

① 부정게이트
② 수정기호
③ 위험지속기호
④ 배타적 OR 게이트

해설 수정게이트

기호	명칭	설명
위험 지속 시간	위험지속 AND 게이트	입력현상이 생겨서 어떤 일정한 기간이 지속될 때에 출력이 생긴다.

58 음의 은폐(Masking)에 대한 설명으로 옳지 않은 것은?

① 은폐음 때문에 피은폐음의 가청역치가 높아진다.
② 배경음악에 실내소음이 묻히는 것은 은폐효과의 예시이다.
③ 음의 한 성분이 다른 성분에 대한 귀의 감수성을 감소시키는 작용이다.
④ 순음에서 은폐효과가 가장 큰 것은 은폐음과 배음(Harmonic Overtone)의 주파수가 멀 때이다.

해설 은폐(Masking) 효과

음의 한 성분이 다른 성분에 대한 귀의 감수성을 감소시키는 상황으로 피은폐된 한 음의 가청 역치가 다른 은폐된 음 때문에 높아지는 현상을 말한다. 예로 사무실의 키보드 소리 때문에 말 소리가 묻히는 경우이다. 은폐효과가 큰 경우는 은폐음과 배음의 주파수가 가까울 때이다.

59 기계 시스템은 영구적으로 사용하며, 조작자는 한 시간마다 스위치를 작동해야 하는데 인간오류확률(HEP)은 0.001이다. 2시간에서 4시간까지 인간-기계 시스템의 신뢰도로 옳은 것은?

① 91.5% ② 96.6%
③ 98.7% ④ 99.8%

해설 신뢰도 $R(n) = (1 - \mathrm{HEP})^n$

$= (1 - 0.001)^2 = 99.8\%$

여기서, n는 작동시간

60 예비위험분석(PHA)은 어느 단계에서 수행되는가?

① 구상 및 개발단계
② 운용단계
③ 발주서 작성단계
④ 설치 또는 제조 및 시험단계

해설 시스템 수명 주기에서의 PHA

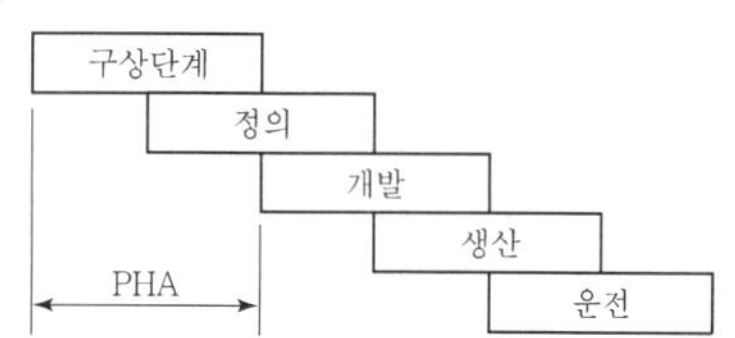

정답 57 ③ 58 ④ 59 ④ 60 ①

제4과목 건설시공학

61 벽돌을 내쌓기 할 때 일반적으로 이용되는 벽돌쌓기 방법은?

① 마구리 쌓기 ② 길이 쌓기
③ 옆세워 쌓기 ④ 길이세워 쌓기

 내 쌓기는 1켜씩 1/8B 또는 2켜씩 1/4B로 내쌓는다. 내 쌓기의 내미는 한도는 최대 2.0B로 하고 모두 마구리 쌓기로 하는 것이 강도상, 시공상 유리하다.

62 조적공사의 백화현상을 방지하기 위한 대책으로 옳지 않은 것은?

① 석회를 혼합한 줄눈 모르타르를 활용하여 바른다.
② 흡수율이 낮은 벽돌을 사용한다.
③ 쌓기용 모르타르에 파라핀 도료와 같은 혼화제를 사용한다.
④ 돌림대, 차양 등을 설치하여 빗물이 벽체에 직접 흘러내리지 않게 한다.

 줄눈 모르타르에 석회를 첨가할 경우 백화현상이 증가한다.

벽돌벽의 백화 방지대책

- 줄눈 모르타르에 방수제를 혼합
- 흡수율이 작고, 질이 좋은 벽돌 및 모르타르를 사용하여 줄눈을 치밀하게 함
- 벽돌면에 실리콘 뿜칠
- 소성이 잘된 벽돌 사용
- 분말도가 큰 시멘트 사용
- 재료 배합 시 물시멘트비(W/C)를 감소시키고, 조립률이 큰 모래 사용

63 강관말뚝지정의 특징에 해당되지 않는 것은?

① 강한 타격에도 견디며 다져진 중간지층의 관통도 가능하다.
② 지지력이 크고 이음이 안전하고 강하므로 장척말뚝에 적당하다.
③ 상부구조와의 결합이 용이하다.
④ 길이조절이 어려우나 재료비가 저렴한 장점이 있다.

해설 강관말뚝지정의 경우 길이조절이 가능하다.

64 지하수위 저하공법 중 강제배수공법이 아닌 것은?

① 전기침투 공법
② 웰포인트 공법
③ 표면배수 공법
④ 진공 Deep Well 공법

해설 강제배수공법에는 웰포인트 공법, 진공 Deep Well 공법, 전기침투공법 등이 있다.

65 콘크리트의 압축강도를 시험하지 않을 경우 거푸집널의 해체시기로 옳은 것은? (단, 기타 조건은 아래와 같음)

> • 평균기온 : 20℃ 이상
> • 보통 포틀랜드 시멘트 사용
> • 대상 : 기초, 보, 기둥 및 벽의 측면

① 2일 ② 3일
③ 4일 ④ 6일

정답 61 ① 62 ① 63 ④ 64 ③ 65 ③

해설 거푸집 존치기간

• 콘크리트 압축강도를 시험할 경우(콘크리트 표준시방서)

부재	콘크리트의 압축강도(fcu)
확대기초, 보 옆, 기둥, 벽 등의 측벽	5MPa 이상
슬래브 및 보의 밑면, 아치 내면	설계기준강도× $\frac{2}{3}\left(f_{ck} \geq \frac{2}{3}f_{ck}\right)$ 다만, 14MPa 이상

• 콘크리트 압축강도를 시험하지 않을 경우(기초, 보 옆, 기둥 및 보의 측벽)

시멘트의 종류 / 평균 기온	조강 포틀랜드 시멘트	보통포틀랜드 시멘트 고로슬래그 시멘트(특급) 포틀랜드포졸란 시멘트(A종) 플라이애시 시멘트(A종)	고로슬래그 시멘트 포틀랜드포졸란 시멘트(B종) 플라이애시 시멘트(B종)
20℃ 이상	2일	4일	5일
20℃ 미만 10℃ 이상	3일	6일	8일

66 거푸집 공사에 적용되는 슬라이딩폼 공법에 관한 설명으로 옳지 않은 것은?

① 형상 및 치수가 정확하며 시공오차가 적다.
② 마감작업이 동시에 진행되므로 공정이 단순화된다.
③ 1일 5~10m 정도 수직시공이 가능하다.
④ 일반적으로 돌출물이 있는 건축물에 많이 적용된다.

해설 슬라이딩폼(Sliding Form)은 요크(Yoke)로 거푸집을 수직으로 연속 이동시키면서 콘크리트 타설하는 거푸집으로 돌출물 등 단면 형상의 변화가 없는 곳에 적용한다.

67 강구조용 강재의 절단 및 개선가공에 관한 사항으로 옳지 않은 것은?

① 주요 부재의 강판 절단은 주된 응력의 방향과 압연방향을 직각으로 교차하여 절단함을 원칙으로 한다.
② 절단할 강재의 표면에 녹, 기름, 도료가 부착되어 있는 경우에는 제거 후 절단해야 한다.
③ 용접선의 교차부분 또는 한 부재를 다른 부재에 접합시킬 때 불필요한 접촉을 피하기 위하여 모퉁이따기를 할 경우에는 10mm 이상 둥글게 해야 한다.
④ 스캘럽 가공은 절삭 가공기 또는 부속장치가 달린 수동가스 절단기를 사용한다.

해설 강판 절단은 주된 응력의 방향과 압연방향이 평행하도록 한다.

68 콘크리트 타설에 관한 설명으로 옳은 것은?

① 콘크리트 타설은 바닥판 → 보 → 계단 → 벽체 → 기둥의 순서로 한다.
② 콘크리트 타설은 운반거리가 먼 곳부터 시작한다.
③ 콘크리트를 타설할 때에는 다짐이 잘 되도록 타설높이를 최대한 높게 한다.
④ 콘크리트 타설 준비 시 콘크리트가 닿았을 때 흡수할 우려가 있는 곳은 미리 건조시켜 두어야 한다.

해설 콘크리트 타설 시 운반거리가 먼 곳에서 가까운 곳으로 타설한다.

정답 66 ④ 67 ① 68 ②

69 **기성콘크리트 말뚝의 특징에 관한 설명으로 옳지 않은 것은?**

① 말뚝이음 부위에 대한 신뢰성이 떨어진다.
② 재료의 균질성이 부족하다.
③ 자재하중이 크므로 운반과 시공에 각별한 주의가 필요하다.
④ 시공과정상의 항타로 인하여 자재균열의 우려가 높다.

해설 기성콘크리트 말뚝은 재료의 균질성을 확보할 수 있다.

70 **설계도와 시방서가 명확하지 않거나 설계는 명확하지만 공사비 총액을 산출하기 곤란하고 발주자가 양질의 공사를 기대할 때 채택될 수 있는 가장 타당한 방식은?**

① 실비정산 보수가산식 도급
② 단가 도급
③ 정액 도급
④ 턴키 도급

실비정산 보수가산식도급(Cost Plus Fee Contract) 계약은 공사의 실비를 건축주와 도급자가 확인 · 정산하고, 건축주는 미리 정한 보수율에 따라 도급자에게 공사비를 지급하는 방식이다.

71 **철골공사에서 용접접합의 장점과 거리가 먼 것은?**

① 강재량을 절약할 수 있다.
② 소음을 방지할 수 있다.
③ 일체성 및 수밀성을 확보할 수 있다.
④ 접합부의 품질검사가 매우 간단하다.

해설 용접접합의 경우 접합부에 대한 품질검사가 까다롭다.

72 **웰포인트 공법에 관한 설명으로 옳지 않은 것은?**

① 지하수위를 낮추는 공법이다.
② 1~3m의 간격으로 파이프를 지중에 박는다.
③ 주로 사질지반에 이용하면 유효하다.
④ 기초파기에 히빙 현상을 방지하기 위해 사용한다.

해설 **웰포인트(Well Point) 공법**

라이저 파이프를 박아 6m 이내의 지하수를 펌프로 배수하여 지하수위를 낮추고 지하수위의 저하에 따른 부력 감소로 인해 지반을 다지는 공법으로, 점토지반보다는 사질지반에 유효한 공법이다.

73 **프리스트레스 하지 않는 부재의 현장치기 콘크리트의 최소 피복두께 기준 중 가장 큰 것은?**

① 수중에 치는 콘크리트
② 흙에 접하여 콘크리트를 친 후 영구히 흙에 묻혀 있는 콘크리트
③ 옥외의 공기나 흙에 직접 접하지 않는 콘크리트 중 슬래브
④ 옥외의 공기나 흙에 직접 접하지 않는 콘크리트 중 벽체

수중에 치는 콘크리트의 피복두께 기준이 가장 크다.

정답 69 ② 70 ① 71 ④ 72 ④ 73 ①

74 **품질관리(TQC)를 위한 7가지 도구 중에서 불량수, 결점수 등 셀 수 있는 데이터가 분류항목별로 어디에 집중되어 있는가를 알기 쉽도록 나타낸 그림은?**

① 히스토그램 ② 파레토도
③ 체크시트 ④ 산포도

 체크시트는 불량수, 결점수 등 계수치의 데이터가 분류항목의 어디에 집중되어 있는가를 알아보기 쉽게 나타낸다.

75 **시방서의 작성원칙으로 옳지 않은 것은?**

① 지정고시된 신재료 또는 신기술을 적극 활용한다.
② 공사 전반에 대한 지침을 세밀하고 간단명료하게 서술한다.
③ 공종을 세밀하게 나누고, 단위 시방의 수를 최대한 늘려 상세히 서술한다.
④ 시공자가 정확하게 시공하도록 설계자의 의도를 상세히 기술한다.

해설 **시방서 기재 시 유의사항**

- 시방서 작성순서는 공사 진행순서와 일치하도록 한다.
- 간결하고 명료하게 빠짐없이 기재한다.
- 공법의 정밀도와 마무리 정도를 명확하게 규정한다.
- 재료, 공법은 정확하게 지시한다.
- 누락되거나, 중복되지 않게 한다.
- 도면과 시방이 상이하지 않게 기재한다.
- 공사의 범위를 명시한다.

76 **슬래브에서 4변 고정인 경우 철근배근을 가장 많이 하여야 하는 부분은?**

① 단변 방향의 주간대
② 단변 방향의 주열대
③ 장변 방향의 주간대
④ 장변 방향의 주열대

 슬래브에서 4변 고정인 경우 휨 모멘트가 가장 큰 부분인 짧은 방향의 주열대에서 철근 배근을 많이 해야 한다.

77 **Top Down 공법의 특징으로 옳지 않은 것은?**

① 1층 바닥 기준으로 상방향, 하방향 중 한쪽 방향으로만 공사가 가능하다.
② 공기단축이 가능하다.
③ 타 공법 대비 주변지반 및 인접건물에 미치는 영향이 작다.
④ 소음 및 진동이 적어 도심지 공사로 적합하다.

해설 **역타(Top Down) 공법**

흙막이 벽으로 설치한 지하연속벽(Slurry Wall)을 본 구조체의 벽체로 이용하여 기둥과 보를 구축하고 바닥을 설치한 후 지하터파기를 진행하면서 동시에 지상 구조물도 축조해 가는 방식으로 지하와 지상층 병행작업으로 공사기간이 단축되며, 소음, 진동이 적어 도심지 공사에 적합하다.

78 **철재 거푸집에서 사용되는 철물로 지주를 제거하지 않고 슬래브 거푸집만 제거할 수 있도록 한 철물은?**

① 와이어클리퍼(Wire Clipper)
② 캠버(Camber)
③ 드롭헤드(Drop Head)
④ 베이스플레이트(Base Plate)

 드롭헤드(Drop Head)는 철재 거푸집에서 사용되는 철물로 지주를 제거하지 않고 슬래브 거푸집만 제거할 수 있도록 한 철물이다.

정답 74 ③ 75 ③ 76 ② 77 ① 78 ③

79 **콘크리트 다짐 시 진동기의 사용에 관한 설명으로 옳지 않은 것은?**

① 진동다지기를 할 때에는 내부진동기를 하층의 콘크리트 속으로 0.1m 정도 찔러 넣는다.
② 1개소당 진동시간은 다짐할 때 시멘트풀이 표면 상부로 약간 부상하기까지가 적절하다.
③ 내부진동기는 콘크리트로부터 천천히 빼내어 구멍이 남지 않도록 한다.
④ 내부진동기는 콘크리트를 횡방향으로 이동시킬 목적으로 사용한다.

해설 진동기는 콘크리트를 거푸집 구석구석까지 밀실하게 충진시켜 품질확보를 위한 목적으로 사용된다. 내부진동기는 수직으로 사용하는 것이 좋고, 진동기의 간격은 50cm 이내로 하고 단시간에 각 부분을 균등하게 하며, 빼낼 때 천천히 빼낸다.

80 **다음과 같이 정상 및 특급공기와 공비가 주어질 경우 비용구배(Cost Slope)는?**

정상		특급	
공기	공비	공기	공비
20일	120,000원	15일	180,000원

① 9,000원/일　② 12,000원/일
③ 15,000원/일　④ 18,000원/일

 비용구배(Cost Slope)

$$= \frac{180,000원 - 120,000원}{20일 - 15일}$$

$$= \frac{60,000원}{5일}$$

제5과목 건설재료학

81 **목재의 수축팽창에 관한 설명으로 옳지 않은 것은?**

① 변재는 심재보다 수축률 및 팽창률이 일반적으로 크다.
② 섬유포화점 이상의 함수상태에서는 함수율이 클수록 수축률 및 팽창률이 커진다.
③ 수종에 따라 수축률 및 팽창률에 상당한 차이가 있다.
④ 수축이 과도하거나 고르지 못하면, 할렬, 비틀림 등이 생긴다.

해설 섬유포화점 이상에서는 함수율이 증가하더라도 강도는 일정하다.

82 **경질섬유판(Hard Fiber Board)에 관한 설명으로 옳은 것은?**

① 밀도가 0.3g/cm^3 정도이다.
② 소프트 텍스라고도 불리며 수장판으로 사용된다.
③ 소판이나 소각재의 부산물 등을 이용하여 접착, 접합에 의해 소요 형상의 인공목재를 제조할 수 있다.
④ 펄프를 접착제로 제판하여 양면을 열압 건조시킨 것이다.

해설 경질 섬유판은 펄프를 접착제로 제판하여 양면을 열압 건조시킨 것이다.

정답 79 ④　80 ②　81 ②　82 ④

83 다음 중 열경화성 수지에 속하지 않는 것은?

① 멜라민 수지
② 요소 수지
③ 폴리에틸렌 수지
④ 에폭시 수지

해설 폴리에틸렌 수지는 열경화성 수지에 속한다.

수지의 종류

구분	종류
열가소성 수지	염화비닐수지, 초산비닐수지, 폴리에틸렌수지, 폴리프로필렌, 폴리스티렌, 메타크릴, 아크릴, ABS, 폴리카보네이트, 폴리아미드, 불소수지
열경화성 수지	페놀수지, 요소수지, 멜라민수지, 폴리에스테르수지, 실리콘수지, 에폭시수지, 폴리우레탄수지, 프란수지
섬유소계 수지 (합성 섬유)	셀룰로오스, 아세트산 섬유소 수지

84 콘크리트에 사용되는 혼화재인 플라이애시에 관한 설명으로 옳지 않은 것은?

① 단위수량이 커져 블리딩 현상이 증가한다.
② 초기 재령에서 콘크리트 강도를 저하시킨다.
③ 수화 초기의 발열량을 감소시킨다.
④ 콘크리트의 수밀성을 향상시킨다.

해설 플라이애시(Fly Ash)를 콘크리트에 사용하면 단위수량이 적어져 유동성을 개선하고 장기강도가 증대되며 수화열과 건조수축이 적어지므로 매스콘크리트에 적당하다.

85 점토에 관한 설명으로 옳지 않은 것은?

① 습윤상태에서 가소성이 좋다.
② 압축강도는 인장강도의 약 5배 정도이다.
③ 점토를 소성하면 용적, 비중 등의 변화가 일어나며 강도가 현저히 증대된다.
④ 점토의 소성온도는 점토의 성분이나 제품의 종류에 상관없이 같다.

해설 점토의 소성온도는 점토의 종류에 따라 다르며 자기의 소성온도가 가장 높다.

종류	원료	소성 온도 (℃)	소지			시유 여부	제품
			흡수율 (%)	색	강도		
토기	일반 점토	790~1,000	20 이상	유색	약함	무유 혹은 식염유	벽돌, 기와, 토관
도기	도토	1,100~1,230	10	백색 유색	견고	시유	기와, 토관, 타일, 테라코타
석기	양질 점토	1,160~1,350	3~10	유색	치밀, 견고	무유 혹은 식염유	벽돌, 타일, 테라코타
자기	양질 점토	1,230~1,460	0~1	백색	치밀, 견고	시유	타일, 위생도기

86 도막방수에 사용되지 않는 재료는?

① 염화비닐 도막재
② 아크릴고무 도막재
③ 고무아스팔트 도막재
④ 우레탄고무 도막재

유제형 도막방수의 주재료는 아크릴 수지, 초산비닐 수지 등이 있으며, 용제형 도막방수의 주재료는 클로로프렌 고무, 우레탄, 에폭시, 아크릴 고무, 고무 아스팔트 등이 있다.

정답 83 ③ 84 ① 85 ④ 86 ①

87 각 창호철물에 관한 설명으로 옳지 않은 것은?

① 피벗힌지(Pivot Hinge) : 경첩 대신 축을 사용하여 여닫이문을 회전시킨다.
② 나이트래치(Night Latch) : 외부에서는 열쇠, 내부에서는 작은 손잡이를 틀어 열 수 있는 실린더장치로 된 것이다.
③ 크레센트(Crescent) : 여닫이문의 상하단에 붙여 경첩과 같은 역할을 한다.
④ 래버터리힌지(Lavatory Hinge) : 스프링 힌지의 일종으로 공중용 화장실 등에 사용된다.

해설 크레센트(Crescent)는 미서기창이나 오르내리창의 잠금장치이다.

88 집성목재의 사용에 관한 설명으로 옳지 않은 것은?

① 판재와 각재를 접착재로 결합시켜 대재(大材)를 얻을 수 있다.
② 보, 기둥 등의 구조재료로 사용할 수 없다.
③ 옹이, 균열 등의 결점을 제거하거나 분산시켜 균질의 인공목재로 사용할 수 있다.
④ 임의의 단면 형상을 갖도록 제작할 수 있어 목재 활용면에서 경제적이다.

해설 집성목재는 두께 15~50mm의 판재를 섬유평행방향으로 여러 장 겹쳐서 접착시켜 만든 것으로, 보나 기둥에 사용할 수 있는 큰 단면으로 만드는 것이 가능하며 인공적으로 강도를 자유롭게 조절할 수 있고, 굽은 형태(아치형)나 특수한 형태의 부재를 만들 수 있으며 구조적인 변형도 쉽다.

89 다음 도료 중 방청도료에 해당하지 않는 것은?

① 광명단 도료
② 다채무늬 도료
③ 알루미늄 도료
④ 징크로메이트 도료

방청도료(Rust Proof Paint)는 금속의 부식을 막기 위해 사용되는 도료로 광명단 도료, 산화철 녹막이 도료, 알루미늄 도료, 징크로메이트 도료, 워시프라이머 등이 있다.

90 강화유리에 관한 설명으로 옳지 않은 것은?

① 유리 표면에 강한 압축응력층을 만들어 파괴강도를 증가시킨 것이다.
② 강도는 플로트 판유리에 비해 3~5배 정도이다.
③ 주로 출입문이나 계단 난간, 안전성이 요구되는 칸막이 등에 사용된다.
④ 깨어질 때는 판유리 전체가 파편으로 잘게 부서지지 않는다.

강화유리는 유리 표면에 강한 압축응력층을 만들어 파괴강도를 증가시킨 것으로 깨어질 때는 판유리 전체가 파편으로 잘게 부서진다.

91 수밀성, 기밀성 확보를 위하여 유리와 새시의 접합부, 패널의 접합부 등에 사용되는 재료로서 내후성이 우수하고 부착이 용이한 특징이 있으며, 형상이 H형, Y형, ㄷ형으로 나누어지는 것은?

① 유리퍼티(Glass Putty)
② 2액형 실링재(Two－Part Liquid Sealing Compound)

정답 87 ③ 88 ② 89 ② 90 ④ 91 ③

③ 개스킷(Gasket)
④ 아스팔트코킹(Asphalt Caulking Materials)

해설 개스킷(Gasket)은 수밀성, 기밀성 확보를 위하여 유리와 새시의 접합부, 패널의 접합부 등에 사용되는 재료이다.

92 콘크리트의 탄산화에 관한 설명으로 옳지 않은 것은?

① 탄산가스의 농도, 온도, 습도 등 외부환경조건도 탄산화 속도에 영향을 준다.
② 물－시멘트비가 클수록 탄산화의 진행속도가 빠르다.
③ 탄산화된 부분은 페놀프탈레인액을 분무해도 착색되지 않는다.
④ 일반적으로 보통 콘크리트가 경량골재 콘크리트보다 탄산화 속도가 빠르다.

해설 경량골재 콘크리트가 탄산화 속도가 빠르다.

93 골재의 실적률에 관한 설명으로 옳지 않은 것은?

① 실적률은 골재 입형의 양부를 평가하는 지표이다.
② 부순 자갈의 실적률은 그 입형 때문에 강자갈의 실적률보다 적다.
③ 실적률 산정 시 골재의 밀도는 절대건조 상태의 밀도를 말한다.
④ 골재의 단위용적질량이 동일하면 골재의 밀도가 클수록 실적률도 크다.

해설 골재의 단위용적질량이 동일하면 골재의 밀도가 클수록 실적률이 작아진다.

94 다음 중 강(鋼)의 열처리와 관계없는 용어는?

① 불림　② 담금질
③ 단조　④ 뜨임

해설 강의 열처리

구분＼종류	열처리 방법	특징
불림(소준) Normalizing	강을 800~1,000℃로 가열한 후 공기 중에 천천히 냉각	• 강철의 결정 입자가 미세화 • 변형이 제거된다. • 조직이 균일화
풀림(소둔) Annealing	강을 800~1,000℃로 가열한 후 노 속에서 천천히 냉각	• 강철의 결정이 미세화 • 결정이 연화된다.
담금질(소입) Quenching	강을 800~1,000℃로 가열한 후 물 또는 기름 속에서 급랭	• 강도와 경도가 증가한다. • 탄소함유량이 클수록 담금질 효과가 크다.
뜨임(소려) Tempering	담금질한 후 다시 200~600℃로 가열한 다음 공기 중에서 천천히 냉각	• 강의 변형이 없어진다. • 강에 인성을 부여하여 강인한 강이 된다.

95 석고보드의 특성에 관한 설명으로 옳지 않은 것은?

① 흡수로 인해 강도가 현저하게 저하된다.
② 신축변형이 커서 균열의 위험이 크다.
③ 부식이 안 되고 충해를 받지 않는다.
④ 단열성이 높다.

해설 석고보드는 신축 변형량이 적다.

정답 92 ④ 93 ④ 94 ③ 95 ②

96 **보통 포틀랜드 시멘트에 관한 설명으로 옳지 않은 것은?**

① 시멘트의 응결시간은 분말도가 작을수록, 또 수량이 많고 온도가 낮을수록 짧아진다.
② 시멘트의 안정성 측정법으로 오토클레이브 팽창도 시험방법이 있다.
③ 시멘트의 비중은 소성온도나 성분에 따라 다르며, 동일 시멘트인 경우에 풍화한 것일수록 작아진다.
④ 시멘트의 비표면적이 너무 크면 풍화하기 쉽고 수화열에 의한 축열량이 커진다.

해설 시멘트의 응결시간은 단위수량이 클수록 길어지고, 온도가 높고 분말도가 클수록 응결이 빠르다. 보통 포틀랜드 시멘트의 비중은 3.05~3.15 정도이고 소성온도나 성분에 의하여 다르며, 동일 시멘트인 경우에 풍화한 것일수록 작아진다.

97 **안료를 적은 양의 물로 용해하여 수용성 교착제와 혼합한 분말상태의 도료는?**

① 수성 페인트 ② 바니시
③ 래커 ④ 에나멜페인트

해설 수성 페인트는 안료를 적은 양의 물로 용해하여 수용성 교착제와 혼합한 분말상태의 도료이다.

98 **프리플레이스트 콘크리트에 사용되는 골재에 관한 설명으로 옳지 않은 것은?**

① 굵은 골재의 최소 치수는 15mm 이상, 굵은 골재의 최대 치수는 부재단면 최소 치수의 1/4 이하, 철근 콘크리트의 경우 철근 순간격의 2/3 이하로 하여야 한다.
② 굵은 골재의 최대 치수와 최소 치수와의 차이를 작게 하면 굵은 골재의 실적률이 커지고 주입모르타르의 소요량이 적어진다.
③ 대규모 프리플레이스트 콘크리트를 대상으로 할 경우, 굵은 골재의 최소 치수를 크게 하는 것이 효과적이다.
④ 골재의 적절한 입도 분포를 위해 일반적으로 굵은 골재의 최대 치수는 최소 치수의 2~4배 정도로 한다.

해설 골재의 실적률은 일정한 용적의 용기 안에 일정한 입도의 골재를 일정한 방법으로 채웠을 때 골재가 실제로 차지하는 용적의 비율을 말한다.

99 **콘크리트 구조물의 강도 보강용 섬유소재로 적당하지 않은 것은?**

① PCP ② 유리섬유
③ 탄소섬유 ④ 아라미드섬유

해설 PCP(Penta-Chloro-Phenol)는 목재의 유용성 방부제이다.

100 **내약품성, 내마모성이 우수하여 화학공장의 방수층을 겸한 바닥 마무리로 가장 적합한 것은?**

① 에폭시 도막방수 ② 아스팔트 방수
③ 무기질 침투방수 ④ 합성고분자 방수

해설 에폭시 도막방수는 내약품성, 내마모성이 우수하여 화학공장의 방수층을 겸한 바닥 마무리로 가장 적합하다.

정답 96 ① 97 ① 98 ② 99 ① 100 ①

제6과목 건설안전기술

101 **거푸집 동바리 등을 조립하는 경우에 준수하여야 할 사항으로 옳지 않은 것은?**

① 거푸집이 곡면의 경우에는 버팀대의 부착 등 그 거푸집의 부상(浮上)을 방지하기 위한 조치를 할 것
② 동바리의 이음은 맞댄이음이나 장부이음으로 하고 같은 품질의 재료를 사용할 것
③ 동바리로 사용하는 강관(파이프 서포트는 제외)은 높이 2m 이내마다 수평연결재를 4개 방향으로 만들고 수평연결재의 변위를 방지할 것
④ 동바리로 사용하는 파이프 서포트는 3개 이상이어서 사용하지 않도록 할 것

해설 동바리로 사용하는 강관은 높이 2m 이내마다 수평연결재를 2개 방향으로 만들어야 한다.

102 **공사용 가설도로를 설치하는 경우 준수해야 할 사항으로 옳지 않은 것은?**

① 도로는 장비와 차량이 안전하게 운행할 수 있도록 견고하게 설치한다.
② 도로는 배수에 관계없이 평탄하게 설치한다.
③ 도로와 작업장이 접하여 있을 경우에는 방책 등을 설치한다.
④ 차량의 속도제한 표지를 부착한다.

해설 도로는 배수를 위해 경사지게 설치하거나 배수시설을 설치하여야 한다.

103 **단관비계를 조립하는 경우 벽이음 및 버팀을 설치할 때의 수평방향 조립간격 기준으로 옳은 것은?**

① 3m ② 5m
③ 6m ④ 8m

해설 강관비계 중 단관비계의 벽이음은 수직, 수평 5m 이내마다 조립하여야 한다.

104 **유해 · 위험방지 계획서를 제출해야 될 대상 공사의 기준으로 옳은 것은?**

① 최대 지간길이가 50m 이상인 교량 건설 등 공사
② 다목적댐, 발전용댐 및 저수용량 1천만 톤 이상의 용수 전용 댐, 지방상수도 전용 댐 등의 공사
③ 깊이가 8m 이상인 굴착공사
④ 연면적 3000m^2 이상의 냉동 · 냉장창고시설의 설비공사 및 단열공사

해설 유해위험방지계획서 제출대상 공사

- 지상높이가 31m 이상인 건축물 또는 인공구조물, 연면적 30,000m^2 이상인 건축물 또는 연면적 5,000m^2 이상의 문화 및 집회시설(전시장 및 동물원 · 식물원은 제외한다), 판매시설, 운수시설(고속철도의 역사 및 집배송시설은 제외한다), 종교시설, 의료시설 중 종합병원, 숙박시설 중 관광숙박시설, 지하도상가 또는 냉동 · 냉장창고시설의 건설 · 개조 또는 해체(이하 "건설등"이라 한다)
- 연면적 5,000m^2 이상의 냉동 · 냉장창고시설의 설비공사 및 단열공사
- 최대 지간길이가 50m 이상인 교량 건설 등의 공사
- 터널건설 등의 공사
- 다목적 댐, 발전용 댐 및 저수용량 2천만 톤 이상의 용수전용 댐, 지방상수도 전용 댐 건설 등의 공사
- 깊이가 10m 이상인 굴착공사

정답 101 ③ 102 ② 103 ② 104 ①

105 **토질시험 중 액체 상태의 흙이 건조되어 가면서 액성, 소성, 반고체, 고체 상태의 경계선과 관련된 시험의 명칭은?**

① 아터버그 한계시험
② 압밀시험
③ 삼축압축시험
④ 투수시험

 흙은 함수량이 차차 감소하면서 액성 → 소성 → 반고체 → 고체의 상태로 변하는데, 함수량에 의하여 나타나는 이러한 성질을 흙의 연경도라 하고, 각각의 변화 한계를 아터버그 한계라고 한다.

106 **인력운반 작업에 대한 안전 준수사항으로 옳지 않은 것은?**

① 보조기구를 효과적으로 사용한다.
② 긴 물건은 뒤쪽을 높이고 원통인 물건은 굴려서 운반한다.
③ 물건을 들어올릴 때에는 팔과 무릎을 이용하며 척추는 곧게 한다.
④ 무거운 물건은 공동작업으로 실시한다.

 긴 물건은 앞쪽을 약간 높이고 모서리 등에 충돌하지 않게 하여야 한다.

107 **철골 작업을 할 때 악천후에는 작업을 중지하도록 하여야 하는데 그 기준으로 옳은 것은?**

① 강설량이 분당 1cm 이상인 경우
② 강우량이 시간당 1cm 이상인 경우
③ 풍속이 초당 10m 이상인 경우
④ 기온이 28℃ 이상인 경우

해설 철골작업 시 작업의 제한 기준

구분	내용
강풍	풍속이 초당 10m 이상인 경우
강우	강우량이 시간당 1mm 이상인 경우
강설	강설량이 시간당 1cm 이상인 경우

108 **굴착작업을 하는 경우 근로자의 위험을 방지하기 위하여 작업장의 지형 · 지반 및 지층상태 등에 대하여 실시하여야 하는 사전조사 내용으로 옳지 않은 것은?**

① 형상 · 지질 및 지층의 상태
② 균열 · 함수(含水) · 용수 및 동결의 유무 또는 상태
③ 지상의 배수 상태
④ 매설물 등의 유무 또는 상태

 지반의 굴착작업 시 사전지반조사 항목
- 형상 · 지질 및 지층의 상태
- 균열 · 함수 · 용수 및 동결의 유무 또는 상태
- 매설물 등의 유무 또는 상태
- 지반의 지하수위 상태

109 **건설업 산업안전보건관리비 중 안전시설비로 사용할 수 있는 항목에 해당하는 것은?**

① 각종 비계, 작업발판, 가설계단 · 통로, 사다리 등
② 비계 · 통로 · 계단에 추가 설치하는 추락방호용 안전난간
③ 절토부 및 성토부 등의 토사유실 방지를 위한 설비

정답 105 ① 106 ② 107 ③ 108 ③ 109 ②

④ 작업장 간 상호 연락, 작업 상황 파악 등 통신수단으로 활용되는 통신시설 · 설비

해설 비계 · 통로 · 계단에 추가 설치하는 추락방호용 안전난간은 산업안전보건관리비로 사용가능하다.

110 **작업으로 인하여 물체가 떨어지거나 날아올 위험이 있는 경우 그 위험을 방지하기 위하여 필요한 조치사항으로 거리가 먼 것은?**

① 낙하물방지망의 설치
② 출입금지구역의 설정
③ 보호구의 착용
④ 작업지휘자 선정

해설 작업지휘자 선정은 해당되지 않는다.

111 **구축물 또는 이와 유사한 시설물에 대하여 자중(自重), 적재하중, 적설, 풍압(風壓), 지진이나 진동 및 충격 등에 의하여 붕괴 · 전도 · 도괴 · 폭발하는 등의 위험을 예방하기 위하여 필요한 조치로 거리가 먼 것은?**

① 설계도서에 따라 시공했는지 확인
② 건설공사 시방서(示方書)에 따라 시공했는지 확인
③ 소방시설법령에 의해 소방시설을 설치했는지 확인
④ 「건축물의 구조기준 등에 관한 규칙」에 따른 구조기준을 준수했는지 확인

해설 사업주는 구축물 또는 이와 유사한 시설물에 대하여 자중(自重), 적재하중, 적설, 풍압(風壓), 지진이나 진동 및 충격 등에 의하여 붕괴 · 전도 · 도괴 · 폭발하는 등의 위험을 예방하기 위하여 다음의 조치를 하여야 한다.
- 설계도서에 따라 시공했는지 확인
- 건설공사 시방서(示方書)에 따라 시공했는지 확인
- 「건축물의 구조기준 등에 관한 규칙」에 따른 구조기준을 준수했는지 확인

112 **건설작업장에서 재해예방을 위해 작업조건에 따라 근로자에게 지급하고 착용하도록 하여야 할 보호구로 옳지 않은 것은?**

① 물체가 떨어지거나 날아올 위험 또는 근로자가 추락할 위험이 있는 작업 : 안전모
② 높이 또는 깊이 2m 이상의 추락할 위험이 있는 장소에서 하는 작업 : 안전대
③ 용접 시 불꽃이나 물체가 흩날릴 위험이 있는 작업 : 보안경
④ 물체의 낙하 · 충격, 물체에의 끼임, 감전 또는 정전기의 대전에 의한 위험이 있는 작업 : 안전화

해설 용접 시 불꽃이나 물체가 흩날릴 위험이 있는 작업에는 보안면을 착용해야 한다.

113 **차량계 건설기계 작업 시 그 기계가 넘어지거나 굴러떨어짐으로써 근로자가 위험해질 우려가 있는 경우에 필요한 조치사항으로 거리가 먼 것은?**

① 변속기능의 유지
② 갓길의 붕괴방지
③ 도로 폭의 유지
④ 지반의 부동침하방지

정답 110 ④ 111 ③ 112 ③ 113 ①

 차량계 건설기계의 안전수칙 중 차량계 건설기계가 넘어지거나 굴러떨어짐으로써 근로자에게 위험을 미칠 우려가 있는 경우에는 유도하는 자를 배치하고 지반의 부동침하 방지, 갓길의 붕괴 방지 및 도로의 폭 유지 등 필요한 조치를 하여야 한다.

114 갱내에 설치한 사다리식 통로에 권상장치가 설치된 경우 권상장치와 근로자의 접촉에 의한 위험이 있는 장소에 설치해야 하는 것은?

① 판자벽 ② 울
③ 건널다리 ④ 덮개

 갱내에 설치한 통로 또는 사다리식 통로에 권상장치(卷上裝置)가 설치된 경우 권상장치와 근로자의 접촉에 의한 위험이 있는 장소에 판자벽이나 그 밖에 위험 방지를 위한 격벽(隔壁)을 설치하여야 한다.

115 52m 높이로 강관비계를 세우려면 지상에서 몇 미터까지 2개의 강관으로 묶어 세워야 하는가?

① 11m ② 16m
③ 21m ④ 26m

 비계기둥의 제일 윗부분으로부터 31m 되는 지점 밑부분의 비계기둥은 2본의 강관으로 묶어야 하므로 52 − 31 = 21m이다.

116 보호구 자율안전확인 고시에 따른 안전모의 시험항목에 해당되지 않는 것은?

① 전처리 ② 착용높이측정
③ 충격흡수성시험 ④ 절연시험

해설 절연시험은 해당하지 않는다.

117 강관틀비계를 조립하여 사용하는 경우 준수해야 할 기준으로 옳지 않은 것은?

① 비계기둥의 밑둥에는 밑받침 철물을 사용하여야 하며 밑받침에 고저차(高低差)가 있는 경우에는 조절형 밑받침 철물을 사용하여 각각의 강관틀비계가 항상 수평 및 수직을 유지하도록 할 것
② 높이가 20m를 초과하거 중량물의 적재를 수반하는 작업을 할 경우에는 주틀 간의 간격을 1.8m 이하로 할 것
③ 주틀 간의 교차 가새를 설치하고 최상층 및 5층 이내마다 수평재를 설치할 것
④ 수직방향으로 5m, 수평방향으로 5m 이내마다 벽이음을 할 것

 강관틀비계의 벽이음은 수직방향에서 6m 이내, 수평방향에서 8m 이내로 설치하여야 한다.

118 체인(Chain)의 폐기 대상이 아닌 것은?

① 균열, 흠이 있는 것
② 뒤틀림 등 변형이 현저한 것
③ 전장이 원래 길이의 5%를 초과하여 늘어난 것
④ 링(Ring)의 단면 지름의 감소가 원래 지름의 5% 정도 마모된 것

 달비계의 달기체인은 링의 지름의 10%를 초과한 것이 금지조건이다.

정답 114 ① 115 ③ 116 ④ 117 ④ 118 ④

119 **물체가 떨어지거나 날아올 위험을 방지하기 위한 낙하물 방지망 또는 방호선반을 설치할 때 수평면과의 적정한 각도는?**

① 10°~20° ② 20°~30°
③ 30°~40° ④ 40°~45°

해설 낙하물 방지망은 10m 이내마다 설치하고 설치각도는 20~30°를 유지한다.

120 **콘크리트 타설작업을 하는 경우 안전대책으로 옳지 않은 것은?**

① 당일의 작업을 시작하기 전에 해당 작업에 관한 거푸집 동바리 등의 변형 · 변위 및 지반의 침하 유무 등을 점검하고 이상이 있으면 보수할 것
② 작업 중에는 거푸집 동바리 등의 변형 · 변위 및 침하 유무 등을 감시할 수 있는 감시자를 배치하여 이상이 있으면 작업을 중지하고 근로자를 대피시킬 것
③ 설계도서상의 콘크리트 양생기간을 준수하여 거푸집 동바리 등을 해체할 것
④ 슬래브의 경우 한쪽부터 순차적으로 콘크리트를 타설하는 등 편심을 유발하여 빠른 시간 내 타설이 완료되도록 할 것

콘크리트 타설 시 콘크리트를 한 곳에만 치우쳐서 타설하지 않도록 주의한다.

정답 119 ② 120 ④

2020년 6월 6일 시행

ENGINEER CONSTRUCTION SAFETY

제1과목 산업안전관리론

01 다음은 산업안전보건법령상 공정안전보고서의 제출 시기에 관한 기준 내용이다. ( )안에 들어갈 내용을 올바르게 나열한 것은?

> 사업주는 산업안전보건법 시행령에 따라 유해하거나 위험한 설비의 설치·이전 또는 주요 구조부분의 변경공사의 착공일 (㉠) 전까지 공정안전보고서를 (㉡) 작성하여 공단에 제출해야 한다.

① ㉠ 1일, ㉡ 2부
② ㉠ 15일, ㉡ 1부
③ ㉠ 15일, ㉡ 2부
④ ㉠ 30일, ㉡ 2부

해설 공정안전보고서의 제출시기

유해·위험설비의 설치·이전 또는 주요 구조부분의 변경공사의 착공일 30일 전까지 정안전보고서를 2부 작성하여 공단에 제출하여야 한다.

02 안전보건관리조직 중 스탭(Staff)형 조직에 관한 설명으로 옳지 않은 것은?

① 안전정보수집이 신속하다.
② 안전과 생산을 별개로 취급하기 쉽다.
③ 권한 다툼이나 조정이 용이하여 통제수속이 간단하다.
④ 스탭 스스로 생산라인이 안전업무를 행하는 것은 아니다.

해설 스태프(참모)형 조직

1. 규모
   - 중규모(100~1,000명 이하)
2. 장점
   - 사업장 특성에 맞는 전문적인 기술연구가 가능하다.
   - 경영자에게 조언과 자문 역할을 할 수 있다.
3. 단점
   - 안전지시나 명령이 작업자에게까지 신속 정확하게 전달되지 못한다.
   - 생산부문은 안전에 대한 책임과 권한이 없다.
   - 권한다툼이나 조정 때문에 시간과 노력이 소모된다.

03 다음 중 시설물의 안전 및 유지관리에 관한 특별법상 시설물 정기안전점검의 실시 시기로 옳은 것은? (단, 시설물의 안전등급이 A등급인 경우)

① 반기에 1회 이상
② 1년에 1회 이상
③ 2년에 1회 이상
④ 3년에 1회 이상

해설 정기점검

- A·B·C 등급의 경우 : 반기에 1회 이상
- D·E 등급의 경우 : 1년에 3회 이상

정답 01 ④ 02 ③ 03 ①

04 정보서비스업의 경우, 상시근로자의 수가 최소 몇 명 이상일 때 안전보건관리규정을 작성하여야 하는가?

① 50명 이상 ② 100명 이상
③ 200명 이상 ④ 300명 이상

해설 안전보건관리규정을 작성해야 할 사업의 종류 및 상시근로자 수

사업의 종류	상시 근로자 수
1. 농업 2. 어업 3. 소프트웨어 개발 및 공급업 4. 컴퓨터 프로그래밍, 시스템 통합 및 관리업 5. 정보서비스업 6. 금융 및 보험업 7. 임대업 : 부동산 제외 8. 전문, 과학 및 기술 서비스업(연구개발업은 제외한다) 9. 사업지원 서비스업 10. 사회복지 서비스업	300명 이상
11. 제1호부터 제10호까지의 사업을 제외한 사업	100명 이상

05 100명의 근로자가 근무하는 A기업체에서 1주일에 48시간, 연간 50주를 근무하는데 1년에 50건의 재해로 총 2,400일의 근로손실일수가 발생하였다. A기업체의 강도율은?

① 10 ② 24
③ 100 ④ 240

해설

$$강도율 = \frac{근로손실일수}{연근로시간수} \times 1,000 = \frac{2,400}{100 \times 48 \times 50} \times 1,000 = 10$$

06 아파트 신축 건설현장에 산업안전보건법령에 따른 안전 · 보건표지를 설치하려고 한다. 용도에 따른 표지의 종류를 올바르게 연결한 것은?

① 금연 – 지시표지
② 비상구 – 안내표지
③ 고압전기 – 금지표지
④ 안전모 착용 – 경고표지

해설 안전 · 보건표지 중 안내표지의 종류

07 기계설비의 안전에 있어서 중요 부분의 피로, 마모, 손상, 부식 등에 대한 장치의 변화 유무 등을 일정 기간마다 점검하는 안전점검의 종류는?

① 수시점검 ② 임시점검
③ 정기점검 ④ 특별점검

해설 안전점검의 종류

- 일상점검(수시점검) : 작업 전 · 중 · 후 수시로 실시하는 점검
- 정기점검(계획점검) : 정해진 기간에 정기적으로 실시하는 점검
- 특별점검 : 기계 · 기구의 신설 및 변경 시 고장, 수리 등에 의해 부정기적으로 실시하는 점검으로 안전강조기간 등에 실시하는 점검
- 임시점검 : 이상 발견 시 또는 재해발생 시 임시로 실시하는 점검

정답 04 ④ 05 ① 06 ② 07 ③

08 하인리히 사고예방대책 5단계의 각 단계와 기본 원리가 잘못 연결된 것은?

① 제1단계－안전조직
② 제2단계－사실의 발견
③ 제3단계－점검 및 검사
④ 제4단계－시정 방법의 선정

해설 **사고방지의 기본원리 5단계**

조직 → 사실의 발견(안전점검 및 사고조사) → 분석 → 시정책의 선정 → 시정책의 적용

09 산업안전보건법령상 사업주의 의무에 해당하지 않는 것은?

① 산업재해 예방을 위한 기준 준수
② 사업장의 안전 및 보건에 관한 정보를 근로자에게 제공
③ 산업 안전 및 보건 관련 단체 등에 대한 지원 및 지도 · 감독
④ 근로자의 신체적 피로와 정신적 스트레스 등을 줄일 수 있는 쾌적한 작업환경의 조성 및 근로조건 개선

사업주는 다음 각 호의 사항을 이행함으로써 근로자의 안전과 건강을 유지 · 증진시키는 한편, 국가의 산업재해 예방시책에 따라야 한다.

- 이 법과 이 법에 따른 명령으로 정하는 산업재해예방을 위한 기준을 지킬 것
- 근로자의 신체적 피로와 정신적 스트레스 등을 줄일 수 있는 쾌적한 작업환경을 조성하고 근로조건을 개선할 것
- 해당 사업장의 안전 · 보건에 관한 정보를 근로자에게 제공할 것

10 시몬즈(Simonds)의 총재해 코스트 계산 방식 중 비보험 코스트 항목에 해당하지 않는 것은?

① 사망재해 건수
② 통원상해 건수
③ 응급조치 건수
④ 무상해 사고 건수

해설 **시몬즈방식에 의한 재해코스트 산출방식**

총재해비용＝산재보험비용＋비보험비용
여기서,
비보험비용＝휴업상해건수×A＋통원상해건수×B＋응급조치건수×C＋무상해사고건수×D

11 위험예지훈련의 4라운드 기법에서 문제점을 발견하고 중요 문제를 결정하는 단계는?

① 현상파악 ② 본질추구
③ 목표설정 ④ 대책수립

해설 **위험예지훈련의 추진을 위한 문제해결 4단계(4라운드)**

- 1라운드 : 현상파악(사실의 파악)
- 2라운드 : 본질추구(원인조사)
- 3라운드 : 대책수립(대책을 세운다)
- 4라운드 : 목표설정(행동계획 작성)

12 재해조사의 주된 목적으로 옳은 것은?

① 재해의 책임소재를 명확히 하기 위함이다.
② 동일 업종의 산업재해 통계를 조사하기 위함이다.
③ 동종 또는 유사재해의 재발을 방지하기 위함이다.

정답 08 ③ 09 ③ 10 ① 11 ② 12 ③

④ 해당 사업장의 안전관리 계획을 수립하기 위함이다.

해설 재해조사의 목적

(1) 동종재해의 재발방지
(2) 유사재해의 재발방지
(3) 재해원인의 규명 및 예방자료 수집

13 **위험예지훈련의 기법으로 활용하는 브레인 스토밍(Brain Storming)에 관한 설명으로 옳지 않은 것은?**

① 발언은 누구나 자유분방하게 하도록 한다.
② 가능한 한 무엇이든 많이 발언하도록 한다.
③ 타인의 아이디어를 수정하여 발언할 수 없다.
④ 발표된 의견에 대하여는 서로 비판을 하지 않도록 한다.

해설 브레인스토밍(Brain Storming)

① 비판금지 : "좋다, 나쁘다" 등의 비평을 하지 않는다.
② 자유분방 : 자유로운 분위기에서 발표한다.
③ 대량발언 : 무엇이든지 좋으니 많이 발언한다.
④ 수정발언 : 자유자재로 변하는 아이디어를 개발한다(타인 의견의 수정발언).

14 **버드(Frank Bird)의 도미노 이론에서 재해발생 과정에 있어 가장 먼저 수반되는 것은?**

① 관리의 부족
② 전술 및 전략적 에러
③ 불안전한 행동 및 상태
④ 사회적 환경과 유전적 요소

해설 버드(Frank Bird)의 신도미노 이론 1단계

• 통제의 부족(관리소홀)
• 재해발생의 근원적 요인

15 **재해사례연구의 진행순서로 옳은 것은?**

① 재해 상황의 파악 → 사실의 확인 → 문제점 발견 → 근본적 문제점 결정 → 대책수립
② 사실의 확인 → 재해 상황의 파악 → 근본적 문제점 결정 → 문제점 발견 → 대책수립
③ 문제점 발견 → 사실의 확인 → 재해 상황의 파악 → 근본적 문제점 결정 → 대책수립
④ 재해 상황의 파악 → 문제점 발견 → 근본적 문제점 결정 → 대책수립 → 사실의 확인

해설 재해사례 연구순서

1단계 : 사실의 확인(① 사람 ② 물건 ③ 관리 ④ 재해발생까지의 경과)
2단계 : 직접원인과 문제점의 확인(파악된 사실로부터 판단하여 각종 기준에서 차이의 문제점을 발견하는 것)
3단계 : 근본 문제점의 결정
4단계 : 대책의 수립

16 **사고예방대책의 기본원리 5단계 시정책의 적용 중 3E에 해당하지 않는 것은?**

① 교육(Education)
② 관리(Enforcement)
③ 기술(Engineering)
④ 환경(Enviroment)

정답 13 ③ 14 ① 15 ① 16 ④

해설 3E

- 기술적(Engineering)
- 교육적(Education)
- 관리적(Enforcement)

17 다음 중 산업재해발견의 기본 원인 4M에 해당하지 않는 것은?

① Media
② Material
③ Machine
④ Management

해설 4M 분석기법

1. 인간(Man) : 잘못 사용, 오조작, 착오, 실수, 불안심리
2. 기계(Machine) : 설계 · 제작 착오, 재료, 피로 · 열화, 고장, 배치 · 공사 착오
3. 작업매체(Media) : 작업정보 부족 · 부적절, 협조 미흡, 작업환경 불량, 불안전한접촉
4. 관리(Management) : 안전조직 미비, 교육 · 훈련 부족, 오판단, 계획 불량, 잘못된 지시

18 산업안전보건법령상 안전보건총괄책임자의 직무에 해당하지 않는 것은?

① 도급 시 산업재해 예방조치
② 위험성평가의 실시에 관한 사항
③ 해당 사업장 안전교육계획의 수립에 관한 보좌 및 지도 · 조언
④ 산업안전보건관리비의 관계수급인 간의 사용에 관한 협의 · 조정 및 그 집행의 감독

해설 안전보건총괄책임자의 직무 등

1. 위험성평가의 실시에 관한 사항
2. 작업의 중지
3. 도급 시 산업재해 예방조치
4. 산업안전보건관리비의 관계수급인 간의 사용에 관한 협의 · 조정 및 그 집행의 감독

19 보호구 안전인증제품에 표시할 사항으로 옳지 않은 것은?

① 규격 또는 등급
② 형식 또는 모델명
③ 제조번호 및 제조연월
④ 성능기준 및 시험방법

해설 안전인증의 표시

(1) 형식 또는 모델명
(2) 규격 또는 등급 등
(3) 제조자명
(4) 제조번호 및 제조연월
(5) 안전인증 번호

20 산업안전보건법령상 자율안전확인대상 기계 등에 해당하지 않는 것은?

① 연삭기　② 곤돌라
③ 컨베이어　④ 산업용 로봇

해설 자율안전확인대상 기계 등

(1) 연삭기 또는 연마기(휴대용은 제외한다)
(2) 산업용 로봇
(3) 혼합기
(4) 파쇄기 또는 분쇄기
(5) 식품가공용 기계(파쇄 · 절단 · 혼합 · 제면기만 해당한다)
(6) 컨베이어
(7) 자동차 정비용 리프트
(8) 공작기계(선반, 드릴기, 평삭 · 형삭기, 밀링만 해당한다)
(9) 고정형 목재가공용 기계(둥근톱, 대패, 루타기, 띠톱, 모떼기 기계만 해당한다)
(10) 인쇄기

정답 17 ② 18 ③ 19 ④ 20 ②

제2과목 산업심리 및 교육

21 집단간 갈등의 해소방안을 틀린 것은?

① 공동의 문제 설정
② 상위 목표의 설정
③ 집단간 접촉 기회의 증대
④ 사회적 범주화 편향의 최대화

해설 집단 간 갈등 발생 시 사회적 범주화의 편향은 최소화 하여야 한다.

22 의사소통의 심리구조를 4영역으로 나누어 설명한 조하리의 창(Johari's Windows)에서 "나는 모르지만 다른 사람은 알고 있는 영역"을 무엇이라 하는가?

① Blind area
② Hidden area
③ Open area
④ Unknown area

해설 맹인영역(Blind Area) : 자신은 모르나 남은 아는 나에 대한 창문으로 본인은 자각하지 못하는 사이 자신에 대한 정보를 주게 된다.

23 Project method의 장점으로 볼 수 없는 것은?

① 창조력이 생긴다.
② 동기부여가 충분하다.
③ 현실적인 학습방법이다.
④ 시간과 에너지가 적게 소비된다.

해설 구안법(Project method)의 특징 : 동기부여가 충분하다. 현실적인 학습방법이다. 작업에 대해 창조력이 생긴다. 시간과 에너지가 많이 소비된다.

24 존 듀이(Jone Dewey)의 5단계 사고과정을 순서대로 나열한 것으로 맞는 것은?

> ㉠ 행동에 의하여 가설을 검토한다.
> ㉡ 가설(hypothesis)을 설정한다.
> ㉢ 지식화(intellectualization)한다.
> ㉣ 시사(suggestion)를 받는다.
> ㉤ 추론(reasoning)한다.

① ㉤ → ㉡ → ㉣ → ㉠ → ㉢
② ㉣ → ㉢ → ㉡ → ㉤ → ㉠
③ ㉤ → ㉢ → ㉡ → ㉣ → ㉠
④ ㉣ → ㉠ → ㉡ → ㉢ → ㉤

해설 존 듀이(Jone Dewey)의 5단계 사고과정
- 제1단계 : 시사(Suggestion)를 받는다.
- 제2단계 : 지식화(Intellectualization)한다.
- 제3단계 : 가설(Hypothesis)을 설정한다.
- 제4단계 : 추론(Reasoning)한다.
- 제5단계 : 행동에 의하여 가설을 검토한다.

25 주의(attention)에 대한 설명으로 틀린 것은?

① 주의력의 특성은 선택성, 변동성, 방향성을 표현된다.
② 한 자극에 주의를 집중하여도 다른 자극에 대한 주의력은 약해지지 않는다.
③ 여러 종류의 자극을 지각할 때 소수의 특정한 것을 선택하여 집중하는 특성을 갖는다.
④ 의식작용이 있는 일에 집중하거나 행동의 목적에 맞추어 의식수준이 집중되는 심리상태를 말한다.

정답 21 ④ 22 ① 23 ④ 24 ② 25 ②

해설 **주의의 특성 중 변동성**

인간은 한 점에 계속하여 주의를 집중할 수는 없다.

26 안전교육 계획수립 및 추진에 있어 진행순서를 나열한 것으로 맞는 것은?

① 교육의 필요점 발견 → 교육 대상 결정 → 교육 준비 → 교육 실시 → 교육의 성과를 평가
② 교육 대상 결정 → 교육의 필요점 발견 → 교육 준비 → 교육 실시 → 교육의 성과를 평가
③ 교육의 필요점 발견 → 교육 준비 → 교육 대상 결정 → 교육 실시 → 교육의 성과를 평가
④ 교육 대상 결정 → 교육 준비 → 교육의 필요점 발견 → 교육 실시 → 교육의 성과를 평가

해설 **안전교육 진행순서**

(1) 교육의 필요점 발견
(2) 교육대상을 결정하고 그것에 따라 교육 내용 및 방법 결정
(3) 교육준비
(4) 교육실시
(5) 평가

27 인간의 동작 특성을 외적조건과 내적조건으로 구분할 때 내적조건에 해당하는 것은?

① 경력
② 대상물의 크기
③ 기온
④ 대상물의 동적성질

해설 기온, 대상물의 크기, 대상물의 동적성질은 외적 조건에 해당되며 경력은 내적 조건에 해당된다.

28 산업안전보건법령상 근로자 안전 · 보건교육 기준 중 다음 (   ) 안에 알맞은 것은?

교육과정	교육대상	교육시간
나. 채용 시 교육	1) 일용근로자 및 근로계약기간이 1주일 이하인 기간제근로자	(㉠)시간 이상
	2) 근로계약기간이 1주일 초과 1개월 이하인 기간제근로자	4시간 이상
	3) 그 밖의 근로자	(㉡)시간 이상

① ㉠ 1, ㉡ 8　　② ㉠ 2, ㉡ 8
③ ㉠ 1, ㉡ 2　　④ ㉠ 3, ㉡ 6

해설 **근로자 안전보건교육**

교육과정	교육대상	교육시간
나. 채용 시 교육	1) 일용근로자 및 근로계약기간이 1주일 이하인 기간제근로자	1시간 이상
	2) 근로계약기간이 1주일 초과 1개월 이하인 기간제근로자	4시간 이상
	3) 그 밖의 근로자	8시간 이상

29 교육방법에 있어 강의방식의 단점으로 볼 수 없는 것은?

① 학습내용에 대한 집중이 어렵다.
② 학습자의 참여가 제한적일 수 있다.
③ 인원대비 교육에 필요한 비용이 많이 든다.

정답 26 ① 27 ① 28 ① 29 ③

④ 학습자 개개인의 이해도를 파악하기 어렵다.

해설 강의방식은 인원대비 교육에 필요한 비용이 적게 든다.

30 리더십의 행동이론 중 관리 그리드(managerial grid)에서 인간에 대한 관심보다 업무에 대한 관심이 매우 높은 유형은?

① (1,1)형 ② (1,9)형
③ (5,5)형 ④ (9,1)형

해설 과업형(9,1)

생산에 대한 관심은 매우 높지만 인간에 대한 관심은 매우 낮아서, 인간적인 요소보다도 과업수행에 대한 능력을 중요시하는 리더유형

31 교육의 3요소로만 나열된 것은?

① 강사, 교육생, 사회인사
② 강사, 교육생, 교육자료
③ 교육자료, 지식인, 정보
④ 교육생, 교육자료, 교육장소

해설 교육의 3요소

① 주체 : 강사
② 객체 : 수강자(학생)
③ 매개체 : 교재(교육내용)

32 판단과정 착오의 요인이 아닌 것은?

① 자기 합리화 ② 능력 부족
③ 작업경험 부족 ④ 정보 부족

해설 착오(Mistake)

상황해석을 잘못하거나 목표를 잘못 이해하고 착각하여 행하는 경우로 원인으로는 자신과신, 능력부족, 정보부족 등이 있다.

33 직업적성검사 중 시각적 판단 검사에 해당하지 않는 것은?

① 조립검사 ② 명칭판단검사
③ 형태비교검사 ④ 공구판단검사

해설 시각적 판단검사 : 형태비교검사, 입체도, 판단검사, 언어식별검사, 평면도판단검사, 명칭판단검사, 공구판단검사

34 조직에 의한 스트레스 요인으로 역할 수행자에 대한 요구가 개인의 능력을 초과하거나 주어진 시간과 능력이 허용하는 것 이상을 달성하도록 요구받고 있다고 느끼는 상황을 무엇이라 하는가?

① 역할 갈등 ② 역할 과부하
③ 업무수행 평가 ④ 역할 모호성

해설 역할 과부하 : 조직에 의한 스트레스 요인으로 역할 수행자에 대한 요구가 개인의 능력을 초과하거나 주어진 시간과 능력이 허용하는 것 이상을 달성하도록 요구받고 있다고 느끼는 상황

35 매슬로우(Abraham Maslow)의 욕구위계설에서 제시된 5단계의 인간의 욕구 중 허츠버그(Herzberg)가 주장한 2요인(인자)이론의 동기요인에 해당하지 않는 것은?

① 성취 욕구
② 안전의 욕구
③ 자아실현의 욕구
④ 존경의 욕구

정답 30 ④ 31 ② 32 ③ 33 ① 34 ② 35 ②

해설

<table>
<tr><th>구분</th><th>매슬로우</th><th>앨더퍼</th><th>맥클리랜드</th><th>허즈버그</th></tr>
<tr><td rowspan="2">생리적 욕구</td><td>생리적 욕구</td><td rowspan="2">존재욕구</td><td rowspan="2"></td><td rowspan="2">위생요인</td></tr>
<tr><td>안전의 욕구</td></tr>
<tr><td rowspan="3">정신적 욕구</td><td>사회적 욕구</td><td>관계욕구</td><td>친화욕구</td><td rowspan="3">동기요인</td></tr>
<tr><td>존경의 욕구</td><td rowspan="2">성장욕구</td><td>성취욕구</td></tr>
<tr><td>자아실현의 욕구</td><td>권력욕구</td></tr>
</table>

36 인간의 행동특성에 있어 태도에 관한 설명으로 맞는 것은?

① 인간의 행동은 태도에 따라 달라진다.
② 태도가 결정되면 단시간 동안만 유지된다.
③ 집단의 심적 태도교정보다 개인의 심적 태도교정이 용이하다
④ 행동결정을 판단하고, 지시하는 외적 행동체계라고 할 수 있다.

해설 인간의 행동은 성격보다도 태도에 의해 주로 설명된다.

37 손다이크(Thorndike)의 시행착오설에 의한 학습법칙과 관계가 가장 먼 것은?

① 효과의 법칙 ② 연습의 법칙
③ 동일성의 법칙 ④ 준비성의 법칙

손다이크(Thorndike)의 시행착오설

㉠ 준비성의 법칙
㉡ 연습의 법칙
㉢ 효과의 법칙

38 산업안전보건법령상 근로자 정기안전 보건교육의 교육내용이 아닌 것은?

① 산업안전 및 사고 예방에 관한 사항
② 건강증진 및 질병 예방에 관한 사항
③ 산업보건 및 직업병 예방에 관한 사항
④ 작업공정의 유해 · 위험과 재해 예방대책에 관한 사항

근로자 정기안전 · 보건교육

교육내용
• 산업안전 및 사고 예방에 관한 사항 • 산업보건 및 직업병 예방에 관한 사항 • 건강증진 및 질병 예방에 관한 사항 • 유해 · 위험 작업환경 관리에 관한 사항 • 산업안전보건법령 및 산업재해보상보험 제도에 관한 사항 • 직무스트레스 예방 및 관리에 관한 사항 • 직장 내 괴롭힘, 고객의 폭언 등으로 인한 건강장해 예방 및 관리에 관한 사항

39 에너지소비량(RMR)의 산출방법으로 맞는 것은?

① $\left(\dfrac{\text{작업시의 소비에너지} - \text{기초대사량}}{\text{안정시의 소비에너지}}\right)$

② $\left(\dfrac{\text{전체 소비에너지} - \text{작업시의 소비에너지}}{\text{기초대사량}}\right)$

③ $\left(\dfrac{\text{작업시의 소비에너지} - \text{안정시의 소비에너지}}{\text{기초대사량}}\right)$

④ $\left(\dfrac{\text{작업시의 소비에너지} - \text{안정시의 소비에너지}}{\text{안정시의 소비에너지}}\right)$

해설 $R = \dfrac{\text{운동대사량}}{\text{기초대사량}}$

$= \dfrac{\text{운동시 산소소모량} - \text{안정시 산소소모량}}{\text{기초대사량(산소소비량)}}$

정답 36 ① 37 ③ 38 ④ 39 ③

40 레윈의 3단계 조직변화모델에 해당되지 않는 것은?

① 해빙단계 ② 체험단계
③ 변화단계 ④ 재동결단계

해설 레윈의 3단계 조직변화모델

1. 해빙(Unfreezing) 단계
2. 변화(Changing) 단계
3. 재동결(Refreezing) 단계

제3과목 인간공학 및 시스템안전공학

41 인체 계측 자료의 응용 원칙이 아닌 것은?

① 기존 동일 제품을 기준으로 한 설계
② 최대치수와 최소치수를 기준으로 한 설계
③ 조절범위를 기준으로 한 설계
④ 평균치를 기준으로 한 설계

해설 인체계측자료의 응용원칙

1) 최대치수와 최소치수(극단치 설계)
2) 조절식 설계(5~95%)
3) 평균치를 기준으로 한 설계

42 인체에서 뼈의 주요 기능이 아닌 것은?

① 인체의 지주 ② 장기의 보호
③ 골수의 조혈 ④ 근육의 대사

해설 뼈의 주요 기능은 지주역할, 장기보호, 골수 조혈기능 등이 있다.

43 인간공학 연구조사에 사용되는 기준의 구비조건과 가장 거리가 먼 것은?

① 다양성
② 적절성
③ 무오염성
④ 기준 척도의 신뢰성

해설 체계기준의 구비조건

1. 실제적 요건
2. 신뢰성
3. 타당성(적절성)
4. 순수성(무오염성)
5. 민감도

44 손이나 특정 신체부위에 발생하는 누적손상장애(CTD)의 발생인자와 가장 거리가 먼 것은?

① 무리한 힘
② 다습한 환경
③ 장시간의 진동
④ 반복도가 높은 작업

해설 누적손상장애의 발생원인은 무리한 힘, 부적합한 작업자세, 장시간의 진동, 반복작업 등이다.

45 각 부품의 신뢰도가 다음과 같을 때 시스템의 전체 신뢰도는 약 얼마인가?

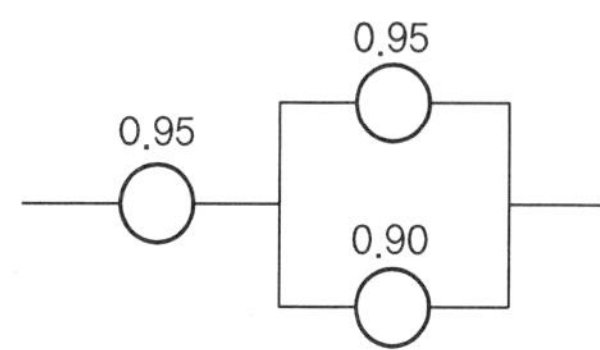

① 0.8123 ② 0.9453
③ 0.9553 ④ 0.9953

정답 40 ② 41 ① 42 ④ 43 ① 44 ② 45 ②

해설 신뢰도 = 0.95 × {1−(1 − 0.95)(1 − 0.90)}
= 0.94525 ≒ 0.9453

46 의자 설계 시 고려해야 할 일반적인 원리와 가장 거리가 먼 것은?

① 자세고정을 줄인다.
② 조정이 용이해야 한다.
③ 디스크가 받는 압력을 줄인다.
④ 요추 부위의 후만곡선을 유지한다.

해설 의자설계 시 요추 부위의 전만곡선 유지가 필요하다.

47 다음 FT도에서 시스템에 고장이 발생할 확률은 약 얼마인가? (단, X_1과 X_2의 발생 확률은 각각 0.05, 0.03이다.)

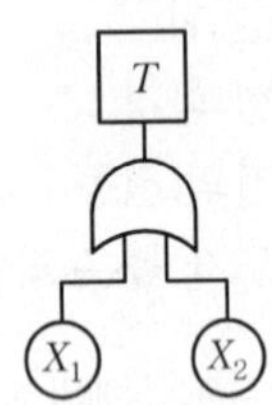

① 0.0015　② 0.0785
③ 0.9215　④ 0.9985

해설 T = 1 − (1 − 0.05)(1 − 0.03) = 0.0785

48 반사율이 85%, 글자의 밝기가 400cd/m^{2}인 VDT화면에 350lux의 조명이 있다면 대비는 약 얼마인가?

① −6.0　② −5.0
③ −4.2　④ −2.8

해설 1. 대비 : 표적의 광속 발산도와 배경의 광속 발산도의 차

$$대비 = 100 \times \frac{L_b - L_t}{L_b}$$

2. 반사율(%)

$$\frac{휘도(fL)}{조도(fC)} \times 100 = \frac{cd/m^2 \times \pi}{lux}$$

$L_b = (0.85 \times 350)/3.14 = 94.75$

$L_t = 400 + 94.75 = 494.75$

따라서

$$대비 = \frac{L_b - L_t}{L_b} \times 100[\%]$$
$$= \frac{94.75 - 494.75}{94.75} \times 100$$
$$= -4.22[\%]$$

49 시각 장치와 비교하여 청각 장치 사용이 유리한 경우는?

① 메시지가 길 때
② 메시지가 복잡할 때
③ 정보 전달 장소가 너무 소란할 때
④ 메시지에 대한 즉각적인 반응이 필요할 때

메시지에 대한 즉각적인 행동을 요구하는 경우에는 청각적 표시장치의 사용이 바람직하다.

50 화학설비에 대한 안전성 평가 중 정량적 평가항목에 해당되지 않는 것은?

① 공정　② 취급물질
③ 압력　④ 화학설비용량

제3단계 : 정량적 평가(재해중복 또는 가능성이 높은 것에 대한 위험도 평가)
(1) 평가항목(5가지 항목)
① 물질 ② 온도 ③ 압력
④ 용량 ⑤ 조작

정답 46 ④ 47 ② 48 ③ 49 ④ 50 ①

51 **산업안전보건법령상 사업주가 유해위험 방지 계획서를 제출할 때에는 사업장 별로 관련 서류를 첨부하여 해당 작업 시작 며칠 전까지 해당 기관에 제출하여야 하는가?**

① 7일 ② 15일
③ 30일 ④ 60일

해설 사업주가 유해 · 위험방지계획서를 제출하려면 사업장별로 제조업 등 유해 · 위험방지계획서에 필요한 서류를 첨부하여 해당 작업 시작 15일 전까지 한국산업안전보건공단에 2부를 제출하여야 한다.

52 **인간-기계 시스템을 설계할 때에는 특정 기능을 기계에 할당하거나 인간에게 할당하게 된다. 이러한 기능할당과 관련된 사항으로 옳지 않은 것은? (단, 인공지능과 관련된 사항은 제외한다.)**

① 인간은 원칙을 적용하여 다양한 문제를 해결하는 능력이 기계에 비해 우월하다.
② 일반적으로 기계는 장시간 일관성이 있는 작업을 수행하는 능력이 인간에 비해 우월하다.
③ 인간은 소음, 이상온도 등의 환경에서 작업을 수행하는 능력이 기계에 비해 우월하다.
④ 일반적으로 인간은 주위가 이상하거나 예기치 못한 사건을 감지하여 대처하는 능력이 기계에 비해 우월하다.

해설 인간이 현존하는 기계를 능가하는 기능

1. 매우 낮은 수준의 시각, 청각, 촉각, 후각, 미각적인 자극 감지
2. 주위의 이상하거나 예기치 못한 사건 감지
3. 다양한 경험을 토대로 의사결정(상황에 따라 적절한 결정을 함)
4. 관찰을 통해 일반적으로 귀납적(Inductive)으로 추진
5. 주관적으로 추산하고 평가하는 것

53 **모든 시스템 안전분석에서 제일 첫번째 단계의 분석으로, 실행되고 있는 시스템을 포함한 모든 것의 상태를 인식하고 시스템의 개발단계에서 시스템 고유의 위험상태를 식별하여 예상되고 있는 재해의 위험수준을 결정하는 것을 목적으로 하는 위험분석 기법은?**

① 결함위험분석(FHA : Fault Hazard Analysis)
② 시스템위험분석(SHA : System Hazard Analysis)
③ 예비위험분석(PHA : Preliminary Hazard Analysis)
④ 운용위험분석(OHA : Operating Hazard Analysis)

해설 PHA(예비위험분석)

시스템 내의 위험요소가 얼마나 위험상태에 있는가를 평가하는 시스템안전프로그램의 최초단계의 분석 방식(정성적)

정답 51 ② 52 ③ 53 ③

54 컷셋(cut set)과 패스셋(pass set)에 관한 설명으로 옳은 것은?

① 동일한 시스템에서 패스셋의 개수와 컷셋의 개수는 같다.
② 패스셋은 동시에 발생했을 때 정상사상을 유발하는 사상들의 집합이다.
③ 일반적으로 시스템에서 최소 컷셋의 개수가 늘어나면 위험 수준이 높아진다.
④ 최소 컷셋은 어떤 고장이나 실수를 일으키지 않으면 재해는 일어나지 않는다고 하는 것이다.

- 컷셋과 미니멀 컷셋 : 컷셋이란 그 속에 포함되어 있는 모든 기본사상이 일어났을 때 정상사상을 일으키는 기본사상의 집합을 말하며, 미니멀 컷셋은 정상사상을 일으키기 위해 필요한 최소한의 컷을 말한다. 즉, 미니멀 컷셋은 컷셋 중에 타 컷셋을 포함하고 있는 것을 배제하고 남은 컷셋들을 의미한다.(시스템이 고장 나는 데 필요한 최소 요인의 집합)
- 패스셋과 미니멀 패스셋 : 패스셋이란 그 속에 포함되어 있는 기본사상이 일어나지 않을 때 처음으로 정상사상이 일어나지 않는 기본사상의 집합으로서 미니멀 패스셋은 그 필요한 최소한의 컷을 말한다.(시스템이 살리는 데 필요한 최소한 요인의 집합)

55 조종장치를 촉각적으로 식별하기 위하여 사용되는 촉각적 코드화의 방법으로 옳지 않은 것은?

① 색감을 활용한 코드화
② 크기를 이용한 코드화
③ 조종장치의 형상 코드화
④ 표면 촉감을 이용한 코드화

해설 조정장치(제어장치)의 촉각적 암호화

1. 표면촉감을 사용하는 경우
2. 형상을 구별하는 경우
3. 크기를 구별하는 경우

56 FT도에서 사용하는 기호 중 다음 그림과 같이 OR 게이트이지만 2개 또는 그 이상의 입력이 동시에 존재할 때 출력이 생기지 않는 경우 사용하는 것은? (문제 오류로 처음 가답안 발표 시 2번으로 정답이 발표되었으나 확정답안 발표 시 전항 정답 처리되었습니다.)

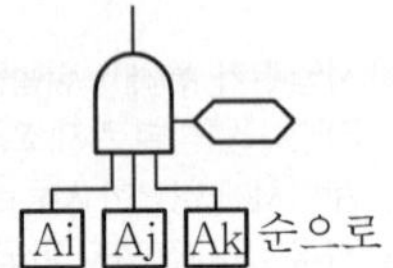

① 부정 OR 게이트
② 우선적 AND 게이트
③ 억제 게이트
④ 조합 OR 게이트

기호	명칭	설명
ai aj ak	우선적 AND 게이트	입력사상 중 어떤 현상이 다른 현상보다 먼저 일어날 경우에만 출력사상이 발생

57 적절한 온도의 작업환경에서 추운 환경으로 온도가 변할 때 우리의 신체가 수행하는 조절작용이 아닌 것은?

① 발한(發汗)이 시작된다.
② 피부의 온도가 내려간다.
③ 직장(直腸)온도가 약간 올라간다.
④ 혈액의 많은 양이 몸의 중심부를 위주로 순환한다.

정답 54 ③ 55 ① 56 ② 57 ①

해설 추운 환경으로 변할 때 신체 조절작용(저온 스트레스)
- 피부온도가 내려간다.
- 피부를 경유하는 혈액순환량이 감소하고, 많은 양의 혈액이 몸의 중심부를 순환하다.
- 직장(直腸)온도가 약간 올라간다.
- 소름이 돋고 몸이 떨린다.

58 휴먼 에러(Human Error)의 요인을 심리적 요인과 물리적 요인으로 구분할 때, 심리적 요인에 해당하는 것은?

① 일이 너무 복잡한 경우
② 일의 생산성이 너무 강조될 경우
③ 동일 형상의 것이 나란히 있을 경우
④ 서두르거나 절박한 상황에 놓여있을 경우

해설 서두르거나 절박한 상황에 놓이는 경우는 휴먼에러의 심리적 요인에 해당한다.

59 시스템안전 MIL－STD－882B 분류기준의 위험성 평가 매트릭스에서 발생빈도에 속하지 않는 것은?

① 거의 발생하지 않는(remote)
② 전혀 발생하지 않는(impossible)
③ 보통 발생하는(reasonably probable)
④ 극히 발생하지 않을 것 같은(extremely improbable)

해설 시스템안전 MIL－STD－882B 위험성평가 발생빈도 분류기준

A. 자주 발생(frequent)
B. 빈번히 발생(probable)
C. 가끔 발생(occasional)
D. 거의 발생하지 않음(remote)
E. 발생가능성 없음(improbable)
F. 위험요인제거됨(eliminated)

60 FTA에 의한 재해사례 연구순서 중 2단계에 해당하는 것은?

① FT 도의 작성
② 톱 사상의 선정
③ 개선계획의 작성
④ 사상의 재해원인을 규명

해설 FTA에 의한 재해사례 연구순서

1. Top 사상의 선정
2. 사상마다의 재해원인 규명
3. FT도의 작성
4. 개선계획의 작성

제4과목 건설시공학

61 흙이 이김에 의해서 약해지는 강도를 나타내는 흙의 성질은?

① 간극비 ② 함수비
③ 예민비 ④ 항복비

해설 흙의 예민비(Sensitive Ratio)는 흙이 이김에 의해서 약해지는 강도를 나타내며 시료의 강도에 의해 다음과 같이 표현된다.

예민비

$$= \frac{\text{자연시료(흐트러지지 않은 시료)의 강도}}{\text{이긴시료(흐트러진 시료)의 강도}}$$

62 콘크리트 타설 중 응결이 어느 정도 진행된 콘크리트에 새로운 콘크리트를 이어치면 시공불량이음부가 발생하여 경화 후 누수의 원인 및 철근의 녹 발생 등 내구성에 손상을 일으키는 것은?

정답 58 ④ 59 ② 60 ④ 61 ③ 62 ③

① Expansion joint
② Construction joint
③ Cold joint
④ Sliding joint

 콜드조인트(Cold Joint)는 먼저 타설한 콘크리트와 나중에 타설한 콘크리트의 시공 이음부를 말하며 콘크리트를 이어칠 때 생기는 시공상의 문제로 인한 줄눈이다.

63 표준관입시험의 N치에서 추정이 곤란한 사항은?

① 사질토의 상대밀도와 내부 마찰각
② 선단지지층이 사질토지반일 때 말뚝 지지력
③ 점성토의 전단강도
④ 점성토 지반의 투수계수와 예민비

 표준관입시험이란 현 위치에서 직접 흙(주로 사질지반)의 다짐상태를 판단하는 시험으로 N치를 통해 사질토의 상대밀도와 내부 마찰각, 선단지지층이 사질토지반일 때 말뚝 지지력, 점성토의 전단강도를 추정할 수 있다.

64 공동도급(Joint Venture Contract)의 장점이 아닌 것은?

① 융자력의 증대 ② 위험의 분산
③ 이윤의 증대 ④ 시공의 확실성

 공동도급은 2개 이상의 도급자가 결합하여 공동으로 공사를 수행하는 방식이다.

장점	단점
• 공사 이행의 확실성 보장, 위험분산 • 자본력(융자력)과 신용도 증대 • 기술 및 경험의 확충	• 단일회사 도급보다 경비 증대 • 도급자 간 충돌, 이해 문제 발생 • 책임소재 불명확 및 책임회피 우려

65 철골 내화피복공법의 종류에 따른 사용재료의 연결이 옳지 않은 것은?

① 타설공법 – 경량콘크리트
② 뿜칠공법 – 압면 흡임판
③ 조적공법 – 경량콘크리트 블록
④ 성형판붙임공법 – ALC판

 뿜칠공법은 강재에 석면, 질석, 암면 등 혼합재료를 뿜칠하는 공법이다.

66 기초공사 시 활용되는 현장타설 콘크리트 말뚝공법에 해당되지 않는 것은?

① 어스드릴(earth drill) 공법
② 베노토 말뚝(benoto pile) 공법
③ 리버스서큘레이션(reverse circulation pile) 공법
④ 프리보링(pre – boring) 공법

 선행굴착 공법(Pre – Boring)은 Earth Auger로 천공 후 기성말뚝을 삽입하는 공법이다.

67 벽돌벽 두께 1.0B, 벽높이 2.5m, 길이 8m인 벽면에 소요되는 점토벽돌의 매수는 얼마인가? (단, 규격은 190×90×57mm, 할증은 3%로 하며, 소수점 이하 결과는 올림하여 정수매로 표기)

① 2,980매 ② 3,070매
③ 3,278매 ④ 3,542매

해설 벽면적 = 8m × 2.5m = 20m²
1.0B일때 1m²당 149매가 필요하므로
20m² × 149매 = 2,980매이고
할증이 3%이므로 2,980매 × 1.03 = 3,070매

정답 63 ④ 64 ③ 65 ② 66 ④ 67 ②

68 금속제 천장틀 공사 시 반자틀의 적정한 간격으로 옳은 것은? (단, 공사시방서가 없는 경우)

① 450mm 정도 ② 600mm 정도
③ 900mm 정도 ④ 1,200mm 정도

해설 공사시방서가 없는 경우 금속제 천장틀 공사 시 반자틀은 900mm 정도의 간격으로 시공한다.

69 철근이음에 관한 설명으로 옳지 않은 것은?

① 철근의 이음부는 구조내력상 취약점이 되는 곳이다.
② 이음위치는 되도록 응력이 큰 곳을 피하도록 한다.
③ 이음이 한 곳에 집중되지 않도록 엇갈리게 교대로 분산시켜야 한다.
④ 응력 전달이 원활하도록 한 곳에서 철근수의 반 이상을 주어야 한다.

해설 한 곳에서 철근의 이음이 철근수의 반 이상이 되어서는 안 된다.

70 철골용접이음 후 용접부의 내부결함 검출을 위하여 실시하는 검사로써 빠르고 경제적이어서 현자에서 주로 사용하는 초음파를 이용한 비파괴 검사법은?

① MT(Magnetic particle Testing)
② UT(Ultrasonic Testing)
③ RT(Radiogtaphy Testing)
④ PT(Liquid Penetrant Testing)

해설 철골용접부의 내부결함을 검사하는 방법 중 초음파 탐상시험(Ultrasonic Test)에 대한 설명이다.

71 건설의 전 과정에 걸쳐 프로젝트를 보다 효율적이고 경제적으로 수행하기 위하여 각 부문의 전문가들로 구성된 통합관리기술을 발주자에세 서비스하는 것을 무엇이라고 하는가?

① Cost Management
② Cost Manpower
③ Construction Manpower
④ Construction Management

공사관리 계약(Construction Management Contract) 방식은 CM(Construction Manager)이 발주자를 대신해서 발주자, 시공자, 설계자를 상호 조정하며 공기단축, 원가절감, 품질확보 등 전반적인 공사관리를 담당하는 방식이다.

72 네트워크공정표에서 후속작업의 가장 빠른 개시시간(EST)에 영향을 주지 않는 범위내에서 한 작업이 가질 수 있는 여유시간을 의미하는 것은?

① 전체여유(TF) ② 자유여유(FF)
③ 간섭여유(IF) ④ 종속여유(DF)

자유여유(FF)는 후속작업의 가장 빠른 개시시간(EST)에 영향을 주지 않는 범위 내에서 한 작업이 가질 수 있는 여유시간을 의미한다.

73 강구조물 제작 시 절단 및 개선(그루브)가공에 관한 일반사항으로 옳지 않은 것은?

① 주요 부재의 강판 절단은 주된 응력의 방향과 압연방향을 직각으로 교차시켜 절단함을 원칙으로 하며, 절단작업 착수 전 재단도를 작성해야 한다.

정답 68 ③ 69 ④ 70 ② 71 ④ 72 ② 73 ①

② 강재의 절단은 강재의 형상, 치수를 고려하여 기계절단, 가스절단, 플라즈마 절단 등을 적용한다.
③ 절단할 강재의 표면에 녹, 기름, 도료가 부착되어 있는 경우에는 제거 후 절단해야 한다.
④ 용접선의 교차부분 또는 한 부재를 다른 부재에 접합시킬 때 불필요한 접촉을 피하기 위하여 모퉁이따기를 할 경우에는 10mm 이상 둥글게 해야 한다.

해설 주요 부재의 강판철 단은 주된 응력의 방향과 압연 방향을 일치시켜 절단함을 원칙으로 하며, 절단작업 착수 전 재단도를 작성하여야 한다.

74 공사계약방식 중 직영공사방식에 관한 설명으로 옳은 것은?

① 사회간접자본(SOC : Social Overhead Capital)의 민간투자유치에 많이 이용되고 있다.
② 영리목적의 도급공사에 비해 저렴하고 재료선정이 자유로운 장점이 있으나, 고용기술자 등에 의한 시공관리능력이 부족하면 공사비 증대, 시공성의 결함 및 공기가 연장되기 쉬운 단점이 있다.
③ 도급자가 자금을 조달하면 설계, 엔지니어링, 시공의 전부를 도급받아 시설물을 완성하고 그 시설을 일정기간 운영하는 것으로, 운영수입으로부터 투자자금을 회수한 후 발주자에게 그 시설을 인도하는 방식이다.
④ 수입을 수반한 공공 혹은 공익 프로젝트(유료도로, 도시철도, 발전도 등)에 많이 이용되고 있다.

 직영공사는 도급공사에 비해 저렴하고 재료선정이 자유로운 장점이 있으나, 고용기술자 등에 의한 시공관리능력이 부족하면 공사비 증대, 시공성의 결함 및 공기가 연장되기 쉬운 단점이 있다.

75 보강블록 공사 시 벽 가로근의 시공에 관한 설명으로 옳지 않은 것은?

① 가로근은 배근 상세도에 따라 가공하되 그 단부는 90°의 갈구리로 구부려 배근한다.
② 모서리에 가로근의 단부는 수평방향으로 구부려서 세로근의 바깥쪽으로 두르고, 정착길이는 공사시방서에 정한 바가 없는 한 40d 이상으로 한다.
③ 창 및 출입구 등의 모서리 부분에 가로근의 단부를 수평방향으로 정착할 여유가 없을 때에는 갈구리로 하여 단부 세로근에 걸고 결속선으로 결속한다.
④ 개구부 상하부의 가로근을 양측 벽부에 묻을 때의 정착길이는 40d 이상으로 한다.

 가로근은 세로근을 갈고리로 감고, 모서리는 서로 깊이 물려 40d 이상 정착하며, 가로근의 이음은 엇갈리게 한다.

정답 74 ② 75 ①

76 철근배근 시 콘크리트의 피복두께를 유지해야 되는 가장 큰 이유는?

① 콘크리트의 인장강도 증진을 위하여
② 콘크리트의 내구성, 내화성 확보를 위하여
③ 구조물의 미관을 좋게 하기 위하여
④ 콘크리트 타설을 쉽게 하기 위하여

해설 피복두께는 내화성 확보, 내구성 확보, 구조내력 확보와 관련된다

77 흙막이 지지공법 중 수평버팀대 공법의 특징에 관한 설명으로 옳지 않은 것은?

① 가설구조물이 적어 중장비작업이나 토량제거작업의 능률이 좋다.
② 토질에 대해 영향을 적게 받는다.
③ 인근 대지로 공사범위로 넘어가지 않는다.
④ 고저차가 크거나 상이한 구조인 경우 균형을 잡기 어렵다.

해설 버팀대 공법은 굴착기계의 활동이 버팀대에 의해 제한을 받아 불편하다.

78 터널 폼에 관한 설명으로 옳지 않은 것은?

① 거푸집의 전용횟수는 약 10회 정도로 매우 적다.
② 노무 절감, 공기단축이 가능하다.
③ 벽체 및 슬래브거푸집을 일체로 제작한 거푸집이다.
④ 이 폼의 종류에는 트윈 쉘(twin shell)과 모노 쉘(mono shell)이 있다.

해설 터널폼(Tunnel Form)은 슬래브와 벽체의 콘크리트 타설을 일체화하기 위한 철재 거푸집이다. 전용횟수는 200회 정도로 경제성이 있고 인건비 절약, 공기단축이 가능하다.

79 철근콘크리트 공사에서 거푸집의 간격을 일정하게 유지시키는데 사용되는 것은?

① 클 램프　　② 쉐어 커넥터
③ 세퍼레이터　　④ 인서트

해설 격리재(Separator)는 철판재, 철근재, 파이프제 또는 모르타르제를 사용하여 거푸집 상호 간의 간격을 유지시키는 데 사용되는 재료이다.

80 지정에 관한 설명으로 옳지 않은 것은?

① 잡석지정 – 기초 콘크리트 타설 시 흙의 혼입을 방지하기 위해 사용한다.
② 모래지정 – 지반이 단단하며 건물이 중량일 때 사용한다.
③ 자갈지정 – 굳은 지반에 사용되는 지정이다.
④ 밑창 콘크리트지정 – 잡석이나 자갈 위 기초부분의 먹매김을 위해 사용한다.

해설 모래지정은 장기 허용압축강도가 20~40t/m^2 정도로 큰 편이어서 지반이 약한 경우 사용한다.

정답 76 ② 77 ① 78 ① 79 ③ 80 ②

제5과목 건설재료학

81 **도료의 저장 중 또는 용기 내 방치 시 도료의 표면에 피막이 형성되는 현상의 발생 원인과 가장 관계가 먼 것은?**

① 피막방지제의 부족이나 건조제가 과잉일 경우
② 용기 내의 공간이 커서 산소의 양이 많을 경우
③ 부적당한 신너로 희석하였을 경우
④ 사용잔량을 뚜껑을 열어둔 채 방치하였을 경우

해설 도료의 저장이나 용기 내 방치 시 도료 표면에 피막이 형성되는 경우는 피막 방지제가 부족하거나 용기 내 산소의 함량이 많은 경우 등이다.

82 **다음 중 무기질 단열재에 해당하는 것은?**

① 발포폴리스티렌 보온재
② 셀룰로스 보온재
③ 규산칼슘판
④ 경질폴리우레탄폼

해설 규산칼슘판은 무기질 단열재에 해당한다.

83 **통풍이 잘 되지 않는 지하실의 미장재료로서 가장 적합하지 않은 것은?**

① 시멘트 모르타르
② 석고 플라스터
③ 킨즈 시멘트
④ 돌로마이트 플라스터

해설 돌로마이트 플라스터(Dolomite Plaster)는 건조 수축이 커 균열이 쉽고, 습기 및 물에 약해 환기가 잘 안 되는 지하실 등에는 사용을 지양한다.

84 **지붕공사에 사용되는 아스팔트 싱글제품 중 단위 중량이 10.3kg/m² 이상 12.5 kg/m² 미만인 것은?**

① 경량 아스팔트 싱글
② 일반 아스팔트 싱글
③ 중량 아스팔트 싱글
④ 초중량 아스팔트 싱글

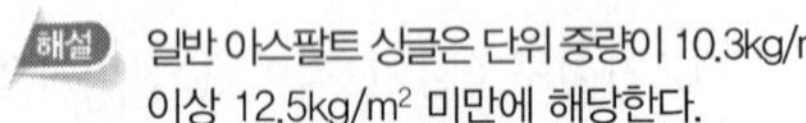
해설 일반 아스팔트 싱글은 단위 중량이 10.3kg/m² 이상 12.5kg/m² 미만에 해당한다.

85 **점토벽돌 1종의 압축강도는 최소 얼마 이상인가?**

① 17.85MPa　② 19.53MPa
③ 20.59MPa　④ 24.50MPa

해설 점토벽돌 1종의 압축강도 24.50MPa 이상이어야 한다.

86 **골재의 함수상태에 따른 질량이 다음과 같을 경우 표면수율은?**

- 절대 건조 상태 : 490g
- 표면 건조 상태 : 500g
- 습윤 상태 : 550g

① 2%　② 3%
③ 10%　④ 15%

해설 표면수율 : (표면수량/표건상태 골재 중량)×100(%) = (550 − 500)/500×100=10%

정답 81 ③　82 ③　83 ④　84 ②　85 ④　86 ③

87 콘크리트의 건조수축에 관한 설명으로 옳지 않은 것은?

① 시멘트의 제조성분에 따라 수축량이 다르다.
② 골재의 성질에 따라 수축량이 다르다.
③ 시멘트량의 다소에 따라 수축량이 다르다.
④ 된비빔일수록 수축량이 많다.

해설 된비빔일수록 수축량이 적다.

88 목재의 나뭇결 중 아래의 설명에 해당하는 것은?

나이테에 직각방향으로 켠 목재면에 나타나는 나뭇결로 일반적으로 외관이 아름답고 수축변형이 적으며 마모율도 낮다.

① 무늬결　② 곧은결
③ 널결　④ 엇결

해설 곧은결은 나이테에 직각방향으로 켠 목재면에 나타난다.

89 조이너(joiner)의 설치목적으로 옳은 것은?

① 벽, 기둥 등의 모서리에 미장 바름의 보호
② 인조석깔기에서의 신축균열방지나 의장효과
③ 천장에 보드를 붙인 후 그 이음새를 감추기 위한 목적
④ 환기구멍이나 라디에이터의 덮개역할

해설 조이너(Joiner)는 천장이나 내벽판류의 접합부 처리를 위한 덮개로 사용하는 장식철물이다.

90 각 석재별 주용도를 표기한 것으로 옳지 않은 것은?

① 화강암 : 외장재
② 석회암 : 구조재
③ 대리석 : 내장재
④ 점판암 : 지붕재

해설 화강암이 외장재나 구조재로 많이 사용된다.

91 암석의 구조를 나타내는 용어에 관한 설명으로 옳지 않은 것은?

① 절리란 암석 특유의 천연적으로 갈라진 금을 말하며, 규칙적인 것과 불규칙적인 것이 있다.
② 층리란 퇴적암 및 변성암에 나타나는 퇴적할 당시의 지표면과 방향이 거의 평행한 절리를 말한다.
③ 석리란 암석이 가장 쪼개지기 쉬운 면을 말하며, 절리보다 불분명하지만 방향이 대체로 일치되어 있다.
④ 편리란 변성암에 생기는 절리로서 방향이 불규칙하고 얇은 판자모양으로 갈라지는 성질을 말한다.

해설 석리는 석재 표면의 구성조직을 말하는 것으로 석재의 외관 및 성질과 관계가 깊다.

92 강은 탄소 함유량의 증가에 따라 인장강도가 증가하지만 어느 이상이 되면 다시 감소한다 이때 인장강도가 가장 큰 시점의 탄소 함유량은?

① 약 0.9%　② 약 1.8%
③ 약 2.7%　④ 약 3.6%

정답 87 ④　88 ②　89 ③　90 ②　91 ③　92 ①

해설 강의 인장강도가 가장 큰 시점은 탄소 함유량이 약 0.9%일 때이다.

93 아스팔트의 물리적 성질에 관한 설명으로 옳은 것은?

① 감온성은 블로운 아스팔트가 스트레이트 아스팔트보다 크다.
② 연화점은 블로운 아스팔트가 스트레이트 아스팔트보다 낮다.
③ 신장성은 스트레이트 아스팔트가 블로운 아스팔트보다 크다.
④ 점착성은 블로운 아스팔트가 스트레이트 아스팔트보다 크다.

해설 스트레이트 아스팔트(Straight Asphalt)는 원유를 증류한 잔류유를 정제한 것으로 점착성 · 방수성 · 신장성은 풍부하지만 연화점이 비교적 낮아서 내후성이 약하고 온도에 의한 결점이 있어 지하실 방수공사 외에는 잘 사용하지 않는다.

94 킨즈시멘트 제조 시 무수석고의 경화를 촉진시키기 위해 사용하는 혼화재료는?

① 규산백토　② 플라이애쉬
③ 화산회　④ 백반

해설 백반은 무수석고의 경화를 촉진시킨다.

95 초기강도가 아주 크고 초기 수화발열이 커서 긴급공사나 동절기 공사에 가장 적합한 시멘트는?

① 알루미나시멘트
② 보통포틀랜드시멘트
③ 고로시멘트
④ 실리카시멘트

해설 알루미나시멘트는 보크사이트(Bauxite, 알루미늄 원광석)와 석회석을 원료로 하여 만든 시멘트로서 조기에 강도가 나타난다.

96 일반적으로 단열재에 습기나 물기가 침투하면 어떤 현상이 발생하는가?

① 열전도율이 높아져 단열성능이 좋아진다.
② 열전도율이 높아져 단열성능이 나빠진다.
③ 열전도율이 낮아져 단열성능이 좋아진다.
④ 열전도율이 낮아져 단열성능이 나빠진다.

단열재에 습기나 물기가 침투하면 열전도율이 높아져 단열성능이 나빠진다.

97 도장재료 중 래커(lacquer)에 관한 설명으로 옳지 않은 것은?

① 내구성은 크나 도막이 느리게 건조된다.
② 클리어래커는 투명래커로 도막은 얇으나 견고하고 광택이 우수하다.
③ 클리어래커는 내후성이 좋지 않아 내부용으로 주로 쓰인다.
④ 래커에나멀은 불투명 도료로서 클리어래커에 안료를 첨가한 것을 말한다.

래커에나멜(에나멜 래커)은 래커에 안료를 첨가한 것으로 내수성, 내후성, 내마모성이 좋으며 건조가 빨라서 단시간에 도막이 형성된다.

정답 93 ③　94 ④　95 ①　96 ②　97 ①

98 도료의 건조제 중 상온에서 기름에 용해되지 않는 것은?

① 붕산망간 ② 이산화망간
③ 초산염 ④ 코발트의 수지산

 상온에서 기름에 용해되는 건조제에는 리사지, 연단, 초산염, 이산화망간, 붕산망간, 수산망간 등이 있고, 가열하여 기름에 용해되는 건조제에는 연, 망간, 코발트의 수지산 또는 지방산의 염류 등이 있다.

99 시멘트의 분말도에 관한 설명으로 옳지 않은 것은?

① 분말도가 클수록 수화반응이 촉진된다.
② 분말도가 클수록 초기강도는 작으나 장기강도는 크다.
③ 분말도가 클수록 시멘트 분말이 미세하다.
④ 분말도가 너무 크면 풍화되기 쉽다.

 분말도가 높으면 물과 접촉면이 많으므로 수화작용이 빠르고, 초기강도의 발현이 빠르며 풍화되기 쉽다.

100 목재의 방부 처리법 중 압력용기 속에 목재를 넣어 처리하는 방법으로 가장 신속하고 효과적인 방법은?

① 가압주입법 ② 생리적 주입법
③ 표면탄화법 ④ 침지법

 가압주입법은 압력용기 속에 목재를 넣어서 처리하는 방법으로 가장 신속하고 효과적이다.

제6과목 건설안전기술

101 지면보다 낮은 땅을 파는데 적합하고 수중굴착도 가능한 굴착기계는?

① 백호우 ② 파워쇼벨
③ 가이데릭 ④ 파일드라이버

 백호우는 기계가 위치한 지면보다 낮은 곳의 땅을 파는 데 적합하다.

102 굴차공사에서 비탈면 또는 비탈면 하단을 성토하여 붕괴를 방지하는 공법은?

① 배수공
② 배토공
③ 공작물에 의한 방지공
④ 압성토공

 압성토공은 비탈면 또는 비탈면 하단을 성토하여 강도를 증가시키는 공법이다.

103 작업장에 계단 및 계단참을 설치하는 경우 매 제곱미터당 최소 몇 킬로그램 이상의 하중에 견딜 수 있는 강도를 가진 구조로 설치하여야 하는가?

① 300kg ② 400kg
③ 500kg ④ 600kg

 계단 및 계단참을 설치하는 경우에는 500 kg/m^2 이상의 하중에 견딜 수 있는 강도를 가진 구조로 해야 한다.

정답 98 ④ 99 ② 100 ① 101 ① 102 ④ 103 ③

104 **작어으로 인하여 물체가 떨어지거나 날아올 위험이 있는 경우 필요한 조치와 가장 거리가 먼 것은?**

① 투하설비 설치
② 낙하물 방지망 설치
③ 수직보호망 설치
④ 출입금지구역 설정

해설 투하설비는 높이 3m 이상인 곳에서 물체를 투하할 때 설치하여야 한다.

105 **크레인의 운전실 또는 운전대를 통하는 통로의 끝과 건설물 등의 벽체의 간격은 최대 얼마 이하로 하여야 하는가?**

① 0.2m ② 0.3m
③ 0.4m ④ 0.5m

크레인의 운전실 또는 운전대를 통하는 통로의 끝과 건설물 등의 벽체의 간격은 최대 0.3m 이하로 한다.

106 **철골공사 시 안전작업방법 및 준수사항으로 옳지 않은 것은?**

① 강풍, 폭우 등과 같은 악천우시에는 작업을 중지하여야 하며 특히 강풍 시에는 높은 곳에 있는 부재나 공구류가 낙하비래하지 않도록 조치하여야 한다.
② 철골부재 반입 시 시공순서가 빠른 부재는 상단부에 위치하도록 한다.
③ 구명줄 설치 시 마닐라 로프 직경 10mm를 기준하여 설치하고 작업방법을 충분히 검토하여야 한다.
④ 철골보의 두곳을 매어 인양시킬 때 와이어로프의 내각은 60° 이하이어야 한다.

해설 구명줄 설치 시 마닐라 로프 직경 16mm를 기준하여 설치해야 한다.

107 **강관비계의 수직방향 벽이음 조립간격(m)으로 옳은 것은? (단, 틀비계이며 높이가 5m 이상일 경우)**

① 2m ② 4m
③ 6m ④ 9m

해설 강관비계의 조립간격은 아래의 기준에 적합하도록 해야 한다.

강관비계의 종류	조립간격 (단위 : m)	
	수직방향	수평방향
단관비계	5	5
틀비계(높이가 5m 미만의 것을 제외한다)	6	8

108 **공정률이 65%인 건설현장의 경우 공사 진척에 따른 산업안전보건관리비의 최소 사용기준으로 옳은 것은? (단, 공정율은 기성공정율을 기준으로 함)**

① 40% 이상 ② 50% 이상
③ 60% 이상 ④ 70% 이상

해설 공정률 50% 이상인 경우 산업안전보건관리비의 최소 사용기준은 50% 이상이다.

정답 104 ① 105 ② 106 ③ 107 ③ 108 ②

109 **달비계에 사용이 불가한 와이어로프의 기준으로 옳지 않은 것은?**

① 이음매가 있는 것
② 와이어로프의 한 꼬임에서 끊어진 소선의 수가 7% 이상인 것
③ 지름의 감소가 공칭지름의 7%를 초과하는 것
④ 심하게 변형되거나 부식된 것

해설 와이어로프의 사용금지기준

1. 이음매가 있는 것
2. 와이어로프의 한 꼬임에서 끊어진 소선의 수가 10퍼센트 이상인 것
3. 지름의 감소가 공칭지름의 7퍼센트를 초과하는 것
4. 꼬인 것
5. 심하게 변형되거나 부식된 것
6. 열과 전기충격에 의해 손상된 것

110 **구축물에 안전차단 등 안전성 평가를 실시하여 근로자에게 미칠 위험성을 미리 제거하여야 하는 경우가 아닌 것은?**

① 구축물 또는 이와 유사한 시설물의 인근에서 굴착·항타작업 등으로 침하·균열 등이 발생하여 붕괴의 위험이 예상될 경우
② 구조물, 건축물, 그 밖의 시설물이 그 자체의 무게·적설·풍압 또는 그 밖에 부가되는 하중 등으로 붕괴 등의 위험이 있을 경우
③ 화재 등으로 구축물 또는 이와 유사한 시설물의 내력(耐力)이 심하게 저하되었을 경우
④ 구축물의 구조체가 안전측으로 과도하게 설계가 되었을 경우

해설 구축물의 구조체가 안전측으로 과도하게 설계가 되었을 경우는 안전성 평가 대상에 해당하지 않는다.

111 **흙막이 지보공을 설치하였을 때 정기적으로 점검하여 이상 발견 시 즉시 보수하여야 할 사항이 아닌 것은?**

① 굴착 깊이의 정도
② 버팀대의 긴압의 정도
③ 부재의 접속부·부착부 및 교차부의 상태
④ 부재의 손상·변형·부식·변위 및 탈락의 유무와 상태

해설 흙막이 지보공을 설치하였을 때에는 정기적으로 다음 사항을 점검하고 이상을 발견하면 즉시 보수하여야 한다.
① 부재의 손상·변형·부식·변위 및 탈락의 유무와 상태
② 버팀대의 긴압의 정도
③ 부재의 접속부·부착부 및 교차부의 상태
④ 침하의 정도

112 **달비계의 최대 적재하중을 정하는 경우 그 안전계수 기준으로 옳지 않은 것은?**

① 달기와이어로프 및 달기강선의 안전계수 : 10 이상
② 달기체인 및 달기 훅의 안전계수 : 5 이상
③ 달기강대와 달비계의 하부 및 상부지점의 안전계수 : 강재의 경우 3 이상
④ 달기강대와 달비계의 하부 및 상부지점의 안전계수 : 목재의 경우 5 이상

정답 109 ② 110 ④ 111 ① 112 ③

해설 달비계의 안전계수

<table>
<tr><th colspan="2">구분</th><th>안전계수</th></tr>
<tr><td colspan="2">달기와이어로프 및 달기강선</td><td>10 이상</td></tr>
<tr><td colspan="2">달기체인 및 달기훅</td><td>5 이상</td></tr>
<tr><td rowspan="2">달기강대와 달비계의 하부 및 상부지점</td><td>강재</td><td>2.5 이상</td></tr>
<tr><td>목재</td><td>5 이상</td></tr>
</table>

113 다음은 안전대와 관련된 설명이다. 아래 내용에 해당되는 용어로 옳은 것은?

> 로프 또는 레일 등과 같은 유연하거나 단단한 고정줄로서 추락발생 시 추락을 저지시키는 추락방지대를 지탱해 주는 줄모양의 부품

① 안전블록 ② 수직구명줄
③ 죔줄 ④ 보조죔줄

수직구명줄에 대한 설명이다.

114 사업주가 유해위험방지 계획서 제출 후 건설공사 중 6개월 이내마다 안전보건공단의 확인을 받아야 할 내용이 아닌 것은?

① 유해위험방지 계획서의 내용과 실제공사 내용이 부합하는지 여부
② 유해위험방지 계획서 변경 내용의 적정성
③ 자율안전관리 업체 유해 · 위험방지 계획서 제출 · 심사 면제
④ 추가적인 유해 · 위험요인의 존재 여부

6개월 이내마다 안전보건공단의 확인을 받아야 할 내용으로는 유해위험방지 계획서의 내용과 실제공사 내용이 부합하는지 여부, 유해위험방지 계획서 변경 내용의 적정성, 추가적인 유해 · 위험요인의 존재여부가 해당된다.

115 다음 중 방망사의 폐기 시 인장강도에 해당하는 것은? (단, 그물코의 크기는 10cm이며 매듭없는 방망의 경우임)

① 50kg ② 100kg
③ 150kg ④ 200kg

추락방호망의 인장강도

( ) : 폐기기준 인장강도

<table>
<tr><th rowspan="2">그물코의 크기 (단위 : cm7)</th><th colspan="2">방망의 종류(단위 : kgf)</th></tr>
<tr><th>매듭 없는 방망</th><th>매듭방망</th></tr>
<tr><td>10</td><td>240(150)</td><td>200(135)</td></tr>
<tr><td>5</td><td>–</td><td>110(60)</td></tr>
</table>

116 산업안전보건법령에 따른 지반의 종류별 굴착면의 기울기 기준으로 옳지 않은 것은?

① 모래 1 : 1.8
② 연암 및 풍화암 1 : 0.8
③ 경암 1 : 0.5
④ 그 밖의 흙 1 : 1.2

해설 굴착면의 기울기 기준

지반의 종류	굴착면의 기울기
모래	1 : 1.8
연암 및 풍화암	1 : 1.0
경암	1 : 0.5
그 밖의 흙	1 : 1.2

정답 113 ② 114 ③ 115 ③ 116 ②

117 **가설통로의 설치에 관한 기준으로 옳지 않은 것은?**

① 경사는 30° 이하로 한다.
② 건설공사에 사용하는 높이 8m 이상인 비계다리에는 7m 이내마다 계단참을 설치한다.
③ 작업상 부득이한 경우에는 필요한 부분에 한하여 안전난간을 임시로 해체할 수 있다.
④ 수직갱에 가설된 통로의 길이가 10m 이상인 경우에는 5m 이내마다 계단참을 설치한다.

해설 수직갱에 가설된 통로의 길이가 15m 이상인 경우에는 10m 이내마다 계단참을 설치해야한다.

118 **콘크리트 타설 시 거푸집 측압에 관한 설명으로 옳지 않은 것은?**

① 기온이 높을수록 측압은 크다.
② 타설속도가 클수록 측압은 크다.
③ 슬럼프가 클수록 측압은 크다.
④ 다짐이 과할수록 측압은 크다.

해설 외기온도가 낮을수록, 습도가 높을수록 측압이 커진다.

119 **해체공사 시 작업용 기계기구의 취급 안전기준에 관한 설명으로 옳지 않은 것은?**

① 철제햄머와 와이어로프의 결속은 경험이 많은 사람으로서 선임된 자에 한하여 실시하도록 하여야 한다.
② 팽창제 천공간격은 콘크리트 강도에 의하여 결정되나 70～120cm 정도를 유지하도록 한다.
③ 쐐기타입으로 해체 시 천공구멍은 타입기 삽입부분의 직경과 거의 같아야 한다.
④ 화염방사기로 해체작업 시 용기 내 압력은 온도에 의해 상승하기 때문에 항상 40℃ 이하로 보존해야 한다.

해설 팽창제 공법은 광물의 수화반응에 의한 팽창압을 이용하여 파쇄하는 공법으로 팽창제 천공간격은 콘크리트 강도에 의해 결정되나 30～70cm 정도를 유지하도록 한다.

120 **굴착과 싣기를 동시에 할 수 있는 토공기계가 아닌 것은?**

① Power shovel
② Tractor shovel
③ Back hoe
④ Motor grader

해설 모터 그레이더는 정지 및 배토기계이다.

정답 117 ④ 118 ① 119 ② 120 ④

2020년 8월 22일 시행

ENGINEER CONSTRUCTION SAFETY

제1과목 산업안전관리론

01 재해손실비의 평가방식 중 시몬즈 방식에서 비보험 코스트에 반영되는 항목에 속하지 않는 것은?

① 휴업상해 건수 ② 통원상해 건수
③ 응급조치 건수 ④ 무손실사고 건수

해설 무손실사고 건수는 비보험 코스트에 반영하지 않는다.
비보험비용 = 휴업상해 건수×A + 통원상해 건수×B + 응급조치 건수×C + 무상해상고 건수×D

02 산업안전보건법령상 중대재해에 속하지 않는 것은?

① 사망자가 2명 발생한 재해
② 부상자가 동시에 7명 발생한 재해
③ 직업성 질병자가 동시에 11명 발생한 재해
④ 3개월 이상의 요양이 필요한 부상자가 동시에 3명 발생한 재해

해설 중대재해의 정의

(1) 사망자가 1명 이상 발생한 재해
(2) 3개월 이상의 요양이 필요한 부상자가 동시에 2명 이상 발생한 재해
(3) 부상자 또는 직업성 질병자가 동시에 10명 이상 발생한 재해

03 산업안전보건법령상 공정안전보고서에 포함되어야 하는 내용 중 공정안전자료의 세부 내용에 해당하는 것은?

① 안전운전지침서
② 공정위험성평가서
③ 도급업체 안전관리계획
④ 각종 건물 · 설비의 배치도

해설 공정안전자료

가. 취급 · 저장하고 있거나 취급 · 저장하려는 유해 · 위험물질의 종류 및 수량
나. 유해 · 위험물질에 대한 물질안전보건자료
다. 유해하거나 위험한 설비의 목록 및 사양
라. 유해하거나 위험한 설비의 운전방법을 알 수 있는 공정도면
마. 각종 건물 · 설비의 배치도
바. 폭발위험장소 구분도 및 전기단선도
사. 위험설비의 안전설계 · 제작 및 설치 관련 지침서

04 산업안전보건법령상 금지표시에 속하는 것은?

①  ②  

③  ④ 

정답 01 ④ 02 ② 03 ④ 04 ④

해설

05 도수율이 25인 사업장의 연간 재해발생 건수는 몇 건인가? (단, 이 사업장의 당해 연도 총근로시간은 80,000시간이다.)

① 1건 ② 2건
③ 3건 ④ 4건

해설 $재해발생건수 = \frac{도수율 \times 연근로시간수}{1,000,000}$

$= \frac{25 \times 80,000}{1,000,000} = 2$

06 산업안전보건법령상 건설공사도급인은 산업안전보건관리비의 사용명세서를 건설공사 종료 후 몇 년간 보존해야 하는가?

① 1년 ② 2년
③ 3년 ④ 5년

건설공사도급인은 해당 건설공사를 위하여 계상된 산업안전보건관리비를 그가 사용하는 근로자와 그의 관계수급인이 사용하는 근로자의 산업재해 및 건강장해 예방에 사용하고, 그 사용명세서를 매월(공사가 1개월 이내에 종료되는 사업의 경우에는 해당 공사 종료 시를 말한다) 작성하고 건설공사 종료 후 1년간 보존해야 한다.

07 산업안전보건법령에 따른 안전보건총괄책임자의 직무에 속하지 않는 것은?

① 도급 시 산업재해 예방조치
② 위험성평가의 실시에 관한 사항
③ 안전인증대상기계와 자율안전확인대상기계 구입 시 적격품의 선정에 관한 지도
④ 산업안전보건관리비의 관계수급인 간의 사용에 관한 협의 · 조정 및 그 집행의 감독

해설 **안전보건총괄책임자의 직무**

1. 위험성평가의 실시에 관한 사항
2. 작업의 중지
3. 산업재해 예방조치
4. 산업안전보건관리비의 관계수급인 간의 사용에 관한 협의 · 조정 및 그 집행의 감독
5. 안전인증대상기계등과 자율안전확인대상기계등의 사용 여부 확인

08 다음 중 재해 발생 시 긴급조치사항을 올바른 순서로 배열한 것은?

㉠ 현장보존 ㉡ 2차 재해방지 ㉢ 피재기계의 정지 ㉣ 관계자에게 통보 ㉤ 피해자의 응급처리

① ㉤ → ㉢ → ㉡ → ㉠ → ㉣
② ㉢ → ㉤ → ㉣ → ㉡ → ㉠
③ ㉢ → ㉤ → ㉣ → ㉠ → ㉡
④ ㉢ → ㉤ → ㉠ → ㉣ → ㉡

정답 05 ② 06 ① 07 ③ 08 ②

해설 **긴급조치 순서**

(1) 재해발생기계의 정지 및 피해확산 방지
(2) 피재자의 구조 및 응급조치(가장 먼저 해야 할 일)
(3) 관계자에게 통보
(4) 2차 재해방지
(5) 현장보존

09 **라인(Line)형 안전조직에 관한 설명으로 옳지 않은 것은?**

① 명령과 보고가 간단명료하다.
② 안전정보의 수집이 빠르고 전문적이다.
③ 안전업무가 생산현장 라인을 통하여 시행된다.
④ 각종 지시 및 조치사항이 신속하게 이루어진다.

안전정보 수집이 빠른 조직은 스탭(Staff)형 조직의 장점이다.

10 **보호구 안전인증 고시에 따른 가죽제안전화의 성능시험방법에 해당되지 않는 것은?**

① 내답발성시험 ② 박리저항시험
③ 내충격성시험 ④ 내전압성시험

해설

종류	성능구분
가죽제 안전화	물체의 낙하, 충격 또는 날카로운 물체에 의한 찔림 위험으로부터 발을 보호하기 위한 것 • 성능시험 : 내답발성, 내압박, 충격, 박리

11 **위험예지훈련 4R(라운드) 중 2R(라운드)에 해당하는 것은?**

① 목표설정 ② 현상파악
③ 대책수립 ④ 본질추구

해설 **위험예지훈련의 추진을 위한 문제해결 4단계(4라운드)**

• 1라운드 : 현상파악(사실의 파악)
• 2라운드 : 본질추구(원인조사)
• 3라운드 : 대책수립(대책을 세운다)
• 4라운드 : 목표설정(행동계획 작성)

12 **기계, 기구 또는 설비를 신설하거나 변경 또는 고장 수리 시 실시하는 안전점검의 종류는?**

① 정기점검 ② 수시점검
③ 특별점검 ④ 임시점검

해설 **특별점검**

기계기구의 신설 및 변경 시 고장, 수리 등에 의해 부정기적으로 실시하는 점검으로 안전강조기간 등에 실시하는 점검

13 **산업안전보건법령상 안전인증대상 기계 또는 설비에 속하지 않는 것은?**

① 리프트 ② 압력용기
③ 곤돌라 ④ 파쇄기

파쇄기는 「자율안전확인신고」 대상 기계 등에 해당된다.

정답 09 ② 10 ④ 11 ④ 12 ③ 13 ④

14 **브레인 스토밍의 4가지 원칙 내용으로 옳지 않은 것은?**

① 비판하지 않는다.
② 자유롭게 발언한다.
③ 가능한 정리된 의견만 발언한다.
④ 타인의 생각에 동참하거나 보충발언해도 좋다.

해설 브레인스토밍

1. 비판금지 2. 자유분방
3. 대량발언 4. 수정발언

15 **안전관리는 PDCA 사이클의 4단계를 거쳐 지속적인 관리를 수행하여야 한다. 다음 중 PDCA 사이클의 4단계를 잘못 나타낸 것은?**

① P : Plan ② D : Do
③ C : Check ④ A : Analysis

해설 P－D－C－A 사이클은 P(Plan, 계획) → D(Do, 실시) → C(Check, 검토) → A(Action, 조치)이다.

16 **재해의 발생형태 중 재해가 일어난 장소나 그 시점에 일시적으로 요인이 집중되어 사고가 발생하는 유형은?**

① 연쇄형 ② 복합형
③ 결합형 ④ 단순 자극형

해설 단순자극형(집중형)

상호자극에 의하여 순간적으로 재해가 발생하는 유형으로 재해가 일어난 장소나 그 시점에 일시적으로 요인이 집중된다.

17 **안전보건관리계획 수립 시 고려할 사항으로 옳지 않은 것은?**

① 타 관리계획과 균형이 맞도록 한다.
② 안전보건을 저해하는 요인을 확실히 파악해야 한다.
③ 수립된 계획은 안전보건관리활동의 근거로 활용된다.
④ 과거실적을 중요한 것으로 생각하고, 현재 상태에 만족해야 한다.

해설 과거 실적은 자료조사 및 검토를 위해 참고하며, 현재 문제점의 검토를 목표로 안전보건관리계획을 수립한다.

18 **다음은 안전보건개선계획의 제출에 관한 기준 내용이다. ( ) 안에 알맞은 것은?**

> 안전보건개선계획서를 제출해야 하는 사업주는 안전보건개선계획서 수립 · 시행 명령을 받은 날부터 ( )일 이내에 관할 지방고용노동관서의 장에게 해당 계획서를 제출(전자 문서로 제출하는 것을 포함한다)해야 한다.

① 15 ② 30
③ 45 ④ 60

해설 안전보건개선계획서를 제출해야 하는 사업주는 안전보건개선계획서 수립 · 시행 명령을 받은 날부터 60일 이내에 관할 지방고용노동관서의 장에게 해당 계획서를 제출(전자 문서로 제출하는 것을 포함한다)해야 한다.

정답 14 ③ 15 ④ 16 ④ 17 ④ 18 ④

19 재해의 간접적 원인과 관계가 가장 먼 것은?

① 스트레스
② 안전수칙의 오해
③ 작업준비 불충분
④ 안전방호장치 결함

해설 안전방호장치는 불안전한 상태에 해당되며 이는 직접원인에 해당된다.

20 재해예방의 4원칙에 해당하지 않는 것은?

① 예방가능의 원칙
② 원인계기의 원칙
③ 손실필연의 원칙
④ 대책선정의 원칙

해설 **재해예방의 4원칙**
- 손실우연의 원칙
- 원인계기의 원칙
- 예방가능의 원칙
- 대책선정의 원칙

제2과목 산업심리 및 교육

21 다음 중 학습전이의 조건으로 가장 거리가 먼 것은?

① 학습 정도　② 시간적 간격
③ 학습 분위기　④ 학습자의 지능

해설 **학습의 전이 조건**
① 학습의 정도
② 시간의 간격
③ 학습자의 태도
④ 학습자의 지능
⑤ 유의성

22 인간의 동기에 대한 이론 중 자극, 반응, 보상의 3가지 핵심변인을 가지고 있으며, 표출된 행동에 따라 보상을 주는 방식에 기초한 동기이론은?

① 강화이론　② 형평이론
③ 기대이론　④ 목표성절이론

 강화(Reinforcement)의 원리 : 어떤 행동의 강도와 발생빈도를 증가시키는 것(예 : 안전퀴즈대회를 열어 우승자에게 상을 줌)
㉠ 부적 강화란 반응 후 처벌이나 비난 등 해로운 자극이 주어져서 반응 발생률이 감소하는 것이다.
㉡ 정적 강화란 반응 후 음식이나 칭찬 등 이로운 자극을 주었을 때 반응 발생률이 높아지는 것이다.
㉢ 처벌은 더 강한 처벌에 의해서만 효과가 지속되는 부작용이 있다.
㉣ 부분강화에 의하면 학습이 빠르게 진행되고 학습효과가 서서히 사라진다.

23 다음 중 산업안전심리의 5대 요소가 아닌 것은?

① 동기　② 감정
③ 기질　④ 지능

해설 **산업안전심리의 5대 요소**
1. 동기(Motive)
2. 기질(Temper)
3. 감정(Emotion)
4. 습성(Habits)
5. 습관(Custom)

정답 19 ④ 20 ③ 21 ③ 22 ① 23 ④

24 다음 중 사고에 관한 표현으로 틀린 것은?

① 사고는 비변형된 사상(unstrained event)이다.
② 사고는 비계획적인 사상(unplaned event)이다.
③ 사고는 원하지 않는 사상(undesired event)이다.
④ 사고는 비효율적인 사상(ineffcient event)이다.

해설 사고는 변형된 사상(Strained event)이다. 즉, 스트레스의 한계를 넘어선 변형된 사상은 모두 사고이다.

25 집단이 가지는 효과로 두 개 이상의 서로 다른 개체가 힘을 합쳐 둘이 지닌 힘 이상의 효과를 내는 현상은?

① 시너지 효과　② 동조 효과
③ 응집성 효과　④ 자생적 효과

시너지(Synergy) 효과 : 일반적으로 두 개 이상의 것이 하나가 되어, 독립적으로만 얻을 수 있는 것 이상의 결과를 내는 작용이다.

26 교육방법 중 하나인 사례연구법의 장점으로 볼 수 없는 것은?

① 의사소통 기술이 향상된다.
② 무의식적인 내용의 표현 기회를 준다.
③ 문제를 다양한 관점에서 바라보게 된다.
④ 강의법에 비해 현실적인 문제에 대한 학습이 가능하다.

해설 사례연구법의 장점

① 강의법에 비해 실제 업무현장에의 전이를 촉진한다.
② 사례 속의 문제를 다양한 관점에서 바라보게 된다.
③ 커뮤니케이션 스킬이 향상된다.

27 직무와 관련한 정보를 직무명세서(job specification)와 직무기술서(job description)로 구분할 경우 직무기술서에 포함되어야 하는 내용과 가장 거리가 먼 것은?

① 직무의 직종
② 수행되는 과업
③ 직무수행 방법
④ 작업자의 요구되는 능력

해설 직무기술서 포함 내용

1. 직무 명칭
2. 소속직군 및 직종
3. 수행되는 과업
4. 직무수행에 필요한 원재료, 설비, 작업도구
5. 직무수행 방법 및 절차
6. 작업조건

28 판단과정에서의 착오원인이 아닌 것은?

① 능력부족　② 정보부족
③ 감각차단　④ 자기합리화

감각차단은 인지과정 착오의 요인에 해당된다.

29 다음 중 ATT(American Telephone & Telegram) 교육훈련기법의 내용이 아닌 것은?

① 인사관계
② 고객관계
③ 회의의 주관
④ 종업원의 기술향상

정답 24 ① 25 ① 26 ② 27 ④ 28 ③ 29 ③

PART 01 PART 02 PART 03 PART 04 PART 05 PART 06 부록

해설 ATT 교육내용

① 계획적인 감독
② 인원배치 및 작업의 계획
③ 작업의 감독
④ 공구와 자료의 보고 및 기록
⑤ 개인작업의 개선
⑥ 인사관계
⑦ 종업원의 기술향상
⑧ 훈련
⑨ 안전
⑩ 고객관계 등

30 미국 국립산업안전보건연구원(NIOSH)이 제시한 직무스트레스 모형에서 직무스트레스 요인을 작업요인, 조직요인, 환경요인으로 구분할 때 조직요인에 해당하는 것은?

① 관리유형 ② 작업속도
③ 교대근무 ④ 조명 및 소음

조직요인으로는 역할 갈등, 관리 유형, 의사결정 참여, 고용 문제 등이 원인이 된다

31 다음 중 안전교육의 목적과 가장 거리가 먼 것은?

① 생산성이나 품질의 향상에 기여한다.
② 작업자를 산업재해로부터 미연에 방지한다.
③ 재해의 발생으로 인한 직접적 및 간접적 경제적 손실을 방지한다.
④ 작업자에게 작업의 안전에 대한 자신감을 부여하고 기업에 대한 충성도를 증가시킨다.

해설 안전교육의 목적

- 근로자를 재해로부터 미연에 보호
- 직·간접적 경제적 손실 방지
- 지식, 기능, 태도 향상 – 생산방법 개선
- 안심감, 기업에 대한 신뢰감 부여
- 생산성, 품질 향상

32 안전교육에서 안전기술과 방호장치관리를 몸으로 습득시키는 교육방법으로 가장 적절한 것은?

① 지식교육 ② 기능교육
③ 해결교육 ④ 태도교육

해설 안전보건교육의 3단계

(1) 지식교육(1단계) : 지식의 전달과 이해
(2) 기능교육(2단계) : 실습, 시범을 통한 이해
(3) 태도교육(3단계) : 안전의 습관화(가치관 형성)
㉠ 청취(들어본다) → ㉡ 이해, 납득(이해시킨다) → ㉢ 모범(시범을 보인다) → ㉣ 권장(평가한다)

33 안전교육의 형태와 방법 중 Off.J.T(Off the Job Training)의 특징이 아닌 것은?

① 공통된 대상자를 대상으로 일관적으로 교육할 수 있다.
② 업무 및 사내의 특성에 맞춘 구체적이고 실제적인 지도교육이 가능하다.
③ 외부의 전문가를 강사로 초청할 수 있다.
④ 다수의 근로자에게 조직적 훈련이 가능하다.

업무 및 사내의 특성에 맞춘 구체적이고 실제적인 지도가 가능한 교육은 O.J.T.(On the Job Training)의 장점이다.

정답 30 ① 31 ④ 32 ② 33 ②

34 레윈(Lewin)이 제시한 인간의 행동특성에 관한 법칙에서 인간의 행동(B)은 개체(P)와 환경(E)의 함수관계를 가진다고 하였다. 다음 중 개체(P)에 해당하는 요소가 아닌 것은?

① 연령 ② 지능
③ 경험 ④ 인간관계

해설 레빈(Lewin · K)의 법칙

$B=f(P \cdot E)$
여기서,
B : Behavior(인간의 행동)
f : function(함수관계)
P : Person(개체 : 연령, 경험, 심신상태, 성격, 지능 등)
E : Environment(심리적 환경 : 인간관계, 작업환경 등)

35 다음 중 피들러(Fiedler)의 상황 연계성 리더십 이론에서 중요시 하는 상황적 요인에 해당하지 않는 것은?

① 과제의 구조화
② 부하의 성숙도
③ 리더의 직위상 권한
④ 리더와 부하 간의 관계

해설 피들러(F. Fiedler)에 의해 개발된 상황적합성 이론(Contingency Theory)에 의하면 리더십의 효과는 리더십의 유형과 상호작용에 의하여 결정된다고 한다.

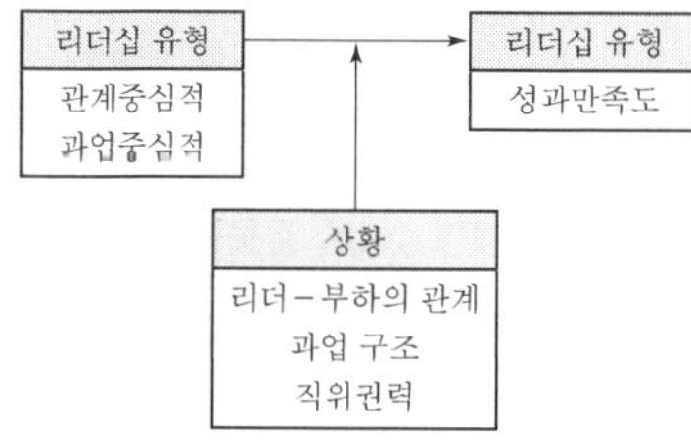

[상황적합성 이론]

36 조직에 있어 구성원들의 역할에 대한 기대와 행동은 항상 일치하지는 않는다. 역할 기대와 실제 역할 행동 간에 차이가 생기면 역할 갈등이 발생하는데, 역할 갈등의 원인으로 가장 거리가 먼 것은?

① 역할 마찰 ② 역할 민첩성
③ 역할 부적합 ④ 역할 모호성

해설 역할 갈등의 원인

- 역할 모호성 : 집단 내에서 개인이 수행해야 할 임무와 책임 등이 명확하지 않을 때 역할 갈등이 발생한다.
- 역할 부적합 : 집단 내 개인에게 부여된 역할에 대해서 개인의 능력이나 성격 등이 적합하지 않을 때 역할 갈등이 발생한다.
- 역할 마찰 : 역할 간 마찰, 역할 내 마찰

37 다음 중 안전교육방법에 있어 도입단계에서 가장 적합한 방법은?

① 강의법 ② 실연법
③ 반복법 ④ 자율학습법

해설 수업단계별 최적의 수업방법

- 도입단계 : 강의법, 시범
- 전개단계 : 토의법, 실연법
- 정리단계 : 자율학습법
- 도입 · 전개 · 정리단계 : 프로그램 학습법, 모의법

38 부주의의 발생방지 방법은 발생 원인별로 대책을 강구해야 하는데 다음 중 발생 원인의 외적 요인에 속하는 것은?

① 의식의 우회
② 소질적 문제
③ 경험 · 미경험
④ 작업순서의 부자연성

정답 34 ④ 35 ② 36 ② 37 ① 38 ④

해설 부주의의 외적 원인 및 대책

㉠ 작업환경조건 불량 : 환경정비
㉡ 작업순서의 부적당 : 작업순서정비

39 다음 중 역할연기(role playing)에 의한 교육의 장점으로 틀린 것은?

① 관찰능력을 높이고 감수성이 향상된다.
② 자기의 태도에 반성과 창조성이 생긴다.
③ 정도가 높은 의사결정의 훈련으로서 적합하다.
④ 의견 발표에 자신이 생기고 고착력이 풍부해진다.

해설 역할 연기의 장점

㉠ 흥미를 갖고, 문제에 적극적으로 참가한다.
㉡ 문제의 배경에 대하여 통찰하는 능력을 높임으로써 감수성이 향상된다.
㉢ 자기 태도의 반성과 창조성이 생기고, 발표력이 향상된다.

40 상황성 누발자의 재해유발원인으로 가장 적절한 것은?

① 소심한 성격
② 주의력의 산만
③ 기계설비의 결함
④ 침착성 및 도덕성의 결여

해설 상황성 누발자

작업이 어렵거나, 기계설비의 결함, 주의력의 집중이 혼란된 경우, 심신의 근심으로 사고 경향자가 되는 경우(상황이 변하면 안전한 성향으로 바뀜)

제3과목 인간공학 및 시스템안전공학

41 화학설비의 안전성 평가에서 정량적 평가의 항목에 해당되지 않는 것은?

① 훈련 ② 조작
③ 취급물질 ④ 화학설비용량

해설 제3단계 : 정량적 평가(재해중복 또는 가능성이 높은 것에 대한 위험도 평가)
(1) 평가항목(5가지 항목)
① 물질 ② 온도 ③ 압력 ④ 용량 ⑤ 조작

42 인간 에러(human error)에 관한 설명으로 틀린 것은?

① omission error : 필요한 작업 또는 절차를 수행하지 않는 데 기인한 에러
② commission error : 필요한 작업 또는 절차의 수행지연으로 인한 에러
③ extraneous error : 불필요한 작업 또는 절차를 수행함으로써 기인한 에러
④ sequential error : 필요한 작업 또는 절차의 순서 착오로 인한 에러

해설 독립행동에 관한 분류

- 생략에러(Omission Error) : 작업 내지 필요한 절차를 수행하지 않는 데서 기인하는 에러
- 실행(작위적) 에러(Commission Error) : 작업 내지 절차를 수행했으나 잘못한 실수 – 선택착오, 순서착오, 시간착오
- 과잉행동에러(Extraneous Error) : 불필요한 작업 내지 절차의 수행에 기인한 에러
- 순서에러(Sequential Error) : 작업수행의 순서를 잘못한 실수
- 시간에러(Timing Error) : 소정의 기간에 수행하지 못한 실수(너무 빨리 혹은 늦게)

정답 39 ③ 40 ③ 41 ① 42 ②

43 다음은 유해위험방지계획서의 제출에 관한 설명이다. (   ) 안에 들어갈 내용으로 옳은 것은?

> 산업안전보건법령상 "대통령령으로 정하는 사업의 종류 및 규모에 해당하는 사업으로서 해당 제품의 생산 공정과 직접적으로 관련된 건설물·기계·기구 및 설비 등 일체를 설치·이전하거나 그 주요 구조 부분을 변경하려는 경우"에 해당하는 사업주는 유해위험방지 계획서에 관련 서류를 첨부하여 해당 작업 시작 (㉠)까지 공단에 (㉡)부를 제출하여야 한다.

① ㉠ : 7일 전, ㉡ : 2
② ㉠ : 7일 전, ㉡ : 4
③ ㉠ : 15일 전, ㉡ : 2
④ ㉠ : 15일 전, ㉡ : 4

해설 사업주가 유해 · 위험방지계획서를 제출하려면 사업장별로 제조업 등 유해 · 위험방지계획서에 필요한 서류를 첨부하여 해당 작업 시작 15일 전까지 한국산업안전보건공단에 2부를 제출하여야 한다.

44 그림과 같이 FTA로 분석된 시스템에서 현재 모든 기본사상에 대한 부품이 고장난 상태이다. 부품 X_1부터 부품 X_5 까지 순서대로 복구한다면 어느 부품을 수리 완료하는 시점에서 시스템이 정상가동 되는가?

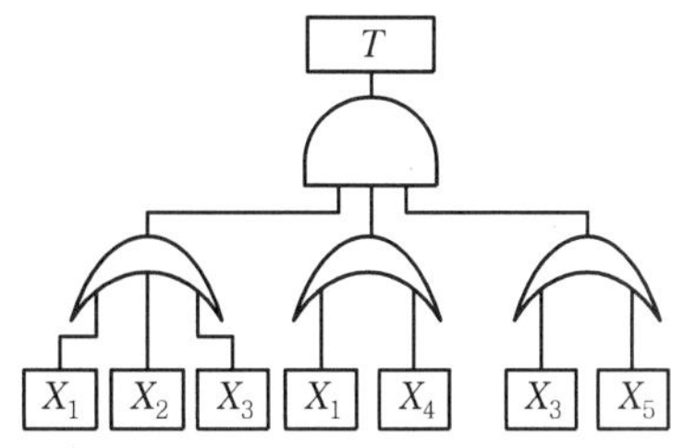

① 부품 X_2 ② 부품 X_3
③ 부품 X_4 ④ 부품 X_5

해설 정상사상이 발생되기 위해서는 AND 게이트에 걸려 있는 OR 게이트가 모두 출력되어야 한다. OR 게이트는 기본사상 부품 중 1개만 복구되어도 출력되므로, 부품 X_1부터 X_5까지 순서대로 복구 가정하여 정상사상 발생시점을 확인한다. X_3 부품을 수리 완료하는 시점에 시스템이 정상가동 된다.

45 Sanders와 McCormick의 의자 설계의 일반적인 원칙으로 옳지 않은 것은?

① 요부 후반을 유지한다.
② 조정이 용이해야 한다.
③ 등근육의 정적부하를 줄인다.
④ 디스크가 받는 압력을 줄인다.

해설 의자설계 시 요추 부위의 전만곡선 유지가 필요하다.

46 눈과 물체의 거리가 23cm, 시선과 직각으로 측정한 물체의 크기가 0.03cm일 때 시각(분)은 얼마인가? (단, 시각은 600 이하이며, radian단위를 분으로 환산하기 위한 상수값은 57.3과 60을 모두 적용하여 계산하도록 한다.)

① 0.001 ② 0.007
③ 4.48 ④ 24.55

정답 43 ③ 44 ② 45 ① 46 ③

해설 시각(Visual Angle)

$$시각[분] = 60 \times \tan^{-1}\frac{L}{D} = L \times 57.3 \times \frac{60}{D}$$

$$= 0.3 \times 57.3 \times \frac{60}{230} = 4.48(분)$$

L : 시선과 직각으로 측정한 물체의 크기(획폭)

D : 물체와 눈 사이의 거리

47 후각적 표시장치(olfactory display)와 관련된 내용으로 옳지 않은 것은?

① 냄새의 확산을 제어할 수 없다.

② 시각적 표시장치에 비해 널리 사용되지 않는다.

③ 냄새에 대한 민감도의 개별적 차이가 존재한다.

④ 경보 장치로서 실용성이 없기 때문에 사용되지 않는다.

해설 후각적 표시장치

1. 후각은 사람의 감각기관 중 가장 예민하고 빨리 피로해지기 쉬운 기관
2. 사람마다 개인차가 심하다.
3. 코가 막히면 감도도 떨어지고 냄새에 순응하는 속도가 빠르다.

48 그림과 같은 FT도에서 $F_1 = 0.015$, $F_2 = 0.02$, $F_3 = 0.05$이면, 정상사상 T가 발생할 확률은 약 얼마인가?

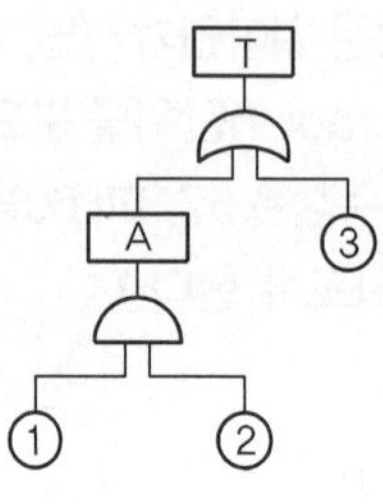

① 0.0002 ② 0.0283

③ 0.0503 ④ 0.9500

T = 1 − (1 − ③)(1 − ① × ②)

= 1 − (1 − 0.05)(1 − 0.0003)

= 0.050285 ≒ 0.0503

49 NOISH lifting guideline에서 권장무게한계(RWL) 산출에 사용되는 계수가 아닌 것은?

① 휴식 계수 ② 수평 계수

③ 수직 계수 ④ 비대칭 계수

해설 권장무게한계(RWL)

= 23 × HM × VM × DM × AM × FM × CM

HM : 수평 계수, VM : 수직 계수,
DM : 거리 계수, AM : 비대칭 계수,
FM : 빈도 계수, CM : 커플링 계수

50 THERP(Technique for Human Error Rate Prediction)의 특징에 대한 설명으로 옳은 것을 모두 고른 것은?

> ㉠ 인간 − 기계 계(SYSTEM)에서 여러 가지의 인간의 에러와 이에 의해 발생할 수 있는 위험성의 예측과 개선을 위한 기법
> ㉡ 인간의 과오를 정성적으로 평가하기 위하여 개발된 기법
> ㉢ 가지처럼 갈라지는 형태의 논리구조와 나무형태의 그래프를 이용

① ㉠, ㉡ ② ㉠, ㉢

③ ㉡, ㉢ ④ ㉠, ㉡, ㉢

정답 47 ④ 48 ③ 49 ① 50 ②

해설 THERP(인간과오율 추정법)

확률론적 안전기법으로서 인간의 과오에 기인된 사고원인을 분석하기 위하여 100만 운전시간당 과오도수를 기본 과오율로 하여 인간의 기본 과오율을 평가하는 기법

51 인간공학을 기업에 적용할 때의 기대효과로 볼 수 없는 것은?

① 노사 간의 신뢰 저하
② 작업손실시간의 감소
③ 제품과 작업의 질 향상
④ 작업자의 건강 및 안전 향상

해설 인간공학의 필요성

1. 산업재해의 감소
2. 생산원가의 절감
3. 재해로 인한 손실 감소
4. 직무만족도의 향상
5. 기업의 이미지와 상품선호도 향상
6. 노사 간의 신뢰구축

52 차폐효과에 대한 설명으로 옳지 않은 것은?

① 차폐음과 배음의 주파수가 가까울 때 차폐효과가 크다.
② 헤어드라이어 소음 때문에 전화음을 듣지 못한 것과 관련이 있다.
③ 유의적 신호와 배경 소음의 차이를 신호/소음(S/N) 비로 나타낸다.
④ 차폐효과는 어느 한 음 때문에 다른 음에 대한 감도가 증가되는 현상이다.

해설 차폐(Masking) 효과

음의 한 성분이 다른 성분에 대한 귀의 감수성을 감소시키는 상황으로 피은폐된 한 음의 가청 역치가 다른 은폐된 음 때문에 높아지는 현상을 말한다. 예로 사무실의 자판소리 때문에 말 소리가 묻히는 경우이다.

53 산업안전보건기준에 관한 규칙상 '강렬한 소음 작업'에 해당하는 기준은?

① 85데시벨 이상의 소음이 1일 4시간 이상 발생하는 작업
② 85데시벨 이상의 소음이 1일 8시간 이상 발생하는 작업
③ 90데시벨 이상의 소음이 1일 4시간 이상 발생하는 작업
④ 90데시벨 이상의 소음이 1일 8시간 이상 발생하는 작업

해설 강렬한 소음작업

- 90dB 이상의 소음이 1일 8시간 이상 발생되는 작업
- 95dB 이상의 소음이 1일 4시간 이상 발생되는 작업
- 100dB 이상의 소음이 1일 2시간 이상 발생되는 작업
- 105dB 이상의 소음이 1일 1시간 이상 발생되는 작업
- 110dB 이상의 소음이 1일 30분 이상 발생되는 작업
- 115dB 이상의 소음이 1일 15분 이상 발생되는 작업

54 그림과 같이 신뢰도가 95%인 펌프 A가 각각 신뢰도 90%인 밸브 B와 밸브 C의 병렬밸브계와 직렬계를 이룬 시스템의 실패확률은 약 얼마인가?

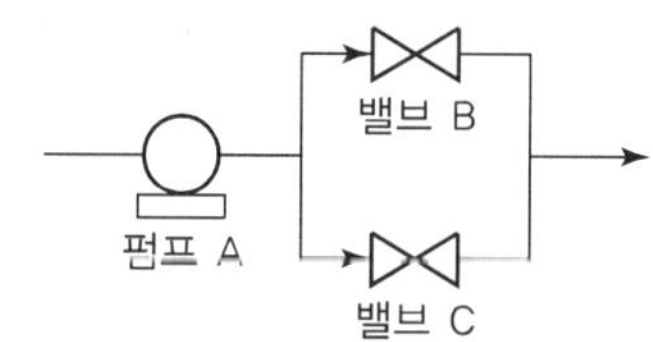

① 0.0091 ② 0.0595
③ 0.9405 ④ 0.9811

정답 51 ① 52 ④ 53 ④ 54 ②

 신뢰도(R) = A×{1 − (1 − B)(1 − C)}
= 0.95×{1 − (1 − 0.9)(1 − 0.9)}
= 0.9405
시스템 실패확률 = 1 − R = 1 − 0.9405
= 0.0595

55 HAZOP 기법에서 사용하는 가이드 워드와 의미가 잘못 연결된 것은?

① No/Not − 설계 의도의 완전한 부정
② More/Less − 정량적인 증가 또는 감소
③ Part of − 성질상의 감소
④ Other than − 기타 환경적인 요인

해설 유인어(Guide Words) : 간단한 용어로서 창조적 사고를 유도하고 자극하여 이상을 발견하고 의도를 한정하기 위하여 사용되는 것
1. NO 또는 NOT : 설계의도의 완전한 부정
2. MORE 또는 LESS : 양(압력, 반응, 온도 등)의 증가 또는 감소
3. AS WELL AS : 성질상의 증가(설계의도와 운전조건이 어떤 부가적인 행위)와 함께 일어남
4. PART OF : 일부변경, 성질상의 감소(어떤 의도는 성취되나 어떤 의도는 성취되지 않음)
5. REVERSE : 설계의도의 논리적인 역
6. OTHER THAN : 완전한 대체(통상 운전과 다르게 되는 상태)

56 인간이 기계보다 우수한 기능으로 옳지 않은 것은? (단, 인공지능은 제외한다.)

① 암호화된 정보를 신속하게 대량으로 보관할 수 있다.
② 관찰을 통해서 일반화하여 귀납적으로 추리한다.
③ 항공사진의 피사체나 말소리처럼 상황에 따라 변화하는 복잡한 자극의 형태를 식별할 수 있다.
④ 수신 상태가 나쁜 음극선관에 나타나는 영상과 같이 배경 잡음이 심한 경우에도 신호를 인지할 수 있다.

 암호화된 정보를 신속하게 대량으로 보관하는 것은 기계가 인간보다 우월한 기능이다.

57 FTA에서 사용되는 최소 컷셋에 대한 설명으로 옳지 않은 것은?

① 일반적으로 Fussell Algorithm을 이용한다.
② 정상사상(Top event)을 일으키는 최소한의 집합이다.
③ 반복되는 사건이 많은 경우 Limnios와 Ziani Algorithm을 이용하는 것이 유리하다.
④ 시스템에 고장이 발생하지 않도록 하는 모든 사상의 집합이다.

- 컷셋과 미니멀 컷셋 : 컷셋이란 그 속에 포함되어 있는 모든 기본사상이 일어났을 때 정상사상을 일으키는 기본사상의 집합을 말하며, 미니멀 컷셋은 정상사상을 일으키기 위해 필요한 최소한의 컷을 말한다. 즉, 미니멀 컷셋은 컷셋 중에 타 컷셋을 포함하고 있는 것을 배제하고 남은 컷셋들을 의미한다.(시스템이 고장 나는 데 필요한 최소 요인의 집합)
- 패스셋과 미니멀 패스셋 : 패스셋이란 그 속에 포함되어 있는 기본사상이 일어나지 않을 때 처음으로 정상사상이 일어나지 않는 기본사상의 집합으로서 미니멀 패스셋은 그 필요한 최소한의 컷을 말한다.(시스템이 살리는 데 필요한 최소한 요인의 집합)

정답 55 ④ 56 ① 57 ④

58 설비의 고장과 같이 발생확률이 낮은 사건의 특정시간 또는 구간에서의 발생횟수를 측정하는 데 가장 적합한 확률분포는?

① 이항분포(Binomial distribution)
② 푸아송분포(Poisson distribution)
③ 와이블분포(Weibulll distribution)
④ 지수분포(Exponential distribution)

확률분포에는 정규분포, 2항분포, 푸아송분포, 지수분포가 있다.
푸아송분포 : x =0, 1, 2, …의 각 수치가 발생하는 확률이 $p_x = e^{\mu}\dfrac{\mu^x}{x!}\,(x=0,\ 1,\ 2,\cdots)$로 주어지는 분포. 평균치 μ에 의해 정해지는데, 일정한 크기의 시료 중 결점 수의 분포가 안정되어 있다면 푸아송 분포에 따르며, 고장 건수 또는 단위 시간 중의 전화의 호수는 푸아송 분포를 한다고 알려져 있다.

59 컴퓨터 스크린 상에 있는 버튼을 선택하기 위해 커서를 이동시키는 데 걸리는 시간을 예측하는 가장 적합한 법칙은?

① Fitts의 법칙 ② Lewin의 법칙
③ Hick의 법칙 ④ Weber의 법칙

Fitts의 법칙

인간의 손이나 발을 이동시켜 조작장치를 조작하는 데 걸리는 시간을 표적까지의 거리와 표적 크기의 함수로 나타내는 모형. 표적이 작고 이동거리가 길수록 이동시간이 증가한다.

$$T=a+b\log_2\left(\frac{D}{W}+1\right)$$

T : 동작시간
a, b : 작업난이도에 대한 실험상수
D : 동작 시발점에서 표적 중심까지의 거리
W : 표적의 폭(너비)

60 직무에 대하여 청각적 자극 제시에 대한 음성 응답을 하도록 할 때 가장 관련 있는 양립성은?

① 공간적 양립성 ② 양식 양립성
③ 운동 양립성 ④ 개념적 양립성

양식 양립성은 직무에 알맞은 자극과 응답양식의 존재에 대한 것을 의미한다.

제4과목 건설시공학

61 지하연속법 공법에 관한 설명으로 옳지 않은 것은?

① 흙막이벽의 강성이 적어 보강재를 필요로 한다.
② 지수벽의 기능도 갖고 있다.
③ 인접건물의 경계선까지 시공이 가능하다.
④ 암반을 포함한 대부분의 지반에 시공이 가능하다.

해설 역타(Top Down) 공법은 흙막이 벽으로 설치한 지하연속벽(Slurry Wall)을 본 구조체의 벽체로 이용하여 강성벽체를 유지한다.

62 벽돌공사 중 벽돌쌓기에 관한 설명으로 옳지 않은 것은?

① 가로 및 세로줄눈의 너비는 도면 또는 공사시방서에 정한 바가 없을 때에는 10mm를 표준으로 한다.

정답 58 ② 59 ① 60 ② 61 ① 62 ②

② 벽돌쌓기는 도면 또는 공사시방서에서 정한 바가 없을 때에는 불식쌓기 또는 미식쌓기로 한다.
③ 연속되는 벽면의 일부를 트이게 하여 나중쌓기로 할 때에는 그 부분을 층단 들여쌓기로 한다.
④ 벽돌은 각부를 가급적 동일한 높이로 쌓아 올라가고, 벽면의 일부 또는 국부적으로 높게 쌓지 않는다.

해설 벽돌 쌓기는 도면 또는 공사시방서에서 정한 바가 없을 때에는 영식 쌓기 또는 화란식 쌓기로 한다.

63 프리플레이스트 콘크리트 말뚝으로 구멍을 뚫어 주입관과 굵은 골재를 채워 넣고 관을 통하여 모르타르를 주입하는 공법은?

① MIP 파일(Mixed In Place pile)
② CIP 파일(Cast In Place pile)
③ PIP 파일(Packed In Place pile)
④ NIP 파일(Nail In Place pile)

해설 CIP(Cast In Place Pile) 공법은 흙막이 벽체를 만들기 위해 굴착기계(Earth Auger)로 지반을 천공하고 그 속에 철근망과 주입관을 삽입한 다음 자갈을 넣고 주입관을 통해 Prepacked Mortar를 주입하여 현장타설 콘크리트 말뚝을 형성하는 공법이다.

64 철근 이음의 종류 중 기계적 이음의 검사항목에 해당되지 않는 것은?

① 위치 ② 초음파 탐사검사
③ 인장시험 ④ 외관 검사

해설 초음파탐상검사는 용접부 비파괴 검사의 종류에 해당한다.

65 강구조 건축물의 현장조립 시 볼트시공에 관한 설명으로 옳지 않은 것은?

① 마찰내력을 저감시킬 수 있는 틈이 있는 경우에는 끼움판을 삽입해야 한다.
② 볼트조임 작업 전에 마찰접합면의 흙, 먼지 또는 유해한 도료, 유류, 녹, 밀스케일 등 마찰력을 저감시키는 불순물을 제거하야 한다.
③ 1군의 볼트조임은 가장자리에서 중앙부의 순으로 한다.
④ 현장조임은 1차 조임, 마킹, 2차 조임(본조임), 육안검사의 순으로 한다.

해설 1군의 볼트조임은 이음의 중앙부에서 판 단부 쪽으로 조임해간다.

66 거푸집 설치와 관련하여 다음 설명에 해당하는 것으로 옳은 것은?

> 보, 슬래브 및 트러스 등에서 그의 정상적 위치 또는 형상으로부터 처짐을 고려하여 상향으로 들어올리는 것 또는 들어올린 크기

① 폼타이 ② 캠버
③ 동바리 ④ 턴버클

해설 캠버는 보, 슬래브, 트러스에서 처짐을 고려하여 미리 상향으로 들어올리는 것을 말한다.

67 품질관리를 위한 통계 수법으로 이용되는 7가지 도구(Tools)를 특징별로 조합한 것 중 잘못 연결된 것은?

① 히스토그램 – 분포도
② 파레토그램 – 영향도

정답 63 ② 64 ② 65 ③ 66 ② 67 ④

③ 특성요인도 – 원인결과도
④ 체크시트 – 상관도

해설 체크시트는 불량수, 결점수 등 계수치의 데이터가 분류항목의 어디에 집중되어 있는가를 알아보기 쉽게 나타내며 집중도와 관련있다.

68 말뚝지정 중 강재말뚝에 관한 설명으로 옳지 않은 것은?

① 기성콘크리트말뚝에 비해 중량으로 운반이 쉽지 않다.
② 자재의 이음 부위가 안전하여 소요길이의 조정이 자유롭다.
③ 지중에서의 부식 우려가 높다.
④ 상부구조물과의 결합이 용이하다.

해설 강재말뚝은 기성콘크리트말뚝에 비해 가벼우며, 강성이 크고 지지층 깊이 박을 수 있다.

69 지반조사 시 시추주상도 보고서에서 확인사항과 거리가 먼 것은?

① 지층의 확인
② Slime의 두께 확인
③ 지하수위 확인
④ N값의 확인

해설 시추주상도는 지반, 지층의 상태를 나타낸 것으로 지하수위, N값 등이 표기되어 있다.

70 철골부재 절단 방법 중 가장 정밀한 절단방법으로 앵글커터(angle cutter) 등으로 작업하는 것은?

① 가스절단　② 전단절단
③ 톱절단　④ 전기절단

해설 철골부재의 절단 방법 중 톱 절단은 판두께 13mm를 초과하는 형강이나 절단면 상태가 양호한 정밀 절단 시 적용된다.

71 CM 제도에 관한 설명으로 옳지 않은 것은?

① 대리인형 CM(CM for fee) 방식은 프로젝트 전반에 걸쳐 발주자의 컨설턴트 역할을 수행한다.
② 시공자형 CM(CM at risk) 방식은 공사관리자의 능력에 의해 사업의 성패가 좌우된다.
③ 대리인형 CM(CM for fee) 방식에 있어서 독립된 공종별 수급자는 공사관리자와 공사계약을 한다.
④ 시공자형 CM(CM at risk) 방식에 있어서 CM조직이 직접 공사를 수행하기도 한다.

해설 대리인형 CM 방식은 프로젝트 전반에 걸쳐 발주자의 컨설턴트 역할을 수행한다.

72 다음 보기의 블록쌓기 시공순서로 옳은 것은?

A. 접착면 청소
B. 세로규준틀 설치
C. 규준쌓기
D. 중간부쌓기
E. 줄눈누르기 및 파기
F. 치장줄눈

정답 68 ① 69 ② 70 ③ 71 ③ 72 ④

① A → D → B → C → F → E
② A → B → D → C → F → E
③ A → C → B → D → E → F
④ A → B → C → D → E → F

해설 블록쌓기의 시공순서

접착면 청소 – 세로규준틀 설치 – 규준쌓기 – 중간부쌓기 – 줄눈누르기 및 파기 – 치장줄눈

73 강구조부재의 내화피복공법이 아닌 것은?

① 조적공법
② 세라믹울 피복공법
③ 타설공법
④ 메탈라스 공법

메탈라스(Metal Lath)는 두께 0.4~0.8mm의 연강판에 일정한 간격으로 자르는 마름모꼴 자국을 내어 이것을 옆으로 잡아당겨 그물 모양으로 만든 것으로 천정, 벽 등의 미장 바탕에 쓰인다.

74 콘크리트 공사 시 콘크리트를 2층 이상으로 나누어 타설할 경우 허용 이어치기 시간간격의 표준으로 옳은 것은? (단, 외기온도가 25℃ 이하일 경우이며, 허용 이어치기 시간간격은 하층 콘크리트 비비기 시작에서부터 콘크리트 타설 완료한 후, 상층 콘크리트가 타설되기까지의 시간을 의미)

① 2.0 시간　② 2.5 시간
③ 3.0 시간　④ 3.5 시간

해설 외기온도가 25℃ 이하일 경우 콘크리트를 2층 이상으로 나누어 타설할 경우 허용 이어치기 시간간격은 2.5시간 이하로 한다

75 대규모공사에서 지역별로 공사를 분리하여 발주하는 방식이며 공사기일단축, 시공기술향상 및 공사의 높은 성과를 기대할 수 있어 유리한 도급방법은?

① 전문공종별 분할도급
② 공정별 분할도급
③ 공구별 분할도급
④ 직종별 공종별 분할도급

공구별 분할도급은 아파트 등 대규모 공사에서 지역별로 분리하여 도급을 주는 방식이다.

76 단순조적 블록공사 시 방수 및 방습처리에 관한 설명으로 옳지 않은 것은?

① 방습층은 도면 또는 공사시방서에서 정한 바가 없을 때에는 마루밑이나 콘크리트 바닥판 밑에 접근되는 세로줄눈의 위치에 둔다.
② 물빼기 구멍은 콘크리트의 윗면에 두거나 물끊기 및 방습층 등의 바로 위에 둔다.
③ 도면 또는 공사시방서에서 정한 바가 없을 때 물빼기 구멍의 직경은 10mm 이내, 간격 1.2m 마다 1개소로 한다.
④ 물빼기 구멍에는 다른 지시가 없는 한 직경 6mm, 길이 100mm되는 폴리에틸렌 플라스틱 튜브를 만들어 집어넣는다.

정답 73 ④ 74 ② 75 ③ 76 ①

해설 방습층은 도면 또는 공사시방서에서 정한 바가 없을 때에는 마루 밑이나 콘크리트 바닥판 밑에 접근되는 가로줄눈의 위치에 둔다.

77 기초굴착 방법 중 굴착 공에 철근망을 삽입하고 콘크리트를 타설하여 말뚝을 형성하는 공법이며, 안정액으로 벤토나이트 용액을 사용하고 표층부에서만 케이싱을 사용하는 것은?

① 리버스 서큘레이션 공법
② 베노토 공법
③ 심초 공법
④ 어스드릴 공법

해설 어스드릴(Earth Drill) 공법은 굴착공에 철근망을 삽입하고 콘크리트 타설하여 말뚝을 형성하는 공법으로 안정액으로 벤토나이트 용액을 사용하고 표층부에서만 케이싱을 사용하는 것으로 지하수가 없는 점성토 지반에 사용한다.

78 철근콘크리트의 부재별 철근의 정착위치로 옳지 않은 것은?

① 작은 보의 주근은 기둥에 정착한다.
② 기둥의 주근은 기초에 정착한다.
③ 바닥철근은 보 또는 벽체에 정착한다.
④ 지중보의 주근은 기초 또는 기둥에 정착한다.

해설 작은 보의 주근은 큰 보에 정착한다.

[철근의 정착위치]
큰 보의 주근 : 기둥
바닥판 철근 : 보 또는 벽체
작은 보의 주근 : 큰 보
지중보의 주근 : 기초 또는 기둥
벽철근 : 기둥, 보, 바닥판
보 밑에 기둥이 없을 때 : 보 상호간으로 한다.

79 콘크리트를 타설 시 주의사항으로 옳지 않은 것은?

① 콘크리트는 그 표면이 한 구획 내에서는 거의 수평이 되도록 타설하는 것을 원칙으로 한다.
② 한 구획 내의 콘크리트는 타설이 완료될 때까지 연속해서 타설하여야 한다.
③ 타설한 콘크리트를 거푸집 안에서 횡방향으로 이동시켜 밀실하게 채워질 수 있도록 한다.
④ 콘크리트 타설의 1층 높이는 다짐능력을 고려하여 결정하여야 한다.

해설 타설한 콘크리트를 거푸집 안에서 수평으로 이동시키는 것을 지양해야 한다.

80 각 거푸집 공법에 관한 설명으로 옳지 않은 것은?

① 플라잉 폼 : 벽체 전용거푸집으로 거푸집과 벽체마감공사를 위한 비계틀을 일체로 조립한 거푸집을 말한다.
② 갱 폼 : 대형벽체거푸집으로써 인력절감 및 재사용이 가능한 장점이 있다.
③ 터널 폼 : 벽체용, 바닥용 거푸집을 일체로 제작하여 벽과 바닥 콘크리트를 일체로 하는 거푸집공법이다.
④ 트래블링 폼 : 수평으로 연속된 구조물에 적용되며 해체 및 이동에 편리하도록 제작된 이동식 거푸집공법이다.

해설 플라잉 폼(Flying Form)은 바닥전용 거푸집으로 거푸집판, 장선, 멍에, 서포트 등을 일체로 제작하였다.

정답 77 ④ 78 ① 79 ③ 80 ①

제5과목 건설재료학

81 통풍이 좋지 않은 지하실에 사용하는 데 가장 적합한 미장재료는?

① 시멘트 모르타르 ② 회사벽
③ 회반죽 플라스터 ④ 돌로마이트

 시멘트 모르타르(Cement Mortar)는 시멘트를 결합재로 하고 모래를 골재로 하여 이를 혼합하여 물 반죽하여 사용하는 미장재료로 지하실의 미장재료로 많이 쓰인다.

82 점토의 성분 및 성질에 관한 설명으로 옳지 않은 것은?

① Fe_2O_3 등의 부성분이 많으면 제품의 건조수축이 크다.
② 점토의 주성분은 실리카, 알루미나이다.
③ 소성 색상은 석회물질이 많을수록 짙은 적색이 된다.
④ 가소성은 점토입자가 미세할수록 좋다.

 점토의 색상은 철산화물 또는 석회물질에 의해 나타나며 철산화물이 많을수록 짙은 적색이 된다.

83 석재를 성인에 의해 분류하면 크게 화성암, 수성암, 변성암으로 대별하는데 다음 중 수성암에 속하는 것은?

① 사문암 ② 대리암
③ 현무암 ④ 응회암

해설 수성암은 지표면의 암석이 풍화, 침식, 운반, 퇴적작용 등에 의하여 생긴 암석으로 석회석, 사암, 점판암, 응회암 등이 있다.

84 블리딩현상이 콘크리트에 미치는 가장 큰 영향은?

① 공기량이 증가하여 결과적으로 강도를 저하시킨다.
② 수화열을 발생시켜 콘크리트에 균열을 발생시킨다.
③ 콜드조인트의 발생을 방지한다.
④ 철근과 콘크리트의 부착력 저하, 수밀성 저하의 원인이 된다.

 블리딩(Bleeding)이란 콘크리트 타설 후 물이나 미세한 물질이 분리 상승하여 콘크리트 표면에 떠오르는 현상이며 철근과 콘크리트의 부착력 저하, 수밀성 저하의 원인이 된다.

85 미장공사에서 사용되는 바름재료 중 여물에 관한 설명으로 옳지 않은 것은?

① 바름에 있어서 재료에 끈기를 주어 흘러내림을 방지한다.
② 흙손질을 용이하게 하는 효과가 있다.
③ 바름 중에는 보수성을 향상시키고, 바름 후에는 건조에 따라 생기는 균열을 방지한다.
④ 여물의 섬유는 질기고 굵으며, 색이 짙고 빳빳한 것일수록 양질의 제품이다.

해설 여물의 섬유는 가늘고 긴 것이 좋다

86 플로트판유리를 연화점부근까지 가열 후 양 표면에 냉각공기를 흡착시켜 유리의 표면에 20 이상 60 이하(N/mm^2)의 압축응력층을 갖도록 한 가공유리는?

① 강화유리 ② 열선반사유리
③ 로이유리 ④ 배강도 유리

정답 81 ① 82 ③ 83 ④ 84 ④ 85 ④ 86 ④

해설 배강도 유리는 플로트판유리를 연화점부근까지 가열 후 양 표면에 냉각공기를 흡착시켜 유리의 표면에 압축응력층을 갖도록 한 가공유리이다.

87 고로슬래그 쇄석에 관한 설명으로 옳지 않은 것은?

① 철을 생산하는 과정에서 용광로에서 생기는 광재를 공기중에서 서서히 냉각시켜 경화된 것을 파쇄하여 입도를 고른 것이다.
② 다른 암석을 사용한 콘크리트보다 고로슬래그 쇄석을 사용한 콘크리트가 건조수축이 매우 큰 편이다.
③ 투수성은 보통골재를 사용한 콘크리트보다 크다.
④ 다공질이기 때문에 흡수율이 높다.

해설 고로슬래그 쇄석을 사용한 콘크리트는 수화열을 억제하고 알칼리 골재반응을 억제시키며 건조수축이 작다.

88 유리공사에 사용되는 자재에 관한 설명으로 옳지 않은 것은?

① 흡습제는 작은 기공을 수억 개 갖고 있는 입자로 기체분자를 흡착하는 성질에 의해 밀폐공간에 건조상태를 유지하는 재료이다.
② 세팅 블록은 새시 하단부의 유리끼움용 부재료로서 유리의 자중을 지지하는 고임재이다.
③ 단열간봉은 복층유리의 간격을 유지하는 재료로 알루미늄간봉을 말한다.
④ 백업재는 실링 시공인 경우에 부재의 측면과 유리면 사이에 연속적으로 충전하여 유리를 고정하는 재료이다.

해설 단열간봉은 복층유리 또는 삼중유리에서 유리와 유리 사이의 간격을 유지하여 공기층을 만드는 데 사용하며 합성수지를 사용한다.

89 목재 또는 기타 식물질을 절삭 또는 파쇄하고 소편으로 하여 충분히 건조시킨 후 합성수지 접착제와 같은 유기질의 접착제를 첨가하여 열압제판한 보드로서 상판, 칸막이벽, 가구 등에 사용되는 것은?

① 파키트리 보드 ② 파티클 보드
③ 플로링 보드 ④ 파키트리 블록

해설 파티클 보드(Particle Board, Chip Board)는 목재 또는 기타 식물질을 작은 조각(소편(小片))으로 하여 충분히 건조시킨 후 유기질 접착제로 성형, 열압하여 제판한 판(Board)을 말하며 칩보드라고도 한다. 강도에 방향성이 없고 면적이 큰 제품을 만들 수 있다.

90 금속재료의 일반적인 부식 방지를 위한 대책으로 옳지 않은 것은?

① 가능한 다른 종류의 금속을 인접 또는 접촉시켜 사용한다.
② 가공 중에 생긴 변형은 뜨임질, 풀림 등에 의해서 제거한다.
③ 표면은 깨끗하게 하고, 물기나 습기가 없도록 한다.
④ 부분적으로 녹이 나면 즉시 제거한다.

해설 이질금속을 인접 또는 접촉시킬 경우 부식발생 가능성이 높아진다.

정답 87 ② 88 ③ 89 ② 90 ①

91 목재용 유성 방부제의 대표적인 것으로 방부성이 우수하나, 악취가 나고 흑갈색으로 외관이 불미하여 눈에 보이지 않는 토대, 기둥, 도리 등에 이용되는 것은?

① 유성페인트
② 크레오소트 오일
③ 염화아연 4% 용액
④ 불화소다 2% 용액

 크레오소트 오일은 부식이 적고 처리재의 강도가 감소하지 않아 목재의 방부제로 사용된다.

92 다음 중 알루미늄과 같은 경금속 접착에 가장 적합한 합성수지는?

① 멜라민수지 ② 실리콘수지
③ 에폭시수지 ④ 푸란수지

 에폭시수지 접착제는 금속, 플라스틱, 도자기, 유리, 콘크리트 등의 접합에 사용된다.

93 리녹신에 수지, 고무물질, 코르크분말 등을 섞어 마포(hemp cloth) 등에 발라 두꺼운 종이모양으로 압면·성형한 제품은?

① 스펀지 시트 ② 리놀륨
③ 비닐 시트 ④ 아스팔트 타일

 리놀륨(Linoleum)은 리녹신에 고무와 코르크가루를 넣어서 만든 타일형 바닥재로, 흡수신장과 내유성이 큰 편이다.

94 다음 중 단백질계 접착제에 해당하는 것은?

① 카세인 접착제
② 푸란수지 접착제
③ 에폭시수지 접착제
④ 실리콘수지 접착제

해설 카세인은 우유를 주원료로 하여 만든 접착제이다.

95 고로시멘트의 특성에 관한 설명으로 옳지 않은 것은?

① 수화열이 낮고 수축률이 적어 댐이나 항만공사 등에 적합하다.
② 보통포틀랜드시멘트에 비하여 비중이 크고 풍화에 대한 저항성이 뛰어나다.
③ 응결시간이 느리기 때문에 특히 겨울철 공사에 주의를 요한다.
④ 다량으로 사용하게 되면 콘크리트의 화학저항성 및 수밀성, 알칼리골재반응 억제 등에 효과적이다.

해설 고로시멘트는 내화학성, 내열성, 수밀성이 크며 해수, 공장폐수, 하수 등에 접하는 콘크리트 구조물 공사 등에 사용한다. 또한 수화열이 적어 매스콘크리트에 적합하다.

96 비철금속에 관한 설명으로 옳지 않은 것은?

① 청동은 구리와 아연을 주체로 한 합금으로 건축용 장식철물에 사용된다.
② 알루미늄은 산 및 알칼리에 약하다.
③ 아연은 산 및 알칼리에 약하나 일반대기나 수중에서는 내식성이 크다.
④ 동은 전기 및 열전도율이 매우 크다.

정답 91 ② 92 ③ 93 ② 94 ① 95 ② 96 ①

해설 청동(靑銅, Bronze)은 구리와 주석의 합금으로 황동보다 주조성, 내식성이 크고 기계적 성질이 우수하며 내마모성이 높아 기계용품, 베어링, 밸브 등에 많이 사용된다.

97 **콘크리트의 압축강도에 영향을 주는 요인에 관한 설명으로 옳지 않은 것은?**

① 양생온도가 높을수록 콘크리트의 초기강도는 낮아진다.
② 일반적으로 물-시멘트비가 같으면 시멘트의 강도가 큰 경우 압축강도가 크다.
③ 동일한 재료를 사용하였을 경우에 물-시멘트비가 작을수록 압축강도가 크다.
④ 습윤양생을 실시하게 되면 일반적으로 압축강도는 증진된다.

해설 압축강도는 초기재령에서는 온도가 높을수록 재령7일 이후에는 온도가 낮을수록 높게 나타난다.

98 **목재의 강도에 관한 설명으로 옳지 않은 것은?**

① 목재의 건조는 중량을 경감시키지만 강도에는 영향을 끼치지 않는다.
② 벌목의 계절은 목재의 강도에 영향을 끼친다.
③ 일반적으로 응력의 방향이 섬유방향에 평행인 경우 압축강도가 인장강도보다 작다.
④ 섬화포화점 이하에서는 함수율 감소에 따라 강도가 증대한다.

해설 목재의 건조는 부패나 충해를 방지하고 강도를 증가시키며, 목재의 중량을 가볍게 한다.

99 **목제 제품 중 합판에 관한 설명으로 옳지 않은 것은?**

① 방향에 따른 강도차가 작다.
② 곡면가공을 하여도 균열이 생기지 않는다.
③ 여러 가지 아름다운 무늬를 얻을 수 있다.
④ 함수율 변화에 의한 신축변형이 크다.

해설 합판은 단판을 서로 직교하여 붙여 잘 갈라지지 않고 방향에 따른 강도차가 적다. 또한 단판이 얇아서 함수율 변화에 의한 신축변형이 크지 않다.

100 **어떤 재료의 초기 탄성변형량이 2.0cm이고, 크리프(creep) 변형량이 4.0cm 라면 이 재료의 크리프 계수는 얼마인가?**

① 0.5　　② 1.0
③ 2.0　　④ 4.0

해설

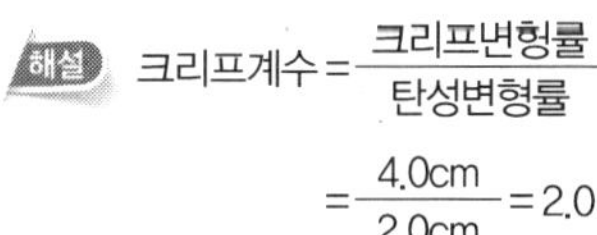

$$\text{크리프계수} = \frac{\text{크리프변형률}}{\text{탄성변형률}} = \frac{4.0\text{cm}}{2.0\text{cm}} = 2.0$$

제6과목 건설안전기술

101 **다음 중 해체작업용 기계 기구로 가장 거리가 먼 것은?**

① 압쇄기　　② 핸드 브레이커
③ 철체햄머　　④ 진동롤러

해설 진동롤러는 토공기계의 종류이다.

정답 97 ① 98 ① 99 ④ 100 ③ 101 ④

102 건축공사로서 대상액이 5억 원 이상 50억 원 미만인 경우에 산업안전보건 관리비의 비율(가) 및 기초액(나)으로 옳은 것은?

① 비율 : 1.86%, 기초액 : 5,349,000원
② 비율 : 1.99%, 기초액 : 5,449,000원
③ 비율 : 2.35%, 기초액 : 5,400,000원
④ 비율 : 1.57%, 기초액 : 4,411,000원

해설 산업안전보건관리비 계상기준은 다음과 같다.

[공사 종류 및 규모별 안전관리비 계상기준]

구분 / 공사 종류	대상액 5억 원 미만인 경우 적용 비율(%)	대상액 5억 원 이상 50억 원 미만인 경우		대상액 50억 원 이상인 경우 적용 비율(%)	영 별표5에 따른 보건관리자 선임 대상 건설공사의 적용 비율(%)
		적용 비율(%)	기초액		
건축공사	2.93%	1.86%	5,349,000원	1.97%	2.15%
토목공사	3.09%	1.99%	5,499,000원	2.10%	2.29%
중건설공사	3.43%	2.35%	5,400,000원	2.44%	2.66%
특수건설공사	1.85%	1.20%	3,250,000원	1.27%	1.38%

103 다음은 말비계를 조립하여 사용하는 경우에 관한 준수사항이다. ( ) 안에 들어갈 내용으로 옳은 것은?

- 지주부재와 수평면의 기울기를 (A)° 이하로 하고 지주부재와 지주부재 사이를 고정시키는 보조부재를 설치할 것
- 시말비계의 높이가 2m를 초과하는 경우에는 작업발판의 폭을 (B)cm 이상으로 할 것

① A : 75, B : 30 ② A : 75, B : 40
③ A : 85, B : 30 ④ A : 85, B : 40

해설 말비계를 조립하여 사용하는 경우 지주부재와 수평면의 기울기를 75° 이하로 하고, 지주부재와 지주부재 사이를 고정하는 보조부재를 설치해야 한다. 또한 말비계의 높이가 2m를 초과할 경우에는 작업발판의 폭을 40cm 이상으로 한다.

104 토질시험 중 연약한 점토 지반의 점착력을 판별하기 위하여 실시하는 현장시험은?

① 베인테스트(Vane Test)
② 표준관입시험(SPT)
③ 하중재하시험
④ 삼축압축시험

해설 베인테스트는 연약한 점토질 지반의 시험에 주로 적용하는 지반조사 방법이다.

105 터널 등의 건설작업을 하는 경우에 낙반 등에 의하여 근로자가 위험해질 우려가 있는 경우에 필요한 직접적인 조치사항과 거리가 먼 것은?

① 터널지보공 설치
② 부석의 제거
③ 울 설치
④ 록볼트 설치

해설 울 설치는 추락에 의한 위험방지조치에 해당한다.

정답 102 ① 103 ② 104 ① 105 ③

106 다음 중 유해위험방지계획서 제출 대상 공사가 아닌 것은?

① 지상높이가 30m인 건축물 건설공사
② 최대지간길이가 50m인 교량건설공사
③ 터널 건설공사
④ 깊이가 11m인 굴착공사

해설 지상높이가 31m인 건축물 건설공사가 유해위험방지계획서 제출 대상 공사에 해당된다.

107 사다리식 통로의 길이가 10m 이상일 때 얼마 이내마다 계단참을 설치하여야 하는가?

① 3m 이내마다　② 4m 이내마다
③ 5m 이내마다　④ 6m 이내마다

해설 사다리식 통로의 길이가 10m 이상인 경우에는 5m 이내마다 계단참을 설치해야 한다.

108 비계의 부재 중 기둥과 기둥을 연결시키는 부재가 아닌 것은?

① 띠장　② 장선
③ 가새　④ 작업발판

해설 작업발판은 비계의 연결재에 해당되지 않는다.

109 지반의 종류가 다음과 같을 때 굴착면의 기울기 기준으로 옳은 것은?

그 밖의 흙

① 1 : 1.0　② 1 : 1.2
③ 1 : 0.8　④ 1 : 0.5

해설 굴착면의 기울기 기준

지반의 종류	굴착면의 기울기
모래	1 : 1.8
연암 및 풍화암	1 : 1.0
경암	1 : 0.5
그 밖의 흙	1 : 1.2

110 콘크리트 타설을 위한 거푸집 동바리의 구조검토 시 가장 선행되어야 할 작업은?

① 각 부재에 생기는 응력에 대하여 안전한 단면을 산정한다.
② 가설물에 작용하는 하중 및 외력의 종류, 크기를 산정한다.
③ 하중 및 외력에 의하여 각 부재에 생기는 응력을 구한다.
④ 사용할 거푸집 동바리의 설치간격을 결정한다.

해설 거푸집 동바리의 구조 검토 시 가설물에 작용하는 하중 및 외력의 종류, 크기를 우선적으로 산정한다.

111 항만하역작업에서의 선박승강설비 설치기준으로 옳지 않은 것은?

① 200톤급 이상의 선박에서 하역작업을 하는 경우에 근로자들이 안전하게 오르내릴 수 있는 현문(舷門) 사다리를 설치하여야 하며, 이 사다리 밑에 안전망을 설치하여야 한다.
② 현문 사다리는 견고한 재료로 제작된 것으로 너비는 55cm 이상이어야 한다.
③ 현문 사다리의 양측에는 82cm 이상의 높이로 울타리를 설치하여야 한다.

정답 106 ① 107 ③ 108 ④ 109 ② 110 ② 111 ①

④ 현문 사다리는 근로자의 통행에만 사용하여야 하며, 화물용 발판 또는 화물용 보판으로 사용하도록 해서는 아니 된다.

 선박승강설비의 설치의 기준에 관한 내용으로 300톤급 이상의 선박에서 하역작업을 하는 때에는 근로자들이 안전하게 승강할 수 있는 현문사다리를 설치하여야 하며, 이 사다리 밑에 안전망을 설치하여야 한다.

112 **장비 자체보다 높은 장소의 땅을 굴착하는 데 적합한 장비는?**

① 파워쇼벨(Power Shovel)
② 불도저(Bulldozer)
③ 드래그라인(Drag line)
④ 클램쉘(Clam Shell)

 파워쇼벨은 굴삭기가 위치한 지면보다 높은 곳을 굴삭하는 데 적합하다.

113 **터널작업 시 자동경보장치에 대하여 당일의 작업시작 전 점검하여야 할 사항으로 옳지 않은 것은?**

① 검지부의 이상 유무
② 조명시설의 이상 유무
③ 경보장치의 작동 상태
④ 계기의 이상 유무

 자동경보장치의 작업시작 전 점검사항은 다음과 같다.
① 계기의 이상 유무
② 검지부의 이상 유무
③ 경보장치의 작동상태

114 **타워크레인을 자립고(自立高) 이상의 높이로 설치할 때 지지벽체가 없어 와이어로프로 지지하는 경우의 준수사항으로 옳지 않은 것은?**

① 와이어로프를 고정하기 위한 전용지지프레임을 사용할 것
② 와이어로프 설치각도를 수평면에서 60° 이내로 하되, 지지점은 4개소 이상으로 하고, 같은 각도로 설치할 것
③ 와이어로프와 그 고정부위는 충분한 강도와 장력을 갖도록 설치하되, 와이어로프를 클립 · 샤클(shackle) 등의 기구를 사용하여 고정하지 않도록 유의할 것
④ 와이어로프가 가공전선(架空電線)에 근접하지 않도록 할 것

 타워크레인을 와이어로프로 지지하는 경우 준수사항은 다음과 같다.
- 와이어로프를 고정하기 위한 전용 지지프레임을 사용할 것
- 와이어로프 설치각도는 수평면에서 60° 이내로 할 것
- 와이어로프의 고정부위는 충분한 강도와 장력을 갖도록 설치하고, 와이어로프를 클립 · 샤클 등의 고정기구를 사용하여 견고하게 고정시켜 풀리지 아니 하도록 할 것

115 **다음은 강관틀비계를 조립하여 사용하는 경우 준수해야 할 기준이다. ( ) 안에 알맞은 숫자를 나열한 것은?**

길이가 띠장방향으로 (A)미터 이하이고 높이가 (B)미터를 초과하는 경우에는 (C)미터 이내마다 띠장방향으로 버팀기둥을 설치할 것

정답 112 ① 113 ② 114 ③ 115 ②

① A : 4, B : 10, C : 5
② A : 4, B : 10, C : 10
③ A : 5, B : 10, C : 5
④ A : 5, B : 10, C : 10

해설 길이가 띠장방향에서 4m 이하이고 높이가 10m를 초과하는 경우에는 10m 이내마다 띠장방향으로 버팀기둥을 설치해야 한다.

116 동력을 사용하는 항타기 또는 항발기에 대하여 무너짐을 방지하기 위하여 준수하여야 할 기준으로 옳지 않은 것은?

① 연약한 지반에 설치하는 경우에는 각부(脚部)나 가대(架臺)의 침하를 방지하기 위하여 깔판 · 깔목 등을 사용할 것
② 각부나 가대가 미끄러질 우려가 있는 경우에는 말뚝 또는 쐐기 등을 사용하여 각부나 가대를 고정시킬 것
③ 버팀대만으로 상단부분을 안정시키는 경우에는 버팀대는 3개 이상으로 하고 그 하단 부분은 견고한 버팀 · 말뚝 또는 철골 등으로 고정시킬 것
④ 버팀줄만으로 상단 부분을 안정시키는 경우에는 버팀줄을 2개 이상으로 하고 같은 간격으로 배치할 것

해설 버팀줄만으로 상단부분을 안정시키는 경우에는 버팀줄을 3개 이상으로 하고 같은 간격으로 배치해야 한다.

117 운반작업을 인력운반작업과 기계운반작업으로 분류할 때 기계운반작업으로 실시하기에 부적당한 대상은?

① 단순하고 반복적인 작업
② 표준화되어 있어 지속적이고 운반량이 많은 작업
③ 취급물의 형상, 성질, 크기 등이 다양한 작업
④ 취급물이 중량인 작업

해설 취급물의 형상, 성질, 크기 등이 다양한 작업은 인력운반이 효율적이다.

118 거푸집 동바리 등을 조립하는 경우에 준수하여야 할 안전조치기준으로 옳지 않은 것은?

① 동바리로 사용하는 강관은 높이 2m 이내마다 수평연결재를 2개 방향으로 만들고 수평연결재의 변위를 방지할 것
② 동바리로 사용하는 파이프 서포트는 3개 이상 이어서 사용하지 않도록 할 것
③ 동바리로 사용하는 파이프 서포트를 이어서 사용하는 경우에는 3개 이상의 볼트 또는 전용철물을 사용하여 이을 것
④ 동바리로 사용하는 강관틀과 강관틀 사이에 교차가새를 설치할 것

해설 동바리로 사용하는 파이프 서포트를 이어서 사용하는 경우에는 4개 이상의 볼트 또는 전용철물을 사용하여 이어야 한다.

119 본 터널(main tunnel)을 시공하기 전에 터널에서 약간 떨어진 곳에 지질조사, 환기, 배수, 운반 등의 상태를 알아보기 위하여 설치하는 터널은?

① 프리패브(prefab) 터널
② 사이드(side) 터널
③ 쉴드(shield) 터널
④ 파일럿(pilot) 터널

정답 116 ④ 117 ③ 118 ③ 119 ④

 파일럿 터널은 본 터널을 시공하기 전에 지질조사, 환기, 배수, 운반 등의 상태를 알아보기 위하여 설치하는 터널이다.

120 **추락방호용 설치 시 그물코의 크기가 10cm인 매듭 있는 방망의 신품에 대한 인장강도 기준으로 옳은 것은?**

① 100kgf 이상 ② 200kgf 이상
③ 300kgf 이상 ④ 400kgf 이상

해설 **추락방호망의 인장강도**

( ) : 폐기기준 인장강도

그물코의 크기 (단위 : cm)	방망의 종류(단위 : kgf)	
	매듭 없는 방망	매듭방망
10	240(150)	200(135)
5	–	110(60)

정답 120 ②

2020년 9월 26일 시행

ENGINEER CONSTRUCTION SAFETY

제1과목 산업안전관리론

01 위험예지훈련 4라운드의 진행방법을 올바르게 나열한 것은?

① 현상파악 → 목표설정 → 대책수립 → 본질추구
② 현상파악 → 본질추구 → 대책수립 → 목표설정
③ 현상파악 → 본질추구 → 목표설정 → 대책수립
④ 본질추구 → 현상파악 → 목표설정 → 대책수립

해설 위험예지훈련의 추진을 위한 문제해결 4단계(4라운드)

- 1라운드 : 현상파악(사실의 파악)
- 2라운드 : 본질추구(원인조사)
- 3라운드 : 대책수립(대책을 세운다)
- 4라운드 : 목표설정(행동계획 작성)

02 재해예방의 4원칙에 속하지 않는 것은?

① 손실우연의 원칙
② 예방교육의 원칙
③ 원인계기의 원칙
④ 예방가능의 원칙

해설 재해예방의 4원칙

- 손실우연의 원칙
- 원인연계(계기)의 원칙
- 예방가능의 원칙
- 대책선정의 원칙

03 A사업장의 도수율이 18.9일 때 연천인율은 얼마인가?

① 4.53　　② 9.46
③ 37.86　　④ 45.36

해설 연천인율 = 도수율(빈도율) × 2.4
= 18.9 × 2.4 = 45.36

04 산업안전보건법령상 관리감독자가 수행하는 안전 및 보건에 관한 업무에 속하지 않는 것은?

① 해당 작업의 작업장 정리 · 정돈 및 통로 확보에 대한 확인 · 감독
② 해당 작업에서 발생한 산업재해에 관한 보고 및 이에 대한 응급조치
③ 해당 사업장 안전교육계획의 수립 및 안전 교육 실시에 관한 보좌 및 지도 · 조언
④ 관리감독자에게 소속된 근로자의 작업복 · 보호구 및 방호장치의 점검과 그 착용 · 사용에 관한 교육 · 지도

해설 '해당 사업장 안전교육계획의 수립 및 안전교육 실시에 관한 보좌 및 지도 · 조언'은 안전관리자의 업무에 해당된다.

정답 01 ② 02 ② 03 ④ 04 ③

05 산업안전보건법령상 안전 및 보건에 관한 노사협의체의 근로자위원 구성 기준 내용으로 옳지 않은 것은? (단, 명예산업안전감독관이 위촉되어 있는 경우)

① 근로자대표가 지명하는 안전관리자 1명
② 근로자대표가 지명하는 명예산업안전감독관 1명
③ 도급 또는 하도급 사업을 포함한 전체 사업의 근로자대표
④ 공사금액이 20억 원 이상인 공사의 관계수급인의 각 근로자대표

해설 안전관리자는 사용자 위원으로 구성할 수 있다.

06 브레인 스토밍(Brain Storming)의 원칙에 관한 설명으로 옳지 않은 것은?

① 최대한 많은 양의 의견을 제시한다.
② 누구나 자유롭게 의견을 제시할 수 있다.
③ 타인의 의견에 대하여 비판하지 않도록 한다.
④ 타인의 의견을 수정하여 본인의 의견으로 제시하지 않도록 한다.

해설 브레인스토밍에서 타인의 의견은 수정발언이 가능하다.

브레인스토밍
- 비판금지 : "좋다", "나쁘다" 등의 비평을 하지 않는다.
- 자유분방 : 자유로운 분위기에서 발표한다.
- 대량발언 : 무엇이든지 좋으니 많이 발언한다.
- 수정발언 : 자유자재로 변하는 아이디어를 개발한다.(타인 의견의 수정발언)

07 안전관리의 수준을 평가하는데 사고가 일어나는 시점을 전후하여 평가를 한다. 다음 중 사고가 일어나기 전의 수준을 평가하는 사전평가활동에 해당하는 것은?

① 재해율 통계
② 안전활동율 관리
③ 재해손실 비용 산정
④ Safe-T-Score 산정

해설 안전활동률이란 미국의 블레이크(R.P. Blake)가 제안한 것으로 기업의 안전관리 활동의 결과를 정량적으로 판단하기 위하여 안전지적 건수, 각종 조치 건수 등 각종 안전활동 실적을 기준으로 정량화한 것으로 사고가 일어나기 전의 수준을 평가한다.

08 시설물의 안전 및 유지관리에 관한 특별법상 국토교통부장관은 시설물이 안전하게 유지 관리될 수 있도록 하기 위하여 몇 년마다 시설물의 안전 및 유지관리에 관한 기본계획을 수립 · 시행하여야 하는가?

① 2년 ② 3년
③ 5년 ④ 10년

해설 시설물의 안전 및 유지관리에 관한 특별법

제5조(시설물의 안전 및 유지관리 기본계획의 수립 · 시행) ① 국토교통부장관은 시설물이 안전하게 유지관리될 수 있도록 하기 위하여 5년마다 시설물의 안전 및 유지관리에 관한 기본계획을 수립 · 시행하여야 한다.

정답 05 ① 06 ④ 07 ② 08 ③

09 산업안전보건법령상 해당 사업장의 연간 재해율이 같은 업종의 평균재해율의 2배 이상인 경우 사업주에게 관리자를 정수 이상으로 증원하게 하거나 교체하여 임명할 것을 명할 수 있는 자는?

① 시 · 도지사
② 고용노동부장관
③ 국토교통부장관
④ 지방고용노동관서의 장

해설 관리자의 증원 및 교체의 임명권은 지방고용노동관서의 장에게 있다.

10 재해의 간접원인 중 기술적 원인에 속하지 않는 것은?

① 경험 및 훈련의 미숙
② 구조, 재료의 부적합
③ 점검, 정비, 보존 불량
④ 건물, 기계장치의 설계 불량

해설 경험 및 훈련의 미숙은 교육적 원인에 해당된다.

11 보호구 안전인증 고시에 따른 추락 및 감전 위험방지용 안전모의 성능시험 대상에 속하지 않는 것은?

① 내유성 ② 내수성
③ 내관통성 ④ 턱끈풀림

해설 안전인증 대상 안전모 성능시험방법

항목	시험성능기준
내관통성	AE, ABE종 안전모는 관통거리가 9.5mm 이하이고, AB종 안전모는 관통거리가 11.1mm 이하이어야 한다.
충격흡수성	최고전달충격력이 4,450N을 초과해서는 안되며, 모체와 착장체의 기능이 상실되지 않아야 한다.
내전압성	AE, ABE종 안전모는 교류 20kV에서 1분간 절연파괴 없이 견뎌야 하고, 이때 누설되는 충전전류는 10mA 이하이어야 한다.
내 수 성	AE, ABE종 안전모는 질량증가율이 1% 미만이어야 한다.
난 연 성	모체가 불꽃을 내며 5초 이상 연소되지 않아야 한다.
턱끈풀림	150N 이상 250N 이하에서 턱끈이 풀려야 한다.

12 재해의 통계적 원인분석 방법 중 사고의 유형, 기인물 등 분류항목을 큰 순서대로 도표화 한 것은?

① 관리도 ② 파레토도
③ 크로스도 ④ 특성요인도

해설 분류 항목을 큰 순서대로 도표화한 분석법은 파레토도이다.

13 시설물의 안전 및 유지관리에 관한 특별법상 다음과 같이 정의되는 용어는?

> 시설물의 물리적 · 기능적 결함을 발견하고 그에 대한 신속하고 적절한 조치를 하기 위하여 구조적 안전성과 결함의 원인 등을 조사 · 측정 · 평가하여 보수 · 보강 등의 방법을 제시하는 행위

① 성능평가 ② 정밀안전진단
③ 긴급안전점검 ④ 정기안전진단

정답 09 ④ 10 ① 11 ① 12 ② 13 ②

해설 시설물의 안전 및 유지관리에 관한 특별법

제2조(정의) 생략
6. "정밀안전진단"이란 시설물의 물리적 · 기능적 결함을 발견하고 그에 대한 신속하고 적절한 조치를 하기 위하여 구조적 안전성과 결함의 원인 등을 조사 · 측정 · 평가하여 보수 · 보강 등의 방법을 제시하는 행위를 말한다.

14 다음 중 재해조사의 목적 및 방법에 관한 설명으로 적절하지 않은 것은?

① 재해조사는 현장보존에 유의하면서 재해발생 직후에 행한다.
② 피해자 및 목격자 등 많은 사람으로부터 사고 시의 상황을 수집한다.
③ 재해조사의 1차적 목표는 재해로 인한 손실 금액을 추정하는 데 있다.
④ 재해조사의 목적은 동종재해 및 유사재해의 발생을 방지하기 위함이다.

해설 재해조사는 손실금액 추정의 목적을 가지지 않는다.

재해조사의 목적
- 동종재해의 재발방지
- 유사재해의 재발방지
- 재해원인의 규명 및 예방자료 수집

15 사업장의 안전 · 보건관리계획 수립 시 유의사항으로 옳은 것은?

① 사고발생 후의 수습대책에 중점을 둔다.
② 계획의 실시 중에는 변동이 없어야 한다.
③ 계획의 목표는 점진적으로 수준을 높이도록 한다.
④ 대기업의 경우 표준계획서를 작성하여 모든 사업장에 동일하게 적용시킨다.

해설 안전보건관리계획의 목표는 점진적으로 높은 수준의 것으로 해야 한다.

16 안전보건관리조직의 유형 중 직계(Line)형에 관한 설명으로 옳은 것은?

① 대규모의 사업장에 적합하다.
② 안전지식이나 기술축적이 용이하다.
③ 안전지시나 명령이 신속히 수행된다.
④ 독립된 안전참모 조직을 보유하고 있다.

해설 라인형(Line) 조직

소규모 기업에 적합한 조직으로서 안전관리에 관한 계획부터 실시에 이르기까지 모든 안전업무를 생산라인을 통하여 직선적으로 이루어지도록 편성된 조직

(1) 규모
  소규모(100명 이하)
(2) 장점
  ① 안전에 관한 지시 및 명령계통이 철저함
  ② 안전대책의 실시가 신속함
  ③ 명령과 보고가 상하관계뿐으로 간단명료함
(3) 단점
  ① 안전에 대한 지식 및 기술축적이 어려움
  ② 안전에 대한 정보수집 및 신기술 개발이 미흡함
  ③ 라인에 과중한 책임을 지우기 쉽다.

17 다음 중 웨버(D.A.Weaver)의 사고 발생 도미노 이론에서 "작전적 에러"를 찾아내기 위한 질문의 유형과 가장 거리가 먼 것은?

① What ② Why
③ Where ④ Whether

정답 14 ③ 15 ③ 16 ③ 17 ③

해설 웨버의 사고연쇄반응 이론

1단계 : 유전과 환경
2단계 : 인간의 실수
3단계 : 불안전한 행동과 상태 – 운영의 에러를 알아내고 정의하라(What, Why, Whether)
4단계 : 사고
5단계 : 상해

18 산업안전보건법령에 따른 안전보건표지의 종류 중 지시표지에 속하는 것은?

① 화기 금지 ② 보안경 착용
③ 낙하물 경고 ④ 응급구호표지

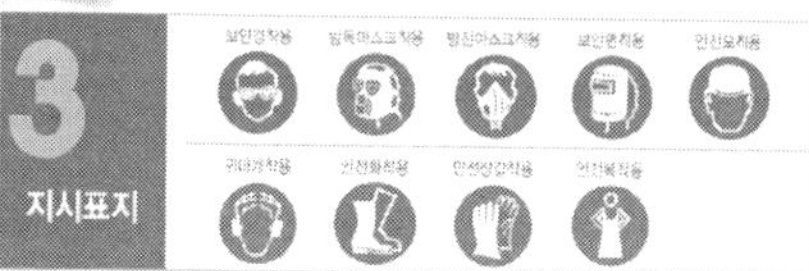

19 산업안전보건기준에 관한 규칙상 공기압축기를 가동할 때의 작업시작 전 점검사항에 해당하지 않는 것은?

① 윤활유의 상태
② 언로드밸브의 기능
③ 압력방출장치의 기능
④ 비상정지장치 기능의 이상 유무

해설 공기압축기 사용 전에 비상정지장치 기능의 이상 유무는 확인할 필요 없다.

20 다음 중 하인리히(H.W.Heinrich)의 재해코스트 산정방법에서 직접손실비와 간접손실비의 비율로 옳은 것은? (단, 비율은 "직접손실비 : 간접손실비"로 표현한다.

① 1 : 2 ② 1 : 4
③ 1 : 8 ④ 1 : 10

해설 하인리히 방식

「총 재해코스트 = 직접비 + 간접비」
직접비 : 간접비 = 1 : 4이다.

제2과목 산업심리 및 교육

21 안전보건교육을 향상시키기 위한 학습지도의 원리에 해당하지 않는 것은?

① 통합의 원리
② 자기활동의 원리
③ 개별화의 원리
④ 동기유발의 원리

해설 학습지도 이론

1) 자발성의 원리
2) 개별화의 원리
3) 사회화의 원리
4) 통합의 원리
5) 직관의 원리
6) 학습의 전이

정답 18 ② 19 ④ 20 ② 21 ④

22 생체리듬(Biorhythm)에 대한 설명으로 옳은 것은?

① 각각의 리듬이 (−)에서의 최저점에 이르렀을 때를 위험일이라 한다.
② 감성적 리듬은 영문으로 S라 표시하며, 23일을 주기로 반복된다.
③ 육체적 리듬은 영문으로 P라 표시하며, 28일을 주기로 반복된다.
④ 지성적 리듬은 영문으로 I라 표시하며, 33일을 주기로 반복된다.

해설 생체리듬(바이오리듬)의 종류

- 육체적(신체적) 리듬(P ; Physical Cycle) : 신체의 물리적인 상태를 나타내는 리듬, 청색 실선으로 표시하며 23일의 주기이다.
- 감성적 리듬(S ; Sensitivity) : 기분이나 신경계통의 상태를 나타내는 리듬, 적색 점선으로 표시하며 28일의 주기이다.
- 지성적 리듬(I ; Intellectual) : 기억력, 인지력, 판단력 등을 나타내는 리듬, 녹색 일점쇄선으로 표시하며 33일의 주기이다.

23 다음 중 안전교육을 위한 시청각 교육법에 대한 설명으로 가장 적절한 것은?

① 지능, 적성, 학습속도 등 개인차를 충분히 고려할 수 있다.
② 학습자들에게 공통의 경험을 형성시켜줄 수 있다.
③ 학습의 다양성과 능률화에 기여할 수 없다.
④ 학습자료를 시간과 장소에 제한없이 제시할 수 있다.

해설 시청각 교육이란 시청각 교육자료를 가지고 학습하는 방법으로 학습자들로 하여금 공통의 경험을 형성시켜줄 수 있는 방법이다.

24 새로운 기술과 학습에서는 연습이 매우 중요하다. 연습 방법과 관련된 내용으로 틀린 것은?

① 새로운 기술을 학습하는 경우에는 일반적으로 배분연습보다 집중연습이 더 효과적이다.
② 교육훈련과정에서는 학습자료를 한꺼번에 묶어서 일괄적으로 연습하는 방법을 집중연습이라고 한다.
③ 충분한 연습으로 완전학습한 후에도 일정량 연습을 계속하는 것을 초과학습이라고 한다.
④ 기술을 배울 때는 적극적 연습과 피드백이 있어야 부적절하고 비효과적 반응을 제거할 수 있다.

해설 새로운 기술을 학습하는 경우에는 배분연습이 효과적이다.

25 다음 중 교육지도의 원칙과 가장 거리가 먼 것은?

① 반복적인 교육을 실시한다.
② 학습자에게 동기부여를 한다.
③ 쉬운 것부터 어려운 것으로 실시한다.
④ 한 번에 여러 가지의 내용을 실시한다.

해설 교육지도의 원칙

1. 상대방의 입장을 고려한다.(상대중심교육 : 자발창조의 원칙, 흥미의 원칙, 개성화의 원칙)
2. 동기부여를 한다.
3. 쉬운 것에서 어려운 것으로 실시한다.
4. 반복한다.
5. 한 번에 하나씩 교육을 실시한다.
6. 인상의 강화를 한다.
7. 오감을 활용한다.
8. 기능적인 이해가 가능하도록 한다.

정답 22 ④ 23 ② 24 ① 25 ④

26 직무수행평가 시 평가자가 특정 피평가자에 대해 구체적으로 잘 모름에도 불구하고 모든 부분에 대해 좋게 평가하는 오류는?

① 후광 오류 ② 엄격화 오류
③ 중앙집중 오류 ④ 관대화 오류

해설 후광 오류 : 직무수행평가 시 평가자가 특정 피평가자에 대해 구체적으로 잘 모름에도 불구하고 모든 부분에 대해 좋게 평가하는 오류

27 다음 중 정상적 상태이지만 생리적 상태가 휴식할 때에 해당하는 의식수준은?

① Phase I ② Phase II
③ Phase III ④ Phase IV

해설 인간의 의식 Level의 단계별 신뢰성

단계	의식의 상태	신뢰성	의식의 작용
Phase II	이완상태	0.99~ 0.99999	마음이 안쪽으로 향함(Passive)

28 다음 중 하버드 학파의 5단계 교수법에 해당되지 않는 것은?

① 추론한다. ② 교시한다.
③ 연합시킨다. ④ 총괄시킨다.

해설 하버드 학파의 5단계 교수법(사례연구 중심)

1단계 : 준비시킨다.(Preparation)
2단계 : 교시한다.(Presentation)
3단계 : 연합한다.(Association)
4단계 : 총괄한다.(Generalization)
5단계 : 응용시킨다.(Application)

29 다음 중 리더십과 헤드십에 관한 설명으로 옳은 것은?

① 헤드십은 부하와의 사회적 간격이 좁다.
② 헤드십에서의 책임은 상사에 있지 않고 부하에 있다.
③ 리더십의 지휘형태는 권위주의적인 반면, 헤드십의 지휘형태는 민주적이다.
④ 권한행사 측면에서 보면 헤드십은 임명에 의하여 권한을 행사할 수 있다.

해설 헤드십(Headship)

1. 외부에서 임명된 헤드(head)가 조직 체계나 직위를 이용하여 권한을 행사하는 것으로 지도자와 집단 구성원 사이에 공통의 감정이 생기기 어려우며 항상 일정한 거리가 있다.
2. 권한
   - 부하직원의 활동을 감독한다.
   - 상사와 부하의 관계가 종속적이다.
   - 부하와 사회적 간격이 넓다.
   - 지위형태가 권위적이다.

30 다음 중 산업안전심리의 5대 요소에 속하지 않는 것은?

① 감정 ② 습관
③ 동기 ④ 시간

해설 산업안전심리의 5대 요소

1. 동기(Motive)
2. 기질(Temper)
3. 감정(Emotion)
4. 습성(Habits)
5. 습관(Custom)

정답 26 ① 27 ② 28 ① 29 ④ 30 ④

31 인간의 착각현상 가운데 암실 내에서 하나의 광점을 보고 있으면 그 광점이 움직이는 것처럼 보이는 것을 자동운동이라 하는데 다음 중 자동운동이 생기기 쉬운 조건이 아닌 것은?

① 광점이 작을 것
② 대상이 단순할 것
③ 광의 강도가 클 것
④ 시야의 다른 부분이 어두울 것

 광의 강도가 클 경우 자동운동이 생기기 어렵다.

32 다음 중 데이비스(K.Davis)의 동기부여 이론에서 "능력(Ability)"을 올바르게 표현한 것은?

① 기능(Skill)×태도(Attitude)
② 지식(Knowledge)×기능(Skill)
③ 상황(Situtation)×태도(Attitude)
④ 지식(Knowledge)×상황(Situation)

해설 데이비스(K. Davis)의 동기부여 이론

지식(Knowledge)×기능(Skill)
=능력(Ability)

33 인간이 충족시키고자 추구하는 욕구에 있어 가장 강력한 욕구는?

① 생리적 욕구
② 안전의 욕구
③ 자아실현의 욕구
④ 애정 및 귀속의 욕구

 매슬로(Maslow)의 욕구단계이론

1. 생리적 욕구(제1단계)
2. 안전의 욕구(제2단계)
3. 사회적 욕구(제3단계)
4. 자기존경의 욕구(제4단계)
5. 자아실현의 욕구(성취욕구)(제5단계)

34 다음 중 면접 결과에 영향을 미치는 요인들에 관한 설명으로 틀린 것은?

① 한 지원자에 대한 평가는 바로 앞의 지원자에 의해 영향을 받는다.
② 면접자는 면접 초기와 마지막에 제시된 정보에 의해 많은 영향을 받는다.
③ 지원자에 대한 부정적 정보보다 긍정적 정보가 더 중요하게 영향을 미친다.
④ 지원자의 성과 작업에 있어서 전통적 고정관념은 지원자와 면접자 간의 성의 일치여부보다 더 많은 영향을 미친다.

 면접 결과는 지원자의 긍정적 정보보다 부정적 정보가 더 중요하게 영향을 미친다.

35 안전사고와 관련하여 소질적 사고 요인이 아닌 것은?

① 시각기능 ② 지능
③ 작업자세 ④ 성격

해설 작업자세는 소질적 사고 요인에 해당하지 않는다.

정답 31 ③ 32 ② 33 ① 34 ③ 35 ③

36 교육 및 훈련방법 중 [보기]의 특징을 갖는 방법은?

> - 다른 방법에 비해 경제적이다.
> - 교육 대상 집단 내 수준차로 인해 교육의 효과가 감소할 가능성이 있다.
> - 상대적으로 피드백이 부족하다.

① 강의법 ② 사례연구법
③ 세미나법 ④ 감수성 훈련

해설 강의법의 특징

1. 다른 방법에 비해 경제적이다.
2. 교육 대상 집단 내 수준차로 인해 교육의 효과가 감소할 가능성이 있다.
3. 상대적으로 피드백이 부족하다.
4. 강사의 입장에서 시간의 조정이 가능하다.
5. 전체적인 교육내용을 제시하는 데 유리하다.
6. 비교적 많은 인원을 대상으로 단시간에 지식을 부여할 수 있다.

37 다음 중 관계지향적 리더가 나타내는 대표적인 행동 특징으로 볼 수 없는 것은?

① 우호적이며 가까이 하기 쉽다.
② 집단구성원들을 동등하게 대한다.
③ 집단구성원들의 활동을 조정한다.
④ 어떤 결정에 대해 자세히 설명해준다.

해설 집단구성원들의 활동을 조정하는 리더는 과업지향적 리더에 가깝다.

38 다음 중 주의의 특성에 관한 설명으로 틀린 것은?

① 변동성이란 주의 집중 시 주기적으로 부주의의 리듬이 존재함을 말한다.
② 방향성이란 주의는 항상 일정한 수준을 유지할 수 있으므로 장시간 고도의 주의집중이 가능함을 말한다.
③ 선택성이란 인간은 한 번에 여러 종류의 자극을 지각 · 수용하지 못함을 말한다.
④ 선택성이란 소수의 특정 자극에 한정해서 선택적으로 주의를 기울이는 기능을 말한다.

해설 방향성(시선의 초점이 맞았을 때 쉽게 인지된다)

주의의 초점에 합치된 것은 쉽게 인식되지만 초점으로부터 벗어난 부분은 무시되는 성질을 말하는데, 얼마나 집중하였느냐에 따라 무시되는 정도도 달라진다.
정보를 입수할 때에 중요한 정보의 발생방향을 선택하여 그곳으로부터 중점적인 정보를 입수하고 그 이외의 것을 무시하는 이러한 주의의 특성을 집중적 주의(Focused Attention)라고 하기도 한다.

39 안전교육의 강의안 작성 시 교육할 내용을 항목별로 구분하여 핵심 요점사항만을 간결하게 정리하여 기술하는 방법은?

① 게임 방식 ② 시나리오식
③ 조목열거식 ④ 혼합형 방식

해설 소복열거식 : 한 문장 안에 하나의 뜻을 담아 간결하고 명확한 메시지를 전달하기 위한 방법으로 '~하는 이유는 0가지다. 첫째~둘째~셋째~'식으로 열거하는 방법이다.

정답 36 ① 37 ③ 38 ② 39 ③

40 교육방법 중 O.J.T.(On the Job Training)에 속하지 않는 교육방법은?

① 코칭 ② 강의법
③ 직무순환 ④ 멘토링

해설 강의법은 Off.J.T에 해당하는 교육방법이다.

제3과목 인간공학 및 시스템안전공학

41 가스밸브를 잠그는 것을 잊어 사고가 발생했다면 작업자는 어떤 인적 오류를 범한 것인가?

① 생략 오류(omission error)
② 시간지연 오류(time error)
③ 순서 오류(sequential error)
④ 작위적 오류(commission error)

해설 휴먼에러의 분류

- 생략(부작위) 에러(Omission Error) : 작업 내지 필요한 절차를 수행하지 않는 데서 기인한 에러

42 어떤 소리가 1,000Hz, 60dB인 음과 같은 높이임에도 4배 더 크게 들린다면, 이 소리의 음압수준은 얼마인가?

① 70dB ② 80dB
③ 90dB ④ 100dB

해설 음압수준

- 10[dB] 증가 시 소음은 2배 증가
- 20[dB] 증가 시 소음은 4배 증가

43 결함수분석의 기호 중 입력사상이 어느 하나라도 발생할 경우 출력사상이 발생하는 것은?

① NOR GATE ② AND GATE
③ OR GATE ④ NAND GATE

해설

기호	명칭	설명
출력 / 입력	OR 게이트	입력사상 중 어느 하나가 존재할 때 출력사상이 발생

44 시스템 안전분석 방법 중 예비위험분석(PHA)단계에서 식별하는 4가지 범주에 속하지 않는 것은?

① 위기상태 ② 무시가능상태
③ 파국적 상태 ④ 예비조처상태

해설 PHA에 의한 위험등급

① Class-1 : 파국(Catastrophic)
② Class-2 : 중대(Critical)
③ Class-3 : 한계적(Marginal)
④ Class-4 : 무시가능(Negligible)

45 다음은 불꽃놀이용 화학물질취급설비에 대한 정량적 평가이다. 해당 항목에 대한 위험등급이 올바르게 연결된 것은?

항목	A (10점)	B (5점)	C (2점)	D (0점)
취급물질	○	○	○	
조작		○		○
화학설비의 용량	○		○	
온도	○	○		
압력		○	○	○

정답 40 ② 41 ① 42 ② 43 ③ 44 ④ 45 ④

① 취급물질 – Ⅰ등급, 화학설비의 용량 – Ⅰ등급
② 온도 – Ⅰ등급, 화학설비의 용량 – Ⅱ등급
③ 취급물질 – Ⅰ등급, 조작 – Ⅳ등급
④ 온도 – Ⅱ등급, 압력 – Ⅲ등급

해설 안전성 평가 6단계 중 제3단계(정량적 평가)의 화학설비 정량평가 등급은 다음과 같다.

위험등급 Ⅰ	위험등급 Ⅱ	위험등급 Ⅲ
합산점수 16점 이상	합산점수 11~15점	합산점수 10점 이하

46 연구 기준의 요건과 내용이 옳은 것은?

① 무오염성 : 실제로 의도하는 바와 부합해야 한다.
② 적절성 : 반복 실험 시 재현성이 있어야 한다.
③ 신뢰성 : 측정하고자 하는 변수 이외의 다른 변수의 영향을 받아서는 안 된다.
④ 민감도 : 피실험자 사이에서 볼 수 있는 예상 차이점에 비례하는 단위로 측정해야 한다.

해설 **체계기준의 구비조건**

- 실제적 요건 : 객관적이고, 정량적이며, 수집 또는 연구가 쉬우며, 특수한 자료 수집기법이나 기기가 필요 없고, 돈이나 실험자의 수고가 적게 드는 것
- 신뢰성(반복성) : 시간이나 대표적 표본의 선정에 관계없이, 변수 측정의 일관성이나 안정성
- 타당성(적절성) : 어느 것이나 공통적으로 변수가 실제로 의도하는 바를 어느정도 측정하는가를 결정(시스템의 목표를 잘 반영하는가를 나타내는 척도)
- 순수성(무오염성) : 측정하는 구조 외적인 변수의 영향은 받지 않는 것
- 민감도 : 피검자 사이에서 볼 수 있는 예상 차이점에 비례하는 단위로 측정

47 인간 – 기계 시스템에서 시스템의 설계를 다음과 같이 구분할 때 제3단계인 기본설계에 해당되지 않는 것은?

1단계 : 시스템의 목표와 성능 명세 결정
2단계 : 시스템의 정의
3단계 : 기본설계
4단계 : 인터페이스 설계
5단계 : 보조물 설계
6단계 : 시험 및 평가

① 화면 설계　　② 작업 설계
③ 직무 분석　　④ 기능 할당

 인간 – 기계 시스템 설계과정 6가지 단계 중 기본설계는 시스템의 형태를 갖추기 시작하는 단계임(직무 분석, 작업 설계, 기능 할당).

48 결함수분석법에서 Path set에 관한 설명으로 옳은 것은?

① 시스템의 약점을 표현한 것이다.
② Top 사상을 발생시키는 조합이다.
③ 시스템이 고장나지 않도록 하는 사상의 조합이다.
④ 시스템고장을 유발시키는 필요불가결한 기본사상들의 집합이다.

해설 **패스셋(Path Set)**

포함되어 있는 모든 기본사상이 일어나지 않을 때 처음으로 정상사상이 일어나지 않는 기본사상의 집합이다.

정답 46 ④　47 ①　48 ③

49 **산업안전보건법령상 유해위험방지계획서의 제출 대상 제조업은 전기 계약 용량이 얼마 이상인 경우에 해당되는가? (단, 기타 예외사항은 제외한다)**

① 50kW ② 100kW
③ 200kW ④ 300kW

 전기사용설비의 전기계약용량이 300킬로와트[kW] 이상인 사업의 사업주는 해당 제품생산 공정과 직접적으로 관련된 건설물 · 기계 · 기구 및 설비 등 일체를 설치 · 이전하거나 그 주요 구조부분을 변경할 때는 유해 · 위험 방지계획서를 제출해야 한다.

50 **FTA결과 다음과 같은 패스셋을 구하였다. 최소 패스셋(Minimal path sets)으로 옳은 것은?**

$\{X_2,\ X_3,\ X_4\}$
$\{X_1,\ X_3,\ X_4\}$
$\{X_3,\ X_4\}$

① $\{X_3,\ X_4\}$
② $\{X_1,\ X_3,\ X_4\}$
③ $\{X_2,\ X_3,\ X_4\}$
④ $\{X_2,\ X_3,\ X_4\}$와 $\{X_3,\ X_4\}$

 패스셋은 포함되어 있는 모든 기본사상이 일어나지 않을 때 처음으로 정상사상이 일어나지 않는 기본사상의 집합이다. 이중 최소 패스셋(미니멀 패스셋)은 패스셋 중에 공통적으로 포함하고 있는 최소한의 기본사상의 집합을 의미한다.

51 **인체측정에 대한 설명으로 옳은 것은?**

① 인체측정은 동적측정과 정적측정이 있다.
② 인체측정학은 인체의 생화학적 특징을 다룬다.
③ 자세에 따른 인체지수의 변화는 없다고 가정한다.
④ 측정항목에 무게, 둘레, 두께, 길이는 포함되지 않는다.

해설 인체측정(계측)에는 구조적 인체 치수(정적측정)와 기능적 인체 치수(동적측정)이 있다.

52 **실린더 블록에 사용하는 가스켓의 수명 분포는 X~N(10,000, 2002)인 정규분포를 따른다. t = 9,600시간일 경우에 신뢰도(R(t))는? (단, P(Z≤1) = 0.8413, P(Z≤1.5) = 0.9332, P(Z≤2) = 0.9772, P(Z≤3) = 0.9987이다.)**

① 84.13% ② 93.32%
③ 97.72% ④ 99.87%

해설 정규분포 표준화 공식에서

$$U = \frac{\text{변수}(X) - \text{평균}(\mu)}{\text{표준편차}(\sigma)}$$

$$P_r(X \geq 9{,}600) = P_r\left(Z \geq \frac{9{,}600 - 10{,}000}{200}\right)$$
$$= P_r(Z \geq -2) = P_r(Z \leq 2)$$
$$= 0.9772 = 97.72[\%]$$

∴ 97.72%가 된다.

정답 49 ④ 50 ① 51 ① 52 ③

53 다음 중 열 중독증(heat illness)의 강도를 올바르게 나열한 것은?

ⓐ 열소묘(heat exhaustion) ⓑ 열발진(heat rash) ⓒ 열경련(heat cramp) ⓓ 열사병(heat stroke)

① ⓒ＜ⓑ＜ⓐ＜ⓓ
② ⓒ＜ⓑ＜ⓓ＜ⓐ
③ ⓑ＜ⓒ＜ⓐ＜ⓓ
④ ⓑ＜ⓓ＜ⓐ＜ⓒ

 열중독증 강도는 열발진(Heat Rash)＜열경련(Heat Cramp) ＜열소모(Heat Exhaustion) ＜열사병(Heat Stroke) 순이다.

54 사무실 의자나 책상에 적용할 인체 측정 자료의 설계 원칙으로 가장 적합한 것은?

① 평균치 설계 ② 조절식 설세
③ 최대치 설계 ④ 최소치 설계

 조절식 설계(5~95%) : 체격이 다른 여러 사람에 맞도록 조절식으로 만드는 것이다. (예 자동차 좌석의 전후 조절, 사무실 의자의 상하 조절 등)

55 암호체계의 사용 시 고려해야 될 사항과 거리가 먼 것은?

① 정보를 암호화한 자극은 검출이 가능하여야 한다.
② 다차원의 암호보다 단일 차원화된 암호가 정보 전달이 촉진된다.
③ 암호를 사용할 때는 사용자가 그 뜻을 분명히 알 수 있어야 한다.
④ 모든 암호 표시는 감지장치에 의해 검출될 수 있고, 다른 암호 표시와 구별될 수 있어야 한다.

 암호(코드)체계 사용상의 일반적 지침

① 다차원 암호를 사용하여야 한다.
② 2가지 이상의 암호를 조합해서 사용하면 정보전달이 촉진된다.
③ 암호의 변별성, 부호의 양립성, 부호의 의미 등이 해당된다.

56 신호검출이론(SDT)의 판정결과 중 신호가 없었는데도 있었다고 말하는 경우는?

① 긍정(hit)
② 누락(miss)
③ 허위(false alarm)
④ 부정(correct rejection)

 신호검출이론 판정결과 중 신호가 없었는데도 있었다고 말하는 경우는 허위(false alarm)에 해당한다.

57 촉감의 일반적인 척도의 하나인 2점 문턱값(two－point Threshold)이 감소하는 순서대로 나열된 것은?

① 손가락 → 손바닥 → 손가락 끝
② 손바닥 → 손가락 → 손가락 끝
③ 손가락 끝 → 손가락 → 손바닥
④ 손가락 끝 → 손바닥 → 손가락

해설 촉감의 일반적인 척도의 하나인 2점 문턱값(two－point Threshold)이 감소하는 순서는 손바닥 → 손가락 → 손가락 끝이다(2점 문턱값이란 손에 두 점을 눌렀을 때 느껴지는 감각이 서로 다르게 느껴지는 점 사이의 최소 거리이다).

정답 53 ③ 54 ② 55 ② 56 ③ 57 ②

58 시스템 안전분석 방법 중 HAZOP에서 "완전대체"를 의미하는 것은?

① NOT ② REVERSE
③ PART OF ④ OTHER THAN

해설 유인어(Guide Words)

① 간단한 용어로서 창조적 사고를 유도하고 자극하여 이상을 발견하고 의도를 한정하기 위하여 사용되는 것이다.
② Other Than : 완전한 대체(통상 운전과 다르게 되는 상태)

59 어느 부품 1,000개를 100,000시간 동안 가동 하였을 때 5개의 불량품이 발생하였을 경우 평균 동작시간(MTTF)은?

① 1×10^6 시간 ② 2×10^7 시간
③ 1×10^8 시간 ④ 2×10^9 시간

해설 직렬계의 경우 $\text{MTTF}=\frac{1}{\lambda}$

$$\lambda(\text{평균고장률})=\frac{\text{고장건수}}{\text{총 가동시간}}$$

$$\therefore \text{MTTF}=\frac{\text{총 가동시간}}{\text{고장건수}}=\frac{1{,}000\times100{,}000}{5}=2\times10^7\text{시간}$$

60 신체활동의 생리학적 측정법 중 전신의 육체적인 활동을 측정하는 데 가장 적합한 방법은?

① Flicker측정
② 산소 소비량 측정
③ 근전도(EMG) 측정
④ 피부전기반사(GSR) 측정

해설 작업이 인체에 미치는 생리적 부담은 주로 맥박수(심박수)와 호흡에 의한 산소 소비량으로 측정한다.

제4과목 건설시공학

61 철공공사의 내화피복공법에 해당하지 않는 것은?

① 표면탄화법 ② 뿜칠공법
③ 타설공법 ④ 조적공법

해설 표면탄화법은 목재의 방부법에 해당된다.

62 강관틀비계에서 주틀의 기둥관 1개당 수직하중의 한도는 얼마인가?

① 16.5kN ② 24.5kN
③ 32.5kN ④ 38.5kN

해설 주틀의 기둥관 1개당 수직하중의 한도는 견고한 기초위에 설치하게 될 경우에는 24.5kN으로 한다.

63 고압증기양생 경량기포콘트리트(ALC)의 특징으로 거리가 먼 것은?

① 열전도율이 보통 콘크리트의 1/10 정도이다.
② 경량으로 인력에 의한 취급이 가능하다.
③ 흡수율이 매우 낮은 편이다.
④ 현장에서 절단 및 가공이 용이하다.

해설 ALC 제품은 다공성 제품으로 흡수성이 크며, 동해에 대한 저항성이 약하다.

정답 58 ④ 59 ② 60 ② 61 ① 62 ② 63 ③

64 콘크리트 타설 시 진동기를 사용하는 가장 큰 목적은?

① 콘크리트 타설 시 용이함
② 콘크리트의 응결, 경화 촉진
③ 콘크리트의 밀실화 유지
④ 콘크리트의 재료 분리 촉진

해설 콘크리트의 진동기의 사용목적은 콘크리트를 밀실하게 타설하려는 데 있다.

65 철골용접 부위의 비파괴검사에 관한 설명으로 옳지 않은 것은?

① 방사선검사는 필름의 밀착성이 좋지 않은 건축물에서도 검출이 우수하다.
② 침투탐상검사는 액체의 모세관현상을 이용한다.
③ 초음파탐상검사는 인간의 귀로 들을 수 없는 주파수를 갖는 초음파를 사용하여 결함을 검출하는 방법이다.
④ 외관검사는 용접을 한 용접공이나 용접관리 기술자가 하는 것이 원칙이다.

해설 외관검사는 교차확인을 위해서 용접을 하지 않은 용접공이나 용접관리 기술자가 하는 것이 원칙이다.

66 단순조적 블록쌓기에 관한 설명으로 옳지 않은 것은?

① 단순조적 블록쌓기의 세로줄눈은 도면 또는 공사시방서에서 정한 바가 없을 때에는 막힌 줄눈으로 한다.
② 살 두께가 작은 면을 위로 하여 쌓는다.
③ 줄눈 모르타르는 쌓은 후 줄눈누르기 및 줄눈파기를 한다.
④ 특별한 지정이 없으면 줄눈은 10mm가 되게 한다.

해설 살두께가 큰 편을 위로 하여 쌓는다.

67 네트워크공정표의 단점이 아닌 것은?

① 다른 공정표에 비하여 작성기간이 많이 필요하다.
② 작성 및 검사에 특별한 기능이 요구된다.
③ 진척관리에 있어서 특별한 연구가 필요하다.
④ 개개의 관련작업이 표시되어 있지 않아 내용을 알기 어렵다.

해설 네트워크 공정표(Net Work)는 개개의 공정별 작업단위를 망형도(○과 →)로 표시하고 각 공사의 순서관계, 일정관계를 도해식으로 표기한 것이다.

장점	단점
• 공사계획의 전체 내용 파악 용이 • 각 공정별 작업의 흐름과 상호관계 명확	• 작성 및 검사에 특별한 기능 요구 • 작성시간이 많이 소요됨

68 주문받은 건설업자가 대상 계획의 기업, 금융, 토지조달, 설계, 시공 등을 포괄하는 도급계약방식을 무엇이라 하는가?

① 실비청산 보수가산도급
② 정액도급
③ 공동도급
④ 턴키도급

정답 64 ③ 65 ① 66 ② 67 ④ 68 ④

 턴키(Turn-Key)도급은 모든 요소를 포괄한 일괄 수주방식으로 건설업자가 금융, 토지, 설계, 시공, 시운전 등 모든 것을 조달하여 주문자에게 인도하는 방식이다.

장점	단점
• 설계와 시공 등 공사전반의 책임관리 • 공법의 창의성, 기술수준 향상 • 공기단축, 공사비 절감 노력 강화	• 건축주의 의도 반영이 어려움 • 대형 건설회사에 유리 • 입찰 시 과다경쟁 및 비용 증가

69 ALC 블록공사 시 내력벽 쌓기에 관한 내용으로 옳지 않은 것은?

① 쌓기 모르타르는 교반기를 사용하여 배합하며, 1시간 이내에 사용해야 한다.
② 가로 및 세로줄눈의 두께는 3~5mm 정도로 한다.
③ 하루 쌓기 높이는 1.8m를 표준으로 하며, 최대 2.4m 이내로 한다.
④ 연속되는 벽면의 일부를 나중쌓기로 할 때에는 그 부분을 층단 떼어쌓기로 한다.

 ALC 블록공사에서 쌓기 모르타르는 배합 후 1시간 이내에 사용하고 줄눈의 두께는 1~3mm 정도로 한다.

70 시험말뚝에 변형률계(strain gause)와 가속도계(accelerometer)를 부착하여 말뚝항타에 의한 파형으로부터 지지력을 구하는 시험은?

① 정적재하시험　② 동적재하시험
③ 비비 시험　④ 인발 시험

 동적재하시험은 시험말뚝에 변형률계와 가속도계를 부착하여 말뚝항타에 의한 파형으로부터 지지력을 구하는 시험이다.

71 지하 합벽거푸집에서 측압에 대비하여 버팀대를 삼각형으로 일체화한 공법은?

① 1회용 리브타스 거푸집
② 와플 거푸집
③ 무폼타이 거푸집
④ 단열 거푸집

 와플폼은 무량판 거푸집으로 측압에 대비하여 버팀대를 삼각형으로 일체화한 공법이다.

72 부재별 철근의 정착위치에 관한 설명으로 옳지 않은 것은?

① 작은 보의 주근은 슬래브에 정착한다.
② 기둥의 주근은 기초에 정착한다.
③ 바닥철근은 보 또는 벽체에 정착한다.
④ 벽철근은 기둥, 보 또는 바닥판에 정착한다.

 철근의 정착위치는 다음과 같다
• 큰 보의 주근 : 기둥
• 바닥판 철근 : 보 또는 벽체
• 작은 보의 주근 : 큰 보
• 지중보의 주근 : 기초 또는 기둥
• 벽철근 : 기둥, 보, 바닥판
• 보 밑에 기둥이 없을 때 : 보 상호간으로 한다.

73 다음은 표준시방서에 따른 기성말뚝 세우기 작업 시 준수사항이다. 빈칸 안에 들어갈 내용으로 옳은 것은? (단, 보기항의 D는 말뚝의 바깥지름임)

> 말뚝의 연직도나 경사도는 (A) 이내로 하고, 말뚝박기 후 평면상의 위치가 설계도면의 위치로부터 (B)와 100mm 중 큰 값 이상으로 벗어나지 않아야 한다.

정답 69 ② 70 ② 71 ③ 72 ① 73 ①

① A : 1/100, B : D/4
② A : 1/100, B : D/4
③ A : 1/100, B : D/4
④ A : 1/100, B : D/4

해설 말뚝의 연직도나 경사도는 1/100 이내로 하고, 말뚝박기 후 평면상의 위치가 설계도면의 위치로부터 D/4(D는 말뚝의 바깥 지름)와 100mm 중 큰 값 이상으로 벗어나지 않아야 한다.

74 **제자리 콘크리트 말뚝지정 중 베노토 파일의 특징에 관한 설명으로 옳지 않은 것은?**

① 기계가 저가이고 굴착속도가 비교적 빠르다.
② 케이싱을 지반에 압입해가면서 관 내부 토사를 특수한 버킷으로 굴착 배토한다.
③ 말뚝구멍의 굴착 후에는 철근콘크리트 말뚝을 제자리치기 한다.
④ 여러 지질에 안전하고 정확하게 시공할 수 있다.

해설 베노토(Benoto) 공법은 제자리 콘크리트 말뚝을 시공할 때 목표지점까지 케이싱 튜브로 공벽을 보호하면서 굴착하는 공법을 말하며 All Casing 공법이라고도 한다. 지중 굴착 시 공벽유지가 되므로 긴 말뚝의 시공이 가능하나 기계가 고가이고 굴착속도가 느리다.

75 **철골공사 중 현장에서 보수도장이 필요한 부위에 해당되지 않는 것은?**

① 현장 용접을 한 부위
② 현장접합 재료의 손상부위
③ 조립상 표면접합이 되는 면
④ 운반 또는 양중 시 생긴 손상부위

 현장에서 철골의 보수 도장이 필요한 부분은 현장 용접부위, 접합 재료의 손상부위, 운반이나 양중 등으로 인해 생긴 손상부위 등이다.

76 **웰포인트(well point) 공법에 관한 설명으로 옳지 않은 것은?**

① 강제배수공법의 일종이다.
② 투수성이 비교적 낮은 사질실트층까지도 배수가 가능하다.
③ 흙의 안전성을 대폭 향상시킨다.
④ 인근 건축물의 침하에 영향을 주지 않는다.

 웰포인트(Well Point) 공법은 라이저 파이프를 1~2m 간격으로 박아 6m 이내의 지하수를 펌프로 배수하여 지하수위를 낮추고 지하수위의 저하에 따른 부력 감소로 인해 지반을 다지는 공법이며 점토지반보다는 사질지반에 유효한 공법이다.

77 **갱폼(Gang Form)에 관한 설명으로 옳지 않은 것은?**

① 타워크레인, 이동식크레인 같은 양중장비가 필요하다.
② 벽과 바닥의 콘크리트 타설을 한번에 가능하게 하기 위하여 벽체 및 슬래브 거푸집을 일체로 제작한다.
③ 공사초기 제작기간이 길고 투자비가 큰 편이다.
④ 경제적인 전용횟수는 30~40회 정도이다.

해설 갱폼(Gang Form)은 거푸집판과 보강재가 일체로 된 기본패널, 작업을 위한 작업 발판대 및 수직도 조정과 횡력을 지지하는 빗버팀대로 구성되는 대형 벽체 거푸집으로 중량이 크다.

정답 74 ① 75 ③ 76 ④ 77 ②

78 철골기 등의 이음부분면을 절삭가공기를 사용하여 마감하고 충분히 밀착시킨 이음에 해당하는 용어는?

① 밀 스케일(mill scale)
② 스캘럽(scallop)
③ 스패터(spatter)
④ 메탈 터치(metal touch)

 메탈 터치는 기둥의 축력이 매우 크고, 인장력이 거의 발생하지 않는 초고층의 하부 기둥 등에 있어서 상하 부재의 접촉면에서 축력을 전달시키는 이음 방법이다.

79 공사의 도급계약에 명시하여야 할 사항과 가장 거리가 먼 것은? (단, 첨부서류가 아닌 계약서 상 내용을 의미)

① 공사내용
② 구조설계에 따른 설계방법의 종류
③ 공사착수의 시기와 공사완성의 시기
④ 하자담보책임기간 및 담보방법

 구조설계에 따른 설계방법의 종류는 첨부서류에 해당한다.

80 지하연속벽(slurry wall) 굴착 공사 중 공벽붕괴의 원인으로 보기 어려운 것은?

① 지하수위의 급격한 상승
② 안정액의 급격한 점도 변화
③ 물다짐하여 매립한 지반에서 시공
④ 공사 시 공법의 특성으로 발생하는 심한 진동

해설 지하연속벽 굴착공사는 소음과 진동이 적다.

제5과목 건설재료학

81 다음 미장재료 중 수경성 재료인 것은?

① 회반죽
② 회사벽
③ 석고 플라스터
④ 돌로마이트 플라스터

 수경성 미장재료에는 석고 플라스터, 시멘트 모르타르, 인조석 바름이 있다.

82 부재 두께의 증가에 따른 강도저하, 용접성 확보 등에 대응하기 위해 열간압연 시 냉각조건을 조절하여 냉각속도에 의해 강도를 상승시킨 구조용 특수강재는?

① 일반구조용 압연강재
② 용접구조용 압연강재
③ TMC 강재
④ 내후성 강재

 TMC강은 가열, 압연 및 냉각조건을 조절하여 강의 인성과 용접성을 향상시킨 강재이다.

83 다음 중 고로시멘트의 특징으로 옳지 않은 것은?

① 고로시멘트는 포틀랜드시멘트 클링커에 급랭한 고로슬래그를 혼합한 것이다.
② 초기강도는 약간 낮으나 장기강도는 보통포틀랜드시멘트와 같거나 그 이상이 된다.
③ 보통포틀랜드시멘트에 비해 화학저항성이 매우 낮다.
④ 수화열이 적어 매스콘크리트에 적합하다.

정답 78 ④ 79 ② 80 ④ 81 ③ 82 ③ 83 ③

해설 고로시멘트는 포틀랜드시멘트 클링커에 급랭한 고로슬래그를 적당량 혼합한 후 적당량의 석고를 가해 미분쇄해서 만든 시멘트로 건조수축은 보통포틀랜드시멘트보다 크나 수화열이 적어서 매스콘크리트에 적합하다. 고로시멘트는 초기 강도는 낮으나 장기 강도는 우수하여 해수에 대한 저항성이 크다.

84 목재를 이용한 가공제품에 관한 설명으로 옳은 것은?

① 집성재는 두께 1.5~3cm의 널을 접착제로 섬유평행방향으로 겹쳐 붙여서 만든 제품이다.
② 합판은 3매 이상의 얇은 판을 1매마다 접착제로 섬유평행방향으로 붙여서 만든 제품이다.
③ 연질섬유판은 두께 50mm, 나비 100mm의 긴 판에 표면을 리브로 가공하여 만든 제품이다.
④ 파티클보드는 코르크나무의 수피를 분말로 가열, 성형, 접착하여 만든 제품이다.

해설 집성재란 제재판재 또는 소각재 등의 각판재를 서로 섬유방향을 평행하게 길이 · 너비 및 두께방향으로 겹쳐 접착제로 붙여서 만든 것을 말한다.

85 플라스틱 제품 중 비닐 레더(vinyl leather)에 관한 설명으로 옳지 않은 것은?

① 색채, 모양, 무늬 등을 자유롭게 할 수 있다.
② 면포로 된 것은 찢어지지 않고 튼튼하다.
③ 두께는 0.5~1mm이고, 길이는 10m의 두루마리로 만든다.
④ 커튼, 테이블크로스, 방수막으로 사용된다.

해설 비닐 가죽(Vinyl Leather)은 색채, 모양, 무늬 등을 자유롭게 할 수 있고, 잘 찢어지지 않고 튼튼하여 소파의 커버 등에 사용된다.

86 알루미늄의 성질에 관한 설명으로 옳지 않은 것은?

① 비중이 철에 비해 약 1/3 정도이다.
② 황산, 인산 중에서는 침식되지만 염상 중에서는 침식되지 않는다.
③ 열, 전기의 양도체이며 반사율이 크다.
④ 부식률은 대기 중의 습도와 염분함유량, 불순물의 양과 질 등에 관계되며 0.08mm/년 정도이다.

해설 알루미늄은 내부식성이 좋으나, 해수 및 산, 알칼리에 약하여 인공적으로 내식성의 산화 피막을 입힌다.

87 목재 건조 시 생재를 수중에 일정기간 침수시키는 주된 이유는?

① 재질을 연하게 만들어 가공하기 쉽게 하기 위하여
② 목재의 내화도를 높이기 위하여
③ 강도를 크게 하기 위하여
④ 건조기간을 단축시키기 위하여

해설 목재 건조 시 생재를 수중에 침수하는 침수건조법은 목재를 물에 침수하여 수액을 뺀 후 대기에서 건조하는 것으로 건조기간을 단축한다.

정답 84 ① 85 ④ 86 ② 87 ④

88 **다음 중 방청도료에 해당되지 않는 것은?**

① 광명단조합페인트
② 클리어 래커
③ 에칭프라이머
④ 징크로메이트 도료

해설 방청도료(Rust Proof Paint)는 금속의 부식을 막기 위해 사용되는 도료로 광명단 도료, 산화철 녹막이 도료, 알루미늄 도료, 징크로메이트 도료, 워시 프라이머, 에칭 프라이머 등이 있다.

89 **보통시멘트콘크리트와 비교한 폴리머 시멘트 콘크리트의 특징으로 옳지 않은 것은?**

① 유동성이 감소하여 일정 워커빌리티를 얻는 데 필요한 물-시멘트비가 증가한다.
② 모르타르, 강재, 목재 등의 각종 재료와 잘 접착한다.
③ 방수성 및 수밀성이 우수하고 동결융해에 대한 저항성이 양호하다.
④ 휨, 인장강도 및 신장능력이 우수하다.

해설 폴리머(Polymer)는 중합반응에 의해서 만들어진 합성수지로 이 수지를 시멘트와 혼합하여 만든 시멘트가 폴리머 시멘트이다. 콘크리트의 방수성, 내약품성, 변형성, 접착성 등을 개선하기 위해서 이용된다.

90 **실리콘(silicon)수지에 관한 설명으로 옳지 않은 것은?**

① 실리콘수지는 내열성, 내한성이 우수하여 -60~260℃의 범위에서 안정하다.
② 탄성을 지니고 있고, 내후성도 우수하다.
③ 발수성이 있기 때문에 건축물, 전기 절연물 등의 방수에 쓰인다.
④ 도료로 사용할 경우 안료로서 알루미늄 분말을 혼합한 것은 내화성이 부족하다.

해설 실리콘수지(Silicon Resin)는 알루미늄 분말을 혼합할 경우 내화성이 개선된다.

91 **다음 제품 중 점토로 제작된 것이 아닌 것은?**

① 경량벽돌　② 테라코타
③ 위생도기　④ 파키트리 패널

해설 파키트리 패널은 목재에 해당한다.

92 **다음 각 도료에 관한 설명으로 옳지 않은 것은?**

① 유성페인트 : 건조시간이 길고 피막이 튼튼하고 광택이 있다.
② 수성페인트 : 유성페인트에 비하여 광택이 매우 우수하고 내구성 및 내마모성이 크다.
③ 합성수지페인트 : 도막이 단단하고 내산성 및 내알칼리성이 우수하다.
④ 에나멜페인트 : 건조가 빠르고, 내수성 및 내약품성이 우수하다.

해설 수성페인트는 유성페인트에 비해 광택 및 내마모성이 떨어진다.

정답 88 ② 89 ① 90 ④ 91 ④ 92 ②

93 경질우레탄폼 단열재에 관한 설명으로 옳지 않은 것은?

① 규격은 한국산업표준(KS)에 규정되어 있다.
② 공사현장에서 발포시공이 가능하다.
③ 사용시간이 경과함에 따라 부피가 팽창하는 결점이 있다.
④ 초저온 장치용 보냉재로 사용된다.

해설 발포 후 일정시간 동안은 부피가 팽창하나 사용시간이 경과함에 따라 부피는 일정해진다.

94 콘크리트용 골재의 요구성능에 관한 설명으로 옳지 않은 것은?

① 골재의 강도는 경화한 시멘트페이스트 강도보다 클 것
② 골재의 형태가 예각이며, 표면은 매끄러울 것
③ 골재의 입형이 둥글고 입도가 고를 것
④ 먼지 또는 유기불순물을 포함하지 않을 것

해설 콘크리트용 골재에 요구되는 품질은 다음과 같다.
- 깨끗하고 불순물이 섞이지 않은 것
- 소요의 내구성 및 내화성을 가진 것
- 입자의 모양이 납작하거나 길쭉하지 않은 구형으로 표면이 다소 거친 것
- 입도(粒度, 굵고 잔 알이 섞인 정도)가 적당할 것
- 실적률(實積率 = 100 − 공극률)이 클 것
- 모래의 염분은 0.04% 이하, 당분은 0.1% 이하일 것
- 강도는 콘크리트 중의 경화시멘트 페이스트의 강도 이상일 것
- 마모에 대한 저항성이 크고 화학적으로 안정할 것

95 양질의 도토 또는 장석분을 원료로 하며, 흡수율이 1% 이하로 거의 없고 소성온도가 약 1,230~1,460℃인 점토 제품은?

① 토기 ② 석기
③ 자기 ④ 도기

해설 자기는 흡수율이 0~1%로 거의 없으며, 소성온도가 가장 높다.

96 콘크리트의 워커빌리티(workability)에 관한 설명으로 옳지 않은 것은?

① 과도하게 비빔시간이 길면 시멘트의 수화를 촉진하여 워커빌리티가 나빠진다.
② 단위수량을 너무 증가시키면 재료분리가 생기기 쉽기 때문에 워커빌리티가 좋아진다고 볼 수 없다.
③ AE제를 혼입하여 워커빌리티가 좋아진다.
④ 깬자갈이나 깬모래를 사용할 경우, 잔골재율을 작게 하고 단위수량을 감소시켜 워커빌리티가 좋아진다.

해설 깬 자갈이나 깬 모래를 사용할 경우 단위수량을 감소시키면 워커빌리티가 나빠진다.

97 건축물에 사용되는 천장마감재의 요구성능으로 옳지 않은 것은?

① 내충격성 ② 내화성
③ 흡음성 ④ 차음성

해설 천장마감재의 요구성능에는 내화성, 흡음성, 차음성이 있다.

정답 93 ③ 94 ② 95 ③ 96 ④ 97 ①

98 세라믹재료의 일반적인 특성에 관한 설명으로 옳지 않은 것은?

① 내열성, 화학저항성이 우수하다.
② 전 · 연성이 매우 뛰어나 가공이 용이하다.
③ 단단하고, 압축강도가 높다.
④ 전기절연성이 있다.

 세라믹 재료는 단단하고 압축강도가 높아 전 · 연성이 나쁘다.

99 한중 콘크리트의 배합에 관한 설명으로 옳지 않은 것은?

① 한중 콘크리트에는 일반콘크리트만을 사용하고, AE콘크리트의 사용을 금한다.
② 단위수량은 초기동해를 적게 하기 위하여 소요의 워커빌리티를 유지할 수 있는 범위 내에서 되도록 적게 정해야 한다.
③ 물-결합재비는 원칙적으로 60% 이하로 하여야 한다.
④ 배합강도 및 물-결합재비는 적산온도방식에 의해 결정할 수 있다.

 한중 콘크리트는 일평균 기온 4℃ 이하일 때 타설하는 콘크리트로 물-시멘트비(W/C)를 60% 이하로 가급적 작게 하고 AE제를 혼합 사용한다.

100 유리의 주성분 중 가장 많이 함유되어 있는 것은?

① CaO　　② SiO_2
③ Al_2O_3　　④ MgO

 유리의 주성분 중 가장 많이 함유하고 있는 것은 SiO_2이다.

제6과목 건설안전기술

101 비계의 높이가 2m 이상인 작업장소에 설치하는 작업발판의 설치기준으로 옳지 않은 것은?

① 작업발판의 폭은 40m 이상으로 한다.
② 작업발판재료는 뒤집히거나 떨어지지 않도록 하나 이상의 지지물에 연결하거나 고정시킨다.
③ 발판재료 간의 틈은 3cm 이하로 한다.
④ 작업발판의 지지물은 하중에 의하여 파괴될 우려가 없는 것을 사용한다.

 작업발판재료는 뒤집히거나 떨어지지 않도록 둘 이상의 지지물에 연결하거나 고정한다.

102 NATM공법 터널공사의 경우 록 볼트 작업과 관련된 계측결과에 해당되지 않는 것은?

① 내공변위 측정 결과
② 천담침하 측정 결과
③ 인발시험 결과
④ 진동 측정 결과

 록 볼트의 작업과 관련한 계측결과에는 내공변위, 천단침하, 인발시험 등이 해당된다.

정답 98 ② 99 ① 100 ② 101 ② 102 ④

103 거푸집 동바리 등을 조립하는 경우에 준수하여야 할 사항으로 옳지 않은 것은?

① 깔목의 사용, 콘크리트 타설, 말뚝박기 등 동바리의 침하를 방지하기 위한 조치를 할 것
② 개구부 상부에 동바리를 설치하는 경우에는 상부하중을 견딜 수 있는 견고한 받침대를 설치할 것
③ 거푸집이 곡면인 경우에는 버팀대의 부착 등 그 거푸집의 부상(浮上)을 방지하기 위한 조치를 할 것
④ 동바리의 이음은 맞댄이음이나 장부이음을 피할 것

해설 법이 개정되어 앞으로 출제되지 않음

104 불도저를 이용한 작업 중 안전조치사항으로 옳지 않은 것은?

① 작업종료와 동시에 삽날을 지면에서 띄우고 주차 제동장치를 건다.
② 모든 조종간은 엔진 시동 전에 중립 위치에 놓는다.
③ 장비의 승차 및 하차 시 뛰어내리거나 오르지 말고 안전하게 잡고 오르내린다.
④ 야간작업 시 자주 장비에서 내려와 장비 주위를 살피며 점검하여야 한다.

해설 작업의 종료와 동시에 삽날은 지면에 위치해야 한다.

105 콘크리트타설작업과 관련하여 준수하여야 할 사항으로 가장 거리가 먼 것은?

① 당일의 작업을 시작하기 전에 해당 작업에 관한 거푸집 동바리 등의 변형·변위 및 지반의 침하 유무 등을 점검하고 이상이 있으면 보수할 것
② 콘크리트를 타설하는 경우에는 편심이 발생하지 않도록 골고루 분산하여 타설할 것
③ 진동기의 사용은 많이 할수록 균일한 콘크리트를 얻을 수 있으므로 가급적 많이 사용할 것
④ 설계도서상의 콘크리트 양생기간을 준수하여 거푸집 동바리 등을 해체할 것

해설 진동기를 많이 사용할 경우 거푸집의 측압이 증가하고 재료분리가 발생할 수 있으므로 지양해야 한다.

106 화물취급작업과 관련한 위험방지를 위해 조치하여야 할 사항으로 옳지 않은 것은?

① 하역작업을 하는 장소에서 작업장 및 통로의 위험한 부분에는 안전하게 작업할 수 있는 조명을 유지할 것
② 하역작업을 하는 장소에서 부두 또는 안벽의 선을 따라 통로를 설치하는 경우에는 폭을 50cm 이상으로 할 것
③ 차량 등에서 화물을 내리는 작업을 하는 경우에 해당 작업에 종사하는 근로자에게 쌓여 있는 화물 중간에서 화물을 빼내도록 하지 말 것
④ 꼬임이 끊어진 섬유로프 등을 화물운반용 또는 고정용으로 사용하지 말 것

정답 103 ④ 104 ① 105 ③ 106 ②

 부두 또는 안벽의 선을 따라 통로를 설치할 때는 폭을 90cm 이상으로 하여야 한다.

107 유해위험방지 계획서를 제출하려고 할 때 그 첨부서류와 가장 거리가 먼 것은?

① 공사개요서
② 산업안전보건관리비 작성요령
③ 전체 공정표
④ 재해 발생 위험 시 연락 및 대피방법

 산업안전보건관리비 사용계획이 포함되어야 한다.

108 건설재해대책의 사면보호법 중 식물을 교육시켜 그 뿌리로 사면의 표층토를 고정하여 빗물에 의한 침식, 동상, 이완을 방지하고, 녹화에 의한 경관조성을 목적으로 시공하는 것은?

① 식생공 ② 쉴드공
③ 뿜어 붙이기공 ④ 블럭공

 식생공에 대한 설명이며 식생공에는 떼붙임공, 식수공, 파종공이 있다.

109 건설현장에 설치하는 사다리식 통로의 설치기준으로 옳지 않은 것은?

① 발판과 벽과의 사이는 15cm 이상의 간격을 유지할 것
② 발판의 간격은 일정하게 할 것
③ 사다리의 상단은 걸쳐놓은 지점으로부터 60cm 이상 올라가도록 할 것
④ 사다리식 통로의 길이가 10m 이상인 경우에는 3m 이내마다 계단참을 설치할 것

해설 사다리식 통로의 길이가 10m 이상인 경우에는 5m 이내마다 계단참을 설치해야 한다.

110 표준관입시험에 관한 설명으로 옳지 않은 것은?

① N치(N－value)는 지반을 30cm 굴진하는 데 필요한 타격횟수를 의미한다.
② N치가 4~10일 경우 모래의 상대밀도는 매우 단단한 편이다.
③ 63.5kg 무게의 추를 76cm 높이에서 자유낙하하여 타격하는 시험이다.
④ 사질기반에 적용하며, 점토기반에서는 편차가 커서 신뢰성이 떨어진다.

해설 N치가 4~10일 경우 모래의 상대밀도는 느슨한 편이다.

N값	모래지반 상대밀도	N값	점토지반 점착력
0~4	몹시 느슨	0~2	아주 연약
4~10	느슨	2~4	연약
10~30	보통	4~8	보통
30~50	조밀	8~15	강한 점착력
50 이상	대단히 조밀	15~30	매우 강한 점착력
		30 이상	견고(경질)

111 건설공사의 산업안전보건관리비 계상 시 대상액이 구분되어 있지 않은 공사는 도급계약 또는 자체사업 계획상의 총 공사금액 중 얼마를 대상액으로 하는가?

① 50% ② 60%
③ 70% ④ 80%

정답 107 ② 108 ① 109 ④ 110 ② 111 ③

해설 산업안전보건관리비 계상 시 대상액이 구분되어 있지 않은 공사는 총 공사금액의 70%를 대상액으로 한다.

112 흙막이 지보공을 설치하였을 경우 정기적으로 점검하고 이상을 발견하면 즉시 보수하여야 하는 사항과 가장 거리가 먼 것은?

① 부재의 접속부 · 부착부 및 교차부의 상태
② 버팀대의 긴압(緊壓)의 정도
③ 부재의 손상 · 변형 · 부식 · 변위 및 탈락의 유무와 상태
④ 비표수의 흐름 상태

해설 흙막이 지보공을 설치한 때 정기적 점검사항은 다음과 같다.
- 부재의 손상 · 변형 · 부식 · 변위 및 탈락의 유무와 상태
- 버팀대 긴압의 정도
- 부재의 접속부 · 부착부 및 교차부의 상태
- 침하의 정도

113 작업발판 및 통로의 끝이나 개구부로서 근로자가 추락할 위험이 있는 장소에서 난간 등의 설치가 매우 곤란하거나 작업의 필요상 임시로 난간 등을 해체하여야 하는 경우에 설치해야 하는 것은?

① 구명구 ② 수직보호망
③ 석면포 ④ 추락방호망

해설 작업발판 및 통로의 끝이나 개구부로서 추락위험 장소에 난간 설치가 매우 곤란하거나 임시로 난간 등을 해체하여야 하는 경우 추락방호망을 설치해야 한다.

114 산업안전보건법령에 따른 양중기의 종류에 해당하지 않는 것은?

① 곤돌라 ② 리프트
③ 클램쉘 ④ 크레인

해설 클램쉘은 토공기계의 종류이다.

115 철골용접부의 내부결함을 검사하는 방법으로 가장 거리가 먼 것은?

① 알칼리 반응 시험
② 방사선 투과시험
③ 자기분말 탐상시험
④ 침투 탐상시험

해설 철골용접부의 내부결함을 검사하는 방법은 다음과 같다.
- 방사선 투과시험(Radiographic Test)
- 초음파 탐상시험(Ultrasonic Test)
- 자기분말 탐상시험(Magnetic Particle Test)
- 침투 탐상시험(Penetration Particle Test)
- 와류 탐상시험(Eddy Current Test)

116 도심지 폭파해체공법에 관한 설명으로 옳지 않은 것은?

① 장기간 발생하는 진동, 소음이 적다.
② 해체 속도가 빠르다.
③ 주위의 구조물에 끼치는 영향이 적다.
④ 많은 분진 발생으로 민원을 발생시킬 우려가 있다.

해설 도심지 폭파해체공법은 주변 구조물에 영향을 끼칠 수 있으므로 유의해야 한다.

정답 112 ④ 113 ④ 114 ③ 115 ① 116 ③

117 근로자의 추락 등의 위험을 방지하기 위한 안전난간의 설치요건에서 상부난간대를 120cm 이상 지점에 설치하는 경우 중간 난간대를 최소 몇 단 이상 균등하게 설치하여야 하는가?

① 2단 ② 3단
③ 4단 ④ 5단

상부난간대를 120cm 이상 지점에 설치하는 경우에는 중간 난간대를 2단 이상으로 균등하게 설치하고 난간의 상하 간격은 60cm 이하가 되도록 하여야 한다.

118 말비계를 조립하여 사용하는 경우 지주부재와 수평면의 기울기는 얼마 이하로 하여야 하는가?

① 65° ② 70°
③ 75° ④ 80°

지주부재와 수평면과의 기울기를 75° 이하로 하고, 지주부재와 지주부재 사이를 고정시키는 보조부재를 설치해야 한다.

119 지반 등의 굴착 시 위험을 방지하기 위한 경암 지반 굴착면의 기울기 기준으로 옳은 것은?

① 1 : 0.3 ② 1 : 0.4
③ 1 : 0.5 ④ 1 : 0.6

굴착면의 기울기 기준

지반의 종류	굴착면의 기울기
모래	1 : 1.8
연암 및 풍화암	1 : 1.0
경암	1 : 0.5
그 밖의 흙	1 : 1.2

120 흙막이 공법을 흙막이 지지방식에 의한 분류와 구조방식에 의한 분류로 나눌 때 다음 중 지지방식에 의한 분류에 해당하는 것은?

① 수평 버팀대식 흙막이 공법
② H-Pile 공법
③ 지하연속벽 공법
④ Top down method 공법

수평 버팀대식 흙막이 공법은 지지방식에 의한 분류에 해당된다.

정답 117 ① 118 ③ 119 ③ 120 ①

2021년 3월 7일 시행

ENGINEER CONSTRUCTION SAFETY

제1과목 산업안전관리론

01 안전관리에 있어 5C 운동(안전행동 실천운동)에 속하지 않는 것은?

① 통제관리(Control)
② 청소청결(Cleaning)
③ 정리정돈(Clearance)
④ 전심전력(Concentration)

해설 5C 운동(안전행동 실천운동)

① 복장단정(Correctness)
② 정리정돈(Clearance)
③ 청소청결(Cleaning)
④ 점검 · 확인(Checking)
⑤ 전심전력(Concentration)

참고 제1장 → ❺ → ❹ 무재해 소집단 활동

02 연평균 200명의 근로자가 작업하는 사업장에서 연간 2건의 재해가 발생하여 사망이 2명, 50일의 휴업일수가 발생했을 때, 이 사업장의 강도율은? (단, 근로자 1명당 연간근로시간은 2,400시간으로 한다.)

① 약 15.7 ② 약 31.3
③ 약 65.5 ④ 약 74.3

해설 강도율

연근로시간 1,000시간당 재해로 인해서 잃어버린 근로손실일수

$$= \frac{\text{근로손실일수}}{\text{연근로시간수}} \times 1{,}000$$

$$= \frac{7{,}500 \times 2 + \left(50 \times \frac{300}{365}\right)}{200 \times 2{,}400} \times 1{,}000$$

$= 31.35$

03 산업안전보건법령상 안전보건표지의 색채와 색도기준의 연결이 옳은 것은? (단, 색도기준은 한국산업표준(KS)에 따른 색의 3속성에 의한 표시방법에 따른다.)

① 흰색 : N0.5
② 녹색 : 5G 5.5/6
③ 빨간색 : 5R 4/12
④ 파란색 : 2.5PB 4/10

해설 안전보건표지의 색도기준 및 용도

색채	색도기준	용도	사용 예
빨간색	7.5R 4/14	금지	정지신호, 소화설비 및 그 장소, 유해행위의 금지
		경고	화학물질 취급장소에서의 유해 · 위험 경고
노란색	5Y 8.5/12	경고	화학물질 취급장소에서의 유해 · 위험 경고, 이외의 위험 경고, 주의표지 또는 기계 방호물

정답 01 ① 02 ② 03 ④

파란색	2.5PB 4/10	지시	특정 행위의 지시 및 사실의 고지
녹색	2.5G 4/10	안내	비상구 및 피난소, 사람 또는 차량의 통행표지
흰색	N9.5		파란색 또는 녹색에 대한 보조색
검은색	N0.5		문자 및 빨간색 또는 노란색에 대한 보조색

04 위험예지훈련의 문제해결 4단계(4R)에 속하지 않는 것은?

① 현상파악 ② 본질추구
③ 대책수립 ④ 후속조치

위험예지훈련의 추진을 위한 문제해결 4단계(4라운드)

- 1라운드 : 현상파악(사실의 파악)
- 2라운드 : 본질추구(원인조사)
- 3라운드 : 대책수립(대책 세움)
- 4라운드 : 목표설정(행동계획 작성)

05 산업안전보건법령상 건설업의 경우 안전보건관리규정을 작성하여야 하는 상시근로자수 기준으로 옳은 것은?

① 50명 이상 ② 100명 이상
③ 200명 이상 ④ 300명 이상

안전보건관리규정의 작성 · 변경 절차(산업안전보건법 시행규칙)

안전보건관리규정을 작성하여야 할 사업은 상시 근로자 100명 이상을 사용하는 사업으로 한다.

06 작업자가 기계 등의 취급을 잘못해도 사고가 발생하지 않도록 방지하는 기능은?

① Back up 기능
② Fail safe 기능
③ 다중계화 기능
④ Fool proof 기능

해설 **풀 프루프(Fool proof)**

기계장치 설계단계에서 안전화를 도모하는 것으로 근로자가 기계 등의 취급을 잘못해도 사고로 연결되는 일이 없도록 하는 안전기구 즉, 인간과오(Human Error)를 방지하기 위한 것

07 시설물의 안전 및 유지관리에 관한 특별법상 다음과 같이 정의되는 것은?

> 시설물의 붕괴, 전도 등으로 인한 재난 또는 재해가 발생할 우려가 있는 경우에 시설물의 물리적·기능적 결함을 신속하게 발견하기 위하여 실시하는 점검

① 긴급안전점검 ② 특별안전점검
③ 정밀안전점검 ④ 정기안전점검

해설 **긴급안전점검**

관리주체가 시설물의 붕괴 · 전도 등이 발생할 위험이 있다고 판단하는 경우 또는 국토교통부장관 및 관계 행정기관의 장이 시설물의 구조상 공중의 안전한 이용에 중대한 영향을 미칠 우려가 있다고 판단되는 경우 실시한다.

정답 04 ④ 05 ② 06 ④ 07 ①

08 재해의 분석에 있어 사고유형, 기인물, 불안전한 상태, 불안전한 행동을 하나의 축으로 하고, 그것을 구성하고 있는 몇 개의 분류항목을 크기가 큰 순서대로 나열하여 비교하기 쉽게 도시한 통계 양식의 도표는?

① 직선도 ② 특성요인도
③ 파레토도 ④ 체크리스트

해설 파레토도 : 불량 등의 발생건수를 분류항목별로 나누어 크게 순서대로 나열(영향도, 하자도)

09 산업안전보건법령상 안전관리자의 업무에 명시되지 않은 것은?

① 사업장 순회점검, 지도 및 조치 건의
② 물질안전보건자료의 게시 또는 비치에 관한 보좌 및 지도 · 조언
③ 산업재해에 관한 통계의 유지 · 관리 · 분석을 위한 보좌 및 지도 · 조언
④ 해당 사업장 안전교육계획의 수립 및 안전교육 실시에 관한 보좌 및 지도 · 조언

해설 ②는 보건관리자의 업무 중 하나이다.

안전관리자의 업무

1. 산업안전보건위원회 또는 노사협의체에서 심의 · 의결한 업무와 안전보건관리규정 및 취업규칙에서 정한 업무
2. 위험성평가에 관한 보좌 및 지도 · 조언
3. 안전인증대상기계등과 자율안전확인대상기계등 구입 시 적격품의 선정에 관한 보좌 및 지도 · 조언
4. 해당 사업장 안전교육계획의 수립 및 안전교육 실시에 관한 보좌 및 지도 · 조언
5. 사업장 순회점검, 지도 및 조치 건의
6. 산업재해 발생의 원인조사 · 분석 및 재발 방지를 위한 기술적 보좌 및 지도 · 조언
7. 산업재해에 관한 통계의 유지 · 관리 · 분석을 위한 보좌 및 지도 · 조언
8. 법 또는 법에 따른 명령으로 정한 안전에 관한 사항의 이행에 관한 보좌 및 지도 · 조언
9. 업무 수행 내용의 기록 · 유지
10. 그 밖에 안전에 관한 사항으로서 고용노동부장관이 정하는 사항

10 재해조사 시 유의사항으로 틀린 것은?

① 인적, 물적 양면의 재해요인을 모두 도출한다.
② 책임 추궁보다 재발 방지를 우선하는 기본태도를 갖는다.
③ 목격자 등이 증언하는 사실 이외 추측의 말은 참고만 한다.
④ 목격자의 기억보존을 위하여 조사는 담당자 단독으로 신속하게 실시한다.

해설 재해조사 시 유의사항

- 사실을 수집한다.
- 객관적인 입장에서 공정하게 조사하며 조사는 2인 이상이 한다.
- 책임추궁보다는 재발방지를 우선으로 한다.
- 조사는 신속하게 행하고 긴급 조치하여 2차 재해의 방지를 도모한다.
- 피해자에 대한 구급조치를 우선한다.
- 사람, 기계 설비 등의 재해요인을 모두 도출한다.

11 재해 발생의 간접원인 중 교육적 원인에 속하지 않는 것은?

① 안전수칙의 오해
② 경험훈련의 미숙
③ 안전지식의 부족
④ 작업지시 부적당

정답 08 ③ 09 ② 10 ④ 11 ④

해설 교육적 원인

- 안전지식의 부족
- 안전수칙의 오해
- 경험, 훈련의 미숙
- 작업방법의 교육 불충분
- 유해 · 위험작업의 교육 불충분

12 **산업안전보건법령상 산업안전보건관리비 사용명세서는 건설공사 종료 후 얼마간 보존해야 하는가? (단, 공사가 1개월 이내에 종료되는 사업은 제외한다.)**

① 6개월간 ② 1년간
③ 2년간 ④ 3년간

산업안전보건법에 따라 해당 공사를 위하여 계상된 산업안전보건관리비의 사용명세서는 공사종료 후 1년간 보존하여야 한다.

제2장 → ❸ → 1 운용요령

13 **보호구 안전인증 고시상 성능이 다음과 같은 방음용 귀마개(기호)로 옳은 것은?**

저음부터 고음까지 차음하는 것

① EP－1 ② EP－2
③ EP－3 ④ EP－4

해설 방음용 귀마개 또는 귀덮개의 종류·등급

종류	등급	기호	성능	비고
귀마개	1종	EP－1	저음부터 고음까지 차음하는 것	귀마개의 경우 재사용 여부를 제조특성으로 표기
	2종	EP－2	주로 고음을 차음하고 저음(회화음 영역)은 차음하지 않는 것	
귀덮개	－	EM		

참고 제5장 → ❶ → 3 보호구의 성능기준 및 시험방법

14 **산업안전보건기준에 관한 규칙상 지게차를 사용하는 작업을 하는 때의 작업 시작 전 점검사항에 명시되지 않은 것은?**

① 제동장치 및 조종장치 기능의 이상 유무
② 하역장치 및 유압장치 기능의 이상 유무
③ 와이어로프가 통하고 있는 곳 및 작업장소의 지반상태
④ 전조등 · 후미등 · 방향지시기 및 경보장치 기능의 이상 유무

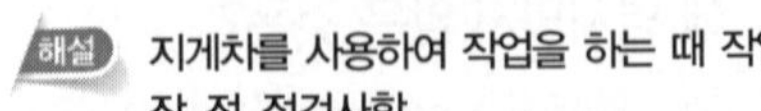
해설 지게차를 사용하여 작업을 하는 때 작업 시작 전 점검사항

1. 제동장치 및 조종장치 기능의 이상 유무
2. 하역장치 및 유압장치 기능의 이상 유무
3. 바퀴의 이상 유무
4. 전조등 · 후미등 · 방향지시기 및 경보장치 기능의 이상 유무

제4장 → ❶ → 2 안전점검기준(안전점검표, 체크리스트)의 작성

15 **산업안전보건법령상 산업안전보건위원회의 심의 · 의결사항에 명시되지 않은 것은? (단, 그 밖에 해당 사업장 근로자의 안전 및 보건을 유지 · 증진시키기 위하여 필요한 사항은 제외)**

① 사업장의 산업재해 예방계획의 수립에 관한 사항
② 산업재해에 관한 통계의 기록 및 유지에 관한 사항
③ 작업환경측정 등 작업환경의 점검 및 개선에 관한 사항

정답 12 ② 13 ① 14 ③ 15 ④

④ 안전장치 및 보호구 구입 시 적격품 여부 확인에 관한 사항

해설 **산업안전보건위원회의 심의 · 의결 사항**

- 산업재해 예방계획의 수립에 관한 사항
- 안전보건관리규정의 작성 및 변경에 관한 사항
- 근로자의 안전 · 보건교육에 관한 사항
- 작업환경측정 등 작업환경의 점검 및 개선에 관한 사항
- 근로자의 건강진단 등 건강관리에 관한 사항
- 중대 재해의 원인조사 및 재발방지대책 수립에 관한 사항
- 산업재해에 관한 통계의 기록 및 유지에 관한 사항
- 안전 · 보건과 관련된 안전장치 및 보호구 구입 시의 적격품 여부 확인에 관한 사항

16 재해손실비 중 직접비에 속하지 않는 것은?

① 요양급여 ② 장해급여
③ 휴업급여 ④ 영업손실비

 **직접비**

법령으로 정한 피해자에게 지급되는 산재보험비

- 휴업보상비
- 장해보상비
- 요양보상비
- 유족보상비
- 장의비

17 버드(F. Bird)의 사고 5단계 연쇄성 이론에서 제3단계에 해당하는 것은?

① 상해(손실)
② 사고(접촉)
③ 직접원인(징후)
④ 기본원인(기원)

해설 **버드(Frank Bird)의 신도미노이론**

- 1단계 : 통제의 부족(관리소홀), 재해발생의 근원적 요인
- 2단계 : 기본원인(기원), 개인적 또는 과업과 관련된 요인
- 3단계 : 직접원인(징후), 불안전한 행동 및 불안전한 상태
- 4단계 : 사고(접촉)
- 5단계 : 상해(손해)

18 브레인스토밍(Brain Storming) 4원칙에 속하지 않는 것은?

① 비판수용 ② 대량발언
③ 자유분방 ④ 수정발언

해설 **브레인스토밍**

- 비판금지 : "좋다, 나쁘다" 등의 비평을 하지 않는다.
- 자유분방 : 자유로운 분위기에서 발표한다.
- 대량발언 : 무엇이든지 좋으니 많이 발언한다.
- 수정발언 : 자유자재로 변하는 아이디어를 개발한다.(타인 의견의 수정발언)

19 산업안전보건법령상 안전인증대상기계 등에 명시되지 않은 것은?

① 곤돌라 ② 연삭기
③ 사출성형기 ④ 고소 작업대

해설 **안전인증대상 기계 · 기구 및 설비**

- 프레스
- 전단기
- 크레인
- 리프트
- 압력용기
- 롤러기
- 사출성형기
- 고소작업대
- 곤돌라

정답 16 ④ 17 ③ 18 ① 19 ②

20 안전관리조직의 유형 중 라인형에 관한 설명으로 옳은 것은?

① 대규모 사업장에 적합하다.
② 안전지식과 기술축적이 용이하다.
③ 명령과 보고가 상하관계뿐이므로 간단명료하다.
④ 독립된 안전참모 조직에 대한 의존도가 높다.

라인형(LINE, 직계형) 조직 : 소규모기업에 적합한 조직으로서 안전관리에 관한 계획에서부터 실시에 이르기까지 모든 안전업무가 생산라인을 통하여 직선적으로 이루어지도록 편성된 조직(소규모, 100명 이하)

[직계형 조직의 단점]
- 안전에 대한 지식 및 기술축적이 어려움
- 안전에 대한 정보수집 및 신기술 개발이 미흡
- 라인에 과중한 책임을 지우기 쉽다.

제2과목 산업심리 및 교육

21 정신상태 불량에 의한 사고의 요인 중 정신력과 관계되는 생리적 현상에 해당하지 않는 것은?

① 신경계통의 이상
② 육체적 능력의 초과
③ 시력 및 청각의 이상
④ 과도한 자존심과 자만심

개성적 결함 요소

도전적인 마음, 과도한 자존심, 다혈질 및 인내심 부족

22 선발용으로 사용되는 적성검사가 잘 만들어졌는지를 알아보는 분석방법과 관련이 없는 것은?

① 구성타당도
② 내용타당도
③ 동등타당도
④ 검사－재검사 신뢰도

해설 산업안전 심리의 요소(심리검사의 구비요건, 학습평가의 기본적인 기준)

1) 표준화 : 검사의 관리를 위한 조건, 절차의 일관성과 통일성에 대한 심리검사의 표준화
2) 타당도
   - 구인 타당도(구성 타당도, Construct Validity) : 검사 도구가 측정하고자 하는 개념이나 이론을 제대로 측정하고 있는지
   - 내용 타당도(Content Validity) : 검사가 다루고 있는 주제를 그 검사 내용의 측면에서 상세히 분석
3) 신뢰도(검사－재검사 신뢰도) : 검사조건이나 시기와 관계없이 얼마나 점수들이 일관성이 있는가, 비슷한 것을 측정하는 검사점수와 얼마나 일관성이 있는가
4) 객관도 : 채점(평가)이 객관적인 것을 의미
5) 실용도 : 실시(적용)이 쉬운 검사

23 상황성 누발자의 재해유발 원인과 가장 거리가 먼 것은?

① 기능 미숙 때문에
② 작업이 어렵기 때문에
③ 기계설비에 결함이 있기 때문에
④ 환경상 주의력의 집중이 혼란되기 때문에

정답 20 ③ 21 ④ 22 ③ 23 ①

해설 성격의 유형(재해누발자 유형)

- 미숙성 누발자 : 환경에 익숙하지 못하거나 기능 미숙으로 인한 재해 누발자
- 상황성 누발자 : 작업이 어렵거나, 기계설비의 결함, 주의력의 집중이 혼란된 경우, 심신의 근심으로 사고 경향자가 되는 경우(상황이 변하면 안전한 성향으로 바뀜)
- 습관성 누발자 : 재해의 경험으로 신경과민이 되거나 슬럼프에 빠지기 때문에 사고 경향자가 되는 경우
- 소질성 누발자 : 지능, 성격, 감각운동 등에 의한 소질적 요소에 의해서 결정되는 특수성격 소유자

24 생산작업의 경제성과 능률 제고를 위한 동작경제의 원칙에 해당하지 않는 것은?

① 신체의 사용에 의한 원칙
② 작업장의 배치에 관한 원칙
③ 작업표준 작성에 관한 원칙
④ 공구 및 설비 디자인에 관한 원칙

해설 동작경제의 원칙

1. 신체 사용에 관한 원칙(동작개선, 동작량 절약, 동작능력 활용)
2. 작업장 배치에 관한 원칙
   - 모든 공구나 재료는 정해진 위치에 있도록 한다.
   - 공구, 재료 및 제어장치는 사용위치에 가까이 두도록 한다.(정상작업영역, 최대작업영역)
   - 중력이송원리를 이용한 부품상자(Gravity Feed Bath)나 용기를 이용하여 부품을 부품사용장소에 가까이 보낼 수 있도록 한다.
3. 공구 및 설비 설계(디자인)에 관한 원칙

25 매슬로우(Maslow)의 욕구 5단계를 낮은 단계에서 높은 단계의 순서대로 나열한 것은?

① 생리적 욕구 → 안전 욕구 → 사회적 욕구 → 자아실현의 욕구 → 인정의 욕구
② 생리적 욕구 → 안전 욕구 → 사회적 욕구 → 인정의 욕구 → 자아실현의 욕구
③ 안전 욕구 → 생리적 욕구 → 사회적 욕구 → 자아실현의 욕구 → 인정의 욕구
④ 안전 욕구 → 생리적 욕구 → 사회적 욕구 → 인정의 욕구 → 자아실현의 욕구

해설 매슬로우(Maslow)의 욕구단계이론

- 생리적 욕구(제1단계) : 기아, 갈증, 호흡, 배설, 성욕 등
- 안전의 욕구(제2단계) : 안전을 기하려는 욕구
- 사회적 욕구(제3단계) : 소속 및 애정에 대한 욕구(친화 욕구)
- 자기존경의 욕구(제4단계) : 자기존경의 욕구로 자존심, 명예, 성취, 지위에 대한 욕구(승인의 욕구, 인정의 욕구)
- 자아실현의 욕구(제5단계) : 잠재적인 능력을 실현하고자 하는 욕구(성취욕구)

26 강의계획 시 설정하는 학습목적의 3요소에 해당하는 것은?

① 학습방법 ② 학습성과
③ 학습자료 ④ 학습정도

해설 학습목적의 3요소는 주제, 학습정도, 목표이다.

정답 24 ③ 25 ② 26 ④

27 **집단과 인간관계에서 집단의 효과에 해당하지 않는 것은?**

① 동조 효과 ② 견물 효과
③ 암시 효과 ④ 시너지 효과

해설 **집단의 효과**

- 동조 효과 : 집단의 압력에 의해, 다수의 의견을 따르게 되는 현상
- 시너지 효과(상승 효과)
- 견물 효과 : 자랑스럽게 생각하는 것

28 **안전보건교육의 단계별 교육 중 태도교육의 내용과 가장 거리가 먼 것은?**

① 작업동작 및 표준작업방법의 습관화
② 안전장치 및 장비 사용 능력의 빠른 습득
③ 공구 · 보호구 등의 관리 및 취급태도의 확립
④ 작업지시 · 전달 · 확인 등의 언어 · 태도의 정확화 및 습관화

② 안전장치 및 장비 사용 능력의 빠른 습득은 기능교육의 내용이다.

안전보건교육의 3단계
- 지식교육(1단계) : 지식의 전달과 이해
- 기능교육(2단계) : 실습, 시범을 통한 이해
- 태도교육(3단계) : 안전의 습관화(가치관 형성)

청취(들어본다.) → 이해, 납득(이해시킨다.) → 모범(시범을 보인다.) → 권장(평가한다.)

29 **O.J.T(On the Job Training)의 장점이 아닌 것은?**

① 개개인에게 적절한 지도훈련이 가능하다.
② 전문가를 강사로 초빙하는 것이 가능하다.
③ 훈련에 필요한 업무의 계속성이 끊어지지 않는다.
④ 직장의 실정에 맞게 실제적 훈련이 가능하다.

②은 Off the Job Training의 장점 중 하나이다.

O.J.T(직장 내 교육훈련)
직속상사가 직장 내에서 작업표준을 가지고 업무상의 개별교육이나 지도훈련을 하는 것(개별교육에 적합)
- 개인 개인에게 적절한 지도훈련이 가능
- 직장의 실정에 맞게 실제적 훈련이 가능
- 효과가 곧 업무에 나타나며 훈련의 좋고 나쁨에 따라 개선이 쉬움

30 **인간의 심리 중에는 안전수단이 생략되어 불안전 행위를 나타내는 경우가 있다. 안전수단이 생략되는 경우로 가장 적절하지 않은 것은?**

① 의식과잉이 있을 때
② 교육훈련을 실시할 때
③ 피로하거나 과로했을 때
④ 부적합한 업무에 배치될 때

안전수단이 생략되는 경우는 의식과잉이 있는 경우, 피로하거나 과로한 경우, 부적합한 업무에 배치된 경우이며, 교육훈련의 실시는 안전의식을 고취하는 방법 중 하나이다.

정답 27 ③ 28 ② 29 ② 30 ②

31 산업안전심리학에서 산업안전심리의 5대 요소에 해당하지 않는 것은?

① 감정 ② 습성
③ 동기 ④ 피로

해설 **산업안전심리의 5대 요소**

1. 동기(Motive) : 능동력은 감각에 의한 자극에서 일어나는 사고의 결과로서 사람의 마음을 움직이는 원동력
2. 기질(Temper) : 인간의 성격, 능력 등 개인적인 특성을 말하는 것으로 생활환경에 영향을 받는다.
3. 감정(Emotion) : 희로애락의 의식
4. 습성(Habits) : 동기, 기질, 감정 등이 밀접한 관계를 형성하여 인간의 행동에 영향을 미칠 수 있도록 하는 것
5. 습관(Custom) : 자신도 모르게 습관화된 현상을 말한다.

32 구안법(project method)의 단계를 올바르게 나열한 것은?

① 계획 → 목적 → 수행 → 평가
② 계획 → 목적 → 평가 → 수행
③ 수행 → 평가 → 계획 → 목적
④ 목적 → 계획 → 수행 → 평가

해설 **구안법(Project Method)의 특징**

동기부여가 충분한 현실적인 학습방법이다. 작업에 대해 창조력이 생기며 시간과 에너지가 많이 소비된다.
(구안법의 단계 : 목적 → 계획 → 수행 → 평가)

33 산업안전보건법령상 근로자 안전 · 보건교육에서 채용 시 교육 및 작업내용 변경 시의 교육에 해당하는 것은?

① 사고 발생 시 긴급조치에 관한 사항
② 건강증진 및 질병 예방에 관한 사항
③ 유해 · 위험 작업환경 관리에 관한 사항
④ 작업공정의 유해 · 위험과 재해 예방대책에 관한 사항

해설 **채용 시 교육 및 작업내용 변경 시 교육내용**

- 산업안전 및 사고 예방에 관한 사항
- 산업보건 및 직업병 예방에 관한 사항
- 산업안전보건법령 및 산업재해보상보험 제도에 관한 사항
- 직무 스트레스 예방 및 관리에 관한 사항
- 직장 내 괴롭힘, 고객의 폭언 등으로 인한 건강장해 예방 및 관리에 관한 사항
- 기계 · 기구의 위험성과 작업의 순서 및 동선에 관한 사항
- 작업 개시 전 점검에 관한 사항
- 정리정돈 및 청소에 관한 사항
- 사고 발생 시 긴급조치에 관한 사항
- 물질안전보건자료에 관한 사항

34 학습이론 중 S－R 이론에서 조건반사설에 의한 학습이론의 원리에 해당하지 않는 것은?

① 시간의 원리 ② 일관성의 원리
③ 기억의 원리 ④ 계속성의 원리

해설 **파블로프(Pavlov)의 조건반사설**

훈련을 통해 반응이나 새로운 행동에 적응할 수 있다.(종소리를 통해 개의 소화작용에 대한 실험을 실시)

- 계속성의 원리(The Continuity Principle) : 자극과 반응의 관계는 횟수가 거듭될수록 강화가 잘됨
- 일관성의 원리(The Consistency Principle) : 일관된 자극을 사용하여야 한

정답 31 ④ 32 ④ 33 ① 34 ③

- 강도의 원리(The Intensity Principle) : 먼저 준 자극보다 같거나 강한 자극을 주어야 강화가 잘됨
- 시간의 원리(The Time Principle) : 조건 자극을 무조건자극보다 조금 앞서거나 동시에 주어야 강화가 잘됨

3. 적용 (Performance) : 작업을 지휘한다(이해시킨 내용을 활용시키거나 응용시키는 단계).
4. 확인(Follow Up) : 가르친 뒤 살펴본다(교육내용을 정확하게 이해하였는가를 테스트하는 단계).

35 허시(Hersey)와 브랜차드(Blanchard)의 상황적 리더십 이론에서 리더십의 4가지 유형에 해당하지 않는 것은?

① 통제적 리더십
② 지시적 리더십
③ 참여적 리더십
④ 위임적 리더십

해설 상황적 리더십의 리더십 유형 4가지
- 지시형
- 설득형
- 참여형
- 위임형

36 안전교육 훈련의 기술교육 4단계에 해당하지 않는 것은?

① 준비단계
② 보습지도의 단계
③ 일을 완성하는 단계
④ 일을 시켜보는 단계

 ① 도입 ② 제시 ④ 적용

교육진행의 4단계
1. 도입(Preparation) : 학습할 준비를 시킨다(배우고자 하는 마음가짐을 일으키는 단계).
2. 제시(Presentation) : 작업을 설명한다(내용을 확실하게 이해시키고 납득시키는 단계).

37 휴먼에러의 심리적 분류에 해당하지 않는 것은?

① 입력 오류(input error)
② 시간지연 오류(timing error)
③ 생략 오류(omission error)
④ 순서 오류(sequential error)

해설 심리적(행위에 의한) 분류(Swain)
- 생략에러(Omission Error)
- 실행(작위적) 에러(Commission Error)
- 과잉행동에러(Extraneous Error)
- 순서에러(Sequential Error)
- 시간에러(Timing Error)

38 다음 설명에 해당하는 안전교육방법은?

> ATP 라고도 하며, 당초 일부 회사의 톱 매니지먼트(top management)에 대하여만 행하여졌으나, 그 후 널리 보급되었으며, 정책의 수립, 조직, 통제 및 운영 등의 교육내용을 다룬다.

① TWI(Training Within Industry)
② CCS(Civil Communication Section)
③ MTP(Management Training Program)
④ ATT(American Telephone &Telegram Co.)

정답 35 ① 36 ③ 37 ① 38 ②

해설 CCS(Civil Communication Section)

강의식에 토의식이 가미된 형태로 진행되며 매주 4일, 4시간씩 8주간(총 128시간) 실시토록 되어 있다. 당초 일부 회사의 톱 매니지먼트(Top management)에 대하여만 행하여 졌으나 그 후 널리 보급되었으며, 교육 내용은 정책의 수립 · 조작 · 통제 및 운영 등이다.

39 다음은 리더가 가지고 있는 어떤 권력의 예시에 해당하는가?

종업원의 바람직하지 않은 행동들에 대해 해고, 임금삭감, 견책 등을 사용하여 처벌한다.

① 보상권력 ② 강압권력
③ 합법권력 ④ 전문권력

해설 리더십에 있어서의 권한

1. 조직이 지도자에게 부여한 권한
   - 합법적 권한 : 군대, 교사, 정부기관 등 법적으로 부여된 권한
   - 보상적 권한 : 부하에게 노력에 내한 보상을 할 수 있는 권한
   - 강압적 권한 : 부하에게 명령할 수 있는 권한
2. 지도자 자신이 자신에게 부여한 권한
   - 전문성의 권한 : 지도자가 전문지식을 가지고 있는가와 관련된 권한
   - 위임된 권한 : 부하직원이 지도자의 생각과 목표를 얼마나 잘 따르는지와 관련된 권한

40 몹시 피로하거나 단조로운 작업으로 인하여 의식이 뚜렷하지 않은 상태의 의식 수준으로 옳은 것은?

① phase Ⅰ ② phase Ⅱ
③ phase Ⅲ ④ phase Ⅳ

해설 의식수준의 저하

혼미한 정신상태에서 심신이 피로할 경우나 단조로운 반복작업 등의 경우에 일어나기 쉬움

〈인간의 의식 Level의 단계별 신뢰성〉

단계	의식의 상태	신뢰성	의식의 작용
Phase 0	무의식, 실신	0	없음
Phase I	의식의 둔화	0.9 이하	부주의
Phase II	이완 상태	0.99~0.99999	마음이 안쪽으로 향함 (Passive)
Phase III	명료한 상태	0.99999 이상	전향적 (Active)
Phase IV	과긴장 상태	0.9 이하	한 점에 집중, 판단 정지

제3과목 인간공학 및 시스템안전공학

41 불필요한 작업을 수행함으로써 발생하는 오류로 옳은 것은?

① Command error
② Extraneous error
③ Secondary error
④ Commission error

해설 심리적인 분류(Swain)

- 생략에러(Omission Error) : 작업 내지 필요한 절차를 수행하지 않는 데서 기인하는 에러
- 수행에러(Commission Error) : 작업 내지 절차를 수행했으나 잘못한 실수
  – 선택착오, 순서착오, 시간착오

정답 39 ② 40 ① 41 ②

- 과잉행동 에러(Extraneous Error) : 불필요한 작업 내지 절차를 수행함으로써 기인한 에러
- 순서에러(Sequential Error) : 작업수행의 순서가 잘못된 실수
- 시간에러(Timing Error) : 소정의 기간에 수행하지 못한 실수(너무 빨리 혹은 늦게)

3) 공구 및 설비 디자인에 관한 원칙
- 물체 고정장치나 발을 사용함으로써 손의 작업을 보조하고 손은 다른 동작을 담당하도록 한다.
- 될 수 있으면 두 개 이상의 공구를 결합하도록 해야 한다.
- 공구나 재료는 미리 배치한다.

42 동작경제의 원칙에 해당하지 않는 것은?

① 공구의 기능을 각각 분리하여 사용하도록 한다.
② 두 팔의 동작은 동시에 서로 반대 방향으로 대칭적으로 움직이도록 한다.
③ 공구나 재료는 작업 동작이 원활하게 수행되도록 그 위치를 정해준다.
④ 가능하다면 쉽고도 자연스러운 리듬이 작업 동작에 생기도록 작업을 배치한다.

해설 **동작경제의 원칙**

1) 신체 사용에 관한 원칙(동작능력 활용, 작업량 절약, 동작개선)
- 양손은 동시에 동작을 시작하여 동시에 끝맺는다.
- 양손은 휴식을 제외하고는 동시에 쉬어서는 안 된다.
- 팔의 동작은 서로 반대의 대칭적인 방향으로 행하며 동시에 행해야 한다.
- 팔, 손, 손가락 그리고 신체의 동작은 일을 만족하게 할 수 있는 최소의 동작으로 한정해야 한다.
- 작업에 도움이 되도록 가급적 물체의 관성을 이용하여야 하며 관성을 극복하여야 하는 경우에는 관성을 최소화하여야 한다.

2) 작업장 배치에 관한 원칙
- 모든 공구나 재료는 정해진 위치에 놓도록 한다.
- 공구, 재료 및 제어 기구들은 사용 장소에 가깝게 배치해야 한다.
- 가급적이면 낙하시켜 전달하는 방법을 따른다.

43 컷셋(Cut Sets)과 최소 패스셋(Minimal Path Sets)의 정의로 옳은 것은?

① 컷셋은 시스템 고장을 유발시키는 필요 최소한의 고장들의 집합이며, 최소 패스셋은 시스템의 신뢰성을 표시한다.
② 컷셋은 시스템 고장을 유발시키는 기본고장들의 집합이며, 최소 패스셋은 시스템의 불신뢰도를 표시한다.
③ 컷셋은 그 속에 포함된 모든 기본사상이 일어났을 때 정상사상을 일으키는 기본사상의 집합이며, 최소 패스셋은 시스템의 신뢰성을 표시한다.
④ 컷셋은 그 속에 포함된 모든 기본사상이 일어났을 때 정상사상을 일으키는 기본사상의 집합이며, 최소 패스셋은 시스템의 성공을 유발하는 기본사상의 집합이다.

- 컷셋과 미니멀 컷셋 : 컷셋이란 그 속에 포함되어 있는 모든 기본사상이 일어났을 때 정상사상을 일으키는 기본사상의 집합을 말하며, 미니멀 컷셋은 정상사상을 일으키기 위해 필요한 최소한의 컷을 말한다. 즉 미니멀 컷셋은 컷셋 중에 타 컷셋을 포함하고 있는 것을 배제하고 남은 컷셋들을 의미한다.(시스템이 고장나는 데 필요한 최소 요인의 집합)
- 패스셋과 미니멀 패스셋 : 패스셋이란 그 속에 포함되어 있는 기본사상이 일어나지 않을 때 처음으로 정상사상이 일어나지 않는 기본사상의 집합으로서 미니멀 패스셋은 그 필요한 최소한의 컷을 말한다.(시스템이 살리는 데 필요한 최소한 요인의 집합)

정답 42 ① 43 ③

44 다음 시스템의 신뢰도 값은?

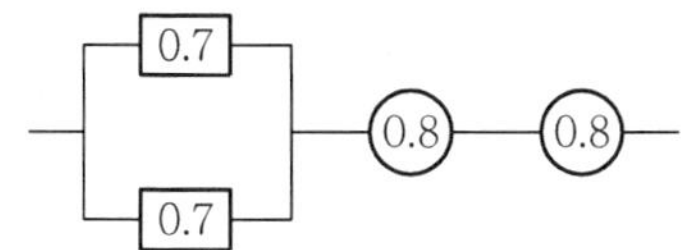

① 0.5824　　② 0.6682
③ 0.7855　　④ 0.8642

해설 신뢰도(R)
$=(1-(1-0.7)(1-0.7))\times(0.8)\times(0.8)$
$=0.5824$

45 Chapanis가 정의한 위험의 확률수준과 그에 따른 위험발생률로 옳은 것은?

① 전혀 발생하지 않는(impossible) 발생빈도 : 10^{-8}/day
② 극히 발생할 것 같지 않는(extremely unlikely) 발생빈도 : 10^{-7}/day
③ 거의 발생하지 않은(remote) 발생빈도 : 10^{-6}/day
④ 가끔 발생하는(occasional) 발생빈도 : 10^{-5}/day

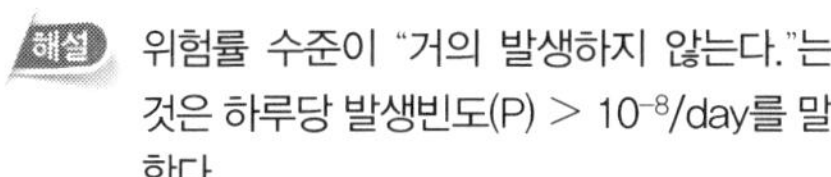
해설 위험률 수준이 "거의 발생하지 않는다."는 것은 하루당 발생빈도(P) > 10^{-8}/day를 말한다.

46 화학설비에 대한 안전성 평가 중 정성적 평가방법의 주요 진단 항목으로 볼 수 없는 것은?

① 건조물　　② 취급물질
③ 입지 조건　　④ 공장 내 배치

해설 안전성 평가 6단계

1. 제1단계 : 관계자료의 정비검토
2. 제2단계 : 정성적 평가(안전확보를 위한 기본적인 자료의 검토)
   ㉠ 설계관계 : 공장 내 배치, 소방설비, 공장의 입지조건 등
   ㉡ 운전관계 : 원재료, 운송, 저장 등
3. 제3단계 : 정량적 평가
   평가항목(5가지 항목) :
   ㉠ 물질 ㉡ 온도 ㉢ 압력 ㉣ 용량 ㉤ 조작
4. 제4단계 : 안전대책
5. 제5단계 : 재해정보에 의한 재평가
6. 제6단계 : FTA에 의한 재평가

47 불(Boole) 대수의 정리를 나타낸 관계식으로 틀린 것은?

① $A\cdot A=A$　　② $A+\overline{A}=0$
③ $A+AB=A$　　④ $A+\overline{A}=A$

해설 불 대수의 법칙 중 $A+\overline{A}=1$이다.

불 대수의 법칙

1. 동정법칙 : $A+A=A$, $AA=A$
2. 교환법칙 : $AB=BA$, $A+B=B+A$
3. 흡수법칙 : $A(AB)=(AA)B=AB$
   $A+AB=A\cup(A\cap B)$
   $=(A\cup A)\cap(A\cup B)$
   $=A\cap(A\cup BB)=A$
   $\overline{A\cdot B}=\overline{A}+\overline{B}$
4. 분배법칙 : $A(B+C)=AB+AC$,
   $A+(BC)=(A+B)\cdot(A+C)$
5. 결합법칙 : $A(BC)=(AB)C$,
   $A+(B+C)=(A+B)+C$
6. 기타 : $A+\overline{A}=1$

정답 44 ① 45 ① 46 ② 47 ②

48 인체측정 자료를 장비, 설비 등의 설계에 적용하기 위한 응용원칙에 해당하지 않는 것은?

① 조절식 설계
② 극단치를 이용한 설계
③ 구조적 치수 기준의 설계
④ 평균치를 기준으로 한 설계

해설 **인체계측자료의 응용원칙**

1. 최대치수와 최소치수(극단치 설계)
2. 조절 범위(5~95%)
3. 평균치를 기준으로 한 설계

49 작업공간의 배치에 있어 구성요소 배치의 원칙에 해당하지 않는 것은?

① 기능성의 원칙
② 사용빈도의 원칙
③ 사용순서의 원칙
④ 사용방법의 원칙

해설 **부품배치의 원칙**

1. 중요성의 원칙 : 부품의 작동성능이 목표 달성에 긴요한 정도에 따라 우선순위를 결정한다.
2. 사용빈도의 원칙 : 부품이 사용되는 빈도에 따른 우선순위를 결정한다.
3. 기능별 배치의 원칙 : 기능적으로 관련된 부품을 모아서 배치한다.
4. 사용순서의 원칙 : 사용순서에 맞게 순차적으로 부품들을 배치한다.

50 인간의 위치 동작에 있어 눈으로 보지 않고 손을 수평면상에서 움직이는 경우 짧은 거리는 지나치고, 긴 거리는 못 미치는 경향이 있는데 이를 무엇이라고 하는가?

① 사정효과(range effect)
② 반응효과(reaction effect)
③ 간격효과(distance effect)
④ 손동작효과(hand action effect)

해설 **사정효과(Range Effect)**

- 눈으로 보지 않고 손을 수평면 위에서 움직이는 경우에 짧은 거리는 지나치고 긴 거리는 못미치는 경향을 사정효과라 한다.
- 조작자가 작은 오차에는 과잉반응, 큰 오차에는 과소반응을 한다.

51 다음 현상을 설명한 이론은?

> 인간이 감지할 수 있는 외부의 물리적 자극 변화의 최소범위는 표준 자극의 크기에 비례한다.

① 피츠(Fitts) 법칙
② 웨버(Weber) 법칙
③ 신호검출이론(SDT)
④ 힉-하이만(Hick-Hyman) 법칙

해설 웨버(Weber)의 법칙 : 특정 감관의 변화감지역(ΔL)은 사용되는 표준자극(I)에 비례한다.

웨버 비 = $\dfrac{\Delta L}{I}$

여기서, I : 기준자극크기, ΔL : 변화감지역

[감각기관의 웨버(Weber) 비]

감각	시각	청각	무게	후각	미각
Weber 비	1/60	1/10	1/50	1/4	1/3

※ 웨버(Weber) 비가 작을수록 인간의 분별력이 좋아짐

정답 48 ③ 49 ④ 50 ① 51 ②

52 시각적 표시장치보다 청각적 표시장치를 사용하는 것이 더 유리한 경우는?

① 정보의 내용이 복잡하고 긴 경우
② 정보가 공간적인 위치를 다룬 경우
③ 직무상 수신자가 한곳에 머무르는 경우
④ 수신 장소가 너무 밝거나 암순응이 요구될 경우

해설

시각장치 사용	청각장치 사용
① 메시지가 복잡하다.	① 메시지가 간단하다.
② 메시지가 길다.	② 메시지가 짧다.
③ 메시지가 후에 재참조된다.	③ 메시지가 후에 재참조되지 않는다.
④ 메시지가 공간적인 위치를 다룬다.	④ 메시지가 시간적인 사상을 다룬다.
⑤ 메시지가 즉각적인 행동을 요구하지 않는다.	⑤ 메시지가 즉각적인 행동을 요구한다.
⑥ 수신의 청각계통이 과부하상태일 때	⑥ 수신의 시각계통이 과부하상태일 때
⑦ 수신장소가 너무 시끄러울 때	⑦ 수신장소가 너무 밝거나 암조응 유지가 필요할 때
⑧ 직무상 수신자가 한곳에 머무르는 경우	⑧ 직무상 수신자가 자주 움직이는 경우

53 서브시스템, 구성요소, 기능 등의 잠재적 고장형태에 따른 시스템의 위험을 파악하는 위험 분석 기법으로 옳은 것은?

① ETA(Event Tree Analysis)
② HEA(Human Error Analysis)
③ PHA(Preliminary Hazard Analysis)
④ FMEA(Failure Mode and Effect Analysis)

해설 FMEA : 시스템에 영향을 미치는 모든 요소의 고장을 형별로 분석하고 그 고장이 미치는 영향을 분석하는 방법으로 치명도 해석(CA)을 추가할 수 있음(귀납적, 정성적)

[특징]
1. FTA보다 서식이 간단하고 적은 노력으로 분석이 가능
2. 논리성이 부족하고, 특히 각 요소 간의 영향을 분석하기 어렵기 때문에 동시에 두 가지 이상의 요소가 고장 날 경우에 분석이 곤란함
3. 요소가 물체로 한정되어 있기 때문에 인적 원인을 분석하는 데는 곤란함

54 정신작업 부하를 측정하는 척도를 크게 4가지로 분류할 때 심박수의 변동, 뇌 전위, 동공 반응 등 정보처리에 중추신경계 활동이 관여하고 그 활동이나 징후를 측정하는 것은?

① 주관적(subjective) 척도
② 생리적(physiological) 척도
③ 주 임무(primary task) 척도
④ 부 임무(secondary task) 척도

해설 인간에 대한 모니터링 방식

생리학적 모니터링 방법 : 맥박수, 체온, 호흡 속도, 혈압, 뇌파 등의 척도를 이용하여 인간 자체의 상태를 생리적으로 모니터링하는 방법

55 그림과 같은 FT도에서 정상사상 T의 발생 확률은? (단, X_1, X_2, X_3의 발생 확률은 각각 0.1, 0.15, 0.1이다.)

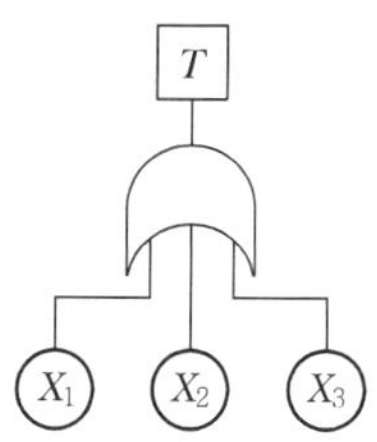

① 0.3115 ② 0.35
③ 0.496 ④ 0.9985

정답 52 ④ 53 ④ 54 ② 55 ①

 X_1, X_2, X_3 모두 OR 게이트
$T = 1-(1-0.1)(1-0.15)(1-0.1)$
$= 0.3115$

56 인간이 기계보다 우수한 기능이라 할 수 있는 것은? (단, 인공지능은 제외한다.)

① 일반화 및 귀납적 추리
② 신뢰성 있는 반복 작업
③ 신속하고 일관성 있는 반응
④ 대량의 암호화된 정보의 신속한 보관

해설 **인간이 현존하는 기계를 능가하는 기능**

1. 매우 낮은 수준의 시각, 청각, 촉각, 후각, 미각적인 자극 감지
2. 주위의 이상하거나 예기치 못한 사건 감지
3. 다양한 경험을 토대로 의사결정(상황에 따라 적응적인 결정을 함)
4. 관찰을 통해 일반적으로 귀납적(inductive)으로 추진

57 시스템의 수명 및 신뢰성에 관한 설명으로 틀린 것은?

① 병렬설계 및 디레이팅 기술로 시스템의 신뢰성을 증가시킬 수 있다.
② 직렬시스템에서는 부품 중 최소 수명을 갖는 부품에 의해 시스템 수명이 정해진다.
③ 수리가 가능한 시스템의 평균 수명(MTBF)은 평균 고장률(λ)과 정비례 관계가 성립한다.
④ 수리가 불가능한 구성요소로 병렬구조를 갖는 설비는 중복도가 늘어날수록 시스템 수명이 길어진다.

해설 평균 수명(MTBF)은 평균 고장률과 반비례한다.

$$MTBF = \frac{1}{\lambda}$$

58 산업안전보건법령상 해당 사업주가 유해위험방지계획서를 작성하여 제출해야 하는 대상은?

① 시 · 도지사
② 관할 구청장
③ 고용노동부장관
④ 행정안전부장관

 **산업안전보건법 제42조(유해 · 위험 방지계획서의 작성 · 제출 등)**

사업주는 제출대상에 해당하는 경우에는 이 법 또는 이 법에 따른 명령에서 정하는 유해 · 위험방지계획서를 작성하여 고용노동부령으로 정하는 바에 따라 고용노동부 장관에게 제출하고 심사를 받아야 한다.

59 작업면상의 필요한 장소만 높은 조도를 취하는 조명은?

① 완화조명 ② 전반조명
③ 투명조명 ④ 국소조명

 **국소조명**

필요한 장소만 높은 조도를 취하는 조명방법이다.

정답 56 ① 57 ③ 58 ③ 59 ④

60 자동차를 생산하는 공장의 어떤 근로자가 95dB(A)의 소음 수준에서 하루 8시간 작업하며 매시간 조용한 휴게실에서 20분씩 휴식을 취한다고 가정하였을 때, 8시간 시간가중평균(TWA)은? (단, 소음은 누적소음노출량 측정기로 측정하였으며, OSHA에서 정한 95dB(A)의 허용시간은 4시간이라 가정한다.)

① 약 91dB(A) ② 약 92dB(A)
③ 약 93dB(A) ④ 약 94dB(A)

해설 시간가중평균

$TWA = 90 + 16.61\log(D/(12.5\times T))$
$TWA = 90 + 16.61\log((5.33/4)/(12.5\times 8))$
$= 92.08\text{dB}(A)$

D = 누적소음폭로량(%)
= 작업시간/허용노출시간×100
= 5.33/4
→ 작업시간은 휴식시간을 제외한 나머지 시간 = 8hr × 2/3 = 5.33
→ 95 dB(A)의 허용시간은 4hr
T = 측정시간

제4과목 건설시공학

61 시공의 품질관리를 위한 7가지 도구에 해당하지 않는 것은?

① 파레토그램 ② LOB기법
③ 특성요인도 ④ 체크시트

해설 품질관리(TQC)의 7가지 도구는 다음과 같다.

히스토그램	공사 또는 제품의 품질상태가 만족한 상태에 있는가 여부 등 데이터가 어떤 분포를 하고 있는지 알아보기 위해 작성(분포도)
파레토도	불량 등의 발생 건수를 분류항목별로 나누어 크기 순서대로 나열(영향도, 하자도)
특성요인도	결과에 원인이 어떻게 관계하고 있는가를 한눈에 알 수 있도록 작성(원인결과도)
체크시트	불량 수, 결점 수 등 계수치의 데이터가 분류항목의 어디에 집중되어 있는가를 알아보기 쉽게 나타냄(집중도)
산점도	대응되는 두 개의 짝으로 된 데이터를 그래프용지 위에 점으로 나타냄(상관도, 산포도)
층별	집단을 구성하고 있는 데이터를 특징에 따라 몇 개의 부분집단으로 나누는 것(부분집단도)
관리도	한눈에 파악되도록 막대나 꺾은선 그래프를 이용하여 표시

62 벽돌공사 시 벽돌쌓기에 관한 설명으로 옳은 것은?

① 연속되는 벽면의 일부를 트이게 하여 나중쌓기로 할 때는 그 부분을 층단 들여쌓기로 한다.
② 벽돌쌓기는 도면 또는 공사시방서에서 정한 바가 없을 때는 미식 쌓기 또는 불식쌓기로 한다.
③ 하루의 쌓기 높이는 1.8m를 표준으로 한다.
④ 세로줄눈은 구조적으로 우수한 통줄눈이 되도록 한다.

해설 연속되는 벽면의 일부를 트이게 하여 나중쌓기로 할 경우 그 부분을 층단 떼어쌓기로 한다.

정답 60 ② 61 ② 62 ①

63 다음 설명에 해당하는 공정표의 종류로 옳은 것은?

> 한 공종의 작업이 하나의 숫자로 표기되고 컴퓨터에 적용하기 용이한 이점 때문에 많이 사용되고 있다. 각 작업은 node로 표기하고 더미의 사용이 불필요하며 화살표는 단순히 작업의 선후 관계만을 나타낸다.

① 횡선식 공정표 ② CPM
③ PDM ④ LOB

PDM 공정표는 네트워크 공정표의 한 종류로 한 공종의 작업이 하나의 숫자로 표기된다.

64 콘크리트 구조물의 품질관리에서 활용되는 비파괴시험(검사) 방법으로 경화된 콘크리트 표면의 반발경도를 측정하는 것은?

① 슈미트 해머 시험
② 방사선 투과 시험
③ 자기분말 탐상시험
④ 침투 탐상시험

콘크리트의 비파괴시험 중 슈미트 해머를 이용하여 반발경도를 측정한 후 강도를 계산할 때에는 타격 방향에 따른 보정, 콘크리트 습윤상태에 따른 보정, 압축응력에 따른 보정을 한다.

65 일명 테이블 폼(table form)으로 불리는 것으로 거푸집널에 장선, 멍에, 서포트 등을 기계적인 요소로 부재화한 대형 바닥판 거푸집은?

① 갱 폼(Gang form)
② 플라잉 폼(Flying form)
③ 유로 폼(Euro form)
④ 트래블링 폼(Traveling form)

플라잉 폼(Flying Form)은 바닥 전용 거푸집으로 거푸집판, 장선, 멍에, 서포트 등을 일체로 제작하였다.

66 시험말뚝에 변형율계(Strain gauge)와 가속도계(Accelerometer)를 부착하여 말뚝항타에 의한 파형으로부터 지지력을 구하는 시험은?

① 정재하 시험 ② 비비 시험
③ 동재하 시험 ④ 인발 시험

동재하 시험은 시험말뚝에 변형율계와 가속도계를 부착하여 말뚝항타에 의한 파형으로부터 지지력을 구하는 시험이다

67 콘크리트 공사 시 철근의 정착 위치에 관한 설명으로 옳지 않은 것은?

① 작은보의 주근은 벽체에 정착한다.
② 큰 보의 주근은 기둥에 정착한다.
③ 기둥의 주근은 기초에 정착한다.
④ 지중보의 주근은 기초 또는 기둥에 정착한다.

철근의 정착 위치는 다음과 같다.
- 큰 보의 주근 : 기둥
- 바닥판 철근 : 보 또는 벽체
- 작은 보의 주근 : 큰 보

정답 63 ③ 64 ① 65 ② 66 ③ 67 ①

– 지중보의 주근 : 기초 또는 기둥
– 벽철근 : 기둥, 보, 바닥판
– 보 밑에 기둥이 없을 때 : 보 상호 간으로 한다.

68 지반개량 지정공사 중 응결공법이 아닌 것은?

① 플라스틱 드레인공법
② 시멘트 처리공법
③ 석회 처리공법
④ 심층혼합 처리공법

해설 플라스틱 드레인공법은 지반개량을 위한 탈수공법이다.

69 공사계약 중 재계약 조건이 아닌 것은?

① 설계도면 및 시방서(specification)의 중대결함 및 오류에 기인한 경우
② 계약상 현장조건 및 시공조건이 상이(difference)한 경우
③ 계약사항에 중대한 변경이 있는 경우
④ 정당한 이유 없이 공사를 착수하지 않은 경우

해설 정당한 이유 없이 공사를 착수하지 않은 경우는 재계약 조건에 해당하지 않는다

70 콘크리트에서 사용하는 호칭강도의 정의로 옳은 것은?

① 레디믹스트 콘크리트 발주 시 구입자가 지정하는 강도
② 구조계산 시 기준으로 하는 콘크리트의 압축강도
③ 재령 7일의 압축강도를 기준으로 하는 강도
④ 콘크리트의 배합을 정할 때 목표로 하는 압축강도로 품질의 표준편차 및 양생온도 등을 고려하여 설계기준강도에 할증한 것

해설 호칭강도는 레디믹스트 콘크리트 발주 시 구입자가 지정하는 강도이다.

71 다음 조건에 따른 백호의 단위 시간당 추정 굴삭량으로 옳은 것은?

> 버킷 용량 0.5m³, 사이클 타임 20초, 작업효율 0.9, 굴삭계수 0.7, 굴삭토의 용적변화계수 1.25

① $94.5m^3$　② $80.5m^3$
③ $76.3m^3$　④ $70.9m^3$

해설 굴착토량의 산출방법은 다음과 같다.

굴착토량 $V = Q \times \frac{3,600}{Cm} \times E \times K \times f$

여기서, Q : 버킷 용량(m^3)
Cm : 사이클 타임(sec)
E : 작업효율
K : 굴삭계수
f : 굴삭토의 용적변화계수

따라서,

$0.5 \times \frac{3,600}{20} \times 0.9 \times 0.7 \times 1.25 = 70.9m^3$

이다.

정답 68 ① 69 ④ 70 ① 71 ④

72 강구조 부재의 용접 시 예열에 관한 설명으로 옳지 않은 것은?

① 모재의 표면 온도가 0℃ 미만인 경우는 적어도 20℃ 이상 예열한다.
② 이종금속간에 용접할 경우는 예열과 층간온도는 하위등급을 기준으로 하여 실시한다.
③ 버너로 예열하는 경우에는 개선면에 직접 가열해서는 안 된다.
④ 온도관리는 용접선에서 75mm 떨어진 위치에서 표면온도계 또는 온도쵸크 등에 의하여 온도관리를 한다.

해설 이종금속 간에 용접을 할 경우는 예열과 층간 온도는 상위등급을 기준으로 하여 실시한다.

73 공동도급방식의 장점에 해당하지 않는 것은?

① 위험의 분산
② 시공의 확실성
③ 이윤 증대
④ 기술 자본의 증대

해설 공동도급은 2개 이상의 도급자가 결합하여 공동으로 공사를 수행하는 방식이다.

장점	단점
• 공사 이행의 확실성 보장, 위험분산 • 자본력(융자력)과 신용도 증대 • 기술 및 경험의 확충	• 단일회사 도급보다 경비 증대 • 도급자 간 충돌, 이해문제 발생 • 책임소재 불명확 및 책임회피 우려

74 지하수가 없는 비교적 경질인 지층에서 어스오거로 구멍을 뚫고 그 내부에 철근과 자갈을 채운 후, 미리 삽입해 둔 파이프를 통해 저면에서부터 모르타르를 채워 올라오게 한 것은?

① 슬러리 월　② 시트 파일
③ CIP 파일　④ 프랭키 파일

 CIP 공법은 흙막이 벽체를 만들기 위해 굴착기계(Earth Auger)로 지반을 천공하고 그 속에 철근망과 주입관을 삽입한 다음 자갈을 넣고 주입관을 통해 Prepacked Mortar를 주입하여 현장타설 콘크리트 말뚝을 형성하는 공법이다.

75 기초의 종류 중 지정형식에 따른 분류에 속하지 않는 것은?

① 직접기초　② 피어기초
③ 복합기초　④ 잠함기초

 복합기초는 기초 슬래브 형식에 따른 분류에 해당한다.

76 철골공사에서 발생할 수 있는 용접 불량에 해당하지 않는 것은?

① 스캘럽(scallop)
② 언더컷(under cut)
③ 오버랩(over lap)
④ 피트(pit)

 용접 이음이 한곳에 집중하거나 근접하면 용접에 의한 잔류응력이 커지고 용접 금속이 여러 번 용접열을 받게 되어 열화하는 때도 있어서 모재 부채꼴 노치(Notch)를 만들어 용접선이 교차하지 않도록 설계한다. 이 부채꼴 노치를 스캘럽(Scallop)이라고 한다.

정답 72 ② 73 ③ 74 ③ 75 ③ 76 ①

77 미장공법, 뿜칠공법을 통한 강구조부재의 내화피복 시공 시 시공면적 얼마 당 1개소 단위로 핀 등을 이용하여 두께를 확인하여야 하는가?

① $2m^2$　② $3m^2$
③ $4m^2$　④ $5m^2$

해설 내화피복 시공 시 시공면적 $5m^2$ 당 1개소 단위로 핀 등을 이용하여 두께를 확인한다.

78 다음은 표준시방서에 따른 철근의 이음에 관한 내용이다. 빈칸에 공통으로 들어갈 내용으로 옳은 것은?

> (　)를 초과하는 철근의 겹침이음을 할 수 없다. 다만, 서로 다른 크기의 철근을 압축부에서 겹침이음하는 경우 (　) 이하의 철근과 (　)를 초과하는 철근은 겹침이음을 할 수 있다.

① D29　② D25
③ D32　④ D35

해설 D35를 초과하는 철근은 겹침이음을 할 수 없다.

79 슬라이딩 폼(Sliding form)에 관한 설명으로 옳지 않은 것은?

① 1일 5~10m 정도 수직시공이 가능하므로 시공속도가 빠르다.
② 타설작업과 마감작업을 병행할 수 없어 공정이 복잡하다.
③ 구조물 형태에 따른 사용 제약이 있다.
④ 형상 및 치수가 정확하며 시공 오차가 적다.

해설 슬라이딩폼(Sliding Form)은 요크(Yoke)로 거푸집을 수직으로 연속 이동시키면서 콘크리트 타설하는 거푸집으로 돌출물 등 단면 형상의 변화가 없는 곳에 적용한다. 타설작업과 마감 작업을 병행할 수 있어 효율적이다.

80 속 빈 콘크리트블록의 규격 중 기본블록치수가 아닌 것은? (단, 단위 : mm)

① 390×190×190
② 390×190×150
③ 390×190×100
④ 390×190×80

해설 블록의 치수

구분	치수(mm)		
	길이	높이	두께
기본 블록	390	190	190 150 100
허용값	±2	±3	±2
이형 블록	최소 90mm 이상		

제5과목 건설재료학

81 석재의 종류와 용도가 잘못 연결된 것은?

① 화산암 – 경량골재
② 화강암 – 콘크리트용 골재
③ 대리석 – 조각재
④ 응회암 – 건축용 구조재

정답 77 ④　78 ④　79 ②　80 ④　81 ④

해설 응회암은 화산에서 분출되는 다량의 화산회, 화산사 등이 퇴적되어 굳은 것으로, 가공이 용이하며 내화성은 좋으나 흡수성이 크고 강도가 떨어진다. 색상은 회색, 담녹색계통이며, 강도를 필요로 하지 않는 토목재료로 사용된다.

82 **표면건조포화상태 질량 500g의 잔골재를 건조시켜, 공기 중 건조상태에서 측정한 결과 460g, 절대건조상태에서 측정한 결과 450g이었다. 이 잔골재의 흡수율은?**

① 8%　　② 8.8%
③ 10%　　④ 11.1%

흡수율 = 흡수량/절건상태 골재 중량 × 100(%)
= (500 − 450)/450 × 100
= 11.1%
여기서, 흡수량은 절건상태에서 표건상태가 될 때까지 골재가 흡수한 수량이다.

83 **목재의 압축강도에 영향을 미치는 원인에 관한 설명으로 옳지 않은 것은?**

① 기건비중이 클수록 압축강도는 증가한다.
② 가력방향이 섬유 방향과 평행일 때의 압축강도가 직각일 때의 압축강도보다 크다.
③ 섬유포화점 이상에서 목재의 함수율이 높아질수록 압축강도는 계속 낮아진다.
④ 옹이가 있으면 압축강도는 저하하고 옹이 지름이 클수록 더욱 감소한다.

해설 함수율이 섬유포화점 이상에서는 함수율이 증가하더라도 강도는 일정하다.

84 **콘크리트용 혼화제의 사용 용도와 혼화제 종류를 연결한 것으로 옳지 않은 것은?**

① AE 감수제 : 작업성능이나 동결융해 저항성능의 향상
② 유동화제 : 강력한 감수 효과와 강도의 대폭적인 증가
③ 방청제 : 염화물에 의한 강재의 부식 억제
④ 증점제 : 점성, 응집작용 등을 향상시켜 재료분리를 억제

해설 유동화제는 분산성능이 높은 혼화제로 워커빌리티를 증가시킨다.

85 **고강도 강선을 사용하여 인장응력을 미리 부여함으로써 큰 응력을 받을 수 있도록 제작된 것은?**

① 매스 콘크리트
② 프리플레이스트 콘크리트
③ 프리스트레스트 콘크리트
④ AE 콘크리트

해설 프리스트레스트 콘크리트는 고강도 강선을 사용하여 인장응력을 미리 부여함으로써 큰 응력을 받을 수 있도록 제작된 콘크리트이다.

86 **유리의 중앙부와 주변부와의 온도 차이로 인해 응력이 발생하여 파손되는 현상을 유리의 열파손이라 한다. 열파손에 관한 설명으로 옳지 않은 것은?**

① 색유리에 많이 발생한다.
② 동절기의 맑은 날 오전에 많이 발생한다.

정답 82 ④　83 ③　84 ②　85 ③　86 ③

③ 두께가 얇을수록 강도가 약해 열팽창 응력이 크다.
④ 균열은 프레임에 직각으로 시작하여 경사지게 진행된다.

해설 유리가 두꺼울수록 열축적이 크므로 열팽창 응력이 크다.

87 **KS L 4201에 따른 1종 점토벽돌의 압축강도 기준으로 옳은 것은?**

① 8.78MPa 이상
② 14.70MPa 이상
③ 20.59MPa 이상
④ 24.50MPa 이상

해설 1종 점토벽돌의 압축강도는 24.50MPa 이상이어야 한다.

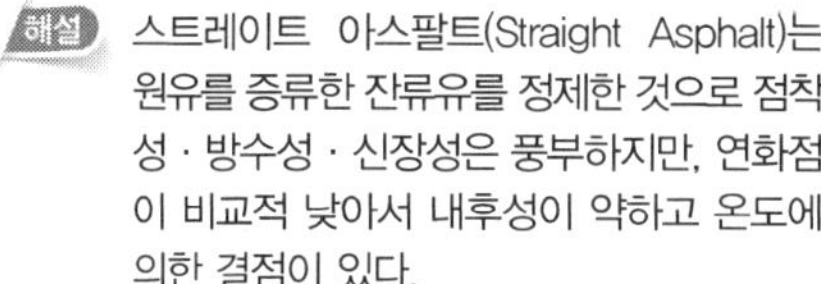

구분	종류		
	1종	2종	3종
흡수율(%)	10 이하	13 이하	15 이하
압축강도 (N/mm^2)	24.5 이상	20.59 이상	10.78 이상

88 **아스팔트를 천연아스팔트와 석유아스팔트로 구분할 때 천연아스팔트에 해당하지 않는 것은?**

① 로크 아스팔트
② 레이크 아스팔트
③ 아스 팔타이트
④ 스트레이트 아스팔트

해설 스트레이트 아스팔트(Straight Asphalt)는 원유를 증류한 잔류유를 정제한 것으로 점착성 · 방수성 · 신장성은 풍부하지만, 연화점이 비교적 낮아서 내후성이 약하고 온도에 의한 결점이 있다.

89 **점토의 성질에 관한 설명으로 옳지 않은 것은?**

① 양질의 점토는 건조상태에서 현저한 가소성을 나타내며, 점토 입자가 미세할수록 가소성은 나빠진다.
② 점토의 주성분은 실리카와 알루미나이다.
③ 인장강도는 점토의 조직에 관계하며 입자의 크기가 큰 영향을 준다.
④ 점토제품의 색상은 철산화물 또는 석회물질에 의해 나타난다.

해설 양질의 점토는 건조상태에서 가소성이 떨어지며, 점토 입자가 미세할수록 가소성은 좋아진다.

90 **도료의 사용 용도에 관한 설명으로 옳지 않은 것은?**

① 유성바니쉬는 투명도료이며, 목재 마감에도 사용할 수 있다.
② 유성페인트는 모르타르, 콘크리트면에 발라 착색방수피막을 형성한다.
③ 합성수지 에멀션페인트는 콘크리트면, 석고보드 바탕 등에 사용된다.
④ 클리어래커는 목재면의 투명도장에 사용된다.

해설 유성페인트는 내알칼리성이 좋지 않아 콘크리트 표면에 직접 도포하는 것이 좋지 않다.

정답 87 ④ 88 ④ 89 ① 90 ②

91 습윤상태의 모래 780g을 건조로에서 건조시켜 절대건조상태 720g으로 되었다. 이 모래의 표면수율은? (단, 이 모래의 흡수율은 5%이다.)

① 3.08% ② 3.17%
③ 3.33% ④ 3.52%

해설 • 흡수율 $=\dfrac{\text{흡수량}}{\text{절건상태 골재중량}}\times 100(\%)$
• 표면수율 $=\dfrac{\text{습윤중량}-\text{표건중량}}{\text{표건상태 골재중량}}\times 100(\%)$

92 미장재료 중 회반죽에 관한 설명으로 옳지 않은 것은?

① 경화 속도가 느린 편이다.
② 일반적으로 연약하고, 비 내수성이다.
③ 여물은 접착력 증대를, 해초풀은 균열방지를 위해 사용된다.
④ 소석회가 주원료이다.

해설 해초풀은 접착력 증대를, 여물은 균열방지를 위해 사용된다.

93 다음 합성수지 중 열가소성수지가 아닌 것은?

① 알키드수지
② 염화비닐수지
③ 아크릴수지
④ 폴리프로필렌수지

해설 알키드수지(포화 폴리에스테르 수지)는 열경화성 수지에 속한다.

구분	종류
열가소성 수지	염화비닐 수지, 초산비닐수지, 폴리에틸렌 수지, 폴리프로필렌, 폴리스티렌, 메타크릴, 아크릴, ABS, 폴리카보네이트, 폴리아미드
열경화성 수지	페놀 수지, 요소 수지, 멜라민 수지, 폴리에스테르 수지, 실리콘 수지, 에폭시 수지, 폴리우레탄 수지, 불소수지, 프란수지
섬유소계 수지 (합성 섬유)	셀룰로오스, 아세트산 섬유소 수지

94 전기절연성, 내열성이 우수하고 특히 내약품성이 뛰어나며, 유리섬유로 보강하여 강화플라스틱 (F.R.P)의 제조에 사용되는 합성수지는?

① 멜라민수지
② 불포화폴리에스테르수지
③ 페놀수지
④ 염화비닐수지

해설 불포화폴리에스테르수지는 전기절연성, 내열성이 우수하고 특히 내약품성이 뛰어나며, 유리섬유로 보강하여 강화플라스틱 (F.R.P)의 제조에 사용되는 합성수지이다.

95 강의 열처리 방법 중 결정을 미립화하고 균일하게 하기 위해 800~1,000℃까지 가열하여 소정의 시간까지 유지한 후에 로(爐)의 내부에서 서서히 냉각하는 방법은?

① 풀림 ② 불림
③ 담금질 ④ 뜨임질

정답 91 ② 92 ③ 93 ① 94 ② 95 ①

해설

종류 \ 구분	열처리 방법	특징
불림(소준) Normalizing	강을 800~1,000℃로 가열한 후 공기 중에 천천히 냉각	• 강철의 결정 입자가 미세화 • 변형이 제거 • 조직이 균일화
풀림(소둔) Annealing	강을 800~1,000℃로 가열한 후 노속에서 천천히 냉각	• 강철의 결정이 미세화 • 결정이 연화된다.
담금질(소입) Quenching	강을 800~1,000℃로 가열한 후 물 또는 기름 속에서 급랭	• 강도와 경도가 증가한다. • 탄소함유량이 클수록 담금질 효과가 크다.
뜨임(소려) Tempering	담금질한 후 다시 200~600℃로 가열한 다음 공기 중에서 천천히 냉각	• 강의 변형이 없어진다. • 강에 인성을 부여하여 강인한 강이 된다.

96 단열재료에 관한 설명으로 옳지 않은 것은?

① 열전도율이 높을수록 단열성능이 좋다.
② 같은 두께일 때 경량재료인 편이 단열에 더 효과적이다.
③ 일반적으로 다공질의 재료가 많다.
④ 단열재료 대부분은 흡음성도 우수하므로 흡음재료로써도 이용된다.

해설 열전도율이 높을수록 단열성능이 떨어진다

97 목재 건조의 목적에 해당하지 않는 것은?

① 강도의 증진
② 중량의 경감
③ 가공성의 증진
④ 균류 발생의 방지

해설 목재의 건조는 강도를 증진시키고, 중량을 경감하며 균류 발생을 방지하는 효과가 있다.

98 금속 부식에 관한 대책으로 옳지 않은 것은?

① 가능한 한 이종 금속은 이를 인접, 접속시켜 사용하지 않을 것
② 균질한 것을 선택하고, 사용할 때 큰 변형을 주지 않도록 할 것
③ 큰 변형을 준 것은 가능한 한 풀림하여 사용할 것
④ 표면을 거칠게 하고 가능한 한 습윤상태로 유지할 것

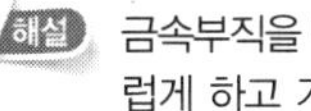

해설 금속부식을 방지하기 위해서는 표면을 부드럽게 하고 가능한 한 건조상태로 유지해야 한다.

99 콘크리트용 골재의 품질요건에 관한 설명으로 옳지 않은 것은?

① 골재는 청정 · 견경해야 한다.
② 골재는 소요의 내화성과 내구성을 가져야 한다.
③ 골재는 표면이 매끄럽지 않으며, 예각으로 된 것이 좋다.
④ 골재는 밀실한 콘크리트를 만들 수 있는 입형과 입도를 갖는 것이 좋다.

해설 콘크리트용 골재에 요구되는 품질은 다음과 같다.

• 깨끗하고 불순물이 섞이지 않은 것
• 소요의 내구성 및 내화성을 가진 것
• 입자의 모양이 납작하거나 길쭉하지 않은 구형으로 표면이 다소 거친 것
• 입도(粒度, 굵고 잔 알이 섞인 정도)가 적당할 것
• 실적률(實積率 = 100 − 공극률)이 클 것

정답 96 ① 97 ③ 98 ④ 99 ③

- 모래의 염분은 0.04% 이하, 당분은 0.1% 이하일 것
- 강도는 콘크리트 중의 경화시멘트 페이스트의 강도 이상일 것
- 마모에 대한 저항성이 크고 화학적으로 안정할 것

100 각 미장 재료별 경화 형태로 옳지 않은 것은?

① 회반죽 : 수경성
② 시멘트 모르타르 : 수경성
③ 돌로마이트 플라스터 : 기경성
④ 테라조 현장바름 : 수경성

 기경성(氣硬性) 미장 재료에는 흙 바름, 회반죽, 소석회, 돌로마이트 플라스터, 아스팔트 모르타르가 있으며 수경성(水硬性) 미장 재료에는 석고 플라스터, 시멘트 모르타르, 인조석 바름이 있다.

제6과목 건설안전기술

101 다음 중 지하수위 측정에 사용되는 계측기는?

① Load Cell
② Inclinometer
③ Extensometer
④ Water level gauge

 Water level gauge는 지하수위의 측정에 사용된다.

102 이동식 비계를 조립하여 작업하는 경우에 준수하여야 할 기준으로 옳지 않은 것은?

① 승강용 사다리는 견고하게 설치할 것
② 비계의 최상부에서 작업하는 경우에는 안전난간을 설치할 것
③ 작업발판의 최대적재하중은 400kg을 초과하지 않도록 할 것
④ 작업발판은 항상 수평을 유지하고 작업발판 위에서 안전난간을 딛고 작업을 하거나 받침대 또는 사다리를 사용하여 작업하지 않도록 할 것

 이동식 비계를 조립하여 작업하는 경우 작업발판의 최대적재하중은 250kg을 초과하지 않도록 해야 한다.

103 터널 지보공을 조립하거나 변경하는 경우에 조치하여야 하는 사항으로 옳지 않은 것은?

① 목재의 터널 지보공은 그 터널 지보공의 각 부재에 작용하는 긴압 정도를 체크하여 그 정도가 최대한 차이가 나도록 할 것
② 강(鋼)아치 지보공의 조립은 연결볼트 및 띠장 등을 사용하여 주재 상호간을 튼튼하게 연결할 것
③ 기둥에는 침하를 방지하기 위하여 받침목을 사용하는 등의 조치를 할 것
④ 주재(主材)를 구성하는 1세트의 부재는 동일 평면 내에 배치할 것

 목재의 터널 지보공은 그 터널 지보공의 각 부재에 작용하는 긴압 정도를 체크하여 터널 지보공의 각 부재의 긴압정도가 균등하게 되도록 해야 한다.

정답 100 ① 101 ④ 102 ③ 103 ①

104 **거푸집 동바리 등을 조립하는 경우에 준수하여야 하는 기준으로 옳지 않은 것은?**

① 동바리로 사용하는 파이프 서포트를 이어서 사용하는 경우에는 3개 이상의 볼트 또는 전용철물을 사용하여 이을 것
② 동바리로 사용하는 강관은 높이 2m 이내마다 수평연결재를 2개 방향으로 만들 것
③ 깔목의 사용, 콘크리트 타설, 말뚝박기 등 동바리의 침하를 방지하기 위한 조치를 할 것
④ 동바리로 사용하는 파이프 서포트를 3개 이상 이어서 사용하지 않도록 할 것

해설 동바리로 사용하는 파이프 서포트를 이어서 사용하는 경우에는 4개 이상의 볼트 또는 전용철물을 사용해서이어야 한다.

105 **가설통로를 설치하는 경우 준수하여야 할 기준으로 옳지 않은 것은?**

① 경사는 30° 이하로 할 것
② 경사가 15°를 초과하는 경우 미끄러지지 아니하는 구조로 할 것
③ 추락할 위험이 있는 장소에는 안전난간을 설치할 것
④ 수직갱에 가설된 통로의 길이가 15m 이상이면 7m 이내마다 계단참을 설치할 것

해설 수직갱에 가설된 통로의 길이가 15m 이상이면 10m 이내마다 계단참을 설치해야 한다.

106 **사면 보호 공법 중 구조물에 의한 보호 공법에 해당되지 않는 것은?**

① 블럭공
② 식생구멍공
③ 돌쌓기공
④ 현장타설 콘크리트 격자공

해설 사면 보호 공법 중 구조물에 의한 보호 공법에는 블록공, 돌쌓기공, 격자공 등이 있다.

107 **안전계수가 4이고 2,000MPa의 인장강도를 갖는 강선의 최대허용응력은?**

① 500MPa ② 1,000MPa
③ 1,500MPa ④ 2,000MPa

S = 인장강도/허용응력
= 최대하중/안전하중
= 2,000/4
= 500MPa

108 **터널공사의 진기발파작업에 관한 설명으로 옳지 않은 것은?**

① 전선은 점화하기 전에 화약류를 충진한 장소로부터 30m 이상 떨어진 안전한 장소에서 도통시험 및 저항시험을 하여야 한다.
② 점화는 충분한 허용량을 갖는 발파기를 사용하고 규정된 스위치를 반드시 사용하여야 한다.
③ 발파 후 발파기와 발파모선의 연결을 유지한 채 그 단부를 절연시킨 후 재점화가 되지 않도록 한다.

정답 104 ① 105 ④ 106 ② 107 ① 108 ③

④ 점화는 선임된 발파책임자가 행하고 발파기의 핸들을 점화할 때 이외는 시건장치를 하거나 모선을 분리하여야 하며 발파책임자의 엄중한 관리하에 두어야 한다.

해설 발파 후 즉시 발파모선을 발파기로부터 분리하고 그 단부를 절연시킨 후 재점화가 되지 않도록 해야 한다.

109 화물을 적재하는 경우의 준수사항으로 옳지 않은 것은?

① 침하 우려가 없는 튼튼한 기반 위에 적재할 것
② 건물의 칸막이나 벽 등이 화물의 압력에 견딜 만큼의 강도를 지니지 아니한 경우에는 칸막이나 벽에 기대어 적재하지 않도록 할 것
③ 불안정한 정도로 높이 쌓아 올리지 말 것
④ 하중을 한쪽으로 치우치더라도 화물을 최대한 효율적으로 적재할 것

해설 화물 적재 시 준수사항은 다음과 같다.
1. 침하의 우려가 없는 튼튼한 기반 위에 적재할 것
2. 건물의 칸막이나 벽 등이 화물의 압력에 견딜 만큼의 강도를 지니지 아니한 경우에는 칸막이나 벽에 기대어 적재하지 아니하도록 할 것
3. 불안정할 정도로 높이 쌓아 올리지 말 것
4. 편하중이 생기지 아니하도록 적재할 것

110 발파구간 인접구조물에 대한 피해 및 손상을 예방하기 위한 건물기초에서의 허용진동치(cm/sec) 기준으로 옳지 않은 것은? (단, 기존 구조물에 금이 가 있거나 노후구조물 대상일 경우 등은 고려하지 않는다.)

① 문화재 : 0.2cm/sec
② 주택, 아파트 : 0.5cm/sec
③ 상가 : 1.0cm/sec
④ 철골콘크리트 빌딩 : 0.8~1.0cm/sec

철골콘크리트 빌딩 및 상가의 발파진동 허용치는 1.0~4.0cm/sec가 맞다

111 거푸집 동바리 등을 조립 또는 해체하는 작업을 하는 경우의 준수사항으로 옳지 않은 것은?

① 재료, 기구 또는 공구 등을 올리거나 내리는 경우 근로자로 하여금 달줄·달포대 등의 사용을 금하도록 할 것
② 낙하·충격에 의한 돌발적 재해를 방지하기 위하여 버팀목을 설치하고 거푸집 동바리 등을 인양장비에 매단 후 작업하도록 하는 등 필요한 조치를 할 것
③ 비, 눈, 그 밖의 기상상태의 불안정으로 날씨가 몹시 나쁜 경우에는 그 작업을 중지할 것
④ 해당 작업을 하는 구역에는 관계 근로자가 아닌 사람의 출입을 금지할 것

거푸집 동바리 등을 조립 또는 해체하는 작업을 하는 경우 재료·기구 또는 공구 등을 올리거나 내리는 경우 근로자가 달줄 또는 달포대 등을 사용하게 해야 한다.

정답 109 ④ 110 ④ 111 ①

112 **강관을 사용하여 비계를 구성하는 경우 준수하여야 할 기준으로 옳지 않은 것은?**

① 비계기둥의 간격은 띠장 방향에서는 1.85m 이하, 장선(長線) 방향에서는 1.5m 이하로 할 것
② 띠장 간격은 2.0m 이하로 할 것
③ 비계기둥의 제일 윗부분으로부터 31m 되는 지점 밑부분의 비계기둥은 3개의 강관으로 묶어 세울 것
④ 비계기둥 간의 적재하중은 400kg을 초과하지 않도록 할 것

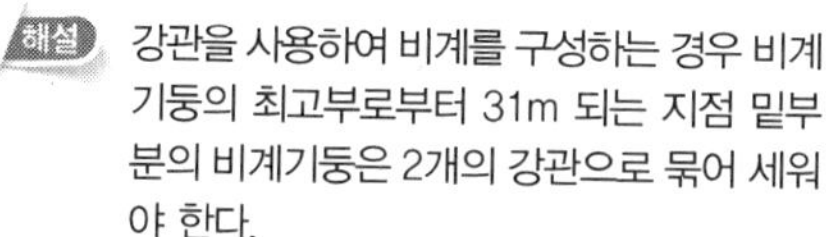
해설 강관을 사용하여 비계를 구성하는 경우 비계기둥의 최고부로부터 31m 되는 지점 밑부분의 비계기둥은 2개의 강관으로 묶어 세워야 한다.

113 **지하수위 상승으로 포화 된 사질토 지반의 액상화 현상을 방지하기 위한 가장 직접적이고 효과적인 대책은?**

① Well Point 공법 적용
② 동다짐 공법 적용
③ 입도가 불량한 재료를 입도가 양호한 재료로 치환
④ 밀도를 증가시켜 한계간극비 이하로 상대밀도를 유지하는 방법 강구

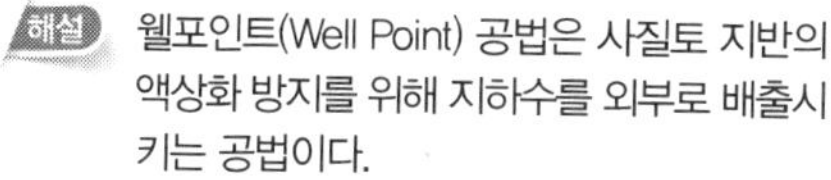
해설 웰포인트(Well Point) 공법은 사질토 지반의 액상화 방지를 위해 지하수를 외부로 배출시키는 공법이다.

114 **크레인 등 건설장비의 가공전선로 접근 시 안전대책으로 옳지 않은 것은?**

① 안전 이격거리를 유지하고 작업한다.
② 장비를 가공전선로 밑에 보관한다.
③ 장비의 조립, 준비 시부터 가공전선로에 대한 감전 방지수단을 강구한다.
④ 장비 사용 현장의 장애물, 위험물 등을 점검 후 작업계획을 수립한다.

해설 크레인 등 건설장비의 가공전선로 접근 시 장비는 가공전선로와 이격된 장소에 보관해야 한다.

115 **흙의 투수계수에 영향을 주는 인자에 관한 설명으로 옳지 않은 것은?**

① 포화도 : 포화도가 클수록 투수계수도 크다.
② 공극비 : 공극비가 클수록 투수계수는 작다.
③ 유체의 점성계수 : 점성계수가 클수록 투수계수는 작다.
④ 유체의 밀도 : 유체의 밀도가 클수록 투수계수는 크다.

해설 공극비가 클수록 투수계수는 크다.

116 **산업안전보건법령에서 규정하는 철골작업을 중지하여야 하는 기후조건에 해당하지 않는 것은?**

① 풍속이 초당 10m 이상인 경우
② 강우량이 시간당 1mm 이상인 경우
③ 강설량이 시간당 1cm 이상인 경우
④ 기온이 영하 5℃ 이하인 경우

정답 112 ③ 113 ① 114 ② 115 ② 116 ④

 **철골작업 중지 기준**
1. 풍속이 초당 10m 이상
2. 강우량이 시간당 1mm 이상
3. 강설량이 시간당 1cm 이상

117 차량계 건설기계를 사용하여 작업을 하는 경우 작업계획서 내용에 포함되지 않는 사항은?

① 사용하는 차량계 건설기계의 종류 및 성능
② 차량계 건설기계의 운행경로
③ 차량계 건설기계에 의한 작업방법
④ 차량계 건설기계 사용 시 유도자 배치 위치

 차량계 건설기계를 사용하는 작업의 작업계획서 포함내용은 다음과 같다.
1. 사용하는 차량계 건설기계의 종류 및 성능
2. 차량계 건설기계의 운행경로
3. 차량계 건설기계에 의한 작업방법

118 유해위험방지계획서를 고용노동부장관에게 제출하고 심사를 받아야 하는 대상 건설공사 기준으로 옳지 않은 것은?

① 최대 지간길이가 50m 이상인 다리의 건설 등 공사
② 지상높이 25m 이상인 건축물 또는 인공구조물의 건설 등 공사
③ 깊이 10m 이상인 굴착공사
④ 다목적댐, 발전용댐, 저수용량 2천만 톤 이상의 용수 전용 댐 및 지방상수도 전용 댐의 건설 등 공사

 유해위험방지계획서 제출 대상 건설공사는 다음과 같다.
1. 지상높이가 31m 이상인 건축물 또는 인공구조물, 연면적 30,000m^2 이상인 건축물 또는 연면적 5,000m^2 이상의 문화 및 집회시설(전시장 및 동물원 · 식물원은 제외), 판매시설, 운수시설(고속철도의 역사 및 집배송시설은 제외), 종교시설, 의료시설 중 종합병원, 숙박시설 중 관광숙박시설, 지하도상가 또는 냉동 · 냉장창고시설의 건설 · 개조 또는 해체
2. 연면적 5,000m^2 이상의 냉동 · 냉장창고시설의 설비공사 및 단열공사
3. 최대 지간길이가 50m 이상인 교량건설 등 공사
4. 터널 건설 등의 공사
5. 다목적 댐, 발전용 댐 및 저수용량 2천만 톤 이상의 용수 전용 댐, 지방 상수도 전용 댐 건설 등의 공사
6. 깊이 10m 이상인 굴착공사

119 공사진척에 따른 공정율이 다음과 같을 때 안전관리비 사용기준으로 옳은 것은? (단, 공정율은 기성공정율을 기준으로 함)

공정율 : 70% 이상, 90% 미만

① 50% 이상　② 60% 이상
③ 70% 이상　④ 80% 이상

 공정율 70% 이상 90% 미만인 경우 안전관리비는 70% 이상 사용한다.

정답 117 ④　118 ②　119 ③

120 **미리 작업장소의 지형 및 지반상태 등에 적합한 제한속도를 정하지 않아도 되는 차량계 건설기계의 속도 기준은?**

① 최대 제한속도가 10km/h 이하
② 최대 제한속도가 20km/h 이하
③ 최대 제한속도가 30km/h 이하
④ 최대 제한속도가 40km/h 이하

해설 미리 작업장소의 지형 및 지반상태 등에 적합한 제한속도를 정하지 않아도 되는 차량계 건설기계의 속도 기준은 최대 제한속도가 10km/h 이하인 경우에 해당된다.

정답 120 ①

2021년 5월 15일 시행

ENGINEER CONSTRUCTION SAFETY

제1과목 산업안전관리론

01 산업안전보건법령상 자율안전확인 안전모의시험 성능기준 항목으로 명시되지 않은 것은?

① 난연성 ② 내관통성
③ 내전압성 ④ 턱끈풀림

해설 자율안전확인대상 안전모 성능시험방법

항목	시험성능기준
내관통성	안전모는 관통거리가 11.1mm 이하이어야 한다.
충격흡수성	최고전달충격력이 4,450N을 초과해서는 안 되며, 모체와 착장체의 기능이 상실되지 않아야 한다.
난연성	모체가 불꽃을 내며 5초 이상 연소되지 않아야 한다.
턱끈풀림	150N 이상 250N 이하에서 턱끈이 풀려야 한다.

02 산업재해의 발생형태에 따른 분류 중 단순연쇄형에 속하는 것은? (단, O는 재해 발생의 각종 요소를 나타냄)

① O, O, O, O, O → 재해
② O→O→O→O→재해
③ O→O→O↘ 재해, O→O→O↗ 재해
④ O↘, O→O→O→재해, O↗

해설 연쇄형(사슬형)

하나의 사고요인이 또 다른 요인을 발생시키면서 재해를 발생시키는 유형이다. 단순연쇄형과 복합연쇄형이 있다.

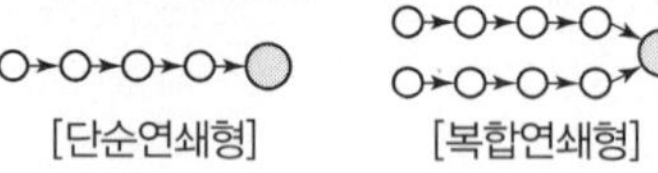
[단순연쇄형] [복합연쇄형]

03 산업안전보건법령상 안전인증대상기계에 해당하지 않는 것은?

① 크레인 ② 곤돌라
③ 컨베이어 ④ 사출성형기

해설 안전인증대상기계 · 기구(산업안전보건법 시행규칙 제107조)

1. 프레스
2. 전단기 및 절곡기
3. 크레인
4. 리프트
5. 압력용기
6. 롤러기
7. 사출성형기(射出成形機)
8. 고소(高所) 작업대
9. 곤돌라

정답 01 ③ 02 ② 03 ③

04 하인리히의 1 : 29 : 300 법칙에서 "29"가 의미하는 것은?

① 재해 ② 중상해
③ 경상해 ④ 무상해사고

해설 하인리히의 재해구성비율

사망 및 중상 : 경상 : 무상해사고
= 1 : 29 : 300

05 A 사업장에서는 산업재해로 인한 인적 · 물적 손실을 줄이기 위하여 안전행동 실천운동(5C 운동)을 실시하고자 한다. 5C 운동에 해당하지 않는 것은?

① Control ② Correctness
③ Cleaning ④ Checking

해설 5C 운동(안전행동 실천운동)

- 복장단정(Correctness)
- 정리정돈(Clearance)
- 청소청결(Cleaning)
- 점검 · 확인(Checking)
- 전심전력(Concentration)

06 기계, 기구, 설비의 신설, 변경 또는 고장 수리 시 실시하는 안전점검의 종류로 옳은 것은?

① 특별점검 ② 수시점검
③ 정기점검 ④ 임시점검

해설 안전점검의 종류

- 일상점검(수시점검) : 작업 전 · 중 · 후 수시로 점검하는 점검
- 정기점검 : 정해진 기간에 정기적으로 실시하는 점검
- 특별점검 : 기계기구의 신설 및 변경 시 고장, 수리 등에 의해 부정기적으로 실시하는 점검으로 안전강조기간 등에 실시하는 점검
- 임시점검 : 이상 발견 시 또는 재해발생 시 임시로 실시하는 점검

07 건설기술 진흥법령상 건설사고조사 위원회의 구성 기준 중 다음 (　　)에 알맞은 것은?

> 건설사고조사위원회는 위원장 1명을 포함한 (　　)명 이내의 위원으로 구성한다.

① 9 ② 10
③ 11 ④ 12

 건설사고조사위원회는 위원장 1명을 포함한 12명 이내의 위원으로 구성한다.

08 작업자가 불안전한 작업대에서 작업 중 추락하여 지면에 머리가 부딪쳐 다친 경우의 기인물과 가해물로 옳은 것은?

① 기인물 – 지면, 가해물 – 지면
② 기인물 – 작업대, 가해물 – 지면
③ 기인물 – 지면, 가해물 – 작업대
④ 기인물 – 작업대, 가해물 – 작업대

해설 재해원인분석

- 사고의 유형 : 추락, 전도, 충돌, 낙하 및 비래, 협착, 감전, 폭발, 붕괴 및 도피, 파열, 화재, 이상온도 접촉, 유해물 접촉, 무리한 동작 등
- 기인물 : 불안전한 상태에 있는 물체(환경 포함)
- 가해물 : 사람에게 직접 접촉되어 위해를 가한 물체(환경 포함)

정답 04 ③ 05 ① 06 ① 07 ④ 08 ②

09 **무재해운동의 이념 3원칙 중 잠재적인 위험 요인을 발견 · 해결하기 위하여 전원이 협력하여 각자의 위치에서 의욕적으로 문제해결을 실천하는 원칙은?**

① 무의 원칙 ② 선취의 원칙
③ 관리의 원칙 ④ 참가의 원칙

해설 무재해운동의 3원칙

1. 무의 원칙 : 모든 잠재위험요인을 사전에 발견 · 파악 · 해결함으로써 근원적으로 산업재해를 없앤다.
2. 참여의 원칙(참가의 원칙) : 작업에 따르는 잠재적인 위험요인을 발견 · 해결하기 위하여 전원이 협력하여 문제해결 운동을 실천한다.
3. 안전제일의 원칙(선취의 원칙) : 직장의 위험요인을 행동하기 전에 발견 · 파악 · 해결하여 재해를 예방한다.

10 **하인리히의 사고예방대책 기본원리 5단계에 있어 "시정방법의 선정" 바로 이전 단계에서 행하여지는 사항으로 옳은 것은?**

① 분석 ② 사실의 발견
③ 안전조직 편성 ④ 시정책의 적용

해설 사고방지의 기본원리 5단계

조직 – 사실의 발견(안전점검 및 사고조사) – 분석 – 시정책의 선정 – 시정책의 적용

11 **산업안전보건법령상 산업안전보건위원회의 심의 · 의결사항으로 틀린 것은? (단, 그 밖에 해당 사업장 근로자의 안전 및 보건을 유지 · 증진시키기 위하여 필요한 사항은 제외한다.)**

① 사업장 경영체계 구성 및 운영에 관한 사항
② 작업환경측정 등 작업환경의 점검 및 개선에 관한 사항
③ 안전보건관리규정의 작성 및 변경에 관한 사항
④ 유해하거나 위험한 기계 · 기구 · 설비를 도입한 경우 안전 및 보건 관련 조치에 관한 사항

해설 산업안전보건위원회의 심의 · 의결사항

1. 산업재해 예방계획의 수립에 관한 사항
2. 안전보건관리규정의 작성 및 변경에 관한 사항
3. 근로자의 안전 · 보건교육에 관한 사항
4. 작업환경측정 등 작업환경의 점검 및 개선에 관한 사항
5. 근로자의 건강진단 등 건강관리에 관한 사항
6. 중대재해의 원인조사 및 재발방지대책 수립에 관한 사항
7. 산업재해에 관한 통계의 기록 및 유지에 관한 사항
8. 안전 · 보건과 관련된 안전장치 및 보호구 구입 시의 적격품 여부 확인에 관한 사항

12 **산업안전보건법령상 안전보건개선계획의 제출에 관한 사항 중 (　　)에 알맞은 내용은?**

> 안전보건개선계획서를 제출해야 하는 사업주는 안전보건개선계획서 수립·시행 명령을 받은 날부터 (　　)일 이내에 관한 지방고용노동관서의 장에게 해당 계획서를 제출해야 한다.

① 15 ② 30
③ 60 ④ 90

정답 09 ④ 10 ① 11 ① 12 ③

해설 안전보건개선계획의 수립 · 시행명령을 받은 사업주는 고용노동부장관이 정하는 바에 따라 안전보건개선계획서를 작성하여 그 명령을 받은 날부터 60일 이내에 관할 지방고용노동관서의 장에게 제출하여야 한다.

13 **산업안전보건법령상 명예산업안전감독관의 업무에 속하지 않는 것은? (단, 산업안전보건위원회 구성 대상 사업의 근로자 중에서 근로자대표가 사업주의 의견을 들어 추천하여 위촉된 명예산업안전감독관의 경우)**

① 사업장에서 하는 자체점검 참여
② 보호구의 구입 시 적격품의 선정
③ 근로자에 대한 안전수칙 준수 지도
④ 사업장 산업재해 예방계획 수립 참여

해설 **명예산업안전감독관의 업무**

- 사업장에서 하는 자체점검 참여 및 「근로기준법」에 따른 근로감독관이 하는 사업장 감독 참여
- 사업장 산업재해 예방계획 수립 참여 및 사업장에서 하는 기계 · 기구 자체검사 참석
- 법령을 위반한 사실이 있는 경우 사업주에 대한 개선 요청 및 감독기관에의 신고
- 산업재해 발생의 급박한 위험이 있는 경우 사업주에 대한 작업중지 요청
- 작업환경측정, 근로자 건강진단 시의 참석 및 그 결과에 대한 설명회 참여
- 직업성 질환의 증상이 있거나 질병에 걸린 근로자가 여러 명 발생한 경우 사업주에 대한 임시건강진단 시행 요청
- 근로자에 대한 안전수칙 준수 지도
- 안전 · 보건 의식을 북돋우기 위한 활동 등에 대한 참여와 지원
- 그 밖에 산업재해 예방에 대한 홍보 등 산업재해 예방업무와 관련하여 고용노동부장관이 정하는 업무

14 **산업안전보건법령상 다음 (　　)에 알맞은 내용은?**

> 안전보건관리규정의 작성 대상 사업의 사업주는 안전보건관리규정을 작성해야 할 사유가 발생한 날부터 (　　)이내에 안전보건관리규정의 세부내용을 포함한 안전보건관리규정을 작성하여야 한다.

① 10일　　② 15일
③ 20일　　④ 30일

사업주는 안전보건관리규정을 작성하여야 할 사유가 발생한 날부터 30일 이내에 안전보건관리규정을 작성하여야 한다. 이를 변경할 사유가 발생한 경우에도 또한 같다.

15 **산업안전보건법령상 안전보건표지의 용도가 금지일 경우 사용되는 색채로 옳은 것은?**

① 흰색　　② 녹색
③빨간색　　④ 노란색

해설 **안전 · 보건표지의 종류 및 색채**

- 금지표지 : 위험한 행동을 금지하는 데 사용되며 8개 종류가 있다.(바탕은 흰색, 기본모형은 빨간색, 관련 부호 및 그림은 검은색)
- 경고표지 : 직접 위험한 것 및 장소 또는 상태에 대한 경고로서 사용되며 15개 종류가 있다.(바탕은 노란색, 기본모형, 관련 부호 및 그림은 검은색)
  다만, 인화성 물질 경고 · 산화성 물질 경고, 폭발성물질 경고, 급성독성 물질 경고 부식성 물질 경고 및 발암성 · 변이원성 · 생식독성 · 전신독성 · 호흡기과민성 물질 경고의 경우 바탕은 무색, 기본모형은 빨간색(검은색도 가능)

정답 13 ② 14 ④ 15 ③

- 지시표지 : 작업에 관한 지시, 즉 안전 · 보건 보호구의 착용에 사용되며 9개 종류가 있다.(바탕은 파란색, 관련 그림은 흰색)
- 안내표지 : 구명, 구호, 피난의 방향 등을 분명히 하는 데 사용되며 7개 종류가 있다. (바탕은 흰색, 기본모형 및 관련 부호는 녹색, 바탕은 녹색, 관련 부호 및 그림은 흰색)

16 연평균근로자수가 400명인 사업장에서 연간 2건의 재해로 인하여 4명의 사상자가 발생하였다. 근로자가 1일 8시간씩 연간 300일을 근무하였을 때 이 사업장의 연천인율은?

① 1.85　② 4.4
③ 5　④ 10

 해설 연천인율

$= \frac{\text{재해자 수}}{\text{연평균 근로자 수}} \times 1,000$

$= \frac{4}{400} \times 1,000$

$= 10$

17 하인리히의 재해손실비 평가방식에서 간접비에 속하지 않는 것은?

① 요양급여　② 시설복구비
③ 교육훈련비　④ 생산손실비

 해설 요양급여비용은 직접 손실비용이다.

간접비

재산손실, 생산중단 등으로 기업이 입은 손실
- 인적손실 : 본인 및 제3자에 관한 것을 포함한 시간손실
- 물적손실 : 기계, 구, 재료, 시설의 복구에 소비된 시간손실 및 재산손실
- 생산손실 : 생산감소, 생산중단, 판매감소 등에 의한 손실 · 특수손실 · 기타 손실

18 다음 설명에 해당하는 무재해운동추진기법은?

> 피부를 맞대고 같이 소리치는 것으로서 팀의 일체감, 연대감을 조성할 수 있고 동시에 대뇌 피질에 좋은 이미지를 불어 넣어 안전행동을 하도록 하는 것

① 역할연기(Role Playing)
② TBM(Tool Box Meeting)
③ 터치 앤 콜(Touch and Call)
④ 브레인스토밍(Brain Storming)

 해설 **터치앤드콜(Touch and Call)**

피부를 맞대고 같이 소리치는 것으로 전원이 스킨십(Skinship)을 느끼도록 하는 것. 팀의 일체감, 연대감을 조성할 수 있고 동시에 대뇌 구피질에 좋은 이미지를 불어넣어 안전행동을 하도록 하는 것

19 시설물의 안전 및 유지관리에 관한 특별법상 제1종 시설물에 명시되지 않은 것은?

① 고속철도 교량
② 25층인 건축물
③ 연장 300m인 철도 교량
④ 연면적이 70,000m²인 건축물

 해설 **시설물의 안전 및 유지관리에 관한 특별법 제1종 시설물 종류**

- 고속철도 교량, 연장 500m 이상의 도로 및 철도 교량
- 고속철도 및 도시철도 터널, 연장 1,000m 이상의 도로 및 철도 터널
- 갑문시설 및 연장 1,000m 이상의 방파제

정답 16 ④　17 ①　18 ③　19 ③

- 다목적댐, 발전용 댐, 홍수전용 댐 및 총저수용량 1천만 톤 이상의 용수전용 댐
- 21층 이상 또는 연면적 5만 제곱미터 이상의 건축물
- 하굿둑, 포용 저수량 8천만 톤 이상의 방조제
- 광역 상수도, 공업용 수도, 1일 공급능력 3만 톤 이상의 지방 상수도

20 산업안전보건법령상 중대재해가 아닌 것은?

① 사망자가 1명 발생한 재해
② 부상자가 동시에 10명 발생한 재해
③ 직업성 질병자가 동시에 10명 발생한 재해
④ 1개월의 요양이 필요한 부상자가 동시에 2명 발생한 재해

해설 **중대재해**

산업재해 중 사망 등 재해의 정도가 심한 것으로서 다음에 정하는 재해 중 하나 이상에 해당하는 재해를 말한다.

- 사망자가 1명 이상 발생한 재해
- 3개월 이상의 요양이 필요한 부상자가 동시에 2명 이상 발생한 재해
- 부상자 또는 직업성 질병자가 동시에 10명 이상 발생한 재해

제2과목 산업심리 및 교육

21 참가자 앞에서 소수의 전문가가 과제에 관한 견해를 자유롭게 토의한 후 참가자 전원이 참가하여 사회자의 사회에 따라 토의하는 방법은?

① 포럼(forum)
② 심포지엄(symposium)
③ 버즈 세션(buzz session)
④ 패널 디스커션(panel discussion)

해설 **패널토의(Panel Discussion)**

사회자의 진행에 의해 특정 주제에 대해 구성원 3~6명이 대립된 견해를 가지고 청중 앞에서 논쟁을 벌이는 것

22 토의식 교육법의 4단계 중 일반적으로 적용시간이 가장 긴 것은?

① 도입　② 제시
③ 적용　④ 확인

해설 **교육방법에 따른 교육시간**

교육법의 4단계	강의식	토의식
제1단계 – 도입(준비)	5분	5분
제2단계 – 제시(설명)	40분	10분
제3단계 – 적용(응용)	10분	40분
제4단계 – 확인(총괄)	5분	5분

23 안전심리의 5대 요소에 관한 설명으로 틀린 것은?

① 기질이란 감정적인 경향이나 반응에 관계되는 성격의 한 측면이다.
② 감정은 생활체가 어떤 행동을 할 때 생기는 객관적인 동요를 뜻한다.
③ 동기는 능동적인 감각에 의한 자극에서 일어난 사고의 결과로서 사람의 마음을 움직이는 원동력이 되는 것이다.
④ 습성은 한 종에 속하는 개체의 대부분에서 볼 수 있는 일정한 생활양식으로 본능, 학습, 조건반사 등에 따라 형성된다.

정답 20 ④　21 ④　22 ③　23 ②

해설 산업안전심리의 5대 요소

1. 동기(Motive) : 능동력은 감각에 의한 자극에서 일어나는 사고의 결과로서 사람의 마음을 움직이는 원동력
2. 기질(Temper) : 인간의 성격, 능력 등 개인적인 특성을 말하는 것으로 생활환경에 영향을 받는다.
3. 감정(Emotion) : 희로애락의 의식
4. 습성(Habits) : 동기, 기질, 감정 등이 밀접한 관계를 형성하여 인간의 행동에 영향을 미칠 수 있도록 하는 것
5. 습관(Custom) : 자신도 모르게 습관화된 현상을 말한다.

24 스트레스(stress)에 영향을 주는 요인 중 환경이나 외적 요인에 해당하는 것은?

① 자존심의 손상
② 현실에의 부적응
③ 도전의 좌절과 자만심의 상충
④ 직장에서의 대인관계 갈등과 대립

직장에서의 대인관계 갈등과 대립은 환경이나 외부를 통해서 일어나는 자극요인에 해당된다.

25 권한의 근거는 공식적이며, 지휘형태가 권위주의적이고 임명되어 권한을 행사하는 지도자로 옳은 것은?

① 헤드십(head ship)
② 리더십(leader ship)
③ 멤버십(member ship)
④ 매니저십(manager ship)

헤드십

외부로부터 임명된 헤드(Head)가 조직체계나 직위를 이용하여 권한을 행사하는 것. 지도자와 집단 구성원 사이에 공통의 감정이 생기기 어려우며 항상 일정한 거리가 있다.

26 다음의 내용에서 교육지도의 5단계를 순서대로 바르게 나열한 것은?

㉠ 가설의 설정
㉡ 결론
㉢ 원리의 제시
㉣ 관련된 개념의 분석
㉤ 자료의 평가

① ㉢ → ㉣ → ㉠ → ㉤ → ㉡
② ㉠ → ㉢ → ㉣ → ㉤ → ㉡
③ ㉢ → ㉠ → ㉤ → ㉣ → ㉡
④ ㉠ → ㉢ → ㉤ → ㉣ → ㉡

교육지도의 5단계

원리의 제시 → 관련된 개념의 분석 → 가설의 설정 → 자료의 평가 → 결론

27 호손(Hawhorne) 실험의 결과 생산성 향상에 영향을 준 가장 큰 요인은?

① 생산 기술
② 임금 및 근로시간
③ 인간관계
④ 조명 등 작업환경

해설 호손(Hawthorne) 실험

- 미국 호손공장에서 실시된 실험으로 종업원의 인간성을 과학적으로 연구한 실험
- 물리적인 조건(조명, 휴식시간, 근로시간 단축, 임금 등)이 생산성에 영향을 주는 것이 아니라 인간관계가 절대적인 요소로 작용함을 강조

정답 24 ④ 25 ① 26 ① 27 ③

28 훈련에 참여한 사람들이 직무에 복귀한 후에 실제 직무수행에서 훈련효과를 보이는 정도를 나타내는 것은?

① 전이 타당도　　② 교육 타당도
③ 조직간 타당도　④ 조직 내 타당도

해설 학습의 전이(transference)

어떤 내용을 학습한 결과가 다른 학습이나 반응에 영향을 미치는 현상을 의미하는 것으로 학습효과의 전이라고도 한다. 훈련 상황이 실제 작업 장면과 유사할 때 학습전이가 일어나기 쉽다.

29 착각 현상 중에서 실제로는 움직이지 않는데 움직이는 것처럼 느껴지는 심리적인 현상은?

① 진상　　② 원근 착시
③ 가현운동　④ 기하학적 착시

해설 착각현상

착각은 물리현상을 왜곡하는 지각현상을 말함
- 자동운동 : 암실 내에서 정지된 작은 광점을 응시하면 움직이는 것처럼 보이는 현상
- 유도운동 : 실제로는 정지한 물체가 어느 기준물체의 이동에 따라 움직이는 것처럼 보이는 현상
- 가현운동 : 영화처럼 물체가 빨리 나타나거나 사라짐으로 인해 운동하는 것처럼 보이는 현상

30 다음 설명의 리더십 유형은 무엇인가?

> 과업을 계획하고 수행하는 데 있어서 구성원과 함께 책임을 공유하고 인간에 대하여 높은 관심을 갖는 리더십

① 권위적 리더십
② 독재적 리더십
③ 민주적 리더십
④ 자유방임형 리더십

민주적 리더십의 리더는 조직구성원들을 참여시켜 그들과의 합의에 의하여 의사결정을 하고 지도해 나가는 리더이다.

31 의식 수준이 정상이지만 생리적 상태가 적극적일 때에 해당하는 것은?

① Phase 0　　② Phase Ⅰ
③ Phase Ⅲ　④ Phase Ⅳ

해설 인간의 의식 Level의 단계별 신뢰성

단계	의식의 상태	신뢰성	의식의 작용
Phase 0	무의식, 실신	0	없음
Phase I	의식의 둔화	0.9 이하	부주의
Phase II	이완 상태	0.99~0.99999	마음이 안쪽으로 향함 (Passive)
Phase III	명료한 상태	0.99999 이상	전향적 (Active)
Phase IV	과긴장 상태	0.9 이하	한 점에 집중, 판단 정지

32 직무수행평가에 대한 효과적인 피드백의 원칙에 대한 설명으로 틀린 것은?

① 직무수행 성과에 대한 피드백의 효과가 항상 긍정적이지는 않다.
② 피드백은 개인의 수행 성과뿐만 아니나 집단의 수행 성과에도 영향을 준다.
③ 부정적 피드백을 먼저 제시하고 그다음에 긍정적 피드백을 제시하는 것이 효과적이다.

정답 28 ① 29 ③ 30 ③ 31 ③ 32 ③

④ 직무수행 성과가 낮을 때, 그 원인을 능력 부족의 탓으로 돌리는 것보다 노력 부족 탓으로 돌리는 것이 더 효과적이다.

해설 직무수행평가 시 긍정적 피드백을 부정적 피드백보다 먼저 제시하는 것이 더욱 효과적인 피드백 방법이다

33 **안드라고지(Andragogy) 모델에 기초한 학습자로서의 성인의 특징과 가장 거리가 먼 것은?**

① 성인들은 타인 주도적 학습을 선호한다.
② 성인들은 과제중심적으로 학습하고자 한다.
③ 성인들은 다양한 경험을 가지고 학습에 참여한다.
④ 성인들은 왜 배워야 하는지에 대해 알고자 하는 욕구가 있다.

해설 성인들은 자기주도적으로 학습하고자 한다.

학습자로서의 성인의 특징(엔드라고지 모델에 기초)

1. 성인들은 무엇인가를 왜 배워야 하는지에 대해 알고자 하는 욕구를 가지고 있다.
2. 성인들은 자기주도적으로 학습하고자 한다.
3. 성인들은 많은 다양한 경험들을 가지고 있다.
4. 성인들은 과제중심적(문제중심적)으로 학습하고자 한다.
5. 성인들은 학습을 하려는 강한 내·외적 동기를 가지고 있다.

34 **안전태도교육 기본과정을 순서대로 나열한 것은?**

① 청취 → 모범 → 이해 → 평가 → 장려·처벌
② 청취 → 평가 → 이해 → 모범 → 장려·처벌
③ 청취 → 이해 → 모범 → 평가 → 장려·처벌
④ 청취 → 평가 → 모범 → 이해 → 장려·처벌

해설 태도교육(4단계) : 안전의 습관화(가치관 형성)
1단계 청취(들어본다.) → 2단계 이해, 납득(이해시킨다.) → 3단계 모범(시범을 보인다.) → 4단계 권장(평가한다.)

35 **산업심리에서 활용되고 있는 개인적인 카운슬링 방법에 해당하지 않는 것은?**

① 직접 충고 ② 설득적 방법
③ 설명적 방법 ④ 토론적 방법

해설 카운슬링(Counseling)

심리학적 교양과 기술을 익힌 전문가인 카운슬러가 적응상(適應上)의 문제를 가진 내담자(來談者)와 면접하여 대화를 거듭하고, 이를 통하여 내담자가 자신의 문제를 해결해 나가는 인격적 발달을 도울 수 있도록 하는 것

- 카운슬링의 방법 : 직접적인 충고, 설득적 방법, 설명적 방법
- 카운슬링의 순서 : 장면 구성 → 내담자와의 대화 → 의견 재분석 → 감정 표출 → 감정의 명확화

정답 33 ① 34 ③ 35 ④

36 맥그리거(Douglas Mcgregor)의 X, Y이론 중 X이론과 관계 깊은 것은?

① 근면, 성실
② 물질적 욕구 추구
③ 정신적 욕구 추구
④ 자기통제에 의한 자율관리

해설 맥그리거의 X이론에 대한 가정

- 원래 종업원들은 일하기 싫어하며 가능하면 일하는 것을 피하려고 한다.
- 종업원들은 일하는 것을 싫어하므로 바람직한 목표를 달성하기 위해서는 그들을 통제하고 위협하여야 한다.
- 종업원들은 책임을 회피하고 가능하면 공식적인 지시를 바란다.
- 인간은 명령되는 쪽을 좋아하며 무엇보다 안전을 바라고 있다는 인간관

37 교육의 3요소를 바르게 나열한 것은?

① 교사 – 학생 – 교육재료
② 교사 – 학생 – 교육환경
③ 학생 – 교육환경 – 교육재료
④ 학생 – 부모 – 사회 지식인

해설 교육의 3요소

1. 주체 : 강사
2. 객체 : 수강자(학생)
3. 매개체 : 교재(교육내용)

38 어느 철강회사의 고로작업라인에 근무하는 A씨의 작업강도가 힘든 중작업으로 평가되었다면 해당하는 에너지대사율(RMR)의 범위로 가장 적절한 것은?

① 0~1 ② 2~4
③ 4~7 ④ 7~10

해설 에너지대사율(RMR)에 따른 작업의 분류

- 초경작업(初經作業) : 0~1
- 경작업(經作業) : 1~2
- 보통 작업(中作業) : 2~4
- 중작업(重作業) : 4~7
- 초중작업(初重作業) : 7 이상

39 Off.J.T의 특징이 아닌 것은?

① 우수한 강사를 확보할 수 있다.
② 교재, 시설 등을 효과적으로 이용할 수 있다.
③ 개개인의 능력 및 적성에 적합한 세부 교육이 가능하다.
④ 다수의 대상자를 일괄적, 체계적으로 교육을 시킬 수 있다.

해설 Off.J.T(직장 외 교육훈련)

계층별 · 직능별로 공통된 교육대상자를 현장 이외의 한 장소에 모아 집합교육을 실시하는 교육형태(집단교육에 적합)

- 다수의 근로자에게 조직적 훈련을 행하는 것이 가능
- 훈련에만 전념
- 각각 전문가를 강사로 초청하는 것이 가능

40 인간의 적응기제(Adjustment mechanism) 중 방어적 기제에 해당하는 것은?

① 보상 ② 고립
③ 퇴행 ④ 억압

1. 방어적 기제(Defense Mechanism) : 자신의 약점을 위장하여 유리하게 보임으로써 자기를 보호하려는 것
   - 보상 : 계획한 일이 성공하는 데서 오는 자존감
   - 합리화(변명) : 너무 고통스럽기 때문에 인정할 수 없는 실제 이유 대신에 자기 행동에 그럴듯한 이유를 붙이는 방법

정답 36 ② 37 ① 38 ③ 39 ③ 40 ①

- 승화 : 억압당한 욕구가 사회적 · 문화적으로 가치 있게 목적으로 향하도록 노력함으로써 욕구를 충족하는 방법
- 동일시 : 자기가 되고자 하는 인물을 찾아내어 동일시하여 만족을 얻는 행동

2. 도피적 기제(Escape Mechanism) : 욕구불만이나 압박으로부터 벗어나기 위해 현실을 벗어나 마음의 안정을 찾으려는 것
   - 고립 : 자기의 열등감을 의식하여 다른 사람과의 접촉을 피해 자기의 내적 세계로 들어가 현실의 억압에서 피하려는 기제
   - 퇴행 : 신체적으로나 정신적으로 정상 발달되어 있으면서도 위협이나 불안을 일으키는 상황에는 생애 초기에 만족했던 시절을 생각는 것
   - 억압 : 나쁜 무엇을 잊고 더 이상 행하지 않겠다는 해결 방어기제
   - 백일몽 : 현실에서 만족할 수 없는 욕구를 상상의 세계에서 얻으려는 행동

제3과목 인간공학 및 시스템안전공학

41 FTA에서 사용하는 다음 사상기호에 대한 설명으로 맞는 것은?

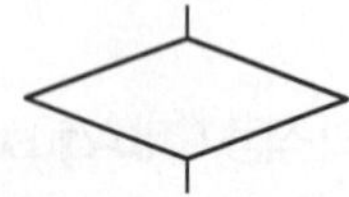

① 시스템 분석에서 좀 더 발전시켜야 하는 사상
② 시스템의 정상적인 가동상태에서 일어날 것이 기대되는 사상
③ 불충분한 자료로 결론을 내릴 수 없어 더 이상 전개할 수 없는 사상
④ 주어진 시스템의 기본사상으로 고장원인이 분석되었기 때문에 더 이상 분석할 필요가 없는 사상

해설

번호	기호	명칭	설명
1	◇	생략사상 (최후사상)	정보부족, 해석기술 불충분으로 더 이상 전개할 수 없는 사상

42 FT도에서 시스템의 신뢰도는 얼마인가? (단, 모든 부품의 발생 확률은 0.1이다.)

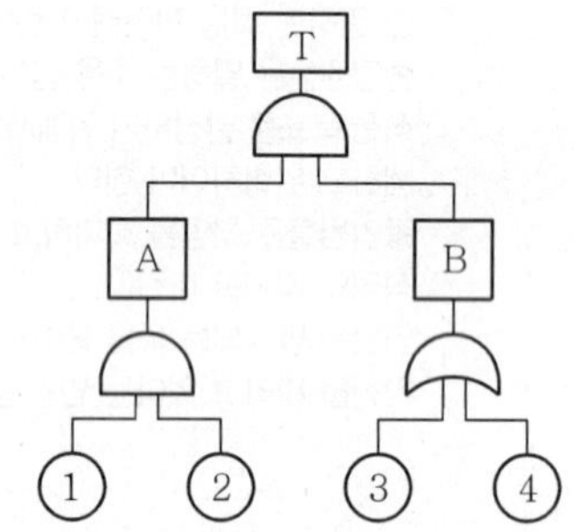

① 0.0033 ② 0.0062
③ 0.9981 ④ 0.9936

- 고장확률 = 0.1×0.1× 1−(1−0.1)×(1−0.1) = 1.9×10−3
- R(t) = 1 − 고장확률 = 1 − 1.9×10−3 = 0.9981

43 일반적으로 은행의 접수대 높이나 공원의 벤치를 설계할 때 가장 적합한 인체측정 자료의 응용원칙은?

① 조절식 설계
② 평균치를 이용한 설계
③ 최대치수를 이용한 설계
④ 최소치수를 이용한 설계

해설 1. 최대치수와 최소치수
특정한 설비를 설계할 때, 거의 모든 사람을 수용할 수 있는 경우(최대치수)가 필요하다. 문, 통로, 탈출구 등을 예로 들 수 있

정답 41 ③ 42 ③ 43 ②

다. 최소치수의 예로는 선반의 높이, 조종 장치까지의 거리 등이 있다.
1) 최대치수 : 인체측정 변수 측정기준 1, 5, 10%
2) 최소치수 : 상위백분율 (퍼센타일, Percentile) 기준 90, 95, 99%

2. 조절범위(5~95%)
체격이 다른 여러 사람에 맞도록 조절식으로 만드는 것이 바람직하다. 그 예로는 자동차 좌석의 전후 조절, 사무실 의자의 상하 조절 등이 있다.

3. 평균치를 기준으로 한 설계
최대치수나 최소치수를 기준으로 설계하기도 부적절하고 조절식으로 하기도 불가능할 때, 평균치를 기준으로 설계를 한다. 예를 들면, 손님의 평균 신장을 기준으로 만든 은행의 계산대 등이 있다.

44 감각저장으로부터 정보를 작업기억으로 전달하기 위한 코드화 분류에 해당하지 않는 것은?

① 시각코드 ② 촉각코드
③ 음성코드 ④ 의미코드

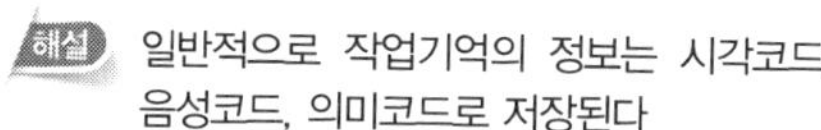

해설 일반적으로 작업기억의 정보는 시각코드, 음성코드, 의미코드로 저장된다

45 작업장의 설비 3대에서 각각 80dB, 86dB, 78dB의 소음이 발생하고 있을 때 작업장의 음압 수준은?

① 약 81.3dB ② 약 85.5dB
③ 약 87.5dB ④ 약 90.3dB

해설 **전체소음도**

$$PWL(dB) = 10\log(10^{\frac{A_1}{10}} + 10^{\frac{A_2}{10}} + 10^{\frac{A_3}{10}})$$
$$= 10\log(10^{\frac{80}{10}} + 10^{\frac{86}{10}} + 10^{\frac{78}{10}})$$
$$\fallingdotseq 87.5$$

46 인간공학 연구방법 중 실제의 제품이나 시스템이 추구하는 특성 및 수준이 달성되는지를 비교하고 분석하는 연구는?

① 조사연구 ② 실험연구
③ 분석연구 ④ 평가연구

해설 **평가연구**

인간공학 연구방법 중 인간–기계시스템이나 제품 등이 의도한 수준 또는 특성이 달성되었는지 분석하는 연구방법

47 위험분석기법 중 고장이 시스템의 손실과 인명의 사상에 연결되는 높은 위험도를 가진 요소나 고장의 형태에 따른 분석법은?

① CA ② ETA
③ FHA ④ FTA

해설 CA : 고장이 직접 시스템의 손해와 인원의 사상에 연결되는 높은 위험도를 가지는 경우에 위험도를 가져오는 요소 또는 고장의 형태에 따른 분석(정량적 분석)

48 실효온도(effective temperature)에 영향을 주는 요인이 아닌 것은?

① 온도 ② 습도
③ 복사열 ④ 공기 유동

해설 **실효온도(Effective Temperature, 감각온도, 실감온도)**

온도, 습도, 기류 등의 조건에 따라 인간의 감각을 통해 느껴지는 온도로 상대습도 100%일 때의 건구온도에서 느끼는 것과 동일한 온도감

정답 44 ② 45 ③ 46 ④ 47 ① 48 ③

49 의도는 올바른 것이었지만, 행동이 의도한 것과는 다르게 나타나는 오류는?

① Slip ② Mistake
③ Lapse ④ Violation

해설 **인간의 오류모형**

1. 착오(Mistake) : 상황해석을 잘못하거나 목표를 잘못 이해하고 착각하여 행하는 경우
2. 실수(Slip) : 상황이나 목표의 해석을 제대로 했으나 의도와는 다른 행동을 하는 경우
3. 건망증(Lapse) : 여러 과정이 연계적으로 일어나는 행동 중에서 일부를 잊어버리고 안 하거나 또는 기억의 실패에 의하여 발생하는 오류
4. 위반(Violation) : 정해진 규칙을 알고 있음에도 고의로 따르지 않거나 무시하는 행위

50 일반적인 화학 설비에 대한 안정성 평가(safety assessment)절차에 있어 안전대책 단계에 해당하지 않는 것은?

① 보전 ② 위험도 평가
③ 설비적 대책 ④ 관리적 대책

해설 **안전성 평가 6단계**

제1단계 : 관계자료의 정비검토
제2단계 : 정성적 평가
- 설계관계 : 공장 내 배치, 소방설비 등
- 운전관계 : 원재료, 운송, 저장 등

제3단계 : 정량적 평가
제4단계 : 안전대책
제5단계 : 재해정보에 의한 재평가
제6단계 : FTA에 의한 재평가

51 인간 – 기계시스템 설계과정 중 직무분석을 하는 단계는?

① 제1단계 : 시스템의 목표와 성능명세 결정
② 제2단계 : 시스템의 정의
③ 제3단계 : 기본 설계
④ 제4단계 : 인터페이스 설계

해설 **인간 – 기계시스템 설계과정 6단계**

제1단계 : 목표 및 성능명세 결정 : 시스템 설계 전 그 목적이나 존재 이유가 있어야 함
제2단계 : 시스템 정의 : 목적을 달성하기 위한 특정한 기본기능들이 수행되어야 함
제3단계 : 기본설계 : 시스템의 형태를 갖추기 시작하는 단계(직무분석, 작업설계, 기능할당)
제4단계 : 인터페이스 설계 : 사용자 편의와 시스템 성능에 관여
제5단계 : 촉진물 설계 : 인간의 성능을 증진시킬 보조물을 설계
제6단계 : 시험 및 평가 : 시스템 개발과 관련된 평가와 인간적인 요소 평가 실시

52 중량물 들기 작업 시 5분간의 산소소비량을 측정한 결과 90L의 배기량 중에 산소가 16%, 이산화탄소가 4%로 분석되었다. 해당 작업에 대한 산소소비량(L/min)은 약 얼마인가? (단, 공기 중 질소는 79vol%, 산소는 21vol%이다.)

① 0.948 ② 1.948
③ 4.74 ④ 5.74

공기 중에서 산소는 21%, 질소가 79%를 차지하지만 호흡을 거쳐 나온 배기량에는 산소가 소비되고 에너지가 발생되면서 이산화탄소가 포함된다.
분당 배기량 = 90/5 = 18L
흡기량 = {(100 − 16 − 4) × 18}/79
= 18.228(L/min)

정답 49 ① 50 ② 51 ③ 52 ①

산소소비량 = 0.21 × 18.228 − 0.16 × 18
= 0.948(L/min)

53 시스템 수명주기에 있어서 예비위험 분석(PHA)이 이루어지는 단계에 해당하는 것은?

① 구상단계 ② 점검단계
③ 운전단계 ④ 생산단계

해설 PHA(예비사고 분석)

시스템의 구상단계에서 시스템 고유의 위험 상태를 식별하여 예상되는 위험수준을 결정하기 위한 것이다.

54 어떤 설비의 시간당 고장률이 일정하다고 할 때 이 설비의 고장 간격은 다음 중 어떤 확률분포를 따르는가?

① t 분포
② 와이블분포
③ 지수분포
④ 아이링(Eyring)분포

해설 설비의 고장간격

어떤 설비의 시간당 고장률이 일정한 때는 이 설비의 고장간격은 지수분포의 확률분포를 따른다.

55 정보를 전송하기 위해 청각적 표시장치보다 시각적 표시장치를 사용하는 것이 더 효과적인 경우는?

① 정보의 내용이 간단한 경우
② 정보가 후에 재참조되는 경우
③ 정보가 즉각적인 행동을 요구하는 경우
④ 정보의 내용이 시간적인 사건을 다루는 경우

해설 시각장치와 청각장치의 비교

시각장치 사용	청각장치 사용
• 경고나 메시지가 복잡하다. • 경고나 메시지가 길다. • 경고나 메시지가 후에 재참조된다. • 경고나 메시지가 공간적인 위치를 다룬다. • 경고나 메시지가 즉각적인 행동을 요구하지 않는다. • 수신자의 청각 계통이 과부하 상태일 때 • 수신장소가 너무 시끄러울 때 • 직무상 수신자가 한곳에 머무르는 경우	• 경고나 메시지가 간단하다. • 경고나 메시지가 짧다. • 경고나 메시지가 후에 재참조되지 않는다. • 경고나 메시지가 시간적인 사상을 다룬다. • 경고나 메시지가 즉각적인 행동을 요구한다. • 수신자의 시각 계통이 과부하 상태일 때 • 수신장소가 너무 밝거나 암조응 유지가 필요할 때 • 직무상 수신자가 자주 움직이는 경우

56 욕조곡선에서의 고장형태에서 일정한 형태의 고장률이 나타나는 구간은?

① 초기 고장구간 ② 마모 고장구간
③ 피로 고장구간 ④ 우발 고장구간

해설

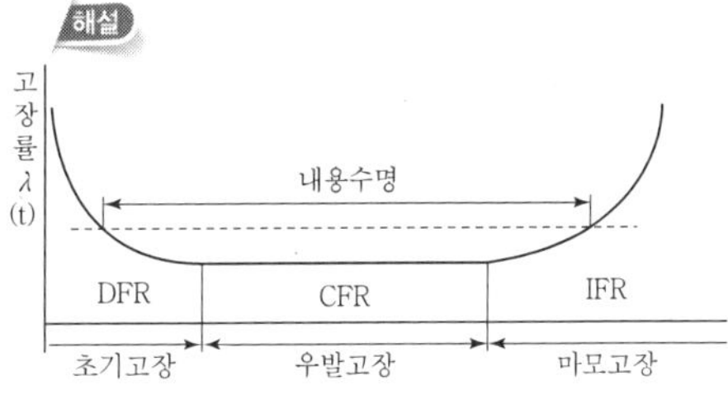

1. 초기고장(감소형) : 제조가 불량하거나 생산과정에서 품질관리가 안 돼서 생기는 고장
2. 우발고장(일정형) : 실제 사용하는 상태에서 발생하는 고장으로 예측할 수 없는 랜덤의 간격으로 생기는 고장
3. 마모고장(증가형) : 설비 또는 장치가 수명을 다하여 생기는 고장

정답 53 ① 54 ③ 55 ② 56 ④

57 설비보전 방법 중 설비의 열화를 방지하고 그 진행을 지연시켜 수명을 연장하기 위한 점검, 청소, 주유 및 교체 등의 활동은?

① 사후 보전 ② 개량 보전
③ 일상 보전 ④ 보전 예방

 보전이란 설비 또는 제품의 고장이나 결함을 회복시키기 위한 수리, 교체 등을 통해 시스템을 사용가능한 상태로 유지시키는 것을 말하며 설비의 열화를 방지하고 그 진행을 지연시켜 수명을 연장하기 위한 설비의 점검, 청소, 주유 및 교체 등은 일상적인 보전이다.

58 두 가지 상태 중 하나가 고장 또는 결함으로 나타나는 비정상적인 사건은?

① 톱사상 ② 결함사상
③ 정상적인 사상 ④ 기본적인 사상

 결함사상(개별적인 결함사상) : 두 가지 상태 중 하나가 고장 또는 결함으로 나타나는 비정상적인 사건

59 동작경제의 원칙과 가장 거리가 먼 것은?

① 급작스러운 방향의 전환은 피하도록 할 것
② 가능한 관성을 이용하여 작업하도록 할 것
③ 두 손의 동작은 같이 시작하고 같이 끝나도록 할 것
④ 두 팔의 동작은 동시에 같은 방향으로 움직일 것

해설 **동작경제의 원칙 중 신체 사용에 관한 원칙**

1. 양손은 동시에 동작을 시작하여 동시에 끝맺는다.
2. 양손은 휴식을 제외하고는 동시에 쉬어서는 안 된다.
3. 팔의 동작은 서로 반대의 대칭적인 방향으로 행하며 동시에 행해야 한다.
4. 팔, 손, 손가락 그리고 신체의 동작은 일을 만족하게 할 수 있는 최소의 동작으로 한정해야 한다.
5. 작업에 도움이 되도록 가급적 물체의 관성을 이용하여야 하며 관성을 극복하여야 하는 경우에는 관성을 최소화하여야 한다.

60 음량 수준을 평가하는 척도와 관계없는 것은?

① dB ② HSI
③ phon ④ sone

1. HSI는 열압박지수이다. 열압박지수에서 고려할 항목에는 공기속도, 습도, 온도가 있다.
2. sone 음량수준 : 다른 음의 상대적인 주관적 크기 비교, 40dB의 1,000Hz 순음 크기(=40phon)를 1sone으로 정의, 기준음보다 10배 크게 들리는 음이 있다면 이 음의 음량은 10sone이다.

제4과목 건설시공학

61 용접작업 시 주의사항으로 옳지 않은 것은?

① 용접할 소재는 수축변형이 일어나지 않으므로 치수에 여분을 두지 않아야 한다.
② 용접할 모재의 표면에 녹 · 유분 등이 있으면 접합부에 공기포가 생기고 용접부의 재질을 약화시키므로 와이어 브러시로 청소한다.
③ 강우 및 강설 등으로 모재의 표면이 젖어 있을 때나 심한 바람이 불 때는 용접하지 않는다.

정답 57 ③ 58 ② 59 ④ 60 ② 61 ①

④ 용접봉을 교환하거나 다층용접일 때는 슬래그와 스패터를 제거한다.

해설 용접할 소재는 수축변형이 일어날 수 있으므로 치수에 여분을 두어야 한다.

62 **철근콘크리트 구조물(5~6층)을 대상으로 한 벽, 지하 외벽의 철근 고임재 및 간격재의 배치표준으로 옳은 것은?**

① 상단은 보 밑에서 0.5m
② 중단은 상단에서 2.0m 이내
③ 횡 간격은 0.5m
④ 단부는 2.0m 이내

해설 철근콘크리트 구조물(5~6층)을 대상으로 한 벽, 지하 외벽의 철근 고임재 및 간격재의 배치표준에서 상단은 보 밑에서 0.5m로 한다.

63 **벽식 철근콘크리트 구조를 시공할 경우, 벽과 바닥의 콘크리트 타설을 한 번에 가능하게 하기 위해 벽체용 거푸집과 슬래브 거푸집을 일체로 제작하여 한 번에 설치하고 해체할 수 있도록 한 시스템 거푸집은?**

① 유로폼 ② 클라이밍폼
③ 슬립폼 ④ 터널폼

해설 터널폼(Tunnel Form)

슬래브와 벽체의 콘크리트 타설을 일체화하기 위한 철제 거푸집이다.

64 **갱 폼(Gang Form)에 관한 설명으로 옳지 않은 것은?**

① 대형화 패널 자체에 버팀대와 작업대를 부착하여 유니트화 한다.
② 수직, 수평 분할 타설 공법을 활용하여 전용도를 높인다.
③ 설치와 탈형을 위하여 대형 양중장비가 필요하다.
④ 두꺼운 벽체를 구축하기에는 적합하지 않다.

해설 갱 폼(Gang Form) : 거푸집판과 보강재가 일체로 된 기본패널, 작업을 위한 작업 발판대 및 수직도 조정과 횡력을 지지하는 빗버팀대로 구성되는 벽체 거푸집으로 주로 콘도미니엄, 병원, 사무소 같은 벽식 구조 건물에 사용된다.

65 **철근콘크리트 공사 중 거푸집 해체를 위한 검사가 아닌 것은?**

① 각종 배관슬리브, 매설물, 인서트, 단열재 등 부착 여부
② 수직, 수평부재의 존치기간 준수 여부
③ 소요의 강도 확보 이전에 지주의 교환 여부
④ 거푸집 해체용 콘크리트 압축강도 확인시험 실시 여부

해설 각종 배관슬리브, 매설물, 인서트, 단열재 등 부착 여부는 거푸집 설치단계 검사에 해당한다.

정답 62 ① 63 ④ 64 ④ 65 ①

66 **강재 중 SN 355 B에 관한 설명으로 옳지 않은 것은?**

① 건축 구조물에 사용된다.
② 냉간 압연 강재이다.
③ 강재의 두께가 6mm 이상 40mm 이하일 때 최소 항복강도가 355N/mm^{2}이다.
④ 용접성에 있어 중간 정도의 품질을 갖고 있다.

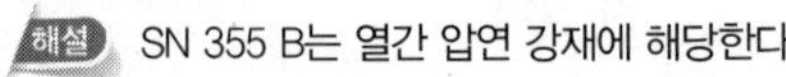
해설 SN 355 B는 열간 압연 강재에 해당한다.

67 **말뚝 재하시험의 주요 목적과 거리가 먼 것은?**

① 말뚝 길이의 결정
② 말뚝 관입량 결정
③ 지하수위 추정
④ 지지력 추정

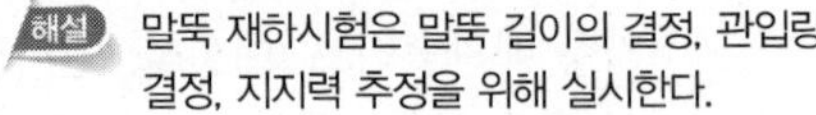
해설 말뚝 재하시험은 말뚝 길이의 결정, 관입량 결정, 지지력 추정을 위해 실시한다.

68 **조적식 구조에서 조적식 구조인 내력벽으로 둘러싸인 부분의 최대 바닥면적은 얼마인가?**

① 60m^2 ② 80m^2
③ 100m^2 ④ 120m^2

해설 조적식 구조에서 조적식 구조인 내력벽으로 둘러싸인 부분의 최대 바닥면적은 80m^{2}이다.

69 **철골세우기용 기계설비가 아닌 것은?**

① 가이데릭 ② 스티프레그데릭
③ 진폴 ④ 드래그라인

해설 드래그라인(Drag Line) 굴삭기가 위치한 지면보다 낮은 장소를 굴삭하는 데 사용하는 기계로 철골세우기용 기계설비가 아니다.

70 **철근의 피복두께 확보 목적과 가장 거리가 먼 것은?**

① 내화성 확보
② 내구성 확보
③ 구조내력의 확보
④ 블리딩 현상 방지

해설 블리딩(Bleeding)은 콘크리트 타설 후 물이나 미세한 물질이 분리 상승하여 콘크리트 표면에 떠오르는 현상으로 콘크리트의 강도 및 수밀성 저하의 원인이 된다.

71 **유동화 콘크리트를 제조할 때 유동화제를 첨가하기 전 기본 배합 콘크리트인 베이스 콘크리트의 슬럼프 기준은? (단, 보통 콘크리트의 경우)**

① 150mm 이하 ② 180mm 이하
③ 210mm 이하 ④ 240mm 이하

해설 유동화 콘크리트를 제조할 때 유동화제를 첨가하기 전 기본 배합 콘크리트인 베이스 콘크리트의 슬럼프 기준은 150㎜ 이하이다.

정답 66 ② 67 ③ 68 ② 69 ④ 70 ④ 71 ①

72 분할도급 발주 방식 중 지하철공사, 고속도로공사 및 대규모 아파트단지 등의 공사에 채용하면 가장 효과적인 것은?

① 직종별 공종별 분할도급
② 공정별 분할도급
③ 공구별 분할도급
④ 전문공종별 분할도급

해설 공구별 분할도급은 아파트 등 대규모 공사에서 지역별로 분리하여 도급을 주는 방식이다.

장점	단점
• 전문업자의 시공으로 우량시공 기대 • 업체 간 경쟁을 통한 공사원가 감소 • 건축주의 의도가 잘 반영됨	• 관리 및 감독의 업무 증대 • 공사의 종합관리가 어려움 • 경비 가산

73 흙이 소성 상태에서 반고체 상태로 바뀔 때의 함수비를 의미하는 용어는?

① 예민비 ② 액성한계
③ 소성한계 ④ 소성지수

해설 소성한계는 파괴 없이 변형이 일어날 수 있는 최대함수비로 흙이 소성상태에서 반고체 상태로 바뀔 때의 함수비를 의미한다.

74 다음 네트워크 공정표에서 결합점 ②에서의 가장 늦은 완료 시간은?

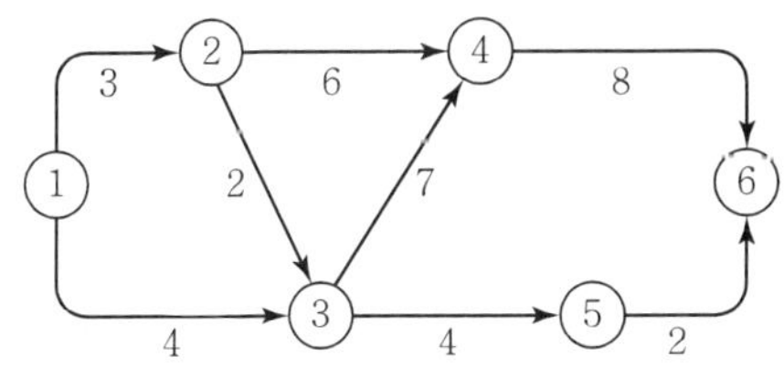

① 2 ② 3
③ 4 ④ 5

해설 LFT = 5 − 2 = 3

75 조적 벽면에서의 백화방지에 대한 조치로서 옳지 않은 것은?

① 소성이 잘 된 벽돌을 사용한다.
② 줄눈으로 비가 새어들지 않도록 방수처리한다.
③ 줄눈 모르타르에 석회를 혼합한다.
④ 벽돌벽의 상부에 비막이를 설치한다.

해설 백화현상 방지대책은 다음과 같다.
- 줄눈 모르타르에 방수제를 혼합
- 흡수율이 낮고, 질이 좋은 벽돌 및 모르타르를 사용하여 줄눈을 치밀하게 함
- 벽돌면에 실리콘 뿜칠
- 소성이 잘된 벽돌사용
- 분말도가 큰 시멘트 사용
- 재료 배합 시 물시멘트비(W/C)를 감소시키고, 조립률이 높은 모래 사용

76 다음 각 기초에 관한 설명으로 옳은 것은?

① 온통기초 : 기둥 1개에 기초판이 1개인 기초
② 복합기초 : 2개 이상의 기둥을 1개의 기초판으로 받치게 한 기초
③ 독립기초 : 조직조의 벽을 지지하는 하부 기초
④ 연속기초 : 건물 하부 전체 또는 지하실 전체를 기초판으로 구성한 기초

해설 • 복합기초(Combination Footing) : 2개 이상의 기둥을 한 기초판이 받침

정답 72 ③ 73 ③ 74 ② 75 ③ 76 ②

77 지반개량공법 중 배수공법이 아닌 것은?

① 집수정 공법 ② 동결 공법
③ 웰 포인트 공법 ④ 깊은 우물 공법

해설 동결공법은 지반에 액체질소, 프레온가스를 주입하여 차수하고 지반을 동결시키는 지반 개량공법이다.

78 발주자가 직접 설계와 시공에 참여하고 프로젝트 관련자들이 상호신뢰를 바탕으로 Team을 구성해서 프로젝트의 성공과 상호이익 확보를 공동 목표로 하여 프로젝트를 추진하는 공사수행 방식은?

① PM 방식(Project Management)
② 파트너링 방식(Partnering)
③ CM 방식(Construction Management)
④ BOT 방식(Build Operate Transfer)

해설 파트너링 방식은 발주자와 수급자의 상호신뢰를 바탕으로 팀을 구성하여 프로젝트의 성공과 상호이익 확보를 위하여 공동으로 프로젝트를 집행 관리하는 계약방식이다.

79 지하연속벽 공법(slurry wall)에 관한 설명으로 옳지 않은 것은?

① 저진동, 저소음의 공법이다.
② 강성이 높은 지하구조체를 만든다.
③ 타 공법보다 공기, 공사비 면에서 불리한 편이다.
④ 인접 구조물에 근접하도록 시공이 불가하여 대지 이용의 효율성이 낮다.

해설 지중연속벽(Slurry Wall) 공법은 구조물의 벽체 부분을 먼저 굴착한 후 그 속에 철근망을 삽입하고, 콘크리트를 타설하여 지하벽체를 형성하는 공법으로 차수성과 강성이 높은 구조체로 거의 모든 지반에 적용 가능한 가장 안정적인 흙막이 구조이다. 흙막이 벽체가 영구적인 구조물로 흙막이 가시설의 해체가 필요 없고 시공 중 소음, 진동이 적으나 공사비가 많이 들고, 기계장비가 대형이다.

80 공사용 표준시방서에 기재하는 사항으로 거리가 먼 것은?

① 재료의 종류, 품질 및 사용처에 관한 사항
② 검사 및 시험에 관한 사항
③ 공정에 따른 공사비 사용에 관한 사항
④ 보양 및 시공 상 주의사항

해설 표준시방서 기재사항

- 재료의 종류, 품질 및 사용처에 관한 사항
- 검사 및 시험에 관한 사항
- 보양 및 시공 상 주의사항

제5과목 건설재료학

81 각종 금속에 관한 설명으로 옳지 않은 것은?

① 동은 건조한 공기 중에서는 산화하지 않으나, 습기가 있거나 탄산가스가 있으면 녹이 발생한다.
② 납은 비중이 비교적 작고 융점이 높아 가공이 어렵다.
③ 알루미늄은 비중이 철의 1/3 정도로 경량이며 열 · 전기전도성이 크다.
④ 청동은 구리와 주석을 주체로 한 합금으로 건축장식부품 또는 미술공예 재료로 사용된다.

정답 77 ② 78 ② 79 ④ 80 ③ 81 ②

해설 납(Lead)은 밀도(비중)가 11.4g/cm^3 정도로 가장 무겁고, 융점이 낮아 가공이 쉽다. 연성 · 전성이 크며 인장강도가 12N/mm^{2}로 작다. 주로 수도관, 가스관, 케이블 피복 등에 사용되며 동 및 아연 합금, 도장재료, 방사선실의 방사선 차폐용 등으로 사용된다.

82 목재의 함수율과 섬유포화점에 관한 설명으로 옳지 않은 것은?

① 섬유포화점은 세포 사이의 수분은 건조되고, 섬유에만 수분이 존재하는 상태를 말한다.
② 벌목 직후 함수율이 섬유포화점까지 감소하는 동안 강도 또한 서서히 감소한다.
③ 전건상태에 이르면 강도는 섬유포화점 상태보다 3배로 증가한다.
④ 섬유포화점 이하에서는 함수율의 감소에 따라 인성이 감소한다.

해설 함수율이 감소하는 동안 강도는 증가한다.

83 재료의 단단한 정도를 나타내는 용어는?

① 연성 ② 인성
③ 취성 ④ 경도

해설 경도는 재료의 단단한 정도를 나타낸다.

84 콘크리트용 골재 중 깬자갈에 관한 설명으로 옳지 않은 것은?

① 깬자갈의 원석은 안삼암 · 화강암 등이 많이 사용된다.
② 깬자갈을 사용한 콘크리트는 동일 워커빌리티의 보통자갈을 사용한 콘크리트보다 단위 수량이 일반적으로 약 10% 정도 많이 요구된다.
③ 깬자갈을 사용한 콘크리트는 강자갈을 사용한 콘크리트보다 시멘트 페이스트와의 부착성능이 매우 낮다.
④ 콘크리트용 굵은 골재로 깬자갈을 사용할 때는 한국산업표준(KS F 2527)에서 정한 품질에 적합한 것으로 한다.

해설 깬자갈을 사용한 콘크리트는 강자갈을 사용한 콘크리트보다 시멘트 페이스트와 부착성능이 좋다.

85 일종의 못박기총을 사용하여 콘크리트나 강재 등에 박는 특수 못을 의미하는 것은?

① 드라이브핀 ② 인서트
③ 익스팬션볼트 ④ 듀벨

해설 드라이브핀은 못박기총을 사용하여 콘크리트나 강재 등에 박는 특수 못이다.

86 다음 중 건축용 단열재와 거리가 먼 것은?

① 유리면(glass wool)
② 암면(rock wool)
③ 테라코타
④ 펄라이트판

해설 테라코타는 단열재가 아니라 건축물의 외장재료로 적합하다.

정답 82 ② 83 ④ 84 ③ 85 ① 86 ③

87 석고보드에 관한 설명으로 옳지 않은 것은?

① 부식이 잘되고 충해를 받기 쉽다.
② 단열성, 차음성이 우수하다.
③ 시공이 용이하여 천장, 칸막이 등에 주로 사용된다.
④ 내수성, 탄력성이 부족하다.

해설 석고보드는 부식과 충해에 강하다.

88 주로 석기질 점토나 상당히 철분이 많은 점토를 원료로 사용하며, 건축물의 패러핏, 주두 등의 장식에 사용되는 공동의 대형 점토제품은?

① 테라죠 ② 도관
③ 타일 ④ 테라코타

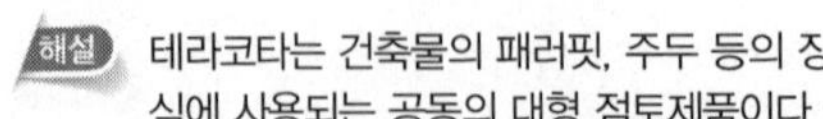

해설 테라코타는 건축물의 패러핏, 주두 등의 장식에 사용되는 공동의 대형 점토제품이다.

89 경량 기포콘크리트(autoclaved lightweight concrete)에 관한 설명으로 옳지 않은 것은?

① 보통 콘크리트와 비교하면 탄산화의 우려가 낮다.
② 열전도율은 보통 콘크리트의 약 1/10 정도로 단열성이 우수하다.
③ 현장에서 취급이 편리하고 절단 및 가공이 용이하다.
④ 다공질이므로 흡수성이 높은 편이다.

해설 경량 기포콘크리트의 특징

장점	단점
• 경량성 : 기건 비중은 콘크리트의 1/4 정도이다. • 단열성 : 열전도율은 콘크리트의 1/10 정도이다. • 흡음 및 차음성이 우수하다. • 불연성 및 내화구조 재료이다. • 시공성 : 경량으로 취급이 용이하며 현장에서 절단 및 가공이 용이하다.	• 압축강도가 4~8MPa 정도로 보통 콘크리트와 비교하면 강도가 비교적 약하다. • 다공성 제품으로 흡수성이 크며 동해에 대한 방수 · 방습처리가 필요하다. • 압축강도에 비해서 휨강도나 인장강도는 상당히 약한 수준이다.

90 KS L 4201에 따른 1종 점토 벽돌의 압축강도는 최소 얼마 이상이어야 하는가?

① 9.80MPa 이상
② 14.70MPa 이상
③ 20.59MPa 이상
④ 24.50MPa 이상

해설 1종 점토 벽돌의 압축강도는 24.50MPa 이상이어야 한다.

구분	종류		
	1종	2종	3종
흡수율(%)	10 이하	13 이하	15 이하
압축강도 (N/mm^2)	24.5 이상	20.59 이상	10.78 이상

정답 87 ① 88 ④ 89 ① 90 ④

91 안료가 들어가지 않는 도료로서 목재면의 투명도장에 쓰이며, 내후성이 좋지 않아 외부에 사용하기에는 적당하지 않고 내부용으로 주로 사용하는 것은?

① 수성 페인트 ② 클리 어래커
③ 래커 에나멜 ④ 유성 에나멜

클리어 래커는 안료가 들어가지 않는 도료로서 목재면의 투명도장에 쓰이며, 내후성이 좋지 않아 주로 내부용으로 사용한다.

92 중량 5kg인 목재를 건조시켜 전건중량이 4kg이 되었다. 건조 전 목재의 함수율은 몇 %인가?

① 20% ② 25%
③ 30% ④ 40%

해설
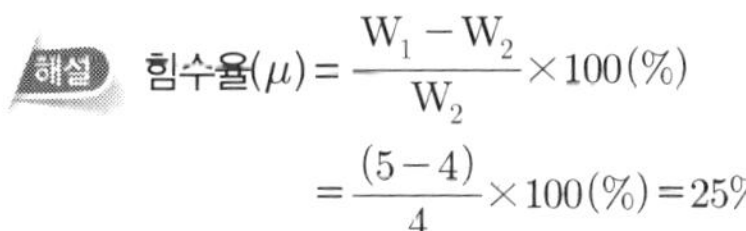
$$함수율(\mu) = \frac{W_1 - W_2}{W_2} \times 100(\%)$$
$$= \frac{(5-4)}{4} \times 100(\%) = 25\%$$

여기서, W_1 : 건조 전 시료 중량
W_2 : 절대건조 시 시료 중량

93 미장 재료에 관한 설명으로 옳은 것은?

① 보강재는 결합재의 고체화에 직접 관계하는 것으로 여물, 풀, 수염 등이 이에 속한다.
② 수경성 미장 재료에는 돌로마이트 플라스터, 소석회가 있다.
③ 소석회는 돌로마이트 플라스터에 비해 점성이 높고, 작업성이 좋다.
④ 회반죽에 석고를 약간 혼합하면 수축 균열을 방지할 수 있는 효과가 있다.

회반죽에 석고를 약간 혼합하면 수축 균열을 방지할 수 있다.

94 아스팔트 침입도 시험에 있어서 아스팔트 온도는 몇 ℃를 기준으로 하는가?

① 15℃ ② 25℃
③ 35℃ ④ 45℃

해설 아스팔트 침입도 시험은 25℃를 기준으로 한다.

95 실적률이 큰 골재로 이루어진 콘크리트의 특성이 아닌 것은?

① 시멘트 페이스트의 양이 커져 콘크리트 제조 시 경제성이 낮다.
② 내구성이 증대된다.
③ 투수성, 흡습성의 감소를 기대할 수 있다.
④ 건조수축 및 수화열이 감소한다.

해설 골재의 실적률은 일정한 용적의 용기 안에 일정한 입도의 골재를 일정한 방법으로 채웠을 때 골재가 실제로 차지하는 용적의 비율을 말하며 실적률이 큰 골재로 이루어진 콘크리트는 내구성, 수밀성이 증대되고 건조수축이 감소한다.

96 석재의 화학적 성질에 관한 설명으로 옳지 않은 것은?

① 규산분을 많이 함유한 석재는 내산성이 약하므로 산을 접하는 바닥은 피한다.
② 대리석, 사문암 등은 내장재로 사용하는 것이 바람직하다.
③ 조암광물 중 장석, 방해석 등은 산류의 침식을 쉽게 받는다.

정답 91 ② 92 ② 93 ④ 94 ② 95 ① 96 ①

④ 산류를 취급하는 곳의 바닥재는 황철광, 갈철광 등을 포함하지 않아야 한다.

 일반적으로 규산분을 함유하는 석재는 내산성이 크며, 석회분을 함유하는 것은 내산성이 적다.

97 수화열의 감소와 황산염 저항성을 높이려면 시멘트에 다음 중 어느 화합물을 감소시켜야 하는가?

① 규산 3칼슘
② 알루민산 철 4칼슘
③ 규산 2칼슘
④ 알루민산 3칼슘

 알루민산 3칼슘(C_3A)의 양을 적게 하면 시멘트의 발열량이 감소되고 황산염 저항성이 증대된다.

98 유리가 불화수소에 부식하는 성질을 이용하여 5㎜ 이상 판유리면에 그림, 문자 등을 새긴 유리는?

① 스테인드유리 ② 망입유리
③ 에칭유리 ④ 내열유리

해설 에칭유리는 유리가 불화수소에 부식하는 성질을 이용하여 5mm 이상 판유리면에 그림, 문자 등을 새긴 유리이다.

99 아스팔트 방수 시공을 할 때 바탕재와의 밀착용으로 사용하는 것은?

① 아스팔트 컴파운드
② 아스팔트 모르타르
③ 아스팔트 프라이머
④ 아스팔트 루핑

 아스팔트 프라이머는 아스팔트 방수 시공을 할 때 바탕재와의 밀착용으로 사용한다.

100 인조석 갈기 및 테라조 현장갈기 등에 사용되는 구획용 철물의 명칭은?

① 인서트(insert)
② 앵커볼트(anchor bolt)
③ 펀칭메탈(punching metal)
④ 줄눈대(metallic joiner)

 줄눈대는 인조석 갈기 및 테라조 현장갈기 등에 사용되는 구획용 철물이다.

제6과목 건설안전기술

101 부두 · 안벽 등 하역작업을 하는 장소에서 부두 또는 안벽의 선을 따라 통로를 설치하는 경우에는 폭을 최소 얼마 이상으로 하여야 하는가?

① 85cm ② 90cm
③ 100cm ④ 120cm

 부두 · 안벽 등 하역작업을 하는 장소에서 부두 또는 안벽의 선을 따라 통로를 설치할 때는 통로의 최소폭은 90cm 이상으로 하여야 한다.

정답 97 ④ 98 ③ 99 ③ 100 ④ 101 ②

102 다음은 산업안전보건법령에 따른 산업안전보건관리비의 사용에 관한 규정이다. (　　) 안에 들어갈 내용을 순서대로 옳게 작성한 것은?

> 건설공사도급인은 고용노동부장관이 정하는 바에 따라 해당 건설공사를 위하여 계상된 산업안전보건관리비를 그가 사용하는 근로자와 그의 관계수급인이 사용하는 근로자의 산업재해 및 건강장해 예방에 사용하고, 그 사용명세서를 (　　) 작성하고 건설공사 종료 후 (　　)간 보존해야 한다.

① 매월, 6개월
② 매월, 1년
③ 2개월마다, 6개월
④ 2개월마다, 1년

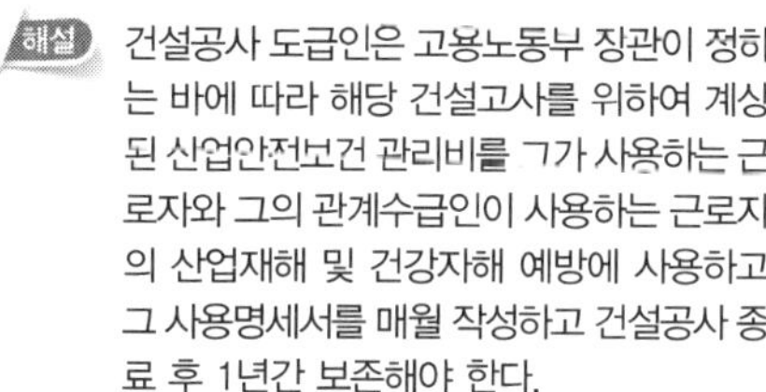
해설 건설공사 도급인은 고용노동부 장관이 정하는 바에 따라 해당 건설고사를 위하여 계상된 산업안전보건 관리비를 그가 사용하는 근로자와 그의 관계수급인이 사용하는 근로자의 산업재해 및 건강자해 예방에 사용하고 그 사용명세서를 매월 작성하고 건설공사 종료 후 1년간 보존해야 한다.

103 지반의 굴착 작업에 있어서 비가 올 경우를 대비한 직접적인 대책으로 옳은 것은?

① 측구 설치
② 낙하물 방지망 설치
③ 추락 방호망 설치
④ 매설물 등의 유무 또는 상태 확인

해설 지반의 굴착 작업에 있어서 비가 올 경우를 대비하여 측구(側溝)를 설치하거나 굴착사면에 비닐을 보강해야 한다.

104 강관틀비계(높이 5m 이상)의 넘어짐을 방지하기 위하여 사용하는 벽이음 및 버팀의 설치간격 기준으로 옳은 것은?

① 수직방향 5m, 수평방향 5m
② 수직방향 6m, 수평방향 7m
③ 수직방향 6m, 수평방향 8m
④ 수직방향 7m, 수평방향 8m

해설 강관틀비계의 벽이음 및 버팀은 수직방향 6m, 수평방향 8m 이내로 한다.

105 굴착공사에 있어서 비탈면 붕괴를 방지하기 위하여 실시하는 대책으로 옳지 않은 것은?

① 지표수의 침투를 막기 위해 표면배수공을 한다.
② 지하수위를 내리기 위해 수평배수공을 설치한다.
③ 비탈면 하단을 성토한다.
④ 비탈면 상부에 토사를 적재한다.

해설 비탈면 상부에 토사 적재하는 경우 붕괴위험이 발생할 수 있다.

106 강관을 사용하여 비계를 구성하는 경우 준수해야 할 사항으로 옳지 않은 것은?

① 비계기둥의 간격은 띠장 방향에서는 1.85m 이하, 장선(長線) 방향에서는 1.5m 이하로 할 것
② 띠장 간격은 2.0m 이하로 할 것
③ 비계기둥의 제일 윗부분으로부터 31m 되는 지점 밑부분의 비계기둥은 3개의 강관으로 묶어 세울 것

정답 102 ② 103 ① 104 ③ 105 ④ 106 ③

④ 비계기둥 간의 적재하중은 400kg을 초과하지 않도록 할 것

 강관을 사용하여 비계를 구성하는 경우 비계기둥의 최고부로부터 31m 되는 지점 밑부분의 비계기둥은 2개의 강관으로 묶어 세워야 한다.

107 **다음은 산업안전보건법령에 따른 시스템 비계의 구조에 관한 사항이다. (　　) 안에 들어갈 내용으로 옳은 것은?**

비계 밑단의 수직재와 받침철물은 밀착되도록 설치하고, 수직재와 받침철물의 연결부의 겹침길이는 받침철물 전체 길이의 (　　) 이상이 되도록 할 것

① 2분의 1　　② 3분의 1
③ 4분의 1　　④ 5분의 1

 비계 밑단의 수직재와 받침철물은 밀착되도록 설치하고 수직재와 받침철물의 연결부의 겹침길이는 받침철물 전체 길이의 1/3 이상이 되도록 해야 한다.

108 **건설현장에서 작업으로 인하여 물체가 떨어지거나 날아올 위험이 있는 경우에 대한 안전조치에 해당하지 않는 것은?**

① 수직보호망 설치
② 방호선반 설치
③ 울타리 설치
④ 낙하물 방지망 설치

 건설현장에서 낙하비래 사고예방을 위해서는 수직보호망 설치, 방호선반 설치, 낙하물 방지망 설치, 출입금지 조치 등을 해야 한다.

109 **흙막이 가시설 공사 중 발생할 수 있는 보일링(Boiling) 현상에 관한 설명으로 옳지 않은 것은?**

① 이 현상이 발생하면 흙막이 벽의 지지력이 상실된다.
② 지하수위가 높은 지반을 굴착할 때 주로 발생된다.
③ 흙막이벽의 근입장 깊이가 부족할 경우 발생한다.
④ 연약한 점토지반에서 굴착면의 융기로 발생한다.

 보일링은 사질토 지반에서 수위차에 의해 발생한다.

110 **거푸집 동바리 등을 조립하는 경우에 준수해야 할 기준으로 옳지 않은 것은?**

① 동바리의 상하 고정 및 미끄러짐 방지 조치를 하고, 하중의 지지상태를 유지한다.
② 강재와 강재의 접속부 및 교차부는 볼트·클램프 등 전용철물을 사용하여 단단히 연결한다.
③ 파이프서포트를 제외한 동바리로 사용하는 강관은 높이 2m마다 수평연결재를 2개 방향으로 만들고 수평연결재의 변위를 방지할 것
④ 동바리로 사용하는 파이프서포트는 4개 이상 이어서 사용하지 않도록 할 것

해설 거푸집 동바리 등을 조립하는 경우 파이프서포트를 3개 이상 이어서 사용하지 않도록 한다.

정답 107 ② 108 ③ 109 ④ 110 ④

111 **장비가 위치한 지면보다 낮은 장소를 굴착하는 데 적합한 장비는?**

① 트럭크레인 ② 파워셔블
③ 백호 ④ 진폴

해설 백호는 장비가 위치한 지면보다 낮은 장소를 굴착하는 데 적합하다.

112 **건설공사도급인은 건설공사 중에 가설구조물의 붕괴 등 산업재해가 발생할 위험이 있다고 판단되면 건축 토목 분야의 전문가의 의견을 들어 건설공사 발주자에게 해당 건설공사의 설계변경을 요청할 수 있는데, 이러한 가설구조물의 기준으로 옳지 않은 것은?**

① 높이 20m 이상인 비계
② 작업발판 일체형 거푸집 또는 높이 6m 이상인 거푸집 동바리
③ 터널의 지보공 또는 높이 2m 이상인 흙막이 지보공
④ 동력을 이용하여 움직이는 가설구조물

해설 높이 31m 이상인 비계의 경우 건축 토목 분야의 전문가의 의견을 들어 건설공사 발주자에게 해당 건설공사의 설계변경을 요청할 수 있다.

113 **콘크리트 타설 시 안전수칙으로 옳지 않은 것은?**

① 타설순서는 계획에 의하여 실시하여야 한다.
② 진동기는 최대한 많이 사용하여야 한다.
③ 콘크리트를 치는 도중에는 거푸집, 지보공 등의 이상 유무를 확인하여야 한다.
④ 손수레로 콘크리트를 운반할 때에는 손수레를 타설하는 위치까지 천천히 운반하여 거푸집에 충격을 주지 아니하도록 타설하여야 한다.

해설 진동기의 과도한 사용은 거푸집 붕괴의 원인이 될 수 있다.

114 **산업안전보건법령에 따른 작업발판 일체형 거푸집에 해당되지 않는 것은?**

① 갱 폼(Gang Form)
② 슬립 폼(Slip Form)
③ 유로 폼(Euro Form)
④ 클라이밍 폼(Climbing Form)

해설 작업발판 일체형 거푸집의 종류는 다음과 같다.
1. 갱 폼
2. 슬립 폼
3. 클라이밍 폼
4. 터널 라이닝폼

115 **터널 지보공을 조립하는 경우에는 미리 그 구조를 검토한 후 조립도를 작성하고, 그 조립도에 따라 조립하도록 하여야 하는데 이 조립도에 명시하여야 할 사항과 가장 거리가 먼 것은?**

① 이음방법 ② 단면규격
③ 재료의 재질 ④ 재료의 구입처

해설 터널 지보공을 조립하는 경우 조립도에는 이음방법, 단면규격, 재료의 재질을 명시해야 한다.

정답 111 ③ 112 ① 113 ② 114 ③ 115 ④

116 **산업안전보건법령에 따른 건설공사 중 다리건설공사의 경우 유해위험방지계획서를 제출하여야 하는 기준으로 옳은 것은?**

① 최대 지간길이가 40m 이상인 다리의 건설 등 공사
② 최대 지간길이가 50m 이상인 다리의 건설 등 공사
③ 최대 지간길이가 60m 이상인 다리의 건설 등 공사
④ 최대 지간길이가 70m 이상인 다리의 건설 등 공사

해설 유해 · 위험방지계획서 제출대상 공사는 다음과 같다.
1. 최대 지간길이 50m 이상인 교량공사
2. 지상 높이가 31m 이상인 건축물
3. 깊이가 10m 이상인 굴착공사
4. 연면적 5,000m^2 이상의 문화 및 집회시설, 판매시설, 운수시설, 종교시설, 의료시설 중 종합병원, 숙박시설 중 관광숙박시설

117 **가설통로 설치에 있어 경사가 최소 얼마를 초과하는 경우에는 미끄러지지 아니하는 구조로 하여야 하는가?**

① 15도 ② 20도
③ 30도 ④ 40도

가설통로 설치에 있어 경사가 15°를 초과하는 경우 미끄러지지 아니하는 구조로 해야 한다.

118 **굴착과 싣기를 동시에 할 수 있는 토공기계가 아닌 것은?**

① 트랙터 셔블(tractor shovel)
② 백호(back hoe)
③ 파워 셔블(power shovel)
④ 모터 그레이더(motor grader)

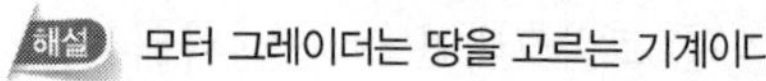
해설 모터 그레이더는 땅을 고르는 기계이다.

119 **강관틀비계를 조립하여 사용하는 경우 준수하여야 할 사항으로 옳지 않은 것은?**

① 비계기둥의 밑둥에는 밑받침 철물을 사용할 것
② 높이가 20m를 초과하거나 중량물의 적재를 수반하는 작업을 할 경우에는 주틀 간의 간격을 1.8m 이하로 할 것
③ 주틀 간에 교차 가새를 설치하고 최하층 및 3층 이내마다 수평재를 설치할 것
④ 길이가 띠장 방향으로 4m 이하이고 높이가 10m를 초과하는 경우에는 10m 이내마다 띠장 방향으로 버팀기둥을 설치할 것

강관틀비계를 조립하여 사용하는 경우 주틀 간에 교차가새를 설치하고 최상층 및 5층 이내마다 수평재를 설치해야 한다.

120 **산업안전보건법령에 따른 양중기의 종류에 해당하지 않는 것은?**

① 고소작업차 ② 이동식 크레인
③ 승강기 ④ 리프트(Lift)

양중기의 종류는 다음과 같다.
1. 크레인[호이스트(Hoist)를 포함]
2. 이동식 크레인
3. 리프트(이삿짐운반용 리프트의 경우에는 적재하중이 0.1톤 이상인 것으로 한정)
4. 곤돌라
5. 승강기

정답 116 ② 117 ① 118 ④ 119 ③ 120 ①

2021년 9월 12일 시행

ENGINEER CONSTRUCTION SAFETY

제1과목 산업안전관리론

01 하인리히의 도미노 이론에서 재해의 직접 원인에 해당하는 것은?

① 사회적 환경
② 유전적 요소
③ 개인적인 결함
④ 불안전한 행동 및 불안전한 상태

해설 하인리히(H.W. Heinrich)의 도미노 이론(사고발생의 연쇄성)

- 1단계 : 사회적 환경 및 유전적 요소(관리적 원인), (기초원인)
- 2단계 : 개인의 결함(간접원인)
- 3단계 : 불안전한 행동 및 불안전한 상태(직접원인) → 제거(효과적임)
- 4단계 : 사고
- 5단계 : 재해

02 안전관리조직의 형태 중 직계식 조직의 특징이 아닌 것은?

① 소규모 사업장에 적합하다.
② 안전에 관한 명령지시가 빠르다.
③ 안전에 대한 정보가 불충분하다.
④ 별도의 안전관리 전담요원이 직접 통제한다.

해설 라인(LINE)형 조직

소규모기업에 적합한 조직으로서 안전관리에 관한 계획부터 실시에 이르기까지 모든 안전업무가 생산라인을 통하여 직선적으로 이루어지도록 편성된 조직(소규모, 100명 이하)

03 건설기술진흥법령상 안전점검의 시기·방법에 관한 사항으로 (　)에 알맞은 내용은?

> 정기안전점검 결과 건설공사의 물리적·기능적 결함 등이 발견되어 보수·보강 등의 조치를 위하여 필요한 경우에는 (　)을/를 할 것

① 긴급점검　② 정기점검
③ 특별점검　④ 정밀안전점검

해설 시설물의 안전 및 유지관리에 관한 특별법

제2조(정의) 생략
6. "정밀안전진단"이란 시설물의 물리적·기능적 결함을 발견하고 그에 대한 신속하고 적절한 조치를 하기 위하여 구조적 안전성과 결함의 원인 등을 조사·측정·평가하여 보수·보강 등의 방법을 제시하는 행위를 말한다.

정답 01 ④ 02 ④ 03 ④

04 산업안전보건법령상 타워크레인 지지에 관한 사항으로 (   )에 알맞은 내용은?

> 타워크레인을 와이어로프로 지지하는 경우, 설치 각도는 수평면에서 (㉠)도 이내로 하되, 지지점은 (㉡)개소 이상으로 하고, 같은 각도로 설치하여야 한다.

① ㉠ : 45, ㉡ : 3 ② ㉠ : 45, ㉡ : 4
③ ㉠ : 60, ㉡ : 3 ④ ㉠ : 60, ㉡ : 4

해설 타워크레인을 와이어로프로 지지하는 경우 와이어로프 설치각도는 수평면과 60도 이내로 하되, 지지점은 4개소 이상으로 하고, 같은 각도로 설치하여야 한다.

05 사고예방대책의 기본원리 5단계 중 3단계의 분석평가에 관한 내용으로 옳은 것은?

① 불안전 상태, 불안전 행동 분석
② 교육 및 훈련의 개선
③ 기술의 개선 및 인사조정
④ 사고 및 안전활동 기록 검토

1. 사고방지의 기본원리 5단계 : 조직 → 사실의 발견(안전점검 및 사고조사) → 분석 → 시정책의 선정 → 시정책의 적용
2. 3단계 : 분석 · 평가(원인규명)
   - 사고조사 결과의 분석
   - 불안전 상태, 불안전 행동 분석
   - 작업공정, 작업형태 분석
   - 교육 및 훈련의 분석
   - 안전수칙 및 안전기준 분석

②, ③은 4단계(시정책의 선정)에 해당되며, ④번은 2단계(사실의 발견)에 해당한다.

06 산업안전보건법령상 노사협의체에 관한 사항으로 틀린 것은?

① 노사협의체 정기회의는 1개월마다 노사협의체의 위원장이 소집한다.
② 공사금액이 20억 원 이상인 공사의 관계수급인의 각 대표자는 사용자 위원에 해당된다.
③ 도급 또는 하도급 사업을 포함한 전체 사업의 근로자대표는 근로자 위원에 해당된다.
④ 노사협의체의 근로자위원과 사용자위원은 합의하여 노사협의체에 공사금액이 20억 원 미만인 공사의 관계수급인 및 관계수급인 근로자대표를 위원으로 위촉할 수 있다.

산업안전보건위원회의 회의는 정기회의와 임시회의로 구분하되, 정기회의는 분기마다 위원장이 소집하며, 임시회의는 위원장이 필요하다고 인정할 때에 소집한다.

07 버드(Bird)의 도미노 이론에서 재해발생 과정 중 직접원인은 몇 단계인가?

① 1단계 ② 2단계
③ 3단계 ④ 4단계

해설 버드(Frank Bird)의 신도미노이론

- 1단계 : 통제의 부족(관리소홀), 재해발생의 근원적 요인
- 2단계 : 기본원인(기원), 개인적 또는 과업과 관련된 요인
- 3단계 : 직접원인(징후), 불안전한 행동 및 불안전한 상태
- 4단계 : 사고(접촉)
- 5단계 : 상해(손해)

정답 04 ④ 05 ① 06 ① 07 ③

08 산업안전보건법령상 상시근로자 20명 이상 50명 미만인 사업장 중 안전보건관리담당자를 선임하여야 할 업종이 아닌 것은?

① 임업
② 제조업
③ 건설업
④ 하수, 폐수 및 분뇨 처리업

해설 **안전보건관리담당자의 선임 등**

다음 각 호의 어느 하나에 해당하는 사업의 사업주는 법 제19조제1항에 따라 상시근로자 20명 이상 50명 미만인 사업장에 안전보건관리담당자를 1명 이상 선임해야 한다.
1. 제조업
2. 임업
3. 하수, 폐수 및 분뇨 처리업
4. 폐기물 수집, 운반, 처리 및 원료 재생업
5. 환경 정화 및 복원업

09 산업안전보건법령상 안전보건표지의 용도 및 색도기준이 바르게 연결된 것은?

① 지시표지 : 5N 9.5
② 금지표지 : 2.5G 4/10
③ 경고표지 : 5Y 8.5/12
④ 안내표지 : 7.5R 4/14

해설 **안전보건표지의 색도기준 및 용도**

색채	색도기준	용도	사용례
노란색	5Y 8.5/12	경고	화학물질 취급장소에서의 유해 · 위험경고 이외의 위험경고, 주의표지 또는 기계방호물

10 A 사업장에서 중상이 10명 발생하였다면 버드(Bird)의 재해구성비율에 의한 경상해자는 몇 명인가?

① 50명 ② 100명
③ 145명 ④ 300명

해설 **버드의 법칙(1 : 10 : 30 : 600)**

- 1 : 중상 또는 폐질
- 10 : 경상(인적 상해)
- 30 : 무상해사고(물적 손실 발생)
- 600 : 무상해, 무사고 고장(위험순간)

11 산업재해 발생 시 조치 순서에 있어 긴급처리의 내용으로 볼 수 없는 것은?

① 현장 보존
② 잠재위험요인 적출
③ 관련 기계의 정지
④ 재해자의 응급조치

해설 **재해발생 시 조치사항 중 긴급처리 내용**

- 피재기계의 정지 및 피해확산 방지
- 피재자의 구조 및 응급조치(가장 먼저 해야 할 일)
- 관계자에게 통보
- 2차 재해방지
- 현장보존

정답 08 ③ 09 ③ 10 ② 11 ②

12 **산업안전보건법령상 안전보건진단을 받아 안전보건개선계획을 수립하여야 하는 대상을 모두 고른 것은?**

ㄱ. 산업재해율이 같은 업종 평균 산업재해율의 2배 이상인 사업장
ㄴ. 사업주가 필요한 안전조치 또는 보건 조치를 이행하지 아니하여 중대재해가 발생한 사업장
ㄷ. 상시근로자 1천명 이상, 사업장에서 직업성 질병자가 연간 2명 이상 발생한 사업장

① ㄱ, ㄴ　　② ㄱ, ㄷ
③ ㄴ, ㄷ　　④ ㄱ, ㄴ, ㄷ

안전 · 보건진단을 받아 안전보건개선계획을 수립 · 제출하도록 명할 수 있는 사업장

1. 중대재해(사업주가 안전 · 보건조치의무를 이행하지 아니하여 발생한 중대재해만 해당한다) 발생 사업장
2. 산업재해발생률이 같은 업종 평균 산업재해발생률의 2배 이상인 사업장
3. 직업병에 걸린 사람이 연간 2명 이상(상시근로자 1천명 이상 사업장의 경우 3명 이상) 발생한 사업장
4. 작업환경 불량, 화재 · 폭발 또는 누출사고 등으로 사회적 물의를 일으킨 사업장

13 **산업안전보건법령상 중대재해에 해당하지 않는 것은?**

① 사망자 1명이 발생한 재해
② 12명의 부상자가 동시에 발생한 재해
③ 2명의 직업성 질병자가 동시에 발생한 재해
④ 5개월의 요양이 필요한 부상자가 동시에 3명 발생한 재해

중대재해

산업재해 중 사망 등 재해의 정도가 심한 것으로서 다음에 정하는 재해 중 하나 이상에 해당되는 재해를 말한다.

- 사망자가 1명 이상 발생한 재해
- 3개월 이상의 요양이 필요한 부상자가 동시에 2명 이상 발생한 재해
- 부상자 또는 직업성 질병자가 동시에 10명 이상 발생한 재해

14 **T.B.M 활동의 5단계 추진법의 진행순서로 옳은 것은?**

① 도입 → 확인 → 위험예지훈련 → 작업지시 → 정비점검
② 도입 → 정비점검 → 작업지시 → 위험예지훈련 → 확인
③ 도입 → 작업지시 → 위험예지훈련 → 정비점검 → 확인
④ 도입 → 위험예지훈련 → 작업지시 → 정비점검 → 확인

해설 **작업시작 전(실시순서 5단계)**

1. 도입 : 직장체조, 무재해기 게양, 목표제안
2. 점검 및 정비 : 건강상태, 복장 및 보호구 점검, 자재 및 공구확인
3. 작업지시 : 작업내용 및 안전사항 전달
4. 위험예측 : 당일 작업에 대한 위험예측, 위험예지훈련
5. 확인 : 위험에 대한 대책과 팀목표 확인

정답 12 ① 13 ③ 14 ②

15 보호구 안전인증 고시상 저음부터 고음까지 차음하는 방음용 귀마개의 기호는?

① EM ② EP－1
③ EP－2 ④ EP－3

해설 방음용 귀마개 또는 귀덮개의 종류 · 등급

종류	등급	기호	성능	비고
귀마개	1종	EP-1	저음부터 고음까지 차음하는 것	귀마개의 경우 재사용 여부를 제조특성으로 표기
	2종	EP-2	주로 고음을 차음하고 저음(회화음영역)은 차음하지 않는 것	
귀덮개	–	EM		

16 산업재해보상보험법령상 명시된 보험급여의 종류가 아닌 것은?

① 장례비 ② 요양급여
③ 휴업급여 ④ 생신손실급여

해설 직접비

법령으로 정한 피해자에게 지급되는 산재보험비

- 휴업보상비
- 장해보상비
- 요양보상비
- 유족보상비
- 장의비, 간병비

17 맥그리거의 X,Y이론 중 X이론의 관리처방에 해당하는 것은?

① 조직구조의 평면화
② 분권화와 권한의 위임
③ 자체평가제도의 활성화
④ 권위주의적 리더십의 확립

해설 X이론에 대한 관리 처방

- 경제적 보상체계의 강화
- 권위주의적 리더십의 확립
- 면밀한 감독과 엄격한 통제
- 상부책임제도의 강화
- 통제에 의한 관리

18 산업안전보건법령상 안전보건관리책임자의 업무에 해당하지 않는 것은? (단, 그 밖의 고용노동부령으로 정하는 사항은 제외한다.)

① 근로자의 적정배치에 관한 사항
② 작업환경의 점검 및 개선에 관한 사항
③ 안전보건관리규정의 작성 및 변경에 관한 사항
④ 안전장치 및 보호구 구입 시 적격품 여부 확인에 관한 사항

해설 안전보건관리책임자의 직무

1. 산업재해예방계획의 수립에 관한 사항
2. 안전보건관리규정의 작성 및 그 변경에 관한 사항
3. 근로자의 안전·보건교육에 관한 사항
4. 작업환경의 측정 등 작업환경의 점검 및 개선에 관한 사항
5. 근로자의 건강진단 등 건강관리에 관한 사항
6. 산업재해의 원인조사 및 재발 방지대책 수립에 관한 사항
7. 산업재해에 관한 통계의 기록 및 유지에 관한 사항

정답 15 ② 16 ④ 17 ④ 18 ①

8. 안전 · 보건과 관련된 안전장치 및 보호구 구입 시의 적격품 여부 확인에 관한 사항
9. 근로자의 유해 · 위험예방조치에 관한 사항으로서 고용노동부령으로 정하는 사항

19 산업안전보건법령상 명시된 안전검사대상 유해하거나 위험한 기계 · 기구 · 설비에 해당하지 않는 것은?

① 리프트 ② 곤돌라
③ 산업용 원심기 ④ 밀폐형 롤러기

해설 안전검사 대상 유해 · 위험기계 등

1. 프레스
2. 전단기
3. 크레인(정격하중이 2톤 미만인 것은 제외한다.)
4. 리프트
5. 압력용기
6. 곤돌라
7. 국소배기장치(이동식은 제외한다.)
8. 원심기(산업용만 해당한다.)
9. 롤러기(밀폐형 구조는 제외한다.)
10. 사출성형기[형 체결력(型 締結力) 294 킬로뉴턴(kN) 미만은 제외한다.]
11. 고소작업대(화물자동차 또는 특수자동차에 탑재한 고소작업대로 한정한다.)
12. 산업용 로봇
13. 컨베이어

20 재해사례연구의 진행단계로 옳은 것은?

ㄱ. 대책수립
ㄴ. 사실의 확인
ㄷ. 문제점의 발견
ㄹ. 재해상황의 파악
ㅁ. 근본적 문제점의 결정

① ㄷ → ㄹ → ㄴ → ㅁ → ㄱ
② ㄷ → ㄹ → ㅁ → ㄴ → ㄱ
③ ㄹ → ㄴ → ㄷ → ㅁ → ㄱ
④ ㄹ → ㄷ → ㅁ → ㄴ → ㄱ

해설 재해사례 연구순서

- 1단계 : 사실의 확인(사람 → 물건 → 관리 → 재해 발생까지의 경과)
- 2단계 : 직접원인과 문제점의 확인(파악된 사실로부터 판단하여 각종 기준에서 차이의 문제점을 발견하는 것)
- 3단계 : 근본 문제점의 결정
- 4단계 : 대책의 수립

제2과목 산업심리 및 교육

21 인간 착오의 메커니즘으로 틀린 것은?

① 위치의 착오 ② 패턴의 착오
③ 느낌의 착오 ④ 형(形)의 착오

해설 착오의 종류

- 위치 착오
- 순서 착오
- 패턴의 착오
- 기억의 착오
- 형(모양)의 착오

22 산업안전보건법령상 명시된 건설용 리프트 · 곤돌라를 이용한 작업의 특별교육 내용으로 틀린 것은? (단, 그 밖에 안전 · 보건관리에 필요한 사항은 제외한다.)

① 신호방법 및 공동작업에 관한 사항
② 화물의 취급 및 작업 방법에 관한 사항
③ 방호 장치의 기능 및 사용에 관한 사항
④ 기계 · 기구에 특성 및 동작원리에 관한 사항

정답 19 ④ 20 ③ 21 ③ 22 ②

해설 화물의 취급 및 작업 방법에 관한 사항은 타워크레인을 사용하는 작업 시 신호업무를 하는 작업에 대한 특별교육 내용이다.
건설용 리프트 · 곤돌라를 이용한 작업 시 특별교육 내용
- 방호장치의 기능 및 사용에 관한 사항
- 기계, 기구, 달기체인 및 와이어 등의 점검에 관한 사항
- 화물의 권상 · 권하 작업방법 및 안전작업 지도에 관한 사항
- 기계 · 기구에 특성 및 동작원리에 관한 사항
- 신호방법 및 공동작업에 관한 사항
- 그 밖에 안전 · 보건관리에 필요한 사항

23 타일러(Taylor)의 과학적 관리와 거리가 가장 먼 것은?

① 시간－동작 연구를 적용하였다.
② 생산의 효율성을 상당히 향상시켰다.
③ 인간중심의 관점으로 일을 재설계한다.
④ 인센티브를 도입함으로써 작업자들을 동기화시킬 수 있다.

해설 **테일러(Taylor) 방식**

시간과 동작연구(Motion Time Study)를 통해 인간의 노동력을 과학적으로 분석하여 생산성 향상에 기여한다. 부정적인 측면은 다음과 같다.
- 개인차 무시 및 인간의 기계화
- 단순하고 반복적인 직무에 한해서만 적정

24 프로그램 학습법(programmed self－instruction method)의 단점은?

① 보충학습이 어렵다.
② 수강생의 시간적 활용이 어렵다.
③ 수강생의 사회성이 결여되기 쉽다.
④ 수강생의 개인적인 차이를 조절할 수 없다.

 **프로그램 학습법(Programmed Self-instruction Method)**

학습자가 프로그램을 통해 단독으로 학습하는 방법으로 개발된 프로그램은 변경이 어렵다.
- Skinner의 조작적 조건형성 원리에 의해 개발된 것으로 자율적 학습이 특징이다.
- 학습내용 습득 여부를 즉각적으로 피드백 받을 수 있다.
- 교재개발에 많은 시간과 노력이 드는 것이 단점이다.

25 작업의 어려움, 기계설비의 결함 및 환경에 대한 주의력의 집중혼란, 심신의 근심 등으로 인하여 재해를 많이 일으키는 사람을 지칭하는 것은?

① 미숙성 누발자
② 상황성 누발자
③ 습관성 누발자
④ 소질성 누발자

해설 **성격의 유형(재해누발자 유형)**

- 미숙성 누발자 : 환경에 익숙하지 못하거나 기능 미숙으로 인한 재해 누발자
- 상황성 누발자 : 작업이 어렵거나, 기계설비의 결함, 주의력의 집중이 혼란된 경우, 심신의 근심으로 사고 경향자가 되는 경우(상황이 변하면 안전한 성향으로 바뀜)
- 습관성 누발자 : 재해의 경험으로 신경과민이 되거나 슬럼프에 빠지기 때문에 사고 경향자가 되는 경우
- 소질성 누발자 : 지능, 성격, 감각운동 등에 의한 소질적 요소에 의해서 결정되는 특수성격 소유자

정답 23 ③ 24 ③ 25 ②

26 안전사고가 발생하는 요인 중 심리적인 요인에 해당하는 것은?

① 감정의 불안정
② 극도의 피로감
③ 신경계통의 이상
④ 육체적 능력의 초과

해설 감정의 불안정은 심리적 요인에 해당한다.

27 허츠버그(Herzberg)의 2요인 이론 중 동기요인(motivator)에 해당하지 않는 것은?

① 성취 ② 작업 조건
③ 인정 ④ 작업 자체

해설 허즈버그(Herzberg)의 2요인 이론(위생요인, 동기요인)

- 위생요인(Hygiene) : 작업조건, 급여, 직무환경, 감독 등 일의 조건, 보상에서 오는 욕구(충족되지 않을 경우 조직의 성과가 떨어지나, 충족되었다고 성과가 향상되지 않음)
- 동기요인(Motivation) : 책임감, 성취 인정, 개인발전 등 일 자체에서 오는 심리적 욕구(충족될 경우 조직의 성과가 향상되며 충족되지 않아도 성과가 떨어지지 않음)

28 작업의 강도를 객관적으로 측정하기 위한 지표로 옳은 것은?

① 강도율
② 작업시간
③ 작업속도
④ 에너지대사율(RMR)

에너지대사율(RMR, Relative Metabolic Rate) : 산소 소모량을 측정하여 에너지 소모량을 결정하는 방식

$$\text{RMR} = \frac{\text{운동 대사량}}{\text{기초 대사량}} = \frac{\text{운동시 산소 소모량} - \text{안정시 산소 소모량}}{\text{기초 대사량(산소 소비량)}}$$

29 지도자가 부하의 능력에 따라 차별적으로 성과급을 지급하고자 하는 리더십의 권한은?

① 전문성 권한 ② 보상적 권한
③ 합법적 권한 ④ 위임된 권한

해설 조직이 지도자에게 부여한 권한

- 합법적 권한 : 군대, 교사, 정부기관 등 법적으로 부여된 권한
- 보상적 권한 : 부하에게 노력에 대한 보상을 할 수 있는 권한
- 강압적 권한 : 부하에게 명령할 수 있는 권한

30 인간의 욕구에 대한 적응기제(Adjustment Mechanism)를 공격적 기제, 방어적 기제, 도피적 기제로 구분할 때 다음 중 도피적 기제에 해당하는 것은?

① 보상 ② 고립
③ 승화 ④ 합리화

1. 방어적 기제(Defense Mechanism) : 자신의 약점을 위장하여 유리하게 보임으로써 자기를 보호하려는 것
   - 보상 : 계획한 일을 성공하는 데서 오는 자존감
   - 합리화(변명) : 너무 고통스럽기 때문에 인정할 수 없는 실제 이유 대신에 자기 행동에 그럴듯한 이유를 붙이는 방법
   - 승화 : 억압당한 욕구가 사회적 · 문화적으로 가치 있게 목적으로 향하도록 노력함으로써 욕구를 충족하는 방법
   - 동일시 : 자기가 되고자 하는 인물을 찾아내어 동일시하여 만족을 얻는 행동

정답 26 ① 27 ② 28 ④ 29 ② 30 ②

2. 도피적 기제(Escape Mechanism) : 욕구불만이나 압박으로부터 벗어나기 위해 현실을 떠나 마음의 안정을 찾으려는 것
   - 고립 : 자기의 열등감을 의식하여 다른 사람과의 접촉을 피해 자기의 내적 세계로 들어가 현실의 억압에서 피하려는 기제
   - 퇴행 : 신체적으로나 정신적으로 정상 발달되어 있으면서도 위협이나 불안을 일으키는 상황에는 생애 초기에 만족했던 시절을 생각하는 것
   - 억압 : 나쁜 무엇을 잊고 더 이상 행하지 않겠다는 해결 방어기제
   - 백일몽 : 현실에서 만족할 수 없는 욕구를 상상의 세계에서 얻으려는 행동

31 알더퍼(Alderfer)의 ERG 이론에서 인간의 기본적인 3가지 욕구가 아닌 것은?

① 관계욕구 ② 성장욕구
③ 생리욕구 ④ 존재욕구

해설 알더퍼(Alderfer)의 ERG 이론
- E(Existence) : 존재의 욕구
- R(Relation) : 관계욕구
- G(Growth) : 성장욕구

32 주의력의 특성과 그에 대한 설명으로 옳은 것은?

① 지속성 : 인간의 주의력은 2시간 이상 지속된다.
② 변동성 : 인간은 주의 집중은 내향과 외향의 변동이 반복된다.
③ 방향성 : 인간이 주의력을 집중하는 방향은 상하좌우에 따라 영향을 받는다.
④ 선택성 : 인간의 주의력은 한계가 있어 여러 작업에 대해 선택적으로 배분된다.

해설 주의의 특성
- 선택성(소수의 특정한 것에 한한다.)
- 방향성(시선의 초점이 맞았을 때 쉽게 인지된다.)
- 변동성(인간은 한 점에 계속하여 주의를 집중할 수는 없다.)

33 파악하고자 하는 연구과제에 대해 언어를 매개로 구조화된 질의응답을 통하여 교육하는 기법은?

① 면접(interview)
② 카운슬링(counseling)
③ CCS(Civil Communication Section)
④ ATT(American Telephone & Telegram Co.)

 면접(Interview)

파악하고자 하는 연구과제에 대해 언어를 매개로 구조화된 질의응답을 통하여 교육하는 기법

34 안전교육방법 중 새로운 자료나 교재를 제시하고, 거기에서의 문제점을 피교육자로 하여금 제기하게 하거나, 의견을 여러 가지 방법으로 발표하게 하고, 다시 깊게 파고들어서 토의하는 방법은?

① 포럼(Forum)
② 심포지엄(Symposium)
③ 버즈세션(Buzz Session)
④ 패널 디스커션(Panel Discussion)

- 포럼(Forum) : 1~2명의 전문가가 10~20분 동안 공개 연설을 한 다음 사회자의 진행하에 질의 · 응답의 과정을 통해 토론하는 형식
- 심포지엄(Symposium) : 몇 사람의 전문

정답 31 ③ 32 ④ 33 ① 34 ①

가에 의하여 과제에 관한 견해를 발표한 뒤에 참가자로 하여금 의견이나 질문을 하게 하여 토의하는 방법
- 버즈세션(Buzz Session) : 참가자가 다수인 경우에 전원을 토의에 참가시키기 위한 방법으로 소집단을 구성하여 회의를 진행시키며 일명 6－6 회의라고도 한다.
- 패널토의(Panel Discussion) : 사회자의 진행에 의해 특정 주제에 대해 구성원 3~6명이 대립된 견해를 가지고 청중 앞에서 논쟁을 벌이는 것

35 산업안전보건법령상 근로자 안전보건교육의 교육과정 중 건설 일용근로자의 건설업 기초 안전 · 보건교육 교육시간 기준으로 옳은 것은?

① 1시간 이상 ② 2시간 이상
③ 3시간 이상 ④ 4시간 이상

교육과정	교육대상	교육시간
건설업 기초안전 · 보건교육	건설 일용근로자	4시간

36 안전교육의 방법을 지식교육, 기능교육 및 태도교육 순서로 구분하여 맞게 나열한 것은?

① 시청각 교육－현장실습 교육－안전작업 동작지도
② 시청각 교육－안전작업 동작지도－현장실습 교육
③ 현장실습 교육－안전작업 동작지도－시청각 교육
④ 안전작업 동작지도－시청각 교육－현장실습 교육

해설 안전교육의 3단계

1. 지식교육(1단계) : 지식의 전달과 이해
2. 기능교육(2단계) : 실습, 시범을 통한 이해
   - 준비 철저
   - 위험작업의 규제
   - 안전작업의 표준화
3. 태도교육(3단계) : 안전의 습관화(가치관 형성)
   청취(들어보기) → 이해, 납득(이해시키기) → 모범(시범을 보이기) → 권장(평가하기)

37 O.J.T(On the Training)의 장점이 아닌 것은?

① 직장의 실정에 맞게 실제적 훈련이 가능하다.
② 교육을 통한 훈련효과에 의해 상호 신뢰이해도가 높아진다.
③ 대상자의 개인별 능력에 따라 훈련의 진도를 조정하기가 쉽다.
④ 교육훈련 대상자가 교육훈련에만 몰두할 수 있어 학습효과가 높다.

해설 O.J.T(직장 내 교육훈련)

직속상사가 직장 내에서 작업표준을 가지고 업무상의 개별교육이나 지도훈련을 하는 것(개별교육에 적합)
- 개인 개인에게 적절한 지도훈련이 가능
- 직장의 실정에 맞게 실제적 훈련이 가능
- 효과가 곧 업무에 나타나며 훈련의 좋고 나쁨에 따라 개선이 쉬움

정답 35 ④ 36 ① 37 ④

38 학습목적의 3요소가 아닌 것은?

① 목표(goal)
② 주제(subject)
③ 학습정도(level of learning)
④ 학습방법(method of learning)

해설 **학습목적의 3요소**

주제, 학습정도, 목표

39 학습된 행동이 지속되는 것을 의미하는 용어는?

① 회상(recall)
② 파지(retention)
③ 재인(recognition)
④ 기명(memorizing)

해설 **기억의 과정**

1. 기명(Memorizing) : 사물의 인상을 마음에 간직하는 것
2. 파지(Retention) : 인상이 보존되는 것
3. 재생(Recall) : 보존된 인상을 다시 떠올리는 것
4. 재인(Recognition) : 과거의 경험과 비슷한 상황에 부딪혔을 때 떠오르는 것

40 작업자들에게 적성검사를 실시하는 가장 큰 목적은?

① 작업자의 협조를 얻기 위함
② 작업자의 인간관계 개선을 위함
③ 작업자의 생산능률을 높이기 위함
④ 작업자의 업무량을 최대로 할당하기 위함

작업자들의 적성에 적합한 업무 등에 배치는 작업자의 생산능률을 높일 수 있음

제3과목 인간공학 및 시스템안전공학

41 인간공학적 수공구 설계원칙이 아닌 것은?

① 손목을 곧게 유지할 것
② 반복적인 손가락 동작을 피할 것
③ 손잡이 접촉면적을 작게 설계할 것
④ 조직(tissue)에 가해지는 압력을 피할 것

해설 **수공구와 장치 설계의 원리**

- 손목을 곧게 유지
- 조직의 압축응력을 피함
- 반복적인 손가락 움직임을 피함(모든 손가락 사용)
- 안전작동을 고려하여 설계
- 손잡이는 손바닥의 접촉면적이 크게 설계

42 NIOSH 지침에서 최대허용한계(MPL)는 활동한계(AL)의 몇 배인가?

① 1배 ② 3배
③ 5배 ④ 9배

중량물 취급 시 감시기준(활동한계, AL)과 최대허용기준(MPL)의 관계식(NIOSH)
MPL = 3AL

43 FMEA의 특징에 대한 설명으로 틀린 것은?

① 서브시스템 분석 시 FTA보다 효과적이다.
② 양식이 비교적 간단하고 적은 노력으로 특별한 훈련 없이 해석할 수 있다.
③ 시스템 해석기법은 정성적 · 귀납적 분석법 등에 사용된다.

정답 38 ④ 39 ② 40 ③ 41 ③ 42 ② 43 ①

④ 각 요소간 영향 해석이 어려워 2가지 이상 동시 고장은 해석이 곤란하다.

해설 FMEA(고장형태와 영향분석법, Failure Mode and Effect Analysis)

시스템에 영향을 미치는 모든 요소의 고장을 형별로 분석하고 그 고장이 미치는 영향을 분석하는 방법으로 치명도 해석(CA)을 추가할 수 있음(귀납적, 정성적)

- FTA보다 서식이 간단하고 적은 노력으로 분석이 가능
- 논리성이 부족하고, 특히 각 요소 간의 영향을 분석하기 어렵기 때문에 동시에 두 가지 이상의 요소가 고장 났을 경우 분석이 곤란함
- 요소가 물체로 한정되어있기 때문에 인적 원인을 분석하는 데는 곤란함

44 인간공학에 대한 설명으로 틀린 것은?

① 제품의 설계 시 사용자를 고려한다.
② 환경과 사람이 격리된 존재가 아님을 인식한다.
③ 인간공학의 목표는 기능적 효과, 효율 및 인간 가치를 향상시키는 것이다.
④ 인간의 능력 및 한계에는 개인차가 없다고 인지한다.

기계와 달리 인간의 능력 및 한계에는 개인차가 크다.

45 인간－기계시스템에서의 여러 가지 인간에러와 그것으로 인해 생길 수 있는 위험성의 예측과 개선을 위한 기법은?

① PHA ② FHA
③ OHA ④ THERP

해설 THERP(Technique of Human Error Rate Prediction, 인간과오율 추정법)

확률론적 안전기법으로서 인간의 과오에 기인된 사고원인을 분석하기 위하여 100만 운전시간당 과오 도수를 기본 과오율로 하여 인간의 기본 과오율을 평가하는 기법

46 개선의 ECRS의 원칙에 해당하지 않는 것은?

① 제거(Eliminate)
② 결합(Combine)
③ 재조정(Rearrange)
④ 안전(Safety)

해설 작업방법의 개선원칙－E.C.R.S

- 제거(Eliminate)
- 결합(Combine)
- 재조정(Rearrange)
- 단순화(Simplify)

47 표시장치로부터 정보를 얻어 조종장치를 통해 기계를 통제하는 시스템은?

① 수동 시스템 ② 무인 시스템
③ 반자동 시스템 ④ 자동 시스템

해설 시스템의 특성

- 수동체계 : 자신의 신체적인 힘을 동력원으로 사용(수공구 사용)
- 기계화 또는 반자동체계 : 운전자의 조종장치를 사용하여 통제하며 동력은 전형적으로 기계가 제공
- 자동체계 : 기계가 감지, 정보처리, 의사결정 등 행동을 포함한 모든 임무를 수행하고 인간은 감시, 프로그래밍, 정비유지 등의 기능을 수행하는 체계

정답 44 ④ 45 ④ 46 ④ 47 ③

48 Q10 효과에 직접적인 영향을 미치는 인자는?

① 고온 스트레스 ② 한랭한 작업장
③ 중량물의 취급 ④ 분진의 다량발생

해설 Q10 효과는 온도－반응속도 관계를 뜻하며, 온도가 10℃ 올라감에 따라 반응속도는 약 2~3의 증대된다. 따라서 Q10 효과에 가장 큰 영향을 미치는 것은 "고온"이다.

49 결합수분석(FTA)에 의한 재해사례의 연구순서로 옳은 것은?

㉠ FT(Fault Tree)도 작성
㉡ 개선안 실시계획
㉢ 톱 사상의 선정
㉣ 사상마다 재해원인 및 요인 규명
㉤ 개선계획 작성

① ㉡→㉣→㉢→㉤→㉠
② ㉢→㉣→㉠→㉤→㉡
③ ㉣→㉤→㉢→㉠→㉡
④ ㉤→㉢→㉡→㉠→㉣

해설 FTA에 의한 재해사례연구순서

Top 사상의 선정 → 사상마다의 재해원인 규명 → FT도의 작성 → 개선계획의 작성 → 개선안 실시계획

50 물체의 표면에 도달하는 빛의 밀도를 뜻하는 용어는?

① 광도 ② 광량
③ 대비 ④ 조도

해설 조도

물체의 표면에 도달하는 빛의 밀도

조도$=\dfrac{광속}{(거리)^2}$, 조도는 거리의 제곱에 반비례하므로 1m에서의 조도는 2m에서의 조도의 4배가 된다.

51 시각적 표시장치와 청각적 표시장치 중 시각적 표시장치를 선택해야 하는 경우는?

① 메시지가 긴 경우
② 메시지가 후에 재참조되지 않는 경우
③ 직무상 수신자가 자주 움직이는 경우
④ 메시지가 시간적 사상(event)을 다룬 경우

해설 시각장치와 청각장치의 비교

시각장치 사용	청각장치 사용
• 경고나 메시지가 복잡하다. • 경고나 메시지가 길다. • 경고나 메시지가 후에 재참소된다. • 경고나 메시지가 공간적인 위치를 다룬다. • 경고나 메시지가 즉각적인 행동을 요구하지 않는다. • 수신자의 청각 계통이 과부하 상태일 때 • 수신장소가 너무 시끄러울 때 • 직무상 수신자가 한곳에 머무르는 경우	• 경고나 메시지가 간단하다. • 경고나 메시시가 짧다. • 경고나 메시지가 후에 재참조되지 않는다 • 경고나 메시지가 시간적인 사상을 다룬다. • 경고나 메시지가 즉각적인 행동을 요구한다. • 수신자의 시각 계통이 과부하 상태일 때 • 수신장소가 너무 밝거나 암조응 유지가 필요할 때 • 직무상 수신자가 자주 움직이는 경우

정답 48 ① 49 ② 50 ④ 51 ①

52 조작과 반응과의 관계, 사용자의 의도와 실제 반응과의 관계, 조종장치와 작동결과에 관한 관계 등 사람들이 기대하는 바와 일치하는 관계가 뜻하는 것은?

① 중복성　　② 조직화
③ 양립성　　④ 표준화

양립성(Compatibility)

안전을 근원적으로 확보하기 위한 전략으로서 외부의 자극과 인간의 기대가 서로 모순되지 않아야 하는 것이다. 제어장치와 표시장치 사이의 연관성이 인간의 예상과 어느 정도 일치하는가의 여부이다.

53 FT도에 사용되는 다음 기호의 명칭은?

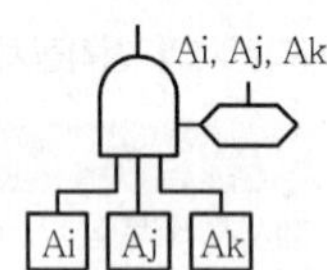

① 억제 게이트
② 조합－AND 게이트
③ 부정 게이트
④ 베타적－OR 게이트

기호	명칭	설명
Ai, Aj, Ak / Ai Aj Ak	조합－AND 게이트	3개 이상의 입력현상 중 2개가 일어나면 출력현상이 발생한다.

54 일정한 고장률을 가진 어떤 기계의 고장률이 시간당 0.008일 때 5시간 이내에 고장을 일으킬 확률은?

① $1+e^{0.04}$　　② $1-e^{-0.004}$
③ $1-e^{0.04}$　　④ $1-e^{-0.04}$

$R=e^{-\lambda t}=e^{-0.008\times 5}=e^{-0.04}$
고장을 일으킬 확률 $T=1-R=1-e^{-0.04}$
여기서, λ : 고장률, t : 가동시간

55 HAZOP기법에서 사용하는 가이드워드와 그 의미가 틀린 것은?

① Other than : 기타 환경적인 요인
② No/Not : 디자인 의도의 완전한 부정
③ Reverse : 디자인 의도의 논리적 반대
④ More/Less : 정량적인 증가 또는 감소

유인어(Guide Words)

간단한 용어로서 창조적 사고를 유도하고 자극하여 이상을 발견하고 의도를 한정하기 위하여 사용되는 것

- No 또는 Not : 설계의도의 완전한 부정
- More 또는 Less : 양(압력, 반응, 온도 등)의 증가 또는 감소
- As Well As : 성질상의 증가(설계의도와 운전조건이 어떤 부가적인 행위)와 함께 일어남
- Part of : 일부변경, 성질상의 감소(어떤 의도는 성취되나 어떤 의도는 성취되지 않음)
- Reverse : 설계의도의 논리적인 역
- Other Than : 완전한 대체(통상 운전과 다르게 되는 상태)

정답 52 ③　53 ②　54 ④　55 ①

56 음압수준이 60dB일 때 1,000Hz에서 순음의 phon의 값은?

① 50phon ② 60phon
③ 90phon ④ 100phon

 1,000Hz, 60dB은 60phon이다.

57 인간의 오류모형에서 상황해석을 잘못하거나 목표를 잘못 이해하고 착각하여 행하는 경우를 뜻하는 용어는?

① 실수(Slip) ② 착오(Mistake)
③ 건망증(Lapse) ④ 위반(Violation)

해설 착오(Mistake)

상황해석을 잘못하거나 목표를 잘못 이해하고 착각하여 행하는 경우

58 프레스기의 안전장치 수명은 지수분포를 따르며 평균 수명이 1,000시간일 때 ㉠, ㉡에 알맞은 값은 약 얼마인가?

㉠ : 새로 구입한 안전장치가 향후 500시간 동안 고장 없이 작동할 확률 ㉡ : 이미 1,000시간을 사용한 안전장치가 향후 500시간 이상 견딜 확률

① ㉠ : 0.606, ㉡ : 0.606
② ㉠ : 0.606, ㉡ : 0.808
③ ㉠ : 0.808, ㉡ : 0.606
④ ㉠ : 0.808, ㉡ : 0.808

 A : $R=e^{-\lambda t}=e^{-\frac{t}{t_o}}=e^{-\frac{500}{1000}}=e^{-0.5}$
$=0.606$

B : $R=e^{-\lambda t}=e^{-\frac{t}{t_o}}=e^{-\frac{500}{1000}}=e^{-0.5}$
$=0.606$

λ : 고장률
t : 가동시간
t_0 : 평균수명

59 다음 T도에서 시스템에 고장이 발생할 확률은 약 얼마인가? (단, X_1과 X_2의 발생확률은 각각 0.05, 0.03이다.)

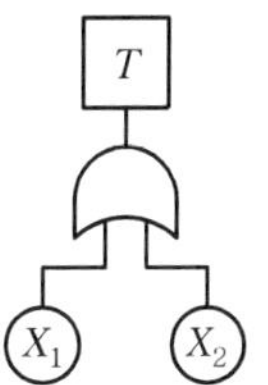

① 0.0015 ② 0.0785
③ 0.9215 ④ 0.9985

 $T=1-(1-0.05)(1-0.03)=0.0785$

60 위험성 평가 시 위험의 크기를 결정하는 방법이 아닌 것은?

① 덧셈법 ② 곱셈법
③ 뺄셈법 ④ 행렬법

해설 사업장 위험성 평가에 관한 지침

제11조(위험성 추정)
① 사업주는 유해 · 위험요인을 파악하여 사업장 특성에 따라 부상 또는 질병으로 이어질 가능성 및 중대성의 크기를 추정하고 다음 각 호의 어느 하나의 방법으로 위험성을 추정하여야 한다.
1. 가능성과 중대성을 행렬을 이용하여 조합하는 방법
2. 가능성과 중대성을 곱하는 방법
3. 가능성과 중대성을 더하는 방법
4. 그 밖에 사업장의 특성에 적합한 방법

정답 56 ② 57 ② 58 ① 59 ② 60 ③

제4과목 건설시공학

61 기존에 구축된 건축물 가까이에서 건축공사를 실시할 경우 기존 건축물의 지반과 기초를 보강하는 공법은?

① 리버스 서큘레이션 공법
② 언더피닝 공법
③ 슬러리 월 공법
④ 탑다운 공법

해설 언더피닝(Under Pinning) 공법은 기존 구조물에 근접 시공 시 기존 구조물의 기초 저면보다 깊은 구조물을 시공하거나 기존 구조물의 증축 또는 지하실 등을 축조할 시 기존 구조물을 보호하기 위하여 기초나 지정을 보강하는 공법이다.

62 다음은 기성말뚝 세우기에 관한 표준시방서 규정이다. ( )안에 순서대로 들어갈 내용으로 옳게 짝지어진 것은? (단, 빈칸의 D는 말뚝의 바깥지름임)

> 말뚝의 연직도나 경사도는 ( ) 이내로 하고, 말뚝박기 후 평면상의 위치가 설계도면의 위치로부터 ( )와 100mm 중 큰 값 이상으로 벗어나지 않아야 한다.

① 1/100, D/4　② 1/100, D/3
③ 1/150, D/4　④ 1/150, D/3

말뚝의 연직도나 경사도는 1/100 이내로 하고 말뚝박기 후 평면상의 위치가 설계도면의 위치로부터 D/4와 100mm 중 큰 값 이상으로 벗어나지 않아야 한다.

63 철골공사에서 발생하는 용접 결함이 아닌 것은?

① 피트(Pit)
② 블로우 홀(Blow hole)
③ 오버 랩(Over lap)
④ 가우징(Gouging)

가스 가우징(Gas Gouging)은 아틸렌 불꽃을 이용하여 녹여 깎은 재의 뒷부분을 깨끗이 깎는 것을 말한다.

64 원심력 고강도 프리스트레스트 콘크리트 말뚝의 이음방법 중 가장 강성이 우수하고 안전하여 많이 사용하는 이음방법은?

① 충전식 이음　② 볼트식 이음
③ 용접식 이음　④ 강관말뚝 이음

해설 PHC 말뚝의 이음방법 중 가장 많이 사용하는 방법은 용접식 이음방법이며 아크(Arc) 용접으로 한다.

65 철근이음의 종류 중 나사를 가지는 슬리브 또는 커플러, 에폭시나 모르타르 또는 용융 금속 등을 충전한 슬리브, 클립이나 편체 등의 보조장치 등을 이용한 것을 무엇이라 하는가?

① 겹침이음　② 가스압접 이음
③ 기계적 이음　④ 용접이음

기계식 이음은 철근이음의 종류 중 나사를 가지는 슬리브 또는 커플러, 에폭시나 모르타르 또는 용융 금속 등을 충전한 슬리브, 클립이나 편체 등의 보조장치 등을 이용한 것이다.

정답 61 ② 62 ① 63 ④ 64 ③ 65 ③

66 **R.C.D(리버스 서큘레이션 드릴) 공법의 특징으로 옳지 않은 것은?**

① 드릴파이프 직경보다 큰 호박돌이 있는 경우 굴착이 불가하다.
② 깊은 심도까지 굴착이 가능하다.
③ 시공속도가 빠른 장점이 있다.
④ 수상(해상)작업이 불가하다.

해설 리버스 서큘레이션 드릴(Reverse Circulation Drill) 공법은 비트에 의해 파쇄된 토사를 역류 순환식의 액체류에 의해서 배출하는 공법으로 점토, 실트층 등에 적용하며 수상(해상) 작업도 가능하다.

67 **보강블록공사 시 벽의 철근 배치에 관한 설명으로 옳지 않은 것은?**

① 가로근을 배근 상세도에 따라 가공하되, 그 단부는 180°의 갈구리로 구부려 배근한다.
② 블록의 공동에 보강근을 배치하고 콘크리트를 다져 넣기 때문에 세로줄눈은 막힌줄눈으로 하는 것이 좋다.
③ 세로근은 기초 및 테두리보에서 위층의 테두리보까지 잇지 않고 배근하여 그 정착 길이는 철근 직경의 40배 이상으로 한다.
④ 벽의 세로근은 구부리지 않고 항상 진동 없이 설치한다.

해설 보강철근콘크리트 블록조는 블록의 빈 부분을 철근콘크리트로 보강한 내력벽 구조이며 원칙적으로 통줄눈 쌓기로 한다. 블록 1일 쌓기 높이는 1.5m(블록 7켜 정도) 이내로 하고, 벽의 세로근은 원칙적으로 이음을 만들지 않으며, 가로근의 모서리는 서로 깊이 물려 40d(d : 철근지름) 이상으로 정착시킨다.

68 **철근공사 시 철근의 조립과 관련된 설명으로 옳지 않은 것은?**

① 철근이 바른 위치를 확보할 수 있도록 결속선으로 결속하여야 한다.
② 철근을 조립한 다음 장기간 경과한 경우에는 콘크리트의 타설 전에 다시 조립검사를 하고 청소하여야 한다.
③ 경미한 황갈색의 녹이 발생한 철근은 콘크리트와의 부착이 매우 불량하므로 사용이 불가하다.
④ 철근의 피복두께를 정확하게 확보하기 위해 적절한 간격으로 고임재 및 간격재를 배치하여야 한다.

해설 경미한 황갈색 녹은 녹 제거 후 사용할 수 있다.

69 **공사계약방식에서 공사실시 방식에 의한 계약제도가 아닌 것은?**

① 일식도급
② 분할도급
③ 실비정산보수가산도급
④ 공동도급

해설 실비정산보수가산도급 계약제도는 공사금액 결정 방법에 따른 분류이다.

정답 66 ④ 67 ② 68 ③ 69 ③

70 **알루미늄 거푸집에 관한 설명으로 옳지 않은 것은?**

① 경량으로 설치시간이 단축된다.
② 이음매(Joint)감소로 견출작업이 감소된다.
③ 주요 시공 부위는 내부 벽체, 슬래브, 계단실 벽체이며, 슬래브 필러 시스템이 있어서 해체가 간편하다.
④ 녹이 슬지 않는 장점이 있으나 전용횟수가 매우 적다.

해설 알루미늄 거푸집은 전용횟수가 높다.

71 **철거작업 시 지중장애물 사전조사항목으로 가장 거리가 먼 것은?**

① 주변 공사장에 설치된 모든 계측기 확인
② 기존 건축물의 설계도, 시공기록 확인
③ 가스, 수도, 전기 등 공공매설물 확인
④ 시험굴착, 탐사 확인

해설 철거작업 시 대상 건물뿐 아니라 지하매설물 및 인접 구조물 등에 대한 사전조사를 실시하여 안전성을 확보해야 한다.

72 **벽돌쌓기 시 사전준비에 관한 설명으로 옳지 않은 것은?**

① 줄기초, 연결보 및 바닥 콘크리트의 쌓기면은 작업 전에 청소하고, 우묵한 곳은 모르타르로 수평이 되도록 고른다.
② 벽돌에 부착된 흙이나 먼지는 깨끗이 제거한다.
③ 모르타르는 지정한 배합으로 하되 시멘트와 모래는 건비빔으로 하고, 사용할 때에는 쌓기에 지장이 없는 유동성이 확보되도록 물을 가하고 충분히 반죽하여 사용한다.
④ 콘크리트 벽돌은 쌓기 직전에 충분한 물축이기를 한다.

해설 붉은벽돌과 시멘트 벽돌의 경우 물축이기를 한다.

73 **콘크리트는 신속하게 운반하여 즉시 타설하고, 충분히 다져야 하는데 비비기로부터 타설이 끝날 때까지의 시간은 원칙적으로 얼마를 넘어서면 안 되는가? (단, 외기온도가 25℃ 이상일 경우)**

① 1.5시간　　② 2시간
③ 2.5시간　　④ 3시간

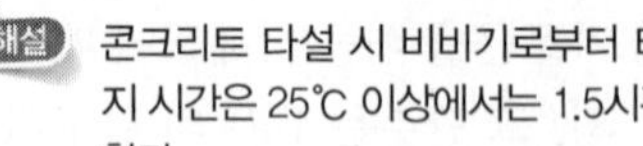

해설 콘크리트 타설 시 비비기로부터 타설 시까지 시간은 25℃ 이상에서는 1.5시간 이하로 한다.

74 **피어기초공사에 관한 설명으로 옳지 않은 것은?**

① 중량구조물을 설치하는 데 있어서 지반이 연약하거나 말뚝으로도 수직지지력이 부족하여 그 시공이 불가능한 경우와 기초지반의 교란을 최소화해야 할 경우에 채용한다.
② 굴착된 흙을 직접 탐사할 수 있고 지지층의 상태를 확인할 수 있다.
③ 진동과 소음이 발생하는 공법이긴 하나 여타 기초형식에 비하여 공기 및 비용이 적게 소요된다.
④ 피어기초를 채용한 국내의 초고층 건축물에는 63빌딩이 있다.

정답 70 ④ 71 ① 72 ④ 73 ① 74 ③

해설 피어기초는 구조물의 중량이 클 경우에 있어서 지반이 연약하거나 말뚝으로도 수직지지력이 부족하고 시공이 어려운 경우 기초지반의 교란을 최소화하기 위해 적용하며, 기후조건이 좋지 않을 경우 공사 기간이 길어질 수 있다.

75 다음 각 거푸집에 관한 설명으로 옳은 것은?

① 트래블링 폼(Travelling Form) : 무량판 시공 시 2방향으로 된 상자형 기성재 거푸집이다.
② 슬라이딩 폼(Sliding Form) : 수평활동 거푸집이며 거푸집 전체를 그대로 떼어 다음 사용 장소로 이동시켜 사용할 수 있도록 한 거푸집이다.
③ 터널 폼(Tunnel Form) : 한 구획 전체의 벽판과 바닥판을 ㄱ자형 또는 ㄷ자형으로 짜서 이동시키는 형태의 기성재 거푸집이다.
④ 워플 폼(Waffle Form) : 거푸집 높이는 약 1m이고 하부가 약간 벌어진 원형 철판 거푸집을 요오크(yoke)로 서서히 끌어 올리는 공법으로 Silo 공사 등에 적당하다.

해설 터널 폼(Tunnel Form)은 슬래브와 벽체의 콘크리트 타설을 일체화하기 위한 철재 거푸집이다. 전용횟수는 200회 정도로 경제성이 있고 인건비 절약, 공기 단축이 가능하다.

76 강구조물 부재 제작 시 마킹(금긋기)에 관한 설명으로 옳지 않은 것은?

① 주요부재의 강판에 마킹할 때에는 펀치(punch) 등을 사용하여야 한다.
② 강판 위에 주요부재를 마킹할 때에는 주된 응력의 방향과 압연 방향을 일치시켜야 한다.
③ 마킹 할 때에는 구조물이 완성된 후에 구조물의 부재로서 남을 곳에는 원칙적으로 강판에 상처를 내어서는 안 된다.
④ 마킹 시 용접열에 의한 수축 여유를 고려하여 최종 교정, 다듬질 후 정확한 치수를 확보할 수 있도록 조치해야 한다.

해설 주요부재의 강판에 마킹할 때 펀치 등을 사용하면 부재의 단면손실이 발생하므로 사용을 금해야 한다.

77 건축공사 시 각종 분할도급의 장점에 관한 설명으로 옳지 않은 것은?

① 전문공종별 분할도급은 설비업자의 자본, 기술이 강화되어 능률이 향상된다.
② 공정별 분할도급은 후속공사를 다른 업자로 바꾸거나 후속공사 금액의 결정이 용이하다.
③ 공구별 분할도급은 중소업자에 균등기회를 주고, 업자 상호간 경쟁으로 공사기일 단축, 시공 기술향상에 유리하다.
④ 직종별, 공종별 분할도급은 전문직종으로 분할하여 노급을 주는 것으로 건축주의 의도를 철저하게 반영시킬 수 있다.

정답 75 ③ 76 ① 77 ②

해설 공정별 분할도급은 공사 과정별로 나누어서 도급을 주는 것으로 후속업자의 교체가 곤란하다.

78 두께 110mm의 일반구조용 압연강재 SS275의 항복강도(fy) 기준값은?

① 275MPa 이상 ② 265MPa 이상
③ 245MPa 이상 ④ 235MPa 이상

해설 일반구조용 압연강재 SS275의 항복강도(fy)는 235MPa 이상으로 한다.

79 건설사업이 대규모화, 고도화, 다양화, 전문화되어감에 따라 종래의 단순 기술에 의한 시공만이 아닌 고부가가치를 추구하기 위하여 업무영역의 확대를 의미하는 것은?

① BTL ③ EC
③ BOT ④ SOC

EC(Engineering Construction)는 건설사업이 종래의 단순 시공에서 벗어나 대규모화, 고도화, 다양화, 전문화되어 고부가가치를 추구하기 위하여 업무영역을 확대하는 것을 말한다.

80 콘크리트 공사 시 시공이음에 관한 설명으로 옳지 않은 것은?

① 시공이음은 될 수 있는 대로 전단력이 작은 위치에 설치하고, 부재의 압축력이 작용하는 방향과 직각이 되도록 하는 것이 원칙이다.
② 외부의 염분에 의한 피해를 받을 우려가 있는 해양 및 항만 콘크리트 구조물 등에 있어서는 시공이음부를 최대한 많이 설치하는 것이 좋다.
③ 이음부의 시공에 있어서는 설계에 정해져 있는 이음의 위치와 구조는 지켜져야 한다.
④ 수밀을 요하는 콘크리트에 있어서는 소요의 수밀성이 얻어지도록 적절한 간격으로 시공이음부를 두어야 한다.

해설 콘크리트 공사 시 시공이음부는 최소화하는 것이 좋다.

제5과목 건설재료학

81 건축재료의 성질을 물리적 성질과 역학적 성질로 구분할 때 물체의 운동에 관한 성질인 역학적 성질에 속하지 않는 항목은?

① 비중 ② 탄성
③ 강성 ④ 소성

역학적 성질에는 탄성, 소성, 강성, 인성, 취성 등이 있다.

82 강재(鋼材)의 일반적인 성질에 관한 설명으로 옳지 않은 것은?

① 열과 전기의 양도체이다.
② 광택을 가지고 있으며, 빛에 불투명하다.
③ 경도가 높고 내마멸성이 크다.
④ 전성이 일부 있으나 소성변형 능력은 없다.

해설 강재는 전성과 소성변형 능력이 있다.

정답 78 ④ 79 ② 80 ② 81 ① 82 ④

83 **콘크리트 혼화재 중 하나인 플라이애시가 콘크리트에 미치는 작용에 관한 설명으로 옳지 않은 것은?**

① 내황산염에 대한 저항성을 증가시키기 위하여 사용한다.
② 콘크리트 수화 초기의 발열량을 감소시키고 장기적으로 시멘트의 석회와 결합하여 장기강도를 증진시키는 효과가 있다.
③ 입자가 구형이므로 유동성이 증가되어 단위 수량을 감소시키므로 콘크리트의 워커빌리티의 개선, 압송성을 향상시킨다.
④ 알칼리 골재반응에 의한 팽창을 증가시키고 콘크리트의 수밀성을 약화시킨다.

해설 플라이애시는 고운 석탄재의 일종으로 화력발전소 등에서 얻을 수 있는 것으로 플라이애시 시멘트는 수밀성이 좋으며 수화열과 건조 수축이 적고 화학적 저항성이 크다.

84 **대리석의 일종으로 다공질이며 황갈색의 반문이 있고 갈면 광택이 나서 우아한 실내장식에 사용되는 것은?**

① 테라죠　　② 트래버틴
③ 석면　　④ 점판암

트래버틴(Travertine)은 대리석의 일종으로 다공질이고 황갈색의 반문이 있어 특이한 느낌을 주는 석재이므로 특수한 부위의 실내장식용으로 사용된다.

85 **비스페놀과 에피클로로히드린의 반응으로 얻어지며 주제와 경화제로 이루어진 2성분계의 접착제로서 금속, 플라스틱, 도자기, 유리 및 콘크리트 등의 접합에 널리 사용되는 접착제는?**

① 실리콘수지 접착제
② 에폭시 접착제
③ 비닐수지 접착제
④ 아크릴수지 접착제

해설 에폭시 수지(Epoxy Resin)는 경화 시 휘발물의 발생이 없고 금속 · 유리 등과의 접착성이 우수하다. 내약품성, 내열성이 뛰어나고 산 · 알칼리에 강하여 금속, 유리, 플라스틱, 도자기, 목재, 고무 등의 접착제와 도료의 원료로 사용한다.

86 **외부에 노출되는 마감용 벽돌로써 벽돌면의 색깔, 형태, 표면의 질감 등의 효과를 얻기 위한 것은?**

① 광재벽돌　　② 내화벽돌
③ 치장벽돌　　④ 포도벽돌

해설 치장벽돌은 외부에 노출되는 마감용 벽돌로써 벽돌면의 색깔, 형태, 표면의 질감 등의 효과를 얻기 위한 벽돌이다.

87 **콘크리트의 블리딩 현상에 의한 성능저하와 가장 거리가 먼 것은?**

① 골재와 페이스트의 부착력 저하
② 철근와 페이스트의 부착력 저하
③ 콘크리트의 수밀성 저하
④ 콘크리트의 응결성 저하

정답 83 ④ 84 ② 85 ② 86 ③ 87 ④

 블리딩(Bleeding)은 콘크리트 타설 후 물이나 미세한 물질이 분리 상승하여 콘크리트 표면에 떠오르는 현상으로 콘크리트의 강도 및 수밀성 저하의 원인이 된다.

88 직사각형으로 자른 얇은 나뭇조각을 서로 직각으로 겹쳐지게 배열하고 방수성 수지로 강하게 압축 가공한 보드는?

① O.S.B　② M.D.F
③ 플로어링 블록　④ 시멘트 사이딩

 OSB보드는 직사각형으로 자른 얇은 나뭇조각을 서로 직각으로 겹쳐지게 배열하고 방수성 수지로 강하게 압축 가공한 보드이다.

89 발포제로서 보드상으로 성형하여 단열재로 널리 사용되며 천장재, 전기용품, 냉장고 내부상자 등으로 쓰이는 열가소성 수지는?

① 폴리스티렌 수지
② 폴리에스테르 수지
③ 멜라민 수지
④ 메타크릴 수지

 폴리스티렌 수지는 용융점이 145.2℃인 무색투명하고 내수, 내약품성, 전기절연성, 가공성이 우수하며 스티롤 수지라고도 한다. 발포 보온판(스티로폼)의 주원료, 벽타일, 천장재, 블라인드, 도료, 전기용품 등에 사용된다.

90 블로운 아스팔트의 내열성, 내한성 등을 개량하기 위해 동물섬유나 식물섬유를 혼합하여 유동성을 증대시킨 것은?

① 아스팔트 펠트(Asphalt felt)
② 아스팔트 루핑(Asphalt roofing)
③ 아스팔트 프라이머(Asphalt primer)
④ 아스팔트 컴파운드(Asphalt compound)

 아스팔트 컴파운드는 블로운 아스팔트의 성능을 개량하기 위해 동식물성 유지와 광물질 분말을 혼입한 것이다.

91 목모 시멘트판을 보다 향상시킨 것으로서 폐기 목재의 삭편을 화학처리하여 비교적 두꺼운 판 또는 공동블록 등으로 제작하여 마루, 지붕, 천장, 벽 등의 구조체에 사용되는 것은?

① 펄라이트 시멘트판
② 후형 슬레이트
③ 석면 슬레이트
④ 듀리졸(durisol)

 듀리졸은 목모 시멘트판을 보다 향상시킨 것으로서 폐기 목재의 삭편을 화학처리하여 비교적 두꺼운 판 또는 공동블록 등으로 제작한 것이다.

92 역청재료의 침입도 시험에서 질량 100g의 표준침이 5초 동안에 10mm 관입했다면 이 재료의 침입도는 얼마인가?

① 1　② 10
③ 100　④ 1,000

 25℃ 상온에서 바늘에 100g의 무게를 5초간 실어 점성물이 콘크리트에 관입되는 수치를 측정하며, 이 때 관입깊이 0.1mm를 침입도 1이라 하므로 10mm관입 시 침입도는 100이다.

정답 88 ① 89 ① 90 ④ 91 ④ 92 ③

93 지름이 18mm인 강봉을 대상으로 인장시험을 행하여 항복하중 27kN, 최대하중 41kN을 얻었다. 이 강봉의 인장강도는?

① 약 106.3MPa ② 약 133.9MPa
③ 약 161.1MPa ④ 약 182.3MPa

해설 인장강도 = 최대하중/단면적 = 41KN × 1,000/(π × (18mm)2/4) = 161.1MPa

94 열경화성 수지에 해당하지 않는 것은?

① 염화비닐 수지 ② 페놀 수지
③ 멜라민 수지 ④ 에폭시 수지

해설 염화비닐 수지는 열가소성 수지에 해당된다.

95 자기질 점토제품에 관한 설명으로 옳지 않은 것은?

① 소식이 치밀하지만, 도기나 석기에 비하여 강도 및 경도가 약한 편이다.
② 1,230~1,460℃ 정도의 고온으로 소성한다.
③ 흡수성이 매우 낮으며, 두드리면 금속성의 맑은소리가 난다.
④ 제품으로는 타일 및 위생도기 등이 있다.

해설 자기질 점토제품의 경우 조직이 치밀하고 강도가 견고하다.

96 접착제를 동물질 접착제와 식물질 접착제로 분류할 때 동물질 접착제에 해당되지 않는 것은?

① 아교 ② 덱스트린 접착제
③ 카세인 접착제 ④ 알부민 접착제

해설 덱스트린 접착제는 식물질 접착제에 해당된다.

97 대규모 지하구조물, 댐 등 매스 콘크리트의 수화열에 의한 균열 발생을 억제하기 위해 벨라이트의 비율을 중용열 포틀랜드 시멘트 이상으로 높인 시멘트는?

① 저열 포틀랜드 시멘트
② 보통 포틀랜드 시멘트
③ 조강 포틀랜드 시멘트
④ 내황산염 포틀랜드 시멘트

저열 포틀랜드 시멘트는 중용열 포틀랜드 시멘트보다 시멘트의 수화열을 줄이기 위하여 화합조성물 중 규산3석회(C_3S)와 알루민산3석회(C_3A)의 양을 더욱 적게 하여 만든 시멘트이다. 수화반응이 늦으므로 수화열이 적고, 건조 수축균열이 적다.

98 목재의 방부처리법과 가장 거리가 먼 것은?

① 약제도포법 ② 표면탄화법
③ 진공탈수법 ④ 침지법

목재의 방부법은 다음과 같다.

1. 직사일광법 : 목재를 30시간 이상 햇볕에 직접 쬐어 자외선의 살균력에 의해 균을 죽이는 방법
2. 침지법 : 완전히 물속에 잠기게 하여 공기와 차단시키는 방법
3. 표면탄화법 : 목재 표면을 약간 태워서 탄화시키는 방법으로 수분이 없어져 방부 및 방충 가능
4. 표면피복법 : 일반적으로 많이 쓰이는 방법으로 금속판, 옻, 니스 등의 도료로 표면을 피복하여 공기 차단, 방습, 방수가 되게 함

정답 93 ③ 94 ① 95 ① 96 ② 97 ① 98 ③

99 2장 이상의 판유리 등을 나란히 넣고, 그 틈새에 대기압에 가까운 압력의 건조한 공기를 채우고 그 주변을 밀봉 · 봉착한 것은?

① 열선흡수유리　② 배강도 유리
③ 강화유리　④ 복층유리

 복층유리는 2장 이상의 판유리 등을 나란히 넣고, 그 틈새에 대기압에 가까운 압력의 건조한 공기를 채우고 그 주변을 밀봉 · 봉착한 것이다.

100 미장재료의 구성재료에 관한 설명으로 옳지 않은 것은?

① 부착재료는 마감과 바탕 재료를 붙이는 역할을 한다.
② 무기혼화재료는 시공성 향상 등을 위해 첨가된다.
③ 풀재는 강도 증진을 위해 첨가된다.
④ 여물재는 균열방지를 위해 첨가된다.

해설 풀은 균열방지 목적을 위해 첨가된다.

제6과목 건설안전기술

101 10cm 그물코인 방망을 설치한 경우에 망밑부분에 충돌위험이 있는 바닥면 또는 기계설비와의 수직거리는 얼마 이상이어야 하는가? [단, L(1개의 방망일 때 단변방향 길이)=12m, A(장변방향 방망의 지지간격)=6m]

① 10.2m　② 12.2m
③ 14.2m　④ 16.2m

 방망의 허용낙하고는 다음과 같다.
$0.85L = 0.85 \times 12 = 10.2m$

102 비계의 높이가 2m 이상인 작업장소에 작업발판을 설치할 때 그 폭은 최소 얼마 이상이어야 하는가?

① 30cm　② 40cm
③ 50cm　④ 60cm

해설 발판의 폭은 40cm 이상으로 하여야 한다.

103 크레인의 와이어로프가 감기면서 붐 상단까지 후크가 따라 올라올 때 더 이상 감기지 않도록 하여 크레인 작동을 자동으로 정지시키는 안전장치로 옳은 것은?

① 권과방지장치　② 후크해지장치
③ 과부하방지장치　④ 속도조절기

 권과방지장치는 권과를 방지하기 위하여 자동적으로 동력을 차단하고 작동을 제동하는 장치이다.

104 터널공사 시 자동경보장치가 설치된 경우에 이 자동경보장치에 대하여 당일 작업시작 전 점검하고 이상을 발견하면 즉시 보수하여야 하는 사항이 아닌 것은?

① 계기의 이상 유무
② 검지부의 이상 유무
③ 경보장치의 작동 상태
④ 환기 또는 조명시설의 이상 유무

정답 99 ④ 100 ③ 101 ① 102 ② 103 ① 104 ④

해설 자동경보장치의 작업시작 전 점검사항은 다음과 같다.
1. 계기의 이상 유무
2. 검지부의 이상 유무
3. 경보장치의 작동상태

105 **달비계의 구조에서 달비계 작업발판의 폭과 틈새기준으로 옳은 것은?**

① 작업발판의 폭 30cm 이상, 틈새 3cm 이하
② 작업발판의 폭 40cm 이상, 틈새 3cm 이하
③ 작업발판의 폭 30cm 이상, 틈새 없도록 할 것
④ 작업발판의 폭 40cm 이상, 틈새 없도록 할 것

해설 달비계의 작업발판은 폭을 40cm 이상으로 하고 틈새가 없도록 해야 한다.

106 **강관을 사용하여 비계를 구성하는 경우의 준수사항으로 옳지 않은 것은?**

① 비계기둥의 간격은 띠장 방향에서는 1.85m 이하, 장선(長繕) 방향에서는 1.5m 이하로 할 것
② 띠장 간격은 2.0m 이하로 할 것
③ 비계기둥 간의 적재하중은 400kg을 초과하지 않도록 할 것
④ 비계기둥의 제일 윗부분으로부터 31m 되는 지점 밑부분의 비계기둥은 3개의 강관으로 묶어 세울 것

해설 비계기둥의 제일 윗부분으로부터 31m 되는 지점 밑부분의 비계기둥은 2개의 강관으로 묶어 세워야 한다.

107 **유해 · 위험방지 계획서 제출 시 첨부서류에 해당하지 않는 것은?**

① 안전관리 조직표
② 전체 공정표
③ 공사현장의 주변현황 및 주변과의 관계를 나타내는 도면
④ 교통처리계획

해설 교통처리계획은 유해위험방지계획서 제출 서류에 해당되지 않는다.

108 **흙막이 가시설 공사 시 사용되는 각 계측기 설치 목적으로 옳지 않은 것은?**

① 지표침하계 – 지표면 침하량 측정
② 수위계 – 지반 내 지하수위의 변화 측정
③ 하중계 – 상부 적재하중 변화 측정
④ 지중경사계 – 인접지반의 수평 변위량 측정

해설 하중계는 Strut, Earth Anchor에 설치하여 축하중 측정으로 부재의 안정성 여부를 판단하는 계측기기이다.

109 **건축공사로서 대상액이 5억 원 이상 50억 원 미만인 경우에 산업안전보건관리비의 비율(가) 및 기초액(나)으로 옳은 것은?**

① (가) : 1.86%, (나) : 5,349,000원
② (가) : 1.99%, (나) : 5,499,000원
③ (가) : 2.35%, (나) : 5,400,000원
④ (가) : 1.57%, (나) : 4,411,000원

정답 105 ④ 106 ④ 107 ④ 108 ③ 109 ①

해설 산업안전보건관리비 계상기준은 다음과 같다.

[공사 종류 및 규모별 안전관리비 계상기준]

구분 / 공사 종류	대상액 5억 원 미만인 경우 적용 비율(%)	대상액 5억 원 이상 50억 원 미만인 경우		대상액 50억 원 이상인 경우 적용 비율(%)	영 별표5에 따른 보건관리자 선임 대상 건설공사의 적용 비율(%)
		적용 비율(%)	기초액		
건축공사	2.93%	1.86%	5,349,000원	1.97%	2.15%
토목공사	3.09%	1.99%	5,499,000원	2.10%	2.29%
중건설공사	3.43%	2.35%	5,400,000원	2.44%	2.66%
특수건설공사	1.85%	1.20%	3,250,000원	1.27%	1.38%

110 겨울철 공사 중인 건축물의 벽체 콘크리트 타설 시 거푸집이 터져서 콘크리트가 쏟아지는 사고가 발생하였다. 이 사고의 발생 원인으로 추정 가능한 사안 중 가장 타당한 것은?

① 진동기를 사용하지 않았다.
② 철근 사용량이 많았다.
③ 콘크리트의 슬럼프가 작았다.
④ 콘크리트의 타설속도가 빨랐다.

해설 콘크리트의 타설속도가 빠를 경우 콘크리트 측압이 증가하여 거푸집이 터지는 사고가 발생할 수 있다.

111 다음은 산업안전보건법령에 따른 투하설비 설치에 관련된 사항이다. (   ) 안에 들어갈 내용으로 옳은 것은?

> 사업주는 높이가 (   )m 이상인 장소로부터 물체를 투하하는 때에는 적당한 투하설비를 설치하거나 감시인을 배치하는 등 위험방지를 위하여 필요한 조치를 하여야 한다.

① 1 ② 2
③ 3 ④ 4

해설 투하설비란 높이 3m 이상인 장소에서 자재 투하 시 재해를 예방하기 위하여 설치하는 설비를 말한다.

112 작업 중이던 미장공이 상부에서 떨어지는 공구에 의해 상해를 입었다면 어느 부분에 대한 결함이 있었겠는가?

① 작업대 설치
② 작업방법
③ 낙하물 방지시설 설치
④ 비계설치

해설 낙하물 방지시설 설치와 관련한 결함이 발생할 경우 상부에서 떨어지는 공구에 의해 상해를 입을 수 있다.

113 건설현장에서 동력을 사용하는 항타기 또는 항발기에 대하여 무너짐을 방지하기 위하여 준수하여야 할 사항으로 옳지 않은 것은?

① 버팀줄만으로 상단 부분을 안정시키려는 경우에는 버팀줄을 4개 이상으로 하고 같은 간격으로 배치할 것

정답 110 ④ 111 ③ 112 ③ 113 ①

② 버팀대만으로 상단 부분을 안정시키려는 경우에는 버팀대는 3개 이상으로 하고 그 하단 부분은 견고한 버팀 · 말뚝 또는 철골 등으로 고정시킬 것
③ 궤도 또는 차로 이동하는 항타기 또는 항발기에 대해서는 불시에 이동하는 것을 방지하기 위하여 레일 클램프(rail clamp) 및 쐐기 등으로 고정시킬 것
④ 연약한 지반에 설치하는 경우에는 각 부나 가대의 침하를 방지하기 위하여 깔판 · 깔목등을 사용할 것

해설 버팀줄만으로 상단 부분을 안정시키려는 경우에는 버팀줄을 3개 이상으로 하고 같은 간격으로 배치해야 한다.

114 토공사에서 성토용 토사의 일반조건으로 옳지 않은 것은?

① 다져진 흙의 전단 강도가 크고 압축성이 작을 것
② 함수율이 높은 토사일 것
③ 시공장비의 주행성이 확보될 수 있을 것
④ 필요한 다짐 정도를 쉽게 얻을 수 있을 것

해설 함수율이 높은 토사는 성토용 토사로 적합하지 않다

115 지반의 종류가 암반 중 풍화암일 경우 굴착면 기울기 기준으로 옳은 것은?

① 1 : 0.3　　② 1 : 0.5
③ 1 : 1.0　　④ 1 : 1.5

해설 굴착면의 기울기 기준

지반의 종류	굴착면의 기울기
모래	1 : 1.8
연암 및 풍화암	1 : 1.0
경암	1 : 0.5
그 밖의 흙	1 : 1.2

116 차량계 건설기계를 사용하는 작업을 할 때 그 기계가 넘어지거나 굴러떨어짐으로써 근로자가 위험해질 우려가 있는 경우에 필요한 조치로 가장 거리가 먼 것은?

① 지반의 부동침하 방지
② 안전통로 및 조도 확보
③ 유도하는 사람 배치
④ 갓길의 붕괴 방지 및 도로 폭의 유지

해설 차량계 건설기계가 넘어지거나 굴러떨어짐으로써 근로자에게 위험을 미칠 우려가 있는 경우에는 유도하는 자를 배치하고 지반의 부동침하방지, 갓길의 붕괴 방지 및 도로 폭의 유지 등 필요한 조치를 하여야 한다.

117 파쇄하고자 하는 구조물에 구멍을 천공하여 이 구멍에 가력봉을 삽입하고 가력봉에 유압을 가압하여 천공한 구멍을 확대시킴으로써 구조물을 파쇄하는 공법은?

① 핸드 브레이커(Hand Breaker) 공법
② 강구(Steel Ball) 공법
③ 마이크로파(Microwave) 공법
④ 록잭(Rock Jack) 공법

해설 록잭 공법은 파쇄하고자 하는 구조물에 구멍을 천공하여 이 구멍에 가력봉을 삽입하고 가력봉에 유압을 가압하여 천공한 구멍을 확대시킴으로써 구조물을 파쇄하는 공법이다.

정답 114 ② 115 ③ 116 ② 117 ④

118 이동식 비계 조립 및 사용 시 준수사항으로 옳지 않은 것은?

① 비계의 최상부에서 작업하는 경우에는 안전난간을 설치할 것
② 승강용 사다리는 견고하게 설치할 것
③ 작업발판은 항상 수평을 유지하고 작업발판 위에서 작업을 위한 거리가 부족할 경우에는 받침대 또는 사다리를 사용할 것
④ 작업발판의 최대 적재하중은 250kg을 초과하지 않도록 할 것

 작업발판은 항상 수평을 유지하고 작업발판 위에서 안전난간을 딛고 작업을 하거나 받침대 또는 사다리를 사용하여 작업하지 않도록 해야 한다.

119 산업안전보건법령에 따른 중량물 취급작업 시 작업계획서에 포함시켜야 할 사항이 아닌 것은?

① 협착위험을 예방할 수 있는 안전대책
② 감전위험을 예방할 수 있는 안전대책
③ 추락위험을 예방할 수 있는 안전대책
④ 전도위험을 예방할 수 있는 안전대책

 작업계획서 내용은 아래와 같다.
1. 추락위험을 예방할 수 있는 안전대책
2. 낙하위험을 예방할 수 있는 안전대책
3. 전도위험을 예방할 수 있는 안전대책
4. 협착위험을 예방할 수 있는 안전대책
5. 붕괴위험을 예방할 수 있는 안전대책

120 흙막이 지보공을 설치하였을 때에 정기적으로 점검하고 이상을 발견하면 즉시 보수하여야 하는 사항과 거리가 먼 것은?

① 부재의 손상 · 변형 · 부식 · 변위 및 탈락의 유무와 상태
② 부재의 접속부 · 부착부 및 교차부의 상태
③ 침하의 정도
④ 설계상 부재의 경제성 검토

 흙막이 지보공을 설치한 경우에는 정기적으로 다음 사항을 점검하고 이상을 발견한 경우에는 즉시 보수하여야 한다.
1. 부재의 손상 · 변형 · 부식 · 변위 및 탈락의 유무 및 상태
2. 버팀대의 긴압의 정도
3. 부재의 접속부 · 부착부 및 교차부의 상태
4. 침하의 정도

정답 118 ③ 119 ② 120 ④

2022년 3월 5일 시행

ENGINEER CONSTRUCTION SAFETY

제1과목 산업안전관리론

01 산업안전보건법령상 안전보건표지의 종류 중 안내표지에 해당되지 않는 것은?

① 금연 ② 들것
③ 세안장치 ④ 비상용기구

해설 안전 · 보건표지 중 금지표지의 종류

101 출입금지, 102 보행금지, 103 차량통행금지, 104 사용금지, 105 탑승금지

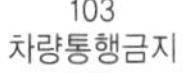

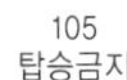

106 금연, 107 화기금지, 108 물체이동금지

02 산업안전보건법령상 산업안전보건위원회에 관한 사항 중 옳지 않은 것은?

① 근로자 위원과 사용자 위원은 같은 수로 구성된다.
② 산업안전보건회의의 정기회의는 위원장이 필요하다고 인정할 때 소집한다.
③ 안전보건교육에 관한 사항은 산업안전보건위원회 심의 · 의결을 거쳐야 한다.
④ 상시근로자 50인 이상의 자동차 제조업의 경우 산업안전보건위원회를 구성 · 운영하여야 한다.

해설 산업안전보건위원회의 회의는 정기회의와 임시회의로 구분하되, 정기회의는 분기마다 산업안전보건위원회의 위원장이 소집하며, 임시회의는 위원장이 필요하다고 인정할 때에 소집한다.

03 재해원인 중 간접원인이 아닌 것은?

① 물적 원인 ② 관리적 원인
③ 사회적 원인 ④ 정신적 원인

해설
- 산업재해의 직접원인 : 불안전한 행동(인적원인), 불안전한 상태(물적원인)
- 산업재해의 간접원인 : 기술적 원인, 관리적 원인, 교육적 원인, 정신적 원인, 신체적 원인

04 산업재해통계업무처리규정상 재해 통계 관련 용어로 ( )에 알맞은 용어는?

> ( )는 근로복지공단의 유족급여가 지급된 사망자 및 근로복지공단에 최초요양신청서(재진 요양 신청이나 전원요양신청서는 제외)를 제출한 재해자 중 요양승인을 받은 자(산재 미보고 적발 사망자 수를 포함)로 통상의 출퇴근으로 발생한 재해는 제외된다.

① 재해자수 ② 사망자수
③ 휴업재해자수 ④ 임금근로자수

해설 재해지수에 관한 설명이다.

정답 01 ① 02 ② 03 ① 04 ①

05 시몬즈(Simonds)의 재해손실비의 평가 방식 중 비보험 코스트의 산정 항목에 해당하지 않는 것은?

① 사망 사고 건수
② 통원 상해 건수
③ 응급 조치 건수
④ 무상해 사고 건수

해설 **시몬스(Simonds) 방식**

총 재해비용 = 산재보험비용 + 비보험비용
여기서,
비보험비용 = 휴업 상해 건수×A
+통원 상해 건수×B
+응급 조치 건수×C
+무상해 사고 건수×D
(A, B, C, D는 장해 정도별 비보험비용의 평균치)

06 산업안전보건법령상 용어와 뜻이 바르게 연결된 것은?

① "사업주대표"란 근로자의 과반수를 대표하는 자를 말한다.
② "도급인"이란 건설공사발주자를 포함한 물건의 제조 · 건설 · 수리 또는 서비스의 제공, 그 밖의 업무를 도급하는 사업주를 말한다.
③ "안전보건평가"란 산업재해를 예방하기 위하여 잠재적 위험성을 발견하고 그 개선대책을 수립할 목적으로 조사 · 평가하는 것을 말한다.
④ "산업재해"란 노무를 제공하는 사람이 업무에 관계되는 건설물 · 설비 · 원재료 · 가스 · 증기 · 분진 등에 의하거나 작업 또는 그 밖의 업무로 인하여 사망 또는 부상하거나 질병에 걸리는 것을 말한다.

해설 **산업안전보건법 제2조 관련**

- "산업재해"란 노무를 제공하는 사람이 업무에 관계되는 건설물 · 설비 · 원재료 · 가스 · 증기 · 분진 등에 의하거나 작업 또는 그 밖의 업무로 인하여 사망 또는 부상하거나 질병에 걸리는 것을 말한다.
- "근로자대표"란 근로자의 과반수로 조직된 노동조합이 있는 경우에는 그 노동조합을, 근로자의 과반수로 조직된 노동조합이 없는 경우에는 근로자의 과반수를 대표하는 자를 말한다.
- "도급인"이란 물건의 제조 · 건설 · 수리 또는 서비스의 제공, 그 밖의 업무를 도급하는 사업주를 말한다. 다만, 건설공사발주자는 제외한다.
- "안전보건진단"이란 산업재해를 예방하기 위하여 잠재적 위험성을 발견하고 그 개선대책을 수립할 목적으로 조사 · 평가하는 것을 말한다.

07 재해조사 시 유의사항으로 틀린 것은?

① 피해자에 대한 구급 조치를 우선으로 한다.
② 재해조사 시 2차 재해 예방을 위해 보호구를 착용한다.
③ 재해조사는 재해자의 치료가 끝난 뒤 실시한다.
④ 책임추궁보다는 재발 방지를 우선하는 기본태도를 가진다.

해설 **재해조사 시 유의사항**

1. 사실을 수집한다.
2. 객관적인 입장에서 공정하게 조사하며 조사는 2인 이상이 한다.
3. 책임추궁보다는 재발방지를 우선으로 한다.
4. 조사는 신속하게 행하고 긴급 조치하여 2차 재해의 방지를 도모한다.
5. 피해자에 대한 구급조치를 우선한다.
6. 사람, 기계 설비 등의 재해요인을 모두 도출한다.

정답 05 ① 06 ④ 07 ③

08 산업안전보건법령상 상시근로자 20명 이상 50명 미만인 사업장 중 안전보건관리담당자를 선임하여야 하는 업종이 아닌 것은? (단, 안전관리자 및 보건관리자가 선임되지 않은 사업장으로 한다.)

① 임업
② 제조업
③ 건설업
④ 환경 정화 및 복원업

해설 상시근로자 20명 이상 50명 미만인 사업장에 안전보건관리담당자를 1명 이상 선임해야 하는 사업의 종류(산업안전보건법 시행령 제24조)

1. 제조업
2. 임업
3. 하수, 폐수 및 분뇨 처리업
4. 폐기물 수집, 운반, 처리 및 원료 재생업
5. 환경 정화 및 복원업

09 건설기술 진흥법령상 안전관리계획을 수립해야 하는 건설공사에 해당하지 않는 것은?

① 15층 건축물의 리모델링
② 지하 15m를 굴착하는 건설공사
③ 항타 및 항발기가 사용되는 건설공사
④ 높이가 21m인 비계를 사용하는 건설공사

해설 안전관리계획의 수립(건설기술 진흥법 시행령 제98조 제1항)

1. 「시설물의 안전 및 유지관리에 관한 특별법」에 따른 1종 시설물 및 2종 시설물의 건설공사
2. 지하 10미터 이상을 굴착하는 건설공사
3. 폭발물을 사용하는 건설공사로서 20미터 안에 시설물이 있거나 100미터 안에 사육하는 가축이 있어 해당 건설공사로 인한 영향을 받을 것이 예상되는 건설공사
4. 10층 이상 16층 미만인 건축물의 건설공사

4의2. 다음 각 목의 리모델링 또는 해체공사
   가. 10층 이상인 건축물의 리모델링 또는 해체공사
   나. 수직증축형 리모델링

5. 다음 각 목의 어느 하나에 해당하는 건설기계가 사용되는 건설공사
   가. 천공기(높이가 10미터 이상인 것만 해당한다)
   나. 항타 및 항발기
   다. 타워크레인

5의2. 건설기술진흥법 시행령 제101조의2 제1항 각 호의 가설구조물을 사용하는 건설공사

6. 제1호부터 제4호까지, 제4호의2, 제5호 및 제5호의2의 건설공사 외의 건설공사로서 다음 각 목의 어느 하나에 해당하는 공사
   가. 발주자가 안전관리가 특히 필요하다고 인정하는 건설공사
   나. 해당 지방자치단체의 조례로 정하는 건설공사 중에서 인·허가기관의 장이 안전관리가 특히 필요하다고 인정하는 건설공사

10 다음의 재해에서 기인물과 가해물로 옳은 것은?

> 공구와 자재가 바닥에 어지럽게 널려 있는 작업통로를 작업자가 보행 중 공구에 걸려 넘어져 통로 바닥에 머리를 부딪쳤다.

① 기인물 : 바닥, 가해물 : 공구
② 기인물 : 바닥, 가해물 : 바닥
③ 기인물 : 공구, 가해물 : 바닥
④ 기인물 : 공구, 가해물 : 공구

해설
- 기인물 : 불안전한 상태에 있는 물체(환경 포함)
- 가해물 : 사람에게 직접 접촉되어 위해를 가한 물체(환경 포함)

정답 08 ③ 09 ④ 10 ③

11 **보호구 안전인증 고시상 안전인증을 받은 보호구의 표시사항이 아닌 것은?**

① 제조자명 ② 사용 유효기간
③ 안전인증 번호 ④ 규격 또는 등급

 안전인증제품에는 상기 표시 외에 다음의 사항을 표시한다.
- 형식 또는 모델명
- 규격 또는 등급 등
- 제조자명
- 제조번호 및 제조연월
- 안전인증 번호

12 **위험예지훈련 진행방법 중 대책수립에 해당하는 단계는?**

① 제1라운드 ② 제2라운드
③ 제3라운드 ④ 제4라운드

해설 위험예지훈련의 추진을 위한 문제해결 4라운드
- 제1라운드 : 현상파악
- 제2라운드 : 본질추구(이것이 위험의 포인트다)
- 제3라운드 : 대책수립
- 제4라운드 : 목표설정

13 **산업안전보건법령상 안전보건관리규정을 작성해야 할 사업의 종류를 모두 고른 것은? (단, ㄱ~ㅁ은 상시근로자 300명 이상의 사업이다.)**

ㄱ. 농업 ㄴ. 정보서비스업 ㄷ. 금융 및 보험업 ㄹ. 사회복지 서비스업 ㅁ. 과학 및 기술 연구개발업

① ㄴ, ㄹ, ㅁ ② ㄱ, ㄴ, ㄷ, ㄹ
③ ㄱ, ㄴ, ㄷ, ㅁ ④ ㄱ, ㄷ, ㄹ, ㅁ

 안전보건관리규정을 작성해야 할 사업의 종류(상시근로자수 300명 이상)

1. 농업
2. 어업
3. 소프트웨어 개발 및 공급업
4. 컴퓨터 프로그래밍, 시스템 통합 및 관리업
5. 정보서비스업
6. 금융 및 보험업
7. 임대업 ; 부동산 제외
8. 전문, 과학 및 기술 서비스업(연구개발업은 제외한다)
9. 사업지원 서비스업
10. 사회복지 서비스업

14 **산업안전보건법령상 중대재해의 범위에 해당하지 않는 것은?**

① 사망자가 1명 발생한 재해
② 부상자가 동시에 10명 이상 발생한 재해
③ 2개월 이상의 요양이 필요한 부상자가 동시에 2명 이상 발생한 재해
④ 직업성 질병자가 동시에 10명 이상 발생한 재해

 중대재해는 산업재해 중 사망 등 재해의 정도가 심한 것으로서 다음에 정하는 재해 중 하나 이상에 해당되는 재해를 말한다.
- 사망자가 1명 이상 발생한 재해
- 3개월 이상의 요양이 필요한 부상자가 동시에 2명 이상 발생한 재해
- 부상자 또는 직업성 질병자가 동시에 10명 이상 발생한 재해

정답 11 ② 12 ③ 13 ② 14 ③

15 1,000명 이상의 대규모 사업장에서 가장 적합한 안전관리조직의 형태는?

① 경영형 ② 라인형
③ 스태프형 ④ 라인-스태프형

해설 라인-스탭(LINE-STAFF)형 조직(직계참모조직)

대규모 사업장에 적합한 조직으로서 라인형과 스탭형의 장점만을 채택한 형태이며 안전업무를 전담하는 스탭을 두고 생산라인의 각 계층에서도 각 부서장으로 하여금 안전업무를 수행케 하여 스탭에서 안전에 관한 사항이 결정되면 라인을 통하여 실천하도록 편성된 조직(대규모, 1,000명 이상)

16 A 사업장의 현황이 다음과 같을 때, A 사업장의 강도율은?

- 상시근로자 : 200명
- 요양재해건수 : 4건
- 사망 : 1명
- 휴업 : 1명(500일)
- 연근로시간 : 2,400시간

① 8.33 ② 14.53
③ 15.31 ④ 16.67

강도율은 연근로시간 1,000시간당 재해로 인해서 잃어버린 근로손실일수를 말한다.

$$강도율=\frac{근로손실일수}{연근로시간수}\times 1{,}000$$

$$=\frac{7{,}500+500}{200\times 2{,}400}\times 1{,}000$$

$$=16.6666\cdots$$

17 산업안전보건법령상 관계수급인 근로자가 도급인의 사업장에서 작업을 하는 경우 건설업 도급인의 작업장 순회점검 주기는?

① 1일에 1회 이상
② 2일에 1회 이상
③ 3일에 1회 이상
④ 7일에 1회 이상

도급인인 사업주는 작업장을 다음 구분에 따라 순회점검하여야 한다.(2일에 1회 이상)

- 건설업
- 제조업
- 토사석 광업
- 서적, 잡지 및 기타 인쇄물 출판업
- 음악 및 기타 오디오물 출판업
- 금속 및 비금속 원료 재생업

18 재해사례연구의 진행단계로 옳은 것은?

ㄱ. 사실의 확인
ㄴ. 대책의 수립
ㄷ. 문제점의 발견
ㄹ. 문제점의 결정
ㅁ. 재해 상황의 파악

① ㄷ → ㅁ → ㄱ → ㄹ → ㄴ
② ㄷ → ㅁ → ㄹ → ㄱ → ㄴ
③ ㅁ → ㄷ → ㄱ → ㄹ → ㄴ
④ ㅁ → ㄱ → ㄷ → ㄹ → ㄴ

해설 재해사례 연구순서

- 1단계 : 사실의 확인(사람 → 물건 → 관리 → 제헤발생까지외 경과)
- 2단계 : 직접원인과 문제점의 확인(파악된 사실로부터 판단하여 각종 기준에서 차이의 문제점을 발견하는 것)
- 3단계 : 근본 문제점의 결정
- 4단계 : 내책의 수립

정답 15 ④ 16 ④ 17 ② 18 ④

19 산업안전보건법령상 건설현장에서 사용하는 크레인의 안전검사의 주기는? (단, 이동식 크레인은 제외한다.)

① 최초로 설치한 날부터 1개월마다 실시
② 최초로 설치한 날부터 3개월마다 실시
③ 최초로 설치한 날부터 6개월마다 실시
④ 최초로 설치한 날부터 1년마다 실시

해설 **크레인, 리프트 및 곤돌라 안전검사 주기**

사업장에 설치가 끝난 날부터 3년 이내에 최초 안전검사를 실시하되, 그 이후부터 2년마다(건설현장에서 사용하는 것은 최초로 설치한 날부터 6개월마다) 실시한다.

20 재해예방의 4원칙에 해당하지 않는 것은?

① 손실 적용의 원칙
② 원인 연계의 원칙
③ 대책 선정의 원칙
④ 예방 가능의 원칙

해설 **재해예방의 4원칙**

1. 손실 우연의 원칙 : 재해손실은 사고발생 시 사고대상의 조건에 따라 달라지므로 한 사고의 결과로서 생긴 재해손실은 우연성에 의해서 결정된다.
2. 원인 계기의 원칙 : 재해발생은 반드시 원인이 있다.
3. 예방 가능의 원칙 : 재해는 원칙적으로 원인만 제거하면 예방이 가능하다.
4. 대책 선정의 원칙 : 재해예방을 위한 가능한 안전대책은 반드시 존재한다.

제2과목 산업심리 및 교육

21 감각 현상이 하나의 전체적이고 의미 있는 내용으로 체계화되는 과정을 의미하는 것은?

① 유추(analogy)
② 게슈탈트(gestalt)
③ 인지(cognition)
④ 근접성(proximity)

해설 **게스탈트 법칙(Gestalt Laws) (지각의 집단화 원리)**

게스탈트 심리학자들이 제안한 대표적인 지각집단화의 원리들이다. 한 물체에 속한 정보들을 낱개로 보는 것이 아니라 하나의 덩어리로 묶어서 지각한다는 것이다. 위 그림은 유사한 자극들은 군집해 보인다는 유사성의 원리의 예이다.

22 다음에서 설명하는 리더십의 유형은?

과업 완수와 인간관계 모두에 있어 최대한의 노력을 기울이는 리더십 유형

① 과업형 리더십
② 이상형 리더십
③ 타협형 리더십
④ 무관심형 리더십

해설 **이상형(9,9) 리더십**

팀형으로 인간에 대한 관심과 생산에 대한 관심이 모두 높으며, 구성원들에게 공동목표 및 상호의존관계를 강조하고, 상호신뢰적이고 상호존중관계 속에서 구성원들의 몰입을 통하여 과업을 달성하는 리더유형이다.

정답 19 ③ 20 ① 21 ② 22 ②

23 집단역학에서 소시오메트리(sociometry)에 관한 설명 중 틀린 것은?

① 소시오메트리 분석을 위해 소시오메트릭스와 소시오그램이 작성된다.
② 소시오메트릭스에서는 상호작용에 대한 정량적 분석이 가능하다.
③ 소시오메트리는 집단 구성원들 간의 공식적 관계가 아닌 비공식적인 관계를 파악하기 위한 방법이다.
④ 소시오그램은 집단 구성원들 간의 선호, 거부 혹은 무관심의 관계를 기호로 표현하지만, 이를 통해 다양한 집단 내의 비공식적 관계에 대한 역학관계는 파악할 수 없다.

해설 **소시오메트리(Sociometry)**

- 구성원 상호 간의 선호도를 기초로 집단 내부의 동태적 상호관계를 분석하는 기법이다.
- 소시오메트리는 구성원들 간의 좋고 싫은 감정을 관찰, 검사, 면접 등을 통하여 분석한다.
- 소시오메트리 연구조사에서 수집된 자료들은 소시오그램(Sociogram)과 소시오매트릭스(Sociomatrix) 등으로 분석하여 집단 구성원 간의 상호관계 유형과 집결 유형, 선호 인물 등을 도출할 수 있다.

소시오그램(Sociogram)

- 집단 구성원들 간의 선호, 무관심, 거부 관계를 나타낸 도표이다.
- 집단 구성원 간의 전체적인 관계유형은 물론 집단 내의 하위 집단들과 내부의 세력 집단과 비세력 집단을 구분할 수 있으며 정규신분, 주변신분, 독립신분 등 구성원들 간의 사회적 서열관계도 이끌어 낼 수 있다.
- 집단 구성원 간의 신호신분 또는 자생적 리더도 찾아볼 수 있다.

24 생체리듬(Biorhythm)의 종류에 해당하지 않는 것은?

① Critical rhythm
② Physical rhythm
③ Intellectual rhythm
④ Sensitivity rhythm

해설 **생체리듬(바이오리듬)의 종류**

- 육체적(신체적) 리듬(P ; Physical Cycle) : 신체의 물리적인 상태를 나타내는 리듬, 청색 실선으로 표시하며 23일의 주기이다.
- 감성적 리듬(S ; Sensitivity) : 기분이나 신경계통의 상태를 나타내는 리듬, 적색 점선으로 표시하며 28일의 주기이다.
- 지성적 리듬(I ; Intellectual) : 기억력, 인지력, 판단력 등을 나타내는 리듬, 녹색 일점쇄선으로 표시하며 33일의 주기이다.

25 사회행동의 기본 형태에 해당하지 않는 것은?

① 협력 ② 대립
③ 모방 ④ 도피

해설 **집단에서 개인이 나타낼 수 있는 사회행동의 형태**

- 협력 : 협조나 조력, 분업 등을 통하여 힘을 하나로 모으는 것
- 대립관계에서의 공격 : 상대방을 가해하거나 압도하여 어떤 목적을 달성하려고 하는 것
- 대립관계에서의 경쟁 : 같은 목적에 관하여 서로 겨루어 상대방보다 빨리 도달하고자 하는 것
- 융합 : 상반되는 목표가 강제, 타협, 통합에 의하여 하나가 되는 것
- 도피와 고립 : 자기가 소속된 인간관계에서 이탈하는 것

정답 23 ④ 24 ① 25 ③

26 O.J.T(On the Job Training)의 특징이 아닌 것은?

① 효과가 곧 업무에 나타난다.
② 직장의 실정에 맞는 실체적 훈련이다.
③ 다수의 근로자에게 조직적 훈련이 가능하다.
④ 교육을 통한 훈련 효과에 의해 상호 신뢰이해도가 높아진다.

해설 다수의 근로자에게 조직적 훈련이 가능한 것은 OffJ.T의 장점이다.

O. J. T(직장 내 교육훈련)

직속상사가 직장 내에서 작업표준을 가지고 업무상의 개별교육이나 지도훈련을 하는 것(개별교육에 적합)

- 개인 개인에게 적절한 지도훈련이 가능
- 직장의 실정에 맞게 실제적 훈련이 가능
- 효과가 곧 업무에 나타나며 훈련의 좋고 나쁨에 따라 개선이 쉬움

27 어떤 과업을 성취할 수 있는 자신의 능력에 대한 스스로의 믿음을 나타내는 것은?

① 자아존중감(Self－esteem)
② 자기효능감(Self－efficacy)
③ 통체의착각(Illusion of control)
④ 자기중심적 편견(Egocentric bias)

해설 **자기효능감**

어떤 과업을 성취할 수 있는 자신의 능력에 대한 스스로의 믿음

28 모랄서베이(Morale Survey)의 주요 방법으로 적절하지 않은 것은?

① 관찰법　② 면접법
③ 강의법　④ 질문지법

해설 모랄서베이(Morale Survey)는 근로의욕조사라고도 하는데, 근로자의 감정과 기분을 과학적으로 고려하고 이에 따른 경영의 관리활동을 개선하려는 데 목적이 있다.

모랄서베이 실시방법

- 통계에 의한 방법 : 사고 상해율, 생산성, 지각, 조퇴, 이직 등을 분석하여 파악하는 방법
- 사례연구(Case Study)법 : 관리상의 여러 가지 제도에 나타나는 사례에 대해 연구함으로써 현상을 파악하는 방법
- 관찰법 : 종업원의 근무 실태를 계속 관찰함으로써 문제점을 찾아내는 방법
- 실험연구법 : 실험그룹과 통제그룹으로 나누고 정황, 자극을 주어 태도 변화를 조사하는 방법
- 태도조사 : 질문지법, 면접법, 집단토의법, 투사법 등에 의해 의견을 조사하는 방법

29 산업안전보건법령상 2m 이상인 구축물을 콘크리트 파쇄기를 사용하여 파쇄작업을 하는 경우 특별교육의 내용이 아닌 것은? (단, 그 밖에 안전 · 보건관리에 필요한 사항은 제외한다.)

① 작업안전조치 및 안전기준에 관한 사항
② 비계의 조립방법 및 작업 절차에 관한 사항
③ 콘크리트 해체 요령과 방호거리에 관한 사항
④ 파쇄기의 조작 및 공통작업 신호에 관한 사항

해설 콘크리트 파쇄기를 사용하여 하는 파쇄작업 특별교육 내용(2미터 이상인 구축물의 파쇄작업만 해당한다.)

콘크리트 해체 요령과 방호거리에 관한 사항

- 작업안전조치 및 안전기준에 관한 사항
- 파쇄기의 조작 및 공통작업 신호에 관한 사항

정답 26 ③　27 ②　28 ③　29 ②

• 보호구 및 방호장비 등에 관한 사항
• 그 밖에 안전 · 보건관리에 필요한 사항

30 **안전보건교육에 있어 역할 연기법의 장점이 아닌 것은?**

① 흥미를 갖고, 문제에 적극적으로 참가한다.
② 자기 태도의 반성과 창조성이 생기고, 발표력이 향상된다.
③ 문제의 배경에 대하여 통찰하는 능력을 높임으로써 감수성이 향상된다.
④ 목적이 명확하고, 다른 방법과 병용하지 않아도 높은 효과를 기대할 수 있다.

해설 **역할 연기(Role Playing)의 장점**

• 흥미를 갖고, 문제에 적극적으로 참가한다.
• 문제의 배경에 대하여 통찰하는 능력을 높임으로써 감수성이 향상된다.
• 자기 태도의 반성과 창조성이 생기고, 발표력이 향상된다.

31 **학습정도(level of learning)의 4단계에 해당하지 않는 것은?**

① 회상(to recall)
② 적용(to apply)
③ 인지(to recognize)
④ 이해(to understand)

해설 **학습정도의 4단계**

1. 인지 : ~을 인지하여야 한다.
2. 지각 : ~을 알아야 한다.
3. 이해 : ~을 이해하여야 한다.
4. 적용 : ~을 ~에 적용할 줄 알아야 한다.

32 **스트레스 반응에 영향을 주는 요인 중 개인적 특성에 관한 요인이 아닌 것은?**

① 심리상태
② 개인의 능력
③ 신체적 조건
④ 작업시간의 차이

해설 작업시간의 차이는 스트레스 반응에 대한 외적요인에 해당한다.

33 **산업안전보건법령상 근로자 안전 · 보건교육 기준 중 다음 (　　) 안에 알맞은 것은?**

교육과정	교육대상	교육시간
나. 채용 시 교육	1) 일용근로자 및 근로계약기간이 1주일 이하인 기간제근로자	(㉠)시간 이상
	2) 근로계약기간이 1주일 초과 1개월 이하인 기간제근로자	4시간 이상
	3) 그 밖의 근로자	(㉡)시간 이상

① ㉠ 1, ㉡ 8　　② ㉠ 2, ㉡ 8
③ ㉠ 1, ㉡ 2　　④ ㉠ 3, ㉡ 6

해설 **근로자 안전보건교육**

교육과정	교육대상	교육시간
나. 채용 시 교육	1) 일용근로자 및 근로계약기간이 1주일 이하인 기간제근로자	1시간 이상
	2) 근로계약기간이 1주일 초과 1개월 이하인 기간제근로자	4시간 이상
	3) 그 밖의 근로자	8시간 이상

정답 30 ④　31 ①　32 ④　33 ①

34 **교육심리학의 연구방법 중 인간의 내면에서 일어나고 있는 심리적 사고에 대하여 사물을 이용하여 인간의 성격을 알아보는 방법은?**

① 투사법 ② 면접법
③ 실험법 ④ 질문지법

 투사법 : 인간의 내면에서 일어나고 있는 심리적 사고에 대하여 사물을 이용하여 인간의 성격을 알아보는 방법

35 **안전교육의 3단계 중 작업방법, 취급 및 조작행위를 몸으로 숙달시키는 것을 목적으로 하는 단계는?**

① 안전지식교육 ② 안전기능교육
③ 안전태도교육 ④ 안전의식교육

해설 **기능교육**

- 교육대상자가 그것을 스스로 행함으로써 얻어진다.
- 개인의 반복적 시행착오에 의해서만 얻어진다.
- 시험, 견학, 실습, 현장실습 교육을 통한 경험 체득과 이해가 이루어진다.

36 **호손(Hawthorne) 연구에 대한 설명으로 옳은 것은?**

① 소비자들에게 효과적으로 영향을 미치는 광고 전략을 개발했다.
② 시간-동작연구를 통해서 작업도구와 기계를 설계했다.
③ 채용과정에서 발생하는 차별요인을 밝히고 이를 시정하는 법적 조치의 기초를 마련했다.
④ 물리적 작업환경보다 근로자들의 의사소통 등 인간관계가 더 중요하다는 것을 알아냈다.

해설 **호손(Hawthorne) 실험**

1. 미국 호손공장에서 실시된 실험으로 종업원의 인간성을 과학적으로 연구한 실험
2. 물리적인 조건(조명, 휴식시간, 근로시간 단축, 임금 등)이 생산성에 영향을 주는 것이 아니라 인간관계가 절대적인 요소로 작용함을 강조

37 **지름길을 사용하여 대상물을 판단할 때 발생하는 지각의 오류가 아닌 것은?**

① 후광효과 ② 최근효과
③ 결론효과 ④ 초두효과

해설 **지각의 오류(Perceptual Error)**

1. Halo effects(후광효과 : 해석 과정에서 발생)
 지각 대상의 어느 한 특성을 중심으로 그 대상 전체를 평가하는 것으로 본질적 측면을 여러 측면에서 파악하지 못하는 것을 말한다.
2. Leniency effects(관대화 경향 : 관찰단계에서 발생)
 인간의 행복추구 본능 때문에 타인을 다소 긍정적으로 평가하는 경향을 말한다.
3. Central effects = Central tendency(중심화 경향 : 관찰단계에서 발생)
 타인을 평가할 때 어느 극단에 치우쳐 오류를 발생시키는 대신 적당히 평가하여 오류를 줄이려는 성향을 말한다.
4. Contrast effects(대조효과 : 관찰단계에서 발생)

38 **다음은 무엇에 관한 설명인가?**

다른 사람으로부터의 판단이나 행동을 무비판적으로 받아들이는 것

정답 34 ① 35 ② 36 ④ 37 ③

① 모방(Imitation)
② 투사(Projection)
③ 암시(Suggestion)
④ 동일화(Identification)

해설 암시(Suggestion)

다른 사람으로부터의 판단이나 행동을 무비판적으로 논리적 · 사실적 근거 없이 받아들이는 것

39 산업심리의 5대 요소가 아닌 것은?

① 동기 ② 기질
③ 감정 ④ 지능

해설 산업안전심리의 5대 요소

1. 동기(Motive) : 능동력은 감각에 의한 자극에서 일어나는 사고의 결과로서 사람의 마음을 움직이는 원동력
2. 기질(Temper) : 인간의 성격, 능력 등 개인적인 특성을 말하는 것으로 생활환경에 영향을 받는다.
3. 감정(Emotion) : 희로애락의 의식
4. 습성(Habits) : 동기, 기질, 감정 등이 밀접한 관계를 형성하여 인간의 행동에 영향을 미칠 수 있도록 하는 것
5. 습관(Custom) : 자신도 모르게 습관화된 현상을 말한다.

40 직무수행에 대한 예측변인 개발 시 작업표본(work sample)에 관한 사항 중 틀린 것은?

① 집단검사로 감독과 통제가 요구된다.
② 훈련생보다 경력자 선발에 적합하다.
③ 실시하는데 시간과 비용이 많이 든다.
④ 주로 기계를 다루는 직무에 효과적이다.

해설 작업표본

- 직업과업(Work Tasks), 직무표본(Job Samples), 모의과업(Simulated Tasks), 평가과업(Evaluation Tasks)이라고도 하며, 실제 산업현장의 작업활동과 매우 유사한 모의 작업활동 혹은 축소된 형태의 작업활동이다.
- 개인의 직업 적성, 근로자 특성, 직업 흥미 등을 평가하기 위해 작업현장에서 일하고 있는 사람들이 사용하고 있거나 혹은 유사한 재료, 연장, 기구 등을 사용하여 내담자의 직업 적성, 흥미 특성을 평가하며 내담자가 수행하는 작업활동을 평가하는 것이다.

제3과목 인간공학 및 시스템안전공학

41 태양광이 내리쬐지 않는 옥내의 습구흑구온도지수(WBGT) 산출 식은?

① 0.6×자연습구온도+0.3×흑구온도
② 0.7×자연습구온도+0.3×흑구온도
③ 0.6×자연습구온도+0.4×흑구온도
④ 0.7×자연습구온도+0.4×흑구온도

해설 습구흑구온도 지수(WBGT)

1. 옥외(태양광선이 내리쬐는 장소)
   WBGT = 0.7×자연습구온도(NWB) +0.2×흑구온도(GT)+0.1 ×건구온도(DB)
2. 옥내 또는 옥외(태양광선이 내리쬐지 않는 장소)
   WBGT = 0.7×자연습구온도(NWB) +0.3×흑구온도(GT)

정답 38 ③ 39 ④ 40 ① 41 ②

42 **부품 배치의 원칙 중 기능적으로 관련된 부품들을 모아서 배치한다는 원칙은?**

① 중요성의 원칙
② 사용 빈도의 원칙
③ 사용 순서의 원칙
④ 기능별 배치의 원칙

해설 **부품배치의 원칙**

1. 중요성의 원칙 : 부품의 작동성능이 목표 달성에 긴요한 정도에 따라 우선순위를 결정한다.
2. 사용빈도의 원칙 : 부품이 사용되는 빈도에 따른 우선순위를 결정한다.
3. 기능별 배치의 원칙 : 기능적으로 관련된 부품을 모아서 배치한다.
4. 사용순서의 원칙 : 사용순서에 맞게 순차적으로 부품들을 배치한다.

43 **인간공학의 목표와 거리가 가장 먼 것은?**

① 사고 감소
② 생산성 증대
③ 안전성 향상
④ 근골격계질환 증가

해설 **인간공학의 목적**

(1) 작업장의 배치, 작업방법, 기계설비, 전반적인 작업환경 등에서 작업자의 신체적인 특성이나 행동하는 데 받는 제약조건 등이 고려된 시스템을 디자인하는 것
(2) 건강, 안전, 만족 등과 같은 특정한 인생의 가치기준(Human Values)을 유지하거나 높임
(3) 작업환경 등에서 작업자의 신체적인 특성이나 행동하는 데 받는 제약조건 등이 고려된 시스템을 디자인하여 인간과 기계 및 작업환경과의 조화가 잘 이루어질 수 있도록 하여 작업자의 안전, 작업능률, 편리성, 쾌적성(만족도)을 향상시키고자 함에 있다.

44 **시각적 식별에 영향을 주는 각 요소에 대한 설명 중 틀린 것은?**

① 조도는 광원의 세기를 말한다.
② 휘도는 단위 면적당 표면에 반사 또는 방출되는 광량을 말한다.
③ 반사율은 물체의 표면에 도달하는 조도와 광도의 비를 말한다.
④ 광도 대비란 표적의 광도와 배경의 광도의 차이를 배경 광도로 나눈 값을 말한다.

해설 광원의 세기를 의미하는 것은 광도(단위 : cd)이다.
조도 : 어떤 물체나 대상면에 도달하는 빛의 양, 밀도(단위 : lux)

45 **A사의 안전관리자는 자사 화학 설비의 안전성 평가를 실시하고 있다. 그중 제2단계인 정성적 평가를 진행하기 위하여 평가항목을 설계단계 대상과 운전관계 대상으로 분류하였을 때 설계관계 항목이 아닌 것은?**

① 건조물
② 공장 내 배치
③ 입지조건
④ 원재료, 중간제품

해설 **안전성 평가 6단계**

1. 제1단계 : 관계자료의 정비검토
2. 제2단계 : 정성적 평가(안전확보를 위한 기본적인 자료의 검토)
   ㉠ 설계관계 : 공장 내 배치, 소방설비, 공장의 입지조건 등
   ㉡ 운전관계 : 원재료, 운송, 저장 등
3. 제3단계 : 정량적 평가
   평가항목(5가지 항목) :
   ㉠ 물질 ㉡ 온도 ㉢ 압력 ㉣ 용량 ㉤ 조작

정답 42 ④ 43 ④ 44 ① 45 ④

4. 제4단계 : 안전대책
5. 제5단계 : 재해정보에 의한 재평가
6. 제6단계 : FTA에 의한 재평가

46 양립성의 종류가 아닌 것은?

① 개념의 양립성 ② 감성의 양립성
③ 운동의 양립성 ④ 공간의 양립성

해설 **양립성(Compatibility)**

안전을 근원적으로 확보하기 위한 전략으로서 외부의 자극과 인간의 기대가 서로 모순되지 않아야 하는 것이다. 제어장치와 표시장치 사이의 연관성이 인간의 예상과 어느 정도 일치하는가 여부이다.

1. 공간적 양립성 : 어떤 사물들, 특히 표시장치나 조정장치의 물리적 형태나 공간적인 배치의 양립성을 말한다.
2. 운동적 양립성 : 표시장치, 조정장치, 체계반응 등의 운동방향의 양립성을 말한다.
3. 개념적 양립성 : 외부로부터의 자극에 대해 인간이 가지고 있는 개념적 연상의 일관성을 말하는데, 예를 들어 파란색 수도꼭지와 빨간색 수도꼭지가 있는 경우 빨간색 수도꼭지를 보고 따뜻한 물이라고 연상하는 것을 말한다.

47 그림과 같은 시스템에서 부품 A, B, C, D의 신뢰도가 모두 r로 동일할 때 이 시스템의 신뢰도는?

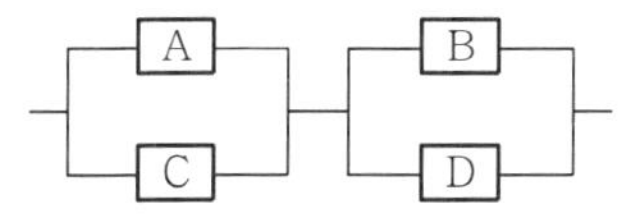

① $r(2-r^2)$ ② $r^2(2-r)^2$
③ $r^2(2-r^2)$ ④ $r^2(2-r)$

- 병렬의 신뢰도 $= 1-(1-r_1)(1-r_2)$
- 직렬의 신뢰도 $= r_1 \times r_2$

A와 C, B와 D는 각각 병렬연결이므로 신뢰도는
$1-(1-r)\times(1-r) = r(2-r)$
A와 C, B와 D 간에는 직렬연결이므로
$r(2-r)\times r(2-r) = r^2(2-r)^2$

48 FTA에서 사용되는 논리게이트 중 입력과 반대되는 현상으로 출력되는 것은?

① 부정 게이트
② 억제 게이트
③ 배타적 OR 게이트
④ 우선적 AND 게이트

해설

기호	명칭	설명
$\overline{A}$	부정 게이트 (Not 게이트)	부정 모디파이어(Not modifier)라고도 하며 입력현상의 반대현상이 출력된다.

49 어떤 결함수를 분석하여 minimal cut set을 구한 결과 다음과 같았다. 각 기본사상의 발생확률은 q_i, i=1, 2, 3라 할 때, 정상사상의 발생확률함수로 맞는 것은?

> $k_1=[1, 2]$, $k_2=[1, 3]$, $k_3=[2, 3]$

① $q_1q_2 + q_1q_2 + q_2q_3$
② $q_1q_2 + q_1q_3 + q_2q_3$
③ $q_1q_2 + q_1q_3 + q_2q_3 - q_1q_2q_3$
④ $q_1q_2 + q_1q_3 + q_2q_3 - 2q_1q_2q_3$

해설

$$\begin{aligned} T &= 1-(1-q_1q_2)(1-q_1q_3)(1-q_2q_3) \\ &= 1-(1-q_1q_2-q_2q_3+q_1q_2q_3)(1-q_1q_3) \\ &= 1-(1-q_1q_2-q_1q_3+q_1q_2q_3-q_2q_3 \\ &\quad +q_1q_2q_3+q_1q_2q_3-q_1q_2q_3) \\ &= q_1q_2+q_1q_3+q_2q_3-2q_1q_2q_3 \end{aligned}$$

정답 46 ② 47 ② 48 ① 49 ④

50 부품 고장이 발생하여도 기계가 추후 보수될 때까지 안전한 기능을 유지할 수 있도록 하는 기능은?

① fail−soft
② fail−active
③ fail−operational
④ fail−passive

해설 Fail Safe 기능면 3단계(종류)

- Fail Passive : 부품이 고장 나면 통상 기계는 정지상태로 옮겨간다.
- Fail Active : 부품이 고장 나면 기계는 경보음을 내면서 짧은 시간의 운전이 가능하다.
- Fail Operational : 부품이 고장 나더라도 기계는 다음의 보수가 이루어질 때까지 안전한 기능을 유지한다.

51 반사경 없이 모든 방향으로 빛을 발하는 점광원에서 3m 떨어진 곳의 조도가 300lx라면 2m 떨어진 곳에서 조도(lux)는?

① 375 lux ② 675 lux
③ 875 lux ④ 975 lux

3m 떨어진 곳의 조도를 가지고 광속을 구하면

광속(lumen) = 조도 × (거리)^2
$= 300\text{lux} \times 3\text{m}^2$
$= 2{,}700\text{lumen}$

따라서, 2m 떨어진 곳의 조도는

$$조도(\text{lux}) = \frac{광속(\text{lumen})}{거리(\text{m})^2}$$

$$= \frac{2{,}700}{(2)^2} = 675\text{lux}$$

52 통화이해도 척도로서 통화 이해도에 영향을 주는 잡음의 영향을 추정하는 지수는?

① 명료도 지수 ② 통화 간섭 수준
③ 이해도 점수 ④ 통화 공진 수준

해설 통화 간섭 수준(Speech Interference Level)

잡음이 통화 이해도(Speech Intelligibility)에 미치는 영향을 추정하는 하나의 지수이다. 잡음의 주파수별 분포가 평평할 경우 유용한 지표로서 500, 1,000, 2,000Hz에 중심을 둔 3옥타브 잡음 dB 수준의 평균치이다.

53 예비위험분석(PHA)에서 식별된 사고의 범주가 아닌 것은?

① 중대(critical)
② 한계적(marginal)
③ 파국적(catastrophic)
④ 수용가능(acceptable)

해설 PHA에 의한 위험등급

- Class−1 : 파국(Catastrophic)[시스템 손상]
- Class−2 : 중대(Critical)[시스템 생존을 위해 즉시 시정조치 필요]
- Class−3 : 한계적(Marginal) [시스템 손상없이 배제 또는 제거 가능]
- Class−4 : 무시가능(Negligible)[시스템 성능 손상 없음]

54 인간공학적 연구에 사용되는 기준 척도의 요건 중 다음 설명에 해당하는 것은?

> 기준 척도는 측정하고자 하는 변수 외의 다른 변수들의 영향을 받아서는 안 된다.

① 신뢰성 ② 적절성
③ 검출성 ④ 무오염성

해설 체계기준의 구비조건

− 실제적 요건 : 객관적이고, 정량적이며, 수집 또는 연구가 쉬우며, 특수한 자료 수집기법이나 기기가 필요 없고, 돈이나 실험자의 수고가 적게 드는 것

정답 50 ③ 51 ② 52 ② 53 ④ 54 ④

- 신뢰성(반복성) : 시간이나 대표적 표본의 선정에 관계없이, 변수 측정의 일관성이나 안정성
- 타당성(적절성) : 어느 것이나 공통적으로 변수가 실제로 의도하는 바를 어느정도 측정하는가를 결정(시스템의 목표를 잘 반영하는가를 나타내는 척도)
- 순수성(무오염성) : 측정하는 구조 외적인 변수의 영향은 받지 않는 것
- 민감도 : 피검자 사이에서 볼 수 있는 예상 차이점에 비례하는 단위로 측정

55 James Reason의 원인적 휴먼에러의 종류 중 다음 설명에 대한 휴먼에러의 종류는?

> 자동차가 우측 운행하는 한국의 도로에 익숙해진 운전자가 좌측 운행을 해야 하는 일본에서 우측운행을 하다가 교통사고를 냈다.

① 고의 사고(Violation)
② 숙련 기반 에러(Skill based error)
③ 규칙 기반 착오(Rule based mistake)
④ 지식 기반 착오(Knowledge based mistake)

해설 상황에 대한 잘못된 규칙을 기억하고 있어 발생한 휴먼에러는 규칙 기반 착오(Rule based mistake)에 해당한다.

제임스 리즌(James Reason)의 불안전한 행동 분류

- 숙련 기반 에러(Skill based error) : 무의식에 의한 행동. 실수(slip), 망각(lapse)
- 규칙 기반 착오(Rule based mistake) : 잘못된 규칙을 기억하거나, 정확한 규칙이라도 상황에 맞지 않게 잘못 적용
- 지식 기반 착오(Knowledge based mistake) : 장기 기억 속에 관련 지식이 없는 경우 추론이나 유추로 지식 처리 중에 실패 또는 과오로 이어진 경우
- 고의사고(Violation) : 의도적으로 따르지 않거나 무시한 경우

56 근골격계부담작업의 범위 및 유해요인조사 방법에 관한 고시상 근골격계부담작업에 해당하지 않는 것은? (단, 상시작업을 기준으로 한다.)

① 하루에 10회 이상 25kg 이상의 물체를 드는 작업
② 하루에 총 2시간 이상 쪼그리고 앉거나 무릎을 굽힌 자세에서 이루어지는 작업
③ 하루에 총 2시간 이상 시간당 5회 이상 손 또는 무릎을 사용하여 반복적으로 충격을 가하는 작업
④ 하루에 4시간 이상 집중적으로 자료입력 등을 위해 키보드 또는 마우스를 조작하는 작업

해설 근골격계부담작업이란 다음 각 호의 어느 하나에 해당하는 작업을 말한다. 다만, 단기간 작업 또는 간헐적인 작업은 제외한다.

1. 하루에 4시간 이상 집중적으로 자료입력 등을 위해 키보드 또는 마우스를 조작하는 작업
2. 하루에 총 2시간 이상 목, 어깨, 팔꿈치, 손목 또는 손을 사용하여 같은 동작을 반복하는 작업
3. 하루에 총 2시간 이상 머리 위에 손이 있거나, 팔꿈치가 어깨 위에 있거나, 팔꿈치를 몸통으로부터 들거나, 팔꿈치를 몸통 뒤쪽에 위치하도록 하는 상태에서 이루어지는 작업
4. 지지되지 않은 상태이거나 임의로 자세를 바꿀 수 없는 조건에서, 하루에 총 2시간 이상 목이나 허리를 구부리거나 트는 상태에서 이루어지는 작업
5. 하루에 총 2시간 이상 쪼그리고 앉거나 무릎을 굽힌 자세에서 이루어지는 작업
6. 하루에 총 2시간 이상 지지되지 않은 상태에서 1kg 이상의 물건을 한 손의 손가

정답 55 ③ 56 ③

락으로 집어 옮기거나, 2kg 이상에 상응하는 힘을 가하여 한 손의 손가락으로 물건을 쥐는 작업

7. 하루에 총 2시간 이상 지지되지 않은 상태에서 4.5kg 이상의 물건을 한 손으로 들거나 동일한 힘으로 쥐는 작업
8. 하루에 10회 이상 25kg 이상의 물체를 드는 작업
9. 하루에 25회 이상 10kg 이상의 물체를 무릎 아래에서 들거나, 어깨 위에서 들거나, 팔을 뻗은 상태에서 드는 작업
10. 하루에 총 2시간 이상, 분당 2회 이상 4.5kg 이상의 물체를 드는 작업
11. 하루에 총 2시간 이상, 시간당 10회 이상 손 또는 무릎을 사용하여 반복적으로 충격을 가하는 작업

57 HAZOP 분석기법의 장점이 아닌 것은?

① 학습 및 적용이 쉽다.

② 기법 적용에 큰 전문성을 요구하지 않는다.

③ 짧은 시간에 저렴한 비용으로 분석이 가능하다.

④ 다양한 관점을 가진 팀 단위 수행이 가능하다.

해설 **HAZOP(HAZard and Operability Study)**

각각의 장비 또는 전체 설비에 대해 잠재된 위험 및 기능 저하, 실수가 미칠 수 있는 영향 등을 평가하기 위해서 공정이나 설계도 등에 체계적, 비판적 검토를 행하는 분석법. 각각의 장비 또는 전체 설비에 대한 공정, 설계 등을 검토하는 과정에서 시간 또는 비용이 많이 소요될 수 있음

58 서브시스템 분석에 사용되는 분석방법으로 시스템 수명주기에서 ㉠에 들어갈 위험 분석기법은?

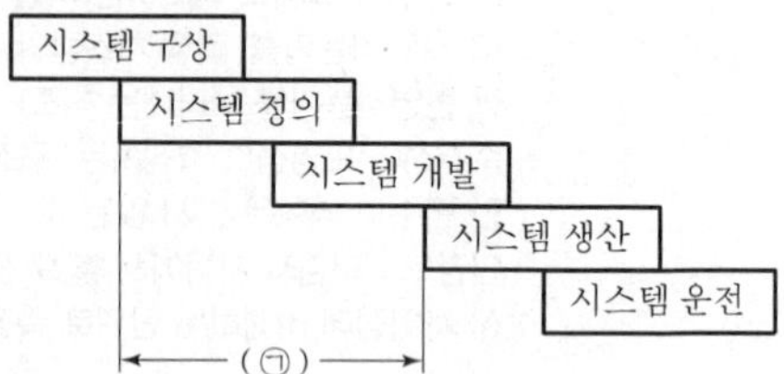

① PHA ② FHA

③ FTA ④ ETA

해설 **FHA(결함위험분석, Fault Hazards Analysis)**

분업에 의해 여럿이 분담 설계한 서브시스템 간의 인터페이스를 조정하여 각각의 서브시스템 및 전체 시스템에 악영향을 미치지 않게 하기 위한 분석방법으로 시스템 정의단계와 시스템 개발단계에서 적용

59 불(Boole) 대수의 관계식으로 틀린 것은?

① $A + \overline{A} = 1$

② $A + AB = A$

③ $A(A + B) = A + B$

④ $A + \overline{A}B = A + B$

 A(A+B)=A이다.

불 대수의 기본공식

1. 교환법칙 : A+B=B+A / A×B =B×A
2. 결합법칙 : A+(B+C) =(A+B)+C / A×(B×C) =(A×B)×C
3. 분배법칙 : A×(B+C) =A×B+A×C / A +(B×C) =A+B×A+B
4. 멱등법칙 : A+A=A / A×A=A
5. 보수법칙 : $A+\bar{A}=1$ / $A\times\bar{A}=0$

정답 57 ③ 58 ② 59 ③

6. 항등법칙 : A+0=A / A+1=1 / A×0 =0 / A×1=A
7. 드모르간법칙 : A+E=A×E / A×E =A+E

60 정신적 작업 부하에 관한 생리적 척도에 해당하지 않는 것은?

① 근전도 ② 뇌파도
③ 부정맥 지수 ④ 점멸융합주파수

해설 정신적 작업부하에 관한 생리적 측정치

- 점멸융합주파수(플리커법) : 사이가 벌어져 회전하는 원판으로 들어오는 광원의 빛을 단속시켜 연속광으로 보이는지 단속광으로 보이는지 경계에서의 빛의 단속주기를 플리커치라 하는데, 정신적으로 피로한 경우에는 주파수 값이 내려가는 것으로 알려져 있다.
- 기타 정신부하에 관한 생리적 측정치 : 눈꺼풀의 깜박임률(Blink rate), 부정맥, 동공지름(Pupil diameter), 뇌의 활동전위를 측정하는 뇌파도(EEG : Elecro Encephalo Gram)

제4과목 건설시공학

61 석재붙임을 위한 앵커긴결공법에서 일반적으로 사용하지 않는 재료는?

① 앵커 ② 볼트
③ 모르타르 ④ 연결철물

해설 모르타르는 앵커 긴결공법에서 일반적으로 사용하지 않는다.

62 강제 널말뚝(steel sheet pile)공법에 관한 설명으로 옳지 않은 것은?

① 무소음 설치가 어렵다.
② 타입 시 체적변형이 작아 항타가 쉽다.
③ 강제 널말뚝에는 U형, Z형, H형 등이 있다.
④ 관입, 철거 시 주변 지반침하가 일어나지 않는다.

해설 널말뚝(Sheet Pile) 공법은 널말뚝을 연속으로 연결하여 흙막이 벽체를 형성한 후 버팀보 등으로 지지하는 공법으로 관입, 철거 시 지반침하의 우려가 있다.

63 철근 조립에 관한 설명으로 옳지 않은 것은?

① 철근의 피복두께를 정확히 확보하기 위해 적절한 간격으로 고임재 및 간격재를 배치한다.
② 거푸집에 접하는 고임재 및 간격재는 콘크리트 제품 또는 모르타르 제품을 사용하여야 한다.
③ 경미한 황갈색의 녹이 발생한 철근은 일반적으로 콘크리트와의 부착을 해치므로 사용해서는 안 된다.
④ 철근의 표면에는 흙, 기름 또는 이물질이 없어야 한다.

해설 경미한 황갈색 녹은 콘크리트와의 부착에 큰 영향을 주지 않는다.

64 소규모 건축물을 조적식 구조로 담을 쌓을 경우 최대 높이 기준으로 옳은 것은?

① 2m 이하 ② 2.5m 이하
③ 3m 이하 ④ 3.5m 이하

정답 60 ① 61 ③ 62 ④ 63 ③ 64 ③

해설 소규모 건축물을 조적식 구조로 담을 쌓을 경우 최대 높이는 3m 이하로 한다.

65 필릿용접(Fillet Welding)의 단면상 이론 목두께에 해당하는 것은?

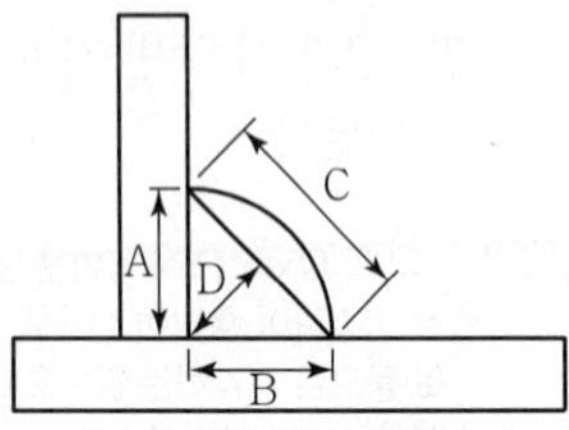

① A ② B
③ C ④ D

해설 D가 목두께에 해당된다.

66 네트워크 공정표에 사용되는 용어에 관한 설명으로 옳지 않은 것은?

① 크리티컬 패스(Critical path) : 개시 결합점에서 종료 결합점에 이르는 가장 긴 경로
② 더미(Dummy) : 결합점이 가지는 여유시간
③ 플로트(Float) : 작업의 여유시간
④ 패스(Path) : 네트워크 중에서 둘 이상의 작업이 이어지는 경로

해설 더미는 작업 상호관계를 표시하는 화살표로 작업 및 시간의 요소는 포함하지 않는다.

67 콘크리트의 측압에 영향을 주는 요소에 관한 설명으로 옳지 않은 것은?

① 콘크리트 타설속도가 빠를수록 측압은 커진다.
② 콘크리트 온도가 낮으면 경화속도가 느려 측압은 작아진다.
③ 벽 두께가 얇을수록 측압은 작아진다.
④ 콘크리트의 슬럼프값이 클수록 측압은 커진다.

해설 콘크리트 온도가 낮으면 경화속도가 느려 측압은 높아진다.

68 석공사에 사용하는 석재 중에서 수성암계에 해당하지 않는 것은?

① 사암 ② 석회암
③ 안산암 ④ 응회암

해설 안산암은 화성암에 속한다.

69 매스 콘크리트(Mass concrete) 시공에 관한 설명으로 옳지 않은 것은?

① 매스 콘크리트의 타설온도는 온도균열을 제어하기 위한 관점에서 가능한 한 낮게 한다.
② 매스 콘크리트 타설 시 기온이 높을 경우에는 콜드조인트가 생기기 쉬우므로 응결촉진제를 사용한다.
③ 매스 콘크리트 타설 시 침하발생으로 인한 침하균열을 예방하기 위해 재진동 다짐 등을 실시한다.

정답 65 ④ 66 ② 67 ② 68 ③ 69 ②

④ 매스 콘크리트 타설 후 거푸집 탈형 시 콘크리트 표면의 급랭을 방지하기 위해 콘크리트 표면을 소정의 기간동안 보온해 주어야 한다.

해설 응결촉진제를 사용할 경우 콜드조인트의 우려가 높아진다.

70 **거푸집공사(form work)에 관한 설명으로 옳지 않은 것은?**

① 거푸집널은 콘크리트의 구조체를 형성하는 역할을 한다.
② 콘크리트 표면에 모르타르, 플라스터 또는 타일붙임 등의 마감을 할 경우에는 평활하고 광택있는 면이 얻어질 수 있도록 철제 거푸집(metal form)을 사용하는 것이 좋다.
③ 거푸집공사비는 건축공사비에서의 비중이 높으므로, 설계단계부터 거푸집 공사의 개선과 합리화 방안을 연구하는 것이 바람직하다.
④ 폼타이(form tie)는 콘크리트를 타설할 때, 거푸집이 벌어지거나 우그러들지 않게 연결, 고정하는 긴결재이다.

해설 철재 거푸집(Metal Form)은 콘크리트 표면이 너무 평활하여 모르타르의 접착이 나쁘고 녹이 콘크리트 표면에 묻게 되어 타일붙임 등의 마감에 어려움이 있다.

71 **철근콘크리트 말뚝머리와 기초와의 접합에 관한 설명으로 옳지 않은 것은?**

① 두부를 커팅기계로 정리할 경우 본체에 균열이 생김으로 응력손실이 발생하여 설계내력을 상실하게 된다.
② 말뚝머리 길이가 짧은 경우는 기초저면까지 보강하여 시공한다.
③ 말뚝머리 철근은 기초에 30cm 이상의 길이로 정착한다.
④ 말뚝머리와 기초와의 확실한 정착을 위해 파일앵커링을 시공한다.

해설 말뚝 본체 균열방지를 위해 커팅기계를 사용하여 절단한다.

72 **철근콘크리트 보에 사용된 굵은 골재의 최대치수가 25mm일 때, D22 철근(동일 평면에서 평행한 철근)의 수평 순간격으로 옳은 것은? (단, 콘크리트를 공극 없이 칠 수 있는 다짐방법을 사용할 경우에는 제외)**

① 22.2mm ② 25mm
③ 31.25mm ④ 33.3mm

해설 철근의 최소 수평 · 수직 순간격은 굵은 골재 최대치수의 4/3배 이상으로 해야 한다.

73 **철근의 피복두께를 유지하는 목적이 아닌 것은?**

① 부재의 소요 구조 내력 확보
② 부재의 내화성 유지
③ 콘크리트의 강도 증대
④ 부재의 내구성 유지

해설 철근의 피복두께와 콘크리트 강도 증대는 무관하다.

정답 70 ② 71 ① 72 ④ 73 ③

74 **불량품, 결점, 고장 등의 발생건수를 현상과 원인별로 분류하고, 여러 가지 데이터를 항목별로 분류해서 문제의 크기 순서로 나열하여, 그 크기를 막대그래프로 표기한 품질관리 도구는?**

① 파레토그램　② 특성요인도
③ 히스토그램　④ 체크시트

 파레토그램(영향도, 하자도)은 불량 등의 발생건수를 분류 항목별로 나누어 크기 순서대로 나열한 것이다.

75 **강구조 공사 시 앵커링(anchoring)에 관한 설명으로 옳지 않은 것은?**

① 필요한 앵커링 저항력을 얻기 위해서는 콘크리트에 피해를 주지 않도록 적절한 대책을 수립하여야 한다.
② 앵커볼트 설치 시 베이스플레이트 위치의 콘크리트는 설계도면 레벨보다 −30mm∼−50mm 낮게 타설하고, 베이스플레이트 설치 후 그라우팅 처리한다.
③ 구조용 앵커볼트를 사용하는 경우 앵커볼트 간의 중심선은 기둥중심선으로부터 3mm 이상 벗어나지 않아야 한다.
④ 앵커볼트로는 구조용 혹은 세우기용 앵커볼트가 사용되어야 하고, 나중매입공법을 원칙으로 한다.

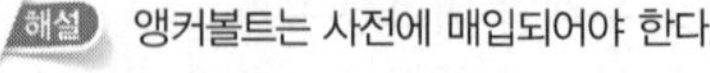
해설 앵커볼트는 사전에 매입되어야 한다.

76 **모래지반 흙막이 공사에서 널말뚝의 틈새로 물과 토사가 유실되어 지반이 파괴되는 현상은?**

① 히빙 현상(Heaving)
② 파이핑 현상(piping)
③ 액상화 현상(Liquefaction)
④ 보일링 현상(Boiling)

 파이핑(Piping) 현상은 흙막이의 수밀성이 불량하여 널말뚝의 틈새로 물과 토사가 흘러들어오면서 기초저면의 모래지반을 들어 올리는 현상이다.

77 **공사관리계약(Construction Management Contract) 방식의 장점이 아닌 것은?**

① 시공 시 단계별 시공법을 적용할 수 있어 설계 및 시공기간을 단축시킬 수 있다.
② 설계과정에서 설계가 시공에 미치는 영향을 예측할 수 있어 설계도서의 현실성을 향상시킬 수 있다.
③ 기획 및 설계과정에서 발주자와 설계자 간의 의견대립 없이 설계대안 및 특수공법의 적용이 가능하다.
④ 대리인형 CM(CM for fee)방식은 공사비와 품질에 직접적인 책임을 지는 공사관리계약 방식이다.

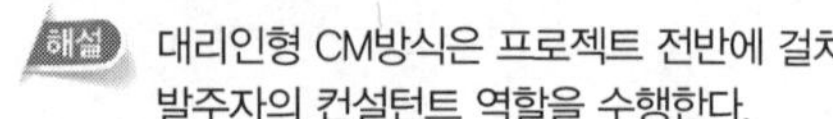
해설 대리인형 CM방식은 프로젝트 전반에 걸쳐 발주자의 컨설턴트 역할을 수행한다.

정답 74 ① 75 ④ 76 ② 77 ④

78 **철골구조의 내화피복에 관한 설명으로 옳지 않은 것은?**

① 조적공법은 용접철망을 부착하여 경량 모르타르, 펄라이트 모르타르와 플르스터 등을 바르는 공법이다.
② 뿜칠공법은 철골표면에 접착제를 혼합한 내화피복재를 뿜어서 내화피복을 한다.
③ 성형판 공법은 내화단열성이 우수한 각종 성형판을 철골주위에 접착제와 철물 등을 설치하고 그 위에 붙이는 공법으로 주로 기둥과 보의 내화피복에 사용된다.
④ 타설공법은 아직 굳지 않은 경량콘크리트나 기포 모르타르 등을 강재주위에 거푸집을 설치하여 타설한 후 경화시켜 철골을 내화피복하는 공법이다.

해설 조적공법은 벽돌, 블록, 석재 등으로 강재 둘레에 조적하는 공법이다.

79 **철근콘크리트에서 염해로 인한 철근의 부식방지대책으로 옳지 않은 것은?**

① 콘크리트 중의 염소 이온량을 적게 한다.
② 에폭시 수지 도장 철근을 사용한다.
③ 방청제 투입을 고려한다.
④ 물－시멘트비를 크게 한다.

해설 염해는 콘크리트 속의 염화물로 인하여 철근을 부식시키는 현상으로 이를 방지하기 위해서 철근을 방청하거나 콘크리트 속의 염화물 이온량을 적게 하며 물시멘트비(W/C)를 작게 한다.

80 **웰 포인트 공법(well point method)에 관한 설명으로 옳지 않은 것은?**

① 사질지반보다 점토질 지반에서 효과가 좋다.
② 지하수위를 낮추는 공법이다.
③ 1~3m의 간격으로 파이프를 지중에 박는다.
④ 인접지 침하의 우려에 따른 주의가 필요하다.

해설 웰포인트 공법은 사질토 지반에 유리하다.

제5과목 건설재료학

81 **깬자갈을 사용한 콘크리트가 동일한 시공연도의 보통 콘크리트보다 유리한 점은?**

① 시멘트 페이스트와의 부착력 증가
② 단위수량 감소
③ 수밀성 증가
④ 내구성 증가

해설 깬자갈을 사용할 경우 시멘트 페이스트와의 부착력이 증가한다.

82 **목재를 작은 조각으로 하여 충분히 건조시킨 후 합성수지와 같은 유기질의 접착제를 첨가하여 열압 제판한 목재 가공품은?**

① 파티클 보드(Paricle board)
② 코르크판(Cork board)
③ 섬유판(Fiber board)
④ 집성목재(Glulam)

정답 78 ① 79 ④ 80 ① 81 ① 82 ①

해설 파티클 보드(Particle board)
목재 또는 기타 식물질을 작은 조각으로 하여 충분히 건조시킨 후 유기질 접착제로 성형, 열압하여 제판한 판을 말하며 보드라고도 한다. 강도에 방향성이 없고 면적이 큰 제품을 만들 수 있으며, 못 · 나사 등을 지지하는 힘은 일반 목재와 거의 같아 수장재, 가구재 등으로 이용된다.

83 도료상태의 방수재를 바탕면에 여러 번 칠하여 얇은 수지피막을 만들어 방수효과를 얻는 것으로 에멀션형, 용제형, 에폭시계 형태의 방수공법은?

① 시트방수
② 도막방수
③ 침투성 도포방수
④ 시멘트 모르타르 방수

해설 도막방수에 해당하는 내용이다.

84 합성수지의 종류 중 열가소성수지가 아닌 것은?

① 염화비닐 수지
② 멜라민 수지
③ 폴리프로필렌 수지
④ 폴리에틸렌 수지

해설 멜라민 수지는 열경화성 수지에 해당된다.

85 수성페인트에 대한 설명으로 옳지 않은 것은?

① 수성페인트의 일종인 에멀션 페인트는 수성페인트에 합성수지와 유화제를 섞은 것이다.
② 수성페인트를 칠한 면은 외관은 온화하지만, 독성 및 화재발생의 위험이 있다.
③ 수성페인트의 재료로 아교, 전분, 카세인 등이 활용된다.
④ 광택이 없으며 회반죽면 또는 모르타르면의 칠에 적당하다.

해설 수성페인트는 화재 위험이 낮다.

86 금속판에 관한 설명으로 옳지 않은 것은?

① 알루미늄 판은 경량이고 열반사도 좋으나 알칼리에 약하다.
② 스테인리스 강판은 내식성이 필요한 제품에 사용된다.
③ 함석판은 아연도 철판이라고도 하며 외관미는 좋으나 내식성이 약하다.
④ 연판은 X선 차단효과가 있고 내식성도 크다.

해설 함석판은 내식성에 강하다.

87 다음 중 열전도율이 가장 낮은 것은?

① 콘크리트 ② 코르크판
③ 알루미늄 ④ 주철

해설 코르크판의 열전도율이 가장 낮다.

88 콘크리트의 혼화재료 중 혼화제에 속하는 것은?

① 플라이애시
② 실리카흄
③ 고로슬래그 미분말
④ 고성능 감수제

정답 83 ② 84 ② 85 ② 86 ③ 87 ② 88 ④

해설 플라이애시, 실리카흄, 고로슬래그 미분말은 혼화재에 해당된다.

해설 슬럼프 시험 시 각 층은 25회씩 3번에 걸쳐 골고루 다진다.

89 점토의 성질에 관한 설명으로 옳지 않은 것은?

① 사질점토는 적갈색으로 내화성이 좋다.
② 자토는 순백색이며 내화성이 우수하나 가소성은 부족하다.
③ 석기점토는 유색의 견고치밀한 구조로 내화도가 높고 가소성이 있다.
④ 석회질점토는 백색으로 용해되기 쉽다.

해설 사질점토는 적갈색이며 용해되기 쉬우며 내화성이 낮다.

90 콘크리트에 AE제를 첨가했을 경우 공기량 증감에 큰 영향을 주지 않는 것은?

① 혼합시간 ② 시멘트의 사용량
③ 주위온도 ④ 양생방법

해설 양생방법은 공기량 증감에 영향을 주지 않는다.

91 슬럼프 시험에 대한 설명으로 옳지 않은 것은?

① 슬럼프 시험 시 각 층을 50회 다진다.
② 콘크리트의 시공연도를 측정하기 위하여 행한다.
③ 슬럼프콘에 콘크리트를 3층으로 분할하여 채운다.
④ 슬럼프 값이 높을 경우 콘크리트는 묽은 비빔이다.

92 목재 섬유포화점의 함수율은 대략 얼마 정도인가?

① 약 10% ② 약 20%
③ 약 30% ④ 약 40%

해설 목재 섬유포화점의 함수율은 약 30%이다.

93 각 창호철물에 관한 설명으로 옳지 않은 것은?

① 피벗힌지(pivot hinge) : 경첩 대신 축을 사용하여 여닫이문을 회전시킨다.
② 나이트래치(night latch) : 외부에서는 열쇠, 내부에서는 작은 손잡이를 틀어 열 수 있는 실린더장치로 된 것이다.
③ 크레센트(crescent) : 여닫이문의 상하단에 붙여 경첩과 같은 역할을 한다.
④ 래버터리힌지(lavatory hinge) : 스프링 힌지의 일종으로 공중용 화장실 등에 사용된다.

해설 크레센트(Crescent)는 미서기창이나 오르내리창의 잠금장치이다.

94 건축재료 중 마감재료의 요구성능으로 거리가 먼 것은?

① 화학적 성능 ② 역학적 성능
③ 내구성능 ④ 방화 · 내화 성능

해설 역학적 성능은 마감재료의 요구성능과 무관하다.

정답 89 ① 90 ④ 91 ① 92 ③ 93 ③ 94 ②

95 **PVC 바닥재에 대한 일반적인 설명으로 옳지 않은 것은?**

① 보통 두께 3mm 이상의 것을 사용한다.
② 접착제는 비닐계 바닥재용 접착제를 사용한다.
③ 바닥시트에 이용하는 용접봉, 용접액 혹은 줄눈재는 제조업자가 지정하는 것으로 한다.
④ 재료보관은 통풍이 잘되고 햇빛이 잘 드는 곳에 보관한다.

해설 PVC 바닥재는 직사광선을 피해서 보관한다.

96 **점토기와 중 훈소와에 해당하는 설명은?**

① 소소와에 유약을 발라 재소성한 기와
② 기와 소성이 끝날 무렵에 식염증기를 충만시켜 유약 피막을 형성시킨 기와
③ 저급점토를 원료로 900~1,000℃로 소소하여 만든 것으로 흡수율이 큰 기와
④ 건조제품을 가마에 넣고 연료로 장작이나 솔잎 등을 써서 검은 연기로 그을려 만든 기와

해설 훈소와는 건조제품을 가마에 넣고 연료로 장작이나 솔잎 등을 써서 검은 연기로 그을려 만든 기와이다.

97 **골재의 실적률에 관한 설명으로 옳지 않은 것은?**

① 실적률은 골재 입형의 양부를 평가하는 지표이다.
② 부순 자갈의 실적률은 그 입형 때문에 강자갈의 실적률보다 적다.
③ 실적률 산정 시 골재의 밀도는 절대건조 상태의 밀도를 말한다.
④ 골재의 단위용적질량이 동일하면 골재의 비중이 클수록 실적률도 크다.

해설 골재의 실적률은 일정한 용적의 용기 안에 일정한 입도의 골재를 일정한 방법으로 채웠을 때 골재가 실제로 차지하는 용적의 비율을 말하며 골재의 비중과 실적률은 반비례관계이다.

98 **미장재료 중 돌로마이트 플라스터에 대한 설명으로 옳지 않은 것은?**

① 보수성이 크고 응결시간이 길다.
② 소석회에 모래, 해초풀, 여물 등을 혼합하여 바르는 미장재료이다.
③ 회반죽에 비하여 조기강도 및 최종강도가 크고 착색이 쉽다.
④ 여물을 혼입하여도 건조수축이 크기 때문에 수축 균열이 발생한다.

해설 돌로마이트 플라스터(Dolomite Plaster)(KS F 3508)는 점성 및 가소성이 커서 재료반죽 시 풀이 필요 없다.

99 **파손방지, 도난방지 또는 진동이 심한 장소에 적합한 망입(網入)유리의 제조 시 사용되지 않는 금속선은?**

① 철선(철사) ② 황동선
③ 청동선 ④ 알루미늄선

해설 망입유리 제조사 청동선을 사용하지 않는다.

정답 95 ④ 96 ④ 97 ④ 98 ② 99 ③

100 **목재의 결점 중 벌채 시의 충격이나 그 밖의 생리적 원인으로 인하여 세로축에 직각으로 섬유가 절단된 형태를 의미하는 것은?**

① 수지낭 ② 미숙재
③ 컴프레션페일러 ④ 옹이

해설 컴프레션페일러에 대한 내용이다.

제6과목 건설안전기술

101 **유해 · 위험방지계획서 제출 시 첨부서류로 옳지 않은 것은?**

① 공사현장의 주변 현황 및 주변과의 관계를 나타내는 도면
② 공사개요서
③ 전체공정표
④ 작업 인부의 배치를 나타내는 도면 및 서류

해설 **유해 · 위험방지계획서 제출 시 첨부서류**

1. 공사개요
2. 안전보건관리계획
   - 산업안전보건관리비 사용계획
   - 안전관리조직표, 안전 · 보건교육계획
   - 개인보호구 지급계획
   - 재해 발생 위험시 연락 및 대피방법
3. 작업공종별 유해 · 위험방지계획

102 **추락 재해방지 설비 중 근로자의 추락재해를 방지할 수 있는 설비로 작업발판 설치가 곤란한 경우에 필요한 설비는?**

① 경사로 ② 추락방호망
③ 고정사다리 ④ 달비계

추락방호망은 작업발판 설치가 곤란한 경우에 필요한 설비에 해당된다.

103 **건설업 산업안전보건관리비 계상 및 사용기준에 따른 안전관리비의 개인보호구 및 안전장구 구입비 항목에서 안전관리비로 사용이 가능한 경우는?**

① 안전 · 보건관리자가 선임되지 않은 현장에서 안전 · 보건업무를 담당하는 현장관계자용 무전기, 카메라, 컴퓨터, 프린터 등 업무용 기기
② 혹한 · 혹서에 장기간 노출로 인해 건강장해를 일으킬 우려가 있는 경우 특정 근로자에게 지급되는 기능성 보호장구
③ 근로자에게 일률적으로 지급하는 보냉 · 보온장구
④ 감리원이나 외부에서 방문하는 인사에게 지급하는 보호구

해설 혹한 · 혹서에 장기간 노출로 인해 건강장해를 일으킬 우려가 있는 경우 특정 근로자에게 지급되는 기능성 보호 장구는 산업안전보건관리비로 사용 가능하다.

104 **가설통로의 설치기준으로 옳지 않은 것은?**

① 경사가 15°를 초과하는 때에는 미끄러지지 않는 구조로 한다.
② 건설공사에 사용하는 높이 8m 이상인 비계다리에는 7m 이내마다 계단참을 설치한다.

정답 100 ③ 101 ④ 102 ② 103 ② 104 ③

③ 수직갱에 가설된 통로의 길이가 15m 이상일 경우에는 15m 이내 마다 계단참을 설치한다.
④ 추락의 위험이 있는 장소에는 안전난간을 설치한다.

해설 수직갱에 가설된 통로의 길이가 15m 이상인 경우에는 10m 이내마다 계단참을 설치한다.

105 **비계의 높이가 2m 이상인 작업장소에 작업발판을 설치할 경우 준수하여야 할 기준으로 옳지 않은 것은?**

① 작업발판의 폭은 30cm 이상으로 한다.
② 발판재료 간의 틈은 3cm 이하로 한다.
③ 추락의 위험성이 있는 장소에는 안전난간을 설치한다.
④ 발판재료는 뒤집히거나 떨어지지 않도록 2개 이상의 지지물에 연결하거나 고정시킨다.

해설 작업발판의 폭은 40cm 이상으로 한다.

106 **가설구조물의 문제점으로 옳지 않은 것은?**

① 도괴재해의 가능성이 크다.
② 추락재해 가능성이 크다.
③ 부재의 결합이 간단하나 연결부가 견고하다.
④ 구조물이라는 통상의 개념이 확고하지 않으며 조립의 정밀도가 낮다.

해설 가설재는 연결부가 견고하지 못하다.

107 **거푸집 해체작업 시 유의사항으로 옳지 않은 것은?**

① 일반적으로 수평부재의 거푸집은 연직부재의 거푸집보다 빨리 떼어낸다.
② 해체된 거푸집이나 각목 등에 박혀있는 못 또는 날카로운 돌출물은 즉시 제거하여야 한다.
③ 상하 동시 작업은 원칙적으로 금지하여 부득이한 경우에는 긴밀히 연락을 위하며 작업을 하여야 한다.
④ 거푸집 해체작업장 주위에는 관계자를 제외하고는 출입을 금지시켜야 한다.

해설 일반적으로 수평부재의 거푸집은 연직부재의 거푸집보다 늦게 떼어낸다.

108 **법면 붕괴에 의한 재해 예방조치로서 옳은 것은?**

① 지표수와 지하수의 침투를 방지한다.
② 법면의 경사를 증가한다.
③ 절토 및 성토 높이를 증가한다.
④ 토질의 상태와 관계없이 구배조건을 일정하게 한다.

해설 법면 붕괴를 방지하기 위해서는 지표수와 지하수의 침투를 방지해야 한다.

109 **취급 · 운반의 원칙으로 옳지 않은 것은?**

① 운반 작업을 집중하여 시킬 것
② 생산을 최고로 하는 운반을 생각할 것
③ 곡선 운반을 할 것
④ 연속 운반을 할 것

해설 직선 운반해야 한다.

정답 105 ① 106 ③ 107 ① 108 ① 109 ③

110 철골작업 시 철골부재에서 근로자가 수직 방향으로 이동하는 경우엔 설치하여야 하는 고정된 승강로의 최대 답단 간격은 얼마 이내인가?

① 20cm ② 25cm
③ 30cm ④ 40cm

해설 고정된 승강로의 최대 답단 간격은 30cm 이내이다.

111 재해사고를 방지하기 위하여 크레인에 설치된 방호장치로 옳지 않은 것은?

① 공기정화장치 ② 비상정지장치
③ 제동장치 ④ 권과방지장치

해설 공기정화장치는 방호장치에 해당하지 않는다.

112 작업장 출입구 설치 시 준수해야 할 사항으로 옳지 않은 것은?

① 출입구의 위치 · 수 및 크기가 작업장의 용도와 특성에 맞도록 한다.
② 출입구에 문을 설치하는 경우에는 근로자가 쉽게 열고 닫을 수 있도록 한다.
③ 주된 목적이 하역운반기계용인 출입구에는 보행자용 출입구를 따로 설치하지 않는다.
④ 계단이 출입구와 바로 연결된 경우에는 작업자의 안전한 통행을 위하여 그 사이에 1.2m 이상 거리를 두거나 안내표지 또는 비상벨 등을 설치한다.

해설 하역운반기계용인 출입구에는 보행자용 출입구를 따로 설치해야 한다.

113 옥외에 설치되어 있는 주행크레인에 대하여 이탈방지장치를 작동시키는 등 그 이탈을 방지하기 위한 조치를 하여야 하는 순간풍속에 대한 기준으로 옳은 것은?

① 순간풍속이 초당 10m를 초과하는 바람이 불어올 우려가 있는 경우
② 순간풍속이 초당 20m를 초과하는 바람이 불어올 우려가 있는 경우
③ 순간풍속이 초당 30m를 초과하는 바람이 불어올 우려가 있는 경우
④ 순간풍속이 초당 40m를 초과하는 바람이 불어올 우려가 있는 경우

해설 순간풍속이 초당 30m를 초과하는 바람이 불어올 우려가 있는 경우 옥외에 설치되어 있는 주행크레인에 대하여 이탈방지장치를 작동시키는 등 그 이탈을 방지하기 위한 조치를 하여야 한다.

114 지반 등의 굴착작업 시 연암의 굴착면 기울기로 옳은 것은?

① 1 : 0.3 ② 1 : 0.5
③ 1 : 0.8 ④ 1 : 1.0

해설 연암의 경우 1 : 1.0에 해당된다.

115 사면지반 개량공법으로 옳지 않은 것은?

① 전기 화학적 공법
② 석회 안정처리 공법
③ 이온 교환 방법
④ 옹벽 공법

해설 옹벽은 사면지반 개량공법에 해당하지 않는다.

정답 110 ③ 111 ① 112 ③ 113 ③ 114 ④ 115 ④

116 **흙막이벽 근입깊이를 깊게하고, 전면의 굴착부분을 남겨두어 흙의 중량으로 대항하게 하거나, 굴착예정부분의 일부를 미리 굴착하여 기초콘크리트를 타설하는 등의 대책과 가장 관계가 깊은 것은?**

① 파이핑현상이 있을 때
② 히빙현상이 있을 때
③ 지하수위가 높을 때
④ 굴착깊이가 깊을 때

해설 히빙현상이 있을 때의 대책에 해당된다.

117 **사다리식 통로 등을 설치하는 경우 통로 구조로서 옳지 않은 것은?**

① 발판의 간격은 일정하게 한다.
② 발판과 벽과의 사이는 15cm 이상의 간격을 유지한다.
③ 사다리의 상단은 걸쳐놓은 지점으로부터 60cm 이상 올라가도록 한다.
④ 폭은 40cm 이상으로 한다.

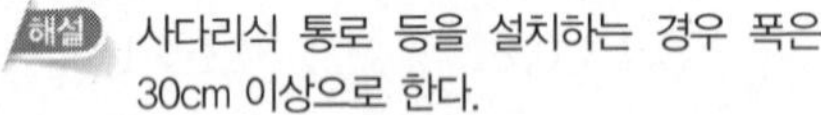
해설 사다리식 통로 등을 설치하는 경우 폭은 30cm 이상으로 한다.

118 **콘크리트 타설작업을 하는 경우에 준수해야 할 사항으로 옳지 않은 것은?**

① 당일의 작업을 시작하기 전에 해당 작업에 관한 거푸집 동바리 등의 변형 · 변위 및 지반의 침하 유무 등을 점검하고 이상이 있으면 보수한다.
② 작업 중에는 거푸집 동바리 등의 변형 · 변위 및 침하 유무 등을 감시할 수 있는 감시자를 배치하여 이상이 있으면 작업을 빠른 시간 내 우선 완료하고 근로자를 대피시킨다.
③ 콘크리트 타설작업 시 거푸집붕괴의 위험이 발생할 우려가 있으면 충분한 보강조치를 한다.
④ 콘크리트를 타설하는 경우에는 편심이 발생하지 않도록 골고루 분산하여 타설한다.

해설 작업 중에는 거푸집 동바리 등의 변형 · 변위 및 침하 유무 등을 감시할 수 있는 감시자를 배치하여 이상이 있으면 작업을 중지하고 근로자를 대피시켜야 한다.

119 **건설작업장에서 근로자가 상시 작업하는 장소의 작업면 조도기준으로 옳지 않은 것은? (단, 갱내 작업장과 감광재료를 취급하는 작업장의 경우는 제외)**

① 초정밀작업 : 600럭스(lux) 이상
② 정밀작업 : 300럭스(lux) 이상
③ 보통작업 : 150럭스(lux) 이상
④ 초정밀, 정밀, 보통작업을 제외한 기타 작업 : 75럭스(lux) 이상

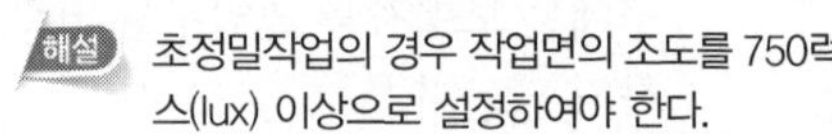
해설 초정밀작업의 경우 작업면의 조도를 750럭스(lux) 이상으로 설정하여야 한다.

정답 116 ② 117 ④ 118 ② 119 ①

120 강관틀비계를 조립하여 사용하는 경우 준수해야 할 기준으로 옳지 않은 것은?

① 수직방향으로 6m, 수평방향으로 8m 이내마다 벽이음을 할 것
② 높이가 20m를 초과하거나 중량물의 적재를 수반하는 작업을 할 경우에는 주틀 간의 간격을 2.4m 이하로 할 것
③ 길이가 띠장 방향으로 4m 이하이고 높이가 10m를 초과하는 경우에는 10m 이내마다 띠장 방향으로 버팀기둥을 설치할 것
④ 주틀 간에 교차 가새를 설치하고 최상층 및 5층 이내마다 수평재를 설치할 것

해설 높이가 20m를 초과하거나 중량물의 적재수를 수반하는 작업을 할 경우에는 주틀 간의 간격을 1.8m 이하로 하여야 한다.

정답 120 ②

2022년 4월 24일 시행

ENGINEER CONSTRUCTION SAFETY

제1과목 산업안전관리론

01 산업안전보건법령상 안전보건관리규정 작성에 관한 사항으로 (　　)에 알맞은 기준은?

> 안전보건관리규정을 작성하여야 할 사업의 사업주는 안전보건관리규정을 작성하여야 할 사유가 발생한 날부터 (　　)일 이내에 안전보건관리규정을 작성해야 한다.

① 7　　② 14
③ 30　　④ 60

해설 사업주는 안전보건관리규정을 작성하여야 할 사유가 발생한 날부터 30일 이내에 안전보건관리규정을 작성하여야 한다. 이를 변경할 사유가 발생한 경우에도 또한 같다.

02 산업안전보건법령상 안전관리자를 2인 이상 선임하여야 하는 사업이 아닌 것은? (단, 기타 법령에 관한 사항은 제외한다.)

① 상시 근로자가 500명인 통신업
② 상시 근로자가 700명인 발전업
③ 상시 근로자가 600명인 식료품 제조업
④ 공사금액이 1,000억이며 공사 진행률(공정률) 20%인 건설업

해설 안전관리자를 두어야 하는 사업의 종류, 사업장의 상시근로자 수, 안전관리자의 수

사업의 종류	사업장의 상시근로자 수	안전관리자의 수
• 식료품 제조업 • 발전업	상시근로자 50명 이상 500명 미만	1명 이상
	상시근로자 500명 이상	2명 이상
우편 및 통신업	상시근로자 50명 이상 1천명 미만	1명 이상
	상시근로자 1천명 이상	2명 이상
건설업	공사금액 800억 원 이상 1,500억 원 미만	2명 이상. 다만, 전체 공사기간 중 전·후 15에 해당하는 기간 동안은 1명 이상으로 한다.

03 산업재해보상시험법령상 보험급여의 종류를 모두 고른 것은?

> ㄱ. 장례비
> ㄴ. 요양급여
> ㄷ. 간병급여
> ㄹ. 영업손실비용
> ㅁ. 직업재활급여

① ㄱ, ㄴ, ㄹ　　② ㄱ, ㄴ, ㄷ, ㅁ
③ ㄱ, ㄷ, ㄹ, ㅁ　　④ ㄴ, ㄷ, ㄹ, ㅁ

해설 **보험급여의 종류**

- 요양급여
- 휴업급여
- 장해급여

정답 01 ③ 02 ① 03 ②

- 간병급여
- 유족급여
- 상병(상병)보상연금
- 장례비
- 직업재활급여

04 안전관리조직의 형태에 관한 설명으로 옳은 것은?

① 라인형 조직은 100명 이상의 중규모 사업장에 적합하다.
② 스태프형 조직은 100명 이상의 중규모 사업장에 적합하다.
③ 라인형 조직은 안전에 대한 정보가 불충분하지만, 안전지시나 조치에 대한 실시가 신속하다.
④ 라인 · 스태프형 조직은 1,000명 이상의 대규모 사업장에 적합하나 조직원 전원의 자율적 참여가 불가능하다.

해설 안전관리조직

- 라인(LINE)형 조직
  소규모기업에 적합한 조직으로서 안전관리에 관한 계획에서부터 실시에 이르기까지 모든 안전업무가 생산라인을 통하여 직선적으로 이루어지도록 편성된 조직(소규모, 100명 이하)
- 스탭(STAFF)형 조직
  중소규모사업장에 적합한 조직으로서 안전업무를 관장하는 참모(STAFF)를 두고 안전관리에 관한 계획 · 조정 · 조사 · 검토 · 보고 등의 업무와 현장에 대한 기술지원을 담당하도록 편성된 조직(중규모, 100~1,000명 이하)
- 라인 · 스탭(LINE-STAFF)형 조직(직계 참모조직)
  대규모 사업장에 적합한 조직으로서 라인형과 스탭형의 장점만을 채택한 형태이며 안전업무를 전담하는 스탭을 두고 생산라인의 각 계층에서도 각 부서장으로 하여금 안전업무를 수행케 하여 스탭에서 안전에 관한 사항이 결정되면 라인을 통하여 실천하도록 편성된 조직(대규모, 1,000명 이상)

05 재해 예방을 위한 대책선정에 관한 사항 중 기술적 대책(Engineering)에 해당되지 않는 것은?

① 작업행정의 개선
② 환경설비의 개선
③ 점검 보존의 확립
④ 안전 수칙의 준수

해설 안전사고에 대한 예방책 중 기술적 대책(Engineering)

안전 설계, 작업 행정의 개선, 안전기준의 설정, 환경설비의 개선, 점검 보존의 확립

06 산업안전보건법령상 산업안전보건위원회의 심의 · 의결을 거쳐야 하는 사항이 아닌 것은? (단, 그 밖에 필요한 사항은 제외한다.)

① 작업환경측정 등 작업환경의 점검 및 개선에 관한 사항
② 산업재해에 관한 통계의 기록 및 유지에 관한 사항
③ 안전장치 및 보호구 구입 시 적격품 여부 확인에 관한 사항
④ 사업장의 산업재해 예방계획의 수립에 관한 사항

해설 산업안전보건위원회의 심의 · 의결 사항

1. 사업장의 산업재해 예방계획의 수립에 관한 사항
2. 안전보건관리규정의 작성 및 변경에 관한 사항
3. 근로자의 안전보건교육에 관한 사항

정답 04 ③ 05 ④ 06 ③

4. 작업환경측정 등 작업환경의 점검 및 개선에 관한 사항
5. 근로자의 건강진단 등 건강관리에 관한 사항
6. 중대재해의 원인 조사 및 재발 방지대책 수립에 관한 사항
7. 산업재해에 관한 통계의 기록 및 유지에 관한 사항
8. 유해하거나 위험한 기계 · 기구 · 설비를 도입한 경우 안전 및 보건 관련 조치에 관한 사항
9. 그 밖에 해당 사업장 근로자의 안전 및 보건을 유지 · 증진시키기 위하여 필요한 사항

07 산업안전보건법령상 안전보건표지의 색채를 파란색으로 사용하여야 하는 경우는?

① 주의표지
② 정지신호
③ 차량 통행표지
④ 특정 행위의 지시

해설

색채	색도기준	용도	사 용 례
빨간색	7.5R 4/14	금지	정지신호, 소화설비 및 그 장소, 유해행위의 금지
		경고	화학물질 취급장소에서의 유해 · 위험 경고
노란색	5Y 8.5/12	경고	화학물질 취급장소에서의 유해 · 위험경고 이외의 위험경고, 주의표지 또는 기계방호물
파란색	2.5PB 4/10	지시	특정 행위의 지시 및 사실의 고지
녹색	2.5G 4/10	안내	비상구 및 피난소, 사람 또는 차량의 통행표지
흰색	N9.5		파란색 또는 녹색에 대한 보조색
검은색	N0.5		문자 및 빨간색 또는 노란색에 대한 보조색

08 시설물의 안전 및 유지관리에 관한 특별법령상 안전등급별 정기안전점검 및 정밀안전진단 실시시기에 관한 사항으로 ㉠과 ㉡에 알맞은 기준은?

안전등급	정기안전점검	정밀안전진단
A등급	(㉠)에 1회 이상	(㉡)에 1회 이상

① ㉠ : 반기, ㉡ : 4년
② ㉠ : 반기, ㉡ : 6년
③ ㉠ : 1년, ㉡ : 4년
④ ㉠ : 1년, ㉡ : 6년

해설 안전점검 및 정밀안전진단의 실시시기

1. 정기점검 : 반기에 1회 이상
2. 긴급점검 : 관리주체가 필요하다고 판단한 때 또는 관계 행정기관의 장이 필요하다고 판단하여 관리주체에게 긴급점검을 요청한 때

안전등급	정밀점검		정밀안전진단
	건축물	그 외 시설물	
A 등급	4년에 1회 이상	3년에 1회 이상	6년에 1회 이상
B · C 등급	3년에 1회 이상	2년에 1회 이상	5년에 1회 이상
D · E 등급	2년에 1회 이상	1년에 1회 이상	4년에 1회 이상

09 다음의 재해사례에서 기인물과 가해물은?

작업자가 작업장을 걸어가던 중 작업장 바닥에 쌓여있던 자재에 걸려 넘어지면서 바닥에 머리를 부딪쳐 사망하였다.

① 기인물 : 자재, 가해물 : 바닥
② 기인물 : 자재, 가해물 : 자재
③ 기인물 : 바닥, 가해물 : 바닥
④ 기인물 : 바닥, 가해물 : 자재

정답 07 ④ 08 ② 09 ①

해설
- 기인물 : 불안전한 상태에 있는 물체(환경 포함)
- 가해물 : 사람에게 직접 접촉되어 위해를 가한 물체(환경 포함)

10 산업재해 통계업무처리규정상 산업재해 통계에 관한 설명으로 틀린 것은?

① 총요양근로손실일수는 재해자의 총 요양기간을 합산하여 산출한다.
② 휴업재해자수는 근로복지공단의 휴업급여를 지급받은 재해자 수를 의미하여, 체육행사로 인하여 발생한 재해는 제외된다.
③ 사망자수는 통상의 출퇴근에 의한 사망을 포함하여 근로복지공단의 유족급여가 지급된 사망자수를 말한다.
④ 재해자수는 근로복지공단의 유족급여가 지급된 사망자 및 근로복지공단에 최초요양신청서를 제출한 재해자 중 요양승인을 받은 자를 말한다.

해설 **사망자수**

근로복지공단의 유족급여가 지급된 사망자와 지방고용노동관서에 산업재해조사표가 제출된 사망자를 합산한 수를 말한다. 다만, 질병에 의해 사망한 경우와 사업장 밖의 교통사고(운수업, 요식업, 숙박업은 사업장 밖의 교통사고도 포함) · 체육행사 · 폭력행위에 의한 사망, 사고발생일로부터 1년을 경과하여 사망한 경우는 제외한다.

11 건설업 산업안전보건관리비 계상 및 사용기준상 건설업 안전보건관리비로 사용할 수 있는 것을 모두 고른 것은?

ㄱ. 전담 안전·보건관리자의 인건비
ㄴ. 현장 내 안전보건 교육장 설치비용
ㄷ. 「전기사업법」에 따른 전기안전대행비용
ㄹ. 유해·위험방지계획서의 작성에 소요되는 비용
ㅁ. 재해예방 전문지도기관에 지급하는 기술지도 비용

① ㄴ, ㄷ, ㄹ
② ㄱ, ㄴ, ㄹ, ㅁ
③ ㄱ, ㄷ, ㄹ, ㅁ
④ ㄱ, ㄴ, ㄷ, ㅁ

해설 다른 법령에서 의무사항으로 규정한 사항을 이행하는 데 필요한 비용은 안전보건관리비를 사용할 수 없는 항목이다.

12 나음에서 설명하는 위험예지훈련 단계는?

- 위험요인을 찾아내는 단계
- 가장 위험한 것을 합의하여 결정하는 단계

① 현상파악 ② 본질추구
③ 대책수립 ④ 목표설정

해설 **위험예지훈련의 추진을 위한 문제해결 4단계(4라운드)**

- 1라운드 : 현상파악(사실의 파악)
- 2라운드 : 본질추구(원인조사)
- 3라운드 : 대책수립(대책을 세운다)
- 4라운드 : 목표설정(행동계획 작성)

정답 10 ③ 11 ② 12 ②

13 산업안전보건법령상 안전검사 대상 기계가 아닌 것은?

① 리프트
② 압력용기
③ 컨베이어
④ 이동식 국소배기장치

해설 안전인증 대상 기기(산업안전보건법 시행령 제74조)

1. 프레스
2. 전단기
3. 크레인(정격 하중이 2톤 미만인 것은 제외한다)
4. 리프트
5. 압력용기
6. 곤돌라
7. 국소배기장치(이동식은 제외한다)
8. 원심기(산업용만 해당한다)
9. 롤러기(밀폐형 구조는 제외한다)
10. 사출성형기[형 체결력(型 締結力) 294 킬로뉴턴(KN) 미만은 제외한다]
11. 고소작업대(「자동차관리법」 제3조 제3호 또는 제4호에 따른 화물자동차 또는 특수자동차에 탑재한 고소작업대로 한정한다)
12. 컨베이어
13. 산업용 로봇

14 산업안전보건법령상 사업장에서 산업재해 발생 시 사업주가 기록·보존하여야 하는 사항이 아닌 것은? (단, 산업재해조사표와 요양신청서의 사본은 보존하지 않았다.)

① 사업장의 개요
② 근로자의 인적사항
③ 재해 재발방지 계획
④ 안전관리자 선임에 관한 사항

산업재해가 발생한 때에 사업주가 기록 보존하여야 하는 사항

1. 사업장의 개요 및 근로자의 인적사항
2. 재해발생의 일시 및 장소
3. 재해발생의 원인 및 과정
4. 재해 재발방지 계획

15 A 사업장의 상시근로자수가 1,200명이다. 이 사업장의 도수율이 10.5이고 강도율이 7.5일 때 이 사업장의 총요양근로손실일수(일)는? (단, 연근로시간수는 2,400시간이다.)

① 21.6　② 216
③ 2,160　④ 21,600

$$강도율 = \frac{근로손실일수}{연근로시간수} \times 1,000 에서$$

$$근로손실일수 = \frac{강도율 \times 연근로시간수}{1,000} = \frac{7.5 \times 1,200 \times 2,400}{1,000} = 21,600$$

16 산업재해의 기본원인으로 볼 수 있는 4M으로 옳은 것은?

① Man, Machine, Maker, Media
② Man, Management, Machine, Media
③ Man, Machine, Maker, Management
④ Man, Management, Machine, Material

정답 13 ④ 14 ④ 15 ④ 16 ②

해설 4M 분석기법

- 인간(Man) : 잘못 사용, 오조작, 착오, 실수, 불안심리
- 기계(Machine) : 설계 · 제작 착오, 재료피로 · 열화, 고장, 배치 · 공사 착오
- 작업매체(Media) : 작업정보 부족 · 부적절, 협조 미흡, 작업환경 불량, 불안전한 접촉
- 관리(Management) : 안전조직 미비, 교육 · 훈련 부족, 오 판단, 계획 불량, 잘못 지시

17 보호구 안전인증 고시상 벨트식 안전대 충격흡수장치의 동하중 시험성능기준에 관한 사항으로 ㉠과 ㉡에 알맞은 기준은?

- 최대전달충격력은 (㉠)kN 이하
- 감속거리는 (㉡)mm 이하여야 함

① ㉠ : 6.0, ㉡ : 1,000
② ㉠ : 6.0, ㉡ : 2,000
③ ㉠ : 8.0, ㉡ : 1,000
④ ㉠ : 8.0, ㉡ : 2,000

해설 벨트식 안전대 동하중성능시험기준

구분	명칭	시험성능기준
동하중 성능	벨트식 －1개걸이용 －U자걸이용 －보조죔줄	1) 시험몸통으로부터 빠지지 말 것 2) 최대전달충격력은 6.0kN 이하이어야 함 3) U자걸이용 감속거리는 1,000 mm 이하이어야 함

18 산업안전보건기준에 관한 규칙상 공기압축기 가동 전 점검사항을 모두 고른 것은? (단, 그 밖에 사항은 제외한다.)

ㄱ. 윤활유의 상태
ㄴ. 압력방출장치의 기능
ㄷ. 회전부의 덮개 또는 울
ㄹ. 언로드밸브(unloading valve)의 기능

① ㄷ, ㄹ　　② ㄱ, ㄴ, ㄷ
③ ㄱ, ㄴ, ㄹ　　④ ㄱ, ㄴ, ㄷ, ㄹ

해설 공기압축기를 가동할 때(작업시작 전 점검사항)

1. 공기저장 압력용기의 외관 상태
2. 드레인밸브(Drain Valve)의 조작 및 배수
3. 압력방출장치의 기능
4. 언로드밸브(Unloading Valve)의 기능
5. 윤활유의 상태
6. 회전부의 덮개 또는 울

19 버드(Bird)의 재해구성비율 이론상 경상이 10건 일 때 중상에 해당하는 사고 건수는?

① 1　　② 30
③ 300　　④ 600

해설 버드의 법칙(1 : 10 : 30 : 600)에 따라,

- 1 : 중상 또는 폐질
- 10 : 경상(인적 상해)
- 30 : 무상해사고(물적 손실 발생)
- 600 : 무상해, 무사고 고장(위험순간)

정답 17 ① 18 ④ 19 ①

20 재해의 원인 중 불안전한 상태에 속하지 않는 것은?

① 위험장소 접근
② 작업환경의 결함
③ 방호장치의 결함
④ 물적 자체의 결함

위험장소 접근, 안전장치기능 제거, 불안전한 속도 조작, 위험물 취급 부주의는 인적 원인(불안전한 행동)이다.

제2과목 산업심리 및 교육

21 다음 적응기제 중 방어적 기제에 해당하는 것은?

① 고립(isolation)
② 억압(repression)
③ 합리화(rationalization)
④ 백일몽(day－dreaming)

해설 **방어적 기제(Defense Mechanism)**

자신의 약점을 위장하여 유리하게 보임으로써 자기를 보호하려는 것

- 보상 : 계획한 일을 성공하는 데서 오는 자존감
- 합리화(변명) : 너무 고통스럽기 때문에 인정할 수 없는 실제 이유 대신에 자기 행동에 그럴듯한 이유를 붙이는 방법
- 승화 : 억압당한 욕구가 사회적 · 문화적으로 가치있게 목적으로 향하도록 노력함으로써 욕구를 충족하는 방법
- 동일시 : 자기가 되고자 하는 인물을 찾아내어 동일시하여 만족을 얻는 행동

22 알고 있는 지식을 심화시키거나 어떠한 자료에 대해 더욱 명료한 생각을 갖도록 하는 경우 실시하는 교육방법으로 가장 적절한 것은?

① 구안법 ② 강의법
③ 토의법 ④ 실연법

토의법(Discussion method)

10~20인 정도가 모여서 토의하는 방법(안전지식을 가진 사람에게 효과적)으로 태도교육의 효과를 높이기 위한 교육방법. 집단을 대상으로 한 안전보건교육 중 가장 효율적인 교육방법. 알고 있는 지식을 심화시키거나 어떠한 자료에 대해 보다 명료한 생각을 갖도록 하기 위하여 실시하는 교육방법

23 조직이 리더(leader)에게 부여하는 권한으로 부하직원의 처벌, 임금 삭감을 할 수 있는 권한은?

① 강압적 권한 ② 보상적 권한
③ 합법적 권한 ④ 전문성의 권한

해설 **조직이 지도자에게 부여한 권한**

- 합법적 권한 : 군대, 교사, 정부기관 등 법적으로 부여된 권한
- 보상적 권한 : 부하에게 노력에 대한 보상을 할 수 있는 권한
- 강압적 권한 : 부하에게 명령할 수 있는 권한

24 운동에 대한 착각현상이 아닌 것은?

① 자동운동 ② 항상운동
③ 유도운동 ④ 가현운동

해설 **착각현상**

착각은 물리현상을 왜곡하는 지각현상을 말함

- 자동운동 : 암실 내에서 정지된 작은 광점을 응시하면 움직이는 것처럼 보이는 현상

정답 20 ① 21 ③ 22 ③ 23 ① 24 ②

- 유도운동 : 실제로는 정지한 물체가 어느 기준물체의 이동에 따라 움직이는 것처럼 보이는 현상
- 가현운동 : 영화처럼 물체가 빨리 나타나거나 사라짐으로 인해 운동하는 것처럼 보이는 현상

25 자동차 엑셀레이터와 브레이크 간 간격, 브레이크 폭, 소프트웨어상에서 메뉴나 버튼의 크기 등을 결정하는데 사용할 수 있는 인간공학 법칙은?

① Fitts의 법칙 ② Hick의 법칙
③ Weber의 법칙 ④ 양립성 법칙

해설 **피츠(Fitts)의 법칙**

인간의 손이나 발을 이동시켜 조작장치를 조작하는 데 걸리는 시간을 표적까지의 거리와 표적 크기의 함수로 나타내는 모형. 표적이 작고 이동거리가 길수록 이동시간이 증가한다.

26 개인적 카운슬링(Counseling)의 방법이 아닌 것은?

① 설득적 방법 ② 설명적 방법
③ 강요적 방법 ④ 직접적인 충고

해설 **카운슬링(Counseling)**

심리학적 교양과 기술을 익힌 전문가인 카운슬러가 적응상(適應上)의 문제를 가진 내담자(來談者)와 면접하여 대화를 거듭하고, 이를 통하여 내담자가 자신의 문제를 해결해 나가는 인격적 발달을 도울 수 있도록 하는 것

- 카운슬링의 방법 : 직접적인 충고, 설득적 방법, 설명적 방법
- 카운슬링의 순서 : 장면 구성 → 내담자와의 대화 → 의견 재분석 → 감정 표출 → 감정의 명확화

27 산업안전보건법령상 근로자 안전보건교육 중 특별교육 대상 작업에 해당하지 않는 것은?

① 굴착면의 높이가 5m 되는 지반 굴착 작업
② 콘크리트 파쇄기를 사용하여 5m의 구축물을 파쇄하는 작업
③ 흙막이 지보공의 보강 또는 동바리를 설치하거나 해체하는 작업
④ 휴대용 목재가공기계를 3대 보유한 사업장에서 해당 기계로 하는 작업

해설 **특별교육 대상 작업별 교육**

작업명	교육내용
목재가공용 기계[둥근톱기계, 띠톱기계, 대패기계, 모떼기기계 및 라우터기(목재를 자르거나 홈을 파는 기계)만 해당하며, 휴대용은 제외한다]를 5대 이상 보유한 사업장에서 해당 기계로 하는 작업	• 목재가공용 기계의 특성과 위험성에 관한 사항 • 방호장치의 종류와 구조 및 취급에 관한 사항 • 안전기준에 관한 사항 • 안전작업방법 및 목재 취급에 관한 사항 • 그 밖에 안전 · 보건관리에 필요한 사항

28 학습지도의 원리와 거리가 가장 먼 것은?

① 감각의 원리 ② 통합의 원리
③ 자발성의 원리 ④ 사회화의 원리

해설 **학습지도 이론**

- 자발성의 원리 : 학습자 스스로 학습에 참여해야 한다는 원리
- 개별화의 원리 : 학습자가 가지고 있는 각각의 요구 및 능력에 맞게 지도해야 한다는 원리
- 사회화의 원리 : 공동학습을 통해 협력과 사회화를 도와준다는 원리
- 통합의 원리 : 학습을 종합적으로 지도하는 것으로 학습자의 능력을 조화있게 발달시키는 원리

정답 25 ① 26 ③ 27 ④ 28 ①

- 직관의 원리 : 구체적인 사물을 제시하거나 경험 등을 통해 학습효과를 거둘 수 있다는 원리

29 매슬로우(Maslow)의 욕구 5단계 중 안전 욕구에 해당하는 단계는?

① 1단계 ② 2단계
③ 3단계 ④ 4단계

해설 매슬로우(Maslow)의 욕구단계이론

1. 생리적 욕구(제1단계) : 기아, 갈증, 호흡, 배설, 성욕 등
2. 안전의 욕구(제2단계) : 안전을 기하려는 욕구
3. 사회적 욕구(제3단계) : 소속 및 애정에 대한 욕구(친화 욕구)
4. 자기존경의 욕구(제4단계) : 자기존경의 욕구로 자존심, 명예, 성취, 지위에 대한 욕구(승인의 욕구)
5. 자아실현의 욕구(제5단계) : 잠재적인 능력을 실현하고자 하는 욕구(성취욕구)

30 생체리듬에 관한 설명 중 틀린 것은?

① 감각의 리듬이 (−)로 최대가 되는 경우에만 위험일이라고 한다.
② 육체적 리듬은 "P"로 나타내며, 23일을 주기로 반복된다.
③ 감성적 리듬은 "S"로 나타내며, 28일을 주기로 반복된다.
④ 지성적 리듬은 "I"로 나타내며, 33일을 주기로 반복된다.

해설 생체리듬(바이오리듬)의 종류

- 육체적(신체적) 리듬(P ; Physical Cycle) : 신체의 물리적인 상태를 나타내는 리듬, 청색 실선으로 표시하며 23일의 주기이다.
- 감성적 리듬(S ; Sensitivity) : 기분이나 신경계통의 상태를 나타내는 리듬, 적색 점선으로 표시하며 28일의 주기이다.
- 지성적 리듬(I ; Intellectual) : 기억력, 인지력, 판단력 등을 나타내는 리듬, 녹색 일점쇄선으로 표시하며 33일의 주기이다.

31 에너지대사율(RMR)의 따른 작업의 분류에 따라 중(보통)작업의 RMR 범위는?

① 0~2 ② 2~4
③ 4~7 ④ 7~9

해설 에너지대사율(RMR)에 따른 작업의 분류

- 초경작업(初經作業) : 0~1
- 경작업(經作業) : 1~2
- 보통 작업(中作業) : 2~4
- 중작업(重作業) : 4~7
- 초중작업(初重作業) : 7 이상

32 조직 구성원의 태도는 조직성과와 밀접한 관계가 있는데 태도(attitude)의 3가지 구성요소에 포함되지 않는 것은?

① 인지적 요소
② 정서적 요소
③ 성격적 요소
④ 행동경향 요소

해설 태도의 구성요소(피쉬베인(Morris Fishbein))

- 인지적 요소
- 정서적 요소
- 행위적(행동경향) 요소

정답 29 ② 30 ① 31 ② 32 ③

33 다음에서 설명하는 학습방법은?

> 학생이 생활하고 있는 현실적인 장면에서 당면하는 여러 문제를 해결해 나가는 과정으로 지식, 기능, 태도, 기술 등을 종합적으로 획득하도록 하는 학습방법

① 롤 플레잉(Role Playing)
② 문제법(Problem Method)
③ 버즈 세션(Buzz Session)
④ 케이스 메소드(Case Method)

해설 문제법(Problem Method)

생활하고 있는 현실적인 장면에서 해결방법을 찾아내는 것으로 지식, 기능, 태도, 기술 등을 종합적으로 획득하도록 하는 학습방법

34 호손(Hawthorne) 실험의 결과 작업자의 작업능률에 영향을 미치는 주요 원인으로 밝혀진 것은?

① 작업조건
② 인간관계
③ 생산기술
④ 행동규범의 설정

해설 호손(Hawthorne)의 실험

- 미국 호손 공장에서 실시된 실험으로 종업원의 인간성을 과학적으로 연구한 실험
- 물리적인 조건(조명, 휴식시간, 근로시간 단축, 임금 등)이 생산성에 영향을 주는 것이 아니라 인간관계가 절대적인 요소로 작용함을 강조

35 심리학에서 사용하는 용어로 측정하고자 하는 것을 실제로 적절히, 정확히 측정하는지의 여부를 판별하는 것은?

① 표준화 ② 신뢰성
③ 객관성 ④ 타당성

해설 타당도

측정하고자 하는 것을 실제로 잘 측정하는지의 여부를 판별하는 것. 특정한 시기에 모든 근로자를 검사하고, 그 검사 점수와 근로자의 직무평정 척도를 상호 연관시키는 예측타당성을 갖추어야 한다.

36 커크패트릭(Kirkpatrick)의 교육훈련평가 4단계를 바르게 나열한 것은?

① 학습단계 → 반응단계 → 행동단계 → 결과단계
② 학습단계 → 행동단계 → 반응단계 → 결과단계
③ 반응단계 → 학습단계 → 행동단계 → 결과단계
④ 반응단계 → 학습단계 → 결과단계 → 행동단계

해설 교육훈련평가의 4단계

반응 → 학습 → 행동 → 결과

37 사고경향성 이론에 관한 설명 중 틀린 것은?

① 사고를 많이 내는 여러 명의 특성을 측정하여 사고를 예방하는 것이다.
② 개인의 성격보다는 특정 환경에 의해 훨씬 더 사고가 일어나기 쉽다.

정답 33 ② 34 ② 35 ④ 36 ③ 37 ②

③ 어떠한 사람이 다른 사람보다 사고를 더 잘 일으킨다는 이론이다.
④ 사고 경향성을 검증하기 위한 효과적인 방법은 다른 두 시기 동안에 같은 사람의 사고기록을 비교하는 것이다.

해설 사고경향설(Greenwood)

사고의 대부분은 소수에 의해 발생되고 있으며 사고를 낸 사람이 또다시 사고를 발생시키는 경향이 있다.(사고경향성이 있는 사람 → 소심한 사람)

38 Off JT(Off the Job Training)의 특징으로 옳은 것은?

① 전문 강사를 초빙하는 것이 가능하다.
② 개개인에게 적절한 지도훈련이 가능하다.
③ 직장의 실정에 맞게 실제적 훈련이 가능하다.
④ 훈련에 필요한 업무의 계속성이 끊어지지 않는다.

해설 OFF J. T(직장 외 교육훈련)

계층별 직능별로 공통된 교육대상자를 현장 이외의 한 장소에 모아 집합교육을 실시하는 교육형태(집단교육에 적합)

- 다수의 근로자에게 조직적 훈련을 행하는 것이 가능
- 훈련에만 전념
- 각각 전문가를 강사로 초청하는 것이 가능

39 직무분석을 위한 정보를 얻는 방법과 거리가 가장 먼 것은?

① 관찰법　② 직무수행법
③ 설문지법　④ 서류함기법

해설 직무분석 방법

- 면접법
- 관찰법
- 설문지법

40 산업안전보건법령상 타워크레인 신호작업에 종사하는 일용근로자의 특별교육 교육시간 기준은?

① 1시간 이상　② 2시간 이상
③ 4시간 이상　④ 8시간 이상

해설 안전보건교육 교육과정별 교육시간

교육과정	교육대상	교육시간
특별교육	타워크레인 신호작업에 종사하는 일용근로자	8시간 이상

제3과목 인간공학 및 시스템안전공학

41 A 작업의 평균 에너지소비량이 다음과 같을 때, 60분간의 총 작업시간 내에 포함되어야 하는 휴식시간(분)은?

- 휴식 중 에너지 소비량 : 1.5kcal/min
- A 작업 시 평균 에너지소비량 : 6kcal/min
- 기초대사를 포함한 작업에 대한 평균 에너지소비량 상한 : 5kcal/min

① 10.3　② 11.3
③ 12.3　④ 13.3

정답 38 ① 39 ④ 40 ④ 41 ④

해설 휴식시간(R) $= \dfrac{(60 \times h) \times (E-5)}{E-1.5}$ [분]

$= \dfrac{(60 \times 1) \times (6-5)}{6-1.5}$

$= 13.3333 \cdots$

여기서,

E : 작업의 평균 에너지소비량(kcal/min)

h : 총 작업시간(시간)

42 인간공학에 대한 설명으로 틀린 것은?

① 인간－기계 시스템의 안전성, 편리성, 효율성을 높인다.

② 인간을 작업과 기계에 맞추는 설계 철학이 바탕이 된다.

③ 인간이 사용하는 물건, 설비, 환경의 설계에 적용된다.

④ 인간의 생리적, 심리적인 면에서의 특성이나 한계점을 고려한다.

해설 **인간공학의 정의**

인간의 신체적 · 심리적 능력 한계를 고려하여 인간에게 적절한 형태로 작업을 맞추는 것이다. 인간의 특성과 능력을 공학적으로 분석, 평가하여 이를 복잡한 체계의 설계에 응용함으로써 효율을 최대로 활용할 수 있도록 하는 학문분야이다.

43 근골격계질환 작업분석 및 평가 방법인 OWAS의 평가요소를 모두 고른 것은?

ㄱ. 상지	ㄴ. 무게(하중)
ㄷ. 하지	ㄹ. 허리

① ㄱ, ㄴ

② ㄱ, ㄷ, ㄹ

③ ㄴ, ㄷ, ㄹ

④ ㄱ, ㄴ, ㄷ, ㄹ

OWAS(Ovako Working－posture Analysis System)의 **평가요소**

1. 허리
2. 팔(상지)
3. 다리(하지)
4. 하중/힘

44 밝은 곳에서 어두운 곳으로 갈 때 망막에 시홍이 형성되는 생리적 과정인 암조응이 발생하는데 완전 암조응(Dark adaptation)이 발생하는데 소요되는 시간은?

① 약 3~5분 ② 약 10~15분

③ 약 30~40분 ④ 약 60~90분

- 암순응(암조응) : 우선 약 5분 정도 원추세포의 순응단계를 거쳐, 약 30~40분 정도 걸리는 간상세포의 순응단계(완전 암순응)로 이어진다.
- 명순응(명조응) : 어두운 곳에 있는 동안 빛에 민감하게 된 시각계통을 강한 광선이 압도하기 때문에 일시적으로 안 보이게 되나 명순응에는 길게 잡아 1~2분이면 충분하다.

45 FTA(Fault Tree Analysis)에 관한 설명으로 옳은 것은?

① 정성적 분석만 가능하다.

② 복잡하고 대형화된 시스템의 신뢰성 분석 및 안정성 분석에 이용되는 기법이다.

③ FT에 동일한 사건이 중복되어 나타나는 경우 상향식(Bottom－up)으로 정상 사선 T의 발생 확률을 계산할 수 있다.

④ 기초사건과 생략사건의 확률값이 주어지게 되더라도 정상 사건의 최종적인 발생확률을 계산할 수 없다.

정답 42 ② 43 ④ 44 ③ 45 ②

 FTA(Fault Tree Analysis)

특정한 사고에 대하여 그 사고의 원인이 되는 장치 및 기기의 결함이나 작업자 오류 들을 연역적이며 정량적으로 평가하는 분석법

46 불(Bool) 대수의 정리를 나타낸 관계식 중 틀린 것은?

① $A \cdot 0 = 0$

② $A + 1 = 1$

③ $A \cdot \overline{A} = 1$

④ $A(A+B) = A$

 불 대수의 정리에 따라 $A \cdot \overline{A} = 0$이다.

불 대수의 법칙

(1) 동정법칙 : $A+A=A$, $AA=A$

(2) 교환법칙 : $AB=BA$, $A+B=B+A$

(3) 흡수법칙 : $A(AB)=(AA)B=AB$

$A+AB=A\cup(A\cap B)$

$=(A\cup A)\cap(A\cup B)$

$=A\cap(A\cup B)=A$

$\overline{A \cdot B}=\overline{A}+\overline{B}$

(4) 분배법칙 :

$A(B+C)=AB+AC$, $A+(BC)$

$=(A+B)\cdot(A+C)$

(5) 결합법칙 :

$A(BC)=(AB)C$, $A+(B+C)$

$=(A+B)+C$

(6) 기타 : $A \cdot 0 = 0$, $A+1=1$,

$A \cdot 1 = A$, $A+\overline{A}=1$,

$A \cdot \overline{A} = 0$

47 FTA(Fault Tree Analysis)에서 사용되는 사상 기호 중 통상의 작업이나 기계의 상태에서 재해의 발생 원인이 되는 요소가 있는 것은?

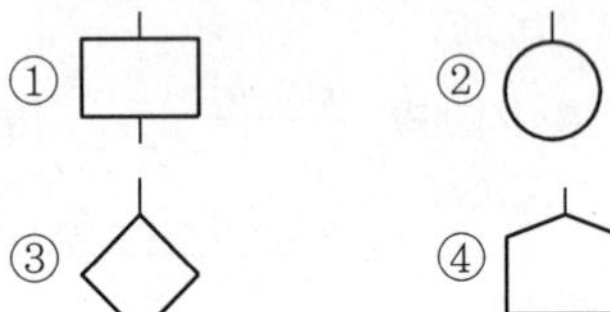

해설

번호	기호	명칭	설명
1		결함사상 (사상기호)	개별적인 결함사상
2		기본사상 (사상기호)	더 이상 전개되지 않는 기본사상
3		생략사상 (최후사상)	정보부족, 해석기술 불충분으로 더 이상 전개할 수 없는 사상
4		통상사상 (사상기호)	통상발생이 예상되는 사상

48 HAZOP 기법에서 사용하는 가이드워드와 그 의미가 잘못 연결된 것은?

① Part of : 성질상의 감소

② As well as : 성질상의 증가

③ Other than : 기타 환경적인 요인

④ More/Less : 정량적인 증가 또는 감소

 유인어(Guide Words) : 간단한 용어로서 창조적 사고를 유도하고 자극하여 이상을 발견하고 의도를 한정하기 위하여 사용되는 것

1. NO 또는 NOT : 설계의도의 완전한 부정
2. MORE 또는 LESS : 양(압력, 반응, 온도 등)의 증가 또는 감소
3. AS WELL AS : 성질상의 증가(설계의도와 운전조건이 어떤 부가적인 행위)와 함께 일어남
4. PART OF : 일부변경, 성질상의 감소(어떤 의도는 성취되나 어떤 의도는 성취되지 않음)
5. REVERSE : 설계의도의 논리적인 역
6. OTHER THAN : 완전한 대체(통상 운전과 다르게 되는 상태)

정답 46 ③ 47 ④ 48 ③

49 다음 중 좌식작업이 가장 적합한 작업은?

① 정밀 조립 작업
② 4.5kg 이상의 중량물을 다루는 작업
③ 작업장이 서로 떨어져 있으며 작업장 간 이동이 잦은 작업
④ 작업자의 정면에서 매우 높거나 낮은 곳으로 손을 자주 뻗어야 하는 작업

해설 **좌식 자세가 유리한 경우**

- 장시간의 작업을 요하는 경우
- 정밀도가 요구되는 작업
- 양발의 조작이 필요한 경우
- 정밀한 발의 조작이 필요한 경우

50 양식 양립성의 예시로 가장 적절한 것은?

① 자동차 설계 시 고도계 높낮이 표시
② 방사능 사업장에 방사능 폐기물 표시
③ 청각적 자극 제시와 이에 대한 음성 응답
④ 자동차 설계 시 제어장치와 표시장치의 배열

해설 양식 양립성은 과업에 따라 그에 알맞은 자극-응답 양식의 조합을 말한다(예 기계가 특정 음성에 대해 정해진 반응을 하는 것).

51 시스템의 수명곡선(욕조곡선)에 있어서 디버깅(Debugging)에 관한 설명으로 옳은 것은?

① 초기 고장의 결함을 찾아 고장률을 안정시키는 과정이다.
② 우발 고장의 결함을 찾아 고장률을 안정시키는 과정이다.
③ 마모 고장의 결함을 찾아 고장률을 안정시키는 과정이다.
④ 기계 결함을 발견하기 위해 동작시험을 하는 기간이다.

해설 디버깅(Debugging) 기간은 기계의 초기결함을 찾아내 고장률을 안정시키는 기간을 말한다.

설비의 고장형태

- 초기고장(감소형) : 제조가 불량하거나 생산과정에서 품질관리가 안 돼 생기는 고장(대책 : 번인, 스크리닝, 디버깅 등)
- 우발고장(일정형) : 실제 사용하는 상태에서 발생하는 고장으로 예측할 수 없는 랜덤의 간격으로 생기는 고장
- 마모고장(증가형) : 설비 또는 장치가 수명을 다하여 생기는 고장(대책 : 예방보전)

52 1 sone에 관한 설명으로 (   )에 알맞은 수치는?

1 sone : (ㄱ)Hz, (ㄴ)dB의 음압수준을 가진 순음의 크기

① ㄱ : 1000, ㄴ : 1
② ㄱ : 4000, ㄴ : 1
③ ㄱ : 1000, ㄴ : 40
④ ㄱ : 4000, ㄴ : 40

해설 sone 음량수준은 다른 음의 상대적인 주관적 크기 비교, 40dB의 1,000Hz 순음 크기(=40phon)를 1sone으로 정의, 기준음보다 10배 크게 들리는 음이 있다면 이 음의 음량은 10sone이다.

정답 49 ① 50 ③ 51 ① 52 ③

53 경계 및 경보신호의 설계지침으로 틀린 것은?

① 주의를 환기시키기 위하여 변조된 신호를 사용한다.
② 배경소음의 진동수와 다른 진동수의 신호를 사용한다.
③ 귀는 중음역에 민감하므로 500~3,000 Hz의 진동수를 사용한다.
④ 300m 이상의 장거리용으로는 1,000Hz를 초과하는 진동수를 사용한다.

해설 **경계 및 경보신호 선택 시 지침**

- 귀는 중음역에 가장 민감하므로 500~3,000Hz가 좋다.
- 300m 이상 장거리용 신호에는 1,000Hz 이하의 진동수를 사용한다.
- 칸막이를 돌아가는 신호는 500Hz 이하의 진동수를 사용한다.
- 배경소음과 다른 진동수를 갖는 신호를 사용하고 신호는 최소 0.5~1초 지속한다.
- 주의를 끌기 위해서는 변조된 신호를 사용한다.
- 경보효과를 높이기 위해서는 개시시간이 짧은 고강도의 신호를 사용한다.

54 인간-기계 시스템에 관한 설명으로 틀린 것은?

① 자동 시스템에서는 인간요소를 고려하여야 한다.
② 자동차 운전이나 전기 드릴 작업은 반자동 시스템의 예시이다.
③ 자동 시스템에서 인간은 감시, 정비유지, 프로그램 등의 작업을 담당한다.
④ 수동 시스템에서 기계는 동력원을 제공하고 인간의 통제하에서 제품을 생산한다.

 수동 시스템에서는 인간이 스스로 동력원을 제공한다.

55 n개의 요소를 가진 병렬 시스템에 있어 요소의 수명(MTTF)이 지수 분포를 따를 경우, 이 시스템의 수명으로 옳은 것은?

① $MTTF \times n$
② $MTTF \times \frac{1}{n}$
③ $MTTF \times \left(1+\frac{1}{2}+\cdots+\frac{1}{n}\right)$
④ $MTTF \times \left(1\times\frac{1}{2}\times\cdots\times\frac{1}{n}\right)$

 **평균고장시간(MTTF : Mean Time To Failure)**

시스템, 부품 등이 고장 나기까지 동작시간의 평균치. 평균수명이라고도 한다.

- 직렬계의 경우 : System의 수명은 $=\frac{MTTF}{n}=\frac{1}{\lambda}$
- 병렬계의 경우 : System의 수명은 $=MTTF\left(1+\frac{1}{2}+\frac{1}{3}+\cdots+\frac{1}{n}\right)$

n : 직렬 또는 병렬계의 요소

56 다음에서 설명하는 용어는?

> 유해·위험요인을 파악하고 해당 유해·위험요인에 의한 부상 또는 질병의 발생 가능성(빈도)과 중대성(강도)을 추정·결정하고 감소대책을 수립하여 실행하는 일련의 과정을 말한다.

① 위험성 결정
② 위험성 평가
③ 위험빈도 추정
④ 유해 · 위험요인 파악

정답 53 ④ 54 ④ 55 ③ 56 ②

해설 **위험성평가**

사업장의 유해·위험요인을 파악하고 해당 유해·위험요인에 의한 부상 또는 질병의 발생 가능성(빈도)와 중대성(강도)을 추정·결정하고 감소대책을 수립하여 실행하는 일련의 과정을 말한다.

57 상황해석을 잘못하거나 목표를 잘못 설정하여 발생하는 인간의 오류 유형은?

① 실수(Slip)
② 착오(Mistake)
③ 위반(Violation)
④ 건망증(Lapse)

해설 **인간의 오류모형**

- 착오(Mistake) : 상황해석을 잘못하거나 목표를 잘못 이해하고 착각하여 행하는 경우
- 실수(Slip) : 상황이나 목표의 해석을 제대로 했으나 의도와는 다른 행동을 하는 경우
- 건망증(Lapse) : 여러 과정이 연계적으로 일어나는 행동 중에서 일부를 잊어버리고 안 하거나 기억의 실패에 의하여 발생하는 오류
- 위반(Violation) : 정해진 규칙을 알고 있음에도 고의로 따르지 않거나 무시하는 행위

58 위험분석 기법 중 시스템 수명주기 관점에서 적용 시점이 가장 빠른 것은?

① PHA　② FHA
③ OHA　④ SHA

해설 **PHA(예비위험분석)**

시스템 내의 위험요소가 얼마나 위험상태에 있는가를 평가하는 시스템 안전 프로그램의 최초단계 분석 방식(정성적)

[시스템 수명 주기에서의 PHA]

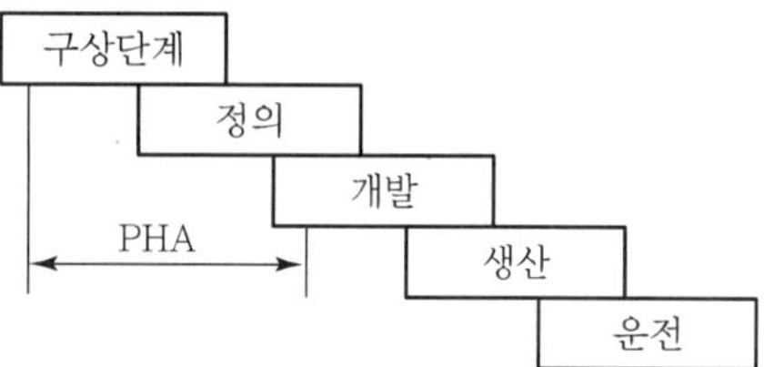

59 태양광선이 내리쬐는 옥외장소의 자연습구온도 20℃, 흑구온도 18℃, 건구온도 30℃ 일 때 습구흑구온도지수(WBGT)는?

① 20.6℃　② 22.5℃
③ 25.0℃　④ 28.5℃

해설 **습구흑구온도지수(WBGT)**

WBGT(옥외)
=(0.7×자연습구온도)
　+(0.2×흑구온도)+(0.1×건구온도)
=(0.7×20)+(0.2×18)+(30×0.1)
= 20.6℃

60 그림과 같은 FT도에 대한 최소 컷셋(minimal cut sets)으로 옳은 것은? (단, Fussell의 알고리즘을 따른다.)

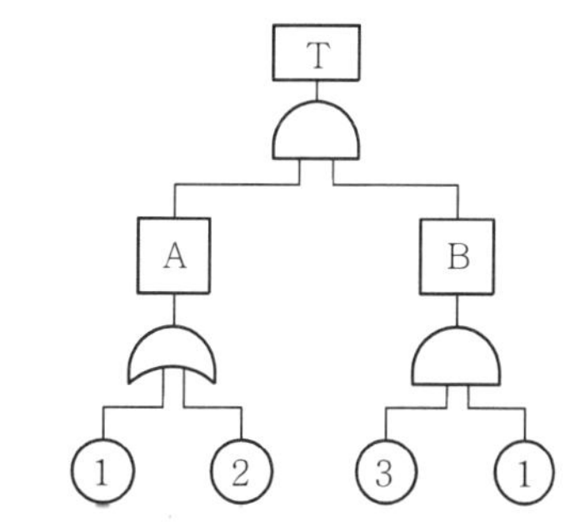

① {1, 2}　② {1, 3}
③ {2, 3}　④ {1, 2, 3}

정답 57 ② 58 ① 59 ① 60 ②

 $T = A \cdot B = \frac{1}{2} \cdot 1 \cdot 3$

컷셋{1, 1, 3}과 {2, 1, 3} 중 중복되는 사상이 미니멀 컷셋이다. 따라서, 상기 두 조건에서 중복되는 {1, 3}가 미니멀 컷셋이다.

제4과목 건설시공학

61 통상적으로 스팬이 큰 보 및 바닥판의 거푸집을 걸때에 스팬의 캠버(camber)값으로 옳은 것은?

① 1/300~1/500
② 1/200~1/350
③ 1/150~/1,250
④ 1/100~1/300

해설 스팬이 큰 보 및 바닥판의 거푸집을 걸때에 스팬의 캠버(camber)값은 1/300~1/500로 한다.

62 지반개량 공법 중 동다짐(dynamic compaction)공법의 특징으로 옳지 않은 것은?

① 시공 시 지반진동에 의한 공해문제가 발생하기도 한다.
② 지반 내에 암괴 등의 장애물이 있으면 적용이 불가능하다.
③ 특별한 약품이나 자재를 필요로 하지 않는다.
④ 깊은 심도의 지반개량에 대해서는 초대형 장비가 필요하다.

 동다짐은 지반 내 토질, 암질의 영향을 크게 받지 않는다.

63 기성콘크리트 말뚝에 표기된 PHC－A · 450－12의 각 기호에 대한 설명으로 옳지 않은 것은?

① PHC－원심력 고강도 프리스트레스트 콘크리트말뚝
② A－A종
③ 450－말뚝바깥지름
④ 12－말뚝삽입 간격

 12는 말뚝의 길이를 의미한다. 말뚝의 표시법은 다음과 같다.
[PHC－A · 450－12]
- PHC－A : 프리텐션 방식의 고강도 콘크리트 말뚝
- 말뚝의 지름 : 450mm
- 말뚝의 길이 : 12m

64 흙막이 공법과 관련된 내용의 연결이 옳지 않은 것은?

① 버팀대공법－띠장, 지지말뚝
② 지하연속법－안정액, 트레미관
③ 자립식공법－안내벽, 인터록킹 파이프
④ 어스앵커공법－인장재, 그라우팅

 안내벽과 인터록킹 파이프는 지중연속벽 공법과 관련된 내용이다.

정답 61 ① 62 ② 63 ④ 64 ③

65 흙막이 공법 중 지하연속벽(slurry wall) 공법에 대한 설명으로 옳지 않은 것은?

① 흙막이벽 자체의 강도, 강성이 우수하기 때문에 연약지반의 변형 및 이면침하를 최소한으로 억제할 수 있다.
② 차수성이 좋아 지하수가 많은 지반에도 사용할 수 있다.
③ 시공 시 소음, 진동이 작다.
④ 다른 흙막이벽에 비해 공사비가 적게 든다.

해설 지하연속벽공법은 다른 흙막이벽에 비해 공사비가 많이 든다.

66 건축물의 지하공사에서 계측관리에 관한 설명으로 틀린 것은?

① 계측관리의 목적은 위험의 징후를 발견하는 것이다.
② 계측관리의 중점관리사항으로는 흙막이 변위에 따른 배면지반의 침하가 있다.
③ 계측관리는 인적이 뜸하고 위험이 적은 안전한 곳에 설치하여 주기적으로 실시한다.
④ 일일점검항목으로는 흙막이벽체, 주변지반, 지하수위 및 배수량 등이 있다.

해설 계측기기는 사면이나 흙막이 붕괴의 위험성이 높은 곳에 설치하여 위험의 징후를 사전에 예측하여 대처한다.

67 벽길이 10m, 벽높이 3.6m인 블록벽체를 기본 블록(390mm×190mm×150mm)으로 쌓을 때 소요되는 블록의 수량은? (단, 블록은 온장으로 고려하고, 줄눈 나비는 가로, 세로 10mm, 할증은 고려하지 않음)

① 412매 ② 468매
③ 562매 ④ 598매

해설 (10m×3.6m)×13＝468매

68 외관 검사 결과 불합격된 철근 가스압접 이음부의 조치 내용으로 옳지 않은 것은?

① 심하게 구부러졌을 때는 재가열하여 수정한다.
② 압접면의 엇갈림이 규정값을 초과했을 때는 재가열하여 수정한다.
③ 형태가 심하게 불량하거나 압접부에 유해하다고 인정되는 결함이 생긴 경우는 압접부를 잘라내고 재압접한다.
④ 철근중심축의 편심량이 규정값을 초과했을 때는 압접부를 떼어내고 재압접한다.

해설 압접면의 엇갈림이 규정값을 초과했을 때는 압접부를 잘라내고 재압접한다.

69 철골부재조립 시 구멍의 위치가 다소 다를 때 구멍을 맞추기 위한 작업은?

① 송곳뚫기(driling)
② 리이밍(reaming)
③ 펀칭(punching)
④ 리벳치기(riveting)

정답 65 ④ 66 ③ 67 ② 68 ② 69 ②

 리이밍(Reaming)은 철골 부재 조립 시 구멍의 위치가 다소 다를 때 볼트 접합부의 구멍을 맞추기 위한 작업이다.

70 **철골작업용 장비 중 절단용 장비로 옳은 것은?**

① 프릭션 프레스(frixtion press)
② 플레이트 스트레이닝 롤(plate straining roll)
③ 파워 프레스(power press)
④ 핵 소우(hack saw)

 핵 소우(hack saw)는 철골작업용 장비 중 절단용 장비에 해당된다.

71 **시방서 및 설계도면 등이 서로 상이할 때의 우선순위에 대한 설명으로 옳지 않은 것은?**

① 설계도면과 공사시방서가 상이할 때는 설계도면을 우선한다.
② 설계도면과 내역서가 상이할 때는 설계도면을 우선한다.
③ 표준시방서와 전문시방서가 상이할 때는 전문시방서를 우선한다.
④ 설계도면과 상세도면이 상이할 때는 상세도면을 우선한다.

 설계도면과 공사시방서가 상이할 때는 공사시방서를 우선한다.

72 **예정가격범위 내에서 최저가격으로 입찰한 자를 낙찰자로 선정하는 낙찰자 선정 방식은?**

① 최적격 낙찰제
② 제한적 최저가 낙찰제
③ 최저가 낙찰제
④ 적격 심사 낙찰제

해설 최저가 낙찰제에 해당하는 내용이다.

73 **설계도와 시방서가 명확하지 않거나 설계는 명확하지만, 공사비 총액을 산출하기 곤란하고 발주자가 양질의 공사를 기대할 때 채택될 수 있는 가장 타당한 도급 방식은?**

① 실비정산 보수가산식 도급
② 단가 도급
③ 정액 도급
④ 턴키 도급

 실비정산 보수 가산도급(Cost Plus Fee Contract) 계약은 공사의 실비를 건축주와 도급자가 확인 · 정산하고, 건축주는 미리 정한 보수율에 따라 도급자에게 공사비를 지급하는 방식이다.

74 **철근공사에 대하여 옳지 않은 것은?**

① 조립용 철근은 철근을 구부릴 때 철근의 위치를 확보하기 위하여 쓰는 보조적인 철근이다.
② 철근의 용접부에 순간최대풍속 2.7 m/s 이상의 바람이 불 때는 철근을 용접할 수 없으며, 풍속을 2.7m/s 이하로 저감 시킬 수 있는 방풍시설을 설치하는 경우에만 용접할 수 있다.

정답 70 ④ 71 ① 72 ③ 73 ① 74 ①

③ 가스압접 이음은 철근의 단면을 산소–아세틸렌 불꽃 등을 사용하여 가열하고 기계적 압력을 가하여 용접한 맞대이음을 말한다.
④ D35를 초과하는 철근은 겹침이음을 할 수 없다. 다만, 서로 다른 크기의 철근을 압축부에서 겹침이음하는 경우 D35 이하의 철근과 D35를 초과하는 철근은 겹침이음을 할 수 있다.

해설 조립용 철근은 주철근을 조립할 때 철근의 위치를 확보할 목적으로 사용된다.

75 철골공사의 용접접합에서 플럭스(flux)를 옳게 설명한 것은?

① 용접 시 용접봉의 피복제 역할을 하는 분말상의 재료
② 압연강판의 층 사이에 균열이 생기는 현상
③ 용접작업의 종단부에 임시로 붙이는 보조판
④ 용접부에 생기는 미세한 구멍

해설 플럭스(Flux)

자동용접 시 용접봉의 피복제로 쓰는 분말상의 재료이다. 플럭스는 함유원소를 이온화하여 아크를 안정시키고 용착금속의 산화 방지, 탈산, 정련하는 역할을 한다.

76 착공단계에서의 공사계획을 수립할 때 우선 고려하지 않아도 되는 것은?

① 현장 직원의 조직편성
② 예정 공정표의 작성
③ 유지관리지침서의 변경
④ 실행예산편성

해설 공사계획 단계에서 사전에 검토할 내용은 다음과 같다.
- 현장원 편성 : 공사계획 중 가장 우선
- 공정표의 작성 : 공사 착수 전 단계에서 작성함
- 실행예산의 편성 : 재료비, 노무비, 경비
- 하도급 업체의 선정
- 가설 준비물 결정
- 재료, 설비 반입계획
- 재해방지계획
- 노무 동원계획

77 AE콘크리트에 관한 설명으로 옳은 것은?

① 공기량은 기계비빔이 손비빔의 경우보다 적다.
② 공기량은 비벼놓은 시간이 길수록 증가한다.
③ 공기량은 AE제의 양이 증가할수록 감소하나 콘크리트의 강도는 증대한다.
④ 시공연도가 증진되고 재료분리 및 블리딩이 감소한다.

해설 AE콘크리트(Air Entrained Agent concrete)는 AE제를 혼합하여 공기량 증가로 콘크리트의 시공연도, 워커빌리티를 향상시킨 콘크리트이다.

78 콘크리트의 고강도화와 관계가 적은 것은?

① 물시멘트비를 작게 한다.
② 시멘트의 강도를 크게 한다.
③ 폴리머(polymer)를 함침(含浸)한다.
④ 골재의 입자분포를 가능한 한 균일 입자분포로 한다.

해설 골재의 입자분포는 콘크리트의 고강도화와 관계가 적다.

정답 75 ① 76 ③ 77 ④ 78 ④

79 **벽돌쌓기법 중에서 마구리를 세워 쌓는 방식으로 옳은 것은?**

① 옆세워 쌓기 ② 허튼 쌓기
③ 영롱 쌓기 ④ 길이 쌓기

해설 옆세워 쌓기에 해당하는 내용이다.

80 **바닥판 거푸집의 구조계산 시 고려해야 하는 연직하중에 해당하지 않는 것은?**

① 작업하중
② 충격하중
③ 고정하중
④ 굳지 않은 콘크리트의 측압

해설 굳지 않은 콘크리트의 측압은 수평하중에 해당된다.

제5과목 건설재료학

81 **플라이애시시멘트에 대한 설명으로 옳은 것은?**

① 수화할 때 불용성 규산칼슘 수화물을 생성한다.
② 화력발전소 등에서 완전 연소한 미분탄의 회분과 포틀랜드시멘트를 혼합한 것이다.
③ 재령 1~2시간 안에 콘크리트 압축강도가 20MPa에 도달할 수 있다.
④ 용광로의 선철제작 부산물을 급랭시키고 파쇄하여 시멘트와 혼합한 것이다.

해설 플라이애시시멘트는 화력발전소 등에서 완전 연소한 미분탄의 회분과 포틀랜드시멘트를 혼합한 것이다.

82 **건축용 접착제로서 요구되는 성능에 해당되지 않는 것은?**

① 진동, 충격의 반복에 잘 견딜 것
② 취급이 용이하고 독성이 없을 것
③ 장기부하에 의한 크리프가 클 것
④ 고화 시 체적수축 등에 의한 내부변형을 일으키지 않을 것

해설 장기부하에 의한 크리프가 적어야 한다.

83 **골재의 함수상태에서 유효흡수량의 정의로 옳은 것은?**

① 습윤상태와 절대건조상태의 수량의 차이
② 표면건조포화상태와 기건상태의 수량의 차이
③ 기건상태와 절대건조상태의 수량의 차이
④ 습윤상태와 표면건조포화상태의 수량의 차이

해설 유효흡수량은 표면건조포화상태와 기건상태의 수량의 차이를 말한다.

정답 79 ① 80 ④ 81 ② 82 ③ 83 ②

84 도장재료 중 물이 증발하여 수지입자가 굳는 융착건조경화를 하는 것은?

① 알키드수지 도료
② 애폭시수지 도료
③ 불소수지 도료
④ 합성수지 에멀션 페인트

해설 합성수지 에멀션 페인트는 융착건조경화를 한다.

85 목재의 역학적 성질에 대한 설명으로 옳지 않은 것은?

① 목재 섬유 평행방향에 대한 인장강도가 다른 여러 강도 중 가장 크다.
② 목재의 압축강도는 옹이가 있으면 증가한다.
③ 목재를 휨부재로 사용하여 외력에 저항할 때는 압축, 인장, 전단력이 동시에 일어난다.
④ 목재의 전단강도는 섬유 간의 부착력, 섬유의 곧음, 수선의 유무 등에 의해 결정된다.

해설 목재의 압축강도는 옹이가 있으면 감소한다.

86 합판에 대한 설명으로 옳지 않은 것은?

① 단판을 섬유 방향이 서로 평행하도록 홀수로 적층하면서 접착시켜 합친 판을 말한다.
② 함수율 변화에 따라 팽창 · 수축의 방향성이 없다.
③ 뒤틀림이나 변형이 적은 비교적 큰 면적의 평면 재료를 얻을 수 있다.
④ 균일한 강도의 재료를 얻을 수 있다.

해설 합판은 단판을 서로 직교하여 붙여 잘 갈라지지 않고 방향에 따른 강도차가 적다. 단판이 얇아서 건조가 빠르고 뒤틀림이 적다.

87 미장바탕의 일반적인 성능조건과 가장 거리가 먼 것은?

① 미장층보다 강도가 클 것
② 미장층과 유효한 접착강도를 얻을 수 있을 것
③ 미장층보다 강성이 작을 것
④ 미장층의 경화, 건조에 지장을 주지 않을 것

해설 미장층보다 강성이 커야 한다.

88 절대건조밀도가 2.6g/cm^{3}이고, 단위용적질량이 1,750kg/m^{3}인 굵은 골재의 공극률은?

① 30.5% ② 32.7%
③ 34.7% ④ 36.2%

해설 공극율 = (1 − 1.75/2.6) × 100 = 32.7%

89 목재의 내연성 및 방화에 대한 설명으로 옳지 않은 것은?

① 목재의 방화는 목재 표면에 불연소성 피막을 도포 또는 형성시켜 화염의 접근을 방지하는 조치를 한다.
② 방화재로는 방화페인트, 규산나트륨 등이 있다.
③ 목재가 열에 닿으면 먼저 수분이 증발하고 160℃ 이상이 되면 소량의 가연성가스가 유출된다.

정답 84 ④ 85 ② 86 ① 87 ③ 88 ② 89 ④

④ 목재는 450℃에서 장시간 가열하면 자연발화 하게 되는데, 이 온도를 화재 위험온도라고 한다.

 목재는 400~450℃ 정도가 되면 화기 없이 자연발화가 되며, 이를 발화점이라고 한다. 목재의 열 및 화학적 특성은 다음과 같다.
- 목재에 열을 가하면 100℃ 정도에서 수분 증발이 심하게 일어난다.
- 인화점 : 180~240℃ 정도에서 열분해가 시작되어 가연성가스가 발생한다.
- 발화점 : 400~450℃ 정도가 되면 화기 없이 자연발화가 된다.
- 착화점 : 화재 위험온도로서 250~270℃ 되면 불꽃에 의해 목재에 불이 붙는다.

90 금속의 부식방지를 위한 관리대책으로 옳지 않은 것은?

① 부분적으로 녹이 발생하면 즉시 제거할 것
② 큰 변형을 준 것은 가능한 한 풀림하여 사용할 것
③ 가능한 한 이종 금속을 인접 또는 접촉시켜 사용할 것
④ 표면을 평활하고 깨끗이 하며, 가능한 한 건조상태로 유지할 것

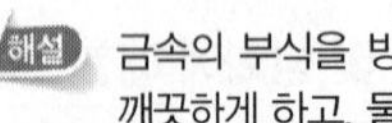 금속의 부식을 방지하기 위해서는 표면을 깨끗하게 하고, 물기나 습기가 없도록 해야 한다.

91 다음의 미장재료 중 균열저항성이 가장 큰 것은?

① 회반죽 바름
② 소석고 플라스터
③ 경석고 플라스터
④ 돌로마이트 플라스터

 경석고 플라스터는 미장재료 중 균열저항성이 가장 크다.

92 점토의 물리적 성질에 관한 설명으로 옳지 않은 것은?

① 점토의 인장강도는 압축강도의 약 5배 정도이다.
② 입자의 크기는 보통 $2\mu m$ 이하의 미립자지만 모래알 정도의 것도 약간 포함되어 있다.
③ 공극률은 점토의 입자 간에 존재하는 모공용적으로 입자의 형상, 크기에 관계한다.
④ 점토입자가 미세하고, 양지의 점토일수록 가소성이 좋으나, 가소성이 너무 클 때는 모래 또는 샤모트를 섞어서 조절한다.

 점토의 압축강도는 인장강도의 약 5배 정도이다.

93 일반 콘크리트 대비 ALC의 우수한 물리적 성질로서 옳지 않은 것은?

① 경량성
② 단열성
③ 흡음 · 차음성
④ 수밀성, 방수성

 ALC는 수밀성, 방수성이 약하다.

정답 90 ③ 91 ③ 92 ① 93 ④

94 **콘크리트 바탕에 이음새 없는 방수 피막을 형성하는 공법으로, 도료 상태의 방수재를 여러 차례 칠하여 방수막을 형성하는 방수공법은?**

① 아스팔트 루핑 방수
② 합성고분자 도막 방수
③ 시멘트 모르타르 방수
④ 규산질 침투성 도포 방수

해설 합성고분자 도막 방수에 해당되는 내용이다.

95 **열경화성수지가 아닌 것은?**

① 페놀수지 ② 요소수지
③ 아크릴수지 ④ 멜라민수지

해설 아크릴수지는 열가소성 수지에 해당한다.

96 **블로운 아스팔트(Blown Asphalt)를 휘발성 용제에 녹이고 광물분말 등을 가하여 만든 것으로 방수, 접합부 충전 등에 쓰이는 아스팔트 제품은?**

① 아스팔트 코팅(Asphalt coating)
② 아스팔트 그라우트(Aasphalt grout)
③ 아스팔트 시멘트(Asphalt cement)
④ 아스팔트 콘크리트(Asphalt concrete)

해설 아스팔트 코팅은 블로운 아스팔트(Blown Asphalt)를 휘발성 용제에 녹이고 광물 분말 등을 가하여 만든 것이다.

97 **연강판에 일정한 간격으로 그물눈을 내고 늘여 철망모양으로 만든 것으로 옳은 것은?**

① 메탈라스(metal lath)
② 와이어메시(wire mesh)
③ 인서트(insert)
④ 코너비드(comer bead)

해설 메탈라스(Metal lath)는 두께 0.4~0.8mm의 연강판에 일정한 간격으로 자르는 마름모꼴 자국을 내어 이것을 옆으로 잡아당겨 그물 모양으로 만든 것으로 천장, 벽 등의 미장 바탕에 쓰인다.

98 **고로슬래그 쇄석에 대한 설명으로 옳지 않은 것은?**

① 철을 생산하는 과정에서 용광로에서 생기는 광재를 공기 중에서 서서히 냉각시켜 경화된 것을 파쇄하여 만든다.
② 투수성은 보통골재의 경우보다 작으므로 수밀콘크리트에 적합하다.
③ 고로슬래그 쇄석을 활용한 콘크리트는 다른 암석을 사용한 콘크리트보다 건조수축이 적다.
④ 다공질이기 때문에 흡수율이 크므로 충분히 살수하여 사용하는 것이 좋다.

해설 고로슬래그 쇄석은 메스콘크리트에 적합하다.

정답 94 ② 95 ③ 96 ① 97 ① 98 ②

99 **점토제품 중 소성온도가 가장 고온이고 흡수성이 매우 작으며 모자이크 타일, 위생도기 등에 주로 쓰이는 것은?**

① 토기 ② 도기
③ 석기 ④ 자기

해설 자기에 해당하는 내용이다.

100 **목재에 사용되는 크레오소트 오일에 대한 설명으로 옳지 않은 것은?**

① 냄새가 좋아서 실내에서도 사용이 가능하다.
② 방부력이 우수하고 가격이 저렴하다.
③ 독성이 적다.
④ 침투성이 좋아 목재에 깊게 주입된다.

해설 크레오소트 오일은 부식이 적고 처리재의 강도가 감소하지 않아 목재의 방부제로 사용되며 주로 실외에서 사용된다.

제6과목 건설안전기술

101 **건설업의 공사금액이 850억 원일 경우 산업안전보건법령에 따른 안전관리자의 수로 옳은 것은? (단, 전체 공사기간을 100으로 할 때 공사 전 · 후 15에 해당하는 경우는 고려하지 않는다.)**

① 1명 이상 ② 2명 이상
③ 3명 이상 ④ 4명 이상

해설 공사금액 800억 원 이상인 건설업의 경우 안전관리자는 2명 이상으로 배치해야 한다.

102 **건설현장에 거푸집 동바리 설치 시 준수사항으로 옳지 않은 것은?**

① 파이프서포트 높이가 4.5m를 초과하는 경우에는 높이 2m 이내마다 2개 방향으로 수평 연결재를 설치한다.
② 동바리의 침하 방지를 위해 깔목의 사용, 콘크리트 타설, 말뚝박기 등을 실시한다.
③ 강재와 강재의 접속부는 볼트 또는 클램프 등 전용철물을 사용한다.
④ 강관틀 동바리는 강관틀과 강관틀 사이에 교차가새를 설치한다.

해설 파이프서포트 높이가 3.5m를 초과하는 경우에는 높이 2m 이내마다 2개 방향으로 수평 연결재를 설치한다.

103 **가설통로를 설치하는 경우 준수해야 할 기준으로 옳지 않은 것은?**

① 경사는 30° 이하로 할 것
② 경사가 25°를 초과하는 경우에는 미끄러지지 아니하는 구조로 할 것
③ 건설공사에 사용하는 높이 8m 이상인 비계다리에는 7m 이내마다 계단참을 설치할 것
④ 수직갱에 가설된 통로의 길이가 15m 이상인 때에는 10m 이내마다 계단참을 설치할 것

해설 경사가 15°를 초과하는 경우에는 미끄러지지 아니하는 구조로 할 것

정답 99 ④ 100 ① 101 ② 102 ① 103 ②

104 **항타기 또는 항발기의 사용 시 준수사항으로 옳지 않은 것은?**

① 증기나 공기를 차단하는 장치를 작업관리자가 쉽게 조작할 수 있는 위치에 설치한다.
② 해머의 운동에 의하여 증기호스 또는 공기호스와 해머의 접속부가 파손되거나 벗겨지는 것을 방지하기 위하여 그 접속부가 아닌 부위를 선정하여 증기호스 또는 공기호스를 해머에 고정시킨다.
③ 항타기나 항발기의 권상장치의 드럼에 권상용 와이어로프가 꼬인 경우에는 와이어로프에 하중을 걸어서는 안된다.
④ 항타기나 항발기의 권상장치에 하중을 건 상태로 정지하여 두는 경우에는 쐐기장치 또는 역회전방지용 브레이크를 사용하여 제동하는 등 확실하게 정지시켜 두어야 한다.

해설 증기나 공기를 차단하는 장치를 해머의 운전자가 쉽게 조작할 수 있는 위치에 설치해야 한다.

105 **가설공사 표준안전 작업지침에 따른 통로발판을 설치하여 사용할 때 준수사항으로 옳지 않은 것은?**

① 추락의 위험이 있는 곳에는 안전난간이나 철책을 설치하여야 한다.
② 작업발판의 최대폭은 1.6m 이내이어야 한다.
③ 비계발판의 구조에 따라 최대 적재하중을 정하고 이를 초과하지 않도록 하여야 한다.
④ 발판을 겹쳐 이음하는 경우 장선 위에서 이음을 하고 겹침길이는 10cm 이상으로 하여야 한다.

해설 발판을 겹쳐 이음하는 경우 장선 위에서 이음을 하고 겹침길이는 100cm 이상으로 하여야 한다.

106 **토사붕괴에 따른 재해를 방지하기 위한 흙막이 지보공 부재로 옳지 않은 것은?**

① 흙막이판 ② 말뚝
③ 턴버클 ④ 띠장

해설 턴버클이란 두 점 사이에 연결된 강삭(鋼索) 등을 죄는 데 사용하는 죔기구의 하나로, 좌우에 나사막대가 있고 나사부가 공통 너트로 연결되는 구조이다.

107 **토사 붕괴의 원인으로 옳지 않은 것은?**

① 경사 및 기울기 증가
② 성토높이의 증가
③ 건설기계 등 하중작용
④ 토사 중량의 감소

해설 토사 중량의 증가가 붕괴원인에 해당된다.

108 **이동식 비계를 조립하여 작업을 하는 경우의 준수기준으로 옳지 않은 것은?**

① 비계의 최상부에서 작업을 할 때에는 안전난간을 설치하여야 한다.
② 작업발판의 최대적재하중은 40kg을 초과하지 않도록 한다.
③ 승강용 사다리는 견고하게 설치하여야 한다.

정답 104 ① 105 ④ 106 ③ 107 ④ 108 ②

④ 작업발판은 항상 수평을 유지하고 작업발판 위에서 안전난간을 딛고 작업을 하거나 받침대 또는 사다리를 사용하여 작업하지 않도록 한다.

 작업발판의 최대적재하중은 250kg을 초과하지 않도록 한다.

109 건설용 리프트의 붕괴 등을 방지하기 위해 받침의 수를 증가시키는 등 안전조치를 하여야 하는 순간풍속 기준은?

① 초당 15미터 초과
② 초당 25미터 초과
③ 초당 35미터 초과
④ 초당 45미터 초과

 초당 35미터 초과할 경우 건설용 리프트의 붕괴 등을 방지하기 위해 받침의 수를 증가시키는 등 안전조치를 하여야 한다.

110 건설작업용 타워크레인의 안전장치로 옳지 않은 것은?

① 권과 방지장치
② 과부하 방지장치
③ 비상정지 장치
④ 호이스트 스위치

 호이스트 스위치는 타워크레인의 안전장치에 해당하지 않는다.

111 달비계에 사용하는 와이어로프의 사용금지 기준으로 옳지 않은 것은?

① 이음매가 있는 것
② 열과 전기 충격에 의해 손상된 것
③ 지름의 감소가 공칭지름의 7%를 초과하는 것
④ 와이어로프의 한 꼬임에서 끊어진 소선의 수가 7% 이상인 것

 한 꼬임에서 끊어진 소선의 수가 10% 이상인 경우 사용금지 조건에 해당된다.

112 건설업 산업안전보건관리비 계상 및 사용기준은 산업재해보상 보험법의 적용을 받는 공사 중 총 공사금액이 얼마 이상인 공사에 적용하는가? (단, 전기공사업법, 정보통신공사업법에 의한 공사는 제외)

① 4천만 원 ② 3천만 원
③ 2천만 원 ④ 1천만 원

해설 총공사금액 2천만 원 이상이 해당된다.

113 가설구조물의 특징으로 옳지 않은 것은?

① 연결재가 적은 구조로 되기 쉽다.
② 부재 결합이 간략하여 불안전 결합이다.
③ 구조물이라는 개념이 확고하여 조립의 정밀도가 높다.
④ 사용부재는 과소단면이거나 결함재가 되기 쉽다.

해설 가설구조물은 조립의 정밀도가 낮다.

정답 109 ③ 110 ④ 111 ④ 112 ③ 113 ③

114 **거푸집 동바리의 침하를 방지하기 위한 직접적인 조치로 옳지 않은 것은?**

① 수평연결재 사용
② 깔목의 사용
③ 콘크리트의 타설
④ 말뚝박기

 수평연결재의 사용은 직접적인 조치에 해당하지 않는다.

115 **건설공사의 유해위험방지계획서 제출 기준일로 옳은 것은?**

① 당해 공사 착공 1개월 전까지
② 당해 공사 착공 15일 전까지
③ 당해 공사 착공 전날까지
④ 당해 공사 착공 15일 후까지

 유해위험방지계획서는 당해 공사 착공 전날까지 제출한다.

116 **건설업 중 유해위험방지계획서 제출 대상 사업장으로 옳지 않은 것은?**

① 지상높이가 31m 이상인 건축물 또는 인공구조물, 연면적 30,000m^2 이상인 건축물 또는 연면적 5,000m^2 이상의 문화 및 집회시설의 건설공사
② 연면적 3,000m^2 이상의 냉동 · 냉장 창고시설의 설비공사 및 단열공사
③ 깊이 10m 이상인 굴착공사
④ 최대 지간길이가 50m 이상인 다리의 건설공사

 연면적 5,000m^2 이상의 냉동 · 냉장 창고시설의 설비공사 및 단열공사가 해당된다.

117 **사다리식 통로 등의 구조에 대한 설치기준으로 옳지 않은 것은?**

① 발판의 간격은 일정하게 할 것
② 발판과 벽과의 사이는 15cm 이상의 간격을 유지할 것
③ 사다리식 통로의 길이가 10m 이상인 때에는 7m 이내마다 계단참을 설치할 것
④ 사다리의 상단은 걸쳐놓은 지점으로부터 60cm 이상 올라가도록 할 것

 사다리식 통로의 길이가 10m 이상인 경우에는 3m 이내마다 계단참을 설치한다.

118 **철골건립 준비를 할 때 준수하여야 할 사항으로 옳지 않은 것은?**

① 지상 작업장에서 건립준비 및 기계 · 기구를 배치할 경우에는 낙하물의 위험이 없는 평탄한 장소를 선정하여 정비하여야 한다.
② 건립작업에 다소 지장이 있다고 하더라도 수목은 제거하거나 이설하여서는 안된다.
③ 사용 전에 기계 · 기구에 대한 정비 및 보수를 철저히 실시하여야 한다.
④ 기계에 부착된 앵카 등 고정장치와 기초구조 등을 확인하여야 한다.

해설 지장수목은 제거하거나 이설해야 한다.

정답 114 ① 115 ③ 116 ② 117 ③ 118 ②

119 고소작업대를 설치 및 이동하는 경우에 준수하여야 할 사항으로 옳지 않은 것은?

① 와이어로프 또는 체인의 안전율은 3 이상일 것
② 붐의 최대 지면경사각을 초과 운전하여 전도되지 않도록 할 것
③ 고소작업대를 이동하는 경우 작업대를 가장 낮게 내릴 것
④ 작업대에 끼임·충돌 등 재해를 예방하기 위한 가드 또는 과상승방지장치를 설치할 것

와이어로프 또는 체인의 안전율은 5 이상이어야 한다.

120 터널공사에서 발파작업 시 안전대책으로 옳지 않은 것은?

① 발파전 도화선 연결상태, 저항치 조사 등의 목적으로 도통시험 실시 및 발파기의 작동상태에 대한 사전점검 실시
② 모든 동력선은 발원점으로부터 최소한 15m 이상 후방으로 옮길 것
③ 지질, 암의 절리 등에 따라 화약량에 대한 검토 및 시방기준과 대비하여 안전조치 실시
④ 발파용 점화회선은 타동력선 및 조명회선과 한곳으로 통합하여 관리

발파용 점화회선은 타동력선 및 조명회선과 분리해야 한다.

정답 119 ① 120 ④

2022년 9월 14일 시행

ENGINEER CONSTRUCTION SAFETY

※ 2022년 2회 이후 CBT로 출제된 기출문제는 개정된 출제기준과 해당 회차의 기출 키워드 등을 분석하여 복원하였습니다.

제1과목 산업안전관리론

01 재해손실비 중 직접비에 속하지 않는 것은?

① 요양급여 ② 장해급여
③ 휴업급여 ④ 영업손실비

해설 직접비

법령으로 정한 피해자에게 지급되는 산재보험비
- 휴업보상비
- 장해보상비
- 요양보상비
- 유족보상비
- 장의비

02 건설기술진흥법령상 안전점검의 시기·방법에 관한 사항으로 ( )에 알맞은 내용은?

> 정기안전점검 결과 건설공사의 물리적·기능적 결함 등이 발견되어 보수·보강 등의 조치를 위하여 필요한 경우에는 ( )을/를 할 것

① 긴급점검 ② 정기점검
③ 특별점검 ④ 정밀안전점검

해설 시설물의 안전 및 유지관리에 관한 특별법

제2조(정의) 생략
6. "정밀안전진단"이란 시설물의 물리적·기능적 결함을 발견하고 그에 대한 신속하고 적절한 조치를 하기 위하여 구조적 안전성과 결함의 원인 등을 조사·측정·평가하여 보수·보강 등의 방법을 제시하는 행위를 말한다.

03 산업안전보건법령상 산업안전보건위원회의 심의·의결사항으로 틀린 것은? (단, 그 밖에 해당 사업장 근로자의 안전 및 보건을 유지·증진시키기 위하여 필요한 사항은 제외한다.)

① 사업장 경영체계 구성 및 운영에 관한 사항
② 작업환경측정 등 작업환경의 점검 및 개선에 관한 사항
③ 안전보선관리규정의 작성 및 변경에 관한 사항
④ 유해하거나 위험한 기계·기구·설비를 도입한 경우 안전 및 보건 관련 조치에 관한 사항

해설 산업안전보건위원회의 심의·의결사항

1. 산업재해 예방계획의 수립에 관한 사항
2. 안전보건관리규정의 작성 및 변경에 관한 사항
3. 근로자의 안전·보건교육에 관한 사항
4. 작업환경측정 등 작업환경의 점검 및 개선에 관한 사항
5. 근로자의 건강진단 등 건강관리에 관한 사항
6. 중대재해의 원인조사 및 재발방지대책 수립에 관한 사항
7. 산업재해에 관한 통계의 기록 및 유지에 관한 사항

정답 01 ④ 02 ④ 03 ①

8. 안전 · 보건과 관련된 안전장치 및 보호구 구입 시의 적격품 여부 확인에 관한 사항

04 하인리히의 재해손실비 평가방식에서 간접비에 속하지 않는 것은?

① 요양급여 ② 시설복구비
③ 교육훈련비 ④ 생산손실비

해설 요양급여비용은 직접 손실비용이다.

간접비
재산손실, 생산중단 등으로 기업이 입은 손실
– 인적손실 : 본인 및 제3자에 관한 것을 포함한 시간손실
– 물적손실 : 기계, 구, 재료, 시설의 복구에 소비된 시간손실 및 재산손실
– 생산손실 : 생산감소, 생산중단, 판매감소 등에 의한 손실 · 특수손실 · 기타 손실

05 재해조사 시 유의사항으로 틀린 것은?

① 인적, 물적 양면의 재해요인을 모두 도출한다.
② 책임 추궁보다 재발 방지를 우선하는 기본태도를 갖는다.
③ 목격자 등이 증언하는 사실 이외 추측의 말은 참고만 한다.
④ 목격자의 기억보존을 위하여 조사는 담당자 단독으로 신속하게 실시한다.

해설 **재해조사 시 유의사항**

- 사실을 수집한다.
- 객관적인 입장에서 공정하게 조사하며 조사는 2인 이상이 한다.
- 책임추궁보다는 재발방지를 우선으로 한다.
- 조사는 신속하게 행하고 긴급 조치하여 2차 재해의 방지를 도모한다.
- 피해자에 대한 구급조치를 우선한다.
- 사람, 기계 설비 등의 재해요인을 모두 도출한다.

06 산업안전보건법령상 다음 (　　)에 알맞은 내용은?

> 안전보건관리규정의 작성 대상 사업의 사업주는 안전보건관리규정을 작성해야 할 사유가 발생한 날부터 (　　)이내에 안전보건관리규정의 세부내용을 포함한 안전보건관리규정을 작성하여야 한다.

① 10일 ② 15일
③ 20일 ④ 30일

해설 사업주는 안전보건관리규정을 작성하여야 할 사유가 발생한 날부터 30일 이내에 안전보건관리규정을 작성하여야 한다. 이를 변경할 사유가 발생한 경우에도 또한 같다.

07 위험예지훈련의 문제해결 4단계(4R)에 속하지 않는 것은?

① 현상파악 ② 본질추구
③ 대책수립 ④ 후속조치

해설 **위험예지훈련의 추진을 위한 문제해결 4단계(4라운드)**

- 1라운드 : 현상파악(사실의 파악)
- 2라운드 : 본질추구(원인조사)
- 3라운드 : 대책수립(대책 세움)
- 4라운드 : 목표설정(행동계획 작성)

08 보호구 안전인증 고시상 성능이 다음과 같은 방음용 귀마개(기호)로 옳은 것은?

> 저음부터 고음까지 차음하는 것

① EP－1 ② EP－2
③ EP－3 ④ EP－4

정답 04 ① 05 ④ 06 ④ 07 ④ 08 ①

해설 방음용 귀마개 또는 귀덮개의 종류·등급

종류	등급	기호	성능	비고
귀마개	1종	EP－1	저음부터 고음까지 차음하는 것	귀마개의 경우 재사용 여부를 제조특성으로 표기
	2종	EP－2	주로 고음을 차음하고 저음(회화음영역)은 차음하지 않는 것	
귀덮개	－	EM		

09 산업안전보건법령상 안전보건표지의 용도 및 색도기준이 바르게 연결된 것은?

① 지시표지 : 5N 9.5
② 금지표지 : 2.5G 4/10
③ 경고표지 : 5Y 8.5/12
④ 안내표지 : 7.5R 4/14

해설 안전보건표지의 색도기준 및 용도

색채	색도기준	용도	사용례
노란색	5Y 8.5/12	경고	화학물질 취급장소에서의 유해·위험경고 이외의 위험경고, 주의표지 또는 기계방호물

10 산업재해의 발생형태에 따른 분류 중 단순 연쇄형에 속하는 것은? (단, O는 재해 발생의 각종 요소를 나타냄)

① (O → 재해 ← O, 사방의 O가 재해로 모임)
② O → O → O → O → 재해
③ O → O → O ↘ 재해 / O → O → O ↗
④ O ↘, O →, O ↗ O → O → O → 재해

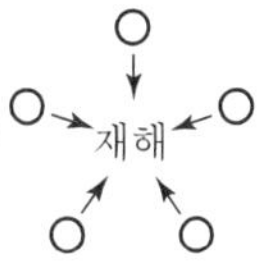

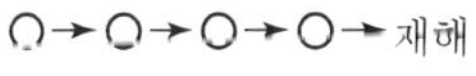

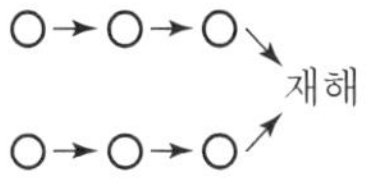

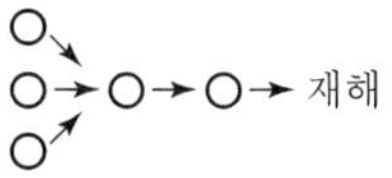

해설 연쇄형(사슬형)

하나의 사고요인이 또 다른 요인을 발생시키면서 재해를 발생시키는 유형이다. 단순연쇄형과 복합연쇄형이 있다.

O→O→O→O→◯ [단순연쇄형]

O→O→O→O↘◯ / O→O→O→O↗ [복합연쇄형]

11 산업안전보건법령상 중대재해가 아닌 것은?

① 사망자가 1명 발생한 재해
② 부상자가 동시에 10명 발생한 재해
③ 직업성 질병자가 동시에 10명 발생한 재해
④ 1개월의 요양이 필요한 부상자가 동시에 2명 발생한 재해

해설 중대재해

산업재해 중 사망 등 재해의 정도가 심한 것으로서 다음에 정하는 재해 중 하나 이상에 해당하는 재해를 말한다.

- 사망자가 1명 이상 발생한 재해
- 3개월 이상의 요양이 필요한 부상자가 동시에 2명 이상 발생한 재해
- 부상자 또는 직업성 질병자가 동시에 10명 이상 발생한 재해

12 보호구 안전인증 고시상 저음부터 고음까지 차음하는 방음용 귀마개의 기호는?

① EM ② EP－1
③ EP－2 ④ EP－3

정답 09 ③ 10 ② 11 ④ 12 ②

해설 방음용 귀마개 또는 귀덮개의 종류 · 등급

종류	등급	기호	성능	비고
귀마개	1종	EP-1	저음부터 고음까지 차음하는 것	귀마개의 경우 재사용 여부를 제조특성으로 표기
	2종	EP-2	주로 고음을 차음하고 저음(회화음영역)은 차음하지 않는 것	
귀덮개	-	EM		

13 산업안전보건법령상 노사협의체에 관한 사항으로 틀린 것은?

① 노사협의체 정기회의는 1개월마다 노사협의체의 위원장이 소집한다.

② 공사금액이 20억 원 이상인 공사의 관계수급인의 각 대표자는 사용자 위원에 해당된다.

③ 도급 또는 하도급 사업을 포함한 전체 사업의 근로자대표는 근로자 위원에 해당된다.

④ 노사협의체의 근로자위원과 사용자위원은 합의하여 노사협의체에 공사금액이 20억 원 미만인 공사의 관계수급인 및 관계수급인 근로자대표를 위원으로 위촉할 수 있다.

해설 산업안전보건위원회의 회의는 정기회의와 임시회의로 구분하되, 정기회의는 분기마다 위원장이 소집하며, 임시회의는 위원장이 필요하다고 인정할 때에 소집한다.

14 시설물의 안전 및 유지관리에 관한 특별법상 다음과 같이 정의되는 것은?

> 시설물의 붕괴, 전도 등으로 인한 재난 또는 재해가 발생할 우려가 있는 경우에 시설물의 물리적·기능적 결함을 신속하게 발견하기 위하여 실시하는 점검

① 긴급안전점검 ② 특별안전점검

③ 정밀안전점검 ④ 정기안전점검

해설 **긴급안전점검**

관리주체가 시설물의 붕괴 · 전도 등이 발생할 위험이 있다고 판단하는 경우 또는 국토교통부장관 및 관계 행정기관의 장이 시설물의 구조상 공중의 안전한 이용에 중대한 영향을 미칠 우려가 있다고 판단되는 경우 실시한다.

15 작업자가 불안전한 작업대에서 작업 중 추락하여 지면에 머리가 부딪쳐 다친 경우의 기인물과 가해물로 옳은 것은?

① 기인물 – 지면, 가해물 – 지면

② 기인물 – 작업대, 가해물 – 지면

③ 기인물 – 지면, 가해물 – 작업대

④ 기인물 – 작업대, 가해물 – 작업대

해설 **재해원인분석**

- 사고의 유형 : 추락, 전도, 충돌, 낙하 및 비래, 협착, 감전, 폭발, 붕괴 및 도피, 파열, 화재, 이상온도 접촉, 유해물 접촉, 무리한 동작 등
- 기인물 : 불안전한 상태에 있는 물체(환경 포함)
- 가해물 : 사람에게 직접 접촉되어 위해를 가한 물체(환경 포함)

정답 13 ① 14 ① 15 ②

16 산업안전보건법령상 안전인증대상기계 등에 명시되지 않은 것은?

① 곤돌라 ② 연삭기
③ 사출성형기 ④ 고소 작업대

해설 안전인증대상 기계 · 기구 및 설비

- 프레스
- 전단기
- 크레인
- 리프트
- 압력용기
- 롤러기
- 사출성형기
- 고소작업대
- 곤돌라

17 산업안전보건법령상 안전보건관리책임자의 업무에 해당하지 않는 것은? (단, 그 밖의 고용노동부령으로 정하는 사항은 제외한다.)

① 근로자의 적정배치에 관한 사항
② 작업환경의 점검 및 개선에 관한 사항
③ 안전보건관리규정의 작성 및 변경에 관한 사항
④ 안전장치 및 보호구 구입 시 적격품 여부 확인에 관한 사항

해설 안전보건관리책임자의 직무

1. 산업재해예방계획의 수립에 관한 사항
2. 안전보건관리규정의 작성 및 그 변경에 관한 사항
3. 근로자의 안전·보건교육에 관한 사항
4. 작업환경의 측정 등 작업환경의 점검 및 개선에 관한 사항
5. 근로자의 건강진단 등 건강관리에 관한 사항
6. 산업재해의 원인조사 및 재발 방지대책 수립에 관한 사항
7. 산업재해에 관한 통계의 기록 및 유지에 관한 사항
8. 안전 · 보건과 관련된 안전장치 및 보호구 구입 시의 적격품 여부 확인에 관한 사항
9. 근로자의 유해 · 위험예방조치에 관한 사항으로서 고용노동부령으로 정하는 사항

18 A 사업장에서는 산업재해로 인한 인적 · 물적 손실을 줄이기 위하여 안전행동 실천 운동(5C 운동)을 실시하고자 한다. 5C 운동에 해당하지 않는 것은?

① Control ② Correctness
③ Cleaning ④ Checking

해설 5C 운동(안전행동 실천운동)

- 복장단정(Correctness)
- 정리정돈(Clearance)
- 청소청결(Cleaning)
- 점검 · 확인(Checking)
- 전심전력(Concentration)

19 산업안전보건법령상 안전보건진단을 받아 안전보건개선계획을 수립하여야 하는 대상을 모두 고른 것은?

ㄱ. 산업재해율이 같은 업종 평균 산업재해율의 2배 이상인 사업장
ㄴ. 사업주가 필요한 안전조치 또는 보건 조치를 이행하지 아니하여 중대재해가 발생한 사업장
ㄷ. 상시근로자 1천명 이상, 사업장에서 직업성 질병자가 연간 2명 이상 발생한 사업장

① ㄱ, ㄴ ② ㄱ, ㄷ
③ ㄴ, ㄷ ④ ㄱ, ㄴ, ㄷ

정답 16 ② 17 ① 18 ① 19 ①

 **안전 · 보건진단을 받아 안전보건개선계획을 수립 · 제출하도록 명할 수 있는 사업장**

1. 중대재해(사업주가 안전 · 보건조치의무를 이행하지 아니하여 발생한 중대재해만 해당한다) 발생 사업장
2. 산업재해발생률이 같은 업종 평균 산업재해발생률의 2배 이상인 사업장
3. 직업병에 걸린 사람이 연간 2명 이상(상시 근로자 1천명 이상 사업장의 경우 3명 이상) 발생한 사업장
4. 작업환경 불량, 화재 · 폭발 또는 누출사고 등으로 사회적 물의를 일으킨 사업장

20 안전관리에 있어 5C 운동(안전행동 실천운동)에 속하지 않는 것은?

① 통제관리(Control)
② 청소청결(Cleaning)
③ 정리정돈(Clearance)
④ 전심전력(Concentration)

해설 **5C 운동(안전행동 실천운동)**

① 복장단정(Correctness)
② 정리정돈(Clearance)
③ 청소청결(Cleaning)
④ 점검 · 확인(Checking)
⑤ 전심전략(Concentration)

제2과목 산업심리 및 교육

21 학습이론 중 S-R 이론에서 조건반사설에 의한 학습이론의 원리에 해당하지 않는 것은?

① 시간의 원리 ② 일관성의 원리
③ 기억의 원리 ④ 계속성의 원리

해설 **파블로프(Pavlov)의 조건반사설**

훈련을 통해 반응이나 새로운 행동에 적응할 수 있다.(종소리를 통해 개의 소화작용에 대한 실험을 실시)

- 계속성의 원리(The Continuity Principle) : 자극과 반응의 관계는 횟수가 거듭될수록 강화가 잘됨
- 일관성의 원리(The Consistency Principle) : 일관된 자극을 사용하여야 함
- 강도의 원리(The Intensity Principle) : 먼저 준 자극보다 같거나 강한 자극을 주어야 강화가 잘됨
- 시간의 원리(The Time Principle) : 조건자극을 무조건자극보다 조금 앞서거나 동시에 주어야 강화가 잘됨

22 착각 현상 중에서 실제로는 움직이지 않는데 움직이는 것처럼 느껴지는 심리적인 현상은?

① 진상 ② 원근 착시
③ 가현운동 ④ 기하학적 착시

해설 **착각현상**

착각은 물리현상을 왜곡하는 지각현상을 말함

- 자동운동 : 암실 내에서 정지된 작은 광점을 응시하면 움직이는 것처럼 보이는 현상
- 유도운동 : 실제로는 정지한 물체가 어느 기준물체의 이동에 따라 움직이는 것처럼 보이는 현상
- 가현운동 : 영화처럼 물체가 빨리 나타나거나 사라짐으로 인해 운동하는 것처럼 보이는 현상

23 허츠버그(Herzberg)의 2요인 이론 중 동기요인(motivator)에 해당하지 않는 것은?

① 성취 ② 작업 조건
③ 인정 ④ 작업 자체

정답 20 ① 21 ③ 22 ③ 23 ②

해설 **허즈버그(Herzberg)의 2요인 이론(위생요인, 동기요인)**

- 위생요인(Hygiene) : 작업조건, 급여, 직무환경, 감독 등 일의 조건, 보상에서 오는 욕구(충족되지 않을 경우 조직의 성과가 떨어지나, 충족되었다고 성과가 향상되지 않음)
- 동기요인(Motivation) : 책임감, 성취 인정, 개인발전 등 일 자체에서 오는 심리적 욕구(충족될 경우 조직의 성과가 향상되며 충족되지 않아도 성과가 떨어지지 않음)

24 **어느 철강회사의 고로작업라인에 근무하는 A씨의 작업강도가 힘든 중작업으로 평가되었다면 해당하는 에너지대사율(RMR)의 범위로 가장 적절한 것은?**

① 0~1　　② 2~4
③ 4~7　　④ 7~10

해설 **에너지대사율(RMR)에 따른 작업의 분류**

- 초경작업(初經作業) : 0~1
- 경작업(經作業) : 1~2
- 보통 작업(中作業) : 2~4
- 중작업(重作業) : 4~7
- 초중작업(初重作業) : 7 이상

25 **직무수행평가에 대한 효과적인 피드백의 원칙에 대한 설명으로 틀린 것은?**

① 직무수행 성과에 대한 피드백의 효과가 항상 긍정적이지는 않다.
② 피드백은 개인의 수행 성과뿐만 아니라 집단의 수행 성과에도 영향을 준다.
③ 부정적 피드백을 먼저 제시하고 그다음에 긍정적 피드백을 제시하는 것이 효과적이다.
④ 직무수행 성과가 낮을 때, 그 원인을 능력 부족의 탓으로 돌리는 것보다 노력 부족 탓으로 돌리는 것이 더 효과적이다.

 직무수행평가 시 긍정적 피드백을 부정적 피드백보다 먼저 제시하는 것이 더욱 효과적인 피드백 방법이다

26 **파악하고자 하는 연구과제에 대해 언어를 매개로 구조화된 질의응답을 통하여 교육하는 기법은?**

① 면접(interview)
② 카운슬링(counseling)
③ CCS(Civil Communication Section)
④ ATT(American Telephone & Telegram Co.)

 **면접(Interview)**

파악하고자 하는 연구과제에 대해 언어를 매개로 구조화된 질의응답을 통하여 교육하는 기법

27 **인간 착오의 메커니즘으로 틀린 것은?**

① 위치의 착오　　② 패턴의 착오
③ 느낌의 착오　　④ 형(形)의 착오

해설 **착오의 종류**

- 위치 착오
- 순서 착오
- 패턴의 착오
- 기억의 착오
- 형(모양)의 착오

정답 24 ③　25 ③　26 ①　27 ③

28 **휴먼에러의 심리적 분류에 해당하지 않는 것은?**

① 입력 오류(input error)
② 시간지연 오류(timing error)
③ 생략 오류(omission error)
④ 순서 오류(sequential error)

해설 심리적(행위에 의한) 분류(Swain)

- 생략에러(Omission Error)
- 실행(작위적) 에러(Commission Error)
- 과잉행동에러(Extraneous Error)
- 순서에러(Sequential Error)
- 시간에러(Timing Error)

29 **학습된 행동이 지속되는 것을 의미하는 용어는?**

① 회상(recall)
② 파지(retention)
③ 재인(recognition)
④ 기명(memorizing)

해설 기억의 과정

1. 기명(Memorizing) : 사물의 인상을 마음에 간직하는 것
2. 파지(Retention) : 인상이 보존되는 것
3. 재생(Recall) : 보존된 인상을 다시 떠올리는 것
4. 재인(Recognition) : 과거의 경험과 비슷한 상황에 부딪혔을 때 떠오르는 것

30 **안전보건교육의 단계별 교육 중 태도교육의 내용과 가장 거리가 먼 것은?**

① 작업동작 및 표준작업방법의 습관화
② 안전장치 및 장비 사용 능력의 빠른 습득
③ 공구 · 보호구 등의 관리 및 취급태도의 확립
④ 작업지시 · 전달 · 확인 등의 언어 · 태도의 정확화 및 습관화

해설 ② 안전장치 및 장비 사용 능력의 빠른 습득은 기능교육의 내용이다.

안전보건교육의 3단계

- 지식교육(1단계) : 지식의 전달과 이해
- 기능교육(2단계) : 실습, 시범을 통한 이해
- 태도교육(3단계) : 안전의 습관화(가치관 형성)

청취(들어본다.) → 이해, 납득(이해시킨다.) → 모범(시범을 보인다.) → 권장(평가한다.)

31 **인간의 욕구에 대한 적응기제(Adjustment Mechanism)를 공격적 기제, 방어적 기제, 도피적 기제로 구분할 때 다음 중 도피적 기제에 해당하는 것은?**

① 보상 ② 고립
③ 승화 ④ 합리화

해설 1. 방어적 기제(Defense Mechanism) : 자신의 약점을 위장하여 유리하게 보임으로써 자기를 보호하려는 것
- 보상 : 계획한 일을 성공하는 데서 오는 자존감
- 합리화(변명) : 너무 고통스럽기 때문에 인정할 수 없는 실제 이유 대신에 자기 행동에 그럴듯한 이유를 붙이는 방법
- 승화 : 억압당한 욕구가 사회적 · 문화적으로 가치 있게 목적으로 향하도록 노력함으로써 욕구를 충족하는 방법
- 동일시 : 자기가 되고자 하는 인물을 찾아내어 동일시하여 만족을 얻는 행동

2. 도피적 기제(Escape Mechanism) : 욕구불만이나 압박으로부터 벗어나기 위해 현실을 벗어나 마음의 안정을 찾으려는 것
- 고립 : 자기의 열등감을 의식하여 다른 사람과의 접촉을 피해 자기의 내적 세계로 들어가 현실의 억압에서 피하려는 기제

정답 28 ① 29 ② 30 ② 31 ②

- 퇴행 : 신체적으로나 정신적으로 정상 발달되어 있으면서도 위협이나 불안을 일으키는 상황에는 생애 초기에 만족했던 시절을 생각는 것
- 억압 : 나쁜 무엇을 잊고 더 이상 행하지 않겠다는 해결 방어기제
- 백일몽 : 현실에서 만족할 수 없는 욕구를 상상의 세계에서 얻으려는 행동

32 안전심리의 5대 요소에 관한 설명으로 틀린 것은?

① 기질이란 감정적인 경향이나 반응에 관계되는 성격의 한 측면이다.
② 감정은 생활체가 어떤 행동을 할 때 생기는 객관적인 동요를 뜻한다.
③ 동기는 능동적인 감각에 의한 자극에서 일어난 사고의 결과로서 사람의 마음을 움직이는 원동력이 되는 것이다.
④ 습성은 한 종에 속하는 개체의 대부분에서 볼 수 있는 일정한 생활양식으로 본능, 학습, 조건반사 등에 따라 형성된다.

해설 산업안전심리의 5대 요소

1. 동기(Motive) : 능동력은 감각에 의한 자극에서 일어나는 사고의 결과로서 사람의 마음을 움직이는 원동력
2. 기질(Temper) : 인간의 성격, 능력 등 개인적인 특성을 말하는 것으로 생활환경에 영향을 받는다.
3. 감정(Emotion) : 희로애락의 의식
4. 습성(Habits) : 동기, 기질, 감정 등이 밀접한 관계를 형성하여 인간의 행동에 영향을 미칠 수 있도록 하는 것
5. 습관(Custom) : 자신도 모르게 습관화된 현상을 말한다.

33 선발용으로 사용되는 적성검사가 잘 만들어졌는지를 알아보는 분석방법과 관련이 없는 것은?

① 구성타당도
② 내용타당도
③ 동등타당도
④ 검사－재검사 신뢰도

해설 산업안전 심리의 요소(심리검사의 구비요건, 학습평가의 기본적인 기준)

1) 표준화 : 검사의 관리를 위한 조건, 절차의 일관성과 통일성에 대한 심리검사의 표준화
2) 타당도
   - 구인 타당도(구성 타당도, Construct Validity) : 검사 도구가 측정하고자 하는 개념이나 이론을 제대로 측정하고 있는지
   - 내용 타당도(Content Validity) : 검사가 다루고 있는 주제를 그 검사 내용의 측면에서 상세히 분석
3) 신뢰도(검사－재검사 신뢰도) : 검사조건이나 시기와 관계없이 얼마나 점수들이 일관성이 있는가, 비슷한 것을 측정하는 검사점수와 얼마나 일관성이 있는가
4) 객관도 : 채점(평가)이 객관적인 것을 의미
5) 실용도 : 실시(적용)이 쉬운 검사

34 산업안전심리학에서 산업안전심리의 5대 요소에 해당하지 않는 것은?

① 감정　② 습성
③ 동기　④ 피로

해설 산업안전심리의 5대 요소

1. 동기(Motive) : 능동력은 감각에 의한 자극에서 일어나는 사고의 결과로서 사람의 마음을 움직이는 원동력
2. 기질(Temper) : 인간의 성격, 능력 등 개인적인 특성을 말하는 것으로 생활환경에 영향을 받는다.

정답 32 ② 33 ③ 34 ④

3. 감정(Emotion) : 희로애락의 의식
4. 습성(Habits) : 동기, 기질, 감정 등이 밀접한 관계를 형성하여 인간의 행동에 영향을 미칠 수 있도록 하는 것
5. 습관(Custom) : 자신도 모르게 습관화된 현상을 말한다.

35 몹시 피로하거나 단조로운 작업으로 인하여 의식이 뚜렷하지 않은 상태의 의식 수준으로 옳은 것은?

① phase Ⅰ ② phase Ⅱ
③ phase Ⅲ ④ phase Ⅳ

해설 **의식수준의 저하**

혼미한 정신상태에서 심신이 피로할 경우나 단조로운 반복작업 등의 경우에 일어나기 쉬움

〈인간의 의식 Level의 단계별 신뢰성〉

단계	의식의 상태	신뢰성	의식의 작용
Phase 0	무의식, 실신	0	없음
Phase I	의식의 둔화	0.9 이하	부주의
Phase II	이완 상태	0.99~0.99999	마음이 안쪽으로 향함 (Passive)
Phase III	명료한 상태	0.99999 이상	전향적 (Active)
Phase IV	과긴장 상태	0.9 이하	한 점에 집중, 판단 정지

36 프로그램 학습법(programmed self-instruction method)의 단점은?

① 보충학습이 어렵다.
② 수강생의 시간적 활용이 어렵다.
③ 수강생의 사회성이 결여되기 쉽다.
④ 수강생의 개인적인 차이를 조절할 수 없다.

해설 **프로그램 학습법(Programmed Self-instruction Method)**

학습자가 프로그램을 통해 단독으로 학습하는 방법으로 개발된 프로그램은 변경이 어렵다.

- Skinner의 조작적 조건형성 원리에 의해 개발된 것으로 자율적 학습이 특징이다.
- 학습내용 습득 여부를 즉각적으로 피드백 받을 수 있다.
- 교재개발에 많은 시간과 노력이 드는 것이 단점이다.

37 산업심리에서 활용되고 있는 개인적인 카운슬링 방법에 해당하지 않는 것은?

① 직접 충고 ② 설득적 방법
③ 설명적 방법 ④ 토론적 방법

해설 **카운슬링(Counseling)**

심리학적 교양과 기술을 익힌 전문가인 카운슬러가 적응상(適應上)의 문제를 가진 내담자(來談者)와 면접하여 대화를 거듭하고, 이를 통하여 내담자가 자신의 문제를 해결해 나가는 인격적 발달을 도울 수 있도록 하는 것

- 카운슬링의 방법 : 직접적인 충고, 설득적 방법, 설명적 방법
- 카운슬링의 순서 : 장면 구성 → 내담자와의 대화 → 의견 재분석 → 감정 표출 → 감정의 명확화

38 다음의 내용에서 교육지도의 5단계를 순서대로 바르게 나열한 것은?

㉠ 가설의 설정
㉡ 결론
㉢ 원리의 제시
㉣ 관련된 개념의 분석
㉤ 자료의 평가

정답 35 ① 36 ③ 37 ④ 38 ①

① ㉢ → ㉣ → ㉠ → ㉤ → ㉡
② ㉠ → ㉢ → ㉣ → ㉤ → ㉡
③ ㉢ → ㉠ → ㉤ → ㉣ → ㉡
④ ㉠ → ㉢ → ㉤ → ㉣ → ㉡

해설 **교육지도의 5단계**

원리의 제시 → 관련된 개념의 분석 → 가설의 설정 → 자료의 평가 → 결론

39 **안전교육의 방법을 지식교육, 기능교육 및 태도교육 순서로 구분하여 맞게 나열한 것은?**

① 시청각 교육 – 현장실습 교육 – 안전작업 동작지도
② 시청각 교육 – 안전작업 동작지도 – 현장실습 교육
③ 현장실습 교육 – 안전작업 동작지도 – 시청각 교육
④ 안전작업 동작지도 – 시청각 교육 – 현장실습 교육

해설 **안전교육의 3단계**

1. 지식교육(1단계) : 지식의 전달과 이해
2. 기능교육(2단계) : 실습, 시범을 통한 이해
   - 준비 철저
   - 위험작업의 규제
   - 안전작업의 표준화
3. 태도교육(3단계) : 안전의 습관화(가치관 형성)
   청취(들어보기) → 이해, 납득(이해시키기) → 모범(시범을 보이기) → 권장(평가하기)

40 **매슬로우(Maslow)의 욕구 5단계를 낮은 단계에서 높은 단계의 순서대로 나열한 것은?**

① 생리적 욕구 → 안전 욕구 → 사회적 욕구 → 자아실현의 욕구 → 인정의 욕구
② 생리적 욕구 → 안전 욕구 → 사회적 욕구 → 인정의 욕구 → 자아실현의 욕구
③ 안전 욕구 → 생리적 욕구 → 사회적 욕구 → 자아실현의 욕구 → 인정의 욕구
④ 안전 욕구 → 생리적 욕구 → 사회적 욕구 → 인정의 욕구 → 자아실현의 욕구

해설 **매슬로우(Maslow)의 욕구단계이론**

- 생리적 욕구(제1단계) : 기아, 갈증, 호흡, 배설, 성욕 등
- 안전의 욕구(제2단계) : 안전을 기하려는 욕구
- 사회적 욕구(제3단계) : 소속 및 애정에 대한 욕구(친화 욕구)
- 자기존경의 욕구(제4단계) : 자기존경의 욕구로 자존심, 명예, 성취, 지위에 대한 욕구(승인의 욕구, 인정의 욕구)
- 자아실현의 욕구(제5단계) : 잠재적인 능력을 실현하고자 하는 욕구(성취욕구)

제3과목 인간공학 및 시스템안전공학

41 **인간의 오류모형에서 상황해석을 잘못하거나 목표를 잘못 이해하고 착각하여 행하는 경우를 뜻하는 용어는?**

① 실수(Slip) ② 착오(Mistake)
③ 건망증(Lapse) ④ 위반(Violation)

정답 39 ① 40 ② 41 ②

 착오(Mistake)

상황해석을 잘못하거나 목표를 잘못 이해하고 착각하여 행하는 경우

42 욕조곡선에서의 고장형태에서 일정한 형태의 고장률이 나타나는 구간은?

① 초기 고장구간 ② 마모 고장구간
③ 피로 고장구간 ④ 우발 고장구간

해설

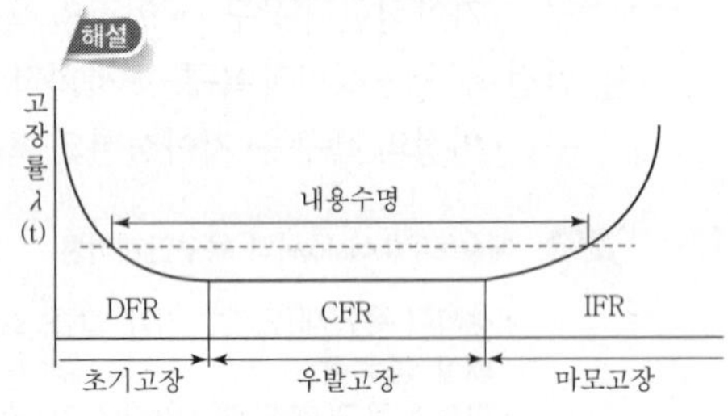

1. 초기고장(감소형) : 제조가 불량하거나 생산과정에서 품질관리가 안 돼서 생기는 고장
2. 우발고장(일정형) : 실제 사용하는 상태에서 발생하는 고장으로 예측할 수 없는 랜덤의 간격으로 생기는 고장
3. 마모고장(증가형) : 설비 또는 장치가 수명을 다하여 생기는 고장

43 위험성 평가 시 위험의 크기를 결정하는 방법이 아닌 것은?

① 덧셈법 ② 곱셈법
③ 뺄셈법 ④ 행렬법

해설 사업장 위험성 평가에 관한 지침

제11조(위험성 추정)

① 사업주는 유해 · 위험요인을 파악하여 사업장 특성에 따라 부상 또는 질병으로 이어질 가능성 및 중대성의 크기를 추정하고 다음 각 호의 어느 하나의 방법으로 위험성을 추정하여야 한다.

1. 가능성과 중대성을 행렬을 이용하여 조합하는 방법
2. 가능성과 중대성을 곱하는 방법
3. 가능성과 중대성을 더하는 방법
4. 그 밖에 사업장의 특성에 적합한 방법

44 산업안전보건법령상 해당 사업주가 유해위험방지계획서를 작성하여 제출해야 하는 대상은?

① 시 · 도지사
② 관할 구청장
③ 고용노동부장관
④ 행정안전부장관

 산업안전보건법 제42조(유해 · 위험 방지계획서의 작성 · 제출 등)

사업주는 제출대상에 해당하는 경우에는 이 법 또는 이 법에 따른 명령에서 정하는 유해 · 위험방지계획서를 작성하여 고용노동부령으로 정하는 바에 따라 고용노동부 장관에게 제출하고 심사를 받아야 한다.

45 FTA에서 사용하는 다음 사상기호에 대한 설명으로 맞는 것은?

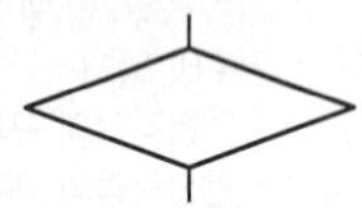

① 시스템 분석에서 좀 더 발전시켜야 하는 사상
② 시스템의 정상적인 가동상태에서 일어날 것이 기대되는 사상
③ 불충분한 자료로 결론을 내릴 수 없어 더 이상 전개할 수 없는 사상
④ 주어진 시스템의 기본사상으로 고장원인이 분석되었기 때문에 더 이상 분석할 필요가 없는 사상

정답 42 ④ 43 ③ 44 ③ 45 ③

해설

번호	기호	명칭	설명
1	◇	생략사상 (최후사상)	정보부족, 해석기술 불충분으로 더 이상 전개할 수 없는 사상

46 시각적 표시장치보다 청각적 표시장치를 사용하는 것이 더 유리한 경우는?

① 정보의 내용이 복잡하고 긴 경우
② 정보가 공간적인 위치를 다룬 경우
③ 직무상 수신자가 한곳에 머무르는 경우
④ 수신 장소가 너무 밝거나 암순응이 요구될 경우

해설

시각장치 사용	청각장치 사용
① 메시지가 복잡하다. ② 메시지가 길다. ③ 메시지가 후에 재참조된다. ④ 메시지가 공간적인 위치를 다룬다. ⑤ 메시지가 즉각적인 행동을 요구하지 않는다. ⑥ 수신의 청각계통이 과부하상태일 때 ⑦ 수신장소가 너무 시끄러울 때 ⑧ 직무상 수신자가 한곳에 머무르는 경우	① 메시지가 간단하다. ② 메시지가 짧다. ③ 메시지가 후에 재참조되지 않는다. ④ 메시지가 시간적인 사상을 다룬다. ⑤ 메시지가 즉각적인 행동을 요구한다. ⑥ 수신의 시각계통이 과부하상태일 때 ⑦ 수신장소가 너무 밝거나 암조응 유지가 필요할 때 ⑧ 직무상 수신자가 자주 움직이는 경우

47 컷셋(Cut Sets)과 최소 패스셋(Minimal Path Sets)의 정의로 옳은 것은?

① 컷셋은 시스템 고장을 유발시키는 필요 최소한의 고장들의 집합이며, 최소 패스셋은 시스템의 신뢰성을 표시한다.
② 컷셋은 시스템 고장을 유발시키는 기본고장들의 집합이며, 최소 패스셋은 시스템의 불신뢰도를 표시한다.
③ 컷셋은 그 속에 포함된 모든 기본사상이 일어났을 때 정상사상을 일으키는 기본사상의 집합이며, 최소 패스셋은 시스템의 신뢰성을 표시한다.
④ 컷셋은 그 속에 포함된 모든 기본사상이 일어났을 때 정상사상을 일으키는 기본사상의 집합이며, 최소 패스셋은 시스템의 성공을 유발하는 기본사상의 집합이다.

- 컷셋과 미니멀 컷셋 : 컷셋이란 그 속에 포함되어 있는 모든 기본사상이 일어났을 때 정상사상을 일으키는 기본사상의 집합을 말하며, 미니멀 컷셋은 정상사상을 일으키기 위해 필요한 최소한의 컷을 말한다. 즉 미니멀 컷셋은 컷셋 중에 타 컷셋을 포함하고 있는 것을 배제하고 남은 컷셋들을 의미한다.(시스템이 고장나는 데 필요한 최소 요인의 집합)
- 패스셋과 미니멀 패스셋 : 패스셋이란 그 속에 포함되어 있는 기본사상이 일어나지 않을 때 처음으로 정상사상이 일어나지 않는 기본사상의 집합으로서 미니멀 패스셋은 그 필요한 최소한의 컷을 말한다.(시스템이 살리는 데 필요한 최소한 요인의 집합)

정답 46 ④ 47 ③

48 작업공간의 배치에 있어 구성요소 배치의 원칙에 해당하지 않는 것은?

① 기능성의 원칙
② 사용빈도의 원칙
③ 사용순서의 원칙
④ 사용방법의 원칙

해설 **부품배치의 원칙**

1. 중요성의 원칙 : 부품의 작동성능이 목표 달성에 긴요한 정도에 따라 우선순위를 결정한다.
2. 사용빈도의 원칙 : 부품이 사용되는 빈도에 따른 우선순위를 결정한다.
3. 기능별 배치의 원칙 : 기능적으로 관련된 부품을 모아서 배치한다.
4. 사용순서의 원칙 : 사용순서에 맞게 순차적으로 부품들을 배치한다.

49 화학설비에 대한 안전성 평가 중 정성적 평가방법의 주요 진단 항목으로 볼 수 없는 것은?

① 건조물　　② 취급물질
③ 입지 조건　　④ 공장 내 배치

해설 **안전성 평가 6단계**

1. 제1단계 : 관계자료의 정비검토
2. 제2단계 : 정성적 평가(안전확보를 위한 기본적인 자료의 검토)
   ㉠ 설계관계 : 공장 내 배치, 소방설비, 공장의 입지조건 등
   ㉡ 운전관계 : 원재료, 운송, 저장 등
3. 제3단계 : 정량적 평가
   평가항목(5가지 항목) :
   ㉠ 물질 ㉡ 온도 ㉢ 압력 ㉣ 용량 ㉤ 조작
4. 제4단계 : 안전대책
5. 제5단계 : 재해정보에 의한 재평가
6. 제6단계 : FTA에 의한 재평가

50 그림과 같은 FT도에서 정상사상 T의 발생 확률은? (단, X_1, X_2, X_3의 발생 확률은 각각 0.1, 0.15, 0.1이다.)

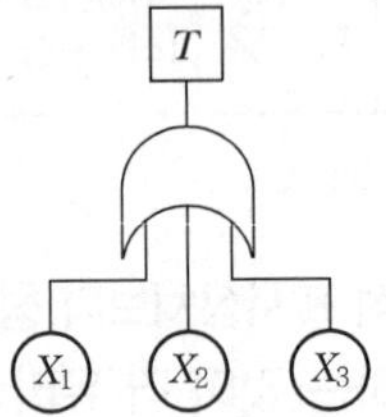

① 0.3115　　② 0.35
③ 0.496　　④ 0.9985

해설 X_1, X_2, X_3 모두 OR 게이트
$T = 1-(1-0.1)(1-0.15)(1-0.1)$
$= 0.3115$

51 일반적인 화학 설비에 대한 안정성 평가(safety assessment)절차에 있어 안전 대책 단계에 해당하지 않는 것은?

① 보전　　② 위험도 평가
③ 설비적 대책　　④ 관리적 대책

해설 **안전성 평가 6단계**

제1단계 : 관계자료의 정비검토
제2단계 : 정성적 평가
- 설계관계 : 공장 내 배치, 소방설비 등
- 운전관계 : 원재료, 운송, 저장 등

제3단계 : 정량적 평가
제4단계 : 안전대책
제5단계 : 재해정보에 의한 재평가
제6단계 : FTA에 의한 재평가

52 감각저장으로부터 정보를 작업기억으로 전달하기 위한 코드화 분류에 해당하지 않는 것은?

① 시각코드　　② 촉각코드
③ 음성코드　　④ 의미코드

정답 48 ④ 49 ② 50 ② 51 ② 52 ②

해설 일반적으로 작업기억의 정보는 시각코드, 음성코드, 의미코드로 저장된다

53 동작경제의 원칙과 가장 거리가 먼 것은?

① 급작스러운 방향의 전환은 피하도록 할 것
② 가능한 관성을 이용하여 작업하도록 할 것
③ 두 손의 동작은 같이 시작하고 같이 끝나도록 할 것
④ 두 팔의 동작은 동시에 같은 방향으로 움직일 것

해설 **동작경제의 원칙 중 신체 사용에 관한 원칙**

1. 양손은 동시에 동작을 시작하여 동시에 끝맺는다.
2. 양손은 휴식을 제외하고는 동시에 쉬어서는 안 된다.
3. 팔의 동작은 서로 반대의 대칭적인 방향으로 행하며 동시에 행해야 한다.
4. 팔, 손, 손가락 그리고 신체의 동작은 일을 만족하게 할 수 있는 최소의 동작으로 한정해야 한다.
5. 작업에 도움이 되도록 가급적 물체의 관성을 이용하여야 하며 관성을 극복하여야 하는 경우에는 관성을 최소화하여야 한다.

54 시스템 수명주기에 있어서 예비위험 분석(PHA)이 이루어지는 단계에 해당하는 것은?

① 구상단계 ② 점검단계
③ 운전단계 ④ 생산단계

PHA(예비사고 분석)

시스템의 구상단계에서 시스템 고유의 위험상태를 식별하여 예상되는 위험수준을 결정하기 위한 것이다.

55 Q10 효과에 직접적인 영향을 미치는 인자는?

① 고온 스트레스 ② 한랭한 작업장
③ 중량물의 취급 ④ 분진의 다량발생

Q10 효과는 온도-반응속도 관계를 뜻하며, 온도가 10℃ 올라감에 따라 반응속도는 약 2~3의 증대된다. 따라서 Q10 효과에 가장 큰 영향을 미치는 것은 "고온"이다.

56 시각적 표시장치와 청각적 표시장치 중 시각적 표시장치를 선택해야 하는 경우는?

① 메시지가 긴 경우
② 메시지가 후에 재참조되지 않는 경우
③ 직무상 수신자가 자주 움직이는 경우
④ 메시지가 시간적 사상(event)을 다룬 경우

해설 **시각장치와 청각장치의 비교**

시각장치 사용	청각장치 사용
• 경고나 메시지가 복잡하다	• 경고나 메시지가 간단하다.
• 경고나 메시지가 길다.	• 경고나 메시지가 짧다.
• 경고나 메시지가 후에 재참조된다.	• 경고나 메시지가 후에 재참조되지 않는다.
• 경고나 메시지가 공간적인 위치를 다룬다.	• 경고나 메시지가 시간적인 사상을 다룬다.
• 경고나 메시지가 즉각적인 행동을 요구하지 않는다.	• 경고나 메시지가 즉각적인 행동을 요구한다.
• 수신자의 청각 계통이 과부하 상태일 때	• 수신자의 시각 계통이 과부하 상태일 때
• 수신장소가 너무 시끄러울 때	• 수신장소가 너무 밝거나 암조응 유지가 필요할 때
• 직무상 수신자가 한곳에 머무르는 경우	• 직무상 수신자가 자주 움직이는 경우

정답 53 ④ 54 ① 55 ① 56 ①

57 일정한 고장률을 가진 어떤 기계의 고장률이 시간당 0.008일 때 5시간 이내에 고장을 일으킬 확률은?

① $1+e^{0.04}$　　② $1-e^{-0.004}$
③ $1-e^{0.04}$　　④ $1-e^{-0.04}$

 $R=e^{-\lambda t}=e^{-0.008\times 5}=e^{-0.04}$
고장을 일으킬 확률 $T=1-R=1-e^{-0.04}$
여기서, λ : 고장률, t : 가동시간

58 NIOSH 지침에서 최대허용한계(MPL)는 활동한계(AL)의 몇 배인가?

① 1배　　② 3배
③ 5배　　④ 9배

 중량물 취급 시 감시기준(활동한계, AL)과 최대허용기준(MPL)의 관계식(NIOSH)
MPL = 3AL

59 인간-기계시스템에서의 여러 가지 인간 에러와 그것으로 인해 생길 수 있는 위험성의 예측과 개선을 위한 기법은?

① PHA　　② FHA
③ OHA　　④ THERP

 THERP(Technique of Human Error Rate Prediction, 인간과오율 추정법)
확률론적 안전기법으로서 인간의 과오에 기인된 사고원인을 분석하기 위하여 100만 운전시간당 과오 도수를 기본 과오율로 하여 인간의 기본 과오율을 평가하는 기법

60 위험분석기법 중 고장이 시스템의 손실과 인명의 사상에 연결되는 높은 위험도를 가진 요소나 고장의 형태에 따른 분석법은?

① CA　　② ETA
③ FHA　　④ FTA

 CA : 고장이 직접 시스템의 손해와 인원의 사상에 연결되는 높은 위험도를 가지는 경우에 위험도를 가져오는 요소 또는 고장의 형태에 따른 분석(정량석 분석)

제4과목 건설시공학

61 철골공사에서 발생하는 용접 결함이 아닌 것은?

① 피트(Pit)
② 블로우 홀(Blow hole)
③ 오버 랩(Over lap)
④ 가우징(Gouging)

 가스 가우징(Gas Gouging)은 아틸렌 불꽃을 이용하여 녹여 깎은 재의 뒷부분을 깨끗이 깎는 것을 말한다.

62 다음 각 거푸집에 관한 설명으로 옳은 것은?

① 트래블링 폼(Travelling Form) : 무량판 시공 시 2방향으로 된 상자형 기성재 거푸집이다.
② 슬라이딩 폼(Sliding Form) : 수평활동 거푸집이며 거푸집 전체를 그대로 떼어 다음 사용 장소로 이동시켜 사용할 수 있도록 한 거푸집이다.

정답 57 ④ 58 ② 59 ④ 60 ① 61 ④ 62 ③

③ 터널 폼(Tunnel Form) : 한 구획 전체의 벽판과 바닥판을 ㄱ자형 또는 ㄷ자형으로 짜서 이동시키는 형태의 기성재 거푸집이다.
④ 워플 폼(Waffle Form) : 거푸집 높이는 약 1m이고 하부가 약간 벌어진 원형 철판 거푸집을 요오크(yoke)로 서서히 끌어 올리는 공법으로 Silo 공사 등에 적당하다.

해설 터널 폼(Tunnel Form)은 슬래브와 벽체의 콘크리트 타설을 일체화하기 위한 철재 거푸집이다. 전용횟수는 200회 정도로 경제성이 있고 인건비 절약, 공기 단축이 가능하다.

63 공사용 표준시방서에 기재하는 사항으로 거리가 먼 것은?

① 재료의 종류, 품질 및 사용처에 관한 사항
② 검사 및 시험에 관한 사항
③ 공정에 따른 공사비 사용에 관한 사항
④ 보양 및 시공 상 주의사항

해설 **표준시방서 기재사항**

- 재료의 종류, 품질 및 사용처에 관한 사항
- 검사 및 시험에 관한 사항
- 보양 및 시공 상 주의사항

64 다음 네트워크 공정표에서 결합점 ②에서의 가장 늦은 완료 시간은?

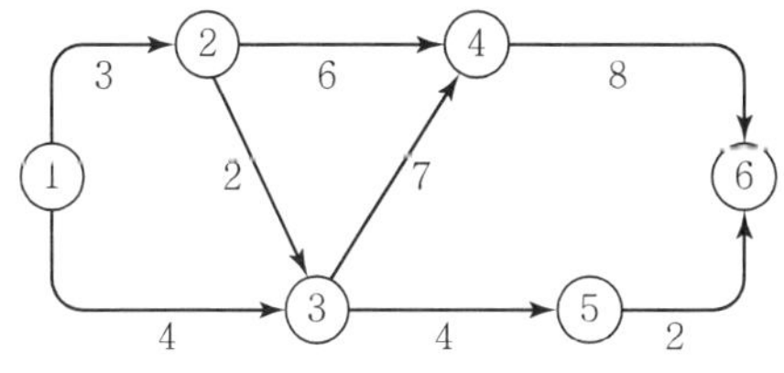

① 2 ② 3
③ 4 ④ 5

해설 LFT = 5 − 2 = 3

65 콘크리트 공사 시 철근의 정착 위치에 관한 설명으로 옳지 않은 것은?

① 작은보의 주근은 벽체에 정착한다.
② 큰 보의 주근은 기둥에 정착한다.
③ 기둥의 주근은 기초에 정착한다.
④ 지중보의 주근은 기초 또는 기둥에 정착한다.

해설 철근의 정착 위치는 다음과 같다.
- 큰 보의 주근 : 기둥
- 바닥판 철근 : 보 또는 벽체
- 작은 보의 주근 : 큰 보
- 지중보의 주근 : 기초 또는 기둥
- 벽철근 : 기둥, 보, 바닥판
- 보 밑에 기둥이 없을 때 : 보 상호 간으로 한다.

66 조적식 구조에서 조적식 구조인 내력벽으로 둘러싸인 부분의 최대 바닥면적은 얼마인가?

① $60m^2$ ② $80m^2$
③ $100m^2$ ④ $120m^2$

해설 조적식 구조에서 조적식 구조인 내력벽으로 둘러싸인 부분의 최대 바닥면적은 $80m^2$이다.

정답 63 ③ 64 ② 65 ① 66 ②

67 시공의 품질관리를 위한 7가지 도구에 해당하지 않는 것은?

① 파레토그램 ② LOB기법
③ 특성요인도 ④ 체크시트

해설 품질관리(TQC)의 7가지 도구는 다음과 같다.

히스토그램	공사 또는 제품의 품질상태가 만족한 상태에 있는가 여부 등 데이터가 어떤 분포를 하고 있는지 알아보기 위해 작성(분포도)
파레토도	불량 등의 발생 건수를 분류항목별로 나누어 크기 순서대로 나열(영향도, 하자도)
특성요인도	결과에 원인이 어떻게 관계하고 있는가를 한눈에 알 수 있도록 작성(원인결과도)
체크시트	불량 수, 결점 수 등 계수치의 데이터가 분류항목의 어디에 집중되어 있는가를 알아보기 쉽게 나타냄(집중도)
산점도	대응되는 두 개의 짝으로 된 데이터를 그래프용지 위에 점으로 나타냄(상관도, 산포도)
층별	집단을 구성하고 있는 데이터를 특징에 따라 몇 개의 부분집단으로 나누는 것(부분집단도)
관리도	한눈에 파악되도록 막대나 꺾은선 그래프를 이용하여 표시

68 지반개량공법 중 배수공법이 아닌 것은?

① 집수정 공법 ② 동결 공법
③ 웰 포인트 공법 ④ 깊은 우물 공법

동결공법은 지반에 액체질소, 프레온가스를 주입하여 차수하고 지반을 동결시키는 지반개량공법이다.

69 유동화 콘크리트를 제조할 때 유동화제를 첨가하기 전 기본 배합 콘크리트인 베이스 콘크리트의 슬럼프 기준은? (단, 보통 콘크리트의 경우)

① 150mm 이하 ② 180mm 이하
③ 210mm 이하 ④ 240mm 이하

유동화 콘크리트를 제조할 때 유동화제를 첨가하기 전 기본 배합 콘크리트인 베이스 콘크리트의 슬럼프 기준은 150㎜ 이하이다.

70 공사계약방식에서 공사실시 방식에 의한 계약제도가 아닌 것은?

① 일식도급
② 분할도급
③ 실비정산보수가산도급
④ 공동도급

실비정산보수가산도급 계약제도는 공사금액 결정 방법에 따른 분류이다.

71 콘크리트 구조물의 품질관리에서 활용되는 비파괴시험(검사) 방법으로 경화된 콘크리트 표면의 반발경도를 측정하는 것은?

① 슈미트 해머 시험
② 방사선 투과 시험
③ 자기분말 탐상시험
④ 침투 탐상시험

콘크리트의 비파괴시험 중 슈미트 해머를 이용하여 반발경도를 측정한 후 강도를 계산할 때에는 타격 방향에 따른 보정, 콘크리트 습윤상태에 따른 보정, 압축응력에 따른 보정을 한다.

정답 67 ② 68 ② 69 ① 70 ③ 71 ①

72 철골공사에서 발생할 수 있는 용접 불량에 해당하지 않는 것은?

① 스캘럽(scallop)
② 언더컷(under cut)
③ 오버랩(over lap)
④ 피트(pit)

해설 용접 이음이 한곳에 집중하거나 근접하면 용접에 의한 잔류응력이 커지고 용접 금속이 여러 번 용접열을 받게 되어 열화하는 때도 있어서 모재 부채꼴 노치(Notch)를 만들어 용접선이 교차하지 않도록 설계한다. 이 부채꼴 노치를 스캘럽(Scallop)이라고 한다.

73 철근콘크리트 공사 중 거푸집 해체를 위한 검사가 아닌 것은?

① 각종 배관슬리브, 매설물, 인서트, 단열재 등 부착 여부
② 수직, 수평부재의 존치기간 준수 여부
③ 소요의 강도 확보 이전에 지주의 교환 여부
④ 거푸집 해체용 콘크리트 압축강도 확인시험 실시 여부

해설 각종 배관슬리브, 매설물, 인서트, 단열재 등 부착 여부는 거푸집 설치단계 검사에 해당한다.

74 공동도급방식의 장점에 해당하지 않는 것은?

① 위험의 분산
② 시공의 확실성
③ 이윤 증대
④ 기술 자본의 증대

해설 공동도급은 2개 이상의 도급자가 결합하여 공동으로 공사를 수행하는 방식이다.

장점	단점
• 공사 이행의 확실성 보장, 위험분산 • 자본력(융자력)과 신용도 증대 • 기술 및 경험의 확충	• 단일회사 도급보다 경비 증대 • 도급자 간 충돌, 이해 문제 발생 • 책임소재 불명확 및 책임회피 우려

75 R.C.D(리버스 서큘레이션 드릴) 공법의 특징으로 옳지 않은 것은?

① 드릴파이프 직경보다 큰 호박돌이 있는 경우 굴착이 불가하다.
② 깊은 심도까지 굴착이 가능하다.
③ 시공속도가 빠른 장점이 있다.
④ 수상(해상)작업이 불가하다.

해설 리버스 서큘레이션 드릴(Reverse Circulation Drill) 공법은 비트에 의해 파쇄된 토사를 역류 순환식의 액체류에 의해서 배출하는 공법으로 점토, 실트층 등에 적용하며 수상(해상) 작업도 가능하다.

76 슬라이딩 폼(Sliding form)에 관한 설명으로 옳지 않은 것은?

① 1일 5~10m 정도 수직시공이 가능하므로 시공속도가 빠르다.
② 타설작업과 마감작업을 병행할 수 없어 공정이 복잡하다.
③ 구조물 형태에 따른 사용 제약이 있다.
④ 형상 및 치수가 정확하며 시공 오차가 적다.

해설 슬라이딩폼(Sliding Form)은 요크(Yoke)로 거푸집을 수직으로 연속 이동시키면서 콘크리트 타설하는 거푸집으로 돌출물 등 단면 형상의 변화가 없는 곳에 적용한다. 타설작업과 마감 작업을 병행할 수 있어 효율적이다.

정답 72 ① 73 ④ 74 ③ 75 ④ 76 ②

77 두께 110mm의 일반구조용 압연강재 SS275의 항복강도(fy) 기준값은?

① 275MPa 이상 ② 265MPa 이상
③ 245MPa 이상 ④ 235MPa 이상

해설 일반구조용 압연강재 SS275의 항복강도(fy)는 235MPa 이상으로 한다.

78 철근콘크리트 구조물(5~6층)을 대상으로 한 벽, 지하 외벽의 철근 고임재 및 간격재의 배치표준으로 옳은 것은?

① 상단은 보 밑에서 0.5m
② 중단은 상단에서 2.0m 이내
③ 횡 간격은 0.5m
④ 단부는 2.0m 이내

 철근콘크리트 구조물(5~6층)을 대상으로 한 벽, 지하 외벽의 철근 고임재 및 간격재의 배치표준에서 상단은 보 밑에서 0.5m로 한다.

79 콘크리트에서 사용하는 호칭강도의 정의로 옳은 것은?

① 레디믹스트 콘크리트 발주 시 구입자가 지정하는 강도
② 구조계산 시 기준으로 하는 콘크리트의 압축강도
③ 재령 7일의 압축강도를 기준으로 하는 강도
④ 콘크리트의 배합을 정할 때 목표로 하는 압축강도로 품질의 표준편차 및 양생온도 등을 고려하여 설계기준강도에 할증한 것

해설 호칭강도는 레디믹스트 콘크리트 발주 시 구입자가 지정하는 강도이다.

80 벽돌쌓기 시 사전준비에 관한 설명으로 옳지 않은 것은?

① 줄기초, 연결보 및 바닥 콘크리트의 쌓기면은 작업 전에 청소하고, 우묵한 곳은 모르타르로 수평이 되도록 고른다.
② 벽돌에 부착된 흙이나 먼지는 깨끗이 제거한다.
③ 모르타르는 지정한 배합으로 하되 시멘트와 모래는 건비빔으로 하고, 사용할 때에는 쌓기에 지장이 없는 유동성이 확보되도록 물을 가하고 충분히 반죽하여 사용한다.
④ 콘크리트 벽돌은 쌓기 직전에 충분한 물축이기를 한다.

해설 붉은벽돌과 시멘트 벽돌의 경우 물축이기를 한다.

제5과목 건설재료학

81 유리가 불화수소에 부식하는 성질을 이용하여 5㎜ 이상 판유리면에 그림, 문자 등을 새긴 유리는?

① 스테인드유리 ② 망입유리
③ 에칭유리 ④ 내열유리

 에칭유리는 유리가 불화수소에 부식하는 성질을 이용하여 5mm 이상 판유리면에 그림, 문자 등을 새긴 유리이다.

정답 77 ④ 78 ① 79 ① 80 ④ 81 ③

82 건축재료의 성질을 물리적 성질과 역학적 성질로 구분할 때 물체의 운동에 관한 성질인 역학적 성질에 속하지 않는 항목은?

① 비중 ② 탄성
③ 강성 ④ 소성

해설 역학적 성질에는 탄성, 소성, 강성, 인성, 취성 등이 있다.

83 각 미장 재료별 경화 형태로 옳지 않은 것은?

① 회반죽 : 수경성
② 시멘트 모르타르 : 수경성
③ 돌로마이트 플라스터 : 기경성
④ 테라조 현장바름 : 수경성

해설 기경성(氣硬性) 미장 재료에는 흙 바름, 회반죽, 소석회, 돌로마이트 플라스터, 아스팔트 모르타르가 있으며 수경성(水硬性) 미장 재료에는 석고 플라스터, 시멘트 모르타르, 인조석 바름이 있다.

84 2장 이상의 판유리 등을 나란히 넣고, 그 틈새에 대기압에 가까운 압력의 건조한 공기를 채우고 그 주변을 밀봉 · 봉착한 것은?

① 열선흡수유리 ② 배강도 유리
③ 강화유리 ④ 복층유리

복층유리는 2장 이상의 판유리 등을 나란히 넣고, 그 틈새에 대기압에 가까운 압력의 건조한 공기를 채우고 그 주변을 밀봉 · 봉착한 것이다.

85 접착제를 동물질 접착제와 식물질 접착제로 분류할 때 동물질 접착제에 해당되지 않는 것은?

① 아교 ② 덱스트린 접착제
③ 카세인 접착제 ④ 알부민 접착제

덱스트린 접착제는 식물질 접착제에 해당된다.

86 전기절연성, 내열성이 우수하고 특히 내약품성이 뛰어나며, 유리섬유로 보강하여 강화플라스틱 (F.R.P)의 제조에 사용되는 합성수지는?

① 멜라민수지
② 불포화폴리에스테르수지
③ 페놀수지
④ 염화비닐수지

해설 불포화폴리에스테르수지는 전기절연성, 내열성이 우수하고 특히 내약품성이 뛰어나며, 유리섬유로 보강하여 강화플라스틱 (F.R.P)의 제조에 사용되는 합성수지이다.

87 대리석의 일종으로 다공질이며 황갈색의 반문이 있고 갈면 광택이 나서 우아한 실내장식에 사용되는 것은?

① 테라죠 ② 트래버틴
③ 석면 ④ 점판암

트래버틴(Travertine)은 대리석의 일종으로 다공질이고 황갈색의 반문이 있어 특이한 느낌을 주는 석재이므로 특수한 부위의 실내장식용으로 사용된다.

정답 82 ① 83 ① 84 ④ 85 ② 86 ② 87 ②

88 중량 5kg인 목재를 건조시켜 전건중량이 4kg이 되었다. 건조 전 목재의 함수율은 몇 %인가?

① 20% ② 25%
③ 30% ④ 40%

 함수율(μ) $= \dfrac{W_1 - W_2}{W_2} \times 100(\%)$

$= \dfrac{(5-4)}{4} \times 100(\%) = 25\%$

여기서, W_1 : 건조 전 시료 중량
W_2 : 절대건조 시 시료 중량

89 목재 건조의 목적에 해당하지 않는 것은?

① 강도의 증진
② 중량의 경감
③ 가공성의 증진
④ 균류 발생의 방지

 목재의 건조는 강도를 증진시키고, 중량을 경감하며 균류 발생을 방지하는 효과가 있다.

90 블로운 아스팔트의 내열성, 내한성 등을 개량하기 위해 동물섬유나 식물섬유를 혼합하여 유동성을 증대시킨 것은?

① 아스팔트 펠트(Asphalt felt)
② 아스팔트 루핑(Asphalt roofing)
③ 아스팔트 프라이머(Asphalt primer)
④ 아스팔트 컴파운드(Asphalt compound)

 아스팔트 컴파운드는 블로운 아스팔트의 성능을 개량하기 위해 동식물성 유지와 광물질 분말을 혼입한 것이다.

91 고강도 강선을 사용하여 인장응력을 미리 부여함으로써 큰 응력을 받을 수 있도록 제작된 것은?

① 매스 콘크리트
② 프리플레이스트 콘크리트
③ 프리스트레스트 콘크리트
④ AE 콘크리트

 프리스트레스트 콘크리트는 고강도 강선을 사용하여 인장응력을 미리 부여함으로써 큰 응력을 받을 수 있도록 제작된 콘크리트이다.

92 재료의 단단한 정도를 나타내는 용어는?

① 연성 ② 인성
③ 취성 ④ 경도

해설 경도는 재료의 단단한 정도를 나타낸다.

93 지름이 18mm인 강봉을 대상으로 인장시험을 행하여 항복하중 27kN, 최대하중 41kN을 얻었다. 이 강봉의 인장강도는?

① 약 106.3MPa ② 약 133.9MPa
③ 약 161.1MPa ④ 약 182.3MPa

 인장강도 = 최대하중/단면적 = 41KN × 1,000/(π × (18mm)2/4) = 161.1MPa

94 습윤상태의 모래 780g을 건조로에서 건조시켜 절대건조상태 720g으로 되었다. 이 모래의 표면수율은? (단, 이 모래의 흡수율은 5%이다.)

① 3.08% ② 3.17%
③ 3.33% ④ 3.52%

정답 88 ② 89 ③ 90 ④ 91 ③ 92 ④ 93 ③ 94 ②

해설 · 흡수율 = $\frac{\text{흡수량}}{\text{절건상태 골재중량}} \times 100(\%)$

· 표면수율 = $\frac{\text{습윤중량} - \text{표건중량}}{\text{표건상태 골재중량}} \times 100(\%)$

95 아스팔트를 천연아스팔트와 석유아스팔트로 구분할 때 천연아스팔트에 해당하지 않는 것은?

① 로크 아스팔트
② 레이크 아스팔트
③ 아스 팔타이트
④ 스트레이트 아스팔트

해설 스트레이트 아스팔트(Straight Asphalt)는 원유를 증류한 잔류유를 정제한 것으로 점착성 · 방수성 · 신장성은 풍부하지만, 연화점이 비교적 낮아서 내후성이 약하고 온도에 의한 결점이 있다.

96 다음 중 건축용 단열재와 거리가 먼 것은?

① 유리면(glass wool)
② 암면(rock wool)
③ 테라코타
④ 펄라이트판

해설 테라코타는 단열재가 아니라 건축물의 외장재료로 적합하다.

97 실적률이 큰 골재로 이루어진 콘크리트의 특성이 아닌 것은?

① 시멘트 페이스트의 양이 커져 콘크리트 제조 시 경제성이 낮다.
② 내구성이 증대된다.
③ 투수성, 흡습성의 감소를 기대할 수 있다.
④ 건조수축 및 수화열이 감소한다.

해설 골재의 실적률은 일정한 용적의 용기 안에 일정한 입도의 골재를 일정한 방법으로 채웠을 때 골재가 실제로 차지하는 용적의 비율을 말하며 실적률이 큰 골재로 이루어진 콘크리트는 내구성, 수밀성이 증대되고 건조수축이 감소한다.

98 표면건조포화상태 질량 500g의 잔골재를 건조시켜, 공기 중 건조상태에서 측정한 결과 460g, 절대건조상태에서 측정한 결과 450g이었다. 이 잔골재의 흡수율은?

① 8% ② 8.8%
③ 10% ④ 11.1%

해설 흡수율 = 흡수량/절건상태 골재 중량 × 100(%)
= (500 − 450)/450 × 100
= 11.1%

여기서, 흡수량은 절건상태에서 표건상태가 될 때까지 골재가 흡수한 수량이다.

99 경량 기포콘크리트(autoclaved lightweight concrete)에 관한 설명으로 옳지 않은 것은?

① 보통 콘크리트와 비교하면 탄산화의 우려가 낮다.
② 열전도율은 보통 콘크리트의 약 1/10 정도로 단열성이 우수하다.
③ 현장에서 취급이 편리하고 절단 및 가공이 용이하다.
④ 다공질이므로 흡수성이 높은 편이다.

정답 95 ④ 96 ③ 97 ① 98 ④ 99 ①

해설 경량 기포콘크리트의 특징

장점	단점
• 경량성 : 기건 비중은 콘크리트의 1/4 정도이다. • 단열성 : 열전도율은 콘크리트의 1/10 정도이다. • 흡음 및 차음성이 우수하다. • 불연성 및 내화구조 재료이다. • 시공성 : 경량으로 취급이 용이하며 현장에서 절단 및 가공이 용이하다.	• 압축강도가 4~8MPa 정도로 보통 콘크리트와 비교하면 강도가 비교적 약하다. • 다공성 제품으로 흡수성이 크며 동해에 대한 방수 · 방습처리가 필요하다. • 압축강도에 비해서 휨강도나 인장강도는 상당히 약한 수준이다.

100 콘크리트의 블리딩 현상에 의한 성능저하와 가장 거리가 먼 것은?

① 골재와 페이스트의 부착력 저하
② 철근와 페이스트의 부착력 저하
③ 콘크리트의 수밀성 저하
④ 콘크리트의 응결성 저하

해설 블리딩(Bleeding)은 콘크리트 타설 후 물이나 미세한 물질이 분리 상승하여 콘크리트 표면에 떠오르는 현상으로 콘크리트의 강도 및 수밀성 저하의 원인이 된다.

제6과목 건설안전기술

101 강관틀비계(높이 5m 이상)의 넘어짐을 방지하기 위하여 사용하는 벽이음 및 버팀의 설치간격 기준으로 옳은 것은?

① 수직방향 5m, 수평방향 5m
② 수직방향 6m, 수평방향 7m
③ 수직방향 6m, 수평방향 8m
④ 수직방향 7m, 수평방향 8m

해설 강관틀비계의 벽이음 및 버팀은 수직방향 6m, 수평방향 8m 이내로 한다.

102 흙의 투수계수에 영향을 주는 인자에 관한 설명으로 옳지 않은 것은?

① 포화도 : 포화도가 클수록 투수계수도 크다.
② 공극비 : 공극비가 클수록 투수계수는 작다.
③ 유체의 점성계수 : 점성계수가 클수록 투수계수는 작다.
④ 유체의 밀도 : 유체의 밀도가 클수록 투수계수는 크다.

해설 공극비가 클수록 투수계수는 크다.

103 화물을 적재하는 경우의 준수사항으로 옳지 않은 것은?

① 침하 우려가 없는 튼튼한 기반 위에 적재할 것
② 건물의 칸막이나 벽 등이 화물의 압력에 견딜 만큼의 강도를 지니지 아니한 경우에는 칸막이나 벽에 기대어 적재하지 않도록 할 것
③ 불안정한 정도로 높이 쌓아 올리지 말 것
④ 하중을 한쪽으로 치우치더라도 화물을 최대한 효율적으로 적재할 것

해설 화물 적재 시 준수사항은 다음과 같다.
1. 침하의 우려가 없는 튼튼한 기반 위에 적재할 것
2. 건물의 칸막이나 벽 등이 화물의 압력에 견딜 만큼의 강도를 지니지 아니한 경우

정답 100 ④ 101 ③ 102 ② 103 ④

에는 칸막이나 벽에 기대어 적재하지 아니하도록 할 것
3. 불안정할 정도로 높이 쌓아 올리지 말 것
4. 편하중이 생기지 아니하도록 적재할 것

104 **강관을 사용하여 비계를 구성하는 경우 준수하여야 할 기준으로 옳지 않은 것은?**

① 비계기둥의 간격은 띠장 방향에서는 1.85m 이하, 장선(長線) 방향에서는 1.5m 이하로 할 것
② 띠장 간격은 2.0m 이하로 할 것
③ 비계기둥의 제일 윗부분으로부터 31m 되는 지점 밑부분의 비계기둥은 3개의 강관으로 묶어 세울 것
④ 비계기둥 간의 적재하중은 400kg을 초과하지 않도록 할 것

해설 강관을 사용하여 비계를 구성하는 경우 비계기둥의 최고부로부터 31m 되는 지점 밑부분의 비계기둥은 2개의 강관으로 묶어 세워야 한다.

105 **비계의 높이가 2m 이상인 작업장소에 작업발판을 설치할 때 그 폭은 최소 얼마 이상이어야 하는가?**

① 30cm ② 40cm
③ 50cm ④ 60cm

해설 발판의 폭은 40cm 이상으로 하여야 한다.

106 **달비계의 구조에서 달비계 작업발판의 폭과 틈새기준으로 옳은 것은?**

① 작업발판의 폭 30cm 이상, 틈새 3cm 이하
② 작업발판의 폭 40cm 이상, 틈새 3cm 이하
③ 작업발판의 폭 30cm 이상, 틈새 없도록 할 것
④ 작업발판의 폭 40cm 이상, 틈새 없도록 할 것

해설 달비계의 작업발판은 폭을 40cm 이상으로 하고 틈새가 없도록 해야 한다.

107 **사면 보호 공법 중 구조물에 의한 보호 공법에 해당되지 않는 것은?**

① 블럭공
② 식생구멍공
③ 돌쌓기공
④ 현장타설 콘크리트 격자공

해설 사면 보호 공법 중 구조물에 의한 보호 공법에는 블록공, 돌쌓기공, 격자공 등이 있다.

108 **다음은 산업안전보건법령에 따른 투하설비 설치에 관련된 사항이다. ( ) 안에 들어갈 내용으로 옳은 것은?**

> 사업주는 높이가 ( )m 이상인 장소로부터 물체를 투하하는 때에는 적당한 투하설비를 설치하거나 감시인을 배치하는 등 위험방지를 위하여 필요한 조치를 하여야 한다.

정답 104 ③ 105 ② 106 ④ 107 ② 108 ③

① 1　　② 2
③ 3　　④ 4

 투하설비란 높이 3m 이상인 장소에서 자재 투하 시 재해를 예방하기 위하여 설치하는 설비를 말한다.

109 다음은 산업안전보건법령에 따른 시스템 비계의 구조에 관한 사항이다. (　　) 안에 들어갈 내용으로 옳은 것은?

> 비계 밑단의 수직재와 받침철물은 밀착되도록 설치하고, 수직재와 받침철물의 연결부의 겹침길이는 받침철물 전체 길이의 (　　) 이상이 되도록 할 것

① 2분의 1　　② 3분의 1
③ 4분의 1　　④ 5분의 1

 비계 밑단의 수직재와 받침철물은 밀착되도록 설치하고 수직재와 받침철물의 연결부의 겹침길이는 받침철물 전체 길이의 1/3 이상이 되도록 해야 한다.

110 파쇄하고자 하는 구조물에 구멍을 천공하여 이 구멍에 가력봉을 삽입하고 가력봉에 유압을 가압하여 천공한 구멍을 확대시킴으로써 구조물을 파쇄하는 공법은?

① 핸드 브레이커(Hand Breaker) 공법
② 강구(Steel Ball) 공법
③ 마이크로파(Microwave) 공법
④ 록잭(Rock Jack) 공법

 록잭 공법은 파쇄하고자 하는 구조물에 구멍을 천공하여 이 구멍에 가력봉을 삽입하고 가력봉에 유압을 가압하여 천공한 구멍을 확대시킴으로써 구조물을 파쇄하는 공법이다.

111 흙막이 지보공을 설치하였을 때에 정기적으로 점검하고 이상을 발견하면 즉시 보수하여야 하는 사항과 거리가 먼 것은?

① 부재의 손상 · 변형 · 부식 · 변위 및 탈락의 유무와 상태
② 부재의 접속부 · 부착부 및 교차부의 상태
③ 침하의 정도
④ 설계상 부재의 경제성 검토

 흙막이 지보공을 설치한 경우에는 정기적으로 다음 사항을 점검하고 이상을 발견한 경우에는 즉시 보수하여야 한다.

1. 부재의 손상 · 변형 · 부식 · 변위 및 탈락의 유무 및 상태
2. 버팀대의 긴압의 정도
3. 부재의 접속부 · 부착부 및 교차부의 상태
4. 침하의 정도

112 유해위험방지계획서를 고용노동부장관에게 제출하고 심사를 받아야 하는 대상 건설공사 기준으로 옳지 않은 것은?

① 최대 지간길이가 50m 이상인 다리의 건설 등 공사
② 지상높이 25m 이상인 건축물 또는 인공구조물의 건설 등 공사
③ 깊이 10m 이상인 굴착공사
④ 다목적댐, 발전용댐, 저수용량 2천만 톤 이상의 용수 전용 댐 및 지방상수도 전용 댐의 건설 등 공사

 유해위험방지계획서 제출 대상 건설공사는 다음과 같다.

1. 지상높이가 31m 이상인 건축물 또는 인공구조물, 연면적 30,000m^2 이상인 건축물 또는 연면적 5,000m^2 이상의 문화 및 집회시설(전시장 및 동물원 · 식물원은

정답　109 ②　110 ④　111 ④　112 ②

제외), 판매시설, 운수시설(고속철도의 역사 및 집배송시설은 제외), 종교시설, 의료시설 중 종합병원, 숙박시설 중 관광숙박시설, 지하도상가 또는 냉동 · 냉장창고시설의 건설 · 개조 또는 해체
2. 연면적 5,000m² 이상의 냉동 · 냉장창고시설의 설비공사 및 단열공사
3. 최대 지간길이가 50m 이상인 교량건설 등 공사
4. 터널 건설 등의 공사
5. 다목적 댐, 발전용 댐 및 저수용량 2천만 톤 이상의 용수 전용 댐, 지방 상수도 전용 댐 건설 등의 공사
6. 깊이 10m 이상인 굴착공사

113 콘크리트 타설 시 안전수칙으로 옳지 않은 것은?

① 타설순서는 계획에 의하여 실시하여야 한다.
② 진동기는 최대한 많이 사용하여야 한다.
③ 콘크리트를 치는 도중에는 거푸집, 지보공 등의 이상 유무를 확인하여야 한다.
④ 손수레로 콘크리트를 운반할 때에는 손수레를 타설하는 위치까지 천천히 운반하여 거푸집에 충격을 주지 아니하도록 타설하여야 한다.

해설 진동기의 과도한 사용은 거푸집 붕괴의 원인이 될 수 있다.

114 부두 · 안벽 등 하역작업을 하는 장소에서 부두 또는 안벽의 선을 따라 통로를 설치하는 경우에는 폭을 최소 얼마 이상으로 하여야 하는가?

① 85cm ② 90cm
③ 100cm ④ 120cm

해설 부두 · 안벽 등 하역작업을 하는 장소에서 부두 또는 안벽의 선을 따라 통로를 설치할 때는 통로의 최소폭은 90cm 이상으로 하여야 한다.

115 거푸집 동바리 등을 조립하는 경우에 준수해야 할 기준으로 옳지 않은 것은?

① 동바리의 상하 고정 및 미끄러짐 방지 조치를 하고, 하중의 지지상태를 유지한다.
② 강재와 강재의 접속부 및 교차부는 볼트 · 클램프 등 전용철물을 사용하여 단단히 연결한다.
③ 파이프서포트를 제외한 동바리로 사용하는 강관은 높이 2m마다 수평연결재를 2개 방향으로 만들고 수평연결재의 변위를 방지할 것
④ 동바리로 사용하는 파이프서포트는 4개 이상 이어서 사용하지 않도록 할 것

해설 거푸집 동바리 등을 조립하는 경우 파이프서포트를 3개 이상 이어서 사용하지 않도록 한다.

116 토공사에서 성토용 토사의 일반조건으로 옳지 않은 것은?

① 다져진 흙의 전단 강도가 크고 압축성이 작을 것
② 함수율이 높은 토사일 것
③ 시공장비의 주행성이 확보될 수 있을 것
④ 필요한 다짐 정도를 쉽게 얻을 수 있을 것

해설 함수율이 높은 토사는 성토용 토사로 적합하지 않다

정답 113 ② 114 ② 115 ④ 116 ②

117 산업안전보건법령에 따른 건설공사 중 다리건설공사의 경우 유해위험방지계획서를 제출하여야 하는 기준으로 옳은 것은?

① 최대 지간길이가 40m 이상인 다리의 건설 등 공사
② 최대 지간길이가 50m 이상인 다리의 건설 등 공사
③ 최대 지간길이가 60m 이상인 다리의 건설 등 공사
④ 최대 지간길이가 70m 이상인 다리의 건설 등 공사

유해 · 위험방지계획서 제출대상 공사는 다음과 같다.

1. 최대 지간길이 50m 이상인 교량공사
2. 지상 높이가 31m 이상인 건축물
3. 깊이가 10m 이상인 굴착공사
4. 연면적 5,000m^2 이상의 문화 및 집회시설, 판매시설, 운수시설, 종교시설, 의료시설 중 종합병원, 숙박시설 중 관광숙박시설

118 강관틀비계를 조립하여 사용하는 경우 준수하여야 할 사항으로 옳지 않은 것은?

① 비계기둥의 밑둥에는 밑받침 철물을 사용할 것
② 높이가 20m를 초과하거나 중량물의 적재를 수반하는 작업을 할 경우에는 주틀 간의 간격을 1.8m 이하로 할 것
③ 주틀 간에 교차 가새를 설치하고 최하층 및 3층 이내마다 수평재를 설치할 것
④ 길이가 띠장 방향으로 4m 이하이고 높이가 10m를 초과하는 경우에는 10m 이내마다 띠장 방향으로 버팀기둥을 설치할 것

강관틀비계를 조립하여 사용하는 경우 주틀 간에 교차가새를 설치하고 최상층 및 5층 이내마다 수평재를 설치해야 한다.

119 터널 지보공을 조립하거나 변경하는 경우에 조치하여야 하는 사항으로 옳지 않은 것은?

① 목재의 터널 지보공은 그 터널 지보공의 각 부재에 작용하는 긴압 정도를 체크하여 그 정도가 최대한 차이가 나도록 할 것
② 강(鋼)아치 지보공의 조립은 연결볼트 및 띠장 등을 사용하여 주재 상호간을 튼튼하게 연결할 것
③ 기둥에는 침하를 방지하기 위하여 받침목을 사용하는 등의 조치를 할 것
④ 주재(主材)를 구성하는 1세트의 부재는 동일 평면 내에 배치할 것

목재의 터널 지보공은 그 터널 지보공의 각 부재에 작용하는 긴압 정도를 체크하여 터널 지보공의 각 부재의 긴압정도가 균등하게 되도록 해야 한다.

120 흙막이 가시설 공사 시 사용되는 각 계측기 설치 목적으로 옳지 않은 것은?

① 지표침하계 – 지표면 침하량 측정
② 수위계 – 지반 내 지하수위의 변화 측정
③ 하중계 – 상부 적재하중 변화 측정
④ 지중경사계 – 인접지반의 수평 변위량 측정

하중계는 Strut, Earth Anchor에 설치하여 축하중 측정으로 부재의 안정성 여부를 판단하는 계측기기이다.

정답 117 ② 118 ③ 119 ① 120 ③

2023년 2월 13일 시행

ENGINEER CONSTRUCTION SAFETY

※ 2022년 2회 이후 CBT로 출제된 기출문제는 개정된 출제기준과 해당 회차의 기출 키워드 등을 분석하여 복원하였습니다.

제1과목 산업안전관리론

01 다음 중 웨버(D.A.Weaver)의 사고 발생 도미노 이론에서 "작전적 에러"를 찾아내기 위한 질문의 유형과 가장 거리가 먼 것은?

① What ② Why
③ Where ④ Whether

해설 웨버의 사고연쇄반응 이론

1단계 : 유전과 환경
2단계 : 인간의 실수
3단계 : 불안전한 행동과 상태-운영의 에러를 알아내고 정의하라(What, Why, Whether)

02 재해예방의 4원칙에 해당하지 않는 것은?

① 손실 적용의 원칙
② 원인 연계의 원칙
③ 대책 선정의 원칙
④ 예방 가능의 원칙

해설 재해예방의 4원칙

1. 손실 우연의 원칙 : 재해손실은 사고발생 시 사고대상의 조건에 따라 달라지므로 한 사고의 결과로서 생긴 재해손실은 우연성에 의해서 결정된다.
2. 원인 계기의 원칙 : 재해발생은 반드시 원인이 있다.
3. 예방 가능의 원칙 : 재해는 원칙적으로 원인만 제거하면 예방이 가능하다.
4. 대책 선정의 원칙 : 재해예방을 위한 가능한 안전대책은 반드시 존재한다.

03 산업안전보건법령상 안전관리자의 업무에 명시되지 않은 것은?

① 사업장 순회점검, 지도 및 조치 건의
② 물질안전보건자료의 게시 또는 비치에 관한 보좌 및 지도 · 조언
③ 산업재해에 관한 통계의 유지 · 관리 · 분석을 위한 보좌 및 지도 · 조언
④ 해당 사업장 안전교육계획의 수립 및 안전교육 실시에 관한 보좌 및 지도 · 조언

해설 ②는 보건관리자의 업무 중 하나이다.

안전관리자의 업무

1. 산업안전보건위원회 또는 노사협의체에서 심의 · 의결한 업무와 안전보건관리규정 및 취업규칙에서 정한 업무
2. 위험성평가에 관한 보좌 및 지도 · 조언
3. 안전인증대상기계등과 자율안전확인대상기계등 구입 시 적격품의 선정에 관한 보좌 및 지도 · 조언
4. 해당 사업장 안전교육계획의 수립 및 안전교육 실시에 관한 보좌 및 지도 · 조언
5. 사업장 순회점검, 지도 및 조치 건의
6. 산업재해 발생의 원인조사 · 분석 및 재발 방지를 위한 기술적 보좌 및 지도 · 조언
7. 산업재해에 관한 통계의 유지 · 관리 · 분석을 위한 보좌 및 지도 · 조언
8. 법 또는 법에 따른 명령으로 정한 안전에 관한 사항의 이행에 관한 보좌 및 지도 · 조언
9. 업무 수행 내용의 기록 · 유지
10. 그 밖에 안전에 관한 사항으로서 고용노동부장관이 정하는 사항

정답 01 ③ 02 ① 03 ②

04 시몬즈(Simonds)의 재해손실비의 평가 방식 중 비보험 코스트의 산정 항목에 해당하지 않는 것은?

① 사망 사고 건수
② 통원 상해 건수
③ 응급 조치 건수
④ 무상해 사고 건수

해설 **시몬스(Simonds) 방식**

총 재해비용 = 산재보험비용 + 비보험비용
여기서,
비보험비용 = 휴업 상해 건수×A
+통원 상해 건수×B
+응급 조치 건수×C
+무상해 사고 건수×D
(A, B, C, D는 장해 정도별 비보험비용의 평균치)

05 T.B.M 활동의 5단계 추진법의 진행순서로 옳은 것은?

① 도입 → 위험예지훈련 → 작업지시 → 점검정비 → 확인
② 도입 → 점검정비 → 작업지시 → 위험예지훈련 → 확인
③ 도입 → 확인 → 위험예지훈련 → 작업지시 → 점검정비
④ 도입 → 작업지시 → 위험예지훈련 → 점검정비 → 확인

해설 **작업시작 전(실시순서 5단계)**

도입	직장체조, 무재해기 게양, 목표제안
점검 및 정비	건강상태, 복장 및 보호구 점검, 자재 및 공구확인
작업지시	작업내용 및 안전사항 전달
위험예측	당일 작업에 대한 위험예측, 위험예지훈련
확인	위험에 대한 대책과 팀목표 확인

06 산업안전보건법령상 사업주가 안전관리자를 선임한 경우, 선임한 날부터 며칠 이내에 고용노동부장관에게 증명할 수 있는 서류를 제출하여야 하는가?

① 7일 ② 14일
③ 30일 ④ 60일

사업주는 안전관리자를 선임하거나 안전관리자의 업무를 안전관리전문기관에 위탁한 경우에는 고용노동부령으로 정하는 바에 따라 선임하거나 위탁한 날부터 14일 이내에 고용노동부장관에게 증명할 수 있는 서류를 제출하여야 한다.

07 산업안전보건법령상 안전보건관리규정 작성에 관한 사항으로 ( )에 알맞은 기준은?

> 안전보건관리규정을 작성하여야 할 사업의 사업주는 안전보건관리규정을 작성하여야 할 사유가 발생한 날부터 ( )일 이내에 안전보건관리규정을 작성해야 한다.

① 7 ② 14
③ 30 ④ 60

사업주는 안전보건관리규정을 작성하여야 할 사유가 발생한 날부터 30일 이내에 안전보건관리규정을 작성하여야 한다. 이를 변경할 사유가 발생한 경우에도 또한 같다.

정답 04 ① 05 ② 06 ② 07 ③

08 건설기술진흥법령상 안전점검의 시기 · 방법에 관한 사항으로 (　　)에 알맞은 내용은?

> 정기안전점검 결과 건설공사의 물리적·기능적 결함 등이 발견되어 보수·보강 등의 조치를 위하여 필요한 경우에는 (　　)을/를 할 것

① 긴급점검　② 정기점검
③ 특별점검　④ 정밀안전점검

해설 **시설물의 안전 및 유지관리에 관한 특별법 제2조(정의)**

"정밀안전진단"이란 시설물의 물리적 · 기능적 결함을 발견하고 그에 대한 신속하고 적절한 조치를 하기 위하여 구조적 안전성과 결함의 원인 등을 조사 · 측정 · 평가하여 보수 · 보강 등의 방법을 제시하는 행위를 말한다.

09 다음 중 소규모 사업장에 가장 적합한 안전관리 조직의 형태는?

① 라인형 조직
② 스태프형 조직
③ 라인－스태프 혼합형 조직
④ 복합형 조직

해설 **라인(Line)형 조직**

소규모 기업에 적합한 조직으로서 안전관리에 관한 계획에서부터 실시에 이르기까지 모든 안전업무를 생산라인을 통하여 직선적으로 이루어지도록 편성된 조직

10 방독마스크 정화통의 종류와 외부 측면 색상의 연결이 옳은 것은?

① 유기화합물용－노란색
② 할로겐용－회색
③ 아황산용－녹색
④ 암모니아용－갈색

해설

종류	표시 색
유기화합물용 정화통	갈색
할로겐용 정화통	회색
황화수소용 정화통	
시안화수소용 정화통	
아황산용 정화통	노란색
암모니아용(유기가스) 정화통	녹색

11 재해의 원인분석방법 중 통계적 원인분석 방법으로 사고의 유형, 기인물 등 분류항목을 큰 순서대로 도표화하는 것은?

① 특성요인도　② 크로스도
③ 파레토도　④ 관리도

파레토도는 분류항목을 큰 순서대로 도표화한 분석법이다.

12 브레인스토밍의 4가지 원칙 내용으로 옳지 않은 것은?

① 비판하지 않는다.
② 자유롭게 발언한다.
③ 가능한 정리된 의견만 발언한다.
④ 타인의 생각에 동참하거나 보충발언을 해도 좋다.

해설 **브레인스토밍**

1. 비판금지　2. 자유분방
3. 대량발언　4. 수정발언

정답 08 ④ 09 ① 10 ② 11 ③ 12 ③

13 산업안전보건법령상 상시근로자 20명 이상 50명 미만인 사업장 중 안전보건관리담당자를 선임하여야 할 업종이 아닌 것은?

① 임업
② 제조업
③ 건설업
④ 하수, 폐수 및 분뇨 처리업

해설 **안전보건관리담당자의 선임 등**

다음 각 호의 어느 하나에 해당하는 사업의 사업주는 법 제19조 제1항에 따라 상시근로자 20명 이상 50명 미만인 사업장에 안전보건관리담당자를 1명 이상 선임해야 한다.

1. 제조업
2. 임업
3. 하수, 폐수 및 분뇨 처리업
4. 폐기물 수집, 운반, 처리 및 원료 재생업
5. 환경 정화 및 복원업

14 다음 재해사례의 분석 내용으로 옳은 것은?

작업자가 벽돌을 손으로 운반하던 중, 벽돌을 떨어뜨려 발등을 다쳤다.

① 사고유형 : 물체에 맞음, 기인물 : 벽돌, 가해물 : 벽돌
② 사고유형 : 부딪침, 기인물 : 손, 가해물 : 벽돌
③ 사고유형 : 물체에 맞음, 기인물 : 사람, 가해물 : 손
④ 사고유형 : 떨어짐, 기인물 : 손, 가해물 : 벽돌

- 해당 사고의 원인은 벽돌을 떨어뜨린 것이므로 기인물은 벽돌이 되며 발등을 가격한 물체 또한 벽돌이므로 가해물도 역시 벽돌이다.
- 물체에 맞음 : 구조물, 기계 등에 고정되어 있던 물체가 중력, 원심력, 관성력 등에 의하여 고정부에서 이탈하거나 또는 설비 등으로부터 물질이 분출되어 사람을 가해하는 경우

15 위험예지훈련 4라운드 기법 진행방법 중 본질추구는 몇 라운드에 해당되는가?

① 제1라운드 ② 제2라운드
③ 제3라운드 ④ 제4라운드

해설 **위험예지훈련의 추진을 위한 문제해결 4단계(4라운드)**

- 1라운드 : 현상파악(사실의 파악) – 어떤 위험이 잠재하고 있는가?
- 2라운드 : 본질추구(원인조사) – 이것이 위험의 포인트다.
- 3라운드 : 대책수립(대책을 세운다) – 당신이라면 어떻게 하겠는가?
- 4라운드 : 목표설정(행동계획 작성) – 우리들은 이렇게 하자!

16 한 사람, 한 사람이 스스로 위험요인을 발견, 파악하여 단시간에 행동목표를 정하여 지적 · 확인을 하며, 특히 비정상적인 작업의 안전을 확보하기 위한 위험예지훈련은?

① 삼각 위험예지훈련
② 1인 위험예지훈련
③ 원 포인트 위험예지훈련
④ 자문자답카드 위험예지훈련

해설 **자문자답카드 위험예지훈련**

한 사람 한 사람이 '자문자답카드'의 체크항목을 큰 소리로 자문자답하면서 위험요인을 발견, 파악하여 단시간에 행동목표를 정하여 지적 · 확인한다. 이는 특히 비정상 작업에 있어서 안전을 확보하기 위한 훈련이다.

정답 13 ③ 14 ① 15 ② 16 ④

17 재해손실비 중 직접비에 속하지 않는 것은?

① 요양급여 ② 장해급여
③ 휴업급여 ④ 영업손실비

해설 **직접비**

법령으로 정한 피해자에게 지급되는 산재보험비
- 휴업보상비
- 장해보상비
- 요양보상비
- 유족보상비
- 장의비

18 산업안전보건법령상 산업안전보건위원회의 심의 · 의결사항으로 틀린 것은? (단, 그 밖에 해당 사업장 근로자의 안전 및 보건을 유지 · 증진시키기 위하여 필요한 사항은 제외한다.)

① 사업장 경영체계 구성 및 운영에 관한 사항
② 작업환경측정 등 작업환경의 점검 및 개선에 관한 사항
③ 안전보건관리규정의 작성 및 변경에 관한 사항
④ 유해하거나 위험한 기계 · 기구 · 설비를 도입한 경우 안전 및 보건 관련 조치에 관한 사항

해설 **산업안전보건위원회의 심의 · 의결사항**

1. 산업재해 예방계획의 수립에 관한 사항
2. 안전보건관리규정의 작성 및 변경에 관한 사항
3. 근로자의 안전 · 보건교육에 관한 사항
4. 작업환경측정 등 작업환경의 점검 및 개선에 관한 사항
5. 근로자의 건강진단 등 건강관리에 관한 사항
6. 중대재해의 원인조사 및 재발방지대책 수립에 관한 사항
7. 산업재해에 관한 통계의 기록 및 유지에 관한 사항
8. 안전 · 보건과 관련된 안전장치 및 보호구 구입 시의 적격품 여부 확인에 관한 사항

19 재해사례 연구의 주된 목적 중 틀린 것은?

① 재해요인을 체계적으로 규명하여 이에 대한 대책을 세우기 위함
② 재해요인을 조사하여 책임 소재를 명확히 하기 위함
③ 재해 방지의 원칙을 습득해서 이것을 일상 안전보건활동에 실천하기 위함
④ 참가자의 안전보건활동에 관한 견해나 생각을 깊게 하고, 태도를 바꾸게 하기 위함

해설 **재해사례 연구 목적**

- 재해요인을 체계적으로 규명하여 이에 대한 대책을 세우기 위해
- 재해 방지의 원칙을 습득해서 이것을 일상 안전보건활동에 실천하기 위해
- 참가자의 안전보건활동에 관한 견해나 생각을 깊게 하고, 태도를 바꾸게 하기 위해

20 보호구 안전인증제품에 표시할 사항으로 옳지 않은 것은?

① 규격 또는 등급
② 형식 또는 모델명
③ 제조번호 및 제조연월
④ 성능기준 및 시험방법

해설 **안전인증의 표시**

1. 형식 또는 모델명
2. 규격 또는 등급 등
3. 제조자명
4. 제조번호 및 제조연월
5. 안전인증 번호

정답 17 ④ 18 ① 19 ② 20 ④

제2과목 산업심리 및 교육

21 집단구성원에 의해 선출된 지도자의 지위 · 임무는?

① 헤드십(Headship)
② 리더십(Leadership)
③ 멤버십(Membership)
④ 매니저십(Managership)

해설 선출방식에 따른 리더 분류

- Leadership : 선출된 자의 권한 대행(예 대통령)
- Headship : 임명된 자의 권한 행사(예 장관)

22 안전교육의 방법을 지식교육, 기능교육 및 태도교육 순서로 구분하여 맞게 나열한 것은?

① 시청각 교육－현장실습 교육－안전작업 동작지도
② 시청각 교육－안전작업 동작지도－현장실습 교육
③ 현장실습 교육－안전작업 동작지도－시청각 교육
④ 안전작업 동작지도－시청각 교육－현장실습 교육

해설 안전교육의 3단계

1. 지식교육(1단계) : 지식의 전달과 이해
2. 기능교육(2단계) : 실습, 시범을 통한 이해
   - 준비 철저위험작업의 규제
   - 안전작업의 표준화
3. 태도교육(3단계) : 안전의 습관화(가치관 형성)
   청취(들어보기) → 이해, 납득(이해시키기) → 모범(시범을 보이기)→ 권장 평가하기

23 창의력이란 "문제를 해결하기 위하여 정보나 지식을 독특한 방법으로 조합하여 참신하고 유용한 아이디어를 생성해 내는 능력"이다. 창의력을 발휘하려면 3가지 요소가 필요한데 다음 중 이와 관련된 요소가 아닌 것은?

① 전문지식　　② 상상력
③ 업무 몰입도　　④ 내적 동기

해설 창의력을 발휘하기 위한 3가지 요소

- 전문지식
- 상상력
- 내적 동기

24 O.J.T(On the Job Training)의 특징에 관한 설명으로 틀린 것은?

① 다수의 근로자에게 조직적 훈련이 가능하다.
② 상호 신뢰 및 이해도가 높아진다.
③ 개개인에게 적절한 지도훈련이 가능하다.
④ 직장의 실정에 맞게 실제적 훈련이 가능하다.

해설 O.J.T는 개별교육에 적합하다.

O.J.T(직장 내 교육훈련)
- 직속상사가 직장 내에서 작업표준을 가지고 업무상의 개별교육이나 지도훈련을 하는 것(개별교육에 적합)
- 개개인에게 적절한 지도훈련이 가능
- 직장의 실정에 맞게 실제적 훈련이 가능
- 효과가 곧 업무에 나타나며 훈련의 좋고 나쁨에 따라 개선이 쉬움

정답 21 ② 22 ① 23 ③ 24 ①

25 의식 수준이 정상이지만 생리적 상태가 적극적일 때에 해당하는 것은?

① Phase 0 ② Phase Ⅰ
③ Phase Ⅲ ④ Phase Ⅳ

해설 인간의 의식 Level의 단계별 신뢰성

단계	의식의 상태	신뢰성	의식의 작용
Phase 0	무의식, 실신	0	없음
Phase Ⅰ	의식의 둔화	0.9 이하	부주의
Phase Ⅱ	이완 상태	0.99~0.99999	마음이 안쪽으로 향함 (Passive)
Phase Ⅲ	명료한 상태	0.99999 이상	전향적 (Active)
Phase Ⅳ	과긴장 상태	0.9 이하	한 점에 집중, 판단 정지

26 상황성 누발자의 재해유발 원인과 가장 거리가 먼 것은?

① 기능 미숙 때문에
② 작업이 어렵기 때문에
③ 기계설비에 결함이 있기 때문에
④ 환경상 주의력의 집중이 혼란되기 때문에

해설 성격의 유형(재해누발자 유형)

- 미숙성 누발자 : 환경에 익숙하지 못하거나 기능 미숙으로 인한 재해 누발자
- 상황성 누발자 : 작업이 어렵거나, 기계설비의 결함, 주의력의 집중이 혼란된 경우, 심신의 근심으로 사고 경향자가 되는 경우(상황이 변하면 안전한 성향으로 바뀜)
- 습관성 누발자 : 재해의 경험으로 신경과민이 되거나 슬럼프에 빠지기 때문에 사고 경향자가 되는 경우
- 소질성 누발자 : 지능, 성격, 감각운동 등에 의한 소질적 요소에 의해서 결정되는 특수성격 소유자

27 집단 간 갈등의 해소방안으로 틀린 것은?

① 공동의 문제 설정
② 상위 목표의 설정
③ 집단 간 접촉 기회의 증대
④ 사회적 범주화 편향의 최대화

해설 집단 간 갈등 발생 시 사회적 범주화의 편향은 최소화하여야 한다.

28 동기이론과 관련 학자의 연결이 잘못된 것은?

① ERG 이론 : 알더퍼
② 욕구위계이론 : 매슬로
③ 위생-동기이론 : 맥그리거
④ 청취동기이론 : 맥클레랜드

해설 맥그리거(Douglas McGregor) : X, Y이론

29 스트레스 반응에 영향을 주는 요인 중 개인적 특성에 관한 요인이 아닌 것은?

① 심리상태 ② 개인의 능력
③ 신체적 조건 ④ 작업시간의 차이

해설 작업시간의 차이는 스트레스 반응에 대한 외적요인에 해당한다.

정답 25 ③ 26 ① 27 ④ 28 ③ 29 ④

30 **시간 연구를 통해서 근로자들에게 차별성 과급제를 적용하면 효율적이라고 주장한 과학적 관리법의 창시자는?**

① 게젤(A.L. Gesell)
② 테일러(F. Taylor)
③ 웨슬러(D. Wechsler)
④ 샤인(Edgar H. Schein)

해설 **테일러(Taylor) 방식**

1. 시간과 동작연구(Motion Time Study)를 통해 인간의 노동력을 과학적으로 분석하여 생산성 향상에 기여
2. 부정적인 측면
   - 개인차 무시 및 인간의 기계화
   - 단순하고 반복적인 직무에 한해서만 적정

31 **육심리학의 연구방법 중 인간의 내면에서 일어나고 있는 심리적 사고에 대하여 사물을 이용하여 인간의 성격을 알아보는 방법은?**

① 투사법　　② 면접법
③ 실험법　　④ 질문지법

해설 **투사법**

인간의 내면에서 일어나고 있는 심리적 사고에 대하여 사물을 이용하여 인간의 성격을 알아보는 방법

32 **성공적인 리더가 가지는 중요한 관리기술이 아닌 것은?**

① 매 순간 신속하게 의사결정을 한다.
② 집단의 목표를 구성원과 함께 정한다.
③ 구성원이 집단과 어울리도록 협조한다.
④ 자신이 아니라 집단에 대해 많은 관심을 가진다.

해설 **성공적인 리더의 관리기술**

- 결정은 늘 신중하게 한다.
- 집단의 목표를 구성원과 함께 정한다.
- 구성원이 집단과 어울리도록 협조한다.
- 자신이 아니라 집단에 대해 많은 관심을 가진다.

33 **심리검사 종류에 관한 설명으로 맞는 것은?**

① 성격 검사 : 인지능력이 직무수행을 얼마나 예측하는지 측정한다.
② 신체능력 검사 : 근력, 순발력, 전반적인 신체 조정 능력, 체력 등을 측정한다.
③ 기계적성 검사 : 기계를 다루는 데 있어 예민성, 색채, 시각, 청각적 예민성을 측정한다.
④ 지능 검사 : 제시된 진술문에 대하여 어느 정도 동의하는지에 관해 응답하고, 이를 척도점수로 측정한다.

해설 **심리검사의 종류**

- 기계적 적성 검사 : 기계작업에 성공하기 쉬운 특성 · 손과 팔의 솜씨 · 공간 시각화 · 기계적 이해 · 사무적 적성
- 성격 검사 : 성격 특징 또는 성격 유형을 진단하기 위한 검사
- 지능 검사 : 훈련이나 학습 등의 영향을 받지 않고 성숙에 따라 일반적 경험의 소산으로 형성되는 소질적인 지적 능력을 측정하기 위하여 만들어진 검사
- 신체능력 검사 : 근력, 순발력, 전반적인 신체 조정능력, 체력 등을 측정하기 위한 검사

정답 30 ② 31 ① 32 ① 33 ②

34 리더십의 행동이론 중 관리 그리드(managerial grid)에서 인간에 대한 관심보다 업무에 대한 관심이 매우 높은 유형은?

① (1,1)형 ② (1,9)형
③ (5,5)형 ④ (9,1)형

해설 **과업형(9,1)**

생산에 대한 관심은 매우 높지만, 인간에 대한 관심은 매우 낮아서, 인간적인 요소보다도 과업수행에 대한 능력을 중요시하는 리더 유형

35 다음 중 역할연기(role playing)에 의한 교육의 장점으로 틀린 것은?

① 관찰능력을 높이고 감수성이 향상된다.
② 자기의 태도에 반성과 창조성이 생긴다.
③ 정도가 높은 의사결정의 훈련으로서 적합하다.
④ 의견 발표에 자신이 생기고 고착력이 풍부해진다.

해설 **역할연기의 장점**

- 흥미를 갖고, 문제에 적극적으로 참가한다.
- 문제의 배경에 대하여 통찰하는 능력을 높임으로써 감수성이 향상된다.
- 자기 태도의 반성과 창조성이 생기고, 발표력이 향상된다.

36 새로운 자료나 교재를 제시하고, 거기에서의 문제점을 피교육자로 하여금 제기하게 하거나, 의견을 여러 가지 방법으로 발표하게 하고, 다시 깊게 파고들어서 토의하는 방법은?

① 포럼(Forum)
② 심포지엄(Symposium)
③ 버즈세션(Buzz Session)
④ 패널 디스커션(Panel Discussion)

 **포럼(Forum)**

1~2명의 전문가가 10~20분 동안 공개 연설을 한 다음 사회자의 진행하에 질의 · 응답 과정을 통해 토론하는 형식

37 직무수행평가 시 평가자가 특정 피평가자에 대해 구체적으로 잘 모름에도 불구하고 모든 부분에 대해 좋게 평가하는 오류는?

① 후광 오류 ② 엄격화 오류
③ 중앙집중 오류 ④ 관대화 오류

 후광 오류는 직무수행평가 시 평가자가 특정 피평가자에 대해 구체적으로 잘 모름에도 불구하고 모든 부분에 대해 좋게 평가하는 오류이다.

38 교육심리학에 있어 일반적으로 기억 과정의 순서를 나열한 것으로 맞는 것은?

① 파지 → 재생 → 재인 → 기명
② 파지 → 재생 → 기명 → 재인
③ 기명 → 파지 → 재생 → 재인
④ 기명 → 파지 → 재인 → 재생

정답 34 ④ 35 ③ 36 ① 37 ① 38 ③

해설 기억의 과정

1. 기명(Memorizing) : 사물의 인상을 마음에 간직하는 것
2. 파지(Retention) : 인상이 보존되는 것
3. 재생(Recall) : 보존된 인상을 다시 떠올리는 것
4. 재인(Recognition) : 과거의 경험과 비슷한 상황에 부딪혔을 때 떠오르는 것

39 **조직이 리더(leader)에게 부여하는 권한으로 부하직원의 처벌, 임금 삭감을 할 수 있는 권한은?**

① 강압적 권한　　② 보상적 권한
③ 합법적 권한　　④ 전문성의 권한

해설 조직이 지도자에게 부여한 권한

- 합법적 권한 : 군대, 교사, 정부기관 등 법적으로 부여된 권한
- 보상적 권한 : 부하에게 노력에 대한 보상을 할 수 있는 권한
- 강압적 권한 : 부하에게 명령할 수 있는 권한

40 **안전교육 훈련의 기술교육 4단계에 해당하지 않는 것은?**

① 준비단계
② 보습지도의 단계
③ 일을 완성하는 단계
④ 일을 시켜보는 단계

 ① 도입, ② 제시, ④ 적용

교육진행의 4단계

1. 도입(Preparation) : 학습할 준비를 시킨다(배우고자 하는 마음가짐을 일으키는 단계).
2. 제시(Presentation) : 작업을 설명한다(내용을 확실하게 이해시키고 납득시키는 단계).
3. 적용(Performance) : 작업을 지휘한다(이해시킨 내용을 활용시키거나 응용시키는 단계).
4. 확인(Follow Up) : 가르친 뒤 살펴본다(교육내용을 정확하게 이해하였는가를 테스트하는 단계).

제3과목 인간공학 및 시스템안전공학

41 **안전교육을 받지 못한 신입직원이 작업 중 전극을 반대로 끼우려고 시도했으나, 플러그의 모양이 반대로는 끼울 수 없도록 설계되어 있어서 사고를 예방할 수 있었다. 작업자가 범한 오류와 이와 같은 사고 예방을 위해 적용된 안전설계 원칙으로 가장 적합한 것은?**

① 누락(omission) 오류, fail safe 설계원칙
② 누락(omission) 오류, fool safe 설계원칙
③ 작위(commission) 오류, fail safe 설계원칙
④ 작위(commission) 오류, fool safe 설계원칙

- 실행(작위적) 에러(Commission Error) : 작업 내지 절차를 수행했으나 잘못한 실수 – 선택착오, 순서착오, 시간착오
- 풀 프루프(Fool proof) : 기계장치 설계단계에서 안전화를 도모하는 것으로 근로자가 기계 등의 취급을 잘못해도 사고로 연결되는 일이 없도록 하는 안전기구, 즉 인간과오(Human Error)를 방지하기 위한 것

정답 39 ① 40 ③ 41 ④

42 자동차를 생산하는 공장의 어떤 근로자가 95dB(A)의 소음 수준에서 하루 8시간 작업하며 매시간 조용한 휴게실에서 20분씩 휴식을 취한다고 가정하였을 때, 8시간 시간가중평균(TWA)은? [단, 소음은 누적소음노출량 측정기로 측정하였으며, OSHA에서 정한 95dB(A)의 허용시간은 4시간이라 가정한다.]

① 약 91dB(A) ② 약 92dB(A)
③ 약 93dB(A) ④ 약 94dB(A)

해설 **시간가중평균**

$TWA = 90 + 16.61\log[D/(12.5\times T)]$
$TWA = 90 + 16.61\log[(5.33/4)/(12.5\times 8)]$
$= 92.08\,dB(A)$

D = 누적소음폭로량(%)
= 작업시간/허용노출시간×100
= 5.33/4
→ 작업시간은 휴식시간을 제외한 나머지 시간 = 8hr×2/3 = 5.33
→ 95dB(A)의 허용시간은 4hr
T = 측정시간

43 다음 중 FTA(Fault Tree Analysis)에 관한 설명으로 가장 적절한 것은?

① 복잡하고, 대형화된 시스템의 신뢰성 분석에는 적절하지 않다.
② 시스템 각 구성요소의 기능을 정상인가 또는 고장인가로 점진적으로 구분 짓는다.
③ "그것이 발생하기 위해서는 무엇이 필요한가?"라는 것은 연역적이다.
④ 사건들을 일련의 이분(Binary) 의사 결정 분기들로 모형화한다.

해설 **FTA의 특징**

- Top Down 형식(연역적)
- 정량적 해석기법(컴퓨터 처리가 가능)
- 논리기호를 사용한 특정사상에 대한 해석
- 서식이 간단해서 비전문가도 짧은 훈련으로 사용할 수 있다.
- Human Error의 검출이 어렵다.

44 불(Boole) 대수의 관계식으로 틀린 것은?

① $A + \overline{A} = 1$
② $A + AB = A$
③ $A(A + B) = A + B$
④ $A + \overline{A}B = A + B$

해설 A(A+B) = A이다.

불 대수의 기본공식
1. 교환법칙 : A+B=B+A/A×B=B×A
2. 결합법칙 : A+(B+C)=(A+B)+C/A×(B×C)=(A×B)×C
3. 분배법칙 : A×(B+C)=A×B+A×C/A+(B×C)=A+B×A+B
4. 멱등법칙 : A+A=A/A×A=A
5. 보수법칙 : $A+\bar{A}=1/A\times\bar{A}=0$
6. 항등법칙 : A+0=A/A+1=1/A×0=0/A×1=A
7. 드모르간법칙 : A+E=A×E/A×E=A+E

45 FT도에 사용하는 기호에서 3개의 입력 현상 중 임의의 시간에 2개가 발생하면 출력이 생기는 기호의 명칭은?

① 억제 게이트
② 조합 AND 게이트
③ 배타적 OR 게이트
④ 우선적 AND 게이트

정답 42 ② 43 ③ 44 ③ 45 ②

해설 **논리기호 및 사상기호**

기호	명칭	설명
Ai, Aj, Ak / Ai Aj Ak	조합 AND 게이트	3개 이상의 입력현상 중 2개가 일어나면 출력현상이 발생

46 다음 현상을 설명한 이론은?

> 인간이 감지할 수 있는 외부의 물리적 자극 변화의 최소범위는 표준 자극의 크기에 비례한다.

① 피츠(Fitts) 법칙
② 웨버(Weber) 법칙
③ 신호검출이론(SDT)
④ 힉－하이만(Hick－Hyman) 법칙

해설 웨버(Weber)의 법칙 : 특정 감관의 변화감지역(ΔL)은 사용되는 표준자극(I)에 비례한다.

웨버 비 = $\dfrac{\Delta L}{I}$

여기서, I : 기준자극크기, ΔL : 변화감지역

[감각기관의 웨버(Weber) 비]

감각	시각	청각	무게	후각	미각
Weber 비	1/60	1/10	1/50	1/4	1/3

※ 웨버(Weber) 비가 작을수록 인간의 분별력이 좋아짐

47 시스템이 저장되어 이동되고 실행됨에 따라 발생하는 작동시스템의 기능이나 과업, 활동으로부터 발생되는 위험에 초점을 맞춘 위험분석 차트는?

① 결함수분석(FTA ; Fault Tree Analysis)
② 사상수분석(ETA ; Event Tree Analysis)
③ 결함위험분석(FHA ; Fault Hazard Analysis)
④ 운용위험분석(OHA ; Operating Hazard Analysis)

해설 **시스템 위험 분석기법**

1. PHA(예비위험분석, Preliminary Hazards Analysis) : 시스템 내의 위험요소가 얼마나 위험상태에 있는가를 평가하는 시스템 안전 프로그램 최초단계의 분석방식(정성적)
2. FHA(결함위험분석, Fault Hazards Analysis) : 분업에 의해 여럿이 분담 설계한 서브시스템 간의 인터페이스를 조정하여 각각의 서브시스템 및 전체 시스템에 악영향을 미치지 않게 하기 위한 분석방법
3. FTA(결함수분석, Fault Tree Analysis) : 복잡 대형화된 시스템의 신뢰성 분석에 이용되는 기법으로 시스템의 각 단위 부품의 고장을 기본 고장(Primary Failure or Basic Event)이라 하고, 시스템의 결함 상태를 시스템 고장(Top Event or System Failure)이라 하여 이들의 관계를 정량적으로 평가하는 방법
4. OHA(운용위험분석, Operating Hazard Analysis) : 다양한 업무활동에서 제품의 사용과 함께 발생할 수 있는 위험성을 분석하는 방법

48 인체에서 뼈의 주요 기능이 아닌 것은?

① 인체의 지주　② 장기의 보호
③ 골수의 조혈　④ 근육의 대사

해설 뼈의 주요 기능은 지주역할, 장기보호, 골수조혈기능 등이 있다.

정답 46 ② 47 ④ 48 ④

49 **신호검출이론(SDT)의 판정결과 중 신호가 없었는데도 있었다고 말하는 경우는?**

① 긍정(hit)
② 누락(miss)
③ 허위(false alarm)
④ 부정(correct rejection)

해설 신호검출이론 판정결과 중 신호가 없었는데도 있었다고 말하는 경우는 허위(false alarm)에 해당한다.

50 **정보를 전송하기 위해 청각적 표시장치보다 시각적 표시장치를 사용하는 것이 더 효과적인 경우는?**

① 정보의 내용이 간단한 경우
② 정보가 후에 재참조되는 경우
③ 정보가 즉각적인 행동을 요구하는 경우
④ 정보의 내용이 시간적인 사건을 다루는 경우

해설 **시각장치와 청각장치의 비교**

시각장치 사용	청각장치 사용
• 경고나 메시지가 복잡하다. • 경고나 메시지가 길다. • 경고나 메시지가 후에 재참조된다. • 경고나 메시지가 공간적인 위치를 다룬다. • 경고나 메시지가 즉각적인 행동을 요구하지 않는다. • 수신자의 청각 계통이 과부하 상태일 때 • 수신장소가 너무 시끄러울 때 • 직무상 수신자가 한곳에 머무르는 경우	• 경고나 메시지가 간단하다. • 경고나 메시지가 짧다. • 경고나 메시지가 후에 재참조되지 않는다. • 경고나 메시지가 시간적인 사상을 다룬다. • 경고나 메시지가 즉각적인 행동을 요구한다. • 수신자의 시각 계통이 과부하 상태일 때 • 수신장소가 너무 밝거나 암조응 유지가 필요할 때 • 직무상 수신자가 자주 움직이는 경우

51 **일정한 고장률을 가진 어떤 기계의 고장률이 시간당 0.008일 때 5시간 이내에 고장을 일으킬 확률은?**

① $1+e^{0.04}$　　② $1-e^{-0.004}$
③ $1-e^{0.04}$　　④ $1-e^{-0.04}$

$R=e^{-\lambda t}=e^{-0.008\times 5}=e^{-0.04}$
고장을 일으킬 확률 $T=1-R=1-e^{-0.04}$
여기서, λ : 고장률, t : 가동시간

52 **일반적으로 재해 발생 간격은 지수분포를 따르며, 일정기간 내에 발생하는 재해발생 건수는 푸아송 분포를 따른다고 알려져 있다. 이러한 확률변수들의 발생과정을 무엇이라고 하는가?**

① Poisson 과정　　② Bernoulli 과정
③ Wiener 과정　　④ Binomial 과정

해설 푸아송 과정은 고장 · 재해의 발생, 매장에서 손님 전화 수신, 택시 대기 시간 등의 모델을 분석할 때 활용된다.

53 **자극－반응 조합의 관계에서 인간의 기대와 모순되지 않는 성질을 무엇이라 하는가?**

① 양립성　　② 적응성
③ 변별성　　④ 신뢰성

해설 **암호(코드)체계 사용상의 일반적 지침**

1. 암호의 검출성 : 타 신호가 존재하더라도 검출이 가능해야 한다.
2. 암호의 변별성 : 다른 암호표시와 구분이 되어야 한다.
3. 암호의 표준화 : 표준화되어야 한다.
4. 부호의 양립성 : 인간의 기대와 모순되지 않아야 한다.

정답 49 ③ 50 ② 51 ④ 52 ① 53 ①

5. 부호의 의미 : 사용자가 부호의 의미를 알 수 있어야 한다.
6. 다차원 암호의 사용 : 2가지 이상의 암호를 조합해서 사용하면 정보전달이 촉진된다.

54 습구온도가 23℃이며, 건구온도가 31℃일 때의 Oxford 지수(건습지수)는 얼마인가?

① 2.42℃ ② 2.98℃
③ 24.2℃ ④ 29.8℃

 옥스퍼드(Oxford) 지수(습건지수)

$W_D = 0.85W(\text{습구온도}) + 0.15d(\text{건구온도}) = 0.85 \times 23 + 0.15 \times 31 = 24.2$

55 동작경제 원칙에 해당되지 않는 것은?

① 신체 사용에 관한 원칙
② 작업장 배치에 관한 원칙
③ 사용자 요구 조건에 관한 원칙
④ 공구 및 설비 디자인에 관한 원칙

해설 동작경제의 3원칙

- 신체 사용에 관한 원칙
- 작업장 배치에 관한 원칙
- 공구 및 설비 설계(디자인)에 관한 원칙

56 화학설비에 대한 안전성 평가 중 정량적 평가항목에 해당되지 않는 것은?

① 공정 ② 취급물질
③ 압력 ④ 화학설비용량

 제3단계 : 정량적 평가(재해중복 또는 가능성이 높은 것에 대한 위험도 평가)

평가항목(5가지 항목)
① 물질, ② 온도, ③ 압력, ④ 용량, ⑤ 조작

57 인간공학적 연구에 사용되는 기준 척도의 요건 중 다음 설명에 해당하는 것은?

기준 척도는 측정하고자 하는 변수 외의 다른 변수들의 영향을 받아서는 안 된다.

① 신뢰성 ② 적절성
③ 검출성 ④ 무오염성

해설 체계기준

1. 실제적 요건 : 객관적이고, 정량적이며, 수집 또는 연구가 쉬우며, 특수한 자료 수집기법이나 기기가 필요 없고, 돈이나 실험자의 수고가 적게 드는 것
2. 신뢰성(반복성) : 시간이나 대표적 표본의 선정에 관계없이, 변수 측정의 일관성이나 안정성
3. 타당성(적절성) : 어느 것이나 공통적으로 변수가 실제로 의도하는 바를 어느정도 측정하는가를 결정(시스템의 목표를 잘 반영하는가를 나타내는 척도)
4. 순수성(무오염성) : 측정하는 구조 외적인 변수의 영향은 받지 않는 것
5. 민감도 : 피검자 사이에서 볼 수 있는 예상 차이점에 비례하는 단위로 측정

58 위험분석 기법 중 시스템 수명주기 관점에서 적용 시점이 가장 빠른 것은?

① PHA ② FHA
③ OHA ④ SHA

 PHA(예비위험분석)

시스템 내의 위험요소가 얼마나 위험상태에 있는가를 평가하는 시스템 안전 프로그램의 최초단계 분석 방식(정성적)

정답 54 ③ 55 ③ 56 ① 57 ④ 58 ①

59 국내 규정상 1일 노출횟수가 100일 때 최대 음압수준이 몇 dB(A)를 초과하는 충격소음에 노출되어서는 아니 되는가?

① 110 ② 120
③ 130 ④ 140

해설 "충격소음작업"이란 소음이 1초 이상의 간격으로 발생하는 작업으로서 다음 각 목의 어느 하나에 해당하는 작업을 말한다(「안전보건규칙」 제512조).

- 120데시벨을 초과하는 소음이 1일 1만 회 이상 발생하는 작업
- 130데시벨을 초과하는 소음이 1일 1천 회 이상 발생하는 작업
- 140데시벨을 초과하는 소음이 1일 1백 회 이상 발생하는 작업

60 후각적 표시장치(olfactory display)와 관련된 내용으로 옳지 않은 것은?

① 냄새의 확산을 제어할 수 없다.
② 시각적 표시장치에 비해 널리 사용되지 않는다.
③ 냄새에 대한 민감도의 개별적 차이가 존재한다.
④ 경보 장치로서 실용성이 없기 때문에 사용되지 않는다.

해설 **후각적 표시장치**

1. 후각은 사람의 감각기관 중 가장 예민하고 빨리 피로해지기 쉬운 기관이다.
2. 사람마다 개인차가 심하다.
3. 코가 막히면 감도도 떨어지고 냄새에 순응하는 속도가 빠르다.

제4과목 건설시공학

61 콘크리트 공사용 재료의 취급 및 저장에 관한 설명으로 옳지 않은 것은?

① 시멘트는 종류별로 구분하여 풍화되지 않도록 저장한다.
② 골재는 잔골재, 굵은 골재 및 각 종류별로 저장하고, 먼지, 흙 등의 유해물의 혼입을 막도록 한다.
③ 골재는 잔, 굵은 입자가 잘 분리되도록 취급하고, 물빠짐이 좋은 장소에 저장한다.
④ 혼화재료는 품질의 변화가 일어나지 않도록 저장하고 또한 종류별로 저장한다.

해설 콘크리트 공사용 골재는 재료 분리가 잘 일어나지 않는 것이 좋다.

62 다음 설명에 해당하는 공정표의 종류로 옳은 것은?

> 한 공종의 작업이 하나의 숫자로 표기되고 컴퓨터에 적용하기 용이한 이점 때문에 많이 사용되고 있다. 각 작업은 node로 표기하고 더미의 사용이 불필요하며 화살표는 단순히 작업의 선후 관계만을 나타낸다.

① 횡선식 공정표 ② CPM
③ PDM ④ LOB

해설 PDM 공정표는 네트워크 공정표의 한 종류로 한 공종의 작업이 하나의 숫자로 표기된다.

정답 59 ④ 60 ④ 61 ③ 62 ③

63 석공사에서 건식공법에서 관한 설명으로 옳지 않은 것은?

① 하지철물의 부식문제와 내부단열재 설치문제 등이 나타날 수 있다.
② 긴결 철물과 채움 모르타르로 붙여 대는 것으로 외벽공사 시 빗물이 스며들어 들뜸, 백화현상 등이 발생하지 않도록 한다.
③ 실런트(Sealant) 유성분에 의한 석재면의 오염문제는 비오염성 실런트로 대체하거나, Open Joint 공법으로 대체하기도 한다.
④ 강재트러스, 트러스지지공법 등 건식공법은 시공정밀도가 우수하고, 작업능률이 개선되며, 공기단축이 가능하다.

해설 건식공법은 물을 사용하지 않는 부착식 공법이다.

64 기초공사 시 활용되는 현장타설 콘크리트 말뚝공법에 해당되지 않는 것은?

① 어스드릴(earth drill) 공법
② 베노토 말뚝(benoto pile) 공법
③ 리버스서큘레이션(reverse circulation pile) 공법
④ 프리보링(pre-boring) 공법

해설 선행굴착 공법(Pre-Boring)은 Earth Auger로 천공 후 기성말뚝을 삽입하는 공법이다.

65 용접작업 시 주의사항으로 옳지 않은 것은?

① 용접할 소재는 수축변형이 일어나지 않으므로 치수에 여분을 두지 않아야 한다.
② 용접할 모재의 표면에 녹 · 유분 등이 있으면 접합부에 공기포가 생기고 용접부의 재질을 약화시키므로 와이어 브러시로 청소한다.
③ 강우 및 강설 등으로 모재의 표면이 젖어 있을 때나 심한 바람이 불 때는 용접하지 않는다.
④ 용접봉을 교환하거나 다층용접일 때는 슬래그와 스패터를 제거한다.

해설 용접할 소재는 수축변형이 일어날 수 있으므로 치수에 여분을 두어야 한다.

66 석축쌓기 공법에 해당하지 않는 것은?

① 건쌓기 ② 메쌓기
③ 찰쌓기 ④ 막쌓기

해설 석축쌓기 공법에는 건쌓기, 메쌓기, 찰쌓기, 사춤쌓기 등이 있다.

67 철골공사에서 용접접합의 장점과 거리가 먼 것은?

① 강재량을 절약할 수 있다.
② 소음을 방지할 수 있다.
③ 일체성 및 수밀성을 확보할 수 있다.
④ 접합부의 품질검사가 매우 간단하다.

해설 용접접합의 경우 접합부에 대한 품질검사가 까다롭다.

정답 63 ② 64 ④ 65 ① 66 ④ 67 ④

68 **철근의 피복두께 확보 목적과 가장 거리가 먼 것은?**

① 내화성 확보
② 내구성 확보
③ 구조내력의 확보
④ 블리딩 현상 방지

해설 블리딩(Bleeding)

콘크리트 타설 후 물이나 미세한 물질이 분리 상승하여 콘크리트 표면에 떠오르는 현상으로 콘크리트의 수밀성을 저하시키고 부착력을 감소시킨다.

69 **말뚝박기 기계 중 디젤해머(Diesel hammer)에 관한 설명으로 옳지 않은 것은?**

① 타격정밀도가 높다.
② 타격 시의 압축 · 폭발 타격력을 이용하는 공법이다.
③ 타격 시의 소음이 작아 도심지 공사에 적용된다.
④ 램의 낙하 높이 조정이 곤란하다.

해설 디젤해머(Diesel hammer)는 타격 시 소음이 크다.

70 **두께 110mm의 일반구조용 압연강재 SS275의 항복강도(fy) 기준값은?**

① 275MPa 이상 ② 265MPa 이상
③ 245MPa 이상 ④ 235MPa 이상

해설 일반구조용 압연강재 SS275의 항복강도(fy)는 235MPa 이상으로 한다.

71 **벽돌공사 시 벽돌쌓기에 관한 설명으로 옳은 것은?**

① 연속되는 벽면의 일부를 트이게 하여 나중쌓기로 할 때는 그 부분을 층단 들여쌓기로 한다.
② 벽돌쌓기는 도면 또는 공사시방서에서 정한 바가 없을 때는 미식 쌓기 또는 불식쌓기로 한다.
③ 하루의 쌓기 높이는 1.8m를 표준으로 한다.
④ 세로줄눈은 구조적으로 우수한 통줄눈이 되도록 한다.

해설 연속되는 벽면의 일부를 트이게 하여 나중쌓기로 할 경우 그 부분을 층단 떼어쌓기로 한다.

72 **토공사용 장비에 해당되지 않는 것은?**

① 로더(Loader)
② 파워셔블(Power shovel)
③ 가이데릭(Guy derrick)
④ 클램셸(Clamshell)

해설 가이데릭(Guy derrick)은 철골부재 세우기용 기중기이다.

73 **지내력시험을 한 결과 침하곡선이 그림과 같이 항복 상황을 나타냈을 때 이 지반의 단기하중에 대한 허용 지내력은 얼마인가? (단, 허용지내력은 m^2당 하중의 단위를 기준으로 한다.)**

정답 68 ④ 69 ③ 70 ④ 71 ① 72 ③ 73 ③

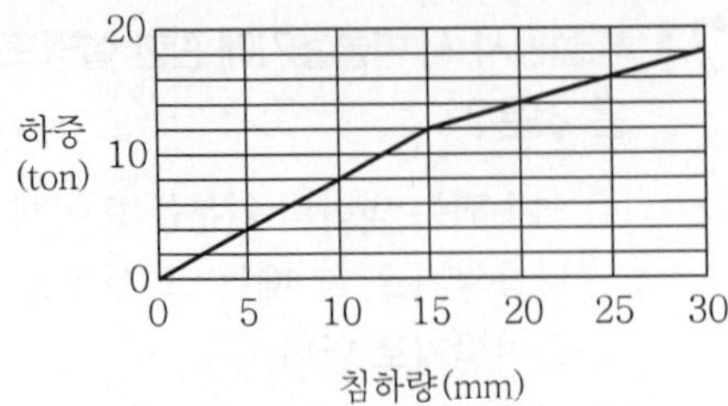

① 6ton/m^2 ② 7ton/m^2
③ 12ton/m^2 ④ 14ton/m^2

 지내력시험은 재하판에 하중을 가하여 침하량이 2cm가 될 때까지의 하중을 구하여 지내력도를 계산하는 것으로 재하하중은 매회 1Ton 이하 또는 예정파괴하중의 1/5 이하로 한다. 단기하중 허용지내력도는 총 침하량이 2cm에 도달할 때까지의 하중 또는 총 침하량이 2cm 이하지만 지반이 항복상태를 보인 때까지의 하중을 말하고, 장기하중에 대한 허용 내력은 단기하중지내력의 1/2로 본다.

74 석공사에 사용하는 석재 중에서 수성암계에 해당하지 않는 것은?

① 사암 ② 석회암
③ 안산암 ④ 응회암

 안산암은 화성암에 속한다.

75 철골작업용 장비 중 절단용 장비로 옳은 것은?

① 프릭션 프레스(Friction Press)
② 플레이트 스트레이닝 롤(Plate Straining Roll)
③ 파워 프레스(Power Press)
④ 핵 소우(Hack Saw)

 핵 소우(Hack Saw)는 활톱이라 하며 금속재료를 절단하는 데 주로 사용된다.

76 기성콘크리트 말뚝에 표기된 PHC－A · 450－12의 각 기호에 대한 설명으로 옳지 않은 것은?

① PHC－원심력 고강도 프리스트레스트 콘크리트말뚝
② A－A종
③ 450－말뚝바깥지름
④ 12－말뚝삽입 간격

해설 12는 말뚝의 길이를 의미한다. 말뚝의 표시법은 다음과 같다.

PHC－A · 450－12
- PHC－A : 프리텐션 방식의 고강도 콘크리트 말뚝
- 말뚝의 지름 : 450mm
- 말뚝의 길이 : 12m

77 흙이 이김에 의해서 약해지는 강도를 나타내는 흙의 성질은?

① 간극비 ② 함수비
③ 예민비 ④ 항복비

해설 흙의 예민비(Sensitive Ratio)는 흙이 이김에 의해서 약해지는 강도를 나타내며 시료의 강도에 의해 다음과 같이 표현된다.

$$\text{예민비} = \frac{\text{자연시료(흐트러지지 않은 시료)의 강도}}{\text{이긴시료(흐트러진 시료)의 강도}}$$

78 철근콘크리트 공사 중 거푸집 해체를 위한 검사가 아닌 것은?

① 각종 배관슬리브, 매설물, 인서트, 단열재 등 부착 여부
② 수직, 수평부재의 존치기간 준수 여부
③ 소요의 강도 확보 이전에 지주의 교환 여부

정답 74 ③ 75 ④ 76 ④ 77 ③ 78 ④

④ 거푸집 해체용 콘크리트 압축강도 확인시험 실시 여부

해설 각종 배관슬리브, 매설물, 인서트, 단열재 등 부착 여부는 거푸집 설치단계 검사에 해당한다.

79 **기초굴착 방법 중 굴착 공에 철근망을 삽입하고 콘크리트를 타설하여 말뚝을 형성하는 공법이며, 안정액으로 벤토나이트 용액을 사용하고 표층부에서만 케이싱을 사용하는 것은?**

① 리버스 서큘레이션 공법
② 베노토 공법
③ 심초 공법
④ 어스드릴 공법

해설 어스드릴(Earth Drill) 공법은 굴착공에 철근망을 삽입하고 콘크리트 타설하여 말뚝을 형성하는 공법으로 안정액으로 벤토나이트 용액을 사용하고 표층부에서만 케이싱을 사용하는 것으로 지하수가 없는 점성토 지반에 사용한다.

80 **불량품, 결점, 고장 등의 발생건수를 현상과 원인별로 분류하고, 여러 가지 데이터를 항목별로 분류해서 문제의 크기 순서로 나열하여, 그 크기를 막대그래프로 표기한 품질관리 도구는?**

① 파레토그램 ② 특성요인도
③ 히스토그램 ④ 체크시트

해설 파레토그램(영향도, 하자도)은 불량 등의 발생건수를 분류 항목별로 나누어 크기 순서대로 나열한 것이다.

제5과목 건설재료학

81 **목제 제품 중 합판에 관한 설명으로 옳지 않은 것은?**

① 방향에 따른 강도차가 작다.
② 곡면가공을 하여도 균열이 생기지 않는다.
③ 여러 가지 아름다운 무늬를 얻을 수 있다.
④ 함수율 변화에 의한 신축변형이 크다.

해설 합판은 단판을 서로 직교하여 붙여 잘 갈라지지 않고 방향에 따른 강도차가 적다. 또한 단판이 얇아서 함수율 변화에 의한 신축변형이 크지 않다.

82 **다음 제품 중 점토로 제작된 것이 아닌 것은?**

① 경량벽돌 ② 테라코타
③ 위생도기 ④ 파키트리 패널

해설 파키트리 패널은 목재에 해당한다.

83 **바닥용으로 사용되는 모자이크 타일의 재질로서 가장 적당한 것은?**

① 도기질 ② 자기질
③ 석기질 ④ 토기질

해설 자기는 소성온도가 가장 높고 흡수성이 매우 작으며 모자이크 타일, 위생도기 등에 주로 쓰인다.

정답 79 ④ 80 ① 81 ④ 82 ④ 83 ②

84 **화강암의 색상에 관한 설명으로 옳지 않은 것은?**

① 전반적인 색상은 밝은 회백색이다.
② 흑운모, 각섬석, 휘석 등은 검은색을 띤다.
③ 산화철을 포함하면 미홍색을 띤다.
④ 화강암의 색은 주로 석영에 의해 좌우된다.

해설 화강암(花崗巖, Granite)의 내열온도는 570℃ 정도로 내화도가 낮다. 장석(65%), 석영(30%), 운모(3%), 기타 휘석, 각섬석을 함유한 광물질로 형성되어 있고 주로 장석에 의해 색을 띠게 된다.

85 **콘크리트의 건조수축에 관한 설명으로 옳지 않은 것은?**

① 시멘트의 조성분에 따라 수축량이 다르다.
② 시멘트량의 다소에 따라 일반적으로 수축량이 다르다.
③ 된 비빔일수록 수축량이 크다.
④ 골재의 탄성계수가 크고 경질인 만큼 작아진다.

해설 된 비빔일수록 수축량이 적어진다.

86 **도막방수에 사용되지 않는 재료는?**

① 염화비닐 도막재
② 아크릴고무 도막재
③ 고무아스팔트 도막재
④ 우레탄고무 도막재

해설 유제형 도막방수의 주재료는 아크릴 수지, 초산비닐 수지 등이 있으며, 용제형 도막방수의 주재료는 클로로프렌 고무, 우레탄, 에폭시, 아크릴 고무, 고무 아스팔트 등이 있다.

87 **블로운 아스팔트의 내열성, 내한성 등을 개량하기 위해 동물섬유나 식물섬유를 혼합하여 유동성을 증대시킨 것은?**

① 아스팔트 펠트(Asphalt felt)
② 아스팔트 루핑(Asphalt roofing)
③ 아스팔트 프라이머(Asphalt primer)
④ 아스팔트 컴파운드(Asphalt compound)

해설 아스팔트 컴파운드는 블로운 아스팔트의 성능을 개량하기 위해 동식물성 유지와 광물질 분말을 혼입한 것이다.

88 **유성 목재방부제로서 악취가 나고, 흑갈색으로 외관이 미려하지 않아 토대, 기둥 등에 이용되는 것은?**

① 크레오소트 오일
② 황산동 1% 용액
③ 염화아연 4% 용액
④ 불화소다 2% 용액

해설 크레오소트는 목재의 방부재로 사용된다. 목재의 방화를 위해서는 표면에 불연성 도료를 칠하여 불꽃의 접촉 및 가연성 가스의 발산을 막는다.

89 **다음 중 건축용 단열재와 거리가 먼 것은?**

① 유리면(glass wool)
② 암면(rock wool)
③ 테라코타
④ 펄라이트판

정답 84 ④ 85 ③ 86 ① 87 ④ 88 ① 89 ③

해설 테라코타는 단열재가 아니라 건축물의 외장재료로 적합하다.

90 **금속판에 관한 설명으로 옳지 않은 것은?**

① 알루미늄 판은 경량이고 열반사도 좋으나 알칼리에 약하다.
② 스테인리스 강판은 내식성이 필요한 제품에 사용된다.
③ 함석판은 아연도 철판이라고도 하며 외관미는 좋으나 내식성이 약하다.
④ 연판은 X선 차단효과가 있고 내식성도 크다.

해설 함석판은 내식성에 강하다.

91 **도료의 건조제 중 상온에서 기름에 용해되지 않는 것은?**

① 붕산망간 ② 이산화망간
③ 초산염 ④ 코발트의 수지산

상온에서 기름에 용해되는 건조제에는 리사지, 연단, 초산염, 이산화망간, 붕산망간, 수산망간 등이 있고, 가열하여 기름에 용해되는 건조제에는 연, 망간, 코발트의 수지산 또는 지방산의 염류 등이 있다.

92 **건축용 접착제로서 요구되는 성능에 해당되지 않는 것은?**

① 진동, 충격의 반복에 잘 견딜 것
② 취급이 용이하고 독성이 없을 것
③ 장기부하에 의한 크리프가 클 것
④ 고화 시 체적수축 등에 의한 내부변형을 일으키지 않을 것

해설 장기부하에 의한 크리프가 적어야 한다.

93 **콘크리트 슬럼프 시험에 관한 설명 중 옳지 않은 것은?**

① 슬럼프 콘의 치수는 윗지름 10cm, 밑지름 30cm, 높이가 20cm이다.
② 수밀한 철판을 수평으로 놓고 슬럼프 콘을 놓는다.
③ 혼합한 콘크리트를 1/3씩 3층으로 나누어 채운다.
④ 매 회마다 표준철봉으로 25회 다진다.

해설 슬럼프 콘의 치수는 윗지름 10cm, 밑지름 20cm, 높이가 30cm이다.

94 **골재의 단위용적질량을 계산할 때 골재는 어느 상태를 기준으로 하는가? (단, 굵은 골재가 아닌 경우)**

① 습윤상태
② 기건상태
③ 절대건조상태
④ 표면건조내부포수상태

해설 골재의 단위용적질량을 계산할 때 골재는 절대건조상태를 기준으로 한다.

95 **목재의 방부 처리법 중 압력용기 속에 목재를 넣어 처리하는 방법으로 가장 신속하고 효과적인 방법은?**

① 가압주입법 ② 생리적 주입법
③ 표면탄화법 ④ 침지법

해설 기압주입법은 압력용기 속에 목재를 넣어서 처리하는 방법으로 가장 신속하고 효과적이다.

정답 90 ③ 91 ④ 92 ③ 93 ① 94 ③ 95 ①

96 다음 미장재료 중 기경성(氣硬性)이 아닌 것은?

① 회반죽
② 경석고 플라스터
③ 회사벽
④ 돌로마이트 플라스터

해설 경석고 플라스터는 수경성(水硬性) 미장재료에 해당된다.

97 콘크리트의 혼화재료 중 혼화제에 속하는 것은?

① 플라이애시
② 실리카흄
③ 고로슬래그 미분말
④ 고성능 감수제

해설 플라이애시, 실리카흄, 고로슬래그 미분말은 혼화재에 해당된다.

98 미장공사에서 사용되는 바름재료 중 여물에 관한 설명으로 옳지 않은 것은?

① 바름에 있어서 재료에 끈기를 주어 흘러내림을 방지한다.
② 흙손질을 용이하게 하는 효과가 있다.
③ 바름 중에는 보수성을 향상시키고, 바름 후에는 건조에 따라 생기는 균열을 방지한다.
④ 여물의 섬유는 질기고 굵으며 색이 짙고 빳빳한 것일수록 양질의 제품이다.

해설 여물(Hair)

흙, 회반죽 등에 균열방지를 위하여 섞는 잔 섬유질 물질로, 섬유는 질기며 가늘고 길어야 좋고 부드럽고 흰색이면 최상품이다. 각종 섬유질로 만들고 상 · 중 · 하로 구분하며, 종류에는 초벌용, 재벌용, 정벌용이 있고 삼여물, 흰털 여물, 종이 여물, 빈사, 석면 여물, 털종려 등이 있다.

99 목재 건조의 목적에 해당하지 않는 것은?

① 강도의 증진
② 중량의 경감
③ 가공성의 증진
④ 균류 발생의 방지

해설 목재의 건조는 강도를 증진시키고, 중량을 경감하며 균류 발생을 방지하는 효과가 있다.

100 석재의 종류와 용도가 잘못 연결된 것은?

① 화산암 – 경량골재
② 화강암 – 콘크리트용 골재
③ 대리석 – 조각재
④ 응회암 – 건축용 구조재

해설 응회암은 화산에서 분출되는 다량의 화산회, 화산사 등이 퇴적되어 굳은 것으로, 가공이 용이하며 내화성은 좋으나 흡수성이 크고 강도가 떨어진다. 색상은 회색, 담녹색계통이며, 강도를 필요로 하지 않는 토목재료로 사용된다.

제6과목 건설안전기술

101 달비계(곤돌라의 달비계는 제외)의 최대 적재하중을 정할 때 사용하는 안전계수의 기준으로 옳은 것은?

① 달기체인의 안전계수는 10 이상

정답 96 ② 97 ④ 98 ④ 99 ③ 100 ④ 101 ④

② 달기강대와 달비계의 하부 및 상부 지점의 안전계수는 목재의 경우 2.5 이상
③ 달기와이어로프의 안전계수는 5 이상
④ 달기강선의 안전계수는 10 이상

해설 달비계의 안전계수

구분		안전계수
달기와이어로프 및 달기강선		10 이상
달기체인 및 달기훅		5 이상
달기강대와 달비계의 하부 및 상부 지점	강재	2.5 이상
	목재	5 이상

102 공사진척에 따른 공정률이 다음과 같을 때 안전관리비 사용기준으로 옳은 것은? (단, 공정률은 기성공정률을 기준으로 한다.)

공정률 : 70% 이상, 90% 미만

① 50% 이상　② 60% 이상
③ 70% 이상　④ 80% 이상

해설 공사진척에 따른 안전관리비 사용기준

공정률	50% 이상 70% 미만	70% 이상 90% 미만	90% 이상
사용기준	50% 이상	70% 이상	90% 이상

103 동바리로 사용하는 파이프 서포트는 최대 몇 개 이상 이어서 사용하지 않아야 하는가?

① 2개　② 3개
③ 4개　④ 5개

해설 동바리로 사용하는 파이프 서포트는 3개 이상 이어서 사용하지 않도록 해야 한다.

104 추락의 위험이 있는 개구부에 대한 방호조치와 거리가 먼 것은?

① 안전난간, 울타리, 수직형 추락방망 등으로 방호조치를 한다.
② 충분한 강도를 가진 구조의 덮개를 뒤집히거나 떨어지지 않도록 설치한다.
③ 어두운 장소에서도 식별이 가능한 개구부 주의 표지를 부착한다.
④ 폭 30cm 이상의 발판을 설치한다.

해설 폭 30cm 이상의 발판은 개구부의 방호조치에 해당되지 않는다.

105 다음 중 유해위험방지계획서 제출 대상 공사가 아닌 것은?

① 지상높이가 30m인 건축물 건설공사
② 최대지간길이가 50m인 교량건설공사
③ 터널 건설공사
④ 깊이가 11m인 굴착공사

해설 지상높이가 31m인 건축물 건설공사가 유해위험방지계획서 제출 대상 공사에 해당된다.

106 지면보다 낮은 땅을 파는 데 적합하고 수중굴착도 가능한 굴착기계는?

① 백호우　② 파워쇼벨
③ 가이데릭　④ 파일드라이버

해설 백호우는 기계가 위치한 지면보다 낮은 곳의 땅을 파는 데 적합하다.

정답 102 ③ 103 ② 104 ④ 105 ① 106 ①

107 **취급 · 운반의 원칙으로 옳지 않은 것은?**

① 운반 작업을 집중하여 시킬 것
② 생산을 최고로 하는 운반을 생각할 것
③ 곡선 운반을 할 것
④ 연속 운반을 할 것

해설 직선 운반해야 한다.

108 **터널 지보공을 조립하거나 변경하는 경우에 조치하여야 하는 사항으로 옳지 않은 것은?**

① 목재의 터널 지보공은 그 터널 지보공의 각 부재에 작용하는 긴압 정도를 체크하여 그 정도가 최대한 차이가 나도록 할 것
② 강(鋼)아치 지보공의 조립은 연결볼트 및 띠장 등을 사용하여 주재 상호간을 튼튼하게 연결할 것
③ 기둥에는 침하를 방지하기 위하여 받침목을 사용하는 등의 조치를 할 것
④ 주재(主材)를 구성하는 1세트의 부재는 동일 평면 내에 배치할 것

해설 목재의 터널 지보공은 그 터널 지보공의 각 부재에 작용하는 긴압 정도를 체크하여 터널 지보공의 각 부재의 긴압정도가 균등하게 되도록 해야 한다.

109 **콘크리트타설작업과 관련하여 준수하여야 할 사항으로 가장 거리가 먼 것은?**

① 당일의 작업을 시작하기 전에 해당 작업에 관한 거푸집 동바리 등의 변형 · 변위 및 지반의 침하 유무 등을 점검하고 이상이 있으면 보수할 것
② 콘크리트를 타설하는 경우에는 편심이 발생하지 않도록 골고루 분산하여 타설할 것
③ 진동기의 사용은 많이 할수록 균일한 콘크리트를 얻을 수 있으므로 가급적 많이 사용할 것
④ 설계도서상의 콘크리트 양생기간을 준수하여 거푸집 동바리 등을 해체할 것

해설 진동기를 많이 사용할 경우 거푸집의 측압이 증가하고 재료분리가 발생할 수 있으므로 지양해야 한다.

110 **거푸집 해체작업 시 유의사항으로 옳지 않은 것은?**

① 일반적으로 수평부재의 거푸집은 연직부재의 거푸집보다 빨리 떼어낸다.
② 해체된 거푸집이나 각목 등에 박혀 있는 못 또는 날카로운 돌출물은 즉시 제거하여야 한다.
③ 상하 동시작업은 원칙적으로 금지하며 부득이한 경우에는 긴밀히 연락을 하며 작업을 하여야 한다.
④ 거푸집 해체 작업장 주위에는 관계자를 제외하고는 출입을 금지시켜야 한다.

해설 일반적으로 연직부재의 거푸집은 수평부재의 거푸집보다 빨리 떼어낼 수 있다.

111 **차량계 건설기계를 사용하는 작업을 할 때 그 기계가 넘어지거나 굴러떨어짐으로써 근로자가 위험해질 우려가 있는 경우에 필요한 조치로 가장 거리가 먼 것은?**

① 지반의 부동침하 방지
② 안전통로 및 조도 확보

정답 107 ③ 108 ① 109 ③ 110 ① 111 ②

③ 유도하는 사람 배치
④ 갓길의 붕괴 방지 및 도로 폭의 유지

해설 차량계 건설기계가 넘어지거나 굴러떨어짐으로써 근로자에게 위험을 미칠 우려가 있는 경우에는 유도하는 자를 배치하고 지반의 부동침하방지, 갓길의 붕괴 방지 및 도로 폭의 유지 등 필요한 조치를 하여야 한다.

112 흙막이 가시설 공사 시 사용되는 각 계측기의 설치 목적으로 옳지 않은 것은?

① 지표침하계 – 지표면 침하량 변화 측정
② 수위계 – 지반 내 지하수위의 변화 측정
③ 하중계 – 상부 적재하중 변화 측정
④ 지중경사계 – 지중의 수평 변위량 측정

해설 하중계는 버팀보, 어스앵커(Earth Anchor) 등의 실제 축 하중 변화를 측정한다.

113 풍화암의 굴착면 붕괴에 따른 재해를 예방하기 위한 굴착면의 적정한 기울기 기준은?

① 1 : 1.0　② 1 : 0.8
③ 1 : 0.5　④ 1 : 0.3

해설 굴착면의 기울기 기준

지반의 종류	굴착면의 기울기
모래	1 : 1.8
연암 및 풍화암	1 : 1.0
경암	1 : 0.5
그 밖의 흙	1 : 1.2

114 다음은 안전대와 관련된 설명이다. 아래 내용에 해당되는 용어로 옳은 것은?

> 로프 또는 레일 등과 같은 유연하거나 단단한 고정줄로서 추락발생 시 추락을 저지시키는 추락방지대를 지탱해 주는 줄모양의 부품

① 안전블록　② 수직구명줄
③ 죔줄　④ 보조죔줄

해설 수직구명줄에 대한 설명이다.

115 버팀보, 앵커 등의 축하중 변화상태를 측정하여 이들 부재의 지지효과 및 그 변화 추이를 파악하는 데 사용되는 계측기기는?

① Water level meter
② Load cell
③ Piezo meter
④ Strain gauge

해설 응력계(Load Cell)에 대한 설명이다.

116 토공사에서 성토용 토사의 일반조건으로 옳지 않은 것은?

① 다져진 흙의 전단 강도가 크고 압축성이 작을 것
② 함수율이 높은 토사일 것
③ 시공장비의 주행성이 확보될 수 있을 것
④ 필요한 다짐 정도를 쉽게 얻을 수 있을 것

해설 함수율이 높은 토사는 성토용 토사로 적합하지 않다

정답 112 ③ 113 ① 114 ② 115 ② 116 ②

117 **이동식 비계 조립 및 사용 시 준수사항으로 옳지 않은 것은?**

① 비계의 최상부에서 작업을 하는 경우에는 안전난간을 설치할 것
② 승강용 사다리는 견고하게 설치할 것
③ 작업발판은 항상 수평을 유지하고 작업발판 위에서 작업을 위한 거리가 부족할 경우 사다리를 사용할 것
④ 작업발판의 최대적재하중은 250kg을 초과하지 않도록 할 것

해설 작업발판은 항상 수평을 유지하고 작업발판 위에서 안전난간을 딛고 작업을 하거나 받침대 또는 사다리를 사용하여 작업하지 않도록 해야 한다.

118 **다음은 산업안전보건법령에 따른 산업안전보건관리비의 사용에 관한 규정이다. (   )에 들어갈 내용을 순서대로 옳게 작성한 것은?**

> 건설공사도급인은 고용노동부장관이 정하는 바에 따라 해당 건설공사를 위하여 계상된 산업안전보건관리비를 그가 사용하는 근로자와 그의 관계수급인이 사용하는 근로자의 산업재해 및 건강장해 예방에 사용하고, 그 사용명세서를 (   ) 작성하고 건설공사 종료 후 (   )간 보존해야 한다.

① 매월, 6개월
② 매월, 1년
③ 2개월마다, 6개월
④ 2개월마다, 1년

건설공사도급인은 고용노동부 장관이 정하는 바에 따라 해당 건설고사를 위하여 계상된 산업안전보건 관리비를 그가 사용하는 근로자와 그의 관계수급인이 사용하는 근로자의 산업재해 및 건강자해 예방에 사용하고 그 사용명세서를 매월 작성하고 건설공사 종료 후 1년간 보존해야 한다.

119 **강관틀비계를 조립하여 사용하는 경우 준수해야 할 기준으로 옳지 않은 것은?**

① 수직방향으로 6m, 수평방향으로 8m 이내마다 벽이음을 할 것
② 높이가 20m를 초과하거나 중량물의 적재를 수반하는 작업을 할 경우에는 주틀 간의 간격을 2.4m 이하로 할 것
③ 길이가 띠장 방향으로 4m 이하이고 높이가 10m를 초과하는 경우에는 10m 이내마다 띠장 방향으로 버팀기둥을 설치할 것
④ 주틀 간에 교차 가새를 설치하고 최상층 및 5층 이내마다 수평재를 설치할 것

높이가 20m를 초과하거나 중량물의 적재수를 수반하는 작업을 할 경우에는 주틀 간의 간격을 1.8m 이하로 하여야 한다.

정답 117 ③ 118 ② 119 ②

120 항타기 또는 항발기의 사용 시 준수사항으로 옳지 않은 것은?

① 증기나 공기를 차단하는 장치를 작업관리자가 쉽게 조작할 수 있는 위치에 설치한다.

② 해머의 운동에 의하여 증기호스 또는 공기호스와 해머의 접속부가 파손되거나 벗겨지는 것을 방지하기 위하여 그 접속부가 아닌 부위를 선정하여 증기호스 또는 공기호스를 해머에 고정시킨다.

③ 항타기나 항발기의 권상장치의 드럼에 권상용 와이어로프가 꼬인 경우에는 와이어로프에 하중을 걸어서는 안된다.

④ 항타기나 항발기의 권상장치에 하중을 건 상태로 정지하여 두는 경우에는 쐐기장치 또는 역회전방지용 브레이크를 사용하여 제동하는 등 확실하게 정지시켜 두어야 한다.

해설 증기나 공기를 차단하는 장치를 해머의 운전자가 쉽게 조작할 수 있는 위치에 설치해야 한다.

정답 120 ①

2023년 5월 13일 시행

ENGINEER CONSTRUCTION SAFETY

※ 2022년 2회 이후 CBT로 출제된 기출문제는 개정된 출제기준과 해당 회차의 기출 키워드 등을 분석하여 복원하였습니다.

제1과목 산업안전관리론

01 다음 설명에 해당하는 무재해운동추진기법은?

> 피부를 맞대고 같이 소리치는 것으로서 팀의 일체감, 연대감을 조성할 수 있고 동시에 대뇌 피질에 좋은 이미지를 불어 넣어 안전행동을 하도록 하는 것

① 역할연기(Role Playing)
② TBM(Tool Box Meeting)
③ 터치 앤 콜(Touch and Call)
④ 브레인스토밍(Brain Storming)

해설 **터치앤드콜(Touch and Call)**

피부를 맞대고 같이 소리치는 것으로 전원이 스킨십(Skinship)을 느끼도록 하는 것. 팀의 일체감, 연대감을 조성할 수 있고 동시에 대뇌 구피질에 좋은 이미지를 불어넣어 안전행동을 하도록 하는 것

02 위험예지훈련에 대한 설명으로 틀린 것은?

① 직장이나 작업의 상황 속 잠재 위험요인을 도출한다.
② 직장 내에서 최대 인원의 단위로 토의하고 생각하며 이해한다.
③ 행동하기에 앞서 해결하는 것을 습관화하는 훈련이다.
④ 위험의 포인트나 중점실시 사항을 지적 확인한다.

해설 **위험예지훈련(전원 참가 기법)**

1. 직장이나 작업의 상황 속에서 잠재하는 위험요인 도출
2. 직장 소집단에서 토의하고 연구, 이해
3. 행동하기 앞서 해결하는 것을 습관화

03 도수율이 25인 사업장의 연간 재해발생건수는 몇 건인가? (단, 이 사업장의 당해 연도 총근로시간은 80,000시간이다.)

① 1건　　② 2건
③ 3건　　④ 4건

해설

$$\text{재해발생건수} = \frac{\text{도수율} \times \text{연근로시간수}}{1{,}000{,}000} = \frac{25 \times 80{,}000}{1{,}000{,}000} = 2$$

04 안전보건관리계획의 개요에 관한 설명으로 틀린 것은?

① 타 관리계획과 균형이 되어야 한다.
② 안전보건의 재해요인을 확실히 파악해야 한다.
③ 계획의 목표는 점진적으로 낮은 수준의 것으로 한다.
④ 경영층의 기본방침을 명확하게 근로자에게 나타내야 한다.

정답 01 ③ 02 ② 03 ② 04 ③

해설 안전보건관리계획의 목표는 점진적으로 높은 수준의 것으로 해야 한다.

안전보건관리계획 수립 시 유의사항
- 실현가능성이 있도록 사업장 실태에 맞게 독자적으로 수립한다.
- 직장단위로 구체적 계획을 작성한다.
- 현재의 문제점을 검토하기 위해 자료를 조사 · 수집한다.
- 적극적 선취안전을 취해 새로운 착상과 정보를 활용한다.
- 계획안이 효과적으로 실시될 수 있도록 라인 · 스태프 관계자에게 충분히 납득시킨다.

05 재해예방의 4원칙이 아닌 것은?

① 손실우연의 법칙
② 예방교육의 원칙
③ 원인계기의 원칙
④ 예방가능의 원칙

해설 **재해예방의 4원칙**

1. 손실우연의 원칙 : 재해손실은 사고발생 시 사고대상의 조건에 따라 달라지므로 한 사고의 결과로서 생긴 재해손실은 우연성에 의해서 결정
2. 원인계기의 원칙 : 재해발생에는 반드시 원인이 있음
3. 예방가능의 원칙 : 재해는 원칙적으로 원인만 제거하면 예방이 가능
4. 대책선정의 원칙 : 재해예방을 위한 안전대책은 반드시 존재

06 산업안전보건법령상 관리감독자가 수행하는 안전 및 보건에 관한 업무에 속하지 않는 것은?

① 해당 작업의 작업장 정리 · 정돈 및 통로 확보에 대한 확인 · 감독
② 해당 작업에서 발생한 산업재해에 관한 보고 및 이에 대한 응급조치
③ 해당 사업장 안전교육계획의 수립 및 안전 교육 실시에 관한 보좌 및 지도 · 조언
④ 관리감독자에게 소속된 근로자의 작업복 · 보호구 및 방호장치의 점검과 그 착용 · 사용에 관한 교육 · 지도

해설 '해당 사업장 안전교육계획의 수립 및 안전교육 실시에 관한 보좌 및 지도 · 조언'은 안전관리자의 업무에 해당된다.

07 산업안전보건법령상 안전 · 보건 표지 중 지시표지의 보조색으로 옳은 것은?

① 파란색 ② 흰색
③ 녹색 ④ 노란색

해설 **안전보건표지의 색도기준 및 용도**

색채	색도기준	용도	사용례
빨간색	7.5R 4/14	금지	정지신호, 소화설비 및 그 장소, 유해행위의 금지
		경고	화학물질 취급장소에서의 유해 · 위험 경고
노란색	5Y 8.5/12	경고	화학물질 취급장소에서의 유해 · 위험경고 이외의 위험경고, 주의표지 또는 기계방호물
파란색	2.5PB 4/10	지시	특정 행위의 지시 및 사실의 고지
녹색	2.5G 4/10	안내	비상구 및 피난소, 사람 또는 차량의 통행표지
흰색	N9.5		파란색 또는 녹색에 대한 보조색
검은색	N0.5		문자 및 빨간색 또는 노란색에 대한 보조색

정답 05 ② 06 ③ 07 ②

08 시설물의 안전 및 유지관리에 관한 특별법상 다음과 같이 정의되는 것은?

> 시설물의 붕괴, 전도 등으로 인한 재난 또는 재해가 발생할 우려가 있는 경우에 시설물의 물리적·기능적 결함을 신속하게 발견하기 위하여 실시하는 점검

① 긴급안전점검 ② 특별안전점검
③ 정밀안전점검 ④ 정기안전점검

해설 **긴급안전점검**
관리주체가 시설물의 붕괴 · 전도 등이 발생할 위험이 있다고 판단하는 경우 또는 국토교통부장관 및 관계 행정기관의 장이 시설물의 구조상 공중의 안전한 이용에 중대한 영향을 미칠 우려가 있다고 판단되는 경우 실시한다.

09 산업안전보건법령상 건설현장에서 사용하는 크레인의 안전검사의 주기는? (단, 이동식 크레인은 제외한다.)

① 최초로 설치한 날부터 1개월마다 실시
② 최초로 설치한 날부터 3개월마다 실시
③ 최초로 설치한 날부터 6개월마다 실시
④ 최초로 설치한 날부터 1년마다 실시

해설 **크레인, 리프트 및 곤돌라 안전검사 주기**
사업장에 설치가 끝난 날부터 3년 이내에 최초 안전검사를 실시하되, 그 이후부터 2년마다(건설현장에서 사용하는 것은 최초로 설치한 날부터 6개월마다) 실시한다.

10 재해원인분석에 사용되는 통계적 원인분석 기법의 하나로, 사고의 유형이나 기인물 등의 분류항목을 큰 순서대로 도표화하는 기법은?

① 관리도 ② 파레토도
③ 특성요인도 ④ 크로스분석도

 파레토도는 분류 항목을 큰 순서대로 도표화한 분석법이다.

11 다음의 재해사례에서 기인물과 가해물은?

> 작업자가 작업장을 걸어가던 중 작업장 바닥에 쌓여있던 자재에 걸려 넘어지면서 바닥에 머리를 부딪쳐 사망하였다.

① 기인물 : 자재, 가해물 : 바닥
② 기인물 : 자재, 가해물 : 자재
③ 기인물 : 바닥, 가해물 : 바닥
④ 기인물 : 바닥, 가해물 : 자재

- 기인물 : 불안전한 상태에 있는 물체(환경 포함)
- 가해물 : 사람에게 직접 접촉되어 위해를 가한 물체(환경 포함)

12 산업안전보건법상 지방고용노동관서의 장이 사업주에게 안전관리자나 보건관리자를 정수 이상으로 증원하게 하거나 교체하여 임명할 것을 명령할 수 있는 사유에 해당되는 것은?

① 사망재해가 연간 1건 발생한 경우
② 중대재해가 연간 2건 발생한 경우
③ 관리자가 질병의 사유로 3개월 이상 해당 직무를 수행할 수 없게 된 경우

정답 08 ① 09 ③ 10 ② 11 ① 12 ③

④ 해당 사업장의 연간재해율이 같은 업종의 평균재해율의 1.5배 이상인 경우

해설 **안전관리자 등의 증원 · 교체임명 명령(「산업안전보건법 시행규칙」 제15조)**

지방고용노동관서의 장은 다음 각 호의 어느 하나에 해당하는 사유가 발생한 경우에는 법 제15조 제3항과 법 제16조 제3항 또는 제16조의 3 제3항에 따라 사업주에게 안전관리자 · 보건관리자 또는 안전보건관리담당자를 정수 이상으로 증원하게 하거나 교체하여 임명할 것을 명할 수 있다. 다만, 제4호에 해당하는 경우로서 직업성질병자 발생 당시 사업장에서 해당 화학적 인자를 사용하지 아니하는 경우에는 그러하지 아니하다.

1. 해당 사업장의 연간재해율이 같은 업종의 평균재해율의 2배 이상인 경우
2. 중대재해가 연간 3건 이상 발생한 경우
3. 관리자가 질병이나 그 밖의 사유로 3개월 이상 직무를 수행할 수 없게 된 경우
4. 별표 12의 2 제1호에 따른 화학적 인자로 인한 직업성 질병자가 연간 3명 이상 발생한 경우. 이 경우 직업성 질병자 발생일은 「산업안전보건법 시행규칙」 제21조 제1항에 따른 요양급여의 결정일로 한다.

13 **산업안전보건법령상 다음 (　　)에 알맞은 내용은?**

> 안전보건관리규정의 작성 대상 사업의 사업주는 안전보건관리규정을 작성해야 할 사유가 발생한 날부터 (　　)이내에 안전보건관리규정의 세부내용을 포함한 안전보건관리규정을 작성하여야 한다.

① 10일　　② 15일
③ 20일　　④ 30일

사업주는 안전보건관리규정을 작성하여야 할 사유가 발생한 날부터 30일 이내에 안전보건관리규정을 작성하여야 한다. 이를 변경할 사유가 발생한 경우에도 또한 같다.

14 **작업환경이 현저히 불량하여 안전 · 보건개선계획의 수립 · 시행 명령을 받은 사업주는 고용노동부장관이 정하는 바에 따라 안전보건개선계획서를 작성하여 그 명령을 받은 날부터 며칠 이내에 관할 지방고용노동관서의 장에게 제출하여야 하는가?**

① 15일　　② 30일
③ 60일　　④ 90일

안전 · 보건개선계획의 수립 · 시행명령을 받은 사업주는 고용노동부장관이 정하는 바에 따라 안전보건개선계획서를 작성하여 그 명령을 받은 날부터 60일 이내에 관할 지방고용노동관서의 장에게 제출하여야 한다.

15 **산업안전보건법령상 공사 금액이 얼마 이상인 건설업 사업장에서 산업안전보건위원회를 설치 · 운영하여야 하는가?**

① 80억 원　　② 120억 원
③ 250억 원　　④ 700억 원

건설업의 경우 공사금액 120억 원 이상(「건설산업기본법 시행령」 [별표 1]에 따른 토목공사업에 해당하는 공사의 경우에는 150억 원 이상)일 경우 산업안전보건위원회를 설치 · 운영하여야 한다.

16 **재해의 발생형태 중 재해가 일어난 장소나 그 시점에 일시적으로 요인이 집중되어 사고가 발생하는 유형은?**

① 연쇄형　　② 복합형
③ 결합형　　④ 단순 자극형

해설 **단순자극형(집중형)**

상호자극에 의하여 순간적으로 재해가 발생하는 유형으로 재해가 일어난 장소나 그 시점에 일시적으로 요인이 집중된다.

정답 13 ④　14 ③　15 ②　16 ④

17 산업안전보건법령상 자율안전확인대상 기계 등에 해당하지 않는 것은?

① 연삭기 ② 곤돌라
③ 컨베이어 ④ 산업용 로봇

해설 **자율안전확인대상 기계 등**

1. 연삭기 또는 연마기(휴대용은 제외한다)
2. 산업용 로봇
3. 혼합기
4. 파쇄기 또는 분쇄기
5. 식품가공용 기계(파쇄 · 절단 · 혼합 · 제면기만 해당한다)
6. 컨베이어
7. 자동차 정비용 리프트
8. 공작기계(선반, 드릴기, 평삭 · 형삭기, 밀링만 해당한다)
9. 고정형 목재가공용 기계(둥근톱, 대패, 루타기, 띠톱, 모떼기 기계만 해당한다)
10. 인쇄기

18 위험예지훈련의 문제해결 4단계(4R)에 속하지 않는 것은?

① 현상파악 ② 본질추구
③ 대책수립 ④ 후속조치

위험예지훈련의 추진을 위한 문제해결 4단계(4라운드)

- 1라운드 : 현상파악(사실의 파악)
- 2라운드 : 본질추구(원인조사)
- 3라운드 : 대책수립(대책 세움)
- 4라운드 : 목표설정(행동계획 작성)

19 산업안전보건기준에 관한 규칙상 공기압축기 가동 전 점검사항을 모두 고른 것은? (단, 그 밖에 사항은 제외한다.)

ㄱ. 윤활유의 상태 ㄴ. 압력방출장치의 기능 ㄷ. 회전부의 덮개 또는 울 ㄹ. 언로드밸브(unloading valve)의 기능

① ㄷ, ㄹ ② ㄱ, ㄴ, ㄷ
③ ㄱ, ㄴ, ㄹ ④ ㄱ, ㄴ, ㄷ, ㄹ

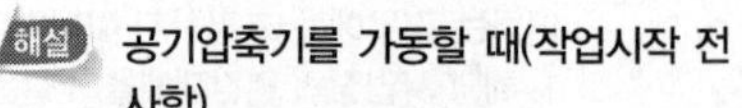
해설 **공기압축기를 가동할 때(작업시작 전 점검사항)**

1. 공기저장 압력용기의 외관 상태
2. 드레인밸브(Drain Valve)의 조작 및 배수
3. 압력방출장치의 기능
4. 언로드밸브(Unloading Valve)의 기능
5. 윤활유의 상태
6. 회전부의 덮개 또는 울

20 산업안전보건법령상 사업장에서 산업재해 발생 시 사업주가 기록 · 보존하여야 하는 사항이 아닌 것은? (단, 산업재해조사표와 요양신청서의 사본은 보존하지 않았다.)

① 사업장의 개요
② 근로자의 인적사항
③ 재해 재발방지 계획
④ 안전관리자 선임에 관한 사항

산업재해가 발생한 때에 사업주가 기록 보존하여야 하는 사항

1. 사업장의 개요 및 근로자의 인적사항
2. 재해발생의 일시 및 장소
3. 재해발생의 원인 및 과정
4. 재해 재발방지 계획

정답 17 ② 18 ④ 19 ④ 20 ④

제2과목 산업심리 및 교육

21 강의식 교육에 있어 일반적으로 가장 많은 시간이 소요되는 단계는?

① 도입　　② 제시
③ 적용　　④ 확인

해설 교육방법에 따른 교육시간

교육법의 4단계	강의식	토의식
제1단계 – 도입(준비)	5분	5분
제2단계 – 제시(설명)	40분	10분
제3단계 – 적용(응용)	10분	40분
제4단계 – 확인(총괄)	5분	5분

22 인간의 동기에 대한 이론 중 자극, 반응, 보상의 3가지 핵심변인을 가지고 있으며, 표출된 행동에 따라 보상을 주는 방식에 기초한 동기이론은?

① 강화이론　　② 형평이론
③ 기대이론　　④ 목표성절이론

해설 강화(Reinforcement)의 원리

어떤 행동의 강도와 발생빈도를 증가시키는 것(예 안전퀴즈대회를 열어 우승자에게 상을 줌)

1. 부적 강화란 반응 후 처벌이나 비난 등 해로운 자극이 주어져서 반응 발생률이 감소하는 것이다.
2. 정적 강화란 반응 후 음식이나 칭찬 등 이로운 자극을 주었을 때 반응 발생률이 높아지는 것이다.
3. 처벌은 더 강한 처벌에 의해서만 효과가 지속되는 부작용이 있다.
4. 부분강화에 의하면 학습이 빠르게 진행되고 학습효과가 서서히 사라진다.

23 학습이론 중 S – R 이론에서 조건반사설에 의한 학습이론의 원리에 해당하지 않는 것은?

① 시간의 원리　　② 일관성의 원리
③ 기억의 원리　　④ 계속성의 원리

해설 파블로프(Pavlov)의 조건반사설

훈련을 통해 반응이나 새로운 행동에 적응할 수 있다(종소리를 통해 개의 소화작용에 대한 실험을 실시).

- 계속성의 원리(The Continuity Principle) : 자극과 반응의 관계는 횟수가 거듭될수록 강화가 잘됨
- 일관성의 원리(The Consistency Principle) : 일관된 자극을 사용하여야 함
- 강도의 원리(The Intensity Principle) : 먼저 준 자극보다 같거나 강한 자극을 주어야 강화가 잘됨
- 시간의 원리(The Time Principle) : 조건자극을 무조건자극보다 조금 앞서거나 동시에 주어야 강화가 잘됨

24 동일 부서 직원 6명의 선호 관계를 분석한 결과 다음과 같은 소시오그램이 작성되었다. 이 소시오그램에서 실선은 선호관계, 점선은 거부관계를 나타낼 때, 4번 직원의 선호신분 지수는 얼마인가?

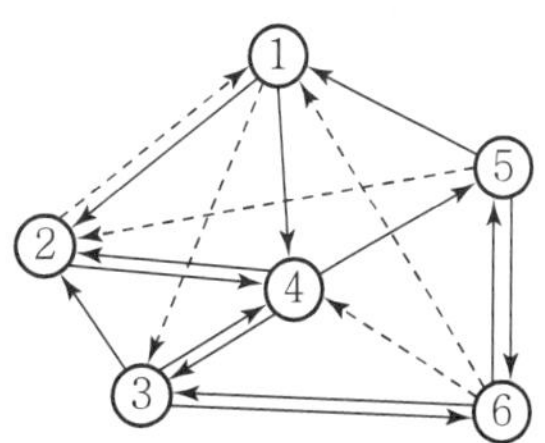

① 0.2　　② 0.33
③ 0.27　　④ 0.6

 6명으로 구성된 집단의 소시오메트리에서 긍정적인 상호작용 수는 4쌍이므로, 응집성 지수는 다음과 같다

정답 21 ② 22 ① 23 ③ 24 ③

- 응집성지수 $= \dfrac{\text{실제상호작용의수}}{\text{가능한상호작용의수}}$

$= \dfrac{4}{15} = 0.27$

- 가능한 상호작용의 수

$= {}_6C_2 = \dfrac{6 \times 5}{2} = 15$

25 피로 단계 중 이상발한, 구갈, 두통, 탈력감이 있고, 특히 관절이나 근육통이 수반되어 신체를 움직이기 귀찮아지는 단계는?

① 잠재기 ② 현재기
③ 진행기 ④ 축적피로기

 피로의 현재기

피로 단계 중 이상발한, 구갈, 두통, 탈력감이 있고, 특히 관절이나 근육통이 수반되어 신체를 움직이기 귀찮아지는 단계

26 시각 정보 등을 받아들일 때 주의를 기울이면 시선이 집중되는 곳의 정보는 잘 받아들이나 주변부의 정보는 놓치기 쉬운 것은 주의력이 어떤 특성과 관련이 있는가?

① 주의의 선택성 ② 주의의 변동성
③ 주의의 방향성 ④ 주의의 시분할성

해설 주의의 특성

- 선택성(소수의 특정한 것에 한한다) : 한 번에 많은 종류의 자극을 지각 · 수용하기 곤란하다.
- 방향성(시선의 초점이 맞았을 때 쉽게 인지된다.)
- 변동성(인간은 한 점에 계속하여 주의를 집중할 수 없다.)

27 리더십의 유형을 지휘 형태에 따라 구분할 때 이에 해당하지 않는 것은?

① 권위적 리더십 ② 민주적 리더십
③ 방임적 리더십 ④ 경쟁적 리더십

해설 리더십의 유형

- 독재형(권위형, 권력형, 맥그리거의 X이론 중심) : 지도자가 모든 권한행사를 독단적으로 처리(개인 중심)
- 민주형(맥그리거의 Y이론 중심) : 집단의 토론, 회의 등을 통해 정책 결정(집단 중심), 리더와 부하직원 간의 협동과 의사소통
- 자유방임형(개방적) : 리더는 명목상 리더의 자리만을 지킴(종업원 중심)

28 작업환경에서 물리적인 작업조건보다는 근로자의 심리적인 태도 및 감정이 직무수행에 큰 영향을 미친다는 결과를 밝혀낸 대표적인 연구로 옳은 것은?

① 호손 연구 ② 플래시보 연구
③ 스키너 연구 ④ 시간－동작연구

 호손(Hawthorne)의 실험

- 미국 호손공장에서 실시된 실험으로 종업원의 인간성을 과학적으로 연구한 실험
- 물리적인 조건(조명, 휴식시간, 근로시간 단축, 임금 등)이 생산성에 영향을 주는 것이 아니라 인간관계가 절대적인 요소로 작용함을 강조

29 안전교육의 3단계 중 작업방법, 취급 및 조작행위를 몸으로 숙달시키는 것을 목적으로 하는 단계는?

① 안전지식교육 ② 안전기능교육
③ 안전태도교육 ④ 안전의식교육

정답 25 ② 26 ① 27 ④ 28 ① 29 ②

해설 안전기능교육

- 교육대상자가 그것을 스스로 행함으로써 얻어진다.
- 개인의 반복적 시행착오에 의해서만 얻어진다.
- 시험, 견학, 실습, 현장실습 교육을 통한 경험 체득과 이해가 이루어진다.

30 훈련에 참여한 사람들이 직무에 복귀한 후에 실제 직무수행에서 훈련효과를 보이는 정도를 나타내는 것은?

① 전이 타당도 ② 교육 타당도
③ 조직간 타당도 ④ 조직 내 타당도

해설 학습의 전이(transference)

어떤 내용을 학습한 결과가 다른 학습이나 반응에 영향을 미치는 현상을 의미하는 것으로 학습효과의 전이라고도 한다. 훈련 상황이 실제 작업 장면과 유사할 때 학습전이가 일어나기 쉽다.

31 다음 중 합리화의 유형에 있어 자기의 실패나 결함을 다른 대상에게 책임을 전가시키는 유형으로 자신의 잘못에 대해 조상 탓을 하거나 축구 선수가 공을 잘못 찬 후 신발 탓을 하는 등에 해당하는 것은?

① 신포도형 ② 투사형
③ 망상형 ④ 달콤한 레몬형

해설 투사(Projection)

자기 속의 억압된 것을 다른 사람의 것으로 생각하는 것

32 스트레스(stress)에 영향을 주는 요인 중 환경이나 외적 요인에 해당하는 것은?

① 자존심의 손상
② 현실에의 부적응
③ 도전의 좌절과 자만심의 상충
④ 직장에서의 대인관계 갈등과 대립

해설 직장에서의 대인관계 갈등과 대립은 환경이나 외부를 통해서 일어나는 자극요인에 해당된다.

33 반복적인 재해발생자를 상황성 누발자와 소질성 누발자로 나눌 때, 상황성 누발자의 재해유발 원인에 해당하는 것은?

① 저지능인 경우
② 소심한 성격인 경우
③ 도덕성이 결여된 경우
④ 심신에 근심이 있는 경우

해설 상황성 누발자

작업이 어렵거나, 기계설비의 결함, 주의력의 집중이 혼란된 경우, 심신의 근심으로 사고 경향자가 되는 경우(상황이 변하면 안전한 성향으로 바뀜)

34 안전교육방법 중 Off–JT(Off the Job Training) 교육의 특징이 아닌 것은?

① 훈련에만 전념하게 된다.
② 전문가를 강사로 활용할 수 있다.
③ 개개인에게 적절한 지도훈련이 가능하다.
④ 다수의 근로자에게 조직적 훈련이 가능하다.

PART 01 PART 02 PART 03 PART 04 PART 05 PART 06 부록

정답 30 ① 31 ② 32 ④ 33 ④ 34 ③

해설 OFF－JT(직장 외 교육훈련)

계층별 · 직능별로 공통된 교육 대상자를 현장 이외의 한 장소에 모아 집합교육을 실시하는 교육형태(집단교육에 적합)

- 다수의 근로자에게 조직적 훈련을 행하는 것이 가능
- 훈련에만 전념
- 각각 전문가를 강사로 초청하는 것이 가능

35 사고경향성 이론에 관한 설명 중 틀린 것은?

① 사고를 많이 내는 여러 명의 특성을 측정하여 사고를 예방하는 것이다.
② 개인의 성격보다는 특정 환경에 의해 훨씬 더 사고가 일어나기 쉽다.
③ 어떠한 사람이 다른 사람보다 사고를 더 잘 일으킨다는 이론이다.
④ 사고 경향성을 검증하기 위한 효과적인 방법은 다른 두 시기 동안에 같은 사람의 사고기록을 비교하는 것이다.

해설 사고경향설(Greenwood)

사고의 대부분은 소수에 의해 발생되고 있으며 사고를 낸 사람이 또다시 사고를 발생시키는 경향이 있다(사고경향성이 있는 사람 → 소심한 사람).

36 레윈(Lewin)이 제시한 인간의 행동특성에 관한 법칙에서 인간의 행동(B)은 개체(P)와 환경(E)의 함수관계를 가진다고 하였다. 다음 중 개체(P)에 해당하는 요소가 아닌 것은?

① 연령　② 지능
③ 경험　④ 인간관계

해설 레빈(Lewin · K)의 법칙

$B=f(P \cdot E)$

여기서,
B : Behavior(인간의 행동)
f : function(함수관계)
P : Person(개체 : 연령, 경험, 심신상태, 성격, 지능 등)
E : Environment(심리적 환경 : 인간관계, 작업환경 등)

37 학습목적의 3요소가 아닌 것은?

① 목표(goal)
② 주제(subject)
③ 학습정도(level of learning)
④ 학습방법(method of learning)

학습목적의 3요소

주제, 학습정도, 목표

38 직업적성검사 중 시각적 판단 검사에 해당하지 않는 것은?

① 조립검사　② 명칭판단검사
③ 형태비교검사　④ 공구판단검사

해설 시각적 판단검사

형태비교검사, 입체도, 판단검사, 언어식별검사, 평면도판단검사, 명칭판단검사, 공구판단검사

39 구안법(project method)의 단계를 올바르게 나열한 것은?

① 계획 → 목적 → 수행 → 평가
② 계획 → 목적 → 평가 → 수행
③ 수행 → 평가 → 계획 → 목적
④ 목적 → 계획 → 수행 → 평가

정답 35 ② 36 ④ 37 ④ 38 ① 39 ④

해설 구안법(Project Method)의 특징

- 동기부여가 충분한 현실적인 학습방법이다. 작업에 대해 창조력이 생기며 시간과 에너지가 많이 소비된다.
- 구안법의 단계 : 목적 → 계획 → 수행 → 평가

40 다음 중 교육지도의 원칙과 가장 거리가 먼 것은?

① 반복적인 교육을 실시한다.
② 학습자에게 동기부여를 한다.
③ 쉬운 것부터 어려운 것으로 실시한다.
④ 한 번에 여러 가지의 내용을 실시한다.

해설 교육지도의 원칙

1. 상대방의 입장을 고려한다(상대중심교육 : 자발창조의 원칙, 흥미의 원칙, 개성화의 원칙).
2. 동기부여를 한다.
3. 쉬운 것에서 어려운 것으로 실시한다.
4. 반복한다.
5. 한 번에 하나씩 교육을 실시한다.
6. 인상의 강화를 한다.
7. 오감을 활용한다.
8. 기능적인 이해가 가능하도록 한다.

제3과목 인간공학 및 시스템안전공학

41 산업안전보건법상 유해 · 위험방지계획서를 제출한 사업주는 건설공사 중 얼마 이내마다 관련법에 따라 유해 · 위험방지계획서의 내용과 실제공사 내용이 부합하는지의 여부 등을 확인받아야 하는가?

① 1개월 ② 3개월
③ 6개월 ④ 12개월

해설 유해 · 위험방지계획서의 확인사항

1. 확인시기
   - 건설공사 중 6개월 이내마다 공단의 확인을 받아야 함
   - 자체심사 및 확인업체의 사업주는 해당 공사 준공 시까지 6개월 이내마다 자체확인을 실시
2. 확인사항
   - 유해 · 위험방지계획서의 내용과 실제 공사 내용이 부합하는지 여부
   - 유해 · 위험방지계획서 변경내용의 적정성
   - 추가적인 유해 · 위험요인의 존재 여부

42 육체작업의 생리학적 부하측정 척도가 아닌 것은?

① 맥박수 ② 산소소비량
③ 근전도 ④ 점멸융합주파수

해설 신체활동의 생리학적 측정 분류

작업을 할 때 인체가 받는 부담은 작업의 성질에 따라 상당한 차이가 있다. 이 차이를 연구하기 위한 방법이 생리적 변화를 측정하는 것이다. 즉, 산소소비량, 근전도, 플리커치 등으로 인체의 생리적 변화를 측정한다.

1. 근전도(EMG) : 근육활동의 전위차를 기록하여 측정
2. 심전도(ECG) : 심장의 근육활동의 전위차를 기록하여 측정

43 인간이 현존하는 기계를 능가하는 기능이 아닌 것은? (단, 인공지능은 제외한다.)

① 원칙을 적용하여 다양한 문제를 해결한다.
② 관찰을 통해서 특수화하고 연역적으로 추리한다.

정답 40 ④ 41 ③ 42 ④ 43 ②

③ 주위의 이상하거나 예기치 못한 사건들을 감지한다.
④ 어떤 운용방법이 실패할 경우 새로운 다른 방법을 선택할 수 있다.

해설 인간은 관찰을 통해서 특수화하고 귀납적으로 추리한다.

인간과 기계의 기능 비교

구분	인간이 기계보다 우수한 기능	기계가 인간보다 우수한 기능
감지기능	• 저에너지 자극 감지 • 복잡 다양한 자극 형태 식별 • 예기치 못한 사건 감지	• 인간의 정상적 감지 범위 밖의 자극 감지 • 인간 및 기계에 대한 모니터 기능
정보처리 및 결정	• 많은 양의 정보를 장시간 보관 • 관찰을 통한 일반화 • 귀납적 추리 • 원칙 적용 • 다양한 문제 해결(정서적)	• 암호화된 정보를 신속하게 대량 보관 • 연역적 추리 • 정량적 정보처리
행동기능	과부하 상태에서는 중요한 일에만 전념	• 과부하 상태에서도 효율적 작동 • 장시간 중량작업 • 반복작업, 동시에 여러 가지 작업 가능

44 결합수분석(FTA)에 의한 재해사례의 연구순서로 옳은 것은?

> ㉠ FT(Fault Tree)도 작성
> ㉡ 개선안 실시계획
> ㉢ 톱 사상의 선정
> ㉣ 사상마다 재해원인 및 요인 규명
> ㉤ 개선계획 작성

① ㉡ → ㉣ → ㉢ → ㉤ → ㉠
② ㉢ → ㉣ → ㉠ → ㉤ → ㉡
③ ㉣ → ㉤ → ㉢ → ㉠ → ㉡
④ ㉤ → ㉢ → ㉡ → ㉠ → ㉣

해설 FTA에 의한 재해사례연구순서

Top 사상의 선정 → 사상마다의 재해원인 규명 → FT도의 작성 → 개선계획의 작성 → 개선안 실시계획

45 반사율이 85%, 글자의 밝기가 400cd/m² 인 VDT화면에 350lux의 조명이 있다면 대비는 약 얼마인가?

① −6.0　② −5.0
③ −4.2　④ −2.8

해설 1. 대비 : 표적의 광속 발산도와 배경의 광속 발산도의 차

$$\text{대비} = 100 \times \frac{L_b - L_t}{L_b}$$

2. 반사율(%)

$$\frac{\text{휘도}(fL)}{\text{조도}(fC)} \times 100 = \frac{\text{cd/m}^2 \times \pi}{\text{lux}}$$

$L_b = (0.85 \times 350)/3.14 = 94.75$

$L_t = 400 + 94.75 = 494.75$

따라서

$$\text{대비} = \frac{L_b - L_t}{L_b} \times 100[\%] = \frac{94.75 - 494.75}{94.75} \times 100 = -4.22[\%]$$

46 FTA에서 사용하는 다음 사상기호에 대한 설명으로 맞는 것은?

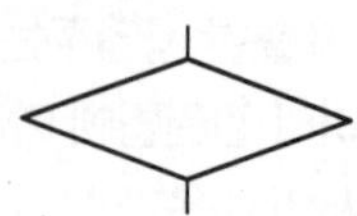

① 시스템 분석에서 좀 더 발전시켜야 하는 사상

정답 44 ② 45 ③ 46 ③

② 시스템의 정상적인 가동상태에서 일어날 것이 기대되는 사상
③ 불충분한 자료로 결론을 내릴 수 없어 더 이상 전개할 수 없는 사상
④ 주어진 시스템의 기본사상으로 고장원인이 분석되었기 때문에 더 이상 분석할 필요가 없는 사상

해설

기호	명칭	설명
◇	생략사상(최후사상)	정보부족, 해석기술 불충분으로 더 이상 전개할 수 없는 사상

47 작업장의 설비 3대에서 각각 80dB, 86dB, 78dB의 소음이 발생하고 있을 때 작업장의 음압 수준은?

① 약 81.3dB ② 약 85.5dB
③ 약 87.5dB ④ 약 90.3dB

해설 전체소음도

$$PWL(dB) = 10\log\left(10^{\frac{A_1}{10}} + 10^{\frac{A_2}{10}} + 10^{\frac{A_3}{10}}\right)$$
$$= 10\log\left(10^{\frac{80}{10}} + 10^{\frac{86}{10}} + 10^{\frac{78}{10}}\right)$$
$$\fallingdotseq 87.5$$

48 다음의 그림과 같이 FTA로 분석된 시스템에서 현재 모든 기본사상에 대한 부품이 고장난 상태이다. 부품 X_1부터 부품 X_5까지 순서대로 복구한다면 어느 부품을 수리 완료하는 순간부터 시스템은 정상가동되겠는가?

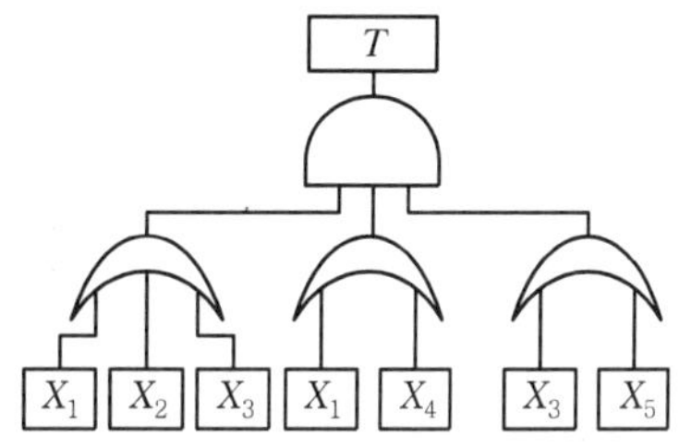

① X_1 ② X_2
③ X_3 ④ X_4

해설 부품 X_1부터 부품 X_5까지 순서대로 복구가 된다면 X_3의 복구가 완료되는 순간부터 시스템이 정상 작동된다.

49 결함수분석의 기호 중 입력사상이 어느 하나라도 발생할 경우 출력사상이 발생하는 것은?

① NOR GATE ② AND GATE
③ OR GATE ④ NAND GATE

해설

기호	명칭	설명
출력 / 입력	OR 게이트	입력사상 중 어느 하나가 존재할 때 출력사상이 발생

50 생명유지에 필요한 단위시간당 에너지양을 무엇이라 하는가?

① 기초 대사량 ② 산소 소비율
③ 작업 대사량 ④ 에너지 소비율

해설 기초 대사량

생명유지에 필요한 최소의 열량을 말한다.

정답 47 ③ 48 ③ 49 ③ 50 ①

51 에너지 대사율(RMR)에 대한 설명으로 틀린 것은?

① RMR＝운동대사량/기초대사량
② 보통 작업 시 RMR은 4~7임
③ 가벼운 작업 시 RMR은 0~2임
④ RMR＝(운동 시 산소소모량－안정 시 산소소모량)/기초대사 시(산소소비량)

해설 에너지 대사율(RMR)에 따른 작업의 분류

- 초경작업(初經作業) : 0~1
- 경작업(經作業) : 1~2
- 보통 작업(中作業) : 2~4
- 무거운 작업(重作業) : 4~7
- 초중작업(初重作業) : 7 이상

52 정성적 표시장치의 설명으로 틀린 것은?

① 정성적 표시장치의 근본 자료 자체는 정량적인 것이다.
② 전력계에서와 같이 기계적 혹은 전자적으로 숫자가 표시된다.
③ 색채 부호가 부적합한 경우에는 계기판 표시 구간을 형상 부호화하여 나타낸다.
④ 연속적으로 변하는 변수의 대략적인 값이나 변화추세, 변화율 등을 알고자 할 때 사용된다.

해설 정성적 표시장치

온도, 압력, 속도와 같은 연속적으로 변하는 변수의 대략적인 값이나 변화추세 등을 나타낼 때 사용한다. 기계적 혹은 전자적으로 숫자가 표시되는 것은 계수형 표시장치이다.

53 시스템의 수명 및 신뢰성에 관한 설명으로 틀린 것은?

① 병렬설계 및 디레이팅 기술로 시스템의 신뢰성을 증가시킬 수 있다.
② 직렬시스템에서는 부품 중 최소 수명을 갖는 부품에 의해 시스템 수명이 정해진다.
③ 수리가 가능한 시스템의 평균 수명(MTBF)은 평균 고장률(λ)과 정비례 관계가 성립한다.
④ 수리가 불가능한 구성요소로 병렬구조를 갖는 설비는 중복도가 늘어날수록 시스템 수명이 길어진다.

해설 평균 수명(MTBF)은 평균 고장률과 반비례한다.

$$MTBF=\frac{1}{\lambda}$$

54 인간공학에 대한 설명으로 틀린 것은?

① 인간－기계 시스템의 안전성, 편리성, 효율성을 높인다.
② 인간을 작업과 기계에 맞추는 설계 철학이 바탕이 된다.
③ 인간이 사용하는 물건, 설비, 환경의 설계에 적용된다.
④ 인간의 생리적, 심리적인 면에서의 특성이나 한계점을 고려한다.

해설 인간공학의 정의

인간의 신체적 · 심리적 능력 한계를 고려하여 인간에게 적절한 형태로 작업을 맞추는 것이다. 인간의 특성과 능력을 공학적으로 분석, 평가하여 이를 복잡한 체계의 설계에 응용함으로써 효율을 최대로 활용할 수 있도록 하는 학문분야이다.

정답 51 ② 52 ② 53 ③ 54 ②

55 다음 그림과 같은 직 · 병렬 시스템의 신뢰도는? (단, 병렬 각 구성요소의 신뢰도는 R이고, 직렬 구성요소의 신뢰도는 M이다.)

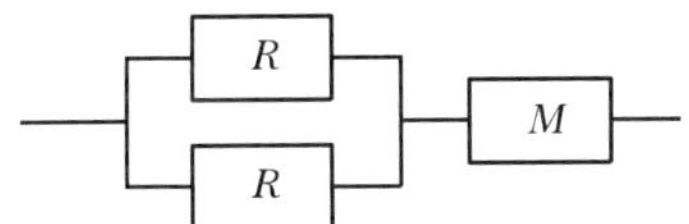

① MR^3 ② $R^2(1-MR)$
③ $M(R^2+R)-1$ ④ $M(2R-R^2)$

해설 신뢰도 $=\{1-(1-R)(1-R)\}\times M$
$= M(2R-R^2)$

56 중복사상이 있는 FT(Fault Tree)에서 모든 컷셋(Cut set)을 구한 경우에 최소 컷셋(Minimal cut set)의 설명으로 맞는 것은?

① 모든 컷셋이 바로 최소 컷셋이다.
② 모든 컷셋에서 중복되는 컷셋만이 최소 컷셋이다.
③ 최소 컷셋은 시스템의 고장을 방지하는 기본 고장들의 집합이다.
④ 중복되는 사상의 컷셋 중 다른 컷셋에 포함되는 셋을 제거한 컷셋과 중복되지 않는 사상의 컷셋을 합한 것이 최소 컷셋이다.

해설 **컷셋과 미니멀 컷셋**

컷이란 그 속에 포함되어 있는 모든 기본사상이 일어났을 때 정상사상을 일으키는 기본사상의 집합을 말하며 미니멀 컷셋은 정상사상을 일으키기 위한 필요 최소한의 컷을 말한다. 즉, 미니멀 컷셋은 컷셋 중에 타 컷셋을 포함하고 있는 것을 배제하고 남은 컷셋들을 의미한다(시스템의 위험성 또는 안전성을 말함).

57 불(Bool) 대수의 정리를 나타낸 관계식 중 틀린 것은?

① $A\cdot 0=0$
② $A+1=1$
③ $A\cdot \overline{A}=1$
④ $A(A+B)=A$

해설 불 대수의 정리에 따라 $A\cdot\overline{A}=0$이다.

불 대수의 법칙
(1) 동정법칙 : $A+A=A$, $AA=A$
(2) 교환법칙 : $AB=BA$, $A+B=B+A$
(3) 흡수법칙 : $A(AB)=(AA)B=AB$
$A+AB=A\cup(A\cap B)$
$=(A\cup A)\cap(A\cup B)$
$=A\cap(A\cup B)=A$
$\overline{A\cdot B}=\overline{A}+\overline{B}$
(4) 분배법칙 :
$A(B+C)=AB+AC$, $A+(BC)$
$=(A+B)\cdot(A+C)$
(5) 결합법칙 :
$A(BC)=(AB)C$, $A+(B+C)$
$=(A+B)+C$
(6) 기타 : $A\cdot 0=0$, $A+1=1$,
$A\cdot 1=A$, $A+\overline{A}=1$,
$A\cdot\overline{A}=0$

58 다음 중 화학설비에 대한 안전성 평가에 있어 정량적 평가항목에 해당되지 않는 것은?

① 공정 ② 취급물질
③ 압력 ④ 화학설비용량

해설 **안전성 평가의 단계**
1. 제1단계 : 관계자료의 정비검토
2. 제2단계 : 정성적 평가(안전확보를 위한 기본적인 자료의 검토)
3. 제3단계 : 정량적 평가(재해중복 또는 가능성이 높은것에 대한 위험도 평가)

정답 55 ④ 56 ④ 57 ③ 58 ①

㉠ 평가항목(5가지 항목)
- 물질
- 온도
- 압력
- 용량
- 조작

㉡ 화학설비 정량평가 등급
- 위험등급Ⅰ : 합산점수 16점 이상
- 위험등급Ⅱ : 합산점수 11~15점
- 위험등급Ⅲ : 합산점수 10점 이하

4. 제4단계 : 안전대책
5. 제5단계 : 재해정보에 의한 재평가
6. 제6단계 : FTA에 의한 재평가

59 동작경제의 원칙 중 신체 사용에 관한 원칙에 해당하지 않는 것은?

① 손의 동작은 유연하고 연속적인 동작이어야 한다.
② 두 손의 동작은 같이 시작해서 동시에 끝나도록 한다.
③ 동작이 급작스럽게 크게 바뀌는 직선동작은 피해야 한다.
④ 공구, 재료 및 제어장치는 사용하기 용이하도록 가까운 곳에 배치한다.

해설 동작경제의 원칙

신체 사용에 관한 원칙(동작능력 활용, 작업량 절약, 동작개선)
- 양손은 동시에 동작을 시작하여 동시에 끝맺는다.
- 양손은 휴식을 제외하고는 동시에 쉬어서는 안 된다.
- 팔의 동작은 서로 반대의 대칭적인 방향으로 행하며 동시에 행해야 한다.
- 팔, 손, 손가락 그리고 신체의 동작은 일을 만족하게 할 수 있는 최소의 동작으로 한정해야 한다.
- 작업에 도움이 되도록 가급적 물체의 관성을 이용하여야 하며 관성을 극복하여야 하는 경우에는 관성을 최소화하여야 한다.

60 부품 고장이 발생하여도 기계가 추후 보수될 때까지 안전한 기능을 유지할 수 있도록 하는 기능은?

① fail－soft
② fail－active
③ fail－operational
④ fail－passive

 Fail Safe 기능면 3단계(종류)

- Fail Passive : 부품이 고장 나면 통상 기계는 정지상태로 옮겨간다.
- Fail Active : 부품이 고장 나면 기계는 경보음을 내면서 짧은 시간의 운전이 가능하다.
- Fail Operational : 부품이 고장 나더라도 기계는 다음의 보수가 이루어질 때까지 안전한 기능을 유지한다.

제4과목 건설시공학

61 흙이 소성 상태에서 반고체 상태로 바뀔 때의 함수비를 의미하는 용어는?

① 예민비 ② 액성한계
③ 소성한계 ④ 소성지수

해설 소성한계는 파괴 없이 변형이 일어날 수 있는 최대함수비로 흙이 소성상태에서 반고체 상태로 바뀔 때의 함수비를 의미한다.

62 흙에 접하거나 옥외공기에 직접 노출되는 기둥, 보 콘크리트 구조물로서 D16 이하 철근을 배근할 경우 최소피복두께는?

① 20mm ② 40mm
③ 60mm ④ 80mm

정답 59 ④ 60 ③ 61 ③ 62 ②

해설 철근콘크리트 구조물의 부위별 피복두께는 다음과 같다.

<table>
<tr><th colspan="4">부위</th><th>피복두께 (mm)</th></tr>
<tr><td rowspan="7">흙에 접하지 않음</td><td rowspan="2">바닥슬래브, 지붕슬래브, 비내력벽</td><td colspan="2">마무리 있을 때</td><td>20</td></tr>
<tr><td colspan="2">마무리 없을 때</td><td>30</td></tr>
<tr><td rowspan="4">기둥, 보, 내력벽</td><td rowspan="2">실내</td><td>마무리 있을 때</td><td>30</td></tr>
<tr><td>마무리 없을 때</td><td>30</td></tr>
<tr><td rowspan="2">실외</td><td>마무리 있을 때</td><td>30</td></tr>
<tr><td>마무리 없을 때</td><td>40</td></tr>
<tr><td colspan="3">옹벽</td><td>40</td></tr>
<tr><td rowspan="2">흙에 접함</td><td colspan="3">기둥, 보, 바닥슬래브, 내력벽</td><td>40(50)</td></tr>
<tr><td colspan="3">기초, 옹벽</td><td>60(70)</td></tr>
</table>

※ 여기서, (　　) 안의 수치는 경량콘크리트 1종 및 2종에 적용함

63 **건설사업이 대규모화, 고도화, 다양화, 전문회되어감에 따라 종래의 단순 기술에 의한 시공만이 아닌 고부가가치를 추구하기 위하여 업무영역의 확대를 의미하는 것은?**

① BTL ③ EC
③ BOT ④ SOC

EC(Engineering Construction)는 건설사업이 종래의 단순 시공에서 벗어나 대규모화, 고도화, 다양화, 전문화되어 고부가가치를 추구하기 위하여 업무영역을 확대하는 것을 말한다.

64 **철골작업용 장비 중 절단용 장비로 옳은 것은?**

① 프릭션 프레스(frixtion press)
② 플레이트 스트레이닝 롤(plate straining roll)
③ 파워 프레스(power press)
④ 핵 소우(hack saw)

해설 핵 소우(hack saw)는 철골작업용 장비 중 절단용 장비에 해당된다.

65 **시방서의 작성원칙으로 옳지 않은 것은?**

① 지정고시된 신재료 또는 신기술을 적극 활용한다.
② 공사 전반에 대한 지침을 세밀하고 간단명료하게 서술한다.
③ 공종을 세밀하게 나누고, 단위 시방의 수를 최대한 늘려 상세히 서술한다.
④ 시공자가 정확하게 시공하도록 설계자의 의도를 상세히 기술한다.

해설 시방서 기재 시 유의사항

- 시방서 작성순서는 공사 진행순서와 일치하도록 한다.
- 간결하고 명료하게 빠짐없이 기재한다.
- 공법의 정밀도와 마무리 정도를 명확하게 규정한다.
- 재료, 공법은 정확하게 지시한다.
- 누락되거나, 중복되지 않게 한다.
- 도면과 시방이 상이하지 않게 기재한다.
- 공사의 범위를 명시한다.

정답 63 ② 64 ④ 65 ③

66 말뚝지정 중 강재말뚝에 관한 설명으로 옳지 않은 것은?

① 기성콘크리트말뚝에 비해 중량으로 운반이 쉽지 않다.
② 자재의 이음 부위가 안전하여 소요길이의 조정이 자유롭다.
③ 지중에서의 부식 우려가 높다.
④ 상부구조물과의 결합이 용이하다.

해설 강재말뚝은 기성콘크리트말뚝에 비해 가벼우며, 강성이 크고 지지층 깊이 박을 수 있다.

67 AE콘크리트에 관한 설명으로 옳은 것은?

① 공기량은 기계비빔이 손비빔의 경우보다 적다.
② 공기량은 비벼놓은 시간이 길수록 증가한다.
③ 공기량은 AE제의 양이 증가할수록 감소하나 콘크리트의 강도는 증대한다.
④ 시공연도가 증진되고 재료분리 및 블리딩이 감소한다.

해설 AE콘크리트(Air Entrained Agent concrete)는 AE제를 혼합하여 공기량 증가로 콘크리트의 시공연도, 워커빌리티를 향상시킨 콘크리트이다.

68 KS L 5201에 정의된 포틀랜드시멘트의 종류가 아닌 것은?

① 고로 포틀랜드시멘트
② 조강 포틀랜드시멘트
③ 저열 포틀랜드시멘트
④ 중용열 포틀랜드시멘트

포틀랜드시멘트에는 보통 포틀랜드시멘트, 조강 포틀랜드시멘트, 저열 포틀랜드시멘트, 중용열 포틀랜드시멘트가 있다.

69 흙의 함수율을 구하기 위한 식으로 옳은 것은?

① (물의 용적/토립자의 용적) × 100(%)
② (물의 중량/토립자의 중량) × 100(%)
③ (물의 용적/흙 전체의 용적) × 100(%)
④ (물의 중량/흙 전체의 중량) × 100(%)

해설 $\text{함수율} = \dfrac{\text{물의 중량}}{\text{토립자} + \text{물의 중량}} \times 100\%$

70 철근의 피복두께 확보 목적과 가장 거리가 먼 것은?

① 내화성 확보
② 내구성 확보
③ 구조내력의 확보
④ 블리딩 현상 방지

블리딩(Bleeding)은 콘크리트 타설 후 물이나 미세한 물질이 분리 상승하여 콘크리트 표면에 떠오르는 현상으로 콘크리트의 강도 및 수밀성 저하의 원인이 된다.

71 콘크리트 골재의 비중에 따른 분류로서 초경량골재에 해당하는 것은?

① 중정석 ② 펄라이트
③ 강모래 ④ 부순자갈

펄라이트는 콘크리트 골재 중 초경량골재에 해당한다.

정답 66 ① 67 ④ 68 ① 69 ④ 70 ④ 71 ②

72 거푸집 구조설계 시 고려해야 하는 연직하중에서 무시해도 되는 요소는?

① 작업 하중 ② 거푸집 중량
③ 콘크리트 하중 ④ 충격하중

해설 거푸집 동바리 구조설계 시 고려해야 하는 연직방향하중은 타설 콘크리트 중량 및 거푸집 중량, 활하중(충격하중, 작업하중)으로 구성되며 이 중에서 거푸집 중량은 40kg/m^{2}으로 콘크리트 자중이나 활화중에 비해 상대적으로 크기가 작아 무시해도 된다.

73 철골부재 절단 방법 중 가장 정밀한 절단 방법으로 앵글커터(angle cutter) 등으로 작업하는 것은?

① 가스절단 ② 전단절단
③ 톱절단 ④ 전기절단

해설 철골부재의 절단 방법 중 톱절단은 판두께 13mm를 초과하는 형강이나 절단면 상태가 양호한 정밀 절단 시 적용된다.

74 다음 설명에 해당하는 공사낙찰자 선정방식은?

> 예정가격 대비 85% 이상 입찰자 중 가장 낮은 금액으로 입찰한 자를 선정하는 방식으로, 최저가 낙찰자를 통한 덤핑의 우려를 방지할 목적을 지니고 있다.

① 부찰제
② 최저가 낙찰제
③ 제한적 최저가 낙찰제
④ 최적격 낙찰제

해설 제한적 최저가 낙찰제

예정가격 대비 85% 이상 입찰한 입찰자 중에서 최저가 낙찰자를 선정하는 방식

75 강구조 부재의 용접 시 예열에 관한 설명으로 옳지 않은 것은?

① 모재의 표면 온도가 0℃ 미만인 경우는 적어도 20℃ 이상 예열한다.
② 이종금속 간에 용접할 경우는 예열과 층간온도는 하위등급을 기준으로 하여 실시한다.
③ 버너로 예열하는 경우에는 개선면에 직접 가열해서는 안 된다.
④ 온도관리는 용접선에서 75mm 떨어진 위치에서 표면온도계 또는 온도쵸크 등에 의하여 온도관리를 한다.

해설 이종금속 간에 용접을 할 경우는 예열과 층간온도는 상위등급을 기준으로 하여 실시한다.

76 철근콘크리트에서 염해로 인한 철근의 부식방지대책으로 옳지 않은 것은?

① 콘크리트 중의 염소 이온량을 적게 한다.
② 에폭시 수지 도장 철근을 사용한다.
③ 방청제 투입을 고려한다.
④ 물－시멘트비를 크게 한다.

염해는 콘크리트 속의 염화물로 인하여 철근을 부식시키는 현상으로 이를 방지하기 위해서 철근을 방청하거나 콘크리트 속의 염화물 이온량을 적게 하며 물시멘드비(W/C)를 작게 한다.

정답 72 ② 73 ③ 74 ③ 75 ② 76 ④

77 프리플레이스트 콘크리트의 서중 시공 시 유의사항으로 옳지 않은 것은?

① 애지데이터 안의 모르타르 저류시간을 짧게 한다.
② 수송관 주변의 온도를 높여 준다.
③ 응결을 지연시키며 유동성을 크게 한다.
④ 비빈 후 즉시 주입한다.

해설 서중 시공 시에는 수송관 주변의 온도를 낮춰줘야 한다.

78 벽돌벽 두께 1.0B, 벽높이 2.5m, 길이 8m인 벽면에 소요되는 점토벽돌의 매수는 얼마인가? (단, 규격은 190×90×57mm, 할증은 3%로 하며, 소수점 이하 결과는 올림하여 정수매로 표기한다.)

① 2,980매 ② 3,070매
③ 3,278매 ④ 3,542매

해설 벽면적 = 8m × 2.5m = $20m^2$
1.0B일때 $1m^2$당 149매가 필요하므로
$20m^2$ × 149매 = 2,980매이고
할증이 3%이므로 2,980매 × 1.03 = 3,070매

79 지하연속벽(slurry wall) 굴착공사 중 공벽붕괴의 원인으로 보기 어려운 것은?

① 지하수위의 급격한 상승
② 안정액의 급격한 점도 변화
③ 물다짐하여 매립한 지반에서 시공
④ 공사 시 공법의 특성으로 발생하는 심한 진동

해설 지하연속벽 굴착공사는 소음과 진동이 적다.

80 콘크리트 공사 시 콘크리트를 2층 이상으로 나누어 타설할 경우 허용 이어치기 시간간격의 표준으로 옳은 것은? (단, 외기온도가 25℃ 이하일 경우이며, 허용 이어치기 시간간격은 하층 콘크리트 비비기 시작에서부터 콘크리트 타설 완료한 후, 상층 콘크리트가 타설되기까지의 시간을 의미한다.)

① 2.0 시간 ② 2.5 시간
③ 3.0 시간 ④ 3.5 시간

해설 외기온도가 25℃ 이하일 경우 콘크리트를 2층 이상으로 나누어 타설할 경우 허용 이어치기 시간간격은 2.5시간 이하로 한다.

제5과목 건설재료학

81 기건상태에서의 목재의 함수율은 약 얼마인가?

① 5% 정도 ② 15% 정도
③ 30% 정도 ④ 45% 정도

해설 기건상태에서 목재의 함수율은 15% 정도이다.

82 석재 시공 시 유의하여야 할 사항으로 옳지 않은 것은?

① 외벽 특히 콘크리트 표면 첨부용 석재는 연석을 사용하여야 한다.
② 동일 건축물에는 동일 석재로 시공하도록 한다.

정답 77 ② 78 ② 79 ④ 80 ② 81 ② 82 ①

③ 석재를 구조재로 사용할 경우 직압력재로 사용하여야 한다.
④ 중량이 큰 것은 높은 곳에 사용하지 않도록 한다.

해설 외벽 특히 콘크리트 표면 첨부용 석재는 경석을 사용하여야 한다.

83 **자갈 시료의 표면수를 포함한 중량이 2,100g이고 표면건조내부포화상태의 중량이 2,090g이며 절대건조상태의 중량이 2,070g이라면 흡수율과 표면수율은 약 몇 %인가?**

① 흡수율 : 0.48%, 표면수율 : 0.48%
② 흡수율 : 0.48%, 표면수율 : 1.45%
③ 흡수율 : 0.97%, 표면수율 : 0.48%
④ 흡수율 : 0.97%, 표면수율 : 1.45%

해설 • 흡수율 $= \dfrac{\text{흡수량}}{\text{절건상태 골재중량}} \times 100(\%)$

$= \dfrac{2{,}090\text{g} - 2{,}070\text{g}}{2{,}070\text{g}} \times 100(\%)$

$= 0.97(\%)$

• 표면수율 $= \dfrac{\text{습윤중량} - \text{표건중량}}{\text{표건상태 골재중량}} \times 100(\%)$

$= \dfrac{2{,}100\text{g} - 2{,}090\text{g}}{2{,}090\text{g}} \times 100(\%)$

$= 0.48(\%)$

84 **강의 가공과 처리에 관한 설명으로 옳지 않은 것은?**

① 소정의 성질을 얻기 위해 가열과 냉각을 조합반복하여 행한 조작을 열처리라고 한다.
② 열처리에는 단조, 불림, 풀림 등의 처리방식이 있다.
③ 압연은 구조용 강재의 가공에 주로 쓰인다.
④ 압출가공은 재료의 움직이는 방향에 따라 전방압출과 후방압출로 분류할 수 있다.

해설 강의 가공방법 중의 하나인 단조는 해머나 프레스 기계로 눌러 원하는 형상으로 만드는 것으로 열처리와는 무관하다.

85 **유리섬유를 폴리에스테르수지에 혼입하여 가압 · 성형한 판으로 내구성이 좋아 내 · 외수장재로 사용하는 것은?**

① 아크릴평판
② 멜라민치장판
③ 폴리스티렌투명판
④ 폴리에스테르강화판

해설 **폴리에스테르강화판(FRP ; Fiber Reinforced Plastics)**

유리섬유 등을 혼합하여 상온에서 가압 · 성형한 판으로 강도가 우수하여 설비재, 내 · 외 수장재, 차량, 항공기 등의 구조재료나 아케이드 천장, 루버, 칸막이 등에 사용된다.

86 **플라이애시시멘트에 대한 설명으로 옳은 것은?**

① 수화할 때 불용성 규산칼슘 수화물을 생성한다.
② 화력발전소 등에서 완전 연소한 미분탄의 회분과 포틀랜드시멘트를 혼합한 것이다.
③ 재령 1~2시간 안에 콘크리트 압축강도가 20MPa에 도달할 수 있다.

정답 83 ③ 84 ② 85 ④ 86 ②

④ 용광로의 선철제작 부산물을 급랭시키고 파쇄하여 시멘트와 혼합한 것이다.

해설 플라이애시시멘트는 화력발전소 등에서 완전 연소한 미분탄의 회분과 포틀랜드시멘트를 혼합한 것이다.

87 미장바탕의 일반적인 성능조건과 가장 거리가 먼 것은?

① 미장층보다 강도가 클 것
② 미장층과 유효한 접착강도를 얻을 수 있을 것
③ 미장층보다 강성이 작을 것
④ 미장층의 경화, 건조에 지장을 주지 않을 것

해설 미장층보다 강성이 커야 한다.

88 재료의 단단한 정도를 나타내는 용어는?

① 연성　② 인성
③ 취성　④ 경도

해설 경도는 재료의 단단한 정도를 나타낸다.

89 미장재료 중 고온소성의 무수석고를 특별한 화학처리를 한 것으로 킨즈시멘트라고도 불리는 것은?

① 경석고 플라스터
② 혼합석고 플라스터
③ 보드용 플라스터
④ 돌로마이트 플라스터

해설 무수석고에 경화 촉진제로서 화학처리한 것을 경석고 플라스터라 한다.

90 미장재료 중 회반죽에 관한 설명으로 옳지 않은 것은?

① 경화 속도가 느린 편이다.
② 일반적으로 연약하고, 비 내수성이다.
③ 여물은 접착력 증대를, 해초풀은 균열방지를 위해 사용된다.
④ 소석회가 주원료이다.

해설 해초풀은 접착력 증대를, 여물은 균열방지를 위해 사용된다.

91 목재의 나뭇결 중 아래의 설명에 해당하는 것은?

나이테에 직각방향으로 켠 목재면에 나타나는 나뭇결로 일반적으로 외관이 아름답고 수축변형이 적으며 마모율도 낮다.

① 무늬결　② 곧은결
③ 널결　④ 엇결

해설 곧은결은 나이테에 직각방향으로 켠 목재면에 나타난다.

92 석재를 성인에 의해 분류하면 크게 화성암, 수성암, 변성암으로 대별하는데 다음 중 수성암에 속하는 것은?

① 사문암　② 대리암
③ 현무암　④ 응회암

수성암은 지표면의 암석이 풍화, 침식, 운반, 퇴적작용 등에 의하여 생긴 암석으로 석회석, 사암, 점판암, 응회암 등이 있다.

정답 87 ③ 88 ④ 89 ① 90 ③ 91 ② 92 ④

93 슬럼프 시험에 대한 설명으로 옳지 않은 것은?

① 슬럼프 시험 시 각 층을 50회 다진다.
② 콘크리트의 시공연도를 측정하기 위하여 행한다.
③ 슬럼프콘에 콘크리트를 3층으로 분할하여 채운다.
④ 슬럼프 값이 높을 경우 콘크리트는 묽은 비빔이다.

해설 슬럼프 시험 시 각 층은 25회씩 3번에 걸쳐 골고루 다진다.

94 콘크리트 구조물의 강도 보강용 섬유소재로 적당하지 않은 것은?

① PCP ② 유리섬유
③ 탄소섬유 ④ 아라미드섬유

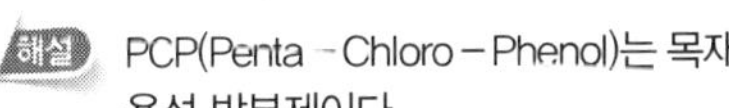
해설 PCP(Penta–Chloro–Phenol)는 목재의 유용성 방부제이다.

95 유리가 불화수소에 부식하는 성질을 이용하여 5mm 이상 판유리면에 그림, 문자 등을 새긴 유리는?

① 스테인드유리 ② 망입유리
③ 에칭유리 ④ 내열유리

해설 에칭유리는 유리가 불화수소에 부식하는 성질을 이용하여 5mm 이상 판유리면에 그림, 문자 등을 새긴 유리이다.

96 목재를 이용한 가공제품에 관한 설명으로 옳은 것은?

① 집성재는 두께 1.5~3cm의 널을 접착제로 섬유평행방향으로 겹쳐 붙여서 만든 제품이다.
② 합판은 3매 이상의 얇은 판을 1매마다 접착제로 섬유평행방향으로 붙여서 만든 제품이다.
③ 연질섬유판은 두께 50mm, 나비 100mm의 긴 판에 표면을 리브로 가공하여 만든 제품이다.
④ 파티클보드는 코르크나무의 수피를 분말로 가열, 성형, 접착하여 만든 제품이다.

해설 집성재란 제재판재 또는 소각재 등의 각판재를 서로 섬유방향을 평행하게 길이 · 너비 및 두께방향으로 겹쳐 접착제로 붙여서 만든 것을 말한다.

97 다음 중 건축용 단열재와 거리가 먼 것은?

① 유리면(glass wool)
② 암면(rock wool)
③ 테라코타
④ 펄라이트판

해설 테라코타는 단열재가 아니라 건축물의 외장재료로 적합하다.

98 접착제를 동물질 접착제와 식물질 접착제로 분류할 때 동물질 접착제에 해당되지 않는 것은?

① 아교 ② 덱스트린 접착제
③ 카세인 접착제 ④ 알부민 접착제

정답 93 ① 94 ① 95 ③ 96 ① 97 ③ 98 ②

 덱스트린 접착제는 식물질 접착제에 해당된다.

99 **한중콘크리트에 관한 설명으로 옳지 않은 것은? (단, 콘크리트표준시방서 기준)**

① 한중콘크리트에는 공기연행 콘크리트를 사용하는 것을 원칙으로 한다.
② 단위수량은 초기동해를 적게 하기 위하여 소요의 워커빌리티를 유지할 수 있는 범위 내에서 되도록 적게 정하여야 한다.
③ 물－결합재비는 원칙적으로 50% 이하로 하여야 한다.
④ 배합강도 및 물－결합재비는 적산온도 방식에 의해 결정할 수 있다.

 한중콘크리트는 일평균 기온 4℃ 이하일 때 타설하는 콘크리트로 물－결합재비를 60% 이하로 한다.

100 **금속재료의 일반적 성질에 관한 설명으로 옳지 않은 것은?**

① 강도와 탄성계수가 크다.
② 강도 및 내마모성이 크다.
③ 열전도율이 작고 부식성이 크다.
④ 비중이 큰 편이다.

해설 금속재료는 열전도율이 크고, 부식이 잘된다.

제6과목 건설안전기술

101 **옥외에 설치되어 있는 주행크레인에 대하여 이탈방지장치를 작동시키는 등 그 이탈을 방지하기 위한 조치를 하여야 하는 순간풍속에 대한 기준으로 옳은 것은?**

① 순간풍속이 초당 10m를 초과하는 바람이 불어올 우려가 있는 경우
② 순간풍속이 초당 20m를 초과하는 바람이 불어올 우려가 있는 경우
③ 순간풍속이 초당 30m를 초과하는 바람이 불어올 우려가 있는 경우
④ 순간풍속이 초당 40m를 초과하는 바람이 불어올 우려가 있는 경우

 순간풍속이 30m/sec를 초과하는 바람이 불어올 우려가 있는 경우에는 옥외에 설치되어 있는 주행크레인이 이탈하지 않도록 이탈방지장치를 작동해야 한다.

102 **터널 지보공을 조립하는 경우에는 미리 그 구조를 검토한 후 조립도를 작성하고, 그 조립도에 따라 조립하도록 하여야 하는데 이 조립도에 명시하여야 할 사항과 가장 거리가 먼 것은?**

① 이음방법 ② 단면규격
③ 재료의 재질 ④ 재료의 구입처

 터널 지보공을 조립하는 경우 조립도에는 이음방법, 단면규격, 재료의 재질을 명시해야 한다.

정답 99 ③ 100 ③ 101 ③ 102 ④

103 흙막이 가시설 공사 시 사용되는 각 계측기 설치 목적으로 옳지 않은 것은?

① 지표침하계 – 지표면 침하량 측정
② 수위계 – 지반 내 지하수위의 변화 측정
③ 하중계 – 상부 적재하중 변화 측정
④ 지중경사계 – 인접지반의 수평 변위량 측정

해설 하중계는 Strut, Earth Anchor에 설치하여 축하중 측정으로 부재의 안정성 여부를 판단하는 계측기기이다.

104 거푸집 동바리 등을 조립하는 경우에 준수하여야 할 안전조치기준으로 옳지 않은 것은?

① 동바리로 사용하는 강관은 높이 2m 이내마다 수평연결재를 2개 방향으로 만들고 수평연결재의 변위를 방지할 것
② 동바리로 사용하는 파이프 서포트는 3개 이상 이어서 사용하지 않도록 할 것
③ 동바리로 사용하는 파이프 서포트를 이어서 사용하는 경우에는 3개 이상의 볼트 또는 전용철물을 사용하여 이을 것
④ 동바리로 사용하는 강관틀과 강관틀 사이에 교차가새를 설치할 것

해설 동바리로 사용하는 파이프 서포트를 이어서 사용하는 경우에는 4개 이상의 볼트 또는 전용철물을 사용하여 이어야 한다.

105 타워크레인을 와이어로프로 지지하는 경우에 준수해야 할 사항으로 옳지 않은 것은?

① 와이어로프를 고정하기 위한 전용 지지프레임을 사용할 것
② 와이어로프 설치각도는 수평면에서 60° 이상으로 하되, 지지점은 4개소 미만으로 할 것
③ 와이어로프와 그 고정부위는 충분한 강도와 장력을 갖도록 설치할 것
④ 와이어로프가 가공전선에 근접하지 않도록 할 것

해설 타워크레인을 와이어로프로 지지하는 경우 와이어로프 설치각도는 수평면과 60도 이내로 하되, 지지점은 4개소 이상으로 하고, 같은 각도로 설치하여야 한다.

106 화물을 적재하는 경우의 준수사항으로 옳지 않은 것은?

① 침하 우려가 없는 튼튼한 기반 위에 적재할 것
② 건물의 칸막이나 벽 등이 화물의 압력에 견딜 만큼의 강도를 지니지 아니한 경우에는 칸막이나 벽에 기대어 적재하지 않도록 할 것
③ 불안정한 정도로 높이 쌓아 올리지 말 것
④ 하중을 한쪽으로 치우치더라도 화물을 최대한 효율적으로 적재할 것

해설 **화물 적재 시 준수사항**

1. 침하의 우려가 없는 튼튼한 기반 위에 적재할 것
2. 건물의 칸막이나 벽 등이 화물의 압력에 견딜 만큼의 강도를 지니지 아니한 경우에는 칸막이나 벽에 기대어 적재하지 아니하도록 할 것

정답 103 ③ 104 ③ 105 ② 106 ④

3. 불안정할 정도로 높이 쌓아 올리지 말 것
4. 편하중이 생기지 아니하도록 적재할 것

107 **발파구간 인접구조물에 대한 피해 및 손상을 예방하기 위한 건물기초에서의 허용진동치(cm/sec) 기준으로 옳지 않은 것은? (단, 기존 구조물에 금이 가 있거나 노후구조물 대상일 경우 등은 고려하지 않는다.)**

① 문화재 : 0.2cm/sec
② 주택, 아파트 : 0.5cm/sec
③ 상가 : 1.0cm/sec
④ 철골콘크리트 빌딩 : 0.8~1.0cm/sec

철골콘크리트 빌딩 및 상가의 발파진동 허용치는 1.0~4.0cm/sec가 맞다

108 **일반건설공사(갑)로서 대상액이 5억 원 이상 50억 원 미만인 경우에 산업안전보건관리비의 비율(가) 및 기초액(나)으로 옳은 것은?**

① (가) 1.86%, (나) 5,349,000원
② (가) 1.99%, (나) 5,499,000원
③ (가) 2.35%, (나) 5,400,000원
④ (가) 1.57%, (나) 4,411,000원

일반건설공사(갑) 대상액이 5억 원 이상 50억 원 미만일 경우 산업안전보건관리비의 계상기준은 비율 1.86%, 기초액 5,349,000원이다.

109 **터널작업 시 자동경보장치에 대하여 당일의 작업 시작 전 점검하여야 할 사항으로 틀린 것은?**

① 계기의 이상 유무
② 검지부의 이상 유무
③ 경보장치의 작동상태
④ 환기 또는 조명시설의 이상 유무

자동경보장치의 작업 시작 전 점검사항(「안전보건규칙」 제350조)

- 계기의 이상 유무
- 검지부의 이상 유무
- 경보장치의 작동상태

110 **철골작업 시 철골부재에서 근로자가 수직방향으로 이동하는 경우엔 설치하여야 하는 고정된 승강로의 최대 답단 간격은 얼마 이내인가?**

① 20cm ② 25cm
③ 30cm ④ 40cm

고정된 승강로의 최대 답단 간격은 30cm 이내이다.

111 **터널지보공을 설치한 경우에 수시로 점검하고, 이상을 발견한 경우에는 즉시 보강하거나 보수해야 할 사항이 아닌 것은?**

① 부재의 긴압 정도
② 기둥침하의 유무 및 상태
③ 부재의 접속부 및 교차부 상태
④ 계측기 설치상태

터널 지보공을 설치한 경우에 다음의 사항을 수시로 점검하여야 한다.

- 부재의 손상 · 변형 · 부식 · 변위 탈락의 유무 및 상태

정답 107 ④ 108 ① 109 ④ 110 ③ 111 ④

- 부재의 긴압 정도
- 부재의 접속부 및 교차부의 상태
- 기둥침하의 유무 및 상태

112 **지반의 종류가 다음과 같을 때 굴착면의 기울기 기준으로 옳은 것은?**

보통 흙의 습지

① 1 : 0.5~1 : 1
② 1 : 1~1 : 1.5
③ 1 : 0.8
④ 1 : 0.5

해설 굴착면의 기울기 기준

지반의 종류	굴착면의 기울기
모래	1 : 1.8
연암 및 풍화암	1 : 1.0
경암	1 : 0.5
그 밖의 흙	1 : 1.2

113 **근로자의 추락 등의 위험을 방지하기 위한 안전난간의 설치요건에서 상부난간대를 120cm 이상 지점에 설치하는 경우 중간 난간대를 최소 몇 단 이상 균등하게 설치하여야 하는가?**

① 2단　　② 3단
③ 4단　　④ 5단

 상부난간대를 120cm 이상 지점에 설치하는 경우에는 중간 난간대를 2단 이상으로 균등하게 설치하고 난간의 상하 간격은 60cm 이하가 되도록 하여야 한다.

114 **강관틀비계(높이 5m 이상)의 넘어짐을 방지하기 위하여 사용하는 벽이음 및 버팀의 설치간격 기준으로 옳은 것은?**

① 수직방향 5m, 수평방향 5m
② 수직방향 6m, 수평방향 7m
③ 수직방향 6m, 수평방향 8m
④ 수직방향 7m, 수평방향 8m

해설 강관틀비계의 벽이음 및 버팀은 수직방향 6m, 수평방향 8m 이내로 한다.

115 **건립 중 강풍에 의한 풍압 등 외압에 대한 내력이 설계에 고려되었는지 확인하여야 할 철골구조물이 아닌 것은?**

① 구조물의 폭과 높이의 비가 1 : 4 이상인 구조물
② 이음부가 현장용접인 구조물
③ 높이 10m 이상의 구조물
④ 단면구조에 현저한 차이가 있는 구조물

 철골의 자립도를 위한 대상 건물(강풍 시 철골의 자립도 검토대상 구조물)은 다음과 같다.

- 높이 20m 이상의 구조물
- 구조물의 폭과 높이의 비가 1 : 4 이상인 구조물
- 단면구조에 현저한 차이가 있는 구조물
- 연면적당 철골량이 50kg/m^2 이하인 구조물
- 기둥이 타이플레이트(Tie Plate)형인 구조물
- 이음부가 현장용접인 구조물

정답 112 ② 113 ① 114 ③ 115 ③

116 다음 설명에 해당하는 안전대와 관련된 용어로 옳은 것은? (단, 보호구 안전인증 고시 기준)

> 신체지지의 목적으로 전신에 착용하는 띠 모양의 것으로서 상체 등 신체 일부분만 지지하는 것은 제외한다.

① 안전그네　② 벨트
③ 죔줄　④ 버클

해설 안전그네는 골반 부분과 어깨에 위치하는 띠를 가져야 하고, 사용자에게 잘 맞게 조절할 수 있어야 한다.

117 가설구조물의 특징으로 옳지 않은 것은?

① 연결재가 적은 구조로 되기 쉽다.
② 부재 결합이 간략하여 불안전 결합이다.
③ 구조물이라는 개념이 확고하여 조립의 정밀도가 높다.
④ 사용부재는 과소단면이거나 결함재가 되기 쉽다.

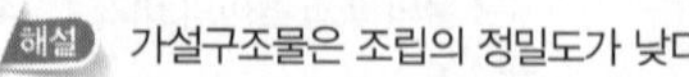
해설 가설구조물은 조립의 정밀도가 낮다.

118 구조물 해체작업으로 사용되는 공법이 아닌 것은?

① 압쇄공법　② 잭공법
③ 절단공법　④ 진공공법

해설 구조물의 해체작업에 사용되는 공법에는 압쇄공법, 절단공법, 잭공법 등이 있다.

119 건설공사의 유해위험방지계획서 제출 기준일로 옳은 것은?

① 당해 공사 착공 1개월 전까지
② 당해 공사 착공 15일 전까지
③ 당해 공사 착공 전날까지
④ 당해 공사 착공 15일 후까지

해설 유해위험방지계획서는 당해 공사 착공 전날까지 제출한다.

120 지반에서 나타나는 보일링(boiling) 현상의 직접적인 원인으로 볼 수 있는 것은?

① 굴착부와 배면부의 지하수위의 수두차
② 굴착부와 배면부의 흙의 중량차
③ 굴착부와 배면부의 흙의 함수비차
④ 굴착부와 배면부의 흙의 토압차

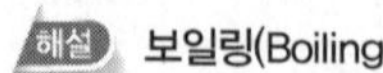
해설 **보일링(Boiling)**

투수성이 좋은 사질토 지반을 굴착할 때 흙막이벽 배면의 지하수위가 굴착저면보다 높을 때 굴착저면 위로 모래와 지하수가 솟아오르는 현상이다.

정답　116 ①　117 ③　118 ④　119 ③　120 ①

2023년 9월 2일 시행

ENGINEER CONSTRUCTION SAFETY

※ 2022년 2회 이후 CBT로 출제된 기출문제는 개정된 출제기준과 해당 회차의 기출 키워드 등을 분석하여 복원하였습니다.

제1과목 산업안전관리론

01 산업안전보건법령상 안전인증대상기계 등에 명시되지 않은 것은?

① 곤돌라　② 연삭기
③ 사출성형기　④ 고소 작업대

해설 안전인증대상 기계 · 기구 및 설비

- 프레스
- 크레인
- 압력용기
- 사출성형기
- 곤돌라
- 전단기
- 리프트
- 롤러기
- 고소작업대

02 산업안전보건법령상 안전보건관리규정을 작성해야 할 사업의 종류를 모두 고른 것은? (단, ㄱ~ㅁ은 상시근로자 300명 이상의 사업이다.)

ㄱ. 농업
ㄴ. 정보서비스업
ㄷ. 금융 및 보험업
ㄹ. 사회복지 서비스업
ㅁ. 과학 및 기술 연구개발업

① ㄴ, ㄹ, ㅁ　② ㄱ, ㄴ, ㄷ, ㄹ
③ ㄱ, ㄴ, ㄷ, ㅁ　④ ㄱ, ㄷ, ㄹ, ㅁ

해설 안전보건관리규정을 작성해야 할 사업의 종류(상시근로자수 300명 이상)

1. 농업
2. 어업
3. 소프트웨어 개발 및 공급업
4. 컴퓨터 프로그래밍, 시스템 통합 및 관리업
5. 정보서비스업
6. 금융 및 보험업
7. 임대업 : 부동산 제외
8. 전문, 과학 및 기술 서비스업(연구개발업은 제외한다)
9. 사업지원 서비스업
10. 사회복지 서비스업

03 산업안전보건법령에 따른 안전보건총괄책임자의 직무에 속하지 않는 것은?

① 도급 시 산업재해 예방조치
② 위험성평가의 실시에 관한 사항
③ 안전인증대상기계와 자율안전확인대상기계 구입 시 적격품의 선정에 관한 지도
④ 산업안전보건관리비의 관계수급인 간의 사용에 관한 협의 · 조정 및 그 집행의 감독

해설 안전보건총괄책임자의 직무

1. 위험성평가의 실시에 관한 사항
2. 작업의 중지
3. 산업재해 예방조치
4. 산업안전보건관리비의 관계수급인 간의 사용에 관한 협의 · 조정 및 그 집행의 감독
5. 안전인증대상기계등과 자율안전확인대상기계등의 사용 여부 확인

정답 01 ② 02 ② 03 ③

04 산업안전보건법상 산업안전보건위원회의 정기회의 개최 주기로 올바른 것은?

① 1개월마다 ② 분기마다
③ 반년마다 ④ 1년마다

 산업안전보건위원회의 회의는 정기회의와 임시회의로 구분하되, 정기회의는 분기마다 위원장이 소집하며, 임시회의는 위원장이 필요하다고 인정할 때에 소집한다.

05 산업안전보건법령상 안전보건진단을 받아 안전보건개선계획을 수립하여야 하는 대상을 모두 고른 것은?

ㄱ. 산업재해율이 같은 업종 평균 산업재해율의 2배 이상인 사업장
ㄴ. 사업주가 필요한 안전조치 또는 보건 조치를 이행하지 아니하여 중대재해가 발생한 사업장
ㄷ. 상시근로자 1천 명 이상, 사업장에서 직업성 질병자가 연간 2명 이상 발생한 사업장

① ㄱ, ㄴ ② ㄱ, ㄷ
③ ㄴ, ㄷ ④ ㄱ, ㄴ, ㄷ

 **안전 · 보건진단을 받아 안전보건개선계획을 수립 · 제출하도록 명할 수 있는 사업장**

1. 중대재해(사업주가 안전 · 보건조치의무를 이행하지 아니하여 발생한 중대재해만 해당한다) 발생 사업장
2. 산업재해발생률이 같은 업종 평균 산업재해발생률의 2배 이상인 사업장
3. 직업병에 걸린 사람이 연간 2명 이상(상시근로자 1천 명 이상 사업장의 경우 3명 이상) 발생한 사업장
4. 작업환경 불량, 화재 · 폭발 또는 누출사고 등으로 사회적 물의를 일으킨 사업장

06 사업장의 안전 · 보건관리계획 수립 시 유의사항으로 옳은 것은?

① 사고발생 후의 수습대책에 중점을 둔다.
② 계획의 실시 중에는 변동이 없어야 한다.
③ 계획의 목표는 점진적으로 수준을 높이도록 한다.
④ 대기업의 경우 표준계획서를 작성하여 모든 사업장에 동일하게 적용시킨다.

 안전보건관리계획의 목표는 점진적으로 높은 수준의 것으로 해야 한다.

07 사고예방대책의 기본원리 5단계 중 제2단계의 조치사항이 아닌 것은?

① 자료 수집
② 제도적인 개선안
③ 점검, 검사 및 조사 실시
④ 작업 분석, 위험 확인

해설 **사고예방의 5단계 중 제2단계(사실의 발견)**

- 사고 및 안전활동의 기록 · 검토
- 작업 분석
- 안전점검, 안전진단
- 사고 조사
- 안전평가
- 각종 안전회의 및 토의
- 근로자의 건의 및 애로 조사

08 안전관리에 있어 5C 운동(안전행동 실천운동)에 속하지 않는 것은?

① 통제관리(Control)
② 청소청결(Cleaning)
③ 정리정돈(Clearance)
④ 전심전력(Concentration)

정답 04 ② 05 ① 06 ③ 07 ② 08 ①

해설 5C 운동(안전행동 실천운동)

1. 복장단정(Correctness)
2. 정리정돈(Clearance)
3. 청소청결(Cleaning)
4. 점검 · 확인(Checking)
5. 전심전력(Concentration)

09 무재해운동 추진의 3대 기둥으로 볼 수 없는 것은?

① 최고경영자의 경영자세
② 노동조합의 협의체 구성
③ 직장 소집단 자주활동의 활성화
④ 관리감독자에 의한 안전보건의 추진

해설 무재해운동의 3기둥(3요소)

1. 직장의 자율활동의 활성화
   일하는 한 사람 한 사람이 안전보건을 자신의 문제이며 동시에 같은 동료의 문제로 진지하게 받아들여 직장의 팀 멤버와의 협동노력으로 자주적으로 추진해 가는 것이 필요하다.
2. 라인(관리감독자)화의 철저
   안전보건을 추진하는 네는 관리감독자(Line)들이 생산활동 속에 안전보건을 접목시켜 실천하는 것이 꼭 필요하다.
3. 최고경영자의 안전경영철학

10 재해조사의 주된 목적으로 옳은 것은?

① 재해의 책임소재를 명확히 하기 위함이다.
② 동일 업종의 산업재해 통계를 조사하기 위함이다.
③ 동종 또는 유사재해의 재발을 방지하기 위함이다.
④ 해당 사업장의 안전관리 계획을 수립하기 위함이다.

해설 재해조사의 목적

1. 동종재해의 재발방지
2. 유사재해의 재발방지
3. 재해원인의 규명 및 예방자료 수집

11 재해 예방을 위한 대책선정에 관한 사항 중 기술적 대책(Engineering)에 해당되지 않는 것은?

① 작업행정의 개선
② 환경설비의 개선
③ 점검 보존의 확립
④ 안전 수칙의 준수

해설 안전사고에 대한 예방책 중 기술적 대책(Engineering)

안전 설계, 작업 행정의 개선, 안전기준의 설정, 환경설비의 개선, 점검 보존의 확립

12 재해조사 시 유의사항으로 틀린 것은?

① 인적, 물적 양면의 재해요인을 모두 도출한다.
② 책임 추궁보다 재발 방지를 우선하는 기본태도를 갖는다.
③ 목격자 등이 증언하는 사실 이외 추측의 말은 참고만 한다.
④ 목격자의 기억보존을 위하여 조사는 담당자 단독으로 신속하게 실시한다.

해설 재해조사 시 유의사항

- 사실을 수집한다.
- 객관적인 입장에서 공정하게 조사하며 조사는 2인 이상이 한다.
- 책임추궁보다는 재발방지를 우선으로 한다.
- 조사는 신속하게 행하고 긴급 조치하여 2차 재해의 방지를 도모한다.
- 피해자에 대한 구급조치를 우선한다.

정답 09 ② 10 ③ 11 ④ 12 ④

• 사람, 기계 설비 등의 재해요인을 모두 도출한다.

13 산업안전보건기준에 관한 규칙에 따른 근로자가 상시 작업하는 장소의 작업면의 최소조도기준으로 옳은 것은? (단, 갱내 작업장과 감광재료를 취급하는 작업장은 제외한다.)

① 초정밀작업 : 1,000럭스 이상
② 정밀작업 : 500럭스 이상
③ 보통작업 : 150럭스 이상
④ 그 밖의 작업 : 50럭스 이상

 작업별 조도기준(「산업안전보건에 관한 규칙」 제8조)

1. 초정밀작업 : 750lux 이상
2. 정밀작업 : 300lux 이상
3. 보통작업 : 150lux 이상
4. 기타 작업 : 75lux 이상

14 산업안전보건법령상 안전관리자의 업무가 아닌 것은?

① 해당 사업장 안전교육계획의 수립 및 안전교육 실시에 관한 보좌 및 조언 · 지도
② 사업장 순회점검 · 지도 및 조치의 건의
③ 법 또는 법에 따른 명령으로 정한 안전에 관한 사항의 이행에 관한 보좌 및 조언 · 지도
④ 작업장 내에서 사용되는 전체 환기장치 및 국소배기장치 등에 관한 설비의 점검과 작업방법의 공학적 개선에 관한 보좌 및 조언 · 지도

해설 안전관리자의 업무

1. 산업안전보건위원회 또는 안전 · 보건에 관한 노사협의체에서 심의 · 의결한 업무와 해당 사업장의 안전보건관리규정(이하 "안전보건관리 규정"이라 한다) 및 취업규칙에서 정한 업무
2. 안전인증대상 기계 · 기구 등(이하 "안전인증대상 기계 · 기구 등"이라 한다)과 자율안전확인대상 기계 · 기구 등(이하 "자율안전확인대상 기계 · 기구 등"이라 한다) 구입 시 적격품의 선정에 관한 보좌 및 조언 · 지도

15 시설물의 안전관리에 관한 특별법상 안전점검의 구분에 해당하지 않는 것은?

① 특별점검 ② 정기점검
③ 정밀점검 ④ 긴급점검

해설 안전점검 및 정밀안전진단의 실시 시기

• 정기점검 : 반기에 1회 이상
• 긴급점검 : 관리주체가 필요하다고 판단한 때 또는 관계 행정기관의 장이 필요하다고 판단하여 관리주체에게 긴급점검을 요청한 때
• 정밀점검 및 정밀안전진단

16 다음 중 재해조사를 할 때의 유의사항으로 가장 적절한 것은?

① 재발방지 목적보다 책임소재 파악을 우선으로 하는 기본적 태도를 갖는다.
② 목격자 등이 증언하는 사실 이외의 추측하는 말도 신뢰성 있게 받아들인다.
③ 2차 재해예방과 위험성에 대한 보호구를 착용한다.
④ 조사자의 전문성을 고려하여 단독으로 조사하며, 사고 정황을 주관적으로 추정한다.

정답 13 ③ 14 ④ 15 ① 16 ③

해설 재해조사 시 유의사항

- 사실을 수집한다.
- 목격자 등이 증언하는 사실 이외의 추측의 말은 참고로만 한다.
- 조사는 신속하게 행하고 긴급조치를 하여 2차 재해의 방지를 도모한다.
- 사람, 기계설비, 환경의 측면에서 재해요인을 모두 도출한다.
- 객관적인 입장에서 공정하게 조사하며, 조사는 2인 이상이 한다.
- 책임추궁보다 재발방지를 우선하는 기본 태도를 갖는다.

17 하인리히의 도미노 이론에서 재해의 직접 원인에 해당하는 것은?

① 사회적 환경
② 유전적 요소
③ 개인적인 결함
④ 불안전한 행동 및 불안전한 상태

해설 하인리히(H.W. Heinrich)의 도미노 이론(사고발생의 연쇄성)

- 1단계 : 사회적 환경 및 유전적 요소(관리적 원인), (기초원인)
- 2단계 : 개인의 결함(간접원인)
- 3단계 : 불안전한 행동 및 불안전한 상태(직접원인) → 제거(효과적임)
- 4단계 : 사고
- 5단계 : 재해

18 재해예방의 4원칙에 속하지 않는 것은?

① 손실우연의 원칙
② 예방교육의 원칙
③ 원인계기의 원칙
④ 예방가능의 원칙

해설 재해예방의 4원칙

- 손실우연의 원칙
- 원인연계(계기)의 원칙
- 예방가능의 원칙
- 대책선정의 원칙

19 기계, 기구, 설비의 신설, 변경 또는 고장 수리 시 실시하는 안전점검의 종류로 옳은 것은?

① 특별점검　② 수시점검
③ 정기점검　④ 임시점검

해설 안전점검의 종류

- 일상점검(수시점검) : 작업 전 · 중 · 후 수시로 점검하는 점검
- 정기점검 : 정해진 기간에 정기적으로 실시하는 점검
- 특별점검 : 기계기구의 신설 및 변경 시 고장, 수리 등에 의해 부정기적으로 실시하는 점검으로 안전강조기간 등에 실시하는 점검
- 임시점검 : 이상 발견 시 또는 재해발생 시 임시로 실시하는 점검

20 산업안전보건법령에 따른 건설업 중 유해 · 위험방지계획서를 작성하여 고용노동부장관에게 제출하여야 하는 공사의 기준 중 틀린 것은?

① 연면적 5,000m^2 이상의 냉동 · 냉장 창고 시설의 설비공사 및 단열공사
② 깊이 10m 이상인 굴착공사
③ 저수용량 2,000만 톤 이상의 용수 전용 댐 공사
④ 최대 지간길이가 31m 이상인 교량 건설 공사

정답 17 ④ 18 ② 19 ① 20 ④

해설 최대 지간길이가 50m 이상인 교량건설 등 공사가 유해 · 위험방지계획서 작성 대상에 해당된다.

제2과목 산업심리 및 교육

21 교육의 3요소를 바르게 나열한 것은?

① 교사 – 학생 – 교육재료
② 교사 – 학생 – 교육환경
③ 학생 – 교육환경 – 교육재료
④ 학생 – 부모 – 사회 지식인

해설 교육의 3요소

1. 주체 : 강사
2. 객체 : 수강자(학생)
3. 매개체 : 교재(교육내용)

22 안전사고가 발생하는 요인 중 심리적인 요인에 해당하는 것은?

① 감정의 불안정
② 극도의 피로감
③ 신경계통의 이상
④ 육체적 능력의 초과

해설 감정의 불안정은 심리적 요인에 해당한다.

23 비통제의 집단행동에 해당하는 것은?

① 관습　　② 유행
③ 모브　　④ 제도적 행동

해설 통제가 없는 집단행동

- 군중(Crowd) : 성원 사이에 지위나 역할의 분화가 없고 성원 각자는 책임감을 가지지 않으며 비판력도 가지지 않는다.
- 모브(Mob) : 폭동과 같은 것을 말하며 군중보다 합의성이 없고 감정에 의해 행동하는 것
- 패닉(Panic) : 모브가 공격적인 데 반해 패닉은 방어적인 특징이 있다.
- 심리적 전염(Mental Epidemic) : 어떤 사상이 상당 기간에 걸쳐 광범위하게 논리적 근거 없이 무비판적으로 받아들여지는 것

24 매슬로(Maslow)의 욕구위계를 바르게 나열한 것은?

① 안전의 욕구 – 생리적 욕구 – 사회적 욕구 – 자아실현의 욕구 – 인정받으려는 욕구
② 안전의 욕구 – 생리적 욕구 – 사회적 욕구 – 인정받으려는 욕구 – 자아실현의 욕구
③ 생리적 욕구 – 사회적 욕구 – 안전의 욕구 – 인정받으려는 욕구 – 자아실현의 욕구
④ 생리적 욕구 – 안전의 욕구 – 사회적 욕구 – 인정받으려는 욕구 – 자아실현의 욕구

해설 매슬로(Maslow)의 욕구단계이론

- 생리적 욕구 : 기아, 갈증, 호흡, 배설, 성욕 등
- 안전의 욕구 : 안전을 기하려는 욕구
- 사회적 욕구 : 소속 및 애정에 대한 욕구(친화 욕구)
- 자기존경의 욕구 : 자존심, 명예, 성취, 지위에 대한 욕구(승인의 욕구)
- 자아실현의 욕구 : 잠재적인 능력을 실현하고자 하는 욕구(성취욕구)

정답 21 ① 22 ① 23 ③ 24 ④

25 어느 철강회사의 고로작업라인에 근무하는 A씨의 작업강도가 힘든 중작업으로 평가되었다면 해당하는 에너지대사율(RMR)의 범위로 가장 적절한 것은?

① 0~1 ② 2~4
③ 4~7 ④ 7~10

해설 에너지대사율(RMR)에 따른 작업의 분류

- 초경작업(初經作業) : 0~1
- 경작업(經作業) : 1~2
- 보통 작업(中作業) : 2~4
- 중작업(重作業) : 4~7
- 초중작업(初重作業) : 7 이상

26 인간의 동작 특성을 외적조건과 내적조건으로 구분할 때 내적조건에 해당하는 것은?

① 경력
② 대상물의 크기
③ 기온
④ 대상물의 동적성질

기온, 대상물의 크기, 대상물의 동적성질은 외적 조건에 해당되며 경력은 내적 조건에 해당된다.

27 생리적 피로와 심리적 피로에 대한 설명으로 틀린 것은?

① 심리적 피로와 생리적 피로는 항상 동반해서 발생한다.
② 심리적 피로는 계속되는 작업에서 수행감소를 주관적으로 지각하는 것을 의미한다.
③ 생리적 피로는 근육조직의 산소고갈로 발생하는 신체능력 감소 및 생리적 손상이다.
④ 작업 수행이 감소하더라도 피로를 느끼지 않을 수 있고, 수행이 잘 되더라도 피로를 느낄 수 있다.

해설 신체적 증상(생리적 현상)

1. 작업에 대한 몸자세가 흐트러지고 지치게 된다.
2. 작업에 대한 무감각, 무표정, 경련 등이 일어난다.
3. 작업 효과나 작업량이 감퇴 및 저하된다.

28 학습지도의 원리와 거리가 가장 먼 것은?

① 감각의 원리 ② 통합의 원리
③ 자발성의 원리 ④ 사회화의 원리

해설 학습지도 이론

- 자발성의 원리 : 학습자 스스로 학습에 참여해야 한다는 원리
- 개별화의 원리 : 학습자가 가지고 있는 각각의 요구 및 능력에 맞게 지도해야 한다는 원리
- 사회화의 원리 : 공동학습을 통해 협력과 사회화를 도와준다는 원리
- 통합의 원리 : 학습을 종합적으로 지도하는 것으로 학습자의 능력을 조화있게 발달시키는 원리
- 직관의 원리 : 구체적인 사물을 제시하거나 경험 등을 통해 학습효과를 거둘 수 있다는 원리

정답 25 ③ 26 ① 27 ① 28 ①

29 직업 적성검사에 대한 설명으로 틀린 것은?

① 직업 적성검사는 작업행동을 예언하는 것을 목적으로도 사용한다.
② 직업 적성검사는 직무 수행에 필요한 잠재적인 특수능력을 측정하는 도구이다.
③ 직업 적성검사를 이용하여 훈련 및 승진 대상자를 평가하는 데 사용할 수 있다.
④ 직업적성은 단기적 집중 직업훈련을 통해서 개발이 가능하므로 신중하게 사용해야 한다.

해설 직업적성은 단기적 집중 직업훈련을 통해서는 개발하기 어렵다.

30 아담스(Adams)의 형평이론(공평성)에 대한 설명으로 틀린 것은?

① 성과(Outcome)란 급여, 지위, 인정 및 기타 부가 보상 등을 의미한다.
② 투입(Input)이란 일반적인 자격, 교육수준, 노력 등을 의미한다.
③ 작업동기는 자신의 투입대비 성과 결과만으로 비교한다.
④ 지각에 기초한 이론이므로 자기 자신을 지각하고 있는 사람을 개인(Person)이라 한다.

해설 Adams의 형평(공정성)이론

인간이 불공정성을 인식하면 공정성을 유지하는 쪽으로 동기부여 된다는 이론이다. 즉 작업동기는 입력대비 산출결과가 적을 때 나타난다.

- 입력(Input) : 일반적인 자격, 교육수준, 노력 등을 의미한다.
- 산출(Output) : 봉급, 지위, 기타 부가 급부 등을 의미한다.
- 공정성이나 불공정성은 자신이 일에 투자하는 투입과 그로부터 얻어내는 결과의 비율을 타인이나 타 집단의 투입에 대한 결과의 비율과 비교하면서 발생하는 개념이다.

31 다음에서 설명하는 리더십의 유형은?

과업 완수와 인간관계 모두에 있어 최대한의 노력을 기울이는 리더십 유형

① 과업형 리더십
② 이상형 리더십
③ 타협형 리더십
④ 무관심형 리더십

해설 이상형(9,9) 리더십

팀형으로 인간에 대한 관심과 생산에 대한 관심이 모두 높으며, 구성원들에게 공동목표 및 상호의존관계를 강조하고, 상호신뢰적이고 상호존중관계 속에서 구성원들의 몰입을 통하여 과업을 달성하는 리더유형이다.

32 안전사고와 관련하여 소질적 사고 요인이 아닌 것은?

① 시각기능 ② 지능
③ 작업자세 ④ 성격

해설 작업자세는 소질적 사고 요인에 해당하지 않는다.

33 다음 중 교육훈련의 4단계 기법을 올바르게 나열한 것은?

① 도입 – 적용 – 실연 – 제시
② 도입 – 확인 – 제시 – 실습
③ 적용 – 실연 – 도입 – 확인
④ 도입 – 제시 – 적용 – 확인

정답 29 ④ 30 ③ 31 ② 32 ③ 33 ④

해설 교육법의 4단계

- 제1단계 – 도입(준비) : 배우고자 하는 마음가짐을 일으키는 단계
- 제2단계 – 제시(설명) : 내용을 확실하게 이해 · 납득시키는 단계
- 제3단계 – 적용(응용) : 이해시킨 내용을 활용 · 응용시키는 단계
- 제4단계 – 확인(총괄) : 교육내용의 습득 여부를 테스트하여 확인하는 단계

34 직무에 적합한 근로자를 위한 심리검사는 합리적 타당성을 갖추어야 한다. 이러한 합리적 타당성을 얻는 방법으로만 나열된 것은?

① 구인 타당도, 공인 타당도
② 구인 타당도, 내용 타당도
③ 예언적 타당도, 공인 타당도
④ 예언적 타당도, 안면 타당도

해설
- 구인 타당도(Construct validity) : 검사도구가 측정하고자 하는 개념이나 이론을 제대로 측정하고 있는지에 대한 타당도
- 내용 타당도(Content validity) : 검사가 다루고 있는 주제를 그 검사내용의 측면에서 상세히 분석하여 타당도를 얻는 것

35 주의의 특성으로 볼 수 없는 것은?

① 타당성 ② 변동성
③ 선택성 ④ 방향성

해설 주의의 특성

- 선택성(소수의 특정한 것에 한한다.)
- 방향성(시선의 초점이 맞았을 때 쉽게 인지된다.)
- 변동성(인간은 한 점에 계속하여 주의를 집중할 수 없다.)

36 운동에 대한 착각현상이 아닌 것은?

① 자동운동(自動運動)
② 항상운동(恒常運動)
③ 유도운동(誘導運動)
④ 가현운동(假現運動)

해설 착각현상

착각은 물리현상을 왜곡하는 지각현상을 말한다.

1. 자동운동 : 암실 내에서 정지된 작은 광점을 응시하면 움직이는 것처럼 보이는 현상
2. 유도운동 : 실제로는 정지한 물체가 어느 기준물체의 이동에 따라 움직이는 것처럼 보이는 현상
3. 가현운동 : 영화처럼 물체가 빨리 나타나거나 사라짐으로 인해 운동하는 것처럼 보이는 현상

37 지도자가 부하의 능력에 따라 차별적으로 성과급을 지급하고자 하는 리더십의 권한은?

① 전문성 권한 ② 보상적 권한
③ 합법적 권한 ④ 위임된 권한

해설 조직이 지도자에게 부여한 권한

- 합법적 권한 : 군대, 교사, 정부기관 등 법적으로 부여된 권한
- 보상적 권한 : 부하에게 노력에 대한 보상을 할 수 있는 권한
- 강압적 권한 : 부하에게 명령할 수 있는 권한

38 부주의의 발생방지 방법은 발생 원인별로 대책을 강구해야 하는데 다음 중 발생 원인의 외적 요인에 속하는 것은?

① 의식의 우회
② 소질적

정답 34 ② 35 ① 36 ② 37 ② 38 ④

③ 경험 · 미경험
④ 작업순서의 부자연성

해설 **부주의의 외적 원인 및 대책**

1. 작업환경조건 불량 : 환경정비
2. 작업순서의 부적당 : 작업순서정비

39 **다음 중 리더십과 헤드십에 관한 설명으로 옳은 것은?**

① 헤드십은 부하와의 사회적 간격이 좁다.
② 헤드십에서의 책임은 상사에 있지 않고 부하에 있다.
③ 리더십의 지휘형태는 권위주의적인 반면, 헤드십의 지휘형태는 민주적이다.
④ 권한행사 측면에서 보면 헤드십은 임명에 의하여 권한을 행사할 수 있다.

해설 **헤드십(Headship)**

1. 외부에서 임명된 헤드(head)가 조직 체계나 직위를 이용하여 권한을 행사하는 것으로 지도자와 집단 구성원 사이에 공통의 감정이 생기기 어려우며 항상 일정한 거리가 있다.
2. 권한
   - 부하직원의 활동을 감독한다.
   - 상사와 부하의 관계가 종속적이다.
   - 부하와 사회적 간격이 넓다.
   - 지위형태가 권위적이다.

40 **새로운 자료나 교재를 제시하고 문제점을 피교육자로 하여금 제기하게 하거나 그것에 관한 피교육자의 의견을 여러 가지 방법으로 발표하게 하고, 청중과 토론자 간에 활발한 의견 개진과 충돌로 바람직한 합의를 도출해내는 교육 실시방법은?**

① 포럼(Forum)
② 심포지엄(Symposium)
③ 패널 디스커션(Panel Discussion)
④ 자유토의법(Free Discussion Method)

 **포럼(The Forum)**

1~2명의 전문가가 10~20분 동안 공개 연설을 한 다음 사회자의 진행하에 질의응답의 과정을 통해 토론하는 형식

제3과목 인간공학 및 시스템안전공학

41 **다음 중 열 중독증(heat illness)의 강도를 올바르게 나열한 것은?**

ⓐ 열소모(heat exhaustion) ⓑ 열발진(heat rash) ⓒ 열경련(heat cramp) ⓓ 열사병(heat stroke)

① ⓒ<ⓑ<ⓐ<ⓓ
② ⓒ<ⓑ<ⓓ<ⓐ
③ ⓑ<ⓒ<ⓐ<ⓓ
④ ⓑ<ⓓ<ⓐ<ⓒ

 열중독증 강도는 열발진(Heat Rash)<열경련(Heat Cramp)<열소모(Heat Exhaustion)<열사병(Heat Stroke) 순이다.

42 **인체의 관절 중 경첩관절에 해당하는 것은?**

① 손목관절 ② 엉덩관절
③ 어깨관절 ④ 팔꿉관절

정답 39 ④ 40 ① 41 ③ 42 ④

해설 **경첩관절(hinge joint)**
볼록한 면이 오목한 면과 마주하는 구조로, 집의 방 문에 달려 있는 경첩과 같은 모양이다. 또한 경첩관절은 하나의 축을 중심으로 회전운동하는 관절로 굴곡(Flexion)과 신전(Extension) 이렇게 한 종류의 회전운동만 가능하며, 대표적인 경첩관절에는 팔꿈치(주관절)와 무릎관절(슬관절), 손가락의 지절간관절이 있다.

43 수리가 가능한 어떤 기계의 가용도(availability)는 0.9이고, 평균수리시간(MTTR)이 2시간일 때, 이 기계의 평균수명(MTBF)은?

① 15시간　② 16시간
③ 17시간　④ 18시간

가용도(일정 기간에 시스템이 고장 없이 가동될 확률)가 90%일 경우 시스템을 20시간 운영한다고 가정하면 수리시간이 2시간 발생한다. 따라서, 평균수명(MTBF) = 20시간 − 2시간 = 18시간이다.

44 동작경제의 원칙과 가장 거리가 먼 것은?

① 급작스러운 방향의 전환은 피하도록 할 것
② 가능한 관성을 이용하여 작업하도록 할 것
③ 두 손의 동작은 같이 시작하고 같이 끝나도록 할 것
④ 두 팔의 동작은 동시에 같은 방향으로 움직일 것

해설 **동작경제의 원칙 중 신체 사용에 관한 원칙**

1. 양손은 동시에 동작을 시작하여 동시에 끝맺는다.
2. 양손은 휴식을 제외하고는 동시에 쉬어서는 안 된다.
3. 팔의 동작은 서로 반대의 대칭적인 방향으로 행하며 동시에 행해야 한다.
4. 팔, 손, 손가락 그리고 신체의 동작은 일을 만족하게 할 수 있는 최소의 동작으로 한정해야 한다.
5. 작업에 도움이 되도록 가급적 물체의 관성을 이용하여야 하며 관성을 극복하여야 하는 경우에는 관성을 최소화하여야 한다.

45 예비위험분석(PHA)은 어느 단계에서 수행되는가?

① 구상 및 개발단계
② 운용단계
③ 발주서 작성단계
④ 설치 또는 제조 및 시험단계

해설 **시스템 수명주기에서의 PHA**

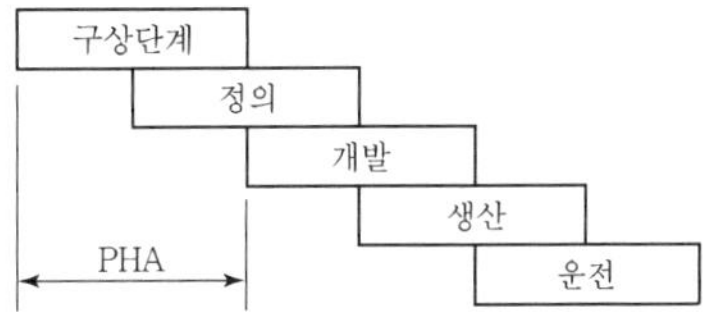

46 정신적 작업 부하에 관한 생리적 척도에 해당하지 않는 것은?

① 근전도　② 뇌파도
③ 부정맥 지수　④ 점멸융합주파수

해설 **정신적 작업부하에 관한 생리적 측정치**

- 점멸융합주파수(플리커법) : 사이가 벌어져 회전하는 원판으로 들어오는 광원의 빛을 단속시켜 연속광으로 보이는지 단속광으로 보이는지 경계에서의 빛의 단속주기를 플리커치라 하는데, 정신적으로 피로한 경우에는 주파수 값이 내려가는 것으로 알려져 있다.
- 기타 정신부하에 관한 생리적 측정치 : 눈꺼풀의 깜박임률(Blink rate), 부정맥, 동공지름(Pupil diameter), 뇌의 활동전위를 측정하는 뇌피도(EEG ; ElecroEncephalo Gram)

정답 43 ④ 44 ④ 45 ① 46 ①

47 **손이나 특정 신체부위에 발생하는 누적손상장애(CTD)의 발생인자와 가장 거리가 먼 것은?**

① 무리한 힘
② 다습한 환경
③ 장시간의 진동
④ 반복도가 높은 작업

누적손상장애의 발생원인은 무리한 힘, 부적합한 작업자세, 장시간의 진동, 반복작업 등이다.

48 **조종장치의 우발작동을 방지하는 방법 중 틀린 것은?**

① 오목한 곳에 둔다.
② 조종장치를 덮거나 방호해서는 안 된다.
③ 작동을 위해서 힘이 요구되는 조종장치에는 저항을 제공한다.
④ 순서적 작동이 요구되는 작업일 때 순서를 지나치지 않도록 잠김 장치를 설치한다.

해설 **조종장치의 우발작동 방지 대책**

1. 오목한 곳에 둔다.
2. 조종장치는 덮개 등으로 방호한다.
3. 작동을 위해서 힘이 요구되는 조종장치에는 저항을 제공한다.
4. 순서적 작동이 요구되는 작업일 때 순서를 지나치지 않도록 잠김 장치를 설치한다.

49 **A자동차에서 근무하는 K씨는 지게차로 철강판을 하역하는 업무를 한다. 지게차 운전으로 K씨에게 노출된 직업성 질환의 위험요인과 동일한 위험 진동에 노출된 작업자는?**

① 연마기 작업자
② 착암기 작업자
③ 진동 수공구 작업자
④ 대형운송차량 운전자

지게차는 대형운송차량에 적재되어 있는 철강판을 운반하므로 지게차 운전자와 동일한 위험요인에 노출되는 작업자는 대형운송차량 운전자가 된다.

50 **소음에 의한 청력손실이 가장 크게 나타나는 주파수대는?**

① 2,000Hz ② 10,000Hz
③ 4,000Hz ④ 20,000Hz

해설 **청력손실**

진동수가 높아짐에 따라 청력손실이 증가한다. 청력손실은 4,000Hz에서 가장 크게 나타난다.

51 **FMEA의 특징에 대한 설명으로 틀린 것은?**

① 세부 시스템 분석 시 FTA보다 효과적이다.
② 시스템 해석기법은 정성적 · 귀납적 분석법 등에 사용된다.
③ 각 요소 간 영향 해석이 어려워 2가지 이상 동시 고장은 해석이 곤란하다.
④ 양식이 비교적 간단하고 적은 노력으로 특별한 훈련 없이 해석이 가능하다.

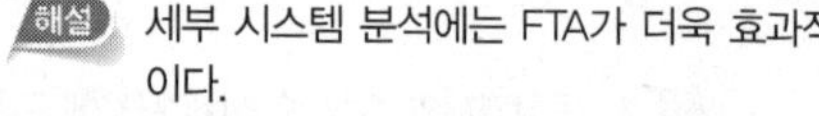
해설 세부 시스템 분석에는 FTA가 더욱 효과적이다.

정답 47 ② 48 ② 49 ④ 50 ③ 51 ①

52 조작과 반응과의 관계, 사용자의 의도와 실제 반응과의 관계, 조종장치와 작동결과에 관한 관계 등 사람들이 기대하는 바와 일치하는 관계가 뜻하는 것은?

① 중복성 ② 조직화
③ 양립성 ④ 표준화

해설 양립성(Compatibility)

안전을 근원적으로 확보하기 위한 전략으로서 외부의 자극과 인간의 기대가 서로 모순되지 않아야 하는 것이다. 제어장치와 표시장치 사이의 연관성이 인간의 예상과 어느 정도 일치하는가의 여부이다.

53 산업안전보건법령상 해당 사업주가 유해위험방지계획서를 작성하여 제출해야 하는 대상은?

① 시 · 도지사
② 관할 구청장
③ 고용노동부장관
④ 행정안전부장관

해설 유해 · 위험 방지계획서의 작성 · 제출 등 (「산업안전보건법」 제42조)

사업주는 제출대상에 해당하는 경우에는 이 법 또는 이 법에 따른 명령에서 정하는 유해 · 위험방지계획서를 작성하여 고용노동부령으로 정하는 바에 따라 고용노동부장관에게 제출하고 심사를 받아야 한다.

54 Q10 효과에 직접적인 영향을 미치는 인자는?

① 고온 스트레스
② 한랭한 작업장
③ 중량물의 취급
④ 분진의 다량발생

해설 Q10 효과는 온도-반응속도 관계를 뜻하며, 온도가 10℃ 올라감에 따라 반응속도는 약 2~3의 증대된다. 따라서 Q10 효과에 가장 큰 영향을 미치는 것은 "고온"이다.

55 시각적 표시장치와 청각적 표시장치 중 시각적 표시장치를 선택해야 하는 경우는?

① 메시지가 긴 경우
② 메시지가 후에 재참조되지 않는 경우
③ 직무상 수신자가 자주 움직이는 경우
④ 메시지가 시간적 사상(event)을 다룬 경우

해설 시각장치와 청각장치의 비교

시각장치 사용	청각장치 사용
• 경고나 메시지가 복잡하다. • 경고나 메시지가 길다. • 경고나 메시지가 후에 재참조된다. • 경고나 메시지가 공간적인 위치를 다룬다. • 경고나 메시지가 즉각적인 행동을 요구하지 않는다. • 수신자의 청각 계통이 과부하 상태일 때 • 수신장소가 너무 시끄러울 때 • 직무상 수신자가 한곳에 머무르는 경우	• 경고나 메시지가 간단하다. • 경고나 메시지가 짧다. • 경고나 메시지가 후에 재참조되지 않는다. • 경고나 메시지가 시간적인 사상을 다룬다. • 경고나 메시지가 즉각적인 행동을 요구한다. • 수신자의 시각 계통이 과부하 상태일 때 • 수신장소가 너무 밝거나 암조응 유지가 필요할 때 • 직무상 수신자가 자주 움직이는 경우

56 반사율이 85%, 글자의 밝기가 400cd/m^2인 VDT화면에 350lx의 조명이 있다면 대비는 약 얼마인가?

① -2.8 ② -4.2
③ -5.0 ④ -6.0

정답 52 ③ 53 ③ 54 ① 55 ① 56 ②

 1. 대비 : 표적의 광속 발산도와 배경의 광속 발산도의 차

• 대비 $= 100 \times \dfrac{L_b - L_t}{L_b}$

2. 반사율(%) $= \dfrac{\text{휘도}(fL)}{\text{조도}(fC)} \times 100$

$= \dfrac{\text{cd/m}^2 \times \pi}{\text{lux}}$

• $L_b = (0.85 \times 350)/3.14 = 94.75$

• $L_t = 400 + 94.75 = 494.75$

따라서 대비 $= \dfrac{L_b - L_t}{L_b} \times 100[\%]$

$= \dfrac{94.75 - 494.75}{94.75} \times 100$

$= -4.22[\%]$

57 연구 기준의 요건과 내용이 옳은 것은?

① 무오염성 : 실제로 의도하는 바와 부합해야 한다.

② 적절성 : 반복 실험 시 재현성이 있어야 한다.

③ 신뢰성 : 측정하고자 하는 변수 이외의 다른 변수의 영향을 받아서는 안 된다.

④ 민감도 : 피실험자 사이에서 볼 수 있는 예상 차이점에 비례하는 단위로 측정해야 한다.

해설 **체계기준의 구비조건**

• 실제적 요건 : 객관적이고, 정량적이며, 수집 또는 연구가 쉬우며, 특수한 자료 수집 기법이나 기기가 필요 없고, 돈이나 실험자의 수고가 적게 드는 것

• 신뢰성(반복성) : 시간이나 대표적 표본의 선정에 관계없이, 변수 측정의 일관성이나 안정성

• 타당성(적절성) : 어느 것이나 공통적으로 변수가 실제로 의도하는 바를 어느정도 측정하는가를 결정(시스템의 목표를 잘 반영하는가를 나타내는 척도)

• 순수성(무오염성) : 측정하는 구조 외적인 변수의 영향은 받지 않는 것

• 민감도 : 피검자 사이에서 볼 수 있는 예상 차이점에 비례하는 단위로 측정

58 A 작업의 평균 에너지소비량이 다음과 같을 때, 60분간의 총 작업시간 내에 포함되어야 하는 휴식시간(분)은?

• 휴식 중 에너지 소비량 : 1.5kcal/min
• A 작업 시 평균 에너지소비량 : 6kcal/min
• 기초대사를 포함한 작업에 대한 평균 에너지소비량 사한 : 5kcal/min

① 10.3　　② 11.3
③ 12.3　　④ 13.3

 휴식시간(R) $= \dfrac{(60 \times h) \times (E - 5)}{E - 1.5}$[분]

$= \dfrac{(60 \times 1) \times (6 - 5)}{6 - 1.5} = 13.3333$

여기서,
E : 작업의 평균 에너지소비량(kcal/min)
h : 총 작업시간(시간)

59 NOISH lifting guideline에서 권장무게한계(RWL) 산출에 사용되는 계수가 아닌 것은?

① 휴식 계수　　② 수평 계수
③ 수직 계수　　④ 비대칭 계수

해설 **권장무게한계(RWL)**

= 23×HM×VM×DM×AM×FM×CM
HM : 수평 계수, VM : 수직 계수,
DM : 거리 계수, AM : 비대칭 계수,
FM : 빈도 계수, CM : 커플링 계수

정답 57 ④　58 ④　59 ①

60 고장형태와 영향분석(FMEA)에서 평가 요소로 틀린 것은?

① 고장발생의 빈도
② 고장의 영향 크기
③ 고장방지의 가능성
④ 기능적 고장 영향의 중요도

 FMEA(Failure Mode and Effect Analysis, 고장형태와 영향분석법)

시스템에 영향을 미치는 모든 요소의 고장을 형별로 분석하고 그 고장이 미치는 영향을 분석하는 방법(귀납적, 정성적)으로 고장 평점법

$C=(C_1 \times C_2 \times C_3 \times C_4 \times C_5)^{\frac{1}{5}}$

여기서, C_1 : 기능적 고장의 영향의 중요도
C_2 : 영향을 미치는 시스템의 범위
C_3 : 고장발생의 빈도
C_4 : 고장방지의 가능성
C_5 : 신규 설계의 정도

제4과목 건설시공학

61 바닥판 거푸집의 구조계산 시 고려해야 하는 연직하중에 해당하지 않는 것은?

① 작업하중
② 충격하중
③ 고정하중
④ 굳지 않은 콘크리트의 측압

 굳지 않은 콘크리트의 측압은 수평하중에 해당된다.

62 철골공사에서 발생하는 용접 결함이 아닌 것은?

① 피트(Pit)
② 블로우 홀(Blow hole)
③ 오버 랩(Over lap)
④ 가우징(Gouging)

 가스 가우징(Gas Gouging)은 아틸렌 불꽃을 이용하여 녹여 깎은 재의 뒷부분을 깨끗이 깎는 것을 말한다.

63 일명 테이블 폼(table form)으로 불리는 것으로 거푸집널에 장선, 멍에, 서포트 등을 기계적인 요소로 부재화한 대형 바닥판 거푸집은?

① 갱 폼(Gang form)
② 플라잉 폼(Flying form)
③ 유로 폼(Euro form)
④ 트래블링 폼(Traveling form)

 플라잉 폼(Flying Form)은 바닥 전용 거푸집으로 거푸집판, 장선, 멍에, 서포트 등을 일체로 제작하였다.

64 네트워크 공정표의 주공정(Critical Path)에 관한 설명으로 옳지 않은 것은?

① TF가 0(Zero)인 작업을 주공정작업이라 하고, 이들을 연결한 공정을 주공정이라 한다.
② 총 공기는 공사착수에서부터 공사완공까지의 소요시간의 합계이며, 최장시간이 소요되는 경로이다.
③ 주공정은 고정적이거나 절대적인 것이 아니고 공사 진행상황에 따라 가변적이다.

정답 60 ② 61 ④ 62 ④ 63 ② 64 ④

④ 주공정에 대한 공기단축은 불가능하다.

 주공정은 공기단축이 가능하다.

65 **주문받은 건설업자가 대상 계획의 기업, 금융, 토지조달, 설계, 시공 등을 포괄하는 도급계약방식을 무엇이라 하는가?**

① 실비청산 보수가산도급
② 정액도급
③ 공동도급
④ 턴키도급

 턴키(Turn－Key)도급은 모든 요소를 포괄한 일괄 수주방식으로 건설업자가 금융, 토지, 설계, 시공, 시운전 등 모든 것을 조달하여 주문자에게 인도하는 방식이다.

66 **철거작업 시 지중장애물 사전조사항목으로 가장 거리가 먼 것은?**

① 주변 공사장에 설치된 모든 계측기 확인
② 기존 건축물의 설계도, 시공기록 확인
③ 가스, 수도, 전기 등 공공매설물 확인
④ 시험굴착, 탐사 확인

 철거작업 시 대상 건물뿐 아니라 지하매설물 및 인접 구조물 등에 대한 사전조사를 실시하여 안전성을 확보해야 한다.

67 **철골공사의 용접접합에서 플럭스(Flux)를 옳게 설명한 것은?**

① 용접 시 용접봉의 피복제 역할을 하는 분말상의 재료
② 압연강판의 층 사이에 균열이 생기는 현상
③ 용접작업의 종단부에 임시로 붙이는 보조판
④ 용접부에 생기는 미세한 구멍

해설 **플럭스(Flux)**
자동용접 시 용접봉의 피복제로 쓰는 분말상의 재료이다. 플럭스는 함유원소를 이온화하여 아크를 안정시키고 용착금속의 산화 방지, 탈산, 정련하는 역할을 한다.

68 **대규모 공사 시 한 현장 안에서 여러 지역별로 공사를 분리하여 공사를 발주하는 방식은?**

① 공정별 분할도급
② 공구별 분할도급
③ 전문공정별 분할도급
④ 직종별, 공정별 분할도급

해설 **공구별 분할도급**
아파트 등 대규모 공사에서 지역별로 분리하여 도급을 주는 방식이다.

69 **강구조물 부재 제작 시 마킹(금긋기)에 관한 설명으로 옳지 않은 것은?**

① 주요부재의 강판에 마킹할 때에는 펀치(punch) 등을 사용하여야 한다.
② 강판 위에 주요부재를 마킹할 때에는 주된 응력의 방향과 압연 방향을 일치시켜야 한다.
③ 마킹 할 때에는 구조물이 완성된 후에 구조물의 부재로서 남을 곳에는 원칙적으로 강판에 상처를 내어서는 안 된다.
④ 마킹 시 용접열에 의한 수축 여유를 고려하여 최종 교정, 다듬질 후 정확한 치수를 확보할 수 있도록 조치해야 한다.

정답 65 ④ 66 ① 67 ① 68 ② 69 ①

해설 주요부재의 강판에 마킹할 때 펀치 등을 사용하면 부재의 단면손실이 발생하므로 사용을 금해야 한다.

70 다음과 같이 정상 및 특급공기와 공비가 주어질 경우 비용구배(Cost Slope)는?

정상		특급	
공기	공비	공기	공비
20일	120,000원	15일	180,000원

① 9,000원/일 ② 12,000원/일
③ 15,000원/일 ④ 18,000원/일

해설 비용구배(Cost Slope)

$$= \frac{180,000원 - 120,000원}{20일 - 15일}$$

$$= \frac{60,000원}{5일}$$

71 철골공사에서 베이스 플레이트 설치기준에 관한 설명으로 옳지 않은 것은?

① 이동 시 공법에 사용하는 모르타르는 무수축 모르타르로 한다.
② 앵커볼트 설치 시 베이스 플레이트 위치의 콘크리트는 설계도면 레벨보다 30~50mm 낮게 타설한다.
③ 베이스 플레이트 설치 후 그라우팅 처리한다.
④ 베이스 모르타르의 양생은 철골 설치 전 1일 정도면 충분하다.

해설 베이스 모르타르는 철골 설치 전 3일 이상 양생하여야 한다.

72 내화피복의 공법과 재료와의 연결이 옳지 않은 것은?

① 타설공법 – 콘크리트, 경량콘크리트
② 조적공법 – 콘크리트, 경량콘크리트 블록, 돌, 벽돌
③ 미장공법 – 뿜칠 플라스터, 알루미나 계열 모르타르
④ 뿜칠공법 – 뿜칠 암면, 습식 뿜칠 암면, 뿜칠 모르타르

해설 철골공사에서 습식 내화피복공법의 종류

- 타설공법 : 경량콘크리트, 보통콘크리트 등을 철골 둘레에 타설하는 공법
- 뿜칠공법 : 강재에 석면, 질석, 암면 등 혼합재료를 뿜칠하는 공법
- 조적공법 : 벽돌, 블록, 석재 등으로 강재 둘레에 조적하는 공법
- 미장공법 : 내화단열성 모르타르로 미장하는 공법

73 단순조적 블록쌓기에 관한 설명으로 옳지 않은 것은?

① 단순조적 블록쌓기의 세로줄눈은 도면 또는 공사시방서에서 정한 바가 없을 때에는 막힌 줄눈으로 한다.
② 살 두께가 작은 면을 위로 하여 쌓는다.
③ 줄눈 모르타르는 쌓은 후 줄눈누르기 및 줄눈파기를 한다.
④ 특별한 지정이 없으면 줄눈은 10mm가 되게 한다.

해설 살두께가 큰 편을 위로 하여 쌓는다.

정답 70 ② 71 ④ 72 ③ 73 ②

74 갱 폼(Gang Form)에 관한 설명으로 옳지 않은 것은?

① 대형화 패널 자체에 버팀대와 작업대를 부착하여 유니트화 한다.
② 수직, 수평 분할 타설 공법을 활용하여 전용도를 높인다.
③ 설치와 탈형을 위하여 대형 양중장비가 필요하다.
④ 두꺼운 벽체를 구축하기에는 적합하지 않다.

 갱 폼(Gang Form)

거푸집판과 보강재가 일체로 된 기본패널, 작업을 위한 작업 발판대 및 수직도 조정과 횡력을 지지하는 빗버팀대로 구성되는 벽체 거푸집으로 주로 콘도미니엄, 병원, 사무소 같은 벽식 구조 건물에 사용된다.

75 철근의 이음방법에 해당되지 않는 것은?

① 겹침이음 ② 병렬이음
③ 기계식 이음 ④ 용접이음

해설 철근의 이음방법에는 겹침이음, 기계식 이음, 용접이음 등이 있다.

76 품질관리를 위한 통계 수법으로 이용되는 7가지 도구(Tools)를 특징별로 조합한 것 중 잘못 연결된 것은?

① 히스토그램－분포도
② 파레토그램－영향도
③ 특성요인도－원인결과도
④ 체크시트－상관도

 체크시트는 불량수, 결점수 등 계수치의 데이터가 분류항목의 어디에 집중되어 있는가를 알아보기 쉽게 나타내며 집중도와 관련 있다.

77 폼타이, 컬럼밴드 등을 의미하며, 거푸집을 고정하여 작업 중의 콘크리트 측압을 최종적으로 부담하는 것은?

① 박리제 ② 간격재
③ 격리재 ④ 긴결재

 폼타이, 플랫타이, 컬럼밴드는 긴결재(긴장재)로 콘크리트를 부어 넣을 때 거푸집이 벌어지거나 우그러들지 않게 연결 · 고정시키는 역할을 한다.

78 철골공사 중 현장에서 보수도장이 필요한 부위에 해당되지 않는 것은?

① 현장 용접을 한 부위
② 현장접합 재료의 손상부위
③ 조립상 표면접합이 되는 면
④ 운반 또는 양중 시 생긴 손상부위

 현장에서 철골의 보수 도장이 필요한 부분은 현장 용접부위, 접합 재료의 손상부위, 운반이나 양중 등으로 인해 생긴 손상부위 등이다.

79 실비에 제한을 붙이고 시공자에게 제한된 금액 이내에 공사를 완성할 책임을 주는 공사방식은?

① 실비 비율 보수가산식
② 실비 정액 보수가산식
③ 실비 한정비율 보수가산식
④ 실비 준동률 보수가산식

정답 74 ④ 75 ② 76 ④ 77 ④ 78 ③ 79 ③

해설 실비 한정비율 보수가산식은 실비에 제한을 붙이고 시공자에게 제한된 금액 이내에 공사를 완성할 책임을 주는 공사방식이다.

80 철골보와 콘크리트 슬래브를 연결하는 전단연결재(shear connector)의 역할을 하는 부재의 명칭은?

① 리인포싱 바(reinforcing bar)
② 턴버클(turnbuckle)
③ 메탈 서포트(metal support)
④ 스터드(stud)

해설 스터드(Stud)는 철골보와 콘크리트 슬래브를 연결하는 쉬어 커넥터(Shear Connector)의 역할을 하는 부재이다.

제5과목 건설재료학

81 실적률이 큰 골재로 이루어진 콘크리트의 특성이 아닌 것은?

① 시멘트 페이스트의 양이 커져 콘크리트 제조 시 경제성이 낮다.
② 내구성이 증대된다.
③ 투수성, 흡습성의 감소를 기대할 수 있다.
④ 건조수축 및 수화열이 감소한다.

해설 골재의 실적률은 일정한 용적의 용기 안에 일정한 입도의 골재를 일정한 방법으로 채웠을 때 골재가 실제로 차지하는 용적이 비율을 말하며 실적률이 큰 골재로 이루어진 콘크리트는 내구성, 수밀성이 증대되고 건조수축이 감소한다.

82 건축용 코킹재의 일반적인 특징에 관한 설명으로 옳지 않은 것은?

① 수축률이 크다.
② 내부의 점성이 지속된다.
③ 내산 · 내알칼리성이 있다.
④ 각종 재료에 접착이 잘 된다.

해설 **코킹재**

실링재(Sealing Materials)로 각 접합부의 틈이나 줄눈을 충전하여 기밀성 및 수밀성을 높이는 재료이며, 수축률이 작다.

83 다음 중 건물의 외장용 도료로 가장 적합하지 않은 것은?

① 유성페인트 ② 수성페인트
③ 페놀수지 도료 ④ 유성바니시

해설 유성바니시(Oil Varnish, 니스)는 유성페인트보다 건조가 빠르고, 광택이 있으며 투명하고 단단한 도막을 만드나 내후성이 약한 단점이 있어 외장용 도료로 적합하지 않다. 투명한 유성바니시를 니스라고 하는데 목재면 도장에 많이 사용된다.

84 풀 또는 여물을 사용하지 않고 물로 연화하여 사용하는 것으로 공기 중의 탄산가스와 결합하여 경화하는 미장재료는?

① 회반죽
② 돌로마이트 플라스터
③ 혼합 석고플라스터
④ 보드용 석고플라스터

해설 돌로마이드 플라스터(Dolomite Plaster)(KS F 3508)는 점성 및 가소성이 커서 재료반죽 시 풀이 필요 없다.

정답 80 ④ 81 ① 82 ① 83 ④ 84 ②

85 **콘크리트에 사용되는 신축이음(Expansion Joint) 재료에 요구되는 성능 조건이 아닌 것은?**

① 콘크리트의 수축에 순응할 수 있는 탄성
② 콘크리트의 팽창에 대한 저항성
③ 우수한 내구성 및 내부식성
④ 콘크리트 이음 사이의 충분한 수밀성

해설 신축이음(Expansion Joint)
장대형 콘크리트 구조물의 수축, 팽창에 의한 파괴를 방지하기 위해 구조체 사이에 설치하는 줄눈의 일종으로 재료의 성능이 수축, 팽창 시 충분한 연성 및 탄성을 가져야 본 구조물의 손상을 막을 수 있다.

86 **강재(鋼材)의 일반적인 성질에 관한 설명으로 옳지 않은 것은?**

① 열과 전기의 양도체이다.
② 광택을 가지고 있으며, 빛에 불투명하다.
③ 경도가 높고 내마멸성이 크다.
④ 전성이 일부 있으나 소성변형 능력은 없다.

해설 강재는 전성과 소성변형 능력이 있다.

87 **아스팔트의 물리적 성질에 관한 설명으로 옳은 것은?**

① 감온성은 블로운 아스팔트가 스트레이트 아스팔트보다 크다.
② 연화점은 블로운 아스팔트가 스트레이트 아스팔트보다 낮다.
③ 신장성은 스트레이트 아스팔트가 블로운 아스팔트보다 크다.
④ 점착성은 블로운 아스팔트가 스트레이트 아스팔트보다 크다.

해설 스트레이트 아스팔트(Straight Asphalt)는 원유를 증류한 잔류유를 정제한 것으로 점착성 · 방수성 · 신장성은 풍부하지만, 연화점이 비교적 낮아서 내후성이 약하고 온도에 의한 결점이 있어 지하실 방수공사 외에는 잘 사용하지 않는다.

88 **목재의 역학적 성질에서 가력방향이 섬유와 평행할 경우, 목재의 강도 중 크기가 가장 작은 것은?**

① 압축강도　　② 휨강도
③ 인장강도　　④ 전단강도

해설 섬유방향에 평행인 압축강도를 100으로 했을 때, 각종 강도의 크기순서는 다음과 같다.
인장강도(200) > 휨강도(150) > 압축강도(100) > 전단강도(16~19)

89 **각 미장 재료별 경화 형태로 옳지 않은 것은?**

① 회반죽 : 수경성
② 시멘트 모르타르 : 수경성
③ 돌로마이트 플라스터 : 기경성
④ 테라조 현장바름 : 수경성

해설 기경성(氣硬性) 미장 재료에는 흙 바름, 회반죽, 소석회, 돌로마이트 플라스터, 아스팔트 모르타르가 있으며 수경성(水硬性) 미장 재료에는 석고 플라스터, 시멘트 모르타르, 인조석 바름이 있다.

정답 85 ② 86 ④ 87 ③ 88 ④ 89 ①

90 **부재 혹은 구조물의 치수가 커서 시멘트의 수화열에 의한 온도상승 및 강하를 고려하여 설계 · 시공해야 하는 콘크리트를 무엇이라 하는가?**

① 매스 콘크리트
② 한중 콘크리트
③ 고강도 콘크리트
④ 수밀 콘크리트

해설 매스 콘크리트는 부재 혹은 구조물의 치수가 커서 시멘트의 수화열에 의한 온도상승 및 강하를 고려하여 설계 · 시공해야 하는 콘크리트이다.

91 **경량 기포콘크리트(autoclaved lightweight concrete)에 관한 설명으로 옳지 않은 것은?**

① 보통 콘크리트와 비교하면 탄산화의 우려가 낮다.
② 열전도율은 보통 콘크리트의 약 1/10 정도로 단열성이 우수하다.
③ 현장에서 취급이 편리하고 절단 및 가공이 용이하다.
④ 다공질이므로 흡수성이 높은 편이다.

해설 경량 기포콘크리트의 특징

장점	단점
• 경량성 : 기건 비중은 콘크리트의 1/4 정도이다. • 단열성 : 열전도율은 콘크리트의 1/10 정도이다. • 흡음 및 차음성이 우수하다. • 불연성 및 내화구조 재료이다. • 시공성 : 경량으로 취급이 용이하며 현장에서 절단 및 가공이 용이하다.	• 압축강도가 4~8MPa 정도로 보통 콘크리트와 비교하면 강도가 비교적 약하다. • 다공성 제품으로 흡수성이 크며 동해에 대한 방수 · 방습처리가 필요하다. • 압축강도에 비해서 휨강도나 인장강도는 상당히 약한 수준이다.

92 **목재 건조 시 생재를 수중에 일정기간 침수시키는 주된 이유는?**

① 재질을 연하게 만들어 가공하기 쉽게 하기 위하여
② 목재의 내화도를 높이기 위하여
③ 강도를 크게 하기 위하여
④ 건조기간을 단축시키기 위하여

해설 목재 건조 시 생재를 수중에 침수하는 침수건조법은 목재를 물에 침수하여 수액을 뺀 후 대기에서 건조하는 것으로 건조기간을 단축한다.

93 **골재의 함수상태에서 유효흡수량의 정의로 옳은 것은?**

① 습윤상태와 절대건조상태의 수량의 차이
② 표면건조포화상태와 기건상태의 수량의 차이
③ 기건상태와 절대건조상태의 수량의 차이
④ 습윤상태와 표면건조포화상태의 수량의 차이

해설 유효흡수량은 기건상태에서 표건상태가 될 때까지 골재가 흡수한 수량이다.

94 **시멘트의 경화시간을 지연시키는 용도로 일반적으로 사용하고 있는 지연제와 거리가 먼 것은?**

① 리그닌설폰산염 ② 옥시카르본산
③ 알루민산소다 ④ 인산염

정답 90 ① 91 ① 92 ④ 93 ② 94 ③

해설 지연제의 종류로는 당분, 리그닌설폰산염, 옥시카본산염, 마그네시아염, 인산염 등이 있다. 응결 지연제라고 하며 열대지방이나 기온이 높은 여름철에는 시멘트의 응결이 빨라 굳지 않은 콘크리트의 운송시간 단축, 균열 발생, 적절한 양생시간 확보 등을 위해 사용한다.

95 보통 포틀랜드 시멘트에 관한 설명으로 옳지 않은 것은?

① 시멘트의 응결시간은 분말도가 작을수록, 또 수량이 많고 온도가 낮을수록 짧아진다.
② 시멘트의 안정성 측정법으로 오토클레이브 팽창도 시험방법이 있다.
③ 시멘트의 비중은 소성온도나 성분에 따라 다르며, 동일 시멘트인 경우에 풍화한 것일수록 작아진다.
④ 시멘트의 비표면적이 너무 크면 풍화하기 쉽고 수화열에 의한 축열량이 커진다.

해설 시멘트의 응결시간은 단위수량이 클수록 길어지고, 온도가 높고 분말도가 클수록 응결이 빠르다. 보통 포틀랜드 시멘트의 비중은 3.05~3.15 정도이고 소성온도나 성분에 의하여 다르며, 동일 시멘트인 경우에 풍화한 것일수록 작아진다.

96 건축재료 중 마감재료의 요구성능으로 거리가 먼 것은?

① 화학적 성능 ② 역학적 성능
③ 내구성능 ④ 방화 · 내화 성능

해설 역학적 성능은 마감재료의 요구성능과 무관하다.

97 미장공사에서 사용되는 바름재료 중 여물에 관한 설명으로 옳지 않은 것은?

① 바름에 있어서 재료에 끈기를 주어 흘러내림을 방지한다.
② 흙손질을 용이하게 하는 효과가 있다.
③ 바름 중에는 보수성을 향상시키고, 바름 후에는 건조에 따라 생기는 균열을 방지한다.
④ 여물의 섬유는 질기고 굵으며, 색이 짙고 빳빳한 것일수록 양질의 제품이다.

해설 여물의 섬유는 가늘고 긴 것이 좋다.

98 도장재료 중 물이 증발하여 수지입자가 굳는 융착건조경화를 하는 것은?

① 알키드수지 도료
② 에폭시수지 도료
③ 불소수지 도료
④ 합성수지 에멀션 페인트

해설 합성수지 에멀션 페인트는 융착건조경화를 한다.

99 콘크리트용 골재의 요구성능에 관한 설명으로 옳지 않은 것은?

① 골재의 강도는 경화한 시멘트페이스트 강도보다 클 것
② 골재의 형태가 예각이며, 표면은 매끄러울 것
③ 골재의 입형이 둥글고 입도가 고를 것
④ 먼지 또는 유기불순물을 포함하지 않을 것

정답 95 ① 96 ② 97 ④ 98 ④ 99 ②

해설 **콘크리트용 골재에 요구되는 품질**
- 깨끗하고 불순물이 섞이지 않은 것
- 소요의 내구성 및 내화성을 가진 것
- 입자의 모양이 납작하거나 길쭉하지 않은 구형으로 표면이 다소 거친 것
- 입도(粒度, 굵고 잔 알이 섞인 정도)가 적당할 것
- 실적률(實積率 = 100 − 공극률)이 클 것
- 모래의 염분은 0.04% 이하, 당분은 0.1% 이하일 것
- 강도는 콘크리트 중의 경화 시멘트 페이스트의 강도 이상일 것
- 마모에 대한 저항성이 크고 화학적으로 안정할 것

100 접착제를 동물질 접착제와 식물질 접착제로 분류할 때 동물질 접착제에 해당되지 않는 것은?

① 아교 ② 덱스트린 접착제
③ 카세인 접착제 ④ 알부민 접착제

해설 덱스트린 접착제는 식물질 접착제에 해당된다.

제6과목 건설안전기술

101 강풍이 불어올 때 타워크레인의 운전작업을 중지하여야 하는 순간풍속의 기준으로 옳은 것은?

① 순간풍속이 초당 10m 초과
② 순간풍속이 초당 20m 초과
③ 순간풍속이 초당 25m 초과
④ 순간풍속이 초당 30m 초과

해설 순간풍속이 매 초당 10미터를 초과하는 경우에는 타워크레인의 설치 · 수리 · 점검 또는 해체작업을 중지하여야 하며, 순간풍속이 매 초당 20미터를 초과하는 경우에는 타워크레인의 운전작업을 중지하여야 한다.

102 건설현장에서 사용되는 작업발판 일체형 거푸집의 종류에 해당되지 않는 것은?

① 갱폼(Gang form)
② 슬립폼(Slip form)
③ 클라이밍폼(Climbing form)
④ 테이블폼(Table form)

테이블폼은 작업발판 일체형 거푸집이 아니다.

103 다음 중 차량계 건설기계에 속하지 않는 것은?

① 불도저 ② 스크레이퍼
③ 타워크레인 ④ 항타기

타워크레인은 양중기에 해당된다.

104 장비 자체보다 높은 장소의 땅을 굴착하는 데 적합한 장비는?

① 파워쇼벨(Power Shovel)
② 불도저(Bulldozer)
③ 드래그라인(Drag line)
④ 클램쉘(Clam Shell)

파워쇼벨은 굴삭기가 위치한 지면보다 높은 곳을 굴삭하는 데 적합하다.

정답 100 ② 101 ② 102 ④ 103 ③ 104 ①

105 흙의 투수계수에 영향을 주는 인자에 관한 설명으로 옳지 않은 것은?

① 포화도 : 포화도가 클수록 투수계수도 크다.
② 공극비 : 공극비가 클수록 투수계수는 작다.
③ 유체의 점성계수 : 점성계수가 클수록 투수계수는 작다.
④ 유체의 밀도 : 유체의 밀도가 클수록 투수계수는 크다.

해설 공극비가 클수록 투수계수는 크다.

106 다음 중 지하수위 측정에 사용되는 계측기는?

① Load Cell
② Inclinometer
③ Extensometer
④ Water level gauge

 Water level gauge는 지하수위의 측정에 사용된다.

107 토공사에서 성토용 토사의 일반조건으로 옳지 않은 것은?

① 다져진 흙의 전단 강도가 크고 압축성이 작을 것
② 함수율이 높은 토사일 것
③ 시공장비의 주행성이 확보될 수 있을 것
④ 필요한 다짐 정도를 쉽게 얻을 수 있을 것

해설 함수율이 높은 토사는 성토용 토사로 적합하지 않다.

108 유해위험방지 계획서를 제출하려고 할 때 그 첨부서류와 가장 거리가 먼 것은?

① 공사개요서
② 산업안전보건관리비 작성요령
③ 전체 공정표
④ 재해 발생 위험 시 연락 및 대피방법

해설 산업안전보건관리비 사용계획이 포함되어야 한다.

109 보통 흙 건지의 굴착면 붕괴에 따른 재해를 예방하기 위한 굴착면의 적정한 기울기 기준은?

① 1 : 0.5~1 : 1
② 1 : 1~1 : 1.5
③ 1 : 0.5
④ 1 : 0.3

해설 굴착면의 기울기 기준

지반의 종류	굴착면의 기울기
모래	1 : 1.8
연암 및 풍화암	1 : 1.0
경암	1 : 0.5
그 밖의 흙	1 : 1.2

110 거푸집 동바리 등을 조립 또는 해체하는 작업을 하는 경우의 준수사항으로 옳지 않은 것은?

① 재료 · 기구 또는 공구 등을 올리거나 내리는 경우에는 근로자로 하여금 달줄 · 달포대 등의 사용을 금하도록 할 것
② 낙하 · 충격에 의한 돌발적 재해를 방지하기 위하여 버팀목을 설치하고 거푸집 동바리 등을 인양장비에 매단 후

정답 105 ② 106 ④ 107 ② 108 ② 109 ① 110 ①

에 작업을 하도록 하는 등 필요한 조치를 할 것

③ 비, 눈, 그 밖의 기상상태의 불안정으로 날씨가 몹시 나쁜 경우에는 그 작업을 중지할 것

④ 해당 작업을 하는 구역에는 관계 근로자가 아닌 사람의 출입을 금지할 것

해설 재료 · 기구 또는 공구 등을 올리거나 내리는 경우에는 근로자가 달줄 또는 달포대 등을 사용하게 하는 것은 달비계 또는 높이 5m 이상의 비계를 조립 · 해체하거나 변경하는 작업을 하는 경우 준수하여야 할 사항이다.

111 **달비계의 구조에서 달비계 작업발판의 폭은 최소 얼마 이상이어야 하는가?**

① 30cm ② 40cm
③ 50cm ④ 60cm

해설 달비계의 구조에서 작업발판의 최소 폭은 40cm 이상으로 하고 틈새가 없도록 해야 한다.

112 **콘크리트 타설작업을 하는 경우에 준수해야 할 사항으로 옳지 않은 것은?**

① 당일의 작업을 시작하기 전에 해당 작업에 관한 거푸집 동바리 등의 변형 · 변위 및 지반의 침하 유무 등을 점검하고 이상이 있으면 보수한다.

② 작업 중에는 거푸집 동바리 등의 변형 · 변위 및 침하 유무 등을 감시할 수 있는 감시자를 배치하여 이상이 있으면 작업을 빠른 시간 내 우선 완료하고 근로자를 대피시킨다.

③ 콘크리트 타설작업 시 거푸집붕괴의 위험이 발생할 우려가 있으면 충분한 보강조치를 한다.

④ 콘크리트를 타설하는 경우에는 편심이 발생하지 않도록 골고루 분산하여 타설한다.

해설 작업 중에는 거푸집 동바리 등의 변형 · 변위 및 침하 유무 등을 감시할 수 있는 감시자를 배치하여 이상이 있으면 작업을 중지하고 근로자를 대피시켜야 한다.

113 **유해 · 위험 방지를 위한 방호조치를 하지 아니하고는 양도, 대여, 설치 또는 사용에 제공하거나, 양도 · 대여를 목적으로 진열해서는 아니 되는 기계 · 기구에 해당하지 않는 것은?**

① 지게차 ② 공기압축기
③ 원심기 ④ 덤프트럭

유해 · 위험 방지를 위하여 방호장치가 필요한 기계 · 기구 등

1. 예초기
2. 원심기
3. 공기압축기
4. 금속절단기
5. 지게차
6. 포장기계(진공포장기, 랩핑기로 한정한다.)

114 **작업발판 및 통로의 끝이나 개구부로서 근로자가 추락할 위험이 있는 장소에서 난간 등의 설치가 매우 곤란하거나 작업의 필요상 임시로 난간 등을 해체하여야 하는 경우에 설치해야 하는 것은?**

① 구명구 ② 수직보호망
③ 석면포 ④ 추락방호망

정답 111 ② 112 ② 113 ④ 114 ④

해설 작업발판 및 통로의 끝이나 개구부로서 추락 위험 장소에 난간 설치가 매우 곤란하거나 임시로 난간 등을 해체하여야 하는 경우 추락방호망을 설치해야 한다.

115 산업안전보건법령에 따른 양중기의 종류에 해당하지 않는 것은?

① 고소작업차 ② 이동식 크레인
③ 승강기 ④ 리프트(Lift)

해설 양중기의 종류

1. 크레인[호이스트(Hoist)를 포함]
2. 이동식 크레인
3. 리프트(이삿짐운반용 리프트의 경우에는 적재하중이 0.1톤 이상인 것으로 한정)
4. 곤돌라
5. 승강기

116 깊이 10m 이내에 있는 연약점토의 전단강도를 구하기 위한 가장 적당한 시험은?

① 베인시험 ② 표준관입시험
③ 평판재하시험 ④ 블레인시험

해설 베인테스트는 연약한 점토질 지반의 시험에 주로 적용하는 지반조사 방법이다.

117 건립 중 강풍에 의한 풍압 등 외압에 대한 내력이 설계에 고려되었는지 확인해야 하는 철골구조물의 기준으로 옳지 않은 것은?

① 높이 20m 이상의 구조물
② 구조물의 폭과 높이의 비가 1 : 4 이상인 구조물
③ 이음부가 공장 제작인 구조물
④ 연면적당 철골량이 $50kg/m^2$ 이하인 구조물

해설 철골의 자립도를 위한 대상 건물(강풍 시 철골의 자립도 검토대상 구조물)

1. 높이 20m 이상의 구조물
2. 구조물의 폭과 높이의 비가 1 : 4 이상인 구조물
3. 단면구조에 현저한 차이가 있는 구조물
4. 연면적당 철골량이 $50kg/m^2$ 이하인 구조물
5. 기둥이 타이플레이트(Tie Plate)형인 구조물
6. 이음부가 현장용접인 구조물

118 물체가 떨어지거나 날아올 위험을 방지하기 위한 낙하물 방지망 또는 방호선반을 설치할 때 수평면과의 적정한 각도는?

① 10~20° ② 20~30°
③ 30~40° ④ 40~45°

해설 낙하물 방지망은 10m 이내마다 설치하고 설치각도는 20~30°를 유지한다.

119 달비계의 구조에서 달비계 작업발판의 폭과 틈새기준으로 옳은 것은?

① 작업발판의 폭 30cm 이상, 틈새 3cm 이하
② 작업발판의 폭 40cm 이상, 틈새 3cm 이하
③ 작업발판의 폭 30cm 이상, 틈새 없도록 할 것
④ 작업발판의 폭 40cm 이상, 틈새 없도록 할 것

해설 달비계의 작업발판은 폭을 40cm 이상으로 하고 틈새가 없도록 해야 한다.

정답 115 ① 116 ① 117 ③ 118 ② 119 ④

120 **다음은 산업안전보건법령에 따른 투하설비 설치에 관련된 사항이다. (　　) 안에 들어갈 내용으로 옳은 것은?**

사업주는 높이가 (　　)m 이상인 장소로부터 물체를 투하하는 때에는 적당한 투하설비를 설치하거나 감시인을 배치하는 등 위험방지를 위하여 필요한 조치를 하여야 한다.

① 1　　② 2
③ 3　　④ 4

 투하설비란 높이 3m 이상인 장소에서 자재 투하 시 재해를 예방하기 위하여 설치하는 설비를 말한다.

정답 120 ③

참고문헌

1. 강성두 외「산업안전기사」(예문사, 2010)
2. 강성두 외「산업안전산업기사」(예문사, 2011)
3. 강성두「산업기계설비기술사」(예문사, 2008)
4. 한경보「최신 건설안전기술사」(예문사, 2007)
5. 이호행「건설안전공학 특론」(서초수도건축토목학원, 2005)
6. 한국산업안전보건공단「거푸집동바리 안전작업 매뉴얼」(대한인쇄사, 2009)
7. 한국산업안전보건공단「만화로 보는 산업안전 · 보건기준에 관한 규칙」(안전신문사, 2005)
8. 김병석「산업안전관리」(형설출판사, 2005)
9. 이진식「산업안전관리공학론」(형설출판사, 1996)
10. 김병석 · 성호경 · 남재수「산업안전보건 현장실무」(형설출판사, 2000)
11. 정국삼「산업안전공학개론」(동화기술, 1985)
12. 김병석「산업안전교육론」(형설출판사, 1999)
13. 기도형「(산업안전보건관리자를 위한)인간공학」(한경사, 2006)
14. 박경수「인간공학, 작업경제학」(영지문화사, 2006)
15. 양성환「인간공학」(형설출판사, 2006)
16. 정병용 · 이동경「(현대)인간공학」(민영사, 2005)
17. 김병석 · 나승훈「시스템안전공학」(형설출판사, 2006)
18. 갈원모 외「시스템안전공학」(태성, 2000)
19. 한국콘크리트학회「콘크리트 표준시방서」(한국콘크리트학회, 2009)
20. 대한건축학회「건축공사 표준시방서」(기문당, 2006)
21. 대한주택공사「공사감독 핸드북」(건설도서, 2005)
22. 남상욱「토목시공학」(청운문화사, 2007)
23. 대한건축학회「건축시공학」(기문당, 2010)
24. 김홍철「건설재료학」(청문각, 2005)
25. 박승범「최신 건설재료학」(문운당, 2010)
26. 유재명「토질 및 기초기술사 해설」(예문사, 2007)
27. 이춘석「토질 및 기초공학」(예문사, 2011)
28. 박필수 저「산업안전관리론」(중앙경제사, 2005)
29. Muchinsky 지음, 유태용 옮김「산업 및 조직심리학」(시그마프레스, 2009)

저자소개

▶ 저자

신우균(申宇均)

e-mail : wooguni0905@naver.com

| 약력 |

- 공학박사(안전공학)
- 산업안전지도사, 산업보건지도사
- 산업위생관리기술사
- 대기환경기사, 토목기사, 폐기물처리기사, 산업위생관리기사, 수질환경기사

| 저서 |

- 산업안전지도사(예문에듀), 산업보건지도사(예문에듀)
- 화공안전기술사(예문에듀), 산업위생관리기술사(예문에듀)
- 산업안전기사(예문에듀), 산업안전산업기사(예문에듀), 건설안전기사(예문에듀), 건설안전산업기사(예문에듀)
- 산업안전개론(예문에듀), 산업안전보건법령(예문에듀)

건설안전기사 필기

발 행 일 2012년 5월 20일 초판 발행
2013년 2월 13일 1차 개정
2014년 2월 25일 2차 개정
2015년 2월 10일 3차 개정
2016년 1월 30일 4차 개정
2017년 3월 5일 5차 개정
2018년 1월 20일 6차 개정
2019년 1월 20일 7차 개정
2020년 2월 20일 8차 개정
2021년 2월 20일 9차 개정
2022년 2월 25일 10차 개정
2023년 1월 10일 11차 개정
2024년 3월 20일 12차 개정

편 저 신우균 · 김재권 · 김용원 · 서기수 지음
발 행 인 정용수
발 행 처 예문사
주 소 경기도 파주시 직지길 460(출판도시) 도서출판 예문사
T E L 031) 955 – 0550
F A X 031) 955 – 0660

등 록 번 호 11 – 76호

정 가 40,000원

홈페이지 http://www.yeamoonsa.com

ISBN 978 – 89 – 274 – 5351 – 2 [13530]